재개발·재건축 법규의 이해와 실무

안종화

法 文 社

제2판 머리말

이 책의 초판이 출간된 때로부터 약 3년 8개월이 흘렀다. 이 책을 출간한 목적이 3년의 서울행정법원 재개발·재건축 전담 재판부 재판장을 마치면서 그동안의 사건 처리과정에서 고민했던 실무상의 쟁점들에 대하여 같거나 유사한 사건을 처리하는 정비사업 실무에 조그마한 도움이라도 되었으면 하는 것이었음은 이미 밝힌바 있다. 당시 출판사의 신속한 출간에 대한 재촉이 있었고, 저 또한 그동안의 재판경험상 다른 법원으로 이동하여 새롭게 맡게 되는 사건의 처리에 매진하는 경우 재개발·재건축사건 처리과정에서의 고민들은 흔적도 없이 사라질 것이 명약관화하기에 서둘러 이 책을 출간하였다. 그렇기에 초판에는 각종 비문과 오탈자, 논리적이지 않은 표현들이 많이 있었다. 무엇보다 직접 사건을 처리하지 않아 고민하지 않은 쟁점들에 대한 누락과 오류를 다수 발견하였다. 그러나 능력이 부족할 뿐만 아니라 새로운 법원의 재판업무로 시간을 낼 수 없었고, 노후계획도시 정비 및 지원에 관한 특별법이 제정되고, 실무에 중대한 영향을 미치는 도시 및 주거환경정비법의 개정이 잇달았으며, 중요한 대법원 및 하급심 판결의 선고가 연이어져 신속한 개정판의 발간 대신 충실한 연구 후 개정증보판을 발간하기로 하고 그동안 제2판의 발간을 미루어 왔다.

초판 발간 이후 필자는 2023년부터 2025년까지 3년간 법관연수프로그램인 공법소송실무에서 '도시정비사업 관련 소송의 쟁점'으로 강의를 진행하였고, 2023년 11월에 발간된 주석 행정소송법의 19년만의 개정판 집필에 참여하였으며, 2023년 12월에 발간된 법원의 행정소송 실무지침서인 법원실무제요 '행정'편(1, 2권)의 7년만의 개정판 집필에도 참여하였고, 현재 11년 만에 개정작업이 진행 중인 재개발·재건축 재판실무편람 편찬에 집필위원장으로 참여하는 등으로 재개발·재건축사건에 대하여 계속하여 연구할 수 있는 기회를 가지는 행운을 누렸다.

본 제2판은 그동안의 연구성과를 기초로 행정사건 위주의 초판을 보완하여 조합임원, 정관 관련 소송, 매도청구 등의 현금청산, 현금청산대상자의 정비사업비 부담, 각종 손해배상청구 등을 비롯한 중요한 민사상의 쟁점들에 대하여 빠짐없이 기술하였고, 각종 보전처분, 정비구역지정, 조합설립추진위원회 구성승인, 조합설립인가, 사업시행계획인가, 관리처분계획인가, 준공인가 및 이전고시의 각 절차에 있어 행정 관련 쟁점들에 대하여도 오류나 누락된 부분을 교정하고 보완하는 등으로 충실을 기하되, 실무상 다툼이 많은 조합설립인가, 사업시행계획인가, 관리처분계획인가에 관하여 보다 체계화하고 많은 분량을 할애하였다. 또한 재건축조합 설립인가를 위한 동의요건의 완화, 재건축사업의 내용 변경, 안전진단의 재건축진단으로의 변경 등 재건축사업 관련 내용의 개정, 정비구역지정 전 조합설립추진위원회 구성의 허용, 정비계획 입안요청, 토지등소유자 개인이 사업시행자가 되는 토지등소유자가 20인 미만인 재개발사업에서의 토지등소유자의 동의자 수에 대한 산정 기준일의 각 도입, 총회의 개최 및 의결방법의 개정, 지분 쪼개기 유형의 확대 등을 비롯한 도시 및 주거환경정비법령의 각종 개정 내용, 조례의 개정 내용, 서울특별시 등의 조합 표준정관 내용, 노후계획도시 정비 및 지원에 관한 특별법을 비롯한 관련 법령의 제정 및 개정 내용 등을 최대한 반영하고, 이를 해석하는 내용을 담았으며 제2판 출간 직전까지 선고된 중요한 대법원 및 하급심 판례들을 소개하였다.

많이 부족함에도 3쇄를 발행할 정도로 초판에 관심 가져주시고 분에 넘치는 사랑을 주신 모든 분께 깊은 감사의 마음을 전하고, 새롭고 완벽한 개정증보판을 발간하겠다는 각오로 시작한 개정작업이었으나 용두사미에 거쳐 부끄러움이 앞서지만 앞으로 더욱 노력하여 다음에는 보다 충실한 개정판의 발간을 독자 여러분께 다짐한다. 끝으로 세심하게 편집을 도와주신 배은영 선생님 등 법문사 관계자분들께 감사드린다.

2025. 11.

저자 안 종 화

머 리 말

도시에서 주택가격이 급등하는 경우 주택가격 안정을 위한 백가쟁명식 해법이 제시된다. 주택공급확대도 그 해법 중 하나이다. 도시 내 유휴부지가 부족한 상황에서 직주근접(職住近接)성이 높은 주택을 공급함에 유용한 재개발·재건축사업은 항상 공급정책의 우선순위로 고려된다.

재개발·재건축사업과 관련하여 다양한 법적 분쟁이 있다.

필자가 재개발·재건축사건을 본격적으로 접하기 시작한 것은 2017. 2. 의정부지방법원에서 행정합의부 재판장으로 근무하면서부터이다. 복잡하고 난해하여 피하고 싶은 유형의 사건이었다. 그 후 필자는 2019. 2. 서울행정법원 재개발·재건축사건 전담 합의재판부 재판장으로 발령받았고, 오롯이 3년을 근무하여야 하므로 재개발·재건축사건은 반드시 극복해야 하는 운명이 되었다. 이에 따라 그 무렵부터 사건을 처리할 때마다 쟁점들과 관련 법리 및 판례를 정리하는 작업을 시작하였고, 이 책은 그와 같이 3년 동안 정리한 내용들을 기초로 한 것이다.

재개발·재건축사건이 실무자에게 쉽지 않은 영역으로 다가오는 이유는 다음과 같다.

첫째, 재개발·재건축사건은 민사, 형사 및 행정이 교차하는 영역이다. 그 중 행정사건인 공법상 당사자소송사건과 민사사건은 구별하기가 어려운 경우가 많다. 또한 항고소송의 경우에도 설권행위 또는 보충행위 여부에 따라 소송형태가 달라지고, 절차의 진행경과에 따라 대상적격이 달라지며, 소의 이익 여부에 대하여도 신중한 검토가 필요하다. 이러한 사정으로 판례는 여러 곳에서 법원에 적극적 석명의무를 부과하기도 한다.

둘째, 법령의 개정이 빈번하고, 법령이 시·도조례에 폭넓게 수권하여 조례가 중요한 법원(法源)이 되는 영역이다. 법령 및 조례의 정확한 해석을 위해서는 개정 연혁을 참고하여야 하고, 입법취지를 고려하여야 한다. 또한 대법원 판례에 대하여도 당시의 법령 및 조례의 규정 내용을 확인하여 현행 법령 및 조례하에서 적용될 수 있는지 여부를 검토해야 한다.

셋째, 도시정비법의 제정으로 재건축사업도 공익사업이 되었으나, 재개발사업과 재건축사업은 공공성 및 공익성의 정도에 있어 커다란 차이가 있고, 도시정비법은 구체적 규율의 내용이나 공적 개입의 정도와 관련하여 정비사업의 여러 절차에서 중대한 차이를 두고 있다. 따라서 각종 일반 규정이나 판례(선례)를 적용함에 있어, 재개발 또는 재건축사업에만 적용되는 것인지, 재개발·재건축사업 모두에 적용되는 것인지 여부를 검토해야 한다.

넷째, 재개발·재건축사업은 조합의 설립, 사업시행계획, 관리처분계획, 이전고시 등의 단계를 거쳐 순차 진행되고, 선행 행정처분이 이루어짐에 따라 후속처분이 진행되며, 선행처분은 그 자체로 처분의 목적이 종료되지 않고 계속하여 후속처분의 전제가 되며, 그 과정에서 다수의 조합설립변경, 사업시행계획변경 및 관리처분계획변경이 이루어진다. 그 경우 관련되는 수개의 처분 중 어떠한 처분을 쟁송의 대상으로 하여야 하는지 등에 관한 검토가 필요하다.

이 책은 사건 처리과정에서 맞닥뜨린 위와 같은 문제들에 대한 필자의 수년간 고민의 결과물이다. 재개발·재건축사업은 정부정책에 크게 좌우되는 영역이다. 서울행정법원의 경우 2017년에는 재개발·재건축사업이 활발하여 다수의 사건이 접수되었으나, 이를 엄격히 규제하던 2018년 이후 점차적으로 줄어들어 2020년에는 2017년 대비 약 3.3배가량 사건이 감소하였다.

현재 유력한 대통령 후보들이 공히 재개발·재건축사업의 완화를 통한 공급확대정책을 공약하고 있으므로 향후 재개발·재건축사건의 폭발적인 증가가 예상된다. 이 책이 그와 같은 사건을 처리하는 실무에 조그마한 도움이라도 된다면 더 이상 바랄 것이 없다.

이 책을 출간하는 과정에서 많은 분들의 도움이 있었다. 먼저 행정1부에서 같이 근무하며 사건처리를 함께 고민했던 장성욱, 고준홍 판사님께 감사를 드린다. 두 분 판사님의 응원과 격려 덕분에 용기를 낼 수 있었다. 그리고 늘 믿고 지켜봐 주시는 부모님께 감사를 드리고, 주말과 휴일을 이용하여 집필하느라 가정에 소홀한 가장임에도 항상 지지해 주는 아내와 두 딸 정빈이와 수빈이 에게 고맙다는 말을 전한다. 끝으로 자상하게 편집을 도와주신 배은영 선생님 등 법문사 관계자분들께 감사드린다.

2022. 1.

저자 안 종 화

차　례

제 1 편　재개발 · 재건축사업 일반론

제 5 편 시공자 등 협력업체 선정

제 6 편 사업시행계획 및 인가(토지등소유자 20인 미만 재개발사업 포함)

제 7 편 관리처분계획 및 인가

제 8 편 관리처분계획인가 이후 준공인가 시까지의 법률관계

제9편 매도청구 및 수용재결 등 현금청산과 손실보상(현금청산대상자의 조합비용 부담 포함)

제 10 편 준공인가 이후의 이전고시 등 처분 및 청산

제 11 편 기타 정비사업

제12편 벌 칙

제 1 편

재개발 · 재건축사업 일반론

제1장 정비사업과 도시정비법

Ⅰ. 정비사업의 의의

정비사업이란 도시기능의 회복이 필요하거나 주거환경이 불량한 지역을 계획적으로 정비하고 노후·불량건축물을 효율적으로 개량하는 사업이다(법 1조). 도시환경을 개선하고 주거생활의 질을 높이는데 이바지하는 정비사업을 규율하는 법률이 도시 및 주거환경정비법[1]이다.

정비사업의 보편적 형태인 조합이 사업시행자가 되는 정비사업은, 토지등소유자가 조합원이 되어 자신의 종전자산을 출자하고 공사비 등을 투입하여 구 주택을 철거한 후 신 주택을 건축한 다음, 신 주택 중 일부는 조합원에게 배분하고 나머지는 일반분양을 하여 수입을 얻으며, 정비사업을 시행하여 얻은 총 수입과 총 비용을 정산하여 그 손익을 조합원의 종전자산 출자비율대로 분배하는 것을 그 기본 골격으로 한다.[2]

종래 도시에서의 정비사업은 여러 법률이 별도로 규율하였다. 도시 저소득 주민 밀집 거주지역의 주거환경개선을 위한 사업인 주거환경개선사업은 도시저소득주민의주거환경개선을위한임시조치법이 규율하였고, 주택재건축사업은 구분소유자들 사이의 내부관계로서 사법적 법률관계는 집합건물법이, 각종 인·허가와 관련한 공법상의 규율은 주택건설촉진법이 각 규율하였으며, 도심재개발사업, 주택재개발사업, 공장재개발사업은 도시재개발법이 규율하였고, 그것으로 충분하였다.

그러나 1970년대 이후 산업화·도시화 과정에서 대량 건설·공급된 건축물들이 노후화됨에 따라 이들을 체계적이고 효율적으로 관리하고 정비할 필요성이 대두되었다. 특히 정비사업의 통합 및 종합관리로 사업의 일관성과 '선계획－후개발'에 입각한 도시관리를 도모하며, 종래 개별법에 의하여 별도로 운영됨에 따라 발생하는 문제점을 보완하고 단일 법률에서 동일한 절차로 규율하기 위해 도시정비법이 2002. 12. 30. 법률 제6852호로 제정되었고,[3] 이에 따라 도시재개발법 및 도시저소득주민의주거환경개선을위한임시조치법은 폐지되었으며, 주택건설촉진법 중 주택재건축 관련 조항이 삭제되었다.[4]

도시정비법은 제정 당시 종래 개별법에서의 정비사업을 통합하여 주택재개발사업, 도시환경

---

1) 이하 '법'이라고 하되, 특별히 다른 법률과 구분이 필요한 경우에는 '도시정비법'이라고 한다.
2) 대법원 2020. 7. 23. 선고 2019두46411 판결.
3) 헌법재판소 2011. 11. 24. 선고 2010헌가95 등 결정.
4) 주택건설촉진법이 2003. 5. 29. 법률 제6916호로 전부개정 되어 주택재건축에 관한 규정은 모두 삭제되면서 명칭이 주택법으로 변경되었다. 종래 주택건설을 통한 주택공급위주에서 주거복지 및 주택관리부분으로 중점이 변경되었으며, 건축물의 노후화 억제 또는 기능향상을 위한 리모델링사업이 도입되었다.

정비사업(도심재개발사업, 공장재개발사업), 주택재건축사업, 주거환경개선사업으로 구분하여 규율하게 되었고, 그 후 몇 차례의 변경을 거쳐 오늘에 이르고 있다. 정비사업 중 주택을 개량하는 사업은 도시 내 유휴부지가 부족한 상황에서 직주근접성(職住近接性, 직장과 주거지의 근접성)이 높은 주택을 공급하는 데 중요한 역할을 하고 있다.

Ⅱ. 부동산공법으로서의 도시정비법

1. 국토계획법과의 관계

가. 부동산공법 일반법으로서의 국토계획법

국토계획법은 전국의 국토에 대한 계획과 이를 기초로 한 이용에 관하여 규율하는 법이다.

국토계획법이 규율하고 있는 계획에는 특별시·광역시·특별자치시·특별자치도·시 또는 군의 관할 구역에 대하여 기본적인 공간구조와 장기발전방향을 제시하는 종합계획으로서 도시·군관리계획 수립의 지침이 되는 비구속적 행정계획인 도시·군기본계획이 있고, 이를 기초로 개발·정비 및 보전을 위하여 수립하는 토지 이용, 교통, 환경, 경관, 안전, 산업, 정보통신, 보건, 복지, 안보, 문화 등에 관한 계획으로서 구속적 행정계획인 도시·군관리계획이 있다.

도시·군관리계획에는 용도지역·용도지구의 지정 또는 변경에 관한 계획, 개발제한구역, 도시자연공원구역 등 용도구역의 지정 또는 변경에 관한 계획, 기반시설의 설치·정비 또는 개량에 관한 계획, 도시개발사업이나 정비사업에 관한 계획, 지구단위계획구역의 지정 또는 변경에 관한 계획과 지구단위계획 등이 있다(국토계획법 2조 4호).

나. 국토계획법의 특별법

(1) 정비사업에 관한 계획은 도시·군관리계획의 일종이므로 국토계획법에 따라 도시·군기본계획을 먼저 수립하고, 이를 기초로 수행함이 원칙이나, 도시정비법은 국토계획법상의 도시·군관리계획에 의거하여 도시기능의 회복이 필요하거나 주거환경이 불량한 지역을 계획적으로 정비하고 노후·불량건축물을 효율적으로 개량하기 위하여 필요한 사항을 규정하기 위한 목적으로 특별히 제정된 법률로서 국토계획법의 특별법이다.[5)]

(2) 도시 내에서 도시·군관리계획에 의하여 실시하는 사업(공적인 개발행위사업)인 도시·군계획사업으로는 도시·군계획시설사업, 도시개발사업 및 도시정비사업이 있다(국토계획법 2조 11호). 그중 도시계획시설사업은 국토계획법이, 도시개발사업은 국토계획법의 특별법인 도시개발법이, 도시정비사업은 국토계획법의 특별법인 도시정비법이 각 규율하고 있다. 이는 새로운 도시형성을 위한 택지를 공급하는 택지개발촉진법과 구별된다.[6)]

(3) 도시로서의 기능에 필수적인 기반시설의 설치·정비 또는 개량을 도시관리계획에 의하여

---

5) 대법원 2008. 11. 27. 선고 2007두24289 판결.

6) 도시 내의 주택수가 부족하여 주택난이 발생하는 경우, 신도시의 건설을 통한 시급한 주택난(住宅難)을 해소하기 위하여 택지를 공급하는 개발사업이 택지건설촉진법이다. 택지개발지구지정과 구역 내 토지를 수용하는 방식으로 진행되는바, 분당, 일산 등의 1기 신도시, 위례·광교·동탄 등 2기 신도시는 택지건설촉진법에 의한 택지공급으로 조성되었다. 노후계획도시정비법 제정 이후 위와 같이 조성된 1기 신도시에서 현재 재건축사업이 활발히 전개되고 있다.

수행하는 사업을 도시계획시설사업이라고 하고, 이는 국토계획법이 규율한다(2조 10호). 원칙적으로 시장·군수등이 도시·군계획시설사업의 시행자가 되나, 사인이 사업시행자가 되기 위해서는 시장·군수등으로부터 사업시행자지정처분을 받아야 한다(국토계획법 86조 1항, 4항).

도시개발사업이란 도시개발구역에서 주거, 상업, 산업 등의 기능이 있는 단지 또는 시가지를 조성하기 위하여 시행하는 사업으로서, 도시개발법이 규율한다(2조 2호).

정비사업의 일반적 형태인 재개발·재건축사업은 원칙적으로 관리처분계획방식으로 진행되나 (재개발사업의 경우 환지도 가능[7]), 도시개발사업은 수용, 환지 또는 혼용방식이 모두 가능하다. 환지형 도시개발사업은 원칙적으로 토지소유자등에게 권리를 재분배하는 점에서 재개발·재건축사업과 동일하다.

도시개발사업의 경우 사업시행자 지정 규정을 두고 있으나, 도시정비법에서는 별도의 사업시행자 지정 규정이 없고, 원칙적 사업시행자인 조합의 설립인가제도를 두고 있다.

도시개발사업의 시행자가 될 수 있는 주체는 국가나 지방자치단체, 공공기관, 구역 내 토지소유자, 구역 내 토지소유자가 설립한 조합 등이 있으나, 도시개발구역의 전부를 환지방식으로 시행하는 경우에는 토지소유자 또는 토지소유자가 설립한 도시개발사업조합만을 시행자로 지정할 수 있다(도시개발법 11조 1항 단서). 그리고 도시개발사업조합은 도시개발사업에 대한 동의 여부와 관계없이 도시개발구역 내 모든 토지소유자를 조합원으로 한다(도시개발법 14조 1항).

도시개발법 시행규칙 27조 9항은 "시행자는 집합건물법에 해당하는 건축물을 건축할 용도로 계획된 토지에 대하여 2 이상의 토지 소유자의 신청을 받아 공유로 환지를 지정할 수 있다."고 규정하고 있는바, 위 규정에 근거한 집단환지방식의 도시개발사업(환지방식의 도시개발사업과 집합건물 건설사업이 혼합하여 진행되어, 도시개발사업의 시행자가 선정한 별도의 사업주체가 도시개발사업의 시행으로 조성된 일단의 토지에 곧바로 집합건물 건설사업을 시행할 수 있도록 하는 한편, 종전 토지의 소유자들에게는 그 일단의 토지에 대한 공유지분을 배분하여 그 공유지분을 집합건물 건설사업 주체에게 매도하거나 출자하여 그 매매대금을 지급받거나 신축주택을 분양받도록 하는 방식으로 시행되는 사업방식을 말한다)은 정비사업과 유사한 측면이 있다.[8]

한편, 도시개발사업에서는 조합원 탈퇴는 허용하지 않아 사업구역 내 토지소유자가 환지를 받기 원하지 않는 경우 조합원 지위를 유지한 채 현금청산을 선택할 수 있을 뿐이고, 사업완료단계에서야 사업시행에 따른 손익정산이 포함된 금전만을 배분받게 될 뿐이나, 정비사업 중 재건축사업의 경우 동의한 자만이 조합원의 지위를 취득하여 정비사업에 참여하고, 분양신청을 하지 않거나 분양계약 체결을 거절함으로써 조합원 지위에서 이탈하는 것이 가능하고, 현금청산도 사업완료단계 이전에 이루어지고, 조합원 지위에서 이탈한 이후의 정비사업비는 부담하지 아니한다.

---

7) 주거환경개선사업의 경우 관리, 수용, 환지, 관리처분계획방식이 모두 가능하다.

8) '집단환지의 신청' 행위는 단순히 집합건물용지를 공유방식으로 환지받겠다는 의미가 아니라, 장차 집단환지 부지의 건설사업주체에 그 공유지분을 매도하거나 출자하는 등의 방식에 동의한다는 의미이고, 더 나아가 도시개발사업 시행자가 집단환지에 관한 권리를 일괄적으로 행사할 수 있도록 위임하는 의미이다(대법원 2018. 3. 29. 선고 2017두70946 판결). 집단환지와 구별할 개념으로 '입체환지'가 있다. '입체환지'는 동일 시행자가 토지정리와 건축물의 조성을 하나의 절차로 시행하여 종전 토지에 대한 권리를 건축물의 일부와 공유지분으로 환지하는 방식임에 반하여 집단환지는 향후 환지된 토지 위에 집합건물의 건축을 예상하고 있지만 환지처분 자체는 토지만을 대상으로 하고, 집합건물은 도시개발사업의 시행자가 선정한 별도의 사업주체가 시행하는 점이 다르다.

2. 도시재정비법, 노후계획도시정비법, 소규모주택정비법, 전통시장법 및 집합건물법과의 관계

가. 도시재정비법과의 관계

(1) 도시재정비법

구 도시재개발사업이 기반시설이 충분히 확보되지 못하고 소규모로 개발되는 문제점이 드러나자, 서울시에서는 2002. 10.부터 뉴타운사업을 도입하여 종전의 소규모 구역단위 재개발사업을 적정 생활권역별 계획적 개발로 전환하고 공공부문의 역할을 증대하였다.

서울시의 경우 도시정비법 제정이후인 2007년까지 순차적으로 총 26개의 뉴타운지구가 지정되었고, 전국적으로 확대되었다. 중앙정부에서도 뉴타운사업을 지원하기 위하여 2006. 12. 30. 도시재정비법을 제정하고 기존의 뉴타운지구를 재정비촉진지구로 전환하였다.

도시재정비법은 10만㎡ 이상을 대상으로 하는 등 광역적으로 지정되고(6조 3항, 2023. 12.26. 개정 전 주거지형의 경우 50만㎡ 이상, 중심지형의 경우 20만㎡ 이상, 고밀복합형의 경우 10만㎡ 이상이었다), 재개발촉진지구가 지정되면, 지구 내에서는 도시정비사업(재개발사업, 재건축사업, 주거환경개선사업), 소규모주택정비법(가로주택정비사업, 소규모재건축사업, 소규모재개발사업), 도시개발사업, 도시계획시설사업, 시장정비사업 등이 모두 가능하고, 각각은 개별법에 따라 요건이 충족되는 경우 그에 따라 사업이 시행되며(2조 2호), 각각의 법률에 따른 개별사업들이 추진되므로 총괄사업관리자제도를 두고 있고(14조, 개별사업의 사업시행자도 각 사업이 규정하고 있는 각 법률상의 사업시행자이다), 재정비촉진지구에서는 다른 법률보다 우선하여 적용한다(3조).

도시재정비법에 따른 재정비촉진사업은 도시의 낙후된 지역을 대상으로 하고, 각종 정비사업 등을 광역화하며, 체계적으로 도시를 재정비함을 목적으로 한 것이다(1조). 도시재정비법은 도시에서의 개발을 위한 모든 사업을 포괄하는 것으로서, 도시재정비법 3조 1항은 "이 법은 재정비촉진지구에서는 다른 법률보다 우선하여 적용한다."라고 규정하고 있다.

행정청이 재정비촉진지구를 지정하거나 변경하려는 경우에는 국토계획법상의 도시·군기본계획과 도시정비법상의 기본계획을 고려하여야 한다(도시재정비법 6조 1항).

(2) 도시정비법과의 관련

(가) 도시재정비법 2조 6호에 따른 존치지역 및 같은 법 7조 2항에 따라 재정비촉진지구가 해제된 지역에 대하여는 주거환경개선사업을 위한 정비계획으로 입안할 수 있다(법 시행령 7조 1항 별표 1 1호 가목).

(나) 재정비촉진지구의 도시계획사업으로 철거되는 주택을 소유한 자 중 구청장이 선정한 자에 대한 주택의 특별공급에 관한 사항은 재개발·재건축 조합의 정관으로 정할 사항이다(법 40조 1항 18호, 법 시행령 38조 17호, 서울시 조례[9] 22조 5호).

---

9) 도시정비법령에 시·도 조례로 정하는 사항이라고 기재된 부분이 다수 있는바, 시·도 조례로 정하는 사항은 일반적으로 서울특별시가 먼저 조례를 제정하고, 다른 지방자치단체는 이를 기초로 자신의 실정에 맞게 변형하는 것이 일반적이므로, 서울특별시 도시 및 주거환경 정비조례(서울시의 다른 조례와 구분이 필요한 경우에는 '서울시 정비조례'

㈐ 도시재정비법 11조 4항에 따라 재정비촉진계획에 따른 기반시설을 설치하게 되는 경우로서 종전의 주택(사실상 주거용으로 사용되고 있는 건축물을 포함한다)에 관한 보상을 받은 자는 관리처분계획기준일 현재 토지등소유자로 보아 재개발사업의 분양대상이다(서울시 조례 36조 1항 5호).

㈑ 재정비촉진지구로 지정되고(건축행위 등 제한), 재정비촉진계획이 결정·고시되면 해당 사업이 도시정비사업인 경우 도시정비법상의 기본계획의 수립 또는 변경, 정비구역지정 또는 변경 및 정비계획수립 또는 변경으로 간주된다(도시재정비법 13조 1항 1호).

⑶ 정비사업 추진 중 재정비촉진지구로 지정·고시된 경우의 법률관계

㈎ 문제의 소재

정비구역으로 지정되어 재개발사업 추진 중 도시재정비법 소정의 재정비촉진지구로 지정·고시된 경우에 조합설립인가처분을 비롯한 절차를 새롭게 진행하여야 하는지 여부가 문제된다.

㈏ 판례

재정비촉진지구란 재개발 등 사업을 광역적·효율적으로 시행할 수 있는 체계를 확립하고 도시기반시설을 획기적으로 개선하여 도시의 균형발전과 국민의 삶의 질 향상에 기여하려는 취지에서 마련된 것으로, 기반시설의 설치비용을 원칙적으로 사업시행자에게 부담하도록 하되 용적률(대지면적에 대한 연면적의 비율)·건폐율(대지면적에 대한 건축면적의 비율)·건축물의 높이 등 제한을 완화하고, 지방세 감면 등의 지원을 통하여 재개발 등 사업이 원활히 이루어질 수 있도록 하는 제도일 뿐이다. 따라서 조합설립인가처분 이후 해당 사업구역이 재정비촉진지구로 지정되었다고 하여 조합설립인가를 다시 받아야 하는 것은 아니다.[10]

나. 노후계획도시정비법과의 관계

⑴ 노후계획도시정비법

1990년대 1기 신도시가 건설된 이후 30년이 경과하면서 주택의 노후화 등으로 주거환경이 열악해졌다. 1기 신도시는 평균 15층 내지 20층 아파트로 용적률이 평균 180% 이상[11]인 관계로 기존 도시정비법상의 용적률이 적용되는 경우 사업성 확보가 어려워 재건축사업이 원활하게 추진되지 못하였다.

이에 이들 신도시 등에 대하여 정비사업의 경우 용도지역 변경, 용적률 상향 등을 통한 사업성을 부여하되, 광역적·체계적인 정비를 통하여 도시기능을 향상하고, 미래도시로의 전환을 도모하여 국민생활의 질적 향상에 이바지함을 목적으로 하여 노후계획도시정비법이 2023. 12. 26. 제정되었다.

노후계획도시정비법은 조성 후 20년 이상 경과하였을 뿐만 아니라 100만㎡ 이상을 대상으로 하는 등 광역적으로 특별정비구역을 지정하고(2조 1호), 특별정비구역이 지정되면 구역 내에서는

라고 하고, 그 외에는 '서울시 조례'라고 한다)를 기준으로 한다.

10) 대법원 2014. 5. 29. 선고 2012두18677 판결.

11) 일산 169%, 분당 184%, 평촌 204%, 산본 205%, 중동 226%.

재건축·재개발사업, 도시개발사업, 도시계획시설사업, 리모델링사업 등이 모두 가능하며, 각각은 개별법에 따라 요건이 충족되는 경우 그에 따라 사업이 시행되며(2조 6호), 각각의 법률에 따른 개별사업들이 추진되므로 총괄사업관리자제도를 두고 있고(20조), 특별정비구역는 다른 법률보다 우선하여 적용한다(3조)는 점에서 앞서 본 도시재정비법과 체계가 유사하다. 다만, 다수의 도시정비법에 대한 특례 규정을 두고 있어 도시정비법의 특별법으로서의 성격이 강하다.

⑵ 도시정비법의 특례

㈎ 노후계획도시특별정비구역지정

도시정비법은 노후·불량건축물이 밀집하는 등 대통령령으로 정하는 요건에 해당하는 구역인 경우에 한하여 정비계획을 결정하여 정비구역을 지정할 수 있으나(법 8조 1항), 노후계획도시정비법상의 특별정비구역 지정권자는 위 구역 내에서 정비사업을 진행함에 있어 위와 같은 요건에 해당하지 않더라도 이를 지정하고, 특별정비계획을 수립할 수 있다(노후계획도시정비법 26조 1항).[12]

이와 관련하여 노후계획도시정비법은 11조 1항으로 양호한 정주환경 확보를 위하여 일정 폭원 이상의 도로 등으로 구획된 일단(一團)의 토지 내의 단독·공동주택단지 등을 통합적으로 정비할 필요가 있는 구역 등 5개의 별개의 정비구역지정요건을 규정하고 있다. 특히 신도시의 도시기능을 강화하기 위해서는 도시 차원의 공간 재구조화가 필요하여 여러 개의 단지를 묶어서 특별정비구역을 지정한다. 특별정비구역 지정권자는 노후계획도시의 정비 활성화를 위하여 특별정비예정구역 중 노후계획도시정비 선도지구를 우선하여 지정할 수 있는데(18조 1항), 현재 다수의 선도지구가 지정되어 있다.

㈏ 지정권자는 특별정비예정구역 내 주택단지의 재건축사업에 대하여 공공기여에 관한 사항을 고려하여 공공성이 인정되는 경우에는 도시정비법 제12조에 따른 재건축진단(안전진단)을 면제 또는 완화하여 특별정비계획을 수립할 수 있다(노후계획도시정비법 26조 2항). 자세한 내용은 노후계획도시정비법 시행령 27조가 규정하고 있다.

㈐ 특별정비구역에 대하여 국토계획법 시행령 94조 1항 각 호에 따른 건폐율의 최대한도까지 완화할 수 있고(노후계획도시정비법 25조 1항 2호), 국토계획법 시행령 85조 1항 각 호에 따른 용적률 최대한도의 100분의 150까지 완화할 수 있으며(같은 항 3호), 건축물의 높이제한(같은 항 4호), 도시공원 또는 녹지의 확보기준(같은 항 5호) 또한 완화된 기준이 적용될 수 있다.

기존 지구단위계획과 상이한 내용으로 특별정비계획을 수립할 수 있는 등 용도지역을 변경하는 것도 가능하다(노후계획도시정비법 29조).

㈑ 노후계획도시정비사업은 개별 사업상의 관계 법령에 따른 사업시행자가 시행함을 원칙으로 하나, 예외적으로 토지등소유자의 과반수가 동의한 경우에는 지방자치단체, 공공기관, 지방공사, 토지등소유자, 조합, 신탁업자 등이 사업시행자가 될 수 있다(노후계획도시정비법 19조).

---

12) 노후계획도시정비법에 따라 노후계획도시를 정비하고자 하는 지방자치단체는 국토부가 제시하는 가이드라인인 기본방침(4조)에 따라 노후계획도시별 기본계획(6조)을 수립해야 하는 것은 도시정비법과 동일하다.

다. 소규모주택정비법과의 관계

방치된 빈집을 효율적으로 정비하고 소규모주택 정비를 활성화하기 위하여 필요한 사항 및 특례를 규정함으로써 주거생활의 질을 높이는 데 이바지함을 목적으로 하여 제정된 소규모주택정비법은 빈집을 개량 또는 철거하거나 효율적으로 관리 또는 활용하기 위한 빈집정비사업과 소규모주택정비사업으로 나누어 규율하고 있다. 소규모주택정비사업에는 ① 빈집밀집구역, 소규모주택정비 관리지역, 도시활력증진지역 개발사업의 시행구역, 지구단위계획구역, 도시정비법상 정비예정구역·정비구역이 해제된 지역 또는 관리형 주거환경개선사업의 정비구역, 도시재생활성화지역 또는 서울시 조례로 정하는 지역으로서, 기존 주택수가 소수(단독주택 18호 미만, 다세대·연립주택 36세대 미만, 단독+다세대 36채 미만)이며, 노후·불량건축물 수가 전체 건축물의 2/3 이상으로 단독주택, 다세대주택 및 연립주택을 스스로 개량 또는 건설하기 위한 사업인 자율주택정비사업(통상적으로 1천㎡ 내외이다), ② 가로구역에서 종전의 가로를 유지하면서 소규모로 주거환경을 개선하기 위한 사업으로 노후·불량건축물의 수가 전체 건축물의 3분의 2 이상 기존 주택의 수가 20세대 이상(단독주택의 경우 10호 이상)인 가로주택정비사업(1만㎡ 미만), ③ 정비기반시설이 양호한 지역에서 소규모로 공동주택을 재건축하기 위한 사업인 소규모재건축사업(기존 공동주택이 200세대 미만+1만㎡ 미만), ④ 역세권 또는 준공업지역에서 소규모로 주거환경 또는 도시환경을 개선하기 위한 사업인 소규모재개발사업(5천㎡ 미만)이 있다.

도시정비법이 2017. 2. 8. 전부개정되기 이전에 정비구역지정 없이 시행가능하였던 소규모의 재건축사업은 위 법률 개정으로 폐지되고, 소규모주택정비법이 이를 규율하게 되었다. 소규모주택정비법 3조 1항은 "이 법은 빈집정비사업 및 소규모주택정비사업에 관하여 다른 법률에 우선하여 적용한다."라고 규정하고 있다. 소규모주택정비법은 56조로 토지등소유자의 동의방법 등을 비롯한 각종 절차나 규정 등에 관하여 '자율주택정비사업, 가로주택정비사업, 소규모재개발사업'은 '재개발사업'의 규정을, '소규모재건축사업'은 '재건축사업'의 규정을 각 준용하고 있다.[13)]

소규모주택정비사업이 재개발·재건축사업에 비하여 기본계획수립, 정비계획 수립 및 정비구역지정절차가 없고, (자율주택정비사업은 토지등소유자가 사업주체가 되더라도 조합방식은 불가능하고, 나머지 사업의 경우 조합이 사업주체라 하더라도) 추진위원회 절차의 생략, 재건축진단의 생략,

---

13) 소규모주택정비법은 토지등소유자의 동의방법에 관하여 법 27조, 36조 및 37조만을 준용하도록 하고 있고(56조 1항), 소규모주택정비법 시행령 23조도 "법 25조 1항에 따른 토지등소유자의 동의자 수 산정방법에 관하여는 도시정비법 시행령 33조를 준용한다."고만 규정하고 있다. 따라서 도시정비법 시행령 25조 2항 3호의 "토지등소유자의 동의를 받으려는 자는 33조 2항에 따른 동의의 철회 또는 반대의사 표시의 절차 및 방법을 설명·고지하여야 한다."는 규정이 적용 또는 유추적용되어야 하는지 여부에 대하여 논란이 있다. 소규모주택정비법 시행령 23조에 의하여 준용되는 도시정비법 시행령 33조 2항이 적용되어 동의의 철회시기가 제한되므로 그 내용이 동의서를 제출하는 조합원에게 고지될 필요성이 있고, 이는 도시정비법상의 재건축 또는 재개발 조합설립동의서 제출자와 다를 바 없는 점, 종전 도시정비법에 의하여 규율되던 가로주택정비사업의 경우 동의의 철회 또는 반대의사 표시의 절차 및 방법이 설명·고지되도록 규정하고 있었는바, 조합원 강제가입제를 제외하고는 특별히 이와 다른 내용이 없는 소규모주택정비법의 적용을 받는 가로주택정비사업의 경우에도 위 규정은 적용되어야 할 것으로 보이는 점, 실제로 소규모주택정비법 시행규칙 9조 3항 [별지 12호] '조합설립동의서'에는 도시정비법 시행령 33조 2항에 따른 동의의 철회 또는 반대의사 표시의 절차 및 방법 등이 자세히 기재되어 있는 점 등을 종합하여 보면, 일부 입법의 불비는 소규모주택정비법이 기본법인 도시정비법을 준용하는 과정에서의 착오로 보이므로 도시정비법 시행령 25조 2항 3호도 적용 또는 유추적용되어야 한다.

사업시행계획에 관리처분계획까지 포함되어 인가를 받는 등으로 사업기간이 단축되는 장점이 있다.

그러나 규모가 1~3동의 아파트가 될 가능성이 높아 공사비가 상대적으로 높고 일반분양분이 적으며, 그 가치가 높지 않아 토지등소유자로부터 환영받지 못하는 측면이 있다. 이에 서울시는 다음에서 살펴보듯이 2022. 1. 무렵 소규모 정비사업을 모아 하나의 단위로 구성하는 모아타운 사업을 추진하고 있다.

라. 전통시장법과의 관계[14)]

(1) 전통시장법의 대상인 시장정비사업이란 시장정비사업시행자가 시장의 현대화를 촉진하기 위하여 상업기반시설 및 도시정비법 2조 4호에 의한 정비기반시설을 정비하고, 대규모점포가 포함된 건축물을 건설하기 위하여 전통시장법과 도시정비법 등에서 정하는 바에 따라 시장을 정비하는 모든 행위를 말한다(전통시장법 2조 6호).

사업시행자는 토지등소유자(개인이나 법인이 단독으로 소유한 경우), 토지등소유자가 시장정비사업을 추진하기 위하여 설립한 법인, 시장·군수등(시장·군수·구청장이 직접 시행하는 경우), 토지주택공사등, 시장정비사업조합이 된다(전통시장법 41조 1항). 시장정비사업은 상업기반시설이 매우 오래되고 낡아 시설물의 안전에 결함이 있거나 경쟁력이 없어진 시장, 자연재해로 인하여 상업기반시설 등이 훼손되어 시장의 기능을 정상적으로 수행할 수 없거나 수리하는 것만으로는 그 기능을 회복할 수 없는 시장, 그 밖에 시장·군수·구청장이 상권활성화와 도시개발을 위하여 필요하다고 인정하는 시장 등을 그 대상으로 한다(전통시장법 31조 2항).

(2) 시장을 정비하는 사업은 도시정비법상의 구 도시환경정비사업과 그 실질이 동일하나, 시장정비사업을 촉진하기 위하여 입법자는 전통시장법에 시장정비사업에 관하여 동의비율, 용적률, 건폐율, 높이제한 등(행정청의 각종 지원, 공유재산의 사용·수익허가 및 대부에 관한 특례, 국·공유지 사용료등 감면 포함)의 특례를 마련하고 있다. 현행 전통시장법은 추진위원회가 정비사업전문관리업자를 선정하는 것을 비롯하여 그 절차도 거의 동일하다(전통시장법 32조 3항 2호).

(3) 전통시장법 4조 1항은 시장정비사업과 관련하여 이 법에서 정하지 아니한 사항은 도시정비법 중 재개발사업(이는 구 '도시환경정비사업'[15)]을 의미한다)에 관한 규정을 준용하고, 그 밖의 사항에 관하여는 집합건물법의 관련 규정을 각각 준용한다고 규정하고 있다.

도시정비법상의 형벌규정의 준용 여부가 문제된다. 전통시장법은 대규모점포의 개설등록을

14) 시장정비사업과 관련하여서는 1995. 12. 29. 법률 제5093호로 중소기업의구조개선및경영안정지원을위한특별조치법이 제정되었고, 그 후 2002. 1. 26. 법률 제6639호로 위 법률이 폐지되고, 중소기업의구조개선과재래시장활성화를위한특별조치법이 제정되었다가(시장재개발·재건축에 관한 특례 등을 두고 있었다), 다시 2004. 10. 22. 법률 제7235호로 위 법률이 폐지되고, 재래시장육성을위한특별법이 제정되었으며(시장재개발·재건축사업을 시장정비사업으로 일원화하여 규율하면서, 용적률·건폐율·건축물의 높이 등 제한을 완화하고, 국세 및 지방세 감면 등의 특례를 두었다), 2006. 4. 28. 법률 제7945호로 전부개정되면서 재래시장 및 상점가 육성을 위한 특별법으로 법명이 변경되었다가, 2009. 12. 30. 법률 제9887호로 일부 개정되면서 법명이 전통시장법으로 다시 바뀌었다. 시장정비사업의 절차에 도시정비법 및 집합건물법을 준용하고 시장정비사업을 촉진하기 위한 특례를 특별법에 규정하는 기본적인 구조는 현행 전통시장법에 이르기까지 동일하다.

15) 구 전통시장법(2017. 2. 8. 법률 제14567호로 전부개정되기 전의 것)에서는 도시정비법 중 도시환경정비사업(상업지역·공업지역 등으로서 토지의 효율적 이용과 도심 또는 부도심 등 도시기능의 회복이나 상권활성화 등이 필요한 지역에서 도시환경을 개선하기 위하여 시행하는 사업)에 관한 규정을 준용하도록 규정하고 있었다.

하지 아니한 경우에 대하여 벌칙규정을 따로 두고 있으므로(전통시장법 72조), 이를 두고 시장정비사업에서 구 도시정비법상 벌칙규정의 적용을 배제하기 위한 것이라고 해석할 여지가 있으나, 그 경우 정비사업의 공정하고 투명한 시행을 위한 규제들이 실효성을 잃어 집행부와 조합원 간 이해가 상충하거나 비리가 발생하여 사업 진행이 지연되거나 무산될 수 있고, 결국 시장정비사업을 촉진하고자 하는 구 전통시장법의 목적을 저해하는 결과가 초래될 수 있다. 따라서 입법자는 그 성질에 반하지 않는 한도 내에서 벌칙규정을 포함한 도시정비법 규정을 원칙적·포괄적으로 준용하고자 한 것이라고 보아야 하고, 이는 명확성의 원칙에 반하지 않는다.[16)]

따라서 시장정비사업 추진위원회 또는 사업시행자로부터 시장정비사업을 위탁받음에 있어서도 관할 행정청에 정비사업전문관리업의 등록을 하여야 하고, 그와 같은 등록 없이 시장정비사업을 위탁받는 경우 도시정비법 137조 9호에 의하여 형사처벌의 대상이 된다.

마. 집합건물법과의 관계

도시정비법상의 재건축은 준공일로부터 법정기간이 경과된 노후·불량건축물로서 기존 세대수가 200세대 이상이거나 그 부지면적이 1만㎡ 이상인 주택단지에 대하여 정비구역지정이 이루어져야 재건축이 가능하다.

그러나 집합건물법상의 재건축은 건물의 훼손이나 그 밖의 사정에 의하여 건물의 가격에 비하여 과다한 수선·복구비 등이 소요되는 경우와 부근 토지의 이용 상황의 변화나 그 밖의 사정으로 건물을 재건축하면 그 비용에 비하여 현저하게 효용이 증가하게 되는 경우(경제적 가치를 증가시킬 목적)에 기존 건물을 철거하고 신축하는 재건축결의가 가능하다(집합건물법 47조 1항). 주택단지 전체가 아니라 각 동별 재건축도 가능하다.

집합건물법상 재건축에 있어 구건물과 신건물의 용도가 동일·유사할 것을 요구하고 있지 않으므로, 주거용 집합건물을 철거하고 상가용 집합건물을 신축하는 것과 같이 건물의 용도를 변경하는 형태의 재건축결의도 가능하다(도시정비법상 재건축은 종래에는 주택 등을 공급하는 방법만이 가능하였으나, 현재는 건축물을 공급하는 것이 가능하다. 법 23조 3항).

Ⅲ. 정비사업의 특징

1. 공익사업

도시정비법상의 정비사업은 도시환경이 불량한 지역을 계획적으로 정비하고, 노후·불량건축물을 개량하여 도심 및 주거환경을 개선하는 공익사업이다. 정비사업은 관리처분계획의 인가·고시가 이루지는 경우 사회적 약자인 임차인 등의 보호를 위하여 법이 권리존속기간을 강제하고 있는 민법 280조·281조 및 312조 2항, 주택임대차법 4조 1항, 상가임대차 9조 1항을 배제한 채

---

16) 헌법재판소 2022. 6. 30. 선고 2020헌바15 결정, 형벌에 관한 준용규정이 죄형법정주의 명확성원칙에 위배되는지 여부는 구성요건 및 벌칙규정의 준용 여부가 준용규정에 의하여 명확한지 여부에 달린 것이지 형벌규정이라고 해서 포괄적 준용방식(포괄하여 하나의 조문으로 준용된다고 규정하는 방식)은 금지되고 반드시 열거적 준용방식(유사한 사안에 대하여 준용되는 다른 법률의 규정을 일일이 열거하는 방식)을 택하여만 하는 것은 아니다(헌법재판소 2014. 7. 24. 선고 2013헌바169 결정 참조).

목적물에 대한 사용·수익이 정지될 정도로 공공성 및 공익성의 정도가 중하다.

또한 정비구역 내의 국·공유재산은 사업시행계획인가의 고시가 있은 날부터 종전의 용도가 폐지된 것으로 간주하므로(법 98조 5항), 행정재산이 아니라 일반재산으로 변경된다. 국·공유재산은 국유재산법 43조 및 공유재산법 29조에 따라 경쟁입찰에 의하여 처분되어야 함에도 불구하고, 정비구역 내의 국·공유재산은 사업시행자 또는 점유연고권자에게 다른 사람에 우선하여 수의계약으로 매각될 수 있다(법 98조 4항). 또한 정비사업을 목적으로 우선하여 매각하는 국·공유지는 사업시행계획인가의 고시가 있은 날을 기준으로 평가한다(주거환경개선사업의 경우 매각가격은 평가금액의 100분의 80으로 한다).

정비사업의 공익적 성격상 가급적 유효하게 진행되도록 하는 것이 타당하다는 취지에서 원래의 조합설립변경인가는 조합이 설립인가받은 사항을 후발적 사정을 이유로 변경하는 것을 전제로 함에도, 최초의 조합설립인가처분에 동의율 부족 등 하자가 있음을 이유로 취소소송이 제기되고, 1심에서 동의율 미달 등을 이유로 조합설립인가처분의 취소판결을 받게 되는 경우, 사업시행자는 항소심 진행 중(심지어 1심에서 취소판결을 받고 항소기각 판결을 받은 후, 상고심 진행 중)에 조합설립인가의 요건을 모두 구비하여 변경인가처분을 받게 되는데, 판례는 이를 유효한 것으로 인정하고 있다.

공익성의 정도는 재건축사업, 재개발사업, 주거환경개선사업의 순으로 강하다. 도시정비법은 공익성이 강한 정비사업에 대하여는 공적개입이나 강제로 규율하는 범위가 넓고, 상대적으로 공익성이 약한 정비사업의 경우에는 보다 많은 자율성을 부여하고 있다. 가장 공익성이 중대한 주거환경개선사업의 경우 사업시행자는 시장·군수등[17]이나 토지주택공사등(한국토지주택공사를 따로 지칭할 때도 '토지주택공사'라고만 한다)[18] 공공기관이고, 토지등소유자[19]나 사인(私人)은 단독의 사업시행자가 될 수 없다.

2. 원칙적으로 조합이 시행하는 사업

도시정비법상 시장·군수등 또는 토지주택공사등이 아닌 자가 정비사업을 시행하고자 하는 경우에는 토지등소유자로 구성된 조합(예외 토지등소유자가 20인 미만인 재개발사업)을 설립하여야 하므로 사업시행자는 원칙적으로 조합이다(법 35조 1항). 해당 정비구역 내 토지등소유자들이 직접적이고 밀접한 이해관계를 가지므로 이들로 하여금 정비사업을 수행하도록 하는 것이 정비사업의 원활하고 효율적인 진행에 도움이 될 것이기 때문이다.

조합은 관할 행정청의 감독 아래 정비사업을 시행하는 목적 범위 내에서 법령이 정하는 바에 따라 일정한 행정작용을 행하는 '행정주체' 및 '행정청'로서의 지위를 갖는다. 그와 동시에 정비구역 내에서 독점적·배타적인 사업시행권을 가지는 사업시행자로서 조합원들로 구성된 '공법상 단

---

17) 특별자치시장, 특별자치도지사, 시장, 군수, 자치구의 구청장[법 2조 2호 나목 1)].

18) 한국토지주택공사법에 따라 설립된 한국토지주택공사 또는 지방공기업법에 따라 주택사업을 수행하기 위하여 설립된 지방공사를 말한다(법 2조 10호).

19) 주거환경개선사업 및 재개발사업의 경우에는 정비구역에 위치한 토지 또는 건축물의 소유자 또는 그 지상권자를, 재건축사업의 경우에는 정비구역에 위치한 건축물 및 그 부속토지의 소유자를 의미한다(법 2조 9호). 정비구역 내 토지 또는 건축물(재개발), 건축물 및 부속토지(재건축)를 통칭하는 경우에도 '토지등'이라고 한다.

체[협의의 공공단체의 일종인 공법상 사단법인(공공조합)]'로서의 성격도 갖는다.[20)]

도시정비법이 정비사업의 시행과 관련한 일정한 사항을 정관[21)]으로 정하도록 위임하고 있는 경우 조합은 위임받은 사항에 관하여 상위법령을 위반하지 않는 범위 내에서 해당 조합의 실정에 맞게 조합원들의 자율적이고 민주적인 의사에 따라 단체내부의 자치규범인 '정관'을 제정할 수 있다. 조합의 정관은 조합의 조직, 활동, 조합원의 권리의무관계 등 단체법적 법률관계를 규율하는 것으로서 공법인인 조합과 조합원에 대하여 구속력을 가지는 자치법규가 된다.

조합에는 기관으로 조합장, 감사, 총회가 있는바, 행정주체이고 공법상 단체라는 특성, 도시정비법령 조항의 내용(대의원회가 총회의 권한을 대행할 수 없는 사항 명시, 법 시행령 43조)에 비추어 도시정비법령이 정한 각각 기관의 고유한 역할과 권한은 행정주체 내부의 권한 분장사항에 해당하여 강행법규로 보아야 하므로 임의로 정관 규정이나 약정으로 변경할 수 없다.[22)]

도시정비법 45조 1항은 자금의 차입, 예산으로 정한 사항 외에 조합원의 부담이 될 계약, 시공자·설계자 및 감정평가법인등의 선정 및 변경 등에 관하여 총회의 의결사항으로 정하고 있는바, 이는 강행규정이고, 강행법규에 의하여 요구되는 총회결의를 거치지 아니한 이상 조합장은 조합을 대표하여 계약을 체결할 권한이 없으므로, 상대방의 선의이고 무과실이라 하더라도(거래 당시 총회결의 요건의 흠결을 과실 없이 알지 못하였다 하더라도) 무효이다.[23)]

나아가 도시정비법은 정관에 규정하여야 할 사항으로 조합의 비용부담, 시공자의 선정 및 시공계약서에 포함될 내용 등을 규정하고 있고, 위와 같은 정관 기재사항의 변경을 위해서는 조합원의 3분의 2 이상의 동의를 받도록 규정하고 있는바, 총회결의의 내용(일반적으로 사업시행계획의 작성이나 관리처분계획의 수립을 위한 총회결의의 내용)에 정관의 필요적 기재사항이자 엄격한 정관변경절차를 거쳐야 하는 '조합의 비용부담'이나 '시공자·설계자의 선정 및 계약서에 포함될 내용'이 포함되어 있는 경우, 당초 재개발 또는 재건축결의 당시와 비교하여 볼 때 조합원들의 이해관계에 중대한 영향을 미칠 정도로 실질적으로 변경된 경우에는 조합원의 3분의 2 이상의 찬성이라는 특별결의가 이루어지지 않으면 무효이고, 위와 같은 찬성결의를 거치지 아니한 채 위 결의 내용을 반영하여 시공자와 계약을 체결한 경우, 위 계약도 무효이며, 상대방의 선의이고 무과실이라 하더라도 무효이다(상대방이 그러한 법적 제한이 있다는 사실을 몰랐다거나 총회결의

20) 대법원 2009. 9. 24. 선고 2008다60568 판결, 헌법재판소 2012. 4. 24. 선고 2010헌바1 결정.

21) 조합이 사업시행자인 경우에는 반드시 정관을 작성하여야 하고, 개인이 사업시행자인 토지등소유자가 20인 미만인 재개발사업의 경우에는 토지등소유자들이 정관에 준하는 정한 규약을 자치적으로 제정한다. 이를 통칭하는 경우 '정관등'이라고 한다(법 2조 11호).

22) 대법원 2018. 2. 8. 자 2017두65227 판결 및 서울고등법원 2017. 9. 13. 선고 2015누48404 판결(조합 집행부와 상가대표자 사이에 체결된 상가독립정산제 약정 내용대로 조합 총회가 상가부분에 관한 관리처분계획을 수립할 의무를 부담하는 것이라면 관리처분계획의 의결 권한을 총회에 부여한 강행법규를 위반한 것이어서 무효이다).

23) 민법상 법인의 경우 법인의 채무를 부담하는 계약을 체결함에 있어서 총회의 결의를 요한다고 정관에 규정하였더라도, 대표권의 제한은 등기가 가능하고, 등기한 경우에는 제3자에게 대항 가능하나, 등기하지 아니하면 제3자가 악의라도 대항이 불가한바, 행정청이 종전 법률인 구 주택건설촉진법(2003. 5. 29. 법률 제6916호 주택법으로 전부 개정되기 전의 것)에 의하여 재건축조합에 대하여 조합설립인가처분을 하였더라도 도시정비법이 시행되고 해당 재건축조합이 도시정비법 부칙(2002. 12. 30.) 10조 1항에 따라 설립등기를 마친 후에는 그 재건축조합을 공법인으로 보게 되고, 이러한 재건축조합에는 도시정비법 27조에 의하여 민법 60조가 준용되므로, 재건축조합의 조합장이 조합원의 부담이 될 계약을 체결하기 위하여는 총회의 결의를 거치도록 조합규약에 규정되어 있다 하더라도 이는 법인 대표권을 제한한 것으로서 그러한 제한은 등기하지 아니하면 제3자에게 그의 선의·악의에 관계없이 대항할 수 없다(대법원 2014. 9. 4. 선고 2011다51540 판결).

가 유효하기 위한 정족수에 관하여 잘못 알았다고 하더라도 그 계약이 무효임에는 변함이 없다).

3. 원칙적으로 공용환권을 목적으로 하는 사업

조합이 사업시행자가 되는 정비사업은 원칙적으로 토지등소유자가 조합원이 되어 자신의 종전자산을 출자한 후 종후자산을 배분받되, 이전고시를 통하여 종전자산에 관한 권리가 권리자의 의사와 관계없이 동일성을 유지한 채 종후자산에 관한 권리로 강제적으로 교환·변경되는 공용환권[다만, 관리처분계획인가에 의하여 종전자산에 대한 권리가 종후자산의 권리에 대한 잠정적 권리로서의 수분양권(입주자의 지위, 부동산을 취득할 수 있는 권리)으로 변환된다. 공용환권으로 인하여 종전자산에 있던 저당권 등(가등기담보권·가압류·전세권·지상권 등) 권리가 동일성을 유지한 채 새로운 부동산으로 이전된다]을 목적으로 하는 사업이다.[24)]

공용환권으로 보지 않는 경우 노후·불량주택에 설정된 저당권 등을 말소하여야 정비사업이 진행될 수 있으므로, 그와 같은 권리의 말소가 늦어짐으로써 정비사업이 지연되는 것을 방지하기 위하여 철거되는 노후·불량주택에 설정된 저당권 등 권리를 새로이 건설되는 주택에 설정된 것으로 보도록 하는 공용환권을 인정한 것으로 보인다. 또한 공용환권으로 인하여 사업시행자로서는 정비사업을 시행하기 위해 종전자산에 대한 조합원의 권리를 취득할 필요가 없고 법령이나 조례상 그러한 절차도 마련되어 있지 않다(다만, 조합은 정비사업의 원활한 진행을 위하여 정관으로 조합원의 토지등에 대한 신탁등기의무를 규정하고 있는 경우가 있다).

공용환권은 종전 토지·건물에 관한 권리를 정비사업으로 새로이 건축되는 건축물과 그 부지에 관한 권리로 변환시키는 입체적 환지 수법이라는 점에서 평면적인 토지정리에 그치고 토지와 토지를 교환·분할·합병하는 공용환지와 다르다.[25)] 다만, 재개발사업 및 주거환경개선사업의 경우에는 예외적으로 대지로서의 효용을 증진하기 위하여 토지를 교환·분합하는 환지방식도 가능하고(환지방식은 토지등소유자가 자신의 소유권 및 소유권 외의 권리관계를 유지한 채 사업비에 충당하는 면적인 체비지와 도로, 공원, 녹지 등 공공시설용지 등의 면적을 뺀 나머지 면적을 토지등소유자에게 돌려주는 방식이다), 시장·군수등 또는 공공기관이 사업시행자가 되는 관리형 주거환경개선사업에는 구 주택의 보전을 포함하여 폭넓은 예외가 인정된다.

4. 원칙적으로 토지등소유자 전원의 참여가 필요한 사업

정비사업은 원칙적으로 정비구역 내 토지등소유자 전원이 정비사업에 참가하는 상태를 형성하여야 진행이 가능한 사업이다. 왜냐하면 정비계획에 특별히 종교부지 등으로 획지가 분할되지 아니한 이상(서울시 조례 8조 2항 3호) 정비구역 내 토지 전부가 정비사업의 시행으로 건설되는 아파트 등에 대한 대지권을 구성하기 때문이다. 도시정비법 79조 8항 단서가 사업시행자가 매도청구소송을 통하여 법원의 승소판결을 받은 후 입주예정자에게 피해가 없도록 손실보상금을 공탁하고 분양예정인 건축물을 담보한 경우에는 법원의 승소판결이 확정되기 전이라도 주택법 54

---

24) 대법원 2020. 9. 3. 선고 2019다272343 판결, 대법원 2016. 2. 18. 선고 2015두2048 판결, 대법원 2015. 11. 26. 선고 2014두15528 판결.

25) 부동산등기실무 Ⅲ, 법원행정처(2015), 252면.

조에도 불구하고 입주자를 모집할 수 있으나, 83조에 따른 준공인가 신청 전까지 해당 주택건설 대지의 소유권을 확보하여야 한다고 규정한 것은 이를 전제로 한다. 나아가 사업시행계획을 통하여 건축법 11조의 건축허가가 의제되고, 주택법 15조의 사업계획승인이 의제되는데, 건축허가나 사업계획승인을 위해서는 해당 토지의 소유권을 확보하여야 한다(건축법 11조 11항, 주택법 21조 1항).

정비구역 내 토지 중 국·공유지가 존재하는 경우, 국·공유지는 사업시행계획의 인가·고시가 있은 날 종전의 용도가 폐지되고(법 98조 5항), 행정재산도 모두 일반재산이 되며, 그중 정비기반시설은 도시정비법 97조 2항 후문에 의하여 사업시행자가 새로 설치한 정비기반시설의 설치비용에 상당하는 범위에서 그에게 무상으로 양도되고, 준공인가 시에 사업시행자가 취득하게 된다(취득시점과 관련하여 같은 법 97조 5항에 대한 해석상 다툼이 있다. 공익사업인 정비사업의 성격상 충실한 정비기반시설의 설치가 전제가 되므로, 일반적으로 기존 정비기반시설은 사업시행자가 무상양도받는 것이 일반적이다). 정비기반시설이 아닌 국·공유지의 경우 토지등소유자가 점유, 사용하는 등의 점유연고권이 인정되는 경우에는 토지등소유자가, 그 외의 경우에는 사업시행자가 우선하여 수의계약으로 매수한다.

정비구역 내 토지등소유자 중 일부가 처음부터 조합원 지위가 없거나 조합원의 지위를 상실한 경우 사업시행자로서는 정비구역 내 토지등소유자 전원이 정비사업에 참가하는 상태를 형성하도록 하기 위하여 이들의 정비구역 내 토지등에 대한 소유권의 확보에 나아가게 된다. 즉, 법 및 조합 정관은 토지등소유자가 정비사업에의 참여를 원하지 않는 경우 이를 허용하되, 사업시행자가 그들로부터 종전자산을 취득하여 정비사업의 진행을 원하는 조합원들만으로 사업진행이 가능하게 함으로써 정비사업을 신속하고도 차질 없이 효율적으로 추진할 수 있도록 현금청산규정, 즉 재개발사업의 경우에는 수용재결, 재건축사업의 경우에는 매도청구의 각 규정을 두고 있다.

사업시행자가 국·공유지 또는 정비사업에의 참여를 원하지 않는 토지등소유자들의 토지를 취득하여야 하는 시기는 (사업시행자가 분양하는 일반분양분이 공동주택 30세대 이상인 경우 주택법이 적용된다) 주택공급에 관한 규칙 15조 1항 1호 본문이 사업주체는 주택이 건설하는 대지에 대한 소유권을 확보하어야 입주자를 모집할 수 있다고 규정하고 있으므로, 원칙적으로 일반분양하기 이전이어야 한다. 실무상으로는 일반분양할 무렵 정관에 기하여 조합원에 대한 분양계약 체결을 통지하고, 조합원이 분양계약 체결을 거절하는 경우, 사업시행자는 해당 조합원을 조합원에서 제외하는 조합설립변경인가(경미한 변경으로 신고, 법 시행령 31조 7호)를 받고, 그를 현금청산대상자로 한 후 해당 조합원분양분에 대하여 일반분양하는 내용으로 관리처분변경계획을 수립하고 일반분양하게 되나, 그 후 위 분양계약 체결의 통지가 부적법한 것으로 드러나는 경우가 있다(해당 조합원을 현금청산대상자로 하고, 그 조합원분양분을 일반분양하는 내용의 관리처분변경계획은 효력이 없고, 현금청산대상자임을 전제로 한 종전자산에 대한 수용재결도 효력이 없다). 그 경우 해당 조합원은 종전자산인 토지등의 소유권을 계속하여 보유하고 있고, 수분양자의 지위도 존속하므로, 종전 관리처분계획상의 수분양목적물에 대한 분양계약을 체결하고 그에 대한 이전고시가 이루어져야 함에도, 이미 그에 대한 일반분양의 완성(입주까지 완료)으로 현실적으로 어려운

바, 이를 해결하지 못하는 한 종국적으로 관리처분계획이 완성된 것으로 볼 수 없어 이전고시로 나아가지 못한 사례가 있다(아현제4구역주택재개발정비사업조합 사건).

5. 다양한 변수가 존재하는 장기간을 요하는 사업

정비사업은 도시·주거환경정비기본계획(이하 '기본계획'이라 한다) 수립부터 이전고시를 거쳐 입주 시까지 정상적으로 정비사업이 진행되더라도 10년 내지 15년이 소요되는 장기에 걸쳐 진행되는 사업이다. 또한 부동산 정책,[26] 시장상황이나 주변여건이 급변하고, 관계 법령이 수시로 변경되는 등 다양한 변수가 존재한다.

위와 같은 특성상 사업시행계획이나 관리처분계획 등은 처음부터 정비사업에 관한 모든 세부적 사항을 확정하여 작성, 수립하는 것이 현실적으로 용이하지 않아 정비사업 진행경과에 따라 세부적 내용을 구체화하는 등으로 단계적, 발전적으로 이를 형성해 나가게 되거나 다양한 변수를 반영할 필요성으로 인하여 변경이 내재되어 있고, 이에 도시정비법령도 조합설립인가, 사업시행계획, 관리처분계획, 정관 등의 변경에 관하여 자세히 규정하고 있다. 다만, 사업시행이 완료되어 이전고시가 이루어진 이후에는 그에 따라 이미 형성된 법률관계를 유지하여 법적 안정성을 보호할 필요성이 현저하여 그 전 단계의 조합설립인가처분, 사업시행계획인가, 관리처분계획인가 및 수용재결 등을 더 이상 다툴 수 없다.[27]

판례는 조합의 임원(도시정비법의 약칭에 따라 '조합임원'이라 한다. 도시정비법 40조 1항 5호 참조)의 보수에 관한 인센티브의 내용이 부당하게 과다하여 신의성실의 원칙이나 형평의 관념에 반한다고 볼 만한 특별한 사정이 있는 때에는 적당하다고 인정되는 범위를 벗어난 인센티브 지급에 대한 결의 부분은 그 효력이 없다고 하는바, 그 근거 중 하나로 정비사업을 통한 손실이나 이익은 단지 조합임원의 노력만으로 이루어지는 것은 아니고 부동산 경기, 재건축사업에 대한 공적 규제의 변동 등 다양한 외부적 요소에 의하여 영향을 받음에 근거한다.

6. 처분 중심의 순차적 절차 진행 사업

정비사업은 정비계획의 수립, 조합의 설립, 사업시행계획, 관리처분계획, 이전고시 등의 단계를 거쳐 순차 진행되는 등 처분 중심의 사업이다. 정비사업은 다수 관계자들의 이해관계가 복잡하게 얽혀 있는 장기간을 요하는 공익사업이므로, 감독청인 행정청이 각 단계별로 인가 등의 처분을 통하여 사업이 적법하게 이루어지도록 관리·감독한다.

위와 같이 처분 중심의 행정사건으로 규율되는데, 각각의 단계별 처분은 별개의 법률효과를 발생시키는 독립된 행정처분이므로, 선행처분에 불가쟁력이 생겨 그 효력을 다툴 수 없게 되면 선행처분의 하자가 중대하고 명백하여 선행처분이 당연무효인 경우를 제외하고는 특별한 사정이 없는 한 선행처분의 하자를 이유로 후행처분의 효력을 다툴 수 없어 법적 안정성이 확보된

---

26) 재건축사업의 경우 재건축진단기준은 국토부장관이 '주택재건축판정을 위한 안전진단기준'이라는 고시로 정하는바, 재건축의 활성화에 주안점을 두는 정부의 경우 재건축진단의 기준을 낮춰 재건축진단의 통과를 용이하게 하고, 재건축의 억제에 주안점을 두는 정부의 경우 재건축진단의 기준을 높여 재건축진단의 통과를 어렵게 한다.

27) 대법원 2012. 3. 22. 선고 2011두6400 전원합의체 판결, 대법원 2014. 9. 25. 선고 2011두20680 판결, 대법원 2017. 3. 16. 선고 2013두11536 판결.

다. 특히 이는 처분이 통상 고시 또는 공고에 의하여 이루어져 다음에서 살펴볼 행정업무규정의 관련 조항에 의하여 더욱 큰 위력을 발휘한다(각 단계별로 감독청이 수립하는 정비계획이나 사업시행자가 수립하는 사업시행계획, 관리처분계획은 행정계획으로 행위자에게 폭 넓은 재량이 부여되어 있어 그 하자를 인정하기가 용이하지 않다).[28)]

또한 공정력이 인정되어 처분이 아무리 위법하다고 하여도 그 하자가 중대하고 명백하여 당연무효라고 보아야 할 사유가 있는 경우를 제외하고는 아무도 그 하자를 이유로 무단히 그 효과를 부정하지 못함으로써 법적 안정성이 확보된다.

나아가 이해관계가 상충되는 다수의 토지등소유자들의 개별적이고 구체적인 이익이 충돌하는 정비사업에서 처분 중심의 사업으로 구성함으로써 항고소송에서 인용판결 시 대세효가 인정되어 분쟁의 근원적이고 획일적 해결이 가능하다(행정소송법 29조 1항, 38조).[29)]

한편, 정비사업상 각 단계별 처분은 각 단계에서 조합설립인가, 사업시행계획인가, 관리처분계획인가 등의 선행 행정처분이 이루어짐에 따라 후행처분이 진행되는 것이 특성으로서, 선행처분은 그 자체로 처분의 목적이 종료되지 않고 계속하여 후행처분의 전제가 되므로(이하에서는 해당처분이 변경되는 경우의 처분은 '후행처분', 후속절차에 따라 이루어지는 처분은 '후속처분'이라는 용어를 주로 사용한다), 선행처분이 당연무효로 확인되거나 취소될 경우 후행 및 후속처분도 소급하여 효력이 상실된다. 특히 이는 후속의 행정처분뿐만 아니라 사법상 계약이나 사실행위도 모두 소급하여 무효가 되어 분쟁의 근원적이고 획일적 해결이 가능하다.

구체적으로 살펴보면, 조합설립인가처분이 무효로 확인되거나 취소될 경우, 조합설립변경인가처분뿐만 아니라 그 유효를 전제로 하는 시공자 선정에 관한 총회 결의, 사업시행계획 및 인가처분, 매도청구권 행사(재건축), 분양공고 및 분양신청절차, 분양신청을 하지 않은 자에 대한 정비구역 내 토지등의 협의취득, 수용 및 이의재결, 관리처분계획 및 인가처분 등과 같은 후속행위 역시 소급하여 효력을 잃게 된다.[30)] 당초 사업시행계획이 무효로 확인되거나 취소될 경우, 사업시행변경계획뿐만 아니라 이를 전제로 한 분양공고 및 분양신청 절차, 협의 및 수용절차(재개발사업), 관리처분계획의 수립 및 인가와 같은 여러 후속행위들도 모두 소급하여 효력이 상실된다.[31)]

7. 다수의 이해관계자 관련 사업

정비사업은 이해관계가 상충되는 다수의 토지등소유자들의 개별적이고 구체적인 이익을 적절히 형량·조정하면서 장기에 걸쳐 진행되는 사업이다. 그 과정에서 임차인 등 다수 관계자들의

---

28) 행정계획이란 행정에 관한 전문적·기술적 판단을 기초로 하여 도시의 정비 등과 같은 특정한 행정목표를 달성하기 위하여 서로 관련되는 행정수단을 종합·조정함으로써 장래의 일정한 시점에 일정한 질서를 실현하기 위한 활동기준으로 설정된 것으로서, 관계 법령에는 추상적인 행정목표와 절차만이 규정되어 있을 뿐 행정계획의 내용에 대하여는 별다른 규정을 두고 있지 않으므로 행정주체는 구체적인 행정계획을 입안·결정하면서 비교적 광범위한 형성의 자유를 가진다(대법원 2023. 11. 16. 선고 2022두61816 판결).

29) 당사자 사이에서만 기판력을 가지는 민사소송에 의하는 경우 개별 토지등소유자 사이에 판결의 결과가 구구하게 되는 것을 피할 수 없고, 그 경우 판결의 모순·저촉으로 인하여 근원적인 분쟁해결이 사실상 불가능하다.

30) 대법원 2012. 3. 29. 선고 2008다95885 판결, 대법원 2012. 10. 25. 선고 2010두25107 판결.

31) 대법원 2013. 11. 28. 선고 2011두30199 판결.

이해관계도 복잡하게 얽혀 있다.

다수의 토지등소유자들의 개별적, 구체적 이익을 모두 만족시킬 수는 없으므로, 이를 적절히 형량·조정함에 있어 사업시행자에게 상당한 재량권이 부여된다. 적법하게 인가된 관리처분계획이 종전의 토지 또는 건축물의 면적·이용상황·환경 그 밖의 사항을 종합적으로 고려하여 대지 또는 건축물이 균형 있게 분양신청자에게 배분되고 합리적으로 이용되도록 하는 것인 이상, 그로 인하여 토지등소유자들 사이에 다소 불균형이 초래된다고 하더라도 그것이 특정 토지등소유자의 재산권을 본질적으로 침해하는 것이 아닌 한, 이에 따른 손익관계는 종전자산과 종후자산의 적정한 평가 등을 통하여 청산금을 가감함으로써 조정될 것이므로, 그러한 사정만으로 그 관리처분계획을 위법하다고 볼 수는 없다.[32)]

정비사업은 이해관계가 상충되는 다수의 토지등소유자 및 임차인 등 기타 관계인들을 대상으로 하고, 그 효력이 다수인에게 동시에 발생하며, 제소기간을 일률적으로 정할 필요성이 상당하므로, 도시정비법상의 처분은 통상 고시 또는 공고에 의하여 이루어진다(조합설립인가처분 예외). 이에 따라 고시 또는 공고 그 자체에 특별한 규정이 있는 경우를 제외하고는 행정업무규정 4조 3호, 6조 3항에 의하여 고시 또는 공고가 있고 난 뒤 5일이 경과한 날부터 효력을 발생한다(이는 사업시행계획'인가' 및 관리처분계획'인가' 뿐만 아니라 인가에 의하여 별도의 처분으로 성립되는 사업시행계획 및 관리처분계획에도 동일하게 적용된다).

위와 같이 고시 또는 공고에 의하여 행정처분을 하는 경우에는 그 처분의 상대방이 다수이고 그 처분의 효력이 그들에게 일률적으로 적용되는 것이므로, 행정처분에 이해관계를 갖는 자가 고시 또는 공고가 있었다는 사실을 현실적으로 알았는지 여부에 관계없이 고시 또는 공고가 효력을 발생하는 날에 행정처분이 있음을 알았다고 보아야 한다. 처분의 취소를 구하는 소송의 제소기간은 그때부터 기산한다.

---

32) 대법원 2014. 3. 27. 선고 2011두24057 판결.

제2장 정비사업의 종류 및 특성 개관

Ⅰ. 정비사업의 종류 개관

1. 원칙적 형태

도시정비법에서 정한 절차에 따라 도시기능을 회복하기 위하여 정비구역에서 정비기반시설을 정비하거나 주택 등 건축물을 개량 또는 건설하는 사업을 정비사업이라고 하는데, 여기에는 3가지 종류가 있다(법 2조 2호).

첫째, **주거환경개선사업**: 도시저소득 주민이 집단거주하는 지역으로서 정비기반시설이 극히 열악하고 노후·불량건축물이 과도하게 밀집한 지역의 주거환경을 개선하거나 단독주택 및 다세대주택이 밀집한 지역에서 정비기반시설과 공동이용시설 확충을 통하여 주거환경을 보전·정비·개량하기 위한 사업

둘째, **재개발사업**: 정비기반시설이 열악하고 노후·불량건축물이 밀집한 지역에서 주거환경을 개선하거나 상업지역·공업지역 등에서 도시기능의 회복 및 상권활성화 등을 위하여 도시환경을 개선하기 위한 사업[서울시 조례 3조는 재개발사업에 관하여 정비기반시설이 열악하고 노후·불량건축물이 밀집한 지역에서 주거환경을 개선하기 위하여 시행하는 재개발사업을 '주택정비형 재개발사업', 상업지역·공업지역 등에서 도시 기능의 회복 및 상권 활성화 등 도시환경을 개선하기 위하여 시행하는 재개발사업을 '도시정비형 재개발사업'으로 구분하고 있으므로, 이하에서도 이와 같이 구분한다]

셋째, **재건축사업**: 정비기반시설은 양호하나 노후·불량건축물에 해당하는 공동주택이 밀집한 지역에서 주거환경을 개선하기 위한 사업

"정비기반시설"이란 도로·상하수도·구거(溝渠: 도랑)·공원·공용주차장·공동구(국토계획법 2조 9호에 따른 공동구를 말한다), 그 밖에 주민의 생활에 필요한 열·가스 등의 공급시설로서 대통령령[1]으로 정하는 시설을 말한다(법 2조 4호).

---

1) 법 시행령 3조(정비기반시설) 법 2조 4호에서 "대통령령으로 정하는 시설"이란 다음 각 호의 시설을 말한다.
1. 녹지
2. 하천
3. 공공공지
4. 광장
5. 소방용수시설
6. 비상대피시설
7. 가스공급시설
8. 지역난방시설
9. 주거환경개선사업을 위하여 지정·고시된 정비구역에 설치하는 공동이용시설로서 사업시행계획서에 해당 시장·군수등이 관리하는 것으로 포함된 시설

"공동이용시설"이란 주민이 공동으로 사용하는 놀이터·마을회관·공동작업장, 그 밖에 대통령령[2)]으로 정하는 시설을 말한다.

2. 공공재개발 및 공공재건축

법이 2021. 4. 13. 법률 제18046호로 개정되면서 공공재개발 및 공공재건축사업이 신설되었다. 시장·군수등 또는 토지주택공사등이 사업시행자 등으로 반드시 참여하여야 하고, 용적률 인센티브 등을 통한 사업성 강화와 반대급부로서의 기부채납 등을 내용으로 한다. 자세한 내용은 아래에서 살펴본다.

3. 기 타

가. 서울시의 재개발·재건축 신속통합기획

서울시의 재개발 재건축 신속통합기획은 2021. 9. 23. '2025 서울시 도시·주거환경정비 기본계획' 변경 고시(서울시 고시 제2021-530호)를 통하여 도입한 것이다.

이는 정비계획 수립단계에서 서울시가 공공성과 사업성의 균형을 이룬 가이드라인을 제시하고, 신속한 사업추진을 지원하는 공공지원계획이다. 공공재개발 및 공공재건축은 시장, 군수 또는 토지주택공사가 단독 또는 조합과 공동으로 사업시행자가 되어 사업을 주도하는 것임에 반해, 서울시의 재개발 재건축 신속통합기획은 조합 등이 사업시행자가 되고, 서울시는 계획과 절차를 지원하는 것이다.

그 내용으로는 정비계획 및 지구단위계획 통합계획으로 심의기간을 단축하는 등 정비구역지정까지의 기간을 단축할 수 있고(통상적으로 5년 이상 걸리나 2년 내에 가능), 사업시행계획인가에 있어 건축, 교통, 환경 등을 통합하여 신속한 심의가 가능한 것이다. 그러나 법이 2023. 7. 18. 개정으로 모든 정비사업에 대하여 사업시행계획인가를 함에 있어 통합심의하도록 규정하여 이 부분은 장점으로 보기 어렵다.

일부 용적률의 인센티브(법정상한용적률의 120%) 및 층수제한의 완화도 가능하지만, 공공재개발 및 공공재건축과 마찬가지로 주택의 기부채납이 필요하다. 정비사업지역은 수시로 접수가 가능하되, 참여를 희망할 경우 해당 자치구에 신청서를 접수하여야 한다. 토지등소유자 과반수의 찬성이 있어야 신청이 가능하다.

---

2) 법 시행령 4조
법 2조 5호에서 "대통령령으로 정하는 시설"이란 다음 각 호의 시설을 말한다.
1. 공동으로 사용하는 구판장·세탁장·화장실 및 수도
2. 탁아소·어린이집·경로당 등 노유자시설
3. 그 밖에 1호 및 2호의 시설과 유사한 용도의 시설로서 시·도 조례로 정하는 시설

서울시 조례 5조(공동이용시설)
영 4조 3호에 따라 시·도 조례로 정하는 공동이용시설은 다음 각 호의 시설을 말한다.
1. 관리사무소, 경비실, 보안·방범시설 등 마을의 안전 및 공동이용관리를 위해 필요한 시설
2. 주민운동시설, 도서관 등 주민공동체 활동을 위한 복리시설
3. 마을공동구판장, 마을공동작업소 등 주민 소득원 개발 및 지역 활성화를 위해 필요한 시설
4. 쓰레기수거 및 처리시설 등 마을의 환경개선을 위해 필요한 시설
5. 노인복지법 38조 1항 2호에 따른 주·야간보호서비스를 제공하는 재가노인복지시설과 장애인복지시설

신속통합기획의 대상인 조합의 경우, 서울시가 조합에 요구하는 공공성 확보계획은 조합과 주민들에게 큰 부담을 지우는 것보다 일부 공영주차장을 기부채납, 단지 외곽을 개방할 것, 보행교를 설치할 것 등 구역의 특성과 규모에 따라 다양한 형태로 제안된다.

나. 서울시의 모아타운사업

모아타운사업은 신축·구축 건물이 혼재돼 있어 대규모 재개발이 어려운 10만㎡ 이내 노후 저층주거지를 하나의 그룹으로 묶어 대단지 아파트처럼 양질의 주택을 공급하고 지하주차장 등 다양한 편의시설을 확충하는 지역 단위 정비방식이다. 주차난 등 저층주거지의 고질적인 문제를 해소하고, 무분별한 개별사업으로 인한 나홀로 아파트를 방지할 수 있다는 장점이 있다.

이는 저층주거지 주차난 해소와 기반시설 확충을 위해 모색된 정책이다. '모아타운'으로 지정되면 지역 내 이웃한 다가구·다세대주택 필지 소유자들이 개별 필지를 모아서 블록 단위(1,500㎡ 이상)로 아파트를 공동 개발하는 '모아주택'(소규모주택정비사업)을 추진할 수 있다. 기존 소규모 정비사업 형태의 가로주택·소규모재건축·소규모재개발·자율주택이 모아타운으로 단지화될 수 있다. 해당 자치구에서 관리계획을 수립한 뒤 서울시에서 주민공람, 통합심의 등 절차를 거쳐 모아타운의 법적 효력을 가지는 소규모주택정비 관리지역으로 지정된다. 모아타운사업을 추진하고자 하는 주민들은 직접 모아타운 관리계획을 마련해 관할 자치구에 제안할 수 있다. 주민제안 요건은 모아타운사업을 위해 설립된 2개 이상 조합이 있거나, 조합이 설립되지 않은 경우에는 사업 예정지(2개소 이상) 내에 각각의 대상 토지면적 3분의 2 이상 동의를 얻은 토지등소유자가 있어야 한다. 서울시는 자치구 공모를 통해 대상지를 선정한다.

Ⅱ. 공공재개발사업 및 공공재건축사업

2021. 4. 13. 새롭게 도입된 공공재개발사업 및 공공재건축사업에 관하여 자세히 살펴본다.

1. 의 의

종래 조합이 조합원 과반수의 동의가 있으면 시장·군수등, 토지주택공사등 공공기관과 공동으로 정비사업을 수행하거나(법 25조), 조합원 과반수의 동의로 요청하는 경우 시장·군수등이 직접 또는 토지주택공사등 공공기관이 사업대행자로서 단독으로 정비사업을 수행하거나(사업대행자, 법 28조 1항 2호), 토지면적 2분의 1 이상의 토지소유자와 토지등소유자의 3분의 2 이상에 해당하는 자가 시장·군수등 또는 토지주택공사등을 사업시행자로 지정하는 것을 요청하는 때에 시장·군수등이 직접 또는 토지주택공사등을 사업시행자로 지정하여 정비사업을 수행하는 제도(공공시행자, 법 26조 1항 8호)가 존재하고 있었다.

그 후 법이 이를 기반으로 하되, 시장·군수등 또는 토지주택공사등이 사업시행자 등으로 반드시 참여함을 전제로 용적률 인센티브 등을 통한 사업성 강화 등과 반대급부로서의 다수의 임대주택의 건설 및 인센티브받은 용적률 중 일부에 대한 사실상 기부(공공재개발), 다수의 세대 수 건축 및 인센티브받은 용적률 중 일부에 대한 사실상 기부(공공재건축) 등을 내용으로 하는 공공재개발 및 공공재건축사업 유형을 2021. 4. 13. 법 개정으로 신설하였다.

주로 사업성 부족이나 주민 간 갈등으로 상당수의 정비사업이 조합설립도 하지 못하고 정체되고 있는 실정을 고려하여 이를 보완하기 위하여 새로운 유형의 정비사업으로 도입되었는데, 용적률의 인센티브를 받음으로써 분담금이 완화되는 등 사업성이 강화될 수 있어 조합원에게 매력적인 측면이 있다. 한편, 도입 당시에는 특별한 장점으로 사업시행계획인가를 함에 있어 건축법 등 각종 법령 사항을 통합심의할 수 있다는 규정(구 법 101조의7 1항)을 두었으나, 법이 2023. 7. 18. 개정되면서 모든 정비사업에 대하여 사업시행계획인가를 함에 있어 통합심의하도록 규정하여 위 규정을 삭제하였다.

한편, 공공재개발의 경우에는 원칙적으로 건설하는 전체 세대 수 중 조합원분양분을 제외한 나머지 주택의 세대 수 또는 연면적의 100분의 20 이상 100분의 50 이하의 범위에서 대통령령으로 정하는 기준에 따라 임대주택 등으로 건설하여야 하고, 인센티브로 법정상한용적률의 120%(법적상한초과용적률)까지 건축이 가능하되, 법적상한초과용적률에서 정비계획에서 정해진 용적률을 뺀 용적률의 100분의 20 이상 100분의 70 이하로서 조례로 정하는 비율에 해당하는 면적에 국민주택규모 주택을 건설하여 시·도지사 등에게 사실상 기부하여 임대주택(일부 분양 가능)으로 활용되므로, 전체 세대 중 임대주택의 비율이 일반 재개발사업에 비하여 과도하여 단지(團地) 자체의 가치가 낮게 평가될 가능성과 이로 인한 종후자산 가치가 저평가될 수 있어 조합원으로서는 공공개발을 주저하게 되는 측면이 있다.

공공재건축의 경우에는 반드시 종전 세대 수의 100분의 160에 해당하는 세대 수 이상을 건설하여야 하므로, 새롭게 건축되는 주택은 고밀도로 인하여 가치가 낮게 평가될 가능성이 높고, 인센티브로 1단계 용도지역 종상향 후 법정상한용적률까지 건축이 가능하되, 법적상한용적률에서 정비계획에서 정해진 용적률을 뺀 용적률의 100분의 40 이상 100분의 70 이하로서 조례로 정하는 비율에 해당하는 면적에 국민주택규모 주택을 건설하여 시·도지사 등에게 사실상 기부하여야 하며, 이 또한 임대주택(일부 분양 가능)으로 활용되어 단지 전체적으로 임대주택의 비율이 상당히 높아 이로 인한 종후자산 가치의 저평가를 우려하여 조합원으로서는 공공개발을 주저하게 되는 측면이 있다.

현재와 같이 아파트의 가격이 급격히 오르는 추세에서는 공공재개발의 경우 분양가상한제의 예외가 적용되는 점이 커다란 매력으로 다가와 일부 조합이 조합원 과반수의 동의 아래 시장·군수등, 토지주택공사등 공공기관과 공동으로 정비사업을 수행하는 공공재개발사업으로 나아가고 있다.

2. 요 건

가. 입안제안 등 구역지정절차

(1) 입안제안

토지등소유자가 공공재개발사업 또는 공공재건축사업을 추진하려는 경우에는 정비계획의 입안을 제안할 수 있다(법 14조 1항 7호).

⑵ 공공재개발사업 또는 공공재건축사업 정비계획 입안결정 및 정비구역지정·정비계획결정

정비계획 입안권자는 공공재개발사업 또는 공공재건축사업의 추진을 전제로 정비계획을 작성하여 정비구역의 지정권자에게 공공재개발사업을 위한 정비구역의 지정을 신청할 수 있다. 정비구역지정권자는 공공재개발사업 또는 공공재건축사업 정비구역을 지정하고, 정비계획을 결정한다.

정비구역지정권자가 공공재개발사업 또는 공공재건축사업을 위한 정비구역의 지정·변경을 고시한 때에는 기본계획의 수립·변경, 도시재정비법 5조에 따른 재정비촉진지구의 지정·변경 및 같은 법 12조에 따른 재정비촉진계획의 결정·변경이 고시된 것으로 간주된다.

지방도시계획위원회 또는 도시재정비위원회는 공공재개발사업·공공재건축사업을 위한 정비구역의 지정(다음에서 살펴볼 공공재개발사업 예정구역 포함)에 필요한 사항을 심의하기 위하여 분과위원회를 둘 수 있다. 이 경우 분과위원회의 심의는 지방도시계획위원회 또는 도시재정비위원회의 심의로 본다.

나. 공공재개발 및 공공재건축의 내용에 대한 조합원 동의

공공재개발 및 공공재건축의 내용에 대한 토지등소유자 과반수의 동의(공동시행자 또는 대행자)나 토지면적 1/2 이상의 토지소유자 및 토지등소유자 2/3 이상의 동의(공공시행자)가 있어야 한다[법 2조 2호 ㈏목 및 ㈐목의 각 1)].

공공재개발은 기존 주거환경개선구역, 재개발구역 또는 주거환경개선구역 지정요건을 충족하여 신규로 구역지정을 희망하는 구역 등을 대상으로 공모하는데, 최초 공모신청 당시에는 조합이나 추진위원회 등 추진 주체가 없는 경우 토지등소유자 중 30%의 동의를 얻어야 신청이 가능하다.

시장, 군수, 토지주택공사등이 단독으로 사업을 시행하는 경우에는 토지면적 1/2 이상의 토지소유자 및 토지등소유자 2/3 이상의 동의가 요구되므로, 실무상 다양한 분쟁이 발생한다(토지등소유자가 사업시행자의 지위에서 배제되므로, 토지등소유자 과반수의 동의로 위원장을 포함하여 5명 이상 25명 이하의 주민대표회의를 구성하고, 시장·군수등의 승인을 받게 되는바, 위 승인처분의 취소를 구하는 소를 제기하거나, 시장·군수등, 토지주택공사를 사업시행자로 지정하는 행정처분의 취소를 구한다).

3. 내 용

가. 주요 내용

⑴ 사업시행자

시장·군수등 또는 토지주택공사등이 단독으로 또는 조합과 공동으로 사업시행자가 되거나 단독의 공공시행자 또는 재개발(재건축)사업의 대행자가 되어야 한다[법 2조의 2. 나. 및 다.의 각 1)].

(2) 용적률 완화와 기부채납

(가) 공공재개발

① 용적률 완화의 내용

공공재개발의 경우 법정 기부채납을 전제로 법적상한용적률의 100분의 120까지 건축할 수 있다(법적상한초과용적률, 법 101조의5 1항). 일반 재개발사업의 경우에는 법정 기부채납을 전제로 용적률을 완화받을 수 있으나, 엄격한 요건[3]하에서만 가능하고, 그 경우에도 법적상한용적률까지만 완화받을 수 있다.

② 절차

일반 재개발사업에서 사업시행자가 국민주택규모 주택을 건설하여 시·도지사 등 인수자에게 기부채납하는 경우와 마찬가지로 공공재개발의 경우에도 사업시행자가 이를 사업시행계획의 내용으로 하여야 한다. 또한 사업시행계획인가를 신청하기 전에 미리 국민주택규모 주택에 관한 사항을 시·도지사 등 인수자와 협의하여 사업시행계획서에 반영하여야 한다(법 101조의5 3항, 법 55조 3항).

③ 기부채납 비율

공공재개발사업 시행자는 법적상한초과용적률에서 정비계획으로 정하여진 용적률을 뺀 초과용적률의 100분의 20 이상 100분의 70 이하로서 시·도 조례(서울시 100분의 60, 서울시 조례 30조 7항)로 정하는 비율에 해당하는 면적에 국민주택규모 주택을 건설하여 시·도지사 등 인수자에게 공급하여야 한다(법 101조의5 2항 본문).

국민주택규모 주택을 건설하여 용적률의 인센티브를 받는 일반 재개발사업의 경우, 법적상한용적률에서 정비계획으로 정한 용적률을 뺀 초과용적률 중 과밀억제권역에서 시행하는 경우 100분의 50 이상 100분의 75 이하로서 시·도 조례(서울시 100분의 50)로 정하는 비율, 과밀억제권역 외의 지역에서 시행하는 경우 100분의 75 이하로서 시·도 조례로 정하는 비율에 해당하는 면적에 국민주택규모 주택을 건설하여 시·도지사 등 인수자에게 공급하여야 한다(법 54조 4항 2호, 4호).

④ 기부채납의 내용

건설하는 국민주택규모 주택을 시·도지사 등 인수자에게 반드시 공급하여야 하고, 또한 공급가격도 주택의 가격은 공공주택 특별법 50조의4에 따라 국토부장관이 고시하는 공공건설임대주택의 표준건축비로 하며, 부속토지는 인수자에게 기부채납한 것으로 본다(법 101조의5, 법 55조 1항, 2항). 국민주택규모 주택을 인수한 시·도지사 등 인수자는 이를 임대기간이 20년 이상인 장기공공임대주택으로 활용하나, 그중 일부 주택에 대하여는 분양할 수 있다(법 101조의5 4항).[4]

---

3) 수도권에서는 수도권정비계획법 6조 1항 1호에 따른 과밀억제권역에서 시행하는 재개발사업의 경우에 한하여, 비수도권에서는 시·도 조례로 정하는 지역에서 시행하는 재개발사업에 한하여 제한적으로 적용된다.

4) 100분의 50 이상의 범위에서 시·도조례로 정하는 비율(법 시행령 80조의2)에 대하여는 분양이 가능하고, 그 경우 인수자는 감정평가액의 100분의 50에 해당하는 가격으로 부속토지를 인수해야 한다(법 시행령 55조 6항). 서울시는 100분의 50으로 정하고 있다(서울시 조례 30조 8항).

다만, 시·도지사 등이 토지등소유자의 부담완화 등 법 시행령 48조 5항의 요건에 해당하여 장기공공임대주택이 아닌 단순 임대주택으로 활용하는 경우에는 사업시행자로부터 부속토지에 대하여도 법 시행령 48조 6항에 기한 금액[감정평가액의 30%(임대의무기간이 10년 이상) 또는 50%(임대의무기간이 10년 미만)]으로 유상인수하여야 한다(법 시행령 48조 6항).

이는 국민주택규모 주택을 건설하여 용적률의 인센티브를 받는 일반 재개발사업과 동일하다.

(나) 공공재건축

① 용적률 완화의 내용

공공재건축사업을 위한 정비구역에 대해서는 해당 정비구역의 지정·고시가 있은 날부터 국토계획법상 지정된 용도지역보다 용적률 상한이 높은 용도지역 중 용적률 상한이 가장 낮은 용도지역(1단계 종상향)으로 결정·고시된 것으로 보고, 해당 지역에 적용되는 용적률 상한까지 용적률을 정할 수 있다(법 101조의6 1항, 법 시행령 80조의3 1항). 제3종 일반주거지역의 경우 300%이나, 1단계 종상향으로 준주거지역이 되어 500%의 용적률이 적용된다.

다만, 2가지 예외가 있다.

첫째, 해당 정비구역이 개발제한구역인 경우, 시장·군수등이 해당 정비구역의 일부분을 종전 용도지역으로 그대로 유지하거나 동일면적의 범위에서 위치를 변경하는 내용으로 정비계획을 수립한 경우, 시장·군수등이 주거지역을 세분하여 정하는 지역 중 어느 하나의 지역으로 용도지역을 변경하는 계획과 용적률에 관한 사항을 포함하는 정비계획을 수립한 경우이다(법 101조의6 1항 단서).

둘째, 정비구역지정권자는 주택공급의 규모, 인근 토지의 이용현황 등을 고려할 때 용도지역을 달리 정할 필요가 있다고 인정하는 경우에는 지방도시계획위원회의 심의를 거쳐 주거지역을 세분하여 정하는 지역 중 어느 하나의 지역으로 용도지역을 달리 정할 수 있다(법 시행령 80조의3 2항).

국민주택규모 주택을 건설하여 용적률의 인센티브를 받는 일반 재건축사업과 뚜렷이 구분된다.

② 절차

사업시행자가 이를 사업시행계획의 내용으로 하여야 하고, 사업시행계획인가를 신청하기 전에 미리 국민주택규모 주택에 관한 사항을 시·도지사 등 인수자와 협의하여 사업시행계획서에 반영하여야 함은 공공재개발의 경우와 동일하다.

③ 사실상 기부채납 비율

완화된 용적률(1단계 종상향에 따른 법적상한용적률)에서 정비계획으로 정하여진 용적률을 뺀 초과용적률의 100분의 40 이상 100분의 70 이하로서 시·도 조례(서울시 100분의 70, 조례 30조 9항)로 정하는 비율에 해당하는 면적에 국민주택규모 주택을 건설하여 시·도지사 등 인수자에게 공급하여야 한다(법 101조의6 2항).

④ 사실상 기부채납의 내용

공공재건축의 경우에도 공공재개발과 마찬가지로 국민주택규모 주택의 인수가격은 공공건설임대주택의 표준건축비로 하고, 부속토지는 기부채납한 것으로 보되(법 101조의6 3항), 다만, 시·도지사 등이 이를 인수하여 20년 미만의 임대주택으로 활용하는 경우나 그중 일부 주택을 분양하는 경우의 분양비율과 부속토지의 가격은 앞서 본 공공재개발과 동일하다(법 101조의6 4항, 5항, 법 시행령 80조의3 3항 및 4항, 서울시 조례 30조 10항).

(3) 건설사업관리기술인의 배치기준 별도 규정

공공재개발사업 시행자 또는 공공재건축사업 시행자는 공공재개발사업 또는 공공재건축사업을 시행하는 경우 건설기술 진흥법 등 관계 법령에도 불구하고 대통령령[5]으로 정하는 바에 따라 건설사업관리기술인의 배치기준을 별도로 정할 수 있다(법 69조 4항).

나. 공공재개발의 특칙

(1) 절차상 특칙

(가) 기본계획 수립 생략 가능

정비구역의 지정권자는 기본계획을 수립하거나 변경하지 아니하고 공공재개발사업을 위한 정비계획을 결정하여 정비구역을 지정할 수 있다(법 101조의3 1항).

(나) 정비구역지정 전단계로 정비예정구역 지정 가능

① 절차

㉮ 정비구역지정권자는 비경제적인 건축행위 및 투기 수요의 유입을 방지하기 위하여 공공재개발사업을 추진하려는 구역을 공공재개발사업 예정구역으로 지정·고시할 수 있다(법 101조의2 1항). 정비구역지정권자는 공공재개발사업 예정구역을 지정·고시하기 전에 예정구역 지정의 내용을 14일 이상 주민에게 공람하여 의견을 들어야 한다(법 시행령 80조의2 4항). 또한 미리 관할 시장·군수등의 의견을 들어야 한다(법 시행령 80조의2 1항 본문).

정비구역지정권자는 정비예정구역을 지정한 때에는 정비예정구역 지정의 내용을 해당 지방자치단체의 공보에 고시하여야 하고(법 101조의2 1항, 16조 2항), 국토부장관에게 그 지정의 내용을 보고하여야 하며, 관계 서류를 일반인이 열람할 수 있도록 하여야 한다(법 101조의2 1항, 16조 3항).

㉯ 정비계획의 입안권자 또는 토지주택공사등은 정비구역지정권자에게 공공재개발사업 예정구역의 지정을 신청할 수 있다. 이 경우 토지주택공사등은 정비계획의 입안권자를 통하여 신청하여야 한다(법 101조의3 2항). 정비구역지정권자는 정비계획의 입안권자가 공공재개발사업 예정구역의 지정을 신청한 경우에는 시장·군수등의 의견청취를 생략할 수 있다(법 시행령 80조의2 1항 단서).

② 효과

정비예정구역이 지정되면 건축물의 건축이나 토지의 분할을 하려는 자나 지역주택조합의 조

---

5) 공사비가 1천억 원 미만 등의 사유가 있으면 공공재개발사업 시행자 또는 공공재건축사업 시행자는 주택법 시행령 47조에 따른 감리자 지정 및 감리원 배치기준을 적용할 수 있다(법 시행령 58조).

합원을 모집하려는 자는 시장·군수등의 허가를 받아야 한다(법 101조의2 3항, 19조 7항, 8항).

지분 쪼개기 방지를 위한 권리산정기준일(원래의 권리산정기준일은 정비구역지정·고시일 또는 시·도지사가 투기를 억제하기 위하여 기본계획 수립을 위한 주민공람의 공고일 후 정비구역지정·고시 전에 따로 정하는 날이고, 권리산정기준일 다음 날 이후 토지등에 대하여 지분 쪼개기가 이루어지더라도, 지분 쪼개기가 발생한 해당 토지등의 건축물을 분양받을 권리는 권리산정기준일을 기준으로 산정한다)에 대하여도 일자상의 특칙을 규정하여 공공재개발사업 권리산정기준일은 공공재개발사업 예정구역지정·고시일 또는 예정구역지정·고시일 전으로 하여 시·도지사가 투기를 억제하기 위하여 따로 정하는 날이다. 문언상으로는 위 일자 다음 날을 기준으로 건축물을 분양받을 권리를 산정한다고 기재되어 있으나, 이는 착오로 보인다(제7편 제3장 제1절 III. "1. 연혁 및 입법경위" 참조).

이는 공공재개발사업의 취지에 맞게 지분 쪼개기를 방지하려는 취지이다(법 101조의2 4항). 일반적으로 공공재개발 공모·공고일을 권리산정기준일로 하는 듯하다.

③ 해제

정비구역지정권자는 공공재개발사업 예정구역 지정·고시일부터 2년 이내에 공공재개발사업을 위한 정비구역으로 지정되지 아니하거나 공공재개발사업 시행자가 지정되지 아니하면 2년이 되는 날의 다음 날에 공공재개발사업 예정구역지정을 해제하여야 한다(법 101조의2 5항 본문). 다만, 정비구역지정권자는 1회에 한하여[6] 1년의 범위에서 공공재개발사업 예정구역의 지정을 연장할 수 있다(법 101조의2 5항 단서).

(2) 내용상 특칙

(가) 투기과열지구에서의 양도 시 조합원 자격 불취득의 예외

투기과열지구에서의 재개발사업으로서, 관리처분계획인가 후 조합원이 토지등을 양도한 경우에는 양수인이 조합원 자격을 취득하지 못하나, 그 예외로서 양도인이 공공임대주택, 공공주택 특별법에 따른 공공분양주택의 공급 및 대통령령으로 정하는 사업(공공재개발사업 시행자가 상가를 임대하는 사업, 법 시행령 37조 2항)을 목적으로 건축물 또는 토지를 양수하려는 공공재개발사업 시행자에게 양도하려는 경우에는 조합원 자격을 취득하게 된다(법 39조 2항 단서 6호).

공공재개발사업 시행자는 위 규정에 따라 건축물 또는 토지를 양수하려는 경우 무분별한 분양신청을 방지하기 위하여 분양공고 시 양수대상이 되는 건축물 또는 토지의 조건을 함께 공고하여야 한다(법 72조 7항).

(나) 의무적 임대주택 건설

건설·공급되는 주택의 전체 세대 수 또는 전체 연면적 중 토지등소유자 대상 분양분을 제외한 나머지 주택의 세대 수 또는 연면적의 100분의 20 이상 100분의 50 이하의 범위에서 대통령령(과밀억제권역 100분의 30 이상 100분의 40 이하, 비과밀억제권역 100분의 20 이상 100분의 30 이하, 법 시행령 1조의2 1항)으로 정하는 기준에 따라 시·도 조례로 정하는 비율(서울시 100분의 40) 이상을 지분형주택, 공공주택 특별법에 따른 공공임대주택 또는 민간임대주택법상의 공공지원민

6) 법은 일본어 투 표현인 '1회에 한하여'와 '한 차례만'이 여전히 혼용하여 사용되고 있다(서울시 조례는 2023. 12. 29. 일본어 투 표현 등의 정비를 위하여 일괄개정하였다).

간임대주택으로 건설·공급하여야 하고, 이 경우 주택 수 산정방법 및 주택 유형별 건설비율은 대통령령[7]으로 정한다[법 2조 2호 나목 2)].

일반재개발사업의 경우 사업시행자는 건설·공급되는 주택의 전체 세대 수 또는 전체 연면적 20%를 임대주택으로 건설하여야 하는 점과 대비된다(법 시행령 9조 1항 2호 나목).

한편, 공공재개발사업을 통해 건설·공급되는 공공지원민간임대주택을 국가가 출자·설립한 법인 등 대통령령으로 정한 자(국가 또는 지방자치단체, 토지주택공사, 주택사업을 목적으로 설립된 지방공사 등)에게 매각하는 경우에는 수의계약의 방법으로 민간임대주택법 2조 7호에 따른 임대사업자를 선정할 수 있다(법 30조 1항). 국토부장관이 임대사업자 선정에 관하여 필요한 사항을 '정비사업 연계 임대사업자 선정기준(2021. 8. 3. 국토부 고시 제2021－1002호)'으로 마련해 두고 있다(법 30조 2항).

㈐ 일몰기한의 특칙

일반 재개발사업의 경우에는 정비구역으로 지정·고시된 날부터 2년이 되는 날까지 추진위원회의 승인을 신청하지 아니하는 경우, 3년이 되는 날까지 조합설립인가를 신청하지 아니하는 경우 정비구역지정을 해제하여야 한다[법 20조 1항 2호 ㈎목, ㈏목]. 그러나 공공재개발사업이 경우 정비계획의 지정권자는 공공재개발사업을 위한 정비구역을 지정·고시한 날부터 1년이 되는 날까지 공공재개발사업 시행자가 지정되지 아니하면 그 1년이 되는 날의 다음 날에 공공재개발사업을 위한 정비구역의 지정을 해제하여야 한다. 다만, 정비구역의 지정권자는 1회에 한하여 1년의 범위에서 공공재개발사업을 위한 정비구역의 지정을 연장할 수 있다(법 101조의3 3항).

⑶ 평가

종래 공공재개발사업의 경우 조합원분양분을 제외한 나머지 건설하는 주택 세대 수의 100분의 50 이상의 임대주택을 공급하도록 규정하고 있었으나, 2023. 7. 18. 법의 개정으로 공공재개발사업에서 사업시행자가 의무적으로 확보해야 하는 임대주택의 비율이 건설·공급되는 주택의 전체 세대 수 또는 전체 연면적 중 토지등소유자 대상 분양분을 제외한 나머지 주택의 세대 수 또는 연면적의 100분의 20 이상 100분의 50 이하의 범위로 축소되고, 공공주택 특별법에 따른 공공임대주택 건설비율을 지방자치단체가 지역별 여건을 고려하여 조례로 완화할 수 있도록 하였다.

그러나 여전히 높은 비율이 임대주택으로 건설·공급되고, 용적률 인센티브로 인한 국민주택 규모의 주택 건설부분 중 상당 부분이 임대주택으로 공급되어 사회전체적으로는 임대주택의 공급이 획기적으로 증가하는 장점이 있음은 공공재건축사업의 경우와 동일하다.

그러나 소형주택 및 임대주택 구성 비율이 과도함에 따른 단지 전체의 가치 저평가 가능성으로 인하여 토지등소유자들로부터 환영받지 못하는 측면이 있다. 그러나 공공재건축사업과 달리

7) 건설·공급해야 하는 공공주택 특별법에 따른 공공임대주택 건설비율은 건설·공급되는 주택의 전체 세대 수의 100분의 20 이하에서 국토부장관이 정하여 고시하는 비율 이상으로 하되(법 시행령 1조의2 2항), 정비구역지정권자는 건설하는 주택의 전체 세대 수가 200세대 미만이거나 정비구역의 입지, 정비사업의 규모 등을 고려할 때 공공임대주택 건설비율을 확보하기 어렵다고 인정하는 경우에는 공공임대주택 건설비율을 완화할 수 있다(법 시행령 1조의2 3항).

분양가상한제의 폐지라는 특례로 인하여 아파트 가격이 급속히 오르는 추세에서는 토지등소유자들의 관심을 끄는 듯하다.

다. 공공재건축의 특칙

(1) 유리한 내용

용적률의 인센티브를 받는 점은 앞서 본 바이다.

나아가 공공재건축사업을 위한 정비구역에서, 대지의 조경기준, 건폐율의 산정기준, 대지안의 공지기준, 건축물의 높이제한, 부대시설 및 복리시설의 설치기준 및 공원녹지법 14조에 따른 도시공원 또는 녹지확보기준 등에 대하여 대통령령으로 정하는 범위에서[8] 재건축사업의 원활한 시행을 위하여 지방도시계획위원회의 심의를 거쳐 기준을 완화받을 수 있다(법 68조 4항).

(2) 불리한 내용(일정 세대 수 건설의무)

용적률의 인센티브를 받는 부분 중 일정 비율에 대하여 기부채납을 하여야 함은 앞서 본 바이다.

(가) 원칙

종전의 용적률, 토지면적, 기반시설 현황 등을 고려하여 공공재건축사업을 추진하는 단지의 종전 세대 수의 100분의 160에 해당하는 세대 수 이상을 건설·공급하여야 한다[법 2조 2호 다목 2), 법 시행령 1조의3 1항]. 이에 따라 새롭게 건설되는 주택단지의 경우 과밀로 인하여 그 가치가 낮게 평가될 가능성이 있다.

(나) 예외

종전 세대 수의 100분의 160에 해당하는 세대 수 이상을 건설·공급한다면 국토계획법 18조의 도시·군 기본계획에 부합하지 않게 되는 경우 또는 해당 토지 및 인근 토지의 이용 현황을 고려할 때 위와 같은 세대 수를 건설·공급하기 어려운 부득이한 사정이 있는 경우에는 정비구역 지정권자는 지방도시계획위원회의 심의를 거쳐 종전 세대 수의 100분의 160에 해당하는 세대 수 이상을 건설하지 아니하게 할 수 있다(법 시행령 1조의3 2항).

(3) 평가

공공재건축사업의 경우 사업시행자는 반드시 종전 세대 수의 100분의 160에 해당하는 세대 수 이상을 건설하여야 하므로 중소형 평형 위주의 주택으로 건설이 이루어지고, 용적률 인센티브로 인한 초과건설 세대 중 상당 부분이 원칙적으로 임대주택으로 공급되어 사회전체적으로는 국민주택규모 주택을 비롯하여 주택(임대주택 포함)의 공급이 획기적으로 증가하는 장점이 있다. 그러나 새롭게 건설되는 주택이 과밀하고, 또한 임대주택 구성비율의 과도함에 따른 단지 전체의 가치 저평가 가능성에다가 아파트의 가격이 급속히 오르는 추세에서 공공재개발사업과 달리 분양가상한제의 폐지특례가 인정되지 않아 공공재건축사업은 토지등소유자들로부터 환영받지

---

8) 법 시행령 57조가 규정하고 있다.

못하는 듯하다.

Ⅲ. 일반적 정비사업의 유형

2021. 4. 13. 법률 제18046호로 도입된 공공재개발 및 공공재건축사업을 제외한 일반적인 정비사업의 유형에 관하여 살펴본다.

1. 도시정비법이 2017. 2. 8. 전부개정되기 전

2002. 12. 30. 도시정비법의 제정 당시에는 주거환경개선사업, 주택재개발사업, 주택재건축사업, 도시환경정비사업의 4가지 유형이 존재하였는데, 오늘날과 마찬가지로 실무상 주택재개발사업 및 주택재건축사업이 다수였다(정비기반시설은 양호하나 노후·불량건축물이 밀집한 지역에서 주거환경을 개선하기 위하여 시행하는 사업이 주택재건축사업이므로, 정비기반시설이 양호한 단독주택, 다세대주택, 연립주택을 포함한 노후·불량건축물이 200호 이상이거나 1만㎡ 이상인 경우 단독주택재건축사업이 가능하였다).[9] 당시 주택재건축사업의 경우에는 임대주택건설 의무가 면제되고, 임차인 등에 대한 영업손실보상도 필요하지 않는 등 주택재개발사업에 비해 사업시행자에게 과도한 인센티브가 주어진다는 지적이 있었고, 실제로 개발이익이 조합 및 조합원들에게만 과도하게 귀속되는 측면이 없지 않았다. 이에 투기를 방지하기 위하여 법은 2003. 12. 31. 개정되어 주택법 41조 1항의 규정에 의한 투기과열지구로 지정된 지역 안에서의 주택재건축사업의 경우 조합설립인가 후 당해 정비사업의 건축물 또는 토지를 양수한 자는 조합원이 될 수 없다고 규정하였다(구 법 19조 2항). 또한 2006. 9. 25. 주택재건축사업에서 발생되는 초과이익을 환수함으로써 주택가격의 안정과 사회적 형평을 도모하여 국민경제의 건전한 발전과 사회통합에 이바지함을 목적으로 하는 재건축이익환수법이 제정되었다.

한편, 법이 2012. 2. 1. 개정되면서 외형상 재개발사업과 큰 차이가 없음에도 과도한 이익이 귀속되어 왔던 단독주택의 재건축사업을 대체하는 가로주택정비사업(노후·불량건축물이 밀집한 가로구역에서 종전의 가로를 유지하면서 소규모로 주거환경을 개선하기 위하여 시행하는 사업), 주거환경관리사업(단독주택 및 다세대주택 등이 밀집한 지역에서 정비기반시설과 공동이용시설의 확충을 통하여 주거환경을 보전·정비·개량하기 위하여 시행하는 사업)이 새로운 유형으로 도입되었고, 이에 따라 6개의 정비사업 유형이 존재하게 되었다.

주거환경관리사업은 종전의 전면적인 철거를 통한 정비방식에서 벗어나 기존 도시구조를 유지하며 보전·정비·개량을 병행할 수 있는 정비방식이고, 가로주택정비사업은 주택재건축조합과 동일하게 동의한 자만이 조합원이 될 수 있고, 토지등소유자가 20인 미만이면 조합을 설립하지 않고 토지등소유자가 직접 시행하는 것이 가능하며, 토지등소유자가 20인 이상이어서 조합을 설

---

9) 한편 공동주택으로 200세대 이상이나 1만㎡ 이상이라는 요건에 해당하지 아니하여 정비구역지정을 받을 수 없는 지역에서 재건축사업이 가능하도록 원칙적으로 주택법상 사업계획승인 또는 건축법상 건축허가를 받은 아파트(공동주택 중 층수가 5층 이상)나 연립주택(1개 동의 바닥면적의 합계가 660㎡를 초과하고 층수가 4개 층 이하인 주택)을 대상으로 한 "정비구역이 아닌 구역"에서 시행하는 주택재건축사업을 규정하고 있다(구 법 2조 2호 단서, 구 법 시행령 6조). 이는 2017. 2. 8. 법이 전부개정되기 이전까지 유지되었다.

립하여 사업을 추진함에 있어서도 추진위원회 절차를 생략할 수 있는 방식이다. 새로운 정비방식을 도입한 2012. 2. 1.자 개정법률은 다양한 도시정비 수요에 맞춰 유형을 세분화한 것이다.

2. 도시정비법이 2017. 2. 8. 전부개정된 이후

법이 2017. 2. 8. 전부개정되면서, 주거환경관리사업과 주거환경개선사업이 합쳐져 주거환경개선사업이 되었고, 주택재개발사업과 도시환경정비사업이 통합되어 재개발사업이 되었으며, 주택재건축사업은 재건축사업으로 명칭이 변경되었다[다만, 위 개정 이전에는 앞서 본 바와 같이 정비구역이 아닌 구역에서도 주택재건축사업이 가능하였는데(구 법 28조 2항), 이는 소규모주택법상의 소규모재건축사업으로 편입되었다].

종래 주택재개발사업은 주거지역에서 아파트를 공급하고, 도시환경정비사업은 준주거지역이나 상업지역에서 주상복합건물을 공급하는 사업이었다(구 서울시 조례 8조 3항 2호 나목). 그러나 주택재개발사업 정비구역 내에 주거지역외에 준주거지역이나 상업지역 등이 혼재되어 있는 경우가 적지 않음에도 아파트만을 공급하는 것은 용도지역에 부합하지 않은 측면이 있었다.

이와 같은 사정과 정비사업의 사업성을 개선하기 위하여 법이 2016. 1. 27. 개정되어 재개발사업 또는 재건축사업의 정비구역 내 준주거지역 및 상업지역에서는 오피스텔[10)]의 건축을 허용하되, 오피스텔의 연면적은 전체 연면적의 100분의 30 이하로 한다(재건축사업은 2017. 2. 8. 전부개정 이후에도 동일하다). 그 후 법이 2017. 2. 8. 전부개정하면서 주택재개발사업과 도시환경정비사업을 통합하여 정비구역 내에 아파트, 주상복합건물, 상업건물 등을 용도제한 없이 건축할 수 있도록 하였다(재개발사업의 시행방법으로 개정법률은 종전 도시환경정비사업과 같이 '건축물'을 건설하여 공급하는 사업으로 규정하고 있다. 법 23조 2항). 2025. 1. 31.자 법 개정으로 재건축사업의 경우에도 건축물을 건설하여 공급하는 방법으로 한다고 규정하였다.

한편, 2017. 2. 8. 법률 제14569호로 방치된 빈집을 효율적으로 정비하고 소규모주택 정비를 활성화하기 위하여 필요한 사항 및 특례를 규정함으로써 주거생활의 질을 높이는 데 이바지함을 목적으로 하는 소규모주택정비법이 제정되었는데, 종전 도시정비법상의 가로주택정비사업은 도시정비법에서 떨어져 나가 위 소규모주택정비법의 정비사업 중 하나로 편입되었다.

소규모주택정비법상의 가로주택정비사업은 종전에 도시정비법에서 규율하고 있던 정비사업이므로 이를 간단히 소개한다. 가로주택정비사업은 가로구역의 전부 또는 일부에서 인가받은 사업시행계획에 따라 주택 등을 건설하여 공급하거나 보전 또는 개량하는 방법으로 시행하는 정비사업이다. 사업대상지역은 원칙적으로 도시계획시설인 도로로 둘러싸인 면적 1만㎡ 미만의 가로구역 중 노후·불량건축물의 수가 전체 건축물의 3분의 2 이상이고 해당 구역에 있는 주택의 수가 단독주택인 경우 10호 이상, 공동주택이면 20세대 이상, 단독주택과 공동주택의 혼재이면 20채 이상일 것이라는 적극적 요건과 국토계획법에 따른 도시계획시설인 폭이 4m를 초과하는 도로가 해당 가로구역을 통과하지 않을 것이라는 소극적 요건을 충족하여야 한다(소규모주택정비법 3조 1항 2호, 2항).

10) 업무를 주로 하며, 분양·임대하는 구획 중 일부 구획에서 숙식을 할 수 있도록 한 건축물.

가로주택정비사업의 경우 추진위원회 절차를 생략할 수 있는 등으로 사업시행기간을 단축할 수 있으며, 건축법에 따른 대지의 조경기준, 건폐율 산정기준, 대지 안의 공지 기준 및 건축물의 높이제한 기준을 지방건축위원회 심의를 통해 완화하여 적용할 수 있다(소규모주택정비법 40조 1항).

제3장 사업시행자

일반적 정비사업에서의 사업시행자에 대하여 살펴본다. 재개발·재건축사업에서는 원칙적으로 토지등소유자로 구성된 조합이 별도의 등록 없이 단독으로 사업시행자가 된다[주택법상의 주택조합(지역주택조합, 직장주택조합, 리모델링조합)은 단독으로 주택건설사업을 추진하는 경우에는 인적·물적 요건을 갖추어 같은 법에 따라 등록사업자로 등록하여야 하나(주택법 4조 1항 본문, 2항), 건설업자 등 등록사업자와 공동으로 주택건설사업을 시행하는 경우에는 등록이 필요하지 않다(주택법 5조 2항)].

Ⅰ. 규 정

법 제24조(주거환경개선사업의 시행자)

① 제23조 제1항 제1호(관리형 주거환경개선사업)에 따른 방법으로 시행하는 주거환경개선사업은 시장·군수등이 직접 시행하되, 토지주택공사등을 사업시행자로 지정하여 시행하게 하려는 경우에는 정비계획에 따른 공람공고일 현재 토지등소유자의 과반수의 동의를 받아야 한다.

② 제23조 제1항 제2호부터 제4호(수용, 환지, 관리처분계획 주거환경개선사업)까지의 규정에 따른 방법으로 시행하는 주거환경개선사업은 시장·군수등이 직접 시행하거나 다음 각 호에서 정한 자에게 시행하게 할 수 있다.

1. 시장·군수등이 다음 각 목의 어느 하나에 해당하는 자를 사업시행자로 지정하는 경우
   가. 토지주택공사등
   나. 주거환경개선사업을 시행하기 위하여 국가, 지방자치단체, 토지주택공사등 또는 공공기관운영법 제4조에 따른 공공기관이 총지분의 100분의 50을 초과하는 출자로 설립한 법인
2. 시장·군수등이 제1호에 해당하는 자와 다음 각 목의 어느 하나에 해당하는 자를 공동시행자로 지정하는 경우
   가. 건설산업기본법 제9조에 따른 건설업자
   나. 주택법 제7조 제1항에 따라 건설업자로 보는 등록사업자

③ 제2항에 따라 시행하려는 경우에는 제15조 제1항에 따른 공람공고일 현재 해당 정비예정구역의 토지 또는 건축물의 소유자 또는 지상권자의 3분의 2 이상의 동의와 세입자(제15조 제1항에 따른 공람공고일 3개월 전부터 해당 정비예정구역에 3개월 이상 거주하고 있는 자를 말한다) 세대 수의 과반수의 동의를 각각 받아야 한다. 다만, 세입자의 세대 수가 토지등소유자의 2분의 1 이하인 경우 등 대통령령으로 정하는 사유가 있는 경우에는 세입자의 동의절차를

거치지 아니할 수 있다.

④ 시장·군수등은 천재지변, 그 밖의 불가피한 사유로 건축물이 붕괴할 우려가 있어 긴급히 정비사업을 시행할 필요가 있다고 인정하는 경우에는 제1항 및 제3항에도 불구하고 토지등소유자 및 세입자의 동의 없이 자신이 직접 시행하거나 토지주택공사등을 사업시행자로 지정하여 시행하게 할 수 있다. 이 경우 시장·군수등은 지체 없이 토지등소유자에게 긴급한 정비사업의 시행 사유·방법 및 시기 등을 통보하여야 한다.

제25조(재개발사업·재건축사업의 시행자)

① 재개발사업은 다음 각 호의 어느 하나에 해당하는 방법으로 시행할 수 있다.

1. 조합이 시행하거나 조합이 조합원의 과반수의 동의를 받아 시장·군수등, 토지주택공사등, 건설업자, 등록사업자 또는 대통령령[1]으로 정하는 요건을 갖춘 자와 공동으로 시행하는 방법
2. 토지등소유자가 20인 미만인 경우에는 토지등소유자가 시행하거나 토지등소유자가 토지등소유자의 과반수의 동의를 받아 시장·군수등, 토지주택공사등, 건설업자, 등록사업자 또는 대통령령으로 정하는 요건을 갖춘 자와 공동으로 시행하는 방법

② 재건축사업은 조합이 시행하거나 조합이 조합원의 과반수의 동의를 받아 시장·군수등, 토지주택공사등, 건설업자 또는 등록사업자와 공동으로 시행할 수 있다.

제26조(재개발사업·재건축사업의 공공시행자)

① 시장·군수등은 재개발사업 및 재건축사업이 다음 각 호의 어느 하나에 해당하는 때에는 제25조에도 불구하고 직접 정비사업을 시행하거나 토지주택공사등을 사업시행자로 지정하여 정비사업을 시행하게 할 수 있다.

1. 천재지변 등 불가피한 사유로 긴급하게 정비사업을 시행할 필요
2. 정비계획에서 정한 정비사업시행 예정일부터 2년 이내에 사업시행계획인가를 신청하지 아니한 경우
3. 추진위원회가 시장·군수등의 구성승인을 받은 날부터 3년 이내에 조합설립인가를 신청하지 아니하거나 조합이 조합설립인가를 받은 날부터 3년 이내에 사업시행계획인가를 신청하지 아니한 때
4. 도시·군계획사업과 병행하여 정비사업을 시행할 필요가 있는 때
5. 순환정비방식으로 정비사업을 시행할 필요가 있다고 인정하는 때
6. 113조(감독규정)에 따라 사업시행계획인가가 취소된 때
7. 해당 정비구역의 국·공유지 면적 또는 국·공유지와 토지주택공사등이 소유한 토지를 합한 면적이 전체 토지면적의 2분의 1 이상으로서 토지등소유자의 과반수가 시장·군수등 또는 토지주택공사등을 사업시행자로 지정하는 것에 동의하는 때
8. 해당 정비구역의 토지면적 2분의 1 이상의 토지소유자와 토지등소유자의 3분의 2 이상에 해당하는 자가 시장·군수등 또는 토지주택공사등을 사업시행자로 지정할 것을 요청하는 때.

② 지방자치단체의 공보에 고시하여야 한다. 다만, 1항 1호의 경우에는 토지등소유자에게 통보하여야 한다.

③ 제2항에 따라 시장·군수등이 직접 정비사업을 시행하거나 토지주택공사등을 사업시행자로 지정·고시한 때에는 그 고시일 다음 날에 추진위원회의 구성승인 또는 조합설립인가가 취소

---

1) 법 시행령 19조(재개발사업의 공동시행자 요건)
법 25조 1항 1호 및 2호에서 "대통령령으로 정하는 요건을 갖춘 자"란 각각 자본시장법 8조 7항에 따른 신탁업자와 한국부동산원법에 따른 한국부동산원을 말한다.

된 것으로 본다. 이 경우 시장·군수등은 해당 지방자치단체의 공보에 해당 내용을 고시하여야 한다.

④ 토지주택공사등과 재개발사업 또는 재건축사업의 준비·추진에 필요한 사항에 대하여 협약 또는 계약 등을 체결하려는 자(토지등소유자로 구성된 자를 말한다)는 대통령령으로 정하는 절차를 거친 사실을 시장·군수등에게 확인받은 후 대통령령으로 정하는 비율 이상의 토지등소유자의 동의를 받아 제1항에 따른 사업시행자 지정 이전에 협약등을 체결할 수 있다.

⑤ 제4항에 따른 협약등의 체결에 필요한 사항은 대통령령으로 정한다.

제27조(재개발사업·재건축사업의 지정개발자)

① 시장·군수등은 재개발사업 및 재건축사업이 다음 각 호의 어느 하나에 해당하는 때에는 토지등소유자, 민간투자법 제2조 제12호에 따른 민관합동법인 또는 신탁업자로서 대통령령으로 정하는 요건을 갖춘 자(이하 '지정개발자'라 한다)를 사업시행자로 지정하여 정비사업을 시행하게 할 수 있다.

1. 천재지변 등 불가피한 사유로 긴급하게 정비사업을 시행할 필요
2. 정비계획에서 정한 정비사업시행 예정일부터 2년 이내에 사업시행계획인가를 신청하지 아니하는 때등(재건축사업의 경우는 제외한다)
3. 제35조에 따른 재개발사업 및 재건축사업의 조합설립을 위한 동의요건 이상에 해당하는 자가 신탁업자를 사업시행자로 지정하는 것에 동의하는 때

② 지방자치단체의 공보에 고시하여야 한다. 다만, 1항 1호의 경우에는 토지등소유자에게 통보하여야 한다.

③ 신탁업자는 제1항 제3호에 따른 사업시행자 지정에 필요한 동의를 받기 전에 다음 각 호에 관한 사항을 토지등소유자에게 제공하여야 한다.

1. 토지등소유자별 분담금 추산액 및 산출근거
2. 그 밖에 추정분담금의 산출 등과 관련하여 시·도 조례로 정하는 사항

④ 제1항 제3호에 따른 토지등소유자의 동의는 국토교통부령으로 정하는 동의서에 동의를 받는 방법으로 한다. 이 경우 동의서에는 다음 각 호의 사항이 모두 포함되어야 한다.

1. 건설되는 건축물의 설계의 개요
2. 건축물의 철거 및 새 건축물의 건설 공사비 등 정비사업비
3. 정비사업비의 분담기준(신탁업자에게 지급하는 신탁보수 등의 부담에 관한 사항 포함)
4. 사업 완료 후 소유권의 귀속
5. 정비사업의 시행방법 등에 필요한 시행규정
6. 신탁계약의 내용

⑤ 제2항에 따라 시장·군수등이 지정개발자를 사업시행자로 지정·고시한 때에는 그 고시일 다음 날에 추진위원회의 구성승인 또는 조합설립인가가 취소된 것으로 본다. 이 경우 시장·군수등은 해당 지방자치단체의 공보에 해당 내용을 고시하여야 한다.

⑥ 국토교통부장관은 신탁업자와 토지등소유자 상호 간의 공정한 계약의 체결을 위하여 대통령령으로 정하는 바에 따라 표준 계약서 및 표준 시행규정을 마련하여 그 사용을 권장할 수 있다.

⑦ 신탁업자와 재개발사업 또는 재건축사업의 준비·추진에 필요한 사항에 대하여 협약등을 체결하려는 자(토지등소유자로 구성된 자를 말한다)는 대통령령으로 정하는 절차를 거친 사실을 시장·군수등에게 확인받은 후 대통령령으로 정하는 비율 이상의 토지등소유자의 동의를 받아 신탁업자를 공개모집한 후 사업시행자 지정 전에 협약등을 체결할 수 있다.

⑧ 제7항에 따른 공개모집 및 협약등의 체결에 필요한 사항은 대통령령으로 정한다.

제28조(재개발사업·재건축사업의 사업대행자)

① 시장·군수등은 다음 각 호의 어느 하나에 해당하는 경우에는 해당 조합 또는 토지등소유자를 대신하여 직접 정비사업을 시행하거나 토지주택공사등 또는 지정개발자에게 해당 조합 또는 토지등소유자를 대신하여 정비사업을 시행하게 할 수 있다.

1. 장기간 정비사업이 지연되거나 권리관계에 관한 분쟁 등으로 해당 조합 또는 토지등소유자가 시행하는 정비사업을 계속 추진하기 어렵다고 인정하는 경우
2. 토지등소유자(조합을 설립한 경우에는 조합원을 말한다)의 과반수 동의로 요청하는 경우

② 제1항에 따라 정비사업을 대행하는 시장·군수등, 토지주택공사등 또는 지정개발자(이하 '사업대행자'라 한다)는 사업시행자에게 청구할 수 있는 보수 또는 비용의 상환에 대한 권리로써 사업시행자에게 귀속될 대지 또는 건축물을 압류할 수 있다.

③ 제1항에 따라 정비사업을 대행하는 경우 사업대행의 개시결정, 그 결정의 고시 및 효과, 사업대행자의 업무집행, 사업대행의 완료와 그 고시 등에 필요한 사항은 대통령령으로 정한다.

Ⅱ. 규정의 해석

1. 사업시행자 유형

정비사업은 토지등소유자로 구성된 조합 또는 토지등소유자가 20인 미만의 재개발사업에서의 토지등소유자 등 민간이 단독의 사업시행자로서 행정주체가 되어 수행하는 경우(일정한 경우 행정청 또는 공공기관이 대행 가능), 민간 사업시행자가 시장·군수등 행정청 또는 토지주택공사등 공공기관, 건설업자와 공동으로 정비사업을 수행하는 경우, 시장·군수등 행정청 또는 토지주택공사등 공공기관이 단독, 공동 또는 건설업자와 함께 정비사업을 수행하는 경우로 크게 나누어진다.

2. 주거환경개선사업의 시행자

조합이나 토지등소유자는 사업시행자가 될 수 없다.

가. 구 주거환경관리사업(관리형 주거환경개선사업, 법 23조 1항 1호, 24조 1항)

(1) 시장·군수등이 직접 시행

(2) 시장·군수등이 토지주택공사등을 시행자로 지정하여 시행(정비계획안에 대한 공람공고일 당시 토지등소유자의 과반수의 동의를 받는 경우에 가능하나, 천재지변 등으로 긴급히 정비사업을 시행할 필요가 있다고 인정되는 경우 예외)

나. 구 주거환경개선사업(수용, 환지, 관리처분계획 주거환경개선사업, 법 23조 1항 2호 내지 4호, 24조 2항, 3항)

(1) 방법

(가) 시장·군수등이 직접 시행

(나) 시장·군수등이 토지주택공사등, 법인(국가, 지방자치단체, 공공기관이 총 지분의 100분의 50을 초과하는 출자로 설립한 법인)을 지정하여 시행

(다) 시장·군수등이 위 토지주택공사등 및 법인과 건설업자(등록사업자) 등을 공동시행자로 지정하여 시행

(2) 요건

시장·군수등이 직접 시행하는 외에는 정비계획안에 대한 공람공고일 당시 토지 또는 건축물의 소유자 또는 지상권자의 3분의 2 이상의 동의와 세입자[2] 세대 수의 과반수의 동의를 받아야 한다(세입자의 세대 수가 토지등소유자의 2분의 1 이하인 경우 등 법 시행령 18조가 정하는 사유가 있는 경우 예외, 법 24조 3항).

다만, 천재지변, 그 밖의 불가피한 사유로 건축물이 붕괴할 우려가 있어 긴급히 정비사업을 시행할 필요가 있다고 인정되는 경우는 예외이다.

3. 재개발·재건축사업의 시행자

가. 원칙(조합 또는 토지등소유자 개인)

재개발·재건축사업의 시행자는 원칙적으로 정비구역 내의 토지등소유자로 구성되는 조합이나, 토지등소유자가 20인 미만인 재개발사업의 경우에는 토지등소유자 개인이 사업시행자가 되는 것도 가능하다(그 경우 토지등소유자 단체가 사업시행자가 되어야 한다는 견해가 있다. 자세한 내용은 제6편 제3장에서 살펴본다).

위와 같이 사업시행자는 민간이 원칙이다. 관할 관청은 조합설립인가 또는 사업시행계획인가를 통하여 조합이나 토지등소유자에게 행정주체의 지위를 부여하고, 단계적인 정비사업과정에서 인가 권한으로 적법성을 통제하고 있을 뿐이다.

도시정비법이 토지등소유자나 토지등소유자들로 구성된 조합으로 하여금 정비사업을 시행하도록 하는 것은 그 정비사업에 관하여 해당 정비구역 내 토지등소유자들이 직접적이고 밀접한 이해관계를 가지므로 이들의 의견을 반영하고, 이들로 하여금 정비사업을 능동적이고 지역 사정에 적합하게 수행하도록 함으로써 정비사업의 원활하고 효율적인 진행을 도모하고자 하는 것이다.[3]

나. 공동시행 또는 대행(조합 등 사업시행자의 지위 존속)

(1) 공동시행

조합 또는 토지등소유자가 20인 미만인 재개발사업의 토지등소유자가 사업시행자인 경우, 조합원 과반수(또는 토지등소유자 과반수)의 동의를 받아 시장·군수등, 토지주택공사등, 건설업자(등록사업자)와 공동으로 시행하는 것이 가능하되, 재개발사업의 경우에는 재건축사업과 달리 신탁업자 및 한국부동산원과도 공동시행할 수 있다(법 25조 1항).

---

2) 정비계획안에 대한 공람공고일 3개월 전부터 해당 정비예정구역에 3개월 이상 거주하고 있는 자를 말한다.
3) 유상호, 도시환경정비사업의 시행자인 토지등소유자에 관한 조세법적 문제, 재판자료 제121집: 조세법 실무연구 II (2010년 하), 793.

법 제정 당시 정비사업에서 건설업자등과의 공동시행은 허용되지 않았으나, 재개발사업(구 도시환경정비사업 포함)은 2005. 3. 18. 법 개정으로, 재건축사업은 2015. 9. 1. 법 개정으로 각 공동시행이 허용되었다.

토지등소유자 20인 미만의 재개발사업에서 토지등소유자가 공동시행을 위하여 구역 내 전체 토지등소유자 과반수의 동의를 받음에 있어서는 서면동의서에 토지등소유자가 성명을 적고 지장(指章)을 날인하는 방법으로 하며, 주민등록증 등 신원을 확인할 수 있는 신분증명서의 사본을 첨부하여야 한다(법 36조 1항 4호). 그러나 조합이 공동시행을 위하여 토지등소유자 과반수의 동의를 받음에 있어 동의방법에 관하여는 명문의 규정이 없다.

⑵ 사업의 대행(법 28조)

㈎ 사유(1항)

장기간 정비사업이 지연되거나 권리관계에 관한 분쟁 등으로 해당 조합 또는 토지등소유자가 시행하는 정비사업을 계속 추진하기 어렵다고 인정하는 경우(1호), 토지등소유자(조합을 설립한 경우에는 조합원을 말한다)의 과반수 동의로 요청하는 경우(2호), 시장·군수등은 해당 조합 또는 토지등소유자를 대신하여 직접 정비사업을 시행하거나 토지주택공사등 또는 지정개발자에게 해당 조합 또는 토지등소유자를 대신하여 정비사업을 시행하게 할 수 있다.

㈏ 후속절차

시장·군수등은 정비사업을 직접 시행하거나 사업대행결정(토지주택공사등에게 해당 조합 등을 대신하여 정비사업을 시행하도록 하는 결정)을 한 경우 정비사업의 종류 및 명칭, 사업시행자 등 일반적인 사업시행자 지정 시의 고시사항 외에 사업대행개시결정을 한 날, 사업대행자, 대행사항을 해당 지방자치단체의 공보등에 고시하여야 하고, 토지등소유자 및 사업시행자에게 위와 같이 고시한 내용을 통지하여야 한다(법 시행령 22조 1항, 2항). 사업시행자인 조합 또는 토지등소유자는 여전히 존속하고 있으므로, 이를 명확히 하기 위한 것이다.

㈐ 사업대행결정의 효과

① 사업대행자는 사업대행결정 고시가 있은 날의 다음 날부터 사업대행완료를 고시하는 날까지 자기의 이름 및 사업시행자의 계산으로 사업시행자의 업무를 집행하고 재산을 관리한다. 이 경우 법 또는 법에 따른 명령이나 정관 등으로 정하는 바에 따라 사업시행자가 행하거나 사업시행자에 대하여 행하여진 처분·절차 그 밖의 행위는 사업대행자가 행하거나 사업대행자에 대하여 행하여진 것으로 본다(법 시행령 22조 3항). 이는 사업시행자의 변동이 있은 때에는 종전 사업시행자의 권리·의무는 새로 사업시행자로 된 자가 승계한다는 법 129조의 규정 내용을 확인한 것이다.

② 시장·군수등이 아닌 사업대행자는 재산의 처분, 자금의 차입 그 밖에 사업시행자에게 재산상 부담을 주는 행위를 하려는 때에는 미리 시장·군수등의 승인을 받아야 한다. 사업대행자는 업무처리에 있어 선량한 관리자로서의 주의의무를 다하여야 하며, 필요한 때에는 사업시행자에게 협조를 요청할 수 있고, 사업시행자는 특별한 사유가 없는 한 이에 응하여야 한다(법 시행령 22조

4항, 5항).

③ 사업대행자는 조합 또는 토지등소유자인 사업시행자를 대신하여 정비사업의 업무를 수행하는 과정에서 비용을 부담하고, 보수가 발생한다.

사업대행자는 사업시행자에게 청구할 수 있는 보수 또는 비용의 상환에 대한 권리로써 사업시행자에게 귀속될 대지 등을 압류할 수 있다(법 28조 2항).

㈑ **사업대행의 완료**

사업대행자는 사업대행의 원인이 된 사유가 없어지거나 법 88조 1항에 따른 이전고시 이후 등기까지 완료한 때에는 사업대행을 완료하여야 한다(법 시행령 23조 1항). 시장·군수등은 사업대행을 완료한 때에는 이를 해당 지방자치단체의 공보 등에 고시하고, 토지등소유자 및 사업시행자에게 각각 통지하여야 한다(법 시행령 23조 2항). 사업대행자는 사업대행완료의 고시가 있은 때에는 지체 없이 사업시행자에게 업무를 인계하여야 하며, 사업시행자는 정당한 사유가 없는 한 이를 인수하여야 한다(법 시행령 23조 3항).

다. 공공시행 또는 지정개발

⑴ 법정사유 발생 시의 공공시행(법 26조)

㈎ **사유**

① **구체적 사유**

천재지변 등 긴급하게 정비사업을 시행할 필요성이 있는 때(1호), 정비사업이 지체되는 경우 등(2호,[4] 3호[5]), 지방자치단체의 장이 시행하는 도시·군계획사업과 병행하여 정비사업을 시행할 필요가 있다고 인정하는 때(4호), 순환정비방식으로 정비사업을 시행할 필요가 있다고 인정하는 때(5호), 관할 관청이 감독 권한에 기하여 사업시행계획인가를 취소한 때(6호), 국·공유지와 토지주택공사등이 소유한 토지를 합한 면적이 정비구역 전체 토지면적의 과반 이상으로서 토지등소유자의 과반수가 시장·군수등 또는 토지주택공사등을 사업시행자로 지정하는 것에 동의하는 때(7호),[6] 해당 정비구역의 토지면적 2분의 1 이상의 토지소유자와 토지등소유자의 3분의 2 이상에 해당하는 자가 시장·군수등 또는 토지주택공사등을 사업시행자로 지정할 것을 요청하는 때(8호)가 사유이다.

② **7호 및 8호 사유의 특칙**

㉮ 7호 및 8호의 공통된 특칙

토지등소유자는 위 7호 및 8호에 의하여 토지주택공사등을 사업시행자로 지정요청하려는 경우에는 정비계획의 입안제안이 가능하다(14조 1항 2호).

---

4) 정비계획에서 정한 정비사업시행 예정일부터 2년 이내에 사업시행계획인가를 신청하지 아니하는 때 등(재건축사업 제외).

5) 추진위원회 구성승인을 받은 날부터 3년 이내에 조합설립인가를 신청하지 아니하거나 조합이 조합설립인가를 받은 날부터 3년 이내에 사업시행계획인가를 신청하지 아니한 때.

6) 동의는 서면동의서에 토지등소유자가 성명을 적고, 지장(指章)을 날인하는 방법으로 하며, 주민등록증, 여권 등 신원을 확인할 수 있는 신분증명서의 사본을 첨부하여야 한다(법 36조 1항 5호). 동의 철회의 경우에도 동일한 방식이고, 시기상의 제한이 있다(법 시행령 33조 2항, 3항).

㉯ 8호의 특칙

㉠ 8호의 경우 14조 1항 2호에 따라 토지등소유자가 토지주택공사등을 사업시행자로 하는 정비계획의 입안을 제안한 경우, 당시 입안제안에 동의한 토지등소유자[7]는 토지주택공사등의 사업시행자 지정에 동의한 것으로 본다(법 26조 1항 8호).

주민대표회의는 토지등소유자 과반수의 동의로 구성되는데, 주민대표회의의 구성에 동의한 자도 26조 1항 8호의 사업시행자의 지정에 동의한 것으로 본다(법 26조 1항 8호, 47조 1항 4호). 다만, 사업시행자를 지정하는 요청 전에 시장·군수등 및 주민대표회의에 사업시행자의 지정에 대한 반대의 의사표시를 한 토지등소유자의 경우에는 그러하지 아니하다(8호 단서, 47조 4항).

㉡ 한편 2024. 12. 3.자 법 개정으로 토지주택공사등과 재개발사업 또는 재건축사업의 준비·추진에 필요한 사항에 대하여 협약 또는 계약 등을 체결하려는 자(토지등소유자로 구성된 자를 말한다)는 대통령령으로 정하는 절차를 거친 사실을 시장·군수등에게 확인받은 후 대통령령으로 정하는 비율 이상의 토지등소유자의 동의를 받아 1항에 따른 사업시행자 지정 이전에 협약등을 체결할 수 있다(법 26조 4항). 대통령령으로 정하는 절차란 그와 같은 내용이 포함된 주민설명회의 개최를 의미하고(법 시행령 20조의2 1항), 대통령령으로 정하는 비율이란 100분의 3이다(법 시행령 20조의2 3항). 협약등의 체결에 필요한 사항은 대통령령으로 정한다(법 26조 5항). 그 경우 주민대표회의 구성에서 시기상의 특칙이 있다. 위 규정은 2025. 6. 4. 시행된 이후로서 토지주택공사등과 협약을 체결하는 경우부터 적용된다.

㈏ 사업시행자

시장·군수등이 직접 정비사업을 시행하거나 토지주택공사등(토지주택공사등이 건설업자 또는 등록사업자와 공동으로 시행하는 경우 포함)을 사업시행자로 지정하여 정비사업을 시행하게 할 수 있다(법 26조 1항).

시장·군수등은 해당 사업을 공보에 고시하여야 한다(법 26조 2항). 위와 같은 행정청의 지정결정에 의하여 사업시행자의 지위가 부여되므로, 이는 설권적 처분으로 보아야 할 것이다.

시장·군수등, 토지주택공사등이 정비사업을 시행하는 경우 조합이 사업시행자인 경우의 정관에 준하여 시행규정을 작성하여야 하고, 여기에는 사업시행계획서의 변경, 관리처분계획 및 청산 등이 포함된다(법 53조).

㈐ 주민대표회의(법 26조 1항 8호의 경우)

법 26조 1항의 경우 토지등소유자가 사업시행자의 지위에서 배제된다. 그중 1호 내지 6호는 천재지변 등으로 공공이 시행할 수밖에 없는 사정이고, 7호는 당사자의 동의를 요건으로 하나, 해당 정비구역의 국·공유지 면적 또는 국·공유지와 토지주택공사등이 소유한 토지를 합한 면적이 전체 토지면적의 2분의 1 이상으로서, 토지등소유자보다 공공이 다수인 사정이므로, 비록 시

---

7) 토지등소유자가 정비계획의 입안권자에게 정비(변경)계획의 입안을 제안하려는 경우 해당 지역(기본계획상의 정비예정구역) 토지등소유자의 3분의 2 이하 및 토지면적 3분의 2 이하의 범위에서 시·도 조례로 정하는 비율(서울시의 경우 해당 지역 토지등소유자의 50% 이상 및 토지면적의 2분의 1 이상의 동의 서울시 조례 10조 1항) 이상의 동의를 받아야 한다(법 14조 2항, 법 시행령 12조 1항).

장·군수등, 토지주택공사등이 사업을 시행하더라도 정비사업에 토지등소유자의 의사를 반영할 주민대표회의가 필요하지 않다.

그러나 8호의 경우에는 당사자의 의사에 의하여 시장·군수등, 토지주택공사등이 사업을 시행하므로, 주민들의 의사를 정비사업에 반영할 주민대표기구인 주민대표회의가 반드시 구성되어야 한다. 다음에서 살펴보듯이 법 27조 1항 지정개발의 경우에도 조합설립 동의요건 이상에 해당하는 자가 신탁업자를 사업시행자로 지정함에 동의하는 3호의 경우에만 토지등소유자 전체회의가 구성된다.

① 구성시기

㉮ 추진위원회 구성 전

토지등소유자가 시장·군수등 또는 토지주택공사등을 공공시행자로 하여 사업을 시행하기를 원하는 경우, 정비구역지정·고시 후 주민대표회의를 구성하여야 한다(법 47조 1항). 한편 앞서 본 바와 같이 2024. 12. 3.자 법 개정으로 토지등소유자는 토지주택공사등과 정비사업의 준비·추진에 필요한 사항에 대한 사업시행자 지정 전에 협약등을 체결할 수 있다(법 26조 4항). 원칙적으로 주민대표회의는 정비구역지정·고시 이후 구성되나, 위와 같은 협약 또는 계약 등이 체결된 경우에는 정비구역지정·고시 이전에도 주민대표회의를 구성할 수 있다(법 47조 1항 단서).

㉯ 추진위원회 구성 또는 조합설립인가 이후

앞서 본 바와 같이 시장·군수등이 직접 정비사업을 시행하거나 토지주택공사등을 사업시행자로 지정하는 때에는 대통령령으로 정하는 사항(사업시행자의 성명 및 주소, 정비사업의 착수예정일 및 준공예정일 등)을 해당 지방자치단체의 공보에 고시하여야 한다(법 26조 2항). 그 경우 고시일 다음 날에 추진위원회의 구성승인 또는 조합설립인가가 취소된 것으로 본다. 시장·군수등은 해당 지방자치단체의 공보에 해당 내용을 고시하여야 한다(법 26조 3항). 지방자치단체의 공보에 해당 내용이 고시된 이후 주민대표회의를 구성하여야 한다.

② 구성방법

주민대표회의는 위원장을 포함하여 5명 이상 25명 이하로 구성한다(위원장과 부위원장 각 1명과 1명 이상 3명 이하의 감사를 둔다. 법 시행령 45조 1항).

주민대표회의는 토지등소유자의 과반수의 동의를 받아 구성하며, 시장·군수등의 승인을 받아야 한다(47조 2항, 3항).

이는 다음에서 살펴볼 추진위원회 구성승인처분과 마찬가지로 강학상 인가이나 과반수 동의에 미치지 못함에도 인가가 이루어진 경우 시장·군수등을 상대로 인가처분의 취소를 구할 수 있다. 또한 추진위원회와 마찬가지로 주민대표회의의 승인을 받지 아니하고 주민대표회의를 구성·운영한 자나 승인받은 주민대표회의가 구성되어 있음에도 불구하고 임의로 주민대표회의를 구성하여 정비사업을 추진한 자는 형사처벌의 대상이다(법 137조 3호 및 4호).

③ 권한

㉮ 시행규정 관련

㉠ 의견제시

시장·군수등, 토지주택공사등, 신탁업자가 단독으로 정비사업을 시행하는 경우 조합 등이 사업시행자인 경우의 정관에 준하는 시행규정을 작성하게 된다(법 53조). 그 경우 주민대표회의 또는 세입자(상가세입자 포함)는 사업시행자가 건축물의 철거, 주민의 이주, 토지 및 건축물의 보상, 정비사업비의 부담, 세입자에 대한 임대주택의 공급 및 입주자격, 시공자의 추천, 관리처분계획 및 청산에 관한 사항 등에 관하여 시행규정을 정하는 때에 의견을 제시할 수 있다(법 47조 5항, 법 시행령 45조 2항).

㉡ 사업시행자의 의무

사업시행자는 주민대표회의 또는 세입자의 의견을 반영하기 위하여 노력하여야 한다(법 47조 4항 후문). 문언상 법 47조 5항 각 호의 사항에 대하여 주민대표회의가 사업시행자에게 의견을 제시하더라도 사업시행자는 시행규정을 정할 때 이를 반영하도록 노력하는 것으로 족하고 구속력이 인정되지 아니한다.[8)]

㉯ 시공자 선정 관련

시장·군수등이 26조 1항에 따라 직접 정비사업을 시행하거나 토지주택공사등를 사업시행자로 지정한 경우, 사업시행자는 사업시행자 지정·고시 후 경쟁입찰 또는 수의계약의 방법으로 건설업자 또는 등록사업자를 시공자로 선정하여야 한다(법 29조 6항). 그 경우 주민대표회의가 법정의 경쟁입찰 또는 수의계약의 방법으로 시공자를 추천할 수 있고, 사업시행자는 추천받은 자를 시공자로 선정하여야 하며 구속력이 인정된다(법 29조 7항, 8항).

이는 사업비용을 토지등소유자가 부담함에도, 토지등소유자는 사업시행자의 지위에서 배제되어 있으므로, 사업비용 중 대부분을 차지하는 시공계약에 토지등소유자의 의사를 반영함으로써 그들의 이익을 보호하기 위함이다.[9)]

④ 주민대표회의 결의 무효확인소송 여부

주민대표회의는 정비구역 내 주민들의 의견을 수렴하여 사업시행자에게 정비사업과 관련한 각종 의견을 제시할 수 있다. 주민대표회의의 결의에 관하여 토지등소유자가 무효확인소송을 제기할 수 있는지 여부가 문제된다.

시공자를 추천하기 위한 주민대표회의의 결의에 대하여는 사업시행자가 구속되므로, 주민대표회의 결의의 무효확인을 구할 확인의 이익이 있다. 그러나 시행규정 관련 주민대표회의의 결의에 대하여는 사업시행자는 시행규정을 정할 때 이를 반영하도록 노력하는 것으로 족하고 구속력이 인정되지 아니하므로, 설령 주민대표회의의 결의에 위법사유가 있어 효력이 없더라도, 이

8) 대법원 2016. 5. 12. 선고 2013다1570 판결.

9) 위와 같은 규정을 위반하여 시공자를 선정한 자나 시공자로 선정된 자는 형사처벌을 받게 된다(법 136조 2호). 주민대표회의가 시공자를 추천한 경우 사업시행자는 추천받은 자를 시공자로 선정하여야 하는데, 이 경우 다음에서 살펴보듯이 시공자와의 계약에 관해서는 지방자치단체를 당사자로 하는 계약에 관한 법률 9조 또는 공공기관의 운영에 관한 법률 39조를 적용하지 아니한다(법 29조 10항).

로써 토지등소유자의 권리 또는 법적 지위에 어떠한 위험이나 불안이 야기되었다고 보기 어려워 그 법률관계를 확인의 대상으로 삼아 확인판결에 의하여 즉시 확정할 필요가 있다고 할 수 없으므로, 주민대표회의 결의에 대한 무효확인소송은 확인의 이익이 없어 부적법하다.[10]

㈑ 사업시행계획 작성에 토지등소유자 동의 여부

시장·군수등 또는 토지주택공사등인 사업시행자는 사업시행계획인가를 신청하기 전에 미리 총회의 의결을 거칠 필요가 없다(법 50조 5항 본문).

⑵ 법정사유 발생 시의 지정개발(법 27조)

㈎ 사유

천재지변 등 긴급하게 정비사업을 시행할 필요성이 있는 때(1호), 정비사업이 지체되는 경우[정비계획에서 정한 정비사업시행 예정일부터 2년 이내에 사업시행계획인가를 신청하지 아니하는 때 등(재건축사업의 경우 제외, 2호)], 조합설립을 위한 동의요건 이상에 해당하는 자가 신탁업자를 사업시행자로 지정하는 것에 동의하는 때(3호)

㈏ 사업시행자

시장·군수등이 토지등소유자, 민간투자법 2조 12호에 따른 민관합동법인 또는 신탁업자로서 대통령령으로 정하는 요건을 갖춘 자를 사업시행자로 지정하여 정비사업을 시행하게 할 수 있다. 신탁업자에 대하여는 다음에서 자세히 살펴본다.

㈐ 지정개발자 지정결정의 고시 및 통지

시장·군수등은 27조 1항에 따라 지정개발자를 사업시행자로 지정하는 때에는 사업시행자의 성명 및 주소 등 법 시행령 20조 1항이 정한 사항을 해당 지방자치단체의 공보에 고시하여야 한다(법 27조 2항). 위와 같은 행정청의 지정결정에 의하여 사업시행자의 지위가 부여되므로, 이는 설권적 처분으로 보아야 할 것이다.

시장·군수등이 지정개발자를 사업시행자로 지정·고시한 때에는 그 고시일 다음 날에 추진위원회의 구성승인 또는 조합설립인가가 취소된 것으로 본다. 이 경우 시장·군수등은 해당 지방자치단체의 공보에 해당 내용을 고시하여야 한다(법 27조 5항).

㈑ 사업시행계획의 작성·인가

① 신탁업자 등 법 27조의 지정개발자가 정비사업을 시행하려는 경우 사업시행계획인가를 신청하기 전에 토지등소유자의 과반수의 동의 및 토지면적의 2분의 1 이상의 토지소유자의 동의를 받아야 한다(법 50조 6항 내지 8항. 다만, 법 27조 1항 1호에 의하여 천재지변 등으로 인하여 지정개발자가 사업시행자가 된 경우에는 토지등소유자의 동의를 필요하지 아니한다). 관리처분계획의 수립·인가에 대하여는 신청 전에 별도로 토지등소유자의 동의를 요하지 아니한다.

② 시장·군수등에 의하여 지정개발자로 지정된 자가 토지등소유자인 경우 사업시행계획인가청은 재개발사업의 사업시행계획인가를 함에 있어 정비사업의 부실을 방지하기 위하여 지정개

10) 대법원 2016. 5. 12. 선고 2013다1570 판결.

발자에게 정비사업비의 100분의 20의 범위에서 시·도 조례로 정하는 금액을 예치하게 할 수 있다(법 60조 1항).

⑶ 신탁업자

㈎ 의의

재개발사업 및 재건축사업의 조합설립을 위한 동의요건 이상에 해당하는 자가 신탁업자를 사업시행자로 지정하는 것에 동의하는 경우, 시장·군수등은 신탁업자를 사업시행자로 지정하여 정비사업을 시행하게 할 수 있다(법 27조 1항 3호).

위 규정은 다수의 정비사업이 사업성 저하 및 주민 갈등 등으로 지연·중단되는 현실을 고려하여 그 해결책으로 법이 2015. 9. 1. 개정되면서 도입되었다.

2024. 12. 3.자 법 개정으로 신탁업자와 재개발사업 또는 재건축사업의 준비·추진에 필요한 사항에 대하여 협약등을 체결하려는 자(토지등소유자로 구성된 자를 말한다)는 대통령령으로 정하는 절차를 거친 사실을 시장·군수등에게 확인받은 후 대통령령으로 정하는 비율 이상의 토지등소유자의 동의를 받아 신탁업자를 공개모집한 후 사업시행자 지정 전에 협약 등을 체결할 수 있다(27조 7항).[11] 대통령령으로 정하는 절차란 그와 같은 내용이 포함된 주민설명회의 개최를 의미하고(법 시행령 21조의2 1항), 대통령령으로 정하는 비율이란 100분의 3이다(법 시행령 21조의2 3항). 신탁업자를 공개모집할 때에는 국가종합전자조달시스템을 이용해야 한다(법 시행령 21조의2 7항).

㈏ 요건

① 동의

신탁업자를 사업시행자로 지정하는 경우에는 조합설립을 위한 동의요건 이상에 해당하는 자가 신탁업자를 사업시행자로 지정하는 것에 동의하여야 한다. 토지등소유자에게 동의를 받기 전에 법 27조 3항이 규정하는 토지등소유자별 분담금 추산액 및 산출근거 등 법정 정보를 제공하여야 하고, 반드시 토지등소유자로부터 법 시행규칙 [별지 2호 서식] '신탁업자 지정 동의서'에 의하여 동의를 받아야 한다.[12]

위 서식에는 조합설립동의서에 기재되는 사항(건설되는 건축물의 설계의 개요, 정비사업비, 정비사업비의 분담기준,[13] 사업 완료 후 소유권의 귀속) 외에 신탁업자 현황 등 법정사항이 기재되어 있고, 신탁계약의 내용, 시행규정(조합이 사업시행자인 경우의 정관, 법 53조)에 동의한다는 내용이 기재되어 있다(법 27조 4항).

② 토지면적의 신탁 요부(부정)

개별 신탁업자가 재개발·재건축사업의 지정개발자로 지정될 수 있는 요건으로 토지등소유자의 동의 외에 종전에는 정비구역 전체 면적의 3분의 1 이상[14]의 토지를 신탁 받았을 것을 요구

---

11) 2025. 6. 4. 시행 이후 신탁업자를 공개모집하는 경우부터 적용한다(부칙 2조 2항).

12) 동의는 서면동의서에 토지등소유자가 성명을 적고, 지장(指章)을 날인하는 방법으로 하며, 주민등록증, 여권 등 신원을 확인할 수 있는 신분증명서의 사본을 첨부하여야 함은 법정사유 발생 시의 공공시행자(법 36조)에서 본 바와 같다.

13) 신탁업자에게 지급하는 신탁보수 등의 부담에 관한 사항을 포함한다.

하였으나, 재개발·재건축사업의 신속한 추진을 위하여 법 시행령이 2023. 12. 5. 개정되어 신탁업자가 정비구역의 토지를 신탁받지 않고도 토지등소유자의 2분의 1 이상의 추천 등을 받으면 지정개발자로 지정될 수 있도록 요건을 완화하였다(법 시행령 21조 1항 3호, 추천과 관련한 자세한 내용은 같은 조 2항 내지 5항).

㈐ 장·단점

지정개발자 중 신탁업자로는 한국토지신탁, 코람코자산신탁 등이 있고, 한국토지신탁은 사업대행자로 지정되기도 한다. 이는 자금력이 풍부한 신탁사가 직접 사업비를 원활하게 조달하고 업무의 전문성을 갖추고 있어 시공사 선정 등 용역계약의 체결이 효율적이고, 토지등소유자를 대표로 하는 추진위원회나 조합에 의한 사업추진에 따른 주민갈등 없이 재개발·재건축사업을 신속하게 추진할 수 있다. 다만, 신탁업자에게 상당 수준의 보수를 지급하여야 하는 부담이 발생하고, 신탁업자가 사업관리에 있어 토지등소유자의 이익보다는 신탁업자의 이익을 우선하려는 경향이 있을 수 있다는 등의 단점이 있으나, 실무상 확대되고 있는 듯하다.

신탁업자를 사업시행자로 하는 정비사업이 활성화되자, 법이 위와 같은 단점을 보완하기 위하여 2023. 7. 18. 개정되어 국토부장관은 신탁업자와 토지등소유자 상호 간의 공정한 계약의 체결을 위하여 대통령령으로 정하는 바에 따라 표준계약서 및 표준시행규정을 마련하여 그 사용을 권장할 수 있다는 규정을 신설하였다(27조 6항). 이에 국토부는 2023. 11. 29. 국토부 공고 제2023-1500호로 "정비사업 지정개발자(신탁업자) 시행방식 표준계약서 및 표준시행규정"을 공고하였는데, 자세한 내용은 아래에서 살펴본다.

㈑ 법률효과

① 단독의 사업시행자로서 신탁업자

시장·군수 등이 신탁업자를 사업시행자를 지정·고시한 때에는 그 고시일 다음 날에 추진위원회의 구성승인 또는 조합설립인가가 취소된 것으로 간주하므로(법 27조 5항), 신탁업자는 해당 정비구역의 단독 사업시행자로서 정비사업을 수행한다.

신탁업자가 단독으로 정비사업을 시행하는 경우 조합이 사업시행자인 경우의 정관에 준하여 법 53조 각 호의 사항을 포함하는 시행규정을 작성하여야 한다(법 53조).

② 토지등소유자 전체회의

㉮ 필요성

조합이 사업시행자인 경우 조합원으로 구성되는 총회가 최고의 의사결정기관으로서 조합원의 이해에 관계되는 중요한 사항을 결정하나, 신탁업자가 사업시행자인 경우 정비사업에서 배제되는 정비구역 내 주민들의 이익을 대변하는 단체가 필요하고, 이에 법은 해당 정비사업의 토지등소유자(재건축사업의 경우에는 신탁업자를 사업시행자로 지정하는 것에 동의한 토지등소유자를 말한다) 전원으로 구성되는 '토지등소유자 전체회의'를 구성하도록 규정하고 있다.

---

14) 최초에는 정비구역 내 소재 국·공유지를 포함하여 3분의 1 이상이었으나, 법 시행령이 2022. 12. 9. 개정되어 국·공유지는 제외되었다.

토지등소유자 전체회의는 조합이 사업시행자인 경우의 총회에 준하므로, 토지등소유자 전체회의는 사업시행자가 직권으로 소집하거나 토지등소유자 5분의 1 이상의 요구로 사업시행자가 소집한다(법 48조 2항). 토지등소유자 전체회의의 소집 절차·시기 및 의결방법 등에 관하여는 법 44조 5항(총회 소집에 필요한 통지 등), 44조의2(온라인 총회) 및 45조 3항부터 11항까지(의사 및 의결정족수, 의결권 행사방법)를 준용한다. 이 경우 "총회"는 "토지등소유자 전체회의"로, "조합"은 "사업시행자"로, "정관"은 "시행규정"으로, "조합원"은 "토지등소유자"로 본다(법 48조 3항).

㈏ 권한

토지등소유자 전체회의는 조합이 사업시행자인 경우의 총회에 준하는 기관으로서, 법은 신탁업자가 정비사업을 진행함에 있어 반드시 토지등소유자의 의결을 받아야 하는 사항을 다음과 같이 규정하고 있다.

즉, 시행규정의 확정 및 변경, 정비사업비의 사용 및 변경, 정비사업전문관리(이하 '전문관리'라 한다)업자와의 계약 등 토지등소유자의 부담이 될 계약, 시공자의 선정 및 변경, 정비사업비의 토지등소유자별 분담내역, 자금의 차입과 그 방법·이자율 및 상환방법, 사업시행계획서의 작성 및 변경, 관리처분계획의 수립 및 변경, 청산금의 징수·지급, 부과금의 금액 및 징수방법, 그 밖에 토지등소유자에게 부담이 되는 것으로 시행규정으로 정하는 사항에 관하여는 토지등소유자 전체회의의 의결을 거쳐야 한다(법 48조 1항).

한편, 국토부가 제정하고 공고한 "정비사업 지정개발자(신탁업자) 시행방식 표준계약서 및 표준시행규정"에서는 토지등소유자 전체회의의 의결사항을 더욱 확대하고 있다.

㈐ 의결정족수

"정비사업 지정개발자(신탁업자) 시행방식 표준계약서 및 표준시행규정"에서는 조합 총회의결과 유사한 내용으로 의결규정을 마련하고 있다.

원칙적으로 토지등소유자 과반수의 출석과 출석한 자의 과반수 찬성으로 의결하도록 하되, 사업시행계획서의 작성 및 변경, 관리처분계획의 수립 및 변경은 토지등소유자 과반수의 찬성으로 의결하고, 정비사업비가 100분의 10 이상 늘어나는 경우에는 토지등소유자 3분의 2 이상의 찬성으로 의결하도록 규정하였다.

③ 신탁 관련 법률관계

㈎ 토지등소유자가 신탁업자에게 정비사업을 목적으로 신탁등기를 하는 경우 명의상 소유자는 신탁업자가 되나, 법 2조 9호는 27조 1항에 따라 신탁업자가 사업시행자로 지정된 경우 토지등소유자가 정비사업을 목적으로 신탁업자에게 신탁한 토지 또는 건축물에 대하여는 위탁자를 토지등소유자로 본다고 규정하고 있으므로, 위탁자가 신탁재산을 실질적으로 지배하고 소유하는 것으로서 위탁자가 신탁업자에게 종후자산에 대한 분양신청을 하거나 청산금을 분배받을 권리가 있다.

㈏ 신탁은 소득세법 88조 1호 ㈐목에 의하여 양도에 해당하지 않아 양도소득세가 부과되지 않고, 신탁이 있다 하더라도 위탁자가 임대사업자로서 해당 주택을 지배하면서 계속하여 임대

목적으로 제공하고 있으므로 신탁을 민간임대주택법 43조 1항이 정한 양도[15]로 볼 수 없어 신탁은 유효하다.

(마) 매도청구

사업시행자인 신탁업자는 자신의 사업시행자 지정에 동의하지 아니한 자에 대하여 사업시행계획인가·고시가 있은 날부터 30일 이내에 사업시행자 지정에 관한 동의 여부를 2개월의 기간을 정하여 회답할 것을 촉구하고, 위 기간 내에 동의하지 않거나 회답하지 않아 부동의로 간주되는 경우, 신탁업자는 그들이 촉구를 받은 날부터 2개월이 지나면 2개월 이내에 매도청구권을 행사할 수 있다(법 64조 1항 2호).

이는 신탁업자가 사업시행자로 지정·고시된 때에는 그 고시일 다음 날에 추진위원회의 구성승인 또는 조합설립인가가 취소된 것으로 보는 등으로 주민들은 사업시행자의 지위에서 배제되기 때문에 그와 같은 사업진행에 동의하지 않는 토지등소유자로 하여금 정비사업에서 이탈할 기회를 부여하는 것이다.

(바) 표준계약서 및 표준시행규정

국토부가 제정 공고한 "정비사업 지정개발자(신탁업자) 시행방식 표준계약서 및 표준시행규정"의 내용에 관하여 살펴본다. 위 규정은 신탁업자와 토지등소유자 상호 간의 공정한 계약의 체결과 주민 권익보호를 위한 것으로서, 신탁방식 정비사업의 내실화를 기하고, 신탁사의 역할과 책임을 강화한 것이다.

① 신탁계약해지

신탁계약 후 2년 내 시행자로 지정되지 않거나 주민 3/4 이상이 찬성할 경우 신탁계약의 해지가 가능하다.

② 주민 재산권 보호

주민이 신탁한 부동산에 대하여는 담보대출이 금지되고, 주민이 신탁한 재산은 신탁사의 다른 재산과 구분하여 별도 관리하여야 하며, 신탁 후에도 매매·임대차 등 토지등의 재산권 행사를 위한 신탁의 일시 해제가 가능하다.

③ 사업관리

신탁사가 건설사업관리를 직접 수행하고, 불가피하게 용역을 시행하는 경우, 신탁사가 비용을 부담하며, 신탁사가 공사비·추가이주비 등 사업비 조달 주체임을 명확히 하였다.

④ 신탁보수

신탁사의 보수와 관련하여 단순요율방식, 요율·상한방식, 정액방식 등이 있는바, 단순요율방식의 경우 신탁사가 추정 금액을 제시할 의무가 있다.

---

15) 임대사업자는 임대의무기간 동안 민간임대주택을 계속 임대하여야 하며, 그 기간이 지나지 아니하면 이를 양도할 수 없고(민간임대주택법 43조 1항), 이는 강행법규로서 이에 위반하여 임대의무기간이 지나기 전에 임대주택을 매각하였다면 이는 사법(私法)상 무효이고, 다만, 임대사업자가 임대주택을 매각하더라도 매수인이 매도인의 임대사업자 지위를 승계하여 임대주택을 계속하여 임대 목적으로 제공하고 법령상 의무를 부담하는 경우에만 유효하다(대법원 2005. 6. 9. 선고 2005다11046 판결, 대법원 2021. 9. 9. 선고 2017다48218 판결).

(4) 전문개발기관 사업시행의 특례

법 26조에 따라 토지주택공사등이 사업시행자가 되거나 법 27조 1항에 의하여 신탁업자가 사업시행자가 되는 등 전문개발기관이 사업을 시행할 경우 정비구역지정 제안 권한을 부여하고, 정비구역과 사업시행자 동시 지정, 정비계획과 사업시행계획의 통합처리 등 인·허가 절차를 간소화할 수 있도록 하였다(법 101조의8부터 101조의10까지). 이는 2023. 7. 18.자 법 개정으로 신설되었다.

라. 도시영세민을 이주시켜 형성된 낙후지역에서의 재개발사업

(1) 요건

국가 또는 지방자치단체가 도시영세민을 이주시켜 형성된 낙후된 지역으로서, 토지보상법 4조에 따른 공익사업의 시행으로 다른 지역으로 이주하게 된 자가 집단으로 정착한 지역으로 이주 당시 300세대 이상의 주택을 건설하여 정착한 지역 및 정비구역 전체 건축물 중 준공 후 20년이 지난 건축물의 비율이 100분의 50 이상인 지역의 요건을 갖춘 경우 예외적으로 시장·군수등 또는 토지주택공사등이 단독으로 재개발사업을 시행할 수 있다(법 95조 1항 2호, 법 시행령 79조 2항).

(2) 효과

국가 또는 시·도는 위 재개발사업의 시행에 우선적으로 비용 중 일부를 보조하거나 융자할 수 있다(법 95조 1항). 위 재개발구역에서 지방자치단체가 소유하는 토지는 사업시행계획인가의 고시가 있은 날부터 종전의 용도가 폐지된 것으로 볼 뿐만 아니라 국유재산법, 공유재산법 및 그 밖에 국·공유지의 관리 및 처분에 관하여 규정한 관계 법령에도 불구하고 해당 사업시행자에게 무상으로 양여된다(무상양여대상에서 국유지 제외). 자세한 내용은 제11편 제2장 Ⅲ. "3. 국·공유지의 무상양여 등"에서 살펴본다.

제4장 주거환경개선사업

Ⅰ. 의 의

주거환경개선사업은 도시저소득 주민이 집단거주 하는 지역으로서 정비기반시설이 극히 열악하고 노후·불량건축물이 과도하게 밀집한 지역의 주거환경을 개선하거나, 단독주택 및 다세대주택이 밀집한 지역에서 정비기반시설과 공동이용시설 확충을 통한 주거환경을 보전·정비·개량하기 위한 사업이다[법 2조 1호 ㈎목].

종래 구 주거환경개선사업과 구 주거환경관리사업이 통합되어 주거환경개선사업이 되었다. 앞서 본 바와 같이 행정청이나 공공기관이 사업시행자로서 재원을 조달하여 진행하고, 조합이나 토지등소유자 등 민간이 사업시행자가 될 수 없어 실무상의 분쟁은 많지 않다. 이하에서는 주거환경개선사업과 재개발·재건축사업과의 차이 및 주거환경개선사업의 정비절차와 그 내용에 관하여 살펴본다.

Ⅱ. 재개발·재건축사업과의 차이

1. 사업시행자

앞서 본 바와 같이 주거환경개선사업의 시행자는 시장·군수등 또는 토지주택공사등 공공기관이고, 조합이나 토지등소유자 등 민간은 공동으로 사업시행자가 될 수 없다. 토지등소유자는 주민대표회의를 구성할 뿐이다(법 47조 1항). 주민대표회의의 구성 등에 관하여는 제3장 Ⅱ. 3. 다. (1) "㈐ 주민대표회의"에서 자세히 살펴보았다. 재개발·재건축사업은 조합이나 토지등소유자 등 민간이 사업시행자가 되는 것과 뚜렷이 구별된다.

재원은 주로 사업시행자가 조달한다. 여기에는 2가지 특칙이 있다.

국가 또는 시·도는 시장, 군수, 구청장 또는 토지주택공사등이 시행하는 해제된 정비구역이나 도시재정비촉진지구에서 시행하는 주거환경개선사업에 정비기반시설, 임시거주시설 및 주거환경개선사업에 따른 공동이용시설의 건설에 드는 비용 등의 일부를 우선적으로 보조하거나 융자할 수 있다(법 95조 1항).

시장·군수등은 사업시행자가 토지주택공사등인 주거환경개선사업과 관련하여 정비기반시설 및 공동이용시설, 임시거주시설을 건설하는 경우 건설에 드는 비용의 전부 또는 일부를 토지주택공사등에게 보조하여야 한다(법 95조 2항).

2. 정비방법

가. 대 상

구 주거환경관리사업은 종전의 철거형 정비방법에서 벗어나 기존 도시구조를 유지하며 보전·정비·개량하는 사업인 점에서 재개발·재건축사업과 구별된다(법 2조 2호). 구 주거환경개선사업과 재개발·재건축사업은 원칙적으로 동일한 철거형 정비방법이다. 그러나 구 주거환경개선사업은 도시저소득 주민이 집단거주하는 이른바 '달동네'가 그 대상지역으로서, 정비기반시설이 열악하다는 점에서 재건축사업과는 구분되고, 주택정비형 재개발사업과 동일하나(도시정비형 재개발사업은 그 대상지역이 상업지역 및 공업지역으로서 도시기능의 회복 및 상권활성화라는 목적에서 차이가 있다), 그 정도가 극히 열악하다는 점에서 위 재개발사업과 구분되며, 또한 노후·불량건축물이 밀집한 점에서는 주택정비형 재개발·재건축사업과 동일하나, 그 정도가 과도하게 밀집되었다는 점에서 구분된다. 특히 재건축사업은 공동주택이 밀접한 지역이 대상임에 반해, 구 주거환경개선사업은 주로 단독주택이나 다세대주택이 밀접한 지역을 그 대상으로 하는 점에서 뚜렷한 차이가 있다.

나. 정비방법의 유형

(1) 규정

법 제23조(정비사업의 시행방법)

① 주거환경개선사업은 다음 각 호의 어느 하나에 해당하는 방법 또는 이를 혼용하는 방법으로 한다.

1. 제24조에 따른 사업시행자가 정비구역에서 정비기반시설 및 공동이용시설을 새로 설치하거나 확대하고 토지등소유자가 스스로 주택을 보전·정비하거나 개량하는 방법(이하 '관리형 주거환경개선사업'[1])이라 한다)
2. 제24조에 따른 사업시행자가 제63조에 따라 정비구역의 전부 또는 일부를 수용하여 주택을 건설한 후 토지등소유자에게 우선 공급하거나 대지를 토지등소유자 또는 토지등소유자 외의 자에게 공급하는 방법(이하 '수용 주거환경개선사업'이라 한다)
3. 제24조에 따른 사업시행자가 제69조 제2항에 따라 환지로 공급하는 방법(이하 '환지 주거환경개선사업'이라 한다)
4. 제24조에 따른 사업시행자가 정비구역에서 제74조에 따라 인가받은 관리처분계획에 따라 주택 및 부대시설·복리시설을 건설하여 공급하는 방법(이하 '관리처분계획 주거환경개선사업'이라 한다)

(2) 해석

주거환경개선사업은 관리형 주거환경개선사업, 수용, 환지, 관리처분계획의 각 주거환경개선사업 등 4가지 형태의 방식이나 혼용방식이 가능하다.

---

1) 서울시 조례 6조 1항 1호는 이를 '관리형 주거환경개선사업'이라고 칭하고 있다. 이는 구 주거환경관리사업을 의미한다.

그중 관리형 주거환경개선사업이 다수를 차지하는 듯하다.

관리형 주거환경개선사업은 시장·군수등(토지주택공사등)이 재원을 투입하여 정비기반시설 및 공동이용시설을 새로 설치하거나 확대하고, 토지등소유자는 자력으로 주택을 정비하거나 개량할 뿐만 아니라 보전하는 방식이다(공공성이 강한 관리형 주거환경개선사업은 재개발·재건축사업과 달리 정비기반시설의 확충 외에 공동이용시설의 확충도 그 내용으로 하고, 토지등소유자는 철거 외에 보전도 가능하다).

수용 주거환경개선사업은 토지등소유자의 토지를 전면 수용하는 방식으로 추진하는데, 주택밀집도가 높고 저지대 상습 침수, 산사태 등 집단재해가 우려되고 주민의 자력개발을 기대할 수 없는 지역에 대하여 토지주택공사등이 토지를 수용하여 아파트를 건설하여 토지등소유자에게 우선 공급하는 방식이다(토지등소유자가 아파트 등을 공급받는 점은 관리처분계획 주거환경개선사업과 동일하나, 사업시행자가 사전에 해당 토지등을 수용하고, 종후자산 배분을 위한 처분으로서의 관리처분계획이 없는 점에서 차이가 있다).

환지 주거환경개선사업은 도시개발법 28조부터 49조까지의 환지규정을 준용하여 시행하는 방식이다(도시개발법상의 환지처분에 의하는 경우 청산금은 환지처분을 하는 때에 결정되나, 환지 주거환경개선사업은 사업시행계획인가를 하는 때에 결정된다, 법 69조 2항). 정비기반시설이 극히 열악하고 노후·불량건축물이 과도하게 밀집한 지역이 대상이므로, 대상 토지 중 상당 부분이 도시개발법 28조 5항의 보류지(도시정비법상의 정비기반시설 용지, 국토계획법상의 공공시설 용지[2])를 의미한다)가 될 수밖에 없어 환지방식에 의한 사업은 용이하지 아니하다.

관리처분계획 주거환경개선사업의 경우 토지등소유자가 분양신청을 통하여 종후자산을 분양받아야 하나, 이를 위해서는 상당한 금액을 지출할 정도의 자력이 필요한데, 자력이 부족한 토지등소유자가 다수인 달동네의 지역적 특성상 이 방식으로 시행하기에도 용이하지 아니하다.

Ⅲ. 주거환경개선사업의 정비절차 및 내용

주거환경개선사업은 시장·군수등, 토지주택공사등 공공기관이 사업시행자가 되어 진행하는 공익성이 중대한 사업이다. 이로 인하여 정비절차 및 내용에 있어 여러 가지 특칙이 있다. 이하에서는 주거환경개선사업에 관한 정비절차 및 내용에 관하여 재개발·재건축사업과는 다른 부분들 위주로 살펴본다.

1. 절차의 개관

원칙적으로 기본계획(정비예정구역지정)의 수립 → 정비계획결정(정비구역지정) → 시공자 선정 → 사업시행계획인가 → 관리처분계획인가 → 공사착공 → 공사준공 및 이전고시의 차례로 진행되나, 관리처분계획은 주거환경개선사업의 4가지 방식 중 '관리처분계획 주거환경개선사업'에서만 적용된다.

---

2) 도로·공원·철도·수도, 그 밖에 대통령령으로 정하는 공공용 시설을 말한다(국토계획법 2조 13호).

2. 구체적 내용

가. 기본계획(정비예정구역지정)의 수립

주거환경개선사업에 관한 기본계획은 비구속적 행정계획이다. 행정청은 주거환경개선사업 예정구역으로 분류하고자 하는 경우 사업의 시급성, 개선효과, 정비기반시설 현황 등을 분석하여 앞서 본 4가지 유형 중 특정한 방식으로 할 수 있다(법 5조 3항에 의하여 국토부장관이 고시하는 기본계획 수립지침 4-2-5). 행정청은 기초조사 분석결과 주거환경개선사업과 재개발사업 대상지역에 모두 해당하는 경우에는 사업의 성격·특성과 지역여건 등을 감안하여 분류하되, 상습침수지역 등 전면매수 방식으로 시급히 사업시행이 필요한 지역, 대상구역 내 국·공유지 비율이 많아 거주주민의 재정착에 실질적인 도움이 되는 지역, 정비기반시설 등에 국가나 지방자치단체의 재정이 투입되어야 사업시행이 가능한 지역, 주민의 소득수준이 낮아 관리처분방식으로 사업시행이 어렵다고 판단되는 지역, 주민의 정비사업 시행 욕구가 낮거나 재개발사업을 추진하였으나 장기간 방치된 지역으로 시급히 사업시행이 필요한 지역에 해당하는 경우에는 우선적으로 주거환경개선사업 구역으로 분류할 것을 검토한다(기본계획 수립 지침 4-2-7).[3]

나. 정비계획결정(정비구역지정)

(1) 요건(정비계획 입안대상지역)

정비계획 입안대상지역에 대하여는 법 시행령 7조 1항 [별표 1], 서울시 조례 6조가 규정하고 있다. 노후·불량건축물의 의미에 대하여는 재개발·재건축사업의 정비계획 부분에서 자세히 살펴본다.

법 시행령 제7조 제1항 [별표 1]

1. 주거환경개선사업을 위한 정비계획은 다음 각 목의 어느 하나에 해당하는 지역에 대하여 입안한다.
   가. 1985. 6. 30. 이전에 건축된 건축물로서 법률 제3533호 특정건축물정리에관한특별조치법 제2조에 따른 무허가건축물 또는 위법시공건축물과 노후·불량건축물이 밀집되어 있어 주거지로서의 기능을 다하지 못하거나 도시미관을 현저히 훼손하고 있는 지역
   나. 개발제한구역법에 따른 개발제한구역으로서 그 구역지정 이전에 건축된 노후·불량건축물의 수가 해당 정비구역의 건축물 수의 50% 이상인 지역
   다. 재개발사업을 위한 정비구역의 토지면적의 50% 이상의 소유자와 토지 또는 건축물을 소유하고 있는 자의 50% 이상이 각각 재개발사업의 시행을 원하지 않는 지역
   라. 철거민이 50세대 이상 규모로 정착한 지역이거나 인구가 과도하게 밀집되어 있고 기반시설의 정비가 불량하여 주거환경이 열악하고 그 개선이 시급한 지역
   마. 정비기반시설이 현저히 부족하여 재해발생 시 피난 및 구조 활동이 곤란한 지역

3) 행정청이 단계별 추진계획을 수립함에 있어서는 이주하게 되는 세입자를 고려하고, 구역의 세입자를 위한 임대주택 건설이 가능한지 여부를 판단하여 정비예정구역의 범위를 설정할 수 있고, 세입자 및 주민의 주거안정을 위하여 순환정비방식의 시행을 고려한다(기본계획 수립지침 4-9-5, 6, 9). 이는 재개발사업도 동일하다.

바. 건축대지로서 효용을 다할 수 없는 과소필지 등이 과다하게 분포된 지역으로서 건축행위 제한 등으로 주거환경이 열악하여 그 개선이 시급한 지역
사. 국토계획법 제37조 제1항 제5호에 따른 방재지구로서 주거환경개선사업이 필요한 지역
아. 단독주택 및 다세대주택 등이 밀집한 지역으로서 주거환경의 보전·정비·개량이 필요한 지역
자. 도시정비법 제20조 및 제21조에 따라 해제된 정비구역 및 정비예정구역
차. 기존 단독주택 재건축사업 또는 재개발사업을 위한 정비구역 및 정비예정구역의 토지등소유자의 50% 이상이 주거환경개선사업으로의 전환에 동의하는 지역
카. 도시재정비법 제2조 제6호에 따른 존치지역 및 같은 법 제7조 제2항에 따라 재정비촉진지구가 해제된 지역

4. 무허가건축물의 수, 노후·불량건축물의 수, 호수밀도, 토지의 형상 또는 주민의 소득 수준 등 정비계획의 입안대상지역 요건은 필요한 경우 위 제1호에서 규정한 범위에서 시·도 조례로 이를 따로 정할 수 있으며, 부지의 정형화, 효율적인 기반시설의 확보 등을 위하여 필요하다고 인정되는 경우에는 지방도시계획위원회의 심의를 거쳐 위 제1호의 규정에 해당하는 정비구역의 입안대상지역 면적의 100분의 110 이하의 범위에서 시·도 조례로 정하는 바에 따라 제1호의 규정에 해당하지 않는 지역을 포함하여 정비계획을 입안할 수 있다.
5. 건축물의 상당수가 붕괴나 그 밖의 안전사고의 우려가 있거나 상습 침수, 홍수, 산사태, 해일, 토사 또는 제방 붕괴 등으로 재해가 생길 우려가 있는 지역에 대해서는 정비계획을 입안할 수 있다.

서울시 조례 제6조(정비계획 입안대상지역 요건)

① 영 제7조 제1항 [별표 1] 제4호에 따른 정비계획 입안대상지역 요건은 다음 각 호와 같다.

1. 주거환경개선구역은 호수밀도가 80 이상인 지역으로서 다음 각 목의 어느 하나에 해당하는 지역을 말한다. 다만, 관리형 주거환경개선사업으로 시행하는 경우에는 제외한다.
가. 노후·불량건축물의 수가 대상구역 안의 건축물 총수의 60% 이상인 지역
나. 주택접도율이 20% 이하인 지역
다. 구역의 전체 필지 중 과소필지가 50% 이상인 지역

(2) 관리형 주거환경개선사업의 토지등소유자 정비계획 입안제안 요건 완화

특별자치시장, 특별자치도지사, 시장, 군수 또는 자치구청장 및 광역시 군수등이 정비계획의 입안권자인바(법 9조 3항), 법 14조 1항은 단계별 정비사업 추진계획상 정비예정구역별 정비계획의 입안시기가 지났음에도 불구하고 정비계획이 입안되지 아니하는 등 1호부터 5호까지의 법정 요건에 해당하는 경우 토지등소유자는 정비계획의 입안권자에게 정비계획의 입안을 제안할 수 있다. 정비계획 입안의 제안을 위한 토지등소유자의 동의와 관련하여서는 토지등소유자의 3분의 2 이하 및 토지면적 3분의 2 이하의 범위에서 시·도 조례로 정하는 비율 이상의 동의를 받도록 규정하고 있다(법 14조 2항, 법 시행령 12조 1항).

현재 서울시는 입안제안 요건으로 해당 지역 토지등소유자의 50% 이상 및 토지면적의 2분의 1 이상의 동의를 받아야 함을 원칙으로 하고 있고, 이는 모든 정비사업에 공통적으로 적용된다. 다만, 특별히 관리형 주거환경개선사업의 경우에는 공익성의 정도가 가장 중대하여 입안제안의 요건을 완화하여 해당 지역 토지등소유자의 과반수 동의만으로 입안제안이 가능하도록 하고 있

다(서울시 조례 10조 1항, 2항).

(3) 시행방식전환의 요건

관리형방식, 환지방식, 수용방식으로 정비계획이 수립된 종전 주거환경개선사업을 사업시행자가 관리처분계획방식으로 변경함에는 토지등소유자 3분의 2 이상의 동의를 받아야 한다(법 123조 5항). 그 취지는 관리처분계획방식의 경우 토지등소유자가 상당한 정도의 비용을 부담하기 때문이다. 한편 재개발사업에서 환지방식을 관리처분계획방식으로 전환함에는 토지등소유자의 동의 외에 행정청의 승인이 필요하다(법 123조 1항).

(4) 사업시행예정자

수용 주거환경개선사업의 경우 수용권을 가진 사업시행예정자는 정비계획의 내용에 반드시 포함되어야 한다(법 시행령 8조 3항 3호). 정비계획 수립지침에 의하면, 주거환경개선사업의 경우에는 사업시행예정자를 정비계획서에 표기하여야 하고[2－2－2(4)나], 각각의 시행방법을 구분하여 표기한다[4－3－3(1)].

(5) 국민주택규모 주택 및 임대주택 건설 강제

주택수급의 안정과 저소득 주민의 입주기회 확대를 위하여 정비사업으로 건설하는 주택에 대하여 국토부장관이 정하여 고시하는 임대주택 및 주택규모별 건설비율 등을 정비계획에 반영하여야 한다. 주거환경개선사업의 경우 건설하는 주택 전체 세대 수(임대주택 포함)의 90% 이상을 85㎡ 이하의 국민주택규모 주택으로 건설하여야 하고, 임대주택(시장, 군수 또는 토지주택공사등의 공공기관이 공급하므로 공공임대주택이다)은 시·도지사가 전체 세대 수의 30% 이하에서 정하여 고시하는 기준에 따라 건설하여야 하며, 전체 임대주택 세대 수의 50% 이하에서 정하여 고시하는 기준에 따라 주거전용면적이 40㎡ 이하 규모의 임대주택을 건설하여야 한다[법 10조 1항, 법 시행령 9조 1항 1호 가목, '정비사업의 임대주택 및 주택규모별 건설비율'(국토부 고시) 3조 1항, 2항, 4항]. 정비사업의 공익성 및 공공성에 비례하여 사업시행자가 건설하는 주택 중 국민주택규모 주택 및 공공임대주택 규모 비율에 대한 제한 정도가 달라지는바, 주거환경개선사업의 제한이 가장 중하다.

주거환경개선사업의 경우 임대주택의 입주조건으로 1순위 내지 3순위로 나누고 있고, 그중 1순위는 기준일(공공재개발사업의 경우 공공시행자를 지정한 날 또는 공공재개발사업을 추진하기 위해 정비구역을 지정·변경한 날 중 빠른 날을 말한다) 3개월 전부터 보상계획 공고 시까지 계속하여 해당 주거환경개선사업을 위한 정비구역 또는 다른 주거환경개선사업을 위한 정비구역에 거주하는 세입자 중 입주를 희망하는 자로 한다(법 시행령 별표 3 1호 가목).

(6) 종 상향을 위한 용도지역 변경간주

주거환경개선사업구역의 지정·고시가 있는 경우에는 국토계획법 등 관련 법률에도 불구하고 관리형, 환지방식의 경우 제2종 일반주거지역으로, 수용, 관리처분계획방식의 경우 제3종 일반주거지역(다만, 공공지원민간임대주택 또는 공공주택 특별법 2조 1호의2에 따른 공공건설임대주택을 200세대 이상 공급하려는 경우로서 해당 임대주택의 건설지역을 포함하여 정비계획에서 따로 정하는 구역은 준주거지역)으로 한다(법 69조 1항 본문, 법 시행령 58조 1항). 다만, 개발제한구역(1호), 시장·군수등이 해당 정비구역의 일부분을 종전 용도지역으로 그대로 유지하거나 동일면적의 범위에서 위치를 변경하는 내용으로 정비계획을 수립한 경우(2호), 시장·군수등이 주거지역을 세분하거나 용적률에 관한 사항을 포함하는 정비계획을 수립한 경우(3호) 예외로 한다(법 69조 1항 단서).

(7) 기타[4]

주거환경개선사업의 경우에는 정비계획에 주민의 소득원 개발에 관한 사항이 포함되고, 특히 관리형의 경우에는 주거환경관리를 위한 주민공동체 활성화 방안이 포함된다(서울시 조례 8조 1항 3호, 7호).

다. 정비구역 해제

(1) 필요적 정비구역 해제(다른 정비사업과 공통)

정비예정구역에 대하여 기본계획에서 정한 정비구역지정 예정일부터 3년이 되는 날까지 특별자치시장, 특별자치도지사, 시장 또는 군수가 정비구역을 지정하지 아니하거나 자치구청장등이 정비구역의 지정을 신청하지 아니하는 경우에는 필요적 정비구역 해제사유가 된다. 토지등소유자가 100분의 30 이상의 동의로 위 기간이 도래하기 전에 연장 요청한 경우, 정비구역 등의 존치가 필요하다고 인정하는 경우에는 2년의 범위에서 연장가능하다(법 20조 1항 1호, 6항).

(2) 재량적 정비구역 해제(주거환경개선사업의 특유 요건)

관리형 주거환경개선사업에서, 정비구역이 지정·고시된 날부터 10년 이상 지나고, 추진 상황으로 보아 지정 목적을 달성할 수 없다고 인정되는 경우로서 토지등소유자의 과반수가 정비구역의 해제에 동의하는 경우, 정비구역지정권자는 법정의 절차를 거쳐 정비구역을 해제할 수 있다(법 21조 1항 4호, 2항). 도시정비법상 토지등소유자의 동의를 요건으로 하는 경우는 인·허가 등의 신청을 전제로 하므로, 조합설립동의를 제외하고는 그와 같은 동의는 인·허가 등의 신청 전까지 가능하나, 위 동의는 해제신청을 전제로 하지 아니하므로, 최초로 동의한 날부터 30일까지만 철회할 수 있다(법 시행령 33조 2항 2호 가목). 정비구역이 해제되면 정비계획으로 변경된 용도지역, 정비기반시설 등은 정비구역지정 이전의 상태로 환원된 것으로 보나, 다만, 관리형 주거환경개선사업의 경우 정비구역지정권자는 정비기반시설의 설치 등 해당 정비사업의 추진 상황에 따라 환원되는 범위를 제한할 수 있다(법 22조 1항).

(3) 타 정비사업 해제 시 관리형 주거환경개선구역 지정 가능

재개발사업 및 재건축사업이 법 20조 및 21조에 따라 정비구역등이 해제된 경우 정비구역의 지정권자는 해제된 정비구역을 관리형 주거환경개선구역으로 지정할 수 있다(법 22조 2항). 이 경

4) 주거환경개선사업 시행 시 이주하게 되는 세입자를 고려하고, 정비사업구역 내 세입자를 위한 임대주택건설이 가능한지를 판단하며, 대상구역에 세입자용 임대주택을 건설하기가 곤란한 경우 인근의 임대주택 활용 여부 등을 검토하여 해당 주거환경개선사업이나 재개발사업과 연계하여 추진하는 방안을 고려해야 한다(4-14-2, 3). 이는 재개발사업과 동일하다.

우 주거환경개선구역으로 지정된 구역은 7조에 따른 기본계획에 반영된 것으로 본다.

라. 시공자 선정

관리처분계획 주거환경개선사업의 시행자가 시공자를 선정함에 있어 토지등소유자로 구성되는 47조에 따른 주민대표회의는 대통령령으로 정하는 경쟁입찰 또는 수의계약(2회 이상 경쟁입찰이 유찰된 경우로 한정한다)의 방법으로 시공자를 추천할 수 있다(법 29조 7항). 여기서 대통령령으로 정하는 경쟁입찰이란 "일반경쟁입찰·제한경쟁입찰 또는 지명경쟁입찰 중 하나일 것, 해당 지역에서 발간되는 일간신문에 1회 이상 입찰을 위한 공고를 하고, 입찰 참가자를 대상으로 현장설명회를 개최할 것, 해당 지역 주민을 대상으로 합동홍보설명회를 개최할 것, 토지등소유자를 대상으로 제출된 입찰서에 대한 투표를 실시하고 그 결과를 반영할 것" 등의 요건을 모두 갖춘 경우에 한한다(법 시행령 24조 4항).

사업시행자는 주민대표회의가 시공자를 추천한 경우 추천받은 자를 시공자로 선정하여야 한다(법 29조 8항). 위와 같은 시공자 선정 추천에 관한 의견은 사업시행자에 대하여 구속력이 인정된다.[5] 사업비용 중 상당 부분을 토지등소유자가 부담함에도, 토지등소유자는 사업의 시행에서 배제되어 있으므로, 사업비용 중 대부분을 차지하는 시공계약에 토지등소유자의 의사를 반영함으로써 그들의 이익을 보호하기 위함이다. 이는 재개발·재건축사업에서 법정사유 발생 시의 공공시행자(법 26조), 법정사유 발생 시의 지정개발자(법 27조)가 사업시행자인 경우와 동일하다.

마. 사업시행계획인가 및 후속절차

(1) 개요

사업시행자는 정비계획에 따라 법 52조, 법 시행령 47조, 서울시 조례 26조에 의하여 사업시행계획서를 작성하여야 한다. 재개발사업과 동일하게 주거환경개선사업의 시행자는 필수적으로 임대주택을 건설할 의무가 있으므로 이를 반드시 기재하여야 한다.

한편, 재개발·재건축사업의 경우에는 시행자가 국민주택규모 주택을 건설하여 시·도지사 등에게 공급하는 대신 용적률의 인센티브를 받을 수 있으나, 주거환경개선사업의 경우에는 적용되지 아니한다(법 52조 1항 6호, 7호). 관리처분계획 주거환경개선사업의 시행자는 분양신청절차를 거치게 된다. 환지 주거환경개선사업의 경우에는 환지방식 재개발사업과 마찬가지로 도시개발법의 규정이 준용되고, 도시개발법 41조 2항 본문에 따른 '환지처분을 하는 때'는 '사업시행계획인가를 하는 때'로 본다(법 69조 2항). 주택법을 적용할 때에는 이 법에 따른 사업시행자(토지주택공사등이 공동사업시행자인 경우에는 토지주택공사등을 말한다)는 주택법에 따른 사업주체로 본다(법 69조 3항).

(2) 국·공유재산의 처분 등

정비사업은 사업시행자 측이 정비구역 내 토지등을 취득함을 전제로 하므로, 정비구역 내에 국·공유재산이 존재하는 경우 사업시행계획서에 그에 대한 처분이 포함되는 것이 일반적이다.

---

5) 대법원 2016. 5. 12. 선고 2013다1570 판결.

주거환경개선구역에서 국가 또는 지방자치단체가 소유하는 토지는 사업시행계획인가의 고시가 있은 날부터 종전의 용도가 폐지된 것으로 보며, 국유재산법, 공유재산법 및 그 밖에 국·공유지의 관리 및 처분에 관하여 규정한 관계 법령에도 불구하고 해당 사업시행자에게 무상으로 양여된다(법 101조 1항 본문). 이는 주거환경개선사업의 시행자는 시장·군수등 또는 공공기관이기 때문이다.

다만, 국유재산법 6조 2항에 따른 행정재산 또는 공유재산법 5조 2항에 따른 행정재산과 국가 또는 지방자치단체가 양도계약을 체결하여 정비구역지정·고시일 현재 대금의 일부를 수령한 토지에 대하여는 무상양여의 대상에서 제외된다(법 101조 1항 단서). 일반 재개발·재건축사업을 목적으로 우선하여 매각하는 국·공유재산의 매각가격은 사업시행계획인가의 고시가 있은 날을 기준으로 평가하나, 주거환경개선사업의 경우 무상양여 대신 이를 매수한다 하더라도 공익성이 중대하므로 매각 시 가격은 위 평가금액의 100분의 80으로 한다(법 98조 6항). 자세한 내용은 제11편 제2장 "Ⅲ. 국·공유재산의 처분, 임대 등"에서 살펴본다.

(3) 재개발·재건축사업과 동일한 절차

㈎ 임시거주시설의 설치 등

기존 건물의 철거를 전제로 하는 주거환경개선사업의 시행자는 사업의 시행으로 철거되는 주택의 소유자 또는 세입자에게 해당 정비구역 안과 밖에 위치한 임대주택 등의 시설에 임시로 거주하게 하거나 주택자금의 융자를 알선하는 등 임시거주에 상응하는 조치를 하여야 한다(법 61조 1항). 이는 재개발사업과 동일하고, 재건축사업과는 구별된다.

㈏ 토지등의 수용 또는 사용

수용을 전제로 하는 주거환경개선사업의 시행자는 정비구역에서 정비사업을 시행하기 위하여 토지보상법 3조에 따른 토지·물건 또는 그 밖의 권리를 취득하거나 사용할 수 있다(법 63조). 재개발사업에서도 토지등의 수용이 가능하나 정비사업의 진행에 동의하지 않을 것을 요건으로 한다는 점에서 차이가 있고, 재건축사업에서는 원칙적으로 토지수용이 허용되지 아니한다.

㈐ 기타

정비사업의 시행으로 임차권 등의 설정 목적을 달성할 수 없는 때에는 그 권리자는 계약을 해지할 수 있고(법 70조), 사업시행자에게 소유자의 확인이 곤란한 건축물 등에 대한 처분 권한이 부여됨은 재개발·재건축사업과 동일하다(법 71조).

바. 관리처분계획인가 및 후속절차

(1) 관리처분계획 주거환경개선사업

관리처분계획 주거환경개선사업의 시행자는 관리처분계획을 수립하여야 하고, 그 내용은 다음에서 살펴볼 재개발사업의 관리처분계획과 동일하다(법 시행령 63조 1항). 종전자산 및 종후자산 평가, 세입자별 손실보상액을 산정하는 방법, 청산을 위한 기준가격평가도 재개발사업과 동일하며[법 74조 4항 1호 ㈎목, 법 시행령 76조 1항 1호], 주택 및 부대, 복리시설 공급기준 등도 동일하다(서울시 조례 38조).

⑵ 관리형, 수용, 환지 주거환경개선사업

관리형, 수용, 환지 주거환경개선사업의 시행자 및 환지에 따라 대지를 공급받아 주택을 건설하는 자의 경우에는 분양신청절차에 따른 관리처분계획을 수립하지 아니하므로, 주택의 공급에 관하여는 아래의 범위에서 시장·군수등의 승인을 받아 사업시행자가 따로 정할 수 있다[법 시행령 66조, 별표 2(주거환경개선사업의 주택공급 조건)]. 이는 재개발·재건축사업과 다른 주거환경개선사업에서의 특유한 효력이다.

㈎ 주택의 공급기준(1호)

1세대 1주택을 기준으로 공급한다.

㈏ 주택의 공급대상(2호)

다음 각 목의 어느 하나에 해당하는 자에게 공급한다. 다만, 주거환경개선사업을 위한 정비구역에 건축법 57조에 따른 대지분할 제한면적 이하의 과소토지만을 소유하고 있는 자 등에 대한 주택공급기준은 시·도 조례로 따로 정할 수 있는바, 서울시는 토지면적이 대지분할 제한면적인 90㎡에 미달하는 토지소유자를 제외하고 있다(서울시 조례 43조).

① 정비계획안에 대한 공람공고일 또는 시장·군수등이 해당 구역의 특성에 따라 필요하다고 인정하여 시·도지사의 승인을 받아 따로 정하는 날(이하 '기준일'이라 한다) 현재 해당 주거환경개선사업을 위한 정비구역 또는 다른 주거환경개선사업을 위한 정비구역에 주택이 건설될 토지 또는 철거예정인 건축물을 소유한 자(가목)

② 국토계획법 2조 11호에 따른 도시·군계획사업으로 주거지를 상실하여 이주하게 되는 자로서 해당 시장·군수등이 인정하는 자(나목)

㈐ 주택의 공급순위(3호)

- 1순위: 기준일 현재 해당 정비구역에 주택이 건설될 토지 또는 철거예정인 건축물을 소유하고 있는 자로서 해당 정비구역에 거주하고 있는 자
- 2순위: 기준일 현재 해당 정비구역에 주택이 건설될 토지 또는 철거예정인 건축물을 소유하고 있는 자(법인인 경우에는 사회복지를 목적으로 하는 법인만 해당한다)로서 해당 정비구역에 거주하고 있지 아니하는 자
- 3순위: 기준일 현재 다른 주거환경개선사업을 위한 정비구역에 토지 또는 건축물을 소유하고 있는 자로서 해당 정비구역에 거주하고 있는 자
- 4순위: 도시·군계획사업으로 주거지를 상실하여 이주하게 되는 자로서 해당 시장·군수등이 인정하는 자

사. 공익의 중대성에 기초한 정비사업상의 특례

⑴ 건축규제의 완화 등에 관한 특례

주거환경개선사업에 따른 건축허가를 받은 때와 부동산등기를 하는 때에는 국민주택채권의

매입에 관한 규정을 적용하지 아니하고, 도시·군계획시설의 결정·구조 및 설치의 기준 등에 필요한 사항도 따로 정하며(시·도지사는 지역여건을 고려할 때 위 기준을 적용하는 것이 곤란하다고 인정하는 경우에는 국토계획법 113조 1항에 따른 시·도 도시계획위원회의 심의를 거쳐 그 기준을 완화할 수 있다. 법 시행규칙 11조 2항), 대지와 도로의 관계, 건축물의 높이제한, 건축법상의 대지의 조경기준, 건폐율의 산정기준, 대지 안의 공지기준, 주택법상의 부대시설 및 복리시설의 설치기준 등을 도 시·도 조례로 정하는 바에 따라 기준을 따로 정할 수 있다(법 68조).

(2) 보조 및 융자

국가 또는 시·도는 시장, 군수, 자치구청장 또는 토지주택공사등이 시행하는 정비사업에 관한 기초조사 및 정비사업의 시행에 필요한 시설로서 정비기반시설, 임시거주시설 및 주거환경개선사업에 따른 공동이용시설의 건설에 드는 비용의 일부를 보조하거나 융자할 수 있는바, 시장·군수등 또는 토지주택공사등이 법 20조 및 21조에 따라 해제된 정비구역등 또는 도시재정비법 7조 2항에 따라 재정비촉진지구가 해제된 지역에서 시행하는 주거환경개선사업에 우선적으로 보조하거나 융자할 수 있다(법 95조 1항 1호). 또한 시장·군수등은 사업시행자가 토지주택공사등인 주거환경개선사업과 관련하여 위 1항에 따른 정비기반시설 및 공동이용시설, 임시거주시설을 건설하는 경우 건설에 드는 비용의 전부 또는 일부를 토지주택공사등에게 보조하여야 한다(법 95조 2항).

(3) 개별사업상의 특례

(가) 수용 주거환경개선사업

수용 주거환경개선사업의 경우 정비사업의 시행으로 인하여 주거용 건축물을 제공함에 따라 생활의 근거를 상실하게 되는 자에 대하여 이주대책을 수립·실시하거나 이주정착금을 지급하여야 하나, 그중 토지보상법 78조 4항(이주대책의 내용에는 이주정착지에 대한 도로, 급수시설, 배수시설, 그 밖의 공공시설 등 통상적인 수준의 생활기본시설이 포함되어야 하며, 이에 필요한 비용은 사업시행자가 부담한다)이 적용되지 아니한다(법 69조 3항).

(나) 관리형 주거환경개선사업

관리형 주거환경개선사업의 경우 서울시장은 주택개량 및 신축공사비를 80% 이내에서 융자할 수 있고, 주민협의체 등의 구성, 지원, 지도 등에 대한 각종 혜택을 부여하고 있다(서울시 조례 53조 5항, 58조 내지 61조).

제5장 재개발·재건축사업의 개관

Ⅰ. 재개발·재건축사업 추진 절차도

Ⅱ. 도시정비법 제정 이전의 주택재개발·주택재건축사업

도시정비법 제정 이전의 재개발사업은 도시재개발법에 근거하여 공권력에 의해 일정한 구역 내의 토지 및 건축물을 정비하는 도시계획사업의 일종이었으나, 재건축사업은 구 주택건설촉진법에 근거를 둔 순수한 민간사업으로 시행되었다. 재건축사업에서는 선계획－후개발이라는 공익사업의 성격이 존재하지 아니하여 기본계획 수립, 정비계획 수립 및 도시정비구역의 지정이라는 절차가 존재하지 않았고(이에 재건축사업에서는 행정청이 사업 초기 안전진단제도를 통하여 관여한다), 관리처분계획에 대하여는 관할 관청의 인가를 필요로 하지 않았다. 도시정비법 제정 이전에는 재건축이든 재개발이든 모두 필수적으로 조합설립이 요구되지 아니하였으나, 조합이 설립된 경우에는 상반된 법리를 전개하였는바, 이하에서는 도시정비법 제정 이전의 재개발 및 재건축의 법리에 관하여 간단히 살펴본다.

1. 주택건설촉진법에 의한 주택재건축사업

가. 규 정

건물에 대하여 구분소유관계가 성립되면 구분소유자 전원을 구성원으로 하여 건물과 그 대지 및 부속시설의 관리에 관한 사업의 시행을 목적으로 하는 관리단이 설립된다(집합건물법 23조 1항). 관리단은 위와 같은 건물 등에 대한 관리의 일환으로 관리단집회를 통하여 구분소유자의 5분의 4 이상 및 의결권의 5분의 4 이상의 찬성으로 재건축결의가 가능하다(집합건물법 47조 2항). 이는 구분소유자들 사이의 내부관계이므로, 그 결의의 효력을 다투는 소송은 사법적 법률관계에 해당하여 민사소송의 대상이다. 다만, 다음에서 살펴보듯이 공법적 관계를 규율하던 주택건설촉진법이 1999. 2. 8. 법률 제5908호로 44조의3 7항을 신설하여 재건축단지에서의 재건축결의 요건을 별도로 규정하였다.

집합건물법에 의한 재건축결의는 '건물 건축 후 상당한 기간이 지나 건물이 훼손·일부 멸실 등의 사정으로 건물 가격에 비하여 지나치게 많은 수리비나 관리비용이 드는 경우' 외에 '건물을 재건축하면 그 비용에 비하여 현저한 효용의 증가가 있게 되는 경우'도 가능하나(집합건물법 47조 1항), 주택건설촉진법상의 재건축은 노후·불량주택의 개량을 목적으로 하는 경우에만 가능하다. 구 주택건설촉진법은 1997. 12. 13. 개정으로 44조의3 1항을 신설하여 "노후·불량주택의 소유자들이 당해 주택을 철거하고 그 철거한 대지위에 주택을 건설하고자 하는 경우에는 시장등에게 안전진단을 신청하여야 한다."고 규정하고 있다.

한편 구 주택건설촉진법은 행정청과의 관계, 즉 집합건물의 구분소유자들이 재건축을 추진함에 있어 각종 인·허가(재건축조합설립인가 등)와 관련된 공법적 관계를 규율한다. 구 주택건설촉진법에서는 동일 또는 인접한 시·군에 거주하는 주민이 주택을 마련하기 위하여 설립한 조합인 '지역조합', 동일한 직장의 근로자가 주택을 마련하기 위하여 설립한 조합인 '직장조합' 및 노후·불량한 주택을 철거하고 그 철거한 대지 위에 주택을 건설하기 위하여 기존주택의 소유자가 설립한 조합인 '재건축조합'에 관하여 규정하고 있었다(구 주택건설촉진법 3조 9호).

집합건물의 구분소유자들은 구 주택건설촉진법 3조 9호의 재건축조합을 설립하여 재건축사업을 추진하는 것이 가능하였고, 실제로도 재건축조합을 설립하여 재건축사업을 시행하는 것이 일반적이었다(다만, 반드시 시공사와 공동으로 사업을 시행하여야 하고, 그 경우 공동사업주체로 본다. 구 주택건설촉진법 44조 3항). 그 경우 구 주택건설촉진법상의 재건축조합에 관한 규정이 적용되고 구 주택건설촉진법에 따라 재건축사업이 진행된다. 구분소유자들이 직접 시행하거나 재건축조합에 의하거나 모두 재건축사업은 구 주택건설촉진법상 사인(私人)에 의해 시행되는 민간의 주택건설사업이다.

나. 재건축사업 절차

(1) 일반론

구 주택건설촉진법에 따른 재건축절차는 구 도시재개발법상의 재개발절차와 뚜렷이 구별된다. 즉, 관리단집회에서의 재건축결의, 안전진단, 재건축조합설립행위, 행정청의 재건축조합설립인가처분, 조합의 사업계획작성 및 행정청의 승인, 착공 및 준공, 입주, 청산의 절차를 거쳐 시행된다. 관리처분계획의 내용은 재건축결의의 구성요소이다.

(2) 재건축결의

구분소유 건물별로 관리단집회를 통하여 구분소유자의 5분의 4 이상 및 의결권의 5분의 4 이상의 찬성으로 재건축결의가 가능하다(집합건물법 47조).

집합건물의 구분소유자들이 재건축사업을 추진하는 과정에서 집합건물법 47조의 재건축결의를 위한 집회와 구 주택건설촉진법 44조의 재건축조합 설립을 위한 창립총회를 함께 개최하는 경우에는 외형상 1개의 집회로 보이더라도 거기서 이루어지는 결의는 법률적으로 각 건물별로 구성된 관리단집회가 개별로 한 재건축결의와 구분소유자들을 조합원으로 한 재건축조합의 설립행위로 구분된다. 재건축결의가 재건축조합 설립행위의 일부를 이루는 것은 아니므로, 재건축결의를 위한 관리단집회로서는 요건을 갖추지 못하여 재건축결의가 무효라고 하더라도 이로써 곧 재건축조합 설립을 위한 창립총회의 결의까지 당연히 무효로 된다고 할 수는 없다.[1]

한편, 구 주택건설촉진법은 1999. 2. 8. 개정으로 44조의3 7항을 신설하여 "하나의 주택단지 안에 여러 동의 건물이 있는 노후·불량주택의 소유자들이 재건축하고자 하는 경우에는 집합건물법 47조 1항·2항의 규정에 불구하고 주택단지 안의 각 동별 구분소유자 및 의결권의 각 3분의 2 이상의 결의와 주택단지 안의 전체 구분소유자 및 의결권의 5분의 4 이상의 결의로 재건축할 수 있다."고 규정하여 주택단지 전체를 재건축하는 경우에는 그 요건을 완화하였다.

종후자산의 귀속과 비용분담에 관한 사항을 정하는 관리처분계획의 내용은 재건축결의의 구성요소이므로, 최초의 재건축결의상의 관리처분계획의 내용이 변경되면 재건축변경결의를 하여야 한다. 다만 구 주택건설촉진법의 1997. 12. 13.자 개정으로 구 도시개발법 33조 내지 45조의 관리처분계획 규정을 준용하는 44조3 5항이 신설되어 별도로 관리처분계획을 수립하고 인가를

1) 대법원 2005. 7. 8. 선고 2005다21036 판결.

받는 것이 가능하게 되었다.

(3) 사업계획승인, 관리처분계획인가 및 분양처분고시

(가) 사업계획승인은 재건축조합이 추진하고 있는 주택건설사업에 관한 내용을 관할 행정청으로부터 승인받는 행정처분절차이다. 재건축조합이 주택건설사업계획승인을 얻기 위해서는 주택건설사업계획서, 주택과 부대시설 및 복리시설의 배치도, 건축허가를 신청할 때의 제출도서, 공공시설의 귀속에 관한 사항을 기재한 서류, 기존주택의 철거계획서, 건설된 주택의 처분계획서, 도시계획시설 설치계획도서(도시계획도면, 지적측량성과표) 등을 제출하여야 하므로(구 주택건설촉진법 시행령 32조 2항), 주택건설사업에 관한 일체의 내용이 이로써 확정된다.

재건축조합이 관할 행정청으로부터 사업계획의 승인을 얻은 때에는 건축법상의 건축허가, 구 도시계획법상의 도시관리계획결정, 도시계획시설사업의 실시계획인가 등 관련 법률상의 허가·인가·결정·승인 또는 신고를 받은 것으로 본다(구 주택건설촉진법 33조 4항). 따라서 사업계획의 승인은 도시재개발법상의 사업시행계획인가의 성격을 가지고 있다.

도시정비법 부칙(2002. 12. 30. 법률 제6852호) 7조 1항은 '사업시행방식에 관한 경과조치'라는 표제로 "종전 법률에 의하여 사업계획의 승인이나 사업시행인가를 받아 시행 중인 것은 종전의 규정에 의한다."라고 규정하고 있으므로, 종전 법률인 구 주택건설촉진법에 따라 주택건설사업계획의 승인을 받은 재건축조합에 대하여는 도시정비법에 의한 재건축사업의 시행방식인 관리처분계획의 인가와 이를 기초로 한 이전고시에 관한 조항 등은 물론 그 밖의 세부적인 도시정비법의 절차나 방식에 관한 규정들 역시 배제된다. 따라서 원칙적으로 그 사업계획의 승인으로 행정청의 관여는 종료되고 조합원은 이로써 분양받을 권리를 취득하며, 재건축조합의 운영과 조합원 사이의 권리분배 및 신축된 건물 또는 대지의 소유권이전방식 등은 일반 민법 등에 의하여 자율적으로 이루어질 것이 예정되어 있다.[2)]

(나) 구 주택건설촉진법은 1997. 12. 13. 법률 제5451호로 44조3 5항(재건축대상인 노후·불량주택이나 그 대지에 설정된 저당권·가등기담보권·가압류·전세권·지상권등 등기된 권리는 33조의 규정에 의한 주택건설사업계획승인 이후에는 새로이 건설되는 주택이나 그 대지에 설정된 것으로 본다. 이 경우 도시재개발법 33조 내지 45조의 규정을 준용한다)을 신설하여 도시재개발법상이 관리처분계획인가 및 분양처분고시 등의 절차를 이행하는 경우 공용환권된 것으로 본다는 규정을 신설하였다.

이에 따라 재건축조합이 구 주택건설촉진법 44조의3 5항에 의하여 준용되는 구 도시재개발법 33조 내지 45조에 정한 관리처분계획인가 및 이에 따른 분양처분고시 등의 절차를 거쳐 신 주택이나 대지를 조합원에게 분양한 경우에는 구 도시재개발법에 의하여 구 주택이나 대지에 관한 권리가 권리자의 의사에 관계없이 동일성을 유지한 채 신 주택이나 대지에 관한 권리로 강제적으로 교환·변경되어 공용환권된 것으로 볼 수 있다. 그러나 이러한 관리처분계획인가 및 이에 따른 분양처분고시 등의 절차를 거치지 아니한 채 조합원에게 신 주택이나 대지가 분양된 경우에는 여전히 해당 조합원은 조합규약 내지 분양계약에 의하여 구 주택이나 대지와는 별개(동일

---

2) 대법원 2010. 1. 28. 선고 2009다78368 판결, 대법원 2021. 1. 14. 선고 2017다291319 판결 등 참조.

성이 없는)인 신 주택이나 대지에 관한 소유권을 취득한 것에 불과하며, 이와 달리 구 주택이나 대지에 관한 소유권이 신 주택이나 대지에 관한 소유권으로 강제적으로 교환·변경되어 공용환권된다고 볼 수 없다.[3] 따라서 재건축조합이 구 주택건설촉진법 44조의3 5항에 의하여 준용되는 구 도시재개발법 33조 내지 45조에 정한 관리처분계획인가 및 이에 따른 분양처분고시 등의 절차를 거치지 아니한 채 신규 각 구분건물에 관하여 해당 조합원과 각 분양계약을 체결하고 신규 각 구분건물의 해당 전유부분에 관하여 소유권보존등기를 마친 경우, 구 주택인 멸실 전 각 구분건물에 관하여 설정된 개별 근저당권은 구 주택건설촉진법 44조의3 5항에 기하여 신 주택인 신규 각 구분건물에도 그대로 효력을 미친다고 볼 수 없다. 그러나 종전건물에 설정되었던 근저당권이 종후건물에 설정된 것으로 볼 수는 없다 하더라도, 종후건물의 대지사용권 부분에 대하여는 위 근저당권의 효력이 미친다.[4] 왜냐하면 해당 조합원은 조합규약이나 분양계약에 따라 신 주택에 관한 소유권을 취득하면서 구 주택의 대지사용권이었던 대지 공유지분 중 일부 또는 전부를 신 주택의 대지사용권으로 취득하는 것이지, 구 주택의 대지사용권이었던 대지 공유지분과 별도로 신 주택의 대지사용권을 취득하는 것은 아니기 때문이다.[5]

재건축조합이 구 주택건설촉진법 44조의3 5항에 의하여 준용되는 구 도시재개발법 33조 내지 45조에 정한 관리처분계획인가 및 이에 따른 분양처분고시 등의 절차를 거친 경우에는 구 도시재개발법 40조 및 구 도시재개발 등기처리규칙(2003. 6. 28. 대법원규칙 제1833호로 폐지) 5조에 의하여 관리처분계획 및 그 인가를 증명하는 서면과 분양처분의 고시를 증명하는 서면을 첨부하여 대지 및 건축시설에 관한 등기를 할 수 있으나, 구 도시재개발법 33조 내지 45조에 정한 절차를 거치지 않은 경우에는 그와 같은 등기를 할 수 없다.[6]

(4) 후속절차

사업계획의 승인을 얻은 재건축조합이 정관에서 토지등에 관한 현금청산에 관한 조항을 두고 있는 경우에는, 분양신청을 하지 아니하거나 철회하는 조합원에 대하여 그 정관이 정한 방법과 절차에 따라 현금청산을 하여야 한다.

---

3) 대법원 2009. 6. 23. 선고 2008다1132 판결, 대법원 2020. 9. 3. 선고 2019다272343 판결.
4) 대법원 2021. 1. 14. 선고 2017다291319 판결[갑 재건축조합이 집합건물인 연립주택을 철거하고 그 대지 위에 아파트를 신축하는 내용의 사업계획승인을 받은 후 관리처분계획 인가 및 분양처분 고시 등의 절차를 거치지 아니한 채 멸실 전 각 구분건물의 조합원과 신규 각 구분건물에 관하여 각 분양계약을 체결하고 해당 전유부분에 관하여 소유권보존등기를 마쳤는데, 갑 재건축조합에 대한 채권자의 강제경매신청 등에 따라 진행된 경매절차에서 신규 각 구분건물이 제3자에게 매각되어 배당표가 작성되자 멸실 전 각 구분건물의 근저당권자인 을 은행이 배당이의의 소를 제기한 사안에서, 대법원은 구 주택인 멸실 전 각 구분건물에 관하여 설정된 을 은행의 근저당권은 구 주택건설촉진법 제44조의3 제5항에 기하여 신 주택인 신규 각 구분건물에도 그대로 효력을 미친다고 볼 수 없고, 다만 을 은행은 신규 각 구분건물의 해당 매각대금 중 대지사용권에 대한 부분에 관하여는 가압류권자 등 다른 채권자들보다 우선하여 배당받을 수 있는 지위에 있다고 볼 여지가 있는데도(집합건물이 멸실되면 구분건물에 대하여 토지등기부에 기재되어 있던 대지권등기가 말소되고, 해당 토지등기부에 대지권 비율만큼 구분건물소유자의 소유권이전등기 및 근저당권설정등기가 전사되므로, 추후 새롭게 집합건물이 건설되어 해당 소유자가 구분건물의 소유권을 취득하면, 종전건물에 설정되었던 근저당권이 종후건물에 설정된 것으로 볼 수 없으나, 종후건물의 대지사용권 부분에 대하여는 위 근저당권의 효력이 미친다)이와 달리 본 원심판단에 법리오해의 잘못이 있다고 판시하였다].
5) 대법원 2022. 6. 30. 선고 2018다211419, 211426 판결.
6) 대법원 2011. 4. 14. 선고 2010다96072 판결, 대법원 2021. 1. 14. 선고 2017다291319 판결 참조.

다. 재건축조합의 특징 및 법적 성격

(1) 민법상의 사단법인

구 주택건설촉진법에 의하여 설립된 재건축조합은 민법상의 비법인사단에 해당한다. 구 주택건설촉진법에는 재건축조합에 관한 규정만 존재할 뿐, 조합설립행위에 대하여는 특별한 요건규정이 없었으므로 민법상 사단법인의 설립에 준하는 요건과 절차를 거쳐야 한다. 이에 재건축조합이 최초 설립 당시부터 총 구분소유자의 과반수 이상을 조합원으로 하여야만 설립될 수 있는 것은 아니다. 즉, 조합원 수가 총 구분소유자의 과반수에 미달하였다고 하더라도 재건축조합을 설립할 수 있고, 비법인사단의 실체를 갖춘 재건축조합이 설립된 이후에 다른 구분소유자들이 조합규약 등에 동의하여 재건축조합에 가입하는 것도 얼마든지 가능하므로(조합설립인가를 받기 위해서는 조합원 전원이 연명한 조합규약, 집합건물법 47조 또는 주택건설촉진법 44조의3 7항의 규정에 의한 재건축결의를 증명하는 서류가 필요하다. 구 주택건설촉진법 시행령 42조), 재건축조합 창립총회의 개의정족수가 총 구분소유자의 과반수에 이르러야 하는 것은 아니다.[7)]

(2) 보충행위로서의 인가(강학상 인가)

구 주택건설촉진법에 따라 행정청이 행하는 재건축조합설립인가는 노후·불량한 주택의 소유자들이 재건축을 위하여 한 재건축조합 설립행위를 보충하여 효력을 완성시키는 보충행위이다. 따라서 보충행위에 관한 일반법리가 적용된다. 즉, 기본행위인 조합설립행위에 하자가 있을 때에는 그에 대한 인가가 있더라도 기본행위인 조합설립이 유효한 것으로 될 수 없고, 기본행위가 적법·유효하나 보충행위인 인가처분에만 하자가 있는 경우에는 그 인가처분에 대한 항고소송을 제기할 수 있으며, 기본행위인 조합설립에 하자가 있는 경우(창립총회를 통하여 재건축결의가 모두 이루어진 경우, 그와 같은 재건축결의가 집합건물법상의 각 동별 5분의 4 이상의 다수에 의한 의결상의 하자)에는 기본행위에 대한 무효확인을 구하여야 하고 인가처분의 취소 또는 무효확인을 구할 수는 없다.[8)]

(3) 재건축조합 측의 매도청구권 행사 가능

집합건물법 48조 4항은 재건축결의에 찬성한 각 구분소유자, 재건축결의 내용에 따른 재건축에 참가할 뜻을 회답한 각 구분소유자 또는 이들 전원의 합의에 따라 구분소유권과 대지사용권을 매수하도록 지정된 자는 재건축에 참가하지 아니하겠다는 뜻을 회답한 구분소유자에게 구분소유권과 대지사용권을 시가로 매도할 것을 청구할 수 있다고 규정하고 있다. 재건축에 참가하는 개별 구분소유자가 그와 같은 자금을 부담할 자력이 없는 경우가 있으므로, 이를 고려하여 자금력을 가진 구분소유자 이외의 제3자도 재건축 참가자 전원의 합의에 의한 매수 지정을 받은 경우에는 매도청구권을 행사할 수 있도록 하였다. 위 규정은 정비사업에 필수적인 재건축에 참가하지 아니하는 구분소유자를 소유관계로부터 배제함으로써 구분소유자 전원이 재건축에 참가

---

7) 대법원 1999. 12. 10. 선고 98다36344 판결, 대법원 2006. 2. 23. 선고 2005다19552, 19569 판결.
8) 대법원 1994. 10. 14. 선고 93누22753 판결, 대법원 2000. 9. 5. 선고 99두1854 판결.

하는 상태를 형성할 수 있도록 하기 위함이다.

2. 도시재개발법에 의한 주택재개발사업 등

가. 규 정

재개발사업이란 재개발구역 안에서 토지의 합리적이고 효율적인 고도이용과 도시기능의 회복을 위하여 도시재개발법이 정하는 바에 따라 시행하는 건축물 및 그 부지의 정비와 택지의 조성 및 공공시설의 정비에 관한 사업과 이에 부대되는 사업을 말한다(구 도시재개발법 2조 2호). 여기에는 도심재개발사업, 공장재개발사업 및 주택재개발사업으로 나뉘어지고 그중 주택재개발사업은 노후·불량한 주택이 밀집되어 있거나 공공시설의 정비가 불량한 지역의 주거환경을 개선하기 위하여 시행하는 재개발사업을 말한다[위 2호 ㈏목]. 재개발사업은 공익사업으로 구 도시계획사업의 일종인데, 재개발사업은 재개발사업구역안의 토지 또는 건축물의 소유자 또는 그들이 설립하는 재개발조합(토지등소유자가 5인 이상인 경우 조합설립 가능)이 이를 시행한다(구 도시재개발법 8조 1항, 12조).

나. 재개발사업 절차

재개발사업 절차는 재개발기본계획의 수립·승인(3조), 도시관리계획으로 재개발구역지정(4조), 5인 이상의 토지등소유자가 재개발구역안의 토지소유자 총수 및 건축물소유자 총수의 각 3분의 2 이상에 해당하는 자의 동의를 얻은 후 정관을 작성하여 조합설립인가의 신청 및 조합설립인가(12조), 창립총회(서울시 도시재개발사업조례 14조에 의하여 조합설립인가를 받은 날로부터 20일 이내), 조합설립등기(13조), 사업시행계획인가(22조), 분양신청절차(33조), 관리처분계획 수립 및 인가(34조), 이주 및 공사착공, 준공검사 및 분양처분(38조), 청산절차(42조)로 진행된다. 현재 도시정비법의 정비사업절차와 유사하다.

다. 재개발조합의 특징 및 법적 성격

(1) 행정주체 겸 공법상 법인

㈎ 법인

재개발조합은 조합설립의 인가가 있은 날부터 30일 이내에 주된 사무소의 소재지에 등기함으로써 성립하고 법인격을 가지며, 조합은 재개발조합이라는 명칭을 사용하여야 하고 조합 외에는 재개발조합 또는 이와 유사한 명칭을 사용할 수 없다(구 도시재개발법 13조).

㈏ 행정주체

도시재개발법에 의한 재개발조합은 조합원에 대한 법률관계에서 특수한 존립목적을 부여받은 행정주체로서 국가의 감독 하에 그 존립 목적인 특정한 공공사무를 행한다. 조합은 건설업자 등과 공동으로 재개발사업을 시행할 수 있다(구 도시재개발법 8조 2항).

조합원의 자격 인정 여부에 관하여 다툼이 있는 경우에는 당사자는 재개발조합을 상대로 공법상 당사자소송에 의하여 그 조합원 자격의 확인을 구할 수 있다. 관리처분계획의 내용에 관하여 다툼이 있는 조합원은 재개발조합을 상대로 항고소송에 의하여 관리처분계획 또는 그 내용인 분양거부처분의 취소를 구할 수 있다.[9)]

(2) 설권행위로서의 인가(강학상 특허)

재개발조합설립인가의 요건으로는 재개발구역안의 토지등소유자 총수 및 건축물소유자 총수의 각 3분의 2 이상에 해당하는 자의 동의를 얻어야 함은 앞서 본 바인바, 판례는 그와 같은 동의상의 하자를 이유로 하는 조합설립인가처분의 취소를 구하는 소를 허용하고 있으므로,[10)] 조합설립인가를 설권행위로 보는 듯하다.

(3) 수용

재개발조합은 분양신청을 하지 아니한 자, 분양신청을 철회한 자, 관리처분계획 기준에 의하여 분양대상에서 제외된 자의 각 토지·건축물 기타의 권리를 수용할 수 있다(도시재개발법 31조 2항). 재개발사업은 공익사업이고 재개발조합은 행정주체이므로, 분양신청을 하지 아니한 자 등의 권리를 강제로 수용하도록 한 것이다.

Ⅲ. 현행 도시정비법상 재개발·재건축사업의 차이점

재개발·재건축사업은 토지등소유자로 구성된 조합 또는 토지등소유자가 20인 미만의 재개발사업에서 토지등소유자가 사업시행자가 되는 등 민간이 단독으로 사업시행자로서 행정주체가 되어 수행하는 것이 원칙이다.[11)]

법이 2017. 2. 8. 전부개정되어 구 도시환경정비사업과 구 주택개발정비사업을 통합한 재개발사업이 성립되었음은 앞서 본 바이다. 도시정비형 재개발사업은 상업·공업지역이 그 대상이고, 상권활성화 등을 목적으로 하는 점에서 재건축사업과는 뚜렷이 구분된다. 토지등소유자가 20인 미만의 재개발사업에서의 토지등소유자가 사업시행자가 되는 경우는 주로 도시정비형 재개발사업에서 예외적으로 이루어진다. 그에 관해서는 제6편 제3장 토지등소유자가 20인 미만인 재개발사업에서 자세히 살펴본다. 이하에서는 재개발사업 시행의 원칙적 형태인 조합을 전제로 주택정비형 재개발사업과 재건축사업을 비교한다.

1. 발생원인

가. 공공성 및 공익성의 차이

동일하게 주거환경을 개선하는 사업인 재개발·재건축사업은 모두 노후·불량한 건축물을 효율적으로 개량하여 도시환경을 개선하고 주거생활의 질을 높인다는 공공복리를 실현하기 위한 공익사업이다. 그러나 재개발사업은 정비기반시설이 열악한 지역에서 정비기반시설 설치를 통한

9) 대법원 1996. 2. 15. 선고 94다31235 전원합의체 판결.
10) 대법원 1995. 7. 28. 선고 95누4629 판결, 대법원 1998. 8. 21. 선고 97누9949 판결.
11) 예외적으로 민간 사업시행자가 시장·군수등, 토지주택공사등과 공동으로 시행하거나 시장·군수등, 토지주택공사등이 사업시행자를 대행하거나 단독의 사업시행자로서 정비사업을 수행하는 경우도 있고, 신탁업자가 사업시행자로 정비사업을 수행하는 경우가 있음은 앞에서 자세히 살펴보았다.

도시기능의 회복도 중요한 목적이므로, 공공성과 공익성의 정도에 있어 중대한 차이가 있다.[12)]

토지보상법 4조는 토지등을 취득하거나 사용할 수 있는 공익사업을 규정하고 있는바, 재개발사업은 모두 위 공익사업에 해당하나, 재건축사업은 천재지변 등 불가피한 사유로 긴급하게 정비사업을 시행할 필요가 있어 공공이 시행하거나 지정개발자가 시행하는 경우에만 위 공익사업에 해당한다.

나. 판례 및 헌법재판소 결정

⑴ 대법원 및 헌법재판소의 일반적 견해

대법원은 재건축사업에 관하여 '정비기반시설은 양호하나 노후·불량건축물이 밀집한 지역에서 주거환경을 개선'할 목적으로 시행하는 것으로서 정비기반시설이 열악한 지역에서 정비기반시설 설치를 통한 도시기능의 회복 등을 목적으로 하는 재개발사업에 비하여 공공성 및 공익성이 상대적으로 미약하다고 판시하고 있다.[13)]

헌법재판소도 재개발사업에 관하여는 '도시기능을 회복하고 공공복리의 증진을 목적으로 다소 강제적인 방법으로 시행하는 공공사업' 또는 '본질상 도시의 건전한 발전과 공공복리의 증진이라는 공공성이 크게 강조되는 공익사업'이라고 하고, 재건축사업에 관하여는 '재개발사업에 비하여 대상지역이 불량주거지가 아니어서 공공성의 정도에 차이가 있으나, 그 또한 노후·불량주택을 재건축하여 도시환경을 개선하고 주거생활의 질을 높인다는 공공복리사업'이라고 판시하고 있다.[14)]

⑵ 헌법재판소 2020. 11. 26. 선고 2018헌바407 등 결정의 소수의견

헌법재판소 2020. 11. 26. 선고 2018헌바407 등 결정의 소수의견은 재건축사업의 공익성에 관하여 매우 좁게 해석하고 있고, 이에 따라 매도청구권이 재산권을 과도하게 제한하여 과잉금지원칙에 위반되어 위헌이라고 주장하고 있는바, 이 부분의 의견도 소개하기로 한다.

재건축사업은 기존 주택 소유자들이 자율적으로 조합을 결성하여 추진하는 민간사업적 성격이 강하다. 도시정비법이 시행되면서 사법적 규율 하에 있던 재건축사업을 공법적 규율 하에 편입시켰으나, 이는 그간 재건축사업 때문에 발생하는 부동산 투기와 주택가격 급등, 첨예한 갈등과 비리 등 폐해를 막기 위한 것이어서 이와 같은 공법적 규율체제에 편입되었다는 사정만으로 민간사업이라는 본질적 성격이 달라지는 것은 아니다. 정비기반시설이 열악하고 노후·불량건축물이 밀집한 지역에서 주거환경 개선을 위해 시행되는 재개발사업과 달리 재건축사업은 정비기반시설이 양호한 지역에서 시행되기 때문에 '주거환경 개선'이라는 측면에서 볼 때 재개발사업에

12) 법 시행령 [별표 1]의 정비계획의 입안대상지역 2호 ㈓목, 서울시 조례 6조 1항 3호에 의하면, 도시정비형 재개발사업의 경우, 노후·불량한 건축물의 요건은 동일하나, 역세권 등 양호한 기반시설을 갖추고 있는 지역이 그 대상이 된다는 점에서 주택정비형 재개발사업과는 구분되고, 오히려 재건축사업과 동일하나, 상업·공업지역이 그 대상이고, 상권활성화 외에 도시기능의 회복을 목적으로 하는 점에서 공공성과 공익성의 정도는 주택정비형 재개발사업과 동일하다.

13) 대법원 2014. 7. 24. 선고 2012다62561, 62578 판결.

14) 헌법재판소 1997. 4. 24. 선고 96헌가3 등 결정, 헌법재판소 1996. 3. 28. 선고 95헌바47 결정, 헌법재판소 2014. 1. 28. 선고 2011헌바363 결정, 헌법재판소 2020. 11. 26. 선고 2018헌바407 등 결정(매도청구권은 공공복리를 위한 사업에서 공공필요를 실현하기 위한 것으로서 재산권을 과도하게 제한하거나 침해한다고 볼 수 없다고 판시하였다).

비하여 공익성이 상대적으로 낮다.

행정청이 재건축사업에 있어 정비구역지정 및 정비계획수립 등의 절차를 진행하기는 하나, 실제로 그 과정에서도 재건축을 원하는 주택소유자들의 의견을 반영하여 수립되는 경우가 많다. 조합설립을 위한 추진위원회 구성 및 조합설립, 사업시행계획, 관리처분계획 등은 재건축조합과 시공자로 선정된 건설회사 주도로 이루어진다. 재건축조합이 재건축사업을 수행하는 주된 목적은 자신들의 주거환경 개선이라는 사익이고, 도시환경 개선 및 일반분양분에 따른 불특정 다수의 주거생활 향상은 부수적인 공익일 뿐이다. 재건축조합과 시공자의 사업성 향상을 위한 재건축 설계로 재건축아파트 단지는 고급화 내지 중산층 지향이 두드러졌고 공간 구획과 경비시스템에 의해 공간의 사유화 경향이 강화되었다. 그리고 재건축사업은 집값 불안 심리를 부추기고 주변지역 집값 상승을 촉발시키는 원인으로 지목되어 왔다. 재건축사업의 용적률 상향에 따른 고밀도 개발은 경관악화와 기반시설 부족을 야기하기도 하고 반영구적으로 쓸 수 있는 건축자재를 철거하여 다시 시공함에 따라 다량의 건축폐기물 양산과 자원 낭비라는 부작용을 초래하기도 한다.

(3) 결론

재건축사업이 도시정비법이라는 공법적 규율체제에 편입된 것은 본질적으로 민간사업임에도 부동산 투기와 주택가격 급등, 첨예한 갈등과 비리 등 폐해를 막기 위한 것이라기보다는 재건축을 통하여 도시환경을 개선하고 주거생활의 질을 높이는 공공복리의 성격이 강하기 때문으로 보이는 점, 특히 도시 내 유휴부지가 부족한 상황에서 직주근접성이 높은 주택을 공급하는 데 있어 재건축사업은 중요한 역할을 하고 있고, 그와 같은 공익성이 결코 가볍지 않은 점 등에 비추어 재건축사업도 상당한 정도의 공익성 및 공공성이 있다 할 것이다.

다만, 공익성 및 공공성의 정도는 재건축사업, 재개발사업, 주거환경개선사업의 순으로 강하다. 정비사업에 대한 강제적인 규율이나 공적개입의 정도는 공익성이나 공공성에 비례한다. 주거환경개선사업의 경우에는 사업시행자를 시장·군수등 또는 토지주택공사등 공공기관으로 제한하고, 조합이나 토지등소유자 등 민간을 사업시행자에서 배제할 정도로 공적개입의 정도가 강하다.

2. 구체적 내용

가. 개 관

재개발사업 및 재건축사업으로 인정되는 경우, 사업시행자는 정비구역 내 토지등소유자의 토지등을 임의로 취득할 수 있는 등(재개발사업의 경우 수용, 재건축사업의 경우 매도청구) 상당한 특혜가 부여된다. 재개발사업의 경우에는 공익성 및 공공성이 중하여 강제적인 규율이나 공적개입의 정도가 상당하나, 재건축사업의 경우에는 공익성 및 공공성이 상대적으로 약하여 사업시행자에게 폭넓은 자율성이 부여되므로 앞서 본 특혜의 강점이 두드러진다. 이에 도시정비법은 재건축사업의 경우 공익성이 상대적으로 약함에도 불구하고 매도청구를 통하여 토지등소유자의 재산권을 박탈할 수 있어 그들의 이익도 충분히 고려되어야 하므로, 종래 재개발사업과 달리 정비계획수립 전에 반드시 재건축진단(안전진단)을 거쳐 법정의 요건을 충족한 경우에 한하여 가능하도록 하고 있고, 조합설립인가에 있어서도 토지등소유자의 동의요건을 보다 엄격히 요구하였으나, 현재는 일부 완화되었다. 또한 주택가격의 안정과 사회적 형평을 도모하기 위하여 재건축이익환수법에 의하여 재건축사업에서 발생되는 초과이익을 환수하고 있다.

이하에서는 공공성 및 공익성 정도의 차이에 따라 재개발사업과 재건축사업은 구체적 규율의 내용이나 공적개입의 정도와 관련하여 정비사업의 여러 절차에서 중대한 차이가 발생하므로, 이를 구체적으로 살펴본다. 정비사업에 관한 각종 일반규정이나 판례(선례)를 적용함에 있어, 재개발사업 및 재건축사업의 공익성의 차이, 그와 같은 공익성의 차이에 따른 도시정비법의 규율원칙 등을 종합적으로 고려하여 재개발사업에만 적용할 수 있는 규정(법리) 또는 판례(선례)인지, 재개발·재건축사업 모두에 적용되는 규정(법리) 또는 판례(선례)인지 여부를 신중하게 검토할 필요가 있다.

나. 구체적 차이

(1) 대상요건(법 2조 2호)

(가) **재개발**: 정비기반시설이 열악하고 노후·불량건축물이 밀접한 지역(도시정비형 재개발사업은 주로 상업지역 및 공업지역에서 이루어진다), 노후·불량건축물에는 단독주택[다가구주택(3층 이하로서 660㎡ 이하) 포함, 건축법 시행령 별표 1] 및 공동주택[다세대주택(4층 이하, 연면적 660㎡ 이하), 연립주택(4층 이하, 연면적 660㎡ 초과), 아파트(주택으로 사용되는 것이 5층 이상), 건축법 시행령 별표 1]을 불문하되, 보통은 단독주택, 공동주택이 혼재되어 있는 지역이 그 대상이다.

(나) **재건축**: 정비기반시설은 양호하나 노후·불량건축물에 해당하는 공동주택이 밀접한 지역, 재건축사업은 주택법에 따른 사업계획승인 또는 건축법에 따른 허가를 받은 공동주택단지를 기준으로 한다(법 35조 3항).

법이 2012. 2. 1. 개정되어 단독주택재건축사업을 대체하는 가로주택정비사업이 새로운 정비사업의 유형으로 입법되었고, 그 후 법 시행령이 2012. 7. 31. 개정되어 [별표 1] 3호 주택재건축사업의 정비계획 수립대상구역에서 '기존의 단독주택을 재건축'하는 조항이 삭제되어 단독주택재건축사업이 불가능하게 되었다. 다만, 부칙 6조 1항은 이 영 시행 당시 기본계획이 수립된 경우 정비계획의 수립에 대해서는 52조 2항 1호 및 [별표 1] 3호의 개정규정에도 불구하고 종전의 규정에 따른다고 규정하고, 2항은 도시재정비법 5조에 따라 지정된 재정비촉진지구에 대하여는 52조 2항 1호 및 [별표 1] 3호의 개정규정에도 불구하고 종전의 규정에 따른다고 규정함으로써 현재까지도 계속하여 단독주택재건축사업의 시행이 이루어지고 있다.

(2) 조합원 자격(법 2조 9호, 35조 3항, 4항)

(가) **재개발**: 정비구역 내 토지 또는 건축물 소유자, 지상권자는 조합원 자격이 있다.

(나) **재건축**: 정비구역 내 건축물 및 부속토지의 소유자만이 조합원 자격이 있다.

(3) 임대주택 건설 여부 및 국민주택규모 주택 건설비율(법 10조, 법 시행령 9조)

(가) 재개발

국민주택규모 주택은 건설하는 주택 전체 세대 수의 100분의 80이고, 임대주택(민간임대주택법에 따른 민간임대주택과 공공임대주택을 말한다)은 원칙적으로 건설하는 주택 전체 세대 수(국민주택규모 주택의 건설, 공급에 따라 정비계획으로 정한 용적률을 초과하여 건축함으로써 증가된 세대 수 제외)의 100분의 20 이하이며, 또한 해당 임대주택 중 주거전용면적이 40㎡ 이하인 임대주택이 전체 임대주택 세대 수의 100분의 40 이하여야 한다(주거전용면적이 40㎡ 이하인 임대주택이 전체 임대주택 세대 수의 30% 이상 또는 건설하는 주택 전체 세대 수의 5% 이상).

(나) 재건축

국민주택규모의 주택이 건설하는 주택 전체 세대 수의 100분의 60 이하이고(다만, 과밀억제권역에서는 100분의 60이다), 임대주택에 대한 제한은 없다.

재개발사업의 경우에는 공익성의 정도가 커 반드시 임대주택을 건설할 의무가 있음에 반해, 재건축사업의 경우에는 그와 같은 의무가 없다. 또한 국민주택규모의 주택 건설비율도 공익성이 중한 재개발사업이 훨씬 높다. 다만, 재개발사업 및 재건축사업 모두 용적률의 인센티브를 받기 위하여 국민주택규모의 주택을 건설하여 시·도지사 등에게 공급할 수 있는 점은 동일하다(법 54조 1항, 55조).

(4) 재건축진단(법 12조)

(가) 재개발: 재건축진단이 필요하지 않다.

(나) 재건축: 주택단지의 건축물을 대상으로 하는 재건축진단이 필요하고, 재건축진단을 통과하여야 정비사업이 진행될 수 있다(다만, 종전에는 정비계획 수립요건이었으나 현재는 사업시행계획 인가요건이다).

(5) 사업시행방법(법 23조)

재개발사업 및 재건축사업 모두 기존 건물을 철거하고, 새로운 건물을 건축함을 원칙으로 한다. 따라서 관리형 주거환경개선사업처럼 기존 건물을 단순히 개량하거나 증축하는 것은 원칙적으로 법상의 재개발·재건축사업으로 볼 수 없다(집합건물법상의 재건축도 기존 건물을 철거하고 신건물의 신축을 전제로 한다. 47조).

다만, 재개발사업은 관리처분계획방식 뿐만 아니라 환지방식도 가능함에 반해, 재건축사업은 오로지 관리처분계획방식만이 가능하다. 나아가 관리처분계획방식의 내용에 있어서도, 재개발사업과 재건축사업은 법률규정에 차이가 있다. 법이 2017. 2. 8. 전부개정되기 전에는 구 도시환경정비사업은 관리처분계획에 따라 건축물을 건설하여 공급하는 방법, 구 주택재개발사업과 구 주택재건축사업은 모두 동일하게 주택, 부대·복리시설 및 오피스텔[15](준거주지역 및 상업지역에 한

---

15) 오피스텔은 사업성 부족으로 장기간 정체되고 있는 정비사업장이 증가함에 따라 정비사업의 사업성을 개선하려는 취지에서 법이 2016. 1. 27. 개정되면서 도입되었다.

한다)을 건설하여 공급하는 방법으로 규정하고 있었다.

위 전부개정 이후 재건축사업은 동일하나, 재개발사업은 관리처분계획에 따라 건축물을 건설하여 공급하는 방법으로 변경됨으로써 주택정비형 재개발사업의 경우에도 주택, 부대·복리시설 및 오피스텔이 아닌 건축물(예를 들면 교회건물 등)의 공급이 가능한 것인지 여부에 대하여 논란이 있는바, 만일 가능한 것으로 해석한다면 관리처분계획방식의 내용에 있어서도 차이가 존재하였다. 한편 2025. 1. 31.자 법 개정으로 재건축사업의 경우에도 건축물을 건설하여 공급하는 방법으로 하되, 다만, 주택단지에 있지 아니하는 건축물의 경우에는 지형여건·주변의 환경으로 보아 사업 시행상 불가피한 경우로서 정비구역으로 보는 사업에 한정하고, 위 규정에 따라 건축물을 건설하여 공급하는 경우 주택, 부대시설 및 복리시설을 제외한 건축물(즉 공동주택 외 건축물)은 국토계획법에 따른 준주거지역 및 상업지역에서만 건설할 수 있되, 공동주택 외 건축물의 연면적은 전체 건축물 연면적의 100분의 30 이하이어야 하는 것으로 개정되었다.

(6) 사업시행자 및 공동사업시행자의 범위(법 25조 1항, 2항, 법 시행령 19조)

사업시행자는 조합이 원칙이나, 토지등소유자가 20인 미만인 재개발사업의 경우에는 조합설립 없이 직접 토지등소유자가 사업시행을 할 수 있다는 점에서 차이가 있다. 그러나 실무상 주택정비형 재개발사업에서 토지등소유자가 20인 미만인 경우는 상정하기 어렵다. 나아가 재개발·재건축사업 모두 시장·군수등 또는 토지주택공사등, 건설업자 및 등록사업자와 공동으로 사업시행이 가능하나, 재개발사업의 경우에는 재건축사업과 달리 자본시장법 8조 7항에 따른 신탁업자 및 한국부동산원과도 공동사업시행이 가능하다.

(7) 조합설립요건(법 35조)

(가) **재개발:** 토지등소유자의 4분의 3 이상 및 토지면적 2분의 1 이상 토지소유자의 동의를 필요로 한다.

(나) **재건축:** 주택단지 내 공동주택의 각 동별 구분소유자의 원칙적 과반수 동의(공동주택의 각 동별 구분소유자가 5 이하인 경우는 제외)와 주택단지 전체 구분소유자의 100분의 70 이상 및 토지면적 100분의 70 이상 토지소유자의 동의를 필요로 하고, 주택단지가 아닌 지역이 정비구역에 포함된 때에는 주택단지가 아닌 지역의 토지 또는 건축물 소유자의 4분의 3 이상 및 토지면적 3분의 2 이상 토지소유자의 동의를 필요로 한다.

사업시행자로서 행정주체의 지위를 가지는 조합의 설립은 정비사업의 전체 절차에서 가장 중요한 것인바, 종래 재건축사업의 경우 조합설립요건으로 주택단지 전체 구분소유자의 4분의 3 이상 및 토지면적 4분의 3 이상 토지소유자의 동의를 필요로 한다고 규정하여 재개발사업에 비하여 그 요건이 엄격하였으나, 2015. 1. 31.자 법 개정으로 이를 완화하였다.

(8) 조합원 지위(강제가입 여부, 법 39조 1항)

(가) **재개발:** 정비사업의 안정적이고 원활한 진행을 위해서는 사업시행자 측의 정비구역 내 토지소유권 확보가 필수적으로 전제되어야 한다. 이에 재개발사업은 공공성과 공익성의 정도가 중

대하므로, 정비구역 내 토지등소유자는 강제로 조합원이 되는 강제가입제를 채택하고 있다.[16)]

(나) **재건축**: 공익성이 상대적으로 약하므로, 정비구역 내 토지등소유자 중 동의한 자만이 조합원이 된다. 따라서 사업시행자는 사업시행계획인가·고시 이후 정비사업에 동의하지 아니한 토지등소유자에 대하여 매도청구를 통하여 그들 소유의 토지등을 취득하여야 한다.

(9) 투기과열지구에서의 조합원 지위 양도 가능시점(법 39조 2항)

(가) **재개발**: 상대적으로 투기적 요소가 약하므로, 원칙적으로 정비사업이 상당히 진행된 관리처분계획이 인가된 이후 토지등소유권이 양도된 경우에 한하여 양수인은 조합원 지위를 취득할 수 없다.

(나) **재건축**: 투기적 요소가 강하므로, 원칙적으로 정비사업의 초기단계인 조합설립인가 이후 토지등소유권이 양도된 경우 양수인은 조합원 지위를 취득할 수 없다.

(10) 공공기관의 강제적인 사업시행 관여(재개발)

재개발·재건축사업 모두 천재지변, 재난안전법 27조 또는 시설물안전법 23조에 따른 사용제한, 사용금지, 그 밖의 긴급하게 정비사업을 시행할 필요가 있다고 인정하는 경우, 시장·군수등, 토지주택공사등이 정비사업을 시행하거나 지정개발자를 사업시행자로 지정하여 사업을 시행할 수 있다(법 26조, 27조 각 1항 1호).

나아가 재개발사업에서 시장·군수등은 정비계획에서 정한 정비사업 시행 예정일부터 2년 이내에 조합이 사업시행계획인가를 신청하지 아니하거나 사업시행계획인가를 신청한 내용이 위법 또는 부당하다고 인정하는 때에는 직접 또는 토지주택공사등을 사업시행자로 지정하여 시행하거나 토지등소유자, 민간투자법 2조 12호에 따른 민관합동법인 또는 신탁업자로서 대통령령으로 정하는 요건을 갖춘 자, 즉 지정개발자를 사업시행자로 지정하여 정비사업을 시행하게 할 수 있다(법 26조 및 27조 각 1항 2호).

이는 재개발사업의 경우에는 공익성의 정도가 중하여 정비사업이 지지부진하거나 적정하게 진행되지 못하는 경우 적극적으로 공적개입하는 길을 열어둔 것이다. 그러나 공익성의 정도가 상대적으로 약한 재건축사업의 경우는 위 규정이 적용되지 아니한다.

(11) 건축규제의 완화 등에 관한 특례(재건축)

재건축사업의 시행자는 공공재건축사업을 위한 정비구역, 천재지변 등으로 긴급하게 재건축사업을 시행할 필요에 따른 재건축구역 또는 역세권 등 대통령령으로 정하는 요건에 해당하여 용적률을 완화하여 적용하는 재건축구역의 경우, 지방건축위원회 또는 지방도시계획위원회의 심의를 거쳐 건축법상의 대지의 조경기준, 건폐율의 산정기준, 공지기준, 주택법상의 부대시설 및 복리시설의 설치기준, 공원녹지법상의 도시공원 또는 녹지확보기준 등을 완화받을 수 있다(법 68조 4항, 법 시행령 57조).

이는 재개발사업은 공익성의 정도가 중하여 상당한 정도의 공적개입이 내재되어 있으나, 재

---

16) 대법원 2014. 7. 24. 선고 2012다62561, 62578 판결.

건축사업의 경우에는 공익성의 정도가 상대적으로 약하고 자율성이 보장되어 있음에도, 공적개입이 이루어지는 것이므로 그에 대한 반대급부의 성격이 강하다. 재개발사업에는 위와 같은 조항이 없다.

⑿ 현금청산방법(법 63조 내지 65조, 73조)

재개발·재건축사업 모두 사업시행자는 분양신청을 하지 아니한 자 등에 대하여 먼저 관리처분계획이 인가·고시된 다음 날부터 90일 이내에 손실보상에 관한 협의를 하여야 한다. 다만, 손실보상에 관한 협의가 성립하지 아니하는 경우 차이가 발생한다.

재개발사업은 공공성 및 공익성이 중대하여(토지보상법 4조의 토지등을 취득하거나 사용할 수 있는 공익사업에 해당한다) 정비사업의 안정적이고 원활한 진행을 위해 사업시행자가 현금청산대상자의 토지등의 소유권을 신속하게 확보할 수 있도록 토지보상법 3조에 따른 수용권을 인정하고 있다(법 63조). 그러나 재건축사업의 경우에는 천재지변 등 불가피한 사유로 긴급하게 정비사업을 시행할 필요가 있어 공공이 시행하거나 지정개발자가 시행하는 경우에만 예외적으로 사업시행자에게 수용권을 인정하고 있고(법 63조 괄호), 원칙적으로는 현금청산대상자의 토지등의 소유권을 매도청구권의 행사에 따른 매매계약을 통하여 취득한다(법 64조).

⒀ 현금청산에 따른 손실보상의 범위

㈎ 개발이익 포함 여부(법 65조, 토지보상법 67조 2항)

재개발사업의 경우에는 법 65조, 토지보상법 67조 2항에 의하여 개발이익, 즉 해당 정비사업으로 인하여 변동된 토지등의 가격은 현금청산에 따른 손실보상의 범위에서 배제된다. 공익사업의 시행으로 지가가 상승하여 발생하는 개발이익은 사업시행자의 투자에 의한 것으로서 피수용자인 토지등소유자의 노력이나 자본에 의하여 발생한 것이 아니므로, 이러한 개발이익은 형평의 관념에 비추어 볼 때 토지등소유자에게 당연히 귀속되어야 할 성질의 것이 아니다. 오히려 투자자인 사업시행자 또는 궁극적으로는 국민 모두에게 귀속되어야 할 성질의 것이므로, 성질상 완전보상의 범위에 포함되지 않는다.[17)]

재건축사업의 경우에는 사업시행자의 매도청구권 행사 의사표시가 도달함과 동시에 재건축사업에 참가하지 않은 자의 토지나 건축물에 관하여 시가에 의한 매매계약이 성립되므로 개발이익이 현금청산에 따른 손실보상의 범위에 포함된다. 이는 재건축사업의 경우 공익성의 정도가 상대적으로 미약하고, 이에 따라 수용에 따른 토지보상법상의 손실보상에 관한 규정이 적용되지 않기 때문이다.

㈏ 토지등소유자나 세입자에 대한 주거이전비 등 또는 영업손실보상

① 재개발

㉮ 점포 소유 토지등소유자나 세입자에 대한 영업손실보상

토지보상법의 규정에 의하여 점포 소유자로서 현금청산대상자가 된 토지등소유자나 세입자

---

17) 헌법재판소 2010. 3. 25. 선고 2008헌바102 결정, 헌법재판소 2009. 9. 24. 선고 2008헌바112 결정, 헌법재판소 2001. 4. 26. 선고 2000헌바31 결정.

등은 정비사업으로 인하여 영업을 폐업하거나 휴업한 경우 사업시행자로부터 영업손실보상을 받게 된다. 사업시행자는 상가세입자를 위하여 임시상가를 설치할 수 있다(법 61조 5항, 65조, 법 시행령 54조 2항, 3항, 토지보상법 77조, 토지보상법 시행규칙 45조 내지 47조).

㈏ 주거용 주택 소유 토지등소유자나 세입자에 대한 이주정착금, 주거이전비, 이사비 등

토지보상법의 규정에 의하여 주거용 주택 소유자로서 현금청산대상자가 된 토지등소유자나 세입자 등은 정비사업으로 인하여 정비구역 밖으로 이주하게 된 경우 사업시행자로부터 주거이전비 및 이사비, 이주정착금(토지등소유자)을 지급받게 된다(법 65조, 법 시행령 54조 1항, 4항, 토지보상법 78조, 토지보상법 시행령 40조, 41조, 토지보상법 시행규칙 53조 내지 55조). 사업시행자는 정비사업으로 철거되는 주거용 주택의 소유자 또는 세입자에게 해당 정비구역 안과 밖에 위치한 임대주택 등의 시설에 임시로 거주하게 하거나 주택자금의 융자를 알선하는 등 임시거주에 상응하는 조치를 하여야 한다(법 61조 1항 내지 4항).

정비계획상 재개발사업의 경우에는 이주하게 되는 세입자를 고려하고, 정비사업 구역 내 세입자를 위한 임대주택건설이 가능한지를 판단하고, 재개발사업 대상구역에 세입자용 임대주택을 건설하기가 곤란한 경우 인근의 임대주택 활용 여부 등을 검토하여 해당 재개발사업과 연계하여 추진하는 방안을 고려한다. 세입자용 임대주택을 건설할 경우에는 세입자의 소득수준을 감안하고, 세입자의 주거안정을 위하여 순환정비방식의 시행을 고려한다(정비계획 수립지침 4-14-2 내지 4).

② 재건축

재개발사업에 적용되는 토지보상법 규정은 정비구역 안의 토지등을 수용할 권한이 부여된 정비사업에 제한적으로 적용되고, 그 권한이 부여되지 아니한 재건축사업에는 유추적용되지 아니한다.[18] 따라서 재건축사업의 시행자는 위와 같은 주거이전비 등 또는 영업손실보상금을 지급할 필요가 없고, 임시거주나 임시거주에 상응하는 조치를 취할 의무가 없다.

⒁ 관리처분계획과 관련하여

㈎ 관리처분계획서 작성에 있어 자산평가의 방법

재개발·재건축사업 모두 관리처분계획의 내용으로는 종전자산 및 종후자산 평가, 세입자별 권리에 대한 손실보상액이 필수적 기재사항이다. 다만, 그 작성을 위한 자산평가방법에 있어 차이가 있다(법 74조 4항 1호).

① 재개발: 시장·군수등이 선정·계약한 2인 이상의 감정평가법인 등이 평가한 금액을 산술평균하여 산정한다.

② 재건축: 시장·군수등이 선정·계약한 1인 이상의 감정평가법인등과 조합 총회의 의결로 선정·계약한 1인 이상의 감정평가법인등이 평가한 금액을 산술평균한다.

재개발사업의 경우에는 공공성 및 공익성의 정도가 중하여 행정청이 전적으로 관여하나, 재건축사업의 경우에는 공공성 및 공익성의 정도가 상대적으로 미약하여 사업시행자의 자율성을

18) 대법원 2014. 7. 24. 선고 2012다62561, 62578 판결.

보다 존중한다.

㈏ **관리처분 방법(법 74조 6항, 법 시행령 63조, 서울시 조례 38조)**

① **재개발:** 공익성이 중하여 법령에서 엄격히 규율하고 있다. 즉 사업시행자는 시·도 조례로 분양주택의 규모를 제한하는 경우에는 그 규모 이하로 주택을 공급하여야 한다. 또한 1개의 건축물의 대지는 1필지의 토지가 되도록 정하며, 주택 및 부대시설·복리시설의 공급순위는 기존의 토지 또는 건축물의 가격을 고려하여 정하되, 구체적인 기준은 시·도 조례로 정할 수 있는바, 현재 서울시 조례는 주택공급 및 상가공급의 기준을 자세히 규정하고 있으므로, 사업시행자는 이를 준수하여야 한다.

② **재건축:** 공익성이 상대적으로 미약하여 법령이 사업시행자에게 폭넓은 재량을 부여하고 있다. 즉 법령은 재건축사업에 대하여 재개발사업의 관리처분방법 중 일반적인 내용에 해당하는 일부만 준용하고, 부대시설·복리시설에 대하여는 단순히 순위만을 정하고 있다.

㈐ **관리처분계획 수립기준[공급되는 주택의 숫자(법 76조 1항 6호, 7호)]**

① **재개발:** 1세대 또는 1명이 하나 이상의 주택 또는 토지를 소유한 경우 1주택을 공급하고, 다만, 사업시행자의 재량으로 종전주택 가격의 범위 또는 종전주택의 주거전용면적의 범위에서 2주택을 공급할 수 있으며, 그중 1주택은 주거전용면적을 60㎡ 이하로 한다.

② **재건축:** 1세대 또는 1명이 하나 이상의 주택 또는 토지를 소유한 경우 1주택을 공급함이 원칙이나, 사업시행자는 재량으로 조합원에 대하여 소유한 주택의 수만큼 공급할 수 있고, 과밀억제권역에 위치한 경우에는 조합원이 소유한 주택수의 범위에서 3주택까지 공급할 수 있다. 다만, 투기과열지구 또는 주택법 63조의2 조정대상지역에 해당하는 경우에만 1주택만을 공급하도록 하되, 그 경우에도 사업시행자가 재량으로 종전주택 가격의 범위 또는 종전주택의 주거전용면적의 범위에서 2주택을 공급할 수 있고, 그중 1주택은 주거전용면적을 60㎡ 이하로 한다.

㈑ **보류지 확보**

사업시행자는 관리처분계획을 수립함에 있어 분양신청을 받은 후 잔여분이 있는 경우 분양대상자의 누락·착오 및 소송 등에 대비하기 위하여 이를 보류지로 정할 수 있다(법 79조 4항, 서울시 조례 44조. 이하에서는 법 74조 1항 4호의 경우를 제외하고는 이 같은 협의의 보류지를 의미한다. 자세한 내용은 제7편 제4장 제1절 Ⅲ. "2. 관리처분계획서 작성과 관련한 쟁점" 참조).

① **재개발: 보류지 강제규정(서울시 조례 44조 1항)**

사업시행자는 분양대상자의 누락·착오 및 소송 등에 대비하기 위하여 보류지를 확보할 수 있으나, 그 경우에도 토지등소유자에게 분양하는 공동주택 총 건립세대 수의 1% 범위 안에서 공동주택과 상가 등 부대·복리시설의 일부를 보류지로 정할 수 있으며(1호), 사업시행자가 위 1%의 범위를 초과하여 보류지를 정하려면 구청장에게 그 사유 및 증명 서류를 제출하여 인가를 받아야 한다(2호).

재개발사업의 공익성이 중대함을 고려하여 사업시행자가 과다한 보류지의 확보로 조합원(토지등소유자)의 이익을 침해하는 것을 방지하기 위하여 조합원분양분 중 1%의 범위를 초과하는 경우 관할 관청의 인가를 받도록 규정하고 있다.

② 재건축

재건축사업의 경우에는 보류지 강제규정이 없다. 재건축사업의 공익성이 상대적으로 미약함에 기인하는 것으로서, 재건축사업의 시행자는 원칙적으로 정비사업의 시행으로 건설되는 건축물(종후자산)에 대하여 자유롭게 처분할 권한을 가진다.

⒂ 재건축초과이익 환수(재건축사업)

재건축사업에서 발생되는 초과이익을 환수함으로써 주택가격의 안정과 사회적 형평을 도모하여 국민경제의 건전한 발전과 사회통합에 이바지함을 목적으로 하는 재건축이익환수법이 제정되어 있다. 따라서 초과이익 환수의 대상은 재건축사업에 국한되고 재개발사업은 그 대상이 아니다.

제6장 소송의 관할

Ⅰ. 이송 또는 변론관할

1. 이 송

행정사건은 행정법원의 전속관할에 속한다. 행정법원의 전속관할에 속하는 사건을 지방법원이나 가정법원이 처리하는 경우 절대적 상고이유가 된다.[1)]

원고가 고의 또는 중대한 과실 없이 행정소송으로 제기하여야 할 사건을 민사소송으로 잘못 제기한 경우, 수소법원으로서는 만약 그 행정소송에 대한 관할을 동시에 가지고 있다면 이를 행정소송으로 심리·판단하여야 하고, 그 행정소송에 대한 관할을 가지고 있지 아니하다면 당해 소송이 이미 행정소송으로서의 전심절차와 제소기간을 도과하였거나 행정소송의 대상이 되는 처분 등이 존재하지도 아니한 상태에 있는 등 행정소송으로서 소송요건을 결하고 있음이 명백하여 행정소송으로 제기되었더라도 어차피 부적법하게 되는 경우가 아닌 이상 이를 부적법한 소라고 하여 각하할 것이 아니라 관할법원에 이송하여야 한다.[2)] 한편 행정소송법은 행정법원이 항고사건과 병합하여 관련 민사사건(손해배상·부당이득반환·원상회복등 청구소송)을 처리할 수 있다고 규정하고 있다(행정소송법 10조 2항, 38조, 44조 2항).

2. 변론관할

행정사건 중 공법상 당사자소송사건과 민사사건은 구별하기 어려운 경우가 많다. 그 경우 행정법원에 소를 제기하는 것이 일반적이다. 왜냐하면 변론관할이 인정되기 때문이다.

판례는 행정사건의 심리절차가 행정소송의 특수성을 감안하여 행정소송법이 정하고 있는 특칙[관련청구의 병합요건(행정소송법 44조, 10조), 피고경정의 요건과 시한(44조, 11조), 직권증거조사

---

1) 대법원 2009. 9. 17. 선고 2007다2428 전원합의체 판결. 행정소송법에서 정한 행정사건과 다른 법률에 따라 행정법원의 권한에 속하는 사건은 행정법원의 전속관할이나(법원조직법 40조의4), 전국에 행정법원은 서울에만 설치되어 있고, 행정법원이 설치되지 아니한 지역에 있어서의 행정법원의 권한에 속하는 사건은 행정법원이 설치될 때까지 해당 지방법원 본원 또는 춘천지방법원 강릉지원이 관할하는 것으로 규정하고 있으므로(법원조직법 부칙 1994. 7. 27. 자 부칙 2조), 이러한 법원들에서는 전속관할 위반의 문제가 발생하지 아니하고 행정사건을 민사부에서 담당하였다 하더라도 내부 사무분담의 문제에 불과하다(다만, 법원조직법 7조가 행정법원의 심판권은 판사 3명으로 구성된 합의부에서 행사하되, 단독판사가 심판할 것으로 행정법원 합의부가 결정한 사건의 심판권은 단독판사가 행사한다고 규정하고 있으므로, 만일 행정사건에 대하여 재정단독결정 없이 단독판사가 심판한 경우에는 사물관할의 위반이 있다). 행정소송법상의 당사자소송으로 제기하여야 할 사건을 민사소송으로 잘못 제기한 경우에 수소법원이 그 당사자소송에 대한 관할도 동시에 가지고 있다면(민사단독사건으로 사건번호가 부여되었다고 하여 달리 볼 것이 아니다) 행정소송법이 정하는 절차에 따라 이를 심리하면 된다(대법원 2014. 10. 14. 자 2014마1072 결정).

2) 대법원 2018. 7. 26. 선고 2015다221569 판결.

(44조, 26조)]이 적용될 수 있는 점을 제외하면 민사소송절차와 큰 차이가 없는 사정을 고려하여 민사사건이 행정법원에 제소된 경우라도, 피고가 관할위반이라고 항변하지 아니하고 변론한 경우에는 행정소송법 8조 2항, 민사소송법 30조에 의하여 제1심 행정법원에 변론관할을 인정한다.[3] 특별한 사정이 없는 한 민사사건을 행정소송 절차로 진행한 것 자체가 위법하다고 볼 수 없다.[4] 그러나 이는 행정소송법상 당사자소송에서 문제되고, 항고소송에서는 적용될 수 없다. 한편 행정소송법상 당사자소송사건에서도 피고가 관할위반의 항변을 하는 경우가 드물지 않으므로 이하에서는 정비사업과 관련하여 민사법원의 관할인지 또는 행정법원의 관할인지 여부에 관하여 살펴본다.

Ⅱ. 정비사업 단계별 관할과 관련한 쟁점

정비사업은 조합의 설립, 사업시행계획, 관리처분계획, 이전고시 등의 단계를 거쳐 순차 진행되는 장기간을 요하는 사업이고, 다수의 이해관계자가 관련되는 사업인 관계로 다양한 분쟁이 존재한다. 또한 각각의 처분의 성립에는 총회결의 등을 비롯한 다수의 성립요건이 필요하여 그에 대한 다양한 분쟁이 존재한다. 도시정비법이 제정된 이후에도 각각의 분쟁이 민사소송의 관할인지, 행정소송의 관할인지 여부와 관련하여 다양한 다툼이 있었다. 도시정비사건과 관련하여 판례는 대법원 2009. 9. 17. 선고 2007다2428 전원합의체 판결 및 대법원 2009. 9. 24. 선고 2008다60568 판결 등을 통하여 주요 분쟁은 행정소송의 관할임을 명확히 하였으나, 당해 소송의 소송물을 기준으로 하여 설령 그것이 행정청의 처분 등 공법상 법률관계에서 기인한 것이라 하더라도 소송상 다투어지는 대상이 사법상 권리이면 민사소송의 대상이 된다는 것이 확립된 판례의 태도로 평가되고 있다.[5] 따라서 정비사업 진행과정에서의 필수절차 중 처분과 직접적으로 관련되지 아니하거나 처분과 관련되더라도 사법상 권리와 관련된 분쟁은 민사소송의 관할이다.

1. 조합설립인가단계

가. 조합설립인가 전 창립총회결의 하자소송

창립총회결의의 하자 여부 관련 소송은 행정처분인 조합설립인가처분에 이르는 절차적 요건의 존부나 효력 유무에 관한 소송이나, 조합이 행정주체의 지위를 가지기 이전에 추진위원회가 주도한 것으로서 민사소송의 관할이고, 추진위원회를 상대로 하여야 한다.[6]

창립총회의 하자가 있음에도 불구하고 조합설립인가처분이 이루어진 이후의 소송관계를 비롯한 자세한 내용은 제4편 제4장 Ⅰ. "3. 창립총회의 하자"에서 살펴본다.

나. 조합설립인가 이후 변경인가사항에 대한 총회결의 하자소송

조합설립인가 이후 변경인가사항에 대한 총회결의 하자소송은 행정처분에 이르는 절차적 요

---

3) 대법원 2013. 2. 28. 선고 2010두22368 판결, 대법원 2015. 7. 23. 선고 2014두39593 판결.
4) 대법원 2018. 2. 13. 선고 2014두11328 판결.
5) 행정소송규칙 해설, 법원행정처(2023년), 128.
6) 대법원 2009. 9. 24. 자 2009마168, 169 결정.

건의 존부나 효력 유무에 대한 소송으로서 그 소송결과에 따라 행정처분의 위법 여부에 직접 영향을 미치는 공법상 법률관계에 관한 것이므로, 이는 행정법원의 전속관할에 속하는 공법상 당사자소송에 해당한다.[7)]

총회결의 무효확인소송 계속 중에 변경인가처분이 이루어지면, 항고소송의 방법으로 변경인가처분의 취소 또는 무효확인을 구할 수 있을 뿐, 행정처분에 이르는 절차적 요건 중 하나에 불과한 총회결의 부분만을 대상으로 그 효력 유무를 다투는 확인의 소를 제기하는 것은 허용되지 아니한다.[8)] 따라서 행정소송법 42조, 21조에 기하여 총회결의 무효확인소송을 변경인가처분 취소청구의 소로 변경하여야 한다. 만일 소변경하지 않으면 총회결의 무효확인소송은 소의 이익이 없다. 나아가 변경인가처분이 존재함에도 불구하고 총회결의 무효확인소송을 제기하는 경우 역시 소의 이익이 없다.

2. 시공자 선정·변경 총회결의

법 45조 1항 5호는 시공자의 선정 및 변경은 조합 총회의 의결사항으로 규정하고 있다. 비록 도시정비법상 사업시행자인 조합이 공법인이라는 사정만으로 조합과 시공자 사이에 체결되는 공사도급계약 등을 둘러싼 법률관계가 공법상의 법률관계에 해당한다거나 위와 같은 공사도급계약의 효력을 다투는 소송이 당연히 공법상 당사자소송에 해당한다고 볼 수는 없고, 도시정비법의 규정들이 조합과 시공자와의 관계를 특별히 공법상의 계약관계로 설정하고 있다고 볼 수도 없으므로, 조합과 시공자 사이의 공사도급계약 등을 둘러싼 법률관계는 사법상의 법률관계로서 그 공사도급계약의 효력을 다투는 소송은 민사소송에 의하여야 한다.[9)] 결국 조합 총회결의에 따라 선정된 시공자와 조합이 체결한 공사도급계약의 유, 무효에 관한 법률관계는 민사소송의 관할이고, 위 법률관계효력의 선결문제가 되는 시공자선정 총회결의 무효확인소송도 역시 민사소송의 관할이다.

3. 각종 계약 관련 소송

조합은 정비사업을 추진하기 위하여 공사, 용역, 물품구매 및 제조 등 각종 계약을 체결한다. 이를 규율하고 있는 국토부 고시 '정비계약업무 처리기준(국토부 고시 제2018-101호, 2018. 2. 9., 이하 '정비계약기준'이라 한다)'은 그와 관련하여 상당수가 대의원회의 고유권한으로 규정하고 있다(국토부 표준정관[10)] 25조 1항은 총회의결로 정한 예산 범위 내에서의 용역계약을 대의원회의 의결사

---

7) 행정소송규칙 19조 3호 가목, 대법원 2010. 7. 29. 선고 2008다6328 판결, 대법원 2009. 10. 15. 선고 2008다93001 판결.

8) 대법원 2009. 9. 17. 선고 2007다2428 전원합의체 판결.

9) 대법원 2010. 4. 8. 자 2009마1026 결정, 대법원 2016. 8. 29. 선고 2013다50466 판결.

10) 도시정비법은 제정 당시부터 2019. 4. 23. 개정 전까지 구 법 40조 2항의 수권으로 국토부(건설부)장관이 주택재개발조합 표준정관, 주택재건축조합 표준정관을 작성하여 보급하였고, 위 법률 개정으로 표준정관을 작성하여 보급하는 권한이 시·도지사로 이관되었다. 현재 부산시, 서울시, 광주시가 각 표준정관을 작성하여 고시하고 있다. 위 각 표준정관은 국토부장관이 작성한 위 각 표준정관에 대하여 개정된 도시정비법령의 내용을 반영하여 일부 수정한 외에는 대동소이하다. 이하에서 표준정관을 지칭함에 있어 가급적 국토부 표준정관, 서울 표준정관, 부산 표준정관으로 특정하되, 각 기본이 되는 재개발조합 표준정관을 전제로 하고, 재건축조합 표준정관을 소개하는 경우 국토부(서울, 부산) 재건축 표준정관으로 지칭한다.

항으로 규정하고 있다). 따라서 총회의 의결을 거쳐야 하는 법정의 계약(조합원에게 부담이 되는 계약에 관한 사항, 법 45조 1항 4호)을 제외한 나머지 계약은 모두 대의원회의 의결을 거쳐야 한다. 나아가 도시정비법령에 특별한 규정이 있는 경우를 제외하고는 그와 같은 경쟁을 체결하려면 일반경쟁에 부쳐야 하고, 구체적인 내용은 '정비계약기준'이 규정하고 있는바, 그와 관련한 각종 분쟁은 민사소송의 관할이다.

4. 사업시행계획 또는 관리처분계획 총회결의

가. 공법상 당사자소송

사업시행자가 행정주체의 지위에서 도시정비법에 기초하여 작성하거나 수립한 사업시행계획 및 관리처분계획은 인가·고시를 통해 확정되면 이해관계인에 대한 구속적 행정계획으로서 인가와는 독립된 행정처분에 해당하므로, 총회결의는 그와 같은 행정처분에 이르기 위하여 반드시 필요한 절차적 요건이고, 위 총회결의가 각 행정처분의 효력을 좌우하여 그 위법 여부에 직접 영향을 미친다. 따라서 사업시행계획총회 또는 관리처분계획총회 결의 무효확인을 구하는 소송은 행정법원의 전속관할에 속하는 공법상 당사자소송에 해당한다.[11)]

나. 민사법원에 제기한 경우

(1) 이송(移送)

행정법원으로의 이송이 원칙이다. 설령 관리처분계획에 대한 총회결의 이후 관할 행정청의 인가·고시가 있었다 하더라도, (이에 따라 따로 총회결의의 무효확인만을 구할 수는 없게 되었으나), 이송 후 행정법원의 허가를 얻어 관리처분계획에 대한 취소소송 등으로 변경될 수 있으므로, 관할법원으로 이송하여야 한다.[12)]

(2) 이송의 예외

다만, 이송하더라도 소가 부적법하게 되어 각하될 것이 명백한 경우에는 각하하여야 한다. 판례는 재건축조합에 대한 행정청의 조합설립인가처분이 있은 후에 민사소송으로 조합설립결의에 대한 무효확인을 구한 사안에서, 이미 행정청을 상대로 제기한 조합설립인가처분 무효확인소송의 패소 판결이 확정된 경우에는, 설령 행정법원으로 이송하더라도 확정판결의 기판력에 의하여 위 판결에 모순·저촉되는 판단을 할 수 없을 것이므로, 위 소를 관할법원인 행정법원으로 이송할 것이 아니라 각하함이 상당하다고 보았다.[13)]

5. 정관변경, 조합임원 선·해임에 관한 총회결의

가. 정관변경의 총회결의 후 인가를 받았으나, 정관변경에 필요한 의결정족수의 하자나 그

---

11) 행정소송규칙 19조 3호 나목 및 다목, 대법원 2009. 9. 17. 선고 2007다2428 전원합의체 판결, 대법원 2010. 7. 29. 선고 2008다6328 판결.
12) 대법원 2009. 9. 17. 선고 2007다2428 전원합의체 판결.
13) 대법원 2010. 2. 25. 선고 2007다73598 판결.

내용상 하자가 있는 경우, 조합을 상대로 민사소송으로 총회결의 무효확인소송을 제기하여야 한다.[14] 자세한 내용은 제4편 제5장 제2절 Ⅳ. 2. "라. 정관변경결의의 쟁송"에서 살펴본다.

나. 사업시행자인 조합과 조합장 등 조합임원 사이의 선임·해임 등을 둘러싼 법률관계는 사법상의 법률관계로서 그 조합장 등 조합임원의 지위를 다투는 소송은 민사소송에 의하여야 한다.[15] 자세한 내용은 제4편 제5장 제3절 Ⅱ. 1. "아. 조합임원의 선임·해임 관련 쟁송"에서 살펴본다.

6. 동·호수 추첨

가. 사업시행자인 조합이 신축 아파트의 배정을 위해 실시하는 동·호수 추첨은 조합원들 전원의 이해관계가 걸린 단체법적인 법률행위로써 그러한 동·호수 추첨을 기초로 하여 수많은 법률관계가 계속하여 발생할 뿐만 아니라 일단 동·호수 추첨 및 배정이 이루어지면 특별한 사정이 없는 한 그 동·호수 추첨 및 배정이 무효로 확인되기 전에는 새로운 동·호수 추첨 및 배정을 실시하는 것이 불가능하므로, 동·호수 추첨으로 권리가 침해된 조합원은 사업시행자인 조합을 상대로 동·호수 추첨의 무효확인을 구하는 것이 분쟁해결을 위한 유효·적절한 수단이어서 동·호수 추첨은 무효확인의 소의 대상이 된다. 설령 다른 조합원들과 조합 사이에 동·호수 추첨내용을 기초로 신축 아파트에 관한 분양계약 체결이 완료되었다 하더라도, 동·호수 추첨 및 배정을 다시 하는 것이 불가능하지 않으므로, 그 경우에도 무효확인소송으로서의 소의 이익이 인정된다.[16]

다만, 동·호수 추첨은 관리처분계획상 분양대상자로 정해진 조합원들 사이에 분양될 아파트의 동·호수를 구체적으로 정하기 위한 절차에 불과하므로 독립한 행정처분으로 볼 수 없고, 다른 처분과도 무관하여 그 효력의 유무를 민사소송으로 다툴 수 있을 뿐이다.[17]

대형 평형(예를 들면 60평)을 배정받을 수 있는 일부 조합원들이 스스로 그와 같은 대형 평형의 배정을 신청하였음에도, 조합이 대형 평형에 대한 동·호수 추첨을 함에 있어 위 조합원들을 배제한 채 대형 평형에 대한 우선배정권이 없는 조합원들까지 포함하여 1, 2차로 동·호수 추첨을 마친 후 남은 세대를 추첨을 거쳐 위 조합원들에게 배정한 경우, 위 조합원들의 동·호수 추첨권을 박탈하였고, 이는 그들의 조합원으로서의 기본적인 권리를 침해한 것으로 동·호수 추첨절차에 중대한 하자가 있어 무효이다(위 조합원들이 결과적으로 대형 평형을 배정받았다거나 그 동·호수 추첨 과정에서 선호도가 높은 동·호수를 배정받을 확률 면에서 차이가 없었다고 하더라도, 해당 평형에 대하여 동·호수 추첨을 다시 한다면 선호도가 더 높은 동·호수를 배정받을 가능성이 있는 이상 동·호수 추첨 등의 무효확인을 구할 소의 이익이 있다).[18]

---

14) 대법원 2019. 1. 31. 선고 2018다227520 판결.
15) 대법원 2014. 10. 27. 선고 2011다37360 판결.
16) 대법원 2008. 2. 15. 선고 2006다77272 판결(다만, 동·호수 추첨의 무효를 주장하는 조합원이 조합과 사이에 추첨으로 배정받은 아파트를 포기하고 일반분양분으로 예정되어있던 아파트를 배정받기로 하는 별도의 약정을 하였다면 무효확인을 구할 소의 이익이 없다).
17) 대법원 2010. 1. 28. 선고 2008다90347 판결.
18) 대법원 2008. 2. 15. 선고 2006다77272 판결.

나. 한편, 실무상 동·호수 추첨 이후 종전 관리처분계획을 대체하는 새로운 관리처분계획을 수립하는 과정에서 동·호수 추첨행위가 유효한 것으로 보아 그와 같은 결과가 반영된 관리처분계획이 수립되는 경우가 있고, 그 경우 동·호수 추첨행위의 내용은 이미 행정처분인 관리처분계획의 내용으로 편입되었으므로, 위 관리처분계획의 취소 또는 무효확인을 구하는 방법으로 동·호수 추첨행위의 위법성을 다툴 수 있다.[19]

7. 청산금 및 부과금

도시정비법에서는 '청산금'의 의미가 분양신청을 하지 아니한 자 등에 대해 현금으로 청산되는 경우에 지급되는 금원(법 73조 1항, 법 시행령 60조 1항)과 대지 또는 건축물을 분양받은 자가 종전에 소유하고 있던 토지 또는 건축물의 가격과 분양받은 대지 또는 건축물의 가격 사이의 차액에 상당하는 금액(법 89조 1항)으로 달리 사용된다. 이하에서는 후자를 전제로 살펴본다.

가. 조합원에 대한 청산금 및 부과금

이전고시 이후 대지 또는 건축물을 분양받은 자가 종전에 소유하고 있던 토지 또는 건축물의 가격과 분양받은 대지 또는 건축물의 가격 사이에 차이가 있는 경우 사업시행자는 그 차액에 상당하는 금액, 즉 청산금(공사비 등 다액의 사업비를 투입하여 건물을 축조하게 되어, 일반적으로 종후자산은 종전자산보다 고가이므로, 각 조합원은 극히 낮은 평형을 선택하지 아니하는 한 청산금을 부담하게 된다)을 수분양자에게 부과한다. 이는 행정처분으로서,[20] 이를 다투는 쟁송은 행정소송이고 행정심판도 제기할 수 있다.

사업시행자는 공사비 등을 투입하여 구 주택 등을 철거하고 신 주택 등을 건축한 후 신 주택 중 일부는 조합원에게 배분하여 그들로부터 청산금을 징구하고, 나머지는 일반분양을 하여 얻은 총 수입 합계(청산금 + 일반분양수입)액으로 공사비에 충당하게 되는데, 그후에도 공사비가 잔존하는 경우 조합원에게 그의 종전자산 출자비율대로 부과금을 부과한다. 이 또한 행정처분으로서,[21] 이를 다투는 쟁송은 행정소송이다.

한편, 청산금의 징수·지급은 그 자체가 총회의 의결사항이고(법 45조 1항 11호), 정비사업비의 조합원별 분담내역 및 조합원별 정비사업 비용금액 및 징수방법은 총회의 의결사항이므로(법 45조 1항 8호, 12호), 사업시행자는 각 조합원별 청산금(부과금)의 액수와 징수방법, 조합원별 분담내역 등을 정하여 조합원 총회의 결의를 거쳐야 하는바, 위 총회결의는 그와 같은 행정처분에 이르기 위하여 필요한 절차적 요건이고, 위 총회결의가 각 행정처분의 효력을 좌우하므로, 이를 다투는 쟁송 또한 행정소송이다.

한편, 위와 같은 과정을 거쳐 청산금 또는 부과금이 확정되면, 사업시행자는 시장·군수에게 청산금 또는 부과금의 징수 위탁을 하고, 만일 시장·군수가 이를 거절하면 조합원을 상대로 청산금 또는 부과금의 지급을 구하는 공법상 당사자소송을 제기할 수 있다.[22]

---

19) 대법원 2017. 10. 12. 자 2017두50096 판결 및 서울고등법원 2017. 5. 26. 선고 2016누82081 판결.
20) 대법원 2017. 4. 28. 선고 2016두39498 판결, 대법원 2017. 5. 11. 선고 2016두45677 판결 등.
21) 대법원 2017. 5. 11. 선고 2016두45677 판결.

나. 현금청산대상자에 대한 비용부과

(1) 문제의 소재

분양신청기간 내에 분양신청을 하지 아니하는 등으로 현금청산대상자가 된 토지등소유자의 경우 조합원의 지위를 상실하기 전까지 발생한 조합의 정비사업비 중 일정 부분을 분담하여야 한다는 취지를 조합 정관이나 조합원 총회의 결의 또는 조합과 조합원 사이의 약정 등으로 미리 정한 경우 등에 한하여, 조합은 그 지급을 구할 수 있다. 현금청산대상자에 대한 비용부과의 근거가 약정인 경우, 사업시행자의 약정에 기한 금원지급청구의 소는 민사소송임이 명확하다. 그 외에 조합 정관이나 조합원 총회결의에 기한 사업시행자의 사업비 상당의 금원지급청구가 민사소송의 관할인지 또는 행정소송의 관할인 공법상 당사자소송인지 여부가 문제된다.

(2) 민사소송

재건축조합이 대구지방법원 포항지원 2016가단106269호로 현금청산대상자를 상대로 정관에 기한 청산금지급청구의 소를 제기하였다가 패소한 후, 대구지방법원 2019나315163호로 항소하여 일부 승소하자 현금청산대상자가 상고한 사안에서, 대법원은 본안판단으로 나아가 대구지방법원에 환송함으로써 관할이 민사소송임을 명확히 하였다(당사자소송을 민사소송으로 잘못 제기하여 판결이 이루어진 경우, 대법원은 상고이유로 주장하지 않으면 그것만을 이유로 파기환송하지는 않는 듯하나, 다른 이유로 파기하는 경우에는 전속관할 위반 여부에 관하여 직권으로 검토하는 것이 일반적인 사정을 고려하면 이는 명백하다).[23] 현금청산대상자를 상대로 한 정비사업비 청구권은 조합원 지위를 상실하기 전 미리 정한 조합 정관, 총회 결의, 약정에 기하여 발생한 것으로서, 처분 등 공법상의 법률관계에 해당하는 것으로 보기 어렵다. 실무상 사업시행자가 현금청산대상자를 상대로 행정사건으로 소를 제기하는 경우가 흔하고, 그 경우 피고가 본안 전 항변을 하지 않아 변론관할이 발생하는 경우가 대부분이다.[24]

8. 분양계약상의 쟁송(민사소송)

조합은 동·호수 추첨 이후 정관에 기하여 조합원과 사이에 조합원이 분양대금을 여러 차례에 걸쳐 분할하여 납부하는 내용의 분양계약을 체결하는 것이 일반적인바, 분양대금의 지급과 관련한 위와 같은 분양계약은 조합과 조합원이 정비사업 시행과정에서 시공자에 대한 공사비 지급,

---

22) 대법원 2017. 8. 18. 선고 2016두52064 판결.

23) 대법원 2021. 6. 30. 선고 2020다291340 판결, 해당 사건은 제1심법원이 대구지방법원 본원 합의부가 아니라 대구지방법원 포항지원이고, 그것도 단독판사의 관할이었으므로[행정법원이 설치되지 아니한 지역에서는 행정법원이 설치될 때까지 춘천지방법원 강릉지원을 제외하고는 해당 지방법원 본원이 행정법원의 권한에 속하는 사건을 관할하도록 되어 있다. 법원조직법 부칙(1994. 7. 27.) 2조 및 같은 법 부칙(2005. 3. 24.) 4항], 만일 대법원이 해당 사건을 행정사건으로 판단하였다면, 전속관할위반임을 이유로 "원심판결을 파기하고, 제1심판결을 취소한다. 사건을 대구지방법원 본원 합의부로 이송한다."고 판결하였을 것이다(대법원 2009. 9. 17. 선고 2007다2428 전원합의체 판결 참조, 만일 해당 사건을 대구지방법원 단독판사가 심판하고, 이에 불복하여 대구지방법원 항소부에서 판단한 후 대법원에 상고된 경우에는 사물관할은 임의관할이고, 항소심 이후에는 다투지 못하므로, 대법원은 "원심판결을 파기한다. 이 사건을 대구고등법원으로 이송한다."고 판시하였을 것이다. 대법원 1987. 11. 24. 선고 87다카257, 258 판결, 대법원 2016. 10. 13. 선고 2016다221658 판결).

24) 대법원 2021. 4. 29. 선고 2017두48437 판결(재건축), 대법원 2021. 4. 29. 선고 2018두51836 판결(재개발) 등.

신축 건축물에 대한 조합원의 입주 및 분양대금 납부 등을 둘러싼 권리·의무관계를 원활하게 조정하고 이를 구체화하기 위하여 사법상 계약의 형태로 체결되는 개별적인 약정이다. 위와 같이 분양계약은 사법상의 계약이므로, 분양계약의 미이행을 이유로 한 사업시행자의 조합원을 피고로 하여 제기하는 금원의 지급청구는 민사법원의 관할이라 할 것이다. 실무에서도 민사소송으로 처리해 오고 있다.[25] 이는 이전고시 이후 도시정비법에 따른 청산금부과처분이나 청산금지급결정과 이에 따른 금원의 지급을 구하는 소송이 공법상 당사자소송에 해당하는 것과 대비된다. 조합원이 분양계약상 약정된 분양대금을 지급하지 아니하는 경우, 사업시행자가 조합원을 상대로 분양계약을 해제할 수 있는데, 그와 관련된 분쟁도 민사법원의 관할이다.

9. 수용재결 및 매도청구와 관련한 소송

가. 현금청산대상자에 대한 일반론

도시정비법령에서 사업시행자인 재개발조합은 분양신청을 하지 않거나 철회하는 등으로 현금청산대상자가 된 자와 협의하여 청산금액을 산정할 것과 그 협의에 있어 일응의 기준이 되는 금액에 대하여만 규정하고 있을 뿐(법 시행령 60조 1항 단서, 재개발사업의 손실보상액의 산정을 위한 감정평가법인등 선정에 관하여는 토지보상법 68조 1항에 따른다), 협의의 구체적인 절차, 방법, 효력 등에 관하여 아무런 규율을 하고 있지 아니하는 점 등에 비추어 보면, 현금청산대상자와 재개발조합 사이의 협의는 상호 간의 자유로운 의사에 의한 매매계약의 성격을 가진다고 할 것이어서, 현금청산대상자가 재개발조합을 상대로 그와 같은 협의를 통하여 정하여진 청산금의 지급을 구하는 소송은 민사소송에 해당한다.[26]

재개발조합과 현금청산대상자 사이에 위와 같은 협의가 성립하지 않은 경우 재개발조합은 토지보상법에 따라 토지수용위원회의 재결에 의하여 현금청산대상자의 토지등의 소유권을 취득하거나 건물 등 지장물의 이전비를 보상하게 된다. 그와 같은 수용재결 자체를 다투는 소송은 현금청산대상자와 수용재결위원회 사이의 항고소송으로서 행정소송이고, 그에 따른 보상금 증감에 관한 소송은 현금청산대상자와 재개발조합 사이의 형식적 당사자소송 형태로 진행된다.[27] 재건축조합이 공법인이라는 사정만으로 조합 설립에 동의하지 않은 자의 토지 및 건축물에 대한 재건축조합의 매도청구권을 둘러싼 법률관계가 공법상의 법률관계에 해당한다거나 그 매도청구권 행사에 따른 소유권이전등기절차 이행을 구하는 소송이 당연히 공법상 당사자소송에 해당한다고 볼 수는 없고, 위 법률의 규정들이 재건축조합과 조합 설립에 동의하지 않은 자와 사이의 매도청구를 둘러싼 법률관계를 특별히 공법상의 법률관계로 설정하고 있다고 볼 수도 없으므로, 결국 재건축조합과 조합 설립에 동의하지 않은 자 사이의 매도청구를 둘러싼 법률관계는 사법상의 법률관계로서 그 매도청구권 행사에 따른 소유권이전등기의무의 존부를 다투는 소송은 민사소송에 의하여야 한다.[28]

---

25) 대법원 2015. 11. 26. 선고 2013다70668 판결 및 서울고등법원 2013. 8. 23. 선고 2012나105132 판결.
26) 대법원 2015. 7. 23. 선고 2014두39593 판결.
27) 대법원 2016. 12. 15. 선고 2015두51309 판결 등.
28) 대법원 2010. 4. 8. 선고 2009다93923 판결(처음부터 조합 설립에 동의하지 않은 자에 대한 도시정비법 64조에 따른

나. 수용재결 이후의 토지등 인도청구나 매도청구권 행사에 따른 소유권이전등기청구, 토지등 인도청구

수용재결이후 사업시행자가 현금청산대상자나 임차인(세입자)을 상대로 제기하는 토지등 인도청구는 민사소송에 해당한다. 재개발사업 시행자는 현금청산대상자나 임차인(세입자)에 대하여 현금청산금 외에 영업손실보상금 및 주거이전비, 이사비, 이주정착금을 지급하여야 인도청구가 가능하다. 나아가 재개발·재건축사업의 임차인은 임대차보증금(재개발·재건축)의 미지급 항변이 가능하다. 매도청구권 행사에 따른 소유권이전등기청구 및 토지등 인도청구는 민사소송에 해당한다.

다. 영업손실보상금, 이주정착금, 주거이전비, 이사비 지급청구

(1) 공법상의 권리

재개발사업에서 현금청산대상자 및 임차인(세입자)의 영업손실보상금, 주거이전비, 이사비, 토지등소유자의 이주정착금 지급청구의 관할이 문제된다. 영업손실보상금은 토지보상법상의 손실보상 대상이므로 행정소송의 관할임이 명백하다. 세입자의 주거이전비는 해당 정비구역 안에 거주하는 세입자들의 조기이주를 장려하여 사업추진을 원활하게 하려는 정책적인 목적과 주거이전으로 인하여 특별한 어려움을 겪게 될 세입자들을 대상으로 하는 사회보장적인 차원에서 지급되는 금원의 성격을 가지므로,[29] 적법하게 시행된 공익사업으로 인하여 이주하게 된 주거용 건축물 세입자의 주거이전비 보상청구권은 공법상의 권리이다.

토지보상법 78조 5항, 9항, 토지보상법 시행규칙 54조 2항 본문, 3항 등을 종합하여 보면, 세입자의 주거이전비 보상청구권은 그 요건을 충족하는 경우에 당연히 발생하는 것이므로 주거이전비 보상청구소송은 행정소송법 3조 2호에 규정된 당사자소송에 의하여야 한다. 다만, 도시정비법 65조 1항에 의하여 준용되는 토지보상법 2조, 50조, 78조, 85조 등을 종합하여 보면, 주거이전비 보상에 관하여 재결이 이루어졌다면, 그 이후에 세입자가 보상금의 증감 부분을 다투는 경우에는 토지보상법 85조 2항에 규정된 행정소송(형식적 당사자소송)에 따라, 보상금의 증감 이외의 부분을 다투는 경우에는 같은 조 1항에 규정된 행정소송(항고소송)에 따라 권리구제를 받을 수 있다.[30]

이러한 법리는 주거용 건축물의 소유자인 현금청산대상자의 주거이전비, 이주정착금, 그리고 현금청산대상자 및 세입자의 이사비에도 그대로 적용된다.[31]

결국 현금청산대상자 및 임차인(세입자)의 영업손실보상금, 주거이전비, 이사비 또는 이주정착금 지급청구는 모두 행정소송의 관할이다. 다만, 현금청산대상자 등은 영업손실보상금에 대하여

매도청구를 둘러싼 법률관계), 대법원 2010. 12. 23. 선고 2010다73215 판결(조합 설립에는 동의하였으나 이후 분양신청을 하지 않은 자에 대한 매도청구를 둘러싼 법률관계), 분양신청을 하여 수분양자가 되었으나, 분양계약을 체결하지 아니한 자에 대한 매도청구를 둘러싼 법률관계도 동일하다.

29) 대법원 2006. 4. 27. 선고 2006두2435 판결.

30) 대법원 2008. 5. 29. 선고 2007다8129 판결.

31) 대법원 2019. 4. 23. 선고 2018두55326 판결.

는 반드시 재결을 거쳐 당사자소송으로 구하여야 하고, 주거이전비 등에 대하여는 재결 없이 곧바로 당사자소송으로 구하거나 재결을 거친 경우에도 당사자소송으로 구하되, 그 법적 근거가 다르다 할 것이다.

⑵ 도시정비법 81조 1항 2호 관련

㈎ 판례

사업시행자가 현금청산대상자 및 세입자에 대하여 부동산의 인도를 청구하는 것은 민사소송의 관할이다. 법 81조 1항 2호는 관리처분계획에 대한 고시가 있는 경우 토지등의 소유자, 임차권자 등 권리자는 종전의 토지등에 대하여 사용하거나 수익할 수 없으나, 토지보상법에 따른 손실보상이 완료되지 아니한 경우는 예외를 인정하였고, 판례(대법원 2021. 6. 30. 선고 2019다207813 판결)는 주거이전비도 법 81조 1항 2호의 '토지보상법에 따른 손실보상'에 해당한다고 하였다.[32)]

㈏ 협의가 성립되거나 재결의 경우

① 주거이전비 등에 대한 협의성립 시

사업시행자와 현금청산대상자나 세입자 사이에 주거이전비에 관한 협의가 성립된다면 다른 특약이 없는 한 사업시행자의 주거이전비 지급의무와 현금청산대상자나 세입자의 부동산 인도의무는 동시이행의 관계에 있게 된다.

② 주거이전비에 대한 재결 시

재개발사업의 시행자는 주거이전비에 대하여 토지수용위원회에 재결을 신청할 수 있고, 그 경우 관할 토지수용위원회는 주거이전비에 대하여 재결하여야 한다. 사업시행자가 수용재결에서 정한 주거이전비를 수용개시일까지 지급하거나 공탁한 경우 토지보상법에 따른 손실보상이 완료되고, 현금청산대상자나 세입자는 행정소송을 통해 주거이전비의 증액을 구할 수 있음은 별론으로 하고 사업시행자의 민사상의 부동산 인도청구를 거절할 수는 없다. 수용재결에서 주거이전비를 0원으로 판단한 경우에도 마찬가지이다.

㈐ 협의나 재결이 없는 경우

현금청산대상자나 세입자는 협의나 재결 없이 사업시행자를 상대로 행정소송상의 당사자소송으로 곧바로 주거이전비의 지급을 구할 수 있다. 나아가 사업시행자도 협의나 재결 없이 현금청산대상자나 세입자를 상대로 민사소송으로 토지(건물) 인도청구소송을 제기할 수 있다.

① 사업시행자의 부동산 인도청구소송에서 주거이전비 지급을 구하는 반소제기

주거이전비 지급청구소송은 당사자소송으로서 행정법원의 전속관할이므로,[33)] 사업시행자가

---

32) 구 법(2009. 5. 27. 법률 제9729호로 개정되기 전의 것) 49조 6항은 관리처분계획에 대한 인가·고시가 있는 경우 토지등의 소유자, 임차권자 등 권리자는 종전의 토지등에 대하여 사용하거나 수익할 수 없고, 다만, 사업시행자의 동의가 있는 경우만을 예외로 인정하였고, 당시 판례(대법원 2017. 2. 15. 선고 2013다40643 판결)는 주거이전비 청구권은 공법상의 권리로서, 사업시행자의 주거이전비 보상의무는 공법상의 의무인 반면, 수용보상금을 지급받은 토지등의 권리자의 부동산 인도의무는 사법상의 의무로서, 서로 간에 이행상의 견련관계가 없어 주거이전비 지급의무가 이행되지 아니하였다는 사유만으로 사업시행자의 부동산 인도청구를 거부할 수 없다고 하였다.

33) 대법원 2008. 5. 29. 선고 2007다8129 판결.

현금청산대상자를 상대로 종전의 토지나 건축물의 인도를 구하는 민사소송에서 법원이 직접 주거이전비 등의 지급을 명할 수는 없다.[34] 따라서 사업시행자의 토지(건물) 인도청구소송에서 현금청산대상자 등이 사업시행자를 상대로 주거이전비의 지급을 구하는 반소를 제기하는 경우, 본소 및 반소 전체를 행정법원으로 이송하여야 한다.

② 사업시행자의 부동산 인도청구소송에서 주거이전비 미지급을 항변으로 제기하는 경우

사업시행자의 부동산 인도청구소송에서 현금청산대상자가 사업시행자를 상대로 주거이전비, 이주정착금, 이사비 등의 미지급을 이유로 인도를 거절한다고 다투는 경우가 문제된다.

우선 민사법원이 심리한 결과 주거이전비의 지급대상이 되지 않는 것으로 판단하면 현금청산대상자등의 주거이전비 항변을 배척하고 인도청구를 인용하는 것은 가능하다.[35]

다만, 심리한 결과 주거이전비 등이 인정되는 경우 민사법원이 스스로 산정한 주거이전비의 선이행조건부 인도청구가 가능한 것인지[36] 또는 단순히 기각할 것인지 여부가 문제된다.

선이행조건부 인도청구가 가능하다는 견해는 사실상 주거이전비의 지급을 명하는 판결이므로, 대법원 2021. 8. 26. 선고 2019다235153 판결(사업시행자가 현금청산대상자를 상대로 종전의 토지나 건축물의 인도를 구하는 민사소송에서 법원이 직접 주거이전비 등의 지급을 명하거나 주거이전비 등의 보상에 관한 재결에 대한 다툼을 심리·판단할 수는 없다)의 취지에 정면으로 반한다. 하급심의 실무도 청구기각판결을 하고 있다.[37]

주거이전비 등은 토지보상법 78조와 관계 법령에서 정하는 요건을 충족하면 당연히 발생하므로, 사업시행자는 협의나 재결절차를 거칠 필요 없이 현금청산대상자나 세입자에게 주거이전비 등을 직접 지급하거나 변제공탁이 가능하므로, 재개발사업의 시행자가 관리처분계획의 인가·고시 후 현금청산대상자나 세입자에 대하여 토지나 건축물에 관한 인도청구의 소를 제기하고 현금청산대상자나 세입자가 그 소송에서 주거이전비 등에 대한 손실보상을 받지 못하였다는 이유로 인도를 거절하는 항변을 하는 경우, 이를 심리하는 법원은 사업시행자가 협의나 재결절차를 거치지 않더라도 법정의 주거이전비 등을 지급하였거나 공탁하였다는 사정을 인정할 수 있으면 주거이전비 등의 지급절차가 선행되었다고 보아 사업시행자의 인도청구를 인용할 수 있다.[38]

10. 정비기반시설 관련 소송

정비사업의 시행으로 용도가 폐지되는 국가 또는 지방자치단체 소유의 정비기반시설 무상양도와 관련한 조합과 국가·지방자치단체 사이의 소유권 귀속에 관한 소송과 정비사업의 시행으로 국

---

34) 대법원 2021. 8. 26. 선고 2019다235153 판결.

35) 대전고등법원 2024. 6. 19. 선고 2024나10462 판결(확정), 대법원 2022. 6. 30. 선고 2021다310088, 310095 판결 참조.

36) 사업시행자는 주거이전비 등의 지급을 조건으로 그 인도를 구한다는 취지까지 포함되어 있는 것으로 해석하여야 하고, 그러한 경우에는 장래이행의 소로서 미리 청구할 필요도 있다.

37) 수원지방법원 2023. 4. 6. 선고 2020나65487 판결(확정, 재개발사업의 시행자가 관리처분계획의 인가·고시 후 주거이전비를 공탁한 후 현금청산대상자를 상대로 토지등에 대한 인도청구를 구하고, 현금청산대상자가 주거이전비의 미지급을 이유로 인도청구에 응할 수 없다고 주장한 사안에서, 공탁금이 법정 금액에 미달하여 일부 공탁으로 무효임을 이유로 원고의 청구를 기각하였다).

38) 대법원 2022. 6. 30. 선고 2021다310088, 310095 판결(사업시행자가 일방작으로 금액을 공탁하였다 하더라도, 법정 주거이전비에 해당하는지 여부를 심리하여야 한다).

가 또는 지방자치단체에 무상귀속 되는 공공시설 내지 공공시설용지의 소유권 귀속에 관한 소송은 모두 당사자소송에 의한다.[39]

사업시행자에게 무상양도 되는 기존 정비기반시설을 매수하라는 취지의 위법한 부관에 대하여 사업시행계획인가 효력발생의 정지조건인지 또는 사업시행자에게 국·공유지를 유상으로 매수하도록 하는 작위의무를 부과하는 부담인지 여부가 다투어지나, 판례는 이를 부담으로 본다. 따라서 주된 처분인 사업시행계획인가와 별도로 부담에 대하여만 취소청구가 가능하다.

법 97조 2항 후문을 위반한 위법한 부관에 따라 사업시행자와 국가 또는 지방자치단체 사이에 체결된 매매계약 등은 무효이다. 만일 매매계약에 따라 사업시행자가 국가 또는 지방자치단체에게 매매대금을 지급하였다면, 부당이득반환을 청구할 수 있고, 이는 민사소송의 관할이다.

11. 매몰비용에 대한 지급청구

조합설립인가처분이 취소된 경우(정비구역 해제가 고시되면 조합설립인가 취소로 간주한다), 재개발·재건축조합은 청산사무를 종료할 때까지 청산의 목적 범위에서 권리·의무의 주체가 되고, 조합원도 청산의 목적 범위에서 종전 지위를 유지하는바, 조합이 토지등소유자를 상대로 매몰비용 중 권리가액의 비율에 상당하는 금원의 지급을 구하는 소를 제기하는 경우가 있다. 이는 이미 행정주체의 지위가 존재하지 아니하는 공법상 단체에 불과한 조합의 행위이므로, 민사소송의 관할이다.[40]

12. 대의원회결의, 주민대표회의결의 무효확인의 소

대의원회결의(대의원회는 총회결의를 대행할 수 있으나, 총회결의 중 행정처분에 이르는 절차적 요건의 존부나 효력 유무에 대한 부분은 대의원회가 대행할 수 없으므로, 대의원회 결의는 모두 처분과는 무관하다), 주민대표회의결의 무효확인의 소는 민사소송의 관할이다.

Ⅲ. 이송에 따른 제소기간 관련

1. 항고소송으로 제기할 사건을 민사소송으로 잘못 제기한 경우

행정소송법 8조 2항은 "행정소송에 관하여 이 법에 특별한 규정이 없는 사항에 대하여는 법원조직법과 민사소송법 및 민사집행법의 규정을 준용한다."라고 규정하고 있고, 민사소송법 40조 1항은 "이송결정이 확정된 때에는 소송은 처음부터 이송받은 법원에 계속된 것으로 본다."라고 규정하고 있다. 한편 행정소송법 21조 1항, 4항, 37조, 42조, 14조 4항은 행정소송 사이의 소변경이 있는 경우 처음 소를 제기한 때에 변경된 청구에 관한 소송이 제기된 것으로 보도록 규정하고 있다. 이러한 규정 내용 및 취지 등에 비추어 보면, 원고가 항고소송으로 제기하여야 할 사건을 민사소송으로 잘못 제기한 경우에 수소법원이 그 항고소송에 대한 관할을 가지고 있지

39) 대법원 2018. 7. 26. 선고 2015다221569 판결(조합이 국가·지방자치단체를 상대로 한 무상양도된 정비기반시설의 소유권 귀속에 관한 소유권확인소송), 대법원 2016. 12. 15. 선고 2016다221566 판결 참조(국가·지방자치단체가 조합을 상대로 새롭게 설치된 정비기반시설의 소유권 귀속에 관한 소유권확인소송도 마찬가지이다).

40) 대법원 2019. 8. 14. 선고 2017다201361 판결.

아니하여 관할법원에 이송하는 결정을 하였고, 그 이송결정이 확정된 후 원고가 항고소송으로 소 변경을 하였다면, 그 항고소송에 대한 제소기간의 준수 여부는 원칙적으로 처음에 소를 제기한 때를 기준으로 판단하여야 한다.[41]

2. 적법한 민사소송을 제기하였다가 항고소송으로 소변경한 경우

조합설립인가 이전에 토지등소유자가 적법하게 추진위원회를 상대로 창립총회결의무효확인의 소를 제기하다가, 그 후 조합설립인가처분이 이루어지자, 이에 맞추어 행정청을 상대로 조합설립인가처분의 취소를 구하는 소변경이 마쳐진 경우, 적법하게 제기된 민사소송인 추진위원회를 상대로 한 위 총회결의무효확인의 소가 그 이후 소변경 절차에 의해 행정소송으로 변경되었다 하여 그 행정소송이 당초의 소제기 시에 제기된 것으로 볼 수는 없다.[42]

이는 논리적으로 당연하다 할 것이다.

---

41) 대법원 1984. 2. 28. 선고 83다카1981 전원합의체 판결, 대법원 2013. 7. 12. 선고 2011두20321 판결 등 참조, 판례는 토지보상법에 따라 공장이주대책용지의 공급대상자로 선정된 자가 한국토지주택공사로부터 2019. 1. 16.자로 공장이주대책용지 매매계약을 해제한다는 취지의 행정처분인 이 사건 처분을 통보받고 2019. 2. 26. 이를 다투는 취지의 소를 민사소송으로 잘못 제기하였다. 이후 이 사건 소가 행정소송에 해당하여 관할위반이라는 이유로 관할법원으로 이송하는 결정이 확정된 다음, 원고는 주위적으로 이 사건 처분의 무효확인을, 예비적으로 이 사건 처분의 취소를 구하는 항고소송으로 소 변경을 한 경우 그 항고소송에 대한 제소기간의 준수 여부는 원칙적으로 처음에 소를 제기한 때를 기준으로 판단하여야 한다고 하였다(대법원 2022. 11. 17. 선고 2021두44425 판결).

42) 대법원 2010. 9. 30. 선고 2010두10457 판결.

제7장 소송요건

Ⅰ. 항고소송

1. 개 요

항고소송은 행정청의 위법한 처분등이나 부작위로 인하여 권리·이익을 침해받은 자가 그 위법을 다투기 위하여 제기하는 소송이다(행정소송법 3조 1호). 여기에는 취소소송, 무효등 확인소송 및 부작위위법확인소송이 있다(행정소송법 4조).

정비사업은 조합의 설립, 사업시행계획, 관리처분계획, 이전고시 등의 단계를 거쳐 순차 진행되고, 각 단계에서 조합설립인가, 사업시행계획인가, 관리처분계획인가 등의 선행처분이 이루어짐에 따라 후행처분이 진행되는 특성을 가진 처분 중심의 순차적 절차 진행사업이다. 따라서 정비사업에 관련한 분쟁은 처분의 취소 또는 무효확인을 구하는 항고소송이 주를 이룬다.

헌법 27조 1항은 "모든 국민은 법률에 의한 재판을 받을 권리를 가진다."고 규정하고 있고, 법원조직법 2조 1항은 "법원은 헌법에 특별한 규정이 있는 경우를 제외한 모든 법률상의 쟁송(爭訟)을 심판한다."고 규정하고 있으므로, 법률에 특별한 규정이 없더라도 그것이 법률상 쟁송인 한 제소가 가능하여야 할 것이나, 아무런 법적 가치가 없는 제소까지도 허용한다면 법원으로서는 사건의 홍수 속에서 보호할 가치가 있는 소송조차 적정하게 심판할 수 없을 뿐만 아니라 피고도 부당하게 강요된 응소에 시달리는 폐단이 있으므로, 이를 막기 위하여 인정된 제도가 본안판단을 구하는 것을 정당화시킬 수 있는 이익 내지 필요로서 광의의 소의 이익이다. 여기에는 당사자적격, 청구의 대상이 본안판결을 받기에 적합한 자격을 의미하는 대상적격, 권리보호의 필요 내지 이익인 협의의 소의 이익이 있고, 이는 제소기간 등과 더불어 소송요건이다.

소송요건에 해당하는 원고적격 및 협의의 소의 이익은 직권조사사항이므로 당사자가 주장하지 아니하더라도 법원이 직권으로 조사하여 판단하여야 하고, 사실심 변론종결 이후에 원고적격이나 협의의 소의 이익이 흠결되거나 그 흠결이 치유된 경우 상고심에서도 이를 참작하여야 한다.[1)]

원고적격, 협의의 소의 이익 및 취소소송의 제소기간에 관하여 차례로 살펴본다.

---

1) 대법원 2017. 8. 18. 선고 2016두52064 판결.

2. 원고적격

가. 의 의

원고적격이란 특정한 소송사건에서 원고로서 소송을 수행하고 본안판결을 받기에 적합한 자격을 말한다. 원고적격은 당사자의 측면에서 본 주관적 이익이라는 점에서 청구의 내용을 객관적으로 살펴 본안판결의 필요성과 실효성을 따지는 협의의 소의 이익인 권리보호의 필요 내지 이익과 관념상 구별된다. 그러나 양자는 서로 밀접하게 관계되어 있어 그 한계가 분명하지 아니하다. 실제 판례도 이를 혼용하여 사용하고 있다. 여기서는 편의상 협의의 소의 이익에 관하여도 함께 보기로 하되, 이하의 원고적격 및 협의의 소의 이익과 관련한 판례 분류는 일응의 기준에 따른 것이고, 달리 볼 여지가 있다.

행정소송법 12조 전문은 "취소소송은 처분등의 취소를 구할 법률상 이익이 있는 자가 제기할 수 있다."고 규정하고 있고, 위 규정은 처분의 상대방 또는 제3자를 불문하고 법률상 이익을 가진 자에게 원고적격을 부여한 것으로서, 법률상 이익의 침해 또는 침해의 우려가 있는 사람에게 원고적격이 인정된다.

법률상 이익은 법(해당 처분의 근거 법규와 관련 법규)에 의하여 보호되고 있는 개별적·직접적·구체적 이익을 의미하는 것으로서, 공익보호의 결과로 국민 일반이 공통적으로 가지는 일반적·간접적·반사적 이익은 제외된다.[2)]

나. 기본계획 및 정비구역지정 등에 관한 취소소송

(1) 기본계획

기본계획은 정비사업 유형별로 정비구역지정대상과 정비방향을 설정하고, 정비사업의 기본원칙 및 개발지침을 제시하며, 정비구역으로 지정할 예정인 구역, 즉 정비예정구역의 개략적 범위의 확정을 그 내용으로 하는 정비사업에 관한 종합계획으로서, 비구속적 행정계획이므로 이를 통하여 법률상 이익이 침해받는 것은 상정할 수 없어 원고적격이 문제되지 아니한다.

다만, 수립권자 외의 별개 행정청(기본계획의 수립권자는 특별시장·광역시장·특별자치시장·특별자치도지사 또는 시장이나, 이는 국토부장관, 시·도지사, 시장, 군수 또는 자치구의 구청장이다)은 비경제적인 건축행위 및 투기 수요의 유입을 막기 위하여 기본계획을 공람 중인 정비예정구역에 대하여 3년 이내의 기간을 정하여 건축물의 건축, 토지의 분할행위 등을 제한할 수 있는바(법 19조 7항), 그 범위에서는 항고소송의 대상인 처분에 해당하고, 이로써 토지등소유자를 비롯하여 법률상 이익이 침해된 자는 원고적격이 인정된다.

(2) 정비구역지정(정비계획결정), 정비구역 해제결정 또는 정비계획 입안제안 거부

㈎ 정비구역지정 및 정비계획결정은 항고소송의 대상인 처분에 해당하므로, 이로써 토지등소유자를 비롯하여 법률상 이익이 침해된 자는 원고적격이 인정된다. 판례는 정비구역 내에 위치

---

2) 대법원 2014. 12. 11. 선고 2012두28704 판결.

한 토지의 소유자들에 대하여는 원고적격을 인정하였으나,[3] 정비구역 내 주민이 아닌 경우 원고적격을 부인하였다.[4]

㈏ 정비구역 해제결정에 대하여도 토지등소유자를 비롯하여 법률상 이익이 침해된 자는 원고적격이 인정된다.

법 21조 1항 2호는 '토지등소유자의 100분의 30 이상이 정비구역등(추진위원회가 구성되지 아니한 구역으로 한정한다)의 해제를 요청하는 경우' 정비구역의 지정권자는 정비구역등을 해제할 수 있다고 규정하고 있는바, 토지등소유자의 해제요청을 행정청이 거부하는 경우, 이를 거부처분으로 보아 토지등소유자가 그 취소를 구할 수 있는지 여부가 문제된다. 거부처분이 항고소송의 대상이 되는 행정처분에 해당하기 위해서는 신청한 행위가 공권력의 행사 또는 이에 준하는 행정작용이어야 하고, 그 거부행위가 신청인의 법률관계에 어떤 변동을 일으키는 것이어야 하며, 신청인에게 그 행위발동을 요구할 법규상 또는 조리상의 신청권이 있어야만 하는바, 판례는 위 요건에 해당하더라도, 지정권자가 정비구역을 해제할 것인지를 결정할 재량권이 있는 점, 법 21조 1항 2호의 규정 형식 등에 비추어 토지등소유자 개인에게 법규상, 조리상의 신청권을 부인하여 처분성을 인정하고 있지 않은 듯하다.[5]

도시계획시설결정해제신청 거부처분에 대하여는 신청인의 원고적격이 인정되는 점과 대조된다.[6]

㈐ 정비계획 입안제안 또는 입안요청에 대하여 정비계획 입안권자가 정비계획안 작성을 거부하는 경우, 항고소송을 제기할 수 있는지 여부가 문제된다.

법이 토지등소유자나 추진위원회에게 법정사유 및 일정한 토지등소유자의 동의라는 엄격한 요건 아래 입안을 제안할 수 있는 권리를 부여하고 있고, 입안제안을 받은 입안권자는 그 처리결과를 제안자에게 통보하도록 규정하고 있으며, 여기에다가 헌법상 재산권 보장의 취지를 더하여 보면, 토지등소유자나 추진위원회는 정비계획의 입안권자에게 정비계획의 입안 내지 변경을 요구할 수 있는 법규상, 조리상의 신청권이 있고, 이러한 신청에 대한 거부행위는 항고소송의 대상이 되는 처분에 해당한다고 보아야 할 것이다. 현재 이에 관한 명시적인 대법원 판례는 없는 듯하나, 하급심 판례는 처분성을 인정하고 있고,[7] 국토계획법상의 도시계획의 입안제안에 대하여는 대법원도 이를 긍정하고 있다.[8]

다. 추진위원회 구성승인처분 취소소송

추진위원회 구성승인처분이 이루어지면 해당 정비구역에서는 해당 추진위원회를 제외하고는 어느 누구도 추진위원회를 구성하여 정비사업을 추진할 수 없으므로, 해당 추진위원회와 경쟁하던 다른 비법인사단인 가칭 '추진위원회'가 주로 소를 제기하고 원고적격이 인정된다. 이하에서

---

3) 대법원 2023. 10. 12. 자 2023두43946 판결 및 서울고등법원 2023. 5. 25. 선고 2022누68987 판결.
4) 대법원 2021. 7. 29. 자 2021두38796 판결 및 서울고등법원 2021. 4. 2. 선고 2020누56156 판결.
5) 대법원 2017. 7. 27. 자 2017두43975 판결 및 수원고등법원 2017. 4. 12. 선고 2016누62315 판결 및 수원지방법원 2016. 8. 17. 선고 2015구합2834 판결.
6) 대법원 2023. 11. 16. 선고 2022두61816 판결.
7) 서울고등법원 2019. 5. 29. 선고 2018누69914 판결(확정).
8) 대법원 2015. 3. 26. 선고 2014두42742 판결 등 참조.

는 토지등소유자의 원고적격에 관하여 살펴본다.

(1) 추진위원회 구성에 동의한 자(원고적격 부정)[9]

추진위원회 구성에 동의한 토지등소유자는 추진위원회 구성에 동의하지 아니한 자와 달리 추진위원회 운영에 따른 경비를 부담할 의무가 있다 하더라도, 이는 비법인사단인 추진위원회의 구성원으로서 입게 되는 사실상·간접적·경제적 불이익에 불과하므로, 추진위원회 구성승인처분의 취소를 구할 원고적격이 없다.[10]

(2) 추진위원회 구성에 동의하지 아니한 자(원고적격 긍정)

하나의 정비구역 안에서 복수의 추진위원회 구성에 대한 승인은 허용되지 않아 위법한 구성승인처분의 존재로 인하여 새로운 추진위원회 구성이 불가능하므로 추진위원회 구성에 동의하지 아니한 자는 추진위원회 구성승인처분의 취소를 구할 원고적격이 인정된다.[11]

나아가 재개발사업에서 추진위원회가 조합을 설립할 경우 도시정비법 34조 3항에 의하여 추진위원회가 행한 업무와 관련된 권리와 의무는 조합이 포괄승계 하는데, 조합이 설립된 경우 재개발사업에서의 정비구역 내 토지등소유자는 강제가입제에 의하여 당연히 그 조합원으로 되어 추진위원회가 행한 업무에 직접적 영향을 받게 되므로, 재개발사업에서 추진위원회 구성에 동의하지 아니한 자의 추진위원회 구성승인처분의 취소를 구할 원고적격은 긍정될 수밖에 없다.

라. 조합설립인가처분 취소소송

(1) 조합설립에 동의한 자 등(원고적격 부정)

조합설립인가처분은 조합에 이익이 되는 처분이므로 조합의 설립에 동의하였거나 조합설립 후 조합원의 지위를 취득한 토지등소유자들의 경우, 조합설립인가처분으로 인하여 어떠한 불이익을 입게 된다고 보기 어려우며, 설령 토지등소유자들이 어떤 불이익을 입게 된다고 하더라도 그것은 조합의 구성원으로서 입게 되는 일반적·간접적·추상적 불이익에 불과하므로 원고적격이 인정되지 아니한다.[12]

도시정비법 31조 2항이 추진위원회 구성에 대한 동의를 조합설립에 동의로 간주하므로, 추진위원회 구성에 동의한 토지등소유자는 조합설립인가처분의 취소를 구할 원고적격이 없다.

(2) 조합설립에 동의하지 아니한 자(원고적격 긍정)

조합설립인가처분으로 조합이 성립되는 경우 해당 정비구역 내 토지등소유자는 수용(재개발사업) 또는 매도청구(재건축사업)를 통하여 자신의 의사와 무관하게 토지등에 대한 소유권을 상실할 위험이 있으므로 조합설립에 동의하지 아니한 자는 조합설립인가처분의 취소를 구할 원고적격이 인정된다.[13]

---

9) 추진위원회 구성승인거부처분에 대하여는 추진위원회 구성에 동의한 자에게 그 취소를 구할 원고적격이 있고, 동의하지 아니한 자는 원고적격이 없다.

10) 대법원 1998. 6. 26. 선고 97누2801 판결 참조.

11) 대법원 2007. 1. 25. 선고 2006두12289 판결.

12) 대법원 1998. 6. 26. 선고 97누2801 판결 참조.

다만, 소송제기 전후를 불문하고, 그 후 해당 토지등의 양도 등으로 확정적으로 소유권을 상실하게 되면 조합설립인가처분으로 인하여 권리관계에 관하여 어떠한 영향을 받을 개연성이 없으므로 이를 다툴 법률상 이익이 없다(협의의 소의 이익으로 해석된다. 대법원 2017. 4. 13. 선고 2016두64241 판결 참조).

마. 사업시행계획 취소소송

⑴ 현금청산대상자(원고적격 긍정)

사업시행자로부터 적법한 분양신청통지를 받지 못하여 분양신청기간 내에 분양신청하지 못한 토지등소유자의 경우 조합원의 지위를 계속 유지하고 있으므로, 사업시행계획의 취소소송을 제기할 원고적격이 인정됨은 당연하다.

한편, 적법한 분양신청통지를 받고도 스스로 분양신청을 하지 아니한 현금청산대상자의 경우, 조합원의 지위를 상실하여 정비사업과 무관하게 되었으므로, 정비사업에 관련된 사업시행계획의 취소를 구할 원고적격이 없다고 볼 여지가 있으나, 쟁송에 의하여 사업시행계획이 취소되거나 당연무효인 하자의 존재가 확인되는 경우에는 토지등소유자로서 조합원 지위를 회복하게 되고, 사업시행자는 사업시행계획을 새로이 작성하여 행정청의 인가를 받은 후 다시 분양신청절차를 거쳐 관리처분계획을 수립하여야 하므로, 조합원 지위를 상실한 현금청산대상자도 그때 분양신청을 함으로써 건축물 등을 분양받을 수 있으므로 원고적격이 인정된다.[14]

다만, 후속절차로 토지등을 양도하거나 재결(재개발사업)이 진행되어 확정되면 당해 토지등소유자는 확정적으로 토지등에 대한 소유권 및 조합원 지위를 상실하게 되므로, 더 이상 사업시행계획상의 권리관계에 관하여 어떠한 영향을 받을 개연성이 없으므로 이를 다툴 법률상의 이익이 없다(협의의 소의 이익으로 해석된다).[15] 그러나 토지등소유자가 관할 토지수용위원회를 상대로 수용재결의 취소를 구하는 소를 제기하여 현재 수용재결의 효력을 다투고 있다면 법률상의 이익(협의의 소의 이익)이 있다.

⑵ 현금청산대상자의 사업시행변경계획에 대한 원고적격 여부

㈎ 단순 사업시행변경계획의 경우(부정)

재개발사업에서 현금청산대상자가 되어 조합원 지위를 상실한 토지등소유자의 토지등에 대한 수용보상금은 도시정비법 65조 1항에 의하여 준용되는 토지보상법 67조 1항에 따라 토지등의 수용재결일 당시의 가격으로 산정하여야 하나, 다만, 그 기준시점은 도시정비법 65조 2항, 토지보상법 70조 4항에 의하여 사업인정·고시일로 의제되는 최초 사업시행계획인가·고시일과 가장 가까운 시점에 공시된 공시지가로 하고, 그때부터 가격시점인 수용재결일까지는 정상 지가변동율 등에 의한 시점수정이 이루어질 뿐이다(대상토지와 비교표준지의 차이는 품등비교에 의한 격차율을 통하여 보완). 결국 수용권은 최초 사업시행계획인가·고시일에 발생하였고, 이를 기준으로

13) 대법원 2019. 11. 14. 자 2019두47087 판결 및 광주고등법원 2019. 6. 27. 선고 2017누5552 판결.
14) 대법원 2014. 2. 27. 선고 2011두25173 판결.
15) 대법원 2011. 1. 27. 선고 2008두14340 판결.

손실보상이 이루어지므로, 현금청산대상자로서는 그 후의 사업시행변경계획으로 인하여 손실보상금에 어떠한 영향도 받지 아니하므로 사업시행변경계획의 하자를 이유로 쟁송을 제기할 원고적격이 없다.

(나) 사업시행계획 폐지 후의 사업시행변경계획의 경우(긍정)

사업시행자가 종전 사업시행계획을 폐지결정 한 이후 사업시행계획변경인가를 받은 경우에는 폐지된 사업시행계획은 손실보상의 기준이 될 수 없고, 수용권은 사업시행계획변경인가·고시일에 발생하며, 위 사업시행계획변경인가·고시일과 가장 가까운 시점에 공시된 공시지가를 기준으로 하되, 그때부터 가격시점인 수용재결일까지는 정상 지가변동율 등에 의한 시점수정이 이루어지므로, 현금청산대상자로서는 자신들 소유의 토지등이 수용되지 않도록 하거나 수용재결의 시점을 늦추기 위하여 위법한 사업시행변경계획의 취소를 구할 원고적격이 있다.[16)]

(3) 재건축사업에서 조합설립에 동의하지 않아 매도청구 대상이 된 자

재건축사업은 조합원 임의가입제가 원칙이므로 사업시행구역 내에 소재한 토지등의 소유자라 하더라도, 재건축사업에 동의한 자만이 조합원이 된다. 재건축사업에 동의하지 않은 자는 매도청구의 대상이 될 뿐, 사업시행계획으로 인하여 어떠한 권리·의무에 영향을 받지 아니하므로 일응 사업시행계획의 무효확인 또는 취소를 구할 원고적격이 있는지 여부가 문제된다.

그러나 토지등소유자가 재건축조합에 조합원으로 가입할 수 있는 종기는 분양신청기간 종료일이므로(국토부 표준정관 9조 1항), 만일 분양신청기간 종료일 이전이라면 조합설립 동의의 기한이 남아있어 매도청구권의 행사에 의하여 매매계약이 성립되었다 하더라도, 소유권이전등기가 경료되지 않았다면 사업시행계획을 다툴 법률상 이익이 인정된다.[17)]

바. 관리처분계획 취소소송

(1) 분양신청통지의 하자로 인하여 분양신청 못한 토지등소유자(긍정)

관리처분계획이란 정비사업 시행의 결과 설치되는 대지를 포함한 각종 시설물의 권리 귀속에 관한 사항과 그 비용 분담에 관한 사항을 정하는 포괄적 행정계획인바, 분양신청통지의 하자로 인하여 분양신청하지 아니한 토지등소유자는 그와 같은 분양신청통지절차의 하자를 이유로 자신을 현금청산대상자로 한 관리처분계획이 취소 또는 무효확인판결이 확정되는 경우 사업시행자의 새로운 분양신청통지에 따라 분양신청함으로써 수분양자가 될 수 있으므로 원고적격이 있다.[18)]

다만, 토지등소유자가 토지등을 양도하거나 후속절차인 재결(재개발사업)이 확정되는 경우 관

---

16) 대법원 2021. 2. 10. 선고 2020두48031 판결.

17) 부산 재건축 표준정관에서는 "조합설립에 동의하지 아니한 자는 분양신청기한까지 조합설립동의서를 조합에 제출하여 조합원이 될 수 있다."는 조항이 삭제되어 있으나, 해석상 여전히 분양신청기간 종료일까지 조합설립동의서를 제출하여 조합원으로 가입할 수 있다[도시정비법이 제정되기 이전의 구 주택건설촉진법이 적용되는 사안에서, 판례는 (매도청구사안은 아니지만) 재건축조합의 사업지구 내에 주택을 소유하고 있는 자는 주택건설사업계획에 대한 사업승인이 있기 전까지는 얼마든지 재건축결의에 동의함으로써 조합원의 지위를 취득할 수 있다고 하였다(대법원 2002. 3. 11. 자 2002그12 결정 참조)].

18) 대법원 2011. 1. 27. 선고 2008두14340 판결.

리처분계획으로 인하여 권리 또는 의무에 어떠한 영향도 받지 아니하므로 이를 다툴 법률상 이익이 없다.[19]

⑵ 적법한 분양신청통지 받고도 분양신청하지 아니한 현금청산대상자(예외적 긍정)

적법한 분양신청통지 받고도 스스로 분양신청하지 아니한 현금청산대상자는 종후자산의 권리귀속에 관한 사항과 그 비용 분담에 관한 사항을 정하는 관리처분계획에 의하여 권리의무에 직접적·구체적인 영향을 받지 않으므로 그 취소를 구할 법률상의 이익이 없다.

다만, 사업시행계획에 당연무효인 하자가 있는 경우, 사업시행자는 사업시행계획을 새로이 작성하여 관할 행정청으로부터 인가를 받은 후 다시 분양신청을 받아 관리처분계획을 수립하여야 하고, 현금청산대상자는 그때 분양신청을 함으로써 건축물 등을 분양받을 수 있으므로 그와 같은 조건하에서는 종후자산을 배분받기 위하여 관리처분계획이나 그 인가처분을 다툴 법률상 이익이 있다.

⑶ 분양신청 조합원이 관리처분계획상 종전자산가격의 평가를 다투는 경우

분양신청 조합원이 관리처분계획상의 자신 소유 토지등에 대한 가액 평가에 위법이 있고, 이로 인하여(종전자산에 대한 감정평가의 잘못으로 과소하게 평가되어) 분담금이 증가되었다고 다투는 경우, 원고적격이 인정된다.[20]

관리처분계획을 작성하기 위한 종전자산 평가는 조합원들 사이에 분양 또는 분배기준이 되는 권리가액 산정을 주된 목적으로 하여 상대적 출자비율을 정하는 것이므로, 특정한 토지등에 관하여만 관계 법령에서 정한 평가방식을 위반하거나 그와 같은 평가가 조합원들 사이 형평성을 잃게 할 정도로 부당하게 된 경우가 아닌 한 소송과정에서 감정한 결과 금액의 일부 증액이 있다 하더라도(정비구역 내 모든 토지에 대한 감정평가가 이루어져 그 토지들은 모두 종전 감정평가금액과 동일한 것으로 판명나지 않는 이상), 그것만으로 특정 토지등에 대한 종전자산 평가가 위법하다고 단정하기 어려우므로, 실무상 선뜻 당사자의 시가감정신청을 채택하지는 아니한다.

다만, 조합원이 종전주택 가액이나 주거전용면적 범위에서 2주택의 분양이 가능함에도, 감정평가의 위법(종전주택에 대한 과소한 평가)으로 1주택만을 분양하는 내용으로 관리처분계획이 수립되었다면, 자신을 1주택의 수분양자로 하는 관리처분계획의 취소를 구할 원고적격이 있고, 그 소송절차에서 법원은 종전주택에 대한 시가 감정을 할 수 있다.

사. 수용재결에 따른 손실보상금채권의 압류 및 추심명령 시 현금청산대상자의 보상금 증액 청구소송의 원고적격(긍정)

재개발사업에서 분양신청기간 내에 분양신청을 하지 않은 토지등소유자는 분양신청기간 종료일 다음 날 현금청산대상자가 되는바, 재개발사업 시행자는 현금청산대상자와 협의가 성립되지

19) 자신을 현금청산대상자로 한 관리처분계획이 위법하고, 이에 따라 수용재결도 위법함을 이유로 수용재결취소소송이 계속 중인 경우에는 관리처분계획의 취소소송을 다툴 원고적격이 인정되는바, 실무에서는 수용재결취소소송이 계속 중인 재판부에 관리처분계획 취소나 무효확인판결 확정 시까지 추후지정을 요청하기도 한다.

20) 대법원 2011. 1. 27. 선고 2008두14340 판결.

않는 경우 수용재결로 나아가게 되는데, 수용재결상의 금액에 대하여 현금청산대상자는 토지보상법 85조 2항에 이하여 사업시행자를 상대로 보상금의 증액을 구하는 당사자소송을 제기할 수 있으나, 현금청산대상자의 채권자가 수용재결상의 손실보상금 채권에 관하여 압류 및 추심명령한 경우의 원고적격이 문제된다.

현금청산대상자의 사업시행자에 대한 손실보상금 채권에 관하여 압류 및 추심명령이 있더라도, 채무자인 현금청산대상자가 보상금 증액 청구의 소를 제기하고 그 소송을 수행할 당사자적격을 상실하지 않고, 현금청산대상자에 대하여 금전채권을 가지고 있는 추심채권자는 처분인 재결에 대하여 간접적이거나 사실적·경제적 이해관계를 가질 뿐, 재결을 항고소송으로 다툴 법률상의 이익이 있다고 할 수 없어 직접 또는 현금청산대상자를 대위하여 보상금 증액 청구의 소를 제기할 수 없다.[21)]

3. 협의의 소의 이익

가. 의 의

협의의 소의 이익이란 원고가 소송상 청구에 대하여 본안 판결을 구할 정당한 이익 내지 필요, 즉 사건을 재판에 의하여 해결할 만한 실제적인 효용 내지 실익을 의미한다.[22)]

행정소송법 12조 후문은 "처분등의 효과가 기간의 경과, 처분등의 집행 그 밖의 사유로 인하여 소멸된 뒤에도 그 처분등의 취소로 인하여 회복되는 법률상 이익이 있는 자의 경우에는 또한 같다."라고 규정하고 있는데, 이는 협의의 소의 이익에 관한 명시적 규정이다.

협의의 소의 이익을 과도하게 확장하면 국가의 적정한 재판권의 행사를 어렵게 하고, 반면 이를 지나치게 좁히면 국민의 재판청구권이 침해되는바, 행정처분을 다툴 협의의 소의 이익에 대하여는 개별·구체적 사정을 고려하여 판단하여야 한다.[23)]

항고소송 중 대부분을 차지하는 취소소송은 위법한 처분등에 의하여 발생한 위법상태를 배제하여 원상으로 회복시키고, 그 처분으로 침해되거나 방해받은 권리와 이익을 구제하고자 하는 소송이므로, 원칙적으로 취소소송이 효용을 가지기 위해서는 처분등의 효력이 존속하고 있어야 하고, 그 취소로써 원상회복이 가능하여야 한다. 다만, 행정소송법 12조 후문이 '처분 등의 효과가 소멸된 뒤에도 그 처분 등의 취소로 인하여 회복되는 법률상 이익이 있는 자의 경우에는' 취소소송을 제기할 수 있다고 규정하여, 이미 효과가 소멸된 행정처분에 대해서도 권리보호의 필요성이 인정되는 경우에는 취소소송의 제기를 허용하고 있다. 즉, 비록 처분의 위법을 이유로 무효확인 또는 취소 판결을 받더라도 그 처분에 의하여 발생한 위법상태를 원상으로 회복시키는 것이 불가능한 경우에는 원칙적으로 그 무효확인 또는 취소를 구할 소의 이익이 없고, 다만, 원상회복이 불가능하더라도 그 무효확인 또는 취소로써 회복할 수 있는 다른 권리나 이익이 남아 있는 경우 예외적으로 법률상 이익이 인정될 수 있을 뿐이다.[24)]

21) 대법원 2022. 11. 24. 선고 2018두67 전원합의체 판결.
22) 대법원 1998. 9. 8. 선고 98두9165 판결.
23) 대법원 2020. 12. 24. 선고 2020두30450 판결.
24) 대법원 2016. 6. 10. 선고 2013두1638 판결 등.

나. 소의 이익이 부정되는 일반적인 경우

(1) 후행처분에 의한 선행처분 효력 소멸의 경우

(가) 원칙(소의 이익 부정)[25]

① 조합설립인가처분 관련

조합설립인가처분에 대한 취소소송 계속 중 조합이 적법한 절차를 거쳐 당초 조합설립인가를 받은 내용을 모두 포함하여 이를 변경하는 취지의 조합설립변경인가를 받은 경우에는 종전 조합설립인가처분 취소소송은 소의 이익이 없다.[26] 이는 조합설립변경인가 이후 다시 변경인가를 받은 경우에도 동일하게 적용된다.

② 사업시행(관리처분)계획 관련

사업시행자가 사업시행(관리처분)계획에 대한 취소소송 계속 중 사업시행(관리처분)계획상 존재하는 하자를 바로 잡기 위하여 당초 사업시행(관리처분)계획과 동일한 요건, 절차를 거쳐 새로운 사업시행변경(관리처분변경)계획을 작성, 수립하여 시장·군수등으로부터 인가받거나 당초 사업시행(관리처분)계획을 대체하였다고 평가할 수 있는 정도로 사업시행(관리처분)계획의 주요 부분을 실질적으로 변경하는 사업시행변경(관리처분변경)계획을 작성, 수립한 후 시장·군수등의 인가를 받는 경우에는 종전 사업시행(관리처분)계획은 소급하여 실효되었거나 장래를 향하여 효력을 상실하였으므로, 그에 대한 취소소송은 소의 이익이 없다.[27]

(나) 예외

조합이 종전의 조합설립인가처분에 대한 무효확인소송 또는 취소소송이 진행되고 있는 등으로 그 효력 유무 또는 위법 여부 등이 확정되지 않은 상태에서 새로 조합설립인가처분을 받는 것과 동일한 실체적·절차적 요건을 모두 갖추고 조합설립변경인가처분을 받은 경우, 그 조합설립변경인가처분은 새로운 조합설립인가처분으로서의 효력을 가진다. 종전의 조합설립인가처분이 당연무효이거나 취소되는 경우에는 종전의 조합설립인가처분이 유효함을 전제로 수립·인가된 관리처분계획은 소급하여 효력을 잃는 것처럼 쟁송 중에 이루어진 조합설립변경인가처분에 의하여 종전 조합설립인가처분은 묵시적으로 취소되어(조합설립변경인가처분은 조합설립동의상의 정족수 하자 등 종전 조합설립인가처분의 성립 당시에 존재하는 하자의 시정을 이유로 하는 것이므로, 조합설립변경인가처분에 의하여 종전 설립인가처분이 묵시적으로 직권취소 되었다[28]) 이에 기초한 후속

---

25) 일정 면적을 정비구역으로 하여 추진위원회 구성승인처분을 받았다가, 그 후 위 면적보다 약 4.9배 증가하는 정비구역으로 확정되어 변경승인처분이 이루어진 경우, 종전 추진위원회 구성승인처분은 변경승인처분에 흡수되어 소멸되었으므로, 변경승인처분에 대하여 하자가 있음을 주장하며 다투는 것은 별론으로 하고, 과거의 법률관계인 종전 추진위원회 구성승인처분의 효력을 다투는 것은 권리보호의 이익이 없다(대법원 2012. 9. 27. 선고 2011두17400 판결). 다만, 추진위원회 구성승인처분의 특성상 다음에서 살펴볼 '예외'나 '예외의 예외'는 적용되지 아니한다.

26) 대법원 2013. 10. 24. 선고 2012두12853 판결(조합설립인가 이후 적법한 절차를 거쳐 당초 설립인가를 받은 내용을 모두 포함하여 이를 변경하는 취지의 조합설립변경인가를 받은 경우, 당초 조합설립인가는 취소 또는 철회되어 더 이상 존재하지 않는 처분이거나 과거의 법률관계가 되기 때문이다).

27) 대법원 2011. 2. 10. 선고 2010두19799 판결, 대법원 2012. 3. 22. 선고 2011두6400 전원합의체 판결.

28) 행정행위의 취소는 일단 유효하게 성립한 행정행위를 그 행위에 위법 또는 부당한 하자가 있음을 이유로 소급하여 그 효력을 소멸시키는 별도의 행정처분이고, 행정행위의 철회는 적법요건을 구비하여 완전히 효력을 발하고 있는 행정행위를 사후적으로 그 행위의 효력의 전부 또는 일부를 장래에 향해 소멸시키는 행정처분이므로, 행정행위의 취소

행위도 모두 소급하여 효력을 상실하므로,[29] 조합설립인가처분을 전제로 시공자선정에 관한 총회결의, 사업시행계획인가, 관리처분계획인가 등이 이루어졌다면, 조합설립인가처분 이후 실체적·절차적 요건을 모두 갖춘 조합설립변경인가가 존재한다 하더라도, 선행의 조합설립인가처분은 그 외형상의 존재로 인하여 조합원들의 권리, 의무에 영향을 미치고 있고, 또한 그 분쟁의 근원이 되는 당초 조합설립인가처분을 다툴 소의 이익을 긍정하여 그 소송에서 조합설립인가처분의 위법함을 확인하여 주게 되면 다수의 후속행위의 효력을 부인할 수 있어 분쟁을 근원적이고 획일적으로 해결할 수 있는 유효·적절한 수단이 되므로, 취소되어 효력이 상실된 조합설립인가처분의 취소를 구할 소의 이익이 인정된다.[30]

이는 사업시행계획에 대한 무효확인소송 또는 취소소송이 진행되고 있는 등으로 그 효력 유무 또는 위법 여부 등이 확정되지 않은 상태에서 새로 사업시행계획을 받는 것과 동일한 실체적·절차적 요건을 모두 갖추고 사업시행변경계획인가를 받은 경우에도 마찬가지이다.

(다) 예외의 예외

조합설립인가처분의 유효를 전제로 후속행위가 이루어졌다 하더라도, 조합설립변경인가를 기초로 새롭게 종전 후속행위에 대한 변경 내지 대체절차가 이루어진 경우(조합설립변경인가처분을 전제로 시공자선정에 관한 총회결의, 사업시행계획인가, 관리처분계획인가 등이 이루어진 경우)에는 종전 조합설립인가처분의 외관이 현재 조합원들의 권리·의무에 어떠한 영향도 미치고 있지 않아 역시 그 취소나 무효확인을 구할 소의 이익이 없다.[31] 또한 후속행위가 이미 대체되었으므로 그 분쟁의 근원이 되는 당초 조합설립인가처분을 다툴 소의 이익을 긍정할 필요성도 없다.

(2) 후행처분이 선행처분의 일부 내용을 변경하였으나, 변경된 부분이 나머지 부분과 불가분적인 경우

조합설립인가처분(또는 사업시행계획, 관리처분계획)을 변경하는 내용의 조합설립변경인가처분(사업시행변경계획, 관리처분변경계획)이 뒤따르는 경우, 후행의 처분의 내용이 선행처분의 유효를 전제로 그 내용 중 일부만을 추가·철회·변경하는 것이고 그 추가·철회·변경된 부분이 그 내용과 성질상 나머지 부분과 불가분적인 것이 아닌 경우에는, 후행의 처분에도 불구하고 선행처분이 여전히 항고소송의 대상이 된다. 그러나 추가·철회·변경된 부분이 성질상 나머지 부분과 불가분적인 경우에는 후행처분만이 쟁송의 대상이 된다. 그 경우 선행처분에 대한 항고소송은 소의 이익이 없다.[32]

(3) 관리처분계획 전체의 취소를 구하거나 무관한 부분의 취소청구

(가) 관리처분계획은 총회에서 의결된 후 인가된 전체로 하나의 처분이나, 외형상 하나의 행정처분이라고 하더라도 가분성이 있거나 처분대상의 일부가 특정될 수 있다면 그 일부만의 취소도

사유는 행정행위의 성립 당시에 존재하였던 하자를 말하고, 철회사유는 행정행위가 성립된 이후에 새로이 발생한 것으로서 행정행위의 효력을 존속시킬 수 없는 사유를 말한다(대법원 2006. 5. 11. 선고 2003다37969 판결).

29) 대법원 2016. 12. 15. 선고 2015두51347 판결, 대법원 2016. 12. 15. 선고 2015두51309 판결.

30) 대법원 2012. 10. 25. 선고 2010두25107 판결, 대법원 2013. 2. 28. 선고 2012두20809 판결.

31) 대법원 2013. 11. 28. 선고 2011두30199 판결.

32) 대법원 2015. 11. 19. 선고 2015두295 전원합의체 판결.

가능하고, 해당 취소부분에 관하여 효력이 생기므로,[33)] 일부의 취소만으로 목적의 달성이 가능하다면, 취소를 구하는 나머지 부분은 소의 이익이 없다.

(나) 실무상 관리처분계획 중 자신을 현금청산대상자로 한 부분의 위법성을 주장하면서 또는 자신의 종전자산 평가의 위법을 주장하며 관리처분계획 전부의 취소를 구하는 경우를 흔히 볼 수 있으나, 위 청구 부분을 제외한 나머지 부분에 대한 취소청구는 소의 이익이 없다.

조합원이 종전주택의 가액이나 주거전용면적 범위에서 2주택의 분양이 가능함에도 1주택만을 분양하는 내용으로 관리처분계획이 수립되어 그 취소를 구하는 도중, 보류지의 숫자를 변경하거나 비례율과 무관한 상가와 관련된 관리처분계획의 내용이 변경된 경우, 실무상 위와 같이 쟁송을 제기한 조합원은 만연히 위와 같이 변경된 관리처분계획에 대하여도 추가적으로 그 취소를 구하는 소송을 제기하나, 위와 같이 변경된 관리처분계획은 위 조합원의 권리·의무에 아무런 영향이 없으므로 이를 다툴 소의 이익이 없다.

다. 도시정비법의 절차상 특성에 기한 소의 이익 부정

(1) 추진위원회 구성승인처분 취소소송 계속 중 조합설립인가처분이 이루어진 경우 추진위원회 구성승인처분에 대한 소의 이익

추진위원회 구성승인처분에 대한 취소소송 계속 중 조합설립인가처분이 이루어진 경우 종전 추진위원회 구성승인처분에 대한 취소소송은 소의 이익이 없다.[34)]

(2) 관리처분계획에 대한 쟁송 계속 중 이전고시가 이루어진 경우 종전 쟁송에 대한 소의 이익

관리처분계획의 취소나 무효확인 소송 계속 중 이전고시가 이루어진 경우 종전 관리처분계획에 대한 쟁송은 소의 이익이 없다.[35)]

따라서 관리처분계획에 대한 쟁송 계속 중 공사가 완료되는 등 이전고시가 임박한 경우에는 이전고시의 발생을 방지하기 위하여 관리처분계획에 대한 집행정지 또는 효력정지가 필요하다.

이전고시의 효력이 발생한 후에는 조합설립인가처분의 취소 또는 무효확인, 수용재결이나 이의재결의 취소 또는 무효확인을 구할 소의 이익도 없다.[36)]

(3) 이전고시의 효력발생 이후 그 일부에 대한 취소소송의 소의 이익

이전고시 전체에 하자가 있는 예외적인 경우를 제외하고는 일반적으로 이전고시의 하자는 그 중 일부에 위법이 있는 경우인바, 이전고시의 효력이 발생하면 이전고시의 일부에 위법이 있다

---

33) 대법원 1995. 11. 16. 선고 95누8850 전원합의체 판결 참조.

34) 대법원 2013. 1. 31. 선고 2011두11112, 11129 판결(추진위원회 구성승인처분은 조합설립이라는 종국적 목적을 달성하기 위한 중간단계의 처분에 해당하는 것으로서, 그에 대한 취소 판결이 확정된다 하더라도, 이미 조합설립인가처분이 이루어졌다면, 그것에 대한 쟁송만으로 조합설립인가를 받은 조합에 의한 정비사업의 진행을 저지할 수 없기 때문이다).

35) 대법원 2012. 3. 22. 선고 2011두6400 전원합의체 판결(이전고시의 효력 발생으로 대다수 조합원 등에 대하여 획일적·일률적으로 권리귀속관계가 처리된다. 따라서 이를 모두 무효화하고 다시 처음부터 관리처분계획을 수립하여 이전고시 절차를 거치도록 하는 것은 정비사업의 공익적·단체법적 성격에 배치되므로, 이전고시가 효력을 발생하게 된 이후에는 조합원 등이 관리처분계획의 취소 또는 무효확인을 구할 법률상 이익이 없다).

36) 대법원 2014. 9. 25. 선고 2011두20680 판결, 대법원 2017. 3. 16. 선고 2013두11536 판결.

하더라도 이전고시의 일부에 대한 취소를 구할 수 없다.[37)]

라. 기본행위 하자를 이유로 한 보충행위 취소의 소의 이익

(1) 법리

도시정비법상의 사업시행계획(토지등소유자가 20인 미만의 재개발사업에서 토지등소유자가 사업시행자가 되는 경우 예외) 및 관리처분계획을 인가하는 행정청의 행위는 보충행위로서 강학상의 인가이고, 사업시행(관리처분)계획 인가처분에 의하여 기본행위인 사업시행(관리처분)계획과 보충행위인 인가는 별개의 독립한 행정처분으로 존재하고, 각각 항고소송의 대상이 된다. 또한 사업시행(관리처분)계획의 하자와 그 인가의 하자도 별개이다.

기본행위인 사업시행(관리처분)계획이 불성립 또는 무효인 경우에는 비록 그에 대한 인가가 있었다 하여도 이로써 무효인 사업시행(관리처분)계획이 유효한 것으로 될 수는 없다.[38)]

사업시행(관리처분)계획이 적법·유효하고 보충행위인 인가처분 자체에만 하자가 있다면 그 인가처분의 무효확인이나 그 취소를 구할 수 있고,[39)] 강학상의 인가처분은 보충행위에 불과하여 기본행위가 불성립 또는 무효인 경우에는 인가가 있더라도 유효한 대상이 없어 아무런 효력이 발생하지 아니하므로, 사업시행(관리처분)계획이 무효임이 확정되면 그 인가처분의 무효확인을 구할 수 있다.[40)]

기본행위인 사업시행(관리처분)계획의 하자로는 총회결의의 하자나 사업시행(관리처분)계획의 내용이 정비계획의 내용이나 강행법규에 위반된다는 것 등이 있고, 보충행위인 인가처분의 하자로는 제출된 서류에 누락이 있거나 사업시행계획인가를 위해서는 반드시 공람 및 의견청취절차를 거쳐야 함에도 이를 누락한 것 등이 있다.

(2) 쟁점

㈎ 실무상 조합원은 사업시행계획의 하자를 주장하며 사업시행자를 상대로 사업시행계획의 취소를 구함과 동시에 행정청을 상대로 인가처분도 함께 취소를 구하는 경우가 흔히 있다. 위와 같이 사업시행(관리처분)계획의 효력 없음이 확정되지 아니한 상태에서 조합원이 사업시행(관리처분)계획의 하자를 들어 행정청을 상대로 그 인가처분의 취소나 무효확인을 구할 수 있는지 여부가 문제된다.

㈏ 기본행위의 하자를 이유로 인가처분의 취소를 구하는 경우, 도시정비법 외의 행정처분에서는 2가지 사례가 있다.

① 소의 이익 부정

사립학교법상 학교법인의 임원에 대한 감독청의 취임승인은 학교법인의 임원선임행위를 보충하여 그 법률상의 효력을 완성하게 하는 보충적 행정행위인바, 기본행위인 사법상의 임원선임행

---

37) 대법원 2012. 3. 22. 선고 2011두6400 전원합의체 판결, 대법원 2014. 9. 25. 선고 2011두20680 판결, 대법원 2020. 9. 24. 자 판결 및 대구고등법원 2020. 5. 22. 선고 2019누4265 판결.
38) 대법원 1987. 8. 18. 선고 86누152 판결 참조.
39) 대법원 2002. 5. 24. 선고 2000두3641 판결 참조.
40) 대법원 1979. 2. 13. 선고 78누428 전원합의체 판결 참조.

위에 하자가 있다 하여 그 선임행위의 효력에 관하여 다툼이 있는 경우에 민사쟁송으로서 그 선임행위의 취소 또는 무효확인을 구하는 것은 별론으로 하고 기본행위의 불성립 또는 무효를 내세워 곧바로 그에 대한 감독청의 취임승인처분의 취소 또는 무효확인을 구하는 것은 특단의 사정이 없는 한 소구할 법률상의 이익이 없다.[41]

② 소의 이익 긍정 및 본안청구 인용

행정청의 학교법인 기본재산교환 허가처분의 무효확인을 구한 사안에서, 기본행위인 기본재산교환에 하자가 있어 당연무효라면 그것이 민사판결에 의하여 확정되지 아니하여도 보충행위인 인가처분의 취소 또는 무효확인을 구할 법률상 이익이 있고, 보충행위인 허가처분의 무효확인청구를 인용하여야 한다.[42]

(3) 판례

(가) 청구기각

대법원은 도시정비법 제정 이전에는 기본행위와 보충행위는 별개의 독립한 행정처분으로서 각각의 하자는 별개이므로, 사업시행(관리처분)계획의 효력 없음이 확정되지 아니한 상태에서 조합원이 사업시행(관리처분)계획의 하자를 들어 행정청을 상대로 그 인가처분의 취소나 무효확인을 구하는 것은 분쟁해결의 유효·적절한 수단이라 할 수 없으므로 소의 이익이 없어 부적법하다고 일관되게 판시하였다.[43] 그 후 2002. 12. 30. 도시정비법이 제정된 이후로서 대법원 2010. 12. 9. 선고 2009두4913 판결에서부터 기본행위에 하자가 있는 경우, 사업시행(관리처분)계획에 대한 항고소송을 제기하여야 하고, 이를 이유로 보충행위인 인가처분의 무효확인 또는 취소를 구하는 경우 청구가 이유 없다는 청구기각 사유(굳이 그 당부에 관하여 판단할 필요 없이 청구를 바로 배척하여야 한다)로 정리되었다.

판례는 일관되게 '원심이 법률상 이익이 없다고 하여 소를 각하한 사안'에서 청구를 기각하지 아니하고 법률상 이익이 없다고 보아 각하한 것은 잘못이나, 피고는 불복하지 아니하고 원고만 상고하여 불이익변경금지의 원칙상 각하한 원심판결을 유지할 밖에 없음을 명확히 하고 있다.[44]

(나) 법원의 석명의무

만일 조합원이 사업시행계획의 하자를 이유로 행정청을 상대로 인가처분의 취소를 구하는 경우, 법원으로서는 사업시행자를 새로운 피고로 하여 사업시행계획 자체의 취소를 구하는 소송으로의 경정 여부에 대한 석명권을 적절하게 행사하여 적법한 소송형태를 갖추도록 하여야 한다.[45] 이를 행하지 않고 청구기각판결한 경우 석명권불행사와 심리미진으로 판결에 영향을 미친 위법이 있다.

---

41) 대법원 2002. 5. 24. 선고 2000두3641 판결.
42) 대법원 1984. 2. 28. 선고 81누275 전원합의체 판결.
43) 대법원 1994. 10. 14. 선고 93누22753 판결(관리처분계획인가처분취소), 대법원 2000. 9. 5. 선고 99두1854 판결(재건축조합설립인가처분무효확인), 대법원 2001. 12. 11. 선고 2001두7541 판결(관리처분계획인가처분무효확인).
44) 대법원 2015. 2. 26. 선고 2012두5244 판결, 대법원 2016. 12. 15. 선고 2015두51347 판결.
45) 대법원 2010. 12. 9. 선고 2010두1248 판결.

마. 수용재결 후의 협의취득 가능 여부 및 소의 이익

토지수용위원회가 수용재결을 하였더라도 사업시행자는 토지소유자등과 다시 협의하여 토지등의 취득이나 사용 및 그에 대한 보상에 관하여 임의로 계약을 체결할 수 있는바, 사업시행자가 수용재결 후에 토지등소유자와 별도로 협의가 성립되어 토지등소유자로부터 해당 토지에 관한 소유권이전등기까지 받았다면, 토지등소유자가 수용재결취소나 무효확인 판결을 받더라도 토지의 소유권을 회복시키는 것이 불가능하고, 나아가 무효확인으로써 회복할 수 있는 다른 권리나 이익이 남아 있다고도 볼 수 없으므로, 수용재결에 대한 취소나 무효확인을 구할 소의 이익이 없다.[46]

바. 재결취소의 소의 이익

조합이 조합원에 대하여 한 처분에 대하여 조합원이 처분의 취소 등을 구하는 행정심판을 제기하여 인용되는 경우 조합이 인용재결의 취소를 구하는 행정소송을 제기할 수 있는지 여부가 문제된다. 판례는 인가받은 조합은 조합원에 대한 법률관계에서 특수한 존립목적을 부여받은 특수한 행정주체로서 관할 행정청의 감독 하에 정비사업을 수행하는 목적 범위 내에서는 법령이 정하는 바에 따라 일정한 행정작용을 행하는 행정청의 지위에 있으므로, 행정심판법 49조 재결의 기속력(심판청구를 인용하는 재결은 피청구인과 그 밖의 관계 행정청을 기속한다)에 의하여 행정심판의 인용재결에 대하여 행정소송을 제기할 법률상 이익이 없다고 하였다.[47]

4. 취소소송의 제소기간

가. 고 시

정비사업은 이해관계가 상충되는 다수의 토지등소유자 및 임차인 등 기타 관계인들을 대상으로 하고, 그 효력이 다수인에게 동시에 발생하며, 제소기간을 일률적으로 정할 필요성이 상당하므로, 도시정비법상의 처분은 통상 고시 또는 공고에 의하여 이루어진다.

기본계획, 정비구역지정 및 정비계획결정, 사업시행계획인가, 관리처분계획인가, 준공인가, 이전고시는 각 해당 지방자치단체의 공보에 고시한다(조합설립인가 예외).

나. 제소기간

(1) 위 각 해당 처분의 제소기간

통상 고시 또는 공고로 행정처분을 하는 경우에는 그 처분의 상대방이 불특정 다수이고, 그 처분의 효력도 불특정 다수에게 일률적으로 미치는 것이므로, 그 행정처분에 이해관계를 갖는 자는 고시 또는 공고가 효력을 발생하는 날에 그 행정처분이 있음을 알았다고 보아야 한다.

앞서 본 바와 같이 위 각 해당 처분은 행정업무규정 4조 3호, 6조 3항에 의하여 고시가 있은 후 5일이 경과한 때부터 효력이 발생하고, 이해관계인은 특별한 사정이 없으면 그때 처분이 있음을 알았다고 할 것이다. 따라서 그 취소를 구하는 소의 제소기간은 그때부터 기산하므로, 행

46) 대법원 2017. 4. 13. 선고 2016두64241 판결.
47) 대법원 2021. 1. 14. 자 2020두50973 판결 및 서울고등법원 2020. 9. 16. 선고 2020누30049 판결.

정소송법 20조 1항에 의하여 90일 내에 제소하여야 한다.[48]

행정소송법 20조 2항은 취소소송은 처분등이 있은 날부터 1년을 경과하면 이를 제기하지 못하되, 정당한 사유가 있는 때에는 그러하지 아니하다고 규정하고 있는바, 고시·공고에 의하여 그 효력을 발하는 행정처분의 경우 이해관계인들이 개별적으로 그 처분을 통지받지 못하였다는 것은 제소기간을 준수하지 못한 것에 대한 정당한 사유를 구성하지 않는다.[49]

⑵ 사업시행계획 및 관리처분계획

사업시행계획(관리처분계획)을 인가하는 행정청의 행위는 강학상 인가로서 사업시행자가 수립한 사업시행계획(관리처분계획)에 대한 법률상의 효력을 완성시키는 보충행위에 해당하고, 사업시행계획(관리처분계획)인가가 이루어지면 사업시행계획(관리처분계획)은 인가와는 별개의 처분으로 존재한다.

인가가 이루어진 경우 사업시행계획(관리처분계획)에 대한 제소기간이 문제되나, 다수의 이해관계인들의 집단적인 법률관계를 명확하고 안정적으로 규율할 필요성이 있는 점과 함께 행정계획으로서 도시정비법 50조(사업시행계획)[또는 78조(관리처분계획)]의 내용 등에 비추어 볼 때, 사업시행계획(관리처분계획)에 대한 인가처분이 있음을 알았다고 볼 시점에 사업시행계획(관리처분계획)의 내용도 알았다고 봄이 상당하므로 사업시행계획(관리처분계획) 자체를 다투는 항고소송의 경우에도 그 인가처분의 경우와 마찬가지로, 사업시행계획(관리처분계획)인가의 고시가 있은 후 5일이 경과한 날에 사업시행계획(관리처분계획)의 내용을 알았다고 보아야 할 것이다.[50]

⑶ 사업시행계획에 부가된 위법한 부관에 대한 취소소송의 제소기간

㈎ 사업시행자가 정비사업의 시행으로 새로 설치한 정비기반시설은 그 시설을 관리할 국가 또는 지방자치단체에 무상으로 귀속되고, 정비사업의 시행으로 용도가 폐지되는 국가 또는 지방자치단체 소유의 정비기반시설은 사업시행자가 새로 설치한 정비기반시설의 설치비용에 상당하는 범위에서 그에게 무상으로 양도된다(도시정비법 97조 2항). 그럼에도 불구하고 관할 행정청은 사업시행계획을 인가함에 있어 사업시행자에게 당연히 무상으로 귀속되는 일부 정비기반시설을 매수하라는 내용의 부관을 붙이는 경우가 있으나, 정비기반시설의 무상귀속과 무상양도에 관한 위 도시정비법 97조 2항은 강행규정이므로, 그에 위반한 부관은 위법하고,[51] 그와 같은 부관의 법적성격은 부담에 해당한다 할 것이어서, 주된 처분인 사업시행계획인가와 별도로 부담(부관)에 대하여만 취소청구가 가능하다.[52]

㈏ 정비기반시설 관련 부관은 행정청이 사업시행계획인가처분 당시 부가하는 것이 원칙이나, 예외적으로 사업시행계획인가처분 당시 추후 따로 결정할 것을 유보한 경우에는 나중에 사후 부관을 부가하거나 변경처분을 함으로써 달리 정할 수 있다. 제소기간은 무상양도 대상에 관한 행

---

48) 대법원 2010. 12. 9. 선고 2009두4913 판결(사업시행계획인가).

49) 대법원 2007. 6. 14. 선고 2004두619 판결 참조.

50) 대법원 2024. 3. 28. 자 2023두63628 판결 및 서울고등법원 2023. 12. 8. 선고 2023누48874 판결(관리처분계획).

51) 대법원 2018. 5. 11. 선고 2015다41671 판결.

52) 대법원 2008. 11. 27. 선고 2007두24289 판결.

정청의 확정적인 제외 의사가 담긴 처분이 있은 때를 기준으로 할 것이고, 이는 해당 처분서의 이유 기재 등 문언을 통하여 행정청의 의사가 처분의 상대방에게 명확하게 표명되었는지, 그 결과 처분의 상대방이 처분서에 따라 불복의 대상과 범위를 특정할 수 있는지 등 제반 사정을 종합적으로 고려하여 판단하여야 한다.[53)]

Ⅱ. 당사자소송

1. 의 의

당사자소송이란 행정청의 처분등을 원인으로 하는 법률관계에 관한 소송 그 밖의 공법상 법률관계에 관한 소송으로서 그 법률관계의 한쪽 당사자를 피고로 하는 소송이다(행정소송법 3조 2호). 당사자소송에서는 행정청의 처분등을 원인으로 하더라도 처분등의 효력 자체가 소송의 대상이 아니라 그로 인한 법률관계 자체가 소송의 대상이 되고 처분등을 행한 행정청이 아닌 그 법률관계의 권리주체인 한쪽 당사자를 피고로 하는 점에서 항고소송과 다르다.

처분등이나 부작위 이외의 공법상 법률관계 일반을 대상으로 하는 소송으로, 경우에 따라 이행소송이나 확인소송 등 다양한 형태의 소송유형이 허용된다.

당사자소송은 형식적 당사자소송과 실질적 당사자소송으로 크게 나누어진다. 형식적 당사자소송이란 처분이나 재결을 원인으로 하는 법률관계에 관한 소송으로서 그 원인이 되는 처분등에 불복하여 소송을 제기함에도, 처분청을 피고로 하는 것이 아니라 그 법률관계의 한쪽 당사자를 피고로 하는 소송을 말한다. 이는 개별법에서 특별한 규정이 있는 경우에만 허용되는바, 토지보상법 85조 2항의 보상금증감청구소송이 대표적이다.

실질적 당사자소송은 대립하는 대등 당사자 간의 공법상 권리 또는 법률관계 그 자체를 소송물로 하는 소송으로서, '행정청의 처분등을 원인으로 하는 법률관계'에 관한 소송도 형식적 당사자소송으로 인정되는 것을 제외하고는 실질적 당사자소송에 속한다. 여기에 해당하는 것으로 행정처분의 절차적 요건에 해당하는 총회결의의 무효확인소송, 공법상 신분이나 지위의 확인에 관한 소송, 공법상 금전지급청구에 관한 소송 등을 들 수 있다.

형식적 당사자소송은 개별법에서 원고적격 등을 규정하고 있으므로, 소송요건이 특별히 문제되지 아니하는바, 이하에서는 도시정비법에서 소송요건이 문제되는 실질적 당사자소송에 관하여 살펴본다.

2. 확인소송

가. 사업시행계획(관리처분계획) 총회결의의 무효확인소송 계속 중 인가처분이 이루어진 경우 무효확인소송의 확인의 이익

(1) 확인의 이익(부정)

사업시행계획(관리처분계획) 총회결의의 무효확인소송이 당사자소송에 해당함은 앞서 본 바이다

53) 대법원 2014. 2. 21. 선고 2011두20871 판결.

(조합설립변경, 사업시행계획변경, 관리처분계획변경 총회결의 무효확인소송도 마찬가지이다).

사업시행계획(관리처분계획) 총회결의 무효확인소송의 계속 중 사업시행계획인가(관리처분계획 인가)처분이 이루어진 경우 종전 총회결의 무효확인소송은 소의 이익이 없다.[54] 조합설립(사업시행계획, 관리처분계획) 변경인가사항에 대한 총회결의 무효확인소송의 계속 중 인가처분이 있는 경우에도 동일하게 적용된다.

그 논거는 다음과 같다.

즉 사업시행계획(관리처분계획)에 대한 인가·고시까지 있게 되면 사업시행계획(관리처분계획)은 행정처분으로서 효력이 발생하게 되므로, 총회결의의 하자를 이유로 하여 행정처분의 효력을 다투는 항고소송의 방법으로 사업시행계획(관리처분계획)의 취소나 무효확인을 구하여야 하고, 그와 별도로 행정처분에 이르는 절차적 요건 중 하나에 불과한 총회결의 부분만을 따로 떼어내어 효력 유무를 다투는 확인의 소를 제기하는 것은 권리 또는 법률상 지위에 현존하는 불안·위험을 제거하는 데 가장 유효·적절한 수단이라 할 수 없어 특별한 사정이 없는 한 확인의 이익이 인정되지 아니한다.[55] 그 경우에는 사업시행계획(관리처분계획)에 대한 취소소송으로의 소변경이 필요하다.[56] 사업시행계획 및 관리처분계획이 존재함에도 불구하고 총회결의 무효확인소송을 제기하는 경우에도 역시 소의 이익이 없다.[57]

조합설립변경 총회결의 무효확인소송의 계속 중 조합설립변경인가가 이루어지는 경우 위 총회결의 무효확인소송은 확인의 이익이 없고, 조합설립변경인가처분에 대한 취소소송으로의 소변경이 필요하다.

(2) 법원의 석명의무

조합설립변경인가처분이나 인가된 사업시행계획(관리처분계획)이 존재함에도 불구하고, 토지등소유자가 총회결의 무효확인소송을 제기하는 경우, 법원은 당사자 권리구제나 소송경제의 측면에서 항고소송으로 소변경을 하려는 취지인지 석명권을 행사하는 등으로 소송관계를 명확히 하여 항고소송으로 변경되면 그에 대해 본안을 심리·판단하여야 하고, 석명권 행사 없이 만연히 이를 각하함은 판결 결과에 영향을 미친 심리미진의 위법이 있다.[58]

나. 조합원지위확인소송

(1) 재개발사업에서 사업시행자가 조합원 지위를 부인하는 경우

재개발사업의 경우 정비구역 내의 토지 또는 건축물의 소유자 또는 그 지상권자는 강제로 당연히 조합원으로 가입하게 된다. 그럼에도 불구하고 조합이 당해 정비구역 내 토지등소유자에 대하여 그 소유의 토지등이 당해 정비구역 내에 소재하지 않음을 이유로 조합원 지위를 부인하면서 사업시행계획이나 관리처분계획에서 당해 토지등소유자를 완전히 배제하는 경우, 토지등소

---

54) 대법원 2009. 9. 17. 선고 2007다2428 전원합의체 판결.
55) 대법원 2009. 9. 17. 선고 2007다2428 전원합의체 판결.
56) 대법원 2009. 9. 24. 선고 2008다60568 판결.
57) 대법원 2009. 9. 17. 선고 2007다2428 전원합의체 판결.
58) 대법원 2009. 10. 15. 선고 2009다10638, 10645 판결.

유자로서 조합원임을 주장하는 자는 그의 권리 또는 법적 지위에 현존하는 위험·불안을 제거하는 방법으로 조합을 상대로 조합원 지위의 확인을 구할 소의 이익이 있다.[59)]

⑵ 투기과열지구에서 토지등의 양수에 있어 사업시행자가 조합원 지위를 부인하는 경우

정비사업과 관련하여 권리를 갖는 자의 변동이 있은 때에는 종전 권리자의 권리·의무는 새로 권리자로 된 자가 승계하고, 이로 인한 조합원의 교체는 조합설립인가 내용의 경미한 사항의 변경에 해당한다(법 129조, 법 시행령 31조 3호). 한편 투기과열지구로 지정된 지역에서의 조합설립인가 이후(재건축), 관리처분계획 이후(재개발) 토지 등의 양도의 경우, 양수인은 조합원이 될 수 없고, 다만, 상속, 이혼으로 인한 양도, 양도인이 1세대 1주택자로서 양도하는 주택에 대한 법정의 소유 및 거주기간 요건이 구비된 때 등의 경우는 예외이다(법 39조 2항).

실무상 투기과열지구에서 토지등의 양수인의 조합에 대한 조합원 명의변경신청에 대하여 조합이 법 39조 2항 예외사유에 해당하지 아니함을 들어 이를 거부하는 경우, 양수인이 조합을 상대로 조합원지위확인의 소를 제기한다(만일 조합이 39조 2항의 예외사유에 해당한다고 인정한다면 조합원 명의를 양수인으로 변경하고, 관할 행정청에 양수인의 신청을 토대로 토지등의 양도로 조합원의 지위가 양도인에서 양수인으로 변경되었다는 내용의 경미한 사항의 변경신고를 하게 된다. 그 경우 행정청이 39조 2항의 예외사유에 해당하지 아니함을 들어 수리를 거부하는 경우, 처분의 상대방인 조합뿐만 아니라 제3자인 양수인은 법률상 이익의 침해를 들어 행정청을 상대로 위 수리거부처분의 취소 또는 무효확인소송을 제기할 원고적격이 인정된다).

⑶ 적법한 분양신청통지 받지 못한 토지등소유자의 조합원지위확인소송

사업시행자로부터 적법한 분양신청통지를 받지 못하여 분양신청기간 내에 분양신청을 하지 아니한 경우 관리처분계획상 현금청산대상자로 분류되나, 적법한 분양신청통지를 받지 못하여 분양신청을 하지 못한 토지등소유자를 현금청산대상자로 분류한 부분은 하자가 중대·명백하여 당연무효로서 그 효력이 없으므로, 여전히 조합원의 지위를 유지하고 있다. 그 경우 현금청산대상자로 분류된 토지등소유자는 가장 근원적인 해결책인 관리처분계획의 취소 또는 무효확인의 소를 제기할 수 있는바, 그와 별개로 조합원지위확인의 소를 제기하는 것이 가능한지 여부가 문제된다.[60)]

조합원지위확인의 소를 제기할 수 없다는 취지로 해석될 수 있는 대법원 판례가 있다.[61)] 한편 대법원 2015. 10. 29. 선고 2013두12669 판결은 관리처분계획상 상가를 분양받은 조합원이 적법한 동·호수 추첨이 이루어지지 않아 상가 분양계약 체결에 응하지 않았고, 이에 사업시행자가 당해 상가에 관하여 일반분양하는 것으로 관리처분변경계획을 수립한 사안에서, (적법한 방법이 아닌 동·호수 추첨을 전제로 한 분양계약 체결통지에 응하지 않았다 하더라도 조합원 지위는 상실하지 아니함을 전제로) 위 상가조합원이 제기한 조합원지위확인의 소에 대하여 각하 판결하는 대신 관리처분변경계획은 이전고시가 이루어지기 전까지는 변경될 수도 있어 원고로서는 조합원

---

59) 대법원 1999. 2. 5. 선고 97누14606 판결 및 서울고등법원 1997. 7. 31. 선고 96구27041 판결.
60) 관리처분계획이 무효이므로 처분의 공정력에 의하여 조합원 지위의 확인을 구할 수 없는 것으로 볼 수는 없다.
61) 대법원 1996. 2. 15. 선고 94다31235 전원합의체 판결.

지위의 확인을 구할 소의 이익이 있다고 하였다(다만 위 관리처분변경계획은 적법한 방법이 아닌 동·호수 추첨을 전제로 한 분양계약 체결통지에 기반한 것으로서 위법하나, 그 하자가 중대·명백하다고 보기는 어렵다).

현재 하급심은 소의 이익 인정 여부에 관하여 견해가 나누어지고 있다. 다만, 위 97누14606 판결 및 위 2013두12669 판결의 취지에 따라 분양신청을 하지 아니하여 현금청산대상자로 분류된 관리처분계획이 존재함에도, 관리처분계획의 무효확인이나 취소를 구하는 대신 조합원 지위의 확인을 구하는 내용으로 제기된 소에 대하여 본안 전 항변을 배척하고 소의 이익을 인정하고 있는 것이 하급심의 주류인 듯하다.[62)]

⑷ 적법한 분양신청통지를 받고 분양신청을 하지 않은 토지등소유자의 조합원지위확인소송

실무상 조합이 분양신청기간이 경과되기 전에 분양신청하여 조합원 자격을 유지하고 있는 자들의 의결로 사업시행계획을 변경한 후 종전에 분양신청한 사람들에 대해서만 새롭게 분양신청절차를 진행하는 경우, 종전 분양신청절차에서 분양신청을 하지 않은 토지등소유자들이 사업시행변경계획으로 조합원의 지위를 유지하고 있다고 주장한다.

판례는 원고가 조합원임을 주장하고, 조합이 그의 조합원 자격을 부인하는 경우, 조합원 지위의 확인을 구할 소의 이익이 있고, 설령 관리처분계획이 수립되어 있다 하더라도 관리처분계획은 분양처분이 이루어지기 전까지는 변경될 수도 있으므로, 소의 이익은 인정된다.[63)]

다만, 사업시행계획이 변경되었다고 하더라도 원래의 사업시행계획인가가 당연무효이거나 적법하게 취소되었다는 등의 특별한 사정이 없는 한 이를 전제로 이루어진 분양신청기간의 종료와 그에 따른 현금청산대상자 확정 및 조합원 지위 상실의 효력을 부정할 수는 없으므로 본안에서는 청구가 기각될 것이다.

⑸ 이전고시 후의 조합원지위확인소송

이전고시의 효력 발생으로 대다수 조합원 등에 대하여 획일적·일률적으로 권리귀속관계가 처리된다. 따라서 이를 모두 무효화하고 다시 처음부터 관리처분계획을 수립하여 이전고시 절차를 거치도록 하는 것은 정비사업의 공익적·단체법적 성격에 배치되므로, 이전고시가 효력을 발생하게 된 이후에는 조합원지위확인소송을 구할 소의 이익이 없다.

다. 위탁자지위확인소송

법 제27조 제1항에 따라 신탁업자가 사업시행자인 재개발사업 또는 재건축사업에서 신탁업자

62) 서울고등법원 2018. 10. 31. 선고 2018누41985 판결(확정), 서울고등법원 2019. 10. 17. 선고 2019누41746 판결(확정), 대법원 2020. 1. 16. 자 2019두53921 판결 및 서울고등법원 2019. 9. 11. 선고 2019누40446 판결(제1심이 소의 이익이 없어 각하하였으나, 원고만이 항소하여 불이익변경금지원칙상 청구기각 판결하였다), 서울고등법원 2022. 8. 18. 선고 2021누56376 판결[원고가 자신을 현금청산대상자로 한 관리처분계획의 무효확인을 구할 뿐만 아니라 조합원 지위의 확인을 구한 사안에서, 관리처분계획 중 원고를 현금청산대상자로 정한 부분의 무효임을 확인할 뿐만 아니라 조합원 지위 확인 청구부분도 확인의 이익이 있음을 명확히 밝혔다. 이에 대하여 조합의 상고가 기각되었으나(대법원 2023. 6. 29. 선고 2022두56586 판결), 조합원 지위 확인 청구와 관련하여 확인의 이익이 없음을 들어 상고한 것으로 보이지는 아니한다].

63) 대법원 1999. 2. 5. 선고 97누14606 판결, 대법원 2015. 10. 29. 선고 2013두12669 판결, 대법원 2020. 1. 16. 자 2019두53921 판결 및 서울고등법원 2019. 9. 11. 선고 2019누40446 판결.

와 토지등소유자 사이에 '위탁자'의 지위에 관한 분쟁이 발생하는 경우, 토지등소유자는 사업시행자인 신탁업자를 상대로 공법상 당사자소송에 의하여 앞서 본 '조합원' 개념에 대응되는 '위탁자' 지위의 확인을 구하는 소를 제기할 수 있다.[64)]

라. 수분양자지위확인소송

(1) 관리처분계획 수립 전

정비사업에서 사업시행의 결과로 건축되는 주택을 받을 수 있는 지위나 권리, 즉 수분양자 지위나 수분양권은 조합원의 분양신청만으로 당연히 인정되는 것이 아니라 도시정비법 76조 1항 각 호의 기준에 따라 수립되는 관리처분계획으로 비로소 정하여진다. 따라서 관리처분계획이 수립되기 전 단계에서 조합원이 조합을 상대로 구체적으로 정하여진 바도 없는 수분양권의 확인을 공법상 당사자소송의 방식으로 곧바로 구하는 것은 현존하는 권리·법률관계의 확인이 아닌 장래의 권리·법률관계의 확인을 구하는 것일 뿐만 아니라, 조합으로 하여금 특정한 내용으로 관리처분계획을 수립할 의무가 있음의 확인을 구하는 것이어서 현행 행정소송법상 허용되지 않는 의무확인소송에 해당하여 부적법하다.[65)] 나아가 행정처분인 관리처분계획의 수립으로 결정되어야 할 수분양권자, 수분양권의 내용을 관리처분계획의 수립에 앞서 소송의 형태로 결정하는 것은 예방적 금지소송의 일종이므로 부적법하다.

(2) 관리처분계획 수립 후

(가) 분양신청통지를 받지 못하여 분양신청을 하지 아니하여 현금청산대상자로 분류된 경우

사업시행자로부터 적법한 분양신청통지를 받지 못하여 분양신청하지 못한 결과 관리처분계획상 현금청산대상자로 분류된 토지등소유자의 경우에는 자신을 현금청산대상자로 한 관리처분계획의 취소(앞서 본 바와 같이 조합원지위확인소송 인정 여부에 대하여는 다툼이 있다)를 구하여야 하고, 그와 같은 관리처분계획이 취소되는 경우 사업시행자는 새롭게 당해 토지등소유자를 상대로 분양신청절차를 거쳐 이를 기초로 관리처분계획을 수립하게 된다. 결국 분양신청권도 행사하지 아니한 토지등소유자로서는 실질적으로는 자신에 대한 관리처분계획이 수립되기 전 단계에 해당하므로 앞서 본 바와 같이 수분양자지위확인의 소는 의무확인소송 또는 예방적 금지소송에 해당하여 허용될 수 없다.

(나) 분양신청내용과 달리 분양되거나 현금청산대상자로 분류된 경우

앞서 본 바와 같이 수분양자 지위나 수분양권은 관리처분계획으로 비로소 정하여지므로, 분양신청 조합원은 자신을 현금청산대상자로 분류하거나 분양신청 내용과 달리 관리처분계획이 수립되는 경우 관리처분계획의 취소 또는 무효확인을 항고소송의 방식으로 구할 수 있을 뿐, 곧바로 사업시행자를 상대로 공법상 당사자소송으로 수분양권의 확인을 구하는 것은 허용되지 않

---

64) 대법원 2025. 2. 20. 선고 2024두52427(법 39조 1항은 사업시행자가 신탁업자인 경우 위탁자는 재건축사업에 동의한 토지등소유자로 한다고 규정하고 있으므로, 신탁업자를 사업시행자로 하는 재건축사업에 동의한 이상 신탁계약을 체결하지 않았다 하더라도 위탁자의 지위에 있다).

65) 대법원 2019. 12. 13. 선고 2019두39277 판결.

는다.[66)]

㈐ 분양계약 체결통지를 받지 못하여 분양계약 체결을 하지 아니하여 현금청산대상자로 분류된 경우

조합원이 수분양권을 확정적으로 취득하는 시기는 관리처분계획의 인가·고시가 있는 때이다. 동·호수 추첨을 거친 후 조합이 조합원에게 분양계약 체결통지 자체를 하지 않아 조합원이 조합과 사이에 분양계약을 체결하지 못한 경우(사업시행자가 그 후 당해 조합원을 현금청산대상자로 하는 관리처분변경계획을 수립한 경우)에는 여전히 수분양자의 지위를 갖는다.[67)] 또한 사업시행자가 동·호수 추첨에 따른 공동주택조차 특정하지 아니한 채 조합원에게 분양계약 체결을 통지한 경우, 동·호수 추첨방식이 적법한 방식이 아니어서 그에 따른 분양계약 체결통지에 응하지 아니한 경우 등에 있어, 조합원이 분양계약 체결기간 내에 분양계약에 이르지 아니하였다 하더라도 수분양자의 지위를 상실하지 아니한다.[68)] 그 경우 수분양자지위확인의 소제기가 가능하다.

3. 이행소송(청산금 및 부과금 징수 위탁)

가. 쟁 점

사업시행자인 조합은 이전고시 이후 수분양자에게 종전자산과 종후자산과의 차액 상당 청산금부과처분 및 잔존 공사비(총 공사비가 각 조합원의 청산금 합계액 및 일반분양대금 합계액 등 수입을 초과하는 경우 그 차액)에 대하여 그의 종전자산 출자 비율 상당의 부과금부과처분을 하고, 위 처분이 확정되면 조합은 수분양자를 상대로 청산금 및 부과금의 지급을 구하는 당사자소송을 제기한다. 그 경우의 소의 이익이 문제된다.

나. 규 정

도시정비법 90조 1항은 "시장·군수등인 사업시행자는 청산금을 납부할 자가 이를 납부하지 아니하는 경우 지방세 체납처분의 예에 따라 징수할 수 있으며, 시장·군수등이 아닌 사업시행자는 시장·군수등에게 청산금의 징수를 위탁할 수 있다."고 규정하고 있다.

도시정비법 93조 4항은 "시장·군수등이 아닌 사업시행자는 부과금 또는 연체료를 체납하는 자가 있는 때에는 시장·군수등에게 그 부과·징수를 위탁할 수 있다."고, 5항은 "시장·군수등은 4항에 따라 부과·징수를 위탁받은 경우에는 지방세 체납처분의 예에 따라 부과·징수할 수 있다. 이 경우 사업시행자는 징수한 금액의 100분의 4에 해당하는 금액을 해당 시장·군수등에게 교부하여야 한다."고 각 규정하고 있다.

다. 판 례

문언상으로 시장·군수등이 아닌 사업시행자의 시장·군수등에 대한 청산금(부과금)의 징수위탁 여부가 재량으로 보이나, 도시정비법이 청산금의 징수에 관하여는 지방세체납처분의 예에 의

---

66) 대법원 1996. 2. 15. 선고 94다31235 전원합의체 판결.
67) 대법원 2016. 12. 15. 선고 2015두51309 판결.
68) 대법원 2015. 10. 29. 선고 2013두12669 판결.

한 징수와 같은 간이하고 경제적인 특별한 구제절차를 마련하고 있으므로, 시장·군수가 사업시행자의 청산금 징수 위탁에 응하지 아니하였다는 등의 특별한 사정이 없는 한 시장·군수가 아닌 사업시행자가 이와 별개로 공법상 당사자소송의 방법으로 청산금 청구를 할 수는 없다. 따라서 사업시행자가 시장·군수에게 부과·징수를 위탁하지 아니한 채 곧바로 조합원을 상대로 제기한 청산금지급청구의 소는 소의 이익이 없다.[69] 다만, 실무상 시장·군수는 당사자간의 분쟁에 개입하기를 꺼려하여 부과징수의 위탁을 거절하는 경우가 많은 듯하다.

Ⅲ. 민사소송

확인의 소는 반드시 원·피고 간의 법률관계에 한하지 아니하고 원·피고의 일방과 제3자 또는 제3자 상호 간의 법률관계도 대상이 될 수 있으나, 그러한 법률관계의 확인은 법률관계에 따라 원고의 권리 또는 법적 지위에 현존하는 위험, 불안이 야기되어 이를 제거하기 위하여 법률관계를 확인의 대상으로 삼아 원·피고 간의 확인판결에 의하여 즉시 확정할 필요가 있고, 또한 그것이 가장 유효·적절한 수단이 되어야 확인의 이익이 있다.

1. 조합과 제3자 사이의 계약무효확인소송

재개발조합의 조합원은 조합의 운영에 이해관계를 가지고 있다고 할 것이나 이는 단순히 일반적이고 사실적인 것에 불과할 뿐 구체적인 법률상의 이해관계를 가진다고는 할 수 없으므로, 조합원이 직접 또는 재개발조합을 대위하여 법인인 재개발조합과 제3자와의 거래관계에 개입하여 조합의 대표기관이 체결한 계약의 무효를 주장할 수는 없을 뿐만 아니라, 조합원 개인의 자격으로 그 계약의 무효확인을 구하는 것이 분쟁을 해결함에 있어 반드시 유효·적절한 수단이라고 인정할 수도 없다.[70]

2. 임원선임 총회결의 무효확인소송

가. 당초 총회에서 임원을 선임한 결의가 있었는데, 위 결의에 대하여 다툼이 있자 그 후 다시 개최된 총회에서 위 종전 결의를 그대로 재인준하거나 재차 선임결의를 한 경우, 설사 당초의 임원선임결의가 부존재 혹은 무효라고 할지라도, 다시 개최된 총회의 결의가 하자로 인하여 부존재 또는 무효임이 인정되거나 그 결의가 취소되는 등의 특별한 사정이 없는 한 종전 총회결의의 무효에 대한 확인을 구하는 것은 과거의 법률관계 내지 권리관계의 확인을 구하는 것에 불과하여 권리보호의 요건을 결여한 것이다.[71] 또한 새로운 총회가 당초 임원선임결의에 의하여 선임된 임원에 의하여 소집된 총회임에 근거한 무권한자에 의하여 소집된 총회라는 사유는 이를 독립된 무효사유로 볼 수 없다. 왜냐하면 만약 이를 무효사유로 본다면 최초의 임원선임결의의 무효로 인하여 연쇄적으로 그 후의 결의가 모두 무효로 되는 결과가 되어 법률관계의 혼란을 초

---

69) 대법원 2017. 4. 28. 선고 2016두39498 판결.
70) 대법원 2005. 4. 29. 선고 2005다9463 판결.
71) 대법원 2003. 9. 26. 선고 2001다64479 판결, 대법원 2010. 10. 28. 선고 2009다63694 판결 참조.

래하고 법적 안정성을 현저히 해하게 되기 때문이다.

나. 총회결의에 의하여 조합장으로 선임된 자가 임기 만료나 사임 등으로 더 이상 그 조합장의 직에 있지 않고 후임 조합장이 선임된 경우, 종전 조합장 선임결의의 무효확인을 구하는 소는 과거의 법률관계 내지 권리관계의 확인을 구함에 귀착되어 권리보호요건을 결여하는 것이다. 다만 후임 조합장의 선임결의가 절차상 또는 내용상의 하자로 인하여 부존재 또는 무효임이 인정되거나 취소되는 등의 특별한 사정이 있는 경우에는 당초의 조합장 선임결의의 무효확인을 구할 법률상의 이익이 있게 된다(후임 조합장 선임결의가 무권한자에 소집된 총회라는 사유는 독립된 무효사유로 볼 수 없음은 앞서 본 바이다). 왜냐하면 임기가 만료된 조합장은 그 후임자가 선임될 때까지 그 직무를 수행하고(국토부 표준정관 15조 5항), 사임한 조합장도 적법한 대표자가 일시적으로 없게 되는 경우에는 정관의 규정에 의하거나 그러한 규정이 없더라도 민법 691조의 규정을 유추하여 사임한 조합장으로 하여금 후임 조합장 선임 시까지 재건축조합의 일정한 업무를 계속 수행하도록 할 필요가 있는 경우에는 이를 수행할 권한이 있으므로,[72] 그 범위에서는 당초의 조합장 선임결의의 무효확인을 구할 법률상의 이익이 있다.

3. 주민대표회의결의 무효확인소송

시공자를 추천하기 위한 주민대표회의의 결의에 대하여는 사업시행자가 구속되므로, 위 결의의 무효확인을 구할 확인의 이익이 있다. 그러나 시행규정 관련 주민대표회의의 결의에 대하여는 사업시행자는 시행규정을 정할 때 이를 반영하도록 노력하는 것으로 족하고 구속력이 인정되지 아니하므로, 설령 주민대표회의의 결의에 위법사유가 있어 효력이 없더라도, 이로써 토지등 소유자의 권리 또는 법적 지위에 어떠한 위험이나 불안이 야기되었다고 보기 어려워 그 법률관계를 확인의 대상으로 삼아 확인판결에 의하여 즉시 확정할 필요가 있다고 할 수 없으므로, 주민대표회의결의 무효확인소송은 확인의 이익이 없어 부적법하다.[73]

72) 대법원 2005. 5. 27. 선고 2004다24809 판결.
73) 대법원 2016. 5. 12. 선고 2013다1570 판결.

제8장 보전처분

Ⅰ. 본안이 민사소송인 보전처분

본안이 민사소송인 경우에는 민사집행법상의 가처분의 대상이다. 민사집행법 300조 1항은 "다툼의 대상에 관한 가처분은 현상이 바뀌면 당사자가 권리를 실행하지 못하거나 이를 실행하는 것이 매우 곤란할 염려가 있을 경우에 한다."고 규정하고 있고, 2항은 "가처분은 다툼이 있는 권리관계에 대하여 임시의 지위를 정하기 위하여도 할 수 있다. 이 경우 가처분은 특히 계속하는 권리관계에 끼칠 현저한 손해를 피하거나 급박한 위험을 막기 위하여, 또는 그 밖의 필요한 이유가 있을 경우에 하여야 한다."고 규정하고 있다.

임시의 지위를 정하는 가처분은 다툼 있는 권리관계에 관하여 그것이 본안소송에 의하여 확정되기까지의 사이에 가처분권리자가 현재의 현저한 손해를 피하거나 급박한 강포를 막기 위하여 또는 기타 필요한 이유가 있는 때에 한하여 허용되는 응급적·잠정적 처분이고, 이러한 가처분을 필요로 하는지의 여부는 당해 가처분신청의 인용 여부에 따른 당사자 쌍방의 이해득실관계, 본안소송에 있어서의 장래의 승패의 예상, 기타의 제반 사정을 고려하여 법원의 재량에 따라 합목적적으로 결정하여야 한다(단체의 대표자 선임결의의 하자를 원인으로 하는 가처분신청에 있어서는 장차 신청인이 본안에 승소하여 적법한 선임결의가 있을 경우, 피신청인이 다시 대표자로 선임될 개연성이 있는지의 여부도 가처분의 필요성 여부 판단에 참작하여야 한다).[1]

도시정비 관련 민사소송에서의 보전처분은 주로 특정 법률행위의 효력을 정지하여 어떠한 행위를 하지 못하도록 금지를 명하거나 어떠한 행위를 하도록 이행을 명하는 등 임시의 지위를 정하는 가처분이 주로 행하여지고 있다. 가처분 사건은 다툼의 대상이 있는 곳을 관할하는 지방법원 또는 본안의 관할법원의 전속관할이다(민사집행법 303조 및 21조).

임시의 지위를 정하는 가처분의 재판에는 원칙적으로 변론기일 또는 채무자가 참석할 수 있는 심문기일을 열어야 한다. 다만, 그 기일을 열어 심리하면 가처분의 목적을 달성할 수 없는 사정이 있는 때에는 그러하지 아니하다(민사집행법 304조). 가처분신청 인용결정에 대하여 피신청인은 민사집행법 301조, 283조에 의하여 가처분결정을 한 법원에 이의를 신청할 수 있을 뿐, 민사소송법 또는 민사집행법에 의한 재항고나 즉시항고로는 다툴 수 없다(다만, 민사집행법 301조, 288조 1항에 의하여 사정변경 등에 따른 가처분취소 신청은 가능하다).[2] 피보전권리 또는 보전의 필요성이 없음을 이유로 하는 가처분신청 기각결정에 대하여 신청인은 민사집행법 301조, 281조

1) 대법원 1997. 10. 14. 자 97마1473 결정, 대법원 2006. 11. 23. 선고 2006다29983 판결 등 참조.
2) 대법원 2008. 5. 13. 자 2007마573 결정 등 참조.

2항에 의하여 즉시항고로 불복할 수 있다. 가처분취소 신청이 있는 경우 법원은 변론기일 또는 당사자 쌍방이 참여할 수 있는 심문기일을 정하여야 한다(민사집행법 307조 2항, 286조 1항).

1. 추진위원회 단계의 가처분

조합은 조합설립인가처분을 받아 등기를 마침으로써 공법상 법인으로 성립할 뿐만 아니라 관할 행정청의 감독 아래 정비구역 안에서 도시정비법상의 정비사업을 시행하는 목적의 범위 내에서 법령이 정하는 바에 따라 일정한 행정작용을 하는 행정주체의 지위를 가지므로,[3] 그 이전 단계의 추진위원회는 민법상의 비법인사단에 해당한다.

따라서 추진위원회 단계에서 이루어지는 주민총회 관련 본안소송은 민사소송의 대상이므로, 토지등소유자가 추진위원회를 피신청인으로 하여 주민총회개최금지가처분이나 주민총회결의효력정지가처분을 구할 수 있다. 조합설립인가 전 조합설립결의를 위한 창립총회개최금지가처분이나 창립총회결의효력정지가처분도 동일하다.

2. 본안이 민사소송인 총회 관련

조합설립 이후의 조합설립변경에 대한 총회, 사업시행계획(관리처분계획) 작성이나 수립을 위한 총회를 제외한 나머지 총회의 결의는 민사소송의 대상이다. 조합원은 신청인적격이 있으나, 조합원 지위를 상실한 현금청산대상자는 신청인적격이 없으므로, 신청을 각하하여야 한다.

가. 총회개최금지가처분

조합원이 주로 총회의 소집권자, 소집절차 등에 하자가 있음을 주장하면서 장래 개최 예정인 총회결의의 무효확인청구권을 피보전권리로 하여 조합을 피신청인으로 하여 총회 개최의 금지를 구하는 민사집행법상의 가처분을 신청한다.[4] 또는 특정 총회에서의 특정 안건에 대한 결의금지가처분의 신청도 가능하다.[5]

다음에서 살펴볼 총회결의효력정지가처분에 대하여는 인용(확정)되더라도, 채무자인 조합은 본안에서 이를 다툴 기회가 있으나, 총회개최를 금지하는 가처분이 인용(확정)되면, 조합으로서는 본안이 존재하지 않아 이를 다툴 기회가 없으므로, 법원은 피보전권리 및 보전의 필요성에 대하여 보다 신중하게 결정하여야 할 것이다.

나. 총회결의효력정지가처분

시공자선정 총회결의, 정관변경, 조합임원 선·해임 또는 재선임, 조합원 제명에 관한 총회결의의 효력에 관한 소송은 민사소송인바, 조합원이 그와 같은 결의에 관하여 그 효력의 정지를 구하는 가처분을 신청하거나 해임된 조합장이 해임을 내용으로 하는 결의의 관하여 그 효력의

---

3) 대법원 2012. 4. 12. 선고 2010다10986 판결, 대법원 2014. 5. 22. 선고 2012도7190 전원합의체 판결.

4) 조합장해임 총회 관련 인용주문은 "채무자는 2025. 12. 1. 14:00 서울 ○○구 ○○교회에서 '채권자 A 조합장 해임을 위한 조합 총회'를 개최하여서는 아니 된다." 등으로 기재된다.

5) 조합장해임 안건 관련 인용주문은 "채무자는 2025. 12. 1. 14:00 서울 ○○구 ○○교회에서 개최될 예정인 조합 임시총회에서 '채권자 A 조합장 해임의 건'에 관하여는 결의를 하여서는 아니 된다." 등으로 기재된다.

정지를 구하는 가처분을 신청하는 경우 등이 있다.[6]

주로 소집절차, 의결절차(정족수)의 하자를 주장하고, 본안인 총회결의의 무효확인을 구하는 민사소송을 제기하면서 함께 신청하는 경우가 다수이다.

채권자는 총회결의에 무효사유가 있음을 구체적으로 소명하여야 한다.

3. 임원에 대한 직무집행정지가처분 및 직무대행자 선임

조합임원에 대한 직무집행정지가처분의 인용과 직무대행자 선임은 동시에 이루어지는 것이 일반적이다. 법원이 직무대행자를 선임하면, 관할등기소에 위 조합장직무대행자 선임등기를 촉탁하여 법인등기부에 기입되게 된다.

가. 직무집행정지가처분

(1) 내용

조합장 등 조합임원은 정비사업과 관련하여 막대한 사업자금을 운영하는 등 각종 권한을 가지고 있어 재개발·재건축 관련 단행가처분 중 임원에 대한 직무집행정지가처분 및 직무대행자선임가처분 신청사건이 실무상 많이 제기된다. 임원을 상대로 직무집행정지가처분을 구하기 위해서는 법 43조 1항의 조합임원 등의 결격사유 발생, 법 43조 2항의 당연퇴임사유의 발생, 법 43조 4항의 해임절차에 의한 해임, 임원선임절차상의 하자(정족수 충족 여부 등), 정관에 의한 자격정지사유 발생, 조합원 자격상실사유 발생 등의 구체적 사유가 있어야 한다.[7]

(2) 실무상 쟁점

㈎ 임원선임결의절차상의 하자를 이유로 한 직무집행정지가처분

임원선출절차상의 하자로 임원선임결의의 효력정지 및 조합장 등 조합임원으로 선출된 자의 직무집행정지가처분은 본안판결 확정시까지 대표자 선출 등에 대한 단체의 의사결정의 효력을 잠정적으로 인정하지 않는 데 따른 단체업무 진행의 어려움, 관계된 법률관계에 미칠 영향 등을 고려하면, 임원선임결의의 효력정지 및 조합장 등 조합임원으로 선출된 자의 직무집행정지가처분을 명하기 위해서는 선거절차에서의 위법사유와 그로 인한 선거의 자유와 공정 침해 및 그로 인하여 선거결과에의 영향을 미쳤다는 점에 대한 고도의 소명이 있어야 한다.[8]

㈏ 해임청구권을 피보전권리로 하는 직무집행정지가처분

조합원이 조합장을 상대로 직무집행정지가처분신청을 하면서 그 피보전권리를 조합장이 조합업무집행에 관한 위법행위 및 정관위배행위 등을 이유로 하는 조합장에 대한 해임청구권으로 한 사안에서, 법률관계의 변경·형성을 목적으로 하는 형성의 소는 법률에 명문의 규정이 있는 경우

---

6) 조합장해임 의결 관련 인용주문은 "채무자가 2025. 12. 1. 14:00 서울 ○○구 ○○교회에서 개최한 조합임시총회에서 한 "채권자 A 조합장 해임결의는 위 각 결의와 관련한 채권자와 채무자 사이의 서울중앙지방법원 ○○가합○○호 ○○사건의 본안판결 확정시까지 효력을 정지한다." 등으로 기재된다.

7) 조합장선임 의결 관련 직무집행가처분의 인용주문은 "채무자는 서울중앙지방법원 ○○가합○○호 임시총회결의무효확인청구소송의 본안판결 확정시까지 ○○재개발정비사업조합 조합장으로서의 직무를 집행하여서는 아니 된다." 등으로 기재된다.

8) 서울고등법원 2018. 9. 30. 자 2018라20637 결정 등 참조.

에 한하여 제기할 수 있는바, 조합장이 조합업무에 관하여 위법행위 및 정관위배행위 등을 하였다는 이유로 그 해임을 청구하는 소송은 형성의 소에 해당하는데, 이를 제기할 수 있는 법적 근거가 없으므로, 해임청구권을 피보전권리로 하는 직무집행정지가처분은 허용될 수 없다.[9)]

나. 직무대행자선임가처분

(1) 직무대행자 권한

(가) 법원이 임원에 대한 직무집행정지를 명하는 가처분결정을 하는 경우, 직무대행자를 선임하는 가처분을 함께 하는 것이 일반적이다. 왜냐하면 조합장의 직무집행이 정지된 경우에 후임 조합장이 선임될 때까지 이를 방치한다면 법인 또는 제3자에게 손해를 입힐 염려가 있기 때문이다. 다만, 법원은 직무집행정지가처분에 의하여 직무집행이 정지된 조합임원을 직무대행자로 선임할 수는 없다.[10)]

(나) 법 49조는 '조합에 관하여는 이 법에 규정된 것을 제외하고는 민법 중 사단법인에 관한 규정을 준용한다'고 규정하고 있고, 민법 60조의2 1항은 "52조의2의 직무대행자는 가처분명령에 다른 정함이 있는 경우 외에는 법인의 통상사무에 속하지 아니한 행위를 하지 못한다. 다만, 법원의 허가를 얻은 경우에는 그러하지 아니하다."고 규정하고 있다.

임시의 지위를 정하는 가처분은 권리관계에 다툼이 있는 경우에 권리자가 당하는 위험을 제거하거나 방지하기 위한 잠정적이고 임시적인 조치로서 그 분쟁의 종국적인 판단을 받을 때까지 잠정적으로 법적 평화를 유지하기 위한 비상수단에 불과한 것으로, 가처분재판에 의하여 직무를 대행하는 자를 선임한 경우에 그 직무대행자는 단지 피대행자의 직무를 대행할 수 있는 임시의 지위에 놓여 있음에 불과하므로, 조합의 통상사무만을 행할 수 있다고 하는 것이 가처분의 본질에 부합한다.[11)]

통상사무란 '조합을 종전과 같이 그대로 유지하면서 관리하는 것'을 의미한다.[12)] 통상사무에 속하지 아니하는 행위에 대하여는 법원의 허가를 받아야 하는바, 법원은 일반적으로 당해 통상사무에 속하지 아니하는 행위의 필요성과 회사의 경영과 업무 및 재산에 미치는 영향 등을 종합적으로 고려하여 허가 여부를 결정하여야 한다.[13)]

조합장 직무대행자는 그 통상사무를 처리함에 있어서는 조합의 대표기관 및 업무집행기관이다.

(다) 조합원이 조합장을 상대로 조합장으로 선출한 결의의 무효확인을 구하는 본안소송의 제기와 함께 조합장 직무집행정지가처분 및 직무대행자선임가처분이 이루어진 경우, 그 가처분에 특별한 정함이 없는 한 조합장은 조합을 대표할 권한을 포함한 일체의 직무집행에서 배제되고 직무대행자로 선임된 자가 대표자의 직무를 대행하게 되므로, 그 본안소송인 총회결의 무효확인소송에서 그 단체를 대표할 자도 직무집행을 정지당한 조합장이 아니라 대표자 직무대행자로 보아

9) 대법원 1997. 10. 27. 자 97마2269 결정 참조.
10) 대법원 1990. 10. 31. 자 90그44 결정.
11) 대법원 2000. 2. 11. 선고 99두2949 판결.
12) 대법원 1995. 4. 14. 선고 94다12371 판결, 대법원 2017. 6. 15. 선고 2017도2532 판결.
13) 대법원 2008. 4. 14. 자 2008마277 결정.

야 한다.[14)]

재건축조합이 이주를 거부하는 사업구역 내의 아파트 소유자 등과 사이에 해당 아파트를 감정가에 의하여 매수하기로 한 합의의 경우, 조합장 직무대행자가 할 수 있는 조합의 통상사무 범위 내에 속한다.[15)]

그러나 정관변경이나 임원구성의 변경을 위한 총회를 소집하는 행위는 통상사무에 포함되지 아니한다.[16)] 위와 같이 통상사무에 포함되지 아니함에도 직무대행자가 법원의 허가 없이 총회를 소집하여 결의한 때에는 소집절차상의 하자로 결의의 효력이 없다.[17)]

⑵ 법원의 직무대행자선임가처분 이후 조합장이 새롭게 선임된 경우

직무대행자는 새로운 조합장이 선임되더라도 직무대행자 결정이 취소될 때까지는 계속하여 대표권을 가진다. 따라서 조합장에 대한 직무집행을 정지하고 직무대행자를 선임하는 가처분결정이 있은 후 그 직무대행자에 의하여 소집된 총회에서 종전 조합장이 새롭게 조합장으로 선임되었다 하더라도 위 가처분결정이 취소되지 아니한 이상 직무대행자만이 적법하게 조합을 대표할 수 있고, 새로 조합장으로 선임된 자는 그 선임결의의 적법 여부에 관계없이 대표권을 가지지 못한다.[18)]

다만, 이미 새롭게 대표자가 선임되어 위 직무대행자선임가처분결정을 유지할 실익이 없으므로 직무집행정지되었다가 새롭게 조합장으로 선임된 자는 사정변경을 이유로 가처분이의의 소를 제기하여 가처분신청 각하결정을 받거나 가처분결정에 대한 취소결정을 받을 수 있다.[19)] 다만, 가처분사건의 당사자가 될 수 없는 법인 등은 그 가처분취소신청을 할 수 없다.[20)]

이는 당초 총회에서 임원을 선임한 결의가 있었는데, 위 결의에 대하여 다툼이 있자 그 후 다시 개최된 총회에서 위 종전 결의를 그대로 재인준하는 결의를 한 경우에 해당하는 것인바, 그에 따른 쟁송의 대상, 종전 임원 선임결의에 대한 무효확인을 구할 소의 이익 등에 대한 자세한 내용은 제4편 제5장 제3절 Ⅲ. 4. “나. 절차의 하자”에서 살펴본다.

⑶ 조합장을 해임하는 총회결의효력정지가처분

해임된 조합장이 자신을 해임하는 총회결의에 대하여 효력정지가처분을 신청함에 있어 상대방인 조합의 대표자는 각각의 정관에 따른 직무대행자를 대표자로 하여야 한다[재개발조합의 경우 감사가 직무를 수행할 자를 임시로 선임할 수 있고, 재건축조합의 경우 상근이사 중에서 연장자 순으로 조합장을 대신하여 조합을 대표한다(국토부 각 표준정관 18조 4항 단서. 그러나 서울 재개발 표준정관은 재개발조합의 경우에도 상근이사 중 연장자가 그 직무를 대행한다고 규정하고 있다. 16조 8항)].

14) 대법원 1995. 12. 12. 선고 95다31348 판결 등 참조.
15) 대법원 2000. 2. 22. 선고 99다62890 판결.
16) 대법원 1995. 4. 14. 선고 94다12371 판결.
17) 대법원 2007. 6. 28. 선고 2006다62362 판결.
18) 대법원 2000. 2. 22. 선고 99다62890 판결.
19) 대법원 1997. 9. 9. 선고 97다12167 판결.
20) 대법원 1997. 10. 10. 선고 97다27404 판결.

4. 기타 보전처분

가. 시공자 및 시공 관련 가처분

시공자 및 시공과 관련한 시공자선정결의효력정지가처분, 공사계약체결금지가처분, 공사도급계약효력정지가처분, 공사금지가처분은 모두 민사가처분이다.

조합은 조합설립인가를 받은 후 총회에서 국토부장관이 정하는 경쟁입찰의 방법으로 건설업자 또는 등록사업자를 시공자로 선정하여야 하는바(법 29조 4항), 이는 강행규정으로서 이를 위반하여 경쟁입찰의 방법이 아닌 방법으로 이루어진 입찰과 시공자 선정결의는 무효라고 할 것이므로(대법원 2017. 5. 30. 선고 2014다61340 판결 등 참조), 시공자 및 시공 관련 가처분은 주로 경쟁입찰의 방법이 아닌 방법으로 시공자로 선정되었음을 피보전권리로 한다.

나. 부동산 명도 관련 가처분

(1) 수분양권자를 상대로 한 토지인도 및 건물명도청구소송

법 81조 1항 본문에 의하여 관리처분계획의 인가·고시로 정비구역 내 모든 토지 및 건축물에 대하여 사용·수익이 정지되고, 조합은 공사 착공이 가능하다. 수분양조합원은 법령 또는 정관에 따라 도시정비사업의 원활한 목적 달성을 위하여 협력할 의무가 있고, 이러한 협력의무 중 하나인 현물출자의무에는 조합원 소유의 종전자산을 조합에 인도할 의무도 포함됨에도 불구하고,[21] 이를 이행하지 않는 경우, 조합은 수분양권자를 상대로 명도청구의 소를 제기하면서 토지인도 및 건물명도 단행가처분을 신청할 수 있고, 그 이전에 부동산처분금지가처분 또는 부동산점유이전금지가처분을 신청하여 그 결정을 받아두기도 한다.

(2) 현금청산대상자 및 세입자를 상대로 한 부동산 명도 관련 가처분

조합은 관리처분계획인가를 받고 현금청산(재개발사업의 경우에는 주거이전비 등의 토지보상법상의 손실보상 포함)을 한 이후 현금청산대상자 및 세입자를 상대로 앞서 본 토지인도 및 건물명도 단행가처분의 신청이 가능하다.

(3) 매도청구소송과 처분금지가처분

재건축조합이 토지등소유자에게 조합설립 동의를 최고한 경우, 최고는 승계되어 토지등소유자의 승계인에게 매도청구권을 행사할 수 있다(집합건물법 48조 4항). 매도청구권 행사에 관하여는 그 승계에 관하여 명시적 규정이 없는바, 대법원은 재건축조합이 매도청구권을 행사한 이후에 비로소 토지등의 특정승계가 이루어진 경우 이미 성립한 매매계약상의 의무가 그대로 승계인에게 승계된다고 볼 수는 없다고 판시하고 있다.[22] 따라서 사업시행자는 매도청구권을 행사한 이후에는 반드시 처분금지가처분을 신청하여 그 결정을 받아둘 필요가 있다. 재건축조합이 정비

---

21) 대법원 2020. 7. 29. 선고 2016다51170 판결.

22) 대법원 2019. 2. 28. 선고 2016다255613 판결(매도청구권 행사를 원인으로 한 소유권이전등기청구소송 제기되어 사실심 변론종결 이전에 토지등에 관하여 특정승계가 이루어진 경우 당연히 승계인에게 매도청구권자와 피승계인 사이에 이미 성립한 매매계약상의 의무가 그대로 승계된다고 볼 수 없다).

사업에 참여하지 않은 토지등소유자나 현금청산대상자에게 매도청구권을 행사하고 그 대금을 지급(변제공탁)하였다면, 부동산인도단행가처분의 신청이 가능하다.

Ⅱ. 본안이 행정소송인 보전처분

본안이 행정소송 중 항고소송인 경우에는 행정소송법상 집행정지신청의 대상이고, 본안이 행정소송 중 당사자소송인 경우에는 다음에서 살펴보듯이 민사집행법상의 가처분의 대상이다. 모두 행정법원의 전속관할이다.

1. 항고소송

가. 규 정

행정소송법 23조 2항은 "취소소송이 제기된 경우에 처분등이나 그 집행 또는 절차의 속행으로 인하여 생길 회복하기 어려운 손해를 예방하기 위하여 긴급한 필요가 있다고 인정할 때에는 본안이 계속되고 있는 법원은 당사자의 신청 또는 직권에 의하여 처분등의 효력이나 그 집행 또는 절차의 속행의 전부 또는 일부의 정지를 결정할 수 있다. 다만, 처분의 효력정지는 처분등의 집행 또는 절차의 속행을 정지함으로써 목적을 달성할 수 있는 경우에는 허용되지 아니한다."고 규정하고 있고, 이는 행정소송법 38조 1항에 의하여 무효등확인소송에 준용된다.

항고소송의 대상이 되는 행정처분의 효력이나 집행 혹은 절차속행 등의 정지를 구하는 신청은 행정소송법상 집행정지신청의 방법으로만 가능할 뿐, 민사집행법상 가처분은 허용될 수 없다.[23] 집행정지를 인용하는 결정은 민사상 임시의 지위를 정하는 가처분과 마찬가지로 특정 처분의 효력이나 집행을 임시적으로 정지하는 내용이다.

나. 실무상 적용

(1) 사업시행자로부터 적법한 분양신청통지를 받지 못하여 분양신청기간 내에 분양신청하지 못한 토지등소유자의 경우 관리처분계획상 현금청산대상자로 분류되면, 토지등소유자는 자신을 현금청산대상자로 한 관리처분계획에 대한 취소소송을 제기한다(사업시행자로부터 적법한 분양신청통지를 받았으나, 토지등소유자가 사업시행계획의 위법을 이유로 분양신청하지 아니한 경우 사업시행계획 및 관리처분계획에 대한 취소소송을 제기한다).

한편 그와 별개로 재개발사업의 경우 사업시행자는 현금청산대상자를 상대로 수용재결을 신청하고, 수용재결이 이루어지면 현금청산대상자는 별소로 관할 토지수용위원회를 상대로 수용재결의 취소를 구하는 소를 제기하는바, 현재 수용재결의 효력을 다투고 있는 경우(수용재결에 당연 무효인 하자가 있는 경우 포함) 사업시행계획이나 관리처분계획에 대한 항고소송을 제기하거나 유지할 법률상 이익(소의 이익)이 있다. 그러나 수용재결이 확정되면, 사업시행자가 현금청산대상자의 토지등에 관한 소유권을 취득하고 현금청산대상자는 최종적으로 소유권을 상실하게 되

---

23) 대법원 1967. 5. 29. 자 67마311 결정, 대법원 2009. 11. 2. 자 2009마596 결정. 다만 추후 의무이행소송과 예방적 금지소송이 인정되는 경우 권리구제의 실효성을 위하여 가처분을 인정하여야 한다는 것이 대법원의 2006년 행정소송법 개정의견과 법무부의 2007년 행정소송법 개정안의 내용이다.

므로, 더 이상 사업시행계획이나 관리처분계획상의 권리관계에 관하여 어떠한 영향을 받을 개연성이 없어졌다고 할 것이어서, 현금청산대상자는 사업시행계획이나 관리처분계획의 무효확인이나 취소를 구할 법률상 이익(소의 이익)이 없으므로, 선행소송의 법률상 이익(소의 이익)을 유지하도록 하기 위하여 수용재결에 대한 집행정지결정 또는 효력정지결정이 검토될 수 있다.

(2) 관리처분계획은 권리 귀속에 관한 사항 및 비용 분담에 관한 사항을 정하는 행정계획이므로, 사업시행이 완료되는 준공인가 직전까지 관리처분계획이 수회에 걸쳐 변경이 이루어지고 있고, 이를 다투는 소송이 제기된다. 관리처분계획의 취소나 무효확인소송 계속 중 이전고시가 이루어진 경우 종전 관리처분계획은 더 이상 다툴 수 없으므로, 계속 중인 관리처분계획에 대한 쟁송은 소의 이익이 없게 된다. 따라서 관리처분계획을 다투는 소송 진행 중에 준공인가가 이루어지는 등 이전고시가 임박한 경우 관리처분계획을 다투는 소송의 법률상 이익을 유지하기 위해서는 후속행위인 이전고시가 이루어지는 것을 방지할 필요가 있다. 따라서 관리처분계획에 대한 가구제로서 관리처분계획에 대한 집행정지결정 또는 효력정지결정이 검토될 수 있다. 이전고시의 효력이 발생한 후에는 조합설립인가처분의 취소 또는 무효확인, 수용재결이나 이의재결의 취소 또는 무효확인을 구할 소의 이익도 없으므로, 이전고시를 막기 위한 위 처분의 집행정지결정 또는 효력정지결정이 검토될 수 있다.

다. 심리 및 불복

집행정지결정의 전제는 반드시 본안소송이 계속 중이어야 한다. 실무상 법원은 집행정지신청에 대하여 일반적으로 심리기일로 진행하고, 집행정지를 결정하는 경우 그 종기는 본안판결 선고일로부터 30일 이내의 범위에서 정한다(행정소송규칙 10조 본문). 집행정지결정 또는 기각결정에 대하여는 즉시항고로 불복할 수 있다.

2. 당사자소송

가. 조합설립변경에 대한 총회결의, 사업시행계획(관리처분계획) 총회결의 무효확인소송이 당사자소송에 해당함은 앞서 본 바이다. 이에 대한 효력정지(집행정지)는 민사집행법 300조 2항의 다툼이 있는 권리관계에 대하여 임시의 지위를 정하기 위한 가처분이다. 왜냐하면 당사자소송에 대하여는 행정소송법 23조 2항의 집행정지에 관한 규정이 준용되지 아니하므로(행정소송법 44조 1항 참조), 집행정지가 인정되지 아니하고, 행정소송법 8조 2항에 따라 민사집행법상의 가처분에 관한 규정이 준용되기 때문이다.[24] 따라서 심문기일을 열어 심리를 진행함이 원칙이다(행정소송법 8조 2항, 민사집행법 304조 본문). 조합원 등 이해관계인은 행정소송법상의 당사자소송으로 조합을 상대로 관리처분계획안(사업시행계획안, 조합설립변경인가안)에 대한 조합 총회결의의 효력을

24) 대법원 2015. 8. 21. 자 2015무26 결정(도시정비법상 행정주체인 재건축조합을 상대로 관리처분계획안에 대한 조합 총회결의의 효력을 다투는 소송은 행정처분에 이르는 절차적 요건의 존부나 효력 유무에 관한 소송으로서 소송 결과에 따라 행정처분의 위법 여부에 직접 영향을 미치는 공법상 법률관계에 관한 것이므로, 이는 행정소송법상 당사자소송에 해당하고, 이러한 당사자소송에 대하여는 행정소송법 23조 2항의 집행정지에 관한 규정이 준용되지 아니하므로, 이를 본안으로 하는 가처분에 대하여는 행정소송법 8조 2항에 따라 민사집행법상의 가처분에 관한 규정이 준용되어야 한다).

다투는 소송을 제기함과 동시에 결의효력정지의 가처분을 신청하는 것이 일반적이다. 실무상으로는 관리처분(변경)계획총회결의의 효력정지를 구하는 가처분신청사건이 다수를 차지하나, 조합을 피신청인으로 하여 관리처분(변경)계획총회결의의 금지를 구하는 가처분신청도 드물지만 존재한다.

본안이 민사소송인 보전소송에서 본 바와 같이 신청인은 기각결정에 대하여 즉시항고로 불복할 수 있고, 피신청인은 가처분신청을 인용한 결정에 대하여 이의신청이나 취소신청으로 불복할 수 있을 뿐, 즉시항고로는 다툴 수 없다.[25] 가처분 인용결정에 대한 불복으로 피신청인의 즉시항고가 허용되지 아니하고 이의신청만 허용됨에도, 피신청인이 가처분결정에 불복하면서 제출한 서면의 제목이 '즉시항고장'이고 그 끝부분에 항고법원명이 기재되어 있더라도 이를 이의신청으로 보아 처리하여야 한다.[26]

나. 재개발사업의 현금청산대상자 및 임차인(세입자)은 재결 없이 사업시행자를 상대로 주거이전비, 이사비 또는 이주정착금 등의 지급을 구할 수 있고, 이는 당사자소송이므로, 그 금액의 지급 단행을 구하는 가처분도 가능하다. 조합원지위확인소송 및 수분양자지위확인소송도 당사자소송이므로, 조합원 지위나 수분양자 지위를 임시로 정하는 가처분도 가능하다. 그러나 실무상 이용되는 경우는 많지 않은 듯하다.

---

25) 대법원 2008. 5. 13. 자 2007마573 결정 등 참조.
26) 대법원 2000. 3. 17. 자 99마3754 결정 등 참조.

제 2 편

기본·정비계획, 해제 및 재건축진단

제1장 도시·주거환경정비기본계획

Ⅰ. 의 의

기본계획은 특별시·광역시·특별자치시·특별자치도·시 단위로 수립하는 도시 전체 차원에서의 체계적이고 종합적인 정비사업 추진계획이다.

기본계획은 무질서한 정비사업을 방지하고, 적정한 밀도로 주변지역과 조화되는 개발을 유도하여 합리적인 토지이용과 쾌적한 도시환경의 조성 및 도시기능의 효율화, 장래의 개발수요에 효과적으로 대처하고 정비사업의 합리성·효율성을 도모함을 목적으로 한다.

기본계획은 정비사업 유형별로 정비구역지정대상과 정비방향을 설정하고, 정비기반시설 기준, 개발밀도 기준, 정비방법 등 정비사업의 기본원칙 및 개발지침을 제시하며, 정비구역으로 지정할 예정인 구역, 즉 정비예정구역의 개략적 범위의 확정을 그 내용으로 한다.

기본계획은 국토계획법상의 도시·군기본계획의 하위계획이다. 따라서 기본계획 수립권자는 기본계획을 수립함에 있어 도시·군기본계획상의 '토지이용계획'과 부문별 계획 중 도시·주거환경의 정비에 관한 내용을 반영하여야 하고, 국토계획법상 도시·군관리계획과 서로 연계되도록 수립하여야 한다. 또한 법 5조 3항은 기본계획의 작성기준 및 작성방법에 관한 세부사항을 국토부장관의 고시에 위임하고 있고, 그에 따라 도시·주거환경정비기본계획 수립지침(이하 '기본계획 수립지침'이라 한다)이 마련되어 있으므로, 기본계획 수립권자는 이를 준수하여야 한다.

한편 기본계획은 정비계획의 상위계획이다.

Ⅱ. 법적 성격

기본계획은 행정계획이다(행정에 관한 전문적·기술적 판단을 기초로 하여 도시의 건설·정비·개량 등과 같은 특정한 행정목표를 달성하기 위하여 서로 관련되는 행정수단을 종합·조정함으로써 장래의 일정한 시점에 있어서 일정한 질서를 실현하기 위한 활동기준으로 설정된 것이다).[1]

기본계획은 정비계획의 상위계획으로서 행정청인 정비구역 및 정비계획 입안권자 및 결정권자를 구속하므로, 기본계획에 따라 정비구역이 지정되고, 정비계획은 기본계획이 제시한 방향, 기본원칙 및 개발지침에 맞게 수립되어야 한다(위 지침 1-3-1 내지 3).

다만, 기본계획은 여건의 변화에 유연하게 대응할 수 있도록 포괄적이고 개략적으로 수립하는 정비사업의 기본원칙 및 개발지침이므로, 대외적 구속력을 가지지 않는 비구속적 행정계획으

1) 대법원 2000. 3. 23. 선고 98두2768 판결.

로서, 토지등소유자의 재산상 권리·의무 등에 구체적이고 직접적인 영향을 미치지 아니하여 항고소송의 대상인 처분으로 볼 수 없다(다만, 지역주택조합 조합원의 모집행위가 금지되는 등의 이유로 처분이라고 주장하는 견해가 있다).

Ⅲ. 기본계획 수립대상 및 주기

기본계획은 도시 전체 차원에서의 체계적이고 종합적인 정비사업 추진계획인바, 광역자치단체는 반드시 기본계획을 수립하여야 하고, 그 주체는 특별시장·광역시장·특별자치시장·특별자치도지사이다.

시의 경우 재개발·재건축 수요가 많은 대도시(서울특별시와 광역시 및 특별자치시를 제외한 인구 50만 이상의 도시)는 반드시 기본계획을 수립하여야 한다. 그러나 대도시가 아닌 시의 경우 도지사가 기본계획을 수립할 필요가 없다고 인정하는 경우 기본계획을 수립하지 아니할 수 있다(법 4조 1항). 이는 인구 50만 명 미만의 시는 재개발사업 또는 재건축사업의 수요가 많지 않은 점을 고려하여 기본계획을 수립하지 않고도 정비구역을 지정할 수 있도록 함으로써 계획수립의 부담을 덜 수 있도록 하는 데에 입법취지가 있다.[2)]

기본계획의 수립권자는 관할 구역에 대하여 기본계획을 10년 단위로 수립하여야 하고, 5년마다 타당성을 검토하여 그 결과를 기본계획에 반영하여야 한다(법 4조 2항). 계획의 기준연도는 계획의 수립에 착수하여 인구현황 등 기초조사를 시작하는 시점으로 하고, 목표연도는 기준연도로부터 10년을 기준으로 한다(위 지침 1-5-1).

Ⅳ. 내 용

1. 개 요

법 5조, 법 시행령 5조, 기본계획 수립지침에서 이를 규정하고 있다.

기본계획은 도시 전체 차원에서의 정비구역별 정비사업의 방향과 지침을 정하고, 도시의 특성에 맞는 주거지 관리계획, 적정한 밀도로 주변지역과 조화되는 개발이 가능하도록 합리적인 토지이용계획, 적정한 정비기반시설, 공동이용시설을 비롯한 주요 공공시설 및 생활편익시설 등의 설치계획, 향후 정비사업 시행에 따른 교통계획, 환경계획을 수립한다. 또한 장래의 개발수요에 효과적으로 대처하기 위하여 정비예정구역별 정비계획의 수립시기를 달리 정하는 단계별 정비사업 추진계획을 마련하고, 정비예정구역의 개략적 범위를 정한다.

2. 구체적 내용

가. 정비사업의 기본방향(법 5조 1항 1호)

나. 정비사업의 계획기간(법 5조 1항 2호)

다. 인구·건축물·토지이용·정비기반시설·지형 및 환경 등의 현황(법 5조 1항 3호)

---

2) 대법원 2025. 1. 23. 선고 2024두55006 판결.

라. 주거지 관리계획(법 5조 1항 4호)

주거지 관리란 주거지 활성화와 불량화 방지를 위한 해당 지역 주민, 단체, 지방자치단체 등의 물리적 활동[3] 및 비물리적 활동[4]을 말하며, 주거지 관리계획은 이를 위한 계획을 말한다. 주거지 활성화 및 불량화 방지를 위하여 도시의 특성에 맞는 주거지 관리계획을 수립하여야 한다.

마. 토지이용계획·정비기반시설계획·공동이용시설설치계획 및 교통계획(법 5조 1항 5호)

(1) 토지이용계획

㈎ 도시별·지역별 특성 및 입지적인 잠재력 그리고 현재의 토지이용 상황과 토지이용의 효율성 및 주변 환경과의 연속성 등을 종합적으로 반영한 계획이어야 한다. 하나의 정비예정구역이 2 이상의 용도지역(예: 일반주거지역 및 상업지역)에 걸쳐 있는 경우 정비예정구역의 사업유형 결정은 현 토지이용 현황 및 향후 도시발전 방향, 각 용도지역의 면적 등을 종합적으로 검토하여 결정한다. 개발밀도계획은 국토계획법상의 용적률에 따라 계획할 수 있다.

㈏ 준공업지역 내 노후·불량주택 등이 밀집하여 정비가 필요한 지역 등에 대하여는 용도지역에 구애됨이 없이 현재의 토지이용 현황과 향후 도시 발전방향 및 도시·군기본계획 등을 종합적으로 고려하여 사업유형을 결정하여야 한다. 도시정비의 효율성 등을 위하여 필요시 노후·불량주택 인근의 공장부지 등을 포함하여 정비예정구역으로 계획할 수 있다.

㈐ 정비예정구역 내 국가유산(구 문화재)[5]이나 주요시설물 및 문화적·생태적으로 보호가치가 커 보호가 필요한 부분이 있는 경우에는 정비사업 시행 후 보호될 수 있도록 보호지구로의 지정을 계획하여야 한다. 여타 경관의 보호나 미관의 유지, 쾌적한 환경조성 및 건축물의 높이를 제한하여야 할 필요가 있다고 인정되는 경우 등에는 고도지구 또는 경관지구 등의 용도지구 지정을 계획하여야 한다.

(2) 정비기반시설계획 및 공동이용시설설치계획

㈎ 정비기반시설계획은 도시·군기본계획 등 관련 상위계획상의 기반시설계획 및 공급처리시설계획 등을 반영하여 적합하게 수립하여야 하며, 도시·군계획시설의 설치 및 규모결정 기준 등은 국토계획법에 따른 '도시·군계획시설의 결정·구조 및 설치기준에 관한 규칙'에 적합하게 계획한다.

정비기반시설계획은 기존의 기반시설 규모를 토대로 주변지역을 포함하는 광역적 수요추정에 의한 공간적 범위와 향후의 토지이용계획 및 교통계획, 건축계획 등 관련계획을 종합적으로 고려하여 계획하여야 하며, 공원녹지법 등 관련 개별법령에 적합하게 수립한다.

㈏ 정비사업으로 인하여 밀도가 현재보다 현저히 늘어날 것이 예상되는 경우 또는 도로 및 공원 등의 정비기반시설이 부족한 경우에는 기반시설 등에 대한 확대방안이 계획되어야 한다.

---

3) 해당지역의 물리적 환경의 개선을 통해 주거환경을 개선하는 활동으로 마을 공원 가꾸기, 담장 없애기 등이 있다.

4) 해당 지역의 사회경제적 환경을 개선하기 위한 활동으로 소득원의 개발, 공동탁아서비스 등을 말한다.

5) 문화재보호법상의 '문화재'는 재화의 의미로 인식되어왔고, 일제의 잔재가 남아있다는 한계가 있어, '문화재'를 '국가유산' 체제로 개편하는 등의 내용을 담은 국가유산기본법, 문화유산의 보존 및 활용에 관한 법(구 문화재보호법), 자연유산의 보존 및 활용에 관한 법률이 제정 및 개정되어 2024. 5. 17. 시행되었다.

(다) 위 (나)에 따라 정비기반시설 등을 계획한 경우로서 공공용지에 대한 부담이 필요한 경우는 수용인구, 건축연면적 등을 기준으로 각 정비예정구역별로 형평성 있게 배분한다. 일정규모 이상의 정비기반시설 등 공공용지는 도시전체에 적정 배치될 수 있도록 하여야 하며, 개발유형 및 밀도계획 등과 연계하여 도시환경 조성 유도수단으로 활용될 수 있도록 한다. 또한, 정비기반시설의 개발로 현저한 이익이 발생되는 정비예정구역이 있을 경우는 그에 상응하는 부담을 그 구역에 지울 수 있다. 정비기반시설계획 시 주민이 공동으로 이용하는 놀이터 및 마을회관, 탁아소, 경로당 등 공동이용시설을 계획할 필요가 있는 경우에는 함께 계획한다.

(3) 교통계획

(가) 도시·군기본계획의 내용을 구체화하여 광역교통 및 지역교통에 대한 교통체계를 구상한다. 정비사업 시행에 따른 교통량 증가 등 향후 토지이용계획에 부합되고, 주변지역의 교통량과 도로용량 등 주변간선 교통체계와 연계된 가로망 계획이 수립되어야 한다.

(나) 정비예정구역이 집중되거나 대규모 정비예정구역의 지정이 예상되는 경우에는 향후의 개발밀도 등을 감안한 교통영향 등을 파악하여 도시·군기본계획 및 도시·군관리계획상의 도로·교통계획 등과 연계하여 검토한다. 정비예정구역과 접하고 있는 도로폭원이 주택건설기준 등에 관한 규정상의 진입도로 폭원에 미달되는 경우는 법상 진입도로가 확보될 수 있는 방안을 제시한다.

바. 녹지·조경·에너지공급·폐기물처리 등에 관한 환경계획(법 5조 1항 6호)

녹지체계계획은 도시 전체의 광역권과 대상사업구역별 여가공간계획 등 생활권의 녹지체계가 상호연계되도록 계획한다. 도시전체에 대한 도시관리체계를 수립함으로써 자원절약적인 에너지 및 폐기물처리계획 등이 구축될 수 있도록 한다.

사. 사회복지시설 및 주민문화시설 등의 설치계획(법 5조 1항 7호)

사회복지시설 및 주민문화시설 등의 설치계획이란 법 2조 4호에 따른 정비기반시설과 5호에 따른 공동이용시설 등을 제외한 주요 공공시설 및 생활편익시설 등의 설치계획을 말한다. 공공·편익시설이란 지역주민들에게 서비스를 제공하는 물리적인 시설로서, 사회복지시설[6]·문화시설·공공청사·도서관·운동시설 등이 있다. 시설의 종류 및 규모의 계획은 개발 이후 총 거주세대 뿐 아니라 유입인구 등을 고려해야 하며, 시설에 대한 주 이용자의 특성, 접근성 등을 고려하여 시설의 적정배분 및 입지 계획을 포함한다.

아. 도시의 광역적 재정비를 위한 기본방향(법 5조 1항 8호)

---

6) 사회복지시설이란 일반적으로 전문적인 사회복지서비스를 실시하는 장소를 말하는 것으로서 제공되는 서비스의 범위 및 대상에 따라서 다양하게 정의된다. 좁은 의미로는 보호가 필요한 자의 육체적·정신적 상태에 비추어 볼 때 주택 안에서 자력으로 생활할 수 없다고 판단될 때 필요한 보호를 하는 구호시설·갱생시설·의료보호시설 등의 시설을 의미하며, 넓은 의미로 보면 좁은 의미의 사회복지시설에 사회보험, 공적부조, 공중위생 등과 관련된 제도 및 시설을 포함하는 개념으로 정의할 수 있다.

자. 정비구역으로 지정할 예정인 정비예정구역의 개략적 범위(법 5조 1항 9호)

(1) 기본계획이 수립되는 경우 원칙적으로 정비예정구역을 지정한다. 다만, 기본계획에 생활권의 설정, 생활권별 기반시설 설치계획 및 주택수급계획, 생활권별 주거지의 정비·보전·관리의 방향을 포함하는 경우에는 생략할 수 있다(법 5조 2항).

정비예정구역의 지정기준은 법 시행령 [별표 1] 정비계획의 입안대상지역에 따른다.

(2) 정비예정구역의 지정방법은 다음 기준에 따른다.

(가) 재건축사업은 법 2조 7호의 주택단지별로 구역을 획정한다.

(나) 구역지정대상은 노후 또는 불량건축물이 밀집되어 주거환경이 불량한 부분으로 한정하되, 건축물의 연령·구조·설비에 의한 불량의 정도와 이들 건축물의 과밀정도·상하수도·도로 등 정비기반시설의 설치와 이용상태 및 대지의 규모·안전 등 주거환경의 안전성과 위생상태 및 도시미관 등을 종합적으로 고려하여 지정한다[기본계획 수립지침 4-2-6 (1)항].

정비예정구역에는 원칙적으로 공원·녹지·나대지를 포함하여서는 아니 된다[토지이용계획의 증진을 위하여 필요한 경우 등이나 순환정비방식으로 시행하기 위한 경우 예외, 위 지침 4-2-6 (2)항].

구역의 범위는 사업규모 등을 감안하여 동시에 사업이 시행될 수 있도록 정한다. 정비사업의 시행으로 도로 등 정비기반시설의 기능에 장애가 되지 아니하도록 구역을 정하거나 기능을 보완할 수 있는 정비기반시설을 설치할 수 있도록 구역을 정한다. 지정하고자 하는 구역경계부근에 도로가 있는 경우에는 그 도로를 경계선으로 한다(개설된 도로는 가급적 구역에서 제외한다). 토지의 지적경계선 등을 경계선으로 하여, 불가피한 경우를 제외하고는 경계선이 건축물에 저촉되지 않도록 한다.

(3) 기초조사 분석결과 주거환경개선사업과 재개발사업 대상지역에 모두 해당하는 경우에는 사업의 성격·특성과 지역여건 등을 감안하여 분류하되, 상습침수지역 등 시급히 사업시행이 필요한 지역, 대상구역 내 국·공유지 비율이 많아 거주주민의 재정착에 도움이 되는 지역, 정비기반시설 등에 국가 등의 재정이 투입되어야 사업시행이 가능한 지역, 주민의 소득수준이 낮아 관리처분방식으로 사업시행이 어려운 지역 또는 주민의 정비사업 시행 욕구가 낮거나 재개발사업을 추진하였으나 장기간 방치된 지역에 해당하는 경우에는 우선적으로 주거환경개선사업 구역으로 분류를 검토한다. 주거환경개선사업 및 재개발사업 대상지역에 해당하는 경우에는 재건축사업의 구역으로 분류할 수 없다.

(4) 정비예정구역을 표시할 때 사업유형을 주거환경개선사업, 재개발사업 및 재건축사업으로 구분 표시하되, 다만, 주거환경개선사업 예정구역과 재개발사업 예정구역은 구분하여 표시하지 않을 수도 있다. 정비예정구역의 개략적인 범위를 표시한다(정비예정구역의 표시는 국토계획법 2조 2호에 따른 도시·군계획이 포함된 축척 1:5,000 이상의 도면에 표시하는 것을 원칙으로 한다). 부지 3만㎡를 초과하는 정비예정구역은 개략적인 범위를 표시하는 것 외에 건폐율·용적률 등 개발규모와 개발시기를 정하며, 부지 3만㎡ 이하의 정비구역은 범위를 설정하기 보다는 좌표로서 그 위치를 표시하고 개발규모 등을 표기한다.

(5) 서울시의 경우 도시정비형 재개발사업은 주택정비형 재개발사업, 재건축사업과 달리 기본계

획에 대상범위가 정해져 있다(서울시 도시·주거환경정비기본계획의 정비예정구역 검토기준).

상업지역, 준주거지역, 준공업지역 또는 서울시 도시기본계획상 지구중심[7] 이상 지역 중 역세권(역 중심 반경 500m 이내) 지역이나 인접한 지구단위계획구역에 포함되는 지역을 대상지로 추출한 후, 노후도(30년 이상 경과 건축물 비율이 30% 이상), 과소필지(150㎡ 미만 필지 비율 40% 이상), 저밀이용(2층 이하 건축물 비율 50% 이상) 중 2가지 이상을 만족하는 지역으로 한다(10년 이내 신축 건축물 비율이 15% 이상인 기초블럭 단위는 제외). 일반적으로 역세권 도시정비형 재개발사업을 제외하고는 1만㎡를 초과하는 규모로 진행된다.

차. 단계별 정비사업 추진계획(정비예정구역별 정비계획의 수립시기가 포함)(법 5조 1항 10호)

(1) 단계별 정비사업 추진계획은 우선순위 선정원칙과 단계별 시행계획이 포함되어야 한다. 다만, 기본계획에 생활권의 설정, 생활권별 기반시설 설치계획 및 주택수급계획, 생활권별 주거지의 정비·보전·관리의 방향을 포함하는 경우에는 단계별 정비사업 추진계획을 생략할 수 있다.

(2) 우선순위 선정원칙에는 상위계획 및 관련계획과의 부합성, 도시기능의 개선효과, 주거생활질의 개선효과, 주민의 사업추진의지, 정비예정구역 내 거주자 중 가옥 또는 토지소유자의 비중, 재해 등이 발생할 우려가 있어 사업시행이 시급히 요구되는 지역인지 여부 등의 사항이 반영되어야 한다. 단계별 시행계획에는 정비예정구역별 정비계획의 수립시기를 포함하고, 정비예정구역에 대한 사업시기와 사업기간을 명시한다.

카. 건폐율·용적률 등에 관한 건축물의 밀도계획(법 5조 1항 11호)

(1) 건폐율·용적률 등 개발밀도는 정비사업별 또는 정비예정구역별로 상한선을 정할 수 있으며, 필요에 따라서는 여러 개의 정비예정구역을 묶어서 정할 수 있다. 개발밀도 설정 시에는 지구 내 도시기반시설 정비실태, 토지이용 및 용도지역 지정현황, 지구 주변의 건축 및 도시·군계획사업 등을 고려하여 작성한다.

(2) 기본계획의 수립권자는 정비사업의 원활한 시행을 위하여 국토계획법상의 주거지역에 대하여는 조례로 정한 용적률에도 불구하고 관계 법률에 따른 용적률의 상한까지 용적률을 정할 수 있다(법 11조 1항). 나아가 기본계획의 수립권자는 천재지변이나 건축물이 붕괴우려 등으로 긴급히 정비사업을 시행할 필요가 있는 경우에는 용도지역의 변경을 통해 용적률을 완화하여 기본계획을 수립할 수 있다. 이 경우 기본계획의 수립권자는 용도지역의 변경을 이유로 기부채납을 요구하여서는 아니 된다(법 11조 2항).

(3) 건폐율은 국토계획법령상 용도지역에서의 건폐율 적용기준과 도시계획조례가 정하는 비율 이하의 범위 내에서 정하되 정비구역별 성격과 특성에 따라 건폐율의 조정이 필요하다고 판단되는 경우 별도의 규정을 두어 건폐율의 최소한도 또는 최대한도를 규정할 수 있다.

용적률은 국토계획법령에서 규정한 용도지역 안에서의 용적률 적용기준과 도시계획조례가 정

---

7) 지구중심은 도시기본계획의 중심지체계 중 하나로 주민의 일상생활 편의를 제공하는 근린생활 중심지이다. 지구중심은 총 53개소로 종로구·중구를 제외한 모든 자치구에 위치한다.

하는 비율 이하의 범위 내에서 구역별 특성을 반영하여 정하되 다양한 공익요소(주거복합·문화시설 도입 등)의 적용에 따른 인센티브제도의 활용이 가능하도록 정할 수 있다. 나아가 대지의 일부를 정비기반시설, 기반시설 등의 부지로 제공(부지와 함께 시설 등을 설치하여 제공하는 경우를 포함)하는 경우 추가로 용적률, 건폐율 등을 완화하여 적용하는 기준을 제시할 수 있다. 인센티브제도를 적용하기 위해서는 인센티브 적용의 대상·구역 및 기준 등 구체적인 사항을 명기한다.

건축물 높이계획은 사업유형 및 구역특성에 따라 별도의 높이계획이 필요하다고 판단되는 경우 최고높이 및 층수 등을 구역별로 따로 지정할 수 있다.

타. 세입자에 대한 주거안정대책(법 5조 1항 12호)

(1) 재개발사업의 시행으로 인하여 이주하게 되는 세입자를 고려한다. 재개발사업의 경우 구역의 세입자를 위한 임대주택건설이 가능한지 여부를 판단하여 정비예정구역의 범위를 설정할 수 있다. 재개발사업 대상구역에 세입자용 임대주택을 건설하기가 곤란한 경우 인근의 임대주택 활용 여부 등을 검토하여 해당 재개발사업과 연계하여 추진할 수 있으며, 이를 위하여 단계별 추진계획을 조정할 수 있다.

(2) 재개발사업은 세입자 및 주민의 주거안정을 위하여 순환정비방식[8]의 시행을 고려한다. 대규모 정비사업이 시행될 경우에는 해당 지역 거주 세입자는 물론 인근지역 임대시장에 미치는 영향이 지대하므로 주변지역 임대시장 동향 등을 파악하여 단계별 추진계획 등에 반영할 수 있다. 특별시장·광역시장·특별자치시장·도지사·특별자치도지사 또는 시장은 도시·주거환경정비기금 확대 조성을 추진하고 우선적으로 세입자용 임대주택 건설을 위한 재정확보에 최선의 노력을 한다.

파. 도시관리·주택·교통정책 등 국토계획법상의 도시·군계획과 연계된 도시·주거환경정비의 기본방향(법 시행령 5조 1호)

하. 도시·주거환경정비의 목표(법 시행령 5조 2호)

거. 도심기능의 활성화 및 도심공동화 방지 방안(법 시행령 5조 3호)

(1) 기본계획 수립 시 도심환경의 질적 향상과 문화적 다양성 보전, 산업기반 구축을 통한 도시경쟁력 강화, 복잡다양한 도시수요의 충족 등을 고려하여 도심 활성화계획을 수립한다.

(2) 인구 및 주거기능 감소로 야기되는 도심 공동화 지역에 대하여 도심부 활성화 방안과 연계하여 공동화 방지 대책을 수립할 수 있다.

도심공동화 대책이 필요한 지역에 대하여 개발유도를 위하여 별도의 구역(주거복합 의무화구역, 주거복합 권장구역 등)을 지정하거나 상위계획에서 허용하는 범위에서 용적률, 층수 및 높이 등을 완화하여 허용할 수 있다.

---

8) 순환정비방식은 순환용주택(정비구역의 안과 밖에 새로 건설한 주택 또는 이미 건설되어 있는 주택)에 정비사업의 시행으로 철거되는 주택의 소유자 또는 세입자를 임시로 거주하게 하는 등 그 정비구역을 순차적으로 정비하여 주택의 소유자 또는 세입자의 이주대책을 수립하는 방식이다(법 59조 1항).

너. 역사적 유물 및 전통건축물의 보존계획(법 시행령 5조 4호)

정비예정구역 및 인근의 역사적 유물과 전통적 건축물에 대하여 보존 및 정비사업과 관련한 활용계획을 세워야 한다.

더. 정비사업의 유형별 공공 및 민간부문의 역할(법 시행령 5조 5호)

(1) 공공에는 국가·지방자치단체가 해당되며, 민간에는 주민·조합·시공업체·전문관리업자 또는 시민단체 등이 해당되고, 토지주택공사등 공기업은 양 부문에 다 해당한다. 공공은 계획수립 등 행정업무, 관계 법령·기본계획 및 정비계획에 적합하게 사업이 추진되고 있는지에 대한 관리·감독 등의 방법으로 참여하고, 민간은 설계, 시공, 자금지원 등의 역할을 수행한다.

(2) 기본계획에는 필요한 경우 정비예정구역별로 공공과 민간의 역할을 설정할 수 있다. 특히 정비예정구역 지정 시 법 26조 1항 1호(천재지변 등), 4호(도시·군계획과 병행하여 정비사업 시행), 5호(순환정비방식 시행), 7호(국·공유지와 토지주택공사등이 소유한 토지를 합한 면적이 전체 토지면적의 2분의 1 이상인 때)에 해당하거나 대단위 구역인 경우, 개발제한구역인 경우 또는 안전에 문제가 있어 시급히 사업시행이 필요한 구역 등에는 공공의 참여를 우선적으로 고려한다. 기본계획에는 정비예정구역별로 정비기반시설 설치 등 공공의 참여범위를 함께 설정할 수 있다.

러. 정비사업의 시행을 위하여 필요한 재원조달에 관한 사항(법 시행령 5조 6호)

(1) 기본계획 수립 시 계획기간에 발생할 재정수요와 재원조달계획을 수립한다. 재정수요는 과거에 시행된 정비사업에 투입된 재정과 계획 중인 정비사업을 근거로 사업유형 및 정비예정구역별로 추정한다. 재원조달계획은 정비사업과 관련하여 배정 가능한 예산과 적립 가능한 도시·주거환경정비 기금을 중심으로 추정하며, 제3섹타 방식(공공부분과 민간부분이 자금·인력·기술 등을 공동으로 출자하여 운영하는 사업) 및 민간자본을 유치하는 재원계획을 포함할 수 있다.

(2) 배정 가능한 예산은 정비사업과 관련하여 과년도에 배정된 국비·교부세·지방비의 변화추이를 감안하여 추정한다. 도시·주거환경정비기금은 기금의 원천이 되는 도시계획세, 개발부담금, 정비구역 내 국·공유지 매각대금을 근거로 추정한다.

Ⅴ. 수립(변경)절차

기본계획의 수립절차와 변경계획 수립절차는 원칙적으로 동일하다.

1. 원 칙

가. 기초조사

행정청은 기본계획을 수립하기 위한 기초자료로 활용하기 위해 먼저 기초조사를 행한다. 도시·군기본계획 및 도시·군관리계획 등 관련 계획, 자연재해 발생현황 및 가능성, 국가유산(구 문화재) 기타 문화자원 등 인문환경, 지역별·산업별·연령별 인구의 구성 등, 각 지역의 유형별·규모별 주택의 구성 및 변화추이, 노후·불량건축물의 정도, 주택밀도, 주택접도율, 주택의 가격과

소유 및 이용 형태 등 건축물 현황, 용도지역·지목별 면적 및 분포, 토지의 소유형태 및 지가, 토지의 형상 등 지형상태, 과소필지 등 토지이용현황, 교통량과 도로 등 정비기반시설 및 공동이용시설의 지역별 편재 등 현황, 공공·문화체육시설 등의 지역별 편재 등 현황, 재개발사업 임대주택을 포함한 공공임대주택 현황 등이 조사대상이다(기본계획 수립지침 3-2-3).

나. 기본계획 입안

특별시장·광역시장·특별자치시장·특별자치도지사 또는 시장이 기본계획의 입안권자이다. 기본계획의 입안은 계획의 종합성과 집행성을 확보하기 위하여 도시계획부서 및 기획·예산·집행부서간의 긴밀한 협의에 의하여 추진될 수 있도록 한다(기본계획 수립지침 5-1-2).

다. 주민공람 및 지방의회 의견청취 등

이는 기본계획의 민주적 정당성을 확보하기 위함이다.

(1) 주민공람

기본계획의 입안권자는 기본계획안을 먼저 작성한 후, 작성된 기본계획안에 대하여 14일 이상 주민에게 공람하여 의견을 들어야 하며, 제시된 의견이 타당하다고 인정되면 이를 기본계획에 반영하여야 한다(법 6조 1항). 입안권자가 기본계획을 주민에게 공람하려는 때에는 미리 공람의 요지 및 장소를 해당 지방자치단체의 공보 및 인터넷에 공고하고, 공람장소에 관계 서류를 갖추어 두어야 하며, 주민은 공람기간 이내에 입안권자에게 서면(전자문서 포함)으로 의견을 제출할 수 있다. 입안권자는 제출된 의견을 심사하여 채택할 필요가 있다고 인정하는 때에는 이를 채택하여 기본계획에 반영하고, 채택하지 아니한 경우에는 의견을 제출한 주민에게 그 사유를 알려주어야 한다(법 시행령 6조 1항 내지 3항).

(2) 지방의회 의견청취

공람과 함께 지방의회의 의견을 들어야 한다. 이 경우 지방의회는 기본계획의 수립권자가 기본계획을 통지한 날부터 60일 이내에 의견을 제시하여야 하며, 의견제시 없이 60일이 지난 경우 이의가 없는 것으로 본다(법 6조 2항).

(3) 공청회

관련 분야 전문가와 주민대표 및 관계기관이 참석하는 공청회는 개최 여부가 입안권자의 재량사항이다. 그러나 만일 공청회를 개최할 때에는 공청회 개최예정일 14일 전까지 개최목적, 개최 예정일시 및 장소, 수립하고자 하는 기본계획의 개요 등을 게시판 및 인터넷 홈페이지에 게시하고, 해당 시를 주된 보급지역으로 하는 일간신문에 1회 이상 공고하여야 한다(기본계획 수립지침 5-2-1, 2).

라. 관계 행정기관의 장과 협의 및 지방도시계획위원회의 심의를 거쳐 기본(변경)계획의 수립

(1) 특별시장 등과 대도시 시장

특별시장·광역시장·특별자치시장·특별자치도지사와 대도시 시장은 관계 행정기관의 장과 협의한 후 지방도시계획위원회의 심의를 거쳐 기본계획을 수립한다(법 7조 1항).

(2) 대도시의 시장이 아닌 시장

대도시의 시장이 아닌 시장은 도지사의 승인을 얻어 기본계획을 수립한다. 도지사가 이를 승인함에 있어서는 관계 행정기관의 장과 협의한 후 지방도시계획위원회의 심의를 거쳐야 한다(법 7조 2항).

마. 수립된 기본계획의 고시 및 보고

기본계획 입안권자는 기본계획이 수립된 때에는 그 요지를 지체 없이 해당 지방자치단체의 공보에 고시하여야 한다(법 7조 3항).[9] 그 경우 고시문, 기본계획서 등을 첨부하여 국토부장관에게 보고하여야 한다(법 7조 4항, 법 시행규칙 2조 2항).

2. 예 외(경미한 사항 변경)

가. 경미한 사항

기본계획 수립권자가 기본계획의 내용 중 경미한 사항을 변경하는 경우에는 다음에서 보듯이 절차상 특칙이 있다. 따라서 어떠한 사항이 경미한 사항인지 여부가 중요하다.

법 시행령 6조 4항은 정비기반시설의 규모를 확대하거나 그 면적을 10% 미만의 범위에서 축소하는 경우(1호), 정비사업의 계획기간을 단축하는 경우(2호), 공동이용시설에 대한 설치계획을 변경하는 경우(3호), 사회복지시설 및 주민문화시설 등에 대한 설치계획을 변경하는 경우(4호), 구체적으로 면적이 명시된 정비예정구역의 면적을 20% 미만의 범위에서 변경하는 경우(5호), 단계별 정비사업 추진계획을 변경하는 경우(6호), 건폐율 및 용적률을 각 20% 미만의 범위에서 변경하는 경우(7호), 정비사업의 시행을 위하여 필요한 재원조달에 관한 사항을 변경하는 경우(8호), 국토계획법상의 도시·군기본계획의 변경에 따라 기본계획을 변경하는 경우(9호)를 경미한 사항으로 규정하고 있다.

나. 경미한 사항 변경에 있어 절차상 특칙

주민공람 및 지방의회 의견청취절차는 행정청의 재량으로 생략이 가능하다(법 6조 3항). 특별시장 등과 대도시 시장의 경우 관계 행정기관의 장과 협의, 지방 도시계획위원회의 심의를 거치지 아니한다(법 7조 1항 단서). 대도시의 시장이 아닌 시장의 경우 그 외에 도지사의 승인을 얻

9) 위 고시에 특별한 내용이 없는 한 행정업무규정 4조 3호, 6조 3항에 의하여 고시 또는 공고가 있고 난 뒤 5일이 경과한 날부터 효력을 발생한다.

는 절차의 생략이 가능하다(법 7조 2항 단서).

Ⅵ. 효 력

1. 기본계획의 효력

가. 비구속적 효력

기본계획은 비구속적 행정계획으로서 원칙적으로 토지등소유자의 재산상 권리·의무 등에 구체적이고 직접적인 영향을 미치지 아니한다.

판례도 기본계획은 특별시장 등이 도시 및 주거 환경을 정비하고 개량하기 위한 기본방향을 제시하는 것으로서 그에 후속되는 정비계획의 수립 및 정비구역지정의 지침이 되는 것일 뿐 그 자체로 국민의 권리·의무에 직접적인 영향을 미치는 것은 아니므로 이는 항고소송의 대상이 되는 행정처분에 해당하지 아니한다고 하고 있다.[10)]

다만, 다음에서 살펴보듯이 정비예정구역에서는 누구든지 지역주택조합의 조합원을 모집해서는 아니 되고, 이를 위반하는 경우 형사처벌을 받게 되는 것을 근거로 행정처분에 해당한다고 주장하는 견해가 있으나, 그것만으로 독자적인 처분성을 인정하기 어렵다.

나. 지역주택조합의 조합원 모집 금지

정비예정구역에서는 누구든지 주택법 2조 11호 ㈎목에 따른 지역주택조합의 조합원을 모집해서는 아니 된다(법 19조 8항). 이는 법이 2018. 10. 13. 개정되면서 새롭게 도입된 규정으로서, 정비예정구역에서 지역주택조합 조합원을 모집함으로써 정비사업 시행에 혼란을 주고 주민 간 갈등을 유발하는 경우가 있어 정비사업의 원활한 진행을 위하여 지역주택조합 조합원 모집행위의 금지를 명문화한 것이다. 위 규정을 위반하여 지역주택조합의 조합원을 모집한 자는 법 138조 1항 1호에 의하여 형사처벌을 받게 된다.

다. 권리산정기준일 관련

기본계획상의 정비예정구역이 일반적으로 정비구역으로 지정되는 경향이 있다. 따라서 기본계획수립만으로도 투기의 가능성이 존재한다. 이에 법 77조 1항은 1호 내지 5호가 정한 지분 쪼개기의 경우 예외적인 관리처분방법으로 권리산정기준일(건축물의 분양받을 권리를 산정하기 위한 기준일)을 따로 정하는데, 원칙적으로 정비구역지정일(정비계획결정일)로 하되, 시·도지사는 투기를 억제하기 위하여 기본계획 수립을 위한 주민공람공고일 후 정비구역지정·고시 전에 따로 정하는 날을 권리산정기준일로 정할 수 있도록 규정함으로써 기본계획 수립 관련 일자가 권리산정기준일 지정의 근거가 되기도 한다.

라. 재정비촉진계획의 결정·고시와 관계

재정비촉진계획이 결정·고시된 경우, 그 재정비촉진계획이 기본계획의 수립 또는 변경에 관

10) 대법원 2013. 2. 14. 선고 2011두23757 판결 참조.

한 구체적인 내용을 포함하고 있다면 그 재정비촉진계획의 고시일에 기본계획의 수립에 대한 승인 또는 결정이 있는 것으로 본다(도시재정비법 13조 1항).

2. 기본계획을 공람 중인 정비예정구역에 대한 건축행위제한 등 처분

가. 앞서 본 바와 같이 기본계획에는 원칙적으로 정비예정구역의 개략적인 범위가 표시된다. 국토부장관, 시·도지사, 시장·군수 또는 자치구청장은 비경제적인 건축행위 및 투기 수요의 유입을 막기 위하여 기본계획을 공람 중인 정비예정구역에 대하여 3년 이내의 기간(1년의 범위에서 한 차례만 연장할 수 있다)을 정하여 대통령령으로 정하는 방법과 절차에 따라 건축물의 건축, 토지의 분할행위, 건축법 38조에 따른 건축물대장 중 일반건축물대장을 집합건축물대장으로 전환, 건축법 38조에 따른 건축물대장 중 집합건축물대장의 전유부분 분할행위를 예외적으로 제한할 수 있다(법 19조 7항).[11] 이는 토지등소유자의 재산상 권리·의무 등에 구체적이고 직접적인 영향을 미치는 처분에 해당하므로 법률유보의 원칙상 엄격히 해석되어야 한다.[12]

정비예정구역에 대한 건축행위, 토지의 분할행위 등의 위와 같은 제한은 처분이다. 일반적으로 처분은 주체·내용·절차와 형식이라는 내부적 성립요건과 외부에 대한 표시라는 외부적 성립요건을 모두 갖춘 경우에 존재한다고 할 수 있는바,[13] 법은 정비예정구역에서 위와 같은 행위를 제한하려는 때에는 제한지역·제한사유·제한대상행위 및 제한기간을 미리 관보(국토부장관) 또는 해당 지방자치단체의 공보(시·도지사, 시장·군수 또는 구청장)에 고시하여야 한다(법 시행령 16조 1항, 4항)고 규정하여 처분에 대한 외부적 성립요건을 명문으로 정하고 있다. 또한 위와 같은 행위를 제한하기 위해서는 중앙도시계획위원회(국토부장관) 또는 지방도시계획위원회(시·도지사, 시장·군수 또는 구청장)의 심의를 반드시 거쳐야 한다(법 시행령 16조 2항). 행위를 제한하려는 자가 국토부장관 또는 시·도지사인 경우에는 중앙도시계획위원회 또는 지방도시계획위원회의 심의 전에 미리 제한하려는 지역을 관할하는 시장·군수등의 의견을 들어야 한다(법 시행령 16조 3항).

위와 같이 행위가 제한된 지역에서 건축물의 건축, 토지의 분할행위 등을 하려는 자는 시장·군수등의 허가를 받아야 한다(법 시행령 16조 5항). 정비구역지정 이후의 건축물의 건축 등 행위제한 위반에 대하여는 도시정비법 137조 2호에 의하여 형사처벌의 대상이나, 위 행위제한 위반에 대하여는 형벌규정이 존재하지 아니한다.

나. 정비계획 수립권자가 법 19조 7항의 제한처분권자와 동일하고, 외관상 하나의 행위로 이루어지더라도, 법적 성격은 뚜렷이 구분된다.

---

11) 법이 2024. 1. 30. 개정되면서 건축법 38조에 따른 건축물대장 중 일반건축물대장을 집합건축물대장으로 전환하는 행위, 건축법 38조에 따른 건축물대장 중 집합건축물대장의 전유부분 분할행위가 각 제한행위로 추가되었다.

12) 대법원 2024. 5. 9. 자 2024두33747 판결 및 서울고등법원 2024. 1. 11. 선고 2023누31265 판결(건축물대장 중 일반건축물대장을 집합건축물대장으로 전환, 건축물대장 중 집합건축물대장의 전유부분 분할행위를 예외적으로 제한할 수 있도록 하는 조항이 도입된 2024. 1. 30. 법 개정 이전의 사안에서, 구 법 19조 7항이 행위제한의 대상으로 정하고 있는 '건축물의 건축', '토지의 분할'에 '건축법 19조에 의한 주택으로의 용도변경', '건축물대장 규칙 15조에 의한 집합건축물로의 전환', '기타 세대 수 및 분양대상자를 증가시키는 일체의 행위'가 포함된다고 볼 수 없다고 하였다).

13) 대법원 2017. 7. 11. 선고 2016두35120 판결.

제2장 재건축사업을 위한 재건축진단

Ⅰ. 의 의

재건축진단은 재건축사업에서 아파트의 노후·불량 정도에 따라 구조의 안전성, 주거환경성 등을 조사해 시장·군수등이 사업시행계획인가 여부를 결정하는 요건으로서 행정절차이다(정비예정구역별 정비계획의 수립시기가 도래한 때부터 재건축진단이 가능하므로, 정비계획을 수립하는 요건의 의미도 있다). 종래 안전진단은 정비구역지정 및 정비계획결정 이전에 정비계획 입안권자가 재건축 필요성 등의 검증을 통하여 재건축사업의 가능 여부를 판단하여 정비계획을 입안하기 위한 행정절차였으나, 2024. 12. 3.자 법 개정으로 그 의미가 변경되었고, 명칭도 재건축사업을 위한 재건축진단으로 변경되었다(12조).[1]

재건축진단(구 안전진단)은 도시정비법 제정 이전의 구 주택건설촉진법에서 인정된 제도로서,[2] 당시 재건축사업은 민간의 주택건설사업이므로 정비구역지정이라는 절차가 없어 재건축진단을 통하여 과열을 막고 행정청이 일정한 통제권을 갖기 위하여 도입된 제도로서 그 의의가 있었으나, 현재는 행정청이 정비구역지정을 통하여 재건축사업의 통제가 가능하므로 존재할 정당성이 없다는 견해가 있다.[3]

도시정비법의 제정으로 재건축사업의 경우에도 행정청이 정비구역으로 지정한 경우에만 진행이 가능하므로, 재건축진단이 도시정비법 제정 이전의 구 주택건설촉진법에서의 도입취지와 부합하지 않는 측면이 있으나, 현행법상으로도 재건축사업은 재개발사업과 달리 공익성이 상대적으로 미약하고, 이에 따라 임대주택의 필수적 건설의무가 부여되지 않는 등 각종 규제에서 제외되는 반면, 사업시행자인 조합은 조합설립에 동의하지 않는 토지등소유자의 재산권을 강제로 취득할 수 있는 등 토지등소유자 및 일반국민에게 미치는 영향이 중대하기 때문에 보다 엄격한 요건을 요구하여야 하고, 또한 무분별한 재건축으로 인한 사회적 자원낭비를 방지하는 측면에서 재건축진단은 여전히 필요하다. 한편, 2024. 12. 3.자 법 개정으로 재건축진단은 사업시행계획인가 전까지 받을 수 있도록 변경되었는데, 이는 정비사업의 신속한 추진을 위한 것이다. 종래 법이 2009. 2. 6. 개정되기 이전에는 안전진단 실시시기가 추진위원회 구성승인 이후였는데(당시

---

1) 개정법 시행일인 2025. 6. 4. 전에 이미 정비구역이 지정된 재건축사업은 개정 전 법이 적용된다.

2) 도시정비법 제정 이전의 재건축은 민간의 주택건설사업으로서, 구분소유자들 사이의 내부관계는 집합건물법이 적용되고, 행정청에 대한 인·허가는 주택건설촉진법이 적용되었는바, 집합건물법상의 재건축이 '비용에 비하여 현저한 효용증가가 있는 경우'에도 허용함에 반해, 주택건설촉진법상의 재건축은 '노후·불량한 주택'만을 대상으로 하고, 집합건물법과 달리 안전진단을 필수적인 절차로 하였다.

3) 김종보, 건설법의 이해, 제7판, 북포레(2023년), 430, 431.

안전진단신청에 관한 업무가 추진위원회의 업무이다, 구 법 14조 1항 1호), 추진위원회가 구성된 이후로서 안전진단을 통과하지 못하는 경우 추진위원회가 업무 없이 방치되고 그 결과로 사업이 장기화되어 주민피해가 발생하자, 2009. 2. 6. 법 개정으로 정비계획의 수립을 위한 전제로 추진위원회 구성 이전에 안전진단을 받도록 변경되었음에도, 2024. 12. 3.자 법 개정으로 재건축진단을 사업시행계획인가 전까지로 변경한 것은 적어도 정비구역지정이 이루어진 재건축사업의 경우 특별한 사정이 없는 한 재건축진단이 통과될 수 있음이 전제되어 있는 것으로 볼 여지가 있는 점(시장·군수등은 재건축진단 결과 외에 도시계획 및 지역여건 등을 종합적으로 검토하여 사업시행계획인가 여부를 결정하므로, 설령 재건축진단 결과가 '재건축판정'에 해당하지 않더라도 사업시행계획인가 단계에 이른 재건축사업의 경우 그 인가의 가능성이 높다), 종래 안전진단을 통과한 재건축사업의 경우 거의 예외 없이 노후·불량건축물이라는 일정한 요건을 갖춘 경우에 해당하여 정비구역지정이 이루어진 점 등에 비추어 사실상 재건축진단은 정비구역지정에 포섭되어 2024. 12. 3.자 법 개정으로 유명무실화 된 측면이 있음을 부정할 수 없다.

2024. 12. 3.자 법 개정으로 재건축진단의 실시 주체, 재건축진단의 종기, 절차와 방법에서 상당한 변경이 있으므로, 이하에서 차례대로 살펴본다.

재건축진단의 실무작업은 시장·군수등(구 법상의 정비계획 입안권자)으로부터 이를 의뢰받은 재건축진단기관이 행하고, 재건축진단기관은 반드시 국토부장관이 정하여 고시하는 기준인 '주택재건축판정을 위한 재건축 진단기준'에 따라 진단하여야 함(법 12조 5항)은 종전과 동일하다. 위와 같이 재건축진단은 국회가 제정하는 법률이 아니라 국토부장관이 정하여 고시하는 기준에 따라 이루어지므로 정부정책에 크게 좌우되는 영역이다. 즉, 공동주택의 경우 노후화되더라도 구조적 안전성에는 별다른 문제가 없고, 거주환경이 열악하거나 설비노후도가 심각한 경우가 많은바, 재건축의 활성화에 주안점을 두는 정부의 경우 재건축진단 중 주거환경중심평가에 있어 구조안전성 평가 비중을 낮추고, 주거환경성 평가나 설비노후도 평가 비중을 높여 재건축진단의 통과를 용이하게 하고, 재건축의 억제에 주안점을 두는 정부의 경우 그 반대의 경우이다. 종래 '안전진단'을 '재건축진단'으로 명칭을 변경한 것은 구조안정성 평가 비중을 낮추고 주거환경성 평가 비중을 높이려는 의지가 반영되어 있다.

Ⅱ. 실시주체

법 제정 당시부터 2017. 2. 8. 전부개정 이전까지는 안전진단의 실시주체는 시장·군수등이었다. 그러나 2017. 2. 8. 법이 전부개정되면서 재건축사업에서 안전진단은 정비계획결정의 요건에 해당됨을 근거로 정비계획 입안권자(여기에는 특별시장, 광역시장 등 정비계획 결정권자도 포함된다)로 변경되었다가, 2024. 12. 3.자 법 개정으로 재건축진단은 사업시행계획인가 여부를 결정하는 요건으로 의미가 변경되었으므로(6항, 다만 앞서 본 바와 같이 정비예정구역별 정비계획의 수립시기가 도래한 때부터 재건축진단이 가능하므로, 정비계획을 수립하는 요건의 의미도 있다), 사업시행계획의 인가권이 없는 정비계획 결정권자는 제외되고 정비계획 입안권 및 사업시행계획의 인가권을 가진 시장·군수등으로 한정되었다(법 12조 1항, 2항).

Ⅲ. 대상 및 기한

1. 대 상

재건축사업은 주택단지를 기준으로 하므로 재건축진단의 대상은 주택단지의 건축물을 대상으로 하고(법 12조 3항 본문), 재건축을 위해서는 원칙적으로 재건축진단을 거쳐야 한다.

다만, ① 정비계획의 입안권자가 천재지변 등으로 주택이 붕괴되어 신속히 재건축을 추진할 필요가 있다고 인정하는 것, ② 주택의 구조안전상 사용금지가 필요하다고 정비계획의 입안권자가 인정하는 것, ③ 셋 이상의 아파트 또는 연립주택이 밀집되어 있는 지역으로서 재건축진단 실시 결과 전체 주택의 3분의 2 이상이 재건축이 필요하다는 판정을 받은 지역의 잔여 건축물, ④ 정비계획의 입안권자가 진입도로 등 기반시설 설치를 위하여 불가피하게 정비구역에 포함된 것으로 인정하는 건축물, ⑤ 시설물안전법 2조 1호의 시설물로서 같은 법 16조에 따라 지정받은 안전등급이 D(미흡) 또는 E(불량)인 건축물인 경우에는 재건축진단의 대상에서 제외할 수 있다(법 12조 3항 단서, 법 시행령 10조 3항).

특히 위 ⑤의 경우 법 시행령이 2018. 5. 8. 개정되면서 신설되었는데, 이로써 종래 안전상의 문제가 명확히 확인된 건축물의 경우에도 재건축사업을 위하여 반드시 재건축진단절차를 거쳐야 하는 불합리가 시정되었다. 이에 따라 지진 등으로 안전상의 문제가 확인된 건축물에 대한 신속한 재건축의 추진이 가능하게 되었다.

한편, 2024. 12. 3.자 법 개정으로 주택단지에 연접한 단지까지 포함할 수 있도록 함으로써 통합 재건축진단을 허용하고 있다.

2. 기 한

일반적인 주택단지 건축물에 대한 재건축진단 실시기한에 관하여 살펴본다.

가. 시 기

⑴ 원칙

기본계획에서 정해진 정비예정구역별 정비계획의 수립시기가 도래한 때에 안전진단을 실시하여야 한다(법 12조 1항). 재건축진단 비용은 시장·군수등이 부담한다.

⑵ 예외

㈎ 정비계획의 입안을 요청·제안하려는 자, 재건축사업을 하려는 자 또는 추진위원회나 사업시행자가 재건축진단의 실시를 요청하는 경우이다(법이 2024. 12. 3. 개정되어 정비구역지정 전에 추진위원회 구성이 가능하다). 이는 주로 기본계획이 수립되지 않아 정비예정구역별 정비계획의 수립시기가 존재하지 않거나 위 수립시기 도래 이전의 경우 주로 문제된다.

구체적으로는 ① 정비계획의 입안을 요청하려는 자가 입안을 요청하기 전(법 12조 2항 1호, 2024. 12. 3. 신설), ② 정비계획의 입안을 제안하려는 자가 입안을 제안하기 전(법 12조 2항 2호),

③ 기본계획상 정비예정구역을 지정하지 아니한 지역에서 재건축사업을 하려는 자(법 12조 2항 3호), ④ 2조 3호 나목에 해당하는 건축물[4]의 소유자로서 재건축사업을 시행하려는 자(법 12조 2항 4호), ⑤ 정비계획을 입안하여 주민에게 공람한 지역 또는 정비구역으로 지정된 지역에서 재건축사업을 시행하려는 자(법 12조 2항 5호, 2024. 12. 3. 신설)가 (정비사업 예정구역 내, 정비구역 내) 각 건축물 및 그 부속토지의 소유자 10분의 1 이상의 동의를 받아 재건축진단의 실시를 요청하는 경우 및 시장·군수등의 승인을 받은 추진위원회 또는 사업시행자가 재건축진단의 실시를 요청하는 경우(법 12조 2항 6호, 2024. 12. 3. 신설)에도 재건축진단을 실시하여야 한다(법 12조 2항).

재건축진단의 실시를 요청하려는 자는 법정의 '재건축진단 요청서'를 제출하여야 한다(법 시행규칙 3조 1항). 위와 같은 예외적인 경우 시장·군수등은 재건축진단에 드는 비용을 해당 재건축진단의 실시를 요청하는 자에게 부담하게 할 수 있다.[5]

㈏ 앞서 본 ① 내지 ⑤의 사유는 앞서 본 바와 같이 건축물 및 그 부속토지의 소유자 10분의 1 이상의 동의를 요건으로 하는바, 토지등소유자의 동의자 수 산정방법, 동의 철회의 방법 및 시기 등에 대하여는 법 시행령 33조 1항을 적용한다. 자세한 내용은 제4편 제3장 2절 토지등소유자 동의자 수 산정방법에서 살펴본다. 다만 서면동의서에 서명을 적고, 지장을 날인하는 방법 및 신분증명서사본을 첨부하는 법 36조 1항의 법정 동의방법은 필요하지 아니한다. 동의의 철회는 재건축진단의 실시를 요청하기 전까지 가능하다(법 시행령 33조 2항).[6]

나. 종 기

종래에는 기본계획에서 정해진 정비예정구역별 정비계획의 수립시기가 도래한 때에 재건축사업 정비계획의 입안을 위하여 즉시 재건축진단(구 안전진단)을 실시하여야 한다고 규정하고 있었다(구 법 12조 1항). 그러나 법이 2024. 12. 3. 개정되어 정비예정구역별 정비계획의 수립시기가 도래한 때부터 사업시행계획인가 전까지로 재건축진단 실시기한이 늦추어졌다. 이는 법상 정비구역지정 및 정비계획의 수립이 가능한 노후·불량건축물에 해당하는 공동주택임에도(준공년도에 따라 차이가 있으나, 일반적으로 30년이다[7]), 재건축진단을 통과하기 전에는 정비사업에 착수할 수

4) 내진성능이 확보되지 아니한 건축물 중 중대한 기능적 결함 또는 부실 설계·시공으로 구조적 결함 등이 있는 건축물이고, 건축물을 건축하거나 대수선할 당시 건축법령에 따른 지진에 대한 안전 여부 확인 대상이 아닌 건축물로서, ① 급수·배수·오수 설비 등의 설비 또는 지붕·외벽 등 마감의 노후화나 손상으로 그 기능을 유지하기 곤란할 것으로 우려되는 건축물(법 시행령 2조 1항 1호) 또는 ② 법 12조 4항에 따른 안전진단기관이 실시한 안전진단 결과 건축물의 내구성·내하력(耐荷力) 등이 같은 조 5항에 따라 국토부장관이 정하여 고시하는 기준에 미치지 못할 것으로 예상되어 구조 안전의 확보가 곤란할 것으로 우려되는 건축물(법 시행령 2조 1항 2호).

5) 서울시는 원칙적으로 재건축진단의 실시를 요청한 자의 부담으로 하되(재건축진단의 실시를 요청한 자는 구청장이 재건축진단의 실시 여부를 결정하여 통보한 경우 재건축진단에 필요한 비용을 예치하여야 하고, 구청장은 재건축진단 결과보고서가 제출된 경우 예치된 금액에서 비용을 직접 지급한 후 나머지 비용은 재건축진단의 실시를 요청한 자와 정산하여야 한다, 서울시 조례 9조 3항, 4항), 예외적으로 토지등소유자의 과반수 동의를 받았고, 재건축진단의 실시를 요청하는 자가 재건축진단 비용, 반환방법 및 기한 등을 포함하여 구청장과 협약을 체결한 경우에 한하여 재건축진단에 필요한 비용의 전부 또는 일부를 한 차례만 지원할 수 있고, 그 경우에도 재건축진단에 필요한 비용을 지원받은 자는 사업시행계획인가 전까지 지원비용을 현금으로 반환하여야 한다(서울시 조례 9조 5항).

6) 도시정비법상 토지등소유자나 토지소유자의 동의를 요건으로 하는 경우(법 12조 2항, 36조 1항)나 동의로 의제되는 경우(법 26조 1항 8호, 31조 2항)는 정비구역 해제에 대한 동의와 조합설립에 대한 동의를 제외하고는 해당 동의에 따른 인·허가 등을 신청하기 전까지 가능하다(법 시행령 33조 2항).

7) 철근콘크리트·철골콘크리트·철골철근콘크리트 및 강구조인 공동주택은 서울시 조례 [별표 1]에 따른 기간이다[서울시 조례 4조 1항 1호 ㈎목].

없어 열악한 주거환경 등으로 인한 주민들의 불편이 심화되므로, 신속하게 재건축사업에 착수할 수 있도록 하기 위함이다.

Ⅳ. 절차 및 방법

1. 현지조사 및 안전진단실시결정

가. 2024. 12. 3. 법 개정 이전(현지조사 및 안전진단실시결정 필수)

정비계획의 입안권자는 현지조사 등을 통하여 해당 건축물의 구조안전성, 건축마감, 설비노후도 및 주거환경 적합성 등을 심사하여 안전진단을 실시할 것인지 여부를 결정하여야 한다. 안전진단의 실시가 필요하다고 결정한 경우에 한하여 대통령령으로 정하는 안전진단기관에 안전진단을 의뢰하여야 한다(구 법 12조 4항). 정비계획의 입안권자는 구 법 12조 2항 1호(14조에 따라 정비계획의 입안을 제안하려는 자)에 따른 안전진단의 요청이 있는 때에도 현지조사를 통하여 안전진단의 실시 여부를 결정한다.[8] 현지조사 결과 안전진단의 요청이 있는 공동주택이 노후·불량건축물에 해당하지 아니함이 명백하다고 인정하는 경우 안전진단의 실시가 필요하지 아니하다고 결정할 수 있고(구 법 시행령 10조 2항), 그 경우 정비계획 입안권자는 신청서를 반려하게 되는데, 이는 처분으로서 항고소송의 대상이 된다. 이를 고려하여 현지조사의 전문성 확보를 위하여 정비계획의 입안권자는 한국건설기술연구원 등에 현지조사를 의뢰할 수 있다(법 시행령 10조 5항). 이는 법 시행령이 2018. 5. 8. 개정되면서 도입되었다.

나. 2024. 12. 3. 법 개정 이후(현지조사 및 안전진단실시결정 생략)

시장·군수등은 안전진단실시 시기가 도래되거나 법 12조 2항이 정한 자의 재건축진단 실시 요청이 있는 경우 현지조사나 안전진단실시결정 없이 대통령령으로 정하는 재건축진단기관[9]에 의뢰하여 주거환경 적합성, 해당 건축물의 구조안전성, 건축마감, 설비노후도 등에 관한 재건축진단을 실시하여야 한다(법 12조 4항, 법 시행령 10조 3항). 또한 법 12조 2항이 정한 자의 재건축진단 실시 요청이 있는 경우에는 반드시 요청일로부터 30일 이내에 재건축진단의 실시계획을 요청한 자에게 통보하여야 한다(재건축진단기준 2-1).

2. 재건축진단 방법

가. 재건축진단 실시

(1) 시장·군수등으로부터 재건축진단을 의뢰받은 재건축진단기관은 앞서 본 바와 같이 국토부장관이 정하여 고시하는 기준인 '주택재건축판정을 위한 재건축진단기준'에 따라 재건축진단을 실시하여야 한다(법 12조 5항).[10] 재건축진단은 '구조안전성 평가 재건축진단'과 '주거환경중심

---

8) 정비계획의 입안권자는 요청일부터 30일 이내에 안전진단의 실시 여부를 결정하여 요청인에게 통보하여야 하고, 안전진단 실시 여부를 결정하기 전에 재건축사업의 시기를 조정할 필요가 있다고 인정하는 경우에는 안전진단의 실시 시기를 조정할 수 있다(구 법 시행령 10조 1항).

9) 한국건설기술연구원, 시설물안전법 28조에 따른 안전진단전문기관, 국토안전관리원이다.

10) 입법론으로 전국에 일률적으로 적용되는 '주택재건축판정을 위한 재건축진단기준' 대신 표준정관처럼 지역실정에 맞

평가 재건축진단'으로 구분하여 시행한다. 구조안전성 평가는 건축물의 구조적 또는 기능적 결함 등을 평가하는 것이고, 주거환경중심 평가는 주거생활의 편리성 및 거주의 쾌적성 등을 종합적으로 평가하는 것이다(법 시행령 10조 6항).

(2) 구조안전성 평가는 기울기 및 침하, 내하력, 내구성으로 나누어 조사, 평가하여 최종 성능점수를 산정한다. 주거환경중심 평가는 주거환경(안전성, 편의성, 쾌적성, 거주성), 건축마감 및 설비노후도 평가, 구조안전성, 비용분석 분야로 나누어 조사, 평가하여 최종 성능점수를 산정한다(위 재건축진단 기준 3-2). 각 평가등급은 A(100~95), B(95~80), C(80~55), D(55~20), E(20~0)이다(위 재건축진단 기준 3-1).

나. 종합판정

(1) 점수합산 방법

주거환경중심평가 재건축진단의 경우 가중치를 구조안전성 30%, 건축마감 및 설비노후도 30%, 주거환경 40%로 하여 각각의 점수를 산출하여 최종 점수를 합산하되, 법 12조 2항에 따라 재건축진단의 실시를 요청한 자는 시장·군수등에게 그중 주거환경의 가중치를 30%로 하고, 비용분석의 가중치를 10%로 하여 최종 성능점수를 구하도록 요청할 수 있고, 그 경우 시장·군수등은 이에 따라야 한다(위 재건축진단 기준 3-7-1).

주거환경중심평가 재건축진단의 경우 '주택 재건축 판정을 위한 안전진단 기준'이 2018. 3. 5. 국토부 고시 제2018-141호로 개정되기 이전(이명박 정부)에는 가중치가 구조안전성 20%, 건축마감 및 설비노후도 30%, 주거환경 40%, 비용분석 10%로서, 주거생활의 편리성 및 거주의 쾌적성에 중점을 두었던 관계로 구조적으로 안전함에도 불구하고 재건축사업이 추진되는 경우가 다수 있었다. 그 후 2018. 3. 5.자 개정(문재인 정부)으로 가중치를 구조안전성 50%, 건축마감 및 설비노후도 25%, 주거환경 15%, 비용분석 10%로 변경하여 구조안전성에 중점을 두어 주거생활이 불편하고, 거주에 어려움이 있음에도 구조적으로 안전한 주택의 경우 재건축이 제한되었다. 다시 2023. 1. 5.자 개정(윤석열 정부)으로 구조안전성 30%, 주거환경 30%, 건축마감 및 설비노후도 30%, 비용분석 10%로 가중치가 변경되었다가, 2025. 6. 4. 앞서 본 바와 같이 원칙적으로 주거환경 40%, 구조안전성 30%, 건축마감 및 설비노후도 30%로 변경되었다. 구조안전성평가 재건축진단의 경우 기울기 및 침하, 내하력, 내구성 성능점수의 합계가 최종 성능점수가 된다. 연접한 단지를 포함하여 재건축진단을 실시하는 경우에는 단지별 세대 수 비율을 가중평균하여 최종 성능점수를 구한다.

(2) 판정내용

(가) 산출된 최종 점수에 따라 유지보수(55 초과), 조건부 재건축(45 초과 55 이하), 재건축(45 이하)으로 판정한다.[11] 다만 주거환경중심 평가 중 주거환경 또는 구조안전성 분야의 성능점수

도록 시·도지사 등이 기준을 마련하는 것이 타당한 것으로 보인다.

11) 주택 재건축 판정을 위한 재건축진단 기준 3-7-4(2023. 1. 5. 개정되기 이전에는 30이하는 재건축이고, 조건부 재건축은 30초과 55이하였으나, 위 개정으로 재건축 점수를 완화하였다).

가 20점 이하의 경우에는 그 밖의 분야에 대한 평가를 고려하지 않고 '재건축'으로 판정한다(위 재건축진단기준 3-1-3).

(나) 종래 '재건축'은 원칙적으로 정비계획 입안대상이 될 수 있고, '조건부 재건축'은 재건축은 가능하되, 시장·군수등이 주택시장·지역여건 등을 고려하여 재건축시기를 조정할 수 있으며,[12] '유지보수 판정'은 정비계획 입안대상에서 제외됨을 의미하는 등 정비계획 입안 여부와 관련되었다. 그러나 2024. 12. 3. 법 개정으로 위와 같은 판정내용은 원칙적으로 사업시행계획인가 여부와 관련된다.

(다) '유지보수 판정'을 받더라도 다음에서 살펴보듯이 정비계획입안이 이루어지거나 사업시행계획인가를 받을 수 있으나, 그와 같은 결정에 불리한 영향을 미치는 것은 명백하므로, 이는 처분에 해당하여 항고소송으로 다툴 수 있다.

3. 결과보고서 제출

재건축진단을 실시한 재건축진단기관은 국토부령으로 정하는 방법 및 절차에 따라 재건축진단 결과보고서를 작성하여 시장·군수등 및 법 12조 2항에 따라 재건축진단의 실시를 요청한 자에게 제출하여야 한다(법 12조 5항). 재건축진단 결과보고서를 거짓으로 작성한 자는 법 137조 1호에 의하여 형사처벌을 받게 된다.

Ⅴ. 효 과

1. 시장·군수등의 사업시행계획인가 여부 결정 등

가. 종래 2024. 12. 3.자 법 개정 이전에는 정비계획의 입안권자는 5항에 따른 안전진단의 결과와 도시계획 및 지역여건 등을 종합적으로 검토하여 정비계획의 입안 여부를 결정한다(구 법 12조 6항). 그러나 2024. 12. 3.자 개정법률은 시장·군수등은 재건축진단의 결과와 도시계획 및 지역여건 등을 종합적으로 검토하여 사업시행계획인가 여부(법 75조에 따른 시기 조정을 포함한다)를 결정한다(법 12조 6항). 재건축진단 결과 등에 기초하여 정비계획이 입안되지 아니하거나 사업시행계획불인가 결정이 있는 경우 그에 대하여도 항고소송으로 다툴 수 있다.

나. 종래 2024. 12. 3.자 법 개정 이전에는 정비계획의 입안권자는 구 법 12조 6항에 따라 정비계획의 입안 여부를 결정한 경우에는 지체 없이 특별시장·광역시장·도지사에게 그 결정내용과 해당 재건축진단 결과보고서를 제출하여야 한다(구 법 13조 1항). 그러나 2024. 12. 3.자 법 개정으로 시장·군수등은 12조 5항에 따라 재건축진단 결과보고서를 제출받은 경우에는 특별시장·광역시장·도지사에게 지체 없이 결정내용과 해당 재건축진단 결과보고서를 제출하여야 한다(법 13조 1항). 따라서 개정법률상의 '결정내용'은 재건축진단 결과보고서상의 결정내용을 의미한다고 봄이 상당하다.

---

12) 재건축진단 기준 1-4-4(2023. 1. 5. 개정 이전에는 '조건부 재건축'은 재건축 필요성이 명확하지 않은 경우에 해당하여 안전진단 결과보고서에 대한 공공기관의 적정성 검토를 거쳐 정비계획의 입안권자가 재건축 여부를 판정하는 것을 의미하였다).

2. 재건축진단 결과 검증

가. 특별시장·광역시장·특별자치시장·도지사·특별자치도지사는 필요한 경우 국토안전관리원 또는 한국건설기술연구원에 재건축진단 결과의 적정성에 대한 검토를 의뢰할 수 있다(법 13조 2항). 국토부장관은 위 시·도지사 등에게 재건축진단 결과보고서의 제출을 요청할 수 있으며, 필요한 경우 위 시·도지사 등에게 재건축진단 결과의 적정성에 대한 검토를 요청할 수 있다(법 13조 3항). 재건축진단 결과의 적정성 여부에 따른 검토 비용은 적정성 여부에 대한 검토를 의뢰 또는 요청한 기관이 부담한다(법 시행령 11조 2항).

나. 특별시장·광역시장·도지사는 법 12조 2항 및 3항에 따른 검토결과에 따라 필요한 경우 시장·군수등에게 재건축진단에 대한 시정요구 등 대통령령으로 정하는 조치를 요청할 수 있으며, 시장·군수등은 특별한 사유가 없으면 그 요청에 따라야 한다(법 13조 4항).

Ⅵ. 재실시 폐지

구 법 131조는 시장·군수등은 재건축 안전진단 이후로서 정비구역이 지정·고시된 날부터 10년이 되는 날까지 사업시행계획인가를 받지 아니하고, 법정의 사유가 있는 경우 안전진단의 재실시를 규정하였으나, 2024. 12. 3.자 법 개정으로 재건축진단이 사업시행계획인가 여부 결정의 요건이 되었으므로, 위 규정이 삭제되었다.

제3장 정비구역지정 및 정비계획결정

제1절 정비구역지정 및 정비계획결정 일반론

Ⅰ. 의 의

정비구역이란 행정청이 정비사업을 계획적으로 시행하기 위하여 노후·불량건축물이 밀집하는 등 법정의 요건에 해당하는 토지에 대하여 특별히 지정·고시한 구역을 의미한다(법 2조 1호).

행정청이 위치와 면적으로 정비사업의 대상지역을 확정하는 행위를 정비구역지정이라고 한다. 행정청의 정비구역지정에는 정비사업의 내용이 포함되어 있지 않고 단지 대상지역의 구역과 면적만을 확정할 뿐이다(예를 들면 서울시 강남구 반포동 111－11번지 외 100필지, 토지의 총면적 3만㎡). 따라서 해당 정비구역을 계획적이고 체계적으로 정비하기 위하여 해당 구역과 주변지역이 상호 유기적이며 효율적으로 정비될 수 있는 체계를 확립하고, 정비구역의 토지이용 및 기반시설의 설치, 개발밀도 설정 등에 관한 사항을 구체화하는 행정계획이 필요한데, 이것이 정비구역의 지정에 부가하여 이루어지는 정비계획이다.

정비구역지정 및 정비계획결정은 결합하여 함께 이루어지는 하나의 행정처분이다(법 8조 1항은 요건에 해당하는 구역에 대하여 정비계획을 결정하여 정비구역을 지정할 수 있다고 규정하고 있다).[1)]

통상적으로 자치구청장등이 정비계획을 입안하여 특별시장·광역시장에게 정비구역지정을 신청하고, 특별시장·광역시장, 특별자치시장, 특별자치도지사, 시장·군수가 정비구역을 지정하고, 정비계획을 수립한다(법 8조 1항, 5항. 도 관할에 속하는 군의 경우 기본계획이 수립되지는 않으나, 군수가 정비계획을 결정하고 정비구역을 지정할 수 있다).

정비계획은 국토계획법상의 도시·군기본계획 및 앞서 본 기본계획의 하위계획이므로, 행정청은 위 상위계획에 따라 정비구역을 지정하고, 위 상위계획이 제시한 방향, 기본원칙 및 개발지

---

1) 도시개발법상의 도시개발구역지정 및 개발계획결정도 불가분으로 이루어지나, 다만, 반드시 개발구역지정시기와 개발계획수립시기가 일치할 것을 요구하지는 아니한다(도시개발법 4조 1항 단서). 도시재정비법에서 재정비촉진지구의 지정(변경)은 구체적인 재정비촉진계획의 수립 및 결정의 전 단계에서 광역적으로 행하는 행정계획의 일종인 점에서 도시정비법과 차이가 있다(별도의 법적근거가 있다). 재정비촉진지구를 지정(변경)하는 단계에서 재정비촉진계획의 결정에서 정하도록 되어 있는 재개발사업 등 개별법에서 정한 재정비촉진사업의 구체적인 요건까지 충족하여야 한다거나 그 요건을 충족하지 않았다고 하여 곧바로 재정비촉진지구의 지정(변경) 자체가 위법하다고 볼 수는 없다. 따라서 도시정비법령에서 정한 '노후·불량건축물'에 관한 요건을 갖추지 못한 하자가 있다고 하더라도, 그러한 사정만으로 재정비촉진계획의 전 단계에서 이루어진 재정비촉진지구지정처분이 위법하게 되는 것은 아니다. 설령 재정비촉진지구의 지정이 재정비촉진계획의 결정과 함께 이루어지더라도 마찬가지이다(대법원 2012. 11. 29. 선고 2011두28837 판결). 국토계획법상의 지구단위계획구역지정과 지구단위계획결정도 동일하다.

침에 부합하는 내용으로 정비계획을 수립하여야 한다(정비계획은 해당 구역 내에서 기본계획을 구체화한 것이다). 따라서 정비구역지정 및 정비계획을 수립하기 위해서는 인구 50만 명 미만의 시로서 도지사가 기본계획을 수립할 필요가 없다고 인정하는 시 또는 군을 제외하고는 기본계획이 선행적으로 수립되어야 가능하다. 한편 법 8조 2항은 천재지변 등 불가피한 사유로 긴급하게 정비사업을 진행할 필요가 있다고 인정하는 때에는 기본계획을 수립하거나 변경하지 않고 정비구역을 지정할 수 있도록 규정하고 있는데, 이는 기본계획의 수립을 전제로 정비구역이 지정되는 관할 구역에서의 기본계획 수립·변경에 관한 예외를 규정한 것이다.[2)]

정비구역지정 및 정비계획결정을 통하여 '선계획－후개발'이라는 토지개발 관련 공익사업의 특성이 발현되는바, 이로써 토지이용계획, 건축물의 주용도·건폐율·용적률·높이에 관한 건축계획이 확정되어 사실상 해당 정비사업의 사업성도 결정된다(토지등소유자 유형별 분담금 추산액 및 산출근거도 정비계획의 내용이다). 이는 공익사업인 정비사업이 사업성 위주로 무분별하게 이루어져 자원낭비, 집값 상승 등의 문제를 발생시키는 것을 방지하고, 사업시행 여부를 도시관리 차원에서 종합적으로 검토하여 도시기반시설을 체계적으로 확보·관리하기 위함이다.[3)]

민간의 건설사업인 법 제정이전의 재건축사업, 주택법상의 주택건설사업의 경우 사업주체가 수익성이 있다고 판단하여 사업계획승인을 신청하고, 시·도지사 등이 해당 주택건설사업에 관한 사항을 개별적으로 검토하여 사업계획승인을 하면 주택건설사업이 이루어지게 되는 것과 뚜렷이 구분된다(주택법 15조).

Ⅱ. 법적 성격

정비구역지정 및 정비계획결정은 국토계획법상의 도시·군관리계획에 해당한다[정비구역의 지정권자는 정비계획을 포함한 정비구역을 지정·고시한 때에는 국토부장관에게 그 지정의 내용을 보고하여야 하는데, 그 경우 국토계획법 2조 4호 ㈑목에 따른 도시·군관리계획 결정조서가 작성되어진다. 법 시행규칙 4조 3호].[4)] 다만, 원칙적으로 건폐율, 용적률 및 높이 등을 제한하는 용도지역에 관한 도시·군관리계획을 전제로 수립되어야 한다.

정비구역지정 및 정비계획결정이 이루어지면, 법 19조 1항이 규정한 건축물의 건축, 공작물의 설치, 토지의 형질변경, 토석의 채취, 토지분할, 물건을 쌓아 놓는 행위, 죽목의 벌채 등의 행위 제한의 효과가 발생하여 국민의 권리·의무에 직접적 영향을 미치게 된다. 따라서 이는 구속적 행정계획으로 항고소송의 대상인 처분에 해당한다.[5)]

---

2) 대법원 2025. 1. 23. 선고 2024두55006 판결.
3) 헌법재판소 2015. 3. 26. 선고 2014헌바156 결정.
4) 대법원 2011. 7. 14. 선고 2009다97628 판결.
5) 대법원 1993. 10. 8. 선고 93누10569 판결.

Ⅲ. 계획재량

1. 계획재량

정비구역의 지정 및 정비계획의 결정과 관련하여 도시정비법 등 관계 법령에는 추상적인 행정목표, 절차만이 규정되어 있을 뿐, 행정계획의 구체적 내용에 대하여는 별다른 규정을 두고 있지 않다.[6] 따라서 행정청은 구체적인 행정계획을 입안·결정함에 있어서 비교적 광범위한 형성의 자유를 가진다. 판례도 주택재개발구역의 지정은 관계 행정청이 도시기능 회복의 필요성이나 불량한 주거환경의 정비 및 효율적 개량을 위한 도시정책상의 전문적·기술적 판단을 기초로 하는 것으로서 법령의 범위 내에서 행정청에게 일정한 재량이 인정된다고 하고 있다.[7]

관할 행정청이 위와 같이 정비계획을 수립하고 정비구역을 지정함에 있어 비교적 광범위한 형성의 자유를 가지므로 법령에서 정하는 요건을 충족하고 있다고 하여 곧바로 정비계획의 수립 및 정비구역지정이 가능한 것이 아니라 해당 지역의 주거환경이나 주택수요 등 여러 가지 사정을 감안하여 정비사업을 시행하여야 할 구체적 필요성이 인정될 때에 비로소 가능하다.[8]

2. 재량의 범위와 관련한 판례

가. 정비구역지정신청의 하자와 정비구역지정결정의 위법성

판례는 정비구역지정·고시 이전에 구성된 위법한 추진위원회가 정비구역지정신청을 제안하거나 추진위원회가 토지등소유자의 동의 없이 정비구역지정신청을 제안한 경우 또는 입안제안에 필요한 토지등소유자의 동의 요건에 흠결이 있다 하더라도, 정비구역지정처분은 적법한 권한을 가진 자치구청장 등의 신청에 의한 것이지 추진위원회의 신청에 의한 것이 아니므로 정비구역지정처분에 앞서 위 구청장에게 추진위원회가 정비구역지정신청에 관한 제안을 하였다는 사정만으로 정비구역지정처분에 어떠한 하자가 있다고 할 수 없다고 하였다.[9]

나. 정비계획 수립과정상의 하자와 정비계획결정의 위법성

정비구역 내에 종교시설이 존재하는 경우, 정비계획에서 그와 같은 종교시설에 대하여 종교부지를 분양하는 내용의 정비계획이 마련되는 경우가 있다. 정비계획을 수립하는 경우 지방도시계획위원회의 심의를 거치는데, 최초에는 서울시 도시·건축공동위원회가 종교부지를 정비구역 북동쪽 모서리로 이전할 것을 조건으로 정비계획안을 가결하였으나, 사업시행자인 조합이 교회가 종교부지를 남측에 배치해 줄 것을 요구한다는 거짓 의견을 위 위원회에 제출하였고, 이를

---

6) 정비계획 수립지침은 '정비계획은 해당 정비구역의 토지·건축물, 기반시설 등 물리적 현황 및 사회·경제·문화 등 비물리적 현황을 면밀히 분석하여 장래의 개발수요에 효과적으로 대응하고 정비사업이 합리성과 효율성에 기반하여 구체적으로 집행될 수 있도록 작성되어야 한다'고 규정하고 있을 뿐이다(정비계획 수립지침 1-2-3).

7) 대법원 2012. 6. 18. 선고 2010두16592 전원합의체 판결.

8) 대법원 2010. 7. 15. 선고 2008두9270 판결.

9) 대법원 2013. 2. 28. 선고 2011두10911 판결(법이 2009. 2. 6. 개정으로 토지등소유자의 정비계획입안제안 규정을 도입하기 이전의 사안에서 위법하게 구성된 추진위원회가 제안한 사안), 서울고등법원 2024. 2. 14. 선고 2023누38228 판결(확정, 입안제안의 토지등소유자의 동의 요건에 흠결이 있는 사안이다).

바탕으로 이루어진 도시·건축공동위원회의 재심의를 거쳐 서울시장이 종교부지를 정비구역의 남측에 위치하는 내용으로 정비계획을 결정·고시한 사안에서, 대법원은 조합 측이 제출한 의견이 거짓이라 하더라도, 정비계획의 수립 권한은 서울시장에게 있고 매우 광범위한 계획재량이 인정되는 점, 서울시장이 정비계획을 수립하는 과정에서 14일 이상 주민에게 공람하고(법이 2009. 5. 27. 개정되어 주민공람기간이 30일 이상이 되었다) 지방의회의 의견을 듣는 절차를 거친 점, 도시·건축공동위원회 등의 심의를 거친다 하더라도, 그와 같은 심의에 구속되는 것은 아닌 점 등을 종합하여, 조합이 거짓 의견을 제출한 것만으로 정비계획의 수립 및 정비구역의 지정에 어떠한 하자가 있다고 볼 수 없다고 판시하였다.[10]

제2절 정비구역지정 및 정비계획결정의 요건

Ⅰ. 총 설

주택정비형 재개발사업은 정비기반시설이 열악하고 노후·불량건축물이 밀집한 지역에서 주거환경을 개선하는 등의 사업이고(법 2조 2호, 다음에서 살펴보듯이 도시정비형 재개발사업도 노후·불량건축물이 밀집한 지역임을 전제로 한다), 재건축사업은 정비기반시설은 양호하나 노후·불량건축물에 해당하는 공동주택이 밀집한 지역에서 주거환경을 개선하기 위한 사업이다(법 2조 3호).

위와 같이 재개발사업은 노후·불량건축물이 밀집한 지역, 재건축사업은 노후·불량건축물에 해당하는 공동주택이 밀집한 지역이 정비계획의 입안대상지역인바, 이와 관련하여 법 8조 1항은 정비구역지정권자는 기본계획에 적합한 범위에서 노후·불량건축물이 밀집하는 등 대통령령으로 정하는 요건에 해당하는 구역에 대하여 16조에 따라 정비계획을 결정하여 정비구역을 지정(변경지정 포함)할 수 있다고 규정하고 있고, 그 위임을 받은 법 시행령 7조 1항 [별표 1] '정비계획의 입안대상지역'에서는 정비계획의 입안대상지역이 갖추어야 할 실질적 요건을 자세히 규정하고 있다.

한편, 행정청은 정비구역을 지정함에 있어 입안대상지역 요건 외에 도시정비법 4조에 따른 기본계획에 부합하여야 하고(정비예정구역 범위 내에서 정비구역이 지정되어야 한다). 공원 또는 녹지의 기능을 회복하거나 그 안의 건축물을 정비하기 위하여 필요한 경우와 토지이용의 증진을 위하여 필요한 경우가 아닌한 정비구역에는 원칙적으로 기존 공원이나 녹지를 포함하지 않도록 지정한다(서울시 조례 8조 2항). 이는 앞서 본 기본계획상의 정비예정구역 지정방법도 동일하다 [기본계획 수립지침 4-2-6 (2)항 참조].

10) 서울행정법원 2016. 9. 23. 선고 2015구합81379 판결(확정).

Ⅱ. 재개발·재건축사업의 정비계획 입안대상지역 요건

1. 규 정

법 시행령 제7조 제1항 [별표 1]

2. 재개발사업을 위한 정비계획은 노후·불량건축물의 수가 전체 건축물의 수의 5분의 3(시·도 조례로 비율의 10% 범위에서 증감할 수 있다) 이상(도시재정비법 제5조에 따른 재정비촉진지구가 지정된 지역에서는 2분의 1 이상으로 한다)인 지역으로서 다음 각 목의 어느 하나에 해당하는 지역에 대하여 입안한다. 이 경우 순환용주택을 건설하기 위하여 필요한 지역을 포함할 수 있다.
   가. 정비기반시설의 정비에 따라 토지가 대지로서의 효용을 다할 수 없게 되거나 과소토지로 되어 도시의 환경이 현저히 불량하게 될 우려가 있는 지역
   나. 노후·불량건축물의 연면적의 합계가 전체 건축물의 연면적의 합계의 5분의 3(시·도 조례로 비율의 10% 범위에서 증감할 수 있다) 이상(도시재정비법 제5조에 따른 재정비촉진지구가 지정된 지역에서는 2분의 1 이상으로 한다)이거나 건축물이 과도하게 밀집되어 있어 그 구역 안의 토지의 합리적인 이용과 가치의 증진을 도모하기 곤란한 지역
   다. 인구·산업 등이 과도하게 집중되어 있어 도시기능의 회복을 위하여 토지의 합리적인 이용이 요청되는 지역
   라. 해당 지역의 최저고도지구의 토지(정비기반시설용지 제외)면적이 전체 토지면적의 50%를 초과하고, 그 최저고도에 미달하는 건축물이 해당 지역 건축물의 바닥면적합계의 3분의 2 이상인 지역
   마. 공장의 매연·소음 등으로 인접지역에 보건위생상 위해를 초래할 우려가 있는 공업지역 또는 산업집적법에 따른 도시형공장이나 공해발생정도가 낮은 업종으로 전환하려는 공업지역
   바. 역세권 등 양호한 기반시설을 갖추고 있어 대중교통 이용이 용이한 지역으로서 주택법 제20조에 따라 토지의 고도이용과 건축물의 복합개발을 통한 주택 건설·공급이 필요한 지역
   사. 국토계획법 제37조 제1항 4호에 따른 방재지구가 해당 지역 전체 토지면적의 2분의 1 이상인 지역
   아. 건축법 제2조 제1항 제5호에 따른 지하층의 전부 또는 일부를 주거용도로 사용하는 건축물의 수가 해당 지역 전체 건축물의 수의 2분의 1 이상인 지역
   자. 제1호 라목(철거민이 50세대 이상 규모로 정착한 지역이거나 인구가 과도하게 밀접되어 있고 기반시설이 정비가 불량하여 주거환경이 열악하고 그 개선이 시급한 지역) 또는 마목(정비기반시설이 현저히 부족하여 재해발생 시 피난 및 구조활동이 곤란한 지역)에 해당하는 지역
3. 재건축사업을 위한 정비계획은 제1호(주거환경개선사업) 및 제2호에 해당하지 않는 지역으로서 다음 각 목의 어느 하나에 해당하는 지역에 대하여 입안한다.
   가. 건축물의 일부가 멸실되어 붕괴나 그 밖의 안전사고의 우려가 있는 지역
   나. 재해 등이 발생할 경우 위해의 우려가 있어 신속히 정비사업을 추진할 필요가 있는 지역

다. 노후·불량건축물로서 기존 세대 수가 200세대 이상이거나 그 부지면적이 1만㎡ 이상인 지역

라. 셋 이상의 건축법 시행령 [별표 1] 제2호 가목에 따른 아파트 또는 같은 호 나목에 따른 연립주택이 밀집되어 있는 지역으로서 법 제12조에 따른 안전진단 실시 결과 전체 주택의 3분의 2 이상이 재건축이 필요하다는 판정을 받은 지역으로서 시·도 조례로 정하는 면적(서울시의 경우 1만㎡) 이상인 지역

4. 무허가건축물의 수, 노후·불량건축물의 수, 호수밀도, 접도율, 과소토지, 토지의 형상 또는 주민의 소득 수준 등 정비계획의 입안대상지역 요건은 필요한 경우 제1호부터 제3호까지에서 규정한 범위에서 시·도 조례로 이를 따로 정할 수 있다. 이 경우 호수밀도, 접도율, 과소토지 요건의 경우 재개발 사업을 위한 정비계획 입안대상 지역 중 노후·불량건축물의 수가 전체 전축물 수의 4분의 3 이상인 경우에는 시·도 조례를 적용하지 아니한다.

5. 부지의 정형화, 효율적인 기반시설의 확보 등을 위하여 필요하다고 인정되는 경우에는 지방도시계획위원회의 심의를 거쳐 제1호부터 제3호까지의 규정에 해당하는 정비구역의 입안대상지역 면적의 100분의 120 이하의 범위에서 시·도 조례로 정하는 바에 따라 제1호부터 제3호까지의 규정에 해당하지 않는 지역을 포함하여 정비계획을 입안할 수 있다.

6. 건축물의 상당수가 붕괴나 그 밖의 안전사고의 우려가 있거나 상습 침수, 홍수, 산사태, 해일, 토사 또는 제방 붕괴 등으로 재해가 생길 우려가 있는 지역에 대해서는 정비계획을 입안할 수 있다.

서울시 조례 제6조(정비계획 입안대상지역 요건)

2. 주택정비형 재개발구역은 면적이 1만㎡(법 제16조 제1항에 따라 서울특별시 도시계획위원회 또는 도시재정비법 제5조에 따른 재정비촉진지구에서는 같은 법 제34조에 따른 도시재정비위원회가 심의하여 인정하는 경우에는 5천㎡) 이상으로서 다음 각 목의 어느 하나에 해당하는 지역

가. 구역의 전체 필지 중 과소필지가 40% 이상인 지역

나. 주택접도율이 40% 이하인 지역(2조 10호에도 불구하고 주택접도율의 도로 폭은 6m 이상으로 한다)

다. 호수밀도가 60 이상인 지역

3. 영 [별표 1] 제2호 바목에 따른 역세권에 대하여 입안하는 도시정비형 재개발구역은 다음 각 목에 해당하는 지역에 수립한다.

가. 역세권은 철도역의 승강장 경계로부터 반경 500m 이내의 지역을 말한다.

나. 가목에도 불구하고 다음 각 목의 어느 하나에 해당하는 지역은 역세권에서 제외한다. 다만, 서울특별시 도시계획위원회 심의를 거쳐 부득이하다고 인정하는 경우에는 예외로 한다.

1) 전용주거지역·도시자연공원·근린공원·자연경관지구 및 최고고도지구(김포공항주변 최고고도지구는 제외)와 접한 지역

2) 경관법 제7조에 따른 경관계획상 중점경관관리구역, 구릉지 및 한강축 경관형성기준 적용구역

다. 노후·불량건축물의 수가 대상지역 건축물 총수의 60% 이상인 지역

2. 규정의 해석

법 시행령 7조 1항 [별표 1] 2호는 재개발사업을 위한, 3호는 재건축사업을 위한 각 정비계획 입안대상지역에 관하여 상세히 규정하고 있다.

위 2호 및 3호의 요건으로는 무허가건축물의 수, 노후·불량건축물의 수, 호수밀도, 토지의 형상 또는 주민의 소득 수준 등이 있는데, 위 2호 또는 3호의 범위에서 시·도 조례로 따로 정할 수 있다고 규정하여(4호), 지역실정에 맞게 조례로 변경이 가능하도록 한다.

또한 2호 또는 3호의 요건에 해당하지 않는 지역이라 하더라도, 정비구역의 입안대상지역 면적의 100분의 120 이하의 범위에서 시·도 조례[11]로 정하는 바에 따라 이를 포함하여 정비계획을 입안할 수 있고(5호), 재개발사업 및 재건축사업 모두 건축물의 상당수가 붕괴나 그 밖의 안전사고의 우려가 있거나 상습 침수 등으로 재해가 생길 우려가 있는 지역에 대해서도 지정할 수 있다(6호).

가. 재개발사업

(1) [별표 1] 2호

재개발사업을 위한 정비계획은 노후·불량건축물의 수가 전체 건축물의 수의 60%[12] 이상인 지역으로서 아래 각 목(대표적인 것만 소개한다)의 어느 하나에 해당하는 지역에 대하여 입안한다(법 시행령 7조 1항 별표 1 2호).[13]

노후·불량건축물의 수를 산정함에 있어 철거되어 존재하지 않는 건물은 제외하고, 다세대주택 또는 연립주택 등 공동주택의 경우 그 구분소유권의 수가 아니라 하나의 건축물로 산정하여야 한다.[14]

㈎목: 정비기반시설의 정비에 따라 토지가 대지로서의 효용을 다할 수 없게 되거나 과소토지(토지면적이 대지분할 제한면적인 90㎡ 미만인 토지, 서울시 조례 2조 9호)로 되어 도시의 환경이 현저히 불량하게 될 우려가 있는 지역

㈏목: 노후·불량건축물의 연면적의 합계가 전체 건축물의 연면적의 합계의 60%[15] 이상인 지역.

㈐목: 건축법 2조 1항 5호에 따른 지하층의 전부 또는 일부를 주거용도로 사용하는 건축물의 수가 해당 지역 전체 건축물의 수의 2분의 1 이상인 지역

---

11) 현재 서울시는 부지의 정형화, 효율적인 기반시설의 확보 등을 위하여 필요하다고 인정되는 경우에는 서울시 도시계획위원회의 심의를 거쳐 정비구역 입안대상지역 면적의 100분의 110 이하까지 정비계획을 입안할 수 있다고 규정하고 있다(서울시 조례 6조 1항 3호).

12) 도시재정비법 5조에 따른 재정비촉진지구에서 재개발사업을 위한 정비계획을 입안하는 경우에는 50%이다.

13) 종전에는 노후·불량건축물의 수가 전체 건축물의 수의 3분의 2 이상을 요구하였으나, 법 시행령이 2024. 3. 19. 개정되어 위 규정이 도입되었는데, 이로써 종전에 비하여 요건을 완화하였고, 도시재정비법상의 특칙 규정도 신설함으로써 재개발사업의 추진이 가능한 대상지역을 확대하였다. 다음에서 살펴볼 연면적의 합계 규정도 위 법률개정으로 동일하게 완화하였다.

14) 서울고등법원 2010. 7. 22. 선고 2009누17362 판결(확정).

15) 도시재정비법 5조에 따른 재정비촉진지구에서 재개발사업을 위한 정비계획을 입안하는 경우에는 50%이다.

⑵ [별표 1] 4호 시·도 조례(서울시 조례)

앞서 본 바와 같이 무허가건축물의 수, 노후·불량건축물의 수, 호수밀도 등에 관하여는 시·도 조례로 따로 정할 수 있다고 규정하여 구체적인 내용은 조례에 위임하고 있다. 다만, 노후·불량건축물의 수가 전체 건축물 수의 4분의 3 이상인 경우에는 시·도 조례로 따로 정한 요건을 갖춘 것으로 간주한다(법 시행령 7조 1항 별표 1 4호 후문). 이하에서는 서울시 조례의 내용을 살펴본다.

㈎ 주택정비형 재개발사업

서울시 조례 6조 1항 2호는 주택정비형 재개발구역의 정비계획입안과 관련하여 다음과 같이 규정하고 있다.

주택정비형 재개발구역은 원칙적으로 면적이 1만㎡ 이상으로서,[16] 노후·불량건축물의 수가 전체 건축물의 수의 60% 이상일 뿐만 아니라, 구역의 전체 필지 중 과소필지가 40% 이상인 지역(가목), 주택접도율이 40% 이하인 지역(2조 10호에도 불구하고 주택접도율의 도로 폭은 6m 이상으로 하므로, 폭 6m 이상의 도로에 접한 건축물의 총수를 정비구역 내 전체 건축물의 수로 나눈 비율)(나목),[17] 호수밀도가 60동/ha 이상인 지역(다목) 중 어느 하나에 해당하는 지역이어야 한다(서울시 조례 6조 1항 2호). 구체적인 요건의 해석과 관련하여서는 다음의 쟁점에서 자세히 살펴본다.

결국 주택정비형 재개발구역지정을 위한 법적요건은 필수항목(노후·불량건축물의 수가 전체 건축물의 수의 60% 이상, 구역면적 1만㎡ 이상)을 충족하고, 선택항목(노후·불량건축물의 연면적의 합계가 전체 건축물의 연면적의 합계의 60% 이상, 주택접도율 40% 이하, 과소필지 40% 이상, 호수밀도 60동/ha 이상) 중 1개 이상을 충족하면 된다. 단 노후·불량건축물의 수가 전체 건축물 수의 4분의 3 이상인 경우에는 선택항목 요건을 갖춘 것으로 간주한다.

㈏ 도시정비형 재개발사업

법 시행령 7조 1항 [별표 1] 2호 ㈓목의 역세권에서의 도시정비형 재개발사업과 관련하여, 서울시 조례 6조 1항 3호는 역세권은 철도역의 승강장 경계로부터 반경 500m 이내의 지역을 의미하고,[18] 노후·불량건축물의 수가 대상지역 건축물 총수의 60% 이상인 지역에 해당한다고 규정하고 있다.

역세권 도시정비형 재개발사업은 용적률에 있어 상당한 인센티브를 부여한다(법이 2023. 7. 18. 개정으로 66조 2항 내지 5항이 신설되어 역세권 등에 위치한 정비구역에 대해서는 법적상한용적률의 100분의 120까지 또는 용도지역의 변경을 통하여 용적률을 완화한 후 법적상한용적률을 적용할 수

16) 법 16조 1항에 따라 서울시 도시계획위원회 또는 도시재정비법 5조에 따른 재정비촉진지구에서는 같은 법 34조에 따른 도시재정비위원회가 심의하여 인정하는 경우에는 5천㎡.

17) 종전에는 4m 이상 도로에만 맞닿아 있어도 기반시설이 양호하다고 보아 재개발을 허용하지 않았던 '접도율' 규정이 2024. 5. 20. 개정되어 소방차 진출입·불법 주정차 문제 등 변화한 도로 및 주거지 여건을 반영하여 '6m 미만' 도로에 접한 경우는 재개발이 가능하도록 접도율 폭 기준을 완화하였다.

18) 다만, 전용주거지역·도시자연공원·근린공원·자연경관지구 및 최고고도지구(김포공항주변 최고고도지구 제외)와 접한 지역, 경관법 7조에 따른 경관계획상 중점경관관리구역, 구릉지 및 한강축 경관형성기준 적용구역은 역세권에서 제외하되, 서울시 도시계획위원회 심의를 거쳐 부득이하다고 인정하는 경우에만 포함된다.

있다).[19]

서울시의 경우 기본계획에서 살펴본 바와 같이 도시정비형 재개발사업은 주택정비형 재개발사업, 재건축사업과 달리 기본계획에 대상범위가 정해져 있다.[20] 참고로 역세권 또는 준공업지역에서 소규모로 주거환경 또는 도시환경을 개선하기 위한 소규모주택정비법상의 소규모재개발사업은 5,000㎡ 미만을 대상으로 한다(소규모주택정비법 시행령 3조 4호 가목).

나. 재건축사업

(1) [별표 1] 3호

재건축사업을 위한 정비계획은 주거환경개선사업 및 재개발사업의 각 입안대상지역에 해당하지 않는 지역으로서 다음 각 목의 어느 하나에 해당하는 지역에 대하여 입안한다.[21]

㈐목: 노후·불량건축물(하나의 주택단지 내의 각 건물은 동일한 시기에 동일한 재료로 건축된 것이므로 일괄하여 노후건축물인지 여부가 결정된다)로서 기존 세대 수가 200세대 이상이거나 그 부지면적이 1만㎡ 이상인 지역[22]

㈑목: 셋 이상의 아파트 또는 연립주택이 밀집되어 있는 지역으로서 재건축진단 실시 결과 전체 주택의 3분의 2 이상이 재건축이 필요하다는 판정을 받은 지역으로서 시·도 조례[1만㎡ 이상을 의미하되, 기존의 개별 주택단지가 1만㎡ 이상인 경우에는 서울시 도시계획위원회 심의를 거쳐 부지의 정형화, 효율적인 기반시설 확보 등을 위하여 필요하다고 인정하는 경우로 한정한다(서울시 조례 6조 4항)]로 정하는 면적 이상인 지역

(2) 법 35조 3항(주택단지)

재건축사업은 원칙적으로 하나의 주택단지를 전제로 한다(법 35조 3항, 2조 7호, 다만, 예외적으로 하나의 주택단지 중 일부만을 사업구역으로 하거나 수개의 주택단지가 공동으로 관리되는 경우 가능하다). 하나의 주택단지란 하나의 사업계획승인을 받아 주택, 복리시설 등을 건설한 일단의 토지를 의미하는 것으로서(법 2조 7호 가목), 자세한 의미에 대하여는 제4편 제3장 제1절 Ⅱ. "2. 재건축사업"에서 살펴본다.

다만, 지형여건·주변의 환경으로 보아 사업시행상 불가피한 경우 주택단지가 아닌 지역이 재

---

19) 서울시는 '역세권 장기전세주택 건립 운영기준'을 마련하여 역세권 도시정비형 재개발사업의 경우 승강장경계로부터 250m까지는 용적률 700%, 비중심지 역세권 및 승강장경계로부터 350m까지는 용적률 500%라는 특혜를 부여하되, 완화된 용적률 중 50%는 장기전세주택으로 기부채납 받는바(서울시장은 무상으로 제공받는다), 앞서 본 노후도, 과소필지, 저밀이용 요건 외에 면적요건으로 3,000㎡ 이상~2만㎡를 규정하였다.

20) 즉, 상업지역, 준주거지역, 준공업지역 또는 서울시 도시기본계획상 지구중심(앞서 본 바와 같이 도시기본계획의 중심지체계 중 하나로 주민의 일상생활 편의를 제공하는 근린생활 중심지이다) 이상 지역 중 역세권(역 중심 반경 500m 이내) 지역이나 인접한 지구단위계획구역에 포함되는 지역을 대상지로 추출한 후, 노후도(30년 이상 경과 건축물비율이 30% 이상), 과소필지(150㎡ 미만 필지비율 40% 이상), 저밀이용(2층 이하 건축물비율 50% 이상) 중 2가지 이상을 만족하는 지역으로 하되, 10년 이내 신축 건축물 비율이 15% 이상인 기초블럭 단위는 제외한다(서울시 2030 도시·주거환경정비기본계획의 정비예정구역 지정대상 검토범위 추출 및 지정검토 기준 참조).

21) 재개발사업과 마찬가지로 재건축사업에 대하여도 무허가건축물의 수, 노후·불량건축물의 수, 호수밀도 등 정비계획의 입안대상지역 요건은 앞서 본 요건의 범위에서 시·도 조례로 따로 정할 수 있다고 규정하여 구체적인 내용은 조례에 위임하고 있으나(법 시행령 7조 1항 별표 1 4호 전문), 재건축과 관련하여 현재 서울시 조례에 특별한 규정은 없다.

22) 소규모주택정비법상의 소규모재건축사업은 해당 사업시행구역의 면적이 1만㎡ 미만이고, 기존주택의 세대 수가 200세대 미만일 것의 요건을 모두 충족하여야 한다(소규모주택정비법 시행령 3조 3호).

건축사업 구역에 포함될 수 있다(법 23조 3항 단서, 법 35조 4항). 대표적으로는 진입도로[23] 등 기반시설 설치를 위하여 불가피하게 주택단지가 아닌 지역이 정비구역에 포함된다(주택단지가 아닌 지역의 건축물은 재건축진단에서 제외된다. 법 시행령 10조 3항 4호). 그 경우 조합설립인가를 위해서는 해당 주택단지가 아닌 지역의 토지 또는 건축물 소유자의 4분의 3 이상 및 토지면적의 3분의 2 이상의 토지소유자의 동의를 추가로 받아야 한다(법 35조 4항).

⑶ 결론

일반적으로 재건축사업은 노후·불량건축물로서 기존 세대 수가 200세대 이상이거나 그 부지 면적이 1만㎡ 이상인 1개의 주택단지를 정비계획 입안대상지역으로 구획한다. 다만, 법 67조에 따라 1개의 주택단지 일부에 대하여 토지분할을 통하여 제외할 수 있고, 하나의 주택단지로 사업계획승인을 받았더라도 도시계획도로 등으로 구분되어 각각 관리되고 있는 경우 별개의 단지로 보아 각각 사업대상 구역으로 구분할 수 있으며, 별개의 단지로 사업승인을 받았더라도 하나의 단지처럼 관리되고 있는 경우에는 하나의 사업구역으로 할 수 있다. 예외적으로 주택단지가 아닌 지역이 포함될 수 있다.

3. 쟁 점

가. 주택정비형 재개발사업 정비계획 입안대상요건 관련 서울시 조례 규정의 수권규정 위반 여부 등

⑴ 문제의 소재

법 시행령 7조 1항 [별표 1] 2호가 재개발사업을 위한 정비계획 수립 대상구역 지정요건을 규정하면서 '대지로서의 효용 상실', '과소토지로 도시환경의 현저한 불량', '건축물의 과도 밀집' 등과 같은 추상적 개념을 사용하고 있을 뿐이다(다만, 4호가 시·도 조례에 위 2호 요건 범위에서 따로 정할 수 있도록 수권규정을 마련해 두고 있다).

그럼에도 서울시 조례 6조 1항 2호가 주택정비형 재개발사업에서의 정비계획 입안대상요건 중 선택항목(과소필지 40% 이상, 주택접도율 40% 이하, 호수밀도 60동/ha 이상)을 자세히 규정하고 있고, 이에 따라 사실상 서울시의 경우 위 조례 규정이 정비계획의 입안요건으로 규율하고 있는 측면이 있음은 부인할 수 없다. 실무상 위 서울시 조례 규정이 수권규정의 위임한계를 일탈하였다거나 정비구역지정요건을 완화한 것으로서 위법하다는 주장이 제기된다.

⑵ 판례

대법원은 서울시 조례 6조 1항 2호의 규정은 법령의 수권 범위 안에서 정비구역지정요건을 구체화한 것일 뿐, 수권 규정의 위임한계를 일탈하였다거나 그 지정요건을 완화한 것이라 보기 어렵다고 판시하였다.[24]

---

23) 주택건설기준 등에 관한 규정 25조 1항은 '공동주택을 건설하는 주택단지는 기간도로와 접하거나 기간도로로부터 당해 단지에 이르는 진입도로가 있어야 한다.'고 규정하고 있다.

24) 대법원 2012. 10. 25. 선고 2010두25077 판결(법 시행령 [별표 1] 2호가 요건으로 추상적 개념을 사용하고 있어 정비계획을 수립하는 관할 행정청이 이를 심사하기 위해서는 구체적 판단기준이 마련될 필요가 있고, 이에 4호의 위임

나. 서울시의 주택정비형 재개발구역의 정비계획 입안요건(서울시 조례 6조 1항 2호)과 관련한 개별 쟁점

원칙적으로 면적이 1만㎡ 이상으로서, 구역의 전체 필지 중 과소필지가 40% 이상인 지역(가목), 주택접도율이 40% 이하인 지역(나목), 호수밀도가 60 이상인 지역(다목) 중 어느 하나에 해당하는 지역이어야 하는데, 각 목의 해석과 관련하여 실무상 다툼이 있다.

⑴ 정비기반시설 정비에 따라 과소토지(대지분할 제한면적인 90㎡ 미만)가 구역의 전체 필지 중 40% 이상

㈎ 서울시 조례 6조 1항 2호 가목은 '구역의 전체 필지 중 과소필지가 40% 이상인 지역'이라고 규정하고 있으나, 법 시행령 7조 1항 [별표 1] 2호 ㈎목이 '정비기반시설의 정비에 따라 토지가 과소토지로 되어 도시의 환경이 현저히 불량하게 될 우려가 있는 지역'을 정비계획 입안요건으로 하고 있다. 따라서 재개발사업의 정비계획 수립대상구역은 정비기반시설의 정비에 따라 건축 대지로서 효용을 다할 수 없는 과소필지가 과다하게 분포함에 따라 주거환경 등이 열악하여 그 개선이 시급한 지역(구역의 전체 필지 중 과소필지가 40% 이상인 지역)을 의미한다.

㈏ 과소토지(過小土地)가 구역의 전체 필지 중 40% 이상 여부를 판단함에 있어 실무상 여러 가지 논란이 있다. 이에 대하여 살펴본다.

① 현재 정비구역 내에 존재하는 정비기반시설을 포함할 것인지 여부가 문제된다. 적법하게 설치가 완료된 정비기반시설의 경우에는 건축 대지로서의 효용을 고려할 필요가 없고 정비기반시설의 존재 자체로서 주거환경 등이 열악해지는 것도 아니므로, 정비기반시설은 정비사업의 필요성과 무관한 점, 구 서울시 조례 시행규칙(2013. 2. 21. 서울특별시 규칙 제3893호로 개정되기 전의 것) [별지 1호 서식] '정비구역지정(변경) 신청서' 중 과소필지와 관련하여서는 '정비기반시설(도시계획시설로 설치 완료)내 토지는 대상 산정에서 제외함'이라고 명시한 점 등에 비추어 보면, 이미 적법한 절차를 거쳐 정비기반시설(도로 등)로 결정되어 실제 도로 등이 설치 완료된 토지에 대하여는 전체 토지 수와 과소필지 수 산정에서 모두 제외되어야 한다.[25]

② 지목이 대지인 토지만을 전제로 판단할 것인지, 사실상 현황이 도로인 토지를 포함할 것인지 여부, 국가 등 공공기관 소유 토지도 포함시킬 것인지 여부가 문제된다. 해당 토지의 지적공부상 용도를 기준으로 할 법령상 아무런 근거가 없으므로, 지목이 대지인 토지만으로 한정할 수 없고, 사실상의 현황이 도로인 토지도 모두 포함되며 국가나 지방자치단체 기타 공공기관 소유 토지도 포함된다 할 것이다(건축을 하고 남은 자투리 토지로서 10㎡ 미만에 해당되는 토지 역시 과소필지 수 산정에서 포함된다).[26]

③ 지상 건축물의 존부 등에 의하여 과소필지가 좌우되지 않음은 명백하다. 각 필지별로는 과소필지이나 각 필지 전체 지상에 1동 건축물만이 존재하고 각 필지를 합하면 전체적으로 90㎡

에 따라 서울시 조례가 판단기준에 관하여 과소필지 등의 비율, 호수밀도 등의 객관적 수치로 구체화하여 규정한 것이다).

25) 대법원 2012. 11. 15. 선고 2012두15616 판결.

26) 대법원 2012. 11. 15. 선고 2012두15616 판결.

를 넘게 되는 토지 또는 3필지 지상에 1동 건축물이 존재하고 그중 2필지는 각 90㎡를 넘으며 나머지 1필지가 90㎡ 미만인 경우 나머지 1필지 토지도 전체적으로 보아 건축대지로서 효용을 다하고 있다고 보아 위 각 토지들은 모두 과소필지에서 제외되어야 하는지 여부가 문제되나, 이를 인정할 아무런 법적 근거가 없고, 과소필지 여부는 1필지 당 면적을 기준으로 판단하여야 할 것이므로, 위와 같은 토지들도 과소필지에서 제외될 수 없다.[27]

⑵ 주택접도율이 40% 이하인 지역

㈎ 종래 재개발사업의 정비계획 입안대상지역으로서의 주택접도(住宅接道)율이란 폭 4m 이상 도로에 길이 4m 이상 접한 (대지의) 건축물의 총수를 정비구역 내 건축물 총수로 나눈 비율을 말하되, 다만, 연장 35m 이상의 막다른 도로의 경우에는 폭 6m로 하였다(서울시 조례 2조 10호).

위 구 조례의 규정에 따르면 원칙적으로 폭 4m 이상 도로에 길이 4m 이상 접한 건축물의 경우에는 주택접도율 산정의 기준이 되는 요건을 충족한 건축물에 해당하나, 다만, 그 건축물의 대지가 접하는 도로 부분을 통하여 '정비구역 밖의 너비 4m 이상인 도로'에 이르기까지 '너비가 4m 이상 유지되는 연결 도로'가 전혀 없는 경우에는 주택접도율 산정의 기준이 되는 요건을 충족한 건축물에 해당하지 않는다.[28] 그 논거는 다음과 같다.

「건축법 44조 1항은 건축물의 대지는 2m 이상이 도로(자동차만의 통행에 사용되는 도로는 제외한다)에 접하여야 한다고 규정하고 있고, 그 취지는 건축물의 이용자로 하여금 교통상·피난상 등의 안전한 상태를 유지하도록 하기 위하여 도로에 접하지 아니하는 토지에는 건축물을 건축하는 행위를 허용하지 않으려는 데에 있다. 주택접도율은 정비기반시설의 부족 여부를 판단하기 위한 지표로서 도입된 것인바, 재해발생 시 피난 및 구조 활동이 곤란한 지역이라는 것은 정비기반시설이 현저히 부족한 구체적 징표에 해당하므로, 화재 등 재해가 발생한 경우 긴급 차량이 해당 건축물에 접근하여 구조 활동을 할 수 있는지 여부가 접도 여부를 판정하는 데 중요한 고려요소가 되어야 한다. 따라서 예외적으로 그 건축물의 대지가 접하는 도로 부분을 통하여 '정비구역 밖의 너비 4m 이상인 도로'에 이르기까지 '너비가 4m 이상 유지되는 연결 도로'가 전혀 없는 경우에는 주택접도율 산정의 기준이 되는 요건을 충족한 건축물에 해당하지 않는다.[29]」

㈏ 서울시 조례가 2024. 5. 20. 개정되어 주택정비형 재개발사업에서 정비계획 입안대상지역 요건으로서의 주택접도율의 기준은 폭이 6m으로 확대되어 정비계획 입안대상지역 요건을 완화하였다. 위 규정에 의하면 주택접도율이란 폭 6m 이상 도로에 길이 4m 이상 접한 건축물의 총수를 정비구역 내 건축물 총수로 나눈 비율을 말하는바, 위 판례의 취지는 여전히 타당하여 동일하게 적용될 수 있다.

---

27) 대법원 2014. 8. 20. 선고 2012두13986 판결, 위 2012두15616 판결(하급심인 서울고등법원 2012. 6. 13. 선고 2011누32647 판결은 위 각 토지들을 과소필지에서 제외하였으나, 대법원은 과소필지의 요건 등에 관한 법리를 오해한 것이라고 판시하였다).

28) 위 2011두22051 판결.

29) 김동국, 구 서울특별시 도시 및 주거환경정비조례 4조 1항 1호 ㈏목에 규정된 정비구역지정의 요건 중 하나인 주택접도율의 의미, 2013. 12. 12.자 대법원 판례해설(제97호 하), 522, 526.

⑶ 호수밀도가 60 이상인 지역

호수(戶數)밀도란 앞서 본 바와 같이 건축물이 밀집되어 있는 정도를 나타내는 지표로서 정비구역 면적 1헥타르(ha)당 건축되어 있는 건축물의 동수를 의미한다.

㈎ 법 시행령의 해당 규정

호수밀도는 재개발사업을 위한 정비계획 수립 대상구역 지정요건인 법 시행령 7조 1항 [별표 1] 2호 ㈏목의 '건축물이 과도하게 밀집되어 있어 그 구역 안의 토지의 합리적인 이용과 가치의 증진을 도모하기 곤란한 지역' 또는 ㈐목의 '인구 등이 과도하게 집중되어 있고 도시기능의 회복을 위하여 토지의 합리적인 이용이 요청되는 지역'에 대한 판단기준으로 볼 수 있다.

㈏ 호수밀도의 판단기준

서울시 조례는 2조 5호로 호수밀도의 판단기준으로, ① 공동주택 및 다가구주택은 독립된 주거생활을 할 수 있는 구조로서 건축물대장 기준으로 세대(다가구주택은 가구)수가 가장 많은 층의 1세대를 1동으로 보며, 나머지 층의 세대 수는 계상하지 않고(가목),[30] ② 1989. 1. 24. 당시의 무허가건축물인 특정무허가건축물은 포함하되, 그 외의 무허가건축물인 신발생무허가건축물은 건축물 동수 산정에서 제외하며(나목), ③ 정비구역의 면적 중 존치되는 공원 또는 사업이 완료된 공원 및 존치되는 학교 면적을 제외하고(다목), ④ 단독주택을 건축물 준공 후 다세대주택 또는 다가구주택으로 변경한 경우에는 변경 전의 건축물 동수에 따라 산정하며(라목), ⑤ 준공업지역에서 정비사업으로 기존 공장의 재배치가 필요한 경우에는 정비구역 면적 중 공장용지 및 공장 건축물은 제외하고 산정하고(마목), ⑥ 비주거용건축물은 건축면적당 90㎡를 1동으로 보며, 소수점 이하는 버린다(바목).

㈐ 존치되는 공원 등의 정비구역 포함 여부

서울시 조례 8조 2항에서 본 바와 같이 기존 공원이나 녹지는 포함되지 않도록 정비구역을 지정한다. 다만, 예외적으로 공원 등이 정비구역에 포함되는 경우에 호수밀도를 산정할 때 기존 공원 등의 면적을 포함할 것인지 여부가 문제되나, 이는 제외되어야 한다.

그 근거는 서울시 조례 2조 5호 ㈐목이 호수밀도를 산정함에 있어 정비구역의 면적 중 '존치되는 공원 또는 사업이 완료된 공원과 및 존치되는 학교면적'을 제외한다고 명문으로 규정하고 있기 때문이다. 공원에는 건축물을 축조할 수 없으므로 호수밀도를 산정함에 있어 이를 제외함이 타당하다. 만일 기존 공원 등을 제외하지 않으면 실질적으로 건축이 가능한 구역(기존 공원 등을 제외한 구역)에 주택이 밀집되어 있더라도 호수밀도가 낮게 산정되어 해당 구역은 어떤 경우에도 노후·불량주택이 밀집한 지역이 될 수 없다는 불합리가 발생한다.

나아가 판례는 구체적 타당성의 견지에서 서울시 조례 2조 5호 ㈐목에서 정한 '존치되는 공원'이란 기존 공원이 원형 그대로 존치되는 경우뿐만 아니라 그 정비구역 안의 공원 또는 녹지

---

30) 1층은 1세대(가구), 2층은 2세대(가구), 3층은 3세대(가구)인 3층짜리 다세대(가구)주택이라면, 3동이다. 종래 다가구주택은 단독주택으로 보아 1동으로 취급하였으나, 2021. 9. 30. 서울시 조례가 개정되어 호수밀도 취지에 부합하도록 다가구주택 호수밀도 산정방법을 다세대주택과 동일하게 하였다. 이는 정비계획 입안대상지역 요건을 완화한 것이다.

의 기능을 회복하거나 개선하기 위하여 기존 공원을 대신하여 그와 유사한 기능을 가진 다른 공원을 그 구역 안에 설치하는 경우도 포함한다.[31)]

Ⅲ. 노후·불량건축물

1. 개 관

앞서 본 바와 같이 재개발사업 정비계획의 입안대상지역으로 노후·불량건축물의 수가 전체 건축물의 수의 60% 이상이고 면적이 1만㎡ 이상인 지역으로서, 노후·불량건축물의 연면적의 합계가 전체 건축물의 연면적 합계의 60% 이상일 것 등 법 시행령 [별표 1] 2호 각 목에서 규정한 사유 중 어느 하나에 해당하는 지역이어야 하고(4호에 의하여 조례가 규정한 요건에 해당하는 지역), 재건축사업 정비계획의 입안대상지역으로는 노후·불량건축물로서 기존 세대 수가 200세대 이상이거나 그 부지면적이 1만㎡ 이상인 지역 등 법 시행령 [별표 1] 3호 각 목에서 규정한 사유 중 어느 하나에 해당하는 지역이어야 한다.

위와 같이 정비구역지정 및 정비계획 결정의 요건으로서 재개발·재건축사업은 모두 노후·불량건축물임을 전제로 하므로 그 의미를 살펴본다.

2. 규 정

노후·불량건축물은 다음과 같다.

가. 개별 규정

(1) 건축물이 훼손되거나 일부가 멸실되어 붕괴, 그 밖의 안전사고의 우려가 있는 건축물[법 2조 3호 ㈎목]

(2) 내진성능이 확보되지 아니한 건축물 중 중대한 기능적 결함 또는 부실 설계·시공으로 구조적 결함 등이 있는 건축물이고, 건축물을 건축하거나 대수선할 당시 건축법령에 따른 지진에 대한 안전 여부 확인 대상이 아닌 건축물로서, 급수·배수·오수 설비 등의 설비 또는 지붕·외벽 등 마감의 노후화나 손상으로 그 기능을 유지하기 곤란할 것으로 우려되는 건축물 또는 법 12조 4항에 따른 안전진단기관이 실시한 안전진단 결과 건축물의 내구성·내하력(耐荷力) 등이 같은 조 5항에 따라 국토부장관이 정하여 고시하는 기준에 미치지 못할 것으로 예상되어 구조 안전의 확보가 곤란할 것으로 우려되는 건축물[법 2조 3호 ㈏목, 법 시행령 2조 1항]

(3) 주변 토지의 이용 상황 등에 비추어 주거환경이 불량한 곳에 위치하고, 건축물을 철거하고 새로운 건축물을 건설하는 경우 건설에 드는 비용과 비교하여 효용의 현저한 증가가 예상되는 건축물로서, 특별시·광역시·특별자치시·도·특별자치도 또는 지방자치법 198조에 따른 서울특별시·광역시 및 특별자치시를 제외한 인구 50만 이상 대도시의 조례로 정하는 건축물[법 2조 3호 ㈐목, 구체적으로는 건축법 57조 1항에 따라 해당 지방자치단체의 조례로 정하는 면적에 미치지 못하거나[32)] 국토계획법상의 도시·군계획시설 등의 설치로 인하여 효용을 다할 수 없게 된 대지에 있는

---

31) 대법원 2013. 12. 12. 선고 2011두22051 판결.

건축물(1호), 공장의 매연·소음 등으로 인하여 위해를 초래할 우려가 있는 지역에 있는 건축물(2호), 해당 건축물을 준공일 기준으로 40년까지 사용하기 위하여 보수·보강하는 데 드는 비용이 철거 후 새로운 건축물을 건설하는 데 드는 비용보다 클 것으로 예상되는 건축물(3호) 중 어느 하나에 해당하는 건축물을 의미한다(법 시행령 2조 2항, 서울시 조례 4조 2항)]

(4) 도시미관을 저해하는 건축물로서 국토계획법상 도시·군기본계획의 경관에 관한 사항에 어긋나는 건축물[법 2조 3호 ㈑목 전문, 법 시행령 2조 3항 2호]

(5) 노후화된 건축물로서 준공된 후 20년 이상 30년 이하의 범위에서 시·도 조례로 정하는 기간이 지난 건축물이다[법 2조 3호 ㈑목 후문, 법 시행령 2조 3항 1호]. 공동주택 중 철근콘크리트·철골콘크리트·철골철근콘크리트 및 강구조인 공동주택은 아래 서울시 조례 [별표 1]에 따른 기간이고[서울시 조례 4조 1항 1호 ㈎목], 위 ㈎목 이외의 공동주택은 20년이다[서울시 조례 4조 1항 1호 ㈏목].

한편, 공동주택 이외의 건축물 중 철근콘크리트·철골콘크리트·철골철근콘크리트 및 강구조 건축물(건축법 시행령 별표 1 1호에 따른 단독주택은 제외한다)은 30년이고[서울시 조례 4조 1항 2호 ㈎목], ㈎목 이외의 건축물은 20년이다[서울시 조례 4조 1항 2호 ㈏목].

표 2-1 서울시 조례 [별표 1] 철근콘크리트·철골콘크리트·철골철근콘크리트 및 강구조 공동주택의 노후·불량건축물 기준(4조 1항 1호 관련)

구분 / 준공년도	5층 이상 건축물	4층 이하 건축물
1981. 12. 31. 이전	20년	20년
1982	22년	21년
1983	24년	22년
1984	26년	23년
1985	28년	24년
1986	30년	25년
1987		26년
1988		27년
1989		28년
1990		29년
1991. 1. 1. 이후		30년

32) 건축대지로서 효용을 다할 수 없는 과소필지 안의 건축물[건축물이 있는 대지는 대통령령으로 정하는 범위(주거지역은 60㎡ 이상, 상업지역은 150㎡ 이상, 공업지역은 150㎡ 이상, 녹지지역은 200㎡ 이상, 건축법 시행령 80조)에서 해당 지방자치단체의 조례로 정하는 면적에 못 미치게 분할할 수 없는바(건축법 57조 1항), 서울시 건축조례 29조는 건축물이 있는 대지의 분할은 주거지역은 90㎡, 상업지역은 150㎡, 공업지역 및 녹지지역은 각 200㎡ 이상으로 한다고 규정하고 있으므로, 서울시의 경우 주거지역은 90㎡ 미만으로 대지를 분할 할 수 없어 대지분할 제한면적인 90㎡ 미만이 과소필지이다]로서 2009. 8. 11. 전에 건축된 건축물을 말한다(서울시 조례 4조 2항).

나. 규정의 해석

위 (1) 내지 (4)는 불량건축물에 대한 규정이고, (5)는 노후건축물에 대한 규정이다. 실무상 주된 대상이 단독주택, 다가구주택 및 연립주택이 대상인 재개발사업의 경우 노후건축물 여부 외에 불량건축물 여부도 다투어지나, 그 대상이 공동주택인 재건축사업의 경우 노후건축물인지 여부가 주로 문제된다.

3. 노후건축물 여부

가. 쟁 점

현행 법 2조 3호 ㈑목 후문, 법 시행령 2조 3항 1호의 노후화된 건축물로서 '준공된 후 20년 이상 30년 이하의 범위에서 시·도 조례로 정하는 기간이 지난 건축물'이라는 조항과 관련하여 '노후화'에 대한 정의규정이 없고, 위 조항으로부터 수권받은 서울시 조례가 기간만을 규정하고 있으므로, 형식적으로 볼 때 서울시 조례에서 정한 기간이 경과된 건축물은 모두 노후건축물로 해석된다.

그러나 이는 다음에서 살펴볼 대법원 2012. 6. 18. 선고 2010두16592 전원합의체 판결과 배치되는 해석이므로, 그 타당성을 논증하기 위하여 도시정비법의 규정 내용 및 2회에 걸친 개정 이전의 내용까지 종합적으로 검토한다.

나. 종전 규정과 판례의 내용

(1) 법이 2012. 2. 1. 개정되기 전

㈎ 규정의 내용

법이 2012. 2. 1. 개정되기 전의 도시정비법 2조 3호는 노후건축물에 관한 일반조항으로 "노후화로 인한 구조적 결함 등으로 인하여 철거가 불가피한 건축물로서 대통령령으로 정하는 바에 따라 시·도 조례로 정하는 건축물"라고 규정하고 있었다. 이와 관련한 당시 법 시행령 규정은 현재의 법 시행령 2조 3항과 유사하고(상한을 규정하고 있지 않을 뿐이다), 당시의 서울시 조례 [별표 1]은 현행 규정과 유사하다.[33]

위 규정의 해석상 노후건축물이란 준공된 때로부터 법정의 기간이 경과되었을 뿐만 아니라 '노후화로 인한 구조적 결함 및 그로 인하여 철거가 불가피하다'는 것이 반드시 요건으로 필요하다 할 것이다.

㈏ 판례

판례도 '건축물의 노후화로 인한 구조적 결함 등으로 인하여 철거가 불가피한 건축물로서 대통령령으로 정하는 바에 따라 시·도 조례로 정하는 건축물'이란, 준공된 후 20년 등이 지난 건

33) 조례는 5층 이상 건축물과 4층 이하의 건축물로 구분하여, 2016. 3. 24. 이전까지는 1981. 12. 31. 이전 준공 건물은 일괄하여 20년 이상, 1982년부터 1991년까지는 구체화된 특정 기간 이상, 1992. 2. 1. 이후는 40년(5층 이상 건물), 30년(4층 이하 건물)으로 규정하였으나, 2016. 3. 24. 이후에는 4층 건물 이하의 경우 종전과 동일하게 구체화된 특정한 기간으로 정하되, 5층 이상 건물의 경우는 1986년 이후는 일괄하여 30년, 1981. 12. 31. 이전 건물은 일괄하여 20년, 1982년과 1985년 사이의 건물은 22년 내지 28년의 특정한 기간으로 규정하였다.

축물로서 그로 인하여 건축물이 노후화되고 구조적 결함 등이 발생하여 철거가 불가피한 건축물을 의미하고, '준공된 후 20년 등'과 같은 일정기간의 경과는 철거가 불가피한 노후건축물에 해당하는지를 판단할 때 징표가 되는 여러 기준의 하나로서 제시된 것에 불과하다고 하였다.[34)]

⑵ 법이 2012. 2. 1. 개정된 이후 2017. 2. 8. 전부개정되기 전까지 규정

법이 2017. 2. 8. 전부개정되기 전의 법 2조 3호는 노후건축물에 관한 일반조항으로 "노후화로 인하여 구조적 결함 등이 있는 건축물로서 대통령령으로 정하는 바에 따라 시·도 조례로 정하는 건축물"이라고 규정하고 있었다(철거가 불가피한지 여부는 요건에서 제외되었다). 이와 관련한 당시 법 시행령 규정은 현재의 법 시행령 2조 3항과 동일하고, 당시의 서울시 조례 [별표 1]은 현행 규정과 동일하다.

결국 위 규정의 해석상 노후건축물이란 서울시 조례 [별표 1]이 정한 기간이 경과하였다 하더라도, 노후화로 인한 구조적 결함이 반드시 요건으로 필요하다 할 것이다.

⑶ 법이 2017. 2. 8. 전부개정된 이후

현행 도시정비법령(법 2조 3호 라목 후문 및 법 시행령 2조 3항 1호)은 노후건축물이란 준공일로부터 법정의 기간이 경과한 건축물이라고 규정하고 있다.

앞서 본 바와 같이 구조적 결함이나 철거의 불가피성은 그 요건에서 삭제된 점, '노후화'에 대한 정의규정이 없는 점, 재개발·재건축사업 모두 노후건축물 요건을 충족하더라도, 법 시행령은 [별표 1]로 정비계획의 입안대상지역을 엄격히 제한하고 있는 점 등을 종합하여 보면, 현행 도시정비법령상으로는 법정기간(서울시의 경우 서울시 조례 [별표 1]의 법정기간)이 경과된 건축물은 노후건축물에 해당한다 할 것이다.

결국 철근콘크리트 등 강구조인 건축물은 (공동주택의 경우 준공년도에 따라 일부 차이가 있으나) 준공일로부터 30년이 경과하면 노후건축물에 해당하나, 그 외의 건축물은 준공일로부터 20년이다.

제3절 정비구역지정과 정비계획의 수립절차 및 내용

Ⅰ. 정비구역지정 및 정비계획 수립절차

1. 정비계획의 입안

가. 개 요

정비계획의 입안절차는 토지등소유자 또는 추진위원회의 입안제안 또는 입안요청, 정비계획 입안권자의 기초조사를 통한 정비계획안 작성, 그에 대한 주민, 지방의회, 정비기반시설 및 국·공유재산의 관리청의 각 의견청취절차를 거쳐 정비계획의 입안결정 등의 절차로 진행된다.

34) 대법원 2012. 6. 18. 선고 2010두16592 전원합의체 판결.

특별시장·광역시장·특별자치시장·특별자치도지사·시장·군수 또는 자치구청장은 정비계획입안 대상지역에 대하여 정비계획을 입안할 수 있다. 자치구청장 또는 광역시의 군수는 정비계획 입안권만 가지나(법 8조 5항), 나머지 행정청은 정비구역지정 및 정비계획결정권자로서, 법 8조 1항에 의하여 정비계획 결정권도 보유하고 있다.

이하 절차는 입안제안이나 입안요청의 법정사유를 제외하고는 기존의 정비계획을 변경하기 위한 정비변경계획의 입안에도 적용된다.

나. 토지등소유자 또는 추진위원회의 정비계획 입안제안 또는 입안요청

(1) 개요

기본계획의 수립과 구별되는 가장 두드러진 절차가 토지등소유자 또는 추진위원회의 정비계획 입안제안권 및 입안요청권이 인정되는 것이다. 2024. 12. 3.자 법 개정으로 정비구역지정 전에 추진위원회의 구성이 가능하므로, 추진위원회에게도 위와 같은 권리가 인정된다. 입안제안 및 입안요청에는 법정사유 및 일정한 토지등소유자의 동의가 필요하다.

입안제안 또는 입안요청에 대하여 정비계획 입안권자가 정비계획안 작성을 거부하는 경우, 항고소송을 제기할 수 있는지 여부가 문제된다.

토지등소유자나 추진위원회에게 법정사유 및 일정한 토지등소유자의 동의라는 엄격한 요건 아래 입안을 제안(요청)할 수 있는 권리를 부여하고 있고, 입안제안(요청)을 받은 입안권자는 그 처리 결과를 제안(요청)자에게 통보하도록 규정하고 있으며, 여기에다가 헌법상 재산권 보장의 취지를 더하여 보면, 토지등소유자나 추진위원회는 정비계획의 입안권자에게 정비계획의 입안 내지 변경을 요구할 수 있는 법규상 또는 조리상의 신청권이 있고, 이러한 신청에 대한 거부행위는 항고소송의 대상이 되는 행정처분에 해당한다고 보아야 할 것이다.

이에 관한 명시적인 대법원 판례가 없는 듯하나, 하급심은 처분성을 인정하고 있고,[35] 국토계획법상의 도시계획의 입안제안에 대하여 대법원은 이를 긍정하고 있다.[36]

(2) 정비계획 입안요청

(가) 도입취지

정비계획의 입안제안을 위해서는 토지등소유자가 반드시 정비계획도서 등을 제출하여야 하나, 토지등소유자가 이를 마련하는 것이 현실적으로 용이하지 않은 점을 고려하여 2023. 7. 18.자 법 개정으로 입안요청제도를 신설하였다. 토지등소유자는 법정사유가 있고 법정 토지등소유자의 동의를 받은 후 구역 경계만 설정해 정비계획의 입안권자에게 정비계획의 입안을 요청할 수 있도록 하고, 정비계획의 입안권자가 그 요청을 수락할 경우 정비구역의 지정권자가 정비계획의 기본방향을 제시하도록 하였다. 이는 주민들이 보다 용이하게 정비사업을 추진할 수 있도록 하기 위함이다.

---

35) 서울고등법원 2019. 5. 29. 선고 2018누69914 판결(확정).
36) 대법원 2015. 3. 26. 선고 2014두42742 판결 등 참조.

㈏ 법정사유 및 동의

① 법정사유

기본계획을 수립하지 아니한 지역으로서 대통령령으로 정하는 경우(1호, 2024. 12. 3. 개정으로 도입되었다), 기본계획의 단계별 정비사업 추진계획상 정비예정구역별 정비계획의 입안시기가 지났음에도 불구하고 정비계획이 입안되지 아니한 경우(2호), 기본계획에 정비예정구역 및 단계별 정비사업 추진계획이 생략된 경우(3호), 천재지변 등 대통령령으로 정하는 불가피한 사유로 긴급하게 정비사업을 시행할 필요가 있다고 판단되는 경우(4호)이다.

② 동의요건

토지등소유자의 2분의 1 이하의 범위에서 시·도 조례로 정하는 비율 이상의 동의를 요한다(서울시는 30%, 조례 9조의2 1항). 토지등소유자의 동의자 수 산정방법에 관하여는 법 시행령 33조를 준용한다(법 시행령 11조의2 6항). 철회의 경우에도 법 시행령 33조 2항 내지 4항이 적용된다.

㈐ 요청 이후의 후속절차

토지등소유자가 정비계획의 입안권자에게 정비구역의 지정을 위한 정비계획의 입안을 요청하려는 경우에는 토지등소유자의 동의를 받은 후 시·도 조례로 정하는 요청서 서식에 정비계획의 입안을 요청하는 구역의 범위 및 해당 구역에 위치한 건축물 현황에 관한 서류를 첨부하여 정비계획의 입안권자에게 제출해야 한다(법 시행령 11조의2 3항).

① 정비계획의 입안권자는 입안요청이 있는 경우 요청일부터 4개월 이내에 정비계획의 입안 여부를 결정하여 토지등소유자 및 정비구역의 지정권자에게 알려야 한다. 다만, 정비계획의 입안권자는 정비계획의 입안 여부의 결정 기한을 2개월의 범위에서 한 차례만 연장할 수 있다(법 13조의2 2항).

② 정비계획의 입안권자가 토지등소유자에게 정비계획을 입안하기로 통지한 경우(1호), 단계별 정비사업 추진계획에 따라 정비계획의 입안권자가 요청하는 경우(2호), 정비계획의 입안권자가 정비계획을 입안하기로 결정한 경우로서 대통령령으로 정하는 경우(3호), 정비계획을 변경하는 경우로서 대통령령으로 정하는 경우(4호), 정비구역의 지정권자는 토지이용, 주택건설 및 기반시설의 설치 등에 관한 기본방향을 작성하여 정비계획의 입안권자에게 제시하여야 한다(법 13조의2 3항). 위 1호의 경우 정비계획의 입안권자는 정비구역지정권자가 제시한 정비계획의 기본방향을 해당 정비계획의 입안을 요청한 토지등소유자에게 통지해야 한다(법 시행령 11조의2 8항).

⑶ 정비계획 입안제안

㈎ 법정사유(법 14조 1항)

기본계획상의 단계별 정비사업 추진계획에서 정한 정비예정구역별 정비계획의 입안시기가 지났음에도 불구하고 정비계획이 입안되지 아니하거나 정비예정구역별 정비계획의 수립시기를 정하고 있지 아니한 경우(1호), 토지등소유자가 법 26조 1항 7호 및 8호에 따른 재개발사업·재건축사업의 공공시행자로 토지주택공사등을 사업시행자로 지정 요청하려는 경우(2호),[37] 대도시가

37) 해당 정비구역의 토지면적 2분의 1 이상의 토지소유자와 토지등소유자의 3분의 2 이상에 해당하는 자가 토지주택공

아닌 시 또는 군으로서 시·도 조례로 정하는 경우(3호), 정비사업을 통하여 공공지원민간임대주택을 공급하거나 임대할 목적으로 주택을 주택임대관리업자에게 위탁하려는 경우로서 법 9조 1항 10호 각 목을 포함하는 정비계획의 입안을 요청하려는 경우(4호), 법 26조 1항 1호 및 27조 1항 1호(천재지변 등 긴급하게 정비사업을 시행할 필요)에 따라 정비사업을 시행하려는 경우(5호),[38] 토지등소유자(조합이 설립된 경우에는 조합원을 말한다)가 3분의 2 이상의 동의로 정비계획의 변경을 요청하는 경우(6호, 다만, 경미한 사항을 변경하는 경우에는 토지등소유자의 동의절차를 거치지 아니한다), 토지등소유자가 공공재개발사업 또는 공공재건축사업을 추진하려는 경우(7호)

㈏ 동의요건

① 정족수 등

정비계획 입안의 제안을 위한 토지등소유자의 동의, 제안서의 처리 등에 필요한 사항은 대통령령으로 정한다고 규정하고 있다(법 14조). 토지등소유자가 정비계획의 입안권자에게 정비(변경)계획의 입안을 제안하려는 경우 해당 지역(기본계획상의 정비예정구역) 토지등소유자의 3분의 2 이하 및 토지면적 3분의 2 이하의 범위에서 시·도 조례로 정하는 비율(서울시의 경우 해당 지역 토지등소유자의 50% 이상 및 토지면적의 2분의 1 이상의 동의, 조례 10조 1항) 이상의 동의를 받아야 한다(법 시행령 12조 1항).

법 시행령 12조 1항부터 3항까지에서 규정된 사항 외에 정비계획 입안의 제안을 위하여 필요한 세부사항은 시·도 조례로 정할 수 있다(법 시행령 12조 4항). 서울시 조례 10조 5항은 정비계획의 입안에 따른 토지등소유자의 동의자 수의 산정방법 등은 법 시행령 33조에 따른다고 규정하고 있으므로, 법 시행령 33조 1항이 정한 토지등소유자의 동의자 수 산정방법 등에 따라 동의자 수를 산정한다.[39]

② 동의정족수 산정기준일

동의정족수 산정하는 기준일은 정비계획의 입안을 제안하는 시점이다.[40] 다만, 토지등소유자 개인이 사업시행자가 되는 토지등소유자가 20인 미만인 재개발사업(주로 도시정비형 재개발사업)에서 정비구역지정·고시 이후 정비계획의 변경을 제안하는 경우에는 정비구역지정·고시가 있는

사등을 사업시행자로 지정할 것을 요청하는 경우 시장·군수등은 토지주택공사등을 사업시행자로 지정하여 정비사업을 시행하게 할 수 있는바, 위 규정에 따라 토지등소유자가 정비계획의 입안을 제안한 경우 입안제안에 동의한 토지등소유자는 토지주택공사등의 사업시행자 지정에 동의한 것으로 본다. 다만, 사업시행자의 지정 요청 전에 시장·군수등 및 47조에 따른 주민대표회의에 사업시행자의 지정에 대한 반대의 의사표시를 한 토지등소유자의 경우에는 그러하지 아니하다(법 26조 1항 8호 후문).

38) 토지등소유자는 26조 1항 1호 및 27조 1항 1호에 따라 사업시행자가 되려는 자를 말한다.

39) ① 조합설립인가처분의 정족수 충족과 관련하여 해당 조합설립을 인가하는 행정청이 대표하는 지방자치단체, 국가 또는 정비구역지정권자가 대표자로 있는 지방자치단체의 경우 해당 정비사업조합의 설립에 동의한 것으로 볼 수 있으나(대법원 2014. 4. 14. 선고 2012두1419 전원합의체 판결), 기본계획을 수립한 행정청이 대표인 지방자치단체를 제외하고는 동의로 간주할 만한 아무런 근거가 없고, 기본계획은 정비계획 수립의 방침에 불과하고, 정비사업은 정비계획의 수립에 의하여 본격적 진행되므로, 정비계획 입안제안과 관련하여 정비예정구역 내 국, 공유지의 경우 동의로 간주할 수 없다.
② 토지등소유자가 동의 철회를 한 경우 그 철회가 법 시행령 33조 3항에서 정한 방식(철회서에 토지등소유자가 성명을 적고 지장을 날인한 후 신분증명서 사본을 첨부하여 동의의 상대방 및 시장·군수등에게 내용증명의 방법으로 발송)을 준수하지 아니한 경우에는 그 철회의 효력이 인정되지 않는다[서울고등법원 2019. 7. 10. 선고 2018누69914 판결(확정) 참조].

40) 대법원 2014. 4. 24. 선고 2012두21437 판결 참조.

날을 토지등소유자의 동의자 수를 산정하는 기준일로 한다(법 36조의2 1항 1호).

위 산정기준일 이후 정비계획변경 입안제안 시점까지 1명의 토지등소유자로부터 토지 또는 건축물의 소유권이나 지상권을 양수하여 여러 명이 소유하게 된 때에는 그 여러 명을 대표하는 1명을 토지등소유자로 본다(법 36조의2 2항). 이는 2022. 6. 10.자 법 개정으로 도입되었다.

㈐ 제안방법 및 그 이후의 후속절차

토지등소유자는 관할 행정청에 제안서 서식에 정비계획도서, 계획설명서, 그 밖의 필요한 서류를 첨부하여 제출하여야 한다(도시정비법 14조 2항, 같은 법 시행령 12조 1항). 정비계획의 입안권자는 위 제안이 있는 경우에는 제안일부터 60일 이내에 정비계획에의 반영 여부를 제안자에게 통보하여야 한다. 다만, 부득이한 사정이 있는 경우에는 한 차례만 30일을 연장할 수 있다(법 시행령 12조 2항).

⑷ 동의간주(36조의3, 입안요청, 입안제안, 추진위원회 구성)

2024. 12. 3.자 법 개정으로 토지등소유자가 정비계획의 입안요청을 위한 동의, 정비계획의 입안제안을 위한 동의, 추진위원회의 구성에 대한 동의 중 어느 하나에 대한 동의를 하는 경우, 각각의 동의를 받을 때 다른 부분의 동의에 관하여 대통령령으로 정하는 사항을 포함하여 동의를 받고(2항 1호), 각각의 동의를 받을 때 다른 부분의 동의로도 인정될 수 있음을 고지 받고, 고지 받은 날부터 대통령령으로 정하는 기간 내에 동의를 철회하지 아니하며(2항 2호), 그 밖에 대통령령으로 정하는 기준과 방법을 충족하는 경우(2항 3호), 동의하지 않은 다른 사항에 대해서도 동의를 한 것으로 간주한다(1항). 이는 정비사업의 보다 신속한 진행을 위한 것이다.

다. 정비계획 입안권자의 정비계획입안 결정

⑴ 정비계획안 작성

㈎ 기초조사

정비계획입안권자가 정비계획을 입안하는 경우에는 토지 및 건축물의 이용과 소유현황 등 법정사항을 조사하여 법 시행령 7조 1항 [별표 1] 정비계획의 입안대상지역의 요건에 적합한지 여부를 확인하여야 하고, 정비계획의 입안 내용을 변경하려는 경우에는 변경내용에 해당하는 사항을 조사·확인하여야 한다(법 시행령 7조 2항).[41] 정비계획 입안권자는 사업시행자에게 위 사전조사를 하게 할 수 있다(법 시행령 7조 3항). 기초조사를 거치지 않은 채 정비구역을 지정하는 경우 이는 절차적 하자가 있는 위법한 처분이 되나, 그 하자의 정도가 중대·명백한 것으로 보기 어려워 당연무효에 해당하는 것으로 볼 수는 없다.[42]

㈏ 정비계획안 작성

정비계획 입안권자는 정비계획의 입안대상지역의 요건에 적합한 경우 정비계획안을 작성한다. 서울시의 경우 기초조사 시 앞서 본 바와 같이 공공지원 대상사업에 해당하고, 공공지원을

41) 기본계획이 수립되어 정비예정구역이 지정되어 있는 지역에 대하여 정비계획을 수립하고자 하는 경우에는 기본계획의 기초조사를 정비계획의 기초조사 자료로 활용할 수 있다(정비계획 수립지침 3-3-2).

42) 대법원 1990. 6. 12. 선고 90누2178 판결 참조.

하려는 경우 추진위원회 구성 단계 생략에 대한 토지등소유자 의견을 조사하는데, 토지등소유자의 과반수가 추진위원회 구성단계 생략을 원하는 경우 추진위원회를 구성하지 아니하는 방법으로 조합을 설립하는 정비계획안을 작성하게 된다(서울시 조례 82조 2항).

기본계획 수립과 마찬가지로 정비계획의 입안권자는 정비사업의 원활한 시행을 위하여 관계 법률에 따른 용적률의 상한까지 용적률을 정할 수 있고(법 11조 1항), 건축물이 붕괴할 우려가 있어 긴급히 정비사업을 시행할 필요가 있다고 인정하는 경우에는 용도지역의 변경을 통해 용적률을 완화하여 정비계획을 입안할 수 있다(법 11조 2항).

자치구청장등 또는 대도시의 시장이 아닌 시장은 위 법 11조 1항에 따라 정비계획을 입안하거나 변경입안하려는 경우 기본계획의 변경 또는 변경승인을 특별시장·광역시장·도지사에게 요청할 수 있다(법 11조 3항).

⑵ 서면통보, 주민설명회 및 주민공람

㈎ 내용

정비계획의 입안권자는 정비계획안을 작성한 후, 작성된 정비계획안에 대하여 주민에게 서면으로 통보하여야 한다. 그리고 주민설명회를 개최하여야 하고, 30일 이상 주민에게 공람하여 의견을 들어야 한다(법 15조 1항). 정비계획은 구속적 행정계획이므로 기본계획과 달리 주민공람 외에 주민들에게 정비계획안을 서면통보하고 주민설명회를 거쳐야 한다. 주민설명회는 도시정비사업 등 공공사업에서 주민에게 관련 정보를 제공하고 주민의 의견을 수렴하기 위해 진행되는 것으로서, 그 개최 통지 등에 관한 절차가 관련 법령에 마련되어 있다면 그에 의하되, 그렇지 않다면 주민설명회가 실질적으로 운영될 수 있을 정도로 사회통념상 상당한 방법으로 고지되는 것으로 족하다. 입안된 정비계획안에 대한 법령상 주민설명회 개최에 관한 규정의 형식과 내용, 주민설명회 개최의 의의 등에 비추어 볼 때, 정비계획의 입안권자로 하여금 주민에게 서면으로 통보하도록 규율하고 있는 대상은 입안하거나 변경하려는 정비계획으로 보일 뿐, 주민설명회 개최에 관한 사항까지 정비계획에 관한 사항과 마찬가지로 서면으로 통보하도록 강제하고 있다고 보기는 어렵다.[43)]

입안권자가 정비계획을 주민에게 공람하려는 때에는 기본계획과 마찬가지로 미리 공람의 요지 및 장소를 공보 및 인터넷에 공고하고, 공람장소에 관계 서류를 갖추어 두어야 하며, 주민은 공람기간 이내에 입안권자에게 서면으로 의견을 제출할 수 있고, 입안권자는 제출된 의견을 심사하여 채택할 필요가 있다고 인정하는 때에는 이를 채택하여 정비계획에 반영하고, 채택하지 아니한 경우에는 의견을 제출한 주민에게 그 사유를 알려주어야 한다(법 시행령 13조 1항, 2항).

정비계획안에 대한 주민 공람공고일은 영업손실보상(정비계획안에 대한 공람공고일 당시 영업자일 것)과 세입자에 대한 주거이전비보상(정비계획안에 대한 공람공고일 당시 거주자)의 기준과도

---

43) 대법원 2025. 1. 23. 선고 2024두55006 판결[법 15조 1항은 주민설명회의 일시 등을 서면으로 통보하여야 한다고 규정하고 있지 않고, 당시는 코로나19 확산 방지를 위한 거리두기 조치가 시행되고 있던 상황이었는데 행정청이 군포시청 홈페이지를 통하여 줌(ZOOM), 유튜브를 통한 비대면 온라인 방식으로 주민설명회를 실시하고 유튜브에 주민설명회 영상을 게시한다는 점과 주민설명회의 일시, 장소 및 접속방법 등을 자세히 안내한 사안에서 행정청이 주민설명회를 진행함에 있어 법 15조 1항을 위반하지 않았다고 판단하였다].

관련된다. 이는 제9편에서 자세히 살펴본다.

㈏ 절차위반 시의 효과

① 위법한 처분

'주민에 대한 서면통보, 주민설명회, 주민공람'의 절차를 위반하였다면 원칙적으로 정비구역 지정처분은 위법하다.[44]

② 손해배상책임

위와 같은 행정절차는 그 자체가 독립적으로 의미를 가지는 것이라기보다는 행정의 공정성과 적정성을 보장하는 공법적 수단으로서의 의미가 크다. 따라서 국가나 지방자치단체가 행정절차를 진행하는 과정에서 주민들의 의견제출 등 절차적 권리를 보장하지 않은 위법이 있다고 하더라도 그 후 이를 시정하여 절차를 다시 진행한 경우, 종국적으로 행정처분 단계까지 이르지 않거나 처분을 직권으로 취소하거나 철회한 경우, 행정소송을 통하여 처분이 취소되거나 처분의 무효를 확인하는 판결이 확정된 경우 등에는 주민들이 절차적 권리의 행사를 통하여 재산권 등 사적 이익을 보호하려던 목적이 실질적으로 달성된 것이므로 특별한 사정이 없는 한 절차적 권리 침해로 인한 정신적 고통에 대한 배상은 인정되지 않는다. 다만, 이러한 조치로도 주민들의 절차적 권리 침해로 인한 정신적 고통이 여전히 남아 있다고 볼 특별한 사정이 있는 경우에 국가나 지방자치단체는 그 정신적 고통으로 인한 손해를 배상할 책임이 있다. 이때 특별한 사정이 있다는 사실에 대한 주장·증명책임은 이를 청구하는 주민들에게 있다.[45]

⑶ 지방의회 및 정비기반시설, 국·공유재산의 관리청의 의견청취

㈎ 지방의회 의견청취

공람과 함께 지방의회의 의견을 들어야 한다. 이 경우 지방의회는 정비계획의 입안권자가 정비계획을 통지한 날부터 60일 이내에 의견을 제시하여야 하며, 의견제시 없이 60일이 지난 경우 이의가 없는 것으로 본다(법 15조 2항). 기본계획의 수립에 있어 관할 행정청은 공청회를 개최할 수 있으나, 정비계획의 수립에 있어서는 근거규정이 존재하지 아니한다.

㈏ 정비기반시설 및 국·공유재산의 관리청의 의견청취

정비계획의 입안권자는 정비기반시설 및 국·공유재산의 귀속 및 처분에 관한 사항이 포함된 정비계획을 입안하려면 미리 해당 정비기반시설 및 국·공유재산의 관리청의 의견을 들어야 한다(법 15조 4항).[46]

⑷ 정비계획입안결정

정비계획의 입안권자는 위와 같은 절차를 거쳐 정비계획입안을 결정한다. 다음에서 살펴보듯이 이를 기초로 정비구역지정을 신청한다.

---

44) 대법원 2015. 1. 29. 선고 2012두11164 판결 참조.

45) 대법원 2021. 7. 29. 선고 2015다221668 판결 참조.

46) 다음에서 살펴보듯이 사업시행계획인가권자는 사업시행계획을 인가함에 있어, 사업시행계획에 정비기반시설의 귀속 및 양도에 관한 사항이 포함된 경우 미리 해당 정비기반시설 관리청의 의견을 들어야 하고(법 97조 4항), 국, 공유재산의 처분에 관한 내용이 포함되어 있는 경우 미리 관리청과 협의하여야 한다(법 98조 1항).

라. 입안된 정비계획의 변경

(1) 원칙

입안권자가 결정된 정비계획안을 변경하려는 경우에도 위와 같은 절차를 거쳐야 한다(법 15조 1항 및 2항).

(2) 경미한 사항

경미한 사항을 변경하는 경우에는 주민에 대한 서면통보, 주민설명회, 주민공람 및 지방의회의 의견청취 절차를 거치지 아니할 수 있다(법 15조 3항). 경미한 사항에 대하여는 법 시행령 13조 4항이 다음과 같이 규정하고 있다.

① 정비구역의 면적을 10% 미만의 범위에서 변경하는 경우(법 18조에 따라 정비구역을 분할, 통합 또는 결합하는 경우를 제외한다)

1의2. 토지등소유자 유형별 분담금 추산액 및 산출근거를 변경하는 경우

② 정비기반시설의 위치를 변경하는 경우와 정비기반시설 규모를 10% 미만의 범위에서 변경하는 경우

③ 공동이용시설 설치계획을 변경하는 경우

④ 재난방지에 관한 계획을 변경하는 경우

⑤ 정비사업시행 예정시기를 3년의 범위에서 조정하는 경우

⑥ 건축법 시행령 [별표 1] 각 호의 용도범위에서 건축물의 주용도를 변경하는 경우

⑦ 건축물의 건폐율 또는 용적률을 축소하거나 10% 미만의 범위에서 확대하는 경우

⑧ 건축물의 최고 높이를 변경하는 경우

⑨ 법 66조 1항(법정 손실보상의 기준 이상으로 세입자에게 주거이전비를 지급하거나 영업의 폐지 또는 휴업에 따른 손실을 보상하는 경우, 법정 손실보상에 더하여 임대주택을 추가로 건설하거나 임대상가를 건설하는 등 추가적인 세입자 손실보상 대책을 수립하여 시행하는 경우 중 어느 하나에 해당하는 경우)에 따라 용적률을 완화하여 변경하는 경우

해당 토지에 대한 기준용적률(국토계획법상의 용도지역이 정한 용적률의 범위에서 조례에 의하여 정해진 용적률)에 따른 정비계획이 수립된 이후, 사업시행자는 정비구역 내 세입자 현황, 세입자에 대한 법 66조 1항이 정한 손실보상의 내용이 포함된 손실보상계획을 시장·군수등에게 제출하고, 사전협의하여 용적률의 완화를 적용받을 수 있음을 확인받은 후 사업시행계획서를 작성하게 되고, 그 경우 시장·군수등은 용적률에 대한 정비계획을 변경하게 되는데, 이는 경미한 사항의 변경이다(법 시행령 55조).

⑩ 국토계획법 2조 3호에 따른 도시·군기본계획, 같은 조 4호에 따른 도시·군관리계획 또는 기본계획의 변경에 따라 정비계획을 변경하는 경우

⑪ 도시교통정비 촉진법에 따른 교통영향평가 등 관계 법령에 의한 심의 결과에 따른 변경인 경우

⑫ 그 밖에 1호부터 8호까지, 10호 및 11호와 유사한 사항으로서 시·도 조례[47]로 정하는 사항을 변경하는 경우

2. 정비구역지정 및 정비계획결정

이하 절차는 정비구역의 변경지정 및 정비계획의 변경결정에도 적용된다.

가. 정비구역지정의 신청

자치구청장 또는 광역시의 군수가 원칙적인 정비계획 입안권자로서 정비계획을 입안하여 정비구역지정을 신청하게 된다(법 8조 5항 전문). 그 경우 정비계획 수립 및 정비구역지정 신청서 등 관련 서류 등을 첨부하여야 한다(정비계획 수립지침 5-1-1). 법은 지방의회의 의견을 반드시 첨부하도록 규정하고 있다(법 8조 5항 후문).

나. 정비구역지정(정비계획결정)의 법적 성격 및 절차

(1) 개요

특별시장·광역시장·특별자치시장·특별자치도지사·시장 또는 군수(광역시의 군수는 제외)가 정비구역지정 및 정비계획을 결정한다(법 8조 1항). 정비구역지정 및 정비계획결정을 위해서는 원칙적으로 기본계획이 수립되어 있어야 한다. 다만, 2가지 예외가 있다.

즉, 도지사가 대도시가 아닌 시로서 기본계획을 수립할 필요가 없다고 인정하여 기본계획을 수립하지 아니한 경우(법 4조 1항 단서), 그리고 천재지변, 그 밖의 불가피한 사유로 긴급하게 정비사업을 시행할 필요가 있는 경우로서 시장·군수등, 토지주택공사등 또는 지정개발자를 사업시행자로 지정하여 정비사업을 시행하려는 경우에는 기본계획을 수립하거나 변경하지 아니하고

---

47) 서울시 조례 11조 1항
1. 정비구역 명칭의 변경
2. 도시·군계획시설의 결정·구조 및 설치기준에 관한 규칙 14조에 따라 도로모퉁이를 잘라내기 위한 정비구역 결정사항의 변경
3. 기존건축물의 정비·개량에 관한 계획의 변경
4. 정비구역이 접하여 있는 경우(동일한 도시정비형 재개발구역 안에서 시행지구를 분할하여 시행하는 경우의 지구를 포함한다) 상호경계조정을 위한 정비구역 또는 지구 범위의 변경
5. 정비구역 또는 지구 범위의 변경이 없는 단순한 착오에 따른 면적 등의 정정을 위한 변경
6. 건축물의 주용도·건폐율·용적률 및 높이에 관한 계획의 변경을 수반하지 않는 획지의 변경 또는 도시정비형 재개발구역 안에서 사업시행지구 분할계획
7. 법 10조가 규정한 법정의 임대 주택의 건설비율과 관련하여 국토부장관이 고시하는 임대주택 건설비율 범위에서의 세대 수 변경
8. 정비계획에서 정한 건축계획의 범위에서 주택건립 세대 수를 30% 이내로 증가하는 변경 또는 10% 이내로 축소하는 변경
9. 건축법 등 관계 법령의 개정으로 인한 정비계획 변경 또는 건축법 4조에 따라 구성된 건축위원회 심의결과에 따른 건축계획의 변경
10. 국토계획법 2조 6호에 따른 기반시설 중 학교와 법 2조 4호에 따른 정비기반시설 중 공공공지 간의 변경

② 구청장이 처리할 수 있는 정비계획의 경미한 변경사항은 다음 각 호의 어느 하나에 해당하는 경우를 말한다.
1. 영 13조 4항 1호의 경우 중 정비구역 면적 5% 미만의 변경
2. 영 13조 4항 2호의 경우 중 정비기반시설 규모 5% 미만의 변경
3. 영 13조 4항 3호부터 6호까지, 10호 및 11호의 경우
4. 영 13조 4항 7호의 경우 중 건축물의 건폐율 또는 용적률을 축소나 5% 미만의 범위에서 확대
5. 영 13조 4항 8호의 경우 중 건축물의 최고 높이를 낮게 변경하는 경우
6. 1항 1호부터 9호까지에 해당하는 경우

정비구역을 지정할 수 있다(법 8조 2항). 군의 경우에는 기본계획 수립의무가 없다.

⑵ 정비구역의 지정방법

㈎ 진입로 및 인접지역 지정 가능

정비구역의 지정권자는 정비계획 입안대상 요건을 구비한 구역 외에 정비구역의 진입로 설치를 위하여 필요한 경우에는 진입로 지역과 그 인접지역을 포함하여 정비구역을 지정할 수 있다(법 8조 3항). 재개발사업의 경우 순환용주택을 건설하기 위하여 필요한 지역을 포함할 수 있다(법 시행령 7조 1항 [별표 1] 2호).

㈏ 정비구역의 분할, 통합 및 결합지정

① 정비구역의 지정권자는 정비사업의 효율적인 추진 또는 도시의 경관보호를 위하여 필요하다고 인정하는 경우에는 하나의 정비구역을 둘 이상의 정비구역으로 분할,[48] 서로 연접한 정비구역을 하나의 정비구역으로 통합,[49] 서로 연접하지 아니한 둘 이상의 구역 또는 정비구역을 하나의 정비구역으로 결합하는 방법에 따라 정비구역을 지정할 수 있다(법 18조 1항).

정비구역을 둘 이상의 구역으로 분할하는 경우 각각의 구역단위로 계획을 수립할 수 있고, 허용 건폐율 및 용적률을 따로 정할 수 있다(정비계획 수립지침 4-8-2-다).

② 정비구역을 분할·통합하거나 서로 떨어진 구역을 하나의 정비구역으로 결합하여 지정하려는 경우 시행 방법과 절차에 관한 세부사항은 시·도 조례로 정한다(법 18조 2항).

정비구역의 분할, 통합 및 결합지정을 위해서는 기본계획에 적합한 범위에서 정비계획 입안대상 요건을 구비하여야 하고, 주민의견청취절차를 거쳐야 하며, 지방도시계획위원회의 심의를 거쳐야 한다(서울시 조례 13조 1항).

서로 떨어진 구역을 하나의 정비구역으로 하는 결합정비구역으로 하여 시행하는 정비사업은 이례적이므로, 그 시행방향에 대하여 서울시 조례는 13조 2항 및 3항으로 규정하고 있다.[50]

③ 이미 정비구역의 지정 및 정비계획결정이 이루어진 후에 정비구역을 분할, 통합 또는 결합하여 지정하려는 경우 정비구역변경 및 정비계획변경 절차가 필요하다.

⑶ 절차

정비구역의 지정권자는 정비구역을 지정하거나 변경지정하려면 지방도시계획위원회의 심의를 거쳐야 한다(법 16조 1항 본문). 다만, 경미한 사항의 경우에는 심의를 거치지 아니할 수 있다(법 16조 1항 단서).

---

48) 시장·군수등은 정비구역의 면적이 대규모이거나 효율적인 추진을 위해 단계적으로 개발하는 것이 바람직한 경우, 정비사업을 순차적으로 시행할 필요가 있는 경우 주로 정비구역을 분할하여 지정한다[정비계획 수립지침 4-12-1 ⑴, ⑵항].

49) 도시의 경관보호를 위하여 하나의 정비구역으로 결합하여 시행하는 것이 효율적인 경우에 통합하여 정비구역을 지정한다[정비계획 수립지침 4-12-1 ⑶항].

50) 도시경관 또는 국가유산(구 문화재) 등의 보호가 필요한 낙후한 지역을 토지의 고도이용이 가능한 역세권 지역과 결합하여 정비사업을 시행할 수 있고, 도시경관 또는 국가유산(구 문화재) 등을 보호하기 위하여 토지의 이용이 제한된 지역(저밀관리구역)의 용적률을 토지의 고도이용이 가능한 역세권 지역(고밀개발구역)에 이전하여 개발하여야 하며, 토지이용계획, 건축물의 밀도 및 높이 계획, 정비기반시설계획 등 정비계획은 지역 특성을 고려하여 수립하여야 한다(2항). 보다 구체적으로는 [별표 2] '결합정비사업의 시행방법 및 절차'에서 이를 상세하게 규정하고 있다(3항).

다. 고시(효력발생) 및 보고

(1) 정비구역의 지정권자는 정비구역을 (변경)지정하거나 정비계획을 (변경)결정한 때에는 정비계획을 포함한 정비구역지정의 내용을 해당 지방자치단체의 공보에 고시하여야 한다.[51] 이 경우 지형도면 고시 등에 대하여는 토지이용규제 기본법 8조에 따른다(법 16조 2항).

정비구역의 지정권자는 정비계획을 포함한 정비구역을 (변경)지정·고시한 때에는 국토부장관에게 그 지정의 내용을 보고 하고, 관계 서류를 일반인이 열람할 수 있도록 하여야 한다(법 16조 3항).

(2) 사업시행상 불가피하다고 인정되어 관련 법령 및 정관이 정하는 바에 따라 추가로 편입 또는 제척되는 토지 등이 있거나, 기본계획 또는 정비계획의 변경, 지적측량 또는 착오의 발견 등에 따라 변경이 있을 경우 사업시행구역과 토지의 총 면적이 변경될 수 있다.

Ⅱ. 정비계획의 내용

1. 개 관

정비계획은 토지등소유자의 입안제안 또는 입안요청, 정비계획 입안권자의 입안결정, 정비계획 수립권자에 의한 정비계획결정의 절차를 거치는바, 일반적인 정비계획의 내용에 관하여 살펴본다.

정비계획은 정비계획서, 관련도면 및 부속서류 등으로 구성된다(정비계획 수립지침 2-2-1). 법 9조, 법 시행령 8조, 서울시 조례 8조, 정비계획 수립지침이 정비계획의 내용에 관하여 자세히 규정하고 있다. 정비계획의 내용은 앞서 본 기본계획의 내용을 구체화하는 것이고, 추후 사업시행자가 수립할 사업시행계획 내용의 기초가 된다. 여기에는 정비사업의 명칭, 정비구역 및 면적, 정비기반시설 등의 설치계획과 신축 건축물의 건설계획, 세입자 주거대책, 정비사업시행 예정시기 등 해당 정비사업과 관련한 내용뿐만 아니라 정비사업을 수행함에 따라 부수되거나 파생되는 여러 가지 문제들에 대한 대책 즉, 정비구역 주변의 교육환경 보호에 관한 계획, 환경보전 및 재난방지에 관한 계획, 안전 및 범죄예방에 관한 사항 등까지 모두 포함하고 있다.

한편, 재개발·재건축사업의 정비계획 입안권자는 정비사업으로 건설하는 주택에 대하여 국토부장관이 정하여 고시하는 '정비사업의 임대주택 및 주택규모별 건설비율' 등을 정비계획에 반영할 의무가 있다(법 10조 1항). 이는 주택수급의 안정과 저소득 주민의 입주기회 확대를 위한 것으로서, 공공성 및 공익성이 상대적으로 강한 재개발사업에 보다 엄격한 제한이 가해지고 있다. 위 임대주택 및 주택규모별 건설비율은 행정청이 정비계획의 내용 수립에 있어 반드시 준수해야 할 원칙이므로, 먼저 강제되는 임대주택 및 주택규모별 건설비율에 대하여 살펴보고, 정비계획의 내용에 대하여 후술한다.

---

51) 고시 자체에 특별한 규정이 있는 경우를 제외하고는 행정업무규정 4조 3호, 6조 3항에 의하여 고시가 있은 후 5일이 경과한 때부터 효력이 발생하고, 이해관계인은 특별한 사정이 없으면 그때 처분이 있음을 알았다고 할 것이다. 이는 구속적 행정계획으로서, 취소소송의 제소기간은 그때부터 기산한다.

2. 임대주택 및 주택규모별 건설비율

도시정비사업은 도시환경을 개선하고 주거생활의 질을 높이는 공익사업인바, 사업시행자가 중·대형평형 위주로 건설하는 경우 공급되는 주택의 양이 적어 주택수급 안정을 저해하고, 저소득주민의 입주기회가 박탈되므로, 이는 공익사업과 부합하지 아니한다. 공익사업의 취지상 세입자에게 폭넓은 입주기회를 부여하여야 한다. 이에 법은 10조, 법 시행령 9조 및 국토부 고시 '정비사업의 임대주택 및 주택규모별 건설비율'을 통하여 시장·군수등으로 하여금 정비계획을 수립함에 있어 사업시행자에게 일정 규모의 국민주택규모 주택 및 임대주택(재개발사업)의 건설의무를 부여하도록 하고 있다.

가. 재개발사업

(1) 국민주택규모의 주택

재개발사업의 시행자는 건설하는 주택 전체 세대 수의 80%를 주거전용면적이 85㎡ 이하인 국민주택규모의 주택으로 건설하여야 한다(법 시행령 9조 1항 2호 가목은 건설하는 주택 전체 세대 수의 100분의 80 이하를 국민주택규모 주택으로 건설하도록 규정하고 있으나, '정비사업의 임대주택 및 주택규모별 건설비율' 4조 1항 본문이 주택 전체 세대 수의 80% 이상을 85㎡ 이하 규모의 주택으로 건설하여야 한다고 규정하고 있으므로, 결국 건설하는 주택 전체 세대 수의 80%를 국민주택규모의 주택으로 건설하여야 한다). 다만, 주택단지 전체를 평균 5층 이하로 건설하는 경우에는 그러하지 아니하다('정비사업의 임대주택 및 주택규모별 건설비율' 4조 1항 단서).

(2) 임대주택

(가) 원칙

건설하는 주택 전체 세대 수 또는 연면적[52]의 100분의 20 이하(주거전용면적이 40㎡ 이하인 임대주택이 전체 임대주택 세대 수의 30% 이상 또는 건설하는 주택 전체 세대 수의 5% 이상)를 임대주택으로 건설하여야 한다(정비사업의 임대주택 및 주택규모별 건설비율 4조 3항). 다만, 시·도지사는 관할 구역의 특성상 주택수급안정이 필요한 경우에는 임대주택 비율을 높일 수 있다(법 10조 1항 1호, 법 시행령 9조 1항 2호 나목).[53]

이와 관련하여 '정비사업의 임대주택 및 주택규모별 건설비율' 4조 6항은 서울시는 건설하는 주택 전체 세대 수 또는 전체 연면적의 10% 이상 20% 이하, 인천 및 경기도는 5% 이상 20% 이하, 그 외 지역은 5% 이상 12% 이하의 범위에서 임대주택 건설비율을 따로 고시한 경우에는 그에 따르도록 규정하고 있다.

---

52) 법 시행령이 2022. 12. 9. 개정되기 전에는 세대 수를 기준으로 하였으나, 개발사업자가 소규모 위주로 임대주택을 건축하는 것을 방지하고 수요에 맞는 다양한 임대주택이 공급되도록 하기 위하여 위 개정으로 전체 세대 수 또는 전체 연면적을 기준으로 임대주택 건설비율을 산정할 수 있도록 하였다.

53) 법 시행령이 2020. 6. 23. 개정되기 이전에는 임대주택 및 주택규모별 건설비율에 관하여 상업지역에서 시행되는 재개발사업에 대하여는 적용되지 아니하였으나, 위 개정으로 이를 삭제하였는바, 법 시행령이 위와 같이 개정된 것은 임대주택 공급의 확대를 통한 주거안정을 위한 것이다.

(나) 예외

건설하는 주택 전체 세대 수가 200세대 미만인 경우, 도시·군관리계획상 자연경관지구 및 최고고도지구 내에서 7층 이하의 층수제한을 받게 되는 경우, 일반주거지역 안에서 자연경관·역사문화경관 보호 및 한옥 보존 등을 위하여 7층 이하로 개발계획을 수립한 경우, 항공법 및 군사기지 및 군사시설 보호법의 고도제한에 따라 7층 이하의 층수제한을 받게 되는 경우, 제1종일반주거지역에서 용도지역을 변경하지 않고 개발계획을 수립하는 경우에 있어서는 임대주택 건설의무가 면제된다(정비사업의 임대주택 및 주택규모별 건설비율 4조 4항). 그리고 정비구역에서 학교용지를 확보하여야 하는 경우에는 시·도지사가 정하는 바에 따라 임대주택 세대 수를 50% 범위 내에서 차감하여 조정할 수 있다(정비사업의 임대주택 및 주택규모별 건설비율 4조 5항).

나. 재건축사업

(1) 국민주택규모의 주택

(가) 원칙

전체 세대 수의 60% 이하에 대하여 국민주택규모의 주택으로 건설하여야 한다(법 시행령 9조 1항 3호). 다만, 수도권정비계획법 6조 1항 1호에 따른 과밀억제권역에서 시행하는 재건축사업의 시행자는 건설하는 주택 전체 세대 수의 60% 이상을 국민주택규모의 주택으로 건설하여야 하므로(정비사업의 임대주택 및 주택규모별 건설비율 5조 1항), 결국 과밀억제권역에서는 60%가 적용된다.

(나) 예외

과밀억제권역에 해당한다 하더라도, 재건축 조합원에게 분양하는 주택의 주거전용면적의 합이 종전주택(재건축하기 전의 주택)의 주거전용면적의 합보다 작거나 30%의 범위에서 큰 경우, 조합원 이외의 자에게 분양하는 주택을 모두 85㎡ 이하 규모로 건설하는 경우에는 국민주택규모 주택의 건설규정이 적용되지 아니한다(법 시행령 9조 2항, 정비사업의 임대주택 및 주택규모별 건설비율 5조 2항).

(2) 임대주택 건설의무

재건축사업이 재개발사업에 비해 공공성 및 공익성이 상대적으로 약하기 때문에 임대주택 건설의무는 없다.

3. 정비계획서의 내용

법 9조, 법 시행령 8조, 서울시 조례 8조, 정비계획 수립지침에서 구체적인 내용을 규정하고 있음은 앞서 본 바이다. 정비계획은 장래 토지이용에 관한 계획 위주로 수립되어야 하므로, 아래에서 살펴 볼 토지이용에 관한 계획이 가장 중요하다. 이하에서는 위 법령의 구체적인 내용을 정비계획 수립지침에 따라 자세히 살펴본다.

가. 정비사업의 명칭

정비사업의 명칭은 해당 정비구역이 위치한 시·군·구 단위 이하의 행정구역명을 중심으로 해당 정비구역의 특성, 현재의 단지명 등을 고려하여 다른 정비구역과 구별이 될 수 있도록 정하여야 한다. 정비사업의 명칭에는 사업유형을 알 수 있도록 재개발사업 및 재건축사업을 함께 표기하여야 한다.

나. 정비구역 및 그 면적

정비구역의 위치는 구역을 대표할 수 있는 소재지를 기재하되 시·도, 시·군·구, 읍·면·동, 리 및 대표번지를 기재한다(통상적으로 서울 성북구 삼선동2가 296번지 일대 등으로 기재한다). 정비구역의 면적은 제곱미터(㎡)로 표시한다.

다. 토지등소유자 유형별 분담금 추산액 및 산출근거

(1) 2022. 6. 10.자 법 개정으로 토지등소유자별 분담금 추산액 및 산출근거를 정비계획서의 내용으로 포함시켰다(법 9조 1항 2의2). 입법취지는 정비계획단계부터 토지등소유자에게 사업에 따른 분담금과 근거를 알려 정비사업에의 참여 여부를 판단할 수 있게 하는 것이다.

정비계획결정을 통하여 토지이용계획, 건축물의 주용도·건폐율·용적률·높이에 관한 건축계획이 확정되므로, 대략적인 사업비용이나 개발이익 등의 산출이 가능함에 근거한다. 그러나 토지등소유자별 분담금은 종전자산과 종후자산의 가액이 확정되어야 정확한 산출이 가능하다. 종후자산의 가액은 감정평가를 통하여 관리처분계획 단계에서야 일응 확정되므로(종후자산의 가액 산정 시 정비사업비를 참작하므로, 시공계약 등이 체결되지 아니한 상태에서 이를 확정할 수 없다), 정비계획단계에서 이를 추산하는 것이 용이하지 않으므로, 어느 범위에서 특정하여 적시할 것인지 여부가 문제된다.

(2) 추진위원회는 토지등소유자로부터 조합설립에 대한 동의를 받기 전에 토지등소유자별 분담금 추산액 및 산출근거를 제공하여야 한다(법 35조 10항, 법 시행령 32조 1호). 정비계획결정을 통하여 대략적인 사업비용이나 개발이익 등의 산출이 가능함에 근거한다. 통상적으로 총 수입추정액, 총 사업비 추정액(공사비 등), 종전자산 추정액(조합원의 토지, 건물 명세 확인 후 공시가격에 보정율을 곱하는 방법으로 산출) 등을 바탕으로 서울시의 '사업비 및 분담금 추정프로그램'을 통하여 제공하는 것이 일반적이다. 법정동의서인 법 시행규칙 [별지 6호 서식]의 '조합설립동의서'는 추정분담금에 대하여 분담금 산정공식인 '분양대상자별 분담금 추산액=분양예정인 대지 및 건축물의 추산액-(분양대상자별 종전의 토지 및 건축물의 가격×비례율)'만을 기재하는 것이 일반적이다. 이와 관련하여 판례(대법원 2020. 9. 7. 선고 2020두38744 판결)는 위와 같은 동의서는 추정 분담금과 관련하여서도 유효하다고 하고 있는 점을 고려하여 보면, 정비계획단계에서도 이에 준하여 분담금 산정공식만을 기재하는 정도로 간략하게 기재하더라도 유효한 것으로 볼 여지가 있다.[54] 이미 입안된 토지등소유자별 분담금 추산액 및 산출근거를 변경하는 경우, 이는 경미한

---

54) 조합설립동의서에는 공사비 등 정비사업에 드는 비용 항목으로 철거비, 신축비, 그 밖의 비용, 합계액이 반드시 기재

사항의 변경이다.

(3) 한편 2025. 1. 31.자 법 개정으로 종전의 '토지등소유자별 분담금 추산액 및 산출근거'를 '토지등소유자 유형별 분담금 추산액 및 산출근거'로 변경하여 분담금 추산절차를 간소화하였다.

라. 토지이용계획

(1) 정비계획은 장래 토지이용에 관한 계획 위주로 수립되어야 한다(정비계획 수립지침 2-1-3). 토지이용계획은 토지이용의 효율성을 증대하고 도시별·지역별 특성 그리고 현재의 토지이용 상황, 기반시설의 용량과 주변 환경과의 연속성 등을 종합적으로 고려하여 계획하여야 하며 주변 및 연접한 지역의 개발계획이 있을 경우에는 반드시 연계할 수 있도록 계획한다(정비계획 수립지침 4-4-2). 정비계획은 원칙적으로 국토계획법상의 용도지역을 전제로 수립되나, 다음에서 살펴보듯이 필요한 경우 국토계획법 52조 1항 각 호의 사항에 관한 계획이 포함되고(지구단위계획, 법 9조 1항 11호), 52조 1항 1호는 용도지역을 변경하는 사항이 내용이므로, 정비계획을 통하여 정비구역 내 토지의 용도지역을 변경하기도 한다(추후 정비구역이 해제되면 용도지역은 정비구역지정 이전의 상태로 환원된다. 법 22조 1항).

(2) 서울시 조례는 8조 2항 3호로 종교부지, 분양대상 복리시설 부지는 필요한 경우 획지로 분할하고 적정한 진입로를 확보하도록 하여야 한다고 규정하고 있다.

실무상 교회 등 종교시설의 경우 정비사업의 진행과정에서 다툼이 많으므로, 토지이용계획에서 토지 중 일부에 대하여 특정의 종교시설에 대한 부지로 획정하는 경우가 있다.

주택법 2조 14호는 복리시설이란 주택단지의 입주자 등의 생활복리를 위한 어린이놀이터, 근린생활시설,[55] 유치원, 주민운동시설 및 경로당, 그 밖에 입주자 등의 생활복리를 위하여 대통령령으로 정하는 공동시설이라고 규정하고 있다. 그중 유치원에 관하여는 유아교육법령이 사립학교의 교사 및 교지는 해당 학교의 설립·경영하는 자의 소유라고 규정하고 있어 단독필지로 하여야 하는지 여부가 문제되나, 소유에는 공유도 가능하므로 단독필지가 반드시 필요한 것은 아니다(제7편 제6장 제3절 V. "2. 유치원" 참조).

(3) 정비계획상 단독필지로 획정함에 있어 택지, 종교용지, 정비기반시설, 유치원 등의 명칭으로 표시된다.

마. 지구단위계획의 내용에 관한 계획

국토계획법 52조 1항 각 호의 지구단위계획의 내용에 포함되는 사항이 필요한 경우에는 그와 같은 내용이 정비계획에 포함된다. 다만, 국토계획법 52조 1항 5호 중 건축물의 배치·형태·색채에 관한 계획, 6호 중 경관계획과 8호에 관한 사항은 포함되지 않아야 한다(정비계획 수립지침 2-1-3).

되어야 하나, 정비계획단계에서는 필요하지 아니하다.

55) 근린생활시설에는 제1종 근린생활시설(소매점, 음식점 등, 건축법 시행령 별표 1)과 제2종 근린생활시설(공연장, 종교집회장 등)이 있다.

바. 도시·군계획시설의 설치에 관한 계획 및 정비기반시설의 설치계획

도시·군계획시설의 설치에 관한 계획은 도시·군관리계획으로 결정하기 위한 도시·군계획시설 결정(변경)조서 및 시설별 설치계획을 작성한다(일반적으로 도로, 공원 등으로 표시한다).

정비기반시설의 설치계획은 전체적인 정비기반시설 종류에 대한 현황을 총괄로 작성하고 상·하수도, 전력·통신·가스 등의 공급처리시설계획 위주로 작성한다. 공공성 확보와 개발이익 환수 차원에서 정비계획 수립권자는 사업시행자가 정비구역지구 내에 도로, 공원 등의 공공시설을 확충하는 내용의 정비계획을 수립할 것이 요청된다.[56]

사. 건축물에 관한 계획

(1) 주택의 규모 및 건설비율

도시정비법령 및 정비사업의 임대주택 및 주택규모별 건설비율(국토부 고시)의 각 규정의 내용에 부합하여야 한다. 그 내용은 앞서 본 바이다.

(2) 건축물의 주용도·건폐율·용적률·높이에 관한 계획

(가) 건축물의 주용도

건축물의 주용도라 함은 해당 건축물의 가장 넓은 바닥면적을 차지하는 용도를 말한다(법 시행령 13조 4항 6호, 주로는 공동주택 또는 부대복리시설로 기재한다). 시장·군수등은 해당 정비구역 내 건축물의 허용용도를 구체적으로 제시하여 사업시행자가 건축물의 주용도를 선택할 수 있도록 한다. 정비구역의 용도지역·지구 등의 특성을 고려하여 적절한 용도를 지정할 수 있으며, 법상 허용되는 용도라 하더라도 입지특성상 계획 목표에 맞지 않는 경우에는 용도를 제한할 수 있다. 서울시 조례 8조 2항 5호는 도시정비형 재개발사업의 경우 정비구역의 특성과 도심부 기능 회복을 위하여 복합용도 건축계획을 원칙으로 한다고 규정하고 있다.

(나) 건축물의 건폐율, 용적률 및 높이

건폐율·용적률 등 개발밀도 설정 등에 관한 구체적 사항이 결정된다. 건폐율이란 대지면적에 대한 건축물의 바닥면적의 비율을 말하고, 용적률이란 대지면적에 대한 건축물의 전체 연면적의 비율을 말한다(건축법 55조, 56조).

① 국토계획법상 용도지역은 건축물의 건폐율, 용적률 및 높이가 규정되어 있는바, 시장·군수등은 정비계획에서 용도지역, 용도지구 등과 해당 정비사업의 유형에 따라 허용할 수 있는 최대치의 건폐율과 용적률의 상한을 제시하여 사업시행자가 허용범위 내에서 건축계획을 수립할 수 있도록 한다[통상적으로는 건폐율 60% 이하, 용적률 222% 이하, 최고층수 18층(53m) 이하 등으로 기재한다].

② 용적률과 관련하여서는 5가지 추가 고려요소가 있다.[57]

---

56) 대법원 2024. 12. 12. 선고 2022다274028 판결 참조.

57) 국토계획법 시행령 85조 1항은 용도지역에 따른 용적률을 규정하고 있으나, 조례에 의한 제한이 가능하다(2항). 도시정비법 17조 3항은 "정비계획을 통한 토지의 효율적 활용을 위하여 국토계획법 52조 3항(지구단위계획구역)에 따른 건폐율·용적률 등의 완화규정은 정비계획에 준용한다. 이 경우 '지구단위계획구역'은 '정비구역'으로, '지구단위계

㉮ 정비계획의 입안권자는 정비사업의 원활한 시행을 위하여 정비계획을 입안하려는 경우(정비계획을 변경하려는 경우에도 같다), 국토계획법상의 주거지역에 대하여는 조례로 정한 용적률에도 불구하고 관계 법률에 따른 용적률의 상한까지 용적률(법적상한용적률)을 정할 수 있다(법 11조 1항). 이는 기본계획 수립에서도 마찬가지임은 앞서 본 바이다.

㉯ 재개발·재건축사업 모두 정비기반시설의 설치 등이나 정비기반시설 부지제공 시(일부 현금납부 포함) 국토계획법 52조 1항 및 3항에 따른 건폐율 및 용적률의 완화가 가능한 경우 이를 고려하여야 한다(법 17조 3항, 정비계획 수립지침 4-8-2).[58] 이를 상한용적률(일반적으로 법적상한용적률 범위내이다)이라고 한다. 다만, 정비사업의 경우 현금납부가 가능하다.

㉰ 재개발·재건축사업 모두 국토부장관이 정비사업 연계형 공공지원민간임대주택 사업 지원대상 정비구역으로 선정한 경우(사업시행자의 신청을 기초로 해당 정비구역의 관할 시·도지사가 추천하는 정비구역을 대상으로 공모를 하여 선정한다), 조례의 제한을 초과하여 법적상한용적률까지 완화될 수 있다(민간임대주택법 21조 2호, 공공지원민간임대주택에 대한 업무처리지침 69조 2항).

㉱ 재개발·재건축사업 모두 도시정비법 54조에 따라 사업시행자가 국민주택규모 주택을 건설하여 행정청에 공급(기부채납)하는 경우, 조례의 제한을 초과하여 법적상한용적률까지 건축이 가능하다. 사업시행자는 사업시행계획인가를 신청하기 전에 미리 1항 및 2항에 따른 국민주택규모 주택에 관한 사항을 인수자와 협의하여 사업시행계획서에 반영하여야 한다(법 55조 3항). 정비계획 수립지침에는 그와 같은 내용이 포함되어 있다(정비계획 수립지침 4-8-2).

㉲ 재개발사업에서 세입자에게 주거이전비나 영업보상금(휴업, 폐업)을 법정 손실보상 기준 이상으로 지급하거나 세입자에 대한 임대주택이나 임대상가의 추가건설 등의 추가적인 세입자 손실보상 대책을 수립하는 경우, 해당 정비구역에 적용되는 법적상한용적률의 100분의 125 이하의 범위에서 용적률을 완화할 수 있다(법 66조).

사업시행자가 법 66조에 따라 완화된 용적률(법적상한초과용적률)을 적용받으려는 경우에는 사업시행계획인가를 신청하기 전에 세입자에 대한 손실보상 계획 등을 시장·군수등에게 제출하고 사전협의하여야 하고, 그 내용이 적정한 경우 용적률을 완화받을 수 있게 된다(법 시행령 55조 1, 2항). 이는 정비계획 수립지침에 그 내용이 존재하지 않아 일반적으로 정비계획에 반영되지 아니하므로, 사업시행계획서를 작성한 후, 정비계획을 변경하고 인가를 받게 된다.

③ 시장·군수등은 관계 법령에 따른 높이의 제한을 제시하여 사업시행자가 허용범위 내에서 건축계획을 수립할 수 있도록 한다. 건축물의 높이도 국토계획법 시행령 71조에 의하여 조례에 의하여 제한이 가능하다.

건폐율도 용적률과 마찬가지로 국토계획법 시행령 84조에 의하여 국토계획법이 정한 범위 내

획'은 '정비계획'으로 본다."고 규정하고 있다. 지구단위계획과 관련한 용적률의 개념을 살펴보면, 조례로 정하는 용적률은 기준용적률, 지구단위계획에서 정한 인센티브 사항(친환경 건축, 우수 디자인 등)을 이행하는 경우에 제공되는 용적률은 허용용적률, 건축주가 일부를 공공시설로 기부채납하는 경우에 제공되는 용적률은 상한용적률이다(기준용적률 또는 허용용적률+추가된 용적률). 서울시의 용도지역별 용적률체계는 서울시 도시계획조례 48조가 규정하고 있다. 서울시는 최근 정비사업에서 허용용적률을 넘는 현황용적률을 그대로 인정해주고 사업성 보정계수(최대 2)의 도입으로 허용 및 상한용적률이 상승하였다.

58) 완화할 수 있는 용적률=해당 용도지역에 적용되는 용적률+[1.5×(공공시설등의 부지로 제공하는 면적×공공시설등 제공 부지의 용적률)÷공공시설등의 부지 제공 후의 대지면적] 이내(국토계획법 시행령 46조 1항 1호 나목).

에서 조례에 의하여 제한이 가능하다.[59)]

(3) 건축선에 관한 계획

시장·군수등은 관계 법령에 따라 허용되는 건축선(도로와 접한 부분에 건축물을 건축할 수 있는 선) 등을 제시하여 사업시행자가 허용범위 안에서 건축계획을 수립할 수 있도록 한다(정비계획에는 사업시행자가 자유롭게 건축계획을 수립할 수 있도록 관계 법령에 따라 허용되는 건축선에 관한 계획만이 포함되어 있다. 다만, 다음에서 살펴보듯이 공공지원민간임대주택 및 임대관리 위탁주택의 경우에는 건축물 배치계획까지 정비계획에 포함되어 있다).

(4) 기존 건축물의 정비·개량에 관한 계획

정비구역 내 해당 건축물의 철거·개량·보존 또는 존치 여부를 정비계획에 명시하고 향후 사업시행계획서 작성 시 정비 또는 개량하여야 할 범위와 방향을 제시한다(정비계획 수립지침 4-6-1). 정비구역 및 인근의 한옥 등 역사적 유물과 전통적 건축물에 대해서는 보존하고, 문화유산의 보존 및 활용에 관한 법률(구 문화재보호법) 등 관련 법령에 적합하게 계획하여야 한다. 이와 관련하여 서울시 조례 8조 2항 2호는 기존건축물의 정비·개량에 관한 계획은 건축물의 경과연수, 용도, 구조, 규모, 입지, 허가유무 및 노후·불량 정도를 고려하여 존치, 개수, 철거 후 신축, 철거이주 등으로 구분하여 계획하도록 한다고 규정하고 있다.

아. 환경보전 및 재난방지에 관한 계획

정비구역에 대한 환경보전계획을 수립함으로써 자원 절약적인 에너지 및 폐기물 처리계획 등이 구축될 수 있도록 한다. 수해·지진 등 위기상황에 대처하기 위한 재난방지계획을 수립한다.

자. 정비구역 주변의 교육환경 보호에 관한 계획

정비구역 주변에 교육시설이 인접하여 설치되어 있는 경우(정비구역으로부터 200m 이내에 교육시설이 설치되어 있는 경우에 한한다) 정비사업 시행으로 인한 일조장애, 통학로 단절 등에 대한 대책을 수립하여 교육환경이 보호되도록 하여야 한다.

차. 세입자 주거대책

시장·군수등은 정비구역 내 세입자의 재정착 유도를 위해 주택수요 조사를 실시하여 정비계획에 반영하여야 한다. 재개발사업 시행 시 이주하게 되는 세입자를 고려하고, 정비사업 구역 내 세입자를 위한 임대주택건설이 가능한지를 판단한다. 세입자용 임대주택을 건설할 경우에는 세입자의 소득수준을 감안하고, 세입자의 주거안정을 위하여 순환정비방식의 시행을 고려한다.

---

59) 서울시의 경우 다음과 같다(서울시 도시계획조례 44조).

	국토계획법	서울시 조례
제1종 일반주거지역	60% 이하	좌동
제2종 일반주거지역	60% 이하	좌동
제3종 일반주거지역	50% 이하	좌동
준주거지역	70% 이하	60% 이하

카. 정비사업시행 예정시기

정비사업시행 예정시기는 사업시행계획인가·고시일 시점을 의미하며 다음과 같이 표기한다 (예: 구역지정·고시가 있는 날로부터 4년 이내). 서울시 조례 8조 2항 4호는 정비사업시행 예정시기는 사업시행자별 사업시행계획인가신청을 위한 준비기간을 고려하여 정비구역지정·고시가 있은 날부터 4년 이내의 범위에서 정하여야 한다고 규정하고 있다.

타. 공공지원민간임대주택 공급 또는 주택관리업자에 대한 위탁

정비사업을 통하여 민간임대주택법 2조 4호에 따른 공공지원민간임대주택을 공급하거나 민간임대주택법 2조 11호에 따른 주택임대관리업자에게 임대할 목적으로 주택을 위탁하려는 경우에는 아래 각 목의 사항을 기재하여야 한다.[60]

(가) 공공지원민간임대주택 또는 임대관리 위탁주택에 관한 획지별 토지이용 계획

(나) 주거·상업·업무 등의 기능을 결합하는 등 복합적인 토지이용을 증진시키기 위하여 필요한 건축물의 용도에 관한 계획

(다) 국토계획법 36조 1항 1호 (가)목에 따른 주거지역을 세분 또는 변경하는 계획과 용적률에 관한 사항

(라) 그 밖에 공공지원민간임대주택 또는 임대관리 위탁주택의 원활한 공급 등을 위하여 대통령령으로 정하는 사항

파. 정비사업의 시행방법

재개발사업의 경우에는 건축물을 건설하여 공급하는 것인지(관리처분방법에 의하는 것인지) 또는 환지로 공급하는 것인지 여부를 표기하여야 하고, 재건축사업도 건축물(주택, 부대시설·복리시설 및 오피스텔 등 공동주택 외 건축물 등)을 건설하여 공급하는 방법임을 표기한다.

하. 교통 및 동선처리계획

정비구역의 교통처리계획은 도시·군기본계획 및 기본계획 등의 상위계획, 도시·군관리계획, 광역교통계획 등의 교통체계 개선과 관련한 계획을 종합적으로 고려하여야 한다.

거. 정비구역 및 주변지역의 주택수급에 관한 사항

시장·군수등은 정비구역 주변의 각종 개발현황 및 주택공급계획을 조사하고 해당 정비사업 시행으로 인한 주택수요 등을 검토하여 주택수급에 관한 종합적인 계획을 수립한다. 주택수급에 관한 검토결과 해당 정비사업 시행으로 인해 주변지역의 전·월세난이 발생할 우려가 있는 경우에는 정비사업시행 예정시기를 조정하여야 한다.

---

60) 다만, (나)목과 (다)목의 사항은 건설하는 주택 전체 세대 수에서 공공지원민간임대주택 또는 임대할 목적으로 주택임대관리업자에게 위탁하려는 주택이 차지하는 비율이 100분의 20 이상, 임대기간이 8년 이상의 범위 등에서 대통령령으로 정하는 요건에 해당하는 경우로 한정한다(민간임대주택법이 2020. 8. 18. 개정되어 의무임대기간이 10년으로 변경되었으므로 법 9조 1항 10호가 규정하고 있는 임대기간의 개정이 필요하다).

너. 안전 및 범죄예방에 관한 사항

정비계획수립에 있어 각종 범죄 유발가능성이 있는 환경요소를 제거하고 주민의 공동체 의식을 고양하여 인간성을 유지·회복시킴으로써 범죄를 예방할 수 있도록 계획하여야 한다.

더. 그 밖에 정비사업의 원활한 추진을 위하여 시·도 조례로 정하는 사항(서울시 조례 8조)

서울시 조례 8조 1항은 그 밖에 정비사업의 원활한 추진을 위하여 가구 또는 획지에 관한 계획, 임대주택의 건설에 관한 계획(자치구청장은 대학 주변지역 및 역세권에 위치한 정비구역에 대해서는 대학생 및 청년에게 공급할 수 있는 임대주택 건설계획을 입안할 수 있다), 정비사업이 환경에 미치는 영향 등에 관한 환경성 검토결과, 기존 수목의 현황 및 활용계획, 인구 및 주택의 수용계획, 구역 내 건축자산 및 한옥 등 역사·문화자원의 보전 및 활용계획 등을 포함하도록 규정하고 있다.

제4절 정비구역지정 및 정비계획결정의 효력

Ⅰ. 개 요

정비계획결정 및 정비구역지정·고시는 토지등소유자의 재산상 권리·의무 등에 구체적이고 직접적인 영향을 미치는 구속적 행정계획으로 지방자치단체의 공보에 고시되어야 효력을 발생하고, 이는 처분에 해당함은 앞서 본 바이다.

다만, 예외적으로 정비계획을 수립하는 단계에서도 구속적 효력이 인정되는 경우가 있다. 즉, 국토부장관, 시·도지사, 시장·군수 또는 구청장은 비경제적인 건축행위 및 투기 수요의 유입을 막기 위하여 정비계획을 수립 중인 지역에 대하여 3년 이내의 기간(1년의 범위에서 한 차례만 연장할 수 있다)을 정하여 건축물의 건축(1호), 토지의 분할 행위(2호), 건축법 38조에 따른 건축물대장 중 일반건축물대장을 집합건축물대장으로 전환(3호), 건축법 38조에 따른 건축물대장 중 집합건축물대장의 전유부분 분할행위(4호)를 예외적으로 제한할 수 있다(법 19조 7항, 위 3호 및 4호는 2024. 1. 30.자 법 개정으로 도입되었다).[61] 이는 정비구역지정 및 정비계획결정과 마찬가지로 처분으로 항고소송의 대상이 된다.

---

61) 이는 구속적 행정계획의 효력이 발생하기 전 단계의 행위제한이므로 기본계획을 공람 중인 정비예정구역에 대한 행위제한 절차와 마찬가지로 중앙도시계획위원회 또는 지방도시계획위원회의 심의를 거쳐야 하고, 심의 전에 미리 제한하려는 지역을 관할하는 시장·군수등의 의견을 들어야 하며, 제한지역·제한사유·제한대상행위 및 제한기간을 미리 관보나 공보에 게재하여야 하고(법 시행령 16조 1항 내지 4항), 그 경우 건축물의 건축, 토지의 분할 행위를 하기 위해서는 시장·군수등의 허가를 받아야 한다(법 시행령 16조 5항). 다만, 정비구역지정 이후의 건축물의 건축 등 행위제한 위반과 달리 위 행위제한 위반이 형사처벌의 대상이 아님은 기본계획을 공람 중인 정비예정구역에 대한 행위제한 위반과 동일하다.

Ⅱ. 정비구역지정 및 정비계획결정의 효력

1. 토지등소유자 확정

정비계획결정 및 정비구역지정의 고시로 토지등소유자가 확정된다. 앞서 본 바와 같이 토지등소유자는 재개발사업의 경우 정비구역에 위치한 토지 또는 건축물의 소유자 또는 그 지상권자, 재건축사업의 경우에는 정비구역에 위치한 건축물 및 그 부속토지의 소유자를 의미한다(법 2조 9호).[62] 토지등소유자는 조합이 사업시행자인 경우 그 구성원으로서 또는 정비사업의 효력이 미치는 당사자로서 권리·의무의 주체가 된다(토지등소유자가 20인 미만의 재개발사업에서는 사업시행자가 되기도 한다).

2. 지구단위계획구역 결정·고시 간주

정비구역의 지정·고시가 있는 경우 해당 정비구역 및 정비계획 중 국토계획법 52조 1항이 정한 지구단위계획 내용의 어느 하나에 해당하는 사항은 국토계획법 50조에 따라 지구단위계획구역 및 지구단위계획[63]으로 결정·고시된 것으로 본다(법 17조 1항). 또한 국토계획법에 따른 지구단위계획구역에 대하여 도시정비법상의 정비계획의 내용 사항을 모두 포함한 지구단위계획을 결정·고시하는 경우, 해당 지구단위계획구역은 정비구역으로 지정·고시된 것으로 본다(법 17조 2항). 그러나 실무상 지구단위계획에 정비계획의 내용이 모두 포함되는 경우는 찾기 어렵다.

3. 재산권 행사의 제약

가. 행위제한

(1) 허가

㈎ 허가의 대상인 행위

정비계획결정 및 정비구역지정·고시가 있는 경우, 정비구역에서 건축물의 건축(신축, 증축, 개축행위 포함), 공작물의 설치, 토지의 형질변경, 토석의 채취, 토지분할, 물건을 쌓아 놓는 행위, 죽목의 벌채 및 식재 등의 행위를 하기 위해서는 시장·군수등의 허가를 받아야 한다(법 19조 1항, 법 시행령 15조 1항). 시장·군수등은 위 행위에 대한 허가를 하려는 경우로서 사업시행자가 있는 경우에는 미리 그 사업시행자의 의견을 들어야 한다(법 시행령 15조 2항). 허가에 관하여 법에 규정된 사항을 제외하고는 국토계획법 57조부터 60조까지 및 62조 등 개발행위허가 관련 규정을 준용한다(법 19조 5항).[64] 위와 같은 허가를 받은 경우에는 국토계획법 56조에 따라 개발행위허

---

62) 다만, 재건축사업에 있어 주택단지가 아닌 지역이 정비구역에 포함된 경우에는 해당 지역의 토지 또는 건축물의 소유자는 토지등소유자는 아니나 조합설립에 있어 동의의 대상이 된다.

63) 지구단위계획이란 도시·군계획 수립 대상지역의 일부에 대하여 토지 이용을 합리화하고 그 기능을 증진시키며 미관을 개선하고 양호한 환경을 확보하며, 그 지역을 체계적·계획적으로 관리하기 위하여 수립하는 도시·군관리계획을 말한다(국토계획법 2조 5호).

64) 국토계획법상 개발행위허가는 허가기준(58조) 및 금지요건이 불확정개념으로 규정된 부분이 많아 그 요건에 해당하는지 여부는 행정청의 재량판단의 영역에 속한다. 그러므로 그에 대한 사법심사는 행정청의 공익판단에 관한 재량의 여지를 감안하여 원칙적으로 재량권의 일탈·남용이 있는지 여부만을 대상으로 하고, 사실오인과 비례·평등원칙 위반

가를 받은 것으로 본다(법 19조 6항). 한편, 정비구역의 지정·고시가 있는 경우 지구단위계획구역 및 지구단위계획결정·고시가 이루어진 것으로 의제됨은 앞서 본 바인바, 위와 같은 지구단위계획에 부합하지 아니하는 건축물의 건축이나 공작물을 설치하려는 경우 국토계획법 54조에 의하여 허가가 거부될 수 있다.

㈏ 허가 없는 행위에 대한 제재

시장·군수등은 허가를 받지 아니하고 행위를 하는 등으로 이를 위반한 자에게 원상회복을 명할 수 있다. 이 경우 명령을 받은 자가 그 의무를 이행하지 아니하는 때에는 시장·군수등은 행정대집행법에 따라 대집행할 수 있다(법 19조 4항). 허가 또는 변경허가를 받지 아니하거나 거짓, 그 밖의 부정한 방법으로 허가 또는 변경허가를 받아 행위를 한 자는 형사처벌을 받게 된다(법 137조 2호).

⑵ 허가의 예외

㈎ 허가 불요(不要)

재해복구 등에 필요한 응급조치나 건축물의 붕괴 등 우려가 있어 행하는 안전조치 등은 긴급한 행위나 농림수산물의 생산에 직접 이용되는 것으로서 국토부령으로 정하는 간이공작물의 설치 등 국토계획법 56조에 따른 개발행위허가의 대상이 아닌 것은 시장·군수등의 허가를 요하지 아니한다(법 19조 2항, 법 시행령 15조 3항).

㈏ 신고

허가를 받아야 하는 행위이나, 정비구역의 지정 및 고시 당시 이미 관계 법령에 따라 행위허가를 받았거나 허가를 받을 필요가 없는 행위에 관하여 그 공사 또는 사업에 착수한 자는 대통령령으로 정하는 바에 따라 시장·군수등에게 신고한 후 이를 계속 시행할 수 있다(법 19조 3항).

나. 거주환경의 악화

각종 행위제한으로 인하여 정비구역 내 토지등소유자는 주거에 대한 수리가 불가능하여 거주환경이 지속적으로 악화된다.

4. 지역주택조합 조합원의 모집금지

정비구역에서는 정비사업이 예정되어 있으므로, 주택법 2조 11호 가목에 따른 지역주택조합의 조합원을 모집해서는 아니 된다(법 19조 8항). 이는 법이 2018. 10. 13. 개정되면서 새롭게 도입된 조항으로 정비사업의 원활한 진행을 위한 것임은 앞서 기본계획상의 정비예정구역지정의 효력에서 본 바이다. 위 규정을 위반하여 지역주택조합의 조합원을 모집한 자는 형사처벌을 받게 된다(법 138조 1항 1호).

여부 등이 판단기준이 된다(대법원 2020. 7. 23. 선고 2019두31839 판결). 국토계획법에 의한 개발행위허가는 대물적 허가의 성질을 가지고 있고, 국토계획법 135조 2항이 국토계획법에 의한 처분, 그 절차 및 그 밖의 행위에 대하여 그 행위와 관련된 토지 또는 건축물의 소유권이나 그 밖의 권리를 가진 자의 승계인에게 그 효력을 미치도록 규정하고 있으므로, 개발행위허가를 받은 자가 사망한 경우 특별한 사정이 없는 한 상속인이 개발행위허가를 받은 자의 지위를 승계한다(대법원 2014. 7. 24. 선고 2013도10605 판결).

5. 국토계획법 52조 3항의 건폐율·용적률 등의 완화규정 준용

가. 국토계획법 52조 3항 준용

정비계획을 통한 토지의 효율적 활용을 위하여 국토계획법 52조 3항에 따른 건폐율·용적률 등의 완화규정은 정비계획에 준용한다(법 17조 3항).

국토계획법 52조 3항은 해당 토지의 용도지역에 따른 건폐율, 용적률 등의 규정은 국토계획법 시행령이 정하는 범위에서 지구단위계획으로 정하는 바에 따라 완화하여 적용할 수 있다고 규정하고 있고, 국토계획법 시행령 46조 1항이 건폐율과 용적률의 완화에 관하여 자세히 규정하고 있다. 이와 관련하여서는 앞서 본 제3절 Ⅱ. 3. 사. "(2) 건축물의 주용도·건폐율·용적률·높이에 관한 계획"에서 자세히 살펴보았다.

나. 공공시설 또는 그 부지 제공에 갈음하는 현금납부

앞서 본 바와 같이 공공시설 또는 기반시설의 부지를 제공하는 경우 허용받는 용적률이 상한용적률이다. 법은 사업시행자가 정비구역에 있는 대지의 가액 일부에 해당하는 금액을 현금으로 납부한 경우에는 공공시설 또는 그 부지를 제공한 것으로 본다고 규정하고 있다(법 17조 4항).[65)]

사업시행자는 법 17조 4항에 따라 현금납부를 하려는 경우에는 토지등소유자(법 35조에 따라 조합을 설립한 경우에는 조합원을 말한다) 과반수의 동의를 받아야 한다(법 시행령 14조 2항 전문). 이 경우 현금으로 납부하는 토지의 기부면적은 전체 기부면적의 2분의 1을 넘을 수 없다(법 시행령 14조 2항 후문). 현금납부액은 시장·군수등이 지정한 둘 이상의 감정평가업자가 해당 기부토지에 대하여 평가한 금액을 산술평균하여 산정한다(법 시행령 14조 3항). 현금납부액 산정기준일은 사업시행계획인가(현금납부에 관한 정비계획이 반영된 최초의 사업시행계획인가를 말한다) 고시일로 한다(법 시행령 14조 4항 본문). 다만, 산정기준일부터 3년이 되는 날까지 관리처분계획인가를 신청하지 아니한 경우에는 산정기준일부터 3년이 되는 날의 다음 날을 기준으로 다시 산정하여야 한다(법 시행령 14조 4항 단서). 사업시행자는 착공일부터 준공검사일까지 산정된 현금납부액을 특별시장, 광역시장, 특별자치시장, 특별자치도지사, 시장 또는 군수(광역시의 군수는 제외한다)에게 납부하여야 한다(법 시행령 14조 5항).[66)]

6. 기 타

가. 주거환경개선사업의 제2종 또는 제3종 일반주거지역 의제

주거환경개선구역은 해당 정비구역의 지정·고시가 있은 날부터 관리형이나 환지형인 경우는

---

65) 위 규정은 사업성 부족과 복잡한 사업절차로 장기간 정체되고 있는 정비사업장이 증가함에 따라 정비사업의 사업성을 개선하기 위하여 법이 2016. 1. 27. 개정되면서 도입되었다.

66) 현금납부의 구체적인 절차와 관련하여 서울시 조례는 다음과 같이 규정하고 있다. 즉, 서울시장은 법 17조 4항에 따라 사업시행자가 공공시설 또는 기반시설의 부지 일부를 현금으로 납부를 요청하는 경우 관련 법령에 따른 설치요건과 공공시설 건축물에 대한 수요 여부 등을 종합적으로 고려하여 그 범위를 정한다. 서울시장은 산정된 현금납부액을 착공일부터 준공검사일까지 분할납부하게 할 수 있다. 사업시행자는 관리처분계획인가 전까지 산정된 현금납부액, 납부방법 및 기한 등을 포함하여 시장과 협약을 체결하여야 한다(법 시행령 14조 7항, 서울시 조례 12조 1항, 4항, 5항).

제2종 일반주거지역으로, 수용형이나 관리처분계획형인 경우는 제3종 일반주거지역(공공지원민간임대주택 또는 공공건설임대주택을 200세대 이상 공급하려는 경우로서 해당 임대주택의 건설지역을 포함하여 정비계획에서 따로 정하는 구역은 준주거지역)으로 결정·고시된 것으로 본다(법 69조 1항, 법 시행령 58조 1항).

나. 토지등소유자 20인 미만의 재개발사업에서 토지등소유자 산정기준

(1) 정비구역지정·고시 이후 토지등소유자 20인 미만의 재개발사업에서 토지등소유자가 재개발사업을 시행함에 있어 정비계획의 변경을 제안하는 경우에는 정비구역지정·고시가 있는 날이 토지등소유자의 동의자 수를 산정하는 기준일이다(법 36조의2 1항 1호).

(2) 정비구역지정·고시 이후 토지등소유자 20인 미만의 재개발사업에서 토지등소유자가 재개발사업을 시행함에 있어 사업시행계획인가를 신청하는 경우에는 사업시행계획인가를 신청하기 직전의 정비구역 변경지정·고시가 있는 날이다(정비구역 변경지정이 없거나 정비구역지정·고시 후에 정비사업을 목적으로 취득한 토지 또는 건축물에 대해서는 정비구역지정·고시가 있는 날을 말한다. 법 36조의2 1항 2호).

다. 권리산정기준일

법은 정비구역지정·고시일 또는 시·도지사가 투기를 억제하기 위하여 기본계획 수립을 위한 주민공람의 공고일 후 정비구역지정·고시 전에 따로 정하는 날(권리산정기준일)을 기준으로 종후자산인 주택 등 건축물을 분양받을 권리를 산정하므로, 정비구역지정·고시 후에 1필지를 여러 필지로 분할하는 등의 지분 쪼개기가 있더라도 1수분양권만을 취득한다(법 77조 1항).

라. 필수적 정비구역 해제 기산점

조합이 시행하는 재개발사업·재건축사업에서 정비구역으로 지정·고시된 날부터 2년이 되는 날까지 토지등소유자가 추진위원회의 승인을 신청하지 아니하거나(법 20조 1항 2호 가목), 정비구역으로 지정·고시된 날부터 3년이 되는 날까지 토지등소유자가 조합설립인가를 신청하지 아니한 경우(118조에 따른 공공지원 정비사업에서 추진위원회를 구성하지 아니하는 경우) 정비구역지정권자는 정비구역을 해제하여야 한다.

마. 정비구역 내 국·공유 재산의 처분상의 특칙

정비구역이 지정되면, 구역 내 국·공유재산은 정비사업 외의 목적으로 매각되거나 양도될 수 없다(법 98조 3항).

바. 주거이전비 보상대상자 인정시점(정비계획안에 대한 공람공고일)

법 시행령 54조 4항은 재개발사업에서 주거이전비를 보상하는 경우 보상대상자의 인정시점은 정비계획의 입안권자의 정비계획안에 대한 주민 공람공고일로 본다고 규정하고 있다. 이와 관련한 자세한 내용은 제9편 제5장 제2절 주거이전비에서 살펴본다.

사. 기존 아파트지구에 대한 별도의 정비구역지정 요부

(1) 쟁점

법 시행 전에 국토계획법에 의한 아파트지구로 지정된 지역에서 도시정비법상 재건축사업을 하는 경우 별도로 정비구역을 지정하거나 정비계획을 수립하여야 하는지 여부가 문제된다.

(2) 규정

구 도시계획법 시행령은 1976. 1. 28. 개정되면서 16조 2호로 아파트지구를 용도지구로 규정하였다. 구 주택건설촉진법은 1977. 12. 31. 전부개정되면서 20조 1항으로 구 도시계획법에 의한 아파트지구의 지정이 있은 때에는 대통령령이 정하는 바에 따라 아파트지구개발에 관한 기본계획을 수립하여 건설부장관의 승인을 얻어야 한다고 규정하였다. 2003. 5. 29. 구 주택건설촉진법이 주택법으로 개정되면서 위 20조는 삭제되었으나 부칙 9조(이 법 시행당시 구 도시계획법에 의하여 지정된 아파트지구의 개발에 관하여는 종전의 규정에 의한다)에 의하여 기존에 아파트지구 개발기본계획이 수립된 경우에는 여전히 유효하다.

2002. 12. 30. 제정되어 2003. 7. 1. 시행된 도시정비법 부칙 5조 3항은 '국토계획법에 의한 용도지구 중 대통령령이 정하는 용도지구(국토계획법에 의한 아파트지구를 말한다)[67]는 이 법에 의한 주택재건축구역으로 보며, 주택건설촉진법 20조의 규정에 의하여 수립된 아파트지구 개발기본계획은 본칙 4조의 규정에 의하여 수립된 정비계획으로 본다.'고 규정하고 있다[한편 구 도시계획법이 폐지되면서 2002. 2. 4. 국토계획법이 제정되었고, 2002. 12. 26. 제정된 같은 법 시행령 31조 1항 1호는 용도지구의 일종으로 아파트지구를 규정하고 있었으나, 그 후 국토계획법 시행령이 2003. 11. 29. 개정되면서 아파트지구를 용도지구에서 삭제함으로써 더 이상 아파트지구 지정은 없다].

(3) 판단

위와 같은 규정 내용과 입법취지를 종합하면, 도시정비법이 제정·시행됨으로써 법 부칙 5조 3항에 의하여 기존의 아파트지구는 정비구역으로, 기존의 아파트지구 개발기본계획은 정비계획으로 간주되므로, 기존의 아파트지구에서 도시정비법상 재건축사업을 하는 경우에는 별도로 정비구역을 지정·고시하거나 정비계획을 수립하지 않더라도 그 사업을 진행할 수 있다.[68]

(4) 지구단위계획으로의 전환

서울시는 2021년 마련한 '아파트지구 지구단위계획 전환지침'에 따라 기존의 아파트지구 개발기본계획을 지구단위계획으로 전환하고, 아파트지구를 폐지하는 결정을 하기로 방향을 정하였다.

---

67) 2003. 6. 30. 제정되어 2003. 7. 1. 시행된 법 시행령 부칙 9조 1항은 "법 부칙 5조 3항에서 '대통령령이 정하는 용도지구'라 함은 국토계획법에 의한 아파트지구를 말한다."고 규정하고 있다.

68) 대법원 2009. 3. 26. 선고 2008다21549 등 판결, 대법원 2019. 3. 14. 선고 2018두56787 판결.

Ⅲ. 정비구역지정 처분의 무효확인 또는 취소소송

재개발사업에서 정비사업의 참여를 원하지 않음에도 정비구역의 지정으로 인해 재산권 행사에 상당한 제약을 받게 되는 토지등소유자가 자신의 토지등을 정비구역에 포함시킨 것이 위법하다는 이유로 정비구역지정처분의 무효확인 또는 취소를 구하는 사건들이 흔히 있다. 앞서 본 바와 같이 정비구역의 지정에 있어 행정청에 폭넓은 재량이 인정되므로 재량권 일탈·남용으로 정비구역지정처분이 취소되는 경우는 많지 않다. 다만 그와 같은 형성의 자유에는 해당 행정계획에 관련되는 자들의 이익을 공익과 사익 사이에서는 물론이고 공익 상호간과 사익 상호간에도 정당하게 비교교량 하여야 한다는 제한이 있으므로, 행정청이 정비계획을 입안·결정함에 있어서 이익형량을 전혀 행하지 아니하거나 이익형량의 고려 대상에 마땅히 포함시켜야 할 사항을 누락한 경우 또는 이익형량을 하였으나 정당성과 객관성이 결여된 경우에는 그와 같은 정비계획은 형량에 흠이 있어 위법하게 된다.[69] 주민의견청취와 도시계획위원회 심의절차 등을 거치는 과정에서 원고의 제척요구가 있었는지, 지정권자의 심의내용과 원고의 주장사유가 심의 당시 검토되었는지 등의 사정은 그에 대한 고려요소로 삼을 수 있다.[70]

---

69) 대법원 2020. 9. 3. 선고 2020두34346 판결.
70) 대법원 2019. 1. 17. 자 2018두59922 판결 및 서울고등법원 2018. 9. 20. 선고 2018누46478 판결.

제4장 (예정)정비구역의 해제

Ⅰ. (예정)정비구역지정 해제의 필요성

예정정비구역 또는 정비구역(이를 포괄하여 지칭하는 경우 '정비구역등'이라 한다)이 지정되기는 하였으나, 사업성 부족 또는 주민 간 첨예한 갈등으로 상당수의 정비사업이 추진위원회 구성 또는 조합 설립에도 이르지 못한 채 표류하거나, 조합을 설립하더라도 사업 진행이 장기간 정체되는 경우가 있다.

위와 같이 정비사업이 원활하게 추진되지 않고 있고, 향후에도 사업추진 가능성이 높지 않거나 정비구역 내 토지등소유자들이 정비사업의 시행을 원하지 않는 경우 해당 정비구역등 지정을 해제할 필요가 있다. 왜냐하면 정비구역이 지정되면 앞서 본 바와 같이 건축물의 건축제한 등 포괄적인 행위제한으로 인한 재산권 제약(정비예정구역에 대하여 별도의 처분이 있는 경우)과 지역주택조합사업을 위한 조합원 모집금지 등 정비구역등 내 토지등소유자들의 권리가 중대하게 침해되기 때문이다.

도시정비법의 모태가 되었던 도시재개발법이 구역지정 해제에 관한 규정을 두고 있지 않았던 탓에 법 제정 당시에는 정비구역 해제에 관한 규정이 없었다. 그러나 서울시가 2002. 10. 3개의 시범지구를 지정하며 본격화된 뉴타운사업이 2007년까지 총 26개의 뉴타운지구가 지정되는 등으로 과열되고, 전국적으로 확대되었다. 뉴타운사업의 내용으로 다수의 정비구역이 지정되었고, 이에 건축행위 등이 제한된 토지등소유자에 의한 정비구역지정취소에 관한 쟁송이 급증하고, 뉴타운사업의 열기가 시들하게 되어 그 뒤처리가 문제되었다. 이에 법이 2012. 2. 1. 개정되면서 현행의 20조 및 21조와 동일한 4조의3의 해제규정이 신설되었다.

정비구역등 해제의 경우에는 정비사업의 진행에 따라 이미 소요된 비용(이른바 '매몰비용'이라 한다)의 처리문제가 남게 되는데,[1] 장기간 표류된 사업의 경우 매몰비용이 천문학적 금액에 달하고, 그 비용의 분담과 관련해 사회문제가 되기도 하므로 정비구역등의 해제에 있어서는 신중을 기할 필요가 있다. 종래 사업성 부족이나 주민 간 갈등으로 정비사업이 진행되지 못하는 경우 해제만이 출구가 될 수 있었다. 그러나 2021. 4. 13.자 법 개정으로 용적률 인센티브를 통한 사업성 부족을 보완하는 공공재개발 및 공공재건축제도가 도입되어 토지등소유자에게는 새로운 선택의 기회가 생겼다. 이하에서는 해제의 요건 및 해제에 따른 매몰비용의 부담에 대하여 살펴본다.

---

1) 주로 추진위원회나 조합이 시공자 또는 금융기관으로 대여 또는 대출받아 지급한 외주 용역비, 사무실 운영비, 인건비, 회의비 등이 문제된다.

Ⅱ. 해제의 요건

정비구역 해제에는 필요적 해제와 재량적 해제가 있다.

1. 필요적 해제

가. 해제요건

(1) 적극적 요건[법정기간(이른바 '일몰기한'이라 한다)의 경과]

법은 사유에 따른 일몰기한을 법정하고 있다. 정비사업은 처분 중심의 순차적 절차 진행이 특성인바, 법정의 일몰기한은 적어도 해당 단계에 필요한 최장의 기한으로서, 그와 같은 기한이 경과하는 경우에는 정비사업이 해당 단계에서 원활하게 진행되지 아니하고 있고, 향후의 가능성도 높지 않음을 고려한 입법이다.

정비구역의 지정권자는 다음의 어느 하나에 해당하는 경우 정비구역등을 해제하여야 한다(법 20조 1항).

㈎ 관할 관청의 진행 지체

정비예정구역에 대하여 기본계획에서 정한 정비구역지정 예정일부터 3년이 되는 날까지 특별자치시장, 특별자치도지사, 시장 또는 군수가 정비구역을 지정하지 아니하거나 자치구청장등이 정비구역의 지정을 신청하지 아니하는 경우(법 20조 1항 1호)

㈏ 토지등소유자 또는 조합 측의 진행 지체

① 토지등소유자가 정비구역으로 지정·고시된 날부터 2년이 되는 날까지 추진위원회의 승인을 신청하지 아니하는 경우(법 20조 1항 2호 가목)

2024. 12. 3.자 법 개정으로 정비구역으로 지정·고시되지 아니한 지역에서도 추진위원회 구성이 가능하므로, 이는 정비구역으로 지정·고시된 경우로서 추진위원회를 구성하여야 하는 경우(31조 2항 1호)로 한정한다.

② 토지등소유자가 정비구역으로 지정·고시된 날부터 3년이 되는 날까지 조합설립인가를 신청하지 아니하는 경우[법 31조 7항(118조에 따른 공공지원 정비사업에서 추진위원회를 구성하지 아니할 수 있다)에 따라 추진위원회를 구성하지 아니하는 경우로 한정한다]

③ 추진위원회가 추진위원회 구성을 승인받은 날(2024. 12. 3.자 법 개정으로 정비구역으로 지정·고시되지 아니한 지역에서도 추진위원회 구성승인이 가능한바, 정비구역지정·고시 전에 추진위원회 구성승인을 받은 경우에는 그 후의 정비구역지정·고시일)부터 2년이 되는 날까지 조합설립인가를 신청하지 아니하는 경우(법 20조 1항 2호 다목)

④ 조합이 조합설립인가를 받은 날부터 3년이 되는 날까지 사업시행계획인가를 신청하지 아니하는 경우(법 20조 1항 2호 라목)

㈐ 토지등소유자 개인이 사업시행자인 재개발사업에서 토지등소유자의 진행 지체

20인 미만의 토지등소유자로 구성되는 재개발사업에서 조합 설립 없이 토지등소유자가 사업

을 시행하는 경우 정비구역으로 지정·고시된 날부터 5년이 되는 날까지 사업시행계획인가를 신청하지 아니하는 경우(법 20조 1항 3호)

⑵ 소극적 요건(해석상 인정되는 요건)

앞서 본 입법취지를 고려하면 사업시행자 측인 추진위원회, 조합이나 토지등소유자의 진행 지체는 사업시행자 측의 귀책사유에 기한 것임이 전제가 되어야 한다. 만일 각 규정상의 기한 경과가 사업시행자 측의 책임 없는 외부적 요인에 의하는 경우에는 공평의 원칙상 위 기간은 제외되어야 할 것이다.

예를 들면 조합이 조합설립변경인가를 신청하였으나, 관할 행정청이 장기간 인가 또는 반려하지 않은 채 지체한 경우(조합설립인가에 대하여는 사업시행계획인가나 관리처분계획인가와 달리 법이 처리기간을 정해 두고 있지 않다), 적정한 처리 기간을 초과하는 기간은 조합설립인가 받은 날로부터 3년 내에 사업시행계획인가를 신청하지 않았는지 여부를 판단함에 있어 공제되어야 할 것이다. 다만, 그와 같은 기간에 대한 증명책임은 이를 주장하는 사업시행자 측에 있다.

나. 절 차

⑴ 자치구청장 등의 해제 요청 및 후속절차

자치구청장등은 위 요건에 해당하는 경우에는 특별시장·광역시장에게 정비구역등의 해제를 요청하여야 하고, 그 경우 30일 이상 주민에게 공람하여 의견을 들어야 하며, 지방의회의 의견을 들어야 한다(법 20조 2항 및 3항).[2]

⑵ 정비구역지정권자(특별시장, 특별자치시장, 특별자치도지사, 시장·군수)의 해제결정

정비구역의 지정권자는 정비구역등의 해제를 요청받거나 직권으로 정비구역등을 해제하려면 지방도시계획위원회의 심의를 거쳐야 한다. 다만, 도시재정비법 5조에 따른 재정비촉진지구에서는 도시재정비위원회의 심의를 거쳐 정비구역등을 해제하여야 한다(법 20조 5항).

다. 필요적 해제의 예외

⑴ 예외사유 존재

㈎ 예외사유

법정의 기간이 경과하였다 하더라도, ① 정비구역등의 토지등소유자(조합을 설립한 경우에는 조합원)가 100분의 30 이상의 동의로 위 해당 기간이 도래하기 전까지 연장을 요청하는 경우(1호),[3] ② 정비사업의 추진 상황으로 보아 주거환경의 계획적 정비 등을 위하여 정비구역등의 존치가 필요하다고 인정하는 경우(2호), 정비구역지정권자는 2년의 범위에서 정비구역등을 해제하지 아니할 수 있다(법 20조 6항).

---

2) 지방의회는 자치구청장등이 정비구역등의 해제에 관한 계획을 통지한 날부터 60일 이내에 의견을 제시하여야 하며, 의견제시 없이 60일이 지난 경우 이의가 없는 것으로 본다(20조 4항).

3) 100분의 30 이상 동의와 관련하여서는 서면동의서에 토지등소유자가 성명을 적고, 지장(指章)을 날인하는 방법으로 하며, 주민등록증, 여권 등 신원을 확인할 수 있는 신분증명서의 사본을 첨부하여야 한다(법 36조 1항 1호). 동의 철회의 경우에도 동일한 방식이고, 시기상의 제한이 있다(법 시행령 33조 2항, 3항).

㈏ 재량권

일몰기한의 연장 여부를 결정함에 있어 고려하여야 할 요소에 관하여 법령상 특별한 규정이 없으므로, 정비구역지정권자에게 광범위한 재량이 있다.[4] 법정의 일몰기한의 경과는 정비사업이 해당 단계에서 제대로 진행되지 아니함을 나타내므로, 일몰기한이 경과하더라도 정비사업을 시행할 필요가 크다는 점을 인정할 만한 구체적인 사정에 대하여는 연장을 요청하는 추진위원회 또는 조합이나 토지등소유자 측이 적극적으로 주장·증명하여야 할 것이다.[5]

일몰기한 경과에 따른 필요적 해제요건 충족에 의하여 정비구역이 해제되는 경우 사업시행자 측은 지방자치단체로부터 매몰비용을 전혀 지원받지 못하게 되므로, 일몰기한이 임박하여 정비구역등의 토지등소유자(조합을 설립한 경우에는 조합원)가 100분의 30 이상의 동의로 위 해당 기간이 도래하기 전까지 연장을 신청하는 것이 일반적이고, 관할 행정청이 연장거부처분을 하는 경우 해당 거부처분의 취소를 구하는 소송이 실무상 다수 제기된다. 그 경우의 쟁점은 앞서 본 재량권 일탈·남용 여부가 될 것이다.

⑵ 해제권 소멸

㈎ 법정의 기간이 경과되었음에도 구청장이 특별시장 등에게 정비구역등의 해제를 요청하지 않거나(그 경우 해제권자는 정비구역등의 추진 상황으로 보아 지정 목적을 달성할 수 없다고 인정되는 경우로 보아 재량적 해제가 가능하다. 법 21조 1항 2호, 서울시 조례 14조 3항 4호), 설령 요청하였다 하더라도 특별시장 등이 해제를 하지 않는 동안에 사업시행자 측에 의하여 해당 단계의 후속절차 신청이 이루어진 경우, 해제가 가능한지 여부가 문제된다.

㈏ 해제권자인 특별시장 등이 해제 권한을 행사하지 아니하는 동안 해당 단계의 후속절차신청이 이루어진 경우, 더 이상 특별시장 등은 해제 권한을 행사할 수 없다고 해석되어야 한다. 왜냐하면 후속절차에 대한 신청이 이루어졌다는 것은 공익사업인 정비사업이 진행되고 있음을 나타내기 때문이다. 예를 들면 추진위원회가 추진위원회 구성을 승인받은 날부터 2년이 되는 날까지 조합설립인가를 신청하지 아니하였음에도, 해제가 이루어지지 않고 있는 동안 추진위원회가 조합설립인가를 신청한 경우에는 더 이상 정비구역등을 해제할 수 없다.

라. 고시 등 후속절차

정비구역의 지정권자는 법정의 요건에 해당하여 정비구역등을 해제하거나 예외사유에 해당하여 해제하지 아니하기로 결정한 경우에는 그 사실을 해당 지방자치단체의 공보에 고시한다.[6]

---

4) 서울시는 2016. 11. 23.경 '정비사업 일몰기한 연장에 관한 업무처리기준'을 마련하여 각 자치구에 통지하였다. 위 업무처리기준에 의하면 추진위원회 또는 조합이 일몰기한 도래 전 일몰기한의 연장을 요청하는 경우, ① 구청장은 필요 시 주민 의견을 조사하여 서울시장에게 연장 여부에 대한 결정을 요청할 수 있고, 주민의견 조사 방법 및 기간은 구청장이 정하여 실시하며, 만일 구청장이 시장에게 연장 결정을 요청하는 때에는 사업추진에 대한 주민 동향, 일몰 연장 후 사업추진 가능성 및 추가비용 등에 대한 검토보고서를 작성하여 제출하고, 반드시 자치구의 의견을 제출하여야 하며, ② 서울시장은 연장 결정 요청 내용을 검토한 후 일몰 연장 시 사업추진 가능성 및 추가 비용 등에 관하여 서울시 도시계획위원회의 자문을 거친 후 일몰기한을 연장할지 여부를 결정한다.

5) 대법원 2019. 1. 31. 자 2018두59069 판결 및 서울고등법원 2018. 9. 21. 선고 2018누30480 판결, 서울행정법원 2017. 12. 8. 선고 2017구합60192 판결.

6) 위 고시에 특별한 내용이 없는 한 행정업무규정 4조 3호, 6조 3항에 의하여 고시 또는 공고가 있고 난 뒤 5일이 경

그 후 정비구역지정권자는 국토부장관에게 이를 통보하여야 하며, 관계 서류를 일반인이 열람할 수 있도록 하여야 한다(법 20조 7항).

2. 재량적 해제

가. 사 유

법 21조 1항은 정비사업의 시행으로 토지등소유자에게 과도한 부담이 발생할 것으로 예상되는 경우(1호), 정비구역등의 추진 상황으로 보아 지정 목적을 달성할 수 없다고 인정되는 경우(2호), 토지등소유자의 100분의 30 이상이 정비구역등(추진위원회가 구성되지 아니한 구역으로 한정한다)의 해제를 요청하는 경우(3호),[7] 추진위원회 구성 또는 조합 설립에 동의한 토지등소유자의 2분의 1 이상 3분의 2 이하의 범위에서 시·도 조례로 정하는 비율 이상의 동의로 정비구역의 해제를 요청하는 경우(사업시행계획인가를 신청하지 아니한 경우로 한정한다)(5호),[8] 추진위원회가 구성되거나 조합이 설립된 정비구역에서 토지등소유자 과반수의 동의로 정비구역의 해제를 요청하는 경우(사업시행계획인가를 신청하지 아니한 경우로 한정한다)(6호) 중 어느 하나에 해당하는 경우에는 정비구역지정권자는 정비구역등을 해제할 수 있다고 규정하고 있다. 조합이 설립되면 1세대를 구성하는 토지등소유자는 1조합원임에도 불구하고, 법 21조 1항의 토지등소유자 동의정족수 충족 여부를 판단함에 있어 1세대 내 토지등소유자 각각을 별개의 1인으로 산정한다.[9]

위 5호, 6호에 대하여는 법 36조의 엄격한 동의방법은 적용되지 아니한다(법 36조 1항 참조). 1호, 2호를 제외한 나머지 요건은 개관적인 사실을 통하여 요건충족 여부가 명확하므로, 주로 불확정개념으로 구성된 1호, 2호와 관련하여 실무상 다툼이 있다.

나. 요건재량(1호, 2호)

1호, 2호의 요건은 모두 불확정개념으로 규정하고 있으므로 그 요건에 해당하는지 여부는 행정청의 재량판단의 영역, 즉 이른바 '요건재량'에 해당한다. 법 21조 1항 후문은 위와 같은 불확정개념에 관한 구체적인 기준 등을 시·도 조례로 정하도록 위임하였다. 그 취지는 각 시·도로 하여금 정비사업을 지속해야 할 주거환경개선의 필요성 정도, 정비구역의 지정으로 인한 토지등소유자가 받는 재산권 제약의 정도 및 각 시·도의 구체적 여건 등을 종합적으로 고려하여 자율적으로 기준을 설정할 수 있도록 하기 위함이다.

각 시·도가 제정한 조례조항의 법적성격이 문제되나, 도시정비법의 수권에 의하여 법령을 보충하는 사항을 정한 경우로서, 그 근거 법령규정과 결합하여 대외적으로 구속력이 있는 법규명

과한 날부터 효력을 발생하고, 그 취소를 구하는 소의 제소기간은 그때부터 기산한다.

7) 이 조항은 정비사업이 장기간 방치됨으로써 발생하는 법적 불안정을 해소하고, 정비(예정)구역 내 토지등소유자의 재산권 행사를 보장하기 위한 것으로서, 헌법재판소는 적법절차에 위반되지 아니한다고 결정하였다(헌법재판소 2023. 6. 29. 선고 2020헌바63 결정).

8) 서울시의 경우 추진위원회 구성에 동의한 토지등소유자의 2분의 1 이상, 조합설립에 동의한 토지등소유자의 3분의 2 이상을 말한다(서울시 조례 14조 5항).

9) 법이 동의정족수 충족 여부와 관련하여 토지등소유자를 조합원으로 하여 산정할 필요성이 있는 경우에는 명시적으로 조합원이라고 적시하고 있는바[법 14조 1항 6호는 "토지등소유자(조합이 설립된 경우에는 조합원을 말한다. 이하 이 호에서 같다)가 3분의 2 이상의 동의로 정비계획의 변경을 요청하는 경우"라고 규정하고 있다], 법 21조 1항에는 그와 같은 명시적 규정이 없다.

령으로서의 성질과 효력을 가진다.[10)]

따라서 법의 위임에 따라 제정된 위 조례조항은 불확정개념인 법 21조 1항 1호, 2호 판단의 구체적인 기준으로서 대외적으로 국민이나 법원을 기속하는 법규적 효력이 있다.

다. 서울시 조례 14조 2항, 3항의 내용

(1) 정비사업의 시행으로 토지등소유자에게 과도한 부담이 발생할 것으로 예상되는 경우

정비사업의 시행으로 토지등소유자에게 과도한 부담이 발생할 것으로 예상되는 경우란, 추진위원회 위원장(이하 '추진위원장'이라 한다)이나 조합임원 또는 신탁업자가 입력한 정비계획 등으로 산정된 추정비례율이 80% 미만인 경우로서 토지등소유자의 의견을 조사하여 사업찬성자가 100분의 50 미만인 경우를 말한다(서울시 조례 14조 2항). 사업시행자 측이 스스로 산정한 추정비례율이 80% 미만이라면 사업성 부족이 명백하고, 사업에 찬성하는 토지등소유자가 과반수에 미달한다면, 추후 정비사업의 시행으로 토지등소유자에게 과도한 부담이 발생할 가능성이 높아 이를 요건으로 한 것이다. 구청장은 서울시장으로부터 해당 정비구역등이 정비계획상 추정비례율이 80% 미만에 해당한다고 통보받은 경우 해당 정비구역등의 토지등소유자의 의견을 조사하여 그 결과를 시장에게 통보하여야 한다(서울시 조례 14조 6항 본문).

한편 위 조항에 해당하여 주민의견조사를 실시한 구역의 추정비례율이 주민의견조사 당시 대비 10% 이상 하락하는 경우에는 재조사할 수 있다(서울시 조례 14조 6항 단서). 왜냐하면 10% 이상이라는 상당한 정도의 추정비례율의 하락은 종전 찬성자의 의사가 현재도 유지되는 것으로 보기 어려운 측면이 있기 때문이다. 이는 정비구역등의 해제와 관련되는 것으로서 토지등소유자에게 미치는 영향이 중대하므로, 절차와 형식의 엄격성을 기하기 위하여 토지등소유자의 사업찬성자 수 산정방법, 해제 동의의 철회방법 등에 대하여는 법 시행령 33조의 토지등소유자의 동의자 수 산정방법 규정을 준용한다(서울시 조례 14조 7항).

(2) 정비구역등의 추진 상황으로 보아 지정 목적을 달성할 수 없다고 인정되는 경우

(가) 적극적 요건

서울시 조례 14조 3항은 정비구역등의 추진 상황으로 보아 지정 목적을 달성할 수 없다고 인정되는 경우로서 다음 각 호의 사항을 규정하고 있다.

① 정비예정구역으로서 정비구역지정요건이 충족되지 않은 경우 또는 관계 법령에 따른 행위제한이 해제되거나 기한이 만료되어 사실상 정비구역지정이 어려운 경우 중 어느 하나에 해당하는 경우(1호)

② 추진위원장 또는 조합장이 장기간 부득이한 사유로 직무를 수행할 수 없거나 주민 갈등 또는 정비사업비 부족으로 추진위원회 또는 조합 운영이 사실상 중단되는 등 정비사업 추진이 어렵다고 인정되는 경우(2호)

③ 자연경관지구, 최고고도지구, 국가유산(구 문화재) 보호구역, 역사문화환경 보존지역 등이 포함된 구역으로서, ㉮ 추진위원회가 추진위원회 최초 승인일부터 3년이 되는 날까지 법정요건

---

10) 헌법재판소 1992. 6. 26. 선고 91헌마25 결정, 대법원 2006. 4. 27. 선고 2004도1078 판결.

을 구비한 조합설립인가를 신청하지 않는 경우(가목), ㉯ 사업시행자가 최초 조합설립인가를 받은 날 또는 법 26조 2항(시장, 군수가 직접 시행 또는 토지주택공사에게 시행하게 하는 경우), 27조 2항(신탁업자 등 지정된 지정개발자가 사업시행자가 되는 경우)에 따른 사업시행자 지정을 받은 날이나 법 25조에 따라 공동으로 정비사업을 시행하기로 한 날부터 4년이 되는 날까지 법정요건을 모두 준수한 사업시행계획인가를 신청하지 않는 경우(나목), ㉰ 사업시행자가 최초 사업시행계획인가를 받은 날부터 4년이 되는 날까지 법정요건을 구비한 관리처분계획인가를 신청하지 않는 경우(다목), ㉱ 추진위원회 또는 조합이 총회를 2년 이상 개최(법 또는 추진위원회 운영규정에 따른 의사정족수를 갖춘 경우로 한정한다)하지 않는 경우(라목) 중 어느 하나에 해당하는 경우이다(3호).[11]

④ 필요적 직권해제사유가 있음에도, 구청장이 정비구역등의 해제를 요청하지 않는 경우를 말한다(4호).[12]

㈏ **소극적 요건(위 ③의 ㉮, ㉯, ㉰ 요건과 관련)**

위 규정의 해석과 관련하여서도 앞서 필요적 해제요건에서 본 바와 같이 이는 추진위원회를 포함한 사업시행자 측의 귀책사유에 기한 절차 지체를 전제로 한다. 만일 위 규정상의 기한 경과가 사업시행자 측의 책임 없는 외부적 요인에 의하는 경우에는 공평의 원칙상 위 기간은 제외되어야 할 것이다. 그와 같은 기간에 대한 증명책임은 이를 주장하는 사업시행자 측에 있다 할 것이다.

한편 법 20조 1항이 사업시행계획인가일로부터 일정한 기한까지 관리처분계획인가신청을 하지 아니한 경우를 필요적 해제요건으로 규정하고 있지 않다. 그 이유는 사업시행계획의 경우 정비계획이나 사업시행구역의 변경에 따라 연동하여 변경되어야 하고, 사업시행계획은 처음부터 정비사업에 관한 모든 세부적 사항을 확정하여 수립하는 대신 정비사업 진행경과에 따라 다양한 변수를 반영하여 세부적 내용을 구체화하는 등으로 단계적, 발전적으로 형성해 나가게 되는 등 확정되기까지 상당한 시간이 소요될 것임이 자명하여 최초 사업시행계획인가일로부터 일정한 기한까지 관리처분계획인가를 신청하지 않는 경우를 당연 해제사유로 규정하는 것이 부당함에 기인한 것으로 보인다.

따라서 재량적 해제사유인 사업시행자가 최초 사업시행계획인가를 받은 날부터 4년이 되는 날까지 관리처분계획인가를 신청하지 아니하는 경우의 요건은 보다 엄격하게 해석하여야 할 것이므로(실제로 최초 사업시행계획인가일로부터 관리처분계획인가신청일까지 기간이 4년 이상 소요되는

11) 서울시 조례가 2018. 7. 19. 전부개정되기 이전에는 "3호 각 목의 어느 하나에 해당되고 당해 구역의 토지등소유자 3분의 1 이상이 해제 요청하는 경우로서 의견을 조사하여 사업찬성자가 100분의 50 미만인 경우"가 요건으로 규정되어 있었는바(구 서울시 조례 4조의3 3항 4호), 당시 부산광역시, 대구광역시, 광주광역시, 울산광역시, 대전광역시 조례는 해제요청 토지등소유자의 수를 토지등소유자의 과반수로 규정하고 있고, 인천광역시 조례는 해제요청 수는 토지등소유자의 30/100으로 하되, 주민의견조사는 정비사업의 추진을 반대하는 자가 토지등소유자의 50/100 이상일 것을 규정하고 있었다. 결국 당시 서울시 조례는 다른 지방자치단체 조례보다 훨씬 용이하게 해제가 가능하도록 규정하고 있었던 관계로 위 요건의 충족 여부와 관련하여 상당한 다툼이 있었으나, 위 조례의 전부개정으로 삭제되었다.

12) 서울시 조례가 2019. 9. 26 개정되기 이전에는 "도시계획위원회에서 구역지정 이후 여건변화에 따라 해당구역 및 주변지역의 역사·문화적 가치 보전이 필요하다고 인정하는 경우"도 그 요건으로 규정하고 있었으나, 위 조례 개정으로 삭제되었다.

경우가 드물지 않고, 사업시행계획상 정비사업의 시행기간이 사업시행계획인가일로부터 60개월 등으로 정해지는 것이 일반적이다), 사업시행자 측의 귀책사유가 없는 기간은 반드시 제외되어야 할 것이다. 예를 들면, 사업시행자가 사업시행계획변경인가를 신청하였으나, 관할 행정청이 장기간 인가 또는 반려하지 않은 채 지체한 경우, 적정한 처리 기간을 초과하는 기간은 사업시행자 측의 귀책사유가 없으므로 제외되어야 한다.

라. 이른바 효과재량

정비구역지정권자는 법 21조 1항의 요건에 해당하더라도 반드시 해제하여야 하는 것이 아니라 이를 해제할 수 있다. 이는 앞서의 이른바 '요건재량'과는 다른 '효과재량'이라 할 것이다. 따라서 정비구역지정권자는 해제요건이 충족되었다 하더라도 정비구역을 해제할 것인지 여부에 대하여 적절한 재량권을 행사하여야 한다. 일반 법리에 따라 관련된 공익, 사익 등을 정당하게 비교·교량하여야 한다.

법 21조 1호, 2호의 효과재량권 행사와 관련하여 서울시 조례 14조 1항은 "시장은 정비구역 등의 지정을 해제하려는 경우에는 사업추진에 대한 주민 의사, 사업성, 추진상황, 주민갈등 및 정체 정도, 지역의 역사·문화적 가치의 보전 필요성 등을 종합적으로 고려하여야 한다."고 규정하고 있다.

마. 해제하는 경우의 절차 및 후속절차

정비구역의 해제절차는 앞서 본 필요적 해제의 사전 및 사후절차와 동일하다(법 21조 2항, 20조 3항 내지 5항, 7항). 고시에 따른 효력발생도 동일하다.

3. 해제의 효과

가. 해제의 처분성

정비구역의 지정이 해제된 경우 정비구역의 지정이 처분인 것과 마찬가지로 처분으로서 항고소송의 대상이 될 수 있다. 그러나 정비예정구역이 해제된 경우 정비예정구역의 지정이 처분이 아닌 것과 마찬가지로 항고소송의 대상이 될 수 없다.

나. 다른 정비사업 등으로 지정 가능

(1) 도시재생 선도지역 지정 요청 가능

필요적, 재량적 해제요건에 따라 정비구역등이 해제된 경우 정비구역의 지정권자는 해제된 정비구역등을 도시재생 활성화 및 지원에 관한 특별법에 따른 도시재생 선도지역으로 지정하도록 국토부장관에게 요청할 수 있다(법 21조의2). 이는 법이 2019. 4. 23. 개정되면서 처음 도입되었다.

(2) 관리형 주거환경개선사업 지정 가능

재개발사업 및 재건축사업이 위 필요적, 재량적 해제요건에 따라 정비구역등이 해제된 경우 정비구역의 지정권자는 해제된 정비구역등을 관리형 주거환경개선구역으로 지정할 수 있다(법 22조 2항).

다. 용도지역, 정비기반시설 등 환원

정비구역등이 해제된 경우에는 정비계획으로 변경된 용도지역, 정비기반시설 등은 정비구역 지정 이전의 상태로 환원된 것으로 본다(법 22조 1항).

라. 추진위원회 구성승인취소 및 조합설립인가 취소간주 및 고시

정비구역등이 해제·고시된 경우 추진위원회 구성승인 또는 조합설립인가는 취소된 것으로 보고,[13] 시장·군수등은 해당 지방자치단체의 공보에 그 내용을 고시하여야 한다(법 22조 3항).

여기에서 말하는 추진위원회 구성승인 또는 조합설립인가의 각 '취소'는 처분의 하자를 전제로 하는 '강학상 취소'가 아니라 적법하게 성립되어 효력을 발하고 있는 처분에 대하여 성립 이후 발생한 후발적 사정을 이유로 새로운 공익목적을 달성하기 위하여 처분의 효력을 장래를 향하여 소멸시키는 '강학상 철회'이다.[14]

Ⅲ. 매몰비용의 부담

1. 문제의 소재

정비구역이 해제되면, 추진위원회 구성승인 또는 조합설립인가가 취소된 것으로 간주됨은 앞서 본 바이다. 해제 당시 사업시행자인 추진위원회나 조합의 경우 고유의 적극재산은 거의 미미한 반면, 외주 용역비, 사무실 운영비, 인건비, 회의비 등을 지급하기 위하여 시공자(금융기관) 등으로부터 대여 받은 다액의 소극재산이 존재하는 것이 일반적이다. 그 경우 소극재산에서 적극재산을 공제한 매몰비용을 누가 부담할 것인지 여부가 문제된다.

토지등소유자와는 별개의 법인격인 추진위원회나 조합만이 부담할 것인지, 토지등소유자 전부가 종전자산가격의 비율대로 분담할 것인지, 사업추진에 동의한 토지등소유자만이 분담할 것인지, 해산에 동의한 토지등소유자가 분담할 것인지, 시공자 등 채권자가 부담할 것인지 등 다양한 견해가 제시되고 있다. 대체로는 토지등소유자의 책임이 논의되고 있고, 토지등소유자가 매몰비용을 분담한다면 그 근거규정 및 절차가 논의의 핵심이다. 실무상 조합설립인가처분(추진위원회 구성승인처분)이 취소되는 경우 조합은 청산사무를 종료할 때까지 청산의 목적 범위에서 권리·의무의 주체가 되고, 조합원도 청산의 목적 범위에서 종전 지위를 유지하며, 정관도 그 범위에서 효력을 유지하고 있으므로, 해당 조합은 청산을 위하여 토지등소유자를 상대로 매몰비용에 대하여 종전자산가격의 비율대로 나눈 금액에 대한 지급을 구하는 소를 제기하는 것이 일반적이다.

---

13) 2012. 2. 1.자 법 개정으로 16조의2 1항 3호가 신설되어 정비예정구역 또는 정비구역의 지정이 해제되는 경우, 시장·군수는 추진위원회 승인 또는 조합설립인가를 취소하여야 한다고 규정하고 있었으나, 2017. 2. 8.자 법의 전부개정으로 위와 같이 간주규정으로 변경되었다.

14) 대법원 2016. 6. 10. 선고 2015도576 판결.

2. 매몰비용의 부담주체

가. 원칙(토지등소유자와 별개의 추진위원회 또는 조합)

추진위원회는 비법인사단이고, 조합은 공법상 단체로서의 성격을 가진다. 법 38조 1항은 "조합은 법인으로 한다."고, 법 49조는 "조합에 관하여는 이 법에 규정된 사항을 제외하고는 민법 중 사단법인에 관한 규정을 준용한다."고 각 규정하고 있다.

민법은 사단법인의 청산에 관하여 "법인의 재산이 그 채무를 완제하기에 부족한 경우 이사는 지체 없이 파산신청을 하여야 한다."고만 규정하고 있을 뿐(79조), 법인과 별개의 법적 주체인 사원들에게 채무를 부담하도록 규정하고 있지 않으므로, 결국 조합도 파산절차에 따라야 한다.

다만, 그 경우 시공자, 금융기관 등 조합의 채권자들은 채권 중 상당 부분을 변제받을 수 없을 것이나, 채권자들은 정비사업의 경제성, 조합의 존속 가능성 등을 판단하여 조합과 법률행위를 할 것인지 여부를 결정할 수 있어 스스로 어느 정도의 위험부담은 감수한 것이고, 정비사업이 원활하게 이루어지지 않을 경우를 대비하여 사전에 채권 보전조치를 취할 수도 있으므로, 민법이 정한 사단법인 청산의 원칙과 달리 조합 채권자들의 이익을 우선할 필요가 있다고 보이지 않는다.[15]

이를 고려하여 법은 매몰비용과 관련하여 조합설립인가 등이 취소된 경우, 시공자·설계자 또는 전문관리업자 등은 해당 추진위원회 또는 조합(연대보증인을 포함한다)에 대한 채권(조합 및 연대보증인이 시공자등과 합의하여 이미 상환하였거나 상환할 예정인 채권은 제외한다)의 전부 또는 일부를 포기하고 이를 조세특례제한법 104조의26에 따라 손금에 산입하려면 해당 조합등과 합의하여 채권의 금액 및 그 증빙 자료, 채권의 포기에 관한 합의서 및 이후의 처리 계획, 그 밖에 채권의 포기 등에 관하여 시·도 조례로 정하는 사항을 포함한 채권확인서를 시장·군수등에게 제출하여야 한다(법 133조)는 규정을 두고 있다.

나. 토지등소유자의 책임 요건

(1) 토지등소유자의 매몰비용 부담 요건

㈎ 조합의 정관은 조합의 조직, 활동, 조합원의 권리의무관계 등 단체법적 법률관계를 규율하는 것으로서 공법인인 조합과 조합원에 대하여 구속력을 가지는 자치법규로서의 효력을 가지고 있고, 조합의 총회는 조합의 최고의사결정기관으로서 조합 내부적으로 업무집행기관을 구속하는 규범으로서의 효력을 가진다. 조합과 조합원 사이의 법률관계는 근거 법령이나 정관의 규정, 조합원 총회의 결의 또는 조합과 조합원 사이의 약정에 따라 규율되므로, 매몰비용 중 일정 부분을 분담하여야 한다는 취지를 조합 정관[16]이나 조합원 총회의 결의 또는 조합과 조합원 사이의 약정 등으로 미리 정한 경우 등에 한하여, 조합은 토지등소유자에게 매몰비용의 분담분에 대한 지급을 구할 여지가 있다. 다만, 그 경우에도 정관을 근거로 제3자가 조합원에게 직접 금원의 지급을 구할 수는 없다.

---

15) 대법원 2019. 8. 14. 선고 2017다201361 판결 및 인천지방법원 2016. 12. 22. 선고 2016나58782 판결.

16) 다만, 매몰비용을 정관에 의하여 조합원에게 부담시키기 위해서는 부담하게 될 비용의 발생 근거, 분담 기준과 내역, 범위 등을 구체적으로 규정하여야 한다(대법원 2021. 4. 29. 선고 2018두51836 판결 참조).

(나) 추진위원회의 경우 추진위원회 구성에 동의한 토지등소유자가 운영에 필요한 경비를 부담하나(법 34조 2항, 정비사업 조합설립추진위원회 운영규정에 첨부된 표준운영규정 13조 1항 단서), 만일 운영규정에 매몰비용 관련 규정이 있는 경우 추진위원회 구성에 동의한 토지등소유자는 이를 분담할 여지가 있다.

(2) 청산금 조항이나 부과금 조항에 근거한 매몰비용 청구 가능 여부

조합이 법 92조, 93조 1항(정비사업 비용청구)에 의하여 부과금을, 법 89조(청산금)에 의하여 청산금을 조합원에게 청구할 수 있으나, 위 각 조항은 관리처분계획 당시 분양을 받은 수분양자로서 조합원에게만 구할 수 있을 뿐, 관리처분계획 단계에 이르지 아니한 채 해제된 경우의 토지등소유자에게 동일하게 적용될 수는 없다. 따라서 조합이 위 조항에 근거하여 토지등소유자에게 매몰비용의 일부를 청구할 수는 없다.[17)]

3. 재량적 해제 시의 매몰비용 보조

가. 요 건

재량적 해제요건에 해당하여 정비구역등이 해제된 경우 정비구역의 지정권자는 해당 추진위원회 또는 조합이 사용한 비용의 일부를 대통령령으로 정하는 범위에서 시·도 조례로 정하는 바에 따라 보조할 수 있다(법 21조 3항). 이와 관련하여 서울시는 재량적 해제요건 중 정비사업의 시행으로 토지등소유자에게 과도한 부담이 발생할 것으로 예상되는 경우(법 21조 1항 1호), 정비구역등의 추진 상황으로 보아 지정 목적을 달성할 수 없다고 인정되는 경우(법 21조 1항 2호)로서 조례가 규정한 요건을 충족하고, 이에 따라 정비구역지정권자가 재량권을 행사하여 정비구역등을 해제하여 추진위원회 (구성)승인 또는 조합설립인가가 취소되는 경우에 한한다(서울시 조례 15조 3항). 또한 조합이 시행하는 정비사업에 한정한다(2018. 7. 19. 서울시 조례 제6899호 부칙 5조).

나. 비용보조의 대상 및 범위

(1) 비용보조의 대상

추진위원회 또는 조합에 대한 비용의 보조 범위는, 정비사업 전문관리 용역비, 설계 용역비, 감정평가비용, 그 밖에 해당 추진위원회의 법정 업무(32조 1항) 및 조합의 총회 소집 및 의결(44조, 45조)에 따른 업무를 수행하기 위하여 사용한 비용으로서 시·도 조례로 정하는 비용이다(법 시행령 17조). 이에 관하여 서울시 조례 15조 1항이 자세히 규정하고 있다.

(2) 비용보조의 범위

서울시장 또는 구청장은 16조에 따른 검증위원회 또는 17조에 따른 재검증위원회의 검증을 거쳐 결정한 금액을 기준으로 대상금액의 70% 이내로 보조금을 지급할 수 있다(서울시 조례 15조 3항).

---

17) 대법원 2019. 8. 14. 선고 2017다201361 판결.

제3편

조합설립추진위원회

제1장 총 설

Ⅰ. 의 의

추진위원회는 조합 설립을 목적으로 하는 비법인사단이다.[1] 정비구역 내 토지등소유자 중 조합을 사업시행자로 하여 정비사업을 추진하고자 하는 자는 조합설립의 필수적 전 단계인 추진위원회의 구성을 위하여 토지등소유자의 과반수 동의를 얻기 위한 노력을 기울인다. 한편 이론상으로는 토지주택공사등 공공기관에게 사업시행을 맡겨 정비사업을 추진하고자 하는 자는 해당 정비구역 토지등소유자의 3분의 2 이상 및 토지면적 2분의 1 이상의 토지소유자로부터 토지주택공사등을 사업시행자로 지정할 것을 요청하는 요청서를 받기 위하여 노력하는 것도 가능하다(법 26조 1항 8호).[2] 그러나 실제로는 추진위원회에 대한 구성승인처분이나 조합설립인가 이후 정비사업의 진행이 지지부진한 경우 그 타개책으로 일부 토지등소유자가 위와 같은 공공기관을 사업시행자로 하는 요건을 갖추기 위한 요청서 징구를 하는 경우가 있을 뿐이다.

추진위원회는 조합설립 이전단계에서 조합을 대신해서 정비사업을 준비하는 예비적 사업시행자인데, 정비구역지정 등의 절차가 완비된 현행 법제에서는 제도의 과잉이라는 측면이 있다는 견해가 있다.[3] 그러나 추진위원회는 조합의 설립을 목적으로 이를 추진하는 업무, 조합설립인가를 받기 위한 준비업무를 주로 행한다 할 것이므로 전체 정비사업과 관련한 사업시행자로 보기는 어렵다. 또한 행정주체의 지위가 부여되는 조합설립인가에는 엄격한 요건과 형식이 요구되므로, 비록 정비구역지정 등의 절차가 완비되었다 하더라도, 원활한 조합설립 추진을 위하여 토지등소유자로부터 독립한 단체의 필요성은 여전히 존재한다. 특히 2024. 12. 3.자 법 개정으로 정비구역지정·고시 이전에도 추진위원회 구성이 가능하므로, 위 주장은 그 자체로 타당하지 않다.

추진위원회는 사업시행자가 조합임을 전제로 하는 경우에는 원칙적으로 필요한바, 자세한 내용은 후술한다.

Ⅱ. 도시정비법 제정 이전의 추진위원회

법 제정 이전의 재건축사업과 재개발사업의 추진위원회에 관하여 살펴본다.

---

1) 대법원 2014. 5. 29. 선고 2012두6650 판결.

2) 토지등소유자가 시장·군수등 또는 토지주택공사등의 사업시행을 원하는 경우에는 원칙적으로 정비구역지정·고시 후 주민대표회의를 구성하여야 하는바, 토지등소유자 과반수의 동의를 받아 주민대표회의가 구성되고, 주민대표회의의 구성에 동의한 자는 위와 같은 토지주택공사등을 사업시행자로 지정함에 동의한 것으로 본다(법 47조 1항, 3항, 4항).

3) 김종보, 전게서, 456.

1. 재건축사업

재건축 초기 단계에서부터 재건축조합설립인가를 받을 때까지 재건축을 추진하고자 하는 일부 토지등소유자들이 구 주택건설촉진법의 근거 없이 결성한 사실상의 집합체로서의 추진위원회가 존재하였다.[4] 위와 같은 조합 설립의 실무를 담당하는 실체로서 토지등소유자와 구별되는 존재로서의 추진위원회는 사실상의 필요에 의하여 발생한 것이다. 토지등소유자와는 다른 별개의 실체인 추진위원회가 의미 있는 활동을 하기 위해서는 그의 행위가 추후 조합에 승계되어야 할 것인데, 법적 근거가 없는 점이 문제였으나 조합규약(정관)에 이를 기재하는 방법으로 해결하였다.[5]

2. 재개발사업

구 도시재개발법에도 추진위원회와 관련하여 아무런 규정이 없었다. 그러나 실무상 이권 등으로 조합설립의 전 단계에서 추진위원회라는 이름의 각종 단체가 난립한 채 그들에 의하여 정비사업이 추진되어져 왔고, 그 과정에서 각종 비리와 부조리가 만연하여 토지등소유자에게 피해가 발생하는 경우가 많았다.[6] 당시 서울시는 구 도시재개발법상의 주택재개발사업에 대하여 정관준칙을 마련하였는데, 토지등소유자의 피해방지를 위하여 추진위원회가 행한 행위의 조합에 대한 승계에 관한 규정을 두지 않았다.

Ⅲ. 도시정비법 제정 이후의 추진위원회

1. 도시정비법의 규정

가. 규정 내용

2002. 12. 30. 제정된 법은 재개발·재건축사업 모두 원칙적으로 정비사업을 시행하고자 하는 경우에는 반드시 토지등소유자로 구성된 조합을 설립하여야 한다고 규정하고, 이에 따라 조합설립의 전 단계로 추진위원회가 필수적 절차로 규정되었다. 현행 법도 조합을 설립하기 위해서는 먼저 추진위원장을 포함한 5인 이상의 추진위원 및 운영규정에 대하여 토지등소유자 과반수의 동의를 받아 조합설립을 위한 추진위원회를 구성하여 국토부령으로 정하는 방법과 절차에 따라 시장·군수등의 승인을 받아야 한다고 규정하고 있다(법 31조 1항). 다만, 이는 토지등소유자로 구성된 조합이 정비사업 시행자가 되는 것을 전제로 한다.

따라서 시장·군수 또는 토지주택공사등이 사업시행자가 되는 주거환경개선사업, 토지등소유

---

4) 김선희, 도시정비법상 추진위원회와 관련한 제반 법률문제, 사법 제23호(2013. 3.), 151.

5) 당시 건설교통부는 조합규약에 규정하여야 할 사항과 규약 작성 상 유의할 점 등을 담은 '재건축조합 표준규약'을 제정하였고, 거의 모든 재건축조합이 위 재건축조합 표준규약의 내용대로 정관을 작성하였다. 위 표준규약 50조는 "재건축조합 설립인가일 전에 조합의 설립과 사업시행에 관하여 추진위원회가 행한 행위는 관계 법령 및 이 규약이 정하는 범위 안에서 재건축조합이 이를 승계한 것으로 본다."고 규정하였으므로, 위 정관 규정에 따라 추진위원회의 활동이 재건축조합에 승계되었다. 이는 당시 정부도 추진위원회의 실체를 인정하고, 추후 조합이 성립한 이후 발생할 법률적 문제의 해결책으로 승계규정을 표준규약에 마련한 것으로 보인다.

6) 이우재·박치범, 전게서(상), 진원사(2022), 328.

자가 20인 미만으로서 조합설립 없이 토지등소유자 개인이 사업시행자가 되는 재개발사업, 법 26조 1항에 의하여 시장·군수등 또는 토지주택공사등이 단독의 사업시행자로 정비사업을 시행하거나, 법 27조 1항에 의하여 시장·군수등에 의하여 지정된 신탁업자 등이 지정개발자로서 정비사업을 시행하는 경우는 추진위원회가 존재하지 아니하고, 이미 존재한 추진위원회 구성승인도 취소된 것으로 본다(법 26조 3항, 27조 5항).

나. 입법의 경위

도시정비법 제정을 추진하면서 재개발·재건축사업의 시행자를 모두 법인인 조합으로 하고, 조합에는 행정주체의 지위를 부여하여 수용 또는 매도청구의 권한까지 인정함에 비례하여 조합의 설립에는 까다로운 법정의 요건과 형식을 요구하게 되었다. 이에 조합설립 이전단계에서 조합설립이라는 업무를 실제로 수행할 일정한 단체, 즉 추진위원회의 필요성이 인정되었다. 이에 따라 추진위원회를 정비사업의 필수적인 절차로 하였고, 추진위원회만이 조합설립인가신청을 할 수 있도록 하였으며, 추진위원회의 행위가 추후 설립되는 조합에 승계되는 법적 근거를 마련하였다. 다만, 토지등소유자를 보호하기 위하여 추진위원회의 난립 및 추진위원회의 각종 비리와 분쟁을 방지하는 제도를 도입하였다. 즉, 법은 조합설립을 추진하려는 자(가칭 '추진위원회')는 토지등소유자 과반수의 동의를 받아 관할 행정청의 승인을 받아야 하고(법 31조 1항), 하나의 정비구역에는 하나의 추진위원회만이 조합설립 활동을 할 수 있도록 하며, 이미 승인받은 추진위원회가 구성되어 있음에도 불구하고 임의로 추진위원회를 구성하여 정비사업을 추진한 자에 대하여는 형사처벌까지 하도록 규정하였다(법 137조 4호).[7] 또한 구성된 추진위원회가 각종 비리를 저지르고, 다양한 분쟁이 발생하는 것을 방지하기 위하여 법은 추진위원회의 업무범위를 명확히 하였고, 조직 및 운영까지 규정하였다.

2. 추진위원회 구성의 예외(공공지원 정비사업)

토지등소유자로 구성된 조합이 사업시행자가 되는 경우에는 원칙적으로 추진위원회를 구성하여야 한다. 다만, 여기에도 예외가 있다. 시장·군수등은 정비사업의 투명성 강화 및 효율성 제고를 위하여 시·도 조례로 정하는 정비사업에 대하여 사업시행 과정을 지원하거나 토지주택공사등에 공공지원을 위탁할 수 있다(법 118조 1항). 법 118조에 따라 정비사업에 대하여 공공지원을 하려는 경우에는 추진위원회를 구성하지 아니할 수 있다(법 31조 7항 전문). 그 취지는 공공이 정비사업을 지원하는 경우에는 추진위원회 구성에 따른 시간과 비용을 절약하여 신속하고도 경제적으로 정비사업을 진행할 수 있도록 하기 위함이다[조합설립 준비업무에 관한 지원도 위 시장·군수등, 토지주택공사의 업무이다(서울시 조례 75조 3호)].

서울시 조례 73조는 '시·도 조례로 정하는 정비사업'이란 재개발·재건축조합이 시행하는 정비

7) 이는 주택법상의 지역주택조합의 설립인가를 받기 위하여 조합원을 모집하려는 자(가칭 추진위원회)는 해당 주택건설대지의 50% 이상에 해당하는 토지의 사용권원을 확보하여 관할 시장·군수·구청장에게 조합원 모집 신고를 하여야 하고(11조의3 1항), 이미 신고가 이루어진 사업상 토지 등에 대하여는 추가로 조합원 모집 신고를 수리할 수 없으며(11조의3 5항 1호), 신고하지 아니하고 조합원을 모집한 자에 대하여 형사처벌규정을 두고 있다(102조 2호).

사업을 의미하되, 다만, 정비구역지정·고시가 있은 날의 토지등소유자의 수가 100명 미만으로서 주거용 건축물의 건설비율이 50% 미만인 도시정비형 재개발사업은 제외한다고 규정하고 있으므로, 거의 대부분의 정비사업은 여기에 해당한다.[8)]

서울시의 경우 정비계획 입안권자인 구청장은 정비계획을 입안하는 단계에서 공공지원에 따른 추진위원회 구성의 생략에 대한 토지등소유자의 의견을 조사하여야 한다(법 시행령 7조 2항 7호, 서울시 조례 7조 12호). 구청장은 토지등소유자의 과반수가 추진위원회 구성 단계 생략을 원하는 경우 반드시 다음에서 살펴볼 서울시장이 고시한 추진위원회를 구성하지 아니하는 방법과 절차 등에 따라 조합을 설립하여야 한다(서울시 조례 82조 2항). 구체적인 조합설립행위는 추진위원회 대신 토지등소유자가 행한다(법 35조 2항, 3항). 공공지원 정비사업에서 추진위원회를 구성하지 아니한 채 정비사업을 진행하는 경우의 조합설립 방법 및 절차에 대하여는 제4편 제4장 Ⅰ. “2. 공공지원 정비사업의 특칙”에서 자세히 살펴본다.

---

8) 부산시 조례 61조는 다음 각 호의 어느 하나에 해당하는 사업을 말한다고 규정하고 있다.
   1. 법 31조 1항에 의한 추진위원회 승인을 신청하기 전까지 토지등소유자의 3분의 2 이상 동의를 얻어 공공지원이 필요하다고 요청하는 정비사업
   2. 추진위원회 승인 또는 조합이 인가된 경우에는 주민총회 또는 조합총회의 의결을 거쳐 공공지원을 요청하는 정비사업
   3. 구청장의 요청에 의하여 시장이 공공지원이 필요하다고 인정하는 정비사업

제2장 추진위원회의 법적 성격과 구성시기

제1절 추진위원회의 법적 성격

Ⅰ. 민법상의 비법인사단

1. 구 성

가. 쟁 점

법상 구성승인처분을 받은 추진위원회는 사실상 단체로서의 조직과 실체를 가지나, 법인설립등기를 할 수 없으므로 비법인사단임은 앞서 본 바이다. 다만, 추진위원회가 위원장을 포함한 5인 이상의 추진위원으로 구성되는 것인지 또는 추진위원회 구성에 동의한 토지등소유자(또는 정비구역 내 전체 토지등소유자)로 구성되는 것인지 여부에 관하여 견해가 나뉘어진다.

나. 학 설

(1) 추진위원설

추진위원회는 위원장을 포함한 5인 이상의 추진위원으로 구성되는 소규모 위원회로서, (추진위원회 구성에 동의한) 토지등소유자조차도 구성원이 아니고, 단지 운영규정에 따른 주민총회의 구성원이다.[1)]

(2) 토지등소유자설

추진위원회는 추진위원회 구성에 동의한 토지등소유자 또는 정비구역 내 전체 토지등소유자들을 구성원으로 한다. 추진위원회는 토지등소유자의 동의를 받아 운영규정을 확정하고 임원을 선출하는 등의 단체결성행위를 거쳐 성립하고, 조합과 마찬가지로 주민총회, 추진위원회, 추진위원장 등 의사결정기관 및 집행기관 등의 조직을 갖추게 된다.

다. 판례(추진위원설)

추진위원회는 추진위원들로 구성되는 단체로서 비법인사단으로서의 실체를 가지고 있으나, 그 구성원이 아닌 토지등소유자의 의사에 기하여 설립되고, 그 구성원인 추진위원들의 결의에

---

1) 김종보, 전게서, 461, 이우재·박치범, 전게서(상), 330.

의해서는 해산할 수 없는 등 다른 단체와는 본질적인 차이가 있다고 하였다.[2)]

라. 결 론

추진위원회 구성에 동의한 토지등소유자는 비용까지 부담하는 점, 법 34조 1항의 위임에 의한 '국토부 고시 정비사업 조합설립추진위원회 운영규정(이하 '추진위원회 운영규정 본문'이라 한다)'에 첨부된 국토부장관이 권장사항으로 마련한 [별표] 정비사업 조합설립추진위원회 운영규정(이하 '추진위원회 표준운영규정'이라 한다) 20조는 추진위원회 구성승인처분이 이루어지는 경우 토지등소유자 전원으로 구성되는 주민총회가 구성되고, 추진위원회 구성승인 이후 운영규정의 변경 등에 있어 주민총회의 의결을 요한다고 규정하고 있는 점[3)] 등에 비추어 추진위원회 구성에 동의한 토지등소유자 또는 정비구역 내 전체 토지등소유자들을 구성원으로 볼 여지가 있다.

그러나 법은 조합에 관하여는 법 35조 1항이 '토지등소유자로 구성된 조합을 설립하여야 한다.'고 규정한 반면, 추진위원회에 대하여는 법 31조 1항이 '위원장을 포함한 5명 이상의 위원 및 운영규정에 대하여 토지등소유자 과반수의 동의를 받아 조합설립을 위한 추진위원회를 구성하여'라고 규정하여 추진위원회는 '위원장을 포함한 5인 이상의 위원'으로 구성된다고 명시하고 있다.[4)] 또한 법 137조 4호는 승인받은 추진위원회가 구성되어 있음에도 불구하고 임의로 추진위원회를 구성하여 정비사업을 추진하는 자에 대하여 형사처벌을 규정하고 있는바, 이는 추진위원설을 뒷받침한다.

따라서 추진위원설이 타당하다. 현재의 정비사업의 실무도 추진위원회는 추진위원들만으로 구성되는 것으로 보는 듯하다. 다만, 추진위원설과 양립되지 않는 것으로 보이는 것은 주민총회인데, 국토부장관이 표준운영규정 20조를 통하여 토지등소유자 전원을 구성원으로 하는 주민총회를 설치하도록 권장한 것은 법이 추진위원회가 행한 업무와 관련된 권리와 의무는 조합이 포괄승계한다고 규정하고 있어 정비구역 내 토지등소유자는 추진위원회의 설립과 활동에 직접적이고 구체적인 이해관계를 가지기 때문으로서,[5)] 추진위원회의 본질적인 내용으로 볼 수는 없다.

2. 비법인사단

추진위원회는 토지등소유자의 동의를 받아 단체 내부 자치규범인 운영규정을 확정하고 대표자인 임원을 선출하는 등의 단체결성행위를 거쳐 성립하고, 구성원인 추진위원들의 가입, 탈퇴 등으로 인한 변경에 관계없이 단체 그 자체가 존속된다.

법은 재건축조합 설립 추진위원회가 조합설립의 동의요건을 충족시키기 위하여 필요한 경우에는 스스로 주택단지 안의 일부 토지의 소유자와 토지분할을 협의하고, 협의가 성립되지 아니하는 경우 법원에 토지분할을 청구하는 독자적 권한을 인정하고 있다(법 67조 1항 내지 3항).

2) 대법원 2009. 1. 30. 선고 2008두14869 판결.
3) 추진위원회 구성승인 이후 위원장 및 감사의 선임·변경·보궐선임·연임, 운영규정의 변경, 정비사업 전문관리업자 및 설계자의 선정 및 변경, 개략적인 사업시행계획서의 변경, 감사인의 선정, 조합설립추진과 관련하여 추진위원회에서 주민총회의 의결이 필요하다고 결정하는 사항에 대하여는 주민총회의 의결사항으로 규정하고 있다(추진위원회 표준운영규정 21조).
4) 이우재·박치범, 전게서(상), 330.
5) 이우재·박치범, 전게서(상), 332.

Ⅱ. 추진위원회와 조합과의 관계

1. 별개의 단체

가. 추진위원회가 법인으로서의 조합으로 발전되어 나가는 측면에서 조합의 전신(前身) 등으로 보는 견해가 있을 수 있다. 그러나 조합은 추진위원회와 별개로 토지등소유자들이 법정의 설립동의 아래 창립총회에서의 결의를 통하여 정관을 확정하고 임원을 선출하는 등의 단체결성행위를 거쳐 성립한다. 다만, 그 과정에서 법은 추진위원회의 구성에 동의한 토지등소유자는 조합의 설립에 동의한 것으로 본다는 간주규정만을 두고 있을 뿐이다(법 31조 3항). 따라서 추진위원회는 조합과 구별되는 별개의 단체이다(추진위원회가 성장하여 조합이 되는 것이 아니고, 조합과는 별개이므로, 조합이 설립되면 추진위원회는 흡수되는 것이 아니라 별도로 해산 및 청산절차를 거쳐야 한다). 추진위원회는 조합을 만들어내기 위한 전 단계의 준비조직이며 그 단체 자체가 목적이 될 수 없다.[6]

나. 추진위원회만이 적법하게 조합설립인가신청을 할 수 있으므로, 유일한 조합설립인가신청기관이다.

2. 포괄승계

가. 법 34조 3항과 '추진위원회 운영규정 본문' 6조

추진위원회가 조합의 전신으로 볼 수 없으므로, 추진위원회가 조합설립을 추진하는 과정에서 발생한 권리·의무가 조합에 승계되는지 여부가 문제된다. 법은 추진위원회가 조합을 설립한 경우 추진위원회가 행한 업무와 관련된 권리와 의무는 조합이 일체로 포괄승계한다고 규정하고 있다(법 34조 3항). 추진위원회를 상대로 한 소송이 계속 중인 상태에서 조합이 설립된 경우에는 조합은 특별한 사정이 없는 한 계속 중인 소송에서 추진위원회의 법률상 지위를 승계한다.

한편, 법 34조 1항의 위임에 따라 '추진위원회 운영규정 본문' 6조는 추진위원회 업무범위를 초과하는 업무나 계약, 용역업체의 선정 등은 조합에 승계되지 아니한다고 규정하고 있다(추진위원회 운영규정 본문은 법 34조 1항에 근거를 두고 있는 것으로서 행정규칙이 아니라 추진위원회나 토지등소유자가 준수하여야 할 법규명령으로 보아야 한다[7]). 따라서 위 각 규정의 조화로운 해석이 문제된다.

나. 승 계

(1) 원칙적 승계

법 34조 3항의 규정취지 및 법 26조가 추진위원회의 업무범위를 법정한 취지 등에 비추어 보면, '추진위원회 운영규정 본문' 6조에서의 승계 제한의 의미는 추진위원회가 업무범위를 초과하여 행하였다 하더라도 일단 조합이 이를 모두 승계하되, 다만, 조합에 대하여는 효력이 없다는

---

6) 김종보, 전게서, 457.
7) 대법원 2009. 1. 30. 선고 2008두14869 판결(운영규정 본문 5조 3항이 법규명령임을 전제로 한다).

의미로 해석된다. 따라서 비록 추진위원회가 행한 업무가 객관적으로 명백하게 무효이거나 또는 사후에 관계 법령의 규정취지상 추진위원회의 업무범위에 속하지 아니하여 효력이 없는 것으로 해석되더라도, 조합에 승계되지 않는 것으로 볼 수는 없다.

(2) 판례

판례도 추진위원회가 주민총회를 개최하여 갑을 시공자로 선정하는 결의를 하였고, 이에 일부 토지등소유자가 시공자의 선정은 조합이 설립된 이후의 총회의 고유한 권한임을 이유로 추진위원회를 상대로 주민총회결의 무효확인소송을 제기하였으며, 그 후 조합이 설립되어 등기까지 마친 사안에서, 법 34조 3항은 추진위원회가 수행한 업무는 조합이 포괄승계한다고 규정하고 있고, 법인의 권리의무가 법률의 규정에 의하여 새로 설립된 법인에 승계되는 경우에는 특별한 사유가 없는 한 계속 중인 소송에서 그 법인의 법률상 지위도 새로 설립된 법인에 승계되는 것이므로, 조합이 추진위원회의 소송을 수계한다고 하였다(다만, 시공자 선정 권한은 조합 총회의 고유한 권한이므로, 추진위원회의 주민총회가 갑을 시공자로 선정한 결의는 무효라고 본안판단하였다).[8] 위와 같이 소송의 수계를 인정함은 무효인 업무도 모두 조합에 포괄승계되는 것을 전제로 하는 것으로 해석된다.

(3) 법 29조 1항과의 관계

법이 2017. 8. 9. 개정되면서 29조 1항으로 "추진위원장 또는 사업시행자는 이 법 또는 다른 법령에 특별한 규정이 있는 경우를 제외하고는 계약을 체결하려면 일반경쟁에 부쳐야 한다."고 규정하고 있다. 추진위원회 또는 조합은 모두 전문관리업자 또는 설계자를 선정할 수 있으므로, 추진위원회 단계에서 선정한 전문관리업자나 설계자의 경우 위 29조 1항에 의하여 조합에 승계되지 않는다고 해석할 여지가 있다. 이 부분에 대하여는 제4장 Ⅲ. "2. 전문관리업자 또는 설계자의 선정"에서 자세히 살펴본다.

제2절 추진위원회 구성시기 등

Ⅰ. 규정의 내용

법 제정 당시에는 추진위원회 구성시기에 관하여 아무런 규정을 두고 있지 아니하였다. 그 후 법이 2009. 2. 6. 개정되면서 13조 2항(현행 법 31조 1항)으로 '정비구역지정·고시 후'로 추진위원회 구성시기가 명시되었다. 법 개정 전후를 불문하고 실무상 '정비구역지정·고시 전' 추진위원회 구성승인처분의 효력이 문제되었다.

8) 대법원 2012. 4. 12. 선고 2009다22419 판결(토지등소유자가 추진위원회를 상대로 시공자를 선정한 주민총회결의 무효확인소송 계속 중 조합이 성립되었다 하더라도, 총회결의에 의하여 새로이 시공자 선정이 이루어지기 전까지는 토지등소유자에게 재개발사업과 관련하여 여전히 권리 또는 법률상 지위에 현존하는 불안·위험이 있으므로, 무효확인소송은 분쟁 해결에 유효·적절한 수단이 될 수 있어 확인의 이익이 있다).

판례는 위 법 개정 전 사안에서, 추진위원회가 구성되려면 그 전제로 '토지등소유자'의 범위가 확정될 필요가 있고, '토지등소유자'의 범위를 확정하기 위해서는 행정청에 의한 정비구역의 지정 및 고시가 선행되어야 하므로, 정비구역의 지정 및 고시 없이 행하여지는 시장·군수의 추진위원회 설립승인은 위법하다고 하였다.[9)]

한편, 반드시 정비구역지정·고시가 이루어진 이후에야 추진위원회를 설립할 수 있도록 함에 따라 신속한 정비사업 진행에 지장을 초래하는 부작용이 초래되었다. 이에 법이 2024. 12. 3.자 개정으로 법 31조 1항 중 '정비구역지정·고시 이후 추진위원회를 구성하여야 한다.'는 부분을 삭제하여 정비구역지정 이전에도 추진위원회를 구성할 수 있도록 하되, 다만 법 31조 2항 2호를 신설하여 일응 토지등소유자의 범위 확정이 가능한 지역을 그 대상으로 규정하였다.

Ⅱ. 정비구역지정·고시 전 구성승인처분

1. 하자의 중대·명백 여부

현행법상 추진위원회 구성승인시기에 따른 승인처분의 위법성은 더 이상 문제되지 않으나, 구 법상 정비구역지정·고시 전에 이루어진 추진위원회 구성승인처분이 위법함은 앞서 본 바인바, 그 하자의 중대·명백 여부가 문제된다.

가. 기본계획 수립 이전의 추진위원회 구성승인처분

⑴ 문제의 소재

법 4조 1항 단서, 2조 3호 ㈐목에 의하면, 인구 50만 미만인 중소도시의 경우에는 도지사의 인정 아래 정비사업의 기본계획을 수립하지 아니할 수 있는바, 기본계획이 수립되어 있지는 않지만, 노후·불량건축물의 밀접 등으로 정비사업의 필요성이 큰 경우 토지등소유자가 임의로 추진위원회를 구성하고, 승인처분까지 받는 경우가 있다. 그 효력이 문제된다.

⑵ 무효

기본계획이 수립되지 않아 정비예정구역이 지정되지 아니한 상태에서는 토지등소유자가 전혀 특정될 수 없고, 그럼에도 불구하고 이를 허용된다면, 정비사업에 관한 법률관계가 불명확·불안정하게 되어 토지등소유자의 권리가 침해되므로, 기본계획이 수립되기 이전의 추진위원회 구성승인처분은 하자가 중대·명백하므로 무효이다.[10)]

---

9) 대법원 2011. 11. 10. 선고 2011두5797 판결, 대법원 2011. 7. 28. 선고 2011두2842 판결(추진위원회는 일정한 구역에서 실시되는 특정한 정비사업을 전제로 그 사업대상·범위에 속하는 토지등소유자의 동의를 얻어 설립되므로, 토지등소유자가 정비구역이 정하여지기 전에 임의로 그 구역을 예상하여 추진위원회 설립에 동의하였다가 나중에 확정된 실제 사업구역이 동의 당시 예정한 사업구역과 사이에 동일성을 인정할 수 없을 정도로 달라진 때에는 구성승인을 신청하는 해당 추진위원회의 구성에 관한 동의가 있다고 볼 수 없어 이에 기초한 구성승인처분은 위법하다).

10) 대법원 2009. 10. 29. 선고 2009두12297 판결, 대법원 2014. 6. 12. 선고 2012두12051 판결, 대법원 2012. 9. 27. 선고 2011두17400 판결.

나. 정비예정구역이 지정된 이후의 추진위원회 구성승인처분

(1) 정비예정구역 내에서 추진위원회가 구성된 경우

특별시장 등이 정비구역으로 지정할 예정인 구역의 개략적 범위가 포함된 기본계획을 수립하면, 정비계획 입안권자인 자치구청장 등은 기본계획에 적합한 범위 안에서 정비계획을 수립하여 특별시장 등에게 정비구역지정을 신청하도록 되어 있어 통상적으로 정비예정구역 그대로 정비구역의 지정 및 고시가 이루어지므로, 하자가 중대하거나 명백하다고 볼 수 없다.[11)]

다만, 기본계획이 수립되더라도 생활권의 설정 등 법 5조 2항이 정한 사항이 기본계획에 포함되는 경우 정비예정구역을 지정하지 아니할 수 있는바, 그 경우에는 추진위원회 구성승인처분의 하자가 중대·명백하다.

(2) 정비예정구역과 무관하게 추진위원회가 구성된 경우

판례는 정비예정구역의 토지등소유자 일부가 정비예정구역과 무관하게 구역을 획정하고, 그 지역 토지등소유자의 과반수의 동의를 얻은 후 추진위원회의 구성에 관한 승인신청을 하였음에도, 행정청이 이를 승인한 사안에서, 임의로 획정된 구역에서의 추진위원회 설립은 허용될 수 없으므로 승인처분의 하자는 중대·명백하다고 하였다.[12)]

2. 정비구역지정 이전에 받은 동의서의 효력

정비구역지정 이전의 추진위원회 구성승인처분은 기본계획이 수립되었는지 여부를 불문하고 위법하다. 추진위원회 구성승인처분이 정비구역지정 이전임을 이유로 취소되었으나, 기본계획이 수립된 이후 기본계획상의 정비예정구역을 전제로 추진위원회가 구성되었고, 실제로 지정된 정비구역(정비계획)의 범위와 정비예정구역의 범위가 일치하거나 경미한 정도의 차이가 있는 경우, 추진위원회 구성승인처분 취소 이후 토지등소유자의 동의절차를 다시 거쳐 추진위원회를 구성함에 있어 토지등소유자로부터 반드시 새롭게 동의서를 징구해야 하는지 또는 종전 동의서를 계속하여 사용할 수 있는지 여부가 문제된다.

정비예정구역과 정비구역이 일치하거나 경미한 정도의 차이가 있다면, 종전에 동의서를 제출한 토지등소유자의 의사가 왜곡될 여지는 없는 점, 종전에 동의서를 제출한 토지등소유자는 새로운 추진위원회의 구성승인신청 전에 동의를 철회하는 것이 가능한 점, 법 37조는 조합설립인가의 무효 또는 취소소송 중에 일부 동의서를 추가 또는 보완하여 조합설립변경인가를 신청하는 때 또는 법원의 판결로 조합설립인가의 무효 또는 취소가 확정되어 조합설립인가를 다시 신청하는 때에는 토지등소유자 동의서 재사용의 특례를 규정하고 있는바, 위와 같이 행정주체의 지위가 부여되는 조합설립인가의 경우에도 유효성에 다툼이 없는 동의서의 재사용을 허용하고 있는 점 등을 종합하여 보면, 이를 유추적용하여 법 37조 및 법 시행령 35조의 요건 아래 종전 동의서를 계속하여 사용할 수 있다.

---

11) 대법원 2013. 10. 24. 선고 2011두28455 판결.

12) 대법원 2012. 4. 26. 선고 2011두23108, 23115 판결.

제3장 추진위원회 구성승인처분

제1절 추진위원회 구성승인 요건

Ⅰ. 개 요

조합을 설립하려는 경우에는 조합설립을 추진하려는 자가 추진위원장을 포함한 5명 이상의 추진위원과 운영규정에 대하여 토지등소유자 과반수의 동의를 받아(조합설립을 위한 추진위원회라는 단체결성행위를 하여) 추진위원회를 구성하여 국토부령이 정하는 방법과 절차에 따라 시장·군수등에게 승인을 신청하여야 한다(법 31조 1항). 앞서 본 바와 같이 2024. 12. 3.자 법 개정으로 '정비구역지정·고시 후'가 삭제되었고, 법 31조 2항으로 일정한 요건 아래 정비구역지정·고시 이전이라도 추진위원회가 구성될 수 있게 되었다.

조합설립신청은 추진위원회만이 가능하므로, 조합설립을 추진하려는 자는 적법한 대상지역에서 적법한 방법으로 토지등소유자의 동의를 받은 후 추진위원회 구성승인을 신청하는바, 먼저 법 시행규칙 [별지 3호 서식] '추진위원회 승인신청서'를 작성한 후(동의율, 주사무소 소재지, 사업예정구역이 기재된다), 토지등소유자의 명부, 토지등소유자의 동의서, 추진위원장 및 추진위원의 주소 및 성명, 추진위원회 위원 선정을 증명하는 서류를 첨부하여 시장·군수등에게 제출하여야 한다(법 시행규칙 7조 1항).

다음에서 살펴보듯이 법은 국토부령이 정하는 방법과 절차에 따라 시장·군수등의 승인을 받아야 한다고 규정하고 있으므로,[1] 추진위원회 신청서 양식은 법규적 효력이 있으므로, 위 신청서에 의하지 아니한 구성승인신청은 그 효력이 없다.

이하에서는 개별 요건에 관하여 살펴본다.

Ⅱ. 개별요건

1. 대상지역

가. 확 대

추진위원회는 일정한 구역에서 실시되는 특정한 정비사업을 전제로 그 사업대상·범위에 속하

1) 법은 제정 당시부터 조합을 설립하고자 하는 자는 건설교통부령이 정하는 방법 및 절차에 따라 시장·군수등의 승인을 얻어야 한다고 규정하였고(구 법 13조 2항), 법 제정 당시부터 법 시행규칙에 신청서가 별지로 규정되었다.

는 토지등소유자의 동의를 얻어 구성되므로, 토지등소유자의 범위확정은 반드시 필요하다. 다만 2024. 12. 3.자 법 개정으로 추진위원회 구성의 전제가 되는 토지등소유자 범위확정이 정비구역 지정·고시로 제한되는 것은 아니고, 일응 토지등소유자의 범위확정이 가능한 경우까지 확대되었다. 구체적으로는 다음과 같다(법 31조 2항).

즉, 정비구역으로 지정·고시된 지역(1호), 정비구역으로 지정·고시되지 아니한 지역으로서, 기본계획을 수립하지 아니한 지역 또는 기본계획에 정비예정구역 및 단계별 정비사업 추진계획을 생략한 지역으로서 대통령령(정비계획의 입안대상지역으로서 국토계획법상 정비사업을 추진하기에 적합하도록 지구단위계획이 수립되어 있는 지역이나 재건축대상인 것으로 재건축진단 판정결과가 통보된 재건축사업 예정구역, 법 시행령 25조 2항 등)으로 정하는 지역(2호 가목), 기본계획에 정비예정구역이 설정된 지역(2호 나목), 13조의2에 따른 입안요청 및 14조에 따른 입안제안에 따라 정비계획의 입안을 결정한 지역(2호 다목), 15조에 따라 정비계획의 입안을 위하여 주민에게 공람한 지역(2호 라목)의 경우 추진위원회 구성이 가능하다.

나. 31조 2항 2호 구역과 정비구역의 면적 차이가 발생한 경우

⑴ 앞서 본 법 31조 2항 2호 각 목의 경우는 토지등소유자의 범위확정이 잠정적이다. 따라서 이를 전제로 토지등소유자가 추진위원회 구성승인을 받은 경우, 해당 구역의 면적과 그 후 정비구역으로 지정·고시된 면적과 사이에 차이가 발생할 수 있다. 추진위원회 구성승인 당시의 면적과 정비구역으로 지정·고시된 면적 사이의 차이가 대통령령으로 정하는 기준 이상인 경우(100분의 10 이상인 경우, 법 시행령 25조 3항) 추진위원회는 해당 정비구역에 대하여 토지등소유자 과반수의 동의를 받아 시장·군수등에게 다시 승인을 받아야 한다(법 31조 4항 전문). 면적 차이가 100분의 10 이상이어서 추진위원회가 해당 정비구역의 토지등소유자 과반수의 동의를 받아 새롭게 시장·군수등으로부터 추진위원회 구성승인을 받아야 한다 하더라도, 종전에 추진위원회 구성에 동의한 자는 정비구역지정·고시 이후 1개월 이내에 동의를 철회하지 아니하는 경우 동의한 것으로 본다(법 31조 4항 후문). 면적 차이가 100분의 10 이상이어서 추진위원회가 해당 정비구역에 대하여 토지등소유자 과반수의 동의를 받아 시장·군수등에게 다시 승인을 받은 경우 기존의 추진위원회의 업무와 관련된 권리·의무는 승인받은 추진위원회가 포괄승계한 것으로 본다(법 31조 5항).

⑵ 위 규정과 관련하여 면적 차이가 100분의 10 이상이어서 추진위원회가 해당 정비구역에 대하여 토지등소유자 과반수의 동의를 받아 시장·군수등에게 다시 승인을 받은 것이 변경승인을 의미하는지 또는 종전 구성승인처분은 실효되고 새롭게 승인을 받는 것을 의미하는지, 추진위원회 구성승인 당시의 면적과 정비구역으로 지정·고시된 면적 사이의 차이가 100분의 10 미만인 경우 추진위원회는 변경승인을 받아야 하는지 여부, 추진위원회 구성승인 당시의 면적과 정비구역으로 지정·고시된 면적 사이의 차이가 2배 또는 3배의 차이가 발생함에도, 종전에 추진위원회 구성에 동의한 자가 정비구역지정·고시 이후 1개월 이내에 동의를 철회하지 아니한다면 동의한 것으로 간주할 수 있는 것인지(종전에 추진위원회 구성에 동의한 자가 정비구역지정·고시 이후 1개월 이내에 동의를 철회하지 아니하는 경우 동의한 것으로 간주하는 것은 적어도 종전 추진위원

회 구성승인처분과 동일성이 인정되는 한도 내에서의 면적 차이가 발생한 경우로 제한적으로 해석하여야 하는지) 여부 등 여러 해석상의 문제가 있다. 2024. 12. 3. 법 개정 이전에는 정비구역지정·고시 이후 추진위원회가 구성되나, 그 후 정비구역의 면적이 변경되는 경우에도 동일한 문제가 발생한다. 이 부분에 대하여는 "Ⅲ. 추진위원회 구성승인 후 정비구역면적 변경과 변경승인"에서 살펴본다.

2. 토지등소유자 과반수 동의

가. 토지등소유자의 동의자 수 충족 기준시점 및 산정방법

(1) 기준시점

추진위원회 구성을 위해서는 추진위원장을 포함한 5명 이상의 추진위원과 운영규정에 대하여 토지등소유자 과반수의 동의를 요한다(법 31조 1항). 구성승인의 동의정족수 충족 여부의 기준시점은 조합설립인가와 마찬가지로 추진위원회 구성승인신청 시이다. 행정소송에서 처분의 위법 여부는 처분이 있을 때의 법령과 사실상태를 기준으로 하여 판단하여야 하는 원칙의 예외이다.

(2) 산정방법

㈎ 법 시행령 33조가 조합설립요건으로서의 동의와 관련하여 토지등소유자의 총 숫자 및 동의자 수 산정방법에 대하여 재개발사업 및 재건축사업으로 나누어 자세히 규정하고 있다. 법령에 추진위원회의 구성동의와 관련하여 토지등소유자 산정방법에 관한 명문의 규정이 없고, 위 법 시행령 33조를 준용한다는 규정도 없어 문제가 된다.

법 시행령 33조는 조합에만 적용되는 특유규정이 아니라 일반규정으로 해석되는 점, 특히 법 시행령 33조 1항 3호는 추진위원회 구성에 동의한 자로부터 토지 또는 건축물을 취득한 자는 추진위원회 구성에 동의한 것으로 볼 것이라고 규정하고 있는바, 이는 법 시행령 33조 전체 규정이 추진위원회에도 적용됨을 전제로 한 점 등에 비추어 추진위원회에도 법 시행령 33조는 적용 또는 유추적용 되어야 한다. 자세한 내용은 제4편 제3장 토지등소유자의 동의에서 살펴본다.

㈏ 1필지의 토지 또는 하나의 건축물을 여럿이서 공유하거나 소유권 또는 구분소유권을 여럿이서 공유하는 경우에는 그 여럿을 대표하는 1인을 토지등소유자로 산정하여야 하는바(법 시행령 33조 1항 1호 가목, 2호 가목), 추진위원회는 운영규정으로 그 경우 '대표소유자 선임동의서'를 제출하도록 하는 규정을 두고 있는 것이 일반적이다.[2)]

종래 구 법 시행령 33조 1항 1호 ㈎목이 재개발구역의 전통시장법 2조에 따른 전통시장 및 상점가로서 1필지의 토지 또는 하나의 건축물을 여럿이서 공유하는 경우에 한하여 해당 토지 또는 건축물의 토지등소유자의 4분의 3 이상의 동의를 받아 이를 대표하는 1인을 토지등소유자로 선정할 수 있는 예외가 있을 뿐, 재개발·재건축사업 모두 전원 합의에 의하여 대표소유자를 선임하여야 한다고 규정하고 있었다. 그러나 법 시행령 33조 1항 1호 ㈎목이 2024. 3. 1. 개정되어 주거환경개선사업, 재개발사업에서 토지등소유자의 동의를 받는 경우에는 해당 토지 또는 건축

---

2) 추진위원회 표준운영규정안은 토지등소유자로 하여금 대표소유자 선임동의서를 제출하도록 규정하고 있다.

물의 토지등소유자의 4분의 3 이상의 동의를 받아 이를 대표하는 1인을 토지등소유자로 선정할 수 있게 되었다. 재개발사업의 추진위원회의 경우 위 규정을 적용 또는 유추적용할 수 있다.

㈐ 추진위원회의 구성에 동의한 자로부터 토지 또는 건축물을 취득한 자는 추진위원회의 구성에 동의한 것으로 간주된다(법 시행령 33조 1항 3호).

나. 토지등소유자의 동의방법 및 동의의 대상

(1) 동의서(요식행위)

㈎ 지장날인 및 신분증명서 사본 첨부

동의방법은 서면동의서에 토지등소유자가 성명을 적고 지장(指章)을 날인하는 방법으로 하며, 주민등록증, 여권 등 신원을 확인할 수 있는 신분증명서의 사본을 첨부하여야 한다(법 36조 1항 6호, '추진위원회 표준운영규정' 8조 2항).[3] 동의 철회의 경우에도 동일한 방식이고, 동의의 상대방 및 시장·군수등에게 내용증명의 방법으로 발송하여야 하며, 구성승인신청하기 전까지 이를 할 수 있다(법 시행령 33조 2항, 3항).

㈏ 법 시행규칙 [별지 4호 서식] 추진위원회 구성동의서

토지등소유자의 동의를 받으려는 자는 법 시행규칙 [별지 4호 서식] '조합설립추진위원회 구성동의서'에 의하여 토지등소유자의 동의를 받아야 한다. 동의서는 소유자의 인적사항(성명 등, 소유 토지 등)과 동의사항[추진위원장, 추진위원, 감사의 성명 등, 추진위원회의 업무, 운영규정(별첨으로 첨부)]으로 구성된다.

추진위원회 구성동의서는 시장·군수등이 대통령령으로 정하는 방법에 따라 검인(檢印)한 서면동의서를 사용하여야 하며, 검인을 받지 아니한 서면동의서는 그 효력이 발생하지 아니한다(법 36조 3항). 법상 검인한 서면동의서의 사용을 강제하는 것은 위 추진위원회 구성동의서 외에 토지등소유자의 조합설립동의서가 있는바, 검인의 유효성과 관련하여서는 제4편 "제3장 토지등소유자의 동의"에서 자세히 살펴본다.

㈐ 구성동의서의 법적 구속력

① 현행 규정의 내용

법 31조 6항은 추진위원회 구성을 위하여 토지등소유자의 동의를 받으려는 자는 대통령령으로 정하는 방법 및 절차에 따라야 한다고 규정하고 있고, 법 시행령 25조 1항은 토지등소유자의 동의를 받으려는 자는 국토부령으로 정하는 동의서에 추진위원장, 추진위원회 위원, 법 32조 1항에 따른 추진위원회의 업무 및 운영규정을 미리 쓴 후 토지등소유자의 동의를 받아야 한다고 규정하고 있으며, 법 시행규칙은 [별지 4호 서식]으로 '조합설립추진위원회 구성동의서'를 규정하고 있다. 따라서 동의서는 법규적 효력이 있다.

② 연혁

㉮ 법 제정 당시부터 2009. 2. 6. 개정 전까지 구 법 13조 2항은 "조합을 설립하고자 하는 경

---

3) 동의방법에 대하여는 법령의 개정으로 여러 차례 변경되었는데, 이 부분에 관하여는 제4편 제3장 토지등소유자의 동의에서 자세히 살펴본다.

우에는 토지등소유자 2분의 1 이상의 동의를 얻어 위원장을 포함한 5인 이상의 위원으로 추진위원회를 구성하여 건설교통부령이 정하는 방법 및 절차에 따라 시장·군수의 승인을 얻어야 한다."고 규정하였다. 그러나 법 시행규칙에 동의의 방법 및 형식에 관하여 아무런 규정이 없었다. 다만, 당시 건설교통부 고시로 제정된 법적 구속력 없는 '조합설립추진위원회 운영규정'에 첨부된 [별지 1] '조합설립추진위원회 설립동의서'가 존재할 뿐이었다.

㈏ 그 후 법이 2009. 2. 6. 개정되면서, 조합을 설립하고자 하는 경우 위원장을 포함한 5인 이상의 위원 및 운영규정에 대한 토지등소유자 과반수의 동의를 얻어 조합설립을 위한 추진위원회를 구성하여 '국토해양부령으로 정하는 방법과 절차에 따라' 시장, 군수의 승인을 얻어야 한다고 규정하였다(구 법 13조 2항). 즉 운영규정도 동의사항에 포함되었다. 나아가 2009. 8. 11. 법 시행령이 개정되면서, 21조의2가 신설되어 1항으로 토지등소유자의 동의를 받으려는 자는 국토해양부령으로 정하는 동의서에 추진위원장, 위원, 추진위원회 업무, 운영규정을 미리 쓴 후 토지등소유자의 동의를 받아야 한다고 규정하였다. 그 후 법 시행규칙이 2009. 8. 13. 개정되면서 처음 [별지 2호의2 서식]으로 '조합설립추진위원회 동의서'가 규정되었으며, 앞서의 서식이 '조합설립추진위원회 운영규정'에서 제외되었다. 위 각 법령 규정들은 현재의 법령에 그대로 존속한다. 따라서 '조합설립추진위원회 구성동의서'는 법규적 효력이 있다.

법령이 이처럼 위 구성동의서를 법규적 효력이 있는 법 시행규칙으로 규정한 취지는 종래 건설교통부 고시 '조합설립추진위원회 운영규정'에서 제공되던 표준동의서를 대신할 동의서 양식을 법령으로 정하여 그 사용을 강제함으로써 동의서의 양식이나 내용을 둘러싼 분쟁을 미연에 방지하기 위함이다. 나아가 행정청으로 하여금 추진위원회 구성승인신청 시에 제출된 동의서에 의해서만 동의요건의 충족 여부를 심사하도록 함으로써 동의 여부의 확인에 불필요하게 행정력이 소모되는 것을 막기 위함의 의미도 있다. 따라서 법정 구성동의서를 사용하지 아니한 동의서는 그 효력이 없다. 다만, 위 개정법률 이전에는 그 서류의 형식이나 제목에 관계없이 토지등소유자의 동의의사를 확인할 수 있다면 그와 같은 동의서는 유효하다.[4] 작성된 동의서의 유효 여부에 관하여는 제4편 "제3장 토지등소유자의 동의"에서 자세히 살펴본다.

㈑ 추진위원장을 포함한 5인 이상의 추진위원 선정이 포함될 것

'조합설립추진위원회 구성동의서'에는 추진위원장을 포함한 5인 이상의 추진위원이 기재되어 있어야 한다. 추진위원 명단을 공란으로 한 경우 동의서의 효력이 문제된다. 법 31조 1항은 추진위원장을 포함한 5명 이상의 추진위원에 대하여 토지등소유자 과반수의 동의를 받아야 한다고 규정하고 있고, 동의서에는 추진위원들에 대한 성명 등 인적사항을 기재하도록 되어 있는

4) 대법원 2008. 7. 24. 선고 2007두12996 판결(발기인들이 토지등소유자로부터 조합설립동의서를 징구하면 추진위원회 구성에 대한 동의의 의사가 포함되어 있다. 추진위원회 설립승인 당시까지 추진위원회 운영규정이 마련되어 있을 필요는 없으며, 추진위원회 설립승인 이후 운영규정을 작성하여 토지등소유자의 동의를 받더라도 무방하므로, 추진위원회 운영규정에서 정한 동의서의 형식 또는 추진위원의 자격 및 선정방식은 추진위원회 구성승인 요건이 아니라고 판시하였다), 대법원 2009. 6. 25. 선고 2008두13132 판결(도시정비법에 토지등소유자의 동의서 형식이나 동의시기, 추진위원회 위원장 및 위원의 자격이나 선정방식 등에 관하여 특별한 제한을 두고 있지 않았으므로, 추진위원회 운영규정의 작성이나 추진위원의 자격 및 선정방식, 동의시기가 추진위원회 구성승인의 요건이 될 수 없다), 대법원 2012. 9. 27. 선고 2011두17400 판결.

점,[5] 법령은 동의서에 대하여 엄격한 요식행위임을 명백히 하고 있는 점 등에 비추어 그와 같은 동의서는 원칙적으로 효력이 없다. 다만, 당시 동의자가 추진위원으로 활동하며 조합설립을 준비하던 사람들에게 그들을 추진위원으로 인정하거나 아니면 그들에게 필요한 범위 내에서 추진위원을 선임할 수 있도록 하는 위임을 하였고, 이에 따라 추진위원으로 활동하며 조합설립을 준비하던 사람들이 추후 동의서에 추진위원의 이름을 보완하였다면 유효하다.[6]

⑵ 동의사항(추진위원회 운영규정 등)

구성동의서의 동의사항은 추진위원장·추진위원·감사의 성명 등, 추진위원회의 업무, 운영규정이다. 운영규정은 별첨으로 첨부된다.[7]

이하에서는 운영규정에 대하여 자세히 살펴본다.

㈎ 운영규정의 법적 성격

추진위원회의 운영규정은 재개발·재건축조합의 정관에 준한다. 운영규정은 추진위원회라는 단체의 조직, 활동, 구성에 동의한 토지등소유자의 권리의무관계 등 단체법적 법률관계를 규율하는 것으로서 추진위원회와 동의한 토지등소유자에 대하여 구속력을 가지는 자치법규이다. 다만, 동의하지 아니한 토지등소유자가 당연히 운영규정의 구속을 받는다고 보기는 어렵다.

㈏ 운영규정의 내용

① 국토부 고시 운영규정

법은 제정 당시 건설교통부장관은 추진위원회의 공정한 운영을 위하여 추진위원회의 운영규정을 관보에 고시하여야 한다고 규정하였고, 현행 법도 34조 1항으로 국토부장관은 추진위원회의 공정한 운영을 위하여 추진위원회의 운영규정을 정하여 고시하여야 한다고 규정하고 있다.

이에 따라 추진위원회의 구성·기능·조직 및 운영에 관한 사항을 정하여 공정하고 투명한 추진위원회의 운영을 도모하고 원활한 정비사업의 추진을 목적으로 하는 '조합설립추진위원회 운영규정'이 2006. 8. 25. 건설교통부고시 제2006－330호로 제정되었고, 6회에 걸쳐 개정되어 현재에 이르고 있다. 현재의 '추진위원회 운영규정 본문'은 1조부터 6조까지 목적, 추진위원회의 설립에 관한 절차, 구성 및 추진위원 결격사유, 운영규정의 작성방법, 추진위원회의 운영, 해산 및 승계제한에 관한 내용 등 필수적인 사항을 규정하고 있다. 이는 34조 1항의 위임에 따른 법규명령에 해당함은 앞서 본 바이다.

한편 국토부장관은 [별표]로 추진위원회에 권유하는 내용의 '추진위원회 표준운영규정'을 첨부하고 있다.[8] 실무에서 거의 대부분의 추진위원회는 '추진위원회 표준운영규정'을 자치법규인

---

5) 조합설립동의서의 '동의사항'란에는 '조합장 선정 동의 항목으로 조합의 대표자(조합장)는 조합원 총회에서 조합 정관에 따라 선출된 자로 한다.'라고만 기재되어 있는 점과 대조된다.

6) 대법원 2011. 7. 28. 선고 2011두2842 판결(비록 법 시행규칙이 2009. 8. 13. 개정되기 이전의 사안이기는 하나, 추진위원회가 동의서를 받을 당시 개별적으로 추진위원회 명단을 동의서에 첨부하지 않았지만, 추진위원회 구성승인신청 당시 추진위원회 명단을 첨부한 사안에서 동의서의 유효성을 인정하였다).

7) 추진위원회가 구성원과는 독립된 단체로서의 성립하기 위해서는 단체 내부의 자치규범인 운영규정을 확정하고 단체의 대표자인 임원을 선출하는 등의 단체결성행위가 필요한바, 조합설립의 경우에는 창립총회가 개최되고, 정관은 창립총회에서 확정되므로, 조합설립동의서에 정관안을 첨부하지 않으나, 추진위원회의 경우에는 별도의 총회를 개최하지 않으므로 단체결성행위에 필요한 운영규정은 반드시 구성동의서에 첨부된다.

운영규정으로 채택하고 있음은 앞서 본 바이므로, 이는 사실상 추진위원회의 자치법규에 해당한다 할 것이어서 이 부분에 관하여 자세히 살펴본다.

② '추진위원회 표준운영규정'의 적용범위

'추진위원회 표준운영규정'의 적용범위와 관련하여, '추진위원회 운영규정 본문' 3조 2항은 추진위원회에 대하여 '추진위원회 표준운영규정' 중 일부 조항에 대하여 확정, 수정·보완, 추가를 명시하고 있다.

㉮ 확정 조항

명칭, 사업시행구역, 사무소, 추진위원장, 부위원장, 추진위원, 감사의 선임 및 변경은 운영규정에 반드시 확정되어야 한다(1호).

㉯ 수정 및 보완 조항

추진위원회에 사무국을 두거나 유급직원을 두는 것, 상근위원 및 유급직원에 대하여 별도의 보수규정을 따로 정하여 보수를 지급하는 것, 용역업체의 선정, 운영경비의 부과 및 징수, 추진위원회 또는 전문관리업자는 주민총회 또는 추진위원회 회의가 있은 때에는 서류 및 관련 자료와 속기록 녹음 또는 영상자료를 만들어 조합에 인계하고, 토지등소유자의 위 속기록 등의 요청 방법, 활용 등의 규정은 사업특성·지역상황을 고려하여 법에 위배되지 아니하는 범위 안에서 수정 및 보완할 수 있다.

㉰ 한계

추진위원회가 표준운영규정안에 대하여 수정·보완 또는 추가하는 사항 중 관계 법령, 관련 행정기관의 처분에 위배되는 경우에는 효력 없다.

(3) 설명·고지의무

토지등소유자의 동의를 받으려는 자는 토지등소유자에게 동의를 받으려는 사항 및 목적, 동의로 인하여 의제되는 사항, 동의의 철회 또는 반대의사 표시는 승인을 신청하기 전까지 할 수 있다는 등의 내용을 설명·고지하여야 한다(법 31조 6항 전문, 법 시행령 25조 4항).

특히 토지등소유자의 동의를 받으려는 자는 동의를 받기 전에 반드시 토지등소유자에게 추진위원회의 구성에 동의한 토지등소유자는 조합의 설립에 동의한 것으로 간주되고, 다만, 조합설립인가를 신청하기 전에 인가권자인 시장·군수등 및 추진위원회에 조합설립에 대한 반대의 의사표시를 하는 경우에 한하여 조합설립 동의가 간주되지 않는다는 점을 설명·고지하여야 한다(법 31조 6항 후문). 이는 추진위원회 구성에 대한 동의일 뿐이고, 조합설립에 대하여 별도의 동의절차가 진행될 것으로 오인하기 쉬운 토지등소유자에 대하여 동의의 효과를 명확히 설명하고, 신중히 동의 여부를 결정하도록 하기 위함이다. 법 시행규칙 [별지 4호 서식] 정비사업 조합설립 추진위원회 구성동의서에는 '동의서 제출 시 조합설립에 동의한 것으로 의제된다는 사항, 동의서를 제출한 경우에도 반대하고자 할 경우 조합설립인가 신청 전에 반대의 의사표시를 함으로써 조합설립

8) 2006. 8. 25. 건설부 고시로 '조합설립추진위원회 운영규정'이 처음 제정될 때에는 위 별표에 기재된 내용이 본문에 포함되었으나, 2009. 8. 13. 개정 이후 현재와 같이 필수적인 사항만을 본문으로 규정하고, 자세한 내용은 별표로 규정하였다.

에 동의한 것으로 의제되지 않도록 할 수 있음과 반대의 의사표시의 절차에 관한 사항에 관하여 동의서에 자필서명 및 지장날인하기 전에 충분히 설명·고지받았다'는 내용이 부동문자로 기재되어 있으므로, 특별한 사정이 없는 한 이는 설명·고지된 것으로 봄이 상당하다.

다. 동의의 간주 효과

⑴ 조합설립에 대한 동의로 간주

㈎ 추진위원회 구성에 대한 동의는 조합설립에 대한 동의로 간주된다(법 31조 3항 본문). 추진위원회는 조합설립을 목적으로 하는 단체이므로, 추진위원회 구성에 대한 동의는 조합설립에 동의로 간주하는 것이다.

㈏ 다만, 조합설립인가를 신청하기 전에 시장·군수등 및 추진위원회에 조합설립에 대한 반대의 의사표시를 한 추진위원회 동의자의 경우에는 그러하지 아니하다(법 31조 3항 단서). 그 취지는 추진위원회 구성에 대한 동의 시에는 건축물의 설계 개요나 정비사업비가 정해지지 않은 상태에서 이루어진 것인데, 추진위원회가 조합설립을 추진하는 과정에서 위와 같은 내용들이 동의할 수 없게 정해지는 경우도 있으므로, 그 예외를 인정한 것이다.[9]

조합설립동의서에 의한 동의가 아니므로, 법 시행령 33조 2항 2호(동의서 기재 내용 변경이 없는 경우의 철회 제한규정)가 적용되지 않고, 같은 항 1호가 적용되어 조합설립인가신청 전까지 제한 없이 철회가 가능한 것으로 해석된다. 조합설립동의의 철회와 마찬가지로 시장·군수등 및 추진위원회 모두에게 반대의사표시를 하여야 한다.

⑵ 입안요청 및 입안제안에 대한 동의간주(36조의3)

2024. 12. 3.자 법 개정으로 토지등소유자가 추진위원회의 구성에 대한 동의를 하는 경우, 동의를 받는 토지등소유자가 그 동의를 받을 때 정비계획의 입안요청이나 입안제안을 위한 동의에 관하여 대통령령으로 정하는 사항을 포함하여 동의를 받고(2항 1호), 그 동의를 받을 때 정비계획의 입안요청, 입안제안의 동의로도 인정될 수 있음을 고지 받고, 고지 받은 날부터 대통령령으로 정하는 기간 내에 동의를 철회하지 아니하며(2항 2호), 그 밖에 대통령령으로 정하는 기준과 방법을 충족하는 경우(2항 3호), 동의하지 않은 정비계획의 입안요청, 입안제안에 대해서도 동의를 한 것으로 간주한다(1항). 이는 정비사업의 보다 신속한 진행을 위한 것이다.

제2절 추진위원회 구성승인처분

Ⅰ. 구성승인처분의 절차 및 내용

추진위원회는 추진위원장을 포함한 5인 이상의 추진위원 및 운영규정에 대하여 토지등소유자 과반수의 동의를 받는 등 단체결성행위를 거쳐 시장·군수등에게 승인을 신청하고, 시장·군수등

9) 이우재·박치범, 전게서(상), 536.

은 추진위원회 구성승인처분절차로 나아가게 된다.

2024. 12. 3.자 법 개정으로 정비구역으로 지정되지 아니한 지역에 대하여도 추진위원회 구성이 가능하므로, 이에 상응하여 시장·군수등은 구성승인처분 이후 구역경계, 토지등소유자의 수 등 국토부령으로 정하는 사항을 해당 지방자치단체 공보에 고시하여야 한다는 규정이 신설되었다(31조 1항 후문). 시장·군수등은 추진위원회 구성을 승인하는 경우 신청인에게 '조합설립추진위원회승인서'(서울시 조례 시행규칙 별지 서식 10호)를 교부한다.

추진위원회는 조합설립인가의 경우와 같이 인가의 내용을 이루는 추진위원회 구성동의서의 기재사항이 변경되는 경우 변경인가를 받아야 하는지 여부가 문제된다. 추진위원회 운영규정 본문 4조 2항은 "추진위원회는 법 31조 1항에 따른 추진위원회 설립승인 후에 위원장 및 감사를 변경하고자 하는 경우 시장·군수등의 승인을 받아야 하며, 그 밖의 경우 시장·군수등에게 신고하여야 한다."고 규정하고 있으므로, 추진위원장 및 감사의 변경은 변경승인사항이고, 나머지는 신고사항이다(추진위원회 표준운영규정 18조 3항은 추진위원장 및 감사는 변경승인사항이고, 위원의 변경은 신고사항으로 규정하고 있다). 정비구역 면적은 추진위원회 구성의 전제가 되므로, 실무상 변경승인이 필요한지 여부가 문제된다.

Ⅱ. 법적 성격

1. 강학상 인가

추진위원회 구성승인처분은 조합설립이라는 종국적 목적을 달성하기 위한 중간단계의 처분에 해당하지만, 그 법률요건이나 효과가 조합설립인가처분의 그것과는 다른 독립적인 처분인바,[10] 추진위원회 구성승인처분의 법적 성격에 대해서는 강학상 인가로 보는 견해와 강학상 특허로 보는 견해로 나누어진다.

가. 학 설

⑴ 인가설

비법인사단인 추진위원회를 구성하는 행위는 기본행위이고, 구성승인처분은 이를 보충하여 그 효력을 부여하는 보충행위이다. 추진위원회 구성승인처분의 경우 추진위원회에 대하여 특별한 지위(권리, 능력)가 부여되지 않고 포괄적 법률관계를 설정하는 것도 아니며, 단지 설립행위를 보충하는 처분에 불과하므로 강학상 인가로 보아야 한다.[11]

⑵ 특허설

추진위원회 구성승인처분으로 인하여 조합설립을 위한 각종 권한이 인정되고, 하나의 정비구역 내에 하나의 추진위원회만이 구성되며, 추진위원회가 구성승인을 얻지 아니하고 추진위원회의 기능을 수행하거나 승인받은 추진위원회가 구성되어 있음에도 임의로 추진위원회를 구성하

10) 대법원 2013. 1. 31. 선고 2011두11112, 2011두11129 판결.

11) 이승훈, 조합설립추진위원회 설립승인 무효확인, 행정판례연구 19－2집(2014), 박영사, 185, 이영동, 재개발·재건축조합의 설립과 설립무효, 사법논집(49), 178.

여 정비사업을 추진하는 경우에는 형사처벌을 받은 점 등에 비추어 이는 강학상의 특허이다.[12)]

나. 판 례

판례는 추진위원회의 구성을 승인하는 처분은 조합의 설립을 위한 주체에 해당하는 비법인사단인 추진위원회를 구성하는 행위를 보충하여 그 효력을 부여하는 처분인 데 반하여, 조합설립인가처분은 법령상 요건을 갖출 경우 법상 정비사업을 시행할 수 있는 권한을 가지는 행정주체로서의 지위를 부여하는 일종의 설권적 처분이므로, 양자는 그 목적과 성격을 달리한다고 하여 강학상 인가임을 명확히 하고 있다.[13)]

한편 판례는 추진위원과 운영규정에 대한 토지등소유자 과반수의 동의라는 추진위원회 구성요건의 하자에 대하여 추진위원회의 구성 자체에 관한 하자임과 동시에 추진위원회 구성승인처분에 관한 하자에 해당한다고 보고 있고, 또한 그 경우 관할 행정청을 상대로 추진위원회 구성승인처분의 효력을 다투는 소송에서 관할 행정청이 피고적격을 가지고, 그와 같은 소송이 적법함을 전제로 본안판단을 하고 있다.[14)]

동의자가 토지등소유자의 과반수에 미치지 못한다거나 법정 동의서를 사용하지 않았다거나 동의서가 위조되었다는 주장은 전형적인 기본행위의 하자로서, 보충행위로 보기 어려운 측면이 있다. 이를 근거로 구성승인처분에 대하여 보충행위인 강학상 인가로 이론 구성하는 것은 설권행위임이 명백한 조합설립인가처분에 선행하는 예비적 결정으로서의 구성승인처분의 성격과 부합하지 않는다는 이유로 위 판례를 비판하는 견해가 있다.[15)]

다. 결론(강학상 인가)

추진위원회 구성승인처분은 강학상 인가로 보아야 한다. 그 논거는 다음과 같다.

ⓐ 강학상 특허임이 명백한 조합설립인가처분의 경우, 이로써 조합은 정비구역 안에서 정비사업을 시행하는 목적 범위 내에서 행정작용을 하는 행정주체의 지위라는 새로운 법률상의 지위가 부여된다. 그러나 추진위원회는 구성승인처분으로 인하여 토지등소유자로부터 동의서를 징구할 수 있고, 창립총회를 개최할 수 있으나, 이를 특별한 권한으로 보기 어렵다. 특히 하나의 정비구역 내에 하나의 추진위원회만이 조합설립을 추진할 수 있다 하더라도, 이는 법이 하나의 정비구역에서는 하나의 추진위원회 외에 나머지 추진위원회를 금지한 결과에 따른 반사적 이익에 불과하다.

ⓑ 비록 판례가 토지등소유자 과반수의 동의라는 추진위원회 구성요건의 하자에 대하여 추진위원회 구성승인처분의 하자임을 전제로 관할 행정청을 상대로 구성승인처분의 취소를 구하는 것을 허용하고 있으나, 이는 강학상의 인가인 사업시행계획인가나 관리처분계획인가의 경우 해당 인가와는 별도로 기본행위로서의 처분(사업시행계획, 관리처분계획)을 다투는 방법이 마련되어

12) 김종보, 전게서, 467, 이우재·박치범, 전게서(상), 375, 김선희, 전게논문, 156, 157.
13) 대법원 2013. 12. 26. 선고 2011두8291 판결.
14) 대법원 2013. 1. 31. 선고 2011두11112, 2011두11129 판결, 대법원 2009. 6. 25. 선고 2008두13132 판결, 대법원 2011. 7. 28. 선고 2011두2842 판결, 대법원 2008. 7. 24. 선고 2007두12996 판결.
15) 김종보, 전게서, 466.

있고, 앞서 본 바와 같이 기본행위가 쟁송에 의하여 효력이 상실되는 경우 보충행위인 인가도 효력이 상실되나(기본행위가 효력이 상실되면 인가는 유효한 대상이 없어 아무런 효력이 발생하지 아니한다. 그에 대하여 따로 무효확인을 구할 수도 있다), 구성승인처분의 경우 과반수의 동의 여부와 관련된 기본행위를 다툴 길이 없기 때문에 부득이 기본행위의 취소나 무효확인으로 인한 구성승인처분의 효력을 상실시키기 위한 방편을 마련할 필요성 때문에 허용하고 있는 것으로 보이므로, 그것만으로 추진위원회 구성승인처분을 강학상의 특허로 볼 수는 없다.

2. 구성승인처분의 기속행위 여부

가. 추진위원회 구성승인신청이 승인의 요건을 구비하였더라도, 행정청이 재량으로 이를 거부할 수 있는지 여부가 문제된다. 어떤 행정행위가 기속행위인지, 재량행위인지 여부는 이를 일률적으로 규정지을 수는 없고, 해당 행위의 근거가 된 법규의 체제·형식과 그 문언, 해당 행위가 속하는 행정 분야의 주된 목적과 특성, 해당 행위 자체의 개별적 성질과 유형 등을 모두 고려하여 판단하여야 한다.[16)]

대법원은 시장·군수등은 법 시행규칙 [별지 3호 서식] '조합설립추진위원회 승인신청서'에 토지등소유자의 명부, 토지등소유자 과반수의 동의서, 추진위원장을 포함한 5인 이상의 추진위원 선정을 증명하는 서류 등이 첨부된 것을 확인한 경우 구성을 승인하여야 한다고 판시하고 있다.[17)]

나. 토지등소유자 과반수의 동의를 필요로 하는 점, 추진위원회는 조합설립이라는 제한적인 목적 범위 내에서 존재하는 점, 추진위원회는 조합설립 시까지 한시적으로만 존재하는 점 등에 비추어 보면, 단순한 기속행위로 볼 여지가 없지 않다.

그러나 구성승인처분은 상대방에게 권리나 이익을 부여하는 효과를 가진 이른바 수익적 행정처분인 점, 정비구역 내에는 하나의 추진위원회만이 가능하므로, 구성승인처분 이후에는 누구도 임의로 추진위원회를 구성하여 정비사업을 추진할 수 없는 점, 공익을 실현하여야 하는 행정의 합목적성 등에 비추어 볼 때, 중대한 공익상의 필요가 있는 때에는 행정청은 이를 사유로 하여 승인을 거부할 수 있는 이른바 '기속재량행위'[18)]에 해당한다고 봄이 상당하다.

Ⅲ. 추진위원회 구성승인 후 정비구역 면적변경과 변경승인

1. 문제의 제기

2024. 12. 3. 법 개정으로 정비구역지정·고시 이전이라도 일정 범위로 한정될 수 있는 31조 2항 2호 각 목이 정한 지역의 경우 추진위원회 구성승인처분이 이루어질 수 있는데, 그 후 정비

16) 대법원 2001. 2. 9. 선고 98두17593 판결, 대법원 2014. 4. 10. 선고 2012두16787 판결.
17) 대법원 2008. 7. 24. 선고 2007두12996 판결, 대법원 2009. 6. 25. 선고 2008두13132 판결, 대법원 2011. 7. 28. 선고 2011두2842 판결.
18) 대법원 2002. 10. 11. 선고 2001두151 판결 등 참조(요건을 충족하면 원칙적으로 법적 효과를 부여하여야 하는 기속행위이나, 요건을 충족한 신청에 대하여 인용처분하는 것이 중대한 공익에 반하는 경우 예외적으로 거부처분할 수 있다), 대법원 1995. 12. 12. 선고 94누12302 판결 참조(구 주택건설촉진법령의 규정에 따라 설립인가를 신청한 지역주택조합의 사업내용이 주택건설촉진법 등 관계 법령의 규정에 위배되거나 사회질서를 해칠 우려가 있음이 명백한 때에는 인가를 거부할 수 있다고 보아야 하고 그 경우에 법규에 명문의 근거가 없더라도 거부처분을 할 수 있다).

구역으로 지정·고시된 면적과 사이에 차이가 발생하는 경우 새롭게 구성승인처분을 받아야 하는지 여부에 관하여 법 31조 4항, 법 시행령 25조 3항이 규정하고 있음은 앞서 본 바이다. 정비구역지정·고시 이후 추진위원회가 구성될 것을 엄격히 요구하는 2024. 12. 3. 법 개정 이전에도 정비구역지정·고시 이후 추진위원회가 구성되었으나, 그 후 정비구역의 면적이 변경되는 경우에는 동일한 문제가 발생한다. 종래 명문의 규정이 없어 다양한 다툼이 있어 왔다. 이하에서는 판례를 중심으로 살펴본다.

2. 동일성이 변경되는 정비구역 면적변경과 새로운 구성승인

가. 내 용

추진위원회 구성승인 후 정비구역 면적이 변경되는 경우, 토지등소유자의 범위가 달라진다. 추진위원회 구성승인처분은 조합 설립을 목적으로 하여 구역 내 토지등소유자를 대상으로 하는 단체인 추진위원회를 구성하는 행위를 보충하여 그 효력을 부여하는 처분으로서, 특정한 위치와 면적의 사업구역을 전제로 하는 처분이다. 따라서 처분이 내포하거나 내재적 한계로 두고 있는 일정한 면적의 증감을 초과하는 경우에는 정비구역이 동일한 것으로 볼 수 없어 구성승인처분 자체의 효력을 인정하기 어려울 것이다.

따라서 정비구역 면적이 과다하게 변경되어 동일성이 유지되지 아니하는 경우 토지등소유자는 변경된 면적을 기준으로 처음부터 새롭게 토지등소유자로부터 추진위원회 위원, 운영규정 등에 대하여 토지등소유자 과반수의 동의를 받아 추진위원회 구성에 대한 승인을 받아야 하고, 변경승인을 받을 수는 없다(다만, 종전 구성승인처분을 대체하는 새로운 구성승인처분으로서의 변경승인처분은 가능하다). 판례도 같은 취지로 이해된다.[19)]

나. 면적변경과 정비구역의 동일성 여부

(1) 판례의 기준

판례는 종전 정비구역과 변경된 정비구역의 각 위치, 면적, 토지등소유자 및 동의자 수의 비교, 정비사업계획이 변경되는 내용과 정도, 정비구역 변경 경위 등을 종합적으로 고려하여 당초 승인처분의 대상인 추진위원회가 새로운 정비구역에서 정비사업을 계속 추진하는 것이 도저히 어렵다고 보여 그 추진위원회의 목적 달성이 사실상 불가능하다고 인정되는 경우에 한하여 그 구성승인처분의 실효를 인정한다.[20)]

(2) 구체적 사례

판례는, ① 당초 45,619㎡을 정비예정구역으로 추진위원회 구성승인을 받았다가 그 면적이

---

19) 대법원 2014. 2. 27. 선고 2011두2248 판결 참조(당초 45,619㎡을 정비예정구역으로 추진위원회 구성승인을 받았다가 그 면적이 일부 추가되어 68,339㎡로 변경된 사안에서, 그와 같은 정도로 확대되어 지정되었다는 사정만으로 추진위원회를 해산하고 새로운 추진위원회를 설립하여 그에 대한 구성승인을 받거나 그에 준하는 절차를 밟아야 한다고 볼 수는 없다고 판시하였으므로, 동일성이 유지되지 아니하는 경우 새로운 추진위원회를 설립하여 구성승인을 받아야 함을 전제하고 있다고 해석된다).

20) 대법원 2013. 9. 12. 선고 2011두31284 판결 참조.

일부 추가되어 68,339㎡로 변경된 사안에서, 추진위원회는 정비구역의 확대를 이유로 토지등소유자의 동의 등 일정한 요건을 갖추어 시장·군수등에 대하여 추진위원회 구성 변경승인을 신청할 수 있고, 시장·군수등은 그 요건을 심사하여 변경승인을 할 수 있다고 하였고,[21] ② 추진위원회 구성 후 최초 예정구역 중 일부가 탈락하고, 일부가 추가 되었는데, 사업면적이 추가된 부분을 포함하더라도 207,940.90㎡에서 98,497㎡로 축소된 사안에서, 사업구역 사이에 동일성이 유지된다고 볼 수 없다고 하였으며,[22] ③ 정비구역의 면적이 19,371.8㎡에서 위 면적부분을 포함하여 약 4.9배 증가하여 96,572㎡가 된 후 변경승인처분이 이루어진 사안에서, 면적이 대폭 확대된 정비구역 전체에 대하여 전체 토지등소유자 수와 동의자 수에 터 잡아 다시 새로운 승인처분을 한 것으로 보았고,[23] ④ 120,192.15㎡가 정비예정구역으로 지정되었고, 이를 전제로 추진위원회 구성승인처분이 이루어졌다가, 정비예정구역을 포함한 233,729㎡가 정비구역으로 지정되었는데, 정비예정구역 내 토지등소유자는 685명이었고, 정비구역 내 토지등소유자는 1,411명인 사안에서, 사업구역면적이 약 89%, 토지등소유자 수가 약 106% 증가하였다 하더라도, 이는 정비예정구역을 중심으로 그 외연이 확대된 것에 불과하므로 추진위원회 구성승인처분이 실효된다고 하기는 어렵다고 하였다.[24]

(3) 결론

추진위원회 구성승인처분이 특정한 위치와 면적의 사업구역을 전제로 하는 처분임을 고려하면 적어도 종전 정비구역을 모두 포함하여 그 면적이 2배 이상 초과하거나 50% 이상 감축된다면 추진위원회 구성승인처분의 효력이 유지된다고 보기 어렵다 할 것이다. 앞서 본 바와 같이 법 31조 4항, 법 시행령 25조 3항이 정비구역지정 지정·고시 전에 법 31조 2항 2호 각목의 구역에서 추진위원회 구성승인처분을 받았으나 그 후 정비구역으로 지정·고시된 면적과 해당 구역의 면적 차이가 100분의 10 이상인 경우, 추진위원회는 해당 정비구역에 대하여 전체 토지등소유자 과반수의 동의를 받아 시장·군수등에게 다시 승인을 받되, 종전에 추진위원회 구성에 동의한 자는 정비구역지정·고시 이후 1개월 이내에 동의를 철회하지 아니하는 경우 동의한 것으로 본다고 규정하고 있다. 정비구역의 동일성이 유지되지 아니하는 경우 종전 동의는 아무런 효력이 없고, 추후 유효하게 될 여지도 없다 할 것이므로, 종전에 추진위원회 구성에 동의한 자가 정비구역지정·고시 이후 1개월 이내에 동의를 철회하지 아니하는 경우 새로운 추진위원회 구성에 동의한 것으로 간주하는 것은 그 면적의 차이가 100분의 10 이상에 해당하더라도, 종전 추진위원회 구성승인처분과 동일성이 인정되는 한도 내에서의 면적 차이가 발생함을 전제로 하고 있

21) 대법원 2014. 2. 27. 선고 2011두2248 판결(당초 추진위원회의 구성에 동의한 토지등소유자 234명 중 163명으로부터 기존의 사업구역이 이 사건 정비구역으로 확대 변경되는 것에 대하여 동의를 받았고, 새로이 편입되는 지역의 토지등소유자 138명 중 83명으로부터 확대된 면적을 전제로 한 추진위원회의 구성에 관한 동의를 받았다).

22) 대법원 2011. 7. 28. 선고 2011두2842 판결.

23) 대법원 2012. 9. 27. 선고 2011두17400 판결(당초 구성승인을 받은 추진위원회는 최초 구성에 동의한 토지등소유자 99명 중 59명으로부터 기존의 사업구역이 이 사건 정비구역으로 확대 변경되는 것에 대하여 동의를 받았고, 최초 동의자의 권리를 승계한 15명으로부터 환대된 면적을 전제로 한 추진위원에 구성에 관한 동의를 받았으며, 새로이 편입되는 지역의 토지등소유자들 중 339명으로부터 확대된 면적을 전제로 한 추진위원회의 구성에 관한 동의를 받았다).

24) 대법원 2013. 9. 12. 선고 2011두31284 판결.

다고 제한적으로 해석함이 타당하다. 따라서 위 규정은 면적이 2배 이상 초과하거나 50% 이상 감축되는 경우에는 적용될 수 없다(면적이 2배 이상 초과하거나 50% 이상 감축되는 경우에는 전체 토지등소유자로부터 전체 토지를 정비구역으로 하는 법정의 추진위원회 구성에 대한 동의서를 새롭게 징구하여 구성승인처분을 받아야 한다).

다. 관련 쟁점

(1) 면적변경 전 받은 동의서의 효력과 승인처분의 위법

정비구역의 동일성이 유지되지 않는 정비구역 면적변경의 경우, 기존의 사업구역을 전제로 한 토지등소유자의 동의서는 효력이 없다. 따라서 이에 기초한 구성승인처분 또는 변경승인처분은 위법하다. 대법원은 토지등소유자로 구성된 가칭 추진위원회가 뉴타운지구가 지정·고시되자, 향후 정비구역을 예상하고 이를 전제로 토지등소유자의 동의서를 받았으나, 그 후 정비구역으로 지정된 구역의 동일성이 인정되지 아니함에도(207,940.90㎡에서 98,497㎡로 면적 축소, 최초 예상구역과 정비구역으로 지정된 부분 중 상당 부분이 변경), 정비구역 공람공고 이전에 받은 동의서 347장을 포함하여 사업구역에 남아 있게 된 토지등소유자 387명의 동의서만을 추려내어 행정청에 설립승인을 신청하였고, 행정청이 사업구역 내 토지 등 소유자 2분의 1 이상의 동의서가 첨부되어 있다는 이유로 승인처분한 사안에서, 당초 예정한 사업구역과 지정된 사업구역 사이에는 동일성이 없으므로, 당초 예정한 사업구역에서 정비사업이 실시될 것을 전제로 받은 347장은 적법한 동의로 볼 수 없고, 이를 기초로 한 승인처분은 위법하다. 다만, 별도의 사실관계에 관한 조사 없이 이 사건 동의서 중 일부가 현재 추진위원회의 설립에 관한 것으로 볼 수 없는 사정이 있음을 알 수 없었다고 할 것이어서 위와 같은 위법사유가 이 사건 승인처분을 당연무효라고 볼 정도로 명백하다고 볼 수 없다고 판시하였다.[25)]

(2) 정비구역의 동일성이 유지되지 않는 경우의 구성승인처분 또는 종전 구성승인처분을 대체하는 새로운 구성승인처분으로서 변경승인처분

(가) 정비구역의 동일성이 유지되지 않을 정도로 정비구역의 면적이 변경된 경우, 추진위원회는 전체 토지등소유자를 대상으로 전체 토지를 정비구역으로 하는 법정의 추진위원회 구성에 대한 동의서를 징구하여야 하여야 하고, 과반수 동의를 받은 후 시장·군수등으로부터 새로운 구성승인처분 또는 종전 구성승인처분을 대체하는 새로운 구성승인처분으로서의 변경승인을 받아야 한다. 기존 추진위원회가 동일성이 인정되지 않는 변경된 구역을 전체로 하여 종전 구성승인처분을 대체하는 새로운 구성승인처분으로서의 변경승인처분을 받음에 있어 종전 동의서를 사용하였다면, 그와 같은 변경승인처분도 위법하다 할 것임은 앞서 본 바이다.

(나) 위와 같은 변경승인처분을 받은 경우, 종전 추진위원회 구성승인처분은 변경승인처분에 흡수되어 존재하지 않게 되었으므로, 변경승인처분에 대하여 하자가 있음을 주장하며 다투는 것은 별론으로 하고, 과거의 법률관계인 종전 추진위원회 구성승인처분의 효력을 다투는 것은 권리보호의 이익이 없다.

---

25) 대법원 2011. 7. 28. 선고 2011두2842 판결.

판례도 정비구역의 면적이 19,371.8㎡인 상태에서 구성승인처분을 받았고, 그 후 위 면적부분을 포함하여 약 4.9배 증가하여 96,572㎡가 된 후 변경승인처분이 이루어진 사안에서, 위 변경승인처분은 면적이 대폭 확대된 정비구역 전체에 대하여 전체 토지등소유자 수와 동의자 수에 터 잡아 다시 새로운 승인처분으로서 변경승인처분에 해당하고, 이로써 종전 추진위원회 구성승인처분은 변경승인처분에 흡수되어 소멸되었으므로, 과거의 법률관계인 최초 구성승인처분에 대한 취소를 구하는 소송은 권리보호의 이익이 없다고 하였다.[26)]

3. 동일성이 유지되는 정비구역 면적변경과 변경승인

가. 2024. 12. 3. 법 개정 이전의 판례

(1) 변경승인의 필요성

㈎ 쟁점

정비구역 면적이 변경되었으나 동일성이 유지되는 경우 행정청의 변경승인을 받을 필요가 있는지 여부가 문제된다. 조합의 경우 설립된 조합이 인가받은 사항을 변경하고자 하는 때에는 총회에서 조합원의 3분의 2 이상의 찬성으로 의결한다고 규정되어 있고, 조합이 설립된 이후 면적이 변경된 경우에는 원칙적으로 조합설립변경인가 사항이다(다만, 정비구역 또는 정비계획의 변경에 따라 변경되어야 하는 사항으로 10% 미만 면적 변경은 경미한 변경으로 신고사항이다. 법 시행령 31조 8호). 이와 달리 법 31조가 구성승인에 관하여만 규정할 뿐, 변경승인에 관하여는 규정하고 있지 않아 해석상 이를 인정할 것인지 여부가 쟁점이다.

㈏ 판례[27)]

법이 '정비구역지정·고시 후'로 추진위원회 구성시기를 명시한 2009. 2. 6. 법률 제9444호로 개정되기 전의 판례이다. 판례는 정비예정구역만 지정된 상태에서 추진위원회가 구성승인처분을 받았다가 그 후 지정된 정비구역이 정비예정구역보다 확대된 사안에서(당초 45,619㎡을 정비예정구역으로 추진위원회 구성승인을 받았다가 그 면적이 일부 추가되어 68,339㎡로 변경되었다), 당초 추진위원회의 신청서에 기재된 사업시행예정구역의 위치 및 면적 등을 토대로 추진위원회 구성승인을 한 시장·군수등으로서는 정비사업 시행구역이 변경된 경우 요건 등을 심사하여 이를 규제할 수 있다고 보는 것이 자연스러운 점 등에 비추어 추진위원회는 시장·군수등에게 추진위원회 구성 변경승인을 신청할 수 있고, 추진위원회 구성에 관한 승인권한을 가지는 시장·군수등은 그 변경승인의 권한이 있다고 하였다.[28)] 이는 변경승인 필요설을 전제로 한다.

---

26) 대법원 2012. 9. 27. 선고 2011두17400 판결.

27) 당초 구성승인을 받은 추진위원회가 변경된 면적을 기초로 조합설립업무를 추진할 수 있고, 명문의 규정도 없으므로 별도의 변경승인을 필요로 하지 않다는 견해가 있다(김선희, 전게논문, 165~166).

28) 대법원 2014. 2. 27. 선고 2011두2248 판결(당시 추진위원회는 '구역 면적 확정에 따른 추진위원회변경 신고의 건'이라는 명칭의 문서를 제출하였고, 행정청은 그 후 추진위원회에 '추진위원회 변경신고 처리 통보'를 하였는바, 위와 같이 추진위원회 변경신고 처리통보를 하였다 하더라도, 그 명칭과 관계없이 이는 추진위원회 구성변경승인을 한 것으로 보았다. 한편, 법 시행령이 2009. 8 11. 개정되면서 23조로 정비사업의 시행범위를 확대 또는 축소하려는 때에는 토지등소유자의 과반수 또는 추진위원회의 구성에 동의한 토지등소유자 3분의 2 이상의 토지등소유자의 동의를 받아야 한다고 규정하고 있었으므로, 판례는 위 규정도 그 근거로 들고 있으나, 위 규정은 법 시행령이 2018. 2. 9. 전부개정되면서 삭제되었다). 대법원 2013. 12. 26. 선고 2011두8291 판결(변경승인처분을 인정하였다), 대법원 2012. 9.

(다) 결론

변경승인필요설이 타당하다. 그 논거는 다음과 같다.

ⓐ 법 시행규칙 [별지 3호 서식] '조합설립추진위원회 승인신청서'에는 사업시행예정구역의 명칭, 위치 및 면적이 필수적 기재사항이고, 시장·군수등의 구성승인은 위 사업시행예정구역을 전제로 이루어진다. 따라서 정비구역의 면적이 변경되는 경우 시장·군수등의 심사 및 승인권을 보장하기 위하여 변경승인이 필요하다.

ⓑ 법 31조는 추진위원회의 구성승인에 대한 규정을 두고 있으므로, 승인받은 사항을 변경하는 경우에는 명문의 규정이 없다 하더라도 변경승인이 해석상 인정될 수 있다. 나아가 '추진위원회 운영규정 본문' 4조 2항이 '추진위원회는 구성승인 후에 위원장 및 감사를 변경하고자 하는 경우 시장·군수등의 승인을 받아야 한다.'고 규정하고 있으므로, 정비구역의 면적변경은 추진위원장이나 감사 변경 시의 위 변경승인규정을 유추적용할 수 있다.

(2) 변경승인요건

면적변경과 관련한 변경승인요건이 문제된다.

(가) 2018. 2. 9. 이전(구 법 시행령 23조의 적용)

구 법 시행령 23조(2018. 2. 9. 전부개정되기 전의 것)는 추진위원회는 정비사업의 시행범위를 확대 또는 축소하려는 때에는 토지등소유자의 과반수 또는 추진위원회의 구성에 동의한 토지등소유자의 3분의 2 이상의 토지등소유자의 동의를 받아야 한다고 규정하고 있었으나, 2018. 2. 9. 법 시행령의 전부개정으로 위 규정이 삭제되었는바, 결국 2018. 2. 9. 이전에는 기존 정비구역 내의 면적변경에 대한 동의는 토지등소유자의 과반수 동의 외에 추진위원회의 구성에 동의한 토지등소유자의 3분의 2 이상의 토지등소유자의 동의도 가능하였다.

(나) 2018. 2. 9. 이후

법 31조 1항의 추진위원회 구성승인의 요건인 토지등소유자 과반수의 동의가 필요하다.

① 정비구역 면적 축소

추진위원회는 토지등소유자 과반수의 면적축소에 대한 동의를 받은 후 시장·군수등으로부터 추진위원회 구성에 대한 변경승인을 받는다.

② 정비구역 면적 확대

추진위원회는 기존 정비구역 토지등소유자의 면적확대에 대한 동의를 요한다. 또한 추진위원회는 새롭게 면적에 편입된 부분의 토지등소유자로부터 전체 토지를 정비구역으로 하는 법정의 추진위원회 구성에 대한 동의서를 징구하여야 하고, 종전 토지등소유자의 동의서와 새로 편입되는 토지등소유자의 동의서를 합하여 전체 면적 기준 토지등소유자 과반수의 동의를 받은 후 시장·군수등으로부터 추진위원회 구성에 대한 변경승인을 받는다.

---

27. 선고 2011두17400 판결.

⑶ 변경승인의 효과

변경승인처분은 종전 구성승인처분을 그대로 둔 채 일부 변경된 부분만을 심사하여 변경승인한 것이므로, 당초승인과 변경승인처분은 병존한다.

나. 2024. 12. 3. 법 개정에 따른 법 31조 4항 및 법 시행령 25조 3항의 적용

⑴ 100분의 10 이상

앞서 본 바와 같이 2024. 12. 3. 법 개정에 따른 법 31조 4항 및 법 시행령 25조 3항은 면적 차이가 100분의 10 이상에 해당하더라도, 종전에 추진위원회 구성에 동의한 자는 정비구역지정·고시 이후 1개월 이내에 동의를 철회하지 아니하는 경우 새로운 추진위원회의 구성승인에 동의한 것으로 본다고 규정하고 있는데, 이는 종전 추진위원회 구성승인처분과 동일성이 인정되는 한도 내에서의 면적 차이가 발생함을 전제로 변경승인을 받는 취지의 규정임은 앞서 본 바이다. 따라서 정비구역지정·고시 이후 추진위원회가 구성되었으나, 그 후 정비구역의 면적이 동일성이 유지되는 정도로 변경된 경우 법 31조 4항을 유추적용하여 변경승인을 받음에 있어 종전에 추진위원회 구성에 동의한 자는 정비구역지정·고시 이후 1개월 이내에 동의를 철회하지 아니하는 경우 동의한 것으로 간주된다.

⑵ 100분의 10 미만

2024. 12. 3. 법 개정에 따른 법 31조 4항 및 법 시행령 25조 3항은 면적 차이가 100분의 10 이상에 해당하는 경우에 한하여 변경승인을 받도록 규정하고 있으므로, 면적차이가 100분의 10 미만인 경우에는 별도로 변경승인을 필요로 하지 아니한 채 추진위원회는 조합설립업무를 수행할 수 있다 할 것이다. 마찬가지로 정비구역지정·고시 이후 추진위원회가 구성되었으나, 그 후 정비구역의 면적이 100분의 10 미만 변경된 경우 법 31조 4항을 유추적용하여 별도로 변경승인을 필요로 하지 아니한 채 추진위원회는 적법하게 조합설립업무를 수행할 수 있다 할 것이다.

Ⅳ. 구성승인거부처분과 구성승인처분의 효과

1. 구성승인거부처분

시장·군수등은 추진위원회 구성승인신청이 법정의 요건에 부합하지 않는 경우 거부의 의미로 반려하게 된다. 우선 비법인사단인 추진위원회는 그 취소를 구할 원고적격이 인정됨은 당연하다. 이는 단체인 추진위원회에 대한 침익적 처분이므로, 거부처분을 받은 추진위원회가 그 취소를 구할 원고적격이 있음은 명백하다. 다만, 추진위원회 구성에 동의한 토지등소유자의 경우 법률상 이익이 있는지 여부가 문제된다. 종래 판례는 단체에 대한 침익적 처분에 대하여 그 구성원의 원고적격을 부인하였으나,[29] 구성승인거부처분에 대하여는 이를 완화하여 다툴 법률상 이

29) 대법원 1971. 3. 23. 선고 70누164 판결, 대법원 1996. 3. 8. 선고 94누12487 판결, 대법원 1996. 8. 20. 선고 96누1405 판결.

익을 긍정함이 타당하다.[30] 다만, 동의하지 않은 토지등소유자는 그와 같은 거부처분으로 인하여 어떠한 권리의무에 영향을 받은 바가 없으므로 이를 다툴 법률상 이익이 인정되지 아니한다. 법령상 처리기간이나 간주규정이 존재하지 않아 승인 또는 거부가 장기간 지체되는 경우가 있다. 그 경우에는 부작위위법확인소송을 제기할 수 있다. 다만, 묵시적 거부행위와 부작위는 사실상 구별이 어렵다.

2. 구성승인처분의 효과

시장·군수등은 토지등소유자 과반수의 동의 등 법정요건이 구비된 경우 원칙적으로 구성승인처분을 하여야 함은 앞서 본 바이다. 구성승인처분의 효과에 관하여 살펴본다.

가. 조합설립 추진 가능

추진위원회는 행정청의 구성승인이 있으면 조합설립을 추진하는 행위가 가능하다.

나. 추진위원장에 대하여 벌칙 적용에서 공무원 의제

승인처분 이후 추진위원장은 형법 129조부터 132조(수뢰죄 등)까지의 규정을 적용할 때는 공무원으로 의제된다(법 134조).

다. 추가적인 추진위원회 구성 차단

승인을 받은 추진위원회는 사업시행구역 내에서 유일하게 조합설립을 위한 활동을 할 수 있다. 승인받은 추진위원회가 구성되어 있음에도 불구하고 임의로 추진위원회를 구성하여 정비사업을 추진한 자는 형사처벌의 대상임은 앞서 본 바이다.

라. 추진위원회의 행정주체 지위 존재 여부

조합설립인가처분의 경우에는 조합에 행정주체의 지위가 인정된다. 추진위원회 구성승인처분에 의하여 추진위원회에 행정주체의 지위가 부여되는지 여부도 문제되나, 추진위원회는 구성승인처분에 의하여 특별한 권한이 법상 부여되지는 아니하는 점, 추진위원회는 조합과 달리 법률상 등기할 수 있는 규정이 존재하지 아니하여 민법상의 비법인사단에 불과한 점 등에 비추어 행정주체로서의 지위는 인정되지 아니한다.

마. 탈 퇴

판례는 재건축조합이 아직 설립인가를 받지 아니한 때에는 추진위원회 구성에 동의한 토지등소유자는 달리 규약 등에 조합원의 탈퇴를 불허하는 규정이 있다는 등의 특별한 사정이 없는 한 자유로이 탈퇴할 수 있다고 하였다.[31]

---

30) 대법원 2013. 2. 28. 자 2012두25934 판결 및 서울고등법원 2012. 8. 22. 선고 2012누7082 판결.
31) 대법원 2000. 10. 27. 선고 2000다20052 판결.

3. 구성승인처분취소소송의 원고적격

가. 추진위원회 구성에 동의한 토지등소유자

추진위원회 구성에 동의한 토지등소유자는 구성승인처분에 대하여 다툴 법률상 이익이 없다. 추진위원회 구성에 동의한 토지등소유자는 추진위원회 구성에 동의하지 아니한 자와 달리 추진위원회 운영에 따른 경비를 부담할 의무가 있다 하더라도, 이는 비법인사단인 추진위원회의 구성원으로서 입게 되는 사실상·간접적·경제적 불이익에 불과하므로, 원고적격이 없다.[32)]

나. 추진위원회 구성에 동의하지 아니한 토지등소유자

(1) 문제의 소재

추진위원회 구성에 동의하지 아니한 토지등소유자의 경우 추진위원회가 구성된다 하더라도, 추진위원회의 행위로 인한 비용에 대하여 어떠한 부담도 지지 않고, 주민총회의 출석권·발언권 및 의결권, 추진위원회 위원의 선임·선출권 등 권리만이 인정되므로, 구성승인처분을 다툴 수 있는 법률상 이익(원고적격)이 있는지 여부가 문제된다.

(2) 판단(법률상 이익 긍정)

추진위원회가 조합을 설립할 경우 법 34조 3항에 의하여 추진위원회가 행한 업무와 관련된 권리와 의무는 조합이 포괄승계한다. 조합이 설립된 경우 재개발사업에서의 정비구역 내 토지등소유자는 같은 법 39조 1항에 의하여 당연히 그 조합원으로 되어 추진위원회가 행한 업무에 직접적 영향을 받게 되므로, 추진위원회 구성승인처분에 대하여 법이 보호하는 직접적이고 구체적인 법률상 이익이 있어 구성승인처분취소소송의 원고적격이 인정된다.[33)]

재건축사업과 관련하여서는 조합이 설립되더라도 재건축사업에 동의한 토지등소유자만이 조합원이 되기는 한다. 그러나 하나의 정비구역 안에서 복수의 추진위원회 구성에 대한 승인은 허용되지 않으므로, 위법한 구성승인처분의 존재로 인하여 새로운 추진위원회 구성이 불가능하다. 따라서 재건축사업에 있어서도 추진위원회 구성에 동의하지 아니한 정비구역 내의 토지등소유자의 경우 새로운 조합설립위원회 구성을 위하여 종전 구성승인처분의 위법을 다툴 수 있는 법률상 이익(원고적격)이 인정된다.

다. 별개의 추진위원회

하나의 정비구역 내에서는 토지등소유자 과반수의 동의를 얻어 구성승인을 받은 하나의 추진위원회만이 조합설립 활동을 할 수 있으므로, 통상적으로 정비구역이 지정되면 토지등소유자는 가칭 조합설립추진위원회를 구성하여 토지등소유자의 과반수 동의를 얻기 위하여 노력하는바, 특정 추진위원회에 대하여 구성승인처분이 이루어진 경우 더 이상 추진위원회 활동을 할 수 없는 별개의 비법인사단으로서의 추진위원회는 해당 구성승인처분에 대하여 항고소송을 제기할

---

32) 대법원 1998. 6. 26. 선고 97누2801 판결 참조.
33) 대법원 2007. 1. 25. 선고 2006두12289 판결.

원고적격이 인정된다.

제3절 구성승인처분의 취소 및 추진위원회 해산

Ⅰ. 구성승인처분의 취소

1. 일반론

구성승인처분이 도시정비법 등에 위반되었다고 인정되는 때에는 국토부장관, 특별시장, 광역시장 또는 도지사는 시장·군수등에게 감독권에 기하여 추진위원회 구성승인처분의 취소·변경 또는 정지 등 필요한 조치를 취할 수 있다(법 113조). 구성승인처분을 행한 시장·군수등은 승인처분에 하자가 있는 경우 별도의 법적 근거가 없더라도 직권으로 이를 취소할 수 있다. 다만, 이는 수익적 행정처분이므로 이를 취소하여야 할 중대한 공익상 필요와 취소로 인하여 처분상대방이 입게 될 기득권과 법적 안정성에 대한 침해 정도 등 불이익을 비교·교량한 후 공익상 필요가 처분상대방이 입을 불이익을 정당화할 만큼 강한 경우에 한하여 취소할 수 있다. 그러나 수익적 처분의 하자가 처분상대방의 사실은폐나 그 밖의 부정한 방법에 의한 신청행위에 기인한 것이라면 처분상대방은 처분에 의한 이익을 위법하게 취득하였음을 스스로 알아 취소가능성도 예상하고 있었다고 보아야 하므로, 그 자신이 행정처분에 관한 신뢰이익을 원용할 수 없음은 물론이고, 행정청이 이를 고려하지 아니하였다고 하여도 재량권 일탈·남용에는 해당하지 않는다.[34]

2. 실무상 쟁점

가. 행정청이 어느 법률관계나 사실관계에 대하여 어느 법률의 규정을 적용하여 행정처분을 한 경우에 그 법률관계나 사실관계에 대하여는 그 법률의 규정을 적용할 수 없다는 법리가 명백히 밝혀져 그 해석에 다툼의 여지가 없음에도 행정청이 위 규정을 적용하여 처분을 한 때에는 그 하자가 중대하고도 명백하다고 할 것이나, 그 법률관계나 사실관계에 대하여 그 법률의 규정을 적용할 수 없다는 법리가 명백히 밝혀지지 아니하여 그 해석에 다툼의 여지가 있는 때에는 행정관청이 이를 잘못 해석하여 행정처분을 하였더라도 이는 그 처분 요건사실을 오인한 것에 불과하여 그 하자가 명백하다고 할 수 없다.[35]

나. 국가와 지방자치단체는 정비사업 시행과 관련하여 여러 공적 권한과 역할을 부여받고 있고, 공공복리 실현을 위하여 정비사업을 지원하고 사업의 추진에 협조할 의무를 지고 있는 사정을 고려하여 정비구역 내에 토지를 소유하는 경우 조합설립동의를 의제하고 있으나(제4편 제3장 제3절 Ⅲ. "2. 국가 또는 지방자치단체의 동의의제" 참조), 국가가 정비구역 내에 소유하고 있는 토지에 대하여 아무런 의사표시를 하지 않은 경우에 정비구역에 관한 추진위원회 설립에 동의한 것으로 볼 수는 없다.

---

34) 대법원 2020. 7. 23. 선고 2019두31839 판결.
35) 대법원 2004. 10. 15. 선고 2002다68485 판결, 대법원 2009. 9. 24. 선고 2009두2825 판결 등 참조.

한편 행정청이 국가가 추진위원회의 설립에 동의하였다고 간주하여 이를 포함함으로써 토지등소유자 중 과반수가 동의한 것으로 보아 구성승인처분을 하였던 사안에서, 판례는 국가가 정비구역 내에 소유하고 있는 토지에 대하여 아무런 의사표시를 하지 않은 경우에 추진위원회 구성에 동의한 것으로 볼 수 있을지 여부에 관한 법리가 명백히 밝혀지지 않아 그 해석에 다툼의 여지가 있는 이상, 추진위원회 구성승인처분의 하자가 명백하다고 할 수는 없어 당연무효라고 볼 수는 없다고 하였다.[36]

Ⅱ. 구성승인처분의 취소간주

1. 정비구역의 직권해제로 인한 취소간주

추진위원회가 구성승인일부터 2년이 되는 날까지 조합설립인가를 신청하지 아니하는 경우에는 원칙적으로 정비구역지정권자의 필요적 정비구역 해제사유가 되고[법 20조 1항 2호 ㈐목], 추진위원회 구성에 동의한 토지등소유자의 2분의 1 이상 3분의 2 이하의 범위에서 시·도 조례로 정하는 비율 이상의 동의로 정비구역의 해제를 요청하는 경우(서울시의 경우 2분의 1 이상) 또는 토지등소유자 과반수의 동의로 정비구역의 해제를 요청하는 경우에는 정비구역지정권자의 재량적 정비구역 해제사유가 된다(법 21조 1항 5호).

위와 같은 정비구역 해제사유에 따라 정비구역지정권자가 정비구역에 대하여 해제·고시한 경우, 추진위원회 구성승인은 취소된 것으로 간주되고, 시장·군수등은 해당 지방자치단체의 공보에 그 내용을 고시하여야 한다(법 22조 3항).[37]

2. 재개발·재건축사업의 공공시행 등

① 천재지변 등 법 26조 1항 각 호의 요건에 해당하여 시장·군수등이 직접 정비사업을 시행하거나 토지주택공사등을 사업시행자로 지정하여 정비사업을 시행하는 경우, ② 법 27조 1항 각 호의 요건에 해당하여 시장·군수등이 신탁업자 등 지정개발자를 사업시행자로 지정하여 정비사업을 시행하는 경우에는 사업시행자로 지정·고시한 다음 날에 추진위원회의 구성승인이 취소된 것으로 본다. 이 경우 시장·군수등은 해당 지방자치단체의 공보에 해당 내용을 고시하여야 한다(법 26조 3항, 27조 5항). 이는 구성승인의 효력을 장래를 향해 소멸시키는 행정행위의 '철회'이다.

Ⅲ. 추진위원회의 신고 해산

1. 필요성

하나의 사업구역 내에는 하나의 추진위원회만이 가능하므로, 추진위원회가 구성승인 당시에는 토지등소유자 과반수의 동의를 얻어 구성되었으나, 그 후 파행적으로 운영되는 등으로 사업

---

36) 대법원 2013. 5. 24. 선고 2011두14937 판결.

37) 종래 법이 2012. 2. 1. 개정으로 법 16조의2 1항 3호가 신설되어 정비예정구역 또는 정비구역의 지정이 해제되는 경우, 시장·군수등은 추진위원회 승인 또는 조합 설립인가를 취소하여야 한다고 규정하고 있었으나, 그 후 법이 2017. 2. 8. 전부개정되어 위와 같이 변경되었다.

구역 내 토지등소유자의 대표성을 상실한 경우에는 해산하고, 새롭게 토지등소유자의 의사를 대표하는 추진위원회를 구성할 필요성이 있다. 종래 도시정비법이 2012. 2. 1. 개정으로 16조의2 1항이 신설하면서, 2014. 1. 31.까지만 유효한 것으로 하되, 추진위원회 구성에 동의한 토지등소유자의 2분의 1 이상 3분의 2 이하의 범위에서 시·도 조례로 정하는 비율 이상의 동의 또는 토지등소유자 과반수의 동의로 추진위원회의 해산을 신청하는 경우 시장·군수는 추진위원회 승인을 취소하여야 한다고 규정하였다. 그 후 위 유효기간이 경과된 이후인 2017. 2. 8. 법이 전부개정되면서 위 규정은 폐지되었다. 그러나 여전히 추진위원회 해산의 필요성이 있다. 이에 시장·군수의 승인 취소를 제외한 나머지 내용은 추진위원회 운영규정 본문 5조 3항이 규율하고 있다.

2. 요 건

가. '추진위원회 운영규정 본문' 5조 3항

'추진위원회 운영규정 본문' 5조 3항은 추진위원회는 조합설립인가 전 추진위원회를 해산하고자 하는 경우 추진위원회 동의자 3분의 2 이상 또는 토지등소유자의 과반수 동의를 받아 시장·군수등에게 신고하여 해산할 수 있다고 규정하고 있다.

추진위원회 운영규정 본문은 추진위원회 및 토지등소유자에게 직접적 효력이 미치는 법규명령에 해당함은 앞서 본 바이다. 구 법 16조의2 1항 1호는 토지등소유자가 동의요건 충족을 증명하여 시장·군수에게 신고하는 방법으로 해산이 가능하나, 위 운영규정 본문 5조 3항에 의하는 경우 해산신고의 주체는 추진위원회라고 규정하고 있으므로, 토지등소유자의 동의요건이 충족되었음에도, 추진위원회가 해산신고를 하지 않는 경우에 해산에 동의한 토지등소유자들 스스로 해산신고가 가능한 것인지 여부가 문제된다.

나. 판 단

규정의 전체적인 문맥상 해산신고의 주체를 반드시 추진위원회로 제한하고 있는 것으로 보이지 않는 점, 토지등소유자의 과반수가 적법하게 설립된 추진위원회의 해산에 동의하였음에도 추진위원회가 스스로 해산신고를 하지 아니한 채 조합설립행위를 계속함은 부당한 점 등에 비추어 해산에 동의한 토지등소유자 과반수의 대표자도 해산신고를 할 수 있다. 추진위원회 동의자 3분의 2 이상이 해산에 동의한 경우에는 그 대표자도 가능하다 보아야 할 것이다.[38)]

3. 해산 후의 절차

추진위원회의 법적인 성격은 민법상의 비법인사단인 점, '추진위원회 표준운영규정' 37조 1항은 추진위원회에 관하여는 법에 규정된 것을 제외하고는 민법의 규정 중 사단법인에 관한 규정을 준용한다고 규정하고 있는 점 등에 비추어 보면, 추진위원회의 해산에 있어서는 민법 77조 내지 96조에서 정하고 있는 법인의 해산에 관한 규정 중 법인등기를 전제로 하는 규정을 제외한 나머지 규정이 적용될 수 있다.

38) 대법원 2009. 1. 30. 선고 2008두14869 판결.

제4장 추진위원회의 구성, 운영 및 업무

Ⅰ. 추진위원회의 구성, 주민총회 및 토지등소유자의 지위

추진위원회는 위원장을 포함하여 5인 이상의 추진위원으로 구성된다(법 31조 1항). 법은 124조 1항 3호로 추진위원장의 추진위원회 의사록 등 자료공개의무 규정만을 두고 있을 뿐, 추진위원회 운영과 관련한 아무런 규정이 없다. 다만, 추진위원회는 스스로 제정한 내부적 자치법규인 운영규정에 따라 운영하여야 한다(법 34조 2항 전문). 따라서 추진위원회 구성과 운영, 권한분장의 구체적인 내용은 추진위원회 운영규정 본문 및 각각의 추진위원회가 운영규정으로 채택하고 있는 추진위원회 표준운영규정에 의한다.

1. 추진위원회의 구성

가. 구 성

추진위원의 수는 토지등소유자 10분의 1 이상으로 하되, 토지등소유자가 50인 이하인 경우에는 추진위원을 5인으로 한다. 추진위원장과 감사를 반드시 두어야 하고, 부위원장은 둘 수 있다('추진위원회 운영규정 본문' 2조 2항).

앞서 본 바와 같이 추진위원회에 관하여 토지등소유자설(추진위원회 구성에 동의한 토지등소유자 또는 정비구역 내 전체 토지등소유자들을 구성원으로 한다)에 의하는 경우 이는 업무집행기관이다.

나. 추진위원 자격

(1) 자격요건(추진위원장, 부위원장 및 감사 공통)

추진위원회 설립에 동의한 자만이 피선출자격이 있음은 앞서 본 바이다. 피선출일 현재 사업시행구역 안에서 3년 이내에 1년 이상 거주하고 있는 자(다만, 거주의 목적이 아닌 상가 등의 건축물에서 영업 등을 하고 있는 경우 영업 등은 거주로 본다), 피선출일 현재 사업시행구역 안에서 5년 이상 토지 또는 건축물(재건축사업의 경우 토지 및 건축물을 말한다)을 소유한 자 중 어느 하나에 해당하여야 한다('추진위원회 표준운영규정' 15조 2항).

(2) 결격사유

미성년자·피성년후견인 또는 피한정후견인, 파산선고를 받고 복권되지 아니한 자, 금고 이상의 실형을 선고받고 그 집행이 종료(종료된 것으로 보는 경우를 포함한다)되거나 집행이 면제된 날부터 2년이 경과되지 아니한 자, 금고 이상의 형의 집행유예를 받고 그 유예기간 중에 있는 자, 도시정비법 또는 관련 법률에 의한 징계에 의하여 면직의 처분을 받은 날부터 2년이 경과되지 아니한 자, 도시정비법을 위반하여 벌금 100만 원 이상의 형을 선고받고 10년이 지나지 아니한 자, 추진위원회 구성승인권자에 해당하는 지방자치단체의 장, 지방의회의원 또는 그 배우자·직계존속·직계비속은 추진위원이 될 수 없다(법 33조 5항, 법 43조 1항 내지 3항, '추진위원회 운영규정 본문' 2조 3항, '추진위원회 표준운영규정' 16조 1항).

다. 추진위원 선임, 임기 및 해임

(1) 선임 및 임기

추진위원의 선임방법은 추진위원회에서 정하되, 동별·가구별 세대 수 및 시설의 종류를 고려하여야 한다. 위원의 임기는 선임된 날부터 2년까지로 하되, 추진위원회에서 재적위원 과반수의 출석과 출석위원 3분의 2 이상의 찬성으로 연임할 수 있다. 임기가 만료된 위원은 그 후임자가 선임될 때까지 그 직무를 수행하고, 추진위원회에서는 임기가 만료된 위원의 후임자를 임기만료 전 2개월 이내에 선임하여야 하며, 위 기한 내 추진위원회에서 후임자를 선임하지 않을 경우 토지등소유자 5분의 1 이상이 시장·군수등의 승인을 얻어 주민총회를 소집하여 위원을 선임할 수 있다. 위원이 임기 중 궐위된 경우에는 추진위원회에서 재적위원 과반수 출석과 출석위원 3분의 2 이상의 찬성으로 이를 보궐선임 할 수 있다('추진위원회 표준운영규정' 15조 2항 내지 6항). 추진위원이 변경된 경우 시장·군수등에게 신고하여야 한다('추진위원회 운영규정 본문' 4조 2항, '추진위원회 표준운영규정' 10조 2항, 18조 3항).

(2) 해임

토지등소유자는 추진위원회의 운영규정에 따라 추진위원회에 추진위원의 교체 및 해임을 요구할 수 있다(법 33조 3항). 토지등소유자의 해임요구가 있는 경우에 재적위원 3분의 1 이상의 동의로 소집된 추진위원회에서 위원정수의 과반수 출석과 출석위원 3분의 2 이상의 찬성으로 해임하거나, 토지등소유자 10분의 1 이상의 발의로 소집된 주민총회에서 토지등소유자의 과반수 출석과 출석 토지등소유자의 과반수 찬성으로 해임할 수 있다. 다만, 위원 전원을 해임할 경우 토지등소유자의 과반수의 찬성으로 해임할 수 있다('추진위원회 표준운영규정' 18조 4항).

라. 추진위원회 의결사항 및 절차

(1) 의결사항

추진위원의 보궐선임(단 추진위원장·감사는 주민총회의 의결에 의한다), 예산 및 결산의 승인에 관한 방법, 주민총회 부의안건의 사전심의 및 주민총회로부터 위임받은 사항, 주민총회의결로 정한 예산의 범위 내에서의 용역계약 등, 그 밖에 추진위원회 운영을 위하여 필요한 사항이 추진위원회 의결사항이다('추진위원회 표준운영규정' 25조 1항).

⑵ 의결절차('추진위원회 표준운영규정' 24조, 26조)

㈎ 개최요건

추진위원장이 필요하다고 판단하는 경우, 동의한 토지등소유자 10분의 1 이상이 추진위원회의 목적사항을 제시하여 소집을 청구하는 때, 재적 추진위원 3분의 1 이상이 회의의 목적사항을 제시하여 청구하는 때에 추진위원회가 개최된다.

㈏ 소집통지

추진위원장은 추진위원회 위원에 대하여 추진위원회 소집통지를 하여야 한다. 위 개최요건에 정하여진 소집청구가 있음에도, 추진위원장이 14일 이내에 정당한 이유 없이 추진위원회를 소집하지 아니한 때에는 감사가 지체 없이 이를 소집하여야 한다. 감사도 추진위원회를 소집하지 아니하는 때에는 소집을 청구한 자가 공동명의로 소집한다. 추진위원회의 소집은 회의개최 7일 전까지 회의목적·안건·일시 및 장소를 기재한 통지서를 추진위원회의 위원에게 송부하고, 게시판에 게시하여야 한다.

㈐ 의결방법

추진위원회는 운영규정에서 특별히 정한 경우를 제외하고는 재적위원 과반수 출석으로 개의하고 출석위원 과반수의 찬성으로 의결한다. 다만, 주민총회의 소집 결과 정족수에 미달되어 재소집하였으나 또다시 정족수에 미달되어 추진위원회 회의로 주민총회를 갈음하는 경우의 주민총회의결을 대신하는 의결사항은 재적위원 3분의 2 이상의 출석과 출석위원 3분의 2 이상의 찬성으로 의결한다. 위원은 서면으로 의결권 행사하는 것은 가능하나, 대리인을 통한 출석은 불가능하다.

마. 추진위원장

⑴ 지위

추진위원장은 추진위원회를 대표하고 추진위원회의 사무를 총괄하며, 주민총회 및 추진위원회의 의장이 된다(법 33조 1항, '추진위원회 표준운영규정' 17조 1항). 자격요건은 추진위원, 감사와 동일하고 앞서 본 바이다. 추진위원장은 주민총회에서 선임되고, 그 변경·보궐선임·연임 등도 주민총회의 의결을 거쳐야 한다('추진위원회 표준운영규정' 21조 1호). 추진위원장의 변경 시 시장·군수등의 승인을 요한다('추진위원회 운영규정 본문' 4조 2항).

⑵ 법령상의 구체적 의무

㈎ 추진위원회 단계에서 체결하는 용역계약 등 각종 계약의 당사자가 된다(법 29조 1항, 정비계약기준 17조).

㈏ 추진위원회 운영규정, 설계자 및 전문관리업자 등과의 선정계약서, 추진위원회 의사록 등 정비사업의 시행에 관한 각종 서류 및 관련 자료가 작성되거나 변경된 후 15일 이내에 이를 토지등소유자등이 알 수 있도록 인터넷과 그 밖의 방법을 병행하여 공개하여야 하고, 분기별로 공개대상의 목록, 개략적인 내용, 공개장소, 열람·복사 방법 등을 대통령령으로 정하는 방법과 절

차에 따라 토지등소유자에게 서면으로 통지하여야 하며, 토지등소유자가 위 각종 서류 및 토지등소유자 명부를 포함하여 정비사업 시행에 관한 서류와 관련 자료에 대하여 열람·복사 요청을 한 경우 15일 이내에 그 요청에 따라야 한다(법 124조 1항 내지 4항).

㈐ 조합설립을 위한 창립총회는 직권 또는 토지등소유자 5분의 1 이상의 요구로 추진위원장이 소집한다(법 시행령 27조 3항).

㈑ 형법 129조부터 132조까지의 뇌물죄 관련 형법의 적용에서 공무원으로 의제된다(법 134조).

㈒ 임기가 만료되었다 하더라도, '추진위원회 표준운영규정' 15조 4항에 의하여 후임자가 선임될 때까지 그 직무를 수행한다.

권리능력 없는 사단인 추진위원회와 그 대표기관인 추진위원장과의 관계는 위임인과 수임인의 법률관계로서 임기가 만료되면 일단 위임관계는 종료되는 것이 원칙이다. 다만, 후임자가 선임될 때까지 대표자가 존재하지 않는다면 대표기관에 의하여 행위를 할 수밖에 없는 추진위원회는 당장 정상적인 활동을 중단하지 않을 수 없는 상태에 처하게 되므로, 민법 691조의 규정을 유추하여 임기만료된 추진위원장으로 하여금 추진위원회의 업무를 수행케 함이 부적당하다고 인정할 만한 특별한 사정이 없고 종전의 직무를 위 추진위원장으로 하여금 처리하게 할 필요가 있는 경우에 한하여 후임 추진위원장이 선임될 때까지 임기만료된 추진위원장에게 대표자의 직무를 수행할 수 있는 업무수행권이 인정된다.

임기만료된 추진위원장에게 후임자 선임 시까지 업무수행권을 인정할 필요가 있는 경우에 해당한다 하더라도, 임기만료된 추진위원장의 업무수행권은 급박한 사정을 해소하기 위하여 그로 하여금 업무를 수행하게 할 필요가 있는지를 개별적·구체적으로 가려 인정할 수 있는 것이지 임기만료 후 후임자가 아직 선출되지 않았다는 사정만으로 당연히 포괄적으로 부여되는 것이 아니다.[1)]

(3) 대행

추진위원장이 사임, 해임, 임기만료, 그 밖에 불가피한 사유 등으로 직무를 수행할 수 없는 때부터 6개월 이상 선임되지 아니한 경우, 시장·군수등은 시·도 조례로 정하는 바에 따라 변호사·회계사·기술사 등으로서 대통령령으로 정하는 요건을 갖춘 자를 전문조합관리인으로 선정하여 추진위원장의 업무를 대행하게 할 수 있다(법 33조 3항).

바. 감 사

감사는 추진위원회의 사무 및 재산상태와 회계에 관하여 감사하며, 주민총회 및 추진위원회에 감사결과보고서를 제출하여야 하고 토지등소유자 5분의 1 이상의 요청이 있을 때에는 공인회계사에게 회계감사를 의뢰하여야 한다('추진위원회 표준운영규정' 17조 2항).

감사는 추진위원회의 재산관리 또는 업무집행이 공정하지 못하거나 부정이 있음을 발견하였을 때에는 추진위원회에 보고하기 위하여 추진위원장에게 추진위원회 소집을 요구하여야 한다. 추진위원장이 불응하는 경우 직접 추진위원회를 소집할 수 있다(위 운영규정 17조 3항).

---

1) 대법원 2003. 7. 8. 선고 2002다74817 판결.

감사는 직무위배행위로 인해 감사가 필요한 경우 추진위원 또는 외부전문가로 구성된 감사위원회를 구성할 수 있다. 이 경우 감사는 감사위원회의 의장이 된다(위 운영규정 17조 4항).

감사는 주민총회에서 선임되고 그 변경·보궐선임·연임 등도 주민총회의 의결을 거쳐야 한다(위 운영규정 21조 1호). 감사의 변경 시 시장·군수등의 승인을 요한다('추진위원회 운영규정 본문' 4조 2항).

2. 주민총회

가. 지 위

조합이 설립된 이후의 총회와 유사한 추진위원회의 최고의사결정기관이다. 추진위원회는 토지등소유자의 동의를 받아 운영규정을 확정하고 임원을 선출하는 등의 단체결성행위를 거쳐 행정청의 승인을 받아 성립하는데, 운영규정에는 주민총회의 설치규정이 있다. 따라서 주민총회는 운영규정에 의하여 설치되는 추진위원회의 기관이다(법 124조 1항은 추진위원장은 주민총회의 의사록이 작성되거나 변경된 후 15일 이내에 토지등소유자 또는 세입자가 알 수 있도록 인터넷과 그 밖의 방법을 병행하여 공개하여야 한다고 규정하여 추진위원회 단계에 주민총회가 필요함을 법이 명시하고 있다). 토지등소유자 전원으로 주민총회를 구성한다('추진위원회 표준운영규정' 20조 1항).

나. 주민총회 의결사항

추진위원회 승인 이후 위원장 및 감사의 선임·변경·보궐선임·연임, 운영규정의 변경, 전문관리업자 및 설계자의 선정 및 변경, 개략적인 사업시행계획서의 작성 및 변경, 감사인의 선정(추진위원회는 납부 또는 지출된 금액의 총액이 3억 5천만 원 이상인 경우 외부감사법 2조 7호에 따른 감사인의 회계감사를 받는바, 그와 같은 감사인의 선정), 조합설립추진과 관련하여 추진위원회에서 주민총회의 의결이 필요하다고 결정하는 사항이 주민총회 의결사항이다('추진위원회 표준운영규정' 21조).

다. 의결절차('추진위원회 표준운영규정' 20조, 22조)

(1) 개최요건

추진위원장이 필요하다고 인정하는 경우, 추진위원회 구성에 동의한 토지등소유자 5분의 1 이상이 주민총회의 목적사항을 제시하여 청구하는 때(다만, 추진위원 해임의 경우에는 토지등소유자 10분의 1 이상의 발의로 가능하다. 18조 4항), 추진위원 3분의 2 이상으로부터 개최요구가 있는 때에 주민총회가 개최된다.

추진위원장은 해당 일로부터 2개월 이내에 주민총회를 개최하여야 한다. 단, 추진위원회 구성에 동의한 토지등소유자 5분의 1 이상 청구나 추진위원 3분의 2 이상 요구가 있음에도 추진위원장이 2개월 이내에 정당한 이유 없이 주민총회를 소집하지 아니하는 때에는 감사가 지체 없이 주민총회를 소집하여야 하며, 감사가 소집하지 아니하는 때에는 위와 같이 소집을 청구한 자의 대표가 시장·군수등의 승인을 얻어 이를 소집한다('추진위원회 표준운영규정' 20조 2항 및 3항).

(2) 추진위원회 의결

원칙적으로 주민총회를 개최하는 경우에는 주민총회의 목적, 안건, 일시, 장소 등에 관하여 미리 추진위원회의 의결을 거쳐야 한다. 단, 추진위원회 구성에 동의한 토지등소유자 5분의 1 이상 소집청구나 추진위원 3분의 2 이상 개최요구에 따른 경우에는 제외된다(조합총회의 경우에는 이 경우에도 이사회 의결을 요하되, 다만, 조합장, 감사가 총회를 소집하지 않아 대표자가 직접 소지하는 경우는 예외이다).

(3) 소집통지

추진위원장이 소집통지를 한다. 추진위원회 구성에 동의하지 않은 토지등소유자도 출석권, 발언권 및 의결권, 추진위원 선임, 선출권을 가지므로, 그들에게도 반드시 주민총회 소집통지를 하여야 한다. 주민총회를 소집하는 경우에는 회의개최 14일 전부터 회의목적·안건·일시 및 장소 등을 게시판에 게시하여야 하며, 토지등소유자에게는 회의개최 10일 전까지 등기우편으로 이를 발송·통지하여야 한다. 이 경우 등기우편이 반송된 경우에는 지체 없이 1회에 한하여 추가로 등기우편으로 발송한다('추진위원회 표준운영규정' 20조 5항).

(4) 의결방법

주민총회는 추진위원회 구성에 동의한 토지등소유자 과반수 출석으로 개의하고 출석한 토지등소유자(동의하지 않은 토지등소유자를 포함한다)의 과반수 찬성으로 의결한다. 추진위원회 구성에 동의하지 않은 토지등소유자는 의사정족수에는 포함되지 않으나, 의결정족수에는 포함된다. 소유권을 수인이 공동 소유하는 경우에는 신고한 대표소유자가 의결권을 행사한다. 의결정족수 산정방법은 법 시행령 33조가 적용된다('추진위원회 표준운영규정' 8조 1항). 토지등소유자는 서면 또는 법정의 대리인을 통하여 의결권을 행사할 수 있다. 이 경우 서면에 의한 의결권 행사는 의사정족수 산정에 있어 출석으로 본다. 토지등소유자는 규정에 의하여 출석을 서면으로 하는 때에는 안건내용에 대한 의사를 표시하여 주민총회 전일까지 추진위원회에 도착되도록 하여야 한다. 토지등소유자는 출석을 대리인으로 하고자 하는 경우에는 위임장 및 대리인 관계를 증명하는 서류를 추진위원회에 제출하여야 한다. 주민총회의 소집 결과 정족수에 미달되는 때에는 재소집하여야 한다. 다만, 정족수 미달로 인하여 계속하여 주민총회의 결의가 이루어지지 못하여, 정비사업의 진행이 불가능함을 방지하기 위하여 재소집의 경우에도 정족수에 미달되는 때에는 추진위원회 회의로 주민총회를 갈음할 수 있다.

(5) 가중요건으로서의 특별다수 동의

(가) 규정

법 32조 4항은 추진위원회가 수행하는 업무의 내용이 토지등소유자의 비용부담을 수반하거나 권리·의무에 변동을 발생시키는 경우로서 대통령령으로 정하는 사항에 대하여는 그 업무를 수행하기 전에 대통령령으로 정하는 비율 이상의 토지등소유자의 동의를 받아야 한다고 규정하고 있다.

위와 같이 대통령령으로 정하는 사항에 대하여 일정 비율 이상의 토지등소유자의 동의를 얻도록 한 취지는 토지등소유자의 권리·의무에 직접적인 영향을 미치는 중대한 사항에 대하여 토지등소유자의 의사가 더욱 충실히 반영될 수 있도록 하려는 데에 있다.[2] 그러나 현행 법 시행령은 어떠한 규정도 두고 있지 않으므로, 주민총회결의와 관련하여 가중요건으로서 특별다수 동의의 대상인 사항은 없다.

(나) 연혁

법 제정 당시 현행 법 32조 4항과 동일한 구 법 14조 3항이 있었고, 당시 구 법 시행령은 토지등소유자 3분의 2 이상의 동의가 필요한 사항과 추진위원회 구성에 동의한 토지등소유자 과반수의 동의가 필요한 사항으로 나누어 규정하고 있었다(구 법 시행령 23조). 그 후 법이 2009. 2. 6. 현행 32조 4항과 같은 내용으로 개정되었고, 법 시행령은 2009. 8 11. 개정되면서 23조로 정비사업의 시행범위를 확대 또는 축소하려는 때에는 토지등소유자의 과반수 또는 추진위원회의 구성에 동의한 토지등소유자의 3분의 2 이상의 토지등소유자의 동의를 받아야 한다고 규정하였다가 다시 2018. 2. 9. 전부개정되면서 위 규정은 삭제되었고, 현행 법 시행령에는 어떠한 규정도 두고 있지 않다.

(다) 효력요건

추후 법 시행령이 토지등소유자의 비용부담을 수반하거나 권리·의무에 변동을 발생시키는 경우로서 동의를 요하는 사항과 동의비율을 규정하는 경우, 이는 효력규정에 해당하므로 위와 같은 절차를 거치지 않은 사항은 추진위원회에 효력이 없다. 설령 추진위원회가 운영규정으로 법령상의 가중요건인 특별다수 동의를 완화하더라도 또한 효력이 없다.

(6) 주민총회결의의 부존재확인소송

비법인사단인 추진위원회의 주민총회결의에 대하여 부존재 확인의 소를 제기할 수 있는 사람이 누구인지에 관하여 민법 등에 특별한 규정이 없으므로, 일반적인 확인의 소의 경우처럼 확인의 이익이나 법률상 이해관계를 가지는 사람은 누구든지 원고적격을 가진다. 추진위원회에 확인의 이익이 인정되는 경우에는 추진위원회 스스로 원고가 되어 주민총회결의의 존재를 주장하는 토지등소유자 등을 상대로 그 결의의 부존재 확인의 소를 제기할 수도 있다.[3]

3. 토지등소유자의 지위

가. 개 요

추진위원회 운영규정은 재개발·재건축조합의 정관에 준하는 것으로서, 추진위원회라는 단체의 조직, 활동, 구성에 동의한 토지등소유자의 권리의무관계 등 단체법적 법률관계를 규율하는 추진위원회와 원칙적으로 구성에 동의한 토지등소유자에 대하여 구속력을 가지는 자치법규이다.

다만, 동의하지 아니한 토지등소유자는 원칙적으로 운영규정의 구속을 받지 않으나(다음에서

---

2) 대법원 2021. 6. 30. 선고 2019다208281 판결.
3) 대법원 2024. 11. 28. 선고 2023다245287 판결 참조.

살펴보듯이 통지받을 권리와 관련하여 권리양도와 주소변경 신고의무 등 일부 예외 있다), 추진위원회의 활동에 의하여 조합이 설립되는 경우 추진위원회가 업무와 관련하여 행한 권리·의무는 모두 조합에 포괄승계되는 점, 재개발사업의 경우 강제가입제에 의하여 토지등소유자는 조합원으로 당연가입하게 되는 점, 추후 수용권이나 매도청구에 의하여 자신의 재산을 잃게 될 수도 있는 점 등을 고려하여 실무상 추진위원회 운영규정은 동의하지 않은 토지등소유자에 대하여 일정한 권리를 부여하고 있다.

이하에서는 추진위원회를 구성하는 토지등소유자의 지위에 관하여 그들의 권리의무를 규율하고 있는 국토부 고시 운영규정 본문 및 실무상 대부분의 추진위원회가 운영규정으로 채택하고 있는 '추진위원회 표준운영규정'을 중심으로 살펴본다.

나. 권리 및 의무

(1) 권리

(가) 주민총회 및 추진위원회 관련 권리

주민총회의 출석권, 발언권 및 의결권, 추진위원회 위원의 선임, 선출권은 모든 토지등소유자의 권리로 인정된다. 다만, 추진위원회 위원의 피선임, 피선출권은 토지등소유자 중 추진위원회 구성에 동의한 자에 한한다('추진위원회 표준운영규정' 13조 1항 1호 내지 3호). 모든 토지등소유자는 운영규정에 따라 추진위원 해임, 교체요구권도 가진다(법 33조 3항).

(나) 정비사업 내용에 대한 공고 또는 통지 받을 권리

추진위원회는 재건축진단 결과(재건축사업에 한함), 전문관리업자의 선정에 관한 사항, 토지등소유자의 부담액 범위를 포함한 개략적인 정비사업 시행계획서, 추진위원회 위원의 선정에 관한 사항, 토지등소유자의 비용부담을 수반하거나 권리, 의무에 변동을 일으킬 수 있는 사항, 법 시행령 26조에 따른 추진위원회의 업무에 관한 사항, 창립총회 개최의 방법 및 절차, 조합설립동의에 대한 철회(법 31조 2항 단서에 따른 반대의 의사표시를 포함한다) 및 방법, 조합설립동의서에 포함되는 사항을 토지등소유자가 쉽게 접할 수 있는 장소에 게시하거나 인터넷 등을 통하여 공개하고, 필요한 경우에는 토지등소유자에게 서면통지를 하는 등 토지등소유자가 그 내용을 충분히 알 수 있도록 하여야 한다('추진위원회 표준운영규정' 9조 1항).

추진위원회가 통지를 하는 경우에는 토지등소유자에게 등기우편으로 개별 통지하여야 하며, 등기우편이 주소불명, 수취거절 등의 사유로 반송되는 경우에는 1회에 한하여 일반우편으로 추가 발송한다[다만, 주민총회와 관련하여서는 앞서 본 바와 같이 1회 등기우편을 발송한 후 반송되는 경우, 지체 없이 1회에 한하여 등기우편으로 추가 발송하여야 한다('추진위원회 표준운영규정' 20조 5항)]. 공고는 토지등소유자가 쉽게 접할 수 있는 일정한 장소의 게시판에 14일 이상 공고하고 게시판에 게시한 날부터 3월 이상 추진위원회 사무소에 관련 서류와 도면 등을 비치하여 토지등소유자가 열람할 수 있도록 한다. 인터넷 홈페이지가 있는 경우 홈페이지에도 공개하여야 한다. 다만, 특정인의 권리에 관계되거나 외부에 공개하는 것이 곤란한 경우에는 그 요지만을 공개할 수 있다. 등기우편이 발송되고 위와 같이 게시판에 공고가 있는 날부터 공개, 통지된 것으로 본다('추진위원회 표준운영규정' 9조 2항).

(2) 의무

(가) 운영규정 및 주민총회의결사항 준수의무

추진위원회 운영경비 및 그 연체료의 납부의무, 그 밖에 관계 법령 및 운영규정, 주민총회의결사항의 준수의무 등이 있는바, 이는 추진위원회 구성에 동의한 토지등소유자에 한함은 앞서 본 바이다('추진위원회 표준운영규정' 13조 1항 4호, 5호).

(나) 권리양도 및 주소변경 신고의무

토지등소유자가 그 권리를 양도하거나 주소 또는 인감을 변경하였을 경우에는 그 양수자 또는 변경 당사자는 그 행위의 종료일부터 14일 이내에 추진위원회에 그 변경내용을 신고하여야 한다. 이 경우 신고하지 아니하여 발생되는 불이익 등에 대하여 해당 토지등소유자는 추진위원회에 이의를 제기할 수 없다('추진위원회 표준운영규정' 13조 3항).

원칙적으로 운영규정은 비동의자에게는 적용되지 않으므로, 위 규정도 비동의자에게 적용될 수는 없다. 다만, 추진위원회 구성에 동의하지 않는 토지등소유자도 주민총회의 출석권 등이 인정되어 추진위원회로서는 비동의자에게도 주민총회의 소집을 통지할 의무가 있는데, 이와 관련하여서는 예외적으로 비동의자에게도 적용된다고 보아야 할 것이다.

(다) 대표소유자

① 대표소유자 신고방법 및 효과

소유권을 수인이 공동 소유하는 경우에는 그 수인은 일치하여 특정인을 대표자로 함에 동의하여야 하고, 그 특정인이 이를 수락한 후 '추진위원회 표준운영규정' 첨부 대표소유자 선임동의서를 작성, 제출하는 방법으로 추진위원회에 이를 신고하여야 한다. 이 경우 소유자로서의 법률행위는 그 대표소유자가 행한다('추진위원회 표준운영규정' 13조 5항). 대표소유자를 선임하도록 하는 것은 다수의 공유자를 대표할 1인을 선출하여 그 1인을 추진위원회에 등록하게 함으로써 추진위원회 운영의 절차적 편의를 도모하기 위한 것이다. 이는 조합설립 이후의 대표조합원과 동일하다.

그러나 권리양도 및 주소변경 신고의무의 불이행과 달리 대표소유자를 선임하지 아니한 경우의 불이익에 대하여는 아무런 규정이 없으므로, 공유자등이 대표소유자를 선임하지 않은 채 각자 토지등소유자의 지위에서 권리를 행사할 수 있다.

② 대표소유자 신고 관련 쟁점(재개발·재건축사업과의 차이)

㉮ '추진위원회 표준운영규정' 첨부 대표소유자 선임동의서에는 재개발 및 재건축사업 모두 공유자 전원의 동의로 대표자가 선임되어야 하는 것으로 보이기는 한다.

그러나 종래 재개발구역의 전통시장법 2조에 따른 전통시장 및 상점가로서 1필지의 토지 또는 하나의 건축물을 여럿이서 공유하는 경우에는 해당 토지 또는 건축물의 토지등소유자의 4분의 3 이상의 동의를 받아 이를 대표하는 1인을 토지등소유자로 산정할 수 있는 예외가 있을 뿐(법 시행령 33조 1항 1호 가목 단서), 재개발·재건축사업 모두 전원 합의에 의하여 대표조합원을 선임하였다.[4] 판례도 적법한 대표조합원이 되기 위해서는 공유자 전원의 동의로 선임하여야 함을 명확히 하였다.[5]

한편 법 시행령 33조 1항 1호 가목이 2024. 3. 19. 개정되어 모든 주거환경개선사업, 재개발사업의 경우에는 해당 토지 또는 건축물의 토지등소유자의 4분의 3 이상의 동의를 받아 이를 대표하는 1인을 토지등소유자로 선정할 수 있도록 함으로써 보다 용이하게 대표자를 선임할 수 있게 하였는바, 재개발사업의 경우에는 추진위원회 단계의 대표소유자 선정에 있어서도 위 규정을 유추적용하여 해당 토지등소유자의 4분의 3 이상의 동의를 받아 이를 대표하는 1인을 대표소유자로 신고할 수 있다고 해석함이 타당하다.

㈏ '추진위원회 표준운영규정'에는 대표소유자의 변경에 대하여 아무런 규정이 없으나, 재개발사업의 경우에는 해당 토지등소유자의 4분의 3 이상의 동의를 받아, 재건축사업의 경우에는 전원이 새로운 특정인을 대표자로 하는 대표소유자 선임동의서를 작성하여 추진위원회에 이를 신고하는 방법으로 대표소유자의 변경이 가능할 것으로 보인다.

㈐ 나아가 소유자 중 일부가 대표소유자와 의견이 상충되는 경우, 대표소유자 선임 동의를 철회할 수 있는지 여부가 문제되나, 대표소유자 선임은 위임계약의 일종인바, 위임계약은 각 당사자가 언제든지 해지할 수 있는 점(민법 689조) 등에 비추어 대표소유자에 대한 위임철회는 가능하고, 이로써 대표자의 지위는 상실된다 할 것이다. 자세한 내용은 제4편 제5장 제1절 Ⅲ. "3. 대표조합원"에서 살펴본다.

③ 대표소유자로 신고되지 아니한 경우의 권리행사

대표소유자를 선임하지 않았다 하더라도, 토지등소유자 전원이 일치된 행위를 하는 경우에는 유효한 행위로 인정될 수 있다. 자세한 내용은 제4편 제5장 제1절 Ⅲ. "3. 대표조합원"에서 살펴본다.

⑶ 권리·의무의 승계 및 권리의 상실

양도·상속·증여 및 판결 등으로 토지등소유자가 된 자는 종전의 토지등소유자가 행하였거나 추진위원회가 종전의 권리자에게 행한 처분 및 권리·의무 등을 포괄승계한다('추진위원회 표준운영규정' 11조). 토지등소유자가 토지등의 소유권을 이전하였을 때에는 그 자격을 즉시 상실한다(위 운영규정 14조).

Ⅱ. 운 영

1. 내 용

앞서 본 바와 같이 추진위원회는 운영규정에 따라 운영하여야 하고, 또한 도시정비법·관계법령, 관련 행정기관의 처분을 준수하여야 하며, 그 업무를 추진함에 있어 사업시행구역안의 토

4) 종래 표준정관의 [별지] 대표조합원 선임동의서 서식에 따르면, 그 요건으로는 대표자(선임수락자), 위임자(동의자) 전원의 성명, 생년월일, 전화번호의 기재와 함께 날인하되, 위임자의 경우에는 인감도장을 날인하여야 하고, 인감증명서를 첨부하도록 규정하고 있으므로, 반드시 공유자 전원의 동의로 대표자를 선임하여야 한다고 해석되었다.

5) 대법원 2017. 2. 3. 선고 2015두50283 판결.

지등소유자의 의견을 충분히 수렴하여야 한다('추진위원회 운영규정 본문' 4조 1항). 추진위원회는 토지등소유자의 명부와 추진위원회 구성에 동의한 토지등소유자의 명부를 작성하여 관리하여야 한다('추진위원회 표준운영규정' 12조 1항). 앞서 본 바와 같이 정비사업 내용에 대하여 공고하거나 토지등소유자에게 통지하여야 한다.

2. 경비부담

가. 문제의 소재

추진위원회의 운영과정에서는 필연적으로 경비가 소요된다. 법 34조 2항은 토지등소유자는 운영에 필요한 경비를 운영규정에 따라 납부하여야 한다고 규정하고 있다. 재원의 조달과 관련하여 '추진위원회 표준운영규정' 32조는 추진위원회의 운영 및 사업시행을 위한 자금은 토지등소유자가 납부하는 경비, 금융기관 및 전문관리업자 등으로부터의 차입금, 지방자치단체의 장이 융자하는 융자금으로 한다고 규정하고 있다. 차입금에 대하여는 시장·군수등에게 신고하여야 한다(법 111조의2).

한편 '추진위원회 표준운영규정' 33조 1항은 추진위원회는 조합설립을 추진하기 위한 비용을 충당하기 위하여 토지등소유자에게 운영경비를 부과징수 할 수 있다고 규정하고 있다. 이와 관련하여 운영경비를 부담하는 토지등소유자가 누구인지가 문제된다. 왜냐하면 위 법 34조 2항은 운영경비 납부의무자로 추진위원회 구성에 동의한 토지등소유자로 제한하고 있지 않기 때문이다. 이하에서는 추진위원회 구성에 동의하지 않은 토지등소유자도 경비를 부담할 의무가 있는지 여부를 중심으로 살펴본다.

나. 원칙적 부정

원칙적으로 추진위원회 운영에 따른 경비에 대하여 추진위원회 구성에 동의하지 않은 토지등소유자가 부담하는 것은 타당하지 않다. 그 논거는 다음과 같다.

ⓐ 추진위원회 구성에 동의하지 않은 토지등소유자는 주민총회의 성립에 관한 의사 정족수에서 제외되고, 추진위원회 위원 피선임, 피선출권이 제한되는 등 동의한 토지등소유자와 비교하여 권리에 제한이 있으며, 동의하지 않은 단체의 활동에 따른 비용을 부담하는 것도 합리적이지 않다.

ⓑ '추진위원회 표준운영규정'에서도 추진위원회 운영경비 및 그 연체료 납부의무는 추진위원회 구성에 동의한 토지등소유자로 제한하고 있다(13조 1항 단서 4호).

다. 추후 추진위원회 구성에 동의한 자의 경비부담의무

추진위원회 구성에 동의하지 아니한 자가 추후 동의서를 제출하여 동의하는 경우, 그 이전의 운영경비에 대한 분담의무를 부담하는지 여부가 문제된다.

'추진위원회 표준운영규정'에서는 추후 동의서를 제출하여 동의한 해당 토지등소유자는 추진위원회 구성에 동의한 토지등소유자가 납부한 운영경비와 동일한 금액 및 그 금액의 지연납부에 따른 이자를 납부하여야 한다고 규정하고 있다(12조 2항).

추후 동의한 토지등소유자는 미동의 기간 동안 추진위원회의 활동에 따른 이득을 향유하는 점, 만일 이미 구성에 동의한 토지등소유자가 납부한 운영경비와 동일한 금액을 납부하지 않는다면, 토지등소유자로서는 가급적 늦게 동의하고자 할 것이고, 그 경우 정비사업의 진행에 중대한 차질을 초래할 것인 점 등에 비추어 구성에 동의한 토지등소유자가 이미 납부한 운영경비와 동일한 금액을 납부할 의무를 부담하는 것은 타당하다. 그러나 지연손해금과 관련하여서는 일률적으로 부과하는 대신 뒤늦게 동의함에 귀책사유가 있는 토지등소유자에 국한하여 부과하여야 할 것이고, 그와 같이 늦게 가입함에 귀책사유가 없는 토지등소유자에 대하여서까지 이를 부과하는 것은 타당하지 아니하다. 다만, 증명책임은 토지등소유자에게 있다.

라. 조합설립 이후 동의한 토지등소유자의 경비부담의무 여부

(1) 쟁점

추진위원회가 동의한 토지등소유자들로부터 갹출한 경비 등을 재원으로 조합설립을 위하여 노력한 결과 조합이 설립된 후, 추진위원회 단계에서는 동의하지 않은 토지등소유자가 조합원이 된 경우, 그와 같이 조합설립 단계에서 동의하여 조합원이 된 토지등소유자에 대하여 추진위원회 구성에 동의한 토지등소유자가 이미 납부한 운영경비와 동일한 금액 및 그 금액의 지연납부에 따른 이자를 부과할 수 있는지 여부가 문제된다.

다만, 추진위원회 단계에서 경비지출을 통하여 발생한 권리와 의무는 설립된 조합에 포괄승계 되어 조합설립 이후 경비를 부담한 토지등소유자에게 정산절차를 거친다면 조합설립 이후 동의한 토지등소유자로부터 경비를 징구할 필요가 없다.[6] 그러나 추진위원회 업무와 관련된 권리·의무는 조합이 포괄승계하나, 그와 같은 승계에 조합이 경비를 부담한 토지등소유자에 대한 정산의무가 포함된다고 보기 어렵다. 나아가 위 견해에 의하면 정비사업 그 자체를 반대하여 추진위원회 구성뿐만 아니라 조합설립도 반대하나, 법상의 강제가입제 규정에 의하여 부득이 재개발사업의 조합원이 된 토지등소유자가 그 경비의 일부를 분담하게 되는데, 이는 부당하다.

(2) 판단

이하에서는 재건축사업 및 재개발사업으로 나누어 살펴본다.

(가) 재건축사업

조합설립에 동의하여야만 조합원의 지위를 취득하게 되는 조합원 임의가입제가 적용되는 재건축사업에 있어서는, 공평의 원칙상 조합설립 이후 동의한 조합원은 추진위원회 단계에서 동의한 토지등소유자가 분담하였던 운영경비 등을 부담함이 타당하다. 다만, 지연이자 납부 여부는 앞서 본 추후 추진위원회 구성에 동의한 자와 같다.

(나) 재개발사업

토지등소유자에게 당연히 조합원 지위가 인정되는 조합원 강제가입제가 적용되는 재개발사업에서는 경우를 나누어 살펴보아야 한다. 즉, 정비사업 그 자체를 반대하여 추진위원회 구성뿐만

---

6) 이우재·박치범, 전게서(상), 411.

아니라 조합설립도 반대하나, 법상의 강제가입제 규정에 의하여 부득이 조합원이 된 토지등소유자에게는 그와 같은 경비를 부과할 수 없다(조합설립에 동의하지 않은 토지등소유자가 분양신청까지 행하지 않아 현금청산대상자가 된 경우에는 일관되게 정비사업을 반대하였으므로 경비를 부담한다고 볼 수 없다). 그러나 조합설립 이후 정비사업의 진행에 찬성하는 토지등소유자는 공평의 원칙상 위와 같은 경비 등을 부담함이 타당하다. 여기에는 조합설립에 동의하거나 조합설립에 동의하지 않았다 하더라도 분양신청을 한 토지등소유자가 포함된다. 다만, 지연이자 납부 여부는 앞서 본 추후 추진위원회 구성에 동의한 자와 같다.

마. 매몰비용

(1) 토지등소유자의 비용부담

앞서 본 바와 같이 추진위원회의 운영 및 사업시행을 위한 자금은 토지등소유자가 납부하는 경비 외에 금융기관 및 전문관리업자 등으로부터의 차입금, 지방자치단체의 장으로부터의 융자금도 가능한바, 정비구역이 해제되어 추진위원회 구성승인이 취소된 것으로 간주되는 경우, 추진위원회는 사무소 임대차보증금 등 적극재산보다 차입금 또는 융자금 등 소극재산이 훨씬 많은 것이 일반적이다. 그와 같은 매몰비용에 대하여 토지등소유자가 부담하는지 여부가 문제된다.

정비구역의 해제에서 자세히 살펴본 바와 같이 매몰비용 중 일정 부분을 분담하여야 한다는 취지를 추진위원회 운영규정이나 주민총회의 결의 또는 추진위원회와 토지등소유자와 사이의 약정 등으로 미리 정한 경우 등에 한하여, 추진위원회는 토지등소유자를 상대로 그 반환을 구할 수 있다. 그 경우에도 개별 약정을 체결하지 아니하는 한 추진위원회 구성에 동의한 토지등소유자에 한한다.

(2) 차입금에 대한 연대보증채무

추진위원회가 운영을 위하여 금융기관 및 전문관리업자 등으로부터의 금원을 차입함에 있어, 추진위원회를 주도한 추진위원장, 추진위원 등이 연대보증채무를 부담하게 되는 것이 일반적인바, 이는 토지등소유자의 매몰비용 부담과는 별개이다.

Ⅲ. 업 무

1. 총 설

추진위원회는 조합설립을 목적으로 하므로, 조합설립인가를 받기 위한 준비업무, 조합설립의 추진을 위하여 필요한 업무를 수행하는 것이 가능하다.

법 32조 1항은 추진위원회는 전문관리업자의 선정 및 변경(1호), 설계자의 선정 및 변경(2호), 개략적인 정비사업 시행계획서의 작성(3호), 조합설립인가를 받기 위한 준비업무(4호), 그 밖에 조합설립을 추진하기 위하여 대통령령으로 정하는 업무(5호) 등을 수행한다고 규정하고 있다. 위 5호의 위임을 받은 법 시행령 26조는 조합의 설립을 추진하기 위하여 필요한 업무로 추진위원회 운영규정의 작성(1호), 토지등소유자의 동의서의 접수(2호), 조합의 설립을 위한 창립총회의 개최(3호), 조합 정관의 초안 작성(4호), 그 밖에 추진위원회 운영규정으로 정하는 업무(5호)를 규정하고 있다.

한편, 111조의2는 추진위원회가 자금을 차입한 때에는 대통령령으로 정하는 바에 따라 자금을 대여한 상대방, 차입액, 이자율 및 상환방법 등의 사항을 시장·군수등에게 신고하여야 한다고 규정하고 있으므로, 자금의 차입이 가능하다. 나아가 법 35조 10항은 추진위원회는 조합설립에 필요한 동의를 받기 전에 추정분담금 등 대통령령으로 정하는 정보를 토지등소유자에게 제공하여야 한다고 규정하고 있으므로, 이를 위하여 필요한 경우 감정평가업자를 선정할 수 있다('추진위원회 표준운영규정' 5조 4항 단서).

그중 토지등소유자로부터 동의서의 접수, 창립총회의 준비 및 개최, 조합 정관 초안 작성, 감정평가업자의 선정 등은 조합설립인가에서 자세히 살펴보고, 이하에서는 전문관리업자 또는 설계자의 선정 및 변경, 개략적인 정비사업 시행계획서의 작성 및 변경, 운영규정의 작성 및 변경, 자금의 차입 등을 중심으로 살펴본다.

2. 전문관리업자 또는 설계자의 선정

가. 개 관

정비사업의 공공성 그리고 전문성 등으로 인하여 정비사업 전문관리업제도가 법 제정 당시부터 도입되었다. 이에 따라 법 제정 당시부터 전문관리업자의 선정 및 변경을 추진위원회의 업무로 규정하고 있었다. 실무상 추진위원회가 사업을 진행함에 있어 전문관리업자를 선정하여 업무를 위탁하거나 자문을 받는 것이 일반적이다. 추진위원회가 전문관리업자를 선정하는 과정에서 여러 비리들이 문제되자, 국토부는 2010. 9. 16. 국토부 고시 제2010-632호로 추진위원회가 전문관리업자를 선정함에 공정성을 유지하여야 하고, 공개경쟁의 방법으로 선정하는 것을 원칙으로 하는 '정비사업전문관리업자 선정기준'을 마련하였다.

그 후 법이 2017. 8. 9. 개정되면서 일반조항으로 추진위원장 또는 사업시행자(청산인을 포함한다)는 대통령령으로 정하는 예외사유가 없는 한 이 법 또는 다른 법령에 특별한 규정이 있는 경우를 제외하고는 일체의 계약을 체결하려면 일반경쟁에 부쳐야 하고(법 29조 1항), 일정 규모를 초과하는 계약은 국가종합전자조달시스템을 이용하여야 한다(법 29조 2항)고 규정하였다. 그와 같이 계약을 체결하는 경우의 계약의 방법 및 절차 등에 필요한 사항은 국토부장관이 정하여 고시하는바(법 29조 3항), 이에 따라 '정비계약기준'이 마련되었다.

위 법 개정 당시 32조 2항으로 추진위원회가 전문관리업자를 선정하려는 경우에는 추진위원회 승인을 받은 후 29조 1항에 따른 경쟁입찰 또는 수의계약(2회 이상 경쟁입찰이 유찰된 경우로 한정한다)의 방법으로 선정하여야 한다고 규정하여 앞서 본 일반조항과는 구별되는 별도 규정을 두었다. 법이 조합설립 이후의 시공자 선정(법 29조 4항)과 더불어 추진위원회 단계에서의 전문관리업자 선정에 대하여만 위 일반규정과 다른 특유규정을 두고 있는 것은 이를 보다 명확히 규율하기 위함이다. 2017. 8. 9. 위 '정비사업전문관리업자 선정기준'은 폐지되었다.

설계자의 선정 및 변경은 법이 2010. 4. 15. 개정되면서 정비사업의 업무효율성 제고를 위해 추진위원회의 업무로 규정되었다. 국토부는 설계자의 선정 및 변경에 관하여는 아무런 선정기준을 마련해 두고 있지 않다. 종래 설계자에 대하여는 법 29조 1항의 일반규정 제정 이전에 서울시 조례 77조 4항이 "추진위원회는 주민총회에서 법 29조 1항에 따른 경쟁입찰 또는 수의계약의 방법으로 건축사법 23조에 따라 건축사사무소 개설신고한 자를 설계자로 선정하여야 한다." 고 규정하여 설계자 선정에 대하여는 조례에서 특유규정을 두고 있었으나, 2023. 3. 27. 삭제되었다. 다만, 서울시는 현재 공공지원 정비사업 설계자 선정기준을 마련해 두고 있다.

한편, 시장·군수등은 정비사업의 투명성 강화 및 효율성 제고를 위하여 시·도 조례로 정하는 정비사업에 대하여 사업시행 과정을 지원하거나 토지주택공사등에 공공지원을 위탁할 수 있는데, 그 경우에는 전문관리업자의 선정 및 설계자 선정은 시장·군수등이나 토지주택공사등이 행하게 되므로(법 118조 1항, 2항 2호, 3호), 추진위원회가 공공지원에 따라 시장·군수등이 정한 전문관리업자를 선정하는 경우에는 법 29조 1항, 32조 2항을 적용하지 아니한다(법 118조 5항). 설계자 선정도 마찬가지이다.

나. 전문관리업자 또는 설계자 선정의 전제요건

시장·군수등으로부터 추진위원회의 구성승인을 받은 이후 전문관리업자를 선정하여야 한다(법 32조 1항, 2항). 설계자도 마찬가지이다. 만일 추진위원회 구성승인을 받지 아니하고 전문관리업자나 설계자를 선정한 자는 형사처벌(법 137조 3호)을 받게 된다. 정비사업 전문관리업제도의 도입과 함께 전문성을 갖추지 못한 전문관리업체의 난립으로 인한 폐해를 방지하기 위하여 등록제도를 통하여 추진위원회나 사업시행자 등으로부터 정비사업의 전문관리를 위탁받을 수 있는 능력(자본, 기술인력 등)을 갖추었는지 여부를 확인하는 규정이 신설되었고, 이에 따라 추진위원회는 반드시 시·도지사에 등록한 전문관리업체 중에서 전문관리업자를 선정하여야 한다.

전문관리업자 등록기준, 결격사유 및 등록취소, 행정청의 전문관리업자에 대한 조사, 감독 등 전문관리업 전반에 대하여는 제11편 제3장에서 자세히 살펴본다.

다. 선정방법

(1) 추진위원회가 전문관리업자를 선정하려는 경우에는 29조 1항에 따른 경쟁입찰 또는 수의계약(2회 이상 경쟁입찰이 유찰된 경우로 한정한다)의 방법으로 선정하여야 한다(법 32조 2항).

구체적으로는 2인 이상의 유효한 입찰참가 신청을 전제로 하는 일반경쟁입찰인바, 입찰공고, 입찰서의 접수 및 개봉절차를 거친 후 추진위원회의 사전심의를 거쳐 입찰대상자가 선정된다(추진위원회 표준운영규정 25조 1항 3호). 주민총회에는 원칙적으로 4인 이상의 입찰대상자를 상정하여야 하는바, 추진위원회가 상정할 입찰대상자를 선정하여야 하되, 입찰에 참가한 입찰대상자가 4인 미만인 때에는 모두 총회에 상정하여야 한다(정비계약기준 15조 2항).

(2) 주민총회는 상정된 4인 이상의 입찰참여자 중 1인을 선택하여야 한다. 주민총회는 추진위원회 구성에 동의한 토지등소유자 과반수 출석으로 개의하고 출석한 토지등소유자(동의하지 않은 토지등소유자를 포함한다)의 과반수 찬성으로 의결한다('추진위원회 표준운영규정' 22조 1항).[7] 4인

7) 주민총회 소집결과 정족수에 미달된 경우 재소집하여야 하나, 정족수 미달로 인하여 계속하여 전문관리업자 및 설계

이상의 입찰대상자를 주민총회에 상정하므로, 과반수 찬성이 용이하지 않다는 문제점이 있다. 구체적 선정방법은 제5편 "제3장 전문관리업자 또는 설계업자 선정"에서 살펴본다.

(3) 위와 같은 계약의 방법을 위반하여 전문관리업자를 선정한 추진위원장은 형사처벌(법 136조 4호)을 받게 된다.

라. 전문관리업자 및 설계자의 업무

(1) 전문관리업자의 업무

조합설립의 동의, 창립총회 개최 및 준비 등 조합설립을 위한 준비업무, 운영규정의 변경, 개략적인 정비사업 시행계획서의 작성 등 추진위원회의 모든 업무를 대행하게 된다. 다만, 동일한 정비사업에 대하여 설계, 회계감사는 전문관리업자가 병행하여 수행할 수 없다(법 103조, 법 시행령 83조는 전문관리업자의 업무제한 등에 대하여 다수 규정하고 있으나, 대부분은 조합설립 이후에서의 업무와 관련된다).

(2) 설계자의 업무

추진위원장과 설계자 사이의 계약에 의하여 설계자의 업무가 결정된다. 자세한 내용은 제5편 제3장에서 살펴본다.

마. 전문관리업자 또는 설계자의 조합 설립 이후의 승계 여부

(1) 문제의 소재

추진위원회 단계에서 선정된 전문관리업자 또는 설계자는 조합이 설립된 이후에도 지위를 그대로 유지하는지 여부가 문제된다. 조합설립 이후 또는 창립총회에서 추진위원회 단계에서 체결된 용역계약을 승인 내지 추인하는 결의가 있는 경우 추진위원회 단계의 용역계약이 조합설립 이후에도 효력이 있음은 명백하다. 다만, 그와 같은 승인 내지 추인결의가 없는 경우가 문제된다.

법 29조 1항이 신설되기 이전에는 법 34조 3항이 추진위원회가 수행한 업무와 관련된 권리·의무는 조합이 포괄승계 한다고 규정하고 있고, 전문관리업자 또는 설계자의 선정은 추진위원회의 업무이므로 선정의 효과가 당연히 승계되는 것으로 해석되었다. 그러나 법 29조 1항이 추진위원장 또는 사업시행자는 이 법 또는 다른 법령에 특별한 규정이 있는 경우를 제외하고는 계약(공사, 용역, 물품구매 및 제조)을 체결하려면 일반경쟁에 부쳐야 한다고 규정하고 있어 위 규정의 해석상 추진위원장 또는 조합이 계약 당사자로서 별개의 총회 등 입찰절차를 거쳐 전문관리업자 또는 설계자와 사이에 반드시 새롭게 계약을 체결해야 하는 것이 아닌가 하는 의문이 제기된다. 특히 법 137조 6호는 총회의 의결을 거치지 아니하고 사업을 임의로 추진한 조합임원에 대하여 형사처벌까지 규정하고 있으므로, 그 해석이 중요하다.

자를 선정할 수 없어 정비사업의 진행이 불가능함을 방지하기 위하여 재소집의 경우에도 정족수에 미달되는 때에는 추진위원회 회의로 주민총회를 갈음할 수 있다('추진위원회 표준운영규정' 22조 5항).

⑵ 판단

㈎ 포괄승계 긍정

법 29조 1항은 추진위원장 또는 사업시행자가 별도로 계약을 체결할 수 있음을 선언한 일반 규정일 뿐 포괄승계를 배제하는 것으로 보이지 않는 점, 포괄승계를 인정한다 하더라도 조합은 설립된 이후 새롭게 전문관리업자나 설계자를 선정할 수도 있으므로, 조합에 불리한 것으로 보이지 않고, 오히려 포괄승계가 부정되는 경우 조합이 엄격한 절차를 거쳐 전문관리업자나 설계자를 새롭게 선정하여야 하는바, 여기에는 상당한 시간과 비용이 소요되므로 정비사업의 진행에 차질을 초래하는 점 등을 종합하여 보면, 추진위원회가 선정한 전문관리업자 또는 설계자의 경우 조합이 설립된 이후에도 선정의 효과가 승계된다.

㈏ 판례

종래 대법원은 법 34조 3항(구 법 15조 4항)에 근거하여 조합이 전문관리 용역계약을 승인 내지 추인하는 취지의 조합원 총회의결이 없다 하더라도 추진위원회가 행한 전문관리 용역계약에 따른 권리의무를 포괄승계한다고 판시하였다.[8] 이에 따라 추진위원회 단계에서 체결된 용역계약에 따라 업무를 수행하면 조합이 계약상의 용역대금을 지급해야 한다. 실무상으로는 추진위원회가 전문관리업자와 용역계약을 체결할 당시 조합설립 이후의 사업시행계획인가 등에 대한 업무까지 용역계약을 체결하기도 한다.

한편 서울고등법원 2022. 6. 22. 선고 2021나2043911 판결은 추진위원회가 행한 업무범위 내에서 행한 업무와 관련된 권리와 의무만이 포괄승계됨을 전제로 추진위원회가 전문관리업자와 체결한 용역계약 중 조합의 업무와 관련된 부분을 위탁하는 내용이 포함되어 있다면 이는 조합에 포괄승계된다고 보기 어렵다고 판시하였고, 위 판결은 심리불속행의 대법원 2022. 10. 27. 자 2022다252684 판결로 확정되기는 하였다. 그러나 위 서울고등법원 2021나2043911 판결은 조합설립을 위한 창립총회 당시 '전문관리업자와의 계약을 불승계하고 재입찰'함을 의결하였고, 실제로 추진위원회 단계에서 선정된 전문관리업자가 조합설립 이후 용역업무를 수행하지 아니한 사안이므로, 위 판시가 위 2014다230290 판결에 정면으로 반한다고 단정하기는 어렵다.

3. 기 타

가. 개략적인 정비사업 시행계획서의 작성

⑴ 의의

추진위원회는 용적률·건폐율 등 건축계획, 건설예정 세대 수 등 주택건설계획, 철거 및 신축비 등 공사비와 부대경비, 사업비의 분담에 관한 사항, 사업완료 후 소유권의 귀속에 관한 사항이 포함된 개략적인 사업시행계획서를 작성하여야 한다('추진위원회 표준운영규정' 30조). 이미 작성된 개략적인 정비사업 시행계획서를 변경하기 위해서는 주민총회의 의결을 필요로 하므로('추진위원회 표준운영규정' 21조 5호), 사업시행계획서 작성에도 주민총회의 의결을 요한다.

8) 대법원 2015. 2. 12. 선고 2014다230290 판결.

추진위원회가 토지등소유자로부터 조합설립 동의를 받기 위해서는 법 35조 10항에 따른 추정분담금(토지등소유자별 분담금 추산액 및 산출근거) 등에 관한 정보를 제공하여야 하는바, 이를 위해서는 개략적인 정비사업 시행계획서 작성이 전제가 되어야 한다. 결국 이는 조합설립을 위한 준비업무의 일종으로 보인다. 추정분담금 산정을 위해서는 감정평가업자를 선정할 수 있으나('추진위원회 표준운영규정' 5조 4항), 다음에서 살펴보듯이 서울시의 경우 '사업비 및 분담금 추정프로그램'을 통하여 산출한다.

(2) 사업시행계획서 변경의 의미

'추진위원회 표준운영규정'에서 주민총회의결사항으로 규정한 내용들은 주로 토지등소유자의 이해관계에 관련되는 중요한 사항이므로, 토지등소유자 전원으로 구성되는 주민총회에서 결정되어야 한다는 것이다. 개략적인 사업시행계획서의 변경을 주민총회의 의결사항으로 규정한 것도 같은 취지로 이해된다. 따라서 주민총회의결을 요하는 사업시행계획서 변경의 의미는 주요 부분이 실질적으로 변경되어 주민의 이해관계에 영향을 미치는 것을 내용으로 한다. 단순히 토지등소유자의 숫자가 증가함에 발맞추어 종전의 사업시행계획서를 변경하는 것은 주민총회의 의결을 요하는 실질적 변경으로 보기 어렵다.[9] 따라서 그 경우 추진위원회가 주민총회의 의결 없이 새롭게 개략적인 사업시행계획을 마련하였다 하더라도, 이는 그 자체로 적법하다.

나. 운영규정의 변경

운영규정은 추진위원회 구성승인 시 토지등소유자의 과반수의 동의를 얻어 작성된다. 그 후 운영규정의 변경은 토지등소유자의 4분의 1 이상 또는 추진위원회의 의결로 발의한 후, 주민총회의 의결을 거쳐야 한다. 의결은 추진위원회 구성에 동의한 토지등소유자 과반수 출석으로 개의하고 출석한 토지등소유자(동의하지 않은 토지등소유자를 포함한다)의 과반수 찬성으로 하며, 운영규정이 변경된 경우, 시장·군수등에게 신고하여야 한다('추진위원회 운영규정 본문' 4조 2항, '추진위원회 표준운영규정' 10조 2항, 18조 3항).

다. 자금의 차입

추진위원회는 자금을 차입할 수 있다. 다만, 추진위원회가 자금을 차입한 때에는 대통령령으로 정하는 바에 따라 자금을 대여한 상대방, 차입액, 이자율 및 상환방법 등의 사항을 시장·군수등에게 신고하여야 한다(법 111조의2). 위 조항은 법이 2022. 6. 10. 개정되면서 처음 도입되었다. 법 111조의2에 따른 자금차입의 신고는 추진위원회가 자금을 차입한 날부터 30일 이내에 자금을 대여한 상대방, 차입일, 차입액, 이자율, 상환기한 및 상환방법을 기재한 자금차입계약서의 사본을 관할 시장·군수등에게 제출하는 방법으로 한다(법 시행령 87조의2).

---

9) 대법원 2023. 8. 18. 선고 2022두51901 판결 및 서울고등법원 2022. 7. 6. 선고 2020누69092 판결, 서울행정법원 2020. 11. 20. 선고 2019구합73055 판결.

4. 쟁 점

가. 시공자 선정 권한 여부

(1) 현행 법령의 규정

법 29조 4항은 조합은 조합설립인가를 받은 후 총회에서 경쟁입찰 또는 수의계약(2회 이상 경쟁입찰이 유찰된 경우로 한정한다)의 방법으로 건설업자 또는 등록사업자를 시공자로 선정하여야 한다고 규정하여 시공자 선정이 조합설립인가 이후에 이루어져야 할 조합의 권한임을 명시하고 있다. '추진위원회 표준운영규정' 5조 4항도 시공자 선정은 조합의 권한이고, 추진위원회의 업무범위에 포함되지 아니함을 명시하고 있다.

(2) 쟁점

제5편 제2장 시공자 선정에서 살펴보듯이 조합에 관한 시공자 선정 시기에 관한 법 규정은 여러 차례 개정되었다. 법 제정 당시는 사업시행계획인가 이후, 2005. 3. 18. 개정으로 재건축조합에 대하여만 사업시행계획인가 이후(재개발조합에 대한 규정은 없다), 2006. 5. 24. 개정으로 재개발조합은 조합설립인가 이후, 재건축조합은 사업시행계획인가 이후로 규정함으로써, 재개발조합의 경우 2006. 5. 24. 개정(시행일 2006. 8. 25.)되기 이전인 2005. 3. 18.부터 2006. 8. 24.까지 사이에는 시공자 선정의 시기에 관한 법적 공백이 있었다. 실무상 위 기간 동안 추진위원회가 시공자를 선정하는 경우 그 시공자 선정에 관한 결의의 효력에 대하여 다툼이 있어 왔다.

만일 추진위원회가 시공자 선정 권한이 없음에도, 이를 선정한 경우 추진위원회가 행한 시공자 선정이 법률상 무효이고, 이에 따라 당연히 조합에도 효력이 없으나, 앞서 제2장 제1절 "Ⅱ. 추진위원회와 조합과의 관계"에서 살펴본 바와 같이 추진위원회의 업무는 조합에 포괄승계되므로, 그와 관련된 소송이 계속 중에 조합이 설립된 경우, 설립된 조합은 추진위원회를 승계하게 된다.

(3) 판단

㈎ 2005. 3. 18.부터 2006. 8. 24.까지 기간 동안 재개발조합 추진위원회의 시공자 선정

판례는 재개발사업에 있어 2005. 3. 18.부터 2006. 8. 24.까지 시공자 선정 권한에 관하여 명문의 규정이 없으나, 시공자의 선정은 조합이 설립된 이후의 총회의 고유권한이라고 봄이 상당하므로, 추진위원회 단계에서 개최한 주민총회 또는 토지등소유자 총회에서 시공자를 선정하기로 한 결의는 무효라고 하였다.[10] 다만, 그 후 설립된 조합의 추진위원회 단계에서 개최한 주민총회 또는 토지등소유자 총회에서 선정된 시공자 선정결의를 그대로 승인 또는 추인하는 총회결의는 유효하다.[11]

---

10) 대법원 2008. 6. 12. 선고 2008다6298 판결.

11) 甲 추진위원회가 주민총회에서 乙 회사를 시공사로 선정하는 결의를 한 후, 乙 회사와 공사도급계약을 체결하면서 乙 회사가 甲 추진위원회에 정비사업 시행을 위하여 소요되는 자금을 대여하는 내용의 소비대차약정을 체결하였는데, 법상 시공자 선정 권한은 재개발조합 총회의 고유한 권한이므로 추진위원회가 주민총회의 의결을 거쳤다 하더라도 시공자 선정결의와 공사도급계약은 무효인바, 그 경우 소비대차약정도 무효가 되는지 여부가 문제되나, 추진위원

(나) 2006. 8. 25. 이후에도 추인에 의한 시공사 선정 유효 여부

법은 2006. 5. 24. 개정되면서 조합이 시공자를 선정할 때 반드시 경쟁입찰의 방법을 거치도록 하는 11조 2항을 신설하였고, 위 규정은 2006. 8. 25. 시행되었다(부칙으로 위 규정은 법 시행 후 최초로 추진위원회의 승인을 얻은 분부터 적용한다). 비록 무효인 법률행위를 추인하면 해당 법률행위는 유효하게 되지만, 강행규정을 위반해 무효인 행위는 그 무효사유가 제거되지 않는 한 추인을 하더라도 효력을 갖지 않는바,[12] 경쟁입찰에 의한 시공사 선정규정은 강행규정으로서 이를 위반하여 경쟁입찰의 방법이 아닌 방법으로 이루어진 입찰과 시공자 선정결의는 당연히 무효라고 보아야 한다. 형식적으로는 경쟁입찰의 방법에 따라 조합 총회에서 시공자 선정결의를 하였다고 하더라도 실질적으로 경쟁입찰에 의하여 시공사를 정하도록 한 취지를 잠탈하는 경우에도 위 규정을 위반한 것으로 볼 수 있다.[13]

따라서 추진위원회 단계에서 시공사를 선정되고, 조합이 설립 이후 시공사를 선정함에 있어 이를 추인하는 총회결의만으로는 시공자 선정이 불가능하고, 반드시 경쟁입찰 방법을 통해 법이 정한 새로운 선정절차를 거쳐야 한다. 다만, 추진위원회가 선정한 시공사가 조합설립 이후의 경쟁입찰에서 시공자로 선정되어 시공계약까지 체결하였다면 그때까지 시공자와 사이에 있었던 개별적 법률행위에 대하여 효력을 부여하는 추인은 단독행위로서 가능하다 할 것이다.[14]

나. 추진위원회가 토지등소유자와 현금(현물)보상 약정 체결 가능 여부

대법원은 추진위원회가 토지등소유자와 그 소유 토지 중 일부에 대하여는 현금으로 보상하고, 나머지 토지는 구획정리 후 일반상업용지로 환지보상을 한다는 내용의 현금 및 현물보상에 관하여 약정을 체결하였고 그 후 조합이 설립되었는데, 위 약정이 조합에 승계되는지 여부가 문제된 사안에서, 위 약정은 정비사업과 관련하여 토지등소유자에 대한 구체적인 보상방법을 정하는 업무에 해당하므로, 조합설립인가를 받기 위한 준비업무, 조합설립의 추진을 위하여 필요한 업무로 추진위원회의 업무범위를 정하고 있는 강행규정인 법 32조 1항에 위반되어 무효라고 판시한 원심을 수긍하였다.[15]

회 단계에서 이루어진 시공사 선정결의가 무효라 하더라도 조합 설립 후 총회에서 추진위원회가 한 시공사 선정을 추인하는 결의를 할 수 있고, 이러한 결의로 추진위원회가 한 시공사 선정은 유효하게 되므로, 추진위원회 단계에서 체결된 공사도급계약이 무효가 될 것인지 여부에 관계없이 건설회사와 추진위원회가 소비대차약정에 따라 자금 대여 관계를 유지하였다는 의사해석이 충분히 가능하다(대법원 2023. 2. 2. 선고 2019다232277 판결, 법률행위의 일부분이 무효인 때에는 그 전부를 무효로 하나, 그 무효 부분이 없더라도 법률행위를 하였을 것이라고 인정될 때에는 나머지 부분은 무효가 되지 아니한다).

12) 대법원 2010. 2. 11. 선고 2009다74007 판결.
13) 대법원 2017. 5. 30. 선고 2014다61340 판결.
14) 이우재·박치범, 전게서(상), 276.
15) 대법원 2024. 12. 12. 선고 2024다260405 등 판결.

제5장 조합설립인가처분 이후의 법률관계

Ⅰ. 추진위원회의 해산 및 청산

추진위원회는 조합과는 별개의 처분에 의하여 성립하는 별개의 단체이므로, 조합이 설립되더라도 흡수되는 것이 아니다. 다만, 추진위원회는 조합설립을 목적으로 하고, 법인은 목적이 달성된 경우 해산하고, 청산절차로 들어가므로(민법 77조), 추진위원회는 조합이 설립되어 목적을 달성하면 해산하여야 한다. 추진위원회 운영규정 본문 5조 1항 및 추진위원회 표준운영규정 36조 1항은 “추진위원회는 조합설립인가일까지 업무를 수행할 수 있으며, 조합이 설립되면 모든 업무와 자산을 조합에 인계하고 추진위원회는 해산한다.”고 규정하고 있다. 목적달성으로 인한 해산은 별도의 동의절차가 필요하지 않고, 비법인사단으로 등기가 불가능하므로 별도의 해산절차는 필요하지 않다.

대법원도 추진위원회의 권한은 조합의 설립을 추진하기 위한 업무를 수행하는 데 그치므로 일단 조합설립인가처분을 받아 추진위원회의 업무와 관련된 권리와 의무가 조합에 포괄적으로 승계되면, 추진위원회는 그 목적을 달성하여 소멸한다고 판시하였다.[1]

이는 조합설립인가에 이르기 전 추진위원회가 필요에 의하여 일정한 절차를 거쳐 스스로 해산하는 경우와 구별된다. 이하에서는 조합설립인가로 인한 추진위원회의 해산에 대하여 살펴본다.

1. 해산의 효과

가. 포괄승계

추진위원회 업무와 관련된 권리·의무는 조합이 포괄승계한다(법 34조 3항).

나. 추진위원회 업무 종료

해산이란 법인 등이 본래의 정비사업 목적 활동을 중단하고 청산절차로 들어가는 것을 의미하므로, 추진위원회는 조합설립인가일까지만 업무를 수행할 수 있다('추진위원회 표준운영규정' 36조 1항). 추진위원회의 권한은 조합의 설립을 추진하기 위한 업무를 수행하는 데 그치므로 일단 조합설립인가처분이 이루어져 추진위원회의 업무와 관련된 권리와 의무가 조합에 포괄적으로 승계되면, 추진위원회는 그 목적을 달성하여 소멸한다.[2] 추진위원회 업무 종료는 매우 엄격

1) 대법원 2013. 12. 26. 선고 2011두8291 판결.
2) 대법원 2013. 12. 26. 선고 2011두8291 판결.

하여 조합이 설립되었는데도 불구하고 추진위원회를 계속 운영한 자는 형사처벌을 받게 된다(법 137조 5호).

2. 해산의 후속절차

가. 추진위원회의 의무(해산에 따른 후속조치)

(1) 조합 총회 보고의무

추진위원회는 수행한 업무를 조합이 설립된 이후 총회에 보고하여야 한다(법 34조 3항 전문).

(2) 업무와 자산 인계의무

㈎ 추진위원회는 조합이 설립되면 모든 업무와 자산을 조합에 인계하여야 한다('추진위원회 표준운영규정' 36조 1항). 추진위원회는 사용경비를 기재한 회계장부 및 관계 서류를 조합설립인가일부터 30일 이내에 조합에 인계하여야 한다(법 34조 4항). 위 규정에 위반하여 회계장부 및 관계 서류를 조합에 인계하지 아니한 추진위원장은 형사처벌을 받게 된다(법 138조 1항 2호).

㈏ 조합에 인계되기 전까지 납부 또는 지출된 금액과 계약 등으로 지출될 것이 확정된 금액의 합이 3억 5천만 원 이상인 경우, 추진위원회에서 사업시행자로 인계되기 전 7일 이내에 추진위원회는 반드시 외부감사법 2조 7호 및 9조에 따른 감사인의 회계감사를 받기 위하여 시장·군수등에게 회계감사기관의 선정·계약을 요청하여야 한다. 나아가 감사결과를 회계감사가 종료된 날부터 15일 이내에 시장·군수등 및 해당 조합에 보고하고, 조합원이 공람할 수 있도록 하여야 한다(법 112조 1항 1호, 법 시행령 88조 1호).

나. 청 산

실무상 추진위원회 업무는 조합에 포괄승계되어 청산할 업무가 거의 없어 청산절차는 일반적으로 생략된다. 다만, 승계되지 않은 권리, 의무가 남아있다면 별도의 청산절차가 진행된다.

Ⅱ. 추진위원회 구성승인처분과 조합설립인가처분의 관계

1. 소의 이익

토지등소유자가 시장·군수등을 상대로 추진위원회 구성승인처분의 위법을 다투는 소송 계속 중에 조합설립인가처분이 이루어진 경우 소의 이익이 문제된다. 설령 추진위원회 구성승인처분에 대한 취소 또는 무효확인 판결이 확정된다 하더라도, 이미 조합설립인가처분이 이루어졌다면, 그것만으로 이미 조합설립인가를 받은 조합에 의한 정비사업의 진행을 저지할 수 없다. 왜냐하면 추진위원회 구성승인처분은 조합설립이라는 종국적 목적을 달성하기 위한 중간단계의 처분에 불과하기 때문이다. 따라서 추진위원회 구성승인처분을 다투는 소송 계속 중에 조합설립인가처분이 이루어진 경우에는, 추진위원회 구성승인처분에 위법이 존재하여 조합설립인가신청행위가 무효임을 들어 조합설립인가처분의 위법을 다툼으로써 정비사업의 진행을 저지하여야 하고, 이와는 별도로 추진위원회 구성승인처분에 대하여 취소 또는 무효확인을 구할 소의 이익

은 없다.[3)]

2. 정비사업 특유법리의 적용 여부(부정)

가. 문제의 제기

정비사업은 조합의 설립, 사업시행계획, 관리처분계획 등의 단계를 거쳐 순차 진행되고, 각 단계에서 조합설립인가, 사업시행계획인가, 관리처분계획인가 등의 선행 행정처분이 이루어짐에 따라 후속절차가 진행되는 것이 정비사업의 특성이다. 이에 따라 선행처분은 그 자체로 처분의 목적이 종료되지 않고 계속하여 후속처분의 전제가 되므로, 선행처분이 당연무효로 확인되거나 취소될 경우 후속처분은 소급하여 효력이 없다는 것이 정비사업 특유의 법리이다.

추진위원회 구성승인처분에도 위와 같은 정비사업 특유의 법리가 적용되어 구성승인처분이 당연무효로 확인되거나 취소되는 경우 조합설립인가처분도 후속처분으로서 소급하여 효력이 소멸하는지 여부가 문제된다.

나. 판 단

추진위원회 구성승인처분은 조합설립을 목적으로 하는 중간단계 처분으로서, 구성승인처분으로 처분의 목적이 종료되므로, 정비사업 특유법리는 추진위원회 구성승인처분에 적용되지 아니한다. 따라서 추진위원회 구성승인처분이 당연무효로 확인되거나 취소되더라도, 조합설립인가처분은 소급하여 효력이 소멸된다고 볼 수 없다(다음에서 살펴보듯이 조합설립인가처분은 토지등소유자의 가중된 특별다수의 법정 동의 아래 창립총회의 결의를 통하여 정관을 확정하고 임원을 선출하는 등의 사실상 추진위원회와는 별개의 단체결성행위를 거쳐 성립하는 것으로서, 정비사업의 진정한 출발점에 해당하므로, 추진위원회 구성승인처분의 후속처분으로 볼 수 없다).

3. 일반 행정처분 법리의 적용 여부

가. 하나의 법률효과를 발생시키는 것인지 여부(부인)

동일한 행정목적을 달성하기 위하여 단계적인 일련의 절차로 연속하여 행하여지는 선행처분과 후행처분이 서로 결합하여 하나의 법률효과를 발생시키는 경우, 선행처분이 하자가 있는 위법한 처분이라면, 선행처분의 하자가 무효 또는 불가쟁력 발생 여부를 불문하고 후행처분도 선행처분과 같은 하자가 있는 위법한 처분으로 보아 항고소송으로 취소를 청구할 수 있다.[4)] 그러나 추진위원회 구성승인처분과 조합설립인가처분은 별개의 행정목적을 달성하기 위한 것이고, 별개의 법률효과가 발생한다. 따라서 추진위원회 구성승인처분의 하자가 조합설립인가처분에 당연히 승계되어 위법하게 되는 것으로 보기 어렵다.

---

3) 대법원 2013. 1. 31. 선고 2011두11112, 11129 판결.

4) 대법원 1993. 2. 9. 선고 92누4567 판결.

나. 별개의 법률효과를 목적으로 하는 연속적 처분의 하자 승계법리의 적용 여부(제한적 긍정)

(1) 문제의 소재

연속적으로 행하여진 선행처분과 후행처분은 각각 그 하자를 다툴 수 있으나, 서로 독립하여 별개의 법률효과를 목적으로 하고 선행처분에 불가쟁력이 생겨 그 효력을 다툴 수 없게 된 경우에도 선행처분의 하자가 중대하고 명백하여 당연무효인 경우에는 선행처분의 하자를 이유로 후행처분의 효력을 다툴 수 있다.[5] 이는 독립하여 별개의 법률효과를 목적으로 하나 연속적으로 처분이 행하여진 경우의 일반법리이다. 위와 같은 일반법리가 추진위원회 구성승인처분과 조합설립처분에 대하여 적용되는지 여부가 문제된다.

(2) 판례(제한적 긍정설)

(가) 원칙적 부정

조합설립인가처분이 반드시 추진위원회 구성승인처분의 적법·유효를 전제로 한다고 볼 것은 아니다.[6] 추진위원회 구성승인처분에 하자가 있고 그 하자가 중대·명백하여 당연무효라 하더라도, 추진위원회의 조합설립인가 신청행위가 위법하다고 볼 수 없으므로, 조합설립인가처분의 효력을 다툴 수 없다.[7] 그 논거는 다음과 같다.

ⓐ 추진위원회 구성승인처분은 조합설립을 목적으로 하는 중간단계의 처분으로서, 추진위원회는 조합이 설립인가처분을 받아 등기하면 그 목적을 달성하여 소멸한다.

ⓑ 조합설립인가처분은 추진위원회 구성의 동의요건보다 더 엄격한 동의요건을 갖추어야 할 뿐만 아니라 창립총회의 결의를 통하여 정관을 확정하고 임원을 선출하는 등의 단체결성행위를 거쳐 성립하는 점 등에 비추어 추진위원회 구성의 동의요건 흠결 등 추진위원회 구성승인처분상의 위법만을 들어 조합설립인가처분의 위법을 인정하는 것은 타당하다고 할 수 없다.

(나) 예외적 긍정

추진위원회 구성승인처분의 중대·명백한 위법사유가 도시정비법상 하나의 정비구역 내에 하

---

5) 대법원 2009. 4. 23. 선고 2007두13159 판결.

6) 대법원 2013. 12. 26. 선고 2011두8291 판결[기본계획이 수립되기 이전(정비예정구역지정 이전)의 추진위원회 구성승인처분은 하자가 중대할 뿐만 아니라 객관적으로 명백하므로, 구성승인처분은 무효인바(대법원 2009. 10. 29. 선고 2009두12297 판결, 대법원 2014. 6. 12. 선고 2012두12051 판결), 정비예정구역지정 전에 추진위원회 구성승인처분이 있었던 사안에서, 정비예정구역 지정 또는 그 변경고시 이전에 추진위원회 구성승인처분이 있었다거나 또는 정비예정구역 변경고시 이전에 징구된 토지 등 소유자의 동의를 기초로 추진위원회 구성승인처분이 이루어졌다는 위법이 존재한다고 하더라도 이러한 하자가 도시정비법상 추진위원회 제도의 입법취지를 형해화할 정도에 이른다고 볼 수 없어 이 사건 추진위원회의 조합설립인가 신청행위가 위법·무효라고 볼 수 없으므로, 조합설립인가처분도 위법하다고 할 수 없다].

7) 대법원 2014. 5. 29. 선고 2012두6650 판결[정비예정구역을 달리 하는 두 개의 추진위원회가 구성승인되었다가 하나의 재정비촉진구역으로 지정됨에 따라 통합된 추진위원회 명의로 개최된 창립총회에서 두 재정비촉진구역을 결합개발방식으로 개발한다는 사업계획 및 정관 등을 결의한 후 토지등소유자로부터 받은 조합설립동의서를 첨부하여 조합설립인가처분을 받은 사안에서, 대법원은 조합의 설립을 위한 통합된 추진위원회의 설립 또는 변경승인을 받지 않은 채 조합설립인가처분이 있었다거나 정비구역지정·고시 전에 추진위원회 승인처분이 이루어졌다고 하더라도, (그와 같은 하자가 도시정비법상 추진위원회 제도의 입법취지를 형해화할 정도는 아니라고 할 것이라면), 개별 추진위원회의 조합설립인가 신청행위가 위법·무효라고 볼 수 없으므로 조합설립인가처분이 위법하다고 할 수 없다].

나의 추진위원회로 하여금 조합설립 추진업무를 수행하도록 한 추진위원회 제도의 입법취지를 형해화할 정도에 이르는 경우에 한하여 그 추진위원회의 조합설립인가 신청행위가 위법·무효이므로, 이에 기초한 조합설립인가처분의 효력을 다툴 수 있게 된다.

판례는 이미 추진위원회가 구성승인처분을 받아 존재함에도 불구하고 후행의 추진위원회가 구성승인처분 받아 조합설립인가를 신청하는 행위는 위법·무효이므로 그에 따른 조합설립인가처분을 위법하다고 하였다.[8)]

(3) 결론

추진위원회 구성승인처분은 조합설립이라는 제한된 목적을 달성하기 위한 중간단계의 처분으로서 보조적 성격이 있고(조합설립인가처분, 사업시행계획, 관리처분계획, 이전고시 등은 대등한 지위에 있다), 조합설립인가처분은 이와는 별개의 보다 엄격한 단체결성행위를 거쳐 이루어지는 처분인 점 등에 비추어 추진위원회 구성승인처분에 당연무효의 하자가 있다 하더라도, 원칙적으로 이로써 조합설립인가처분이 위법하다고 볼 수 없다는 판례의 견해는 타당하다. 또한 하나의 사업구역 내에는 하나의 추진위원회만이 가능하고, 이는 엄격히 준수되어야 하는 것으로서, 이미 승인받은 추진위원회가 구성되어 있음에도 불구하고 임의로 추진위원회를 구성하여 정비사업을 추진한 자는 형사처벌까지 받게 되는 사정(법 137조 4호)에 비추어 이미 추진위원회가 존재함에도 불구하고 후행의 추진위원회가 구성되어 조합설립인가를 신청하는 행위는 위법하고 무효이므로 그에 따른 조합설립인가처분을 위법하다고 본 판시 또한 타당하다. 추진위원회 구성승인을 받지 아니한 채 추진위원회 업무를 수행하면 형사처벌의 대상임에도(법 137조 3호), 2개의 추진위원회에 대한 구성승인은 있었으나, 통합 추진위원회의 구성승인을 받지 않은 채 각각 조합설립동의서 징구 및 통합 창립총회를 통하여 통합된 1개의 조합설립인가처분이 이루어진 경우, 그와 같은 하자가 도시정비법상 추진위원회 제도의 입법취지를 형해화할 정도는 아닌 것으로서, 추진위원회의 조합설립인가 신청행위가 위법·무효라고 볼 수 없다는 점(대법원 2014. 5. 29. 선고 2012두6650 판결)과 대조된다.

Ⅲ. 정비구역 확대 시 추진위원회의 변경승인 전 조합설립인가신청의 무효 여부

1. 문제의 소재

추진위원회 구성승인 후 정비구역의 면적이 10% 이상 변경된 경우, 추진위원회는 시장·군수 등으로부터 새롭게 구성승인 또는 변경승인을 받아야 함은 앞서 본 바이다. 만일 추진위원회가 새로운 승인 또는 변경승인을 받기 전에 조합설립인가를 신청한 경우, 그 신청의 무효 여부가 문제된다. 2024. 12. 3. 법 개정으로 31조 2항 2호 각 목의 경우에는 정비구역지정·고시 이전에 일정한 구역을 전제로 추진위원회 구성승인처분이 이루어질 수 있는데, 그 후 정비구역으로 지정·고시된 면적과 사이에 10% 이상 차이가 발생하였음에도, 추진위원회가 새로운 승인 또는 변경승인을 받기 전에 조합설립인가를 신청한 경우, 그 신청의 무효 여부 역시 동일하게 문제된다.

8) 대법원 2013. 12. 26. 선고 2011두8291 판결.

2. 판 례

판례는 추진위원회가 구성승인을 받을 당시의 정비구역보다 면적이 확대된 경우, 추진위원회가 구성변경승인을 받기 전에 확대된 정비구역 전체를 대상으로 조합설립을 추진하여 조합설립인가신청을 하였다 하더라도 이는 유효하게 설립된 비법인사단의 법률행위이므로, 당초의 추진위원회 구성승인이 실효되었다는 등의 특별한 사정이 없는 한 변경승인 전의 행위라는 사정만으로 조합설립인가신청 자체가 무효라고 할 수는 없다고 하였다.[9)]

위 판례는 추진위원회가 구성승인을 받을 당시 정비구역 면적이 45,619㎡이나, 그 후 확대된 면적이 68,339㎡로 약 50%의 면적 증가가 있었던 사안인데, 추진위원회를 해산하고 새로운 추진위원회를 설립하여 그에 대한 구성승인을 받거나 그에 준하는 절차를 밟아야 할 필요는 없고, 당초의 추진위원회 구성승인이 실효되었다고 볼 수는 없다고 하였다.

3. 결 론

가. 정비구역의 동일성을 유지하는 경우

위 판례 사안은 정비구역의 면적이 50% 증가된 것으로서, 정비구역의 동일성이 유지되는바, 그 경우 종전 구성승인처분은 유효하게 존속하고 있고, 추진위원회는 적법하게 존속하는 점, 변경된 면적을 기초로 하여 토지등소유자의 가중된 특별다수의 법정 동의 아래 창립총회의 결의를 통하여 정관을 확정하고 임원을 선출하는 등의 단체결성행위를 거쳐 조합이 성립하였고, 추진위원회의 조합설립인가신청에 대하여 행정청이 적법요건에 대한 충분한 심사를 통하여 조합설립인가처분이 이루어진 점 등에 비추어 변경승인 받지 아니한 추진위원회의 조합설립인가 신청행위를 무효로 볼 수는 없다.

나. 정비구역의 동일성을 유지하지 아니하는 경우

앞서 본 바와 같이 추진위원회 구성승인처분에 하자가 있고 그 하자가 중대·명백하여 무효라 하더라도, 그 위법사유가 도시정비법상 하나의 정비구역 내에 하나의 추진위원회로 하여금 조합설립의 추진을 위한 업무를 수행하도록 한 추진위원회 제도의 입법취지를 형해화할 정도에 이르는 경우에 한하여 예외적으로 추진위원회의 조합설립인가 신청행위가 위법·무효이고, 나아가 이에 기초한 조합설립인가처분의 효력을 다툴 수 있게 되는 점(대법원 2014. 2. 27. 선고 2011두2248 판결), 조합설립인가처분은 추진위원회 구성의 동의요건보다 더 엄격한 동의요건을 갖추어야 할 뿐만 아니라 창립총회의 결의를 통하여 정관을 확정하고 임원을 선출하는 등의 단체결성행위를 거쳐 성립하는 점 등을 종합하여 보면, 변경승인 받지 아니한 추진위원회의 조합설립인가 신청행위를 무효로 볼 수는 없다.

---

9) 대법원 2014. 2. 27. 선고 2011두2248 판결.

Ⅳ. 조합설립인가처분의 무효확인 또는 취소와 추진위원회의 법률관계

1. 추진위원회의 부활

가. 문제의 소재

조합설립인가처분이 취소되거나 무효로 확인되는 경우, 종전 추진위원회가 부활하는지 또는 토지등소유자들이 다시 조합설립을 추진하기 위해서는 새롭게 추진위원회를 구성하여야 하는지 여부가 문제된다.

나. 판 단

(1) 추진위원회의 부활

원칙적으로 조합설립인가처분을 받은 조합이 설립등기를 마쳐 법인으로 성립하게 되면 추진위원회는 목적을 달성하여 소멸하듯이 그 후 조합설립인가처분이 법원의 판결에 의하여 취소된 경우에는 추진위원회가 지위를 당연히 회복하여 다시 조합설립인가신청을 하는 등 조합설립추진 업무를 계속 수행할 수 있다.[10)]

(2) 종전 동의서 재사용 여부

종전 추진위원회가 부활하여 종전 추진위원장, 추진위원 및 감사 등의 지위가 회복된다. 추진위원장은 다시 조합설립을 추진함에 있어 종전 토지등소유자의 동의서를 다시 사용할 수 있는지 여부가 문제된다. 앞서 제2장 제2절 Ⅱ. "2. 정비구역지정 이전에 받은 동의서의 효력"에서 본 바와 같이 법 37조 및 법 시행령 35조의 요건 아래 종전 동의서를 계속하여 사용할 수 있다.

2. 종전 조합과 부활한 추진위원회의 병존

조합설립인가처분이 법원의 판결에 의하여 취소된 경우에는 조합설립인가처분이 소급하여 효력을 상실하고, 조합은 청산사무가 종료될 때까지 청산의 목적범위 내에서 권리·의무의 주체로서 잔존하게 된다.[11)] 하나의 사업구역 내에는 하나의 추진위원회만이 가능하나, 종전 조합은 청산의 목적 범위 내에서만 잔존하고 조합설립을 목적으로 하지 아니하므로, 하나의 정비구역 내에 종전 조합과 부활한 추진위원회가 병존하게 된다 하더라도 법률상 아무런 문제가 없다.

---

10) 대법원 2016. 12. 15. 선고 2013두17473 판결[부활을 인정하지 않으면, 정비사업을 추진하기 위해서는 추진위원회 구성 등 모든 절차를 새롭게 진행해야 하는데, 이는 사회·경제적 낭비이고, 부활을 인정하더라도 정비사업의 계속 추진에 반대하는 토지등소유자로서는 추진위원회가 다시 조합설립인가신청을 하기 이전까지 조합설립에 대한 동의를 철회할 수 있고, 추진위원회 구성 동의자 3분의 2 이상의 동의를 통하여 해산할 수 있다('추진위원회 운영규정 본문' 5조 3항)].

11) 대법원 2012. 3. 29. 선고 2008다95885 판결, 대법원 2012. 11. 9. 선고 2011두518 판결.

제4편

조합설립

제1장 총 설

Ⅰ. 조합의 성립

정비구역 내 토지등소유자가 재개발·재건축사업을 시행하는 경우는 조합이 사업시행자가 되는 경우와 토지등소유자가 20인 미만인 재개발사업에서 토지등소유자 개인이 사업시행자가 되는 경우로 구분되나, 원칙적 형태는 전자라 할 것이다. 토지등소유자가 20인 미만인 재개발사업에서 토지등소유자 개인이 사업시행자가 되는 정비사업에 관하여는 제6편 제3장에서 자세히 살펴본다.

조합이 설립되기 위해서는 토지등소유자 과반수의 동의를 얻어 추진위원회가 구성되고(공공지원 정비사업의 경우 예외), 추진위원회가 토지등소유자들의 가중된 특별다수 법정 동의 아래 창립총회 결의를 통하여 정관을 확정하고 임원을 선출하는 등의 단체결성행위를 거쳐 시장·군수등의 인가를 받아야 한다. 그 후 인가받은 조합이 등기를 마침으로써 조합원(토지등소유자들)의 단체인 사단법인으로 성립한다.

재개발·재건축조합은 관할 행정청의 감독 아래 정비구역 내에서 공익사업인 도시정비법상의 재개발 또는 재건축사업을 독점적·배타적으로 시행하는 사업시행자로서 공법인이다. 또한 재개발·재건축조합은 관할 행정청의 감독 아래 정비구역 안에서 도시정비법상의 정비사업을 시행하는 목적의 범위 내에서 법령이 정하는 바에 따라 일정한 행정작용을 하는 행정주체 및 행정청의 지위를 가진다. 자세한 내용은 제5장 제1절 "Ⅱ. 재개발·재건축조합의 지위"에서 살펴본다.

조합이 설립되기 위해서는 위와 같이 추진위원회가 법정요건을 구비하여 시장·군수등의 인가를 받아야 한다. 조합이 사업시행자가 되는 정비사업은 조합의 설립, 사업시행계획, 관리처분계획 등의 단계를 거쳐 순차 진행되고, 각 단계에서 모두 행정청의 인가처분이 이루어지므로 각각의 인가처분의 법적 성격이 문제된다. 이하에서는 조합설립인가처분의 법적 성격에 대하여 살펴본다.

Ⅱ. 조합설립인가처분의 법적 성격

1. 인가론 일반

행정청의 법률행위적 행정행위 중 실무상 주로 문제되는 것은 강학상 허가, 즉 일정한 행위를 법령에 따라 잠정적으로 금지시킨 다음 법정의 요건을 구비한 경우 금지된 행위를 행할 수 있게 하는 행위(건축허가, 운전면허), 강학상 인가, 즉 행정청이 타인이 한 법률행위의 효력을 보충함으로써 그 효력을 완성하는 행위(보충행위), 강학상 특허, 즉 특정인에 대하여 법정의 권한을 부여하는 행위(설권행위) 등이다.

강학상 인가의 대상인 행위는 사립학교법에 의한 임원취임승인, 대한민국 국민이 외국인과 차관계약을 체결한 때에 받아야 하는 재무부장관의 인가(구 외자도입법 19조), 토지거래허가, 앞서 살펴본 추진위원회 구성승인과 같이 사법상의 법률행위와 다음에서 살펴볼 재개발·재건축조합의 사업시행계획인가 또는 관리처분계획인가처럼 공법상의 법률행위가 있으나, 모두 통제의 필요성 때문에 행정청이 인가라는 처분을 통하여 그 효력을 완성하도록 한 것이다.

도시정비법 뿐만 아니라 주택법 등 각종 법률에서 '인가'라는 용어가 사용되고 있으나, 실질은 고유의 의미의 인가가 아니라 강학상 특허, 허가 등인 경우가 흔히 있고, 또한 고유의 의미의 인가임에도 불구하고 법령에서는 인허, 허가, 승인 등의 용어로 사용되기도 하므로, 법적 성격에 대한 면밀한 검토가 필요하다.

2. 강학상 특허(설권행위)

도시정비법 시행 이전의 구 주택건설촉진법에 의하여 설립된 재건축조합에 대한 설립인가처분은 강학상의 인가이고, 도시재개발법에 의하여 설립된 재개발조합에 대한 설립인가처분은 강학상의 특허이다(제1편 제5장 "Ⅱ. 도시정비법 제정 이전의 주택재개발·주택재건축사업" 참조).

그러나 법 시행 이후에는 재개발·재건축조합 모두 조합설립인가처분을 받아 등기를 마침으로써 공법상 법인으로 성립할 뿐만 아니라 관할 행정청의 감독 아래 정비구역 안에서 정비사업을 시행하는 목적 범위 내에서 일정한 행정작용을 하는 행정주체의 지위를 가지므로, 조합설립인가처분의 법적 성격은 설립되는 조합에 대하여 정비사업을 시행할 수 있는 권한을 갖는 행정주체의 지위를 부여하는 강학상의 특허로서 설권적 처분의 성격을 가진다.[1]

이는 다음에서 살펴보듯이 사업시행계획인가 또는 관리처분계획인가가 각각 사업시행계획 또는 관리처분계획에 대한 법률상의 효력을 완성시키는 보충행위에 해당하는 순수한 의미의 강학상 인가인 것과 대비된다. 다만, 토지등소유자가 20인 미만의 재개발사업에서 조합설립 없이 토지등소유자 개인이 직접 시행하는 경우의 사업시행계획인가는 토지등소유자에게 일정한 행정작용을 하는 행정주체의 지위를 부여하는 설권적 처분인 점에서 조합설립인가처분과 법적 성격이 동일하다.

위와 같이 조합설립인가처분이 행정주체의 지위를 부여하는 설권처분이므로, 조합의 조합장, 이사 또는 감사로 선임된 자는 추후에 조합설립인가처분이 무효로 확정되는 경우 법 137조 6호(총회의 의결을 거치지 아니한 채 사업을 추진한 조합임원 처벌 규정), 138조 1항 7호(조합원의 열람·복사 요청에 응하지 아니한 조합임원 처벌규정) 위반 주체인 '조합임원'에 해당하지 아니하므로, 그러한 자의 행위에 대하여는 위 도시정비법위반죄로 처벌할 수 없다.[2]

---

1) 대법원 2009. 9. 24. 선고 2008다60568 판결, 대법원 2010. 2. 25. 선고 2007다73598 판결.
2) 대법원 2014. 5. 22. 선고 2012도7190 전원합의체 판결.

3. 재량행위

가. 조합설립인가처분이 재량행위인지 여부가 문제된다. 이는 실무상 행정청이 조합설립인가의 요건을 구비하였더라도, 재량으로 이를 거부할 수 있는지, 부관을 붙일 수 있는지 여부와 관련된다. 어떤 행정행위가 기속행위인지, 재량행위인지 여부는 해당 행위의 근거가 된 법규의 체제·형식과 그 문언, 해당 행위가 속하는 행정 분야의 주된 목적과 특성, 해당 행위 자체의 개별적 성질과 유형 등을 모두 고려하여 판단하여야 함은 앞서 본 바이다.

조합설립인가처분은 상대방에게 권리나 이익을 부여하는 효과를 가진 이른바 수익적 행정처분으로서, 법령에 처분의 요건이 일의적으로 규정되어 있지 아니한 점, 조합에 행정주체라는 특별한 권한을 부여하는 형성적 처분이고, 이로써 수용 또는 매도청구를 통하여 토지등소유자의 재산권을 제한할 수 있는 권한까지 부여되므로, 공익을 실현해야 하는 합목적성이 필요한 점, 종래 보충행위로서 강학상 인가에 불과한 구 주택건설촉진법에 따른 주택조합설립인가처분에 대하여도 재량행위임을 인정하고 있는 점[3] 등에 비추어 이는 재량행위로 보아야 할 것이다.

따라서 행정청은 조합설립인가의 요건을 구비하였다 하더라도 정비사업을 수행할 필요성 여부 등을 고려하여 인가하지 아니할 수 있다. 재량행위인 처분에서는 관계 법령에 명시적인 금지규정이 없는 한 행정목적을 달성하기 위하여 조건이나 기한, 부담 등의 부관을 붙일 수 있다. 행정행위에 부가된 부관이 조건인지 부담인지 명백하지 아니한 경우에는 비례원칙에 의하여 상대방에게 덜 불이익한 부담으로 보는 것이 타당하다.[4]

나. 기속행위와 재량행위에 대한 사법심사는 뚜렷이 구분된다. 전자의 경우 그 법규에 대한 원칙적인 기속성으로 인하여 법원이 사실인정과 관련 법규의 해석·적용을 통하여 일정한 결론을 도출한 후 그 결론에 비추어 행정청이 한 판단의 적법 여부를 독자의 입장에서 판정하는 방식에 의하게 되나, 후자의 경우 행정청의 재량에 기한 공익판단의 여지를 감안하여 법원은 독자의 결론을 도출함이 없이 해당 행위에 재량권의 일탈·남용이 있는지 여부만을 심사하게 되고, 이러한 재량권의 일탈·남용 여부에 대한 심사는 사실오인, 비례·평등의 원칙 위배, 해당 행위의 목적 위반이나 동기의 부정 유무 등을 그 판단 대상으로 한다.[5]

---

3) 대법원 1995. 12. 12. 선고 94누12302 판결.

4) 실무상 조합설립인가에는 "① 본 인가는 주구중심지역(상가동)은 포함되지 않으며, 사업계획승인 신청 전까지 공유물분할을 완료할 것, ② 조합설립인가 후 2년 이내 사업승인이 없을 시 인가를 직권취소할 수 있음, ③ 조합설립인가신청서 내용에 허위나 법규 위반사항이 발견되었을 시 정정토록 변경명령 또는 취소할 수 있음" 등을 부가한 경우가 있다. 형식상 '인가조건'이라고 표현하나, ①은 이를 준수하지 아니할 경우 인가처분이 당연히 실효된다는 내용이 명시되어 있지 않아 조건의 불이행을 처분에 대한 해제조건으로 한 것이 아니라 부담에 해당하고, ② 및 ③도 의무부과와 함께 철회(취소)권을 유보하고 있는 내용이므로 부담이다(대법원 2019. 3. 14. 선고 2018두56787 판결 및 서울고등법원 2018. 8. 23. 선고 2017누63483 판결).

5) 대법원 2001. 2. 9. 선고 98두17593 판결.

제2장 조합설립인가 요건 일반론

Ⅰ. 요 건

1. 실체적 요건

가. 현행 규정

종래 조합설립인가를 받기 위한 실체적 요건으로는 추진위원회(정비사업에 대하여 공공지원하는 경우로서 추진위원회를 구성하지 아니하면 토지등소유자)가 토지등소유자의 법정 동의를 받고 창립총회를 개최하는 것이었다. 즉, 재개발사업에서 조합을 설립하려면 토지등소유자의 4분의 3 이상 및 토지면적 2분의 1 이상 토지소유자의 동의를 받은 후, 창립총회결의를 거쳐야 한다(법 32조 3항, 35조 2항). 재건축사업에서 조합을 설립하려면 주택단지의 공동주택의 각 동(복리시설의 경우에는 주택단지의 복리시설 전체를 하나의 동으로 본다)별 구분소유자의 과반수(복리시설로서 대통령령으로 정하는 경우에는 3분의 1 이상으로 한다[1]) 동의(공동주택의 각 동별 구분소유자가 5 이하인 경우 제외)와 주택단지의 전체 구분소유자의 100분의 70 이상 및 토지면적의 100분의 70 이상의 토지소유자의 동의를 받아 창립총회결의를 거쳐야 한다. 주택단지가 아닌 지역이 정비구역에 포함된 때에는 주택단지가 아닌 지역의 토지 또는 건축물 소유자의 4분의 3 이상 및 토지면적 3분의 2 이상 토지소유자의 동의를 필요로 한다(법 32조 3항, 35조 3, 4항).

토지등소유자의 수와 토지면적의 수로 이원화하여 별도의 동의요건을 설정한 것은 토지면적의 다과(多寡)에 따른 의결권 가치의 왜곡[과소필지 소유자와 과다면적 소유자(1인이 다수의 부동산을 소유한 경우 포함)를 모두 동등한 것으로 취급함에 따른 가치의 왜곡]을 차단하기 위한 것이다.[2] 이는 적어도 편면적 강행규정임에는 해석상 다툼이 없으므로, 추진위원회가 주민총회나 규약을

---

1) 복리시설로서 동별 구분소유자의 3분의 1이상을 요구하는 경우에 대하여 법 시행령 30조 3항은 법 7조 3항에 따른 기본계획의 수립·고시일(노후계획도시정비법 2조 6호 가목에 따른 노후계획도시정비사업의 경우에는 같은 법 6조 6항에 따른 노후계획도시정비기본계획의 수립·고시일을 말하고, 도시재정비촉진법 13조 1항 1호에 따라 기본계획의 수립이 의제되는 경우에는 같은 법 12조 3항에 따른 재정비촉진계획의 결정·고시일을 말한다) 이후로서 시·도지사가 따로 정하는 날[따로 정하는 날이 없는 경우에는 법 16조 2항에 따른 정비구역의 지정·고시일(노후계획도시정비법 14조 1호에 따라 정비구역의 지정이 의제되는 같은 법 13조 3항에 따른 노후계획도시특별정비구역의 지정·고시일 및 도시재정비법 13조 1항 1호에 따라 정비구역의 지정이 의제되는 같은 법 12조 3항에 따른 재정비촉진계획의 결정·고시일을 포함한다)을 말한다]의 다음 날부터 조합설립인가의 신청일까지 복리시설의 구분소유자가 증가한 경우를 말한다(영업 등 해당 복리시설의 용도로 사용하기 위해 집합건물법 2조 3호에 따른 전유부분을 분할하고, 그에 따라 분할된 전유부분을 조합설립인가 신청일까지 영업 등 해당 복리시설의 용도로 사용하고 있는 경우에는 구분소유자가 증가한 경우로 보지 않는다).

2) 대법원 2013. 11. 14. 선고 2011두5759 판결(토지등소유자의 동의율 외에 전체 토지 면적을 기준으로 한 일정 비율 이상의 구분소유자 또는 토지소유자의 동의를 별도로 요구함으로써 조합설립의 동의요건에 관하여 인적 측면과 더불어 재산적 측면을 함께 고려하고 있다).

통하여 위 요건을 완화하는 것은 불가능하다. 한편 2024. 12. 3.자 법 개정으로 정비구역지정·고시 전에 추진위원회가 구성될 수 있으므로, 35조 2항 및 3항 모두 토지등소유자의 법정 동의를 받고 창립총회를 개최하였더라도 조합설립인가를 받기 위해서는 '정비구역지정·고시 이후'일 것이 추가되었다.

나. 연 혁

실체적 요건 중 토지등소유자 및 토지소유자의 법정 동의와 관련하여 여러 차례 입법상의 변천을 겪어왔다.

(1) 법 제정 당시부터 2007. 12. 21. 개정되기 전

법이 제정될 당시에는 재개발사업(주택재개발사업 및 도시환경정비사업)의 경우에는 토지등소유자의 5분의 4 이상의 동의를 얻어야 하고, 재건축사업의 경우에는 주택단지 안의 공동주택의 각 동별 구분소유자 및 의결권의 각 3분의 2 이상의 동의와 주택단지 안의 전체 구분소유자 및 의결권의 각 5분의 4 이상의 동의를 얻어야 하며, 주택단지가 아닌 지역이 정비구역에 포함된 때에는 주택단지가 아닌 지역안의 토지 또는 건축물 소유자의 5분의 4 이상 및 토지면적 3분의 2 이상의 토지소유자의 동의를 얻어야 한다고 규정하고 있었으며, 인가받은 사항을 변경하는 경우에도 동일하였다. 다만, 복리시설에 대하여는 주택단지 안의 복리시설 전체를 하나의 동으로 본다고 규정하였다.

(2) 2007. 12. 21. 개정부터 2009. 2. 6. 개정되기 전

조합설립요건의 완화를 통한 정비사업의 활성화를 위하여 법이 2007. 12. 21. 개정되면서, 재개발사업의 경우에는 토지등소유자의 4분의 3 이상의 동의, 재건축사업의 경우에는 주택단지 안의 공동주택의 각 동별 구분소유자 및 의결권의 3분의 2 이상의 동의, 주택단지 안의 전체 구분소유자 및 의결권의 4분의 3 이상의 동의, 주택단지가 아닌 지역의 경우에는 토지 또는 건축물 소유자의 4분의 3 이상 및 토지면적 3분의 2 이상의 토지소유자의 각 동의를 얻어야 하는 것으로 변경되었다. 인가받은 사항을 변경하는 경우에도 동일하였다.

(3) 2009. 2. 6. 개정부터 2016. 1. 27. 개정되기 전

그 후 법이 2009. 2. 6. 개정되면서, 재개발사업의 경우에는 토지면적 2분의 1 이상의 토지소유자의 동의요건 및 재건축사업에서 주택단지 안의 토지면적의 4분의 3 이상의 토지소유자의 동의가 추가되었다. 이는 다수 면적을 소유한 토지소유자의 권리를 보호하기 위함이다. 또한 재건축사업에 있어 각 동별 구분소유자의 3분의 2 이상 동의에 덧붙여 토지면적의 2분의 1 이상의 토지소유자의 동의가 추가되었다.

(4) 2016. 1. 27. 개정된 이후

재건축사업의 활성화를 위하여 다시 법이 2016. 1. 27. 개정되면서, 재건축사업의 경우 각 동별 구분소유자의 과반수 동의를 얻는 것으로 변경하고, 각 동별 토지면적의 2분의 1 이상의 토지소유자의 동의요건을 삭제하였다.

⑸ 2025. 1. 31. 개정된 이후

재건축사업의 신속하고 유연한 추진을 위하여 2025. 1. 31.자 법 개정으로 재건축사업에 있어 주택단지의 각 동별 요건은 일정한 경우 3분의 1 이상 동의로 하고, 주택단지의 전체 구분소유자의 100분의 70 이상 및 토지면적의 100분의 70 이상의 토지소유자의 동의로 하였다.

다. 구체적 내용

조합설립의 실체적 요건인 토지등소유자의 동의, 창립총회 등에 대하여는 각각 별도의 장(章)으로 나누어 자세히 살펴본다.

2. 절차적 요건(조합설립인가신청)

추진위원회는 창립총회를 개최한 이후 법 35조 2항, 3항이 정한 법정 서류를 첨부하여 시장·군수등에게 조합설립인가를 신청하여야 한다. 공공지원 정비사업의 경우 추진위원회 구성 단계를 생략할 수 있는바, 이를 포함하여 조합설립인가신청과 관련한 자세한 내용은 제4장 "Ⅱ. 조합설립인가신청"에서 살펴본다.

Ⅱ. 동의요건 충족을 위한 재건축사업의 특례(토지분할)

1. 개 관

재건축사업은 주택단지를 기준으로 이루어진다(법 35조 3항). 재건축조합 설립요건으로 주택단지의 경우 공동주택 각 동별, 주택단지 전체의 토지등소유자의 동의 및 토지면적과 관련한 일정 비율의 토지소유자 동의가 필요하다. 앞서 본 바와 같이 법은 최초에는 전체 토지등소유자의 동의만을 요건으로 하다가 다수 면적을 소유한 토지소유자의 권리를 보호하기 위하여 토지면적과 관련한 일정 토지소유자의 동의를 요건으로 추가하기는 하였으나, 정비사업의 활성화를 위하여 나머지 요건과 관련한 동의정족수는 꾸준히 완화하여 왔다.

특히 주택단지 내 소규모상가가 여러 동이 있는 경우 각 동별로 소유자의 동의를 요구하여 재건축사업의 진행에 지장을 초래하는 문제가 발생하자, 법 제정 당시부터 복리시설의 경우에는 주택단지의 복리시설 전체를 하나의 동으로 본다는 간주규정을 두었다(복리시설과 주거용시설이 하나의 동으로 구성되어 있는 경우, 위 규정에 의하여 복리시설은 따로 떼어내어 전체 복리시설의 일부로 하고, 나머지 공동주택부분에 대하여 하나의 동으로 하여 각 과반수 동의 충족 여부를 판단한다).[3] 그럼에도 불구하고 각 동별 동의요건이 충족되지 아니하여 재건축사업이 진행되지 못하는 경우가 발생하자 재건축사업의 경우에는 별도의 특칙으로 추진위원회는 '조합설립의 동의요건을 충족시키기 위하여 필요한 경우' 주택단지 안의 일부 토지에 대하여 건축법 57조에도 불구하고 분

3) 이는 법 제정 이전의 구 주택건설촉진법이 2000. 1. 28. 개정되면서 44조의3 7호 괄호부분을 신설하여, 각 동별 결의요건인 구분소유자 및 의결권의 3분의 2 이상의 결의 중 복지시설은 하나의 동으로 본다는 간주규정이 처음 도입되었고, 위 규정이 도시정비법에 그대로 계수되었다.

할하려는 토지면적이 같은 조에서 정하고 있는 면적에 미달되더라도 토지분할을 청구할 수 있다고 규정하였다(법 67조 1항 2호).

법 67조 1항 2호의 토지분할 청구규정은 주택단지 안의 일부 토지 및 그 위의 건축물과 관련된 토지등소유자의 과도한 요구나 반대 등으로 조합설립인가나 사업시행인가를 받지 못하여 그 밖에 다수의 토지등소유자들에게 피해가 발생하는 것을 방지하고 재건축사업을 원활하게 시행할 수 있도록 하기 위하여 마련된 특별규정이다.[4)]

2. 토지분할

가. 동의요건 충족을 위한 토지분할 청구의 요건

(1) 추진위원회는 '조합설립의 동의요건을 충족시키기 위하여 필요한 경우' 토지분할을 청구할 수 있다. '조합설립의 동의요건을 충족시키기 위하여 필요한 경우'라 함은 추진위원회가 주택단지 전체를 대상으로 조합설립 동의요건 충족을 위하여 노력하였으나, 주택단지의 일부 동(棟)의 토지등소유자 과반수가 동의하지 않아 조합설립 동의요건을 충족하지 못하고 있고, 이를 제외하면 나머지 조합설립 동의요건이 충족되는 경우를 의미한다.

(2) 2017. 2. 8. 전부개정된 법 67조 1항은 "사업시행자는 다음 각 호의 어느 하나에 해당하는 경우에는 그 주택단지 안의 일부 토지에 대하여 건축법 57조에도 불구하고 분할하려는 토지면적이 같은 조에서 정하고 있는 면적에 미달되더라도 토지분할을 청구할 수 있되, 1호로 주택법 15조 1항에 따라 사업계획승인을 받아 건설한 둘 이상의 건축물이 있는 주택단지에 재건축사업을 하는 경우를, 2호로 조합설립의 동의요건을 충족시키기 위하여 필요한 경우"로 규정하고 있다.

위 규정의 문언상 사업시행자 또는 추진위원회는 주택법 15조 1항에 따라 사업계획승인을 받아 건설한 둘 이상의 건축물이 있는 주택단지에 재건축사업을 하는 경우에는 동의요건을 충족시키기 위하여 필요한 경우가 아니라도 토지를 분할할 수 있는 것으로 해석될 여지가 있다. 그러나 재건축사업은 주택단지를 전제로 진행되는 사업인 점, 만일 그와 같이 해석한다면 조합설립 동의요건을 충족시키기 위하여 토지분할이 가능하다는 2호는 아무런 의미가 없는 점, 조합설립 인가 이후에는 정비사업에 동의하지 않은 자에 대하여는 매도청구 등으로 그 소유권을 취득할 수 있는 점, 전부개정되기 이전의 구 법 41조 1항은 "사업시행자 또는 추진위원회는 주택법 16조 1항의 규정에 의하여 사업계획승인을 받아 건설한 2 이상의 건축물이 있는 주택단지에 주택재건축사업을 하는 경우, 조합설립의 동의요건을 충족시키기 위하여 필요한 경우에는 그 주택단지 안의 일부 토지에 대하여 건축법 57조의 규정에 불구하고 분할하고자 하는 토지면적이 동법 동조에서 정하고 있는 면적에 미달되더라도 토지분할을 청구할 수 있다"고 규정하고 있었던 점 등에 비추어 이는 입법상의 오류이므로, 종전 규정과 같이 중첩적으로 해석하여야 할 것이다.

따라서 주택법 15조 1항에 따라 사업계획승인을 받아 건설한 둘 이상의 건축물이 있는 주택단지에서 행하는 재건축사업의 경우 동의요건 충족과 무관하게 토지분할을 청구할 수는 없다. 나아가 이미 조합설립인가를 받은 사업시행자인 재건축조합이 조합설립의 동의요건을 충족시키

4) 대법원 2013. 12. 12. 선고 2011두12900 판결.

기 위한 토지분할도 상정하기 어렵다.

나. 입법취지

재건축사업은 재개발사업과 달리 원칙적으로 하나의 주택단지를 전제로 진행되는 정비사업이다(다만, 일단의 토지 중 국토계획법 2조 7호에 따른 도시·군계획시설인 도로나 그 밖에 이와 유사한 시설로 분리되어 따로 관리되고 있는 각각의 토지에 대한 재건축사업은 가능하다. 법 2조 7호 나목). 또한 재건축사업은 재개발사업과 달리 정비기반시설이 양호한 정비사업이고, 공공성이 상대적으로 약한 관계로 토지소유자의 동의에 있어 재개발사업보다 요건이 강화되어 있다. 이에 따라 주택단지 내 일부 동(棟) 토지등소유자의 동의요건이 충족되지 않아 주택단지 전체의 정비사업이 진행되지 못하는 문제점 등이 노정되자, 토지분할 청구제도를 통하여 조합설립에 반대하는 토지등소유자의 토지를 제외하고, 찬성하는 토지등소유자의 토지만으로 정비사업을 추진할 수 있도록 하였다.

특히 건축법 57조는 건축물이 있는 대지는 대통령령으로 정하는 범위에서 해당 지방자치단체의 조례로 정한 면적에 미치지 못하는 경우 토지분할을 허용하지 않고 있음에도 불구하고(서울시 주거지역의 경우 대지분할 제한면적인 90㎡ 미만인 경우), 정비사업의 공익적 특성을 고려하여 그 예외를 인정하고 있다. 이는 법 제정 당시부터 존재하고 있었다(구 법 41조).

다. 절 차

추진위원회가 토지분할 청구를 하는 때에는 토지분할의 대상이 되는 토지 및 그 위의 건축물과 관련된 토지등소유자와 협의하여야 하고, 토지분할의 협의가 성립되지 아니한 경우에는 법원에 토지분할을 청구할 수 있다(법 67조 2항, 3항).

토지분할청구소송의 원고는 추진위원회가 된다. 피고를 누구로 할 것인지 여부가 논란이 된다.

현재 하급심 실무는 분할되어 나가는 토지등소유자만을 피고로 한다는 견해와 분할되어 나가는 토지등소유자 및 추진위원회 구성에 동의하지 아니한 토지등소유자 모두를 피고로 하여야 한다는 견해로 나뉘어 있다.

도시정비법이 공유물분할청구의 소의 피고적격에 관하여 특별히 규정하고 있지 아니하고 있는 점, 원래 공유물분할청구의 소는 분할을 청구하는 공유자가 원고가 되어 다른 공유자 전부를 공동피고로 하여야 하는 고유필수적 공동소송인 점, 추진위원회가 그 구성에 동의한 토지등소유자에 대하여는 대위할 수 있으나, 동의하지 아니한 토지등소유자에 대하여는 대위할 수 없는 점 등에 비추어 후자의 견해가 타당하다. 따라서 분할되어 나가는 토지등소유자만을 피고로 한 토지분할소송은 피고적격이 없어 부적법하다.

라. 토지분할 완료 전 특칙

(1) 토지분할 완료 전 조합설립인가 가능

추진위원회가 법원에 토지분할을 구하는 소를 제기한 경우, 시장·군수등은 분할되어 나가는 토지 및 그 위의 건축물과 관련하여, ① 전체의 10분의 1 이하일 것(1호), ② 분할되어 나가는 토지 위의 건축물이 분할선 상에 위치하지 아니할 것(2호), ③ 그 밖에 사업시행계획인가를 위하여 대통령령으로 정하는 요건에 해당할 것[(3호), 분할되어 나가는 토지가 2m 이상의 도로에 접하여야 하고, 연면적의 합계가 2,000㎡ 이상인 건축물의 대지는 너비 6m 이상의 도로에 4m 이상 접하여야 한다. 건축법 44조, 같은 법 시행령 56조)]의 요건을 모두 충족하는 때에는 토지분할이 완료되지 아니하여 재건축조합 설립을 위한 동의요건에 미달되더라도, 건축법 4조에 따라 특별자치시·특별자치도·시·군·구(자치구를 의미)에 설치하는 건축위원회의 심의를 거쳐 (분할토지를 제외하면 조합설립 동의요건을 갖춘 경우) 조합설립인가를 할 수 있다(법 67조 4항).

법 67조 4항은 사업시행계획인가도 할 수 있다고 규정하고 있으나, 이는 상정하기 어렵다.

위와 같은 조합설립인가를 함에 있어 토지분할을 전제로 조합설립동의서를 새롭게 징구하여야 하거나(건축물의 설계개요가 변경되거나 정비사업비 변경), 정관변경(정비구역의 위치나 면적 변경 등) 등이 요구되는 것은 아니다.[5)]

상가소유자들은 재건축을 반대하는 경우가 일반적인바, 정비구역지정 당시 상가의 구분소유자가 전체 토지등소유자의 10% 이하에 해당하는 경우, 추진위원회는 토지분할이 완료되지 아니하더라도 조합설립인가가 가능하여 신속한 정비사업의 진행이 가능하다. 이에 실무상 정비구역지정 등으로 재건축이 예상될 경우 다수의 상가를 보유한 구분소유자들이 그중 일부를 양도하는 방법으로 상가소유자들이 전체 토지등소유자의 10% 초과로 늘리는 사례가 발생하고 있고, 그것이 정비사업 지연의 원인이 되기도 하였다. 이에 법은 2024. 1. 30. 67조 4항 1호를 개정하여 토지분할이 완료되기 이전이라도 조합설립인가 및 사업시행인가가 가능한 재건축범위 특례의 기준이 되는 토지등소유자의 수에서 법 77조의 주택 등 건축물을 분양받을 권리의 산정기준일(정비구역지정·고시일 또는 시·도지사가 투기를 억제하기 위하여 기본계획 수립을 위한 주민공람의 공고일 후 정비구역지정·고시 전에 따로 정하는 날)의 다음 날 이후에 정비구역에 위치한 건축물 및 그 부속토지의 소유권을 취득한 자를 해당 토지 및 건축물의 토지등소유자의 수에서 제외하도록 규정하였다.

⑵ 토지분할소송이 각하된 경우

추진위원회가 법원에 토지분할을 구하는 소를 제기하였고, 위 법 41조 4항의 요건에 해당하여 행정청이 조합설립인가처분을 하였으나, 그 후 토지분할소송이 당사자적격의 흠결 등을 이유로 부적법 각하되었다 하더라도, 그것만으로 조합설립인가처분이 소급하여 무효라고 볼 수 없다.[6)]

마. 토지분할 완료의 효과

법 2조 7호 라목은 67조에 따라 분할된 토지 또는 분할되어 나가는 토지는 각각 주택단지로 규정하고 있으므로, 각각 별개의 재건축사업의 추진이 가능하다.

---

5) 대법원 2013. 12. 12. 선고 2011두12900 판결.

6) 대법원 2016. 7. 7. 자 2016두36727 판결 및 서울고등법원 2016. 4. 5. 선고 2015누64246 판결(법 67조 4항은 그 문언상 같은 조 3항에 의한 토지분할이 청구된 경우 같은 조 4항 각 호의 요건이 갖추어졌다면 조합설립인가처분을 할 수 있다고 규정하고 있을 뿐 토지분할의 청구가 적법한 것이어야 한다거나 토지분할 청구가 법원에서 인용될 것을 그 요건으로 하고 있지는 않은 점, 행정청은 법 67조 3항에 따른 토지분할이 청구된 경우 법원의 확정판결이 있기 전까지는 위 토지분할 청구가 적법한 것인지 여부를 판단할 수 없는데, 법 67조의 입법취지 및 법 67조 4항이 조합설립의 동의요건을 충족하기 위한 특별규정이라고 할 것인 점 등에 비추어 보면 법 67조 3항에 따른 토지분할 청구가 반드시 적법한 청구여야만 같은 조 4항에 따른 조합설립인가처분을 할 수 있다고 보기 어렵다).

Ⅲ. 집합건물법상 재건축결의 요건의 중복 적용 여부

1. 문제의 소재

집합건물법상 집합건물에서의 재건축결의는 구분소유 건물별로 구분소유자 전원을 구성원으로 하는 관리단집회에서 구분소유자의 5분의 4 이상 및 의결권의 5분의 4 이상의 결의를 필요로 한다(집합건물법 47조 1항, 2항).[7] 주거용 집합건물이 노후화되어 과다한 수선비가 소요되어 새로운 주거용 집합건물로 재건축하는 결의는 도시정비법과 중첩된다.

현행 도시정비법에서는 집합건물법의 결의요건과는 다른 조합설립 동의요건(주택단지 공동주택의 각 동별 구분소유자의 원칙적 과반수 동의와 주택단지 전체 구분소유자의 100분의 70 이상 동의 및 토지면적 100분의 70 이상의 토지소유자의 동의) 및 창립총회의 의결을 규정하고 있을 뿐, 집합건물법상의 결의요건에 대한 명시적 제외규정이 없다. 따라서 도시정비법에 따른 재건축사업에서 조합설립 동의 및 창립총회 결의 외에 집합건물법상의 재건축결의가 별도로 필요한지 여부가 문제된다.

2. 판 례

판례는 도시정비법 시행 이후의 재건축사업은 반드시 도시정비법이 정한 요건과 절차에 의하여야 하므로 별도로 집합건물법상의 재건축결의는 필요로 하지 않는다고 한다.[8] 다만, 조합설립인가 이후 집합건물법상의 재건축결의가 별도로 이루어진 경우, 그 실질이 조합설립 당시 인가받은 사항을 변경하는 결의 또는 사업시행계획 결의에 해당한다고 볼 수는 있다. 따라서 도시정비법 시행 이후 집합건물법상의 재건축결의에 대한 무효확인소송은 특별한 사정이 없는 한 소의 이익이 없으나, 그 실질이 조합설립변경결의 또는 사업시행계획결의인 경우에는 그에 대한 무효확인을 구하는 취지로 선해될 여지는 있다.[9]

3. 결 론

재건축사업에서 도시정비법에 따른 조합설립 동의 및 창립총회 결의 외에 집합건물법상의 재건축결의가 별도로 필요로 하지 아니한다. 그 논거는 다음과 같다.

ⓐ 법 제정 이전의 구 주택건설촉진법이 1999. 2. 8. 개정으로 44조의3 7항이 '하나의 주택단지 안에 여러 동의 건물이 있는 노후·불량주택의 소유자들이 재건축하고자 하는 경우에는 집합

---

7) 집합건물법상의 재건축결의는 부근 토지의 이용 상황의 변화나 그 밖의 사정으로 건물을 재건축하면 재건축에 드는 비용에 비하여 현저하게 효용이 증가하게 되는 경우도 가능하고, 집합건물 중 상업용 집합건물에 대하여도 가능하며, 주거용 집합건물을 상업용 집합건물로 용도를 변경하는 형태도 가능하고, 구건물의 대지를 신건물의 대지로 이용하면 족할 뿐, 신건물의 대지가 구건물의 대지로 국한되어야 할 것을 요하고 있지 않으므로, 집합건물법상 구건물을 철거한 다음 그 대지와 인접한 주위 토지를 합하여 이를 신건물의 대지로 이용할 것을 내용으로 하는 재건축결의도 허용된다는 점이 도시정비법과의 차이이다(대법원 2008. 2. 1. 선고 2006다32217 판결).

8) 대법원 2012. 11. 15. 선고 2010다95338 판결(법 시행 이후의 재건축사업은 조합설립결의, 사업시행계획, 관리처분계획 등의 절차에 의하여야 하므로, 설령 집합건물법상의 재건축결의가 있어도 곧바로 조합원에게 권리변동의 효력을 미칠 수 없다 할 것이어서, 그와 같은 재건축결의가 독자적인 의미를 가진다고 볼 수 없다).

9) 대법원 2010. 7. 29. 선고 2008다6328 판결.

건물법 47조 1항·2항의 규정에 불구하고 주택단지 안의 각 동별 구분소유자 및 의결권의 각 3분의 2 이상의 결의와 주택단지 안의 전체 구분소유자 및 의결권의 5분의 4 이상의 결의로 재건축할 수 있다.'고 규정하였다. 이는 주택단지 전체를 재건축하는 경우 집합건물법 47조 1항·2항의 재건축결의 요건을 완화하기 위한 것이다. 현행 도시정비법의 조합설립동의 관련 규정은 위 규정의 입법취지를 승계하였다.

ⓑ 법상 재건축사업은 시장·군수 등에 의한 공공시행이나 지정개발자에 의한 시행이 아닌 한 반드시 조합을 설립하여 시행하여야 하고, 집합건물법 47조 3항이 규정하고 있는 결의사항은 모두 재건축조합 설립에 필요한 토지등소유자의 동의내용(법 시행규칙 별지 6호 조합설립동의서)에 포함되어 있다.

제3장 토지등소유자의 동의

제1절 동의의 대상인 토지등소유자의 확정

Ⅰ. 의 의

정비구역이 지정·고시되면 정비사업의 대상이 되는 구역과 면적이 확정되어 토지 및 건축물 등이 특정된다. 법 39조 1항은 정비사업의 조합원은 토지등소유자로 한다고 규정하고 있으므로, 조합설립요건으로서의 토지등소유자의 동의정족수 충족 여부를 판단하기 위해서는 선행적으로 '토지등' 및 '소유자'의 의미가 확정되어야 한다.

법은 '토지등'에 대하여 재개발사업의 경우에는 '정비구역에 위치한 토지 또는 건축물'을, 재건축사업의 경우에는 '정비구역에 위치한 건축물 및 그 부속토지'만을 각 의미하고(다만, 주택단지가 아닌 지역이 정비구역에 포함된 때에는 주택단지가 아닌 지역의 토지 또는 건축물 소유자는 동의의 대상으로 규정하고 있다), '소유자'에 대하여도 재개발사업의 경우에는 '토지 또는 건축물의 소유자 또는 그 지상권자'를, 재건축사업의 경우에는 '건축물 및 그 부속토지의 소유자'만을 각 의미한다[법 2조 9호]. 소유권, 지상권은 민법에서 규정한 권리를 전제로 판단한다.

Ⅱ. 소송상 쟁점

1. 재개발사업(무허가건물)

가. 문제의 소재

법 2조 9호, 35조 2 내지 4항의 각 규정에 의하면, 재개발·재건축사업에서 동의의 대상인 토지등소유자에 관하여 '토지 또는 건축물 소유자 또는 지상권자', '건축물 및 그 부속토지의 소유자'라고만 기재되어 있고, 무허가건축물이 대상인지 여부에 관하여 아무런 규정이 없다. 그러나 무허가건축물은 원칙적으로 관계 법령에 의하여 철거되어야 할 것인데도 그 소유자에게 조합원 자격을 부여하여 결과적으로 재개발·재건축사업의 시행으로 인한 이익을 향유하게 하는 것은 위법행위를 한 자가 이익을 받는 결과가 되어 허용될 수 없는 점, 재개발·재건축사업의 원활한 시행을 위해서는 정비구역 안의 무분별한 무허가주택의 난립을 규제할 현실적 필요성이 적지 않은 점 등을 고려하여 볼 때, 동의의 대상이 되는 건축물이라 함은 원칙적으로 적법한 건축물을

의미하고 무허가건축물은 이에 포함되지 않는다.[1)]

이는 주로 재개발사업에서 문제되고, 재건축사업에서는 주택단지가 아닌 지역이 정비구역에 포함된 때에 특정무허가건축물 및 그 부속토지의 소유자의 동의에 의한 조합원 여부가 예외적으로 문제될 수 있다. 한편, 특정무허가건축물 이외의 무허가건축물인 신발생무허가건축물(서울시 조례 2조 2호)은 어느 모로 보나 동의의 대상이 될 수 없다.

나. 특정무허가건축물

(1) 토지보상법의 규정

토지보상법은 공특법 및 토지수용법이 폐지되면서 2002. 2. 4. 제정되어 2003. 1. 1.부터 시행되었는데, 토지보상법 시행규칙(건설교통부령 제344호, 2002. 12. 31.) 부칙 5조가 1989. 1. 24. 당시의 무허가건축물에 대하여는 손실보상을 함에 있어 적법한 건축물로 본다고 규정하였다. 위 규정이 부칙으로 삽입된 유래에 대하여는 제9편 제3장 제3절 Ⅲ. 2. 가. (2) "㈑ 불법형질변경의 예외(1989. 1. 24. 이전의 무허가건축물)"부분에서 자세히 살펴본다.

(2) 서울시 조례 규정

서울시 조례는 2011. 5. 26. 개정되면서 2조 1호로 특정무허가건축물의 개념이 도입되었고, 그 이전에는 기존 무허가건축물의 개념을 사용하고 있었다. 종래 기존 무허가건축물은 1981. 12. 31. 현재 무허가건축물대장에 등재된 무허가건축물, 1981년 제2차 촬영한 항공사진에 나타나 있는 무허가건축물, 재산세 납부대장 등 공부상 1981. 12. 31. 이전에 건축하였다는 확증이 있는 무허가건축물, 1982 4. 8. 이전에 사실상 건축된 연면적 85㎡ 이하의 주거용 건축물로서 1982년 제1차 촬영한 항공사진에 나타나 있거나 재산세 납부대장 등 공부상 1982. 4. 8. 이전에 건축하였다는 확증이 있는 무허가건축물, 토지보상법 시행규칙(건설부령 344호) 부칙 5조에 따른 무허가건축물 중 조합 정관에서 정한 건축물로 세분화하고 있었다.

(3) 특정무허가건축물 소유자의 지위

㈎ 동의의 대상인 토지등소유자(부정)

특정무허가건축물이라 하더라도 무허가건축물이라는 본질에는 변함이 없으므로, 앞서 본 바와 같이 특정무허가건축물의 소유자라 하더라도, 도시정비법상 조합설립 단계에서의 토지등소유자로 볼 수는 없다.[2)]

---

1) 대법원 2009. 10. 29. 선고 2009두12228 판결.

2) 법문상의 '토지 또는 건축물 소유자 또는 지상권자', '건축물 및 그 부속토지의 소유자'에는 적법한 건축물임이 내포되어 있고, 법 시행령 38조 17호(그 밖에 시·도 조례로 정하는 정관사항)의 위임을 받은 서울시 조례 22조 2호는 특정무허가건축물 소유자의 조합원 자격에 관한 사항을 정관으로 정할 사항이라고 규정하고 있는바, 위와 같이 개별 조합의 정관에 의하여 조합원 자격 여부가 좌우된다는 것은 특정무허가건축물 소유자는 원칙적으로는 조합원 자격이 없음을 전제로 하기 때문이다.

㈏ 조합설립 이후의 조합원 지위

① 정관 규정

㉮ 법 시행령 38조는 법 40조 1항 18호의 위임에 따라 조합 정관에 정할 사항을 규정하고 있는데, 17호로 "그 밖에 시·도 조례로 정하는 사항"을 정관에 정할 사항이라고 규정하여 조례에 이를 위임하고, 이에 서울시 조례 22조 2호는 특정무허가건축물 소유자의 조합원 자격에 관한 사항을 정관으로 정할 사항이라고 규정하고 있다(36조 1항 1호로 주거용으로 사용하고 있는 특정무허가건축물 중 조합의 정관등에서 정한 건축물의 소유자를 분양대상자로 규정하고 있다).

따라서 토지등소유자의 적법한 동의 등을 거쳐 설립된 재개발조합이 각자의 사정 내지는 필요에 따라 일정한 범위 내에서 무허가건축물 소유자에게 조합원 자격을 부여하도록 정관으로 정하는 경우에 조합원이 될 수 있다.[3)]

㉯ 법은 제정 당시부터 2019. 4. 23. 개정 전까지 구 법 40조 2항의 수권으로 국토부(건설부) 장관이 주택재개발조합 표준정관, 주택재건축조합 표준정관을 작성하여 보급하였고, 위 법률 개정으로 표준정관을 작성하여 보급하는 권한이 시·도지사로 이관되었다. 현재 부산시, 서울시, 광주시가 각 표준정관을 작성하여 고시하고 있다. 위 각 표준정관은 국토부장관이 작성한 위 각 표준정관에 대하여 개정된 도시정비법령의 내용을 반영하여 일부 수정한 외에는 대동소이하다. 표준정관을 지칭함에 있어 가급적 국토부 표준정관, 서울 표준정관, 부산 표준정관으로 특정하되, 각 기본이 되는 재개발조합의 표준정관을 전제로 함은 이미 밝혔다. 자세한 내용은 제5장 제2절 Ⅰ. "2. 표준정관"에서 살펴본다.

실무상 거의 대부분의 재개발조합이 정관에서 시·도 조례에서 정하는 특정무허가건축물로서 자기 소유임을 입증하는 경우에는 그 무허가건축물 소유자를 조합원으로 인정한다고 규정하고 있다. 따라서 특정무허가건축물 소유자는 조합설립인가 이후에는 정관에 의하여 조합원의 자격을 취득한 자로서 조합설립변경을 비롯한 이후의 총회결의에 있어 의사정족수 및 동의자 수에 포함된다. 다음에서 살펴보듯이 특정무허가건축물을 주거용으로 사용하고 있는 소유자는 종후자산(정비사업으로 건립되는 공동주택 등)의 분양대상이 된다(서울시 조례 36조 1호).

재건축조합도 정관에서 특정무허가건축물 및 그 부속토지의 소유자의 경우 동의에 의하여 조합원이 될 수 있다고 규정하고 있으므로, 앞서 본 재개발사업과 동일하다.

② 특정무허가건축물의 소유

㉮ 재개발조합의 정관에서 재개발사업 시행구역 안의 토지, 건물의 소유자와 별도로 일정한 요건을 갖춘 특정무허가건축물을 소유한 자에 대하여도 조합원 자격을 부여하고 있는 경우, 무허가건축물에 관하여는 최초의 신축자가 아니라 당시의 사실상의 소유자에게 조합원의 자격을 부여한 것이라고 해석하여야 한다.[4)] 사실상의 소유자인지 여부의 판단은 당해 무허가건축물의

---

3) 대법원 2009. 10. 29. 선고 2009두12228 판결, 대법원 2012. 12. 13. 선고 2011두21218 판결 등 참조.

4) 대법원 1998. 3. 27. 선고 97누17094 판결(무허가건축물이 전전양도되어 최종양수인이 사실상 소유자로서 사용·수익하는 경우에는 그 최종양수인만이 조합원의 자격을 취득한다고 할 것이지, 물권변동에 원칙적으로 등기를 요하도록 하고 있는 민법의 규정상 최초의 신축자에게 여전히 그 법률상의 소유권이 귀속된다고 하여 신축자가 조합원으로서의 자격을 취득한다고 해석할 것은 아니다). 대법원 1992. 4. 28. 선고 92다3847 판결(법률상의 등록원부가 아니라

양수 경위, 점유 및 사용관계, 재산세 등의 납세 여부 및 무허가건축물관리대장상의 등재 여부, 당해 무허가건축물이 주거용인 경우에는 그 소재지에 주민등록을 하였는지 여부 등을 종합적으로 고려하여 판단하여야 한다.

㉯ 무허가건축물에 관한 사실상 소유권의 귀속에 관하여 다툼이 있는 경우에 재개발조합으로서는 일단 무허가건물대장상의 소유명의자에게 무허가건물에 대한 사실상 소유권 또는 조합원의 지위가 귀속되는 것으로 처리하고 후에 판결 등에 의하여 권리귀속관계가 확정되면 그에 따라 시정할 수밖에 없는 것이므로, 그와 같은 권리 내지 지위의 귀속에 관하여 개인 간에 다툼이 있는 경우에 권리자가 채택할 수 있는 가장 유효하고도 적절한 분쟁해결 수단은, 재개발조합이 아닌 분쟁의 직접 당사자인 甲을 상대로 하여 무허가건물에 대한 사실상 소유권의 확인을 구하는 것이다. 甲의 분양신청에 의하여 무허가건물에 대하여 아파트를 분양하는 내용의 관리처분계획의 인가·고시가 이루어진 경우 위 관리처분계획의 취소소송을 제기하는 것이 가능할 뿐만 아니라 조합을 상대로 조합원 지위의 확인을 구하거나 조합원명부상의 명의변경을 구하는 등의 민사소송을 제기하는 것도 가능하다. 한편 이전고시가 있은 후에는, 권리자로서는 甲을 상대로 새로운 아파트에 대한 권리관계의 확인이나 등기의 말소 또는 이전등기에 관한 소송을 제기하여야 할 것이므로, 이 단계에서는 위와 같은 무허가건물의 소유권 확인, 조합원 지위의 확인 또는 조합원명부의 명의변경의 소는 부적법한 것으로 될 것이다.[5]

③ 건축물인지 여부

실무상 무허가 '건축물'인지 여부가 다투어진다. 무허가 '건축물'이 되기 위해서는 사회통념상 독립한 건물로서의 구조와 형태를 갖추어야 하고, 이를 판단할 때는 구조물의 물리적 구조뿐만 아니라 거래 또는 이용의 목적물로서 관찰한 건물상태 등 객관적인 사정은 물론 건축한 자의 의사와 같은 주관적인 사정도 고려하여 판단하여야 한다.[6]

2. 재건축사업

가. 주택단지의 의미

법 35조 3항이 재건축사업의 경우에는 주택단지를 기준으로 동의요건을 규정하고 있고(정비구역에 주택단지가 아닌 지역이 포함된 때에는 그에 대하여는 별개의 요건이다), 법 67조 1항 2호가 조합설립의 동의요건을 충족시키기 위하여 필요한 경우 주택단지 중 일부를 사업구역에서 제외하는 토지분할제도를 특별히 규정하고 있으므로, 재건축사업은 '주택단지' 단위로 시행됨이 명백하다.[7] 따라서 하나의 주택단지 중 일부만을 사업구역으로 한 재건축사업 시행은 특별한 사정

행정상의 편의를 위하여 행정관청에 비치하여 일정한 권리자를 기재하는 장부의 일종인 무허가건물대장의 경우에 설사 권리명의자의 변경기재가 있다고 하여도 이것만으로 권리이전의 효과가 발생하지는 아니한다고 할 것이지만, 무허가건물이라 등기가 불가능하고 달리 권리자나 그 이전관계를 표시하는 공적 장부도 없으며, 권리자로 등재된 사람은 사실상 권리자로서 평가를 받고 있는 현실이므로, 이러한 대장에 등재된 권리자로부터 권리를 양수받은 사람이 그 양도인을 상대로 그러한 장부상의 명의변경에 관한 협력의무의 이행을 구하는 소는 소의 이익이 있다).

5) 대법원 2003. 2. 14. 선고 2002다23451 판결.

6) 대법원 2001. 10. 12. 선고 2000두1591 판결, 대법원 2013. 7. 25. 선고 2012두23648 판결 등 참조.

7) 대법원 2019. 3. 14. 선고 2018두57957 판결.

이 없는 한 위법하다.

한편, 주택단지가 아닌 1동만 존재하는 공동주택이라 하더라도, 재건축사업의 시행이 불가능한 것으로 보기 어려우므로, 그 경우에도 법 35조 3항 등에 의하여 조합설립이 가능하다.

(1) 문제의 소재

주택단지의 판단기준이 무엇인지가 문제이다. 즉, 일정한 근접지역에 공동주택과 상가 등이 존재하고 일부 동(棟)이 재건축사업에 반대하는 경우, 이를 하나의 주택단지로 보아 토지분할청구절차를 선행해야 하는지 또는 별개의 주택단지로서 토지분할 청구절차 없이 곧바로 일부 동을 제외하고 재건축사업을 진행할 수 있는지 여부는 주택단지의 판단기준에 좌우된다. 일반적으로 상가의 구분소유자들은 재건축 공사기간 중에 영업을 중단하여야 하므로 소득이 감소하고, 단골고객을 잃게 될 우려가 있으며, 개발이익의 확보가 불확실한 점 등을 이유로 재건축을 반대하는 경우가 많아 실무상 상가동에 대한 토지분할 청구가 주로 문제된다.

(2) 규정

법 제2조 제7호

7. "주택단지"란 주택 및 부대시설·복리시설을 건설하거나 대지로 조성되는 일단의 토지로서 다음 각 목의 어느 하나에 해당하는 일단의 토지를 말한다.
   가. 주택법 제15조에 따른 사업계획승인을 받아 주택 및 부대시설·복리시설을 건설한 일단의 토지
   나. 가목에 따른 일단의 토지 중 국토계획법 제2조 제7호에 따른 도시·군계획시설인 도로나 그 밖에 이와 유사한 시설로 분리되어 따로 관리되고 있는 각각의 토지
   다. 가목에 따른 일단의 토지 둘 이상이 공동으로 관리되고 있는 경우 그 전체 토지
   라. 제67조에 따라 분할된 토지 또는 분할되어 나가는 토지
   마. 건축법 제11조에 따라 건축허가를 받아 아파트 또는 연립주택을 건설한 일단의 토지

(3) 규정의 해석

(가) 법 2조 7호 가목

법 2조 7호 가목의 주택단지는 '주택법 15조에 따른 사업계획승인을 받아 주택 및 부대시설·복리시설을 건설한 일단의 토지'이다. 주택법 15조 1항은 주택건설사업이나 대지조성사업을 하려는 자는 사업계획승인을 받아야 한다고 규정하고 있다. 따라서 도시정비법상 하나의 주택단지에 해당하는지 여부는 해당 주택의 건설사업 또는 해당 주택이 건립된 부지의 대지조성사업을 할 당시 하나의 사업계획으로 승인받아 주택이 건설되거나 대지가 조성되었는지 여부에 의해 결정된다.[8] 다만, 주택단지에는 단독주택단지도 가능하나(주택법 15조 1항, 주택법 시행령 27조 1항 1호), 법 35조 1항 및 4항에 의하여 재건축은 공동주택단지를 전제로 한다.

---

8) 대법원 2005. 6. 24. 선고 2003다55455 판결(법 제정 이전의 주택건설촉진법상의 재건축사업), 주택법 2조 12호는 '주택단지'란 주택건설사업계획 또는 대지조성사업계획의 승인을 받아 주택과 그 부대시설 및 복리시설을 건설하거나 대지를 조성하는 데 사용되는 일단(一團)의 토지를 말한다고 규정하고 있으므로, 도시정비법상의 주택단지의 개념과 사실상 동일하다.

하나의 사업계획으로 승인받아 건축되었다는 사실을 증명하는 자료로는 주택건설사업계획 승인대장 등을 들 수 있다.

구체적 사례로는 연접한 ○○번지 아파트와 □□번지 아파트의 각 사업계획승인 시점, 준공 시점, 대지권의 범위, 보존등기 및 대지권 등기 시점이 모두 상이하면, ○○번지 아파트와 □□번지 아파트는 각각 독립적으로 도시정비법 2조 7호 가목에 따른 주택단지에 해당할 뿐이고, ○○번지 아파트와 □□번지 아파트가 동시에 분양공고가 되었다거나 공동으로 관리되어 온 사정 등만으로는 이 사건 아파트가 하나의 사업계획승인을 받아 건설되거나 조성된 주택으로 보기는 어렵다는 판례가 있다.[9)]

(나) 법 2조 7호 다목

도시정비법 2조 7호 다목에 따른 주택단지는 앞서 본 도시정비법 2조 7호 가목에 따른 일단의 토지 둘 이상이 '공동으로 관리되는 경우'에는 그 전체 토지를 새로운 하나의 주택단지로 한다. '공동으로 관리되는 경우'란 각 사업계획에 따라 건설된 주택의 대지에 건설된 각 공동주택의 구분소유자들이 그들의 의사에 따라 해당 공동주택을 현실적으로 공동으로 관리하고 있고, 사회·문화적으로 위 각 공동주택이 하나의 주택단지로서 인식되는 경우를 의미하고, 행정청의 토지이용계획이나 반드시 공동주택관리법 8조의 공동관리 요건 충족 여부 등을 기준으로 판단할 것은 아니다.[10)]

도시정비법 2조 7호 가목에 따른 각각의 '주택단지' 둘 이상이 '공동관리'라는 사후적인 사유로 인하여 그 전체 토지가 위 7호 다목에 따른 새로운 '주택단지'에 해당된다고 하더라도, 이를 구성하는 일단의 토지들이 위 가목에 따른 주택단지로서의 성질을 상실한다고 볼 수는 없다. 따라서 재건축사업을 시행하려는 사업시행자로서는 도시정비법 2조 7호 가목과 다목에 따른 주택단지에 각각 해당하는 경우, 사업시행 대상 정비구역을 다목에 따른 주택단지로 정할 것인지 또는 가목에 따른 주택단지로 정할 것인지 여부를 토지등소유자들의 의사에 따라 자유롭게 선택할 수 있다고 봄이 타당하다.[11)]

(다) 법 2조 7호 마목

재건축사업의 대상인 주택단지는 주택법에 따라 사업계획승인을 받아 건설된 것이 일반적이다. 실무상 건축법에 따라 건축허가를 받은 아파트나 연립주택이 포함되는지 여부가 논란이 있었으나, 건축법 11조에 따라 건축허가를 받아 아파트 또는 연립주택을 건설한 일단의 토지도 포함된다고 명시하여 입법적으로 해결되었다.

---

9) 대법원 2022. 9. 7. 자 2022두44309 판결 및 서울고등법원 2022. 5. 11. 선고 2020누59200 판결.
10) 대법원 2022. 9. 7. 자 2022두44309 판결 및 서울고등법원 2022. 5. 11. 선고 2020누59200 판결.
11) 대법원 2022. 9. 7. 자 2022두44309 판결 및 서울고등법원 2022. 5. 11. 선고 2020누59200 판결{입법 연혁상 도시정비법이 2조 7호에서 주택단지의 범위를 가목으로만 규정하였다가, 이후 주택단지의 범위를 가목을 기준으로 일정한 요건[따로 관리(나목), 공동 관리(다목), 분할 청구(라목)] 하에 나목 내지 라목으로 확장해 나갔는바, 위 일정한 요건을 갖추는 경우에는 주택재건축사업의 원칙적인 사업구역 단위인 가목의 주택단지와 별도의 주택재건축사업을 추진할 수 있도록 하는 것이 도시정비법의 입법취지와 그 토지등소유자들의 의사에도 부합하고, 나아가 위 일정한 요건이 해소되는 경우에는 언제든지 최초 가목의 주택단지 형태로 돌아갈 수 있는 권리를 보장하는 것이 당초 하나의 사업계획으로 승인받아 주택을 건설하거나 대지를 조성하여 가목에 따른 주택단지를 조성한 토지등소유자들의 의사에도 부합하는 해석으로 볼 수 있다}.

⑷ 기타

정비구역의 지정권자는 정비사업의 효율적인 추진 또는 도시의 경관보호를 위하여 필요하다고 인정하는 경우에는 하나의 정비구역을 둘 이상의 정비구역으로 분할, 서로 연접한 정비구역을 하나의 정비구역으로 통합, 서로 연접하지 아니한 둘 이상의 구역 또는 정비구역을 하나의 정비구역으로 결합하는 방법에 따라 정비구역을 지정할 수 있다(법 18조 1항).

나. 주택단지 내 토지 또는 건축물만의 소유자

정비구역인 주택단지 내에 토지 또는 건축물만을 소유하고 있는 자는 '건축물 및 그 부속토지의 소유자'에 해당하지 아니하여 조합원의 자격이 없다. 따라서 토지 또는 건축물만을 소유한 자는 위 법 35조 소정의 조합설립 동의의 상대방이 되지 아니한다.[12)]

다. 주택단지가 아닌 지역이 정비구역에 포함된 경우의 동의대상인 토지 또는 건축물 소유자의 의미

⑴ 문제의 소재

법 2조 9호 ㈏목 및 법 39조 1항에 의하면, 재건축사업에 있어서는 정비구역에 위치한 건축물 및 그 부속토지의 소유자만이 토지등소유자로서 조합원의 자격이 있다. 그러나 법 35조 4항은 "주택단지가 아닌 지역이 정비구역에 포함된 때에는 주택단지가 아닌 지역의 토지 또는 건축물 소유자의 4분의 3 이상 및 토지면적 3분의 2 이상의 토지소유자의 동의를 받아야 한다."고 규정하고 있다. 주택단지가 아닌 지역의 재건축조합설립 동의요건인 '토지 또는 건축물' 소유자의 의미와 관련하여, 이를 앞서 본 주택단지와 동일하게 '토지 및 건축물' 소유자로 제한하여 해석해야 하는지 여부가 문제된다.

⑵ 판례

법 35조 4항의 문언상의 기재 및 토지만을 소유한 자 또는 건축물만을 소유한 자는 비록 재건축사업에서 조합원이 될 수 없다고 하더라도, 그 소유의 토지 또는 건축물은 매도청구의 대상이 될 수 있으므로 재건축조합의 설립에 중대한 이해관계가 있는 점 등을 종합하면, 법 35조 4항에서 정한 '토지 또는 건축물 소유자'는 주택단지가 아닌 지역의 토지 및 건축물의 소유자뿐만 아니라 토지만을 소유한 자, 건축물만을 소유한 자 모두를 포함하는 의미이다.[13)]

---

12) 대법원 2008. 2. 29. 선고 2006다56572 판결[정비사업을 신속하고도 효율적으로 추진하기 위해서는 토지 또는 건축물만을 소유한 자로부터 조합이 그 소유권을 취득하여야 하는바, 조합은 법 64조를 준용하여 토지 또는 건축물만을 소유한 자에 대하여 매도청구를 할 수 있다. 다만, 재건축사업의 주택단지 내에 토지 또는 건축물만을 소유하고 있는 자는 조합설립 동의의 상대방이 되지 아니하므로, 최고절차에 대하여 법률상 이해관계를 갖지 아니하여 매도청구 전에 최고절차를 거치지 않았더라도 매도청구는 적법하다(법 64조 2항은 주택단지 내 토지 또는 건축물만의 소유자에 대하여는 최고대상에서 제외하고 있다). 그러나 법 64조가 매도청구권의 행사기간을 제한한 취지가 매도청구 상대방의 정당한 법적 이익을 보호하고 아울러 재건축을 둘러싼 법률관계를 조속히 확정하기 위한 것이므로 그 경우에도 매도청구권은 행사기간 내에 이를 행사하지 아니하면 효력을 상실한다].

13) 대법원 2012. 10. 25. 선고 2010두25107 판결(구 법이 2007. 12. 21. 개정되기 이전 '토지 또는 건축물 소유자의 5분의 4 이상의 동의'라고 규정하고 있었는바, 이는 정비구역 안의 토지 및 건축물의 소유자뿐만 아니라 토지만을 소유한 자, 건축물만을 소유한 자 모두를 포함하여 5분의 4 이상의 동의로 해석됨에도, '토지 소유자의 5분의 4 이상' 또는 '건축물 소유자의 5분의 4 이상' 중 어느 하나의 요건만 충족하면 된다고 잘못 해석하여 요건을 충족하지 못하였

⑶ 결론

토지 및 건축물 소유자로 해석하는 것은 문언에 반하고, 반드시 조합원의 지위와 동의의 대상은 동일시 할 필요가 없는 점 등에 비추어 판례의 견해는 타당하다. 문제는 토지 또는 건축물만의 소유자는 조합원이 될 수 없으므로, 재건축조합 설립에 동의하지 않을 것이 명백하다. 왜냐하면 조합원이 될 수 없어 종후자산을 배분받을 가능성이 원천봉쇄되어 있는 상태에서 조합이 설립되면 매도청구를 통하여 자신의 토지나 건축물 등을 사실상 강제로 빼앗길 가능성만 존재하기 때문이다. 아직도 토지 또는 건축물만을 소유한 자가 적지 않은 현실에 비추어 주택단지가 아닌 지역이 정비구역에 포함되는 경우에는 토지 또는 건축물 소유자의 4분의 3 이상 및 토지면적의 3분의 2 이상의 토지소유자의 동의라는 요건을 충족하기가 어려워 정비사업의 진행이 지체될 가능성이 높다.

제2절 토지등소유자 동의자 수 산정방법

Ⅰ. 규정 및 해석

1. 법령의 규정

법 36조 4항, 법 시행령 33조 1항은 법 12조 2항, 28조 1항, 36조 1항, 시행령 12조, 14조 2항 및 27조에 따른 '토지등소유자(토지면적에 관한 동의자 수를 산정하는 경우에는 토지소유자를 말한다)의 동의'를 다음 각 호의 기준에 따라 산정한다고 규정하고 있다.

1. 재개발사업의 경우에는 다음 각 목의 기준에 의할 것
 가. 1필지의 토지 또는 하나의 건축물을 여럿이서 공유할 때에는 그 여럿을 대표하는 1인을 토지등소유자로 산정할 것. 다만, 재개발구역의 전통시장법 제2조에 따른 전통시장 및 상점가로서 1필지의 토지 또는 하나의 건축물을 여럿이서 공유하는 경우에는 해당 토지 또는 건축물의 토지등소유자의 4분의 3 이상의 동의를 받아 이를 대표하는 1인을 토지등소유자로 산정할 수 있다.
 나. 토지에 지상권이 설정되어 있는 경우 토지의 소유자와 해당 토지의 지상권자를 대표하는 1인을 토지등소유자로 산정할 것
 다. 1인이 다수 필지의 토지 또는 다수의 건축물을 소유하고 있는 경우에는 필지나 건축물의 수에 관계없이 토지등소유자를 1인으로 산정할 것. 다만, 재개발사업으로서 법 제25조 제1항 제2호에 따라 토지등소유자가 재개발사업을 시행하는 경우 토지등소유자가 정비구역지정 후에 정비사업을 목적으로 취득한 토지 또는 건축물에 대해서는 정비구역지정 당시의 토지 또는 건축물의 소유자를 토지등소유자의 수에 포함하여 산

음에도 조합설립인가처분을 한 사안에서, 당시는 '토지 또는 건축물 소유자의 5분의 4 이상'의 문언적 의미가 명확한 것은 아니고 다의적으로 해석될 여지가 충분히 있는 점 등을 들어 객관적으로 명백하였다고 할 수 없다고 판시했다).

정하되, 이 경우 동의 여부는 이를 취득한 토지등소유자에 따른다.
  라. 둘 이상의 토지 또는 건축물을 소유한 공유자가 동일한 경우에는 그 공유자 여럿을 대표하는 1인을 토지등소유자로 산정할 것
2. 재건축사업의 경우에는 다음 각 목의 기준에 따를 것
  가. 소유권 또는 구분소유권을 여럿이서 공유하는 경우에는 그 여럿을 대표하는 1인을 토지등소유자로 산정할 것
  나. 1인이 둘 이상의 소유권 또는 구분소유권을 소유하고 있는 경우에는 소유권 또는 구분소유권의 수에 관계없이 토지등소유자를 1인으로 산정할 것
  다. 둘 이상의 소유권 또는 구분소유권을 소유한 공유자가 동일한 경우에는 그 공유자 여럿을 대표하는 1인을 토지등소유자로 할 것
3. 추진위원회의 구성 또는 조합의 설립에 동의한 자로부터 토지 또는 건축물을 취득한 자는 추진위원회의 구성 또는 조합의 설립에 동의한 것으로 볼 것
4. 토지건물등기사항증명서·건물등기사항증명서·토지대장 및 건축물관리대장에 소유자로 등재될 당시 주민등록번호의 기록이 없고 기록된 주소가 현재 주소와 다른 경우로서 소재가 확인되지 아니한 자는 토지등소유자의 수 또는 공유자 수에서 제외할 것
5. 국·공유지에 대해서는 그 재산관리청 각각을 토지등소유자로 산정할 것[14]

2. 토지등소유자의 구체적인 산정방법

도시정비법 2조 9호는 재개발사업의 경우에는 정비구역에 위치한 토지 또는 건축물의 소유자 또는 그 지상권자를, 재건축사업의 경우에는 정비구역에 위치한 건축물 및 그 부속토지의 소유자를 각 토지등소유자로 하므로, 재개발사업의 경우 정비구역 내 토지나 건물의 소유자나 지상권자를 각각 1인으로 취급하고, 재건축사업의 경우에는 토지 및 그 부속토지의 소유자를 1인으로 취급하는 것이 원칙이다.

그러나 앞서 본 바와 같이 법 시행령 33조 1항이 구체적인 산정기준을 따로 규정하고 있으므로, 이 부분에 관하여 자세히 살펴본다(재개발사업을 전제로 하나, 재건축사업의 경우에도 위 원칙 범위에서는 적용될 수 있다).

가. 동일인이 다수의 부동산을 소유한 경우: 1인

갑이 A, B토지 및 그 지상 C, D건축물, E토지를 소유하고 있는 경우: 1인(1필지의 과소토지를 소유한 자와 다수의 부동산을 소유한 자를 동일하게 1인으로 취급함에 따라 넓은 면적의 토지등소유자의 권리가 침해될 수 있어 그 방지수단으로 전체 토지면적의 1/2 또는 100분의 70 등의 토지소유자 동의를 요구함은 앞서 본 바이다)

---

14) 법 시행령이 2010. 7. 15. 개정되면서 처음 도입되었다. 그 이전에는 여러 필지의 국가 또는 지방자치단체 소유의 국·공유지에 대하여 소관 관리청이 다른 경우에 관한 특별한 예외규정을 두고 있지 않음을 이유로 1개로 산정하였다(대법원 2014. 4. 14. 선고 2012두1419 전원합의체 판결).

나. 공유 부동산: 1인

(1) 갑과 을이 A토지를 공유한 경우: 1인

갑과 을이 B건물(다가구주택 포함)을 공유한 경우: 1인

(2) 다수 부동산의 공유자 구조가 동일한 경우: 1인

동일한 공유자가 서로 다른 토지 또는 토지·건축물을 공동 소유하고 있을 때에는 부동산의 종류나 수가 무엇이든 그 공유자들 중 1인만이 토지등소유자로 산정되어야 한다(대표소유자를 달리 정하여도 마찬가지이다).[15] 동일인이 다수의 부동산을 소유한 경우 및 공유인 경우 1인으로 취급하는 점에서 이는 타당하다. 즉 갑과 을이 A, B, C토지, D건물을 각 공유하고 있는 경우: 1인

다. 동일 토지상에 소유권자 및 지상권자가 있는 경우: 1인

(1) 갑의 A토지 지상에 을이 지상권을 가지고 있는 경우(지상권자는 수분양권이 없는 자로서 일반적 공유자와 동일하게 취급하는 것은 부당함에 근거한다)

(2) 동일인 소유 토지와 지상 건축물 중 토지에 관하여 지상권이 설정되어 있다고 하더라도 토지등소유자 수를 산정할 때에는 지상권자를 토지의 공유자와 동일하게 취급할 수 없고, 해당 토지와 지상 건축물에 관하여 1인의 토지등소유자로 산정한다(다음에서 살펴볼 갑, 을이 A토지 공유, 갑이 A토지 지상 건축물 단독 소유인 경우 2인으로 산정하는 것과 비교).[16]

라. 부동산별로 소유자가 다른 경우

(1) 원칙: 각 1인(토지의 필지별 또는 토지·건축물의 소유자, 공유자가 서로 다를 경우에는 각 부동산별로 1인의 토지등소유자로 산정)[17]

① 갑이 A토지를 단독소유하고 갑과 을이 B토지를 공유하고 있는 경우: 2인

② 갑, 을이 A토지 공유, 갑이 A토지 지상 건축물 단독 소유: 2인(토지의 공유자 중 일부가 지상 건축물을 단독 소유하는 경우에도 소유자를 달리 취급되어야 한다[18])

③ 갑, 을이 A토지를, 을, 병이 B토지를, 갑, 병이 C토지를 각 공유하고 있는 경우: 3인(=갑+을, 을+병, 갑+병)

④ 갑, 을이 A토지를, 갑, 을, 병이 B토지를, 갑, 병, 정이 C토지를 각 공유하고 있는 경우: 3인(=갑+을, 갑+을+병, 갑+병+정)

(2) 예외

토지나 건축물을 단독으로 소유하고 있어 이미 토지등소유자로 산정되었던 자들이 별도로 다른 토지나 건축물을 공유하는 경우에 그들의 공유 토지나 건축물 지분에 대해서는 토지등소유자

15) 대법원 2010. 1. 14. 선고 2009두15852 판결.
16) 대법원 2015. 3. 20. 선고 2012두23242 판결.
17) 대법원 2014. 5. 29. 선고 2012두18677 판결, 대법원 2010. 1. 14. 선고 2009두15852 판결.
18) 대법원 2015. 3. 20. 선고 2012두23242 판결.

수가 추가로 산정되지 아니한다.[19] 즉 갑이 A토지를 단독소유, 을이 B토지를 단독소유하고, 갑과 을이 C토지를 공유하고 있는 경우: 2인(실제 조합원은 2명이고, 그 이상은 불가능하므로 2인으로 취급한다)

마. 소재불명자: 제외

(1) 소재불명자의 의미

(가) 규정의 내용

토지등기사항증명서·건물등기사항증명서·토지대장 및 건축물관리대장에 소유자로 등재될 당시 주민등록번호의 기록이 없고 기록된 주소가 현재 주소와 다른 경우로서 소재가 확인되지 아니한 자는 동의의 대상인 토지등소유자에서 제외된다.

공부상 주민등록번호 기재가 없고, 공부상 주소와 현재 주소가 상이한 경우(공부상 기재된 주소로 발송한 우편물이 반송된 경우 등) 별도로 소재가 확인되지 아니함을 증명하는 절차를 요하는지 여부가 문제되나, 법은 특별히 소재의 확인절차와 방법에 관하여 명문의 규정을 두고 있지 않으므로, 위 요건만 구비되면 일응 소재불명자로 처리할 수 있다.[20] 따라서 추진위원회는 토지등소유자의 재산세 납부현황 등을 추가로 조사할 의무가 있다거나 공부상 기재된 주소로 발송한 우편물이 반송된 경우 해당 통반장의 불거주 증명을 받아야 할 의무는 없다.[21]

(나) 근거

① 현행 주민등록법은 원칙적으로 본인이나 세대원에 한해 주민등록표의 열람이나 등·초본의 교부신청이 가능하되(주민등록법 29조 2항 본문), 다만, 그 예외사유로 '채권·채무관계 등 대통령령으로 정하는 정당한 이해관계가 있는 사람이 신청하는 경우(같은 항 단서 6호)', '그 밖에 공익상 필요해 대통령령이 정하는 경우(7호)' 제3자가 이를 열람 및 교부 신청할 수 있도록 규정하고 있다.

6호와 관련하여 주민등록법 시행령은 정당한 이해관계인으로 "부동산 또는 이에 준하는 것에 관한 권리의 설정·변경·소멸에 관계되는 자"를 규정하고(주민등록법 시행령 47조 4항 전문 별표 2), 7호의 '그 밖에 공익상 필요해 대통령령이 정하는 경우'에 관해 "시장·군수 또는 구청장이 본인 또는 세대원에 영향을 미치는 공공목적의 사업 수행을 위해 특히 필요하다고 인정하는 경우"라고 규정하고 있다(주민등록법 시행령 47조 4항 후문 1호).

정비구역 내 토지 전부가 정비사업의 시행으로 건설되는 아파트 등에 대한 대지권을 구성하므로, 정비사업은 원칙적으로 정비구역 내 토지등소유자 전원이 정비사업에 참가하는 상태를 형성하여야 진행이 가능한 사업이다. 따라서 조합 측은 정비사업에 참가하지 않는 토지등소유자로부터 그 소유의 부동산을 수용재결(재개발사업)이나 매도청구(재건축사업)를 통하여 취득하여야 하므로, 조합설립에의 동의 등은 해당 정비구역 내 부동산의 권리 설정·변경·소멸에 관계있는

---

19) 대법원 2014. 5. 29. 선고 2011두2286 판결, 대법원 2011. 7. 28. 선고 2011두2842 판결 및 서울고등법원 2010. 12. 16. 선고 2010누18378 판결.

20) 부산고등법원 2007. 7. 6. 선고 2006누3841 판결(확정).

21) 부산고등법원 2014. 12. 24. 선고 2013누3092 판결(확정).

행위라고 할 수 있다. 나아가 이는 본인 또는 세대원에 중대한 영향을 미치는 공익사업 수행에 필요한 경우에 해당한다.

한편 주민등록법 시행령 47조 2항은 "주민등록표의 열람 또는 등·초본의 교부신청을 위해서는 대상자의 성명 및 주소 또는 성명 및 주민등록번호를 정확하게 표시하여야 한다."고 규정하고 있으므로, 토지등소유자의 주민등록번호를 인지하고 있는 추진위원회는 토지등소유자의 주민등록상의 주소지를 관할하는 구청장 등을 상대로 토지등소유자에 대한 주민등록등·초본 열람 및 교부를 신청하여 이를 발급받을 수 있다. 따라서 적어도 토지등소유자에 대한 주민등록표의 발급신청을 위해서는 주민등록번호를 확인할 수 있어야 한다.

② 토지등기사항증명서(구 토지등기부등본)·건물등기사항증명서(구 건물등기부등본)·토지대장 및 건축물관리대장에 소유자로 등재될 당시 기록된 주소가 현재 주소와 다르다 하더라도, 공부에 주민등록번호의 기재가 있는 경우, 위와 같이 추진위원회는 반드시 토지등소유자의 주민등록표 등본을 발급받아 소재를 확인하여 송달절차를 진행하여야 하고, 그럼에도 불구하고 그 소재가 확인되지 아니한 경우 소재불명자로 처리할 수 있다. 다만, 주민등록번호의 기재가 없어 토지등소유자에 대한 주민등록표의 발급신청이 불가능한 경우에는 곧바로 그를 소재불명자로 하여 토지등소유자에서 제외한다.

㈐ **구체적 사례**

토지대장에 주민등록번호 뒷자리가 '1******'라고 기재되어 있는 것은 주민등록번호를 외부에 공개하지 않기 위한 것일 뿐, 토지대장을 관리하는 관할 관청에는 주민등록번호 뒷자리가 존재한다는 것이므로, 위 기재를 주민등록번호의 기록이 없는 것으로 간주할 수는 없다.[22)]

⑵ **입법취지**

법은 조합설립요건으로 재개발사업의 경우 전체 토지등소유자의 4분의 3 이상의 동의, 재건축사업의 경우 주택단지는 전체 구분소유자 100분의 70 이상의 동의라는 엄격한 요건을 요구한다. 그런데 소재불명자를 동의의 대상인 토지등소유자로 산정하는 경우, 정비사업의 대상인 노후·불량건축물에는 소유자가 직접 거주하지 않는 경우가 많고, 또한 소유자의 소재가 확인되지 않은 경우가 적지 않은 현실에서는 동의요건을 충족하기 어렵다. 특히 정비사업의 필요성이 중대할수록 더더욱 동의요건을 충족하는 것이 어려운 문제가 있다. 이에 조합설립요건인 동의 여부에 관한 의사 확인이 어려운 토지 또는 건축물 소유자를 동의의 대상인 토지등소유자에서 배제하여 공익사업인 정비사업을 보다 용이하게 시행할 수 있게 하려는 취지이다.

추진위원회로서는 정비사업에 반대하는 토지등소유자에 대하여 소재불명자로 처리함으로써 동의요건을 충족시키려는 유혹이 있을 수 있으므로, 사업시행자가 소재불명자로 처리한 사안의 경우 인가권을 가진 시장·군수등에 의한 신중한 심사가 요구된다. 특히 조합설립인가 이후 조합은 수용재결이나 매도청구를 통하여 소재불명자의 토지등을 일정절차를 거쳐 임의로 취득할 수 있으므로 더욱 그러하다.

---

22) 대법원 2012. 12. 13. 선고 2011두21218 판결.

⑶ 소재불명자로 간주되어 처리되는 경우

㈎ 사망한 자 소유의 토지 또는 건축물에 대한 상속인 불명

정비구역 내 토지 또는 건축물의 소유자가 이미 사망한 경우, 원칙적으로는 상속인 확인이 문제되나 넓게는 소재가 확인되지 않는 것으로 취급할 수 있다. 이 경우 소재가 확인되지 않는다는 이유로 동의의 대상인 토지등소유자의 수에서 제외하기 위해서는 망인인 토지 또는 건축물 소유자의 상속인의 존재 및 소재를 확인하기 위한 가능하고도 충분한 노력을 다하였음에도 그러한 사실을 확인할 수 없음이 분명한 경우이어야 하고, 이는 관련 공부에 망인의 주민등록번호가 기재되어 있더라도 달리 볼 이유가 없다.[23)]

㈏ 여러 명의 공유에 속하는 토지의 공유자 중 일부가 소재불명인 경우

여러 명의 공유에 속하는 토지의 공유자 중 일부가 소재불명인 경우, 토지의 단독소유자가 소재불명자인 경우와 다르지 아니하므로, 공유자 중 일부가 소재불명인 경우도 단독소유자가 소재불명인 경우와 마찬가지로 동의대상이 되는 토지 또는 건축물 소유자의 수에서 제외하여야 한다(소재불명인 공유자가 있는 토지 자체를 동의의 대상에서 제외하여야 하고, 소재불명인 공유자를 제외한 나머지 공유자들의 공유 토지로 취급할 수는 없다).[24)]

바. 국·공유지(재산관리청)

대한민국 소유 토지 중 기획재정부가 A토지를, 여성가족부가 B토지를 각 관리하고 있고, 서울특별시가 C토지를, 서울 강남구가 D토지를 각 소유하고 있는 경우: 토지등소유자는 4인(기획재정부, 여성가족부, 서울특별시, 서울 강남구)에 해당한다.

'국유지·공유지에 대해서는 그 재산관리청을 토지등소유자로 산정할 것'이라는 규정은 법 시행령이 2010. 7. 15. 개정되어 처음 규정되었고(구 법 시행령 28조 1항 5호), 위 개정 시행령에서 달리 소급하는 부칙을 두지도 않았으므로, 위 개정 시행령이 시행되기 이전의 재산관리기관은 국·공유재산의 관리사무를 담당하는 데 불과하고 그 소유권은 국가에게 있으므로, 토지 또는 건축물 소유자의 산정에 있어 국가가 관리기관을 달리하여 정비구역 내 여러 필지를 소유하고 있다 하더라도 개개의 관리기관을 소유자로 보아서는 아니 되고, 대한민국 1인만 소유자로 산정하여야 한다.[25)]

사. 동일세대와 토지등소유자 수 산정

법 39조 1항 1호는 여러 명의 토지등소유자가 1세대에 속하는 때 그 여러 명을 대표하는 1인을 조합원으로 본다고 규정하고 있다. 이는 지분 쪼개기 방지를 위하여 도입된 조합설립 이후의 조합원 자격에 관한 규정으로서, 조합설립을 위한 토지등소유자의 동의자 수 산정방법과는 무관하다. 따라서 여러 명의 토지등소유자가 동일세대에 속하는 때에도 그 수인의 토지등소유자는

---

23) 대법원 2014. 5. 29. 선고 2012두11041 판결.
24) 대법원 2017. 2. 3. 선고 2015두50283 판결.
25) 대법원 2014. 4. 14. 선고 2012두1419 전원합의체 판결.

각각 토지등소유자로 보아야 한다.

Ⅱ. 1동의 건물과 관련한 공유와 구분소유

1. 쟁 점

조합설립 동의요건으로서의 토지등소유자는 1동의 건물을 다수가 공유한 경우 1인으로 산정하여야 하나, 1동의 건물을 다수가 구분소유하고 있는 경우에는 각각의 구분소유권자마다 별개로 산정하여야 한다. 이와 같이 전체 토지등소유자 수 및 동의자 수를 산정함에 있어 1동의 건물을 구분소유하고 있는 것인지 또는 공유하고 있는 것인지 여부는 매우 중요하다. 전체 토지등소유자 수 및 동의자 수와 관련한 산정 잘못은 조합설립인가처분의 효력과 직결되고, 조합설립인가처분이 무효 또는 취소되는 경우 그 후속행위도 모두 소급하여 무효가 되는 중대한 결과가 초래되므로 주의를 요한다. 특히 구분소유등기가 마쳐지지 아니하고 공유등기만이 마쳐진 건물에 대하여도 구분소유가 인정되는 경우가 있으므로, 구분소유등기 여부만으로 이를 판단하여서는 아니 된다.

2. 판 례

가. 대법원 2013. 1. 17. 선고 2010다71578 전원합의체 판결

1동의 건물에 대하여 구분소유가 성립하기 위해서는 객관적·물리적인 측면에서 1동의 건물이 존재하고, 구분된 건물부분이 구조상·이용상 독립성을 갖추어야 할 뿐 아니라, 1동의 건물 중 물리적으로 구획된 건물부분을 각각 구분소유권의 객체로 하려는 구분행위가 있어야 한다. 따라서 구분소유등기가 마쳐졌는지 여부를 불문하고(설령 공유자로 등기되었더라도), 위의 요건을 구비하여 구분소유자로 인정되는 경우, 그 대표자 1명만을 토지등소유자로 산정함은 위법하고, 구분소유자들 전부에 대하여 토지등소유자로 인정하여야 한다. 각각의 요건별로 살펴본다.

나. 구조상의 독립성

(1) 판단기준

구조상의 독립성은 주로 소유권의 목적이 되는 객체에 대한 물적 지배의 범위를 명확히 할 필요성 때문에 요구되는 것이다. 따라서 구조상의 구분에 의하여 구분소유권의 객체 범위를 확정할 수 없는 경우에는 구조상의 독립성이 있다고 할 수 없다.

상가의 경우 주택과 달리 본질적 특성이 개방성인바, 특히 이른바 '오픈상가'의 경우 구조상의 독립성 판단이 용이하지 않다는 문제가 있다. 이와 관련하여 집합건물법 1조의2(상가건물의 구분소유) 1항은 ① 구분점포의 용도가 건축법 2조 2항 7호의 판매시설 및 같은 항 8호의 운수시설일 것, ② 경계를 명확하게 알아볼 수 있는 표지를 바닥에 견고하게 설치할 것,[26] ③ 구분

26) 집합건물법 시행령 2조(경계표지)
① 집합건물법 1조의2 1항 3호에 따른 경계표지는 바닥에 너비 3㎝ 이상의 동판, 스테인리스강판, 석재 또는 그 밖에 쉽게 부식·손상 또는 마모되지 아니하는 재료로서 구분점포의 바닥재료와는 다른 재료로 설치하여야 한다.

점포별로 부여된 건물번호 표지를 견고하게 붙일 것[27]을 요건으로 하여 1동의 건물이 여러 개의 건물부분으로 이용상 구분된 경우에 그 건물부분(구분점포)은 이 법에서 정하는 바에 따라 각각 소유권의 목적으로 할 수 있다고 규정하고 있다. 집합건물법 시행령 2조가 정하는 경계표지가 설치되어 있는지 여부는 각 구분점포의 구조상의 독립성을 판단하는 하나의 기준일 뿐, 경계표지가 없다고 하여 독립성이 없다고 단정할 수는 없다.

집합건물법 1조의2(상가건물의 구분소유) 규정은 2003. 7. 18. 개정되면서 신설되었다.[28] 집합건물법 1조의2와 함께 신설된 59조 2항은 '소관청은 구분점포에 관하여 56조(건축물대장의 신규등록) 또는 57조(건축물대장의 변경등록)의 신청을 받으면 신청 내용이 1조의2 1항 각 호의 요건을 충족하는지와 건축물의 실제 현황과 일치하는지를 조사하여야 한다.'라고 규정하여, 구분점포에 관하여 집합건축물대장의 신규 또는 변경등록신청이 있는 경우 소관청에게 건축물의 실제현황 등을 조사할 의무를 부과하고, 소관청이 조사한 결과 그 건물의 상황이 1조의2(상가건물의 구분소유)의 규정에 맞지 아니하다고 인정할 때에는 그 등록을 거부하고 그 건물 전체를 하나의 건물로 하여 일반건축물대장에 등록하여야 한다(60조 1항). 한편 구분건물에 대한 소유권보존등기를 신청하는 경우에는 1동의 건물의 소재도, 각 층의 평면도와 전유부분의 평면도를 첨부정보로서 등기소에 제공하여야 하고(부동산등기규칙 121조 4항), 구분건물이 아닌 건물을 구분하여 구분건물로 건물표시변경등기의 신청을 하는 경우에도 그 변경을 증명하는 건축물대장을 첨부정보로서 등기소에 제공하여야 한다(부동산등기규칙 86조 3항).

위와 같이 집합건물법이 1조의2에서 정하는 구분점포에 관하여는 반드시 소관청의 현황조사를 거쳐 위 조항에서 규정한 요건을 충족하는지와 건축물의 실제 현황과 건축물대장의 신청 내용이 일치하는지를 확인한 다음 그 규정에 맞는다고 인정될 때에만 집합건축물대장에 등록하도록 정하고 있고, 이러한 절차를 거쳐 작성된 집합건축물대장이 제출되어야 비로소 구분점포에 관한 소유권보존등기 및 표시변경등기가 마쳐질 수 있다. 그렇다면 집합건물법 1조의2가 시행된 2004. 1. 19. 이후 집합건축물대장의 신규 또는 변경등록이 이루어지고 그에 따라 구분등기가 마쳐진 구분점포에 대하여는, 특별한 사정이 없는 한 집합건물법 소정의 절차에 따라 적법하게 대장이 등록되고 이에 기하여 구분등기가 마쳐진 것으로서 그 등록 및 등기가 마쳐질 당시 집합건물법 1조의2에서 정한 구분소유권의 요건을 갖추고 있었다고 추정되고, 그와 다른 사실은 이를 다투는 측에서 주장·증명하여야 한다.[29]

---

② 경계표지 재료의 색은 건물바닥의 색과 명확히 구분되어야 한다.

27) 집합건물법 시행령 3조(건물번호표지)
① 집합건물법 1조의2 1항 4호에 따른 건물번호표지는 구분점포 내 바닥의 잘 보이는 곳에 설치하여야 한다.
② 건물번호표지 글자의 가로규격은 5㎝ 이상, 세로규격은 10㎝ 이상이 되어야 한다.
③ 구분점포의 위치가 표시된 현황도를 건물 각 층 입구의 잘 보이는 곳에 견고하게 설치하여야 한다.
④ 건물번호표지의 재료와 색에 관하여는 2조를 준용한다.

28) 신설 당시에는 '판매시설 및 운수시설의 용도에 해당하는 바닥면적의 합계가 1천㎡ 이상일 것'도 요건으로 하였으나(2호), 2020. 2. 4. 개정되면서 위 규정은 삭제되었다.

29) 대법원 2022. 12. 29. 자 2019마5500 결정.

⑵ 판례

㈎ **대법원 2014. 2. 27. 선고 2011다42430 판결**

벽체 등 외부로 드러난 표지 없이 단지 건물의 1층 부분을 20개 점포로 구획하고, (정확한 측량 없이) 각 점포의 호수와 위치 및 면적을 표시한 분할도면을 작성한 후 그 분할도면에 따라 점포들을 분양한 다음, 각 점포에 대하여 건물 1층 부분의 공유지분을 할당하고, 그와 같이 할당된 공유지분에 관하여 수분양자들 앞으로 소유권이전등기를 마쳤다면, 이는 독립성이 없다.[30)]

결국 구조상의 독립성이 인정되기 위해서는 건물의 분양 당시 점포의 각 점유부분이 정확하게 측량되거나 점포가 벽체로 명확하게 구분된 상태에서 분양되어, 각 점포의 실제 면적과 공유지분이 일치하여야 한다.

㈏ **대법원 1999. 6. 2. 자 98마1438 결정, 대법원 2014. 2. 21. 자 2013마2324 결정 등**

인접한 구분건물 사이에 설치된 경계벽이 제거됨으로써 각 구분건물이 구분건물로서의 구조상 및 이용상 독립성을 상실하게 되었다고 하더라도, 각 구분건물의 위치와 면적 등을 특정할 수 있고 사회통념상 그것이 구분건물로서의 복원을 전제로 한 일시적인 것일 뿐만 아니라 그 복원이 용이한 것이라면, 각 구분건물이 구분건물로서의 실체를 상실한다고 쉽게 단정할 수는 없고, 아직도 그 등기는 구분건물을 표상하는 등기로서 유효하다고 해석해야 한다.

⑶ 재산세 부과의 증명력

해당 건물부분에 대하여 별도의 재산세가 부과되었다는 것은 구조상의 독립성을 방증하는 것이라고 볼 여지가 있기는 하다. 그러나 과세 관청은 법령상 무허가나 불법건축물도 면적이나 구조, 신축년도 등을 기준으로 하여 과표를 산출한 후 재산세를 부과하는 등 독립성이 의심되더라도 세수 증대의 목적으로 재산세를 부과하였을 가능성도 배제할 수 없으므로, 그것만으로 구조상 독립된 단독의 부동산으로 단정할 수는 없다.

다. 이용상의 독립성

이용상의 독립성이란 구분소유권의 대상이 되는 해당 건물부분이 그 자체만으로 독립하여 하나의 건물로서의 기능과 효용을 갖춘 것을 말한다. 이용상의 독립성이 인정되는지 여부는 해당 부분의 효용가치, 외부로 직접 통행할 수 있는지 여부(별개의 출입문 등이 있어 외부나 공용부분인 통로로 나갈 때 다른 상가호실을 통하지 않아도 되는지 여부 등) 등을 고려하여 판단하여야 한다. 특히 해당 건물부분이 집합건물법 1조의2의 적용을 받는 '구분점포'인 경우에는 그러한 구분점포의 특성을 고려하여야 한다.

라. 구분행위

⑴ 의의

구분행위는 건물의 물리적 형질에 변경을 가함이 없이 법률관념상 그 건물의 특정 부분을

30) 대법원 2014. 2. 27. 선고 2011다42430 판결.

구분하여 별개의 소유권 객체로 하려는 일종의 법률행위로서, 그 시기나 방식에 특별한 제한이 있는 것은 아니고 처분권자의 구분의사가 객관적으로 외부에 표시되면 인정된다. 따라서 구분건물이 물리적으로 완성되기 전에도 건축허가신청이나 분양계약 등을 통하여 장래 신축되는 건물을 구분건물로 하겠다는 구분의사가 객관적으로 표시되면 구분행위의 존재를 인정할 수 있다. 그러나 그 구조와 형태 등이 1동의 건물로서 완성되고 구분행위에 상응하는 구분건물이 객관적·물리적으로 완성되어야 그 시점에 구분소유가 성립한다.[31] 다만, 1동의 건물 및 구분행위에 상응하는 구분건물이 객관적·물리적으로 완성되기만 하면 아직 그 건물이 집합건축물대장(집합건물법은 1984. 4. 10. 제정되어 그 이전에는 구분등기가 아닌 일반건물로 지분소유권이전등기가 경료되었다)에 등록되거나 구분건물로서 등기부에 등기되지 않았더라도 그 시점에서 구분소유가 성립한다.

일반건물로 등기된 기존의 건물이 구분건물로 변경등기되기 전이라도, 즉 구분소유자들이 구분등기를 마치지 못하고 형식상 공유등기를 마쳤더라도, 위와 같은 요건들을 갖추면 구분소유권이 성립한다.[32] 앞서 본 구조상·이용상 독립성에 더하여 구분행위가 존재하면 구분소유가 성립한다. 구분소유가 성립하는 이상 구분행위에 상응하여 객관적·물리적으로 완성된 구분건물이 구분소유권의 객체가 되고, 구분건물에 관하여 집합건축물대장에 등록하거나 등기부에 등재하는 것은 구분소유권의 내용을 공시하는 사후적 절차일 뿐이므로,[33] 집합건축물대장 등록, 등기부상의 구분소유등기의 존부가 구분소유 여부를 좌우한다고 볼 수 없다.

(2) 판단기준

㈎ 상가의 경우

상가건물은 구조상, 이용상의 독립성이 인정되는 경우, 집합건축물대장이 없다 하더라도, 건축주가 동·호수를 특정(위치 및 면적을 특정)하여 타인과 각 상가호실에 대한 분양계약을 체결하면, 각 상가호실을 구분소유권의 객체로 하려는 구분행위로 인정할 수 있다.

㈏ 주택의 경우

① 주택의 경우에도, 집합건물이 아닌 일반건물로 등기된 기존의 건물이 구분건물로 변경등기되기 전이라도, 구분된 건물부분이 구조상·이용상 독립성을 갖추고 해당 건물을 구분건물로 하겠다는 처분권자의 구분의사가 객관적으로 외부에 표시되는 구분행위가 있으면 구분소유권이 성립한다. 그리고 일반건물로 등기되었던 기존의 건물에 관하여 실제로 건축물대장의 전환등록 절차를 거쳐 구분건물로 변경등기까지 마쳐진 경우라면 특별한 사정이 없는 한 전환등록 시점에는 구분행위가 있었던 것으로 봄이 타당하다.

② 그러나 주택과 관련한 건축법 등은 구분소유의 대상이 되는 것을 전제로 하는 공동주택(아파트, 연립주택, 다세대주택)과 구분소유의 대상이 되지 않는 것을 전제로 하는 다가구주택을

---

31) 대법원 2013. 1. 17. 선고 2010다71578 전원합의체 판결, 대법원 2015. 6. 24. 선고 2012다109538 판결, 대법원 2018. 6. 28. 선고 2016다219419, 219426 판결 등 참조.

32) 대법원 2013. 1. 17. 선고 2010다71578 전원합의체 판결, 대법원 2017. 12. 22. 선고 2017다225398 판결, 대법원 2019. 11. 15. 선고 2019두46763 판결.

33) 대법원 2019. 10. 17. 선고 2017다286485 판결 등 참조.

비롯한 단독주택을 엄격히 구분하여 규율하고 있으므로(건축법 2조 2항, 건축법 시행령 3조의5 [별표 1], 주택법 2조 2호 등 참조), 만일 등록·등기상의 공시 내용과 다른 법률관계를 인정할 경우 거래의 안전을 해칠 우려가 크다는 점 등에 비추어 볼 때, 단독주택 등을 주용도로 하여 일반건물로 등록·등기된 기존의 건물에 관하여 건축물대장의 전환등록절차나 구분건물로의 변경등기가 마쳐지지 아니한 상태에서 구분행위의 존재를 인정하는 데에는 매우 신중하여야 한다.[34)]

즉, 공동주택이 아니라 단독주택으로 축조된 일반건물(다가구주택 제도가 도입된 1990. 4. 21. 이후 다가구주택으로 축조된 것 포함)의 경우 다수의 세대가 거주하더라도, 건축법령의 관련 규정이나 건축주의 의사는 건물 전체를 하나의 소유권의 객체로 하되, 여러 세대가 거주할 수 있는 구조만을 갖춘 것에 불과한 것으로 해석함이 타당하다. 따라서 건축물대장의 전환등록절차나 구분건물로의 변경되기 이전의 상태에서 소유자가 구조상·이용상 독립된 부분에 관하여 지분소유권을 이전하는 방식으로 분양하겠다는 의사가 있었다 하더라도, 이를 구분소유권의 객체로 하려는 구분행위로 인정할 수 없고, 오히려 이는 건축법령이 단독주택과 공동주택을 준별하여 규율하는 취지를 잠탈하는 행위라 할 것이다.

③ 집합건물 중 전유부분 소유자들이 공동으로 사용하는 것이 일반적인 사용형태로 취급되는 부분의 경우에는 구분소유권의 성립 여부에 따라 전유부분 소유자들의 권리관계나 거래의 안전에 미치는 영향이 중대하므로 구분의사의 표시행위가 있었는지 여부를 신중하게 판단하여야 한다. 예를 들면 다세대주택의 지하층은 구분소유자들이 공동으로 사용하는 경우가 적지 않은데, 다세대주택인 1동의 건물을 신축하면서 건축허가를 받지 않고 위법하게 지하층을 건축하였다면 처분권자의 구분의사가 명확하게 표시되지 않은 이상 공용부분으로 추정하는 것이 사회관념이나 거래관행에 부합한다.[35)]

Ⅲ. 대표소유자를 통한 동의 여부

1. 쟁 점

법 시행령 33조 1항은 공유자의 경우에는 그 여럿을 대표하는 1인을 토지등소유자로 산정할 것이라고만 기재하고 있을 뿐, 동의를 반드시 대표자를 선임하여 그를 통하여 행사하여야 하는지 여부에 대한 명문의 규정은 없다. 조합설립인가 후 1명의 토지등소유자로부터 토지 또는 건축물의 소유권이 양수되어 여러 명이 소유하게 된 때에는 그 여러 명을 대표하는 1명을 조합원으로 간주하는 것(법 39조 1항 3호)처럼 실제로는 다수의 토지등소유자임에도 불구하고 법령상 1인의 토지등소유자(조합원)로 취급하는 경우가 있는바, 그 경우 조합원으로서의 권리행사와 관련하여서도 동일한 문제가 발생하는데, 이는 해당 부분에서 살펴본다.

앞서 본 바와 같이 '추진위원회 표준운영규정' 13조 5항은 "소유권을 수인이 공동 소유하는 경우에는 그 수인은 대표자 1인을 대표소유자로 지정하고 별지 서식의 대표소유자 선임동의서를 작성하여 추진위원회에 신고하여야 한다. 이 경우 소유자로서의 법률행위는 그 대표소유자가

---

34) 대법원 2016. 6. 28. 선고 2016다1854, 1861 판결.
35) 대법원 2018. 2. 13. 선고 2016다245289 판결.

행한다."고 규정하고 있으므로, 실무상으로는 이미 추진위원회 과정에서 대표소유자가 선임되어 있는 경우가 많을 것이다.

2. 동의방법

가. 대표소유자 선임을 통한 대표자 동의

추진위원회에 대표소유자 선임동의서가 제출되었다면, 대표소유자로 선임된 자가 조합설립에 대하여 동의하여야 한다.

종래 재개발구역의 전통시장법 2조에 따른 전통시장 및 상점가로서 1필지의 토지 또는 하나의 건축물을 여럿이서 공유하는 경우, 해당 토지 또는 건축물의 토지등소유자의 4분의 3 이상의 동의를 받아 이를 대표하는 1인을 토지등소유자로 산정할 수 있는 예외가 인정될 뿐(법 시행령 33조 1항 1호 가목 단서), 재개발·재건축사업 모두 전원 합의에 의하여 대표소유자를 선임하여야 한다[종래 표준정관의 [별지] 대표조합원 선임동의서 서식에 따르면, 그 요건으로는 대표자(선임수락자), 위임자(동의자) 전원의 성명, 생년월일, 전화번호의 기재와 함께 날인하되, 위임자의 경우에는 인감도장을 날인하여야 하고, 인감증명서를 첨부하도록 규정하고 있으므로, 반드시 공유자 전원의 동의로 대표자를 선임하여야 한다고 해석되었다]. 판례도 적법한 대표조합원이 되기 위해서는 공유자 전원의 동의로 선임하여야 함을 명확히 하였다.[36]

그러나 법 시행령 33조 1항 1호 가목이 2024. 3. 19. 개정되어 모든 주거환경개선사업, 재개발사업의 경우에는 해당 토지 또는 건축물의 토지등소유자의 4분의 3 이상의 동의를 받아 이를 대표하는 1인을 토지등소유자로 선정할 수 있도록 함으로써 보다 용이하게 대표자를 선임할 수 있게 하였다. 다만, 재건축사업의 경우에는 여전히 전원 합의에 의하여 대표조합원의 선임이 필요하다. 대표소유자의 변경도 동일한 방법으로 가능하며, 각 소유자는 대표소유자에 대한 위임 철회도 가능하다.

나. 전원의 동의

대표소유자 선임동의서를 제출하지 아니한 채 해당 토지등소유자 전원 또는 공유자 전원이 조합설립동의서를 제출하는 경우에는 동의로서의 효력이 인정된다. 다만, 그중 일부만이 조합설립에 관하여 동의한 경우에는 유효한 조합설립 동의가 있다고 볼 수 없다.[37]

---

36) 대법원 2017. 2. 3. 선고 2015두50283 판결.
37) 대법원 2017. 2. 3. 선고 2015두50283 판결.

제3절 동의정족수 충족과 동의의 유효요건

Ⅰ. 동의정족수 충족 여부 판단시점

1. 문제의 소재

재개발사업의 경우 조합을 설립하려면 4분의 3 이상의 토지등소유자 및 토지면적 2분의 1 이상의 토지소유자의 각 동의를 받아야 한다. 재건축사업의 경우 주택단지 각 동별 구분소유자의 원칙적 과반수 동의, 주택단지 전체 구분소유자의 100분의 70 이상 동의 및 토지면적 100분의 70 이상의 토지소유자의 동의와 주택단지가 아닌 지역이 정비구역에 포함된 때에는 주택단지가 아닌 지역의 토지 또는 건축물 소유자의 4분의 3 이상 및 토지면적 3분의 2 이상의 토지소유자의 동의를 받아야 한다.

문제는 추진위원회가 토지등소유자로부터 동의서를 징구할 당시는 법정 동의율을 충족하였다 하더라도, 조합설립인가 시까지 후속으로 창립총회, 조합설립인가신청 및 시장·군수등의 인가 등의 여러 절차가 존재하고 기간도 짧지 않은바, 그 과정에서 정비구역 내 토지의 분할, 합병, 토지 또는 건물 등의 양도 등으로 인하여 전체 토지등소유자(분모)가 달라질 수 있다. 그 경우 동의율 충족 여부를 판단하는 기준시점이 쟁점이다.

2. 판례(조합설립인가신청 시)

대법원은 조합설립인가신청 시에 동의서를 첨부하도록 한 점, 인가신청 후 처분 사이의 기간에도 토지등소유자는 언제든지 자신의 토지 및 건축물 등을 처분하거나 분할, 합병하는 것이 가능한데, 대규모 지역의 재개발사업에 대한 조합설립인가신청의 경우 행정청이 처분일을 기준으로 다시 일일이 소유관계를 확인하여 정족수를 판단하기는 현실적으로 어려울 뿐만 아니라 처분시점이 언제이냐에 따라 법정 동의율 충족 여부가 달라질 수 있는 점, 만일 처분일을 기준으로 법정 동의율 충족 여부를 판단하면 인가신청 후에도 토지등의 증감 및 소유권 변동을 통하여 의도적으로 동의율을 조작하는 것이 가능하게 되어 정비사업과 관련한 비리나 분쟁이 양산될 우려가 있는 점 등을 종합적으로 고려하면, 조합설립인가를 위한 동의정족수는 조합설립인가신청 시를 기준으로 판단하여야 한다고 판시하였다.[38] 이는 행정소송에서 행정처분의 위법 여부는 행정처분이 있을 때의 법령과 사실상태를 기준으로 하여 판단하여야 한다는 원칙의 예외이다.[39]

3. 결 론

도시정비법령의 해석상 조합설립인가신청 시가 타당하다. 그 논거는 다음과 같다.

ⓐ 법정의 서면에 의한 동의를 요구하고 그 동의서를 조합설립인가신청 시 행정청에 제출하

---

38) 대법원 2014. 4. 24. 선고 2012두21437 판결.
39) 대법원 2002. 7. 9. 선고 2001두10684 판결.

도록 하는 취지는, 조합설립인가신청 시에 제출된 동의서(그것도 법정의 형식적 동의서만을 유효한 것으로 한다)에 의해서만 동의요건의 충족 여부를 심사하도록 함으로써 동의 여부에 관하여 발생할 수 있는 관련자들 사이의 분쟁을 미연에 방지하고 행정청이 동의 여부의 확인에 불필요하게 행정력이 소모되는 것을 막기 위한 데 있으므로, 행정청이 제출된 서류를 통하여 형식적 심사가 가능한 조합설립인가신청 시를 기준으로 하는 것이 타당하다.

ⓑ 법 31조 2항은 추진위원회의 구성에 동의한 토지등소유자는 조합의 설립에 동의한 것으로 보되, '조합설립인가를 신청하기 전'에 시장·군수등 및 추진위원회에 조합설립에 대한 반대의 의사표시를 한 동의자의 경우에는 그러하지 아니하다고 규정하고 있고, 법 시행령 33조 2항은 동의의 철회는 원칙적으로 '인가 등을 신청하기 전'까지 할 수 있다고 규정하고 있다.

위와 같이 추진위원회 구성에 동의한 자의 조합설립 반대 의사표시의 종기와 이미 조합설립에 동의한 자의 원칙적 동의 철회의 종기를 조합설립인가신청 시로 하는 것은 그것이 동의율 충족 여부를 판단하는 기준시점이기 때문이다.

Ⅱ. 조합설립인가 동의요건 충족을 위한 지분 쪼개기

1. 실무의 현실

조합설립인가 동의정족수 충족의 판단시점이 조합설립인가신청 시이고, 도시정비법 77조 1항에 의하여 정비구역지정·고시 및 정비계획결정 이후에도 토지분할, 소유권 분리 또는 다세대주택 등으로의 전환 등을 통하여 부동산별로 소유자가 달라지는 경우 원칙적으로 별개로 동의의 대상인 토지등소유자로 산정하므로, 정비구역지정 이후에도 조합설립인가신청 시까지 계속적으로 토지등소유자가 증가되는 것을 허용한다(정비구역이 지정되면 토지분할에 대하여는 시장·군수등의 허가를 받아야 하나, 공유물의 경우 분할을 막을 수 없고, 현물분할을 명한 공유물분할판결은 형성판결로서 그 판결내용대로 권리변동이 발생한다).

이에 따라 정비사업을 추진하고자 하는 세력들이 조합설립에 필요한 토지등소유자의 동의요건을 충족하기 어려운 경우, 인위적으로 동의율을 충족하기 위한 목적에서 1필지의 토지를 수개의 필지로 분할하여 다수가 소유하게 하거나, 동일인 소유의 토지 및 그 지상 건축물에 대하여 일부의 양도 등을 통하여 소유자를 달리하거나 다가구주택을 다세대주택 또는 연립주택으로 전환하는 등의 이른바 지분 쪼개기를 통하여 토지등소유자 및 동의자의 수를 늘리는 편법을 사용하는 경우가 드물지 않다.

조합설립을 반대하는 측도 또한 조합설립을 무산시키기 위하여 지분 쪼개기 방식을 사용할 여지가 있으나, 실무상 찾기 어렵다. 주로는 재개발사업에서 문제된다.

2. 쟁 점

가. 2009. 2. 6. 도시정비법 개정으로 지분 쪼개기 방지 규정 신설

(1) 법이 2009. 2. 6. 개정되기 전에는 조합설립이전 및 이후 모두 지분 쪼개기 방식이 용인되

었고, 지분 쪼개기 방식을 통하여 증가된 토지등소유자는 모두 조합원의 지위가 인정되었으며, 분양설계에 관한 계획은 분양신청기간이 만료되는 날을 기준으로 하여 수립하도록 함으로써 지분 쪼개기를 통한 수분양권 취득이 용인되었다[다만, 법 제정 당시부터 정비구역지정 후 분할된 토지를 취득한 자에 대하여는 현금으로 청산할 수 있다는 규정만 존재하였다(구 법 48조 2항 3호), 한편, 서울시는 조례를 통하여 지분 쪼개기를 통하여 조합원이 증가하더라도, 1수분양권만을 인정하는 방법으로 이를 제한하였다].

⑵ 조합설립인가 무렵 및 그 이후의 다양한 지분 쪼개기를 통한 조합원 수의 급격한 확대로 인하여 사업성이 악화되어 공익사업인 정비사업의 진행이 차질을 빚고 좌초하는 일이 다수 발생하자, 이를 방지하기 위하여 법이 2009. 2. 6. 개정되면서 19조 1항 2호, 3호 및 50조의2가 신설되었다.

즉, 조합설립단계에서 지분 쪼개기 등을 통하여 토지등소유자의 숫자를 늘리는 일이 허다하고, 그중 토지등소유자와의 관계상 세대 내 분할이 대표적인 행태였음을 고려하여 조합설립인가 당시 수인의 토지등소유자가 1세대인 경우에는 조합설립 당시부터 1조합원의 지위만 부여한다(19조 1항 2호). 또한 주택 등을 분양받을 권리산정기준일(정비구역지정·고시일 또는 시·도지사가 투기억제를 위하여 기본계획 수립을 위한 주민공람의 공고일 후 정비구역지정·고시 전에 따로 정하는 날)을 도입하여 그 다음 날 이후 토지의 분할, 단독 또는 다가구주택의 다세대주택으로 전환, 다세대주택 또는 공동주택의 신축 등이 발생하는 등 지분 쪼개기가 이루어지더라도, (다수의 토지등소유자에게 다수의 조합원 지위를 부여하나) 해당 토지등의 건축물을 분양받을 권리는 권리산정기준일을 기준으로 산정함으로써 사실상 다수의 조합원에게 하나의 수분양권만을 부여한다(50조의2). 나아가 조합설립인가 후 1인의 토지등소유자로부터 토지등을 양수하여 수인이 소유하게 된 때에는 수인을 1인의 조합원으로 간주한다는 것이다(19조 1항 3호). 위 규정은 현재까지도 이어지고 있다.

나. 문제의 소재(지분 쪼개기 관련)

법 77조 1항이 규율하고 있는 지분 쪼개기는 최초에는 1토지등임에도 그 후 다수의 토지등으로 분할되고 그 소유자를 달리하게 되는 것을 전제로 한다(다만, 하나의 대지 범위에 속하는 동일인 소유의 토지와 주택이 분리되어 달리 소유하는 경우는 형식적으로는 2개의 토지등이나 실질적으로 1개의 토지등으로 볼 수 있어 지분 쪼개기로 취급한다).

법은 권리산정기준일의 도입을 통하여 그 다음 날 이후 토지분할 등 지분 쪼개기를 통한 토지등소유자의 수가 증가하더라도, 다수의 조합원 지위는 인정하되 지분 쪼개기가 발생한 해당 토지등의 건축물을 분양받을 권리는 권리산정기준일을 기준으로 산정함으로써 정비구역지정 이후 수분양권 획득을 통한 부당이득을 노리는 투기세력들의 유입을 차단하는 효과가 있기는 하나, 수분양권과 무관하게 정비사업을 추진하고자 하는 세력들이 조합설립에 필요한 토지등소유자의 동의요건을 충족하기 어려운 경우, 동의자 수를 늘리기 위한 목적에서 이루어지는 지분 쪼개기를 방지하는 해결책은 되지 못한다.

비록 조합설립인가와 관련한 동의정족수가 점차 완화되어 오기는 했으나, 현재도 도시정비법은 재개발사업의 경우에는 사업구역 내 토지등소유자의 4분의 3 이상 동의, 재건축사업의 경우 주택단지 전체 구분소유자의 100분의 70 이상 동의이라는 엄격한 요건을 요구하고 있다. 위와 같이 70~75% 이상이라는 절대다수 토지등소유자의 동의를 조합설립의 요건으로 하는 것은 조합이 설립되면 행정주체의 지위를 가지고, 토지등소유자의 토지등에 대하여 수용이나 매도청구를 통하여 강제로 취득할 수 있는 권한이 부여되기 때문이다.

도시정비법은 조합의 설립, 사업시행계획, 관리처분계획, 이전고시 등의 단계별 절차상의 다수 위법행위 중 공익성 및 공공성을 해치는 정도를 고려하여 일부행위에 대하여는 법 135조 내지 138조에서 형벌을 부과하는 벌칙규정을 두고 있는데, 그중 토지등소유자의 서면동의서를 위조하는 행위가 정비사업과 관련한 개별 위법행위 중 위법성의 정도가 가장 중한 것으로 보아 5년 이하의 징역 또는 5천만 원 이하의 벌금이라는 가장 중한 법정형을 규정해 두고 있고(법 135조 1호), 토지등소유자의 서면동의서를 매도하거나 매수한 행위는 그 다음으로 높은 3년 이하의 징역 또는 3천만 원 이하의 벌금에 처하는 법정형을 규정해 두고 있다(법 136조 5호). 이는 토지등소유자의 동의행위 조작이나 거래를 통하여 조합의 성립을 왜곡하는 행위를 엄단하겠다는 취지로 이해된다.

그럼에도 불구하고 조합설립인가 동의정족수 판단시점이 조합설립인가신청 시이고, 앞서 본 바와 같이 부동산별로 소유자가 다른 경우에는 원칙적으로 별개의 토지등소유자로 산정함을 이유로, 정비구역지정 이후에도 계속적으로 지분 쪼개기 방식을 사용하여 임의로 토지등소유자의 숫자를 늘리고, 그에 상응하여 동의자의 숫자가 증가하여 조합설립의 동의율을 충족하여 조합설립인가를 받는 것이 적법한 것으로 볼 수 있는지 의문이 제기된다. 즉, 지분 쪼개기를 통한 조합설립인가는 사업구역 내 토지등소유자 절대다수(70~75%)의 동의를 요구하는 법의 설립인가요건 규정의 입법취지를 몰각시키고, 그에 따른 수용 등으로 토지등소유자의 재산권을 중대하게 침해하는 것이므로, 위법한 것으로 평가되어야 하는 것은 아닌지 강한 의문이 든다.

3. 판 례(대법원 2023. 8. 18. 선고 2022두51901 판결)

오로지 재개발조합 설립을 위한 동의정족수를 충족하게 하거나 재개발사업 진행 과정에서 주도적 지위를 차지하기 위한 목적으로 형식적인 증여, 매매 등을 원인으로 하여 밀접한 관계에 있는 사람 등의 명의로 과소지분에 관한 소유권이전등기를 마치는 방식을 통하여 인위적으로 토지등소유자 수를 늘리고 그들로 하여금 조합설립에 동의하는 의사표시를 하도록 하는 것은 조합설립을 위한 동의정족수 및 동의자 수 산정방법을 엄격히 규정하고 있는 도시정비법령의 적용을 배제하거나 잠탈하기 위한 탈법행위에 해당한다고 볼 수 있으므로, 위와 같이 늘어난 토지등소유자들은 동의정족수를 산정함에 있어서 전체 토지등소유자 및 동의자 수에서 제외되어야 할 것이다.

이처럼 과소지분의 형식적 이전을 통해 인위적으로 부풀린 토지등소유자들로 하여금 조합설립에 동의하는 의사표시를 하도록 하는 것이 도시정비법령의 적용을 배제하거나 잠탈하기 위한 탈법행위에 해당한다고 보기 위해서는, 토지 또는 건축물에서 과소지분이 차지하는 비율 및 면적, 과소지분을 취득한 명의자가 이를 취득하기 위해 실제로 지급한 가액, 과소지분을 취득한 경위와 목적 및 이전 시기, 과소지분을 취득한 데에 합리적 이유가 있는지, 과소지분 취득자들이 토지등소유자의 수에 산입됨으로써 전체 토지등소유자의 수에 미친 영향, 과소지분 취득자들이 조합설립에 동의하는 의사를 표명한 정도 및 그 의사가 조합설립을 위한 동의정족수에 미친 영향, 과소지분 취득자와 다수 지분권자의 관계 등 관련 사정을 종합하여 개별 사안에 따라 구체적으로 판단하여야 한다.

4. 결 론

가. 판례의 비판

위 대법원 판례는 형식적인 증여, 매매 등을 원인으로 하여 밀접한 관계에 있는 사람 등의 명의로 '과소지분'에 관한 소유권이전등기를 마치는 방식에 국한된 판시로서, 밀접한 관계에 있는 사람, 과소지분의 의미가 명확하지 아니한 점, 그 외에 일반적인 지분 쪼개기 방식인 토지분할, 동일인 소유의 토지 및 그 지상 건축물에 대한 소유자 분리, 단독, 다가구주택 등을 집합건물로 전환하여 소유자를 늘리는 등의 방식에 대하여는 그대로 적용될 수 없다는 비판을 피할 수 없다.

나. 현행법 하에서의 해결방법

동의자 수를 늘리기 위한 목적의 지분 쪼개기는 형식상 매매계약, 증여 또는 양수계약 등의 방법에 의할 것인바, 통정한 허위의 의사표시이면 민법 108조에 의하여, 선량한 풍속 기타 사회질서에 위반한 사항에 해당하면 민법 107조에 의하여 각 무효로 처리하는 것이다.

그러나 외형상 지분 쪼개기인 듯 보여 민법 107조, 108조 위반이 의심된다 하더라도, 사법상 법률관계가 위법, 무효임을 증명하는 것이 용이하지 않다. 또한 비록 조합설립인가의 경우 사업시행계획인가 및 관리처분계획인가와 달리 처분에 기한이 없으나(사업시행계획인가는 사업시행계획서의 제출이 있은 날부터 60일 이내, 관리처분계획인가는 신청이 있은 날부터 30일 이내), 공익사업인 정비사업의 신속 진행의 필요성에 비추어 관할 관청이 사법상 법률관계의 무효 여부를 일일이 심사하는 것 또한 타당하지 않은 측면이 있다. 결국 현행 지분 쪼개기 방지규정 및 도시정비법 관계 규정만으로는 정비사업을 추진하고자 하는 세력들이 조합설립에 필요한 토지등소유자의 동의요건을 충족시키기 위하여 인위적으로 동의자 수를 늘리기 위한 목적에서 이루어지는 지분 쪼개기를 막을 수는 없다.

다. 입법론

지분 쪼개기를 통한 조합설립은 토지등소유자의 전체 의사를 왜곡시킬 수 있고, 법이 엄격한 동의정족수를 규정한 취지를 몰각시킬 수 있다는 측면에서 이를 방지할 필요성은 여전히 존재하므로, 입법을 통한 해결이 필요하다.

지분 쪼개기가 가능한 것은 다음에서 살펴보듯이 조합설립 동의정족수 판단시점을 조합설립인가신청 시를 기준으로 함에서 비롯된 것인바, 입법론으로는 조합설립동의와 관련한 토지등소유자를 일률적으로 정비구역지정·고시일을 기준으로 하거나 관리처분계획에서의 권리산정기준일 개념처럼 기본계획 수립을 위한 주민공람공고일 후 정비구역지정·고시 전에 따로 정하는 날을 기준으로 하여 산정하는 방법이 검토될 수 있다.

그러나 그 경우 다음에서 살펴보듯이 정비구역지정 당시 다(多)물건을 가진 토지등소유자의 토지등을 양도하는 권리를 사실상 제한하는 측면이 있어 부당하므로, 1토지등의 지분 쪼개기의 경우로 국한하여야 할 것이다(법 36조의2는 토지등소유자가 20인 미만의 재개발사업에서 토지등소유자가 사업시행자가 되는 경우에는 사업시행계획인가를 신청하기 직전의 정비구역변경지정·고시가 있는 날을 정족수 산정의 기준일로 하고, 산정기준일 이후 1명의 토지등소유자로부터 토지 또는 건축물의 소유권이나 지상권을 양수하여 여러 명이 소유하게 된 때에는 그 여러 명을 대표하는 1명을 토지등소유자로 본다고 규정하고 있으나, 이는 2017. 2. 8. 법의 전부개정으로 토지등소유자 개인이 사업시행자가 되는 것은 토지등소유자 20인 미만의 재개발사업에 국한된다는 요건을 손쉽게 잠탈하는 탈법행위를 방지하기 위한 것으로서, 조합이 사업시행자가 되는 일반적인 재개발사업에까지 적용을 확대함을 전제로 한 규정으로 보기는 어렵다).

라. 다(多)물건 소유자의 토지등 양도 관련

(1) 정비구역지정 당시 다물건을 가진 토지등소유자는 조합설립인가 시까지 자유롭게 토지등을 양도할 수 있고, 각각 토지등을 양수받은 토지등소유자는 별개의 토지등소유자로서 조합설립인가 정족수 충족에 있어 별개의 토지등소유자로 취급된다. 다만, 다물건을 가진 토지등소유자가 그 상태에서 조합설립인가를 받은 경우에는 그 후 토지등을 양도하더라도 39조 1항 3호에 의하여 양도인과 양수인 모두에 대하여 1조합원으로 간주될 뿐이다.

(2) 재개발조합 설립을 위한 동의정족수를 충족할 목적으로 다물건자가 증여나 매매 등으로 일부 토지등을 양도한 경우에도 앞서 본 지분 쪼개기(최초에는 1토지등임에도 그 후 다수의 토지등으로 분할되고 그 소유자를 달리하게 되는 것)와 마찬가지로 위와 같이 늘어난 토지등소유자들에 대하여 동의정족수를 산정함에 있어서 전체 토지등소유자 및 동의자 수에서 제외되어야 할 것인지 여부가 문제된다.

다물건자가 재개발조합 설립을 위한 동의정족수를 충족할 목적으로 증여나 매매 등으로 일부 토지등을 양도하였다 하더라도, 매매계약, 증여 또는 양수계약 등이 민법 107조나 108조에 해당하지 아니하는 한 늘어난 토지등소유자들에 대하여 전체 토지등소유자 및 동의자 수에서 제외되어서는 아니 된다. 그 논거는 다음과 같다.

ⓐ 정비구역지정 당시 1개의 토지등만을 가진 토지등소유자의 경우 본질적으로 1토지등소유자에 해당하나, 다물건을 가진 토지등소유자는 본질적으로 다수의 토지등소유자이나 1토지등소유자로 간주되는 것에 불과하므로, 그 양도를 통하여 토지등소유자가 증가한다고 하여 특별히 정비구역 내 다른 토지등소유자들에게 불이익하지 않다.

ⓑ 행정청의 일방적인 정비구역지정에 의하여 다물건을 가진 토지등소유자가 1토지등소유자로 간주되는데, 이를 기준으로 조합설립의 동의정족수를 산정하는 경우 사실상 토지등의 양도가 제한되어 재산권을 침해하는 결과가 초래될 수 있다.

Ⅲ. 동의의 의제

1. 토지등소유자의 동의의제

가. 추진위원회 구성에 동의한 토지등소유자의 조합설립 동의의제

(1) 입법취지

추진위원회 구성에 동의한 토지등소유자는 조합의 설립에 동의한 것으로 간주한다(법 31조 2항). 위 규정은 2009. 2. 6. 개정되면서 도입된 것으로서, 동의절차 이행의 장기화에 따른 사업 추진의 저해와 각종 비리 발생 소지를 억제하기 위하여 도입되었다.

추진위원회의 구성에 동의한 자로부터 토지등을 취득한 자는 추진위원회의 구성에 동의한 것으로 간주되는바(법 시행령 33조 1항 3호), 위 법 31조 2항에 의하여 그와 같은 토지등의 양수인도 조합설립에 동의한 것으로 간주한다.

(2) 설명·고지

㈎ 내용

추진위원회 구성승인(토지등소유자 과반수 동의)을 위하여 토지등소유자의 동의를 받으려는 자는 동의를 받으려는 사항 및 목적, 동의로 인하여 의제되는 사항, 동의의 철회 또는 반대의사 표시의 절차 및 방법 등을 설명·고지하여야 한다(법 31조 6항, 법 시행령 25조 2항). 추진위원회 단계에서 토지등소유자의 동의를 받으려는 자는 동의를 받기 전에 반드시 토지등소유자에게 추진위원회의 구성에 동의한 토지등소유자는 조합의 설립에 동의한 것으로 간주되고, 다만, 조합설립인가를 신청하기 전에 인가권자인 시장·군수등 및 추진위원회에 조합설립에 대한 반대의 의사표시를 하는 경우에 한하여 조합설립 동의가 간주되지 않는다는 점을 설명·고지하여야 함은 제3편 제3장 제1절 Ⅱ. "2. 토지등소유자의 과반수 동의"에서 살펴보았다.

㈏ 동의의제 및 동의의 철회방법을 설명하지 않은 경우의 효과

추진위원회와 조합은 별개의 단체이고, 특정한 단체의 구성에 대한 동의가 별개 단체의 설립 동의가 의제된다는 것은 이례적이므로 그와 같은 이례적인 사정은 반드시 토지등소유자에게 고지되어야 하는 점, 실제로 토지등소유자로서는 추진위원회의 구성에 동의할 의사가 있다 하더라도, 토지수용권 또는 매도청구권 등에 의하여 재산권의 제한이 발생할 여지가 있는 조합설립에는 선뜻 동의하지 아니하려는 경우도 있을 수 있으므로, 토지등소유자의 권리를 보호하기 위해서는 추진위원회 구성 동의에 따른 조합설립의 동의의제와 이를 복멸시키기 위한 방법 등에 대하여는 반드시 고지되어야 하는 점 등을 종합하여 보면, 그와 같은 내용이 고지되지 아니한 추진위원회 동의는 조합설립에 대한 동의의제의 효과가 없다.

(3) 반대 의사표시의 시기 및 방법

㈎ 조합설립인가를 신청하기 전일 것

추진위원회 구성에 동의한 토지등소유자라 하더라도, 조합설립인가를 신청하기 전에 시장·군

수등 및 추진위원회에 조합설립에 대한 반대의 의사표시를 한 경우에는 동의가 의제되지 아니한다(법 31조 2항 단서).

(나) 방법

추진위원회 구성에 동의한 토지등소유자는 조합설립에 대한 반대의 의사표시가 기재된 서면에 성명을 적고 지장을 날인한 후, 주민등록증, 여권 등 신원을 확인할 수 있는 신분증명서의 사본을 첨부하여 시장·군수등 및 추진위원회에 내용증명의 방법으로 발송하여야 한다(법 36조 1항, 법 시행령 33조 2항 내지 4항).

나. 조합설립에 동의한 자로부터의 승계자

조합의 설립에 동의한 자로부터 토지 또는 건축물을 취득한 자는 조합의 설립에 동의한 것으로 본다(법 시행령 33조 1항 3호). 이는 조합설립 전에 조합설립에 동의한 자로부터 토지등을 특정승계 또는 포괄승계한 경우, 추진위원회가 양수인으로부터 또다시 동의를 받아야 한다면 정비사업의 진행에 중대한 차질이 초래되므로 이를 방지하기 위하여 규정된 조항이다. 법 129조는 정비사업과 관련하여 권리를 갖는 자의 변동이 있을 때에는 종전의 권리자의 권리·의무는 새로 권리자로 된 자가 승계한다고 규정하고 있다.

나아가 조합이 설립된 이후에는 일반적으로 정관에 토지 또는 건축물을 취득한 자는 종전의 권리자가 행한 행위를 승계한다는 규정을 두고 있고(국토부 표준정관 9조 5항), 정관은 조합의 조직, 활동, 조합원의 권리의무관계 등 단체법적 법률관계를 규율하는 것으로서 공법인인 조합과 조합원에 대하여 구속력을 가지는 자치법규이므로 종전 권리자의 행위는 토지 또는 건축물을 취득한 자에게 당연히 효력이 미친다.

2. 국가 또는 지방자치단체의 동의의제

가. 설립인가 행정청 소속 지방자치단체, 국가 또는 정비구역지정권자 소속 지방자치단체 특칙

국가와 지방자치단체는 정비사업 시행과 관련하여 여러 공적 권한과 역할을 부여받고 있음과 아울러 공공복리 실현을 위하여 정비사업을 지원하고 사업의 추진에 협조할 의무를 지고 있는 사정을 고려하여 해당 조합의 설립을 인가하는 관할 관청이 대표하는 지방자치단체가 정비구역 내에 토지를 소유하는 경우에 그 지방자치단체는 조합설립인가처분을 통하여 해당 조합의 설립에 동의한 것으로 볼 수 있고, 또한 국가 또는 정비구역지정권자가 대표자로 있는 지방자치단체는 기본계획의 수립, 정비계획의 결정 및 정비구역의 지정으로부터 관할 관청의 구체적인 조합설립인가처분에 이르기까지의 과정에서 협의 절차 등을 통하여 정비사업 자체나 해당 조합에 의한 사업추진에 대하여 명시적으로 반대의 의사를 표시하거나 반대하였다고 볼 수 있는 행위(부관을 붙이는 행위 등을 통하여 추론된다)를 하지 않았다면, 국가 또는 그 지방자치단체는 해당 정비구역 내에 소유하고 있는 국·공유지에 대하여 관할 관청의 인가에 의하여 이루어지는 해당 조합의 설립에 동의한 것으로 볼 수 있다.[40)]

40) 대법원 2014. 4. 14. 선고 2012두1419 전원합의체 판결.

나. 동의의 특칙이 공기업에 적용되는지 여부

사업구역 내에 한국철도시설공단 또는 토지주택공사나 도시개발공사 같은 공기업이 소유한 토지가 소재하는 경우, 위와 같은 동의의 특칙이 적용될 수 있는지 여부가 문제되나, 위와 같은 특칙은 정비사업과 관련되는 국·공유지에 국한하여 적용되는 예외적인 것이고, 공단이나 공기업은 자신 소유의 재산에 대한 처분에 관하여 독자적인 결정권을 가지고 있으므로, 그들이 소유한 토지에 대하여는 간주규정이 적용될 수 없다.[41]

Ⅳ. 동의의 유효요건

1. 시기 및 종기요건

가. 동의서 징구시기

추진위원회는 구성승인을 받은 후 조합설립동의서를 징구하여야 한다(종래에는 정비구역지정·고시 후 추진위원회 구성승인을 받아야 하므로, 정비구역지정·고시 이후 동의서가 징구되어야 하나, 2024. 12. 3. 법 개정으로 일정한 경우 정비구역지정·고시 전 추진위원회 구성승인이 가능하고, 동의서 징구도 가능하다. 다만, 조합설립인가를 받기 위해서는 반드시 정비구역지정·고시가 이루어져야 한다. 35조 2항).

판례는 법이 2009. 2. 6. 추진위원회 구성시기를 '정비구역지정·고시 후'로 개정하기 이전에 정비예정구역만 지정된 상태에서 추진위원회가 구성승인되었고, 그 후 지정된 정비구역이 정비예정구역과 동일성이 인정되며, 추진위원회가 조합설립인가신청을 하면서 제출한 조합설립동의서 중 일부가 추진위원회 설립승인을 받기도 전에 작성·징구된 사안에서, 그것만으로 설립인가처분의 하자가 중대·명백하여 무효라고 볼 수 없다고 판단한 원심에 대하여 정당한 것으로 수긍하였다.[42]

나. 동의서 징구 종기(창립총회 이후 징구된 조합설립동의서의 효력)

(1) 문제의 소재

재개발·재건축사업의 경우 토지등소유자의 동의요건은 엄격하다. 그런데 추진위원회가 조합설립을 추진하는 과정은 동의서 징구, 창립총회, 조합설립인가신청 및 시장·군수등의 인가 등의 연속적 절차로 이루어지고, 그 과정에서 정비구역 내의 토지 및 건축물 등의 증감 및 소유권 변동이 발생하는데, 조합설립인가를 위한 동의정족수 충족 여부를 판단하는 기준시기가 조합설립인가신청 시 임은 앞서 본 바이다.

41) 서울고등법원 2012. 9. 19. 선고 2011누42699 판결(확정) 및 서울행정법원 2011. 11. 3. 선고 2010구합47510 판결.

42) 대법원 2012. 2. 9. 선고 2011두25203 판결(행정청이 어느 법률관계나 사실관계에 대하여 처분을 하였는데, 그 법률관계나 사실관계에 대하여 그 법률의 규정을 적용할 수 없다는 법리가 명백히 밝혀지지 아니하여 그 해석에 다툼의 여지가 있는 때에는 행정관청이 이를 잘못 해석하여 행정처분을 하였더라도 이는 그 처분의 요건사실을 오인한 것에 불과하여 그 하자가 명백하다고 할 수 없고, 또한 행정처분의 대상이 되지 아니하는 어떤 법률관계나 사실관계에 대하여 이를 처분의 대상이 되는 것으로 오인할 만한 객관적인 사정이 있는 경우로서 그것이 처분대상이 되는지의 여부가 그 사실관계를 정확히 조사하여야 비로소 밝혀질 수 있는 때에는 비록 이를 오인한 하자가 중대하다고 할지라도 외관상 명백하다고 할 수 없다는 법리에 근거한 것이다).

한편, 추진위원회는 법 35조 2항부터 4항까지의 규정에 따른 '동의를 받은 후' 조합설립인가를 신청하기 전에 법 32조 3항에 따라 창립총회를 개최하여야 한다고 규정하고 있으므로(법 시행령 27조 1항), 위 규정과 관련하여 창립총회 이전에 제출된 동의서만을 유효한 것으로 하여야 하는지, 창립총회 이후 조합설립인가신청 시까지 제출된 동의서도 유효한 것으로 취급하여야 하는지 여부가 문제된다.[43]

(2) **판단**

① 창립총회 이전에 받은 동의서만이 유효하다.[44] 그 논거는 다음과 같다.

ⓐ 위 법 시행령 27조 1항의 규정은 문언상 반드시 창립총회 이전에 토지등소유자로부터 동의를 받은 것만이 유효한 것임을 전제로 한다. 위 규정은 법 시행령이 2009. 8. 11. 개정되면서 22조2로 처음 도입되었는바, 위 법 시행령 규정 부칙 3조는 경과규정에서 위 규정 시행 후 최초로 창립총회를 소집요구하는 분부터 적용한다고 규정하고 있다. 이는 창립총회 이전에 토지등소유자로부터 징구한 동의서만을 유효로 하는 것으로 새롭게 규정함에 따른 불의타를 방지하기 위한 것이다.

ⓑ 현행 법 시행령이 조합설립인가신청 전까지 동의는 철회할 수 있고, 그 경우 토지등소유자의 동의자 수에서 제외하되, 조합설립에 대한 동의 후 조합설립동의서 기재사항의 변경이 없는 경우에는, 조합설립에 최초로 동의한 날부터 30일까지만 철회가능하고, 다만 30일이 지나지 아니한 경우에도 창립총회를 개최한 경우에는 철회할 수 없다고 규정하고 있는바(법 시행령 33조 2항 2호), 위 '창립총회를 개최한 경우에는 철회할 수 없다'는 단서규정은 창립총회 개최 전까지 받은 동의서만이 유효함을 전제로 한다.

② 따라서 창립총회 이후 징구한 동의서는 효력이 없다. 만일 창립총회 이전에 법정 정족수를 충족한 동의가 존재하지 않는다면 창립총회 이후 부족한 토지등소유자의 동의서를 추가로 징구하여 정족수를 충족하였다 하더라도, 조합설립인가처분에는 하자가 존재한다 할 것이다.

(3) **창립총회 전 동의 여부 판단방법**

제출된 동의서가 창립총회 전 작성된 것인지 여부에 대한 판단방법에 대하여 살펴본다. 법 시행규칙 [별지 6호 서식] '조합설립동의서'에는 말미 부분에 '작성 년월일'란이 존재한다. 그러나 다음에서 살펴보듯이 법 36조가 작성일자를 필수적인 기재사항으로 규정하고 있지 않으므로, 동의서에 작성일자가 기재되어 있지 않다 하더라도, 그 동의서를 무효로 볼 수 없다.

동의서에는 다음에서 살펴보듯이 주민등록증, 여권 등 신원을 확인할 수 있는 신분증명서의 사본을 첨부하여야 하는바, 만일 동의서의 '작성 년월일'란이 공란인데, 첨부된 인감증명서 또는 주민등록등본 등의 발행일자가 창립총회 이후인 경우에 그 동의서 작성일자가 창립총회 이후인 것으로 추단할 수 있는가의 문제가 생긴다.

---

43) 창립총회 이후 조합설립인가신청 시까지의 조합설립동의도 적법한 동의로 인정하여야 하고, 나아가 조합설립인가신청 당시 동의율을 갖추지 못하였다 하더라도, 인가 시까지 계속하여 동의서를 징구하여 동의율을 갖추는 것도 가능하다는 견해가 있다[이우재·박치범, 전게서(상), 513, 516].

44) 대법원 2023. 8. 18. 선고 2022두51901 판결 및 서울고등법원 2022. 7. 6. 선고 2020누69092 판결, 서울행정법원 2020. 11. 20. 선고 2019구합73055 판결.

동의서를 제외한 다른 서류(신분증명서의 사본, 인감증명서 등)는 해당 토지등소유자의 동의서가 본인의 진정한 의사에 의하여 성립된 것인지 여부를 확인하기 위함이다. 따라서 동의서가 창립총회 이전에 작성되었다면, 주민등록증, 여권 등 신원을 확인할 수 있는 신분증명서의 사본은 추후 보완이 가능한 것으로 해석되므로, 인감증명서 등의 발행일자가 창립총회 이후인 것만으로 동의서가 창립총회 이후에 작성된 것으로 추단할 수 없다. 결국 제출된 동의서가 창립총회 전 작성된 것인지 여부에 대한 판단이 용이하지 않다. 동의서가 창립총회 이후 작성되어 무효임은 이를 주장하는 자가 증명하여야 한다.

다. 신분증명서 등의 사본 첨부시기

(1) 문제의 소재

법 36조 1항은 동의는 서면동의서에 토지등소유자가 성명을 적고 지장을 날인하는 방법으로 하며, 주민등록증, 여권 등 신원을 확인할 수 있는 신분증명서의 사본을 첨부하여야 하고, 2항은 토지등소유자가 해외에 장기체류하거나 법인인 경우 등 불가피한 사유가 있다고 시장·군수등이 인정하는 경우에는 토지등소유자의 인감도장을 찍은 서면동의서에 해당 인감증명서를 첨부하는 방법으로 할 수 있다고 각 규정하고 있는바, 창립총회 이전에 신분증명서(인감증명서)가 반드시 첨부된 것만이 유효한 동의로 해석되어야 하는지 여부가 문제된다.

(2) 판단

법 시행령 27조 1항의 '동의를 받은 후'라는 의미는 창립총회 전에 조합설립에 대한 토지등소유자의 진의에 의한 동의가 법정 비율 이상을 충족하여야 함을 의미하는 것으로 해석되는 점, 신분증명서 사본 및 인감증명서는 첨부서류일 뿐이고, 첨부서류는 원칙적으로 추후 보완이 가능한 점 등을 종합하여 보면, 첨부되는 신분증명서 사본(인감증명서 포함) 등은 반드시 창립총회 이전에 첨부되어야 할 필요는 없다.[45]

라. 동의서의 보완

조합설립인가처분 전에 하자 있는 동의서 대신 새로운 동의서를 제출하는 것이 가능한지 여부가 문제된다.

조합설립인가의 요건으로서 관할 행정청에 제출되는 조합설립동의는 '사인의 공법상 행위'에 해당하고, 사인의 공법행위는 명문으로 금지되거나 성질상 불가능한 경우가 아닌 한 그에 따른 행정행위가 행하여질 때까지 자유로이 보정할 수 있으므로, 새로운 동의서 제출이 가능하다.[46]

---

45) 대법원 2023. 8. 18. 선고 2022두51901 판결 및 서울고등법원 2022. 7. 6. 선고 2020누69092 판결, 서울행정법원 2020. 11. 20. 선고 2019구합73055 판결.

46) 대법원 2012. 12. 13. 선고 2011두21218 판결(조합설립인가신청 당시 토지등소유자는 건축물의 설계개요 등이 공란인 상태의 동의서를 사업시행자를 통하여 인가청에 제출하였다가 인가청의 처분 전에 건축물의 설계개요 등이 인쇄된 적법한 동의서를 제출한 사안에서, 하급심인 서울고등법원은 새롭게 제출된 동의서의 효력을 부인하였으나, 대법원은 하자 있는 동의서 대신 처분 전에 새롭게 제출된 동의서의 효력을 인정하였다).

2. 절차요건

가. 규 정

(1) 법령 일반규정

(가) 법

법 제35조(조합설립인가 등)

⑩ 추진위원회는 조합설립에 필요한 동의를 받기 전에 추정분담금 등 대통령령으로 정하는 정보를 토지등소유자에게 제공하여야 한다.

법 제119조(정비사업관리시스템의 구축)

① 시·도지사는 정비사업의 효율적이고 투명한 관리를 위하여 정비사업관리시스템을 구축하여 운영할 수 있다.

② 제1항에 따른 정비사업관리시스템의 운영방법 등에 필요한 사항은 시·도 조례로 정한다.

(나) 시행령

법 시행령 제32조(추정분담금 등 정보의 제공)

법 제35조 제10항에서 "추정분담금 등 대통령령으로 정하는 정보"란 다음 각 호의 정보를 말한다.

1. 토지등소유자별 분담금 추산액 및 산출근거
2. 그 밖에 추정 분담금의 산출 등과 관련하여 시·도 조례로 정하는 정보

(다) 서울시 조례

제69조(정비사업관리시스템의 구축 및 운영 등)

① 시장은 법 제119조에 따라 정비사업의 효율적이고 투명한 관리를 위하여 다음 각 호의 서비스를 제공하는 종합정보관리시스템을 구축·운영한다.

3. 분담금 추정 프로그램: 제80조에 따른 토지등소유자별 분담금 추산액 등 정보제공

제80조(조합설립 등의 업무지원)

① 추진위원장 또는 조합임원은 조합설립 동의 시부터 최초로 관리처분계획을 수립하는 때까지 사업비에 관한 주민 동의를 받고자 하는 경우에는 분담금 추정 프로그램에 정비계획 등 필요한 사항을 입력하고, 토지등소유자가 개략적인 분담금 등을 확인할 수 있도록 하여야 하며, 토지등소유자에게 개별 통보하여야 한다.

② 추진위원장 또는 조합임원은 토지등소유자에게 동의를 받고자 하는 사업비의 내용과 부합하게 자료를 입력하여야 한다.

③ 법 제27조 제3항 제2호에서 "그 밖에 추정분담금의 산출 등과 관련하여 시·도 조례로 정하는 사항"과 영 제32조 제2호에서 "그 밖에 추정 분담금의 산출 등과 관련하여 시·도 조례로 정하는 정보"란 제2항에 따라 산출된 정보를 말한다.

⑵ 연혁

추진위원회가 토지등소유자로부터 조합설립에 필요한 동의를 받기 전에 추정분담금 등 법정 정보를 제공하는 규정은 법이 2012. 2. 1. 개정되면서 16조 6항이 신설되어 2013. 2. 2.부터 시행되었다. 위 법률이 시행되기 이전에는 추진위원회는 조합설립에 필요한 동의받기 전에 추정분담금 등의 정보를 제공할 필요가 없었다.

위 법률개정으로 추진위원회가 조합설립에 필요한 동의를 받기 전 추정분담금 등의 정보를 토지등소유자에게 제공하도록 한 취지는 정비사업의 비용 분담에 관한 사항은 토지등소유자가 해당 정비사업에의 참여 여부를 결정함에 있어 중요한 기준이 되는 것으로 이를 고지함으로써 동의자의 동의 여부에 관한 의사결정에 도움을 제공하기 위함이다.

'추진위원회 표준운영규정' 5조 4항은 추진위원회가 조합설립 동의를 위한 추정분담금을 산정하기 위해 필요한 경우 감정평가업자를 선정할 수 있다고 규정하고 있으나, 실무상 감정평가업자를 선정하는 경우는 거의 없고, 서울시의 경우 '사업비 및 분담금 추정프로그램'을 통하여 이를 제공하는 것이 실무임은 앞서 본 바이다.

나. 절차적 요건으로서의 정보제공

⑴ 추정분담금 등 정보제공

실무상 조합설립 동의 전에 토지등소유자에게 반드시 제공하여야 하는 추정분담금 등의 정보는 추진위원회가 서울시장이 운영하는 종합정보관리시스템('정비사업 정보몽땅'이다)의 '사업비 및 분담금 추정프로그램'에 설계내역 등 필요한 정보를 입력하여 나온 내용을 의미한다. 서울시가 제공하는 분담금 추정프로그램은 정비구역 정보, 설계 정보 등을 기초로 총 수입추정액(조합원 및 일반분양수입 등), 총 사업비 추정액(공사비 등), 종전자산 추정액(조합원의 토지, 건물 명세 확인 후 공시가격에 보정율을 곱하는 방법으로 산출) 등을 산출하는 내용으로 만들어졌다.

추진위원회는 토지등소유자에게 추정분담금을 개별 통보하는 대신 토지등소유자에게 분담금 추정프로그램에 접속하여 추정분담금을 확인할 수 있다는 내용을 공지하고, 토지등소유자는 실명확인 등의 절차를 거쳐 위 프로그램에서 추정분담금을 확인하는 방법으로 그 정보를 제공받는다.

⑵ 법정 동의서와의 조화로운 해석

㈎ 문제의 소재

추진위원회는 토지등소유자로부터 조합설립에 대한 동의를 받기 전에 토지등소유자별 분담금 추산액 및 산출근거를 제공하여야 한다고 규정하고 있다(법 35조 10호, 법 시행령 32조). 한편 법정 동의서인 [별지 6호 서식] '조합설립동의서'는 다음에서 살펴보듯이 법규적 효력이 있으므로, 반드시 위 동의서에 의한 동의만이 유효한바, 위 동의서에는 추정분담금과 관련하여 분담금 추산정 공식인 '분양대상자별 분담금 추산액=분양예정인 대지 및 건축물의 추산액−(분양대상자별 종전의 토지 및 건축물의 가격×비례율[47])'만이 예시로 기재되어 있다. 추진위원회는 토지

47) 비례율이란 종후자산의 가액 등 총 수입에서 총 사업비를 뺀 금액을 종전자산의 총 가액으로 나눈 것으로서, 종전자

등소유자로부터 위 법정 동의서에 의하여 동의를 받음에 있어 위와 같은 예시의 기재만으로 족한 것인지, 구체적인 수치를 반드시 기재하여야 하는지 여부, 만일 위와 같은 예시만으로 가능하다면, 별도로 추정분담금 등의 정보를 제공하여야 그 동의의 효력이 있는지 여부가 문제된다.

㈏ 판례(법정 동의서의 예시만으로 충분)

추진위원회가 법정의 동의서에 의하여 토지등소유자로부터 조합설립 동의를 받았다면 그 조합설립 동의는 법령에서 정한 절차와 방식을 따른 것으로서 적법·유효한 것이고, 그 서식에 토지등소유자별로 구체적인 분담금 추산액이 기재되지 않았다거나 추진위원회가 그 서식 외에 토지등소유자별로 분담금 추산액 산출에 필요한 구체적인 정보나 자료를 충분히 제공하지 않았다는 사정만으로 개별 토지등소유자의 조합설립 동의를 무효라고 볼 수는 없다.[48]

(3) 결론

① 우선 위 대법원 판례(2020두38744 판결)가 '추진위원회가 그 서식 외에 토지 등 소유자별로 분담금 추산액 산출에 필요한 구체적인 정보나 자료를 충분히 제공하지 않았다는 사정만으로 개별 토지 등 소유자의 조합설립 동의를 무효라고 볼 수는 없다'고 판시하면서 언급한 대법원 판례들(대법원 2013. 12. 26. 선고 2011두8291 판결, 대법원 2014. 4. 24. 선고 2012두29004 판결 등 참조)은 추진위원회가 조합설립에 필요한 동의를 받기 전에 추정분담금 등 법정 정보를 제공하여야 한다는 규정이 도입된 2012. 2. 1. 개정법률 이전의 사안이므로, 그 자체로 유지되기 어렵다.[49] 또한 종전자산 및 종후자산에 관한 감정평가를 거치지 않은 상태이므로 정비사업 비용과 수입에 관한 대략적 추산조차도 어렵다는 근거는 추진위원회는 추정분담금 산정을 위하여 감정평가업자를 선정할 수 있으므로('추진위원회 표준운영규정' 5조 4항), 이 논거도 일응 타당하지 않은 측면이 있다.

② 다만, 현실적으로 추진위원회 단계에서는 종후자산이 확정되지 않아 감정평가가 불가능하고, 정비사업의 추진단계에서 과다한 비용이 소요되는 종전자산에 대한 감정평가 또한 쉽지 않은 점을 고려하면, 추진위원회는 서울시가 제공하는 분담금 추정프로그램에 따른 추정분담금의 정보를 제공하면 이로써 족하나, 만일 그와 같은 정보조차 제공하지 않았다면, 동의의 효력을 인정하기 어렵다고 보아야 할 것이다.

산대비 수익률(개발이익률)을 의미한다.

48) 대법원 2020. 9. 7. 선고 2020두38744 판결(법정 동의서를 규정한 취지는 그 사용을 강제함으로써 동의서의 양식이나 내용을 둘러싼 분쟁을 미연에 방지하고, 행정청으로 하여금 조합설립인가신청 시에 제출된 동의서에 의해서만 동의요건의 충족 여부를 심사하도록 함으로써 동의 여부의 확인에 불필요하게 행정력이 소모되는 것을 막기 위한 데 있는바, 법정 동의서에는 '공사비 등 정비사업에 드는 비용' 항목에 '철거비', '신축비', '그 밖의 비용', '합계' 금액이 기재되는 점, 개략적으로라도 토지등소유자별 분담금 추산액을 산출하려면 우선 비례율이 산정되어야 하나, 추진위원회가 조합설립 동의를 받는 단계에서는 종전자산 및 종후자산에 관한 감정평가조차 거치지 않은 상태이므로 정비사업 비용과 수입에 관한 대략적 추산조차도 어려운 점 등을 근거로 한다).

49) 구 법 시행령(2008. 12. 17. 대통령령 제21171호로 개정된 것) 26조 1항의 위임에 따라 2008. 12. 17. 국토해양부령 79호로 개정된 법 시행규칙 7조 3항 [별지 4호의 3서식] '조합설립동의서'가 마련되기 이전에는 법적 구속력이 없는 '조합설립동의서(표준동의서)'가 통용되었다. 판례는 그와 같은 표준동의서에 기하여 동의를 받는 경우에도 이를 적법하고, 별도로 추정분담금 등의 정보를 제공할 필요가 없다고 보았다(대법원 2010. 7. 15. 선고 2009다63380 판결).

3. 형식요건

가. 법령의 규정

법 제35조(조합설립인가 등)

⑨ 제2항부터 제5항까지의 규정에 따른 토지등소유자에 대한 동의의 대상 및 절차, 조합설립 신청 및 인가 절차, 인가받은 사항의 변경 등에 필요한 사항은 대통령령으로 정한다.

제36조(토지등소유자의 동의방법 등)

① 다음 각 호에 대한 동의(동의한 사항의 철회 또는 제26조 제1항 제8호 단서, 제31조 제3항 단서 및 제47조 제4항 단서에 따른 반대의 의사표시를 포함한다)는 서면동의서 또는 전자서명동의서(전자문서법 제2조 제1호에 따른 전자문서에 전자서명법 제2조 제2호에 따른 전자서명을 한 동의서를 말한다)를 제출하는 방법으로 한다. 이 경우 서면동의서는 토지등소유자가 성명을 적고 지장(指章)을 날인하는 방법으로 하며, 주민등록증, 여권 등 신원을 확인할 수 있는 신분증명서의 사본을 첨부하여야 한다.

8. 제35조 제2항부터 제5항까지의 규정에 따라 조합을 설립하는 경우

② 제1항에도 불구하고 토지등소유자가 해외에 장기체류하거나 법인인 경우 등 불가피한 사유가 있다고 시장·군수 등이 인정하는 경우에는 토지등소유자의 인감도장을 찍은 서면동의서에 해당 인감증명서를 첨부하는 방법으로 할 수 있다.

③ 제1항 및 제2항에 따라 서면동의서 또는 전자서명동의서를 작성하는 경우 추진위원회 구성동의서 및 조합설립동의서에 해당하는 때에는 시장·군수등이 대통령령으로 정하는 방법에 따라 검인(檢印) 또는 확인한 동의서를 사용하여야 하며, 검인 또는 확인을 받지 아니한 동의서는 그 효력이 발생하지 아니한다.

법 시행령 제30조(조합설립인가신청의 방법 등)

① 법 제35조 제2항부터 제4항까지의 규정에 따른 토지등소유자의 동의는 국토교통부령으로 정하는 동의서에 동의를 받는 방법에 따른다.

② 제1항에 따른 동의서에는 다음 각 호의 사항이 포함되어야 한다.

1. 건설되는 건축물의 설계의 개요
2. 정비사업비[50)]
3. 정비사업비의 분담기준
4. 사업 완료 후 소유권의 귀속에 관한 사항
5. 조합 정관

법 시행규칙 제8조(조합의 설립인가신청 등)

③ 영 제30조 제1항에서 "국토교통부령으로 정하는 동의서"란 별지 제6호서식의 조합설립 동의서를 말한다.

50) 법 시행령에 최초로 동의서의 법정 기재사항이 규정된 2008. 12. 17. 대통령령 제21171호로 개정될 당시에는 '건축물의 철거 및 신축에 소요되는 비용의 개략적인 금액'이었으나(구 법 시행령 26조 2항 2호), 그 후 2012. 7. 31. 개정되면서 현재와 같은 규정이 되었다.

나. 동의서 양식의 법정 효과

(1) 양식변천의 연혁

(가) 법 제정 시부터 2012. 2. 1. 개정되기 이전

2003년 법 제정 당시부터 구 법 17조의 위임에 따라 구 법 시행령 28조 4항은 토지등소유자의 동의는 인감도장을 사용한 서면동의의 방법에 의하며, 이 경우 인감증명서를 첨부하여야 한다고 규정하였다(추진위원회 구성동의서도 동일하다). 그 후 법이 2009. 2. 6. 개정되어 구 법 17조 1항으로 위 구 법 시행령 규정의 내용이 법률에 입법화되었다.

동의의 진정성에 관하여는 그 동의서에 날인된 인영과 인감증명서의 인영이 동일한 것인지를 기준으로 심사하여야 하고, 일치하지 아니하는 동의서에 대하여는 이를 무효로 처리하여야 하며, 임의로 이를 유효한 동의로 처리할 수는 없다.[51] 위 동의서 양식은 관련자들 사이의 분쟁방지 및 행정청의 동의 여부에 대한 판단이 용이하여 정비사업이 신속히 진행되는 장점이 있었다. 그러나 인감증명제도는 1914년 도입된 이래 많은 불편을 야기하였으며, 이에 2009년부터 범부처 차원에서 인감증명 요구사무를 줄이는 내용의 개편방안이 광범위하게 추진되었다.

(나) 법이 2012. 2. 1. 개정된 이후

법이 2012. 2. 1. 개정되어 법정의 서면동의서에 토지등소유자가 성명을 적고 지장을 날인하는 방법으로 하며, 신분증명서의 사본을 첨부하는 방법으로 변경되었다. 이는 인감증명제도에 대한 비판에 따른 개편방안이 적용된 사례로서 '인감증명 요구사무 감축을 통한 국민 편의 제고 및 사회, 경제적 비용절감'을 목적으로 한 것이다. 다만, 토지등소유자가 해외에 장기체류하거나 법인인 경우 등 불가피한 사유가 있다고 시장·군수가 인정하는 경우에는 토지등소유자의 인감도장을 날인한 서면동의서에 해당 인감증명서를 첨부하는 방법으로 할 수 있다(구 법 17조 1항). 위 개정조항은 부칙 4조에 의하여 이 법 시행(2012. 8. 2.이다) 이후 최초로 토지등소유자의 동의를 받는 분부터 적용된다.

(다) 2016. 1. 27. 개정 이후

법이 2016. 1. 27. 개정되어 서면동의서를 작성하는 경우 시장·군수등이 대통령령으로 정하는 바에 따라 검인(檢印)한 서면동의서를 사용하여야 하며, 검인을 받지 아니한 서면동의서는 그 효력이 발생하지 아니하는 것으로 규정하고 있다(법 17조 2항).

(라) 2024. 12. 3. 개정 이후

종래 엄격히 종이를 사용하는 서면동의서만이 인정되었으나, 시대의 변천에 따른 전자적 방식의 활용에 대한 요구가 증가하자, 법이 2024. 12. 3. 개정되어 조합설립동의서를 비롯하여 정비사업 과정에서 필요한 각종 서면동의서 제출이나 철회, 반대의사 표시에 전자적 방법이 도입되었다.

즉, 조합설립동의서를 비롯하여 정비사업 과정에서 필요한 각종 동의서의 경우 성명을 적고

---

51) 대법원 2013. 11. 14. 선고 2011두5759 판결.

지장을 날인하는 방법으로 작성된 서면동의서에 신분증명서의 사본을 첨부하여야 하는 방법 외에 전자문서법 2조 1호에 따른 전자문서에 같은 조 2호에 따른 전자서명을 통해 진위를 확인한 동의서[52]를 사용하는 것이 가능해졌다(법 36조 1항). 추진위원회 구성동의서 및 조합설립동의서와 관련한 서면동의서 또는 전자서명동의서를 작성하는 경우 시장·군수등이 대통령령으로 정하는 방법에 따라 검인(檢印) 또는 확인한 동의서를 사용하여야 하며, 검인 또는 확인을 받지 아니한 동의서는 그 효력이 발생하지 아니한다(법 36조 3항). 전자서명동의서의 본인확인 방법 등에 필요한 사항은 대통령령으로 정한다(법 36조 4항). 위 규정은 2025. 12. 4. 시행된다.

㈒ 규정 적용상의 유의사항

다음에서 살펴보듯이 동의서 양식은 법규적 효력이 있는바, 해당 사안에 대하여 어떠한 동의서 양식이 적용될 것인가는 개정법률의 효력발생일 뿐만 아니라 부칙의 경과규정에 대하여도 검토하여야 한다(2016. 1. 27.자 서면동의서에 검인 양식을 도입한 조항은 부칙 6조 1항에 의하여 일부 예외는 있으나 원칙적으로 위 개정법률 시행 후 최초로 정비계획을 수립하는 분부터 적용한다).

(2) 법정 동의서(서면동의서)의 효과

㈎ 법규적 효력

앞서 본 바와 같이 법 제정 당시부터 2009. 2. 6. 이전까지 구 법 시행령 28조 4항은 구 법 17조의 위임에 따라 토지등소유자의 동의는 인감도장을 사용한 서면동의의 방법에 의하며, 이 경우 인감증명서를 첨부하여야 한다고 규정하였으나, 법 시행규칙에 조합설립동의서 서식을 마련하고 있지 않았다. 다만, '정비사업조합 설립추진위원회 운영규정(건설교통부 고시 제165호)'에 첨부되어 있던 각 '조합설립동의서(표준동의서)'가 통용되었는데 법적구속력이 없었다.

그 후 법 시행령이 2008. 12. 17. 개정되면서, 토지등소유자의 동의는 국토해양부령으로 정하는 동의서에 동의를 받는 방법에 따른다는 규정이 신설되었고(구 법 시행령 26조 1항), 이에 따라 법 시행규칙이 위 표준동의서를 대신하여 2008. 12. 17. 국토해양부령 제79호 구 법 시행규칙 7조 3항 [별지 4호의 3 서식] '조합설립동의서'를 규정하였다. 그 후 여러 차례 변경되어 현재는 법 시행규칙 8조 3항에 의한 [별지 6호 서식]에 이르고 있다.

법 시행규칙이 정한 조합설립동의서 서식은 상위 법령의 수권에 의하여 법령을 보충하는 사항을 정한 것으로서, 그 근거법령상의 규정과 결합하여 대외적으로 구속력이 있는 법규적 효력이 있으므로, 위 동의서에 의하지 아니한 동의는 그 효력이 없다.[53] 나아가 추진위원회가 법정의 동의서에 의하여 토지등소유자로부터 조합설립 동의를 받았다면 토지등소유자별 구체적인 분담추산액의 기재가 없다 하더라도 그 조합설립 동의는 법령에서 정한 절차와 방식을 따른 것

52) 전자서명법 2조(정의) 이 법에서 사용하는 용어의 뜻은 다음과 같다.
1. "전자문서"란 정보처리시스템에 의하여 전자적 형태로 작성되어 송신 또는 수신되거나 저장된 정보를 말한다.
2. "전자서명"이란 다음 각 목의 사항을 나타내는 데 이용하기 위하여 전자문서에 첨부되거나 논리적으로 결합된 전자적 형태의 정보를 말한다.
가. 서명자의 신원
나. 서명자가 해당 전자문서에 서명하였다는 사실

53) 대법원 2013. 11. 14. 선고 2011두5759 판결.

으로서 적법·유효한 것이다(다만 추정분담금의 정보를 별도로 제공하여야 한다).

(나) 취지

조합설립에 토지등소유자의 서면에 의한 동의를 요구하고, 나아가 위와 같이 법정 동의서의 사용을 강제하면서 조합설립인가신청 시 행정청에 이를 제출하도록 하는 취지는 법정의 서면에 의하여 토지등소유자의 동의 여부를 명확하게 함으로써 동의 여부에 관하여 발생할 수 있는 관련자들 사이의 분쟁을 미연에 방지하고 나아가 행정청으로 하여금 조합설립인가신청 시에 제출된 동의서에 의하여서만 동의요건의 충족 여부를 심사하도록 함으로써 동의 여부의 확인에 불필요하게 행정력이 소모되는 것을 막기 위한 데 있다.[54)]

(다) 시장·군수등의 판단기준

조합설립인가신청을 받은 행정청은 ① 동의내용에 관하여는 추진위원회가 위 [별지 6호 서식] '조합설립동의서'에 의하여 토지등소유자의 동의를 받았는지 또는 법정사항이 모두 포함되어 있는지를, ② 동의의 진정성에 관하여는 토지등소유자가 성명을 적고 지장을 날인하였는지, 신분증명서 사본이 첨부되었는지, 예외사유에 해당하여 토지등소유자가 인감도장을 날인하고, 인감증명서를 첨부한 경우에는 그 동의서에 날인된 인영과 인감증명서의 인영이 동일한지를 각 확인하는 방법으로 동의의 유효 여부를 판단하여야 한다.[55)]

(라) 예외

① 국가나 지방자치단체

대법원은 구 법상 토지등소유자가 인감도장을 날인하고, 인감증명서를 첨부하여 조합설립을 동의하여야 하는 사안에서, 정비구역 내에 국가 또는 지방자치단체가 토지등을 소유한 경우, 국가나 지방자치단체는 인감도장이나 인감증명서가 없고, 국가 또는 지방자치단체의 구체적인 동의방법에 관한 명시적 규정이 없음을 근거로 국가 또는 지방자치단체의 조합설립에 관한 동의의 의사는 반드시 서면 등에 의하여 명시적으로 표시될 필요는 없다고 판시하였다(앞서 'Ⅱ. 동의의 의제'에서 살펴본 바와 같이 인가청 소속 지방자치단체, 국가나 정비구역지정권자 소속 지방자치단체는 일정한 경우 조합설립동의가 의제된다).[56)]

② 재건축사업에서 토지나 건축물만을 소유하여 조합원이 될 수 없는 자로부터의 동의서 징구

재건축사업에서 토지나 건축물만을 소유하여 조합원이 될 수 없는 자로부터의 동의서를 징구하는 경우 적용되지 아니한다(조합설립동의서의 법정사항 중 '건설되는 건축물의 설계 개요'만이 기

54) 대법원 2010. 1. 28. 선고 2009두4845 판결.

55) 대법원 2020. 9. 7. 선고 2020두38744 판결, 대법원 2013. 11. 14. 선고 2011두5759 판결.

56) 대법원 2014. 4. 14. 선고 2012두1419 전원합의체 판결(구 도시정비법은 17조 1항에서 토지 또는 건축물 소유자의 동의방법에 관하여 인감도장을 사용한 서면동의에 의하도록 하고, 나아가 인감증명서를 첨부하도록 규정하면서도, 인감도장이나 인감증명서를 갖출 수 없는 국가 또는 지방자치단체의 동의방법에 관하여는 아무런 규정을 두고 있지 않다. 이와 같이 국가 또는 지방자치단체도 조합설립에 대한 동의를 얻어야 하는 토지 또는 건축물 소유자에 해당함에도, 구 도시정비법이 국가 또는 지방자치단체의 구체적인 동의방법에 관한 규정을 두지 아니한 것은 국가 또는 지방자치단체가 앞서 본 구 도시정비법 규정 등에 의하여 정비사업과 관련한 여러 권한과 역할을 부여받고 있는 특수한 공적 지위에 있음을 고려한 것으로 보인다. 따라서 토지 또는 건축물 소유자인 국가 또는 지방자치단체의 정비사업 조합설립을 비롯한 정비사업의 추진에 관한 동의의 의사는 반드시 서면 등에 의하여 명시적으로 표시될 필요는 없다고 해석함이 타당하다).

재되어 있고, 조합설립에 동의한다는 의사만 기재되어 있을 뿐, 건축물의 철거 및 신축에 소요되는 비용의 개략적인 금액, 그 비용의 분담에 관한 사항, 사업 완료 후의 소유권의 귀속에 관한 사항, 조합 정관에 관한 사항을 기재하는 난이 마련되어 있지 않고 그러한 사항이 모두 기재되어 있지 않더라도, 그와 같은 동의서는 유효하다).[57] 그 논거는 다음과 같다.

「법 시행령 30조 1항은 조합원이 되는 '토지등소유자'에 대하여 동의서에 의한 동의방법을 규정하고 있고, 위 규정에서 정하고 있는 동의서의 법정사항은 대체로 정비사업에 참여하여 그 비용을 분담하고 그 사업의 성과를 분배받는 조합원이 될 자격이 있는 '토지등소유자'의 이해관계에 관한 것들이다. 그런데 주택단지가 아닌 지역이 정비구역에 포함된 때에는 주택단지가 아닌 지역의 토지 또는 건축물 소유자의 4분의 3 이상 및 토지면적 3분의 2 이상의 토지소유자의 동의를 받아야 하나, 토지나 건축물만을 소유한 자는, 조합설립에서 동의를 얻어야 할 자에 포함되더라도 조합원이 될 수는 없다.」

⑶ 지장날인 방식의 적용시점인 '개정조항 시행(2012. 8. 2.이다) 이후 최초로 토지등소유자의 동의를 받는 분'의 의미

㈎ 문제의 소재

추진위원회가 토지등소유자로부터 서면동의서를 이미 인감증명서 방식으로 징구하고 있는 상황에서 2012. 8. 2.이 도래한 경우에, 그 이후 작성·제출받는 동의서 방식은 인감증명서 방식이 적법한 것인지 또는 지장날인 방식이 적법한 것인지 여부가 문제된다. 위 부칙조항의 의미를 특정 사안에 관하여 동의서를 최초로 받기 시작하는 시점으로 보아야 할 것인지 또는 엄격히 위 효력발생일 이전에는 인감증명서 방식으로, 이후에는 지장날인 방식으로 받는 것이 타당할 것인지의 문제이다.

㈏ 판단(효력발생일 이후)

① 위 부칙조항은 특정 사안에 대하여 최초로 토지등소유자의 동의를 받는 분부터 적용된다고 명시하고 있지 아니하므로, 2012. 8. 2.이 도래한 이후에는 지장날인 방식이 적법하고, 만일 2012. 8. 2.이 도래한 이후 인감증명서 방식으로 제출된 동의서는 부적법하다.

② 만일 2012. 8. 2.이 도래한 이후 인감증명서 방식으로 제출된 동의서가 적법함을 전제로 조합설립인가처분이 이루어진 경우 그 하자의 중대·명백 여부가 문제되나, 하자가 명백하다고 보기 어렵다.[58] 그 논거는 다음과 같다.

ⓐ 토지등소유자의 동의를 정해진 양식에 따라 받도록 한 취지는 법정 서면동의서를 통해 토지등소유자의 동의 여부가 명확히 드러나도록 함으로써 불필요한 분쟁을 방지하고 토지등소유자의 의사가 정확히 반영되도록 함에 있을 뿐인데, 2012. 8. 2. 이후 인감증명서 방식으로 받았다 하더라도 위 취지는 달성된다.

ⓑ 인감증명 방식에서 지장날인 방식으로의 변경은 국민 편의 제고 및 사회·경제적 비용절감을 목적으로 할 뿐, 그와 같은 방식에 어떠한 결함이 있어 지장날인 방식으로 전환된 것은 아니

57) 대법원 2013. 11. 14. 선고 2011두5759 판결.
58) 서울고등법원 2021. 9. 16. 선고 2020누68457 판결(확정) 및 서울행정법원 2020. 11. 13. 선고 2018구합6768 판결.

다. 나아가 부칙 문언상 특정 사안에 관하여 동의서를 최초로 받기 시작하는 시점이 2012. 8. 2. 이후인 경우에 비로소 새로운 동의서 방식을 적용하도록 하는 의도로 해석될 여지도 있다.

다. 동의서 기재사항

(1) 규정

앞서 본 바와 같이 법 시행령 30조 2항은 동의서에는, 건설되는 건축물의 설계의 개요(1호, 대지면적, 건축연면적, 규모), 공사비 등 정비사업에 드는 비용(2호, 철거비, 신축비, 그 밖의 비용), 정비사업비의 분담기준(3호), 사업 완료 후 소유권의 귀속에 관한 사항(4호), 조합 정관(5호)의 사항이 포함되어야 한다고 규정하고 있다. 이는 장차 진행될 정비사업에 대한 동의이다.

집합건물법 47조 4항은 재건축을 결의할 때, 비용의 분담에 관한 사항과 새 건물의 구분소유권 귀속에 관한 사항은 각 구분소유자 사이에 형평이 유지되도록 정하여야 한다고 규정하고 있는바, 이는 조합설립동의에도 적용될 수 있다(정비사업비의 분담기준을 종전자산의 가격비율이 아닌 종후자산의 가액비율로 하는 경우 동의서는 무효이다). 종후자산의 귀속과 관련하여 법은 76조 1항 1호로 관리처분계획의 내용은 종전자산의 면적·이용 상황·환경, 그 밖의 사항을 종합적으로 고려하여 대지 또는 건축물이 균형 있게 분양신청자에게 배분되고 합리적으로 이용되도록 한다고 규정하고 있는바, 이는 조합설립동의에도 적용될 수 있다.

(2) 동의서의 기재사항과 관련한 쟁점

(가) 법 시행령 30조 2항 5호의 조합 정관이 동의서에 포함되어야 한다는 의미

① 문제의 소재

법 시행령 30조 2항 5호의 조합 정관이 동의서에 포함되어야 한다는 의미가 동의서에 정관의 내용이 모두 기재되어 있어야 한다는 의미인지(적어도 동의서에는 정관의 내용이 기재되어 있지 않다 하더라도 정관 초안을 첨부하여 동의를 받아야 하는 것인지), 또는 불필요한 것인지 여부가 문제된다.

② 판단

동의서에 정관의 내용이 기재될 필요가 없고, 조합원으로부터 동의서를 받을 당시 정관 초안을 첨부할 필요도 없다. 그 논거는 다음과 같다.

ⓐ 법정 동의서의 '동의 내용' 중 '조합정관 승인'란에는 '정비사업 조합을 설립할 때 그 조합정관을 신의성실의 원칙에 따라 준수하며, 조합정관이 정하는 바에 따라 조합정관이 변경되는 경우 이의 없이 따릅니다.'라는 내용이 부동문자로 기재되어 있을 뿐이다(이는 추진위원회 구성동의서의 '동의 사항' 중 '운영규정'란에는 운영규정을 별첨으로 반드시 첨부하도록 규정된 것과 대조된다).

ⓑ 추진위원회 구성과 달리 조합설립을 위해서는 반드시 창립총회가 개최되어야 하고, 창립총회에서 의결할 필수 안건이 '정관의 확정'이므로, 정관에 관한 의견의 수렴은 창립총회에서 이루어질 수 있다(조합설립에 관한 동의를 받을 때 동의서에 정관 초안을 첨부하여 그 내용에 관한 동의까지 받도록 요구할 필요가 없을 뿐만 아니라 이를 요구하는 것은 절차상 무리인 측면도 있다).

판례도 같은 견해이다.[59)]

③ 동의서에 첨부된 정관의 창립총회 당시 변경

법정동의서의 정관에 관한 사항 부분은 정관에 포함될 구체적 내용에 대한 동의를 얻기 위한 취지라기보다는 조합의 운영과 활동에 관한 자치규범으로서 정관을 마련하고 그 규율에 따르겠다는 데에 대한 동의를 얻기 위한 취지이고(위 2011두8291 판결, 2012두6650 판결), 정관은 창립총회에서 비로소 확정된다. 조합설립동의서에 정관에 관한 내용이 기재되어 있는 사안에서, 대법원은 조합설립인가신청 시 제출된 창립총회에서 확정된 정관의 내용이 조합설립동의서에 포함된 정관의 내용과 일부 다르다 하더라도, 조합설립인가에 동의했던 토지등소유자가 도시정비법령이 정한 동의 철회의 시기와 방법 등 절차에 따라 동의를 철회하지 아니하는 한 그 동의서의 효력은 그대로 유지되므로, 행정청으로서는 추진위원회가 작성한 정관 초안의 내용이 창립총회에서 변경되었다고 하더라도 조합설립인가신청 시 제출된 토지등소유자의 동의서만으로 조합설립인가 여부를 심사하는 것으로 충분하다 할 것이어서, 토지등소유자의 동의서를 유효한 것으로 보아 조합설립을 인가한 처분에 하자가 있다고 할 수 없다고 판시하였다.[60)]

㈏ 법 시행규칙 [별지 6호 서식] '조합설립동의서'의 내용 중 일부가 공란인 경우의 유효여부

① 동의내용 중 '조합설립 및 정비사업내용'[61)]이 공란인 토지등소유자 동의서의 효력 및 이에 따른 조합설립인가처분의 효력

추진위원회는 동의서의 '동의내용' 항목의 '조합설립 및 정비사업 내용' 중 '신축 건축물의 설계 개요'와 '공사비 등 정비사업에 드는 비용'이 공란인 채로 토지등소유자로부터 동의를 받았고, 공란인 상태로 인가신청을 하였음에도 행정청이 이를 유효한 동의로 처리하여 동의요건을 충족하였음을 이유로 조합설립인가처분을 한 경우, 조합설립인가처분의 유효 여부가 문제된다.

'신축 건축물의 설계의 개요'와 '공사비 등 정비사업에 드는 비용'은 토지등소유자의 동의 여부를 판단함에 있어서 기초가 되는 사항으로서 동의서의 본질적인 내용을 이룬다 할 것이므로 위 내용이 공란으로 된 동의서는 무효이고, 행정청이 이를 유효한 것으로 보아 조합설립인가처분을 한 것은 그 하자가 중대·명백하여 조합설립인가처분이 당연무효이다.[62)]

② 추진위원회가 토지등소유자로부터 동의서를 받을 당시 동의내용 중 '조합설립 및 정비사업내용'이 공란이었으나, 임의로 보충한 후 조합설립인가처분을 받은 경우

㉮ 추진위원회가 토지등소유자로부터 '신축 건축물의 설계 개요'와 '공사비 등 정비사업에 드는 비용'에 관한 사항이 공란인 동의서를 제출받은 후 임의로 이를 보충하였다 하더라도, 앞서

59) 대법원 2013. 12. 26. 선고 2011두8291 판결, 대법원 2014. 5. 29. 선고 2012두6650 판결.

60) 대법원 2014. 1. 16. 선고 2011두12801 판결(하급심인 서울고등법원은 조합설립동의서에 정관에 관한 내용이 기재되어 있고, 그 후 창립총회에서 조합설립동의서에 기재된 정관안과 일부 내용이 변경된 정관이 확정된 경우, 사업시행자가 토지등소유자로부터 새로이 동의서를 받지 아니한 채 기존 동의서를 행정청에 제출하여 조합설립인가를 받았다면 해당 조합설립인가처분은 위법하다고 판시하였으나, 대법원은 앞서 든 이유로 조합설립인가처분에 하자가 없다고 판시하였다).

61) 건설되는 건축물의 설계의 개요, 공사비 등 정비사업에 드는 비용, 정비사업비의 분담기준, 사업 완료 후 소유권의 귀속에 관한 사항.

62) 대법원 2010. 1. 28. 선고 2009두4845 판결.

본 바와 같이 위와 같은 내용들은 동의 여부를 판단함에 있어 기초가 되는 사항으로서 동의서의 본질적인 내용을 이룬다 할 것이므로 동의서로서의 효력을 인정할 수 없다.[63)]

만일 토지등소유자가 조합설립 동의를 할 당시의 조합설립동의서에는 위와 같은 내용이 공란이었으나, 추진위원회가 행정청에 조합설립인가를 신청하기 전에 임의로 일괄 보충하여 행정청에 제출함으로써 조합설립인가신청 당시 조합설립동의서에 위 공란이 모두 기재되어 있었고, 행정청이 조합설립인가처분한 경우가 문제된다.

㈏ 행정처분의 대상이 되는 법률관계나 사실관계가 전혀 없는 사람에게 행정처분을 한 때에는 그 하자가 중대하고도 명백하다 할 것이나, 행정처분의 대상이 되지 아니하는 어떤 법률관계나 사실관계에 대하여 이를 처분의 대상이 되는 것으로 오인할 만한 객관적인 사정이 있는 경우로서 그것이 처분대상이 되는지의 여부가 그 사실관계를 정확히 조사하여야 비로소 밝혀질 수 있는 때에는 비록 이를 오인한 하자가 중대하다고 할지라도 외관상 명백하다고 할 수는 없다.[64)] 위 조합설립동의서는 효력이 없으나, 조합설립인가신청 당시에 행정청에 제출된 조합설립동의서에 '건축물철거 및 신축비용 개산액'이 모두 기재되어 있었던 이상, 비록 조합설립동의 당시에는 그 부분이 공란으로 되어 있었다고 하더라도 특별한 사정이 없는 한 행정청이 이를 유효한 것으로 취급하여 조합설립인가의 동의정족수를 충족한 것으로 보아 행한 인가처분은 특별한 사정이 없는 한 하자가 중대하나, 명백하다고 보기는 어려우므로 당연무효라고 할 수는 없다.[65)] 이는 종래 건설교통부 고시로 제공하던 표준동의서와 관련한 사안이나, 현행의 법정 동의서에도 동일하게 적용될 수 있다.

③ 토지등소유자가 공란 보충을 수권한 경우

추진위원회가 토지등소유자로부터 동의서의 일부 내용에 대하여 공란으로 하여 동의를 받았으나, 공란 아래 및 동의서 말미에 창립총회에서 확정되는 사항을 추진위원회가 공란에 일괄 기재하는 데 동의한다는 문구가 기재된 조합설립동의서를 제출받았고, 그 후 추진위원회가 공란에 창립총회에서 가결된 내용을 보충한 후 이를 첨부하여 조합설립인가신청을 하고 관할 관청으로부터 조합설립인가처분을 받은 경우 조합설립인가처분의 적법 여부가 문제된다.

추진위원회는 위 동의서의 공란을 자의적으로 보충한 것이 아니라 토지등소유자들의 개별 수권 하에 창립총회 결의사항을 공란에 보충한 점, 토지등소유자들은 창립총회 결의사항이 그의 의사에 반하는 경우 추진위원회를 상대로 동의를 철회한다는 의사표시를 하여 동의서의 완성을

---

63) 대법원 2012. 12. 13. 선고 2011두21218 판결.
64) 대법원 2004. 10. 15. 선고 2002다68485 판결.
65) 대법원 2010. 10. 28. 선고 2009다29380 판결, 대법원 2013. 5. 23. 선고 2010두24975 판결(원심이 동의서 작성 시 공란으로 되어 있었다가 사후에 보충된 것으로 의심할 수 있는 사정이 있다는 등의 사정들만으로 조합설립인가처분을 무효라고 판단한 것은 위법하다고 판시하였다). 대법원 2003. 4. 11. 선고 2001다11406 판결(사문서는 본인 또는 대리인의 서명이나 날인 또는 무인이 있는 때에는 진정한 것으로 추정되므로, 사문서의 작성명의인이 스스로 당해 사문서에 서명·날인·무인하였음을 인정하는 경우, 문서의 전부 또는 일부가 미완성된 상태에서 서명날인만 먼저 하였다는 등의 사정은 이례에 속하므로 완성문서로서의 진정성립의 추정력을 뒤집으려면 그럴만한 합리적인 이유와 이를 뒷받침할 간접반증 등의 증거가 필요하다. 만일 그러한 완성문서로서의 진정성립의 추정이 번복되어 백지문서 또는 미완성 부분을 작성명의자 아닌 자가 보충하였다는 등의 사정이 밝혀진 경우라면, 그 백지문서 또는 미완성 부분이 정당한 권한에 기하여 보충되었다는 점에 관하여는 그 문서의 진정성립을 주장하는 자 또는 문서제출자에게 그 입증책임이 있다).

저지할 수 있는 점 등에 비추어 관할 관청이 위 동의서를 적법한 것으로 보고 조합설립을 인가한 처분에 하자가 없다.[66)]

㈐ 동의서의 '작성일자'란이 공란인 경우, 동의서의 유효 여부

[별지 6호 서식] '조합설립동의서'의 말미에 작성연월일의 기재가 있는바, 추진위원회가 작성일자를 공란으로 하여 동의서를 징구한 경우, 그와 같은 동의서의 유효 여부가 문제된다.

동의서에 작성일자가 기재되어 있지 않다는 사정만으로는 그 동의서가 무효라고 볼 수 없다.[67)] 그 논거는 다음과 같다.

ⓐ 법 36조는 '서면동의서에 토지등소유자가 성명을 적고 지장을 날인하는 방법으로 한다.'고 규정하고 있는바, 만일 작성일자가 필수적 기재사항이었다면, 이를 명시하였을 것으로 보인다.

ⓑ [별지 6호 서식] '조합설립동의서'에도 일자를 반드시 기재하도록 양식에 안내되어 있지 않다('동의자'란에는 '자필로 이름을 써넣음'이라고 안내되어 있는 점과 대비된다).

㈑ 동의서의 말미에 자서가 기재되지 않고, 동의자 현황 '인적사항'의 '성명'란에 자서된 경우

① 문제의 제기

[별지 6호 서식]은 '조합설립동의서'의 말미에 토지등소유자가 성명을 적고 날인하는 방법으로 하도록 기재되어 있는바, 토지등소유자가 자서하도록 기재되어 있는 란에 자서하지 않고, 동의자 현황 '인적사항'의 '성명'란에 자서한 경우, 동의서 중 어느 한곳에 이름을 자서하였으므로, 이를 유효한 것으로 간주할 것인지 여부가 문제된다.[68)]

② 원칙

동의서의 말미에 자서하지 않고, 동의자 현황 '인적사항'의 '성명'란의 자서만으로는 효력이 없다. 그 논거는 다음과 같다.

ⓐ 법 36조 1항은 동의서의 유효요건으로 토지등소유자가 성명을 적고 지장을 날인한 경우라고 적시하고 있다. 법적 구속력이 있는 [별지 6호 서식] '조합설립동의서' 말미에 "위 동의자: (자필로 이름을 써넣음) 지장날인"이라고 안내되어 있는바, 말미에 그와 같은 자서와 지장날인을 요구하는 것은 토지등소유자가 앞서의 내용을 모두 확인하고 동의가 최종적인 의사임을 나타내기 위한 의도로 보인다.

ⓑ 동의서의 '동의자 현황' 항목의 '인적사항'의 '성명'란에 수기가 기재된 경우, 동의자의 자서인지 또는 제3자의 수기인지 여부, 동의자의 자서라 하더라도 동의의 의미로서 자서한 것인지, 단순히 형식적 기재사항을 수기로 기재한 것인지 여부를 행정청이 별도로 심사하여야 하는데, 이는 행정청으로 하여금 창립총회 전에 제출된 동의서에 의하여서만 동의 여부를 심사하도

---

66) 대법원 2013. 1. 10. 선고 2010두16394 판결.

67) 대법원 2023. 8. 18. 선고 2022두51901 판결 및 서울고등법원 2022. 7. 6. 선고 2020누69092 판결, 서울행정법원 2020. 11. 20. 선고 2019구합73055 판결.

68) 다만, '조합설립동의서' 말미에 자서하지 않고, 소유자 인적사항란에 자서한 경우도 유효한 것으로 인정한 하급심이 있다(대법원 2023. 8. 18. 선고 2022두51901 판결 및 서울고등법원 2022. 7. 6. 선고 2020누69092 판결, 서울행정법원 2020. 11. 20. 선고 2019구합73055 판결).

록 함으로써 동의 여부의 확인에 불필요하게 행정력이 소모되는 것을 막기 위하여 도입한 법정의 동의서 제도의 취지에 반한다.

③ 예외

토지등소유자가 팔이 불편하여 스스로 성명을 적을 수 없어 타인으로 하여금 말미에 성명을 기재하게 하고, 본인의 지장을 날인한 경우와 같이 자서가 불가능한 예외적인 경우에는 그 효력이 있다.[69]

(마) 동의서의 '동의자 현황' 항목의 '인적사항'란과 '소유권 현황'란이 공란인 경우 동의서의 효력 유무

법정 동의서의 '동의자 현황' 항목의 '인적사항'란과 '소유권 현황'란은 법 시행규칙 8조 3항 [별지 6호 서식] '조합설립동의서'의 기재항목에 해당한다. 하지만 '동의자 현황'란이 법령상 반드시 기재되어야 한다는 규정이 없고, '인적 사항'의 내용은 첨부하는 신분증명서의 사본을 통하여, 소유권 현황, 즉 사업구역 내에 소유권이나 지상권을 보유하고 있는지 여부는 토지 또는 건물등기사항증명서 등을 통하여 객관적으로 확인될 수 있는 점 등을 고려하면, '동의 내용'란이 공란인 것과 달리 '동의자 현황'란이 공란인 것만으로 그 동의서를 무효라고 할 수는 없다.[70]

(바) 검인

① 규정 및 입법취지

법 36조 3항은 "36조 1항 및 2항에 따라 서면동의서나 전자서명동의서를 작성하는 경우 중 조합설립동의서 및 추진위원회 구성동의서에 해당하는 때에는 시장·군수등이 대통령령으로 정하는 방법에 따라 검인(檢印)한 동의서를 사용하여야 하며, 검인을 받지 아니한 동의서는 그 효력이 발생하지 아니한다."고 규정하고 있다(전자서명동의서는 2024. 12. 3. 도입되었다).

한편 법 시행령 34조 1항은 "법 36조 3항에 따라 동의서에 검인(檢印)을 받으려는 자는 30조 2항에 따라 동의서에 기재할 사항을 기재한 후 관련 서류를 첨부하여 시장·군수등에게 검인을 신청하여야 한다."고 규정하여 정비사업을 추진하는 과정에서 백지동의서의 사용을 예방한다(추진위원회가 토지등소유자로부터 동의서의 기재사항을 공란으로 하여 동의를 받은 후 임의로 보충하는 것이 불가능하다). 나아가 2항은 "1항에 따른 신청을 받은 시장·군수등은 동의서 기재사항의 기재 여부 등 형식적인 사항을 확인하고 해당 동의서에 연번(連番)을 부여한 후 검인을 하여야 한다."고 규정하여 동의서의 위조·변조 등과 관련한 분쟁을 예방한다(추진위원회는 행정청으로부터 일련번호의 범위 및 순번까지 기재되고 검인된 조합설립동의서를 교부받아 토지등소유자에게 이를 제공한 후 동의서로 회수함으로써 동의서가 제한되고 특정되어 동의서 위·변조가 불가능하다).[71] 3항은 "시장·군수등은 1항에 따른 신청을 받은 날부터 20일 이내에 신청인에게 검인한 동의서를 내주

69) 대법원 2021. 8. 26. 자 2021두40621 판결 및 부산고등법원 2021. 5. 26. 선고 2020누22510 판결.

70) 대법원 2023. 8. 18. 선고 2022두51901 판결 및 서울고등법원 2022. 7. 6. 선고 2020누69092 판결, 서울행정법원 2020. 11. 20. 선고 2019구합73055 판결.

71) 법령상 토지등소유자의 동의서에 연번(連番)을 부여하도록 한 것은 추진위원회 구성동의서에 처음 도입되었다(법 시행령이 2009. 8. 11. 개정되면서 21조의2가 신설되어 1항에서 추진위원회 구성동의와 관련하여 동의서 형식을 법 시행규칙에 위임하였고, 법 시행규칙이 2009. 8. 13. 개정되면서 6조 2항에서 최초로 추진위원회 구성동의서에 연번을 부여하도록 하였다).

어야 한다."고 각 규정하고 있다.

② 쟁점

행정청이 아래와 같이 일련번호의 범위만 기재하고 순번을 특정하지 아니한 동의서를 교부하는 경우가 있는바, 그 효력이 문제된다.

행정기관에서 부여한 일련번호 범위	합정동447-가(1~103)	일련번호	/103

연번의 범위가 명확히 기재되어 있고 조합설립동의서의 발행매수도 제한되었다면, 비록 조합설립동의서에 구체적 연번이 부여되지 않은 하자가 있다고 하더라도 그것이 조합설립동의서에 날인된 검인이나 조합설립동의서 자체를 무효라고 할 만큼의 하자라고 볼 수 없고, 사소한 절차상의 하자에 불과하여 위법하다고 보기도 어렵다.[72] 그 논거는 다음과 같다.

ⓐ 각각의 동의서에 일련번호 외에 구체적 연번을 특정하지는 아니하였다 하더라도, 일련번호가 특정되어 있으므로, 전체적인 연번의 범위는 명확하여 동의서 발행매수의 확인 및 그 제한을 통하여 동의서의 임의적 사용이나 실제 발행된 것보다 회수되는 동의서의 매수가 증가하는 상황을 방지하는 효과를 달성함으로써 연번제도의 도입 목적은 상당 부분 달성된다.

ⓑ 법령상 조합설립동의서에 대한 검인제도는 2016. 7. 28. 시행되는 법과 법 시행령에서 함께 도입되었다. 그러나 조합설립동의서 서식에 현재와 같이 '행정기관에서 부여한 일련번호 범위'와 '일련번호'를 기재하는 난(欄)이 마련된 것은 법 시행규칙이 2018. 2. 9. 전부개정되면서부터이다(8조 3항 별지 6호). 입법자가 2016. 7. 28. 검인제도의 도입과 함께 법 시행령으로 규정된 연번제도에 대하여 그 동의서의 효력을 좌우할 정도의 의미를 부여하고자 하였다면, 그 즉시 법 시행규칙을 개정하여 연번을 부여할 수 있는 동의서 서식을 마련하였을 것이다.

라. 첨부하는 신분증 사본

(1) 신분증 사본 첨부의 의미

조합설립인가의 동의요건을 심사하는 과정에서 주안점은 해당 토지등소유자의 동의서가 본인의 진정한 의사에 의하여 성립된 것인지 여부를 확인하기 위한 것이므로, 동의서를 제외한 다른 서류(신분증명서의 사본, 인감증명서 등)는 이를 통하여 작성자와 실제 토지등소유자의 동일성이 확인된다면 유효하다. 실제로 조합설립인가신청을 받은 행정청은 신분증명서 사본이 첨부되었는지 유무만을 심사할 뿐이다. 이는 앞서 본 바와 같이 추후 보완이 가능하다.[73]

보완이 가능한 시점을 조합설립인가신청 시로 볼 것인지 또는 조합설립인가 시로 볼 것인지 여부가 문제되나, 사인의 공법상 행위는 행정행위가 행하여질 때까지 자유로이 보정될 수 있고, 실무상 시장·군수등 행정청은 조합설립인가를 심사하는 과정에서 첨부서류가 누락된 경우, 그 보완을 명하는 사정에 비추어 조합설립인가신청 서류에 대한 검토결과 동의서에 신분증 사본의

72) 서울행정법원 2020. 10. 30. 선고 2020구합51631 판결(확정).

73) 대법원 2023. 8. 18. 선고 2022두51901 판결 및 서울고등법원 2022. 7. 6. 선고 2020누69092 판결, 서울행정법원 2020. 11. 20. 선고 2019구합73055 판결.

첨부가 누락되었다면 그 보완을 명할 수 있고, 이에 따라 신분증 사본이 보완된 경우 이를 유효한 것으로 보아야 할 것이므로, 조합설립인가 시까지 보완이 가능하다.

(2) 신분증 사본의 유형

첨부되는 신분증 사본은 해당 토지등소유자의 동의서가 본인의 진정한 의사에 의하여 성립된 것인지 여부를 확인하는 취지이므로, 동의자와 동일성이 인정되는 것이라면 어떠한 것이든 유효하다. 판례는 도시정비법 제정 이전의 주택건설촉진법상의 사안에서, 조합이 재건축결의 동의서에 인감증명서를 첨부하게 한 것은 단지 위 동의서가 본인의 진정한 의사에 의하여 성립된 것인지 여부를 확인하기 위한 취지라고 할 것이므로 동의서에 첨부된 인감증명서의 용도가 재건축결의 동의용으로 기재되어 있지 않다거나 전에 추진위원회에 제출하였던 인감증명서를 재사용하였다 하더라도 재건축결의 동의와 관련한 구분소유자들의 의사가 진정한 것인 한 그 동의의 효력을 배제할 수 없다고 하고 있다.[74] 인감증명서의 발급일자가 오래되었다 하더라도 신분증명서로서는 유효하다.[75]

마. 토지등소유자가 법인인 경우

토지등소유자가 해외에 장기체류하거나 법인인 경우 등 불가피한 사유가 있다고 시장·군수가 인정하는 경우에는 토지등소유자의 인감도장을 날인한 서면동의서에 해당 인감증명서를 첨부하는 방법으로 할 수 있다.

한편, 판례는 법인 소유의 토지에 대하여 사인(私人) 명의의 조합설립동의서가 제출된 사안에서, 서면동의서에 포함되어야 하는 법정사항이 흠결되어 있으나, 위 동의서에 "법인이 사인에게 위 부동산에 관하여 정비사업 관련 업무 일체를 위임한다"는 내용의 법인 이사회의사록, 위임장, 법인인감증명서가 각 첨부되어 있다면, 위 동의서는 토지등소유자인 법인의 의사에 부합할 여지가 있으므로, 유효하다는 취지로 판시하였다.[76]

4. 동의의 유효 여부와 관련한 소송상 쟁점

가. 기망 또는 협박에 의한 동의서 징구 여부

실무에서는 추진위원회가 조합설립동의서를 징구하는 과정에서 토지등소유자에게 조합설립에 부동의할 경우 조합원 자격을 얻지 못하고, 조합설립인가 후 30일 내에 매도청구를 당하는 등의 불이익을 각오해야 한다(2017. 2. 8. 법 64조가 신설되기 이전)는 등으로 기망 또는 협박을 하였다거나, 토지등소유자가 이로 인하여 자유로운 의사결정을 하지 못한 상태에서 조합설립동의서를 제출하였다는 주장을 하는 사례가 많다.

재건축조합설립인가가 이루어지는 경우 추후 조합에 매도청구권이 발생되는 점에 비추어 보면, 토지등소유자들이 추진위원회 측으로부터 조합설립에 동의하지 않으면 불이익이 있을 수 있

74) 대법원 2005. 6. 24. 선고 2003다55455 판결.
75) 대법원 2014. 5. 29. 선고 2013두18773 판결 및 서울고등법원 2013. 8. 16. 선고 2012누31856 판결.
76) 대법원 2022. 5. 12. 선고 2021두56350 판결.

다는 취지의 말을 들었다고 하더라도, 이는 위 규정에 대한 설명이었다고 볼 여지가 있을 뿐, 이를 기망 또는 협박으로 볼 수는 없다.[77)]

나. 오에스 요원에 의한 동의서 징구의 위법성

실무에서는 추진위원회나 추진위원회로부터 조합설립동의의 대행을 의뢰받은 전문관리업자가 동의 업무를 외주업체에 위탁하여 그 직원들인 오에스 요원[78)]이 토지등소유자로부터 서면동의서를 징구하게 하는 경우가 있고, 그것이 곧 토지등소유자들의 자유로운 판단에 의한 의사결정을 방해한 것이라는 이유로 조합설립인가처분이 위법하다고 다투는 경우가 있다. 추진위원회가 창립총회의 안건을 안내하거나 창립총회 개최사무를 지원할 인력으로 오에스 요원들을 채용하는 것이 원칙이기는 하다. 오에스 요원들이 토지등소유자로부터 동의서를 징구하는 경우가 개별 조합 사정에 따라 있기는 하다. 그러나 오에스 요원들이 창립총회 개최사무 지원 등 본래의 업무 외에 토지등소유자들로부터 조합설립동의서를 징구하였다 하더라도, 그러한 사정만으로 곧바로 토지등소유자들의 자유로운 의사결정이 방해되었다고 단정하기는 어려우므로, 위와 같은 조합설립인가처분의 위법 주장은 받아들일 수 없다.

Ⅴ. 동의의 철회

1. 규 정

가. 현행 규정

법 시행령 제33조(토지등소유자의 동의자 수 산정 방법 등)

② 법 제12조 제2항 및 제36조 제1항 각 호 외의 부분에 따른 동의(법 제26조 제1항 제8호, 제31조 제2항 및 제47조 제4항에 따라 의제된 동의를 포함한다)의 철회 또는 반대의사 표시의 시기는 다음 각 호의 기준에 따른다.

1. 동의의 철회 또는 반대의사의 표시는 해당 동의에 따른 인·허가 등을 신청하기 전까지 할 수 있다.
2. 제1호에도 불구하고 다음 각 목의 동의는 최초로 동의한 날부터 30일까지만 철회할 수 있다. 다만, 나목의 동의는 최초로 동의한 날부터 30일이 지나지 아니한 경우에도 법 제32조 제3항에 따른 조합설립을 위한 창립총회 후에는 철회할 수 없다.
   가. 법 제21조 제1항 제4호에 따른 정비구역의 해제에 대한 동의
   나. 법 제35조에 따른 조합설립에 대한 동의(동의 후 제30조 제2항 각 호의 사항이 변경되지 아니한 경우로 한정한다)

③ 제2항에 따라 동의를 철회하거나 반대의 의사표시를 하려는 토지등소유자는 철회서에 토지등소유자가 성명을 적고 지장(指章)을 날인한 후 주민등록증 및 여권 등 신원을 확인할 수 있는 신분증명서 사본을 첨부하여 동의의 상대방 및 시장·군수등에게 내용증명의 방법으로 발송하여야 한다. 이 경우 시장·군수등이 철회서를 받은 때에는 지체 없이 동의의 상대방에게 철회서가 접수된 사실을 통지하여야 한다.

77) 서울행정법원 2020. 10. 30. 선고 2020구합51631 판결(확정).
78) OS(Outsourcing) 요원이란 재개발·재건축 현장에서 활동하는 외주 용역회사의 직원을 말한다.

④ 제2항에 따른 동의의 철회나 반대의 의사표시는 제3항 전단에 따라 철회서가 동의의 상대방에게 도달한 때 또는 같은 항 후단에 따라 시장·군수등이 동의의 상대방에게 철회서가 접수된 사실을 통지한 때 중 빠른 때에 효력이 발생한다.

나. 연 혁

최초 법 시행령은 조합설립인가 전에 동의를 철회한 자는 토지등소유자의 동의자 수에서 제외하되, 조합설립동의서상의 기재사항에 변경이 없는 경우에는 동의자 수에서 제외하지 아니하도록 하였다(구 법 시행령 28조 3항).

그 후 법 시행령이 2005. 5. 18. 개정되면서 조합설립의 인가신청 전에 동의를 철회하는 자는 토지등소유자의 동의자수에서 제외하되, 조합설립동의서상의 기재사항에 변경이 없는 경우에는 동의자 수에서 제외하지 아니하도록 하였다(구 법 시행령 28조 1항 5호). 당시 동의와 관련하여서는 인감도장에 의한 서면동의의 방법 및 인감증명서 방식이라는 요식행위를 요구하였으나, 철회 방식에는 제한을 두지 않았다.

다시 법 시행령이 2009. 8. 11. 개정되면서 철회권 자체가 제한되어 조합설립인가신청 이전에만 동의를 철회할 수 있고, 그 경우 토지등소유자의 동의자 수에서 제외하되, 조합설립에 대한 동의 후 조합설립동의서 기재사항의 변경이 없는 경우에는 조합설립인가신청 전이라 하더라도 철회할 수 없도록 하였다. 또한 동의의 철회를 동의와 마찬가지로 요식행위로 규정하여 동의를 철회하려는 토지등소유자는 동의의 상대방 및 시장·군수등에게 철회서에 인감증명서를 첨부하여 내용증명의 방법으로 발송하여야 하며, 이 경우 시장·군수등이 철회서를 받은 때에는 지체 없이 동의의 상대방에게 철회서가 접수된 사실을 통지하여야 하며, 동의의 철회나 반대의 의사표시는 철회서가 동의의 상대방에게 도달한 때 또는 시장·군수등이 동의의 상대방에게 철회서가 접수된 사실을 통지한 때 중 빠른 때에 효력이 발생한다고 규정하였다(구 법 시행령 28조 4항 내지 6항).

또다시 법 시행령이 2012. 7. 31. 개정되면서 비록 조합설립에 대한 동의 후 기재사항의 변경이 없더라도 제한적으로 철회권을 인정하고, 동의에 대한 방식이 법에 의하여 변경되었으므로, 그에 따라 철회에 대한 방식도 변경하였다. 즉, 조합설립인가신청 전까지 동의는 철회할 수 있고, 그 경우 토지등소유자의 동의자 수에서 제외하되, 동의 후 조합설립동의서 기재사항의 변경이 없는 경우에는 조합설립에 최초로 동의한 날부터 30일이 지나거나 창립총회를 개최한 경우에는 철회할 수 없다고 규정하였다. 또한 동의를 철회하려는 토지등소유자는 동의의 상대방 및 시장·군수등에게 철회서에 토지등소유자의 지장을 날인하고 자필로 서명한 후 주민등록증 및 여권 등 신원을 확인할 수 있는 신분증명서 사본을 첨부하여 내용증명의 방법으로 발송하여야 하고, 그 이후의 시장·군수등의 철회서 접수사실 통지 및 그에 따른 효력발생일은 종전과 동일하다(구 법 시행령 28조 4항 내지 6항).

마지막으로 법 시행령이 2016. 2. 29. 개정되어 철회권에 관하여 보다 명확히 규정하였다. 즉, 조합설립인가신청 전까지 동의는 철회할 수 있고, 그 경우 토지등소유자의 동의자 수에서 제외하되, 조합설립에 대한 동의 후 조합설립동의서 기재사항의 변경이 없는 경우로서, 조합설립에 최초로 동의한 날부터 30일까지만 철회가능 하되, 30일이 지나지 아니한 경우에도 창립총회를 개최한 경우에는 철회할 수 없고 나머지 철회의 방법 등은 종전과 동일하다(구 법 시행령 28조 4항 내지 6항). 현행 법 시행령 33조 2항은 위 개정 시행령 규정과 동일한 내용으로 규정하고 있다(추진위원회 구성동의로 조합설립동의가 간주된 자는 조합설립인가를 신청하기 전까지 철회할 수 있음은 앞서 본 바이다).

위와 같은 법 시행령의 변천에 따라 해당 사안에서 철회권의 인정 여부, 철회의 방식, 제한시기 등은 법 시행령의 효력발생일 뿐만 아니라 부칙의 경과규정에 따라 결정된다.

2. 철회권 제한

가. 철회권 제한의 전제(철회의 절차 및 방법 설명·고지의무)

(1) 규정 및 해석

(가) 규정

법 시행령 제25조(추진위원회 구성을 위한 토지등소유자의 동의 등)
② 토지등소유자의 동의를 받으려는 자는 법 제31조 제3항에 따라 다음 각 호의 사항을 설명·고지하여야 한다.
3. 제33조 제2항에 따른 동의의 철회 또는 반대의사 표시의 절차 및 방법

(나) 해석

추진위원회는 토지등소유자로부터 동의서를 징구함에 있어 법 시행령 33조 2항의 내용, 즉 철회의 표시는 조합설립인가신청 전까지만 가능하고, 동의서에 기재된 사항이 변경되지 아니한 경우의 동의는 최초로 동의한 날부터 30일까지만 철회할 수 있으며, 30일이 지나지 아니한 경우에도 창립총회 후에는 철회할 수 없다는 내용을 반드시 설명·고지하여야 한다.

법 시행규칙 [별지 6호 서식] '조합설립동의서'에도 "동의서를 제출한 경우에도 조합설립에 반대하고자 할 경우 법 시행령 33조 2항에 따라 조합설립인가를 신청하기 전까지 동의를 철회할 수 있다. 다만, 동의 후 법 시행령 30조 2항 각 호의 사항이 변경되지 아니한 경우에는 최초로 동의한 날부터 30일까지만 철회할 수 있으며, 30일이 지나지 아니한 경우에도 조합설립을 위한 창립총회 후에는 철회할 수 없다"는 내용이 부동문자로 기재되어 있으므로, 특별한 사정이 없는 한 철회의 절차 및 방법은 설명·고지된 것으로 봄이 상당하다.

(2) 동의의 철회에 대한 형식적 방법에 관한 설명·고지의무 여부

(가) 문제의 소재

법 시행령 25조 2항 3호는 설명·고지의무의 대상으로 법 시행령 33조 2항, 즉 철회의 종기만을 규정하고 있을 뿐, 철회의 형식적 방법을 규정하고 있는 법 시행령 33조 3항(토지등소유자가 성명을 적고 지장을 날인한 후 주민등록증 등 신원을 확인할 수 있는 신분증명서 사본을 첨부하여 동의의 상대방 및 시장·군수등에게 내용증명의 방법으로 발송하여야 한다)은 규정하고 있지 않으므로, 해석상 이를 설명·고지의무의 대상으로 인정할 수 있을 것인지 여부가 문제된다.

(나) 판단

철회의 형식적 방법은 설명·고지의무의 대상으로 볼 수 없다. 그 논거는 다음과 같다.[79)]

ⓐ 법 시행령 25조 2항 3호가 법 시행령 33조 3항을 설명·고지의무의 대상으로 규정하고 있지 않은 것은 입법자의 의사가 철회의 형식적 방법은 설명·고지의무의 대상이 아님을 명확히 한 것이다.

ⓑ 동의의 방식이 토지등소유자가 성명을 적고 지장을 날인한 후 주민등록증 등 신원을 확인할 수 있는 신분증명서 사본을 첨부하는 것이므로, 동의한 토지등소유자로서는 철회도 동일한 방식임은 당연히 알 수 있다. 또한 철회의사를 상대방인 사업시행자 및 인가청인 시장·군수등에게 발송하여야 함도 쉽게 알 수 있고, 이를 증명하기 위한 방편으로는 우편물의 문서내용을 등본에 의하여 증명하는 제도인 내용증명에 의하는 것이 보편적이므로, 이 부분에 대하여 특별히 설명·고지할 필요성이 없다.

나. 철회권 제한의 내용

동의의 철회가 가능한 종기는 조합설립동의서 기재사항의 변경 여부에 좌우된다. 토지등소유자는 조합설립에 대한 동의 후 조합설립동의서 기재사항이 변경된 경우에는 조합설립 인가신청 전까지 동의를 철회할 수 있으나(반대의 의사표시도 마찬가지이다), 다만, 조합설립동의서 기재사항의 변경이 없는 경우에는 원칙적으로 동의한 날부터 30일까지만 동의의 철회를 허용하되, 더 나아가 30일이 지나지 아니한 경우에도 창립총회가 개최된 경우에는 이를 철회할 수 없다. 위와 같은 예외적 제한을 둔 취지는 정비사업의 내용에 변경이 없는데도 토지등소유자의 일방적인 동의 철회에 의하여 정비사업의 시행이 무산되어 그로 인한 경제적 손실이 발생하는 것을 방지하고 사업시행의 안정성을 확보하고자 하는 데 그 목적이 있다. 그와 같은 변경이 있었는지 여부는 토지등소유자가 동의 철회서를 제출한 시점을 기준으로 판단을 하여야 한다.[80)]

철회나 반대의 의사표시에는 위와 같은 기한의 제한이 있는바, 기한을 준수하였는지 여부가 되는 기준은 반대의 의사표시 또는 철회서가 동의의 상대방에게 도달한 때 또는 시장·군수등이 동의의 상대방에게 철회서가 접수된 사실을 통지한 때 중 빠른 때를 기준으로 한다(법 시행령 33조 4항). 기한제한에 위반한 조합설립동의 철회는 효력이 없으므로, 여전히 동의자의 수에 포함되어야 한다.

3. 철회와 관련한 실체적 쟁점

가. 동의서 기재사항 변경 여부

(1) 조합설립동의서 기재사항 변경 여부의 판단기준

(가) 문제의 소재

조합설립동의서 기재사항 중 'Ⅱ. 동의 내용'란 기재 사항의 일부라도 변경이 이루어지면 토

79) 서울행정법원 2020. 10. 30. 선고 2020구합51631 판결(확정).
80) 대법원 2012. 12. 13. 선고 2011두21218 판결.

지등소유자는 조합설립인가신청 전까지 동의를 자유롭게 철회할 수 있는지 여부가 문제된다. 왜냐하면 정비사업은 이해관계가 상충되는 다수의 토지등소유자들의 개별적이고 구체적인 이익을 적절히 형량·조정하면서 장기에 걸쳐 진행되고, 부동산 정책, 시장상황이나 주변여건이 급변하고, 관계 법령이 수시로 변경되는 등 다양한 변수가 존재하므로, 본질적으로 진행과정에서 변경이 예정되어 있기 때문이다.

㈏ 판례

① 판단기준(동의내용의 동일성 인정 여부)

동의서의 '동의 내용'란 기재 사항이 일부 변경되었다 하더라도 사회통념상 변경 전후의 '동의 내용' 사이에 동일성이 인정되는 경우, 토지등소유자는 동의한 날부터 30일이 경과하였거나 창립총회를 개최한 경우 그 동의서에 의한 동의를 철회할 수 없다고 해석하여야 한다.[81] 그 논거는 다음과 같다.

ⓐ 동의서의 '동의 내용'란 기재 사항 중 건설되는 '건축물의 설계 개요'는 처음부터 확정짓기가 곤란하여 추진위원회의 활동, 의견수렴, 조합의 설립준비, 사업관계자와의 절충과 협의 등의 과정에서 단계적, 발전적으로 형성되어 사업계획의 승인단계에 이르러 건축설계나 사업계획 등이 완성되면서 비로소 구체적인 모습을 드러내는 것이 통례이고, 법 시행령에서 동의서에 포함되는 사항으로 건설되는 건축물의 설계의 '개요'라고 정한 것도 이러한 사정을 반영한 것으로 보인다. 또한 '공사비 등 정비사업에 드는 비용' 등의 변경 역시 건축물의 설계와 연동되어 어느 정도는 변경을 피할 수 없다.

ⓑ 건축개요의 변경이나 물가의 변동 등이 건축 경기의 상황변화에 따른 통상 예상할 수 있는 범위 이내인 경우에는 동일성이 인정되어야 한다.

② 구체적 판단 방법(동의서 재사용의 특례 적용)

법 37조 1항, 법 시행령 35조 2호 라목 2), 3)은 동의사항 중 건설되는 건축물의 설계의 개요상의 '건축연면적'의 100분의 10 이상 변경, 공사비 등 정비사업에 드는 비용(생산자물가상승률분 및 현금청산 금액은 제외)이 100분의 10이상 증가하는 경우에는 각 조합설립인가의 무효 또는 취소소송 중에 일부 동의서를 추가 또는 보완하여 조합설립변경인가를 신청하는 때, 법원의 판결로 조합설립인가의 무효 또는 취소가 확정되어 조합설립인가를 다시 신청하는 때에 토지등소유자의 기존 동의서를 재사용할 수 없다고 규정하고 있으므로, 그와 같은 동의사항의 변경은 동일성을 인정할 수 없다.

③ 구체적 사안

㉮ 정비사업비의 변경 없이 건설되는 건축물의 설계에 있어 아파트 동수, 층수, 세대 수 및 대지면적에는 변화가 없고, 건축연면적 중 50.02㎡만이 감소하여 그 비율은 0.045%에 불과하며, 주민공동시설이 50㎡, 주민운동시설 중 지하분이 50㎡ 각 감소하였을 뿐이고, 증가된 건축면적

81) 대법원 2014. 3. 13. 선고 2012두14095 판결, 대법원 2005. 6. 24. 선고 2003다56441 판결, 대법원 2009. 1. 30. 선고 2007다31884 판결 등 참조.

(건축물의 바닥면적 중 가장 넓은 층의 면적)은 186.54㎡로서 그 증가비율은 3%에 불과하며, 증가된 건폐율은 0.76%로서 그 증가비율 역시 3.3%에 불과한 사안에서, 판례는 동의내용의 동일성을 인정하여 토지등소유자는 그 동의서에 의한 동의를 철회할 수 없다고 하였다.[82)]

㉯ 제1차 창립총회 이후 정비구역이 확대 변경됨에 따라 신축 건축물의 설계 개요도 변경되었고, 이에 따라 제1차 창립총립 이전에 제출된 조합설립동의서와 제1차 창립총회 후에 제출된 조합설립동의서의 각 신축 건축물의 설계 개요가 차이가 있어 각 동의서의 효력이 문제되었는데, 제1차 창립총회 전에 제출된 조합설립동의서에는 신축 건축물의 설계 개요가 "대지면적(공부상 면적) 22,852㎡, 건축 연면적 85,821.37㎡, 규모 아파트 8개동, 514세대 및 부대복리시설"로 기재되어 있는 반면, 제1차 창립총회 후에 제출된 조합설립동의서에는 신축 건축물의 설계 개요가 "대지면적(공부상 면적) 27,439㎡, 건축 연면적 88,363.27㎡, 규모 아파트 9개동, 544세대 및 부대복리시설"로 기재되어 있는 사안에서(건축연면적이 약 2.9%인 2,541.9㎡가 증가한 사안이다), 판례는 제1차 창립총립 이전에 제출된 조합설립동의서와 제1차 창립총회 후에 제출된 조합설립동의서의 각 신축 건축물의 설계 개요가 다소 상이하다는 사정만으로는 위 두 조합설립동의서 상호간에 동일성이 인정되지 않는다고 보기 어렵다고 하였다.[83)]

(2) 정비구역의 면적 변경

(가) 문제의 소재

추진위원회가 동의서를 징구하는 과정에서 정비구역 면적이 변경되는 경우, 변경된 정비구역 면적에 맞추어 동의서를 징구하게 된다. 그 경우 기존에 징구된 동의서에 대하여 철회가 가능한 것인지 여부가 문제된다.

(나) 판단

법 37조 1항, 법 시행령 35조 2호 라목 1)은 동의서의 기재사항의 변경과 무관하게 정비구역의 면적이 100분의 10 이상 변경된 경우에는, 조합설립인가의 무효 또는 취소소송 중에 일부 동의서를 추가 또는 보완하여 조합설립변경인가를 신청하는 때, 법원의 판결로 조합설립인가의 무효 또는 취소가 확정되어 조합설립인가를 다시 신청하는 때에 토지등소유자의 기존 동의서를 재사용할 수 없다고 규정하고 있다. 따라서 추진위원회가 토지등소유자로부터 조합설립동의서를 징구하던 중 정비구역 면적이 10% 이상 변경된 경우, 동의서의 기재사항이 변경되지 않더라도 이미 징구한 동의서는 동일성을 인정할 수 없으므로, 토지등소유자의 철회가 가능하다.

(3) 정관 초안의 변경

(가) 문제의 소재

토지등소유자의 동의에 정관 초안을 첨부할 필요가 없음은 앞서 본 바이다. 그러나 실제로 토지등소유자의 동의서에 정관 초안이 첨부되었다면, 동의의 대상이 되었으므로 그 후 정관 초안의 내용이 변경된 경우, 토지등소유자는 조합설립인가신청 전까지 동의를 철회할 수 있는지

---

82) 대법원 2014. 3. 13. 선고 2012두14095 판결.

83) 대법원 2012. 9. 27. 선고 2010두28649 판결 및 서울고등법원 2010. 11. 11. 선고 2009누14868 판결.

여부가 문제된다.

(나) 판례(동일성 인정 여부)

정관의 내용이 일부 변경되었다고 하더라도 사회통념상 종전의 정관과 동일성이 인정된 경우에는 여전히 종전의 동의서에 의한 동의는 변경된 내용에 따른 조합설립인가에 대한 동의로서 유효하므로 토지등소유자는 그 동의서에 의한 동의를 조합설립인가신청 전까지 철회할 수 있는 것은 아니다.[84)]

나. 조합설립인가신청 후 조합설립동의 철회와 조합설립인가처분의 취소 또는 무효확정 판결의 관계

(1) 문제의 소재

토지등소유자가 조합설립인가신청 후에 한 조합설립동의의 철회는 그 효력이 없다. 문제는 그 후 조합설립인가처분이 취소나 무효확인 확정판결이 있게 되면, 인가신청 그 자체가 소급적으로 효력이 소멸되거나 무효가 확정되므로 조합설립동의 철회의 효력이 유효하게 될 수 있지 않은가 하는 점이다.

(2) 판례

조합설립인가처분이 판결 때문에 취소되거나 무효로 확인되더라도 청산의 목적범위 내에서 조합원은 종전의 지위를 유지하고 정관도 효력을 가진다. 따라서 조합설립인가처분이 판결 때문에 취소되거나 무효로 확인되었다는 사정만으로는 무효인 인가신청 후에 한 조합설립동의의 철회가 유효하게 된다고 할 수 없다.[85)]

나아가 조합설립동의 철회서가 추진위원회의 조합설립인가 신청 후에 제출되어 효력이 없다면, 그 후 추진위원회가 조합설립인가신청을 철회하였다가 다시 조합설립인가신청을 하였다 하더라도, 이미 무효인 동의의 철회가 새삼 유효하게 되는 것은 아니다.[86)]

4. 철회와 관련한 절차적 쟁점(철회의 요식행위)

동의의 철회는 철회서에 성명을 적고 지장을 날인한 후 신분증명서 사본을 첨부하여 동의의 상대방 및 시장·군수등에게 반드시 내용증명의 방법으로 발송하여야 한다.

위와 같이 동의의 철회에 대하여 동의와 같은 방식에다가 내용증명을 발송하는 방법에 의하도록 한 것은, 토지등소유자의 동의 철회 여부를 명확하게 함으로써 동의 철회 여부에 관하여 발생할 수 있는 관련자들 사이의 분쟁을 미연에 방지하고, 나아가 행정청으로 하여금 창립총회 전에 제출된 동의 철회서에 의하여서만 동의 철회 여부를 심사하도록 함으로써 철회 여부의 확

---

84) 대법원 2015. 5. 14. 선고 2013두9298 판결[당초 정관안은 향후 행정청과 협의되는 내용을 반영하여 창립총회의 의결에 따라 시공자를 선정한다는 것인데, 그 후 개정법률(조합설립인가 후 시공자를 선정해야 한다)이 적용되는 것으로 판단될 경우 개정법률에 따른다는 내용으로 정관안이 변경된 경우, 시공자 선정에 관한 위와 같은 정관안 변경은 실질적인 변경으로 볼 수 없다고 하였다].

85) 대법원 2012. 11. 29. 선고 2011두518 판결.

86) 대법원 2012. 9. 27. 선고 2010두28649 판결.

인에 불필요하게 행정력이 소모되는 것을 막기 위한 데 그 입법취지가 있다.[87] 동의의 상대방인 사업시행자 및 시장·군수등 모두에게 법정방식에 의한 철회를 하여야 한다.[88]

Ⅵ. 동의정족수의 하자

조합설립요건으로 법 35조 2항 또는 3항이 정한 토지등소유자의 법정 동의와 토지를 소유한 자의 법정 동의를 요한다. 그와 같은 동의정족수 충족은 창립총회와 더불어 조합설립인가처분이라는 행정처분을 하는 데 필요한 요건이므로, 그와 같은 법정 동의정족수에 미달한 것은 조합설립인가처분의 하자이다. 동의에 하자가 있다 하더라도 그로 인해 조합설립인가처분이 취소되거나 당연무효로 되지 않는 한 조합은 여전히 사업시행자로서의 지위를 갖는다.[89] 따라서 동의에 하자가 있는 경우 이해관계인은 인가처분의 무효확인 또는 취소를 구하여야 한다.

법정 동의정족수에 미달하였음에도 인가처분이 이루어진 경우 그 하자는 중대하다 할 것이다.

다만, 조합설립인가신청서에 첨부된 동의서를 확인한 결과 손쉽게 법정 동의정족수에 미달하였음을 확인할 수 있는 경우는 하자가 명백하나, 실질적인 조사를 거쳐야만 법정 동의정족수에 미달하였음을 확인할 수 있다면 그 하자가 명백하다고 보기 어렵다(앞서 본 바와 같이 '신축 건축물의 설계 개요'와 '공사비 등 정비사업에 드는 비용'이 공란인 동의서를 유효한 것으로 보아 인가처분을 하였으나, 이를 제외하는 경우 법정 동의정족수에 미달하는 경우는 인가처분의 하자가 명백하고, 추진위원회가 토지등소유자로부터 동의서를 받을 당시 '신축 건축물의 설계 개요'와 '공사비 등 정비사업에 드는 비용'이 공란이었으나, 이를 임의로 보충한 후 조합설립인가처분을 받은 경우, 그 위법성 여부는 실질적 조사를 거쳐야 확인할 수 있으므로, 이를 제외하는 경우 법정 동의정족수에 미달하더라도, 인가처분의 하자가 명백하다고 보기 어렵다).

---

87) 대법원 2012. 9. 27. 선고 2010두28649 판결.

88) 동의의 상대방이나 시장·군수등 중 일방에게만 철회하여도 유효하다는 견해가 있으나, 법은 명시적으로 동의의 상대방 '및' 시장·군수등에게 철회하여야 한다고 규정하고 있고, 시장·군수등은 철회서가 접수되면 동의의 상대방에게 통지해야 하고, 철회의 의사표시에는 기한의 제한이 있는데, 기준은 철회서가 동의의 상대방에게 도달한 때 또는 시장·군수등이 동의의 상대방에게 철회서가 접수된 사실을 통지한 때 중 빠른 때를 기준으로 한다고 규정하고 있으므로(법 시행령 33조 4항), 반드시 동의의 상대방 및 시장·군수등에게 철회하여야 유효하다.

89) 대법원 2009. 9. 24. 선고 2008다60568 판결.

제4장 조합설립요건으로서의 창립총회 및 조합의 성립

Ⅰ. 창립총회

1. 규정 및 해석

가. 규 정

법 제32조(추진위원회의 기능)

③ 추진위원회는 제35조 제2항, 제3항 및 제5항에 따른 조합설립인가를 신청하기 전에 대통령령으로 정하는 방법 및 절차에 따라 조합설립을 위한 창립총회를 개최하여야 한다.

법 시행령 제27조(창립총회의 방법 및 절차 등)

① 추진위원회(법 제31조 제4항 전단에 따라 추진위원회를 구성하지 아니하는 경우에는 토지등소유자를 말한다)는 법 제35조 제2항부터 제4항까지의 규정에 따른 동의를 받은 후 조합설립인가를 신청하기 전에 법 제32조 제3항에 따라 창립총회를 개최하여야 한다.

② 추진위원회(법 제31조 제4항 전단에 따라 추진위원회를 구성하지 아니하는 경우에는 조합설립을 추진하는 토지등소유자의 대표자를 말한다)는 창립총회 14일 전까지 회의목적·안건·일시·장소·참석자격 및 구비사항 등을 인터넷 홈페이지를 통하여 공개하고, 토지등소유자에게 등기우편으로 발송·통지하여야 한다.

③ 창립총회는 추진위원장(법 제31조 제4항 전단에 따라 추진위원회를 구성하지 아니하는 경우에는 토지등소유자의 대표자를 말한다)의 직권 또는 토지등소유자 5분의 1 이상의 요구로 추진위원장이 소집한다. 다만, 토지등소유자 5분의 1 이상의 소집요구에도 불구하고 추진위원장이 2주 이상 소집요구에 응하지 아니하는 경우 소집요구한 자의 대표가 소집할 수 있다.

④ 창립총회에서는 다음 각 호의 업무를 처리한다.

1. 조합 정관의 확정
2. 법 제41조(조합장, 이사, 감사)에 따른 조합의 임원의 선임
3. 대의원의 선임
4. 그 밖에 필요한 사항으로서 제2항에 따라 사전에 통지한 사항

⑤ 창립총회의 의사결정은 토지등소유자(재건축사업의 경우 조합설립에 동의한 토지등소유자로 한정한다)의 과반수 출석과 출석한 토지등소유자 과반수 찬성으로 결의한다. 다만, 조합임원 및 대의원의 선임은 제4항 제1호에 따라 확정된 정관에서 정하는 바에 따라 선출한다.

나. 규정의 해석

추진위원회는 토지등소유자의 법정 동의요건을 충족한 후 창립총회를 개최하여야 하고(법 32조 3항, 법 시행령 27조 1항), 창립총회를 개최한 후에 조합설립인가를 신청하여야 한다.

(1) 창립총회 소집통지

창립총회는 추진위원장(정비사업 공공지원에 따라 추진위원회를 구성하지 아니하는 경우에는 토지등소유자의 대표자를 말한다)이 직권 또는 토지등소유자(재건축의 경우에는 동의한 토지등소유자) 5분의 1 이상의 요구로 소집한다.[1] 다만, 토지등소유자 5분의 1 이상의 소집요구에도 불구하고 추진위원장이 2주 이상 소집요구에 응하지 아니하는 경우 소집요구한 자의 대표가 이를 소집할 수 있다. 추진위원장은 창립총회 14일 전까지 회의목적·안건·일시·장소·참석자격 및 구비사항 등을 인터넷 홈페이지를 통하여 공개하고, 또한 14일 전까지 토지등소유자에게 등기우편으로 발송·통지하여야 한다.[2]

추진위원회의 업무가 조합의 설립을 위한 창립총회의 준비 및 개최이고('추진위원회 표준운영규정' 5조 1항 8호), 창립총회는 조합이 설립되기 이전으로 조합의 총회로 볼 수는 없으므로,[3] 법 시행령의 규정이 없는 경우에는 추진위원회의 기관인 주민총회와 관련된 규정을 유추적용한다. 따라서 추진위원장이 직권으로 창립총회를 소집하는 경우에는 추진위원회의 의결을 거쳐야 하나, 토지등소유자 5분의 1 이상의 요구에 의한 창립총회 소집의 경우에는 추진위원회의 의결을 필요하지 아니한다.

(가) 재개발

조합원 강제가입제가 적용되는 재개발사업의 경우에는 동의하지 아니한 토지등소유자를 포함하여 전체 토지등소유자 과반수 출석과 출석자의 과반수 찬성에 의결하므로 반드시 동의 여부를 불문하고 모든 토지등소유자에게 통지하여야 한다.

(나) 재건축

회의안건 등을 토지등소유자에게 등기우편으로 발송·통지토록 한 취지는 창립총회에 참석하는 토지등소유자에게 회의목적이나 안건 등을 사전에 개별적으로 통지해 의결권 행사를 보장하기 위함인데, 조합원 임의가입제가 적용되는 재건축사업의 경우에는 조합설립에 동의한 토지등소유자 과반수 출석과 출석자 과반수 찬성으로 의결하므로, 조합설립에 동의하지 않은 토지등소유자에게는 회의안건 등을 통지할 필요가 없어 소집통지를 요하지 아니한다. 따라서 추진위원회가 조합설립에 동의하지 않았거나 동의하지 못한 토지등소유자들에게 창립총회에 관한 소집통지를 하지 않았다고 하더라도 창립총회 개최 및 결의에 어떠한 하자가 있다고 할 수 없다.[4]

(2) 창립총회의 업무

(가) 창립총회에서는 '조합 정관의 확정, 조합임원의 선임, 대의원의 선임, 그 밖에 필요한 사항으로서 사전에 통지한 사항'을 처리한다(법 시행령 27조 4항). 창립총회에서는 구성원과는 독립된

---

1) 주민총회는 동의한 토지등소유자 5분의 1 이상의 청구 또는 추진위원 3분의 2 이상의 요구로 가능하고, 조합총회는 토지등소유자 5분의 1(임원 해임은 10분의 1) 이상의 청구 및 대의원 3분의 2 이상의 요구로 가능하다.

2) 주민총회는 10일, 조합총회는 7일 전까지 각 토지등소유자에게 등기우편으로 발송·통지하고, 각 14일 전까지 게시판에 이를 게시하여야 한다.

3) 대법원 2012. 4. 12. 선고 2010다10986 판결.

4) 대법원 2015. 1. 29. 자 2014두13416 판결 및 서울고등법원 2014. 9. 25. 선고 2014누3589 판결.

단체로서의 조합 내부의 자치규범인 정관을 확정하고 단체의 대표자인 임원을 선출하는 등의 단체결성행위를 행하는 것이 가장 중요한 역할이다. 다만, 법 시행규칙 8조 2항 1호 ㈑목 및 [별지 5호 서식] '조합설립인가신청서'의 규정에 의하면, 창립총회에서 임원·대의원을 선임한 경우에 한하여 선임된 자의 자격을 증명하는 서류를 첨부하도록 규정하고 있으므로, 조합의 임원이나 대의원을 반드시 창립총회에서 선임할 필요는 없다.[5]

그 밖에 필요한 사항으로서 사전에 통지한 사항에 대한 업무를 처리하는데, 조합이 성립된 이후의 정비사업 진행을 위한 예산(조합운영비 예산 및 사업비 예산)이 대표적이다. 추진위원회가 행한 업무는 조합이 설립되면 포괄승계되나, 실무상 창립총회에서 추진위원회가 추진한 업무와 관련하여 승인받는 절차를 거치기 위하여 개략적인 정비사업 시행계획, 자금의 차입과 그 방법, 이율 및 상환방법 등에 대하여 승인을 하기도 한다.

㈏ 창립총회에서는 일반적으로 조합임원 및 대의원을 선임한다. 이를 위해 추진위원회는 창립총회 전에 조합임원(조합장, 이사, 감사) 및 대의원을 선임하기 위한 선거관리위원회를 사전에 구성하고, 공고 및 통지(토지등소유자 전원에게 창립총회에서 선출할 조합임원의 입후보 방식을 안내한다) 등의 절차를 거쳐 각각 입후보 등록까지 받는다. 그 후 창립총회에서는 선거관리위원회 구성에 대한 추인을 받는 후, 조합임원 및 대의원에 대한 선거를 실시하여 이들을 선임하는 것이 일반적이다. 조합은 총회의결을 거쳐 조합임원의 선출에 관한 선거관리를 선거관리위원회법 3조에 따라 선거관리위원회에 위탁할 수 있다고 규정하고 있는바(법 41조 3항), 창립총회는 조합이 성립하기 전이나, 위 규정을 유추적용하여 주민총회의 의결을 거쳐 선거관리위원회에 대한 선거관리의 위탁이 가능한 것으로 해석하여야 할 것이다.

(3) 창립총회 의사 및 의결정족수

㈎ 의사정족수

법 시행령 27조 5항은 "창립총회의 의사결정은 토지등소유자의 과반수 출석과 출석한 토지등소유자 과반수 찬성으로 결의한다."고 규정하고 있다. 또한 창립총회의 경우에는 토지등소유자 100분의 20 이상이 직접 출석하여야 한다(법 45조 7항 단서).

창립총회는 주민총회와 유사한바,[6] 주민총회의 의사정족수는 조합설립에 동의한 토지등소유자의 과반수 출석이므로, 창립총회를 주민총회로 보아 조합설립에 동의한 토지등소유자의 과반수가 출석하여야 개의할 수 있는지 여부가 문제된다. 그러나 재개발조합의 경우 창립총회를 거쳐 조합이 설립되면 정비구역 내의 토지등소유자는 당연히 조합원으로 강제가입하게 되므로, 동의하였는지 여부를 불문하고 창립총회에 중대한 이해관계를 가지게 된다. 따라서 법 시행령 27조 5항의 명문규정과 같이 전체 토지등소유자의 과반수 출석이 의사정족수이다. 다만, 재건축사업의 경우에는 동의한 토지등소유자 과반수 출석이 의사정족수이다.

---

5) 2008. 12. 17. 개정 전에는 조합장 선임동의서가 첨부서류였으므로, 그 이전에는 조합장은 반드시 창립총회에서 선임되어야 했다.

6) 대법원 2012. 4. 12. 선고 2010다10986 판결(주민총회 또는 토지등소유자 총회와 유사하다).

(나) 의결정족수

① 창립총회의 의사결정은 토지등소유자(재건축사업의 경우 조합설립에 동의한 토지등소유자로 한정한다)의 과반수 출석과 출석한 토지등소유자 과반수 찬성으로 결의한다. 이는 정관안 및 사전에 통지한 사항 모두에 해당한다.

다만, 조합임원 및 대의원의 선임은 정관안에 대한 총회의결로 먼저 확정한 후, 확정된 정관내용에서 정하는 바에 따라 선출한다(법 시행령 27조 5항 단서, 4항 1호, 법 시행규칙 별지 6호의 조합설립동의서에도 동의사항으로 '조합장은 조합원 총회에서 조합정관에 따라 선출된 자로 한다.'는 내용이 부동문자로 기재되어 있다). 창립총회에서 의결된 정관안은 조합임원 선임의 기준이 되므로, 조합설립인가 및 등기가 이루어지기 전이라도 내부적인 구속력이 있다.

② 토지등소유자는 서면 또는 대리인을 통하여 의결권을 행사할 수 있고, 이 경우 서면에 의한 의결권 행사는 출석으로 간주하며, 토지등소유자는 출석을 서면으로 하는 때에는 안건내용에 대한 의사를 표시하여 창립총회 전일까지 추진위원회에 도착되도록 하여야 한다.

2. 공공지원 정비사업의 특칙

가. 규 정

법 제118조(정비사업의 공공지원)
① 시장·군수등은 정비사업의 투명성 강화 및 효율성 제고를 위하여 시·도 조례로 정하는 정비사업에 대하여 사업시행 과정을 지원하거나 토지주택공사등에 공공지원을 위탁할 수 있다.
② 제1항에 따라 정비사업을 공공지원하는 시장·군수등 및 공공지원을 위탁받은 자(이하 "위탁지원자"라 한다)는 다음 각 호의 업무를 수행한다.
1. 추진위원회 또는 주민대표회의 구성

제31조(추진위원회의 구성·승인)
⑦ 정비사업에 대하여 제118조에 따른 공공지원을 하려는 경우에는 추진위원회를 구성하지 아니할 수 있다. 이 경우 조합설립 방법 및 절차 등에 필요한 사항은 대통령령으로 정한다.

법 시행령 제27조(창립총회의 방법 및 절차 등)
① 추진위원회(법 제31조 제4항 전단에 따라 추진위원회를 구성하지 아니하는 경우에는 토지등소유자를 말한다)는 법 제35조 제2항부터 제4항까지의 규정에 따른 동의를 받은 후 조합설립인가를 신청하기 전에 창립총회를 개최하여야 한다.
② 추진위원회(법 제31조 제4항 전단에 따라 추진위원회를 구성하지 아니하는 경우에는 조합설립을 추진하는 토지등소유자의 대표자를 말한다)는 창립총회 14일 전까지 회의목적 등을 인터넷 홈페이지를 통하여 공개하고, 토지등소유자에게 등기우편으로 발송·통지하여야 한다.
③ 창립총회는 추진위원장(법 제31조 제4항 전단에 따라 추진위원회를 구성하지 아니하는 경우에는 토지등소유자의 대표자를 말한다. 이하 이 조에서 같다)의 직권 또는 토지등소유자 5분의 1 이상의 요구로 추진위원장이 소집한다.
⑥ 법 제118조에 따라 공공지원 방식으로 시행하는 정비사업 중 법 제31조 제7항에 따라 추진위원회를 구성하지 아니하는 경우에는 제1항부터 제5항까지에서 규정한 사항 외에 제26조 제2호부터 제4호까지의 업무에 대한 절차 등에 필요한 사항을 시·도 조례로 정할 수 있다.

나. 규정의 해석

(1) 공공지원 정비사업[7]의 경우에는 시장·군수등 및 공공지원을 위탁받은 자가 추진위원회 구성업무를 수행하고, 정비사업에 대하여 118조에 따른 공공지원을 하려는 경우에는 추진위원회를 구성하지 아니하고 정비사업을 진행할 수 있다(법 118조 2항 1호, 31조 7항).

추진위원회가 구성된 경우에는 추진위원회가 도시정비법의 관련 규정에 따라 조합설립을 위한 행위를 한다. 그러나 추진위원회를 구성하지 아니하는 경우에는 추진위원회를 전제로 한 도시정비법의 조합설립 관련 규정이 적용되지 아니하므로 그 경우의 조합설립의 방법 및 절차 등에 관하여 법 31조 7항 후문은 대통령령에 위임하였다.

법 시행령 27조는 법 31조 7항 전문에 따라 추진위원회를 구성하지 아니하는 경우 토지등소유자가 토지등소유자로부터 동의서를 받아 창립총회를 개최하여야 하고(1항), 그 경우 조합설립을 추진하는 토지등소유자의 대표자가 창립총회 개최 14일 전까지 회의목적·안건 등을 인터넷 홈페이지를 통하여 공개하고, 토지등소유자에게 등기우편으로 발송·통지하여야 하며(2항), 또한 창립총회는 토지등소유자의 대표자가 소집하되, 토지등소유자 5분의 1 이상의 소집요구에도 불구하고 그 대표자가 2주 이상 소집요구에 응하지 아니하는 경우 소집요구한 자의 대표가 소집할 수 있다(3항).

(2) 법 31조 7항에 따라 추진위원회를 구성하지 아니하는 경우에는 위 규정 사항 외에 26조 2호부터 4호(토지등소유자의 동의서의 접수, 조합의 설립을 위한 창립총회의 개최, 조합 정관의 초안 작성)까지의 업무에 대한 절차 등에 필요한 사항을 시·도 조례로 정할 수 있다고 규정하고 있다(6호). 서울시 조례 82조 1항은 서울시장은 추진위원회를 구성하지 아니하는 경우에 조합설립 방법 및 절차 등에 필요한 사항(토지등소유자의 대표자 등 주민협의체 구성을 위한 선출방법, 참여주체별 역할, 조합설립 단계별 업무처리 기준, 그 밖에 조합설립 업무지원을 위하여 필요한 사항 포함)을 고시한다고 규정하고 있다. 이에 따라 서울시는 "조합설립 지원을 위한 업무기준"을 고시하고 있다.

한편, 구청장은 정비계획입안 시 반드시 추진위원회 구성 단계 생략에 대한 토지등소유자 의견을 조사하여야 하는바, 정비계획 입안단계에서 토지등소유자의 과반수가 추진위원회 구성 단계 생략을 원하는 경우 구청장은 이를 생략한 채 서울시장이 고시한 '조합설립 지원을 위한 업무기준'에 따라 조합을 설립하여야 한다(서울시 조례 82조). '조합설립 지원을 위한 업무기준'에 따르면, 정비구역지정 이후 주민이 공공의 지원을 받아 '조합설립 주민협의체'를 구성하여 위 주민협의체가 조합설립을 주도하게 된다(조합설립 주민협의체는 토지등소유자로 구성되는데, 단 위원장은 구청장이 토지등소유자가 아닌 정비사업 전문가를 위촉하고, 부위원장은 토지등소유자 중에 선출한다). 조합설립 주민협의체는 조합설립을 위한 업무(건축계획수립, 추정분담금, 조합 정관안 작성

---

7) 법 118조 1항은 공공지원 정비사업은 시·도 조례로 정한다고 규정하고 있고, 서울시 조례 73조는 '시·도 조례로 정하는 정비사업'이란 법 25조에 따른 일반적인 재개발·재건축조합이 시행하는 정비사업을 의미하되, 다만, 정비구역지정·고시가 있은 날의 토지등소유자의 수가 100명 미만으로서 주거용 건축물의 건설비율이 50% 미만인 도시정비형 재개발사업은 제외한다고 규정하고 있으므로, 거의 대부분의 정비사업은 여기에 해당함은 앞서 본 바이다.

등), 조합설립동의서 징구, 선거관리위원회 구성, 창립총회 개최 등 추진위원회의 업무를 수행한다. 비용은 자치구나 서울시가 부담한다.

3. 창립총회의 하자

가. 관 할

(1) 창립총회결의에 하자가 있는 경우에는 소로써 이를 다툴 수 있는데, 조합은 조합설립인가 이후에야 행정주체의 지위를 가지므로, 조합설립 전 단계인 추진위원회가 주도한 창립총회 결의의 무효에 관한 소송은 민사소송의 관할이고 추진위원회를 상대로 하여야 한다. 창립총회는 행정처분에 이르는 절차적 요건 중 하나에 불과하므로, 창립총회결의에 하자가 있다 하더라도, 추후 조합설립인가처분이 이루어지면 이를 다툴 수 있으므로, 창립총회 자체만을 다투는 것이 소의 이익이 있는지 여부가 문제된다. 그러나 창립총회결의의 위법성을 판결로 확인받는 경우 이를 관할 인가청에 제출하여 조합설립인가처분의 발령을 방지할 수 있으므로, 소의 이익이 인정된다.

(2) 창립총회결의에 하자가 있음에도 불구하고 조합설립인가처분이 이루어진 이후에는 창립총회결의는 행정처분에 이르는 절차적 요건 중 하나에 불과한 것이고, 조합설립인가처분은 단순히 사인들의 조합설립행위에 대한 보충행위로서의 성질을 가지는 것이 아니라 법령상 일정한 요건을 갖추는 경우 행정주체의 지위를 부여하는 설권적 처분의 성질을 가지므로, 항고소송의 방법으로 조합설립인가처분의 취소 또는 무효확인을 구하여야 하고, 절차적 요건에 불과한 창립총회결의 부분만을 대상으로 그 효력 유무를 다투는 확인의 소를 제기하는 것은 원고의 권리 또는 법률상의 지위에 현존하는 불안·위험을 제거함에 가장 유효·적절한 수단이라 할 수 없어 확인의 이익이 없다.[8] 따라서 창립총회결의 무효확인소송의 계속 중 조합설립인가처분이 이루어지면, 조합설립인가처분에 대한 항고소송으로 소변경을 신청하고, 행정법원으로 이송이 이루어져야 한다.

항고소송의 대상이 되는 행정처분의 효력이나 집행 혹은 절차속행 등의 정지를 구하는 신청은 행정소송법상 집행정지신청의 방법으로서만 가능할 뿐 민사소송법상 가처분의 방법으로는 허용될 수 없으므로,[9] 조합설립인가처분은 다음에서 살펴볼 사업시행계획 및 관리처분계획과 마찬가지로 민사소송법상 가처분의 방법으로 효력이나 집행 혹은 절차속행 등의 정지가 불가능하다.

(3) 창립총회결의가 무효임에도 조합설립인가처분이 이루어진 경우, 그와 같은 조합설립인가처분의 하자는 중대하다. 다만, 조합설립인가신청서에 첨부된 회의록만으로 손쉽게 그 하자를 확인할 수 있다면 그 하자는 명백하나(상당수 토지등소유자에 대한 통지누락, 권한없는 자의 소집, 통지기간 미준수, 법정 의사 및 의결정족수 미달 등), 실질적으로 조사를 하여야 발견할 수 있다면 그 하자가 명백하다고 보기 어렵다.

---

8) 대법원 2010. 1. 28. 선고 2009두4845 판결 참조, 위 2009마168, 169 결정.
9) 대법원 2009. 11. 2. 자 2009마596 결정.

나. 하자의 내용

(1) 절차

창립총회에서는 구성원과는 독립된 단체로서의 조합 내부의 자치규범인 정관을 확정하고 단체의 대표자인 임원을 선출하는 등의 단체결성행위를 행하는 것이 핵심이고, 그 밖에 필요한 사항으로서 사전에 통지한 사항에 대한 업무를 처리하는데, 개략적인 정비사업 시행계획, 자금의 차입과 그 방법, 이율 및 상환방법에 대한 승인이 이루어지고, 이를 위한 사전통지를 하기도 함은 앞서 본 바이다.

(2) 절차의 하자

일반절차상의 하자 여부에 대하여는 향후 조합 '기관'의 총회결의 부분에서 상세히 살펴보기로 하고, 추진위원회의 특유한 절차와 관련하여서만 살펴본다.

(가) 소집절차상의 하자

① 소집통지의 등기우편 발송·통지

추진위원회는 창립총회 14일 전까지 회의목적·안건·일시·장소·참석자격 및 구비사항 등을 인터넷 홈페이지를 통하여 공개하고, 토지등소유자에게 등기우편으로 발송·통지하여야 한다(법 시행령 27조 2항). 따라서 등기우편이 아니라 일반우편으로 발송하였다면, 이는 명문의 규정에 반하여 위법하다.

② 반송된 경우의 처리방법

등기우편이 반송된 경우의 처리방법에 관하여 법 시행령 27조 2항에는 아무런 규정이 없다. '추진위원회 표준운영규정' 20조 5항은 주민총회의 소집통지 시 "등기우편이 반송된 경우에는 지체 없이 1회에 한하여 추가 발송한다."고 규정하고 있는바(국토부 표준정관 7조 2항 1호에서는 조합원에게 등기우편으로 개별고지 하되, 반송된 경우에는 1회에 한하여 일반우편으로 추가 발송한다고 규정한 점과 대조된다), 해석상 창립총회는 주민총회 관련 규정이 유추적용되므로 운영규정안에 따라 반드시 1회 등기우편으로 추가 발송하여야 한다. 우편물이 등기취급의 방법으로 발송된 경우에는 반송되는 등의 특별한 사정이 없는 한 그 무렵 수취인에게 배달되었다고 보아야 한다.[10)]

③ 양도인에 대한 통지 및 주소변경신고 없는 종전 주소로의 통지 유효

'추진위원회 표준운영규정' 13조 3항은 "토지등소유자가 그 권리를 양도하거나 주소를 변경하였을 경우 양수자 또는 변경 당사자는 그 행위의 종료일로부터 14일 이내에 추진위원회에 변경 내용을 신고하여야 하고, 신고하지 않아 발생한 불이익 등에 대하여 해당 토지등소유자는 추진위원회에 이의를 제기할 수 없다."고 정하고 있다. 따라서 추진위원회는 권리양도의 신고가 없는 경우의 양도인에 대한 소집통지, 주소변경신고가 없는 경우의 종전 주소로의 소집통지는 적법하다.

---

10) 대법원 2007. 12. 27. 선고 2007다51758 판결.

④ 대표소유자 선임신고 없는 경우의 처리

'추진위원회 표준운영규정' 13조 5항에 의하면, "소유권을 수인이 공동 소유하는 경우에는 그 수인은 대표자 1인을 대표소유자로 지정하고 별지 서식의 대표소유자 선임동의서를 작성하여 추진위원회에 신고하여야 한다. 이 경우 소유자로서의 법률행위는 그 대표소유자가 행한다."고 규정하고 있으므로, 소유권을 수인이 공동 소유하는 경우 대표소유자가 선임된 경우에는 대표소유자의 주소로 창립총회 소집통지를 하면 적법하다. 다만, 공유 등 다수가 1인의 토지등소유자에 해당함에도 대표소유자 선임동의서 미제출의 경우가 문제된다.

권리양도나 주소변경과 달리 위 운영규정 13조 5항에는 대표소유자를 선임하지 않았을 경우의 불이익에 대하여는 아무런 규정이 없으므로, 공유자 등이 대표소유자를 선임하지 않은 채 각자 토지등소유자의 지위에서 권리를 행사할 수 있다. 따라서 공유 등으로 인하여 다수가 1인의 토지등소유자에 해당함에도 대표소유자 선임동의서 미제출의 경우에는 공유자 전부에 대하여 창립총회 소집통지를 하여야 하고, 그중 일부라도 누락하면 적법한 소집통지로 볼 수 없다.[11]

⑤ 토지등소유자에 대한 통지의 일부 누락

추진위원회는 창립총회 14일 전까지 토지등소유자에게 등기우편으로 회의목적·안건 등을 발송·통지하여야 하는바, 창립총회 당시 토지등소유자로 확인된 사람들 중 결의에 반대할 것으로 예상되는 사람들을 배제하고자 의도적으로 소집통지를 누락하는 경우에는 그 자체로 창립총회 결의가 무효가 되고, 이로 인하여 조합설립인가처분이 위법하다.

문제는 정비구역 내의 토지등소유자가 다수이고, 토지분할이나 동일인 소유의 토지 및 그 지상 건물 중 일부가 양도되는 경우 등으로 계속적인 토지등소유자의 증감이 발생하는 관계로 추진위원회가 토지등소유자를 산정함에 있어 일부 오류가 있을 수 있고, 이에 따라 의도하지 않게 일부 토지등소유자에게 창립총회의 소집통지를 누락하는 경우, 창립총회결의가 무효가 되고, 이로 인하여 조합설립인가처분이 위법하게 될 것인지 여부가 문제된다.

소집통지가 누락된 토지등소유자의 숫자가 극소수이고, 창립총회의 의사결정은 토지등소유자의 과반수 출석과 출석한 토지등소유자 과반수 찬성으로 의결하는데, 창립총회에서의 안건에 대한 소집통지의 누락이 결의에 영향을 미쳤다고 보기 어려울 정도의 다수의 찬성으로 의결되었다면, 창립총회의 소집공고 시 '토지등소유자에게는 개별 등기우편으로 통지하되, 미 수령 시 본 공고로서 통지에 갈음한다.'고 안내하는 사정 등을 고려하여 창립총회에서의 결의가 무효라거나, 이로써 조합설립인가처분이 위법하게 된다고 보기는 어렵다.[12] 다만, 조합설립에 동의한 자만이 통지의 대상인 재건축사업에서 동의자에 대한 소집통지를 누락한 경우 창립총회의 결의가 효력이 없고, 이로 인하여 조합설립인가처분이 위법하게 된다.

---

11) 대법원 2020. 10. 15. 자 2020두43142 판결 및 서울고등법원 2020. 6. 4. 선고 2019누52913 판결 참조.

12) 전체 토지등소유자가 1,106명인데, 그중 11명에 대하여 소집통지가 누락되었고, 각 안건이 출석자 647명 중 500명 이상의 압도적 찬성으로 의결되었으며, 그중 일부는 창립총회에 직접 또는 서면으로 출석하여 의결권을 행사한 사안에서, 그것만으로는 창립총회의 결의를 무효로 할 정도로 중대한 것으로 보기 어렵다(위 서울고등법원 2019누52913 판결).

㈏ 정족수의 하자

① 내용

창립총회에서는 토지등소유자(재건축사업의 경우 조합설립에 동의한 토지등소유자로 한정한다)의 과반수 출석과 출석한 토지등소유자 과반수 찬성으로 의결하여야 하고, 토지등소유자의 20% 이상이 직접 출석하여야 하는바, 그와 같은 의사 및 의결정족수에 하자가 있는 창립총회는 효력이 없다.

② 창립총회에서의 의사 및 의결정족수에 대한 하자의 증명

㉮ 쟁점

창립총회에서의 법정 토지등소유자의 의사 및 의결정족수 충족 여부가 다투어지는 경우, 통상적으로 추진위원회 측에서는 참석자 명부, 총회회의록 등을 제출하는 경우가 있다. 그 증명력이 문제된다.

㉯ 판례

창립총회에서는 회의록이 작성되고, 회의록에는 의사의 경과, 요령 및 결과 등이 기재된다. 만일 회의록을 작성하지 못하였다든가 또는 이를 분실하였다는 등의 특단의 사정이 없는 한 회의록에 의하여서만 위와 같은 사실이 증명된다. 즉, 창립총회의 결의와 관련하여 당사자 사이에 의사정족수나 의결정족수 충족 여부가 다투어져 결의의 성립 여부나 절차상 흠의 유무가 문제되는 경우로서 추진위원회 측에서 의사의 경과, 요령 및 결과 등을 기재한 회의록을 제출하거나 이러한 의사의 경과 등을 담은 녹음, 녹화자료 또는 녹취서 등을 제출한 때에는, 그러한 회의록 등이 사실과 다른 내용으로 작성되었다거나 부당하게 편집, 왜곡되어 증명력을 인정할 수 없다고 볼 만한 특별한 사정이 없는 한 의사정족수 등 절차적 요건의 충족 여부는 회의록 등의 기재에 의하여 판단하여야 한다. 그리고 위와 같은 회의록 등의 증명력을 부인할 만한 특별한 사정에 관하여는 결의의 효력을 다투는 측에서 구체적으로 주장·증명하여야 한다.[13)]

⑶ 하자 관련 기타 쟁점

㈎ 조합장 등 조합임원 선임 결의의 부결과 창립총회 결의의 위법 여부

앞서 창립총회의 업무에서 살펴본 바와 같이 조합의 임원이나 대의원을 반드시 창립총회에서 선임할 필요는 없으므로(법 시행규칙 8조 2항 1호 ㈑목 및 별지 5호 서식), 창립총회에서 조합장 등 조합임원 선임의 결의가 부결되었다고 하더라도 이로 인하여 창립총회가 무효라고 볼 수는 없다.[14)]

㈏ 기타 의결안의 하자

앞서 본 바와 같이 실무상 창립총회에서 추진위원회가 작성한 개략적인 정비사업 시행계획에 대한 승인안건에 대한 의결이 이루어지기도 하는데, 설령 추진위원회가 작성한 개략적인 정비사

---

13) 대법원 2010. 4. 29. 선고 2008두5568 판결, 대법원 2011. 10. 27. 선고 2010다88682 판결.
14) 대법원 2014. 10. 30. 선고 2012두25125 판결.

업 시행계획 등이 정비구역지정 및 정비계획의 내용에 위반하거나 의사 및 의결정족수에 하자가 있다 하더라도, 창립총회가 그 효력이 없다고 볼 수는 없다.

Ⅱ. 조합설립인가신청

1. 규 정

가. 법

법 35조(조합설립인가 등)

② 재개발사업의 추진위원회(제31조 제4항에 따라 추진위원회를 구성하지 아니하는 경우에는 토지등소유자를 말한다)가 조합을 설립하려면 토지등소유자의 동의를 받아 다음 각 호의 사항을 첨부하여 시장·군수등의 인가를 받아야 한다.

1. 정관
2. 정비사업비와 관련된 자료 등 국토교통부령으로 정하는 서류
3. 그 밖에 시·도 조례로 정하는 서류

③ 재건축사업의 추진위원회(제31조 제4항에 따라 추진위원회를 구성하지 아니하는 경우에는 토지등소유자를 말한다)가 조합을 설립하려는 때에는 토지등소유자의 동의를 받아 제2항 각 호의 사항을 첨부하여 시장·군수등의 인가를 받아야 한다.

나. 법 시행규칙

법 시행규칙 제8조(조합의 설립인가 신청 등)

① 법 제35조 제2항부터 제5항까지의 규정에 따라 조합의 설립인가(변경인가를 포함한다)를 신청하려는 경우 신청서(전자문서로 된 신청서를 포함한다)는 별지 제5호 서식에 따른다.

② 법 제35조 제2항 제2호에서 "정비사업비와 관련된 자료 등 국토교통부령으로 정하는 서류"란 다음 각 호의 구분에 따른 서류(전자문서를 포함한다)를 말한다.

1. 설립인가: 다음 각 목의 서류
   가. 조합원 명부 및 해당 조합원의 자격을 증명하는 서류
   나. 공사비 등 정비사업에 드는 비용을 기재한 토지등소유자의 조합설립동의서 및 동의사항을 증명하는 서류
   다. 창립총회 회의록 및 창립총회참석자 연명부
   라. 토지·건축물 또는 지상권을 여럿이서 공유하는 경우에는 그 대표자의 선임 동의서
   마. 창립총회에서 임원·대의원을 선임한 때에는 선임된 자의 자격을 증명하는 서류
   바. 건축계획(주택을 건축하는 경우에는 주택건설예정세대 수를 포함한다), 건축예정지의 지번·지목 및 등기명의자, 도시·군관리계획상의 용도지역, 대지 및 주변현황을 기재한 사업계획서

③ 영 제30조 제1항에서 "국토교통부령으로 정하는 동의서"란 별지 제6호 서식의 조합설립 동의서를 말한다.

다. 서울시 조례

서울시 조례 제19조(조합의 설립인가 신청서류)

법 시행규칙 제8조 제1항 별지 제5호서식의 신청인 제출서류란 중 제1호 아목에서 "그 밖에 시·도 조례로 정하는 서류"란 다음 각 호의 서류를 말한다.

1. 정비구역의 위치도 및 현황사진
2. 정비구역의 토지 및 건축물의 지형이 표시된 지적현황도
3. 법 제64조 제1항 제1호에 해당하는 매도청구대상자명부 및 매도청구계획서(재건축사업으로 한정한다)
4. 추진위원회에 대하여 회계감사를 실시한 경우 그 회계감사 결과

2. 규정의 해석

가. 신청서

추진위원회는 반드시 법 시행규칙 8조 1항 [별지 5호 서식] '조합설립(변경) 인가신청서'를 사용하여 시장·군수등에게 조합설립인가를 신청하여야 한다.[15]

나. 첨부서류

추진위원회는 신청서에 반드시 다음의 서류를 첨부하여야 한다.

(1) 법 35조 2항 1호: 정관

(2) 법 35조 2항 2호(국토부령의 규정 서류), 법 시행규칙 8조 2항

조합원 명부(소유권을 증명하는 토지 또는 건물등기사항증명서 등 해당 조합원의 자격을 증명하는 서류 첨부), 토지등소유자의 조합설립동의서 및 동의사항을 증명하는 서류, 창립총회 회의록(창립총회참석자 연명부 포함), 토지·건축물 또는 지상권을 여럿이서 공유하는 경우에는 그 대표자의 선임 동의서, 창립총회에서 임원·대의원을 선임한 때에는 선임된 자의 자격을 증명하는 서류, 건축계획(주택을 건축하는 경우에는 주택건설예정세대 수 포함), 건축예정지의 지번·지목 및 등기명의자, 도시·군관리계획상의 용도지역, 대지 및 주변현황을 기재한 사업계획서

(3) 법 35조 2항 3호(시·도 조례로 정하는 서류), 서울시 조례 19조

서울시 조례는 추진위원회가 조합설립인가를 신청함에 있어 정비구역의 위치도 및 현황사진, 정비구역의 토지 및 건축물의 지형이 표시된 지적현황도, 매도청구대상자명부 및 매도청구계획서(재건축사업의 경우), 추진위원회에 대하여 회계감사를 실시한 경우 그 회계감사 결과를 첨부하도록 하고 있다. 재건축사업의 경우에는 조합설립에 동의하지 않은 자는 조합원의 지위에 있지 않고 매도청구의 대상이 되므로, 재개발사업과 달리 조합설립인가신청서에 매도청구대상자명부 및 매도청구계획서를 반드시 첨부하여야 한다.

---

15) 신청서에는 조합의 명칭과 그 대표자의 성명 및 주소, 조합설립내역(주된 사무소 소재지, 사업시행예정구역, 조합원 수, 사업시행계획인가 신청예정시기), 동의사항(토지등소유자 수, 동의율), 전문관리업자 등이 기재되어야 한다.

다. 공공지원에 따라 추진위원회가 구성되지 아니하는 경우

앞서 본 바와 같이 정비사업에 대하여 제118조에 따른 공공지원을 하려는 경우에는 추진위원회를 구성하지 아니할 수 있고(법 31조 7항). 정비계획 입안단계에서 토지등소유자의 과반수가 추진위원회 구성 단계 생략을 원하는 경우 구청장은 이를 생략한 채 서울시장이 고시한 '조합설립지원을 위한 업무기준'에 따라 조합을 설립하여야 한다(서울시 조례 82조). 추진위원회가 존재하지 아니하는 경우 정비구역 내 토지등소유자가 토지등소유자로부터 동의서를 받고 시장·군수등에게 조합설립인가를 신청하여 그 인가를 받는 등 조합설립절차를 진행하여야 한다(법 35조 2항, 3항). 서울시의 경우 조합설립 주민협의체가 조합설립업무를 주도하나, 조합설립인가신청은 토지등소유자가 하여야 한다.

Ⅲ. 조합의 성립

1. 시장·군수등의 조합설립인가

가. 조합설립인가서 교부 및 고시절차 불요

⑴ 시장·군수등은 사업시행자의 조합설립(변경)인가신청에 대하여 먼저 형식적 요건, 즉 조합설립인가신청서가 제대로 기재되어 있는지, 첨부서류에 누락된 부분이 있는지 등을 심사하여 그 보완을 명하게 된다. 그 후 시장·군수등은 위와 같은 형식적 요건 외에 동의율이 충족되었는지, 정관이 도시정비법령을 포함한 법령에 부합하는지, 건축계획이나 사업계획이 정비계획에 부합하는지, 임원이 적법한 자격을 구비하고 있는지 등 내용에 대한 심사를 진행한다. 시장·군수등은 위와 같은 형식적 요건 및 내용적 요건이 모두 구비된 경우에는 인가 여부를 결정하게 된다. 인가는 설권행위이고, 인가 여부에 관하여 행정청에 재량이 있음은 앞서 본 바이다.

⑵ 시장·군수등은 조합설립을 인가(변경인가)하는 경우 조합 측에 조합설립인가서를 교부하게 된다. 여기에는 조합명칭, 대표자, 주된 사무소 소재지, 사업시행예정구역의 위치 및 면적, 조합원수, 사업시행계획인가신청 예정시기, 동의사항(전체 토지등소유자 수), 동의율(동의자수/토지등소유자수), 전문관리업자 등이 기재된다(서울시 조례 시행규칙 9조 별지 12호 서식). 시장·군수등은 사업시행계획인가 및 관리처분계획인가를 하는 경우 조합에 인가서를 교부하는 것 외에 해당 지방자치단체의 공보에 이를 고시하여야 하고(사업시행계획의 경우에는 해당 지방자치단체의 인터넷 홈페이지에도 게재하여야 한다), 이에 따라 행정업무규정 4조 3호, 6조 3항에 의하여 고시 또는 공고가 있고 난 뒤 5일이 경과한 날부터 효력을 발생하며 어느 누구든 당시 행정처분이 있음을 알았다고 간주되므로, 각 처분의 취소를 구하는 소의 제소기간도 진행되게 된다. 그러나 조합설립인가의 경우에는 별도의 고시절차를 거치지 않으므로, 제소기간은 각각의 쟁송사건 별로 검토되어야 한다.

나. 처리기간 무제한

법은 조합설립인가신청에 대한 처리기간에 대하여 아무런 규정을 두고 있지 않다. 법이 관리처분계획에 대하여는 제정 당시부터 관리처분계획인가의 신청이 있은 날부터 30일 이내에 인가 여부를 결정하여야 한다고 규정하고 있고, 사업시행계획에 대하여도 법이 2017. 2. 8. 전부개정하면서 특별한 사정이 없으면 사업시행계획서의 제출이 있은 날부터 60일 이내에 인가 여부를 결정하여야 한다고 규정함에 반해, 조합설립인가신청에 대하여만 처리기간에 대하여 규정을 두고 있지 않은 것은 조합설립인가가 사업시행계획인가 및 관리처분계획인가와 달리 설권행위이고, 이로써 조합에 행정주체의 지위가 부여되며, 수용권이나 매도청구권이 발생할 수 있는 근거가 되어 토지등소유자에게 미치는 영향이 중대하기 때문이다.

다. 처분의 적용기준

인·허가 등의 행정처분은 원칙적으로 처분 시의 법령과 인·허가기준에 의하여 처리되어야 하고 인·허가신청 당시의 기준에 따라야 하는 것은 아니며, 비록 인·허가신청 후 그 기준이 변경되었다 하더라도 인·허가관청이 허가신청을 수리하고도 정당한 이유 없이 그 처리를 늦추어 그 사이에 인·허가기준이 변경된 것이 아닌 이상 변경된 인·허가기준에 의하여 처분을 하여야 한다. 따라서 조합설립인가 신청 후 처분 전에 조합설립인가요건에 관한 관계 법령의 규정이 개정된 경우 신청 당시가 아니라 처분 당시에 시행되는 개정 법령에 정한 기준에 의하여 인가 여부를 결정하는 것이 원칙이지만,[16] 행정청이 신청을 수리하고도 정당한 이유 없이 처리를 지연하여 그 사이에 법령이 변경된 경우에는 변경된 법령에 따라서 한 처분은 위법하다. 여기에서 '정당한 이유 없이 처리를 지연하였는지'는 통상적인 처리기간을 기초로 해당 처분이 지연되게 된 구체적인 경위나 사정을 중심으로 살펴 판단하되, 개정 전 법령의 적용을 회피하려는 행정청의 동기나 의도가 있었는지, 처분지연을 쉽게 피할 가능성이 있었는지 등도 아울러 고려할 수 있다.[17]

2. 후속절차

가. 토지등소유자에 대한 통지

조합은 조합설립인가를 받은 때에는 정관으로 정하는 바에 따라 토지등소유자에게 그 내용을 통지하고, 이해관계인이 열람할 수 있도록 하여야 한다(법 시행령 30조 3항).

나. 등 기

인가받은 조합은 조합설립인가를 받은 날로부터 30일 이내에 주된 사무소 소재지에서, 설립목적, 조합의 명칭, 주된 사무소의 소재지, 설립인가일, 임원의 성명 및 주소, 임원의 대표권을 제한하는 경우에는 그 내용, 법 41조 5항 단서에 따른 전문조합관리인을 선정한 경우에는 그 성명 및 주소 등을 등기하여야 하고, 그때 사단법인으로 성립한다(법 38조, 법 시행령 36조). 조합은 명칭에 '정비사업조합'이라는 문자를 사용하여야 한다. 조합설립인가가 무효인 경우 그 등기도 효력이 없다. 다만, 그 후 적법한 인가를 받게 되면 위 설립등기는 실체관계에 부합하게 되므로 따로 설립등기를 할 필요가 없다.[18]

---

16) 대법원 2006. 8. 25. 선고 2004두2974 판결.
17) 대법원 2014. 7. 24. 선고 2012두23501 판결 참조.
18) 이우재·박치범, 전게서(상), 516, 517.

제5장 조합설립인가의 효과

제1절 조합설립인가효과의 일반론

Ⅰ. 총 설

조합이 설립인가처분을 받아 등기까지 완료하면 조합의 운영과 활동에 관한 자치규범인 정관의 효력이 발생하고, 창립총회에서 임원, 대의원 등이 선임되는 경우 조합의 기관이 확정되며, 이로써 구성원인 조합원과 구분되는 별개의 단체로서의 조합이 성립하고 추진위원회는 해산·소멸한다. 조합원 강제가입제를 원칙으로 하고, 정관에 의하여 특정무허가건축물 소유자에 대한 조합원 지위도 부여될 수 있으므로, 재개발사업의 경우에는 조합설립인가를 받으면 일응 조합원의 수가 확정된다(다만 여러 명의 토지등소유자가 1세대에 속하는 경우로서 이혼 및 19세 이상 자녀의 분가 시 조합원 수가 증가될 수 있다, 조합설립인가 이후 토지등의 양도로 인하여 조합원의 변경은 가능하다).[1] 임의가입제를 원칙으로 하는 재건축사업의 경우에는 정관에 의하여 분양신청기간 종료일까지 조합설립동의서를 제출하여 조합원이 될 수 있고, 제명, 탈퇴가 가능하므로, 정비사업 전반에 걸쳐 조합원 수의 변동이 발생한다.

조합은 행정주체 및 행정청으로서의 지위를 가지고 개개의 토지등소유자는 원칙적으로 조합원의 지위를 가진다. 이하에서는 조합설립인가의 효과로서 정비사업을 시행하는 사업시행자로서의 조합, 조합의 구성원인 조합원, 조합원 자격 및 대표조합원 등에 대하여 살펴보고, 조합의 성립에 따른 정관 및 기관에 대하여는 별개의 절(節)로 나누어 살펴본다.

토지등소유자가 20인 미만의 재개발사업에서 조합설립 없이 개인이 사업시행자가 되는 경우가 존재하므로, 법은 재개발·재건축사업에 국한하여 규율하는 경우에도 '조합'이라는 용어 대신 '사업시행자', '조합원'이라는 용어 대신 '토지등소유자'라는 용어를 사용하고(또는 괄호안에 '조합을 설립한 경우에는 조합원을 말한다.'는 표현을 사용한다. 20조 6항 1호), 반드시 조합을 전제로 하거나 그 구성원인 '조합원'을 규율하는 경우에만 특별히 '조합' 또는 '조합원'이라는 용어를 사용한다(25조 1항 1호, 35조 5항, 40조, 43조 4항, 44조 등). 법이 2017. 2. 8. 전부개정되기 이전에는 구 도시환경정비사업이 구 주택재개발사업, 구 주택재건축사업과는 별개의 독자적 정비사업이었고, 토지등소유자의 수에 구애받지 아니하고 개인이 사업시행자가 가능하였다. 그러나 현재는 구 주택재개발사업과 통합되어 재개발사업의 일종이 되면서 토지등소유자가 20인 미만인 예외

1) 대법원 1998. 3. 27. 선고 97누17094 판결 참조.

적인 경우에만 조합설립 없이 토지등소유자 개인이 사업시행자가 되고 그 외에는 반드시 조합이 사업시행자가 되어야 한다(다만, 시장·군수 또는 토지주택공사, 신탁업자가 사업시행자가 될 수 있음은 앞서 본 바이다).

Ⅱ. 재개발·재건축조합의 지위

1. 공법상 사단법인

가. 사단법인

조합은 조합설립인가처분을 받아 등기를 마침으로써 조합원들의 단체인 사단법인으로 성립한다(법 38조, 법 제정 이전의 재개발·재건축조합의 법적 성격에 관하여는 제1편 제5장 "Ⅱ. 도시정비법 제정 이전의 재개발·재건축사업"에서 자세히 살펴보았다).[2] 이에 따라 조합에 관하여는 이 법에 규정된 사항을 제외하고는 민법 중 사단법인에 관한 규정을 준용한다(법 49조).

조합과 조합원은 별개의 권리주체이므로, 정비사업비를 비롯하여 각종 채무는 조합이 부담하고(법 92조 1항), 조합원이 직접적으로 이를 부담하지 아니한다. 다만, 조합은 이전고시 이후 조합원에게 잔존 정비사업비에 대하여 부과금을 부과할 수 있으므로(법 93조 1항), 종국적으로는 조합원이 이를 부담한다.[3]

나. 공법인

재개발·재건축조합은 관할 행정청의 감독 아래 정비구역 내에서 공익사업인 도시정비법상의 재개발 또는 재건축사업을 독점적·배타적으로 시행하는 사업시행자로서 공법인이다.[4] 공법인 중 공법상 사단(공공조합)에 해당한다.[5] 사업시행자로서 행정계획(사업시행계획, 관리처분계획)의 입안권을 갖는다.

2. 도시정비법상 행정주체 겸 행정청

가. 행정주체

조합은 관할 행정청의 감독 아래 정비구역 안에서 도시정비법상의 정비사업을 시행하는 목적

---

2) 도시개발법상의 도시개발조합도 법정의 요건을 갖추어 조합설립인가를 받아 등기를 하여야 성립하므로(도시개발법 13조, 15조), 공법상 사단법인에 해당한다. 주택법상의 지역주택조합, 직장주택조합, 리모델링조합은 각 설립을 위하여 인가를 필요로 하나(직장주택조합을 설립하려는 경우는 신고만으로 가능), 등기 관련 규정이 없어 법인으로 성립될 수 없어 비법인사단(대법원 2021. 6. 24. 선고 2019다278433 판결)에 해당한다.

3) 조합의 대표기관이 직무상 불법행위로 조합에게 과다한 채무를 부담하게 하고, 이로써 법 93조 1항에 의하여 조합원이 이를 분담하는 손해를 입게 된다 하더라도, 조합원이 조합에 대하여 민법 35조 1항에 의한 손해배상청구는 불가능하다(대법원 1999. 7. 27. 선고 99다19384 판결). 조합원은 조합의 운영에 이해관계를 가지고 있다고 할 것이나 이는 단순히 일반적이고 사실적인 것에 불과할 뿐 구체적인 법률상의 이해관계를 가진다고는 할 수 없으므로, 조합원이 직접 또는 조합을 대위하여 법인인 조합과 제3자와의 거래관계에 개입하여 조합의 대표기관이 체결한 계약의 무효를 주장할 수는 없을 뿐만 아니라, 조합원 개인의 자격으로 그 계약의 무효확인을 구하는 것이 분쟁을 해결함에 있어 반드시 유효·적절한 수단이라고 인정할 수도 없다(대법원 2005. 4. 29. 선고 2005다9463 판결).

4) 대법원 2009. 10. 15. 선고 2008다93001 판결.

5) 공법인은 특정한 국가의 행정목적을 위하여 설립된 법인격이 부여된 단체로서 '공공조합(재개발·재건축조합, 도시개발조합 등)', '영조물 법인(국립도서관, 국공립학교, 국립은행)', '공법상 재단(한국학술진흥재단)' 등이 있다.

의 범위 내에서 법령이 정하는 바에 따라 일정한 행정작용을 하는 행정주체의 지위를 가진다.[6] 위와 같이 조합은 공법상의 권리·의무의 주체이므로 당사자소송의 피고가 된다.

추진위원회가 행한 업무와 관련된 권리와 의무는 조합이 포괄승계한다(법 34조 3항). 따라서 추진위원회는 수행한 업무를 조합이 설립된 이후 총회에 보고하여야 하고, 모든 업무와 자산을 조합에 인계하여야 하며, 사용경비를 기재한 회계장부 및 관계 서류를 조합설립인가일부터 30일 이내에 조합에 인계하여야 한다(법 34조 4항, '추진위원회 표준운영규정' 36조 1항).

나. 행정청

행정기본법, 행정절차법 및 행정심판법은 '행정청'에 대하여 '행정에 관한 의사를 결정하여 표시하는 국가 또는 지방자치단체의 기관'과 '그 밖에 법령(자치법규 포함)등에 따라 행정에 관한 의사를 결정하여 표시하는 권한을 가지고 있거나 그 권한을 위임 또는 위탁받은 공공단체 또는 그 기관이나 사인(私人)'이라고 정의하고 있다(행정기본법 2조 2호, 행정절차법 2조 1호, 행정심판법 2조 4호). 위 공공단체는 협의의 공공단체를 의미하는데, 재개발·재건축조합은 그중 공법상 사단(공공조합)으로서 정비사업을 시행하는 목적 범위 내에서 행정청의 지위를 가진다. 이에 행정청은 처분(구체적 사실에 관한 법집행으로서의 공권력의 행사 또는 그 거부와 그 밖에 이에 준하는 행정작용)을 행하고, 항고소송의 피고가 된다.

3. 주택법상의 사업주체

조합이 정비사업을 시행하면서 건설하는 주택 중 일반분양분이 공동주택 30세대 이상인 경우 주택법이 적용되므로, 주택법 54조에 따라 일반분양하게 된다. 주택법 54조를 적용할 때에는 조합을 주택건설사업계획의 승인을 받아 그 사업을 시행하는 주택법 2조 10호에 따른 사업주체로 보고(사업시행계획인가를 받으면 주택건설사업계획승인이 의제된다), 조합설립인가일부터 주택법 4조에 따른 주택건설사업 등의 등록[7]을 한 것으로 간주한다(법 35조 8항). 일반분양에 관한 구체적인 절차는 제10편 제1장 제4절 "Ⅱ. 일반분양분의 처분"에서 자세히 살펴본다.

Ⅲ. 조합원 확정

1. 조합원 지위 일반론

가. 조합원

조합원이란 법인인 조합의 구성원인 토지등소유자이다. 토지등소유자의 의미에 대하여는 법 2조 9호가 정비사업 별로 구분하여 정의하고 있다.

---

6) 대법원 2012. 4. 12. 선고 2010다10986 판결, 대법원 2014. 5. 22. 선고 2012도7190 전원합의체 판결.

7) 연간 20세대 이상의 공동주택 또는 30세대 이상의 도시형생활주택의 건설사업을 시행하려는 자는 국토부장관에게 등록하여야 한다(주택법 4조, 주택법 시행령 14조 1항 2호).

⑴ 재개발사업의 조합원 강제가입제

㈎ 의의

법 39조 1항은 재개발사업의 조합원은 토지등소유자로 한다고 규정하고 있고, 법 2조 9호 ㈎목은 재개발사업의 경우 토지등소유자란 정비구역에 위치한 토지 또는 건축물의 소유자 또는 그 지상권자라고 규정하고 있다. 따라서 정비구역 내의 토지 또는 건축물의 소유자 또는 그 지상권자는 강제로 당연히 조합원으로 가입하게 된다.

㈏ 입법취지

조합은 구성원인 조합원에 대하여는 정관 또는 총회의 의결을 통하여 일률적인 규율이 가능하여 용이하게 정비사업을 수행할 수 있음에 반해, 비조합원에 대하여는 개별적인 합의를 통하여 정비사업을 수행할 수밖에 없다. 이에 재건축사업과 달리 재개발사업은 공익성 및 공공성의 정도가 중하므로 정비구역 내 토지 또는 건물의 소유자, 지상권자를 모두 조합원으로 하고, 그것도 강제가입제로 한 것이다. 공익성의 정도가 가장 강한 주거환경개선사업도 마찬가지이다. 다만, 모든 토지등소유자를 조합원으로 하되, 다음에서 살펴보듯이 관리처분방법을 통하여 수분양권을 제한함으로써 사업성을 확보한다(종후자산으로 아파트는 종전 건축물 중 주택을 소유한 자, 종전자산인 토지의 총면적이 90㎡ 이상인 자, 종전자산의 권리가액이 분양용 최소규모 공동주택 1가구의 추산액 이상인 자에게 각 분양한다). 따라서 재개발사업에서는 조합원의 지위는 수분양권을 받을 수 있는 지위와 일치하지 않으나, 조합원 임의가입제를 원칙으로 하는 재건축사업에서는 조합원의 지위는 수분양권을 받을 수 있는 지위와 일치한다.

㈐ 해당 정비구역 내에 토지등이 존재함에도 조합이 이를 부인하는 경우

① 쟁점

정비사업은 조합설립인가 이후 사업시행계획, 관리처분계획, 이전고시 등으로 순차적으로 진행되는바, 그 과정에서 조합이 해당 정비구역 내 토지등소유자에 대하여 그 소유의 토지등이 해당 정비구역 내에 소재하지 않음을 이유로 조합원 지위를 부인하는 경우 권리구제수단이 문제된다. 우선 조합설립인가단계인 경우 토지등소유자는 창립총회 소집통지를 받지 못하였음을 이유로 조합설립인가처분의 취소 또는 무효확인소송을 제기할 수 있다. 그 후 조합이 사업시행계획, 관리처분계획을 작성, 수립하여 인가받았고, 해당 토지등소유자가 권리관계에서 완전히 배제되어 있는 경우 위 처분에 대하여 항고소송을 제기할 수 있는지 여부가 문제된다.

② 소송의 형태

㉮ 조합원지위확인소송(긍정)

관리처분계획은 행정처분이므로, 관리처분계획에서 정해진 분양대상자 또는 현금청산대상자, 수분양아파트, 분양가, 종전자산가격, 청산금 등에 대하여는 공정력이 인정되나, 조합원지위확인소송을 제기할 수 있다. 왜냐하면 관리처분계획상 해당 토지등소유자는 원천적으로 배제되어 있어(현금청산대상자로 분류되어 있지도 않다) 공정력의 대상이 될 수 없으므로, 토지등소유자로서 조합원임을 주장하는 자는 그의 권리 또는 법적 지위에 현존하는 위험·불안을 제거하는 방법으로 조합을 상대로 조합원 지위의 확인을 구할 소의 이익이 있다.[8] 사업시행자가 사업시행계획을 작성하여 인가받은 경우에도 조합원지위확인소송이 당연히 허용된다.

㈏ 사업시행계획이나 관리처분계획의 취소 또는 무효확인소송

취소 또는 무효확인소송은 처분등의 취소나 무효확인을 구할 법률상 이익이 있는 자가 제기할 수 있으므로(행정소송법 12조 전문), 처분에 대하여는 그 효력을 받는 상대방뿐만 아니라 제3자도 법률상 이익이 있는 한 그 취소나 무효확인소송을 제기할 수 있는바, 해당 토지등소유자는 사업시행계획이나 관리처분계획이 취소나 무효로 확인되면 자신을 조합원으로 하는 내용이 반영될 수 있으므로, 처분의 제3자로서 취소나 무효확인을 구할 법률상의 이익(원고적격)이 인정된다.

⑵ 재건축사업의 조합원 임의가입제

㈎ 의의

법 39조 1항은 재건축사업의 조합원은 재건축사업에 동의한 토지등소유자로 한다고 규정하고 있고, 법 2조 9호 ㈏목은 재건축사업의 경우 토지등소유자란 정비구역에 위치한 건축물 및 그 부속토지의 소유자라고 규정하고 있다. 법 35조 3항은 재건축사업의 추진위원회가 조합을 설립하고자 하는 때에는 주택단지의 공동주택의 각 동별 구분소유자의 원칙적 과반수 동의와 주택단지의 전체 구분소유자 100분의 70 이상 및 토지면적 100분의 70 이상의 토지소유자의 각 동의를 받아야 하고, 같은 조 4항은 주택단지가 아닌 지역이 정비구역에 포함된 때에는 주택단지가 아닌 지역의 토지 또는 건축물 소유자의 4분의 3 이상 및 토지면적 3분의 2 이상의 토지소유자의 각 동의를 받아야 한다고 각 규정하고 있다. 위 각 규정을 종합해 보면, 재건축사업의 주택단지 내에 토지나 건물만을 소유하고 있어 토지등소유자에 해당하지 않는 사람은 조합원의 자격이 없을 뿐만 아니라 조합설립 동의의 상대방이 되지도 아니한다. 그러나 주택단지가 아닌 지역의 토지 또는 건축물의 소유자는 조합원이 될 수는 없으나 조합설립을 위한 동의의 대상은 된다.

㈏ 조합원이 가능한 동의서 제출의 종기

국토부 재건축 표준정관은 "조합설립에 동의하지 아니한 자는 분양신청기한(종전자산에 대한 감정평가가 이루어지고 시공계약까지 체결된 시점)까지 조합설립동의서를 조합에 제출하여 조합원이 될 수 있다."고 규정하고 있다(9조 1항 단서). 위와 같이 재건축사업에 있어 조합 정관으로 토지등소유자가 동의를 통하여 조합원이 될 수 있는 종기는 분양신청기간 종료일이라고 규정하고 있으므로, 분양신청기간 종료일까지 조합설립동의서와 분양신청서를 제출하여 조합원의 지위를 취득할 수 있다(서울 재건축 표준정관 10조 1항 단서도 동일하다).

한편 부산 재건축 표준정관은 "조합설립에 동의하지 아니한 자는 분양신청기한까지 조합설립동의서를 조합에 제출하여 조합원이 될 수 있다."는 규정을 삭제하였으나, 매도청구에서 살펴보듯이 해석상 토지등소유자는 여전히 분양신청기간 종료일까지 조합설립동의서를 제출하여 조합원의 지위를 취득할 수 있다. 자세한 내용은 제9편 제2장 Ⅲ. "3. 매도청구권 행사요건"에서 살

---

8) 대법원 1999. 2. 5. 선고 97누14606 판결 및 서울고등법원 1997. 7. 31. 선고 96구27041 판결.

펴본다.

(3) 조합원 지위 취득 및 상실

(가) 조합원 지위 취득

앞서 본 바와 같이 재개발사업에서 정비구역 내 토지등소유자는 원칙적으로 조합원 지위를 취득한다. 나아가 재개발조합이 일반적으로 정관으로 채택하고 있는 국토부 표준정관 9조 2항 단서는 특정무허가건축물로 자기소유임을 입증하는 경우에는 조합원으로 인정한다고 규정하고 있으므로, 조합이 성립되면 특정무허가건축물 소유자는 조합원 지위를 취득하게 된다. 재건축사업에서는 재건축에 동의한 토지등소유자가 조합원 지위를 취득한다.

(나) 조합원 지위 상실

조합원이 토지등을 양도한 경우 원칙적으로 양수인이 조합원의 지위를 취득하고, 양도인은 조합원의 지위를 상실한다(법 129조, 국토부 표준정관 11조 1항, 단 조합원 지위 취득에 대하여는 예외 있음). 또한 조합으로부터 적법한 분양신청통지를 받고도 분양신청기한 내에 분양신청을 아니한 자도 조합원 지위가 상실된다(국토부 표준정관 11조 2항). 임의가입제가 적용되는 재건축사업에서의 조합원 제명·탈퇴는 조합원 지위 상실의 사유이다. 법 40조 1항 2호, 3호는 조합원의 제명·탈퇴에 관한 사항은 조합의 정관으로 정하도록 규정하고 있으므로, 자세한 내용은 정관에서 살펴본다.

나. 조합원의 권리·의무

조합이 일반적으로 정관으로 채택하고 있는 국토부 표준정관 10조는 조합원의 권리·의무를 규정하고 있다.

(1) 조합원의 권리

조합원은 건축물의 분양청구권, 총회의 출석권, 발언권 및 의결권, 임원의 선임권 및 피선임권, 대의원의 선출권 및 피선출권, 손실보상청구권(재개발조합), 매도청구에 따른 매매대금 청구권(재건축조합) 등의 권리를 갖는다.

(2) 조합원의 의무

(가) 현물출자의무

조합원은 법령 또는 정관에 따라 도시정비사업의 원활한 목적 달성을 위하여 협력할 의무가 있고, 이러한 협력의무 중 하나가 현물출자의무이다. 국토부 표준정관 5조 1항은 조합원은 소유한 토지, 건축물 또는 지상권을 조합에 현물로 출자한다고 규정하고 있다.

현물출자의무에는 조합원 소유의 종전자산을 조합에 인도할 의무도 포함된다.[9] 나아가 조합원의 조합에 대한 현물출자의무에는 정비사업의 원활한 수행을 위하여 신탁 목적으로 조합원 소유의 토지를 조합에 이전할 의무를 포함하고 있는 것인지 여부가 문제되나, 도시정비법 제정 이

---

9) 대법원 2020. 7. 29. 선고 2016다51170 판결, 대법원 2020. 8. 13. 선고 2017다236022 판결.

전의 재건축사업과 관련한 판례는 이를 긍정하고 있다.[10] 실무상 조합 정관 또는 총회결의로 조합원에게 종전자산에 대한 인도의무 및 신탁의무를 부과하는 것이 일반적인 듯하다. 관리처분계획인가 이후의 사업시행자의 종전자산 철거에 응하여 이주할 의무도 협력의무의 내용에 해당한다.

㈏ 기타

조합원은 청산금, 부과금(연체료 포함) 및 지연손해금 등의 납부의무, 그 밖에 관계 법령 및 정관의 준수의무, 총회 등의 의결사항 준수의무 등을 부담한다.

⑶ 조합의 조합원에 대한 권리·의무에 관한 사항의 고지 공고

조합은 조합원의 권리·의무에 관한 사항(변동사항 포함)을 조합원에게 성실히 고지·공고하여야 한다. 고지·공고방법은 정관의 별도 조항에서 따로 정하는 경우를 제외하고는 다음 각 호의 방법에 따른다(국토부 표준정관 7조 2항).

① 관련 조합원에게 등기우편으로 개별 고지하여야 하며,[11] 등기우편이 주소불명, 수취거절 등의 사유로 반송되는 경우에는 1회에 한하여 일반우편으로 추가 발송한다.

② 조합원이 쉽게 접할 수 있는 일정한 장소의 게시판에 14일 이상 공고하고 게시판에 게시한 날부터 3월 이상 조합사무소에 관련 서류와 도면 등을 비치하여 조합원이 열람할 수 있도록 한다.

③ 인터넷 홈페이지가 있는 경우 이에 게시하여야 한다. 다만, 특정인의 권리에 관계되거나 외부에 공개하는 것이 곤란한 경우에는 그 요지만을 게시할 수 있다.

④ 1호의 등기우편이 발송되고 2호의 게시판에 공고가 있는 날부터 고지·공고된 것으로 본다.

2. 조합원 자격

가. 조합원 자격 관련 규정의 연혁

앞서 본 조합설립단계에서 토지등소유자의 수, 동의자 수 산정방법 및 조합설립에 필요한 동의정족수 등과 마찬가지로 조합설립인가 시 당시의 토지등소유자 전부에 대하여 조합원의 지위를 인정할 것인지 또는 일부에 대하여 자격을 제한할 것인지, 토지등이 양도되는 경우 조합원지위의 이전을 인정할 것인지 여부 등의 문제는 입법정책상의 문제이다. 그 입법경과에 관하여 살펴본다.

---

10) 대법원 1997. 5. 30. 선고 96다23887 판결.

11) ① 서울 표준정관 8조 2항 1호는 '등기우편등'으로 통지하여야 한다고 규정하면서, 이는 등기우편 및 기타 발송이 증명되는 우편이나 우체국택배 등 우편물의 안전한 송달을 보증할 수 있는 방법까지 포괄하고 있다. 등기우편등이 반송되는 경우 일반우편으로 발송하되, 조합원이 통지내용물을 직접 수령하기를 원하는 경우 해당 조합원에게 직접 전달하고 해당 조합원으로부터 그 수령을 확인하는 서면을 받는 방법으로 통지할 수 있다. 휴대폰 문자메시지는 병행이 가능하다고 규정하고 있다.
② 부산 표준정관 7조 2항 1호는 조합원에게 고지 시에는 등기우편 및 휴대폰 문자발송(조합에 신고한 휴대폰번호에 한한다)을 병행하여 고지하여야 한다고 규정하고 있다.

⑴ 법 제정 당시

법 제정 당시에는 조합원은 토지등소유자로 하되(구 법 19조), 토지 또는 건축물의 소유권과 지상권이 수인의 공유에 속하는 때에는 그 수인을 대표하는 1인을 조합원으로 본다고 규정하여 공유자에 대하여만 1인의 조합원으로 본다는 제한규정을 두었다. 다만, 재개발사업에서 1세대가 1 이상의 주택을 소유한 경우 1주택을 공급한다고 규정하여 조합원과 분양대상자를 구분하였다(구 법 48조 2항 6호).

⑵ 2003. 12. 31. 일부개정

법이 2003. 12. 31. 개정되면서 '주택법 41조 1항의 규정에 의한 투기과열지구로 지정된 지역 안에서의 재건축사업의 경우 조합설립인가 후 당해 정비사업의 토지등을 양수(매매·증여 그 밖의 권리의 변동을 수반하는 일체의 행위를 포함하되, 상속·이혼으로 인한 양도·양수의 경우 제외)한 자는 조합원이 될 수 없다. 다만, 양도자가 다음 각 호(각 호의 내용은 현행 39조 2항 4호를 제외한 나머지이다)에 해당하는 경우 그 양도자로부터 그 건축물 또는 토지를 양수한 자는 그러하지 아니하다.'는 규정이 신설되었다. 이는 투기과열지구 안에서 재건축 대상 부동산에 대한 투기수요를 차단하려는 데에 그 목적이 있다. 다만, 위 규정은 사실상 재건축조합원의 재산처분권을 제한하는 것으로 볼 여지가 있으므로, 개정법률 부칙 2항으로 "위와 같은 투기과열지구 안에서의 재건축사업의 조합원 자격취득에 관한 특례 규정은 이 법 시행 전에 주택재건축조합의 설립인가를 받은 정비사업의 조합원[이 법 시행 전에 조합원의 지위를 취득한 자(조합설립동의자)에 한한다]으로부터 건축물 또는 토지를 양수한 자는 위 개정규정에도 불구하고 조합원 자격을 취득할 수 있다."는 경과규정을 두었다. 위 경과규정의 취지는 2003. 12. 31. 이전에 이미 조합설립인가를 받아 개정 전 법률 하에서라면 조합원 자격 취득을 전제로 정비구역 내 토지등을 자유롭게 양도할 수 있었던 조합원(재건축조합 설립에 동의한 자)인 토지등소유자의 기득권을 보장하려는 취지이다(다만, 2003. 12. 31. 이후 변경인가의 방법으로 기존 재건축사업의 정비구역에 편입된 토지등의 소유자들에 대하여는 적용하지 아니한다).[12)]

⑶ 2005. 3. 18. 부칙 개정

법이 2005. 3. 18. 부칙 개정으로 투기과열지구 안에서의 재건축사업의 조합원 자격 취득에 관한 특례 규정과 관련하여 이 법 시행 전에 재건축조합의 설립인가를 받은 정비사업의 토지등소유자(2003년 12월 31일 전에 건축물 또는 토지를 취득한 자에 한한다)의 경우에는 조합설립 동의 여부를 불문하고 기득권을 인정하여 이를 양도한 경우 양수인은 조합원 자격을 취득할 수 있도록 하였다. 종전 부칙 규정에 의하면 조합설립 미동의 토지등소유자가 제외되어 그들의 재산처분권이 제한되는 불리한 지위에 있었는데, 이를 개선하기 위하여 2005. 3. 18. 부칙만을 개정하였다.

⑷ 2009. 2. 6. 개정

법이 2009. 2. 6. 개정되어 지분 쪼개기 방지규정이 도입되었다. 즉, 지분 쪼개기가 세대 내에

---

12) 대법원 2008. 4. 24. 선고 2007두25855 판결.

서 가장 용이한 사정을 고려하여 조합설립인가 당시 여러 명의 토지등소유자가 동일한 세대를 구성하는 경우에는 그 모두를 1조합원으로 하고, 조합이 설립된 이후 1명의 조합원으로부터 토지 또는 건축물이나 지상권을 양수하여 수인이 소유하게 되는 때에는 그 대표자 1명만을 조합원으로 인정하는 규정이 도입되었다.

(5) 2017. 10. 24. 개정

법이 2017. 10. 24. 개정되어 투기과열지구에서의 양수인 조합원 자격 제한규정이 추가 및 보완되었다. 즉, 투기과열지구로 지정된 지역에서의 주택재개발사업 및 도시환경정비사업의 경우에도 관리처분계획의 인가 후 토지등을 양수한 자에 대하여 조합원의 지위를 취득할 수 없도록 하였다(부칙에 의하여 위 조항은 개정규정 시행 후 최초로 사업시행계획인가를 신청하는 경우부터 적용한다). 다만, 재개발·재건축사업은 장기간 이루어지는 사업임에도, 투기과열지구에서는 부득이한 예외사유를 제외하고는 일정 시점 이후의 토지등의 양수인이 조합원 지위를 취득할 수 없게 함에 따라 사실상 양도인의 재산권이 중대하게 제한되는 측면을 고려하여 부동산 투기와 관계없다고 보이는 1세대 1주택자로서 양도하는 주택에 대한 소유 및 거주기간이 도시정비법령이 정한 기간 이상인 경우에는 양수인이 조합원 자격을 취득하도록 하는 규정이 신설되었다.

나. 현행 법령 및 정관의 규정

(1) 법령

법 제39조(조합원의 자격 등)

① 재개발·재건축사업의 조합원은 토지등소유자(재건축사업의 경우에는 재건축사업에 동의한 자만 해당한다)로 하되, 다음 각 호의 어느 하나에 해당하는 때에는 그 여러 명을 대표하는 1명을 조합원으로 본다.

1. 토지 또는 건축물의 소유권과 지상권이 여러 명의 공유에 속하는 때
2. 여러 명의 토지등소유자가 1세대에 속하는 때. 이 경우 동일한 세대별 주민등록표 상에 등재되어 있지 아니한 배우자 및 미혼인 19세 미만의 직계비속은 1세대로 본다. 다만, 1세대로 구성된 여러 명의 토지등소유자가 조합설립인가 후 세대를 분리하여 동일한 세대에 속하지 아니하는 때에도 이혼 및 19세 이상 자녀의 분가(세대별 주민등록을 달리하고, 실거주지를 분가한 경우로 한정한다)를 제외하고는 1세대로 본다.
3. 조합설립인가 후 1명의 토지등소유자로부터 토지 또는 건축물의 소유권이나 지상권을 양수하여 여러 명이 소유하게 된 때

② 주택법 제63조 제1항에 따른 투기과열지구로 지정된 지역에서 재건축사업을 시행하는 경우에는 조합설립인가 후, 재개발사업을 시행하는 경우에는 관리처분계획의 인가 후 해당 정비사업의 건축물 또는 토지를 양수(매매·증여, 그 밖의 권리의 변동을 수반하는 모든 행위를 포함하되, 상속·이혼으로 인한 양도·양수의 경우 제외)한 자는 제1항에도 불구하고 조합원이 될 수 없다. 다만, 양도인이 다음 각 호의 어느 하나에 해당하는 경우 그 양도인으로부터 그 건축물 또는 토지를 양수한 자는 그러하지 아니하다.

1. 세대원(세대주가 포함된 세대의 구성원을 말한다)의 근무상 또는 생업상의 사정이나 질병치료(의료법 제3조에 따른 의료기관의 장이 1년 이상의 치료나 요양이 필요하다고 인정하

는 경우로 한정한다)·취학·결혼으로 세대원이 모두 해당 사업구역에 위치하지 아니한 특별시·광역시·특별자치시·특별자치도·시 또는 군으로 이전하는 경우

2. 상속으로 취득한 주택으로 세대원 모두 이전하는 경우
3. 세대원 모두 해외로 이주하거나 세대원 모두 2년 이상 해외에 체류하려는 경우
4. 1세대(제1항 제2호에 따라 1세대에 속하는 때를 말한다) 1주택자로서 양도하는 주택에 대한 소유기간 및 거주기간이 대통령령으로 정하는 기간 이상인 경우
5. 제80조에 따른 지분형주택을 공급받기 위하여 건축물 또는 토지를 토지주택공사등과 공유하려는 경우
6. 공공임대주택, 공공주택 특별법에 따른 공공분양주택의 공급 및 대통령령으로 정하는 사업을 목적으로 건축물 또는 토지를 양수하려는 공공재개발사업 시행자에게 양도하려는 경우
7. 그 밖에 불가피한 사정으로 양도하는 경우로서 대통령령으로 정하는 경우

③ 사업시행자는 제2항 각 호 외의 부분 본문에 따라 조합원의 자격을 취득할 수 없는 경우 정비사업의 토지, 건축물 또는 그 밖의 권리를 취득한 자에게 제73조를 준용하여 손실보상을 하여야 한다.

법 시행령 제37조

③ 법 제39조 제2항 제7호에서 "대통령령으로 정하는 경우"란 다음 각 호의 어느 하나에 해당하는 경우를 말한다.

1. 조합설립인가일부터 3년 이상 사업시행인가 신청이 없는 재건축사업의 건축물을 3년 이상 계속하여 소유하고 있는 자(소유기간을 산정할 때 소유자가 피상속인으로부터 상속받아 소유권을 취득한 경우에는 피상속인의 소유기간을 합산한다. 이하 제2호 및 제3호에서 같다)가 사업시행인가 신청 전에 양도하는 경우
2. 사업시행계획인가일부터 3년 이내에 착공하지 못한 재건축사업의 토지 또는 건축물을 3년 이상 계속하여 소유하고 있는 자가 착공 전에 양도하는 경우
3. 착공일부터 3년 이상 준공되지 않은 재개발사업·재건축사업의 토지를 3년 이상 계속하여 소유하고 있는 경우
4. 법률 제7056호 도시및주거환경정비법 일부개정법률 부칙 제2항에 따른 토지등소유자로부터 상속·이혼으로 인하여 토지 또는 건축물을 소유한 자
5. 국가·지방자치단체 및 금융기관(「주택법 시행령」 제71조 제1호 각 목의 금융기관을 말한다)에 대한 채무를 이행하지 못하여 재개발사업·재건축사업의 토지 또는 건축물이 경매 또는 공매되는 경우
6. 「주택법」 제63조 제1항에 따른 투기과열지구(이하 "투기과열지구"라 한다)로 지정되기 전에 건축물 또는 토지를 양도하기 위한 계약(계약금 지급 내역 등으로 계약일을 확인할 수 있는 경우로 한정한다)을 체결하고, 투기과열지구로 지정된 날부터 60일 이내에 「부동산 거래신고 등에 관한 법률」 제3조에 따라 부동산 거래의 신고를 한 경우

(2) 국토부 재개발 표준정관

제9조(조합원의 자격 등)

① 조합원은 사업구역안의 토지 또는 건축물의 소유자 또는 그 지상권자로 한다.

③ 1세대 또는 동일인이 2개 이상의 토지 또는 건축물의 소유권 또는 지상권을 소유하는 경우에

는 그 수에 관계없이 1인의 조합원으로 본다.
⑤ 양도·상속·증여 및 판결 등으로 조합원의 권리가 이전된 때에는 조합원의 권리를 취득한 자로 조합원이 변경된 것으로 보며, 권리를 양수받은 자는 조합원의 권리와 의무 및 종전의 권리자가 행하였거나 조합이 종전의 권리자에게 행한 처분, 청산 시 권리·의무에 관한 범위 등을 포괄승계한다.

다. 규정의 해석

(1) 토지등소유자와 조합원의 관계

법 36조 4항, 법 시행령 33조 1항은 조합설립요건으로서의 토지등소유자의 동의정족수 충족 여부를 판단함에 있어 1인이 다수 토지 등을 소유하거나 공유한 경우 1인으로 산정하는 등 토지등소유자의 수 및 동의자 수 산정방법을 규정하고 있다. 일반적으로 토지등소유자의 동의자 수 산정방법과 조합원 지위는 일치하나, 예외가 있다.

(가) 1인이 다수 토지 등을 소유하거나 공유한 경우: 1조합원

이는 조합설립요건으로서의 토지등소유자의 동의정족수 충족 여부를 판단함에 있어 토지등소유자의 수 및 동의자 수 산정방법과 동일하다.

갑이 A토지를 소유하고, 갑 및 을이 B토지를 1/2씩 공유한 경우, 갑은 A토지 소유권 및 B토지의 지분권자인 1조합원으로서 1개의 아파트에 대한 분양신청을 할 수 있는 조합원 지위에 있고, 을도 B토지의 지분권에 기하여(1/2 조합원이다) 분양신청이 가능한 조합원의 지위에 있되, B토지의 권리가액에 해당하는 아파트에 대한 자신의 1/2 지분에 대하여만 분양신청을 할 수 있다(위 아파트의 나머지 1/2 지분은 사업시행자에게 귀속된다).[13]

(나) 다수의 토지등소유자가 1세대에 속하는 경우: 1조합원

① 원칙

㉮ 내용 및 입법취지

여러 명의 토지등소유자가 1세대에 속하는 경우에는 1조합원으로 한다. 조합설립단계에서는 여러 명의 토지등소유자가 1세대에 속하더라도, 각각 토지등소유자로서 별개의 동의자로 산정하였으나 조합설립 이후에는 이들을 1조합원으로 한다.[14]

1세대 1조합원 규정은 조합설립단계에서 세대분할을 통하여 토지등소유자의 숫자를 늘리는 일이 용이하게 발생할 수 있으므로, 조합설립에 관한 동의요건과 관련하여서는 그와 같은 행위가 위법·무효임이 확인되지 아니하는 한 부득이 각각의 토지등소유자로 하여 동의정족수를 계산하되, 조합설립인가 이후 여러 명의 토지등소유자가 1세대에 속하는 것으로 확인되는 경우에

13) 서울행정법원 2009. 9. 24. 선고 2009구합10727 판결(확정).

14) 위 조항은 앞서 본 바와 같이 법이 2009. 2. 6. 개정되면서 권리산정기준일 규정 및 조합설립인가 후 1인의 토지등소유자로부터 토지 등의 소유권 등을 양수하여 수인이 소유하게 된 때에는 그 수인을 대표하는 1인을 조합원으로 본다는 규정과 더불어 투기를 방지하고 기존 조합원의 권익을 보호하기 위하여 도입되었다(위 조항 도입 이전에는 1세대를 구성하는 토지등소유자를 모두 별개의 조합원으로 하였으나, 1세대에 대하여는 1주택만을 공급하는 관리처분계획 수립기준으로 인하여 수분양권이 제한되었다).

는 1조합원으로 함으로써 세대분할을 통한 의도적인 조합원 증가를 억제시키려는데 목적이 있다.

㉯ 1세대[15] 판단기준

법은 명시적으로 동일한 세대별 주민등록표 상에 등재되어 있지 아니한다 하더라도 배우자 및 미혼인 19세 미만의 직계비속은 1세대로 간주한다(39조 1항 2호 후문).

위 규정에 의하는 경우 1세대의 판단기준이 세대별 주민등록표를 기준으로 해야 할 것으로 볼 여지가 있으나, 최근 원고 1의 배우자인 원고 2와 원고 1의 동생인 원고 3이 실질적으로 주거와 생계를 같이하고 있지 않으나 주민등록상으로는 같은 세대의 세대원으로 등재되어 있던 상황에서, 도시정비법령에 따른 재개발사업을 시행하는 피고가 정비구역 내에 원고 1, 2와 원고 3이 각자 토지 및 건물을 소유하고 있는데도 원고들 전부를 '하나의 세대'로 보아 원고들에게 1개의 주택만을 분양하는 내용으로 관리처분계획을 수립하자, 1세대인 원고 1, 2와는 별개로 원고 3에게는 별도로 주택이 분양되어야 한다고 주장하면서 위 관리처분계획의 취소를 청구한 사안에서, 대법원은 '1세대'의 판단기준은 실질적으로 주거와 생계를 같이하고 있는 가구를 의미한다고 하여 원고 2와 원고 3이 비록 주민등록상으로는 같은 세대라 하더라도 실질적으로 주거와 생계를 같이하고 있지 아니한 이상 원고들은 '하나의 세대'에 해당하지 않는다고 판시하였다.[16] 따라서 기혼자녀 및 부모가 세대별 주민등록표를 달리하더라도, 주거와 생계를 같이하는 한 1세대를 구성한다 할 것이다.

위 판례에 의하는 경우 사업시행자인 조합이 주민등록상으로는 같은 세대라 하더라도 실질적으로 주거와 생계를 같이하고 있는 것인지, 또는 비록 실제로 주거와 생계를 같이하고 있으면서도 형식적으로 주민등록만 달리 두고 있는 경우에 대한 조사가 필요한바, 이 경우 1차적으로 주민등록표 등 공부를 기준으로 1세대인지를 확정할 수 있고, 토지등소유자·이해관계인의 의견 제출이나 이의, 그 밖에 조합에 현출된 사정을 통하여 그와 같이 확정함에 의문이 있는 때에는 추가적인 서류나 자료를 제출받아 이에 기하여 실질적인 주거와 생계의 공통 여부를 조사·확인하는 방식을 취함으로써 신속하고 안정적인 사업 진행에 대한 지장을 최소화할 수 있다. 특히 도시정비법상 조합은 그 목적 범위 내에서 법령이 정하는 바에 따라 일정한 행정작용을 하는 행정주체의 지위를 갖고 조합 정관 등에 기하여 조합원에게 사업 시행에 필요한 서류 등을 요구하고 제출받을 수 있으므로, 조합의 입장에서 위와 같은 조사·확인이 불가능하거나 어렵다고 보기도 힘들다(위 판례 참조).

---

15) '동일한 세대(법 39조 1항 2호 단서, 서울시 조례 36조 1항 3호)'도 같은 의미이다.

16) 대법원 2025. 3. 27. 선고 2022두50410 판결('세대'는 사전적으로 '현실적으로 주거 및 생계를 같이하는 사람의 집단'으로 '가구'와 동의어로 설명되고 있는 점, '1세대 1주택' 원칙은 정비구역 안에 있는 토지등소유자 사이의 이해관계를 조정하여 조합원의 재산권을 보호함과 동시에 정비사업에서 토지·주택 등에 대한 투기를 억제하여 정비사업의 사업성 저하를 방지하고자 하는 취지인데, 실제로 주거와 생계를 같이하는지를 기준으로 1세대 여부를 판단하여 현실적으로 공통된 주거를 가지지 않거나 함께 생계를 영위하지 않는 사람들에게 각자 주택을 분양한다고 하여 위와 같은 취지를 해하는 바는 전혀 없는 점, 이와 달리 주민등록표 등재 등 형식만을 기준으로 1세대 여부를 판단한다면, 실제로 주거와 생계를 같이하고 있으면서도 형식적으로 주민등록만 달리 두고 있는 경우 여러 채의 주택을 분양받을 수 있다는 결론으로 이어지고, 투기를 위하여 이를 가장하는 이른바 '위장 세대 분리'를 막지 못하는 폐단이 발생하게 되어, 오히려 '1세대 1주택' 원칙의 취지에 정면으로 어긋나는 점 등을 근거로 한다).

② 예외

㉮ 조합설립인가 후에 이혼을 하거나 19세 이상 자녀가 분가(세대별 주민등록을 달리하고, 실거주지를 분가한 경우로 한정한다)하여 세대가 분리된 때에는 분리된 세대 수만큼 조합원 수가 인정된다(법 39조 1항 2호 단서). 이로써 조합설립 후 조합원 수(수분양권 수)가 증가한다.

조합설립인가 후 세대를 분리하더라도 1세대로 보도록 기준을 정한 것은 투기 목적을 위한 세대 분리를 막아 정비사업의 사업성이 낮아지는 것을 방지하여 기존 조합원의 재산권을 보호하려는 목적인 반면, 19세 이상 자녀의 분가에 대해 예외를 인정한 것은 19세 이상 자녀의 경우 언제든지 그 부 또는 모와 독립된 생계를 영위하기 위해 세대를 분리할 가능성이 있다는 점을 고려해 그 19세 이상 자녀의 분가가 조합설립인가 후 이루어진 경우라 하더라도 투기 목적을 위한 세대 분리와는 구분하여 정비구역 내 토지등소유자의 재산권 등 사익을 보호하기 위해 독립된 조합원의 지위를 인정하려는 취지이다. 한편 조합설립인가 이후에 동일한 세대를 구성하는 토지등의 소유권을 가진 부 또는 모의 분가, 조부모 또는 손자의 분가, 자녀의 배우자 또는 형제들의 분가로서 세대별 주민등록을 달리하고, 실거주지를 분가한 경우에 동일하게 적용하여 별개의 조합원으로 인정하여야 한다는 견해가 있다.

그러나 강행규정인 법 76조 1항 6호는 1세대가 하나 이상의 주택 또는 토지를 소유한 경우 1주택을 공급한다고 규정하고 있는 점, 입법자는 "이혼 및 19세 이상 자녀의 분가"만을 예외사유로 인정한 점 등에 비추어 위와 같은 조합설립인가 이후의 세대분리를 통한 별개의 세대 인정은 엄격히 제한되어야 할 것이다.[17)]

㉯ 한편 위 규정은 세대 내에서의 지분 쪼개기가 용이하므로 일반적인 지분 쪼개기 제한규정(권리산정기준일 후 1필지의 토지를 여러 개의 필지로 분할하여 다수가 소유하게 하거나, 하나의 대지 범위 안에 속하는 동일인 소유의 토지 및 건축물의 소유자를 달리하거나 다가구주택을 다세대주택으로 전환하는 등의 경우 해당 토지등의 분양받을 권리는 권리산정기준일을 기준으로 산정함으로써 사실상 다수의 조합원에게 하나의 수분양권만을 부여한다)을 적용하는 대신 원천적으로 1조합원의 지위만 부여하는 것으로서, 지분 쪼개기를 방지하기 위하여 도입된 권리산정기준일 규정의 적용을 배제하는 취지는 아니라 할 것이므로, 만일 토지등의 소유권을 가진 19세 이상 자녀가 세대별 주민등록을 달리하고 실거주지를 분가하거나 이혼으로 각각의 토지등의 소유권을 가진 부부가 별개의 세대를 구성하고 실거주지를 달리함으로써 각각 조합원 지위를 취득한다 하더라도, 해당 토지등의 소유권이 권리산정기준일 다음 날 이후 1필지의 토지를 여러 개의 필지로 분할하여 그중 일부를 소유하게 되었다거나, 토지 및 건축물의 소유자를 달리하거나 다가구주택을 다세대주택으로 전환하는 등에 따른 것이라면 여전히 수분양권은 제한된다 할 것이다.

17) 형제간의 세대 분리의 경우 별개의 조합원 지위를 인정하지 아니한 서울고등법원 2024. 2. 22. 선고 2023누53012 판결(확정)이 있다.

㈐ 다수 토지등을 소유한 1인이 조합설립인가 후 토지등의 양도로 다수인이 소유하게 된 경우: 1인

① 내용

㉮ 조합설립인가 후 1인의 토지등소유자로부터 토지 또는 건축물의 소유권이나 지상권을 양수하여 수인이 소유하게 된 때에는 그 수인을 대표하는 1인을 조합원으로 본다(법 39조 1항 3호). 위 규정도 법이 2009. 2. 6. 개정되면서 도입되었다.

위 규정은 종래 조합설립인가 후 토지 등의 양수로 인해 조합원이 증가하여 정비사업의 사업성이 저하되는 등 기존 조합원의 재산권 보호에 미흡한 측면이 있었다는 반성적 고려에 의하여 입법된 것으로서, 투기세력 유입에 의한 정비사업의 사업성 저하를 방지하고 기존 조합원의 재산권을 보호하기 위함이다.[18] 조합설립인가 전에는 다(多)물건 소유자가 자유롭게 양도하여 양도인 및 양수인은 모두 조합원이 될 수 있으나, 조합설립인가 이후에는 다물건 소유자가 토지등을 양도하더라도 모두 1조합원으로 하여 조합원 수(분양대상자 수)에는 변화가 없도록 한다는 것이 입법취지이다. 결국 입법자는 엄격한 요건 아래 정비사업의 사업주체로서 조합이 설립되어 인가 받은 이후에는 어떠한 사유이든 조합원의 수의 증가를 방지하여(조합설립인가 후에 이혼을 하거나 19세 이상 자녀가 분가하여 세대가 분리된 때 예외) 정비사업의 안정을 기하기 위한 것으로 보인다.

㉯ 다만, 다음에서 살펴보듯이 투기과열지구로 지정된 지역에서의 재건축사업에 있어서는 조합설립인가 후 건축물 또는 토지를 양수한 자는 예외사유에 해당하지 않는 한 조합원 자격을 취득할 수 없다.

② 관련 쟁점

㉮ 조합설립인가 이후 지분 쪼개기

이론상 조합설립인가 이후 1개의 토지등을 소유한 토지등소유자가 지분 쪼개기를 하는 경우를 상정할 수 있다. 즉, 재개발사업에서 조합설립인가 이후 토지분할, 단독주택의 공동주택으로 전환, 하나의 대지에 속하는 동일인 소유의 토지와 주택의 분리소유, 나대지상의 건축 등으로 소유자가 증가하는 경우, 재건축사업에서 조합설립인가 이후 집합건물의 전유부분이 분할되는 경우가 상정될 수 있다. 건축허가 등 행정청의 인·허가가 이루어지기는 어려우나, 토지분할판결 등 행정청의 관여 없는 지분 쪼개기는 가능하다 할 것이다.

조합설립인가 이후에는 다물건자가 토지등을 양수한 경우에도 전체를 1조합원으로 하므로, 조합설립인가 이후 지분 쪼개기가 이루어진 경우에는 법 39조 1항 3호를 (유추)적용하여 모두 1조합원으로 함이 타당하다.

㉯ 조합설립인가 이후 이혼에 따른 재산분할

부부 중 일방이 2주택 등을 보유하다가 조합설립인가 이후 이혼하여 재산분할로 그중 1주택을 상대방에게 양도한 경우(또는 부부가 공유로 2주택을 보유하다가 재산분할로 각각 단독이 소유

---

18) 대법원 2023. 2. 23. 선고 2020두36724 판결.

권을 취득한 경우), 39조 1항 3호가 적용되지 아니하고, 각각 독립된 수분양권을 가진 별개의 조합원을 인정할 수 있는지 여부가 문제된다.

일부 하급심[19]은 부부 중 일방이 2주택 등을 보유한 것은 부부가 공유로 2주택을 보유한 것과 동일하고, '1인의 토지등소유자'는 '2개의 건축물을 공유한 공유자 2인'을 포함하는 것으로 해석할 수 없음을 근거로 39조 1항 3호가 적용되지 아니하고, 각각 단독의 조합원 지위를 인정하였다. 그러나 동일한 공유자가 서로 다른 토지 또는 토지·건축물을 공동 소유하고 있을 때에는 부동산의 종류나 수가 무엇이든 그 공유자들 전체가 1인의 토지등소유자로 산정되고 1조합원이 되므로,[20] 이는 그 자체로 부당하다.

오히려 부부 중 일방이 2주택 등을 보유하다가 조합설립인가 이후 이혼하여 재산분할로 그중 1주택을 상대방에게 양도하더라도(또는 부부가 공유로 2주택을 보유하다가 재산분할로 각각 단독이 소유권을 취득하더라도), 다음과 같은 근거로 각각 별개의 조합원으로 볼 수 없다.

ⓐ 법 39조 2항은 투기과열지구로 지정된 지역에서의 조합설립인가 이후(재건축), 관리처분계획인가 이후(재개발) 토지 등의 양도의 경우, 양수인은 조합원이 될 수 없다고 규정하면서, '상속·이혼으로 인한 양도의 경우 제외'라고 규정하여 별도로 양수의 범위를 제한하고 있으나, 위 법 39조 1항 3호에는 별도로 양수의 범위를 제한하고 있지 아니한바, 이는 입법자가 상속, 이혼의 경우에도 이를 양수에 포함시키려는 의도임이 명백하다.

ⓑ 법 39조 2항은 원래 1조합원의 지위가 인정되는 자에 대하여 투기방지를 위하여 지위양도를 제한한 것이므로 예외사유를 폭넓게 인정하더라도 조합원 수에는 변동이 없다. 그러나 법 39조 1항 3호에 대하여 예외를 인정하는 경우 조합원 수의 증가로 수분양자가 확대되는바, 종래 조합설립인가 후 세대분리나 토지 등의 양도 등으로 인해 조합원이 증가하여 정비사업의 사업성이 저하되는 등 기존 조합원의 재산권 보호에 미흡한 측면이 있었다는 반성적 고려에서 위 규정이 도입된 취지에 비추어, 조합설립인가 후에는 조합원 수의 증가를 엄격히 제한하여야 한다(법 129조는 정비사업과 관련하여 권리를 갖는 자의 변동이 있은 때에는 종전의 권리자의 권리·의무는 새로이 권리자로 된 자가 이를 승계한다고 규정하고 있는바, 1개의 수분양권을 가진 1조합원이 조합설립인가 이후 발생한 이혼이라는 특수한 사정으로 2개의 수분양권을 가진 2조합원이 된다는 것은 법 129조가 규정한 특정승계 행위의 본질에 부합하지 아니한다).

③ 조합설립인가 당시 다수의 소유이던 다수 토지등이 조합설립인가 이후 1인에게 귀속되었다가 그 후 다시 여러 명에게 양도된 경우

조합설립인가 시점에는 다수자의 소유이던 다수 토지등이 조합설립인가 이후 1인에게 귀속되었다가 그 후 다시 여러 명에게 양도된 경우 법 39조 1항 3호를 적용하여 양도인 및 양수인 전체를 1조합원으로 보아야 하는지 여부가 문제된다(투기과열지구에서는 조합설립인가 이후 또는 관리처분계획인가 이후 양도 시 양수인이 조합원 지위를 취득할 수 없으므로 이들은 제외한다).

조합설립인가 이후 양도 및 양수로 인하여 조합설립인가 당시와 비교하여 조합원 수가 증가하지 않는 한 다음과 같은 근거로 각각 별개의 조합원으로 볼 수 있다.[21]

19) 부산지방법원 2022. 11. 24. 선고 2022구합22058 판결(확정).
20) 대법원 2010. 1. 14. 선고 2009두15852 판결.

ⓐ 법 39조 1항 3호는 조합설립인가 이후 토지등의 양수로 조합원이 증가하여 정비사업의 사업성이 저하되는 것을 방지하기 위함이 취지이므로 조합설립인가 시점 당시 수개의 토지등이 각기 다른 사람의 소유여서 수개의 수분양권이 인정되는 수개의 조합원이 존재하였다면, 그 후 소유권의 변동으로 일시적으로 각각의 토지등이 1인에게 귀속되었다가 그 후 토지등의 양도로 원래 개수나 그 미만의 토지등소유자가 되는 경우에까지 위 규정이 적용된다고 볼 수 없으므로, 조합설립인가일 기준 조합원 수의 증가를 초래하지 않는다면 각각의 조합원 지위를 인정함이 타당하다.

ⓑ 조합설립인가일 기준 조합원 수의 증가를 초래하지 않는다면 각각의 조합원 지위를 인정하더라도, 투기를 조장하는 것으로 볼 수 없고, 기존 조합원의 이익이 침해된다고 보기 어렵다.

⑵ 토지등 양도 시의 조합원 지위 이전 여부

㈎ 원칙

법 129조는 정비사업과 관련하여 권리를 갖는 자의 변동이 있은 때에는 종전 권리자의 권리·의무는 새로 권리자로 된 자가 승계한다고 규정하고 있다(법 시행령 33조 1항 3호가 추진위원회의 구성 또는 조합의 설립에 동의한 자로부터 토지 또는 건축물을 취득한 자는 추진위원회의 구성 또는 조합의 설립에 동의한 것으로 본다고 규정한 것도 같은 의미이다). 법 40조 1항 2호, 3호는 조합원의 자격, 조합원의 제명·탈퇴 및 교체에 관한 사항은 조합의 정관으로 정하도록 규정하고 있다. 이에 따라 국토부 표준정관은 "양도·상속·증여 및 판결 등으로 조합원의 권리가 이전된 때에는 조합원의 권리를 취득한 자로 조합원이 변경된 것으로 보며, 권리를 양수받은 자는 조합원의 권리와 의무 및 종전의 권리자가 행하였거나 조합이 종전의 권리자에게 행한 처분, 청산 시 권리·의무에 관한 범위 등을 포괄승계한다."고 규정하고 있고(9조 5항), 조합원이 건축물의 소유권이나 입주자로 선정된 지위 등을 양도하였을 때에는 조합원의 자격을 즉시 상실한다고 규정하고 있다(11조 1항). 따라서 조합설립인가 이후 토지등의 양도 시 조합원의 지위는 원칙적으로 양수인에게 이전된다. 다만 양수인은 조합에 변경내용을 신고하여야 한다.[22]

위와 같이 법 및 정관으로 소유권과 조합원 지위를 분리처분하는 것을 허용하지 아니하는 것은 정비사업의 공익적·단체법적 성격 때문이다. 판례도 이전고시 있기 이전까지 조합원은 재개발사업 시행 중에도 종전 토지나 멸실 이전의 건축물에 관한 소유권을 가지고 이를 자유롭게 양도할 수 있고 그에 따라 조합원으로서의 지위 내지 권리의무도 당연히 이전·승계되며 사업시행 과정에서 종전 건물이 멸실되는 경우와 같은 예외적인 경우를 제외하면 소유권과 조합원으로서의 지위를 분리하여 양도하는 것은 상정할 수 없다고 한다.[23] 그러나 만일 종전 건물이 철거되어 멸실된 경우에는 건물소유권은 양도가 불가능하나, 조합원 지위는 건물소유권과 별개로 양도할 수 있다[법 49조는 조합에 관하여는 이 법에 규정된 것을 제외하고는 민법 중 사단법인에 관한 규

21) 부산지방법원 2023. 2. 2. 선고 2020가합1298 판결(확정).

22) 국토부 표준정관 10조 3항은 "조합원이 그 권리를 양도하였을 경우에는 그 양수자 또는 변경 당사자는 그 행위의 종료일부터 14일 이내에 조합에 그 변경내용을 신고하여야 한다. 이 경우 신고하지 아니하여 발생되는 불이익 등에 대하여 해당 조합원은 조합에 이의를 제기할 수 없다."고 규정하고 있다.

23) 대법원 2003. 9. 26. 선고 2001다64479 판결.

정을 준용한다고 규정하고 있다. 민법 56조는 사단법인의 사원의 지위는 양도 또는 상속할 수 없다고 규정하고 있고, 민법 40조 6호는 사단법인의 사원자격 득실 변경은 정관에 기재해야 할 사항이라고 규정하고 있으므로, 위와 같은 민법상 사단법인 사원의 지위 및 그 득실변경에 관한 일반 법리에 따라 종전 조합원과 제3자 사이에 조합원의 지위승계에 관한 개별특약을 하고, 제3자가 조합에 대하여 조합원으로서의 지위를 승계한 사실을 신고하는 등의 조합 정관(국토부 표준정관 52조 1항 및 2항은 조합원은 조합원의 자격 등을 양도한 경우에는 조합에 변동 신고를 하여야 하고, 위 규정에 의하여 양수자는 확정일자가 있는 증서를 첨부하여 조합에 통지하여야 하며, 조합에 통지한 이후가 아니면 조합에 대항할 수 없다)상의 절차를 이행한 경우에는 제3자에게 건물소유권과는 별개로 조합원으로서의 지위가 이전된다, 제10편 제2장 제1절 “Ⅱ. 종후자산 양도와 조합원 지위 이전 여부” 참조].[24)]

㈏ 투기과열지구 예외

① 내용

주택법 63조 1항에 따른 투기과열지구[25)]로 지정된 지역에서의 재건축사업은 조합설립인가 후, 재개발사업은 관리처분계획의 인가 후 해당 정비사업의 건축물 또는 토지를 양수한 자는 조합원이 될 수 없다. 위 양도·양수에는 매매·증여, 그 밖의 권리의 변동을 수반하는 모든 행위를 포함한다.

입법취지는 투기과열지구에서는 정비구역 내 토지등을 양수하더라도 조합원 자격의 취득을 제한하여 투기수요 차단을 목적으로 한다.[26)] 재개발·재건축사업에 있어 양수인이 조합원이 될 수 없는 시기가 다른 것은 재건축사업이 훨씬 투기성이 강하여 조합설립인가만 이루어지면 그 이후의 양수인에 대하여 조합원 지위를 부여하지 않음으로써 이를 근절하고자 한다. 이는 매우 엄격하여 만일 거짓 또는 부정한 방법으로 39조 2항을 위반하여 조합원 자격을 취득한 자와 조합원 자격을 취득하게 하여준 토지등소유자 및 조합의 임직원, 39조 2항을 회피하여 72조에 따른 분양주택을 이전 또는 공급받을 목적으로 건축물 또는 토지의 양도·양수 사실을 은폐한 자는 법 136조 6호, 7호에 의하여 형사처벌을 받게 된다.[27)]

사업시행자인 조합은 양수인이 법 39조 2항에 의하여 조합원의 자격을 취득할 수 없는 경우 토지등의 양수인에게 73조(분양신청을 하지 아니한 자 등에 대한 조치) 규정을 준용하여 손실보상을 하여야 한다(법 39조 3항). 자세한 내용은 제9편에서 살펴본다.

---

24) 위 2001다64479 판결.

25) 투기과열지구란 해당 지역의 주택가격상승률이 물가상승률보다 현저히 높은 지역으로서 그 지역의 청약경쟁률·주택가격·주택보급률 및 주택공급계획 등과 지역 주택시장 여건 등을 고려하였을 때 주택에 대한 투기가 성행하고 있거나 성행할 우려가 있는 지역 중 대통령령으로 정하는 기준을 충족하는 곳을 의미하고(주택법 63조 2항, 같은 법 시행령 72조의2), 국토부장관 또는 시·도지사는 주택가격의 안정을 위하여 필요한 경우에는 주거정책심의위원회의 심의를 거쳐 일정한 지역을 투기과열지구로 지정하거나 이를 해제할 수 있다. 이 경우 투기과열지구는 그 지정 목적을 달성할 수 있는 최소한의 범위에서 시·군·구 또는 읍·면·동의 지역 단위로 지정하되, 택지개발지구 등 해당 지역 여건을 고려하여 지정 단위를 조정할 수 있다(주택법 63조 1항).

26) 앞서 본 바와 같이 재건축사업에 대하여는 법이 2003. 12. 31. 개정되면서 도입되었고, 재개발사업에 대하여는 법이 2017. 10. 24. 개정되면서 도입되었다.

27) 형사처벌규정은 2003. 12. 31. 39조 2항이 신설될 당시부터 도입되었고(39조 2항을 위반하여 조합원 자격을 취득한 자와 조합원 자격을 취득하게 하여준 토지등소유자 및 조합의 임직원 처벌규정), 그 후 2005. 3. 18. 개정되면서 39조 2항을 회피하여 72조에 따른 분양주택을 이전 또는 공급받을 목적으로 건축물 또는 토지의 양도·양수 사실을 은폐한 자에 대한 처벌규정까지 도입되었다.

② 적용제외 관련 쟁점

앞서 본 바와 같이 투기과열지구에서 상속·이혼으로 인하여 건축물 또는 토지를 취득한 양수인은 조합원이 될 수 있다(39조 2항 본문 괄호).

㉮ 유증 관련

위 규정상의 상속에 유증(유언에 의해 타인에게 재산을 무상으로 증여하는 것)이 포함될 것인지 여부가 문제된다. 민법 1078조는 포괄적 유증을 받은 자는 상속인과 동일한 권리의무가 있다고 규정하고 있어 적어도 포괄적 유증의 경우에는 포함되어야 한다는 견해가 있을 수 있으나, 유증은 유언자가 유언에 의하여 재산을 특정인에게 수여하는 무상의 단독행위로서 증여와 성격이 동일한바, 증여에 대하여는 법 39조 2항 본문에서 양수인이 조합원이 될 수 없음을 명시하고 있으므로 원칙적으로 상속에 유증은 포함되지 아니한다.

다만, 1순위 법정상속인에 대한 유증의 경우에는 다음의 근거로 상속으로 봄이 상당하다.[28]

ⓐ 위 규정은 투기과열지구 안에서의 투기수요를 억제·차단하는 것이 목적인데, 해당 조합원의 사망·이혼으로 가족법상의 법률관계라는 제한된 범위 내에서 소유권이 이전되는 것은 이와는 무관하여 예외를 인정하는바, 1순위 법정상속인에 대한 유증도 이와 마찬가지이다.

ⓑ 규정상 해당 조합원의 사망 시 상속인 중 누구에게 소유권이 이전되든 사망한 조합원 지위의 승계를 인정하게 되는바, 피상속인이 사망하여 조합원 지위를 인정받을 수 있었던 1순위 법정상속인들 중 특정인이 피상속인으로부터 유증을 받는 경우 조합원 지위의 이전을 인정하는 것이 형평에 부합한다.

㉯ 투기와 무관한 부부간의 증여

투기과열지구 내에 1가구 1주택에서 남편 명의의 토지등에 대하여 처 명의로 증여를 원인으로 한 소유권이전등기를 마친 경우, 그 예외로 인정할 수 있는지 여부가 문제되나, 이를 인정할 수 없음이 타당하다. 그 논거는 다음과 같다.

ⓐ 투기수요를 차단하려는 것이 입법취지이나, 입법자는 구체적 사정에 따라 허용 여부를 고려하겠다는 취지가 아니라 권리의 변동을 수반하는 일체의 행위를 금지하는 방법으로 엄격히 규율하고 있다.

ⓑ 만일 구체적 사정에 따른 허용 여부를 고려하겠다는 취지라면, 형사처벌규정을 도입하지 않았을 터인데, 형사처벌규정을 도입하여 법 39조 2항 위반을 구성요건으로 한 것은 엄격히 형식적으로 판단하겠다는 의미이다.

㉰ 공유의 경우

투기과열지구 정비구역 내 다수가 공유하고 있는 건축물에 대해 일부 공유자가 제3자에게 지분을 양도한 경우, 그 양수인은 조합원 자격의 취득이 제한된다고 보아야 할 것이다. 다만, 그 경우 공유자 중 일부의 양도로 인하여 다른 공유자들의 권리에 영향을 미칠 수는 없으므로, 다른 공유자들은 조합원 자격이 유지되고, 지분의 범위에서 추후 종후자산을 분양받을 수 있다고 봄

---

28) 서울행정법원 2022. 4. 1. 선고 2021구합63921 판결(확정).

이 상당하다('대표조합원' 제도는 조합운영의 절차적 편의를 위한 것으로서, 대표조합원을 기준으로 할 수는 없다 할 것이므로, 설령 제3자에게 지분을 양도한 자가 대표조합원인 경우에도 마찬가지이다).[29)]

㈐ 투기과열지구 예외의 예외(재산권침해를 최소화하기 위한 규정)

정비사업은 장기간이 소요되는 사업인바, 조합원이었던 자가 1세대 1주택자로서 장기간 소유 및 거주하였던 주택을 양도하는 경우에는 그 양수인에게 조합원 지위를 인정하여 줌으로써 조합원이 투기 목적 없이 실제 거주지를 이전하기 위하여 정비구역 내 부동산을 양도하고 새로운 주택을 양수하는 것에 지나친 어려움이 없도록 고려하고, 기타 부득이 대상 부동산을 이전하거나 이전에 특별한 사정이 있는 경우에는 그 양도에 따른 양수인의 조합원 자격 취득을 인정함으로써 양도인의 재산권을 보호해 주기 위하여 법 39조 2항 단서에서 그 예외를 규정하고 있다. 따라서 이하 예외사유는 양도인이 법인인 경우에는 해당하지 아니한다.[30)]

1호: 세대원(세대주가 포함된 세대의 구성원을 말한다)의 근무상 또는 생업상의 사정이나 질병치료(의료법 3조에 따른 의료기관의 장이 1년 이상의 치료나 요양이 필요하다고 인정하는 경우로 한정한다)·취학·결혼으로 세대원이 모두 해당 사업구역에 위치하지 아니한 특별시·광역시·특별자치시·특별자치도·시 또는 군으로 이전하는 경우

2호: 상속으로 취득한 주택으로 세대원 모두 이전하는 경우

3호: 세대원 모두 해외로 이주하거나 세대원 모두 2년 이상 해외에 체류하려는 경우

4호: 1세대(1항 2호에 따라 1세대에 속하는 때를 말한다) 1주택자로서 양도하는 주택에 대한 소유기간 및 거주기간이 대통령령으로 정하는 기간 이상인 경우

① 소유기간 및 거주기간(법 시행령 37조 1항).

법정 소유기간은 10년이고, 거주기간은 5년이다(거주기간은 기준을 명확하게 하기 위해 주민등록표를 기준으로 하되, 소유자가 거주하지 아니하고 소유자의 배우자나 직계존비속이 해당 주택에 거주한 경우에도 그 기간을 합산함). 소유자가 피상속인으로부터 주택을 상속받아 소유권을 취득한 경우에는 피상속인의 주택 소유기간 및 거주기간도 합산한다.

② 1세대 1주택과 관련한 쟁점

㉮ 정비구역 내 주택의 소유자가 양도 당시 상속으로 타 주택의 지분을 소유하고 있는 경우에 1세대 1주택자에 해당하는지 여부, 만일 1세대 2주택자에 해당한다면 주택공급에 관한 규칙 53조 1호의 규정을 유추적용하여 그때부터 3개월 이내에 상속받은 주택 공유지분을 처분한 경우에는 양수인이 조합원의 자격을 취득하는지 여부가 문제된다.

㉯ 지분을 보유한 경우에도 1세대 2주택자로 보아야 한다.[31)] 그 논거는 다음과 같다.

ⓐ '공유'는 소유의 한 형태이고, 주택법 54조 등에 따라 주택 등을 공급하는 조건 등에 관한

---

29) 다음에서 살펴보듯이 재건축사업에서 수개의 부동산 보유자가 그 일부를 양도하여 다수의 토지등소유자가 되었고, 그중 양수인은 조합설립에 동의하였으나, 양도인은 동의하지 않은 채 현금청산대상자가 되는 경우, 양수인에 대하여 조합원 지위를 인정하는 것(대법원 2023. 6. 29. 선고 2022두56586 판결)과의 균형상 이는 타당하다.

30) 투기과열지구에 존재하는 회사의 사택에서 10년 이상 거주한 직원이 조합설립인가 이후 회사로부터 사택을 매수하여 소유권이전등기를 마친 경우에도 적용되지 아니한다(서울행정법원 2024. 11. 29. 선고 2024구합53437 판결).

31) 서울행정법원 2021. 6. 25. 선고 2020구합67780 판결(확정).

사항을 규정하고 있는 주택공급에 관한 규칙 53조도 "주택소유 여부를 판단할 때 분양권 등을 갖고 있거나 주택 또는 분양권 등의 공유지분을 소유하고 있는 경우에는 주택을 소유한 것으로 본다."고 규정하고 있다.

ⓑ 과반 또는 절대다수의 공유지분을 보유하고 있는 경우 이를 2주택 이상을 보유한 것과 특별히 다르게 볼 이유가 없다. 또한 이를 제외하는 경우 투기과열지구에서의 투기가 만연할 위험이 있다.

㉰ 주택공급에 관한 규칙 53조 1호(상속으로 주택의 공유지분을 취득한 사실이 판명되어 사업주체로부터 주택공급자격 등의 부적격자로 통보받은 날부터 3개월 이내에 그 지분을 처분한 경우에는 주택을 소유하지 아니한 것으로 본다)가 정비사업에 적용 또는 유추적용 된다고 보기 어렵다.[32] 그 논거는 다음과 같다.

ⓐ 법 39조 2항 단서 4호에서 '1주택자'인지 여부는 조합원 개인이 아니라 '1세대'를 기준으로 하여 판단하게 되는데, 위 규정에서의 세대는 세대별 주민등록표에 등재되어 있는지 여부를 불문하나, 주택공급에 관한 규칙에서의 '세대'는 반드시 세대별 주민등록표에 등재되어 있는 것을 전제로 하는 것으로서, 개념이 상이하다.[33]

ⓑ 주택공급에 관한 규칙 53조에서 정한 주택소유 여부 판정기준은 주택법상 사업주체가 공급하는 주택의 입주자를 선정하거나 사업계획상의 입주자를 확정하려는 경우 공급자격 또는 선정순위 확인을 위한 무주택기간 및 주택소유 여부 등을 판정하기 위한 것임에 반해, 법 39조 2항 본문은 투기과열지구 안에서 투기수요를 차단하는 데에 그 목적이 있고, 그 예외사유로 규정된 같은 항 단서 각 호의 사유들은 조합원인 양도인이 투기 목적 없이 실제 거주지를 이전할 목적 등으로 재건축 대상 부동산을 양도하는 것에 지나친 어려움이 없도록 고려한 것이므로, 주택공급에 관한 규칙과 도시정비법의 위 각 규정들은 서로 그 목적 및 입법취지가 다르다.

③ 양도와 관련한 쟁점

㉮ 정비구역 내 1주택 소유자가 주택에 관한 매매계약을 체결하였고 매매계약에서 중도금, 잔금 지급기일을 정하였으며, 이에 따라 양도인이 양수인에게 소유권이전등기를 마쳐 주었으나, 양도인이 소유권이전등기를 경료하여 주기 전에 다른 주택을 매매하는 계약을 체결하고, 소유권이전등기까지 마쳤다면(민법 186조는 부동산의 권리변동은 등기를 기준으로 판단한다), 소유권이전등기 당시 양도인은 형식상 2주택자이므로, 양수인이 조합원의 지위를 취득할 수 없는지 여부가

32) 서울행정법원 2021. 6. 25. 선고 2020구합67780 판결(확정).

33) 주택공급에 관한 규칙 2조(정의)
이 규칙에서 사용하는 용어의 뜻은 다음과 같다.
2의 3. "세대"란 다음 각 목의 사람(이하 '세대원'이라 한다)으로 구성된 집단(주택공급신청자가 세대별 주민등록표에 등재되어 있지 않은 경우는 제외한다)을 말한다.
가. 주택공급신청자
나. 주택공급신청자의 배우자
다. 주택공급신청자의 직계존속(주택공급신청자의 배우자의 직계존속을 포함한다)으로서 주택공급신청자 또는 주택공급신청자의 배우자와 같은 세대별 주민등록표에 등재되어 있는 사람
라. 주택공급신청자의 직계비속(직계비속의 배우자를 포함한다)으로서 주택공급신청자 또는 주택공급신청자의 배우자와 세대별 주민등록표에 함께 등재되어 있는 사람
마. 주택공급신청자의 배우자의 직계비속으로서 주택공급신청자와 세대별 주민등록표에 함께 등재되어 있는 사람

문제된다.

㈏ 1세대 1주택자로서 주택의 '양도'는 민법 186조가 아니라 구체적 사정에 따라 실질적으로 판단하여야 하는바, 정비구역 내 부동산을 소유한 조합원이 해당 주택을 매도하는 계약을 체결한 이후에 다른 주택을 매수하는 계약을 체결하였고, 등기를 경료하는 과정에서 일시적으로 2주택을 소유하게 되었으나, 그것이 연속하여 체결된 각 매매계약에서 정한 소유권이전등기 이행시점의 선후에 따라 우연히 매도 주택과 매수 주택의 소유가 일시적으로 양도인에게 중첩되었기 때문으로 조합원이 재건축 대상 주택에 대한 실질적인 처분권을 상실한 시점에서 다른 주택의 소유권을 취득한 것에 불과하다면(통상적으로는 양도인이 양수인으로부터 중도금까지 지급받아 더 이상 주택에 관한 매매계약을 임의로 해제할 수 없어 실질적으로 주택에 관한 처분권을 상실한 상태에서 새롭게 매수한 주택에 대한 소유권이전등기를 마쳤다면), 양도인이 1세대 1주택자로서 주택을 양도한 경우에 해당한다고 보아야 할 것이다.[34)]

주택을 매도하는 경우 매도인은 새로운 주거지를 마련하기 위하여 신속히 새로운 주택을 매수하는 것이 거래의 일반적 관행임에도, 등기가 마쳐진 시점만을 기준으로 형식적으로 판단하는 경우, 조합원이 실제 거주지를 이전할 목적으로 재건축 대상 주택을 양도하고 새로운 주택을 매수함에 지나친 어려움이 발생하지 않도록 하기 위함인 법 39조 2항 단서 4호 규정의 취지에 부합하지 않고, 재건축주택의 양수인에게도 불측의 사정으로 인하여 조합원 지위를 인정받지 못하는 중대한 피해를 준다는 점에서 위 판례 견해는 타당하다.

④ 지분 별 1세대 1주택자로서 법정기간 소유 및 거주가 다른 경우

주택의 1/2 지분권자인 甲은 1세대 1주택자로서 법정의 소유 및 거주기간을 갖추었으나, 또 다른 지분권자인 乙은 위 요건을 구비하지 못하였는데(1세대 1주택자가 아니거나 기간요건을 구비하지 못한 경우 등), 양수인이 위 각 지분 전부를 양수한 경우 조합원 지위를 취득하여 수분양권을 받을 수 있는지 여부가 문제된다.

지분 양도에 있어 양수인의 조합원 지위 취득 여부는 지분별로 양도인의 법정기간 소유 및 거주인지 여부에 의하여 결정된다(대표조합원은 조합운영의 절차적 편의를 위한 것으로서, 대표조합원을 기준으로 할 수는 없다). 甲의 1/2 지분에 대하여 양수인은 조합원 지위의 취득이 가능하고, 乙의 1/2 지분에 대하여는 조합원 지위의 취득이 불가능하므로, 조합은 양수인을 상대로 위 지분에 대하여는 수용 또는 매도청구가 가능하다.[35)] 한편 양수인은 토지의 1/2 지분권자로서 해당 토지등의 권리가액에 해당하는 아파트의 1/2 지분에 대하여 분양신청을 할 수 있다.

---

34) 서울행정법원 2019. 11. 22. 선고 2019구합65702 판결(확정). 서울행정법원 2019. 12. 3. 선고 2019구합61700 판결(양도는 물권변동의 원인행위가 되는 매매계약 체결을 의미하는 것으로 보아야 한다고 판시하였으나, 양도인이 해당 주택을 매도하는 계약을 체결한 후, 다른 주택을 매수하는 계약을 체결하였고, 양도인이 양수인으로부터 중도금까지 지급받아 더 이상 주택에 관한 매매계약을 임의로 해제할 수 없어 실질적으로 주택에 관한 처분권을 상실한 상태에서 새롭게 매수한 주택에 대한 소유권이전등기를 마친 사안이다. 확정), 이는 모두 토지등의 매매 등으로 조합원의 권리가 이전된 경우의 조합원 교체로서 경미한 사항의 변경임을 이유로 조합이 조합설립변경인가를 신청하였으나, 관할 행정청이 조합원 자격이 양수될 수 없음을 들어 수리를 거부하였고, 위 수리거부처분의 취소를 구하는 사안이다.

35) 서울고등법원 2022. 3. 17. 선고 2021나2019406 판결(현재 대법원 2022다228230호로 계속 중), 재건축사업에서 수개의 부동산 보유자가 그 일부를 양도하여 다수의 토지등소유자가 되었고, 그중 양수인은 조합설립에 동의하였으나, 양도인은 동의하지 않은 채 현금청산대상자가 되는 경우, 양수인에 대하여 조합원 지위를 인정하는 것(대법원 2023. 6. 29. 선고 2022두56586 판결)과의 균형상 이는 타당하다.

5호: 80조에 따른 지분형주택을 공급받기 위하여 건축물 또는 토지를 토지주택공사등과 공유하려는 경우

6호: 공공임대주택, 공공주택 특별법에 따른 공공분양주택의 공급 및 대통령령으로 정하는 사업(공공재개발사업 시행자가 상가를 임대하는 사업, 법 시행령 37조 2항)을 목적으로 건축물 또는 토지를 양수하려는 공공재개발사업 시행자에게 양도하려는 경우[36)]

7호: 그 밖에 불가피한 사정으로 양도하는 경우로서 대통령령으로 정하는 경우

법 시행령 37조 3항은 불가피한 사정으로 양도하는 경우 등에 관하여 다음과 같이 규정하고 있다.

① 조합설립인가일부터 3년 이상 사업시행계획인가의 신청이 없는 재건축사업의 건축물을 3년 이상 계속하여 소유하고 있는 자(소유기간을 산정할 때 소유자가 피상속인으로부터 상속받아 소유권을 취득한 경우에는 피상속인의 소유기간을 합산한다. 이하 2호 및 3호에서 같다)가 사업시행계획인가의 신청 전에 양도하는 경우

② 사업시행계획인가일부터 3년 이내에 착공하지 못한 재건축사업의 토지 또는 건축물을 3년 이상 계속하여 소유하고 있는 자가 착공 전에 양도하는 경우

③ 착공일부터 3년 이상 준공되지 않은 재개발사업·재건축사업의 토지를 3년 이상 계속하여 소유하고 있는 경우

④ 법률 제7056호 도시정비법 일부개정법률 부칙 2항에 따른 토지등소유자(투기과열지구로 지정된 지역에서의 재건축사업의 경우 조합설립인가 이후 토지등을 양수한 자는 조합원이 될 수 없다는 규정이 도입된 2003. 12. 31.자 법률 제7056호 개정법률 부칙에서 위 규정 시행 전에 투기과열지구로 지정된 지역에서 이미 조합설립인가 이후 토지등을 양수한 자는 조합원 자격을 취득할 수 있는데, 그와 같은 토지등소유자)로부터 상속·이혼으로 인하여 토지 또는 건축물을 소유한 자

⑤ 국가·지방자치단체 및 금융기관(주택법 시행령 71조 1호 각 목의 금융기관을 말한다)에 대한 채무를 이행하지 못하여 재개발사업·재건축사업의 토지 또는 건축물이 경매 또는 공매되는 경우

㉮ 입주자가 은행법에 따른 은행, 중소기업은행, 상호저축은행, 보험회사, 그 밖의 법률에 따라 금융업무를 수행하는 기관으로서 국토교통부령으로 정하는 기관으로부터 주택구입자금을 대출받아 그 채권의 담보목적으로 설정된 근저당권 임의경매절차에서 매수한 경우에 조합원이 될 수 있다(주택법 시행령 1호 각목).[37)]

㉯ 개인에 대한 채무불이행으로 실행되는 임의경매, 집행권원에 따른 강제경매의 매수인은

36) 위 규정은 법이 2021. 4. 13. 개정되면서 도입되었다. 공공재개발사업 시행자에 대한 양도와 관련한 내용은 제1편 제2장 Ⅱ. 3. "다. 공공재개발의 특유 내용과 평가"에서 자세히 살펴보았다.

37) 경매 또는 공매의 낙찰자는 조합원 자격을 취득하는 것이 일반적이나, 입찰 시 토지등소유자의 조합원 자격, 분양권의 개수, 지분 쪼개기의 대상인지 여부 등에 관하여 주의를 기울여야 한다. 예를 들면, 경매목적물의 소유자가 정비구역 내에 다(多)물건 소유자인지 여부를 우선적으로 확인하여야 한다. 왜냐하면, 법 39조 1항 3호에 의하여 조합설립인가 후 1명의 토지등소유자로부터 토지 또는 건축물의 소유권이나 지상권을 양수하여 여러 명이 소유한 경우 그 여러 명을 대표하는 1명을 조합원으로 보아 원칙적으로 1주택만을 분양받을 수 있기 때문이다. 매매의 경우에는 법 122조 1항에 의하여 매도인이 이를 고지할 의무가 있으나, 경매나 공매의 경우에는 경매목적물 소유자가 이를 고지할 의무가 없으므로, 조합 사무실 등을 통하여 이를 반드시 확인하여야 한다.

조합원 자격을 취득하지 못한다. 이는 개인에 대한 채무불이행이라는 형식으로 경매절차를 이용하여 조합원 자격 승계제한을 회피하는 탈법행위를 원천적으로 봉쇄하기 위한 것이다. 나아가 위 금융기관이 아니거나 위 금융기관이라 하더라도 주택구입자금 명목에 따른 근저당권에 따른 경매가 아닌 경우에는 적용될 수 없다.

⑥ 주택법 63조 1항에 따른 투기과열지구로 지정되기 전에 건축물 또는 토지를 양도하기 위한 계약(계약금 지급 내역 등으로 계약일을 확인할 수 있는 경우로 한정한다)을 체결하고, 투기과열지구로 지정된 날부터 60일 이내에 부동산거래신고법 3조에 따라 부동산 거래의 신고를 한 경우

라. 39조 1항 2호 및 3호 해석상의 쟁점

(1) 조합설립인가 이후 세대원들이 소유권 양도 시 양수인 지위

다수의 토지등을 소유하는 수인이 1세대를 구성하고, 조합설립인가 이후 세대원들이 자신들 소유 토지등을 양도한 경우의 수분양적격, 즉 재개발사업에서 A, B, C, D가 1세대로서 각각 수개의 토지등을 소유하다가 조합설립인가 이후 A가 자신의 토지등 중 일부를 갑에게 양도하고, B가 자신의 토지등 중 일부를 을에게 양도하며, C가 자신의 부동산 전부를 병에게 양도한 경우, A, B, 甲, 乙, 丙, D가 1개의 수분양권을 가지는지(중첩적용) 또는 A, 甲 1조합원, B, 乙 1조합원, 丙, D 각 1조합원(3호만 적용/2호 배제)으로 볼 것인지 여부가 문제되나, 중첩적용함이 타당하고 판례[38]도 같은 견해이다. 자세한 내용은 제7편 제2장 제1절 Ⅲ. "3. 39조 1항 2호 및 3호 관련"에서 살펴본다.

(2) 재건축사업에서 수개의 부동산 보유자가 그중 일부만 양도한 경우 양도인의 조합설립동의와 무관하게 양수인의 조합설립동의서 제출 가능 여부 및 분양신청 방법

㈎ 문제의 소재

재개발사업에서 조합설립인가 이후 수개의 토지등소유자가 그 일부를 양도한 경우, 해당 토지등소유자는 전체가 당연히 1조합원이 되고, 그 경우 대표조합원을 선임하여야 하며, 만일 대표조합원을 선임하지 아니한 채 그중 일부라도 분양신청기간 내에 분양신청하지 않고 현금청산대상자가 된다면 전원이 현금청산대상자가 되어야 한다. 그러나 재건축사업에서 조합설립인가 이후 수개의 토지등소유자가 그 일부를 양도하여 다수의 토지등소유자가 되었고, 그중 양수인은 조합설립에 동의하였으나, 양도인은 조합설립에 동의하지 않은 채 현금청산대상자가 되는 경우, 양수인이 조합원 자격을 취득하는지 여부, 그 경우 양수인은 양도인 및 양수인 모두를 토지등소유자로 하여 대표조합원을 선임하여 분양신청을 하여야 하는지 여부가 문제된다. 참고로 재건축사업에서 1개의 토지등의 소유권 또는 구분소유권이 여러 명의 공유에 속하는 경우에는 해당 토지등의 소유자가 조합설립에 동의한 것으로 보기 위해서는, 공유자들의 대표자가 조합설립에 동의하거나 대표자의 선임 없이 공유자 전원이 조합설립에 동의할 것을 요하고, 그중 일부만 조합설립에 관하여 동의한 경우에는 유효한 조합설립 동의가 있다고 볼 수 없다(대법원 2017. 2. 3. 선고 2015두50283 판결).

---

38) 대법원 2023. 6. 29. 선고 2022두56586 판결.

(나) 판례[39)]

① 양도인과 무관하게 양수인의 독자적인 조합설립동의서 제출에 의한 조합원 자격 취득 가능

양수인은 양도인과 무관하게 독자적인 조합설립동의서의 제출로 조합원 자격 취득이 가능하다. 그 근거는 다음과 같다.

ⓐ 양도인의 조합설립동의 여부는 양도인 본인의 조합원 자격 취득 여부에만 영향을 미치고 양도인의 동의 여부에 따라 양수인이 조합원 자격을 취득할 수 있는지 여부가 달라지거나 조합원의 수에 관한 법적용이 달라진다고 해석할 수는 없다.

ⓑ 양수인은 양도인이 재건축사업에 동의했는지 여부와 관계없이 법 39조 1항에 따라 재건축사업에 동의하는 조합설립동의서를 제출함으로써 조합원의 자격을 취득하되, 법 39조 1항 각 호에 해당하는 경우에는 그 수인을 대표하는 대표조합원 1인을 선출하여 그 1인을 조합에 등록할 수 있다.

ⓒ 양수인에게만 단독의 조합원을 인정한다 하더라도(부동산 양수인이 다수이고, 그들 모두가 조합설립에 동의한 경우에는 그들 전체에 대하여 1조합원의 지위 및 하나의 분양신청권만 인정한다), 전체 조합원이나 수분양권의 숫자가 증가하지는 아니하므로 기존 조합원의 권리가 침해될 우려는 없다.

② 대표조합원 선임 여부

법 39조 1항 본문의 규정 체계 및 '그 여러 명을 대표하는 1인을 조합원으로 본다.'라는 명시적인 문언에 비추어 보면, 대표조합원을 선임하는 경우는 수인의 토지등소유자들이 모두 조합원임을 전제로 하므로, 조합설립에 동의하지 아니하여 조합원이 아닌 양도인과 조합설립동의서를 제출하여 조합원이 된 양수인 사이에 대표조합원을 선임할 필요가 없다. 다만, 조합설립에 동의한 양수인이 다수이거나 양도된 토지등을 수인이 공유한 경우에는 대표조합원을 선임하여야 한다.

3. 대표조합원

가. 대표조합원 선임

법 39조 1항은 공유자뿐만 아니라 다양한 경우 다수의 토지등소유자들에 대하여도 그 여러 명을 대표하는 1명을 조합원으로 본다고 규정하여 1조합원 지위만 인정하고 있다. 이에 따라 대표조합원 선임의 필요성이 논의된다.

(1) 국토부 표준정관

제9조(조합원의 자격 등)

④ 토지 또는 건축물의 소유권과 지상권이 수인의 공유에 속하는 때에는 그 수인을 대표하는 1인을 조합원으로 본다. 이 경우 그 수인은 대표자 1인을 대표조합원으로 지정하고 별지의

39) 대법원 2023. 6. 29. 선고 2022두56586 판결.

대표조합원 선임동의서를 작성하여 조합에 신고하여야 하며, 조합원으로서의 법률행위는 그 대표조합원이 행한다.

표준정관은 [별지]로 대표조합원 선임동의서를 마련해 두고 있다.

⑵ 규정의 취지

토지 등의 소유권과 지상권이 수인의 공유에 속하는 때에는 그 수인은 1조합원의 지위에 있는바, 그 경우 대표조합원을 선임하도록 하는 것은, 대표조합원 1인 외의 나머지 공유자들을 조합과의 사단적 법률관계에서 완전히 탈퇴시켜 비조합원으로 취급하겠다는 취지로 해석할 수는 없고, 공유자 전원을 1인의 조합원으로 보되 공유자 전원을 대리할 대표조합원 1인을 선출해 그 1인을 조합에 등록하도록 함으로써 조합 운영의 절차적 편의를 도모함과 아울러, 조합규약이나 조합원총회 결의 등에서 달리 정함이 없는 한 공유자 전원을 1인의 조합원으로 취급해 그에 따른 권리분배 등의 범위를 정하겠다는 의미이다. 특히 조합으로서는 공유자들을 대표할 1인을 선출하게 하여 그 1인을 조합에 등록하고, 조합원으로서의 행위는 그 대표조합원이 행하도록 함으로써 조합의 효율적이고 안정적인 운영이 가능하다.[40]

⑶ 대표조합원 선임동의서 형식과 관련한 쟁점

㈎ 문제의 소재

대표조합원 선임동의서의 경우에도 법 시행규칙 별지 4호 서식(조합설립추진위원회 구성동의서), 별지 6호 서식(조합설립동의서)과 같은 서면에 법 36조 1항의 동의방법인 성명을 적고 지장을 날인하며 신분증명서 사본을 첨부하는 등의 엄격한 형식을 요하는지 여부가 문제된다.

㈏ 판단(불요)

도시정비법령에서는 대표조합원 선임동의서라는 법정의 서식이 없는 점, 법 36조 1항은 자서와 지장날인 등 엄격한 형식을 요구하는 동의사안에 대하여 한정적으로 열거하고 있는 것으로 해석되는바, 대표조합원 선임동의에 대하여는 명시적으로 규정하고 있지 않는 점 등에 비추어 보면, 다수의 토지등소유자를 대표하는 1인을 대표자로 지정하는 의사만 표시되면 족하다 할 것이다. 다만, 정관은 공법인인 조합과 조합원에 대하여 구속력을 가지는 자치법규이므로, 정관에 대표조합원 선임동의서 서식이 규정되어 있는 경우 이에 따라야 한다.

⑷ 선임요건

제3장 제2절 "Ⅲ. 대표소유자를 통한 동의 여부"에서 살펴본 바와 같이 종래에는 토지등소유자 전원 합의에 의하여 대표조합원을 선임하여야 하고, 재개발구역의 전통시장법 2조에 따른 전통시장 및 상점가로서 1필지의 토지 또는 하나의 건축물을 여럿이서 공유하는 경우에만 예외를 규정하고 있었으나, 법 시행령 33조 1항 1호 가목이 2024. 3. 19. 개정되어 모든 주거환경개선사업, 재개발사업의 경우에는 해당 토지 또는 건축물의 토지등소유자의 4분의 3 이상의 동의를 받

---

40) 대법원 2009. 2. 12. 선고 2006다53245 판결, 대법원 2021. 9. 30. 선고 2021다230144 판결.

아 이를 대표하는 1인을 토지등소유자로 선정할 수 있다.

국토부 표준정관상으로는 대표조합원 선임동의를 위하여 인감도장을 날인하고 인감증명서를 첨부하도록 규정하고 있으나, 서울, 부산, 광주 등 시·도지사가 마련한 표준정관에 따라 실무상 조합 정관은 조합설립동의서와 같이 위임자가 성명을 적고 지장을 날인하며, 신분증명서의 사본을 첨부하는 방법으로 대표조합원 선임동의서를 작성하도록 규정하고 있다.

나. 대표조합원의 지위

(1) 대표조합원이 선임된 경우의 법률관계

(가) 대표조합원이 선임된 경우 조합원으로서의 행위는 그 대표조합원이 행할 때에 한하여 적법하다. 조합으로서도 총회소집통지 등은 그 대표조합원에 대한 것으로 족하다. 대표조합원은 공유자들 내부의 의사결정이 무엇이든 자유롭게 의사를 표시할 수 있고, 그 표시는 유효하다. 대표조합원을 선임한 경우 조합원으로서의 법률행위는 원칙적으로 대표조합원이 행하나, 다음에서 살펴보듯이 대표조합원이 행하는 대신 조합원들이 일치하여 법률행위를 하는 것도 무방하다.

(나) 앞서 본 바와 같이 대표조합원을 선임한다 하더라도, 나머지 공유자나 토지등소유자들을 모두 조합과의 사단적 법률관계에서 완전히 탈퇴시켜 비조합원으로 취급하겠다는 취지로 해석할 수는 없으므로, 사업시행자는 공유자나 토지등소유자들에게 개발이익 등을 분배함에 있어 다른 일반조합원에 대한 관계에서나 공유자들 상호간의 관계에서 형평이 유지되도록 하여야 하고, 대표조합원 1인에게 그 공유지분에 관한 개발이익을 초과하여 다른 공유자 등에게 분배하여야 할 개발이익까지 임의로 분배하는 등 형평에 현저히 반하는 권리분배를 내용으로 하는 조합의 결의는 효력이 없다.[41)]

(2) 대표조합원이 선임되지 아니한 경우의 권리행사

앞서 추진위원회의 대표소유자의 지위에서 살펴본 바와 같이 대표조합원을 선임하지 아니한 경우 불이익에 대하여 정관에는 아무런 규정이 없으므로, 공유자 등이 대표소유자를 선임하지 않은 채 각자 토지등소유자의 지위에서 권리를 행사할 수 있다. 따라서 공유 등으로 인하여 다수가 1인의 토지등소유자에 해당함에도 대표소유자 선임동의서 미제출의 경우에는 공유자 전부에 대하여 총회 소집통지를 하여야 하고, 그중 일부라도 누락하면 적법한 소집통지로 볼 수 없다(분양신청통지도 각각의 소유자에게 하여야 한다).

대표조합원을 선임하지 않았다 하더라도, 조합원 전원이 일치된 행위를 하는 경우에는 하나의 조합원으로서의 행위로 인정될 수 있다. 다만 일부라도 다르게 행위한 경우 그 전체를 조합원의 행위로 인정할 수 없다. 그러나 조합원 전원이 동시에 행위함을 요하지는 아니한다.

총회에서의 의결권도 사전에 대표조합원 선임동의서가 제출된 대표조합원이 행사하나, 대표조합원 선임동의서가 제출되지 아니한 경우, 소(공)유자들 전부가 총회에 참석하여 동일한 내용

---

41) 대법원 2009. 2. 12. 선고 2006다53245 판결 등 참조.

의 의결권을 행사하거나 동일한 내용의 서면결의서를 제출하는 등의 방법도 위법하지는 않다. 그러나 수인의 공유자들 중 1인이 대표조합원 선임동의서가 제출되지 않았음에도, 단독으로 서면결의서를 제출하거나 단독으로 출석하여 의결권을 행사하는 경우 총회결의의 의사정족수에 포함시킬 수 없다.[42)]

다. 대표조합원 변경 및 위임 철회

(1) 앞서 본 바와 같이 대표조합원은 공유자들 내부의 의사결정에 반하여 유효하게 의사를 표시할 수 있으므로, 대표조합원의 변경을 인정하여야 한다. 대표조합원의 변경과 관련하여 국토부 표준정관에는 아무런 규정이 없다. 종래에는 조합원 전원이 일치하여 새로운 특정인을 대표자로 하는 [별지 대표조합원 선임동의서]를 작성하여 조합에 이를 신고하는 방법으로 대표조합원의 변경이 가능하였으나, 법 시행령 33조 1항 1호 ㈎목이 2024. 3. 19. 개정되어 모든 주거환경개선사업, 재개발사업의 경우에는 해당 토지 또는 건축물의 토지등소유자의 4분의 3 이상의 동의를 받아 대표조합원의 변경이 가능하다.

(2) 만일 소(공)유자 중 일부가 대표조합원과 의견이 상충하는 경우, 대표조합원 선임 동의를 철회할 수 있는지 여부가 문제되는바, 대표조합원 선임계약은 법적 성격이 위임계약으로서 이는 각 당사자가 언제든지 해지할 수 있으므로(민법 689조 1항), 일부 소유자의 대표조합원에 대한 위임철회는 가능하고, 이로써 대표조합원의 지위는 상실된다 할 것이다.

다만, 법적 안정성을 위하여 법 시행령 33조 3항의 동의 철회규정을 유추적용하여 소(공)유자는 철회의사가 기재된 서면에 주민등록증 및 여권 등 신원을 확인할 수 있는 신분증명서 사본을 첨부하여 대표조합원 및 조합에게 내용증명 우편의 방법으로 발송하여야 한다고 봄이 타당하다.

Ⅳ. 조합설립인가의 기타 효과

1. 소재불명자 소유 토지등에 대한 공탁 후 정비사업시행 가능

가. 공 탁

(1) 사업시행자가 정비사업을 시행함에 있어 조합설립인가일(토지등소유자가 20인 미만이고 조합설립 없이 개인이 시행하는 재개발사업의 경우에는 사업시행계획인가일)[43)] 현재 건축물 또는 토지 소유자의 소재확인이 현저히 곤란한 경우에는 전국적으로 배포되는 둘 이상의 일간신문에 2회 이상 공고하고, 공고한 날부터 30일 이상이 지난 때에는 그 소유자의 해당 건축물 또는 토지의 감정평가액에 해당하는 금액을 법원에 공탁하고 정비사업을 시행할 수 있다(법 71조 1항 1호, 2호). 다만, 감정평가는 종전자산 및 종후자산 또는 권리를 평가할 때와 마찬가지로 시장·군수등이 선정·계약한 2인 이상의 감정평가법인등이 평가한 가액을 산술 평균한 금액(재개발사업), 시

---

42) 대법원 2021. 9. 30. 선고 2021다230144 판결.

43) 법 26조 1항(시장, 군수, 토지주택공사 등에 의한 정비사업의 공공시행)에 따라 시장·군수등, 토지주택공사등이 정비사업을 시행하는 경우에는 같은 조 2항에 따른 지방자치단체공보 고시일, 27조 1항(신탁업자 등에 대한 정비사업의 지정개발)에 따라 지정개발자를 사업시행자로 지정하는 경우에는 같은 조 2항에 따른 지방자치단체공보 고시일.

장·군수등이 선정·계약한 1인 이상의 감정평가법인등과 총회의 의결로 선정·계약한 1인 이상의 감정평가법인등이 평가한 가액을 산술 평균한 금액(재건축사업)으로 산정한다(법 71조 4항). 시가로 감정하되, 감정평가 기준시점은 조합설립인가·고시일로 봄이 타당하다.

앞서 본 바와 같이 소재불명자는 소재가 확인되지 아니한다는 이유로 동의의 대상인 토지등 소유자의 수에서 제외되는 등 자신의 의사가 전혀 반영되지 아니한 채 정비사업의 대상이 된다. 나아가 위와 같이 사업시행자가 행정주체의 지위를 취득한 이후에는 일방적으로 그의 의사와 무관하게 정비사업을 시행할 수 있다. 이는 공익을 위하여 사실상 사익이 희생되는 결과를 초래한다.

(2) '정비사업을 시행할 수 있다'는 의미는 사업시행계획서를 작성하여 인가받고, 분양신청통지(재개발사업에서는 조합원이다), 관리처분계획 수립 후 인가 등을 받을 수 있다는 것을 의미한다. 다만, 일반분양을 위한 입주자모집은 재건축사업의 경우 적어도 사업시행자가 소재불명자에 대하여 다음에서 살펴보듯이 64조에 따른 매도청구소송을 통하여 법원의 승소판결을 받은 후 입주예정자에게 피해가 없도록 손실보상금을 공탁하고 분양예정인 건축물을 담보한 경우에 한하여 법원의 승소판결이 확정되기 전이라도 가능하나, 83조에 따른 준공인가 신청 전까지 해당 주택건설 대지의 소유권을 확보하여야 한다(법 79조 8항). 재개발사업의 경우 다음에서 살펴보듯이 소재불명자의 토지등을 수용하여야 입주자모집이 가능하다.

나. 소유권 취득

(1) 쟁점

법 71조 1항은 정비사업 시행의 전제로 공탁을 규정할 뿐, 해당 소재불명자의 토지등을 조합 등 사업시행자가 이로써 부동산을 취득하는 것으로 볼 수는 없으므로, 위 토지등의 취득절차나 방법이 문제된다.

(2) 판단

도시정비법상 아무런 규정이 없다.

재건축사업의 경우 조합은 법 64조 1항에 따른 매도청구에 의하여 소재불명자의 소유권을 취득하여야 한다(매도청구소송의 경우 공시송달절차로 진행되어야 하고, 소송과정에서 시가감정한 결과 이미 공탁한 금액보다 상회하면 그 차액을 공탁하여야 한다[44]).

재개발사업의 경우 사업시행계획인가 이후 소재불명자에 대하여도 분양신청통지가 필요하나, 민법 113조가 표의자가 과실 없이 상대방의 소재를 알지 못하는 경우의 의사표시는 민사소송법 공시송달의 규정에 의하여 송달할 수 있다고 규정하고 있으므로, 분양신청통지는 공시송달의 방법에 의한다 할 것이고, 그 경우 소재불명자는 사실상 분양신청 등의 의사표시를 할 수 없으므로, 결국은 현금청산대상자가 될 수밖에 없다. 그 경우 보상협의가 불가능하므로, 곧바로 수용절

44) 공시송달에 의한 매도청구소송의 경우 소재불명자인 토지등소유자가 매매대금지급과의 동시이행의 항변을 할 수 없으므로 이를 어떻게 고려할 것인가라는 변론주의상의 문제가 있으나, 매도청구소송의 판결 주문에 공탁을 조건으로 표시하는 것이 가능하다[이우재·박치범, 전게서(하), 120].

차를 통해 재결보상금(이미 공탁한 금액보다 상회하면 그 차액을 공탁하여야 한다)을 공탁한 후 소유권을 취득한다.

2. 후속행위 가능

정비사업은 조합의 설립, 사업시행계획, 관리처분계획 등의 단계를 거쳐 순차 진행되고, 각 단계에서 선행 행정처분이 이루어짐에 따라 후속절차가 진행되는 것이 정비사업의 특성이므로, 조합설립인가에 따라 후속행위가 가능하다.

3. 재건축사업의 고유 효과

재건축사업을 시행하는 경우 조합설립인가일 현재 조합원 전체의 공동소유인 토지 또는 건축물은 조합 소유의 토지 또는 건축물로 본다(법 71조 2항). 위 규정에 따라 조합 소유로 보는 토지 또는 건축물의 처분에 관한 사항은 관리처분계획에 명시하여야 한다(법 71조 3항).

제2절 정 관

Ⅰ. 정관의 확정과 표준정관

1. 정관의 확정

조합 정관은 조합의 조직, 운영 및 활동, 조합원의 권리의무관계 등 단체법적 법률관계를 규율하는 자치법규이다.[45] 조합이 관련 법령 및 기준을 준수하면서 정비사업을 안정적·효율적으로 추진할 수 있도록 하는 것이 목적이다.

추진위원장 등은 법 40조 2항에 의하여 작성, 보급된 표준정관을 기초로 정비구역 실정에 맞게 수정, 보완한 정관안을 마련한 후, 정비구역 내 토지등소유자등을 대상으로 의견수렴절차를 거쳐, 추진위원회 회의를 통하여 최종 '정관'안을 확정한다(창립총회는 주민총회와 유사하고, 주민총회 부의안건은 추진위원회 의결사항이다. '추진위원회 표준운영규정' 25조 1항 3호). 정관 기재사항에 대하여는 다음에서 살펴본다.

추진위원회는 토지등소유자로부터 조합설립동의서를 징구한 후(동의내용으로 조합 정관을 승인한다는 부분이 포함된다. 법 시행규칙 별지 6호 서식). 창립총회에 정관에 관한 안건을 상정하여 토지등소유자 과반수의 출석과 출석한 토지등소유자의 과반수의 찬성으로 의결한다. 이후 조합이 설립인가를 받고 등기를 마치면, 조합의 설립등기일부터 자치규범으로서 정관이 효력을 발생한다(다만, 창립총회에서 정관이 의결되면 조합설립인가 및 등기이전이라도 토지등소유자들을 구속하는 효력이 있는바, 앞서 본 바와 같이 창립총회에서의 조합임원 및 대의원의 선임은 확정된 정관에서 정하는 바에 따라 선출한다. 법 시행령 27조 5항 단서).

45) 대법원 2013. 12. 26. 선고 2011두8291 판결.

2. 표준정관

구 법(2019. 4. 23. 법률 제16383호로 개정되기 전의 것) 40조 2항은 국토부장관은 조합 정관에 기재할 사항이 포함된 표준정관을 작성하여 보급할 수 있다고 규정하고 있었고, 이에 따라 국토부장관이 2003. 6. 30. 주택재개발표준정관, 주택재건축표준정관을 작성하여 보급하였으며, 주택재건축표준정관은 2006. 8. 25. 개정되어 현재에 이르고 있다.

그 후 2019. 4. 23. 법이 개정되어 시·도지사가 표준정관을 작성하여 보급할 수 있다고 규정하고 있다. 이에 부산시가 2021. 1. 19., 서울시는 2024. 11. 7., 광주시는 2025. 1. 9. 각 표준정관을 작성하여 보급하였다.

표준정관은 예시에 불과할 뿐, 법적 구속력이 없다. 그러나 표준정관은 도시정비법의 위임을 받아 제정된 것이고, 또한 다음에서 살펴보듯이 법 40조 1항, 법 시행령 38조 1항 및 서울시 조례 22조는 다수의 필요적 정관기재사항을 규정하고 있는데, 조합이 그와 같은 내용을 모두 포함하여 독자적으로 정관을 제정하는 것이 용이하지 않고, 만일 이를 누락하는 경우 정관으로서의 효력이 없으며, 조합설립인가를 받을 수 없다는 위험 부담도 있으므로, 대부분의 정비사업 실무에서는 조합이 표준정관을 그대로 채용하여 사용하는 듯하다. 종래 조합은 국토부 표준정관을 기본으로 하여 정관을 작성하였으나, 위 표준정관은 개정 도시정비법령이 반영되어 있지 않아 현재 조합은 서울, 부산 및 광주 표준정관을 기본으로 하여 정관을 작성하는 경우가 증가하는 듯하다. 이하에서는 각각의 표준정관에 대하여 살펴본다.

Ⅱ. 정관의 법적 성격

1. 자치법규

가. 정관은 공법인인 '조합과 조합원'에 대하여 구속력을 가지는 자치법규이다. 따라서 조합의 기관 및 조합원이 이에 위반하여 활동하는 것은 원칙적으로 허용되지 아니한다.[46] 조합원은 정관으로 정한 조합원의 의무를 준수하여야 한다. 조합원 소유 토지등의 양수인 등 조합설립 이후 조합원의 지위를 취득한 자도 당연히 정관의 구속을 받게 된다. 다만, 다음에서 살펴보듯이 정식의 정관변경절차를 거치지 아니한 채 총회가 정관기재사항과 부합하지 아니하는 결의를 통하여 사실상의 정관변경이 가능하므로 주의를 요한다.

정관은 조합 외부의 제3자를 보호하거나 제3자를 위한 규정이라고 볼 것은 아니므로, 제3자가 조합을 상대로 정관 위반을 이유로 불법행위에 기한 손해배상을 청구할 수는 없다.[47]

---

46) 대법원 2009. 1. 30. 선고 2007다31884 판결, 대법원 2009. 6. 25. 선고 2007다31822, 2007다31839(공동소송참가) 판결.

47) 대법원 2019. 10. 31. 선고 2017다282438 판결(조합의 정관에서 '총회의결로 정한 예산의 범위 내에서의 용역계약 등'을 대의원회의 의결사항으로 정하고 있고, 대의원회 결의에 따라 기존에 조합과 위임계약을 체결하여 등기업무를 수행하는 법무사가 있음에도 불구하고, 조합장이 정관에 위반하여 임의로 법무사를 선정하여 등기업무의 위임을 맡긴 경우, 조합이 기존의 법무사에게 채무불이행책임을 부담함은 별론으로 하고, 특별한 사정이 없는 한 그 정관 규정이 조합 외부의 제3자를 보호하거나 제3자의 이익을 위한 규정이라고 보이지는 않으므로 정관 위반행위만으로 조합장이 조합 외부의 제3자인 기존 법무사에게 불법행위책임을 부담하지는 아니한다).

정관은 이를 작성한 조합원뿐만 아니라 그 후에 가입한 조합원이나 사단법인의 기관 등도 구속하는 자치법규이므로, 객관적인 기준에 따라 그 규범적인 의미 내용을 확정하는 법규해석의 방법으로 해석되어야 한다. 따라서 작성자의 주관이나 해석 당시의 조합원의 다수결에 의한 방법으로 자의적으로 해석될 수는 없고, 특히 어느 시점의 조합원들이 정관의 규범적인 의미 내용과 다른 해석을 총회의 결의라는 방법으로 표명하였다 하더라도 그 결의에 의한 해석은 조합원들이나 법원을 구속하는 효력이 없다.[48)]

나. 정관은 자치법규이므로 조합원의 의사를 충분히 반영하여 작성되어야 하고, 조합원의 권익을 보호할 수 있도록 작성되어야 한다(서울시 공공지원 정비사업 표준정관 제정 고시 2조 3항 및 4항).

2. 정관의 한계

가. 조합 정관은 도시정비법령 또는 조례상의 강행규정 및 이에 기한 행정청의 처분에 위반하지 않아야 한다. 따라서 권리산정기준일에 위반하여 조합원에게 수분양권을 부여하는 정관은 효력이 없다. 법령 및 관련 기준의 개정으로 정관의 변경이 필요한 경우에는 정관이 변경되기 이전이라 하더라도 개정된 법령 및 관련 기준을 따른다(서울시 공공지원 정비사업 표준정관 제정 고시 4조 3항).

나. 조합 정관은 그 내용이 선량한 풍속 기타 사회질서에 위반되지 않아야 한다. 다만, 정관의 내용이 사회관념상 현저히 타당성을 잃은 것이거나 정관으로 결정되는 절차가 현저히 정의에 어긋난 것으로 인정되는 경우 등을 제외하고는 일응 유효한 것으로 하여야 한다.[49)]

무허가건축물은 원칙적으로 관계 법령에 의하여 철거되어야 할 것인데도 그 소유자에게 조합원 자격을 부여하여 정비사업의 시행으로 인한 이익을 향유하게 하는 것은 위법행위를 한 자가 이익을 받는 결과가 되어 허용될 수 없으므로 모든 무허가건축물 소유자에게 조합원 자격을 부여하는 정관 규정은 효력이 없으나, 조합이 각자의 사정 내지는 필요에 따라 특정무허가건축물 소유자 등에게 제한적으로 조합원 자격을 부여하는 정관은 유효하다.[50)]

---

48) 대법원 2000. 11. 24. 선고 99다12437 판결.

49) 대법원 1992. 11. 24. 선고 91다29026 판결 참조, 대법원 2007. 7. 24. 자 2006마635 결정[민법 78조는 "사단법인은 총 사원 4분의 3 이상의 동의가 없으면 해산을 결의하지 못한다. 그러나 정관에 다른 규정이 있는 때에는 그 규정에 의한다."고 규정하고 있고, 구 도시정비법령은 조합의 해산은 총회의 의결을 거쳐야 하되 그 의결방법에 관하여 정관에서 정하도록 규정하고 있는바(현행 법 45조 1항 13호, 법 시행령 42조 1항 1호, 법 45조 3항은 조합의 해산은 총회의 의결을 거쳐야 하되, '정관'에 규정이 없으면 과반수의 출석과 출석 조합원의 과반수 찬성으로 한다), 민법 78조의 문언의 취지 및 구 도시정비법령상 해산결의의 최소요건을 규정하고 있지는 않은 점에 비추어, 주택재건축조합이 정관으로 해산결의의 요건을 정함에 있어 총 조합원 4분의 3 이상의 동의보다 완화하여 규정하는 것도 가능하고, 그것이 통상의 결의 요건에도 미달하는 등 현저히 타당성이 없는 경우가 아닌 한 유효하다].

50) 대법원 2009. 10. 29. 선고 2009두12228 판결.

Ⅲ. 정관의 기재사항

1. 규 정

법 제40조(정관의 기재사항 등)

① 조합의 정관에는 다음 각 호의 사항이 포함되어야 한다.

1. 조합의 명칭 및 사무소의 소재지
2. 조합원의 자격
3. 조합원의 제명·탈퇴 및 교체
4. 정비구역의 위치 및 면적
5. 제41조에 따른 조합의 임원의 수 및 업무의 범위
6. 조합임원의 권리·의무·보수·선임방법·변경 및 해임
7. 대의원의 수, 선임방법, 선임절차 및 대의원회의 의결방법
8. 조합의 비용부담 및 조합의 회계
9. 정비사업의 시행연도 및 시행방법
10. 총회의 소집 절차·시기 및 의결방법
11. 총회의 개최 및 조합원의 총회소집 요구
12. 제73조 제3항(현금청산대상자에 대한 관리처분계획인가·고시일로부터 90일 내 협의불성립임에도, 60일 이내 수용재결신청이나 매도청구소송 제기하지 아니함)에 따른 이자 지급
13. 정비사업비의 부담 시기 및 절차
14. 정비사업이 종결된 때의 청산절차(조합의 해산 이후 청산인의 보수 등 청산 업무에 필요한 사항을 포함한다)
15. 청산금의 징수·지급의 방법 및 절차
16. 시공자·설계자의 선정 및 계약서에 포함될 내용
17. 정관의 변경절차
18. 그 밖에 정비사업의 추진 및 조합의 운영을 위하여 필요한 사항으로서 대통령령으로 정하는 사항

법 시행령 제38조(조합 정관에 정할 사항)

법 제40조 제1항 제18호에서 "대통령령으로 정하는 사항"이란 다음 각 호의 사항을 말한다.

1. 정비사업의 종류 및 명칭
2. 임원의 임기, 업무의 분담 및 대행 등에 관한 사항
3. 대의원회의 구성, 개회와 기능, 의결권의 행사방법 및 그 밖에 회의의 운영에 관한 사항
4. 법 제24조 및 제25조에 따른 정비사업의 공동시행에 관한 사항
5. 전문관리업자에 관한 사항
6. 정비사업의 시행에 따른 회계 및 계약에 관한 사항
7. 정비기반시설 및 공동이용시설의 부담에 관한 개략적인 사항
8. 공고·공람 및 통지의 방법
9. 토지 및 건축물 등에 관한 권리의 평가방법에 관한 사항
10. 법 제74조 제1항에 따른 관리처분계획 및 청산(분할징수 또는 납입에 관한 사항을 포함한다)에 관한 사항
11. 사업시행계획서의 변경에 관한 사항

12. 조합의 합병 또는 해산에 관한 사항
13. 임대주택의 건설 및 처분에 관한 사항
14. 총회의 의결을 거쳐야 할 사항의 범위
15. 조합원의 권리·의무에 관한 사항
16. 조합직원의 채용 및 임원 중 상근(常勤)임원의 지정에 관한 사항과 직원 및 상근임원의 보수에 관한 사항
17. 그 밖에 시·도 조례로 정하는 사항

서울시 조례 제22조(조합정관에 정할 사항)

영 제38조 제17호에서 "그 밖에 시·도 조례로 정하는 사항"이란 다음 각 호의 사항을 말한다.

1. 이사회의 설치 및 소집, 사무, 의결방법 등 이사회 운영에 관한 사항
2. 특정무허가건축물 소유자의 조합원 자격에 관한 사항
3. 공유지분 소유권자의 대표자 선정에 관한 사항
4. 단독 또는 다가구주택을 건축물 준공 이후 다세대주택으로 전환한 주택을 취득한 자에 대한 분양권 부여에 관한 사항
5. 재정비촉진지구의 도시계획사업으로 철거되는 주택을 소유한 자 중 구청장이 선정한 자에 대한 주택의 특별공급에 관한 사항
6. 융자금액 상환에 관한 사항
7. 융자 신청 당시 담보 등을 제공한 조합장 등이 변경될 경우 채무 승계에 관한 사항
8. 정비구역 내 공가 발생 시 안전조치 및 보고 사항
9. 법 제87조에 따른 권리의 확정, 법 제88조에 따른 등기 절차, 법 제89조에 따른 청산금 등의 징수 및 지급이 완료된 후 조합 해산을 위한 총회 또는 대의원회의 소집 일정에 관한 사항
10. 법 제45조 제1항 제5호에 따른 시공자 선정 및 변경에 필요한 총회의 의결 요건에 관한 사항

2. 규정의 해석

가. 개 요

법 40조 1항은 "조합의 정관에는 다음 각 호의 사항이 포함되어야 한다."고 규정하고 있으므로, 조합은 법 40조 1항 각 호의 사항이 반드시 포함된 정관을 제정하여야 하고, 그중 일부라도 누락이 있으면 정관으로서 효력이 없고, 조합설립인가를 받을 수 없다. 다만, 그 내용은 도시정비법 및 상위법령을 위반하지 않는 범위 내에서 해당 조합의 실정에 맞게 조합원들의 자율적이고 민주적인 의사에 따라 이를 제정할 수 있다.

정관에 반드시 기재하여야 할 내용은 법의 개정에 따라 추가되거나 변경되어 왔다. 정관의 필수적 기재사항으로 정비사업이 종결된 때의 청산절차가 있는데, 조합의 해산 이후 청산인의 보수 등 청산 업무에 필요한 사항을 포함한다는 내용(위 14호 괄호)은 법이 2023. 12. 26. 개정되면서 마지막으로 도입되었다.

한편, 법 40조 1항 18호의 위임에 의한 법 시행령 38조의 기재사항 및 서울시 조례 22조의 기재사항은 임의적 기재사항이라는 견해가 있으나, 위 법령의 규정 형식에 비추어 보면, 이 또

한 필요적 기재사항으로 봄이 상당하다.

나. 필요적 기재 사항

(1) 조합원 제명 및 탈퇴

조합원 강제가입제가 적용되는 재개발사업에서는 조합원 제명 및 탈퇴는 이론상 불가능하다(재개발 표준정관에는 제명 및 탈퇴에 관하여 아무런 규정이 없다). 다만, 조합원 임의가입제가 적용되는 재건축사업에서는 조합원 제명 및 탈퇴는 가능하되, 정관의 필수적 기재사항인바, 재건축 표준정관에는 조합원 제명 및 탈퇴에 관하여 규정하고 있다. 다음에서 살펴보듯이 조합원 제명에 관한 정관내용을 변경하기 위해서는 조합원 3분의 2 이상의 찬성을 요한다.

㈎ 제명

① 의의

제명이란 조합의 결정으로 조합원을 조합관계로부터 강제로 이탈시키는 것을 말한다. 조합원 제명에 관하여 국토부 재건축 표준정관 11조 3항은 "조합원으로서 고의 또는 중대한 과실 및 의무불이행 등으로 조합에 대하여 막대한 손해를 입힌 경우에는 총회의 의결에 따라 조합원을 제명할 수 있다."고 규정하고 있다. 서울 재건축 표준정관 10조 9항 전문은 "조합원이 고의에 의한 불법행위를 저지르거나 법 또는 이 정관에 따른 의무를 고의로 이행하지 아니하여 조합 또는 조합원에게 막대한 재산상 손해를 입힌 경우에는 총회의 의결에 따라 해당 조합원을 제명할 수 있다."고 규정하고 있다. 만일 재건축조합이 정관에 제명규정을 두지 않고 있다면, 조합원을 제명할 수 없다.

② 요건

조합원에 대한 제명은 조합원의 의사에 반하여 조합원 지위를 박탈하는 것으로서, 해당 조합원의 재산권에 중대한 영향을 미치므로, 그 남용을 방지하기 위하여 사유 및 절차는 엄격히 해석하여야 한다.

㉮ 사유

조합원으로서 고의(또는 중대한 과실) 및 의무불이행 등으로 조합에 대하여 막대한 손해를 입힌 행위를 하여야 하고, 나아가 조합원이 정관상 제명사유에 해당하는 행위를 하였더라도 그에 대한 제명은 그 행위로 인하여 조합의 목적 달성이 어렵게 되거나 공동의 이익을 위하여 불가피한 경우에 최종적인 수단으로서만 인정된다.[51] 조합을 상대로 소송을 제기하거나 조합임원을 고소하였다는 것만으로는 그 사유에 해당한다고 보기 어렵다.

㉯ 절차

조합이 조합원을 제명하기 위해서는 먼저 이사회에서 조합원 제명안을 총회에서 심의·결정하기로 확정하고, 대의원회에서 위와 같은 총회 부의안건을 사전 심의하여야 하며, 그 후 총회의결을 거치는데(법이나 정관에서 조합원의 제명결의에 관하여 별도의 의결정족수를 규정하고 있지 않

51) 대법원 1994. 5. 10. 선고 93다21750 판결 참조, 대법원 2004. 11. 12. 선고 2003다69942 판결 참조.

으므로, 일반규정에 따라 조합원 10분의 1이 직접 출석한 총회에서 조합원 과반수 출석 및 출석조합원 과반수의 찬성으로 제명을 의결할 수 있다), 이사회나 대의원회 심의 전에 조합원으로부터 소명서 및 소명자료를 제출받아야 하고, 총회책자에 게재하는 등으로 서면결의하는 조합원들에게 그와 같은 자료에 대하여 충분히 검토할 수 있는 기회도 부여되어야 하며, 총회에서는 해당 조합원에게 직접 출석하여 소명할 수 있는 기회를 부여하여야 한다(서울 표준정관 10조 9항 후문 취지).

㈏ 탈퇴

① 의의

탈퇴란 조합원이 스스로의 의사로 조합관계에서 이탈하는 것을 말한다. 조합원 탈퇴에 관하여 국토부 재건축 표준정관 11조 4항은 "조합원은 임의로 조합을 탈퇴할 수 없다. 다만, 부득이한 사유가 발생한 경우 총회 또는 대의원회의 의결에 따라 탈퇴할 수 있다."고 규정하고 있다.

조합원의 임의탈퇴를 제한한 것은 법이 토지등의 양도를 통하거나 분양신청을 하지 않거나 분양계약을 체결하지 않는 방법 등으로 조합원에게 다양한 사실상의 탈퇴를 허용되고 있으므로, 그 외의 탈퇴는 조합원에게 부득이한 사유가 생겼을 경우로 그 사유를 제한하여 개인 사정에 따른 빈번한 탈퇴를 방지함으로써 사업추진을 원활하게 하기 위함이다. 따라서 위와 같은 정관규정은 적법하다.

② 요건

㉮ 표준정관상 재건축조합은 부득이한 사유가 있는 경우 조합원의 탈퇴를 인정한다. 탈퇴에 관하여 총회에서 의결할 것인지, 또는 대의원회에서 의결할 것인지는 당해 조합의 조합원수, 단지 규모, 탈퇴가 조합에 미치는 영향 등을 감안하여 정관으로 따로 규정한다.

㉯ 재건축사업에 있어 정관에 탈퇴에 관하여 아무런 규정이 없는 경우 탈퇴가 자유롭게 허용되는지 여부가 문제된다. 도시정비법 제정 이전의 판례이나, 재건축조합은 조합의 본질상 부득이한 사유가 없는 한 조합원의 임의 탈퇴를 허용하지 않는 것이라고 봄이 상당하다고 하였다.[52]

㈐ 제명 및 탈퇴의 효과(현금청산)

조합원이 재건축조합에서 제명되거나 탈퇴하여 그 지위를 상실하는 경우 현금청산대상자가 된다. 조합이 그들의 소유권을 취득하고 현금청산하는 방법은 정관에 따라야 한다.[53] 서울 표준정관은 매도청구에 의한다(10조 9항).

(2) 조합임원 선임방법 및 해임, 대의원 선임방법

조합임원 선임방법 및 해임, 대의원 선임방법은 정관에 기재할 사항이다. 한편, 이는 법령이 정한 총회의결 사항이고(법 45조 1항 7호, 법 시행령 42조 1항 2호), 보궐선임(조합장 제외)을 제외하고는 정관에 의하더라도 대의원회가 대행할 수 없는 사항이므로(법 시행령 43조 6호), 위와 같은 제한 하에 정관으로 규정할 수 있다.

52) 대법원 1997. 5. 30. 선고 96다23887 판결, 대법원 2006. 2. 23. 선고 2005다19552, 19569 판결.
53) 대법원 2013. 11. 28. 선고 2012다110477, 110484 판결.

⑶ 조합의 회계

조합의 회계는 매년 1월 1일(조합설립인가를 받은 당해연도는 조합설립등기일)부터 12월 말일까지로 한다(서울 표준정관 33조 1항). 조합은 '조합 예산·회계규정'에 따라 결산보고서를 작성하여 매 회계년도 종료일부터 3개월 이내에 대의원회 의결을 거쳐 총회에 보고하거나 조합원에게 서면보고 하여야 한다(서울 표준정관 33조 3항).

⑷ 총회의 소집 절차·시기 및 의결방법

조합 정관에 총회를 개최함에 있어 이사회 의결을 거쳐야 한다는 등 소집절차, 시기나 의결방법을 규정한다.

⑸ 임원의 보수(상근임원의 보수)

다음에서 살펴보듯이 조합과 조합임원 및 대의원과의 관계는 민법상 법인과 그 기관인 임원과의 관계와 같이 위임자와 수임자의 법률관계이고, 수임인은 특별한 약정이 없으면 위임인에 대하여 보수를 청구하지 못하고, 비용상환청구권만 가지므로(민법 686조 1항, 687조, 688조), 필수적 기재사항인 조합임원의 보수 및 상근임원의 보수에 관한 사항이 정관에 기재되지 않았다고 하여 해당 정관을 무효로 볼 수는 없다.[54] 실무상 조합 정관은 상근 임원에 대하여 보수를 지급하고, 보수규정은 총회결의를 받고 있으나, 설령 총회의결이 이루어졌다 하더라도, 조합임원들이 조합에 대하여 제공하는 직무와 그 지급받는 보수 사이에는 합리적 비례관계가 유지되어야 하고, 조합임원들에게 지급하기로 한 보수의 내용이 부당하게 과다한 때에는 적당하다고 인정되는 범위를 벗어난 부분에 대한 결의는 효력이 없다.[55]

⑹ 조합의 합병 또는 해산에 관한 사항

조합이 합병되는 경우 종전의 각 조합은 해산절차를 거쳐야 되고, 신설 조합은 설립등기절차를 거쳐야 하는바, 그와 관한 사항을 규정하여야 한다. 이는 총회결의를 요하는 사항이다(법 시행령 42조 1항1호).

⑺ 조합의 해산 및 청산절차에 관한 사항

조합의 해산 및 청산절차에 관한 부분은 정관기재 사항이다[조합의 해산과 조합 해산 시의 회계보고, 청산금의 징수·지급은 총회의결 사항이나(법 45조 1항 10의2호, 11호), 대의원회가 대행할 수 없는 사항에 해당하지 아니하므로(법 시행령 43조), 정관에 의하여 대의원회 결의사항으로 변경가능하다]. 조합의 해산 이후 청산인의 보수 등 청산 업무에 필요한 사항은 반드시 정관에 기재되어야 하는바, 서울 표준정관은 해산총회에서 의결하도록 규정하고 있다(62조 3항). 청산 종결 후 조합의 채무 및 잔여재산이 있을 때의 처분방법도 정관에 기재할 수 있다(서울 표준정관 63조 참조).

---

54) 국토부 표준규정 19조 1항은 "조합은 상근임원 외의 임원에 대하여는 보수를 지급하지 아니한다. 다만, 임원의 직무수행으로 발생되는 경비는 지급할 수 있다."고, 2항은 "조합은 상근하는 임원에 대하여 조합이 정하는 별도의 보수규정에 따라 보수를 지급하여야 한다. 이 경우 보수규정은 미리 총회의 인준을 받아야 한다."고 규정하고 있다.

55) 대법원 2020. 9. 3. 선고 2017다218987, 218994 판결.

⑻ 단독 또는 다가구주택을 건축물 준공 이후 다세대주택으로 전환한 주택을 취득한 자에 대한 분양권 부여에 관한 사항

단독 또는 다가구주택을 건축물 준공 이후 다세대주택으로 전환한 주택을 취득한 자에 대한 분양권 부여에 관한 사항은 정관 기재사항이나, 서울시 조례 36조 2항 1호(단독주택 또는 다가구주택을 권리산정기준일 후 다세대주택으로 전환한 경우 여러 명의 분양신청자를 1명의 분양대상자로 간주)가 그 내용을 규정하고 있으므로 위 조례 규정을 준수하여야 한다.

다. 임의적 기재사항(신탁등기의무 및 부동산인도의무 등)

조합은 도시정비법령이나 조례에서 정한 법정사항은 아니지만 정비사업의 원활한 진행을 위하여 정관(단, 표준정관에는 없다)으로 조합원의 토지등에 대한 신탁등기의무 및 부동산 인도의무를 규정하고 있는 경우가 있다. 신탁등기의무는 주로 재건축사업에서 이루어진다. 자세한 내용은 제8편 제2장 Ⅱ. "3. 신탁등기"에서 살펴본다.

Ⅳ. 정관의 변경

1. 규 정

가. 법

법 제40조(정관의 기재사항 등)

③ 조합이 정관을 변경하려는 경우에는 제35조 제2항부터 제5항까지의 규정에도 불구하고 총회를 개최하여 조합원 과반수의 찬성으로 시장·군수등의 인가를 받아야 한다. 다만, 제1항 제2호·제3호·4호·제8호·제13호 또는 제16호의 경우에는 조합원 3분의 2 이상의 찬성으로 한다.

④ 제3항에도 불구하고 대통령령으로 정하는 경미한 사항을 변경하려는 때에는 이 법 또는 정관으로 정하는 방법에 따라 변경하고 시장·군수등에게 신고하여야 한다.

⑤ 시장·군수등은 제4항에 따른 신고를 받은 날부터 20일 이내에 신고수리 여부를 신고인에게 통지하여야 한다.

⑥ 시장·군수등이 제5항에서 정한 기간 내에 신고수리 여부 또는 민원 처리 관련 법령에 따른 처리기간의 연장을 신고인에게 통지하지 아니하면 그 기간(민원 처리 관련 법령에 따라 처리기간이 연장 또는 재연장된 경우에는 해당 처리기간을 말한다)이 끝난 날의 다음 날에 신고를 수리한 것으로 본다.

나. 법 시행령

제39조(정관의 경미한 변경사항)[56]

법 제40조 제4항에서 "대통령령으로 정하는 경미한 사항"이란 다음 각 호의 사항을 말한다.

1. 법 제40조 제1항 제1호에 따른 조합의 명칭 및 사무소의 소재지에 관한 사항

56) 종래 3호로 '조합임원의 권리, 의무, 보수, 선임방법, 변경 및 해임에 관한 사항'이 경미한 변경사항으로 규정하고 있었으나, 총회의 의결 없이 위와 같은 조합임원에 관한 사항이 변경되어 조합원의 피해가 발생하는 것을 방지하기 위하여 법 시행령이 2019. 6. 18. 개정되면서 위 규정을 삭제하였다.

2. 조합임원의 수 및 업무의 범위에 관한 사항
4. 법 제40조 제1항 제10호에 따른 총회의 소집 절차·시기 및 의결방법에 관한 사항
5. 제38조 제2호에 따른 임원의 임기, 업무의 분담 및 대행 등에 관한 사항
6. 제38조 제3호에 따른 대의원회의 구성, 개회와 기능, 의결권의 행사방법, 그 밖에 회의의 운영에 관한 사항
7. 제38조 제5호에 따른 전문관리업자에 관한 사항
8. 제38조 제8호에 따른 공고·공람 및 통지의 방법에 관한 사항
9. 제38조 제13호에 따른 임대주택의 건설 및 처분에 관한 사항
10. 제38조 제14호에 따른 총회의 의결을 거쳐야 할 사항의 범위에 관한 사항
11. 제38조 제16호에 따른 조합직원의 채용 및 임원 중 상근임원의 지정에 관한 사항과 직원 및 상근임원의 보수에 관한 사항
12. 착오·오기 또는 누락임이 명백한 사항
13. 법 제16조에 따른 정비구역 또는 정비계획의 변경에 따라 변경되어야 하는 사항
14. 그 밖에 시·도 조례로 정하는 사항

다. 서울시 조례

제23조(정관의 경미한 변경사항)
영 제39조 제14호에서 "그 밖에 시·도 조례로 정하는 사항"이란 제22조 제1호(이사회의 설치 및 소집, 사무, 의결방법 등 이사회 운영에 관한 사항)의 사항으로서 예산의 집행 또는 조합원의 부담이 되지 않는 사항을 말한다.

2. 쟁 점

가. 정관변경절차

⑴ 인가 이전 절차

㈎ 발의 및 이사회 의결

정관을 변경하고자 할 때에는 조합원 3분의 1 이상, 대의원 3분의 2 이상 또는 조합장의 발의가 있어야 한다(국토부 표준정관 8조 1항). 한편, 법 44조 2항은 정관의 기재사항 중 40조 1항 6호에 따른 조합임원의 권리·의무·보수·선임방법·변경 및 해임에 관한 사항을 변경하기 위한 총회의 경우는 조합원 10분의 1 이상의 요구로 조합장이 소집한다고 규정하여 요건을 완화하고 있다. 위 규정은 법이 2019. 4. 23. 개정되면서 도입되었다. 조합장은 이사회를 소집하여 발의된 정관변경안에 대하여 심의, 의결절차를 거쳐야 한다(국토부 표준정관 28조 2호).

㈏ 총회의결

① 그 후 조합장은 적법한 절차를 거쳐 총회를 소집하여 정관변경안에 대하여 법 40조 3항에서 정한 법정의 정족수에 의한 찬성의결을 거쳐야 한다.

법은 법정의 필요적 기재사항에 관한 정관의 변경과 관련하여 정관 조항의 구체적 내용에 따라 총회에서의 의결정족수를 달리 정하고 있다. 즉, 위 법정사항 중 일부는 경미한 변경사항으

로 신고만으로 족하고, 일부는 조합원들의 이해관계에 중대한 영향을 미치는 사항으로 조합원 3분의 2 이상의 찬성을 필요로 하며, 나머지 사항은 조합원 과반수의 찬성을 필요로 한다.

정관은 창립총회에서 확정되고, 조합설립인가의 요건에 해당하여 넓은 의미에서 정관은 조합설립인가의 내용을 구성하므로, 그 변경에는 법 35조 5항의 조합원 3분의 2 이상의 찬성이 필요한바, 법 40조 3항은 그 예외규정에 해당한다는 견해가 있다.

② 법정의 필요적 기재사항 외에 각 조합이 자신의 필요에 따라 임의로 정관으로 정한 사항인 임의적 기재사항의 변경을 위한 정족수가 문제된다.

정관은 조합설립인가의 내용을 구성하므로, 원칙적으로 그 변경은 조합설립변경에 해당하여 법 35조 5항에 의하여 조합원 3분의 2 이상의 찬성의결이 필요한 것으로 볼 여지가 있으나, 앞서 본 바와 같이 법 40조 3항은 법정의 필요적 기재사항의 변경에도 원칙적으로 조합원 과반수의 찬성의결을 요구하는 점, 필요적 기재사항 중 일부 내용의 변경에 대하여는 경미한 사항의 변경으로 신고로 족한 점(국토부 표준정관 8조 2항 단서는 그 경우에도 조합원 과반수의 출석과 출석조합원의 과반수 찬성을 요한다고 기재하고 있다), 법정의 필요적 기재사항과 임의적 기재사항은 그 성격상 중대한 차이가 있는 점 등을 종합하여 보면, 조합이 자신의 필요에 따라 임의로 정관으로 정한 사항인 임의적 기재사항의 변경에는 통상적인 총회 의결정족수인 조합원 과반수의 출석과 출석 조합원의 과반수 찬성을 필요로 한다고 봄이 상당하다.

③ 조합이 총회에서 조합원 3분의 2 이상, 과반수 찬성 또는 과반수 출석에 출석 조합원 과반수 찬성 등 가결 요건이 다른 여러 정관조항을 변경하려 할 때에는 사전에 조합원들에게 각 조항별로 변경에 필요한 의결정족수에 관하여 설명하여야 하고, 의결정족수가 동일한 조항별로 나누어서 표결이 이루어지도록 하는 등의 방법으로 각 조항별 가결 여부를 명확히 알 수 있도록 하여야 한다. 이와 다르게 조항별 가결 요건에 대한 사전설명도 없이 의결정족수가 다른 여러 조항을 구분하지 않고 일괄하여 표결하도록 한 경우, 만약 그 표결 결과 일부 조항에 대해서는 변경에 필요한 의결정족수를 채우지 못하였다면, 특별한 사정이 없는 한 그 정관 개정안 전체가 부결되었다고 보아야 하고 의결정족수가 충족된 조항만 따로 분리하여 그 부분만 가결되었다고 볼 수는 없다.[57] 왜냐하면 단체법적 법률관계를 규율하는 정관의 변경은 객관적이고 명확하게 결정되어야 하기 때문이다.

한편, 국토부 표준정관 8조 2항 본문은 경미한 사항을 제외한 정관변경 사항 전부에 대하여 조합원 3분의 2 이상의 동의(찬성)를 얻어야 한다고 규정하는 등 법 40조 3항이 규정한 의결요건보다 가중하고 있는바, 그 유효성에 대하여는 아래에서 살펴본다.

(2) 인가

(가) 인가의 의미

조합은 정관변경안에 대한 총회결의 후에 시장·군수등으로부터 인가를 받아야 한다(법 40조 3항). 시장·군수등의 인가는 그 대상이 되는 기본행위를 보충하여 법률상 효력을 완성시키는 보

57) 대법원 2019. 1. 31. 선고 2018다227520 판결.

충행위로서 강학상 인가에 해당한다.[58] 따라서 인가를 받지 못한 경우 변경된 정관은 정관 자체로서는 효력이 없다.[59] 시장·군수등이 정관변경에 대한 인가를 하더라도 정관변경의 효력이 총회의 의결이 있었던 때로 소급하여 발생한다고 할 수는 없고, 인가 시부터 효력이 발생한다(위 2013도11532 판결).

㈏ 인가를 받지 아니한 정관변경(사실상의 정관변경)

정관변경 그 자체를 목적으로 한 총회결의가 아니나, 총회에서 정관기재사항과 부합하지 아니하는 결의를 하는 경우, 즉 사실상 정관을 변경하는 총회결의가 있었으나, 법정의 정관변경절차에 의하지 아니하여 시장·군수등의 인가를 받지 못하는 경우가 있다. 그 경우 정관변경으로서의 효력이 없음은 앞서 본 바이나, 단체내부적 효력이 문제된다.

판례는 아파트와 상가를 분리하여 개발이익과 비용을 별도로 정산하고(3분의 2 이상의 찬성을 요하는 조합의 비용부담 및 과반수 찬성을 요하는 조합원의 권리·의무에 관한 사항), 상가조합원들로 구성된 별도의 기구가 상가에 관한 관리처분계획안의 내용을 자율적으로 마련하는 것을 보장한다는 내용(과반수 찬성을 요하는 '조합임원의 권리·의무', '임원의 업무의 분담 및 대행 등' 및 '관리처분계획'에 관한 사항)의 상가독립정산제 약정에 관하여 조합원 3분의 2 이상의 찬성으로 총회의 결이 이루어진 사안에서, 이는 조합의 정관에 규정하여야 하는 사항이나, 이러한 내용을 조합이 채택하기로 결정하는 조합 총회의 결의가 정관 변경의 요건을 완전히 갖추지는 못했다면 형식적으로 정관이 변경된 것은 아니지만, 총회결의로서 유효하게 성립하였고 정관 변경을 위한 실질적인 의결정족수를 갖췄다면 적어도 조합 내부적으로 업무집행기관을 구속하는 규범으로서의 효력은 가진다고 보아야 한다고 하였다.[60] 다만 결의가 정관변경에 필요한 정족수 요건을 갖추지 못하였다면 효력이 없다.

(3) 기본행위와 보충행위

조합이 정관변경에 대한 총회결의 후 인가를 받은 경우, 총회결의는 기본행위이고, 인가는 보충행위에 해당한다. 기본행위가 적법·유효하고 보충행위인 인가처분 자체에만 하자가 있다면 그 인가처분의 취소나 무효확인을 구할 수 있으나, 인가처분에 하자가 없다면 기본행위에 하자가 있다 하더라도 따로 그 기본행위의 하자를 다투는 것은 별론으로 하고 기본행위의 무효를 내세워 인가처분에 대한 항고소송을 제기할 수는 없다.

---

58) 대법원 2014. 7. 10. 선고 2013도11532 판결.

59) 대법원 2010. 12. 9. 선고 2010두1248 판결, 대법원 2007. 7. 24. 자 2006마635 결정 등 참조.

60) 대법원 2018. 3. 13. 선고 2016두35281 판결(조합의 총회는 조합의 최고의사결정기관이고 정관변경 등은 총회의 결의사항이므로, 총회는 상위법령과 정관이 정한 바에 따라 새로운 총회결의로써 종전 총회결의의 내용을 철회하거나 변경할 수 있는 자율성과 형성의 재량을 가지는 점, 정관변경에 대하여는 감독청의 인가를 받아야 하나, 감독청의 인가는 기본행위인 총회결의의 효력을 완성시키는 보충행위일 뿐이고 정관의 내용형성은 기본행위인 총회결의에서 이루어지는 점에 근거한다).

나. 특별다수 결의사항

(1) 특별다수 결의사항

(가) 3분의 2 이상의 찬성의결

① 조합원의 자격, 조합원의 제명·탈퇴 및 교체, 정비구역의 위치 및 면적, 조합의 비용부담 및 조합의 회계, 정비사업비의 부담 시기 및 절차, 시공자·설계자의 선정(방법 및 절차) 및 계약서에 포함될 내용을 변경하기 위해서는 총회에서 조합원 3분의 2 이상의 찬성으로 의결하여야 한다(법 40조 3항, 1항 2호·3호·4호·8호·13호·16호[61]).

② 이는 조합원들의 이해관계에 중대한 영향을 미치는 중요한 사항이므로 특별다수의 의결요건을 규정하여 조합원들의 이익을 보호하려는 취지이다. 따라서 이는 완화가 불가능한 강행규정이다.

판례는 조합원 3분의 2 이상의 찬성을 요하는 정관변경사항 중 조합의 비용부담에 관한 사안에서, 이는 토지등소유자 4분의 3 이상 동의, 주택단지 토지등소유자 4분의 3(현행법상으로는 100분의 70) 이상의 동의 등의 요건을 거쳐 성립한 재개발·재건축사업의 내용에 포함되는 사항인바, 그와 같은 사항을 변경하는 것임에도 조합원 3분의 2 이상의 의결정족수에 못 미치는 동의로도 가결될 수 있도록 규정함은 위와 같은 엄격한 동의요건을 거쳐 성립한 재개발·재건축사업의 내용이 쉽게 변경되어 재개발·재건축사업의 기초가 흔들릴 수 있을 뿐만 아니라, 일단 변경된 내용도 다시 이해관계를 달리하는 일부 조합원들의 이합집산에 의하여 재차 변경될 수 있어 권리관계의 안정을 심히 해하고 재개발·재건축사업의 원활한 진행에 상당한 장애를 가져올 수 있으므로, 의결정족수를 완화하는 내용으로 정관을 규정하는 것은 불가능하고, 그러한 내용으로 완화된 정관의 가결정족수 규정은 사회통념상 현저히 타당성을 잃은 것으로서 무효라고 하였다.[62]

③ 이사회나 대의원회가 총회에 상정한 동기나 경위에 관계없이, 총회에 상정된 안건이 객관적으로 '조합원의 재산권 및 비용부담에 관한 사항'에 해당하는 때에는 원칙적으로 특별다수에 의한 결의방법을 따라야 한다. 다만, 이미 특별다수에 의한 결의방법에 따라 의결된 '조합원의 재산권 및 비용부담에 관한 사항'을 경미한 범위 내에서 수정하는 경우나 다른 안건에 관한 결의 등을 통하여 위 각 사항에 관하여 특별결의에 준하는 조합원의 총의가 확인된 경우 등과 같은 특별한 사정이 있는 때에는 예외가 인정될 수 있다.[63]

조합이 순수하게 정관만 변경하고, 설립인가받은 사항이 변경되지 않는 경우는 드물며, 실제로는 설립인가받은 사항의 변경과 연동되어 있는 경우가 많은바, 정비구역면적변경, 정비사업비의 분담, 신축 건축물 구분소유권의 귀속에 관한 사항 등 설립된 조합이 인가받은 사항을 변경하는 과정에서 총회에서 조합원 3분의 2 이상의 찬성으로 의결하고 인가를 받았고(법 35조 5항,

---

61) 법 40조 3항은 '13호 또는 16호'라고 규정되어 있으나, 13호 및 16호 모두가 해당된다.
62) 대법원 2012. 8. 23. 선고 2010두13463 판결, 대법원 2009. 6. 25. 선고 2007다31822, 2007다31839(공동소송참가) 판결.
63) 대법원 2014. 8. 20. 선고 2012두5572 판결, 대법원 2012. 11. 15. 선고 2010다7430 판결.

다만, 토지등의 양도로 인한 조합원 교체, 조합임원 변경, 건축물의 설계 개요 변경, 정비사업비 변경 등은 신고사항), 그 내용이 정관변경과 관련된다면 3분의 2 찬성의 의결을 받은 것으로 보아야 할 것이다.

㈏ 과반수 찬성의결

3분의 2 이상의 찬성을 요하는 사항을 제외한 법 40조 1항, 법 시행령 38조, 서울시 조례 22조에 규정한 사항에 대하여는 조합설립 동의사항이나 그 변경사항에 해당하더라도(법 35조 2항부터 5항까지의 규정에도 불구하고), 조합원 과반수의 찬성을 필요로 한다(법 40조 3항). 위 규정의 취지를 고려하면 의결요건을 완화하는 것은 허용되지 아니한다.

⑵ 법정의 의결정족수 요건 강화가능 여부

조합이 조합원들의 이익을 더욱 철저히 보호하기 위하여 정관으로 법정의 의결정족수보다 요건을 강화하는 것은 가능하다.[64] 국토부 표준정관 8조 2항은 경미한 사항을 제외한 모든 정관변경에는 조합원 3분의 2 이상의 동의를 얻어야 하고, 법 시행령 39조의 경미한 사항의 변경에 해당하더라도 조합원 과반수 출석과 출석 조합원 과반수의 찬성을 얻어야 한다고 규정하여 법정의 의결정족수 요건을 강화하고 있는바, 이는 유효하다. 다만, 정관변경을 위해서는 조합원들 전원일치의 의사에 의해서만 가능하다고 하는 등 정관변경 자체를 봉쇄하는 조항인 경우에는 그 효력을 인정하기 어렵다.

다. 조합원 자격과 관련한 정관변경상의 쟁점

⑴ 문제의 소재

사업시행계획에 따른 분양신청절차에서 다수의 조합원들이 분양신청을 하지 않아 현금청산대상자가 되는 경우, 분양신청하지 않은 조합원들은 분양신청기간 종료일 다음 날 조합원의 지위를 상실한다. 그 경우 조합은 해당 사업시행계획에 따른 정비사업의 지속이 불가능하다고 판단하여 나머지 조합원들로 총회를 개최하여 사업시행계획 폐지 결의 후 이를 인가받고, 정관을 아래 (변경 전) 9조와 같이 변경하여, 현금청산대상자들에게 조합원 자격을 부여한 후 사업시행계획을 새롭게 수립하여 분양신청절차를 진행하는 경우가 있다. 위와 같이 변경된 정관의 효력이 문제된다.

> (변경 전) 제9조 ⑥ 사업시행계획인가에 따라 행하여진 분양신청에서 분양신청 기간 내에 분양신청을 하지 않은 자(현금청산대상자)는 사업시행계획인가가 폐지 시 조합원 자격이 <u>회복된다</u>.
>
> (변경 후) 제9조 ⑥ 사업시행계획인가에 따라 행하여진 분양신청에서 분양신청 기간 내에 분양신청을 하지 않은 자(현금청산대상자)는 사업시행계획인가가 폐지 시 조합원 자격이 <u>회복될 수 있다</u>(단 조합원 변경신고 수리일부터 회복되는 것으로 간주한다).

64) 대법원 2020. 6. 25. 선고 2018두34732 판결 참조(조합 정관이 조합의 비용부담 등에 관한 의결방법에 대하여 상위 법령인 도시정비법이 정한 것보다 더 엄격한 조항을 두지 않은 이상 조합의 비용부담에 관한 정관을 변경하고자 하는 총회결의에는 조합원 3분의 2 이상의 찬성 의결정족수가 적용된다고 판시하고 있는바, 이는 보다 가중된 특별다수 찬성의결을 요구하는 정관이 유효함을 전제로 한다).

⑵ 판단(정관조항 무효)

㈎ 그와 같은 정관변경결의 및 그에 따른 정관변경조항은 사회통념상 현저히 타당성을 잃은 것으로서 무효이다.[65] 그 논거는 다음과 같다.

ⓐ 사업시행자가 종전 사업시행계획을 대체하는 새로운 사업시행변경계획을 작성한 후(종전 사업시행계획을 폐지하고 새로운 사업시행계획을 작성한 후) 현금청산대상자들에게 새로운 분양신청 및 조합 재가입의 기회를 부여하는 것은 단체 자치적 결정으로서 허용되지만, 그 기회를 활용하여 분양신청을 함으로써 조합에 재가입할지 여부는 현금청산대상자들이 개별적으로 결정할 몫이지, 현금청산대상자들의 의사와 무관하게 조합이 일방적으로 현금청산대상자들에 대하여 조합원의 지위를 회복하는 것으로 결정하는 것은 현금청산대상자들의 의사에 배치된다.

ⓑ 재개발조합원의 지위가 당연히 회복되면, 계속하여 분양신청을 원하지 않는 조합원의 경우 사업시행자가 새로운 사업시행계획을 작성·인가받아 분양신청절차를 진행할 때까지는 부득이 조합원의 지위에 있게 되고, 그 경우 정관 또는 총회결의에 의하여 위 기간 동안 발생한 사업비에 대하여 종전자산 평가액에 비례하여 부담할 수 있다.

㈏ 조합은 제1심판결 이후 (변경 후) 9조와 같이 변경하였다.[66] 위와 같이 변경된 정관은 조합에 재가입할지 여부가 현금청산대상자들의 의사에 맡겨져 있으므로 이는 적법하다.

라. 정관변경결의의 쟁송

조합이 정관변경에 대한 총회결의 후 시장·군수등의 인가를 받았으나, 정관변경에 대한 총회결의에 의사 또는 의결정족수에 하자가 있거나 결의 내용에 하자(강행규정 위반 등)가 있는 경우, 앞서 본 바와 같이 보충행위인 인가처분을 다툴 수는 없고, 조합을 상대로 기본행위인 총회결의의 무효확인소송을 제기하여야 한다. 정관변경 총회결의 무효확인소송은 공법상의 법률관계에 해당하지 아니하므로, 민사소송에 의하여야 한다.[67]

마. 경미한 사항의 변경절차

⑴ 정관의 경미한 변경사항은 법 시행령 39조, 서울시 조례 23조가 자세히 규정하고 있다. 위와 같은 정관의 경미한 변경사항 중 도시정비법령이나 조합 정관에서 총회의 의결사항으로 특별히 규정한 경우에는 총회의 의결을 받아야 한다(법 45조 1항 1호, 40조 4항). 그러나 법 40조 4항의 위임에 의한 법 시행령 39조가 규정한 경미한 사항 중 도시정비법령에서 총회결의에 의하도록 규정하고 있는 내용은 없다. 서울 표준정관은 법 시행령 39조에 의한 경미한 정관변경사항에 대하여 대의원회 권한사항으로 규정하고 있다(서울 표준정관 9조 2항, 26조 5호).[68] 실무상 조합은 경미한 정관변경사항에 대하여 대의원회 의결 후 시장·군수등에게 의결된 정관변경안에

---

65) 대법원 2021. 2. 10. 선고 2020두48031 판결.
66) 인천지방법원 2020. 1. 10. 선고 2018구합55924 판결.
67) 대법원 2019. 1. 31. 선고 2018다227520 판결.
68) 조합원 100인 이하의 조합이 대의원회를 구성하지 않은 경우 총회의결로 하되, 경미한 변경사항에 대한 총회의결요건은 조합 규모 등을 고려하여 별도로 정할 수 있다(서울 표준정관 9조 2항).

대하여 신고하고, 정관변경에 대한 경미한 변경신고는 시장·군수등이 수리를 하여야 그 효력이 발생한다. 앞서 본 바와 같이 국토부 표준정관 8조 2항에 따라 법 시행령 39조의 경미한 사항의 변경에 해당하더라도 조합원 과반수 출석과 출석 조합원 과반수의 찬성을 얻어야 한다고 규정하는 조합도 여전히 존재한다.

(2) 법은 2021. 3. 16. 개정으로 시장·군수등은 경미한 사항에 대한 변경신고를 받은 날부터 20일 이내에 신고수리 여부를 신고인에게 통지하여야 하고, 시장·군수등이 20일 기간 내에 신고수리 여부 또는 민원 처리 관련 법령에 따른 처리기간의 연장을 신고인에게 통지하지 아니하면 그 기간(민원 처리 관련 법령에 따라 처리기간이 연장 또는 재연장된 경우에는 해당 처리기간을 말한다)이 끝난 날의 다음 날에 신고를 수리한 것으로 본다는 규정을 신설하였다(법 35조 6항, 7항). 관련 민원의 투명하고 신속한 처리와 일선 행정기관의 적극행정을 유도하기 위하여 처리기간 및 간주규정을 두게 되었다.

제3절 기 관

Ⅰ. 총 설

1. 기관의 종류

조합은 조합원과 구분되는 별개의 공법상 법인(행정작용을 행하는 행정주체이다)으로서 독자적인 활동을 위한 기관이 필요한바, 법에서는 조합의 기관으로 조합장, 총회, 대의원회, 감사 등을 규정하고 있고, 조합이 일반적으로 정관의 내용으로 하고 있는 국토부 표준정관에는 집행기관으로 이사회를 규정하고 있다(법은 124조 1항 3호로 이사회 회의록 공개규정을 두고 있다).

법은 조합장을 보좌하고 이사회의 구성원으로서 이사회에 부의된 사항을 심의, 의결하며 정관 및 이사회 의결로 정한 바에 따라 조합의 사무를 분장하는 임원으로 이사를 규정하고 있다(법 41조 1항, 서울 표준정관 16조 3항). 조합은 총회의결을 거쳐 조합임원의 선출에 관한 선거관리를 선거관리위원회에 위탁할 수 있다(법 41조 3항).

2. 권한분장의 강행규정

법령에서는 조합장, 총회, 대의원회, 감사 등 기관에 관한 권한을 규정하고 있다. 그와 같은 권한분장을 조합이 임의로 정관, 총회결의 또는 기관간의 협약을 통하여 변경할 수 있는지 여부가 문제되나, 법령이 규정하고 있는 기관의 권한분장은 강행규정이므로, 이를 임의로 변경할 수 없고 이에 반하는 내용은 무효이다.[69] 그 논거는 다음과 같다.

---

69) 대법원 2018. 2. 8. 자 2017두65227 판결 및 서울고등법원 2017. 9. 13. 선고 2015누48404 판결(조합장 등이 상가의 대표자와 상가에 관한 관리처분계획안을 상가협의회가 마련하는 내용의 상가독립정산제 약정을 체결하더라도, 이는 총회가 상가협의회가 작성한 상가관리처분계획안에 100% 구속된다는 의미로 볼 수는 없다. 만약 상가독립정산제 약정이 총회가 상가협의회가 마련한 상가관리처분계획안에 100% 구속되어 반드시 승인 결의를 할 의무까지 포함하는

ⓐ 법령이 규정하고 있는 기관의 권한분장은 조합이 행정주체임을 고려하여 법이 기관간의 견제와 균형을 위해 권한을 분장해 두고 있는 것이다.

ⓑ 법은 일정한 사항에 관하여 총회의 의결을 거치도록 하고 이를 위반하여 사업을 추진한 조합임원을 형사처벌하는 규정까지 두고 있는바(법 137조 6호), 이는 기관의 권한분장이 강행규정임을 전제로 한다. 또한 법 시행령 43조는 대의원회가 총회의 권한을 대행할 수 없는 사항을 명시적으로 규정하고 있다.

이하에서는 구체적으로 기관을 구성하는 임원 및 기관의 업무에 관하여 자세히 살펴본다.

Ⅱ. 조합임원

1. 개 요

가. 의 의

(1) 조합의 임원은 조합장, 이사 및 감사 등이 있다. 조합장은 1명으로 한다. 이사의 수는 3명 이상으로 하되, 토지등소유자의 수가 100인을 초과하는 경우에는 이사의 수를 5명 이상으로 하여 정관으로 정하고, 감사의 수는 1명 이상 3명 이하로 한다(법 41조 1항 내지 5항, 법 시행령 40조). 이사는 상근 여부를 불문하고 조합장을 보좌하고, 이사회에 상정된 사항을 심의·의결한다(서울 표준정관 16조 2항). 조합은 상근임원 외의 임원에 대하여는 보수를 지급하지 아니한다. 다만, 임원의 직무수행으로 발생되는 경비 등은 지급할 수 있다(서울 표준정관 19조 1항).

(2) 법 49조는 조합에 관하여는 이 법에 규정된 사항을 제외하고는 민법 중 사단법인에 관한 규정을 준용하고, 이에 따라 민법 57조 내지 67조가 적용되므로, 조합과 조합임원 및 대의원과의 관계는 민법상 법인과 그 기관인 임원과의 관계와 같이 위임자와 수임자의 법률관계에 해당한다.[70] 따라서 조합임원은 임기 동안 또는 그 후임자가 선임될 때까지 수임인으로서 선량한 관리자의 주의로써 그 직무를 수행하여야 한다(민법 681조, 서울 표준정관 16조 1항). 조합임원은 뇌물죄 관련 형법의 적용에서 공무원으로 의제된다(법 134조).

나. 임원의 선임 및 임기

(1) 내용

㈎ 법은 조합임원의 선출방법 등은 정관으로 정하도록 규정하고 있고(법 41조 5항 본문), 조합임원 선임방법, 변경 및 해임은 정관의 필요적 기재사항으로 규정하고 있다(법 40조 1항 6호). 한편, 조합임원의 선임 및 해임은 총회의 의결사항으로 규정하고 있다(법 45조 7호, 다만, 조합장 외의 임원에 대한 보궐선거는 정관에 규정하는 경우 대회의원회에서 가능하다. 법 시행령 43조 7호).

따라서 조합은 조합임원의 선임에 관하여 반드시 정관에 규정하여야 하되, 조합장 외의 임원에 대한 보궐선거를 제외하고는 총회의결에 의한 선임만이 가능하다. 법이 2009. 2. 6. 개정되기 이전에는 "조합임원은 총회에서 조합원 과반수의 출석과 출석 조합원 과반수의 동의를 얻어 조

의미라면, 그러한 약정은 법상 허용될 수 없고 강행법규를 위반한 것이어서 무효이다).

70) 대법원 1996. 1. 26. 선고 95다40915 판결.

합원 중에서 정관이 정하는 바에 따라 선임한다."고 규정하고 있었으나, 위 개정으로 삭제되어 현재 법령에 임원선임과 관련한 의사정족수 및 의결정족수에 관한 명시적 규정은 없다.

서울 표준정관은 "조합임원의 선임은 총회 또는 대의원회가 조합원 또는 대의원 과반수 출석과 출석 조합원 또는 대의원 과반수 찬성으로 의결하고, 조합장을 제외한 조합임원의 입후보자가 선임 또는 보궐선임하려는 수 이하인 경우에는 득표수에 상관없이 모두 선임 또는 보궐선임된 것으로 보며, 조합장을 제외한 조합임원의 입후보자가 선임 또는 보궐선임하려는 임원 수를 초과한 경우에는 선임 또는 보궐선임하려는 임원 수에 이르기까지 다득표순으로 선임할 수 있다"고 규정하고 있다(15조 3항). 부산 표준정관도 조합임원의 선임은 총회가 조합원 과반수 출석과 출석 조합원 과반수 찬성으로 의결한다고 규정하고 있다(13조 2항).[71] 조합장이 궐위되거나 이사 또는 감사의 수가 법정 수에 미달된 경우, 임원 선임(연임, 보궐선임 등)을 위한 조합장 직무대행자, 선거관리위원회 구성 기타 선거관리에 필요한 사항은 조합 선거관리규정으로 정한다(서울 표준정관 15조 4항).

(나) 법은 조합임원의 임기를 3년 이하의 범위에서 정관으로 정하되, 연임할 수 있다고 규정하고 있다(41조 4항). 국토부 표준정관은 임원의 임기는 선임된 날부터 2년까지로 하되, 총회의 사전 의결을 거쳐 연임할 수 있다고 규정하고 있다(15조 3항). 비록 법 45조 1항 7호가 총회의 의결사항으로 '조합임원의 선임 및 해임'만을 규정할 뿐, 연임에 대하여 명확하게 규정하고 있지 않지만, 정관에 연임규정이 있는 경우에는 조합임원의 임기 만료 시 조합임원 신규선임절차를 거치지 않고 기존 조합임원의 연임 여부만을 총회안건으로 상정하여 결의하는 것이 가능하다.[72] 서울 표준정관은 창립총회에서 선임된 조합임원의 임기는 조합설립등기일로부터 개시하고, 그 후임자의 임기는 선임된 날의 다음 날부터 개시하되, 보궐선임된 임원(조합장 제외)의 임기는 그 선임된 날부터 전임자의 잔임기간으로 한다고 규정하고 있다(15조 5항).[73] 다만, 조합장의 경우에는 총회에서만 선임할 수 있고, 특별한 선임사유로 '보궐 선임'을 규정하고 있지 않으므로, 후임자로서 보궐 선임된 다음 날부터 정관상 규정된 임기가 새로이 시작하는 것으로 보아야 할 것이다.

창립총회 등 총회에서 임원이 선임된 경우, 임원명부 및 선임된 자의 자격을 증빙하는 자료를 조합설립인가신청서에 첨부한 후 시장·군수등에게 제출하여 인가를 받아 등기하여야 하며, 총회에서 임원이 변경선임된 경우 시장·군수등에게 이를 신고하여 그 수리 후 등기를 하여야 한다(임원의 성명 및 주소는 등기사항이다. 법 시행령 36조 5호).

---

71) 국토부 표준정관은 '조합임원은 총회에서 조합원 과반수 출석과 출석 조합원 3분의 2 이상의 동의를 얻어 선임한다.'고 규정하고 있다(15조 2항).

72) 대법원 2010. 11. 11. 선고 2009다89337 판결 참조(주택재개발사업 추진위원회의 운영규정의 해석상 위 추진위원회가 주민총회에 임기가 만료된 위원장이나 감사를 연임하는 안건을 상정하면서 입후보자 등록 및 공고 등의 절차를 거치지 않았다고 하더라도, 이는 새로운 입후보자가 등록하는 것이 아니므로 그것이 토지소유자들의 위원장이나 감사에 대한 선출권 내지 피선출권을 침해하였다고 볼 수 없다고 한 원심의 판단을 수긍하였다).

73) 조합임원이 창립총회에서 선임된 경우 조합임원의 변경은 조합설립인가사항을 변경하는 것이나, 경미한 사항의 변경이므로 신고만으로 족하다(법 시행령 31조 4호).

⑵ 선거관리와 관련한 임원선임총회결의 하자

㈎ 내용

재건축·재개발조합의 임원 선출에 관한 선거관리에 관하여 서울시는 "서울특별시 정비사업 표준선거관리규정"을 제정하였고, 서울 소재 재건축·재개발조합은 이를 기초로 별도로 선거관리 규정을 마련해 두는 것이 일반적이다.

재건축·재개발조합의 임원 선출에 관한 선거관리절차상 일부 잘못이 있는 경우 해당 임원을 선출한 결의의 효력이 문제되는바, 해당 선거관리절차의 잘못으로 인하여 자유로운 판단에 의한 투표를 방해하여 자유와 공정을 현저히 침해하고 그로 인하여 선출결의의 결과에 영향을 미쳤다고 인정되는지 여부 등을 참작하여 선출결의의 무효 여부를 판단하여야 한다.[74] 여기에서 '선거의 결과에 영향을 미쳤다고 인정하는 때'라고 함은 선거에 관한 규정의 위반이 없었더라면 선거의 결과, 즉 후보자의 당락에 관하여 현실로 있었던 것과 다른 결과가 발생하였을지도 모른다고 인정되는 때를 말한다.[75]

관련 유·무효 사례를 살펴본다.

㈏ 임원선임결의 무효사례

조합의 선거관리규정은 매 선거별로 선거관리위원회를 구성하여야 함에도, 종전 선거를 위하여 선출된 선거관리위원들로 구성된 선거관리위원회로 하여금 해당 임원 선임에 관한 선거업무를 진행하게 하는 등 적법한 선거관리위원회가 구성되지 아니한 상태에서 실시된 선거를 통하여 선출된 자들을 조합의 임원으로 선임한 총회결의는 그 절차에 하자가 있고, 나아가 무효인 정관에 의하여 입후보자의 자격을 제한하면서 입후보자의 수를 선착순으로 제한한 상태에서 이루어진 선거라면, 이로 인하여 투표의 자유와 공정을 현저히 침해하고 선출결의의 결과에 영향을 미쳤다고 봄이 상당하므로, 조합임원 선임결의는 무효이다.[76]

㈐ 임원선임결의 유효사례

조합임원의 선출은 각 후보자별로 개별적으로 찬반투표를 실시하여 해당 후보자에 대하여 조합원 과반수의 출석과 출석 조합원 과반수의 찬성을 얻어야 선출되는 방식인 사안에서, 감사의 정원은 3인인데, 일부 후보자가 임의로 배제된 채로 선출결의가 행하졌으나, 배제된 감사 후보자까지 포함하여 선출절차를 하였다고 하더라도, 전체 후보자들 수가 모두 3인으로서 정원 범위 내에 있었다면, 해당 감사 후보자가 배제되어 그에 대한 찬반 투표를 실시하지 못하였다고 하더라도 정원 내인 나머지 감사 후보자들 2인에 대하여 후보자별 찬반투표가 후보자별로 독립적·개별적으로 이루어졌다면, 위와 같이 배제된 자에 대한 투표 내지 선출 가능성 여부는 다른 두 감사 후보자에 대한 찬반투표에 영향을 주지 못하였을 것으로 보이므로, 그들에 대한 토지등소유자들의 임원선출권과 그 선출절차의 공정이 현저히 침해되었다고 볼 수 없다. 따라서 일부가 임의로 감사 후보자에서 배제된 절차상 하자는 그것이 나머지 감사 후보자들을 선출한 이 사건

74) 대법원 2010. 7. 15. 선고 2009다100258 판결 등 참조.
75) 대법원 2013. 4. 11. 선고 2012수35 판결 등 참조, 대법원 2016. 8. 24. 선고 2015다241495 판결 참조.
76) 대법원 2014. 12. 11. 선고 2013다204690 판결.

감사 선출결의의 내용에 영향을 미쳤다고 볼 수 없다.[77]

다. 자격요건 및 직무

(1) 거주 또는 소유(법 41조 1항)

(가) 요건

정비구역에 위치한 건축물 또는 토지(재건축사업의 경우에는 건축물과 그 부속토지를 말한다)를 5년 이상 소유하고 있거나(1호), 정비구역에서 거주하고 있는 자로서 선임일 직전 3년 동안 정비구역 내 거주 기간이 1년 이상(2호)인 경우에 한하여 임원으로 선임될 수 있다.

거주기간이 1년 이상이고 소유기간이 5년 이상이라는 의미와 관련하여 위 규정에 특별한 제한이 없으므로, 반드시 연속하여 1년 이상 거주하거나 5년 이상 소유할 필요는 없다. 토지등소유자가 법인인 경우에는 5년 이상 소유하고 있는 경우에 한하여 그 대표자가 조합임원의 피선출권을 갖는다.[78] 정비구역에서 하나의 건축물 또는 토지의 소유권을 다른 사람과 공유한 자는 지분권자 중 가장 많은 지분을 소유한 자(대표조합원으로 선임됨은 당연한 전제로 한다)만이 조합임원이 될 수 있다. 위 규정은 법이 2023. 7. 18. 개정되면서 도입되었다.

조합장은 선임 이후 그 직을 유지하기 위해서는 선임일부터 관리처분계획인가를 받을 때까지는 해당 정비구역에서 거주(영업을 하는 경우 영업 포함)하여야 한다(법 41조 1항 후문).

(나) 강행규정

조합임원은 정비사업과 관련하여 중대한 권한을 가지고 있어 정비사업의 실정을 정확히 아는 사람이 그 직무를 수행할 필요성이 있는 점과 정비사업과 관련성이 없는 자를 조합임원에서 배제함으로써 정비사업 관련 비리를 근절하기 위하여 법이 위와 같이 조합임원의 자격요건을 강화한 것이다. 공유자의 경우 가장 많은 지분을 가진 자만이 조합임원이 될 수 있도록 한 것은 종래 정비구역 외의 자가 하나의 건축물 또는 토지에 대한 소량의 지분만을 양도받은 후 공유자 상호간의 담합을 통하여 대표조합원으로 선정되고, 조합임원으로 선출되어 조합의 중요한 업무를 수행하는 사례가 빈번하고(다른 정비사업에서 조합장으로 성공적으로 직무를 수행한 자들이 정비사업이 원활하게 진행되지 않는 정비사업의 조합에 영입되는 경우가 흔히 있었다), 과다한 보수 및 인센티브를 받는 등의 다양한 비리가 발생하자 이를 방지하기 위하여 도입되었다. 조합장은 정비사업과 관련한 중요한 결정을 할 뿐만 아니라 신속하게 결정할 필요가 있고, 그와 같은 결정을 함에 있어 토지등소유자들의 이해를 충실히 반영할 필요가 있으므로, 정비사업에 따른 종후자산의 권리귀속과 비용부담, 현금청산 등에 관한 내용이 최종적으로 결정되는 관리처분계획인가를 받을 때까지는 정비구역에 거주할 것을 요구한다. 위와 같은 입법취지에 비추어 조합이 정관이나 총회결의를 통하여 자격요건을 완화하는 것은 불가능하다. 법 제정 이전에도 개별 조합은 정관에 조합원만이 임원의 자격이 있다거나 거주 및 소유요건을 별도로 규정하는 방법으로 따로 임원요건을 규정해 두는 경우도 있었으나, 법은 이를 명문화하였다.

---

77) 대법원 2012. 10. 25. 선고 2010다102533 판결.
78) 대법원 2001. 1. 16. 선고 2000다45020 판결 참조.

㈐ 정관에 의한 요건 강화 가능 여부

법 41조 1항은 조합의 임원으로 직무를 수행하는 데 필요한 최소한의 기간을 법정한 것이고, 정비사업에 따라서는 실태를 파악함에 필요한 거주나 소유에 보다 장기간이 요구되는 것으로 볼 수 있고, 조합이 자치법규인 정관이나 최고의사결정기관인 총회의 결의를 통하여 자유롭게 조합의 의사를 결정할 수 있으므로, 조합임원의 요건으로 거주 또는 소유기간 요건을 강화한다거나 조합임원의 입후보 자격에 관하여 일정 수 이상의 조합원 추천을 받은 자에 한한다고 제한하더라도, 거주 또는 소유기간 정도가 조합원의 피선거권에 대한 과도한 제한으로 볼 수 없거나(조합의 임원으로 직무를 수행하는 데에 필요하다고 인정되는 합리적인 기간이거나) 추천을 받아야 할 조합원의 숫자가 전체 조합원의 숫자에 비추어 소수 조합원의 권리를 침해할 우려가 있는 정도에 이르지 않는다면 이는 유효하다.[79)]

⑵ 결격사유

㈎ 사유(강행규정)

① 내용

미성년자·피성년후견인 또는 피한정후견인(1호), 파산선고를 받고 복권되지 아니한 자(2호), 금고 이상의 실형을 선고받고 그 집행이 종료되거나 집행이 면제된 날부터 2년이 지나지 아니한 자(3호), 금고 이상의 형의 집행유예를 받고 그 유예기간 중에 있는 자(4호), 도시정비법을 위반하여 벌금 100만 원 이상의 형을 선고받고 10년이 지나지 아니한 자(5호), 조합설립 인가권자에 해당하는 지방자치단체의 장, 지방의회의원 또는 그 배우자·직계존속·직계비속(6호)은 조합임원이 될 수 없다(법 43조 1항). 위 6호는 법이 2023. 7. 18. 개정되면서 도입되었다.

② 5호

㉮ 법이 2019. 4. 23. 개정되기 이전에는 도시정비법을 위반하여 벌금 100만 원 이상의 형을 선고받고 5년이 지나지 아니한 자가 결격사유였으나, 위 법률개정으로 그 기간을 10년으로 연장하였다. 정비사업 관련 비리를 근절하기 위하여 조합임원의 결격사유를 강화한 것이다.

㉯ 5호는 '이 법을 위반하여 벌금 100만 원 이상의 형을 선고받고 10년이 지나지 아니한 자'는 조합임원이 될 수 없다고 규정하고 있는바, 형법 129조 내지 132조로 처벌받은 조합임원의 경우에도 위 규정이 적용되는지 여부가 문제된다.

조합임무를 수행하는 중에 뇌물을 받은 자를 결격시켜야 할 필요성과 형법 134조의 의제조항은 법 기술적인 준용조항으로서 이를 통하여 사실상 도시정비법에 뇌물죄 조항이 반복해서 규정된 것임을 들어 긍정하는 견해가 있다.[80)] 그러나 죄형법정주의의 원칙상 형벌법규의 해석은 엄격하여야 하고, 명문의 형벌법규의 의미를 피고인에게 불리한 방향으로 지나치게 확장해석하거나 유추해석하는 것은 허용되지 않는바, 뇌물죄로 처벌받는 것은 형법위반죄로 처벌받는 것이므

79) 대법원 2017. 6. 19. 선고 2015다70679 판결(조합임원의 입후보 자격으로 조합원 20인 이상의 추천을 받은 자로 제한하는 것은 적법하다), 대법원 1992. 3. 31. 선고 91다14413 판결 참조.

80) 김종보, 전게서, 710~711.

로, 도시정비법을 위반하여 처벌받은 것으로 볼 수 없어 뇌물죄로 처벌받은 자에 대하여는 법 43조 1항 5호가 적용될 수는 없다.

(나) 정관에 의한 결격사유 추가 가능 여부(가능)

① 국토부 표준정관 17조 1항 4호는 법 또는 관련 법률에 의한 징계에 의하여 면직의 처분을 받은 때로부터 2년이 경과되지 아니한 자를 결격사유로 규정하고 있는 등 정관에 의한 결격사유의 추가는 가능하다.

② '다른 정비사업조합의 조합장을 역임한 사실이 있는 사람 또는 전문관리업을 하는 법인의 대표에 재임하였거나 현재 재임하고 있는 자'에 대하여 조합장 피선거권을 제한하는 내용의 규정의 유효성이 문제된다. 판례는 정관은 조합의 단체 내부를 규율하는 자치법규이므로 원칙적으로 자율적으로 정할 수 있고, 조합장의 권한이 중대하므로 특별히 자격요건을 엄격히 제한하더라도 부당하다고 보기 어렵다고 하여 유효함을 인정하고 있다.[81]

③ 강제가입제를 택하고 있는 재개발사업에 있어서는 조합설립에 동의하지 아니한 토지등소유자도 조합원인바, 임원자격을 동의한 사람으로 제한하는 것이 가능한지 여부가 문제된다. 대법원이 조합의 선거관리규정 중 조합임원 후보자에 대한 추천권을 조합설립에 동의한 토지등소유자에게만 부여한 조항에 대하여 토지등소유자들에게 평등하게 부여되어야 할 조합임원 선출권을 합리적 사유 없이 제한하는 규정이어서 무효라고 판시[82]한 점에 비추어 임원자격을 조합설립에 동의한 조합원만으로 제한하는 것은 효력이 없다.

라. 겸직금지의무

조합임원은 같은 목적의 정비사업을 하는 다른 조합의 임원 또는 직원을 겸할 수 없다(법 42조 4항). 조합임원은 해당 정비사업과 관련된 시공자·설계자·전문관리업자 등 관련 단체의 임원·위원 또는 직원을 겸할 수 없다(서울 표준정관 16조 12항).

마. 조합임원 등 임기만료, 해임 및 사임 등

(1) 임기만료

임기가 만료되면 조합임원과 조합과의 위임관계는 종료되는 것이 원칙이다.

(2) 당연퇴임사유

(가) 조합임원이 선임된 이후 법 43조 1항(결격사유)에 해당하게 되거나 선임 당시 결격사유에 해당하는 자이었음이 밝혀진 경우(1호) 및 조합임원이 법 41조 1항에 따른 거주 또는 소유 자격요건을 갖추지 못하였음이 밝혀진 경우나 조합장이 선임일 이후 관리처분계획인가 이전에 거주

---

81) 대법원 2020. 10. 15. 자 2020다240410 판결 및 서울고등법원 2020. 5. 29. 선고 2020나2000221 판결(정비사업 관련 전·현직자는 정비사업에 수반되는 여러 이권사업이나 비리에 직·간접적으로 연루될 가능성이 그렇지 않은 사람보다는 상당히 높다고 볼 여지가 있고, 실제 이러한 사람들이 조합장을 사실상 업으로 삼는 사례나 실제 비리에 연루되는 사례들이 상당수 발생하고 있어 이들의 조합장 피선거권을 제한할 합리적인 이유가 있다고 볼 수 있는 점과 조합장의 자격만 제한하였을 뿐 이사, 감사 등 임원의 자격을 제한하지는 않았으므로, 이 사건 변경정관에 따라 조합장 자격이 제한된 사람들도 이사, 감사 등 임원으로서 조합 업무에 참여할 수 있음을 근거로 한다).

82) 대법원 2011. 4. 28. 선고 2010다106269 판결.

를 떠난 경우(2호)에는 당연 퇴임한다(법 43조 2항). 다만, 퇴임된 임원이 퇴임 전에 관여한 행위는 그 효력을 잃지 아니한다(법 43조 3항). 조합임원이 법 41조 1항에 따른 거주 또는 소유 자격 요건을 갖추지 못한 경우의 당연 퇴임규정은 법이 2019. 4. 23. 개정되면서 도입되었다.

(나) 총회에서 조합원 과반수의 출석과 출석 조합원 과반수의 동의로 전문조합관리인의 선정을 요청하여 시장·군수등이 전문조합관리인을 선정한 경우, 전문조합관리인이 업무를 대행할 임원은 당연 퇴임한다(법 43조 5항). 법이 2019. 4. 23. 개정되면서 신설되었다.

(3) (소수조합원에 의한) 임원 해임

(가) 개요

조합장을 포함하여 조합임원은 법 44조 2항(총회의 소집절차 규정)에도 불구하고 조합원 10분의 1 이상의 요구로 소집된 총회에서 조합원 과반수의 출석과 출석 조합원 과반수의 동의를 받아 해임할 수 있다(법 43조 4항 전문).

이 경우 요구자 대표로 선출된 자가 해임 총회의 소집 및 진행을 할 수 있고, 그때는 조합장의 권한을 대행한다(법 43조 4항 후문).[83] 요구자들이 조합장에게 총회소집을 요구하여 조합장이 총회를 소집하고 직접 진행하더라도 적법하다(법 43조 4항 후문이 '진행을 할 때에는'이라고 규정하고 있으므로, 요구자 대표가 아닌 조합장이 진행할 수 있음을 전제로 한다).

법 43조 4항은 모두에 '44조 2항에도 불구하고'라고 기재하여, 일반규정인 법 44조 2항(조합원 5분의 1 이상의 요구로 조합장이 소집한 총회에서 조합임원 해임)의 일반절차를 통하여도 해임을 진행할 수 있음을 명확히 하였다. 실무상 법 43조 4항에 의하여 현재의 조합집행부와 반대되는 측 대표가 조합장을 비롯한 조합임원에 대한 해임 총회를 직접 소집·진행하고, 조합원으로부터 사전에 서면결의서를 징구하는 것이 일반적이다.

(나) 입법취지

원칙적 총회소집 요구는 조합원 5분의 1 이상임에도 조합원 10분의 1 이상으로 완화하고, 그 경우 요구자 대표로 선출된 자가 총회의 소집과 진행을 하도록 하며, 어떠한 사유의 제한도 없으므로, 언제든지 임원 해임을 위한 총회가 개최될 수 있어 공익사업인 정비사업의 진행에 차질을 초래할 우려가 있다는 견해가 있는 듯하다.

그러나 위 규정의 입법취지는 임원의 권한 및 그들이 정비사업에 미치는 영향 등에 비추어 조합의 혼란가능성을 어느 정도 감수하고서라도 조합원들로 하여금 부적임이라고 판단되는 조합임원을 신속하게 해임할 수 있도록 함으로써 조합에 추가적인 손해를 끼치지 못하도록 함에 있으므로,[84] 조합원 10분의 1 이상으로 총회소집 요구의 요건을 완화한 것은 타당하다. 나아가 명백한 해임사유가 있음에도 조합장이 총회소집권을 보유함을 기화로 임원 해임을 위한 총회의 소집 자체를 거부하는 것을 배제할 수 없으므로, 요구자 대표로 선출된 자에게 총회를 스스로

---

83) 위와 같은 총회의 소집은 요구자의 대표로 선출된 자가 직접 행할 수 있는데, 만일 조합 집행부가 요구자의 대표에게 조합원 명단 제공을 거부하는 경우, 조합원 전원에 대한 소집통지가 어려운 문제가 생길 수 있으므로, 요구자 대표는 법 124조 4항에 따라 사전에 조합원 명부, 조합원의 전화번호 등에 대하여 열람·복사를 해 둘 필요가 있다.

84) 서울고등법원 2011. 12. 14. 자 2011라856 결정.

소집·진행할 수 있는 권한을 부여한 것 또한 타당하다.

㈐ 요건 관련 쟁점

① 강행규정

조합원의 조합임원 해임을 위한 총회소집 요구 정족수, 요구자 대표의 총회의 소집과 진행권은 강행규정으로서 정관이나 총회결의로 그 요건을 강화하거나 소집권 및 진행권을 배제하는 것은 효력이 없다. 다만, 정관이나 총회결의로 해임이 가능한 의결정족수를 강화하는 것이 가능한지 여부가 문제된다.

법이 제정될 당시 법 43조 4항(구 법 23조 4항) 본문은 "조합임원의 해임은 조합원 2분의 1 이상의 출석과 출석 조합원 3분의 2 이상의 동의를 얻어 할 수 있다."고 규정하고 있었다. 그러나 법이 2005. 3. 18. 개정되면서 법 43조 4항(구 법 23조 4항) 본문에 대하여 "조합임원의 해임은 조합원 과반수의 출석과 출석 조합원 과반수의 동의를 얻어 할 수 있다. 다만, 정관에서 해임에 관하여 별도로 정한 경우에는 정관이 정하는 바에 의한다."로 변경되었고, 2009. 2. 6. 법 개정으로 단서규정도 삭제되었다. 위와 같은 개정취지는 임원의 권한 및 그들이 정비사업에 미치는 영향 등에 비추어 의결정족수를 강화하여 해임을 어렵게 한 종전 규정이 부당하다는 반성적 고려에 기인한 것이다.

따라서 정관이나 총회결의로 해임 의결정족수를 강화하는 것(국토부 표준정관 18조 3항은 조합원 과반수 출석과 출석 조합원 3분의 2 이상의 동의라고 규정하고 있다)은 효력이 없다.[85)]

② 본인확인 필요

법이 2023. 7. 18. 개정되어 조합원 5분의 1(예외 10분의 1) 이상 요구로 조합장이 총회를 소집함에 있어 소집을 요구하는 자가 본인인지 여부를 반드시 대통령령으로 정하는 기준에 따라 정관으로 정하는 방법으로 확인하여야 한다(요구서에 서명 또는 지장날인 및 신분증명서 사본 첨부, 법 44조 2항, 법 시행령 41조의2). 해임을 위한 총회소집에 대하여도 동일하게 적용된다(법 44조 2항 괄호).

③ 법 45조 10항(조합원 10분의 1 이상 직접 출석)의 적용 여부(긍정)

㉮ 법이 2017. 2. 8. 전부개정되기 이전의 판례는 소수조합원에 의한 조합임원 해임을 위한 총회의 경우 조합원 10분의 1 이상 직접 출석이 요구되지 아니한다고 하였다[2017년 전부개정 전 소수조합원에 의한 조합임원 해임을 위한 총회에 관한 구 법 23조 4항은 "24조(총회개최 및 의결사항)에도 불구하고"라는 문구가 명시적으로 기재되어 있는 점, 2009. 2. 6. 개정 이전의 구 법 23조 4항에서 "정관에서 해임에 관하여 별도로 정한 경우에는 정관이 정하는 바에 의한다."라고 규정하고 있던 단서조항이 2009. 2. 6. 법 개정으로 삭제된 점 등을 고려할 때, 임원 해임의 경우에는 일반총회보다 소집 및 의결요건을 모두 완화하였음에 근거하였다].[86)]

㉯ 그러나 법이 2017. 2. 8. 전부개정된 이후에는 소수조합원에 의한 조합임원 해임을 위한 총회의 경우에도 총회 의사정족수에 관한 일반규정인 법 45조 10항의 조합원 10분의 1 이상 직

85) 서울동부지방법원 2018. 1. 26. 자 2018카합10040 결정(확정).
86) 대법원 2014. 9. 4. 선고 2012다4145 판결.

접 출석 조항은 적용되는 것이 타당하다[법이 2017. 2. 8. 전부개정되면서, 종전 총회의 개최와 의결이 한 조문(24조)에 규정되어 있었던 것과 달리 총회의 소집에 관한 규정(44조)과 총회의 의결에 관한 규정(45조)이 구분되었고, 일반 의결정족수 규정(45조 3항)이 신설되었다. 그 과정에서 소수조합원에 의한 조합임원 해임을 위한 총회에 관한 규정인 43조 4항(구 법 23조 4항)이 원래 "24조에도 불구하고"라고 규정되어 있던 문구가 "44조 2항에도 불구하고"라고 변경되었으므로, 전부개정법률의 문언적 해석 상 총회의 소집과 의결에 관한 일반규정 전부를 배제하였던 종전과 달리 일반적인 총회의 소집요건에 관한 44조 2항의 적용만을 배제하는 것으로 보아야 한다].[87]

④ 법원의 허가(불요)

법 49조는 조합에 관하여 이 법에 규정된 사항을 제외하고는 민법 중 사단법인에 관한 규정을 준용하는바, 민법 70조 3항은 총 사원의 5분의 1 이상으로부터 총회소집 요구를 받는 경우 대표자인 이사는 총회를 소집하여야 하나, 이사가 총회소집절차를 밟지 아니하는 때에는 청구한 사원은 법원의 허가를 얻어 이를 소집할 수 있다고 규정하고 있으므로, 조합원 10분의 1 이상의 요구로 총회를 소집함에 있어 요구자 대표로 선출된 자는 법원의 허가를 얻어야 하는지 여부가 문제된다.

법은 조합원 10분의 1 이상이 총회소집을 요구하는 경우에는 조합장에게 소집권한이 있을 뿐만 아니라 즉시 요구자 대표가 직접 총회를 소집하고 진행할 권한까지 부여하고 있으므로, 대표자만이 총회소집권이 있음을 전제로 그가 총회를 소집하지 않는 경우를 대비한 위 민법 70조 3항은 적용될 여지가 없다. 판례도 마찬가지이다.[88]

⑤ 정관에 의한 해임사유 제한 가능 여부(불가)

㉮ 법은 해임사유에 대하여 아무런 규정이 없고, 또한 조합임원은 조합에 대하여 민법상 수임인의 지위에 있어 민법 689조 1항에 의하여 위임계약은 언제든지 해지될 수 있으므로, 해임사유에는 제한이 없음이 명백하다.

㉯ 국토부 표준정관 18조 1항은 임원이 직무유기 및 업무태만 또는 관계 법령 및 이 정관에 위반하여 조합에 부당한 손실을 초래한 경우에는 해임할 수 있다고 규정하고 있는바(서울 표준정관 18조 1항도 동일하다), 정관에서 그와 같이 제한하는 것이 유효한 것인지 여부가 문제된다.

법이 제정될 당시 법 43조 4항(구 법 23조 4항)은 단서로 "다만, 정관에서 해임에 관하여 별도로 정한 경우에는 정관이 정하는 바에 의한다."고 규정하고 있었으나, 법이 2009. 2. 6. 개정되면서 이를 삭제하였는바, 입법취지는 조합임원에 대한 조합원의 통제기능을 강화하기 위한 것이다. 또한 임원과 조합 사이의 관계는 민법상 위임에 해당하여 서로간의 신뢰관계가 무엇보다 중시되어야 할 것이므로, 만일 그 신뢰관계가 파탄되어 조합원 총회에서 참석한 조합원들의 다수가 현 임원의 해임을 원할 경우에는 언제든지 그 임원을 해임할 수 있다고 보아야 할 것이다. 따라서 조합 정관에서 해임사유를 규정하여 제한하는 것은 효력이 없다.[89]

87) 서울고등법원 2021. 6. 22. 자 2021라20389 결정(확정).
88) 대법원 2012. 4. 10. 자 2012마16 심리불속행 기각결정 및 서울고등법원 2011. 12. 14. 자 2011라856 결정 참조.
89) 서울고등법원 2014. 6. 20. 선고 2013나79797 판결(확정).

⑥ 해임총회 소집 요구 의사 철회 가능 여부(긍정)

㉮ 해임총회 소집 요구 의사 철회는 가능하다. 다만, 법 시행령 33조 2항 1호는 도시정비법상의 각종 요청이나 동의의 철회는 원칙적으로 해당 동의에 따른 인·허가 등을 신청하기 전까지 가능한 것으로 규정하고 있는 점, 2017. 2. 8. 법이 전부개정되기 이전(구 법 23조 4항)에는 "조합임원의 해임은 24조에도 불구하고 조합원 10분의 1 이상의 '발의'로 소집된 총회에서 조합원 과반수의 출석과 출석 조합원 과반수의 동의를 얻어 할 수 있다."고 규정하고 있었으나, 전부개정에 의하여 현행 법 43조 4항은 "조합임원은 44조 2항에도 불구하고 조합원 10분의 1 이상의 '요구'로 소집된 총회에서 조합원 과반수의 출석과 출석 조합원 과반수의 동의를 받아 해임할 수 있다."고 규정하고 있는 점 등에 비추어 조합원 10분의 1 이상의 요구에 따라 요구자 대표가 게시판에 해임 총회 관련 목적과 안건 등을 게시하거나(총회를 개최하기 위해서는 회의개최 개최 14일 전까지 회의목적, 안건 등을 게시판에 게시하여야 한다. 국토부 표준정관 20조 6항) 조합원에게 총회개최 통지서를 발송(총회 개최 7일전까지 회의목적, 안건 등을 조합원에게 통지하여야 한다. 법 44조 4항)한 경우에는 더 이상 해임총회 소집요구의사를 철회할 수 없다.

㉯ 조합원 10분의 1 이상이 요구하였으나, 해임 총회 관련 목적과 안건 등을 게시하거나 조합원에게 총회개최 통지서를 발송하기 전에 일부가 요구를 철회하는 것은 적법하고, 이에 따라 총회개최요구자가 조합원 10분의 1에 미치지 못하는 경우 그 총회는 무효이다.

총회소집을 요구한 조합원이 이를 철회하려고 하는 경우 그 방법이 문제 된다. 요구자 대표가 철회서를 받아주지 않는 경우가 있기 때문이다. 그 경우에는 요구자 대표에게 우편이나 기타 방법으로 철회하고, 그 사실을 증명할 수 있으면 요구철회를 인정할 수 있다.[90)]

⑦ 기타 표준정관 규정

국토부 재건축 표준정관 18조 1항은 "임원에 대한 해임에 있어 청문 등 소명기회를 부여하여야 한다."고 규정하고 있다. 위 규정은 임원 해임에 관한 법 43조 4항과 상충되지 아니하므로 유효하다.

㈑ 해임결의의 효과

총회에서 임원에 대한 해임결의가 이루어지는 경우 즉시 효력이 발생하여 임원은 그 직을 상실한다. 이에 따라 조합은 새로운 임원을 선임하기 위하여 보궐선거를 실시하여야 한다. 조합임원과 조합은 민법상 위임관계이므로 정관에 특별한 규정이 없는 한 해임된 임원이라 하더라도 해당 보궐선거에 후보자로 등록할 수 있다고 보아야 할 것이다(도시정비법에는 주민소환에 관한 법률 23조 2항과 같은 입후보자 등록 제한규정이 없다).

⑷ 사임

㈎ 조합과 그 임원의 관계는 위임관계이므로, 임원은 자유롭게 사임하여 법률관계를 종료시킬 수 있다(민법 689조 1항). 다만, 임원이 부득이한 사유 없이 조합에 불리한 시기에 사임하는 경우 손해를 배상해야 한다(민법 689조 2항).

---

90) 김은유, 정비사업 조합 임원의 선임 및 해임에 따른 법률문제, 사법 제23호(2013), 74.

㈏ 사임행위는 상대방 있는 단독행위라 할 것이므로 그 의사표시가 상대방에게 도달함과 동시에 곧바로 효력을 발생하고 그 의사표시가 효력을 발생한 후에는 마음대로 이를 철회할 수 없다.[91] 실무상 사임의 의사표시는 언제 있었는지, 사임의사를 수령할 수 있는 기관에 도달하였는지 여부와 관련하여 다툼이 있다.

여기에는 다음과 같은 예외가 있다.

① 조합이 정관에서 이사의 사임절차나 사임행위의 효력발생시기 등에 관하여 특별한 규정을 둔 경우에는 그에 따라야 하는바, 위와 같은 경우에는 이사의 사임의 의사표시가 조합의 대표자에게 도달하였다고 하더라도 그와 같은 사정만으로 곧바로 사임의 효력이 발생하는 것은 아니고 정관에서 정한 바에 따라 사임의 효력이 발생하는 것이므로, 사임의 효력이 발생하기 전에는 그 사임의사를 자유롭게 철회할 수 있다.[92]

현재 부산 표준정관에는 임원 및 대의원의 사임은 사임서를 조합사무실에 제출함으로써 효력이 발생한다고 규정하고 있다(16조 4항). 위 규정에 의하는 경우 사임서 제출은 사임의 효력발생요건이므로 설령 임원이 사임서 제출 전에 사임의 의사를 밝혔다 하더라도 자유롭게 사임의사를 철회할 수 있다.[93]

② 사임서 제출 당시 즉각적인 철회권유로 사임서 제출을 미루거나, 조합 측에 사표의 처리를 일임하거나, 사임서의 작성일자를 제출일 이후로 기재한 경우 등 사임의사가 즉각적이라고 볼 수 없는 특별한 사정이 있을 경우에는 별도의 사임서 제출이나 조합 측의 수리행위 등이 있어야 사임의 효력이 발생하고, 그 이전에 사임의사를 철회할 수 있다.[94]

③ 한편 서울 표준정관은 조합임원의 사임에 이사회 의결이나 수리행위를 필요로 한다고 규정하고 있다. 즉 조합장을 제외한 조합임원이 사임하고자 하는 경우 조합장에게 그 의사를 서면으로 표시하여야 하며, 조합장은 이를 이사회에 상정하여야 하고, 이 경우 사임의사를 표시한 해당 임원은 사임에 대한 이사회 의결이 있거나 후임 임원이 선임될 때까지 그 임기가 유지되는 것으로 본다고 규정하고 있다(18조 4항). 조합의 이사 전원이 사임하고자 하는 경우에는 '이사회'를 '대의원회'로 보고, 조합장은 이사회의 개최 없이 대의원회를 바로 소집할 수 있다(18조 4항).

사임에 위와 같은 절차를 규정한 것은 조합임원이 정당한 이유 없이 사임하여 조합운영 및 사업추진에 상당한 지장을 초래하거나 조합원에게 부당한 손해를 끼치는 일을 방지하기 위함이다.

(5) 임기만료, 사임·해임된 조합임원의 긴급업무수행권

㈎ 임기만료

조합은 조합임원의 임기만료 전 새로운 임원의 선임 또는 연임 절차를 마쳐야 한다. 다만, 부득이한 사정으로 임기만료 전 임원 선임 또는 연임 절차가 완료되지 않은 경우에 기존 조합임원

91) 대법원 2003. 1. 10. 선고 2001다1171 판결 등 참조.
92) 대법원 2008. 9. 25. 선고 2007다17109 판결.
93) 대법원 2006. 6. 15. 선고 2004다10909 판결.
94) 대법원 2013. 7. 25. 선고 2011두22334 판결 등 참조.

은 그 후임자가 선임될 때까지 그 직무를 수행하여야 한다(서울 표준정관 15조 6항).

이는 만약 후임자가 선임될 때까지 조합임원이 존재하지 않는다면 조합임원(조합장)에 의하여 행위를 할 수밖에 없는 조합으로서는 당장 정상적인 활동을 중단하지 않을 수 없는 상태에 처하게 됨을 고려한 것으로서, 위 규정이 없다 하더라도 이는 당연히 인정된다.[95)]

위와 같이 임기가 만료된 이사의 업무수행권은 이사에 결원이 있음으로써 조합이 정상적인 활동을 할 수 없는 사태를 방지하자는 데 취지가 있으므로, 이사 중 일부의 임기가 만료되었더라도 아직 임기가 만료되지 아니한 다른 이사들로 정상적인 활동을 할 수 있는 경우에는 임기가 만료된 이사로 하여금 이사로서 직무를 행사하게 할 필요가 없고, 이러한 경우에는 임기만료로서 당연히 퇴임한다. 조합의 정상적인 활동이 가능한지 여부는 해당 이사의 임기만료 시를 기준으로 판단하여야 하고, 그 이후의 사정까지 고려할 수는 없다.[96)] 다만, 조합을 대표하여 행위하는 조합장은 유일하므로 후임 조합장이 선임될 때까지 업무수행권한이 인정된다.

㈏ 사임·해임

① 임원

조합임원이 사임하거나 해임된 경우 또는 당연퇴임한 경우에는 지체 없이 새로운 임원을 선출하여야 한다. 다만, 사임된 임원은 그 후임자가 선임될 때까지 그 직무를 수행하되, 사임된 임원이 새로운 임원이 선임, 취임할 때까지 직무를 수행하는 것이 적합하지 아니하다고 인정될 때에는 이사회 또는 대의원회의 의결에 따라 그의 직무수행을 정지하고 조합장이 임원의 직무를 수행할 자를 임시로 선임할 수 있다(국토부 표준정관 18조 4항).

해임의 성격상 해임된 임원은 긴급업무수행권이 인정되지 아니한다. 나아가 해임의 경우에는 해임절차가 진행 중인 임원이 해임절차가 완료될 때까지 직무를 수행하는 것이 적합하지 아니하다고 인정될 때에는 대의원회의 의결에 따라 해당 임원의 직무수행을 정지하고 조합장이 임원의 직무를 수행할 자를 임시로 선임할 수 있다(서울 표준정관 18조 3항).

② 조합장의 적용 여부

사임된 이사나 감사의 경우에는 이사회 또는 대의원회의 의결이 있는 경우에 한하여 직무수행이 정지되는바, 문제는 조합장의 경우에도 이사와 마찬가지로 이사회 또는 대의원회의 직무정지의결이 있는 경우에 한하여 조합장 직무대행체제로 전환되는 것인지 여부이다.

조합장도 임원이므로 별도의 이사회 또는 대의원회 결의가 있는 경우에 한하여 직무대행체제로 전환된다고 보아야 한다.[97)]

해임된 조합장은 긴급업무수행권이 인정되지 아니한다. 나아가 조합장에 대한 해임절차가 진행 중이고, 해임절차가 완료될 때까지 직무를 수행하는 것이 적합하지 아니하다고 인정될 때에는 조합장 직무대행자(다음에서 살펴볼 상근이사 중 연장자, 법원에서 파견된 직무대행자 등)가 대의원회를 소집하여 조합장의 직무수행정지 여부를 결정할 수 있다(서울 표준정관 18조 3항 단서).

---

95) 대법원 2003. 7. 8. 선고 2002다74817 판결 참조.
96) 대법원 2014. 1. 17. 자 2013마1801 결정.
97) 대법원 1996. 1. 26. 선고 95다40915 판결.

③ 직무대행자

서울 표준정관은 조합장이 사임·해임·당연퇴임 등으로 인하여 궐위되는 경우에는 상근이사 중 연장자(상근이사가 없으면 이사 중 연장자), 법원에서 파견된 직무대행자 순으로 그 직무를 대행한다고 규정하고 있다(16조 8항).[98)]

위 규정에 따라 조합장의 직무를 대행할 조합임원이 사임·해임·당연퇴임 등으로 부재한 경우에는 조합원 5분의 1 이상의 요구로 법원의 허가를 얻어 조합장 및 조합임원 선임을 위한 총회를 소집할 수 있다. 그 경우 요구자 대표로 선출된 자가 총회의 소집 및 진행에 있어 조합장의 권한을 대행한다(서울 표준정관 16조 9항). 다만, 조합임원이 6개월 이상 선임되지 아니하거나 총회에서 조합원 과반수의 출석과 출석 조합원 과반수의 동의로 전문조합관리인의 선정을 요청하는 경우로서 시장·군수가 전문조합관리인을 선정한 경우에는 그가 직무를 대행한다.

㈐ 후임임원 선임 시까지의 업무수행권 범위

① 기존임원의 업무수행범위(급박한 사정 해소)

정관의 규정에 의하여 임기만료나 사임된 조합임원에게 후임자가 선임될 때까지 업무수행권한이 인정된다 하더라도, 조합임원의 업무수행 범위는 민법 691조[99)]를 유추하여 급박한 사정을 해소하기 위하여 그로 하여금 업무를 수행하게 할 필요가 있는지를 개별적·구체적으로 가려 인정할 수 있는 것이지, 임기만료나 사임 후 후임자가 아직 선출되지 않았다는 사정만으로 당연히 업무수행권한이 포괄적으로 부여되는 것은 아니다.[100)] 이는 추진위원회와 추진위원장과의 관계에서 자세히 살펴보았다. 위와 같이 임기만료나 사임된 조합임원들의 업무수행이 인정되므로, 직무집행정지가처분이 가능하다. 직무집행정지가처분이 이루어지더라도 직무대행자가 존재하는 경우 별도로 직무대행자를 선정할 필요는 없다.

② 정관상의 직무대행자의 업무수행범위

임기만료나 사임된 조합임원의 직무집행을 정지한 경우, 정관상의 직무대행자는 조합임원(조합장)의 업무수행 범위에 제한이 없다.[101)]

㈑ 새로운 임원선임의 강제

임기만료나 사임된 조합임원은 계속하여 그 지위를 누리기 위하여 후임 임원을 선출하기 위한 노력을 게을리 할 수 있다. 그에 대한 대책으로 법은 2가지를 규정하고 있다.

조합임원이 임기만료, 사임·해임 후 6개월 이상 후임 임원이 선임되지 아니한 경우 시장·군

---

98) 국토부 표준정관은 조합장이 사임하거나 해임되는 경우에는 재건축조합에서는 (상근)이사 중에서 연장자 순으로, 재개발조합에서는 감사가 조합장 직무를 수행할 자를 임시로 선임할 수 있다고 규정하고 있다(각 18조 4항 단서).

99) 민법 691조는 '위임이 종료된 경우 급박한 사정이 있는 때에는 위임인이 위임사무를 처리할 수 있을 때까지 수임인이 그 사무의 처리를 계속하여야 한다.'고 규정하고 있다.

100) 대법원 2003. 7. 8. 선고 2002다74817 판결(임기만료된 대표자의 사무처리에 대하여 유추적용되는 민법 691조는 종전 대표자가 임기만료 후에 수행한 업무를 사후에 개별적·구체적으로 가려 예외적으로 그 효력을 인정케 하는 근거가 될 수 있을 뿐, 그로 하여금 장래를 향하여 대표자로서의 업무수행권을 포괄적으로 행사하게 하는 근거가 될 수는 없으므로, 조합원 등이 임기가 만료된 대표자의 직무수행금지를 소구하여 올 경우 민법 691조만을 근거로 이를 배척할 수는 없다).

101) 서울고등법원 2015. 10. 23. 선고 2016나17274 판결 등.

수등은 조합임원 선출을 위한 총회를 소집할 수 있고(법 44조 3항), 시·도 조례로 정하는 바에 따라 변호사 등으로서 대통령령으로 정하는 요건을 갖춘 자를 전문조합관리인으로 선정하여 조합임원의 업무를 대행하게 할 수 있다(법 41조 5항 1호).

바. 자격정지

서울 표준정관은 "임원으로 선임된 후 직무와 관련한 형사사건으로 기소된 경우에는 그 내용에 따라 직무를 수행하는 것이 적합하지 아니하다고 인정될 때에는 (확정판결이 있을 때 또는 1심 무죄판결선고가 있을 때 등) 까지 대의원회의 의결에 따라 그의 자격과 직무수행을 정지할 수 있다"라고 규정하고 있다(17조 4항).

사. 새로운 임원 선임

임원이 사임하거나 해임되는 경우에는 지체 없이 새로운 임원을 선출하여야 한다(국토부 표준정관 18조 2항 전문). 이는 임원이 임기만료된 경우에도 마찬가지이다. 임기 중 궐위된 경우 조합장의 경우는 정관상 직무대행자가 선거관리위원회를 구성하고, 임원보궐선거를 위한 입후보 등록을 공고하고, 총회를 소집하여 선임하고, 조합장 외의 임원은 정관 규정에 따라 대의원회에서 선임하는 것이 일반적이다.[102] 이 경우 새로 선임된 임원의 자격은 시장·군수등의 조합설립변경인가(신고수리) 및 조합에 의한 임원변경등기가 이루어져야 대외적으로 효력이 발생한다(국토부 표준정관 18조 2항 후문).

대외적으로 효력이 발생한다는 의미와 관련하여 새로 선임된 임원은 변경등기 이전에는 대외적으로는 아무런 효력이 없는 것인지 또는 단지 제3자에게 대항할 수 없는 것인지 여부가 문제된다.

법 49조는 조합에 관하여는 이 법에 규정된 사항을 제외하고는 민법 중 사단법인에 관한 규정을 준용한다고 규정하고 있고, 민법 54조 1항은 설립등기 이외의 등기사항은 그 등기후가 아니면 제삼자에게 대항하지 못한다고 규정하고 있으며, 표준정관이 민법과 달리 새롭게 선임된 임원에 대하여 등기 전에 대외적으로 아무런 효력이 발생하지 않도록 규정할 특별한 이유가 없는 점에 비추어 위 '대외적으로 효력이 발생한다.'의 의미는 위 민법상의 대항요건을 규정한 것으로 해석된다.[103]

위와 같이 임원이 선임된 경우 총회는 조합의 최고의사결정기관으로서 그 결의가 유효하게 성립한다면 적어도 조합 및 조합원과의 내부적 관계에서는 규범으로서의 효력은 가진다 할 것이므로, 비록 등기이전이라도 임원의 임기는 개시된다고 보아야 할 것이다. 임원의 임기는 총회(대의원회)결의일에 개시된다는 하급심 판례가 있다.[104]

---

102) 임기 중 궐위(사망, 사임, 해임)된 경우 정관이 정하는 바에 따라 대의원회에서 선임할 수 있다(법 시행령 43조 6호).

103) 김은유, 전게논문, 55.

104) 서울고등법원 2011. 11. 10. 선고 2011누23865 판결(확정, 조합이 총회에서 정관이 정한 의결정족수에 따라 조합장을 선출한 후 조합장의 변경을 내용으로 하는 조합설립변경인가를 신청하였으나, 행정청이 조합임원 선출 관련 정관변경에 대한 인가가 없었다는 이유로 신청을 거부하는 처분을 한 사안에서, 총회결의에 따라 새로운 조합장으로 선출된 자는 조합과 조합원들 사이의 관계에서는 행정청의 인가 여부와 관계없이 정당하게 조합을 대표할 권한이 있다고 하였다).

아. 조합임원의 선임·해임 관련 쟁송

도시정비법상 사업시행자가 공법인이라는 사정만으로 사업시행자인 조합과 조합장 등 조합임원 사이의 선임·해임 등을 둘러싼 법률관계가 공법상의 법률관계에 해당한다거나 그 조합장 등 조합임원의 지위를 다투는 소송이 당연히 공법상 당사자소송에 해당한다고 볼 수는 없고, 도시정비법의 규정들이 조합과 조합장 등 조합임원과의 관계를 특별히 공법상의 근무관계로 설정하고 있다고 볼 수도 없으므로, 사업시행자인 조합과 조합장 등 조합임원 사이의 선임·해임 등을 둘러싼 법률관계는 사법상의 법률관계로서 그 조합장 등 조합임원의 지위를 다투는 소송은 민사소송에 의하여야 한다.[105]

일반적으로 본안으로 총회결의 무효확인의 소가 제기되고, 가처분으로 조합장 등에 대한 직무집행정지가처분이 제기되는 경우가 있으며 인용되는 경우에는 직무대행자가 선임되는 것이 일반적이다.

2. 조합장

가. 지 위

(1) 개관

㈎ 조합장은 대외적으로 조합을 대표하는 기관이고, 대내적으로 사무를 총괄하여 업무를 집행하는 기관이다(법 42조 1항). 조합장은 총회 또는 대의원회, 이사회의 의장이 된다. 조합장이 대의원회의 의장이 되는 경우에는 대의원으로 본다(국토부 표준정관 16조 1항). 조합장이 유고 등으로 인하여 그 직무를 수행할 수 없을 때에는 (상근)이사 중에서 연장자순에 의하여 그 직무를 대행한다(서울 표준정관 16조 8항).

㈏ 조합에 관하여는 도시정비법에 규정된 것을 제외하고는 민법 중 사단법인에 관한 규정이 준용되므로(법 49조), 조합을 대표하고 그 사무를 총괄하는 조합장은 도시정비법이나 민법에서 달리 정하지 않는 한 조합의 사무에 관하여 재판상 또는 재판 외의 모든 행위를 할 수 있다.

조합이 시공사와 다툼이 생기자 총회결의 없이 변호사를 선임하여 약정금 등 청구소송을 제기하였고, 그 후 조합장이 제1심법원에 변호사의 소송행위를 추인한 사안에서, 대법원은 조합장이 조합을 대표하여 소를 제기하는 행위는 총회의 의결을 요하는 사항이나 정관변경사항에 해당한다고 볼 수 없으므로(소송의 결과에 따라 조합원들에게 귀속될 이익의 범위가 달라지고 경우에 따라서는 소송비용만 지출하게 되는 결과에 이르게 된다고 하더라도, 소제기하는 행위 자체가 관리처분계획의 수립 또는 변경에 해당한다거나 정관변경사항인 '조합원의 권리와 의무의 변동 또는 조합원의 비용부담 사항의 변동'에 해당하여 총회의 결의를 필요로 한다고 볼 수 없다), 조합장은 스스로 조합을 대표하여 시공사를 상대로 위 소송을 제기하는 등 소송행위를 적법하게 할 수 있다 할 것이어서, 그러한 권한이 있는 한 변호사의 소송행위를 유효하게 추인하는 데도 아무런 장애가 없어 소송행위 추인은 유효하다고 판시하였다.[106]

---

105) 대법원 2014. 10. 27. 선고 2011다37360 판결.

(다) 조합은 조합장의 대표권을 제한할 수 있고(사전에 총회의 의결을 거치거나 사후 추인을 받을 것 등), 그에 관하여 등기까지 경료하는 경우 조합은 조합장의 대표행위에 관하여 상대방의 선의, 악의를 불문하고 대항할 수 있다(민법 60조). 나아가 조합장의 대표권은 도시정비법령에 의하여 제한되는바, 법 45조 1항 2호는 자금의 차입, 4호는 예산으로 정한 사항 외에 조합원에게 부담이 되는 계약에 대하여는 총회의 의결을 거치도록 규정하고 있다. 따라서 조합장이 총회의결 없이 위와 같은 대표행위를 하면 그 효력이 없다(위 판례 사안에서 조합장이 변호사와 사이에 소송위임계약을 체결하는 행위를 한 경우, 이는 '예산으로 정한 사항 이외에 조합원의 부담이 될 계약'에 해당하여 효력이 없다).

또한 법 42조 3항은 "조합장의 자기를 위한 조합과의 계약이나 소송에 관하여는 감사가 조합을 대표한다."고 규정하고 있다.

(2) 구체적 권한 및 의무

(가) 총회의장

조합장은 총회의장으로서 총회를 소집하고 총회를 진행한다. 다만, 조합임원의 사임, 해임 또는 임기만료 후 6개월 이상 조합임원이 선임되지 아니한 경우(소집)와 조합원 10분의 1 이상의 요구로 이사 등의 해임요구 시(소집 및 진행)에 예외가 있음은 앞서 본 바이다.

(나) 대표기관 및 조합사무를 총괄하는 업무집행기관

조합사무를 총괄하는바, 그중 정관변경 발의권도 인정된다(국토부 표준정관 8조).

(다) 이사회 의장

조합장은 이사회 의장으로서 이사회를 소집하고 이사회를 진행한다.

(라) 대의원회 의장

조합장은 대의원회 의장으로서 대의원회를 소집하고 대의원회를 진행한다. 조합임원 중 조합장만이 대의원이 될 수 있다(법 46조 3항).

(마) 뇌물죄 관련 형법의 적용에서 공무원 의제(법 134조)

조합의 임원으로서 뇌물죄 관련 형법의 적용에서 공무원으로 의제된다. 조합장은 도시정비법이 정한 설립 요건과 절차를 갖추어 법인 등기까지 마친 시점 이후 공무원으로 의제된다.[107)]

(바) 사실상 시공계약의 연대보증채무

조합에 따라서는 정관에 조합장 등 임원은 시공자와 조합 사이의 시공계약상의 공사비지급채무를 연대보증해야 할 의무 및 그 대가로 동·호수 추첨상의 우선선택권을 부여하는 경우가 있다. 그 유효 여부에 관하여는 제8편 제3장 Ⅲ. 3. "다. 임원들에 대한 동·호수 우선선택권 부여의 적법성"에서 자세히 살펴본다.

---

106) 대법원 2012. 3. 15. 선고 2011다95779 판결.
107) 대법원 2006. 5. 25. 선고 2006도1146 판결.

나. 법원에 의하여 선임된 임시조합장

(1) 법 49조는 조합에 관하여는 이 법에 규정된 사항을 제외하고는 민법 중 사단법인에 관한 규정을 준용한다고 규정하고 있고, 이에 따라 준용되는 민법 63조(이사가 없거나 결원이 있는 경우에 이로 인하여 손해가 생길 염려 있는 때에는 법원은 이해관계인이나 검사의 청구에 의하여 임시이사를 선임하여야 한다)에 의하여 임시조합장의 선임이 가능하다.

(2) 실무상 조합임원 전원에 대한 해임이 의결되는 경우 정관상의 직무대행자가 없으므로, 이해관계인의 청구등에 의하여 법원이 민법 63조에 의하여 임시조합장을 선임한다(임시조합장이 새로운 조합장 선출을 위한 선거관리위원회 구성, 후보등록, 총회개최 등의 절차를 진행한다). 법원이 선임결정에서 특별히 제한하지 않는 한 임시조합장의 업무수행 범위에는 제한이 없다.

다. 법원의 조합장에 대한 직무집행정지가처분에 부수하여 직무대행자선임가처분

법원은 임시의 지위를 정하는 가처분으로 조합장에 대한 직무집행정지가처분에 부수하여 직무대행자선임가처분을 하게 된다. 법원은 직무집행정지가처분에 의하여 직무집행이 정지된 조합임원을 직무대행자로 선임할 수는 없다. 직무대행자의 업무수행 범위는 통상사무로 제한되고, 통상사무에 속하지 아니하는 행위를 하기 위해서는 별도로 법원의 허가를 받아야 한다(도시정비법 49조, 민법 60조의2, 52조의2). 직무대행자는 새로운 조합장이 선임되더라도 직무대행자 결정이 취소될 때까지는 계속하여 대표권을 가진다. 자세한 내용은 제1편 제8장 Ⅰ. "3. 임원에 대한 직무집행정지가처분 및 직무대행자 선임"에서 살펴보았다.

3. 감 사

가. 지 위

감사는 조합의 사무 및 재산상태와 회계에 관하여 감사하는 지위에 있다.

나. 권한 및 의무

(1) 예외적 조합 대표권

조합장 또는 이사가 자기를 위하여 조합과 계약이나 소송을 할 때에는 감사가 조합을 대표한다(법 42조 3항).

(2) 감사업무

(가) 정기 총회에 감사결과보고서를 제출하여야 하고, 조합원 5분의 1 이상의 요청이 있을 때에는 공인회계사에게 회계감사를 의뢰하여 공인회계사가 작성한 감사보고서를 총회 또는 대의원회에 제출하여야 한다(서울 표준정관 16조 4항).

(나) 감사는 조합의 재산관리 또는 조합의 업무집행이 공정하지 못하거나 부정이 있음을 발견하였을 때에는 대의원회 또는 총회에 보고하여야 하고, 조합장은 보고를 위한 대의원회 또는 총회를 소집하여야 한다(서울 표준정관 16조 5항 전문). 감사의 요구에도 조합장이 소집하지 아니하

는 경우에는 감사가 직접 대의원회를 소집할 수 있으며 대의원회 의결에 의하여 총회를 소집할 수 있다. 이 경우 감사가 대의원회와 총회의 소집 및 진행을 할 때에는 조합장의 권한을 대행한다(서울 표준정관 16조 5항 후문). 감사는 위 직무위배행위로 인해 감사가 필요한 경우 조합임원 또는 외부전문가로 구성된 감사위원회를 구성할 수 있고, 이 경우 감사는 감사위원회의 의장이 된다(서울 표준정관 16조 6항).

⑶ 조합장 직무대행자 선임권

국토부 재개발 표준정관은 재건축조합과 달리 재개발조합의 경우 조합장이 사임하거나 해임되는 경우 감사가 직무를 수행할 자를 임시로 선임할 수 있다고 규정하고 있다(18조 4항 단서). 한편 국토부 재건축 표준정관, 서울 재개발·재건축 표준정관은 모두 그 경우 상근이사 중 연장자가 그 직무를 대행한다고 규정하고 있음은 앞서 본 바이다.

⑷ 총회 및 대의원회 소집권

㈎ 조합원 5분의 1 이상이 총회의 목적사항을 제시하여 청구하는 때, 대의원 3분의 2 이상으로부터 개최요구가 있는 때에는 조합장이 총회를 소집하여야 하나, 조합장이 2월 이내에 정당한 이유 없이 총회를 소집하지 아니하는 때에는 감사가 지체 없이 총회를 소집하여야 한다(국토부 표준정관 20조 5항). 조합원 10분의 1 이상이 정관의 기재사항 중 조합임원의 권리·의무·보수·선임방법·변경 및 해임에 관한 사항을 변경하기 위한 총회소집을 요구하는 때에도 마찬가지이다(서울 표준정관 20조 4호 3호). 이는 법 44조 2항이 2019. 4. 23. 개정되면서 도입한 것을 서울시가 표준정관에 명시한 것이다.

㈏ 조합원 10분의 1 이상이 대의원회 목적사항을 제시하여 소집을 청구하는 때, 대의원의 3분의 1 이상이 회의의 목적사항을 제시하여 소집을 청구하는 때에는 조합장은 대의원회를 소집하여야 하나, 조합장이 14일 이내에 정당한 이유 없이 대의원회를 소집하지 아니한 때에는 감사가 지체 없이 이를 소집하여야 한다(국토부 표준정관 24조 6항).

㈐ 감사가 대의원회와 총회의 소집 및 진행을 할 때에는 조합장의 권한을 대행한다(서울 표준정관 16조 5항). 감사가 2명 이상 선임되었다 하더라도, 감사는 각자가 단독으로 직무집행하는 것이 원칙이므로, 위 총회나 대의원회는 단독으로 소집할 수 있다.

⑸ 이사회 권한

감사는 이사회 출석, 의견진술권이 있다(표준정관 30조). 다만, 의결권은 없다.

4. 전문조합관리인

가. 전문조합관리인 선임요건 및 절차

앞서 본 바와 같이 조합임원이 사임, 해임, 임기만료, 그 밖에 불가피한 사유 등으로 직무를 수행할 수 없는 때부터 6개월 이상 선임되지 아니한 경우(1호). 또는 총회에서 조합원 과반수의 출석과 출석 조합원 과반수의 동의로 전문조합관리인의 선정을 요청하는 경우(2호), 시장·군수등은 시·도 조례로 정하는 바에 따라 변호사 등으로서 대통령령으로 정하는 요건을 갖춘 자를 전문조합관리인으로 선정하여 조합임원의 업무를 대행하게 할 수 있다(법 41조 5항 단서). 이는 법이 2016. 1. 27. 개정되면서 1호 사유에 대하여 처음 도입되었다가, 그 후 법이 2019. 4. 23. 개정되면서 2호가 추가되었다. 그 취지는 조합임원 부재로 인한 사업지연을 최소화하고 정비사업을 신속하게 추진될 수 있도록 하려는 목적이었고(1호), 나아가 조합 내부의 알력으로부터 자유로운 전문적인 능력을 갖춘 외부 정비사업 전문가에게 조합임원의 업무를 대행하게 하여 공정하고 투명하게 조합 업무를 처리하게 하려는 목적도 있다(1호 및 2호).

나. 전문조합관리인의 자격

변호사, 공인회계사, 법무사, 세무사, 건축사, 도시계획·건축분야의 기술사, 감정평가사, 행정사 중 어느 하나에 해당하는 자격을 취득한 후 일정기간 정비사업 관련 업무에 종사하는 등 법정의 요건[108]을 갖춘 자만이 전문조합관리인이 될 수 있다(법 시행령 41조 1항). 법 43조 1항 각 호(조합임원 결격사유)의 어느 하나에 해당하는 자는 전문조합관리인이 될 수 없다(서울 표준정관 17조 1항).

다. 전문조합관리인의 임기 및 지위

조합임원을 대행하는 전문조합관리인의 임기는 3년으로 하고 조합임원의 업무를 대행한다(법 시행령 41조 4항). 조합의 임원으로서 뇌물죄 관련 형법의 적용에서 공무원으로 의제된다(법 134조). 전문조합관리인을 선정한 경우 그 성명 및 주소는 조합이 등기를 하여야 할 사항이다(법 시행령 36조). 앞서 본 바와 같이 총회에서 조합원 과반수의 출석과 출석 조합원 과반수의 동의에 의한 요청에 의하여 전문조합관리인이 선임된 경우 업무를 대행할 임원은 당연 퇴임한다(법 43조 5항).

조합임원의 잦은 해임 등으로 인한 조합임원 부재의 해결책으로 도입된 취지상 3년의 임기만료 외에는 전문조합관리인의 해임절차에 관한 규정이 없다. 그로 인하여 전문조합관리인의 부당한 권한 행사 시 조합원의 막대한 재산상 피해가 발생할 우려가 있음에도 이를 견제할 아무런 장치가 없다는 우려로 실무에서는 환영받지 못하는 듯하다.

Ⅲ. 총 회

1. 개 요

조합에는 조합원으로 구성되는 총회를 둔다(법 44조 1항). 조합의 총회는 조합의 최고의사결정기관으로서 법 45조 1항 각 호의 의결사항과 정관에서 정한 의결사항을 결의한다. 총회는 조합의 의사를 결정함에 있어 상위법령 및 정관에 위배되지 않는 범위 내에서 자율성과 형성의 재

108) 정비사업 관련 업무에 5년 이상 종사한 경력이 있는 사람(1호), 조합임원으로 5년 이상 종사한 사람(2호), 공무원 또는 공공기관의 임직원으로 정비사업 관련 업무에 5년 이상 종사한 사람(3호), 전문관리업자에 소속되어 정비사업 관련 업무에 10년 이상 종사한 사람(4호), 건설산업기본법 2조 7호에 따른 건설사업자에 소속되어 정비사업 관련 업무에 10년 이상 종사한 사람(5호), 1호부터 5호까지의 경력을 합산한 경력이 5년 이상인 사람. 이 경우 같은 시기의 경력은 중복하여 계산하지 아니하며, 4호 및 5호의 경력은 2분의 1만 포함하여 계산한다(6호).

량을 가진다. 다만, 총회결의의 내용이 신의성실의 원칙에 부합하여야 한다. 새로운 총회결의로써 종전 총회결의의 내용을 철회하거나 변경하는 것도 가능하나, 조합 내부의 규범으로 형성된 종전결의를 변경하고자 하는 경우 신뢰보호원칙에 의한 제한이 있다.

총회는 정기총회, 임시총회로 구분되며 원칙적으로 조합장이 소집한다.

국토부 표준정관은 정기총회는 매년 1회 회계연도 종료일부터 2월 이내에 개최하되, 다만, 부득이한 사정이 있는 경우에는 3월 범위 내에서 사유와 기간을 명시하여 일시를 변경할 수 있다고 규정하고 있다(20조 2항, 3항).[109] 한편 서울 표준정관은 정기총회는 매년 1회 회계연도 종료일 전에 개최하고, 다음 회계연도 정비사업비의 세부 항목별 사용계획이 포함된 예산안을 의결하여야 한다고 규정하고 있다(20조 3항). 그 취지는 당해 연도 예산은 회계연도 개시 전에 성립되는 것을 전제로 하고 있는데, 조합예산을 위한 임시총회를 잘 개최하지 않는 현실에서 정기총회마저 새 회계연도에 개최하도록 하는 경우, 정기총회에서 예산이 의결될 때까지는 준예산을 집행해야 하는 문제가 매번 발생하는 것을 방지하기 위함이다. 임시총회는 시기에 제한 없이 필요성이 있는 경우 임시로 소집되는 총회이다. 조합예산 및 결산안건의 승인이 정기총회에서 이루어지는 것 외에는 정기총회와 임시총회 모두 법이나 정관에서 정한 의결사항을 결의할 수 있다.

2. 소집절차

앞서 본 바와 같이 총회소집절차·시기 및 의결방법은 정관의 필요적 기재사항이므로, 법령의 규정 및 정관 내용에 관하여 살펴본다.

가. 소집권자

(1) 조합장(예비적 감사, 소집요구자 대표)

(가) 총회는 원칙적으로 조합장이 직권으로 소집하거나, 조합원 5분의 1 이상(정관의 기재사항 중 조합임원의 권리·의무·보수·선임방법·변경 및 해임에 관한 사항을 변경하기 위한 총회의 경우는 조합원 10분의 1 이상) 또는 대의원 3분의 2 이상의 요구에 의하여 조합장이 소집한다(법 44조 2항). 법 44조 4항은 총회를 소집하려는 자는 총회가 개최되기 7일 전까지 '회의목적 등을 정하여' 조합원에게 통지하여야 한다고 규정하고 있으므로, 조합원 5분의 1 이상 및 대의원 3분의 2 이상은 반드시 '목적사항을 제시하여' 청구하여야 한다. 다만, 목적사항의 제시만으로 족한 것으로서, 조합장은 목적사항에 대한 당부를 판단하여 소집을 거절할 수는 없다.[110]

총회의 소집절차·시기 및 의결방법, 총회의 개최 및 조합원의 총회소집 요구는 정관에 필수적으로 기재할 사항이다(법 40조 1항 10호, 11호). 이에 따라 조합은 정관으로 조합원 5분의 1 이상 또는 대의원 3분의 2 이상의 요구가 있음에도 조합장이 2월 이내에 정당한 이유 없이 총회를 소집하지 아니하는 때에는 감사가 지체 없이 총회를 소집하여야 하고, 감사가 소집하지 아니

---

109) 부산 표준정관은 "정기총회는 매년 1회, 3월 15일 이전에 개최하여야 한다. 다만, 부득이한 사정이 있는 경우에는 4월 말일까지 연기사유와 기간을 명시하여 개최할 수 있다."고 규정하고 있다(18조 3항).

110) 이미 동일한 목적사항에 대하여 총회에서 부결되었고, 사정변경이 없음에도 거듭하여 같은 목적사항을 제시하며 총회소집을 요구하는 것은 권리남용으로 허용될 수 없다고 보아야 할 것이다.

하는 때에는 소집을 요구한 자의 대표가 시장·군수(구청장)의 승인을 얻어 이를 소집한다고 규정하고 있다(국토부 표준정관 20조 4항, 서울 표준정관 20조 5항).

(나) 조합장은 반드시 이전고시가 있은 날부터 1년 이내에 조합 해산을 위한 총회를 소집하여야 한다(법 86조의2 1항). 그럼에도 불구하고 조합장이 위 기간 내에 총회를 소집하지 아니한 경우 조합원 5분의 1 이상의 요구 시 요구자 대표가 총회를 소집할 수 있고, 총회를 진행하며 그 경우 조합장의 권한을 대행한다(법 86조의2 2항). 조합원 과반수의 출석과 출석 조합원 과반수의 동의를 받아 해산을 의결할 수 있다.

(2) 시장·군수등

조합임원의 사임, 해임 또는 임기만료 후 6개월 이상 조합임원이 선임되지 아니한 경우, 시장·군수등이 앞서 본 바와 같이 전문조합관리인을 선정하는 것이 가능할 뿐만 아니라 조합임원 선출을 위한 총회를 소집할 수도 있다(법 44조 3항).

(3) 해임 총회 시 요구자 대표

앞서 본 바와 같이 조합원 10분의 1 이상의 요구로 조합임원의 해임을 위한 총회를 개최함에 있어 요구자 대표가 총회를 소집할 수 있다. 이에 대하여는 앞에서 자세히 살펴보았다.

(4) 소집권의 경합

요구자 대표가 조합임원의 해임을 위한 총회를 소집한 경우 이는 조합의 기관으로서 소집하는 것이다. 따라서 조합장은 요구자 대표가 소집한 임시총회의 기일과 같은 기일에 다른 임시총회를 소집할 권한은 없게 된다.[111)]

나. 소집요건

(1) 조합원 또는 대의원의 요구로 총회를 소집하는 경우 요건 충족 및 본인 확인

조합장은 조합원 5분의 1(예외 10분의 1) 이상 또는 대의원 3분의 2 이상의 요구 요건을 충족하였는지 여부를 심사하여야 한다. 조합원 또는 대의원의 요구로 총회를 소집하는 경우 조합은 소집을 요구하는 자가 본인인지 여부를 대통령령으로 정하는 기준에 따라 정관으로 정하는 방법으로 확인하여야 한다(법 44조 2항 후문, 위 규정은 2023. 7. 18. 법 개정으로 도입되었다).

법 시행령 41조의2는 본인인지 여부를 확인하는 방법으로 총회의 소집을 요구하는 조합원 또는 대의원은 요구서에 성명을 적고 서명 또는 지장날인을 하며, 주민등록증, 여권 등 신원을 확인할 수 있는 신분증명서의 사본을 첨부하되, 해외에 장기체류하는 등 불가피한 사유가 있다고 인정되는 경우에는 해당 조합원 또는 대의원의 인감도장을 찍은 요구서에 해당 인감증명서를 첨부하여야 한다. 이는 법 시행령이 2023. 12. 5. 개정되면서 처음 도입되었다. 위 규정은 법 43조 4항의 소수조합원에 의한 조합임원에 대한 해임청구에도 적용된다.

---

111) 대법원 1993. 10. 12. 선고 92다50799 판결 참조.

⑵ 안건에 대한 이사회 심의·의결 및 대의원회 심의

앞서 본 바와 같이 총회의 소집절차는 정관 규정사항인바, 일반적으로 조합은 조합장이 위와 같이 임시총회를 개최하는 경우 총회의 목적·안건·일시·장소에 관하여 미리 이사회의 심의·의결을 거쳐야 한다(서울 표준정관 20조 6항). 그 후 총회 부의안건에 대하여 대의원회의 사전 심의를 거쳐야 한다(서울 표준정관 26조 3호). 이는 불필요한 안건이 총회에 상정되는 것을 막아 실제 결의가 필요한 안건만 총회에 상정되도록 하기 위함이다. 일반적으로 미리 이사회의 심의·의결을 거친 후 대의원회의 심의를 받게 된다. 다만, 조합원 5분의 1(예외 10분의 1) 이상 또는 대의원 3분의 2 이상의 요구가 있음에도 조합장이 2월 이내에 정당한 이유 없이 총회를 소집하지 아니하여 감사가 총회를 소집하거나 감사도 총회를 소집하지 아니하여 시장·군수등의 승인을 얻어 요구자 대표가 총회를 소집하는 경우에는 이사회 심의·의결을 거칠 필요가 없다(서울 표준정관 20조 6항 단서).

이사회 심의·의결 및 대의원회 심의 등을 거치지 아니한 총회결의의 하자 여부에 대하여는 다음에서 살펴본다.

⑶ 안건 및 소집통지

총회의 소집절차·시기 등에 필요한 사항은 정관으로 정한다(법 44조 5항).

㈎ 소집통지

① 소집통지 내용

총회를 소집하는 경우에는 총회가 개최되기 7일 전까지 회의목적·안건·일시 및 장소와 45조 5항, 6항 및 8항에 따른 의결권(서면의결권, 대리의결권, 전자의결권[112])의 행사기간 및 장소 등 의결권 행사에 필요한 사항을 정하여 조합원에게 통지하여야 한다(법 44조 4항). 다만, 관리처분계획의 수립 및 변경을 위한 총회는 1개월 전에 통지하여야 한다(법 74조 5항).

② 목적사항 및 안건

총회소집에 회의의 목적사항을 기재하도록 하는 취지는 조합원이 결의를 할 사항이 사전에 무엇인가를 알아 회의에의 참석 여부나 결의사항에 대한 찬반의사를 미리 준비하게 하는 데 있다. 따라서 소집통지에 포함될 회의의 목적사항은 구성원들의 회의참석에 관한 의사결정이나 준비를 가능하게 할 정도이면 충분하고(의안이 무엇인가를 알기에 족한 정도이면 충분하다), 달리 법령이나 정관등에서 특별한 규정을 두고 있지 않은 한 상정될 안건의 구체적 내용이나 그에 관한 판단자료까지 반드시 소집통지에 포함해야 하는 것은 아니다.[113] 따라서 '대의원의 선임 및 해임

---

112) 종래에는 서면, 대리의결권의 행사에 필요한 사항을 정하여 조합원에게 통지하는 규정만 있었으나, 2024. 12. 3. 법 개정으로 일정한 요건 아래 전자적 방법으로 의결권을 행사할 수 있는 조항이 도입되었고(법 45조 6항), 조합은 오프라인 총회와 병행하여 온라인 총회를 개최하여 조합원을 참석할 수 있게 하되, 다만, 재난의 발생 등 대통령령으로 정한 사유가 발생하여 시장·군수등이 조합원의 직접 출석이 어렵다고 인정하는 경우에는 온라인 총회를 단독으로 개최할 수 있으므로(법 45조 8항), 위와 같은 의결권의 행사기간 및 장소 등 의결권 행사에 필요한 사항도 조합원에게 통지하도록 한 것이다.

113) 대법원 1993. 10. 12. 선고 92다50799 판결 참조, 대법원 2012. 1. 27. 선고 2011두9164 판결.

에 관한 사항'이 안건이라면 '대의원 선·해임의 건'이라고 안건제목을 명시하여 총회 소집 공문을 각 조합원에게 발송하는 것으로 족할 뿐, 새로 선임될 대의원들의 신상자료가 첨부되지 않았다고 하여 회의의 목적사항이나 안건이 명시되지 않았다고 볼 수 없다.

총회는 통지한 안건에 대해서만 의결할 수 있다(서울 표준정관 20조 8항).

③ 조합원(소유권이 양도되었음에도 양수인의 주소변경신고가 없는 경우)

국토부 표준정관 10조 3항은 "토지등소유자가 그 권리를 양도하거나 주소를 변경하였을 경우 양수자 또는 변경 당사자는 그 행위의 종료일로부터 14일 이내에 조합에 변경내용을 신고하여야" 하고,[114] "이 경우 신고하지 않아 발생한 불이익 등에 대하여 해당 조합원은 조합에 이의를 제기할 수 없다."고 규정하고 있다. 따라서 권리 양도의 신고가 없어 조합이 양도인에 대한 종전 주소로 행한 총회의 소집통지는 적법하다.

④ 대표조합원 미선임 시 통지 관련

국토부 표준정관 9조 4항은 토지 또는 건축물의 소유권 등이 수인의 공유에 속하는 경우, 1인을 대표조합원으로 지정하고, 대표조합원 선임동의서를 작성하여 조합에 신고하여야 하며 조합원으로서의 법률행위는 그 대표조합원이 행한다고 규정하고 있다. 위 정관 규정은 조합 운영의 절차적 편의를 도모하고, 안정적이고 효율적인 운영을 위한 것으로서, 대표조합원이 선임된 경우에는 그에 대한 통지만으로 적법하나, 대표조합원을 선임하지 아니한 경우 통지를 생략할 수 있다는 등의 불이익을 규정하고 있지 아니하므로, 대표조합원이 선임되지 아니한 경우에는 전원에게 통지하여야 한다.[115]

(나) 소집통지 방법

① 국토부 표준정관 20조 6항은 "총회를 소집하는 경우에는 회의개최 14일 전부터 회의목적·안건·일시 및 장소 등을 게시판[116]에 게시하여야 하며 각 조합원에게는 회의개최 7일 전까지 등기우편으로 이를 발송, 통지하여야 한다."고 규정하고 있다(부산 표준정관에서도 총회소집통지의 경우 휴대폰 문자발송을 요건으로 하고 있지 않다). '총회가 개최되기 7일전'을 계산함에 있어서는 늦어도 회의개최예정일을 포함하여 역산하여 7일째 되는 날의 전날에 소집통지의 발송이 이루어져야 한다.[117]

② 문제는 총회소집통지서를 등기우편에 의하여 발송, 통지하였으나 반송된 경우 일반우편에 의한 발송이 필요한지 여부이다[조합원의 권리·의무사항에 관한 일반적 고지방법을 규정하고 있는 국토부 표준정관 7조[118] 2항 1호는 등기우편으로 고지하되, 반송 시 1회 일반우편에 의한 발송, 통지를

114) 부산 표준정관은 조합의 일반적 고지방법으로 등기우편 및 '휴대폰 문자발송'을 병행하도록 규정하고 있으므로, 휴대전화 번호가 변경된 경우에도 신고의무를 부과하고 있다(10조 4항).

115) 판례는 대표조합원이 선임되지 아니한 경우 토지 등의 공유자들 전부가 총회에 참석하여 동일한 내용의 의결권을 행사하거나 동일한 내용의 서면결의서를 제출하는 경우 적법하다고 판시하고 있는데, 이는 총회소집권자가 이들 모두에게 통지하여야 함을 전제한 것이다(대법원 2021. 9. 30. 선고 2021다230144 판결).

116) 서울 표준정관은 종합정보관리시스템인 정비사업 정보몽땅에 회의개최 14일 전까지 위와 같은 내용을 게시하도록 규정하고 있다(20조 7항).

117) 대법원 1995. 11. 7. 선고 94다24794 판결 참조(총회일 7일 전까지 소집통지를 발송하도록 규정하고 있었는데, 총회일이 2. 28.이고 2. 22. 통지를 발송한 사안에서, 유예기간 7일에 1일이 미달된다고 판시하였다).

118) 표준정관 7조 1항은 "조합은 조합원의 권리·의무에 관한 사항(변동사항을 포함한다)을 조합원 및 이해관계인에게

규정하고 있고(총회결의 관련하여 조합원들에게는 총회의 출석권·발언권 및 의결권이 인정된다. 표준정관 10조 1항 2호), 국토부 표준정관 20조 6항은 총회를 소집하는 경우 각 조합원에게는 회의개최 7일 전까지 등기우편으로 이를 발송, 통지하여야 한다고만 규정하고 있다].

국토부 표준정관 7조는 조합원들의 권리, 의무에 관한 일반규정이고, 20조는 총회와 관련한 특별규정이므로 20조가 우선적으로 적용되고, 회의개최 7일 전까지 등기우편으로 이를 발송하는 경우, 실제로 조합원에 대한 등기우편이 반송되어 조합에 도착하는 것은 총회개최일 이후인 경우도 존재하는데, 그 경우 일반우편 발송 자체가 불가능하므로('회의개최 7일 전까지 등기우편 발송'이라는 소집통지기간을 단기로 정한 것은, 일반우편 통지를 전제로 하고 있지 않다) 일반우편에 의한 발송, 통지가 필요하지 않다.

㈐ 연기, 소집철회 및 취소

총회소집권자는 필요한 경우 소집된 총회의 개최를 연기하거나 소집을 철회·취소할 수 있으나 법령이나 정관에 그에 대한 절차나 방법에 관한 명문규정이 없다. 따라서 반드시 총회의 소집과 동일한 방식으로 그 철회·취소를 조합원들에게 통지하여야 할 필요는 없고, 조합원들에게 소집의 철회·취소결정이 있었음이 알려질 수 있는 적절한 조치가 취하여지는 것으로써 충분히 그 소집 철회·취소의 효력이 발생한다.[119]

3. 총회의 의결사항 및 의결방법

가. 총회의 개최방법

⑴ 2024. 12. 3.자 법 개정 전

종래 총회는 오프라인에서 개최되고 서면의결권을 행사하지 아니하거나 대리인에 의하지 아니하는 한 조합원들이 직접 총회 장소에 모여 개최하는 것을 원칙으로 하였다. 다만, 재난의 발생 등 대통령령으로 정하는 사유(재난안전법 3조 1호에 따른 재난의 발생, 감염병예방법 49조 1항 2호에 따른 집합 제한 또는 금지)가 발생하고, 시장·군수등이 조합원의 직접 출석이 어렵다고 인정하는 경우에는 전자적 방법으로 의결권을 행사할 수 있다고 규정하여 예외적으로 온라인 총회를 허용하였다(법 45조 8항, 법 시행령 42조 3항). 그 경우 정족수를 산정할 때에는 직접 출석한 것으로 본다.

⑵ 2024. 12. 3.자 법 개정 이후(2025. 12. 4. 시행)

㈎ 원칙(온·오프라인 총회 병행 가능)

조합은 총회의 의결을 거치는 것을 전제로 오프라인 총회와 병행하여 정보통신망을 이용하는 온라인 총회를 개최하여 조합원이 참석하게 할 수 있다(44조의2 1항 본문). 다만, 온라인 총회는

성실히 고지·공고하여야 한다.", 2항은 "1항의 고지·공고방법은 이 정관에서 따로 정하는 경우를 제외하고는 다음 각 호의 방법에 따른다."고 규정하면서 1호로 "관련 조합원에게 등기우편으로 개별 고지하여야 하며, 등기우편이 주소불명, 수취거절 등의 사유로 반송되는 경우에는 1회에 한하여 일반우편으로 추가 발송한다.", 2호로 "조합원이 쉽게 접할 수 있는 일정한 장소의 게시판에 14일 이상 공고하고 게시판에 게시한 날부터 3월 이상 조합사무소에 관련 서류와 도면 등을 비치하여 조합원이 열람할 수 있도록 한다."라고 규정하고 있다.

119) 대법원 2007. 4. 12. 선고 2006다77593 판결 참조.

"온라인 총회에 참석한 조합원이 본인인지 여부를 확인할 수 있을 것, 온라인 총회에 참석한 조합원의 접속 기록 등이 보관되어 실제 참석 여부를 확인·관리할 수 있을 것, 그 밖에 원활한 의견의 청취·제시 등을 위하여 대통령령으로 정하는 기준에 부합할 것"이라는 요건을 모두 갖추어 개최하여야 한다(44조의2 2항). 이 경우 정족수를 산정할 때에는 직접 출석한 것으로 본다.

㈏ **예외(재난 등 예외적 사유 발생 시 온라인 총회의 단독 개최 가능)**

재난 및 안전관리 기본법 3조 1호에 따른 재난의 발생 등 대통령령으로 정하는 사유가 발생하여 시장·군수등이 조합원의 직접 출석이 어렵다고 인정하는 경우에는 온라인 총회를 단독으로 개최할 수 있다(44조의2 1항 단서).

나. 의결사항

법 45조 1항은 반드시 조합 총회의 의결을 거쳐야 하는 사항을 규정하고 있다. 위와 같은 총회의 권한 중 정관으로 대의원회에 위임하거나 총회의결로써 조합장, 대의원회, 이사회에 위임한 사항을 제외한 나머지 사항은 총회에서 의결하여야 한다. 다만, 대의원회가 대행할 수 없는 사항(법 시행령 43조)은 정관이나 총회의결로 다른 기관에 위임할 수 없다.

법 제45조 제1항

반드시 총회의 의결을 거쳐야 하는 사항은 다음과 같다.

① 정관의 변경(경미한 사항의 변경은 이 법 또는 정관에서 총회의결사항으로 정한 경우로 한정한다)
② 자금의 차입과 그 방법·이자율 및 상환방법
③ 정비사업비의 세부 항목별 사용계획이 포함된 예산안 및 예산의 사용내역
④ 예산으로 정한 사항 외에 조합원에게 부담이 되는 계약
⑤ 시공자·설계자 및 감정평가법인등(제74조 제4항에 따라 시장·군수등이 선정·계약하는 감정평가법인등은 제외한다)의 선정 및 변경. 다만, 감정평가법인등 선정 및 변경은 총회의 의결을 거쳐 시장·군수등에게 위탁할 수 있다.
⑥ 전문관리업자의 선정 및 변경
⑦ 조합임원의 선임 및 해임
⑧ 정비사업비의 조합원별 분담내역
⑨ 사업시행계획서의 작성 및 변경(제50조 제1항 본문에 따른 정비사업의 중지 또는 폐지에 관한 사항을 포함하며, 같은 항 단서에 따른 경미한 변경은 제외한다)
⑩ 관리처분계획의 수립 및 변경(제74조 제1항 각 호 외의 부분 단서에 따른 경미한 변경은 제외한다)
⑩의2 제86조의2에 따른 조합의 해산과 조합해산 시의 회계보고
⑪ 제89조에 따른 청산금의 징수·지급(분할징수·분할지급을 포함한다)
⑫ 제93조에 따른 비용의 금액 및 징수방법
⑬ 그 밖에 조합원에게 경제적 부담을 주는 사항 등 주요한 사항을 결정하기 위하여 대통령령 또는 정관으로 정하는 사항(이하 법 시행령 42조 제1항)
㉮ 조합의 합병 또는 해산에 관한 사항

㉯ 대의원의 선임 및 해임에 관한 사항
㉰ 건설되는 건축물의 설계 개요의 변경
㉱ 정비사업비의 변경

⑴ 총설

㈎ 강행규정

법 45조 1항 각 호의 사항은 조합원들의 권리·의무에 직접적인 영향을 미치는 사항이므로, 조합원들의 의사가 반영될 수 있도록 절차적으로 보장하고, 조합임원의 전횡을 방지하기 위하여 총회의 의결사항으로 규정하였다. 위와 같은 입법취지, 총회의 의결을 거쳐야 하는 사항을 임의로 추진하는 조합의 임원에 대하여 형사처벌(도시정비법 137조 6호)을 받도록 규정하고 있는 점 등에 비추어 도시정비법령이 총회의 의결사항으로 정하고 있는 것은 조합장의 대표권을 내부적으로 제한하려는 취지가 아니라 강행규정으로 하려는 것이다. 따라서 다음에서 살펴보듯이 총회 의결사항에 대하여 조합장 등이 총회의결 없이 계약을 체결하는 등 집행행위를 하는 경우 조합장 등은 형사처벌을 받게 되고, 사법상의 효력도 없으므로,[120] 이는 조합장 등 조합의 내부기관뿐만 아니라 조합과 거래하는 제3자에게 미치는 영향도 중대하다[다만 대의원회가 대행할 수 없는 사항(법 시행령 43조)에 해당하지 아니하고, 정관에 의하여 대의원회 결의사항으로 규정한 경우는 예외이다].

㈏ 사전 의결

총회의 사전 의결 없이 계약이 체결되어 이행된 경우 원상회복이 어려울 뿐만 아니라 법률관계의 혼란을 초래하고 이러한 상황이 조합원들의 자유로운 의사결정에 방해가 될 수 있는 점 등에 비추어 볼 때, '총회의 의결'은 원칙적으로 사전 의결을 의미한다.[121]

⑵ 쟁점

㈎ 개별 의결사항 관련

① 2호(자금의 차입과 그 방법, 이자율 및 상환방법)

자금의 차입과 그 방법, 이자율 및 상환방법은 총회의 의결사항인바, 자금차입의 규모 등은 구체적으로 정하여 의결을 받아야 하고, 포괄적인 의결은 허용되지 않는다. 서울 표준정관은 서울시(정비사업융자금), 총회 또는 대의원회에서 선정한 시공자·설계자·전문관리업자·금융기관·기타 협력업체·조합원 등으로부터 차입할 수 있다고 규정하고 있다(6조 2항).

만일 자금의 차입을 예산으로 계상하고 있지 않다면, 4호(예산으로 정한 사항 외에 조합원에게 부담이 되는 계약)에도 해당되어 의결이 필요하다. 차입금의 상환방법을 변경하는 것도 총회의결이 필요하다(당초 조합원들이 상환해야 할 이주비 대여금을 분양대금 등으로 대위변제하기로 한 것은 '자금의 차입과 상환방법의 변경'에 해당하여 별도의 총회의결을 받아야 한다).[122]

120) 대법원 2011. 4. 28. 선고 2010다105112 판결.
121) 대법원 2010. 6. 24. 선고 2009도14296 판결.
122) 대법원 2021. 10. 14. 선고 2020도17058 판결.

조합이 총회의 의결을 거쳐 자금을 차입할 때에는 대통령령으로 정하는 바에 따라 자금을 대여한 상대방, 차입액, 이자율 및 상환방법 등의 사항을 시장·군수등에게 신고하여야 한다(법 111조의2).[123] 자금차입의 경우 신고의무 조항은 법이 2022. 6. 10. 개정되면서 처음 도입되었다.

② 3호(정비사업비의 세부 항목별 사용계획이 포함된 예산안 및 예산의 사용내역)

조합은 미리 정비사업비의 사용에 관한 계획인 예산을 작성하고, 예산서에 대하여 총회의 의결을 거쳐야 한다. 총회의 의결이 필요한 예산이란 '조합의 정관에서 정한 1회계연도의 모든 수입 및 지출 계획'을 의미한다.[124]

예산의 절차는 편성, 심의, 의결, 집행, 결산의 절차를 거친다. 예산의 편성은 조합임원이 주관하여 작성하게 되고, 이사회에서 심의하여 의결하고 총회에 제출된다. 총회에 제출된 예산은 조합원 총회의 의결로 확정되고, 조합임원은 확정된 예산을 토대로 실제로 집행하며, 예산의 집행이 끝나면 조합원 결산보고서를 작성하고, 총회에 보고하게 된다.[125]

③ 4호(예산으로 정한 사항 외에 조합원에게 부담이 되는 계약)

㉮ 의의

'예산으로 정한 사항 외에 조합원에게 부담이 되는 계약'이란 사업시행자인 조합이 예산으로 정해진 항목과 범위를 벗어나서 금원을 지출하거나 채무를 부담으로써 조합원에게 그 비용에 대한 부담이 되는 계약을 의미한다.

㉯ 규정의 해석

㉠ 예산은 조합의 정관에서 정한 1회계연도(1년)의 수입·지출 계획이므로, 해당 계약이 수년간 효력을 미치는 것은 당연히 총회의 의결이 필요하다. 설령 계약에 따른 채무의 효력이 해당 회계연도에 한정되고 그 회계연도 내에 채무의 변제가 완료되는 것이라고 하더라도 예산(정비사업비의 세부 항목별 사용계획)으로 정하여지지 않았다면 '예산으로 정한 사항 외에 조합원에게 부담이 되는 계약'으로 총회의 의결사항에 해당한다고 보아야 한다.[126]

㉡ 예산으로 정한 사항 외에 조합원의 부담이 될 계약은 사업시행자인 조합이 정비사업을 추진하는 과정에서 흔하게 발생할 것임에도, 매번 총회결의를 받아야 한다면 공익사업인 정비사업의 진행에 지장을 초래한다는 우려가 있기는 하다. 그러나 비록 정비사업의 성격상 조합이 추진하는 모든 업무의 구체적 내용에 관하여 총회에서 사전에 의결하는 것이 어렵다 하더라도 법 45조 1항 4호의 규정취지에 비추어 보면 예산으로 정한 사항 외에 조합원의 부담이 될 계약을 체결하는 경우에는 사전에 총회에서 추진하려는 계약의 목적과 내용, 그로 인하여 조합원들이 부담하게 될 부담의 정도를 개략적으로 밝히고 그에 관하여 총회의 의결을 거쳐야 할 것이다.[127]

---

123) 법 111조의2에 따른 자금차입의 신고는 사업시행자(시장·군수등과 토지주택공사등은 제외한다)가 자금을 차입한 날부터 30일 이내에 자금을 대여한 상대방, 차입일, 차입액, 이자율, 상환기한 및 상환방법을 기재한 자금차입계약서의 사본을 관할 시장·군수등에게 제출하는 방법으로 한다(법 시행령 87조의2).

124) 헌법재판소 2014. 5. 29. 선고 2012헌바390 등 결정.

125) 이우재·박치범, 전게서(상), 739.

126) 대법원 2008. 1. 10. 선고 2005도8426 판결(예산으로 정해지지 않은 단발성의 목욕탕 매입계약을 체결하고, 해당 연도에 매도까지 완료한다 하더라도, 총회의결이 필요하다).

127) 대법원 2010. 6. 24. 선고 2009도14296 판결.

㉢ 총회의결 없이 조합의 부담이 늘어나는 계약을 함부로 체결하여 조합원의 이익이 침해되는 일이 없도록 하면서도, 기존 총회의결과정에서 조합원들의 부담 정도를 충분히 예상할 수 있는 정보가 제공된 상태에서 장차 그러한 계약이 체결될 것을 의결한 경우에는 사전의결을 거친 것으로 보아 정비사업의 원활한 추진에 지장이 없도록 조화롭게 해석할 필요가 있다.[128)]

조합 총회에서 조합이 시공자로부터 차용하기로 의결한 조합원 이주비 금액이 1,170억 원, 이주비를 차용함으로써 조합이 부담하여야 할 이자 총액 상당의 금융비용으로 201억 원을 의결한 후, 총회의결 없이 조합원 이주비 264억 원을 추가로 차용한 사안에서, 대법원은 이주비의 대출금액이 얼마이든 그로 인한 조합의 부담은 이자에 국한되고, 그 이자의 총액과 이율의 한도를 이미 총회에서 201억 원으로 의결한 후 그 이자와 이율의 한도를 넘지 않는 범위 내에서 이주비를 차용한 이상, 조합장으로서는 조합원의 부담이 될 소비대차계약을 체결하기 전에 이미 총회의 사전 의결을 거쳤다고 볼 수 있다고 판시하였다(위 2018도1202 판결).

㈐ 구체적 사례

㉠ 조합이 6개 용역업체들과 '사업비 예산'이라는 명목으로 수년치의 사업비 관련 금액(용역계약추진을 위한 개략적인 전체 지출금액)에 대하여 총회의 의결을 거친 후 매년 총회의결 없이 용역계약을 체결한 사안에서, 전체 용역대금에 대하여 예산으로 총회결의까지 받았으므로, '예산으로 정한 사항 외에 조합원의 부담이 되는 계약'이 아니어서 별도의 총회의결을 요하지 아니한다고 다투어졌으나, 대법원은 '예산'이란 '조합의 정관에서 정한 1회계연도의 수입·지출 계획'을 의미하는바, 위 '사업비 예산'은 수년 동안 소요될 개략적인 사업비로서 1회계연도의 모든 수입과 지출의 내용을 담고 있는 계획서로 볼 수 없어 예산의 요건을 충족하지 아니하였으므로, 1회계연도의 예산 반영이 없다면 매년 용역계약을 체결함에 있어 총회의결을 요한다고 판시하였다.[129)]

㉡ 예비비 항목의 금원 지출의 경우에도 예산으로 정해진 범위를 벗어나는 지출이나 채무 부담 역시 '예산으로 정한 사항 이외에 조합원의 부담이 될 계약'에 해당하여 조합원 총회의 의결을 거쳐야 하는 것으로 해석하여야 하므로, 통상 예비비 항목의 예산으로 지출되어 온 업무에 대한 지출 내지 계약 체결이라고 하더라도 조합의 예산으로 정해진 예비비 항목이 이미 모두 지출되어 소진된 상태에서 용역계약이 체결된 것이라면 이는 '예산으로 정한 사항 이외에 조합원의 부담이 될 계약'에 해당하여 조합원 총회를 거쳐야 한다.[130)]

㉢ 정비사업 시행에 있어서 종전자산에 관하여 감정평가업자의 감정 등이 예정되어 있다고 하더라도, 감정평가용역계약의 체결로 인하여 조합원에게 경제적 부담이 발생하는 이상 감정평가용역계약은 총회의 의결을 거치도록 정하고 있는 '예산으로 정한 사항 외에 조합원의 부담이 될 계약'에 해당한다.[131)]

㉣ 소송위임계약은 예산으로 정한 사항 이외에 조합원의 부담이 되는 계약에 해당하므로, 총

128) 대법원 2018. 6. 15. 선고 2018도1202 판결.
129) 대법원 2015. 5. 14. 선고 2014도8096 판결.
130) 대법원 2011. 4. 28. 선고 2010다105112 판결.
131) 대법원 2007. 2. 8. 선고 2006도4784 판결.

회의 의결을 거치지 않고서는 체결할 수 없다.[132)]

㉤ 재개발조합이 특정 조합원에게 청산금을 지급하는 경우, 해당 조합원은 양도소득세와 주민세를 부담한다. 조합이 해당 조합원과 사이에 조합원에게 부과될 양도소득세 등을 조합이 부담하기로 하는 약정을 체결하는 경우, 다른 조합원이 그 비용을 부담하게 되므로, 이는 '예산으로 정한 사항 외에 조합원의 부담이 될 계약'에 해당한다.[133)]

④ 7호(조합임원의 선임 및 해임)

조합임원의 선임에는 연임도 포함된다. 조합이 총회에서 조합원 과반수의 출석과 출석 조합원 과반수의 찬성으로 조합임원의 선임을 조합장에게 위임하였고, 이에 따라 조합장이 조합임원을 선임한 경우, 그 유효성이 문제된다.

조합 총회가 조합임원을 선임하도록 한 것은 반드시 총회가 직접 조합임원들을 선임함으로써 그 임원들이 불편부당함 없이 조합원들의 전체의 이익을 위한 업무수행을 담보하도록 하기 위함에 있으므로, 조합임원의 선임을 조합장에게 위임하는 총회의결은 효력이 없다.[134)]

⑤ 8호(정비사업비의 조합원별 분담내역)

관리처분계획에 따라 이전고시가 이루어진 이후 조합원들에 대한 89조에 의한 청산금의 징수 또는 지급이나 93조에 따른 부과금 금액 및 징수에 총회결의가 필요함은 명백하다.

문제는 관리처분계획 수립 이후 사업시행자인 조합과 수분양자 사이에 체결하는 분양계약에 따라 조합원들이 납부하여야 하는 '추가부담금'에 대하여 총회의결을 거쳐야 하는지 여부이다.

조합이 조합원들과 체결한 각각의 분양계약에 따라 조합원들이 납부하여야 하는 '추가부담금'은 법 45조 1항 8호에서 조합원총회의 의결사항으로 규정한 '정비사업비의 조합원별 분담내역'에 해당한다. 따라서 반드시 총회의결을 거쳐야 한다.[135)]

㈏ 총회의결사항에 대한 의결 없는 행위의 효력(무효)

조합장이 조합원 총회의 의결을 거치지 아니하고 시공자·설계자 및 감정평가법인등의 선정 및 변경, 전문관리업자의 선정 및 변경, 기타 예산으로 정한 사항 외에 조합원의 부담이 될 계약을 체결한 경우 그 사법상 효력이 문제된다. 한편 총회의 의결을 거치지 아니하고 총회의 의결사항(같은 항 13호 중 정관으로 정하는 사항은 제외)[136)]을 임의로 추진한 조합임원 등은 도시정비법 137조 6호의 형사책임을 부담한다.

① 사법상의 효력(무효)

도시정비법령에서 총회의 의결사항으로 정하고 있는 사항은 강행규정이고, 강행법규에 의하여 요구되는 총회결의를 거치지 아니한 이상 조합장은 조합을 대표하여 계약을 체결할 권한이

132) 대법원 2012. 3. 15. 선고 2011다95779 판결.
133) 대법원 2001. 3. 23. 선고 2000다61008 판결.
134) 대법원 2009. 3. 12. 선고 2008도10826 판결.
135) 대법원 2018. 12. 27. 선고 2018도14424 판결.
136) 법 45조 1항은 1호 내지 12호는 구체적인 사항을 규정하고, 13호는 '그 밖에 조합원에게 경제적 부담을 주는 사항 등 주요한 사항을 결정하기 위하여 대통령령 또는 정관으로 정하는 사항'이라고 규정하고 있으며, 법 시행령 42조 1항은 1호부터 4호까지 구체적인 사항을 규정하고 있는바, 법 137조 6호가 '정관으로 정하는 사항'을 제외한다고 규정하였으므로, 그 반대해석상 법 시행령 42조 1항이 규정한 사항은 포함된다고 해석하여야 한다.

없으므로, 상대방의 선의이고 무과실이라 하더라도(거래 당시 총회결의 요건의 흠결을 과실 없이 알지 못하였다 하더라도) 무효이다.[137] 법이 제정될 당시부터 조합의 법률행위에 대한 법령상 제한은 이미 일반에 공지된 사항이고, 정비사업은 공익사업이고 조합은 행정주체이므로, 거래 상대방은 해당 거래가 총회결의사항에 해당하는지 반드시 확인하여야 하고 이를 확인하지 아니하는 경우 상대방의 위험부담으로 한다고 하여 거래의 안전을 해친다고 보기 어렵다.[138] 조합이 총회 없이 체결한 계약의 무효를 주장하는 것이 신의칙에 반한다고 볼 수도 없다.[139]

② 제3자의 구제수단

㉮ 조합의 불법행위책임

법인의 대표자가 직무에 관하여 타인에게 손해를 가한 경우 그 법인은 민법 35조 1항에 의하여 그 손해를 배상할 책임이 있고, 대표자의 행위가 대표자 개인의 사리를 도모하기 위한 것이었거나 혹은 법령의 규정에 위반된 것이었다고 하더라도 외관상 객관적으로 직무에 관한 행위라고 인정할 수 있는 것이라면 민법 35조 1항의 직무에 관한 행위에 해당한다. 한편 그 대표자의 행위가 직무에 관한 행위에 해당하지 아니함을 피해자 자신이 알았거나 또는 중대한 과실로 인하여 알지 못한 경우에는 법인에게 손해배상책임을 물을 수 없고, 여기서 중대한 과실이라 함은 거래의 상대방이 조금만 주의를 기울였더라면 대표자의 행위가 그 직무권한 내에서 적법하게 행하여진 것이 아니라는 사정을 알 수 있었음에도 만연히 이를 직무권한 내의 행위라고 믿음으로써 일반인에게 요구되는 주의의무를 현저히 위반하는 것으로 거의 고의에 가까운 정도의 주의를 결여하고, 공평의 관점에서 상대방을 구태여 보호할 필요가 없다고 봄이 상당하다고 인정되는 상태를 말한다. 법인 대표자의 행위가 직무에 관한 행위에 해당하지 아니함을 피해자 자신이 알았거나 또는 중대한 과실로 인하여 알지 못한 경우인지를 판단할 때에는 그 행위가 법령상의 제

---

137) 대법원 2001. 3. 23. 선고 2000다61008 판결, 대법원 2010. 6. 24. 선고 2009도14296 판결, 대법원 2011. 4. 28. 선고 2011다5448, 2011다5455(반소) 판결 등 참조. 다만, 도시정비법 시행 전 조합설립인가를 받았다가 같은 법 시행 후 부칙 10조 1항(종전 법률에 의하여 조합 설립의 인가를 받은 조합은 본칙 18조 2항의 규정에 의하여 주된 사무소의 소재지에 등기함으로써 이 법에 의한 법인으로 설립된 것으로 본다)에 따라 설립등기를 마친 재건축조합은 공법인으로 보게 되고, 이러한 재건축조합에는 도시정비법 49조에 의하여 민법 60조가 준용되므로, 재건축조합의 조합장이 조합원의 부담이 될 계약을 체결하기 위하여는 총회의 결의를 거치도록 조합규약에 규정되어 있다 하더라도 이는 법인 대표권을 제한한 것으로서 그러한 제한은 등기하지 아니하면 제3자에게 그의 선의·악의에 관계없이 대항할 수 없다(대법원 2014. 9. 4. 선고 2011다51540 판결).

138) 주택법 11조 1항, 7항, 주택법 시행령 20조 1항 1의 가목 3), 2항 9호, 3항, 주택법 시행규칙 7조 5항 3호는 지역주택조합이 설립인가를 받기 위해서는 '조합원 전원이 자필로 연명한 조합규약'의 제출이 필수이고, 조합규약의 필수적 기재사항으로 '총회의 의결을 필요로 하는 사항'을 기재해야 하며, 그중 '예산으로 정한 사항 외에 조합원에게 부담이 될 계약의 체결'은 반드시 총회결의가 필요하다고 규정하고 있고(법령상 제한이 없는 통상의 민법상 법인 아닌 사단의 경우와 다르다), 위와 같은 주택법의 규정 내용은 종전 2003. 5. 29. '주택법'이 제정될 당시부터 존재하고 있었으며, 지역주택조합은 무주택서민의 내집 마련 수단으로 인정되는 것으로서 그들의 주거 안정을 보호할 필요성을 비롯한 일정한 공공성 있으므로, '예산으로 정한 사항 외에 조합원에게 부담이 될 계약의 체결'에 해당함에도 주택법 등 관련 법령과 이에 근거한 조합규약에 정한 총회의결 없이 이루어진 법률행위의 상대방은 그 절차적 요건의 흠결을 과실 없이 알지 못하였다는 등의 특별한 사정을 밝히지 못하는 한 절차적 요건의 충족을 전제로 하는 계약의 효력을 주장할 수 없다는 점과 구별된다(대법원 2022. 8. 25. 선고 2021다231734 판결). 같은 취지의 판시는 대법원 2022. 9. 7. 선고 2022다222713 판결, 대법원 2022. 12. 15. 선고 2022다275212 판결 등 다수가 있다. 다만, 주택법령의 취지상 위 판결들은 리모델링조합에도 적용될 수 있을 것으로 보이나, 무주택서민의 내집 마련 수단과 관련된 지역주택조합의 경우 주거안정이라는 일정한 공익성이 있으나, 리모델링조합은 공익성과 무관하므로, 거래의 안전을 해치는 결과를 초래하는 위 판결들이 리모델링 조합에도 적용되는 것은 타당하지 않은 측면이 있다.

139) 대법원 2003. 7. 11. 선고 2001다73626 판결 참조.

한을 위반한 것인지에 대한 상대방의 인식가능성, 상대방의 경험이나 지위, 쌍방의 종래의 거래 관계, 당해 행위의 성질과 내용 등을 종합적으로 고려하여야 한다.

앞서 본 바와 같이 법이 제정될 당시부터 조합의 법률행위에 대한 법령상 제한은 이미 일반에 공지된 사항이고, 거래 상대방은 해당 거래가 총회결의 사항에 해당하는지 반드시 확인할 의무가 있으므로, 이를 확인하지 아니하는 경우 중대한 과실에 해당한다.[140] 따라서 조합의 불법행위책임은 인정되기 어렵다.

㈏ 무효행위의 추인 가능

앞서 본 바와 같이 조합장이 예산으로 정한 사항 외에 조합원에게 부담이 되는 계약을 총회의결 없이 체결하면 강행규정위반으로 무효이다.

한편, 민법 139조 단서는 "당사자가 그 무효임을 알고 추인한 때에는 새로운 법률행위로 본다."고 규정하여 무효행위의 추인을 규정하고 있다. 강행규정을 위반한 계약에 대하여는 원칙적으로 무효행위의 추인이 허용되지 않으나, 해당 강행규정이 법률행위의 당사자의 이익을 보호하는데 있는 경우, 무효의 원인이 소멸된 후 본인의 진정한 의사로 무효임을 알고 추인한 때에는 새로운 법률행위로 그 효력이 생길 수 있다.[141]

따라서 조합장이 예산으로 정한 사항 외에 조합원에게 부담이 되는 계약을 총회의결 없이 체결하여 무효가 되었으나, 그 후 조합이 조합원들에게 위와 같은 계약이 무효라는 사실을 고지한 후 총회에서 위 계약을 의결하면 민법 139조 단서에 의하여 무효행위의 추인으로 유효하다.[142] 다만, 시공자 선정 등 경쟁입찰이 필요한 경우에는 추인은 불가능하다.

㈐ 의결정족수 충족과 총회의 의결

① 내용

총회의 의결은 원칙적으로 조합원 과반수의 출석과 출석 조합원의 과반수 찬성으로 하되(법 45조 2항), 사업시행계획서의 작성 및 변경, 관리처분계획서의 수립 및 변경은 조합원 과반수의 찬성으로 의결하고, 나아가 정비사업비가 100분의 10 이상 늘어나는 경우에는 조합원 3분의 2 이상의 찬성으로 의결하여야 한다(법 45조 3항). 위와 같은 가중된 의결정족수를 충족하지 못한 총회의결은 무효이므로, 총회의결사항에 대한 의결 없는 행위의 효력이 그대로 적용된다. 관련하여 정관변경규정의 유추적용 및 조합설립변경인가와의 관계가 문제된다.

---

140) 대법원 2024. 7. 25. 선고 2024다229343 판결 참조(도시개발조합의 조합장이 부동산 개발사업 등을 목적으로 하는 회사로부터 직접 조합 명의로 금원을 차용하면 법적으로 복잡해 짐을 이유로 소외인을 주채무자로 하고, 조합이 연대보증하는 방식으로 금원을 차용한 사안에서, 연대보증계약은 예산으로 정한 사항 외에 조합원에게 부담이 되는 계약으로 무효이고, 도시개발법령의 입법취지와 목적 등에 비추어 조합의 의무부담행위에 대해 도시개발법령이나 피고 정관에 총회의결과 같은 절차적 요건이 규정되어 있는지 여부를 살펴보는 것이 당연히 기대되므로, 금원을 대여한 부동산 개발사업 등을 목적으로 하는 회사에 대하여 중과실을 인정하는 취지로 조합의 손해배상책임을 인정한 원심을 파기하였다).

141) 대법원 2013. 11. 28. 선고 2010다91831 판결.

142) 대법원 2014. 5. 29. 선고 2013다38961 판결.

② 정관변경규정의 유추적용

㉮ 내용

총회(일반적으로는 사업시행계획이나 관리처분계획인 경우가 많다)의 안건의 내용이 정관의 필요적 기재사항이자 변경을 위해서는 엄격한 정관변경절차를 거쳐야 하는 '조합의 비용부담'이나 '시공자·설계자의 선정 및 계약서에 포함될 내용'이고, 당초 재개발 또는 재건축결의 당시와 비교하여 볼 때 조합원들의 이해관계에 중대한 영향을 미칠 정도로 실질적으로 변경된 경우에는 특별다수의 결의요건을 규정하여 조합원들의 이익을 보호하려는 위 정관변경 규정을 유추적용하여 조합원 3분의 2 이상의 찬성이 필요하다.[143)]

따라서 사업시행계획 작성이나 관리처분계획 수립을 위한 총회의 안건이 '시공자와의 계약서에 포함될 내용'에 관한 것이고, 당초의 재건축결의 시 채택한 조합원의 비용분담 조건을 변경하는 것인 때에는 이를 의결함에 있어 정관변경에 관한 강행규정을 유추적용하여 조합원의 3분의 2 이상의 동의를 요하고, 조합원 3분의 2 이상의 동의를 거치지 아니하고 의결하였다면 이는 무효이며, 위 결의에 기초하여 조합장이 당초의 재건축결의 시 채택한 조합원의 비용분담 조건을 변경하는 취지로 시공자와 계약을 체결한 경우, 강행법규에 의하여 요구되는 총회결의를 거치지 아니한 조합장은 조합을 대표하여 계약을 체결할 권한이 없으므로, 위 공사계약은 무효이다.[144)]

즉, 비록 정관변경규정의 유추적용에 의하여 총회결의에 조합원 3분의 2 이상의 찬성을 요하나, 위 정관변경규정은 강행규정이므로, 강행법규에 의하여 요구되는 총회결의를 거치지 아니한 이상 조합장은 조합을 대표하여 계약을 체결할 권한이 없으므로, 상대방의 선의이고 무과실이라 하더라도 무효이다. 특히 상대방이 그러한 법적 제한이 있다는 사실을 몰랐다거나 총회결의가 유효하기 위한 정족수에 관하여 잘못 알았다고 하더라도 그 계약이 무효임에는 변함이 없다.[145)]

다만, 정비사업이 조합의 설립, 사업시행계획, 관리처분계획 등의 단계를 거쳐 순차 진행되고, 각 단계에서 조합설립인가, 사업시행계획인가, 관리처분계획인가 등의 선행 행정처분이 이루어짐에 따라 다음 절차가 진행되는 것이 정비사업의 특성이므로, 전 단계에서 처분의 대상이 된 '조합의 비용부담'이나 '시공자·설계자의 선정 및 계약서에 포함될 내용'이 후속처분의 기초가 된다 할 것이다. 따라서 조합원들의 이해관계에 중대한 영향을 미칠 정도로 실질적으로 변경되었는가에 관한 판단기준은 직전 단계의 내용이다.[146)]

---

143) 대법원 2009. 1. 30. 선고 2007다31884 판결(조합의 재건축결의 시 조합원들은 사후 사업비가 증가하게 되더라도 그 부담을 조합원들에게 전가시키지 않기로 하는 '확정지분제'를 채택하기로 하였고, 일반분양아파트의 분양수익금이 예상보다 10% 초과할 경우 그 초과분을 조합원에게 모두 배분하기로 하였는데, 그 후 시공계약을 체결하는 총회결의로 사업비 증가분을 시공사가 부담하는 대가로 일반분양아파트의 예상분양수익금 10% 초과분을 조합원에게 배분하기로 하는 조건을 없앰으로써, 당초의 재건축결의와 비교할 때 조합원의 비용분담을 증가시킨 사안이다), 대법원 2012. 8. 23. 선고 2010두13463 판결(조합이 조합원들로부터 설립동의를 받을 당시 동의서상의 신축 건축물의 설계 개요에는 '신축 아파트의 규모 지하 1층, 지상 20-29층 55개동, 세대 수 총 6,372세대, 용적률 299.99%' 등으로 기재되어 있었으나, 조합이 사업시행계획을 수립할 당시에는 당초 재건축결의 시와 비교하여 용적률이 약 20.8% 정도 감소하였고, 세대 수도 약 1,230여 세대가 줄어들었으며, 신축 아파트의 규모 등도 변경된 사안이다). 대법원 2013. 6. 14. 선고 2012두5022 판결(관리처분계획상의 정비사업비가 조합의 설립 동의 당시와 비교하여 89.7% 증가한 경우에는 조합의 비용부담이 조합원들의 이해관계에 중대한 영향을 미칠 정도로 실질적으로 변경된 경우에 해당한다고 할 것이므로, 조합원 3분의 2 이상의 동의를 요한다).

144) 대법원 2011. 4. 28. 선고 2010다105112 판결, 대법원 2011. 4. 28. 선고 2011다5448, 5455(반소) 판결 등 참조.

145) 대법원 2016. 5. 12. 선고 2013다49381 판결.

㈏ 정관변경규정의 유추적용과 조합설립변경인가와의 관계

㉠ 조합설립동의서의 내용으로 신축 건축물의 설계 개요(대지면적, 건축연면적, 규모), 공사비 등 정비사업비가 있고, 이를 변경하는 것은 조합설립변경인가사항이다. 따라서 이를 변경하는 내용으로 사업시행계획이나 관리처분계획이 수립되는 것은 조합설립변경인가사항으로 볼 수 있다.

2017. 2. 8. 법이 전부개정되기 이전에는 조합설립변경인가를 위해서는 조합설립인가에 필요한 동의요건(재개발조합의 경우 토지등소유자 3/4, 토지면적 1/2, 재건축조합의 경우 각 동별 과반수, 토지등소유자 3/4, 토지면적 3/4)이 요구되므로, 위 정관변경규정을 유추적용하는 판례에 의하는 경우 오히려 조합설립변경인가 요건을 완화하는 것에 해당하여 부당하다는 견해가 있다(다만, 2017. 2. 8. 법이 전부개정되어 조합설립변경인가의 요건으로 총회에서 조합원 2/3의 찬성의결을 요하므로, 전부개정되기 이전의 사안에 국한한다).

㉡ 그러나 건축물의 설계 개요의 변경과 정비사업비 변경은 조합설립인가내용의 경미한 변경이고(법 시행령 31조 5호 6호), 또한 위 각 변경은 조합원 과반수 출석에 출석 조합원 과반수 찬성이 필요한 총회의 의결사항이므로(법 시행령 42조 3호, 4호), 위 주장은 타당하지 않다. 오히려 정비사업비의 변경은 '조합의 비용부담'이 조합원들의 이해관계에 중대한 영향을 미칠 정도로 실질적으로 변경되면 정관변경규정을 유추적용하여 조합원 3분의 2 이상의 찬성을 필요로 하는 정관변경규정의 유추적용이 보다 엄격한 요건을 요하는 것에 해당한다. 2012. 2. 1. 법 개정으로 정비사업비가 100분의 10 이상 늘어나는 경우 조합원 3분의 2 이상의 찬성의결을 하여야 하므로, 이 부분은 입법적으로 해결되었다.

다. 의결방법

(1) 직접 출석하여 의결권 행사

조합원은 직접 출석하여 의결권을 행사하는 것이 원칙이다. 조합원이 법인인 경우는 대표자가 이를 행사하여야 한다. 토지등의 공유자들이 조합 총회에서 의결권을 행사하기 위해서는 공유자들 전부가 총회에 참석하여 동일한 내용의 의결권을 행사하거나 대표조합원을 지정하여 조합에 대표조합원 선임동의서를 서면으로 제출한 후 대표조합원이 직접 출석하여 의결권을 행사하여야 한다. 다만, 서면의결권 행사, 대리인에 의한 의결권 행사, 전자적 방법에 의한 의결권 행사의 예외가 있다.

(2) 서면의결권 행사

㈎ 내용

조합원은 서면의결권을 행사하는 것도 가능하고, 서면으로 의결권을 행사하는 경우에는 정족

146) 대법원 2014. 6. 12. 선고 2012두28520 판결(관리처분계획을 수립할 때에 의결한 정비사업비가 조합원들의 이해관계에 중대한 영향을 미칠 정도로 실질적으로 변경된 경우에 해당하는지를 판단할 경우에는 조합설립에 관한 동의서 기재 건축물 철거 및 신축비용 개산액과 바로 비교할 것이 아니라, 먼저 사업시행계획 시에 조합원들의 동의를 거친 정비사업비가 조합설립에 관한 동의서 기재 건축물 철거 및 신축비용 개산액과 비교하여 조합원들의 이해관계에 중대한 영향을 미칠 정도로 실질적으로 변경된 경우에 해당하는지를 판단하고, 다음으로 관리처분계획안에서 의결한 정비사업비가 사업시행계획 시에 조합원들의 동의를 거친 정비사업비와 비교하여 조합원들의 이해관계에 중대한 영향을 미칠 정도로 실질적으로 변경된 경우에 해당하는지를 판단해야 한다).

수를 산정할 때에 '출석'한 것으로 본다(법 45조 5항). 조합은 서면의결권을 행사하는 자가 본인인지를 확인하여야 한다(법 45조 9항). 총회의 의결방법, 서면에 의한 의결권 행사 및 본인확인방법 등에 필요한 사항은 정관으로 정한다(법 45조 11항).

총회를 소집하려는 자는 총회가 개최되기 7일 전까지 회의목적·안건·일시 및 장소 외에 서면의결권의 행사기간 및 장소 등 서면의결권 행사에 필요한 사항(서면결의서 제출장소 및 제출방법, 서면결의서 서식을 포함한 작성방법 및 첨부서류 등)을 정하여 조합원에게 통지하여야 한다(법 44조 3항, 서울 표준정관 22조 6항). 서면의결권을 행사한 조합원이 총회일에 출석한 경우, '직접 출석' 정족수를 산정함에는 출석자로 포함시키는 것이 타당하다.[147)]

(나) 정관

① 본인확인의무 및 정관상의 본인확인방법

조합은 정관으로 서면결의서의 본인확인방법을 자유롭게 정할 수 있다(법 45조 11항).[148)] 서울 표준정관은 서면결의서에 신분증명서의 사본을 첨부하도록 규정하고 있다(22조 6항).

② 서면결의서 제출의 종기

조합은 정관으로 서면결의서의 경우 총회 전일까지 접수되어야 유효한 것으로 규정하고 있다(서울 표준정관 22조 7항, 서울시 정비사업 의사진행 표준운영규정 21조 2항은 회의개최 전일 18시까지 조합등에 도착하도록 하여야 한다고 규정하고 있다). 이는 객관적으로 확인되어야 한다.

홍보요원이 조합원으로부터 건네받아 접수한 서면결의서가 총회 전일까지 도착되었다고 인정하기 부족하고, 우체국 날짜도장이 없는 우편 접수 서면결의서의 경우 총회 전일까지 조합에 도착되었다고 인정할 수 없어 각 무효임을 전제로 판시한 원심을 수긍한 대법원 판례도 있다.[149)]

③ 서면결의서 방식

서면결의서의 경우 방식에 제한이 없으므로 일부 기재가 누락되었더라도 조합원의 신원과 의사를 확인할 수 있다면 이를 무효라고 볼 수는 없다(다만, 서울시 정비사업 의사진행 표준운영 규정은 별지 5호로 서면결의서 서식을 마련해 두고 있다). 서면결의서는 반드시 조합장이나 선관위원장의 직인이 날인된 원본만 인정한다는 취지의 조합 선거관리규정이 존재하는 경우, 그와 같은 날인이 없는 서면결의서의 유효 여부가 문제되나 그것만으로 그와 같은 서면결의를 당연무효로 볼 수는 없다.[150)] 공유자들이 서면결의서를 행사하기 위해서는 전부가 동일한 내용의 서면결의

---

147) 서울고등법원 2012. 3. 29. 선고 2011나60515 판결(확정) 및 서울북부지방법원 2011. 7. 8. 선고 2010가합7236 판결.

148) 조합원 5분의 1 이상(예외적 10분의 1)이 총회소집을 요구하는 경우에는 반드시 법 시행령 41조의2에 따른 기준(원칙적으로 요구서에 서명 또는 지장날인을 하며, 신분증명서의 사본 첨부)에 따른 정관으로 정하는 방법이라고 규정하고 있는 것(법 44조 2항)과 구별된다.

149) 대법원 2023. 12. 28. 선고 2019다230615 판결. 한편 서면결의서의 경우 총회 전일까지 접수되어야 유효한 것이라는 정관 규정의 취지는 조합 총회의 원활한 의사진행을 위한 것이므로, 총회 당일 당해 안건의 결의 전까지 서면이 제출된 경우에 일률적으로 그 의결권 행사를 부정하는 취지로 해석할 수는 없음을 전제로 총회 당일 2명이 서면결의서를 제출함으로써 조합 총회의 원활한 의사진행이 방해되었다고 볼 만한 증거가 없다면, 위 2명의 의결권 행사 또한 효력이 없다고 할 수 없고, 설령 이를 제외하더라도 총 조합원의 과반수 출석요건을 충족하였다고 판시한 원심을 수긍한 대법원 판례도 있다(대법원 2004. 6. 11. 선고 2003다46710 판결).

150) 대법원 2017. 9. 21. 자 2017두49362 판결 및 서울고등법원 2017. 5. 19. 선고 2016누66058 판결(취지는 투표용지가 선거관리위원회에서 적법하게 교부한 것임을 확인함과 동시에 그 위·변조를 방지하기 위함인데, 비록 조합이 조합원들에게 배포한 서면결의서에는 선거관리위원장의 직인이 날인되어 있지 않지만, 통상적으로 위·변조 방지를 위

서를 제출하거나 그중 1인을 대표조합원으로 지정하는 선임동의서를 제출한 후, 그 대표조합원의 서면결의서가 제출되어야 한다.

④ 철회

서면결의의 철회는 가능하다. 서면결의의 방법에 의한 재건축결의에 있어 '재건축결의가 유효하게 성립하기 전'까지는 재건축결의에 대한 동의를 철회할 수 있고, 그 철회의 의사표시는 조합규약이나 정관에 다른 정함이 없는 이상 반드시 일정한 절차와 방식에 따라서만 하여야 하는 것은 아니며, 그 철회의 의사를 분명히 추단할 수 있는 행위나 외관이 있는 것으로 충분하다고 보아야 한다.[151)]

'재건축결의가 유효하게 성립하기 전까지'의 의미는 적어도 투표가 시작되기 전으로 해석하여야 한다. 서울 표준정관은 '투표개시선언'이 이루어지기 전까지 가능하다고 규정하고 있다(22조 7항 단서). 조합원이 이미 서면으로 의결권을 행사했더라도 총회에 출석하여 다른 조합원들의 의견을 들은 후 자신의 서면의결권을 철회하고 투표에 참가하여 직접 의결권을 행사하는 것도 가능하다.

(3) 대리인에 의한 의결권 행사[152)]

(가) 대리인에 의한 의결권 행사를 위한 요건

조합원의 대리인에 의한 의결권 행사는 아래 어느 하나에 해당하는 경우에 허용된다(법 45조 5항).

① 조합원이 권한을 행사할 수 없어 배우자, 직계존비속 또는 형제자매 중에서 성년자를 대리인으로 정하여 위임장을 제출하는 경우(1호)

② 해외에 거주하는 조합원이 대리인을 지정하는 경우(2호)

③ 법인인 토지등소유자가 대리인을 지정하는 경우. 이 경우 법인의 대리인은 조합임원 또는 대의원으로 선임될 수 있다(3호)

(나) 직접 출석

대리인을 통하여 의결권을 행사하는 경우에는 정족수를 산정할 때에 '직접 출석'한 것으로 본다(법 45조 10항). 위 조항은 법이 2021. 8. 10. 개정되면서 처음 도입되었다. 위 개정조항이 시행되기 이전의 경우에도 위 규정이 적용될 수 있는지 여부가 문제되나, 다음에서 살펴볼 조합원의 '직접 출석'을 요구하는 취지에 비추어 대리인이 출석하여 의결권을 행사하는 경우에도 직접

한 기술적 조치가 구현되어 있다. 서면결의서에는 투표자의 성명 등이 기재되고 투표자의 자필서명 및 지장 날인이 이루어지므로, 중복 투표나 위조 투표가 이루어질 개연성이 낮다. 선거관리위원회가 서면결의서를 접수한 경우에는 각 서면결의서가 일단 밀봉된 후 총회 당일에 조합원들이 참관한 상태에서 개봉되어 각 안건별로 분리·집계되는 것이 일반적이므로, 부정투표행위가 개입될 기회 자체가 봉쇄된다).

151) 대법원 2008. 8. 21. 선고 2007다83533 등 판결(서면결의서를 제출한 조합원이 조합에 안건에 동의하지 않는다는 내용의 사실확인서를 작성하여 내용증명 우편으로 발송하여 그 무렵 조합에 송달되었다면 서면결의는 철회한 것으로 봄이 상당하다).

152) 의결권 외의 조합원의 권리를 대리인이 행사할 수 있게 할 것인지에 관해서는 대리행사를 인정할 사정 내지 상황, 대리인의 자격(대리인이 될 수 있는 자), 특히 대리행사할 권한과 그 범위 등을 정관으로 정할 수 있다(서울 표준정관 11조 2항).

출석한 것으로 봄이 상당하므로, 위 조항은 위와 같은 취지를 명확히 하여 이를 확인하는 차원에서 입법된 것으로 보아야 할 것이어서, 위 개정조항이 시행되기 이전의 사안에도 위 규정이 적용된다.[153)]

㈐ 정관

① 총회의 의결방법 등에 필요한 사항은 정관으로 정한다(법 45조 11항).

② 국토부 표준정관은 출석을 대리인으로 하고자 하는 경우에는 인감 또는 조합에 등록된 사용인감으로 대리인계를 작성하여 조합에 제출하여야 한다고 규정하고 있다(22조 5항). 위 규정의 취지는 대리권의 존부에 관한 법률관계를 명확히 하여 총회결의의 성립을 원활하게 하기 위함에 목적이 있다. 만일 총회 개회 당시 의장 등 집행부의 자의적인 판단에 따라 조합원의 의결권 대리행사 가부를 가릴 수 있다고 보게 되면 그들에게 자신들의 유·불리에 따라 총회결의의 결과를 좌우할 수 있도록 허용하는 것이 되어 불필요한 법적 분쟁이 야기될 수 있으므로, 이를 원천적으로 차단하기 위함이다. 정관에 규정된 위임장을 제출하지 아니하면 대리인을 통해 의결권을 행사할 수 없고, 위임장의 추후 보완은 인정될 수 없다.[154)] 따라서 조합원이 정관에 규정된 위임장을 제출하지 않은 채 직계존속을 대리인으로 하여 총회에 출석시킨 경우 의사정족수에 포함시킬 수 없다. 다만, 위임장을 제출하였다면, 인감증명은 추후에 제출하여 그 흠결을 보충하여도 무방하다는 원심을 수긍한 대법원 판례가 있다.[155)]

한편, 부산 표준정관은 대리인을 통하여 의결권을 행사하는 경우 위임장 및 대리인 관계를 증명하는 서류를 조합에 제출하는 것으로 족하다고 규정하고 있다(10조 3항).

서울 표준정관은 대리인을 통한 의결권 행사와 관련하여 필요한 경우 대리인 지정서의 구체적인 첨부서류, 해외거주자의 추가 필요서류, 법인의 대표자 대리인 지정서 제출 여부 등을 조합이 자체적으로 정할 수 있다고 규정하고 있다[11조 2항의 주(注)].

⑷ 전자적 방법에 의한 의결권 행사

㈎ 2024. 12. 3.자 법 개정 전(재난 등 예외적인 경우만 가능)

앞서 본 바와 같이 재난의 발생 등 대통령령으로 정하는 사유가 발생하고, 시장·군수등이 조합원의 직접 출석이 어렵다고 인정하는 경우에는 전자적 방법으로 의결권을 행사할 수 있고, 정족수를 산정할 때에는 직접 출석한 것으로 본다(구 법 45조 8항, 구 법 시행령 42조 3항).

나아가 구 법 45조 9항은 총회의결방법 등에 필요한 사항은 정관으로 정한다고 규정하고 있으므로, 조합은 재난 시가 아님에도 불구하고 정관으로 전자적 방법에 의한 의결권 행사를 일반적 의결방법으로 규정하는 것도 가능하되, 전자문서법 및 전자서명법에서 정한 유효요건을 충족하여야 유효한 결의로 인정할 수 있다. 재난 시의 경우와 달리 이를 직접 출석한 것으로 간주할 수는 없다.

---

153) 대법원 2022. 5. 12. 선고 2021두56350 판결.

154) 대법원 2021. 9. 30. 선고 2021다230144 판결, 대법원 2001. 12. 28. 선고 2001다49111 판결, 대법원 2015. 7. 23.자 2015두41173 판결 및 서울고등법원 2015. 4. 10. 선고 2014누69459 판결.

155) 대법원 2004. 6. 11. 선고 2003다46710 판결.

㈏ 2024. 12. 3.자 법 개정 이후(일정한 요건 아래 일반적 가능)

① 내용

구 법은 원칙적으로 재난 등이 있고, 시장·군수등이 직접 출석이 어렵다고 인정하는 경우에만 전자적 방법에 의한 의결권 행사가 가능하였으나, 의사결정의 편리성과 효율성 제고를 위하여 2024. 12. 3. 법 개정으로 위와 같은 제한 없이 전자적 방법에 의한 의결권 행사가 가능하다.

② 전자적 방법에 의한 의결권 행사를 위한 요건(법 45조 6항)

다음 각 호의 요건을 충족하는 경우에는 일반적으로 허용된다.

㉮ 조합원이 전자적 방법 외에 서면의결권 행사나 대리인에 의한 의결권행사도 가능하게 할 것(1호)

㉯ 의결권의 행사 방법에 따른 결과가 각각 구분되어 확인·관리할 수 있을 것(2호)

㉰ 그 밖에 전자적 방법을 통한 의결권의 투명한 행사 등을 위하여 대통령령으로 정하는 기준에 부합할 것(3호)

법 시행령 42조 2항이 상세하게 기준을 규정하고 있다.

③ 조합의 의무

조합은 조합원의 참여를 확대하기 위하여 조합원이 전자적 방법을 우선적으로 이용하도록 노력하여야 한다(법 45조 7항). 조합은 전자적 방법으로 의결권을 행사하는 자가 본인인지를 확인하여야 한다(법 45조 9항).

④ 직접 출석

전자적 방법을 통하여 의결권을 행사하는 경우에는 정족수를 산정할 때에 '직접 출석'한 것으로 본다(법 45조 10항).

⑤ 정관

총회의 의결방법, 전자적 방법에 의한 의결권 행사 및 본인확인방법 등에 필요한 사항은 정관으로 정한다(법 45조 11항).

라. 의사정족수 및 의결정족수

(1) 의사정족수

㈎ 원칙

① 의사정족수는 일반적으로 합의체 기관이 의사를 진행하는 데 필요한 구성원의 출석수를 뜻한다. 조합원 과반수 출석 및 조합원 100분의 10 이상 직접 출석이 원칙적 의사정족수이다(법 45조 3항, 7항 본문).

대법원은 조합원 10분의 1 이상의 발의로 소집되는 임원 해임총회는 그 해임결의를 위해 조합원 과반수 출석과 출석 조합원 과반수의 동의만 있으면 되는 것이지 조합원 10분의 1 이상이 직접 출석하는 것까지 요구되는 것은 아니라고 판시한바 있으나,[156] 이는 2017. 2. 8. 전부개정

156) 대법원 2014. 9. 4. 선고 2012다4145 판결.

되기 이전의 규정(구 법 23조 4항이 '24조에도 불구하고'라고 규정하여 총회개최 및 의결 일반에 관하여 규정한 구 법 24조의 특별규정이었다)에 근거한 것으로서, 전부개정된 규정에 의하면(법 43조 4항이 '44조 2항에도 불구하고'로 변경되어 해임총회에 관한 규정이 조합장의 소집 권한을 규정한 44조 2항의 특별규정임을 명확히 하였다) 조합원 10분의 1 이상의 직접 출석이 필요하다.

조합원의 '직접 출석'을 요구하는 취지는 서면에 의한 의결권 행사를 출석으로 간주함에 따라 극소수 조합원의 직접 출석만으로도 총회가 열릴 수 있는 문제점을 보완하고 총회의결에 조합원의 의사가 명확하게 반영되도록 하려는 데에 있다.[157] 따라서 이는 정관에 의하여 완화가 불가능한 강행규정이다. 대리인에 의한 의결권 행사나 전자적 방법에 의한 의결권 행사의 경우 법 45조 10항에 의하여 직접 출석으로 간주함은 앞서 본 바이다.

② 의사정족수는 원칙적으로 회의의 개회, 토의 또는 안건 심의 및 결의 등 전체 과정을 통하여 유지되어야 하나, 다만, 개회선언 당시 참석자가 의사정족수에 다소 미달한 상태였다거나 회의 과정에서 일시적으로 참석 인원이 의사정족수를 유지하지 못하게 되었던 경우 그대로 회의를 진행하였다 하여 그 회의에서 이루어진 결의를 언제나 무효로 돌려야 한다고 볼 수는 없고, 안건에 대한 토론과 심의 등의 회의 진행 대부분의 과정에서 의사정족수에 해당하는 구성원이 회의에 참여하였고 결의 당시 의사정족수를 넘는 사람들이 회의 장소에 있었다면 그 결의의 효력을 무효로 돌릴 정도의 중대한 하자가 된다고 보기는 어렵다.[158]

주의할 점은 총회에서 의결하는 경우의 의결정족수를 정하는 기준이 되는 출석조합원은 해당 안건에 대한 결의 당시 회의장에 남아 있던 조합원만을 의미하고, 회의 도중 스스로 회의장에서 퇴장한 조합원은 이에 포함되지 않는다.[159]

㈏ 예외(법 45조 4항, 10항, 법 시행령 42조 3항 4호)

중요한 사항을 의결하는 총회의 경우에는 조합원의 직접 참석비율을 강화하였다. 구체적으로는 아래와 같다. 이는 정관에 의하여 완화가 불가능한 강행규정이다. 서면결의서를 제출한 자가 직접 총회에 참석한 경우 서면결의서를 철회하고 현장 투표에 참여하든 또는 서면결의서를 철회하지 아니하든 모두 직접 출석한 것으로 간주함이 상당하나, 시공자 선정 총회의 경우에는 서면결의서를 철회하고 현장 투표에 참여하지 않는 한 직접 참석자에는 포함되지 않는다(정비계약기준 35조 2항).

① 창립총회 및 시공자 선정취소를 위한 총회, 정비사업비의 사용 및 변경을 위하여 개최하는 총회, 사업시행계획 작성 및 관리처분계획 수립 총회는 조합원 과반수 출석 및 100분의 20 이상의 직접 출석(사업시행계획 작성 및 관리처분계획 수립 총회는 조합원 과반수 찬성이 의결정족수이므로 의사정족수에도 해당된다)

② 시공자의 선정을 의결하는 총회는 조합원 과반수의 직접 출석

시공자 선정에 있어 조합원 과반수 직접 출석을 도입한 것은 그동안 시공자 선정과정에서 만연하였던 서면결의서의 매수 같은 비리를 방지하기 위함이다. 이는 선정 취소총회에 있어 직접

157) 대법원 2022. 5. 12. 선고 2021두56350 판결.
158) 대법원 2020. 11. 26. 자 2020마7321 심리불속행 기각결정 및 서울고등법원 2020. 9. 1. 자 2020라20736 결정.
159) 대법원 2010. 4. 29. 선고 2008두5568 판결.

출석을 강화한 조항과 더불어 2023. 7. 18.자 법 개정으로 도입되었다.

③ 정비사업비가 100분의 10 이상 늘어나는 총회의결은 조합원 3분의 2 이상의 출석(조합원 3분의 2 이상의 찬성이 의결정족수이므로 의사정족수에도 해당된다) 및 100분의 20 이상 직접 출석

(다) 의사정족수 미달로 재소집하였음에도, 다시 의사정족수가 미달된 경우

총회소집 결과 개의정족수에 미달되는 때에는 재소집하여야 하고, 재소집의 경우에도 개의정족수에 미달되는 때에는 대의원회로 총회를 갈음할 수 있다(서울 표준정관 22조 9항 본문). 다만, 법 시행령 43조는 대의원회가 총회의 권한을 대행할 수 없는 사항을 명시하고 있고, 이는 조합원 전체의 이해에 중대한 영향을 미칠 수 있는 사항으로서, 강행규정이므로 법 시행령 43조 각 호의 사항은 대의원회로 총회를 갈음할 수 없다(서울 표준정관 22조 9항 단서).

(2) 의결정족수

(가) 원칙

의결정족수는 출석 조합원의 과반수 찬성이다(법 45조 3항). 다만, 그 전제로 조합원 과반수 출석이라는 의사정족수를 갖추어야 한다.

(나) 예외(특별결의)

이는 조합원들의 이해관계에 중대한 영향을 미치는 중요한 사항이므로 특별다수의 의결요건을 규정하여 조합원들의 이익을 보호하려는 취지이다. 따라서 이는 완화가 불가능한 강행규정이다.[160] 다만, 강화는 가능하다.[161]

① **조합원 3분의 2 이상**: 정비사업비가 100분의 10(생산자물가상승률분, 73조에 따른 손실보상 금액은 제외한다) 이상 늘어나는 총회 안건의 경우(법 45조 4항 단서), 앞서 본 바와 같이 총회안건이 정관의 필요적 기재사항이자 변경을 위해서는 엄격한 정관변경절차를 거쳐야 하는 '조합의 비용부담'이나 '시공자·설계자의 선정 및 계약서에 포함될 내용'이고, 당초 재개발 또는 재건축 결의 당시와 비교하여 볼 때 조합원들의 이해관계에 중대한 영향을 미칠 정도로 실질적으로 변경된 경우도 조합원 3분의 2 이상의 찬성을 요한다.

② **조합원 과반수 찬성**: 사업시행계획서의 작성 및 변경(정비사업의 중지 또는 폐지에 관한 사항을 포함하며, 경미한 변경 제외), 관리처분계획의 수립 및 변경(경미한 변경 제외)(법 45조 4항 본문)

③ **정관변경**: 원칙적 조합원 과반수, 예외 조합원 3분의 2(법 40조 3항)

④ **표준정관**: 국토부 표준정관 15조 2항은 조합임원은 총회에서 조합원 과반수의 출석과 출석 조합원 3분의 2 이상의 동의를 얻어 조합원 중에서 선임한다고 규정하고 있다. 앞서 본 바와 같이 서울 표준정관은 조합임원의 경우에도 조합원 과반수 출석과 출석 조합원 과반수의 동의를 얻도록 규정하고 있는바(15조 3항, 부산 표준정관도 동일하다), 법령에 의하여 일정기간 거주 및 소유를 요구하는 등으로 조합임원의 자격요건이 강화된 측면에 비추어 서울 표준정관이 타당하

160) 대법원 2012. 8. 23. 선고 2010두13463 판결 참조.
161) 대법원 2020. 6. 25. 선고 2018두34732 판결 참조.

다. 국토부 표준정관 18조 3항이 임원의 해임은 총회에서 조합원 과반수 출석과 출석조합원 3분의 2 이상의 동의를 얻어 해임할 수 있다고 규정하고 있으나, 그 효력이 없음은 앞서 본 바이다.

마. 총회 의사진행과 표결

⑴ 총회의 의사진행

법 42조 1항은 조합장이 총회의 의장이 된다고 규정하고 있으므로, 조합장이 총회의 의장으로서 의사를 진행하여야 하고, 만일 조합장이 없다면 그 직무대행자가 총회의 의장으로서 의사를 진행하여야 한다. 의장은 회의소집 통지서에 기재된 순서에 따라 안건을 개별상정하고 질의응답 및 토론을 거쳐 개별 심의하여 표결하는 것을 원칙으로 한다(서울시 정비사업 의사진행 표준운영 규정 18조 1항). 이는 총회의결을 명확히 함으로써 분쟁을 예방하기 위함이다.

⑵ 표결 및 집계방법

총회의 표결 및 집계방법에 관하여는 법령에 특별한 규정이 없으므로 정관에 다른 정함이 없으면 개별 의안마다 표결에 참석한 조합원의 성명을 특정할 필요는 없고, 표결에 참석한 조합원의 수를 확인한 다음 찬성·반대·기권의 의사표시를 거수, 기립, 투표 기타 적절한 방법으로 표결하는 것이 가능하고, 결과를 집계하여 속기록에 기재하면 된다.[162] 다만, 조합의 경우에는 선거관리위원회가 구성되어 있고 선거관리규정을 두고 있으며, 이에 따라 통상적으로 무기명 비밀투표가 이루어진다.

조합원 또는 대의원의 소집요구에 따른 총회가 개의정족수를 갖추지 못하였거나 요구 안건이 부결된 때에는 당해 조합원의 소집요구서 및 해당 총회에 제출된 서면의결서 등의 효력은 상실된다(서울 표준정관 20조 9항).

⑶ 의사록

조합임원은 총회 의사록을 작성하여 청산 시까지 보관하여야 하며, 총회 또는 시행령 94조 3항에서 정한 중요한 회의(조합원 또는 토지등소유자의 비용부담을 수반하거나 권리·의무의 변동을 발생시키는 경우로서 대통령령으로 정하는 회의)가 있은 때에는 속기록·녹음 또는 영상자료를 만들어 청산 시까지 보관하여야 한다(서울 표준정관 32조 1항). 의사록에는 의사의 경과, 주요 논의내용 및 결과를 기재하고, 공인속기사가 작성하지 아니하는 한 의장 및 출석한 대의원 또는 이사 및 감사가 서명하여야 한다(서울 표준정관 32조 2항 1호). 이는 대의원회 및 이사회 의사록에 대하여도 동일하게 적용된다.

4. 총회결의의 하자 여부

이는 이사회 또는 대의원회에도 공통적으로 적용된다. 총회결의가 무효임은 이를 주장하는 자가 증명하여야 한다.

---

162) 대법원 2011. 10. 27. 선고 2010다88682 판결.

가. 총회결의의 효력 여부 판단기준[163)]

(1) 구체적 기준

(가) 총회결의의 효력 여부는 특별한 사정이 없는 이상 결의내용이 강행법규에 위반되는지 여부(신의성실의 원칙, 신뢰보호의 원칙 위반 여부 포함) 등 실체적 요건과 소집절차가 법령 또는 정관이 정한 규정에 부합하는 것인지, 해당 안건의 결의에 필요한 의사 및 의결정족수를 갖추었는지 여부 등 절차적 요건을 충족하였는지에 따라 판단해야 한다.[164)]

총회결의의 내용이 강행법규에 위반되는 경우 총회결의는 위법·무효이다. 자세한 내용은 아래 다.항에서 살펴본다. 총회결의 당시를 기준으로 의사정족수나 의결정족수를 갖추지 못한 총회결의도 위법·무효이다.[165)] 조합원 개개인의 의결권에 사기, 강박 등 의사표시의 하자가 있더라도 그로 인하여 바로 결의가 무효가 되지 않고 개개의 의결권의 행사가 무효로 되어 결의에 필요한 정족수를 갖추지 못하면 총회결의는 무효이다.

총회결의에 정족수나 절차의 하자가 있는 경우 새로 개최된 총회에서 종전 총회결의를 그대로 인준 또는 추인하는 결의를 하는 경우가 흔히 있다. 그 경우 추인결의 자체에 무효사유가 없는 한 추인의 효력이 발생한다(당초 총회에서 임원을 선임한 결의가 있었는데, 위 결의에 대하여 다툼이 있자 그 후 다시 개최된 총회에서 위 종전 결의를 그대로 재인준하는 결의를 한 경우, 다음에서 살펴보듯이 후속 총회가 소집권한 없는 자에 의한 소집임을 주장할 수는 없다).[166)]

(나) 앞서 창립총회에서 본 바와 같이 총회의 결의와 관련하여 의사정족수나 의결정족수 충족 여부가 다투어져 결의의 성립 여부나 절차상 흠의 유무가 문제되는 경우로서 조합 측에서 의사의 경과, 요령 및 결과 등을 기재한 의사록을 제출하거나 녹음, 녹화자료 또는 녹취서 등을 제출한 때에는, 그러한 의사록 등이 사실과 다른 내용으로 작성되었다거나 부당하게 편집, 왜곡되어 증명력을 인정할 수 없다고 볼 만한 특별한 사정이 없는 한 의사정족수 등 절차적 요건의 충족 여부는 의사록 등의 기재에 의하여 판단하여야 하고, 위와 같은 의사록 등의 증명력을 부인할 만한 특별한 사정에 관하여는 결의의 효력을 다투는 측에서 구체적으로 주장·증명하여야 한다.[167)]

(2) 하자의 추인

조합임원 선거절차에 하자가 있어 조합임원선임총회결의의 효력이 없음에도, 새로운 선거절차 없이 해당 조합임원 선임결의를 재인준하는 결의가 유효한 것인지 여부가 문제된다.

판례는 당초 총회에서 임원을 선임한 결의 후, 다시 개최된 총회에서 위 종전 결의를 그대로 재인준하는 결의를 한 경우에는 설사 당초의 임원선임결의가 무효라고 할지라도 새로운 총회결의가 하자로 인하여 부존재 또는 무효임이 인정되거나 그 결의가 취소되는 등의 특별한 사정이 없는 한 종전 총회결의의 무효에 대한 확인을 구하는 것은 과거의 법률관계 내지 권리관계의 확

---

163) 총회 결의가 존재한다고 볼 만한 외관조차 없는 경우 결의부존재확인소송이 제기되기도 하나, 실무상 드물다.
164) 대법원 2014. 5. 29. 선고 2011두33051 판결.
165) 대법원 2000. 11. 10. 선고 99다64285 판결 참조.
166) 대법원 2014. 5. 29. 선고 2013다38961 판결 등.
167) 대법원 2010. 4. 29. 선고 2008두5568 판결, 대법원 2011. 10. 27. 선고 2010다88682 판결.

인을 구하는 것에 불과하여 권리보호의 요건을 결여한 것이라고 함으로써 이를 유효한 것으로 본다.[168]

(3) 정족수 및 내용이 적법한 경우의 총회결의

조합의 총회는 조합의 최고의사결정기관이고, 총회는 상위법령 및 정관에 위배되지 않는 범위 내에서 사업시행계획을 수립·변경할 자율성과 형성의 재량을 가지므로, 법정의 총회결의가 상위법령 및 정관에서 정한 절차와 의결정족수를 갖추었고 그 총회결의의 내용이 상위법령 및 정관에 위배되지 않는다면 총회결의의 효력을 쉽게 부정하여서는 아니 된다.[169] 총회소집절차상의 하자와 관련해서는 하자가 있다고 하여 바로 총회결의의 효력이 없다고 단정하기 어렵다.[170] 다음에서 살펴보듯이 총회 소집공고상의 절차상 흠이 있는 경우, 총회 소집통지를 조합원들뿐만 아니라 조합원 자격 없는 자들에게 한 경우, 조합 총회의 결의에 자격 없는 자가 참여한 흠이 있는 경우 당연히 총회결의가 위법하게 되는 것은 아니다.

이하에서는 절차의 하자와 총회결의의 효력에 대하여 자세히 살펴본다.

나. 절차의 하자

(1) 소집절차 전체누락(전원 출석 및 이의 없는 결의 시 유효)

총회가 법령 및 정관상 요구되는 이사회의 결의 및 소집권자의 소집절차 없이 이루어졌다 하더라도, 조합원 전원이 참석하여 총회를 개최하는 데 동의하고 아무런 이의 없이 만장일치로 결의가 이루어졌다면 그 결의는 특별한 사정이 없는 한 유효하다.[171]

(2) 조합원 일부에 대한 소집통지 누락 시

(가) 정관상 조합원에게는 총회의 출석권, 발언권 및 의결권이 있음을 규정하고 있으므로, 조합은 반드시 총회개최 7일 이전까지 전체 조합원에게 등기우편으로 소집통지서를 발송, 통지할 의무가 있다. 그럼에도 불구하고 조합이 일부 조합원에게 총회 결의와 관련한 소집통지를 하지 않아 그들이 출석하지 못한 채 결의가 이루어졌다면, 이는 일부 조합원들의 권리를 침해하였을 뿐만 아니라 그와 같은 총회결의는 정관 규정을 위반하였다. 조합의 정관은 조합의 조직, 활동, 조합원의 권리의무관계 등 단체법적 법률관계를 규율하는 것으로서 공법인인 재개발조합과 조합원에 대하여 구속력을 가지는 자치법규이므로, 그와 같은 총회결의가 조합원 과반수 찬성에 의하여 이루어졌다 하더라도 원칙적으로 무효이다.[172] 그와 같은 총회결의에 있어 권리를 침해받은 조합원의 숫자가 적지 않거나 조합장 등이 일부 조합원들의 총회 출석을 막기 위하여 고의로 소집통지를 누락한 경우라면 더더욱 무효임이 명백하다.

(나) 다만, 소집통지를 받지 아니한 조합원이 다른 방법에 의하여 이를 알게 된 경우에는 그

---

168) 대법원 2003. 9. 26. 선고 2001다64479 판결, 대법원 2012. 1. 27. 선고 2011다69220 판결 참조.
169) 대법원 2021. 2. 10. 선고 2020두48031 판결.
170) 대법원 1999. 6. 25. 선고 99다10363 판결 참조.
171) 대법원 2002. 12. 24. 선고 2000다69927 판결.
172) 대법원 1995. 6. 16. 선고 94다53563 판결 참조, 대법원 2023. 4. 27. 자 2023두32044 판결 및 서울고등법원 2022. 12. 8. 선고 2021누35591 판결, 서울행정법원 2021. 1. 22. 선고 2018구합6478 판결.

조합원이 총회에 참석하지 않았다고 하더라도 그 총회의 결의를 무효라고 할 수는 없다.[173)]

(다) 조합원 10분의 1 이상의 요구로 조합임원에 대한 해임을 의결하는 총회를 개최함에 있어 총회의 소집 및 진행은 요구자의 대표로 선출된 자가 행할 수 있는바, 만일 조합 집행부가 요구자의 대표에게 조합원 명단 제공을 거부하는 경우, 조합원 전원에 대한 소집통지가 어려운 문제가 생길 수 있다. 따라서 요구자대표는 법 124조 4항에 따라 사전에 조합원 명부, 조합원의 전화번호 등에 대하여 열람·복사를 해 둘 필요가 있다.

(3) 소집통지서 상의 회의목적 사항 및 안건 외의 사항을 의결한 경우

일부 조합원이 출석하지 아니한 상태에서 소집통지서 상의 회의목적 사항이나 안건 외의 사항을 의결한 경우 그 효력이 없다.[174)]

왜냐하면 그 안건과 관련하여서는 불출석한 조합원에 대하여는 정관에서 규정한 대로의 적법한 소집통지가 없었던 것과 다를 바 없기 때문이다. 다만, 소집통지에 포함될 회의의 목적사항은 구성원들의 회의참석에 관한 의사결정이나 준비를 가능하게 할 정도이면 충분하다(자세한 내용은 2. “나. 소집요건” 참조).

(4) 소집공고절차상의 하자

법 44조 5항은 ‘총회의 소집절차·시기 등에 필요한 사항은 정관으로 정한다.’고 규정하고 있고, 조합 정관은 총회 소집공고규정을 두고 있다. 정관상의 총회 소집공고 규정들은 구성원들의 총회 참여를 보장하기 위함이므로, 총회 소집공고절차상 하자가 있다 하더라도 구성원들의 총회 참여에 실질적인 지장이 없었다면 그와 같은 절차상 하자는 경미한 것이어서 총회결의는 유효하다.

판례는 정관이 정한 총회일 20일 전 안건의 공고, 게시절차를 위반하여 총회일 14일 전에 안건을 공고·게시하였다는 점(총회소집통지서는 적법한 때에 발송하였다)만으로는 총회결의를 무효라고 단정할 수 없다고 하였다.[175)]

(5) 자격 없는 자에 대한 소집통지, 출석과 관련한 하자

(가) 총회

총회 소집통지를 조합원들뿐만 아니라 조합원 자격 없는 현금청산대상자들에게도 하였다는 사정만으로 총회결의가 위법하다고 볼 수는 없다.

① 판례는 총회결의에 조합원 자격이 없는 현금청산대상자 136명이 참여하였으나, 그들을 제외하더라도 조합원 총수 477명 중 436명이 참석하였고, 그중 434명(재적조합원의 약 90%, 참석조합원의 약 99%)의 찬성으로 총회결의가 이루어진 사안에서, 총회 의결정족수를 넉넉히 충족하고, 총회 회의록상 참석한 현금청산대상자들은 투표만 하였을 뿐이며, 기타 총회 외에서 그들이 결의에 영향을 미쳤다는 사정이 없음을 들어 결의가 유효하다고 하였다.[176)]

---

173) 대법원 1995. 6. 9. 선고 94다42389 판결 참조.
174) 대법원 2005. 5. 18. 자 2004마916 결정.
175) 대법원 2020. 6. 25. 선고 2018두34732 판결.
176) 대법원 2021. 2. 10. 선고 2020두48031 판결.

② 판례는 조합원 중 분양신청을 하지 않은 자들은 분양신청기간 종료일 다음 날 조합원의 지위를 상실하였으므로 분양신청기간이 종료한 후 개최되는 조합원 총회에서는 의사정족수 산정을 위한 총 조합원 수에서 제외되어야 함에도, 조합이 이들에게 모두 소집통지를 하고 이들을 모두 포함하여 964명을 출석자로 판단하였으나, 분양신청하지 않은 조합원들을 제외하면 조합원은 866명이고, 총회에 그중 668명이 출석한 사안에서, 안건에 관한 결의 당시 출석자 수가 적어도 483명 이상이어서 총 조합원의 과반수 출석이라는 의사정족수를 충족하였다고 판단한 결론은 정당하다고 하였다.[177)]

㈏ 이사회 또는 대의원회

조합의 이사회 혹은 대의원회의 결의에 자격이 없는 자가 참가한 하자가 있는 경우, 자격 없는 자의 표결을 제외하더라도 그 결의가 성립함에 필요한 정족수를 충족하고, 제반 사정에 비추어 그 하자가 결의의 결과에 영향을 미치지 않았다고 인정되는 때(대의원회의에서의 임원선임 결의에 조합원이 아니어서 대의원의 자격이 없는 자 13인이 참가하였으나 그들은 그 회의에서 아무런 발언을 하지 않은 채 임원후보에 대한 선임 결의 시 찬성의 의사표시만을 하였다)에는 그 결의를 무효라고 볼 것은 아니다.[178)]

⑹ 총회소집권이 없는 자에 의한 총회소집(원칙적 무효)

㈎ 원칙

총회를 소집할 권한이 없는 자에 의하여 소집된 총회에서의 의결은 원칙적으로 위법·무효이다.[179)]

적법한 소집권자에 의한 총회의 소집인지 여부가 문제되는 경우는 다음과 같다.

① 조합장 등 총회를 소집할 자격이 있는 자가 소집권한이 없는 자에 의한 소집에 동의하여 그로 하여금 총회를 소집하게 하였다면 그와 같은 총회의 소집을 전혀 권한 없는 자의 소집이라고 볼 수는 없다.[180)] 그러나 소집권한 없는 자에 의한 총회에 소집권자가 참석하여 총회소집에

---

177) 대법원 2012. 3. 29. 선고 2010두7765 판결, 대법원 2010. 8. 19. 선고 2009다81203 판결(조합 정관 11조 1항에 의하면 “조합원이 건축물의 소유권이나 입주자로 선정된 지위 등을 양도하였을 때에는 조합원의 자격을 즉시 상실한다.” 고 규정하고 있는데, 분양신청을 받은 후 잔여분이 있는 경우에는 구 법 48조 3항에 의하여 보류지로 정하거나 조합원 이외의 자에게 일반분양할 수 있고, 구 법 55조에 의하여 위 보류지와 일반에게 분양하는 대지 또는 건축물은 도시개발법 제34조의 규정에 의한 보류지 또는 체비지로 보게 되므로, 분양신청을 하지 않은 것은 입주자로 선정된 지위 등을 조합에 양도한 것과 다름없다고 볼 수 있는 점, 재건축조합 가입의 주된 목적을 상실하여 이미 조합의 업무에 관심이 없는 현금청산대상자에게 조합원으로서의 권리·의무를 부여하는 것은 당사자의 의사에도 부합하지 않는 점, 조합의 입장에서도 현금청산을 통해 법률관계를 간명하게 마무리할 수 있을 뿐만 아니라 향후 관리처분계획을 수립·의결함에 있어 현금청산대상자를 의사정족수에서 제외함으로써 재건축사업을 보다 원활히 추진할 수 있는 점, 현금청산대상자는 조합으로부터 청산금을 지급받을 때까지 조합에 대하여 종전 토지 또는 건축물에 대한 소유권이전등기절차의 이행을 거절할 권리를 가지고 있고, 조합과 사이에 청산금액, 청산방법 등에 관한 협의가 이루어지지 않을 경우 법원에서 적절한 방법으로 이를 평가받을 수 있으므로, 현금청산대상자가 조합원의 지위를 상실한다고 보더라도 불리한 지위에 처하게 될 우려는 없는 점 등을 종합하여 보면, 분양신청을 하지 않거나 철회하는 등 도시정비법 제47조 및 조합 정관이 정한 요건에 해당하여 현금청산대상자가 된 조합원은 조합원으로서 지위를 상실하고, 조합원의 지위를 상실하는 시점은 분양신청기간 종료일 다음 날 조합원의 지위를 상실한다고 보아야 한다).

178) 대법원 1995. 11. 7. 선고 94다5649 판결, 대법원 1995. 11. 21. 선고 94다15288 판결, 대법원 1997. 5. 30. 선고 96다23375 판결.

179) 대법원 2007. 5. 31. 선고 2006도8488 판결, 대법원 2007. 10. 25. 선고 2006도5719 판결 등 참조.

180) 대법원 1985. 10. 22. 선고 83다카2396,2397 판결 참조.

관하여 이의를 하지 아니하였다고 하여 이것만 가지고 총회가 소집권자의 동의에 의하여 소집된 것이라거나 그 총회의 소집절차상의 하자가 치유되어 적법하게 된다고 할 수 없다.[181)]

② 조합장을 비롯한 조합임원 모두가 해임되어 조합장과 조합장 직무대행자, 감사가 모두 공석인 경우, 소집을 청구한 자가 곧바로 총회소집이 가능한지 여부와 관련하여 견해의 대립이 있다. 법원으로부터 임시조합장, 감사 등에 대한 선임 결정을 받아 그들에게 선행적으로 소집요구를 하여야 한다면 조합을 둘러싼 법률관계를 장기간 불안정하게 할 우려가 있음을 근거로 소집을 청구한 자가 시장·군수의 승인을 얻어 곧바로 총회소집이 가능하다는 견해가 있으나, 예외규정은 엄격히 해석하여야 하므로, 도시정비법 49조, 민법 63조에 따라 선행적으로 법원에 임시조합장이나 감사의 선임을 청구하여야 하고, 법원에 의하여 임시조합장 등이 선임되면 임시조합장 등을 상대로 임시총회의 소집을 요구하고 불응 시 감사가 소집하되, 감사가 소집하지 아니하는 경우에 한하여 총회소집을 청구한 자의 대표자가 시장·군수의 승인을 얻어 총회를 소집한다고 봄이 타당하다.

㈏ 예외

총회를 소집할 권한이 없는 자에 의하여 소집된 총회의결에 대하여 다음의 경우에는 예외적으로 유효이다.

① 판례는 비법인사단 관련 사안에서 총회의 소집권자인 공동대표 중의 1인이 나머지 공동대표자와 공동하지 않은 채 단독으로 총회를 소집하였다 하더라도 특단의 사정이 없는 한 그 총회의 결의가 부존재라거나 무효라고 할 정도의 중대한 하자라고 볼 수는 없다고 하는바,[182)] 조합장은 1인이므로 조합장과 관련하여서는 적용되지 않는다. 다만, 조합원 5분의 1 이상이나 대의원 3분의 2 이상의 개최요구가 있음에도 불구하고, 조합장이 2월 이내에 정당한 이유 없이 총회를 소집하지 아니하는 경우 감사가 총회를 소집하고, 감사도 총회를 소집하지 아니하는 경우 소집을 청구한 자의 대표가 시장·군수의 승인을 얻어 이를 소집하는데, 감사나 요구자 대표자가 다수인 경우에 적용된다.

② 당초 총회에서 임원을 선임한 결의가 있었는데, 위 결의에 대하여 다툼이 있자 그 후 다시 개최된 총회에서 (새로운 선거절차 없이) 위 종전 결의를 그대로 재인준하는 결의를 한 경우, 설사 당초의 임원선임결의가 부존재 혹은 무효라고 할지라도 새로운 총회가 당초 임원선임결의에 의하여 선임된 임원에 의하여 소집된 총회임에 근거한 무권리자에 의하여 소집된 총회라는 사유는 이를 독립된 무효사유로 볼 수 없다(왜냐하면 만약 이를 무효사유로 본다면 최초의 임원선임결의의 무효로 인하여 연쇄적으로 그 후의 결의가 모두 무효로 되는 결과가 되어 법률관계의 혼란을 초래하고 법적 안정성을 현저히 해하게 되기 때문이다).[183)]

위와 같이 당초 재개발조합 총회에서 임원을 선임한 결의에 대하여 그 후에 다시 개최된 총회에서 (새로운 선거절차 없이) 위 종전 결의를 그대로 재인준하는 결의를 한 경우, 설사 당초의 임원선임결의가 무효라고 할지라도 새로운 총회결의가 하자로 인하여 부존재 또는 무효임이 인

181) 대법원 1994. 1. 11. 선고 92다40402 판결 참조.
182) 대법원 1999. 6. 25. 선고 99다10363 판결 참조.
183) 대법원 2003. 9. 26. 선고 2001다64479 판결.

정되거나 그 결의가 취소되는 등의 특별한 사정이 없는 한 종전 총회결의의 무효에 대한 확인을 구하는 것은 과거의 법률관계 내지 권리관계의 확인을 구하는 것에 불과하여 권리보호의 요건을 결여한 것이다(위 2001다64479 판결). 그러나 종전 결의를 재인준하는 결의가 무권리자에 의하여 소집된 총회라는 하자 이외의 다른 절차상, 내용상의 하자로 인하여 부존재임이 인정되는 경우에는 그 임원을 선임한 당초 결의의 무효 여부는 현재의 임원을 확정함에 있어서 직접적인 관계가 있는 것이므로 이 경우에는 당초의 선임결의의 무효확인을 구할 법률상의 이익이 있다.[184]

(7) 총회소집에 필요한 유예기간 미준수의 하자

법 44조 4항은 총회소집권자는 회의개최 7일 전까지 회의목적·안건·일시 및 장소를 정하여 조합원들에게 통지하도록 규정하고 있다. 위와 같이 총회개최에 일정한 유예기간을 두고 소집통지를 하도록 규정한 취지는 그 구성원의 총회에서의 토의권과 의결권의 행사를 보장하기 위한 것이다. 따라서 조합원들에 대한 소집통지가 단순히 법정기한을 1일이나 2일 지연하였을 뿐이고 조합원들이 사전에 회의의 목적사항을 알고 있는 등의 사정이 있었다면 조합원들의 토의권 및 의결권의 적정한 행사가 방해된 것으로 볼 수 없으므로, 총회결의는 유효하다.[185] 위 판례의 반대해석상 기한이 4~5일 정도 늦추어졌다면 그 총회결의는 무효로 보아야 할 것이다. 국토부 표준정관 20조 6항은 총회를 개최하는 경우 조합원에게 회의개최 7일 전까지 '회의목적·안건·일시 및 장소'를 등기우편으로 '발송'하여 통지하도록 규정하고 있으므로, 통지는 '발송'으로 족하고 개개 조합원에게 7일 전까지 '도달'됨을 요하지 않는다.

(8) 소집통지(등기우편 반송 시 일반우편 발송 여부)

조합 정관은 총회를 소집하는 경우 각 조합원에게 회의개최 7일 전까지 등기우편으로 이를 발송, 통지하여야 한다고 규정하고 있으므로, 사업시행자가 조합원들에 대하여 총회소집통지서를 등기우편이 아니라 일반우편에 의하여 발송, 통지한 것은 위법하고 이로써 총회결의에 하자가 존재한다. 총회소집통지서를 등기우편에 의하여 발송, 통지하였으나 반송된 경우 추가로 일반우편으로 발송하지 않더라도 위법하지 않다(자세한 내용은 2. "나. 소집요건" 참조).

(9) 이사회 심의·의결 또는 대의원회의 사전 심의절차의 누락

㈎ 앞서 본 바와 같이 이사회 권한으로 총회 및 대의원회의 상정안건의 심의·의결권이 있다(서울 표준정관 20조 6항, 국토부 표준정관 28조 2호). 대의원회 권한으로 총회 부의안건의 사전 심의권이 있다(서울 표준정관 26조 3호 국토부 표준정관 25조 1항 3호). 총회 소집에 있어 위와 같은 이사회의 심의·의결절차이나 대의원회의 심의가 누락된 경우 총회결의의 위법 여부가 문제된다(각 심의결과 부결되거나 총회에 부의하지 아니하기로 결정하였음에도 총회결의가 이루어진 경우 포함).

㈏ 이사회 의결을 거쳤으나 의결에 하자가 존재하는 경우 총회 결의가 무효인지 여부는 총회 소집·개최 시 이사회 의결을 거치도록 정한 정관 규정을 위반하게 된 경위, 구체적인 위반 내

---

184) 대법원 1992. 2. 28. 선고 91다8715 판결 참조.
185) 대법원 1999. 6. 25. 선고 99다10363 판결.

용, 이사회 의결에 존재하는 하자의 내용과 정도, 총회 소집과 관련하여 대의원회 등 조합 내부 다른 기관의 사전심의나 의결 등이 존재하는지 여부, 위 정관 규정을 위반한 하자가 전체 조합원들의 총회 참여기회나 의결권 행사 등에 미친 영향, 조합 내부의 기관으로 두고 있는 총회, 대의원회 등과 이사회의 관계 및 각 기관의 기능, 역할과 성격, 총회의 소집 주체, 목적과 경위 및 총회 참석 조합원들의 결의 과정과 내용 등 여러 사정을 종합적으로 고려하여, 위와 같은 하자가 총회 결의의 효력을 무효로 할 만한 중대한 소집절차상의 하자라고 볼 수 있는지에 따라 판단하여야 한다.[186)]

개의정족수를 충족하지 못한 상태에서 이사회 결의를 거쳤고, 대의원회 심의를 거친 사안에서, 대법원은 총회결의를 유효하다고 판시하였고,[187)] 다수 하급심은 이사회 및 대의원회 심의·의결을 거치지 않은 사안에서 원칙적으로 총회결의의 유효성을 인정하고 있는 듯하다.[188)]

서울 표준정관은 재적 대의원의 수가 법정 최소 대의원 수에 미달되더라도 법정 최소 대의원 수의 4분의 3 이상인 경우에는 '총회상정을 위한 안건의 사전심의'에 한하여 예외를 규정하고 있는 점(27조 2항) 등에 비추어 판례의 견해가 타당하다.

다. 내용의 하자

조합의 총회는 조합의 최고의사결정기관으로서 조합과 관련된 업무에 관하여 폭넓은 범위에서 의결할 수 있는 자율성과 형성의 재량을 가진다.[189)] 그러나 이러한 자율성과 재량이 무제한적인 것일 수는 없다.

(1) 총회결의의 내용은 상위법령 및 정관에 위배되지 않을 것

조합 총회결의의 내용이 상위법령 및 정관에 위배되지 않아야 한다. 상위법령 및 정관에 위배되는 내용의 총회결의는 위법하다.

(2) 신뢰보호원칙에 위배되지 않을 것

㈎ 법리

조합 내부의 규범을 변경하고자 하는 총회결의의 경우 내용상 한계로 신뢰보호의 원칙이 있다. 즉 일단 내부 규범이 정립되면 조합원들은 특별한 사정이 없는 한 그것이 존속하리라는 신뢰를 가지게 되므로, 내부 규범 변경을 통해 달성하려는 이익이 종전 내부 규범의 존속을 신뢰한 조합원들의 이익보다 우월하여야 한다. 조합 내부 규범을 변경하는 취지의 총회결의가 신뢰보호원칙에 위반되는지를 판단하기 위해서는, 종전 내부 규범의 내용을 변경하여야 할 객관적

186) 대법원 2020. 11. 5. 선고 2020다210679 판결.

187) 대법원 2020. 11. 5. 선고 2020다210679 판결(이사회 결의를 거쳤으나, 개의정족수를 충족하지 못한 하자가 있다고 하더라도, 총회 개최 및 안건에 대하여는 대의원회에서 별도의 결의를 거쳤고, 예정대로 개최된 총회에서 과반수 조합원이 참석하였고, 안건에 관하여 총회 참석 조합원들 대다수가 찬성하는 내용의 결의를 한 점, 이사회 결의에 존재하는 위와 같은 하자가 전체 조합원들의 위 임시총회 참여기회나 의결권 행사 등에 미치는 영향이 그다지 크지는 않았다고 보이는 점 등을 종합하여 이사회 결의의 하자는 총회에서 이루어진 결의를 무효로 할 만한 중대한 소집절차상의 하자라고 보기 어렵다).

188) 서울고등법원 2007. 6. 7. 선고 2006나38842 판결(확정).

189) 대법원 2020. 9. 3. 선고 2017다218987, 218994 판결.

사정과 필요가 존재하는지, 그로써 조합이 달성하려는 이익은 어떠한 것인지, 내부 규범의 변경에 따라 조합원들이 침해받는 이익은 어느 정도의 보호가치가 있으며 그 침해 정도는 어떠한지, 조합이 종전 내부 규범의 존속에 대한 조합원들의 신뢰 침해를 최소화하기 위하여 어떤 노력을 기울였는지 등과 같은 여러 사정을 종합적으로 비교·형량해야 한다.[190]

(나) 신뢰보호원칙 위반 사례

조합이 상가의 협조 하에 정비사업을 진행하기 위해 총회결의를 통하여 상가조합원을 우대하는 안건(신축상가 전면부의 진입로 보장, 상가 지분율 우대, 영업장 대체지원비와 이주비 우대 지급)을 의결하였다가 그 후 상가조합원을 우대하는 내용을 대부분 폐지하는 총회결의가 이루어진 경우, 조합도 새로운 총회결의로써 종전 총회결의의 내용을 철회하거나 변경할 수 있는 자율성과 형성의 재량을 가지는 것이 원칙이나, 조합이 주장한 사정만으로는 종전 총회결의의 내용을 변경함으로써 상가조합원 우대를 변경하여야 할 객관적인 필요성이 인정되기 어려운 반면, 이로 인하여 상가조합원들이 침해받게 되는 이익의 정도와 그 보호가치는 물론 조합이 달성하려는 이익, 위 결의의 존속에 대한 상가조합원들의 신뢰 침해를 최소화하기 위한 노력의 정도·경위 등을 종합할 때, 상가조합원을 우대하는 내용을 대부분 폐지하는 총회결의는 상가조합원에 대하여 신뢰보호원칙에 위반되어 부적법하므로 효력이 없다(법의 일반원칙인 신뢰보호원칙을 위반한 위법한 총회결의이고 그 하자가 중대·명백하여 무효라는 의미이다).[191]

(3) 신의성실원칙에 위반하지 않을 것

(가) 조합임원 보수와 신의성실원칙

① 조합임원들이 조합에 대하여 제공하는 직무와 그 지급받는 보수 사이에는 합리적 비례관계가 유지되어야 한다. 그럼에도 재건축사업의 수행결과에 따라 차후에 발생하는 이익금의 상당한 부분에 해당하는 금액을 임원들에게 인센티브로 지급하도록 하는 내용을 총회에서 결의하는 경우, 조합임원들에게 지급하기로 한 인센티브의 내용이 부당하게 과다하여 신의성실의 원칙이나 형평의 관념에 반한다고 볼 만한 특별한 사정이 있는 때에는 적당하다고 인정되는 범위를 벗어난 인센티브 지급에 대한 결의 부분은 그 효력이 없다고 보아야 한다(법의 일반원칙인 신의성실원칙을 위반한 위법한 총회결의이고 그 하자가 중대·명백하여 무효라는 의미이다). 그 논거는 다음과 같다.

ⓐ 재건축조합의 업무집행권을 가지는 조합장과 임원은 선량한 관리자의 주의의무를 가지고 조합의 사무를 처리하여야 하는데, 정비사업에서 발생한 이익금 중 상당한 금액을 임원들에게 인센티브의 형식으로 지급하도록 결의하는 것은 임원들로 하여금 무리하게 사업을 추진하도록 하는 등 사행심을 조장할 수 있고 주거환경 개선과 도시기능의 회복이라는 재건축사업 본연의 목적에서 벗어나 재건축사업의 근간을 무너뜨릴 수 있다.

ⓑ 재건축사업을 통한 손실이나 이익은 단지 조합임원의 노력만으로 이루어지는 것은 아니고

---

190) 대법원 2018. 3. 13. 선고 2016두35281 판결, 대법원 2022. 5. 26. 선고 2022두30539 판결 등 참조.
191) 대법원 2022. 5. 26. 선고 2022두30539 판결.

부동산 경기, 재건축사업에 대한 공적 규제의 변동 등 다양한 외부적 요소에 의하여 영향을 받는다.

② 인센티브의 내용이 부당하게 과다한지 여부는 조합임원들이 업무를 수행한 기간, 업무수행 경과와 난이도, 실제 기울인 노력의 정도, 조합원들이 재건축사업의 결과로 얻게 되는 이익의 규모, 재건축사업으로 손실이 발생할 경우 조합임원들이 보상액을 지급하기로 하였다면 그 손실보상액의 한도, 총회결의 이후 재건축사업 진행 경과에 따라 조합원들이 예상할 수 없는 사정변경이 있었는지 여부, 그 밖에 변론에 나타난 여러 사정을 종합적으로 고려하여 판단하여야 한다.

(나) 신의성실위반 사례

재건축조합의 결의가 재건축사업에 따라 손실이 발생할 경우 조합임원들이 부담하게 될 액수의 최고한도를 제한하고 있는 반면(조합장 10억 원, 조합임원 각 5억 원), 추가이익이 발생할 경우(조합원들에 대한 환급금이 상승하고, 추가부담금이 감소할 경우) 조합임원들이 받게 될 인센티브를 추가이익금에 대한 20%로만 정하고 있을 뿐 총액의 상한에 관해서는 어떠한 제한도 두고 있지 않으며, 해당 재건축조합의 조합원의 수와 시설규모, 사업 시행 위치 등을 감안할 때 재건축사업의 성패에 따라서는 큰 금액의 손실이나 추가수익금이 발생할 수 있는 상황이고, 경우에 따라서는 조합임원들이 받게 될 인센티브의 규모가 기하급수적으로 늘어날 가능성이 있다면 위에서 정한 인센티브가 조합임원들의 직무와 합리적 비례관계를 가지는 범위에서만 유효하고, 이를 벗어난 부분에 관한 결의는 무효이다.[192]

Ⅳ. 대의원회

1. 의 의

대의원회는 법 시행령 43조가 총회의 전속의결사항으로 정한 것을 제외하고는 총회의 권한을 대행할 수 있는 의결기관이다(집행기관인 조합장 및 이사회와 구별된다). 조합원의 수가 100명 이상인 조합의 경우에는 반드시 대의원회를 두어야 한다(법 46조 1항).

조합의 최고의사결정기구인 총회의 의결이 필요한 사항을 법이나 정관이 규정하고 있는바, 조합원이 다수인 경우에는 총회의 소집이 용이하지 않고, 정족수에 미달하여 의결에 이르지 못하는 경우가 드물지 않아 공익사업인 정비사업의 진행에 차질을 빚게 되므로, 총회를 대신하는 기관으로 대의원회를 둠으로써 총회의 전속의결사항을 제외한 나머지 총회의결사항에 대하여 대의원회를 통하여 의결함으로써 사업의 효율성을 도모하는 한편, 대의원 3분의 2 이상에 의한 총회 개최의 요구(조합장 및 감사가 총회를 소집하지 아니하는 경우 그 대표자가 시장·군수의 승인을 얻어 총회를 직접 소집)를 통하여 조합의 업무집행에 대한 감시와 견제의 기능을 수행하도록 하여 조합업무의 적정성과 공정성을 담보하기 위한 기관이다. 대의원회는 총회의 권한대행기관 겸 조합원 전체의 대의기관의 성격을 갖는다.[193]

---

192) 대법원 2020. 9. 3. 선고 2017다218987, 218994 판결.
193) 대법원 2010. 5. 27. 선고 2008다53430 판결.

2. 구 성

가. 대의원회 의장은 조합장이고, 그 경우 조합장은 대의원으로 본다(법 42조 1항, 2항). 나머지 대의원은 조합원 중에서 선출한다(법 시행령 44조 1항). 대의원회는 조합원의 10분의 1 이상으로 구성한다. 다만, 조합원의 10분의 1이 100명을 넘는 경우에는 조합원의 10분의 1의 범위에서 100명 이상으로 구성하되, 대의원의 수는 정관으로 정하는 바에 따른다(법 46조 2항, 법 시행령 44조 3항). 대의원회가 총회의 역할을 대신하는 성격상 조합임원은 조합장을 제외하고는 대의원이 될 수 없다(법 46조 3항).

대의원의 선임 및 해임에 관하여는 정관으로 정하는 바에 따른다(법 46조 4항, 법 시행령 44조 2항). 한편, 대의원 선임 및 해임은 총회의결 사항이고(법 45조 1항 13호, 법 시행령 42조 1항 2호), 보궐선임을 제외하고는 정관에 의하더라도 대의원회가 대행할 수 없는 사항에 해당하므로(법 시행령 43조 6호), 위와 같은 제한 하에 정관으로 규정할 수 있다. 서울 표준정관은 대의원 피선거권 자격에 대하여 후보자 등록 공고일 현재 사업시행구역 내 토지등을 ○년 이상 소유한 자 중에서 선임하고(24조 4항), 미성년자 등 법 43조 각 호에 해당하는 자는 피선거권이 없으며, 당연퇴직한다고 규정하고 있다(24조 5항, 17조 2항). 대의원의 임기나 연임, 사임 및 해임[194]은 조합임원에 준한다(서울 표준정관 24조 6항, 7항).

나. 대의원회는 행정주체의 지위에 있는 조합의 기관이고, 일정 부분 총회의 권한을 대행하므로 대의원회의 대표성을 확보·강화하기 위하여 법령이 대의원의 최소 인원수를 정한 것이어서(대의원의 선임 및 해임에 관해 원칙적으로 총회의 의결을 거치도록 하고 있다), 위와 같은 대의원회의 법정 최소 인원수는 강행규정이다. 따라서 조합원이 1,000명을 초과함에도 100명 미만의 대의원으로 구성되는 등 법률에서 정한 정원에 미달하는 대의원회에서의 결의는 대의원회 구성에 중대한 하자가 있어 무효이다.[195]

판례는 조합의 대표청산인이 조합원을 상대로 부당이득반환을 구한 사안에서, 법정 대의원 최소 인원수 미달상황에서 대의원회 결의로 대의원 보궐선임을 하고, 그 보궐선임된 대의원을 포함한 대의원회 결의로 조합을 해산하고 9인을 청산인으로 선임하는 대의원회 결의 및 청산인 9인이 모여 그중 1인을 대표청산인으로 선임한 청산인회의 결의 모두 효력이 없어 대표청산인은 조합의 대표자로 보기 어렵다고 판단하여 소를 각하한 원심을 수긍하였다.[196]

다만, 조합장에서 살펴본 바와 같이 조합과 대의원의 관계는 위임관계이므로, 법 49조, 민법 691조에 의하여 대의원의 임기가 만료된 경우나 사임의 경우 후임 대의원 선임 시까지 임기 만료되거나 사임한 대의원이라도 그 임무를 수행함이 부적당하다고 인정할 만한 특별한 사정이 없는 한 후임 대의원이 선임될 때까지 그 직무(급박한 사정을 해소하기 위한 직무)를 계속 수행할 수 있으므로, 대의원의 사망, 해임 등에 의한 경우가 아닌 한 법정 인원수 미달 상황이 초래될

---

194) 다만, 서울 표준정관은 대의원이 특별한 사유 없이 3회 이상 연속으로 대의원회에 참석하지 않는 것을 해임사유로 규정하고 있다(24조 8항).

195) 대법원 2012. 5. 10. 자 2012다15824 판결 및 대구고등법원 2012. 1. 13. 선고 2011나4224 판결.

196) 대법원 2023. 1. 12. 선고 2018다275307, 2018다275314 판결.

상황은 흔하지는 않을 것이다. 그러나 대의원이 사망하거나 해임되는 등으로 궐위되는 경우를 고려하여 가급적 법 46조 2항에서 정한 최소 대의원의 수보다 일정규모 이상 확보하는 것이 바람직하다.

한편, 서울 표준정관은 재적 대의원의 수가 법정 최소 대의원 수에 미달되더라도 법정 최소 대의원 수의 4분의 3 이상인 경우에는 '총회상정을 위한 안건의 사전심의'에 한하여 법정 최소 대의원 수의 과반수 출석으로 개의하고 출석대의원 과반수의 찬성으로 의결할 수 있다고 규정하고 있음은 앞서 본 바이다(27조 2항).

3. 권 한

가. 총회의 권한 대행

대의원회는 총회의 의결사항 중 대통령령으로 정하는 사항 외에는 총회의 권한을 대행할 수 있다. 따라서 원칙적으로 대의원회와 총회의 권한이 병행한다. 다만, 대의원회가 총회의 권한을 대행할 수 없는 사항은 다음과 같다(법 시행령 43조).

이는 조합원 전체의 이해에 중대한 영향을 미칠 수 있는 사항이기 때문에 대의원회가 그 권한을 대행할 수 없도록 한 것이므로 강행규정이다.

① 정관의 변경에 관한 사항(경미한 사항의 변경은 법 또는 정관에서 총회의 의결사항으로 정한 경우로 한정한다)

② 자금의 차입과 그 방법·이자율 및 상환방법에 관한 사항

③ 예산으로 정한 사항 외에 조합원에게 부담이 되는 계약에 관한 사항

④ 시공자·설계자 또는 감정평가법인등(법 74조 4항에 따라 시장·군수등이 선정·계약하는 감정평가법인등은 제외한다)의 선정 및 변경에 관한 사항

⑤ 전문관리업자의 선정 및 변경에 관한 사항

⑥ 조합임원의 선임 및 해임과 대의원의 선임 및 해임에 관한 사항. 다만, 정관으로 정하는 바에 따라 임기 중 궐위된 자(조합장 제외)를 보궐선임하는 경우를 제외한다.

⑦ 사업시행계획서의 작성 및 변경에 관한 사항(법 50조 1항 본문에 따른 정비사업의 중지 또는 폐지에 관한 사항을 포함하며, 경미한 변경 제외)

⑧ 관리처분계획의 수립 및 변경에 관한 사항(경미한 변경 제외)

대의원회가 그 권한을 대행할 수 없는 총회의 결의사항으로 규정되어 있는 '관리처분계획'에서 정할 사항의 하나로 법 시행령은 '보류지 등의 명세와 추산가액 및 처분방법'을 규정하고 있으나, 위와 같은 규정이 있다고 하여도 대의원회가 대행할 수 없는 것은 '관리처분계획' 자체에 대한 결의이지, 관리처분계획에서 직접 '보류시설의 처분방법'을 규정하지 않고 총회의 결의에 의하도록 한 경우에 이는 유효하고, 그 경우 '보류시설의 처분방법'에 관한 결의까지 대의원회가 대행할 수 없다고 할 것은 아니다.[197]

⑨ 총회결의사항 중 법 또는 정관에 따라 조합원의 동의가 필요하여 총회에 상정하여야 하는

197) 대법원 2003. 6. 27. 선고 2001두11021 판결.

사항

⑩ 조합의 합병 또는 해산에 관한 사항. 다만, 사업완료로 인한 해산의 경우는 제외한다.

⑪ 건설되는 건축물의 설계 개요의 변경에 관한 사항

⑫ 정비사업비의 변경에 관한 사항

나. 정관으로 정한 대의원회 권한 사항

법 시행령 43조 외의 총회의 권한은 대의원회가 대행할 수 있는바, 조합은 그중 특정한 사항을 대의원회의 권한사항으로 규정할 수 있고, 나아가 조합은 총회의 권한과 무관하게 별도로 조합원의 의사를 고려하여 대의원회의 의결이 필요한 사항을 규정할 수 있다.

(1) 국토부 표준정관은 임기 중 궐위된 임원(조합장 제외) 및 대의원의 보궐선임(대의원의 궐위로 법률에서 정한 정원에 미달하는 경우에는 불가능), 예산 및 결산의 승인에 관한 방법, 총회 부의안건의 사전심의 및 총회로부터 위임받은 사항, 총회의결로 정한 예산 범위 내에서의 용역계약(법 45조 1항에 따라 총회의결이 필요한 업체 선정 제외) 등을 대의원회 의결사항으로 규정하고 있다(25조 1항). 서울 표준정관은 법 시행령 39조에 따른 정관의 경미한 변경, 사업시행계획의 경미한 변경, 관리처분계획의 경미한 변경, 조합 업무규정(행정업무규정·예산회계규정·선거관리규정 등)의 개정, 준공인가 후 소송 제기에 관한 사항, 그 밖에 정관 및 관련 법령에서 정한 사항을 대의원회 의결사항으로 규정하고 있다(26조).

국토부 표준정관은 '총회의결로 정한 예산의 범위 내에서의 용역계약 등'을 대의원회의 의결사항으로 정하고 있는데, 대의원회의 의결을 통하여 대의원 다수의 뜻을 모아 신중하게 결정, 처리하도록 한 취지이다. 대표적인 용역계약으로는 甲을 보존등기를 위한 법무사로 선정하고 그와 등기업무 위임계약을 체결하는 것이 있다.

(2) 정관상 대의원회 권한사항으로 규정한 것을 총회가 의결할 수 있는지 여부가 문제된다. 정관상 대의원회 의결사항으로 규정한 취지는 비록 법령상 총회의 권한사항이라 하다라도, 총회소집에 따른 비용을 줄이고, 조합의 의사를 효율적으로 결정하기 위하여 행정주체인 조합이 스스로 총회가 아닌 이를 갈음하는 대의원회에서 정하도록 규정한 것인 점, 총회를 갈음하는 대의원회가 의결하도록 규정하고 있는 사항에 대하여 총회가 의결하는 것을 허용한다면 조합장 등이 총회와 대의원회를 편의에 따라 자의적으로 운용하게 될 위험성이 있고, 대의원회가 의결한 사항을 다시 총회가 의결하여 그 내용을 번복하고, 그렇게 총회가 의결한 사항을 다시 대의원회가 의결하여 그 내용을 원상회복시키는 등 총회와 대의원회의 의결이라는 무의미한 절차만 반복함에 따라, 조합의 의사 결정 및 그 집행에 현저한 지장을 초래할 우려가 있는 점 등을 고려하면, 대의원회만이 그 권한을 행사할 수 있을 뿐, 총회는 이러한 권한을 행사할 수 없는 것으로 보아야 할 것이다.[198]

---

198) 대법원 2014. 8. 26. 선고 2012두6063 판결 참조(노동조합 관련 사건에서, 노동조합이 그 규약에서 총회와는 별도로 총회에 갈음할 대의원회를 두고 총회의 의결사항과 대의원회의 의결사항을 명확히 구분하여 정하고 있는 경우, 특별한 사정이 없는 이상 총회가 대의원회의 의결사항으로 정해진 사항을 곧바로 의결하는 것은 규약에 반하되, 다만 규약의 제·개정권한은 조합원 전원으로 구성되는 총회의 근원적·본질적 권한이라는 점에서 규약개정에 관한 사항을 대의원회의 의결사항으로 정한 경우라도 이로써 총회의 규약개정권한이 소멸된다고 볼 수 없다고 판시하였는

다. 정비계약기준

조합은 정비사업을 추진하기 위하여 공사, 용역, 물품구매 및 제조 등 각종 계약을 체결한다. 이를 규율하고 있는 국토부 고시 정비계약기준은 그와 관련하여 상당수가 대의원회의 관여를 전제로 한다.[199)]

4. 소집절차 및 의결방법

가. 소집절차

(1) 대의원회는 조합장이 필요하다고 인정하거나 정관에 따라 대의원회 의결을 거쳐야 하는 경우 소집되는 것이 원칙이고, 그 경우 사전에 안건에 대한 이사회의 심의·의결을 거쳐야 한다(국토부 표준정관 28조 2호). 다만, 조합원 10분의 1 이상이, 대의원의 3분의 1 이상이 각 회의의 목적사항을 제시하여 청구하는 때에는 조합장은 해당 일부터 14일 이내에 대의원회를 소집하여야 한다(법 시행령 44조 4항, 서울 표준정관 25조 1항, 국토부 표준정관 24조 5항). 소집요구자에 대하여 본인인지 여부를 확인하여야 한다(서울 표준정관 25조 2항). 조합장이 14일 이내에 정당한 이유 없이 대의원회를 소집하지 아니한 때에는 감사가 지체 없이 이를 소집하여야 하며, 감사가 소집하지 아니하는 때에는 소집을 청구한 사람의 대표가 소집한다. 이 경우 미리 시장·군수등의 승인을 받아야 한다(법 시행령 44조 4항, 5항). 위와 같이 조합장, 감사, 소집청구자 대표가 대의원회를 소집하는 경우에는 소집의 주체가 의장의 직무를 행한다(법 시행령 44조 6항).

(2) 대의원회의 소집은 집회 7일 전까지 그 회의의 목적·안건·일시 및 장소를 기재한 서면을 대의원에게 통지하는 방법에 따른다. 이 경우 정관으로 정하는 바에 따라 대의원회의 소집내용을 게시판에 공고하여야 한다. 대의원회는 사전에 통지한 안건만 의결할 수 있다. 다만, 사전에 통지하지 아니한 안건으로서 대의원회의 회의에서 정관으로 정하는 바에 따라 채택된 안건의 경우에는 그러하지 아니하다(법 시행령 44조 7항, 9항). '정관으로 정하는 바에 따라 채택된 안건'으로 서울 표준정관은 '재적대의원 과반수가 직접 참석하고 직접 참석한 대의원 과반수가 그 채택에 동의한 안건'을 의미한다(25조 5항). 서울 표준정관 25조 4항은 "사업추진상 시급히 대의원회 의결을 요하는 사안이 발생하는 경우에는 회의 개최 3일 전에 통지하고 대의원회에서 안건상정 여부를 묻고 의결할 수 있다."고 규정하고 있다.

나. 의결방법

대의원회는 재적대의원 과반수의 출석과 출석대의원 과반수의 찬성으로 의결한다. 다만, 그 이상의 범위에서 정관으로 달리 정하는 경우에는 그에 따른다(법 시행령 44조 8항). 서울 표준정

바, 법 시행령 43조는 대의원회가 총회의 권한을 대행할 수 없는 사항을 명시하고 있으므로, 정관상 이를 대의원회 권한사항으로 규정하더라도 그 효력이 없다 할 것이어서, 그와 같은 사항은 정비사업 실무에서는 상정할 수 없다).

199) 총회의 의결을 거쳐야 하는 경우 대의원회에서 총회에 상정할 4인 이상의 입찰대상자를 선정하되, 단 입찰에 참가한 입찰대상자가 4인 미만인 때에는 모두 총회에 상정하여야 한다. 시공계약의 경우에는 총회에 상정할 6인 이상의 건설업자 등을 대의원회에서 선정하되, 단 입찰에 참가한 건설업자등이 6인 미만인 때에는 모두 총회에 상정하여야 한다.

관은 총회소집 결과 개의정족수에 미달되는 때에는 재소집하여야 하고, 재소집의 경우에도 개의정족수에 미달되는 때에는 대의원회로 총회를 갈음할 수 있는데, 그 경우에는 재적대의원 3분의 2 이상의 출석과 출석대의원 3분의 2 이상의 동의를 얻어야 한다(27조 1항). 특정한 대의원의 이해와 관련된 사항에 대해서는 그 대의원은 의결권을 행사할 수 없다(법 시행령 10항). 대의원은 대리인을 통해 권한을 행사할 수 없다. 다만, 서면으로 대의원회에 출석하거나 의결권을 행사할 수 있다. 이 경우 출석으로 본다(서울 표준정관 27조 3항). 대의제 기관의 특성상 대리인에 의한 의결권 행사는 불가능함은 당연하다. 다만, 서면으로 대의원회에 출석하거나 의결권을 행사할 수 있되, 시공자를 선정하는 총회에 상정할 6인 이상의 건설업자 등을 결정함에 있어서는 대의원회 재적의원 과반수가 직접 참여한 회의에서 비밀투표의 방법으로 의결하여야 한다. 이 경우 서면결의서를 통한 투표는 인정하지 아니한다(정비계약기준 33조 3항).

Ⅴ. 이사회

1. 의 의

이사회는 조합장과 이사로 구성되어 조합장을 보좌하여 조합 사무를 분담하여 집행하는 사무집행기관이다.[200] 이사회는 조합의 의사결정기관이 아니다. 이사회는 정관에 근거한 기관이다(국토부 표준정관 27조 1항은 조합은 사무를 집행하기 위하여 이사회를 둔다고 규정하고 있다). 다만, 법은 이사회와 관련하여 사업시행자가 이사회회의록을 공개하여야 한다는 규정만을 두고 있고(법 124조 1항 3호), 법 시행령은 이사회를 구성하는 이사의 숫자를 적어도 3명 또는 5명 이상을 두도록 규정하고 있으므로(40조), 간접적이나마 법령에 근거한 기관으로 보아야 할 것이다. 감사는 이사회 구성원이 아닌 관계로 의결권은 없으나, 이사회 출석, 의견진술권이 있다(국토부 표준정관 30조).

2. 사무 등

가. 사 무

이사회의 사무는 조합의 예산 및 통상업무의 집행에 관한 사항, 총회 및 대의원회의 상정안건의 심의·의결, 업무규정 등 조합 내부규정의 제정 및 개정안 작성에 관한 사항, 총회 또는 대의원회로부터 위임받은 사항의 집행 및 의결, 관리처분계획(안)에 대한 공람의견 심사, 주된 사무소의 변경에 관한 사항 등 정관에서 이사회의 사무로 정한 사항, 그 밖에 조합의 운영 및 사업시행에 관하여 필요한 사항 등이다[서울 표준정관 20조 6항(총회 및 대의원회 상정 안건 의결), 29조 1항(이사회의 사무)]. 이사회는 위 사항에 관하여 구체적인 범위를 정하여 의장인 조합장에게 위임할 수 있다(서울 표준정관 29조 2항).[201]

---

200) 대법원 2020. 11. 5. 선고 2020다210679 판결.

201) 예를 들면 총회장소나 일시 등의 변경을 위해 이사회를 개최하는 것은 소모적이므로, 조합장에게 구체적인 사항에 대하여 범위를 정하여 위임함으로써 시간단축 및 비용절감을 도모할 수 있다.

나. 이사회 소집 및 의결방법

조합장이 이사회를 소집하고, 이사회의 의장이 된다. 이사회를 소집하려면 회의개최 ○일전에 회의목적·안건·일시 및 장소를 기재한 서면으로 이사에 통지하고, 게시판에 공고하여야 한다. 다만, 사업추진상 시급한 경우에는 회의 개최 1일 전에 통지하고 이사회를 개최할 수 있다(서울 표준정관 28조 3항). 이사회는 대리인 참석이 불가하며, 구성원 과반수 출석으로 개의하고 출석 구성원 과반수 찬성으로 의결한다(서울 표준정관 30조 1항). 특정 이사의 이해와 관련된 사항에 대해서는 해당 이사는 의결권을 행사할 수 없다(서울 표준정관 30조 2항).

다. 감 사

감사는 이사회에 출석하여 의견을 진술할 수 있다. 다만, 의결권은 가지지 아니한다(서울 표준정관 31조 1항). 이사회는 조합운영상 필요하다고 인정될 때에는 감사에게 조합의 업무에 대하여 감사를 실시하도록 요청할 수 있다(서울 표준정관 31조 2항).

제6장 조합설립변경인가

Ⅰ. 총 설

정비사업은 이해관계가 상충되는 다수 토지등소유자들의 개별적이고 구체적인 이익을 적절히 형량·조정하면서 장기에 걸쳐 진행되는 사업으로서, 시장상황, 정부정책, 관계 법령, 도시계획의 규율 등 정비사업의 제반 여건의 변화에 따라 정비사업의 내용이 수시로 변경될 수 있음을 전제로 하고 있다. 이에 따라 설립된 조합이 조합설립인가처분 이후의 사정변경으로 인하여 당초 인가받은 사항을 변경하는 경우가 흔히 발생한다.

조합설립인가처분이라는 설권적 처분의 내용이나 범위를 변경함에 있어서는 조합설립인가처분에 준하는 정도의 엄격함을 요구함이 원칙이다. 왜냐하면 조합설립인가 이후 그 내용을 용이하게 변경할 수 있게 한다면, 조합설립인가의 요건을 엄격하게 요구하는 법의 취지를 몰각시키기 때문이다. 다만, 반드시 조합설립인가요건과 동일한 정도를 요구할 것인지 또는 그에 준하는 정도로 족한 것인지 여부는 입법정책상의 문제이다. 법 35조 5항은 설립된 조합이 인가받은 사항을 변경하고자 하는 때에는 총회에서 조합원의 3분의 2 이상의 찬성으로 의결하고, 시장·군수등의 인가를 받아야 한다고 규정하고 있다. 한편 법은 조합설립인가받은 사항 중 조합원의 이해관계와 무관하거나 (조합원 3분의 2 이상의 찬성이 아니라 하더라도)이미 총회의결을 통하여 정당성이 확보되어 있는 등 별도로 총회의 의결을 거칠 필요가 없는 사항 즉 경미한 사항에 대하여는 정비사업의 신속을 위하여 그 변경에 총회의 의결을 필요로 하지 않고, 시장·군수등에 대한 신고로 족하다고 규정하고 있다.

이하에서는 조합설립변경인가에 필요한 절차 및 효과, 엄격한 절차를 필요로 하지 않는 경미한 사항에 대하여 자세히 살펴본다. 나아가 경미한 사항임에도 불구하고 총회의결을 거쳐 시장·군수등으로부터 인가를 받는 경우의 요건 및 효과에 대하여도 살펴보고, 당초 인가받은 사항이 인가 이후의 사정변경으로 인하여 변경되는 것이 아니라 최초의 조합설립인가처분에 하자가 있음을 이유로 쟁송이 제기되자 조합이 새롭게 조합설립인가의 요건을 구비한 후 조합설립변경인가를 받는 경우의 유효성 및 효과에 대하여도 살펴본다.

Ⅱ. 의의 및 요건

1. 의 의

조합설립변경인가처분은 당초 조합설립인가처분에서 인가받은 사항의 일부를 수정 또는 취소·철회하거나 새로운 사항을 추가하는 것으로서 조합설립인가처분이라는 설권적 처분의 내용이나 범위를 변경하는 것을 의미한다. 이는 강학상 인가에 해당한다.

'인가받은 사항'이란 조합설립인가신청서 및 조합설립동의서에 기재된 사항을 의미한다. 조합설립인가신청서에는 조합의 명칭과 그 대표자의 성명 및 주소, 조합설립내역[주된 사무소 소재지, 사업시행예정구역(구역명칭, 구역면적 ㎡, 위치), 조합원 수, 사업시행계획인가 신청예정시기: 정비구역지정·고시일부터 ○ 이내)], 동의사항(토지등소유자 수 ○인, 동의율 ○%) 등이 기재된다. 토지등소유자의 조합설립동의서에는 신축 건축물의 설계 개요(대지면적, 건축연면적, 규모), 공사비 등 정비사업비(철거비, 신축비, 그 밖의 비용, 합계) 등이 기재된다. 따라서 조합원 변경, 조합 임원 또는 대의원의 변경, 신축 건축물의 설계 개요 변경, 공사비 등 정비사업비의 변경, 정비구역면적의 변경 등은 원칙적으로 조합설립변경인가사항이나, 그중 일부는 법 시행령 31조에 의하여 경미한 사항의 변경으로서 신고사항으로 규정하고 있다.

나아가 조합설립인가처분은 정비구역지정 및 정비계획결정의 후속처분이므로, 선행처분이 변경되는 경우 후속처분인 조합설립인가처분의 변경이 필요하다. 조합의 총회는 조합의 최고의사결정기관이므로, 상위법령과 정관이 정한 바에 따라 새로운 총회결의로써 종전 총회결의의 내용을 철회하거나 변경할 수 있는 자율성과 형성의 재량을 가지므로, 후속처분이 총회결의를 통하여 조합설립인가처분의 내용을 변경하는 경우에도 조합설립인가처분의 변경이다.

2. 요 건

가. 현행 규정

설립된 조합이 인가받은 사항을 변경하고자 하는 때에는 총회에서 조합원 3분의 2 이상의 찬성으로 의결하고, 조합설립변경인가신청서에 변경내용을 증명하는 서류를 첨부하여 시장·군수등의 인가를 받아야 한다(법 35조 5항, 시행규칙 8조 2항 2호). 위와 같은 의결정족수를 완화하는 내용의 정관 규정은 그 효력이 없다[앞서 본 제5장 제2절 Ⅳ. 2. "나. 특별다수 결의사항" 참조].

한편 조합이 인가받은 사항을 변경하면서 조합원 3분의 2 이상의 동의서를 받았다 하더라도, 법은 동의서 징구 방식과 총회의결 방식을 준별하고 있고, 총회의결의 경우 조합원 100분의 10 이상이 직접 출석하도록 하는 등 토론을 거쳐 결정되는 의사임에 반해, 동의는 그와 같은 절차가 생략되므로, 총회의결을 동의로 갈음할 수는 없다.[1)]

나. 연 혁

⑴ 법이 2017. 2. 8. 전부개정되기 전에는(구 법 16조 2항 본문) 재개발사업 및 재건축사업 모두 조합설립인가를 위한 정족수를 충족함에 필요한 토지등소유자의 동의서를 받아 시장·군수등의 인가를 받아야 한다고 규정하고 있었다. 그 후 위 법률 개정으로(법 35조 5항 본문) 설립된 조합이 인가받은 사항을 변경하는 경우에는 동의서를 징구하는 대신 총회에서 조합원 3분의 2 이상의 찬성의결을 요구하는 것으로 변경되었다.

---

1) 대법원 2013. 10. 24. 선고 2012두12853 판결.

⑵ 한편 다음에서 살펴보듯이 조합설립인가 당시 토지등소유자의 동의의 대상이었던 건설되는 건축물의 설계 개요와 정비사업비에 대한 각 변경 등은 개정 전후 모두 법 시행령 31조(구 법 시행령 27조)에 의하여 조합설립인가내용의 경미한 변경으로 신고사항으로 규정하였다. 그 취지는 법 시행령 42조 1항(구 법 시행령 34조 1항)이 건설되는 건축물의 설계 개요의 변경과 정비사업비의 변경에 대하여 각각 총회의 의결사항으로 규정하고 있었으므로, 그와 같이 총회의결을 거쳤다면 별도로 또다시 조합설립변경절차[법 35조 5항 본문이 규정하고 있는 총회에서 조합원 3분의 2 이상의 찬성의결(구 법 35조 2항이 규정하고 있는 조합설립인가에 필요한 조합원의 동의서 징구)]를 거칠 필요가 없음을 근거로 한다.

이하에서는 변경인가와 관련된 몇 가지 쟁점에 관하여 살펴보자.

㈎ 행정청이 경미한 변경사항에 해당하여 신고에 따른 수리처분을 하여야 함에도, 재개발조합의 조합설립변경인가신청에 따라 변경인가 형식으로 처분을 한 경우, 그 처분의 성질 및 적법 여부의 판단방법이 문제된다.

판례는 조합설립인가의 내용을 변경할 때 구 법 시행령 27조 각 호(조합설립인가내용의 경미한 변경)에서 정하는 사항의 변경은 신고절차, 그 외 사항의 변경은 변경인가절차를 거치도록 함으로써 조합설립인가의 변경에 있어서 '신고사항'과 '변경인가사항'을 구분하고 있음을 전제로, 행정청이 신고사항을 변경하면서 신고절차가 아닌 변경인가 형식으로 처분을 한 경우, 그 성질은 신고사항을 변경하는 내용의 신고를 수리하는 의미에 불과한 것으로 보아야 하므로, 그 적법 여부 역시 변경인가의 절차 및 요건의 구비 여부가 아니라 신고 수리에 필요한 절차 및 요건을 구비하였는지 여부에 따라 판단해야 한다고 하였다.[2)]

㈏ 조합설립인가 이후 정비사업비의 변경 시에 필요한 총회의결과 관련하여 당초 재개발조합 설립인가 당시와 비교하여 볼 때 조합원들의 이해관계에 중대한 영향을 미칠 정도로 실질적으로 변경된 경우에 조합원 과반수의 출석과 출석조합원 과반수의 찬성으로 의결하는 것이 적법한 것인지 여부가 문제된다.

① 판례는 재개발조합 정관의 필요적 기재사항이자 엄격한 정관변경절차를 거쳐야 하는 '조합의 비용부담'에 관한 사항이 당초 재개발조합 설립인가 당시와 비교하여 볼 때 조합원들의 이해관계에 중대한 영향을 미칠 정도로 실질적으로 변경된 경우에는 비록 그것이 정관변경에 대한 절차가 아니라 하더라도 특별다수의 동의요건을 규정하여 조합원들의 이익을 보호하려는 정관변경에 관한 법 40조 3항 단서, 1항 8호(구 법 20조 3항, 1항 8호)를 유추적용하여 조합원의 3분의 2 이상의 동의를 필요로 한다고 보는 것이 타당하다고 하였다.[3)]

② 설령 재개발조합의 정관 규정이 조합원들의 이해관계에 중대한 영향을 미치는 '조합의 비용부담'에 관하여 그것이 당초의 재개발조합 설립인가의 내용을 실질적으로 변경하는 것임에도

---

2) 대법원 2013. 10. 24. 선고 2012두12853 판결.

3) 대법원 2009. 1. 30. 선고 2007다31884 판결(재건축결의에서 시공사로 선정된 회사의 사업계획을 채택하기로 결의한 후 재건축조합이 시공사와 도급계약을 체결하면서 당초 사업계획상 비용분담에 관한 사항을 통상 예상할 수 있는 범위를 초과하여 변경한 사안이다), 대법원 2012. 8. 23. 선고 2010두13463 판결, 대법원 2014. 8. 20. 선고 2012두5572 판결(일부 아파트조합원에게 대형평형 등을 우선 배정하기로 하는 내용의 관리처분계획이 수립된 사안이다), 대법원 2015. 7. 9. 선고 2014다72203 판결(시공계약을 지분제에서 도급제로 변경하는 계약을 체결한 사안이다).

조합원의 3분의 2 이상의 의결정족수에 못 미치는 동의로도 가결될 수 있도록 규정하고 있다 하더라도, 이는 엄격한 동의요건을 거쳐 성립한 재개발조합 설립인가의 내용이 손쉽게 변경되어 재개발조합 설립인가의 기초가 흔들릴 수 있을 뿐만 아니라, 일단 변경된 내용도 다시 이해관계를 달리하는 일부 조합원들의 이합집산에 의하여 재차 변경될 수 있어 권리관계의 안정을 심히 해하고 재개발사업의 원활한 진행에 상당한 장애를 가져올 수 있으므로, 그러한 정관의 가결정족수 규정은 사회통념상 현저히 타당성을 잃은 것으로서 효력을 인정하기 어렵다고 하였다.[4)]

③ 법은 2012. 2. 1. 개정으로 사업시행계획의 작성 및 변경, 관리처분계획의 수립 및 변경은 조합원 과반수의 동의를 요하되, 정비사업비가 100분의 10 이상 늘어나는 경우에는 조합원 3분의 2 이상의 동의를 받아야 한다고 규정하였다.

한편, 2017. 2. 8.자 법의 전부개정으로 설립된 조합이 인가받은 사항을 변경하는 경우 총회에서 조합원 3분의 2 이상의 찬성의결을 요구하는 것으로 변경하였고, 정비사업비의 변경은 인가받은 사항의 변경이므로, 입법적으로 해결한 것으로 볼 여지가 있다. 그러나 다음에서 살펴보듯이 정비사업비의 변경은 경미한 사항의 변경이고, 법 45조 1항 13호, 3항, 법 시행령 42조 1항 4호는 조합원 과반수의 출석과 출석 조합원 과반수 찬성의 총회의 의결을 거쳐야 한다고 규정하므로, 사업시행계획 및 관리처분계획과 무관하게 정비사업비를 변경하는 총회결의의 경우 여전히 위 ① 판례는 의미가 있다.

Ⅲ. 변경인가사항 및 경미한 사항

1. 경미한 사항 변경의 특칙

조합설립인가처분이라는 설권적 처분의 내용이나 범위를 변경하는 것은 마찬가지임에도, 경미한 사항의 변경과 그렇지 않은 사항의 변경사이에는 중대한 절차적 차이가 존재한다. 이하에서는 경미한 사항의 변경에 있어서의 절차상의 특칙과 그 내용에 대하여 자세히 살펴본다.

가. 이사회심의·결정(의결) 및 대의원회의 심의 불요

(1) 설립인가받은 사항을 변경하기 위해서는 총회의결을 받기 위한 전제로 먼저 조합의 사무를 총괄하는 조합장 등이 조합설립변경 초안을 작성하고, 이사회가 심의·결정하고, 대의원회의 심의를 거친 후 총회에 상정하는 절차를 거쳐야 한다(국토부 표준정관 25조 1항 3호, 28조 2호).

(2) 경미한 사항의 변경의 경우에는 총회의 의결절차가 필요 없으므로 조합장 등은 조합설립변경 초안을 작성하는 것만으로 족하고, 따로 이사회 심의·결정이나 대의원회 심의 절차를 거칠 필요가 없다.

나. 총회의결 불요

경미한 사항을 변경하는 경우에는 총회의 의결이 필요하지 아니한다(법 35조 5항 단서).

---

4) 대법원 2013. 10. 24. 선고 2012두12853 판결.

다. 신청절차상의 법정 형식 불요

(1) 조합이 인가받은 사항을 변경하기 위해서는 법정 서식인 법 시행규칙 [별지 5호 서식] 조합설립변경인가신청서를 작성하여야 하고, 변경내용을 증명하는 서류를 첨부하여야 하는 등 법정의 형식이 요구된다(법 35조 5항, 시행규칙 8조 2항 2호).

(2) 경미한 사항을 변경하는 경우에는 비법정의 신고서 제출로 족하다.

라. 수리(受理)

(1) 신고의 유형

신고란 사인이 행정청에 대하여 일정한 사항을 통지함으로써 공법상의 효과가 발생하는 사인의 공법행위를 말한다. 여기에는 형식적·절차적 요건을 갖춘 신고서가 행정청에 도달하면(접수되면) 신고로서의 효과가 곧바로 발생하는 이른바 '자기완결적 신고'와 행정청이 실체적 요건에 관한 심사를 한 후 이를 수리하여야 신고로서의 효과가 발생하는 '수리가 필요한 신고'로 구분된다.[5] 자기완결적 신고의 경우에는 신고로 곧바로 효과가 발생하므로 그 후 설령 수리의 절차를 거쳤다 하더라도, 수리의 취소를 구할 소의 이익이 없다.

(2) 수리가 필요한 신고

(가) 경미한 사항의 변경대상 중 상당 부분은 사전에 총회(대의원회)의 의결절차를 거쳤기 때문이다. 법 시행령 31조 4호는 조합임원 또는 대의원의 변경이 경미한 사항의 변경이 되기 위해서는 반드시 총회(대의원회)의결을 거쳤을 것을 명시하고 있다. 이는 행정청이 조합임원이나 대의원의 변경신고에 대하여 총회(대의원회)의 의결절차를 거쳤는지 여부 등에 대한 심사가 이루어지는 것을 전제로 하고 있다고 해석된다. 따라서 경미한 사항의 변경에 대한 신고는 수리가 필요한 신고이다.[6] 수리는 준법률행위적 행정행위에 해당한다.[7] 기속행위이다. 따라서 신고에 대하여 행정청이 경미한 변경이 아니라는 이유로 수리를 거부하는 경우 그 취소를 구할 수 있다.

(나) 법은 2021. 3. 16. 개정하면서 시장·군수등은 경미한 사항에 대한 변경신고를 받은 날부터 20일 이내에 신고수리 여부를 신고인에게 통지하여야 하고, 시장·군수등이 20일 기간 내에 신고수리 여부 또는 민원 처리 관련 법령에 따른 처리기간의 연장을 신고인에게 통지하지 아니하면 그 기간(민원 처리 관련 법령에 따라 처리기간이 연장 또는 재연장된 경우에는 해당 처리기간을 말한다)이 끝난 날의 다음 날에 신고를 수리한 것으로 본다는 규정을 신설함으로써(법 35조 6항, 7항), 경미한 사항의 변경신고가 수리가 필요한 신고임을 명확히 하였다. 위와 같이 경미한 사항의 변경신고에 관하여 처리기간 및 간주규정을 둔 것은 관련 민원의 투명하고 신속한 처리와 일선 행정기관의 적극행정을 유도하기 위한 것이다.

---

5) 대법원 2011. 1. 20. 선고 2010두14954 전원합의체 판결 참조.
6) 대법원 2013. 10. 24. 선고 2012두12853 판결.
7) 법률행위적 행정행위는 행정행위의 법적효과가 행정청의 효과의사의 내용에 따라 발생함에 반해, 준법률행위적 행정행위는 행정청의 단순한 정신작용의 표현에 대해 법령이 일정한 효과를 부여하는 행정행위이다. 여기에는 확인행위(준공인가), 공증, 통지가 있다.

(3) 신고와 기본행위와의 관계

임원변경이 총회의결절차를 거치지 않거나 그 총회가 정족수에 미달함에도 불구하고 임원변경신고가 수리된 경우의 법률관계가 문제된다. 임원변경 신고의 수리는 적법한 임원변경이 있었음을 전제로 하는 것이므로 총회의결절차를 거치지 않거나 그 총회가 정족수에 미달한 경우에는 수리대상인 임원변경이 존재하지 아니하거나 무효이므로, 설령 관할 행정청이 수리를 하였다 하더라도 그 수리는 유효한 대상이 없는 것으로서 당연히 무효라 할 것이다. 그 경우 이해관계인은 민사쟁송으로 임원선임, 해임결의의 무효확인을 구함이 없이 곧바로 시장·군수등을 피고로 하여 행정소송으로 신고수리처분의 무효확인을 구할 법률상 이익이 있다. 이점에서 강학상 인가와 구분된다.[8)]

2. 변경인가사항과 경미한 사항의 구분

가. 기준(변경대상의 중요도)

법령이 조합설립인가처분이라는 설권적 처분의 내용이나 범위 중 변경인가사항과 신고사항을 구분하는 이유는 중요한 사항은 조합원 전체의 이해에 중대한 영향을 미칠 수 있는 사항이므로 그 변경에 대하여 엄격한 인가절차를 거치도록 하고, 경미한 사항은 조합원의 이해관계와 무관하므로 정비사업의 신속을 위하여 그 변경에 대하여 간단한 신고절차를 거치도록 한 것이다. 따라서 변경대상의 중요도가 구분의 척도라 할 것이다. 다만, 경미한 사항 중 일부는 내용이 중요하나, 이미 사전에 다른 절차에서 (조합원 3분의 2 이상의 찬성이 아니라 하더라도)총회의결을 거쳤으므로 중복하여 총회의결 및 인가절차를 요구하는 것이 오히려 정비사업의 진행에 지장을 초래할 뿐이어서 신고사항으로 하였다.

나. 규 정

법 시행령 31조는 다음과 같은 사항을 경미한 사항으로 규정하고 있다. 각 규정의 의미에 대하여 자세히 살펴본다. 판례(대법원 2012. 5. 24. 선고 2009두22140 판결)는 관리처분계획의 경미한 사항을 규정한 법 시행령 61조에 대하여 예시적 규정이라고 하나, 사업시행계획상의 경미한 사항과 마찬가지로 이는 제한적 규정으로 봄이 상당하다(제6편 제5장 Ⅱ "2. 경미한 사항" 참조).

(1) 착오·오기 또는 누락임이 명백한 사항

이는 정관의 경미한 변경사항과 동일하다. 일반적으로 구역면적(㎡)은 공부상의 면적에 의하나, 정비구역 내 국·공유지를 매수하는 과정에서 측량한 결과 면적에 변경이 발생하는 경우 이는 착오로 인한 것이 명백한 사항이다.

(2) 조합의 명칭 및 주된 사무소의 소재지와 조합장의 성명 및 주소

이는 조합장의 동일성에 변경이 없는 경우를 전제로 한다. 만일 조합장의 동일성이 변경되는

8) 대법원 1990. 10. 30. 선고 90누1649 판결 참조, 대법원 1993. 6. 8. 선고 91누11544 판결 참조, 대법원 2005. 12. 23. 선고 2005두3554 판결 참조.

경우에는 4호에 의한다. 조합의 명칭 및 사무소의 소재지는 정관의 경미한 변경사항과 동일하다.

(3) 토지 또는 건축물의 매매 등으로 조합원의 권리가 이전된 경우의 조합원의 교체 또는 신규가입(3호)

(가) 법 129조는 정비사업과 관련하여 권리를 갖는 자의 변동이 있은 때에는 종전 권리자의 권리·의무는 새로 권리자로 된 자가 승계한다고 규정하고 있으므로, 이로 인한 조합원의 교체를 경미한 사항으로 규정하고 있다.

(나) 재건축사업과 관련하여 정비구역 내의 토지등소유자는 조합설립인가 이후에도 분양신청기간 종료일까지는 동의서를 제출하여 조합원이 될 수 있는바, 그와 같이 토지등소유자가 조합설립인가 이후 조합설립에 동의하여 추가로 조합에 가입한 경우에는 경미한 사항의 변경이다.[9]

(다) 법 39조 2항 4호의 적용과 관련하여 실무상 문제된다. 경미한 사항의 변경신고는 수리가 필요한 신고이므로, 토지등에 대한 양도가 있고 조합이 양수인의 신청에 따라 변경의 내용을 증명하는 서류를 첨부하여 양수인으로의 조합원 교체에 따른 경미한 조합설립변경신고를 하는 경우, 시장·군수등은 이를 심사하여 적법한 양수에 대하여는 조합설립변경신고의 수리처분을 한다. 투기과열지구에서의 재건축사업의 경우 조합설립인가 후, 재개발사업의 경우 관리처분계획인가 후 해당 정비구역 내 토지등을 양수한 자는 조합원이 될 수 없으나, 양도인이 1세대 1주택자로서 양도하는 주택에 대한 법정의 소유 및 거주기간 요건이 구비된 경우 예외인바(법 39조 2항 단서 4호), 실무상 조합이 양수인의 신청을 토대로 시장·군수등에게 위와 같은 예외 요건이 구비되었음을 전제로 조합원의 지위가 양도인에서 양수인으로 변경되었다는 내용의 경미한 사항의 변경신고를 하는 경우, 시장·군수등은 그와 같은 요건의 미비를 이유로 신청의 수리를 거부하는 처분을 하는 경우가 흔히 있다. 그 경우 조합이나 양수인이 행정청을 상대로 하는 위 수리거부처분의 취소 또는 무효확인소송이 다수 제기되고 있다. 또는 양수인의 조합원 명의변경신청에 대하여 조합이 법 39조 2항 단서 4호에 해당하지 아니함을 들어 이를 거부하는 경우, 양수인이 조합을 상대로 조합원지위확인의 소를 제기하는 경우가 있다.

(4) 조합임원 또는 대의원의 변경(법 45조에 따른 총회의 의결 또는 법 46조에 따른 대의원회의 의결을 거친 경우로 한정한다)

법 및 법 시행령은 조합임원의 변경 및 해임을 정관 기재사항으로 규정하고 있을 뿐만 아니라 조합임원의 선임 및 해임, 대의원의 선임 및 해임은 총회의 의결사항으로 규정하고 있고, 원칙적으로 대의원회가 이를 대행할 수 없는 사항으로 규정하고 있으므로, 조합임원 및 대의원의 변경을 위해서는 반드시 조합설립변경인가를 위한 총회의 의결을 거쳐야 한다(법 45조 1항 7호, 법 시행령 43조 6호). 다만, 정관으로 정하는 바에 따라 조합장을 제외한 조합임원이나 대의원이 임기 중 궐위(사망, 사임, 해임)된 경우 그에 대한 보궐선임은 대의원회가 대행할 수 있다(법 시행령 43조 6호 단서). 위와 같이 조합임원 또는 대의원의 변경은 반드시 총회 또는 대의원회의 의결을 거쳐야 하므로, 이미 조합임원 또는 대의원의 변경을 위한 총회나 대의원회의 의결을 거

9) 대법원 2014. 5. 29. 선고 2011두25876 판결, 대법원 2014. 8. 20. 선고 2012두5572 판결.

쳤다면 또다시 조합원 2/3의 찬성의결을 거쳐 인가받는 것은 이중적 절차에 해당하므로 총회의결 및 인가절차를 요하지 않고, 신고만으로 가능하다.

(5) 건설되는 건축물의 설계 개요의 변경

법 시행령 42조 1항 3호는 건설되는 건축물의 설계 개요의 변경에 대하여 총회의 의결사항으로 규정하고 있다. 따라서 건설되는 건축물의 설계 개요의 변경을 위해서는 반드시 조합원 과반수의 출석과 출석 조합원 과반수 찬성의 총회의 의결을 거쳐야 한다.

신축 건축물의 설계 개요는 처음부터 확정짓기가 곤란하여 추진위원회의 활동, 의견수렴, 조합의 설립준비, 조합설립인가 이후 조합의 사업관계자와의 절충과 협의 등의 과정에서 단계적, 발전적으로 형성되어 사업계획의 승인단계에 이르러 건축설계 등이 완성되면서 비로소 구체적인 모습을 드러내는 것이 통례인바, 조합설립인가의 전제가 되는 조합설립동의서 기재 동의사항인 신축 건축물의 설계 개요가 조합설립인가 이후 변경되는 경우 총회의결을 요한다(나아가 설계도서는 법 시행령 47조 2항 4호에 의하여 사업시행계획서에 포함될 사항이므로, 건설되는 건축물 설계개요 변경이 설계도서의 변경을 수반하는 경우에는 사업시행계획변경인가가 필요하고, 위 인가를 위한 절차로 조합원 20%가 출석하고 조합원 과반수가 찬성하는 사업시행계획에 대한 총회의 의결이 이루어져 한다). 위와 같이 조합설립인가사항인 신축 건축물의 설계 개요의 변경을 위해서는 총회결의를 반드시 거쳐야 하므로, 중복하여 총회의결 및 인가절차를 요하지 않고 신고만으로 가능하다.

(6) 정비사업비의 변경

㈎ 법 시행령 42조 1항 4호는 정비사업비의 변경에 대하여 총회의 의결사항으로 규정하고 있으므로, 정비사업비의 변경을 위해서는 반드시 조합원 과반수의 출석과 출석 조합원 과반수 찬성의 총회의 의결을 거쳐야 한다(사업시행계획이나 관리처분계획의 변경에 있어 정비사업비가 100분의 10 이상 늘어나는 경우에는 조합원 3분의 2 이상의 찬성으로 의결하여야 한다. 법 45조 4항 단서).

㈏ 특히 조합의 비용부담 및 조합의 회계, 정비사업비의 부담시기 및 절차는 정관에 규정되어야 할 사항이고, 그 경우 정관을 변경하려면 조합원 3분의 2 이상의 총회 찬성의결을 요하며, 조합의 비용부담이 재건축 결의 당시와 비교하여 조합원들의 이해관계에 중대한 영향을 미칠 정도로 실질적으로 변경된 경우에는 비록 그것이 정관변경에 대한 절차가 아니라 하더라도 조합원 3분의 2 이상의 총회 찬성의결을 충족하여야 한다.

㈐ 결국 조합설립인가의 내용으로 조합설립동의서 기재 동의사항인 '공사비 등 정비사업에 드는 비용'이 변경되는 경우 반드시 총회결의를 거쳐야 하므로, 중복하여 총회의결 및 인가절차를 요하지 않고 신고만으로 가능하다.

(7) 현금청산으로 인하여 정관에서 정하는 바에 따라 조합원이 변경되는 경우

법 73조 1항, 국토부 표준정관 44조 4항은 현금청산의 방법에 대하여 규정하고 있다.[10] 조합

---

10) 국토부 표준정관 44조는 법이 2013. 12. 24. 개정되기 이전의 분양신청기간 종료일 다음 날 등으로부터 150일 이내에 현금청산 한다고 규정하고 있으나, 서울 표준정관은 개정법률을 반영하여 관리처분계획이 인가·고시된 날부터 90일 이내에 현금청산하여야 한다고 규정하고 있다(45조 1항).

이 현금청산 이후 현금청산받은 자들을 조합원에서 제외하는 변경신청은 조합원들의 이해관계에 아무런 영향을 미치지 아니하므로 경미한 사항으로 신고만으로 가능하다.

한편 토지등소유자가 적법한 분양신청통지를 받고도 분양신청기간 내에 분양신청을 하지 않는 경우 분양신청기간 만료일 다음 날에, 수분양자라도 정관에 따라 적법한 분양계약 체결의 통지를 받고도 분양계약을 체결하지 않는 경우 분양계약 체결기간 만료일 다음 날에 조합원의 지위를 상실하게 된다. 그와 같이 토지등소유자가 분양신청기간 내에 분양신청을 하지 않거나, 수분양자가 분양계약 체결기간 내에 분양계약을 체결하지 않는 경우, 그들이 조합원에서 제외되었다는 내용의 조합원 변동신고도 경미한 사항의 변경이다(예를 들면 조합은 전체 조합원 777명 중 330명이 분양신청하지 아니하면 조합원 330명을 조합원에서 제외하여 조합원 총원을 447명으로 한다는 내용으로 신고하고 시장·군수등은 이를 수리한다).

⑻ 법 16조에 따른 정비구역 또는 정비계획의 변경에 따라 변경되어야 하는 사항(정비구역 면적이 10% 이상의 범위에서 변경되는 경우는 제외)

조합설립인가처분은 정비구역지정 및 정비계획결정의 후속처분으로서 그에 부합하여야 하므로, 선행처분인 정비구역 또는 정비계획의 내용 중 조합설립인가받은 사항과 관련된 내용[정비구역 및 그 면적, 건축물에 관한 계획(주택의 규모 및 건설비율, 건축물의 주용도, 건폐율, 용적률, 높이에 관한 계획) 등]이 변경되는 경우, 조합은 후속처분인 조합설립인가받은 사항을 변경하는 절차를 반드시 거쳐야 한다. 위와 같이 행정청이 정비구역 및 정비계획을 변경하는 경우 조합은 이를 반드시 따라야 하므로, 원칙적으로 경미한 사항의 변경으로 보아야 한다.

㈎ 정비구역 면적이 10% 미만 범위에서 변경

정비구역의 위치 및 면적은 정관 기재사항이고, 정비구역의 위치도, 지적현황도는 조합설립인가신청 시 첨부되어야 할 서류이므로(서울시 조례 19조), 사업구역의 위치와 면적을 변경하는 것은 조합설립인가받은 사항을 변경하는 것이다.

① 정비구역 면적이 10% 미만으로 변경되는 것과 관련하여 법이 2017. 2. 8. 전부개정되기 전 조합설립변경인가에 조합설립인가를 위한 동의요건(재개발사업의 경우 토지등소유자의 4분의 3 이상 및 토지면적 2분의 1 이상 토지소유자의 동의, 재건축사업의 경우 주택단지는 동별 구분소유자의 과반수 동의와 주택단지 안의 전체 구분소유자의 4분의 3 이상 및 토지면적 4분의 3 이상의 토지소유자의 동의)을 요구하였던 구 법상의 판례는 사업구역의 위치를 변경하고 면적을 확대하는 조합설립변경인가의 경우, 원칙적으로 종전 구역과 추가된 구역을 합한 전체 구역을 대상으로 하여 법정 동의요건을 갖추어야 하나, 기존의 조합설립에 동의한 조합원들에 대하여는 새로이 동의를 받을 필요가 없고 종전 사업구역에 대한 동의는 변경된 사업구역에 대한 동의로도 유효하다. 새로 편입된 구역에 대한 토지등소유자에 대하여는 새롭게 동의를 받아 전체적으로 법정 동의요건을 갖추어야 하는데, 종전에 조합설립에 동의하지 아니하다가 새롭게 동의서를 제출한 토지등소유자의 경우에는 사업구역변경 시의 법정 동의요건 충족에서 고려되어야 한다고 하였다.[11]

② 그러나 위 판례는 구 법상의 판례이고, 현재는 조합설립변경인가에 정비구역을 대상으로

---

11) 대법원 2014. 5. 29. 선고 2011다46128, 2013다69057 판결, 대법원 2014. 5. 29. 선고 2011두25876 판결.

하여 토지등소유자의 3분의 2 이상의 찬성의결이 필요하다는 요건이므로, 정비구역 면적이 10% 미만으로 변경 시 토지등소유자 전체를 대상으로 한 총회의결을 받아야 하는지 여부만이 문제된다. 정비구역 면적이 10% 이상의 범위에서 변경되는 경우에는 신고만으로 가능한 경미한 변경으로 보지 않는 점, 현재의 조합설립변경인가의 요건은 종전 변경인가의 요건보다 완화된 점 등에 비추어 별도로 총회결의 없이 신고만으로 가능하되, 기존의 조합설립에 동의한 조합원들의 동의는 유효하고, 새로 편입된 구역의 토지등소유자에 대하여는 새롭게 동의를 받아 전체적으로 법정 동의요건을 충족하면 충분하다(종전에 조합설립에 동의하지 아니한 토지등소유자가 새롭게 동의서를 제출하는 것도 가능하다).

㈏ 정비구역 면적 10% 이상 변경

정비구역 또는 정비계획의 변경에 따른 변경이라 하더라도, 정비구역 면적이 10% 이상의 범위에서 변경되는 경우에는 신고만으로 가능하지 않다. 그 경우에는 원칙으로 돌아가 일반적 조합설립변경인가의 경우와 같이 종전 구역과 추가된 구역을 합한 전체 구역을 대상으로 하여 전체 토지등소유자의 3분의 2 이상의 찬성의결에 따른 조합설립변경인가를 받아야 한다.

⑼ 그 밖에 시·도 조례로 정하는 사항

서울시 조례 21조는 다음과 같은 사항을 조합설립인가내용의 경미한 변경으로 규정하고 있다.

㈎ 법령 또는 조례 등의 개정에 따라 단순한 정리를 요하는 사항

㈏ 사업시행계획인가 또는 관리처분계획인가의 변경에 따라 변경되어야 하는 사항

조합의 총회는 조합의 최고의사결정기관이므로, 상위법령과 정관이 정한 바에 따라 새로운 총회결의로써 종전 총회결의의 내용을 철회하거나 변경할 수 있는 자율성과 형성의 재량을 가진다. 따라서 총회결의를 통한 후속처분인 사업시행계획 또는 관리처분계획의 변경인가사항이 조합설립인가처분의 내용을 변경하는 경우 그 변경이 필요하나, 사업시행계획인가 또는 관리처분계획인가의 변경에는 조합원 과반수의 찬성의결과 시장·군수등의 인가까지 이루어졌으므로, 중복하여 총회의결 및 인가절차를 요하지 않고 신고만으로 가능하다.

㈐ 매도청구대상자가 추가로 조합에 가입함에 따라 변경되어야 하는 사항

위 조항은 서울시 조례가 제정된 2003. 12. 20.부터 존재하던 조항이다. 재건축사업에 있어 조합설립인가 이후 토지등소유자가 조합설립동의서를 제출하여 추가로 조합에 가입함에 따른 조합원 변경은 법 시행령 31조 3호에 의하여 의율됨은 앞서 본 바이다.

㈑ 그 밖에 규칙으로 정하는 사항

서울시 조례 21조 4호의 위임에 따라 조례 시행규칙 10조는 사업시행계획인가 신청예정시기의 변경을 조합설립인가 내용의 경미한 변경으로 규정하고 있다.

3. 경미한 사항에 대한 조합설립변경인가처분의 적법성 심사기준

가. 문제의 소재

조합은 총회의결 없이 신고만으로 족한 경미한 사항의 변경에 대하여 착오로 총회의결을 거치거나 총회의 특별결의를 거쳐 조합설립변경인가를 받는 경우가 있다(토지등의 매매 등으로 인한 조합원 변경은 총회의결이 필요하지 아니한 경미한 사항의 변경신고 대상임에도, 조합이 조합원 3분의 2 이상의 찬성으로 총회의결을 거쳐 변경인가받는 경우, 조합이 조합설립인가 당시 토지등소유자의 동의의 대상이었던 건설되는 건축물의 설계 개요나 정비사업비가 변경되는 경우, 조합원 과반수 출석과 출석 조합원 과반수 찬성에 의한 총회의결 후 경미한 사항의 변경신고대상이나, 조합원 3분의 2 이상의 찬성으로 총회의결을 거쳐 변경인가받는 경우 등), 이는 절차적 정당성을 확보하여 정비사업을 보다 효율적으로 추진하기 위함이다. 이에 대한 총회결의의 절차상 하자를 이유로 조합설립변경인가처분에 대한 항고소송이 제기되는 경우 판단기준이 문제된다.

나. 신고수리에 필요한 절차 및 요건 구비 여부가 쟁점

앞서 본 바와 같이 법은 조합설립인가의 내용을 변경함에 있어 '신고사항'과 '변경인가사항'을 엄격히 구분하고 있다. 행정청이 경미한 사항의 변경대상임에도 조합의 조합설립변경인가신청에 따라 변경인가처분을 한 경우 그 성질은 조합설립인가의 내용을 변경하는 신고를 수리한 것으로 보아야 하므로, 그 적법 여부 역시 변경인가의 절차 및 요건의 구비 여부가 아니라 신고수리에 필요한 절차 및 요건을 구비하였는지 여부에 따라 판단하여야 한다.[12)]

한편, 다음에서 살펴보듯이 조합이 조합설립인가 이후 새롭게 조합설립의 요건과 절차를 거쳐 변경인가를 받은 경우, 당초 조합설립인가는 원칙적으로 변경인가에 의하여 철회(흡수·소멸)되어 더 이상 존재하지 않는 처분이 되나, 신고로 족한 경미한 사항에 대하여 새롭게 조합설립의 요건과 절차를 모두 거쳐 변경인가를 받았다 하더라도, 당초 조합설립인가는 경미한 사항의 변경에 대한 신고를 수리하는 의미에 불과한 변경인가에 흡수·소멸되지 않는다.[13)]

4. 조합설립인가와 변경인가의 관계

가. 실무상의 쟁점

정비사업의 특성상 통상적으로 최초의 조합설립인가 이후 여러 차례 조합설립변경인가가 이루어진다. 실무상 당사자들은 조합설립인가나 후행의 변경인가 중 어떠한 처분을 쟁송의 대상으로 하여야 하는지 혼란을 겪는 경우가 많고, 일반적으로 그 모두를 쟁송의 대상으로 하는 듯하다. 심지어 후행처분이라는 이유로 경미한 변경의 신고도 그 취소를 구하는 경우가 있다.

---

12) 대법원 2010. 12. 9. 선고 2009두4555 판결, 대법원 2013. 10. 24. 선고 2012두12853 판결.

13) 대법원 2010. 12. 9. 선고 2009두4555 판결은 조합설립의 요건과 절차를 거쳐 변경인가를 받은 경우, 당초 조합설립인가는 원칙적으로 변경인가에 의하여 흡수·소멸됨을 전제로 한다(대법원 2013. 7. 11. 선고 2011두27544 판결도 같다). 한편, 대법원 2013. 10. 24. 선고 2013두12853 판결은 조합설립의 요건과 절차를 거쳐 변경인가를 받은 경우, 당초 조합설립인가는 원칙적으로 변경인가에 의하여 철회됨을 전제로 한다(다만, 종전 처분에 하자가 있음을 이유로 하는 경우는 취소).

법 35조 5항은 조합이 설립인가를 받은 사항을 장차 변경하는 것을 예정하고 있다. 이는 당초 인가받은 사항이 인가 이후의 사정변경으로 인하여 변경되는 것으로서, 종전 조합설립인가의 효력은 그대로 유지한 채 내용 중 일부만을 추가·철회·변경하는 것을 전제로 한다(조합설립변경인가로 인하여 변경된 시점을 기준으로 변경된 부분은 그때부터 효력이 발생하고, 변경으로 소멸되는 부분만 장래를 향하여 실효된다). 그러나 다음에서 살펴보듯이 종전 조합설립인가에 존재하는 하자를 시정하기 위하여 새로운 조합설립인가의 요건을 갖추어 종전 조합설립인가를 대체하거나 종전 조합설립인가사항의 주요 부분을 실질적으로 변경하여 변경인가를 받는 종전 조합설립인가를 대체하는 조합설립변경인가가 인정되고, 그 경우 당초 조합설립인가는 원칙적으로 변경인가에 의하여 취소·철회되어 더 이상 존재하지 않게 되며, 존재하지 않는 처분을 대상으로 하는 것은 소의 이익이 없게 된다.

따라서 각종의 조합설립인가처분 및 변경인가처분이 쟁송의 대상이 된 경우, 심리의 형태는 후행의 조합설립변경인가 중 종전의 조합설립인가를 대체한 것이 있는지 여부를 확인하여, 만일 존재한다면 그 이전의 조합설립인가, 변경인가의 무효확인이나 취소를 구하는 부분은 원칙적으로 소의 이익이 없어 각하하고(다만, 사업시행계획이나 관리처분계획 등 후속처분이 있는 경우 예외), 조합설립인가를 대체한 조합설립변경인가 및 그 후행의 변경인가처분만이 적법성 여부의 심리대상이 된다.

항고소송에서 대상적격, 소의 이익 등은 일반적인 소송요건이다. 즉 행정소송에서 쟁송의 대상이 되는 행정처분의 존부는 소송요건으로서 직권조사사항이고, 자백의 대상이 될 수 없는 것이므로, 설사 그 존재를 당사자들이 다투지 아니한다 하더라도 그 존부에 관하여 의심이 있는 경우에는 이를 직권으로 밝혀 보아야 할 것이고, 사실심에서 변론종결 시까지 당사자가 주장하지 않던 직권조사사항에 해당하는 사항을 상고심에서 비로소 주장하는 경우 그 직권조사사항에 해당하는 사항은 상고심의 심판범위에 해당한다.[14] 사실심 변론종결 이후에 소송요건이 흠결되거나 그 흠결이 치유된 경우 상고심에서도 이를 참작하여야 한다.[15]

나. 성립상의 하자(조합설립 동의 정족수 하자 등)와 조합설립변경인가

(1) 행정행위의 취소는 일단 유효하게 성립한 행정행위를 그 행위에 위법 또는 부당한 하자가 있음을 이유로 소급하여 그 효력을 소멸시키는 별도의 행정처분이고, 행정행위의 철회는 적법요건을 구비하여 완전히 효력을 발하고 있는 행정행위를 사후적으로 그 행위의 효력의 전부 또는 일부를 장래에 향해 소멸시키는 행정처분이므로, 행정행위의 취소사유는 행정행위의 성립 당시에 존재하였던 하자를 말하고, 철회사유는 행정행위가 성립된 이후에 새로이 발생한 것으로서 행정행위의 효력을 존속시킬 수 없는 사유를 말한다.[16]

(2) 일반적인 조합설립변경인가는 다음에서 살펴보듯이 당초 조합설립인가에서 인가받은 사항

---

14) 대법원 2004. 12. 24. 선고 2003두15195 판결.

15) 대법원 2004. 12. 24. 선고 2003두15195 판결, 대법원 2016. 12. 27. 선고 2014두5637 판결, 대법원 2017. 5. 17. 선고 2016두40580 판결.

16) 대법원 2006. 5. 11. 선고 2003다37969 판결.

의 내용 일부를 수정 또는 취소·철회하거나 새로운 사항을 추가하는 것으로서 유효한 당초 조합설립인가에 근거하여 설권적 효력의 내용이나 범위를 변경하는 성질을 가지므로, 당초 조합설립인가가 조합설립 동의나 창립총회 결의 등 성립상의 하자로 인하여 쟁송에 의하여 취소되거나 무효로 확정된 경우에는 이에 기초하여 이루어진 후행의 조합설립변경인가도 원칙적으로 그 효력을 상실한다(마찬가지로 당초 조합설립인가 이후 여러 차례 조합설립변경인가가 있었고, 그중 중간에 행하여진 선행 조합설립변경인가가 성립상의 하자로 쟁송에 의하여 취소되거나 무효로 확정된 경우 그 이후의 조합설립변경인가도 그 효력을 상실하거나 무효라고 새겨야 한다).[17] 이는 조합설립인가의 본질적인 고유특성이 선행처분이 유효함을 전제로 후행처분이 이루어지는 것이기 때문이다.

(3) 위와 같이 당초 조합설립인가가 조합설립 동의정족수 하자 등 성립상의 하자로 쟁송에 의하여 취소되거나 무효로 확정된 경우에는 이에 기초하여 이루어진 조합설립변경인가도 원칙적으로 그 효력을 상실하거나 무효이므로, 조합원 등 이해당사자는 최초의 조합설립인가에 대하여만 쟁송을 제기하여 그 무효나 취소를 주장, 증명하면 족하다. 다만, 후행의 조합설립변경인가에는 외관이 존재하여 이를 기초로 정비사업이 진행될 여지가 있는 등 토지등소유자에게 법률적 불안이나 위험이 존재하므로[18] 당초의 조합설립인가처분과 함께 또는 후행의 조합설립변경인가에 대하여만 쟁송이 제기된 경우에도 대상적격이나 소의 이익이 인정된다.

(4) 후행의 조합설립변경인가에 대하여만 쟁송이 제기된 경우에는 최초의 조합설립인가처분의 성립상의 무효사유를 주장, 증명하거나 조합설립변경인가 고유의 무효나 취소사유를 주장, 증명하여 다툴 수 있다(경미한 변경의 신고는 종전 조합설립인가 내용의 변경이기는 하나, 수리처분 자체에 하자가 있는 경우 그 취소나 무효확인을 구하는 것은 별론으로 하고, 조합설립인가의 후행처분이라는 이유만으로 대상적격이나 소의 이익을 인정할 것인지 여부가 문제된다. 경미한 변경의 신고수리도 전제가 되는 선행의 조합설립인가가 취소나 무효로 확정되는 경우 당연히 그 효력이 소멸하나, 신고수리의 외관이 존재하므로, 이를 다툴 소의 이익을 인정하여야 할 것이다).

다. 내용상의 하자와 조합설립변경인가

조합설립인가처분 이후 정비구역면적을 10% 이상 변경하는 내용의 조합설립변경인가처분이 이루어진 경우, 당초 조합설립인가가 그 내용상의 하자(예를 들면 건축물의 설계 개요 부분이 법령이나 정관에 위반한 경우 등)로 인하여 쟁송에 의하여 해당 부분이 취소되거나 무효로 확정되더라도, 후행의 조합설립변경인가는 그대로 유효하다. 후행의 변경인가처분은 종전처분을 전제로 그 내용 중 일부만을 추가·철회·변경하는 것이므로, 선행처분과 후행처분은 내용상의 하자에 대하여 각각 쟁송의 대상이 된다(조합설립변경인가처분의 내용이 된 정비구역면적 변경부분이 법령이나 정관에 위반한 경우에는 마찬가지로 쟁송대상이 된다). 다만 후행처분의 변경 부분(당초 조합설립인가처분의 내용을 추가·철회·변경한 부분)의 내용과 성질상 나머지 부분과 불가분적인 경우에는 선행처분에 존재하는 내용상의 하자에 대하여도 후행의 변경인가처분만을 쟁송의 대상으로 하여

---

17) 대법원 2014. 5. 29. 선고 2011두25876 판결, 대법원 2014. 8. 20. 선고 2012두5572 판결.

18) 처분이 외형적으로 존재함으로 인하여 발생할 수 있는 손해를 피하기 위하여 무효선언을 구하는 의미에서의 취소를 구할 법률상 이익이 있다(대법원 1998. 11. 27. 선고 97누2337 판결).

야 한다.[19] 따라서 내용상의 하자를 이유로 당초의 조합설립인가처분과 후행의 조합설립변경인가처분이 모두 쟁송의 대상이 된 경우, 법원으로서는 후행처분의 변경 부분의 내용과 성질상 그 나머지 부분과 가분적인지 여부 등을 살펴 항고소송의 대상이 되는 행정처분을 확정하여야 한다.

라. 정비사업 재판실무(주로 성립상의 하자를 다투는 사건)

사업시행자 및 행정청에는 폭넓은 계획재량이 부여되어 있고, 내용상 하자는 대부분 행정청의 인가단계에서 걸러지므로, 조합설립인가처분 및 변경인가처분이 요건은 적법하되, 내용상의 하자가 있다는 다툼은 많지 않다. 실무상 조합설립인가 및 변경인가와 관련한 하자는 조합설립 동의 정족수의 하자 여부 및 창립총회 결의의 하자 여부 등 성립상의 하자를 다투는 사건이 주를 이룬다.

마. 오류 정정의 조합설립변경인가

앞서 본 바와 같이 조합설립인가신청서에는 조합원 수, 토지등소유자의 수 및 동의한 토지등소유자 수, 동의율(동의자 수/토지등소유자 수)을 기재하여야 하고, 행정청은 이를 심사하여 인가할 때 이를 확인하여 인가서에 기재하여야 한다. 최초에 시장·군수등이 신청서에 기재된 토지등소유자 수, 동의자 수 및 동의율을 확인하고 인가하였으나, 그와 같은 판단에 오류가 있는 경우에는 조합의 변경승인신청이 없더라도, 직권으로 이를 정정하는 조합설립변경인가를 한다.[20] 그와 같은 변경인가처분은 조합으로부터 이미 인가받은 사항을 변경하고자 하는 아무런 신청이나 신고가 없음에도 불구하고, 시장·군수등이 스스로 기존에 행한 유효동의서의 산정결과를 시정한 것에 불과하므로, 최초 인가처분은 그 후의 변경인가처분에 의하여 그 범위 내에서 직권취소되었다고 보아야 한다.

Ⅳ. 종전 조합설립인가를 대체하는 새로운 조합설립변경인가

1. 하자 시정을 위한 조합설립인가로서의 조합설립변경인가

가. 유효 여부

(1) 문제의 소재

법 35조 5항은 조합이 설립인가 받은 사항을 변경할 필요가 있는 경우 총회의결을 거쳐 이를 변경한 후 시장·군수등으로부터 변경인가를 받아야 한다고 규정하고 있으므로, 이는 당초 인가받은 사항이 인가 이후의 사정변경으로 인하여 변경되는 것을 전제로 하고 있다. 그러나 실제로

19) 대법원 2015. 11. 19. 선고 2015두295 전원합의체 판결 참조. 선행처분과 후행처분은 각각의 내용상 하자와 관련하여 쟁송의 대상되므로, 조합설립인가처분에 대하여 내용상 하자가 존재하는 경우 이를 대상으로 하여야 하고, 후행의 추가·철회·변경된 부분에 내용상 하자가 존재하는 경우 변경인가처분을 대상으로 하여야 하며, 각각 내용상 하자가 존재하는 경우 그 모두가 쟁송의 대상이 된다. 다만, 추가·철회·변경된 부분이 성질상 나머지 부분과 불가분적인 경우에는 변경인가처분만이 쟁송의 대상이 된다. 그 경우에는 선행(종전)처분에 대한 항고소송은 소의 이익이 없다.

20) 대법원 2011. 8. 18. 자 2011두8833 판결 및 서울고등법원 2011. 3. 24. 선고 2010누24632 판결의 사실관계 참조[행정청은 2009. 6. 19. 토지등소유자 760명 중 575명의 동의(동의율 75.65%)를 얻은 것으로 보아 참가인 조합의 설립변경을 인가한 후, 2009. 7. 6. 유효한 동의서를 574장으로 인정하여 동의율 75.52%로 조합설립변경인가를 하였다가, 2009. 7. 21.에는 다시 유효한 동의서를 580장으로 인정하여 동의율 76.31%로 조합설립변경인가를 하였다].

는 최초의 조합설립인가처분에 법정 동의율 미달 등 하자가 있음을 이유로 취소소송 등이 제기되고, 1심에서 동의율 미달 등을 이유로 조합설립인가처분이 무효확인이나 취소판결을 받게 되는 경우, 항소심 진행 중(심지어 1심에서 무효확인이나 취소판결을 받고, 항소기각 판결까지 받은 후 상고심 진행 중)에 하자의 시정을 위하여 조합설립인가의 요건을 모두 새롭게 구비하여 변경인가처분을 받는 경우가 있다. 그 유효성이 문제된다.

(2) 판례(유효)

판례는 조합설립변경인가처분이 조합에게 정비사업을 시행할 수 있는 권한을 설정하여 주는 처분인 점에서는 당초 조합설립인가처분과 다를 바 없으므로, 조합설립인가처분의 위법 여부 또는 효력 유무에 관한 다툼이 있어 조합이 처음부터 다시 조합설립인가에 관한 절차를 밟아 조합설립변경인가를 받았고, 그 조합설립변경인가처분이 새로운 조합설립인가처분으로서의 요건을 갖춘 경우에는 그에 따른 효과가 있다고 한다.[21)]

(3) 결론

법 37조 1항은 조합이 조합설립인가를 받은 후 동의서 위조, 동의율 미달 등에 관한 다툼으로 인하여 제기된 조합설립인가의 무효 또는 취소소송 중에 일부 동의서를 추가 또는 보완하여 조합설립변경인가를 신청하는 때에는 동의서의 유효성에 다툼이 없는 토지등소유자의 동의서를 다시 사용할 수 있다고 규정하고 있는바, 이는 새로운 조합설립인가로서의 조합설립변경인가의 유효성을 전제하고 있다. 따라서 법 35조 5항의 변경인가에는 조합이 조합설립인가의 요건을 모두 새롭게 구비하여 변경인가처분을 받는 경우가 포함된다고 해석되어야 한다.

나. 성립상의 하자 시정을 위한 조합설립변경인가의 유효요건

(1) 조합설립인가를 위한 실체적·절차적 요건 구비

새로운 조합설립인가로서의 조합설립변경인가의 유효요건은 조합설립인가에 필요한 실체적·절차적 요건을 모두 갖추는 것이다. 원칙적으로 조합은 토지등소유자로부터 법정사항이 포함된 법 시행규칙 [별지 6호 서식] '조합설립동의서'에 의한 법 36조에서 정한 방법으로 법 35조 2항, 3항이 정한 비율의 동의를 받아야 할 뿐만 아니라 조합설립변경인가의 신청 전에 총회(다만, '창립총회'라는 명칭은 조합설립단계에서의 명칭인바, 조합설립변경인가를 통한 새로운 조합설립인가를 허용하므로, 굳이 창립총회라는 명칭을 사용하여야 하는 것은 아니다)를 새로 개최하여 토지등소유자 과반수 출석에 출석한 토지등소유자 과반수의 찬성으로 구성원과는 독립된 단체로서의 조합 내부의 자치규범인 정관을 확정하고 단체의 대표자인 임원을 선출하는 등의 단체결성행위를 행하여야 한다.

(2) 간이한 절차적 요건

㈎ 유효성에 다툼이 없는 동의서의 재사용 가능

조합설립인가를 받은 후에 동의서 위조, 동의 철회, 동의율 미달 또는 동의자 수 산정방법에

---

21) 대법원 2013. 2. 28. 선고 2012다74816 판결.

관한 하자 등으로 다툼이 있는 경우로서, 조합설립인가의 무효 또는 취소소송 중에 일부 동의서를 추가 또는 보완하여 조합설립변경인가를 신청하는 때(1호)에는 조합이 토지등소유자에게 '기존 동의서를 다시 사용할 수 있다는 취지와 반대 의사표시의 절차 및 방법을 서면(60일 이상의 반대의사 표시기간을 명백히 적어 부여하여야 함)으로 설명·고지하는 경우 동의서의 유효성에 다툼이 없는 토지등소유자의 동의서를 다시 사용할 수 있다(법 37조 1항 1호, 3항, 법 시행령 35조 1호).

(나) 창립총회결의 추인 가능

창립총회를 반드시 개최하여야 한다. 다만, 조합은 새로 개최된 총회에서 의사결정을 함에 있어 종전 조합설립인가의 신청 전에 이루어진 창립총회의 결의를 추인하는 결의를 하거나 총회의 진행경과 등에 비추어 그러한 추인의 취지가 포함된 것으로 볼 수 있는 사정이 있으면 충분할 것이다.[22] 한편, 종전 조합설립인가처분에 동의율 충족에 관한 하자만이 존재하였을 뿐, 창립총회에서 이루어진 결의에는 아무런 하자가 없는 사안에서, 창립총회의 업무는 조합 정관의 확정 등이 주된 업무로서, 창립총회에서 결의된 정관에 하자가 없는 이상 창립총회를 다시 개최하지 아니하였다 하더라도, 변경인가처분에 하자가 없다고 한 판례도 있다.[23]

다. 새로운 조합설립인가로서의 조합설립변경인가의 효과

(1) 종전 조합설립인가처분의 취소·철회(흡수·소멸)와 소의 이익 상실

(가) 내용

① 취소소송에 관한 행정소송법 12조 후문은 처분등의 효과가 기간의 경과, 처분등의 집행 그 밖의 사유로 인하여 소멸된 뒤에도 그 처분등의 취소로 인하여 회복되는 법률상 이익이 있는 자의 경우에는 취소소송을 제기할 수 있다고 규정하여 소송요건으로서의 소의 이익을 명문화하고 있다. 무효등확인소송에 관한 행정소송법 35조에는 12조 후문과 같은 규정이 없으나, 항고소송의 성격은 동일하므로 취소소송에서 요구되는 소의 이익이 그대로 타당하다.

② 성립요건상의 하자를 이유로 조합설립인가처분 무효확인이나 취소소송 계속 중에 하자의 시정을 위하여 조합이 조합설립인가를 새롭게 받을 정도의 실체적, 절차적 요건을 모두 갖추어(당초 조합설립인가를 받은 내용을 모두 포함하여 이를 변경하는 취지이다) 조합설립변경인가를 받은 경우, 종전 조합설립인가처분은 묵시적으로 직권취소된다(행정청은 종전 처분과 양립할 수 없는 처분을 함으로써 묵시적으로 종전 처분을 취소할 수 있다[24]).

따라서 당초 조합설립인가는 취소(흡수·소멸의 의미이다)되어 더 이상 존재하지 않는 처분이거나 과거의 법률관계가 되므로 특별한 사정이 없는 한 그 취소를 구할 소의 이익이 없다.[25] 이는 조합설립변경인가 후에 다시 동일하게 변경인가를 받았다면 선행의 조합설립변경인가에 대한 항고소송을 제기하는 경우에도 동일하게 적용된다.[26]

---

22) 대법원 2014. 5. 29. 선고 2013두18773 판결.
23) 대법원 2014. 6. 12. 선고 2013두18575 판결 및 서울고등법원 2013. 8. 16. 선고 2013누9580 판결.
24) 대법원 1999. 12. 28. 선고 98두1895 판결.
25) 대법원 2013. 10. 24. 선고 2012두12853 판결.
26) 대법원 2013. 10. 24. 선고 2012두12853 판결.

앞서 본 바와 같이 법 시행령 31조(구 법 시행령 27조) 각 호에서 정하는 경미한 사항의 변경에 대하여 조합이 조합설립인가를 새롭게 받을 정도의 실체적, 절차적 요건을 모두 갖추어 조합설립변경인가를 받았다 하더라도, 그 성질은 당초의 조합설립인가처분과는 별개로 위 조항에서 정한 경미한 사항의 변경에 대한 신고를 수리하는 의미에 불과한 것으로 보아야 한다. 따라서 위 변경인가처분에 의하여 당초의 설권적 처분인 조합설립인가처분이 취소되어 소멸된다고 볼 것은 아니므로, 그 경우 당초의 조합설립인가처분을 다툴 소의 이익이 있다.[27]

③ 다만 조합설립동의가 정족수에 미달하거나 창립총회 결의에 하자가 있는 등 조합설립인가의 성립상의 하자가 있으나 그 하자가 중대·명백하지 아니하고, 이미 제소기간이 도과되어 불가쟁력이 발생하여 사업시행자가 1심에서 승소하였음에도 불구하고, 사업시행자가 하자를 시정하기 위하여 당초 조합설립인가와 동일한 요건, 절차를 거쳐 새로운 조합설립인가를 받았다면, (위와 같이 1심에서 승소하여 처분에 대하여 직권취소할 필요성이 없다) 행정주체가 처분을 직권취소하는 것은 이례적이므로, 이는 묵시적 취소가 아니라 단지 묵시적 철회한 것에 불과하다고 보아야 할 것이다.

㈏ 후속행위의 효력상실

조합이 종전의 조합설립인가처분에 대한 무효확인소송 또는 취소소송이 진행되고 있는 등으로 그 효력 유무 또는 위법 여부 등이 확정되지 않은 상태에서 새로 조합설립인가처분을 받는 것과 동일한 실체적·절차적 요건을 모두 갖추고 조합설립변경인가처분을 받은 경우, 그 조합설립변경인가처분은 새로운 조합설립인가처분으로서의 효력을 가진다.

종전의 조합설립인가처분이 당연무효이거나 취소되는 경우에는 종전의 조합설립인가처분이 유효함을 전제로 수립·인가된 관리처분계획은 소급하여 효력을 잃는 것처럼 쟁송 중에 이루어진 조합설립변경인가처분에 의하여 종전 조합설립인가처분은 묵시적으로 취소되어 이에 기초한 종전 관리처분계획도 모두 소급하여 효력을 상실하였으므로 사업시행자는 원칙적으로 조합설립변경인가처분을 받기 전에 작성·인가된 종전의 관리처분계획에 따라 정비사업을 진행할 수는 없고, 법령이 정한 요건과 절차에 따라 관리처분계획을 새롭게 수립하여 인가를 받아야 한다.[28]

⑵ 후속행위 존재 시의 종전 조합설립인가처분 취소소송의 예외적 소의 이익

㈎ 재건축조합이 새로 조합설립인가처분을 받는 것과 동일한 요건과 절차를 거쳐 조합설립변경인가처분을 받는 경우 당초 조합설립인가처분의 유효를 전제로 해당 재건축조합이 매도청구권 행사, 시공자 선정에 관한 총회 결의, 사업시행계획의 수립, 관리처분계획의 수립 등과 같은 후속행위를 하였다면 당초 조합설립인가처분이 무효로 확인되거나 취소될 경우 그것이 유효하게 존재하는 것을 전제로 이루어진 위와 같은 후속행위 역시 소급하여 효력을 상실하게 되므로, 특별한 사정이 없으면 위와 같은 형태의 조합설립변경인가가 있다고 하여 당초 조합설립인가처

27) 대법원 2010. 12. 9. 선고 2009두4555 판결(재개발사업에서 토지등의 매매 등으로 조합원의 권리가 이전되고, 또한 조합이 토지등소유자의 동의서를 추가로 제출하면서 조합설립동의자 수가 변경되었음을 이유로 조합설립변경인가를 받은 사안이다), 대법원 2013. 7. 11. 선고 2011두27544 판결(재건축사업에서 토지등소유자가 추가동의서가 제출되어 동의자 수가 변경되었음을 이유로 조합설립변경인가를 받은 사안이다).

28) 대법원 2016. 12. 15. 선고 2015두51309 판결, 대법원 2016. 12. 15. 선고 2015두51347 판결.

분의 무효확인을 구할 소의 이익이 소멸된다고 볼 수는 없다.[29)]

(나) 이는 후행처분에 의하여 선행처분의 효력이 상실되었다 하더라도, 선행처분이 외형상 잔존함으로 법률상 이익이 침해되고 있는 경우(권리·의무에 영향을 미치고 있는 경우), 선행처분의 취소를 구할 법률상 이익이 있다는 법리에 따른 것이다.[30)]

즉, 당초 조합설립인가처분에 기하여 후속행위가 이미 이루어진 경우, 당초 조합설립인가처분이 묵시적으로 취소되어 효력을 잃으면, 그와 같은 행위들도 모두 소급하여 효력을 잃게 되지만, 그와 같은 후속행위의 존재로 인하여 이를 대체하는 후행의 조합설립변경인가가 있다 하더라도 당초 조합설립인가처분이 현재 조합원들의 권리·의무에 영향을 미치고 있으므로 그 처분의 취소나 무효확인을 구할 소의 이익을 인정한 것이다. 나아가 위와 같이 후속행위가 존재하는 경우 그들도 모두 무효이나, 외관상 유효한 것으로 존재하고 있으므로, 그 분쟁의 근원이 되는 당초 인가처분을 다툴 소의 이익을 긍정하여 그 소송에서 인가처분의 위법함을 확인하여 주게 되면 다수의 후속행위의 효력을 부인할 수 있어 분쟁을 근원적이고 획일적으로 해결할 수 있는 유효·적절한 수단이 되기 때문에, 달리 특별한 사정이 없는 한 위와 같은 형태의 변경인가가 있다고 하여 당초 조합설립인가처분의 무효확인을 구할 소의 이익이 소멸하지 아니한다고 보아야 한다.

(3) 예외의 예외

그러나 그 경우에도 후행의 조합설립변경인가처분을 기초로 새롭게 종전 후속행위에 대한 변경 내지 대체절차가 이루어졌다면(조합설립변경인가처분을 기초로 시공자 선정에 관한 총회 결의, 사업시행계획의 작성 등이 이루어져 종전 조합설립인가처분에 기한 후속행위로 인한 조합원들의 권리·의무에 영향을 미칠 정도의 공법상의 법률관계를 형성시키는 외관이 더 이상 존속하고 있지 않은 경우), 종전 조합설립인가처분이 현재 조합원들의 권리·의무에 어떠한 영향도 미치고 있지 않으므로 원칙으로 돌아가 처분의 취소나 무효확인을 구할 소의 이익이 없다.[31)] 또한 후속행위가 이미 대체되었으므로 그 분쟁의 근원이 되는 당초 인가처분을 다툴 소의 이익을 긍정할 필요성도 없다.

2. 주요 부분을 실질적으로 변경하는 조합설립변경인가

가. 조합설립인가처분 이후 조합설립인가의 내용을 변경하는 조합설립변경인가처분이 이루어진 경우, 일반적으로는 종전 조합설립인가의 내용 중 일부만을 추가·철회·변경하는 것이나 예외적으로 당초 조합설립인가 내용의 주요 부분을 실질적으로 변경하여 이를 대체한 경우가 있다. 전자의 경우에는 앞서 본 바와 같이 종전 조합설립인가처분이 존속하므로 각각의 하자에 대하여 모두 쟁송의 대상이 되나, 후자의 경우에는 종전의 조합설립인가처분은 변경된 조합설립변경인가처분에 의하여 철회되어 효력이 상실되므로 쟁송의 대상이 될 수 없다. 종전 조합설립인가처분의 효력이 상실되는 점에서는 앞서 본 성립상의 하자 시정을 위한 조합설립변경인가와 동일하

29) 대법원 2012. 10. 25. 선고 2010두25107 판결.
30) 대법원 2002. 7. 26. 선고 2000두7254 판결 참조.
31) 대법원 2013. 11. 28. 선고 2011두30199 판결 참조.

나, 성립상의 하자 시정을 위한 조합설립변경인가의 경우 종전 조합설립인가처분이 소급하여 효력을 상실함에 반해, 당초 조합설립인가 내용의 주요 부분을 실질적으로 변경하여 이를 대체한 경우에는 종전 조합설립인가처분은 철회되어 장래를 향하여 효력이 상실된다.

나. 사업시행자가 여러 차례 조합설립변경인가를 받는 것이 실무인 현실에서, 그중 주요 부분을 실질적으로 변경하여 이를 대체하는 조합설립변경인가가 존재한다면, 원칙적으로 그 이전의 조합설립변경인가는 이미 실효되어 그 대상적격 및 소의 이익을 상실하므로 그 판단기준이 중요한바, 조합설립인가 내용의 변경이 당초 조합설립인가의 주요 부분을 실질적으로 변경하여 이를 대체하였는지 여부는 조합설립인가 내용 중 변경된 내용, 변경의 원인 및 그 정도, 당초 조합설립인가와 변경된 조합설립인가 사이의 기간, 당초 조합설립인가의 유효를 전제로 이루어진 후속행위의 내용 및 그 진행 정도 등을 종합적으로 고려하여 판단하여야 한다.[32] 실무상 조합설립인가처분 이후 종전 조합설립인가의 내용의 주요 부분을 실질적으로 변경하여 이를 대체하는 조합설립변경인가를 받는 경우는 많지 않다.

32) 대법원 2014. 2. 27. 선고 2011두25173 판결 참조.

제7장 조합설립인가 관련 소송상 쟁점

제1절 조합설립인가처분의 취소 또는 무효확인

Ⅰ. 개 요

조합설립인가처분의 취소가 문제되는 것은 조합설립인가처분 자체에는 하자가 없음에도 불구하고, 후발적 사유로 인하여 행정청이 이를 취소하는 경우가 있고, 조합설립인가처분이 그에 이르는 절차적 요건의 존부나 효력 유무에 관한 사항들에 하자가 있어 행정청이나 법원이 이를 취소하는 경우가 있다. 실무상으로는 조합설립인가처분에 하자가 있어 이를 소급적으로 소멸시키는 '취소'에 해당하는 후자의 경우가 주로 문제된다. 후발적 사유로 인하여 조합설립인가처분의 효력을 장래를 향하여 소멸시키는 '철회'에 해당하는 선사의 경우로 실무상 문제되는 경우는 아래 2가지 경우를 제외하고는 거의 없다.

첫째, 법은 2022. 6. 10. 개정하면서 86조의2를 신설하여, 조합은 이전고시가 있은 날부터 1년 이내에 조합 해산을 위한 총회를 소집하여 해산을 의결하여야 한다(1항, 2항). 그럼에도 불구하고 조합이 정당한 사유 없이 1항 또는 2항에 따라 해산을 의결하지 아니하는 경우, 시장·군수등은 조합설립인가를 취소할 수 있다(3항). 그 경우 시장·군수등이 위 규정에 따라 조합설립인가를 취소함에 있어 반드시 청문절차를 거쳐야 한다(121조 1호).

둘째, 종래 법이 2012. 2. 1. 개정되면서 16조의2 1항 2호가 신설되어 2014. 1. 31.을 효력기간으로 하여 조합 설립에 동의한 조합원의 2분의 1 이상 3분의 2 이하의 범위에서 시·도 조례로 정하는 비율 이상의 동의 또는 토지등소유자 과반수의 동의로 조합의 해산을 신청하는 경우, 시장·군수는 조합설립인가를 취소하여야 한다고 규정하고 있었다.[1] 위 효력기간이 경과된 이후인 2017. 2. 8. 법이 전부개정되어 위 규정은 폐지되었다.

이하에서는 조합설립인가처분에 이르는 절차적 요건의 존부나 효력 유무에 관한 사항들에 하자가 있어 이를 취소하는 경우를 전제로 살펴본다.

---

1) 조합설립인가 취소를 위한 해산동의의 정족수는 해산신청 시를 기준으로 판단하여야 하고, 여기에서 말하는 조합 설립인가의 '취소'는 조합설립인가 당시에 위법 또는 부당한 하자가 있음을 이유로 처분의 적법성을 회복하기 위하여 소급하여 그 효력을 소멸시키는 '강학상 취소'가 아니라 적법하게 성립되어 효력을 발하고 있는 조합설립인가처분에 대하여 성립 이후 발생한 그 효력을 존속시킬 수 없는 법적 사정을 이유로 새로운 공익목적을 달성하기 위하여 처분의 효력을 장래를 향하여 소멸시키는 '강학상 철회'이다(서울고등법원 2015. 12. 23. 선고 2015누43973 판결, 대법원 2016. 6. 10. 선고 2015도576 판결).

Ⅱ. 조합설립인가처분의 하자와 치유

1. 조합설립인가처분의 하자

가. 의 의

행정처분인 조합설립인가처분에 이르는 요건의 존부나 효력 유무에 관한 사항들, 즉 이미 정비구역 내에 추진위원회가 존재함에도, 후행의 추진위원회가 구성되어 조합설립인가를 신청하여 처분이 이루어진 경우, 법 35조 2항 또는 3항이 규정한 법정 비율 이상의 동의를 받지 못하였음에도 조합설립인가처분이 이루어진 경우, 창립총회의 의결을 받지 못하였거나 그 과정에서의 하자에도 불구하고 조합설립인가처분을 받은 경우 등이 조합설립인가처분과 관련한 하자이다.

법정의 동의정족수를 충족하지 못한 경우와 이로 인한 조합설립인가처분의 하자에 관하여는 제3장 제3절 "Ⅵ. 동의정족수의 하자"에서 살펴보았고, 창립총회의 하자(무효)와 조합설립인가처분에 대하여는 제4장 Ⅰ. "3. 창립총회의 하자"에서 자세히 살펴보았다.

실무상 조합설립인가처분의 하자와 관련하여 주로 문제가 되는 것은 법정 비율 이상의 동의정족수를 충족하지 못하였다는 것이고, 주된 쟁점은 정비구역 내 토지등소유자의 수, 동의자의 수 등의 산정방법에 관한 하자, 동의서가 법 36조에서 정한 적법한 동의방법에 의한 것인지 여부와 동의서 위조, 대표소유자 선임의 적법성, 창립총회나 조합설립인가신청 이후 동의서 제출 여부, 적법한 동의 철회 여부 등과 관련된다.

나. 직권취소

조합설립인가처분에 하자가 있는 경우 인가청은 별도의 법적 근거가 없더라도 스스로 이를 취소할 수 있다.[2] 나아가 법은 정비사업의 시행이 도시정비법에 위반되었다고 인정되는 때에는 정비사업의 적정한 시행을 위하여 필요한 범위에서 국토부장관·특별시장, 광역시장 또는 도지사는 시장·군수등에게 처분의 취소 등 필요한 조치를 취할 수 있으므로(법 113조 1항), 상급행정청의 직권취소도 가능하다. 다만, 그 경우에는 청문절차를 거쳐야 한다(법 121조 3호).

그러나 조합설립인가는 수익처분이므로, 수익처분의 취소에 관한 일반법리가 적용된다. 즉, 조합설립인가처분을 취소할 때에는 이를 취소하여야 할 공익상의 필요와 그 취소로 인하여 당사자가 입게 될 기득권과 신뢰보호 및 법률생활 안정의 침해 등 불이익을 비교·교량한 후 공익상의 필요가 당사자가 입을 불이익을 정당화할 만큼 강한 경우에 한하여 취소할 수 있다. 다만, 위 처분의 하자가 조합 측의 사실은폐나 기타 사위의 방법에 의한 신청행위에 기인한 것이라면 조합 측은 처분에 의한 이익이 위법하게 취득되었음을 알아 취소가능성도 예상하고 있었다 할 것이므로, 그 자신이 처분에 관한 신뢰이익을 원용할 수 없음은 물론 행정청이 이를 고려하지 아니하였다고 하여도 재량권의 남용이 되지 않는다.[3]

참고로 인가청은 비록 조합설립인가처분 당시에 별다른 하자가 없었고, 또 그 처분 후에 이

---

2) 대법원 2006. 5. 25. 선고 2003두4669 판결.
3) 대법원 2020. 7. 23. 선고 2019두31839 판결.

를 철회할 별도의 법적 근거가 없다 하더라도 위 처분을 존속시킬 필요가 없게 된 사정변경이 생겼거나 또는 중대한 공익상의 필요가 발생한 경우에는 그 효력을 장래를 향하여 상실케 하는 철회처분을 할 수 있다(취소와 철회의 차이는 대법원 2006. 5. 11. 선고 2003다37969 판결에서 자세히 살펴보았다).[4)]

다. 쟁송취소 및 무효확인

(1) 취소사유 또는 무효사유

행정처분에 하자가 있는 경우, 이는 원칙적으로 취소사유에 불과하고, 그 하자가 중대하고 명백한 경우에 한하여 무효사유가 된다. 하자 있는 행정처분이 당연무효가 되기 위하여는 그 하자가 법규의 중요한 부분을 위반한 중대한 것으로서 객관적으로 명백한 것이어야 하며, 하자가 중대하고 명백한지 여부를 판별함에 있어서는 그 법규의 목적, 의미, 기능 등을 목적론적으로 고찰함과 동시에 구체적 사안 자체의 특수성에 관하여도 합리적으로 고찰함을 요하는바, 행정청이 어느 법률관계나 사실관계에 대하여 어느 법률의 규정을 적용하여 행정처분을 한 경우에 그 법률관계나 사실관계에 대하여는 그 법률의 규정을 적용할 수 없다는 법리가 명백히 밝혀져 그 해석에 다툼의 여지가 없음에도 불구하고 행정청이 위 규정을 적용하여 처분을 한 때에는 그 하자가 중대하고도 명백하다고 할 것이나, 그 법률관계나 사실관계에 대하여 그 법률의 규정을 적용할 수 없다는 법리가 명백히 밝혀지지 아니하여 그 해석에 다툼의 여지가 있는 때에는 행정관청이 이를 잘못 해석하여 행정처분을 하였더라도 이는 그 처분 요건사실을 오인한 것에 불과하여 그 하자가 명백하다고 할 수 없는 것이다. 또한 행정처분의 대상이 되지 아니하는 어떤 법률관계나 사실관계에 대하여 이를 처분의 대상이 되는 것으로 오인할 만한 객관적인 사정이 있는 경우로서 그것이 처분대상이 되는지의 여부가 그 사실관계를 정확히 조사하여야 비로소 밝혀질 수 있는 때에는 비록 이를 오인한 하자가 중대하다고 할지라도 외관상 명백하다고 할 수는 없다.[5)]

(2) 취소소송과 무효확인소송

(가) 하자 있는 조합설립인가처분에 대하여는 쟁송취소가 가능하다. 조합설립인가처분 취소소송에서는 처분의 적법성을 주장하는 행정청에 적법사유에 대한 증명책임이 있다. 그러나 조합설립인가처분의 무효확인을 구하는 행정소송에서는 원고에게 처분이 무효인 사유를 주장·증명할 책임이 있고, 이는 무효확인을 구하는 뜻에서 조합설립인가처분의 취소를 구하는 소송에 있어서도 마찬가지이다.[6)] 한편 조합설립인가처분의 무효확인소송에는 특단의 사정이 없는 한 취소를 구하는 취지도 포함되어 있다고 보아야 하므로, 해당 조합설립인가처분의 취소를 구할 수 있는 경우라면 무효사유가 증명되지 아니한 때에 법원으로서는 취소사유에 해당하는 위법이 있는지 여부까지 심리하여야 한다.[7)] 조합설립인가처분에 대하여 무효확인소송을 제기하였다가 그 후 그 처분의 취소를 구하는 소를 추가적으로 병합한 경우, 주된 청구인 무효확인소송이 적법한 제소기

4) 대법원 2004. 7. 22. 선고 2003두7606 판결.
5) 대법원 2004. 10. 15. 선고 2002다68485 판결.
6) 대법원 1976. 1. 13. 선고 75누175 판결 참조, 대법원 2023. 6. 29. 선고 2020두46073 판결 참조.
7) 대법원 1987. 4. 28. 선고 86누887 판결, 대법원 2005. 12. 23. 선고 2005두3554 판결 등 참조.

간 내에 제기되었다면 추가로 병합된 취소청구소송도 적법하게 제기된 것으로 봄이 상당하다.[8)]

(나) 조합설립인가처분과 후속처분인 사업시행계획 및 관리처분계획은 각각 단계적으로 별개의 법률효과를 발생시키는 독립된 행정처분이라고 할 것이므로, 조합설립인가처분에 불가쟁력이 생겨 그 효력을 다툴 수 없게 된 경우에는 그 조합설립인가처분에 위법사유가 있다 할지라도 그것이 당연무효의 사유가 아닌 한 조합설립인가처분의 하자를 이유로 후속처분인 사업시행계획 및 관리처분계획의 위법을 주장할 수는 없다.

(다) 한편 하자가 중대·명백하여 조합설립인가처분이 무효인 경우에는 사정판결이 불가능하나, 하자가 취소사유에 불과한 경우에는 조합설립인가처분을 취소하는 것이 현저히 공공복리에 적합하지 아니하다고 인정하는 경우 사정판결이 가능하다(행정소송법 28조 1항). 그러나 실무상 인정되기 어렵다(법 제정 이전의 사정판결은 제2절 "Ⅱ. 본안" 참조).

2. 하자의 치유

가. 일반법리

처분이 성립 당시에는 적법요건을 구비하지 못하여 위법하나, 사후에 하자가 보완된 경우 성립 당시의 하자에도 불구하고 하자 없는 적법한 행위로서 효력이 유지되고, 처분의 효과를 다툴 수 없도록 하는 것을 하자의 치유라고 한다.

무효인 행정행위의 하자 치유는 인정될 수 없으므로,[9)] 취소사유 있는 위법한 처분만이 하자 치유의 대상이 될 수 있다. 처분 당시 위법사유가 되는 하자가 사후의 추완행위 또는 어떤 사정에 의하여 보완되었다 하더라도, 처분의 성질이나 법치주의의 관점에서 볼 때 원칙적으로 하자의 치유는 허용될 수 없다. 설령 처분의 무용한 반복을 피하고 당사자의 법적 안정성을 위해 하자의 치유를 허용하는 때에도 국민의 권리와 이익을 침해하지 않는 범위에서 구체적 사정에 따라 합목적적으로 인정해야 할 것이다.[10)]

나. 문제의 소재

정비사업은 다양한 변수가 존재하고 장기간이 소요되는 사업으로서, 정비사업의 진행과정에서 이루어지는 여러 처분에는 각종의 하자가 존재하는 경우가 많다. 문제는 정비사업의 경우 조합의 설립, 사업시행계획, 관리처분계획 등의 단계를 거쳐 순차 진행되고, 각 단계에서 조합설립인가, 사업시행계획인가, 관리처분계획인가 등의 선행 행정처분이 이루어짐에 따라 다음 절차가 진행되며, 선행처분은 그 자체로 처분의 목적이 종료되지 않고 계속하여 후속처분의 전제가 되므로, 선행단계의 하자로 인한 처분취소에 의하여 후속행위가 모두 소급적으로 무효가 되고, 이로 인하여 정비사업 자체가 좌초하게 된다는 점이다. 위와 같은 사정들과 정비사업이 공익사업인 특성을 이유로 보다 폭 넓은 하자의 치유가 논의된다. 특히 조합설립인가신청 당시 제출한 조합설립동의서 중 일부가 무효이고, 나머지 적법한 동의서만으로는 정족수를 충족하지 못하였

8) 대법원 2005. 12. 23. 선고 2005두3554 판결.
9) 대법원 1997. 5. 28. 선고 96누5308 판결 참조.
10) 대법원 2003. 11. 14. 선고 2003두7118 판결.

는데 행정청이 이를 간과한 채 조합설립인가처분을 한 경우, 이후 부족한 정족수만큼 추가로 동의서를 징구하였다면, 그 하자가 치유되는지 문제된다.

다. 판 례

(1) 원칙

판례는 조합설립인가처분은 설권적 처분이고 하자의 치유가 인정되기 위해서는 토지등소유자의 권리와 이익이 침해되지 않아야 하는데, 조합설립인가처분에 대한 하자의 치유를 인정하는 경우 토지등소유자들에게 아무런 손해가 발생하지 않는다고 단정할 수 없다는 점[11] 등을 들어 하자의 치유를 부인한다. 도시정비법이 조합설립인가의 무효확인 또는 취소소송 중에 새로운 조합설립인가요건을 구비한 경우 조합설립변경인가를 허용하고 있는 것은 하자의 치유를 인정하지 않음을 전제로 한 것이므로, 위와 같은 판례의 태도는 타당하다.

구체적으로는 토지등소유자 4분의 3 이상의 동의를 받지 못하였음을 이유로 제1심에서 조합설립인가처분 취소판결이 선고되자, 조합이 항소심 진행 중에 정비구역 내 토지등소유자 4분의 3을 초과하는 조합설립동의서를 새롭게 받은 사안에서,[12] 그리고 조합설립인가처분 이후 정비구역 내 토지등소유자들로부터 추가로 조합설립동의서가 제출되었고, 이에 따라 4분의 3 이상의 동의요건을 충족하자 시장·군수등이 조합설립변경인가처분까지 한 사안에서,[13] 판례는 모두 하자의 치유를 인정하지 않았다.

(2) 예외 사안

재건축조합이 정비구역에 포함된 주택단지가 아닌 지역의 조합설립에 동의하지 않는 자 등에 대해 매도청구권을 행사하여 그에 따른 소유권이전등기절차의 이행 등을 구하는 소송을 제기하였고, 토지등소유자가 매도청구권의 적법성을 다투면서 조합설립인가처분의 당연무효를 주장한 사안에서, 부족한 동의의 비율이 1.25%(당시는 토지등소유자 5분의 4 이상의 동의가 필요한데 78.85%의 동의만 있었다)에 불과하고, 인가일로부터 16일 만에 부족분 이상에 해당하는 동의서를 징구하였으며, 그 후 조합이 변경인가를 신청하여 변경인가까지 받았음을 이유로 부족분 이상의 추가동의를 받아 정족수를 충족시킴으로써 그 무렵 적법한 설립동의가 있었고, 변경인가의 하자도 치유되었음을 전제로 매도청구가 적법하여 토지등소유자가 매매대금을 지급받음과 동시에 소유권이전등기절차를 이행하여야 한다고 판시한 사안이 있기는 하다.[14]

그러나 위 사안은 조합설립인가처분에 대한 하자의 치유 여부가 정면에서 다루어진 것이 아니라 매도청구권 행사의 적법 여부에 대한 전제로서 판단된 것에 불과하고, 위 판결 이후 동일한 사안에서 판례는 정면으로 하자의 치유를 인정하지 아니한 점 등에 비추어 위 판례는 극히

11) 토지등소유자는 조합설립인가신청 시까지 동의의 철회가 가능한바, 하자의 치유를 인정한다면 조합으로서는 하자치유를 전제로 토지등소유자의 동의의 철회권을 제한하기 위하여 정족수의 충족이 명확하지 아니한 상태에서 조합설립인가 신청을 할 여지가 있다.

12) 대법원 2010. 8. 26. 선고 2010두2579 판결.

13) 대법원 2012. 12. 13. 선고 2011두21218 판결.

14) 대법원 2010. 7. 15. 선고 2009다63380 판결.

이례적인 것으로서 향후 또다시 인정되기는 어렵다.

Ⅲ. 조합설립인가 이후 변경인가사항에 대한 총회결의 하자소송

조합설립인가 이후 변경인가사항에 대한 총회결의 하자소송은 행정처분에 이르는 절차적 요건의 존부나 효력 유무에 대한 소송으로서 그 소송결과에 따라 행정처분의 위법 여부에 직접 영향을 미치는 공법상 법률관계에 관한 것이므로, 이는 행정법원의 전속관할에 속하는 공법상 당사자소송에 해당한다.[15] 민사지방법원에 소송이 제기되었다면, 서울의 경우 서울행정법원으로 이송이 이루어져야 하고, 그 외의 지역의 경우에는 사무분담의 변경으로 처리한다.[16]

총회결의 무효확인소송 계속 중에 변경인가처분이 이루어지면, 항고소송의 방법으로 변경인가처분의 취소 또는 무효확인을 구할 수 있을 뿐, 행정처분에 이르는 절차적 요건 중 하나에 불과한 총회결의 부분만을 대상으로 그 효력 유무를 다투는 확인의 소를 제기하는 것은 허용되지 아니한다.[17] 따라서 행정소송법 42조, 21조에 기하여 총회결의 무효확인소송을 변경인가처분 취소청구의 소로 변경하여야 한다. 만일 소변경하지 않으면 총회결의 무효확인소송은 소의 이익이 없다. 나아가 변경인가처분이 존재함에도 불구하고 총회결의 무효확인소송을 제기하는 경우 역시 소의 이익이 없다.

Ⅳ. 조합설립인가처분의 취소·무효확인 확정판결의 효과

1. 후속행위에 미치는 효과

조합설립인가처분을 취소하는 판결이 확정되어 조합설립인가처분이 소급하여 효력을 잃으면, 해당 조합 역시 조합설립인가처분 당시로 소급하여 정비사업을 시행할 수 있는 행정주체의 지위 및 공법인의 지위를 상실한다. 또한 조합설립인가처분에 대한 무효확인소송의 확정판결도 마찬가지의 효과가 있다. 이로 인하여 파생되는 효과는 다음과 같다.

가. 후속행위의 소급적 무효

조합설립인가처분의 후속행위로는 시공자 선정 및 변경, 설계자, 전문관리업자 선정 및 변경(추진위원회와 별도로 조합이 선정한 경우)에 관한 총회결의와 그에 따른 계약의 체결, 사업시행계획의 작성(변경) 및 인가, 재건축조합의 매도청구권 행사 또는 재개발조합의 수용, 관리처분계획의 수립(변경) 및 인가 등이 있다.

조합설립인가처분이 무효로 확인되거나 취소가 확정될 경우 조합설립인가처분이 유효하게 존재하는 것을 전제로 이루어진 위와 같은 후속행위 역시 소급하여 효력을 상실하게 된다.[18] 그

---

15) 대법원 2010. 7. 29. 선고 2008다6328 판결, 대법원 2009. 10. 15. 선고 2008다93001 판결.

16) 서울지역의 경우 서울고등법원 민사 항소심에서 1심판결에 관할위반이 있음을 발견한 경우 1심판결을 파기하고, 서울행정법원으로 이송한다.

17) 대법원 2009. 9. 17. 선고 2007다2428 전원합의체 판결.

18) 대법원 2010. 4. 8. 선고 2009다10881 판결(매도청구권 행사), 대법원 2012. 3. 29. 선고 2008다95885 판결(시공자선정 총회결의), 대법원 2012. 10. 25. 선고 2010두25107 판결(매도청구권 행사, 시공자 선정에 관한 총회 결의, 사업시행계획의 수립, 관리처분계획의 수립).

이유는 정비사업은 조합의 설립, 사업시행계획, 관리처분계획, 이전고시 등의 단계를 거쳐 순차 진행되고, 각 단계에서 조합설립인가, 사업시행계획인가, 관리처분계획인가 등의 선행 행정처분이 이루어지는 것을 전제로 후속절차가 진행될 뿐만 아니라 조합설립인가처분 등 선행처분은 그 자체로 처분의 목적이 종료되지 않고 후속행위에 계속적으로 영향을 미치기 때문이다. 위와 같이 조합설립인가처분의 취소로 그 효력이 소급하여 효력을 잃으면, 그 후속행위도 모두 소급하여 효력을 상실하게 되므로, 행정청은 조합설립인가처분을 함에 있어 신중을 기하여야 하고, 이에 따라 법은 사업시행계획인가신청이나 관리처분계획인가신청과 달리 조합설립인가신청에 대한 처리기간에 대하여 아무런 규정을 두고 있지 않다.

나. 협의취득의 포함 여부

(1) 문제의 소재

재개발사업에 있어 조합원인 토지등소유자가 분양신청기간 내에 분양신청을 하지 아니하는 경우 조합은 해당 현금청산대상자와 사이에 협의취득에 의하여 토지등의 소유권을 취득하는바, 그 후 조합설립인가처분이 취소된 경우 협의취득의 효력이 문제된다. 협의취득도 조합설립인가처분의 후속행위로 볼 수 있으나, 한편으로 이는 조합과 현금청산대상자와 사이의 사법상 계약, 즉 자유로운 의사에 기하여 이루어졌기 때문에 문제된다.

(2) 견해의 대립

㈎ 유효(서울고등법원 2013. 8. 16. 선고 2012누31856 판결)

서울고등법원 2013. 8. 16. 선고 2012누31856 판결에서는 협의취득은 조합과 조합원 사이의 사법상 계약에 의하여 이루어진 것이므로 민사상 무효사유에 해당한다고 볼 만한 사정이 없는 이상 조합설립인가처분의 무효로 인하여 조합과 조합원이었던 현금청산대상자와 사이에 체결된 협의취득의 효력을 부인할 수 없다고 하였다. 위 사건의 상고심인 대법원 2014. 5. 29. 선고 2013두18773 판결은 조합설립인가처분의 무효로 인한 조합과 현금청산대상자와 사이에 체결된 협의취득의 효력에 대하여는 명시적으로 판단하지 않았다.

㈏ 무효(도시계획시설사업 관련 사건)

① 대법원 2000. 8. 22. 선고 98다60422 판결

비록 협의취득이 사법상 매매계약의 형태를 취하고 있으나 협의취득될 수 있는 현금청산대상자의 토지등은 토지보상법에 의하여 수용될 수 있고, 협의취득과 수용에 있어 손실보상은 동일한 이론적 근거에 기초하고 있으며 협의취득의 과정에도 여러 가지 공법적 규제가 있고, 토지등 소유자로서는 협의에 불응하면 바로 수용을 당하게 된다는 심리적 강박감으로 인하여 그 의사에 반하여 협의에 응하는 경우도 있기 때문에 협의취득은 실질적으로는 수용과 비슷한 공법적 기능을 수행하고 있다. 따라서 협의취득의 경우에도 수용과 마찬가지로 공익적 필요성이 있고, 법률에 의거하여야 하며 정당한 보상을 지급하여야 한다는 요건을 갖추어야 하고, 위 요건이 갖추어지지 아니한 협의취득은 효력이 발생하지 아니한다.

② 대법원 2021. 4. 29. 선고 2020다280890 판결

협의취득의 매수인은 공익사업을 수행하는 법상의 사업시행자이어야 한다. 만일 사업시행자 지정이 처음부터 효력이 없거나 토지의 취득 당시 해당 도시계획시설사업의 법적근거가 없었다면, 협의취득은 결국 사업시행자가 아닌 자에 의해 이루어진 것으로 법률에 의거하지 아니하여 효력이 없다고 할 것이다. 이처럼 협의취득이 무효이거나 취소가 확정된 경우 토지등소유자는 협의취득 된 토지등에 관한 소유권을 계속해서 보유하고 있는 것이므로, 소유권에 기한 청구권이나 부당이득반환청구권을 행사하는 방식으로 등기 명의를 회복하거나 점유를 이전받는 등으로 사업시행자에 대한 권리를 구제받을 수 있다(법 91조에 의한 환매권은 인정되지 아니한다).

(3) 결론

협의취득이 조합과 현금청산대상자와 사이의 사법상 계약이기는 하나, 조합설립인가처분의 후속행위임은 명백한 점(조합설립인가처분의 취소 시 수용재결은 당연무효이다), 수용 또는 매도청구가 전제된 협의취득은 토지등소유자의 100% 자유로운 의사에 기한 합의로 보기 어려운 점, 소급하여 행정주체의 지위를 상실한 조합이 해당 토지를 보유할 필요성도 없는 점, 조합은 외관상 해당 토지의 소유권을 보유하고 있으므로 거래의 안전을 해할 염려도 없는 점 등에 비추어 무효설이 타당하다.

(4) 관련 쟁점

(가) 문제의 소재

종전 조합설립인가처분에 대한 무효확인소송 또는 취소소송이 계속 중 조합이 처음부터 다시 조합설립인가의 실체적·절차적 요건을 모두 구비하여 새로운 조합설립인가처분으로서의 변경인가처분을 받음에 있어, 종전 인가처분에 따른 후속행위로 협의취득에 의하여 소유권을 상실한 토지등소유자가 동의의 대상인지 여부가 문제된다.

대법원은 종전 조합설립인가처분에 대한 무효확인소송 등이 진행되고 있을 뿐, 확정되지 않은 상황에서 조합이 새로운 조합설립변경인가처분을 받음에 있어서는 후속행위로 이루어진 협의취득에 의하여 소유권을 상실하였던 토지등소유자는 동의의 대상인 토지등소유자에 포함된다고 볼 것은 아니라고 판시하였다.[19)]

결국 조합설립인가처분에 대한 취소나 무효확인소송 판결이 확정된 후, 새롭게 조합설립인가 절차를 진행함에 있어서는 협의취득된 토지등의 소유자를 토지등소유자로 하여 정족수 및 동의율을 산정하여야 하나, 판결이 확정되기 이전에는 그들을 배제한 채 실체적, 절차적 요건을 모두 구비하여 새로운 조합설립인가처분으로서의 변경인가를 받을 수 있다. 종전 조합설립인가처분에 대한 무효확인소송 또는 취소소송이 계속 중이고 확정되지 않았다면, 위 대법원 판례의 취지에 비추어 동일한 사법상 계약인 매도청구로 소유권을 상실하거나 수용재결에 의하여 소유권을 상실한 토지등소유자의 경우에도 그를 소유자로 취급할 수 없다.

---

19) 대법원 2014. 5. 29. 선고 2013두18773 판결.

(나) 대법원 판례의 문제점

위 대법원 판례에 의하는 경우, 조합으로 하여금 조합설립인가처분의 하자가 존재하면 그것이 중대·명백하다 하더라도, 그에 대한 항고소송의 판결이 확정되기 전에 신속히 협의취득(매도청구) 또는 수용재결에 의하여 소유권을 상실한 토지등소유자들을 배제한 상태에서(그들은 정비사업에 반대하여 자신의 의사와 무관하게 토지등을 강제로 빼앗긴 자들이 대부분이다) 나머지 조합원들만으로 용이하게 정족수를 충족하여 조합설립변경인가를 받고, 이로써 하자 있는 종전 조합설립인가처분에 대하여 이미 제기된 무효확인 또는 취소소송은 소의 이익이 없게 되는 결과를 초래하게 하도록 조장한다. 만일 하자있는 종전 조합설립인가처분의 취소가 확정되어 협의취득(매도청구) 또는 수용재결에 의하여 소유권을 상실한 토지등소유자들의 토지등의 소유권이 회복된 상태에서 새롭게 조합설립인가를 위한 조합설립의 동의를 받는 경우 정족수를 충족시키지 못할 것임이 명백한 경우라면 이는 매우 부당하다.

2. 조합, 조합원 및 제3자에게 미치는 효과

가. 조합(청산의 목적범위 내에서 비법인사단으로 잔존) 및 조합원

조합설립인가처분이 판결에 의하여 취소되거나 무효로 확정된 경우 조합설립인가처분은 처분 당시로 소급하여 효력을 상실하고, 이에 따라 해당 조합 역시 처분 당시로 소급하여 법상 정비사업을 시행할 수 있는 행정주체인 공법인으로서의 지위를 상실한다. 또한 해당 조합이 조합설립인가처분 취소 전에 적법한 행정주체 또는 사업시행자로서 한 결의 등 처분은 달리 특별한 사정이 없는 한 소급하여 효력을 상실한다. 다만, 효력 상실로 인한 잔존사무의 처리와 같은 업무는 여전히 수행되어야 하므로 조합은 청산사무가 종료될 때까지 청산의 목적범위 내에서 비법인사단으로서 권리·의무의 주체가 되고, 종전에 이루어진 결의·처분 등의 법률효과를 다투는 소송의 당사자 지위도 존속한다. 조합원 역시 청산의 목적범위 내에서 종전 지위를 유지하며 정관등도 그 범위 내에서 효력을 가진다.[20]

나. 추진위원회 부활

(1) 조합설립업무

조합설립인가처분이 법원의 판결에 의하여 무효확인 또는 취소가 확정된 경우에는 추진위원회가 지위를 당연히 회복하여 다시 조합설립요건(법정 동의율 충족, 창립총회 개최)을 갖추어 조합

20) 대법원 2012. 3. 29. 선고 2008다95885 판결[갑 재개발조합 추진위원회가 주민총회를 개최하여 시공자로 을 주식회사를 선정하는 결의(이하 '제1결의'라고 한다)를 하였고, 조합설립인가처분 후 갑 조합이 총회를 개최하여 을 회사를 시공자로 선정(추인)하는 결의(이하 '제2결의'라고 한다)를 하였는데, 토지등소유자가 갑 조합(법 34조 3항은 추진위원회가 수행한 업무는 조합이 포괄승계한다고 규정하고 있으므로, 제1결의에 대하여도 피고적격이 있다)을 상대로 위 각 결의의 무효확인을 구하는 소송 계속 중에 갑 조합에 대한 조합설립인가처분을 취소하는 내용의 대법원 판결이 선고된 사안에서, 갑 조합에 대한 조합설립인가처분은 법원의 재판에 의한 취소로 소급하여 효력을 상실하였고, 갑 조합 역시 조합설립인가처분 당시로 소급하여 재개발사업을 시행할 수 있는 행정주체인 공법인으로서 지위를 상실하였으므로, 갑 조합이 조합설립인가처분 취소 전에 도시정비법상 적법한 사업시행자임을 전제로 개최한 총회에서 이루어진 제2결의는 소급하여 효력을 상실하였고, 한편 시공자 선정은 추진위원회의 권한범위에 속하는 사항이 아니라 조합 총회의 고유권한이므로, 추진위원회가 개최한 주민총회에서 주택재개발사업의 시공자를 선정한 제1결의도 무효라고 보아, 원심판결을 파기하고 자판하였다], 대법원 2012. 11. 29. 선고 2011두518 판결.

설립인가신청을 하는 등 조합설립추진 업무를 계속 수행할 수 있다.[21)]

⑵ 유효성에 다툼이 없는 동의서의 재사용 가능

법원의 판결로 조합설립인가의 무효확인 또는 취소가 확정된 후, 부활된 추진위원회가 새롭게 조합설립인가를 다시 신청함에 있어 유효성에 다툼이 없는 토지등소유자의 동의서에 관하여 다음과 같은 매우 엄격한 요건 하에서 재사용을 허용하고 있다(법 37조 1항 2호, 2항 2호, 3항, 법 시행령 35조 2호).

① 토지등소유자에게 기존 동의서를 다시 사용할 수 있다는 취지와 반대의사 표시의 절차 및 방법을 서면으로 설명·고지할 것[위 서면에는 90일 이상의 반대의사 표시기간이 부여되고, 정비구역, 조합 정관, 정비사업비, 개인별 추정분담금, 신축되는 건축물의 연면적 등이 변경되는 경우 그 내용을 위 서면에 포함하여야 하며, 정비구역 면적의 변경, 정비사업비의 증가(생산자물가상승률분 및 법 73조에 따른 현금청산 금액 제외), 신축되는 건축물의 연면적 변경이 모두 100분의 10 미만이어야 가능하다]

② 조합설립인가의 무효확인 또는 취소가 확정된 조합과 새롭게 설립하려는 조합이 추진하려는 정비사업의 목적과 방식이 동일할 것

③ 조합설립의 무효확인 또는 취소가 확정된 날부터 3년 내에 새로운 조합을 설립하기 위한 창립총회를 개최할 것

⑶ 병존

하나의 정비구역 내에 청산의 범위 내에서 잔존하는 종전 조합과 부활한 추진위원회가 병존하게 된다.

3. 조합설립인가처분의 취소와 국가배상책임

조합설립인가처분의 취소로 그 효력이 소급하여 효력을 잃으면, 그 후속행위도 모두 소급하여 효력을 상실하게 되는 등 중대한 결과를 초래하므로, 그에 대한 국가배상책임이 문제될 수 있다.

어떠한 행정처분이 항고소송에서 취소되었다고 할지라도 그 기판력으로 곧바로 국가배상책임이 인정될 수는 없고, '공무원이 직무를 집행하면서 고의 또는 과실로 법령을 위반하여 타인에게 손해를 입힌 때'라고 하는 국가배상법 2조 1항의 요건이 충족되어야 한다. 보통 일반의 공무원을 표준으로 공무원이 객관적 주의의무를 소홀히 하고 그로 말미암아 객관적 정당성을 잃었다고 볼 수 있으면 국가배상법 2조에서 정한 국가배상책임이 성립할 수 있다. 객관적 정당성을 잃었는지는 침해행위가 되는 행정처분의 양태와 목적, 피해자의 관여 여부와 정도, 침해된 이익의 종류와 손해의 정도 등 여러 사정을 종합하여 판단하여야 한다.[22)]

---

21) 대법원 2016. 12. 15. 선고 2013두17473 판결.

22) 대법원 2000. 5. 12. 선고 99다70600 판결, 대법원 2021. 10. 28. 선고 2017다219218 판결, 대법원 2022. 4. 28. 선고 2017다233061 등 참조.

제2절 기타 소송상의 쟁점

Ⅰ. 소송요건

1. 원고적격

행정소송법 12조 전문은 “취소소송은 처분등의 취소를 구할 법률상 이익이 있는 자가 제기할 수 있다.”고 규정하고 있고, 같은 법 35조도 동일하게 규정하고 있다. 위 규정은 처분의 상대방 또는 제3자를 불문하고 법률상 이익을 가진 자에게 원고적격을 부여한 것이다. 조합설립인가처분에 대한 그 취소나 무효확인을 구할 원고적격에 대하여 살펴본다.

가. 원고적격 긍정

(1) 조합설립에 동의하지 아니한 토지등소유자

조합설립인가처분을 받기 위한 요건으로 정비구역 내 토지등소유자의 법정 비율 이상의 동의를 받아야 하는데, 조합설립에 동의하지 아니한 토지등소유자는 조합설립인가처분에 대하여 항고소송을 제기할 원고적격이 있다. 왜냐하면, 조합설립인가처분으로 조합이 성립되는 경우 추후 해당 정비구역 내 토지등소유자는 수용 또는 매도청구를 통하여 자신의 의사와 무관하게 토지등에 대한 소유권을 상실하게 되는 등의 불이익을 입을 수 있고, 그 불이익은 직접적이고 구체적이기 때문이다.[23)]

(2) 재건축사업 미동의자

(가) 문제의 소재

재건축사업의 경우 조합설립에 동의한 자만이 조합원이 된다. 이에 정비구역 내의 토지등을 소유하고 있음에도 조합설립에 동의하지 아니한 자의 경우 조합설립인가처분의 취소를 구할 원고적격이 있는지 여부가 문제된다. 왜냐하면 조합설립인가 및 그 이후의 후속행위는 종후자산의 배분과 비용분담이 주된 내용이어서, 조합설립에 동의하지 아니한 자는 그로 인하여 법률상 이익이 침해되었다고 볼 수 없어 조합설립인가처분의 취소를 구할 법률상 이익이 없다고 볼 여지가 있기 때문이다.

(나) 판례

대법원은 동의요건(상가동 구분소유자의 과반수 동의, 법 35조 3항)의 흠결에도 불구하고 조합설립인가처분이 이루어진 경우, 조합설립에 동의하지 아니한 상가소유자들이 조합 측으로부터 매도청구소송을 당하게 되자 현금청산을 당하지 않으려는 목적에서 동의한 후(처분 당시 동의하지 않았고, 처분 이후 당시 현금청산을 당하지 않으려는 목적에서 부득이 동의함을 명백히 표시하였다), 조합설립인가처분의 취소 등을 구하는 소를 제기한 사안에서, 비록 조합설립인가 이후 상가

---

23) 대법원 2019. 11. 14. 자 2019두47087 판결 및 광주고등법원 2019. 6. 27. 선고 2017누5552 판결.

소유자들이 추가로 동의서를 제출하여 각 동별 동의요건을 충족하였다 하더라도 이로써 법 35조 3항 위반의 하자가 치유된 것으로 볼 수 없고, 처분의 취소를 구할 법률상 이익이 있다고 판시하였다.[24)]

나. 원고적격 부정

(1) 조합설립에 동의한 자

조합설립에 동의한 정비구역 내 토지등소유자는 조합설립인가처분에 대한 항고소송을 제기할 원고적격이 없다.[25)] 법 31조 2항이 추진위원회 구성에 대한 동의를 조합설립에 대한 동의로 간주하므로, 추진위원회 구성에 동의한 토지등소유자도 조합설립인가처분의 취소를 구할 원고적격이 없다. 다만, 토지등소유자가 조합설립인가처분취소소송 과정에서 동의서를 제출하였다 하더라도, 조합설립 부동의로 인하여 사업시행자가 매도청구를 할 경우 현금청산절차가 진행될 수 있음을 우려한 데 따른 것이고, 계속하여 조합설립인가처분에는 조합설립에 관한 동의요건을 충족하지 못하여 하자가 있다고 주장하고 있다면, 여전히 위 처분의 취소를 구할 법률상 이익이 있다.[26)]

(2) 토지등을 양도한 자

법 39조 1항은 정비사업의 조합원은 '토지등소유자'로 한다고 규정하고 있으므로, 정비구역 안에 있는 토지등소유자로서 조합원의 지위를 취득한 자가 그 토지등에 대한 소유권을 상실하면 조합원 지위도 상실하게 되고, 조합원의 지위를 상실하게 되면 조합설립인가처분(후속처분인 사업시행계획, 관리처분계획도 마찬가지이다[27)])에 관하여 어떠한 영향을 받을 개연성이 없어져 조합설립인가처분의 취소나 무효확인을 구할 법률상의 이익(소의 이익)이 없게 된다.

다만, 법 129조는 정비사업과 관련하여 권리를 갖는 자의 변동이 있은 때에는 종전의 권리자의 권리·의무는 새로 권리자로 된 자가 승계한다고 규정하고 있으므로, 토지등의 양수인이 조합설립인가처분 등의 취소나 무효확인을 구할 수 있다. 그러나 투기과열지구에서의 조합설립인가 이후 양수인(재건축), 관리처분계획인가 이후 양수인(재개발)의 경우에는 원칙적으로 조합원의 자격을 취득하지 못하므로 원고적격이 없다.

2. 제소기간

가. 원 칙

행정소송법상 취소소송은 처분 등이 있음을 안 날부터 90일 이내에 제기하여야 하고, 처분 등이 있은 날부터 1년을 경과하면 제기하지 못한다(행정소송법 20조 1항, 2항). 한편 청구취지를

24) 대법원 2019. 11. 15. 선고 2019두46763 판결.
25) 대법원 2019. 11. 14. 자 2019두47087 판결 및 광주고등법원 2019. 6. 27. 선고 2017누5552 판결.
26) 대법원 2019. 11. 15. 선고 2019두46763 판결.
27) 서울고등법원 2021. 9. 16. 선고 2020누68457 판결(확정) 및 서울행정법원 2020. 11. 13. 선고 2018구합6768 판결[사업시행계획인가가 있기 이전에 정비구역 내 부동산의 소유권을 상실하여 토지등소유자의 지위에 있지 않은 자는 더 이상 사업시행계획인가 및 사업시행계획 변경인가로 인하여 권리관계에 어떠한 영향을 미칠 개연성이 없어 그 적법 여부를 다툴 법률상 이익(소의 이익)이 없다].

교환적으로 변경하여 종전의 소가 취하되고 새로운 소가 제기된 것으로 보게 되는 경우에 새로운 소에 대한 제소기간의 준수 등은 원칙적으로 소의 변경이 있은 때를 기준으로 하여 판단된다.

나. 예 외

선행의 조합설립인가처분의 취소를 구하는 소를 제기하였다가 조합설립인가처분 이후 일부 동의서가 추가되었음을 이유로 조합설립변경인가처분을 받는 경우(적어도 조합설립인가 당시는 동의정족수가 충족되어야 한다), 이는 경미한 사항의 변경에 해당하여 신고만으로 가능함에도 변경인가를 받은 경우에 해당하여 그 변경인가처분은 '경미한 사항의 변경에 대한 신고를 수리하는 의미'에 불과함에도, 당사자가 이를 간과하여 종전의 조합설립인가처분을 대체하는 새로운 변경인가처분으로 오인하여 변경인가처분으로 청구취지를 교환적으로 변경하였다가 다시 선행의 조합설립인가처분의 취소를 구하는 소로 변경된 경우, 후행처분(변경인가처분)의 취소를 구하는 소에 선행처분(조합설립인가처분)의 취소를 구하는 취지가 그대로 남아 있었던 것으로 볼 수 있다면 최종적으로 선행처분의 취소를 구하는 소의 제소기간은 최초의 소가 제기된 때를 기준으로 정하여야 한다.[28)]

Ⅱ. 본 안

1. 동의요건흠결 주장에 대한 심리방법

가. 문제의 소재

앞서 본 바와 같이 도시정비법 35조 2항은 재개발사업의 추진위원회가 조합을 설립하려면 토지등소유자 4분의 3 이상 및 토지면적의 2분의 1 이상의 토지소유자의 동의를 받아야 한다고 규정하고 있고, 같은 법 35조 3항, 4항은 재건축사업의 추진위원회가 조합을 설립하려는 때에는 주택단지의 공동주택의 각 동별 구분소유자의 원칙적 과반수 동의와 주택단지의 전체 구분소유자의 100분의 70 이상 및 토지면적의 100분의 70 이상의 토지소유자의 동의를 받아야 하고, 주택단지가 아닌 지역이 정비구역에 포함된 때에는 주택단지가 아닌 지역의 토지 또는 건축물 소유자의 4분의 3 이상 및 토지면적의 3분의 2 이상의 토지소유자의 동의를 받아야 한다고 규정하고 있다. 토지등소유자 4분의 3 이상의 동의나 100분의 70 이상의 구분소유자의 동의요건을 구비하는 것이 현실적으로 용이하지 않을 뿐만 아니라 실무상 추진위원회는 신속한 정비사업의 시행을 위하여 위 법정 비율 이상의 동의라는 최저요건이 충족되면 조합설립인가를 신청하는 것이 일반적이다. 문제는 앞서 본 바와 같이 조합설립동의서는 엄격한 법정의 형식을 갖춘 동의서만을 유효한 것으로 하고 있으므로, 동의서 중 극히 일부가 무효로 확인되는 경우 조합설립인가처분이 위법하게 되고, 실무상 이를 다투는 소송이 다수를 차지하고 있다.

---

28) 대법원 2013. 7. 11. 선고 2011두27544 판결(원고가 변경인가처분의 취소를 구하는 내용의 '청구취지 및 청구원인 변경 신청'의 서면을 제출한 당시에는 "경미한 사항의 변경에 대한 신고를 수리하는 의미에 불과한 변경인가처분에 설권적 처분인 조합설립인가처분이 흡수된다고 볼 것은 아니다"라고 밝힌 대법원 2010. 12. 9. 선고 2009두4555 판결이 선고되기 전이어서 원고로서는 소로써 취소를 구하는 처분을 설립인가처분으로 하여야 할 것인지 또는 변경인가처분으로 하여야 할 것인지 확정하기 어려웠을 것인 점 등이 고려되었다).

나. 법원의 심리방법

재개발사업은 1만㎡ 이상, 재건축사업은 200세대 이상 또는 1만㎡ 이상을 그 대상으로 하므로, 토지등소유자 또는 구분소유자의 법정 비율 이상에 해당하는 동의서가 수백 또는 수천장에 이르게 된다. 종래에는 조합설립인가처분을 한 행정청을 상대로 처분의 취소를 구하는 원고가 문서제출명령 등을 통하여 동의서 전체를 법정에 현출시켜 각각의 동의서의 유효 여부를 심리하였다. 그러나 최근에는 동의서의 양이 방대한 경우 원고 및 사업시행자(일반적으로 피고의 보조참가인으로 소송에 참가한다)가 함께 피고가 보관하고 있는 전체 동의서를 열람하여 그중 진정성립이나 형식적 요건이 불비하여 무효인지 여부가 다투어지는 동의서만을 특정하여 그에 대하여 원고가 문서제출명령을 신청하거나 피고가 임의제출하는 방식으로 법정에 현출시키는 것이 일반적이다.

2. 동의요건이 흠결된 조합설립인가처분에 대한 사정판결

가. 사정판결의 의의

법원은 행정소송에 있어 행정처분이 위법하여 원고의 청구가 이유 있다고 인정하는 경우에도 그 처분 등을 취소하는 것이 현저히 공공복리에 적합하지 아니하다고 인정하는 때에는 원고의 청구를 기각하는 사정판결을 할 수 있다(행정소송법 28조 1항 전문). 법원은 사정판결을 할 필요가 있다고 인정하는 때에는 당사자의 명백한 주장이 없는 경우에도 일건 기록에 나타난 사실을 기초로 하여 직권으로 사정판결을 할 수 있다.[29)]

나. 판 례

판례는 도시정비법 제정 이전의 도시재개발법이 적용되던 사안에서, 재개발조합설립 및 사업시행인가처분이 처분 당시 법정요건인 토지등소유자 총수의 각 3분의 2 이상의 동의를 얻지 못하여 위법하나, 그 후 90% 이상의 소유자가 재개발사업의 속행을 바라고 있어 재개발사업의 공익목적에 비추어 그 처분을 취소하는 것은 현저히 공공복리에 적합하지 아니하다고 인정하여 사정판결을 하였다.[30)] 한편, 재개발사업에 동의한 자가 동의하지 아니한 자에 비하여 많다거나 재개발사업을 시행하지 못하게 됨으로써 사업시행에 동의한 사람들이 생활상의 고통을 받는다는 사정만으로는 재개발구역 내 토지등소유자의 권리에 미치는 영향의 중대성에 비추어 재개발조합설립 및 사업시행인가처분을 취소하는 것이 현저히 공공복리에 적합하지 아니하다고 할 수 없다고 보아 사정판결의 필요성에 대한 피고의 주장을 배척한 원심을 수긍한 판례도 존재한다.[31)]

---

29) 대법원 1992. 2. 14. 선고 90누9032 판결 참조.
30) 대법원 1995. 7. 28. 선고 95누4629 판결.
31) 대법원 2001. 6. 15. 선고 99두5566 판결.

제 5 편

시공자 등 협력업체 선정

제1장 시공자 외의 협력업체 선정
제2장 시공자 선정
제3장 전문관리업자 및 설계업자 선정
제4장 감정평가업자 선정
제5장 임대사업자 선정

제1장 시공자 외의 협력업체 선정

Ⅰ. 개 요

사업시행자는 정비사업의 시행과정에서 전문관리업자·시공자·감정평가업자·설계자 등 각종 협력업체를 선정(변경)하고, 그들과 계약을 체결하는 방법으로 정비사업을 진행한다. 조합이 사업시행에 관하여 시공자 및 설계자, 전문관리업자 등 협력업체와 체결한 계약은 관계 법령 및 정관이 정하는 범위 안에서 조합원에게 효력을 갖는다(서울 표준정관 67조). 시공자 선정, 전문관리업자 및 설계자 선정, 감정평가업자의 선정은 토지등소유자들의 권리·의무에 직접적 영향을 미치는 중요한 사항이므로, 도시정비법령이 선정방법으로 경쟁입찰을 강제하고 있고(다만, 시공자 선정은 조합원이 100명 이하인 조합이 사업시행자인 경우 조합 정관에, 토지등소유자 20인 미만 재개발사업에서 토지등소유자가 사업시행자인 경우 규약에 각 따른다고 하여 예외를 두고 있다), 감정평가업자의 선정을 제외한 나머지 사항은 반드시 정관에 정할 사항으로 규정하고 있다(법 40조 1항 16, 18호, 법 시행령 38조 5호). 한편 사업시행자가 조합인 경우 감정평가업자의 선정을 포함하여 모두 총회의결사항이고(법 45조 1항 5, 6호), 정관에 의하더라도 대의원회가 대행할 수 없는 사항에 해당하므로(법 시행령 43조 6호), 위와 같은 제한 하에 정관으로 규정할 수 있다. 자세한 내용은 제2장 내지 제4장에서 살펴본다. 사업시행자는 공공지원민간임대주택을 원활히 공급하기 위하여 민간임대주택법 2조 7호에 따른 임대사업자를 선정할 수 있는데(법 30조 1항), 그와 같은 임대사업자의 선정에는 특별한 제한이 있으므로, 제5장에서 이를 자세히 살펴본다. 그 외의 협력업체의 선정에 있어 종래 도시정비법령에 선정방법에 관하여 아무런 규정이 없어 사업시행자는 자유롭게 협력업체를 선정하였으나(사업시행자가 조합인 경우 총회의결로 정한 예산범위 내에서의 용역계약이라면 대의원회의 의결을 거치는 것이 일반적이다), 2019. 8. 9. 경쟁입찰을 원칙으로 하는 규정이 도입되었다. 이하에서는 협력업체의 선정과 관련하게 자세하게 살펴본다.

Ⅱ. 계약 체결 일반론

1. 계약방법(경쟁입찰원칙)

가. 협력업체의 선정

(1) 종래 도시정비법은 시공계약에 대하여는 경쟁입찰을 강제하였으나(구 법 11조 1항), 나머지 협력업체와의 계약에 대하여는 아무런 규정이 없었다. 이에 따라 사업시행자는 상당수 용역을 제한경쟁이나 수의계약의 방법으로 업체를 선정하여 업체 간 공정한 경쟁이 어려운 상황이

초래되고, 조합임원이 용역업체로부터 금품을 받는 등 비리행위가 지속적으로 발생하자, 2019. 8. 9. 법 개정으로 추진위원장 또는 사업시행자(청산인 포함)는 이 법 또는 다른 법령에 특별한 규정이 있는 경우를 제외하고는 계약(공사, 용역, 물품구매 및 제조 등을 포함)을 체결하려면 일반경쟁에 부쳐야 함을 원칙으로 규정하였다(법 29조 1항 본문). 나아가 위와 같이 일반경쟁의 방법으로 계약을 체결하는 경우로서 대통령령으로 정하는 규모를 초과하는 계약은 전자조달시스템 이용을 의무화하였으며(법 29조 1항 본문), 위와 같이 계약을 체결하는 경우 계약의 방법 및 절차 등에 필요한 사항은 국토부장관이 정하여 고시한다고 규정하였고(법 29조 3항), 이에 따라 국토부장관이 정비사업의 투명성을 개선할 목적으로 사업시행자 등이 계약을 체결하는 경우의 계약 방법 및 절차 등에 관하여 국토부 고시로 '정비계약기준'을 마련하고 있다.

(2) 일반경쟁입찰에 부쳐야 하는 계약의 범위에는 아무런 제한이 없다. 실무상 사업시행자가 공사비 등 정비사업에 소요되는 비용을 마련하기 위해 금융기관과 대출계약을 체결하는 경우 반드시 일반경쟁입찰에 부쳐야 하는지 여부가 문제되나, 부정함이 타당하다. 그 논거는 다음과 같다.

ⓐ 경쟁입찰규정이 도입되기 이전에 이미 자금의 차입과 그 방법·이자율 및 상환방법은 총회의 의결사항으로 규정하고 있었다(법 45조 1항 2호).

ⓑ 국가 또는 지방자치단체는 시장·군수등이 아닌 사업시행자가 시행하는 정비사업에 드는 비용의 일부를 보조 또는 융자하거나 융자를 알선할 수 있다고 규정하고 있으므로(법 95조 3항), 이는 경쟁입찰규정과 양립될 수 없다.

나. 시공자 선정

시공계약에 대하여는 일반경쟁입찰의 요건을 보다 강화하여 29조 4항 내지 11항으로 자세히 규정하고 있다. 구체적인 내용은 제2장에서 살펴본다.

2. 사업시행자의 계약상 일반 의무

조합이나 토지등소유자가 사업시행자로서 정비계약업무를 수행함에 있어 다음과 같은 의무를 부담한다(정비계약기준 4조).

가. 이행의무

(1) 이해충돌방지에 노력할 의무

조합(추진위원회 단계에서의 추진위원장 및 청산단계에서의 청산인 포함) 등 사업시행자 및 입찰에 관계된 자는 입찰에 관한 업무가 자신의 재산상 이해와 관련되어 공정성을 잃지 않도록 이해충돌의 방지에 노력하여야 한다.

(2) 성실히 직무를 수행할 의무

조합임원 및 대의원 등 입찰에 관한 업무를 수행하는 자는 직무의 적정성을 확보하여 조합원 또는 토지등소유자의 이익을 우선으로 성실히 직무를 수행하여야 한다.

(3) 분리발주 최소화 의무

사업시행자는 업무추진의 효율성을 제고하기 위해 분리발주를 최소화하여야 한다.

나. 금지의무

정비사업과 관련된 사람은 누구든지 다음과 같은 금지의무가 있다.

(1) 금품, 향응 또는 그 밖의 재산상 이익을 제공하거나 제공의사를 표시하거나 제공을 약속하는 행위

(2) 금품, 향응 또는 그 밖의 재산상 이익을 제공받거나 제공의사 표시를 승낙하는 행위

(3) 제3자를 통하여 위 항에 해당하는 행위를 하는 행위

Ⅲ. 일반계약 처리기준

일반계약 처리기준에 관하여 살펴본다. 시공계약과 관련하여서는 제2장에서 따로 자세히 살펴본다.

1. 계약방법

가. 원칙(일반경쟁입찰)

(1) 일반계약

일반경쟁입찰이란 특정계약에 있어 입찰에 참가하고자 하는 모든 자격자가 입찰서를 제출할 수 있는 입찰이다(일정한 자격조건을 제한하여 그 조건을 갖춘 자는 누구나 입찰참가가 가능한 제한경쟁입찰도 포함한다). 일반경쟁입찰이 유효하기 위해서는 2인 이상의 유효한 입찰참가 신청이 있어야 한다(정비계약기준 6조 2항).

(2) 중대계약(국가종합전자조달시스템)

일반경쟁의 방법으로 계약을 체결하는 경우로서 대통령령으로 정하는 규모를 초과하는 계약이 대상이다. 즉, ① 건설산업기본법에 따른 건설공사로서 추정가격이 6억 원을 초과하는 공사의 계약, ② 건설산업기본법에 따른 전문공사로서 추정가격이 2억 원을 초과하는 공사의 계약, ③ 공사관련 법령(건설산업기본법 제외)에 따른 공사로서 추정가격이 2억 원을 초과하는 공사의 계약, ④ 추정가격 2억 원을 초과하는 물품 제조·구매, 용역, 그 밖의 계약이 대상이다.

이는 금액이 과다하여 업무의 신뢰성 및 공정성을 확보하기 위하여 반드시 전자조달시스템을 이용하여야 한다(법 29조 2항, 법 시행령 24조 2항).

나. 예 외

(1) 지명경쟁입찰

(가) 다음과 같은 사유가 있는 경우에는 입찰참가자를 지명하여 경쟁에 부칠 수 있다(법 29조 1항 단서, 법 시행령 24조 1항 1호).

① 계약의 성질 또는 목적에 비추어 특수한 설비·기술·자재·물품 또는 실적이 있는 자가 아니면 계약의 목적을 달성하기 곤란한 경우로서 입찰대상자가 10인 이내인 경우
② 건설산업기본법에 따른 건설공사(전문공사 제외)로서 추정가격이 3억 원 이하인 공사
③ 건설산업기본법에 따른 전문공사로서 추정가격이 1억 원 이하인 공사
④ 공사관련 법령(건설산업기본법 제외)에 따른 공사로서 추정가격이 1억 원 이하인 공사
⑤ 추정가격 1억 원 이하의 물품 제조·구매, 용역, 그 밖의 계약

(나) 지명경쟁입찰이 유효하기 위해서는 대의원회의 의결을 거쳐 반드시 4인 이상의 입찰대상자를 지명하여야 하고, 3인 이상의 입찰참가 신청이 있어야 한다(정비계약기준 7조).

(2) 수의계약

(가) 다음과 같은 사유가 있는 경우에는 수의계약(隨意契約)으로 계약을 체결할 수 있다(법 29조 1항 단서, 법 시행령 24조 1항 2호).

① 건설산업기본법에 따른 건설공사로서 추정가격이 2억 원 이하인 공사
② 건설산업기본법에 따른 전문공사로서 추정가격이 1억 원 이하인 공사
③ 공사관련 법령(건설산업기본법 제외)에 따른 공사로서 추정가격이 8천만 원 이하인 공사
④ 추정가격 5천만 원 이하인 물품의 제조·구매, 용역, 그 밖의 계약인 경우
⑤ 소송·재난복구 등 예측하지 못한 긴급한 상황에 대응하기 위하여 경쟁에 부칠 여유가 없는 경우

조합의 활동에 있어 긴급한 필요성이 존재한다면 시간이 다소 소요될 수밖에 없는 일반경쟁방식이 아닌 수의계약을 체결할 수 있도록 함으로써 더 큰 법익의 침해를 막도록 하는 것에 그 취지가 있다.

⑥ 일반경쟁입찰이 입찰자가 없거나 단독 응찰의 사유로 2회 이상 유찰된 경우

다만, 다수 응찰자가 있더라도 모두 자격이 없는 경우에는 응찰자가 없는 경우와 같다.[1)]

(나) 수의계약을 하는 경우 보증금과 기한을 제외하고는 최초 입찰에 부칠 때에 정한 가격 및 기타 조건을 변경할 수 없다(정비계약기준 8조).

다. 관련 쟁점

(1) 건설산업기본법에 따른 전문공사로서 추정가격이 1억 원 이하인 공사는 지명경쟁입찰이나 수의계약이 모두 가능한 특징이 있다.

(2) 법 29조 1항에 따른 계약의 방법을 위반하여 계약을 체결한 조합임원, 추진위원장 등에 대하여는 136조 1항 위반죄로 형사처벌되므로, 형사실무상 예외사유인 추정가격 5천만 원 이하인 물품의 제조·구매, 용역, 그 밖의 계약인지 여부, 소송·재난복구 등 예측하지 못한 긴급한 상황에 대응하기 위하여 경쟁에 부칠 여유가 없는 경우인지 여부와 관련하여 다툼이 있다. 용역계약으로서 소송위임계약의 경우 '추정가격 5천만 원'은 해당 계약을 체결한 결과 지불하게 될 총대금(성공보수 포함)을 기준으로 산정하여야 하고, 단지 계약 체결 즉시 지급하는 착수금만을 기

---

1) 대법원 2012. 10. 11. 자 2012다49896 판결 및 서울고등법원 2012. 5. 25. 선고 2011나33605 판결.

준으로 할 것은 아니다(소송을 대리할 변호사를 선정함에 있어, 수임료가 5,000만 원 초과인 경우 복수의 변호사들로 하여금 소송비용에 대한 견적서를 제출하게 하여 조합에 가장 유리한 견적서를 제출하는 변호사와 소송계약을 체결하는 일반경쟁입찰방식으로 계약을 체결하여야 한다).[2)]

2. 입찰절차 및 내용

경쟁입찰의 절차와 내용에 관하여 살펴본다.

가. 입찰 공고 등(정비계약기준 9조)

(1) 사업시행자는 계약을 체결하기 위하여 입찰을 하고자 하는 경우에는 입찰서 제출마감일 7일 전까지 전자조달시스템 또는 1회 이상 일간신문(전국 또는 해당 지방을 주된 보급지역으로 하는 일간신문을 말한다)에 입찰을 공고하여야 한다. 다만, 지명경쟁에 의한 입찰의 경우에는 입찰서 제출마감일 7일 전까지 내용증명 우편으로 입찰대상자에게 통지(도달을 의미한다)하여야 한다(1항).

(2) 입찰서 제출 전에 현장설명회를 개최하는 경우에는 현장설명회 개최일 7일 전까지 전자조달시스템 또는 1회 이상 일간신문에 입찰을 공고하여야 한다. 다만, 지명경쟁에 의한 입찰의 경우에는 현장설명회 개최일 7일 전까지 내용증명 우편으로 입찰대상자에게 통지하여야 한다(2항).

(3) 재입찰을 하거나 긴급한 재해예방·복구 등을 위하여 필요한 경우에는 입찰서 제출마감일 5일 전까지 공고할 수 있다(4항).

나. 입찰보증금

사업시행자는 입찰에 참가하려는 자에게 입찰보증금을 내도록 할 수 있고, 입찰보증금은 현금 또는 국가계약법 또는 지방계약법에서 정하는 보증서로 납부하게 할 수 있다(정비계약기준 10조의2 1항 및 2항).

다. 입찰참가자격 제한

(1) 사업시행자는 입찰 시 대의원회의 의결을 거쳐 ① 16조 1항(개별홍보 금지규정을 위반하여 개별적인 홍보를 하는 행위가 적발된 건수의 합이 3회 이상인 경우 해당 입찰은 무효로 간주)에 해당하여 입찰 또는 선정이 무효가 되거나, 입찰 지침서 등에 제시된 규정에 따라 입찰이 취소된 자(소속 임직원을 포함한다), ② 입찰신청서류가 거짓 또는 부정한 방법으로 작성되어 선정 또는 계약이 취소된 자에 대하여 입찰참가자격을 제한할 수 있다(정비계약기준 12조).

(2) 종래에는 입찰참가자격 제한대상자로 "금품, 향응 또는 그 밖의 재산상 이익을 제공하거나 제공의사를 표시하거나 제공을 약속하여 처벌을 받았거나, 입찰 또는 선정이 무효 또는 취소된 자(소속 임직원을 포함한다)"를 따로 규정하고 있었다. 그 이유는 구 법 113조의3 1항이 위와 같은 금품 등을 제공한 자에 대하여 시·도지사는 입찰참가를 제한할 수 있다고 규정하고 있었기 때문이다.

---

2) 대법원 2024. 8. 29. 선고 2024도7947 판결 및 서울고등법원 2024. 5. 9. 선고 2023노3098 판결.

그러나 2024. 1. 30. 개정으로 법 113조3 1항이 그 경우 반드시 입찰참가를 '제한하여야 한다'로 변경되어 위 규정이 무의미해졌으므로 삭제되었다.

⑶ 한편 입찰참가자를 제한함에 있어 제한사유가 발생한 날로부터 2년이 경과한 경우에는 제한할 수 없도록 하는 단서규정이 신설되었다(계약기준 12조 단서).

라. 현장설명회

사업시행자가 현장설명회를 개최할 경우 현장설명에는 계약대상자 선정방법, 계약에 관한 사항, 그 밖에 입찰에 관하여 필요한 사항 등이 포함되어야 한다(정비계약기준 11조).

마. 입찰서 접수, 홍보 및 개봉

⑴ 사업시행자는 밀봉된 상태로 입찰서를 접수하여야 한다.

⑵ 입찰참여자는 조합원 또는 토지등소유자를 상대로 개별적인 홍보(홍보관 설치, 홍보책자 배부, 세대별 방문이나 정보통신망 이용 포함)를 할 수 없다. 또한 입찰참여자는 홍보를 목적으로 토지등소유자 등에게 사은품 등 물품·금품·재산상의 이익을 제공하거나 제공을 약속하여서는 아니 된다(정비계약기준 14조 4항).

⑶ 사업시행자가 접수한 입찰서를 개봉하고자 할 때에는 입찰서를 제출한 입찰참여자의 대표(대리인을 지정한 경우 그 대리인)와 사업시행자 등의 임원 등 관련자, 그 밖에 이해관계자 각 1인이 참여한 공개된 장소에서 개봉하여야 한다(정비계약기준 13조).

바. 계약 체결

⑴ 총회 또는 대의원회 의결

㈎ 총회 또는 대의원회가 입찰내용에 기초하여 의결을 통하여 다수의 업체 중 하나의 업체를 선정한다. 법 45조 1항이 정한 총회의 의결사항 중 법 시행령 43조에 의하여 대의원회가 대행할 수 없는 예산으로 정한 사항 외에 조합원에게 부담이 되는 계약은 총회의 의결을 거쳐야 한다. 그 외의 예산으로 정한 사항에 관한 계약은 대의원회의 의결을 거쳐야 한다(정비계약기준 15조 1항). 이는 정비사업 과정에서 수시로 체결하는 계약의 경우 원칙적으로 대의원회의 의결을 요하는 사항으로 하되, 대의원회가 대행할 수 없는 경우만 총회의 의결사항으로 한 것이다.

㈏ 총회의 의결을 거쳐야 하는 경우 대의원회에서 총회에 상정할 4인 이상의 입찰대상자를 선정하여야 한다. 다만, 입찰에 참가한 입찰대상자가 4인 미만인 때에는 모두 총회에 상정하여야 한다(정비계약기준 15조 2항).

총회와 대의원회 모두 원칙적으로 과반수의 출석과 출석자의 과반수의 찬성으로 의결한다(법 45조 3항, 법 시행령 44조 8항). 4인 이상의 입찰대상자를 총회에 상정하므로, 입찰대상자의 입찰내용이 유사한 경우 그중 1개 업체가 과반수의 찬성을 획득하는 것이 용이하지 않다. 어떤 업체도 과반수 찬성을 획득하지 못하면 의결이 이루어지지 않아 정비사업이 표류하는 경우가 생길 수 있다. 그 경우를 대비하여 어떤 업체도 과반수 찬성을 획득하지 못할 시 표결 당일 1, 2위 득표 업체를 대상으로 하는 결선투표를 시행하는 조항을 두는 것을 검토할 필요가 있다.

정비계약기준 14조 4항에서 금지하고 있는 토지등소유자 등을 상대로 개별적인 홍보를 하는 행위가 적발된 건수의 합이 3회 이상인 경우 해당 입찰은 무효로 본다(단 시공자 선정은 합동홍보설명회 등에 의한 개별홍보가 가능하다). 위 사유로 해당 입찰이 무효로 됨에 따라 단독 응찰이 된 경우에는 유효한 경쟁입찰로 본다(정비계약기준 16조).

(2) 계약 체결 및 무효처리

사업시행자는 총회 또는 대의원회가 의결을 통하여 선정한 업체와 계약을 체결한다. 한편, 선정된 업체가 정당한 이유 없이 3개월 이내에 계약을 체결하지 아니하는 경우, 사업시행자는 총회 또는 대의원회의 의결을 거쳐 해당 선정을 무효로 할 수 있다(정비계약기준 17조).

Ⅳ. 전자입찰계약 처리기준

1. 전자입찰의 방법

전자입찰을 통한 계약대상자 선정방법은 ① 투찰 및 개찰 후 최저가로 입찰한 자를 선정하는 최저가방식, ② 입찰가격과 실적·재무상태·신인도 등 비가격요소 등을 종합적으로 심사하여 선정하는 적격심사방식, ③ 입찰가격과 사업참여제안서 등을 평가하여 선정하는 제안서평가방식이 있다(정비계약기준 19조).

아래에서 설명하는 외에 현장설명회, 부정당업자의 입찰참가자격 제한, 입찰참여자의 홍보등 및 계약체결대상자의 선정, 입찰무효 등, 계약의 체결과 관련한 앞서 본 일반계약처리기준은 전자입찰절차에 준용된다(계약기준 24조, 11 내지 17조).

2. 전자입찰의 공고 등

사업시행자가 전자조달시스템에 의하여 입찰을 공고하는 외에는 방식 및 공고내용은 앞서 본 일반계약처리기준과 동일하다. 다만, 최저가방식이 아닌 적격심사방식 또는 제안서평가방식에 의하여 계약대상자를 선정하는 경우 평가항목별 배점표를 작성하여 입찰공고 시 이를 공개하여야 한다(정비계약기준 21조).

3. 전자입찰서 접수 및 개봉

사업시행자는 전자조달시스템을 통해 입찰서만을 접수하고, 부속서류는 밀봉된 상태로 따로 접수하며, 나머지 홍보 및 개봉절차는 앞서 본 일반계약처리기준과 동일하다(정비계약기준 22조).

4. 전자입찰계약의 체결

가. 총회의결 또는 대의원의결을 통한 계약체결대상자의 선정, 개별홍보 금지규정의 3회 위반 시 입찰무효간주 등은 전자입찰절차에 준용된다(정비계약기준 24조, 15조, 16조).

나. 사업시행자는 전자입찰을 통해 계약대상자가 선정될 경우 전자조달시스템에 따라 계약을 체결할 수 있다. 전자입찰을 통해 계약된 사항에 대해서는 전자조달시스템에서 그 결과를 공개

한다(정비계약기준 23조). 정당한 이유 없이 3개월 이내 계약 체결하지 않는 경우 무효로 할 수 있는 점도 일반계약절차와 동일하다(정비계약기준 24조, 17조).

Ⅴ. 경쟁입찰을 거치지 않은 계약의 효력

1. 문제의 소재

법은 시공자 선정방법에 관하여 아무런 규정을 두지 않다가, 2009. 2. 6. 개정으로 경쟁입찰의 방법으로 시공자를 선정하여야 한다고 규정하였다(구 법 11조 1항). 판례(대법원 2017. 5. 30. 선고 2014다61340 판결)는 위 규정은 강행규정으로서 위와 같은 시공자 선정방법을 위반하여 경쟁입찰의 방법이 아닌 방법으로 이루어진 입찰과 시공자 선정결의는 무효라고 하였다.

협력업체에 대하여 경쟁입찰원칙을 규정한 법 29조 1항에 대하여도 동일하게 적용될 수 있는지 여부와 관련하여 논란이 있다.

2. 판 단

일부 하급심은 대법원 2017. 5. 30. 선고 2014다61340 판결이 시공자 선정결의 및 시공계약을 무효로 한 것은 시공자 선정이 정비사업의 핵심적 절차이므로 이를 유효로 하는 경우 조합원 간의 분쟁을 유발하고 조합원들의 이익을 심각하게 침해할 것임에 근거한 것인데, 협력업체에 대한 계약은 그에 해당하지 않음을 들어 경쟁입찰의 방법이 아닌 방법으로 이루어진 입찰과 협력업체 선정결의가 유효라고 판시하였다.

그러나 위 대법원 판결이 무효로 든 근거는 위 사유 외에도, 위 규정의 내용과 입법취지, 위 규정을 위반한 경우에 형사처벌을 하고 있는 점인데, 이는 협력업체 선정에도 동일하게 적용된다.[3] 나아가 사업시행자는 정비사업을 수행하는 과정에서 각종의 협력업체 선정이 필요한데, 이 규정을 위반한 행위를 모두 유효로 하는 경우 조합원 간의 분쟁을 유발하고 조합원들의 이익을 심각하게 침해할 것이다. 따라서 위와 같은 사정들에 비추어 보면, 위 규정(법 29조 1항)은 강행규정이므로 경쟁입찰의 방법이 아닌 방법으로 이루어진 입찰과 협력업체 선정결의는 무효이고, 강행규정에 의하여 요구되는 총회결의를 거치지 아니한 이상 조합장은 조합을 대표하여 계약을 체결할 권한이 없으므로, 상대방의 선의이고 무과실이라 하더라도(거래 당시 경쟁입찰요건의 흠결을 과실 없이 알지 못하였다 하더라도) 무효이다.[4]

---

3) 협력업체 선정에 대하여는 법 136조 1호 위반죄, 시공자 선정에 대하여는 136조 2호 위반죄로서 법정형이 동일하다.
4) 서울고등법원 2024. 5. 31. 선고 2023나2037231 판결(확정).

제2장 시공자 선정

Ⅰ. 개 요

정비사업은 구 주택의 철거 및 신 주택 등의 건축이라는 시공행위가 필요하다. 사업시행자로부터 건설공사를 도급받아 시공행위를 수행하는 자를 시공자라고 한다. 사업시행자 별로 시공자 선정방법, 선정시기, 선정권한 소재 기관이 다르다 할 것이다. 조합이 사업시행자인 경우 시공자 선정은 다수 조합원들의 권리·의무에 직접적 영향을 미치는 중요한 사항이므로, 법이 정한 강행규정인 '경쟁입찰 또는 2회 이상 유찰된 경우의 수의계약'이라는 원칙적 경쟁입찰방법에 의하도록 강제한다[다만, 조합원이 100명 이하인 정비사업의 경우 정관이 정하는 방법으로 가능하고(법 29조 4항 단서, 법 시행령 24조 3항), 공공지원 정비사업에서 조합이 조합원 과반수 동의를 받아 건설사업자와 공동으로 정비사업을 시행하는 경우로서 해당 건설업자와 협약을 체결하는 경우 시공자로 간주한다(118조 7항 단서)]. 또한 시공자 선정은 총회결의에 의하되, 법은 시공자의 선정 및 시공계약에 포함될 내용을 정관의 필요적 기재사항으로 규정하고 있으므로(법 40조 1항 16호), 조합은 정관 내용에 부합하게 시공자를 선정하여야 한다. 시공자 선정시기는 조합설립인가를 받은 후이고, 시공자 선정은 대의원회가 대행할 수 없는 총회의 고유권한이다. 법 118조에 따라 시장·군수등이 정비사업의 투명성 강화 및 효율성 제고를 위하여 시·도 조례로 정하는 정비사업에 대하여 사업시행 과정을 지원하거나 토지주택공사등에 공공지원을 위탁하는 경우에는, 시장·군수등이나 공공지원을 위탁받은 자가 시공자 선정방법 등의 업무를 수행한다(법 118조 1항, 2항).

토지등소유자가 20인 미만으로 토지등소유자 개인이 사업시행자인 재개발사업의 경우에는 사업시행계획인가로 행정주체의 지위를 부여받게 되므로, 사업시행계획인가를 받은 후 자치적으로 정한 규약에 따라 건설업자 등을 시공자로 선정하여야 한다(법 29조 5항). 앞서 본 바와 같이 조합이 사업시행자인 경우 조합원이 100명 이하인 정비사업에 있어서는 정관이 정하는 방법으로 시공자를 선정하는 것이 가능하듯이 토지등소유자가 20인 미만인 점을 고려하여 법은 토지등소유자가 시공자 선정방법을 규약으로 자율적으로 정할 수 있도록 하고 있다. 법 26조 1항에 따라 시장·군수등이 공공시행자로서 직접 정비사업을 시행하거나 토지주택공사등을 사업시행자로 지정하여 정비사업을 시행하는 경우, 법 27조 1항에 따라 시장·군수등이 지정개발자(신탁업자 등)를 사업시행자로 지정한 경우 등에 있어서는 그와 같은 사업시행자가 시공자 선정업무를 수행한다(법 29조 6항). 이 경우에도 원칙적으로 경쟁입찰절차에 따라 시공자를 선정하여야 하되, 주민대표회의 또는 토지등소유자 전체회의가 원칙적 경쟁입찰의 방법으로 시공자를 추천할 수 있고, 그 경우 사업시행자는 추천받은 자를 시공자로 선정하여야 한다. 사업시행자가 조합이나 토지등소유자인 경우 전문성의 부족으로 일반적으로 전문관리업자를 선정하여 정비업무를 위탁하거나 자문을 받게 되는데, 시공자 선정에 관한 업무의 지원은 전문관리업자에 대한 위탁업무에 해당한다(법 102조 1항 4호). 한편 정비사업비의 대부분을 차지하는 공사비의 중요성을 고려하여 그 적정을 담보하기 위하여 2019. 4. 23. 법 개정으로 사업시행자가(시장·군수등 또는 토지주택공사등이 단독 또는 공동으로 정비사업을 시행하는 경우 제외) 시공자와 공사계약 체결 후 일정 요건에 해당하는 경우 공사비를 검증하는 29조의2가 신설되었다. 한편, 시공자가 시공계약에 따라 공사를 이행한 경우 건축물의 소유권의 귀속과 관련하여서는 민법상의 일반법리와 달리 도급인인 조합 또는 개별 조합원의 소유로 된다. 이하에서는 시공과 관련된 직접적 법률관계 외에 시공 이후 관련 부가가치세를 누가 부담할 것인지, 시공 이후 시공자와 조합원 또는 일반수분양자들과의 법률관계, 조합임원의 공사비에 대한 연대보증책임 등에 대하여도 자세히 살펴본다.

Ⅱ. 선정시기

1. 연 혁

시공자 선정시기에 관한 법 규정은 여러 차례 개정되었다. 법 제정 당시 조합이 사업시행자인 경우 사업시행계획인가를 받은 후 시공자를 선정하여야 한다고 규정하고 있었다(구 법 11조). 그 후 법은 2005. 3. 18. 개정으로 재건축조합은 사업시행계획인가를 받은 후 시공자를 선정하여야 한다고 규정하였다(재개발조합은 조합원 과반수 동의로 건설사업자와 공동으로 사업시행이 가능한 것으로 규정할 뿐, 재개발사업에 있어 시공자 선정의 시기 관련 규정은 없다). 다시 2006. 5. 24. 개정으로 재개발조합은 조합설립인가를 받은 후, 재건축조합은 사업시행계획인가를 받은 후 각 시공자를 선정하여야 한다고 규정하였다. 그 후 구 법 11조는 2009. 2. 6. 개정되어 현행 규정(29조 4항 내지 7항)과 같이 조합은 조합설립인가 이후, 토지등소유자가 사업시행자가 되는 도시환경정비사업의 경우 사업시행계획인가 이후, 시장·군수등, 토지주택공사등이 공공시행자로서 정비사업을 시행하거나, 시장·군수등이 지정개발자(신탁업자 등)를 사업시행자로 지정하여 정비사업을 시행하는 경우는 사업시행자 지정 이후로 규정하였다.

2. 강행규정

가. 위와 같이 정비사업의 시행자에게 시공자 선정시기를 제한한 것은 사업시행자와 시공자 사이의 유착을 차단하여 재개발·재건축사업 수주시장의 각종 비리·부조리를 없애기 위한 것으로서, 강행규정이다. 따라서 위 규정에 반하는 시공계약은 효력이 없다. 법이 2005. 3. 18. 개정되면서 구 법 84조의2(2009. 2. 6. 개정 이후 84조의3) 1호로 시공자 선정시기 및 선정방법을 위반하여 시공자를 선정한 자 및 시공자로 선정된 자에 대하여 형사처벌규정을 마련하였다(현행 법 136조 2호).

나. 2005. 3. 18.부터 2006. 8. 24.까지는 재개발사업에 있어 시공자 선정 권한에 관하여 명문의 규정이 없었으므로, 추진위원회가 시공자 선정 권한이 있는지 여부가 문제된다. 앞서 제3편 제4장 Ⅲ. 4. "가. 시공자 선정 권한 여부"에서 살펴본 바와 같이 시공자의 선정은 조합 총회의

고유권한이므로, 추진위원회 단계에서 개최한 주민총회 또는 토지등소유자 총회에서 시공자를 선정하기로 한 결의는 무효이다.[1)]

3. 공공지원과 시공자 선정시기

가. 시장·군수등이 정비사업의 투명성 강화 및 효율성 제고를 위하여 정비사업에 대하여 사업시행 과정을 지원하거나 토지주택공사등에 공공지원을 위탁하는 경우, 시공자 선정방법 등은 위 시장·군수등 또는 공공지원을 위탁받은 자가 결정하고, 시공자 선정시기 등에 필요한 사항은 시·도 조례로 정한다(법 118조 2항, 6항). 자세한 내용은 제11편 제4장 제3절 "Ⅱ. 공공지원"에서 살펴본다.

나. 공공지원과 관련하여 서울시는 정비구역지정·고시가 있은 날의 토지등소유자의 수가 100명 미만으로서 주거용 건축물의 건설비율이 50% 미만인 도시정비형 재개발사업을 제외한 일체의 조합이 시행하는 정비사업(조합이 건설업자 또는 등록사업자와 공동으로 시행하는 사업을 포함)을 모두 공공지원 대상사업으로 규정하고 있다(서울시 조례 73조).

종래 서울시 공공지원제도의 특징은 구청장이 추진위원회 구성 또는 조합의 설립(법 31조 7항에 따라 추진위원회를 구성하지 아니하는 경우로 한정한다)을 위한 초기 비용 중 일부를 부담하거나 그 비용을 융자하여 주되, 조합은 반드시 사업시행계획인가를 받은 후에 시공자를 선정하여야 한다는 것이었다(구 서울시 조례 77조 1항, 서울시 외의 다른 시·도에서는 시공자 선정시기를 사업시행계획인가 이후라는 제한을 두고 있지 않다). 서울시가 법 제정 당시와 같이 조례로 위와 같이 시공자 선정시기를 사업시행계획인가 이후로 정한 것은 조합설립인가 직후 시공자를 선정하는 경우, 조합이 시공자로부터 자금지원을 받는 대신 시공자의 입김이 반영된 사업시행계획이 작성되어 과다한 공사비가 책정될 우려가 있기 때문이었다.

그러나 현재는 그와 같은 폐단을 막기 위한 법적, 제도적인 대책이 강구되어 있고, 서울시 등의 자금지원 등도 크지 않음에 반해, 조합으로서는 사업시행계획인가 시까지의 비용조달의 어려움으로 정비사업 추진이 지지부진하다는 비판이 있었다. 이에 법은 2017. 8. 9. 개정으로 위와 같은 시·도 조례에 의한 제한에도 불구하고, 앞서 본 바와 같이 조합이 건설업자와 공동으로 정비사업을 시행하는 경우로서 조합과 건설업자 사이에 협약을 체결하는 경우나 28조에 따라 사업대행자가 정비사업을 시행하는 경우에는 공공지원에서도 조합설립인가 이후 시공자를 선정할 수 있다는 규정을 신설하였다(118조 7항). 나아가 구 서울시 조례 77조 1항이 2023. 3. 27. 개정되어 공공지원을 받는 정비사업의 경우에도 조합은 조합설립인가 직후 시공자 선정이 가능하게 되었다.

1) 대법원 2008. 6. 12. 선고 2008다6298 판결.

Ⅲ. 시공자 선정상의 특칙

1. 방법상의 특칙

가. 선정방법

(1) 경쟁입찰

(가) 법 26조 1항에 따라 시장·군수등, 토지주택공사등이 공공시행자로서 정비사업을 시행하거나 법 27조 1항에 따라 시장·군수등이 지정개발자(신탁업자 등)를 사업시행자로 지정하여 정비사업을 시행하는 경우에는 각 사업시행자가 사업시행자 지정·고시 후 법 29조 1항에 따른 경쟁입찰 또는 수의계약의 방법으로 시공자를 선정하여야 한다(법 29조 6항). 다만, 주민대표회의 또는 토지등소유자 전체회의(신탁업자가 사업시행자인 경우)가 경쟁입찰 또는 수의계약(2회 이상 경쟁입찰이 유찰된 경우로 한정)의 방법으로 시공자를 추천할 수 있고(법 29조 7항), 그 경우 위 사업시행자는 반드시 추천받은 자를 시공자로 선정하여야 한다(법 29조 10항 전문).[2)]

(나) 조합인 사업시행자는 경쟁입찰 또는 수의계약(2회 이상 경쟁입찰이 유찰된 경우)으로 건설업자등을 시공자로 선정하여야 한다(법 29조 4항). 한편 국토부 표준정관은 3회 이상 유찰된 경우 총회의 의결을 거쳐 국가계약법 시행령 27조의 규정을 준용하여 수의계약할 수 있다고 규정하고 있다(12조 1항 단서). 한편 조합원이 100인 이하인 경우 총회에서 정관으로 정하는 바에 따라 시공자를 선정할 수 있다(법 29조 4항 단서, 법 시행령 24조 3항).

(다) 토지등소유자가 20인 미만인 경우로서 토지등소유자가 직접 정비사업을 시행하는 재개발사업의 경우에는 규약에 따라 시공자를 선정하여야 한다(법 29조 5항).

경쟁입찰의 구체적인 방법에 대하여는 다음에서 자세히 살펴본다.

(2) 위반의 효과

(가) 위와 같은 시공자 선정방법은 사업시행자와 시공자 사이의 유착을 차단하여 재개발·재건축사업 수주시장의 각종 비리·부조리를 없애기 위한 것으로서, 강행규정이다. 따라서 위 강행규정에 반하는 시공계약은 효력이 없다(조합의 경우 위 규정을 위반한 행위를 유효로 한다면 정비사업의 핵심적 절차인 시공자 선정에 관한 조합원 간의 분쟁을 유발하고 그 선정과정의 투명성·공정성이 침해됨으로써 조합원들의 이익을 심각하게 침해할 것이다).

판례도 같은 견해이다.[3)] 나아가 판례는 형식적으로는 경쟁입찰의 방법에 따라 조합 총회에서 시공자 선정결의를 하였다고 하더라도 실질적으로 구 도시정비법 11조 1항 본문에서 경쟁입찰에 의하여 시공사를 정하도록 한 취지를 잠탈하는 경우에도 위 규정을 위반한 것으로 볼 수 있다고 하면서, 조합이나 입찰참가업체가 시공자 선정과정에서 조합원들에게 금품을 제공하여 시공자 선정동의서를 매수하는 등의 부정한 행위를 하였고, 이러한 부정행위가 시공자 선정에 관

2) 주민대표회의 또는 토지등소유자 전체회의의 추천으로 시공계약을 체결하는 경우에는 사업시행자가 시장·군수등, 토지주택공사등 공공단체 등임에도 불구하고, 시공자와의 계약에 관해서는 지방계약법 9조(원칙적 일반입찰) 또는 공공기관운영법 39조(입찰참가자격 제한규정)를 적용하지 아니한다(법 29조 10항 후문).

3) 대법원 2017. 5. 30. 선고 2014다61340 판결.

한 총회결의 결과에 영향을 미쳤다고 볼 수 있는 경우를 들고 있다. 자세한 내용은 Ⅳ. 2. 바. "(4) 총회결의의 무효"에서 살펴본다.

(나) 조합의 경우 법 29조 4항을 위반하여 시공자를 선정한 자 및 시공자로 선정된 자는 법 136조 2호 위반죄로 형사처벌을 받게 된다.

나. 선정방법과 관련한 특별의무

(1) 사업시행자의 의무

사업시행자는 건설업자등에게 이사비, 이주비, 이주촉진비, 재건축이익환수법에 따라 환수될 재건축부담금, 그 밖에 시공과 관련이 없는 사항에 대한 금전이나 재산상 이익을 요청하여서는 아니 된다(정비계약기준 29조 2항).

(2) 건설업자 등의 의무

(가) 시공과 무관한 이익제공 금지의무

① 원칙

건설업자등은 시공계약의 체결과 관련하여 시공과 관련 없는 사항으로서, 이사비 등의 금전이나 재산상 이익을 무상제공 또는 무이자나 은행 대출금리 중 가장 낮은 금리보다 더 낮은 금리로 대여하는 것을 제안하여서는 아니 된다(법 132조 2항 1호, 법 시행령 96조2 1항). 또한 재건축이익환수법에 따라 환수될 재건축부담금의 대납을 제안하여서도 아니 된다(법 132조 2항 2호, 법 시행령 96조2 2항). 위 각 규정은 법이 2022. 6. 10. 개정되면서, 정비사업의 과열경쟁을 억제하고 투명성을 제고하기 위하여 건설업자등이 계약 체결과 관련하여 시공과 관련 없는 사항을 제안할 수 없도록 명문화한 것으로서, 정비계약기준 30조 1항에서 규정한 내용을 입법화한 것이다.

② 예외

법 시행령 96조2 1항의 반대해석상 정비사업에서 시공자가 사업시행자에게 시중금리(그중 최저도 가능) 이상으로 이사비나 이주비 등의 대여를 제안하는 것은 가능하다. 정비계약기준은 건설업자등은 금융기관의 이주비 대출에 대한 이자를 사업시행자등에 대여하는 것을 제안할 수 있고(30조 2항), 금융기관으로부터 조달하는 금리 수준으로 추가 이주비(종전 토지 또는 건축물을 담보로 한 금융기관의 이주비 대출 이외의 이주비를 말한다)를 사업시행자등에 대여하는 것을 제안할 수 있다(30조 3항)고 각 규정하고 있다.[4]

(나) 토지등소유자에게 허위·과장된 정보제공 등의 금지의무

건설업자등은 경쟁입찰을 통하여 조합과 사이에 시공계약을 체결하는 과정에서 또는 시공자로 시공업무를 수행하는 과정에서 토지등소유자와 계속적으로 관계를 맺게 된다. 그 경우 건설업자등이 토지등소유자에게 정비사업에 관한 정보를 제공함에 있어, 허위정보를 제공하거나 과

4) 종래 재건축사업은 30조 3항의 적용대상에서 제외하였으나, 2023. 6. 16. 국토부 고시 제2023-302호로 재건축을 제외하는 부분을 삭제하였다.

장정보를 제공하는 행위 또는 사실을 은폐, 축소하는 방법으로 정보를 제공하는 행위를 금지하고 있다(법 132조의3 1항).[5] 법은 금지되는 행위의 구체적인 내용을 대통령령으로 정하도록 하고 있는바(132조의3 2항), 용적률, 기부채납 비율, 임대주택 건설비율, 임대주택 인수가격, 건축물 높이 제한, 건축물 층수 제한 및 분양가격에 대한 정보에 대하여는 사실과 다르게 제공하거나 숨겨서는 아니 되고, 예상수익 정보에 대하여는 과장하여 제공하여서는 아니 되며, 분담금 추산액 및 예상손실 정보에 대하여는 축소하여 제공하여서는 아니 된다(법 시행령 96조의3).

건설업자등이 이를 위반함으로써 피해를 입은 자가 있는 경우에는 그 피해자에 대하여 손해배상의 책임을 진다(132조의3 3항). 위 3항에 따른 손해가 발생된 사실은 인정되나 그 손해액을 증명하는 것이 사안의 성질상 곤란한 경우 법원은 변론 전체의 취지와 증거조사의 결과에 기초하여 상당한 손해액을 인정할 수 있다(132조의3 4항).

2. 내용상의 특칙(조합의 경우)

국토부 표준정관은 총회의 의결사항으로 철거업자 또는 시공자의 선정 및 변경을 별개로 규정하고 있으나(21조 6호),[6] 법은 사업시행자가 총회의 의결에 따라 선정된 시공자와 공사에 관한 계약을 체결할 때에는 기존 건축물의 철거공사(석면안전관리법에 따른 석면 조사·해체·제거를 포함한다)에 관한 사항을 포함시켜야 한다고 명시하고 있으므로(법 29조 11항), 철거업자만을 따로 선정할 수 없다. 이는 법이 2010. 4. 15. 개정되면서 처음 도입되었다. 기존 건축물의 철거과정에서 세입자나 현금청산대상자 등과 사이에 다수의 다툼이 발생하는바, 철거공사계약을 시공계약과 별도로 체결하도록 하는 경우 영세업체인 철거업자가 그에 관한 책임을 부담하고, 철거에 관한 중대한 이해관계가 있는 대형건설업체인 시공자가 면책하게 되는 문제점을 고려하여 2009. 1. 발생한 용산참사를 계기로 위와 같은 법 개정이 이루어졌다. 다만, 이는 기존 건축물의 철거공사에만 해당하고 그 외의 지장물 철거공사에는 해당하지 아니한다.[7]

그 후 법이 2017. 8. 9. 개정되면서 건축물의 철거공사에는 석면안전관리법에 따른 석면 조사·해체·제거를 포함한다는 내용이 명시되었다. "석면"(石綿)이란 자연적으로 생성되며 섬유상 형태를 갖는 규산염(硅酸鹽) 광물류로서 환경부령으로 정하는 물질이다(석면안전관리법 2조 1호). 석면을 포함하고 있는 기존 건축자재가 다수 존재하므로, 석면을 안전하게 관리함으로써 석면으로 인한 국민의 건강 피해를 예방하고 국민이 건강하고 쾌적한 환경에서 생활할 수 있도록 하기 위하여 일반 건축물의 철거와는 별도로 석면의 철거는 전문업체를 통하여 석면 조사·해체·제거의 각 방법에 의하여야 함을 명확히 한 것이다. 따라서 사업시행자가 기존 건축물을 철거함에 있어서는 반드시 전문성을 가진 석면조사업체와 석면조사를 실시하는 계약을 체결하고, 그 조사에 기반하여 석면해체, 제거를 내용으로 하는 석면해체, 제거 전문업체와 계약을 체결하며, 마지막으로 일반 철거업체와 건축물 철거에 관한 계약을 체결하여야 한다.

5) 이는 법이 2022. 6. 10. 개정되면서 정비사업에 관한 허위·과장·은폐·축소 정보로 인한 주민들의 피해를 방지하기 위하여 처음 도입되었다.
6) 서울 표준정관은 시공자 외에 별도로 철거업자 선정에 관한 규정을 두고 있지 않다(21조 5호).
7) 전기, 통신, 가스, 수도 등 기타 지장물에 대한 철거공사에 대하여 사업시행자는 시공자가 아닌 제3자에게 지장물 철거공사를 도급할 수 있다(서울고등법원 2018. 12. 13. 자 2018라20991 결정).

철거공사(석면 조사, 해제, 제거 포함)에 관한 사항을 포함하여 시공계약을 체결하도록 규정한 29조 9항을 위반하여 시공자와 공사에 관한 계약을 체결한 자는 형사처벌(법 136조 2의2호)을 받게 된다.

Ⅳ. 입찰절차

조합이 사업시행자임을 전제로 살펴본다.

1. 특 징

조합에 대하여 아래에서 살펴보는 바와 같이 다른 계약자 선정 보다 시공자 선정에 엄격한 절차를 요구하는 것은 공사비용이 사업비용의 대부분을 차지하므로 시공자 선정 과정의 투명성을 제고하여 조합원들의 이익을 도모하기 위한 것이다.[8]

경쟁입찰을 전제로 하는 아래에서 살펴볼 절차는 2회 이상 유찰된 경우에 실시하는 수의계약에 그대로 적용된다고 보기는 어려우나, 조합의 '수의계약 실시' 공고에 대하여 복수의 건설사가 참여의향서를 제출하였다면, '시공자 선정과 변경'을 총회의 의결사항으로 정한 도시정비법의 취지에 비추어 대의원회 의결로 특정 건설사를 우선협상대상자로 선정하여 총회에 해당 건설사와의 시공계약 체결 여부만을 안건으로 상정하는 것은 위법하고, 정비계약기준 33조 2항에 따라 6인 미만인 경우 그 업체 모두를 시공자 선정 총회에 상정하여야 한다.

2. 구체적 내용

가. 경쟁입찰

⑴ 전자입찰

시공계약은 원칙적으로 일반경쟁입찰에 의하되, 건설산업기본법에 따른 건설공사로서 추정가격이 6억 원을 초과하는 공사계약에 해당하므로 앞서 본 바와 같이 전자입찰규정이 적용된다.

지명경쟁입찰의 사유가 있는 경우 지명경쟁에 의한 입찰도 가능하다. 지명경쟁입찰에 따른 시공자 선정에 있어 다른 계약과 다른 점은 대의원회가 5인 이상의 입찰대상자를 지명하여야 하는 점이다(정비계약기준 27조). 3인 이상의 입찰참가신청이 있어야 하고, 지명경쟁에 의한 입찰을 하는 경우에는 사전에 대의원회의 의결을 거쳐야 하는 점은 다른 계약과 동일하다(정비계약기준 26조 1항, 27조). 실무상 지명경쟁입찰은 찾아보기 어렵다.

⑵ 입찰공고 등

㈎ 사업시행자등은 시공자 선정을 위하여 입찰에 부치고자 할 때에는 현장설명회 개최일로부터 7일 전까지 전자조달시스템 또는 1회 이상 일간신문에 공고하여야 한다(정비계약기준 28조 본문). 다만, 지명경쟁에 의한 입찰의 경우에는 전자조달시스템과 일간신문에 공고하는 것 외에 현장설명회 개최일로부터 7일 전까지 내용증명 우편으로 통지하여야 한다(정비계약기준 28조 단서).

8) 대법원 2016. 8. 29. 선고 2013다50466 판결.

(나) 공고내용에는 사업계획의 개요(공사규모, 면적 등) 등이 포함되어야 한다(정비계약기준 29조 1항 1호). 서울시는 조합에 대하여 시공자 선정 이전에 공사입찰에 필요한 설계도서를 작성하고, 공사원가를 산출할 것을 요구한다.[9] 건설업자등이 설계를 제안하는 경우 사업시행자는 제출받은 입찰서에 포함된 설계도서, 공사비 명세서, 물량산출 근거, 시공방법, 자재사용서 등 시공 내역의 적정성을 검토해야 한다(정비계약기준 29조 3항).

(다) '시공자의 선정 및 시공계약서에 포함될 내용'은 정관의 필요적 기재사항이므로, 정관의 기재 내용대로 공고가 이루어져야 한다. 이와 관련된 내용(계약의 목적물, 계약금액, 이행기 등 계약의 주요한 내용과 조건, 최저가로 입찰할 것인지 여부)을 총회의결을 통하여 변경하는 것이 가능한 것인지 여부가 문제된다.

총회는 최고의 의사결정기관이므로 이는 허용된다. 다만, 총회는 조합원들의 이해관계에 중대한 영향을 미칠 정도로 '시공자의 선정 및 시공계약서에 포함될 내용'이 변경된 경우에는 비록 그것이 정관변경에 대한 절차가 적용되는 것은 아니라 하더라도 특별다수의 결의요건을 규정하여 조합원들의 이익을 보호하려는 위 정관변경 관련 규정을 유추적용하여 조합원 3분의 2 이상의 찬성이 필요하다.[10] 위와 같은 '시공자의 선정 및 시공계약서에 포함될 내용'의 변경이 정관의 필요적 기재사항인 '조합의 비용부담'이 조합원들의 이해관계에 중대한 영향을 미칠 정도로 변경되는 경우(조합설립인가 당시의 공사비에서 통상 예상할 수 있는 범위를 초과하여 변경하는 경우 등)에는 중복하여 조합원 3분의 2 이상의 찬성이 필요하다.

(라) 사업시행자등은 입찰에 참가하려는 자에게 입찰보증금을 내도록 할 수 있다(정비계약기준 10조의2). 이는 부정한 업자의 응찰을 방지하고, 계약의 효율적인 이행을 촉진시키기 위함으로서, 낙찰자가 계약을 불이행하는 경우 이를 사업시행자에 귀속시켜 손해를 전보하는 손해배상예정으로서의 성질을 갖는다.[11] 사업시행자는 입찰공고 당시 입찰참여자격으로 입찰보증금 납부를 적시한다. 입찰보증금 납부는 입찰의 조건이 되는바, 그 후 낙찰되지 않은 응찰자에게는 위 보증금은 반환되고, 낙찰자가 조합원들에게 금품을 제공하는 등 조합의 정관, 입찰참여지침서 등에서 정한 절차나 금지사항을 위반하는 부정한 행위를 하였고, 이러한 부정행위가 시공자 선정에 관한 총회결의 결과에 영향을 미쳐 총회결의가 무효이거나 낙찰자가 정당한 사유 없이 본계약 체결을 거절하여 사업시행자에게 손해가 발생한 경우 입찰보증금은 몰수된다.

한편, 통상적으로 조합은 운영비가 없으므로 시공자 선정 후 입찰보증금에 대하여 시공자와 사이에 이자율을 포함하여 소비대차계약을 체결하게 된다(건설업자는 입찰제안서에 이자율에 관한 조건을 기재하는 것이 일반적이다).

---

9) 서울시 조례 77조 2항은 "조합은 시장이 별도로 정하여 고시한 세부기준에 따라 설계도서를 작성하여 법 29조 1항에 따른 경쟁입찰 또는 수의계약의 방법으로 시공자를 선정하여야 한다."고 규정하여 시공자 선정 전에 설계도서 작성이 선행되어야 함을 밝히고 있다. '서울시 공공지원 정비사업 시공자 선정기준' 4조 1항은 "조합은 시공자를 선정하고자 하는 경우 이사회 개최 전에 공사입찰에 필요한 설계도서(정비계획내용을 반영한 설계도서)를 작성하고 공사원가를 산출하여야 한다."고 규정하고 있다.

10) 대법원 2009. 1. 30. 선고 2007다31884 판결 참조.

11) 대법원 1983. 12. 27. 선고 81누366 판결 참조, 대법원 1997. 3. 28. 선고 95다48117 판결 참조.

나. 현장설명회

(1) 사업시행자는 입찰서 제출마감일 20일 전까지 현장설명회를 개최하여야 한다. 다만, 비용산출내역서 및 물량산출내역서 등을 제출해야 하는 내역입찰의 경우에는 입찰서 제출마감일 45일 전까지 현장설명회를 개최하여야 한다(정비계약기준 31조 1항). 일반계약의 경우 현장설명회 개최는 사업시행자의 재량사항이나, 시공계약에서는 의무사항이다.

(2) 현장설명회에는 설계도서(사업시행계획인가를 받은 경우 사업시행계획인가서를 포함하여야 한다), 입찰서 작성방법·제출서류·접수방법 및 입찰유의사항 등, 건설업자등의 공동홍보방법, 시공자 결정방법, 계약에 관한 사항, 기타 입찰에 관하여 필요한 사항 등이 포함되어야 한다(정비계약기준 31조 2항).

다. 입찰서 접수 및 개봉

앞서 본 제1장 Ⅳ. "3. 전자입찰서 접수 및 개봉"과 동일하다(정비계약기준 32조, 22조).

라. 대의원회의 의결 및 토지등소유자에 대한 통지

사업시행자는 제출된 입찰서를 모두 대의원회에 상정하여야 한다. 대의원회는 총회에 상정할 6인 이상의 건설업자등을 선정하여야 한다(정비계약기준 33조 1항). 다만, 입찰에 참가한 건설업자등이 6인 미만인 때에는 모두 총회에 상정하여야 한다(같은 조 2항). 건설업자등의 선정은 대의원회 재적의원 과반수가 직접 참여한 회의에서 비밀투표의 방법으로 의결하여야 한다. 이 경우 서면결의서 또는 대리인을 통한 투표는 인정하지 아니한다(같은 조 3항). 비밀투표 방법의 강제와 서면결의를 허용하지 않는 것이 특징이다(대의원회가 대의기관이라는 특성상 대리인을 통한 투표는 원천적으로 허용되지 않는다). 위 규정에 따라 총회에 상정될 건설업자등이 결정된 때에는 사업시행자는 토지등소유자에게 이를 통지하여야 한다(같은 조 4항). 이 경우 사업시행자는 총회에 상정하는 건설업자등이 제출한 입찰제안서에 대하여 시공능력, 공사비 등이 포함되는 객관적인 비교표를 작성하여 토지등소유자에게 제공하여야 하며, 건설업자등이 제출한 입찰제안서 사본을 토지등소유자가 확인할 수 있도록 전자적 방식을 통해 게시할 수 있다(정비계약기준 34조 1항). 이는 시공계약의 특유한 절차이다.

마. 건설업자등의 홍보

(1) 합동설명회 개최

법은 2023. 12. 26. 개정으로 사업시행자가 조합인 경우 시공자 선정을 위한 입찰에 참가하는 건설업자등이 토지등소유자에게 시공에 관한 정보를 제공할 수 있도록 합동설명회를 2회 이상 개최하여야 한다는 규정(법 29조 8항) 및 합동설명회의 개최 방법이나 시기 등은 국토부령으로 정한다는 규정(법 29조 9항)을 신설하였고, 그 위임을 받은 법 시행규칙은 2024. 6. 27. 개정으로 조합이 합동설명회를 경쟁입찰의 공고에 따른 입찰마감일 다음 날부터 시공자 선정을 위한 총회 개최일까지의 기간 동안 2회 이상 개최해야 하고, 합동설명회를 개최하려는 때에는 합동설명회가 개최되기 7일 전까지 합동설명회의 일시 및 장소 등을 정하여 조합원에게 통지해야 한다는 내용의 규정(6조의2)을 신설하였다. 이는 정비계약기준 34조 1항 및 2항을 입법화한 것이다.

(2) 건설업자등의 홍보

건설업자등의 임직원, 시공자 선정과 관련한 홍보 등을 위해 계약한 용역업체의 임직원 등은 토지등소유자 등을 상대로 개별적인 홍보를 할 수 없으며, 홍보를 목적으로 토지등소유자 또는 전문관리업자 등에게 사은품 등 물품·금품·재산상의 이익을 제공하거나 제공을 약속하여서는 아니 된다(정비계약기준 34조 3항). 다만, 사업시행자는 합동설명회(최초 합동설명회를 말한다) 개최 이후 건설업자등의 신청을 받아 정비구역 내 또는 인근에 개방된 형태의 홍보공간을 1개소 제공하거나, 건설업자등이 공동으로 마련하여 한시적으로 제공하고자 하는 공간 1개소를 홍보공간으로 지정할 수 있고, 이 경우 건설업자등은 사업시행자등이 제공하거나 지정하는 홍보공간에서는 토지등소유자 등에게 홍보할 수 있다(정비계약기준 34조 4항). 이는 시공계약의 특유한 절차이다.

바. 총회의 의결 등

이는 대의원회가 대행할 수 없다(법 시행령 43조 4호).

(1) 의사 및 의결정족수

㈎ 법은 총회의 의결에 관하여 '이 법 또는 정관에 다른 규정이 없으면' 조합원 과반수의 출석과 출석 조합원의 과반수 찬성으로 한다고 규정하고 있다(법 45조 1항 5호, 3항). 앞서 본 바와 같이 입찰에 참가한 건설업체가 6개 이상인 경우 대의원회가 총회에 상정할 6인 이상의 건설업자등을 선정하되, 입찰에 참가한 건설업체가 6개 미만인 때에는 모두 총회에 상정하여야 하므로, 현실적으로 출석 조합원의 과반수 찬성을 얻는 것이 용이하지 않은 점을 고려하여 서울 표준정관은 총회에 상정된 건설업자등의 수가 3인 이상인 경우 최다득표한 건설업자등을 시공자로 선정할 수 있다고 규정하고 있다(12조 3항 단서).[12]

㈏ 법은 2023. 7. 18. 45조 10항을 개정하여 시공자의 선정을 의결하는 총회는 조합원의 과반수가 '직접' 출석하도록 하였고, 또한 시공자 선정 취소를 위한 총회는 조합원의 100분의 20 이상이 '직접' 출석하도록 하였다(시공자 선정 무효를 위한 총회는 정비계약기준이 규정한다).[13] 이와 같이 조합원의 직접 출석을 강화하고 이를 통하여 서면에 의한 의결권 행사를 제한한 취지는 건설업자등이 총회 전에 토지등소유자로부터 서면결의서를 매수함으로써 총회의결이 형해화되는 것을 방지하기 위함으로 정비계약기준의 관련 규정을 입법화한 것이다(건설업자가 미리 조합

12) 구 서울시 조례 77조 1항은 2023. 3. 27. 개정으로 '조합원 과반수 찬성'의 총회의 의결을 거쳐 시공자를 선정하도록 규정하였으나, 조합원 과반수의 찬성으로 시공자 선정을 의결하는 것이 현실적으로 어려운 사정을 고려하여 2023. 12. 29. 개정으로 '조합원 과반수의 찬성' 부분을 삭제하였다.

13) 사업시행자등은 선정된 시공자가 정당한 이유 없이 3개월 이내에 계약을 체결하지 아니하는 경우에는 총회의 의결을 거쳐 해당 선정을 무효로 할 수 있는바(정비계약기준 36조 2항), 서울 표준정관은 위와 같은 시공자 선정 무효를 위한 총회의결에 있어서도 조합원 100분의 20 이상의 직접 출석을 요구한다고 규정하고 있으나(12조 4항), 위 정비계약기준에는 위와 같은 직접 출석 규정이 없다.

원 50% 이상의 서면결의서를 징구한 상태에서 총회를 실시하면 현장에서의 토론을 통한 의결 기능이 무력화된다).[14] 이는 정비계약기준 35조 1항 및 2항을 입법화한 것이다.

(2) 의결

㈎ 투표 전 홍보기회 부여

조합은 총회 당일 시공자 선정을 위한 투표 전에 각 건설업자등별로 조합원들에게 설명할 수 있는 기회를 부여하여야 한다(정비계약기준 35조 5항).

㈏ 투표

서면의결권 행사는 조합에서 지정한 기간·시간 및 장소에서 서면결의서를 배부받아 총회 전일까지 조합에 도착되도록 제출하여야 한다(정비계약기준 35조 3항, 표준정관 22조 4항). 조합은 시공자 선정을 위한 총회 개최 안내 시 서면결의서 제출요령을 충분히 고지하여야 한다(정비계약기준 35조 4항). 서면의결권 행사와 관한 일반적인 내용은 제4편 제5장 제3절 Ⅲ. 3. "나. 의결방법"에서 자세히 살펴보았다.

(3) 총회의결(낙찰자 결정)의 효과

㈎ 편무예약

① 앞서 본 바와 같이 계약의 목적물, 계약금액, 이행기 등 계약의 주요한 내용과 조건은 입찰공고 되었으므로, 최저가 입찰인 경우, 시공자를 선정하는 총회의 의결은 낙찰자 결정과 동일한 의미이다. 총회의결 이후 사업시행자가 시공자와 사이에 시공계약을 체결하게 된다. 다만, 낙찰자 결정으로 곧바로 시공계약이 성립된다고 볼 수는 없어 낙찰자는 사업시행자에 대하여 계약을 체결하여 줄 것을 청구할 수 있는 권리를 갖는다. 따라서 낙찰자 결정의 법적 성질은 입찰과 낙찰행위가 있은 후에 본 계약(시공계약)을 따로 체결한다는 취지로서 계약의 편무예약에 해당한다.[15]

② 위와 같이 사업시행자와 낙찰자 사이에 도급계약의 본계약 체결의무를 내용으로 하는 예약의 계약관계가 성립하므로, 어느 일방이 정당한 이유 없이 본계약의 체결을 거절하는 경우 상대방은 예약채무불이행을 이유로 한 손해배상을 청구할 수 있다.[16]

③ 낙찰자의 결정으로는 예약이 성립한 단계에 머물고 아직 본계약이 성립한 것은 아니라고 하더라도, 계약의 주요한 내용과 조건은 낙찰자를 결정할 때에 확정되었다. 따라서 사업시행자나 시공자가 계약의 세부사항을 조정하는 정도를 넘어서서 계약의 주요한 내용 내지 조건을 입찰공고와 달리 변경하거나 새로운 조건을 추가하는 것은 이미 성립된 예약에 대한 승낙의무에 반하는 것으로서 특별한 사정이 없는 한 허용될 수 없다.[17] 따라서 사업시행자가 낙찰자의 위와 같은 요구를 거절하였다 하더라도 이를 정당한 이유 없는 본계약 체결거절로 볼 수 없다.

---

14) 정비계약기준은 토지등소유자 과반수가 '직접' 출석하여 의결하여야 하고, 대리인이 참석한 때에는 직접 출석한 것으로 보나, 서면으로 의결권을 행사하는 경우 직접 참석자에는 포함되지 않는다고 규정하였다(35조 1항, 2항).
15) 대법원 2006. 6. 29. 선고 2005다41603 판결.
16) 대법원 2011. 11. 10. 선고 2011다41659 판결 참조.
17) 대법원 2006. 6. 29. 선고 2005다41603 판결 취지 참조.

④ 본계약 체결거절에 따른 손해배상의 범위는 원칙적으로 예약채무불이행으로 인한 통상의 손해를 한도로 하는데, 만일 사업시행자가 정당한 이유 없이 낙찰자에 대하여 본계약의 체결을 거절하는 경우라면 낙찰자가 본계약의 체결 및 이행을 통하여 얻을 수 있었던 이익, 즉 이행이익 상실의 손해는 통상의 손해에 해당한다고 볼 것이므로 사업시행자는 낙찰자에 대하여 이를 배상할 책임이 있다. 낙찰자가 본계약의 체결 및 이행을 통하여 얻을 수 있었던 이익은 일단 본계약에 따라 타방 당사자로부터 지급받을 수 있었던 급부인 낙찰금액이라고 할 것이나, 본계약의 체결과 이행에 이르지 않음으로써 낙찰자가 지출을 면하게 된 직·간접적 비용은 그가 배상받을 손해액에서 당연히 공제되어야 하고, 나아가 손해의 공평·타당한 분담을 지도원리로 하는 손해배상제도의 취지상, 법원은 본계약 체결의 거절로 인하여 낙찰자가 그 이행과정에서 기울여야 할 노력이나 이에 수반하여 불가피하게 인수하여야 할 사업상 위험을 면하게 된 점 등 여러 사정을 두루 고려하여 객관적으로 수긍할 수 있는 손해액을 산정하여야 한다.[18] 판례는 시공자로서 공사를 진행하여 완성하였을 경우 얻을 수 있었던 시공이익의 60%를 인정하였다.[19]

㈏ 우선협상대상자

입찰공고 당시 재건축사업의 개요를 제시하고, 입찰자 제시요건을 명시하였을 뿐, 낙찰자 선정요건을 구체적으로 제시하지 않은 채 총회에서 낙찰자를 선정하도록 하였다면, 총회결의에 의한 낙찰자 선정은 우선협상대상자의 선정에 불과하다. 그 경우 사업시행자는 우선협상대상자와 협의를 통하여 시공계약을 체결하여야 하고, 그와 같은 계약의 체결에는 총회결의를 요한다. 경쟁입찰의 경우 공고 당시 계약의 주요한 내용과 조건이 공고되므로, 낙찰자 결정은 편무예약임에 반해, 수의계약의 경우 총회결의에 의한 낙찰자 선정은 우선협상대상자의 선정이 일반적이다.

국토부 표준정관은 수의계약에 의한 시공자 선정은 총회의결에 의하고, 그 후 사업시행자는 시공자와 시공자의 업무범위 및 관련 사업비의 부담 등 사업시행 전반에 대한 내용을 협의한 후 미리 총회의 인준을 받아 별도의 계약을 체결하여야 한다고 규정하고 있다(12조 1항, 2항). 이는 총회결의에 의한 낙찰자 선정이 우선협상대상자의 선정에 불과함을 전제로 한 것으로 해석될 여지가 있다.

(4) 총회결의의 무효

㈎ 시공계약은 도급계약으로 민사소송의 관할이고, 위 법률관계 효력의 선결문제가 되는 시공자 선정 총회결의 무효확인소송도 역시 민사소송이다.

㈏ 법 29조 4항이 규정한 경쟁입찰규정은 시공자 선정 과정의 투명성을 제고하여 조합원들의 이익을 도모하기 위한 강행규정이므로, 이를 위반하여 경쟁입찰의 방법이 아닌 방법으로 이루어진 입찰과 시공자 선정결의는 당연무효이다.[20]

㈐ 비록 형식적으로는 경쟁입찰의 과정을 거쳤다 하더라도, 건설업자등이 조합원들에게 금품

18) 대법원 2011. 11. 10. 선고 2011다41659 판결 참조.
19) 대법원 2024. 1. 25. 자 2023다283609 판결 및 서울고등법원 2023. 8. 23. 선고 2022나2049824 판결.
20) 대법원 2016. 11. 24. 선고 2013다37494 판결, 대법원 2017. 5. 30. 선고 2014다61340 판결.

을 제공하여 찬성의 서면결의서 등을 받아 이를 총회에 제출하거나 금원을 받은 조합원으로 하여금 총회에 출석하여 투표하도록 하는 등 시공자 선정기준, 조합의 정관, 입찰참여지침서나 홍보지침서 등에서 정한 절차나 금지사항을 위반하는 부정한 행위를 하였고, 이러한 부정행위가 시공자 선정에 관한 총회결의 결과에 영향을 미쳤다고 볼 수 있는 경우, 이는 경쟁입찰의 공정성을 해하고, 조합원들의 자유로운 결정권이나 선택권을 침해하는 것으로서 법령에서 경쟁입찰에 의하여 시공사를 정하도록 한 취지를 잠탈하는 경우로서 무효이다.[21)]

㈑ 정비사업이 대규모인 경우 건설업체가 공동수급체(컨소시엄)를 결성하여 공사를 공동으로 수급하는 경우가 일반적이다. 판례는 경쟁입찰절차를 거쳐 총회에서 2개 건설회사를 공동수급체로 하여 시공자로 선정한 이후 특정업체가 워크아웃을 신청하자, 그 후 총회에서 공동수급체를 해소하고, 나머지 업체를 시공자로 선정한 사안에서, 새로운 시공사로 나머지 업체를 단독업체로 선정한 것은 수의계약으로 볼 수 있으므로, 새로운 경쟁입찰절차를 거치지 않고 나머지 업체를 시공자로 선정한 결의는 무효라고 하였다.[22)]

위 판례 법리에 비추어 건설업체가 공동수급체(컨소시엄)를 결성하여 공사를 공동으로 수급하였다가 그중 1개 업체가 스스로 시공을 포기한 경우, 경쟁입찰을 다시 거쳐 새로운 시공자를 선정함이 타당하다. 그러나 공사가 상당 부분 진행된 이후에는 단독의 건설업자가 공사를 계속 수행함이 타당하다. 왜냐하면 위와 같은 공동이행방식의 건설공동수급체는 기본적으로 민법상 조합의 성질을 가지는데, 법리상 2인 조합에서 조합원 1인이 탈퇴하면 조합관계는 종료되지만 특별한 사정이 없는 한 조합이 해산되지 아니하고, 조합원의 합유에 속하였던 재산은 남은 조합원의 단독소유에 속하게 되어 기존의 공동사업은 청산절차를 거치지 않고 잔존자가 계속 유지할 수 있기 때문이다.[23)]

Ⅴ. 시공계약 체결과 관련한 법률관계

1. 시공계약 체결

가. 시공계약 체결의 방법

총회결의에 의한 낙찰 이후 사업시행자가 선정된 시공자와 시공계약을 체결한다. 사업시행자와 낙찰자는 계약의 목적, 이행 기간, 지체상금, 실비정산방법, 기타 필요한 사유 등을 기재한 계약서를 작성하여 기명날인하는 방법으로 체결한다(정비계약기준 36조 1항). 사업시행자는 총회의결에 따라 선정된 시공자가 정당한 이유 없이 3개월 이내에 계약을 체결하지 아니하는 경우에는 총회의 의결을 거쳐 해당 선정을 무효로 할 수 있다(정비계약기준 17조). 사업시행자인 조합이 사업시행에 관하여 시공자와 체결한 시공계약은 관계 법령 및 정관이 정하는 범위 안에서 조합원에게 효력을 갖는다(국토부 표준정관 66조).

사업시행자는 시공자 선정계약서 또는 변경계약서 및 관련 자료가 작성되거나 변경된 후 15일

21) 대법원 2016. 8. 29. 선고 2013다50466 판결.
22) 대법원 2012. 10. 11. 자 2012다49896호 판결 및 서울고등법원 2012. 5. 25. 선고 2011나33605 판결.
23) 대법원 2000. 12. 12. 선고 99다49620 판결, 대법원 2006. 3. 9. 선고 2004다49693, 49709 판결 등 참조.

이내에 이를 토지등소유자 또는 세입자가 알 수 있도록 인터넷과 그 밖의 방법을 병행하여 공개하여야 한다(법 124조 1항 2호, 법 시행령 94조 1항 4호).

나. 계약의 종류

시공계약은 일의 완성을 목적으로 하는 도급계약이다. 다만, 공사대금의 지급방법 및 개발이익과 사업 위험의 부담주체와 관련하여 도급제와 지분제로 구분된다.

(1) 도급제

시공자는 확정된 도급금액(공사비)을 현금으로 지급받고 공사를 하게 되며 정비사업을 통해 발생되는 개발이익이나 손실은 조합원 몫이 된다(확정도급제). 다만, 공사 중 일정률 이상의 물가가 상승하는 경우 공사비가 증액되는 방식도 가능하다(변동도급제). 변동도급제의 경우 변동사유가 발생하였는지 여부와 관련하여 실무상 다툼이 있다.

(2) 지분제

시공자는 조합원이 소유한 토지등(종전자산)의 면적에 일정비율을 곱한 면적의 아파트를 조합원에게 제공하고, 남는 아파트와 상가, 복리시설 등을 분양해 공사비에 충당하며, 이에 따른 개발이익 및 손실은 모두 시공자의 몫이다(도급금액의 전부 또는 일부를 확정된 금액이 아니라 분양지분으로 받는 계약이다). 개발로 인한 위험을 시공자가 부담하므로, 추후 사정변경이 있더라도 조합원에게 약속한 지분이 변동되지 않는 것이 원칙이나(확정지분제), 사정변경에 따라 지분변동이 가능한 방식(변동지분제)도 가능하다. 이 경우 시공자가 정비사업의 시행준비 단계부터 입주 단계에 이르기까지 사실상 조합을 대행하여 주도적으로 시행에 관여하나, 공동시행자에는 해당하지 아니하므로 조합원에 대하여 조합과 동등한 책임을 지는 것은 아니다.[24]

(3) 계약형태 변경

'조합의 비용부담'이나 '시공자의 선정 및 시공계약서에 포함될 내용'은 정관의 필요적 기재사항이다. 계약형태를 변경함으로써 조합원들의 이해관계에 중대한 영향을 미칠 정도로 변경되는 경우에는 법 40조 3항, 1항 8호 및 16호의 규정을 유추적용하여 조합원의 3분의 2 이상의 동의가 필요하다.[25]

---

24) 대법원 2007. 12. 27. 선고 2004다26256 판결, 대법원 2010. 2. 11. 선고 2009다79729 판결.

25) 판례는 조합설립 당시 토지등소유자로부터 사업시행방식을 지분제로 하는 내용의 동의서를 징구하여 조합설립인가를 받은 후, 도급제로 변경하는 내용의 총회결의를 받음에 있어, 도급제로 변경 시 분양수입금 감소로 조합원의 추가분담금이 증가할 것으로 예측되고, 공사비가 증가될 가능성이 있는 사안에서, '조합의 비용부담'이나 '시공자·설계자의 선정 및 계약서에 포함될 내용'에 관한 사항이 당초 조합설립동의 당시와 비교하여 조합원들의 이해관계에 중대한 영향을 미칠 정도로 실질적으로 변경되는 경우에 해당하므로, 이와 같이 사업시행방식을 변경을 위해서는 법 40조 3항, 1항 8호 및 16호의 규정을 유추적용하여 조합원의 3분의 2 이상의 동의가 필요하다고 하였다(대법원 2015. 7. 9. 선고 2014다72203 판결).

다. 시공계약 체결의 효과

(1) 도급계약

사업시행자와 건설업자등이 체결한 시공계약은 민법상의 도급계약이다. 따라서 약정에 따라 시공자는 건축공사를 완성할 의무를 부담하고, 사업시행자는 공사대금을 지급할 의무를 부담한다(민법 664조). 다만, 정비사업이 공익사업인 점을 고려하여 법은 시공자에 대하여 공사의 시공보증을 위하여 국토부령으로 정하는 기관의 시공보증서를 사업시행자에게 제출할 의무를 부과시키고 있다(법 82조 1항, 법 시행령 73조).[26] 시장·군수등은 건축법 21조에 따른 착공신고를 받는 경우에는 1항에 따른 시공보증서의 제출 여부를 확인하여야 한다(법 82조 2항). 도급계약의 유·무효에 관한 법률관계는 민사소송의 관할이다. 조합이 사업시행에 관하여 시공자와 체결한 계약은 관계 법령 및 정관이 정하는 범위 안에서 조합원에게 효력을 갖는다(서울 표준정관 67조).

(2) 시공계약 체결의 부수적 효과(분양신청통지의 기준일)

사업시행자는 사업시행계획인가 이후 시공자를 선정한 경우에는 시공자와 계약을 체결한 날부터 90일 이내에 법정사항을 토지등소유자에게 통지하고, 분양의 대상이 되는 대지 또는 건축물의 내역 등 대통령령으로 정하는 사항을 해당 지역에서 발간되는 일간신문에 공고하여야 한다(법 72조 1항). 따라서 시공계약 체결일이 분양신청통지 및 분양공고의 기준일이 된다.

라. 공사도급계약의 내용에 대한 총회결의가 필요한지 여부

(1) 원칙

시공계약의 내용을 이루는 '선정된 시공자의 업무범위 및 관련 사업비의 부담 등 사업시행 전반에 대한 내용'은 법 45조 1항 5호의 '예산으로 정한 사항 외에 조합원의 부담이 될 계약'에 해당하므로, 총회에서 시공자를 선정하는 의결만이 이루어진 경우 사업시행자는 시공자 선정을 위한 총회의결과는 별도로 시공계약의 체결에 앞서 총회의결을 거쳐야 한다(법 46조 4항 및 법 시행령 43조 2호 내지 4호에 의하면 위 사항들은 대의원회가 그 의결을 대행할 수 없다). 서울 표준정관 12조 2항은 선정된 시공자와 체결하는 공사도급계약은 총회의 의결을 받아야 한다고 규정하고 있다. 다만, 입찰공고 전에 총회의결로 계약의 목적물, 계약금액, 이행기 등 계약의 주요한 내용과 조건, 최저가 입찰할 것인지 여부 등을 거쳤다면 별도로 의결이 필요하지 아니하다.

(2) 실무상의 형태

실무상 조합은 시공자 선정 총회 당시 안건으로 '시공자 선정의 건'과 함께 총회에서 선정된 시공자와의 구체적인 시공계약 체결을 대의원회로 위임하는 '시공계약 체결 위임 결의의 건'을 상정하고, 총회자료집에는 세대별 분양면적, 특화계획, 이주비 및 사업비대여 조건, 공사도급 조건, 공사금액에 포함되는 사항 등 시공업무의 범위 및 사업비 부담에 관하여 상세한 내용이 담

---

26) 시공보증이란 시공자가 공사의 계약상 의무를 이행하지 못하거나 의무이행을 하지 아니할 경우 보증기관에서 시공자를 대신하여 계약이행의무를 부담하거나 총 공사금액의 100분의 30의 범위에서 사업시행자가 정하는 금액을 납부할 것을 보증하는 것을 말한다.

긴 각 입찰 참여업체의 사업제안서가 첨부되어 있으며, 조합에 의하여 각 건설업체의 사업제안서를 항목별로 비교한 표가 토지등소유자에게 제공된다. 위 총회에서 '시공계약 체결 위임의 건'에 관한 결의가 이루어졌다면, 해당 총회에서 선정된 시공자의 사업제안서의 내용을 주요 내용으로 하여 시공계약을 체결하기로 하는 의결이 있었다고 봄이 상당하다.[27)]

마. 원고적격

창립총회에서 시공자를 선정하는 결의를 하였고, 그 후 조합이 시공자와 시공계약을 체결한 사안에서, 대법원은 조합원들은 시공계약의 효력이 조합에게 미치는지 여부에 관하여 일정한 이해관계를 가지고 있다고 할 것이나, 이러한 이해관계는 일반적이고 사실적인 것에 불과할 뿐 구체적인 법률상 이익에는 해당하지 아니하므로, 조합원은 직접 조합을 상대로 시공계약의 무효 및 그 시공계약에 따른 조합의 채무부존재를 주장할 수 없다는 원심의 판단을 수긍하였다.[28)] 그러나 정비사업비의 대부분을 차지하는 공사비를 결정하는 시공계약이 조합원에게 미치는 효과(서울 표준정관 67조)에 비추어 원고적격을 인정함이 타당하다.

2. 시공계약 체결이후의 법률관계

가. 검 증

시공계약 체결 이후 토지등소유자 또는 조합원 5분의 1 이상의 요청이 있는 경우(1호), 법정 비율 이상으로 공사비가 증액된 경우(2호 및 3호)[29)]에는 사업시행자는 정비사업 지원기구에 공사비 검증을 요청하여야 한다(법 29조의2 1항). 이는 법이 2019. 4. 23. 개정되면서 도입되었는데, 정비사업비용의 대부분을 차지하는 공사비의 적정을 확보하기 위함이다. 공사비 검증의 방법 및 절차, 검증 수수료, 그 밖에 필요한 사항은 국토부장관이 정하여 고시하는바(법 29조의2 2항), 국토부장관은 2019. 11. 18. '정비사업 공사비 검증 기준'을 제정하였다. 정비사업 공사비의 검증업무는 법 114조에 따른 정비사업 지원기구 또는 정비사업 지원기구 업무를 대행할 수 있는 한국부동산원 및 토지주택공사가 수행한다(정비공사비 검증기준 2조).

나. 공사비 증액계약의 체결

(1) 총회의결의 정족수

공사비 증액계약은 예산으로 정한 사항 외에 조합원에게 부담이 되는 계약 또는 정비사업비의 변경에 해당하므로 공사비 증액계약 체결 전에 총회의결을 요한다(법 45조 1항 4호, 법 시행령

27) 서울고등법원 2014. 12. 12. 선고 2014누61714 판결(확정, 예산으로 정한 사항 외에 조합원의 부담이 될 계약에 대하여 총회의결을 받아야 한다는 의미는 사업시행자가 사전에 계약의 주요 내용과 그로 인하여 조합원들이 부담하게 될 부담의 정도를 개략적으로 밝히고 그에 관하여 총회의 의결을 거쳐야 한다는 것으로 해석될 뿐, 세부적으로 완성된 계약서를 승인받아야 한다는 의미로 해석되지는 않는다).

28) 대법원 2010. 2. 25. 선고 2009다93299 판결.

29) 공사비의 증액 비율(당초 계약금액 대비 누적 증액 규모의 비율로서 생산자물가상승률은 제외)이 사업시행계획인가 이전에 시공자를 선정한 경우에는 100분의 10 이상, 사업시행계획인가 이후에 시공자를 선정한 경우에는 100분의 5 이상(법 29조의2 1항 2호), 공사비 검증이 완료된 이후 공사비의 증액 비율(검증 당시 계약금액 대비 누적 증액 규모의 비율로서 생산자물가상승률은 제외한다)이 100분의 3 이상인 경우(법 29조의2 1항 3호).

42조 1항 4호). 조합원 과반수의 출석과 출석 조합원의 과반수 찬성으로 의결한다(법 45조 4항).

나아가 '조합의 비용부담' 및 '시공자의 선정 및 시공계약서에 포함될 내용'은 정관의 필요적 기재사항이자 조합원 3분의 2 이상의 찬성이라는 엄격한 정관변경절차를 거쳐야 하고(법 40조 1항 8호, 16호, 3항). 조합원들의 이해관계에 중대한 영향을 미칠 정도로 '조합의 비용부담' 및 '시공자의 선정 및 시공계약서에 포함될 내용'이 변경된 경우에는 비록 그것이 정관변경에 대한 절차가 적용되는 것은 아니라 하더라도 특별다수의 결의요건을 규정하여 조합원들의 이익을 보호하려는 위 정관변경 규정을 유추적용하여 조합원 3분의 2 이상의 동의가 필요하다.[30]

서울 표준정관 12조 7항은 "조합은 일반분양 후에 공사도급계약금액의 증가를 수반하는 설계변경을 하지 않는 것을 원칙으로 한다. 다만, 사업시행상 불가피한 경우에는 사전에 총회의 의결을 받아야 한다."고 규정하고 있다.

(2) 총회의결 없는 증액계약의 효력

조합이 조합원 총회의 의결을 거치지 아니하고 예산으로 정한 사항 외에 조합원의 부담이 될 계약을 체결한 경우에는 그 효력이 없다. 설령 상대방인 시공자가 선의이고 무과실이라 하더라도 무효이다(나아가 조합원들의 이해관계에 중대한 영향을 미칠 정도로 변경됨으로써 조합원 3분의 2 이상의 동의가 필요함에도, 시공자가 총회결의가 유효하기 위한 정족수에 관하여 잘못 알았다고 하더라도 그 계약이 무효임에는 변함이 없다).

다. 계약해제·해지 등

시공계약은 민법상의 도급계약이므로 그 해제·해지에 있어서도 민법상 도급계약에 관한 규정 및 법리가 그대로 적용된다. 나아가 도급인은 수급인의 채무불이행 시 이를 이유로 도급계약을 해제하고, 수급인에게 손해배상을 청구할 수 있다.

(1) 약정해제

시공계약에는 별도로 계약해제사유를 기재함이 일반적이다. 위와 같은 계약해제사유가 있는 경우 사업시행자나 시공자는 약정에 기하여 시공계약을 해제할 수 있다. 시공자 선정은 조합원 과반수의 출석과 출석 조합원 과반수 찬성에 의한 총회의 의결이 필요하므로, 계약해제사유가 있는 경우, 조합이 계약해제권을 행사하기 위해서는 조합원 과반수의 출석과 출석 조합원 과반수 찬성에 의한 총회의 의결이 필요하다.

(2) 임의해제·해지

시공계약상의 계약해제사유가 없는 경우에도, 도급계약에는 민법 673조가 적용되므로, 조합은 수급인인 시공자가 일을 완성하기 전에는 손해를 배상하고 계약을 해제할 수 있고, 그 경우에도 총회의결을 거쳐야 한다.[31] 민법 673조에 따른 시공계약 해제의 경우 조합으로서는 막대한

---

30) 대법원 2009. 1. 30. 선고 2007다31884 판결, 대법원 2009. 11. 26. 선고 2008다41383 판결(총회결의 내용이 시공계약상의 내용 중 조합원의 비용분담 조건을 변경하는 것으로서, 이는 정관상의 시공자와 시공계약서에 포함될 내용의 변경에 해당한다).

31) 대법원 2018. 5. 31. 자 2018다214104 판결 및 서울고등법원 2018. 2. 1. 선고 2017나2024470 판결.

손해를 배상하여야 하므로, 해당 안건에 대한 총회의결을 위해서는 소집통지 시 반드시 그와 같은 효과가 조합원들에게 고지되어야 한다. 해지의 경우에도 마찬가지이다.

한편 도급인인 조합이 수급인인 시공자의 채무불이행을 이유로 도급계약 해제의 의사표시를 하였으나, 해제요건의 존재에 대하여 다툼이 있었고, 실제로는 채무불이행의 요건을 갖추지 못한 것으로 밝혀진 경우, 도급계약의 당사자 사이에 분쟁이 있었던 그와 같은 사정만으로 위 의사표시에 민법 673조에 따른 임의해제의 의사가 포함되어 있다고 볼 수는 없다.[32)]

라. 시공계약의 무효

(1) 무효사유

경쟁입찰의 방법이 아닌 방법으로 이루어진 입찰과 시공자 선정결의를 통하여 선정된 시공자와의 시공계약은 무효이다.

조합설립인가처분이 법원의 재판에 의한 무효나 취소가 확정되면, 인가처분 당시로 소급하여 효력을 상실하게 되고 그때부터 해당 조합은 행정주체인 공법인으로서 지위를 상실한다. 따라서 조합설립인가 취소 전에 조합이 적법한 사업시행자임을 전제로 개최한 시공자 선정 총회결의도 소급하여 효력을 상실한다.[33)] 따라서 시공자와의 시공계약도 무효이다.

(2) 공사도급계약이 무효인 경우 관리처분계획의 무효 여부

하급심(서울행정법원 2011. 9. 2. 선고 2011구합3401 판결)은 시공계약이 무효라면 관리처분계획의 전제가 되는 토지등소유자들에 대한 분양신청통지 및 분양공고는 시공자를 선정하거나 시공계약도 체결하지 못한 상태에서 이루어진 것인바, 법은 조합설립 후 시공자와의 계약을 체결한 다음에 분양신청통지 및 분양공고를 하도록 명시적으로 규정한 점, 무효가 되었던 시공계약의 내용을 기초로 작성된 분양신청통지상의 개략적인 부담금의 내역 등은 사후에 시공자와의 계약에 따라 변동될 수밖에 없는 점 등에 비추어 조합이 적법한 시공사 선정 및 공사도급계약 체결 이전에 분양신청통지 및 분양공고를 하고 이를 기초로 분양신청을 받아 관리처분계획을 수립한 것은 위법하고, 그 하자가 중대·명백하여 무효라고 하였다.[34)] 한편, 같은 관리처분계획에 대하여 다른 토지등소유자들이 제기한 다른 소송에서 하급심 법원은 시공자 선정결의 무효로 관리처분계획도 당연히 무효가 된다고 볼 수는 없다고 판시하기도 하였다.[35)]

---

32) 대법원 2022. 10. 14. 선고 2022다246757 판결(① 도급인이 수급인의 채무불이행을 이유로 도급계약을 해제하면 수급인에게 손해배상을 청구할 수 있으나, 민법 673조에 기하여 도급인이 도급계약을 해제하면 오히려 수급인에게 손해배상을 해주어야 하는 처지가 된다. 도급인으로서는 자신이 손해배상을 받을 수 있다고 생각하였으나 이제는 자신이 손해배상을 하여야 하는 결과가 된다면 이는 도급인의 의사에 반할 뿐 아니라 의사표시의 일반적인 해석의 원칙에도 반한다, ② 수급인의 입장에서 보더라도 채무불이행 사실이 없으므로 도급인의 도급계약 해제의 의사표시가 효력이 없다고 믿고 일을 계속하였는데, 민법 673조에 따른 해제가 인정되면 그 사이에 진행한 일은 도급계약과 무관한 일을 한 것이 되고 그 사이에 다른 일을 할 수 있는 기회를 놓치는 경우도 있을 수 있어 불측의 손해를 입을 수 있다).

33) 대법원 2012. 3. 29. 선고 2008다95885 판결.

34) 이 판결의 항소심인 서울고등법원 2012. 1. 26. 선고 2011누31620 판결은 원고들이 현금청산대상자라는 이유로 각하판결을 하였고, 그 후 대법원은 2012. 6. 14. 자 2012두5039호로 심리불속행 판결을 하였다.

35) 서울행정법원 2012. 3. 30. 선고 2011구합35293 판결. 위 판결에 대하여 원고들 중 일부가 항소(서울고등법원 2012누12022)하였으나 위 판결은 항소기각으로 확정되었다.

그러나 조합이 조합원에 대하여 하는 분양신청통지의 내용은 분양대상자별 분담금의 '추산액'일 뿐, 확정적인 사항을 전제로 하는 것은 아닌 점, 조합원별로 구체적으로 특정된 부담금내역은 분양신청이 완료된 후 관리처분계획에 의하여 분양대상자, 현금청산대상자, 평형 배정 등이 결정되어야 비로소 확정될 수 있고, 나아가 관리처분계획에 의하여 확정된 분담금도 비례율의 변경 등을 내용으로 하는 관리처분계획의 변경으로 계속적인 변경이 이루어지는 점, 종후자산에 대한 감정평가는 분양신청절차를 거친 후 관리처분계획을 수립하는 단계에서 이루어지는 점, 시공계약상의 공사비 또한 확정적인 것이 아니라 시공과정에서 증감이 이루어지고 있는 점, 시공계약이 무효라 하더라도, 추후에 총회의결로 새로운 시공자가 선정되고 그에 따라 체결되는 시공계약 또한 앞서의 시공계약의 내용과 크게 달라지지 않는 것이 실무인 점 등에 비추어 보면 시공자 선정 및 공사도급계약이 무효라고 하여 후속의 관리처분계획을 무효로 볼 수는 없다.

⑶ 시공계약의 무효인 경우 사업시행계획의 무효 여부

조합이 사업시행자인 정비사업의 경우 일반적으로 시공자 선정 및 시공계약 체결은 조합설립인가 이후 이루어지고, 그 후 위 내용까지 반영된 사업시행계획이 작성되어 인가를 받게 된다. 시공계약이 무효인 경우 사업시행계획의 효력이 문제되나, 유효하다 할 것이다. 자세한 내용은 제6편 제6장 Ⅲ. 1. 나. "⑶ 시공자 선정 및 시공계약이 무효인 경우 사업시행계획의 효력"에서 살펴본다.

3. 시공자 선정 취소명령 또는 과징금 부과, 입찰참가 제한

가. 개 요

건설업자등이 금품 등을 제공하거나 제공의사를 표시하거나 제공을 약속하는 행위를 하거나, 건설업자등이 시공자 선정과 관련하여 홍보 등을 위하여 계약한 용역업체의 임직원이 이를 하지 아니하도록 교육 등 필요한 조치를 하여야 할 의무가 있음에도, 그와 같은 의무를 위반하여 관리·감독 등을 하지 아니한 경우로서 용역업체의 임직원(건설업자등이 고용한 개인을 포함한다)이 금품 등을 제공하거나 제공의사를 표시하거나 제공을 약속한 경우, 시공계약 체결과 관련하여 시공과 관련 없는 이사비, 이주비 등을 제안하는 경우, 시·도지사는 사업시행자에게 해당 정비사업에 대한 시공자 선정을 취소할 것을 명하거나 건설업자등에게 과징금을 부과할 수 있고, 법정의 기간 동안 정비사업의 입찰참가를 제한하여야 한다(법 113조의2, 3 각 1항, 132조 1항 및 2항, 132조의2).[36)]

---

36) ① 법은 2012. 2. 1. 개정하면서, 누구든지 시공자, 설계자, 전문관리업자의 선정 또는 추진위원회 위원, 조합임원의 선출과 관련하여 금품, 향응 또는 그 밖의 재산상 이익을 제공하거나 제공의사를 표시하거나 제공을 약속하는 행위, 이를 제공받거나 제공의사 표시를 승낙하는 행위, 제3자를 통하여 위 행위를 하는 것을 금지하고, 이를 위반하는 행위에 대하여 형사처벌하는 규정을 두었으며, 법인의 대표자나 법인 또는 개인의 대리인, 사용인, 그 밖의 종업원이 그 법인 또는 개인의 업무에 관하여 이를 위반하는 행위를 하면 그 행위자를 벌하는 외에 그 법인 또는 개인에게도 해당 조문의 벌금형을 과하는 규정을 두었다.
② 법은 2017. 2. 8. 전부개정하면서, 동일하게 규정하되, 그중 "시공자, 설계자, 전문관리업자의 선정"을 "정비사업상의 계약체결"로 확대하였다(법 132조, 형벌규정 135조 2호, 양벌규정은 139조).
③ 법은 2018. 6. 12. 개정하면서, 건설업자에 대한 강화된 규제조항을 도입하였다. 즉, 법 132조의2를 신설하여 건설업자는 시공자 선정과 관련하여 홍보 등을 위하여 계약한 용역업체의 임직원이 132조를 위반하지 아니하도록 교

나. 시공자 선정 취소명령 또는 과징금 부과(법 113조의2)

(1) 주체

해당 정비사업을 관할하는 시·도지사

(2) 사유(1항)

① 건설업자등의 132조 1항(건설업자등이 직접 또는 제3자를 통하여 금품 등을 제공하거나 제공의사를 표시하거나 제공 약속 금지) 위반행위, ② 2항(시공계약의 체결과 관련하여 시공과 관련 없는 이사비, 이주비, 재건축초과이익환수법상의 재건축부담금의 대납 등의 제공 금지) 위반행위, ③ 건설업자 또는 등록사업자등이 132조의2(시공자 선정과 관련하여 홍보 등을 위하여 계약한 용역업체의 임직원이 위반행위를 하지 아니하도록 교육 등 필요한 조치를 하여야 할 의무)를 위반하여 관리·감독 등 필요한 조치를 하지 아니한 경우로서 용역업체의 임직원이 132조 1항(금품 등을 제공하거나 제공의사를 표시하거나 제공 약속 금지)을 위반한 경우

(3) 조치사항

위 각 사유에 해당하는 경우 시·도지사는 사업시행자에 대하여 건설업자등의 해당 정비사업에 대한 시공자 선정을 취소할 것을 명하거나 그 건설업자등에게 사업시행자와 시공자 사이의 계약서상 공사비의 100분의 20 이하에 해당하는 금액의 범위에서 과징금을 부과할 수 있다. 따라서 이는 재량사항이다. 다만, 시·도지사로부터 시공자 선정 취소의 명을 받은 사업시행자는 시공자 선정을 취소하여야 한다(법 113조의2 1항). 시공자 선정 취소 또는 과징금 부과를 위해서는 반드시 청문을 거쳐야 한다(법 121조 4호).

(4) 절차(2항)

시·도지사는 시공자 선정을 취소할 것을 명하거나 과징금을 부과하려는 경우에는 건설업자

육, 용역비 집행 점검, 용역업체 관리·감독 등 필요한 조치를 하여야 한다고 규정하였다. 나아가 113조의2 및 113조의3을 신설하여 "시·도지사는 건설업자가 132조를 위반하거나 건설업자가 132조의2를 위반하여 관리·감독 등 필요한 조치를 하지 아니한 경우로서 용역업체의 임직원이 132조를 위반한 경우, 사업시행자에게 건설업자의 해당 정비사업에 대한 시공자 선정을 취소할 것을 명하거나(이 경우 시공자 선정 취소의 명을 받은 사업시행자는 시공자 선정을 취소하여야 하며) 그 건설업자에게 과징금을 부과할 수 있고, 정비사업의 입찰참가를 제한할 수 있다."고 규정하였다. 건설업자가 132조의2에 따른 조치를 소홀히 하여 용역업체의 임직원이 132조 1항 각 호의 어느 하나를 위반한 경우 그 건설업자는 법 138조 2항에 의하여 형사처벌을 받게 된다.

④ 법은 2022. 6. 10. 개정하면서, 등록사업자를 규제대상에 추가하였다(종래 건설업자에 대하여만 강화된 규제조항을 적용하고 있었다). 이는 건설산업기본법 9조에 따른 건설업자 외에 주택법 7조 1항에 따라 건설업자로 보는 '등록사업자'도 시공자로 선정될 수 있음을 고려한 것이다(형사처벌규정인 법 138조 2항에도 등록사업자가 추가되었다). 나아가 건설업자 및 등록사업자는 시공계약의 체결과 관련하여 시공과 관련 없는 사항으로서 이사비, 이주비, 이주촉진비, 그 밖에 시공과 관련 없는 사항에 대한 금전이나 재산상 이익을 제공하는 것으로서 대통령령으로 정하는 사항, 재건축부담금의 대납 등 이 법 또는 다른 법률을 위반하는 방법으로 정비사업을 수행하는 것으로서 대통령령으로 정하는 사항을 제안하여서는 아니 된다는 132조 2항을 신설하였다. 또한 113조의2 및 113조의3을 개정하여 건설업자등이 이를 위반한 경우에도 시·도지사는 사업시행자에게 건설업자등의 해당 정비사업에 대한 시공자 선정을 취소할 것을 명하거나 그 건설업자등에게 과징금을 부과할 수 있고, 정비사업의 입찰참가를 제한할 수 있다고 규정하였다.

⑤ 법은 2024. 1. 30. 113조의3을 개정하면서, 건설업자등의 132조 1항 및 2항 위반 및 132조의2 위반행위에 대하여 시·도지사는 반드시 입찰참가를 제한하여야 한다고 규정하였다(종래 시·도지사는 시공자 취소명령, 과징금 부과명령과 마찬가지로 입찰참가를 제한할 수 있을 뿐이었다).

등에게 그 위반행위, 처분의 종류 및 과징금의 금액(과징금을 부과하는 경우만 해당한다)을 적어 서면으로 통지하여야 하고, 과징금 부과 통지를 받은 자는 통지가 있은 날부터 20일 또는 시·도지사가 20일 이상의 범위에서 따로 정한 기간 이내에 시·도지사가 정하는 수납기관에 과징금을 납부하여야 한다. 다만, 천재지변이나 그 밖에 부득이한 사유로 그 기간에 과징금을 납부할 수 없는 경우에는 그 사유가 없어진 날부터 7일 이내에 납부하여야 한다(법 113조의2 2항, 법 시행령 89조의2 2항, 3항). 과징금을 납부 받은 수납기관은 그 납부자에게 영수증을 발급하여야 하고, 지체 없이 그 사실을 해당 시·도지사에게 통보하여야 한다(법 113조의2 2항, 법 시행령 89조의2 4항).

⑸ 과징금의 범위 및 징수

과징금의 범위에 관하여는 법 시행령 89조의2 1항, 별표 5의2에서 사유에 따라 공사비의 100분의 5부터 100분의 20까지 상세하게 규정하고 있다. 시·도지사는 과징금의 부과처분을 받은 자가 납부기한까지 과징금을 내지 아니하면 지방행정제재·부과금의 징수 등에 관한 법률에 따라 징수한다(법 113조의2 3항).

다. 건설업자등의 입찰참가 제한(법 113조의3)

⑴ 시·도지사는 위 113조의2 1항의 어느 하나에 해당하는 건설업자등에 대해서는 2년 이내의 범위에서 법정의 기간(1년 또는 2년, 법 시행령 89조의2 1항, 별표 5의2) 정비사업의 입찰참가를 제한하여야 한다(법 113조의3 1항). 시·도지사는 1항에 따라 건설업자등에 대한 정비사업의 입찰참가를 제한하려는 경우에는 대상, 기간, 사유, 그 밖의 입찰참가 제한과 관련된 내용을 공개하고, 관할 구역의 시장, 군수 또는 구청장 및 사업시행자에게 통보하여야 한다. 다만, 정비사업의 입찰참가를 제한하려는 해당 건설업자등이 입찰 참가자격을 제한받은 사실이 있는 경우에는 시·도지사가 입찰참가 제한과 관련된 내용을 전국의 시장, 군수 또는 구청장에게 통보하여야 하고, 통보를 받은 시장, 군수 또는 구청장은 관할 구역의 사업시행자에게 관련된 내용을 다시 통보하여야 한다(법 113조의3 2항).

⑵ 2항에 따라 입찰자격 제한과 관련된 내용을 통보받은 사업시행자는 해당 건설업자등의 입찰 참가자격을 제한하여야 한다. 이 경우 사업시행자는 입찰참가를 제한받은 건설업자 등과 계약(수의계약을 포함한다)을 체결하여서는 아니 된다(법 113조의3 3항).

⑶ 시·도지사는 1항에 따라 정비사업의 입찰참가를 제한하는 경우에는 대통령령으로 정하는 바에 따라 입찰참가 제한과 관련된 내용을 119조 1항에 따른 정비사업관리시스템에 등록하여야 한다(법 113조의3 4항). 시·도지사는 대통령령으로 정하는 위반행위에 대하여는 1항부터 3항까지에도 불구하고 1회에 한하여 과징금으로 1항의 입찰참가 제한을 갈음할 수 있다. 이 경우 과징금의 부과기준 및 절차는 113조의2 1항 및 3항을 준용하고, 과징금을 부과하는 위반행위의 종류와 위반 정도 등에 따른 과징금의 금액 등에 필요한 사항은 대통령령으로 정한다(법 113조의3 5항). 위 4항 및 5항은 2024. 1. 30.자 법 개정으로 도입되었다. 입찰참가제한을 위해서는 반드시 청문을 거쳐야 한다(법 121조 5호).

Ⅵ. 시공이후의 법률관계

1. 소유권 취득

건물신축공사의 도급계약에 있어서 건축재료의 전부 또는 주요 부분을 도급인이 제공한 경우에는 완성된 건물의 소유권을 도급인이 원시취득하되 이를 수급인이 제공한 경우에는 완성된 목적물의 소유권은 원칙적으로 일단 수급인에게 귀속된다. 다만, 수급인이 자기의 노력과 재료를 들여 건물을 완성하더라도 도급인과 수급인 사이에 도급인 명의로 건축허가를 받아 소유권보존등기를 하기로 하는 등 완성된 건물의 소유권을 도급인에게 귀속시키기로 합의한 경우에는 그 건물의 소유권은 도급인에게 원시적으로 귀속된다.[37]

도시정비법 제정 이전의 재건축사업에서, 대법원은 재건축조합이 시공자와 사이에서 조합원으로부터 출자받은 대지상에 집합건물을 신축하기로 하는 공사계약을 체결하고 이를 시행함에 있어 재건축조합의 규약 및 공사계약서의 내용을 모두 살펴 원시취득자를 확정하여야 한다고 판시하였다.[38] 그러나 도시정비법은 2009. 2. 6. 개정으로 54조 2항 단서(현행 86조 2항)을 신설하여 '이전고시가 있는 경우 대지 또는 건축물을 분양받을 자는 고시가 있은 날의 다음 날에 그 대지 또는 건축물의 소유권을 취득한다.'고 규정하고 있고, 기타 법 86조 1항의 규정 내용, 정비사업에서의 공용환권의 법리를 규정한 법 87조 1항 및 2항 등을 종합하여 보면, 신축된 건물의 소유권은 일반분양분은 도급인인 조합이 원시취득하고, 조합원분양분은 해당 조합원들이 원시취득한다고 보아야 할 것이다.

2. 건설공사와 관련한 부가가치세 부담 관련

시공자는 사업시행자와 체결한 공사도급계약에 따라 국민주택 규모를 초과하는 주택을 신축하는 건설용역을 제공한 경우, 부가가치세 납부의무를 부담하므로 그 용역을 공급받는 자인 사업시행자로부터 부가가치세를 징수할 수 있다. 다만 그 부가가치세를 최종적으로 누가 부담할 것인가는 공사업자, 사업시행자, 조합원 사이의 약정에 의하여 정하여질 수 있다. 거래당사자 사이에 부가가치세를 부담하기로 하는 약정이 따로 있는 경우에는 시공자는 그 약정에 기하여 공급을 받는 자에게 부가가치세 상당액의 지급을 직접 청구할 수 있다. 사업시행자가 부가가치세를 부담하기로 약정한 경우, 사업시행자가 이를 내부적으로 조합원들에게 어떻게 분담시킬지를 정하는 것은 사업시행자인 조합 내부의 문제로서, 이로 인하여 시공자가 사업시행자로부터 약정에 따른 부가가치세를 수령할 권리에 어떠한 영향을 받는 것은 아니다.[39]

3. 시공 이후 시공자와 일반수분양자들 사이의 법률관계 쟁송

사업시행자와 시공자 사이에 체결한 공사도급계약서에 시공자와 일반 수분양자 사이의 권리

37) 대법원 1988. 12. 27. 선고 87다카1138, 1139 판결, 대법원 2005. 11. 25. 선고 2004다36352 판결.
38) 대법원 2005. 7. 22. 선고 2003다3072 판결.
39) 대법원 2006. 7. 13. 선고 2004다7408 판결.

관계를 규정하는 아무런 조항이 없고, 일반분양분에 대한 아파트 공급계약서에도 시공자는 매도인 내지 공급자가 아닌 시공사로만 표시되어 있으며, 일반분양분에 관하여는 이전고시로 사업시행자가 소유권을 취득한 후 이를 직접 수분양자들에게 이전등기를 경료하여 준다. 따라서 시공자는 일반수분양자와의 관계에서 사업시행자와 공동으로 아파트를 분양하였다고 볼 수 없으므로, 일반수분양자에 대하여 민법 667조 내지 671조에 따른 공사수급인의 담보책임을 부담하지는 아니한다.[40]

4. 시공 이후 시공자와 조합원 사이의 법률관계 쟁송

조합이 사업시행에 관하여 시공자와 체결한 계약은 관계 법령 및 정관이 정하는 범위 안에서 조합원에게 효력을 갖는 점은 앞서 본 바이다. 그러나 조합원이 사업시행자로서의 지위에 있다고 볼 수는 없다. 따라서 재개발사업에 관하여 참여조합원으로 가입한 시공자가 사업시행자인 조합의 전문성 및 재정적 능력 부족을 보완하기 위하여 재개발사업의 시행준비 단계부터 입주단계에 이르기까지 재개발조합을 대행하여 주도적으로 재개발사업의 시행에 간여하고 공사대금 지급에 관하여 지분제(확정지분제) 방식을 채택함으로써 재개발사업의 성패가 곧장 시공사의 경제적 이익 또는 손실로 귀속되게 된다 하더라도, 그와 같은 사정만으로는 시공자가 재개발사업에 관하여 공동시행자로서 조합원에 대하여 조합과 동등한 책임을 진다고 할 근거가 될 수 없으므로, 시공자는 조합원과 사이에 사업시행자와 관련한 법률관계 쟁송의 대상이 되지 아니한다.[41]

5. 조합임원의 연대보증책임

시공자는 시공계약상의 공사대금채무와 관련하여 조합임원들의 연대보증을 받게 된다.

판례는 재건축사업에 참여한 시공자로서는 공사대금 등 사업시행자에 대한 채권의 확보책이 필요하여 일정한 인적 담보를 요구하는 것은 당연한 것이고, 재건축사업에 주도적으로 관여하여 그 사업의 원만한 추진에 중대한 이해관계를 가지고 있었던 조합임원들로서는 그러한 거래에 이르게 된 제반 경위와 거래조건 및 그 당시로서도 이미 특정이 가능하였던 예상되는 보증책임의 범위 등을 두루 이해하는 바탕 하에서 사업시행자의 시공자에 대한 채무를 연대보증하게 된 것으로서, 조합임원들이 그들의 자유로운 의사에 따라 연대보증계약을 체결한 것으로 보아, 연대보증한 조합임원들의 착오로 인한 법률행위 또는 의사표시에 하자가 있다는 주장을 배척하였다.[42]

---

40) 대법원 2014. 3. 27. 선고 2013다30424 판결.
41) 대법원 2007. 12. 27. 선고 2004다26256 판결, 대법원 2010. 2. 11. 선고 2009다79729 판결.
42) 대법원 2003. 3. 14. 선고 2000다16145 판결.

제3장 전문관리업자 및 설계업자 선정

Ⅰ. 총 설

정비사업은 전문성을 요하는 사업이다. 시장·군수등이나 토지주택공사가 사업시행자인 경우와 달리 원칙적 사업시행자인 조합은 정비사업에 대한 전문성이 부족하다. 법 제정 이전에는 시공자가 조기에 선정되어 조합은 시공자로부터 사업비 조달 외에 정비사업 관련 업무의 처리를 의존하는 경우가 많았다. 그러나 시공자의 전횡으로 토지등소유자의 권리가 침해되는 일이 자주 발생되자, 법은 제정 당시 이를 방지하기 위하여 시공자 선정시기를 사업시행계획인가 이후로 규정하되, 조합의 비전문성을 보완함으로써 조합원의 권익을 보호하고 사업추진의 효율성을 도모하기 위하여 행정·설계·시공·감리 등 분야에서 전문지식을 갖춘 인력의 도움을 받을 수 있는 '정비사업 전문관리업제도'를 도입하였고, 추진위원회 또는 사업시행자가 전문관리업자에게 위탁·자문을 구할 수 있는 업무의 범위를 정하였다(102조 1항).

한편 정비사업은 건축행위를 전제로 한 사업으로서 설계도서 작업이 반드시 필요하다. 사업시행자와 설계자 사이의 계약에 의하여 설계자의 업무가 결정되나, 설계도서 작성 및 이를 위한 기초조사(지반조사, 현황측량), 일조분석, 경관분석 및 예정공사비(산출내역서 포함) 산정, 각종 업무협의 등이 설계자의 일반적인 업무 내용이다(서울시 공공지원 설계자 선정기준 15조 참조).

전문관리업자 및 설계업자의 선정은 토지등소유자들의 권리·의무에 직접적 영향을 미치는 중요한 사항이므로, 법이 정한 강행규정인 '경쟁입찰 또는 2회 이상 유찰된 경우의 수의계약'이라는 원칙적 경쟁입찰방법에 의하여야 한다(이는 조합이 사업시행자인 경우 조합원이 100명 이하인 정비사업이나 토지등소유자 20인 미만의 재개발사업에서 토지등소유자가 사업시행자인 경우의 시공계약상의 예외규정이 적용되지 아니한다). 또한 사업시행자가 조합인 경우 전문관리업자 및 설계업자의 선정은 총회결의에 의하되, 법은 이를 정관의 필요적 기재사항으로 규정하고 있으므로(40조 1항 16호). 조합은 정관내용에 부합하게 전문관리업자 및 설계업자를 선정하여야 한다. 이는 대의원회가 대행할 수 없는 총회의 고유권한이다. 다만 법 118조에 따라 시장·군수등이 정비사업의 투명성 강화 및 효율성 제고를 위하여 시·도 조례로 정하는 정비사업에 대하여 사업시행 과정을 지원하거나 토지주택공사등에 공공지원을 위탁하는 경우에는, 시장·군수등이나 공공지원을 위탁받은 자가 전문관리업자를 선정하고(위탁지원자는 선정을 위한 지원으로 한정), 설계자 선정방법 등의 업무를 수행한다(118조 1항, 2항).

실무상 조합은 조합설립인가 이후 경쟁입찰에 따라 총회의 의결을 거쳐 정관에 부합하게 전문관리업자 또는 설계자를 선정하는 것이 일반적이다. 한편 제3편 추진위원회에서 살펴본 바와 같이 조합에 의한 사업시행방식의 경우 전문관리업자 및 설계자의 각 선정 및 변경은 추진위원회의 업무에도 속하고, 실제로 추진위원회 단계에서 전문관리업자 및 설계자 선정이 이루어지기도 한다. 이와 관련하여 법 34조 3항의 포괄승계와 관련한 일반조항과 2017. 8. 9.자 법 개정으로 신설된 29조 1항과의 해석이 문제되나, 추진위원회가 선정한 전문관리업자 또는 설계자의 경우 조합설립 이후에도 선정의 효과가 승계됨은 앞서 살펴보았다(제3편 제4장 Ⅲ. "2. 전문관리업자 또는 설계자의 선정" 참조).

조합이 사업시행에 관하여 설계자, 전문관리업자와 체결한 계약은 관계 법령 및 정관이 정하는 범위 안에서 조합원에게 효력을 갖는다(서울 표준정관 67조). 정비사업의 전문성으로 인하여 조합이 사업을 진행함에 있어 일반적으로 전문관리업자를 선정하여 정비업무에 관하여 위탁하거나 자문을 받게 되는데, 설계자 선정 및 시공자 선정에 관한 업무의 지원은 전문관리업자에 대한 주요한 위탁업무에 해당한다(법 102조 1항 4호). 실무상 사업시행자인 조합(20인 미만의 토지등소유자로 구성되는 재개발사업에서 토지등소유자 개인이 사업시행자가 되는 경우 동일)은 전문관리업자의 조력을 받는다 하더라도 여전히 정비사업에 대한 전문지식이 부족하고, 다양한 이해관계를 조정할 능력을 갖추지 못하고 있는 관계로 최근에는 법 27조 1항 3호에 기하여 토지등소유자들이 신탁업자를 사업시행자로 지정하여 정비사업을 시행하는 경우를 흔히 볼 수 있다.

Ⅱ. 선정절차

법 29조 1항이 규정하고 있는 경쟁입찰에 의하여야 하는 등 앞서 본 일반계약절차가 전문관리업자 또는 설계자 선정에도 동일하게 적용된다. 추진위원회 단계에서 전문관리업자를 선정하는 경우에도 법 29조 1항이 적용된다(법 32조 2항). 이는 법이 2017. 8. 9. 개정되면서 도입되었다.[1] 다만, 그 특유의 절차로는 사업시행자는 통상적인 입찰공고(전자조달시스템 또는 1회 이상 일간신문) 외에도 토지등소유자가 쉽게 접할 수 있는 일정한 장소의 게시판에 7일 이상 공고하고 인터넷 등에 병행하여 공개하여야 한다(정비계약기준 14조 1항).

전문관리업자 및 설계자를 선정, 변경함에 있어 반드시 총회의 의결절차를 거쳐야 하고(추진위원회는 주민총회, 추진위원회 표준운영규정 21조 3호), 조합원 과반수의 출석과 출석 조합원 과반수의 찬성으로 의결하며(추진위원회의 경우, 구성에 동의한 토지등소유자 과반수 출석으로 개의하고 출석한 토지등소유자의 과반수 찬성으로 의결한다. 위 표준운영규정 22조 1항), 이는 총회의 고유권한으로 대의원회가 대행할 수 없음은 시공계약과 동일하고 일반계약과 구분된다(법 45조 3항, 법 시행령 43조 4호, 5호). 총회에 상정된 입찰참여자의 수가 다수인 경우(3 이상으로 조합이 자율적으로 정할 수 있다) 최다득표한 입찰참여자를 전문관리업자 및 설계자로 선정할 수 있다(서울 표준정관 13조 2항 단서, 14조 2항).

총회의결 이후 사업시행자는 총회가 선정한 전문관리업자 및 설계자와 계약을 체결하게 된다

1) 국토부가 고시로 추진위원회가 전문관리업자를 선정하고자 하는 경우 공개경쟁을 원칙으로 하는 내용의 '정비사업전문관리업자 선정기준'을 2010. 9. 16. 마련하였으나, 위 규정의 신설로 폐지되었다.

(추진위원회단계에서는 위원장이 체결한다). 사업시행자는 전문관리업자 및 설계자의 선정(변경)계약서 및 관련 자료가 작성되거나 변경된 후 15일 이내에 이를 조합원, 토지등소유자 또는 세입자가 알 수 있도록 인터넷과 그 밖의 방법을 병행하여 공개하여야 한다(법 124조 1항 2호, 법 시행령 94조 1항 4호).

Ⅲ. 설계업자

1. 시공계약과 설계계약

설계는 시공과 밀접한 관련이 있다. 사업시행자는 시공계약을 체결함에 있어 반드시 입찰서 제출마감일 20일 전까지(비용산출내역서 및 물량산출내역서 등을 제출해야 하는 내역입찰의 경우에는 입찰서 제출마감일 45일 전까지) 현장설명회를 개최하여야 하는데, 현장설명회에는 반드시 설계도서가 포함되어야 하고(정비계약기준 31조 2항 1호). 서울시는 조합에 대하여 시공자 선정 이전에 공사입찰에 필요한 설계도서를 작성하고, 공사원가를 산출할 것을 요구하므로(서울시 조례 77조 2항), 설계계약은 시공계약 전에 체결되어야 한다. 설계가 정비사업 전반에 걸쳐 중대한 효과를 미치는 특성상 추진위원회 단계에서 신중하게 설계자를 선정하고, 그 후 조합이 설립되더라도 추진위원회 단계에서 선정한 설계자가 그대로 업무를 수행하는 경우가 있다.

2. 2010. 4. 15. 이전 추진위원회 단계에서 체결된 설계계약

가. 문제의 소재

법이 2010. 4. 15. 개정으로 비로소 설계자의 선정이 추진위원회의 업무로 규정되었다. 그러나 실무상 위 개정 이전에도 추진위원장이 설계자와 설계계약을 체결하는 경우가 흔히 있는바, 그 효력이 문제된다.

나. 판 단

법이 2010. 4. 15. 개정되기 이전에는 설계자의 선정에 총회의결을 거치도록 규정하고 있으므로(구 법 24조 3항 6호), 추진위원회 단계에서 체결된 설계계약은 무효이다.[2] 다만, 추진위원회가 설계자와 체결한 설계계약에 따른 권리와 의무는 설계계약이 무효인 상태로 조합에 포괄승계 되므로, 추진위원회가 설계자에 대하여 부담하는 부당이득반환채무가 조합에 승계된다.[3]

Ⅳ. 전문관리업자

법 26조 1항에 따라 시장·군수등이 직접 정비사업을 시행하거나 토지주택공사등을 사업시행자로 지정하여 정비사업을 시행하게 하는 공공시행의 경우, 법 27조 1항에 따라 시장·군수등이 지정개발자를 사업시행자로 지정하여 정비사업을 시행하게 하는 경우에는 원칙적으로 전문관리

2) 대법원 2024. 3. 14. 자 2023다306571 판결 및 서울고등법원 2023. 10. 27. 선고 2022나2023167 판결.
3) 위 서울고등법원 2022나2023167 판결.

업자와 계약을 체결하지 아니한다. 다만, 조합설립을 위한 동의요건 이상에 해당하는 토지등소유자가 신탁업자를 사업시행자로 지정하는 것에 동의하여 시장·군수등이 신탁업자를 사업시행자로 지정한 경우(법 27조 1항 3호)의 신탁업자는 전문관리업자와 위탁 또는 자문계약을 체결할 수 있고, 그 경우에는 토지등소유자 전체회의의 의결을 거쳐야 한다(법 48조 1항 3호). 앞서 본 바와 같이 조합이나 토지등소유자(20인 미만의 토지등소유자로 구성되는 재개발사업에서의 사업시행자)가 전문관리업자를 경쟁입찰방법으로 선정한다. 다만 법 118조에 따라 시장·군수등이 정비사업의 투명성 강화 및 효율성 제고를 위하여 시·도 조례로 정하는 정비사업에 대하여 사업시행과정을 지원하거나 공공지원을 위탁한 경우에는 시장·군수등이나 공공지원을 위탁받은 자가 전문관리업자를 선정한다(법 118조 1항, 2항 2호). 이에 따라 사업시행자(추진위원회)는 시장·군수등이 선정한 전문관리업자와 위임계약을 체결하게 되므로, 전문관리업자를 선정함에 있어 경쟁입찰방식에 따른다는 법 29조 1항, 32조 2항이 적용되지 아니한다(추진위원회에 대하여는 법 118조 5항으로 명문의 규정이 있다).

전문관리업자를 선정하는 경우 그 전제로서의 등록기준 및 결격사유, 등록취소, 등록규정 위반의 효력, 전문관리업자로 선정된 경우의 전문관리업자 업무 및 지위, 전문관리업자에 대한 감독, 전문관리업협회 등에 대하여는 모두 제11편 제3장에서 살펴보기로 한다.

제4장 감정평가업자 선정

Ⅰ. 개 요

정비사업 진행과정에서 객관적인 자산평가의 필요성이 있는 경우가 다수 있다. 즉 사업시행자는 정비사업 진행과정에서 종전자산 및 종후자산 가액, 비용, 분담금, 현금청산금(손실보상) 등을 산정하여야 하고, 이는 객관적인 자산평가를 기초로 한다. 이를 위한 감정평가법인의 선정 및 변경은 조합원들의 이해관계에 중대한 영향을 미치므로 총회의 의결사항이고, 대의원회가 권한을 대행할 수 없다(법 45조 1항 5호, 법 시행령 43조 4호. 다만, 정관의 필요적 기재사항에는 해당되지 아니한다). 사업시행자가 감정평가법인을 선정 및 변경하는 절차는 앞서 본 일반계약절차와 동일하되, 총회의결을 거쳐 사업시행자가 감정평가법인과 계약을 체결하여야 한다.

Ⅱ. 정비사업과정에서의 감정평가

1. 조합설립 전

추진위원회는 조합설립에 필요한 동의를 받기 전에 추정분담금 등 대통령령으로 정하는 정보를 토지등소유자에게 제공하여야 한다(법 35조 10항). 이에 추진위원회는 조합설립 동의를 받기 위한 추정분담금(토지등소유자 유형별 분담금 추산액 및 산출근거[1])을 산정하기 위해 필요한 경우 감정평가업자를 선정할 수 있다(법 32조 1항 5호, 법 시행령 26조 5호, '추진위원회 표준운영규정' 5조 4항 단서).

2. 조합설립 이후

가. 재개발·재건축사업의 용적률 완화를 위한 국민주택규모 주택 건설

사업시행자가 국민주택규모 주택을 건설하여 시·도지사 등에게 공급하는 경우 용적률 완화의 인센티브를 받게 된다(법 54조 4항). 사업시행자는 시·도지사 등에게 건설된 국민주택규모의 주택을 인도함에 있어 부속토지는 원칙적으로 기부채납한다. 다만, 사업시행자는 인수자가 인수된 국민주택규모 주택을 장기공공임대주택이 아닌 임대주택으로 활용하는 경우에는 임대의무기간이 10년 이상이면 감정평가액의 100분의 30, 임대의무기간이 10년 미만이면 감정평가액의 100분의 50의 가격으로 부속토지를 인도하게 한다. 따라서 그 경우 감정평가법인의 감정평가가 필요

1) 이는 정비계획에 포함되어야 할 사항이다(법 9조 1항 2의2호).

하다(법 55조 5항, 법 시행령 48조 6항).

나. 재개발사업에서의 임대주택의 인도

재개발사업에서는 사업시행자의 임대주택 건설이 의무이다. 사업시행자는 임대주택을 건설한 후 이를 직접 분양하거나 국토부장관 등에게 인수를 요청할 수 있고, 그 경우 국토부장관 등은 법정의 내용대로 반드시 인수하여야 한다. 국토부장관 등이 임대주택을 인수하는 경우 부속토지의 가격은 사업시행계획인가·고시가 있는 날을 기준으로 감정평가법인등 둘 이상이 평가한 금액을 산술평균한 금액으로 한다(법 79조 5항, 법 시행령 68조 2항). 따라서 이를 위해 감정평가법인의 감정평가가 필요하다.

다. 소유자의 확인이 곤란한 건축물 등에 대한 처분

사업시행자인 조합은 조합설립인가일(토지등소유자가 20인 미만인 재개발사업으로서 토지등소유자가 사업시행자인 경우에는 50조에 따른 사업시행계획인가일) 현재 건축물 또는 토지의 소유자의 소재 확인이 현저히 곤란한 때에는 전국적으로 배포되는 둘 이상의 일간신문에 2회 이상 공고하고, 공고한 날부터 30일 이상이 지난 때에는 그 소유자의 해당 건축물 또는 토지의 감정평가액에 해당하는 금액을 법원에 공탁하고 정비사업을 시행할 수 있다(법 71조 1항 1, 2호). 따라서 이를 위한 감정평가가 필요하다.

라. 종전자산 및 종후자산 등에 대한 감정평가

(1) 분양신청통지 전 종전자산에 대한 감정평가

사업시행자는 사업시행계획인가의 고시가 있은 날(사업시행계획인가 이후 시공자를 선정한 경우에는 시공자와 계약을 체결한 날)부터 90일(대통령령으로 정하는 경우에 1회에 한정하여 30일의 범위에서 연장가능) 이내에 분양대상자별 종전의 토지 또는 건축물의 명세 및 사업시행계획인가의 고시가 있은 날을 기준으로 한 가격(사업시행계획인가 전에 81조 3항에 따라 철거된 건축물은 시장·군수등에게 허가를 받은 날을 기준으로 한 가격) 등을 포함하는 내용을 토지등소유자에게 통지하고, 분양의 대상이 되는 대지 또는 건축물의 내역 등 대통령령으로 정하는 사항을 해당 지역에서 발간되는 일간신문에 공고하여야 한다(법 72조 1항 1호). 이를 위해서는 감정평가가 필요하다.

(2) 관리처분계획 수립을 위한 종후자산 및 세입자별 손실보상을 위한 권리명세에 대한 평가

사업시행자는 관리처분계획의 수립을 위하여 종후자산 및 세입자별 권리(영업권 등)가액에 대하여 감정평가하여야 한다(법 74조 4항 1호, 1항 3호, 8호).

마. 분양신청하지 아니한 조합원에 대한 현금청산(재개발사업)

사업시행자는 분양신청을 하지 아니한 현금청산대상자로부터 그 소유의 토지등을 협의취득하게 되는데, 재개발사업의 경우에는 협의를 위하여 먼저 감정평가를 거쳐야 하고, 감정평가업자 선정에 관하여는 토지보상법 68조 1항에 따른다(법 시행령 60조 1항 후문).

바. 부지 중 일부에 대한 현금 기부채납으로 인한 용적률 완화에 필요한 감정평가

사업시행자가 정비구역 내 토지의 일부에 정비기반시설 등을 설치하거나 부지 등을 제공하고 용적률을 완화받는 내용으로 정비계획이 수립된 경우, 사업시행자는 부지의 가액 일부에 해당하는 금액을 현금으로 납부할 수 있고, 그 전제로 감정평가가 필요하다(법 17조 4항).

사. 사업시행계획서의 내용 중 폐지되는 정비기반시설의 가액 평가

사업시행자는 사업시행계획서를 작성함에 있어 정비사업의 시행으로 용도가 폐지되는 정비기반시설의 조서·도면을 작성하여야 하고, 그와 같은 조서 및 도면에는 폐지되는 정비기반시설의 가액이 포함된다. 폐지되는 정비기반시설의 가액평가는 둘 이상의 감정평가업자의 감정평가를 거쳐야 하고, 그와 같은 감정평가서는 사업시행계획서에 반드시 포함되어야 할 사항이다(법 97조 2항, 법 시행령 47조 2항 11호).

아. 청산금 산정을 위한 감정평가

조합원이 분양받은 종후자산의 가격과 종전자산의 가격 사이에 차이가 있는 경우 사업시행자는 이전고시가 있은 후에 청산금을 수분양자로부터 징수하거나 수분양자에게 지급하여야 한다(법 89조 1항). 사업시행자는 위와 같은 자산을 평가함에 있어 그 토지 또는 건축물의 규모·위치·용도·이용 상황·정비사업비 등을 참작하여 평가하여야 한다(법 89조 3항). 다만 평가방법과 관련하여 재개발사업의 경우에는 종전자산 및 종후자산의 금액은 시장·군수등이 선정·계약한 2인 이상의 감정평가법인등에 의하여 평가한 금액을 산술평균하여 산정하여야 한다(법 시행령 76조 1항 1호, 2항 1호, 법 74조 4항 1호 가목). 그러나 재건축사업의 경우에는 사업시행자가 정하는 바에 따라 평가하되, 다만, 감정평가법인등의 평가를 받으려는 경우에는 시장·군수등이 선정·계약한 1인 이상의 감정평가법인등과 조합 총회의 의결로 선정·계약한 1인 이상의 감정평가법인등에 의하여 평가한 금액을 산술평균하는 방법으로 한다(법 시행령 76조 1항 2호, 2항 2호, 법 74조 4항 1호 나목). 관리처분계획 이후 이전고시까지 상당한 기간이 경과하기 때문에 새롭게 감정평가절차를 거친다.

Ⅲ. 시장·군수등의 감정평가법인 선정

조합 등 사업시행자로부터 행정청이 임대주택이나 국민주택규모주택을 인수하는 경우처럼 행정청이 소속한 국가나 지방자치단체 등의 이해관계와 관련이 있는 경우가 아닌, 즉 정비사업의 수행을 위하여 조합설립인가 이후 소유자의 확인이 곤란한 건축물 등에 대한 처분을 함에 필요한 감정평가, 토지등소유자의 종전자산 및 종후자산의 평가 등을 비롯한 각종 감정평가에 대하여도 공정을 기하기 위하여 시장·군수등으로 하여금 감정평가법인등을 선정·계약하도록 하고 있다. 시장·군수등의 감정평가법인등 선정과 관련한 자세한 내용은 해당 항목에서 살펴본다.

법은 시장·군수등이 감정평가법인등을 선정·계약하는 방법과 관련하여, 감정평가법인등의 업무수행능력, 소속 감정평가사의 수, 감정평가 실적, 법규 준수 여부, 평가계획의 적정성 등을 고려하여 객관적이고 투명한 절차에 따라 선정하여야 한다고 규정하고 있다(74조 4항 2호 전문). 감정평가법인등의 선정·절차 및 방법 등에 필요한 사항은 시·도 조례에 위임하고 있는바(법 74조 4항 2호 후문), 이에 따라 서울시 조례 35조는 구청장이 감정평가업자를 선정하는 기준·절차 및 방법에 대하여 자세히 규정하고 있다.

제5장 임대사업자 선정

Ⅰ. 의 의

민간임대주택법 2조는 민간이 공급하는 임대주택에 관하여 민간임대주택, 민간건설임대주택, 민간매입임대주택, 공공지원민간임대주택, 장기일반민간임대주택으로 나누고 있다. 그중 '공공지원민간임대주택'의 한 유형으로 임대사업자가 국토계획법상의 용도지역이 정한 용적률 범위에서 조례로 정한 용적률을 공제한 만큼의 인센티브를 받아 정비사업 사업시행자가 건설한 주택 중 일정 비율에 대하여 민간임대주택으로 취득하여 의무임대기간, 임대료 및 임차인의 자격 제한 등을 받아 임대하는 민간임대주택이 있다.

재개발·재건축 등 정비사업에서 발생하는 주택 중 일반분양분을 임대사업자가 공공지원민간임대주택으로 일괄 매수하여 청년·신혼부부, 무주택자, 원주민에게 10년 이상 시세보다 저렴하게 맞춤형으로 임대하는 사업을 '공공지원민간임대 연계형 정비사업'이라 한다(민간임대주택법이 2020. 8. 18. 개정되어 민간임대주택의 임대의무기간이 8년에서 10년으로 연장되었다).

공공지원민간임대 연계형 정비사업 시행자는 일반분양주택을 시세보다 저렴하게 일괄하여 임대사업자에게 매도하되, 이로 인한 손실분은 민간임대주택법 21조 2호에 따라 법적상한용적률(국토계획법상의 용도지역이 정한 용적률)까지 용적률의 인센티브로 보전받게 된다. 사업시행자가 공공지원민간임대 연계형 정비사업을 시행하기 위해서는 공모를 통하여 국토부장관에 의하여 지원대상 정비구역으로 지정되어야 한다. 위와 같은 정비구역지정 이후 용적률 상한 등을 포함하여 공공지원민간임대주택 건설이 포함된 내용으로 정비계획이 변경되고, 이에 따라 사업시행자는 공공지원민간임대주택 건설계획을 포함한 사업시행계획서를 작성하여 시장·군수등으로부터 인가를 받아야 한다(법 52조 1항 8호).

위와 같이 건설된 공공지원민간임대주택의 경우 의무적 임대기간이 있으나, 저렴한 가격으로 주택을 취득할 수 있는 장점으로 공공지원민간임대주택을 취득하려는 임대사업자는 여전히 인기가 높다. 이에 임대사업자 선정과 관련하여 법은 30조에서 이를 규정하고 있다. 즉, 사업시행자는 공공지원민간임대주택을 원활히 공급하기 위하여 국토부장관이 정하는 경쟁입찰의 방법 또는 수의계약(2회 이상 경쟁입찰이 유찰된 경우)의 방법으로 민간임대주택법 2조 7호에 따른 임대사업자(부동산투자회사, 집합투자기구 또는 투자회사 포함)를 선정할 수 있다(법 30조, 정비사업 연계 임대사업자 선정기준 2조 2호). 사업시행자는 임대사업자로 선정되고자 하는 자 중 우선협상대상자를 선정할 수 있다.

Ⅱ. 임대사업자 선정절차

1. 우선협상대상자 선정절차

가. 입찰공고(정비사업 연계 임대사업자 선정기준 6조)

(1) 사업시행자는 제안서 제출마감일의 전일부터 기산하여 30일 전에 입찰공고를 하여야 한다. 이 경우 입찰공고 이후에 현장설명회를 실시할 수 있다.

(2) 입찰공고에는 정비사업의 개요(현재 용적률, 건폐율 등 정비계획의 주요내용 포함), 용적률 인센티브의 범위(용적률 인센티브가 있는 경우), 제안서의 제출기간, 제안서에 포함되어야 할 내용, 제안서의 평가요소 및 평가방법 등이 명시되어야 한다.

(3) 현장설명회를 실시하는 경우, 공공지원민간임대주택으로 공급할 세대 수, 정비구역지정 공모 참여 시 계획한 재정착임대주택 공급 세대 수, 공공지원민간임대주택의 공급을 위해 매도 예정인 공동주택, 토지, 지분 등의 매도의향 가격 범위 등을 포함하여야 한다.

나. 입찰보증금(위 선정기준 6조의2)

사업시행자는 입찰에 참가하려는 자에게 입찰보증금을 내도록 할 수 있다. 입찰보증금의 금액은 제안 매입총액의 2,000분의 1 이내의 범위에서 사업시행자가 정할 수 있다.

다. 재공고입찰(위 선정기준 7조)

입찰공고에 둘 이상의 유효한 입찰자가 없는 경우 재공고입찰에 부쳐야 한다. 재공고입찰 결과 하나 이상의 유효한 입찰자가 있는 경우 입찰이 성립된 것으로 본다.

라. 제안서의 평가(위 선정기준 8조)

입찰자는 제안서를 제출하여야 한다. 사업시행자는 제출받은 제안서에 대해 가격적정성(제안가격의 정합성), 재무여건(출자비율, 신용도), 사업계획(의무임대기간 종료 후 임대유지기간, 주거서비스 계획)을 종합적으로 평가하여야 하고, 이를 위한 평가기준을 마련하여야 한다.

마. 우선협상대상자의 선정(위 선정기준 9조)

(1) 총회에서의 투표실시

사업시행자는 우선협상대상자를 선정하기 위해 총회에서 조합원을 대상으로 투표를 실시하여야 하며, 이 경우 조합원에게 평가결과와 제안가격의 범위를 총회 개최 7일 전에 공개하여야 한다. 선정총회에는 조합원 과반수가 출석하여야 하고, 조합원 등 총수의 10% 이상이 직접 출석하여야 한다.

(2) 선정방법

사업시행자는 투표에서 최다 득표자가 선정총회에 출석한 조합원 등(서면으로 의결권을 행사하는 경우 포함)의 과반수의 표를 얻지 못한 경우에는 최다 득표자에 대한 찬반투표를 통해 선정총회에 출석한 조합원 등(서면으로 의결권을 행사하는 경우 포함)의 과반수의 찬성을 얻어야 한다. 사업시행자는 총회 등의 의결을 거쳐 위 득표수에 따른 차순위 협상대상자를 정하고, 우선협상대상자와 가격협상이 성립되지 않는 경우 차순위 협상대상자와 순차적으로 가격협상을 실시하여야 한다.

(3) 재공고입찰에 따른 유일 입찰자

사업시행자는 재공고입찰 결과 유일한 입찰자가 있는 경우 앞서의 절차를 거쳐 해당 입찰자를 우선협상대상자로 선정할 수 있다.

2. 구체적 선정절차

가. 가격협상의 진행(위 선정기준 10조)

(1) 사업시행자의 사전통보의무

사업시행자는 가격협상을 실시하고자 하는 경우에는 협의일로부터 30일 전에 예상 공공지원민간임대주택 공급량 및 규모별 세대 수, 예상 총사업비 내역(일반분양분 매각 예정가격 등 포함) 등 가격 협상에 필요한 사항이 포함된 서류를 작성하여 우선협상대상자에게 통보하여야 한다.

(2) 우선협상대상자의 응답의무

우선협상대상자는 사전통보를 받으면 협의일로부터 15일 전에 예상 공공지원민간임대주택 공급량 및 규모별 세대 수에 따른 규모별 매수의향 가격, 기타 가격 협의에 필요한 사항이 포함된 서류를 작성하여 사업시행자에게 송부하여야 한다.

(3) 업무협약 체결

사업시행자는 우선협상대상자와의 가격협상이 성립되면 공공지원민간임대주택 예상 공급량, 규모별 매매가격, 기타 공공지원민간임대주택 공급을 위해 필요한 사항에 대한 업무협약을 체결하여야 한다.

나. 매매예약의 체결

사업시행자와 우선협상대상자는 시세를 기준으로 지원구역으로 선정된 이후 최초 사업시행계획인가·고시 후 6개월 이내에 공공지원민간임대주택 공급을 위한 토지, 공동주택, 지분, 공급조건 등에 대한 매매예약을 체결하여야 한다(위 선정기준 10조의2 6항).

다. 임대사업자의 지정 및 매매계약 체결(위 선정기준 12조)

사업시행자는 매매예약을 체결한 후 대의원회 또는 총회 등의 의결을 통해 매매예약의 상대방인 우선협상대상자를 임대사업자로 지정하여야 한다(우선협상대상자가 부동산투자회사 등의 설립을 통해 임대사업을 하려는 경우에는 부동산투자회사 등을 설립한 이후에 그 회사 등을 임대사업자로 지정하여야 한다). 사업시행자와 임대사업자는 지원구역으로 선정된 이후 최초 관리처분계획인가·고시 후 6개월 이내에 매매예약의 결과에 따라 매매계약을 체결하여야 한다.

제 6 편

사업시행계획 및 인가
(토지등소유자 20인 미만 재개발사업 포함)

제1장 사업시행계획

Ⅰ. 사업시행계획의 의의

사업시행계획이란 정비사업의 목적인 건축물, 정비기반시설 등의 신설 또는 환지 등을 비롯한 정비구역 내 정비사업을 위한 설계도임과 동시에 그에 필요한 비용, 주민 및 세입자의 이주대책을 비롯한 정비사업에 부수되거나 파생되는 내용에 관하여 사업시행자가 작성하는 정비사업의 시행과 관련한 법정의 종합계획이다.

사업시행계획은 정비구역 내 토지에서의 건축 등을 통한 개발계획이 주요내용인바(환지방식 예외), 구체적으로는 토지이용계획, 정비기반시설 및 공동이용시설의 설치계획, 건축물의 건축계획(건축물의 주용도·대지면적·건폐율·용적률·높이·용도 등)이 필수적으로 포함된다. 사업시행자는 반드시 사업시행계획을 작성하여야 하고, 시장·군수등이 단독으로 정비사업을 시행하는 경우 외에는 사업시행계획에 대하여 행정청의 인가를 받아야 한다[법 50조 1항 본문, 조합이나 토지등소유자(토지등소유자 20인 미만의 재개발사업)가 시장·군수등과 공동으로 사업을 시행하는 경우에도 인가를 받아야 한다]. 사업시행계획은 인가를 받으면 효력이 발생한다.

사업시행계획에 대한 인가의 요건 및 인가의 법적 성격은 조합이 사업시행자가 되는 경우와 토지등소유자 20인 미만의 재개발사업에서 토지등소유자 개인이 사업시행자가 되는 경우가 뚜렷이 구분된다. 조합설립인가를 통하여 행정주체의 지위를 취득하는 전자(前者)의 경우 사업시행자가 사업시행계획인가를 받기 위해서는 조합원 과반수의 찬성의결이 필요하고, 사업시행계획에 대한 인가는 '강학상 인가'인 보충행위로서 사업시행계획은 인가를 통해 그 효력이 발생하게 되면 인가와는 별개의 독립한 행정처분으로 항고소송의 대상이 된다. 한편, 후자(後者)의 경우에는 사업시행계획인가로 인하여 비로소 사업시행자가 행정주체의 지위를 취득하게 되므로 사업시행계획인가를 받기 위해서는 조합설립인가에 준하여 토지등소유자가 사업시행계획인가를 신청하기 전에 사업시행계획서에 대하여 토지등소유자의 4분의 3 이상 및 토지면적의 2분의 1 이상의 토지소유자의 각 동의를 받아야 하고, 사업시행계획에 대한 인가는 '강학상 특허'인 설권행위로서 사업시행계획은 인가처분의 요건 중 하나에 불과하여 항고소송의 대상이 되는 독립된 행정처분에 해당하지 아니한다. 다만, 위 사업시행계획인가는 통상적인 사업시행계획인가의 성격도 겸유하고 있으므로, 사업시행계획인가[1])로 건축, 환지 등 개발이 승인되고, 수용권이 발생함은 재

1) 법이 2017. 2. 8. 전부개정되기 이전에는 '사업시행인가'라는 용어를 사용하였으나, 위 개정 이후 '사업시행계획인가'라는 용어를 사용하고 있다. 법률의 규정 및 다른 용어와의 관계에 비추어 볼 때, '사업시행계획인가'가 보다 정확한 용어로 보이고 용어의 통일을 기하기 위하여 이하에서는 '사업시행계획인가'라는 용어로만 사용한다.

개발사업에서 조합이 사업시행자가 되는 일반적인 사업시행계획인가와 같다. 토지등소유자 20인 미만의 재개발사업에서 토지등소유자 개인이 사업시행자가 되는 경우에 관하여는 제3장에서 살펴보기로 하고, 이하에서는 조합이 사업시행자가 되는 일반적인 경우를 전제로 살펴본다. 먼저 사업시행계획'인가'와 구분되는 별개의 처분인 사업시행계획의 특성에 관하여 살펴본다.

Ⅱ. 사업시행계획의 특성

1. 계획재량

가. 폭넓은 재량

사업시행계획은 법령, 조례 및 정관 등에 위반될 수 없고, 정비계획의 후속행위로서 정비계획에 부합하여야 하는 제한이 있으나, 그 외에는 개발의 내용과 관련하여 사업시행자는 광범위한 계획재량을 갖는다. 이에 따라 사업시행자는 건축면적, 건축연면적, 지하면적, 주용도(공동주택, 근린생활시설), 층수, 분양 또는 임대 아파트의 동수, 전체 세대 수, 각 평형별 구분과 해당 세대수 등을 자유롭게 결정할 수 있다. 특히 도시정비법령은 재개발사업의 시행자에게 임대주택 건설의무를 부과하는 외에는 사실상 특별한 제한을 두고 있지 않고, 조례나 정관 또한 마찬가지이다(관리처분계획에 관한 사항은 정관의 필수적 기재사항이나, 사업시행계획에 관한 사항은 정관의 필수적 기재사항이 아니고, 다만 사업시행계획서의 변경에 관한 사항이 정관의 필수적 기재사항이다. 법 시행령 38조 10호, 11호). 정비계획은 용적률 등에 대한 상한(上限)만을 규정한 경우가 많아 재량의 범위는 폭넓다 할 것이다. 실무상 사업시행계획이 정비계획에 부합하지 아니함에도 행정청에 의하여 인가가 이루어졌음을 이유로 사업시행계획의 취소를 구하는 경우가 있다. 정비계획은 행정계획의 일종으로서 행정청이 그 수립 및 결정에 관한 비교적 광범위한 형성의 자유를 누리는 것이고, 특히 행정계획의 성격상 그 내용 면에서 상당 정도의 추상성이 불가피한 것이므로, 사업시행계획이 정비계획에 부합하는지 여부를 판단할 때도 행정청의 판단(시장·군수등이 사업시행자가 신청한 사업시행계획에 대하여 정비계획에 부합한다고 하여 인가한 판단)은 최대한 존중되어야 할 것이다.[2)]

나. 재량의 한계와 사법심사

사업시행자의 사업시행계획에 관한 계획재량에도 한계는 있다. 사업시행계획에 관련된 조합원 기타 이해관계자들의 이익을 정당하게 비교·교량하여야 하고 그 비교·교량은 비례의 원칙에 적합하도록 하여야 하는 것이므로, 만약 이익형량을 전혀 하지 아니하였거나 이익형량의 고려대상에 포함시켜야 할 중요한 사항을 누락한 경우 또는 이익형량을 하기는 하였으나 그것이 비례의 원칙에 어긋나게 된 경우에는 그 사업시행계획은 재량권을 일탈·남용하여 위법하다.

사업시행계획에 대한 항고소송에 있어 법원의 사법심사는 해당 행위가 사실오인, 비례·평등의 원칙 위배, 목적 위반이나 부정한 동기 등에 근거하여 이루어짐으로써 재량권을 일탈·남용한

---

2) 서울고등법원 2023. 8. 22. 선고 2022누34250 판결(확정) 참조.

위법이 있는지 여부만을 심사하게 되는 것이나, 이러한 재량권 일탈·남용에 관하여는 그 행정행위의 효력을 다투는 사람이 주장·증명책임을 부담한다.

사업시행자가 당시의 신건물의 건축 관계 법령상의 규제, 사업부지의 위치 및 형상, 주변 편의시설로의 접근성, 토지등소유자들이 종전에 소유하고 있는 토지등의 내용 등을 고려하여 최적의 효율성, 합리성, 재해 또는 위생상의 안전 등에 기초하여 적정규모의 공동주택, 근린생활시설을 건축하고 배치하는 건축설계를 하였다면, 그와 같은 사업시행계획을 위법하다고 보기 어렵다.

사업시행자에게 위와 같이 폭넓은 계획재량이 인정되어 실무상 사업시행계획 내용의 위법성을 다투는 소송은 거의 찾기 어렵고, 성립요건을 다투는 소송이 주를 이룬다. 관리처분계획의 경우 주로 그 내용을 다투는 소송인 점과 대조된다.

2. 정비사업의 본격적 시작

사업시행계획 작성 및 그 인가는 정비사업이 본격적으로 시행됨을 의미한다. 행정청이 수립하는 정비계획의 내용에는 정비사업시행 예정시기가 있는데, 이는 사업시행계획인가·고시일을 의미한다(법 9조 1항 9호, 정비계획 수립지침 4-3-4).

사업시행계획의 인가·고시가 이루어지면 재개발사업의 시행자에게 수용권이 발생하고, 재건축사업의 시행자에게 법정의 절차를 거쳐 매도청구권이 발생하며, 또한 정비구역 내의 국유·공유재산은 사업시행계획의 인가·고시가 있은 날 종전의 용도가 폐지된 것으로 보고, 국유재산법 및 공유재산법 등의 관련 규정에도 불구하고, 사업시행자 또는 점유자 및 사용자에게 우선하여 수의계약으로 매각 또는 임대될 수 있다(법 98조 4항, 5항). 또한 사업시행자는 법정의 정지조건(법 81조 2항은 관리처분계획인가를 받은 후 기존의 건축물을 철거하여야 한다고 규정하여 관리처분계획인가 이후 착공 가능하다)이 부가되어 있기는 하지만 건축허가가 의제되어 건축이 가능하다.

시장·군수등은 사업시행계획인가를 한 경우 그 사실을 관할 경찰서장 및 관할 소방서장에게 반드시 통보하여야 하고, 정비구역 내 주민 안전 등을 위하여 범죄예방이나 화재예방을 위한 순찰의 강화를 요청할 수도 있다(법 130조). 추진위원회 구성 또는 조합 설립에 동의한 토지등소유자의 2분의 1 이상 3분의 2 이하의 범위에서 시·도 조례로 정하는 비율 이상의 동의로 정비구역의 해제를 요청하는 경우 또는 조합이 설립된 정비구역에서 조합원 과반수의 동의로 정비구역의 해제를 요청하는 경우 정비구역지정권자는 정비구역을 해제할 수 있으나, 조합이 이미 사업시행계획인가를 신청한 경우에는 해제할 수 없다(법 21조 1항 5호, 6호). 왜냐하면 조합이 사업시행계획인가를 신청하였다면 이미 정비사업이 본격적으로 시행되었음을 나타내기 때문이다.

시장·군수등은 사업시행계획인가를 한 경우 지방자치단체 공보에 고시할 뿐만 아니라 관리처분계획인가와 달리 해당 지방자치단체의 인터넷 홈페이지에도 실어야 하는데, 이는 정비사업의 본격적 시작을 널리 알릴 필요성에 기인한다.

제2장 일반적 사업시행계획인가의 법적 성격 및 요건

제1절 법적 성격

Ⅰ. 법적 성격

1. 강학상 인가

가. 원 칙

먼저 조합이 사업시행자인 일반적 재개발·재건축사업에 관하여 살펴본다. 조합 등 사업시행자가 작성한 사업시행계획에 대하여 시장·군수등이 행하는 사업시행계획'인가'는 사업시행계획을 확정하여 그 법률상 효력을 완성시키는 처분으로서 보충행위에 해당하고, 강학상 인가이다.[1)]

조합이 행정주체의 지위에서 법령에 따라 작성한 사업시행계획은 시장·군수등에 의하여 인가되고, 고시가 이루어지면 그 자체로 이해관계인에 대한 구속적 행정계획으로서 인가와는 별개의 독립한 행정처분이 된다.[2)] 이로써 사업시행계획 및 그 인가라는 2개의 행정처분이 존재하게 된다. 이는 선행의 조합설립인가와 구분되고, 후속의 관리처분계획인가와 동일하다. 인가로 확정된 사업시행계획의 특성은 앞서 본 바이다.

사업시행계획에 대하여 행정청이 인가를 하도록 규정한 취지는 정비사업은 공익사업이므로 정비계획에 부합하게 사업시행계획이 작성된 것인지, 종후자산 등의 신축 공사는 대규모의 공사이므로 공사비는 적정하고, 조달이 가능한 것인지, 주민들 이주대책이나 세입자 이주대책은 적정하게 마련되어 있는지 등을 제한적이나마 보충행위인 인가를 통하여 감독하도록 한 것이다.

시장·군수등에 의한 사업시행계획인가는 법정의 인·허가의제를 통하여 사업시행자에게 사업시행계획의 내용인 대상 토지에서의 건축 또는 환지 등 개발을 승인하여 주고(건축의 경우 건축법상의 건축허가 및 주택법상의 사업시행계획의 승인이 의제되어 정비사업이 본격화된다), 재개발사업의 경우 토지등에 대한 수용 권한까지 부여하는 토지보상법상의 사업인정의 성격을 가진다.[3)]

---

1) 대법원 2008. 1. 10. 선고 2007두16691 판결, 대법원 2010. 12. 9. 선고 2009두4913 판결.

2) 대법원 2009. 11. 2. 자 2009마596 결정.

3) 대법원 2018. 7. 26. 선고 2017두33978 판결. 토지보상법 20조가 정하고 있는 사업인정이란 해당 공익사업을 토지 등을 수용 또는 사용할 사업으로 결정하는 것으로서 공익사업의 시행자에게 그 후 일정한 절차를 거칠 것을 조건으로 일정한 내용의 수용권을 설정하여 주는 형성행위이다. 해당 사업이 외형상 토지 등을 수용 또는 사용할 수 있는 사업에 해당하더라도 사업인정기관으로서는 그 사업이 공용수용을 할 만한 공익성이 있는지 여부와 공익성이 있는 경우에도 그 사업의 내용과 방법에 관하여 사업인정에 관련된 자들의 이익을 공익과 사익 사이에서는 물론, 공익 상호 간 및 사익 상호 간에도 정당하게 비교·교량하여야 하고, 비교·교량은 비례의 원칙에 적합하도록 하여야 하는

나. 예 외

(1) 공동사업시행자를 지정하거나 이를 제외하는 사업시행계획변경인가

재개발·재건축사업은 조합이나 토지등소유자(20인 미만의 재개발사업)가 단독으로 시행하거나 조합원이나 토지등소유자 과반수의 동의[4]를 얻어 시장·군수등, 토지주택공사등, 건설업자등과 공동으로 이를 시행할 수 있다(법 25조).

사업시행자인 조합이나 토지등소유자(20인 미만의 재개발사업)가 위와 같은 법정의 토지등소유자의 동의 및 사업시행계획변경절차를 거쳐 법 50조 1항에 따라 토지주택공사등을 공동사업시행자로 하는 사업시행계획변경인가를 받는 경우, 사업시행자인 조합 또는 토지등소유자(20인 미만의 재개발사업)와 함께 정비사업의 공동사업시행자 지위를 취득하게 되는 토지주택공사등은 정비구역 안에서 도시정비법상의 정비사업을 시행하는 목적 범위 내에서 법령이 정하는 바에 따라 일정한 행정작용을 행하는 행정주체로서의 지위를 갖게 된다. 나아가 동일한 절차를 거쳐 정비사업의 공동사업시행자에서 제외되는 경우 행정주체로서의 지위가 상실된다. 따라서 이 같은 사업시행(변경)계획인가는 강학상 특허에 해당하고, 이는 설권행위이다.

따라서 사업시행계획변경인가처분 중 '사업시행자를 조합 단독에서 토지주택공사등과 공동으로 변경하는 결정 부분' 또는 '사업시행자를 조합과 토지주택공사등 공동에서 조합등의 단독으로 변경하는 결정 부분'은 토지주택공사등에 대하여 행정주체로서의 지위를 부여하거나 상실시키는 설권적 처분의 성격을 가지므로, 조합이 총회를 거쳐 토지주택공사등을 공동사업시행자에서 제외하는 내용의 결의를 한 후 관할 행정청의 인가를 받은 경우에는 총회결의에 하자가 있다 하더라도 이를 이유로 사업시행계획변경인가처분 중 공동사업시행자 지위 상실 부분의 취소 또는 무효확인을 구하는 것은 별론으로 하고, 그러한 설권적 처분의 요건에 불과한 조합원 총회의 효력 또는 그 총회 결의에 따른 조합의 후속 집행행위의 효력을 다투는 확인의 소를 제기하는 것은 특별한 사정이 없는 한 허용되지 아니한다.[5]

(2) 토지등소유자 20인 미만의 재개발사업에서의 사업시행계획인가

토지등소유자가 20인 미만인 재개발사업에서 토지등소유자가 사업시행자가 되는 경우의 사업시행계획인가는 토지등소유자에게 사업시행자의 지위를 부여하는 강학상 특허에 해당하고, 이는 설권행위이다. 자세한 내용은 제3장에서 살펴본다.

바(대법원 2019. 2. 28. 선고 2017두71031 판결), 이는 사업시행계획인가를 함에 있어서도 동일하게 적용된다.

4) 법은 조합원이나 토지등소유자의 과반수 동의를 요한다고 규정하나, 조합이 총회결의를 통하여 과반수 찬성을 받는 것도 가능하다.

5) 대법원 2023. 12. 21. 선고 2023다275424 판결(토지주택공사등이 조합을 상대로 공동시행 약정 해지통보의 무효확인 청구 및 공동사업시행자 지위 확인청구사안인바, 토지주택공사등의 토지등소유자에 대한 권리 또는 법률상 지위는 도시정비법상 공동사업시행자의 지위에서 비롯된 것이므로 위 권리 또는 법률상 지위에 현존하는 불안·위험을 제거하기 위해서는 공법상 소송으로 해결하는 것이 원칙이고, 이와 별개로 공동시행약정에 따른 법률관계를 확정하거나 이로 인한 권리·의무의 존부 등을 명확히 할 필요가 있더라도, 위 약정에 따른 이행청구나 손해배상청구 등을 할 여지가 있음은 별론으로 하더라도 해지통보의 무효확인을 구하는 것은 불안 제거에 별다른 실효성이 없고 소송경제에 비추어 유효·적절한 수단으로 볼 수 없어 분쟁의 종국적인 해결 방법이 아니므로 확인의 이익이 있다고 보기 어렵다).

2. 재량행위

가. 재량행위

시장·군수등은 인가의 요건을 구비하였더라도, 재량으로 사업시행계획인가신청을 거부할 수 있는지 여부가 문제된다. 어떤 행정행위가 기속행위인지, 재량행위인지 여부는 해당 행위의 근거가 된 법규의 체제·형식과 그 문언, 해당 행위가 속하는 행정 분야의 주된 목적과 특성, 해당 행위 자체의 개별적 성질과 유형 등을 모두 고려하여 판단하여야 함은 앞서 본 바이다.

사업시행계획인가는 상대방에게 권리나 이익을 부여하는 효과를 가진 이른바 수익적 행정처분이고, 법령에 행정처분의 요건에 관하여 일의적으로 규정되어 있지 아니하여 행정청의 재량행위에 속한다.[6] 이는 동일한 강학상의 인가임에도 기속재량행위인 추진위원회 구성승인행위와 구분되고, 관리처분계획인가와 동일하다.

따라서 시장·군수등은 사업시행계획의 내용이 위법하지 않더라도 공익상의 필요 등 재량으로 신청을 거부할 수 있다.[7] 위와 같은 행정청의 거부행위에 대하여는 재량의 일탈·남용이 있는 경우 사업시행자는 그 취소를 구할 수 있다. 다만, 보충행위는 기본행위가 사법상의 법률행위(토지거래허가 등)이든 공법상의 법률행위이든(사업시행계획) 원칙적으로는 당사자의 자유로운 결정에 맡기되, 일정한 통제의 필요성 때문에 제한적 심사를 전제로 행정청이 인가라는 보충행위를 통하여 그 기본행위의 효력을 완성하도록 한 것인 점(사업시행계획인가의 심사범위는 설권행위인 조합설립인가에 미치지 못한다), 다음에서 살펴보듯이 기본행위인 사업시행계획의 하자를 이유로 보충행위인 사업시행계획인가의 취소나 무효확인을 청구하는 경우 청구기각사유에 해당하는 점, 사업시행계획인가의 고유한 하자는 제한적인 점 등을 종합하여 보면, 재량행위로 본다 하더라도 이는 다음에서 살펴보듯이 보충행위에 해당하므로 설권행위인 조합설립인가에 비하여 재량의 범위는 제한적이다.

나. 부 관

(1) 원칙(가능)

(가) 일반 내용

사업시행계획인가는 사업시행자에 대한 수익적 행정행위로서 행정청에게 인가 여부에 관하여 재량이 부여된 행정행위이므로, 법령상의 근거가 없다 하더라도 인가권을 가진 시장·군수등은 목적달성을 위하여 인가 당시 부관(조건이나 기한, 부담 등)을 붙이는 것이 가능하고, 실제로 실무상 다양한 내용의 부관이 붙여진다.

---

6) 대법원 2007. 7. 12. 선고 2007두6663 판결, 대법원 2014. 2. 21. 선고 2012다78818 판결, 서울고등법원 2023. 8. 22. 선고 2022누34250 판결(확정).

7) 대법원 1997. 10. 24. 선고 96누12917 판결 참조(주택건설사업계획의 승인 여부는 행정청의 재량에 속하는 것이므로, 행정청은 법규에 근거가 없더라도 주택건설사업계획이 입지 등의 면에서 승인기준에 적합한지 여부를 심사·확인하는 방법으로 사전에 입지심의 등의 절차를 거치도록 할 수 있다고 할 것이며, 그와 같은 입지심의에서 부여된 조건이 비록 법령상의 제한에 근거한 것이 아니라 위 사업계획승인에 있어 고려하여야 할 공익상의 필요에 의한 것이라도 그에 있어 재량권의 남용이나 일탈이 없는 이상 그 조건에 위배된다는 이유로 원고의 이 사건 사업계획승인신청을 반려하는 것은 적법하다).

예를 들면, '관리처분계획 수립 전 종교시설의 이전 등에 대하여 신의성실원칙에 따라 적극적으로 종교시설의 소유자와 협의를 진행할 것', '설치되는 정비기반시설 중 도로의 개통은 공동주택 입주 신청 이전에 완성할 것', '착공 전 흙막이 공사와 단지 조성에 따른 경사면의 안정성 검토와 설계도서, 옹벽설계도를 작성하여 착공 전까지 서울시 등의 건축위원회 자문을 받아 시행할 것', '가설울타리 높이는 지역여건과 도시미관을 감안하여 높낮이를 고르게 설치하고, 자재는 강한 비, 바람에도 지탱할 수 있는 견고한 자재를 사용할 것', '사업대지 경계부 건축선 후퇴 부분은 지역 주민들이 도로로 이용할 수 있도록 기존 도로와 같은 재질로 공사할 것', '정비구역 내 국·공유지를 착공신고 전까지 매수할 것' 등이 있다.

부가된 부관이 조건인지 부담인지 명백하지 아니한 경우에는 비례원칙에 의하여 상대방에게 덜 불이익한 부담으로 보는 것이 타당하다.

㈏ 한계

① 법 51조(부당결부금지원칙 및 비례의 원칙)

㉮ 시장·군수등은 사업시행자가 제출하는 사업시행계획에 해당 정비사업과 직접적으로 관련이 없거나 과도한 정비기반시설의 기부채납을 요구하여서는 아니 된다. 국토부장관은 정비기반시설의 기부채납과 관련하여 정비기반시설의 기부채납 부담의 원칙 및 수준, 정비기반시설의 설치기준 등이 포함된 운영기준을 작성하여 고시할 수 있고, 시장·군수등은 위 운영기준의 범위에서 지역여건 또는 사업의 특성 등을 고려하여 따로 기준을 정할 수 있되, 이 경우 사전에 국토부장관에게 보고하여야 한다(법 51조 1 내지 3항). 현재 국토부장관은 '정비기반시설 기부채납 운영기준'을 마련해 두고 있지 않다(주택법상의 주택건설사업 기반시설 기부채납 운영기준은 마련되어 있다).

㉯ 인가권을 가진 시장·군수등이 사업시행계획인가의 기회에 정비사업과 무관한 토지등을 기부채납 하도록 하는 부관을 붙인 경우, 그 부관은 부당결부금지의 원칙에 위반되어 위법하고,[8] 부관이 정비사업과 관련된다 하더라도, 비례의 원칙에 위반되는 경우 그 부관은 위법하다. 그와 같은 부관은 부담에 해당하므로, 주된 처분인 사업시행계획인가와 별도로 부담에 대하여만 취소청구가 가능하다. 실무상 주로 폐지되어 무상양도되는 정비기반시설에 대하여 매입을 내용으로 하는 부관이 문제된다. 이에 대하여는 제6장 Ⅲ. "2. 부관(정비기반시설)"에서 자세히 살펴본다.

② 행정행위의 구성부분으로서의 본질적 한계

부관은 행정행위의 한 구성부분이므로 내용이 적법하고 이행가능하여야 하며 비례의 원칙 및 평등의 원칙에 적합하고 행정처분의 본질적 효력을 해하지 아니하는 한도의 것이어야 한다.[9]

㈐ 효과

사업시행자가 적법한 부관을 이행하지 아니한 경우, 시장·군수등은 이를 이유로 해당 사업시행계획을 취소(철회)할 수 있다.[10] 정비사업에 따른 공사가 사업시행계획대로 완료되면 준공인가

---

8) 대법원 1997. 3. 11. 선고 96다49650 판결.
9) 대법원 1997. 3. 14. 선고 96누16698 판결.
10) 대법원 1989. 10. 24. 선고 89누2431 판결 참조.

가 가능한데, 사업시행계획에 부가된 부관을 이행하지 아니하면 준공인가를 받을 수 없다.[11]

(2) 도시정비형 재개발사업에서 보류지에 대한 적격 세입자 우선분양을 내용으로 하는 부관

서울시의 경우 사업시행계획인가권자인 구청장은 도시정비형 재개발사업에서 세입자 대책이 필요한 경우로서 해당 정비사업으로 신축되는 건축물의 상가 또는 공동주택의 분양을 원하는 세입자가 있는 정비구역 또는 지구에 대하여 사업시행계획인가를 하는 때에는 보류지(분양대상자의 누락, 착오 및 소송에 대비한 것)를 제3자에 우선하여 서울시 조례 46조 1항 1호에 해당하는 세입자[12]에게 분양하도록 부관을 붙일 수 있다(서울시 조례 27조 2항, 1호 및 2호). 사업시행계획인가에 보류지를 제3자에 우선하여 적격세입자에게 분양하도록 하는 내용의 부관이 부가된 경우 사업시행자는 법 72조 1항에 따른 분양공고의 내용에 이를 포함하여야 한다(서울시 조례 27조 2항 3호).

3. 기본행위 및 보충행위

가. 의 의

사업시행계획'인가'는 강학상 인가로서 기본행위인 사업시행계획(안)의 법률상의 효력을 완성시키는 행위로서 보충행위인바, 사업시행계획은 인가로서 확정되고, 고시됨으로써 효력이 발생한다. 다만, 앞서 본 바와 같이 공동사업시행자를 지정하거나 이를 제외하는 사업시행변경계획인가 및 토지등소유자 20인 미만의 재개발사업에서 토지등소유자가 사업시행자가 되는 경우의 사업시행계획인가는 설권행위로서, 앞서 본 조합설립인가와 동일한 법리가 적용된다.

인가가 이루어지면 사업시행계획(기본행위)과 인가(보충행위)는 별개의 처분으로 존재한다. 즉, 사업시행계획은 인가되면 그 내용(토지이용계획 등을 비롯한 법 52조 1항 등)은 토지등소유자 및 세입자 등 이해관계인에게 구체적이고 직접적 효과를 발생시키므로 인가와는 별개의 처분으로 존재한다. 따라서 각각의 하자도 별개이므로 보충행위인 '인가'에 하자가 없는 한 기본행위인 사업시행계획의 하자를 이유로 인가의 무효확인 또는 취소를 구할 수는 없다. 다만, 보충행위는 기본행위의 존재를 전제로 하므로 기본행위인 사업시행계획이 법원의 확정판결로 취소된다면, 인가가 있더라도 유효한 대상이 없어 효력이 인정될 수 없으므로(의제된 사업인정도 효력을 상실한다), 인가처분의 취소 또는 무효확인을 구할 수 있다.[13] 기본행위가 적법·유효하고 보충행위인 인가처분 자체에만 하자가 있다면 인가처분의 취소 또는 무효확인을 구할 수 있다.[14]

---

11) 대법원 1997. 3. 14. 선고 96누16698 판결 참조.
12) 해당 정비구역에 거주하는 세입자로서 세대별 주민등록표에 등재된 날을 기준으로 법 시행령 13조에 따른 정비구역의 지정을 위한 공람공고일(사업시행방식전환의 경우에는 전환을 위한 공람공고일을 말한다) 3개월 전(국민기초생활보장법 2조 2호에 따른 수급자는 사업시행계획인가신청일 전)부터 사업시행계획인가로 인하여 이주하는 날(법 81조 3항에 따라 건축물을 철거하는 경우 구청장의 허가를 받아 이주하는 날)까지 계속하여 거주하고 있는 무주택세대주(다만, 신발생무허가건축물에 거주하는 세입자 제외)를 말한다.
13) 대법원 1979. 2. 13. 선고 78누428 전원합의체 판결.
14) 대법원 2002. 5. 24. 선고 2000두3641 판결.

나. 기본행위 하자의 내용

(1) 절차상의 하자

사업시행계획에 대한 총회결의에 절차상 하자가 있거나(소집절차, 통지절차상의 하자, 강압적인 공개투표 등), 의사 또는 의결정족수를 충족하지 못하였다는 주장, 조합이 사업비를 증액하는 내용으로 사업시행계획을 변경하면서 그와 같은 사정을 조합원에게 제대로 알리지 않은 채 의결을 받는 등 의결과정에 기망행위가 존재한다는 주장 등이 있다.

(2) 내용상의 하자

시행시행계획의 내용이 정비계획의 내용에 위반된다는 주장, 사업시행계획이 조합원의 이익이 아닌 시공자의 폭리를 위한 것으로서 불공정한 법률행위에 해당한다는 주장[15] 등이 있다.

다. 보충행위 하자의 내용

(1) 사업시행계획인가신청이 있는 경우 시장·군수등으로서는 법 시행규칙 10조 1항 [별지 8호 서식] '사업시행계획인가신청서'에 의한 것인지, 법령에서 필수적으로 제출하도록 규정한 서류가 제출되어 있는지 여부에 관하여 심사하여야 한다(이는 법 시행규칙 10조 2항에서 정한 사업시행계획인가신청서에 첨부되도록 정한 서류가 적법하게 제출되었는지 여부에 대하여 심사하는 방식에 의한다). 시장·군수등은 제출된 서류에 누락이 있거나 하자가 있을 경우 보완을 명하거나 인가신청을 반려(거부)하여야 함에도, 제출된 서류의 누락이나 하자를 간과하고 인가처분을 하였다면 그 인가처분에는 고유한 하자가 있다.[16]

(2) 시장·군수등이 정비구역 내 토지등소유자들에게 사업시행계획결의 무효확인소송이 제기되어 있으니, 추후 사업시행계획변경의 인가신청이 있더라도 이를 보류하겠다고 공표하였음에도 변경인가처분을 하였다는 주장은 인가처분이 신뢰보호의 원칙 또는 신의성실의 원칙에 반하여 위법하다는 의미이므로 인가처분의 고유한 하자에 해당한다.[17]

(3) 시장·군수등은 사업시행계획인가를 위해서는 반드시 관계 서류의 사본을 14일 이상 일반인이 공람할 수 있게 하고, 정비사업과 관련한 이해관계자로부터 의견청취절차를 거쳐야 함에도(법 56조), 만일 이를 거치지 않았다면 이는 인가 자체의 고유한 하자에 해당한다.

(4) 실무상 사업시행계획에 하자가 있는데도 행정청이 이를 그대로 인가한 것이 인가처분 자체의 고유한 하자라는 주장을 하는 경우가 흔히 있다. 그러나 이는 기본행위의 하자에 대한 주장일 뿐, 인가처분 자체의 고유한 하자 주장으로 볼 수 없다.[18] 주의를 요한다(외관상 사업시행계획총회의결이 과반수 찬성으로 되어 있으나, 실제로는 찬성표 중 일부는 무효여서 의결정족수를 충족하지 못하였다는 주장은 기본행위의 하자이나, 만일 외관상 찬성표가 과반수에 미달하지 못함이 명백함에도 인가가 이루어졌다면 보충행위의 하자로 볼 여지가 있다).

---

15) 대법원 2010. 12. 9. 선고 2009두4913 판결.
16) 대법원 2011. 6. 10. 자 2011두4909 판결 및 서울고등법원 2010. 12. 22. 선고 2009누34336 판결, 의정부지방법원 2009. 10. 28. 선고 2008구합2199 판결.
17) 대법원 2010. 12. 9. 선고 2009두4913 판결.
18) 대법원 2016. 12. 15. 선고 2015두51347 판결.

라. 기본행위의 하자를 이유로 보충행위인 인가처분의 무효확인 또는 취소를 구하는 경우

실무상 주된 쟁송의 대상은 기본행위인 사업시행계획이다. 왜냐하면 사업시행계획이 이해관계인에게 중대한 영향을 미치기 때문이다. 다만, 그 과정에서 인가처분도 함께 무효확인 또는 취소를 구하는 경우가 많지만, 그 사유는 기본행위인 사업시행계획상의 하자를 들고 있는 경우가 대부분이다. 그 경우의 주문과 관련하여 실무상의 견해 대립이 있다.[19] 다만, 앞서 본 바와 같이 기본행위인 사업시행계획이 무효이거나 법원의 확정판결로 취소된다면, 보충행위인 인가에 대한 무효확인소송을 제기할 수 있으므로, 이는 별도로 기본행위가 무효로 확정되거나 취소되지 아니하였음에도 행정청을 상대로 보충행위의 취소를 구하는 경우의 문제이다.

(1) 실무상 견해

(가) 각하설

인가처분에 하자가 없다면 기본행위에 하자가 있다 하더라도 따로 그 기본행위의 하자를 다투는 것은 별론으로 하고 기본행위의 무효를 내세워 보충행위인 인가처분의 취소 또는 무효확인을 소구하는 것은 분쟁해결의 유효적절한 수단으로 볼 수 없으므로, 소의 이익이 없다는 견해이다.[20]

(나) 기각설

기본행위의 흠을 내세워 그에 대한 인가처분의 무효확인 또는 취소를 구할 수는 없으므로, 이는 주장 자체로 이유 없는 경우에 해당하여 해당 부분 청구를 기각하여야 한다는 견해이다.[21]

(2) 대법원의 견해

대법원은 최초에는 소의 이익이 없어 부적법하다는 판시를 하였으나, 2010. 12. 9. 선고 2009두4913 판결에서부터 당부에 관하여 판단할 필요가 없이 청구를 바로 배척하여야 할 청구기각 사유라고 일관되게 판시하고 있고, 기각하는 것이 법원이 취할 조치임을 명확히 하고 있다(위 2015두51347). 특히 원심이 법률상 이익이 없다고 하여 소를 각하한 사안에 대하여, 청구를 기각하지 아니하고 법률상 이익이 없다고 보아 소를 각하한 것은 잘못이나, 피고는 불복하지 아니하고 원고만 상고하여 불이익변경금지의 원칙상 각하한 원심판결을 유지할 수밖에 없다고 일관되게 판시하고 있다.[22]

---

19) 일반적으로 기본행위의 하자를 이유로 인가처분의 취소를 구하는 경우, 소의 이익을 긍정하여 본안으로 나아간 예외적인 판례(행정청의 학교법인 기본재산교환 허가처분의 무효확인을 구한 사건에서, 기본행위인 기본재산교환에 하자가 있어 당연무효라면 그것이 민사판결에 의하여 확정되지 아니하여도 보충행위인 인가처분의 취소 또는 무효확인을 구할 법률상 이익이 있고, 보충행위인 허가처분의 무효확인청구를 인용하여야 한다. 대법원 1984. 2. 28. 선고 81누275 전원합의체 판결)가 있으나, 일반적으로는 소의 이익을 부정하는 판례가 다수이다(사립학교법상 학교법인의 임원에 대한 감독청의 취임승인은 학교법인의 임원선임행위를 보충하여 그 법률상의 효력을 완성하게 하는 보충적 행정행위인바, 기본행위인 사법상의 임원선임행위에 하자가 있다 하여 그 선임행위의 효력에 관하여 다툼이 있는 경우에 민사쟁송으로서 그 선임행위의 취소 또는 무효확인을 구하는 것은 별론으로 하고, 기본행위의 불성립 또는 무효를 내세워 바로 그에 대한 감독청의 취임승인처분의 취소 또는 무효확인을 구하는 것은 특단의 사정이 없는 한 소구할 법률상의 이익이 없다. 대법원 2002. 5. 24. 선고 2000두3641 판결).

20) 대법원 2001. 12. 11. 선고 2001두7541 판결.

21) 대법원 2016. 12. 15. 선고 2015두51347 판결.

마. 법원의 석명의무

(1) 문제의 소재

토지등소유자인 원고가 조합이 수립한 사업시행계획에 법상의 의결요건을 갖추지 않은 하자가 존재함을 이유로 시장·군수등을 상대로 사업시행계획인가처분의 취소를 구하는 경우, 앞서 본 기각설에 따라 주장 자체로 이유 없음을 들어 곧바로 기각판결을 하는바, 추후 원고가 정당한 피고인 조합을 상대방으로 하여 새롭게 위법한 사업시행계획의 취소를 구하는 소송을 제기한다 하더라도 이미 제소기간이 도과되어 권리구제를 받을 수 없는 중대한 결과가 초래될 수 있고, 일반 토지등소유자로서는 하자 관련 법리를 알기 어렵다는 점을 고려하여 법원의 적극적 석명의무를 인정할 것인지 여부가 제기된다.

(2) 판례

대법원은 사업시행계획의 동의요건(당시는 총회의결이 아니라 토지등소유자의 동의가 필요하였다)을 충족하지 아니하였음에도 사업시행계획을 인가한 행위가 인가처분 자체의 고유한 하자임을 들어 인가처분의 취소를 구한 사안에서(원심은 이를 인가처분 자체의 고유한 하자로 오인하여 원고 승소판결 하였다), 법원이 조합을 새로운 피고로 하여 사업시행계획 자체의 취소를 구하는 소송으로의 경정 여부에 대한 석명권을 행사하여 적법한 소송형태를 갖추도록 했어야 함에도, 사업시행계획인가처분이 위법하다고 판단한 원심판결에 법리를 오해한 위법이 있다고 판시하였다.[23]

대법원은 원심이 법리를 오인하여 사업시행계획인가처분이 위법하다는 내용으로 원고 승소로 판단하였음에도, 위와 같은 석명의무를 부과하는 판시를 한 점, 기본행위와 보충행위는 준별되고, 기본행위의 하자를 이유로 보충행위인 인가처분의 무효확인 또는 취소를 구하는 청구는 별도의 심리를 요하지 아니하는 주장 자체로 이유 없는 것인 점 등에 비추어 볼 때, 사업시행자로의 피고 경정이 이루어지는 경우 사업시행계획에 대한 본안판단이 가능함을 전제로 기본행위의 하자를 이유로 행정청을 상대로 보충행위의 취소를 구하는 것은 원고가 부주의나 오해로 명백히 간과한 법률상 사항에 해당하는 것으로 보아 법원에 대하여 적극적으로 석명하여야 할 의무를 부과한 것으로 보인다. 따라서 석명권 행사 없이 만연히 청구를 기각함은 판결결과에 영향을 미친 심리미진의 위법이 있고, 이는 독자적 상소이유가 된다.

Ⅱ. 법적 성격과 관련한 소송상 쟁점

1. 사업시행계획인가 전 총회결의의 하자를 다투는 소송

토지등소유자가 행정주체인 조합을 상대로 사업시행계획안에 대한 조합 총회결의의 효력 등을 다투는 소송은 행정처분에 이르는 절차적 요건의 존부나 처분의 효력 유무에 관한 소송으로서 그 소송결과에 따라 행정처분의 위법 여부에 직접 영향을 미치는 공법상 법률관계에 관한 것

22) 대법원 2015. 2. 26. 선고 2012두5244 판결, 대법원 2016. 12. 15. 선고 2015두51347 판결.
23) 대법원 2010. 12. 9. 선고 2010두1248 판결.

이므로, 이는 행정소송법상의 당사자소송에 해당한다.[24]

2. 사업시행계획인가 후 총회결의의 하자를 다투는 소송

사업시행계획에 대한 관할 행정청의 인가·고시가 있은 후에 총회결의의 하자를 이유로 그 결의 부분만을 따로 떼어내어 무효등확인의 소를 제기하는 것은 특별한 사정이 없는 한 소의 이익이 없다. 왜냐하면 이미 사업시행계획이라는 처분이 존재한다면, 총회결의는 그에 이르는 절차적 요건의 존부나 효력에 관한 것이므로 이를 이유로 사업시행계획의 취소나 무효확인을 구하는 항고소송을 제기하여야 하기 때문이다.[25] 실무에서는 총회결의 무효확인소송이 계속 중에 사업시행계획인가가 이루어지면, 사업시행계획의 취소를 구하는 항고소송으로의 소변경이 이루어진다.

사업시행계획인가가 존재함에도 불구하고, 토지등소유자가 총회결의 무효확인소송을 제기한 경우의 법원의 태도와 관련하여, 대법원은 당사자 권리구제나 소송경제의 측면에서 원고로 하여금 항고소송(취소소송의 제소기간을 도과하였다면, 하자가 중대·명백함을 주장하여 무효확인을 구하는 취지의 항고소송으로 변경할 수 있을 것이다)으로 소변경을 하려는 취지인지 석명권을 행사하는 등으로 소송관계를 명확히 하여 항고소송으로 변경되면 그에 대해 본안을 심리·판단하였어야 옳았을 것인데 만연히 이를 각하함은 판결 결과에 영향을 미친 심리미진의 위법이 있다고 판시하였다.[26] 이 또한 원고의 주장 자체로 소의 이익이 없고 소변경이 이루어지면 본안판단이 가능한 경우로서, 추후 사업시행계획이나 그 인가의 취소를 구하는 소송을 제기한다 하더라도 이미 제소기간이 도과되어 권리구제를 받을 수 없는 중대한 결과가 초래될 수 있고, 원고가 부주의나 오해로 간과한 법률상 사항에 해당하므로, 법원에 대하여 적극적 석명의무를 부과한 것으로 보인다.

제2절 사업시행계획인가의 요건

Ⅰ. 개 관

조합이 시장·군수등으로부터 사업시행계획인가를 받기 위해서는 먼저 사업시행계획서를 작성하여야 한다(공동시행의 경우에도 조합이 작성하여야 한다. 법 50조 1항). 사업시행계획서의 작성은 요식행위이고 그 내용이 법정되어 있다. 사업시행계획에 대하여는 사업시행자가 누구냐에 따라

---

24) 대법원 2009. 10. 15. 선고 2009다10638, 10645 판결.

25) 국립대학교의 총장이 총장임용후보자 추천위원회의 복수 추천자를 교육부장관에게 총장 임용후보자로 추천하고, 교육부장관이 그중 특정인을 대통령에게 제청(중간결정)하게 되며, 대통령은 그 후보자에 관하여 임용결정(종국처분)을 하게 되는바, 이때 제청에서 제외된 추천자가 교육부장관을 상대로 임용제청 거부행위의 취소를 구한 사건에서, 대법원은 교육부장관의 국립대학 총장임용 제청결정이 항고소송의 대상이 되는 행정처분이 된다고 판시하였다. 다만, 교육부장관이 특정 후보자를 임용제청에서 제외하고 다른 후보자를 임용제청한 후 대통령이 임용제청 된 다른 후보자를 총장으로 임용까지 한 경우에는, 임용제청에서 제외된 후보자는 대통령이 자신에 대하여 총장임용 제외처분을 한 것으로 보아 이를 다투어야 하고, 교육부장관의 임용제청 제외처분을 별도로 다툴 소의 이익이 없어진다(대법원 2018. 6. 15. 선고 2016두57564 판결).

26) 대법원 2009. 10. 15. 선고 2009다10638, 10645 판결.

아래와 같이 총회의결 또는 동의 등의 요건이 필요하다.

첫째, 조합이 사업시행자인 경우는 사업시행계획서를 작성한 후 원칙적으로 조합원의 과반수 찬성에 의한 총회의결을 받아야 한다(법 45조 1항 9호, 4항 본문).

둘째, 사업시행자가 시장·군수등 또는 토지주택공사등인 경우에는 사업시행계획서에 대하여 총회의결이 필요하지 않다(법 50조 5항 괄호 토지주택공사등이 건설업자 또는 등록사업자와 공동으로 시행하는 경우도 포함한다). 기관으로서의 총회가 존재하지 아니하므로 이는 당연하다.

셋째, 토지등소유자가 20인 미만 재개발사업에서 토지등소유자 개인이 사업시행자인 경우에는 사업시행계획서에 대하여 토지등소유자의 4분의 3 이상 및 토지면적의 2분의 1 이상의 토지소유자의 각 동의를 받아야 한다(법 50조 6항 본문).

넷째, 법 26조의 공공시행자(시장·군수 또는 토지주택공사 등의 사업시행자) 또는 법 27조의 지정개발자(토지등소유자, 민관합동법인, 신탁업자등이 사업시행자이다)가 정비사업을 시행하려는 경우 중 각 1항 1호 사유인 경우(천재지변 등으로 인하여 각 사업시행자가 된 경우) 사업시행계획서에 대하여 토지등소유자의 동의 등이 필요하지 아니하다(법 50조 8항). 그 외에 법 27조의 지정개발자가 사업시행자인 경우는 토지등소유자의 과반수의 동의 및 토지면적의 2분의 1 이상의 토지소유자의 동의를 받아야 한다(법 50조 7항 본문, 48조 1항 7호). 한편 1항 1호 사유 외의 법 26조의 공공시행의 경우는 명문규정이 없으나, 토지등소유자의 동의를 필요하지 않은 것으로 봄이 타당하다. 다만, 사업시행계획서에 포함될 내용 중 일부에 관하여 주민대표회의나 세입자가가 의견을 제시할 수 있고, 그 경우 사업시행자는 의견을 반영하기 위하여 노력하여야 한다(법 47조 5항).

사업시행자는 법정의 서식에 따른 사업시행계획인가신청서에 정관등[27)]과 그 밖에 국토부령으로 정하는 서류를 첨부하여 시장·군수등에게 제출하여야 한다.

Ⅱ. 사업시행계획서의 작성

1. 규 정

가. 필수적 기재사항

사업시행계획서에는 법 52조 1항에 기재된 사항, 법 시행령 47조에 기재된 사항(사업시행기간 등) 및 시·도 조례로 정하는 사항을 포함하여야 한다.

(1) 법 52조 1항

제52조(사업시행계획서의 작성)

① 사업시행자는 정비계획에 따라 다음 각 호의 사항을 포함하는 사업시행계획서를 작성하여야 한다.

---

27) 조합이 사업시행자인 경우에는 정관이고, 다음에서 살펴볼 개인이 사업시행자가 되는 토지등소유자 20인 미만의 재개발사업의 경우에는 토지등소유자들이 자치적으로 정한 규약인바, 이를 통칭하는 경우 '정관등'이라고 한다.

1. 토지이용계획(건축물배치계획을 포함한다)
2. 정비기반시설 및 공동이용시설의 설치계획
3. 임시거주시설을 포함한 주민이주대책
4. 세입자의 주거 및 이주 대책
5. 사업시행기간 동안 정비구역 내 가로등 설치, 폐쇄회로 텔레비전 설치 등 범죄예방대책
6. 임대주택의 건설계획(재건축사업의 경우는 제외한다)
7. 법 제54조 제4항에 따른 국민주택규모 주택의 건설계획[28](주거환경개선사업의 경우는 제외한다)
8. 공공지원민간임대주택 또는 임대관리 위탁주택의 건설계획(필요한 경우로 한정한다)
9. 건축물의 높이 및 용적률 등에 관한 건축계획
10. 정비사업의 시행과정에서 발생하는 폐기물의 처리계획
11. 교육시설의 교육환경 보호에 관한 계획(정비구역부터 200m 이내에 교육시설이 설치되어 있는 경우로 한정한다)
12. 정비사업비
13. 그 밖에 사업시행을 위한 사항으로서 대통령령으로 정하는 바에 따라 시·도 조례로 정하는 사항

(2) 법 시행령 47조 2항

사업시행계획서에 포함될 사항으로서 시·도 조례로 정하는 사항에 대하여 다음과 같이 규정하고 있다.

제47조(사업시행계획서의 작성)

② 법 제52조 제1항 제13호에서 "대통령령으로 정하는 바에 따라 시·도 조례로 정하는 사항"이란 다음 각 호의 사항 중 시·도 조례로 정하는 사항을 말한다.

1. 정비사업의 종류·명칭 및 시행기간
2. 정비구역의 위치 및 면적
3. 사업시행자의 성명 및 주소
4. 설계도서
5. 자금계획
6. 철거할 필요는 없으나 개·보수할 필요가 있다고 인정되는 건축물의 명세 및 개·보수계획
7. 정비사업의 시행에 지장이 있다고 인정되는 정비구역의 건축물 또는 공작물 등의 명세
8. 토지 또는 건축물 등에 관한 권리자 및 그 권리의 명세(종전자산 및 그 권리자)
9. 공동구의 설치에 관한 사항

11. 정비사업의 시행으로 법 제97조 제2항에 따라 용도가 폐지되는 정비기반시설의 조서·도면 및 그 정비기반시설에 대한 둘 이상의 감정평가법인등의 감정평가서와 새로 설치할 정비기반시설의 조서·도면 및 그 설치비용 계산서[29]

---

28) 공공재개발 및 공공재건축사업에서 국민주택규모의 주택을 건설하여 인수자에게 공급하는 경우에도 마찬가지로 이를 사업시행계획의 내용으로 한다(법 101조의5 및 101조의6).

29) 시장·군수등 또는 토지주택공사등이 사업시행자가 되는 경우에는 용도가 폐지되는 정비기반시설에 대한 감정평가가 필요하지 않고, 새로 설치할 정비기반시설의 설치비용계산서가 필요하지 않다(10호).

12. 사업시행자에게 무상으로 양여되는 국·공유지의 조서
13. 물의 재이용 촉진 및 지원에 관한 법률에 따른 빗물처리계획
14. 기존주택의 철거계획서(석면을 함유한 건축자재가 사용된 경우에는 그 현황과 해당 자재의 철거 및 처리계획을 포함한다)
15. 정비사업 완료 후 상가세입자에 대한 우선 분양 등에 관한 사항

나. 용적률 관련 규정

(1) 법 66조(용적률에 관한 특례 등)

① 사업시행자가 다음 각 호의 어느 하나에 해당하는 경우에는 국토계획법 제78조 제1항에도 불구하고 해당 정비구역에 적용되는 용적률의 100분의 125 이하의 범위에서 대통령령으로 정하는 바에 따라 특별시 등의 조례로 용적률을 완화하여 정할 수 있다.
1. 제65조 제1항 단서에 따라 대통령령으로 정하는 손실보상의 기준 이상으로 세입자에게 주거이전비를 지급하거나 영업의 폐지 또는 휴업에 따른 손실을 보상하는 경우
2. 제65조제1항 단서에 따른 손실보상에 더하여 임대주택을 추가로 건설하거나 임대상가를 건설하는 등 추가적인 세입자 손실보상 대책을 수립하여 시행하는 경우

② 정비구역이 역세권 등 대통령령으로 정하는 요건에 해당하는 경우에는 국토계획법 제78조 등에도 불구하고 다음 각 호의 어느 하나에 따라 용적률을 완화하여 적용할 수 있다.
1. 지방도시계획위원회의 심의를 거쳐 법적상한용적률의 100분의 120까지 완화
2. 용도지역의 변경을 통하여 용적률을 완화하여 정비계획을 수립한 후 변경된 용도지역의 법적상한용적률까지 완화

③ 사업시행자는 제2항에 따라 완화된 용적률에서 정비계획으로 정하여진 용적률을 뺀 용적률의 100분의 75 이하로서 대통령령으로 정하는 바에 따라 시·도 조례로 정하는 비율에 해당하는 면적에 국민주택규모 주택을 건설하여 인수자에게 공급하여야 한다. 이 경우 국민주택규모 주택의 공급 및 인수방법에 관하여는 제55조를 준용한다.

④ 제3항에도 불구하고 인수자는 사업시행자로부터 공급받은 주택 중 대통령령으로 정하는 비율에 해당하는 주택에 대해서는 공공주택 특별법 제48조에 따라 분양할 수 있다. 이 경우 해당 주택의 공급가격은 주택법 제57조 제4항에 따라 국토부장관이 고시하는 건축비로 하며, 부속 토지의 가격은 감정평가액의 100분의 50 이상의 범위에서 대통령령으로 정한다.

⑤ 제3항 및 제4항에서 규정한 사항 외에 국민주택규모 주택의 인수 절차 및 활용에 필요한 사항은 대통령령으로 정할 수 있다.

(2) 법 시행령 55조(용적률에 관한 특례)

① 사업시행자가 법 제66조에 따라 완화된 용적률을 적용받으려는 경우에는 사업시행계획인가 신청 전에 다음 각 호의 사항을 시장·군수등에게 제출하고 사전협의해야 한다.
1. 정비구역 내 세입자 현황
2. 세입자에 대한 손실보상 계획

② 제1항에 따른 협의를 요청받은 시장·군수등은 의견을 사업시행자에게 통보해야 하며, 용적률을 완화 받을 수 있다는 통보를 받은 사업시행자는 사업시행계획서를 작성할 때 제1항 제2호에 따른 세입자에 대한 손실보상 계획을 포함해야 한다.

③ 법 제66조 제2항 각 호 외의 부분에서 "역세권 등 대통령령으로 정하는 요건에 해당하는 경우"란 다음 각 호의 요건을 모두 갖춘 경우를 말한다.
(이하 생략)

④ 사업시행자가 법 제66조 제3항에 따라 국민주택규모 주택을 건설하여 인수자에게 공급해야 하는 면적은 법 제66조 제2항에 따라 완화된 용적률에서 정비계획으로 정하여진 용적률을 뺀 용적률(이하 이 조에서 "추가용적률"이라 한다)의 다음 각 호의 구분에 따른 비율에 해당하는 면적으로 한다. (이하 생략)

⑤ 법 제66조 제4항 전단에서 "대통령령으로 정하는 비율"이란 100분의 20 이상의 범위에서 시·도 조례로 정하는 비율을 말한다.

⑥ 인수자는 법 제66조 제4항에 따라 사업시행자로부터 공급받은 주택을 공공주택 특별법 제48조에 따라 분양하려는 경우에는 감정평가액의 100분의 50에 해당하는 가격으로 부속 토지를 인수해야 하며, 해당 주택을 다음 각 호의 어느 하나에 해당하는 주택으로 분양해야 한다.
(이하 생략)

2. 규정의 해석

가. 일반적 사업시행계획서의 내용과 관련하여

(1) 토지이용계획(건축물 배치계획 포함)

(가) 사업시행계획은 정비계획의 후속행위이므로 정비계획에 부합하는 내용으로 작성되어야 한다. 정비계획은 토지이용계획을 주된 내용으로 하고, 특히 토지 중 일부에 대하여 특정의 종교시설 또는 복리시설에 대한 부지로 획정하기도 하므로, 사업시행계획의 토지이용계획도 동일한 내용으로 작성되어야 한다. 토지이용계획에 따른 건축물 배치계획도 포함되어야 한다. 정비계획에는 사업시행자가 자유롭게 건축계획을 수립할 수 있도록 관계 법령에 따라 허용되는 건축선에 관한 계획만이 포함되어 있다(다만, 공공지원민간임대주택 및 임대관리 위탁주택의 경우에는 건축물 배치 계획까지 정비계획에 포함되어 있다). 정비계획에는 건축물의 주용도·건폐율·용적률·높이에 관한 계획이 포함되어 있으나 상한만을 제시하고 있으므로, 그 범위 내에서 건축물 배치계획을 작성하여야 한다. 건축물 배치계획은 종후자산으로서의 신축주택 공급에 관한 내용이 주를 이룬다. 자세한 내용은 아래 "(5) 건축물의 높이 및 용적률 등에 관한 건축계획"에서 살펴본다.

(나) 사업구역 내에 다세대주택 1세대와 병원의 부설주차장 부지를, 사업구역 밖에 병원건물을 소유하는 토지등소유자의 경우, 조합과 사이에 정비사업으로 소멸되는 부설주차장의 대체 부지를 확보하기 위해서는 사업시행계획에서 이를 반영하여야 한다.[30)]

---

30) 토지등소유자가 조합을 상대로 정비사업으로 소멸되는 부설주차장의 대체 부지를 확보하지 아니한 관리처분계획이 위법하다고 주장한 사안에서, 하급심은 이는 관리처분계획이 아니라 사업시행계획에서 정할 사항이라는 점, 관리처분계획에서 설치할 부대시설로서 주차장은 주택에 딸린 주차장(주택법 2조 13호)이므로, 새로이 축조되는 아파트의 주차장을 설치함은 별론으로 하고 정비구역 밖 병원의 부설주차장을 관리처분계획에서 설치할 수 없는 점, 토지등소유자로서는 다세대주택 및 그 부지, 병원 부설주차장 부지 소유자로서 1수분양권을 갖는 점 등을 이유로 토지등소유자의 주장이 받아들여지지 않았다[서울고등법원 2024. 8. 23. 선고 2023누66780 판결(확정)].

⑵ 정비기반시설의 설치계획

정비기반시설의 설치계획도 정비계획에 부합하여야 하나, 정비계획에서는 정비기반시설과 관련하여 전체적인 정비기반시설 종류에 대한 현황을 총괄로 기재할 뿐이고, 상·하수도, 전력·통신·가스 등의 공급처리시설계획 위주로 기재되어 있다. 법령이 정하고 있는 정비기반시설의 종류에 대하여는 제1편 제2장 Ⅰ. "1. 원칙적 형태"에서 자세히 살펴보았다.

정비사업으로 설치되는 정비기반시설은 도시계획시설로서 원칙적으로 국가 또는 지방자치단체가 설치하여야 함에도, 법은 위와 같이 사업시행자가 이를 설치하도록 규정하고 있다. 이는 정비사업을 통한 공동주택 등의 건설이 정비기반시설의 설치를 유발하거나 설치되는 정비기반시설에서 사업시행자 측이 주로 수익을 향유하는 사정을 고려하여 원인자 부담 또는 수익자 부담의 측면에서 사업시행자에게 정비기반시설의 설치의무를 부과하는 것이고, 또한 법은 97조 2항 후문에서 그에 대한 반대급부로서 폐지되는 정비기반시설의 무상양도를 규정함으로써 형평을 기하고 있다.

사업시행자가 사업시행계획인가신청을 할 때는 정비사업의 시행으로 용도폐지되는 정비기반시설의 조서·도면과 그 정비기반시설에 대한 둘 이상의 감정평가업자의 감정평가서, 새로이 설치되는 정비기반시설의 조서·도면 및 그 설치비용 계산서가 포함된 사업시행계획서를 제출하여야 한다(법 시행령 47조 2항 11호). 사업시행계획서에는 용도가 폐지되는 정비기반시설과 새로이 설치할 정비기반시설을 나누어 기재하되 각각 종류(도로, 공원, 녹지, 공공공지, 학교 등) 및 면적, 새로이 설치할 정비기반시설의 경우에는 비용, 비용부담자 및 부담내용(예를 들면 기부채납, 대지조성 후 매각 등)을 기재하게 된다.

사업시행자는 정비기반시설의 설치를 내용으로 하는 경우 사업시행계획서 작성 전에 관할 지방자치단체의 장과의 협의를 거쳐 협의된 내용으로 작성하여야 한다(법 96조). 이는 추후 새롭게 설치되는 정비기반시설은 이를 관리할 국가 또는 지방자치단체에 무상으로 귀속되기 때문에 그들의 의사를 반영할 필요성이 있기 때문이다. 법 97조 2항의 법적 성격 및 무상양도 되는 범위를 비롯한 정비기반시설과 관련한 쟁점은 제8편 제6장 "Ⅴ. 준공인가와 정비기반시설"에서 자세히 살펴본다.

⑶ 임시주거시설을 포함한 주민이주대책, 세입자의 주거 및 이주대책

㈎ 연혁

① 사업시행계획의 필수적 기재사항인 '임시거주시설을 포함한 주민이주대책, 세입자의 주거 및 이주대책, 임대주택 건설계획'은 법 제정 당시에는 구 도시환경정비사업 및 재건축사업은 포함하지 아니할 수 있다고 규정하였다(구 법 30조. 당시는 임시수용시설이라고 하였다). 한편 구 법 36조로 사업시행자는 주거환경개선사업 및 주택재개발사업의 시행으로 철거되는 주택의 소유자에 대하여 임대주택 등의 시설에 임시로 거주하게 하거나 주택자금의 융자알선 등 임시수용에 상응하는 조치를 하여야 한다고 규정하였다(현행의 법 61조 1항 내지 4항과 유사하다). 그 후 구 법 36조는 2006. 12. 28. 개정되어 위 사업시행자는 철거되는 주택의 소유자 또는 세입자에 대

하여 임시수용시설을 설치하거나 그에 상응하는 조치를 취하도록 개정되었다(현행의 법 61조 1항 내지 4항과 동일하다).

② 법이 2009. 4. 22. 개정되면서 구 법 30조는 '임시거주시설을 포함한 주민이주대책, 세입자의 주거 및 이주대책, 임대주택 건설계획'에 대하여 '구 도시환경정비사업(기존건축물에 주택이 포함되어 있는 사업 제외)은 포함하지 아니할 수 있다'고 규정하였다(다만, 별도로 재건축사업은 임대주택 건설계획을 수립할 의무는 없다고 규정하였다. 대신 당시는 용적률 인센티브를 조건으로 일정 비율의 소형주택을 건설하여 국토부장관 등에게 제공하는 것이 주택재건축사업에서만 가능하였는데, 그 경우의 소형주택 건설계획은 사업시행계획 수립 당시 작성할 사항이다). 한편 구 법 36조는 종전과 동일하게 주거환경개선사업 및 주택재개발사업의 시행자에게 철거되는 주택의 소유자 또는 세입자에 관한 임시수용시설 설치의무 등을 규정하였다.

③ 법은 2009. 5. 27. 구 법 30조는 '임시거주시설을 포함한 주민이주대책, 세입자의 주거 및 이주대책, 임대주택 건설계획'에 대하여 '구 도시환경정비사업(기존건축물에 주택이 포함되어 있는 사업을 제외)은 포함하지 아니할 수 있다'는 단서조항을 모두 삭제하였다. 다만 구 법 36조는 종전과 동일하다.

④ 법은 2012. 2. 1. 36조의2를 신설하여 구 도시환경정비사업의 시행자는 사업시행으로 이주하는 상가세입자가 사용할 수 있도록 정비구역 또는 정비구역의 인근에 임시상가를 설치할 수 있다고 규정하였다(현행의 법 61조 5항과 동일하다).

구 법 30조, 36조 및 36조의2는 2017. 2. 8. 법이 전부개정되기 전까지 동일하게 유지되다가, 위 전부개정법률에도 동일하게 규정하고 있다(다만, '임시수용시설'이 '임시거주시설'로 용어가 변경되었고, 주거환경개선사업 및 주택재개발사업이 통합되어 재개발사업이 되었으므로, 재개발사업으로 용어가 변경되었다).

⑤ 위와 같은 연혁경과에 비추어 볼 때 (주택정비형 및 도시정비형) 재개발사업 및 재건축사업은 사업시행계획서에 임시거주시설을 포함한 주민이주대책, 세입자의 주거 및 이주대책을 모두 포함하여야 하고, 다만 임대주택 건설계획은 다음에서 살펴보듯이 (주택정비형 및 도시정비형) 재개발사업이 경우에만 사업시행계획서에 포함된다. 법 61조 1항이 규정하고 있는 정비사업으로 철거되는 주택의 소유자 또는 세입자에 대하여 구체적인 임시거주시설을 설치하거나 그에 상응하는 조치를 취하여야 할 의무는 주거환경개선사업 및 주택정비형 재개발사업의 시행자에게만 부여되어 있고, 도시정비형 재개발사업의 시행자는 재량으로 사업시행으로 이주하는 상가세입자가 사용할 수 있도록 임시상가를 설치할 수 있다. 법 61조 1항에 대하여 도시정비형 재개발사업 시행자에게 그와 같은 의무를 부여하지 않는 것이 평등원칙에 반하는 것인지 여부가 문제되었으나, 헌법재판소는 합헌이라고 결정하였다.[31]

---

31) 헌법재판소 2014. 3. 27. 선고 2011헌바396 결정(법이 2017. 2. 8. 전부개정되기 이전의 구 법 36조 1항에 대하여 도시환경정비사업의 시행자에게 임시수용시설 설치의무 등을 부과하지 않은 것이 평등원칙위반 여부가 문제가 된 사안에서, 주택재개발사업은 다수 주민의 이주대책이나 주거대책이 필수적으로 수반되어야 하나, 도시환경정비사업은 상공업지역에서 도시기능의 회복 등을 목적으로 도시환경을 개선하기 위한 사업이라는 점에서 위와 같은 대책이 반드시 수반되어야 하는 것은 아님을 근거로 평등원칙에 위반되지 아니한다고 결정하였다).

(나) 임시거주시설 설치를 포함한 주민이주대책

① 앞서 본 바와 같이 임시거주시설 설치를 포함한 주민이주대책은 (주택정비형 및 도시정비형) 재개발사업 및 재건축사업 시행자 모두에게 부과되는 의무이다. 주택정비형 재개발사업시행자에 대하여는 그중 임시거주시설 설치의무 등에 관하여 법 61조 1항 내지 4항이 구체적으로 규정하고 있다. 즉, 법 61조 1항은 "사업시행자는 재개발사업의 시행으로 철거되는 주택의 소유자 또는 세입자에게 해당 정비구역 안과 밖에 위치한 임대주택 등의 시설에 임시로 거주하게 하거나 주택자금의 융자를 알선하는 등 임시거주에 상응하는 조치를 하여야 한다."고 규정하고 있다. 한편, 같은 조 5항은 "재개발사업의 사업시행자는 사업시행으로 이주하는 상가세입자가 사용할 수 있도록 정비구역 또는 정비구역 인근에 임시상가를 설치할 수 있다."고 규정하고 있는바, 이는 연혁상 도시정비형 재개발사업 시행자의 재량사항이다.

② 주택정비형 재개발사업 시행자에게 부여된 임시거주시설 설치의무는 법 61조 4항이 "정비사업의 공사를 완료한 때에는 그로부터 30일 이내에 임시거주시설을 철거하고 사용한 건축물이나 토지를 원상으로 회복하여야 한다."고 규정하고 있으므로, 이는 정비사업이 완료되어 조합원이나 세입자 등이 건설될 아파트나 임대주택에 입주할 때까지 필요한 임시적 조치이다(다음에서 살펴보듯이 현금청산대상자 중 일부는 임대주택에 입주할 수 있으므로, 그 경우는 대상이 될 수 있다). 주택정비형 재개발사업 시행자는 수분양조합원이 수백 내지 수천 명에 달하는 상황에서 조합의 비용으로 따로 임시거주시설을 설치하거나 구역 외 임대주택을 마련하여 제공하는 것은 사실상 불가능하므로, 사업시행구역 내 거주자 중 사업시행으로 주택이 철거되는 수분양조합원에 대하여는 '임시거주시설 설치를 포함한 주민이주대책' 겸 '임대주택 등의 시설에 임시로 거주하게 하거나 주택자금의 융자를 알선하는 등 임시거주에 상응하는 조치'로서 이주비를 융자알선하는 것이 일반적이다(제8편 제2장 "Ⅱ. 수분양조합원의 이주" 참조). 사업시행으로 철거되는 주택의 소유자로서 현금청산대상자인 경우 향후 임대주택에 거주하게 될 일부를 제외하고는 새롭게 건설되는 아파트로의 이주가 예정되어 있지 않으므로, 사업시행자는 그들에 대하여도 '임시거주시설 설치를 포함한 주민이주대책' 겸 '임대주택 등의 시설에 임시로 거주하게 하거나 주택자금의 융자를 알선하는 등 임시거주에 상응하는 조치'를 취하지는 않는 듯하다. 다만, 사업시행자는 사업시행으로 철거되는 주택의 세입자에 대하여는 '임시거주시설 설치를 포함한 주민이주대책' 겸 '임대주택 등의 시설에 임시로 거주하게 하거나 주택자금의 융자를 알선하는 등 임시거주에 상응하는 조치'를 임시주거시설을 제공하거나 이주비를 융자알선하게 된다. 일부 현금청산대상자나 세입자에게 임시거주시설 등을 제공하더라도 이는 토지보상법상의 이주대책(이주정착금), 주거이전비 및 이사비의 지급 여부와는 별개이다(제9편 제5장 제1절 "Ⅱ. 임시거주시설의 설치 등" 참조).

③ 위와 같이 주택정비형 재개발사업 시행자에게는 '임시거주시설 설치를 포함한 주민이주대책' 겸 '임대주택 등의 시설에 임시로 거주하게 하거나 주택자금의 융자를 알선하는 등 임시거주에 상응하는 조치'를 하여야 하나, 도시정비법령은 구체적인 시행방법을 강제하고 있지 아니므로, 그 이행방법에 대하여는 사업시행자에게 재량이 있다. 따라서 주택정비형 재개발사업 시행

자가 위 의무를 이행하기 위하여 설정한 기준은 그것이 객관적으로 합리적이지 않다고 볼 특별한 사정이 없는 한 존중되어야 한다. 자세한 내용은 제9편 제5장 제1절 "Ⅱ. 임시거주시설의 설치 등"에서 살펴본다.

㈐ 세입자의 주거 및 이주대책

① 개요

앞서 본 바와 같이 (주택정비형 및 도시정비형) 재개발 및 재건축사업 시행자는 세입자의 주거 및 이주대책을 사업시행계획서에 포함시켜야 한다. 그러나 재건축사업의 경우 사업시행자가 세입자에 대한 보증금 반환의무를 부담하고, 현금청산대상자에 대하여 개발이익이 포함된 보상이 이루어지므로(수분양조합원의 경우에도 현물출자의무의 이행에 세입자를 이주시킬 의무도 포함되므로), 세입자에 대한 주거 및 이주대책을 마련하지 아니하는 것이 일반적인 듯하다. 법은 다음에서 살펴보듯이 현재 재건축사업 시행자에게 임대주택건설의무를 부과하고 있지 않다.

② 재개발사업의 세입자 주거 및 이주대책

㉮ 재개발사업과 관련하여 서울 표준정관 36조 7항은 "사업시행으로 해체되는 주택의 세입자에게는 조례 27조 및 46조 등에서 정하는 바에 따라 임대주택을 공급하고, 토지보상법 시행규칙 54조 2항 및 55조 2항 규정의 기준에 해당하는 주거용 건축물의 세입자에 대하여는 동 규칙이 정한 바에 따라 주거이전비 및 이사비를 지급하며, 세부 사항은 관리처분계획기준에 따른다."고 규정하고 있다(국토부 표준정관 35조 3항도 동일하다). 따라서 사업시행자가 일정한 요건에 해당하는 세입자에게 임대주택을 공급하고, 그와 별도로 법정의 요건을 구비한 세입자에게 주거이전비 및 이사비를 지급하게 된다.[32]

㉯ 법 79조 6항은 "사업시행자는 정비사업의 시행으로 임대주택을 건설하는 경우에는 임차인의 자격·선정방법·임대보증금·임대료 등 임대조건에 관한 기준 및 무주택 세대주에게 우선 매각하도록 하는 기준 등에 관하여 대통령령으로 정하는 범위에서 시장·군수등의 승인을 받아 따로 정할 수 있다."고 규정하고 있다. 위 규정의 위임을 받아 법 시행령 69조 1항 [별표 3]은 기준일 3개월 전부터 해당 재개발사업을 위한 정비구역 또는 다른 재개발사업을 위한 정비구역에 거주하는 세입자, 시·도조례로 정하는 자 등에게 임대주택을 공급할 수 있다고 규정하고 있다. 한편 서울시 조례 46조 1항 1호는 위 시행령에서 규정하고 있는 시·도조례로 정하는 자에 대하여 "해당 정비구역에 거주하는 세입자로서 세대별 주민등록표에 등재된 날을 기준으로 정비구역의 지정을 위한 공람공고일 3개월 전부터 사업시행계획인가로 인하여 이주하는 날까지 계속하여 거주하고 있는 무주택세대주"라고 규정하고 있다(법 시행령 69조 1항 [별표 3]은 기준일 3개월 전부터 해당 재개발사업을 위한 정비구역 등 거주만을 요건으로 하나, 서울시 조례는 이에 추가하여 사업시행계획인가로 인하여 이주하는 날까지 계속하여 거주하는 무주택세대주일 것을 요건으로 한다). 서울시의 경우 시장·군수등의 승인 아래 재개발사업 시행자는 정비구역의 지정을 위한 공람공

---

32) 실무상으로는 정비구역지정을 위한 공람공고일 이후 이주하여 주거이전비 요건을 구비하지 못한 세입자에 대하여도 원활한 이주를 위하여 법정 주거이전비 지급액의 20~50%를 지급하기도 한다(서울고등법원 2023. 8. 22. 선고 2022누34250 판결).

고일 3개월 전부터 사업시행계획인가로 인하여 이주하는 날까지 계속하여 거주하는 무주택세대주인 세입자에게 임대주택을 공급한다. 사업시행자는 사업시행계획서 작성 당시 임대주택의 건설계획에 임대주택의 부지확보 및 대지조성계획을 포함하고, 임대주택 입주대상자 명부를 첨부하여 사업시행계획인가를 신청하여야 한다(서울시 조례 27조 1항). 사업시행자가 입주대상자 명부를 작성하는 절차는 서울시 조례 시행규칙 15조가 자세히 규정하고 있다.

③ 도시정비형 재개발사업의 특칙

도시정비형 재개발사업의 시행 시 세입자대책이 필요한 경우로서 해당 정비사업으로 신축되는 건축물의 상가 또는 공동주택의 분양을 원하는 세입자가 있는 정비구역 또는 지구에 대하여 구청장이 사업시행계획인가를 하는 때에는 보류지(분양대상자의 누락, 착오 및 소송에 대비한 것)를 제3자에 우선하여 조례 46조 1항 1호에 해당하는 세입자에게 분양하도록 할 수 있고, 그 경우 분양공고의 내용에 이를 포함하여야 한다(서울시 조례 27조 2항).

⑷ 임대주택(재건축사업 제외), 국민주택규모 주택 및 공공지원 민간임대주택 건설계획

㈎ 연혁

앞서 본 바와 같이 주택정비형 재개발사업의 경우 법 제정 당시부터, 도시정비형 재개발사업(구 도시환경정비사업) 2009. 5. 27.부터(기존건축물에 주택이 포함되어 있는 경우에는 2009. 4. 22.부터) 임대주택 건설계획이 사업시행계획서에 반드시 포함되어야 할 사항임은 앞서 본 바이다. 주택재건축사업은 법 제정 당시에는 임대주택 건설이 사업시행계획서에 반드시 포함되어야 할 사항이 아니었으나, 법이 2005. 3. 18. 개정되면서 과밀억제권역에서 주택재건축사업을 시행하는 경우 사업시행자는 당해 주택재건축사업으로 증가되는 용적률 중 100분의 25 이하의 범위 안에서 대통령령이 정하는 비율 이상에 해당하는 면적을 임대주택으로 공급하여야 한다는 구 법 30조의2(주택재건축사업의 임대주택 건설의무 등) 조항이 신설되었다. 그 후 법이 2009. 4. 22. 개정되어 주택재건축사업의 경우에는 임대주택 건설의무 조항이 삭제되고, 대신 수도권정비계획법상의 과밀억제권역에서의 주택재건축사업에 있어 용적률 인센티브를 조건으로 하는 소형주택 건설에 대한 재량규정(30조의3)이 도입되었으며, 그 후 법이 2012. 2. 1. 개정되어 이는 주택재개발사업에도 적용되게 되었다. 한편 법이 2021. 4. 13. 법률 제18406호로 개정되어 종전의 '주거전용면적 60㎡ 이하의 소형주택'이 '국민주택규모 주택'으로 명칭이 변경되었다.

㈏ 내용

현행 도시정비법령상 공익성이 강한 (주택정비형 및 도시정비형) 재개발사업 및 주거환경개선사업의 경우에는 임대주택 건설은 사업시행자의 의무사항이다. 그러나 공익성이 상대적으로 약한 재건축사업은 의무사항이 아니다. 용적률의 인센티브를 받기 위한 국민주택규모 주택의 건설계획은 (주택정비형) 재개발·재건축사업 모두 사업시행자의 재량사항이나, 위와 같이 건설된 국민주택규모 주택에 대하여는 반드시 국토부장관 등에게 사실상 기부채납(주택은 공공건설임대주택의 표준건축비라는 최소한의 금액만을 지급받고, 부속토지는 인수자에게 기부채납한다)하여야 하고 이는 임대주택으로 활용된다. 위와 같이 정비사업시행 시 임대주택 건설을 강제하거나, 인센티브를 통한 임대주택 건설을 유도하는 것은 정비사업으로 인한 이주가 불가피하여 가장 취약한 지위에 있게 되는 저소득층의 주거문제를 해결하고자 함에 있다. (주택정비형 및 도시정비형) 재개발사업 시행자에게 건설의무가 부과되는 임대주택은 용적률의 인센티브를 받고 건설되는 국민주택규모 주택과 달리 사업시행자는 이를 직접 분양하거나 국토부장관 등에게 인수를 요청할 수 있고, 인수를 요청받은 국토부장관 등은 용적률의 인센티브를 받고 건설된 국민주택규모 주택의 인수와 달리 법정의 적정 금액으로 인수하여야 한다. 자세한 내용은 제8편 제5장 "Ⅲ. 임대주택 및 국민주택규모 주택 처분"에서 살펴본다.

㈐ 임대주택 입주자

사업시행자는 사업시행계획인가신청 당시 임대주택 건설계획뿐만 아니라 임대주택 입주대상자 명부를 첨부하여야 함은 앞서 본 바이다(서울시 조례 27조 1항). 임대주택의 입주대상자는 법 50조에 따른 사업시행계획인가로 확정되고(서울시 시행규칙 15조 7항), 재개발사업상의 임대주택에 대한 입주대상 세입자 명부는 관리처분계획서의 한 내용으로 포함된다(법 73조 1항 9호, 법 시행령 62조 6호, 서울시 조례 33조 1호 나목).

㈑ 국민주택규모 주택 건설계획

도시재정비법 2조 1호에 따른 재정비촉진지구에서 시행되는 재개발·재건축사업을 제외하고, 수도권에서는 수도권정비계획법 6조 1항 1호에 따른 과밀억제권역에서 시행하는 재개발·재건축사업(국토계획법 78조에 따른 주거지역 및 준공업지역[33]으로 한정한다)의 경우(1호), 비수도권에서는 시·도 조례로 정하는 지역에서 시행하는 재개발·재건축사업의 경우(2호), 국민주택규모 주택을 건설하여 국토부장관 등에게 제공할 경우 정비계획으로 정하여진 용적률에도 불구하고 지방도시계획위원회의 심의를 거쳐 국토계획법 78조 및 관계 법률에 따른 용적률의 상한까지 건축할 수 있으므로(법 54조 1항), 이를 전제로 사업시행계획을 수립할 수 있다. 그 경우 국토계획법 78조에 따라 특별시 등 지방자치단체 조례로 정한 용적률 제한을 받지 아니한다.

다만, 사업시행자는 법적상한용적률에서 정비계획으로 정하여진 용적률을 뺀 초과용적률의 100분의 30 이상 100분의 50 이하로서 시·도 조례로 정하는 비율에 해당하는 면적에 국민주택규모 주택을 건설하고, 이를 사실상의 기부채납 즉, 무상에 가까운 가격으로 국토부장관 등에게 의무적으로 인수시켜야 한다. 사업시행자는 법 54조 1항에 따라 정비계획상 용적률을 초과하여 건축하려는 경우에는 사업시행계획인가를 신청하기 전에 미리 국민주택규모 주택에 관한 사항을 인수자와 협의하여 사업시행계획서에 반영하여야 한다. 자세한 내용은 제8편 제5장 "Ⅲ. 임대주택 및 국민주택규모 주택 처분"에서 살펴본다.

㈒ 공공지원민간임대주택 건설계획

사업시행자가 재개발·재건축 등 정비사업에서 발생하는 주택 중 일반분양분을 시세보다 저렴하게 공공지원민간임대주택으로 임대사업자에게 일괄 매도하고, 임대사업자는 이를 청년·신혼부부, 무주택자, 원주민에게 10년 이상 시세보다 저렴하게 임대하는 경우(정비사업 연계형 공공지원

33) 종래에는 주거지역으로 한정되었으나, 법이 2023. 7. 18. 개정되면서 준공업지역이 추가되었다(법 54조 1항 1호, 법 시행령 47조의2).

민간임대주택 사업), 사업시행자에 대하여 민간임대주택법 21조 2호에 의하여 특별시 등 지방자치단체 조례로 정한 용적률 제한에도 불구하고 국토계획법 78조 및 관계 법률에 따른 용적률의 상한까지 건축할 수 있으므로, 이를 전제로 사업시행계획을 수립할 수 있다.

사업시행자가 정비사업 연계형 공공지원민간임대주택사업을 시행하기 위해서는 공모를 통하여 국토부장관에 의하여 지원대상 정비구역으로 지정되어야 한다(자세한 내용은 제5편 제5장 임대사업자 선정 참조). 위와 같은 지원대상 정비구역으로 지정된 이후, 용적률의 상한을 포함하여 공공지원민간임대주택을 건설하는 내용으로 정비계획이 변경되면, 사업시행자는 공공지원민간임대주택 건설계획이 포함된 사업시행계획서를 작성한다.

(5) 건축물의 높이 및 용적률 등에 관한 건축계획

정비계획에는 해당 정비사업의 유형에 따라 허용할 수 있는 최대치의 건폐율과 용적률의 상한이 정해져 있으므로 그 범위 내에서 구분된 획지상의 건축물의 면적, 연면적, 건폐율, 용적률, 층수, 전용면적별 세대 수(임대 또는 분양 여부) 등에 관한 내용이 기재되어야 한다. 사업시행자는 통상적으로 건폐율, 용적률, 높이제한 등을 최대한 반영하여 설계한 후, 전용면적 59㎡(23평, 24평) ○세대, 84㎡(33평, 34평) ○세대, 114㎡(45평) ○세대, 142㎡(55평, 56평) ○세대, 165㎡(65평) ○세대 등으로 적시한다. 한편, 정비계획상 종교용지로 분류된 토지에 대하여는 사업시행자가 사업시행계획을 통하여 건축하고자 하는 내용이 없으므로, 통상적으로 '해당 용도지역에 부합한 용도, 용적률, 건폐율, 높이 적용'이라고만 사업시행계획서에 기재된다.

(6) 교육시설의 교육환경 보호에 관한 계획(정비구역부터 200m 이내에 교육시설이 설치되어 있는 경우로 한정한다)

사업 등의 개요, 교육환경 영향평가 대상별 조사자료 및 현황, 교육환경 영향평가 결과, 교육환경 보호를 위한 조치계획 등이 포함되어야 한다(법 시행령 47조 1항, 교육환경 보호에 관한 법률 시행령 16조 1항).

(7) 정비사업비, 자금계획(법 시행령에 따라 조례로 정한 사항)

정비사업비는 법에 의하여 정해진 사업시행계획서에 필수적으로 기재할 사항이나, 관리처분계획서에도 '정비사업비 추산액'이 기재되는 사정에 비추어 사업시행계획 작성 단계에서 정비사업비는 정비사업의 규모를 반영하는 개략적인 추산액이다.[34)]

조례로 정해진 사업시행계획서에 기재할 사항인 자금계획은 서울시의 경우 소요비용추산액과 자금조달계획을 구분하여 기재하여야 한다(서울시 조례 시행규칙 11조 2항).

(8) 정비구역 내 지장물 명세, 토지등에 관한 권리자 및 권리 명세, 폐지 및 설치되는 정비기반시설, 철거계획서

토지등에 관한 권리자 및 그 권리의 명세를 작성함에 있어 국·공유지는 점유연고권자의 권리로 하고, 소유권 외의 지상권을 비롯한 기타 권리도 자세히 기재한다. 기존 주택의 철거계획서

---

34) 대법원 2021. 2. 10. 선고 2020두48031 판결.

에는 주택 및 상가 등 빈집 관리에 관한 사항, 비산먼지·소음·진동 등 방지대책 및 공사장 주변 안전관리 대책(통학로에 대한 사항 포함)에 관한 사항을 포함하여 작성하여야 한다(서울시 조례 26조 1항 후문).

(9) 국유·공유재산의 매각

폐지되는 정비기반시설로서 사업시행자에게 무상으로 양여되는 외의 정비구역의 국유·공유재산은 사업시행자나 토지등소유자에게 정비사업의 목적으로 매각되거나 양도되므로(국유재산법 등의 규정에도 불구하고, 사업시행자 또는 점유자 및 사용자에게 다른 사람에 우선하여 수의계약으로 매각될 수 있다), 사업시행계획서에는 위와 같은 국유·공유재산의 처분에 관한 내용이 포함되는 것이 일반적이다. 그 경우 시장·군수등은 미리 관리청과 협의하여야 한다(법 98조). 구체적인 내용은 다음에 살펴본다.

나. 일반적 사업시행계획서 내용의 예외

(1) 존치 또는 리모델링 가능(주로 재건축사업[35])

일반적으로 정비계획은 정비구역 내 기존 건축물 전부의 철거를 내용으로 하나, 국가유산(구 문화재)이나 주요시설물 및 문화적·생태적으로 보존가치가 커 보호·보존이 필요한 부분에 대하여는 보존지구로 지정하는 토지이용계획을 수립하고, 정비구역 내에 존재하는 한옥 등 역사적 유물과 전통적 건축물에 대하여는 개량·보존 또는 존치하는 내용의 기존 건축물 정비·개량에 관한 계획을 수립하기도 한다.

사업시행계획은 정비계획에 부합하여야 하므로 사업시행자는 정비계획에서 존치 또는 리모델링하는 것으로 제시된 범위와 방향대로 사업시행계획서를 작성하여야 하고, 그 경우 존치 또는 리모델링 건축물 소유자의 동의도 필요하지 아니한다(법 58조 3항 단서).

한편, 사업시행자는 정비계획에 특별한 존치 또는 리모델링에 관한 내용이 없다 하더라도, 일부 건축물에 대하여 존치 또는 리모델링(주택법 2조 15호 또는 건축법 2조 1항 10호에 따른 리모델링을 말한다)하는 내용의 사업시행계획서를 작성하여 사업시행계획인가를 신청할 수 있다(법 58조 1항). 다만, 사업시행자가 그와 같은 내용의 사업시행계획서를 작성하려는 경우에는 존치 또는 리모델링하는 건축물 소유자의 동의(집합건물법 2조 2호에 따른 구분소유자가 있는 경우에는 전체 구분소유자 3분의 2 이상의 동의와 해당 건축물 연면적 3분의 2 이상의 구분소유자 동의를 요한다)를 받아야 한다(법 58조 3항 본문).

행정청은 존치 또는 리모델링하는 건축물 및 건축물이 있는 토지가 주택법 및 건축법에 따른 건축 관련 기준에 적합하지 아니하더라도 그 내용을 완화하는 법 시행령 50조에 따라 사업시행계획인가를 할 수 있다(법 58조 2항).

법 58조 3항 단서조항은 2017. 2. 8. 도시정비법의 전부개정으로 새롭게 생긴 조항으로서, 주택단지를 전제로 하는 재건축사업에서 정비구역 내 상가 또는 종교시설 소유자들이 정비사업 추진에 협력하지 않아 사업이 지체되는 문제를 해결하는 한 방편이 될 수 있다. 즉, 정비사업에 협

35) 서울 표준정관은 재건축사업에 대하여만 규정하고 있고(6조 5항), 재개발사업에 대하여는 규정이 없다.

조하지 않는 상가 또는 종교시설 소유자들에 대한 대책으로 토지등소유자는 행정청에 해당 건축물에 대하여 존치하는 내용의 정비변경계획의 입안을 제안하고, 그에 따라 정비계획의 변경이 이루어지는 경우 사실상 그와 같은 일부 건축물을 정비사업에서 배제하여 사업시행계획인가를 받을 수 있다. 그러나 그와 같은 건물의 존재로 인하여 전체 주택단지의 가치가 하락할 가능성으로 인하여 실무에서는 많이 이용되지는 않은 듯하다.

⑵ 환지 가능(재개발사업)

일반적 사업시행계획서는 기존 건축물 전부의 철거 및 건축물의 신축을 내용으로 한다. 그러나 재개발사업(주거환경개선사업 포함)의 경우 사업시행자는 주택 등을 건설하여 공급하는 외에 환지에 의한 공급이 가능하므로(법 23조 2항), 환지에 의한 공급방식을 내용으로 하는 사업시행계획서의 작성이 가능하다. 그 경우 사업시행자는 도시개발법령 및 도시개발업무지침에 따라 이를 작성하여야 한다.

다. 용적률 완화 인센티브를 내용으로 하는 사업시행계획서 작성

⑴ 세입자 추가보상 등에 따른 용적률 완화 가능

㈎ 내용

재건축사업 시행자는 임차인이 직접 임대차보증금 반환을 구하는 경우 소유자를 대신하여 이를 반환하는 외에 별도로 임차인에게 손실보상을 하지 아니한다. 재개발사업 시행자는 법 시행령 54조에 의하여 임차인에게 임대차보증금 반환 외에 점포임차인인 경우에는 영업의 폐지 또는 휴업에 따른 영업손실보상금, 주거용 건축물 세입자인 경우에는 주거이전비 등을 지급한다. 그러나 법 66조 1항은 재개발사업 시행자가 세입자(임차인)에게 법 시행령 54조에서 정한 손실보상 기준 이상으로 영업손실보상금을 지급하거나 주거이전비를 지급하는 경우 또는 의무건설 범위를 초과하여 임대주택을 추가로 건설하거나 재량사항인 임대상가를 건설하는 등 추가적인 세입자 손실보상대책을 수립하여 시행하는 경우에는 국토계획법상 해당 정비구역에 적용되는 용적률의 100분의 125 이하의 범위에서 대통령령으로 정하는 바에 따라 조례[36]로 용적률을 높일 수 있다.

㈏ 입법취지

위 규정은 법이 2009. 5. 27. 개정되면서 도입된 조항으로서, 토지등소유자는 분양신청 등을 통하여 종후자산을 취득할 기회가 부여됨에 반해, 세입자의 경우 법정의 손실보상을 받는 외에 특별한 구제수단이 없을 뿐만 아니라 관리처분계획의 인가·고시가 있으면 종전자산에 대한 사용·수익이 정지[37]되는 등(당시 세입자는 주거이전비 지급의무가 이행되지 아니하였음을 들어 사업시행자의 부동산 인도청구를 거부할 수도 없었다)으로 열악한 지위에 있는 점을 개선하기 위하여

36) 현재 서울시 조례에는 이와 관련한 규정이 없다.

37) 법 70조 5항은 관리처분계획의 인가를 받은 경우 지상권·전세권설정계약 또는 임대차계약의 계약기간은 민법 280조·281조 및 312조 2항, 주택임대차법 4조 1항, 상가임대차법 9조 1항을 적용하지 아니한다고 규정함으로써 공익사업인 정비사업의 원활하고 신속한 진행을 위하여 권리존속기간을 강제하고 있는 민법, 주택임대차법 및 상가임대차법 등에 우선하도록 규정하고 있다.

2009. 1. 발생한 이른바 '용산참사(구 도시환경정비사업 진행과정에서 보상 내용에 반발하는 상가 세입자 등의 농성과 철거·퇴거과정에서 발생한 화재로 다수가 사망한 사건)'를 계기로 도입되었다. 당시 법은 위 규정 외에 관리처분계획의 인가·고시가 있더라도 토지보상법에 따른 손실보상(주거이전비 포함)이 완료되지 아니한 권리자의 경우에는 사용·수익이 가능하도록 한 조항, 세입자의 주거 및 이주 대책을 사업시행계획에 반드시 포함하도록 하는 조항, 영업손실보상 중 휴업손실보상의 경우 토지보상법과 달리 보상범위를 종전 3개월에서 4개월간의 휴업기간에 해당하는 영업이익으로 확대하는 조항도 함께 도입하였다.

결국 위 규정은 상대적으로 열세의 지위에 있는 세입자의 보호를 위하여 파격적인 용적률의 인센티브 제공을 통하여 사업시행자에게 법정 손실보상 이상으로 보상하거나 이주대책을 마련하는 것을 장려하기 위하여 도입된 것이다.

(다) 절차

사업시행자가 법 66조에 따라 완화된 용적률을 적용받으려는 경우에는 사업시행계획인가신청 전에 세입자 현황, 추가적인 손실보상계획에 관한 사항을 시장·군수등에게 제출하여 사전협의를 하여야 하고, 협의결과 용적률을 완화받을 수 있게 된 사업시행자는 사업시행계획서를 작성할 때 법 66조에서 정한 내용의 세입자에 대한 추가 손실보상이나 이주대책 계획을 포함하여야 한다. 정비계획에는 사업시행자가 정비구역 내에 정비기반시설의 설치나 그 부지제공 등에 따른 용적률 완화 또는 법 54조에 따른 국민주택규모 주택의 건설에 따른 용적률의 완화와 관련하여서는 이미 수립 당시 이를 고려하여 허용할 수 있는 최대치의 건폐율이나 용적률을 기재한다. 그러나 세입자에 대한 추가적인 손실보상 등으로 인한 용적률 등에 대하여는 정비계획에 반영되어 있지 않다(정비계획 수립지침 4-8-2). 따라서 사업시행자는 정비기반시설의 설치 등, 국민주택규모 주택 건설 외에 세입자에 대한 추가적인 손실보상 등으로 인한 용적률 인센티브를 받기 위해서는 선행적으로 정비계획이 변경되어야 한다. 다만, 이는 경미한 사항의 변경에 불과하다(용적률은 원칙적으로 10% 미만 확대의 경우에만 경미한 사항의 변경이나, 이 경우에는 10% 이상 확대되더라도, 관할 행정청에 의한 신속한 변경이 가능하도록 예외적으로 경미한 변경으로 규정하였다. 법 15조 3항, 법 시행령 13조 4항 9호).

(2) 역세권 정비구역에서의 용적률 완화 가능

2023. 7. 18.자 법 개정으로 66조 2항 내지 5항이 신설되어 철도, 버스 등 대중교통 이용이 용이한 역세권 등에 위치한 정비구역에 대해서는 용적률 완화(법적상한용적률의 100분의 120까지 또는 용도지역의 변경을 통하여 용적률을 완화한 후 법적상한용적률 적용)를 적용할 수 있고, 사업시행자는 완화된 용적률 중 일정 비율에 해당하는 국민주택규모 주택을 건설하여 시·도지사 등에게 인수시키고, 인수자는 그중 100분의 20 이상의 범위에서 시·도 조례로 정하는 비율에 해당하는 주택을 공공주택으로 분양할 수 있도록 하였다. 구체적인 내용은 법 시행령 55조 3항 내지 6항이 규정하고 있고, 서울시 조례 30조 3항 내지 5항이 규정하고 있다.

3. 사업시행계획서 작성

조합이 사업시행자인 경우 조합을 대표하고 사무를 총괄하는 조합장 등이 사업시행계획 초안을 작성한다. 정비사업의 전문성으로 인하여 사업시행자가 정비사업을 수행함에 있어 일반적으로 전문관리업자를 선정하여 업무를 위탁하거나 자문을 받게 된다. 사업성 검토 및 정비사업의 시행계획서의 작성, 사업시행계획인가의 신청에 관한 업무의 대행은 전문관리업자에 대한 위탁업무로 규정하고 있다(법 102조 1항, 3호, 5호).

Ⅲ. 총회의결

1. 일반론

제50조(사업시행계획인가)

⑤ 사업시행자는 사업시행계획인가를 신청하기 전에 미리 총회의 의결을 거쳐야 하며, 인가받은 사항을 변경하거나 정비사업을 중지 또는 폐지하려는 경우에도 또한 같다. 다만, 제1항 단서에 따른 경미한 사항의 변경은 총회의 의결을 필요로 하지 아니한다.

제45조(총회의 의결)

① 다음 각 호의 사항은 총회의 의결을 거쳐야 한다.

9. 제52조에 따른 사업시행계획서의 작성 및 변경(제50조 제1항 본문에 따른 정비사업의 중지 또는 폐지에 관한 사항을 포함하며, 같은 항 단서에 따른 경미한 변경은 제외한다)

④ 제1항 제9호의 경우에는 조합원 과반수의 찬성으로 의결한다. 다만, 정비사업비가 100분의 10(생산자물가상승률분, 제73조에 따른 손실보상 금액은 제외한다) 이상 늘어나는 경우에는 조합원 3분의 2 이상의 찬성으로 의결하여야 한다.

⑦ 사업시행계획서의 작성 및 변경을 의결하는 총회의 경우에는 조합원의 100분의 20 이상이 직접 출석하여야 한다.

앞서 본 바와 같이 사업시행계획에 대하여는 사업시행자가 누구냐에 따라 총회의결 또는 동의 등의 요건이 필요한바, 이하에서는 총회의 결의를 요하는 조합이 사업시행자인 경우를 전제로 살펴본다.

조합장이 사업시행계획 초안을 작성함은 앞서 본 바이다. 사업시행계획은 총회의 의결사항이고 총회에 상정하는 안건에 대하여는 반드시 조합 이사회가 심의·결정하여야 하므로(국토부 표준정관 28조 2호), 사전에 사업시행계획안에 대한 이사회 의결을 거쳐야 한다(총회 부의안건에 대한 사전심의가 대의원회의 권한이므로 대의원회의 사전심의도 거친다. 국토부 표준정관 25조 1항 3호). 이사회의 소집 및 의결방법에 관하여는 제4편 제5장 제3절 "Ⅴ. 이사회"에서 자세히 살펴보았다. 이사회가 사업시행계획을 총회에 상정하기로 결정하였다면, 조합장은 총회를 소집하여 법 45조 1항 9호에 따라 사업시행계획에 대한 총회의결을 받아야 한다. 총회는 조합원 과반수의 찬성으로 의결하고 반드시 조합원 100분의 20 이상이 직접 출석하여야 한다. 총회의 소집절차, 조합원에 대한 통지방법, 의결방법, 절차상의 하자, 결의와 관련한 하자를 비롯하여 총회결의의 하자 등에 관하여는 제4편 제5장 제3절 "Ⅲ. 총회"에서 자세히 살펴보았다.

2. 사업시행계획인가 요건에 대한 법령의 변천

사업시행계획에 대하여 총회의결을 요구할 것인지 또는 조합설립인가처럼 일정 비율의 조합원의 동의를 요구할 것인지 등과 관련하여 법령이 변경되어 왔다.

가. 법 제정 시부터 2005. 3. 18. 개정되기 이전

법 제정 시부터 2005. 3. 18. 개정되기 이전에는 재개발사업에서는 토지면적의 3분의 2 이상의 토지소유자의 동의와 토지등소유자의 5분의 4 이상의 동의를 얻어야 하나, 재건축사업에서는 토지등소유자의 동의를 요구하지 않았다.

나. 2005. 3. 18. 개정 이후부터 2009. 2. 6. 개정되기 이전

(1) 내용

2005. 3. 18. 개정 이후부터 2009. 2. 6. 개정되기 이전에는 사업시행자는 사업시행계획인가를 신청하기 전에 미리 정관등이 정하는 바에 따라 토지등소유자(주택재건축사업인 경우에는 조합원을 말한다)의 동의를 얻어야 한다고 규정하고 있었다. 위와 같이 법은 사업시행계획에 대한 동의의 시기에 관하여 인가를 신청하기 이전임을 규정하고 있을 뿐, 동의의 방법과 정족수에 관하여는 정관등에 의한 자치법적 규율에 맡기고 있었다.

위 법령 하에서의 쟁점으로 첫째, 사업시행계획의 내용이 확정되기 이전에 동의서가 작성된 경우, 사업시행계획의 적법성이 문제되었는데, 판례는 동의서에 구체적인 사업시행계획의 작성에 관하여 사업시행자에게 위임한다는 취지가 포함되었다면 동의서를 위법한 것으로 볼 수 없다고 하였다.[38)]

둘째, 사업시행계획이 확정되었고 이를 전제로 동의서가 작성되었으나, 그 이후 사업시행계획의 내용이 변경되었음에도, 사업시행자가 별도로 동의서를 다시 받지 아니하고 종전의 동의서를 첨부하여 인가받은 경우 사업시행계획의 위법성이 문제되었다. 조합설립과 달리 사업시행계획에 있어서는 인가를 신청하기 전에 창립총회와 같이 변경된 사업시행계획에 대한 조합원들의 의사를 확인할 수 있는 절차가 규정되어 있지 아니하므로, 동의 이후 사업시행계획이 변경된 경우 사업시행자로서는 조합원들에게 변경된 사업시행계획의 내용과 함께 기존 동의를 철회할 수 있음을 고지할 신의칙상 의무가 있고, 이를 하지 아니하는 경우 원칙적으로 절차상 위법이 있다. 다만, 판례는 사업시행계획 동의 이후 계획내용이 달라진 경우의 동의 효력에 관하여 당시 법이 아무런 규정을 두고 있지 아니할 뿐 아니라 효력에 관한 대법원 판결도 없어 이러한 경우 동의의 효력이 상실되는지 여부가 명확하지 아니하고, 그 경우 조합이 변경된 내용을 토지등소유자에게 고지해야 하는지 여부에 대한 법리도 선언되지 아니하였던 점 등을 이유로 하자가 중대·명백하다고 볼 수 없어 동의의 효력이 당연히 상실된다고 볼 수 없다고 하였다.[39)]

38) 대법원 2014. 2. 27. 선고 2011두25173 판결.
39) 대법원 2014. 2. 27. 선고 2011두25173 판결.

셋째, 사업시행계획에 대한 토지등소유자의 동의를 받는 대신, 총회의 의결로 갈음한 경우 이를 동의로 볼 수 있는지 여부가 문제되었다.[40] 판례는 구 법 28조 4항에서 정관등이 정하는 바에 따라 토지등소유자의 동의를 얻도록 한 것은 서면동의방식을 통한 토지등소유자의 동의를 받도록 하되, 다만, 그 구체적인 동의율 등에 관하여는 정관등의 규정에 의한다는 취지로 해석해야 함을 전제로, 인가된 사업시행계획은 토지등소유자의 서면동의방식을 충족하지 못하는 것으로서 위법할 뿐만 아니라 그 하자가 중대하나, '정관등이 정하는 바에 따라' 부분의 문언적 의미가 명확한 것이 아니어서 동의 방식 자체에 대하여도 정관에 위임한 것으로 해석될 여지가 있다는 점 등을 들어 객관적으로 명백하다고 할 수 없어 사업시행계획이 당연무효로 볼 수 없다고 하였다.[41]

⑵ 위헌결정

법이 2009. 2. 6. 이미 개정되었으나, 헌법재판소는 개정 전 '토지등소유자가 직접 사업시행자가 되어 구 도시환경정비사업을 시행하는 정비사업에서의 사업시행계획인가의 신청에 필요한 동의의 정족수를 자치규약에 정하도록 한 규정'에 대하여, 구 도시환경정비사업에서의 사업시행계획인가와 관련한 토지등소유자의 동의는 토지등소유자를 상대로 수용권을 행사하고 각종 행정처분을 발할 수 있는 행정주체로서의 지위를 가지는 사업시행자를 지정하는 문제로서 그 동의요건을 정하는 것은 토지등소유자의 재산권에 중대한 영향을 미치는 것이므로, 사업시행계획인가신청 시 요구되는 토지등소유자의 동의정족수를 정하는 것은 국민의 권리와 의무의 형성에 관한 기본적이고 본질적인 사항으로 법률유보 내지 의회유보의 원칙이 지켜져야 할 영역임을 이유로 헌법에 위반된다는 내용의 결정을 하였다.[42]

종전의 규정에 의한 사업시행계획인가처분의 무효 여부가 문제된다.

위헌결정의 효력은 그 결정 이후에 해당 법률이 재판의 전제가 되었음을 이유로 법원에 제소된 일반사건에도 미치므로, 해당 법률에 근거하여 행정처분이 발하여진 후에 헌법재판소가 그 행정처분의 근거가 된 법률을 위헌으로 결정하였다면 결과적으로 행정처분은 법률의 근거가 없이 행하여진 것과 마찬가지가 되어 하자가 있는 것이 되나, 이미 취소소송의 제기기간을 경과하여 확정력이 발생한 행정처분의 경우에는 위헌결정의 소급효가 미치지 않는다고 보아야 할 것이고, 일반적으로 법률이 헌법에 위반된다는 사정은 헌법재판소의 위헌결정이 있기 전에는 객관적으로 명백한 것이라고 할 수는 없으므로 헌법재판소의 위헌결정 전에 행정처분의 근거되는 해당 법률이 헌법에 위반된다는 사유는 특별한 사정이 없는 한 그 행정처분의 취소소송의 전제가 될 수 있을 뿐 당연무효사유는 아니라고 봄이 상당하다.[43]

---

40) 구 법 28조는 4항에서 사업시행자는 사업시행계획인가를 신청하기 전에 미리 '정관등이 정하는 바에 따라' 토지등소유자의 동의를 얻어야 한다고 규정하면서, 5항에서 위 동의에 관하여는 조합설립동의에 있어서 토지등소유자의 동의산정방법 및 절차에 관한 17조 규정을 준용하도록 하고 있고, 17조의 위임에 따른 구 법 시행령 28조 4항은 토지등소유자의 동의는 인감도장을 사용한 서면동의의 방법에 의하며 인감증명서를 첨부하여야 한다고 규정하고 있었다.

41) 대법원 2014. 2. 13. 선고 2011두21652 판결.

42) 헌법재판소 2011. 8. 30. 선고 2009헌바128, 148(병합) 결정, 헌법재판소 2012. 4. 24. 선고 2010헌바1 결정.

43) 대법원 2002. 11. 8. 선고 2001두3181 판결.

다. 법이 2009. 2. 6. 개정 이후부터 2012. 2. 1. 개정되기 이전

법이 2009. 2. 6. 개정되면서 구 법 28조 5항으로 사업시행자는 사업시행계획인가를 신청하기 전에 미리 총회를 개최하여 조합원 과반수의 동의를 얻어야 한다고 규정하였다. 위 법률 개정으로 종래 개별 토지등소유자의 동의서를 징구하는 방법에서 총회를 개최하여 과반수의 동의를 얻는 방법으로 변경되었다. 다만, 구 도시환경정비사업에서 토지등소유자가 사업시행자가 되는 경우 사업시행계획서에 대하여 토지등소유자 4분의 3 이상의 동의를 얻어야 하므로 예외이다(구 법 28조 7항). 이와 관련하여 부칙(6조)에서 위 규정은 이 법 시행 후 최초로 사업시행계획인가를 신청하는 분부터 적용한다고 규정하고 있는바, 위 '최초 사업시행계획인가의 신청'에 사업시행계획변경인가를 신청하는 것이 포함되는지 여부가 문제되었다. 판례는 위 부칙조항에서 사업시행계획변경인가신청을 제외하고 있지 않고, 개정된 구 법 28조 5항 본문이 "사업시행자는 사업시행계획인가를 신청(인가받은 내용을 변경하는 경우를 포함한다)하기 전에 미리 총회를 개최하여 조합원 과반수의 동의를 얻어야 한다."라고 규정하여 변경인가신청까지 명시하고 있음을 들어 사업시행계획변경인가를 신청하는 것도 포함하는 것으로 해석하였다.[44]

라. 법이 2012. 2. 1. 개정된 이후

법이 2012. 2. 1. 개정되면서 조합이 사업시행자인 경우 사업시행계획은 총회의 의결을 거쳐야 하고, 총회의 의결방법 등에 관하여는 정관으로 정하되, 조합원 과반수의 동의를 받아야 하며(정비사업비가 100분의 10 이상 늘어나는 경우에는 조합원 3분의 2 이상의 동의), 조합원 100분의 20 이상이 직접 출석하여야 한다고 규정하였다.

그 후 법이 다시 2017. 2. 8. 전부개정되면서 사업시행자는 사업시행계획인가를 신청하기 전에 미리 총회를 개최하여 조합원 과반수의 찬성으로 의결하고(정비사업비가 100분의 10 이상 늘어나는 경우에는 조합원 3분의 2 이상의 찬성), 조합원 100분의 20 이상이 직접 출석하여야 한다고 규정하게 되었다.

3. 총회의결

총회의 소집 절차·시기 및 의결방법은 정관기재사항이므로(법 40조 1항 10호), 그에 따라야 한다. 한편, 법 45조 5항은 조합원은 서면으로도 의결권을 행사할 수 있으나(정족수를 산정할 때 출석한 것으로 본다), 대리인을 통한 의결권 행사는 엄격히 제한하고 있다. 법이 2021. 8. 10. 개정되면서 조합은 서면의결권 행사자가 본인인지 여부를 반드시 확인하여야 하고, 재난발생 등의 경우 전자적 방법으로 의결권을 행사할 수 있는 규정이 신설되었다. 그 후 법이 2024. 12. 3. 개정되어 재난발생 등의 제한 없이 전자적 방법으로 의결권을 행사할 수 있고(2025. 6. 4. 시행), 조합은 총회의 의결을 거치는 것을 전제로 오프라인 총회와 병행하여 정보통신망을 이용하는 온라인 총회를 개최하여 조합원이 참석하게 할 수 있음은(44조의2 1항 본문, 2025. 12. 4. 시행) 제4

44) 대법원 2017. 7. 27. 자 2017두42101 판결 및 서울고등법원 2017. 3. 22. 선고 2016누60166 판결, 대법원 2016. 8. 24. 자 2016두39757 판결 및 서울고등법원 2016. 4. 20. 선고 2015누48442 판결.

편 제5장 제3절 Ⅲ. "3. 총회의 의결사항 및 의결방법"에서 자세히 살펴보았다.

가. 의결정족수

조합이 사업시행자인 경우 사업시행계획을 작성, 변경(중지, 폐지 포함)하기 위해서는 총회의 결을 거쳐야 하고, 총회의 의결을 위해서는 반드시 100분의 20 이상이 출석하여야 한다. 의결정족수는 다음과 같다. 이는 완화가 불가능한 강행규정이다(제4편 제5장 제3절 Ⅲ. 3. "나. 의결사항" 참조).

(1) 원칙

사업시행계획의 작성, 변경 등을 위해서는 총회에서 조합원 과반수의 찬성으로 의결한다.

(2) 예외

㈎ 정비사업비가 100분의 10 이상 증가

정비사업비가 100분의 10 이상 늘어나는 경우에는 조합원 3분의 2 이상의 찬성으로 의결하여야 한다. 정비사업비 100분의 10 이상 증가의 의미에 대하여는 제6장 Ⅲ. "1. 결의의 하자 여부"에서 자세히 살펴본다.

㈏ '조합의 비용부담' 등 정관 기재 사항의 중대한 변경

조합설립인가 받을 당시의 내용과 다른 내용의 사업시행계획(변경)계획을 수립하는 경우가 있다. 그 경우의 적법한 정족수에 대하여 살펴본다. 구체적으로는 조합설립인가 당시 확정된 정관의 내용과 관련하여 문제된다.

법 40조 3항, 1항 8호, 16호는 조합의 비용부담 등에 관한 사항, 시공자·설계자의 선정 및 계약서에 포함될 내용을 정관의 필요적 기재사항으로 규정하면서, 이를 변경하기 위해서는 조합원 3분의 2 이상의 찬성을 요한다고 규정하고 있다. 그러나 '조합의 비용부담'이나 '시공자·설계자의 선정 및 계약서에 포함될 내용'에 관한 사항과 관련한 사업시행계획의 내용이 정관 작성(재개발·재건축결의) 당시와 비교하여 볼 때 조합원들의 이해관계에 중대한 영향을 미칠 정도로 실질적으로 변경된 경우에는 비록 그것이 정관변경에 대한 절차가 아니라 하더라도 특별다수의 동의요건을 규정하여 조합원들의 이익을 보호하려는 정관 규정을 유추적용하여 조합원 3분의 2 이상의 동의가 필요하다고 보아야 한다.[45] 사업시행계획 변경의 경우에도 마찬가지이다.

한편, 그 경우 조합설립변경인가와 동일한 정족수를 요한다는 견해가 있다. 구 법에서는 조합설립변경인가도 조합설립인가와 동일한 요건을 요구하여 토지등소유자 4분의 3 이상의 동의 등을 요구하였으나, 현행 법은 조합설립변경인가에 조합원 3분의 2의 찬성결의를 요하므로, 위 주장은 의미가 없다.

45) 조합설립인가 당시에는 신축 아파트의 규모 지하 1층, 지상 20~29층 55개동, 세대 수 총 6,372세대, 용적률 299.99% 등이었으나, 사업시행계획 작성 시 용적률이 20.8% 감소한 279.1%, 지상 15~35층 48개동 5,142세대를 건축한다는 것으로서 신축 아파트 규모가 감소하고, 세대 수가 1,230여 세대가 감소하였으며, 재건축 공사비 등이 843,075,000,000원에서 1,106,681,442,000원으로 약 31.3% 정도 현저하게 증가한 사안으로서, 사업의 내용이 실질적으로 변경된 것이므로, 조합원 3분의 2 이상의 찬성의결을 요한다(대법원 2012. 8. 23. 선고 2010두13463 판결). 이는 조합의 비용부담에 관한 사항의 변경으로 보인다.

나. 수정에 관한 수권

사업시행자가 의결한 사업시행계획에 대하여 인가를 신청하는 과정에서 법령에 위반되는 등의 하자를 발견한 경우, 또는 신청 이후 행정청이 그와 같은 하자를 발견하고 사업시행자에게 사업시행계획의 변경을 요구한 경우, 사업시행자는 당연히 그 하자를 시정하여야 하고, 이를 위해서는 사업시행변경계획안에 대한 총회결의를 요한다. 그러나 사업시행변경계획의 결의를 위한 총회 소집에는 상당한 시간적, 비용적인 부담이 있고, 조합원 100분의 20 이상이 직접 출석하는 것도 용이하지 아니한 점을 고려하여 사업시행계획 의결 당시 법령에 위반되는 하자의 시정 등의 경우 추후 새로운 총회의결 없이 조합장이 직권으로 또는 대의원회 의결을 거쳐 수정이 가능하도록 하는 수권조항에 대한 부가적인 결의가 이루어지는 경우가 있다(자세한 내용은 제7편 제4장 제1절 Ⅳ. 3. "나. 부가적인 결의사항" 참조). 이는 적법하고, 판례도 같은 견해이다.[46)]

Ⅳ. 사업시행계획인가

1. 규 정

제50조(사업시행계획인가)

① 사업시행자(사업시행자가 시장·군수등인 경우 제외)는 정비사업을 시행하려는 경우에는 사업시행계획서에 정관등과 그 밖에 국토교통부령으로 정하는 서류를 첨부하여 시장·군수등에게 제출하고 사업시행계획인가를 받아야 하고, 인가받은 사항을 변경하거나 정비사업을 중지 또는 폐지하려는 경우에도 또한 같다. 다만, 대통령령으로 정하는 경미한 사항을 변경하려는 때에는 시장·군수등에게 신고하여야 한다.

② 시장·군수등은 제1항 단서에 따른 신고를 받은 날부터 20일 이내에 신고수리 여부를 신고인에게 통지하여야 한다.

③ 시장·군수등이 제2항에서 정한 기간 내에 신고수리 여부 또는 민원 처리 관련 법령에 따른 처리기간의 연장을 신고인에게 통지하지 아니하면 그 기간(민원 처리 관련 법령에 따라 처리기간이 연장 또는 재연장된 경우에는 해당 처리기간)이 끝난 날의 다음 날에 신고를 수리한 것으로 본다.

④ 시장·군수등은 특별한 사유가 없으면 제1항에 따라 사업시행계획서의 제출이 있은 날부터 60일 이내에 인가 여부를 결정하여 사업시행자에게 통보하여야 한다.

⑨ 시장·군수등은 제1항에 따른 사업시행계획인가(시장·군수등이 사업시행계획서를 작성한 경우를 포함한다)를 하거나 정비사업을 변경·중지 또는 폐지하는 경우에는 국토교통부령으로 정하는 방법 및 절차에 따라 그 내용을 해당 지방자치단체의 공보에 고시하여야 한다. 다만, 제1항 단서에 따른 경미한 사항을 변경하려는 경우에는 그러하지 아니하다.

---

46) 서울고등법원 2022. 2. 16. 선고 2021누34383 판결(확정) 및 서울행정법원 2021. 1. 22. 선고 2019구합72410 판결[사업시행계획에는 설계도서(건축개요, 단지배치도, 단위세대 평면도, 지하주차장, 주민공동시설, 근린생활시설) 등이 포함되고, 설계안은 인·허가 과정에서 변경될 수 있다는 내용으로 총회결의를 받은 경우, 조합이 설립인가신청 이후에 구청장과의 협의과정에서 장애인, 노인, 임산부 등의 편의증진 보장에 관한 법령에 따라 근린생활시설 계단의 기울기를 낮추도록 요구받아 설계도서가 반려된 후, 새롭게 근린생활시설의 지하 1층 부분의 설계도면을 일부 수정한 후 다시 신청한 사안에서, 위와 같은 설계변경은 법률에 부합하게 이루어진 점, 변경된 항목에 대하여는 총회의 결의가 포괄적으로 이루어진 것으로 보이는 점 등을 근거로 별도로 총회결의 없는 사업시행계획변경인가신청이 적법하다고 하였다].

제50조의2(사업시행계획의 통합심의)

① 정비구역의 지정권자는 사업시행계획인가와 관련된 다음 각 호 중 둘 이상의 심의가 필요한 경우에는 이를 통합하여 검토 및 심의(이하 "통합심의"라 한다)하여야 한다.

1. 건축법에 따른 건축물의 건축 및 특별건축구역의 지정 등에 관한 사항

(중략)

② 사업시행자가 통합심의를 신청하는 경우에는 제1항 각 호와 관련된 서류를 첨부하여야 한다.

③ 정비구역의 지정권자가 통합심의를 하는 경우에는 통합심의위원회를 구성하여 통합심의하여야 한다.

④ 시장·군수등은 특별한 사유가 없으면 통합심의 결과를 반영하여 사업시행계획을 인가하여야 한다.

⑤ 통합심의를 거친 경우에는 제1항 각 호의 사항에 대한 검토·심의·조사·협의·조정 또는 재정을 거친 것으로 본다.

제50조의3(정비계획 변경 및 사업시행인가의 심의 특례)

① 정비구역의 지정권자는 제50조 제1항에 따른 사업시행계획인가(인가받은 사항을 변경하는 경우를 포함한다. 이하 이 조에서 같다)에 앞서 제16조 제2항에 따라 결정·고시된 정비계획의 변경(정비구역의 변경도 포함하며, 제15조 제3항에 따른 경미한 변경은 제외한다. 이하 이 조에서 같다)이 필요한 경우 제16조에도 불구하고 정비계획의 변경을 위한 지방도시계획위원회 심의를 사업시행계획인가와 관련된 심의와 함께 통합하여 검토 및 심의할 수 있다.

② 정비구역의 지정권자가 제1항에 따라 심의를 통합하여 실시하는 경우 사업시행자는 하나의 총회(제27조 제1항에 따라 신탁업자가 사업시행자로 지정된 경우에는 제48조에 따른 토지등 소유자 전체회의를 말한다. 이하 이 조에서 같다)에서 제45조 제1항 제8호 및 제9호에 관한 사항을 의결하여야 한다.

③ 제1항 및 제2항에서 규정한 사항 외에 심의 및 총회의결을 위한 절차와 방법에 관하여 필요한 사항은 대통령령으로 정한다.

2. 사업시행계획인가신청

총회결의 이후 사업시행자인 조합은 법 시행규칙 [별지 8호 서식] '사업시행계획인가신청서'를 작성하여 정관등, 총회의결서 사본,[47] 사업시행계획서, 인·허가등의 의제를 받음에 필요한 해당 법률에서 정하는 관계 서류, 수용 또는 사용할 토지 또는 건축물의 명세 및 소유권 외의 권리의 명세서(재건축사업의 경우에는 수용권이 발생하는 법 26조 1항 1호, 법 27조 1항 1호의 경우) 등을 첨부하여 시장·군수등에게 인가를 신청한다(법 50조 1항 본문, 법 시행규칙 10조 1항, 2항 1호). 다만, 인·허가등의 의제 관련 서류에 대하여는 사업시행계획인가를 신청한 때에 시공자가 선정되어 있지 아니하여 관계 서류를 제출할 수 없거나 천재지변이나 그 밖의 불가피한 사유로 긴급히 정비사업을 시행하는 경우에는 시장·군수등이 정하는 기한까지 제출할 수 있다(법 57조 3항).

47) 토지등소유자가 20인 미만의 재개발사업에서 토지등소유자가 사업시행자가 되거나 지정개발자가 사업시행자인 경우는 토지등소유자의 동의서 및 토지등소유자명부를 첨부하여야 한다.

3. 시장·군수등의 심사

가. 처리기한

(1) 시장·군수등은 특별한 사유가 없으면 사업시행계획서의 제출이 있은 날부터 60일 이내에 인가 여부를 결정하여 사업시행자에게 통보하여야 한다(법 50조 4항). 시장·군수등은 인가신청서의 내용이 모두 완성되어 있는지, 총회의결이 정족수를 충족하고 있는지, 그 내용이 적법, 적절한지 여부를 검토하고, 첨부서류가 완비되어 있는지 여부에 대하여 확인한다. 처분의 적법 여부는 행정처분을 할 때의 법령과 사실상태를 기준으로 하여 판단하여야 하므로, 인가신청서의 기재에 공란이 있거나 첨부서류에 누락이 있는 경우 그 보완을 명한다. 조합설립인가의 경우 토지등소유자의 동의를 요하므로, 그 정족수 충족 여부와 관련하여 조합설립인가신청 시를 기준으로 하나, 사업시행계획의 경우 총회의결을 요하므로 이는 문제되지 아니한다.

(2) 법은 관리처분계획에 대하여는 제정 시부터 시장·군수등은 인가신청이 있은 날부터 30일 이내에 인가 여부를 결정하여야 한다고 규정하고 있었으나, 사업시행계획에 대하여는 2017. 2. 8. 전부개정되면서 처리기한 조항이 도입되었다. 법이 2021. 3. 16. 개정으로 도입한 경미한 사항에 대한 신고 수리기간 도과 시의 간주규정과 달리 인가에 대하여는 처리기간 도과의 효과에 관하여 아무런 규정이 없고, 사업시행계획인가로 인하여 재개발사업에 있어 수용권이 발생하는 등 그 효과가 중대하며, 위 조항에는 그 자체로 '특별한 사유가 없으면'이라는 단서를 규정하고 있는 점 등에 비추어 처리기한 조항은 훈시규정으로 해석된다.

나. 심 의

(1) 통합심의

(가) 심의의 의미

사업시행계획이 인가되면 법 57조 1항 각 호가 정한 관계 법률에 따른 인·허가 등의 고시·공고 등이 있은 것으로 간주한다. 이는 절차를 간소화하여 국민의 권익을 보호하려는 취지로서 인·허가의 요건에 관한 일체의 심사를 배제하려는 것이 아니다. 종래 법 57조 1항 각 호가 정한 관계 법률에 따른 인·허가를 위한 심의는 개별 법률이 정한 바에 따라 이루어졌다(구체적인 심의사항으로는 건축법에 따른 건축물의 건축 및 특별건축구역의 지정 등에 관한 사항, 경관법에 따른 경관심의에 관한 사항, 교육환경보호법에 따른 교육환경평가, 국토계획법에 따른 도시·군관리계획에 관한 사항, 도시교통정비 촉진법에 따른 교통영향평가에 관한 사항, 소방시설 설치 및 관리에 관한 법률에 따른 성능위주설계의 평가에 관한 사항, 자연재해대책법에 따른 재해영향평가에 관한 사항, 환경영향평가법에 따른 환경영향평가 등에 관한 사항 등 법 57조의2 1항이 규정하고 있다).

(나) 통합심의

① 2023. 7. 18.자 법 개정으로 50조의2가 신설되어 모든 정비사업에 대해 사업시행계획인가를 함에 있어 필요한 경우 앞서 본 각 심의사항 및 그 밖에 국토부장관, 시·도지사 또는 시장·군수등이 필요하다고 인정하여 심의에 부치는 사항 등을 통합하여 검토 및 심의하도록 규정하였

다. 위 50조의2가 신설되어 종래 공공재개발사업과 공공재건축사업에 대하여만 특별히 통합심의가 가능하도록 규정한 101조의7이 삭제되었다(구 법 101조의7에 기한 통합심의는 재량이나, 법 50조의2에 기한 통합심의는 의무이다).

② 법은 2023. 7. 18. 개정으로 법 50조의3이 신설되어 정비계획의 변경이 필요한 경우 정비계획의 변경을 위한 지방도시계획위원회 심의를 사업시행계획인가와 관련된 심의와 함께 통합하여 검토·심의할 수 있도록 규정하였다.

㈐ **통합심의가 의무사항인지 여부 및 통합심의의 효과**

① 비록 법 50조의2 1항은 "정비구역의 지정권자는 사업시행계획인가와 관련된 다음 각 호 중 둘 이상의 심의가 필요한 경우에는 이를 통합하여 검토 및 심의하여야 한다."고 규정하고 있으나, 2항에서는 "사업시행자가 통합심의를 신청하는 경우에는 제1항 각 호와 관련된 서류를 첨부하여야 한다."라고 규정하고 있는 점, 부칙 제4조에서는 "제50조의2의 개정규정은 이 법 시행 후 사업시행자가 통합심의를 신청하는 정비구역부터 적용한다."고 규정하고 있는 점에 비추어 사업시행자는 법 50조의2에 의한 통합심의를 신청할 것인지 여부는 재량이라 할 것이다. 다만, 사업시행자가 법 50조의2 1항이 정한 사항에 관하여 통합심의를 신청하는 경우, 정비구역지정권자는 통합심의가 필요한 경우에는 이를 통합하여 검토 및 심의하여야 한다.

② 시장·군수등의 사업시행계획인가 여부에 대한 결정 이전에 개별 법령이 정한 사항에 대한 심의를 거치도록 요구하는 것은 시장·군수등으로 하여금 사업시행계획인가를 함에 있어 신중을 기하도록 하기 위한 것이다. 종래 통합심의규정이 도입되기 이전에는 시장·군수 등은 반드시 심의 결과대로 사업시행계획인가 여부를 결정하여야 한다고 볼 수 없어 심의를 거치지 않았다는 사정만으로 곧바로 사업시행계획의 불인가처분(인가처분도 동일하다)에 취소사유에 이를 정도의 절차상 하자가 있다고 단정하기는 어렵고, 다만 시장·군수등이 위와 같은 심의를 거치지 아니한 결과 사업시행계획의 불인가처분을 함에 있어 마땅히 고려하여야 할 사정을 참작하지 아니하였다면 그 불인가처분은 재량권을 일탈·남용한 것으로서 위법하다고 평가할 수 있을 것이다.[48]

교육환경보호법상의 교육환경평가는 사업시행계획인가의 전제가 되는 심의사항이다(법 50조의2 제1항 3호는 이를 정비구역지정권자의 통합심의사항으로 규정하고 있다). 교육환경보호법 6조 1항 4호는 유치원이 있는 구역에서 정비사업을 시행하려는 자는 교육환경평가서를 교육감에게 제출하여 승인을 받아야 한다고 규정하고 있다. 판례는 주택법상의 사업계획승인처분과 관련하여 교육환경평가서에 대한 교육감의 승인절차를 거치지 않았다 하더라도, 해당 처분에 취소사유에 이를 정도의 하자가 존재하는 것으로 볼 수 없다고 하였다.[49] 다만 환경영향평가를 거쳐야 할 정비사업에 대하여 그러한 환경영향평가를 거치지 아니하였음에도 사업계획인가처분을 하였다면 그 처분은 위법하다 할 것이다. 그러나 그러한 절차를 거쳤다면, 비록 그 환경영향평가의 내용이 다소 부실하다 하더라도, 그 부실의 정도가 환경영향평가제도를 둔 입법취지를 달성할 수 없을 정도이어서 환경영향평가를 하지 아니한 것과 다를 바 없는 정도의 것이 아닌 이상 그 부실

48) 대법원 2015. 10. 29. 선고 2012두28728 판결(도시계획법상의 개발행위허가처분 사안) 참조.
49) 대법원 2021. 8. 19. 선고 2020두55701 판결 참조.

은 당해 승인 등 처분에 재량권 일탈·남용의 위법이 있는지 여부를 판단하는 하나의 요소로 됨에 그칠 뿐, 그 부실로 인하여 당연히 당해 처분이 위법하게 되는 것이 아니다.[50)]

③ 2023. 7. 18.자 법 개정으로 사업시행계획인가청(서울시내 구청장) 보다 상위기관인 정비구역지정권자(서울시장)에게 통합심의권이 있는 점, 시장·군수등은 특별한 사유가 없으면 통합심의 결과를 반영하여 사업시행계획을 인가하여야 하는 점(법 50조의2 4항) 등을 종합하여 보면, 심의 결과에 그대로 구속되지는 않으나, 심의 결과의 내용조차 반영하지 아니한 사업시행계획의 인가 또는 불인가처분의 경우 특별한 사유가 없으면 재량권 일탈·남용의 위법이 있다.

(2) 구 법상의 정비구역이 지정되지 않은 재건축사업의 건축위원회 심의

법 제정 시부터 2017. 2. 8. 전부개정 이전까지는 공동주택으로 200세대 이상이나 1만㎡ 이상이라는 요건에 해당하지 아니하여 정비구역지정을 받을 수 없는 지역에서도 재건축사업이 가능하였다. 위와 같이 주택법상 사업계획승인 또는 건축법상 건축허가를 받은 아파트나 연립주택의 노후·불량건축물을 대상으로 "정비구역이 아닌 구역"에서 시행하는 주택재건축사업(구 법 2조 2호 단서, 구 법 시행령 6조)의 경우 사업시행계획인가 이전에 건축물의 높이·층수·용적률 등 대통령령이 정하는 사항에 대하여 건축위원회의 심의를 받아야 한다(구 법 28조 2항).

다. 사업시행계획인가의 시기조정

(1) 의의

법이 2012. 2. 1. 개정되면서 정비사업의 시행으로 주변지역에 현저한 주택부족이나 주택시장 불안정 등의 사유가 발생하는 경우 행정청이 1년의 범위에서 정비사업의 사업시행계획인가 및 관리처분계획인가의 시기를 조정할 수 있도록 하는 규정이 신설되었다. 이는 사업시행계획인가와 관리처분계획인가에 공통적으로 적용된다.

(2) 요건

(가) 주변지역 주택의 현저한 부족이나 주택시장의 불안정

정비사업의 시행으로 정비구역 주변 지역에 주택이 현저하게 부족하거나 주택시장이 불안정하게 되는 등 특별시·광역시 또는 도의 조례로 정하는 사유가 발생하여야 한다(법 75조 1항). 서울시는 그와 같은 사유가 존재하는 구역을 심의대상구역으로 하고 있다. '심의대상구역'이란 정비구역의 기존 주택 수가 자치구 주택 재고 수의 1%를 초과하는 경우(1호), 정비구역의 기존 주택 수가 2,000호를 초과하는 경우(2호), 정비구역의 기존 주택 수가 500호를 초과하고, 같은 법정동에 있는 1개 이상의 다른 정비구역(해당구역의 인가 신청일을 기준으로 최근 6개월 이내 관리처분계획인가를 신청하였거나 관리처분계획인가를 받은 구역, 조정대상구역 중 이주가 완료되지 않은 구역으로 한정한다[51)])의 기존 주택 수를 더한 합계가 2,000호를 초과하는 경우(3호)의 어느 하나에 해당하여야 한다(서울시 조례 49조 1항). 심의대상구역의 사업시행자가 사업시행계획인가(관

---

50) 대법원 2001. 6. 29. 선고 99두9902 판결 등 참조.
51) 정비사업 이주계획이 중복되는 구역의 정의이다.

리처분계획인가)를 신청하는 경우 구청장은 시기 조정자료와 검토의견을 작성하여 시장에게 심의를 신청하여야 한다(서울시 조례 51조 1항).

㈏ **특별시장·광역시장 또는 도지사의 결정**

서울시장은 사업시행계획인가(또는 관리처분계획인가) 시기에 대하여 조정할 것인지 여부 및 조정기간 등을 결정하고, 결정사항을 심의신청일로부터 60일 이내 구청장에게 서면으로 통보하며, 구청장은 특별한 사유가 없으면 결정사항에 따라야 한다(서울시 조례 51조 2항, 3항). 서울시장은 위와 같은 결정을 함에 있어 반드시 주거기본법 9조에 따른 서울시 주거정책심의위원회의 심의를 거쳐야 한다(법 75조 1항, 서울시 조례 51조 2호). 서울시장은 심의대상구역 중 주변지역[52]의 주택 멸실량이 공급량의 30%를 초과하는 경우(1호), 주변지역의 주택 멸실량이 공급량의 2,000호를 초과하는 경우(2호), 그 밖에 주택시장 불안정 등을 고려하여 주거정책심의회에서 인가 시기의 조정이 필요하다고 인정하는 경우(3호)의 어느 하나에 해당하는 경우 조정대상구역으로 정할 수 있다(서울시 조례 49조 2항). '조정대상구역'이란 사업시행계획인가 또는 관리처분계획인가 시기조정 대상으로 확정된 정비구역을 말한다(서울시 조례 48조 3호). 구청장은 위와 같이 결정된 조정기간이 경과되면 인가를 할 수 있다(서울시 조례 51조 4항).

⑶ **시기조정을 위한 자료제공의무**

구청장은 해당 자치구의 주택공급, 멸실 현황 및 예측, 정비사업 추진현황 및 계획(위 심의대상구역 해당 여부를 포함), 전세가격 동향 등을 매월 말일까지 작성하여 시장에게 제출하여야 한다(서울시 조례 50조 1항). 구청장은 정비구역의 사업시행계획인가(관리처분계획인가) 신청 이전이라도 시기 조정자료(해당 구역의 현황 및 추진상황, 예상 이주시기 및 이주가구, 주택의 멸실 및 공급량)를 사업시행자에게 요청할 수 있다(서울시 조례 50조 3항).

⑷ **한계**

사업시행계획인가(또는 관리처분계획인가)의 조정시기는 인가를 신청한 날부터 1년을 넘을 수 없다(법 75조 1항).

라. 서류의 공람 공고 및 토지등소유자에 대한 통지, 의견제출

⑴ 시장·군수등은 사업시행계획인가를 하려는 경우에는 관계 서류의 사본을 14일 이상 일반인이 공람할 수 있게 하여야 하는데, 그 경우 요지와 공람장소를 해당 지방자치단체의 공보등에 공고하고 토지등소유자에게 공고내용을 통지하여야 한다(법 56조 1항, 법 시행령 49조). 서울시의 경우 구청장이 토지등소유자에게 공고내용을 통지하는 때에는 임대주택 공급대상자에게도 이를 통지하여야 한다(서울시 조례 시행규칙 13조 2항).

⑵ 토지등소유자 또는 조합원, 그 밖에 정비사업과 관련하여 이해관계를 가지는 자는 공람기간 이내에 시장·군수등에게 서면으로 의견을 제출할 수 있다(법 56조 2항). 시장·군수등은 제출된 의견을 심사하여 채택할 필요가 있다고 인정하는 때에는 이를 채택하고, 그러하지 아니한 경

52) '주변지역'이란 사업시행구역이 위치한 자치구와 행정경계를 접하는 자치구를 말한다(서울시 조례 48조 1호).

우에는 의견을 제출한 자에게 그 사유를 알려주어야 한다(법 56조 3항).

마. 심 사

(1) 협의

(가) 의제되는 인·허가 행정청과의 협의

시장·군수등은 사업시행계획인가를 하려는 경우 법 57조 1항 각 호 및 2항 각 호에 따라 의제되는 인·허가등에 해당하는 사항이 있는 때에는 미리 관계 행정기관의 장과 협의하여야 하고, 협의를 요청받은 관계 행정기관의 장은 요청받은 날(별도로 시장·군수등이 기한을 허여한 경우에는 서류가 관계 행정기관의 장에게 도달된 날을 말한다)부터 30일 이내에 의견을 제출하여야 한다. 이 경우 관계 행정기관의 장이 30일 이내에 의견을 제출하지 아니하면 협의된 것으로 본다(법 57조 4항). 천재지변이나 그 밖의 불가피한 사유로 긴급히 정비사업을 시행할 필요가 있다고 인정하는 경우 협의 없이 사업시행계획인가를 할 수 있으나, 인가 이후 협의를 마쳐야 이 부분 인·허가가 의제된다(법 57조 6항). 법 57조 1항 및 2항에 규정된 의제되는 인·허가등은 일괄인·허가이므로 일부 절차를 누락하였다면 사업시행계획인가처분은 위법하다.

(나) 교육감 또는 교육장과 협의

시장·군수등은 사업시행계획인가를 하려는 경우 정비구역으로부터 200m 이내에 교육시설이 설치되어 있는 때에는 해당 지방자치단체의 교육감 또는 교육장과 협의하여야 한다(법 57조 5항).[53] 천재지변이나 그 밖의 불가피한 사유로 긴급히 정비사업을 시행할 필요가 있다고 인정하는 경우 사업시행계획인가를 할 수 있으나, 인가 이후 협의를 마쳐야 이 부분 인·허가가 의제된다(법 57조 6항).

(다) 국·공유재산 관리청과의 협의

앞서 본 바와 같이 정비구역 내에 정비기반시설이 아닌 국·공유재산이 존재하는 경우, 사업시행자나 토지등소유자에게 정비사업의 목적으로 매각되거나 양도되므로, 시장·군수등은 미리 관리청과 협의하여야 한다. 관리청이 불분명한 재산 중 도로·구거(도랑) 등은 국토부장관을, 하천은 환경부장관을, 그 외의 재산은 기획재정부장관을 관리청으로 본다(법 98조 1항). 협의를 받은 관리청은 20일 이내에 의견을 제시하여야 한다(법 98조 2항).

폐지되는 정비기반시설의 경우에는 관리청의 의견을 듣도록 규정하고 있으나, 그 외의 국·공유 재산에 대하여는 '협의'라고 규정하고 있는 점 등에 비추어 위와 같은 협의절차를 거치지 않

---

53) 교육환경보호법 8조 1항은 교육감은 학교경계 등으로부터 직선거리 200m 범위 안의 지역을 교육환경보호구역으로 설정, 고시하여야 한다(절대보호구역은 학교출입문으로부터 직선거리로 50m까지, 상대보호구역은 학교경계등으로부터 직선거리로 200m까지인 지역 중 절대보호구역을 제외한 지역)고 규정하고 있고, 위 8조 1항에 따라 설정, 고시된 교육환경보호구역에서 건축법 11조 1항 단서에 따른 규모의 건축을 하려는 자는 교육환경에 미치는 영향에 관한 평가서를 대통령령으로 정하는 바에 따라 관할 교육감에게 제출하고 승인을 받아야 한다(6조 1항 5호). 교육환경보호법 시행령 16조 5항 2의2호 (나)목은 정비사업시행자가 시장, 군수, 토지주택공사 등인 경우를 제외하고는 사업시행계획인가 신청 예정일 60일 전까지 위 평가서를 제출하여야 한다고 규정하고 있다. 교육환경평가서의 작성방법 및 작성기준은 교육환경보호법 시행규칙 2조 [별표 1]이 규정하고 있다. 평가대상으로 조망, 일조를 비롯하여 자세히 규정되어 있는데, 그중 일조기준이 엄격하여 그 부합 여부가 쟁점인 경우가 많다(특히 학교건물 중 일반교실과 음악실, 미술실 등 특수교실은 달리 볼 여지가 있음에도, 일률적으로 규정하고 있다).

았다면, 사업시행계획인가처분은 위법하다 할 것이다(다음에서 살펴볼 대법원 2019. 8. 30. 선고 2016다252478 판결의 반대해석 참조). 다만, 위와 같은 협의는 해당 관리청의 의견을 따라 처분을 하라는 의미는 아니라 할 것이므로, 이러한 협의를 거치지 아니하였다고 하더라도 이는 사업시행계획인가처분을 취소할 수 있는 하자가 됨은 별론으로 하고, 그 하자가 중대·명백하여 사업시행계획인가처분을 무효로 한다고 보기는 어렵다.[54)]

㈑ 재개발사업에 있어 중앙토지수용위원회와 협의

① 재개발사업에 있어 사업시행계획인가는 토지보상법상 사업인정으로 의제된다(토지보상법 20조 1항, 22조 3항은 사업시행자가 토지등을 수용하거나 사용하려면 국토부장관의 사업인정을 받아야 하고, 사업인정은 고시한 날부터 효력이 발생한다고 규정하고 있으며, 토지보상법 4조는 수용권이 부여되는 공익사업을 열거하고 있는데, 같은 조 8호 [별표] "2. 법 20조에 따른 사업인정이 의제되는 사업"에서 도시정비법 63조에 따라 토지등을 수용하거나 사용할 수 있는 사업(30호)을 적시하고 있다). 한편 토지보상법 21조 2항은 사업인정이 의제되는 공익사업의 경우 공익사업의 허가·인가·승인권자 등은 사업인정이 의제되는 지구지정·사업계획승인 등을 하려는 경우 중앙토지수용위원회와 협의하여야 하고, 사업인정에 이해관계가 있는 자의 의견을 들어야 한다고 규정하고 있다. 따라서 재개발사업에서 시장·군수등은 사업시행계획인가를 하기 전에 반드시 중앙토지수용위원회와의 협의하고, 이해관계 있는 자의 의견청취절차를 거쳐야 한다(토지보상법 21조 2항은 2015. 12. 29. 신설되었는데, 당시는 재개발사업에서 시장·군수등은 사업시행계획인가를 하기 전에 중앙토지수용위원회 및 이해관계 있는 자의 의견청취절차를 거쳐야 한다고 규정하고 있었는데, 그 후 2018. 12. 31. 개정으로 중앙토지수용위원회에 대하여는 협의로 변경되었다).

② 2018. 12. 31. 개정 이전의 법상의 중앙토지수용위원회의 의견청취절차(이해관계인의 의견청취절차 포함)를 거치지 않았다 하더라도, 그것만으로 사업시행계획(사업인정)이 취소사유에 이를 정도의 절차상 하자가 있는 것으로 보기 어렵다.[55)] 사업시행계획불인가처분에 대하여도 마찬가지이다. 다만, 2018. 12. 31. 개정으로 중앙토지수용위원회와의 협의로 변경되었는데, 만일 사업시행계획인가 전에 위 협의절차가 누락되었다면, 앞서 국·공유재산 관리청과의 협의에서 본 바와 같이 위 사업시행계획인가는 위법하되, 이는 취소할 수 있는 하자로 보아야 할 것이다.

⑵ 의견청취(정비기반시설 관리청)

사업시행계획에 정비기반시설의 귀속 및 양도에 관한 사항이 포함된 경우에는 시장·군수등은 인가 이전에 미리 해당 정비기반시설 관리청의 의견을 들어야 한다(법 97조 4항).[56)] 해당 정비기

54) 대법원 2000. 10. 13. 선고 99두653 판결(건설부장관이 택지개발예정지구를 지정함에 있어 미리 관계 중앙행정기관의 장과 협의를 하라고 규정한 의미는 그의 자문을 구하라는 것이지 그 의견을 따라 처분을 하라는 의미는 아니라 할 것이므로 이러한 협의를 거치지 아니하였다고 하더라도 이는 위 지정처분을 취소할 수 있는 원인이 되는 하자 정도에 불과하고 위 지정처분이 당연무효가 되는 하자에 해당하는 것은 아니다) 참조.

55) 대법원 2007. 6. 28. 선고 2007두1699 판결 등 참조. 한편, 사업인정이 위법함을 전제로 판시한 하급심도 있다(대법원 2019. 2. 28. 자 2018두63471 판결 및 수원고등법원 2018. 11. 6. 선고 2018누51753 판결, 수원지방법원 2018. 5. 30. 선고 2018구합60497 판결). 그러나 위 판결은 그와 같은 절차상 하자만으로 사업시행계획인가를 무효로 할 수 있는 정도의 하자로 볼 수 없다는 것으로서, 그와 같은 절차위반으로 인하여 사업시행계획인가가 당연히 위법하게 되는 것이 내포되어 있다고 단정할 수 없다.

56) 실무상 사업시행자는 사업시행계획인가를 신청하기 전 또는 신청하는 단계에서 감정평가서와 함께 정비구역에 편입

반시설 관리청의 '동의 또는 협의'를 규정한 것이 아니라 '의견청취절차'를 규정한 것에 불과하므로, 그러한 의견청취절차를 거치지 아니하였다고 하여 종래의 정비기반시설 무상귀속·양도의 대상에서 제외되는 것은 아니다.[57] 따라서 의견청취절차는 인가청으로 하여금 이해관계의 조정을 위하여 미리 관리청의 의견을 듣도록 규정한 것에 불과하므로, 그 절차를 거치지 않았다고 하여 처분이 위법한 것으로 볼 수는 없다는 것이다.

바. 일부 건물의 존치 또는 리모델링에 관한 사업시행계획인가의 특례

사업시행자는 일부 건축물의 존치 또는 리모델링(주택법 2조 25호 또는 건축법 2조 1항 10호에 따른 리모델링을 의미하는 경우이다)에 관한 내용이 포함된 사업시행계획서를 작성하여 사업시행계획인가를 신청할 수 있고, 시장·군수등은 존치 또는 리모델링하는 건축물 및 건축물이 있는 토지가 주택법 및 건축법에 따른 다음 각 호의 건축 관련 기준(주택법 2조 12호에 따른 주택단지의 범위, 주택법 35조 1항 3호 및 4호에 따른 부대시설 및 복리시설의 설치기준, 건축법 44조에 따른 대지와 도로의 관계, 건축법 46조에 따른 건축선의 지정, 건축법 61조에 따른 일조 등의 확보를 위한 건축물의 높이제한 기준)에 적합하지 아니하더라도 법 시행령 50조에서 정한 특례기준에 따라 재량으로 인가가 가능하다(법 58조 2항).

4. 인가 및 후속절차

가. 공보 고시 및 인터넷 홈페이지 게재

(1) 의의

시장·군수등은 사업시행계획을 인가한 경우에는 다음과 같은 사항을 해당 지방자치단체의 공보에 고시하여야 하고(법 50조 9항 본문), 고시한 내용을 해당 지방자치단체의 인터넷 홈페이지에 실어야 한다(법 시행규칙 10조 3항, 4항).[58] 다음에서 살펴보듯이 사업시행계획변경인가, 사업시행 중지 및 폐지도 마찬가지이다.

(2) 고시의 효력(사업시행계획인가처분 및 사업시행계획 성립)

사업시행계획인가가 이루어지면 사업시행계획인가 및 사업시행계획은 별개의 처분으로 확정된다. 위 각 처분은 상대방이 불특정 다수이고, 그 처분의 효력도 불특정 다수에게 일률적으로

된 국·공유지 중 용도폐지되는 기반시설을 조사하여 인가권을 가진 관할 행정청에 용도폐지되는 정비기반시설에 대한 무상양도협의를 요청하고, 인가권을 가진 관할 행정청은 해당 국·공유지 소유자 또는 관리청과 협의한 후 사업시행계획을 인가하는 듯하다.

57) 대법원 2007. 6. 28. 선고 2007두1699 판결, 대법원 2009. 6. 25. 선고 2006다18174 판결, 대법원 2019. 8. 30. 선고 2016다252478 판결(국토계획법 65조 3항은 1항과 2항에 따른 공공시설의 귀속에 관한 사항이 포함된 개발행위허가를 하려면 미리 해당 공공시설이 속한 '관리청의 의견을 들어야 한다'고 규정하고 있다. 이는 종래의 공공시설이 속한 관리청의 '동의 또는 협의'를 규정한 것이 아니라 '의견청취절차'를 규정한 것에 불과하므로, 그러한 의견청취절차를 거치지 아니하였다고 하여 종래의 공공시설 무상귀속·양도의 대상에서 제외되는 것은 아니다).

58) 정비사업의 종류 및 명칭, 정비구역의 위치 및 면적, 사업시행자의 성명 및 주소(법인인 경우에는 법인의 명칭 및 주된 사무소의 소재지와 대표자의 성명 및 주소를 말한다), 정비사업의 시행기간(통상적으로 사업시행계획인가일로부터 00개월로 한다), 사업시행계획인가일, 수용 또는 사용할 토지 또는 건축물의 명세 및 소유권 외의 권리의 명세, 건축물의 대지면적·건폐율·용적률·높이·용도 등 건축계획에 관한 사항, 주택의 규모 등 주택건설계획(용도지역별로 택지를 나누고, 그에 따른 용적률, 건폐율, 층수, 동수, 평형 및 세대 수 등), 정비기반시설 및 그 토지 등의 귀속에 관한 사항(폐지 및 설치되는 정비기반시설의 종류 및 면적, 비용부담자) 등이 고시되어야 한다.

미쳐야 할 필요성이 있으므로, 고시에 의하여 처분이 이루어진다. 위 각 처분은 행정업무규정 4조 3호, 6조 3항에 의하여 고시가 있은 후 5일이 경과한 때부터 효력이 발생한다(자세한 내용은 제6장 Ⅱ. "1. 사업시행계획 및 그 인가에 대한 취소소송의 제소기간" 참조).

(3) 인터넷 홈페이지 게재

(가) 인가청은 소속 지방자치단체 인터넷 홈페이지의 '시정소식' 화면에 '알림마당' 등의 세부항목을 두고, '알림마당' 항목 아래에는 '고시/공고'란을 마련한 후, 사업시행계획인가·고시문을 게재하게 된다(지방자치단체에 따라 홈페이지 배치가 다를 수 있다).

(나) 지방자치단체의 공보 게재라는 고시절차 없이 인터넷 홈페이지 게재만을 행하였을 경우에 인가에 대한 적법한 고시가 있는 것으로 볼 수 있는지, 그 하자가 중대·명백한 것으로 볼 수 있는지 여부가 문제된다.

해당 지방자치단체의 시보발행규칙상 종이시보를 전제로 함에도 지방자치단체의 공보(시보) 게재라는 고시절차 없이 인터넷 홈페이지에만 게재한 경우 고시로서는 위법함이 명백하다.[59]

한편, 인터넷이 발달되고 보편화된 현실과 지방자치단체의 인터넷 홈페이지 개설 목적과 활용 형태, 이를 접하는 일반인의 인식 등에 비추어 행정청이 내부적인 결재를 거쳐 인터넷 홈페이지의 '알림마당' 중 '고시/공고'란에 '사업시행계획인가·고시문'을 게재하여 전자 고시한 것은 행정의사가 공식적인 방법으로 외부에 표시된 것에 해당한다 할 것이므로, 적어도 사업시행계획인가처분이 내·외부적 성립요건을 모두 갖추었다.[60] 또한 고시는 행정처분을 한 기관과 그 처분의 내용을 불특정 다수에게 알리는 행위인바, 지방자치단체 홈페이지의 '고시/공고'란에 사업시행계획인가처분의 고시문을 게재하는 경우 고시의 목적은 일정 부분 달성되었다고 볼 수 있는 점, 종이 시보는 매회 소량을 일정한 관공서 등에 배부하는 것임에 비추어 시 인터넷 홈페이지 알림마당의 '고시/공고'란을 통하는 것이 종이 시보에 의하는 것보다 훨씬 더 고시의 목적이 달성되는 것으로 볼 수 있는 점 등에 비추어 그 하자가 중대·명백하여 사업시행계획인가처분이 무효라고 보기는 어렵다.[61]

나. 사업시행계획인가서 교부

시장·군수등은 사업시행계획인가를 하는 경우, 사업시행계획인가서(서울시 조례 시행규칙 별지 서식 23호)를 사업시행자에게 교부하게 된다. 사업시행계획인가서에는 지방자치단체 공보에 고시한 내용이 주로 기재된다.

---

59) "시보의 규격은 16절지로 하고, 가로쓰기로 한다."등의 형태이다. 지방자치단체에 따라서는 "전자문서의 형태로 발행함을 원칙으로 하며 필요한 경우 종이시보를 발행할 수 있다."라는 규정을 두고 있다.

60) 처분이 주체·내용·절차와 형식의 요건을 모두 갖추고 외부에 표시된 경우에는 처분의 존재가 인정된다. 행정의사가 외부에 표시되어 행정청이 자유롭게 취소·철회할 수 없는 구속을 받게 되는 시점에 처분이 성립하고, 그 성립 여부는 행정청이 행정의사를 공식적인 방법으로 외부에 표시하였는지를 기준으로 판단해야 한다(대법원 2021. 12. 16. 선고 2019두45944 판결).

61) 서울고등법원 2019. 1. 9. 선고 2018누60184 판결(확정) 및 의정부지방법원 2018. 7. 5. 선고 2017구합12426 판결.

다. 외부감사

사업시행자는 사업시행계획인가·고시일 전까지 납부 또는 지출된 금액이 7억 원 이상인 경우 사업시행계획인가의 고시일부터 20일 이내에 반드시 외부감사법 2조 7호 및 9조에 따른 감사인의 회계감사를 받기 위하여 시장·군수등에게 회계감사기관의 선정·계약을 요청하여야 하고, 그 감사결과를 회계감사가 종료된 날부터 15일 이내에 시장·군수등 및 해당 조합에 보고하고 조합원이 공람할 수 있도록 하여야 한다(법 112조 1항 2호, 법 시행령 88조 2호).

제3장 토지등소유자가 20인 미만인 개발사업

Ⅰ. 총 설

법이 2017. 2. 8. 전부개정되면서 주택재개발사업과 도시환경정비사업이 재개발사업으로 통합되었다. 위 법률 개정 이전의 구 도시환경정비사업은 정비구역 내 토지등소유자 수의 제한 없이 조합을 설립하지 아니하고 토지등소유자가 직접 사업시행자로서 정비사업을 시행하는 것이 가능하였다. 그러나 개정법률은 25조 1항 2호로 조합설립 없이 토지등소유자가 사업시행자가 되어 정비사업을 시행하기 위한 요건은 정비구역 내 토지등소유자 수가 20인 미만인 경우로 엄격히 제한하였다(위 개정규정은 부칙 7조에 의하여 이 법 시행 후 최초로 정비계획의 입안을 위한 공람을 실시하는 경우부터 적용된다).

법은 제정 당시 주거환경을 개선하기 위한 사업인 주택재개발사업 및 주택재건축사업에서는 조합이 사업시행자가 되는 것을 원칙으로 하고, 토지등소유자 개인이 사업시행자가 되는 것을 허용하지 않았다. 그러나 상업, 공역지역 등으로서 토지의 효율적 이용과 도심 또는 부도심의 도심기능의 회복이 필요한 지역에서의 도시환경을 개선하기 사업인 도시환경정비사업(구 도시재개발법상의 도심재개발사업 및 공장재개발사업)에서는 조합방식뿐만 아니라 토지등소유자 개인이 정비사업을 시행하는 것을 허용하였다. 이는 도시환경개선사업은 일반적으로 정비구역이 소규모이고, 구역 내 토지등소유자가 상대적으로 소수이므로(대체로 5인 이하의 대토지 소유자와 몇몇의 소필지 소유자가 존재하는 지역에서 비교적 소규모로 진행된다),[1] 조합설립 없이 효율적이고 신속한 정비사업의 진행이 가능할 수 있도록 하기 위함이다(개인이 사업시행자가 되는 경우 공익사업인 정비사업을 통하여 개인에게 개발이익 대부분이 귀속될 수 있다는 문제가 있으나, 구역 내 토지등소유자가 소수인 경우에는 조합과 개인인 사업시행자를 특별히 구분할 만큼의 문제가 되지는 않는다). 실제로 도시환경정비사업은 정비구역 내 대토지 소유자 1인(또는 5인 이하의 소수)이 조합방식 대신 직접 사업을 시행하는 경우가 대부분이었고, 건설업체가 직접 토지를 매입하여 사업시행자가 되기도 하였다.

한편, 정비구역에 따라서는 규모가 작지 않고 토지등소유자의 수가 다수인 경우도 존재하는데, 이는 토지등소유자 개인에게 사업시행권을 부여하는 입법취지와 부합하지 않고, 실제로 그 경우 토지등소유자 개인이 사업시행계획 단계에서 다수 토지등소유자의 동의를 받아 사업시행계획인가를 받아 사업시행자로 확정하는 것이 오히려 정비사업절차의 지연을 초래할 가능성이

1) 헌법재판소 2011. 8. 30. 선고 2009헌바128 등 결정.

높은 점, 정비구역 내 토지등소유자가 다수임에도 개발이익이 조합처럼 토지등소유자 대부분에게 귀속되지 않고 개인 1인에게 귀속하게 하는 것은 부당한 점 등을 고려하여 법은 2017. 2. 8. 전부개정하면서, 25조 1항 2호로 토지등소유자가 사업시행자가 되는 것은 정비구역 내 토지소유자가 20인 미만인 경우로 제한한 것이다. 이로써 사실상 소규모를 단위로 하는 도시정비형 재개발사업에서만 토지등소유자가 사업시행자가 될 수 있게 되었다. 주택정비형 재개발사업은 노후·불량건축물의 수가 전체 건축물의 수의 3분의 2 이상이고, 그 면적이 1만㎡ 이상인 지역이 그 대상이므로, 토지등소유자가 20인 미만인 경우는 상정하기 어렵다.

도시정비법은 정비사업의 효율적인 추진 등을 위하여 필요하다고 인정하는 경우에는 하나의 정비구역을 둘 이상의 정비구역으로 분할하는 방법에 따라 정비구역을 지정할 수 있고(법 18조 1항), 또한 하나의 정비구역에서 여러 개의 시행지구로 나누어 시행할 수도 있으므로(그 경우 먼저 정비계획의 변경이 필요한데, 도시정비형 재개발구역 안에서 사업시행지구 분할계획은 정비계획입안 및 결정과정에서 서면통보, 주민공람 및 지방의회 의견청취절차의 생략이 가능한 경미한 변경사항에 해당한다[2]), 도시정비형 재개발사업에서는 토지등소유자가 20인 미만인 경우가 존재한다. 실제로 도심지에서 업무용 시설 건설을 위하여 추진되는 도시정비형 재개발사업의 경우에는 당초 지정된 정비구역을 여러 개의 소규모 지구로 나누어 각 지구마다 하나의 상업용 건물 또는 주상복합건물 등을 독립적으로 건축하는 방식으로 이루어지는 경우가 드물지 않은데, 그와 같은 방식으로 진행되는 서울시 4대문 내 도시정비형 재개발사업의 경우 조합보다 토지등소유자가 직접 정비사업을 시행하는 경우가 훨씬 많다.[3]

Ⅱ. 도시정비형 재개발사업의 특성

도시정비형 재개발사업은 상업지역·공업지역 중 토지의 효율적 이용과 도심 또는 부도심 등 도시기능의 회복이나 상권활성화 등이 필요한 지역에서 도시환경을 개선하기 위하여 시행하는 사업이다. 이를 공익사업으로 한 이유는 도시공간의 효율적인 이용을 통하여 쾌적하고도 유용한 도시환경을 조성하고 궁극적으로 도시의 건전한 발전과 공공복리의 증진이라는 목적을 달성하기 위한 사업이기 때문이다.[4]

일반적인 정비사업은 주로 공동주택 또는 상가라는 단일용도 건축물의 신축을 전제로 하나, 도시정비형 재개발사업은 복합용도 건축물의 신축을 원칙으로 한다. 서울시 조례 8조 2항 5호는 도시정비형 재개발사업의 경우 정비계획을 수립함에 있어 정비구역의 특성과 도심부 기능회복을 위하여 복합용도 건축계획을 원칙으로 하고 주변의 건축물, 국가유산(구 문화재) 또는 자연지형물이 있는 경우에는 주변 경관에 미치는 영향을 최소화할 수 있도록 계획한다고 규정하고 있다. 다만, 사업방식은 일반적 정비사업과 마찬가지로 원칙적으로 일정한 지역 범위 내에서 기

2) 서울시 조례 11조 1항 6호, 또한 동일한 도시정비형 재개발구역 안에서 시행지구를 분할하여 시행하는 경우, 상호경계조정을 위한 지구 범위의 변경을 내용으로 하는 정비계획의 변경도 경미한 사항의 변경에 불과하다(서울시 조례 11조 1항 4호).

3) 유상호, 전게논문, 794~795.

4) 헌법재판소 2011. 11. 24. 선고 2010헌가95 등 결정.

존 건축물을 철거하고 그 위에 새로운 건축물을 건설하여 분양희망자에게 배분하는 방식으로 추진된다.

시장·군수등은 정비사업의 투명성 강화 및 효율성 제고를 위하여 시·도조례로 정하는 정비사업에 대하여 사업시행 과정을 지원하거나 토지주택공사등에 공공지원을 위탁할 수 있는바(법 118조 1항), 서울시 조례 73조는 법 118조 1항에서 '시·도 조례로 정하는 정비사업'이란 일반적인 재개발·재건축조합이 시행하는 정비사업을 의미하되, 정비구역지정·고시가 있은 날의 토지등소유자의 수가 100명 미만으로서 주거용 건축물의 건설비율이 50% 미만인 도시정비형 재개발사업은 제외하고 있다. 사업시행자가 조합이라 하더라도 토지등소유자의 수가 100명 미만으로서 주거용 건축물의 건설비율이 50% 미만인 도시정비형 재개발사업을 공공지원 대상에서 제외한 것은 소규모여서 정비사업의 투명성 강화 및 효율성 제고의 목적이 크지 않고, 주거용 건축물의 건설비율이 50% 미만이어서 공익성 및 공공성이 상대적으로 중대하지 않기 때문인바, 토지등소유자가 사업시행자가 되는 재개발사업은 조합이 사업시행자가 아닐 뿐만 아니라 토지등소유자가 20인 미만이므로 원천적으로 공공지원 대상에서 배제된다. 또한 추진위원장 또는 사업시행자는 법 124조에 의하여 인터넷을 통하여 정비사업 시행에 관련한 정보를 공개하여야 하고, 서울시의 경우 반드시 종합정보관리시스템인 '정비사업 정보몽땅'을 이용하여야 하나, 토지등소유자가 단독으로 시행하는 재개발사업의 경우에는 제외할 수 있다(서울시 조례 69조 4항).

토지등소유자가 20인 미만으로 토지등소유자가 행정주체로서 사업시행자가 되는 도시정비형 재개발사업의 경우에는 조합설립을 통한 정비사업의 시행과는 여러 측면에서 많은 차이가 있으므로, 이에 대하여 자세히 살펴본다.

Ⅲ. 사업시행자

1. 규 정

재개발사업은 조합이 단독으로 시행하거나 시장·군수등과 공동시행하는 외에 토지등소유자가 20인 미만인 경우에는 토지등소유자가 시행하거나 토지등소유자가 토지등소유자 과반수의 동의를 받아 시장·군수등(토지주택공사, 건설업자)과 공동으로 시행할 수 있다(법 25조 1항 2호).

토지등소유자가 조합설립 없이 사업시행자로서 재개발사업을 시행하려는 경우에는 사업시행계획인가를 신청하기 전에 사업시행계획서에 대하여 토지등소유자 4분의 3 이상의 동의 및 토지면적 2분의 1 이상의 토지소유자의 동의를 받아야 한다(법 50조 6항).[5] 다만, 인가받은 사항을 변경하려는 경우에는 규약으로 정하는 바에 따라 토지등소유자의 과반수의 동의를 받아야 한다(법 50조 6항 단서). 위 규약은 사업시행자가 조합인 경우의 정관에 준한다(법 2조 11호 나목).

토지등소유자의 동의는 서면동의서에 토지등소유자가 성명을 적고, 지장(指章)을 날인하는 방법으로 하며, 주민등록증, 여권 등 신원을 확인할 수 있는 신분증명서의 사본을 첨부하여야 한다(법 36조 1항 4호). 동의 철회의 경우에도 동일한 방식이고, 시기상의 제한이 있다(법 시행령 33조

5) 2017. 2. 8. 법이 전부개정되기 이전 구 도시환경정비사업을 토지등소유자가 시행하고자 하는 경우 사업시행계획서에 대하여 토지등소유자 4분의 3 이상의 동의를 얻어야 한다(구 법 28조 7항).

2항, 3항).

2. 사업시행자로서의 토지등소유자의 의미

가. 문제의 소재

토지등소유자 개인이 사업시행자의 자격이 있는지 여부(개인은 사업시행자의 자격이 없고, 단체로서의 토지등소유자만이 사업시행자의 자격이 있는지 여부)와 관련하여 견해의 대립이 있다. 이는 앞서 본 법령 규정의 해석과 관련된다.

나. 학 설

(1) 부정설

'토지등소유자'(정비구역 안에 소재한 토지 또는 건축물의 소유자 또는 그 지상권자) 개인이 사업시행자가 되는 것을 부정하고, 조합을 갈음하는 단체로서의 토지등소유자 전원으로 구성되는 집단만이 사업시행자가 될 수 있다는 견해이다.[6)]

법령상 사업시행자로서의 토지등소유자는 조합과 대등하게 규정되어 있고, 단체로서의 토지등소유자가 사업을 시행하는 것을 전제로 구성원의 내부적 관계를 규율하기 위해 규약을 마련하고 총회를 개최하여 의사를 결정하도록 하는 등 조합과 유사한 제도가 마련되어 있음을 근거로 한다. 법 2조 11호 나목에서 사업시행자인 토지등소유자는 '자치적으로' 규약을 작성한다고 규정하고 있는데, 이는 해석상 구성원 전원을 의미한다.

(2) 긍정설

도시정비형 재개발사업을 시행하고자 하는 토지등소유자는 정비구역 내에 토지등을 소유하고 있기만 하면 1인이 단독으로 또는 수인이 공동하여 정비사업을 시행할 수 있고, 반드시 정비구역 내의 토지등소유자 전원이 공동으로 정비사업을 시행하여야 하는 것은 아니라는 견해이다.

법 25조 1항 2호는 토지등소유자가 20인 미만인 재개발사업은 토지등소유자가 시행하거나 토지등소유자가 토지등소유자의 과반수의 동의를 받아 시장·군수등과 공동으로 시행하는 것도 한 방법이라고 규정하고 있는바, 위 후문의 규정은 명확히 사업시행자인 토지등소유자가 개인임을 전제로 한다. 또한 법 50조 6항은 토지등소유자는 사업시행계획인가를 신청하기 전에 사업시행계획서에 대하여 토지등소유자 4분의 3 이상의 동의 및 토지 면적 2분의 1 이상의 토지소유자의 동의를 받아야 하고, 인가받은 사항을 변경하고자 하는 경우에는 규약이 정하는 바에 따라 토지등소유자의 과반수의 동의를 받아야 한다고 규정하고 있는바, 위 규정의 해석상 사업시행자를 의미하는 전자의 '토지등소유자'는 개인 토지등소유자임이 명백하다.

(3) 절충설

정비구역 내 토지등소유자 전원의 동의가 있어야 토지등소유자 개인의 사업시행이 가능하다. 즉, 사업시행자인 토지등소유자 전원이 규약에 의하여 토지등소유자 중 1인 또는 일부를 사업시

---

6) 김종보, 전게서, 697, 698.

행자로 지정하는 것은 가능하다.[7)]

다. 판 례

긍정설에서 든 법률의 규정, 법령이 명시적으로 토지등소유자 전원이 사업시행자가 되어야 한다고 규정하고 있지는 않은 점, 정비구역 내 토지등소유자 개인을 사업시행자로 하더라도, 정비사업 진행과정에서 다른 토지등소유자에 대한 법정 동의를 요하므로, 나머지 토지등소유자 등 다수의 의사에 반하는 정비사업이 진행될 우려가 없는 점 등을 근거로 토지등소유자 개인에 대하여 사업시행자로서의 자격을 인정한다.[8)]

라. 결 론

긍정설이 타당하다. 그 논거는 다음과 같다. 따라서 1인이든 수인이든 모두 사업시행자가 가능하다. 또한 사업시행자는 사업시행계획의 한 요소이므로 사업시행계획변경절차를 통하여 변경이 가능하고, 사업시행자가 변경되었다고 하여 새로운 사업시행계획인가절차를 진행할 필요는 없다.

(1) 연혁적인 근거

구 도시재개발법은 모든 재개발사업(당시는 주택재개발사업, 도심재개발사업, 공장재개발사업이다)의 원칙적 시행자를 '토지등소유자 또는 그들이 설립하는 조합'으로 하고 있었다(당시는 주택재개발사업도 토지등소유자가 사업시행자가 될 수 있었다).[9)]

그 후 도시정비법이 제정되면서 당시 주택재개발사업에서는 종래 잘 활용되지 않던 토지등소유자 개인이 사업시행자가 되어 정비사업을 시행하는 방식이 제외된 반면, 도심재개발사업과 공장재개발사업을 묶은 구 도시환경정비사업에서는 조합과 함께 토지등소유자 개인이 여전히 사업시행자로 남아있게 되었다. 이는 작은 필지 소유자가 수백 명씩 존재하는 주택밀집지역의 주택재개발사업과 달리 구 도시환경정비사업은 대체로 1인의 대토지 소유자와 몇몇의 소필지 소유자가 존재하는 지역에서 비교적 소규모로 진행되기 때문이다.

(2) 실제 필요성

① 도시정비형 재개발사업은 이해관계인이 많지 않고 대토지 소유자 위주로 사업이 진행될 수 있다는 점에서 굳이 조합을 결성할 필요성이 크지 않다. 특히 도시기능의 조속한 회복이라는 공익실현을 목적으로 하는 도시정비형 재개발사업은 빠른 시간 내에 개발이 진행될 필요성이 있는데, 토지등소유자방식이 조합방식보다 사업의 신속한 진행을 가능하게 한다.

② 법상 정비사업비는 사업시행자가 부담하도록 되어 있는바(92조 1항), 성공 여부가 불투명한 정비사업 초기에는 정비구역 내 다수의 토지등소유자들이 자금조달을 책임지려 하지 않기 때

---

7) 이우재·박치범, 전게서(상), 219.

8) 대법원 2011. 6. 30. 선고 2010두1347 판결, 대법원 2011. 6. 30. 선고 2010두238 판결 및 서울고등법원 2009. 12. 11. 선고 2009누14844 판결, 서울행정법원 2009. 5. 13. 선고 2008구합22280 판결.

9) 구 도시재개발법 8조 1항.

문에(조합방식의 경우 종국적으로 토지등소유자가 종전자산비율만큼 부담한다) 조속한 도시기능의 회복을 위해서는 1인 또는 소수의 사업시행자를 통한 사인의 이윤추구 동기를 일부 활용하는 것도 사업시행의 한 방법이 될 수 있다.[10)]

③ 정비구역 내 토지등소유자 전원의 동의를 요하는 절충설에 의하는 경우 사실상 위 방식에 의한 사업을 불가능하게 한다.

(3) 법령의 근거

앞서 본 바와 같이 도시정비법에는 긍정설로 해석되는 조항 및 부정설로 해석되는 조항이 모두 존재하기는 하나, 긍정설로 해석되는 조항이 다수인 듯하다. 특히 법 72조 1항 단서는 "다만, 토지등소유자 1인이 시행하는 재개발사업의 경우에는 그러하지 아니하다."라고 명시하고 있고, 또한 법 124조 1항은 사업시행자의 관련 자료 공개의무를 규정하면서, 사업시행자의 의미에 대하여 토지등소유자가 '단독'으로 시행하는 재개발사업의 경우에는 그 대표자를 말한다고 규정하고 있는바, 이는 토지등소유자 개인이 사업시행자가 됨을 명시한 것으로 해석된다(단독의 의미가 토지등소유자 단체가 시장·군수등이나 토지주택공사등과 공동으로 하지 않는 경우를 지칭한 것이 아닌가하는 견해가 있을 수 있으나, 그 경우라면 괄호 속에 조합이 단독으로 시행하는 경우도 명시하였을 것이므로, 그처럼 해석될 수는 없다). 또한 서울시 조례 69조 4항 단서는 "다만, 토지등소유자가 단독으로 시행하는 재개발사업의 경우에는 제외할 수 있다."라고 규정하고 있다.

마. 실무상 쟁점

실무상 도시정비형 재개발사업에서 사업시행자인 토지등소유자 개인이 규약으로 정하는 바에 따라 전체 토지등소유자 과반수의 동의를 받아 사업시행자를 제3자로 변경한 후, 관할 행정청에 제3자로 사업시행자를 변경하는 내용의 사업시행계획변경인가를 신청한다. 그 경우 관할 행정청은 토지등소유자 전원으로서의 집단만이 사업시행자가 되고, 사업시행계획서상 기재된 사업시행자 개인은 단체의 대표자로 판단하는 경우, 변경인가를 하되, 서울시 조례 25조 2호(사업시행자 대표자의 변경은 경미한 변경)에 따라 실질은 대표자 변경으로 인한 경미한 변경신고로 보아 수리에 해당한다고 오인하여 해당 지방자치단체의 공보에 고시하는 등의 적법한 절차를 이행하지 아니하는 경우가 있다. 그 경우 사업시행계획변경인가가 외부에 표시되지 않아 성립요건을 갖추지 못하여 효력이 발생하지 아니하게 되는 중대한 문제가 발생한다.

Ⅳ. 사업시행계획인가의 법적 성격

1. 설권행위

개인이 사업시행자가 되는 토지등소유자가 20인 미만인 재개발사업에서의 사업시행계획인가의 법적 성격은 조합이 사업시행자가 되는 일반 재개발·재건축사업의 사업시행계획인가와는 확연히 구별된다. 즉, 토지등소유자가 정비사업을 위한 조합을 따로 설립하지 아니하고 직접 재개

10) 헌법재판소 2011. 8. 30. 선고 2009헌바128 등 결정.

발사업을 시행하고자 하는 경우에는 규약, 사업시행계획서를 작성한 후 이를 그에 대한 토지등소유자의 서면동의서 등과 함께 시장·군수등에게 제출하여 사업시행계획인가를 받아야 하고, 이러한 절차를 거쳐 사업시행계획인가를 받은 토지등소유자는 관할 행정청의 감독 아래 정비구역 내에서 재개발사업을 시행하는 목적 범위에서 법령이 정하는 바에 따라 일정한 행정작용을 하는 행정주체의 지위를 가지게 된다.

따라서 토지등소유자 개인이 직접 시행하는 재개발사업에서의 사업시행계획인가는 단순히 사업시행계획에 대한 보충행위로서의 성질을 가지는 것이 아니라 정비사업을 시행할 수 있도록 행정주체의 권한과 지위를 부여하는 설권적 처분의 성격을 가진다. 이 경우 사업시행계획은 인가처분의 요건 중 하나에 불과하고 항고소송의 대상이 되는 독립된 행정처분에 해당하지 아니한다.[11)]

특정 토지등소유자에게 정비사업을 시행할 권한을 부여한 것과 사업시행계획의 효력을 다투기 위해서는 인가관청을 상대로 사업시행계획인가처분을 다투어야 하고, 토지등소유자를 상대로 사업시행계획의 효력을 다투는 소송은 피고적격 및 대상적격이 없어 모두 부적법하다.

토지등소유자가 정비구역 내 전체 토지등소유자 과반수의 동의를 받아 토지주택공사등, 건설업자 등과 공동으로 시행하는 것이 가능하고, 그 경우 사업시행계획인가를 받아야 하는데, 이를 통하여 토지주택공사등에게 사업시행자의 지위를 부여하므로, 이 또한 설권행위이다. 토지등소유자가 적법하게 토지주택공사등과 공동으로 시행하거나 토지주택공사등을 공동사업시행자에서 제외하는 내용의 사업시행계획변경인가도 설권행위이다.

2. 수용권 발생

가. 수용권 발생

도시기능의 회복 및 상권활성화 등을 통한 도시환경을 개선하기 위한 토지등소유자가 20인 미만인 도시정비형 재개발사업도 주택정비형 재개발사업과 마찬가지로 공익사업이고, 원칙적으로 일정한 지역 범위 내에서 기존 건축물을 철거하고 그 위에 새로운 건축물을 건설하여 분양희망자에게 배분하는 방식으로 추진된다. 따라서 사업시행자 측이 정비구역 내에 소재하는 토지의 소유권을 확보하지 못하면 도시정비형 재개발사업의 추진이 불가능하므로 이를 확보할 수 있는 장치로서 수용권을 부여하는 것은 불가피하다. 토지등소유자가 20인 미만인 도시정비형 재개발사업에서 전체 토지등소유자로 구성되는 조합이 사업시행자가 되는 경우에는 전체 토지등소유자의 이익 및 공익을 위하여 수용권이 긍정될 수 있음에는 이론의 여지가 없다.

나. 위헌 여부

(1) 문제의 소재

토지등소유자가 사업시행자인 경우 그에게 개발이익의 대부분 또는 상당 부분이 귀속될 여지가 있음에도, 정비구역 내의 토지등소유자 중 분양신청을 하지 아니한 자들에 대하여 개발이익이 배제된 액수의 현금보상만을 받고, 토지등에 대한 소유권을 상실하게 하는 것이 타당한 것인

11) 대법원 2013. 6. 13. 선고 2011두19994 판결.

지 여부가 논의의 시발점이다.

(2) 판단(합헌)

정비구역 내 전체 토지가 원칙적으로 신축 건축물(종후자산)인 공동주택의 대지권을 구성하므로, 사업시행자 측이 정비구역 내에 소재하는 토지 및 건축물의 소유권을 확보하지 못하면 도시정비형 재개발사업의 추진이 불가능하다. 따라서 토지등소유자 개인이 사업시행자가 되는 재개발사업에서도 사업시행자에게 수용권을 부여함은 불가피하므로, 합헌으로 보아야 한다(법은 2017. 2. 8. 전부개정으로 토지등소유자 전체 숫자가 20인 미만인 경우에만 토지등소유자가 사업시행자가 될 수 있도록 하고, 종래 토지등소유자 4분의 3 이상의 동의만이 사업시행계획인가의 요건이었으나 토지면적 2분의 1 이상의 토지소유자의 동의가 추가되는 등 점차적으로 그 요건이 강화되어 왔다). 일반 재개발사업에서의 조합설립인가에 있어 토지면적 2분의 1 이상의 토지소유자의 동의를 요구함은 다수의 조합원이 존재함을 전제로 하는 것인데, 토지등소유자 개인이 사업시행자가 되는 토지등소유자가 20인 미만인 재개발사업의 경우에는 토지등소유자가 소수에 불과하므로, 입법론으로는 재건축조합의 설립인가에 필요한 정도의 토지소유자의 동의(토지면적 100분의 70 이상의 토지소유자의 동의)를 요구하는 것이 타당하다 할 것이다.

(3) 헌법재판소(합헌)

헌법재판소는 합헌이라고 결정하였다.[12)]

Ⅴ. 개인이 사업시행자인 토지등소유자가 20인 미만인 재개발사업의 시행절차

1. 정비사업절차

가. 일반적인 사업형태

조합을 설립하지 아니하고 토지등소유자 개인이 시행하는 도시정비형 재개발사업은 정비구역 내 상당 부분의 토지 또는 건축물을 매입한 1인의 대토지 소유자와 소수의 소필지 또는 건축물 소유자들로 구분되며, 그중 대토지 소유자가 주도하여 정비사업을 추진하는 것이 일반적 형태이다.[13)]

도심지에서 호텔, 기타 상업건물, 주상복합건물 등을 건축하는 방식으로 사업을 시행하는 경우 막대한 자금이 소요되는데, 1인의 대토지 소유자의 경우 주로 Project Financing을 통해 자금을 조달한다. 그와 관련하여 SPC(특수목적법인)방식과 PFV(프로젝트 금융투자회사)방식으로 나누어 시행되고 있다. SPC(특수목적법인)방식은 1인의 대토지 소유자 등이 SPC를 설립하고, SPC가 1인의 대토지 소유자 등으로부터 토지등을 양도받고, 사업시행자 변경절차를 거쳐 처음부터 사업시행자가 되어 Project Financing을 통하여 자금을 조달하고 호텔, 기타 상업건물이나 주상복

12) 헌법재판소 2011. 11. 24. 선고 2010헌가95 등 결정[① 수용권을 부여하는 것은 사업시행계획인가를 행하는 시장·군수등이고, ② 공사를 완료한 때에는 시장·군수등의 준공인가를 받아야 하고(83조), 사업시행계획대로 완료되지 아니하면 공사의 중지·변경 등이 가능하며(113조), 감정평가를 통하여 관리처분계획을 수립하여야 하고(74조 4항 1호), 수용은 토지보상법을 준용하는 등 법은 공익목적을 훼손할 위험성을 방지하는 제도적 규율을 마련하고 있다].

13) 대법원 2011. 6. 30. 선고 2010두238 판결.

합건물 신축사업을 시행하는 방식이다. PFV(프로젝트 금융투자회사)방식은 1인의 대토지 소유자, 금융기관 및 기타 투자자 등이 자금 및 현물을 출자하여 호텔, 상업건물이나 주상복합건물 신축사업을 효율적으로 추진하기 위해 사실상 페이퍼 컴퍼니인 PFV를 설립하고, PFV가 사업시행자 변경절차를 거쳐 사업시행자가 되어 자산관리업무는 출자자 등 자산관리회사에 위탁하고, 자금관리업무는 금융기관에 위탁한 채 대토지 소유자가 호텔, 상업건물이나 주상복합건물 신축사업을 시행하는 방식이다.

양 방식 모두 새로운 법인을 설립하여 그 법인에 모든 사업을 귀속시키므로 자금조달이 용이하고, 사업의 위험이 분산되며 사업의 신뢰가 확보됨으로써 정비사업의 진행이 원활하여 널리 사용된다. 다만, 금융기관이 일정비율 이상을 출자해야 하고 자본금의 제한이 있으나, 금융 및 세제 지원에 있어 PFV방식이 SPC방식 보다 상대적으로 우월하여 중대규모 사업에서는 PFV방식이 주로 시행되고, 중소규모 사업에서는 SPC방식이 널리 시행된다.

나. 사업시행계획인가 시까지의 절차

조합설립을 위한 추진위원회 구성과 조합설립인가절차가 생략되는 외에 다른 절차는 조합이 시행하는 방식과 동일하다. 구체적으로 조합을 설립하지 아니하고 토지등소유자 개인이 사업시행자가 되는 경우의 절차를 개관한다.

(1) 토지등소유자 20인 미만인 재개발사업(도시정비형 재개발사업)에서 특별시장 등이 재개발구역을 지정하고 재개발정비계획을 결정하여 고시하면, 일부 토지등소유자는 도시정비형 재개발사업을 시행할 목적으로 규약안, 사업시행계획안을 마련한 후 정비구역 내 토지등소유자들을 대상으로 그에 대한 토지등소유자 4분의 3 이상의 동의 및 토지면적 2분의 1 이상의 토지소유자의 동의를 받아 사업시행에 관한 규약을 제정(통상적으로는 조합이 사업시행자인 경우의 표준정관을 기초로 작성된다)하고, 자신을 사업시행자로 하는 사업시행계획을 확정한 후, 사업시행계획인가신청서에 사업시행계획서, 규약, 토지등소유자의 동의서 및 토지등소유자의 명부를 첨부하여 관할 행정청에 인가를 신청하게 된다. 사업시행계획은 도심의 상업용 건물 또는 주상복합건물을 축조하는 것을 내용으로 함으로써 일부 조합원분양분 외에 다수의 일반분양분이 존재한다.

(2) 토지등소유자의 동의(동의한 사항의 철회 포함)는 서면동의서에 토지등소유자가 성명을 적고 지장(指章)을 날인하는 방법으로 하며, 주민등록증, 여권 등 신원을 확인할 수 있는 신분증명서의 사본을 첨부하여야 한다(법 36조 1항 10호, 50조 6항, 25조 1항 2호). 토지등소유자의 동의서에 대하여 법 시행규칙에는 아무런 서식이 없다. 다만, 서울시 조례 시행규칙 별지 [20호 서식] '사업시행계획인가동의서'가 있다.[14] 조합설립동의서에는 정비사업의 내용(신축 건축물의 설계 개요, 공사비 등 정비사업비)이 반드시 기재되어야 하고, 그에 대한 동의가 전제로 되어 있음에 반해, 위 사업시행계획인가동의서에는 정비사업 내용의 기재가 없으나 말미에 '본인은 사업시행자가 작성한 사업시행계획서(추후 사업계획에 따라 변경될 수 있음)를 충분히 숙지하고 동의합니다'란 내용이 기재되어 있음에 비추어 별도로 사업시행계획을 고지하는 것이 전제가 되어 있다.

14) 앞서 본 지정개발자가 사업시행계획서에 대하여 토지등소유자의 과반수의 동의 및 토지면적의 2분의 1 이상의 토지소유자의 동의를 받음에 있어 위 서식을 사용하여야 한다.

토지등소유자는 사업시행계획인가신청 시까지만 동의의 철회가 가능하다(법 시행령 33조 2항 1호, 법 36조 1항 10호).

(3) 사업시행계획인가신청에 따른 후속절차는 일반적 사업시행계획의 경우와 동일하다(제2장 제2절 Ⅳ. "4. 인가 및 후속절차" 참조). 시장·군수등의 처리기한이 사업시행계획서의 제출이 있은 날부터 60일인 점은 동일하다. 앞서 본 바와 같이 설권행위인 조합설립인가를 위한 신청에 대하여는 처리기한에 대하여 아무런 규정을 두고 있지 않은바, 개인이 사업시행자가 되는 토지등소유자 20인 미만의 재개발사업에서의 사업시행계획인가가 동일하게 설권행위이고, 행정주체의 지위를 부여하는 것이므로 그 처리에 신중을 기하여야 하는 점에 비추어 사업시행계획인가신청에 대하여 처리기한을 둔 것이 부당해 보이나, 앞서 본 바와 같이 이는 훈시규정에 불과하므로 특별히 문제되지 아니한다. 시장·군수등은 사업시행계획인가의 시기조정이 가능하고, 서류의 공람공고 및 토지등소유자에 대한 통지, 의견제출 등의 절차를 거쳐야 하며, 일반적 사업시행계획인가와 마찬가지로 부관 등을 첨부하여 인가할 수 있다. 시장·군수등은 사업시행계획인가 이후 사업시행계획인가서를 사업시행자에게 교부하고, 지방자치단체의 공보에 고시하여야 하며, 해당 지방자치단체의 인터넷 홈페이지에 실어야 한다.

다. 사업시행계획인가 이후의 후속행위

(1) 소재 확인 곤란 건축물의 처분

조합이 사업시행자가 되는 경우에는 조합설립인가일 이후이나, 개인이 사업을 시행하는 토지등소유자가 20인 미만인 재개발사업의 경우에는 사업시행계획인가일 이후 소재불명자의 건축물 또는 토지의 감정평가액을 법원에 공탁하고 정비사업을 진행할 수 있다(법 71조 1항 2호).

(2) 시공자 및 협력업체 선정

토지등소유자가 시행하는 재개발사업에 있어 사업시행자는 사업시행계획인가를 받은 후 정비사업의 시행을 위하여 전문관리업자·시공자·감정평가업자·설계자를 비롯한 각종 협력업체를 선정(변경)하고, 그들과 계약을 체결하는 방법으로 정비사업을 진행한다. 사업시행자는 그중 시공자 선정에 대하여는 자치규약에 따라 건설업자 또는 등록사업자를 시공자로 선정하여야 한다(법 29조 5항). 규약의 내용에 따라서는 수의계약도 가능하다. 이는 조합이 사업시행자인 경우 원칙적으로 경쟁입찰에 의하되, 조합원이 100명 이하인 경우 정관이 정하는 방법으로 시공자를 선정할 수 있도록 한 취지와 동일하다(법 29조 4항 단서, 법 시행령 24조 3항). 사업시행자는 시공자 외의 전문관리업자·감정평가업자·설계자를 비롯한 각종 협력업체의 선정을 위해서는 법이 정한 원칙적 경쟁입찰의 방법에 의하여야 한다(법 29조 1항). 위와 같은 시공자 및 기타 협력업체의 선정방법은 강행규정으로서, 이에 반하는 계약은 효력이 없다. 나아가 이를 위반하여 협력업체를 선정한 자, 시공자를 선정한 자 및 시공자로 선정된 자는 형사처벌의 대상이 된다(법 136조 1, 2호).

⑶ 사업시행계획변경

토지등소유자가 시행하는 재개발사업에 있어 사업시행자는 사업시행계획의 한 요소에 해당한다. 따라서 대토지 소유자로서 사업시행자가 자신의 토지를 양도한 경우에는 그 양수인으로 사업시행자를 변경하는 사업시행계획변경이 이루어진다.[15] 법 129조는 “사업시행자의 변동이 있는 때에는 종전의 사업시행자의 권리·의무는 새로 사업시행자로 된 자가 승계한다.”고 규정하고 있으므로, 그 경우 새로운 사업시행자는 종전 사업시행자의 권리의무를 승계한다.

⑷ 수용절차 및 관리처분계획인가

㈎ 사업시행계획인가 이후 사업시행자는 사업시행계획에 기초하여 분양신청절차를 진행한 후, 분양신청하지 않은 현금청산대상자들에 대하여 수용절차를 진행하게 되고,[16] 분양신청자들의 신청내용을 기초로 관리처분계획을 작성하여 토지등소유자 총회를 개최하여 토지등소유자 과반수의 찬성으로 이를 의결한다.[17] 도심시설에서의 주상복합건물을 목적으로 하는 구 도시환경정비사업의 경우 빌딩 오피스 부분의 전체 매각을 위해 조합원의 분양신청에 제한을 두는 규약을 두거나 이를 내용으로 하는 주민총회의결이 이루어지기도 한다.

㈏ 조합이 사업시행자인 정비사업의 경우 종후자산에 대하여 조합원의 권리가액(종전자산가격×비례율)을 기준으로 배분하는 방식으로 관리처분계획을 수립하나, 토지등소유자가 사업시행자인 구 도시환경정비사업에서는 관행적으로 지분율 공식을 사용하여 관리처분계획을 수립한다.

⑸ 관리처분계획인가의 후속절차

공사착공 후 준공인가, 이전고시 등의 절차를 거치게 된다.

㈎ 사업시행자는 대지 또는 건축물을 분양받은 자의 수분양목적물 가격과 종전에 소유하고 있던 토지 또는 건축물의 가격과 사이에 차이가 있는 경우 이전고시가 있은 후에 그 차액에 상당하는 금액(청산금)을 분양받은 자로부터 징수하되, 규약에서 분양계약을 인정하고 있는 경우 분양계약을 통하여 관리처분계획인가 후부터 이전고시일까지 일정기간별로 청산금을 분할징수하거나 분할지급하게 된다.

㈏ 사업시행자가 조합인 경우 법 93조 1항에 의하여 토지등소유자에 대하여 정비사업의 시행과정에서 발생한 수입(일반분양분 등)에서 소요된 정비사업비의 차액을 조합원에게 부과·징수할 수 있으나, 토지등소유자가 시행하는 재개발사업에 있어서는 위 법 93조 1항의 규정이 적용될 수 없으므로, 이론상으로는 대토지 소유자 1인 또는 소수의 사업시행자가 정비사업비를 모두 부

---

15) 그 외에 사업시행자가 변경되는 경우는 사업시행계획인가 이후 법 26조나 27조에 의한 공공시행이나 지정개발시행으로 사업시행자가 변경되는 경우가 있다.

16) 대법원 2013. 11. 28. 선고 2011두30199 판결.

17) 표준정관을 기초로 작성되는 규약에서는 관리처분계획의 수립, 변경을 총회의 의결사항으로 규정하고 있고, 총회의 의결방법으로는 ‘도시정비법, 자치규약에서 특별히 정한 경우를 제외하고는 토지등소유자 과반수 출석으로 개의하고, 출석 토지등소유자 과반수의 찬성으로 의결하며, 단 총회에 토지등소유자의 100분의 10 이상이 출석하여야 한다.’라고 규정하고 있는 것이 일반적이다. 법 45조 4항, 1항 10호는 관리처분계획의 수립 및 변경에 대하여는 조합원 과반수의 찬성 정비사업비가 100분의 10 이상 늘어나는 경우 3분의 2 이상으로 의결하고, 조합원 100분의 20 이상이 직접 출석하도록 규정하고 있으므로, 위 자치규약 규정도 동일하게 규정하고 있는 것이 일반적이다.

담하게 된다. 그러나 법 89조 3항은 종후자산을 평가함에 있어 정비사업비를 참작하여야 한다고 규정하고 있는 등 종후자산의 평가에 있어 정비사업비는 사실상 모두 반영되므로, 청산금을 부과한 후 공사비가 잔존하는 경우는 많지 않은 듯하다.

(6) 일반분양과 개발이익

개인이 사업시행자인 토지등소유자 20인 미만의 도시정비형 재개발사업은 주로 도심 또는 부도심 등 도시기능의 회복이나 상권활성화 등이 필요한 지역에서, 빌딩 등의 건설과 그에 따른 상가분양이 이루어지는 경우가 많고 일부 공동주택에 대한 분양도 이루어진다.

1인의 토지소유자인 사업시행자는 일반분양하는 공동주택이 30세대 이상이면 주택법이라는 엄격한 절차를 통하여 분양하여야 하나, 30세대 미만인 경우에는 사업시행자가 자유로이 분양할 수 있으므로, 스스로 이를 모두 취득하는 것도 가능하다. 상가의 경우에는 자유로이 분양할 수 있으므로, 스스로 이를 모두 취득하는 것이 가능하다(일반분양의 대상인 분양대상의 누락, 착오에 대비한 보류지나 체비지의 독점적 취득이 가능하다). 따라서 사업시행자가 개발이익의 상당 부분을 전속적으로 취득할 여지가 있다.

수용권이 인정되는 공익사업임에도 1인의 토지등소유자가 개발이익을 모두 취득하는 것이 부당하다는 견해가 있다. 한편으로 사업비의 대부분을 1인이 부담하는 위험을 안은 채 진행되는 공익사업의 특성상 사업시행자에게 그에 대한 대가로 개발이익에 대한 인센티브가 부여되는 측면이 있고, 또한 상가의 경우에는 주변 상권의 변화에 따른 변동의 여지가 많아 개발이익의 발생이 확정적인 것으로 단정하기도 어렵다는 반론이 있다.

(7) 자금차입

사업시행자가 자금을 차입할 때에는 대통령령으로 정하는 바에 따라 자금을 대여한 상대방, 차입액, 이자율 및 상환방법 등의 사항을 시장·군수등에게 신고하여야 한다(법 111조의2). 차금차입 시의 신고의무 조항은 법이 2022. 6. 10. 개정되면서 처음 도입되었다.

2. 규 약

가. 규약제정을 위한 동의율

(1) 문제의 소재

개인이 사업을 시행하는 토지등소유자가 20인 미만인 재개발사업의 경우에도 조합이 사업시행자인 방식에서의 정관과 유사한 규약을 제정하여야 한다. 그 규약제정을 위한 동의율에 관하여 토지등소유자 3분의 2 동의설,[18] 토지등소유자 4분의 3 이상 동의 및 토지면적 2분의 1 이상 토지소유자 동의설[19] 등의 견해대립이 있다.[20]

---

18) 서울행정법원 2010. 10. 21. 선고 2009구합31656 판결(항소취하로 확정, 정비구역 내의 토지등소유자 집단은 그 성격상 민법상의 비법인사단에 해당하므로, 규약의 제정에 관하여는 사단법인의 정관변경에 관한 민법 42조 1항의 규정을 유추적용하여 토지등소유자 3분의 2 이상의 동의를 요한다).

19) 토지등소유자 개인이 사업을 시행하는 토지등소유자가 20인 미만인 재개발사업에서 사업시행계획인가는 설권적 처분이고 수용권이 발생하므로, 사업시행자가 조합인 경우의 조합설립인가에 필요한 동의와 유사한 점, 사업시행계획

(2) 판례

판례는 도시정비법에 사업시행계획인가에 대한 동의율 조항이 신설되기 전의 사안에서, 조합설립인가와 관련한 구 법 16조 1항(법이 2007. 12. 21. 개정된 이후부터 2009. 2. 6. 개정되기 전까지로서 당시는 토지면적 2분의 1 이상 토지소유자의 동의 조항이 도입되기 전이다)을 유추적용하여 토지등소유자 4분의 3 이상의 동의를 요한다고 하였다.[21]

(3) 결론

개인이 사업을 시행하는 토지등소유자가 20인 미만인 재개발사업에서 사업시행계획인가는 조합설립인가와 법적 성질이 유사하므로, 규약제정을 위한 동의율도 마찬가지로 토지등소유자 4분의 3 이상 동의 및 토지면적 2분의 1 이상 토지소유자 동의로 봄이 타당하다.

나. 규약의 내용

일반적인 규약의 내용은 재개발·재건축조합의 표준정관과 유사하다. 토지등소유자로 구성된 토지등소유자 총회의 근거규정을 마련해 두고 있고, 사업시행계획의 변경이나 관리처분계획의 수립과 같은 중요한 안건의 경우 토지등소유자 총회를 개최하여 토지등소유자 과반수의 찬성으로 의결하는 내용을 두는 것이 일반적이다.

3. 사업시행계획인가의 요건

가. 규 정

법이 2009. 2. 6. 개정되면서 구 도시환경정비사업에서 토지등소유자가 이를 시행하는 경우에는 사업시행계획인가를 신청하기 전에 사업시행계획서에 대하여 토지등소유자 4분의 3 이상의 동의를 얻어야 한다고 규정하였고(구 법 28조 7항 전문), 인가받은 사항을 변경하고자 하는 경우에는 규약이 정하는 바에 따라 토지등소유자의 과반수의 동의를 얻어야 하되, 경미한 변경의 경우에는 토지등소유자의 동의를 요하지 아니한다고 규정하였다(구 법 28조 7항 후문).

그 후 2017. 2. 8. 전부개정된 현행 법에서는 토지등소유자 개인이 사업시행자가 되는 토지등소유자가 20인 미만인 재개발사업(일반적으로 도시정비형 재개발사업)의 경우 사업시행계획인가를 신청하기 전에 사업시행계획서에 대하여 토지등소유자(정비구역 안에 소재한 토지 또는 건축물의 소유자 또는 그 지상권자) 4분의 3 이상의 동의 및 토지면적 2분의 1 이상의 토지소유자의 동의를 받아야 한다고 규정하고 있다(법 50조 6항, 25조 1항 2호).

사업시행자는 법 시행규칙 10조 1항 [별지 8호 서식] '사업시행계획인가신청서'에 규약, 토지등소유자의 동의서 및 토지등소유자의 명부, 사업시행계획서, 인·허가의제 관계 서류, 수용 또는

인가신청서에 첨부해야 할 서류에는 규약 및 토지등소유자의 동의서, 토지등소유자의 명부를 첨부하는 점 등에 비추어 사업시행계획인가의 요건과 동일하게 규약제정에도 토지등소유자 4분의 3 이상 동의 및 토지면적 2분의 1 이상 토지소유자의 동의를 요한다.

20) 그 외에 토지등소유자 전원이 사업시행자가 됨을 근거로 토지등소유자 전원 동의설을 주장하는 견해가 있다[이우재·박치범, 전게서(상), 225].

21) 대법원 2011. 6. 30. 선고 2010두238 판결, 대법원 2011. 6. 30. 선고 2010두1347 판결.

사용할 토지 또는 건축물의 명세 및 소유권 외의 권리의 명세서 등을 첨부하여 인가를 신청하여 관할 행정청으로부터 인가를 받아야 한다. 이 경우 추진위원회의 구성, 조합설립에서와 동일하게 동의의 방법은 서면동의서에 토지등소유자가 성명을 적고 지장(指章)을 날인하는 방법으로 하며, 주민등록증, 여권 등 신원을 확인할 수 있는 신분증명서의 사본을 첨부하여야 한다(법 36조 1항 4호). 조합설립동의의 경우에는 반드시 법 시행규칙 [서식 6] 조합설립동의서를 이용하여 동의를 받아야 하고, 그중 '동의내용'란 기재가 없는 경우 동의의 효력이 없으나, 위 동의에는 위 서식의 동의서를 사용할 필요가 없다. 사실상 백지에 가까운 서면동의서도 유효하다(서울시 조례 시행규칙에는 '사업시행계획인가동의서'라는 서식을 두고 있음은 앞서 본 바이다. 서식 20). 한편, 인가받은 사항을 변경하고자 하는 경우에는 규약이 정하는 바에 따라 토지등소유자의 과반수의 동의를 얻어야 하되, 경미한 사항의 변경인 경우에는 토지등소유자의 동의를 요하지 아니한다고 규정하고 있다(법 50조 6항 단서).

나. 토지등소유자 및 동의자 수 산정에 관한 특례

토지등소유자 개인이 사업시행자가 되는 것은 토지등소유자가 20인 미만인 재개발사업(일반적으로 도시정비형 재개발사업)에 한하여 가능하므로, 이로 인하여 토지등소유자 및 동의자 수 산정에 관하여 다음과 같은 예외가 있다.

(1) 토지등소유자 및 동의자 수 산정기준일

㈎ 일부 토지등소유자가 정비구역지정·고시 이후 도시정비형 재개발사업을 시행할 목적으로 사업시행계획안 등에 대하여 토지등소유자의 4분의 3 이상 동의 및 토지면적의 2분의 1 이상의 토지소유자의 동의를 받아 규약과 사업시행계획을 확정한 후, 사업시행계획인가를 신청하게 되는데, 그 과정에서 사업구역 내의 토지 또는 건축물 등에 대한 다(多)물건 소유자의 양도나 지분 쪼개기 등으로 인하여 전체 토지등소유자 및 동의자 수가 변동된다. 그 경우 전체 토지등소유자 및 동의자 수 산정의 기준일이 문제된다(동의자 수의 구제적인 산정방법은 제4편 제3장 제2절 I. "2. 토지등소유자의 구체적인 산정방법"에서 자세히 살펴보았다).

판례가 사업시행자가 조합인 경우 조합설립인가를 위한 동의정족수 산정은 조합설립인가신청 시를 기준으로 한다고 판시한 점은 앞서 본 바인바,[22] 토지등소유자 개인이 사업시행자가 되는 토지등소유자가 20인 미만인 재개발사업에서의 사업시행계획인가는 조합설립인가와 마찬가지로 설권행위인 점에 비추어 마찬가지로 사업시행계획인가신청 시를 기준으로 토지등소유자 및 동의자 수를 판단하는 것이 논리일관적이다.

㈏ 그러나 도시정비법은 2022. 6. 10. 개정되어 토지등소유자가 20인 미만인 재개발사업(일반적으로 도시정비형 재개발사업)에서 토지등소유자가 재개발사업을 시행하기 위하여 사업시행계획인가를 신청하는 경우 토지등소유자의 동의자 수를 산정하는 기준일은 사업시행계획인가를 신청하기 직전의 정비구역 변경지정·고시가 있는 날(정비구역 변경지정이 없거나 정비구역지정·고시 후에 정비사업을 목적으로 취득한 토지 또는 건축물에 대해서는 정비구역지정·고시가 있는 날을 말한

22) 대법원 2014. 4. 24. 선고 2012두21437 판결 참조.

다)을 기준으로 하고(법 36조의2 1항 2호), 위 산정기준일 이후 1명의 토지등소유자로부터 토지 또는 건축물의 소유권이나 지상권을 양수하여 여러 명이 소유하게 된 때에는 그 여러 명을 대표하는 1명을 토지등소유자로 본다는 규정을 신설하였다(법 36조의2 2항). 따라서 사업시행계획인가를 위한 토지등소유자 및 동의자의 수를 산정하는 기준일(동의정족수 판단의 기준일)은 사업시행계획인가를 신청하기 직전의 정비구역변경지정·고시가 있는 날(정비구역 변경지정이 없거나 정비구역지정·고시 후에 정비사업을 목적으로 취득한 토지 또는 건축물에 대해서는 정비구역지정·고시가 있는 날을 말한다)이다.

위 2항은 1항의 해석상 당연히 인정되는 내용을 담고 있는 확인적·주의적 성격의 규정이다. 다(多)물건자가 정비구역(변경)지정·고시 이후 토지등을 양도한 경우에도 1토지등소유자로 한다는 2항에는 토지분할, 집합건물이 아닌 건물이 집합건물로의 전환, 하나의 대지범위에 속하는 동일인 소유의 토지와 주택의 소유 분리, 나대지에 건물을 건축하거나 기존 건축물을 철거하고 공동주택 신축, 집합건물법상의 전유부분 분할 등 지분 쪼개기가 산정기준일 이후 이루어진 경우 그 여러명을 대표하는 1명을 토지등소유자로 본다는 것이 내포되어 있다.

앞서 본 바와 같이 법이 2017. 2. 8. 전부개정되기 이전에는 구 도시환경정비사업은 정비구역 내 토지등소유자 수의 제한 없이 조합을 설립하지 아니하고 토지등소유자가 직접 사업시행자로서 정비사업을 시행하는 것이 가능하였으나, 위 개정으로 신설된 법 25조 1항 2호에 의하여 조합설립 없이 토지등소유자가 사업시행자가 되어 구 도시정비사업을 시행하기 위한 요건은 정비구역 내 토지등소유자 수가 20인 미만인 경우로 엄격히 제한되었다. 이에 따라 토지등소유자 개인이 사업시행자가 되는 것을 반대하는 측이 정비구역(변경)지정·고시 이후 이른바 법 77조가 규정하고 있는 지분 쪼개기(토지분할로 인한 토지등소유자의 수 증가, 하나의 대지에 속하는 동일인 소유의 토지와 주택이 분리되어 소유하게 되는 경우 등) 뿐만 아니라 다수의 토지등을 소유한 1명의 토지등소유자가 토지 또는 건축물의 소유권이나 지상권을 양도하여 여러 명이 소유하는 방법으로 토지등소유자의 수를 20인 이상으로 늘려 토지등소유자 개인이 사업시행자가 되는 것을 봉쇄하는 폐해가 발생하자 이를 방지하여 정비사업이 원활하게 추진될 수 있도록 하기 위하여 2022. 6. 10. 법 36조의2가 신설되었다.

㈐ 한편, 토지등소유자 3분의 2 이상의 동의로 정비계획변경의 입안제안이 가능한바(법 14조 1항 6호), 원칙적으로 동의정족수 산정하는 기준일은 정비계획의 입안을 제안하는 시점이나, 토지등소유자 개인이 사업시행자가 되는 토지등소유자가 20인 미만인 재개발사업에서 정비구역지정·고시 이후 정비계획의 변경을 제안하는 경우에는 정비구역지정·고시가 있는 날을 토지등소유자의 수를 산정하는 기준일로 한다(법 36조의2 1항 1호). 입법취지는 지분 쪼개기나 다물건자의 양도로 인한 정족수의 충족 여부가 달라지는 것을 방지하기 위함이다.

⑵ 동의자 수 산정방법

토지등소유자의 동의자 수 산정방법과 관련하여서는 앞서 본 법 36조의2 및 일반규정인 법 시행령 33조 1항 1호가 적용된다. 다만, 토지등소유자가 20인 미만인 재개발사업(도시정비형 재개발사업)의 특성을 고려하여 법 시행령 33조 1항 1호 ㈐목 단서로 예외규정을 두고 있고, 신탁과 관련하여서는 판례가 예외를 인정하고 있다.

㈎ **토지등소유자가 정비구역지정 후에 정비사업을 목적으로 취득한 토지등의 특칙**

① 앞서 조합설립인가에서 살펴본 바와 같이 1인이 다수의 토지 또는 다수의 건축물을 소유하고 있는 경우에는 필지나 건축물의 수에 관계없이 토지등소유자를 1인으로 산정함이 원칙이나, 토지등소유자가 정비구역지정 후에 정비사업을 목적으로 취득한 토지 또는 건축물에 대해서는 정비구역지정 당시의 토지 또는 건축물의 소유자를 토지등소유자의 수에 포함하여 산정하되, 이 경우 동의 여부는 이를 취득한 토지등소유자에 따른다[법 시행령 33조 1항 1호 ㈐목 단서].

② 토지등소유자 개인이 사업시행자가 되는 토지등소유자가 20인 미만인 재개발사업(도시정비형 재개발사업)은 도심 내 상업지역·공업지역 등에서 빌딩, 주상복합건물 등을 신축하는 사업이 주를 이룬다. 그 경우 사업시행자가 되려는 토지등소유자의 경우 정비구역(또는 지구) 내 이해관계인의 수가 적고 광대한 면적의 대토지를 소유하는 것이 원활한 사업진행에 유리하므로 사업의 편의상 정비구역지정 이후에도 다수의 토지등을 매입하는 경우가 많다(극단적으로는 정비구역지정 이후 1인의 토지등소유자만이 남게 된다). 그럼에도 불구하고 일반적 재개발사업의 토지등소유자 수 산정방법에 따라 1인이 다수의 토지를 소유한 경우 필지 수에 관계없이 1인으로 산정하게 되면, 사업시행자인 토지등소유자가 사업의 편의를 위하여 사업구역 내 토지를 취득하면 할수록 전체 소유자의 수가 감소하게 되고, 사업시행자가 아닌 토지등소유자가 다수로 되어 결과적으로 토지등소유자 4분의 3 이상 동의의 충족이 어려워 사업시행이 불가능하게 되는 문제가 발생하게 된다.

위와 같은 문제점을 해소하여 정비사업의 원활한 진행이 가능하도록 토지등소유자 개인이 사업시행자가 되는 토지등소유자가 20인 미만인 재개발사업의 경우에는 정비구역지정 후에 토지등소유자가 정비사업을 목적으로 취득한 토지 또는 건축물에 대해서는 정비구역지정 시를 기준으로 토지등소유자 수를 산정하되, 동의는 이를 취득한 토지등소유자에 따른다는 특칙을 두게 되었다.[23] 앞서 본 바와 같이 사업시행계획인가를 신청하는 과정에서 토지등소유자들로 구성된 임시총회가 개최되어 규약을 제정하게 되는데, 규약에 법 시행령 33조 1항 1호 ㈐목 단서의 내용을 규정하는 경우가 흔히 있다.

③ 위 규정은 '토지등소유자가 정비구역지정 후에 정비사업을 목적으로 취득한 토지 또는 건축물에 대하여'라고 규정하고 있다. 이와 관련하여 위 규정의 토지등소유자는 반드시 정비구역지정 당시의 토지등소유자에 국한되는 것인지 또는 정비구역지정 후에 토지등을 양수하여 사업시행자가 되는 경우에도 적용되는지 여부가 문제된다.

위 규정의 '토지등소유자'를 반드시 정비구역지정 당시의 토지등소유자로 제한하여 해석할 근거가 없고, 위 조항의 입법취지 등에 비추어 정비구역지정 후에 토지등을 취득하여 사업시행자가 되려는 토지등소유자도 포함한다.[24]

---

23) 법리적으로는 정비구역지정 및 정비계획결정이 있으면 구체적으로 사업성 여부를 판단할 수 있으므로, 정비구역지정 후에 정비구역 내에 소재한 토지등을 양도하는 것은 실질상 정비사업의 실시에 관한 권한을 타에 양도하는 것으로 보아 사업시행계획인가에 필요한 토지등소유자 수를 산정함에 있어 양수자가 종전 소유자의 수만큼 의결권을 가지는 것으로 특례를 규정한 것이라는 견해가 있다[이우재·박치범, 전게서(상), 784].

24) 서울고등법원 2021. 9. 16. 선고 2020누68457 판결(확정) 및 서울행정법원 2020. 11. 13. 선고 2018구합6768 판결.

④ 정비구역이 지정되었다가 여러 차례 변경 지정되는 경우, 위 특례 조항에서 '정비구역의 지정 후'를 최초 정비구역지정·고시일을 기준으로 할 것인지 또는 최종 정비구역지정·고시일을 기준으로 결정할 것인지 여부가 문제된다.

최종 변경된 정비구역지정·고시일을 기준으로 한다는 견해가 있다.[25] 그러나 최초 정비구역을 기준으로 하는 경우 당초 정비구역에는 포함되어 있지 아니하다가 변경된 정비구역에 포함된 토지등에 대하여 정비사업을 목적으로 취득하였음에도 위 특례 조항이 적용될 수 없는 문제점이 있고, 최종 변경된 정비구역지정·고시일을 기준으로 하는 경우 당초 정비구역에 포함되어 있고, 변경된 정비구역에도 계속하여 포함된 토지등에 대하여 최초 정비구역지정 이후 정비사업을 목적으로 취득하였음에도 위 특례 조항이 적용될 수 없는 문제점이 있다. 법 36조의2는 토지등소유자 20인 미만의 재개발사업에서 토지등소유자가 사업시행자로서 사업시행계획인가를 신청하는 경우 전체 토지등소유자의 수 및 동의자 수를 산정하는 기준일은 사업시행계획인가를 신청하기 직전의 정비구역 변경지정·고시가 있는 날로 하되, 정비구역지정·고시 후에 정비사업을 목적으로 취득한 토지 또는 건축물에 대해서는 정비구역지정·고시가 있는 날을 기준으로 한다고 규정하고 있으므로, 적어도 최종 변경된 정비구역지정·고시일을 기준으로 하는 것은 부당하다.

따라서 개별 토지 등을 기준으로 토지등소유자가 정비구역지정·고시 후에 정비사업을 목적으로 취득한 토지 등에 대하여는 최초 정비구역지정·고시일로 하고, 변경된 정비구역지정·고시 후에 정비사업을 목적으로 취득한 토지 등에 대하여는 변경된 정비구역지정·고시일로 함이 타당하다.

(나) 신탁에서의 특칙

① 토지등소유자 개인이 사업시행자가 되는 토지등소유자가 20인 미만인 재개발사업(도시정비형 재개발사업)에 있어서는 종전부터 사업시행 과정에서 부동산에 관한 처분신탁 또는 담보신탁 등에 의한 사업방식이 관행적으로 이루어져 왔다.[26] 앞서 본 바와 같이 토지등소유자 개인이 사업시행자가 되는 구 도시환경정비사업에서는 사업시행자가 되려는 토지등소유자의 경우 사업의 편의상 정비구역(또는 지구) 내 다른 부동산 소유자들로부터 그들의 토지등을 매수하는 것이 일반적인데, 그 과정에서 금융기관으로부터 매수자금을 조달하되, 금융기관과 부동산관리 및 처분신탁계약 또는 담보신탁계약을 체결하고, 금융기관에 신탁을 원인으로 한 소유권이전등기를 마쳐주게 된다.

② 신탁법상의 신탁은 위탁자가 수탁자에게 특정의 재산권을 이전하거나 기타의 처분을 하여 수탁자로 하여금 신탁 목적을 위하여 그 재산권을 관리·처분하게 하는 것이므로, 부동산신탁에 있어 수탁자 앞으로 소유권이전등기를 마치게 되면 대·내외적으로 소유권이 수탁자에게 완전하게 이전되는 것인바,[27] 그 경우 재개발사업에서의 전체 토지등소유자의 수 및 동의자 수를 산정할 때에도 수탁자를 기준으로 하여야 하는지 여부가 문제된다.[28]

---

25) 이우재·박치범, 전게서(상), 784.
26) 대법원 2015. 6. 11. 선고 2013두15262 판결.
27) 대법원 2013. 1. 24. 선고 2010두27998 판결.
28) 법은 재개발사업의 경우 '토지등소유자'는 정비구역에 위치한 토지 또는 건축물의 소유자 또는 그 지상권자로 하되,

③ 판례는 그 경우 전체 토지등소유자의 수 및 동의자 수를 산정함에 있어 직접 이해관계를 가지는 위탁자를 기준으로 한다.[29] 그 논거는 다음과 같다.

ⓐ 토지등소유자 개인으로 하여금 토지등소유자의 동의를 얻어 도시정비형 재개발사업을 시행할 수 있도록 하는 것은 도시정비형 재개발사업과 직접적인 이해관계가 있는 당사자를 주체(사업시행자)로 하여 사업을 추진하고 또한 그러한 이해관계인의 의견을 반영하려는 취지인데, 그와 같은 이해관계 있는 당사자는 위탁자이다.

ⓑ 토지등소유자가 도시정비형 재개발사업 시행을 위하여 또는 그 사업 시행과 관련하여 직접적인 이해관계를 가지는 당사자로서 부동산을 신탁한 경우에 그 사업의 시행은 신탁의 목적에 부합하고, 부동산신탁은 토지등소유자의 의사에 기하여 추진되는 도시정비형 재개발사업 시행을 위한 수단으로서 기능하게 되므로, 사업시행에 직접 이해관계를 가지는 종전 토지등소유자인 위탁자가 주체가 되어야 한다.

④ 다만, 위 법리는 토지등소유자 개인이 사업시행자가 되는 토지등소유자가 20인 미만인 재개발사업(도시정비형 재개발사업)에서 사업시행을 위한 자금조달을 위하여 일반적으로 신탁제도가 이용되는 점을 고려한 것으로서, 그 외의 다른 정비사업에 곧바로 적용될 수는 없다.

Ⅵ. 기타 쟁점

1. 토지소유자 아닌 자에 대한 건축허가에 필요한 동의서 요부(부정)

다음에서 살펴보듯이 사업시행계획인가를 받은 때에는 건축법 11조에 따른 건축허가를 받은 것으로 의제된다(법 57조 1항 3호). 사업시행계획서에는 '건축물의 높이 및 용적률 등에 관한 건축계획'이 포함되어 있다(법 52조 1항 9호). 특별시, 광역시에서 21층 이상의 건축물, 연 면적 10만㎡ 이상의 건축물을 건축하는 경우에는 시장의 허가를 받아야 한다고 규정하고 있다(건축법 시행령 8조 1항).

서울시 건축조례 7조 1항 1의 다. 1)은 '연면적의 합계가 10만㎡ 이상이거나 21층 이상 건축물의 건축에 관한 사항'에 대하여 서울시 건축심의위원회 심의사항으로 규정하였고, 같은 조 3항은 2021. 1. 7. 서울특별시 건축조례 제7859호로 개정되기 이전에는 "1항에 따른 건축물을 건축하고자 하는 자는 법 11조에 따른 건축허가를 신청하기 전에 심의를 신청할 수 있다. 다만, 토지소유자가 아닌 자(도시정비법에 따른 정비사업의 시행자를 제외한다)가 신청하는 경우에는 토지면적 3분의 2 이상에 해당하는 토지소유자의 동의서를 제출하여야 한다."고 규정하였다.

위 규정상 '도시정비법에 따른 정비사업의 시행자'의 의미는 개개 토지등소유자와 무관한 별도의 행정주체로서의 조합을 의미하는 것이고, 개개의 토지등소유자가 사업시행자가 되는 경우는 제외되어야 한다는 견해가 있었다. 그 후 위 조례는 그와 같은 논란을 잠재우기 위하여 2021. 1. 7. 서울특별시 조례 제7859호로 개정되면서 토지소유자 아닌 자가 건축허가를 신청함

다만, 예외적으로 재개발사업 및 재건축사업의 조합설립을 위한 동의요건 이상에 해당하는 자가 신탁업자를 사업시행자로 지정하는 것에 동의함으로써 신탁업자가 사업시행자로 지정되어 토지등소유자가 정비사업을 목적으로 신탁업자에게 토지등을 신탁한 경우에는 위탁자를 토지등소유자로 본다고 규정하고 있을 뿐이다(법 2조 9호, 법 27조 1항).

29) 대법원 2015. 6. 11. 선고 2013두15262 판결.

에도 토지면적 3분의 2 이상에 해당하는 토지소유자의 동의서가 면제되는 대상으로 명확히 도시정비법에 따른 정비사업의 시행자뿐만 아니라 '토지등소유자방식으로서 사업시행계획인가신청 동의요건을 갖춘 경우'를 제외하였다.

2. 사업시행계획변경에 필요한 요건 관련

가. 서면동의서 요부

(1) 문제의 소재

서면동의서에 토지등소유자가 성명을 적고 지장(指章)을 날인하는 방법으로 하며, 주민등록증, 여권 등 신원을 확인할 수 있는 신분증명서의 사본을 첨부하여야 하는 경우로서 법 36조 1항 10호 본문은 토지등소유자가 재개발사업을 시행하려는 경우를 들고 있고, 이는 사업시행계획에 대하여 최초로 인가를 받는 경우에 적용됨은 명백하다. 다만, 사업시행계획변경에 필요한 토지등소유자의 과반수 동의를 받음에 있어서도, 위와 같은 법정의 동의서를 사용하여야 하는지 여부가 문제된다.

(2) 판단(부정)

사업시행계획변경인가의 경우에는 자치규약이 정하는 바에 따라 동의를 받으면 유효하고, 반드시 지장 등 날인방식의 동의에 의할 필요는 없다.[30] 그 논거는 다음과 같다.

ⓐ 법 50조 6항 후문은 전문과 달리 '규약으로 정하는 바에 따라' 토지등소유자의 과반수의 동의를 받아야 한다고 규정하고 있는바, 이는 토지등소유자 개인이 시행하는 도시정비형 재개발사업에 있어서는 변경을 위한 동의방법에 대하여 규약에 위임한 것으로 해석된다.

ⓑ 조합설립인가 및 변경인가와 관련하여서는 구 법은 모두 동의를 요하는 것으로 규정하였다가, 법이 2017. 2. 8. 전부개정되어 조합설립변경인가에 대하여는 총회 결의(조합원의 3분의 2 이상의 찬성)에 의하는 것으로 변경되었는바, 이는 수용권을 설정하는 설권적 처분으로 그 성격이 유사한 토지등소유자 개인이 시행하는 도시정비형 재개발사업의 사업시행계획인가 및 그 변경인가에도 동일하게 유추적용될 수 있으므로, 변경의 경우에는 법정의 양식에 의한 동의를 요하지 아니하는 것으로 해석된다.

나. 과반수 찬성에 의한 총회의결 가능 여부

(1) 문제의 소재

법 50조 6항 단서는 사업시행계획변경의 경우 규약으로 정하는 바에 따라 토지등소유자의 '과반수의 동의'를 받아야 한다고 규정하고 있으나, 실무상 자치규약에는 전체 토지등소유자 총회의 의결사항 중 하나로 '사업시행계획인가의 변경에 관한 사항'을 규정하고 있고, 실무상 인가받은 사업시행계획을 변경함에 있어 과반수의 찬성에 의한 총회의 의결을 거치는 경우가 있다. 그와 같이 사업시행자가 변경인가를 받음에 있어 토지등소유자 과반수의 동의서를 징구하는 대신 총회의 과반수 찬성의결을 거치는 경우 그 변경인가의 유효성 여부가 문제된다.

---

30) 서울고등법원 2021. 9. 16. 선고 2020누68457 판결(확정) 및 서울행정법원 2020. 11. 13. 선고 2018구합6768 판결.

⑵ 판단(유효)

변경인가에 반드시 법 36조 1항의 법정 동의서를 요하지 않음은 앞서 본 바인바, '규약으로 정하는 바에 따라'의 의미와 관련하여 동의의 방식 자체를 규약에 위임한 것으로 볼 수 있으므로, 동의를 받는 방법으로 총회결의방식도 유효한 것으로 해석되는 점, 조합이 사업시행자인 경우 사업시행계획 작성 및 변경 모두 총회에서의 조합원 과반수 찬성의결이 요건인 점, 수용권을 설정하는 설권적 처분으로 그 성격이 유사한 조합이 시행자가 되는 조합설립인가의 경우 인가받은 사항을 변경하려는 경우에는 조합원 2/3 이상의 찬성으로 의결하고 있는 점(법 35조 5항) 등에 비추어 과반수 찬성의결의 경우에도 유효하다고 보아야 한다.[31]

설령 '동의'와 '의결'은 구분되므로 방식 자체를 규약에 위임한 것으로 볼 수 없어 과반수 총회의결이 있다 하더라도 적법한 과반수 동의에 해당하지 않아 동의에 하자가 있는 것으로 본다 하더라도, '규약으로 정하는 바에 따라' 부분의 문언적 의미가 명확한 것이 아니어서 동의 방식 자체에 대하여도 정관에 위임한 것으로 해석될 여지가 있는 점 등에 비추어 그 하자가 명백하다고 보기는 어렵다.[32]

다. 과반수 동의의 문제점

⑴ 사업시행계획인가의 요건은 토지등소유자(정비구역 안에 소재한 토지 또는 건축물의 소유자 또는 그 지상권자) 4분의 3 이상의 동의 및 토지면적 2분의 1 이상의 토지소유자의 동의이다. 그러나 사업시행계획변경의 경우에는 그에 훨씬 미치지 못하는 토지등소유자 과반수의 동의로 족한바, 이는 부당하다. 그 논거는 다음과 같다.

ⓐ 토지등소유자 개인이 사업시행자가 되는 토지등소유자 20인 미만인 재개발사업에서의 사업시행계획변경인가에 상응하는 조합설립변경인가에는 조합원 3분의 2 이상의 총회 찬성의결을 요한다(법 35조 5항 본문).

ⓑ 토지등소유자 개인이 사업시행자가 되는 토지등소유자 20인 미만인 재개발사업의 사업시행계획인가는 설권행위로서 이로써 토지등소유자는 행정주체의 지위를 가지고, 수용권을 통하여 다른 토지등소유자의 재산권의 제한이 가능하다. 그럼에도 불구하고, 설권행위의 대상인 사항(사업시행자, 건물동수, 건물층수, 공동주택의 면적, 세대 수 및 세대별 면적, 건폐율, 용적률, 연면적 등)을 토지등소유자 과반수의 동의로 변경이 가능하다고 한다면, 사업시행자는 사업시행계획인가 이후 용이하게 사업시행계획의 내용을 변경할 수 있다 할 것인바, 이는 사업시행계획인가에 토지등소유자 4분의 3 이상의 동의 및 토지면적 2분의 1 이상의 토지소유자의 동의라는 엄격한 요건을 요구한 입법취지를 몰각시키게 될 것이다.

⑵ 입법론으로는 조합설립변경인가와 같이 적어도 토지등소유자 3분의 2 이상의 동의가 필요하다. 나아가 설권행위의 변경 방법을 규약에 위임하는 것도 타당하지 아니하므로, 법령에 명시할 필요가 있다.

---

31) 대법원 2019. 6. 13. 자 2019두35114 판결 및 서울고등법원 2019. 1. 17. 선고 2018누62043 판결, 서울행정법원 2018. 8. 24. 선고 2017구합61041 판결.

32) 대법원 2014. 2. 13. 선고 2011두21652 판결 등 참조.

3. 특정무허가건축물 소유자에 대한 토지등소유자 지위 인정 여부

토지등소유자들로 구성된 총회에서 규약을 제정함에 있어, “토지등소유자는 사업시행구역 안의 토지 또는 건축물의 소유자 또는 그 지상권자와 서울시 조례 2조에서 말하는 특정무허가건축물 소유자로 한다.”라고 규정하는 경우가 대부분이다. 조합이 사업시행자가 되어 수행하는 재개발사업의 경우 1989. 1. 24. 이전에 건축된 특정무허가건축물의 소유자에 대하여는 정관으로 조합원 자격을 부여하는 것이 일반적이므로 그에 상응하는 규약 규정이다.

위 규약 규정에 따라 사업시행계획인가 이후 특정무허가건축물 소유자는 토지등소유자의 지위를 취득하게 된다. 특정무허가건축물 소유자는 규약이 제정된 이후부터는 토지등소유자로서 총회에서 출석권·발언권 및 의결권을 행사할 수 있고, 사업시행계획변경에 대한 과반수 동의율 충족 여부를 판단함에 있어 의사 및 의결정족수에 포함된다.

4. 임시총회 이후 징구 동의서의 효력

조합의 경우에는 법 시행령 27조 1항이 추진위원회는 조합설립 동의를 받은 후 조합설립인가를 신청하기 전에 법 32조 3항에 따라 창립총회를 개최하여야 한다고 규정하고 있으므로, 반드시 창립총회 이전에 토지등소유자로부터 동의를 받아야 하고, 창립총회 이후 징구한 동의서는 효력이 없다고 보아야 할 것이다.

그러나 토지등소유자가 20인 미만인 재개발사업(도시정비형 재개발사업)에 있어서는 창립총회가 존재하지 아니하고 토지등소유자 총회에서 규약을 제정하였다 하더라도 법 시행령 27조 1항과 같은 규정이 존재하지 아니한다. 따라서 사업시행계획인가신청에 관한 토지등소유자의 동의의사가 진정한 것인 이상 법 36조 1항이 규정한 법정의 동의서가 규약을 제정한 토지등소유자 총회결의 후에 제출되었다고 하여 이를 무효로 볼 수 없다.[33]

5. 사업시행계획인가 취소와 변경인가의 관계

가. 토지등소유자 개인이 사업시행자가 되는 토지등소유자 20인 미만인 재개발사업(도시정비형 재개발사업)의 사업시행계획인가는 조합이 사업시행자인 경우의 조합설립인가에 준하나, 한편 조합이 사업시행자인 경우의 개발을 위한 설계도임과 동시에 개발에 부수되거나 파생되는 사항에 관하여 작성되는 정비사업과 관련한 계획을 인가하는 성격도 모두 가지고 있다.

나. 사업시행계획인가에 필요한 동의요건의 하자 등과 관련된 경우에는 조합설립인가에서 본 바와 같이 당초 사업시행계획인가가 쟁송에 의하여 취소되거나 무효로 확정된 경우에는 이에 기초하여 이루어진 사업시행계획변경인가도 원칙적으로 그 효력을 상실하거나 무효이고, 또한 당초 사업시행계획인가 이후 여러 차례 변경인가가 이루어졌고, 그중 중간에 행하여진 사업시행계획변경인가가 쟁송에 의하여 취소되거나 무효로 확정된 경우에 그의 후행 사업시행계획변경인가도 그 효력을 상실하거나 무효이다.

---

33) 대법원 2011. 6. 30. 선고 2010두238 판결.

제4장 사업시행계획인가의 효과

Ⅰ. 개 요

사업시행계획인가에 의하여 사업시행계획이 확정된다. 사업시행계획인가를 통하여 관리처분계획 수립 및 이를 위한 분양신청통지, 시공자 선정(법 29조 5항은 토지등소유자 20인 미만의 재개발사업에서 토지등소유자가 사업시행자가 되는 경우 사업시행계획인가를 받은 후 규약에 따라 건설업자 또는 등록사업자를 시공자로 선정하여야 한다고 규정하고 있다) 등 후속행위로 나아갈 수 있다.

사업시행계획이 인가·고시되면 법 57조 1항에 의한 개별 법률에서 정한 각종 인·허가 등의 의제효과가 발생한다. 법정의 정지조건(법 81조 2항은 관리처분계획인가를 받은 후 기존의 건축물을 철거하여야 한다고 규정하여 관리처분계획인가 이후 착공 가능하다)이 부가된 건축허가의 효과가 발생하고, 주택법이 정한 사업계획승인의 효과가 발생한다. 정비구역 내 국·공유재산은 사업시행계획의 인가·고시가 있은 날 종전의 용도가 폐지된다. 용도폐지되기 이전의 국·공유재산법상의 행정재산인 도로 등 정비기반시설은 일반재산이 된다.[1] 사업시행계획이 인가·고시되면 재개발사업의 경우에는 토지보상법 소정의 사업인정·고시가 있은 것으로 의제되고, 이에 따라 수용권이 발생한다. 재건축사업의 경우에는 매도청구가 가능하다. 개인이 사업시행자가 되는 토지등소유자 20인 미만인 재개발사업에 있어 사업시행계획인가는 행정주체의 지위를 부여하는 별도의 효과가 발생되는 것 외에는 동일한 사업시행계획인가의 성격을 가지므로 그 효과는 동일하다.

이하에서는 사업시행계획인가의 일반적 효과와 관련 쟁점 및 후속절차에 관하여 살펴본다.

Ⅱ. 효 과

1. 일반적 효과

가. 사업시행계획 확정

사업시행계획인가는 보충행위이므로 인가에 의하여 사업시행계획이 확정되어 그 법률상 효력이 발생한다.

1) 용도폐지되기 이전의 사용허가나 점용허가는 모두 소멸한다(대법원 2015. 2. 26. 선고 2012두6612 판결, 대법원 2015. 11. 12. 선고 2014두5903 판결).

나. 다른 법률상 인·허가등의 의제

법 제57조(인·허가등의 의제 등)

① 사업시행자가 사업시행계획인가를 받은 때에는 다음 각 호의 인가·허가·결정·승인·신고·등록·협의·동의·심사·지정 또는 해제가 있은 것으로 보며, 제50조 제9항에 따른 사업시행계획인가의 고시가 있은 때에는 다음 각 호의 관계 법률에 따른 인·허가등의 고시·공고 등이 있은 것으로 본다.

1. 주택법 제15조에 따른 사업계획의 승인
2. 공공주택 특별법 제35조에 따른 주택건설사업계획의 승인
3. 건축법 제11조에 따른 건축허가, 같은 법 제20조에 따른 가설건축물의 건축허가 또는 축조신고 및 같은 법 제29조에 따른 건축협의
4. 도로법 제36조에 따른 도로관리청이 아닌 자에 대한 도로공사 시행의 허가 및 같은 법 제61조에 따른 도로의 점용 허가
5. 사방사업법 제20조에 따른 사방지의 지정해제
6. 농지법 제34조에 따른 농지전용의 허가·협의 및 같은 법 제35조에 따른 농지전용신고
7. 산지관리법 제14조·제15조에 따른 산지전용허가 및 산지전용신고, 같은 법 제15조의2에 따른 산지일시사용허가·신고와 산림자원의 조성 및 관리에 관한 법률 제36조 제1항·제5항에 따른 입목벌채등의 허가·신고 및 산림보호법 제9조 제1항 및 같은 조 제2항 제1호에 따른 산림보호구역에서의 행위의 허가. 다만, 산림자원의 조성 및 관리에 관한 법률에 따른 채종림·시험림과 산림보호법에 따른 산림유전자원보호구역의 경우는 제외한다.
8. 하천법 제30조에 따른 하천공사 시행의 허가 및 하천공사실시계획의 인가, 같은 법 제33조에 따른 하천의 점용허가 및 같은 법 제50조에 따른 하천수의 사용허가
9. 수도법 제17조에 따른 일반수도사업의 인가 및 같은 법 제52조 또는 제54조에 따른 전용상수도 또는 전용공업용수도 설치의 인가
10. 하수도법 제16조에 따른 공공하수도 사업의 허가 및 같은 법 제34조 제2항에 따른 개인하수처리시설의 설치신고
11. 공간정보관리법 제15조 제4항에 따른 지도등의 간행 심사
12. 유통산업발전법 제8조에 따른 대규모점포등의 등록
13. 국유재산법 제30조에 따른 사용허가(재개발사업으로 한정한다)
14. 공유재산법 제20조에 따른 사용·수익허가(재개발사업으로 한정한다)
15. 공간정보관리법 제86조 제1항에 따른 사업의 착수·변경의 신고
16. 국토계획법 제86조에 따른 도시·군계획시설 사업시행자의 지정 및 같은 법 제88조에 따른 실시계획의 인가
17. 전기안전관리법 제8조에 따른 자가용전기설비의 공사계획의 인가 및 신고
18. 소방시설 설치 및 관리에 관한 법률 제6조 제1항에 따른 건축허가등의 동의, 위험물안전관리법 제6조 제1항에 따른 제조소등의 설치의 허가(제조소등은 공장건축물 또는 그 부속시설과 관계있는 것으로 한정한다)
19. 도시공원 및 녹지 등에 관한 법률 제16조의2에 따른 공원조성계획의 결정
20. 장애인·노인·임산부 등의 편의증진 보장에 관한 법률 제9조의2에 따른 편의시설 설치기준의 적합성 확인

② 사업시행자가 공장이 포함된 구역에 대하여 재개발사업의 사업시행계획인가를 받은 때에는 제1항에 따른 인·허가등 외에 다음 각 호의 인·허가등이 있은 것으로 보며, 제50조 제9항에

따른 사업시행계획인가를 고시한 때에는 다음 각 호의 관계 법률에 따른 인·허가 등의 고시·공고 등이 있은 것으로 본다.

1. 산업집적법 제13조에 따른 공장설립등의 승인 및 같은 법 제15조에 따른 공장설립등의 완료신고
2. 폐기물관리법 제29조 제2항에 따른 폐기물처리시설의 설치승인 또는 설치신고(변경승인 또는 변경신고를 포함한다)
3. 대기환경보전법 제23조, 물환경보전법 제33조 및 소음·진동관리법 제8조에 따른 배출시설 설치의 허가 및 신고
4. 총포·도검·화약류 등의 안전관리에 관한 법률 제25조 제1항에 따른 화약류저장소 설치의 허가

③ 사업시행자는 정비사업에 대하여 제1항 및 제2항에 따른 인·허가등의 의제를 받으려는 경우에는 제50조 제1항에 따른 사업시행계획인가를 신청하는 때에 해당 법률에서 정하는 관계 서류를 함께 제출하여야 한다.

④ 시장·군수등은 사업시행계획인가를 하거나 사업시행계획서를 작성하려는 경우 제1항 각 호 및 제2항 각 호에 따라 의제되는 인·허가등에 해당하는 사항이 있는 때에는 미리 관계 행정기관의 장과 협의하여야 하고, 협의를 요청받은 관계 행정기관의 장은 요청받은 날(제3항 단서의 경우에는 서류가 관계 행정기관의 장에게 도달된 날을 말한다)부터 30일 이내에 의견을 제출하여야 한다. 이 경우 관계 행정기관의 장이 30일 이내에 의견을 제출하지 아니하면 협의된 것으로 본다.

⑦ 제1항이나 제2항에 따라 인·허가등을 받은 것으로 보는 경우에는 관계 법률 또는 시·도 조례에 따라 해당 인·허가등의 대가로 부과되는 수수료와 해당 국·공유지의 사용 또는 점용에 따른 사용료 또는 점용료를 면제한다.

(1) 인·허가의제의 의미

인·허가의제란 하나의 주된 인·허가를 받으면 법률로 정하는 바에 따라 그와 관련된 여러 인·허가를 받은 것으로 보는 것을 말한다(행정기본법 24조 1항). 사업시행자가 정비사업을 시행하기 위해서는 도시정비법 외에 여러 개별법령에서 각각 고유한 목적과 취지를 가지고 그 요건과 효과를 달리 하는 인·허가절차를 각각 거치는 것이 원칙이다. 그러나 도시정비법 57조 1항은 모든 정비사업에 적용되는, 2항은 공장이 포함된 구역에 대한 재개발사업에 적용되는 각 인·허가의제규정을 두고 있으므로, 사업시행자는 사업시행계획인가를 신청하면서 하나의 절차 내에서 관련 인·허가 모두를 의제 처리해줄 것을 요구할 수 있다.

법이 57조로 인·허가의제규정을 둔 취지는 창구를 단일화하고 절차를 간소화하며 비용과 시간을 절감함으로써 국민의 권익을 보호하려는 것이지, 인·허가의제사항 관련 법률에 따른 각각의 인·허가 요건에 관한 일체의 심사를 배제하려는 것이 아니다.[2] 따라서 사업시행자가 인·허가를 의제받기 위해서는 (인·허가에) 필요한 서류를 제출하여야 한다[법 57조 3항, 법 시행규칙 10조 2항 1호 ㈐목].

또한 위와 같은 인·허가의제제도는 사업시행자의 이익을 위한 것이므로, 사업시행자가 반드

2) 대법원 2011. 1. 20. 선고 2010두14954 전원합의체 판결.

시 관련 인·허가의제 처리를 신청할 의무가 있는 것은 아니므로,[3] 따로 개별법령에 따라 인·허가를 받은 후 사업시행계획인가를 신청하는 것도 가능하다. 다만, 다음에서 살펴보듯이 법 57조가 일괄 인·허가제도를 채택하고 있어 행정청은 의제된 인·허가의 요건을 모두 구비하지 아니한 경우 사업시행계획인가를 거부할 수 있다.

⑵ 사업시행계획인가와 의제된 인가의 관계

㈎ 사업시행계획인가를 통한 인·허가 의제

① 사업시행계획인가청이 사업시행계획을 인가하는 경우 법 57조 1항 및 2항이 규정한 관계 법률에 따른 인·허가가 의제된다. 따라서 사업시행계획인가청은 사업시행계획인가의 요건뿐만 아니라 법 57조가 규정한 인·허가요건을 동시에 심사하여야 한다.[4] 사업시행계획인가청은 사업시행자로부터 인·허가에 필요한 서류를 징구하여야 하고(그 요건을 구비하였는지 확인하여야 하고), 관계 행정기관의 장과 협의하여야 한다(법 57조 3항 및 4항). 협의를 요청받은 관계 행정기관의 장은 요청받은 날부터 30일 이내에 의견을 제출하여야 한다. 이 경우 관계 행정기관의 장이 30일 이내에 의견을 제출하지 아니하면 협의된 것으로 간주한다.[5] 앞서 본 바와 같이 사업시행계획인가를 통하여 토지보상법상의 사업인정이 의제되기 위해서는 위 토지보상법상의 중앙토지수용위원회와 협의절차를 거쳐야 한다. 협의를 요청받은 관련 인·허가 행정청은 해당 법령을 위반하여 협의에 응해서는 아니 된다(행정기본법 24조 5항 본문).[6] 따라서 협의를 요청받은 관련 인·허가 행정청으로서는 해당 인·허가의 요건을 구비하지 못한 경우 협의거부의사를 명확히 밝혀야 한다.

② 인·허가가 의제되는 처분의 해당 법률상 주민의견청취 등의 절차를 규정하고 있다 하더라도, 인·허가의제제도는 절차의 집중, 간소화, 신속을 위한 것이므로 이를 거칠 필요가 없다.[7]

㈏ 일괄 인·허가

① 원칙적 일괄 인·허가

법 57조는 사업시행계획인가를 받은 때에는 일괄하여 위 규정이 정한 모든 인·허가를 받은 것으로 간주하는 일괄 인·허가제도를 채택하였다.[8] 이는 도시정비법 85조 1항의 준공인가나 공사완료의 고시의 경우 그때까지 협의가 완료된 사항만 인·허가된 것으로 의제하는 부분 인·허가제도를 채택하고 있는 것과 구분된다.[9] 따라서 사업시행계획인가청은 사업시행자가 법 57조

3) 대법원 2020. 7. 23. 선고 2019두31839 판결 참조.
4) 위 2019두31839 판결 참조.
5) 행정기본법 24조 4항은 관련 인·허가 행정청은 협의를 요청받으면 그 요청을 받은 날부터 20일 이내에 의견을 제출하여야 하고, 그 기간(민원 처리 관련 법령에 따라 의견을 제출하여야 하는 기간을 연장한 경우에는 그 연장한 기간을 말한다) 내에 협의 여부에 관하여 의견을 제출하지 아니하면 협의가 된 것으로 본다고 규정하고 있는바, 이는 위 행정기본법의 특칙이다.
6) 법이 2017. 2. 8. 전부개정되기 이전 구 법 32조 4항 후문에 동일한 내용이 규정되어 있었으나, 위 전부개정으로 삭제되었다.
7) 대법원 1992. 11. 10. 선고 92누1162 판결 참조, 대법원 2009. 4. 23. 선고 2008두686 판결 참조.
8) 건축법 11조 5항은 "1항에 따른 건축허가를 받으면 다음 각 호의 허가 등을 받거나 신고를 한 것으로 보며, 공장건축물의 경우에는 산업집적법 13조의2와 14조에 따라 관련 법률의 인·허가등이나 허가등을 받은 것으로 본다."고 규정하여 건축허가의 경우에도 일괄 인·허가제도를 채택하고 있다.
9) 도시정비법 85조 1항은 "83조 1항부터 4항까지의 규정에 따라 준공인가를 하거나 공사완료를 고시하는 경우 시장·

1항 및 2항이 규정한 인·허가에 필요한 서류를 제출하지 아니하는 등 인·허가의 요건을 구비하지 아니한 경우 사업시행계획인가를 거부할 수 있다. 그 경우 사업시행자는 법 57조 1항 및 2항이 규정한 인·허가의 요건이 모두 구비된 경우에 한하여 이를 이유로 그 취소를 구할 수 있다.

한편 사업시행계획인가청은 만약 사업시행자가 법 57조 1항 및 2항의 인·허가요건을 완비하지는 못한 상태이더라도 가까운 장래에 그 요건을 갖출 가능성이 높다면, 추후 별도로 관련 인·허가를 받을 것을 명시적 조건으로 하여 사업시행계획인가를 할 수 있다. 다만, 사업시행자가 조건부 사업시행계획인가를 발급받은 후에 관련 인·허가절차의 이행을 거부하거나, 그 밖의 사정변경으로 관련 인·허가의 발급가능성이 사라졌다면, 사업시행계획인가청은 사업시행계획인가를 직권으로 취소·철회하는 것도 가능하다.[10]

② 예외적 부분 인·허가

시장·군수등은 천재지변이나 그 밖의 불가피한 사유로 긴급히 정비사업을 시행할 필요가 있다고 인정하는 때에는 관계 행정기관의 장 및 교육감 또는 교육장과 협의를 마치기 전에 사업시행계획인가를 할 수 있다. 이 경우 협의를 마칠 때까지는 법 57조 1항 및 2항에 따른 인·허가등을 받은 것으로 보지 아니한다(법 57조 6항).

㈐ 인·허가의제의 범위(의제되는 인·허가등에 의한 관련 인·허가등 의제 불가)

사업시행계획인가가 있으면 법 57조 1항 및 2항이 규정한 각각의 법률상의 인·허가가 있는 것으로 보는 데 그치는 것이고, 그에서 더 나아가 각각의 법률상 인·허가를 직접 받았음을 전제로 한 개별 법률의 모든 규정들까지 적용되는 것은 아니다.[11] 즉 사업시행자가 사업시행계획인가를 받은 경우, 각각의 법률상의 인·허가가 있는 것으로 볼 뿐, 관련 법률상 '해당 인·허가 시 사용료는 면제된 것으로 본다.' 등의 관련 인·허가등 의제규정이 있다 하더라도 그와 같은 관련 인·허가등 의제는 허용되지 아니한다. 이에 다음에서 살펴보듯이 법 57조 7항은 해당 인·허가의제에 따른 사용료는 면제한다는 규정을 명시적으로 규정하고 있다(이는 법 제정 당시부터 존재하였다).

㈑ 사업시행계획인가가 취소되는 경우 의제된 인·허가의 효과

의제된 인·허가처분은 주된 인가인 사업시행계획이 유효함을 전제로 의제된 것이므로, 사업시행계획인가가 취소되는 경우 의제된 인·허가의 효과도 소멸한다. 판례도 어느 특정한 토지를 최초로 사업시행 대상 부지로 삼은 사업시행계획이 당연무효이거나 법원의 확정판결로 취소된다면, 그로 인하여 의제된 사업인정도 효력을 상실한다고 하고 있다.[12]

㈒ 의제된 인·허가처분에만 하자가 있는 경우

인·허가의제 대상이 되는 처분에 어떤 하자가 있다면, 해당 의제된 인·허가처분의 직권취소나 철회가 가능하고, 그로써 해당 인·허가의제의 효과가 발생하지 않아 인가된 사업시행계획 자

군수등이 57조에 따라 의제되는 인·허가등에 따른 준공검사·준공인가·사용검사·사용승인 등에 관하여 3항에 따라 관계 행정기관의 장과 협의한 사항은 해당 준공검사·인가등을 받은 것으로 본다."고 규정하고 있다.

10) 위 2019두31839 판결 참조.

11) 대법원 2011. 2. 24. 선고 2010두22252 판결.

12) 대법원 2018. 7. 26. 선고 2017두33978 판결.

체의 위법사유가 될 수 있으므로, 사업시행계획에 대한 취소가 가능하다.

(3) 의제된 인·허가의 내용과 사용료 면제 등

(가) 의제된 인·허가의 구체적 내용

① 법정의 정지조건이 부가된 건축허가

사업시행계획인가에 의하여 건축허가가 의제된다(사업시행계획인가를 받기 위해서는 원칙적으로 해당 대지의 소유권을 확보하거나 건축법 11조 11항의 예외사유가 존재하여야 한다). 사업시행계획인가를 받지 아니하고 정비사업을 시행한 자나 사업시행계획서를 위반하여 건축물을 건축한 자는 법 137조 7호에 의하여 형사처벌을 받게 되는데, 이는 건축허가와 동일하다(건축법 108조 1항 1호). 건축법 11조 7항 1호는 허가를 받은 날부터 2년 이내에 공사에 착수하지 아니한 경우 건축허가가 취소되고, 건축허가신청서(건축법 시행규칙 별지 1호의4 서식)에는 부동문자로 '착공일부터 ○○년'이라는 시공기간을 기재하도록 하고 있는 사정 등에 비추어 그와 같은 건축허가는 즉시 건축에 착수할 수 있음이 전제되어 있다. 그러나 법 81조 2항은 관리처분계획인가를 받은 후 기존의 건축물을 철거하도록 규정하고 있고 기존 건축물의 철거가 신건물 건축의 전제가 되므로, 결국 관리처분계획인가는 건축에 관한 사업시행계획인가와 관련하여서는 그 효력발생을 위하여 법률이 특별히 요구하는 조건인 법정의 정지조건으로 보아야 한다.

② 주택법상의 사업계획승인

주택법상 공동주택 30세대 이상의 주택건설사업을 시행하려는 자는 사업계획승인권자로부터 사업계획승인을 받아야 한다(주택법 15조 1항, 주택법 시행령 27조 1항 2호). 주택법 21조 1항 본문은 주택건설사업계획의 승인을 받으려는 자는 해당 주택건설대지의 소유권을 확보하여야 한다고 규정하고 있는바, 조합이 주택법상의 사업주체로서 정비구역 내 토지에 대하여 자신의 명의로 소유권이전등기를 마치지 않더라도, 조합원 명의만으로도 소유권을 확보한 것으로 보아야 한다(나아가 주택법 21조 1항 단서 2호의 사업주체가 주택건설대지의 소유권을 확보하지 못하였으나 그 대지를 사용할 수 있는 권원을 확보한 경우에 해당한다고 볼 수도 있다).

③ 개발사업에 필요한 각종 인·허가

개발사업과 관련하여 개별 법률이 정한 각종 인·허가, 즉 도로점용허가, 농지전용신고, 사방지의 지정해제, 도로공사 시행의 허가, 하천점용허가 및 하천공사 시행의 허가 등이 의제된다. 다만, 국유재산법에 따른 사용허가, 공유재산법에 따른 사용·수익허가는 공익성과 공공성이 중한 재개발사업에 한정한다.

(나) 수수료·사용료·점용료 면제

법 57조 7항은 "1항이나 2항에 따라 인·허가등을 받은 것으로 보는 경우에는 관계 법률 또는 시·도 조례에 따라 해당 인·허가등의 대가로 부과되는 수수료와 해당 국·공유지의 사용 또는 점용에 따른 사용료 또는 점용료를 면제한다."고 규정하고 있다. 이는 정비사업의 원활한 시행을 위하여 사업시행자의 재정상 부담을 경감하고자 하는 취지이다. 대법원은 도로의 점용허가가 의제되는 관련 사안에서, 사업시행자가 해당 관리청의 점용료 부과 시 이를 납부하겠다는 취지의 각서를 작성하였다고 하더라도, 그것이 점용료 부과처분을 적법하게 하는 근거가 되지 못한다고 판시하였다.[13)]

다. 국·공유지의 용도폐지

법 98조 4항에 따라 다른 사람에 우선하여 매각 또는 임대될 수 있는 정비구역 내 국유·공유 재산은 국유재산법, 공유재산법 및 그 밖에 국·공유지의 관리와 처분에 관한 관계 법령에도 불구하고 사업시행계획인가의 고시가 있은 날부터 종전의 용도가 폐지된 것으로 본다(법 98조 5항). 행정재산의 용도폐지는 해당 행정재산의 관리청 또는 총괄청만이 할 수 있으나(국유재산법 22조, 27조, 40조, 공유재산법 11조, 19조), 도시정비법이 정비사업의 특성을 고려하여 특칙을 규정하였다. 정비사업의 시행으로 용도가 폐지되는 국가 또는 지방자치단체 소유의 정비기반시설의 경우에도 사업시행계획인가가 이루어지면 그 용도가 폐지된 것으로 본다.[14)]

라. 후속행위 가능

정비사업은 조합의 설립, 사업시행계획, 관리처분계획 등의 단계를 거쳐 순차 진행되고, 각 단계에서 조합설립인가, 사업시행계획인가, 관리처분계획인가 등의 선행 행정처분이 이루어짐에 따라 후속절차가 진행되는 것이 정비사업의 특성이므로, 사업시행계획인가를 통하여 관리처분계획 등 후속행위로 나아갈 수 있다(이는 매우 엄격하여 사업시행계획인가를 받지 아니하고 정비사업을 시행한 자는 형사처벌을 받게 된다. 법 137조 7호). 사업시행계획인가의 후속행위는 다음과 같다.

(1) 관리처분계획 수립을 위한 분양신청통지 및 분양공고

사업시행자는 사업시행계획인가의 고시가 있은 날부터 90일(대통령령으로 정하는 경우에는 1회에 한정하여 30일의 범위에서 연장가능) 이내에 분양대상자별 종전자산의 명세 및 가격, 분양신청기간, 분양대상자의 분담금 추산액, 분양의 대상이 되는 대지 또는 건축물의 내역 등 법정사항을 적시하여 토지등소유자에게 분양신청을 통지하고, 분양의 대상이 되는 대지 또는 건축물의 내역 등 법정사항을 공고하여야 하며, 분양을 받으려는 토지등소유자는 분양신청기간 내에 사업시행자에게 분양신청을 하여야 한다(법 72조 1항 및 3항). 실무상 분양신청통지의 적법성 및 그 하자 등이 다투어지는 경우가 많은바, 이는 관리처분계획의 적법성 여부와 직결되므로, 이 부분은 관리처분계획과 관련하여 살펴본다.

(2) 수용, 매도청구절차

재개발·재건축사업의 경우 모두 적법한 분양신청통지를 받고도 분양신청기간 내에 분양신청을 하지 아니한 조합원은 분양신청기간 종료일 다음 날 조합원의 지위를 상실하여 현금청산대상

---

13) 대법원 2000. 1. 18. 선고 97누19267 판결 참조.

14) 대법원 2015. 2. 26. 선고 2012두6612 판결, 대법원 2015. 11. 12. 선고 2014두5903 판결, 법 97조 7항은 정비사업의 시행으로 용도가 폐지되는 국가 또는 지방자치단체 소유의 정비기반시설의 경우 정비사업의 시행 기간 동안 해당 시설의 '대부료'는 면제된다고 규정하고 있는데, 이는 사업시행계획인가로 용도가 폐지되어 행정재산이 일반재산으로 전환되었음을 전제로 한다.

자가 되고, 협의가 성립되지 아니하는 경우, 재개발사업의 경우에는 수용절차를, 재건축사업의 경우에는 매도청구절차를 거치게 된다. 재개발사업에 있어 수용재결처분은 선행처분인 사업시행계획 및 그 인가처분의 후속처분이다. 자세한 내용은 재개발·재건축의 고유효과에서 살펴본다.

(3) 국·공유지의 우선매수

(가) 국·공유재산의 처분은 일반재산이라 하더라도 원칙적으로 일반입찰(경쟁)에 의하여 매각되어야 함에도(국유재산법 43조, 공유재산법 29조), 정비구역 내 국·공유재산은 사업시행자 또는 점유자 및 사용자에게 다른 사람에 우선하여 수의계약으로 매각 또는 임대될 수 있다(법 98조 4항). 법 98조 4항에 따라 다른 사람에 우선하여 매각 또는 임대될 수 있는 국·공유재산은 사업시행계획인가의 고시가 있은 날부터 종전의 용도가 폐지된 것으로 간주됨은 앞서 본 바이다. 위 4항에 따라 정비사업을 목적으로 우선하여 매각하는 국·공유지는 사업시행계획인가의 고시가 있은 날을 기준으로 가격을 평가하되(다만, 주거환경개선사업의 경우 매각가격은 평가금액의 100분의 80으로 한다), 사업시행계획인가의 고시가 있은 날부터 3년 이내에 매매계약을 체결하지 아니한 국·공유지는 국유재산법 또는 공유재산법에서 정한다(법 98조 6항).

정비구역 내 국·공유재산의 우선 매수는 사업시행계획인가의 후속행위이다. 정비기반시설로서 무상양도의 대상이 되지 않는 경우에는 도로나 공원 등의 종전 용도가 폐지되었으므로, 사업시행자 등은 일반적 이용방법에 의한 객관적 상황을 고려하여 '대지' 등으로 평가하여 매수하여야 한다.

(나) 정비구역 내 국·공유지 중 점유연고권이 인정되는 토지는 점유연고권자에게 우선 매수의 기회가 부여된다. 최우선매수가 인정되는 점유연고권자는 법 98조 4항에 따라 정비구역의 국·공유지를 점유·사용하고 있는 건축물소유자(조합 정관에 따라 조합원 자격이 인정되지 않은 경우와 신발생무허가건축물 제외)이다. 국·공유지의 점유연고권은 그 경계를 기준으로 실시한 지적측량성과에 따라 관계 법령과 정관 등이 정하는 바에 따라 인정한다(서울시 조례 34조 2호).

서울시는 점유·사용인정 면적은 건축물이 담장 등으로 경계가 구분되어 실제사용하고 있는 면적으로 하고, 경계의 구분이 어려운 경우에는 처마 끝 수직선을 경계로 하며, 건축물이 사유지와 국·공유지를 점유·사용하고 있는 경우에 매각면적은 구역 내 사유지면적과 국·공유지 면적을 포함하여야 한다. 점유연고권자에 대한 매각면적은 200㎡를 초과할 수 없다(서울시 조례 55조 1항). 점유·사용 면적의 산정은 지적측량성과에 따른다(서울시 조례 55조 2항). 앞서 본 바와 같이 사업시행계획상 토지등에 대한 권리자나 권리의 명세를 작성할 당시 점유연고권이 있는 토지는 해당 점유연고권자의 권리로 하여 작성된다. 점유·사용연고권자로서 국·공유지를 우선 매수하고자 하는 자는 분양신청기간 내에 점유·사용하고 있는 국·공유지에 대한 매수 의사를 조합에 서면으로 제출하고, 관리처분계획인가신청을 하는 때까지 해당 국·공유지의 관리청과 반드시 매매계약을 체결하여야 한다(서울시 조례 55조 3항, 서울 재개발 표준정관 47조 2항).

(다) 정비구역 내 국·공유지 중 점유연고권이 인정되지 아니하는 토지나 점유연고권자가 매수포기의사를 조합에 서면으로 제출한 토지 등(관리처분계획인가신청 시까지 매매계약을 체결하지 아니하거나 체결한 매매계약이 무효, 취소, 해제된 경우 포함)은 사업시행자가 이를 매수하여야 한다

(서울 재개발 표준정관 47조 3항). 사업시행자는 자신이 취득하여야 하는 국·공유지의 매수대금을 '정비사업비의 추산액'으로 하여 관리처분계획에 반영하여 수립하고, 행정청은 관리처분계획을 인가함에 있어 부관으로 '착공 시까지 국·공유지를 매수할 것'이라는 부관을 붙이고 있는 경우가 다수인 듯하다(실제로 매매계약을 체결할 당시 이미 사업시행계획인가의 고시가 있은 날부터 3년이 경과한 경우가 많아 국유재산법 또는 공유재산법에서 정한 방식에 의하여 매매대금을 정하는 경우가 일반적인 듯하다).

㈑ 한편, 사업시행자가 사업시행계획인가 이후 정비사업을 위하여 정비구역 내 국·공유지 중 일반재산을 점유하는 경우 통상 사용료에 20%를 추가하는 변상금 부과의 대상인지 여부가 문제된다(민사상 부당이득반환채무를 부담함은 당연하다).

판례는 사업시행계획상 정비구역에 포함된 국·공유재산 중 일반재산이 사업시행자에게 양도되는 것으로 예정되어 있다면, 그 일반재산의 사용관계에 관하여 달리 정해진 내용이 있다는 등의 특별한 사정이 없는 한 사업시행자는 사업시행계획인가가 이루어진 때부터 그 일반재산의 소유권을 취득하기에 상당한 기간 동안 자신의 사용·수익을 정당화할 법적 지위에 있다고 보아야 함을 이유로 변상금 부과처분의 대상이 아니라고 하였다.[15] 사업시행자가 사업시행계획인가 당시 국·공유지 중 행정재산을 점유하는 경우에도 변상금 부과의 대상이 되지 아니한다. 자세한 내용은 제8편 제6장 Ⅴ. "5. 용도폐지되는 정비기반시설의 사업시행자에 대한 양도와 관련한 사용료 부담"에서 살펴본다.

㈒ 관리처분계획인가 당시 '착공 시까지 국·공유지를 매수할 것'이라는 부관이 붙어 있는 경우, 사업시행자는 국·공유지를 착공 시까지 매수하여 소유권이전등기까지 마쳐야 한다. 그러나 위와 같은 부관이 없는 경우에도 주택법 54조, 주택공급에 관한 규칙 15조 1항 1호가 사업주체는 주택이 건설되는 대지의 소유권을 확보하여야 입주자를 모집할 수 있다고 규정하고 있으므로, 사업시행자는 일반분양 이전까지는 국·공유지에 대한 소유권이전등기를 마쳐야 한다. 자력이 부족한 점유연고권이 있는 토지등소유자의 경우에는 관리청과 매매대금을 분할하여 납부하는 내용의 매매계약을 체결하고(최장 국유재산은 20년, 공유재산은 10년), 해당 토지에 관하여 국가나 지방자치단체 명의의 근저당권을 설정한 후 그들로부터 소유권이전등기를 경료받게 된다(국유재산법 50조 2항, 51조 2항, 같은 법 시행령 55조 4항, 공유재산법 37조, 공유재산법시행령 39조, 41조, 서울시 공유재산 및 물품 관리조례 36조 1항 8호). 사업시행자는 관리청에 매매대금을 전액지급한 후 소유권이전등기를 이전받게 된다.

⑷ 공동구 점용예정자에 대한 분담금의 납부통지

사업시행자가 정비사업을 시행하는 지역에 전기·가스 등의 공급시설을 설치하기 위하여 공동

---

15) 대법원 2024. 10. 8. 선고 2023다210991 판결[사업시행자가 정비사업을 시행하려는 경우에는 토지이용계획 등이 포함된 사업시행계획서를 시장·군수 등에게 제출하여 시장·군수 등으로부터 사업시행계획인가를 받아야 하는데(50조 1항, 52조), 시장·군수 등은 인가하고자 하는 사업시행계획서에 국·공유재산의 처분에 관한 내용이 포함되어 있는 때에는 미리 관리청과 협의하여야 하고, 협의를 받은 관리청은 20일 이내에 의견을 제시하여야 한다(98조 1항, 2항). 이러한 사업시행계획인가 과정을 통해 인가권자는 정비구역에 포함되는 국·공유재산의 처분에 관한 사항을 결정하게 되고, 사업시행계획인가 후 사업시행자가 사업진행을 위하여 위 국·공유재산을 점유·사용할 것이라는 사실을 충분히 예상할 수 있는 점 등을 근거로 한다].

구[16]를 설치하는 경우, 그에 관한 사항은 사업시행계획서에 기재하여야 할 사항이다(법 시행령 47조 2항 9호). 사업시행자가 정비사업을 시행하는 지역에 전기·가스 등의 공급시설을 설치하기 위하여 공동구를 설치하는 경우에는 다른 법령에 따라 그 공동구에 수용될 시설을 설치할 의무가 있는 자에게 공동구의 설치에 드는 비용을 부담시킬 수 있다(법 94조 2항). 사업시행자는 법 50조 7항 본문에 따른 사업시행계획인가의 고시가 있은 후 지체 없이 공동구 점용예정자에게 법 시행규칙 16조 1항 및 2항에 따라 산정된 부담금의 납부를 통지하여야 한다(법 시행규칙 16조 3항). 자세한 내용은 제11편 제2장 I. 2. "나. 공동구에 수용될 설치의무자의 정비사업비 부담"에서 살펴본다.

2. 재개발·재건축사업에서의 각 고유효과

가. 재개발사업

(1) 토지보상법상의 사업인정·고시 의제

재개발사업의 경우 사업시행계획인가·고시가 이루어지면 토지보상법 소정의 사업인정·고시가 있은 것으로 의제된다(법 65조 2항). 토지보상법 21조 2항에 따라 시장·군수등은 사업시행계획인가 전에 중앙토지수용위원회와 협의절차 및 이해관계인의 의견청취를 거쳐야 함은 앞서 본 바이다. 재건축사업의 경우에는 천재지변 등 불가피한 사유로 긴급하게 정비사업을 시행할 필요가 있다고 인정되는 경우에 한하여 예외적으로 사업인정·고시가 있은 것으로 의제된다(법 63조 괄호, 26조 1항 1호, 27조 1항 1호). 위와 같이 공공성 및 공익성이 중대한 예외적인 법정사유가 있는 경우에 한하여, 재건축사업에서도 사업인정(수용권)이 인정된다.

(2) 수용·사용권 발생

사업인정·고시 의제로 재개발사업의 시행자(예외적으로 사업인정·고시가 의제되는 재건축사업 포함)는 정비구역에서 정비사업을 시행하기 위하여 토지보상법 3조에 따른 토지·물건 또는 그 밖의 권리를 취득하거나 사용할 수 있는 권리를 부여받게 되고, 수용·사용할 목적물의 범위가 확정된다(법 63조, 65조 1항, 2항). 정비구역에서 정비사업의 시행을 위한 토지 또는 건축물의 소유권과 그 밖의 권리에 대한 수용 또는 사용은 법에 규정된 사항을 제외하고는 토지보상법을 준용한다. 토지보상법은 사업인정·고시 후 1년 이내에만 수용·사용에 대한 재결의 신청을 할 수 있고, 위 기간이 경과되면 사업인정이 실효됨에 반해(토지보상법 23조 및 28조 1항), 재개발사업(예외적 재건축사업)의 사업시행자는 사업시행계획인가 시에 정한 사업시행기간 이내라면 언제라도 수용·사용에 대한 재결의 신청을 할 수 있다(법 65조 3항). 사업시행자가 수용 또는 사용의 개시일까지 관할 토지수용위원회가 재결한 보상금을 지급하거나 공탁하지 아니하였을 때에는 해당 토지수용위원회의 재결은 효력을 상실하나, 재개발사업에서 대지 또는 건축물을 현물보상하는 경우에는 수용개시일이 경과한 이후로서 준공인가 이후에도 현물보상으로 지급이 가능하

---

16) '공동구'란 전기·가스·수도 등의 공급설비, 통신시설, 하수도시설 등 지하매설물을 공동 수용함으로써 미관의 개선, 도로구조의 보전 및 교통의 원활한 소통을 위하여 지하에 설치하는 시설물을 의미한다(국토계획법 2조 9호).

다(법 65조 4항).

나. 재건축사업

(1) 법률의 규정 및 정관의 규정

(가) 구 도시정비법

2017. 2. 8. 전부개정되기 전 구 도시정비법 39조는 '사업시행자는 조합설립에 동의하지 아니한 자(1호), 건축물 또는 토지만 소유한 자(2호)의 토지 또는 건축물에 대하여는 집합건물법 48조의 규정을 준용하여 매도청구를 할 수 있다'고 규정하였고, 집합건물법 48조 1항은 재건축의 결의가 있으면 집회를 소집한 자는 '지체 없이' 재건축결의에 찬성하지 아니한 자에 대하여 재건축에 참가할 것인지 여부를 회답할 것을 서면으로 촉구하도록 규정하고 있었으므로, 조합은 조합설립인가 이후 지체 없이 조합설립에 동의하지 아니한 자에 대하여 조합설립에 대한 동의 여부에 관한 최고 및 매도청구가 이루어졌다. 그러나 조합설립인가 이후 지체 없는 시점에서는 시공계약도 체결되지 아니한 상태여서(시공자를 선정하고 시공계약이 체결되어야 정비사업비의 대부분을 차지하는 공사비가 일응 확정된다), 토지등소유자로서는 조합설립에 대한 동의 여부를 결정할 만한 구체적인 자료가 부족하다는 문제가 있다. 국토부 재건축 표준정관은 "조합설립에 동의하지 아니한 자는 분양신청기한까지 조합설립동의서를 조합에 제출하여 조합원이 될 수 있다."고 규정하고 있다(9조 1항 단서).

(나) 현행의 도시정비법

2017. 2. 8. 전부개정된 도시정비법 64조 1항이 재건축사업의 시행자는 사업시행계획인가의 고시가 있은 날부터 30일 이내에 조합설립에 동의하지 아니한 자에게 조합설립에 관한 동의 여부를 회답할 것을 서면으로 촉구하여야 한다고 규정함으로써 조합설립에 대한 동의 여부에 관한 최고 및 매도청구의 시기가 사업시행계획인가 이후로 늦추어졌고, 또한 종전과 달리 '사업시행계획인가·고시일로부터 30일 이내'로 하여 권한의 행사기간을 명확하게 규정하였다. 위 개정 법률이 시행되기 이전에는 조합설립에 동의하지 아니한 자는 조합설립 이후 곧바로 매도청구의 대상이 되었으나, 위와 같은 법률의 개정으로 사업시행계획인가 이후에만 매도청구의 대상이 된다. 현행 규정에 의하면, 재건축사업의 시행자는 사업시행계획인가의 고시가 있은 날부터 30일 이내에 조합설립에 동의하지 아니한 자를 상대로 조합설립에 관한 동의 여부를 회답할 것을 서면으로 촉구하여야 하고, 토지등소유자는 촉구를 받은 날부터 2개월 이내에 회답하여야 하며, 2개월 이내에 불응하는 내용으로 회답하거나 회답하지 아니한 경우(토지등소유자는 조합설립에 동의하지 아니하겠다는 뜻을 회답한 것으로 간주된다), 사업시행자는 그 기간이 만료된 때부터 2개월 이내에 조합설립에 동의하지 아니하겠다는 뜻을 회답한 토지등소유자에게 건축물 등의 권리를 매도할 것을 청구할 수 있다(64조 2항 내지 4항). 시공계약은 조합설립인가 이후 체결되는 것이 일반적이므로,[17] 개정된 규정에 의하는 경우 조합이 토지등소유자에게 조합설립 동의 여부를 확

---

17) 서울시는 종래 공공지원 정비사업의 경우 사업시행계획인가 이후 시공계약을 체결하도록 조례로 규정하고 있었으므로, 시행계획인가의 고시가 있은 날부터 30일 이내 시점에 시공계약이 체결되지 아니할 가능성이 있었으나, 현재 위 조례 규정은 조합설립인가 이후 시공계약이 체결되는 것으로 개정되었다.

답할 것을 서면으로 촉구할 당시 이미 공사비가 일응 확정되어 있어 토지등소유자가 조합설립에 대한 동의 여부를 결정할 만한 구체적인 자료가 부족하다는 문제가 상당 부분 해소되었다. 이에 현재 부산 재건축 표준정관에서는 "조합설립에 동의하지 아니한 자는 분양신청기한까지 조합설립동의서를 조합에 제출하여 조합원이 될 수 있다."는 조항이 삭제되어 있다. 그러나 서울 재건축 표준정관은 여전히 위 규정을 두고 있다(10조 1항 단서). 정관으로 위와 같은 규정을 두지 않은 경우 토지등소유자가 분양신청기간 종료일까지 조합설립동의서를 제출하는 방법으로 조합원 지위를 취득할 수 없는가의 문제가 제기되나, 해석상 인정함이 타당하다(제9편 제2장 Ⅲ. "3. 매도청구권 행사요건" 참조).

(2) 매도청구소송(소유권이전등기청구소송)

매도청구는 재판상 또는 재판 외에서 모두 행사가 가능하나, 형성권으로서 그 행사에 의하여 매도청구의 의사표시가 도달한 일자에 매매계약 체결이 의제되므로, 실무상으로는 재건축조합이 사업시행계획인가의 고시가 있은 날부터 30일 이내에 토지등소유자를 상대로 토지등에 관한 소유권이전등기소송을 제기하면서, 청구원인으로 조합설립에 관한 동의 여부를 회답할 것을 서면으로 촉구하면서 불응 시 소장 도달일로부터 60일이 경과한 다음 날 매도청구권을 행사한 효과(매매계약)가 발생하여 소유권이전등기의무가 발생한다고 주장하는 것이 일반적이다. 매도청구소송 판결이 사업시행자의 승소로 확정되었다 하더라도, 토지등소유자는 분양신청기간 만료일까지 조합설립동의서의 제출을 통하여 조합원이 될 수 있다.[18] 자세한 내용은 제9편 제2장 "Ⅲ. 조합설립에 동의하지 아니한 자에 대한 매도청구"에서 살펴본다.

Ⅲ. 사업시행계획인가와 관련한 쟁점

1. 사업시행계획인가·고시일의 적용

사업시행계획인가·고시일은 정비사업 전반에 걸쳐 중요한 의미를 가지므로, 이 부분에 관하여 살펴본다.

가. 종전자산 평가기준일

수분양자의 종전자산가격은 관리처분계획의 내용이 된다. 법 72조 1항 1호는 사업시행자는 조합원에게 분양신청통지를 함에 있어 분양대상자별 종전자산 명세 및 사업시행계획인가·고시일을 기준으로 한 가격을 통지한다고 규정하고 있고, 법 74조 1항 5호는 사업시행자는 관리처분계획을 수립하여 관할 행정청의 인가를 받아야 하는데, 관리처분계획서에는 분양대상자별 종전자산 명세 및 사업시행계획인가·고시일(종전자산이 사업시행계획인가 전에 시장·군수등의 허가를 받아 철거된 경우에는 시장·군수등에게 허가를 받은 날을 기준으로 한다)을 기준으로 한 가격을 반드시 기재하여야 한다고 규정하고 있다. 따라서 종전자산 평가의 기준일은 사업시행계획인가·고시가 있는 날인바, 그 의미에 대한 자세한 내용은 제7편 제4장 제1절 Ⅲ. 2. "라. 종전자산 평

18) 대법원 2023. 6. 1. 선고 2022다232369 판결.

가"에서 살펴본다.

나. 재개발사업 손실보상의 기준시점

(1) 일반론

수용권이 발생하는 재개발사업(예외적 재건축사업)에 있어 법 65조 1항 및 2항은 사업시행계획인가의 고시가 있은 때에 토지보상법에 의한 사업인정 및 그 고시가 있은 것으로 본다고 규정하고 있으므로, 정비사업을 위한 수용에서는 사업인정고시일로 의제되는 사업시행계획인가·고시일이 보상금 산정에 관한 일응의 기준이 된다. 한편 법 63조, 65조에 의하여 준용되는 토지보상법 67조 1항은 보상액의 산정은 재결에 의한 경우에는 수용 또는 사용의 재결 당시의 가격을 기준으로 한다고 규정하고 있다. 이와 관련하여 토지보상법 70조 1항은 재결에 의하여 취득하는 토지에 대하여는 부동산공시법에 따른 공시지가를 기준으로 하여 보상하되, 그 공시기준일부터 가격시점까지는 해당 공익사업으로 인한 지가의 영향을 받지 아니하는 지역의 지가변동률 등을 고려하여 평가한 적정가격으로 보상하여야 한다고 규정하고 있고, 4항은 사업인정 후의 취득의 경우 공시지가는 사업인정고시일 전의 시점을 공시기준일로 하는 공시지가로서, 해당 토지에 관한 재결 당시 공시된 공시지가 중 그 사업인정고시일과 가장 가까운 시점에 공시된 공시지가로 한다고 규정하고 있다. 결국 현금청산대상자들의 토지등에 대한 수용보상금은 토지보상법 67조 1항에 따라 토지등의 수용재결일 당시의 가격으로 산정하여야 하나, 다만, 그 기준시점은 사업시행계획인가·고시일과 가장 가까운 시점에 공시된 공시지가로 하고, 그때부터 가격시점인 수용재결일까지는 개발이익이 배제된 정상 지가변동율 등에 의한 시점수정이 이루어진다.

장기간에 걸친 정비사업의 진행과정에서 사업시행계획이 여러 차례 변경되는 경우 손실보상 기준일을 최초 사업시행계획인가·고시일로 할 것인지, 또는 사업시행계획변경인가·고시일로 할 것인지 여부가 문제되나, 최초의 사업시행계획이 존속함을 전제로 그중 일부에 대한 취소·철회·변경을 통한 사업시행계획변경의 경우에는 최초의 사업시행계획인가·고시일로 함이 타당하다.

(2) 개발이익이 배제된 손실보상의 위헌 여부

재개발사업의 경우에는 사업시행계획인가·고시일과 가장 가까운 시점에 공시된 공시지가를 기준으로 개발과 무관한 정상 지가변동률 등에 의한 시점수점을 통하여 수용재결일 당시의 가격으로 손실보상금을 산정함으로써 개발이익이 배제된 채 손실보상금이 지급됨에 반해, 재건축사업의 경우에는 개발이익이 포함된 보상금이 지급된다. 이와 같은 재개발사업에서의 보상을 정당한 보상으로 볼 수 있는지 여부 및 재건축사업과 비교하여 형평에 반하는 것인지 여부가 문제된다.

개발이익은 그 성질상 완전보상의 범위에 포함되지 아니하므로 수용으로 인한 보상액의 산정에 있어서 개발이익은 배제함이 타당하고, 수용과 매도청구는 그 행사로 인한 법률관계의 성질을 달리하고 있으므로 그 차별에는 합리적인 이유가 인정된다. 자세한 내용은 제9편 제3장 제3절 "Ⅱ. 개발이익 배제의 원칙"에서 살펴본다.

⑶ 사업시행계획 주요 부분의 실질적 변경

㈎ 문제의 소재

최초 사업시행계획의 주요 부분에 대한 실질적 변경이 있는 경우, 즉, 사업시행계획의 대지 부분에는 변경 없이 건축물의 구조와 내용(건물동수, 건물층수, 공동주택의 면적, 세대 수 및 세대별 면적, 건폐율, 용적률, 연면적) 등이 실질적으로 변경되는 경우 최초 사업시행계획은 그 효력을 상실한다. 그 경우 손실보상의 기준일이 문제된다.

㈏ 판단

최초의 사업시행계획인가·고시일을 기준으로 보상금을 산정함이 원칙이다.[19] 그 논거는 다음과 같다.

ⓐ 최초의 사업시행계획인가가 유효하게 존속하다가 변경인가 시부터 장래를 향하여 실효될 뿐이고 소급하여 효력을 상실하는 것은 아니므로, 이미 발생한 수용권은 유효하고 최초 사업시행계획인가·고시로 의제된 사업인정·고시의 효력이 그대로 유지된다.

ⓑ 만일 사업시행자의 사정에 따른 사업시행계획변경인가가 있을 때마다 보상금 산정 기준시점(보상의 대상인지 여부 및 보상내용 등)이 변경되는 것으로 본다면, 최초의 사업시행계획인가·고시가 있을 때부터 계속하여 수용의 필요성이 유지되는 토지등도 그와 무관한 사정으로 보상금 산정 기준시점이 매번 바뀌게 되어 부당할 뿐만 아니라 사업시행자가 자의적으로 보상금 산정 기준시점을 바꿀 수도 있게 되어 불합리한 결과를 초래하게 된다.

⑷ 사업시행계획의 폐지

사업시행계획이 폐지되는 경우, 폐지된 사업시행계획은 장래를 향하여 소멸하게 될 뿐이나,[20] 토지보상법 24조 1항은 "사업인정고시가 된 후 사업의 전부 또는 일부를 폐지나 변경함으로 인하여 토지등의 전부 또는 일부를 수용하거나 사용할 필요가 없게 되었을 때에는 사업시행자는 지체 없이 시·도지사에게 신고하고, 토지소유자 및 관계인에게 이를 통지하여야 한다."고 규정하고 있다. 따라서 사업시행자가 사업시행계획을 폐지하는 총회의 결의 후 관할 행정청의 인가·고시를 받았다면, 최초 사업시행계획인가·고시로 인한 사업인정은 효력을 상실한다. 따라서 최초의 사업시행계획인가·고시일은 수용의 손실보상 기준시점이 될 수 없다.

⑸ 사업시행계획의 무효확인 또는 취소소송 확정판결

어느 특정한 토지를 최초로 사업시행 대상 부지로 삼은 사업시행계획이 당연무효이거나 법원의 확정판결로 취소된다면, 무효 또는 취소가 확정된 사업시행계획은 소급하여 그 효력을 상실하고, 보충행위인 인가도 소급적으로 효력을 상실하므로 그로 인하여 의제된 사업인정도 소급적으로 효력을 상실한다 할 것이어서, 결국 소급하여 수용이 불가능하다.[21] 따라서 최초의 사업시행계획인가·고시일은 수용의 손실보상 기준시점이 될 수 없다.

---

19) 대법원 2018. 7. 26. 선고 2017두33978 판결.
20) 대법원 2021. 2. 10. 선고 2020두48031 판결.
21) 대법원 2018. 7. 26. 선고 2017두33978 판결.

(6) 하자있는 사업시행계획의 묵시적 직권취소

최초 사업시행계획의 총회결의 요건에 하자가 있는 등으로 인하여 그 무효확인 또는 취소의 소가 제기되자, 사업시행자가 하자를 시정하기 위하여 동일한 절차를 거쳐 새로운 사업시행변경계획을 수립하여 인가받은 경우 해석상 사업시행자가 종전 사업시행계획을 직권취소한 것인지 여부가 문제된다.

행정행위의 취소는 행정행위 성립 당시에 존재하는 하자를 이유로 하고, 행정행위의 철회는 적법요건을 구비하여 완전히 효력을 발하고 있는 행정행위를 사후적으로 그 행위의 효력의 전부 또는 일부를 장래를 향해 소멸시키는 행정처분인바, 이는 행정행위 성립 당시에 존재하는 하자를 이유로 하므로 묵시적 취소로 보아야 할 것이다(다만, 앞서 본 바와 같이 최초 사업시행계획 총회결의 요건에 하자가 있다는 이유로 그 무효확인 또는 취소의 소가 제기되기는 하였으나, 하자가 존재하지 아니하고, 사업시행자가 하자를 시정하기 위한 것이 아니라 주요 부분을 실질적으로 대체한 것이라면, 이는 묵시적 철회로 보아야 할 것이다). 따라서 최조의 사업시행계획은 소급하여 소멸하였다 할 것이고, 새로운 사업시행계획변경인가·고시일이 손실보상의 기준시점이 되어야 한다.

다만, 사업시행계획에 하자가 있더라도 중대·명백하지 아니하고, 이미 제소기간이 도과되어 불가쟁력이 발생한 후에 사업시행자가 하자를 시정하기 위하여 사업시행변경계획을 작성하여 인가까지 받았다면, 처분에 대한 직권취소의 필요성이 없음에도 행청주체가 처분을 직권으로 취소하는 경우는 이례적이므로, 이는 직권취소가 아니라 단지 기존의 하자 있는 내용을 변경하는 것에 불과하다 할 것이어서, 기존의 사업시행계획인가·고시일이 손실보상의 기준시점이 되어야 한다.

다. 용적률 인센티브를 위한 토지기부에 갈음하는 현금납부를 위한 토지가액 평가시점

정비구역의 지정·고시가 있는 경우 해당 정비구역 및 정비계획 중 국토계획법 52조 1항(지구단위계획의 내용) 각 호의 어느 하나에 해당하는 사항은 국토계획법 50조에 따라 지구단위계획구역 및 지구단위계획으로 결정·고시된 것으로 본다(법 17조 1항). 그 경우 정비계획을 통한 토지의 효율적 활용을 위하여 국토계획법 52조 3항(지구단위계획구역에서의 용적률 완화규정)에 따른 건폐율·용적률 등의 완화규정은 정비계획에 준용된다. 따라서 사업시행자가 정비구역 내 토지의 일부에 정비기반시설 등을 설치하거나 부지 등을 제공하여 용적률을 완화하는 것이 가능하고, 그와 같은 내용으로 정비계획이 수립된 경우, 동일한 내용의 사업시행계획이 작성된다(법 17조 3항, 국토계획법 52조 3항, 78조 4항, 6항, 국토계획법 시행령 85조 8항 3호).

한편 사업시행자는 용적률 완화를 조건으로 정비기반시설 등을 설치하거나 부지 등을 제공하기로 하였다 하더라도, 대지의 가액 일부에 해당하는 금액을 현금으로 납부하는 경우 정비기반시설 등이나 부지를 제공한 것으로 간주된다(법 17조 4항). 그 경우 토지가액 평가시점, 즉 현금납부액 산정기준일은 법 50조 7항에 따른 사업시행계획인가·고시일로 하고, 이는 현금납부에 관한 정비계획이 반영된 최초의 사업시행계획인가·고시일로 한다(법 시행령 14조 4항 본문). 구체적인 평가방법은 시장·군수등이 지정한 둘 이상의 감정평가법인등이 해당 기부토지에 대하여 평가한 금액을 산술평균하여 산정한다(법 시행령 14조 3항). 다만, 산정기준일부터 3년이 되는 날까지 관리처분계획인가를 신청하지 아니한 경우에는 산정기준일부터 3년이 되는 날의 다음 날을 기준으로 해당 기부토지에 대하여 감정평가를 새롭게 실시하여 금액을 다시 산정하여야 한다(법 시행령 14조 4항 단서).

라. 학교용지부담금 부과기준의 요소로서 개발사업으로 증가한 세대 수 산정을 위한 정비사업 시행 전 세대 수 산정 기준시점

학교용지법 5조 1항 본문에 따른 학교용지부담금의 산정기준과 관련하여, 개발사업으로 인하여 유발된 학교시설 확보의 필요성 및 그 정도가 언제나 개발사업으로 인한 세대 수 증가분에 정확하게 비례하는 것은 아니나, 개발사업으로 인하여 증가하는 세대 수는 이러한 학교시설 확보의 필요성 및 그 정도를 평가하는 데 중요한 고려요소가 된다 할 것이다. 정비사업의 시행으로 세대 수가 증가하는지 여부는 '정비사업에 따라 공급되는 공동주택의 총 세대 수'에서 '정비사업 시행 이전 해당 정비구역 내에 존재하는 전체 세대 수'를 빼는 방법으로 확인이 가능한데, '정비사업 시행 이전 해당 정비구역 내 전체 세대 수'를 어느 기준시점으로 산정해야 하는지 여부가 문제된다.

행정청은 정비사업 시행 이전 해당 정비구역 내 세대 수를 정비구역지정·고시일을 기준시점으로 하여 정비사업의 시행으로 증가되는 세대 수를 확정한 후 학교용지부담금을 산정하여 이를 부과하기도 하나, 앞서 본 바와 같이 정비사업은 사업시행계획인가·고시로 본격화된다 할 것이므로, 최초의 사업시행계획인가·고시일을 기준시점으로 하는 것이 타당하다. 자세한 내용은 제10편 제3장 Ⅲ. 4. 나. "⑶ 기존 세대 수 산정 기준시점(사업시행계획인가·고시일)"에서 살펴본다.

마. 재개발사업에서의 주거용 건축물 세입자의 주거이전비 및 현금청산대상자, 세입자의 이사비 확정(발생)시점

법 시행령 54조 4항은 주거용 건축물 세입자에 대한 주거이전비 보상대상자 인정시점을 정비계획안에 대한 공람공고일로 본다고 규정하고 있으나(토지보상법 시행규칙 54조 2항과의 조화로운 해석상 정비계획안에 대한 공람공고일 당시 해당 정비구역 안에서 3월 이상 거주한 자를 대상으로 한다는 견해가 있다. 제9편 제5장 제2절 Ⅲ. "2. 세입자" 참조), 실제 주거이전비 청구권은 주거이전비 보상의 방법, 금액 등 보상내용이 구체적으로 정해지는 최초의 사업시행계획인가·고시일에 발생한다.[22] 현금청산대상자, 세입자의 이사비도 최초의 사업시행계획인가·고시일에 발생한다.

주거이전비 청구권 등의 근거가 되는 사업시행계획이 당연무효이거나 법원의 확정판결로 취소되었다는 등의 특별한 사정이 없는 한 사업시행자에 의하여 수립된 사업시행계획에서 정한 사업시행기간이 도과하였더라도, 유효하게 수립된 사업시행계획 및 그에 기초한 토지의 매수, 수용을 비롯한 사업시행의 법적 효과가 소급하여 효력을 상실하여 무효로 된다고 할 수 없으므로, 주거용 건축물의 세입자들이 이미 취득한 주거이전비 내지 이사비에 관한 구체적 권리에 영향을 미치지 아니한다.[23] 자세한 내용은 제9편 제5장 "제2절 주거이전비"에서 살펴본다.

---

22) 대법원 2012. 9. 27. 선고 2010두13890 판결.
23) 대법원 2016. 12. 1. 선고 2016두34905 판결, 대법원 2020. 1. 30. 선고 2018두66067 판결.

바. 자연경관지구 등이 포함된 지역으로서 최초 사업시행계획인가일로부터 4년이 되는 날까지 관리처분계획인가를 신청하지 않은 경우의 정비구역 해제사유

(1) 법 21조 1항 2호는 정비구역등의 추진 상황으로 보아 지정 목적을 달성할 수 없다고 인정되는 경우 정비구역지정권자는 정비구역을 해제할 수 있다고 규정하고 있고, 구체적인 기준 등 필요한 사항은 시·도 조례에 위임하고 있다. 위 조항의 수권을 받은 서울시 조례 14조 3항 3호 (다)목은 자연경관지구, 최고고도지구, 국가유산(구 문화재) 보호구역, 역사문화환경 보존지역 등이 포함된 구역으로서, 사업시행자가 사업시행계획인가(최초 인가를 말한다)를 받은 날부터 4년이 되는 날까지 법 74조, 법 시행규칙 12조를 모두 준수한 관리처분계획인가를 신청하지 않는 경우가 위 요건에 해당한다고 규정하고 있다. 특히 서울시 조례는 최초 사업시행계획인가일이 기준시점임을 명확히 하고 있다.

(2) 다만, 제2편 제4장 Ⅱ. "2. 재량적 해제"에서 살펴본 바와 같이 사업시행자가 최초 사업시행계획인가를 받은 날부터 4년이 되는 날까지 관리처분계획인가를 신청하지 아니하는 경우의 요건은 보다 엄격히 해석하여야 할 것이므로, 사업시행자의 귀책사유가 없는 기간은 제외되어야 할 것이다.

사. 재개발사업의 시행자가 건설한 임대주택에 대한 시·도지사 등의 인수가격

재개발사업의 시행자는 임대주택의 건설이 의무이다. 사업시행자는 임대주택을 건설한 후 시·도지사 등에게 인수를 요청할 수 있고, 그 경우 시·도지사 등은 법정의 내용대로 반드시 인수하여야 한다. 인수가격 중 부속토지의 가격은 사업시행계획인가·고시가 있는 날을 기준으로 한다(법 79조 5항, 법 시행령 68조 2항).

아. 투기과열지구 재건축사업에서의 조합원 자격취득의 예외 인정기준

투기과열지구로 지정된 지역에서의 재건축사업의 경우, 조합설립인가 후 토지등을 양수받은 자는 조합원의 자격을 취득할 수 없다(법 39조 2항). 그러나 사업시행계획인가일부터 3년 이내에 착공하지 못한 재건축사업의 토지 또는 건축물을 3년 이상 계속하여 소유하고 있는 자가 착공 전에 양도하는 경우에는 양수인이 조합원의 자격을 취득할 수 있다(법 39조 2항 7호, 법 시행령 37조 3항 2호). 여기에서의 사업시행계획인가일은 최초의 사업시행계획인가일로 보아야 할 것이다.

자. 사업시행계획인가에 따른 국·공유재산의 처분가격

앞서 본 바와 같이 정비사업을 목적으로 우선하여 매각하는 국·공유지는 사업시행계획인가의 고시가 있은 날을 기준으로 가격을 평가한다(법 98조 6항 본문). 다만, 사업시행계획인가의 고시가 있은 날부터 3년 이내에 매매계약을 체결하지 아니한 국·공유지는 국유재산법 또는 공유재산법에서 정한다(도시정비법 98조 6항 단서).

2. 사업시행기간 도과와 사업시행계획변경 가능 여부

가. 문제의 소재

사업시행기간은 사업시행계획의 필수적 기재사항이다. 통상적으로 사업시행계획인가일로부터 ○○개월로 기재된다. 사업시행계획에서 정한 사업시행기간이 도과하였을 때, 재개발사업의 시행자는 더 이상 사업시행계획인가를 기초로 수용·사용에 대한 재결의 신청을 할 수 없다(법 65조 3항). 문제는 사업시행기간이 사업시행계획의 유효기간인지 여부이다.

즉, 사업시행기간이 만료되면 사업시행계획이 소멸하여 추후 사업시행자는 새롭게 사업시행계획을 작성하여 총회의결을 거쳐 이를 인가받은 후 절차를 진행하여야 하는지 또는 종전 사업시행계획을 전제로 (기간 변경 등) 사업시행변경계획을 작성한 후 이를 인가받아 절차를 진행할 수 있는지 여부에 대하여 다툼이 있다.

나. 판단(사업시행계획변경 가능)

(1) 사업시행계획에 있어서 사업시행기간은 사업시행자가 해당 사업시행계획에 따라 장차 정비사업을 시행할 예정기간을 의미할 뿐이고, 사업시행계획 자체의 유효기간을 의미한다고 볼 수 없다.[24] 그 논거는 다음과 같다.

ⓐ 사업시행기간이란 사업을 시행하는 기간으로서, 사업시행계획서 작성 당시 사업을 시행할 것을 예정하고 있는 기간으로 문언상 해석된다.

ⓑ 법 52조 1항 13호 및 법 시행령 47조 2항 1호에 의하면, 사업시행계획서에 포함시켜야 하는 사항 중 사업시행기간은 시·도 조례로 정하는 사항에 해당한다. 사업시행기간을 시·도 조례가 정하는 사항에 포함시킴으로써 지역에 따라서는 사업시행계획서에 사업시행기간이 포함되지 않을 수도 있다. 이는 결국 법령이 사업시행기간을 사업시행계획의 본질적이고 중요한 요소로 예정하고 있다고 할 수 없다.[25]

ⓒ 사업시행계획에서 정한 사업시행기간이 도과하는 경우 해당 사업시행계획이 소멸되어 그 이후에는 사업시행기간을 연장하는 사업시행변경계획을 수립할 수도 없다고 한다면 사업시행계획이 유효함을 전제로 이루어진 후속행위들까지 모두 무효가 되어 정비사업의 계속 추진이 어렵고 다수 이해관계인들의 권리관계에 혼란을 초래하게 된다.

(2) 따라서 사업시행자는 종전 사업시행계획을 전제로 (기간 변경 등) 사업시행변경계획을 작성한 후 이를 인가받아 절차를 진행할 수 있고, 사업시행계획에서 정한 사업시행기간이 도과하였다 하여 유효하게 수립된 사업시행계획 및 그에 기초하여 사업시행기간 내에 이루어진 부동산

---

24) 대법원 2017. 10. 12. 자 2017두50096 판결 및 서울고등법원 2017. 5. 26. 선고 2016누82081 판결, 대법원 2019. 6. 13. 자 2019두35114 판결 및 서울고등법원 2019. 1. 17. 선고 2018누62043 판결, 서울행정법원 2018. 8. 24. 선고 2017구합61041 판결.

25) 만일 사업시행기간을 사업시행계획의 존속기간이나 적법요건으로 하겠다는 의사라면 법령에 기재하였을 것이다. 그리고 조례의 규정사항에 불과하므로 조례에 사업시행기간을 필요적 기재사항으로 기재하지 않은 지역의 사업시행자가 사업시행계획을 수립하면서 사업시행기간을 두었다면, 이는 임의적 기재사항으로 위 기간경과로 사업시행계획이 소멸되는 것으로 해석될 수 없는데, 이 경우 지역에 따라 사업시행기간의 의미가 달라지는 문제점이 있다.

의 매수·수용을 비롯한 사업시행의 법적 효과가 소급하여 그 효력을 상실하여 무효로 된다고 할 수 없다.[26] 또한 사업시행계획에서 정한 사업시행기간이 경과된 이후 다시 사업시행기간을 연장하더라도, 종전 자산평가 및 손실보상 기준인 사업시행계획인가·고시일은 최초의 사업시행계획 인가·고시일을 기준으로 하여야 한다. 조합원이 분양신청절차에서 분양신청을 하지 않아 분양신청기간 종료일 다음 날에 현금청산대상자가 되고 조합원의 지위를 상실한 후 그 분양신청절차의 근거가 된 사업시행계획이 사업시행기간 만료로 실효된다고 하더라도 이는 장래에 향하여 효력이 발생할 뿐이므로 그 이전에 발생한 조합관계 탈퇴라는 법적 효과가 소급적으로 소멸하거나 이미 상실된 조합원의 지위가 자동적으로 회복된다고 볼 수는 없다.[27] 다만, 법 65조 3항이 수용 또는 사용에 대한 재결신청은 사업시행기간 이내에 하여야 한다고 규정하고 있으므로,[28] 정비사업에 있어 사업시행기간은 수용 또는 사용 재결신청의 종기로서 의미가 있다.

(3) 실무에서는 사업시행계획상의 기간이 만료된 후, 동일한 사업시행계획의 내용에다가 사업시행기간만을 변경하는(장기간으로 하는) 사업시행계획변경이 흔히 이루어진다. 이와 관련하여 종전 사업시행계획을 대체하거나 주요 부분을 실질적으로 변경하는 것으로 볼 수 있는지 여부가 문제된다.

사업시행기간만을 변경하는 사업시행계획변경은 종전 사업시행계획을 대체하거나 주요 부분을 실질적으로 변경한 것으로 볼 수 없으므로, 변경인가신청에 필요한 요건을 구비하는 것으로 충분하고,[29] 수용 또는 사용할 토지 또는 건축물의 명세 및 소유권 외의 권리의 명세서 등 새로운 사업시행계획인가신청에 필요한 서류를 첨부할 필요는 없다.

다. 사업시행기간 도과와 사업시행계획실효

사업시행계획에서 정한 사업시행기간이 도과된 후 사업시행자가 더 이상 사업시행계획 추진 의사가 없는 것으로 볼 만한 기간이 경과하도록 사업시행기간을 연장하는 등의 사업시행변경계획을 작성하지 아니한다면, 그 시점을 기준으로 사업시행계획은 확정적으로 실효되는 것으로 보아야 하므로, 그때부터 종전 사업시행계획에 기초하여 사업시행기간 내에 이루어진 부동산의 매수·수용을 비롯한 사업시행의 법적 효과가 상실한다 할 것이다.

26) 대법원 2016. 12. 15. 선고 2015두51354 판결, 대법원 2016. 12. 1. 선고 2016두34905 판결.

27) 대법원 2021. 2. 10. 선고 2020두48031 판결.

28) 토지보상법은 23조 1항에서 사업시행자가 사업인정의 고시가 된 날부터 1년 이내에 재결신청을 하지 아니한 경우에는 사업인정고시가 된 날부터 1년이 되는 날의 다음 날에 사업인정은 그 효력을 상실한다고 규정하고 있으므로, 도시정비법의 위 규정은 그에 대한 특칙이다.

29) 대법원 2016. 12. 15. 선고 2015두51354 판결 및 서울고등법원 2015. 8. 13. 선고 2015누30427 판결, 한편 국토계획법상의 도시계획시설사업의 실시계획인가의 경우 사업시행자는 그 시행지에 포함된 토지에 대하여 시행계획의 승인이나 그 변경승인에서 정한 사업시행기간 내에 이를 매수하거나 수용재결의 신청을 하여야 하고, 그 시행기간 내에 그중 일부 토지에 대한 취득이 이루어지지 아니하면 그 일부 토지에 대한 시행계획의 승인이나 그 변경승인은 장래에 향하여 그 효력을 상실한다 할 것이고, 이는 강학상의 이른바 '실효'에 해당한다(대법원 2001. 11. 13. 선고 2000두1706 판결).

3. 사업시행계획변경 등과 현금청산대상자의 원고적격

가. 문제의 소재

사업시행자가 사업시행계획을 작성하여 총회의 의결절차를 거쳐 인가를 받은 후 조합원에 대한 적법한 분양신청절차를 거쳤으나, 위 기간 내에 분양신청을 하지 않아 분양신청기간 종료일 다음 날 조합원의 지위를 상실하고 현금청산대상자가 된 경우, 그 후 사업시행자가 분양신청절차에 기초하여 관리처분계획을 수립하지 않은 채, 새롭게 사업시행변경계획을 작성하여 인가받았거나 종전 사업시행계획을 폐지한 후 새롭게 사업시행변경계획을 작성, 인가받았다면, 현금청산대상자로서 종전자산에 대한 손실보상과 관련하여 이를 다툴 법률상의 이익이 있는지 여부가 문제된다(종후자산 부분에 대하여는 이를 다툴 법률상 이익이 없음은 명백하다).

나. 판 단

(1) 단순 사업시행변경계획의 경우(부정)

이미 현금청산대상자가 되어 조합원 지위를 상실한 토지등소유자의 경우, 수용권은 종전 사업시행계획인가·고시일에 발생하였고, 위 고시일을 기준으로 손실보상이 이루어진다. 따라서 현금청산대상자로서는 그 후의 사업시행변경계획으로 인하여 권리 또는 의무에 어떠한 영향도 받지 아니하므로 이를 다툴 법률상의 이익(원고적격)이 없다.

(2) 사업시행계획 폐지 후의 사업시행변경계획의 경우(긍정)

사업시행자가 종전 사업시행계획을 폐지결정한 이후 사업시행계획을 변경하여 인가를 받은 경우에는 현금청산대상자들도 자신들 소유의 토지등이 수용되지 않도록 하거나 수용재결의 시점을 늦추기 위하여 사업시행변경계획의 취소를 구할 법률상 이익(원고적격)이 있다.[30] 그 논거는 다음과 같다.

ⓐ 종전 사업시행계획은 폐지로 인하여 소멸되어 사업시행계획인가·고시일에 수용권이 발생한 것으로 볼 수 없으므로(토지보상법 24조 1항), 새로운 사업시행계획변경인가·고시일을 기준으로 사업시행자는 수용재결을 신청할 수 있는 권한을 다시 부여받게 되었고, 이를 기준으로 손실보상이 이루어지는바, 그 경우 사업시행자로서는 손실보상기준일을 자유롭게 변경할 수 있으므로, 현금청산대상자들로서는 불리한 지위에 빠질 수 있다.

ⓑ 새롭게 수립된 사업시행계획변경인가·고시일이 보상금 산정의 기준일이 되는바, 위와 같이 수립된 사업시행변경계획이 위법하여 취소된다면 추후 다시 사업시행변경계획을 수립하여 인가받아야 수용권이 발생하고, 그 경우 수용보상금 산정의 기준일이 달라져 보상금이 증액될 여지가 있다.

---

30) 대법원 2021. 2. 10. 선고 2020두48031 판결.

제5장 사업시행계획변경(폐지)인가

Ⅰ. 개 요

이해관계가 상충되는 다수 토지등소유자들의 개별적이고 구체적인 이익을 적절히 형량·조정하면서 장기에 걸쳐 진행되고 다양한 변수가 존재하는 정비사업의 특성상 처음부터 모든 세부적 사항을 확정하여 사업시행계획을 작성하는 것이 어렵고, 또한 부동산 정책, 관계 법령이나 도시계획 규율, 시장상황 등 제반 여건의 변화에 따른 대응의 필요성으로 인하여 사업시행계획은 그 자체로 변경의 가능성이 내포되어 있다. 특히 조합원들 사이에 이해가 상충되는 종후자산의 귀속 및 비용분담 등과 관련된 관리처분계획과 달리 사업시행계획은 개발을 위한 설계도임과 동시에 이를 위한 비용 및 부수, 파생되는 각종 법정사항에 관한 것으로서 토지등소유자 전체의 이익과 관련되므로 변경이 보다 용이하다 할 것이다. 이에 따라 사업시행자가 사업시행계획인가 이후의 사정변경 등으로 인하여 당초 인가받은 사항을 변경하는 경우가 흔히 발생한다.

법은 사업시행계획이 갖는 중요성 및 이해관계인에게 미치는 영향을 고려하여 그 변경을 위해서는 엄격한 요건을 필요로 하나, 사업시행계획에 대한 일체의 변경을 엄격한 요건에 의하도록 하는 경우 정비사업의 효율적이고 신속한 추진에 반하므로, 경미한 사항을 변경하는 경우에는 절차를 간소화하고 있다.

이하에서는 사업시행계획의 변경에 필요한 절차 및 효과, 엄격한 절차를 필요로 하지 않는 경미한 사항에 대하여 자세히 살펴본다. 나아가 실무상 당초 인가받은 사항을 전제로 일부에 대한 취소·철회·변경·추가가 아니라 종전 사업시행계획을 실질적으로 대체하는 새로운 사업시행계획이 작성되는 경우가 있고, 그 법률적 효과와 관련하여 논란이 있으므로, 이 부분에 대하여도 자세히 살펴본다.

Ⅱ. 변경인가사항 및 경미한 사항

1. 사업시행계획변경인가사항

가. 절 차

사업시행계획변경인가[1]를 받는 일반절차에 관하여 살펴본다. 정비사업을 중지 또는 폐지하려

1) 사업시행자가 사업시행변경계획을 작성하여 행정청으로부터 인가받는 것일 뿐, 인가를 변경하는 것은 아니므로, 정확하게는 '사업시행변경계획인가'의 의미이나, 사업시행계획을 변경하여 인가받는 의미로서 도시정비법이 '사업시행계획변경인가'라는 용어를 사용하고 있으므로(법 65조 3항), 그에 따른다.

는 경우에도 같다(법 50조 5항).

⑴ 이사회의결 및 대의원회의 사전심의

조합이 사업시행자인 경우 조합장은 사업시행변경계획 초안을 작성하고, 위 초안에 대하여 이사회의 심의·의결을 거친 후 대의원회 심의를 거쳐야 한다. 토지등소유자 개인이 사업시행자가 되는 토지등소유자가 20인 미만인 재개발사업의 경우에도 자치규약으로 정한 바에 따라 이사회의 심의·의결을 거쳐야 한다.

⑵ 총회의결 또는 토지등소유자의 동의

조합이 사업시행자인 경우 조합원 100분의 20 이상의 직접 출석 및 조합원 과반수 찬성에 의한 총회의결을 거쳐야 한다(법 50조 1항, 5항, 45조 1항 9호, 4항, 7항 단서). 다만, 정비사업비가 100분의 10(생산자물가상승률분, 현금청산대상자에 대한 손실보상 금액은 제외한다) 이상 늘어나는 경우에는 조합원 3분의 2 이상의 찬성으로 의결하여야 한다(법 45조 4항 단서). 이는 대의원회가 이를 대행할 수 없다(법 50조 1항, 법 시행령 43조 7호).

토지등소유자 개인이 사업시행자가 되는 토지등소유자가 20인 미만인 재개발사업의 경우 사업시행계획을 변경하기 위해서는 자치규약으로 정한 바에 따라 토지등소유자 과반수의 동의를 받아야 한다(법 50조 6항 단서).[2)]

⑶ 법정의 인가신청

사업시행자는 법정 서식인 사업시행계획변경(중지, 폐지)인가신청서를 작성하여야 하고, 인·허가등의 의제를 받으려는 경우에는 해당 법률에서 정하는 관계 서류 및 변경의 사유와 그 내용을 설명하는 서류를 첨부하여야 한다(법 50조 1항 본문, 법 시행규칙 10조 1항, 2항 2호).

⑷ 인가

㈎ 공람 및 공고

시장·군수등은 사업시행계획인가와 마찬가지로 일반인이 공람할 수 있도록 요지와 공람장소를 지방자치단체의 공보에 공고하고, 토지등소유자에 대한 공고 내용의 통지 및 의견청취절차를 거쳐야 한다(법 56조 1항, 법 시행령 49조). 법 56조 1항은 사업시행계획에 대하여만 공람과 의견청취절차를 명시하고 있으나, 단서가 경미한 사항을 변경하려는 경우에는 그러하지 아니하다고 규정하고 있으므로 사업시행계획변경에 대하여는 위 절차가 적용됨이 해석상 명백하다.

㈏ 관계 행정청과 협의

시장·군수등은 사업시행계획변경이 인·허가의제와 관련되는 경우 관계 행정기관의 장 및 교육감 등과 협의하여야 한다. 관계 행정기관의 장과의 협의를 규정한 법 57조 4항에는 인가받은 사항의 변경과 관련하여 명시하고 있지 않지만 해석상 인정되어야 하고, 교육시설과 관련한 규

2) 앞서 본 바와 같이 토지등소유자가 정비구역지정 후에 정비사업을 목적으로 취득한 토지 또는 건축물에 대해서는 정비구역지정 당시의 토지 또는 건축물의 소유자를 토지등소유자의 수에 포함하여 산정하되, 이 경우 동의 여부는 이를 취득한 토지등소유자에 따른다는 규정[법 시행령 제33조 제1항 제1호 ㈐목 단서], 신탁의 경우 전체 토지등소유자의 수 및 동의자 수를 산정할 때에도 위탁자를 기준으로 하는 판례가 그대로 적용된다.

정인 법 57조 5항에는 사업시행계획변경에 대하여 교육감 등과 협의하여야 함을 명시하고 있다. 변경된 사업시행계획의 내용 중 정비기반시설의 귀속 및 양도에 관한 사항이 포함된 경우에는 시장·군수등은 인가를 하기 위해서는 미리 그 관리청의 의견을 들어야 한다(법 97조 4항). 사업시행변경계획의 내용 중 국유·공유재산의 처분에 관한 내용이 포함되어 있는 때에는 미리 관리청과 협의하여야 한다(법 98조 1항).

㈐ 인가 및 지방자치단체 공보 고시

시장·군수등은 특별한 사유가 없으면 사업시행변경계획서의 제출이 있은 날부터 60일 이내에 인가 여부를 결정하여 사업시행자에게 통보하여야 한다(법 50조 4항). 다음에서 살펴볼 경미한 변경 신고수리와 달리 기간 경과에 따른 인가의제규정이 존재하지 아니한다. 시장·군수등은 사업시행변경계획을 인가하는 경우 해당 지방자치단체의 공보에 이를 고시하고 인터넷 홈페이지에 게재하여야 한다(법 50조 9항, 법 시행규칙 10조 3항, 4항).[3]

나. 내 용

다음에서 살펴볼 경미한 사항을 제외한 모든 사항은 사업시행계획변경사항에 해당한다.

2. 경미한 사항

가. 절 차

경미한 사항 변경의 경우에는 사업시행자가 조합인 경우 조합장 등은 사업시행변경계획 초안의 작성으로 충분하고, 총회의 의결이 필요하지 않다(법 45조 1항 9호, 50조 5항 단서). 서울 표준정관은 이를 대의원회 의결사항으로 규정하고 있다(26조 6호). 토지등소유자 20인 미만의 재개발사업에서 토지등소유자가 사업시행자인 경우 경미한 사항의 변경인 경우에는 토지등소유자의 동의를 필요로 하지 아니한다(법 50조 6항 단서).

사업시행자는 경미한 사항에 대한 변경을 위해서는 신고를 하여야 하나(법 50조 1항 단서), 법정의 서식을 필요로 하지 않는다. 신고를 받은 시장·군수등은 일반인에 대한 공람 및 토지등소유자에 대한 통지를 요하지 아니하고, 법정의 경미한 사항은 인·허가의제, 교육시설 및 정비기반시설의 귀속 및 양도, 국유·공유재산의 처분 등과는 무관하므로, 관계 행정청과의 협의가 필요로 하지 아니한다. 시장·군수등은 경미한 사항의 변경 신고를 받은 날부터 20일 이내에 신고수리 여부를 신고인에게 통지하여야 한다(수리가 필요한 신고이다. 신고의 성격에 대하여는 앞서 본 제4편 제6장 Ⅲ. 1. "라. 수리(受理)" 참조). 시장·군수등이 위 기간 내에 신고수리 여부 또는 민원처리 관련 법령에 따른 처리기간의 연장을 신고인에게 통지하지 아니하면 그 기간(민원 처리 관련 법령에 따라 처리기간이 연장 또는 재연장된 경우에는 해당 처리기간을 말한다)이 끝난 날의 다음 날에 신고를 수리한 것으로 본다(법 50조 2항, 3항).[4] 신고를 수리하더라도 해당 지방자치단체의

3) 정비사업의 종류 및 명칭, 정비구역의 위치 및 면적, 사업시행자의 성명 및 주소, 정비사업의 시행기간, 사업시행계획변경인가일 등의 기본사항 외에 변경·중지 또는 폐지의 사유 및 내용 등이 고시되어야 한다.

4) 앞서 경미한 사항에 대한 정관변경 및 조합설립변경에서 본 바와 같이 수리가 필요한 신고이다. 법이 2021. 3. 16. 개정되어 시장·군수등은 경미한 사항에 대한 변경 신고를 받은 날부터 20일 이내에 신고수리 여부를 신고인에게 통

공보에 이를 고시하는 등의 절차는 필요하지 않다(법 50조 9항).

나. 내 용

위와 같이 사업시행계획의 일반적 변경과 경미한 사항 변경은 요건 및 절차에 있어 뚜렷한 차이가 있으므로, 어떠한 사항이 경미한 사항인지 여부는 매우 중요하다. 법령은 경미한 사항을 다음과 같이 규정하고 있다(법 50조 1항 단서).

(1) 규정

법 시행령 제46조(사업시행계획인가의 경미한 변경)

법 제50조 제1항 단서에서 "대통령령으로 정하는 경미한 사항을 변경하려는 때"란 다음 각 호의 어느 하나에 해당하는 때를 말한다.

1. 정비사업비를 10%의 범위에서 변경하거나 관리처분계획의 인가에 따라 변경하는 때. 다만, 주택법 제2조 제5호에 따른 국민주택을 건설하는 사업인 경우에는 주택도시기금법에 따른 주택도시기금의 지원금액이 증가되지 아니하는 경우만 해당한다.
2. 건축물이 아닌 부대시설·복리시설의 설치규모를 확대하는 때(위치가 변경되는 경우는 제외한다)
3. 대지면적을 10%의 범위에서 변경하는 때
4. 세대 수와 세대 당 주거전용면적을 변경하지 않고 세대 당 주거전용면적의 10%의 범위에서 세대 내부구조의 위치 또는 면적을 변경하는 때
5. 내장재료 또는 외장재료를 변경하는 때
6. 사업시행계획인가의 조건으로 부과된 사항의 이행에 따라 변경하는 때
7. 건축물의 설계와 용도별 위치를 변경하지 아니하는 범위에서 건축물의 배치 및 주택단지 안의 도로선형을 변경하는 때
8. 건축법 시행령 제12조 제3항 각 호의 어느 하나에 해당하는 사항을 변경하는 때
9. 사업시행자의 명칭 또는 사무소 소재지를 변경하는 때
10. 정비구역 또는 정비계획의 변경에 따라 사업시행계획서를 변경하는 때
11. 법 제35조 제5항 본문에 따른 조합설립변경 인가에 따라 사업시행계획서를 변경하는 때
12. 그 밖에 시·도 조례로 정하는 사항을 변경하는 때

서울시 조례 제25조(사업시행계획인가의 경미한 변경)

영 제46조 제12호에서 "그 밖에 시·도 조례로 정하는 사항"이란 다음 각 호의 어느 하나에 해당하는 사항을 말한다.

1. 법 제53조(시장·군수등, 토지주택공사등 또는 신탁업자가 단독으로 정비사업을 시행하는 경우 작성하는 시행규정)에 따른 시행규정 중 조합설립인가 내용의 경미한 변경에 해당하는 법 시행령 제31조 제1호(착오, 오기, 누락) 및 이 조례 제21조 제1호(법령 또는 조례 등의 개정에 따라 단순 정리를 요하는 사항)에 해당하는 사항
2. 영 제47조 제2항 제3호에 따른 사업시행자의 대표자
3. 영 제47조 제2항 제8호에 따른 토지 또는 건축물 등에 관한 권리자 및 그 권리의 명세

지하여야 하고, 이를 하지 아니하면 그 기간이 끝난 날의 다음 날에 신고를 수리한 것으로 본다고 규정하여 수리가 필요한 신고임을 명확히 하였다.

(2) 경미한 사항의 변경과 관련한 쟁점

(가) 규정의 해석

① 정비사업비의 10% 범위 내 변경

정비사업비를 10%의 범위에서 변경하는 것을 경미한 변경이라고 규정하고 있다.[5] 이는 법 45조 1항 13호, 법 시행령 42조 1항 4호가 정비사업비의 변경을 총회의 의결사항이라고 규정하고 있고, 조합원 과반수의 출석과 출석 조합원의 과반수 찬성으로 의결하므로(법 45조 3항), 추가로 사업시행계획변경을 위한 조합원 과반수 찬성의 총회의결은 필요로 하지 아니하다 할 것이어서, 경미한 사항의 변경으로 규정한 것이다. 다만, 앞서 본 바와 같이 법 45조 4항에 의하여 정비사업비가 10% 이상 늘어나는 경우에는 조합원 3분의 2 이상의 찬성으로 의결하여야 한다. 그리고 정비사업비가 10% 이상 감소하는 경우에는 사업시행계획변경의 원칙으로 돌아가 조합원 과반수의 찬성으로 의결하여야 한다.

② 관리처분계획의 인가에 따라 변경

관리처분계획은 사업시행계획의 후속행위로서 사업시행계획에 부합하게 수립되어야 하고, 만일 사업시행계획에 반하는 내용의 관리처분계획은 위법하게 된다. 그러나 총회는 조합의 최고의 사결정기관이고 사업시행계획의 변경은 총회의 결의사항이며, 조합 총회는 새로운 총회결의로 종전 총회결의의 내용을 철회하거나 변경할 수 있는 자율성과 형성의 재량을 가지고 있다. 따라서 조합이 조합원 과반수 찬성의 총회의결을 통하여 사업시행계획에 부합하지 않는 관리처분계획을 수립하는 경우 이는 총회결의를 통하여 사업시행계획을 변경한 것으로 볼 수 있다. 따라서 그 경우 또다시 조합원 과반수 찬성에 따른 사업시행계획변경절차를 거치도록 하는 것은 정비사업의 효율이나 신속에 반하기 때문에 이를 경미한 사항으로 규정한 것이다.

③ 건축물이 아닌 부대시설·복리시설의 설치규모를 확대하는 때

건축물이 아닌 부대시설로는 주차장, 조경시설, 쓰레기 수거 및 처리시설, 오수처리시설, 정화조 등이 있다(주택법 2조 13호, 같은 법 시행령 6조). 건축물이 아닌 복리시설로는 어린이놀이터, 주민운동시설 등이 있다(주택법 2조 14호, 같은 법 시행령 7조).

④ 세대 수와 세대 당 주거전용면적을 변경하지 않고 세대 당 주거전용면적의 10%의 범위에서 세대 내부구조의 위치나 면적 변경

주거전용면적이란 공동주택의 경우 외벽의 내부선을 기준으로 산정한 면적을 의미한다(주택법 2조 1호).

⑤ 정비구역 또는 정비계획 변경에 따른 사업시행계획서 변경

사업시행계획은 정비구역지정 및 정비계획결정의 후속행위로서 그에 부합하게 수립되어야 한다. 따라서 행정청이 정비구역 또는 정비계획을 변경하는 경우 그에 따라 사업시행자는 반드시 사업시행계획을 변경하여야 하므로, 이를 경미한 사항으로 규정한 것이다. 조합설립인가의 경우

---

5) 판례는 행정청이 재개발조합에 사업시행계획인가처분을 한 후 변경인가처분을 하였으나 변경인가처분의 내용이 정비사업비를 사업시행계획인가 시보다 약 4.9% 증액하는 것뿐인 경우에는 토지등소유자의 동의를 요하지 아니하는 경미한 변경이라고 하였다(대법원 2010. 12. 9. 선고 2009두4913 판결).

정비구역 또는 정비계획의 변경에 따라 변경되는 사항에 대하여 경미한 사항으로 하되, 정비구역의 면적이 10% 이상의 범위에서 변경되는 경우는 제외하고 있으나(법 시행령 31조 8호), 사업시행계획인가의 경우에는 그와 같은 제한이 없다.

㈏ 경미한 사항 규정이 제한적 또는 예시적인지 여부

① 문제의 소재

법 시행령 46조 및 서울시 조례 25조가 열거한 경미한 사항이 제한적 규정인지, 예시적 규정인지 여부가 문제된다. 사업시행계획이 구속적 행정계획으로서 토지등소유자의 권리·의무에 중대한 영향을 미치는 점을 고려하면, 원칙적으로 엄격한 사업시행계획변경절차에 의하여야 하므로 법령이 예외적으로 경미한 사항으로 규정한 경우에 한하여 이를 인정하여야 할 것이고, 또한 예외적인 사항은 좁게 해석되어야 하므로 경미한 사항은 제한적 규정으로 해석될 여지가 있다.

한편, 사업시행계획변경에 총회의 의결 및 행정청의 인가절차 등을 요구하는 취지는 토지등소유자의 의사를 충실히 반영하고자 함에 있고, 경미한 사항은 이러한 필요성이 그다지 크지 아니하거나 이미 총회결의를 거쳤기 때문에 총회의결 없이 행정청에 신고하는 것만으로 가능하도록 규정하고 있는 것이라면, 그 내용을 살펴 경미한 사항의 변경을 보다 폭넓게 인정할 수도 있을 것이다.

관리처분계획변경과 관련하여 판례는 법령상의 경미한 사항은 예시적 규정에 불과하므로, 그 내용에 따라 해석에 의하여 확대될 수 있다고 하고 있으나(자세한 내용은 제7편 제5장 Ⅱ. "3. 경미한 사항"에서 살펴본다),[6] 사업시행계획에 관하여는 명확한 판례가 없다. 다만, 실무에서는 경미한 사항에 해당하는지 여부가 다투어질 여지가 있음에도 사업시행자가 경미한 사항임을 이유로 신고로 처리하는 경우는 많지 않고, 오히려 경미한 사항임이 명확함에도 절차적 정당성을 확보하거나 장래의 다툼을 미연에 방지하기 위하여 변경인가절차를 거치는 경우가 흔한 듯하다.

② 판단(사견, 제한적 사유)

제한적 사유로 보아야 할 것이다. 그 논거는 다음과 같다.

ⓐ 도시정비법령상 '사업시행계획의 경미한 변경사항'(법 시행령 46조)은 '관리처분계획의 경미한 변경사항'(법 시행령 61조)보다 훨씬 많고 다양하다. 관리처분계획의 경미한 사항에 대하여는 시행령이 그 밖의 사항을 조례에 위임하고 있지 않아 예시적 사유로 볼 여지가 있으나, 사업시행계획에 대하여는 시행령이 그 밖의 사항을 시·도 조례에 위임하고 있어 경미한 사항의 추가가 필요한 부분은 조례로 용이하게 추가하는 것이 가능하다(법 시행령 46조 12호).

ⓑ 관리처분계획은 종후자산의 권리 귀속과 비용 분담과 관련된 것으로서 주로는 토지등소유자와의 권리, 의무와 관련됨에 반해, 사업시행계획의 경우 정비기반시설의 설치, 토지등의 수용과 매도청구, 각종 인·허가의제 등 토지등소유자 외에 사회적으로 미치는 영향이 중대하여 명확성이 요구된다. 관리처분계획과 달리 사업시행계획서의 변경에 관한 사항은 정관의 필수적 기재사항이다(법 40조 1항 18호, 법 시행령 38조 11호).

---

6) 대법원 2012. 5. 24. 선고 2009두22140 판결.

ⓒ 판례가 관리처분계획에 대하여 예시설의 근거로 드는 분양대상자인지 여부에 대한 확정판결에 따라 관리처분계획의 내용을 변경하는 때와 같이 총회의 의결을 거친다고 하더라도 그 변경내용과 다르게 의결할 수 있는 여지가 없음에도, 이를 경미한 사항으로 규정하고 있지 않음을 이유로 엄격한 관리처분계획변경절차에 의하는 것은 부당하다는 것을 근거로 든다. 그러나 분양대상자인지 여부는 법령에 정해진 강행규정이고 사업시행자의 재량의 여지가 없으며, 당사자의 권리구제를 위하여 신속성이 요구되는 것과 달리, 사업시행계획에 대하여는 개인의 권리구제와 직접적으로 관련되는 확정판결 등을 상정하기 어렵다.

㈐ 경미한 사항임에도 변경인가형식으로 처분한 경우

사업시행자는 경미한 신고사항임에도 불구하고, 절차적 정당성을 위하여 변경인가처분의 형식으로 처리하는 경우가 있다. 조합설립인가에서 살펴본 바와 같이 사업시행자의 신청에 기하여 행정청이 신고사항을 변경하면서 신고절차가 아닌 변경인가 형식으로 처분을 한 경우, 그 성질은 신고사항을 변경하는 내용의 신고수리에 불과한 것으로 보아야 하므로, 그 적법 여부 역시 변경인가의 절차 및 요건의 구비 여부가 아니라 신고수리에 필요한 절차 및 요건을 구비하였는지 여부에 따라 판단하여야 한다(제4편 제6장 Ⅲ. "3. 경미한 사항에 대한 조합설립변경인가처분의 적법성 심사기준" 참조).

㈑ 조합설립변경인가처분의 후속행위로서의 사업시행변경계획

사업시행자가 조합설립인가상의 성립상의 하자로 인하여 새로운 조합설립인가 요건 및 절차를 모두 갖추어 조합설립변경인가를 받는 경우, 이는 종전 조합설립인가처분의 묵시적 취소이므로, 조합설립인가에 기초한 사업시행계획도 효력을 상실한다. 조합설립변경인가에 기초하여 사업시행변경계획이 작성되어 인가받는 경우, 설령 그 내용이 종전 사업시행계획과 동일하거나 경미한 수준의 변경에 불과하다 하더라도, 이는 종전 사업시행계획을 대체하는 새로운 사업시행계획으로 평가할 수 있다.[7]

3. 사업시행계획인가와 변경인가의 관계

가. 실무상의 쟁점

정비사업의 특성상 최초의 사업시행계획이 인가된 이후 여러 차례 사업시행계획변경인가가 이루어진다. 실무상 당사자들은 최초의 사업시행계획이나 후행의 사업시행변경계획 중 어떠한 처분을 쟁송의 대상으로 하여야 하는지 혼란을 겪는 경우가 많고, 일반적으로 그 모두를 쟁송의 대상으로 하는 듯하다. 후행처분이라는 이유로 경미한 변경의 신고도 그 취소를 구하는 경우가 있다.

법 50조 5항은 사업시행자가 사업시행계획 중 인가받은 사항을 장차 변경하는 것을 예정하고 있다. 이는 당초 인가받은 사항이 인가 이후의 사정변경으로 인하여 변경되는 것으로서, 종전 사업시행계획의 효력은 그대로 유지한 채 내용 중 일부만을 추가·철회·변경하는 것을 전제로

7) 대법원 2016. 12. 1. 선고 2016두34905 판결 참조.

한다(사업시행계획변경으로 인하여 변경된 시점을 기준으로 변경된 부분은 그때부터 효력이 발생하고, 변경으로 소멸되는 부분만 장래를 향하여 실효된다). 그러나 다음에서 살펴보듯이 종전 사업시행계획에 존재하는 하자를 시정하기 위하여 새로운 사업시행계획의 요건을 갖추어 종전 사업시행계획을 대체하거나 종전 사업시행계획의 주요 부분을 실질적으로 변경하여 종전 사업시행계획을 대체하는 사업시행계획의 변경이 인정되고, 그 경우 당초 사업시행계획은 원칙적으로 변경된 사업시행계획에 의하여 취소·철회되어 더 이상 존재하지 않게 되며, 존재하지 않는 처분을 대상으로 하는 것은 소의 이익이 없게 된다.

따라서 각종의 사업시행계획 및 사업시행변경계획이 쟁송의 대상이 된 경우, 심리의 형태는 후행의 사업시행변경계획 중 종전의 사업시행계획을 실질적으로 대체한 것이 있는지 여부를 확인하여, 만일 존재한다면 그 이전의 사업시행계획의 무효확인이나 취소를 구하는 부분은 원칙적으로 소의 이익이 없어 각하하고(다만 관리처분계획 등 후속처분이 있는 경우 예외), 종전 사업시행계획을 대체한 사업시행변경계획 등만이 적법성 여부의 심리대상이 된다.

항고소송에서의 대상적격, 소의 이익 등은 일반적인 소송요건이다. 즉 행정소송에서 쟁송의 대상이 되는 행정처분의 존부는 소송요건으로서 직권조사사항이고, 자백의 대상이 될 수 없는 것이므로, 설사 그 존재를 당사자들이 다투지 아니한다 하더라도 그 존부에 관하여 의심이 있는 경우에는 이를 직권으로 밝혀 보아야 할 것이고, 사실심에서 변론종결 시까지 당사자가 주장하지 않던 직권조사사항에 해당하는 사항을 상고심에서 비로소 주장하는 경우 그 직권조사사항에 해당하는 사항은 상고심의 심판범위에 해당한다.[8] 사실심 변론종결 이후에 소송요건이 흠결되거나 그 흠결이 치유된 경우 상고심에서도 이를 참작하여야 한다.[9]

나. 성립상의 하자(총회결의의 의사 또는 의결정족수 하자 등)와 사업시행변경계획

(1) 행정행위의 취소는 일단 유효하게 성립한 행정행위를 그 행위에 위법 또는 부당한 하자가 있음을 이유로 소급하여 그 효력을 소멸시키는 별도의 행정처분이고, 행정행위의 철회는 적법요건을 구비하여 완전히 효력을 발하고 있는 행정행위를 사후적으로 그 행위의 효력의 전부 또는 일부를 장래에 향해 소멸시키는 행정처분이므로, 행정행위의 취소사유는 행정행위의 성립 당시에 존재하였던 하자를 말하고, 철회사유는 행정행위가 성립된 이후에 새로이 발생한 것으로서 행정행위의 효력을 존속시킬 수 없는 사유를 말한다.[10]

(2) 일반적인 사업시행계획변경은 다음에서 살펴보듯이 당초 사업시행계획의 내용 일부를 수정 또는 취소·철회하거나 새로운 사항을 추가하는 것이므로, 당초 사업시행계획이 총회결의 요건을 갖추지 못하는 등 성립상의 하자로 인하여 쟁송에 의하여 취소되거나 무효로 확정된 경우에는 이에 기초하여 이루어진 후행의 사업시행변경계획도 원칙적으로 그 효력을 상실한다(마찬가지로 당초 사업시행계획이 수립된 이후 여러 차례 사업시행계획의 변경이 있었고, 그중 중간에 행하

---

8) 대법원 2004. 12. 24. 선고 2003두15195 판결.
9) 대법원 2004. 12. 24. 선고 2003두15195 판결, 대법원 2016. 12. 27. 선고 2014두5637 판결, 대법원 2017. 5. 17. 선고 2016두40580 판결.
10) 대법원 2006. 5. 11. 선고 2003다37969 판결.

여진 선행 사업시행변경계획이 성립상의 하자로 쟁송에 의하여 취소되거나 무효로 확정된 경우 그 이후의 사업시행변경계획도 그 효력을 상실하거나 무효라고 새겨야 한다).[11]

(3) 위와 같이 당초 사업시행계획이 총회결의의 의사 또는 의결정족수의 불비 등의 하자로 쟁송에 의하여 취소되거나 무효로 확정된 경우에는 이에 기초하여 이루어진 사업시행변경계획도 원칙적으로 그 효력을 상실하므로, 조합원 등 이해당사자는 최초의 사업시행계획에 대하여만 쟁송을 제기하여 그 무효나 취소를 주장, 증명하면 족하다. 다만 후행의 사업시행변경계획에는 외관이 존재하여 이를 기초로 정비사업이 진행될 여지가 있는 등 토지등소유자에게 법률적 불안이나 위험이 존재하므로 당초의 사업시행계획과 함께 또는 후행의 사업시행변경계획에 대하여만 쟁송이 제기된 경우에도 대상적격이나 소의 이익이 인정된다.

(4) 후행의 사업시행변경계획에 대하여만 쟁송이 제기된 경우에는 최초의 사업시행계획의 성립상의 무효사유를 주장, 증명하거나 사업시행변경계획 고유의 무효나 취소사유를 주장, 증명하여 다툴 수 있다(경미한 변경의 신고는 종전 사업시행계획 내용의 변경이기는 하나, 수리처분 자체에 하자가 있는 경우 그 취소나 무효확인을 구하는 것은 별론으로 하고, 사업시행계획의 후행처분이라는 이유만으로 대상적격이나 소의 이익을 인정할 것인지 여부가 문제된다. 경미한 변경의 신고수리 전제가 되는 선행의 사업시행계획이 취소나 무효로 확정되는 경우 당연히 그 효력이 소멸하나, 신고수리의 외관이 존재하므로, 이를 다툴 소의 이익을 인정하여야 할 것이다).

다. 내용상의 하자와 사업시행변경계획

사업시행계획 수립 이후 그 내용을 추가·철회·변경하는 후행의 사업시행변경계획(예를 들면 종전 사업시행계획 내용 중 정비기반설치계획의 변경[12])이 있는 경우, 당초 사업시행계획이 그 내용상의 하자(예를 들면 건축물 설치 또는 배치계획이 법령이나 정비계획에 위반한 경우 등)로 인하여 쟁송에 의하여 해당 부분이 취소되거나 무효로 확정되더라도, 후행의 사업시행변경계획은 그대로 유효하다. 후행의 사업시행변경계획은 종전처분을 전제로 그 내용 중 일부만을 추가·철회·변경하는 것이므로, 선행처분과 후행처분은 내용상의 하자에 대하여 각각 쟁송의 대상이 된다(변경된 정비기반설치계획에 법령이나 정비계획에 위반한 하자가 있는 경우 이를 내용으로 하는 후행의 사업시행변경계획을 다툴 수 있다). 다만 예외적으로 후행 사업시행변경계획의 변경 부분(당초 사업시행계획의 내용을 추가·철회·변경한 부분)의 내용과 성질상 나머지 부분과 불가분적인 경우에는 선행처분에 존재하는 내용상의 하자에 대하여도 후행의 사업시행변경계획만을 쟁송의 대상으로 하여야 한다.[13] 따라서 내용상의 하자를 이유로 당초의 사업시행계획과 후행의 사업시행변경계획이 모두 쟁송의 대상이 된 경우, 법원으로서는 후행처분의 변경 부분의 내용과 성질상 그 나머지 부분과 가분적인지 여부 등을 살펴 항고소송의 대상이 되는 행정처분을 확정하여야 한다. 나아가 다음에서 살펴보듯이 후행의 사업시행변경계획이 당초 사업시행계획의 주요 부분을

---

11) 대법원 2014. 5. 29. 선고 2011두25876 판결 참조.

12) 실무상 임대주택 중 일부를 일반분양하는 경우, 부대시설·복리시설의 위치와 설치규모를 변경하는 경우, 정비기반시설 및 토지등의 귀속에 관한 사항을 변경하는 경우, 건축연면적, 건폐율, 용적률 및 세대 수, 주택의 규모 및 평형, 건축물 높이 등을 변경하는 경우 등 다양한 내용의 변경이 이루어진다.

13) 대법원 2015. 11. 19. 선고 2015두295 전원합의체 판결 참조.

실질적으로 변경하는 등 종전 사업시행계획을 완전히 대체한 경우에도 후행의 사업시행변경계획만이 쟁송의 대상이 된다. 적법한 처분을 대상으로 하지 아니한 항고소송의 경우 대상적격 또는 소의 이익이 없어 부적법하다.

라. 정비사업 재판실무(주로 성립상의 하자를 다투는 사건)

사업시행자에게는 폭넓은 계획재량이 부여되어 있는 점, 사업시행계획의 내용 일부가 정비계획이나 강행법규에 위반되는 경우 시장·군수등의 인가 단계에서 거부나 반려될 것인 점 등에 비추어 실무상 사업시행계획의 내용상 하자와 관련한 다툼은 많지 않은 듯하다(내용상 하자와 관련한 대부분의 다툼은 후행의 사업시행변경계획이 당초 사업시행계획의 주요 부분을 실질적으로 변경하는 등 종전 사업시행계획을 완전히 대체한 것인지 여부이다). 이는 주로 내용상 하자와 관련되는 관리처분계획인가와 구분되고, 조합설립인가와 동일하다.

Ⅲ. 종전 사업시행계획을 대체하는 새로운 사업시행변경계획

1. 의 의

앞서 본 바와 같이 법 50조 1항이 규정하고 있는 사업시행계획의 변경은 사업시행자가 인가받은 사업시행계획에 대하여 인가 이후의 사정변경으로 인하여 그 내용 중 일부를 변경하는 것을 전제로 하나, 실무상으로는 사업시행자가 사업시행계획인가 이후의 사정변경이 아니라 최초 사업시행계획상 존재하는 하자를 바로 잡기 위하여 당초 사업시행계획과 동일한 요건, 절차를 거쳐 새로운 사업시행변경계획을 작성하여 시장·군수등으로부터 인가받는 경우가 있고, 또는 당초 사업시행계획을 대체하였다고 평가할 수 있는 정도로 사업시행계획의 주요 부분을 실질적으로 변경하는 사업시행변경계획을 작성한 후 시장·군수등의 인가를 받는 경우도 있다. 위와 같은 사업시행계획변경인가는 모두 유효하다(전자의 유효성이 문제되나 조합설립인가와 관련하여 제4편 제6장 Ⅳ. 1. "가. 유효 여부"에서 자세히 살펴보았다).

전자 즉, 하자를 시정하기 위하여 사업시행자가 사업시행계획의 작성 및 인가를 위한 실체적, 절차적 요건을 모두 갖추어 시장·군수등으로부터 사업시행계획변경인가를 받았다면, 당초 사업시행계획은 원칙적으로 변경된 사업시행계획에 의하여 취소되어 더 이상 존재하지 않는 처분이거나 과거의 법률관계가 된다(따라서 선행의 사업시행계획에 대한 항고소송은 후속행위가 존재하지 않는 한 원칙적으로 소의 이익이 없다). 즉 이는 성립상의 하자를 이유로 하는 것이므로 묵시적 직권취소에 해당하여 당초 사업시행계획은 원칙적으로 소급하여 효력이 상실된다. 그러나 후자 즉, 사업시행계획의 주요부분을 실질적으로 변경하는 사업시행변경계획이 작성된 경우에는 당초 사업시행계획이 철회되어 장래를 향하여 실효된다. 자세한 내용은 다음에서 살펴본다.

2. 하자의 시정을 목적으로 하는 새로운 사업시행계획으로서의 사업시행변경계획

가. 내 용

사업시행자가 총회결의의 정족수 하자 등 사업시행계획의 성립상의 하자를 바로 잡기 위하여 당초 사업시행계획과 동일한 요건, 절차를 거쳐 새로운 사업시행계획을 작성하여 총회의 의결절차를 거쳐 시장·군수등으로부터 사업시행계획변경인가를 받은 경우가 있다.

나. 효 과

사업시행자가 종전 사업시행계획의 하자를 바로 잡기 위하여 새롭게 사업시행계획을 수립하여 변경인가받은 경우, 이는 행정행위 성립 당시에 존재하는 하자를 이유로 하는 것이므로, 종전 사업시행계획은 일응 묵시적으로 직권취소되었다고 봄이 상당하다.[14)]

다만, 최초 사업시행계획 총회결의 요건에 하자가 있다는 등의 이유로 그 무효확인 또는 취소의 소가 제기되기는 하였으나, 하자가 존재하지 아니하고, 사업시행자가 하자를 시정하기 위한 것이 아니라 주요 부분을 실질적으로 대체한 것이라면, 이는 묵시적 철회로 보아야 할 것이다. 나아가 앞서 본 바와 같이 총회결의 등 사업시행계획의 성립상의 하자가 있으나 그 하자가 중대·명백하지 아니하고, 이미 제소기간이 도과되어 불가쟁력이 발생하여 사업시행자가 1심에서 승소하였음에도 불구하고, 사업시행자가 하자를 시정하기 위하여 당초 사업시행계획과 동일한 요건, 절차를 거쳐 새로운 사업시행변경계획을 작성하여 총회의 의결절차를 거쳐 인가까지 받았다면, (사업시행자가 1심에서 승소하여 처분에 대하여 직권취소할 필요성이 없다) 행정주체가 처분을 직권취소하는 것은 이례적이므로, 이는 묵시적 취소가 아니라 단지 묵시적 철회한 것에 불과하다. 따라서 사안에 따라 묵시적 취소인지 또는 묵시적 철회인지 여부를 판단하여야 한다.

다. 의결절차상의 쟁점

(1) 종전 사업시행계획에 대한 무효확인소송 또는 취소소송 계속중에 사업시행자가 처음부터 다시 사업시행계획을 작성하여 총회의결 등 실체적, 절차적 요건을 모두 구비한 후 변경인가처분을 받게 된다.

사업시행자가 종전 사업시행계획에 따라 조합원에게 분양신청통지를 하고, 적법한 분양신청기간 내에 분양신청을 하지 아니한 조합원은 분양신청기간 종료일 다음 날 조합원의 지위를 상실하고, 현금청산대상자가 되는바, 사업시행자가 종전 사업시행계획의 하자를 이유로 처음부터 다시 사업시행계획을 작성하여 총회의결절차를 거침에 있어 그와 같은 현금청산대상자를 조합원으로 취급하여야 하는지 여부가 문제된다.

(2) 조합설립인가와 관련하여 판례(위 2013두18773 판결)에서 살펴본 바와 같이 당시 종전의 사업시행계획에 대한 무효확인소송 등이 진행되고 있을 뿐, 확정되지 않은 상황에서는 새로운 사업시행계획을 작성하여 총회의결을 받음에 있어 조합원 지위를 상실한 현금청산대상자를 토지등소유자 산정에서 배제한 채 의사정족수 및 의결정족수를 산정하여야 할 것이다. 그와 같은

14) 대법원 2011. 2. 10. 선고 2010두19799 판결 참조(조합원의 관리처분계획 취소청구에 대하여, 제1심이 사업비 추산액의 과다계상 등을 이유로 관리처분계획의 취소를 명하였고, 항소심은 이에 대한 사업시행자의 항소를 기각하였으며, 그 후 사업시행자가 상고심 계속 중 관리처분계획의 변경을 위한 토지등소유자 총회를 개최하여 제1심과 원심의 판결 취지에 따라 사업비 추산액 부분을 수정하는 등으로 총 사업비의 약 33%를 감액하고 원고들 등 토지등소유자와 사업시행자에 대한 분양기준을 이에 맞추어 조정하는 변경결의를 완료한 다음 그 변경인가를 신청하였고, 행정청이 이러한 관리처분계획변경을 인가·고시한 사안에서, 변경인가된 관리처분계획은 관리처분계획의 주요 부분을 실질적으로 변경한 것에 해당하여 이로써 이 사건 관리처분계획은 소급하여 실효되었다고 봄이 상당하다고 판시하였다).

현금청산대상자를 배제한 상태에서 과반수 찬성의결을 통한 정족수 충족과 관련한 문제점은 제4편 제7장 제1절 Ⅳ. 1. 나. "(4) 관련 쟁점"에서 자세히 살펴보았다.

라. 종전 사업시행계획에 대한 취소 또는 무효확인을 구할 법률상 이익 여부

(1) 원칙

사업시행계획 총회결의가 조합원 과반수의 찬성에 미치지 못하는 등 인가된 사업시행계획에 성립상의 하자가 존재하여 이를 바로 잡기 위하여 새로운 사업시행계획을 작성하여 당초 사업시행계획과 동일한 요건, 절차(적법한 총회의결절차)를 거쳐 시장·군수등으로부터 사업시행계획변경인가를 받았다면, 종전 사업시행계획에 대한 항고소송은 특별한 사정이 없는 한 소의 이익이 없다. 왜냐하면 이미 종전 사업시행계획은 변경된 사업시행계획에 의하여 묵시적으로 취소(흡수·소멸)되어 실효되었기 때문이다.

사업시행계획의 취소를 구하는 사건의 1, 2심에서 성립요건상의 하자를 이유로 인용판결이 선고되자, 사업시행자가 상고심 계속 중 이를 바로 잡기 위하여 새로운 사업시행계획을 작성하여 당초 사업시행계획과 동일한 요건, 절차를 거쳐 시장·군수등으로부터 사업시행계획변경인가를 받았다면, 대법원은 종전 사업시행계획의 취소사건에 대하여 소의 이익이 없음을 이유로 각하판결하여야 한다.[15]

(2) 예외(후속행위의 존재)

㈎ 사업시행자가 새로 사업시행계획을 받는 것과 동일한 요건과 절차를 거쳐 사업시행계획변경인가처분을 받았다 하더라도, 당초 사업시행계획의 유효를 전제로 분양신청 및 분양공고 절차, 분양신청을 하지 않은 조합원에 대한 토지의 협의취득, 수용, 관리처분계획의 수립 및 그에 대한 인가 등과 같은 후속행위가 이루어졌다면, 당초 사업시행계획이 무효로 확인되거나 취소될 경우 그것이 유효하게 존재하는 것을 전제로 이루어진 위와 같은 후속행위 역시 소급하여 효력을 상실하게 되므로, 특별한 사정이 없으면 위와 같은 형태의 사업시행계획변경인가가 있다고 하여 당초 사업시행계획의 무효확인을 구할 소의 이익이 소멸된다고 볼 수는 없다.[16]

㈏ 이는 후행처분에 의하여 선행처분의 효력이 상실되었다 하더라도, 선행처분이 외형상 잔존함으로 법률상 이익이 침해되고 있는 경우(권리·의무에 영향을 미치고 있는 경우), 선행처분의 취소를 구할 법률상 이익이 있다는 법리에 따른 것이다.[17] 즉, 당초 사업시행계획에 기하여 후속행위가 이미 이루어진 경우, 당초 사업시행계획이 묵시적으로 취소되어 효력을 잃으면, 그와 같은 후속행위들도 모두 소급하여 효력을 잃게 되지만, 그와 같은 후속행위의 존재로 인하여 이를 대체하는 후행의 사업시행변경계획이 있다 하더라도 당초 사업시행계획이 현재 조합원들의 권리·의무에 영향을 미치고 있으므로 그 처분의 취소나 무효확인을 구할 소의 이익을 인정한 것이다(자세한 내용은 제4편 제6장 "Ⅳ. 새로운 조합설립인가로서의 조합설립변경인가" 참조).

15) 대법원 2011. 2. 10. 선고 2010두19799 판결 참조.
16) 대법원 2012. 10. 25. 선고 2010두25107 판결 참조.
17) 대법원 2002. 7. 26. 선고 2000두7254 판결 참조.

다. 예외의 예외(존재하는 후속행위의 대체)

그러나 그 경우에도 후행의 사업시행변경계획을 기초로 새롭게 종전 후속행위에 대한 변경 내지 대체절차가 이루어졌다면(사업시행변경계획을 기초로 분양신청 및 분양공고 절차, 분양신청을 하지 않은 조합원에 대한 토지의 협의취득, 수용, 관리처분계획의 수립 및 그에 대한 인가가 이루어져 종전 사업시행계획에 기한 후속행위로 인한 조합원들의 권리·의무에 영향을 미칠 정도의 공법상의 법률관계를 형성시키는 외관이 더 이상 존속하고 있지 않은 경우), 종전 사업시행계획이 현재 조합원들의 권리·의무에 어떠한 영향도 미치고 있지 않으므로 원칙으로 돌아가 종전 사업시행계획의 취소나 무효확인을 구할 소의 이익이 없다.[18]

3. 주요 부분을 실질적으로 변경하는 사업시행변경계획

가. 의 의

사업시행계획의 내용 변경에는 종전 사업시행계획의 내용 중 일부만을 추가·철회·변경하는 것과 당초 사업시행계획의 주요 부분을 실질적으로 변경하여 이를 대체한 경우로 나눌 수 있다. 그 차이는 전자의 경우에는 종전 사업시행계획이 존속하나, 후자의 경우에는 종전의 사업시행계획은 변경된 사업시행계획에 의하여 철회되어 효력이 상실된다. 사업시행자가 수차례 사업시행계획의 내용을 변경하는 것이 실무인 현실에서, 그중 주요 부분을 실질적으로 변경하여 이를 대체하는 사업시행계획이 존재한다면, 원칙적으로 그 이전의 사업시행계획은 이미 실효되어 그 대상적격 및 소의 이익을 상실하므로 그 판단기준이 중요하다.

나. 판단기준

(1) 내용

사업시행계획의 변경이 당초 사업시행계획의 주요 부분을 실질적으로 변경하여 이를 대체하였는지 여부는 사업시행계획 중 변경된 내용, 변경의 원인 및 그 정도, 당초 사업시행계획과 변경된 사업시행계획 사이의 기간, 당초 사업시행계획의 유효를 전제로 이루어진 후속행위의 내용 및 그 진행 정도 등을 종합적으로 고려하여 판단하여야 한다.[19]

(2) 구체적 사례

㈎ 실질적 변경을 인정한 판례

① 판례는 변경인가된 사업시행계획이 종전 사업시행계획에 비하여 세대 수가 1,863세대에서 2,058세대로 증가하고, 평형별 분포도 대형 평수가 감소하고 중소형 평수가 증가한 사안에서 주요 부분의 실질적 변경을 인정하였다.[20]

② 판례는 세입자 대책이 상당 부분 변경되고, 사업비가 243,757,540,000원에서 319,386,821,839원으로 증가하며, 구역 및 국공유지 면적이 소폭 감소하였고, 건폐율 및 용적율이 소폭증가한 사

---

18) 대법원 2013. 11. 28. 선고 2011두30199 판결 참조.
19) 대법원 2014. 2. 27. 선고 2011두25173 판결.
20) 대법원 2014. 5. 16. 선고 2011두28509 판결.

안에서 주요 부분의 실질적 변경을 인정하였다.[21)]

㈏ 실질적 변경을 부인한 판례

① 판례는 종전 사업시행계획에 비하여 사업비용이 22.5% 증액되었고, 대지면적·지하면적·이주대책 세대 수 등이 일부 변경되었으나, 건축될 주택의 동수·전체 세대 수·평형별 세대 수 등은 전과 동일하고, 사업시행계획을 변경한 것이 기존의 사업시행계획을 완전히 철회하고 새로이 사업시행계획을 세우기 위한 것이 아니라, 임대주택공급 및 주거이전비 지급대상자 증가에 따른 변경과 근린생활시설 부분을 변경하여 향후 분양업무에 대한 효율성을 높이기 위한 것으로 보이는 사안에서, 변경된 사업시행계획이 종전 사업시행계획을 대체하여 실질적으로 새로운 사업시행계획을 수립한 것이라고 볼 수 없다고 하였다.[22)]

② 판례는 사업비용이 8.3% 증가하였으나, 정비구역의 위치와 면적, 총 세대 수, 시행기간, 수용 또는 사용할 토지 및 건축물 등은 변경되지 않고, 건축면적, 연면적, 건폐율, 용적률이 소폭 증가되고, 공급대상별·평형별 세대 수에도 변동이 있으나, 이는 조합원의 변동 및 LH의 품질검토 의견서 내용을 반영하여 설계변경을 하기 위한 목적인 사안에서 변경된 사업시행계획이 당초 사업시행계획을 대체하여 실질적으로 새로운 사업시행계획을 수립한 것이라고 볼 수 없다고 하였다.[23)]

(3) 결론

당초 사업시행계획과 변경된 사업시행계획 사이의 기간, 당초 사업시행계획의 유효를 전제로 이루어진 후속행위의 존재 여부 등은 중요한 판단의 기준이다. 다만, 변경내용과 관련하여서는 앞서 본 경미한 사항의 내용이 중요한 참고사항이 된다. 즉 사업비의 변경범위가 10%인 경우에는 경미한 변경사항이므로, 10% 이상이라 하더라도 그 정도가 높지 않거나 특별한 사정이 인정되는 경우는 실질적 대체로 보기 어렵다. 또한 법 72조 4항은 "사업시행자는 분양신청기간 종료 후 사업시행계획인가의 변경(경미한 사항의 변경은 제외한다)으로 세대 수 또는 주택규모가 달라지는 경우 분양공고 등의 절차를 다시 거칠 수 있다."고 규정하고 있는바, 종전 사업시행계획의 유효를 전제로 내용 중 일부만을 추가·철회·변경하는 것에 불과하다면, 후행처분에도 불구하고 여전히 종전 사업시행계획이 존속하고 있고, 그럼에도 불구하고 새롭게 분양신청절차를 진행하는 것은 강행규정인 분양설계에 관한 계획기준일인 분양신청기간 종료일을 임의로 변경하는 것으로서[분양설계에 관한 계획은 분양신청기간이 만료하는 날을 기준으로 하여 수립하여야 한다(법 76조 1항 5호)] 그 자체로 위법하므로, 세대 수 또는 주택규모가 달라지는 것은 실질적 대체로 보아야 할 것이다. 따라서 공동주택의 경우 용적률, 층(層) 및 동(棟)수, 세대 수, 연면적, 세대 당 주거전용면적, 건축물의 설계와 용도별 위치의 상당한 변경 등은 주요 부분을 실질적으로 변경한 것으로 봄이 타당하다. 법 시행령 46조 2호는 건축물이 아닌 부대시설·복리시설의 설치규모를 확대하는 것(그것도 위치가 변경되는 경우 제외)만을 경미한 변경사항으로 하고 있으므로, 그

21) 대법원 2010. 1. 14. 자 2009두20083 판결 및 서울고등법원 2009. 10. 13. 선고 2008누19712 판결.
22) 대법원 2014. 2. 27. 선고 2011두25173 판결.
23) 대법원 2023. 6. 15. 자 2023두36763 판결 및 서울고등법원 2023. 2. 1. 선고 2022누44233 판결.

외의 부대시설·복리시설의 변경은 일반적 변경사항으로 보아야 할 것이나, 법 72조 4항이 부대시설·복리시설의 변경에 대하여는 특별히 규정하고 있지 아니하므로, 부대시설·복리시설의 경우에는 설치규모가 중대하게 변경된 경우에만 실질적 대체로 보아야 할 것이다.

다. 효 과

(1) 종전 사업시행계획의 실효

(가) 의의

새로운 사업시행(변경)계획이 작성·인가된 경우 당초 사업시행계획은 효력을 상실한다. 다만, 이는 사업시행계획 변경시점을 기준으로 원칙적으로 최초 사업시행계획이 장래를 향하여 실효된다는 의미일 뿐이고, 소급하여 그 효력을 상실하는 것은 아니다.[24)]

(나) 실효된 사업시행계획의 무효확인을 구할 소의 이익 여부

종전 사업시행계획을 대체하는 사업시행변경계획에 대한 인가를 받은 이후 종전 사업시행계획에 대한 항고소송은 특별한 사정이 없는 한 소의 이익이 없다. 왜냐하면 이미 종전 사업시행계획은 변경된 사업시행계획에 의하여 철회(흡수·소멸)되어 실효되었기 때문이다.

설령 이를 전제로 분양신청 및 분양공고절차, 분양신청을 하지 않은 조합원에 대한 토지의 협의취득, 수용, 관리처분계획의 수립 및 그에 대한 인가 등 후속행위가 있었다 하더라도, 종전 사업시행계획은 장래를 향하여 소멸하여 그 후속행위에는 영향이 없으므로, 실효된 사업시행계획의 무효확인을 구할 소의 이익이 없다고 보아야 할 것이다.[25)]

(2) 새로운 분양신청절차의 진행 여부

주요 부분을 실질적으로 변경하는 사업시행변경계획 중 특히 문제가 되는 것은 사업시행자가 사업시행계획에 따라 분양신청절차를 진행하였으나, 다수 또는 상당수가 분양신청절차에 응하지 않는 경우, 분양신청 내용에 따라 분양설계하여 관리처분계획을 수립하는 대신 종전 사업시행계획을 대체하는 사업시행변경계획을 작성하여 총회의결절차를 거쳐 인가받는 경우이다.

그 경우 종전에 분양신청한 조합원들 또는 이미 현금청산대상자가 된 종전 조합원들을 상대로 새롭게 분양신청절차를 진행하여야 하는지 여부가 문제되나, 사업시행자의 재량사항으로 보아야 할 것이다(법 72조 4항, 5항). 사업시행계획에 기초하여 분양신청절차를 거쳐 관리처분계획이 수립되었는데, 그 후 사업시행계획의 주요 부분이 실질적으로 변경된 경우도 마찬가지이다. 자세한 내용은 제7편 제2장 제3절 Ⅱ. "4. 사업시행계획변경과 새로운 분양신청절차 진행 요부"에서 살펴본다.

---

24) 대법원 2016. 2. 18. 선고 2015두2048 판결, 대법원 2015. 11. 26. 선고 2014두15528 판결.

25) 대법원 2013. 11. 28. 선고 2011두30199 판결의 반대해석(실효된 사업시행계획이 취소나 무효확인으로 인하여 그것이 유효하게 존재하는 것을 전제로 이루어진 위와 같은 일련의 후속행위 역시 소급하여 효력을 상실하게 됨을 이유로 소의 이익을 인정하고 있다).

Ⅳ. 사업시행계획 폐지 및 인가의 효과

1. 의 의

사업시행자가 인가받은 사업시행계획을 소멸시키려면 사업시행계획 폐지에 관한 총회결의 후 행정청의 인가를 받아야 한다(법 50조). 실무상 사업시행계획의 폐지는 인가받은 사업시행계획에 기초하여 분양신청절차를 진행하였으나, 조합원 상당수가 분양신청을 하지 않은 경우에 주로 문제된다. 그 경우 사업시행자인 조합으로서는 현금청산대상자들을 위하여 천문학적 금액의 현금을 준비하여야 하고, 일반분양조차 장담할 수 없어 사업시행기간 내에 정비사업을 수행하기 어렵기 때문에, 현금청산대상자들을 조합원에서 배제하는 내용의 조합원 변동신고를 한 후(법 시행령 31조 7호), 사업시행계획폐지안을 작성하여 분양신청한 조합원들만으로 총회를 개최하여 과반수 찬성으로 의결하고, 시장·군수등의 인가를 받게 된다.

2. 사업시행계획 폐지와 현금청산대상자

가. 사업시행계획 폐지의 효과

사업시행계획이 폐지되는 경우, 폐지된 사업시행계획은 장래를 향하여 소멸된다. 폐지된 사업시행계획에 따라 진행된 분양신청절차에서 분양신청을 하지 않은 조합원들은 분양신청기간 종료일 다음 날 현금청산대상자가 되어 조합원으로서의 지위를 상실하였으므로, 사업시행계획의 폐지로 현금청산대상자들의 조합원 지위가 당연히 회복되는 것은 아니다.[26)]

나. 사업시행자의 현금청산대상자에 대한 조합원 자격 부여

사업시행자는 사업시행계획을 폐지하는 경우, 새롭게 사업성을 강화하여 사업시행계획을 작성한 후 인가를 받는 것이 일반적이다. 그 경우 사업시행자는 현금청산대상자들에게 새롭게 분양신청의 기회를 부여하여 그들의 참여를 통한 새로운 정비사업의 진행을 도모한다. 이때 사업시행자의 잔존 조합원들이 '분양신청을 하지 아니한 자는 사업시행계획인가 폐지 시 조합원 자격이 회복된다.'라고 정관변경결의를 하고 인가를 받은 경우, 이로 인하여 현금청산대상자들의 조합원 자격이 당연히 회복되는지 여부가 문제되나, 이를 인정할 수 없음은 앞서 본 바이다(제4편 제5장 제2절 Ⅳ. 2. "다. 조합원 자격과 관련한 정관변경상의 쟁점" 참조).

다. 새로운 사업시행변경계획에 대한 쟁송

만일 사업시행자가 사업시행계획 폐지 이후 새롭게 사업시행(변경)계획을 수립하여 인가받은 경우, 현금청산대상자들로서는 적정한 손실보상을 받기 위하여 위 사업시행(변경)계획의 취소를 구할 법률상 이익이 있음은 앞서 본 바이다(제4장 Ⅲ. "3. 사업시행계획변경 등과 현금청산대상자의 원고 적격" 참조).

---

26) 대법원 2021. 2. 10. 선고 2020두48031 판결.

Ⅴ. 보충행위로서의 인가처분 변경

판례는 보충행위로서 사업시행계획인가처분 그 자체에 고유의 하자(주민공람절차 생략 등)가 있어 1심에서 취소되었으나, 그 후 항소심절차 진행 중에 종전 사업시행계획의 주요 부분이 변경되었고(토지이용계획, 정비기반시설 및 공동이용시설의 설치계획 변경 등에 따라 용적율, 건폐율, 건축면적, 건축연면적, 주택의 규모, 신축 세대 수, 사업비 등이 변경되었다), 그와 같이 변경된 사업시행계획에 대하여 인가가 이루어진 사안에서, 후행의 사업시행계획변경인가는 종전 사업시행인가의 주요내용을 변경한 것으로서 실질적으로 새로운 사업시행인가에 해당한다고 보아야 할 것이므로, 종전 사업시행계획인가처분이 그 후의 사업시행변경인가처분에 흡수되어 존재하지 않게 되었다 할 것이어서, 종전 사업시행인가처분의 취소를 구하는 부분의 소는 권리보호의 이익이 없어 부적법하다고 하였다.[27)]

27) 대법원 2011. 6. 10. 자 2011두4909 판결 및 서울고등법원 2010. 12. 22. 선고 2009누34336 판결.

제6장 사업시행계획과 관련한 소송상의 쟁점

Ⅰ. 소송의 형태

법 45조 1항 9호는 사업시행계획서의 작성 및 변경에 총회의 의결을 거치도록 규정하고 있다. 총회결의에 하자가 있는 경우에는 소로써 이를 다툴 수 있다. 이는 행정처분에 이르는 절차적 요건의 존부나 효력 유무에 관한 소송으로서 그 소송결과에 따라 행정처분의 위법 여부에 직접 영향을 미치는 공법상 법률관계에 관한 것이므로, 행정소송법상의 당사자소송에 해당한다(법 45조 1항 1호가 정관변경을, 5호가 시공자 등의 선정 및 변경을, 7호가 조합임원의 선임 및 해임을 각 총회의 의결사항으로 규정하고 있고, 그와 같은 총회결의에 하자가 있는 경우에도 소로써 이를 다툴 수 있으나, 이는 행정처분에 이르는 절차적 요건의 존부나 효력 유무에 관한 소송에 해당하지 아니하여 민사소송의 대상인 점에서 구분된다). 다음에서 살펴볼 관리처분계획의 수립 및 변경에 관한 총회결의에 하자가 있는 경우도 동일하다.

사업시행계획이 총회의결 이후 인가·고시까지 이루어지면 인가와는 별도의 처분으로 성립되므로, 항고소송의 방법으로 사업시행계획의 취소 또는 무효확인을 구할 수 있을 뿐, 처분의 절차적 요건에 불과한 총회결의 부분만을 대상으로 그 효력 유무를 다투는 확인의 소를 제기하는 것은 허용될 수 없다. 따라서 총회결의 무효확인소송 진행 중 사업시행계획에 대한 인가·고시가 이루어지는 경우, 사업시행계획의 취소 또는 무효확인을 구하는 것으로 소변경이 필요하다.[1] 결국 사업시행계획인가 이후에는 사업시행계획 총회결의에 하자가 있을 때에도 사업시행계획에 대한 취소 또는 무효확인소송을 제기하여야 하고, 절차적 요건에 불과한 사업시행계획에 대한 총회결의 무효확인소송은 소의 이익이 없어 부적법하다.

Ⅱ. 소송요건

1. 사업시행계획 및 그 인가에 대한 취소소송의 제소기간

가. 정비사업은 이해관계가 상충되는 다수의 토지등소유자들의 개별적이고 구체적인 이익을 적절히 형량·조정하면서 장기에 걸쳐 진행되는 사업이다. 그 과정에서 임차인 등 다수 관계자들의 이해관계도 복잡하게 얽혀 있다. 따라서 법적 안정성을 위해서는 처분의 효력이 다수인에게 동시에 발생하며, 제소기간을 일률적으로 정할 필요성이 상당하므로, 사업시행계획에 대한 인가

---

1) 대법원 2009. 11. 2. 자 2009마596 결정, 행정소송법상 집행정지신청을 통하여 사업시행계획의 집행이나 효력을 정지하는 것만 가능할 뿐 총회결의의 효력 정지를 구하는 민사가처분은 불가하다.

는 고시에 의하여 이루어진다.

앞서 본 바와 같이 사업시행계획인가는 고시 그 자체에 특별한 규정이 있는 경우를 제외하고는 행정업무규정 4조 3호, 6조 3항에 의하여 위 고시가 있고 난 뒤 5일이 경과한 날부터 효력을 발생할 뿐만 아니라 이해관계를 갖는 자가 위 고시가 있었다는 사실을 현실적으로 알았는지 여부에 관계없이 고시가 효력을 발생하는 날에 모두 인가처분이 있음을 알았다고 보아야 한다.

다수 이해관계인들의 집단적인 법률관계를 명확하고 안정적으로 규율할 필요성이 있는 점과 함께 법 50조의 내용 등에 비추어 볼 때, 위와 같이 사업시행계획에 대한 인가처분이 있음을 알았다고 볼 시점에 이해관계인들이 사업시행계획의 내용에 대하여도 알았다고 봄이 상당하다. 따라서 사업시행계획 자체를 다투는 항고소송의 경우에도 그 인가처분의 경우와 마찬가지로, 사업시행계획인가의 고시가 있은 후 5일이 경과한 날에 사업시행계획의 내용을 알았다고 보아야 할 것이다.[2)]

나. 그렇다면 사업시행계획이나 인가처분의 취소를 구하는 소의 제소기간 90일(행정소송법 20조 1항)은 일률적으로 위 고시가 있고 난 뒤 5일이 경과한 날부터 기산한다.[3)] 한편 행정소송법 20조 2항은 취소소송은 처분등이 있은 날부터 1년을 경과하면 이를 제기하지 못하되, 정당한 사유가 있는 때에는 그러하지 아니하다고 규정하고 있으나, 고시·공고에 의한 방법으로 그 효력을 발하는 행정처분의 경우 이해관계인들이 개별적으로 그 처분을 통지받지 못하였다는 것은 제소기간을 준수하지 못한 것에 대한 정당한 사유를 구성하지 않는다.[4)] 이는 관리처분계획에도 동일하게 적용된다.

2. 법률상 이익(원고적격)

행정소송법 12조 전문 및 같은 법 35조에 의하여 항고소송에서의 원고적격은 처분의 취소나 무효확인등으로 인한 법률상 이익을 가진 자이다.

가. 조합원

사업시행계획은 인가를 통해 그 효력을 발생하게 되면 이해관계인에 대한 구속적 행정계획이 되므로, 조합원은 사업시행계획의 하자를 들어 항고소송을 제기할 법률상 이익이 있다.

그러나 사업시행계획으로 경제적 부담이 가중되는 불이익을 입었음을 주장하는 경우는 항고소송을 제기할 법률상 이익이 없다. 즉, 재건축사업에 동의하여 조합원이 된 자가 자신이 반대하는 사업시행계획의 총회의결이 이루어지고 인가까지 받은 후 사업시행계획의 취소를 구한 사안에서, 대법원은 사업시행계획의 내용으로 인하여 자신이 경제적인 부담이 가중되는 불이익을 입게 되었고, 조합원의 권리가 침해되는 불이익을 입게 된다고 하더라도, 그들이 종전자산을 출자하여 조합원이 된 이상 조합이 작성한 사업시행계획에 반대하였다 하더라도, 조합이 총회를 열어 표결(과반수 찬성)에 의하여 사업시행계획을 의결하고 이에 따라 인가처분이 이루어졌다면,

2) 대법원 2024. 3. 28. 자 2023두63628 판결 및 서울고등법원 2023. 12. 8. 선고 2023누48874 판결 참조.
3) 대법원 2010. 12. 9. 선고 2009두4913 판결.
4) 대법원 2007. 6. 14. 선고 2004두619 판결 참조.

이는 조합원 전체에 이익이 되고, 조합원으로서 입게 되는 위와 같은 불이익은 사실상·간접적·경제적 불이익에 불과한 것으로서 사업시행계획의 취소를 구할 원고적격이 없다고 판시하였다.[5)]

조합설립인가처분과 사업시행계획은 서로 독립하여 별개의 법적 효과를 발생시키는 것으로서, 조합설립인가처분에 관한 취소사유인 하자는 불가쟁력이 발생하였다면 사업시행계획에 승계되지 아니하여 그 하자를 들어 사업시행계획의 적법 여부를 다툴 수 없다. 그러나 조합설립인가처분이 효력을 잃으면, 그 후속행위로서 사업시행계획 역시 소급하여 효력을 잃게 되므로 조합설립인가처분의 취소나 무효확인이 확정된 경우 이를 이유로 사업시행계획을 다툴 수 있다.

사업시행자는 사업시행계획인가의 고시가 있은 후 90일(대통령령으로 정하는 경우에는 1회에 한정하여 30일의 범위에서 연장가능) 내에 분양신청통지절차를 진행하게 되는데, 적법한 분양신청통지를 받지 못하여 분양신청을 하지 못한 조합원은 여전히 조합원의 지위를 유지하고(다음에서 살펴보듯이 위법한 분양신청통지에 기하여 그를 현금청산대상자로 한 관리처분계획은 하자가 중대·명백하여 효력이 없다), 사업시행계획의 하자를 들어 항고소송을 제기할 법률상 이익이 있다(단 수용재결 확정이나 매도청구 확정 시 예외).

나. 현금청산대상자

(1) 원칙(긍정)

사업시행자는 사업시행계획인가의 고시가 있은 후 법정의 기간 내에 분양신청통지절차를 진행하게 되고, 위 분양신청절차에서 적법한 분양신청통지를 받고도 스스로 분양신청하지 아니한 조합원은 분양신청기간 종료일 다음 날 조합원의 지위를 상실하고 현금청산대상자가 된다. 그와 같은 조합원의 지위를 상실한 현금청산대상자가 사업시행계획의 하자를 다투는 소의 이익이 있는지 여부가 문제된다.

사업시행계획이 위법하여 그에 따른 분양신청절차에 응하지 아니한 현금청산대상자의 경우에는 당연히 이를 다툴 원고적격을 인정하여야 할 것이고, 또한 사업시행계획에 당연무효인 하자가 있거나 사업시행계획이 위법하여 취소되는 경우에는 사업시행자는 새로이 사업시행계획을 작성한 후 총회의결을 거쳐 시장·군수등으로부터 인가를 받고 또한 새롭게 분양신청을 받아 관리처분계획을 수립하여야 하므로, 분양신청기간 내에 스스로 분양신청을 하지 않거나 분양신청을 철회함으로 인해 조합원의 지위를 상실한 현금청산대상자도 그때 분양신청을 함으로써 건축물 등을 분양받을 수 있으므로(사업시행계획이 적법함을 전제로 분양신청을 하지 않았다 하더라도), 사업시행계획의 무효확인 또는 취소를 구할 법률상 이익이 있다.[6)]

(2) 예외

(가) 재개발사업의 시행자가 현금청산대상자에 대하여 재결신청을 하고 토지수용위원회가 이에 기하여 금전보상의 재결을 하여 확정되면, 사업시행자가 현금청산대상자의 토지등에 관한 소유권을 취득하고 현금청산대상자는 최종적으로 소유권을 상실하게 되므로, 더 이상 사업시행계획

---

5) 대법원 1998. 6. 26. 선고 97누2801 판결 및 대법원 1998. 8. 21. 선고 96누10379 판결 각 참조.
6) 대법원 2011. 12. 8. 선고 2008두18342 판결, 대법원 2014. 2. 27. 선고 2011두25173 판결.

상의 권리관계에 관하여 어떠한 영향을 받을 개연성이 없어졌다고 할 것이어서, 현금청산대상자는 사업시행계획의 무효확인이나 취소를 구할 법률상 이익(소의 이익)이 없다.[7]

다만, 현금청산대상자가 관할 토지수용위원회를 상대로 수용재결의 취소를 구하는 소를 제기하여 현재 수용재결의 효력을 다투고 있거나 또는 수용재결에 당연무효인 하자가 있는 경우에는 사업시행계획에 대한 항고소송을 제기한 법률상 이익이 있다. 전자의 경우 법원으로서는 선행소송의 법률상 이익을 유지하도록 하기 위하여 수용재결에 대한 집행정지결정을 적극적으로 검토할 필요가 있다. 후자의 경우 법원으로서는 먼저 수용재결이 당연무효인지 여부를 심리하여 수용재결이 당연무효가 아니라면 법률상 이익이 없음을 이유로 각하하여야 하고,[8] 심리결과 수용재결이 당연무효라면 사업시행계획의 위법성을 심사하여 기각하거나 인용하는 등으로 본안판단으로 나아가야 한다.

(나) 재건축사업의 시행자가 매도청구소송을 제기하여 토지등에 대한 소유권이전등기 승소확정판결을 받아 그에 기하여 토지등에 관한 사업시행자 명의의 소유권이전등기가 마쳐진 경우에는 현금청산대상자는 더 이상 사업시행계획상의 권리관계에 관하여 어떠한 영향을 받을 개연성이 없어졌다고 할 것이므로, 사업시행계획의 무효확인이나 취소를 구할 법률상 이익이 없다.

다만, 사업시행자가 제기한 매도청구소송(토지등에 대한 소유권이전등기소송)이 계속 중이거나 매도청구소송에서 승소확정판결을 받았으나 그에 기하여 토지등에 관한 사업시행자 명의의 소유권이전등기가 마쳐지기 전이라면 여전히 소유권은 현금청산대상자에게 있으므로 사업시행계획에 대한 항고소송을 제기할 법률상의 이익이 있다.

다. 재건축사업에 있어 조합설립에 동의하지 않아 매도청구의 대상이 된 자

재건축사업은 임의가입제가 원칙이므로 사업시행구역 내에 소재한 토지등소유자의 경우에는 재건축사업에 동의한 자만이 조합원이 된다. 재건축사업에 동의하지 않은 자는 매도청구의 대상이 될 뿐, 사업시행계획으로 인하여 어떠한 권리·의무에 영향을 받지 아니하므로 일응 사업시행계획의 무효확인 또는 취소를 구할 법률상 이익이 없다고 보아야 한다. 그러나 토지등소유자가 재건축조합에 조합원으로 가입할 수 있는 종기는 분양신청기간 종료일이므로(국토부 표준정관 9조 1항), 만일 분양신청기간 종료일 이전이라면 동의의 기한이 남아있어 사업시행계획을 다툴 법률상 이익이 인정된다.

나아가 분양신청기간이 만료되었다 하더라도, 사업시행계획이 당연무효임이 확인되거나 소급적으로 취소되면 사업시행자는 새롭게 사업시행계획을 작성한 후 별도로 분양신청절차를 거쳐야 하고, 그 경우 토지등소유자는 조합원이 될 수 있으므로 그 경우에도 역시 사업시행계획의 무효확인 또는 취소를 구할 법률상 이익이 있다고 보아야 할 것이다.[9]

---

7) 대법원 2011. 1. 27. 선고 2008두14340 판결.

8) 현금청산대상자가 관리처분계획취소를 구하는 소를 제기하면서, 사업시행계획에 당연무효의 하자가 있다고 주장하는 경우, 사업시행계획에 당연무효의 하자가 인정되면, 그 후속행위도 효력이 없고, 그 경우 새롭게 사업시행계획을 수립하여 분양신청절차를 진행하여야 하므로, 관리처분계획의 취소를 구할 법률상 이익이 인정되나, 심리결과 사업시행계획이 당연무효가 아닌 경우에는 관리처분계획으로 인하여 어떠한 영향도 받지 아니하므로, 결국 법률상 이익이 없어 각하하여야 한다(대법원 2011. 12. 8. 선고 2008두18342 판결의 파기환송심인 서울고등법원 2012. 7. 13. 선고 2011누44848 판결, 그 후 위 판결은 대법원 2013. 10. 31. 선고 2012두19007호로 상고기각 되었다).

Ⅲ. 본안과 관련한 쟁점

1. 결의의 하자 여부

가. 절차의 하자

(1) 의결정족수 및 절차 일반요건

사업시행계획서의 작성 및 변경(중지, 폐지 포함하고, 경미한 변경 제외)에는 총회의 결의를 요한다. 재적 조합원 과반수의 찬성으로 의결하고, 정비사업비가 100분의 10(생산자물가상승률분, 현금청산대상자에 대한 손실보상금액은 제외) 이상 늘어나는 경우에는 조합원 3분의 2 이상의 찬성으로 의결한다. 사업시행계획서의 작성 및 변경을 의결하는 총회의 경우에는 조합원 100분의 20 이상이 직접 출석하여야 한다. 총회의 개최방법에 관한 자세한 내용은 제4편 제5장 제3절 Ⅲ. "3. 총회의 의결사항 및 의결방법"에서 이미 살펴보았다.

(2) 일반절차상의 하자

사업시행계획에 대한 총회결의 과정에서의 절차상 하자 여부와 관련한 일반적 내용은 제4편 제5장 제3절 Ⅲ. "4. 총회결의의 하자 여부"에서 자세히 살펴보았다. 이하에서는 사업시행계획 등과 관련한 특유절차의 하자와 관련하여 주로 살펴본다.

(3) 정비사업비 100분의 10 이상 증가와 특별결의

㈎ 규정

정비사업비의 변경은 총회의 의결사항으로서, 조합원 과반수의 출석과 출석 조합원 과반수 찬성으로 의결한다(법 45조 1항 13호, 3항, 법 시행령 42조 1항 4호). 법은 2012. 2. 1. 개정하면서 총회의 의결사항으로 "사업시행계획서, 관리처분계획의 수립 및 변경의 경우 조합원 과반수의 동의를 받아야 한다. 다만, 정비사업비가 100분의 10(생산자물가상승률분은 제외한다) 이상 늘어나는 경우에는 조합원 3분의 2 이상의 동의를 받아야 한다"는 특별다수 의결규정을 신설하였다(구 법 24조 6항 단서). 그 후 법은 2013. 12. 24. 개정되면서 정비사업비의 100분의 10을 산정함에 있어 생산자물가상승률분 외에 현금청산 금액도 제외하도록 하였다(구 법 24조 6항 단서). 그 후 법은 2017. 2. 8. 전부개정되면서 동일한 규정을 두되, 조합원 3분의 2 이상의 찬성으로 의결하여야 한다고 규정하고 있다(법 45조 4항 단서). 단 정비사업비의 100분의 10 미만 증가의 경우 조합원 과반수 출석과 출석 조합원 과반수 찬성의 총회의결절차를 거치므로 신고로 족한 경미한 사항의 변경이다(법 시행령 46조 1호).

조합의 비용부담은 정관기재사항이고, 이를 변경함에는 조합원 3분의 2 이상의 찬성을 요한다(법 40조 1항 8호, 3항 단서). 또한 다음에서 살펴보듯이 판례(대법원 2009. 1. 30. 선고 2007다31884 판결)는 일찍부터 조합의 비용부담이 재건축 결의 당시와 비교하여 조합원들의 이해관계

---

9) 대법원 2023. 3. 30. 자 2022두66750 판결 및 서울고등법원 2022. 11. 9. 선고 2021누49255 판결, 서울행정법원 2021. 6. 11. 선고 2020구합61119 판결.

에 중대한 영향을 미칠 정도로 실질적으로 변경된 경우에는 비록 그것이 정관변경에 대한 절차가 아니라 하더라도 특별다수의 동의요건을 충족할 것을 요구하였다. 도시정비법은 이를 고려하여 정비사업비가 100분의 10 이상 증가하는 것은 통상 합리적으로 예상할 수 있는 범위를 초과하는 것으로서, 조합의 비용부담과 관련한 정관변경이나 비용부담이 조합원들의 이해관계에 중대한 영향을 미칠 정도로 실질적으로 변경된 경우에 준하는 것으로 보아 조합원 3분의 2 이상의 찬성을 받아야 하는 것으로 규정한 것으로 보인다.

㈏ 문제의 소재

사업시행(변경)계획서에는 정비사업비가 필수적으로 기재된다. 사업시행(변경)계획서에 기재된 정비사업비가 종전 보다 100분의 10 이상 증가한 것인지 여부를 판단함에 있어 실질적 내용을 기준으로 결정할 것인지 또는 단순히 형식적 사업비의 액수를 기준으로 할 것인지 여부가 문제된다.

㈐ 학설

① 실질설

실질적인 관점에서 상호 동등한 조건 아래 정비사업비 사이의 증가폭을 비교하여야 한다. 정비사업비는 건축비가 대부분을 차지하므로, 일응 건축비를 비교대상으로 하되, 건축비는 건축연면적을 기준으로 ㎡당 가격으로 산정하는 것이 보편적이어서, 이를 기준으로 비교하여야 한다. 그 논거는 다음과 같다.

ⓐ 건축연면적을 대폭 감소하면서 형식적 정비사업비만 종전보다 100분의 10 이상 증가에 미달되는 경우, 실제로 ㎡당 건축비는 대폭증가된 것이고 이는 비용부담이 조합원들의 이해관계에 중대한 영향을 미칠 정도로 실질적으로 변경된 것임에도, 조합원 과반수의 출석과 출석 조합원 과반수의 찬성으로 의결함은 입법취지를 몰각하는 것이다.

ⓑ 법 45조 4항 단서가 정비사업비 증가를 비교함에 있어 실질적인 사업비 증가와 무관한 생산자물가상승률분과 현금청산 금액을 제외하도록 하고 있는 것은 실질설을 전제로 하고 있기 때문이다.

② 형식설

직전 단계의 정비사업비와 사업시행계획서 또는 변경계획서 작성 당시 정비사업비의 전체 액수를 별도의 환산 없이 단순 비교하여야 한다.

㈑ 판례

창립총회 당시의 ㎡당 건축비보다 사업시행계획에서의 ㎡당 건축비가 100분의 10 이상 증가하였으나, 전체 정비사업비의 액수 증가가 100분의 10 미만인 사안에서, 형식설에 의하여 양 정비사업비의 전체 액수를 별도의 환산 없이 단순비교함이 타당하다고 판시하였다.[10] 그 논거는 다음과 같다.

ⓐ 조합설립인가 전 창립총회에서 정하는 전체 정비사업비 추산액은 개략적 산정이 불가피하

---

10) 대법원 2020. 1. 16. 자 2019두53761 판결 및 서울고등법원 2019. 9. 20. 선고 2019누40514 판결.

고, 실제로 창립총회에서 건축비를 건축연면적에 비례하여 산정하였더라도, 이는 전체 정비사업비 추산액 산정을 위하여 임시적, 개괄적으로 산출한 것에 불과하다.

ⓑ 사업시행계획에서 정비사업비를 산정함에 있어 개별 항목별로 세목의 금액, 내역 및 산출근거를 자세히 제시하였으나, 건축연면적을 기준으로 공사비 등을 산정하지는 않는다.

(마) 결론

위 판례는 창립총회에서의 정비사업비 추산액과 그 후 사업시행계획에서의 정비사업비와 관련된 것으로서, 창립총회에서의 정비사업비 추산액은 개략적 산정이 불가피하고, 건축연면적을 기준으로 공사비 등을 산정하지 않음을 전제로 한다. 그러나 정비사업비[11]는 건축비가 대부분을 차지하고, 건축연면적에 비례하여 공사비가 증가함은 일반적이다. 추진위원회가 조합설립 당시 토지등소유자로부터 징구하는 법 시행규칙 [별지 6호 서식] 조합설립동의서에는 공사비 등 정비사업에 드는 비용 항목 중 철거비 및 신축비가 구체적 액수로 기재되고, 신축 건축물의 개요로 건축연면적(㎡), 규모(세대 수, 동수) 등이 기재된다. 따라서 조합설립인가 당시 건축연면적을 기준으로 공사비가 산정되는 것으로 볼 수 있다.

나아가 조합설립인가 전 창립총회에서 정하는 전체 정비사업비 추산액은 시공자 선정 및 시공계약이 체결되기 이전이어서 개략적 산정이 불가피하다 하더라도, 형식설에 의하는 것은 부당하다. 왜냐하면 (재개발사업) 추진위원회는 토지등소유자로부터 건축연면적 기준(다수의 동, 세대 수)으로 과소하게 산정한 공사비를 전제로 토지등소유자 4분의 3 이상의 동의 및 토지면적 2분의 1 이상의 토지소유자의 동의를 받아 조합을 설립한 이후(조합이 동일한 내용으로 사업시행계획을 작성하여 인가받은 이후), 동수와 세대 수를 대폭 감소하는 등으로 연면적을 축소시켜 실질적으로 공사비의 대폭증가이나 형식적으로 100분의 10 미만의 정비사업비 증가라는 외관을 작출하여 조합원 과반수의 출석과 출석 조합원 과반수의 찬성의결로 용이하게 사업시행계획을 변경할 수 있다면, 이는 조합설립에 엄격한 요건을 요구하는 입법취지를 몰각시키거나 잠탈하는 것이기 때문이다.

사업시행계획과 그 변경의 경우를 비교하면 이 점은 더욱 명확하다. 즉 당초의 사업시행계획이 건물의 동수나 세대 수 및 연면적을 기준으로 일응 정비사업비를 산정한 이후(조합설립인가 이후 시공자가 선정되고 시공계약이 체결되는 것이 일반적이다), 건물의 동수나 세대 수를 대폭 줄이고 건축연면적이 대폭 감소하였음에도, 형식적 정비사업비만을 그대로 하거나 종전보다 정비사업비가 100분의 10 미만 증가하는 내용으로 사업시행변경계획을 작성하여 조합원 과반수의 출석과 출석 조합원 과반수의 찬성으로 의결하는 것을 허용한다면, 사업시행자의 비용부담이 조합원들의 이해관계에 중대한 영향을 미칠 정도로 실질적으로 변경된 경우 특별다수의 찬성의결로 하려는 입법취지에 반한다. 다만, 건축연면적에 비례하여 공사비가 증가함이 일반적이나, 건축자재(내장 및 외장)의 내용이나 건축공법의 개선, 기타 정비사업 현장의 개별 사정 등에 따라 예외가 인정될 수 있으므로, 그와 같은 예외적 사정은 이를 주장하는 측에서 증명하여야 할 것이다.

11) 정비사업비에는 조사측량비, 설계감리비, 공사비, 보상비(국·공유지 매입비, 현금청산대상자에 대한 손실보상비, 주거이전비 등), 관리비, 외주용역비, 기타경비(학교용지부담금 등) 등이 있다.

(4) 정비사업비가 조합원들의 이해관계에 중대한 영향을 미칠 정도로 실질적으로 변경된 것인지 여부

㈎ 법리

2012. 2. 1. 개정으로 법이 정비사업비의 100분의 10 이상 증가의 경우 조합원 3분의 2 이상의 동의를 요한다는 규정을 도입하기 이전에도, 판례(대법원 2009. 1. 30. 선고 2007다31884 판결)는 조합 정관의 필요적 기재사항이자 엄격한 정관변경절차를 거쳐야 하는 '조합의 비용부담'이나 '시공자·설계자의 선정 및 계약서에 포함될 내용'에 관한 사항이 당초 재개발결의 당시와 비교하여 볼 때 조합원들의 이해관계에 중대한 영향을 미칠 정도로 실질적으로 변경된 경우에는 비록 그것이 정관변경에 대한 절차가 적용되는 것은 아니라 하더라도 특별다수의 동의요건을 규정하여 조합원들의 이익을 보호하려는 법 40조 3항, 1항 8호 및 16호의 규정을 유추적용하여 조합원 3분의 2 이상의 동의가 필요하다고 하였다.

㈏ 판단기준

판단기준은 그 직전 단계에서의 사업비를 기준으로 판단하여야 한다. 즉, 사업시행변경계획을 작성할 때에 의결한 정비사업비가 조합원들의 이해관계에 중대한 영향을 미칠 정도로 실질적으로 변경된 경우에 해당하는지를 판단함에 있어서는 사업시행계획 시의 정비사업비와 비교하여야 하고, 사업시행계획 시의 정비사업비는 조합설립에 관한 동의서 기재 건축물 철거 및 신축비용 개산액과 비교하여야 한다.[12)]

나. 내용의 하자

(1) 원칙

사업시행계획 내용에 관한 하자 일반론에 대하여는 제4편 제5장 제3절 Ⅲ. "4. 총회결의의 하자 여부"에서 자세히 살펴본 바와 같이 총회결의의 내용이 상위법령 및 정관에 위배되는 경우, 비례의 원칙, 신뢰보호원칙 등 법의 일반원칙에 위배되는 경우에 위법하다. 이하에서는 사업시행계획과 관련한 특유의 내용상 하자와 관련하여 살펴본다.

(2) 사업시행계획에 관한 특유의 쟁점

㈎ 정비계획 위반

사업시행계획의 내용은 정비계획에 부합하여야 하고, 정비계획에 반하여 작성된 사업시행계획은 그 자체로 위법하다.

㈏ 정비사업비를 잘못 산정한 내용의 사업시행계획서

① 문제의 소재

사업시행계획에 기초한 분양신청과정에서 상당수 조합원이 분양신청을 포기하였고[현금청산으로 인한 조합원변경은 조합설립인가의 경미한 변경으로 신고사항(법 시행령 31조 7호)이다], 이에 잔

12) 대법원 2014. 6. 12. 선고 2012두28520 판결.

존 조합원들의 과반수 결의로 사업시행계획 폐지 이후 새롭게 사업시행계획을 작성하여 인가를 받았으며, 현금청산대상자에게 분양신청의 기회를 제공하는 내용의 정관변경이 이루어졌고, 그 후 새롭게 수립된 사업시행계획의 내용상 위법 여부가 다투어진 사안에서, 사업시행계획서에는 정비사업비가 필수적인 기재사항으로서, 다수 현금청산대상자들이 존재하는 경우 그들의 토지등을 매수하여야 하므로 이를 정비사업비로 계상하여야 하는바, 조합장이 전체 토지등소유자 중 41%가 현금청산대상자임에도, 30%임을 전제로 정비사업비를 계산하는 등 사업비를 축소하는 내용의 사업시행계획서안을 만들고, 잔존 조합원 과반수의 찬성으로 사업시행계획서에 대하여 결의한 경우, 그와 같은 사업시행계획의 위법 여부가 문제된다.

② 판단(적법)

판례는 사업시행계획에 현금청산대상자에게 지급하여야 하는 토지매입비 등 정비사업비가 현저히 불합리하게 과소 계상되어 조합원들의 의사결정에 영향을 미쳤다고 보기는 어렵다고 하였다.[13] 그 논거는 다음과 같다.

ⓐ 정비사업비는 사업시행계획서에 필수적으로 기재하여야 할 사항이지만, 사업시행계획 작성 단계에서 정비사업비는 정비사업의 규모를 반영하는 개략적인 추산액이다. 당시 현금청산대상자들에게 분양신청의 기회를 제공하는 것으로 정관의 변경이 있었으므로, 그중 일부가 분양신청할 가능성도 있어 현금청산대상자를 30%로 추정한 것은 합리적인 예측이다.

ⓑ 현금청산금을 다소 과소 계상하여 그에 따라 이후 현금청산금의 규모가 늘어난다고 하더라도 그만큼 일반분양분과 분양수익이 늘어나게 되므로, 사업시행계획 작성 단계에서 제시하는 조합원의 수 또는 현금청산금의 규모가 비례율 및 조합원의 부담금에 직접적인 영향을 미친다거나 조합원들의 주된 관심사항이라고 보기도 어렵다.

(3) 시공자 선정 및 시공계약이 무효인 경우 사업시행계획의 효력

일반적으로 시공자를 선정하는 총회에서 조합과 시공자 사이의 공사도급계약이 확정되고, 그 후 사업시행계획인가가 이루어진다. 시공자 선정 및 시공계약 관련 총회결의가 무효인 경우 사업시행계획이 무효인지 여부가 문제된다. 사업시행계획서에는 정비사업비 및 설계도서가 포함되는바(법 52조 1항 12호, 법 시행령 47조 2항 4호), 공사비가 정비사업비의 대부분을 차지하고, 공사도급계약을 기초로 설계도서가 작성되므로, 위 시공자 선정 및 시공계약 관련 총회결의가 무효라면 사업시행계획도 무효로 보아야 한다는 견해가 있다.

그러나 사업시행계획 작성 단계에서 정비사업비는 정비사업의 규모를 반영하는 개략적인 추산액인 점, 공사도급계약에 따라 설계도서가 작성되는 것이 아니라 설계도서를 기초로 공사도급계약이 작성되는 점, 설령 시공자 선정 총회결의가 무효가 된다 하더라도, 종전 공사도급금액을 기초로 새롭게 시공자를 선정하는 것이 가능하고 그 경우에는 사업시행계획에는 어떠한 영향도 없는 점 등에 비추어 시공자 선정 총회결의 및 시공계약이 무효라 하더라도, 사업시행계획의 유효성에는 영향이 없다.[14]

13) 대법원 2021. 2. 10. 선고 2020두48031 판결.

2. 부관(정비기반시설 관련)

가. 부관의 한계

앞서 본 바와 같이 사업시행계획인가는 재량행위이므로 부관을 붙일 수 있으나, 정비기반시설과 관련하여 법 51조(부당결부금지원칙 및 비례의 원칙) 등의 한계가 있음은 제2장 제1절 Ⅰ. 2. "나. 부관"에서 자세히 살펴보았다. 이하에서는 실무상 주로 문제가 되는 정비기반시설과 관련하여 부가된 부관의 위법성 여부 및 구제수단에 관하여 살펴본다.

나. 쟁 점

용도가 폐지되는 정비기반시설의 범위는 정비구역의 지정으로 확정되고, 새로 설치되는 정비기반시설의 범위는 기본계획, 정비계획을 거쳐 사업시행계획인가로 확정된다. 법은 시장·군수등 또는 토지주택공사등이 아닌 사업시행자가 정비사업의 시행으로 새로 설치한 정비기반시설은 그 시설을 관리할 국가 또는 지방자치단체에 무상으로 귀속되고, 정비사업의 시행으로 용도가 폐지되는 국가 또는 지방자치단체 소유의 정비기반시설은 사업시행자가 새로 설치한 정비기반시설의 설치비용에 상당하는 범위에서 그에게 무상으로 양도된다고 규정하고 있다(법 97조 2항). 주택정비형 재개발사업은 정비기반시설이 열악한 지역에서의 주거환경개선사업이므로 새로 설치되는 정비기반시설이 폐지되는 정비기반시설보다 훨씬 많을 것임은 당연하고, 도시정비형 재개발사업이나 정비기반시설이 양호한 지역에서의 주거환경개선사업인 재건축사업의 경우에도 정비사업이 공익사업이라는 특성으로 정비기반시설 확충이 전제가 되므로 새로이 설치하는 정비기발시설이 폐지하는 정비기반시설보다 많은 것이 일반적이다. 따라서 특별한 사정이 없는 한 정비사업의 시행으로 용도가 폐지되는 국가 또는 지방자치단체 소유의 정비기반시설은 모두 사업시행자에게 무상으로 양도되게 된다(새로이 설치하는 정비기반시설 및 설치비용의 의미, 사업시행자에 무상양도되는 폐지되는 정비기반시설의 구체적 범위 등에 관하여는 제8편 제6장 "Ⅴ. 준공인가와 정비기반시설"에서 자세히 살펴본다). 부관과 관련하여 실무상 문제되는 것은 사업시행계획을 인가하는 행정청이 위 97조 2항에 반하여 폐지되는 정비기반시설에 대하여 매수의 부관을 붙이는 경우이다. 즉, 사업시행계획인가청은 사업시행자에게 당연히 무상으로 귀속되는 일부 정비기반시설을 포함하여 '사업시행구역 내 국·공유지를 착공신고 전까지 매입하고, 착공신고 시 관련 서류를 제출할 것'과 같은 부관을 붙이게 되고, 사업의 진행이 시급한 사업시행자로서는 인가권을 가진 행정청을 상대로 그에 대하여 이의를 제기하지 못하고, 울며 겨자 먹기로 그와 같은 부관을 용인하는 경우를 볼 수 있다.

다. 부관의 위법(강행규정 위반)

(1) 강행규정

법 97조 2항은 '무상으로 양도된다'도 규정하고 있는 점,[15] 법 97조 2항은 민간 사업시행자에

14) 관리처분계획에 관한 사례인 서울고등법원 2012. 12. 14. 선고 2012누12022 판결 및 서울행정법원 2012. 3. 30. 선고 2011구합35293 판결 참조.

의하여 새로이 설치된 정비기반시설은 정비사업의 준공인가에 의하여 당연히 국가 등에 무상귀속되도록 정함으로써 도로 등 공공시설의 확보와 효율적인 유지·관리를 기하도록 하는 한편, 그로 인한 사업시행자의 재산상 손실을 고려하여 새로 설치할 정비기반시설의 설치비용에 상당하는 범위 안에서 용도폐지 되는 정비기반시설은 사업시행자에게 무상양도하도록 강제하는 것으로서, 위 무상귀속과 무상양도에 관한 규정은 강행규정이다.[16] 따라서 법 97조 2항에 반하는 부관은 위법하다.

⑵ 상당한 대가 제공을 수반하는 합의에 의한 배제 여부(불가)

행정청과 사업시행자 사이에 사업시행자가 정비기반시설을 설치하는 것에 대한 보상으로 용적률 제한의 완화와 같은 다른 이익을 얻기로 합의하고, 그에 따라 법 97조 2항에 반하는 부관을 부가하였다 하더라도, 이는 위법하다.[17]

라. 구제방법

⑴ 부관에 대한 항고소송

㈎ 부담

사업시행자에게 무상양도되는 기존 정비기반시설을 매수하라는 취지의 위법한 부관에 대하여 사업시행계획인가 효력발생의 정지조건인지 또는 사업시행자에게 국·공유지를 유상으로 매수하도록 하는 작위의무를 부과하는 부담인지 여부가 다투어지나, 판례는 이를 부담으로 본다. 따라서 주된 처분인 사업시행계획인가와 별도로 부담에 대하여만 취소청구가 가능하다.[18]

㈏ 제소기간

일반적으로 행정청이 사업시행계획서 등을 심사하여 사업시행계획인가처분을 하면서 정비기반시설 등은 사업시행자가 이를 매수하도록 하는 부관을 부가하는 형식을 취하나, 예외적으로 사업시행계획인가처분 이후 따로 결정할 것을 유보한 경우에는 나중에 사후 부관을 부가하거나 변경처분을 함으로써 달리 정할 수 있다. 사업시행자가 사업시행계획인가처분 및 그 후속의 사후 부가처분 또는 변경처분에서 특정한 정비기반시설을 무상양도 대상에서 제외한 부분의 취소를 구하는 소송을 제기하는 경우, 그 제소기간은 무상양도 대상에 관한 행정청의 확정적인 제외 의사가 담긴 처분이 있은 때를 기준으로 할 것이고, 이는 해당 처분서의 이유 기재 등 문언을 통하여 행정청의 의사가 처분의 상대방에게 명확하게 표명되었는지, 그 결과 처분의 상대방이 처분서에 따라 불복의 대상과 범위를 특정할 수 있는지 등 제반 사정을 종합적으로 고려하여 판단하여야 한다.[19]

---

15) 다음에서 살펴보듯이 국토계획법(65조 2항), 도시개발법(66조 2항), 산업입지법(26조 2항)에서 동일한 규정이 있으나, 개발행위로 용도가 폐지되는 공공시설은 새로 설치한 공공시설의 설치비용에 상당하는 범위에서 개발행위허가를 받은 자에게 무상으로 '양도할 수 있다'고 규정하여 무상양도 여부에 행정청의 재량을 인정하고 있다는 점에서 도시정비법과 차이가 있다.

16) 대법원 2018. 5. 11. 선고 2015다41671 판결.

17) 대법원 2008. 12. 11. 선고 2007두14312 판결.

18) 대법원 2008. 11. 27. 선고 2007두24289 판결.

19) 대법원 2014. 2. 21. 선고 2011두20871 판결.

제소기간이 도과되어 부관에 대하여 불가쟁력이 발생하였다면, 더 이상 이를 다툴 수는 없다.[20)]

(2) 부당이득반환청구

㈎ 법 97조 2항 후문은 강행규정인바, 이를 위반한 위법한 부관에 따라 사업시행자와 국가 또는 지방자치단체 사이에 체결된 매매계약 등은 무효이다.[21)]

비록 부관이 사업시행계획인가의 효력을 좌우하지는 않으나, 부관의 불이행 시 행정청에 의하여 착공신고의 수리가 거부되는 등으로 정비사업의 진행에 중대한 차질이 빚어지므로, 부관의 이행으로 매매계약을 체결하고, 그에 따라 사업시행자가 국가 또는 지방자치단체에게 매매대금을 지급하는 것이 일반적인바, 그 경우 사업시행자는 국가 등을 상대로 부당이득반환을 청구할 수 있다.

㈏ 사업시행자는 위와 같이 위법한 부관에 의하여 매매계약을 체결하고, 그 대금을 지급한 후 소유권이전등기를 마치게 되는데, 부당이득반환청구의 소멸시효 기산점이 문제된다.

민법 166조 1항에 따르면 소멸시효는 객관적으로 권리가 발생하고 그 권리를 행사할 수 있는 때로부터 진행하고, 그 권리를 행사할 수 없는 동안에는 진행하지 아니한다. 여기서 '권리를 행사할 수 없다.'라고 함은 그 권리행사에 법률상 장애사유, 예컨대 기간 미도래나 조건불성취 등이 있는 경우를 말하고, 사실상 그 권리의 존부나 권리행사의 가능성을 알지 못하였거나 알지 못함에 과실이 없다고 하여도 이러한 사유는 법률상 장애사유에 해당한다고 할 수 없다.[22)] 따라서 매매계약의 무효를 원인으로 한 매매대금 상당의 부당이득반환청구권은 특별한 사정이 없는 한 매매대금을 지급한 때에 성립하고 그 성립과 동시에 권리를 행사할 수 있으므로 그때부터 소멸시효가 진행한다. 지방재정법 82조 2항(금전의 지급을 목적으로 하는 지방자치단체에 대한 권리는 5년간 행사하지 아니하면 소멸시효완성)에 의하여 매매대금지급일로부터 5년간 행사하지 아니하면 소멸시효가 완성된다.[23)]

정비사업의 시행으로 법 97조 2항에 따라 용도가 폐지되는 정비기반시설의 조서·도면 및 그

---

20) 대법원 2007. 4. 26. 선고 2005두11104 판결 참조(행정청이 주택건설사업계획에 대한 사업계획승인을 하면서 행정청 소유 토지를 유상으로 매입하도록 하는 부관을 부가하였는데, 제소기간이 도과된 이후 위 토지를 무상으로 양도해 달라는 내용으로 위 부관의 변경을 구하는 신청을 하자, 행정청이 이를 거부한 사안에서, 이 사건 신청은 제소기간 경과로 이미 불가쟁력이 생긴 이 사건 사업계획승인상의 부관에 대해 그 변경을 요구하는 것으로서, 이를 구할 법규상 또는 조리상의 신청권이 인정된다 할 수 없어 행정청이 신청을 거부하였다 하여도 이를 항고소송의 대상이 되는 행정처분이 될 수 없다고 하였다).

21) 대법원 2009. 6. 11. 선고 2008다20751 판결, 대법원 2009. 6. 25. 선고 2006다18174 판결(행정처분에 붙은 부담인 부관이 제소기간의 도과로 확정되어 이미 불가쟁력이 생겼다면 그 하자가 중대하고 명백하여 당연무효로 보아야 할 경우 외에는 누구나 그 효력을 부인할 수 없을 것이지만, 부담의 이행으로서 체결하게 된 사법상 매매 등의 법률행위는 부담을 붙인 행정처분과는 어디까지나 별개의 법률행위이므로 그 부담의 불가쟁력의 문제와는 별도로 법률행위가 사회질서 위반이나 강행규정에 위반되는지 여부 등을 따져보아 그 법률행위의 유효 여부를 판단하여야 한다).

22) 대법원 1992. 3. 31. 선고 91다32053 전원합의체 판결.

23) 대법원 2024. 6. 27. 선고 2023다302920 판결[법 97조 2항이 무상양도되는 정비기반시설의 대상과 범위는 새로이 정비기반시설이 설치되어 그 설치비용이 구체적으로 확정된 이후에 결정되므로, 새로이 설치한 정비기반시설에 소요된 설치비용이 확정되기 전까지는 원고가 매매계약이 당연히 무효임을 이유로 부당이득반환청구권을 행사할 수 없고 이는 법률상 장애 상태로 볼 수 있다고 판단한 원심(서울고등법원 2023. 10. 25. 선고 2022나2038664 판결)에 대하여 이를 권리행사에 기간 미도래나 조건불성취 등과 같은 법률상의 장애사유가 있다고 볼 수 없다고 판단하고 이를 배척하였다].

정비기반시설에 대한 둘 이상의 감정평가업자의 감정평가서와 새로 설치할 정비기반시설의 조서·도면 및 그 설치비용 계산서는 사업시행계획서의 필수적 기재사항이므로, 시장·군수등의 사업시행계획인가에 의하여 설치할 정비기반시설 및 그 설치비용, 폐지되는 정비기반시설 및 가액이 일응 확정되므로(그 후 새로이 설치할 정비기반시설의 규모가 변경된다 하더라도, 기존 정비기반시설 보다 규모가 축소되는 것은 사실상 상정하기 어렵다. 나아가 원심은 부당이득반환채권을 행사할 수 있는 때를 준공인가 내지 준공인가통지 시로 판단하였으나, 법 97조 5항에 의하여 이는 새로이 설치한 정비기반시설의 소유권취득일로서 이를 소멸시효 기산시점으로 볼 수는 없다), 판례의 견해가 부당한 결과를 초래하는 것으로 보기 어렵다.

Ⅳ. 사업시행계획 취소 또는 무효확인 판결확정의 효과

당초 사업시행계획이 무효로 확인되거나 취소가 확정될 경우 이를 전제로 이루어진 분양신청 및 분양공고절차, 협의 및 수용절차(재개발사업), 관리처분계획의 수립 및 인가와 같은 여러 후속행위들이 효력이 문제된다. 사업시행계획은 그 자체로 처분의 목적이 종료되지 않은 채 후속행위인 관리처분계획 등의 전제가 되는 것이 정비사업의 특성이다. 따라서 사업시행계획이 무효로 확인되거나 취소가 확정될 경우 이를 전제로 한 분양신청 및 분양공고절차, 협의 및 수용절차(재개발사업), 관리처분계획의 수립 및 인가와 같은 여러 후속행위들도 모두 소급하여 효력이 없다.[24] 특히 후속행위 중 처분행위인 관리처분계획의 효력이 소급하여 소멸할 뿐만 아니라 사법상의 계약에 불과한 협의취득도 그 효력이 소멸한다.

한편, 사업시행계획과 후속처분은 각각 단계적으로 별개의 법률효과를 발생시키는 독립된 행정처분이라고 할 것이므로, 사업시행계획에 위법사유가 있다 하더라도 불가쟁력이 생겨 더 이상 그 효력을 다툴 수 없게 된 경우에는 그 하자가 당연무효의 사유가 아닌 한 사업시행계획의 하자를 이유로 후속처분의 위법을 주장할 수는 없다.

Ⅴ. 사업시행계획 인가처분에 대한 소송

시장·군수등은 사업시행계획인가를 하기 전에 공람 및 의견청취절차를 거쳐야 하므로, 이를 누락하였다면 인가 그 자체에 하자가 존재한다. 다만, 그 경우 하자의 중대·명백 여부가 문제된다.

시장·군수등이 인가 전에 공람 및 의견청취절차를 거치는 이유는 이해관계를 가지는 자로부터 이를 청취하여 사업시행계획인가에 반영하기 위한 것이나, 설령 이해관계인들이 의견을 제출한다 하더라도 시장·군수등은 그와 같은 의견을 반드시 따라야 하는 것은 아니고 이를 채택하지 않을 수도 있는 점 등에 비추어 그 하자가 중대·명백한 것으로 볼 수 없다.[25]

---

24) 대법원 2013. 11. 28. 선고 2011두30199 판결.

25) 대법원 2017. 10. 12. 자 2017두50096 판결 및 서울고등법원 2017. 5. 26. 선고 2016누82081 판결.

제 7 편

관리처분계획 및 인가

제1장 총 설

제1절 관리처분계획의 의의 및 특성

Ⅰ. 관리처분계획의 의의

관리처분계획이란 사업시행자가 행정주체의 지위에서 정비사업 시행의 결과 설치되는 대지를 포함한 각종 시설물의 권리 귀속에 관한 사항과 그 비용 분담에 관한 사항을 정하는 포괄적 행정처분(행정계획)이다.[1] 다만 관리처분계획은 정비구역 안에 있는 토지등의 소유권과 소유권 이외의 권리를 정비사업으로 새로이 조성된 토지와 축조된 건축시설에 관한 권리로 일정한 기준 아래 변환시켜 배분하고, 그에 따른 비용분담에 관한 사항을 주로 하되(관리처분계획에 대한 인가·고시가 이루어지면 종전자산에 대한 권리가 종후자산의 권리에 대한 잠정적 권리로서의 수분양권으로 변환되고, 그에 따른 청산에 관한 사항을 주된 내용으로 한다), 일반분양, 정비기반시설 설치 및 폐지, 공동주택 등을 배분받지 아니하는 자에 대한 현금청산에 관한 사항 등도 포함하고 있다.

정비사업의 시행으로 조성된 대지 및 건축물은 관리처분계획에 따라 처분 또는 관리하여야 하므로(법 79조 1항), 위와 같이 관리처분계획에 의하여 종후자산 중 조합원분양분에 대한 분양이 이루어지고(법 79조 2항), 일반분양분의 규모(○평형 별 ○세대 수 등)가 정해지며(개별분양은 관리처분계획인가·고시 이후 이루어진다), 정비기반시설 설치 및 폐지 계획도 확정된다.

사업시행자는 사업시행계획인가의 고시가 있은 날(사업시행계획인가 이후 시공자를 선정한 경우에는 시공자와 계약을 체결한 날)부터 90일 이내에 토지등소유자에 대하여 분양신청통지절차를 밟아야 하고, 분양신청기간이 종료된 이후 토지등소유자들의 분양신청 현황을 기초로 관리처분계획을 수립하여 시장·군수등의 인가를 받아야 한다(법 72조 1항, 74조 1항). 다음에서 살펴보듯이 시장·군수등의 인가가 이루어지면 관리처분계획은 인가와는 별개의 독립된 행정처분으로서, 조합원[2]의 재산상 권리·의무 등에 구체적이고 직접적인 영향을 미치는 구속적 행정계획에 해당한다. 이하에서는 관리처분계획'인가'와 구분되는 별개의 처분인 관리처분계획의 특성에 관하여 살펴본다.

---

1) 대법원 2007. 9. 6. 선고 2005두11951 판결.

2) 개인이 정비사업을 시행하는 토지등소유자 20인 미만의 재개발사업의 경우에는 조합원이 존재하지 아니하므로 토지등소유자로 통칭하여야 하나, 조합이 사업시행자인 경우가 일반적이고, 특히 관리처분계획과 관련하여서는 분양신청을 하지 아니하여 조합원의 지위를 상실한 토지등소유자와의 구분을 명확히 하기 위해 일응 조합원으로 칭한다.

Ⅱ. 관리처분계획의 특성

1. 계획재량

가. 폭넓은 재량

행정주체인 사업시행자는 사업시행계획서에 기초하여 분양신청절차를 거쳐 행정계획인 관리처분계획을 수립하게 된다. 관리처분계획 수립행위는 재량행위이다. 구체적인 내용수립에 관하여는 이른바 계획재량행위에 해당하여 사업시행자에게 상당히 폭넓은 재량이 인정된다.

법이 정한 관리처분계획 수립기준인 "종전의 토지 또는 건축물의 면적·이용 상황·환경, 그 밖의 사항을 종합적으로 고려하여 대지 또는 건축물이 균형 있게 분양신청자에게 배분되고 합리적으로 이용되도록 한다(법 76조 1항 1호)"는 원칙이 준수되는 한 수립된 관리처분계획으로 인하여 토지등소유자들 사이에 다소 불균형이 초래된다고 하더라도, 그러한 사정만으로 그 관리처분계획을 위법하다고 볼 수는 없다.[3] 왜냐하면 정비사업은 이해관계가 상충되는 다수 토지등소유자들의 개별적이고 구체적인 이익을 적절히 형량·조정하여야 하나, 모든 이해관계인들의 이익을 만족시켜 줄 수는 없고, 토지등소유자들 사이에 발생한 불균형에 따른 손익관계는 종전자산과 종후자산의 적정한 평가 등을 통하여 청산금을 가감함으로써 조정될 수 있기 때문이다.

나. 한 계

(1) 정비사업절차상의 한계

사업시행자가 작성하는 관리처분계획은 도시정비법령, 조례에 위반될 수 없다. 또한 관리처분계획에 관한 사항은 정관에 반드시 정하여야 하는 사항이다(법 시행령 38조 10호). 정관은 조합과 조합원을 구속하는 자치법규이므로, 관리처분계획 총회결의는 정관에서 정한 사항의 범위에서 이루어져야 한다. 나아가 관리처분계획은 사업시행계획의 후속행위로서 사업시행계획에 부합하게 수립되어야 하고, 사업시행계획에 반하는 내용의 관리처분계획은 위법하게 된다.

(2) 재량행위의 본질적 한계

관리처분계획 수립행위는 재량행위이므로, 다음과 같은 재량행위의 본질적 제한이 있다. 실무상 비례의 원칙이 위반되었다거나 재산권이 본질적으로 침해되었음을 전제로 재량권의 일탈·남용으로 인한 관리처분계획의 위법을 다투는 경우가 있다.

(가) 비례의 원칙

사업시행자는 관리처분계획안을 마련함에 있어 조합원 기타 이해관계자들의 이익을 비례의 원칙에 따라 정당하게 비교·교량하여야 한다. 만약 이익형량을 전혀 하지 아니하였거나, 이익형량의 대상에서 중요한 사항을 누락한 경우 또는 이익형량을 하였으나 비례의 원칙에 어긋나는 경우 관리처분계획은 재량권을 일탈·남용하여 위법하다.

---

3) 대법원 2014. 3. 27. 선고 2011두24057 판결.

(나) 특정 토지등소유자 재산권의 본질적 침해

관리처분계획이 특정 토지등소유자의 재산권을 본질적으로 침해하는 것이라면 그 관리처분계획은 재량권을 일탈·남용하여 위법하다.

2. 강행규정을 준수하여야 하는 사실상의 기속행위

도시정비법령, 조례 및 정관은 조합원의 자격, 조합원의 지위 취득과 상실, 조합원 숫자, 권리산정기준일, 관리처분방법 및 관리처분계획 수립기준 등을 통하여 관리처분계획의 내용을 강행적으로 규율하고 있다. 따라서 사업시행자는 이를 구체화하는 내용으로 관리처분계획을 수립할 의무가 있고, 그 경우 사실상 기속행위에 해당하여 사업시행자의 재량이 개입될 여지가 없다.

실무상으로는 관리처분계획의 내용이 위와 같은 강행규정을 위반하여 위법하다는 다툼이 주를 이룬다. 이는 조합설립 동의 비율이나 사업시행계획 총회결의 정족수의 부족 등 성립요건의 하자를 다투는 소송이 주를 이루는 조합설립인가, 사업시행계획과 대조된다.

3. 전체 정비사업절차상 분쟁의 핵심

사업시행자는 사업시행계획서를 작성하여 인가를 받은 후 분양신청절차를 거쳐 이를 토대로 관리처분계획을 수립하여 인가를 받게 되고, 관리처분계획의 후속처분으로는 이전고시가 있다.

관리처분계획은 이전고시의 내용을 미리 정하는 것으로서, 관리처분계획이 인가·고시되면 종전자산에 대한 권리는 종후자산의 권리에 대한 잠정적 권리로서의 수분양권(예를 들면 종후자산인 34평형 아파트를 취득할 수 있는 권리)으로 변환되고, 관리처분계획에 기초하여 이전고시가 이루어지면 조합원의 종전자산에 관한 권리가 종후자산에 관한 권리로 확정적으로 변환된다.[4] 사업시행계획의 후속처분인 관리처분계획이 사업시행계획의 내용에 부합하여야 하는 것처럼, 관리처분계획의 후속처분인 이전고시도 관리처분계획의 내용에 부합하여야 한다.

정비사업은 원칙적으로 토지등소유자가 종전자산을 출자하고 공사비 등을 투입하여 신 주택 등을 건축한 후 이를 배분받는 공용환권을 목적으로 하는 사업이므로, 조합원으로서는 종후자산 배분 및 그에 따른 비용부담에 관심이 집중될 수밖에 없고, 그에 대하여 위법이 있는 경우 그 쟁송은 이전고시에 집중되는 것이 논리적이다. 그러나 이전고시는 관리처분계획의 기계적 집행행위에 불과하고, 이전고시의 효력 발생으로 대다수 조합원 등에 대하여 권리귀속 관계가 획일적·일률적으로 처리되는 이상 이전고시의 일부에 위법이 있다 하더라도 그 일부 내용만을 분리하여 변경할 수 없어 일부에 대한 이전고시의 변경이 불가능하고, 일부 하자만으로 이전고시 전체의 취소를 구할 수도 없으므로, 실무상의 쟁송은 종후자산에 대한 잠정적 권리로서의 수분양권의 배분(귀속) 및 그에 따른 비용부담을 내용으로 하는 관리처분계획에 집중된다.

---

4) 대법원 1995. 2. 14. 선고 94누7256 판결, 대법원 1996. 8. 23. 선고 95누6618 판결, 대법원 2004. 5. 28. 선고 2004도434 판결.

제2절 관리처분계획인가의 법적 성격

Ⅰ. 법적 성격

1. 강학상 인가(기본행위 및 보충행위)

가. 의 의

조합 등 사업시행자가 수립한 관리처분계획에 대하여 시장·군수등이 행하는 관리처분계획'인가'는 기본행위인 관리처분계획에 대한 법률상의 효력을 완성시키는 보충행위에 해당하고, 이는 강학상 인가이다. 사업시행자가 행정주체의 지위에서 법령에 따라 수립한 관리처분계획은 시장·군수등에 의하여 인가됨으로써 확정되고, 고시가 이루어지면 효력이 발생하여 조합원 등 이해관계인의 재산상 권리·의무 등에 구체적이고 직접적인 영향을 미치는 구속적 행정계획으로서 인가와는 별개의 독립한 행정처분에 해당한다. 이로써 관리처분계획 및 그 인가라는 2개의 행정처분이 존재하게 된다.[5] 이 점에서 조합설립인가처분과 차이가 있고, 사업시행계획인가와 동일하다. 인가로 확정된 관리처분계획의 특성에 대하여는 앞서 본 바이다. 조합 등 사업시행자가 수립한 관리처분계획에 대하여 시장·군수등이 인가를 하도록 규정한 취지는 정비사업은 공익사업이므로 사업시행계획에 부합하게 관리처분계획이 작성된 것인지, 종후자산이 조합원들에게 균형있게 배분되고 합리적으로 이용되도록 한 것인지, 그에 따른 비용부담은 적정한 것인지 등을 제한적이나마 보충행위인 인가를 통하여 감독하도록 한 것이다.

나. 기본행위 및 보충행위의 쟁송 법리

앞서 본 바와 같이 기본행위인 관리처분계획은 인가되면 그 내용(종후자산의 배분, 종전자산가격, 정비사업비 추산액 및 조합원 분담규모 등)은 조합원 등에게 구체적이고 직접적 효과를 발생시키고, 보충행위인 인가와는 별개의 처분으로 존재한다. 따라서 각각의 하자도 별개이므로, 보충행위인 '인가'에 하자가 없는 한 기본행위인 관리처분계획의 하자를 이유로 인가의 무효확인 또는 취소를 구할 수는 없다. 다만, 보충행위는 기본행위의 존재를 전제로 하므로 기본행위인 관리처분계획이 법원의 확정판결로 취소된다면, 인가가 있더라도 유효한 대상이 없어 효력이 인정될 수 없으므로, 인가처분의 취소 또는 무효확인을 구할 수 있다. 기본행위가 적법·유효하고 보충행위인 인가처분 자체에만 하자가 있다면 인가처분의 취소 또는 무효확인을 구할 수 있다.

---

5) 도시정비법 제정 이전의 구 도시재개발법에 의한 주택재개발사업상의 관리처분계획과 관련하여, 종래 조합이 수립하여 인가받은 관리처분계획상 수분양자에서 제외된 자의 경우 민사소송에 의하여 조합을 상대로 조합원 자격 또는 수분양권 등의 확인을 구할 수 있었으나, 대법원 1996. 2. 15. 선고 94다31235 전원합의체 판결이 주택재개발조합은 행정주체이고, 관리처분계획은 토지등소유자에게 구체적이고 결정적인 영향을 미치는 것으로서 조합이 행한 처분에 해당하므로, 관리처분계획의 내용에 관하여 다툼이 있는 경우에는 항고소송에 의하여 관리처분계획의 취소를 구할 수 있을 뿐이라고 판시하였다.

다. 기본행위 및 보충행위의 하자

(1) 기본행위의 하자

(가) 절차상의 하자

관리처분계획에 대한 총회결의에 절차상 하자가 있거나(소집권한 여부, 소집통지절차상의 하자 등), 의사 또는 의결정족수를 충족하지 못한 것 등이 있다.

(나) 내용상의 하자

적법한 분양신청통지를 받지 못하여 분양신청을 할 수 없었다거나 관리처분계획의 내용이 사업시행계획의 내용이나 강행법규에 위반된다는 것 등이 있다.

(2) 보충행위의 하자

(가) 사업시행자가 관리처분계획인가신청을 한 경우에 시장·군수등은 법 시행규칙에서 정한 [별지 9호 서식] '관리처분계획인가신청서'에 의한 것인지(법 시행규칙 12조 1항), 법령 및 조례에서 필수적으로 제출하도록 규정한 서류가 제출되었는지 여부에 관하여 심사하여야 하고, 제출된 서류에 누락이 있거나 하자가 있을 경우에는 보완을 명하거나 인가신청을 반려하여야 한다. 그럼에도 불구하고 시장·군수등이 제출된 서류의 하자를 간과하고 인가를 하였다면 그 인가처분에는 그 자체로 고유한 하자가 있다.

(나) 또한 시장·군수등은 법 78조 3항의 타당성 검증요건이 충족되면 반드시 인가 전에 대통령령으로 정하는 공공기관에 타당성 검증을 요청하여야 함에도, 그와 같은 절차를 생략한 채 인가한 경우에는 이 또한 인가처분 자체의 고유한 하자로 보아야 한다. 기타 행정청이 조합원들에게 관리처분계획 총회결의 무효확인소송이 제기되었으니 관리처분계획에 대한 인가를 보류하겠다고 하였음에도, 그와 같은 약속에 위반하여 인가처분을 하였음을 이유로 한 신뢰보호의 원칙 또는 신의성실의 원칙에 반하여 위법하다는 주장은 인가에 대한 고유의 하자 주장으로 보인다.

(다) 다만, 관리처분계획에 하자가 있는데도 행정청이 이를 그대로 인가한 것이 인가처분 자체의 고유한 하자라는 주장은 부당하고 이는 기본행위의 하자일 뿐이다.[6)]

라. 기본행위의 하자를 이유로 보충행위인 인가처분의 무효확인 또는 취소를 구하는 경우

기본행위의 하자를 이유로 보충행위인 인가처분의 무효확인 또는 취소를 구하는 경우, 이는 별도의 심리를 요하지 아니하는 주장 자체로 이유 없는 청구기각사유이다. 다만, 법원은 원고에게 사업시행자를 새로운 피고로 하여 관리처분계획 자체의 취소를 구하는 소송으로의 경정 여부에 대한 석명권을 행사하여 적법한 소송형태를 갖추도록 해야 할 석명의무가 있고, 석명권 행사 없이 만연히 청구를 기각함은 판결 결과에 영향을 미친 심리미진의 위법이 있다(제6편 제2장 제1절 I. "3. 기본행위 및 보충행위" 참조).

---

6) 대법원 2016. 12. 15. 선고 2015두51347 판결.

2. 재량행위

가. 쟁 점

사업시행계획'인가'와 달리 관리처분계획'인가'에 대하여 재량행위인지 여부에 대하여 다툼이 있다.[7] 어떤 행정행위가 기속행위인지, 재량행위인지 여부는 해당 행위의 근거가 된 법규의 체제·형식과 그 문언, 해당 행위가 속하는 행정 분야의 주된 목적과 특성, 해당 행위 자체의 개별적 성질과 유형 등을 모두 고려하여 판단하여야 함은 앞서 본 바이다.

나. 판 례

판례는 시장·군수등이 관리처분계획에 대한 인가 여부를 결정할 때에는 관리처분계획인가신청서와 첨부서류를 기준으로 관리처분계획에 법 74조 1항 및 시행령 62조에 규정된 법정사항이 포함되어 있는지, 계획의 내용이 관리처분계획 수립기준에 부합하는지 여부 등을 심사·확인하여 인가 여부를 결정하되, 법 111조 2항(자료제출요구권), 113조 1항(감독권)에서 정한 조치를 통하여 관리처분계획을 실질적으로 심사할 권한이 있음을 밝히고 있고,[8] 행정청이 관리처분계획에 대한 인가·고시를 통하여 이를 관리·감독하고 있음을 명확히 밝힌 점[9] 등에 비추어 관리처분계획'인가'를 재량행위로 보는 듯하다.

관리처분계획의 인가는 상대방에게 권리나 이익을 부여하는 효과를 가진 이른바 수익적 처분인 점, 법령에 행정처분의 요건에 관하여 일의적으로 규정되어 있지 아니한 점, 법 78조 2항이 관리처분계획인가에 대하여 신청일부터 30일 이내에 결정하도록 규정하고 있으나, 이는 훈시규정에 불과한 점 등에 비추어 재량행위로 보는 판례의 견해가 타당하다. 따라서 시장·군수등은 관리처분계획이 위법하지 않더라도 공익상의 필요 등 재량으로 신청을 거부할 수 있다. 다만, 사업시행계획인가에서 살펴본 바와 같이 설립행위인 조합설립인가에 비하여 재량의 범위는 제한적으로 해석되어야 한다.

다. 부 관

(1) 관리처분계획에 대하여 부관을 붙일 수 있는지 여부

인가청이 관리처분계획에 대하여 인가함에 있어 부관을 붙일 수 있는지 여부가 문제된다.

판례는 행정청이 관리처분계획에 대한 인가 여부를 결정할 때에는 법정사항이 포함되어 있는지, 관리처분계획 수립기준에 부합하는지 여부 등을 심사·확인하여 그 인가 여부를 결정할 수 있을 뿐, 기부채납과 같은 다른 조건을 붙일 수는 없고, 관리처분계획인가에 기부채납과 같은 인가조건을 부과한 것은 그 위법성이 중대하고 명백하여 무효이고, 설령 그와 같은 인가조건과

7) 기속행위임을 주장하는 견해는, 법은 사업시행계획인가에 대하여는 사업시행계획서 제출일로부터 '특별한 사유가 없으면' 60일 이내에 인가 여부를 결정하여야 한다고 규정함에 반해 관리처분계획인가에 대하여는 관리처분계획인가의 신청일부터 무조건 30일 이내에 결정하도록 규정하고 있는 점, 판례는 사업시행계획인가에 대하여는 원칙적으로 부관을 붙이는 것을 허용함에 반해, 다음에서 살펴보듯이 관리처분계획인가에 대하여는 기부채납 등 다른 조건을 부가함을 허용하지 않는 점을 근거로 들고 있다.

8) 대법원 2014. 3. 13. 선고 2013다27220 판결 참조.

9) 대법원 2012. 3. 29. 선고 2010두19751 판결.

동일한 사실이 관리처분계획의 내용으로 기재되어 있다고 하더라도 무효인 인가조건이 유효로 될 수는 없다고 하고 있다.[10]

(2) 그러나 위 판례는 기부채납과 같은 위법한 부관을 붙일 수 없다는 것일 뿐, 관리처분계획인가 여부는 재량행위이므로 원칙적으로 부관을 붙일 수 있다고 보아야 할 것이다. 다만, 부관은 행정행위의 한 구성부분이므로 행정처분의 본질적 효력을 해하지 아니하는 한도의 것이어야 하는바, 법적 성격상 사업시행계획인가는 사업시행자에게 사업시행계획에 따른 대상 토지에서의 개발(건축)을 승인하여 주는 것이므로 그 과정에서 준수하여야 할 의무를 부과하는 것이 필요하여 부관과 친함에 반해, 관리처분계획인가는 종후자산의 권리 배분 및 귀속에 관한 사항과 그 비용 분담에 관한 사항을 정하는 행정계획인 관리처분계획의 효력을 완성시키는 보충행위로서 부관과 친하지 않을 뿐이다.

Ⅱ. 법적 성격과 관련한 쟁점

제6편 제2장 제1절 Ⅰ. "3. 기본행위 및 보충행위"에서 살펴본 바와 마찬가지로 행정주체인 조합을 상대로 관리처분계획안에 대한 조합 총회결의의 효력 등을 다투는 소송은 행정처분에 이르는 절차적 요건의 존부나 효력 유무에 관한 소송으로서 그 소송결과에 따라 행정처분의 위법 여부에 직접 영향을 미치는 공법상 법률관계에 관한 것이므로, 이는 행정소송법상의 당사자소송에 해당한다. 또한 관리처분계획에 대한 관할 행정청의 인가·고시가 있은 후에 총회결의의 하자를 이유로 그 결의 부분만을 따로 떼어내어 무효 등 확인의 소를 제기하는 것은 소의 이익이 없다. 총회결의 무효확인소송의 계속 중에 관리처분계획인가가 이루어지면, 관리처분계획의 취소를 구하는 항고소송으로의 소변경을 하여야 한다.

관리처분계획인가가 존재함에도 불구하고 당사자가 총회결의 무효확인소송을 제기한 경우, 판례는 법원에 소변경에 대한 적극적 석명의무를 부담시키고, 석명권 행사 없이 만연히 이를 각하함은 판결 결과에 영향을 미친 심리미진의 위법이 있다고 하였다.[11]

이하에서는 관리처분계획 수립의 전제가 되는 분양설계를 위한 사업시행자의 분양신청통지 및 분양공고, 토지등소유자의 분양신청, 분양신청 현황을 기초로 한 사업시행자의 관리처분계획 수립절차 및 관리처분방법, 관리처분계획 수립기준 등, 인가절차 및 인가의 효과, 변경인가 등을 중심으로 살펴본다.

---

10) 대법원 2012. 8. 30. 선고 2010두24951 판결.
11) 대법원 2009. 10. 15. 선고 2009다10638, 10645 판결.

제2장 관리처분계획 수립의 전제로서 분양신청

제1절 수분양적격자 확정

Ⅰ. 개 요

정비사업은 토지등소유자가 조합원이 되어 자신의 종전자산을 출자하고 공사비 등을 투입하여 구 주택 등을 철거한 후 신 주택 등을 건축한 다음, 이를 배분받는 공용환권을 목적으로 하는 사업이므로, 원칙적으로 조합원이 종후자산에 대한 수분양적격자(분양대상자)이고, 1조합원에게는 1수분양권이 부여됨이 원칙이다. 그러나 도시정비법령 및 그 위임을 받은 조례는 조합원의 지위에 있음에도 수분양권을 부여하지 않거나 수인의 조합원에 대하여 1수분양권을 부여하기도 하는 등 수분양적격을 제한하기도 하고, 1조합원의 지위에 있는 수인에 대하여, 다수의 수분양권을 부여하여 수분양적격을 확대하기도 하는 등 수분양적격자와 조합원을 별개로 구분하고 있다.

사업시행자는 수분양적격자에게 분양신청통지를 하고, 그들의 분양신청 현황을 기초로 하여 관리처분계획 초안을 작성하고, 이사회 및 대의원회의 심의·의결을 거쳐 총회의결을 통하여 최종적으로 관리처분계획을 수립하게 된다. 따라서 사업시행자는 분양신청의 전제로서 수분양적격자에 대한 적법한 분양신청통지가 반드시 필요하고, 적법한 분양신청통지가 되기 위해서는 분양대상자별 내용에 부합하는 분양신청통지가 이루어져야 하므로, 수분양적격자의 확정이 중요하다.

수분양적격과 관련하여서는 재개발·재건축사업에서의 관리처분방법(권리산정기준일 등) 및 관리처분계획 수립기준에서 자세히 규정하고 있으므로, 제3장에서 자세히 살펴보되, 이하에서는 조합원임에도 수분양적격이 배제·제한되는 일반적인 경우와 39조의 수인의 토지등소유자가 1조합원이 되어 사실상 수분양적격이 제한되는 경우에 대하여 살펴본다.

Ⅱ. 조합원임에도 수분양적격이 배제되는 일반적인 경우

1. 투기과열지구에서 5년간 당첨제한

가. 법은 투기과열지구로 지정된 지역에서의 투기수요차단을 위하여 2가지 제재를 가하고 있다. 즉 토지등의 양수인에게 조합원 지위 자체를 인정하지 않는 경우와 조합원 지위는 인정하되 분양적격을 인정하지 않는 경우이다.

전자는 제4편 제5장 제1절 Ⅲ. 2. 다. “(2) 토지등 양도 시의 조합원 지위 이전 여부”에서 살펴본 바와 같이 투기과열지구로 지정된 지역에서 재건축사업을 시행하는 경우에는 조합설립인가 후, 재개발사업을 시행하는 경우에는 관리처분계획의 인가 후 각 해당 정비사업의 건축물 또는 토지를 양수한 자는 조합원 지위 자체를 인정하지 아니한다(매매·증여, 그 밖의 권리의 변동을 수반하는 모든 행위를 포함하되, 상속·이혼으로 인한 양도·양수의 경우 및 일부 법정사항의 경우 제외, 법 39조 2항, 법 시행령 37조 3항).

나. 후자 즉, 조합원의 지위는 인정하되, 수분양적격의 박탈과 관련하여 법 72조 6항 본문은 투기과열지구의 정비사업에서 이미 관리처분계획에 따른 조합원분양분 또는 일반분양분의 분양대상자 및 각 그 세대에 속한 자는 분양대상자 선정일(조합원분양분의 분양대상자는 최초 관리처분계획인가일을 의미한다)부터 5년 이내에는 투기과열지구에서 분양신청을 할 수 없다고 규정하고 있다(손실보상에 대하여는 법 73조 제1항의 분양신청기간 내에 분양신청을 하지 아니한 자와 동일하게 처리한다. 자세한 내용은 제9편에서 살펴본다). 위 조항은 법이 2017. 10. 24. 개정되면서 신설되었다. 이는 투기과열지구 내 정비사업에서 일반분양 또는 조합원분양에 당첨된 자 및 세대원은 5년 이내에 투기과열지구 내 정비사업의 조합원으로서 분양신청을 할 수 없도록 함으로써 투기수요를 차단하기 위함이다. 다만, 상속, 결혼, 이혼으로 투기과열지구의 조합원 자격을 취득한 경우에는 분양신청을 할 수 있다(법 72조 6항 단서). 위와 같은 분양신청권 박탈의 실효성을 담보하기 위하여 서울의 경우 구청장은 주택공급에 관한 규칙 57조에 따라 해당 정비사업의 관리처분계획인가일 당시 입주대상자로 확정된 조합원 명단을 전산관리지정기관에 통보하여야 한다(서울시 조례 62조 4항).

2. 재개발사업의 지상권자

재개발사업에서 토지등소유자란 정비구역에 위치한 토지 또는 건축물의 소유자 또는 그 지상권자를 의미하고(법 2조 9호 나목), 조합이 성립된 경우 지상권자도 조합원의 지위가 인정되나, 법 74조 6항, 법 시행령 63조 1항 3호는 재개발사업에서의 관리처분방법으로 정비구역의 토지등소유자 중 지상권자는 공동주택이든 상가든 불문하고 분양대상자에서 제외된다고 규정하고 있다. 따라서 재개발사업의 지상권자는 조합원임에도 수분양적격이 인정되지 아니한다. 앞서 본 바와 같이 법리상 부동산별로 권리가 다른 경우에는 별개로 취급하는 것이 원칙임에도 불구하고, 동일인 소유인 토지와 지상 건축물 중 토지에 관하여 지상권이 설정되어 있는 경우에는 조합설립을 위한 토지등소유자 수를 산정할 때에는 지상권자를 토지의 공유자와 동일하게 취급할 수 없고, 해당 토지와 지상 건축물에 관하여 1인의 토지등소유자로 산정한다. 이는 지상권자는 수분양적격이 없기 때문이다(제4편 제3장 제2절 I. “2. 토지등소유자의 구체적인 산정방법” 참조).

Ⅲ. 별개 토지등을 수인이 각각 소유함에도 1조합원인 경우

1. 내 용

사업시행자가 조합인 경우 조합설립인가의 요건으로 법정 비율 이상의 토지등소유자의 동의를 요하는바, 동의요건의 충족 여부를 판단함에 있어 조합설립인가신청 당시 동일인이 다수의 부동산을 소유하고 있지 않는 한 부동산별로 소유자가 다른 경우 각각 1인의 토지등소유자로 산정하고[제4편 제5장 제2절 Ⅰ. "2 토지등소유자의 구체적인 산정방법" 참조, 정비구역지정 후 이루어지는 토지분할 등의 지분 쪼개기의 경우에도 마찬가지이다(제4편 제3장 제3절 "Ⅱ. 조합설립인가 동의요건 충족을 위한 지분 쪼개기" 참조)], 조합설립인가 이후에는 각각 조합원으로 함이 원칙이다.[1] 그러나 법 39조 1항 2호 및 3호는 그 예외로 별개의 토지등을 수인이 각각 소유함에도 토지등소유자 전부를 1조합원으로 하는 경우를 규정하고 있다[그 경우 대표조합원을 선정하여야 함이 원칙이고, 대표조합원으로 선정되지 아니한 토지등소유자도 조합원의 지위를 유지하고 있다(대법원 2009. 2. 12. 선고 2006다53245 판결), 자세한 내용은 제4편 제5장 제1절 Ⅲ. "3. 대표조합원" 참조], 이는 사실상 수분양적격을 제한하는 것이므로, 이에 대하여 살펴본다.[2]

법은 지분 쪼개기를 방지하기 위하여 예외적 관리처분방법으로 주택 등 건축물을 분양받을 권리산정기준일(정비구역지정·고시일 또는 시·도지사가 투기를 억제하기 위하여 기본계획 수립을 위한 주민공람의 공고일 후 정비구역지정·고시 전에 따로 정하는 날)제도를 두고 있다. 즉 권리산정기준일 다음 날 이후 토지의 분할 등 지분 쪼개기를 통하여 토지등의 수가 증가하고, 이에 따라 조합원의 수가 증가하더라도 그들 모두에 대하여 1수분양권만 부여된다. 이 또한 사실상 수분양적격의 제한이나, 관리처분방법 및 관리처분계획 수립기준과 관련되므로, 이에 대하여는 제3장 제1절에서 살펴본다.

가. 다수의 토지등소유자가 1세대에 속하는 경우

조합설립단계에서는 여러 명의 토지등소유자가 1세대에 속하더라도, 각각 토지등소유자로서 별개의 동의자로 산정하였으나 조합설립 이후에는 이들을 1조합원으로 함은 앞서 본 바이다(법 39조 1항 2호). 1조합원에 대하여는 1수분양권이 부여됨으로써 사실상 수분양적격을 제한한 것이다. 자세한 내용은 제4편 제5장 제1절 Ⅲ. "2. 조합원의 자격"에서 살펴보았다.[3]

나. 다수 토지등을 소유한 1인이 조합설립인가 후 토지등의 양도로 다수인이 소유하게 된 경우

조합설립인가 후 1인의 토지등소유자로부터 토지 또는 건축물의 소유권이나 지상권을 양수하여 수인이 소유하게 된 때에는 그 수인을 대표하는 1인을 조합원으로 본다(법 39조 1항 3호). 자

1) 토지등소유자가 20인 미만인 재개발사업(도시정비형 재개발사업)에서 사업시행계획인가를 위한 토지등소유자 및 동의자의 수를 산정하는 기준일(동의정족수 판단의 기준일)은 사업시행계획인가를 신청하기 직전의 정비구역 변경지정·고시가 있는 날(정비구역의 변경지정이 없거나 정비구역지정·고시 후에 정비사업을 목적으로 취득한 토지 또는 건축물에 대해서는 정비구역지정·고시가 있는 날을 말한다)을 기준으로 한다(법 36조의2 1항 2호).

2) 1인을 1조합원으로 인정함은 논리적으로 당연하므로, 1인이 1개 또는 다수의 토지등을 소유하는 경우에도 1조합원이고, 1조합원에 대하여 1수분양권이 부여됨은 타당하다 할 것이어서, 이를 수분양권 제한으로 볼 수는 없다. 또한 (1인이 다수의 토지를 소유자하지 않는 한) 1토지등에 대하여 1조합원으로 인정하는 것도 논리적으로 당연하므로, 법 39조 1항 1호가 1개의 토지등을 수인이 공유한 경우(공유자의 구조가 동일한 경우에는 다수의 토지등에 대하여 1조합원으로 하는 것은 1인이 다수의 토지등을 소유한 경우 1조합원으로 하는 것과 동일하다), 수인의 공유자 모두를 1조합원에 해당한다고 규정하고 있다 하더라도, 이를 수분양권 제한으로 볼 수 없다(제4편 제5장 제2절 Ⅰ. "2 토지등소유자의 구체적인 산정방법" 참조).

3) 도시정비법은 제정 당시 법 48조 2항 6호로 1세대가 1 이상의 주택을 소유한 경우 1주택을 공급한다고 규정하여 1세대의 경우 각각의 주택을 소유한 세대 구성원에 대하여 각자 조합원 지위를 인정하되, 1수분양권만을 인정하여 조합원과 분양대상자의 지위를 구분하였다.

세한 내용은 제4편 제5장 제1절 Ⅲ. "2. 조합원의 자격"에서 살펴보았다.

2. 39조 1항 3호 관련 쟁점

가. 다(多)물건 소유 조합원의 조합설립인가 이후 양도 시 다수의 수분양권 발생 여부 (부정)

(1) 대법원 판례

조합설립인가 당시 다수의 토지등을 소유한 조합원이 토지등을 양도한 경우 법 39조 1항 3호에 의하여 양도인 및 양수인이 1조합원의 지위를 가지는 것은 명백하나, 그와 별개로 양도인 및 양수인이 각각 수분양권을 취득하는지 여부와 관련하여 하급심의 견해 대립이 있었다.[4)]

그러나 대법원은 수개의 수분양권 부정설의 입장을 취하고 있다.[5)]

(2) 결론

수개의 수분양권 부정설이 타당하다. 그 논거는 다음과 같다.

ⓐ 법 76조 1항 6호의 1세대 또는 1명이 하나 이상의 주택 또는 토지를 소유한 경우 1주택을 공급한다는 것이 관리처분계획의 수립기준이고 이는 재개발사업에서 원칙적 강행규정이다. 또한 법 39조 1항 3호는 조합설립인가 후 1명의 토지등소유자로부터 토지 또는 건축물의 소유권이나 지상권을 양수하여 여러 명이 소유하게 된 때에도 여러 명을 대표하는 1명을 조합원으로 본다고 규정하고 있으며, 이 또한 강행규정이다. 위 규정의 조화로운 해석상 1세대 또는 1명이 하나 이상이 주택 또는 토지를 소유하다가 그중 일부를 양도한 경우 모두에게 1주택만 공급한다고 해석되어야 한다.

ⓑ 법령이나 조례의 명문규정이 없다고 하여 이를 모두 허용하는 규정으로 해석할 수는 없고, 오히려 누구나 수긍하는 당연한 내용인 경우에는 명시적으로 기재하지 않는 것이 일반적이다. 조합설립인가 이후 다수의 토지 또는 건축물을 소유한 1인의 조합원이 토지등을 양도하는 경우의 수분양권 개수에 관하여 명문규정이 없는 것은 그 경우 1조합원만 인정되듯이 1수분양권만 인정되는 것이 너무나 당연하기 때문이다.

ⓒ 법 72조 1항, 3항, 법 74조 4항, 법 시행령 63조 1항 3호가 재개발사업에 관한 관리처분의 방법을 규정하면서 분양대상자를 조합원이 아닌 '토지등소유자'로 규정하고 있는 것은 재개발사업의 시행자는 조합 외에 토지등소유자 개인(토지등소유자가 20인 미만인 재개발사업)도 가능하고, 그 경우에는 조합이 설립되지 않아 조합원 자체가 존재하지 아니하므로 이를 포괄하는 개념으로 '토지등소유자'라는 용어를 사용한 것일 뿐, 조합이 사업시행자인 사건에서 조합원 외에 별도의 분양신청권자로서 토지등소유자의 지위를 인정하기 때문은 아니다.

---

4) 수개의 수분양권 긍정설(광주고등법원 2020. 1. 23. 선고 2018누6446 판결), 수개의 수분양권 부정설(부산고등법원 2020. 2. 12. 선고 2019누23845).

5) 대법원 2023. 2. 23. 선고 2020두36724 판결.

나. 조합설립인가 당시는 각각 토지등소유자의 소유이던 토지등이 조합설립인가 이후 1명의 토지등소유자에게 귀속되었다가 분양신청 전에 다시 다수가 소유하게 된 경우

조합설립인가 당시는 다수 토지등소유자 소유의 토지등이 조합설립인가 이후 각 토지등의 소유권 변동으로 1명의 토지등소유자에게 귀속되었다가 다시 다수의 소유로 된 경우에도 위 규정이 적용되는지 문제될 수 있으나(투기과열지구에서는 재건축사업의 경우 조합설립인가 이후, 재개발사업의 경우 관리처분계획인가 이후 토지등을 양수한 경우 원칙적으로 조합원 지위를 취득할 수 없으므로, 그 경우 제외), 조합설립인가 시점을 기준으로 한 조합원 수가 늘어나지 않은 경우, 즉 조합설립인가 당시에는 수개의 토지등이 각기 다른 소유자의 것이었으나 이후 조합원이 위 각 토지등을 양수하여 일시적으로 수개의 토지등을 소유하다가 그중 일부를 타인에게 양도함에 따라 조합설립인가일 기준 조합원 수의 증가를 초래하지 않은 경우에는 위 규정이 적용되지 않는 것으로 봄이 타당하다.[6] 왜냐하면 법 39조 1항 3호의 입법취지는 조합설립인가 이후에는 인위적인 조합원 증가의 방지를 통한 정비사업의 사업성 저하를 방지하고 기존 조합원의 재산권을 보호하기 위함인데, 위 사안의 경우에는 조합원의 증가가 없기 때문이다. 자세한 내용은 제4편 제5장 제1절 Ⅲ. 2. 다. "⑴ 토지등소유자와 조합원의 관계"에서 살펴보았다.

다. 재건축사업에서 수개의 부동산 보유자가 일부만 양도한 경우 양수인의 조합설립 동의를 통한 조합원 자격(수분양권)취득 여부

재건축사업에서 조합설립인가 당시 1인이 다수의 소유권을 가지고 있다가 조합설립인가 이후 이를 양도하였고, 양수인은 재건축사업에 동의한 반면, 양도인은 동의하지 않아 현금청산대상자가 된 경우의 법률관계와 관련하여 양수인이 조합설립에 동의하여 조합원이 될 수 있는지 여부, 그 경우 반드시 양도인과 사이에 대표조합원 선임절차를 거쳐야 하는지 여부가 다투어지나, 양수인이 대표조합원 선임 없이 단독으로 조합설립동의서를 제출하여 조합원이 될 수 있고, 분양신청이 가능하다. 자세한 내용은 제4편 제5장 제1절 Ⅲ. 2. "라. 39조 1항 2호 및 3호 해석상의 쟁점"에서 살펴보았다.

3. 39조 1항 2호 및 3호 관련 쟁점

가. 문제의 소재

다수의 토지등을 소유하는 수인이 1세대를 구성하고, 조합설립인가 이후 세대원들이 자신들 소유 토지등을 양도한 경우의 수분양적격, 즉 재개발사업에서 A, B, C, D가 1세대로서 각각 수개의 토지등을 소유하다가 조합설립인가 이후 A가 자신의 토지등 중 일부를 甲에게 양도하고, B가 자신의 토지등 중 일부를 乙에게 양도하며, C가 자신의 부동산 전부를 丙에게 양도한 경우, A, B, 甲, 乙, 丙, D가 1개의 수분양권을 가지는지 여부이다.

---

6) 부산지방법원 2023. 2. 2. 선고 2020가합1298 판결(확정).

나. 하급심의 견해 대립

①설(2, 3호 중첩적용설): A, B, 甲, 乙, 丙, D가 전체 1조합원

(근거) 법 129조는 정비사업과 관련하여 권리를 갖는 자의 변동이 있은 때에는 종전의 권리자의 권리·의무는 새로이 권리자로 된 자가 이를 승계한다고 규정하고 있는바, 1세대를 구성하는 구성원들은 전체가 1조합원의 지위만 인정됨에도 불구하고 토지등의 양도라는 행위를 통하여 양수인이 양도인의 지위보다 우월한 지위, 즉 수 개의 조합원의 지위를 취득하게 되는 경우 이는 법 129조가 규정한 특정승계 행위의 본질에 부합하지 아니한다.

②설(3호 적용설/2호 배제설): A, 甲 1조합원, B, 乙 1조합원, 丙, D 각 1조합원

(근거) 토지등이 양도된 경우에는 엄격해석의 원칙상 1세대가 아닌 점, 2호의 입법취지는 세대분할을 통한 지분 쪼개기를 방지하기 위함인데, 이는 세대분할이 아닌 점, 이혼 및 20세 이상 자녀 분가의 경우 별개의 조합원 지위를 인정하고 있는 점 등을 근거로 한다(법제처 2012. 12. 26.자 법령해석회신, 안건번호 12－0468).

다. 대법원 판례[7)]

①설(2, 3호 중첩적용설)이 타당하다. 그 논거는 다음과 같다.

ⓐ 39조 1항 2호의 입법취지는 토지분할 등 지분 쪼개기가 가장 용이한 세대 내 분할의 경우 세대원들 모두를 1조합원으로 함으로써 조합원 취득 목적의 인위적인 토지분할이나 양도를 억제시키려는데 목적이 있고, 39조 1항 3호의 입법취지는 조합설립인가 이후에는 인위적인 조합원 증가의 방지를 통한 정비사업의 사업성 저하를 방지하고 기존 조합원의 재산권을 보호하기 위하여 조합설립인가 전과 달리 조합설립 이후 다물건자가 토지등을 양도하더라도 모두 1조합원으로 하여 조합원 수에는 변화가 없도록 하겠다는 것으로서 각각은 적용의 국면이 다르므로 중첩적으로 적용되어야 한다.

ⓑ 정비구역 내에 1세대에 속하는 구성원들 다수가 존재하는 경우가 드물지 않은데(많게는 십여 명도 가능할 것이다), ②설에 따르는 경우 각 세대 구성원들 소유 토지등의 양도로 인하여 조합원의 숫자가 급격히 증가하게 되어 법 39조 1항 3호의 입법취지가 사실상 몰각되게 된다.

Ⅳ. 정 리

토지등을 다수가 공유하거나, 여러 명의 토지등소유자가 1세대에 속하는 경우 등 다수가 1조합원이거나 1인이 다수 토지등을 소유한 경우의 정비사업 전체 과정 및 다음에서 살펴볼 관리처분방법까지 고려한 수분양적격자를 살펴본다.

1. 조합설립인가요건인 토지등소유자 동의 산정방법(법 시행령 33조 1항)

가. 다수가 1토지등을 공유하는 경우, 1인이 다수 토지등을 소유한 경우는 모두 1인의 토지

---

7) 대법원 2023. 6. 29. 선고 2022두56586 판결.

등소유자로 한다. 또한 공유자의 구조가 동일한 경우에는 다수의 토지등에 대하여 모두 1인의 토지등소유자로 한다. 조합설립인가신청 당시 다수의 토지등소유자가 1세대에 속하더라도 조합설립단계에서는 각각 토지등소유자로 한다.[8)]

나. 정비구역지정 후(기본계획수립을 위한 주민 공람공고 후 등) 조합설립인가신청 시까지 이루어지는 토지분할 등의 지분 쪼개기의 경우에도 조합설립인가요건으로서의 법정 비율의 토지등소유자 동의 여부를 판단함에 있어 원칙적으로 별개의 토지등소유자로 산정하나, 판례(대법원 2023. 8. 18. 선고 2022두51901 판결)는 예외적으로 이를 제한하고 있다, 자세한 내용은 제4편 제3장 제3절 “Ⅱ. 조합설립인가 동의요건 충족을 위한 지분 쪼개기”에서 이미 살펴보았다.

2. 조합설립인가 이후의 조합원(법 39조)

가. 조합설립인가요건인 토지등소유자 동의 산정방법과 동일

다수가 1토지등을 공유하는 경우, 1인이 다수 토지등을 소유한 경우, 공유자의 구조가 동일한 경우 모두 1조합원으로 함은 조합설립인가요건인 법정 비율의 토지등소유자 동의 여부 판단을 위한 토지등소유자 산정방법과 동일하다.

나. 조합설립인가요건인 토지등소유자 동의 산정방법과 차이(사실상의 수분양권 제한)

여러 명의 토지등소유자가 1세대에 속하는 경우 세대원들이 각각 토지등을 소유하더라도 1조합원으로 하고, 조합설립인가 이후 1명의 토지등소유자로부터 토지 또는 건축물의 소유권이 양도되어 수인이 소유하게 된 때에도 1인의 조합원으로 하는 것이 조합설립인가요건인 법정 비율의 토지등소유자 동의 여부 판단을 위한 토지등소유자 산정방법과의 차이이다. 이는 조합설립인가 이후에는 부동산별로 소유자가 다르다 하더라도, 1조합원으로 의제함으로써 조합원 수의 제한을 통한 사실상의 수분양적격의 제한으로서, 조합설립인가 전 단계에서 이루어지는 지분 쪼개기에 대하여 각각 조합원으로 인정하되 수분양권만을 제한하는 다음에서 살펴볼 주택 등 건축물을 분양받을 권리산정기준일과 구분된다. 투기방지를 위하여 투기과열지구에서의 재건축사업은 조합설립인가 후, 재개발사업은 관리처분계획인가 후 각 토지등을 양수한 자에 대하여 원칙적으로 조합원 지위가 부여되지 않는데, 이 또한 사실상 수분양적격의 제한이다.

3. 수분양권

가. 원 칙

분양설계기준일(분양신청기간 종료일) 당시 1조합원(1세대, 1인, 공유자) 1주택 분양(1수분양권)

---

8) 토지등소유자가 20인 미만인 재개발사업(일반적으로 도시정비형 재개발사업)에서 사업시행계획인가는 조합이 사업시행자인 경우의 조합설립인가와 마찬가지로 설권행위이고, 동일한 비율의 토지등소유자 동의를 필요로 한다. 그 경우 사업시행계획인가를 위한 토지등소유자 및 동의자의 수를 산정하는 기준일(동의정족수 판단의 기준일)은 사업시행계획인가를 신청하기 직전의 정비구역의 변경지정·고시가 있는 날(정비구역 변경지정이 없거나 정비구역지정·고시 후에 정비사업을 목적으로 취득한 토지 또는 건축물에 대해서는 정비구역지정·고시가 있는 날을 말한다)을 기준으로 하고(법 36조의2 1항 2호), 위 산정기준일 이후 1명의 토지등소유자로부터 토지 또는 건축물의 소유권이나 지상권을 양수하여 여러 명이 소유하게 된 때에는 그 여러 명을 대표하는 1명을 토지등소유자로 본다. 자세한 내용은 제6편 제3장 Ⅴ. 3. “나. 토지등소유자의 동의자 수 산정에 관한 특례”에서 살펴보았다.

원칙, 단 사업시행자의 재량으로 종전자산가격 또는 종전주택의 주거전용면적의 범위에서 2주택을 공급할 수 있다. 다만 그중 1개는 60㎡ 이하로 한다.

나. 예 외

(1) 재개발

(가) 다수의 조합원에게 1수분양권(권리산정기준일)

지분 쪼개기의 경우 정비사업을 통하여 신축되는 건축물의 분양받을 권리를 산정하기 위한 기준일은 분양신청기간 종료일이 아니라 정비구역지정·고시일(정비계획결정 고시일) 또는 시·도지사가 투기를 억제하기 위하여 기본계획 수립을 위한 주민공람의 공고일 후 정비구역지정·고시 전에 따로 정하는 날(이하 '권리산정기준일'이라 한다. 서울시 조례 2조 11호)이다.

따라서 권리산정기준일 후 토지분할, 집합건물이 아닌 건축물이 집합건물법에 따른 집합건물로 전환되는 경우, 하나의 대지 범위에 속하는 동일인 소유의 토지와 주택 등 건축물을 토지와 주택 등 건축물로 각각 분리하여 소유하는 경우, 나대지에 건축물을 새로 건축하거나 기존 건축물을 철거하고 다세대주택을 건설하여 토지등소유자 수가 증가하는 경우, 집합건물법상의 전유부분의 분할로 토지등소유자가 증가하는 경우 등 권리산정기준일 다음 날 이후 조합설립인가 시까지 토지등에 대한 지분 쪼개기가 이루어지더라도, 각각의 토지등소유자에 대한 조합원의 지위는 인정하나, 지분 쪼개기가 발생한 해당 토지등의 건축물을 분양받을 권리는 권리산정기준일을 기준으로 산정함으로써 사실상 다수의 조합원에게 하나의 수분양권만을 부여한다.

(나) 1조합원에게 수분양권 배제 및 확대(재개발)

① 공동주택 및 상가 공통

지상권자 제외

② 공동주택

㉮ 종전 건축물 중 주택을 소유한 자에게 분양(건물 소유자 제외)

㉯ 종전자산인 토지 총면적이 90㎡ 이상인 자에게 분양(90㎡ 미만 제외)

㉰ 종전자산의 권리가액이 분양용 최소규모 공동주택 1가구의 추산액 이상인 자에게 분양(종전자산의 권리가액에 대한 일부 조합원 제외)

㉱ 1조합원에게 다수의 수분양권 부여

㉠ 다가구주택의 경우 1997. 1. 15. 이전에, 단독주택의 경우 1990. 4. 21. 이전에 각 가구별로 지분소유권 이전등기가 경료되고, 가구별로 독립된 생활을 영위하는 경우, 가구별 1인의 분양신청권(서울시 조례 2018. 7. 19. 제6889호 부칙 28조)

㉡ 권리산정기준일 이전부터 공유로 소유한 토지의 지분이 90㎡ 이상 또는 지분의 권리가액이 분양용 최소규모 공동주택 1가구의 추산액 이상에 해당하는 경우(법 76조 1항 7호 가목, 서울시 조례 36조 2항 3호 단서), 지분별로 분양신청권(다가구주택에도 적용)

⑵ 재건축

㈎ 1조합원에게 다수의 수분양권

① 투기과열지구를 제외한 재건축사업

1조합원에 대하여는 1수분양권만이 인정되나, 사업시행자는 재량으로 과밀억제권역에 위치하지 아니한 경우에는 소유한 주택 수만큼 공급할 수 있고, 과밀억제권역에 위치한 경우에는 3주택까지는 공급할 수 있다.

② 투기과열지구

사업시행자의 재량으로 종전자산가격 또는 종전주택의 주거전용면적의 범위에서 2주택을 공급할 수 있으나, 재건축사업에서 투기과열지구지정 이전에 1인의 다물건자로부터 토지등을 양도받아 이를 여러 명이 소유한 경우에는 양도인과 양수인은 각각 1주택을 공급받을 수 있다.

㈏ 다수의 조합원에게 1수분양권(권리산정기준일)

앞서 본 권리산정기준일이 재건축에도 적용되나, 공동주택을 전제로 하므로, 집합건물법상의 전유부분의 분할로 토지등소유자가 증가하여 조합원이 증가하는 경우 등 예외적으로만 적용될 수 있다.

제2절 분양신청통지 및 분양공고

Ⅰ. 개 요

1. 의 의

법 72조 1항은 사업시행자는 사업시행계획인가의 고시가 있은 날(사업시행계획인가 이후 시공자를 선정한 경우에는 시공자와 계약을 체결한 날)부터 90일(대통령령으로 정하는 경우에는 1회에 한정하여 30일의 범위에서 연장할 수 있다)[9] 이내에 분양대상자별 종전자산의 명세 및 사업시행계획인가의 고시가 있는 날을 기준으로 한 가격, 분양대상자별 분담금의 추산액, 분양신청기간, 종후자산의 내역 등을 비롯한 법정사항을 포함하여 조합원에게 분양신청할 것을 통지하고, 분양의 대상이 되는 대지 또는 건축물의 내역 등 법정사항을 일간신문에 공고하도록 규정하고 있다.

분양신청통지의 내용으로 종전자산가격을 포함하는 규정은 법이 2017. 2. 8. 전부개정되면서 새롭게 도입되었다. 위 전부개정 이전에는 구 도시정비법 46조에서 사업시행자는 사업시행계획인가의 고시가 있은 날(사업시행계획인가 이후 시공자를 선정한 경우에는 시공자와 계약을 체결한 날)부터 60일 이내에 개략적인 부담금내역 등을 조합원에게 통지할 뿐이었다. 법이 2017. 2. 8. 전부개정되기 이전에는 종전자산에 대한 가격산정을 위한 감정평가가 분양신청 이후에 이루어

9) 2025. 1. 31.자 법 개정으로 기존의 120일에서 90일로 단축되었다. 1회에 한하여 30일의 범위에서 연장이 가능한 것은 재개발사업 중 정비구역이 시·도조례로 정하는 면적 이상인 사업이다. 서울시 조례는 10,000㎡라고 규정하고 있다.

지도록 규정하고 있어 조합원으로서는 종후자산의 구체적 가격뿐만 아니라 자신의 종전자산가격에 대하여도 알지 못한 채 산정된 개략적인 부담금을 기초로 향후 정비사업에의 참여 여부를 결정하였으나, 위 법률개정으로 보다 정확한 부담금 산출이 가능하게 되었고, 이는 조합원에게 보다 충실한 정보에 기초한 분양신청권의 행사를 가능하게 하였다. 분양신청통지 및 공고는 통상업무의 집행에 관한 사항이므로, 이사회의 의결을 거쳐 조합장이 행한다.

2. 조합원의 본질적 권리로서의 분양신청권

분양신청은 토지등소유자가 사업시행자에 대하여 종후자산이 아파트인 경우는 특정 평형을, 상가인 경우는 동·호수가 특정되어 있으면 특정 동·호수, 동·호수가 특정되어 있지 않으면 동·층·위치에 따른 분양면적을 분양받겠다는 의사를 표시하는 행위이다.

도시정비법상의 정비사업과 도시개발법상의 환지사업은 토지등소유자가 자신의 종전자산을 출자하고 종후자산을 배분받는 사업이므로, 종후자산의 배분은 정비사업(환지사업)의 목적이다. 다만, 정비사업은 공용환권을 목적으로는 하는 사업으로서 토지·건물에 관한 권리를 정비사업 후에 새로이 건축된 건축물과 그 부지에 관한 권리로 변환시키는 입체적 환지 수법이라는 점에서 평면적인 토지정리에 그치고 토지와 토지를 교환·분할·합병하는 공용환지와 다르다. 이에 따라 토지의 교환을 내용으로 하는 도시개발법상의 공용환지에서는 분양신청절차가 존재하지 않은 채 수립되는 환지계획에 따라 조합원에 대한 환지가 이루어진다(다만, 토지소유자의 신청 또는 동의가 있을 때 사업시행자가 환지를 정하지 않을 수 있을 뿐이다. 도시개발법 30조). 그러나 정비사업의 경우에는 종전 권리의 대상이 토지와 건축물 등 다양한 형태로 존재하고 있어 일정한 기준을 설정할 필요가 있고, 또 새로 취득하는 권리의 내용도 종전 권리의 그것과 같지 않거나(재개발사업) 종후자산으로서의 아파트의 평형이 다양하므로(재개발·재건축사업), 사업시행자로서는 토지등소유자가 분양받기를 희망하는 아파트의 평형(상가의 내용) 등을 확인하여 적정한 종후자산을 배분하기 위한, 즉 토지등소유자의 이익을 위하여 분양신청권을 인정한다.[10] 사업시행자는 토지등소유자의 분양신청내용을 기초로 종후자산의 배분에 관한 관리처분계획을 수립한다. 따라서 정비사업에 있어 분양적격 있는 토지등소유자의 분양신청권은 종후자산을 배분받는 전제가 되므로 정비사업의 목적이자 가장 본질적이고 중요한 권리이다. 나아가 분양신청권은 토지등소유자에게 정비사업에서 이탈할 기회를 부여하는 의미도 있다.

분양신청통지 및 분양공고는 사업시행자가 분양적격 있는 토지등소유자에게 그의 가장 본질적이고 중요한 권리인 분양신청권을 행사할 기회를 부여하는 법정행위이다.

Ⅱ. 분양신청통지의 내용

사업시행자가 분양적격자에게 분양신청통지를 하여야 할 법정사항은 다음과 같다.

---

10) 노경필, 이전고시에 관한 소고, 112.

1. 규 정

법 제72조(분양공고 및 분양신청)

① 사업시행자는 사업시행계획인가의 고시가 있은 날(사업시행계획인가 이후 시공자를 선정한 경우에는 시공자와 계약을 체결한 날)부터 90일(대통령령으로 정하는 경우에는 1회에 한정하여 30일의 범위에서 연장할 수 있다) 이내에 다음 각 호의 사항을 토지등소유자에게 통지하고, 분양의 대상이 되는 대지 또는 건축물의 내역 등 대통령령으로 정하는 사항을 해당 지역에서 발간되는 일간신문에 공고하여야 한다. 다만, 토지등소유자 1인이 시행하는 재개발사업의 경우에는 그러하지 아니하다.

1. 분양대상자별 종전의 토지 또는 건축물의 명세 및 사업시행계획인가의 고시가 있은 날을 기준으로 한 가격(사업시행계획인가 전에 건축물의 붕괴 등 안전사고의 우려가 있거나 폐공가의 밀집으로 범죄발생의 우려가 있는 건축물로서 소유자의 동의 및 시장·군수등의 허가를 받고 철거한 경우, 그 경우 허가를 받은 날을 기준으로 한 가격)
2. 분양대상자별 분담금의 추산액
3. 분양신청기간
4. 그 밖에 대통령령으로 정하는 사항

시행령 제59조(분양신청의 절차 등)

① 법 제72조 제1항 각 호 외의 부분 본문에서 "대통령령으로 정하는 경우"란 재개발사업 중 해당 정비구역이 시·도조례로 정하는 면적 이상인 사업의 경우를 말한다.

② 법 제72조 제1항 각 호 외의 부분 본문에서 "분양의 대상이 되는 대지 또는 건축물의 내역 등 대통령령으로 정하는 사항"이란 다음 각 호의 사항을 말한다.

1. 사업시행계획인가의 내용(사업대지면적, 주용도, 건축면적, 건축연면적, 건폐율, 용적률, 구조, 세대 수, 층수, 주차장, 사업시행기간 등)
2. 정비사업의 종류·명칭 및 정비구역의 위치·면적
3. 분양신청기간 및 장소
4. 분양대상 대지 또는 건축물의 내역[사업시행계획인가 시의 임대주택 및 분양주택의 평형, 세대 수, 면적(전용면적, 주거공용면적), 기타 공용면적, 지하주차장, 계약면적]
5. 분양신청자격
6. 분양신청방법
7. 토지등소유자 외의 권리자의 권리신고방법(가등기권자, 가압류권자, 가처분권자, 예고등기권자 등을 비롯한 소유권 이외의 권리자는 권리를 증명하는 서류 및 권리내역을 사업시행자에 신고해야 한다 등)
8. 분양을 신청하지 아니한 자에 대한 조치(현금으로 청산하고, 청산금액은 사업시행자와 토지등소유자가 협의하여 산정하되, 시장·군수등이 추천하는 감정평가업자 2인 이상이 평가한 금액을 산술평균하여 산정한 금액을 기준으로 협의할 수 있다)
9. 그 밖에 시·도 조례로 정하는 사항

③ 법 제72조 제1항 제4호에서 "대통령령으로 정하는 사항"이란 다음 각 호의 사항을 말한다.

1. 제1항 제1호부터 제6호까지 및 제8호의 사항
2. 분양신청서
3. 그 밖에 시·도 조례로 정하는 사항

서울시 조례 제32조(분양신청의 절차 등)

① 영 제59조 제1항에 따른 "시·도 조례"로 정하는 면적은 10,000㎡로 한다.

② 영 제59조 제1항 제9호에서 "그 밖에 시·도 조례로 정하는 사항"이란 다음 각 호의 사항을 말한다.

1. 법 제72조 제4항에 따른 재분양공고 안내
2. 제44조 제2항에 따른 보류지 분양 처분 내용

③ 영 제59조 제2항 제3호에서 "그 밖에 시·도 조례로 정하는 사항"이란 분양신청 안내문(1호), 철거 및 이주 예정일(2호)을 말한다.

④ 법 제72조 제3항에 따라 분양신청을 하고자 하는 자는 영 제59조 제2항 제2호에 따른 분양신청서에 다음 각 호의 서류를 첨부하여야 한다.

1. 종전의 토지 또는 건축물에 관한 소유권의 내역
4. 분양예정 대지 또는 건축물 중 관리처분계획 기준의 범위에서 희망하는 대상·규모에 관한 의견서

2. 규정의 해석

가. 토지등소유자 1인이 시행하는 재개발사업

토지등소유자 1인이 시행하는 재개발사업의 경우에는 분양신청통지 및 공고절차를 거칠 필요가 없다고 규정하고 있다. 이는 토지등소유자가 1인만 존재하는 재개발사업을 의미할 뿐, 토지등소유자 20인 미만의 재개발사업에서 토지등소유자 개인이 사업시행자가 되어 20인 미만의 토지등소유자를 구성원으로 하는 재개발사업에는 해당하지 않는다.[11] 토지등소유자 1인만 존재하는 재개발사업의 경우 그 1인이 일반분양분을 제외한 정비구역 내 토지등을 모두 취득할 것이므로 분양신청 및 공고절차를 거칠 필요가 없는 것은 논리상 당연하다 할 것이다.

나. 종전자산 및 그 가격

사업시행자는 조합원에게 분양신청통지함에 있어 반드시 분양대상자별 종전의 토지 또는 건축물의 명세 및 사업시행계획인가의 고시가 있은 날을 기준으로 한 가격을 통지하여야 한다. 종전자산가격 평가의 기준이 사업시행계획인가·고시일은 최초의 사업시행계획인가·고시일을 의미하는바, 제4장 제1절 "Ⅲ. 관리처분계획서 작성"에서 자세히 살펴본다.

법이 2017. 2. 8. 개정되기 이전에는 분양신청통지의 대상으로 종전자산가격이 규정되어 있지 않았음은 앞서 본 바이고, 이에 판례는 분양신청통지에 종전자산가격 평가액에 관한 내용이 포함되지 아니하였다고 하여 분양신청통지가 위법하다고 볼 수 없다고 하였다.[12]

위와 같이 '분양대상자별 종전의 토지 또는 건축물의 명세 및 사업시행계획인가의 고시가 있는 날을 기준으로 한 가격'을 통지하도록 하는 규정에 따라 사업시행자는 적어도 분양신청통지 전에 종전자산에 대한 감정평가를 하여야 한다. 그 방법은 재개발사업의 경우에는 시장·군수등

11) 법제처 22-0370. 2022. 9. 8. 민원회신 참조, 나아가 토지등소유자가 1인만 존재하는 재개발사업이 경우에는 법 78조 1항 및 6항에서 정한 관리처분계획인가신청 전 공람 및 공람계획통지 등의 절차를 생략할 수 있다.

12) 대법원 2016. 2. 18. 선고 2015두2048 판결 참조.

이 선정·계약한 2인 이상의 감정평가법인등, 재건축사업의 경우에는 시장·군수등이 선정·계약한 1인 이상의 감정평가법인등과 조합총회의 의결로 선정·계약한 1인 이상의 감정평가법인등이 각 평가한 금액을 산술평균하여 산정하여야 한다(법 74조 4항 1호, 1항 5호). 종전자산으로 건축물의 가격평가를 할 때 층별·위치별 가중치를 참작할 수 있다(법 시행령 76조 4항). 이는 청산금부과 처분을 함에 있어 감정평가를 할 때의 내용이나 분양신청통지 단계에서의 종전자산가격의 평가에도 적용될 수 있는 일반원칙이다.

다. 분양대상자별 분담금의 추산액

분양대상자별 분담금의 추산액[13]에 대하여는 통상적으로 추정 총 사업비[조사측량비, 설계감리비, 공사비, 보상비(국·공유지 매입비, 현금청산대상자에 대한 손실보상비, 주거이전비 등), 관리비, 외주용역비, 학교용지부담금 등 기타경비]와 추정 총 수입[조합원분양에 따른 분담금 및 일반분양대금(아파트 및 상가 분양, 공동주택 중 임대주택 분양 포함) 등] 및 부담금 산정 방식[부담금 = 분양아파트 가액 - 권리가액(종전자산 평가액×비례율)], 비례율 산정식[비례율 = 총수입 - 총사업비/분양대상자 전체의 종전자산가격×100]을 적시하는 방식으로 통지한다.

판례는 구체적인 조합원별 부담금은 분양신청이 완료된 후 분양평형 등이 결정되어야 비로소 확정될 수 있는 것이므로 위와 같은 사항이 결정되기 전인 분양신청을 안내하는 단계에서는 개략적인 부담금을 통지할 수밖에 없다고 한다.[14] 분양신청단계에서는 조합원에게 귀속될 분양평형이 확정되지 않았고, 통지하는 종후자산의 분양가 또한 추산액에 불과하며, 구체적인 분양가는 분양신청 이후 관리처분수립단계에서 감정평가를 통하여 확정될 것이므로 이는 타당하다.

라. 분양신청기간

분양신청기간은 분양신청통지 및 분양공고에서의 필수적인 사항이다. 분양신청기간은 통지한 날부터 30일 이상 60일 이내로 하여야 한다. 다만, 사업시행자는 관리처분계획의 수립에 지장이 없다고 판단하는 경우에는 분양신청기간을 20일의 범위에서 한 차례만 연장할 수 있다(법 72조 2항). 분양신청권은 앞서 본 바와 같이 조합원들에게 있어 가장 본질적이고 중요한 권리이다. 따라서 분양신청기간은 조합원들이 종후자산을 배분받을 것인지 여부, 즉 분양신청을 할 것인지 여부에 대하여 심사숙고하여 결정함에 필요한 최소한의 기간이다. 법은 분양신청의 최소기간을 30일로 법정하였고, 다만, 분양신청기간이 과도한 경우에는 정비사업의 신속한 수행이라는 이념에 반한다고 보아 최장은 60일로 하되, 사업시행자에게 재량으로 20일의 범위에서 1회만 연장이 가능하도록 하였다. 이는 모두 강행규정이다.

마. 분양대상 대지 또는 건축물의 내역

분양신청권은 앞서 본 바와 같이 조합원들에게 있어 가장 본질적이고 중요한 권리이므로, 분양신청 여부 또는 평형 선택권을 적절히 행사할 수 있도록 종후자산인 분양대상 대지 또는 건축

---

13) 2017. 2. 8 법이 전부개정되기 이전에는 '개략적인 부담금 내역'이라고 규정하고 있었으나, 같은 의미로 보인다.
14) 대법원 2014. 2. 13. 선고 2011두21652 판결 참조.

물의 내역을 통지하여야 한다. 사업시행자는 조합원의 분양신청의 편의를 돕기 위하여 종후자산의 가격에 대하여도 개략적인 금액을 통지한다. 다만 정확한 가액은 분양신청 이후 관리처분계획 수립과정에서 감정평가를 통하여 확정된다.

바. 분양신청자격, 분양신청방법 및 분양신청서

분양신청권 행사의 전제로 분양신청자격 및 분양신청방법을 안내하고, 용이하게 분양신청할 수 있도록 분양신청서까지 첨부하여야 한다.

사. 분양신청 안내문

서울시의 경우 분양신청통지 시에는 서울시 조례 32조 2항 3호의 분양신청 안내문을 반드시 첨부하여야 하는데, 일반적으로 다음과 같은 내용이 기재된다.

⑴ 분양신청 안내

서울시 조례 3항 4호가 분양신청을 하고자 하는 자는 분양예정 대지 또는 건축물 중 관리처분계획 기준의 범위에서 희망하는 대상·규모에 관한 의견서를 분양신청서에 첨부하도록 규정하고 있으므로, 아래와 같이 이를 안내한다.

㈎ 공동주택 분양신청 안내

분양신청서의 분양희망 의견 주택규모는 전용면적 기준으로 ○○㎡형, ○○㎡형, ○○㎡형, ○○㎡형 중 본인이 희망하는 순으로 1순위부터 3순위까지의 순위를 기재하여 제출(2주택 대상자 중 2주택 희망 조합원은 그중 주거전용면적 60㎡ 외에 ○○㎡형, ○○㎡형, ○○㎡형 중 희망하는 순으로 1순위부터 3순위까지 순위를 기재하여 제출)하고, 분양아파트 배정은 같은 평형의 경합이 있을 경우 종전 토지등의 감정평가액(권리가액)을 기준으로 많은 권리가액순으로 배정한다.

㈏ 상가 분양신청 안내

① (호수까지 특정되어 있는 경우) 서울시 조례 38조 2항의 상가분양 순위 및 분양대상 건축물(근린생활시설) 동수와 호수를 확인한 후 본인이 희망하는 순으로 순위를 기재하여 제출하고, 분양상가 배정은 같은 호수의 경합이 있을 경우 순위 및 권리가액에 따라 배정한다.

② (상가별, 층별, 위치별 면적만 특정되어 있을 뿐, 상가의 호수가 특정되어 있지 않는 경우[15]) 분양면적 및 용도를 기재하여 분양신청을 하되, 동, 층, 위치(전면, 후면 등) 등에 따라 구분하여 희망의견서를 제출하라는 내용이 기재되기도 한다.

㈐ 공통된 분양신청 안내

① 공람과정에서 조합원들의 의견이 있고, 이를 반영하는 경우 배정평형이 변경되어 관리처분계획이 인가될 수 있다.

② 관리처분계획이 인가되고, 동·호수 추첨이 완료되면 확정된 종후 아파트의 분양가격 평가액에 따라 분담액이 변경될 수 있다.

---

15) 법령에서 1조합원 1상가 공급원칙을 규정하고 있지 않고, 상가 1개를 분양받더라도, 분할하여 호수를 나누거나 상가 2개를 받더라도 합하여 1개로 변경이 가능하므로, 상가 개수가 중대한 의미를 가지는 것으로 보기 어렵다.

⑵ 점유 국·공유지의 매수 관련 사항

서울시 조례 3항 1호가 분양신청을 하고자 하는 자는 종전의 토지 또는 건축물에 관한 소유권의 내역을 분양신청서에 첨부하도록 규정하고 있고, 점유연고권이 있는 국·공유지는 해당 토지등소유자의 종전자산으로 취급하므로, 효율적인 사업추진을 위하여 조합은 국·공유지를 점유사용하고 있는 조합원에게 조합에 국·공유지 매수에 관한 일체의 사항을 위임하는 매수신청 위임장이나 점유 국·공유지 매수포기각서를 첨부하도록 안내한다.

Ⅲ. 분양공고의 대상

사업시행자가 일간신문에 공고하여야 할 분양공고의 법정사항은 다음과 같다.

1. 규 정

가. 법 72조 1항

분양의 대상이 되는 대지 또는 건축물의 내역 등 대통령령으로 정하는 사항을 해당 지역에서 발간되는 일간신문에 공고하여야 한다.

나. 시행령 59조 2항

앞서 본 바이다.

다. 서울시 조례 32조 2항

영 59조 1항 9호에서 "그 밖에 시·도 조례로 정하는 사항"이란 다음 각 호의 사항을 말한다.

①호 법 72조 4항(사업시행계획인가의 변경으로 세대 수 또는 주택규모가 달라지는 경우에 사업시행자의 재량으로 재분양가능)에 따른 재분양공고 안내

②호 재개발사업의 경우 44조 2항(분양대상의 누락 등에 의하거나 사업시행계획인가내용에 보류지를 제3자에 우선하여 적격세입자에게 분양하도록 한 경우)에 따른 보류지 분양 처분 내용

2. 규정의 해석

법이 2017. 2. 8. 전부개정된 이후 이에 발맞추어 법 시행령이 2018. 2. 9. 개정되었으나, 공고의 내용은 개정되기 이전과 차이가 없다(다만, 법 시행령 59조 1항 1호, 4호, 7호, 8호의 내용을 보다 구체화하여 기재하였다). 사업시행자는 법령 및 조례가 규정한 내용을 공고하여야 한다.

Ⅳ. 분양신청통지 및 분양공고와 관련한 쟁점

1. 사업시행자의 분양신청통지 의무

가. 사업시행자의 의무내용

(1) 사업시행자의 신의칙상 의무

사업시행자는 조합설립인가 당시부터 토지등소유자의 소재확인이 현저히 곤란한 경우가 아닌 한,[16] 조합설립인가 이후 토지·건물등기사항증명서 등 공부상의 기재를 일응의 기준으로 하여 토지등소유자의 소재를 확인할 신의칙상의 의무가 있고, 이를 기초로 분양신청통지를 하여야 한다.

특히 사업시행자는 조합원들에게 분양신청통지를 함에 있어, 분양신청권이 조합원에게는 재산권의 중요하고도 본질적 요소라는 점에 유의하여 조합원이 이를 적절하게 행사할 수 있도록 주의의무를 다하여 성실하게 노력하여야 한다. 사업시행자가 주의의무를 다하였음에도 불구하고 조합원의 주소를 확인할 수 없는 경우에는, 그와 같은 조합원에게 분양신청통지를 할 수 없고, 이에 따라 그 조합원에게 분양신청의 기회가 부여되지 못하였다 하더라도 이는 불가피하다.

(2) 주소변경에 대한 조합원의 신고의무

국토부 표준정관 10조 3항은 조합원이 그 권리를 양도하거나 주소를 변경하였을 경우에는 그 행위의 종료일부터 14일 이내에 조합에 그 변경내용을 신고하여야 하고, 이 경우 신고하지 아니하여 발생되는 불이익 등에 대하여 해당 조합원은 조합에 이의를 제기할 수 없다고 규정하고 있다. 정관은 공법인인 조합과 조합원에 대하여 구속력을 가지는 자치법규이므로 토지등을 취득한 자에게 당연히 효력을 미친다.

사업시행자인 조합으로서는 조합원의 주소를 확인할 의무가 있으나, 조합원 등의 주소변경이나 토지등 양도 여부 및 양수인의 주소까지는 알 수 없으므로, 조합원이 조합에 대하여 변경된 주소를 신고하지 않은 경우 또는 조합원의 권리가 양도되었음에도 양수인이 권리양도사실 및 자신의 주소에 대한 변경신고가 없는 경우, 사업시행자가 행한 구 주소로의 분양신청통지는 적법하다.

나. 분양신청통지의 대상

(1) 국토부 표준정관 9조 4항은 토지 또는 건축물의 소유권 등이 수인이 공유에 속하는 경우, 1인을 대표조합원으로 지정하고, 대표조합원 선임동의서를 작성하여 조합에 신고하여야 하며 조합원으로서의 법률행위는 그 대표조합원이 행한다고 규정하고 있고, 조합의 정관은 공법인인 조합과 조합원에 대하여 구속력을 가진다.

이는 조합설립인가 후 1명의 토지등소유자로부터 토지 또는 건축물의 소유권 등을 양수하여

---

16) 소유자의 소재가 확인되지 아니하고, 토지등기사항증명서·건물등기사항증명서·토지대장 및 건축물관리대장상 주민등록번호의 기재가 없으며, 기록된 주소가 현재의 주소와 다른 경우 등 공부를 통하여 소재확인이 불가능하여 조합설립 단계에서 토지등소유자의 동의자 수 산정에서 제외된 경우를 말한다.

여러 명이 소유하게 되어 1명을 조합원으로 보는 경우, 권리산정기준일 다음 날 이후 토지분할 등 지분 쪼개기가 이루어져 1수분양권을 가지는 다수의 조합원이 발생한 경우 등에도 동일하게 적용된다.

대표조합원이 선임된 경우 분양신청은 원칙적으로 대표조합원이 하여야 하되, 위와 같은 다수의 토지등소유자가 대표조합원 선임 없이 각자 모두 분양신청하였고, 단일한 의사인 경우 그와 같은 분양신청은 유효한 것으로 보아야 할 것이다.

(2) 대표조합원의 선임이 없는 경우 분양신청통지를 각 공유자 등에게 하여야 하는지 여부가 문제된다.

위 정관 규정은 공유의 경우 대표조합원 선임 시 조합원으로서의 법률행위인 분양신청은 대표조합원이 하여야 한다는 것일 뿐, (수인의 공유 시 1인을 대표조합원으로 지정하고, 대표조합원 선임동의서를 작성하여 조합에 신고하여야 한다고 규정되어 있다고 하여) 대표조합원이 선임되지 아니한 경우 분양신청통지를 생략할 수 있다는 의미로 해석될 수는 없는 점, 대표조합원을 현재 선임하지 않았다 하더라도, 분양신청기간 중에는 얼마든지 대표조합원을 선임하여 분양신청할 수 있는 점 등에 비추어 사업시행자는 조합원인 토지등소유자 각자에게 대표조합원을 통해 분양신청할 수 있다는 것과 구체적인 분양신청내용을 통지하여야 한다.

(3) 재건축사업에 있어 조합설립에 동의하지 않은 토지등소유자에 대하여도 분양신청통지를 하여야 하는지 여부가 문제된다. 국토부 표준정관상 분양신청기간 종료일까지는 조합설립동의서를 제출하여 조합원이 될 수 있고, 법 72조 1항이 사업시행자는 '조합원'이 아니라 '토지등소유자'에게 분양신청통지를 하여야 한다고 규정하고 있으므로, 분양신청통지의 대상이 조합원 자격을 가진 자에 국한된다고 볼 수 없다는 견해가 있다.

그러나 법 72조 1항이 사업시행자가 토지등소유자에게 분양신청통지한다고 규정한 것은 토지등소유자가 20인 미만의 재개발사업의 경우에는 조합을 설립하지 아니하고 토지등소유자 개인이 사업시행자가 되는 것이 가능하므로, 이를 고려하여 '사업시행자' 및 '토지등소유자'라고 규정한 것일 뿐인 점, 분양신청권은 종후자산의 취득과 관련한 권리로서, 조합이 사업시행자인 경우의 분양신청권은 조합원의 본질적 권리에 해당하는 것으로 보아야 하는 점 등을 종합하면, 분양신청통지의 대상은 조합원에 국한된다고 보아야 할 것이므로, 재건축사업에 있어 조합설립에 동의하지 않은 토지등소유자에 대하여는 사업시행자에게 분양신청통지를 행할 의무가 있다고 보기 어렵다.[17)]

다. 분양신청통지의 방법

(1) 엄격성

관리처분계획 수립의 전제가 되는 분양신청권은 조합원들에게 있어 가장 본질적이고 중요한

17) 대법원 2023. 6. 29. 선고 2022두56586 판결 참조(법 72조 1항이 사업시행자는 '조합원'이 아니라 '토지등소유자'에게 분양신청통지를 하여야 함을 근거로 판시한 원심에 대하여 분양신청통지의 대상을 '조합원인 토지등소유자'가 아닌 '토지등소유자'로 본 원심의 이유 설시에 다소 부적절한 부분이 있음을 설시하면서, 조합이 조합원인 원고들에 대한 분양신청통지절차에 위법이 있다고 본 원심의 결론은 정당하다고 판시하였다).

권리이므로, 그 행사를 위한 분양신청통지의 적법성은 엄격히 판단되어야 한다.

⑵ 구체적 방법

㈎ 규정

국토부 표준정관 7조 1항은 조합은 조합원의 권리·의무에 관한 사항에 대하여는 조합원 및 이해관계인에게 성실히 고지, 공고하여야 한다고 규정하고 있고, 위 표준정관 7조 2항 1호 및 4호는 조합이 조합원의 권리·의무에 관한 사항을 고지함에 있어서 관련 조합원에게 등기우편으로 개별적으로 고지하여야 하고, 등기우편이 주소불명, 수취거절 등의 사유로 반송되는 경우에는 1회에 한하여 일반우편으로 추가 발송하며, 이 경우 그 등기우편을 발송한 날에 고지된 것으로 본다고 규정하고 있다.

㈏ 요건

① 위 정관 규정은 조합원의 주소지 등 '적법한 송달장소'로 등기우편에 의하여 조합원의 권리·의무에 관한 사항을 발송하였으나 송달불능된 경우, 일반우편으로 1회 더 추가로 발송하는 경우에 한하여 해당 고지의 효력을 인정하겠다는 의미라고 보아야 한다. 따라서 최초 등기우편에 의하여 발송한 주소가 신고한 조합원의 주소지가 아니라면 이는 그 자체로 적법한 것으로 보기 어렵다. 분양신청통지는 등기우편에 의한 송달이 원칙이고, 사업시행자는 다수의 조합원에게 대량으로 이를 발송한다. 소송상 적법한 분양신청통지가 다투어지는 경우, 사업시행자가 제출하는 발송등기번호를 통하여 해당 조합원의 주소지 우편번호와 일치하는지를 확인하고 이로써 적법한 주소지로 송달한 것인지 여부를 추단하게 된다.

② 이미 그 전에 다른 안건으로 등기우편 송달, 1회 우편 송달로 송달간주 되었다면, 분양신청통지에 대하여 등기우편 1회로 갈음할 수 있는지 여부가 문제된다.

정관에 달리 정함이 없는 이상 위와 같은 고지간주규정은 해당 고지사항의 송달에 한하여 적용될 수 있을 뿐이므로, 특정 사항에 관하여 정관 규정에 따른 고지간주의 효력이 발생하였다 하더라도 그와 다른 별개의 사항을 고지함에 있어서는 위 정관 규정이 정한 요건과 절차를 다시 갖추어야 고지간주의 효력이 인정된다. 따라서 이와 별도로 분양신청통지도 등기우편송달과 1회 우편송달이 반드시 필요하다.[18)]

㈐ 등기우편 배달 여부

우편물이 등기취급의 방법으로 발송된 경우 그것이 도중에 유실되었거나 반송되었다는 등의 특별한 사정에 대한 반증이 없는 한 그 무렵 수취인에게 배달되었다고 추정된다.[19)] 따라서 사업시행자는 등기우편으로 발송하였음에 대한 증명책임을 부담하고, 추가로 일반우편으로 1회 발송하지 아니함이 위법하다고 주장하는 조합원이 등기우편이 반송되었음에 대한 증명책임을 부담한다.[20)]

---

18) 대법원 2014. 11. 13. 선고 2011두2446 판결.
19) 대법원 1992. 3. 27. 선고 91누3819 판결, 대법원 2017. 3. 9. 선고 2016두60577 판결.
20) 대법원 2019. 7. 25. 자 2019두40192 판결 및 서울고등법원 2019. 4. 17. 선고 2018누62432 판결[일반적인 등기우편으로 발송하였다가 반송되면 추가로 일반우편으로 1회 발송하여야 적법한바, 분양신청서 등을 '반송 불요' 등기우편

2. 분양신청통지의 하자

가. 분양신청통지의 절차상 하자

분양신청통지는 사업시행자로 하여금 토지등소유자에게 정비사업에 참여할 것인지, 아니면 현금으로 청산받고 정비사업에 참여하지 아니할 것인지를 선택하는 기회를 부여하고, 조합원의 분양신청 내용을 기초로 관리처분계획이 수립되므로, 적법한 분양신청통지는 사업시행자가 관리처분계획을 수립하는 과정에서의 본질적인 절차이다. 따라서 사업시행자가 토지등소유자에게 적법한 분양신청통지를 하지 아니하여 토지등소유자가 분양신청을 하지 못한 것이라면 그 분양신청의 현황을 기초로 수립된 관리처분계획은 필수적인 절차를 위반한 것으로 위법하고, 이는 정비사업의 핵심 절차인 분양신청의 기회를 박탈한 것으로 그 하자의 정도는 중대하다고 할 것이다. 나아가 이는 도시정비법이 명시적으로 규정된 절차를 위반한 것으로 그 하자가 명백하다고 봄이 상당하다.[21] 위와 같이 적법한 분양신청통지를 받지 못하여 분양신청기간 내에 분양신청하지 못한 토지등소유자의 경우 관리처분계획상 현금청산대상자로 분류되었다 하더라도 이는 하자가 중대·명백하여 무효이므로 조합원 지위가 상실되지 아니한다.[22]

나아가 분양신청통지는 적법하나 다음에서 살펴보듯이 사업시행자가 조합원의 분양신청을 접수하는 단계에서 일부 조합원의 분양신청접수를 거부하는 등으로 공정한 분양신청 기회를 실질적으로 보장하여 주지 아니한 경우에는 특별한 사정이 없는 한 그러한 분양신청의 현황을 토대로 수립된 관리처분계획은 위법하다고 보아야 한다(조합원이 적법한 분양신청통지를 받지 못하여 분양신청을 하지 아니한 경우에 준하여 무효라고 보아야 할 것이다).

나. 분양신청통지의 내용상 하자

(1) 평형선택권을 침해하는 내용의 분양신청통지

㈎ 분양신청통지는 조합원에게 분양신청의 기회를 보장하여 주기 위한 것이고, 사업시행자는 분양신청통지를 받은 조합원으로부터 분양신청을 받아 그 현황을 토대로 관리처분계획을 수립한다. 사업시행자가 일부 조합원들에게 특정 평형에 대한 분양신청이 불가하다고 안내하는 등으로 평형선택권을 침해하는 내용의 분양신청통지를 하였다면, 그와 같은 하자로 인하여 해당 조합원은 공정한 분양신청 기회를 실질적으로 보장받지 못한 것이다. 따라서 특별한 사정이 없

으로 발송한 경우에는 실제 송달 여부와 무관하게 반송이 이루어지지 않으므로, 조합원의 권리를 보호하기 위하여 그 전체가 송달되지 않았고, 반송되지 않은 것으로 취급하여야 하며, 그 경우 조합이 1회 추가로 일반우편으로 발송하지 않았을 것이므로 적법한 송달로 볼 수 없다(모든 경우 1회 추가로 일반우편 발송했다면 예외). 다만, 사업시행자가 실제로 적법하게 실제로 송달되었음을 증명한다면 송달의 효력을 인정할 수 있을 것이다].

21) 대법원 2019. 7. 25. 자 2019두40192 판결 및 서울고등법원 2019. 4. 17. 선고 2018누62432 판결, 서울행정법원 2018. 7. 27. 선고 2017구합82390 판결(확정), 서울행정법원 2021. 4. 16. 선고 2020구합68509 판결(확정). 관리처분계획인가는 고시로 이루어지는 행정처분으로서 행정업무규정 4조 3호, 6조 3항에 의하여 5일이 경과한 날부터 효력이 발생하고, 제소기간이 진행된다. 그런데 관리처분계획인가·고시가 있는 경우 사업시행자는 법 78조 5항에 의하여 분양신청을 한 자에게만 관리처분계획인가의 내용 등을 통지하므로, 분양신청통지를 받지 못하여 분양신청하지 아니한 조합원으로서는 제소기간이 도과한 이후에야 관리처분계획의 수립사실을 알게 되는 것이 일반적이므로 실무 현실에 비추어 보아도 그와 같이 해석함이 타당하다.

22) 대법원 2023. 6. 29. 선고 2022두56586 판결 및 서울고등법원 2022. 8. 18. 선고 2021누56376 판결(법 73조 1항의 '분양신청을 하지 아니한 자' 또는 '인가된 관리처분계획에 따라 분양대상에서 제외된 자'에 해당하지 않는다).

는 한 그러한 분양신청의 현황을 토대로 수립된 관리처분계획은 위법하다고 보아야 한다(조합원이 적법한 분양신청통지를 받지 못하여 분양신청을 하지 아니한 경우에 준하여 무효라고 보아야 할 것이다).[23)]

(나) 법 76조 1항 7호 라목에 의하여 투기과열지구 재건축사업에서는 종전자산의 가격범위에서 2주택을 취득할 수 있는바, 조합이 임의로 감정평가한 금액을 기초로 조합원의 종전자산가격이 조합원이 신청한 특정 평형(종후자산가액) 2개의 평균 추정가격에 미치지 못하는 경우에는 신청을 접수하지 않는 방법으로 평형선택을 제한한 사안에서(사실상 특정 평형의 소유자들에 대하여 해당 평형의 평균가격을 기초로 종후자산의 다양한 평형 중 그 평균가액 이상인 경우에만 선택하도록 제한한 사안이다),[24)] 판례는 특정 평형을 종전자산으로 가진 조합원들의 종전자산 평균 추정가액이 종후자산 중 특정 평형(종후자산가액)의 평균 추정가격에 미치지 못한다 하더라도, 종전자산 또는 종후자산의 가액은 각 동의 위치와 형상, 면적, 층수 및 주변 편의시설로의 접근성에 따라 천차만별이고, 또한 추후 동·호수 추첨결과에 따라 종후자산의 가격이 최종 확정되는데, 경우에 따라서는 해당 특정 평형을 취득할 여지가 있음에도, 사업시행자가 단지 임의로 산정한 종전자산의 평균가격에 기반하여 특정 평형의 소유자에 대하여 일률적으로 특정 평형의 종후자산에 대한 분양신청을 금지하는 내용의 안내를 하였다면, 이를 기초로 수립된 관리처분계획은 위법하고, 단순히 청산금의 가감을 통하여 조정될 수 있는 재량범위 내인 것으로 볼 수 없다고 하였다.[25)]

(2) 분양대상자별 분담금 추산액 통지의 하자

사업시행자는 조합원에게 반드시 분담금 추산액을 통지하여야 한다. 위 규정은 사업시행자로 하여금 분양신청을 앞둔 조합원에게 상당한 비용을 부담하면서 정비사업에 참여할 것인지, 아니면 현금으로 청산받고 정비사업에 참여하지 아니할 것인지를 선택함에 있어 판단의 기초가 되는 정보를 제공하도록 하기 위한 것이므로, 관리처분계획을 수립하는 과정에서 이루어지는 분양신청통지의 중요한 내용이기는 하다.

그러나 정확한 분담금 산정을 위해서는 분양대상자별 종전의 토지 및 건축물 가격뿐만 아니라 분양예정인 대지 및 건축물의 가액 외에 사업완료 후의 대지 및 건축물의 총 수입, 총 사업비 등의 산정자료가 필요하다. 조합설립인가 이후 시공계약이 체결되어 공사비 등을 비롯한 총 사업비의 대강이 확정된다 하더라도, 조합원별로 구체적으로 특정된 분담금내역은 분양신청이 완료된 후 관리처분계획에 의하여 평형 배정 등이 결정되어야 비로소 확정될 수 있다(더구나 근래에는 조망권의 가치가 중요하게 부각되어 동일한 평형이라도 동·호수에 따른 가격차이가 커서 동·호수 추첨까지 마쳐져야 분담금이 확정될 수 있다).

---

23) 서울고등법원 2020. 12. 24. 선고 2019누55516 판결(판결 후 소취하).

24) 법이 2017. 2. 8. 전부개정되어 사업시행자는 조합원에게 분양신청통지를 함에 있어 반드시 분양대상자별 종전의 토지 또는 건축물의 명세 및 사업시행계획인가의 고시가 있은 날을 기준으로 한 가격을 통지하여야 하여야 하나, 당시는 위 개정법률이 적용되기 이전인바, 조합은 조합원의 편의를 위하여 임의로 감정하여 특정 평형의 평균 추정가격을 통지한 것이다. 나아가 종후자산도 또한 분양신청통지 이후 법정의 감정절차를 통하여 가액이 확정되나, 조합이 조합원의 편의를 위하여 임의로 감정하여 평균추정가액을 통지한 것이다.

25) 서울고등법원 2020. 12. 24. 선고 2019누55516 판결(확정) 및 서울행정법원 2019. 8. 16. 선고 2018구합593 판결.

그렇다면 분양신청통지 단계에서의 '분담금 추산액'의 통지는 사업시행자에 대하여 관리처분계획에 포함될 사항과 같은 수준으로 구체화된 분담금내역을 통지할 의무를 부과하는 것은 아니라고 할 것이다. 따라서 사업시행자인 조합으로서는 사업시행계획인가의 고시가 이루어지고 관리처분계획이 수립되기 전 단계에서 장차 조합원이 부담하게 될 것으로 예측되는 비용을 대강 판단 내지 추단할 수 있을 정도로 기재하여 통지하는 것으로 족하다 할 것이다.[26] 특히 전용면적, 공용면적, 세대 수, 구체적인 구조 등이 확정되어 있는 아파트와 달리 상가의 경우 수요자별 또는 업종별로 선호하는 면적이나 위치, 구조 등이 다를 수 있기 때문에 분양신청 및 관리처분계획 수립단계에서 신축상가의 면적, 구조, 위치 등이 확정되지 않는 경우가 많고, 그러한 경우에는 관리처분계획의 수립 및 인가된 이후 이루어질 일반분양계약에 따른 수분양자가 결정되고 나서야 비로소 수분양자별 입점계획 등을 반영하여 상가의 면적, 구조, 위치 등을 관리처분변경계획을 통하여 확정할 수 있기 때문에 분양신청 및 관리처분계획 수립 단계에서 정확한 분담금을 산정하기는 사실상 어려우므로, 분담금 추산액 통지가 개괄적으로 이루어지더라도 적법하다 [실무상 분담금 추산액을 통지하면서 "분담금 추산액은 향후 감정평가업자가 감정평가한 분양가격 및 사업비(시공도급 공사비 등) 증감에 따라 변경될 수 있습니다."라고 안내한다].

시공자 선정 및 공사도급계약이 무효인 경우, 분양대상자별 분담금 추산액 통지에 하자가 있어 이에 따른 관리처분계획이 위법한지 여부가 다투어지나, 유효함은 제5편 제2장 Ⅴ. "2. 시공계약 체결이후의 법률관계"에서 자세히 살펴보았다.

3. 분양신청통지의 하자(누락)를 이유로 한 각종 쟁송

가. 관리처분계획에 대한 쟁송

앞서 본 바와 같이 조합원은 사업시행자로부터 분양신청통지를 받지 못하여 분양신청기간 내에 분양신청을 하지 못하였다면, 관리처분계획상 현금청산대상자로 분류되었다 하더라도, 그에 대한 관리처분계획 부분은 앞서 본 바와 같이 하자가 중대·명백하여 무효이므로, 여전히 조합원의 지위를 보유하고 있다. 관리처분계획이 쟁송에 의하여 취소되거나 무효가 확인되면, 사업시행자는 해당 조합원에 대한 분양신청통지를 새로이 진행하여야 하고 이때 해당 조합원은 분양신청을 함으로써 수분양자가 될 수 있으므로 관리처분계획을 항고소송으로 다툴 법률상의 이익이 있고, 제소기간 내에 관리처분계획의 취소를 구하는 경우에는 그와 같은 관리처분계획은 위법하여 취소되어야 하고, 무효확인소송을 제기한 경우에도 승소판결하여야 한다.

나. 조합원지위확인소송

(1) 쟁점

적법한 분양신청통지를 받지 못하여 관리처분계획상 현금청산대상자로 분류된 조합원으로서

---

26) 헌법재판소 2015. 12. 23. 선고 2015헌바66 결정. 한편, 법이 2017. 2. 8. 전부개정되기 이전에는 분양신청통지 사항으로 '개략적인 부담금 내역'이라고 규정하고 있었고, 종전자산가격이 그 대상이 아니었으므로, 개략적인 수입, 비용 및 비례율 산정식만을 제공하는 경우에도 적법하다는 원심판단을 수긍한 대법원 판례(대법원 2014. 2. 13. 선고 2011두21652 판결, 대법원 2013. 1. 24. 선고 2011두14111 등 판결)가 있으나, 개정법률이 분양신청통지의 대상으로 종전자산가격을 규정하고 있으므로, 위 판례가 개정법률 시행 이후에도 그대로 적용된다고 보기는 어렵다.

는 가장 근원적인 해결책인 관리처분계획의 취소 또는 무효확인소송을 제기할 수 있음에도, 조합원지위확인소송을 제기하는 것이 가능한지 여부가 문제된다.

(2) 판례

(가) 조합원 지위의 확인을 구할 수 없다는 취지로 해석할 여지가 있는 대법원 판례가 있다(대법원 1996. 2. 15. 선고 94다31235 전원합의체 판결). 즉, 위 판결은 아직 조합의 어떠한 처분 등이 개입되지 아니한 상태에서는 조합원지위확인소송을 제기할 수 있으나, 조합원인 원고가 분양신청을 하였으나, 조합의 아파트 분양기준상의 그 대상자에 해당하지 않는다고 하여 그를 현금청산대상자로 하는 관리처분계획을 수립한 경우에는 관리처분계획의 취소를 구하여야 한다는 것이다. 따라서 조합이 분양신청을 하지 않았음을 이유로 조합원을 현금청산대상자로 분류한 경우에는 조합원지위확인소송을 제기할 수 없고, 그를 현금청산대상자로 하는 관리처분계획의 취소를 구하여야 한다는 것이다.[27)]

(나) 위 94다31235 전원합의체 판결 이후 선고된 대법원 2015. 10. 29. 선고 2013두12669 판결은 관리처분계획상 상가를 분양받은 조합원이 적법한 동·호수 추첨이 이루어지지 않아 상가분양계약 체결에 응하지 않았고, 이에 사업시행자가 해당 상가에 관하여 일반분양하는 것으로 관리처분변경계획을 수립하여 인가받은 사안에서, 위 상가조합원이 제기한 조합원지위확인의 소에 대하여 각하판결하는 대신 관리처분변경계획은 이전고시가 이루어지기 전까지는 변경될 수도 있어 조합원 지위의 확인을 구할 소의 이익이 있다고 하였다. 현재 실무상 하급심은 소의 이익 인정 여부에 관하여 견해가 나누어지고 있는 듯하다. 다만, 위 2013두12669 판결의 취지에 따라 분양신청을 하지 아니하여 현금청산대상자로 분류된 관리처분계획이 존재함에도, 관리처분계획의 무효확인이나 취소를 구하는 대신 조합원 지위의 확인을 구하는 내용으로 제기된 소에 대하여 본안 전 항변을 배척하고 소의 이익을 인정하고 있는 것이 하급심의 주류인 듯하다.[28)]

(3) 결론

권리 또는 법적 지위에 현존하는 위험·불안을 제거하는 직접적이고 구체적인 방법으로 일응 조합원 지위의 확인을 구할 소의 이익이 있다고 보아야 할 것이다. 그 논거는 다음과 같다.

ⓐ 조합원지위확인소송에서 승소하면 사업시행자의 관리처분계획변경절차를 통해 규정에 적

27) 다만 위 판결은 그 근거로 설령 조합원지위확인소송에서 승소하더라도, 조합원이 분양신청을 하지 아니한 경우 금전으로 청산하게 되고, 분양신청 하더라도 조합이 분양대상자가 아니라고 하여 관리처분계획에 의하여 이를 제외시키거나 원하는 내용의 분양대상자로 결정하지 아니할 수도 있으므로, 토지등소유자에게는 원하는 내용의 구체적인 수분양권이 직접 발생하는 효과를 거둘 수 없어 조합원지위확인소송은 소의 이익이 없다는 것이나, 이는 분양신청한 경우의 수분양권과 관련된 것이어서, 적법한 분양신청통지를 받지 못하여 분양신청하지 않은 경우와 관련된 당해 사안에 직접적으로 적용된다고 보기는 어렵다.

28) 서울고등법원 2018. 10. 31. 선고 2018누41985 판결(확정), 서울고등법원 2019. 10. 17. 선고 2019누41746 판결(확정), 대법원 2020. 1. 16. 자 2019두53921 판결 및 서울고등법원 2019. 9. 11. 선고 2019누40446 판결(제1심이 소의 이익이 없어 각하하였으나, 원고만이 항소하여 불이익변경금지원칙상 청구기각 판결하였다), 서울고등법원 2022. 8. 18. 선고 2021누56376 판결[원고가 자신을 현금청산대상자로 한 관리처분계획의 무효확인을 구할 뿐만 아니라 조합원지위확인을 구한 사안에서, 관리처분계획 중 원고를 현금청산대상자로 정한 부분의 무효임을 확인하고, 조합원지위확인 청구 부분도 확인의 이익이 있음을 명확히 밝혔다. 이에 대하여 조합이 상고하여 상고기각 되었으나(대법원 2023. 6. 29. 선고 2022두56586 판결), 조합원 지위 확인 청구와 관련하여 확인의 이익이 없음을 들어 상고한 것으로 보이지는 아니한다].

합한 권리를 부여받을 수 있다.[29)]

ⓑ 소송 결과에 따라 조합원 지위가 확인되면 보류지를 통해 분양을 받을 수 있는 가능성이 열려 있다.[30)]

4. 분양신청 연장결정 관련 쟁점

가. 분양신청 연장통지하지 않은 하자의 중대·명백 여부

(1) 문제의 소재

사업시행자가 분양신청기간을 연장하기로 결정하였음에도, 일부 조합원들에게 분양신청기간 연장통지를 하지 않았고 이로 인하여 일부 조합원들이 분양신청을 하지 못한 경우, 해당 조합원들에 대한 관리처분계획의 하자가 중대하나, 이를 무효로 할 정도로 객관적으로 명백한지 여부가 문제된다.

(2) 판례(무효 부정)

판례는 하자가 객관적으로 명백한 것으로 볼 수 없다고 하였다.[31)] 그 논거는 다음과 같다.

ⓐ 법 72조 2항은 본문으로 분양신청기간 등의 통지에 관한 규정을 둔 다음, 단서로 분양신청기간의 연장에 관한 규정을 두고 있는바, 그 문언만으로는 분양신청기간을 연장하는 경우에도 이를 다시 조합원들에게 통지하여야 하는지 여부가 명확하지 않다.

ⓑ 당시 조합원들에게 개별적으로 분양신청기간 연장통지를 하여야 하는지에 관하여는 하급심의 해석이 엇갈리는 상황이다.[32)]

나. 분양신청기간 경과 후 임의 연장결정의 적법성

(1) 문제의 소재

실무상 분양신청기간이 연장되지 않은 채 경과된 이후에 적법한 분양신청기간 내에 분양신청을 하지 못한 현금청산대상자들이 관리처분계획인가권을 가진 행정청에 항의를 하고, 항의를 받은 행정청은 사업시행자인 조합에 분양신청기간의 연장을 권유하며, 그 경우 별도의 총회결의를 거치지 아니한 채 조합장 등이 임의로 분양신청기간 연장의 의미로 추가적인 분양신청기간을 부여하는 경우가 있다. 이를 전제로 하여 수립된 관리처분계획의 위법성 여부에 대하여 살펴본다.

(2) 판단(위법)

㈎ 분양신청기간 연장은 분양신청기간이 경과되기 전에 적법한 절차를 거쳐 분양신청기간 연장결정을 하는 경우에 가능하고, 분양신청기간이 만료된 이후에 임의로 분양신청기간을 연장하

29) 대법원 1999. 2. 5. 선고 97누14606 판결 참조.

30) 대법원 2023. 6. 29. 선고 2022두56586 판결 및 서울고등법원 2022. 8. 18. 선고 2021누56376 판결.

31) 대법원 2020. 1. 9. 자 2019두55811 판결 및 서울고등법원 2019. 9. 26. 선고 2019누40194 판결, 대법원 2020. 1. 30. 자 2019두55736 판결 및 서울고등법원 2019. 9. 26. 선고 2019누35871 판결, 서울고등법원 2018. 2. 22. 선고 2017누77055 판결(확정).

32) 서울고등법원 2017누77055 판결의 제1심인 서울행정법원 2017. 10. 13. 선고 2017구합50621 판결은 분양신청기간의 연장에 있어 개별 통지의무가 없다고 하였다.

는 것은 위법하다.[33] 그 논거는 다음과 같다.

ⓐ 적법한 분양신청통지를 받고도 분양신청기간 내에 분양신청을 하지 않은 조합원은 분양신청기간 종료일 다음 날에 조합원 지위를 상실하게 되므로, 그 후 조합이 임의로 분양신청기간을 연장하더라도 이미 조합원의 지위가 상실된 자로부터 분양신청을 받는 것이어서 그 자체로 부적법하다.

ⓑ 분양대상 조합원에 해당하는지 여부 판정의 기준일은 '분양신청기간 종료일'이고, 이는 임의로 변경할 수 없다.[34] 조합이 임의로 분양신청기간을 연장하는 것은 분양대상 조합원에 해당하는지 여부의 판정기준일을 임의로 변경하는 것이어서 위법하다.

(나) 결국 분양신청기간이 경과됨으로써 이미 현금청산대상자가 되어 조합원의 지위를 상실한 자에게 별도로 분양신청의 기회를 주기 위해서는 조합 총회에서 그와 같은 현금청산대상자들에게 다시 조합원 지위를 부여하는 결의를 하여,[35] 현금청산대상자들로 하여금 다시 조합원이 될 수 있는 지위를 부여한 이후에야, 별도로 그들에 대한 분양신청절차를 거칠 수 있다.[36]

제3절 분양신청 및 현금청산대상자

Ⅰ. 분양신청 방법

1. 규 정

가. 법

제72조(분양공고 및 분양신청)

③ 대지 또는 건축물에 대한 분양을 받으려는 토지등소유자는 제2항에 따른 분양신청기간에 대통령령으로 정하는 방법 및 절차에 따라 사업시행자에게 대지 또는 건축물에 대한 분양신청을 하여야 한다.

나. 시행령

제59조(분양신청의 절차 등)

④ 법 제72조 제3항에 따라 분양신청을 하려는 자는 제2항 제2호에 따른 분양신청서에 소유권의 내역을 분명하게 적고, 그 소유의 토지 및 건축물에 관한 등기부등본 또는 환지예정지증명원

33) 대법원 2022. 8. 12. 자 2022두42075 판결 및 서울고등법원 2022. 4. 20. 선고 2021누56871 판결, 서울행정법원 2021. 8. 11. 선고 2020구합65418 판결.

34) 대법원 2002. 1. 22. 선고 2000두604 판결 참조.

35) 정관의 필요적 기재사항이자 엄격한 정관변경절차를 거쳐야 하는 '조합원의 자격'에 관한 사항에 해당하므로, 비록 그것이 정관변경에 대한 절차가 아니라 하더라도 특별다수의 동의요건을 규정하여 조합원들의 이익을 보호하려는 법 40조 3항, 1항 2호의 규정을 유추적용하여 조합원 3분의 2 이상의 찬성결의가 필요하다.

36) 서울행정법원 2021. 4. 9. 선고 2020구합71123(확정).

을 첨부하여 사업시행자에게 제출하여야 한다. 이 경우 우편의 방법으로 분양신청을 하는 때에는 제1항 제3호에 따른 분양신청기간 내에 발송된 것임을 증명할 수 있는 우편으로 하여야 한다.

⑤ 재개발사업의 경우 토지등소유자가 정비사업에 제공되는 종전의 토지 또는 건축물에 따라 분양받을 수 있는 것 외에 공사비 등 사업시행에 필요한 비용의 일부를 부담하고 그 대지 및 건축물(주택을 제외한다)을 분양받으려는 때에는 제3항에 따른 분양신청을 하는 때에 그 의사를 분명히 하고, 법 제72조 제1항 제1호에 따른 가격의 10%에 상당하는 금액을 사업시행자에게 납입하여야 한다. 이 경우 그 금액은 납입하였으나 관리처분계획에서 정하여진 비용부담액을 정하여진 시기에 납입하지 아니한 자는 그 납입한 금액의 비율에 해당하는 만큼의 대지 및 건축물만 분양을 받을 수 있다.

다. 서울시 조례

조례 제32조(분양신청의 절차 등)

④ 법 제72조 제3항에 따라 분양신청을 하고자 하는 자는 영 제59조 제2항 제2호에 따른 분양신청서에 다음 각 호의 서류를 첨부하여야 한다.

1. 종전의 토지 또는 건축물에 관한 소유권의 내역
2. 분양신청권리를 증명할 수 있는 서류
3. 법 제2조 제11호 또는 이 조례에 따른 정관등에서 분양신청자격을 특별히 정한 경우 그 자격을 증명할 수 있는 서류
4. 분양예정 대지 또는 건축물 중 관리처분계획 기준의 범위에서 희망하는 대상·규모에 관한 의견서

시행규칙 제14조(분양신청)

영 제59조 제3항 제2호에 따른 분양신청서는 별지 제24호 서식에 따른다.

2. 규정의 해석

종후자산에 대한 분양을 받으려는 조합원은 분양신청기간 내에 법정의 방법 및 절차에 따라 사업시행자에게 대지 또는 건축물에 대한 분양신청을 하여야 한다.

가. 분양신청서

(1) 법 72조 3항, 법 72조 1항 4호, 법 시행령 59조 4항, 2항 2호의 위임에 따라 서울시 조례 시행규칙 14조는 "분양신청서는 별지 [24호 서식]에 따른다."고 규정하고 있고, 조례 시행규칙 [별지 24호 서식]상의 분양신청서는 다음과 같다.

<table>
<tr><td colspan="9">분 양 신 청 서</td><td>접수번호</td><td colspan="2">※ 시행자가 기재</td></tr>
<tr><td rowspan="3">신청인</td><td colspan="2">성 명</td><td colspan="3"></td><td colspan="3">생년월일</td><td colspan="3"></td></tr>
<tr><td colspan="2">주 소</td><td colspan="6">(전화)</td><td>조합원번호</td><td colspan="3"></td></tr>
<tr><td colspan="8">수인이 1인의 분양대상자로 신청하는 경우 함께 신청하는 자의 성명</td><td colspan="3">(총 인)</td></tr>
<tr><td rowspan="15">권
리
내
역</td><td rowspan="11">토
지</td><td rowspan="6">소
유
토
지</td><td rowspan="2">소 재 지</td><td rowspan="2">지 목</td><td colspan="3">면 적(㎡)</td><td rowspan="2">공유
여부</td><td rowspan="2">이용
상황</td><td rowspan="2">취 득
일 자</td><td rowspan="2">시행구역 외
주택소유 여부</td></tr>
<tr><td>공부상</td><td>편입</td><td>소유</td></tr>
<tr><td>(계 필지)</td><td></td><td></td><td></td><td></td><td></td><td></td><td></td><td></td></tr>
<tr><td></td><td></td><td></td><td></td><td></td><td></td><td></td><td></td><td></td></tr>
<tr><td></td><td></td><td></td><td></td><td></td><td></td><td></td><td></td><td></td></tr>
<tr><td></td><td></td><td></td><td></td><td></td><td></td><td></td><td></td><td></td></tr>
<tr><td rowspan="5">점
유
국
공
유
지</td><td rowspan="2">소 재 지</td><td rowspan="2">지 목</td><td colspan="3">면 적(㎡)</td><td rowspan="2">관리청</td><td rowspan="2">점유
상황</td><td rowspan="2" colspan="2">비 고
<불하희망여부></td></tr>
<tr><td>공부상</td><td colspan="2">점유인정</td></tr>
<tr><td>(계 필지)</td><td></td><td></td><td colspan="2"></td><td></td><td></td><td colspan="2"></td></tr>
<tr><td></td><td></td><td></td><td colspan="2"></td><td></td><td></td><td colspan="2"></td></tr>
<tr><td></td><td></td><td></td><td colspan="2"></td><td></td><td></td><td colspan="2"></td></tr>
<tr><td colspan="2" rowspan="4">건축물</td><td>소 재 지</td><td>연면적
(㎡)</td><td>용 도</td><td colspan="2">취 득 일</td><td>공유
여부</td><td>허가
유무</td><td colspan="2">무 허 가
건물번호</td></tr>
<tr><td>(계 동)</td><td></td><td></td><td colspan="2"></td><td></td><td></td><td colspan="2"></td></tr>
<tr><td></td><td></td><td></td><td colspan="2"></td><td></td><td></td><td colspan="2"></td></tr>
<tr><td></td><td></td><td></td><td colspan="2"></td><td></td><td></td><td colspan="2"></td></tr>
<tr><td>분양희
망의견</td><td colspan="2">주 택
규 모</td><td colspan="3"></td><td colspan="3">상가용도 등 및
규모</td><td colspan="3"></td></tr>
<tr><td colspan="12">「도시 및 주거환경정비법」 제46조 제2항, 같은 법 시행령 제47조 및 「서울특별시 도시 및 주거환경 정비조례」 제24조에 따라 위와 같이 분양을 신청합니다.

년 월 일
신청인 (서명 또는 날인)

구역 정비사업 시행자 귀하</td></tr>
<tr><td colspan="12">※ 첨부서류
1. 토지 및 건축물에 관한 등기부등본 또는 환지예정지증명원 각 1부.
2. 토지대장 및 건축물대장 각 1부.
3. 무허가 건축물인 경우에는 무허가건물확인원 및 소유를 입증하는 서류 1부.
4. 주민등록표 등본(신청인과 동일한 세대별주민등록표상에 등재되어 있지 아니하는 신청인 배우자의 주민등록표 등본 포함) 1부.
5. 수인이 1인의 분양대상자로 신청하는 경우에는 함께 신청하는 자의 분양신청서 각 1부.
6. 사업자등록증 기타 자격요건을 증빙하는 서류 1부.</td></tr>
</table>

여기서 주의할 점은 수인이 1인의 조합원의 지위에서 분양신청을 하는 경우, 각각 분양신청서를 작성하여 제출하되, 신청인란에 '수인이 1인의 분양대상자로 신청하는 경우 함께 신청하는 자의 성명'과 전체 인원을 기재하여야 한다는 것이다. 즉, 수인이 1인의 분양대상자로 신청하는 경우에는 함께 신청하는 자의 분양신청서도 각 1부씩 첨부하여야 한다.

⑵ 수인이 1인의 조합원 지위에 있는 경우와 관련하여 국토부 표준정관 9조 4항은 조합 운영의 절차적 편의를 도모하기 위하여 그 수인은 대표자 1인을 대표조합원으로 지정하고 대표조합원 선임동의서를 작성하여 조합에 신고하여야 하며, 조합원으로서의 법률행위는 그 대표조합원이 행한다고 규정하고 있다. 대표조합원이 선임된 경우에는 사업시행자인 조합은 대표조합원에 대하여 분양신청통지를 하여야 하고(대표조합원이 선임되지 아니한 경우에는 공유자 등 조합원 전부에게 분양신청통지를 하여야 함은 앞서 본 바이다), 분양신청도 대표조합원이 하여야 한다. 다만, 대표조합원은 나머지 수인의 분양신청서도 작성하여 제출하여야 한다.

입법취지는 분양신청에 의하여 관리처분계획상 수분양자가 되는 경우, 해당 조합원 수인은 비록 1인의 수분양자 지위에 있으나 각각 종후자산과 종전자산과의 차액에 해당하는 청산금 및 부과금(종후자산 산정에 있어 공사비가 고려되어 일반적으로 청산금만으로 충분하고 부과금이 부과될 여지가 많지 않으나, 총 공사비가 각 조합원의 청산금 합계액 및 일반분양대금 합계액 등 수입을 초과하는 경우 그 차액을 종전자산가격에 비례하여 산출된 금액)을 사업시행자로부터 부과받아 이를 지급할 의무를 부담하게 된다.

따라서 그와 같은 중대한 불이익을 초래할 행위에 대하여는 조합 운영의 절차적 편의를 도모하기 위하여 대표조합원이 행위를 하더라도 나머지 조합원들의 의사를 확인하는 서면을 제출하도록 한 것이다. 위와 같이 서울시 조례 시행규칙에 의하여 대표조합원을 제외한 나머지 수인들의 분양신청서도 반드시 제출되어야 하므로, 위와 같은 분양신청서가 첨부되지 아니한 대표조합원의 분양신청서는 적법하다고 보기 어렵다. 재개발조합설립인가 후 1인의 토지등소유자로부터 토지등을 양수하여 수인이 소유하는 경우 전원이 1인의 조합원으로서 1인의 분양대상자 지위를 가지는데, 분양신청기간이 만료될 때까지 대표조합원을 선임하지 아니한 채 각자 단독 명의로 분양신청을 하고, 그 신청서에 본인을 제외한 나머지 구분소유자들의 성명을 기재하거나 그들의 신청서를 첨부하지도 아니한 사안에서, 대법원은 위와 같은 분양신청에 대하여 도시정비법 규정 및 조합의 정관 규정에 어긋나 적법한 것으로 볼 수 없어 각각은 모두 현금청산대상자가 된다고 판시하였다.[37]

⑶ 재건축사업의 경우에는 조합의 재량으로 1조합원에 대하여 소유한 주택 수만큼 공급할 수도 있고, 과밀억제권역에 위치한 경우에는 소유한 주택의 범위에서 3주택까지 공급할 수 있다. 그 경우에는 해당 주택별로 분양신청서를 제출하여야 한다. 조합설립인가 이후 1명의 토지등소유자로부터 수 개 주택의 소유권이 양수되어 수인의 주택소유자가 존재하는 경우에도 여러 명을 대표하는 1명을 조합원으로 본다 할 것이므로, 대표조합원을 선임하게 된다. 그 경우 실무상 각각의 주택소유자는 각각 자신에게 소유권이 있음을 이유로 자신의 이름으로 분양신청서를 제출하는 경우가 흔히 있다. 그러나 그 경우에도 대표조합원 명의의 분양신청서를 제출하여야 한다.

⑷ 재개발사업 및 투기과열지구 재건축사업의 경우 1세대 1수분양권이 주어지나, 종전자산가격 및 주거전용면적의 범위에서 2주택이 가능한바, 2주택을 희망하는 경우 반드시 이를 표시하여야 한다.

---

37) 대법원 2023. 2. 23. 선고 2020두36724 판결.

나. 분양신청기간 내 제출

분양신청을 하려는 자는 분양신청기간 내에 사업시행자에게 법정의 분양신청서에 법정 서류를 첨부하여 제출하여야 한다. 조합원은 분양신청통지나 공고 당시 지정한 장소에서 사업시행자에게 직접 분양신청서를 제출하여 접수함이 일반적이나, 우편의 방법으로 분양신청을 하는 때에는 분양신청기간 내에 발송되었다면 비록 도달이 분양신청기간 경과 이후라 하더라도 적법한 분양신청으로 본다(법 시행령 59조 4항). 다만, 조합원이 분양신청기간 내에 발송된 것임을 증명하여야 하므로, 이를 증명할 수 있도록 내용증명 우편으로 하여야 할 것이다.

다. 추가분양(주택 제외)을 위한 분양신청서의 제출

재개발사업의 경우 토지등소유자는 종전자산에 따라 분양받을 수 있는 것 외에 추가로 공사비 등 사업시행에 필요한 비용의 일부를 부담하고 그 대지 및 건축물(주택을 제외한다)을 분양받으려는 때에는 분양신청을 하는 때에 그 의사를 분명히 하고, 종전자산가격의 10%에 상당하는 금액을 사업시행자에게 납입하여야 한다. 이 경우 위 10%는 납입하였으나 관리처분계획에서 정하여진 비용부담액을 정하여진 시기에 납입하지 아니한 자는 그 납입한 금액의 비율에 해당하는 만큼의 대지 및 건축물만 분양을 받을 수 있다(법 시행령 59조 5항).

사업시행에 필요한 비용의 일부를 부담하고 대지 및 건축물을 분양받을 수 있는 조합원은 정비사업에 제공되는 종전의 토지 또는 건축물에 따라 대지 또는 건축물을 분양받을 수 없는 토지등소유자로 한정되지 아니한다.[38)]

라. 분양희망의견

(1) 서울시 조례 32조 4항 4호는 분양신청서에는 분양신청자의 종후자산에 대한 분양희망의견을 반드시 첨부하도록 규정하고 있고, 또한 사업시행자는 서울시 조례 32조 3항 1호에 따라 조합원에게 분양신청통지를 함에 있어 반드시 분양신청 안내문을 첨부하여야 하는바, 위 안내문에는 희망하는 분양의견을 기재하도록 하는 내용이 포함됨은 앞서 본 바이다.

(2) 앞서 본 분양신청 안내문 기재와 같이 공동주택의 경우 분양신청 당시 개별 호수[평형(면적), 타입(A, B, C 타입) 포함]까지 정해져 있는바, 조합원들이 특정 1개의 호수에 대하여만 분양신청하는 경우, 경합 시 탈락자가 다수 발생하고, 그 경우 현금청산대상자가 될 우려가 있다. 따라서 탈락자를 최소화하기 위해 2, 3순위를 기재하도록 한다. 실무상으로는 공동주택의 경우에는 반드시 1, 2, 3순위의 분양희망의견을 기재하여 분양신청을 받게 된다.

(3) 부대시설·복리시설(상가)과 관련하여서는, 분양신청 당시 개별 호수까지 특정되어 있는 경우에는 앞서 본 분양신청 안내문 기재와 같이 공동주택과 동일한 방법으로 분양희망의견을 기재하게 된다. 그러나 상가의 경우 상가동별, 층별, 위치별 면적만 특정되어 있을 뿐, 상가의 호수가 특정되어 있지 않는 경우가 일반적이다. 그 경우에는 법령 및 조례에서 1인 1상가 공급원칙을 규정하고 있지 않고, 상가 1개를 분양받더라도 분할하여 호수를 나누거나 2개를 분양받더라

---

38) 법제처 2022, 3, 18.자 법령해석회신, 안건번호 21－0753.

도 합하여 1개로 변경이 가능하여 개수가 특별한 의미가 없으므로, 분양면적 및 용도를 기재하여 분양신청을 받게 된다. 다만, 사업시행자가 상가의 경우에도 동, 층, 위치(전면, 후면 등) 등에 따라 구분하여 공동주택의 경우처럼 각 순위를 정하여 분양하는 내용의 기준을 수립한 경우에는 조합원은 아래의 분양신청서에 순위별로 특정하여 기재한 후 이를 제출한다. 예를 들면 1순위 A동 1층 전면부, 2순위 B동 1층 전면부, 3순위 A동 1층 후면부 등과 같다.

위와 같이 순위별로 분양희망의견을 기재하여 분양신청을 받는 경우에는, 주택이든 상가든 각각의 평형 및 타입에 따른 호별(공동주택) 또는 동, 층, 위치(상가)에 따라 순위별로 분양하게 된다.

(4) 실무에서는 서울시 조례 시행규칙 [별지 24호 서식]상의 분양신청서에 추가하여 순위의 선택이 용이한 아래와 같은 분양신청서가 많이 사용된다.

(제2쪽)

1. 분 양 희 망 의 견 (타입 결정은 동·호수 추첨시 결정됩니다.)

	선택유형	59㎡ A타입	59㎡ B타입	59㎡ C타입	73㎡	78㎡	84㎡	111㎡
공동주택 분양희망	1순위				○			
	2순위	○			본인작성			
	3순위					○		
근린생활시설		총 분양희망면적 : 80 ㎡				용도: 약국		

2. 공유자 명세서 (토지 또는 건축물의 소유가 공유일 경우 대표자 외의 공유자 전원 기재)

Ⅱ. 분양신청과 관련한 쟁점

1. 분양신청의 철회 및 분양신청 후 토지등의 양수인

가. 분양신청의 철회

조합원은 분양신청을 하였다 하더라도, 분양신청기간 내이면 철회가 가능하다(법 73조 1항 2호). 나아가 분양신청을 철회하였다 하더라도, 분양신청기간 내이면 다시 분양신청하는 것도 가능하다.

나. 분양신청 후 토지등의 양수인

법 129조는 정비사업과 관련하여 권리를 갖는 자의 변동이 있은 때에는 종전의 권리자의 권리·의무는 새로 권리자로 된 자가 승계하므로, 투기과열지구의 재건축사업에서 조합설립인가 후 양수(재개발사업에서는 관리처분계획인가 후 양수)이거나 양수인이 이미 투기과열지구 정비사업에서 5년 내에 분양받아 수분양권이 제한되지 아니하는 한 분양신청 후 토지등의 양수인에게 분양신청의 효력이 승계된다.[39]

---

39) 대법원 1995. 6. 30. 선고 95다10570 판결.

2. 각각의 수분양적격 가진 자의 하나의 분양신청권 인정 여부

가. 문제의 소재

수인이 각각 조합원의 지위를 가지고, 각각 수분양적격이 있음에도 불구하고, 하나의 수분양권만을 신청하는 것이 가능한 것인지 여부가 문제된다. 관련 법령, 조례 및 정관은 명시적 규정을 두고 있지 않다.

나. 판 단(인정)

사업시행자인 조합이 수인의 조합원들의 의사에 따라 하나의 분양신청을 인정하고, 이에 따라 1인의 분양대상자로 분류하는 관리처분계획을 수립하더라도, 이는 관련 법령, 조례 및 정관의 규정에 위반되지 아니하고 적법하다. 그 논거는 다음과 같다. 현재 실무상 허용하고 있다.[40)]

ⓐ 수인이 각각 조합원의 지위를 가짐에도 불구하고, 하나의 수분양권만을 신청하는 것은 분양신청권의 일부를 포기한 것이다. 조합원에게는 건축물의 분양신청권이 인정되고, 이를 행사하거나 포기하는 것이 가능하므로, 해석상 일부 포기도 허용될 수 있고 실제로 관련 법령 등이 그와 같은 처분행위를 불허하는 규정을 두고 있지 않다.

ⓑ 종전자산 평가액이 과소한 경우 과다한 분담금을 부담하게 되나 그와 같은 분담금을 부담할 여력이 없는 수인의 조합원들로서는 공동으로 1인의 분양대상자가 되어서라도 분양신청을 할 유인이 충분히 존재하며, 만약 이와 같은 형태의 분양신청을 허용하지 않는다면, 가치가 낮은 종전자산을 소유한 조합원의 경우에는 경제적 사정 등으로 인하여 종후의 공동주택 등을 전혀 분양받을 수 없게 되는바, 이는 정비사업의 시행 목적에 부합하지 않는다.

3. 하자의 시정을 목적으로 하는 조합설립변경인가처분 후 종전 분양신청 현황의 이용가능 여부

가. 문제의 소재

조합설립 동의정족수 하자 등을 이유로 종전의 조합설립인가처분에 대한 무효확인소송 또는 취소소송이 진행되고 있는 중에 사업시행자가 새로 조합설립인가처분을 받는 것과 동일한 요건과 절차를 거쳐 조합설립변경인가처분을 받고, 이에 따라 새로운 사업시행변경계획을 작성하여 인가받은 후 별도의 분양신청절차 없이 종전 사업시행계획에 기하여 실시한 종전 분양신청의 현황을 이용하여 새롭게 관리처분계획을 수립할 수 있는지 여부가 문제된다.

나. 판 단

(1) 원칙적 부정

조합이 종전의 조합설립인가처분에 대한 무효확인소송 또는 취소소송이 진행되고 있는 등으로 그 효력 유무 또는 위법 여부 등이 확정되지 않은 상태에서 새로 조합설립인가처분을 받는

---

40) 서울행정법원 2019. 12. 18. 선고 2019구합63089 판결(확정).

것과 동일한 실체적·절차적 요건을 모두 갖추고 조합설립변경인가처분을 받은 경우, 그 조합설립변경인가처분은 새로운 조합설립인가처분으로서의 효력을 가진다. 조합설립변경인가처분에 의하여 종전 조합설립인가처분은 묵시적으로 취소되어(조합설립변경인가처분은 조합설립 동의정족수 하자 등 종전 조합설립인가처분의 성립 당시에 존재하는 하자의 시정을 이유로 하는 것이므로, 조합설립변경인가처분에 의하여 종전 설립인가처분이 묵시적으로 직권취소되어[41] 종전 조합설립인가처분이 소급적으로 소멸하였다) 이에 기초한 종전 사업시행계획 및 종전 관리처분계획도 모두 소급하여 효력을 상실하였으므로 사업시행자는 조합설립변경인가처분을 받기 전에 작성·인가된 종전의 사업시행계획에 따라 정비사업을 진행할 수는 없고, 법령이 정한 요건과 절차에 따라 새롭게 사업시행변경계획을 작성하여 인가를 받은 이후 법 72조가 규정하고 있는 분양신청통지·공고 등의 절차를 다시 밟거나 분양신청 대상자들(종전 분양신청절차에서 분양신청을 한 사람들과 이때에는 분양신청을 하지 않았지만 조합원 지위를 상실하지 않은 자를 포함한다)의 분양신청에 관한 의사를 개별적으로 확인하여 그 분양신청 현황을 기초로 관리처분계획을 수립하여야 하고, 사업시행자가 이러한 절차를 밟지 않고 종전 사업시행계획에 기초한 분양신청 현황에 따라 관리처분계획을 수립하였다면 그 관리처분계획은 위법하다.[42]

(2) 예외

다만, 종전의 분양신청 현황을 기초로 했더라도 새로운 관리처분계획 수립 당시 토지등소유자의 새로운 분양신청 현황을 기초로 관리처분계획을 수립했다고 평가할 수 있는 다음의 요건을 모두 갖춘 예외적인 경우에는 종전의 분양신청 현황을 기초로 새로운 관리처분계획을 수립하는 것이 허용된다.[43]

ⓐ '분양대상자별 분담금의 추산액' 등 법령이 분양신청통지에 포함시키도록 한 사항 등에 관하여 새로운 사업시행계획과 종전 사업시행계획 사이에 실질적으로 변경된 내용이 없을 것

ⓑ 사업의 성격이나 규모 등에 비추어 두 사업시행계획인가일 사이의 시간적 간격이 지나치게 크지 않을 것

ⓒ 분양신청 대상자들 중 종전 분양신청을 철회·변경하겠다거나 새롭게 분양신청을 희망한다는 의사를 조합에 밝힌 사람이 실제 있지 않을 것

---

41) 행정행위의 취소는 일단 유효하게 성립한 행정행위를 그 행위에 위법 또는 부당한 하자가 있음을 이유로 소급하여 그 효력을 소멸시키는 별도의 행정처분이고, 행정행위의 철회는 적법요건을 구비하여 완전히 효력을 발하고 있는 행정행위를 사후적으로 그 행위의 효력의 전부 또는 일부를 장래에 향해 소멸시키는 행정처분이므로, 행정행위의 취소사유는 행정행위의 성립 당시에 존재하였던 하자를 말하고, 철회사유는 행정행위가 성립된 이후에 새로이 발생한 것으로서 행정행위의 효력을 존속시킬 수 없는 사유를 말한다(대법원 2006. 5. 11. 선고 2003다37969 판결).

42) 대법원 2016. 12. 15. 선고 2015두51347 판결, 대법원 2016. 12. 15. 선고 2015두51309 판결.

43) 대법원 2016. 12. 15. 선고 2015두51347 판결, 대법원 2016. 12. 15. 선고 2015두51309 판결(최초 사업시행계획과 변경된 사업시행계획 사이의 시간적 간격은 약 3년 9개월이고, 변경된 사업시행계획은 건축면적이 9,742.72㎡에서 9,915.32㎡로, 건축연면적이 166,113.04㎡에서 167,621.81㎡로, 건폐율이 20.78%에서 21.15%로, 용적률이 228.71%에서 231.21%로, 59.99평형 분양세대 수가 271세대에서 285세대로 변경된 것 외에는 큰 차이가 없으며, 종전 분양신청을 철회·변경하겠다거나 새롭게 분양신청을 희망한다는 의사를 사업시행자에게 밝힌 사람이 없다).

4. 사업시행계획변경과 새로운 분양신청절차 진행 요부

가. 하자의 시정을 목적으로 하는 사업시행변경계획 시

앞서 종전 처분을 대체하는 조합설립변경인가처분 후 종전 분양신청 현황의 이용가능 여부에서 살펴본 바와 같이 사업시행자가 종전의 사업시행계획에 대한 항고소송이 진행되고 있는 등으로 그 효력 유무 또는 위법 여부 등이 확정되지 않은 상태에서 새로 사업시행계획을 받는 것과 동일한 요건과 절차로 인가를 받은 경우에는 원칙적으로 새로운 분양신청절차를 진행하여야 한다. 다만, 앞서 본 바와 같이 예외가 인정된다.

나. 후발적 사정변경으로 인한 사업시행계획의 실질적 변경 시 새로운 분양신청절차 요부

(1) 실무상의 문제

사업시행계획에 기초하여 분양신청절차가 이루어진 이후 이를 내용으로 한 관리처분계획 수립 전에 사정변경으로 사업시행계획이 실질적으로 변경되는 경우, 분양신청한 조합원들 또는 현금청산대상자들이 새롭게 분양신청을 요구하고, 사업시행자가 이를 거부하는 경우가 있다.

한편 사업시행자가 사업시행계획에 기초하여 분양신청절차를 진행한 결과, 다수 또는 상당수의 조합원들이 분양신청에 응하지 아니하는 경우가 있다(주로 아파트 등의 가격이 하락세인 경우에 흔하다). 그 경우 사업시행자는 다수의 현금청산대상자들에 대한 청산에 필요한 현금 마련이 용이하지 않고, 미분양분에 대한 향후 일반분양의 불투명 등으로 인하여 정비사업의 진행에 어려움을 겪게 된다. 이에 사업시행자는 분양신청 내용에 따라 분양설계하여 관리처분계획을 수립하는 대신 종전 사업시행계획을 대체하는 사업시행변경계획을 작성하여(또는 종전 사업시행계획의 폐지결정 후 새로운 사업시행변경계획을 작성하여) 총회의결절차를 거쳐 이를 인가받아 새롭게 이미 분양신청한 조합원 또는 현금청산대상자들에 대한 분양신청절차를 진행하는 경우가 있다.

실무상 주로 전자가 문제되고, 사업시행계획이 실질적으로 변경되었음에도 종전 분양신청을 기초로 관리처분계획이 수립되는 경우 해당 관리처분계획의 위법성이 문제된다.

(2) 논의의 전제

(가) 사업시행계획의 주요 부분의 변경 또는 실질적 대체

새로운 분양신청절차를 진행할 것인지 여부가 논의되는 전제는 사업시행계획의 주요 부분의 변경 또는 실질적 대체여야 한다. 분양대상 조합원에 해당하는지 여부에 대한 판정기준일은 원칙적으로 '분양신청기간 종료일'이고, 이는 강행규정으로서 이를 그 이후로 늦추는 내용의 조합총회 결의는 효력이 없다.[44] 사업시행계획의 변경이 이루어졌다 하더라도, 그 내용이 경미한 사항의 변경에 불과하거나, 종전 사업시행계획의 유효를 전제로 내용 중 일부만을 추가·철회·변경하는 것에 불과하다면, 후행처분에도 불구하고 여전히 종전 사업시행계획이 존속한다. 그럼에도 불구하고, 새롭게 분양신청절차를 진행하는 것은 분양설계에 관한 계획기준일인 분양신청기간

44) 대법원 2002. 1. 22. 선고 2000두604 판결 참조.

종료일을 임의로 변경하는 것으로서 그 자체로 위법하다.[45)]

다만, 주요 부분을 변경하여 종전 사업시행계획을 대체하는 실질적으로 새로운 사업시행계획이 작성되어 인가된 경우에는 적법요건을 구비하여 완전히 효력을 발하고 있는 종전 사업시행계획이 장래를 향하여 소멸되었으므로(철회에 해당한다), 새로운 분양신청절차를 진행할 여지가 있다. 이는 앞서 본 바와 같이 사업시행자가 종전의 사업시행계획에 대한 무효확인소송 또는 취소소송이 진행되고 있는 등으로 그 효력 유무 또는 위법 여부 등이 확정되지 않은 상태에서 새로 사업시행계획을 받는 것과 동일한 요건과 절차로 인가를 받은 경우에는 원칙적으로 새로운 분양신청절차를 진행하여야 하는 것과 대조된다.[46)]

㈏ 사업시행계획의 주요 부분의 변경 또는 실질적 대체의 판단기준

제6편 제5장 Ⅲ. "3. 주요 부분을 실질적으로 변경하는 사업시행변경계획"에서 자세히 살펴본 바와 같이 사업시행계획의 변경이 당초 사업시행계획의 주요 부분을 실질적으로 변경하여 이를 대체한 것인지 여부는, 사업시행계획 중 변경된 내용, 변경의 원인 및 그 정도, 당초 사업시행계획과 변경 사업시행계획 사이의 기간, 당초 사업시행계획의 유효를 전제로 이루어진 후속행위의 내용 및 그 진행 정도 등을 종합적으로 고려하여 판단하여야 한다.

구체적으로는 당초 사업시행계획과 변경된 사업시행계획 사이의 기간이 장기간인 경우, 부대시설·복리시설의 경우 설치규모와 달리 그 위치가 중대하게 변경된 경우, 공동주택의 경우 용적률, 층(層) 및 동(棟)수, 세대 수, 연면적, 세대 당 주거전용면적의 상당한 변경 등은 주요 부분을 실질적으로 변경한 것으로 보아야 할 것이다.

(3) 규정의 내용

㈎ 사업시행자는 분양신청기간 종료 후 사업시행계획인가의 변경(경미한 사항의 변경은 제외한다)으로 세대 수 또는 주택규모가 달라지는 경우 1항부터 3항까지의 규정에 따라 분양공고 등의 절차를 다시 거칠 수 있다(법 72조 4항). 사업시행자는 정관등으로 정하고 있거나 총회의 의결을 거친 경우 4항에 따라 73조 1항 1호 및 2호에 해당하는 토지등소유자에게 분양신청을 다시 하게 할 수 있다(법 72조 5항).

위 각 규정의 '사업시행계획인가의 변경(경미한 사항의 변경은 제외한다)으로 세대 수 또는 주택규모가 달라지는 경우'의 의미는 앞서 본 바와 같이 사업시행계획의 주요 부분의 변경 또는 실질적 대체를 의미한다 할 것이다.

㈏ 사업시행계획에 따른 분양신청기간 내에 분양신청을 한 조합원들에 대하여 사업시행계획이 실질적으로 변경되는 경우에 새롭게 분양신청절차를 거칠 필요가 있는지 여부에 관하여 규율하고 있는 조항이 72조 4항이고, 사업시행계획에 따른 분양신청기간 내에 분양신청을 하지 아니하거나 철회하여 이미 조합원의 지위를 상실한 현금청산대상자들에 대하여 사업시행계획이 실질적으로 변경되는 경우에 새롭게 분양신청절차를 거칠 필요가 있는지 여부에 관하여 규율하고

45) 서울고등법원 2022. 2. 16. 선고 2021누34383 판결(확정) 및 서울행정법원 2021. 1. 22. 선고 2019구합72410 판결 참조.

46) 대법원 2016. 12. 15. 선고 2015두51309 판결 참조, 2016. 12. 15. 선고 2015두51347 판결 참조.

있는 조항이 72조 5항이다.

위 각 규정은 법이 2017. 2. 8. 전부개정되면서 처음으로 도입되었고, 위 규정에 관하여 특별한 부칙상의 경과규정이 없어 2018. 2. 9.부터 시행되었다.

⑷ 이미 분양신청한 조합원들에 대한 새로운 분양신청절차 진행 여부

㈎ 재량

법 72조 4항은 '사업시행자는… 분양공고 등의 절차를 다시 거칠 수 있다.'라고 규정하고 있으므로, 사업시행자는 주요 부분에 대한 사업시행계획의 내용이 실질적으로 변경된 경우 이미 분양신청하였던 조합원들을 상대로 새롭게 분양신청절차를 진행할 것인지 여부를 결정함에 재량이 있다.

사업시행자가 새로운 분양신청절차를 진행하기로 결정하였다면, 이에 따라 다시 분양신청절차를 거쳐 이를 기초로 관리처분계획을 수립하여야 하고, 그 기회에 이미 분양신청한 조합원은 분양신청을 하지 않음으로써 현금청산대상자가 될 수 있다. 주요 부분을 실질적으로 변경하는 사업시행변경계획이 작성되고 총회의결을 거쳐 인가받은 경우, 조합원들은 대체로 새로운 분양신청절차가 진행되기를 원하고, 이에 따라 실무상으로는 새로운 분양신청절차를 진행하는 것이 일반적이나, 새로운 분양신청절차를 진행하지 아니한 채 종전 분양신청 현황을 기초로 관리처분계획을 수립한다 하더라도, 그 위법 여부는 재량권의 일탈·남용 여부에 의하여 판단되어야 할 것이다.

㈏ 재량권의 일탈·남용 여부

종전 분양신청의 현황을 기초로 분양설계하는 것이 실질적으로 형평에 반하거나 현저히 부당한 것인지 여부가 재량권 일탈·남용 여부 판단의 기준이 될 것이다. 사업시행계획의 변경으로 분양주택의 층(層) 및 동(棟)수, 전체 분양세대 수, 평형, 세대 당 주거전용면적 등에 대한 근본적 변화로 종전 분양신청이 의미가 없다고 볼 수 있음에도, 사업시행자가 새로운 분양신청절차를 거부하고 종전 분양신청의 내용을 기초로 관리처분계획을 수립하였다면 재량권 일탈·남용으로 위법하다고 보아야 할 것이다.

㈐ 재분양공고

재분양신청절차를 거치는 경우 재분양공고절차를 거쳐야 하는지 여부가 문제되나, 분양공고 및 분양신청에 관한 법 72조 1항 4호, 법 시행령 59조 2항 9호, 서울시 조례 32조 2항 1호에 의하면, 법 72조 4항(사업시행계획의 실질적 변경이 있는 경우, 이미 분양신청한 조합원들에 대한 재분양신청 등)의 경우 재분양공고 안내를 하도록 규정하고 있으므로, 원칙적으로 재분양공고절차를 거쳐야 한다.

㈑ 상가에 대한 사업시행계획변경의 특수성

법 72조 4항은 '세대 수 또는 주택규모'가 달리지는 경우 즉, 공동주택에 대하여만 규정하고 있을 뿐, 근린생활시설 등 상가의 규모가 달라지는 경우에 관하여는 규율하고 있지 아니하다.

우선 향후 분양업무에 대한 효율성을 높이기 위하여 근린생활시설을 일부 변경한 경우에는 종전 사업시행계획을 대체하여 실질적으로 새로운 사업시행계획을 작성한 것으로 볼 수 없는 등 공동주택의 변경 없는 근린생활시설만의 일부 변경에 대하여는 종전 사업시행계획의 실질적 대체를 엄격히 인정하여야 할 것이다.[47)]

나아가 설령 근린생활시설의 대폭적인 변경으로 종전 사업시행계획의 실질적 대체로 인정한다 하더라도, 상가의 경우 처음부터 변동이 예정되어 있고, 구획과 면적에 대하여는 용이하게 변동이 가능한 점 등을 고려하면 사업시행자가 새로운 분양신청절차 없이 종전 분양신청의 내용을 기초로 관리처분계획을 수립한 것이 재량권 일탈·남용으로 위법하다고 판단함에 있어 보다 엄격하여야 할 것이다.

(5) 현금청산대상자들에 대한 새로운 분양신청절차 진행 요부

(가) 폭넓은 재량

① 법 72조 5항은 '사업시행자는 정관등으로 정하고 있거나 총회의 의결을 거친 경우… 토지등소유자에게 분양신청을 다시 하게 할 수 있다.'라고 규정하고 있다. 우선 '다시 하게 할 수 있다'라고 규정하고 있으므로, 사업시행자는 현금청산대상자들을 상대로 새롭게 분양신청절차를 진행할 것인지 여부를 결정함에 재량이 있다. 법 72조 5항 중 '정관등으로 정하고 있거나 총회의 의결을 거친 경우'의 의미는 이미 조합원의 지위를 상실한 현금청산대상자들에 대하여는 선행적으로 조합원의 자격이 부여되어야 분양신청의 기회를 줄 수 있다는 것이다.

조합원의 자격은 정관에 기재하여야 할 사항이고, 이를 변경하기 위해서는 조합원 3분의 2 이상의 찬성이 필요하며, 시장·군수등의 인가를 받아야 한다(법 40조 1항 2호, 3항). 다만, 현금청산대상자들에게 조합원 자격을 부여한다는 내용의 조합 총회의 결의가 정관 변경의 요건을 완전히 갖추지는 못한 경우 형식적으로 정관이 변경된 것은 아니지만, 총회결의로서 유효하게 성립하였고 정관 변경을 위한 실질적인 의결정족수를 갖췄다면 적어도 조합 내부적으로 업무집행기관을 구속하는 규범으로서의 효력은 가진다.[48)]

② 결국 사업시행자가 이미 조합원의 지위를 상실한 현금청산대상자에 대하여 분양신청의 기회를 부여하기 위해서는 명시적으로 정관등으로 정하거나(현금청산대상자들에게도 다시 분양신청할 수 있는 조합원 자격을 부여한다는 내용이 정관등에 기재되어 있거나, 조합원 2/3 이상의 찬성의결에 의한 정관등 변경절차를 통하여 가능하다) 또는 총회의 의결('정관 변경'에 준하여 현금청산대상자들에 대하여 조합원 자격을 부여한다는 2/3 이상의 찬성에 의한 총회의결을 의미한다)을 거치는 것을 전제로 분양신청절차를 진행할 것인지 여부를 결정함에 재량이 있다.

사업시행계획에 대한 실질적 변경의 경우 현금청산대상자들에게 분양신청의 기회를 주기 위해서는 반드시 위와 같이 조합원 지위를 부여하는 절차가 선행되어야 한다. 현금청산대상자에 대하여 분양신청의 기회를 부여할 것인지 여부에 대한 사업시행자의 재량은 이미 분양신청한 조합원들에게 새로운 분양신청절차를 진행할 것인지 여부보다 폭넓게 인정된다. 왜냐하면, 분양신

---

47) 대법원 2014. 2. 27. 선고 2011두25173 판결.

48) 대법원 2018. 3. 13. 선고 2016두35281 판결(조합의 총회가 조합의 최고의사결정기관이고, 정관 변경은 조합의 총회결의를 통해서 결정된 후 감독청의 인가를 받아야 하나, 여기에서 감독청의 인가는 기본행위인 총회결의의 효력을 완성시키는 보충행위일 뿐 정관의 내용 형성은 기본행위인 총회결의에서 이루어지기 때문이다).

청기간 내에 분양신청을 하지 않아 조합원의 지위를 상실한 채 현금청산대상자가 된 토지등소유자는 이로써 정비사업 내용에는 특별한 이해관계를 가진다고 볼 수 없기 때문이다.

따라서 주요 부분을 실질적으로 변경하는 사업시행변경계획이 작성되었다 하더라도 그들의 권리·의무나 법률상의 지위에 아무런 영향이 없으므로 그들에게 분양신청의 기회를 부여하지 않았다고 하여 원칙적으로 재량권 일탈·남용으로 보기는 어렵다.[49] 실무상으로는 현금청산대상자들에게 새로운 분양신청의 기회를 부여하지 않은 것이 위법인가 여부보다 그들에게 분양신청의 기회를 부여하는 경우 그 방법 및 분양신청의 기회를 부여하되 일정한 제한이 가해질 수 있느냐 하는 점이 문제된다.

㈏ 재분양공고

현금청산대상자들에 대하여 재분양신청절차를 거치는 경우 재분양공고절차를 거쳐야 하는지 여부가 특별히 문제된다. 왜냐하면 법 72조 4항(사업시행계획의 실질적 변경이 있는 경우, 이미 분양신청한 조합원들에 대한 재분양신청 등)의 경우와 달리 명문의 규정이 없기 때문이다.

비록 서울시 조례가 법 72조 5항(사업시행계획의 실질적 변경이 있는 경우, 이미 현금청산대상자가 된 토지등소유자에 대한 재분양신청 등)에 대하여는 재분양공고 등 관련 규정을 두고 있지 않지만, 재분양공고를 통하여 다수의 조합원(현금청산대상자)들에게 분양신청 관련 사실을 알리는 것은 법 72조 4항(사업시행계획의 실질적 변경이 있는 경우, 이미 분양신청한 조합원들에 대한 재분양신청 등)의 경우보다 그 필요성이 더욱 중대하고, 서울시 조례가 명문규정을 두지 않은 것은 입법상의 착오로 보이는 점 등에 비추어 서울시 조례 32조 2항 1호의 규정을 유추적용하여 재분양공고를 하여야 한다.

㈐ 현금청산대상자들에 대하여 분양신청권을 부여함에 따른 실무상의 쟁점

① 조합원 지위 자동부여의 위법성

조합원이 적법한 분양신청통지를 받고도 분양신청을 하지 않으면 분양신청기간 종료일 다음날 현금청산대상자가 되고 조합원의 지위를 상실한다. 그 후 분양신청절차의 근거가 된 사업시행계획이 사업시행기간 만료나 폐지 등으로 실효된다고 하더라도 이는 장래에 향하여 효력이 발생할 뿐이므로, 그 이전에 발생한 조합관계 탈퇴라는 법적 효과가 소급적으로 소멸하거나 이미 상실된 조합원의 지위가 자동적으로 회복된다고 볼 수는 없다.

문제는 사업시행자인 조합이 종전 사업시행계획을 변경하고(또는 폐지결정 후 새로운 사업시행계획을 수립하고), 현금청산대상자들로부터 분양신청을 받기 위하여 현금청산대상자들에 대하여 조합원 자격이 당연히 회복된다는 내용의 총회결의를 하거나 정관변경결의(각 조합원의 자격과 관련되는 것이어서, 2/3 이상 찬성)를 하고 인가까지 받게 되는 경우가 있으나, 그와 같은 정관변경결의 및 그에 따른 정관변경조항은 사회통념상 현저히 타당성을 잃은 것으로서 무효이고, 사업시행자는 현금청산대상자들에게 조합원 자격 회복을 위한 분양신청할 기회를 부여하고, 그들

49) 대법원 2020. 1. 16. 자 2019두53921 판결 및 서울고등법원 2019. 9. 11. 선고 2019누40446 판결(원칙적으로 현금청산대상자에 대하여 분양신청절차를 진행하여서는 아니된다고 판시하였다), 대법원 2018. 2. 28. 자 2017두71833 판결 및 서울고등법원 2017. 11. 8. 선고 2017누48699 판결.

이 분양신청을 함에 따라 추후 조합원변경신고와 그에 따른 수리가 이루어지는 경우 조합원 지위가 회복된다는 내용으로 총회결의나 정관변경이 이루어져야 적법함은 제4편 제5장 제2절 Ⅳ. 2. "다. 조합원 자격과 관련한 정관변경상의 쟁점"에서 자세히 살펴보았다.

② 분양신청권의 제한 가능

조합원 자격이 부여된 현금청산대상자에게는 분양신청권의 제한이 가능하다. 자세한 내용은 제6장 제3절 Ⅲ. 4. 나. "(3) 명시적으로 권리에 차등을 두는 내용의 관리처분계획"에서 살펴본다.

(6) 2017. 2. 8. 전부개정된 법률 시행 이전의 법률관계

(가) 문제의 소재

법 72조 4항과 같은 명문의 규정이 없던 2017. 2. 8. 전부개정된 법률 시행일(2018. 2. 9.) 이전에 사업시행계획의 주요 부분이 변경된 경우 이미 분양신청한 조합원들을 상대로 새롭게 분양신청절차를 거쳐야 하는지 여부가 문제된다. 실무상 사업시행계획이 실질적으로 변경되었음에도 종전 분양신청을 기초로 관리처분계획이 수립되고, 현금청산대상자들에게 분양신청권을 부여하지 아니한 경우 해당 관리처분계획의 위법성이 문제된다. 현재 명시적 대법원 판례는 없는 듯하다.[50]

(나) 실무상 견해 대립

① 반드시 새롭게 분양신청절차를 거쳐야 한다는 견해

당초 사업시행계획의 내용을 실질적으로 변경하는 정도에 이르렀음에도, 새로운 분양신청절차를 거치지 않고 단지 평형변경 신청절차만을 거친 채(평형변경 신청이 없으면 종전 평형 유지로 해석) 그 결과를 기초로 하여 관리처분계획을 수립한 사안에서,[51] 종전의 사업시행계획이나 정비사업의 현황을 기초로 분양신청을 하거나 분양신청을 하지 아니한 토지등소유자의 선택을 여전히 유효한 것으로 강제한다면, 조합원들의 이익을 보호하려는 여러 법 관계 규정의 취지와도 어긋나는 결과를 가져오게 될 것이므로, 사업시행자인 조합으로서는 토지등소유자들을 대상으로 새로운 분양공고 및 분양신청절차를 거쳐야 한다. 따라서 종전 사업시행계획을 전제로 한 분양신청을 기초로 작성된 관리처분계획은 위법하다는 견해이다.[52]

② 분양신청절차의 진행 여부는 사업시행자인 조합의 재량이라는 견해

조합은 관리처분계획의 수립에 폭넓은 계획재량이 있다. 따라서 당초 사업시행계획의 내용이 실질적으로 변경되었다 하더라도, 새로운 분양신청절차를 거칠 것인지 여부는 조합의 재량이므로, 새로운 분양신청절차 없이 종전 분양신청을 기초로 관리처분계획을 수립하더라도, 원칙적으

---

50) 도시정비법이 재정되기 이전의 구 도시재개발법이 적용되고, 수용재결의 위법성이 다투어진 안에서, 판례는 사업시행계획인가가 기간만료로 실효된 후 다시 새로운 절차를 거쳐 사업시행변경인가를 받았고, 그와 같은 변경인가가 새로운 사업시행인가의 요건을 갖추었다면, 이는 새로운 사업시행계획인가에 해당하므로, 기존의 사업시행계획상의 현금청산대상자에게 다시 분양신청절차를 거쳐야 한다고 하였다(대법원 2007. 3. 29. 선고 2004두6235 판결).

51) 세대 수가 1,123세대에서 1,330세대로 총 207세대 증가하였고, 세대 구성에 있어서도 분양아파트의 경우 전용면적 60㎡ 미만 타입이 351세대에서 517세대로, 전용면적 60~85㎡ 타입이 492세대에서 616세대로 각 증가하였으며, 전용면적 85㎡ 초과 타입이 186세대에서 60세대로 감소하였고, 임대아파트의 경우 전용면적 40㎡ 미만 타입이 94세대에서 67세대로 감소하였으며, 전용면적 40~60㎡ 타입이 70세대 신설되는 등 설계 자체가 완전히 달라졌다.

52) 서울행정법원 2014. 9. 19. 선고 2013구합19400 등(항소심에서 소취하로 확정).

로 재량권을 일탈·남용한 것으로 볼 수 없다는 견해이다. 일부 하급심 판결이 있다.

㈐ 결론

법 72조 4, 5항의 신설 이전이라도 사업시행계획의 주요 부분이 실질적으로 변경된 경우 재분양신청 절차를 거칠 것인지 여부는 사업시행자의 재량사항으로 봄이 상당하다.[53] 그 논거는 다음과 같다.

「법이 2017. 2. 8. 전부개정된 72조 1항의 규정(분양신청통지 시의 종전자산 명세 및 가격의 통지 등)은 부칙으로 이 법 시행 후 최초로 사업시행계획인가를 신청하는 경우부터 적용한다고 규정함에 반해, 위 72조 4, 5항은 부칙으로 적용시기를 제한하고 있지 아니하고 있다. 위와 같이 개정규정에 관하여 특별한 부칙상의 경과규정을 두지 않은 것은 위 개정규정이 새로운 법률관계의 형성을 내용으로 하는 창설적·형성적 성격의 규정이 아니라 종래 해석상 당연히 인정되는 내용을 담고 있는 확인적·주의적 성격의 규정이기 때문이다.」

5. 분양신청권의 우대 또는 제한의 가능 여부

분양신청권은 정비사업의 조합원들에게 있어 가장 본질적이고 중요한 권리인데, 그와 같은 권리를 타 조합원에 비하여 우대할 수 있는지 또는 타 조합원에 비하여 제한할 수 있는지 여부, 만일 우대 또는 제한하려면 어떠한 방법으로 하여야 하는가의 문제이다.

분양신청권의 일부 우대나 일부 제한을 통하여 수립된 관리처분계획이 특정 조합원의 재산권을 본질적으로 침해하는 내용으로 위법한지 여부 등에 의하여 위법성이 결정된다. 제6장 제3절 Ⅲ. 4. "나. 신축 건축물 구분소유권의 귀속이 조합원 간의 형평에 반하는지 또는 특정 조합원의 재산권을 본질적으로 침해하는지 여부"에서 자세히 살펴보기로 한다.

결론적으로 재건축사업에서 주택단지 중 특정 동(棟)이 재건축에 포함되는 경우 전체 조합원들에게 이익이 될 때, 특정 동(棟)의 구분소유자들에게 평형 배정의 우선권을 부여하거나 분양신청기간 내에 분양신청을 하지 않아 조합원 지위를 상실한 현금청산대상자들에 대하여 추가 분양신청기회를 부여하되, 다만, 분양신청권은 기존의 조합원들이 분양받고 남은 잔여분으로 제한하는 것은 모두 적법하다. 그러나 재건축조합이 정비사업의 원활한 진행을 위하여 정관으로 조합원의 토지등에 대한 신탁등기의무 등을 규정하고 있는데, 분양신청이 종료된 후 조합원 총회를 거쳐 신탁을 원인으로 하는 소유권이전등기의무를 미이행한 조합원들에게 분양신청을 제한하는 것(즉 신탁등기를 마친 자에 한하여 분양신청을 받기로 하는 결정)은 부적법하다.

53) 서울고등법원 2022. 2. 11. 선고 2021누34383호(확정) 및 서울행정법원 2021. 1. 22. 선고 2019구합72410 판결(종전 사업시행계획에 따른 분양신청절차를 거쳐 관리처분계획을 수립, 인가받았다가, 다시 종전 사업시행계획의 주요 부분을 변경하는 새로운 사업시행계획을 작성하여 인가를 받은 후, 종전 사업시행계획에 기초한 분양신청 내용에 따라 관리처분변경계획을 수립한 사안에서, 원고는 새롭게 수립된 관리처분변경계획이 위법함을 이유로 취소를 구하였는바, 사업시행계획이 실질적으로 변경되었는지 여부, 실질적으로 변경된 경우 사업시행자는 반드시 새로운 분양신청 절차를 거쳐야 하는지 여부가 다투어 졌다).

Ⅲ. 현금청산대상자

1. 규 정

가. 법 73조

법 제73조(분양신청을 하지 아니한 자 등에 대한 조치)
① 사업시행자는 관리처분계획이 인가·고시된 다음 날부터 90일 이내에 다음 각 호에서 정하는 자와 토지, 건축물 또는 그 밖의 권리의 손실보상에 관한 협의를 하여야 한다. 다만, 사업시행자는 분양신청기간 종료일의 다음 날부터 협의를 시작할 수 있다.
1. 분양신청을 하지 아니한 자
2. 분양신청기간 종료 이전에 분양신청을 철회한 자
3. 제72조 제6항 본문(투기과열지구의 정비사업에서 분양 받은 자 및 그 세대에 속한 자는 분양대상자 선정일부터 5년 이내에는 투기과열지구에서 분양신청 불가)에 따라 분양신청을 할 수 없는 자
4. 제74조에 따라 인가된 관리처분계획에 따라 분양대상에서 제외된 자
② 사업시행자는 제1항에 따른 협의가 성립되지 아니하면 그 기간의 만료일 다음 날부터 60일 이내에 수용재결을 신청하거나 매도청구소송을 제기하여야 한다.
③ 사업시행자는 제2항에 따른 기간을 넘겨서 수용재결을 신청하거나 매도청구소송을 제기한 경우에는 해당 토지등소유자에게 지연일수(遲延日數)에 따른 이자를 지급하여야 한다. 이 경우 이자는 100분의 15 이하의 범위에서 대통령령으로 정하는 이율을 적용하여 산정한다.

나. 입법취지

위 조항의 연혁을 비롯한 위 규정의 의미에 대하여는 제9편 제1장 제1절 현금청산개관에서 자세히 살펴본다. 앞서 본 바와 같이 분양신청권은 토지등소유자에게 정비사업에서 이탈할 기회를 부여하는 의미도 있는바, 법 73조가 현금청산조항을 규정한 것은 사업시행자가 분양신청을 하지 않은 토지등소유자에 대하여 현금청산을 통하여 그 소유 토지등을 취득할 수 있도록 함으로써 정비사업을 신속하고도 차질 없이 추진할 수 있도록 하려는데 주된 취지가 있다.

2. 쟁 점

가. 법 73조 1항 1호, 2호 및 3호 토지등소유자의 조합원 지위 상실 시점

⑴ 분양신청을 하지 아니한자 또는 분양신청기간 종료 전에 분양신청 철회한 자

㈎ 분양신청기간 종료 이전에 분양신청을 철회한 자의 의미

법 73조 1항 2호에서 말하는 분양신청기간 종료 이전에 분양신청을 철회한 자라고 함은 분양신청기간 내에 분양신청을 하였으나 그 기간이 종료되기 전에 이를 철회한 자를 가리킬 뿐, 분양신청을 한 토지등소유자가 분양신청기간이 종료된 후에 임의로 분양신청을 철회하는 것까지 당연히 허용되어 그에 따라 위에서 말하는 분양신청을 철회한 자에 해당하게 된다고 볼 수 없다.[54]

54) 대법원 2011. 12. 22. 선고 2011두17936 판결.

(나) 조합원 지위 상실 시점

분양신청을 하지 아니한 자 또는 분양신청기간 종료 전에 분양신청을 철회한 자(73조 1항 1호, 2호)가 조합원의 지위를 상실하는 시점은 분양신청기간 종료일 다음 날이다.[55)]

(2) 투기과열지구에서의 5년 내 재당첨 금지규정에 의하여 분양신청권이 인정되지 아니하는 자

투기과열지구에서의 재당첨 금지규정에 의하여 분양신청권이 인정되지 아니하는 자는 분양신청기간 종료일 다음 날 조합원 지위가 상실된다(서울 표준정관 10조 8항). 법 73조 1항 단서가 사업시행자는 분양신청기간 종료일의 다음 날부터 협의를 시작할 수 있다고 규정하고 있는바, 이는 모두 분양신청기간 종료일 다음 날 조합원 지위를 상실하기 때문으로 해석된다.

나. 법 73조 1항 4호 토지등소유자의 조합원 지위 상실 시점

법 73조 1항 1호 내지 4호의 사유를 동일하게 규정하고 있고, 1항 단서에서 사업시행자는 위 사유 모두에 대하여 분양신청기간 종료일의 다음 날부터 협의를 시작할 수 있다고 규정하고 있으므로, 4호 사유에 대하여도 분양신청기간 종료일 다음 날 조합원 지위를 상실한다고 해석될 여지가 있다.

그러나 법 73조 1항 4호 토지등소유자는 적법한 분양신청을 한 자인 점(해석상 법 73조 1항 단서의 사업시행자는 분양신청기간 종료일의 다음 날부터 협의를 시작할 수 있다는 규정은 적용될 수 없다), 4호 사유에 해당하는 자는 조합이 관리처분계획기준일(분양신청기간의 종료일)의 분양신청 결과를 토대로 도시정비법령, 조례, 국토부 및 서울시 고시 등 관련 규정, 지침을 준수하여 관리처분계획을 수립하는 과정에서 분양대상자에서 제외된 점 등을 종합하여 보면, 관리처분계획인가·고시일 다음 날 조합원 지위를 상실한다(서울 표준정관 10조 8항).

다. 확정적 조합원 지위 상실

(1) 사업시행계획에 따라 분양신청절차를 진행한 후 분양신청 현황을 기초로 관리처분계획을 수립하여야 함에도, 사업시행자가 관리처분계획을 수립하지 아니한 채 사업시행변경계획을 작성하여 인가받는 경우가 있다. 그 경우 종전 사업시행계획상의 분양신청기간 내에 분양신청을 하지 아니하여 현금청산대상자가 된 자는 이를 기초로 한 관리처분계획이 수립되지 않았으므로, 조합원의 지위를 회복하고, 이에 사업시행자는 새로운 사업시행변경계획에 따라 해당 현금청산대상자에게 분양신청의 기회를 부여하여야 하는지 여부가 문제된다.

분양신청기간 내에 스스로 분양신청을 하지 아니한 자는 분양신청기간 종료일 다음 날 확정적으로 조합원의 지위를 상실하므로, 조합원 지위가 회복되지 아니한다.[56)]

---

55) 대법원 2010. 8. 19. 선고 2009다81203 판결(① 국토부 표준정관 11조 1항은 "조합원이 건축물의 소유권이나 입주자로 선정된 지위 등을 양도하였을 때에는 조합원의 자격을 즉시 상실한다."고 규정하고 있는바, 분양신청을 하지 아니하거나 철회한 것은 입주자로 선정된 지위 등을 조합에 양도한 것과 다름없고, ② 현금청산대상자는 조합에 가입한 주된 목적을 상실하여 이미 조합의 업무에 관심이 없으므로, 비용납부의무 등 조합원으로서의 의무도 면하게 해주는 것이 타당하고, 조합의 입장에서도 현금청산을 통해 법률관계를 간명하게 마무리할 수 있을 뿐만 아니라 향후 관리처분계획을 수립·의결함에 있어 현금청산대상자를 신속히 의사정족수에서 제외함으로써 정비사업을 보다 원활히 추진할 수 있다).

(2) 분양신청기간 내에 분양신청을 하지 않아 조합원의 지위를 상실하였음에도 불구하고, 그 후 사업시행자가 조합설립변경인가를 하면서 착오로 그를 조합원으로 취급하고, 수분양자로 하는 관리처분계획을 수립하였다 하더라도, 조합원의 지위를 가지게 된다고 볼 수 없다.[57] 이는 정비사업 조합의 조합원 지위나 구체적인 권리·의무는 법령 및 조합 정관에 의하여 정하여지고 이를 구체화하는 내용으로 수립하는 조합의 관리처분계획은 그와 같은 범위 내에서는 기속행위에 해당하는 것이므로, 조합원의 구체적인 권리·의무를 확정함에 조합의 재량이 개입될 여지가 없기 때문이다. 설령 사업시행자인 조합이 관리처분계획 수립 전에 현금청산대상자에게 마치 분양대상조합원으로서의 지위를 인정하는 듯한 태도를 취하였다고 하더라도 그것만으로 그를 분양대상조합원으로 인정하는 행정처분이 있었다고는 볼 수 없으므로, 조합이 관리처분계획에서 해당 현금청산대상자를 분양대상 조합원에서 배제한 조치를 수익적 행정행위의 취소나 철회라고 볼 수 없다.[58]

라. 조합원 변동신고나 조합설립변경인가

(1) 일부 토지등소유자가 분양신청기간 종료일 다음 날 조합원의 지위에서 이탈하여 현금청산대상자가 되는 등 조합원의 구성에 변동이 발생하는 경우, 사업시행자는 경미한 사항의 변경으로 현금청산대상자들이 조합원의 지위에서 제외되었다는 내용의 조합원 변동신고를 하거나 경미한 사항의 변경임에도 조합설립변경인가절차를 거치게 된다.

(2) 분양신청을 하지 않아 분양신청기간 종료일 다음 날 조합원의 지위를 상실하였다 하더라도, 조합원 변동신고 또는 조합설립변경인가가 이루어지기 전까지는 조합원의 지위가 유지되는지 여부가 문제된다.

조합원 지위의 취득 및 상실은 법이 정한 사유에 의하여 당연히 발생하고 조합설립변경인가(조합원 변동신고)는 위와 같은 사유에 의한 조합원의 변동을 확인하는 보충적 행위에 불과하다(강학상 인가에 해당한다). 따라서 분양신청을 하지 아니한 기존의 조합원들은 조합설립변경인가(조합원 변동신고) 전이라도 분양신청기간이 종료한 후 개최되는 조합원 총회의 의사정족수 산정을 위한 총 조합원 수에서 엄격히 제외되어야 할 것이다.[59]

마. 수용절차 또는 매도청구절차

앞서 본 바와 같이 정비사업은 일반적으로 정비구역 내 토지 전부가 건설되는 공동주택의 대지권의 목적인 토지가 되는 등 종후자산에 제공되어야 하므로 사업시행자 측은 반드시 정비구역 내 토지등의 소유권을 확보하여야 한다. 따라서 정비구역 내 토지등소유자가 조합원 지위를 상실하면 그들의 토지등을 사업시행자 측이 취득하여야 하므로 재개발사업에서는 수용절차를, 재건축사업에서는 매도청구절차를 각 규정하고 있는바, 다만, 이미 소유권이전등기를 마친 경우에는 청산절차가 진행된다.

---

56) 의정부지방법원 2019. 1. 17. 선고 2017구합13795 판결(확정).
57) 대법원 2018. 11. 8. 자 2018다261513 판결 및 서울고등법원 2018. 7. 13. 선고 2017나2060773 판결.
58) 대법원 1998. 11. 27. 선고 98두12796 판결.
59) 대법원 2012. 3. 29. 선고 2010두7765 판결.

바. 조합원 제명 및 탈퇴

법 40조 1항 3호는 '조합원의 제명, 탈퇴 및 교체'를 정관의 필수적 기재사항으로 규정하고 있는바, 각각의 조합이 정관의 규정에 의하여 조합원을 제명하거나 조합원이 탈퇴한 경우에는 그 즉시 조합원의 지위를 상실하고, 현금청산대상자가 된다. 이는 조합원 강제가입제가 적용되는 재개발사업에서는 해당하지 않고, 임의가입제가 적용되는 재건축사업에만 해당한다. 재건축사업에서 조합원 제명 및 탈퇴 시 매도청구절차가 진행되나, 이미 소유권이전등기를 마친 경우에는 청산절차가 진행된다(제4편 제5장 제2절 Ⅲ. "2. 규정의 해석" 참조).

제3장 관리처분방법 및 관리처분계획 수립기준

제1절 공통된 관리처분방법

Ⅰ. 총 설

법 74조 6항은 재개발·재건축사업에 따른 관리처분계획의 내용, 관리처분의 방법 등에 필요한 사항을 대통령령에 위임하고 있고, 위 규정에 따라 법 시행령 63조가 구체적 관리처분방법을 정하고 있다. 또한 법령은 재개발·재건축사업의 원칙적 관리처분방법으로 분양대상 조합원인지 여부 등 분양설계에 관한 계획은 분양신청기간이 만료하는 날을 기준으로 한다고 규정하고 있다(법 76조 1항 5호, 서울시 조례 2조 3호, 36조 1항, 서울 표준정관 46조 1항). 위와 같이 분양설계기준일(관리처분계획기준일)은 분양신청기간 종료일이고, 이는 강행규정으로서 총회결의 등으로 '관리처분계획이 수립되는 날' 등으로 변경할 수 없다.[1] 한편 법은 재개발·재건축사업에 공통적으로 적용되는 예외적인 관리처분방법으로 지분 쪼개기에 대한 주택 등 건축물을 분양받을 권리산정기준일을 규정하고 있다. 즉, 법은 77조로 지분 쪼개기의 경우 정비사업을 통하여 신축되는 건축물의 분양받을 권리를 산정하기 위한 기준일을 분양신청기간 종료일이 아니라 정비구역지정·고시일(정비계획결정·고시일) 또는 시·도지사가 투기를 억제하기 위하여 기본계획 수립을 위한 주민공람의 공고일 후 정비구역지정·고시 전에 따로 정하는 날(이하 '권리산정기준일'이라 한다. 서울시 조례 2조 11호)의 다음 날이라고 규정하고 있다. 따라서 권리산정기준일 다음 날 이후 조합설립인가 시까지 토지등에 대한 지분 쪼개기가 이루어지더라도, 각각의 토지등의 소유자에 대하여 조합원의 지위는 인정하나, 지분 쪼개기가 발생한 해당 토지등의 건축물을 분양받을 권리는 권리산정기준일에 따라 산정함으로써 사실상 다수의 조합원에게 하나의 수분양권만을 부여한다. 권리산정기준일은 조합원과 수분양적격자(분양 받을 수 있는 대상자)를 엄격히 구분하기 위하여 도입된 것이다(제2장 제1절 수분양적격자 확정 참조). 이하에서는 실무상 자주 문제되는 법 77조의 지분 쪼개기에 대한 권리산정기준일에 대하여 살펴보고, 이와 관련된 서울시 조례의 내용에 대하여도 함께 살펴본다.

1) 대법원 2002. 1. 22. 선고 2000두604 판결.

Ⅱ. 규 정

1. 법 77조

법 제77조(주택 등 건축물을 분양받을 권리의 산정 기준일)

① 정비사업을 통하여 분양받을 건축물이 다음 각 호의 어느 하나에 해당하는 경우에는 제16조 제2항 전단(정비구역지정 또는 정비계획결정)에 따른 고시가 있은 날 또는 시·도지사가 투기를 억제하기 위하여 제6조 제1항에 따른 기본계획 수립을 위한 주민공람의 공고일 후 정비구역지정·고시 전에 따로 정하는 날(이하 '기준일'이라 한다)의 다음 날을 기준으로 건축물을 분양받을 권리를 산정한다.

1. 1필지의 토지가 여러 개의 필지로 분할되는 경우
2. 집합건물이 아닌 건축물이 집합건물법에 따른 집합건물로 전환되는 경우
3. 하나의 대지 범위에 속하는 동일인 소유의 토지와 주택 등 건축물을 토지와 주택 등 건축물로 각각 분리하여 소유하는 경우
4. 나대지에 건축물을 새로 건축하거나 기존 건축물을 철거하고 다세대주택, 그 밖의 공동주택을 건축하여 토지등소유자의 수가 증가하는 경우
5. 집합건물법 제2조 제3호에 따른 전유부분의 분할로 토지등소유자의 수가 증가하는 경우

② 시·도지사는 제1항에 따라 기준일을 따로 정하는 경우에는 기준일·지정사유·건축물을 분양받을 권리의 산정 기준 등을 해당 지방자치단체의 공보에 고시하여야 한다.

2. 서울시 조례 36조

제36조(주택재개발사업의 분양대상 등)

① 다음에서 살펴보듯이 분양대상자는 주택소유자, 종전토지의 면적이 90㎡ 이상, 권리가액이 분양용 최소규모 공동주택 1가구 추산액 이상인 자 등이다(자세한 내용은 아래에서 살펴본다).

② 제1항에도 불구하고 다음 각 호의 어느 하나에 해당하는 경우에는 수인의 분양신청자를 1인의 분양대상자로 본다.

1. 단독주택 또는 다가구주택을 권리산정기준일 후 다세대주택으로 전환한 경우
2. 수인의 분양신청자가 1세대에 속하는 때
4. 1필지의 토지를 권리산정기준일 후 수개의 필지로 분할한 경우
5. 하나의 대지범위 안에 속하는 동일인 소유의 토지와 주택을 건축물 준공 이후 토지와 건축물로 각각 분리하여 소유하는 경우. 다만, 권리산정기준일 이전부터 소유한 토지의 면적이 90㎡ 이상인 자는 그러하지 아니한다.
6. 권리산정기준일 후 나대지에 건축물을 새로이 건축하거나 기존 건축물을 철거하고 다세대주택, 그 밖에 공동주택을 건축하여 토지등소유자가 증가되는 경우

Ⅲ. 입법경위

1. 연혁 및 입법경위

'권리산정기준일'이란 지분 쪼개기의 경우 주택 등 건축물의 분양받을 권리를 산정하기 위한

기준일이다(법 77조 1항, 서울시 조례 2조 11호). 법 77조 1항은 "정비사업을 통하여 분양받을 건축물이 다음 각 호(지분 쪼개기)의 어느 하나에 해당하는 경우에는 정비구역지정·고시가 있은 날 또는 시·도지사가 투기를 억제하기 위하여 기본계획 수립을 위한 주민공람의 공고일 후 정비구역지정·고시 전에 따로 정하는 날(권리산정기준일)의 다음 날을 기준으로 건축물을 분양받을 권리를 산정한다."고 규정하고 있다.[2] 위 규정의 문언상 '권리산정기준일'이 아니라 '권리산정기준일의 다음 날'을 기준으로 하여 건축물의 분양받을 권리를 산정하여야 하는 것으로 해석된다(구별의 실익은 권리산정기준일 다음 날 이루어진 토지분할 등 지분 쪼개기의 경우에는 모두 별개의 수분양권을 인정할 것인지 여부이다).

그러나 지분 쪼개기에 적용되는 건축물의 분양받을 권리를 산정하기 위한 권리산정기준일은 2009. 2. 6.자 법 개정으로 구 법 50조의2를 신설하면서 처음으로 도입되었는데, 당시는 "기준일의 다음 날부터 다음 각 호의 어느 하나에 해당하는 경우에는 해당 토지 또는 주택 등 건축물의 분양받을 권리는 기준일을 기준으로 산정한다."고 명확하게 규정한 점, 특별히 권리산정기준일의 다음 날을 기준으로 건축물을 분양받을 권리를 산정할 필요성이 없으며, 오히려 권리산정기준일 다음 날 이루어진 토지분할 등 지분 쪼개기의 경우에도 1개의 수분양권만을 인정함이 타당한 점, 서울시 조례 36조 2항도 권리산정기준일 후 단독주택 또는 다가구주택을 다세대주택으로 전환하는 등 지분 쪼개기가 발생한 경우 여러 명의 분양신청자를 1명의 분양대상자로 본다고 규정하여 건축물의 분양받을 권리는 권리산정기준일을 기준으로 산정함을 명확히 하고 있는 점 등에 비추어 2017. 2. 8. 전부개정으로 법 77조 1항이 '권리산정기준일의 다음 날'을 기준으로 건축물을 분양받을 권리를 산정한다고 규정한 것은 입법상의 오류로 보인다. 따라서 건축물을 분양받을 권리는 권리산정기준일을 기준으로 산정하여야 한다.

앞서 본 바와 같이 권리산정기준일 관련 규정은 2009. 2. 6.자 법 개정으로 구 법 50조의2가 신설되면서 도입되었다. 위 규정이 도입되기 이전에는 구 법 48조 2항(현행 법 78조 1항 5호)이 분양설계에 관한 계획은 분양신청기간이 만료되는 날을 기준으로 하여 수립한다는 일반규정만 존재하여 토지의 분할 등 이른바 지분 쪼개기를 통한 수분양권 취득이 용인되었다. 이에 부동산대세상승기와 맞물려 정비(주로 재개발)사업에 의하여 공급되는 공동주택을 취득할 목적으로 행하여지는 지분 쪼개기가 극심하였다. 위 구 법 50조의2에 따른 권리산정기준일의 도입 취지는 부당이득을 노리는 투기세력 등의 유입을 사전에 근본적으로 차단하고 기존 조합원의 권익보호를 위하여 지분 쪼개기의 경우 수분양권을 제한하려는 것이다.

2. 권리산정기준일 관련 적용상의 문제

가. 문제의 소재

정비구역지정·고시일 또는 시·도지사가 기본계획 수립을 위한 주민공람의 공고일 후 정비구

---

2) 101조의2 4항도 "공공재개발사업 예정구역 내에 분양받을 건축물이 77조 1항 각 호의 어느 하나에 해당하는 경우에는 77조에도 불구하고 공공재개발사업 예정구역지정·고시가 있은 날 또는 시·도지사가 투기를 억제하기 위하여 공공재개발사업 예정구역지정·고시 전에 따로 정하는 날의 다음 날을 기준으로 건축물을 분양받을 권리를 산정한다."고 규정하고 있다.

역지정·고시 전에 따로 정하는 날 등 권리산정기준일을 기준으로 지분 쪼개기가 발생한 해당 토지등의 건축물을 분양받을 권리를 산정하도록 규정한 구 법 50조의2는 2009. 2. 6. 신설됨과 동시에 곧바로 시행되었다(해당 법률의 부칙에서 시행시기를 제한하지 않았고, 위 규정이나 부칙에서 그 시행 시기를 시행령이나 조례에 위임한다는 취지의 규정도 두지 않았다).

구 서울시 조례 27조 역시 2010. 7. 15. 위 권리산정기준일 규정의 신설에 맞추어 개정되었다. 그러나 개정 조례 부칙 3조는 위 규정의 적용과 관련하여 '조례 시행 전에 기본계획이 수립되어 있는 지역 및 지구단위계획이 결정·고시된 지역은 종전 규정에 따른다.'고 규정하여 이미 기본계획이 수립되어 있는 지역 등에서는 구 법 50조의2가 곧바로 적용될 수 없고, 다음에서 살펴볼 2010. 7. 15. 개정되기 이전 규정이 적용되도록 하고 있다. 따라서 위와 같은 서울시 조례 부칙 규정은 법률에 반하는 것인지 여부가 문제된다.

나. 판 례

판례는 구 서울시 조례 부칙 3조가 개정된 27조의 적용시점에 관한 경과규정을 두었다 하더라도, 이를 두고 법률의 위임이 없다거나 상위 법률을 위반한 것으로 볼 수 없다고 하였다.[3] 그 논거는 다음과 같다.

ⓐ 2010. 7. 15. 개정되기 전의 27조는 그 자체로 지분 쪼개기 방지기능을 수행하고 있으므로, 개정된 27조 대신 개정 전 규정이 적용된다고 하여 신설된 법 50조의2 규정의 취지가 몰각된다고 보기 어렵다.

ⓑ 위 조례 부칙 3조가 개정된 27조에 대하여 최초로 기본계획을 수립하는 분부터 적용하기로 하고(1항), 해당 조례 시행 전에 지구단위계획이 결정·고시된 지역은 종전 규정에 따르도록 한 것(2항)은 구 법령상 위임 범위 내에서 구 서울시 조례가 규정하고 있던 지분 쪼개기 등 방지 취지와 구 법 50조의2 신설 취지를 조화시키려는 것으로 그 합리성을 인정할 수 있다.

다. 현행 36조와의 관계

현재 서울시 조례는 2018. 7. 29. 전부개정되었고, 36조(구 27조)의 적용과 관련하여 종전 2010. 7. 15.자 개정 조례 부칙 3조에 따라 현행 부칙 29조(권리산정기준일에 관한 적용례 및 경과조치)는 1항에서 36조 개정규정은 서울시 조례 제5007호 시행 이후 최초로 기본계획(정비예정구역에 신규로 편입지역 포함)을 수립하는 분부터 적용하고, 2항은 위 제5007호 조례 시행 전에 기본계획이 수립되어 있는 지역 및 지구단위계획이 결정·고시된 지역은 종전의 서울시 조례(제5007호로 개정되기 전의 것) 27조 및 28조에 따른다고 규정하고 있다.

Ⅳ. 규정의 해석

1. 법 77조의 해석

법 77조는 재개발·재건축사업에 공통적으로 적용되는 관리처분방법으로 지분 쪼개기의 경우

---

3) 대법원 2017. 10. 31. 자 2017두54555 판결 및 서울고등법원 2017. 6. 14. 선고 2017누30964 판결, 서울행정법원 2020. 9. 11. 선고 2019구합77651 판결(확정).

종후자산을 분양받을 권리의 산정기준일을 정하고 있다. 즉, ① 1필지의 토지가 여러 개의 필지로 분할되는 경우(정비구역이 지정되면 토지분할에 대하여는 시장·군수등의 허가를 받아야 하나, 공유물의 경우 분할을 막을 수 없고, 현물분할을 명한 공유물분할판결은 형성판결로서 그 판결내용대로 권리변동이 발생한다), ② 집합건물이 아닌 건축물이 집합건물법에 따른 집합건물로 전환되는 경우(법이 2024. 1. 30. 개정되기 이전에는 단독주택 또는 다가구주택이 다세대주택으로 전환되는 경우라고 규정하고 있었으나, 상가에 대하여도 적용하기 위하여 위와 같이 개정되었다. 현재 서울시 조례 36조 2항 1호는 개정 전 규정과 동일하다), ③ 하나의 대지 범위에 속하는 동일인 소유의 토지와 주택 등 건축물을 각각 분리하여 소유하는 경우, ④ 나대지에 건축물을 새로 건축하거나 기존 건축물을 철거하고 다세대주택, 그 밖의 공동주택을 건축하여 토지등소유자의 수가 증가하는 경우, ⑤ 집합건물법 2조 3호에 따른 전유부분의 분할로 토지등소유자의 수가 증가하는 경우(법이 2024. 1. 30. 개정되어 새롭게 규정되었다. 상가에 대한 지분 쪼개기를 방지하기 위하여 도입되었다)에는 정비사업을 통하여 분양받을 건축물(종후자산)에 대하여 정비구역지정·고시일(정비계획결정·고시일) 또는 시·도지사가 투기를 억제하기 위하여 기본계획 수립을 위한 주민공람의 공고일 후(법이 2024. 1. 30. 개정되기 이전에는 '기본계획 수립 후'라고 규정하였으나, 투기억제를 위하여 그 시점을 앞당겼다) 정비구역지정·고시 전에 따로 정하는 날을 기준으로 건축물을 분양받을 권리를 산정한다.

이는 권리산정기준일까지 이루어진 토지등에 대한 지분 쪼개기의 경우 토지등소유자에 대하여 조합원 지위 외에 분양대상자의 지위도 인정하나, 권리산정기준일 다음 날 이후 이루어진 토지등에 대한 지분 쪼개기의 경우, 각각의 토지등소유자에 대하여 조합원 지위는 인정하되 해당 토지등의 건축물을 분양받을 권리는 권리산정기준일을 기준으로 산정함으로써 사실상 하나의 수분양권만을 인정하여 관리처분계획기준일(분양설계기준일) 당시 1조합원 1수분양권 원칙의 예외를 규정한 것이다. 시·도지사가 권리산정기준일을 따로 정하는 경우에는 기준일·지정사유·건축물을 분양받을 권리의 산정 기준 등을 해당 지방자치단체의 공보에 고시하여야 한다(법 77조 2항). 다만, 정비구역지정 당시 수개의 토지등을 소유한 자가 그와 같은 상태에서 조합이 설립되면 1조합원으로서 1수분양권밖에 받지 못하므로, 일부 토지등을 타인에게 양도하는 경우가 있는바, 이는 규율대상이 아니므로, 양도인 및 양수인이 1세대에 속하지 아니하는 한 각각 별개의 토지등소유자(조합원)로서 수분양권을 취득한다.

2. 서울시 조례 36조 2항의 해석[4)]

가. 개 요

서울시 조례 36조 2항은 법 77조 1항의 규정과 거의 동일하다. 다만 2024. 1. 30. 개정된 도시정비법의 내용이 반영되지 않아 권리산정기준일 다음 날 이후 집합건물법 2조 3호에 따른 전유부분의 분할로 토지등소유자의 수가 증가하는 경우는 아직 규정하고 있지 않고, 법 77조 1항 2호의 종전 규정인 단독주택 또는 다가구주택을 권리산정기준일 후 다세대주택으로 전환한 경

4) 서울시 조례는 2010. 7. 15. 개정되면서, 법이 2009. 2. 6. 새롭게 규정한 구 법 50조의2의 권리산정기준일 규정이 처음으로 도입되었고(당시 27조), 위 조례 규정은 2018. 7. 19. 서울시 조례 제6899호로 전부 개정되었으나, 내용 그대로 현재의 36조가 되었다.

우라고 규정하고 있는 점, 하나의 대지 범위에 속하는 동일인 소유의 토지와 주택 등 건축물을 건축물 준공 이후 분리하여 소유하는 경우 1명의 분양대상자로 하되, 권리산정기준일 이전부터 소유한 토지의 면적이 90㎡ 이상인 경우 예외로 한다고 규정하고 있는 점(사실상 법 77조 1항 3호의 내용과 동일하다), 수인의 분양신청자가 1세대에 속하는 경우 1명의 분양대상자로 본다는 확인적·주의적 규정을 두고 있는 점에서 차이가 있다.

나. 개별 조항의 해석

(1) 단독주택(다가구주택)의 권리산정기준일 후 다세대주택 전환(1호)

(가) 내용

① 권리산정기준일 이전에 단독주택 또는 다가구주택이 다세대주택으로 전환(법 77조 1항 2호의 집합건물이 아닌 건축물이 집합건물로 전환된 경우)하거나 집합건물법상 2조 3호에 따른 전유부분이 분할된 경우(법 77조 1항 5호)에는 가구별 소유자의 조합원 지위 및 분양신청권을 인정한다.[5] 그러나 권리산정기준일 다음 날 이후 조합설립인가 이전에 집합건물이 아닌 건축물이 집합건물법에 따른 집합건물로 전환(단독주택 또는 다가구주택이 다세대주택으로 전환)되거나 집합건물법상의 전유부분이 분할되었다면, 가구별 소유자는 조합원의 지위는 인정되나, 각각의 소유자가 분양신청을 한다 하더라도 1인의 분양대상자에 해당될 뿐이다.

② 권리산정기준일 이전에 다세대주택으로의 전환의 개념이 무엇인가에 대하여 다툼이 있다. 즉, 집합건물로 구분등기가 마쳐진 것만으로 족한 것인지 또는 건축물대장까지 전환이 이루어져야 하는지의 문제이다. 판례는 이때의 '전환'이란 구 '건축물대장의 기재 및 관리 등에 관한 규칙'(2007. 1. 16. 건설부령 제547호로 전부개정되기 전의 것) 6조 1항에 의한 건축물대장까지 전환이 이루어져야 함을 의미한다고 하였다(대법원 2009. 9. 10. 선고 2009두10628 판결, 위 규정은 서울시 조례가 시행될 당시인 2003. 12. 30. 이전에 단독 또는 다가구주택이 다세대주택으로 '전환하여 구분등기를 완료'한 경우에는 각 가구별로 1분양권을 부여한다는 부칙 5항[6]과 1997. 1. 15. 이전에 가구별로 지분등기 또는 구분등기를 마친 다가구주택에 한하여 각 가구별로 1분양권을 부여하는 부칙 7항과의 조화로운 해석에 기인한 것이다).

(나) 입법취지

이는 다가구주택(다가구주택 제도가 도입되기 이전의 사실상 다가구인 단독주택 포함)처럼 독립된

---

5) 서울시 조례 제정 당시에는 단독주택 또는 다가구주택이 건축물준공 이후 다세대주택으로 전환된 경우 1인의 분양대상자에 해당하나, 조례 시행일(2003. 12. 30.) 이전에 단독주택 또는 다가구주택이 다세대주택으로의 전환이 이루어진 경우에 한하여 가구별 분양신청을 인정하되, 전용면적 60㎡ 이하의 주택을 공급한다고 규정하였다.

6) 조례 제정 당시 위 부칙이 제정된 경위를 살펴보면, '서울시 도시재개발사업조례'(이하 '구 조례'라 한다) 27조 1항은 원래 정비구역지정·고시일 이후 일체의 다세대주택을 취득한 경우에도 가구별로 개별분양을 인정하였으나, 2000. 5. 20.에 "구역지정 이후 분할 취득되는 토지 및 건축물의 경우 분양대상에서 제외되는 것과의 형평을 기하기 위하여 구역지정·고시일 이전에 다가구 등 단독주택에서 다세대 등 공동주택으로 전환된 경우에 한하여 가구별 개별분양을 할 수 있도록 분양대상기준을 변경"하는 내용으로 27조 3항이 개정되면서 "2000. 5. 20. 전에 다세대주택으로 전환하여 구분소유등기를 필한 주택"에 대하여는 위 개정에도 불구하고 가구별 개별분양을 할 수 있도록 하는 경과규정(부칙 2조)을 두었다가, 서울시 조례 24조 2항 1호가 구역지정·고시일과 상관없이 단독주택 또는 다가구주택이 준공 이후 다세대주택으로 전환된 경우를 모두 1분양대상으로 보면서 그 경과규정으로 앞서 살핀 바와 같이 그 기준일을 2003. 12. 30.로 하는 경우 예외를 인정하는 부칙 5조를 두게 된 것이다.

구조를 가져 가구별로 구분거래되는 실정을 반영하면서도, 재개발사업에 의하여 공급되는 공동주택을 다수 취득할 목적으로 행하여지는 지분 쪼개기의 폐해를 방지하기 위하여 일정한 시점 이전까지 다세대주택으로의 전환이 이루어진 경우에 한하여 각각의 분양대상자임을 인정하는 것이다.

㈐ 부칙 28조와의 관계

부칙 28조(1997. 1. 15. 이전에 가구별로 지분이전등기를 마친 다가구주택, 1990. 4. 21. 이전 가구별로 지분이전등기를 마친 단독주택은 각 지분권자 별로 분양대상이다)에 의하여 1997. 1. 15. 이전에 가구별로 지분이전등기를 마친 다가구주택이나 1990. 4. 21. 이전 가구별로 지분이전등기를 마친 단독주택이 가구 수의 증가 없이 다세대주택으로 전환한 경우에는 전환시점이 권리산정기준일 이전인지를 불문하고 가구 별로 1명을 분양대상자로 한다.

부칙 27조(다세대주택으로 전환된 주택의 분양기준에 관한 경과조치)는 "36조 2항 1호의 개정규정에도 불구하고 서울시 조례 제4824호[7] 일부개정규정 시행 당시 최초로 사업시행계획인가를 신청하는 분부터 1997년 1월 15일 전에 가구별로 지분 또는 구분소유등기를 필한 다가구주택이 건축허가 받은 가구 수의 증가 없이 다세대주택으로 전환된 경우에는 가구별 각각 1명을 분양대상자로 하여 적용한다."고 규정하여 이를 명확히 하고 있다.

⑵ 1필지의 토지를 권리산정기준일 후 다수 필지로 분할(4호)

권리산정기준일 다음 날 이후 조합설립 전에 1필지의 토지를 여러 개의 필지로 분할한 경우, 각각의 토지등소유자는 조합원의 지위를 취득한다. 다만, 해당 토지등의 건축물을 분양받을 권리는 권리산정기준일을 기준으로 산정함으로써 사실상 그들 모두에게 1수분양권만이 부여된다.

⑶ 하나의 대지범위에 속하는 동일인 소유의 토지와 주택을 건축물 준공 이후 토지와 건축물로 각각 분리하여 소유. 다만, 권리산정기준일 이전 소유 토지 면적 90㎡ 이상 예외(5호)

㈎ 내용

하나의 대지범위에 속하는 동일인 소유의 토지와 주택을 건축물 준공 이후로서 조합설립 전에 토지와 건축물로 각각 분리하여 소유하는 경우, 각각의 토지등소유자는 조합원의 지위를 취득한다. 다만, 해당 토지등의 건축물을 분양받을 권리는 권리산정기준일을 기준으로 산정함으로써 사실상 그들 모두에게 1수분양권만이 부여된다.

㈏ 5호 단서의 의미

① 5호 단서는 권리산정기준일 이전부터 소유한 토지의 면적이 90㎡ 이상인자는 그러하지 아니하다고 규정하고 있는바, 다음에서 살펴보듯이 토지를 소유한 조합원의 경우 90㎡ 이상인 자만을 분양대상자로 정하고 있으므로, 이는 해석상 당연하다 할 것이다.

② 위 단서규정에 권리산정기준일 이전에 토지와 건축물의 소유권이 분리되어야 하는지 여부

---

7) 다가구주택이 건축허가 받은 가구 수의 증가 없이 다세대주택으로 전환된 경우 가구별로 1분양대상자로 하는 부칙조항은 2009. 7. 30. 서울시 조례 4824호로 부칙 3조(현행 부칙 27조)로 처음 규정되었다.

가 문제되는바, 명시적 규정은 없으나, 권리산정기준일 이전에 동일인 소유의 토지와 주택이 토지와 건축물로 각각 소유권이 분리되었고, 토지의 면적이 90㎡ 이상인 경우인 한하여 그 예외를 인정할 수 있을 것이다. 그 논거는 다음과 같다.

ⓐ 위 단서조항은 서울시 조례가 2010. 7. 15. 개정되면서 규정된 것인데, 그에 상응하는 위 조례 개정 이전의 단서조항은 "다만, 2003년 12월 30일 전에 토지와 주택으로 각각 분리하여 소유한 경우로서 토지의 규모가 건축조례 25조 1호에 따른 규모 이상인 경우에는 그러하지 아니하다."고 하여 명확하게 2003년 12월 30일 전에 토지와 주택으로 각각 분리하여 소유한 것을 전제로 하는바, 개정의 취지가 그 요건을 완화하기 위한 것으로 볼 수 없다.

ⓑ 권리산정기준일 이전부터 소유한 토지의 면적이 90㎡ 이상임을 이유로, 권리산정기준일 다음 날 이후 토지와 건축물의 소유권이 분리되었음에도 각각 토지등소유자에게 수분양권을 인정함은 이른바 지분 쪼개기를 조장하는 것으로서 위 본문의 취지를 몰각한다.

⑷ 권리산정기준일 후 나대지에 건축물 축조나 건축물을 철거하고 다세대주택 등 공동주택 건축으로 토지등소유자가 증가되는 경우(6호)

권리산정기준일 다음 날 이후로서 조합설립 전에 나대지에 건축물을 새로 건축하거나 기존 건축물을 철거하고 다세대주택, 그 밖에 공동주택을 건축하여 토지등소유자가 증가되는 경우, 각각의 토지등소유자는 조합원이 지위를 취득하나, 해당 토지등의 건축물을 분양받을 권리는 권리산정기준일을 기준으로 산정함으로써 사실상 그들 모두에게 1수분양권만이 부여된다.

다. 광의의 분양대상자 제한

양수인의 조합원 지위 취득 불가규정(투기과열지구에서의 재건축사업에서 조합설립인가 후, 재개발사업에서 관리처분계획의 인가 후 각 토지등을 양도한 경우), 1조합원 규정(수인의 토지등소유자가 1세대인 경우에는 1조합원, 조합설립인가 후 1인의 토지등소유자로부터 토지등을 양수하여 수인이 소유하게 된 경우 1조합원), 분양신청권 제한규정(투기과열지구의 정비사업에서 조합원분양분이나 일반분양분의 분양대상자 및 그 세대에 속한 자는 분양대상자 선정일부터 5년 이내에는 투기과열지구에서 다시 분양신청을 할 수 없다)도 광의로는 분양대상자의 제한이다. 서울시 조례 36조 2항 2호는 다수의 분양신청자가 1세대에 속하는 경우 다수의 분양신청자를 1명의 분양대상자로 본다고 규정하고 있다. 양수인의 조합원 지위 취득 불가규정 및 1조합원 규정은 제4편 제5장 제1절 Ⅲ. "2. 조합원 자격" 및 제7편 제2장 "제1절 수분양적격자 확정"에서 자세히 살펴보았다.

라. 1수분양권을 가지는 다수 조합원들의 분양신청

⑴ 문제의 소재

다수의 조합원이 1수분양권만 보유함에도, 각각의 분양신청의 내용이 다른 경우, 즉 일부 조합원은 상가를, 나머지 조합원은 공동주택을 분양신청한 경우 또는 각각 공동주택이나 상가에 대하여 분양신청을 하였으나, 내용상 분양희망 주택이나 상가의 규모나 면적 등이 다른 경우의 처리방법이 문제된다.

(2) 판단

실무상 사업시행자는 다양하게 처리하고 있다. 즉, ① 각기 다른 내용의 분양신청이므로 적법한 분양신청으로 볼 수 없다는 이유로 엄격하게 현금청산대상자로 처리하는 방법, ② 공동분양대상자임에도 각각 단독분양을 주장하여 협의가 이루어지지 않았다는 이유를 들어 잠정적으로 현금청산대상자로 처리하되, 분양대상 목적물을 확정할 수 없지만 토지등소유자들의 분양신청 의사가 확고한 사정을 고려하여 '분양대상의 누락, 착오 등의 사유로 관리처분계획의 변경이 예상되거나 소송 등의 사유로 향후 추가분양이 예상되는 경우 등'에 관한 국토부 표준정관 50조(보류지 등)를 근거로 각 토지등소유자들 주장의 상가나 공동주택을 법 74조 1항 4호의 보류지로 정하는 방법(추후 당사자들 사이에 합의가 되거나 소송의 결과에 따라 분양대상 목적물을 확정하고 그 수만큼 보류지를 줄이는 내용으로 관리처분계획의 변경을 예정한다), ③ 각 분양신청 내용을 고려하여 조합원들에게 가장 이익이 되는 방안을 사업시행자가 독자적으로 판단하여 수분양권을 배분하는 방법 등이 있다.

시장·군수등은 각각의 경우 모두 적법한 것으로 보아 각각의 내용대로 인가를 하고 있는 듯하다. 법리를 엄격하게 적용하면 현금청산대상자로 하여야 하나, 사업시행자는 개개의 사정을 고려하여 적절하게 관리처분계획을 수립하여야 할 것이다.

마. 법령상의 권리산정기준일 기준 도입 전의 서울시 조례 규정

서울시에서는 재개발사업의 경우 위 권리산정기준일 조항 신설 전부터 이미 구 서울시 조례 27조 등과 같이 지분 쪼개기 등을 통한 수분양권 취득을 방지하는 장치를 마련하고 있었다(다만, 서울시도 재건축사업에 대하여는 규정이 없었다). 따라서 위 구 법 50조의2의 신설은 조례에 별도의 장치를 마련하고 있지 아니한 서울시 외의 다른 시·도 등에서 지분 쪼개기 등을 통한 투기행위를 방지하고 기존 조합원의 이익을 보호함에 유용한 기능을 하였다. 서울시가 재개발사업에서 조합원과 분양대상자를 별개로 구분하는 내용에 관한 규정을 소개한다.

> 제27조(주택재개발사업의 분양대상 등)[8]
>
> ① 현재의 조례 제36조(주택소유자, 종전토지의 면적이 90㎡ 이상, 권리가액이 분양용 최소규모 공동주택 1가구 추산액 이상인 자 등 공동주택 분양대상 관련 일반 규정으로 다음에서 살펴본다)와 유사함
>
> ② 제1항에도 불구하고 다음 각 호의 어느 하나에 해당하는 경우에는 수인의 분양신청자를 1인의 분양대상자로 본다.
>
> 1. 단독주택 또는 다가구주택이 건축물준공 이후 다세대주택으로 전환된 경우[9]

8) 서울시 조례가 2009. 7. 30. 개정되기 이전에는 24조였다.

9) 조례 제정 당시 부칙 5조[27조 2항 1호(제정 당시는 24조 2항 1호)의 규정에 불구하고 이 조례 시행 전에 단독 또는 다가구주택을 다세대주택으로 전환하여 구분등기를 완료한 주택에 대하여는 전용면적 60㎡ 이하의 주택을 공급하거나 정비구역안의 임대주택을 공급할 수 있으며, 다세대주택의 주거전용면적이 60㎡를 초과하는 경우에는 종전 관련 조례의 규정에 의한다]에 의하여 조례 제정 이전에 다세대주택으로 전환하여 구분등기를 완료한 주택 등에 대하여만 예외적으로 수개의 분양권을 인정하였다.

2. 관리처분계획기준일 현재 수인의 분양신청자가 하나의 세대인 경우. 이 경우 동일한 세대별 주민등록표 상에 등재되어 있지 아니한 배우자 및 미혼인 20세 미만의 직계비속은 1세대로 보며, 1세대로 구성된 수인의 토지등소유자가 조합설립인가 후 세대를 분리하여 동일한 세대에 속하지 아니하는 때에도 이혼 및 20세 이상 자녀의 분가를 제외하고는 1세대로 보고, 권리가액은 세대원 전원의 가액을 합산하여 산정한다.
4. 2003년 12월 30일 이후 한 필지의 토지를 수개의 필지로 분할한 경우
5. 하나의 대지범위 안에 속하는 동일인 소유의 토지와 주택을 건축물 준공이후 토지와 주택으로 각각 분리하여 소유한 경우. 다만, 2003년 12월 30일 전에 토지와 주택으로 각각 분리하여 소유한 경우로서 토지의 규모가 건축조례 제25조 제1호에 따른 규모(주거지역 90㎡) 이상인 경우에는 그러하지 아니하다.
6. 단독주택 또는 비주거용건축물을 공동주택으로 신축한 경우(기존의 공동주택을 세대 수를 늘려 신축한 경우를 포함한다). 다만, 신축한 공동주택의 주거전용면적이 해당 정비사업으로 건립되는 분양용 공동주택의 최소 주거전용면적 이상인 경우에는 그러하지 아니하다(6호는 2008. 7. 30. 조례 4857호로 개정되어 도입되었다).

제2절 재개발사업 특유 관리처분방법

Ⅰ. 규 정

1. 규정의 내용

가. 법 시행령 63조

법 74조 6항은 관리처분계획의 내용, 관리처분의 방법 등 필요한 사항에 관하여 대통령령에 위임하고 있고, 위 규정에 따라 다음과 같이 법 시행령 63조는 1항으로 재개발사업(주거환경개선사업 포함)에서의 관리처분방법, 2항으로 재건축사업에서의 관리처분방법을 규정하고 있다.

법 시행령 제63조(관리처분의 방법 등)

① 법 제23조 제1항 4호의 방법으로 시행하는 주거환경개선사업과 재개발사업의 경우 법 제74조에 따른 관리처분은 다음 각 호의 방법에 따른다.
1. 시·도 조례로 분양주택의 규모를 제한하는 경우에는 그 규모 이하로 주택을 공급할 것
2. 1개의 건축물의 대지는 1필지의 토지가 되도록 정할 것. 다만, 주택단지의 경우에는 그러하지 아니하다.
3. 정비구역의 토지등소유자(지상권자는 제외한다)에게 분양할 것. 다만, 공동주택을 분양하는 경우 시·도 조례로 정하는 금액·규모·취득 시기 또는 유형에 대한 기준에 부합하지 아니하는 토지등소유자는 시·도 조례(다음에서 살펴보듯이 서울시는 제36조이다)로 정하는 바에 따라 분양대상에서 제외할 수 있다.

4. 1필지의 대지 및 그 대지에 건축된 건축물(법 제79조 제4항 전단에 따라 보류지로 정하거나 조합원 외의 자에게 분양하는 부분은 제외한다)을 2인 이상에게 분양하는 때에는 기존의 토지 및 건축물의 가격(제93조에 따라 사업시행방식이 전환된 경우에는 환지예정지의 권리가액을 말한다)과 제59조 제4항 및 제62조 제3호에 따라 토지등소유자가 부담하는 비용(재개발사업의 경우에만 해당한다)의 비율에 따라 분양할 것
5. 분양대상자가 공동으로 취득하게 되는 건축물의 공용부분은 각 권리자의 공유로 하되, 해당 공용부분에 대한 각 권리자의 지분비율은 그가 취득하게 되는 부분의 위치 및 바닥면적 등의 사항을 고려하여 정할 것
6. 1필지의 대지 위에 2인 이상에게 분양될 건축물이 설치된 경우에는 건축물의 분양면적의 비율에 따라 그 대지소유권이 주어지도록 할 것(주택과 그 밖의 용도의 건축물이 함께 설치된 경우에는 건축물의 용도 및 규모 등을 고려하여 대지지분이 합리적으로 배분될 수 있도록 한다). 이 경우 토지의 소유관계는 공유로 한다.
7. 주택 및 부대시설·복리시설의 공급순위는 기존의 토지 또는 건축물의 가격을 고려하여 정할 것. 이 경우 그 구체적인 기준은 시·도 조례(다음에서 살펴보듯이 서울시는 제38조이다)로 정할 수 있다.

나. 서울시 조례

(1) 36조

제36조(재개발사업의 분양대상 등)

① 영 제63조 제1항 제3호에 따라 재개발사업으로 건립되는 공동주택의 분양대상자는 관리처분계획기준일 현재 다음 각 호의 어느 하나에 해당하는 토지등소유자로 한다.
1. 종전의 건축물 중 주택(주거용으로 사용하고 있는 특정무허가건축물 중 조합의 정관등에서 정한 건축물을 포함한다)을 소유한 자
2. 분양신청자가 소유하고 있는 종전토지의 총면적이 90㎡ 이상인 자
3. 분양신청자가 소유하고 있는 권리가액이 분양용 최소규모 공동주택 1가구의 추산액 이상인 자. 다만, 분양신청자가 동일한 세대인 경우의 권리가액은 세대원 전원의 가액을 합하여 산정할 수 있다.
4. 사업시행방식전환의 경우에는 전환되기 전의 사업방식에 따라 환지를 지정받은 자. 이 경우 제1호부터 제3호까지는 적용하지 아니할 수 있다.
5. 도시재정비법 제11조 제4항에 따라 재정비촉진계획에 따른 기반시설을 설치하게 되는 경우로서 종전의 주택(사실상 주거용으로 사용되고 있는 건축물을 포함한다)에 관한 보상을 받은 자

② (앞서 본 권리산정기준일 관련 조항)

③ 제1항 제2호의 종전 토지의 총면적 및 제1항 제3호의 권리가액을 산정함에 있어 다음 각 호의 어느 하나에 해당하는 토지는 포함하지 않는다.
1. 건축법 제2조 제1항 제1호에 따른 하나의 대지범위 안에 속하는 토지가 여러 필지인 경우 권리산정기준일 후에 그 토지의 일부를 취득하였거나 공유지분으로 취득한 토지
2. 하나의 건축물이 하나의 대지범위 안에 속하는 토지를 점유하고 있는 경우로서 권리산정기준일 후 그 건축물과 분리하여 취득한 토지
3. 1필지의 토지를 권리산정기준일 후 분할하여 취득하거나 공유로 취득한 토지

④ 제1항부터 제3항까지에도 불구하고 사업시행방식전환의 경우에는 환지면적의 크기, 공동환지 여부에 관계없이 환지를 지정받은 자 전부를 각각 분양대상자로 할 수 있다.

(2) 38조

(가) 1항(주택공급기준)

서울시 조례 제38조 제1항

재개발사업의 주택공급에 관한 기준은 다음 각 호와 같다.

1. 권리가액에 해당하는 분양주택가액의 주택을 분양한다. 이 경우 권리가액이 2개의 분양주택가액의 사이에 해당하는 경우에는 분양대상자의 신청에 따른다.
2. 제1호에도 불구하고 정관등으로 정하는 경우 권리가액이 많은 순서로 분양할 수 있다.
3. 법 제76조 제1항 제7호 (다)목(종전 가격의 범위 또는 종전주택의 주거전용면적의 범위에서 2주택을 공급할 수 있고 그 중 1주택은 주거전용면적 60㎡ 이하로 한다)에 따라 2주택을 공급하는 경우에는 권리가액에서 1주택 분양신청에 따른 분양주택가액을 제외하고 나머지 권리가액이 많은 순서로 60㎡ 이하의 주택을 공급할 수 있다.
4. 동일규모의 주택분양에 경합이 있는 경우에는 권리가액이 많은 순서로 분양하고, 권리가액이 동일한 경우에는 공개추첨에 따르며, 주택의 동·층 및 호의 결정은 주택규모별 공개추첨에 따른다.

(나) 2항(상가 등 부대·복리시설 공급기준)

서울시 조례 제38조 제2항

재개발사업으로 조성되는 상가 등 부대·복리시설 공급기준은 관리처분계획기준일 현재 다음 각 호의 순위를 기준으로 공급한다. 이 경우 동일 순위의 상가 등 부대·복리시설에 경합이 있는 경우에는 제1항 제4호(동일규모의 분양에 경합이 있는 경우에는 권리가액이 많은 순서로 분양하고, 권리가액이 동일한 경우에는 공개추첨)에 따라 정한다.

1. 제1순위: 종전 건축물의 용도가 분양건축물 용도와 동일하거나 비슷한 시설이며 사업자등록(인가·허가 또는 신고 등을 포함한다)을 하고 영업을 하는 건축물의 소유자로서 권리가액(공동주택을 분양받은 경우에는 그 분양가격을 제외한 가액을 말한다)이 분양건축물의 최소분양단위규모 추산액 이상인 자
2. 제2순위: 종전 건축물의 용도가 분양건축물 용도와 동일하거나 비슷한 시설인 건축물의 소유자로서 권리가액이 분양건축물의 최소분양단위규모 추산액 이상인 자
3. 제3순위: 종전 건축물의 용도가 분양건축물 용도와 동일하거나 비슷한 시설이며 사업자등록을 필한 건축물의 소유자로서 권리가액이 분양건축물의 최소분양단위규모 추산액에 미달되나 공동주택을 분양받지 않은 자
4. 제4순위: 종전 건축물의 용도가 분양건축물 용도와 동일하거나 비슷한 시설인 건축물의 소유자로서 권리가액이 분양건축물의 최소분양단위규모 추산액에 미달되나 공동주택을 분양받지 않은 자
5. 제5순위: 공동주택을 분양받지 않은 자로서 권리가액이 분양건축물의 최소분양단위규모 추산액 이상인 자
6. 제6순위: 공동주택을 분양받은 자로서 권리가액이 분양건축물의 최소분양단위규모 추산액 이상인 자

2. 법적 성격(강행규정)

법 74조 6항은 관리처분의 방법 등 필요한 사항에 관하여 대통령령에 위임하고 있고, 법 시행령 63조 1항은 재개발사업의 관리처분방법에 대하여 자세하게 규정하고 있다. 또한 법 시행령의 위임을 받은 시·도 조례 또한 매우 구체적으로 규정하고 있다(앞서 본 서울시 조례 36조, 38조, 강원도 도시 및 주거환경정비조례 25조 등).

재개발사업의 경우에는 재건축사업과 달리 공익성 및 공공성의 정도가 중대하여 법령 및 조례로 종후자산의 권리배분과 관련한 관리처분방법에 대하여 엄격하게 규율하고 있고, 이는 법규적 효력을 가진 규정으로서 강행규정이다.

Ⅱ. 규정의 해석

1. 재개발사업 특유 관리처분방법의 내용 요약

가. 공동주택 및 상가의 공통된 관리처분방법

(1) 1개의 건축물의 대지는 1필지의 토지가 되도록 정할 것. 다만, 주택단지의 경우에는 그러하지 아니하다.

(2) 정비구역의 토지등소유자(지상권자 제외)에게 분양할 것.

(3) 종후자산인 조합원분양분(보류지나 일반분양분 제외)을 2인 이상에게 분양하는 때에는 종전자산의 가격(사업시행방식전환의 경우에는 환지예정지의 권리가액)에 의한다.

(4) 공동주택이나 상가의 공용부분은 각 권리자의 지분비율의 공유로 하고, 대지권도 각 권리자의 지분비율 공유로 한다.

나. 공동주택의 관리처분방법

(1) 시·도 조례로 분양주택의 규모를 제한하는 경우에는 그 규모 이하로 주택을 공급하여야 하나, 현재 서울시 조례의 규정은 없다.

(2) 서울시 조례 36조는 공동주택에 대하여 다음과 같은 제한을 규정하고 있다.

(가) 종전 건축물 중 주택을 소유한 자에게 분양한다.

(나) 종전자산인 토지의 총면적이 90㎡ 이상인 자에게 분양한다.

(다) 종전자산의 권리가액이 분양용 최소규모 공동주택 1가구의 추산액 이상인 자에게 분양한다.

다. 공동주택 및 상가의 공급순위

(1) 공동주택

① 권리가액에 해당하는 주택을 분양하고, 권리가액이 2개의 분양주택가액의 사이이면 당사자의 신청에 따르되, 정관등으로 정하는 경우 권리가액이 많은 순서로 분양할 수 있다.

② 종전주택 가격의 범위 또는 종전주택 주거전용면적의 범위에서 2주택을 공급하는 경우,

권리가액에서 1주택 분양신청에 따른 분양주택가액을 제외하고 나머지 권리가액이 많은 순서로 60㎡ 이하의 주택을 공급할 수 있다.

③ 동일규모의 주택분양에 경합이 있는 경우에는 권리가액이 많은 순서로 분양하고, 권리가액이 동일한 경우에는 공개추첨에 따르며, 주택의 동·층 및 호의 결정은 주택규모별 공개추첨에 따른다.

(2) 상가

서울시 조례 38조 2항이 제1 내지 6순위를 구체적으로 규정하고 있다.

① 순위: 용도 동일+사업자등록+권리가액 최소분양단위규모 추산액 이상

② 순위: 용도 동일+권리가액 최소분양단위규모 추산액 이상

③ 순위: 용도 동일+사업자등록+권리가액 최소분양단위규모 추산액 미달(공동주택 미분양자)

④ 순위: 용도 동일+권리가액 최소분양단위규모 추산액 미달(공동주택 미분양자)

⑤ 순위: 권리가액 최소분양단위규모 추산액 이상(공동주택 미분양자)

⑥ 순위: 권리가액 최소분양단위규모 추산액 이상(공동주택 분양자)

2. 법 시행령 63조 1항 및 서울시 조례 36조의 구체적 해석

가. 시·도 조례로 분양주택의 규모를 제한하는 경우에는 그 규모 이하로 주택을 공급할 것(법 시행령 63조 1항 1호)

앞서 본 바와 같이 재개발·재건축사업 모두 국토부 고시인 '정비사업의 임대주택 및 주택규모별 건설비율'의 적용을 받게 되므로, 일정 비율의 국민주택규모 주택을 건설하여야 하는 제한이 있다. 재개발사업의 특유한 관리처분방법으로 시·도 조례가 분양주택의 규모를 제한하는 경우에는 그 규모 이하로 주택을 공급하여야 한다. 종래 강원도 도시 및 주거환경정비조례 25조는 분양주택의 1세대 당 규모는 전용면적기준 165㎡ 범위로 하여야 하고, 건설예정 총세대 수의 40% 이상은 주택의 전용면적이 85㎡ 이하인 규모로 건설하고 총 건설 세대 수의 8.5% 이상은 주택의 전용면적이 60㎡ 이하인 규모로 건설하여야 한다고 규정하고 있었으나, 2023. 8. 4. 전부개정으로 삭제되었다. 현재 서울시 조례는 분양주택의 규모를 제한하고 있지 아니한다.

나. 1개의 건축물의 대지는 1필지의 토지가 되도록 정할 것. 다만, 주택단지의 경우에는 그러하지 아니하다(법 시행령 63조 2호).

건설되는 종후자산은 주택단지(공동주택)가 일반적인바, 사업시행자는 1개의 건축물의 대지는 1필지의 토지가 되도록 정하기 위하여 이전고시 전에 정비구역 내 토지에 대한 합필절차를 거치게 된다.

다. 정비구역의 토지등소유자(지상권자는 제외한다)에게 분양할 것. 다만, 공동주택을 분양하는 경우 시·도 조례로 정하는 금액·규모·취득 시기 또는 유형에 대한 기준에 부합하지 아니하는 토지등소유자는 시·도 조례로 정하는 바에 따라 분양대상에서 제외 가능(법 시행령 63조 3호).

⑴ 의의

위 규정에 의하여 지상권자는 분양신청권이 인정되지 아니한다. 공동주택의 분양과 관련하여 시·도 조례에 분양기준이 되는 종전자산의 내용(금액, 규모, 취득시기, 유형)을 설정하고, 그 기준에 부합하지 아니하는 토지등소유자를 분양대상에서 제외할 수 있도록 위임하는 규정은 법 시행령 제정 당시부터 존재하였다. 그 취지는 재개발사업은 정비구역 내 모든 토지 또는 건물의 소유자 또는 지상권자를 대상으로 하는 등 조합원의 숫자가 광대하므로, 정비사업의 수익성을 확보하기 위해서는 종후자산 배분과 관련하여 수분양권을 제한할 필요성이 있는데, 그 정도는 개별 시·도의 실정에 따라 다른 관계로 시·도 조례에 포괄적으로 위임한 것이다. 이와 관련하여 서울시 조례 36조 1항 및 3항이 규정하고 있다. 이는 법령의 위임에 따른 법규적 효력이 있고, 강행규정이다.

36조 1항 및 3항은 재개발사업으로 건립되는 공동주택의 분양대상자는 관리처분계획기준일(분양신청기간 종료일, 서울시 조례 2조 3호, 서울 표준정관 46조 1항) 현재 정비구역 내 토지등소유자(정비구역에 위치한 토지 또는 건축물의 소유자, 법 2조 9항 가목)로 하되, 다음과 같은 제한이 있다.

⑵ 종전자산이 건축물인 경우 주택 소유자 등일 것(조례 36조 1항 1호)

㈎ 종전자산이 건축물인 경우에는 주택을 소유한 경우나 주거용으로 사용하고 있는 특정무허가건축물 중 조합의 정관등에서 정한 건축물을 소유한 경우에 한하여 공동주택의 분양이 가능하다. 정비구역 내 건축물 소유자 중 주거용으로 사용되지 않는 건축물, 즉 창고 등의 소유자는 공동주택 분양대상자가 될 수 없다.

㈏ '특정무허가건축물'이란 건설교통부령 제444호 토지보상법 시행규칙 부칙 5조에서의 "1989년 1월 24일 당시의 무허가건축물등"을 말한다(서울시 조례 2조 1호). 조합설립인가에서 본 바와 같이 일반적으로 조합 정관은 1989. 1. 24. 이전에 건축된 무허가건축물의 소유자에 대하여는 조합설립인가 이후 조합원의 지위를 부여하고 있다[제4편 제3장 제1절 Ⅱ. "1. 재개발사업(무허가건물)" 참조]. 특정무허가건축물에 대한 소유권 취득 여부는 구청장 또는 동장이 발행한 기존무허가건축물확인원이나 그 밖에 소유자임을 증명하는 자료를 기준으로 한다(서울시 조례 34조 4호 단서).

결국 종전자산 중 적법한 건축물 소유자는 모두 조합원의 지위를 가지나 주택을 소유한 자만이 공동주택의 분양대상이 되고, 그와 마찬가지로 특정무허가건축물의 소유자는 모두 조합원의 지위를 가지나, 다만 공동주택의 분양대상자는 주거용으로 사용하고 있는 경우에 한정된다.

㈐ 주택(주거용)인지 여부는 실질에 따라 판단하여야 할 것이므로, 국유재산 대부계약상 토지사용료의 대상으로 상가부지 외에 주택부지가 기재되었다거나 사용목적으로 주거가 기재되어 있다는 사정만으로는 곧바로 해당 건물을 주거용으로 평가할 수는 없다. 상가로 이용되는 점포

에 딸린 방의 경우 그 구조나 면적을 고려하여, 영업을 위하여 휴식을 취하는 용도일 뿐 주거용으로 볼 수 없는 경우 분양대상에서 제외된다.[10)]

㈑ 한편 서울시 조례가 2008. 7. 30. 개정되기 이전에는 재개발사업의 관리처분방법으로 "종전의 건축물 중 주택(기존무허가건축물 및 사실상 주거용으로 사용되고 있는 건축물을 포함한다)을 소유한 자"를 분양대상자로 규정하여(구 조례 24조 1항 1호) 주택이 아닌 사실상 주거용으로 사용하고 있는 건축물의 소유자에게도 수분양권을 부여하였다.[11)] 2008. 7. 30.자 개정 전 서울시 조례가 적용되는 경우, 해당 부동산이 사실상 주거용으로 사용되었는지가 쟁점인데, 전입신고나 임대차계약서 등 객관적인 증거를 통하여 해당 기간 동안 누가 어떠한 원인으로 위 부동산에 주거하였는지를 따져보아야 한다.[12)]

⑶ 종전자산이 토지인 경우 과소필지 이상의 소유자일 것(1항 2호)

분양신청자가 소유하고 있는 종전토지의 총 면적이 90㎡ 이상인 자일 것을 요한다. 종전 토지의 소유면적은 관리처분계획기준일 현재 공간정보관리법 2조 19호에 따른 소유토지별 지적공부에 따른다(서울시 조례 34조 1호 본문, 서울 표준정관 46조 3항 1호).

㈎ 종전자산이 토지인 경우 총 면적이 90㎡ 미만인 경우는 과소토지로서 공동주택의 분양대상에서 제외된다.[13)]

만일 각자 단독으로 소유한 토지의 면적이 90㎡ 미만이나 합하여 90㎡ 이상임을 이유로 분양대상자임을 주장할 수 있을 것인가의 문제가 제기되나(A 33㎡, B 66㎡인 경우), 허용될 수 없다. 왜냐하면 이를 허용한다면 과소필지 소유자를 분양대상자에서 제외시키겠다는 입법취지를 몰각시킬 것이기 때문이다.

㈏ 여기에는 2가지 예외가 있다.

① 명문 규정은 없으나, 여러 명의 분양신청자가 1세대에 속하는 경우에는 1명의 분양대상자에 해당하므로, 다수 분양신청자가 동일한 세대인 경우 토지면적은 합하여 산정할 수 있다(이를 명문화하고 있는 1항 3호 단서 참조).

② 관리처분계획기준일(분양신청기간 종료일)을 기준으로 하되, 권리산정기준일 다음 날 이후 취득한 토지는 제외된다(3항). 즉, 종전토지의 총 면적을 산정함에 있어, 하나의 대지범위 안에 속하는 토지가 여러 필지인 경우 권리산정기준일 후에 그 토지의 일부를 취득하였거나 공유지분으로 취득한 토지(1호), 하나의 건축물이 하나의 대지범위 안에 속하는 토지를 점유하고 있는 경우로

10) 서울행정법원 2024. 10. 11. 선고 2023구합84915 판결(확정).

11) 2008. 7. 30. 개정된 조례 부칙(당시 2조)은 사실상 주거용으로 사용되고 있는 건축물에 관한 경과조치를 규정하여 "조례 개정 전 종전의 24조 1항 1호에 따른 '사실상 주거용으로 사용되고 있는 건축물'로서 이 조례 시행 전에 법 4조 1항에 따른 정비계획을 주민에게 공람한 지역의 분양신청자와 이 외 지역에서 법 4조 3항에 의한 정비구역지정·고시일부터 법 46조 1항에 의한 분양신청기간이 만료되는 날까지 세대원 전원이 주택을 소유하고 있지 아니한 분양신청자는 종전의 규정에 의한다."고 규정하고 있다(당시 2조, 현행 서울시 조례 부칙 25조).

12) 서울고등법원 2024. 10. 18. 선고 2023누69512 판결(확정, 사실상 주거용으로 사용하였음에 대한 증명이 이루어지지 못하였다고 판단하였다).

13) 서울시 조례가 2010. 7. 15. 개정되기 전에는 서울시 건축조례와 연동하여 건축조례 29조 1호의 규모 이상의 토지를 소유한 자에 한하여 공동주택의 분양대상자로 인정하였으나, 2010. 7. 15. 조례개정으로 현재와 같이 고정된 면적인 90㎡ 이상 소유가 공동주택 분양의 기준이 되었다.

서 권리산정기준일 후 그 건축물과 분리하여 취득한 토지(2호), 1필지의 토지를 권리산정기준일 후 분할하여 취득하거나 공유로 취득한 토지(3호)는 포함하지 아니한다.

㈐ 앞서 본 90㎡ 미만의 토지를 소유한 자로서 정비구역 내에 건축물을 소유하지 아니한 자는 시·도지사 등에게 재개발조합이 건설하여 인수한 임대주택에 대하여 주택법에 따른 토지임대부 분양주택으로 전환하여 공급하여 줄 것을 청구할 수 있고, 시·도지사 등은 반드시 이에 응하여야 한다(법 80조 2항, 법 시행령 71조 1항 1호). 그 경우 국가 또는 지방자치단체는 해당 공급비용의 전부 또는 일부를 보조 또는 융자할 수 있다(법 95조 6항). 이는 과소필지를 소유하여 분양대상에서 제외되는 조합원에 대한 구제책이다.

⑷ 권리가액이 분양용 최소규모 공동주택 1가구의 추산액 이상일 것(조례 36조 1항 3호)

㈎ 분양신청자가 소유하고 있는 권리가액이 분양용 최소규모 공동주택 1가구의 추산액 이상인 자에 해당되어야 한다(1항 3호 본문).

'분양용 최소규모 공동주택 1가구의 추산액'은 '보류지를 포함한 조합원분양용 최소규모 공동주택의 추산액 중 최저가액'을 의미한다고 봄이 타당하다.[14] 그 논거는 다음과 같다.

ⓐ 위 규정상 조합원을 전제로 하는 것으로서 '일반분양'을 의미하는 것으로 볼 수 없고, 재개발사업에서 신축되는 공동주택을 분양받을 권리는 조합원들의 가장 본질적이고 중요한 권리이므로, 분양용 최소규모 공동주택의 추산액 중 '평균가격'이 아니라 '최저가액'을 의미한다고 보아야 할 것이다.

ⓑ 보류지는 조합원으로부터 분양신청을 받은 후 잔여분이 있는 경우에 정하는 것으로서, 분양대상자의 누락, 착오 및 소송등에 대비하기 위한 것이므로, 조합원에게 분양 및 공급 예정인 '분양용'이라고 보아야 한다.

㈏ 여기에는 2가지 예외가 있다.

① 분양신청자가 동일한 세대인 경우의 권리가액은 세대원 전원의 가액을 합하여 산정할 수 있다(1항 3호 단서).

② 관리처분계획기준일(분양신청기간 종료일)을 기준으로 하되, 앞서 ⑶항에서 본 바와 같이 권리산정기준일 후 취득한 토지는 제외된다(3항).

⑸ 사업시행방식전환의 경우 환지를 지정받은 자일 것(조례 36조 1항 4호)

사업시행방식전환의 경우에는 전환되기 전의 사업방식에 따라 환지를 지정받은 자일 것을 요한다. 이 경우 1호부터 3호까지는 적용하지 아니할 수 있다(1항 4호).

㈎ 재개발사업의 시행방식은 인가받은 관리처분계획에 따라 건축물을 건설하여 공급하는 방식과 도시개발법의 규정에 따른 환지방식(사업시행자가 환지계획서 작성하여 인가받은 후, 환지예정지 지정과 이에 따라 환지하는 방식)이 있다. '사업시행방식전환'이란 28조 1항에 따라 사업대행자를 지정하거나 토지등소유자 5분의 4 이상의 요구가 있어 재개발사업의 시행방식의 전환이 필요하다고 인정하는 경우, 시장·군수등이 정비구역의 전부 또는 일부에 대하여 환지를 공급하는

---

14) 대법원 2024. 10. 8. 자 2024두46101 판결 및 서울고등법원 2024. 5. 22. 선고 2023누48034 판결.

방식에서 관리처분계획에 따라 건축물을 건설하여 공급하는 방식으로 전환함을 승인하는 것이다(법 123조 1항, 서울시 조례 2조 6호). 위와 같이 사업시행의 방식이 전환된 경우에는 전환되기 전의 사업방식에 따라 환지를 지정받은 자를 분양대상자로 한다.

(나) 사업시행방식전환의 경우에는 종전의 건축물 중 주택을 소유한 자, 90㎡ 이상 토지 소유자 및 권리가액이 분양용 최소규모 공동주택 1가구 추산액 이상인 분양신청자만을 분양대상으로 한다는 규정은 각 적용하지 아니할 수 있다(1항 4호 단서).

(다) 조례 36조 4항은 "1항부터 3항까지에도 불구하고 사업시행방식전환의 경우에는 환지면적의 크기, 공동환지 여부에 관계없이 환지를 지정받은 자 전부를 각각 분양대상자로 할 수 있다."고 규정하고 있는바, 위 조례 규정의 해석이 문제된다.

'종전의 건축물 중 주택 또는 토지를 소유한 자' 대신 '전환되기 전의 사업방식에 따라 환지를 지정받은 자'를 조합원 및 분양대상자로 정한다. 종전의 토지등을 수인이 공유하는 때에는 수인을 대표하는 1인을 조합원으로 보아 공유하는 토지등에 대하여 하나의 주택만을 공급하듯이, 사업시행방식이 전환되었을 때에도 하나의 환지를 지정받은 사람이 수인인 경우에는 수인을 대표하는 1인을 조합원으로 보고 환지에 대하여 하나의 공동주택만을 공급하되, 다만, 사업시행자가 재량으로 환지면적의 크기나 공동환지 여부에 관계없이 환지를 지정받은 자 전부를 각각 단독의 분양대상자로 정할 수도 있다.[15)]

환지를 지정받은 자들이 1세대에 속하는 경우에도 동일하게 적용될 수 있다(환지가 다수이고, 환지를 지정받은 자가 수인인 경우라도, 1세대에 속하면 하나의 공동주택만을 분양하여야 하나, 사업시행자의 재량으로 각각 단독의 분양대상자로 할 수 있다).

(6) 재정비촉진계획에 의거한 기반시설설치로 인한 주택손실보상대상자(조례 36조 1항 5호)

도시재정비법 11조 4항에 따라 재정비촉진계획에 따른 기반시설을 설치하게 되는 경우로서 종전의 주택(사실상 주거용으로 사용되고 있는 건축물을 포함한다)에 관한 보상을 받은 자만이 공동주택을 분양받을 수 있다.

라. 1필지의 대지 및 그 대지에 건축된 건축물(보류지 및 일반분양분 제외)을 2인 이상에게 분양하는 때에는 종전자산가격(사업시행방식이 전환된 경우에는 환지예정지의 권리가액)과 59조 4항 및 62조 3호에 따라 토지등소유자가 부담하는 비용의 비율에 따라 분양할 것(법 시행령 63조 1항 4호)

종후자산(공동주택, 상가 포함)에 대하여는 원칙적으로 종전자산가격의 비율(상대적 출자비율)에 따라 분양하고, 다만, 재개발사업에서 조합원은 종전자산에 따라 분양받는 것 외에 추가로 공사비 등 사업시행에 필요한 비용의 일부를 부담하고 그 대지 및 건축물(주택을 제외한다)을 분양받을 수 있는데, 그 경우에는 종전자산의 가격에 부담하는 비용을 포함한다. 종후자산이 개수가 부족한 예외적인 경우 일부 조합원은 분양에서 제외될 수 있다.

---

15) 대법원 2014. 10. 27. 선고 2014두8179 판결.

마. 분양대상자가 공동으로 취득하게 되는 건축물의 공용부분은 각 권리자의 공유로 하되, 해당 공용부분에 대한 각 권리자의 지분비율은 그가 취득하게 되는 부분의 위치 및 바닥면적 등의 사항을 고려하여 정할 것(법 시행령 63조 1항 5호).

공동주택, 1동의 상가 건물 또는 주상복합건물을 구분소유하는 경우에 적용되는 일반원칙을 선언한 것이다.

바. 1필지의 대지 위에 2인 이상에게 분양될 건축물이 설치된 경우에는 건축물의 분양면적의 비율에 따라 그 대지소유권이 주어지도록 할 것(주택과 그 밖의 용도의 건축물이 함께 설치된 경우에는 건축물의 용도 및 규모 등을 고려하여 대지지분이 합리적으로 배분될 수 있도록 한다). 이 경우 토지의 소유관계는 공유로 한다(법 시행령 63조 1항 5호).

공동주택, 1동의 상가 건물 또는 주상복합건물을 구분소유하는 경우에 적용되는 일반원칙을 선언한 것이다. 일반적으로 사업시행자는 정비구역 내의 전체 수백필지의 부지에 대하여 정비기반시설을 제외한 나머지 토지에 대하여는 전체를 1개 또는 2~3개의 필지로 지적을 정리하여 분양대상자별로 건축시설의 분양면적비율에 의하여 공유지분으로 소유권을 부여하도록 분양설계를 한다(부지 중 일부 토지가 존치되거나 일부 토지를 종교시설에 분양하거나 일부 토지에 대하여 사업에 필요한 경비에 충당하기 위하여 체비지로 한 경우는 위 각각의 토지에 대하여 별개로 지적정리를 한다).

대지소유권이 부여되는 기준은 위와 같이 분양(공급)면적인바, 분양면적은 주거전용면적, 주거공용면적(계단, 벽체 등), 기타공용면적(관리사무소와 주민공동시설, 지하주차장, 펌프실, 전기실, 경비실 등)으로 구성된다.[16] 이는 강행규정이므로, 주거전용면적의 비율에 따라 대지소유권이 주어지도록 하는 내용의 조합 정관 규정이나 관리처분계획은 무효이다.

사. 주택 및 부대시설·복리시설의 공급순위는 기존의 토지 또는 건축물의 가격을 고려하여 정할 것. 이 경우 그 구체적인 기준은 시·도 조례로 정할 수 있다(법 시행령 63조 1항 7호).

종전자산가격은 종후자산의 분양 여부나 분배기준이 되는 권리가액 산정을 위한 상대적 출자비율임은 앞서 본 바이다. 공동주택에 있어 수분양대상자로 결정된 조합원 사이의 공급순위는 종전자산가격을 기준으로 한다. 부대·복리시설 등 상가는 종전자산가격 외에 용도가 동일한지, 사업자등록을 갖추고 있는지 여부에 따라 1순위 내지 6순위로 나누어진다(자세한 내용은 앞서 1. "다. 공동주택 및 상가의 공급순위"에서 자세히 살펴보았다).

16) 대법원 2013. 3. 28. 선고 2012다101312 판결 등 참조.

제3절 재건축사업 특유 관리처분방법

Ⅰ. 규정(법 시행령 63조 2항)

법 74조 6항은 재건축사업에 따른 관리처분계획의 내용, 관리처분의 방법 등에 필요한 사항에 관하여 대통령령에 위임하고 있고, 위 규정에 따라 법 시행령 63조 2항은 재건축사업에서의 관리처분방법을 규정하고 있다.

제63조(관리처분의 방법 등)

② 재건축사업의 경우 법 제74조에 따른 관리처분은 다음 각 호의 방법에 따른다. 다만, 조합이 조합원 전원의 동의를 받아 그 기준을 따로 정하는 경우에는 그에 따른다.

1. 제1항 제5호(분양대상자가 공동으로 취득하게 되는 건축물의 공용부분은 각 권리자의 공유로 하되, 해당 공용부분에 대한 각 권리자의 지분비율은 그가 취득하게 되는 부분의 위치 및 바닥면적 등의 사항을 고려하여 정할 것) 및 제6호(1필지의 대지 위에 2인 이상에게 분양될 건축물이 설치된 경우에는 건축물의 분양면적의 비율에 따라 그 대지소유권이 주어지도록 할 것. 이 경우 토지의 소유관계는 공유로 한다)를 적용할 것
2. 부대시설·복리시설(부속토지를 포함한다. 이하 이 호에서 같다)의 소유자에게는 부대시설·복리시설을 공급할 것. 다만, 다음 각 목의 어느 하나에 해당하는 경우에는 1주택을 공급할 수 있다.
   가. 새로운 부대시설·복리시설을 건설하지 아니하는 경우로서 기존 부대시설·복리시설의 가액이 분양주택 중 최소분양단위규모의 추산액에 정관등으로 정하는 비율(정관등으로 정하지 아니하는 경우에는 1로 한다. 이하 나목에서 같다)을 곱한 가액보다 클 것
   나. 기존 부대시설·복리시설의 가액에서 새로 공급받는 부대시설·복리시설의 추산액을 뺀 금액이 분양주택 중 최소분양단위규모의 추산액에 정관등으로 정하는 비율을 곱한 가액보다 클 것
   다. 새로 건설한 부대시설·복리시설 중 최소분양단위규모의 추산액이 분양주택 중 최소분양단위규모의 추산액보다 클 것

Ⅱ. 규정의 해석(재건축사업 특유 관리처분방법의 내용)

아래 재건축사업의 특유한 관리처분방법은 강행규정이다. 다만, 조합이 조합원 전원의 동의를 받아 그 기준을 따로 정하는 경우에는 그에 따른다(법 시행령 63조 2항 단서).

1. 공용부분 및 대지권(지분비율 공유)

재건축사업의 특유한 관리처분방법은 공동주택이나 상가의 공용부분은 각 권리자의 지분비율의 공유로 하고, 대지권도 각 권리자의 지분비율 공유로 한다는 것이다(법 시행령 63조 2항 1호). 이는 재개발사업에도 적용되는 것으로서 여러 개로 구분된 부분을 나누어서 구분소유하는 집합건물의 경우에 적용되는 일반원칙을 선언한 것에 불과하다.

2. 상가소유자에 대한 상가공급이 원칙

가. 개 요

정비사업은 노후·불량건축물을 효율적으로 개량하는 사업으로 원칙적으로 종전자산과 종후자산은 동종임을 전제로 하므로, 상가소유자에게는 종후자산으로 상가를 배분하되, 이를 일관하는 경우 형평에 반하는 결과가 초래될 때에 한하여 예외적으로 주택을 분양할 수 있다. 이를 통하여 개발이익이 보장되는 아파트를 분양받을 목적으로 상가를 취득하는 편법을 규제할 수 있다.

나. 내 용

상가조합원에게는 원칙적으로 상가를 공급하되, ① 상가를 건설하지 아니하는 경우로서 기존 상가의 가액이 분양주택 중 최소분양단위규모의 추산액에 정관등으로 정하는 비율[17]을 곱한 가액보다 크거나(가목, 종후자산으로 상가를 건설하지 않아 이를 분양받을 수 없었음에도, 현금청산하도록 하는 것은 형평에 반하므로 예외를 인정한 것), ② 기존 상가의 가액에서 새로 공급받는 상가의 추산액을 뺀 금액이 분양주택 중 최소분양단위규모의 추산액에 정관등으로 정하는 비율을 곱한 가액보다 크거나(나목, 종후자산인 상가의 전체 규모가 종전 보다 감소함으로써 대규모 상가를 보유한 자 등은 종전자산가격에 크게 못 미치는 규모의 상가를 배정받을 수밖에 없음에도, 그 차액을 현금으로만 청산하도록 하는 것은 형평에 반하므로, 예외를 인정한 것), ③ 새로 건설한 상가 중 최소분양단위규모의 추산액이 분양주택 중 최소분양단위규모의 추산액보다 큰 경우(다목, 종후자산으로 고가의 대규모 상가만이 건설되어 상가조합원에게 과중한 청산금을 부담하고 상가를 분양받거나 현금청산을 받을 것을 강요하는 것은 형평에 반하므로 예외를 인정한 것) 등 어느 하나에 해당하는 경우에는 1주택을 공급할 수 있다(법 시행령 63조 2항 2호).

다. 실무상 문제

(1) 상가독립정산제 약정

상가의 경우 제6장 제3절 "Ⅳ. 상가독립정산제 약정"에서 살펴보듯이 재건축사업은 주택단지를 기초로 진행되는 사업이고, 각 동별 과반수(상가는 예외적인 경우 1/3) 찬성이 조합설립인가의 요건인데, 주택단지 내 상가소유주들이 재건축사업에 선뜻 찬성하지 않는 경향이 있어 이들의 동의를 얻기 위한 수단으로 조합(추진위원회)의 대표와 상가의 대표는 상가독립정산제(상가우대제)약정을 체결하고, 총회 3분의 2 찬성의결을 받거나 이를 정관의 내용으로 하게 되는데, 위와 같은 상가독립제정산제(상가우대제)약정의 유효성에 관하여는 의심의 여지가 없다.

(2) 상가 또는 주택 분양 선택제 약정

최근에는 조합과 상가대표자들과 사이에 상가소유자들이 조합설립에 동의함을 전제로 법 시

---

17) 정관등으로 정하지 아니하는 경우에는 1로 한다. 통상적으로 조합은 정관에서 그 비율을 1 이하로 정하는데, 이는 상가의 가액이 낮은 조합원에게 혜택을 주기 위함이다. 위 비율과 관련하여 조합 측은 0.2를 제시하고, 상가 측은 0.1을 제안하여 대립하는 사례가 있는 등 정비사업 실무의 현실은 매우 다양하다.

행령 63조 2항 2호의 관리처분방법에 위반하여 상가조합원이 상가 또는 주택 분양을 선택할 수 있는 '상가 또는 주택 분양 선택제' 약정을 체결한다(상가조합원은 상가 분양을 포기하는 방법으로 상가를 공급받지 않는 것이 가능함을 전제로 상가 대신 주택을 선택할 수 있다). 그 후 위 약정에 관하여 총회 과반수 또는 3분의 2의 의결을 받는 경우가 있다. 그러나 이는 강행규정인 법 시행령 63조 2항 2호에 위반한 것이므로, 법 시행령 63조 2항 단서에 따라 조합원 전원의 동의를 받지 않는 이상 그 효력이 없다.[18)]

(3) 기타

위와 같이 상가소유자의 아파트 분양을 제한하는 외에 재건축사업의 경우 재개발사업과 달리 법령에서 관리처분방법을 구체적으로 규율하지 아니한 것은 공익성 및 공공성이 상대적으로 약하므로 법령이 적극적으로 관여하기보다 조합 스스로의 자율성을 존중하기 위함이다. 조합은 조합과 조합원에 대하여 구속력을 가지는 단체법적 법률관계를 규율하는 자치법규로서의 정관에 관리처분의 방법을 자세히 규정하고 있는 것이 일반적이다.

재건축사업에서는 법 시행령 63조 1항 7호(주택 및 부대시설·복리시설의 공급순위는 기존의 토지 또는 건축물의 가격을 고려하여 정할 것)를 준용하고 있지 않아 자유롭게 공급순위를 정할 수 있으나, 일반적으로 재건축조합은 조합원에 대한 건축시설물의 분양기준에 관하여 ① 분양신청 및 권리가액이 다액인 기존의 아파트를 소유한 조합원(기존에 큰 평수의 아파트를 소유한 조합원)부터 큰 평수의 신축 아파트를 배정하는 내림차순 우선 평형 배정방식으로 평형을 결정하되, ② 권리가액이 동일한 아파트조합원 사이에 경합이 생길 경우 무작위 전산추첨방식에 의하여 평형을 결정하며, ③ 평형신청을 하지 않은 조합원의 경우에는 분양평형 신청을 마친 조합원들에게 평형과 동·호수를 배정한 후 잔여세대를 임의로 배정한다는 내용으로 관리처분계획을 수립하여 총회의결을 받기도 한다.

관리처분의 방법은 정비구역 내 주택소유자가 재건축조합 가입을 결정하는 중요한 요소이므로, 국토부 재건축 표준정관에 첨부되어 있는 <별지 1 주택재건축정비사업조합가입 동의서>에는 주택을 소유한 조합원의 신축 건축물에 대한 분양평형 결정은 조합원분양신청 및 종전권리가액의 다액순에 의한다는 내용이 기재되어 있다. 부산 표준정관에는 별도의 조합가입 동의서 양식을 마련해 놓고 있지 않다.

---

18) 대법원 2024. 8. 29. 자 2024다252794 판결 및 서울고등법원 2024. 5. 23. 선고 2023나2027555 판결, 국토부 재건축 표준정관 46조 9호 가목은 '새로운 상가를 공급받지 아니하는 경우'를 상가조합원에게 1주택을 공급할 수 있는 예외로 규정하여 상가조합원이 새로운 상가를 공급받는 것을 포기하는 경우까지 포섭하는 것으로 오해될 소지가 있다.

제4절 관리처분계획 수립기준

Ⅰ. 법령 및 조례에 의한 관리처분계획 수립기준

1. 법 76조

법 제76조(관리처분계획의 수립기준)

① 제74조 제1항에 따른 관리처분계획의 내용은 다음 각 호의 기준에 따른다.

1. 종전의 토지 또는 건축물의 면적·이용 상황·환경, 그 밖의 사항을 종합적으로 고려하여 대지 또는 건축물이 균형 있게 분양신청자에게 배분되고 합리적으로 이용되도록 한다.
2. 지나치게 좁거나 넓은 토지 또는 건축물은 넓히거나 좁혀 대지 또는 건축물이 적정 규모가 되도록 한다.
3. 너무 좁은 토지 또는 건축물을 취득한 자나 정비구역지정 후 분할된 토지 또는 집합건물의 구분소유권을 취득한 자에게는 현금으로 청산할 수 있다.
4. 재해 또는 위생상의 위해를 방지하기 위하여 토지의 규모를 조정할 특별한 필요가 있는 때에는 너무 좁은 토지를 넓혀 토지를 갈음하여 보상을 하거나 건축물의 일부와 그 건축물이 있는 대지의 공유지분을 교부할 수 있다.
5. 분양설계에 관한 계획은 제72조에 따른 분양신청기간이 만료하는 날을 기준으로 하여 수립한다.
6. 1세대 또는 1명이 하나 이상의 주택 또는 토지를 소유한 경우 1주택을 공급하고, 같은 세대에 속하지 아니하는 2명 이상이 1주택 또는 1토지를 공유한 경우에는 1주택만 공급한다.
7. 제6호에도 불구하고 다음 각 목의 경우에는 각 목의 방법에 따라 주택을 공급할 수 있다.
   가. 2명 이상이 1토지를 공유한 경우로서 시·도 조례로 주택공급을 따로 정하고 있는 경우에는 시·도 조례로 정하는 바에 따라 주택을 공급할 수 있다.
   나. 다음 어느 하나에 해당하는 토지등소유자에게는 소유한 주택 수만큼 공급할 수 있다.
      1) 과밀억제권역에 위치하지 아니한 재건축사업의 토지등소유자. 다만, 투기과열지구 또는 주택법 제63조의2 제1항 제1호에 따라 지정된 조정대상지역에서 사업시행계획인가를 신청하는 재건축사업의 토지등소유자는 제외한다.
      2) 근로자(공무원인 근로자를 포함한다) 숙소, 기숙사 용도로 주택을 소유하고 있는 토지등소유자
      3) 국가, 지방자치단체 및 토지주택공사등
      4) 「지방자치분권 및 지역균형발전에 관한 특별법」 제25조에 따른 공공기관지방이전 및 혁신도시 활성화를 위한 시책 등에 따라 이전하는 공공기관이 소유한 주택을 양수한 자
   다. 나목1) 단서에도 불구하고 과밀억제권역 외의 조정대상지역 또는 투기과열지구에서 조정대상지역 또는 투기과열지구로 지정되기 전에 1명의 토지등소유자로부터 토지 또는 건축물의 소유권을 양수하여 여러 명이 소유하게 된 경우에는 양도인과 양수인에게 각각 1주택을 공급할 수 있다.
   라. 제74조 제1항 제5호에 따른 가격의 범위 또는 종전주택의 주거전용면적의 범위에서 2주택을 공급할 수 있고, 이 중 1주택은 주거전용면적을 60㎡ 이하로 한다. 다만, 60㎡

이하로 공급받은 1주택은 제86조 제2항에 따른 이전고시일 다음 날부터 3년이 지나기 전에는 주택을 전매(매매·증여나 그 밖에 권리의 변동을 수반하는 모든 행위를 포함하되 상속의 경우는 제외한다)하거나 전매를 알선할 수 없다.

마. 과밀억제권역에 위치한 재건축사업의 경우에는 토지등소유자가 소유한 주택수의 범위에서 3주택까지 공급할 수 있다. 다만, 투기과열지구 또는 조정대상지역에서 사업시행계획인가(최초 사업시행계획인가를 말한다)를 신청하는 재건축사업의 경우에는 그러하지 아니하다.

② 제1항에 따른 관리처분계획의 수립기준 등에 필요한 사항은 대통령령으로 정한다.

2. 서울시 조례 34조, 36조 2항 3호

가. 36조 2항 3호

(1) 2010. 7. 15. 조례 제5007호로 개정된 이후의 현행 규정

제36조(주택재개발사업의 분양대상 등)

② 다음 각 호의 어느 하나에 해당하는 경우에는 수인의 분양신청자를 1인의 분양대상자로 본다.

3. 1주택 또는 1필지의 토지를 수인이 소유하고 있는 경우. 다만, 권리산정기준일 이전부터 공유로 소유한 토지의 지분이 제1항 제2호 또는 권리가액이 제1항 제3호에 해당하는 경우에는 그러하지 아니하다.

(2) 2010. 7. 15. 조례 제5007호로 개정되기 이전의 규정

제27조(주택재개발사업의 분양대상 등)[19]

② 다음 각 호의 어느 하나에 해당하는 경우에는 수인의 분양신청자를 1인의 분양대상자로 본다.

3. 하나의 주택 또는 한 필지의 토지를 수인이 소유하고 있는 경우. 다만, 2003년 12월 30일 전부터 공유지분으로 소유한 토지의 지분면적이 건축조례 제25조 제1호에 따른 규모(주거지역 90㎡) 이상인 자는 그러하지 아니하다.

나. 34조

제34조(관리처분계획의 수립 기준)

법 제74조 제1항에 따른 정비사업의 관리처분계획은 다음 각 호의 기준에 적합하게 수립하여야 한다.

1. 종전 토지의 소유면적은 관리처분계획기준일 현재 공간정보관리법 제2조 제19호에 따른 소유토지별 지적공부(사업시행방식전환의 경우에는 환지예정지증명원)에 따른다. 다만, 1필지의 토지를 여러 명이 공유로 소유하고 있는 경우에는 부동산등기부(사업시행방식전환의 경우에는 환지예정지증명원)의 지분비율을 기준으로 한다.
2. 국·공유지의 점유연고권은 그 경계를 기준으로 실시한 지적측량성과에 따라 관계 법령과 정관 등이 정하는 바에 따라 인정한다.

---

19) 서울시 조례가 2009. 7. 30. 개정되기 이전에는 24조였다.

3. 종전 건축물의 소유면적은 관리처분계획기준일 현재 소유건축물별 건축물 대장을 기준으로 하되, 법령에 위반하여 건축된 부분의 면적은 제외한다. 다만, 정관 등이 따로 정하는 경우에는 재산세과세대장 또는 측량성과를 기준으로 할 수 있다.
4. 종전 토지 등의 소유권은 관리처분계획기준일 현재 부동산등기부(사업시행방식전환의 경우에는 환지예정지증명원)에 따르며, 소유권 취득일은 부동산등기부상의 접수일자를 기준으로 한다.[20] 다만, 특정무허가건축물(미사용승인건축물을 포함한다)인 경우에는 구청장 또는 동장이 발행한 기존무허가건축물확인원이나 그 밖에 소유자임을 증명하는 자료를 기준으로 한다.
5. 국·공유지의 점유연고권자는 제2호에 따라 인정된 점유연고권을 기준으로 한다.
6. 건축법 제2조 제1항 제1호에 따른 대지부분 중 국·공유재산의 감정평가는 법 제74조 제4항 제1호를 준용하며, 법 제98조 제5항 및 제6항에 따라 평가한다.

Ⅱ. 법 76조 및 서울시 조례 규정의 관리처분계획 수립기준 해석

법 76조 1항은 관리처분계획의 수립기준에 관하여 자세히 규정하고 있다.[21] 같은 조 2항은 1항에 따른 관리처분계획의 수립기준 등에 필요한 사항은 대통령령으로 정한다고 규정하고 있으나, 현행 시행령에는 어떠한 규정도 없다.

1. 종전의 토지 또는 건축물의 면적·이용 상황·환경, 그 밖의 사항을 종합적으로 고려하여 대지 또는 건축물이 균형 있게 분양신청자에게 배분되고 합리적으로 이용되도록 한다(1호).

이는 종후자산을 분양대상자에게 배분함에 필요한 기본원칙이다. 종전의 토지 등 관련 여러 사정을 고려하여 종후자산이 균형 있게 분양신청자에게 배분되고 합리적으로 이용되도록 한 이상, 그로 인하여 토지등소유자들 사이에 다소 불균형이 초래된다고 하더라도, 이는 종전자산과 종후자산의 적정한 평가 등을 통하여 청산금을 가감함으로써 조정될 수 있으므로, 일응 적법하다.[22]

2. 지나치게 좁거나 넓은 토지 또는 건축물은 넓히거나 좁혀 대지 또는 건축물이 적정 규모가 되도록 한다(2호).

이는 재개발사업에서 적정한 종후자산의 형성에 필요한 기본원칙이다(서울 표준정관은 재개발사업에서만 규정하고 있다. 46조 3항 5호).

---

20) 법 129조는 정비사업과 관련하여 권리를 갖는 자의 변동이 있은 때에는 종전의 권리자의 권리·의무는 새로 권리자로 된 자가 승계한다고 규정하고 있다. 국토부 표준정관 11조 1항은 조합원이 토지등의 소유권을 양도하였을 때에는 조합원의 자격을 즉시 상실한다고, 9조 5항도 양도·증여 등으로 조합원의 권리가 이전된 때에는 조합원의 권리를 취득한 자로 조합원이 변경된 것으로 본다고 각 규정하고 있다. 결국 조합원 자격 취득과 관련한 소유권 취득일은 관리처분계획 수립 대상인지 여부와 관련되고 있으므로 조례에서 그 기준을 확정하였다.

21) 서울 표준정관 46조 1항은 "조합은 "관리처분계획기준일"(분양신청기간의 종료일)의 분양신청 결과를 토대로 법 76조, 시행령 63조, 조례 36조 및 38조, 국토부 및 서울특별시 고시 등 관련 규정, 지침을 준수하여 관리처분계획을 수립하여야 한다."고 규정하고 있다. 그러나 이는 앞서 본 관리처분방법과 그 내용이 혼재되어 있다.

22) 집합건물법은 재건축을 결의할 때, 비용의 분담에 관한 사항과 새 건물의 구분소유권 귀속에 관한 사항은 각 구분소유자 사이에 형평이 유지되도록 정하여야 한다고 규정하고 있다(47조 4항).

3. 너무 좁은 토지 또는 건축물을 취득한 자나 정비구역지정 후 분할된 토지 또는 집합건물의 구분소유권을 취득한 자에게는 현금청산 가능(3호).

가. 재개발사업의 경우 관리처분방법으로 앞서 본 바와 같이 분양신청자가 소유하고 있는 종전 토지의 총 면적이 90㎡ 미만인 경우 현금청산대상자로 함은 강행규정이다(서울시 조례 36조 1항 2호). 따라서 '너무 좁은 토지'의 의미는 재개발사업의 경우 90㎡ 이상이나 다른 조합원들 소유 토지의 면적 기타 종후자산의 내용 등에 비추어 분양대상으로 하기에 적절하지 아니한 정도의 좁은 면적으로 해석하여야 한다.

나. 권리산정기준일 다음 날 이후 조합설립인가 시까지 토지분할이라는 지분 쪼개기가 이루어지더라도, 각각의 토지등소유자에 대한 조합원의 지위는 인정하나, 지분 쪼개기가 발생한 해당 토지등의 건축물을 분양받을 권리는 권리산정기준일을 기준으로 산정함으로써 사실상 다수의 조합원에게 하나의 수분양권만을 부여함은 앞서 본 바이다. 나아가 사업시행자는 정비구역지정 후 분할된 토지를 취득한 조합원에 대하여 현금청산이 가능하도록 규정하고 있다. 이는 법이 제정될 당시부터 존재하고 있었다. 한편, 정비구역지정 후 분할된 집합건물의 구분소유권을 취득한 자에 대하여는 현금청산이 가능한 것으로 관리처분계획을 수립할 수 있는바, 이는 정비구역지정 당시 1개의 (집합건물의) 전유부분이 그 후 분할되었고, 분할된 부분의 구분소유권을 취득한 자에 대하여도 현금청산이 가능한 내용으로 관리처분계획을 수립할 수 있다는 의미이다(정비구역지정 당시 다수의 집합건물 구분소유권자가 그중 일부를 조합설립인가 이전까지 양도한 경우 이는 다물건자의 양도로서 양도인 및 양수인은 모두 조합원 지위를 취득하고, 수분양대상자가 됨은 당연하다). 위 규정은 이 부분 지분 쪼개기에 관한 법 77조 1항 5호와 더불어 2024. 1. 30.자 법 개정으로 처음 도입되었다.

4. 재해 또는 위생상의 위해를 방지하기 위하여 토지의 규모를 조정할 특별한 필요가 있는 때에는 너무 좁은 토지를 넓혀 토지를 갈음하여 보상을 하거나 건축물의 일부와 그 건축물이 있는 대지의 공유지분을 교부할 수 있다(4호).

서울 표준정관은 재개발사업에서만 규정하고 있다(46조 3항 7호).

5. 분양설계에 관한 계획은 분양신청기간이 만료하는 날을 기준으로 하여 수립한다(5호).

분양대상 조합원에 해당하는지 여부 판정의 기준일은 '분양신청기간 종료일'이고, 이는 임의로 변경할 수 없다(대법원 2002. 1. 22. 선고 2000두604 판결).

6. 1세대 또는 1명이 하나 이상의 주택 또는 토지를 소유한 경우 1주택을 공급하고, 같은 세대에 속하지 아니하는 2명 이상이 1주택 또는 1토지를 공유한 경우에는 1주택만 공급한다(6호).

가. 1세대 또는 1명이 하나 이상의 주택을 소유한 경우 토지등소유자 전체를 1조합원으로 하

고(법 39조 1항 2호), 1주택 또는 1필지의 토지를 같은 세대에 속하지 않는 여러 명이 소유하고 있는 경우에도 토지등소유자 전체를 1조합원으로 하며(법 39조 1항 1호), 1조합원에게는 1주택을 공급하는 것이 원칙이다. 따라서 1세대를 구성하는 여러 구성원이 다수의 토지등을 보유하더라도 1조합원이고, 1인이 다수의 토지등을 소유하더라도 1조합원이므로, 이는 논리적 당연한 사항을 선언한 의미이다(법이 2009. 2. 6. 개정되기 이전에는 1세대를 구성하는 구성원은 모두 별개의 조합원이므로, 1세대가 다수의 토지등을 소유한 경우 1주택을 공급한다는 것이 분양대상을 제한하는 의미가 있으나, 현재는 1세대를 구성하는 구성원이 다수라 하더라도 모두 1조합원이다).

나. '1세대 1주택' 공급 원칙은 정비구역 안에 있는 토지등소유자 사이의 이해관계를 조정하여 조합원의 재산권을 보호함과 동시에 정비사업에서 토지·주택 등에 대한 투기를 억제하여 정비사업의 사업성 저하를 방지하고자 하는 취지이므로, 1세대는 세대별 주민등록표를 기준으로 하는 것이 아니라 실질적으로 주거와 생계를 같이하고 있는 가구인지 여부를 기준으로 판단하여야 한다.[23] 자세한 내용은 제4편 제5장 Ⅲ. "2. 조합원 자격"에서 살펴보았다.

다. 재개발사업의 경우 재건축사업과 달리 토지 또는 건물의 소유자를 분양대상자로 함으로써 수개의 부동산을 소유한자가 다수이고(단독주택 소유자는 토지 및 주택의 2개의 부동산 소유자이다), 정비사업의 수익성을 확보하기 위해서는 종후자산 배분과 관련하여 수분양권의 개수를 제한할 필요성이 있어 이는 엄격히 준수된다(1주택 또는 1필지의 토지를 여러 명이 공유한 경우 1분양대상자로서 대표조합원을 통하여 분양신청을 하여야 한다). 다만, 다음에서 살펴보듯이 예외가 존재한다. 한편, 1인 또는 1세대가 다수의 토지등을 소유하더라도 1수분양권만 부여됨에 따라 초래되는 이해관계의 불균형은 청산금의 지급으로 조정한다.

7. 6호에도 불구하고 다음 각 목의 경우에는 각 목의 방법에 따라 주택을 공급할 수 있다(7호).

가. 2명 이상이 1토지를 공유한 경우로서 시·도 조례로 주택공급을 따로 정하고 있는 경우에는 시·도 조례로 정하는 바에 따라 주택을 공급할 수 있다. 서울시 조례 부칙 28조 및 조례 36조 2항 3호가 규정하고 있다

(1) 1997. 1. 15. 또는 1990. 4. 21. 이전 지분이전등기를 마친 다가구주택 또는 단독주택의 경우 가구별로 1인을 1분양대상자

㈎ 요건

1997. 1. 15. 이전에 가구별로 지분이전등기를 필한 다가구주택은 다가구로 건축허가받은 가구 수에 한하여 가구별 각각 1인을 분양대상자로 한다. 또는 사실상 다가구주택으로서 (다가구주택으로 건축허가를 받을 수 있는 제도가 시행된) 1990. 4. 21. 이전에 단독주택으로 건축허가를 받아 가구별로 지분이전등기를 마친 경우에도 가구별로 1인을 분양대상자로 한다(서울시 조례 부칙 28조).[24] 소유권 취득일은 부동산등기부상의 접수일자를 기준으로 한다(서울시 조례 34조 4호).

---

23) 대법원 2025. 3. 27. 선고 2022두50410 판결.

24) 법 76조 1항 7호 가목 규정은 법이 2009. 2. 6. 개정되면서 처음 도입되었다. 한편 서울시 조례는 제정 당시 부칙 7조(1997. 1. 15. 이전에 가구별로 지분 또는 구분소유등기를 필한 다가구주택은 27조 2항 3호의 규정에 불구하고

(나) 입법취지

독립된 구조를 가진 다가구주택의 경우 가구별로 구분 거래되는 현실을 반영하여, 설계 및 건축 단계부터 독립된 구조를 가지고 있고 그에 상응한 지분등기가 마쳐짐으로써 그 지분등기를 이전하는 방법에 의하여 사실상 가구별로 독립적 거래가 가능한 경우에는 예외적으로 다가구주택의 가구별로 개별 분양대상자격을 인정하되, 다만, 재개발사업에 의하여 공급되는 주택을 다수 취득할 목적으로 지분 쪼개기와 같은 행위를 하는 폐해를 방지하기 위해서 일정한 시점까지 지분등기를 마칠 것을 요구한다. 이는 다가구주택의 거래실정 및 재개발사업에 따른 주택분양 법률관계의 현실에 비추어 합리성이 인정된다.[25)]

(다) 실무상의 쟁점

① 실무상 법정기한 이전에 지분소유권이전등기가 마쳐졌는지 여부(다가구주택의 경우 1997. 1. 15. 이전에, 단독주택의 경우 1990. 4. 21. 이전에 각 지분소유권 이전등기가 마쳐졌는지 여부, 지분이전등기의 방법으로 전전양도 여부), 건축단계부터 가구별로 독립적인 주거생활을 영위할 수 있는 구조를 갖추고 있는지 여부(화장실, 주방 및 출입문 별도 여부 등), 실제로 각 가구는 독립적인 주거생활을 영위하였는지 여부(도시가스공급계약, 전기공급계약 등) 등에 대한 심리가 이루어지고, 다양한 다툼이 있다.

② 만일 창고 등을 사실상 주거로 사용하는 경우 또는 단독주택으로 신축된 건물 중 공부(公簿)상 '대피소'로 되어 있는 지층 부분이 독립하여 존재하고, 지분소유권이전등기를 마친 경우 분양신청권을 인정할 것인지 여부가 문제된다(예를 들면 단독주택이 지층을 포함하여 각 층마다 4가구가 독립하여 존재하고 있으며, 위 각 가구는 1982년 건축단계부터 가구별로 독립적인 주거생활을 영위할 수 있는 구조를 갖추었고, 실제로 독립된 주거로 이용되어 왔으며, 가구별로 지분등기가 이루어졌는바, 그 경우 주택용도 부분을 사용하고 있는 다른 지분소유권자는 분양신청권이 인정되나, 대피소로 되어 있는 지층 부분의 경우 분양신청권을 인정할 것인지 여부가 문제된다).

앞서 본 바와 같이 현행 서울시 조례 36조 1항 1호는 재개발사업의 관리처분방법으로 "종전의 건축물 중 주택(주거용으로 사용하고 있는 특정무허가건축물 중 조합의 정관등에서 정한 건축물을 포함한다)을 소유한 자"라고 규정하고 있으므로, 사실상 주거용으로 사용하는 부분은 제외된다.[26)]

다가구로 건축허가 받은 가구 수에 한하여 가구별 각각 1인을 분양대상자로 한다)고 규정하고 있었다. 이는 다가구주택이 건축법상으로는 단독주택이나 공동주택처럼 가구별로 거래되어 온 현실을 반영하여 일정범위 내의 다가구주택 공유자를 보호하기 위해, 위 부칙 7조를 규정하였다. 그 후 위 부칙조항은 2009. 4. 22. 조례 제4768호로 개정되어 "1990. 4. 21. 다가구주택제도 도입이전에 단독주택으로 건축허가를 받아 지분 또는 구분등기를 필한 사실상의 다가구주택"도 예외가 인정되었다(협동주택은 단독주택으로 건축허가를 받아 가구별로 지분이전등기를 마친 사실상의 다가구주택으로서, 1990. 4. 21. 다가구제도가 도입되기 이전에 1977. 5. 13. 구 서울특별시 주택개량재개발사업시행조례 4조 2항이 신설되면서 1980년 중반까지 서울 강북, 도심권에 다수 축조되었는데, 등기부등본과 건축물대장상에 '협동주택'이라고 기재되어 있는바, 구 서울시 조례는 2009. 4. 22. 3조로 협동주택의 분양기준에 관한 경과조치 등을 규정하여 서울특별시 주택개량재개발사업시행조례 4조 2항에 따라 건축된 협동주택으로서 1988. 5. 7. 전에 지분 또는 구분소유등기를 필한 세대는 사실상 구분된 가구 수에 한하여 각각 1인을 분양대상자로 한다고 규정하였다). 결국 27조 2항 3호에 해당되더라도 '① 다가구주택으로 건축허가를 받아 1997. 1. 15. 이전에 가구별로 지분 또는 구분소유 등기를 경료한 경우, ② 사실상 다가구주택으로서 (다가구주택으로 건축허가를 받을 수 있는 제도가 시행된) 1990. 4. 21. 이전에 단독주택으로 건축허가를 받아 가구별로 지분 또는 구분소유등기를 경료한 경우'에는 각 가구별로 분양할 수 있도록 하는 경과규정을 두고 있었다. 현재는 부칙 28조로 이를 규정하고 있다.

25) 대법원 2009. 4. 23. 선고 2008두22853 판결.

26) 서울시 조례가 2008. 7. 30. 개정되기 이전에는 재개발사업의 관리처분방법으로 "종전의 건축물 중 주택(기존무허가

(라) 효과

각각의 지분소유권 이전등기권자(각 가구별 1인)는 법률상으로는 공유자에 불과하여 지분권자 전원이 1인의 조합원이고, 조합에 대한 관계에서 전체가 1인의 조합원으로서 권리를 행사하고 의무를 부담하며, 단독의 조합원 지위에 있지 않지만,[27] 각각의 가구별로 1인이 독자적으로 분양신청권을 행사한다.

(2) 각 권리산정기준일 이전부터 공유로 소유한 토지의 지분이 90㎡ 이상인 경우, 또는 공유로 소유한 토지 지분의 권리가액이 분양용 최소규모 공동주택 1가구의 추산액 이상인 경우 각 분양대상자[28]

(가) 요건

권리산정기준일 이전부터 공유로 소유한 토지의 지분이 앞서 본 90㎡ 이상인 경우, 또는 권리산정기준일 이전부터 공유로 소유한 토지의 권리가액이 분양용 최소규모 공동주택 1가구의 추산액 이상에 해당하는 경우 사업시행자가 각 공유자를 각 분양대상자로 할 수 있다.

1필지의 토지를 여러 명이 공유로 소유하고 있는 경우에는 부동산등기부의 지분비율을 기준으로 한다(서울시 조례 34조 1호 단서). '분양용 최소규모 공동주택 1가구의 추산액'은 '보류지를 포함한 조합원분양용 최소규모 공동주택의 추산액 중 최저가액'을 의미함은 앞서 본 바이다.

다음에서 살펴볼 입법취지에서 본 바와 같이 순수하게 나대지인 토지의 공유자뿐만 아니라 다가구주택의 주거전용면적에 따른 토지의 공유지분이 90㎡ 이상인 경우에도 적용된다.

(나) 입법취지

주택 또는 토지를 수인이 공유하고 있는 경우, 그 수인에게 1주택을 공급하는 것이 원칙임에도 불구하고 수인이 1토지를 공유한 경우로서 권리산정기준일 이전부터 소유한 공유지분의 면적이 앞서 본 90㎡ 이상인 자 또는 권리산정기준일 이전부터 소유한 공유지분의 권리가액이 분양용 최소규모 공동주택 1가구의 추산액 이상인 자에 대하여는 별도로 1주택을 공급할 수 있도록 한 것은, 토지의 면적이 90㎡ 이상이면 1토지를 소유하고 있는 자는 1주택을 공급받을 권리

건축물 및 사실상 주거용으로 사용되고 있는 건축물을 포함한다)을 소유한 자"를 분양대상자로 규정하여(구 조례 24조 1항 1호) 사실상 주거용으로 사용하고 있는 단독주택의 경우에는 지분소유권이전등기를 1990. 4. 21. 이전에 경료하였다면 분양대상자가 되므로, '대피소'로 되어 있는 지층 부분이 독립하여 존재하고, 지분소유권이전등기를 마친 구분소유권자는 분양대상자에 해당한다. 그러나 그 후 서울시 조례가 2008. 7. 30. "종전의 건축물 중 주택(주거용으로 사용하고 있는 특정무허가건축물 중 조합의 정관등에서 정한 건축물을 포함한다)을 소유한 자"라고 개정되어 단순히 사실상 주거용으로 사용하고 있는 건축물을 제외하였다. 다만, 부칙(당시 2조)으로 사실상 주거용으로 사용되고 있는 건축물에 관한 경과조치를 규정하여 " 조례 개정 전 종전의 24조 1항 1호에 따른 '사실상 주거용으로 사용되고 있는 건축물'로서 이 조례 시행 전에 법 4조 1항에 따른 정비계획을 주민에게 공람한 지역의 분양신청자와 이외 지역에서 법 4조 3항에 의한 정비구역지정·고시일부터 법 46조 1항에 의한 분양신청기간이 만료되는 날까지 세대원 전원이 주택을 소유하고 있지 아니한 분양신청자는 종전의 규정에 의한다."고 규정하고 있다(당시 2조, 현행 서울시 조례 부칙 25조).

27) 대법원 2011. 3. 10. 선고 2010두4377 판결(각각 단독의 조합원 지위의 확인 청구는 이유 없다).

28) 법 76조 1항 7호 가목 규정은 앞서 본 바와 같이 2009. 2. 6. 개정되면서 처음 도입되었다. 한편 서울시 조례 36조 2항 3호는 조례 제정 당시부터 '다만, 이 조례 시행일 전부터 공유지분으로 소유한 토지의 지분면적이 건축조례 25조 1호의 규정에 의한 규모 이상인 자는 그러하지 아니하다.'는 규정을 두고 있었고(당시 24조 2항 3호), 권리산정기준일 이전부터 공유로 소유한 지분 면적이 90㎡ 이상인 경우 1수분양권을 부여하는 규정은 2010. 7. 15. 개정으로 도입되었으며, 권리산정기준일 이전부터 공유로 소유한 지분의 권리가액이 분양용 최소규모 공동주택 1가구 추산액 이상인 경우 1수분양권을 부여하는 규정은 2014. 5. 14. 개정으로 도입되었다.

가 있다는 점과 비교하여 볼 때 토지의 공유자가 그 공유지분의 면적이 아무리 크다고 하더라도 공유자 전원이 1주택만을 분양받을 수 있다고 보는 경우 정비사업으로 인한 개발이익의 균등한 배분이라는 측면에서 형평에 맞지 않기 때문이다.

특히 재개발사업 구역에는 다가구주택이 다수 존재하는바, 다가구주택과 같은 경우에는 실질적으로 주택의 일부분을 독립적으로 구분하여 사용하고 있고, 그 전용면적의 비율에 상응하는 토지의 공유지분을 소유하고 있음에도 언제나 수인의 다가구주택의 소유자들이 하나의 주택밖에 공급받지 못하게 되므로, 정비사업의 시행으로 인하여 주거의 근거지를 상실하게 되는 자들을 양산하게 된다는 점을 고려하여, 권리산정기준일 이전부터 다가구주택의 토지를 공유하고 있는 자의 지분면적이 90㎡ 이상인 자, 지분의 권리가액이 분양용 최소규모 공동주택 1가구의 추산액 이상인 자에 대하여는 별도로 1주택을 공급받을 자격을 부여함으로써 개발이익의 공평한 분배라는 정비사업의 주된 가치를 달성할 수 있도록 함에 그 취지가 있다.

공유자 4인 중 2인이 동일한 세대를 구성하는 경우, 동일한 세대를 구성하는 수인의 분양신청자는 1분양대상자로서, 권리산정기준일 이전부터 공유로 소유한 토지의 지분이 90㎡ 이상인지 여부나, 공유로 소유한 토지의 권리가액이 분양용 최소규모 공동주택 1가구의 추산액 이상에 해당하는지 여부를 판단함에 있어 합산하여야 할 것이다.

㈐ 실무상 쟁점

① 위 조항의 의미가 단독으로 지분 면적이 90㎡ 이상인 경우에만 인정되는 것인지, 공동으로 90㎡ 이상인 경우에도 적용되는지 여부가 문제된다. 예를 들면 3인이 권리산정기준일 이전에 공유로서 A 102㎡, B 33㎡, C 66㎡인 경우 몇 개의 수분양권이 부여되는지 살펴본다.

하급심 판례는 이 경우 A에게 1수분양권, B, C에게는 공동으로 1수분양권이 인정된다고 하였다.[29] 그러나 이는 서울시 조례가 관리처분방법으로 과소필지인 90㎡ 미만의 소유자에게는 분양대상자에서 제외하는 입법취지를 몰각시킬 것이므로, B, C가 동일세대가 아닌 한 불가하다.

② 종후자산에 대한 감정절차를 거쳐 토지의 공유자의 각 지분 권리가액이 분양용 최소규모 공동주택 1가구의 추산액에 미달함을 이유로 각 지분권자의 분양신청을 배제하고 전원을 공동분양대상자로 하였다면, 각 공유자는 자신의 종전자산에 대한 감정금액이 과소함을 들어 관리처분계획에 대한 항고소송의 제기가 가능할 것인지 여부가 문제된다.

관리처분계획의 내용으로서의 종전자산가격 평가는 종후자산 배분의 기준이 되는 권리가액 산정을 위한 조합원들 사이의 상대적 출자 비율을 정하기 위한 것이나, 위와 같은 단독분양대상자 여부를 결정하는 종전자산가격 평가는 재개발사업에서 신축되는 공동주택을 분양받을 권리와 관련된 조합원들의 가장 본질적이고 중요한 권리이므로, 다른 조합원들의 종전자산에 대한 감정평가의 위법성과 무관하게 새롭게 종전자산가격을 평가하여야 한다.

③ 피상속인이 권리산정기준일 이전에 사망하여 상속이 개시된 경우, 그 상속으로 인하여 한

29) 서울고등법원 2019. 4. 11. 선고 2018누77830 판결 및 서울행정법원 2018. 11. 30. 선고 2018구합63471 판결(다만, 대법원은 사업시행자가 아직 관리처분계획을 수립한 사실이 없는 상태에서 신축 주택에 관한 수분양자 지위나 수분양권의 확인을 구하는 것임을 이유로 원심판결을 파기하고, 제1심판결을 취소하고, 소를 각하였다. 대법원 2019. 12. 13. 선고 2019두39277 판결).

필지의 토지 중 지분면적 90㎡ 이상을 소유하게 된 상속인은 상속을 원인으로 한 등기가 권리산정기준일 이후에 이루어졌다고 하더라도 법 76조 1항 7호 가목 단서에 해당하여 독립된 1인의 분양대상자가 될 수 있다. 상속인이 상속재산 분할협의를 통하여 지분면적 90㎡ 이상을 소유하게 되었다고 하더라도 그 상속재산 분할협의가 서울시 조례 36조 2항 3호(구 서울시 조례 27조 2항 3호, 하나의 주택 또는 한 필지의 토지를 수인이 소유하고 있는 경우, 수인의 분양신청자를 1인의 분양대상자로 간주하되, 권리산정기준일 이전부터 공유지분으로 소유한 토지의 지분면적이 주거지역 90㎡ 이상인 자는 예외)의 규정취지에 반하여 오로지 이른바 '지분 쪼개기' 목적으로 이루어져 그에 기초한 분양신청이 권리남용에 해당하거나 신의성실의 원칙에 반한다고 볼 특별한 사정이 없는 한 마찬가지다.[30] 공동상속인들이 '지분 쪼개기' 목적으로 상속재산 분할협의제도를 악용할 경우 그에 기초한 분양신청은 권리남용에 해당하거나 신의성실의 원칙에 반한 것이 된다. 이러한 특별한 사정의 존재는 이를 주장하는 사업시행자가 증명하여야 한다. 다만 상속재산 분할협의가 권리산정기준일 이후에 이루어지거나 권리산정기준일 이후 기존의 상속재산 분할협의를 해제하고 새로운 협의가 이루어지는 등의 사정으로 인하여 법정상속분 또는 기존의 분할협의에 따른 상속이 이루어졌을 때에 비하여 분양받을 수 있는 주택의 수가 늘어났다는 사실 등의 간접사실이 인정되는 경우에는 '지분 쪼개기'의 목적을 사실상 추정할 수 있다.[31]

나. 다음 어느 하나에 해당하는 토지등소유자에게는 소유한 주택 수만큼 공급할 수 있다.

⑴ 과밀억제권역에 위치하지 아니한 재건축사업의 토지등소유자

㈎ 재건축조합의 재량으로 주택 수만큼 공급 가능

과밀억제권역에 위치하지 아니한 재건축사업의 경우 재건축조합이 재량으로 조합원이 소유한 주택 수만큼 공급할 수 있는바[법 76조 1항 7호 나목 1)], 이는 1명의 토지등소유자가 다수의 토지등을 소유한 경우 외에 여러 명이 1세대에 속하고 다수의 토지등(주택)을 소유한 경우, 조합설립인가 후 1명의 토지등소유자로부터 다수가 토지등(주택)의 소유권을 양수한 경우도 포함한다. 그 경우의 분양신청에 대하여는 토지등(주택) 별로 하되, 대표조합원 명의로 하여야 한다. 다만, 조합원이 소유한 주택에는 권리산정기준일 이후 집합건물 전유부분의 분할처럼 지분 쪼개기의 경우에는 해당하지 아니한다.

종전자산 수만큼의 주택을 공급할 것인지 여부는 사업시행자인 조합의 재량이므로, 분양신청이 이루어지기 전에 총회결의(통상적으로 '조합원 주택 수만큼 공급 여부 안건')를 통하여 확정되어야 할 것이고, 이에 따라 분양신청통지나 분양공고 당시 이를 고지하여야 한다.

㈏ 입법취지

재건축사업의 경우에는 재개발사업과 달리 토지 및 건물의 소유자만을 조합원으로 하고, 적

30) 대법원 2025. 5. 29. 선고 2024두31185 판결(권리산정기준일 이전에 그 지분면적에 대하여 상속등기를 마친 경우에만 법 76조 1항 7호 가목 단서에 해당할 수 있다고 본다면, 상속이 권리산정기준일 이전에 개시되었고 공동상속인들의 법정상속분에 따른 지분면적이 각 90㎡ 이상인 경우, '지분 쪼개기'의 의도가 전혀 없었음에도 권리산정기준일 이후에 그 등기를 하였다는 이유만으로 별도로 1주택을 공급받지 못하는 결과가 되는데, 이는 개발이익의 균등한 배분과 형평을 도모한다는 이 사건 단서의 취지에 반한다).

31) 대법원 2025. 5. 29. 선고 2024두31185 판결.

어도 종전자산의 개수보다 종후자산 개수가 훨씬 클 것이며, 재건축사업은 재개발사업에 비하여 상대적으로 공익성 및 공공성이 약하여 사업시행자의 재량을 존중할 필요성이 크므로, 원칙적으로 종후자산 배분과 관련하여 수분양권의 개수를 제한하지 않는다.

㈐ **예외(투기방지)**

재건축사업의 토지등소유자에게 보유 주택 수만큼의 종후자산 배분을 허용함으로써 아파트 가치가 높은 단지에 대한 투기가 발생하므로, 이를 방지하기 위하여 제한을 두고 있다.

① 과밀억제권역에 위치한 재건축사업의 경우에는 재건축조합이 재량으로 토지등소유자가 소유한 주택의 범위에서 3주택까지만 공급이 가능하다.

② 투기과열지구 또는 주택법 63조의2 1항 1호에 따라 지정된 조정대상지역[32]에서의 재건축사업의 경우에는 토지등소유자에 대하여 원칙적으로 1주택만 가능하다.

그러나 과밀억제권역이 아니고 투기과열지구로 지정되기 전에 사업구역 내 1명의 다(多)물건 소유자로부터 토지 또는 건축물의 소유권을 양수하여 여러 명이 소유하게 된 경우에는 양도인과 양수인에게 각각 1주택을 공급할 수 있다(법 76조 1항 7호 다목).

위 규정은 법이 2022. 2. 3. 개정되면서 도입되었다. 입법취지는 과밀억제권역 외의 재건축사업 구역이 조정대상지역 또는 투기과열지구로 지정될지 여부를 사전에 알기 어려운 상황에서 주택을 공급받을 것으로 예상하고 조합설립인가 이후 사업구역 내 1명의 다(多)물건 소유자로부터 주택 또는 토지를 양수한 자의 신뢰를 보호하기 위함이다. 즉, 조합설립인가 당시는 과밀억제권역이 아닌 경우 양도인과 양수인은 각각 토지등에 대하여 수분양권을 받을 것으로 기대한 상태에서 조합설립인가 이후 1명의 다물건 소유자로부터 토지등을 양수하게 된다. 그러나 그 후 투기과열지구로 지정이 되면 양도인과 양수인은 전체가 1조합원으로서 1주택만을 분양받게 되는 불의타를 받게 되므로, 이를 방지하기 위한 것이다. 위 규정은 이 법 시행 이후 최초로 관리처분계획인가(변경인가는 제외한다)를 신청하는 경우부터 적용한다.

⑵ 근로자(공무원인 근로자를 포함한다) 숙소, 기숙사 용도로 주택을 소유하고 있는 토지등소유자

⑶ 국가, 지방자치단체 및 토지주택공사등

⑷ 지방자치분권 및 지역균형발전에 관한 특별법 25조에 따른 공공기관지방이전 및 혁신도시 활성화를 위한 시책 등에 따라 이전하는 공공기관이 소유한 주택을 양수한 자

위 규정은 2016. 1. 27. 개정되면서 도입되었는데, 부칙 2조의 규정에 의하여 그 시행일인 2016. 1. 27.부터 2년간인 2018. 1. 26.까지 유효하다.

---

32) 조정대상지역이란 주택가격, 청약경쟁률, 분양권 전매량 및 주택보급률 등을 고려하였을 때 주택 분양 등이 과열되어 있거나 과열될 우려가 있는 지역으로서 대통령령이 정하는 기준을 충족하는 지역을 의미한다(주택법 63조의2 1호, 같은 법 시행령 72조의3).

다. 사업시행자의 재량으로 종전자산가격의 범위 또는 종전주택 주거전용면적의 범위에서 2주택의 공급 가능[법 76조 1항 7호 ㈑목]

(1) 의의

㈎ 내용

앞서 본 바와 같이 재개발사업 및 재건축사업 모두 원칙적으로 1세대 또는 1명이 하나 이상의 주택 또는 토지를 소유한 경우나 토지등을 공유한 경우 1주택을 공급한다[다만, 재개발사업은 공유자의 경우 일부 예외가 있고, 재건축사업은 사업시행자의 재량으로 주택 수만큼 또는 3주택(과밀억제권역)까지 공급이 가능할 뿐이다]. 그 경우 사업시행자는 재량으로 법 74조 1항 5호[사업시행계획인가·고시가 있은 날(사업시행계획인가 전에 철거된 건축물은 시장·군수등에게 허가를 받은 날을 기준으로 한 가격)]에 따른 종전자산가격의 범위 또는 종전주택의 주거전용면적의 범위에서 2주택을 공급할 수 있고[조합이 추가로 분양하는 2주택에 대하여는 층수제한이나 분양가(조합원에게 일반분양가로 공급) 등 구체적 분양조건 결정에 있어서도 폭넓은 재량이 인정된다], 그중 1주택은 주거전용면적을 60㎡ 이하로 한다. 다만, 60㎡ 이하로 공급받은 1주택은 이전고시일 다음 날부터 3년이 지나기 전에는 주택을 전매(매매·증여나 그 밖에 권리의 변동을 수반하는 모든 행위를 포함하되 상속의 경우는 제외한다)하거나 전매를 알선할 수 없다. 아파트 가격 상승기의 경우 종후자산으로 2주택을 공급받는 것은 상당한 이득이므로(다만, 정부가 다주택 보유자에 대한 고율의 종합부동산세를 부과하는 정책을 펼치는 경우 1+1분양 제도는 유명무실하게 되기도 한다), 그 요건의 구비 여부와 관련하여 사업시행자와 조합원 사이에 실무상 다툼이 많다.

서울 표준정관은 2주택 공급 여부 및 60㎡ 이하로 공급받은 주택의 분양가격에 대해 조합원의 의사 및 사업여건을 고려하여 가능한 한 정관으로 정하되, 그렇지 아니할 경우에는 관리처분계획으로 확정하여야 한다고 규정하고 있다(46조 3항 11호 각주). 종전자산이란 앞서 본 바와 같이 재개발사업의 경우 공동주택의 수분양자는 건축물 중 주택을 소유한 자로 제한하고 있으므로(서울시 조례 36조 1항 1호, 재건축사업의 경우에도 공동주택단지를 전제로 하므로 마찬가지로 주택소유자에 해당된다), 종전주택을 의미한다.

㈏ 구체적 적용

① 조합이 종전자산가격의 범위 또는 종전주택의 주거전용면적의 범위에서 2주택을 공급하기로 한 경우, 종전자산의 주거전용면적이 150㎡인 조합원의 경우 84㎡+59㎡ 2주택을 분양받을 수 있고, 종전자산의 가격이 7억 원인 경우, 4억 원인 84㎡+3억 원인 59㎡ 2주택을 분양받을 수 있다.

만일 종전자산가격이 7억 원인 토지등소유자가 분양신청통지 당시 가격 4억 원인 84㎡+3억 원인 59㎡ 2주택을 신청하였으나, 그 후 관리처분계획 수립과정에서 84㎡가 5억 원으로 확정되는 경우(통상적으로 분양신청통지 당시 84㎡ 4억 원, 59㎡ 3억 원이라고 고지하되, 종후자산은 추후 감정평가를 통하여 변경될 수 있음을 고지한다) 84㎡ 1주택만을 분양받고 나머지는 현금청산을 받게 되며, 추후 7억 원의 109㎡로의 변경신청은 허용되지 아니하므로, 1+1분양을 신청함에 있어 신중을 요한다.[33] 나아가 관리처분계획 수립 당시에는 종전자산 7억원의 범위에서 적법하게 1+1 분양을 받았다 하더라도, 동·호수 추첨과정에서 이른바 로얄층을 배정받아 4.1억 원 84㎡+3억 원 59㎡로 확정된 경우, 84㎡만 최종적으로 배정받는다(통상적으로 분양신청통지 당시 종후자산은 추후 감정평가를 통하여 변경될 수 있음을 고지할 뿐만 아니라 동, 호수 추첨결과에 따라 확정되는 수분양아파트의 합계액이 종전자산 평가액을 초과할 경우 2주택 공급대상에서 제외됨을 고지한다).

② 공유자의 경우 원칙적으로 1주택을 분양받고, 수분양받은 주택 역시 공유여야 하는바, 만일 공유자가 종전자산가격의 범위 또는 종전주택의 주거전용면적의 범위에서 2주택을 공급받는 경우에도, 집단적, 획일적으로 이루어지는 이전고시의 특성에 비추어 2주택이 각각 공유자 개인의 단독소유로 이전고시나 보존등기가 이루어질 수 없고, 모두 공유자로 이전고시와 보존등기가 이루어져야 한다.

③ 2주택을 분양받은 조합원이 분양계약 체결과정에서 그중 1주택에 대하여만 분양계약을 체결하고, 나머지 1주택에 대하여는 분양계약을 체결하지 아니하는 것이 가능할 것인지 여부가 문제되는바, 분양계약 체결은 조합원에게 정비사업에서 이탈할 기회를 제공하는 것이므로, 원칙적으로 2주택 전부에 대하여 분양계약을 체결하거나 전부에 대하여 분양계약 체결하지 아니함을 전제로 한 것이므로 이는 불가능하다. 다만, 분양계약제도는 정관에 의하여 인정되는 것이므로, 별도로 정관에 2주택 중 1주택에 대하여만 분양계약 체결이 가능하다는 규정을 두고 있다면 가능하다고 해석하여야 할 것이다.

⑵ 요건

사업시행자는 사업시행계획인가·고시가 있은 날의 종전주택가격의 범위 또는 종전주택의 주거전용면적의 범위에서 2주택을 공급할 수 있는바, 그 요건과 관련한 쟁점에 대하여 살펴본다.

㈎ 사업시행계획인가·고시가 있은 날의 종전주택 가격

① 사업시행계획인가·고시일의 의미

종전자산가격의 기준일은 사업시행계획인가·고시일인바, 사업시행계획은 관리처분계획 수립 전에 여러 차례 변경될 수 있는바, 2주택 공급 가능 여부를 결정하는 법 74조 1항 5호에서 정한 '사업시행계획인가·고시일'이란 '최초 사업시행계획인가·고시일'을 의미한다.[34] 자세한 내용은 제4장 제1절 Ⅲ. 2. "라. 종전자산 평가"에서 살펴본다.

② 종전주택가격 외에 다른 자산(상가 등)가격의 포함 가능 여부

㉮ 문제의 소재

법 76조 1항 7호 ㈑목이 면적에 대하여는 '종전주택'의 주거전용면적이라고 명시적으로 적시하고 있으나, 가격에 대하여는 법 74조 1항 5호에 따른 가격의 범위라고 하여 종전자산으로 주

33) 다만, 토지등소유자의 종전자산가격이 7억 원이고, 분양신청통지 당시의 가격 4억 원인 84㎡+3억 원인 59㎡ 2주택을 신청하였으나, 그 후 관리처분계획 수립과정에서 84㎡의 감정가액이 평균가인 5억 원으로 확정되었다 하더라도, 추후 구체적인 동·호수 추첨과정에서 저층이 당첨됨으로써 1+1분양 가액이 종전자산가격 7억 원 한도 내일 가능성이 존재한다면, 그를 84㎡ 1주택만을 분양받고 나머지는 현금청산을 받는 것으로 관리처분계획을 수립하는 것은 위법하다.

34) 대법원 2015. 10. 29. 선고 2014두13294 판결.

택 외에 상가 등을 보유한 조합원의 경우, 상가 등의 가격도 포함되는 것으로 해석할 여지가 있다.

㈏ 판단

법 74조 1항 5호에 따른 가격의 범위에는 종전자산가격 중 주택가격만을 기준으로 해야 한다. 그 논거는 다음과 같다.

ⓐ 위 조항은 법이 2012. 2. 1. 개정되면서 도입되었는데, 그 입법취지에 조합원이 소유한 기존 주택의 감정평가액 범위에서 2주택 분양을 허용하는 것임을 명시하고 있다.

ⓑ 이는 1(인)세대 1주택 분양원칙에 반하여 예외적으로 인정하는 것이므로 엄격하게 해석하여야 하고, 법은 76조 1항 7호 ㈑목상의 '가격'의 범위는 '종전주택의 주거전용면적'의 범위의 대구(對句) 조항이다.

㈏ 종전주택의 주거전용면적

① 판단기준

관리처분계획 수립기준을 정하고 있는 서울시 조례 34조 3호는 관리처분계획의 수립기준으로 종전 건축물의 소유면적은 관리처분계획기준일 현재 소유건축물별 건축물대장을 기준으로 하되, 법령에 위반하여 건축된 부분의 면적은 제외하고, 다만, 정관 등이 따로 정하는 경우에는 재산세과세대장 또는 측량성과를 기준으로 할 수 있다고 규정하고 있으므로, 종전주택의 주거전용면적은 원칙적으로 건축물대장을 기준으로 한다.

② 사실상 주거로 사용하는 부분의 주거전용면적에의 포함 여부

도시정비법 76조 1항 7호 ㈑목에 규정된 종전주택의 주거전용면적을 산정함에 있어 정비구역 내 소재한 건축물 중 사실상 주거용으로 사용되고 있는 부분은 포함될 수 없다고 보는 것이 타당하다.[35]

그 논거는 다음과 같다.

ⓐ 다수의 이해관계인들이 존재하는 정비사업에 있어서는 외부에 공시되는 객관적이고 명확한 기준에 의해 권리관계를 일률적으로 처리할 필요가 있다. 그렇지 않은 경우, 조합으로 하여금 토지등소유자가 건축물의 특정 부분을 사실상 주거용으로 사용하였는지 여부 및 그 사용시기 등에 관하여 조사·확인하도록 요구하게 되어 관리처분계획을 둘러싼 다수당사자의 법률관계에 심각한 불안을 초래할 우려가 있다.

ⓑ 서울시 조례 34조 3호 본문에서 '종전 건축물의 소유면적은 관리처분계획기준일 현재 소유 건축물별 건축물 대장을 기준으로 하되, 법령에 위반하여 건축된 부분의 면적은 제외한다.'고 명시하고 있고, 정관도 유사한 취지로 규정하고 있다.

㈐ 특정무허가건축물에 대하여도 그 가격 또는 주거전용면적에 따른 2주택 공급 여부

① 문제의 소재

특정무허가건축물의 소유자는 정관에 의하여 조합원의 지위가 인정되고, 주거용인 경우에는 공동주택 분양의 대상이 된다. 문제는 그와 같은 무허가건축물에 대하여도 주거전용면적을 기준

35) 서울행정법원 2023. 4. 20. 선고 2021구합55401 판결(확정, 위 판결에 불복하여 서울고등법원 2023누43022호로 항소하였으나, 이 사건 쟁점과 무관하다).

으로 2주택의 공급이 가능한지 여부이다. 이는 주택의 적법한 주거전용면적(건축물대장상의 적법한 면적)에 1989. 1. 24. 이전에 축조된 무허가 주거전용면적 부분을 합한 결과 2주택이 가능한 주거전용면적이 되는 경우에도 동일한 문제가 제기된다. 특정무허가건축물의 가격은 일반적으로 적법한 건축물에 비하여 상당히 낮을 것으로 보여 종전주택가격이 종후자산 2주택의 분양이 가능한 경우는 거의 상정하기 어려우나, 극히 이례적인 사안에서는 이 또한 문제될 소지가 있다.

② 학설

㉮ 긍정설

정관에서는 특정무허가건축물 소유자는 조합원으로 인정한다고 규정하고 있고, 2주택자 분양대상에서 특정무허가건축물 소유자를 제외하고 있지 않는 점, 국토부 표준정관 45조 2호는 관리처분계획의 기준으로, "종전 건축물의 소유면적은 관리처분계획기준일 현재 소유 건축물별 건축물대장을 기준으로 하되, 다만, 건축물 관리대장에 등재되어 있지 아니한 종전 건축물에 대하여는 재산세과세대장 또는 측량성과를 기준으로 할 수 있다. 이 경우 위법하게 건축된 부분의 면적(무허가건축물의 경우에는 기존 무허가건축물에 추가된 면적을 말한다)은 제외한다."라고 규정하는 바, 위와 같이 관리처분계획의 수립기준으로 무허가건축물의 경우 기존 무허가건축물에 추가된 면적은 위법하여 제외한다고 규정함은 특정무허가건축물의 경우에는 그 건물면적이 정당함을 전제로 하고 있다. 따라서 특정무허가건축물에 대하여도 그 가격 또는 주거전용면적에 따른 2주택 공급이 허용되어야 한다.

㉯ 부정설

원래 무허가건축물은 철거될 건축물이므로 그 소유자를 조합원으로 인정할 수 없으나, 정관에 의하여 예외적으로 조합원 지위가 부여되므로, 무허가건축물 소유자의 조합원 지위는 엄격히 해석해야 한다. 종전주택가격 또는 주거전용면적에 기초한 2주택 부여는 1(인)세대 1주택에 대한 예외규정이므로 더더욱 엄격히 해석해야 하므로, 특정무허가건축물에 대하여 그 가격 또는 주거전용면적에 따른 2주택 공급은 허용될 수 없다.

③ 결론

서울시 조례 34조 3호는 관리처분계획의 수립기준으로 종전 건축물의 소유면적은 관리처분계획기준일 현재 소유건축물별 건축물대장을 기준으로 하되, 법령에 위반하여 건축된 부분의 면적은 제외한다고 규정하고 있는 점, 무허가건축물은 철거될 건축물이나 특별히 특정무허가건축물에 대하여만 예외를 인정하고 있는데, 철거될 건축물에 대하여 2주택까지 부여함은 정의관념에 반하고, 이를 조장할 우려가 있는 점 등에 비추어 부정설이 타당하다.

종전주택 건축물 대장상 1, 2층의 용도가 주택으로 되어 있고, 그 면적만으로는 2주택을 분양받을 수 있는 면적에 미달하지만, 주택의 지층이 건축물 대장상으로 용도가 지하실(또는 점포)로 되어 있음에도, 실제로 주거용으로 사용하고 있고, 주거용으로 사용하기 시작한 시점이 1989. 1. 24. 이전이며, 위 면적을 합하면 2주택을 분양받을 수 있는 면적에 해당한다 하더라도 2주택의 분양이 허용될 수는 없다.

다만, 법률에 의하여 조합원의 지위가 인정된 자들 사이에 권리의 차등을 두는 내용의 결의는 무효이나, 정관에 의하여 비로소 조합원의 지위가 인정되는 조합원의 권리내용은 법률에 의하여 조합원의 지위가 인정되는 조합원의 권리내용보다 제한하더라도 그 총회결의는 유효하고, 정관 규정도 유효하므로(위 2012두5572 판결), 해석상의 논란을 잠재우기 위해 사업시행자로서는 특정무허가건축물에 대하여 2주택의 지위가 부여되지 아니함을 정관이나 총회결의로 명확히 해 두는 것이 필요하다.

⑶ 연혁 및 입법취지

㈎ 연혁

법 76조 1항 7호 ㈑목의 규정은 2012. 2. 1. 개정되면서 '1항 4호에 따른 가격의 범위에서 2주택을 공급할 수 있고, 이 중 1주택은 주거전용면적을 60㎡ 이하로 한다.'는 규정이 신설되었고(구 법 48조 2항 7호 다목), 다시 법이 2013. 12. 24. '1항 4호에 따른 가격의 범위 또는 종전주택의 주거전용면적의 범위에서 2주택을 공급할 수 있고, 이 중 1주택은 주거전용면적을 60㎡ 이하로 한다.'는 내용으로 일부 개정되어 현재에 이르고 있다.

㈏ 입법취지

위 규정은 법 76조 1항 1호가 관리처분계획은 대지 또는 건축물이 균형 있게 분양신청자에게 배분되고 합리적으로 이용되도록 한다고 규정하고 있음에도, 6호에 의하여 종전자산의 개수, 종전자산의 가액이나 주택의 주거전용면적의 규모를 불문하고 반드시 조합원 당 1주택만을 분양받을 수 있도록 규정하고 있음에 따라 발생할 수 있는 종후자산의 합리적 배분 및 이용이 저해되는 문제점, 조합원들 사이의 형평성 등을 고려하여, 사업시행자에게 예외적으로 2주택까지 분양할 수 있는 폭넓은 계획재량을 부여한 것이다.

이를 통하여 투기과열지구에서의 재건축사업 등에서 정비사업의 원활한 추진이 용이하게 되었고,[36] 소형주택의 공급이 확대되었다.

위와 같이 종전자산에 따른 가격의 범위 또는 종전주택의 주거전용면적의 범위에서 2주택을 공급할 것인지 여부는 사업시행자인 조합의 재량이므로, 분양신청이 이루어지기 전에 총회결의(통상적으로 '조합원 2주택 공급 여부 안건')를 통하여 확정되어야 할 것이고, 이에 따라 분양신청 통지나 분양공고 당시 이를 고지하여야 한다. 다만, 사업시행자인 조합이 종전자산의 가격이나 주거전용면적 범위에서 2주택을 공급하기로 하였고, 그 요건에 해당하여 조합원에게 2주택을 공급하는 경우라고 하더라도 그중 1주택은 반드시 주거전용면적을 60㎡ 이하로 하여야 하고, 60㎡ 이하로 공급받은 1주택은 이전고시일 다음 날부터 3년이 지나기 전에는 주택을 전매(매매·증여나 그 밖에 권리의 변동을 수반하는 모든 행위를 포함하되 상속의 경우는 제외한다)하거나 이의 전매를 알선할 수 없다(7호 라목 단서).

---

36) 재건축사업의 경우 아파트 단지 단위로 추진되고, 조합을 설립하기 위해 종래 전체 토지등소유자 75%(현재는 70%) 이상 동의뿐 아니라, 각 동(棟)별 동의요건 50% 이상을 확보해야 하는데, 대형평형으로 구성된 동의 경우 각 조합원들에게 가격과 상관없이 1주택만 공급할 경우 극단적으로는 종전주택보다 작은 평수의 종후자산을 분양받을 수도 있어 정비사업에 찬성하지 않는 경우가 많고, 그 경우 일부 동의 반대로 정비사업이 좌초되는 경우가 있었다.

⑷ 강행규정

이는 1(인)세대 1주택 분양원칙에 반하여 2주택을 공급하는 예외를 인정하는 규정이므로, 사업시행자가 그 요건을 완화시킬 수 없는 강행규정이다. 나아가 공급하는 2주택 중 1주택은 반드시 주거전용면적이 60㎡ 이하여야 하고, 그 주택의 처분에 필요한 보유기간도 1(인)세대 1주택 분양원칙에 반하여 예외적으로 2주택을 공급함에 따른 준수사항이므로, 강행규정이다. 60㎡ 이하로 공급받은 1주택에 대한 3년간 전매 및 전매알선 금지규정 위반하여 주택을 전매하거나 전매를 알선한 자는 법 136조 8호에 의하여 형사처벌까지 받게 된다.

⑸ 재량의 일탈·남용

사업시행자인 조합의 재량으로 종전자산가격의 범위 또는 종전주택의 주거전용면적의 범위에서 2주택을 공급할 수 있는바, 조합원에게 2주택을 공급하기로 정하는 경우 일반분양세대의 감소로 정비사업의 수익성이 악화되므로, 이를 고려하여 조합이 2주택을 전혀 공급하지 않기로 하거나, 종전자산가격의 범위에서만 또는 종전주택의 주거전용면적의 범위에서만 2주택을 공급하기로 정하더라도 원칙적으로 이를 재량권이 일탈·남용으로 위법하다고 보기 어렵다. 그 근거는 다음과 같다.

「정비사업에서 조합원이 2주택을 공급받을 법적 권리가 존재하지 아니하고, 조합에게 2주택을 공급할지 여부 등에 대한 폭넓은 재량이 인정되며, 토지등소유자들 사이에 발생한 불균형에 따른 손익관계는 종전자산과 종후자산의 적정한 평가 등을 통하여 청산금을 가감함으로써 조정될 수 있다.」

제4장 관리처분계획의 수립·인가절차 및 효과

제1절 관리처분계획의 수립절차[1)]

Ⅰ. 개 요

조합의 사무를 총괄하는 조합장 등이 분양신청 현황을 기초로 하여 분양신청자들에 대하여는 종후자산에 대한 권리배분계획, 비용분담사항 등, 분양신청을 하지 아니한 자 등 현금청산대상자들에 대하여는 청산방법 등을 내용으로 하는 관리처분계획 초안을 작성하고, 이사회 및 대의원회의 심의·의결을 거쳐야 한다. 이사회는 조합장이 소집하고 구성원 과반수 출석으로 개의하며 출석 구성원 과반수 찬성으로 의결한다. 이사회 및 대의원회의 심의·의결을 거친 관리처분계획안은 총회의결을 통하여 최종적으로 수립되는데, 그 사전절차로서 조합장은 조합원에게 총회개최사실을 통지하여야 한다.

사업시행계획을 포함하여 일반적인 총회의결 안건의 경우와 달리 관리처분계획의 수립 및 변경사항을 의결하기 위한 총회의 경우에는 개최일부터 1개월 전에 일부 법정사항을 각 조합원에게 문서로 통지하여야 한다. 관리처분계획에 대한 총회의결을 위해서는 조합원 100분의 20 이상이 직접 출석하여야 하고, 조합원 과반수의 찬성으로 의결한다. 다만, 정비사업비가 100분의 10 이상 증가하는 경우에는 조합원 3분의 2 이상의 찬성으로 의결하여야 한다.

Ⅱ. 감정평가절차

관리처분계획서에는 종전자산의 가격(법 72조 1항 1호), 종후자산인 분양대상자별 분양예정인 대지 또는 건축물의 가격 및 세입자별 손실보상을 위한 권리명세 및 평가액이 기재되어야 하므로, 관리처분계획서가 작성되기 위해서는 최우선적으로 종후자산에 대한 감정평가절차가 진행된다(법 74조 4항 1호. 다만, 앞서 본 바와 같이 종전자산에 대한 감정평가는 분양신청통지 이전에 이루어진다).

재개발사업(주거환경개선사업 포함)의 경우에는 시장·군수등이 선정·계약한 2인 이상의 감정평가법인 등으로, 재건축사업의 경우에는 시장·군수등이 선정·계약한 1인 이상의 감정평가법인 등과 조합 총회의 의결로 선정·계약한 1인 이상의 감정평가법인 등으로 각 구성된다(법 74조 4항

---

1) 주거환경개선사업은 재개발사업과 동일하다.

1호). 공익성이 중한 재개발사업의 경우에는 감정평가업자의 선정에 시장·군수등만이 관여하도록 한 것이 특징이다. 종후자산인 건축물의 가격평가를 할 때 층별·위치별 가중치를 참작할 수 있다(법 시행령 76조 4항). 이는 청산금부과처분을 함에 있어 감정평가를 할 때의 내용이나 분양신청통지 단계에서의 종전자산가격의 평가에도 적용될 수 있는 일반원칙이다. 구체적인 감정평가업자의 선정 등과 관련하여서는 제5편 제4장 감정평가업자 선정에서 자세히 살펴보았다.

Ⅲ. 관리처분계획서 작성

관리처분계획서는 이사회의 심의·의결과 대의원회의 심의를 거쳐 관리처분계획서 초안이 확정되는바, 관리처분계획서에 기재되는 내용에 관하여 살펴본다. 정비사업의 전문성으로 인하여 조합이 사업을 진행함에 있어 일반적으로 전문관리업자를 선정하여 위탁하거나 자문을 받게 된다. 조합은 관리처분계획의 수립에 관한 업무를 전문관리업자에게 위탁하여 처리하는 것이 일반적이다(법 102조 1항 6호).

1. 규 정

가. 법 74조 1항

법 제74조(관리처분계획의 인가 등)

① 사업시행자는 제72조에 따른 분양신청기간이 종료된 때에는 분양신청의 현황을 기초로 다음 각 호의 사항이 포함된 관리처분계획을 수립하여 시장·군수등의 인가를 받아야 하며, 관리처분계획을 변경·중지 또는 폐지하려는 경우에도 또한 같다. 다만, 대통령령으로 정하는 경미한 사항을 변경하려는 경우에는 시장·군수등에게 신고하여야 한다.

1. 분양설계
2. 분양대상자의 주소 및 성명
3. 분양대상자별 분양예정인 대지 또는 건축물의 추산액(임대관리 위탁주택에 관한 내용을 포함한다)
4. 다음 각 목에 해당하는 보류지 등의 명세와 추산액 및 처분방법. 다만, 나목의 경우에는 제30조 제1항에 따라 선정된 임대사업자의 성명 및 주소(법인인 경우에는 법인의 명칭 및 소재지와 대표자의 성명 및 주소)를 포함한다.
   가. 일반분양분
   나. 공공지원민간임대주택
   다. 임대주택
   라. 그 밖에 부대시설·복리시설 등
5. 분양대상자별 종전의 토지 또는 건축물 명세 및 사업시행계획인가·고시가 있은 날을 기준으로 한 가격(사업시행계획인가 전에 제81조 제3항에 따라 철거된 건축물은 시장·군수등에게 허가를 받은 날을 기준으로 한 가격)
6. 정비사업비의 추산액(재건축사업의 경우에는 재건축이익환수법에 따른 재건축부담금에 관한 사항을 포함한다) 및 그에 따른 조합원 분담규모 및 분담시기
7. 분양대상자의 종전 토지 또는 건축물에 관한 소유권 외의 권리명세

8. 세입자별 손실보상을 위한 권리명세 및 그 평가액
9. 그 밖에 정비사업과 관련한 권리 등에 관하여 대통령령으로 정하는 사항

나. 시행령

제62조(관리처분계획의 내용)

법 제74조 제1항 제9호에서 "대통령령으로 정하는 사항"이란 다음 각 호의 사항을 말한다.

1. 법 제73조에 따라 현금으로 청산하여야 하는 토지등소유자별 기존의 토지·건축물 또는 그 밖의 권리의 명세와 이에 대한 청산방법
2. 법 제79조 제4항 전단(분양신청을 받은 후의 잔여분)에 따른 보류지 등의 명세와 추산가액 및 처분방법
3. 제63조 제1항 제4호에 따른 비용의 부담비율에 따른 대지 및 건축물의 분양계획과 그 비용부담의 한도·방법 및 시기. 이 경우 비용부담으로 분양받을 수 있는 한도는 정관등에서 따로 정하는 경우를 제외하고는 기존의 토지 또는 건축물의 가격의 비율에 따라 부담할 수 있는 비용의 50%를 기준으로 정한다.
4. 정비사업의 시행으로 인하여 새롭게 설치되는 정비기반시설의 명세와 용도가 폐지되는 정비기반시설의 명세
5. 기존 건축물의 철거 예정시기
6. 그 밖에 시·도 조례로 정하는 사항

다. 서울시 조례

제33조(관리처분계획의 내용)

영 제62조 제6호에서 "그 밖에 시·도 조례로 정하는 사항"이란 다음 각 호의 사항을 말한다.

1. 법 제74조 제1항 제1호의 분양설계에는 다음 각 목의 사항을 포함한다.
   가. 관리처분계획 대상물건 조서 및 도면
   나. 임대주택의 부지명세와 부지가액·처분방법 및 임대주택 입주대상 세입자명부(임대주택을 건설하는 정비구역으로 한정한다)
   다. 환지예정지 도면
   라. 종전 토지의 지적 또는 임야도면
2. 법 제45조 제1항 제10호에 따른 관리처분계획의 총회의결서 사본 및 법 제72조 제1항에 따른 분양신청서(권리신고사항 포함) 사본
3. 법 제74조 제1항 제8호에 따른 세입자별 손실보상을 위한 권리명세 및 그 평가액과 영 제62조 제1호에 따른 현금으로 청산하여야 하는 토지등소유자별 권리명세 및 이에 대한 청산방법 작성 시 제67조에 따른 협의체 운영 결과 또는 법 제116조 및 제117조에 따른 도시분쟁조정위원회 조정 결과 등 토지등소유자 및 세입자와 진행된 협의 경과
4. 영 제14조 제3항 및 이 조례 제12조 제3항(용적률 완화를 위한 공공시설 제공에 갈음하는 현금납부)에 따른 현금납부액 산정을 위한 감정평가서, 납부방법 및 납부기한 등을 포함한 협약 관련 서류
5. 그 밖의 관리처분계획 내용을 증명하는 서류

제44조(보류지 등)

① 사업시행자는 제38조(주거환경개선사업, 재개발사업)에 따라 주택 등을 공급하는 경우 분양대상자의 누락·착오 및 소송 등에 대비하기 위하여 법 제79조 제4항에 따른 보류지(건축물을 포함한다)를 다음 각 호의 기준에 따라 확보하여야 한다.

1. 법 제74조 및 제79조에 따른 토지등소유자에게 분양하는 공동주택 총 건립세대 수의 1% 범위의 공동주택과 상가 등 부대·복리시설의 일부를 보류지로 정할 수 있다.
2. 사업시행자가 제1호에 따른 1%의 범위를 초과하여 보류지를 정하려면 구청장에게 그 사유 및 증명 서류를 제출하여 인가를 받아야 한다.

② 제1항에 따른 보류지는 다음의 기준에 따라 처분하여야 한다.

1. 분양대상의 누락·착오 및 소송 등에 따른 대상자 또는 제27조 제2항 제3호에 따른 적격세입자(사업시행계획인가내용에 보류지를 제3자에 우선하여 적격세입자에게 분양하도록 한 경우)에게 우선 처분한다.
2. 보류지의 분양가격은 법 제74조 제1항 제3호(관리처분계획상의 종후자산가격)를 준용한다.
3. 제1호에 따라 보류지를 처분한 후 잔여분이 있는 경우에는 제40조(일반분양)에 따라 분양하여야 한다.

2. 관리처분계획서 작성과 관련한 쟁점

가. 분양설계

⑴ '분양설계'라고 함은 분양대상자별로 분양예정위치를 정하고, 적정분양가격을 산정하는 설계를 말하는 것으로서 건축설계와는 그 의미를 달리한다.[2] 법 76조 1항 5호는 분양설계에 관한 계획은 분양신청기간이 만료하는 날을 기준으로 하여 수립한다고 규정하고 있다.

관리처분계획서에는 공동주택 및 근린생활시설의 총 동(棟) 수, 공동주택의 전체 세대 수를 조합원분양분, 보류지, 일반분양분, 임대분으로 구분하고, 각각 전용면적기준 세대 수를 특정한다. 조합원분양분은 조합원에게 배정된 것이다. 따라서 조합이 세입자대책의 일환으로 세입자등 제3자에게 조합원분양분을 분양한다는 내용의 관리처분계획을 수립하는 경우 이는 위법하다.[3] 보류지는 사업시행자가 분양대상자인 조합원을 누락 또는 착오로 현금청산대상자로 분류하거나 소송에 의하여 분양대상자로 확정된 조합원에게 배정하기 위하여 따로 분류하여 둔 것이다(서울시 조례 44조). 그러나 그 후 위와 같은 조합원이 없거나 그들에게 배정 후에 남은 보류지는 일반분양하게 된다. 보류지에 대한 자세한 내용은 "다. 보류지 등의 명세와 추산액 및 처분방법"에서 살펴본다. 다만 서울시 조례 44조 2항은 구청장이 일정한 요건 아래 사업시행계획인가를 하면서 보류지를 제3자에 우선하여 적격세입자에게 분양한다는 부관을 붙인 경우에는 일반분양에 앞서 적격세입자에게 보류지를 우선적으로 분양하여야 한다. 소송을 통하여 분양대상자로 확정된 자에 대하여 보류지의 일부를 조합원분양분으로 변경하는 내용의 관리처분계획의 변경은 다음에서 살펴보듯이 경미한 사항의 변경에 해당한다. 그런데 여기서 소송이란 확정판결을 의미하

2) 대법원 2010. 10. 28. 선고 2009두4029 판결.
3) 부산지방법원 2024. 11. 14. 선고 2022구합24535(확정, 특정 상가세입자에게 상가를 분양하는 내용의 관리처분계획이 수립된 사안이다).

는 것인지 여부가 문제되나, 조정 등 확정판결과 동일한 효력이 있는 경우도 포함된다(다만 조정의 경우에는 적법한 대상자가 아님에도 분양대상자로 하는 내용의 합의가 성립될 수 있으므로, 그 경우에는 그를 수분양자로 하는 내용의 관리처분변경계획에 대한 총회의결을 거쳐 행정청의 인가를 받아야 한다).[4)]

(2) 관리처분계획에는 분양대상자별 종전자산가격이 기재되는데, 사업시행계획인가의 고시가 있은 날을 기준으로 산정한다(법 74조 1항 5호). 또한 분양대상자별 종후자산(분양예정인 대지 및 건축물)의 추산액도 기재되는데, 분양신청기간 종료일을 기준으로 산정된다.[5)] 조합원분양분과 관련하여 관리처분계획에는 분양대상자의 주소 및 성명, 분양받게 될 종후자산의 개수, 평형, 분양대상자별 종전자산가격 및 종후자산가액이 기재된다. 앞서 본 관리처분방법이나 관리처분계획 수립기준에 부합하게 분양설계가 이루어져야 하고, 이를 위반하여 조합원에게 종후자산이 개수나 평형을 배정하는 경우 이는 위법하다 할 것이다. 위와 같이 관리처분계획에 의하여 조합원분양분에 대한 분양가액(종후자산 추산액) 및 종전자산가격이 결정됨으로써 조합원 별 청산금도 일응 확정된다[종전자산가격이 종후자산가격보다 큰 경우(1인이나 1세대가 다물건을 가진 경우, 다물건 소유자가 조합설립인가 이후 토지등을 양도하여 양도인 및 양수인이 1조합원으로 하는 경우가 많다)는 조합원이 청산금을 지급받고, 종후자산가격이 종전자산가격보다 큰 경우에는 조합원이 청산금을 지급할 의무를 부담한다]. 한편, 관리처분계획서에는 재개발사업상의 임대주택에 대한 입주대상 세입자 명부까지 작성되어 기재된다. 일반분양분에 대한 분양가액이 결정되는 것이 일반적인데, 일반분양분에 대한 분양가액은 조합원분양분에 대하여 산정된 가격을 참작하여 따로 정할 수 있다(서울 재개발 표준정관 50조 2항). 그러나 이는 예정가액이고, 필수적인 관리처분계획의 인가대상은 아니므로, 조합은 추후 일반분양 시 관리처분계획의 변경 없이 자유롭게 위 예정가액을 변경할 수 있다.

주택단지를 전제로 하는 재건축사업의 경우 조합설립인가일 현재 조합원 전체의 공동소유인 토지 또는 건축물에 대하여는 조합 소유로 본다(서울 재건축 표준정관 41조 2항). 위와 같이 조합 소유로 보는 토지 또는 건축물의 처분에 관한 사항은 74조 1항에 따른 관리처분계획에 명시하여야 한다(서울 재건축 표준정관 41조 3항). 관리처분계획서에는 정비기반시설에 대하여도 기재된다. 용도폐지되는 정비기반시설의 종류 및 규모(가액), 신설되는 정비기반시설의 종류 및 규모(설치비용, 관리청)를 특정한다. 공공지원민간임대 연계형 정비사업으로서 공공지원 민간임대주택 건설계획이 포함된 사업시행계획이 수립되고, 법 30조에 따라 임대사업자가 선정된 경우에는 공공지원민간임대주택의 명세와 임대사업자의 성명 및 주소가 기재된다.

---

4) 수원지방법원 2020. 5. 28. 선고 2019구합71586 판결(확정, 동일한 세대의 다른 사람이 분양받았다는 이유로 분양대상에서 제외된 자가 조합을 상대로 자신을 현금청산대상자로 하는 관리처분계획의 취소를 구하는 소송을 제기하였고, 소송과정에서 보류지를 공급받는 내용으로 조정결정이 이루어졌으며, 조합이 이를 반영한 관리처분계획변경인가를 신청하자, 관리처분계획을 취소하는 법원의 판결이 아닌 조정권고결정에 따라 종전의 관리처분계획 내용과 달리 원고에게 보류지를 공급하기로 하는 것은 관리처분계획변경인가 대상에 해당하지 아니한다는 이유로 위 신청을 반려하는 방법으로 관리처분변경계획인가를 거부하였고, 부득이 조합이 다시 그를 현금청산대상자로 분류하자, 위 처분에 불복하여 취소소송이 제기된 사안에서, 보류지를 포함하여 관리처분계획을 변경하는 것은 총회의 의결사항이고, 총의의 의결을 거칠 경우 조합원으로서 분양대상자가 아닌 자에 대하여도 보류지를 공급할 수 있으므로, 총회의결 내용과 달리 현금청산대상자로 분류한 관리처분변경계획은 위법하다).

5) 서울고등법원 2020. 12. 24. 선고 2019누55516 판결 참조.

나. 정비사업비의 추산액 및 그에 따른 조합원 분담규모, 분담시기

(1) 비례율

정비사업비(재건축사업의 경우에는 재건축이익환수법에 따른 재건축부담금에 관한 사항을 포함한다)의 추산액 및 그에 따른 조합원 분담규모, 분담시기는 관리처분계획서의 필수적 기재사항이다.

이는 분양대상자별 종후자산의 개수, 평형 및 조합원분양분에 대한 분양가액, 일반분양분에 대한 분양가액이 결정되고, 시공계약 체결에 따른 정비사업비 추산액이 이미 산출되어 있어 산정이 가능하다. 나아가 비례율은 청산금과 부과금을 합한 조합원 분담금[조합원 분담금＝종후자산가액－권리가액(종전자산가격×비례율)] 산정을 위하여 필요한데, 관리처분계획서 작성 당시 비례율[(분양총수입－총지출)÷(전체조합원들의 종전자산 총 평가액)×100]의 산출이 가능하고, 비례율이 관리처분계획의 내용에 포함되는 것이 일반적이다(비례율을 통하여 청산금과 부과금의 일률적인 사전 부과·징수가 가능하다). 비례율은 이전고시에 이르는 과정에서 여러 차례 변동된다. 정비사업의 진행과정에서 공사비를 비롯한 정비사업비가 증가하는 등 총 지출이 증가하여 통상적으로는 비례율이 감소한다.

(2) 재건축초과이익에 대한 재건축부담금

㈎ 의의

행정청은 재건축조합에 대하여 재건축이익환수법령에 의하여 재건축초과이익에 대한 재건축부담금{[종료시점 주택가액－(개시시점 주택가액＋정상주택가격상승분 총액＋11조의 규정에 의한 개발비용 등)]×부과율}을 부과하게 되고(재건축이익환수법 7조), 위 금액은 앞서 본 바와 같이 정비사업비의 추산액에 포함된다.

재건축이익환수법 20조는 납부의무자로 하여금 부과종료시점으로부터 1월 이내에 11조의 규정에 의한 개발비용 등의 산정에 필요한 내역서를 국토부장관에게 제출할 의무를 부과하고 있다. 같은 법 시행령 9조 3항은 '법 11조 1항 각 호에 따른 개발비용은 납부의무자가 해당 주택재건축사업의 시행과 관련하여 지출한 비용으로서 외부감사법 3조에 따른 감사인의 회계감사를 받은 후 계약서, 금융 및 세금 납부 자료 등 그 증명서류를 갖추어 제시한 금액에 한한다.'고 규정하고 있다.[6] 만일 재건축조합이 개발비용 등의 산정에 필요한 내역서를 제출하지 않아 이를 고려하지 아니한 채 행정청이 재건축부담금을 부과한 경우, 조합이 행정청을 상대로 제기한 재건축부담금의 적법 여부를 다투는 항고소송에서 관련 자료를 제출할 수 있는지 여부가 문제된다.

납부의무자가 개발비용 공제를 위한 자료의 제출기한이 지나도록 관련 자료를 제출하지 않았더라도, 재건축이익환수법 24조에 따라 그 해태기간에 비례한 과태료가 부과되는 것을 넘어서 재건축부담금 부과처분을 다투는 항고소송에서까지 그 자료를 증거로 제출할 수 없게 되는 것은 아니다.[7]

---

6) 재건축이익환수법 11조 1항 3호 본문은 '관계 법령의 규정 또는 인가 등의 조건에 의하여 납부의무자가 공공시설 또는 토지 등을 국가 또는 지방자치단체에 제공하거나 기부한 경우에는 그 가액'을 개발비용으로 합산하도록 규정하고 있다.

7) 대법원 2023. 12. 28. 선고 2020두49553 판결.

그 논거는 다음과 같다.

ⓐ 재건축이익환수법 20조가 공제할 개발비용의 산정에 필요한 자료의 제출기한을 규정하고 있고, 같은 법 24조가 그 제출을 게을리한 자에 대하여 과태료를 부과하는 규정을 두고 있기는 하나, 재건축이익환수법이 위와 같이 개발비용을 뒷받침할 자료의 제출기한을 규정한 취지는 재건축부담금의 신속한 산정 및 부과를 통한 행정의 원활한 수행을 보장하고자 함에 있을 뿐, 이미 부과된 재건축부담금의 적법 여부를 다투는 항고소송에서 개발비용의 산정에 반영할 수 있는 증명자료의 범위를 제한하려는 것이라고 해석할 수는 없다.

ⓑ 항고소송에서 행정처분의 위법 여부는 행정처분이 있을 때의 법령과 사실 상태를 기준으로 판단하여야 하며, 법원은 행정처분 당시 행정청이 알고 있었던 자료뿐만 아니라 사실심 변론종결 당시까지 제출된 모든 자료를 종합하여 처분 당시 존재하였던 객관적 사실을 확정하고 그 사실에 기초하여 처분의 위법 여부를 판단할 수 있다.

(나) 위헌 여부

재건축초과이익에 대한 재건축부담금은 재개발사업과 달리 재건축사업에만 부과되어 재산권에 대한 과도한 침해 여부, 위헌 여부가 논란이 되었다. 이에 대하여 헌법재판소는 합헌이라고 결정하였다.[8)]

(3) 청산금 및 부과금의 부담시기

(가) 법 89조 1항에 의하면 조합은 이전고시 이후 조합원에게 청산금(종후자산가액－종전자산가격)을 부과하고, 법 93조 1항에 의하면 조합은 이전고시 이후 조합원에게 정비사업비 잔액[총 정비사업비－총 수입(조합원의 청산금 합계액＋일반분양대금 합계액 등)]을 종전자산의 가격에 비례하여 산정된 부과금을 부과·징수함을 원칙으로 하나, 실무상 정관상의 분양계약규정을 근거로 한 분양계약을 통하여 종후자산과 종전자산의 차액인 청산금뿐만 아니라 부과금까지 사전 징수하게 된다. 자세한 내용은 제8편 제4장 "Ⅱ. 분양계약의 유효 여부"에서 살펴본다.

(나) 분양대상자별 종전자산의 가격, 정비사업비의 추산액 및 그에 따른 조합원 분담규모 및 분담시기(법 74조 1항 5호, 6호)는 관리처분계획의 필수적 기재사항이고, 법 45조 1항 10호는 관리처분계획의 수립 및 변경에 총회의 의결을 필요로 한다.

한편 법 45조 1항 8호는 위와 같은 관리처분계획의 내용과는 별도로 정비사업비의 조합원별 분담내역을, 같은 항 11호는 청산금의 징수와 지급을 총회의 의결사항으로 각 규정하고 있다. 이에 사업시행자는 관리처분계획 수립 후 분양계약을 통하여 청산금 및 부과금 징수가 가능하도록 일반적으로 각 조합원별 청산금 및 부과금의 액수와 징수방법, 조합원별 분담내역이 관리처분계획 수립총회에서 관리처분계획서와 함께 의결되는 것이 일반적인바, 그 경우 반드시 별도의 총회안건으로 상정, 토의하고 의결하는 절차를 거쳐야 한다.

---

8) 헌법재판소 2019. 12. 27. 선고 2014헌바381 결정(① 재건축부담금은 주택가격을 안정시키고 사회적 형평을 기하기 위하여 재건축사업을 통하여 발생한 정상주택가격 상승분을 초과하는 주택가액의 증가분 중 일부를 환수하도록 규정한 것이고, 재건축조합의 비용과 노력이 투입된 개발비용 등을 모두 공제하여 산정하도록 규정하고 있다, ② 재건축사업과 재개발사업은 사업목적과 대상, 구체적인 사업의 시행방식 및 절차, 개발이익 환수의 방식과 정도가 모두 달라, 헌법적으로 의미 있는 비교집단이 될 수 없다).

특히 정비사업비의 조합원별 분담내역에 대한 총회결의 존재 여부가 문제되는바, 관리처분계획상의 정비사업비 분담규모는 조합원이 전체적으로 분담할 사업비 규모의 대강을 정한 것임에 반해, 정비사업비의 조합원별 분담내역은 보다 세분화된 분담관련 내역을 의미하므로, 관리처분계획 총회에서 조합원별 사업비 분담내역안건에 대하여 총회에 상정, 토의하고 의결하는 절차를 반드시 거쳐야 하고, 이를 누락한 채 분양계약 체결절차로 나아가는 경우 이는 위법할 뿐만 아니라 형사처벌의 대상이 된다(법 137조 6호).[9] 자세한 내용은 제8편 제4장 Ⅳ. "5. 청산금, 부과금과 분양계약"에서 살펴본다.

(다) 종후자산가액이 종전자산보다 큰 경우 사업시행자는 분양계약을 통하여 해당 조합원으로 하여금 계약금, 수회의 중도금, 잔금 등으로 세분화하여 이전고시 전에 청산금을 납부하도록 한다. 그러나 종전자산가격이 종후자산보다 큰 경우 사업시행자는 해당 조합원에 대한 청산금 지급시기를 이주 시 등으로 이와 달리 정하는 것이 일반적이다. 위와 같이 종전자산가격이 큰 경우의 조합원을 종전자산가격이 작은 경우의 조합원보다 불리하게 취급하는 것이 위법한지 여부가 다투어지나 다음에서 살펴보듯이 적법하다(일반분양분이 과다하여 그 분양대금으로 공사비 및 청산금에 충당하고도 남아 조합이 일률적으로 모든 조합원에게 청산금을 지급하는 경우는 이와 같은 문제가 발생하지 아니한다).

한편, 분양계약의 내용이 되는 청산금(부과금) 지급시기, 비례율에 관한 관리처분계획의 내용은 이전고시에 이르기까지 여러 차례 변동되고, 그 효력이 문제되나, 자세한 내용은 제8편 제4장 Ⅳ. "4. 관리처분계획과 분양계약"에서 살펴본다.

다. 보류지 등의 명세와 추산액 및 처분방법

(1) 관리처분계획의 필수적 기재 사항

보류지 등의 명세와 추산액 및 추산방법은 법이 2017. 2. 8. 전부개정되면서 법 74조 1항 4호로 필수적 기재사항으로 처음 도입되었다. 보류지 등이란 정비사업으로 건설되는 부분으로 국가나 지방자치단체의 소유로 귀속되는 정비기반시설을 제외한 나머지 부분 중 조합원에게 분양하지 않고 보류되는 부분을 보류지라고 한다(다음에서 살펴볼 협의의 보류지와 구분하여 이를 '광의의 보류지'라고 한다, 단 조합원에게 분양되는 복리시설은 광의의 보류지에 포함된다). 광의의 보류지에는 일반분양분, 공공지원민간임대주택, 임대주택, 그 밖에 부대시설·복리시설 등이 있다(74조 1항 4호 가목 내지 라목, 도시개발법 28조 5항의 보류지는 체비지 및 공공시설용지를 의미하는데, 도시정비법에서는 별도로 정비기반시설이 설치되므로, 도시정비법상의 보류지와 개념이 일치하지는 않는다). 정비사업의 시행으로 조성된 대지 및 건축물은 관리처분계획에 따라 처분 또는 관리하여야 하므로(법 79조 1항), 보류지 등의 명세와 추산액 및 추산방법이 관리처분계획서의 내용에 포함되는 것은 당연하다 할 것이다. 광의의 보류지 중 일반분양분은 체비지를 의미하고, 그 공급가격은 조합원분양분상의 종후자산가액을 참작하여 따로 정할 수 있음은 앞서 본 바이다.

한편, 도시정비법령은 분양신청을 받은 후 잔여분이 있는 경우 사업시행자는 정관등 또는 사

---

9) 대법원 2018. 12. 27. 선고 2018도14424 판결 및 서울북부지방법원 2018. 8. 23. 선고 2018노299 판결.

업시행계획으로 정하는 목적을 위하여 그 잔여분을 보류지로 정하거나 조합원 또는 토지등소유자 이외의 자에게 분양할 수 있다(법 79조 4항 전문, 일반분양하는 경우에는 주택법 54조가 적용된다). 그 경우 보류지 등의 명세와 추산가액 및 처분방법을 관리처분계획의 내용으로 하여야 한다(법 시행령 62조 2호). 최초에 조합원분양분이었으나 분양신청을 받은 후 잔여분이 있는 경우, 이는 사업시행자가 분양대상자를 누락하거나 착오에 의하여 잔여분으로 분류한 것이거나 분양신청통지의 하자 등으로 인하여 조합원이 제기한 소송 등을 통하여 조합원분양분으로 배정될 여지가 있으므로, 이를 모두 일반분양분으로 할 수는 없다. 위와 같이 사업시행자가 분양신청을 받은 후의 잔여분에 대하여 분양대상자의 누락·착오 및 소송 등에 대비하기 위하여 따로 분류하여 둔 것을 서울시 조례 44조는 이를 보류지라고 한다(법 79조 4항 전문, 서울시 조례 44조, 이를 '협의의 보류지'라고 한다). 정비사업 실무상 사업시행자는 소송이 만연하고 자신의 실수에 대비하기 위하여 가급적 충분한 협의의 보류지를 확보하려는 경향이 있다. 한편, 서울시 조례 27조 2항은 구청장이 도시정비형 재개발사업에서 세입자 대책이 필요한 경우로서 해당 정비사업으로 신축되는 건축물의 상가 또는 공동주택의 분양을 원하는 세입자가 있는 정비구역 또는 지구에 대하여 사업시행계획인가를 함에 있어 협의의 보류지를 제3자에 우선하여 서울시 조례 46조 1항 1호에 해당하는 세입자(정비구역지정을 위한 공람공고일 3개월 전부터 거주한 무주택 세입자 등)에게 분양한다는 내용의 부관을 부가할 수 있다고 규정하고 있다. 그 경우 사업시행자는 관리처분계획의 수립 전에 그 내용을 분양공고하여야 하고, 그와 같은 내용을 보류지 등의 처분방법으로 관리처분계획서에 기재하여야 한다.

(2) 재개발사업(주거환경개선사업 포함)에서의 협의의 보류지 제한

(가) 서울시 조례

재개발사업은 재건축사업에 비하여 공익성 및 공공성이 상대적으로 강하여 서울시가 조례를 통하여 보류지의 비율에 대하여 제한을 가하고 있다. 즉 재개발사업의 경우에는 분양대상자의 누락·착오 및 소송 등에 대비하기 위하여 보류지를 확보하더라도 토지등소유자에게 분양하는 공동주택 총 건립세대 수의 1% 범위의 공동주택과 상가 등 부대·복리시설의 일부만을 보류지로 정할 수 있고, 사업시행자가 1%의 범위를 초과하여 보류지를 정하려면 구청장에게 그 사유 및 증명 서류를 제출하여 인가를 받아야 한다(서울시 조례 44조 1항, 서울 재개발 표준정관 51조 1항 2호). 사업시행자인 조합이 과다하게 보류지를 정하는 경우 조합원의 권리를 해치게 되므로, 원칙적으로 조합원분양분의 1% 이내에서만 보류지를 정할 수 있도록 한 것이다. 다만, 공익성 및 공공성이 상대적으로 약한 재건축사업의 경우에는 보류지 확보의 상한에 관한 특별한 제한이 없다.

(나) 정관

현재 조합이 사업시행자인 재개발사업이나 재건축사업의 경우 일반적으로 정관에 보류지의 범위를 규정하여 두고 있는 듯하다.[10] 재건축사업의 경우 비록 서울시 조례에 보류지 상한에 관

10) 부산 표준정관은 재개발 및 재건축사업 모두 공동주택과 상가 등 부대·복리시설에 대하여 1%를 보류지로 정할 수 있다고 규정하고 있다. 한편, 서울 재개발 표준정관은 1%의 보류지 제한규정을 두고 있으나(51조), 재건축 표준정관

한 규정이 없으나, 정관에 제한규정을 두고 있다면, 조합은 이를 준수하여야 한다.

⑶ 협의의 보류지 처분 및 변경의 절차 및 요건

㈎ 재개발사업의 보류지 처분기준

서울시 조례 44조 2항은 재개발사업, 주거환경개선사업에서의 보류지 처분과 관련하여, 누락·착오 및 소송 등에 따른 대상자 또는 27조 2항 3호(구청장이 사업시행계획인가를 하면서 보류지를 제3자에 우선하여 46조 1항 1호에 해당하는 세입자에게 분양한다는 부관을 부가한 경우)에 따른 적격세입자에게 우선 처분한다고 규정하고(1호), 그 경우 보류지의 분양가격은 법 74조 1항 3호(조합원분양가, 즉 분양대상자별 분양예정인 건축물의 추산액)를 준용한다(서울시 조례 44조 2항 2호). 1호에 따라 보류지를 처분한 후 잔여분이 있는 경우에는 40조(일반분양)에 따라 분양하여야 한다(3호). 재개발사업의 경우에는 위 기준에 따라 보류지를 처분하여야 한다(서울시 조례 44조 1항, 38조). 서울 재개발 표준정관도 동일하게 규정하고 있다(51조 2항). 재건축사업의 경우에는 보류지 처분기준에 관한 명문규정이 없으므로, 총회의결을 거치기만 하면 자유롭게 처분할 수 있으나, 누락·착오 및 소송 등에 따른 분양대상자에게 분양함이 일반적이다.

㈏ 보류지 변경 요건

① 원칙

법의 2017. 2. 8. 전부개정으로 보류지 등의 명세는 관리처분계획의 필수적 기재사항이 되었으므로 보류지의 수를 확대하거나 축소하는 내용은 통상적인 관리처분계획의 내용변경절차에 따라야 한다. 즉, 다음에서 살펴보듯이 법 45조 1항 10호, 4항, 6항에 따라 100분의 20 이상이 출석하여 조합원 과반수의 찬성의결이 필요하다. 위 법률 개정 이전의 경우 보류지는 법정사항이 아님에도 임의로 관리처분계획의 내용이 되었고, 그 경우 관리처분계획에 기재된 보류지의 수를 변동하는 경우 의결정족수가 문제된다.

법 40조 1항 18호, 법 시행령 38조 15호는 '조합원의 권리·의무에 관한 사항'은 정관에 포함될 사항이라고 규정하고 있고, 법 40조 3항은 그와 같은 사항에 관한 정관 규정을 변경하는 경우에는 '총회를 개최하여 조합원 과반수의 찬성으로 시장·군수등의 인가를 받아야 한다.'고 규정하고 있다. 보류지를 확대하는 내용의 안건은 조합원의 권리·의무에 관한 사항에 해당하므로, 비록 엄격한 정관변경절차에 따르지 아니한다 하더라도 조합원 과반수의 찬성 의결을 받아야 한다. 따라서 정관상의 보류지를 확대하는 관리처분계획에 대하여 조합원 과반수의 찬성이라는 총회결의가 갖추어졌고, 관리처분계획에 대한 인가까지 이루어졌다면 유효하다.[11]

② 예외

다만, 사업시행자가 누락·착오 등으로 인하여 조합원 중 일부를 현금청산대상자로 하였다가, 이를 시정하여 그들을 수분양자로 하고 보류지의 수를 줄이는 경우, 경미한 사항의 변경이므로 신고로 족하다(법 시행령 61조 1호). 관리처분계획 수립을 위한 총회 당시 누락·착오에 따른 수

은 1%의 보류지 제한을 두지 않고 자유롭게 정하도록 규정하고 있다(46조).

11) 서울행정법원 2020. 12. 11. 선고 2019구합78920 판결(확정).

정에 관하여 조합장에게 수권하는 것이 일반적인 듯하다.

또한 현금청산대상자가 판결절차를 통하여 수분양자로 확정된 경우에도 그들을 수분양자로 하고, 보류지의 수를 줄이는 내용 변경은 경미한 사항의 변경(법 시행령 61조 3호)이므로 신고로 충분하다. 자세한 내용은 제5장 "Ⅱ. 변경인가사항 및 경미한 사항"에서 살펴본다.

라. 종전자산 평가

(1) 종전자산 평가기준일의 의미

(가) 문제의 소재

수분양자의 종전자산가격은 관리처분계획의 내용이 되는바, 법 74조 1항 5호는 종전자산이 사업시행계획인가 전에 시장·군수등의 허가를 받아 철거된 경우가 아닌 한(그 경우에는 시장·군수등에게 허가를 받은 날을 기준으로 한다) 종전자산 평가의 기준일에 대하여 사업시행계획인가·고시가 있는 날이라고 규정하고 있다. 장기간에 걸친 정비사업의 진행과정에서 사업시행계획은 여러 차례 변경되는 것이 일반적인데, 그 경우 종전자산 평가의 기준일을 최초 사업시행계획인가·고시일로 할 것인지, 또는 변경된 사업시행계획인가·고시일로 할 것인지 여부가 문제된다.

(나) 판단(최초 사업시행계획인가·고시일)

법 74조 1항 5호에서 정한 '사업시행계획인가·고시일'이란 '최초 사업시행계획인가·고시일'을 의미한다.[12] 그 논거는 다음과 같다.

ⓐ 재개발·재건축사업은 정비구역 내의 토지등소유자들이 종전자산을 출자하고 공사비 등을 투입하여 공동주택 등을 새로이 건설한 후 이를 토지등소유자들에게 배분하는 사업인바, 관리처분계획의 내용으로서 종전자산가격의 평가는 이와 같은 토지등소유자들 사이에 종후자산에 대한 분양 또는 분배기준이 되는 권리가액 산정을 주된 목적으로 하여 상대적 출자비율을 정하기 위한 것이다.

ⓑ 법 74조 1항 5호가 원칙적으로 사업시행계획인가·고시일을 기준으로 종전자산가격을 평가하도록 정하면서, 사업시행계획이 변경된 경우 종전자산가격의 평가를 새로 하여야 한다는 내용의 규정을 두고 있지 아니한 것은 평가시점에 따라 종전자산의 가격이 달라질 경우 발생할 수 있는 분쟁을 방지하고 종전자산의 가격 평가시점을 획일적으로 정하기 위한 것으로 보인다.

(2) 최초 사업시행계획에 대한 주요 부분의 실질적 변경이 있음에도, 종전자산에 대한 평가가 최초의 사업시행계획인가·고시일로 한 경우

(가) 문제의 소재

사업시행계획의 주요 부분에 해당하는 건축물의 구조와 내용(건물동수, 건물층수, 공동주택의 면적, 세대 수 및 세대별 면적, 건폐율, 용적률, 연면적) 등이 실질적으로 변경되는 경우 최초 사업시행계획은 그 효력을 상실한다. 그럼에도 불구하고 관리처분계획상의 종전자산가격을 변경된 사업시행계획변경인가·고시일이 아니라 효력을 상실한 최초의 사업시행계획인가·고시일로 하여

12) 대법원 2015. 10. 29. 선고 2014두13294 판결.

작성한 경우, 위 관리처분계획의 위법성 여부가 문제된다.

(나) 판단(적법)

최초 사업시행계획의 주요 부분을 실질적으로 변경하는 사업시행계획변경인가가 있었다고 하더라도 최초의 사업시행계획인가·고시일을 기준으로 평가한 종전자산가격을 기초로 하여 수립된 관리처분계획이 법 74조 1항 5호에 위반된다고 볼 수 없다.[13] 그 논거는 다음과 같다.

ⓐ 최초 사업시행계획의 주요 부분에 해당하는 공동주택의 면적, 세대 수 및 세대별 면적 등이 실질적으로 변경되는 경우 최초 사업시행계획이 효력을 상실한다 하더라도, 이는 최초 사업시행계획이 사업시행계획 변경시점을 기준으로 장래를 향하여 실효된다는 의미일 뿐이다.

ⓑ 종전자산의 평가는 토지등소유자들 사이에 종후자산 분배의 기준이 되는 권리가액 산정을 주된 목적으로 하여 상대적 출자비율을 정하기 위한 것이다. 정비사업 완료 후 총 수입에서 총 사업비를 공제한 금액을 종전자산의 총 가액으로 나눈 비례율에 조합원의 종전자산가격을 곱하여 산정되는 조합원별 권리가액의 산정방식에 비추어 볼 때, 종전자산의 가격이 사후에 상승하였다고 하더라도 종전자산의 총 가액을 분모로 하는 비례율이 하락하여 그 상승분이 상쇄되므로, 평가시점의 차이로 정비구역 내 종전자산의 가액이 달라져도 반드시 권리가액이 달라진다고 볼 수는 없어 최초의 사업시행계획인가·고시일을 기준으로 종전자산가격을 평가하도록 한 것이 부당하다고 볼 수 없다.

(3) 총회의 결의로 최초의 사업시행계획인가·고시일이 아닌 사업시행계획변경인가·고시일을 종전자산 평가기준일로 하는 것이 가능한지 여부

관리처분계획의 내용으로서 종전자산가격의 평가는 토지등소유자들 사이에 종후자산의 분양 또는 분배기준이 되는 권리가액 산정을 주된 목적으로 하여 상대적 출자비율을 정하기 위한 것이므로, 관리처분계획 수립을 위한 총회에서 사업시행계획변경인가·고시일을 기준으로 종전자산을 평가하기로 의결하였다면, 이는 적법하므로 이를 기준으로 하여 종전자산이 평가된 관리처분계획도 적법하다.

(4) 무효가 확정된 사업시행계획의 인가·고시일을 기준으로 종전자산가격을 평가하여 작성된 관리처분계획 하자의 중대·명백 여부

(가) 문제의 소재

판결에 의하여 무효가 확인되거나 취소가 확정된 사업시행계획은 소급하여 효력을 상실하므로, 그 인가·고시일을 종전자산 평가기준일로 적용하는 것은 위법하다 할 것이어서, 이를 기초로 수립된 관리처분계획 중 토지등소유자들에 대한 종전자산가격 평가에 관한 부분에는 하자가 존재한다. 다만, 그 하자가 중대·명백하여 무효인지 여부가 문제된다.

(나) 판단(부정)

법 74조 1항 5호가 분양대상자별 종전자산가격을 평가하여 이를 관리처분계획에 포함시키도록 한 것은 종후자산의 분배기준이 되는 권리가액 산정을 위한 토지등소유자들 사이의 상대적

13) 대법원 2016. 2. 18. 선고 2015두2048 판결.

출자비율을 정하기 위한 것이므로, 모든 토지등소유자들에게 동일한 평가기준일을 적용한다면 그 일자를 언제로 하는지가 토지등소유자들의 권리관계에 별다른 영향을 미치지 않는다. 따라서 사업시행자가 무효로 확정된 사업시행계획인가·고시일을 종전자산가격 평가기준일로 정하는 잘못을 하였다고 하더라도 그 일자가 동일한 평가기준이므로, 하자가 중대하다고 볼 수 없어 관리처분계획이 당연무효라고 단정할 수 없다.[14]

그러나 해당 조합이 조합원들에게 종전자산가격의 범위에서 2주택을 공급하기로 하였다면, 2주택 취득 요건으로서의 종전자산가격 평가는 재개발사업에서 신축되는 공동주택을 분양받을 권리와 관련된 조합원들의 가장 본질적이고 중요한 권리이므로, 유효한 사업시행계획인가·고시일을 기준으로 종전자산가격을 평가한다면 2주택을 분양받는 것이 가능함에도, 무효인 사업시행계획인가·고시일을 기준으로 종전자산가격을 평가함으로써 2주택을 분양받지 못하였다면, 그 하자가 중대하다고 보아야 할 것이다.

(5) 사업시행계획의 직권취소(철회) 및 폐지

(가) 직권취소 또는 직권철회

① 행정청은 행정처분에 하자가 있는 경우에는 원칙적으로 이를 직권취소할 수 있으므로, 사업시행자가 최초의 사업시행계획을 스스로 직권으로 취소하면 소급하여 효력을 상실한다. 그 경우 취소된 사업시행계획인가·고시일은 종전자산가격의 평가기준일이 될 수 없다.

② 행정행위의 취소는 행정행위 성립 당시에 존재하는 하자를 이유로 하고, 행정행위의 철회는 적법요건을 구비하여 완전히 효력을 발하고 있는 행정행위를 사후적으로 그 행위의 효력의 전부 또는 일부를 장래를 향해 소멸시키는 행정처분인바, 행정행위 성립 당시에 존재하는 하자를 이유로 하여 사업시행계획변경인가를 받은 것이라면, 이는 묵시적 취소로 보아야 할 것이다.[15] 그 경우 새로운 사업시행계획변경인가·고시일을 기준으로 종전자산을 평가하여야 한다. 다만, 최초 사업시행계획 총회결의 요건에 하자가 있는 등으로 그 무효확인 또는 취소의 소가 제기되기는 하였으나, 하자가 존재하지 아니하고, 사업시행자가 하자를 시정하기 위한 것이 아니라 주요 부분을 실질적으로 대체한 것이라면, 이는 묵시적 철회로 보아야 할 것이다.

③ 일반적으로 조합이 종전의 사업시행계획에 대한 무효확인소송 또는 취소소송이 진행되고 있는 등으로 그 효력 유무 또는 위법 여부 등이 확정되지 않은 상태에서 새로 사업시행계획을 받는 것과 동일한 실체적·절차적 요건을 모두 갖추고 사업시행변경계획을 작성하여 인가를 받은 경우, 그 사업시행변경계획은 새로운 사업시행계획으로서의 효력을 가진다. 종전의 사업시행계획이 당연무효이거나 취소되는 경우에는 소급하여 효력을 잃는 것처럼 쟁송 중에 이루어진 사업시행변경계획에 의하여 종전 사업시행계획은 묵시적으로 취소되어 소급적으로 소멸하였으므로(사업시행변경계획은 종전 사업시행계획의 성립 당시에 존재하는 하자의 시정을 이유로 하는 것이므로, 사업시행변경계획에 의하여 종전 사업시행계획이 묵시적으로 직권취소되었다),[16] 새로운 사업시행

---

14) 대법원 2017. 10. 12. 자 2017두50096 판결 및 서울고등법원 2017. 5. 26. 선고 2016누82081 판결.
15) 대법원 2006. 5. 11. 선고 2003다37969 판결.
16) 대법원 2016. 12. 15. 선고 2015두51347 판결, 대법원 2016. 12. 15. 선고 2015두51309 판결.

계획변경인가·고시일을 기준으로 종전자산을 평가하여야 한다.

(나) 폐지

다음에서 살펴보듯이 사업시행계획을 폐지하더라도 이는 장래를 향하여 소멸하므로, 앞서 본 사업시행계획의 직권철회와 동일하게 관리처분계획을 수립함에 있어 폐지된 사업시행계획인가·고시일을 기준으로 종전자산을 평가하더라도 무방하다. 다만, 사업시행자가 사업시행계획을 폐지하는 총회의 결의 후 관할 행정청의 인가·고시를 받았다면, 최초 사업시행계획인가·고시로 인한 사업인정은 효력을 상실하므로, 최초의 사업시행계획인가·고시일은 수용의 손실보상 기준시점은 될 수 없다.

(6) 관리처분계획 수립기준 중 2주택 취득 요건으로서의 종전자산가격 평가

법 76조 1항 6호, 7호 (라)목은 관리처분계획 수립기준으로 사업시행자는 1세대 또는 1명이 하나 이상의 주택 또는 토지를 소유한 경우 또는 같은 세대에 속하지 아니하는 2명 이상이 1주택 또는 1토지를 공유한 경우에는 1주택만 공급하되, 그 예외로서 분양대상자의 종전자산가격의 범위에서 2주택을 공급할 수 있다고 규정하고 있다.

법 74조 1항 5호는 종전자산 평가의 기준일에 대하여 사업시행계획인가·고시가 있는 날이라고 규정하고 있고, 여기에서의 사업시행계획인가·고시일이란 '최초 사업시행계획인가·고시일'을 의미함은 앞서 본 바이다(위 2014두13294 판결).

관리처분계획의 내용으로서의 종전자산가격 평가는 원칙적으로 조합원들 사이의 종후자산에 대한 분양 또는 분배기준이 되는 권리가액 산정을 주된 목적으로 하여 상대적 출자 비율을 정하기 위한 것이나, 해당 조합이 조합원들에게 종전자산가격의 범위에서 2주택을 공급하기로 하였다면, 2주택 취득 요건으로서의 종전자산가격 평가는 재개발사업에서 신축되는 공동주택을 분양받을 권리와 관련된 조합원들의 가장 본질적이고 중요한 권리이다. 사업시행자가 조합원들의 2주택 취득을 봉쇄하기 위하여 최초 관리처분계획을 변경하면서 이미 감정평가에 의하여 확정한 종후자산에 대하여 새로운 감정평가를 통하여 종후자산(분양용 공동주택)의 추산액은 증가시키는 반면 조합원들의 종전자산에 대하여는 최초 사업시행계획인가·고시일을 기준으로 한 가격을 그대로 유지함으로써 종전자산가격이 2주택을 취득할 수 없도록 하는 것은 부당하므로, 사업시행자가 최초 관리처분계획을 변경하면서 분양용 공동주택의 추산액을 증가시킨 경우에는 새롭게 종전자산가격을 평가하여야 할 것이다.

마. 재개발사업에서 추가 비용부담에 따른 종후자산 분양계획

재개발사업의 경우 조합원은 종전자산에 따라 분양받을 수 있는 것 외에 추가로 공사비 등 사업시행에 필요한 비용의 일부를 부담하고 그 대지 및 건축물(주택을 제외한다)을 분양받을 수 있다[종전자산가격을 산정함에 있어 비용이 포함된다(법 시행령 63조 1항 4호). 다만 비용부담으로 분양받을 수 있는 한도는 정관등에서 따로 정하는 경우를 제외하고는 종전가격의 비율에 따라 부담할 수 있는 비용의 50%를 기준으로 정한다(법 시행령 62조 3호)]. 그 경우 토지등소유자는 분양신청을 하는 때에 그 의사를 분명히 하고, 종전자산가격의 10%에 상당하는 금액을 사업시행자에게 납입

하여야 한다(법 시행령 59조 5항).

바. 재건축사업에서 조합원 공동소유 토지등의 처분

재건축사업을 시행하는 경우 조합설립인가일 현재 조합원 전체의 공동소유인 토지 또는 건축물은 조합 소유의 토지 또는 건축물로 간주하고, 그에 따라 조합 소유로 보는 토지 또는 건축물의 처분에 관한 사항은 74조 1항에 따른 관리처분계획에 명시하여야 한다(법 71조 3항). 공유물의 처분에는 공유자 전원의 동의가 필요하나(민법 264조), 정비사업 시행의 편의를 위하여 조합 소유의 토지로 간주하여 관리처분계획을 통하여 조합원 과반수의 찬성으로 처분할 수 있도록 한 것이다.

사. 세입자별 손실보상을 위한 권리명세 및 그 평가액

재개발사업에서는 세입자의 주거 및 이주대책이 사업시행계획서에 필요적으로 포함되어야 한다(법 52조 1항 4호). 세입자의 주거이전비 및 이사비는 사업시행계획인가·고시일에 확정된다. 관리처분계획상 필수적 기재사항인 '세입자별 손실보상을 위한 권리명세 및 그 평가액'에는 주거이전비, 이사비 등이 포함된다.

Ⅳ. 총회의결

1. 개 요

관리처분계획은 총회의결을 거쳐 수립된다. 사업시행자는 인가신청 전에 관리처분계획서에 대하여 공람절차를 거쳐야 한다(사업시행계획서에 대하여는 사업시행계획인가신청 이후 시장·군수가 공람절차를 진행하는 것과 구별된다). 다만 총회의결 이전, 총회의결 이후, 공람기간을 총회의결일의 전후로 하는 경우로 실무가 나누어진다. 관리처분계획안에 대한 총회의결 이전에 공람을 진행하는 경우의 절차는 조합장이 이사회 및 대의원회가 심의·의결한 관리처분계획안에 대하여 총회의결 전에 공람을 실시하기 위하여 조합원들에게 관리처분계획서 공람안내문을 등기우편의 방법으로 발송하여 통지하고, 그 후 조합장은 조합원들로부터 의견을 제출받아 이를 반영하여 관리처분계획안을 확정한 후, 이를 기초로 총회의결을 통하여 관리처분계획을 수립한다. 조합원은 공람 및 의견청취절차를 통하여 내용을 숙지한 상태에서 관리처분계획안에 대한 총회의결에 임하게 된다. 그러나 실무상 관리처분계획안에 대한 총회의결 이후 수립된 관리처분계획에 대하여 공람절차를 거치는 것이 일반적이므로, 공람과 관련한 구체적인 내용에 대하여는 제2절 I. "1. 수립된 관리처분계획의 공람"에서 자세히 살펴본다.

2. 조합원에 대한 관리처분계획(안)의 통지

가. 규 정

(1) 현행 규정

법 제74조

⑥ 조합은 제45조 제1항 제10호(관리처분계획의 수립 및 변경)의 사항을 의결하기 위한 총회의 개최일부터 1개월 전에 제1항 제3호부터 제6호(분양대상자별 분양예정인 대지 또는 건축물의 추산액, 보류지 등의 명세와 추산액 및 처분방법, 분양대상자별 종전자산의 명세 및 사업시행계획인가·고시일을 기준으로 한 가액, 정비사업비 추산액 및 그에 따른 조합원 분담규모 및 분담시기)까지의 규정에 해당하는 사항을 각 조합원에게 문서로 통지하여야 한다.

(2) 연혁

법이 2009. 5. 27. 개정되기 이전에는 위와 같은 통지규정이 존재하지 않다가, 위 법률 개정으로 "조합은 관리처분계획의 수립 및 변경 사항을 의결하기 위한 총회의 개최일부터 1개월 전에 분양대상자별 분양예정인 대지 또는 건축물의 추산액, 분양대상자별 종전의 토지 또는 건축물의 명세 및 사업시행계획인가의 고시가 있은 날을 기준으로 한 가격, 정비사업비의 추산액 및 그에 따른 조합원 부담규모 및 부담시기 해당하는 사항을 각 조합원에게 문서로 통지하여야 한다."는 규정(구 법 48조 1항)이 도입되었다. 그 후 법이 2017. 2. 8. 전부개정되면서 보류지(일반분양분, 공공지원민간임대주택, 임대주택, 그 밖에 부대시설·복리시설 등) 등의 명세와 추산액 및 추산방법이 관리처분계획서의 필수적 기재사항으로 포함되었고, 위 내용도 또한 반드시 1개월 전에 통지할 사항이 되었다.

나. 쟁 점

(1) 총회의결의 전제로서 안건에 대한 통지

(가) 조합장 등이 마련한 관리처분계획(안)에 대한 이사회 및 대의원회 심의·의결 이후 총회의 의결을 거쳐야 한다. 총회의 의결을 위해서는 조합원에 대한 안건에 관한 통지가 필요하다. 법은 종후자산에 대한 권리 귀속과 그 비용 분담에 관한 사항을 규정하는 관리처분계획이 조합원에게 미치는 영향을 고려하여 조합은 '분양대상자별 분양예정인 대지 또는 건축물의 추산액, 보류지 등(일반분양분, 임대분, 부대·복리시설)의 명세와 추산액 및 처분방법, 분양대상자별 종전자산의 명세 및 사업시행계획인가·고시일을 기준으로 한 가액, 정비사업비 추산액 및 그에 따른 조합원 분담규모 및 분담시기에 관한 사항'에 대하여는 관리처분계획의 수립 및 변경의 사항을 의결하기 위한 총회의 개최일부터 1개월 전에 각 조합원에게 문서로 통지하도록 특칙 규정을 두고 있다.

(나) 총회개최에 일정한 유예기간을 두고 소집통지를 하도록 규정한 취지는 그 구성원의 토의권과 의결권의 행사를 보장하기 위한 것이다. 일반적 안건에 적용되는 7일 전 통지의 경우에는

회원에 대한 소집통지가 단순히 법정기한을 1일이나 2일 지연하였을 뿐이고 회원들이 사전에 회의의 목적사항을 알고 있는 등의 사정이 있었다면 그 총회결의는 유효하나, 기한이 4~5일 이상 늦추어졌다면 그 총회결의는 무효로 보아야 할 것인바,[17] 위 판례의 법리를 조합원에 대한 관리처분계획(안)의 통지에도 적용하면, 관리처분계획총회 개최일 1개월 이전 통지에 대하여 상당한 기간을 위반하면 무효라고 보아야 할 것이나, 경미한 기간 위반의 경우에는 무효로 볼 수 없다.

(2) 통지의 대상 및 방법

(가) 쟁점

통지의 방법은 발송으로 족하다 할 것이다(국토부 표준정관 7조 2항 4호). 조합원들에게 통지해야 할 분양대상자별 분양예정자산의 추산액과 분양대상자별 종전자산의 명세 및 가액이 각 조합원 본인의 해당 정보만을 의미하는 것인지 또는 분양대상자 전원에 관한 정보를 포함하는 것인지(그에 따르면 각 조합원 본인의 해당 정보만을 통지한 경우 그와 같은 통지는 부적법하다) 여부가 문제된다.

실무상 조합은 분양대상자별 분양예정인 대지 또는 건축물의 추산액, 분양대상자별 종전의 토지 또는 건축물 명세 및 사업시행계획인가·고시가 있은 날을 기준으로 한 가격, 정비사업비의 추산액 및 그에 따른 조합원 분담규모, 분담시기, 계산근거 및 내역 외에 분양대상자의 종전 토지 또는 건축물에 관한 소유권 외의 권리명세 등 조합원 개인에 관한 사항은 밀봉하여 등기우편으로 통지하고, 나머지 관리처분계획서의 내용(분양대상자 결정의 기준이나 권리가액 산정 기준의 주된 내용, 종전자산 내지 분양예정 대지 및 건축물의 총 평가액 등)은 책자의 형태로 등기우편으로 통지함이 일반적인 듯하다.

(나) 실무상 견해 대립

① 본인 해당 정보설[18]

법 74조 5항의 항목에 대하여 '공람'이 아닌 '통지'의 방식에만 의하도록 하고 있는 점에 비추어 개별 조합원에게 자신의 분양예정자산의 추산액과 분양대상자별 종전자산의 명세 및 가액을 통지하는 것으로 족하다. 따라서 개별 조합원들이 자신의 종전자산가격이나 분양예정 건축물 추산액 등을 확인하는 것을 넘어 나머지 분양대상자 전원의 해당 내역을 확인할 기회가 없었다는 이유만으로, 조합이 위 통지절차를 누락하는 절차위반으로 볼 수 없다.

② 분양대상자 전원에 관한 정보설[19]

개별 조합원에게 분양대상자 전원에 관한 정보를 통지하여야 한다. 그 논거는 다음과 같다.

ⓐ 정비사업의 조합원들은 종전자산을 출자하고, 분양예정자산 및 개발이익을 얻게 되는데, 종전자산가격이나 분양예정자산 추산액을 정하여 알려주는 것은 조합원들에게 자신이 얼마를 출자하여 얼마를 얻게 되는지에 관한 정보를 제공함과 동시에 다른 조합원들과의 형평, 즉 상대

---

17) 대법원 1999. 6. 25. 선고 99다10363 판결.
18) 서울행정법원 2021. 10. 8. 선고 2019구합67593 판결.
19) 서울고등법원 2022. 6. 9. 선고 2021누66434 판결.

적 출자비율의 공정성을 검토할 수 있는 정보를 제공하는 의미를 가진다.

ⓑ 관리처분계획을 의결하는 총회에 참석하는 조합원은 자신의 종전자산가격이 과소하게 평가되거나 분양예정자산 추산액이 과다하게 평가되었는지 외에도, 해당 정비사업이 조합원들 사이의 형평에 맞게 진행되고 있는지에 관하여도 검토 후 이의를 제기하거나 관리처분계획(안)에 관한 의결권을 합리적으로 행사할 수 있을 만큼의 충분한 정보를 제공받아야 한다.

㈐ 대법원

현재 대법원 2022두46244호로 계속 중이다.

㈑ 결론

조합원 본인에 대한 정보 중 상당 부분은 이미 분양신청통지의 대상이었던 점, 관리처분계획의 인가신청에 앞서 조합원으로 구성되는 총회에서 관리처분계획에 관하여 결의를 거쳐야 한다고 규정하고 있는 것은 관리처분계획의 입안에 대하여 조합원의 의사를 반영하고 그들 상호간의 이익을 합리적으로 조정하는 데 그 취지가 있는 점, 분양대상자 전원에 관한 정보를 통지받아야 분양대상자 결정 기준이 준수되었는지 여부를 확인할 수 있는 점 등을 종합하여 보면, 분양대상자 전원에 관한 정보설이 일응 타당하다.

⑶ 법이 2009. 5. 27. 개정되기 이전의 통지의무 존부

㈎ 문제의 소재

법이 2009. 5. 27. 개정되기 이전에는 관리처분계획 의결의 전제로서 '분양대상자별 분야예정인 건축물의 추산액, 분양대상자별 종전자산의 명세 및 가액, 정비사업비 추산액'의 조합원에 대한 통지의무를 규정하고 있지 아니하였다. 그러나 국토부 표준정관 20조 6항은 총회를 소집하는 경우에는 회의개최 7일전까지 회의목적, 안건, 일시 및 장소 등을 각 조합원에게는 등기우편으로 이를 발송, 통지하여야 한다고 규정하고 있고, 법이 2009. 5. 27. 개정되면서 명시적으로 통지할 것을 규정한 사항은 그 중요도에 비추어 해석상 조합의 통지의무 대상으로 인정할 수 있으므로, 이를 통지하지 아니하면 총회결의가 위법하게 된다는 의견이 대두되었다.

㈏ 판례(부정)

판례는 법이 2009. 5. 27. 개정되면서 명시적으로 통지할 것을 규정한 법정사항에 대하여 위 개정 법령 시행 이전에는 조합이 총회 개최 전에 반드시 통지할 대상으로 볼 수 없다고 하였다.[20)]

3. 총회의결

가. 총회의결 요건

⑴ 관리처분계획을 수립·변경하기 위해서는 총회의결을 거쳐야 한다.

조합원 과반수의 찬성으로 의결하되, 다만, 정비사업비가 100분의 10 이상 늘어나는 경우에

20) 대법원 2014. 2. 13. 선고 2011두21652 판결(법이 2009. 5. 27. 개정되면서 명시적으로 통지할 것을 규정한 법정사항은 이미 분양신청통지의 대상이거나 분양공고의 대상이었고, 관리처분계획의 총회결의 이후에도 공람의 대상이거나 인가 이후에는 분양신청자들에 대한 통지의 대상이다).

는 조합원 3분의 2 이상의 찬성으로 의결하여야 한다(법 45조 1항 10호, 4항). 총회의 의결을 위해서는 반드시 조합원 100분의 20 이상이 직접 출석하여야 한다(법 45조 10항 단서). 총회의 의결방법, 서면 또는 전자적 방법에 따른 의결권 행사, 본인확인방법 등에 필요한 사항은 정관으로 정한다(법 45조 11항).

조합원 과반수 찬성이라는 의결정족수 강화규정은 조합원의 재산에 중대한 영향을 미치는 관리처분계획의 성격을 고려하여 법이 2009. 5. 27. 개정되면서 도입되었고, 같은 날 총회의결에 조합원 100분 10 이상 직접 출석규정이 도입되었다가, 법이 2012. 2. 1. 개정되면서 관리처분계획총회의결을 위해서는 100분의 20 이상의 조합원이 직접 출석하여야 하는 것으로 요건이 강화되었다. 이는 완화가 불가능한 강행규정이다. 서면 또는 전자적 방법에 따른 의결권 행사가 가능하고, 대리의결권의 행사는 제한적으로 인정된다.

(2) 정비사업비 100분의 10 이상 증가의 해석과 관련하여서는 정비사업비 추산액의 전체 액수를 별도의 환산 없이 단순 비교하여야 하는 것이 판례인 점은 제6편 제6장 Ⅲ. 1. 가. "(3) 정비사업비 100분의 10 이상 증가와 특별결의"에서 자세히 살펴보았다.

'조합의 비용부담'이나 '시공자·설계자의 선정 및 계약서에 포함될 내용'에 관한 사항이 당초 재건축결의 당시와 비교하여 볼 때 조합원들의 이해관계에 중대한 영향을 미칠 정도로 실질적으로 변경된 경우에는 조합원 3분의 2 이상의 동의가 필요함은 제4편 제5장 제2절 Ⅳ. 2. "나. 특별다수 결의사항"에서 자세히 살펴보았다.

나. 부가적인 결의사항

인가신청에 앞서 조합원으로 구성되는 총회에서 관리처분계획안에 관하여 결의를 거쳐야 한다고 규정하고 있는 것은 관리처분계획의 수립에 있어 조합원의 의사를 반영하고 그들 상호간의 이익을 합리적으로 조정하는 데 그 취지가 있다. 따라서 의결한 관리처분계획에 대하여 인가를 신청하는 과정에서 하자가 발견되어 수정이 필요한 경우, 또는 총회의결 이후의 공람 및 의견청취절차에서 제출받은 의견이 적정하여 이를 반영하여 관리처분계획을 수정하는 경우, 원칙적으로 수정된 관리처분계획에 대하여 다시 총회의결을 받아야 한다.[21]

그러나 관리처분변경계획에 대한 총회 소집에는 상당한 시간적, 비용적인 부담이 있고, 또한 조합원 100분의 20 이상이 직접 출석하는 것도 용이하지 아니한 점을 고려하여 관리처분계획 의결 당시 추후 새로운 의결 없이 수정이 가능하도록 하는 수권조항에 대한 부가적인 결의가 이루어지는 것이 일반적이다. 예를 들면 아래와 같다. 자세한 내용은 제2절 I. "1. 수립된 관리처분계획의 공람"에서 살펴본다.

① 법, 법 시행령, 서울시 조례 등 관련 규정의 변경과 행정관청의 인·허가 협의과정에서 발생하는 변경사항 등에 따라 정관이나 본 관리처분계획(안)을 변경하여야 할 사유가 발생될 시에도 조합원에게 추가 부담이 없는 사안일 경우(또는 비례율을 변경하지 않은 경우) 총회의 재

21) 대법원 2001. 10. 12. 선고 2000두4279 판결.

소집이나 재공람 없이 변경 또는 정정 시행함
② 인가과정에서 관리처분계획에 중대한 영향을 미치지 않는 범위 내에서 오기, 누락, 착오 등의 사유로 수정을 요할 사항이 있을 때에는 별도의 결의 없이 가능함
③ 공람기간 중에 제출된 의견이 있을 경우 이사회 심사에 의하여 채택되는 사항이 있으면 별도의 의결 없이 관리처분변경계획에 반영함(또는 대의원회 결의에 의한다 등)
④ 본 관리처분계획 기준(안) 내용 중 법령과 조례 등 관련 법령에 배치되는 사항이 있는 경우 해당 법령이 강행규정인 경우 해당 법률이 우선 적용됨
⑤ 공람의견 반영여부에 따라 일부 내용이 변경될 수 있음

다. 관리처분계획총회결의의 하자를 다투는 소송

관리처분계획 총회결의의 하자를 다투는 소송은 행정처분에 이르는 절차적 요건의 존부나 효력 유무에 관한 소송으로서 행정소송법상의 당사자소송이다. 다만, 관리처분계획인가·고시가 있은 후 관리처분계획 총회결의의 하자를 다투는 소송은 소의 이익이 없고, 법원은 석명권을 행사하여야 함은 앞서 사업시행계획인가에서 자세히 살펴보았다. 관리처분계획 총회결의 무효확인소송이 계속 중에 인가가 이루어지면, 관리처분계획의 취소를 구하는 항고소송으로의 소변경이 필요하다.

제2절 관리처분계획의 인가절차

Ⅰ. 관리처분계획 수립 이후 인가신청 시까지 절차

1. 수립된 관리처분계획의 공람

가. 규 정

법 제78조(관리처분계획의 공람 및 인가절차 등)
① 사업시행자는 제74조에 따른 관리처분계획인가를 신청하기 전에 관계 서류의 사본을 30일 이상 토지등소유자에게 공람하게 하고 의견을 들어야 한다. 다만, 대통령령으로 정하는 경미한 사항을 변경하려는 경우에는 토지등소유자의 공람 및 의견청취 절차를 거치지 아니할 수 있다.
⑤ 사업시행자는 제1항에 따라 공람을 실시하려는 때에는 대통령령으로 정하는 방법과 절차에 따라 토지등소유자에게는 공람계획을 통지하여야 한다.

시행령 제65조(통지사항)
① 사업시행자는 법 제78조 제5항에 따라 공람을 실시하려는 경우 공람기간·장소 등 공람계획에 관한 사항과 개략적인 공람사항을 미리 토지등소유자에게 통지하여야 한다.

나. 내 용

(1) 앞서 본 바와 같이 각각의 사업시행자에 따라 관리처분계획(안)에 대하여 총회의결 이전, 총회의결 이후, 총회의결일 전후 기간 등 다양한 방법으로 공람절차를 진행하나, 일반적으로는 총회의결을 통하여 관리처분계획을 수립한 이후 인가 전 단계에서 공람절차를 거치게 된다. 조합은 공람을 실시하기 위하여 조합원들에게 수립(의결)된 관리처분계획 공람안내문을 등기우편의 방법으로 발송하여 통지한다(법 78조 5항). 반송 시에는 일반우편으로 발송한다. 공람안내문에는 공람기간·장소 등 공람계획에 관한 사항, 사업시행계획의 개요 및 관리처분계획(안), 분양대상자별 종전자산의 명세 및 가격과 종후자산의 명세 및 추산가액, 그 밖에 조합원의 권리·의무와 이의신청 등에 관한 사항이 포함된다(서울 재개발 표준정관 53조 1항). 조합원은 위 통지를 받은 때에는 조합에서 정하는 기간 내에 관리처분계획(안)에 관한 이의신청을 조합에 제출할 수 있다(서울 표준정관 53조 2항).

(2) 공람은 조합원들에게 의결된 관리처분계획의 내용을 알리고, 조합원들에게 의견제출의 기회를 주어 그들의 권익을 보호하기 위함이다.[22] 조합원이 이의신청을 한 경우 조합은 제출된 이의신청 내용을 이사회에서 검토하여 합당하다고 인정되는 경우에는 관리처분계획(안)의 수정 등 필요한 조치를 취하고, 그 조치결과를 해당 조합원에게 통지하여야 하며, 이의신청이 이유 없다고 인정되는 경우에도 그 사유를 명시하여 해당 조합원에게 통지하여야 한다(서울 표준정관 53조 3항).[23] 공람 및 의견청취절차를 통하여 오류가 발견된 경우 새롭게 총회소집절차 등을 통하여 관리처분계획을 변경하는 의결절차를 거쳐야 하는지 여부가 문제된다. 이는 인가신청 이후 행정청의 심사과정에서 오류가 발견되어 보완을 요청받은 경우에도 마찬가지이다.

(가) 실질적 내용 변경과 무관한 오기, 위산, 누락 등의 경우 새로운 총회결의 없이 이를 시정할 수 있다고 보아야 할 것이다. 왜냐하면 이해관계가 상충되는 다수의 토지등소유자들의 개별적이고 구체적인 이익을 적절히 형량·조정하여 관리처분계획이 수립되는데 그 과정에서 착오, 오기, 위산, 누락 등은 불가피하고, 법이 그와 같은 오류를 시정하기 위한 절차로 공람 및 의견청취절차 제도를 둔 것은 새로운 총회결의 없이 시정함을 전제로 한 것으로 보아야 한다.

(나) 관리처분계획의 내용이 위법한 경우, 예를 들면 일부 조합원에게 2주택을 분양하는 내용으로 관리처분계획이 수립된 후, 공람과정에서 2주택 분양의 위법함이 확인된 경우 조합장 등이 이를 임의로 변경할 수 있는 지 여부가 문제되나, 이 또한 일종의 오류의 시정으로 볼 수 있고, 관리처분계획의 수립기준은 강행규정이며, 강행법규에 반하는 총회결의는 그 효력이 없으므

22) 토지등소유자 20인 미만의 재개발사업에서 사업구역에 사업시행자 외의 토지등소유자가 없다면 의견제출 기회를 주어 권익을 보호할 토지등소유자가 없는 것이므로, 이러한 경우까지 공람절차를 거치도록 하면 특별한 실익 없이 공람기간 동안 사업진행만 지연시킬 뿐이므로 절차의 생략이 가능하다.

23) 피고 조합이 정관으로, 관리처분계획의 인가를 신청하기 전에 관계 서류의 사본을 30일 이상 토지등소유자에게 공람하게 하면서 이의신청이 있는 때에는 그 내용을 이사회에서 검토하여 합당하다고 인정되는 경우 관리처분계획의 수정 등 필요한 조치를 취하고 그 조치결과를 공람·공고 마감일부터 10일 안에 당해 조합원에게 통지하여야 하며, 이의신청이 이유 없다고 인정되는 경우에도 그 사유를 명시하여 당해 조합원에게 통지하여야 한다고 규정하고 있었는데, 법원은 이사회 의결이 늦어짐에 따라 조치결과에 대한 답변이 공람·공고 마감일부터 10일이 경과한 후에 이루어진 사안에서, 하급심은 이를 관리처분계획을 취소할 정도의 하자라고 보기 어렵다고 판시하였다[서울행정법원 2024. 8. 22. 선고 2023구합74727 판결(확정)].

로,[24] 위법한 결의의 경우 이를 단순히 시정하는 내용으로 정정함에는 별도의 총회결의를 필요로 하지 않는다고 해석하여야 할 것이다.

그러나 법 39조 1항 3호에 의하여, 조합설립인가 이후 1인의 다(多)물건 소유자로부터 토지등을 수인이 각각 양수한 경우 모두 1조합원으로서 1수분양권만이 부여됨에도, 각자 1개의 수분양권을 인정한 관리처분계획안에 관한 총회결의가 이루어진 후 인가권자의 수정 요청에 따라 토지등소유자들 모두에게 1개의 수분양권을 인정하는 것으로 수정하면서, 토지등소유자들이 분양신청을 하지도 아니한 평형이나 오피스텔을 배정하고, 수정된 배정 내용을 토지등소유자들에게 알리지도 않은 사안에서, 그 부분 관리처분계획은 법 45조 1항 10호, 74조를 위반하여 조합원들의 의사가 반영된 총회결의를 거치지 아니한 위법이 있다고 본 하급심 사례가 있다.[25]

(다) 그 외 관리처분계획의 실질적 내용 변경은 총회에서 의결된 사항을 조합장 등이 임의로 변경하는 것이어서 원칙적으로 허용될 수 없다. 조합은 공람에 따른 조합원의 이의신청에 따라 관리처분계획(안)을 수정한 때에는 총회의 의결을 거쳐 확정한 후 그 내용을 조합원에게 통지하여야 한다(서울 표준정관 53조 4항). 그러나 실무에서는 관리처분계획을 의결하는 총회에서 실질적인 내용 변경을 포함하여 변경 권한을 조합장, 이사회, 대의원회 등에 이를 수권하는 내용의 결의가 이루어지기도 한다. 관리처분계획변경을 위한 총회 소집에는 상당한 시간적, 비용적인 부담이 있고, 또한 조합원 100분의 20 이상이 직접 출석하는 것도 용이하지 아니한 점을 고려하면 일정한 범위를 정하여 행하는 수권은 위법한 것으로 볼 수 없다.

(3) 관리처분계획 총회의결 전에 공람절차를 거친 경우, 총회의결 이후 인가신청 전에 또다시 공람절차를 거쳐야 하는지 여부가 문제된다.

법 78조 1항 본문이 사업시행자로 하여금 관리처분계획인가를 신청하기 전에 관계 서류의 사본을 30일 이상 토지등소유자에게 공람하게 하고 의견을 들어야 한다고만 규정하고 있을 뿐, 관리처분계획을 수립하는 총회의 결의를 거친 후 반드시 공람절차를 거쳐 인가를 신청해야 한다고 규정하고 있지 않으므로, 다시 공람절차를 거칠 필요는 없다.[26]

(4) 사업시행계획의 경우 사업시행자는 별도의 공람절차 없이 사업시행계획인가를 신청할 수 있고, 신청 이후 시장·군수등이 사업시행계획인가를 하려는 경우에는 관계 서류의 사본을 14일 이상 일반인이 공람할 수 있게 하여야 하고 이를 공보 등에 공고하며, 토지등소유자에게 공고내용을 통지하는 점과 구별된다(법 56조 1항, 법 시행령 49조).

(5) 사업시행자는 관리처분계획의 내용이 다음에서 살펴볼 법 78조 3항 1호 또는 2호에 해당하는 경우(관리처분계획인가청이 대통령령으로 정하는 공공기관에 관리처분계획의 타당성 검증을 요청하여야 하는 경우) 관리처분계획인가의 신청 이전(45조 1항 10호에 따른 총회의결이 있은 경우로 한정한다)에 3항에 따른 공공기관에 관리처분계획의 타당성 검증을 요청할 수 있다. 이 경우에는 관리처분계획인가청이 3항에 따른 타당성 검증을 요청한 것으로 본다(법 78조 7항).

24) 대법원 2014. 5. 29. 선고 2011두33051 판결.
25) 서울행정법원 2024. 8. 30. 선고 2023구합54150 판결(확정).
26) 서울고등법원 2022. 9. 7. 선고 2021누36440호(현재 대법원 2022두59844호로 계속 중).

2. 관리처분계획인가의 신청

가. 규 정

법 시행규칙 제12조(관리처분계획인가의 신청)

사업시행자는 법 제74조 제1항에 따라 관리처분계획의 인가 또는 변경·중지·폐지의 인가를 받으려는 때에는 [별지 제9호 서식] '관리처분계획(변경·중지 또는 폐지)인가신청서'에 다음 각 호의 구분에 따른 서류를 첨부하여 시장·군수등에게 제출하여야 한다.

① 관리처분계획인가: 다음 각 목의 서류

㉮ 관리처분계획서

㉯ 총회의결서 사본

㉰ 사업시행자와 시공자 간 공사계약서 사본[27)]

② 관리처분계획변경·중지 또는 폐지인가: 변경·중지 또는 폐지의 사유와 그 내용을 설명하는 서류

나. 내 용

사업시행자는 관리처분계획인가의 신청 시 시장·군수등에게 관리처분계획인가신청서 및 첨부서류를 제출하여야 한다. 법 시행규칙 12조 1항은 관리처분계획인가신청서에 첨부할 서류로 관리처분계획서, 총회의결서 사본 및 사업시행자와 시공자 간 공사계약서 사본을 규정하고 있다. 한편 서울시 조례 33조는 분양신청서(권리신고사항 포함) 사본, 세입자별 손실보상을 위한 권리명세 및 그 평가액과 현금으로 청산하여야 하는 토지등소유자별 권리명세 및 이에 대한 청산방법 작성 시 67조(손실보상 협의 대상자 및 세입자와 조합 간에 분쟁조정 위한 협의체가 구성된 경우)에 따른 협의체 운영 결과 또는 도시분쟁조정위원회 조정 결과 등 토지등소유자 및 세입자와 진행된 협의 경과, 용적률 완화를 위하여 조합이 정비구역에 있는 대지를 기부하되, 그중 일부를 현금납부함에 있어 현금납부액 산정을 위한 감정평가서, 납부방법 및 납부기한 등을 포함한 협약 관련 서류, 그 밖의 관리처분계획 내용을 증명하는 서류 등을 관리처분계획의 내용에 포함될 사항으로 규정하고 있으므로, 이 부분도 첨부되어야 한다(법 74조 1항 9호, 법 시행령 62조 6호, 서울시 조례 33조). 사업시행계획에 의하여 용도폐지되는 국·공유재산 중 이를 점유·사용하고 있는 건축물 소유자로서 우선 매수하는 경우 관리처분계획인가신청 전에 매매계약을 체결하여야 하므로(서울시 조례 55조 3항), 위 서류도 제출되어야 한다.

27) 조합원 분담금의 근거가 되는 정비사업 공사비의 산출 내역을 명확히 확인하고, 정비사업을 투명하게 관리하기 위하여 법 시행규칙이 2023. 5. 12. 개정되어 이를 신설하였다.

Ⅱ. 관리처분계획인가신청 이후의 행정절차

1. 관리처분계획인가 시까지 절차

가. 규 정

법 제78조(관리처분계획의 공람 및 인가절차 등)

② 시장·군수등은 사업시행자의 관리처분계획인가의 신청이 있은 날부터 30일 이내에 인가 여부를 결정하여 사업시행자에게 통보하여야 한다. 다만, 시장·군수등은 제3항에 따라 관리처분계획의 타당성 검증을 요청하는 경우에는 관리처분계획인가의 신청을 받은 날부터 60일 이내에 인가 여부를 결정하여 사업시행자에게 통지하여야 한다.

③ 시장·군수등은 다음 각 호의 어느 하나에 해당하는 경우에는 대통령령으로 정하는 공공기관에 관리처분계획의 타당성 검증을 요청하여야 한다. 이 경우 시장·군수등은 타당성 검증 비용을 사업시행자에게 부담하게 할 수 있다.

1. 관리처분계획서상 정비사업비가 제52조 제1항 제12호(사업시행계획서)에 따른 정비사업비 기준으로 100분의 10 이상으로서 대통령령으로 정하는 비율 이상 늘어나는 경우
2. 관리처분계획서상 정비사업비의 조합원 분담규모가 제72조 제1항 제2호(분양신청서)에 따른 분양대상자별 분담금의 추산액 총액 기준으로 100분의 20 이상으로서 대통령령으로 정하는 비율 이상 늘어나는 경우
3. 조합원 5분의 1 이상이 관리처분계획인가 신청이 있은 날부터 15일 이내에 시장·군수등에게 타당성 검증을 요청한 경우
4. 그 밖에 시장·군수등이 필요하다고 인정하는 경우

시행령 제64조(관리처분계획의 타당성 검증)

① 법 제78조 제3항 각 호 외의 부분 전단에서 "대통령령으로 정하는 공공기관"이란 다음 각 호의 기관을 말한다.

1. 토지주택공사등
2. 한국부동산원

② 법 제78조 제3항 제1호에서 "대통령령으로 정하는 비율"이란 100분의 10을 말한다.

③ 법 제78조 제3항 제2호에서 "대통령령으로 정하는 비율"이란 100분의 20을 말한다.

나. 내 용

(1) 관할 행정청의 심사

관할 행정청은 관리처분계획인가신청서가 접수되면, 인가신청서의 내용이 모두 완성되어 있는지, 그 내용이 적법, 적절한지 여부를 검토하여 인가 여부를 결정하고, 인가신청서의 기재에 공란이 있거나 첨부서류에 누락이 있는 경우 보완을 명한다. 첨부서류에 대하여는 앞서 살펴보았다.

제1장 제2절 Ⅰ. "2. 재량행위"에서 살펴본 바와 같이 행정청은 관리처분계획의 내용이 법 76조의 관리처분계획 수립기준에 부합하는지 여부 등을 심사·확인하되, 그 과정에서 법 111조 2항, 113조 1항에서 정한 여러 조사나 조치를 취할 수 있다. 그러나 인가처리기간의 제약이 있

는 사정 등에 비추어 행정청이 정비계획 수립과정에서 미리 조사하거나 조합으로부터 이미 제출받아 보유하고 있는 정비구역 내 토지등소유자의 명단과 관리처분계획상 분양대상자, 현금청산대상자 명단을 하나하나 대조하여 현금청산대상자 중 누락된 사람이 있는지를 확인할 의무까지 부담한다고 볼 수는 없다.[28]

⑵ 타당성 검증

타당성 검증규정은 법이 2012. 2. 1. 개정되면서 관리처분계획인가신청이 있는 경우 시장·군수등은 재량으로 대통령령으로 정하는 공공기관에 관리처분계획의 타당성 검증을 요청할 수 있다는 규정이 신설되었다(구 법 49조 2항 단서). 그 후 법이 2017. 8. 9. 개정되면서 사업시행계획 대비 관리처분계획상 정비사업비가 100분의 10 이상, 조합원 분담규모가 분양신청서상의 분양대상자별 분담금 추산액 총액 대비 100분의 20 이상 각 증가하거나 1/5 이상의 조합원이 관리처분계획인가신청 시부터 15일 내에 타당성 검증을 요구하는 경우, 시장·군수등은 인가 전에 해당 관리처분계획에 대하여 공공기관의 타당성 검증을 반드시 받도록 함으로써 관리처분계획의 검증을 강화하고, 이로써 정비사업의 투명성을 개선하려는 목적이다. 이는 법정 비율 이상의 공사비 증액 시 또는 일정 비율 이상이 조합원 요구 시 검증하는 공사비 검증(법 29조의2)과 유사하다.

시장·군수등은 위와 같은 요건이 구비되어 있음에도 불구하고, 타당성 검증을 요청하지 아니한 채 인가한 경우, 이는 기본행위에는 없는 보충행위로서 인가의 고유한 위법에 해당한다. 시장·군수등은 위와 같은 필수적 검증요건에 해당하지 않더라도 그 밖에 필요하다고 인정하는 경우 정비사업비에 대한 타당성 검증을 요청하여야 한다. 법정 비율 이상의 정비사업비나 분담금 추산액 증액 시 사업시행자가 관리처분계획인가신청 전에 타당성 검증을 거칠 수 있음은 앞서 본 바이다. 시장·군수등이 타당성 검증을 요청하는 기관은 토지주택공사등 또는 한국부동산원이고(법 시행령 64조 1항), 비용은 사업시행자에게 부담하게 할 수 있다(법 78조 3항 후문).

⑶ 인가처리기간

행정청이 신청일로부터 30일 이내에 인가 여부를 결정하여야 하는바(타당성 검증절차를 거치는 경우에는 60일), 위 기간조항은 훈시규정이다.

법은 제정 당시부터 관리처분계획인가의 경우에는 그 신청이 있은 날부터 30일 이내에 인가 여부를 결정하여야 한다고 규정하고 있었음에 반해, 사업시행계획의 경우에는 2017. 2. 8. 전부개정되면서 처음으로 60일의 처리기간에 관한 규정이 도입된 점, 사업시행계획의 경우에는 '특별한 사정이 없으면' 사업시행계획서의 제출이 있은 날부터 60일 이내에 인가 여부를 결정하여야 한다고 규정(법 50조 4항)함에 반해, 관리처분계획의 경우에는 그와 같은 규정이 없는 점, 조합설립인가와 관련하여서는 처리기간에 관하여 현재 아무런 규정이 없는 점 등에 비추어 볼 때, 시장·군수등은 가급적 위 기간을 준수함이 바람직하다.

---

28) 대법원 2014. 3. 13. 선고 2013다27220 판결(설령 현금청산대상자를 누락하는 등의 하자가 있는 관리처분계획을 그대로 인가하였다고 하더라도 그 하자의 존재를 관리처분계획인가신청서와 첨부서류에 대한 심사만으로 발견할 수 없는 경우라면 누락된 현금청산대상자에 대하여 불법행위로 인한 손해배상책임을 진다고 볼 수 없다).

⑷ 관리처분계획인가의 시기조정

정비사업의 시행으로 주변지역에 현저한 주택부족이나 주택시장 불안정 등의 사유가 발생하는 경우 1년의 범위에서 정비사업의 관리처분계획인가의 시기를 조정할 수 있다(법 75조 1항). 이는 사업시행계획인가와 동일하다. 인가의 시기조정에 대하여는 제6편 제2장 제2절 Ⅳ. “3. 시장·군수등의 심사”에서 자세히 살펴보았다.

2. 인가 후의 후속절차

가. 규 정

법 제78조(관리처분계획의 공람 및 인가절차 등)

④ 시장·군수등이 관리처분계획을 인가하는 때에는 그 내용을 해당 지방자치단체의 공보에 고시하여야 한다.

⑤ 사업시행자는 제4항에 따른 시장·군수등의 고시가 있은 때에는 대통령령으로 정하는 방법과 절차에 따라 분양신청을 한 자에게는 관리처분계획인가의 내용 등을 통지하여야 한다.

시행령 제65조(통지사항)

② 사업시행자는 법 제78조 제5항에 따라 분양신청을 한 자에게 다음 각 호의 사항을 통지하여야 하며, 관리처분계획 변경의 고시가 있는 때에는 변경내용을 통지하여야 한다.

1. 정비사업의 종류 및 명칭
2. 정비사업 시행구역의 면적
3. 사업시행자의 성명 및 주소
4. 관리처분계획의 인가일
5. 분양대상자별 기존의 토지 또는 건축물의 명세 및 가격과 분양예정인 대지 또는 건축물의 명세 및 추산가액

시행규칙 제13조(관리처분계획인가의 고시)

시장·군수등은 법 제78조 제4항에 따라 관리처분계획의 인가내용을 고시하는 경우에는 다음 각 호의 사항을 포함하여야 한다.

1. 정비사업의 종류 및 명칭
2. 정비구역의 위치 및 면적
3. 사업시행자의 성명 및 주소
4. 관리처분계획인가일
5. 다음 각 목의 사항을 포함한 관리처분계획인가의 요지
   가. 대지 및 건축물의 규모 등 건축계획
   나. 분양 또는 보류지의 규모 등 분양계획
   다. 신설 또는 폐지하는 정비기반시설의 명세
   라. 기존 건축물의 철거 예정시기 등

나. 내 용

(1) 인가

시장·군수등은 앞서 본 여러 절차를 거쳐 관리처분계획(변경, 중지, 폐지)인가를 한다. 인가는 재량행위이고 보충행위인바, 이로써 관리처분계획이 확정됨은 앞서 본 바이다.

(2) 행정청의 인가내용 고시

(가) 관리처분계획인가처분

시장·군수등은 관리처분계획(변경, 중지, 폐지)인가를 하는 경우 지방자치단체의 공보에 이를 고시하여야 한다(법 78조 4항). 통상 고시 또는 공고로 행정처분을 하는 경우에는 그 처분의 상대방이 불특정 다수이고, 그 처분의 효력도 불특정 다수에게 일률적으로 미쳐야 하므로, 행정업무규정 4조 3호, 6조 3항에 의하여 관리처분계획인가처분은 고시가 있은 후 5일이 경과한 때부터 효력이 발생한다.

(나) 관리처분계획

관리처분계획인가에 의하여 별개의 처분으로 확정된 관리처분계획은 위 인가처분의 고시에 의하여 행정업무규정의 위 조항에 의하여 5일이 경과한 때부터 효력이 발생한다(자세한 내용은 제6장 제2절 "Ⅰ. 관리처분계획 및 그 인가에 대한 취소소송의 제소기간"에서 살펴본다).

(3) 행정청의 사업시행자에 대한 인가 통지

시장·군수등은 인가 여부를 결정하여 사업시행자에게 통지하여야 한다(법 78조 2항). 관리처분계획(변경, 중지, 폐지)인가서를 사업시행자에게 교부한다.

(4) 사업시행자의 분양신청자에 대한 관리처분계획인가 내용 등의 통지

관리처분계획은 종후자산에 대한 권리배분계획이므로, 사업시행자는 관리처분계획의 인가·고시가 있은 때에는 분양신청자에게 관리처분계획인가의 내용 등을 통지하여야 한다(법 78조 5항). 구체적으로는 정비사업의 종류 및 명칭, 정비사업 시행구역의 면적, 사업시행자의 성명 및 주소, 관리처분계획의 인가일, 분양대상자별 종전자산의 명세 및 가격과 종후자산의 명세 및 추산가액 등이다(법 시행령 65조). 통지의 방법은 정관에서 정한 등기우편의 방법으로 발송하여야 한다.[29) 도시정비법령은 분양신청자와 분양대상자를 엄격히 준별하여 규정하고 있으므로, 분양신청을 하였으나 관리처분계획상 분양대상에서 제외된 자도 여기에 포함된다.

분양신청기간 내에 분양신청을 하지 아니하여 분양신청기간 종료일 다음 날 조합원의 지위를 상실한 현금청산대상자는 관리처분계획인가 내용의 통지대상이 아니다. 따라서 사업시행자인 조합으로부터 적법한 분양신청통지를 받지 못하여 현금청산대상자가 된 토지등소유자로서는 관리처분계획의 존재 및 자신이 현금청산대상자로 분류된 사실을 제소기간 내에 인지하는 것은 사실상 어렵다 할 것이므로, 그와 같은 관리처분계획의 하자는 중대·명백하여 무효라고 보아야

29) 관리처분계획인가의 통지를 게을리한 자에 대하여는 500만 원 이하의 과태료가 부과된다(법 140조 2항 2호).

할 것이다[제2장 제2절 Ⅳ. "3. 분양신청통지의 하자(누락)를 이유로 한 관리처분계획에 대한 쟁송" 참조].

제3절 관리처분계획인가의 효과

Ⅰ. 개 요

정비사업은 조합의 설립, 사업시행계획, 관리처분계획, 이전고시 등의 단계를 거쳐 순차 진행되고, 각 단계에서 선행 행정처분이 이루어짐에 따라 다음 절차가 진행되는 것이 특성이므로, 관리처분계획인가를 통하여 이전고시로 나아갈 수 있다. 이는 매우 엄격하여 관리처분계획인가를 받지 아니하고 이전고시로 나아간 자는 법 137조 8호에 의하여 형사처벌을 받게 된다.

관리처분계획인가가 이루어지면 관리처분계획과 인가는 별개의 행정처분으로 존재하고, 고시에 의하여 그 효력이 발생한다. 그에 따라 관리처분계획에서 정해진 종후자산의 권리배분 및 비용분담이 확정된다. 즉, 분양대상자 또는 현금청산대상자, 수분양아파트, 분양(종후자산)가액, 종전자산가격, 청산금 등이 확정되고, 관리처분계획은 행정처분이므로, 설령 성립과정에 하자가 있다 하더라도 그 하자가 중대·명백하지 않는 한 권한있는 기관에 의하여 취소될 때까지 처분의 상대방과 관계 행정청이 그 효력을 부인할 수 없는 공정력을 가진다.

정비사업의 시행으로 조성된 대지 및 건축물은 관리처분계획에 따라 처분 또는 관리하여야 하므로(법 79조 1항), 일반분양분, 공공지원민간임대주택, 임대주택, 그 밖에 부대시설·복리시설 등의 처분방법도 확정된다.

또한 사업시행계획인가에 의하여 건축허가가 의제되어 건축법상으로는 착공이 가능하였으나, 관리처분계획인가를 받은 후에야 기존 건축물의 철거가 가능하므로 관리처분계획인가의 효과로서 사실상 공사착공이 가능하다. 또한 관리처분계획인가·고시로 종전자산에 대한 사용·수익이 정지되는바, 이는 약자 보호를 위하여 권리존속기간을 강제하고 있는 민법, 주택임대차법, 상가임대차법에 우선할 정도로 강력한 효과가 있다. 기타 관리처분계획인가와 관련한 각종 효과 및 관련 쟁점에 대하여 살펴본다.

Ⅱ. 효 과

1. 종후자산 권리배분 및 청산금·비용부담 등 확정

가. 수분양권 확정

(1) 사업시행의 결과 설치되는 대지를 포함한 각종 시설물의 권리 배분 및 귀속에 관한 사항, 그 비용 분담에 관한 사항, 현금청산대상자 및 그들의 권리 청산방법까지 관리처분계획인가에 의하여 일응 확정된다. 수분양조합원의 경우 관리처분계획인가에 의하여 종전자산에 대한 권리가 종후자산의 권리에 대한 잠정적 권리로서의 수분양권(입주자의 지위, 부동산을 취득할 수 있는

권리)으로 변환된다.[30] 수분양권이 확정된 조합원의 종전자산에 대한 경매 등의 절차에 있어 감정평가 시, 관리처분계획인가 이전에는 일반적인 부동산 감정절차에 의하여 가격을 산정하나, 관리처분계획인가 이후에는 종후자산의 가치를 반드시 반영하여 이를 평가하여야 할 것이고(동·호수 추첨까지 마친 경우에는 이 부분 가치도 함께 반영하여 평가하여야 한다. 관리처분계획인가로 수분양권을 취득한 상태는 도시개발법상의 환지예정지지정처분을 받은 경우와 동일한바, 대법원은 환지예정지로 지정된 토지의 경우, 위 토지를 감정평가함에 있어서는 마땅히 종전토지의 지목과 지적을 기준으로 평가할 것이 아니라 환지예정지로서의 권리면적을 기준으로 제반조건을 감안하여 평가하여야 할 것인데도 위 토지를 감정평가한 감정인은 단순히 등기부상 표시된 종전토지의 평수에 평당단가를 승한 수치로 이를 평가한 잘못이 있는데도 이를 토대로 최저경매가격을 결정한 경매법원의 조치는 위법하다고 판시하였다),[31] 수분양권에 부수하는 다음에서 살펴볼 청산금(종후자산과 종전자산의 차액), 비용부담 등도 매각물건명세서에 구체적으로 기재되어야 한다(경매매수인은 법 129조에 의하여 전 소유자의 지위를 승계하므로, 전 소유자의 이주비 등도 매각물건명세서에 구체적으로 기재되어야 한다). 관리처분계획에 기초하여 이전고시가 이루어지면 조합원의 종전자산에 관한 권리가 종후자산에 관한 권리로 확정적으로 변환되나, 이는 관리처분계획의 기계적 집행행위에 불과하여 실무상의 분쟁은 종후자산에 대한 개별 조합원의 수분양권 등 재산권 및 비용부담을 내용으로 하는 관리처분계획에 집중된다.

(2) 도시정비법 129조는 정비사업과 관련하여 권리를 갖는 자의 변동이 있은 때에는 종전의 권리자의 권리·의무는 새로 권리자로 된 자가 승계한다고 규정하고 있고, 법 40조 1항 2호 및 3호는 조합원의 자격, 조합원의 제명·탈퇴 및 교체는 정관기재사항이고, 국토부 표준정관 11조 1항은 조합원이 건축물의 소유권이나 입주자로 선정된 지위등을 양도하였을 때에는 조합원의 자격을 즉시 상실한다고 규정하고 있으므로, 수분양조합원이 관리처분계획인가 이후 종전자산을 이전하면 조합원의 지위도 함께 이전하므로, 수분양권도 당연히 이전된다.[32] 앞서 종전자산에 대한 경매에서 살펴본 바와 같이 실무상 수분양권의 가치가 고려된 가격으로 종전자산의 양도가 이루어진다. 종전자산의 이전에 조합의 승인을 필요로 하지 아니하고, 신고에 의한 조합설립변경인가수리처분이 이루어지기 전이라도 양수인이 조합원의 지위를 취득한다(국토부 표준정관 10조 3항은 조합원이 그 권리를 양도하거나 주소 또는 인감을 변경하였을 경우에는 그 양수자 또는 변경 당사자는 그 행위의 종료일부터 14일이 내에 조합에 그 변경내용을 신고하여야 한다. 이 경우 신고하지 아니하여 발생되는 불이익 등에 대하여 해당 조합원은 조합에 이의를 제기할 수 없다고 규정하고 있는바, 이는 전매 등으로 조합원의 권리가 양도되는 경우가 많으나 제때에 신고가 되지 않아 조합원과 조합 사이에 마찰이 생기고 사업추진에 지장을 초래하는 경우가 많은 점을 감안하여 조합이 그와 같은 양도사실의 신고가 없어 승계사실을 알 수 없다면 양도인을 조합원으로 보고 총회소집통지 등을 하더

---

30) 소득세법 88조 9호는 '조합원입주권'이란 도시정비법 74조에 따른 관리처분계획의 인가로 인하여 취득한 입주자로 선정된 지위를 말한다. 10호는 '분양권'이란 주택법 등 대통령령으로 정하는 법률에 따른 주택에 대한 공급계약을 통하여 주택을 공급받는 자로 선정된 지위(해당 지위를 매매 또는 증여 등의 방법으로 취득한 것을 포함한다)를 말한다고 각 규정하고 있는바, 전자는 조합원분양분을 후자는 일반분양분을 전제로 한 것으로 보인다.

31) 대법원 1983. 9. 26. 자 83마카33 결정.

32) 관리처분계획인가 이후 종전자산의 양도는 '부동산'의 양도가 아니라 '부동산을 취득할 수 있는 권리(건물이 완성되는 때에 그 건물과 이에 부수되는 토지를 취득할 수 있는 권리를 포함한다)'의 양도로 보아 이를 전제로 양도소득세를 부과한다(대법원 2007. 6. 15. 선고 2005두5369 판결).

라도 적법하다는 의미이다). 이는 이전고시 이후 조합원이 종후자산을 양도한다 하더라도 정관에서 특별한 정함이 없는 이상 조합원의 지위가 당연히 제3자에게 자동승계되는 것은 아니고, 계약인수의 법리가 적용되어 따로 종전 조합원과 제3자 사이에 조합원의 지위승계에 관한 개별특약을 하고 제3자가 조합에 대하여 조합원으로서의 지위를 승계한 사실을 신고하는 등 조합원으로서의 지위의 승계취득에 관한 의사를 표시하고 조합이 이를 승낙한 경우라야 조합으로서는 그 제3자를 조합원으로 취급할 수 있게 되는 점[33)]과 구별된다.

(3) 조합원의 교체는 조합설립변경인가사항으로서, 법 시행령 31조 3호(토지 또는 건축물의 매매 등으로 조합원의 권리가 이전된 경우의 조합원의 교체)가 규정하는 경미한 변경에 해당하여 신고에 따른 수리를 요한다. 투기과열지구에서 재건축사업의 경우 조합설립인가 후, 재개발사업의 경우 관리처분계획의 인가 후 해당 정비구역 내 토지등을 양수한 자는 조합원이 될 수 없으나, 양도인이 1세대 1주택자로서 양도하는 주택에 대한 법정의 소유 및 거주기간 요건이 구비된 경우 예외인바(법 39조 2항), 실무상 조합이 양수인의 신청을 토대로 시장·군수등에게 위와 같은 예외 요건이 구비되었음을 전제로 조합원의 지위가 양도인에서 양수인으로 변경되었다는 내용의 경미한 사항의 변경신고를 하는 경우, 시장·군수등은 그와 같은 요건의 미비를 이유로 신청의 수리를 거부하거나 양수인의 조합원 명의변경신청에 대하여 조합이 법 39조 2항 4호에 해당하지 아니함을 들어 이를 거부하는 경우 다수의 쟁송이 제기되고 있음은 제4편 제6장 "Ⅲ. 변경인가사항 및 경미한 사항"에서 자세히 살펴보았다.

나. 청산금·비용부담 등 확정

관리처분계획에 의하여 분양대상자별 종전자산가격 및 분양대상자별 종후자산(분양예정인 대지 및 건축물)의 추산액이 결정되므로, 조합원별 청산금도 일응 확정된다. 또한 관리처분계획에 의하여 정비사업비의 추산액 및 그에 따른 조합원 분담규모, 분담시기 등 비용분담 사항도 결정된다.

관리처분계획의 청산금 및 비용분담과 관련한 내용은 후속행위인 이전고시 이후 청산금(부과금)부과처분에 의하여 구체화된다. 그러나 사업시행자인 조합이 정관에서 분양계약제도를 도입하고 있는 경우, 조합원들은 분양계약을 통하여 이전고시 이전 단계에서 청산금(부과금)을 사실상 부담하게 된다. 자세한 내용은 제8편 제4장 분양계약에서 살펴본다. 관리처분계획에서 확정된 청산금 및 비용분담에 관한 사항은 추후 비례율의 변경 등 관리처분계획의 변경을 통하여 그 내용이 변경될 수 있다. 변경된 관리처분계획의 비례율이 최초 관리처분계획에 비하여 대폭하락하는 경우, 분양신청통지의 대상인 분양대상자별 분담금의 추산액이 변경되었으므로, 새롭게 분양신청통지절차를 거치는 등으로 정비사업에서 이탈할 기회를 주어야 하는지 여부가 문제된다. 그러나 분양신청통지의 대상은 분담금의 '추산액'인 점, 정비사업은 장기간에 걸쳐 진행되는 사업으로서 사업진행 과정에서 현금청산대상자의 발생, 물가상승에 따른 건축비 증가, 부동산경기 침체에 따른 일반분양가 하락 등의 사업여건 변화로 인해 종후자산 총 평가액이나 총 사업비용

33) 대법원 2003. 9. 26. 선고 2001다64479 판결.

등의 변동 및 이에 따른 비례율의 변동이 발생할 가능성이 매우 크고, 이와 같은 사정은 최초 분양신청 당시 조합원들로서도 충분히 예상할 수 있는 점, 비례율이 대폭하락된 관리처분계획에 대하여도 조합원 과반수 찬성이라는 총회의결을 거쳐야 확정되는 점, 관리처분계획서상 정비사업비의 조합원 분담규모가 분양신청서에 따른 분양대상자별 분담금의 추산액 총액 기준으로 100분의 20 이상으로 늘어나는 경우 타당성 검증을 거치도록 한 것(법 78조 3항 2호)은 정비사업비의 대폭적인 변동을 예정하고 있는 것으로 해석되는 점 등에 비추어 새롭게 분양신청통지절차를 거칠 필요는 없다.

2. 공사착공 가능 및 사용수익 정지

가. 규 정

법 제81조(건축물 등의 사용·수익의 중지 및 철거 등)

① 종전의 토지 또는 건축물의 소유자·지상권자·전세권자·임차권자 등 권리자는 관리처분계획인가의 고시가 있은 때에는 이전고시가 있는 날까지 종전의 토지 또는 건축물을 사용하거나 수익할 수 없다. 다만, 다음 각 호의 어느 하나에 해당하는 경우에는 그러하지 아니하다.

1. 사업시행자의 동의를 받은 경우
2. 토지보상법에 따른 손실보상이 완료되지 아니한 경우

② 사업시행자는 제74조 제1항에 따른 관리처분계획인가를 받은 후 기존의 건축물을 철거하여야 한다.

③ 사업시행자는 다음 각 호의 어느 하나에 해당하는 경우에는 제2항에도 불구하고 기존 건축물 소유자의 동의 및 시장·군수등의 허가를 받아 해당 건축물을 철거할 수 있다. 이 경우 건축물의 철거는 토지등소유자로서의 권리·의무에 영향을 주지 아니한다.

1. 재난안전법·주택법·건축법 등 관계 법령에서 정하는 기존 건축물의 붕괴 등 안전사고의 우려가 있는 경우
2. 폐공가(廢空家)의 밀집으로 범죄발생의 우려가 있는 경우

④ 시장·군수등은 사업시행자가 제2항에 따라 기존의 건축물을 철거하거나 철거를 위하여 점유자를 퇴거시키려는 경우 다음 각 호의 어느 하나에 해당하는 시기에는 건축물을 철거하거나 철거를 위하여 점유자를 퇴거시키는 것을 제한할 수 있다.

1. 일출 전과 일몰 후
2. 호우, 대설, 폭풍해일, 지진해일, 태풍, 강풍, 풍랑, 한파 등으로 해당 지역에 중대한 재해발생이 예상되어 기상청장이 기상법 제13조에 따라 특보를 발표한 때
3. 재난안전법 제3조에 따른 재난이 발생한 때
4. 제1호부터 제3호까지의 규정에 준하는 시기로 시장·군수등이 인정하는 시기

제70조(지상권 등 계약의 해지)

① 정비사업의 시행으로 지상권·전세권 또는 임차권의 설정 목적을 달성할 수 없는 때에는 그 권리자는 계약을 해지할 수 있다.

② 제1항에 따라 계약을 해지할 수 있는 자가 가지는 전세금·보증금, 그 밖의 계약상의 금전의 반환청구권은 사업시행자에게 행사할 수 있다.

③ 제2항에 따른 금전의 반환청구권의 행사로 해당 금전을 지급한 사업시행자는 해당 토지등소유자에게 구상할 수 있다.

④ 사업시행자는 제3항에 따른 구상이 되지 아니하는 때에는 해당 토지등소유자에게 귀속될 대지 또는 건축물을 압류할 수 있다. 이 경우 압류한 권리는 저당권과 동일한 효력을 가진다.
⑤ 제74조에 따라 관리처분계획의 인가를 받은 경우 지상권·전세권설정계약 또는 임대차계약의 계약기간은 민법 제280조·제281조 및 제312조 제2항, 주택임대차법 제4조 제1항, 상가임대차법 제9조 제1항을 적용하지 아니한다.

나. 공사착공 가능

(1) 관리처분계획인가 이후 원칙적 착공 가능

(가) 원칙

사업시행계획인가에 의하여 건축허가가 의제되므로, 건축법상으로는 착공이 가능하다. 그러나 법 81조 2항은 "사업시행자는 관리처분계획인가를 받은 후 기존의 건축물을 철거하여야 한다."고 규정하여 건축물 신축공사의 전 단계인 구 건축물 철거를 위해서는 관리처분계획인가가 필요하므로, 결국 관리처분계획인가는 공사착공의 요건이다(구체적으로는 시장·군수등의 인가·고시 이후 5일이 경과하여 처분의 효력이 발생한 이후의 효과이다). 한편 건축물의 철거공사 착공을 위해서는 정비구역 내 거주자들의 이주가 전제가 되어야 하는데, 다음에서 살펴보듯이 현금청산대상자에 대한 토지보상법상의 손실보상이 완료되지 아니하거나 임차인이 임대차보증금을 반환받기 이전에는 종전의 토지등을 사용·수익할 수 있으므로, 여전히 그 범위 내에서 공사착공이 제한된다.

재개발사업의 경우 현금청산대상자들이 보상금의 수액을 다투거나 현금청산대상자들 및 세입자들이 주거이전비 등의 지급을 구하는 등 토지보상법상의 손실보상 완료 여부가 문제되는 경우가 허다하고, 재건축사업의 경우에도 보증금 반환 및 보상금 수액과 관련하여 다툼이 있어 관리처분계획인가 이후에도 토지등소유자 및 임차인들의 이주에 상당한 시간이 소요된다. 실무상 사업시행자가 관리처분계획인가를 받은 이후 공사착공 시까지 수년이 소요되는 것이 일반적이다.

(나) 예외

재난안전법 등 관계 법령에서 정하는 기존 건축물의 붕괴 등 안전사고의 우려가 있는 경우, 폐공가(廢空家)의 밀집으로 범죄발생의 우려가 있는 경우에는 관리처분계획인가 이전이라도 기존 건축물 소유자의 동의 및 시장·군수등의 허가를 받아 해당 건축물을 철거할 수 있고, 이 경우 건축물의 철거는 토지등소유자로서의 권리·의무에 영향을 주지 아니한다(법 81조 3항). 따라서 토지등소유자는 건축물의 철거로 종전자산을 양도할 수 없으나, 그와 별개로 조합원의 지위는 양도할 수 있다. 사업시행자는 위 규정에 기하여 건축물을 철거하기 전에 관리처분계획의 수립을 위하여 기존 건축물에 대한 물건조서와 사진 또는 영상자료를 만들어 이를 착공 전까지 보관하여야 한다(법 시행령 72조 1항).

(2) 철거 및 퇴거시키는 행위의 제한

(가) 법 81조 4항은 시장·군수등은 야간이나 재난이 발생하거나 중대한 재해의 발생이 예상되는 등의 경우에는 사업시행자의 건축물의 철거나 철거를 위한 점유자를 퇴거시키는 행위를 제한

할 수 있도록 규정하고 있다.

구체적으로는 일출 전과 일몰 후(1호), 호우, 대설, 폭풍해일, 지진해일, 태풍, 강풍, 풍랑, 한파 등으로 해당 지역에 중대한 재해발생이 예상되어 기상청장이 기상법 13조에 따라 특보를 발표한 때(2호), 재난안전법 3조에 따른 재난이 발생한 때(3호), 1호부터 3호까지의 규정에 준하는 시기로 시장·군수등이 인정하는 시기(4호)가 철거 및 퇴거시키는 행위의 제한에 해당한다.

(나) 시장·군수등의 위와 같은 철거나 퇴거의 제한으로 토지등의 소유자 및 임차인은 반사적 이익으로 그동안 대상 토지등에 대한 사용, 수익이 가능하다. 법이 2022. 6. 11. 개정되기 이전에는 시장·군수등은 사업시행자에 대하여 건축물의 철거만을 제한할 수 있었으나, 위 개정으로 철거를 위한 점유자를 퇴거시키는 행위도 제한이 가능하다. 이는 세입자를 보호하기 위함이다.

다. 사용·수익 정지

(1) 사용·수익 정지의 의미

(가) 법 81조 1항 본문

① 의의

법 81조 1항 본문이 관리처분계획의 인가·고시로 정비구역 내 모든 토지 및 건축물에 대하여 이전고시가 있는 날까지 사용·수익이 정지된다고 규정하고 있다. 위 규정은 소유자·지상권자·전세권자·임차권자 등 일체의 권리자에게 적용된다.

이는 사업시행자가 정비구역 안의 종전 토지나 지상물에 대한 사용·수익권을 취득하는 것을 포함한다.[34] 기존 건축물의 철거 등 공사의 착수를 위한 것이다. 이는 사업시행자의 토지 및 건물 인도청구의 권원이 된다.

② 기존 임대차계약상의 임대기간의 존속 여부

법 70조 5항이 "관리처분계획의 인가를 받은 경우 지상권·전세권설정계약 또는 임대차계약의 계약기간은 민법 280조·281조 및 312조 2항, 주택임대차법 4조 1항, 상가임대차법 9조 1항을 적용하지 아니한다."고 규정하고 있다. 위 규정의 문언상 관리처분계획의 인가를 받은 경우 주택임대차법 등 법률이 임대차기간을 강제하는 기간(기간을 정하지 아니하거나 2년 미만으로 정한 임대차는 그 기간을 2년으로 본다) 규정을 배제할 뿐, 계약상의 임대기간은 그 효력이 있다는 것으로 해석될 여지가 있기는 하다.[35] 또한 법 122조 1항 5호는 토지등소유자는 자신이 소유하는 정비구역 내 토지등에 대하여 매매·임대차 설정 등 부동산 거래를 위한 계약을 체결하는 경우 70조 5항에 따른 계약기간을 거래 상대방에게 설명·고지하고, 거래 계약서에 기재 후 서명·날인하여야 한다고 규정하여 이를 뒷받침한다고 볼 수도 있다.

---

34) 대법원 2020. 8. 20. 선고 2017다260636 판결.

35) 도시정비법 제정 당시 44조 5항은 "16조의 규정에 의한 조합 설립의 인가일 이후에 체결되는 지상권·전세권설정계약 또는 임대차계약의 계약기간에 대하여는 민법 280조·281조 및 312조 2항, 주택임대차보호법 4조 1항, 상가건물임대차보호법 9조 1항의 규정은 이를 적용하지 아니한다."고 규정하였다가, 2009. 2. 6. 개정으로 현재와 동일하게 되었다. 위와 같은 개정연혁에 비추어 보면 법률이 임대차기간을 강제하는 기간(기간을 정하지 아니하거나 2년 미만으로 정한 임대차는 그 기간을 2년으로 본다) 규정을 배제할 뿐, 계약상의 임대기간은 그 효력이 있다는 것으로 해석될 여지가 있기는 하다.

그러나 정비구역 내 각 토지등의 개별 임대차계약상의 임대기간을 모두 유효한 것으로 한다면, 관리처분계획인가 후 신속한 착공은 사실상 불가능하다(조합설립인가 이후 토지등소유자가 정비사업을 방해할 목적으로 토지등에 관하여 임차기간을 장기간으로 하는 임대차계약이 체결이 가능하다). 판례는 정비사업의 관리처분계획인가·고시에 따라 그 의사에 반하여 임대차목적물의 사용·수익이 정지되는 임차권자 등의 정당한 권리를 두텁게 보호하기 위하여 도시정비법이 사업시행자를 상대로 한 보증금반환청구권까지 인정함을 근거로 관리처분계획인가·고시는 계약상 임대차기간 등 권리존속기간의 예외라고 하고 있다.[36)]

사업시행자는 위 조항에 근거하여 토지등의 소유자나 세입자에 대하여 즉시 명도청구가 가능하다(수분양조합원은 다음에서 살펴보듯이 현물출자의무로서 종전자산 인도의무가 있으므로 당연히 명도에 응하여야 한다).

③ **현금청산금 지급 없는 명도청구가능 여부**

사업시행자는 청산금 지급 없이 현금청산대상자에게 위 규정에 의하여 명도청구가 가능할 것인지 여부가 문제된다(법이 2009. 5. 27. 개정으로 '토지보상법에 따른 손실보상이 완료되지 아니한 경우'를 사용·수익 정지의 예외로 규정하였고 현재까지 이어지고 있으므로, 재개발사업의 현금청산대상자 및 세입자는 위 규정에 의하여 주거이전비 등의 지급 없이 명도청구를 구할 수 있는지 여부도 문제되나 이는 81조 1항 단서에서 살펴본다).

판례는 사업시행자가 공사에 착수하기 위하여 조합원이 아닌 현금청산대상자로부터 그 소유의 정비구역 내 토지 또는 건축물을 인도받기 위해서는 관리처분계획이 인가·고시된 것만으로는 부족하고 나아가 도시정비법이 정하는 바에 따라 협의 또는 수용절차(재개발사업)나 매도청구절차(재건축사업)를 거쳐야 하며, 그와 같은 협의 또는 수용(매도청구)절차를 거치지 아니한 때에는 법 81조 1항 본문의 규정에도 불구하고 현금청산대상자를 상대로 토지 또는 건축물의 인도를 구할 수 없다고 한다.[37)]

현행 법 73조는 조합이 현금청산대상자에 대하여 현금청산의무를 부여하고 있고, 현금청산의 방법과 관련하여 협의가 성립하지 않는 경우 토지보상법상의 수용절차(재개발사업)나 매도청구절차(재건축사업)를 따라야 한다고 규정하여 토지등소유자의 재산권을 보호하고 있는바, 위 법 73조와 법 81조 2항을 종합하여 볼 때, 법 81조 1항 본문의 규정에도 불구하고 그와 같은 협의 또는 수용(매도청구)절차를 거치지 아니한 때에는 현금청산대상자를 상대로 토지 또는 건축물의 인도를 구할 수 없다고 보는 것이 국민의 재산권을 보장하는 헌법합치적 해석이라는 것이 판례의 견해이다.

조합과 현금청산대상자 사이에 청산금에 관한 협의가 성립된다면 조합의 청산금 지급의무와 현금청산대상자의 토지 등 명도의무는 동시이행의 관계에 있게 된다. 협의불성립으로 재건축사

36) 대법원 2014. 7. 24. 선고 2012다62561,62578 판결.

37) 대법원 2011. 7. 28. 선고 2008다78415 판결, 대법원 2011. 7. 28. 선고 2008다91364 판결(법이 2009. 5. 27. 개정으로 '토지보상법에 따른 손실보상이 완료되지 아니한 경우'를 사용·수익 정지의 예외로 규정하기 이전에도, 정비사업의 경우 공익적 성격을 고려하여 청산금이 지급되어야 사용·수익이 정지되고, 사업시행자도 현금청산대상자로부터 그 소유의 토지 또는 건축물을 인도받기 위해서는 단순히 관리처분계획이 인가·고시된 것만으로는 부족하고, 반드시 협의 또는 수용절차를 거쳐야 하는 것으로 해석되었다), 대법원 2020. 9. 3. 선고 2018두48922 판결.

업에서 매도청구에 의하는 경우 매매대금 지급의무와 토지 등 명도의무는 동시이행의 관계에 있고, 재개발사업에서 수용절차에 의하는 경우 토지 등 명도에 앞서 청산금 등의 지급절차가 이루어져야 한다. 이는 법 81조 1항 본문 외에 별도의 명도청구의 근거가 된다.

④ 지장물에 대한 수용재결 관련

사업시행자가 재개발사업에서 수용재결절차를 거쳤다면 위 법 81조 1항 본문 외에, 대상이 토지인 경우에는 사업시행자는 수용재결에 따라 토지에 대한 소유권을 취득하므로, 소유권에 기한 인도청구가 가능하다.

한편, 대상이 지장물인 경우에는 이전비 보상이 원칙이나, 이전비가 그 물건의 가격을 넘거나 이전으로 이를 종래의 목적대로 사용할 수 없는 경우 물건의 가격으로 보상하는 재결이 이루어진다.[38] 그 경우 해당 지장물을 취득하는 수용재결에 해당하지 아니하여 소유권이 사업시행자에게 귀속된다고 보기 어렵다. 따라서 소유권에 기한 명도청구는 불가능하다.

다만, 토지보상법 시행규칙 33조 4항이 물건의 가격으로 보상한 건축물의 철거비용은 사업시행자가 부담하도록 규정하고 있으므로, 지장물의 소유자가 스스로의 비용으로 철거하겠다고 하는 등의 특별한 사정이 없는 한 사업시행자는 자신의 비용으로 이를 제거할 수 있고, 지장물의 소유자는 이를 수인하여야 할 지위에 있다 할 것이어서, 위 규정에 근거하여 명도청구가 가능하다.[39]

㈏ 법 81조 1항 단서

법 81조 1항 본문이 관리처분계획의 인가·고시로 정비구역 내 모든 토지 및 건축물에 대하여 사용·수익이 정지된다고 하면서도, 같은 항 단서가 '토지보상법에 따른 손실보상이 완료되지 아니한 경우 그러하지 아니하다.'라고 규정하고 있으므로, 재개발사업에서 사업시행자가 현금청산대상자나 세입자에 대해서 종전의 토지나 건축물의 인도를 구하려면 관리처분계획의 인가·고시만으로는 부족하고 81조 1항 단서에서 정한 토지보상법에 따른 손실보상이 완료되어야 한다.

따라서 사업시행자가 공사에 착수하기 위하여 현금청산대상자나 세입자 등으로부터 정비구역 내 토지 또는 건축물을 인도받기 위해서는 이주정착금, 주거이전비, 이사비, 영업손실보상금에 대한 협의나 재결절차를 거쳐야 하며, 그와 같은 협의 또는 재결절차를 거치지 아니한 때에는 법 81조 1항 본문의 규정에도 불구하고 현금청산대상자나 세입자를 상대로 토지 또는 건축물의 인도를 구할 수 없다. 만일 사업시행자와 현금청산대상자나 세입자 사이에 주거이전비 등에 관한 협의가 성립된다면 사업시행자의 주거이전비 등 지급의무와 현금청산대상자나 세입자의 부동산 인도의무는 동시이행의 관계에 있게 되고, 재결절차 등에 의할 때에는 주거이전비 등의 지급절차가 부동산 인도에 선행되어야 한다.[40]

---

38) 일반적으로 토지 및 지장물에 대한 수용재결이 이루어지고, 그 주문은 '사업시행자는 위 사업을 위하여 별지 제1목록 기재 토지를 수용하고 별지 제2목록 기재 물건을 이전하게 하며, 손실보상금은 금○○○원으로 한다.'는 주문이 기재된다. 토지만이 수용재결되는 경우는 '사업시행자는 A토지를 수용하고 손실보상금은 ○원으로 한다.'로, 지장물만이 재결되는 경우는 주문상 'A물건에 대하여 ○원을 보상한다.'라고만 기재된다.

39) 대법원 2023. 8. 18. 선고 2021다249810 판결.

40) 대법원 2021. 6. 30. 선고 2019다207813 판결.

자세한 내용은 제9편 제5장 제2절 V. "4. 부동산 인도의무와 주거이전비 지급의무의 관계"에서 살펴본다.

(다) 81조 1항의 위헌 여부

비록 토지보상법에 따른 손실보상 완료를 전제로 하나 관리처분계획인가·고시만으로 사용·수익을 정지한 것은 공익사업인 정비사업의 원활하고 신속한 진행을 위한 것인데, 사회적 약자인 임차인 등의 보호를 위하여 법이 권리존속기간을 강제하고 있는 민법, 주택임대차법, 상가임대차법에 우선할 정도로 강력하다. 이에 따라 위 사용·수익 정지조항의 위헌 여부가 문제되었다.

헌법재판소는 주거용 건축물 소유자인 현금청산대상자가 제기한 헌법소원사건에서, 합헌이라고 결정하였다.[41)]

(2) 구체적 적용

(가) 수분양조합원의 종전자산 인도 및 이주의무

① 수분양조합원은 81조 1항의 효과로서 종전자산의 사용·수익이 정지되고, 조합이 사용·수익권을 취득하므로 종전자산을 조합에게 인도할 의무가 발생한다. 나아가 수분양조합원은 앞서 본 바와 같이 법령 또는 정관에 따라 도시정비사업의 원활한 목적 달성을 위하여 협력할 의무가 있는데, 이러한 협력의무 중 하나인 현물출자의무에는 조합원 소유의 종전자산을 조합에 인도할 의무도 포함된다.

81조 1항 본문은 정비구역 내 모든 토지등에 대하여 이전고시가 있는 날까지 사용·수익이 정지된다고 규정하고 있으나 수분양조합원은 이전고시 이전이라도 준공인가 이후 종후자산에 대한 입주가 가능하므로, 사실상 준공인가 직후 무렵까지 사용·수익이 정지된다.

② 서울 표준정관은 조합원은 본인 또는 세입자 등이 수분양조합원 이주기한 내에 해당 건축물에서 퇴거하지 아니하여 기존 주택 등의 해체지연 등 사업시행에 지장을 초래하는 때에는 그에 따라 발생되는 모든 손해에 대하여 변상할 책임을 진다는 규정을 두고 있다(36조 5항).[42)]

③ 다음에서 살펴보듯이 사업시행자는 이주기간을 정하여 일괄적으로 조합원들로부터 이주비 대출신청을 받아 조합원이 정비구역 내의 자신 소유 부동산을 담보로 감정평가금액의 50% 내지 60% 내외로 대출을 받는 방식으로 이주비를 마련하는 것을 주선하는데, 그 이자는 조합이 이주를 촉진하기 위해 정비사업비에서 부담하는 것이 일반적 형태이고 조합원이 이자를 부담하는 경우도 드물지만 존재한다.

(나) 현금청산대상자

① 협의취득(매매계약)이 성립한 경우, 사업시행자는 청산금 지급의무를 부담하고, 공평의 원

41) 헌법재판소 2015. 11. 26. 선고 2013헌바415 결정, 헌법재판소 2020. 11. 26. 선고 2017헌바350 등 결정(사용·수익정지조항 단서는 사용·수익이 정지되기에 앞서 위와 같은 보상적 조치가 완료될 것을 요구하고 있어 현금청산대상자의 주거 안정이 실질적으로 확보될 수 있도록 보장하고 있으며, 재개발사업의 신속하고 원활한 진행이라는 공익과의 형량에서도 비례성을 유지하고 있어 재산권을 침해하는 것이라고 볼 수 없다).

42) 조합은 통상적으로 '조합원은 조합이 지정하는 날까지 (재건축조합의 경우 정비구역 안의 토지등에 대하여 조합에 신탁등기를 마치는 내용 포함) 이주를 완료하며, 기한 내에 이주를 완료하지 않을 경우 조합이 명도소송을 제기함은 물론 이로 인한 손해배상청구를 제기할 수 있다.'는 내용의 관리처분계획을 수립하여 인가를 받기도 한다.

칙상 현금청산대상자는 점유를 이전하고, 권리제한등기가 없는 상태로 토지등의 소유권을 이전할 의무를 부담한다. 이러한 권리제한등기 없는 소유권이전의무와 사업시행자의 청산금 지급의무는 동시이행관계에 있다(재건축사업).[43]

② 협의가 성립하지 아니하는 경우 매도청구절차(재건축), 수용재결절차(재개발)로 나아간다. 재건축사업의 시행자는 매도청구절차를 거쳐야 현금청산대상자에 대한 인도청구가 가능한바, 매도청구에 의하여 매매계약이 성립된 것으로 의제되어 매매대금 지급의무와 소유권이전등기의무(인도청구)는 동시이행관계에 있다. 재개발사업의 시행자는 재결절차를 거쳐야 현금청산대상자에 대한 인도청구가 가능한바, 재결절차에 의할 때에는 청산금 등의 지급절차가 부동산 인도에 선행되어야 한다. 재개발사업의 현금청산대상자들에 대하여는 청산금 외에 법 81조 1항 2호에 따른 토지보상법에 따른 손실보상(이주정착금, 주거이전비, 이사비 등)이 선행적으로 완료될 것을 전제로 한다(다만 이주정착금, 주거이전비 및 이사비에 대하여 협의가 성립한 경우에는 동시이행의 관계에 있다). 이 부분은 다음 항에서 자세히 살펴본다.

㈐ 임차권자 등

① 주택임대차법 및 상가임대차법상의 계약기간 적용배제

관리처분계획의 인가를 받은 경우 사회적 약자인 임차인 등 보호를 위하여 강제하고 있는 지상권 존속기간에 관한 민법 280조, 281조, 건물에 대한 전세권 존속기간에 관한 312조 2항, 주택임대차법이나 상가임대차법상의 임대차계약의 계약기간은 적용되지 아니한다(법 70조 5항). 다만, 법 81조 1항의 사용·수익정지와 관련하여 임차인 보호를 위하여 도시정비법이 특별히 규정한 70조(지상권 등 계약의 해지)는 주택임대차법 및 상가임대차법의 특별규정이나, 그 외에는 여전히 위 각 임대차법이 적용된다.

② 사용·수익 정지

㉮ 재개발사업의 임차권자(지상권자, 전세권자 포함)는 법 81조 1항 단서 2호에 의하여 임대차보증금 및 토지보상법상의 손실보상(주거이전비, 이사비 또는 영업손실보상금)을 받을 때까지는 관리처분계획이 인가·고시되어도 목적물의 사용·수익이 정지되지 아니한다.[44] 그러나 토지보상법상의 손실보상이 완료되었다면, 사용·수익이 정지되어 자신이 점유하고 있는 임대차목적물을 사업시행자에게 인도하여야 할 의무를 부담하게 되고 이로 인해 정비사업이 진행되는 동안 임대차목적물을 사용·수익할 수 없게 된다. 자세한 내용은 제9편 제5장 제2절 Ⅴ. "4. 부동산 인도의무와 주거이전비 등 지급의무의 관계"에서 살펴본다.

㉯ 재건축사업의 임차권자는 관리처분계획의 인가·고시가 있으면, 토지보상법상의 손실보상의 대상이 되지 아니하므로, 임대차보증금을 반환받았다면 원칙적으로 사용·수익이 정지된다. 임대인도 원활한 정비사업 시행을 위하여 사업시행자에 대하여 정해진 이주기간 내에 임차권자를 건축물에서 퇴거시킬 의무가 있다.[45]

---

43) 대법원 2008. 10. 9. 선고 2008다37780 판결.
44) 대법원 2011. 11. 24. 선고 2009다28394 판결.
45) 대법원 2020. 11. 26. 선고 2019다249831 판결.

㉰ 사용·수익 정지조항은 관리처분계획인가·고시가 있은 때로부터 준공인가 후 이전고시가 있는 날까지 임차권자의 사용·수익을 중지시키고 있을 뿐 임차권자의 임차권을 박탈하는 규정은 아니고(법 87조 2항, 도시개발법 42조 1항 전문에 의하여 종전자산과 종후자산의 동일성이 인정되므로, 법 87조 1항에 의하여 임차권 등은 종후자산에 설정된 것으로 본다 할 것이어서, 이전고시 이후 임차권자는 종후자산을 사용·수익할 수 있다), 재산권적 법질서를 정비사업의 관리처분계획인가에 따라 새로이 부각된 공익에 적합하도록 장래를 향하여 획일적으로 확정하려는 것이다.[46]

따라서 임차권자는 선택적으로 관리처분계획인가·고시 이후 법 70조 1항에 따라 임대차계약을 해지하거나 관리처분계획인가·고시일부터 이전고시일까지 사용·수익 정지를 감수하였다가 그 이후 사용·수익할 수 있다.

③ 사업시행자에 대한 보증금반환청구권 행사(항변사유)

㉮ 입법취지

법 70조 1항 및 2항은 정비사업의 시행으로 인하여 임차권 등의 설정목적을 달성할 수 없는 경우 임차인 등이 임대차계약을 해지할 수 있을 뿐만 아니라 계약상의 보증금반환청구권을 임대인이 아니라 사업시행자에게 행사할 수 있도록 규정하고 있다. 그 취지는 정비사업의 시행으로 인하여 그 의사에 반하여 임대차목적물의 사용·수익이 정지되는 임차권자의 정당한 권리를 두텁게 보호하는 한편, 임차권 등을 조기에 소멸시켜 정비사업의 원활한 추진을 도모하고자 함에 있다.

㉯ 임대차계약 해지 및 보증금반환청구권 행사요건

㉠ 주체(임차인 등)

정비구역 내 토지등의 임차인 등이라면 설정자가 누구이든(수분양조합원, 재건축사업에서 조합설립에 동의하지 않은 토지등소유자, 분양신청기간 내에 분양신청을 하지 아니하여 현금청산대상자가 된 토지등소유자) 모두 임대차계약을 해지하고 사업시행자를 상대로 보증금반환청구가 가능하다.

만일 재개발사업에서 토지등소유자가 특정무허가건축물이 아닌 무허가건축물 소유자인 경우처럼 조합원이 될 수 없는 경우에도 임차인이 사업시행자에게 보증금반환청구권을 행사할 수 있는지 여부가 문제된다. 하급심이기는 하나, 무허가건축물로서 토지등소유자가 조합원이 아니어도 보증금반환청구권을 행사할 수가 있다고 판시한 사례가 있다.[47] 그와 같은 임차인 또한 다른 임차인과 달리 볼 이유가 없고, 다음에서 살펴보듯이 사업시행자도 지급한 보증금에 대하여 무허가건축물 소유자의 청산금과 상계가 가능하므로 위 판례가 타당하다.

임대인 등 권리를 설정해 준 자가 이를 해지할 수 있는지 여부가 문제된다. 법 70조 1항이 '권리자'라고 규정하고 있고, 법 70조 2항이 '1항에 따라 계약을 해지할 수 있는 자'가 가지는 전세금·보증금, 그 밖의 계약상의 금전의 반환청구권은 사업시행자에게 행사할 수 있다고 규정하고 있으므로, 임대인 등 권리를 설정해 준 자는 이를 해지할 수 없다.

---

46) 헌법재판소 2020. 4. 23. 선고 2018헌가17 결정.

47) 서울고등법원 2010. 1. 14. 선고 2009나62365(본소), 62372(반소) 판결(확정).

㉡ 원칙적으로 관리처분계획인가·고시가 있을 것

ⓐ 원칙(관리처분계획인가·고시가 있을 것)

임대차계약은 임대인이 임차인에게 목적물을 사용·수익하게 할 것을 약정하고 임차인이 이에 대하여 차임을 지급할 것을 약정하는 것을 계약의 기본내용으로 한다(민법 618조).

법 70조 1항은 "정비사업의 시행으로 지상권·전세권 또는 임차권의 설정 목적을 달성할 수 없는 때에는 그 권리자는 계약을 해지할 수 있다."고 규정하고 있다. 해지의 요건인 '정비사업의 시행으로 인하여 임차권의 설정 목적을 달성할 수 없다'는 것은 정비사업의 시행으로 인하여 임차인이 임대차목적물을 사용·수익할 수 없게 되거나 임대차목적물을 사용·수익하는 상황 내지 이를 이용하는 형태에 중대한 변화가 생기는 등 임차권자가 이를 이유로 계약 해지권을 행사하는 것이 정당하다고 인정되는 경우를 의미한다.[48)]

앞서 본 바와 같이 사업시행자는 관리처분계획인가·고시가 있으면, 81조 1항에 의하여 직접 사용수익권을 취득하므로, 임차인을 상대로 부동산의 인도를 구할 수 있다(단 재개발사업의 경우 토지보상법상의 손실보상 완료 필요). 그 결과 임차권자는 임대차기간이 남아 있더라도 자신이 점유하고 있는 임대차목적물을 사업시행자에게 인도하여야 할 의무를 부담하게 되고 이로 인해 정비사업이 진행되는 동안 임대차목적물을 사용·수익할 수 없게 된다. 따라서 임차인은 위와 같이 관리처분계획인가·고시가 있으면 사용·수익이 정지되어 임차권의 설정 목적을 달성할 수 없게 되므로, 이를 이유로 임대인에게 임대차계약을 해지하고, 사업시행자를 상대로 보증금반환청구권을 행사할 수 있다(법 70조 1항 및 2항).

ⓑ 예외

관리처분계획인가·고시 이전의 경우에 해지할 수 있는지 여부를 살펴본다.

임차인이 관리처분계획인가·고시 이전에 해지권을 행사할 수 있는 특별한 사정이 있는지 여부는, 정비사업의 진행 단계와 정도, 임대차계약의 목적과 내용, 정비사업으로 임차권이 제한을 받는 정도, 사업시행자나 임대인 등 이해관계인이 보인 태도, 기타 제반 사정을 종합적으로 고려하여 개별적·구체적으로 판단한다.[49)]

우선 사업시행계획인가·고시가 있는 경우이다. 그때부터 관리처분계획인가·고시가 이루어질 때까지는 임차인이 정비구역 내 건축물을 사용·수익하는 데 별다른 법률적 제한이 없고,[50)] 토지등소유자의 이주는 관리처분계획인가 이후여서 주변상가나 주택의 공동화 가능성도 없으므로, 그것만으로는 해지권을 행사할 수 있는 특별한 사정이 있는 것으로 보기 어렵다.

다만, 관리처분계획에 대한 '인가'가 이루어진 이후라면 '고시' 이전이라도 정비사업 계획에 따라 사업시행자에 의한 이주절차가 개시되는 등으로 사회통념상 임차인에게 임대차관계를 유지하도록 하는 것이 부당하다고 볼 수 있는 특별한 사정이 있는 경우에는, 임차인은 임대차계약을 해지할 수 있다.[51)]

---

48) 대법원 2020. 8. 20. 선고 2017다260636 판결.

49) 대법원 2020. 8. 20. 선고 2017다260636 판결.

50) 대법원 2020. 11. 26. 선고 2019다249831 판결.

51) 대법원 2020. 8. 20. 선고 2017다260636 판결[이미 관리처분계획의 인가가 이루어졌고, 가까운 시일 내에 관리처분

㉢ 보증금이 있을 것

임차권자가 조합을 상대로 보증금 등의 반환을 구하려면, 임차권자가 적어도 임대인인 토지등소유자에 대하여 보증금반환채권을 가지고 있어야 한다.[52)]

㉣ 임대차보증금 등 반환의 효과

임차인의 임대차계약 해지에 의하여 임대차보증금을 임차인에게 지급한 사업시행자는 임대인인 해당 토지등소유자에게 구상할 수 있으므로, 토지등소유자가 현금청산대상자인 경우에는 청산금과 상계할 수 있고, 수분양자인 경우에는 수분양자에게 귀속될 종후자산을 압류할 수 있다. 이 경우 압류한 권리는 저당권과 동일한 효력을 가진다(법 70조 3항 및 4항). 다만, 법 87조 1항에 의하여 종후자산에는 종전자산상의 저당권·지상권 등이 설정되는 것으로 보기 때문에 위 저당권의 효력은 그 후순위이다. 사업시행자의 임대차보증금 등 지급의무는 법 70조 2항의 규정에 따른 것일 뿐, 임차권 등 권리설정자의 부탁에 의한 것이 아니므로, 구상의 범위는 민법 444조의 부탁 없는 보증인의 구상권에 준한다.

3. 광의의 보류지 등의 처분방법 확정

관리처분계획서에 기재되어 있는 광의의 보류지 등(일반분양분, 공공지원민간임대주택, 임대주택, 그 밖에 부대시설·복리시설)의 처분방법이 인가에 의하여 확정된다. 임대주택의 건설 및 처분에 관한 사항은 재개발조합 정관에 기재될 사항이고(법 시행령 38조 13호), 재개발사업에서 임대주택 건설계획은 사업시행계획에 포함될 사항이다(법 52조 1항 5호). 공공지원민간임대주택(임대사업자 성명 포함), 임대주택에 대한 처분방법 및 임대주택 입주대상 세입자 명부는 관리처분계획에 포함될 사항이므로(법 74조 1항 4호, 서울시 조례 33조 1호 나목), 임대주택 공급계획 일체는 관리처분계획인가·고시로 확정된다(서울 표준정관 40조 3항). 부대·복리시설 및 일반분양분에 대한 분양도 마찬가지이다.

4. 경매 관련

관리처분계획인가 전·후를 불문하고, 종전자산에 대한 경매절차는 계속하여 진행된다. 관리처분계획인가 이후로서 이전고시 전에 매각된 경우, 매수인은 수분양권을 적법하게 취득한다. 경매절차가 종료되기 전에 종전자산 중 건물이 철거되면 이 부분 경매개시결정은 취소된다(일반적인 건물철거와 달리 종전자산 소유자가 여전히 건물의 소유권은 보유하고 있기 때문에 일응 경매신청의 대상이 될 수 있다고 볼 여지가 있으나, 건물철거 시 공시방법의 어려움으로 인하여 제외함이 타당하다). 종전자산이 건물인 경우 관리처분계획인가 이후 경매신청의 대상이 되는지 여부가 문제된다. 종전자산은 곧 철거가 예정되어 있으므로, 제외하는 것이 타당하고, 실무도 같은 것으로

계획인가의 고시가 있을 것으로 예상되던 시기였던 점(실제로 인가일로부터 4개월 후 고시가 이루어졌다), 사업시행자 역시 관리처분계획이 인가된 후 정비구역 내에 거주하고 있던 임차인과 조합원들을 상대로 이주안내문을 발송하여 정해진 이주기간 내에 이주할 것을 요구하고 있었던 점, 사업시행자가 정한 이주기간도 임차인이 해지권을 행사한 후 불과 며칠 후부터 시작되는 것으로 예정되어 있었던 점을 고려하여 이는 임차인이 관리처분계획인가의 고시 이전에 해지권을 행사할 수 있는 특별한 사정이 있다고 하였다].

52) 대법원 2014. 7. 24. 선고 2012다62561, 62578 판결.

보인다.

Ⅲ. 임차인의 사용·수익 정지와 관련한 쟁점

1. 관리처분(사업시행)계획인가·고시 후 임대차 종료 시, 주택(상가)임대차법상 임대인의 계약갱신 거절 가능 여부

가. 문제의 소재

상가임대차법상 최초의 임대차기간을 포함한 전체 임대차기간이 10년을 초과하지 아니하는 범위에서 임차인의 계약갱신요구권이 있고(상가임대차법 10조 2항), 위 기간 내에서 임차인이 임대차기간(통상은 1년 또는 2년이다)이 만료되기 6개월 전부터 1개월 전까지 사이에 계약 갱신을 요구할 경우 임대인은 정당한 사유 없이 이를 거절하지 못한다(상가임대차법 10조 1항). 그러나 임차인의 갱신 요구 시 이미 사업시행계획 또는 관리처분계획인가·고시가 있는 경우, 임대인의 계약갱신 거절이 가능한지 여부가 문제된다.

나. 판 단

(1) 관리처분계획인가·고시의 경우

재개발사업상 종전 건축물의 임차권자는 토지보상법상의 손실보상을 전제로 하나 관리처분계획인가·고시일로부터 이전고시가 있는 날까지 이를 사용·수익할 수 없고, 사업시행자는 임차권자 등을 상대로 부동산의 인도를 구할 수 있다. 또한 임대인은 원활한 정비사업 시행을 위하여 정해진 이주기간 내에 세입자를 건물에서 퇴거시킬 의무가 있다.

따라서 임차인의 갱신요구 시 관리처분계획인가·고시가 이루어졌다면, 임대인이 관련 법령에 따라 건축물 철거를 위해 점유를 회복할 필요가 있어 상가임대차법 10조 1항 7호 ㈐목이 정한 '다른 법령에 따라 철거 또는 재건축이 이루어지는 경우'의 계약갱신 거절사유가 있다고 할 수 있다.[53)]

(2) 사업시행계획인가·고시의 경우

㈎ 원칙(불가)

법상 사업시행계획인가·고시가 있는 때부터 관리처분계획인가·고시가 이루어질 때까지는 일정한 기간의 정함이 없고 정비구역 내 건축물을 사용·수익하는 데 별다른 법률적 제한이 없다.

따라서 사업시행계획인가·고시가 이루어졌다는 사정만으로는 임대인이 건축물 철거 등을 위하여 점유를 회복할 필요가 있다고 할 수 없어 상가임대차법 10조 1항 7호 ㈐목이 정한 '다른 법령에 따라 철거 또는 재건축이 이루어지는 경우'의 계약갱신 거절사유가 있다고 할 수 없다.

㈏ 예외(관리처분계획인가·고시가 객관적으로 예상되는 경우)

다만, 임차인의 갱신요구 당시 관리처분계획인가·고시가 이루어질 것이 객관적으로 예상되는 경우에는 이를 특별한 사정으로 보아 임대인의 계약갱신 거절이 가능하다. 다만, 관리처분계획

53) 대법원 2020. 11. 26. 선고 2019다249831 판결.

인가·고시가 이루어질 것이 객관적으로 예상되는 점에 대한 증명책임은 임대인에게 있다(위 2019다249831 판결).

2. 재건축사업 임차인에 대한 토지보상법에 따른 손실보상 요부

가. 문제의 소재

재개발사업의 임차인은 법 81조 1항 2호에 의하여 토지보상법에 따른 손실보상이 완료되기 전까지 사용·수익이 정지되지 아니하는바, 위 규정이 재건축사업의 임차인에게도 적용될 수 있는지 여부가 문제된다.

재건축사업의 토지등소유자로서 현금청산대상자는 재개발사업과는 달리 개발이익까지 포함된 보상을 받으므로, 토지보상법에 따른 손실보상을 받지 못한다 하더라도 특별한 문제가 없으나, 임차인의 경우 재개발사업에서는 임대차보증금 외에 토지보상법상의 손실보상까지 받게 되나, 재건축사업의 경우에는 이를 전혀 받지 못하게 되므로 위 규정의 적용 또는 유추적용의 필요성이 대두된다.

나. 대법원 및 헌법재판소의 견해(부정)

재건축사업의 임차인에 대하여 재개발사업의 임차인에 대한 토지보상법에 따른 손실보상이 완료되지 아니한 경우의 사용·수익 정지 예외규정이 적용되거나 유추적용 된다고 보기 어렵다.[54]

3. 사업시행자의 정비구역 내 토지등 무단점유자에 대한 인도청구 가능 여부

법 81조 1항의 관리처분계획인가·고시로 인한 사용·수익 정지조항과 이에 따른 사업시행자의 정비구역 안의 토지나 지상물에 대한 사용수익권의 직접 취득은 법의 입법 목적 및 관련 조항의 합리적 해석을 통하여 당연히 귀결된다고 할 것이나, 이는 어디까지나 관리처분계획에서 미리 예정한 바에 따라 그 효과로서 발생하는 것일 뿐, 관리처분계획에서 전혀 포섭하지 아니한 범위까지 관리처분계획의 인가·고시의 효력이 미친다고 볼 수 없다.

따라서 무단으로 타인의 소유 토지 또는 건축물을 점거하는 경우와 같이 관리처분계획에 포함되지 아니한 이해관계인에게는 사업시행자라고 할지라도 법 81조 1항 소정의 관리처분계획의 효력을 직접적인 권원으로 삼아 기존 점유의 배제를 구할 수는 없다. 다만, 사업시행자는 관리처분계획의 인가·고시와 무관하게 조합원으로부터 소유권을 직접 취득한 경우 소유권에 기하여 또는 조합원의 소유권 기타 권리를 대위하는 등의 방식으로 철거를 포함한 인도를 구할 수 있을 뿐이다.[55]

---

54) 대법원 2014. 7. 24. 선고 2012다62561, 62578 판결, 헌법재판소 2020. 4. 23. 선고 2018헌가17 결정, 헌법재판소 2014. 1. 28. 선고 2011헌바363 결정. 그 논거는 다음과 같다. ① 재건축사업의 경우에는 사업시행자에게 토지등에 대한 수용권을 부여하지 않으므로, 이론적으로 임차인에 대하여도 위 규정의 유추적용은 타당하지 않다. ② 재건축사업의 매도청구권 행사의 기준인 '시가'는 재건축으로 인하여 발생할 것으로 예상되는 개발이익이 포함된 가격을 말하는바, 위와 같이 재개발사업과 달리 개발이익이 포함된 보상이 이루어지는 이유는 재건축사업의 토지등소유자로 하여금 임차권자 등에 대한 보상을 임대차계약 등에 따라 스스로 해결하게 할 것을 전제로 한 것이다.

55) 서울고등법원 2010. 1. 14. 선고 2009나62365(본소), 62372(반소) 판결(확정).

4. 정비구역 내 전기통신설비의 철거 관련

전기통신사업자는 일반적으로 해당 지역 내 건물 소유자로부터 건물 내부 또는 옥상 부분을 임차하여 중계기 등의 전기통신설비를 설치하는 방법으로 사업을 운영하고 있는바, 재건축사업의 경우 전기통산사업자는 임차보증금만을 반환받고 전기통신설비를 철거하여야 하는지 여부가 문제된다.

판례는 관리처분계획인가·고시가 이루어짐으로써 기간통신사업자의 통신시설의 이전 등이 필요하게 되었으므로 통신시설이전의 원인을 제공한 재건축조합에게 전기통신사업법 80조 3항[56]에 따른 철거, 이전비용 부담의무가 존재하고, 이는 동시이행관계에 있다고 하였다.[57]

56) 전기통신사업법 80조에 따르면, 기간통신사업자의 전기통신설비가 설치되어 있는 토지등이나 이에 인접한 토지등의 이용목적이나 이용방법이 변경되어 그 설비가 토지등의 이용에 방해가 되는 경우에는 그 토지등의 소유자나 점유자는 기간통신사업자에게 전기통신설비의 이전이나 그 밖에 방해 제거에 필요한 조치를 요구할 수 있고(1항), 기간통신사업자는 1항에 따른 요구를 받은 경우 해당 조치를 하는 것이 업무의 수행상 또는 기술상 곤란한 경우가 아니면 필요한 조치를 하여야 하며(2항), 그 조치에 필요한 비용은 해당 설비의 설치 이후에 그 설비의 이전이나 그 밖에 방해 제거에 필요한 조치의 원인을 제공한자가 부담하는 것으로 정하고 있다(3항).

57) 대법원 2017. 4. 13. 자 2017다957 판결 및 서울고등법원 2016. 11. 18. 선고 2015나20751, 2015나20768 판결.

제5장 관리처분계획변경인가

Ⅰ. 개 요

이해관계가 상충되는 다수 토지등소유자들의 개별적이고 구체적인 이익을 적절히 형량·조정하면서 장기에 걸쳐 진행되는 정비사업의 특성상 관리처분계획도 변경의 가능성이 내포되어 있다. 사업시행자가 관리처분계획인가 이후의 사정변경 등으로 인하여 당초 인가받은 사항을 변경하는 경우가 흔히 발생한다.

법은 종후자산의 귀속 및 비용분담과 관련된 관리처분계획의 성격과 이해관계인에게 미치는 영향을 고려하여 그 변경을 위해서는 원칙적으로 조합원 100분의 20 이상이 직접 출석하여야 하고, 조합원 과반수 찬성이라는 가중된 총회의결 및 시장·군수등의 인가를 요한다. 다만, 변경내용에 따라 정비사업비가 100분의 10 이상 증가하는 경우에는 의결요건을 더욱 강화하기도 하고, 경미한 사항인 경우에는 총회의 의결절차를 거치지 않을 뿐만 아니라 시장·군수등에 대한 인가 대신 단순 신고만으로 가능하도록 하고 있다.

이하에서는 관리처분계획의 변경에 필요한 절차 및 효과, 엄격한 절차를 필요로 하지 않는 경미한 사항에 대하여 자세히 살펴본다. 나아가 실무상 당초 인가받은 사항을 전제로 일부에 대한 취소·철회·변경·추가가 아니라 종전 관리처분계획을 실질적으로 대체하는 새로운 관리처분계획이 수립되는 경우가 있고, 그 법률적 효과와 관련하여 논란이 있으므로, 이 부분에 대하여도 자세히 살펴본다.

Ⅱ. 변경인가사항 및 경미한 사항

1. 관리처분계획변경절차

관리처분계획변경인가를 받는 일반절차에 관하여 살펴본다. 먼저 조합장 등은 관리처분변경계획 초안을 작성하고, 이사회 및 대의원회의 심의·의결을 거쳐야 하며, 조합원 100분의 20 이상이 직접 출석한 총회에서 위 초안에 대한 조합원 과반수의 찬성의결을 받아야 한다(법 78조 1항, 45조 1항 10호, 4항, 7항 단서). 다만, 정비사업비가 100분의 10 이상 늘어나는 경우에는 조합원 3분의 2 이상의 찬성으로 의결하여야 한다(45조 4항 단서). 그 후 사업시행자는 관리처분변경계획에 대하여 시장·군수등의 인가를 받아야 하며, 인가한 시장·군수등은 해당 지방자치단체의 공보에 이를 고시하여야 한다. 구체적인 내용은 아래의 경미한 사항 변경의 특칙과 대비하여 자세히 설명한다.

2. 경미한 사항 변경의 특칙

가. 이사회의결 불요

(1) 관리처분계획을 변경하기 위해서는 총회의결을 받기 위한 전제로 먼저 조합장 등이 관리처분변경계획 초안을 작성하고, 조합의 이사회 및 대의원회는 총회 상정 안건인 관리처분변경계획안에 대하여 심의·결정하는 등 사전에 의결을 거쳐야 한다(국토부 표준정관 28조 2호).

(2) 그러나 경미한 사항을 변경하는 경우에는 총회의 의결절차가 필요 없으므로 조합장 등은 관리처분변경계획 초안의 작성으로 충분하고, 이사회 및 대의원회의 심의·의결을 요하지 아니한다.

나. 총회의결 불요

(1) 조합이 사업시행자인 경우 관리처분계획을 변경하기 위해서는 조합원 100분의 20 이상이 직접 출석하여야 하고, 조합원 과반수 찬성이라는 의결을 거쳐야 한다. 대의원회가 이를 대행할 수 없다(법 시행령 43조 8호). 사업시행자는 관리처분계획변경인가를 신청하기 전에 관계 서류의 사본을 30일 이상 토지등소유자에게 공람하게 하고 의견을 들어야 한다(법 78조 1항 단서의 반대해석).

(2) 경미한 사항을 변경하는 경우에는 총회의 의결이 필요하지 않다(법 45조 1항 10호). 또한 공람 및 의견청취절차도 필요하지 아니한다(법 78조 1항 단서). 서울 표준정관은 이를 대의원회 의결사항으로 규정하고 있다(26조 7호).

다. 신청절차상의 법정 형식 불요

(1) 관리처분계획을 변경하는 경우에는 법정 서식인 시행규칙 [별지 9호 서식] '관리처분계획변경인가신청서'를 작성하여야 하고, 변경의 사유와 그 내용을 설명하는 서류를 첨부하여야 하는 등 법정의 형식이 요구된다(법 시행규칙 12조 2호).

(2) 경미한 사항을 변경하는 경우에는 법정되지 아니한 신고서의 제출로 족하다.

라. 수리 등과 관련한 절차상의 특칙

(1) 원칙적으로 인가받은 사항을 변경하기 위해서는 시장·군수등으로부터 인가를 받아야 한다(법 74조 1항 본문). 그러나 경미한 사항의 경우에는 시장·군수등에게 신고하고, 그에 따른 수리만으로 족하다(법 74조 1항 단서). 시장·군수등은 경미한 사항에 대한 변경의 신고를 받은 날부터 20일 이내에 신고수리 여부를 신고인에게 통지하여야 하고, 시장·군수등이 20일 이내에 신고수리 여부 또는 민원 처리 관련 법령에 따른 처리기간의 연장을 신고인에게 통지하지 아니하면 그 기간(민원 처리 관련 법령에 따라 처리기간이 연장 또는 재연장된 경우에는 해당 처리기간을 말한다)이 끝난 날의 다음 날에 신고를 수리한 것으로 본다(법 74조 2항, 3항).

(2) 인가받은 사항을 변경인가하는 경우, 시장·군수등은 이를 해당 지방자치단체의 공보에 고시하여야 하나(법 78조 4항, 사업시행계획과 달리 고시한 내용을 해당 지방자치단체의 인터넷 홈페이

지에 게재할 필요가 없다), 경미한 사항 변경의 경우에는 이를 필요로 하지 아니한다.

3. 경미한 사항

위와 같이 관리처분계획의 일반적 변경과 경미한 사항 변경은 요건 및 절차에 있어 뚜렷한 차이가 있으므로, 어떠한 사항이 경미한 사항인지 여부는 매우 중요하다.

가. 규 정

법 제74조(관리처분계획의 인가 등)

① 사업시행자는 다만, 대통령령으로 정하는 경미한 사항을 변경하려는 경우에는 시장·군수등에게 신고하여야 한다.

시행령 제61조(관리처분계획의 경미한 변경)

법 제74조 제1항 각 호 외의 부분 단서에서 "대통령령으로 정하는 경미한 사항을 변경하려는 경우"란 다음 각 호의 어느 하나에 해당하는 경우를 말한다.

1. 계산착오·오기·누락 등에 따른 조서의 단순정정인 경우(불이익을 받는 자가 없는 경우에만 해당한다)
2. 법 제40조 제3항에 따른 정관 및 법 제50조에 따른 사업시행계획인가의 변경에 따라 관리처분계획을 변경하는 경우
3. 법 제64조에 따른 매도청구에 대한 판결에 따라 관리처분계획을 변경하는 경우
4. 법 제129조에 따른 권리·의무의 변동이 있는 경우로서 분양설계의 변경을 수반하지 아니하는 경우
5. 주택분양에 관한 권리를 포기하는 토지등소유자에 대한 임대주택의 공급에 따라 관리처분계획을 변경하는 경우
6. 민간임대주택법 제2조 제7호에 따른 임대사업자(공공주택 특별법 제4조 제1항에 따른 공공주택사업자가 아닌 자로서 1호 이상의 민간임대주택을 취득하여 임대하는 사업을 할 목적으로 임대사업자로 등록한 자)의 주소(법인인 경우에는 법인의 소재지와 대표자의 성명 및 주소)를 변경하는 경우

나. 규정의 해석

경미한 사항은 조합원에 대한 권리분배나 비용분담 기타 조합원의 권리·의무에 어떠한 영향도 미치지 않는 사항이거나 이미 총회의결 등을 거친 사항으로서 추가로 엄격한 변경절차를 거치는 것이 불필요한 사항이다. 2호를 제외한 나머지 사항은 조합원의 권리·의무에 영향을 미친다고 보기 어려우므로, 2호(정관 및 사업시행계획인가의 변경에 따라 관리처분계획을 변경하는 사항)에 대하여 살펴본다.

관리처분계획에 관한 사항은 정관에 반드시 정하여야 하는 사항이다(법 시행령 38조 10호. 사업시행계획에 관한 사항은 정관에 반드시 정하여야 하는 사항이 아니고, 사업시행계획서의 변경에 관한 사항이 정관에 반드시 정하여야 하는 사항이다). 정관은 조합과 조합원을 구속하는 자치법규이므로, 관리처분계획 총회결의는 정관에서 정한 사항의 범위에서 이루어져야 한다. 관리처분계획에 관한 총회의결 및 인가가 있은 후에 정관으로 정한 관리처분계획에 관한 사항이 변경되어 총회의

결과 부합하지 않는 경우 관리처분계획을 변경하여야 한다. 또한 관리처분계획은 사업시행계획의 후속행위로서 사업시행계획에 부합하여야 하므로, 관리처분계획에 관한 총회의결 및 인가 이후에 사업시행계획변경인가가 이루어졌고, 그 내용이 의결된 관리처분계획의 내용과 부합하지 않는 경우 관리처분계획을 변경하여야 한다. 위와 같이 관리처분계획은 변경된 정관 및 선행행위인 사업시행계획변경인가에 따라 반드시 변경하여야 하고, 조합총회의 의결을 거친다고 하더라도 그 변경내용과 다르게 의결할 여지가 전혀 없으므로, 위와 같은 관리처분계획의 변경을 경미한 사항으로 규정한 것이다.

나아가 총회는 조합의 최고의사결정기관이고 정관변경이나 사업시행계획의 변경은 총회의 결의사항이며, 조합 총회는 새로운 총회결의로 종전 총회결의의 내용을 철회하거나 변경할 수 있는 자율성과 형성의 재량을 가지고 있는바, 조합원 과반수 찬성의 총회의결을 통하여 정관을 변경하거나 사업시행계획변경을 통하여 종전 관리처분계획의 내용을 변경한 것으로 볼 수 있다. 따라서 또다시 엄격한 요건에 따른 관리처분계획변경절차를 거치도록 하는 것은 정비사업의 효율이나 신속에 반하기 때문에 이를 모두 경미한 사항으로 규정한 것이다.

다. 경미한 사항 변경과 관련한 쟁점

(1) 제한적 또는 예시적 규정인지 여부

(가) 문제의 소재

관리처분계획이 구속적 행정계획으로서 조합원들의 권리·의무에 중대한 영향을 미치는 점을 고려하면, 원칙적으로 엄격한 관리처분계획변경절차에 의하여야 하고 법령이 경미한 사항으로 규정한 경우에 한하여 예외를 인정하여야 할 것이나, 한편으로는 그 내용이 조합원들의 이해관계와 무관하다면 정비사업의 신속한 진행을 위해 보다 폭넓게 경미한 사항의 변경을 인정할 수도 있을 것이다. 이와 관련하여 법 시행령 61조가 열거한 경미한 사항이 제한적 규정인지, 예시적 규정인지 여부가 문제된다.

(나) 판례(예시적 규정)

관리처분계획의 수립 또는 변경을 위하여 조합 총회의 의결 및 행정청의 인가절차 등을 요구하는 취지는 관리처분계획의 수립 또는 변경으로 인하여 권리의무와 법적 지위에 커다란 영향을 받게 되는 조합원 등의 의사가 충분히 반영되어야 할 필요가 있기 때문이다. 반면에 관리처분계획의 경미한 사항을 변경하는 경우에는 이러한 필요성이 그다지 크지 아니하기 때문에 행정청에 신고하는 것으로 족하도록 규정하고 있는 것이다.

판례는 위와 같은 입법취지에 비추어 볼 때, '경미한 사항을 변경하고자 하는 때'란 법 시행령 61조의 각 호에 규정된 사항들에 한정되는 것이 아니라, 변경대상이 되는 관리처분계획의 내용을 구체적·개별적으로 살펴보아 ① 총회의 의결을 거치지 아니하더라도 그 변경내용이 객관적으로 조합원 등 이해관계인의 의사에 충분히 부합하고 그 권리의무 내지 법적 지위를 침해하지 아니하거나, ② 분양대상자인지 여부에 대한 확정판결에 따라 관리처분계획의 내용을 변경하는 때와 같이 총회의 의결을 거친다고 하더라도 그 변경내용과 다르게 의결할 수 있는 여지가 없는 경우 등도 포함한다고 봄이 타당하다고 함으로써 이를 예시적 규정으로 본다.

구체적으로 사업시행자가 당초 현금청산대상자로 삼았다가 판결절차를 통하여 공동주택을 단독으로 분양받을 권리가 있다고 확정된 공유지분권자들에게 최초 관리처분계획상 소송을 대비한 보류시설로 지정되어 있던 78세대 중 74세대를 분양하는 것으로 일부 내용을 변경하는 관리처분계획을 작성한 후, 경미한 사항의 변경임을 이유로 총회의 결의 없이 관할 행정청에게 신고한 경우, 위와 같은 관리처분계획의 변경내용은 총회의 의결을 거치지 아니하더라도 객관적으로 조합원 등 이해관계인의 의사에 충분히 부합하고 그 권리의무 및 법적 지위를 침해하지 아니하거나 총회의 의결을 거친다고 하더라도 그 변경내용과 다르게 의결할 수 없는 경우에 해당한다고 보아 경미한 사항에 해당한다고 하였다.[1)]

최초 수립되어 인가신청된 관리처분계획상 강행규정인 관리처분계획 수립기준에 위반한 부분이 있어 행정청의 보완요구를 받고, 이를 반영하여 조합원 주택분을 총 257세대에서 총 255세대로 2세대 축소하고, 이를 기업형 임대주택분으로 변경하였으며, 종전 관리처분계획에 보류지를 정할 수 있다는 것에서 보류지를 5세대로 설정하는 것으로 내용을 변경한 것은 조합원 총회의 의결이나 행정청의 인가가 필요하지 않은 경미한 사항이라고 본 사례가 있다.[2)]

㈐ 결론

조합설립인가 및 사업시행계획의 경미한 변경사항에 대하여는 법 시행령이 그 밖의 사항을 조례에 위임하고 있으나, 관리처분계획에 대하여는 위와 같은 위임규정이 존재하지 않고, 법 시행령 61조는 경미한 사항으로 단지 6개 사유만 규정하고 있는 점, 분양대상자인지 여부에 대한 확정판결에 따라 관리처분계획의 내용을 변경하는 때와 같이 총회의 의결을 거친다고 하더라도 그 변경내용과 다르게 의결할 수 있는 여지가 없음에도, 법 시행령 61조의 열거사항에 해당하지 아니한다는 이유로 엄격한 관리처분계획변경절차를 거치도록 하는 것은 부당하다는 측면에서 예시설이 타당하다(다만, 조합설립인가 및 사업시행계획의 경미한 사항은 이와 같은 경우에 해당하지 않아 예시설로 볼 수 없음은 앞서 본 바이다). 나아가 수분양조합원이 분양계약 체결을 거부하여 현금청산대상자가 되는 경우, 당해 수분양조합원을 분양대상자에서 제외하고, 해당 조합원분양분을 보류지나 일반분양분으로 변경하는 내용으로 관리처분계획을 변경하는 것도 경미한 변경에 해당한다고 보아야 할 것이다. 다만 실무에서는 명확하게 경미한 사항임에도 절차적 정당성을 확보하거나 장래의 다툼을 미연에 방지하기 위하여 변경인가절차를 거치는 것이 일반적이므로, 법 시행령 61조 각 호의 사유가 아님에도 사업시행자가 경미한 사항으로 신고하는 경우는 많지 않을 것으로 보인다.

⑵ 수리가 필요한 신고인지 여부

조합설립인가 및 사업시행계획인가에서 살펴본 바와 같이 수리가 필요한 신고이고, 법이

---

1) 대법원 2012. 5. 24. 선고 2009두22140 판결. 다만 앞서 본 바와 같이 분양대상자임을 이유로 현금청산대상자로 분류한 관리처분계획을 취소하는 확정판결이 아니라 소송과정에서 임의조정이 성립된 경우에는 적법한 대상자가 아님에도 분양대상자로 하는 내용의 합의가 성립할 수 있으므로, 그 경우에는 그를 수분양자로 하는 내용의 관리처분변경계획의 총회결의를 거쳐 행정청의 인가를 받아야 한다.

2) 대전지방법원 2024. 9. 5. 선고 2023구합200665(확정).

2021. 3. 16. 개정되어 시장·군수등은 경미한 사항에 대한 변경 신고를 받은 날부터 20일 이내에 신고수리 여부를 신고인에게 통지하여야 하고, 이를 하지 아니하면 그 기간이 끝난 날의 다음 날에 신고를 수리한 것으로 본다.

(3) 경미한 사항임에도 변경인가형식으로 처분한 경우

사업시행자인 조합은 경미한 신고사항임에도 불구하고, 절차적 정당성을 위하여 변경인가처분의 형식으로 처리하는 경우가 있다. 조합설립인가에서 살펴본 바와 같이 사업시행자의 신청에 기하여 행정청이 신고사항을 변경하면서 신고절차가 아닌 변경인가 형식으로 처분을 한 경우, 이는 신고사항을 수리하는 신고수리에 불과한 것으로 보아야 하므로, 그 적법 여부 역시 변경인가의 절차 및 요건의 구비 여부가 아니라 신고수리에 필요한 절차 및 요건을 구비하였는지 여부에 따라 판단하여야 한다(제4편 제6장 Ⅲ. "3. 경미한 사항에 대한 조합설립변경인가처분의 적법성 심사기준" 참조).

4. 관리처분계획인가와 변경인가의 관계

가. 실무상의 쟁점

정비사업의 특성상 최초의 관리처분계획이 인가된 이후 여러 차례 관리처분계획변경인가가 이루어진다. 실무상 당사자들은 최초의 관리처분계획이나 후행의 관리처분변경계획 중 어떠한 처분을 쟁송의 대상으로 하여야 하는지 혼란을 겪는 경우가 많고, 일반적으로 그 모두를 쟁송의 대상으로 하는 듯하다. 후행처분이라는 이유로 경미한 변경의 신고도 그 취소를 구하는 경우가 있다.

법 74조 1항은 사업시행자가 관리처분계획 중 인가받은 사항을 장차 변경하는 것을 예정하고 있다. 이는 당초 인가받은 사항이 인가 이후의 사정변경으로 인하여 변경되는 것으로서, 종전 관리처분계획의 효력은 그대로 유지한 채 내용 중 일부만을 추가·철회·변경하는 것을 전제로 한다(관리처분계획변경으로 인하여 변경된 시점을 기준으로 변경된 부분은 그때부터 효력이 발생하고, 변경으로 소멸되는 부분만 장래를 향하여 실효된다). 그러나 다음에서 살펴보듯이 종전 관리처분계획에 존재하는 하자를 시정하기 위하여 새로운 관리처분계획의 요건을 갖추어 종전 관리처분계획을 대체하거나 종전 관리처분계획의 주요 부분을 실질적으로 변경하여 종전 관리처분계획을 대체하는 관리처분계획의 변경이 인정되고, 그 경우 당초 관리처분계획은 원칙적으로 변경된 관리처분계획에 의하여 취소·철회되어 더 이상 존재하지 않게 되며, 존재하지 않는 처분을 대상으로 하는 것은 소의 이익이 없게 된다.

따라서 각종의 관리처분계획 및 관리처분변경계획이 쟁송의 대상이 된 경우, 심리의 형태는 후행의 관리처분변경계획 중 종전의 관리처분계획을 실질적으로 대체한 것이 있는지 여부를 확인하여, 만일 존재한다면 그 이전의 관리처분계획의 무효확인이나 취소를 구하는 부분은 원칙적으로 소의 이익이 없어 각하하고, 종전 관리처분계획을 대체한 관리처분변경계획 등만이 적법성 여부의 심리대상이 된다.

항고소송에서의 대상적격, 소의 이익 등은 일반적인 소송요건이다. 즉 행정소송에서 쟁송의 대상이 되는 행정처분의 존부는 소송요건으로서 직권조사사항이고, 자백의 대상이 될 수 없는 것이므로, 설사 그 존재를 당사자들이 다투지 아니한다 하더라도 그 존부에 관하여 의심이 있는 경우에는 이를 직권으로 밝혀 보아야 할 것이고, 사실심에서 변론종결 시까지 당사자가 주장하지 않던 직권조사사항에 해당하는 사항을 상고심에서 비로소 주장하는 경우 그 직권조사사항에 해당하는 사항은 상고심의 심판범위에 해당한다.[3] 사실심 변론종결 이후에 소송요건이 흠결되거나 그 흠결이 치유된 경우 상고심에서도 이를 참작하여야 한다.[4]

나. 성립상의 하자(총회결의의 의사 또는 의결정족수의 하자 등)와 관리처분변경계획

(1) 행정행위의 취소는 일단 유효하게 성립한 행정행위를 그 행위에 위법 또는 부당한 하자가 있음을 이유로 소급하여 그 효력을 소멸시키는 별도의 행정처분이고, 행정행위의 철회는 적법요건을 구비하여 완전히 효력을 발하고 있는 행정행위를 사후적으로 그 행위의 효력의 전부 또는 일부를 장래에 향해 소멸시키는 행정처분이므로, 행정행위의 취소사유는 행정행위의 성립 당시에 존재하였던 하자를 말하고, 철회사유는 행정행위가 성립된 이후에 새로이 발생한 것으로서 행정행위의 효력을 존속시킬 수 없는 사유를 말한다.[5]

(2) 일반적인 관리처분계획변경은 다음에서 살펴보듯이 당초 관리처분계획의 내용 일부를 수정 또는 취소·철회하거나 새로운 사항을 추가하는 것이므로, 당초 관리처분계획이 총회결의 요건을 갖추지 못하는 등 성립상의 하자로 인하여 쟁송에 의하여 취소되거나 무효로 확정된 경우에는 이에 기초하여 이루어진 후행의 관리처분변경계획도 원칙적으로 그 효력을 상실한다(마찬가지로 당초 관리처분계획이 수립된 이후 여러 차례 관리처분계획의 변경이 있었고, 그중 중간에 행하여진 선행 관리처분변경계획이 성립상의 하자로 쟁송에 의하여 취소되거나 무효로 확정된 경우 그 이후의 관리처분변경계획도 그 효력을 상실하거나 무효라고 새겨야 한다).[6]

(3) 위와 같이 당초 관리처분계획이 총회결의의 의사 또는 의결정족수를 불비하는 등의 성립상의 하자로 쟁송에 의하여 취소되거나 무효로 확정된 경우에는 이에 기초하여 이루어진 관리처분변경계획도 원칙적으로 그 효력을 상실하므로, 조합원 등 이해당사자는 최초의 관리처분계획에 대하여만 쟁송을 제기하여 그 무효나 취소를 주장, 증명하면 족하다. 다만 후행의 관리처분변경계획에는 외관이 존재하여 이를 기초로 정비사업이 진행될 여지가 있는 등 토지등소유자에게 법률적 불안이나 위험이 존재하므로 당초의 관리처분계획과 함께 또는 후행의 관리처분변경계획에 대하여만 쟁송이 제기된 경우에도 대상적격이나 소의 이익이 인정된다.

(4) 후행의 관리처분변경계획에 대하여만 쟁송이 제기된 경우에는 최초의 관리처분계획의 성립상의 무효사유를 주장, 증명하거나 관리처분변경계획 고유의 무효나 취소사유를 주장, 증명하여 다툴 수 있다(경미한 변경의 신고는 종전 관리처분계획 내용의 변경이기는 하나, 수리처분 자체에

3) 대법원 2004. 12. 24. 선고 2003두15195 판결.
4) 대법원 2004. 12. 24. 선고 2003두15195 판결, 대법원 2016. 12. 27. 선고 2014두5637 판결, 대법원 2017. 5. 17. 선고 2016두40580 판결.
5) 대법원 2006. 5. 11. 선고 2003다37969 판결.
6) 대법원 2014. 5. 29. 선고 2011두25876 판결 참조.

하자가 있는 경우 그 취소나 무효확인을 구하는 것은 별론으로 하고, 관리처분계획의 후행처분이라는 이유만으로 대상적격이나 소의 이익을 인정할 것인지 여부가 문제된다. 경미한 변경의 신고도 전제가 되는 선행의 관리처분계획이 취소나 무효로 확정되는 경우 당연히 그 효력이 소멸하나, 신고 수리의 외관이 존재하므로, 이를 다툴 소의 이익을 인정하여야 할 것이다).

다. 내용상의 하자와 관리처분변경계획

⑴ 관리처분계획 수립 이후 그 내용을 추가·철회·변경하는 후행의 관리처분변경계획(예를 들면 종전 관리처분계획의 내용 중 청산금 및 비용분담사항이나[7] 비례율[8] 변경)이 있는 경우, 당초 관리처분계획이 그 내용상의 하자(예를 들면 종전자산 및 종후자산의 가액, 정비사업비 추산액이 법령이나 정비계획에 위반한 경우 등)로 인하여 쟁송에 의하여 해당 부분이 취소되거나 무효로 확정되더라도, 후행의 관리처분변경계획은 그대로 유효하다. 후행의 관리처분변경계획은 종전처분을 전제로 그 내용 중 일부만을 추가·철회·변경하는 것이므로, 선행처분과 후행처분은 내용상의 하자에 대하여 각각 쟁송의 대상이 된다(변경된 청산금 및 비용분담사항이나 비례율에 법령이나 정비계획에 위반한 하자가 있는 경우 이를 내용으로 하는 후행의 관리처분변경계획을 다툴 수 있다). 다만 예외적으로 후행 관리처분변경계획의 변경 부분(당초 관리처분계획의 내용을 추가·철회·변경한 부분)의 내용과 성질상 나머지 부분과 불가분적인 경우에는 선행처분에 존재하는 내용상의 하자에 대하여도 후행의 관리처분변경계획만을 쟁송의 대상으로 하여야 한다.[9] 따라서 내용상의 하자를 이유로 당초의 관리처분계획과 후행의 관리처분변경계획이 모두 쟁송의 대상이 된 경우, 법원으로서는 후행처분의 변경 부분의 내용과 성질상 그 나머지 부분과 가분적인지 여부 등을 살펴 항고소송의 대상이 되는 행정처분을 확정하여야 한다. 나아가 다음에서 살펴보듯이 후행의 관리처분변경계획이 당초 관리처분계획의 주요 부분을 실질적으로 변경하는 등 종전 관리처분계획을 완전히 대체한 경우에도 후행의 관리처분변경계획만이 쟁송의 대상이 된다. 적법한 처분을 대상으로 하지 아니한 항고소송의 경우 대상적격 또는 소의 이익이 없어 부적법하다.

⑵ 실무상 조합원이 관리처분계획의 내용 중 자신의 권리와 관련된 부분에 하자가 있다고 주장하며(예를 들면 2주택 분양이 가능함에도 자신을 1주택자로 분류한 부분에 대한 관리처분계획이 위법하다), 관리처분계획 전체의 취소를 구하거나, 그 후 변경된 관리처분계획 부분(임대주택 수분양권이나 상가관리처분계획의 내용 변경 부분)까지 모두 취소를 구하는 경우를 흔히 볼 수 있다. 관리처분계획이 외형상 하나의 행정처분이라고 하더라도 가분성이 있고 처분대상의 일부가 특

---

7) 청산금 및 비용분담에 관한 사항은 원칙적으로는 이전고시 후의 청산 시에 청산금 및 부과금부과처분 등과 관련하여 문제될 뿐, 관리처분계획의 변경대상이 될 수 없으나(다만 정비사업비의 추산액 및 그에 따른 조합원 분담규모 및 분담시기는 관리처분계획의 필수적 기재사항이다, 법 74조 1항 6호), 다음에서 살펴보듯이 정관에서 분양계약제도를 규정하고 있는 경우에는 이전고시 전에 청산금 및 비용분담금의 액수, 납부시점 및 납부방법이 관리처분계획의 내용에 포함되기도 하며, 청산금 및 비용분담금의 액수 및 지급시기와 관련하여 수시로 총회의결을 거쳐 변경인가가 이루어진다.

8) 관리처분계획에서는 앞서 본 바와 같이 일반적으로 권리가액의 산정을 위한 비례율을 결의하는데, 비례율은 정비사업의 진행에 따라 소요되는 공사비 등 총 사업비가 계속적으로 변경됨에 따라 정비사업비와 더불어 수시로, 공사완료에 따른 준공인가와 이전고시 직전까지 관리처분계획변경절차를 거쳐 변경된다. 위와 같이 정비사업비 외에 비례율이 주로 관리처분변경계획의 내용이 되는 것은 그것이 그동안 널리 이용되어 왔던 청산금 산정방식이기 때문이다.

9) 대법원 2015. 11. 19. 선고 2015두295 전원합의체 판결 참조.

정될 수 있으므로, 일부의 취소만으로 목적의 달성이 가능하면, 취소를 구하는 나머지 부분은 소의 이익이 없고, 또한 변경된 관리처분계획 부분도 원고의 권리·의무에 영향을 미치지 아니하다면, 관리처분변경계획의 취소를 구하는 부분도 소의 이익이 없다.

라. 정비사업 재판실무(주로 내용상 하자를 다투는 사건)

관리처분계획은 사업시행의 결과 설치되는 종후자산의 권리 배분 및 귀속에 관한 사항과 그 비용 분담에 관한 사항을 정하는 행정계획으로서, 관리처분계획을 수립함에 있어서는 이해관계가 상충되는 다수 토지등소유자들의 개별적이고 구체적인 이익을 적절히 형량·조정하여야 하나, 모든 이해관계인들의 이익을 만족해 줄 수는 없으므로 사업시행계획과 마찬가지로 사업시행자에게 폭넓은 계획재량이 인정된다. 다만 법령, 조례 및 정관은 권리산정기준일, 관리처분방법 및 관리처분계획 수립기준 등을 통하여 조합원 지위나 구체적인 권리를 정하고 있어, 그와 같은 범위에서 사업시행자로서는 이를 구체화하는 내용으로 권리 귀속 및 배분을 정할 뿐, 사실상 재량이 개입될 여지는 없다. 실무상으로는 주로 관리처분계획의 내용이 법령, 조례 및 정관상의 조합원의 지위 및 권리규정에 반하여 위법하다는 내용의 소송이 주를 이룬다. 이 점에서 내용상의 하자를 다투는 사건보다는 주로 조합설립동의 정족수 충족 여부를 다투거나 창립총회결의의 효력을 다투는 조합설립인가 및 총회결의의 정족수 충족 여부를 다투는 사업시행계획과 뚜렷이 구분된다.

Ⅲ. 종전 관리처분계획을 대체하는 새로운 관리처분변경계획

1. 의 의

앞서 본 바와 같이 법 74조 1항이 규정하고 있는 관리처분계획의 변경은 사업시행자가 인가받은 관리처분계획에 대하여 인가 이후의 사정변경으로 인하여 그 내용 중 일부를 변경하는 것을 전제로 한다. 그러나 실무상으로는 사업시행자가 관리처분계획인가 이후의 사정변경이 아니라 최초 관리처분계획상 존재하는 하자를 바로 잡기 위하여 당초 관리처분계획과 동일한 요건, 절차를 거쳐 새로운 관리처분변경계획을 수립하여 시장·군수등으로부터 인가받는 경우가 있고, 또는 당초 관리처분계획을 대체하였다고 평가할 수 있는 정도로 관리처분계획의 주요 부분을 실질적으로 변경하는 관리처분변경계획을 수립한 후 시장·군수등의 인가를 받는 경우도 있다. 위와 같은 관리처분계획변경인가는 모두 유효하다. 위와 같이 사업시행자가 관리처분계획변경인가를 받았다면, 당초 관리처분계획은 변경된 관리처분계획에 흡수·소멸되어 더 이상 존재하지 않는 처분이거나 과거의 법률관계가 됨은 사업시행계획변경에서 본 바이다.

2. 하자의 시정을 목적으로 하는 새로운 관리처분변경계획

가. 내 용

사업시행자가 주로 총회결의 정족수를 갖추지 못하는 등의 성립상의 관리처분계획의 흠을 바로 잡기 위하여 당초 관리처분계획과 동일한 요건, 절차를 거쳐 새로운 관리처분변경계획을 수립하여 시장·군수등으로부터 인가를 받는 경우가 있다.

나. 구체적 사례

(1) 대법원 2012. 9. 13. 선고 2010두4056 판결

원심에서 총회 이전에 조합원에게 제공한 가격정보가 관리처분계획에 대한 동의 여부를 결정할 수 있을 정도의 충분한 정보라고 보기 어려워 관리처분계획이 위법하다는 취지의 판결이 선고되자, 조합이 상고심에 이르러 하자를 시정한 후 새로운 절차를 밟아 총회에서 77.12%의 찬성으로 종전 관리처분계획과 동일한 내용의 관리처분계획을 수립하는 결의를 하고, 변경인가 된 사안으로, 변경된 관리처분계획이 종전 관리처분계획의 주요 부분을 실질적으로 변경한 것으로 인정하였다.

(2) 대법원 2013. 7. 25. 선고 2010두24678 판결

원심은 당초 관리처분계획이 총회소집통지절차 및 의결정족수 산정의 절차상 하자와 주택공급기준 위반의 내용상 하자가 있어 무효라는 판결이 선고되자, 이에 조합이 상고심에 이르러 적법하게 총회를 소집하여 서울시 조례 소정의 주택공급기준에 부합하는 새로운 관리처분계획안을 의결하고 변경인가를 받은 사안으로, 새로운 관리처분계획은 당초 관리처분계획의 절차상 하자를 보완하고 그 주요 부분을 실질적으로 변경하는 것으로서, 당초 관리처분계획이 별개의 새로운 관리처분계획으로 변경됨으로써 그 효력을 상실하였다.

다. 종전 관리처분계획의 소급 실효

(1) 행정청은 행정처분에 하자가 있는 경우에는 별도의 법적 근거가 없다 하더라도 원칙적으로 이를 직권취소할 수 있다. 앞서 본 바와 같이 행정행위의 취소는 행정행위의 성립 당시에 존재하였던 하자를 이유로 일단 유효하게 성립한 행정행위를 그 행위에 위법 또는 부당한 하자가 있음을 이유로 소급하여 그 효력을 소멸시키는 처분이므로, 성립상의 하자의 시정을 목적으로 하는 새로운 관리처분계획을 수립하였다면, 해석상 그와 같은 새로운 처분으로 종전의 하자있는 관리처분계획을 직권취소한 것으로 봄이 타당하다.[10]

다만, 관리처분계획의 취소를 구하는 쟁송이 제기되어 있으나, 그 쟁송이 이유가 없고, 다만, 그 과정에서 사업시행자가 종전 관리처분계획의 내용의 주요 부분을 실질적으로 변경한 것이라면, 다음에서 살펴보는 바와 같이 철회한 것으로 보아야 할 것이다.

(2) 판례가 명시적으로 소급하여 실효되었다고 본 사례를 살펴보면, 대법원은 ① 관리처분계획의 취소를 구한 사건의 1, 2심에서 성립요건상의 하자로 사업시행자가 패소하고 상고심 계속 중 총 사업비의 약 33%를 감액하고, 새로운 분양설계 후 관리처분변경계획에 대한 인가가 이루어진 사안에서, 변경인가된 관리처분계획은 종전 관리처분계획의 주요 부분을 실질적으로 변경한 것에 해당하여 이로써 종전 관리처분계획은 소급하여 실효되었다고 판시하였고,[11] ② 관리처분

10) 대법원 2012. 4. 26. 선고 2011두24927 판결(종전 관리처분계획은 소급하여 실효되었다고 판시하고 있다. 판시 내용상으로는 주요 부분을 실질적으로 변경하는 관리처분변경계획이 수립된 사안으로 보이나, 하급심인 2011. 9. 2. 서울고등법원 2009누18334호 판결의 내용에 비추어 종전 관리처분계획의 하자를 시정하기 위한 것임이 명백하다).

계획인가 이후 상가가 축소되고 공동주택 세대 수가 증가하는 등으로 사업시행계획에 변경이 있자, 사업시행자는 새로운 분양신청절차를 거쳐 관리처분계획을 수립하고, 변경인가를 받은 사안에서, 기존의 관리처분계획은 소급하여 실효되었다고 봄이 상당하다고 판시하였다(하자의 시정이 아니라 관리처분계획의 내용 중 주요 부분을 실질적으로 변경한 것이므로, 철회로 봄이 상당하다).[12)]

라. 종전 관리처분계획에 대한 취소 또는 무효확인을 구할 법률상 이익 여부

(1) 원칙

관리처분계획 총회결의가 조합원 과반수의 찬성에 미치지 못하는 등 인가된 관리처분계획에 성립상의 하자가 존재하여 이를 바로 잡기 위하여 새로운 관리처분계획을 작성하여 당초 관리처분계획과 동일한 요건, 절차를 거쳐(적법한 총회 의결절차)를 시장·군수등으로부터 관리처분계획 변경인가를 받았다면, 종전 관리처분계획에 대한 항고소송은 특별한 사정이 없는 한 소의 이익이 없다. 왜냐하면 이미 종전 관리처분계획은 변경된 관리처분계획에 의하여 묵시적으로 취소(흡수·소멸)되어 실효되었기 때문이다.

관리처분계획의 취소를 구하는 사건의 1, 2심에서 성립요건상의 하자를 이유로 인용판결이 선고되자, 사업시행자가 상고심 계속 중 이를 바로 잡기 위하여 새로운 관리처분계획을 작성하여 당초 관리처분계획과 동일한 요건, 절차를 거쳐 시장·군수등으로부터 관리처분계획변경인가를 받았다면, 대법원은 종전 관리처분계획의 취소사건에 대하여 소의 이익이 없음을 이유로 각하판결 하여야 한다고 판시하였다.[13)]

(2) 예외(후속행위의 존재)

㈎ 사업시행자가 새로 관리처분계획을 받는 것과 동일한 요건과 절차를 거쳐 관리처분계획변경인가처분을 받았다 하더라도, 당초 관리처분계획의 유효를 전제로 후속행위가 이루어졌다면, 당초 관리처분계획이 무효로 확인되거나 취소될 경우 그것이 유효하게 존재하는 것을 전제로 이루어진 위와 같은 후속행위 역시 소급하여 효력을 상실하게 되므로, 특별한 사정이 없으면 위와 같은 형태의 관리처분계획변경인가가 있다고 하여 당초 관리처분계획의 무효확인을 구할 소의 이익이 소멸된다고 볼 수는 없다.[14)]

㈏ 이는 후행처분에 의하여 선행처분의 효력이 상실되었다 하더라도, 선행처분이 외형상 잔존함으로 법률상 이익이 침해되고 있는 경우(권리·의무에 영향을 미치고 있는 경우), 선행처분의 취소를 구할 법률상 이익이 있다는 법리에 따른 것이다.[15)] 즉, 당초 관리처분계획에 기하여 후속행위가 이미 이루어진 경우, 당초 관리처분계획이 묵시적으로 취소되어 효력을 잃으면, 그와 같은 후속행위들도 모두 소급하여 효력을 잃게 되지만, 그와 같은 후속행위의 존재로 인하여 이를 대체하는 후행의 관리처분변경계획 있다 하더라도 당초 관리처분계획이 현재 조합원들의 권

11) 대법원 2011. 2. 10. 선고 2010두19799 판결.
12) 대법원 2012. 4. 26. 선고 2011두24927 판결.
13) 대법원 2011. 2. 10. 선고 2010두19799 판결 참조.
14) 대법원 2012. 10. 25. 선고 2010두25107 판결 참조.
15) 대법원 2002. 7. 26. 선고 2000두7254 판결 참조.

리·의무에 영향을 미치고 있으므로 그 처분의 취소나 무효 확인을 구할 소의 이익을 인정한 것이다.

㈐ 무엇이 관리처분계획의 후속행위인가에 관하여 살펴본다. 관리처분계획은 종국적인 권리의 배분 및 귀속에 관한 사항, 비용 분담을 내용으로 하는 것이므로, 이를 구체화하는 법적 행위인 이전고시 및 청산금부과처분이 있는 경우 이를 후속행위로 볼 수 있는바, 이에 대하여 살펴본다.

① 우선 이전고시가 있으면, 현재의 유효한 관리처분계획조차도 더 이상 다툴 수 없으므로,[16] 과거의 법률관계인 실효된 관리처분계획의 무효확인을 구하는 소의 이익은 당연히 인정될 수 없다.

② 법 89조 1항, 2항에 의하면 사업시행자는 수분양자에 대하여 종후자산가격과 종전자산가격과의 차액을 청산금으로 부과하는바, 이는 이전고시 이후에 부과함이 원칙이므로, 관리처분계획의 후속행위로 청산금부과처분이 존재한다 하더라도 이전고시의 효력으로 인하여 더 이상 실효된 관리처분계획의 무효확인을 구하는 소의 이익이 인정될 수 없다.

다만 청산금에 관한 분양계약 체결을 인정하는 정관등에서 분할징수를 정하고 있거나 총회의 의결로서 이전고시 이전으로 따로 분할납부를 정한 경우에는 사업시행자가 행하는 청산금부과처분은 후속행위이고, 그 경우 관리처분계획의 취소나 무효확인 판결이 확정되면, 청산금부과처분도 소급적으로 효력이 상실된다. 결국 이전고시 이전 단계에서 사업시행자의 청산금부과처분이 존재한다면 실효된 관리처분계획의 무효확인을 구할 소의 이익이 있다.

③ 법 81조 2항이 "사업시행자는 74조 1항에 따른 관리처분계획인가를 받은 후 기존의 건축물을 철거하여야 한다."고 규정하고 있으므로, 건물 철거 및 시공이 관리처분계획의 후속행위인가 여부가 문제될 수 있다. 그러나 관리처분계획은 권리의 배분 및 귀속, 비용분담 등에 관한 행정계획으로서, 건물 철거 및 시공은 이와 무관하므로, 이를 후속행위로 볼 수 없다.

(3) 예외의 예외(존재하는 후속행위의 대체)

후속행위로 실효된 관리처분계획을 다툴 소의 이익이 인정되더라도, 후행의 관리처분변경계획을 기초로 새롭게 종전 후속행위에 대한 변경 내지 대체절차가 이루어졌다면(위 ②항 후문 사안에서 관리처분변경계획에 기초하여 새롭게 청산금부과처분이 이루어진 경우에는 종전 관리처분계획에 기한 후속행위로 인한 조합원들의 권리·의무에 영향을 미칠 정도의 공법상의 법률관계를 형성시키는 외관이 더 이상 존속하고 있지 않다), 종전 관리처분계획이 현재 조합원들의 권리·의무에 어떠한 영향도 미치고 있지 않으므로 원칙으로 돌아가 종전 관리처분계획의 취소나 무효확인을 구할 소의 이익이 없다.[17]

3. 주요 부분을 실질적으로 변경하는 관리처분변경계획

가. 의 의

관리처분계획의 내용 변경에는 종전 관리처분계획의 내용 중 일부만을 추가·철회·변경하는

16) 대법원 2012. 3. 22. 선고 2011두6400 전원합의체 판결.
17) 대법원 2013. 11. 28. 선고 2011두30199 판결 참조.

것과 당초 관리처분계획의 주요 부분을 실질적으로 변경하여 이를 대체하는 경우로 나눌 수 있다. 그 차이는 전자의 경우에는 종전 관리처분계획이 존속하나, 후자의 경우에는 종전의 관리처분계획은 변경된 관리처분계획에 철회(흡수·소멸)되어 효력이 상실된다. 실무상 문제되는 것은 사업시행자가 수차례 관리처분계획을 변경한 사안에서, 그중 주요 부분을 실질적으로 변경하여 이를 대체하는 관리처분계획이 존재한다면, 원칙적으로 그 이전의 관리처분계획은 이미 실효되어 그 대상적격을 상실하기 때문이다.

나. 판단기준

당초 관리처분계획의 주요 부분을 실질적으로 변경하는 내용의 새로운 관리처분계획을 수립하여 당초 관리처분계획을 대체하였는지 여부는, 관리처분계획 중 변경된 내용, 변경의 원인 및 그 정도, 당초 관리처분계획과 변경된 관리처분계획 사이의 기간, 당초 관리처분계획의 유효를 전제로 이루어진 후속행위의 내용 및 그 진행 정도 등을 종합적으로 고려하여 판단하여야 함은 앞서 사업시행계획에서 본 바이다.[18)]

다. 구체적 사례

이는 케이스 바이 케이스(case by case)에 따라 결정되므로, 이하에서는 실질적 대체를 인정한 사례를 살펴본다.

(1) 대법원 2012. 3. 22. 선고 2011두6400 전원합의체 판결

새로운 관리처분계획이 종전 관리처분계획 이후 이루어진 총회의결에 따른 사업시행계획변경 부분을 포함하고 있을 뿐 아니라 아파트 준공 후 최종적으로 조합원 분담금을 확정하기 위한 것으로서 그 내용에 있어서도 종전과 큰 차이가 있고, 종전 관리처분계획과 전체 조합원 수, 결의 참석자 수 및 동의자 수가 다르며, 종전 관리처분계획으로부터 4년이나 지나서 이루어진 점 등에 비추어 볼 때, 종전 관리처분계획은 별개의 새로운 관리처분계획으로 변경되었다.

(2) 대법원 2013. 6. 13. 선고 2011두19994 판결

토지등소유자들이 종전 관리처분계획의 내용에 대하여 이의를 제기하자 구 도시환경정비사업의 시행자가 관리처분계획을 변경하는 총회를 개최하여 대지조성비 중 13,323,697,059원의 '공통부분' 비용을 삭제하고 이를 대지비에 합산하는 내용으로 관리처분계획을 변경하여 토지등소유자들의 사업비부담액 및 지분율이 상승한 사안에서, 변경된 관리처분계획은 종전 관리처분계획의 주요 부분을 실질적으로 변경한 것에 해당하여 이로써 종전 관리처분계획은 실효되었다.

(3) 대법원 2012. 3. 29. 선고 2010두7765 판결

조합은 새롭게 총회를 개최하여 공사비 증가 등으로 인하여 시공자에게 450억 원을 추가부담하게 되는데, 이에 대하여 조합원들이 기존 분담금 이외에 130억 원을 추가로 부담하고, 나머지는 임대주택에서 일반분양으로 전환되는 107세대를 시공자에게 양도하는 방법으로 지급하며, 조

---

18) 대법원 2014. 2. 27. 선고 2011두25173 판결.

합원들의 추가부담금 배분방법에 대하여 균등부담안과 종전자산 지분비율에 따른 분담안 중 종전자산 지분비율에 따른 분담안을 선정하는 내용으로 각 의결한 사안에서, 당초 관리처분계획의 주요 부분을 실질적으로 변경하는 내용으로 새로운 관리처분계획이 수립되어 당초 관리처분계획은 그 효력을 상실한다.

라. 종전 관리처분계획의 장래 실효

종전 관리처분계획을 대체하는 새로운 관리처분계획 수립·인가되면 종전 관리처분은 원칙적으로 장래를 향하여 실효된다.

판례는 당초 관리처분계획의 주요 부분을 실질적으로 변경하는 내용으로 새로운 관리처분계획을 수립하여 시장·군수등의 인가를 받은 경우에는 당초 관리처분계획은 달리 특별한 사정이 없는 한 효력을 상실한다고 하는바, 이 경우 당초 관리처분계획이 효력을 상실한다는 것은 당초 관리처분계획이 유효하게 존속하다가 변경 시점을 기준으로 장래를 향하여 실효된다는 의미이지 소급적으로 무효가 된다는 의미가 아니라고 하였다.[19)]

마. 실효된 관리처분계획의 무효확인을 구할 소의 이익 여부

종전 관리처분계획을 대체하는 관리처분변경계획에 대한 인가를 받은 이후 종전 관리처분계획에 대한 항고소송은 특별한 사정이 없는 한 소의 이익이 없다. 왜냐하면 이미 종전 관리처분계획은 변경된 관리처분계획에 의하여 철회(흡수·소멸)되어 실효되었기 때문이다.

설령 종전 관리처분계획을 전제로 앞서 본 후속행위가 있었다 하더라도, 종전 관리처분계획은 장래를 향하여 소멸하여 그 후속행위에는 아무런 영향이 없으므로, 여전히 실효된 관리처분계획의 무효확인을 구할 소의 이익이 없다고 보아야 할 것이다.[20)]

Ⅳ. 보충행위로서의 인가처분의 변경

보충행위로서 관리처분계획인가처분 그 자체에 고유의 하자가 있어 제1심에서 취소되었으나, 그 후 항소심에서 일부 관리처분계획의 변경이 이루어지고 인가되어, 실질적으로 하자가 시정된 경우 또는 종전 관리처분계획이 인가 이후 주요 부분이 변경되었고, 이에 대하여 변경인가가 이루어진 경우에는 그와 같은 변경인가도 또한 실질적으로 새로운 보충행위로서의 인가처분에 해당한다.

위의 경우 모두 종전 인가처분이 변경인가처분에 의하여 실효되어 존재하지 않게 되었으므로, 종전 인가처분의 취소를 구하는 부분의 소는 권리보호의 이익이 없어 부적법하다(제6편 제5장 “Ⅴ. 보충행위로서의 인가처분변경” 참조).

---

19) 대법원 2016. 6. 23. 선고 2014다16500 판결.
20) 대법원 2013. 11. 28. 선고 2011두30199 판결의 반대해석.

제6장 관리처분계획인가 관련 소송상의 쟁점

제1절 총 설

Ⅰ. 소송의 형태

법 45조 1항 10호는 관리처분계획의 수립 및 변경은 총회의 의결을 거치도록 규정하고 있다. 총회결의에 하자가 있는 경우에는 소로써 이를 다툴 수 있다. 이는 행정처분에 이르는 절차적 요건의 존부나 효력 유무에 관한 소송으로서 그 소송결과에 따라 행정처분의 위법 여부에 직접 영향을 미치는 공법상 법률관계에 관한 것이므로, 행정소송법상의 당사자소송에 해당한다.

관리처분계획이 총회의결 이후 인가·고시까지 이루어지면 인가와는 별도의 처분으로 성립되므로, 항고소송의 방법으로 관리처분계획의 취소 또는 무효확인을 구할 수 있을 뿐, 절차적 요건에 불과한 총회결의 부분만을 대상으로 그 효력 유무를 다투는 확인의 소를 제기하는 것은 허용될 수 없다. 따라서 총회결의 무효확인소송의 진행 중 관리처분계획인가가 이루어지는 경우, 관리처분계획의 취소 또는 무효확인을 구하는 것으로 소변경이 필요하다.

결국 관리처분계획인가 이후에는 관리처분계획 수립을 위한 총회결의에 하자가 있을 때에도 관리처분계획에 대한 취소소송 또는 무효확인소송을 제기하여야 하고, 절차적 요건에 불과한 총회결의 부분만을 대상으로 그 효력 유무를 다투는 확인의 소는 부적법하다.

Ⅱ. 조합원지위확인소송 및 수분양자지위확인소송의 관계

1. 수분양자지위확인소송

가. 문제의 소재

실무상 분양신청통지를 받지 못하여 분양신청을 하지 않아 현금청산대상자로 분류된 토지등소유자가 사업시행자를 상대로 자신이 분양신청통지를 받았더라면, 분양신청을 하였을 것이므로 관리처분계획상 수분양자의 지위가 인정되어야 함을 이유로 수분양자지위확인의 소를 제기하는 경우가 흔히 있다. 또는 사업시행자가 토지등소유자의 조합원 지위를 다투는 경우 분양신청절차를 준비하는 단계에 불과함에도 토지등소유자가 사업시행자를 상대로 수분양자지위확인의 소를 제기하는 경우가 있고, 조합원이 자신의 분양신청 내용과 다른 종후자산을 배분하거나 현금청산대상자로 분류하는 내용의 관리처분계획이 수립된 경우 사업시행자를 상대로 자신의 분양신청에 부합하는 수분양권이 있음의 확인을 구하는 경우가 가끔씩 있다. 그와 같은 수분양자 지위확인의 소의 적법성에 대하여 살펴본다(분양대상 조합원 지위의 확인을 구하는 것도 수분양자 지위 확인을 구하는 것이다).

나. 판 단

현행 행정소송법에서는 장래에 행정청이 일정한 내용의 처분을 할 것 또는 하지 못하도록 할 것을 구하는 소송[의무이행소송, 의무확인소송 또는 예방적 금지소송(행정청이 장래에 처분을 행하는 것을 금지하는 소송)]은 허용되지 않는다.[1)]

(1) 관리처분계획 수립 전

(가) 도시정비사업에서 사업시행의 결과로 건축되는 신축 주택이나 상가를 받을 수 있는 지위나 권리, 즉 수분양자 지위나 수분양권은 법 76조 1항 각 호의 기준에 따라 수립되는 관리처분계획으로 비로소 정하여진다. 따라서 관리처분계획이 수립되기 전 단계에서 조합원이 조합을 상대로 구체적으로 정하여진 바도 없는 수분양권의 확인을 공법상 당사자소송의 방식으로 곧바로 구하는 것은 현존하는 권리·법률관계의 확인이 아닌 장래의 권리·법률관계의 확인을 구하는 것일 뿐만 아니라, 조합으로 하여금 특정한 내용으로 관리처분계획을 수립할 의무가 있음의 확인을 구하는 것이어서 현행 행정소송법상 허용되지 않는 의무확인소송에 해당하여 부적법하다.[2)]

나아가 행정처분인 관리처분계획의 수립으로 결정되어야 할 수분양권자, 수분양권의 내용을 관리처분계획의 수립에 앞서 소송의 형태로 결정하는 것은 예방적 금지소송의 일종이므로 부적법하다. 즉, 만일 해당 조합원에 대한 특정 수분양권이 존재한다는 확인판결이 승소확정된 이후에 사업시행자가 이와 반대되는 관리처분계획을 수립하고, 조합원이 그 취소를 구하는 항고소송을 제기함을 가정할 때, 전소인 확인의 소의 기판력, 즉 해당 조합원의 특정 수분양권이 인정된다는 내용의 판단이 후소인 관리처분계획의 취소소송에 미치기 때문이다. 결국 관리처분계획이 수립되기 전단계에서는 조합원지위확인소송의 제기만이 가능하다.

(나) 구체적 사례

① 단순히 수분양자 지위 확인을 구하는 경우

관리처분계획의 수립기준으로 법 76조 1항 3호는 '너무 좁은 토지 또는 건축물을 취득한 자나 정비구역지정 후 분할된 토지 또는 집합건물의 구분소유권을 취득한 자에게는 현금으로 청산할 수 있다.'고 규정하고 있는 등 분양신청권을 가진 토지등소유자의 분양신청에 대하여도 수분양권이 배제될 수 있는 등 수분양자 지위나 수분양권은 관리처분계획으로 비로소 정하여진다 할 것이므로, 단순히 수분양자 지위 확인을 구하는 소송은 부적법하여 소의 이익이 없다.

② 특정 평형(34평형 등) 아파트의 수분양자 지위 확인을 구하는 경우

앞서 본 바와 같이 법 76조 1항 3호에 의하여 분양신청권을 가진 토지등소유자의 분양신청에

---

1) 대법원 1992. 2. 11. 선고 91누4126 판결, 대법원 2006. 5. 25. 선고 2003두11988 판결 참조.
2) 대법원 2019. 12. 13. 선고 2019두39277 판결.

대하여도 수분양권이 배제될 수 있다.

나아가 수분양권이 배제될 수 없다 하더라도, 관리처분계획의 수립기준으로 법 76조 1항 1호는 '종전의 토지 또는 건축물의 면적·이용 상황·환경, 그 밖의 사항을 종합적으로 고려하여 대지 또는 건축물이 균형 있게 분양신청자에게 배분되고 합리적으로 이용되도록 한다.'고 규정하고 있으므로, 분양신청권을 가진 토지등소유자에게 특정 평형(34평형 등) 아파트의 수분양권이 당연히 배정된다고 볼 수 없다 할 것이어서, 특정 평형(34평형 등) 아파트의 수분양자 지위 확인을 구하는 소송 또한 부적법하여 소의 이익이 없다.

⑵ 관리처분계획이 수립 후

㈎ 분양신청통지를 받지 못하여 분양신청을 하지 아니하여 현금청산대상자로 분류된 경우

사업시행자로부터 적법한 분양신청통지를 받지 못하여 분양신청하지 못한 결과 관리처분계획상 현금청산대상자로 분류된 토지등소유자의 경우에는 자신을 현금청산대상자로 한 관리처분계획의 취소 또는 무효확인을 구하여야 하고, 그와 같은 관리처분계획이 취소되거나 무효가 확인되는 경우 사업시행자는 새롭게 해당 토지등소유자를 상대로 분양신청절차를 거쳐 이를 기초로 관리처분계획을 수립하게 된다. 결국 분양신청권도 행사하지 아니한 위 토지등소유자로서는 실질적으로는 자신에 대한 관리처분계획이 수립되기 전 단계에 해당하므로 앞서 본 바와 같이 수분양자 지위확인의 소는 의무확인소송 또는 예방적 금지소송에 해당하여 허용될 수 없다.

㈏ 분양신청내용과 달리 분양되거나 현금청산대상자로 분류된 경우

앞서 본 바와 같이 정비사업에서 사업시행의 결과로 건축되는 신축 주택을 받을 수 있는 지위나 권리 즉, 수분양자 지위나 수분양권은 조합원의 분양신청만으로 당연히 인정되는 것이 아니라 법 76조 1항 각 호의 기준에 따라 수립되는 관리처분계획으로 비로소 정하여진다. 따라서 조합원은 자신을 현금청산대상자로 분류하거나 분양신청 내용과 달리 관리처분계획이 수립되는 경우 관리처분계획의 취소 또는 무효확인을 항고소송의 방식으로 구할 수 있을 뿐, 곧바로 사업시행자를 상대로 민사소송이나 공법상 당사자소송으로 수분양권의 확인을 구하는 것은 허용되지 않는다.[3)]

2. 조합원지위확인소송

가. 적법한 분양신청통지 받지 못한 현금청산대상자의 조합원지위확인의 소

⑴ 문제의 소재

사업시행자로부터 적법한 분양신청통지를 받지 못하여 분양신청기간 내에 분양신청을 하지 아니한 경우 관리처분계획상 현금청산대상자로 분류되나, 이는 하자가 중대·명백하여 당연무효로서 그 효력이 없으므로, 여전히 조합원의 지위를 유지하고 있다. 그 경우 현금청산대상자로 분류된 토지등소유자는 가장 근원적인 해결책인 관리처분계획의 취소 또는 무효확인의 소를 제기할 수 있는바, 그와 별개로 조합원지위확인의 소를 제기하는 것이 가능한지 여부가 문제된다.

---

3) 대법원 1996. 2. 15. 선고 94다31235 전원합의체 판결.

(2) 실무상 견해 대립

(가) 조합원지위확인소송 부정설

대법원 1996. 2. 15. 선고 94다31235 전원합의체 판결은 분양신청 후에 정하여진 관리처분계획의 내용에 관하여 다툼이 있는 경우에는 그 관리처분계획은 토지등의 소유자에게 구체적이고 결정적인 영향을 미치는 것으로서 조합이 행한 처분에 해당하므로 항고소송에 의하여 관리처분계획 또는 그 내용인 분양거부처분 등의 취소를 구할 수 있다고 판시하였다. 해당 사안은 조합원의 분양신청 행위에 따라 수립된 관리처분계획임을 전제로 하고 있으나, 넓게는 관리처분계획이라는 구체적인 처분이 존재하므로 관리처분계획에 대한 무효확인이나 그 처분의 취소를 구하여야 하는 듯한 취지로 이해될 수 있다.

(나) 조합원지위확인소송 긍정설

관리처분계획이 존재한다 하더라도, 사업시행자가 조합원임을 주장하는 자의 조합원 자격을 부인하는 경우, 조합원임을 주장하는 자는 그의 권리 또는 법적 지위에 현존하는 위험·불안을 제거하는 방법으로 위 조합을 상대로 조합원 지위의 확인을 구할 소의 이익이 있다 할 것이고, 관리처분계획은 이전고시가 이루어지기 전까지는 변경될 수도 있을 뿐만 아니라, 그 계획이 확정되었다고 하여 위와 같은 소의 이익에 관한 법리가 달라지는 것은 아니다.[4)]

(3) 판례

앞서 본 바와 같이 대법원 1996. 2. 15. 선고 94다31235 전원합의체 판결은 조합원지위확인소송을 제기할 수 없다는 취지로 해석될 여지가 있기는 한다. 그러나 위 94다31235 전원합의체 판결 이후 선고된 대법원 2015. 10. 29. 선고 2013두12669 판결은 관리처분계획상 상가를 분양받은 조합원이 적법한 동·호수 추첨이 이루어지지 않아 상가 분양계약 체결에 응하지 않았고, 이에 사업시행자가 해당 상가에 관하여 일반분양하는 것으로 관리처분변경계획을 수립한 사안에서, 위 상가조합원이 제기한 조합원지위확인의 소에 대하여 각하 판결하는 대신 일반분양하는 내용의 관리처분변경계획의 하자가 객관적으로 명백하다고 보기는 어려우므로 변경된 관리처분계획이 무효라고 할 수는 없지만, 관리처분변경계획은 이전고시가 이루어지기 전까지는 변경될 수도 있어 원고로서는 여전히 조합원 지위의 확인을 구할 소의 이익이 있다고 하였다.[5)]

현재 하급심은 견해가 나뉘어지고 있다. 다만, 위 97누14606 판결 및 위 2013두12669 판결의 취지에 따라 분양신청을 하지 아니하여 현금청산대상자로 분류된 관리처분계획이 존재함에도, 관리처분계획의 무효확인이나 취소를 구하는 대신 조합원 지위의 확인을 구하는 내용으로 제기된 소에 대하여 본안 전 항변을 배척하고 소의 이익을 인정하고 있는 것이 하급심의 주류인 듯하다.[6)]

---

4) 대법원 1999. 2. 5. 선고 97누14606 판결.
5) 대법원 1999. 2. 5. 선고 97누14606 판결.
6) 서울고등법원 2018. 10. 31. 선고 2018누41985 판결(확정), 서울고등법원 2019. 10. 17. 선고 2019누41746 판결(확정), 대법원 2020. 1. 16. 자 2019두53921 판결 및 서울고등법원 2019. 9. 11. 선고 2019누40446 판결(제1심이 소의 이익이 없어 각하하였으나, 원고만이 항소하여 불이익변경금지원칙상 청구기각 판결하였다), 서울고등법원 2022. 8.

⑷ 결론

관리처분계획이 당연무효이므로 처분의 공정력에 의하여 조합원 지위의 확인을 구할 수 없는 것으로 볼 수는 없다. 확인의 소에서 '확인의 이익'이란 원고의 권리 또는 법률상 지위에 현존하는 불안, 위험이 있고 이를 제거함에는 확인판결을 받는 것이 가장 유효적절한 수단일 때에 인정되나, 조합원지위확인소송에서 승소하는 경우 사업시행자는 그를 현금청산대상자로 한 관리처분계획을 변경할 것이므로, 확인의 이익이 있다고 봄이 타당하다. 자세한 내용은 제2장 제2절 Ⅳ. "3. 분양신청통지의 하자(누락)를 이유로 한 각종 쟁송"에서 이미 살펴보았다.

나. 관리처분계획 취소청구 등과 조합원지위확인소송의 병합청구

실무상 단순병합으로 관리처분계획의 무효확인 또는 취소를 구함과 동시에 조합원 지위 확인을 구하는 경우가 있다. 관리처분계획은 이전고시가 이루어지기 전까지는 변경이 가능한 점, 소가 병합된 사정만으로 소의 이익이 없다고 보기는 어려운 점 등을 고려하면 그 경우에도 조합원 지위확인의 소의 이익이 인정된다.

다. 스스로 현금청산대상자가 된 자의 조합원지위확인의 소

⑴ 문제의 소재

스스로 분양신청기간 내에 분양신청을 하지 아니하여 현금청산대상자가 되었는데, 그 후 사업시행자가 분양신청 내용에 기초하여 관리처분계획을 수립하는 대신, 분양신청하여 조합원 자격을 유지하고 있는 자들의 의결로 사업시행계획을 변경한 후 종전에 분양신청한 자들에 대하여만 새롭게 분양신청절차를 진행하는 경우, 종전 사업시행계획의 주요 부분에 대한 실질적 대체가 있었으므로, 사업시행자로서는 새로운 사업시행계획에 기하여 종전 현금청산대상자들에 대하여도 분양신청절차를 거쳐야 함에도 이를 거치지 아니하였음을 들어 여전히 조합원의 지위에 있다고 주장하는 경우가 있다.

⑵ 소의 이익 여부

판례는 사업시행자가 분양신청기간 내에 분양신청을 하지 않았다는 이유를 들어 원고의 조합원 지위를 부인하고 있으므로, 조합원임을 주장하는 원고로서는 그의 권리 또는 법적 지위에 현존하는 위험·불안을 제거하는 방법으로 사업시행자를 상대로 조합원 지위의 확인을 구할 소의 이익이 있다고 보아야 하고, 새로운 분양신청절차를 거쳐 관리처분계획을 수립한 다음 이를 인가받았다는 등의 사정을 들어 이와 달리 볼 수는 없다고 판시하여 법률상의 이익을 인정하였다.[7)]

---

18. 선고 2021누56376 판결[원고가 자신을 현금청산대상자로 한 관리처분계획의 무효확인을 구할 뿐만 아니라 조합원 지위의 확인을 구한 사안에서, 관리처분계획 중 원고를 현금청산대상자로 정한 부분의 무효임을 확인할 뿐만 아니라 조합원 지위 확인 청구 부분도 확인의 이익이 있음을 명확히 밝혔다. 이에 대한 조합의 상고가 기각되었으나(대법원 2023. 6. 29. 선고 2022두56586 판결), 조합원 지위 확인 청구와 관련하여 확인의 이익이 없음을 들어 상고한 것으로 보이지는 아니한다].

7) 대법원 2020. 1. 16. 자 2019두53921 판결 및 서울고등법원 2019. 9. 11. 선고 2019누40446 판결.

(3) 본안(청구기각)

조합이 분양신청 내용에 기초하여 관리처분계획을 수립하는 대신, 사업시행계획을 변경하였고 그 때 사업시행계획의 주요 부분에 대한 실질적 대체가 이루어졌다 하더라도, 종전 사업시행계획은 장래를 향하여 실효할 뿐이다. 따라서 위 규정 내용상 조합이 조합원 3분의 2 이상의 찬성이라는 특별결의를 통하여 그들에게 조합원 지위를 부여하는 정관의 변경이나 총회결의가 없는 한 조합원 지위가 존재하는 것으로 보기 어려우므로, 청구를 기각하여야 한다.

제2절 소송요건과 관련한 쟁점

Ⅰ. 관리처분계획 및 그 인가에 대한 취소소송의 제소기간

정비사업은 이해관계가 상충되는 다수의 토지등소유자들의 개별적이고 구체적인 이익을 적절히 형량·조정하면서 장기에 걸쳐 진행되는 사업이다. 그 과정에서 임차인 등 다수 관계자들의 이해관계도 복잡하게 얽혀 있다. 따라서 처분의 효력이 다수인에게 동시에 발생하며, 제소기간을 일률적으로 정할 필요성이 상당하므로, 관리처분계획에 대한 인가는 고시에 의하여 이루어진다.

앞서 본 바와 같이 관리처분계획인가는 고시 그 자체에 특별한 규정이 있는 경우를 제외하고는 행정업무규정 4조 3호, 6조 3항에 의하여 위 고시가 있고 난 뒤 5일이 경과한 날부터 효력을 발생할 뿐만 아니라 이해관계를 갖는 자가 위 고시가 있었다는 사실을 현실적으로 알았는지 여부에 관계없이 고시가 효력을 발생하는 날에 인가처분이 있음을 알았다고 보아야 한다.

다음으로 관리처분계획에 대하여 살펴본다. 다수의 이해관계인들의 집단적인 법률관계를 명확하고 안정적으로 규율할 필요성이 있는 점과 함께 법 50조의 내용 등에 비추어 볼 때, 이해관계인들은 관리처분계획에 대한 인가처분이 있음을 알았다고 볼 시점에 관리처분계획의 내용도 알았다고 봄이 상당하다. 따라서 관리처분계획 자체를 다투는 항고소송의 경우에도 그 인가처분의 경우와 마찬가지로, 관리처분계획인가의 고시가 있은 후 5일이 경과한 날에 관리처분계획의 내용을 알았다고 보아야 할 것이다.[8)]

그렇다면 관리처분계획이나 인가처분의 취소를 구하는 소의 제소기간은 일률적으로 위 고시가 있고 난 뒤 5일이 경과한 날부터 기산한다.[9)]

한편 행정소송법 20조 2항은 취소소송은 처분등이 있은 날부터 1년을 경과하면 이를 제기하지 못하되, 정당한 사유가 있는 때에는 그러하지 아니하다고 규정하고 있다. 고시·공고에 의한 방법으로 그 효력을 발하는 행정처분의 경우 이해관계인들이 개별적으로 그 처분을 통지받지 못하였다는 것은 제소기간을 준수하지 못한 것에 대한 정당한 사유를 구성하지 않는다.[10)]

8) 대법원 2024. 3. 28. 자 2023두63628 판결 및 서울고등법원 2023. 12. 8. 선고 2023누48874 판결(관리처분계획).
9) 대법원 2010. 12. 9. 선고 2009두4913 판결.
10) 대법원 2007. 6. 14. 선고 2004두619 판결 참조.

Ⅱ. 법률상 이익

1. 조합원

가. 법률상 이익의 내용

관리처분계획은 인가를 통해 그 효력을 발생하게 되면 이해관계인에 대한 구속적 행정계획이 되므로, 조합원은 관리처분계획의 성립상 하자가 있거나 내용이 위법한 경우 이를 다툴 법률상 이익(원고적격)이 있다. 구체적인 내용은 다음과 같다.

(1) 조합원이 분양신청을 하였으나 원하지 않는 내용으로 종후자산의 권리귀속이 이루어진 경우, 그와 같은 관리처분계획의 위법성을 다툴 수 있다.

(2) 조합원이 분양신청을 하였고 그 내용대로 관리처분계획이 수립되었으나, 분양신청통지나 분양신청서의 접수과정에서 평형선택권이 침해된 경우에는 관리처분계획의 위법성을 다툴 수 있다.

(3) 총회결의에 하자(총회결의의 의사 또는 의결정족수의 불비 등)가 있는 경우 이를 다툴 수 있다.

자세한 내용은 다음에 살펴본다.

나. 하자의 승계 및 도시정비법의 독자적 처분 관련 법리

연속적 처분인 사업시행계획과 관리처분계획은 서로 독립하여 별개의 법적 효과를 발생시키는 것이므로, 선행처분인 사업시행계획에 불가쟁력이 발생되었다면 사업시행계획에 관한 취소사유인 하자는 관리처분계획에 승계되지 아니하여 그 하자를 들어 관리처분계획의 위법을 다툴 수 없다. 다만 선행처분인 사업시행계획이 무효인 경우 그 하자는 승계되어 이를 이유로 관리처분계획의 위법을 다툴 수 있다. 한편 도시정비법의 처분 관련 법리로서 정비사업상 각 단계별 처분은 각 단계에서 조합설립인가, 사업시행계획인가, 관리처분계획인가 등의 선행 행정처분이 이루어짐에 따라 후속처분이 진행되는 것이 특성으로서, 선행처분은 그 자체로 처분의 목적이 종료되지 않고 계속하여 후속처분의 전제가 된다. 따라서 선행처분인 조합설립인가처분이 당연무효로 확인될 경우 후속행위인 관리처분계획 역시 소급하여 효력을 상실하게 되므로, 조합설립인가처분의 무효사유를 들어 관리처분계획을 다툴 수도 있다.

2. 현금청산대상자

가. 일반론

조합원이 분양신청기간 내에 분양신청을 하지 않는 경우, 관리처분계획상 현금청산대상자로 분류된다. 관리처분계획이란 사업시행의 결과 설치되는 대지를 포함한 각종 시설물의 권리 배분 및 귀속에 관한 사항과 그 비용 분담에 관한 사항을 정하는 포괄적 행정계획이므로(법 78조 5항은 관리처분계획이 인가되면 그 인가의 내용을 분양신청자에게만 통지하도록 규정하고 있다), 관리처분계획상의 권리귀속과 무관한 현금청산대상자가 관리처분계획의 취소나 무효확인을 구하는 소를 제기할 법률상 이익(원고적격)이 있는지 여부가 문제된다.

나. 적극적 요건

(1) 분양신청통지의 하자 존재 시(긍정)

제2장 제2절 Ⅳ. "3. 분양신청통지의 하자(누락)를 이유로 한 관리처분계획에 대한 쟁송"에서 살펴본 바와 같이 사업시행자로부터 분양신청통지를 받지 못하여 적법한 분양신청기간 내에 분양신청을 할 수 없었다면, 비록 형식적으로는 조합원의 지위를 상실한 현금청산대상자로 분류되었다 하더라도 조합원의 지위는 유지되므로, 종후자산을 배분받기 위하여 관리처분계획을 다툴 법률상 이익이 있고 현금청산대상자로 분류한 관리처분계획은 그 하자가 중대·명백하여 무효이다.

(2) 분양신청 및 현금청산대상자로의 분류과정에서 하자 존재 시(긍정)

㈎ 투기과열지구로 지정된 지역에서, 사업시행자가 조합설립인가 후 토지등을 양수 받았음을 이유로(재건축사업), 관리처분계획인가 후 토지등을 양수받았음을 이유로(재개발사업) 양수인에게 조합원의 지위가 인정되지 않는다는 판단 하에 분양신청의 기회 없이 현금청산대상자로 분류한 경우

㈏ 이미 투기과열지구의 정비사업에서 관리처분계획에 따라 분양받은 수분양자 및 그 세대에 속하는 자에 대하여 그 분양대상자 선정일로부터 5년 내에 투기과열지구에서의 정비사업 사업시행자가 관리처분계획을 수립하면서 해당 조합원에게 분양신청의 기회 없이 현금청산대상자로 분류한 경우

㈐ 사업시행자가 주택소유자가 아님을 이유로 분양신청의 기회 없이 현금청산대상자로 분류한 경우

㈑ 사업시행자가 종전토지의 총 면적이 90㎡ 미만의 과소 토지 소유자임을 이유로 현금청산대상자로 분류한 경우

위 각 사안에서 분양신청 및 현금청산대상자로 분류하는 과정에서 하자가 존재하는 경우, 비록 형식적으로는 조합원의 지위를 상실한 현금청산대상자라 하더라도 자신의 분양신청권이 침해되었음을 이유로 관리처분계획의 취소 또는 무효확인의 소제기가 가능하다.

(3) 스스로 현금청산대상자가 된 자의 법률상 이익(원칙적 부정)

㈎ 관리처분계획의 내용은 분양신청한 사람들에 대한 종후자산의 배분과 관련된 것이므로, 스스로 분양신청을 하지 않아 분양신청기간 만료일 다음 날 조합원지위를 상실하고 현금청산대상자가 된 자는 관리처분계획에 의하여 더 이상 권리의무에 직접적·구체적인 영향을 받지 않아 관리처분계획의 취소나 무효확인을 구할 법률상 이익이 없다(다만, 다음에서 살펴보듯이 관리처분계획 중 청산금 액수를 다투는 범위에서는 법률상 이익이 있다).

그러나 사업시행계획에 당연무효인 하자가 있는 경우(조합설립인가처분에 당연무효의 하자가 있는 경우도 마찬가지이다), 사업시행자는 사업시행계획을 새로이 작성하여 관할 행정청으로부터 인가를 받은 후 다시 분양신청을 받아 관리처분계획을 수립하여야 하고, 토지등소유자는 그때 분양신청을 함으로써 건축물 등을 분양받을 수 있으므로 그와 같은 조건하에서는 종후자산을 배분

받기 위하여 관리처분계획이나 그 인가처분을 다툴 법률상 이익이 있다.[11)]

다만, 심리결과 사업시행계획이 당연무효라고 할 수 없는 경우에는, 현행의 관리처분계획이 취소되거나 무효로 확인되는 어떠한 경우에도 현금청산대상자가 조합원 자격을 회복하거나 직접적인 법률상 이익을 얻게 된다고 할 수 없으므로(종후자산을 배분받을 수 없으므로), 관리처분계획에 의하여 권리의무에 어떠한 영향도 없어 결국 관리처분계획의 취소를 구하는 소송은 법률상 이익이 없어 부적법하게 된다.[12)]

결국 사업시행계획이 당연무효인 경우에는 후속처분인 관리처분계획도 소급하여 효력이 상실되므로, 현금청산대상자가 관리처분계획의 취소를 구하는 소송은 법률상 이익이 인정될 뿐만 아니라 본안에서도 승소할 것이나, 사업시행계획이 당연무효로 볼 수 없는 경우에는 법률상 이익이 없어 소송을 각하하여야 한다. 기각판결을 선고하지 않도록 주의해야 한다.

(나) 실무상 스스로 현금청산대상자가 된 자는 관리처분계획의 무효확인 또는 취소 청구와 병합하여 사업시행계획의 무효확인을 구하는 경우가 있고, 그 경우 사업시행계획에 대한 무효확인을 구하는 소의 이익이 있음은 명백하다. 따라서 사업시행계획에 당연무효의 하자가 없는 경우, 사업시행계획 무효확인 청구 부분은 기각, 관리처분계획 무효확인 또는 취소청구 부분은 각하판결하여야 한다.

(4) 재건축사업에 동의하지 않아 매도청구의 대상이 된 자(원칙적 부정)

재건축사업은 조합원 임의가입제가 원칙이므로, 정비구역 내에 소재한 토지등소유자 중 재건축사업에 동의한 자만이 조합원이 된다. 재건축사업에 동의하지 않은 자는 매도청구의 대상이 될 뿐, 관리처분계획으로 인하여 어떠한 권리·의무에 영향을 받지 아니하므로, 일응 관리처분계획의 무효확인 또는 취소를 구할 법률상 이익이 없다고 볼 여지가 있다. 실제로 사업시행계획에 당연무효인 하자가 있는 경우 관리처분계획의 위법성을 다툴수 있다는 위 2008두18342 판결은 조합원 강제가입제가 적용되는 정비사업에만 적용되는 것으로서, 조합설립에 동의하여야만 조합원이 되는 재건축사업에는 적용되지 아니하므로, 사업시행계획 무효 여부에 대한 판단 없이 법률상 이익이 없어 각하한 판결이 있다.[13)]

그러나 토지등소유자가 재건축조합에 조합원으로 가입할 수 있는 종기는 분양신청기간 종료일이므로(국토부 재건축 표준정관 9조 1항, 서울 재건축 표준정관 10조 1항), 사업시행계획이 당연무효로 확인되거나 소급적으로 취소되면 사업시행자는 새롭게 사업시행계획을 수립한 후 별도로 분양신청절차를 거쳐야 하고, 그 경우 토지등소유자로서는 분양신청기간 내에 조합설립에 동의하여 조합원이 될 수 있으며, 분양신청을 통하여 관리처분계획상의 수분양자가 될 수 있다 할 것이어서, 재건축사업의 경우에도 관리처분계획의 위법성을 주장하는 전제로 사업시행계획의 무효를 주장하는 경우에는 예외적으로 위 2008두18342 판결이 적용되어 일응 법률상 이익이 인정된다고 봄이 상당하다.[14)] 다만, 심리결과 사업시행계획이 당연무효라고 할 수 없는 경우에는, 이

---

11) 대법원 2011. 12. 8. 선고 2008두18342 판결, 대법원 2014. 2. 27. 선고 2011두25173 판결.
12) 대법원 2013. 10. 31. 선고 2012두19007 판결 및 서울고등법원 2012. 7. 13. 선고 2011누44848 판결.
13) 대법원 2012. 6. 14. 자 2012두5039 판결 및 서울고등법원 2012. 1. 26. 선고 2011누31620 판결.

를 전제로 한 관리처분계획이 취소된다고 하여도 현금청산대상자들이 조합원 자격을 회복하거나 직접적인 법률상 이익을 얻게 된다고 할 수 없으므로, 결국 관리처분계획취소소송은 부적법하게 될 것이다.

다. 소극적 요건

(1) 수용재결 확정이나 매도청구가 확정되어 소유권이전등기를 마쳐줄 것

(가) 재개발조합이 재결신청을 하고, 토지수용위원회가 이에 기하여 금전보상의 재결을 하여 그 재결이 확정되면, 토지 및 건축물을 수용당한 토지등소유자는 확정적으로 토지 및 건축물에 대한 소유권을 상실하고, (비록 형식적으로 현금청산대상자이나 분양신청통지를 받지 못하여 조합원 지위를 유지하고 있다 하더라도) 확정적으로 재개발조합의 조합원 지위도 상실하게 된다. 재건축사업에 있어 매도청구가 확정된 후 소유권이전등기를 마쳐준 경우에도 마찬가지이다. 따라서 그 경우 토지등소유자는 더 이상 관리처분계획으로 어떠한 영향을 받을 개연성이 완전히 없어졌다고 할 것이므로, 관리처분계획의 무효확인이나 취소를 구할 법률상 이익이 없다.[15]

(나) 다만, 재개발사업의 현금청산대상자가 관할 토지수용위원회를 상대로 해당 부동산에 관한 수용재결의 취소를 구하는 소송을 제기하여 현재 그 수용재결의 효력을 다투고 있고 위 수용재결 관련 판결이 확정되지 아니하였다면, 수용재결이 취소될 수 있어 현금청산대상자는 해당 부동산의 소유권을 회복할 가능성이 존재하므로, 법률상 이익이 있다.

재건축사업에 있어서도 매도청구 관련 소가 제기되어 있고, 그 소가 확정되기 전이라면 법률상 이익이 인정된다. 나아가 매도청구가 확정되었다 하더라도, 매매계약 체결의 효과만이 있으므로, 그에 따라 소유권이전등기를 경료하여 주기 전이라면 여전히 토지등소유자가 소유권을 보유하고 있으므로 법률상 이익이 인정된다.

(2) 이전고시 이전일 것

이전고시가 그 효력을 발생하게 된 이후 관리처분계획의 취소소송 또는 무효확인소송이 제기되거나, 관리처분계획의 무효확인 또는 취소소송의 계속 중에 이전고시가 이루어진 경우 모두 법률상 이익이 없어 각하하여야 한다.[16] 자세한 내용은 제7장 "Ⅲ. 이전고시와의 관계"에서 살펴본다.

3. 소송요건과 관련한 기타 쟁점

가. 관리처분계획의 취소의 범위

(1) 전체 취소 청구

관리처분계획 총회의 의결정족수나 의사정족수의 하자, 수립된 관리처분계획의 공람절차의

14) 대법원 2023. 3. 30. 자 2022두66750 판결 및 서울고등법원 2022. 11. 9. 선고 2021누49255 판결, 서울행정법원 2021. 6. 11. 선고 2020구합61119 판결.
15) 대법원 2011. 1. 27. 선고 2008두14340 판결.
16) 대법원 2012. 3. 22. 선고 2011두6400 전원합의체 판결.

하자, 종후자산 배분의 기준 및 청산금 산정기준의 하자, 비례율의 부당한 산정 및 적용 등 관리처분계획 전체에 걸친 하자가 있을 때는 관리처분계획 전체의 취소를 구할 수 있다.[17]

⑵ 일부에 대한 취소 청구

㈎ 관리처분계획은 총회에서 의결된 후 인가된 전체로 하나의 처분이므로 부분적으로 취소를 구할 수 있는지 여부가 문제된다. 실무상 관리처분계획 중 자신을 현금청산대상자로 한 부분의 위법성을 주장하면서 또는 자신의 종전자산 평가의 위법을 주장하며 관리처분계획 전부의 취소를 구하는 경우를 흔히 볼 수 있다.

외형상 하나의 행정처분이라고 하더라도 가분성이 있거나 처분대상의 일부가 특정될 수 있다면 그 일부만의 취소도 가능하고, 해당 취소부분에 관하여 효력이 생기는 것이다.[18] 따라서 관리처분계획이 총회의 의결을 거쳐 일체로 이루어지는 것이라 하더라도 이전고시로 권리관계가 실현되기 전까지는 관리처분계획의 일부 변경이 가능하므로 관리처분계획의 일부에 취소사유가 있는 경우에는 그 부분에 관한 취소를 구할 수 있고,[19] 나아가 일부의 취소만으로 목적의 달성이 가능하다면, 취소를 구하는 나머지 부분은 소의 이익이 없다.

㈏ 소송에 의하여 일부 토지등소유자에 대한 현금청산대상자의 지위가 취소되거나, 종후자산(분양예정 대지 및 건축물의 명세 및 추산액) 배분 부분만이 취소되는 경우, 사업시행자는 그들을 상대로 새롭게 분양신청절차를 거쳐 종후자산에 대하여 분양하게 된다. 그 경우 조합원분양분으로 공급되는 아파트와 일반분양분으로 공급되는 아파트의 물량 등에 변동이 생기고 그에 따라 총 수입 추산액 등에 다소 변동이 발생할 여지가 있으나, 위와 같은 변동이 관리처분계획에 따른 추정 비례율에 미치는 영향은 미미할 것이므로(일반적으로 비례율은 관리처분계획의 내용이 된다), 다른 조합원들의 '분양예정 대지 및 건축물의 명세 및 추산액'을 비롯한 관리처분계획 전체에 대하여 취소를 구할 수는 없다.

다만, 일부 토지등소유자에 대한 '분양예정 대지 및 건축물의 명세 및 추산액' 부분이 위법하여 취소하는 경우, 사업시행자로서는 그들의 최종적인 분양의사를 재차 확인하여 그에 따라 새로이 관리처분계획을 수립하여야 할 것인데, 그와 같은 숫자가 상당한 경우 해당 조합원들의 분양신청 내용이 달라짐으로써 조합원분양분의 전체적인 배분내용 및 각 평형별 물량 자체가 변경될 수밖에 없고, 이로써 전체 조합원들의 분담금 내역도 함께 연쇄적으로 변경된다면, 그와 같은 일부 조합원들의 '분양예정 대지 및 건축물의 명세 및 추산액' 부분과 관련한 관리처분계획에 대한 하자는 관리처분계획 전체에 영향을 미친다고 볼 수 있으므로, 관리처분계획 전체가 위법하게 된다 할 것이어서, 그 전부에 대한 취소를 구할 법률상 이익이 있다.[20]

---

17) 대법원 2010. 3. 25. 선고 2009두21277 판결(도시정비법 63조 1항 6호는 재개발사업의 관리처분방법으로 1필지의 대지 위에 2인 이상에게 분양될 건축물이 설치된 경우, 분양면적 비율에 의하여 대지지분이 주어지도록 규정하고 있음에도 불구하고, 대지지분을 전용면적 비율에 따라 산정하도록 정한 관리처분계획의 위법사유는 관리처분계획 전부에 공통된 위법사유이다. 따라서 그와 같은 위법사유를 이유로 관리처분계획 중 원고와 관련된 부분이 취소되는 경우 원고 이외의 조합원들에 관련된 부분 역시 변경될 수밖에 없으므로 원고는 관리처분계획 중 자신에 관한 부분뿐만 아니라 다른 조합원들에 관한 부분에 대하여도 그 취소를 구할 법률상 이익이 있다).

18) 대법원 1995. 11. 16. 선고 95누8850 전원합의체 판결 참조.

19) 대법원 1995. 7. 14. 선고 93누9118 판결.

(다) 특정 조합원의 종전자산 평가의 잘못인 경우에는 해당 조합원의 '종전 토지 및 건축물의 가격' 및 '권리가액' 부분만을 취소한다.

나. 관리처분계획 중 상가 및 공동주택부분이 상호간에 미치는 영향

관리처분계획 중 상가 부분(주로는 '분양예정 대지 및 건축물의 명세 및 추산액'이다)이 하자로 인하여 취소되는 경우, 공동주택 부분에 미치는 효과가 문제된다(반대의 경우도 마찬가지이다). 실무상으로는 상가 수분양자가 상가부분의 하자를 이유로 관리처분계획 중 공동주택 부분까지 취소를 구하는 경우가 있다.

쟁점은 관리처분계획의 내용이 되는 비례율이 변경될 수 있는가 하는 점이다. 상가 종후자산의 배분과 관련하여서만 하자가 존재할 뿐, 상가의 전체 분양면적과 조합원의 분양금액(평균분양면적 기준금액)에 대한 하자가 존재하지 않는다면, 상가관리처분계획이 취소되더라도, 그로 인하여 총 수입에는 어떠한 영향도 없어 전체 조합원들의 비례율이 변경되지는 아니하므로, 관리처분계획 중 상가부분이 취소되더라도, 공동주택부분에는 특별한 영향이 없다. 그 경우 상가부분의 수분양자는 상가부분의 하자를 이유로 공동주택부분에 대한 취소를 구할 법률상 이익이 없다.

다. 기타(현금청산대상자의 관리처분계획상의 청산금 액수에 대하여 다툴 수 있는지 여부)

정비사업에서 적법한 통지를 받고도 분양신청을 하지 아니하여 분양신청기간 만료 다음 날 조합원의 지위를 상실한 현금청산대상자에 대하여는 관리처분계획상 현금청산대상자로 분류되고, 현금청산대상자가 소유한 토지등에 대한 가액이 관리처분계획에 기재된다. 현금청산대상자가 관리처분계획상의 자신 소유 토지등에 대한 가액 평가에 위법이 있는 경우 이를 다툴 수 있는지 여부가 문제된다.

실무상 기준일 산정에 위법이 있다거나(제6편 제4장 Ⅲ. 1. '나. 재개발사업 손실보상의 기준시점' 참조) 감정평가의 잘못으로 과소하게 평가되어 정당한 보상이 되지 아니한다고 다툰다.

관리처분계획상 수분양자로 분류된 조합원이 자신에 대한 종전자산 평가가 위법한 경우, 관리처분계획상의 종전자산가격을 다투는 방법 이외에는 구제수단이 없다. 그렇지만 현금청산대상자의 경우에는 관리처분계획에 자신 소유 토지등에 대한 가액이 기재되어 있더라도, 이를 기초로 사업시행자와 협의해야 하고, 협의가 성립되지 아니하는 경우 재개발사업에서는 수용절차를 통하여, 재건축사업의 경우에는 매도청구를 통하여 각 그 금액을 다툴 기회가 보장되어 있고, 실제로 그와 같은 절차에서 금액이 확정된다. 따라서 특별히 현금청산대상자가 관리처분계획상의 자신 소유 토지등에 대한 가액을 다투는 소의 이익을 인정할 필요가 있는가 하는 의문이 제기된다. 그러나 위 가액은 협의취득의 기준이 되므로 이를 다툴 소의 이익을 인정함이 타당하다. 판례는 그 경우에도 그와 같은 금액을 다투는 소의 이익이 있음을 전제로 본안판단에 나아가고 있다.[21]

---

20) 서울고등법원 2017. 4. 7. 선고 2016누46856 판결(확정).

21) 대법원 2011. 1. 27. 선고 2008두14340 판결.

제3절 본안과 관련한 쟁점

Ⅰ. 개 요

관리처분계획 총회결의의 하자는 처분에 이르는 절차적 요건의 존부나 효력에 관한 것이나, 관리처분계획인가·고시가 이루어지면 관리처분계획 자체의 하자로서 본안과 관련이 된다. 그 외에는 주로 관리처분계획의 내용상 하자가 본안과 관련된다. 조합원이 분양신청을 하였으나, 원하지 않는 내용으로 종후자산의 권리배분이 이루어진 경우, 그와 같은 분양이 관리처분의 방법 및 관리처분계획 수립기준에 반하는 것인지 여부 등이 주로 문제된다. 또한 분양신청통지나 접수과정에서 평형선택권이 침해되었는지 여부, 비례율이 부당한지 여부, 종전자산가격 및 종후자산가액의 평가가 위법한지 여부, 분담금 산정방법에 하자가 존재하는지 여부 등이 본안에서 문제된다. 근래에는 상가독립정산제약정 및 그에 반하는 관리처분계획의 위법성이 특히 주목받고 있고, 교회·절 등 종교시설에 대한 관리처분계획수립상의 특별취급과 관련하여서는 실무상 오랫동안 다툼이 있어 왔다. 한편 총회결의를 거치지 않은 채 종후자산의 처분을 내용으로 하여 수립된 관리처분계획은 그 후 인가·고시가 이루어졌다 하더라도 그 효력이 없다.[22)]

Ⅱ. 관리처분계획 총회결의의 하자 여부

1. 의결정족수 및 절차 일반요건

관리처분계획의 작성 및 변경에는 총회의 결의를 요한다. 재적 조합원 과반수의 찬성으로 의결하되, 정비사업비가 100분의 10 이상 늘어나는 경우에는 조합원 3분의 2 이상의 찬성으로 의결한다. 관리처분계획을 수립하거나 변경하는 총회의 경우에는 조합원 100분의 20 이상이 직접 출석하여야 한다. 전자적 방법의 의결권 행사도 가능하다.

2. 절차의 하자

가. 일반절차상의 하자

관리처분계획에 대한 총회결의 과정에서의 절차상 하자 여부와 관련한 일반적 내용은 제4편 제5장 제3절 Ⅲ. 4. “나. 절차의 하자”에서 자세히 살펴보았다. 이하에서는 관리처분계획 등과 관련한 특유 절차의 하자와 관련하여 주로 살펴본다.

나. 정비사업비가 100분의 10 이상 증가와 특별결의

실무상 관리처분계획을 수립할 때 의결한 공사비 등 정비사업비가 100분의 10 이상이 증가되었거나 정비사업비가 조합원들의 이해관계에 중대한 영향을 미칠 정도로 실질적으로 변경되었

22) 대법원 1996. 11. 15. 선고 95다27158 판결.

음에도,[23] 관리처분계획을 의결한 총회가 조합원 3분의 2 이상의 찬성으로 의결하지 아니하였음을 이유로 관리처분계획의 무효확인 또는 취소를 구하는 경우가 있다. 여기에는 2가지 쟁점이 있다.

⑴ 액수 기준

정비사업비가 100분의 10 이상 증가하였는지 여부에 관하여 형식적 사업비를 기준으로 판단하는 것이 판례의 견해임은 제6편 제6장 Ⅲ. 1. 가. "⑶ 정비사업비 100분의 10 이상 증가와 특별결의"에서 자세히 살펴보았다.

⑵ 비교 대상

㈎ 조합을 설립할 때 공사비 등 정비사업비, 분담기준 등에 관하여 조합원들의 동의를 받게 된다[정비사업비는 조합설립동의서의 필수적 기재 내용이다(법 시행령 30조 2항 2호)]. 그 후 다음 단계인 사업시행계획의 작성 및 인가를 받을 때 조합원들의 과반수 찬성의결로 정비사업비가 잠정적으로 정해진다[정비사업비는 사업시행계획의 필수적 기재사항이고(법 52조 1항 12호), 사업시행계획이 작성, 인가된 이후 정비사업비를 변경하는 것은 사업시행계획인가의 내용을 변경하는 것이므로 조합원 과반수 찬성에 의한 총회의결을 요하여야 할 것이다(법 50조 1항). 구체적으로는 정비사업비가 10% 이상 늘어나는 경우에는 조합원 3분의 2 이상의 찬성으로 의결하여야 한다(법 45조 4항). 10%의 범위에서의 증·감의 경우에는 경미한 변경사항이므로, 조합원 과반수의 출석과 조합원 과반수의 찬성으로 의결한다(법 시행령 46조 1호, 법 45조 1항 13호, 같은 법 시행령 42조 1항 4호). 정비사업비가 10% 이상 감소하는 경우에는 원칙으로 돌아가 조합원 과반수의 찬성으로 의결하여야 한다]. 그 후 관리처분계획을 수립할 때에 정비사업비 추산액 및 조합원 분담규모가 확정된다(법 74조 1항 6호).

관리처분계획 수립 시 정해지는 정비사업비 추산액과 관련하여, 그 직전 단계에서의 사업비인 사업시행(변경)계획상의 사업비를 기준으로 정비사업비의 증가가 100분의 10 이상 증가된 경우에는 조합원 3분의 2 이상의 찬성으로 의결하여야 하고, 그 외의 경우에는 통상적인 관리처분계획 결의요건인 조합원 과반수 찬성으로 의결함이 가능하다.[24] 관리처분계획이 수립된 후 정비사업비가 증가되는 내용으로 관리처분계획을 변경하는 경우에도 그 전 단계가 비교대상이 됨은 마찬가지이다.

㈏ 구체적 사례 적용

조합설립인가 당시보다 사업시행계획 작성 당시 조합원들의 이해관계에 중대한 영향을 미칠 정도로 조합의 비용 부분이 변경되었거나 정비사업비가 100분의 10 이상 증가된 경우 위 사업시행계획에 대하여 조합원 3분의 2 이상의 찬성결의가 있었다면 관리처분계획은 위 사업시행계획상의 정비사업비와 비교한다.

---

23) 조합 정관의 필요적 기재사항이자 엄격한 정관변경절차를 거쳐야 하는 '조합의 비용부담'이나 '시공자·설계자의 선정 및 계약서에 포함될 내용'에 관한 사항이 당초 재개발결의 당시와 비교하여 볼 때 조합원들의 이해관계에 중대한 영향을 미칠 정도로 실질적으로 변경된 경우에는 비록 그것이 정관변경에 대한 절차가 적용되는 것은 아니라 하더라도 특별다수의 동의요건을 규정하여 조합원들의 이익을 보호하려는 법 40조 3항, 1항 8호 및 16호의 규정을 유추적용하여 조합원 3분의 2 이상의 동의가 필요하다(대법원 2012. 8. 23. 선고 2010두13463 판결 등 참조).

24) 대법원 2014. 6. 12. 선고 2012두28520 판결.

종래 조합원들의 이해관계에 중대한 영향을 미칠 정도로 조합의 비용이 변경되었음에도 사업시행계획에 대하여 조합원 3분의 2 이상의 찬성결의가 없었다면 원칙적으로 그 하자가 중대하나 명백한 것인지 여부가 문제된다.

판례는 총사업비가 대폭 증가되었으나, 당시는 정비사업비가 조합원들의 이해관계에 중대한 영향을 미칠 정도로 변경된 경우 조합원 3분의 2 이상의 동의가 필요하다는 판례(대법원 2009. 1. 30. 선고 2007다31884 판결)가 선고되기 이전인 사안에서, 사업시행계획에 대한 동의요건이 분명하지 아니한 상황이었던 이상 조합원 3분의 2 이상의 동의요건을 구비하지 못한 하자가 객관적으로 명백하다고 보기는 어려워 사업시행계획의 수립에 관한 하자는 무효사유가 아니라 취소사유에 불과하다고 하였다.[25] 사업시행계획과 관리처분계획은 서로 독립하여 별개의 법적 효과를 발생시키는 것으로서 사업시행계획에 관한 취소사유인 하자가 관리처분계획에 승계되지 아니하므로, 그 경우에도 관리처분계획상의 정비사업비에 대하여는 사업시행계획상의 정비사업비를 기준으로 비교하여야 한다.

Ⅲ. 내용의 하자

1. 일반론

관리처분계획 내용에 관한 하자 일반론에 대하여는 제4편 제5장 제3절 Ⅲ. 4. "다. 내용의 하자"에서 자세히 살펴본 바와 같이 총회 결의의 내용이 상위법령 및 정관에 위배되는 경우, 신뢰보호원칙에 위배되는 경우 위법하다 할 것이다. 시공자 선정 및 공사도급계약이 무효라 하더라도, 후속행위인 관리처분계획을 무효로 볼 수 없음은 제5편 제2장 Ⅴ. 2. 라. "(2) 공사도급계약이 무효인 경우 관리처분계획의 무효 여부"에서 자세히 살펴보았다. 이하에서는 관리처분계획에 특유한 내용상의 하자에 관하여 살펴본다.

2. 분양설계상의 하자 여부

가. 분양설계의 의의

'분양설계'라고 함은 분양대상자별로 분양예정위치를 정하고, 적정분양가격을 산정하는 설계를 말하는 것으로서 건축설계와는 그 의미를 달리한다.[26] 분양설계의 일반기준은 종후자산을 균형 있게 분양신청자에게 배분하고 합리적으로 이용되도록 하는 것이다(법 76조 1항 1호).

관리처분계획은 정비사업을 시행함에 있어 반드시 수립하여야 하는 법률이 정한 행정계획으로서 사업시행자에게 분양대상의 인정 여부에 관하여는 재량의 여지가 없지만, 수립하는 구체적인 내용에 관하여는 상당한 재량이 인정된다(이른바 '계획재량행위').

나. 공동주택과 상가의 차이

분양대상자별로 분양예정위치를 정하는 분양설계상의 계획재량의 폭은 종후자산이 공동주택

---

25) 대법원 2012. 8. 23. 선고 2010두13463 판결, 대법원 2014. 6. 12. 선고 2012두28520 판결.
26) 대법원 2010. 10. 28. 선고 2009두4029 판결.

인 경우보다 근린생활시설(상가)인 경우 더 넓게 인정된다. 상가의 경우 동일한 면적과 형태로 공급되는 공동주택에 비해 그 규모가 제한적이고 수요자별 혹은 업종별로 선호하는 위치나 면적, 층수가 모두 다를 수 있으며, 조합원분양이 완료된 이후라도 일반분양 결과를 포함한 전체적인 분양상황이나 실제 입점상황에 따라 내부 설계를 변경해야 하는 경우도 생길 수 있으므로, 반드시 분양신청 및 관리처분계획 단계에서 미리 층별·호수별로 면적을 구체적으로 구분지어 분양신청을 받아 분양대상자를 확정하는 것만이 적법하다고 할 수는 없다.

상가는 공동주택과 달리 구조상 뚜렷이 구분될 것을 요하지 않아(집합건물법 1조의2 3호, 4호에 따르면, '경계를 명확하게 알아볼 수 있는 표지를 바닥에 견고하게 설치하고 구분점포별로 부여된 건물번호 표지를 견고하게 붙이는 것'만으로도 구분소유가 가능하다) 필요에 따라 탄력적으로 구획을 설정 또는 재설정할 수 있으므로, 관리처분계획인가 이후 실시될 일반분양의 결과나 수분양자들의 입점계획 등을 반영하여 추후에 상가를 구획하고 면적을 확정하는 것이 오히려 상가 구분소유자의 전체적인 이익을 고려한 방법이라고 볼 수도 있다. 상가에 대한 분양설계의 적법성을 판단할 때에는 위와 같은 상가의 특수성이 고려되어야 한다.[27]

다. 분양설계기준일

(1) 의의

분양설계에 관한 계획은 분양신청기간이 만료하는 날을 기준으로 하여 수립하여야 하므로(법 76조 1항 5호), 분양대상 조합원에 해당하는지 여부 판정의 기준일은 '분양신청기간 종료일'이다. 다만 법은 77조에 의하여 그 예외로 지분 쪼개기의 경우 정비사업을 통하여 신축되는 건축물의 분양받을 권리의 산정 기준일(권리산정기준일)로 정비구역지정·고시일 또는 시·도지사가 투기를 억제하기 위하여 기본계획 수립을 위한 주민공람의 공고일 후 정비구역 지정·고시 전에 따로 정하는 날로 정하고 있음은 제3편 제1절에서 자세히 살펴보았다. 실무상 관리처분계획이 법정 분양설계기준일인 분양신청기간 종료일이 아닌 다른 일자를 기준으로 작성되어 위법함을 이유로 관리처분계획의 무효확인 또는 취소를 구하는 경우가 흔히 있다.

(2) 분양설계기준일 변경 불가의 원칙

㈎ 분양대상 조합원에 해당하는지 여부 판정의 기준일을 '분양신청기간 종료일' 이후로 늦추는 내용의 임시 총회결의나 정관변경에 관한 총회결의의 유효성이 문제된다.

법이 분양신청기간 종료일을 분양설계기준일로 확정하여 정한 것은 사업시행자가 관리처분계획에 포함되는 분양대상 토지등소유자에 해당하는지 여부 판정기준일을 임의로 분양신청기간 종료일 이후의 '관리처분계획이 수립되는 날' 등으로 정하는 경우 정비사업의 진행에 현저한 지장을 초래하고 토지등소유자의 권리관계에 혼란을 초래할 수 있기 때문이다. 따라서 분양설계기준일을 변경하는 총회결의가 있다 하더라도, 위와 같은 내용의 총회의 결의는 관련 법령의 취지

27) 대법원 2018. 3. 29. 자 2017두75309 판결 및 서울고등법원 2017. 12. 8. 선고 2017누69351 판결, 대법원 2018. 3. 29. 자 2017두75309 판결 및 서울고등법원 2017. 12. 8. 선고 2017누69351 판결, 서울행정법원 2017. 8. 25. 선고 2016구합76947 판결.

에 배치될 뿐만 아니라 공익에 현저히 반하는 것으로서 그 효력이 없다.[28)]

(나) 분양신청기간은 통지한 날부터 30일 이상 60일 이내로 하되, 20일의 범위에서 한 차례 연장할 수 있으나(법 72조 2항), 분양신청기간 내에 분양신청을 하지 않은 조합원은 분양신청기간 종료일 다음 날에 조합원 지위를 상실하게 되므로, 분양신청기간의 연장결정은 적어도 분양신청기간이 만료되기 전에 결정이 이루어져야 한다. 왜냐하면 분양신청기간이 만료되면 그때까지 분양신청을 하지 아니한 토지등소유자는 조합원이 아니라 현금청산대상자로 신분이 변경되기 때문이다. 조합이 민원에 못 이겨 별도의 총회의결 없이 분양신청기간이 만료되었음에도, 현금청산대상자가 된 토지등소유자에게 추가적인 분양신청기간을 부여하고, 그에 따른 분양신청 내용을 반영하여 관리처분계획을 수립하는 경우의 위법성은 이미 살펴보았다(제2장 제2절 Ⅳ. 4. "나. 분양신청기간 경과 후 임의 연장결정의 적법성" 참조).

(3) 예외

분양대상 조합원인지 여부, 각 조합원의 분양신청 내용은 분양신청기간 종료일을 기준으로 하여야 하나, 분양신청기간 내에 분양신청을 한 조합원들의 분양신청 내용을 취합한 결과, 특정평형에 대한 분양신청자 수가 조합원에게 공급할 세대 수에 미달하는 경우에는, 조합이 분양대상 조합원 자격을 갖추고 분양신청기간 내에 분양신청을 함으로써 분양대상 조합원이 된 사람들에 대하여 관리처분계획 수립을 위한 총회결의 전에 그 분양신청 내용을 변경할 기회를 부여한 경우, 이는 분양설계에 관한 기준일을 변경하는 것이지만, 예외적으로 법률의 규정을 위반한 것으로 볼 수 없다.[29)]

그 근거는 이를 인정하더라도 분양대상 조합원인지 여부는 변경이 없고, 단지 분양대상 조합원의 분양신청 내용이 변경된 것에 불과하며, 그와 같은 변경을 허용하더라도, 기존의 분양신청자들의 이해(利害, 특정평형을 분양받을 권리 내지 기대권)에 아무런 영향을 미치지 않기 때문이다. 따라서 분양신청 내용의 변경 기회를 부여하더라도, 기존의 분양신청자 수가 조합원 공급대상인 평형별 세대 수에 미달하는 부분까지만 허용된다.

3. 관리처분의 방법 및 관리처분계획 수립기준에 반하는 종후자산 배분의 위법성

가. 재개발·재건축사업에 적용되는 공통된 관리처분방법으로 지분 쪼개기의 경우 권리산정기준일을 도입하여 권리산정기준일 후 해당 토지등에 대하여 지분 쪼개기가 이루어지더라도 권리산정기준일을 기준으로 해당 토지등에 대하여 건축물을 분양받을 권리를 산정하여야 하는 제한이 있다. 재개발사업의 특유한 관리처분방법으로 지상권자 제외, 공동주택의 경우 종전자산이 건물인 경우 주택을 소유한 자에게 분양하고, 종전자산이 토지인 경우 90㎡ 이상이 자에게 분양하며, 종전자산의 권리가액이 분양용 최소규모 공동주택 1가구의 추산액 이상인 자에게 분양하는 제한이 있으며, 공급순위로 공동주택에 대하여는 권리가액에 해당하는 주택을 분양하거나 정관등으로 정하는 바에 의하여 권리가액이 많은 순서로 분양할 수 있고, 상가에 대하여는 용도의

28) 대법원 2002. 1. 22. 선고 2000두604 판결.
29) 대법원 2014. 8. 20. 선고 2012두5572 판결.

동일 여부, 사업자등록 여부, 종전자산가격이 최소분양단위 규모 추산액 이상인지 여부 등에 의하여 제1순위부터 제6순위까지 법정하고 있다(법 시행령 63조 1항, 서울시 조례 36조, 38조), 한편 재건축사업의 개별 관리처분방법으로 시행령 63조 2항만이 규정하고 있을 뿐이고, 그나마 일반적인 내용에 불과하여 구체적인 기준은 정관에 의한다. 다만 상가조합원에게는 원칙적으로 상가를 공급하여야 하고, 조합원 전원의 동의를 받지 않는 이상 이를 변경할 수 없다. 위와 같은 관리처분의 방법을 위반한 관리처분계획은 위법하다.

나. 관리처분계획의 수립기준에 대하여, 재개발사업의 경우에는 1(인)세대 1주택 분양을 원칙으로 하되, 종전주택의 가격 및 주거전용면적의 범위에서 극히 예외적으로만 2주택의 분양이 가능하고, 그 경우에도 반드시 1주택은 주거전용면적이 60㎡ 이하여야 하며, 전매도 제한된다. 다만, 1997. 1. 15. 또는 1990. 4. 21. 이전 지분이전등기를 마친 다가구주택 또는 단독주택의 경우 가구별로 1인을 1분양대상자로 하거나 각 권리산정기준일 이전부터 공유로 소유한 토지의 지분이 90㎡ 이상인 경우 또는 그 지분의 권리가액이 분양용 최소규모 공동주택 1가구의 추산액 이상인 경우 지분별로 분양대상자로 할 수 있다.

그러나 재건축사업의 경우 조합은 재량으로 과밀억제권역에 위치하지 아니한 경우에는 조합원에게 소유한 주택 수만큼 공급할 수 있고, 과밀억제권역에 해당한다 하더라도 투기과열지구 또는 주택법에 의하여 조정대상지역으로 지정된 곳이 아닌 한 토지등소유자가 소유한 주택수의 범위에서 3주택까지 공급이 가능하다. 투기과열지구에서는 1(인)세대 1주택 분양을 원칙으로 하되, 종전주택의 가격 및 주거전용면적의 범위에서 2주택의 분양이 가능하고, 그 경우에도 반드시 1주택은 주거전용면적이 60㎡ 이하여야 하며, 전매도 제한된다. 위와 같이 관리처분계획 수립기준과 관련하여서도 재개발사업에 비하여 재건축사업이 그 재량의 폭이 넓다. 위와 같은 관리처분계획의 수립기준을 위반한 관리처분계획은 위법하다.

4. 관리처분계획의 재량권 일탈·남용 여부

가. 일반론

실무상 종전자산의 권리가액이 낮은 조합원이 과도하게 면적, 방향, 위치 등이 열악한 종후자산이 배분되었음을 들어 관리처분계획의 위법을 다투는 경우가 흔히 있다. 사업시행자가 수립한 관리처분계획이 앞서 본 관리처분방법 및 관리처분계획 수립기준에 위반한 것이 아니고, 관리처분계획의 일반적 수립기준인 법 76조 1항 1호(종전의 토지 또는 건축물의 면적·이용 상황·환경, 그 밖의 사항을 종합적으로 고려하여 대지 또는 건축물이 균형 있게 분양신청자에게 배분되고 합리적으로 이용되도록 한다)가 준수되었다면, 형평에 반한다거나 조합원 재산권의 본질적 권리를 침해하는 예외적인 경우가 아닌 한 재량권 일탈·남용 여부로 보기가 쉽지 않다. 구체적 사례들에 대하여 살펴본다.

나. 신축 건축물 구분소유권의 귀속이 조합원 간의 형평에 반하는지 또는 특정 조합원의 재산권을 본질적으로 침해하는지 여부

(1) 법리

대규모의 정비사업에 있어서는 신건물의 건축과 관련한 관계 법령상의 규제, 사업부지의 위치 및 형상, 주변 편의시설로의 접근성, 조합원들이 종전에 소유하고 있는 건물의 평형과 대지권 지분의 분포 및 용적률 등을 고려하여 최적의 효율성과 사업성을 발휘하도록 신건물의 배치 및 설계를 하게 된다. 그 과정에서 각 구분소유자에게 귀속되는 신건물은 위치, 면적, 층수에 차이가 발생하는 것은 불가피하다.

따라서 신건물에 대한 구분소유권의 귀속이 각 구분소유자 간의 형평에 반하는지 여부를 판단함에 있어서는 단순히 각 구분소유권의 위치, 면적, 층수에 차이가 있다는 점만을 고려할 것이 아니라, 그와 같은 차이가 발생하게 된 경위, 신건물의 배치 및 설계상의 합리성 및 경제적 타당성, 조합원들이 종전에 소유하고 있는 구분건물의 평형과 대지권 지분의 분포와 그 권리가격의 크기, 구분소유권 배분방식의 형평성, 각 구분소유권의 재산적 가치에 대한 불균형의 정도, 그 불균형을 줄일 수 있는 다른 방법의 존재 가능성, 불이익을 입은 구분소유자에 대한 적절한 보상 여부, 재건축의 결의나 관리처분계획안 결의 시 구분소유권의 귀속 등에 관하여 다수 조합원들이 소수 조합원들에게 부당하게 불이익을 강요하였는지 여부(아파트 단지 중 다수를 차지하는 소형 평형의 조합원들이 소수의 대형 평형 조합원들 보다 수적 우위에 있음을 기화로 다수결에 의하여 부당한 내용의 총회결의를 성립시킨 경우) 등 제반 사정을 종합하여 판단하여야 할 것이다.[30)]

나아가 관리처분계획상 특정 조합원들에 대하여만 불리하게 종후자산이 배분되었다고 다투는 경우가 있다. 우선 조합이 사전에 일부 조합원들에 대하여 평형선택권을 제한하는 내용으로 분양신청통지하거나 분양신청의 접수를 거부하여 분양신청권을 침해한 경우에는 특정 조합원의 재산권을 본질적으로 침해한 것으로서 위법하다(나아가 분양신청통지 및 분양신청접수의 절차상 하자로 위법하다). 한편 정비사업은 이해관계가 상충되는 다수 토지등소유자들의 개별적이고 구체적인 이익을 적절히 형량·조정하여야 하나, 모든 이해관계인들의 이익을 만족시켜 줄 수는 없으므로, 관리처분계획의 구체적인 내용 수립에 관하여는 이른바 계획재량행위에 해당하여 사업시행자의 상당한 재량이 인정된다. 따라서 관리처분계획이 종전자산의 면적·이용상황 등을 종합적으로 고려하여 종후자산이 균형 있게 분양신청자에게 배분되고 합리적으로 이용되도록 하는 것인 이상, 그로 인하여 토지등소유자들 사이에 다소 불균형이 초래된다고 하더라도 그것이 특정 토지등소유자의 재산권을 본질적으로 침해하는 것이 아닌 한, 이에 따른 손익관계는 종전자산과 종후자산의 적정한 평가 등을 통하여 청산금을 가감함으로써 조정될 것이므로, 그러한 사정만으로 그 관리처분계획을 위법하다고 볼 수는 없다.[31)]

---

30) 대법원 2009. 6. 25. 선고 2006다64559 판결 참조.
31) 대법원 2014. 3. 27. 선고 2011두24057 판결.

(2) 구체적 사례(재건축사업 관련)

(가) 공동주택

① 관리처분계획상 기존에 큰 평수의 아파트를 소유한 조합원부터 큰 평수의 신축 아파트를 배정하는 내림차순 우선 평형 배정방식으로 평형을 결정하기로 처분방법이 정해진 사안에서, 1개 단지 5개 동(棟) 총 258세대로 이루어진 기존의 아파트를 철거하고 그 부지 위에 아파트 8개 동(棟)을 신축하기로 하면서 용적률의 제한범위 내에서 최적의 효율성 및 사업성을 발휘하도록 하기 위하여 부득이 2개 동(棟)을 동향으로 배치하게 된 점, 조합원의 분담금을 종후자산 가치에서 조합원의 권리가액을 공제한 금액으로 산정하도록 함으로써 동향으로 배치된 2개 동의 아파트를 분양받는 조합원들의 불이익이 그 종후자산 가치의 평가에 반영되어 이에 대한 보상이 이루어지게 되는 결과가 되는 점에 비추어 보면, 관리처분계획상 내림차순 동·호수 배정에 따라 기존의 큰 평형 아파트를 소유하고 있던 세대는 남향인 신축 아파트를 배정받게 되나, 기존의 작은 평형 아파트를 소유하고 있던 세대는 동향의 신축 아파트를 배정받게 된다는 사정만으로는 신건물의 구분소유권의 귀속에 관하여 조합원 상호간에 현저히 형평에 반한다고 보기 어렵다.[32]

② 조합원들이 보유하고 있던 아파트 중 15평형과 17평형의 권리가액을 산정함에 있어서 17평형 조합원에 대하여 권리가액을 더 높게 평가하고, 별도로 평형 배정에 우선적인 권리를 부여한 사안에서, 판례는 조합원들이 보유하고 있던 아파트 중 평형별 권리가액을 산정함에 있어서 반드시 각 평당 권리가액을 동일하게 정하고 그 면적에 비례하여 평가하여야 형평에 부합한다고 할 수는 없고, 큰 평형을 소유한 조합원에 대하여 평당 권리가액을 더 높게 평가한 것과 별도로 평형 배정에 우선적인 권리를 부여한 것은 소형 평형을 소유한 조합원보다 더 많은 재산을 재건축 사업에 투입한 것을 고려한 조치로서 현저히 형평에 반한다고 볼 수 없다.[33]

(나) 상가

동일한 면적과 형태로 공급되는 공동주택에 비해 그 규모가 제한적이고 수요자별 혹은 업종별로 선호하는 위치나 면적, 층수가 모두 다를 수 있으며, 분양이 완료된 이후라도 일반분양 결과를 포함한 전체적인 분양상황이나 실제 입점상황, 주변의 상권 등에 의하여 내부 설계를 변경해야 하는 경우도 생길 수 있어 분양신청 및 관리처분계획 단계에서 미리 층별·호수별로 면적을 구체적으로 구분지어 분양신청을 받아 분양대상자를 확정하는 것이 어려울 수 있다는 특수성 때문에 실무상 상가에서 주로 문제된다. 구체적 사례를 살펴본다.

① 원고가 종전에 소유하던 토지의 면적은 46.6㎡로서 상가 전체 면적 5,734.1㎡의 0.81%에 불과한 점, 원고가 종전에 소유하던 토지 및 건물의 평가액과 원고가 분양신청한 신축 건축물 지상 1층 101호 또는 102호 상가의 평가액 사이에 현저한 격차가 있는 점, 원고가 요구하는 것처럼 건축설계를 변경하여 신축 건축물 지상 1층의 근린생활시설을 좁은 면적으로 분할할 경우,

---

32) 대법원 2007. 9. 20. 선고 2006다9842 판결 참조.

33) 대법원 2009. 6. 25. 선고 2006다64559 판결(재건축조합별 사업 여건의 차이, 재건축단지의 지역적 특수성, 조합원들의 의사의 차이 및 재건축사업의 종합적 성격 등을 고려할 때 유사한 재건축단지 내지 인근의 재건축단지와의 단순한 산술적 비교만으로 조합의 관리처분계획결의가 형평의 원칙에 어긋난다고 보기는 어렵다).

오피스타운이 되고 있는 그 주변 환경에 비추어, 신축 건축물의 효율적 이용이 저해될 수 있을 것으로 보이는 점 등을 종합하여 지상 1층 근린생활시설의 분양을 신청한 원고에게 그 신청내용과 달리 지하 1층 근린생활시설을 배정하는 관리처분계획을 수립하였다 하더라도, 그와 같은 사정만으로 관리처분계획이 형평에 반하여 위법한 것은 아니라고 판시하였다.[34)]

② 법은 재건축조합의 경우에는 관리처분방법으로 상가 등 부대·복리시설에 관하여 종전자산이 상가인 조합원에게 종후자산으로 상가를 공급하되, 예외적으로 주택공급이 가능한 경우만을 규정하고 있을 뿐, 공급기준을 정관 또는 총회결의를 통하여 자율적으로 결정하는 것을 허용한다(법 시행령 63조 2항, 재개발사업은 법 시행령 63조 1항 7호, 서울시 조례 38조가 강행규정으로 규율한다). 상가의 관리처분계획 수립기준은 상가 내 위치가 좋은 조합원의 이해관계를 우선하는 방안(종전자산의 단위면적당 가액이 큰 순서대로 우선배정), 위치와 면적을 모두 고려하여 권리가액이 큰 조합원의 이해관계를 우선하는 방안(종전자산 감정가액이 큰 순서대로 우선배정) 등이 고려될 수 있다.

판례는 층 대 층의 원칙을 세우면서 종전 상가 지하층 소유자의 희망 의사에 따라 신축 상가 지상 1층, 2층, 3층을 지정하여 배정받을 수 있다고 정한 경우, 이는 종전 상가건물 1층 소유자들의 이익을 해치지 않으면서도 종전 상가건물 지하 1층 소유자들로 하여금 신축 상가건물의 1층에서 영업을 영위할 수 있게 하는 것이므로, 상가조합원들의 전체적 이익에 부합하는 조항이어서 적법하다고 하였다.[35)] 우선 선택권을 부여하는 상가관리처분계획 수립기준을 정함에 있어, 선택권의 행사방법에 대하여도 우선권을 가진 조합원이 원하는 위치(전면, 후면 등)의 상가를 먼저 배정받을 수 있게 하는 방안, 원하는 면적의 상가를 먼저 배정받을 수 있게 하는 방안 등이 상정가능하다. 이 또한 어떠한 경우이든 특별한 사정이 없는 한 적법하다.

③ 조합원이 현재 소유하고 있는 종전 상가의 층을 기준으로 신축 상가의 층을 배정하고 상가조합원들로부터 신축 상가의 희망면적을 제출받아 이와 가장 근접한 면적의 상가를 배정한 뒤 공개 추첨에 의하여 동·호수를 정하는 방법으로 위치가 지정된다는 내용으로 수립된 관리처분계획에 대하여, 원고가 재건축에 있어 상가의 관리처분 및 신축 상가의 배정기준은 종전 상가의 영업 환경을 최대한 유지할 수 있도록 정하여야 하는 것이므로 종전 상가의 위치적 이점을 반영하기 위하여 상가배정의 우선권은 '단위면적 당 권리가액'의 순서에 따라 부여하여야 함을 들어 위와 같은 관리처분계획이 위법하다고 주장한 사안에서, 판례는 관리처분계획의 구체적인 내용 수립은 계획재량행위에 해당하여 상당한 재량이 인정되고, 위 관리처분계획의 기준은 종전자산의 면적·이용상황 등을 종합적으로 고려하여 건축물을 균형 있게 배분하고 있는 것으로 보이는 바, 관리처분계획의 단체적 성격을 고려할 때 모든 상가조합원들이 자신이 원하는 위치의 상가를 배정받을 수 없다거나 관리처분계획에 다소 불합리한 부분이 있다고 하더라도 이로써 그 계획이 원고들의 재산권을 본질적으로 침해하여 위법에 이르렀다고 보기 어렵다는 이유로 원고의 주장을 배척하였다.[36)]

---

34) 대법원 2010. 10. 28. 선고 2009두4029 판결.
35) 대법원 2018. 3. 29. 자 2017두75309 판결 및 서울고등법원 2017. 12. 8. 선고 2017누69351 판결.
36) 대법원 2018. 3. 29. 자 2017두75309 판결 및 서울고등법원 2017. 12. 8. 선고 2017누69351 판결.

(3) 명시적으로 권리에 차등을 두는 내용의 관리처분계획

실무상 분양신청과정에서 일부 조합원들에 대하여 분양신청상의 우선권 또는 제한을 두는 경우가 있는바, 그 경우 이를 기초로 하여 수립된 관리처분계획의 적법성 여부에 대하여 살펴본다.

(가) 원칙

권리에 차등을 두는 내용의 관리처분계획은 원칙적으로 위법하다.

법령에 의하여 동등한 조합원 지위가 인정되는 조합원들 사이에 권리의 차등을 두는 내용의 관리처분계획 총회결의는 특별한 사정이 없는 이상 무효이므로, 이를 기초로 수립된 관리처분계획은 위법하다.[37] 또한 종후자산을 배분한 관리처분계획내용은 토지등소유자들 사이에 형평이 유지되어야 하므로, 형평에 현저히 반하는 경우 특별한 사정이 없는 한 총회결의는 무효이므로, 이를 기초로 수립된 관리처분계획은 위법하다.[38]

(나) 예외

① 일부 구분소유자들에게 평형 배정 우선권 부여

㉮ 쟁점

재건축사업에서 적법한 총회결의를 거쳤다 하더라도 일부 구분소유자들에게 평형 배정의 우선권을 부여하였다면, 이는 평형 배정의 차별로서 그에 따른 관리처분계획의 위법 여부가 문제된다.

정비사업의 효율상 지하철 5호선 ○○역에 가까운 곳에 위치한 아파트(棟)를 사업구역에 편입시키는 것이 필요하여, 그곳에 위치한 아파트 구분소유자들의 조합설립 동의를 얻기 위해 그들에게 아래와 같은 평형 배정의 우선권(대형평형 우선배정)을 임시총회의 결의를 통하여 부여하였다. 그 후 조합은 분양공고 및 분양신청안내를 통지하면서, 그와 같은 내용을 명백히 하였다. 이에 따라 일부 아파트조합원에 대하여 평형 배정에 관한 우선권을 부여하는 내용으로 분양신청을 받은 후, 이를 기초로 한 관리처분계획안에 대하여 총회의결을 거쳐 관리처분계획을 수립한 사안이다(위 2012두5572 판결).

임시총회결의의 내용
제3주구에서 건설하는 대형평형 중 □조합원(□아파트의 조합원을 말한다)에게 290세대를 우선배정하고, 나머지 세대에 대하여는 다액순으로 우선 배정한다. 제3주구에서 건설하는 평형 중 ●조합원(●아파트의 조합원을 말한다) 100세대에게 33평형을 배정하고, 나머지 평형에 대하여는 관리처분기준에 의하여 전산추첨한다.

위와 같은 임시 총회결의는 재건축조합 정관의 필요적 기재사항이자 엄격한 정관변경절차를 거쳐야 하는 '조합의 비용부담'에 관한 사항이 당초 재건축결의 당시와 비교하여 볼 때 조합원들의 이해관계에 중대한 영향을 미칠 정도로 실질적으로 변경된 경우에 해당하므로(우선배정으로

37) 대법원 2014. 8. 20. 선고 2012두5572 판결.
38) 대법원 2005. 6. 9. 선고 2005다11404 판결.

조합으로서는 추가 비용부담과 실질적으로 동일하다), 비록 그것이 정관변경에 대한 절차가 아니라 하더라도 특별다수의 동의요건을 규정하여 조합원들의 이익을 보호하려는 법 40조 3항 단서, 1항 8호의 규정을 유추적용하여 조합원 3분의 2 이상의 동의가 필요하다.[39)]

㉯ 판례

판례는 위 관리처분계획에 대하여 적법하다고 하였다. 논거는 다음과 같다.

ⓐ 제3주구 내 지하철 5호선 00역 가까운 곳에 있는 □아파트와 ●아파트를 이 사건 사업구역에 편입시켜 신축 아파트의 가치를 높이기 위한 과정에서 그 구분소유자들의 동의를 얻기 위하여 그들에게 평형 배정 우선권을 부여하기로 한 것은 합리적이라고 보이고 나머지 조합원들의 본질적 권리를 침해한 것으로 보기 어렵다.

ⓑ 조합의 비용부담과 관련된 것으로서 조합원 3분의 2 이상 찬성결의가 있다면, 그와 같은 관리처분계획은 관리처분의 방법 및 기준에 관한 법령의 규정을 위반한 것으로 보기 어렵다.

㉰ 결론

특정 동(棟)이 재건축에 포함되는 경우 전체 조합원들에게 이익이 된다고 판단하여 해당 동(棟) 구분소유자들에게 평형배정의 우선권을 부여하는 내용의 총회결의는 유효한 것으로 보아야 할 것이다. 특히 아파트에 대한 재건축사업의 경우, 사업시행계획이나 관리처분계획이 단지 내 다수를 차지하는 평형의 소유자들에게 유리하게 작성되는 경우가 많아, 소수인 대형 평형 또는 소형 평형 아파트 소유자들이 불만을 제기하는 경우가 흔히 있고, 이에 따라 재건축사업이 좌초하기도 하는바, 전체 조합원들에게 이익이 된다면 그와 같은 소수의 조합원들에 대하여 평형배정의 우선권을 부여하는 별도의 약정은 일응 유효하다 할 것이다.

특정 동(棟) 소유자에게 평형 배정의 우선권을 부여하는 법리는 재건축사업의 상가독립정산제(상가우대제) 약정과 유사하다. 이와 관련하여 조합 총회가 일부 구분소유자들에게 평형 배정 우선권을 부여하기로 하는 결의를 하였다가, 추후 이에 반하여 이를 인정하지 아니하는 내용의 관리처분계획을 총회결의를 거쳐 수립하여 인가받는 경우 그 효력이 문제된다. 판단기준은 신뢰보호원칙 위배 여부가 될 것이다. 이는 주로 상가독립정산제(상가우대제) 약정에서 문제되고, 동일한 법리가 적용되는바, 별도의 항목으로 자세히 살펴본다.

② 정관(총회의결)에 의한 조합원 지위 부여와 그들에 대한 권리제한

㉮ 사안

조합이 분양신청을 하지 않아 조합원 지위를 상실한 현금청산대상자들에게 특별다수 총회의결을 통하여 조합원 지위를 부여하면서, 그들의 분양신청을 종전 조합원의 분양신청분(동·호수 추첨 포함)을 제외한 잔여분으로 제한한 경우, 이를 기초로 수립된 관리처분계획의 위법 여부가 문제된다. 먼저 조합원분양분 중 잔여분에 대하여 현금청산대상자들에게 조합원의 지위를 부여하면서 분양하는 것이 적법한지 여부에 대하여 보류지 및 일반분양과의 관계에서 살펴본다. 나아가 이는 사실상 조합원들 사이에 권리의 차등을 두는 내용에 관한 관리처분계획이므로, 그 적

39) 대법원 2012. 8. 23. 선고 2010두13463 판결.

법성에 대하여도 살펴본다.

㉯ 보류지 및 일반분양과의 관계

법 79조 4항 전문은 "분양신청을 받은 후 잔여분이 있는 경우에는 정관등 또는 사업시행계획으로 정하는 목적을 위하여 그 잔여분을 보류지로 정하거나 조합원 또는 토지등소유자 이외의 자에게 분양할 수 있다."고 규정하고 있다.[40] 따라서 분양신청을 받은 후 잔여분에 대하여는 협의의 보류지로 정하거나 일반분양하여야 한다.

분양신청을 받은 후 잔여분에 대하여 일반분양하는 대신 현금청산대상자가 된 종전 조합원들에게 조합원 지위를 부여한 후 분양할 수 있는지 여부가 문제된다. 왜냐하면 일반분양하는 경우에는 주택법 54조가 정한 공고·신청절차·공급조건·방법 및 절차 등을 준수하도록 법 시행령 67조가 규정하고 있기 때문이다. 2017. 2. 8. 전부개정되기 이전의 사안에서, 판례는 재건축사업의 경우 보류지 확보 범위에 관한 제한규정을 두고 있지 아니하는 점 등을 근거로 분양신청을 받은 후 잔여분이 있는 경우 조합이 현금청산대상자들에게 조합원 지위를 부여한 후 추가로 분양신청 기회를 부여하고, 그 추가된 분양신청내역을 반영하여 수립한 관리처분계획에 대하여 일반분양의 절차에 관한 규정인 구 도시정비법 48조 3항 및 구 주택법 38조 등을 위반하였다고 볼 수 없다고 하였다(대법원 2014. 8. 20. 선고 2012두23686 판결).

법 79조 4항은 분양신청을 받은 후 잔여분에 대하여 '보류지나 일반분양할 수 있다.'고 규정하고 있으므로 이는 재량사항인 점, 관리처분계획 수립에 있어 사업시행자에게는 폭 넓은 재량이 인정되는 점 등에 비추어 이는 적법하다. 재개발사업의 경우에도 사업시행자가 조합원분양분 중 잔여분에 대하여 현금청산대상자가 된 종전 조합원들에게 조합원 지위를 부여한 후 분양할 수 있는 것으로 보아야 한다(다만, 도시정비형 재개발사업에서 사업시행계획인가에 보류지를 적격세입자에게 우선처분한다는 부관이 붙어있는 경우 예외. 서울시 조례 44조 2항 1호).

㉰ 종전에 분양신청한 조합원들과의 관계

조합이 분양신청기간 내에 분양신청을 하지 않아 조합원 지위를 상실한 현금청산대상자들을 상대로 조합원분양분 중 잔여분에 대하여 추가분양 신청기회를 부여하고 그 분양내역을 반영한 관리처분계획을 수립하더라도 적법하다. 조합 정관의 필요적 기재사항이자 엄격한 정관변경절차를 거쳐야 하는 '조합원의 자격'에 관한 사항에 관하여 정관변경에 대한 절차가 아니라 하더라도 특별다수의 동의요건을 규정하여 조합원들의 이익을 보호하려는 법 40조 3항, 1항 2호의 규정을 유추적용하여 조합원들의 3분의 2 이상의 찬성결의가 있다면 조합 내부적으로 업무집행기관이나 조합원을 구속하는 규범으로서의 효력이 있다. 다만, 조합원의 지위를 상실하는 시점은 분양신청기간 종료일 다음 날이므로 특별결의 당시에는 분양신청하지 않은 자는 의사나 의결정족수

---

40) 2017. 2. 8. 전부개정되기 전의 구 법 48조 3항은 "분양신청을 받은 후 잔여분이 있는 경우에는 정관등 또는 사업시행계획으로 정하는 목적을 위하여 그 잔여분을 보류지로 정하거나 '조합원 외의 자'에게 분양할 수 있다."고 규정하고 있었고, 구 법 시행령 제51조도 "주택법 38조의 규정은 법 48조 3항의 규정에 의하여 조합원외의 자에게 분양하는 경우...."라고 규정하였다. 그러나 사업시행자는 조합 외에 토지등소유자 20인 미만의 재개발사업에서는 토지등소유자도 가능하므로, 2017. 2. 8. 전부개정된 법 79조 4항은 '조합원 또는 토지등소유자 이외의 자에게 분양할 수 있다'고 규정하였다. 한편 법 시행령 67조는 종전과 동일하게 "법 79조 4항에 따라 조합원 외의 자에게 분양하는 경우...."라고 규정하고 있다.

에서 제외되어야 함은 앞서 본 바이다.

판례는 정관의 규정에 의하여 비로소 조합원 지위가 인정되는 조합원의 권리 내용에 대해서는 정관에서 이를 제한할 수 있으므로, 분양신청을 하지 아니하여 분양신청기간 종료일 다음 날 조합원지위를 상실한 사람들에게 조합 총회에서 다시 조합원 지위를 부여하기로 결의하면서 그들의 권리 내용(법정기간 내에 분양신청한 조합원에게 신청평형을 분양하고, 동·호수를 우선배정하며, 추가분양신청하는 조합원은 잔여세대에 대하여 신청에 따라 분양 및 동·호수를 배정한다)을 제한하더라도 이는 유효하다고 하고 있다(위 2012두5572 판결). 다만, 사업시행자는 새롭게 조합원 자격이 주어지는 현금청산대상자들에게 분양신청을 안내함에 있어 그와 같은 제한내용도 통지하여야 한다.

③ 조합설립동의서 제출을 조건으로 한 조합원 자격 부여

사업시행계획에 따라 분양신청절차를 진행하였으나, 분양신청을 하지 않아 현금청산대상자가 된 자들에 대하여, 조합이 새롭게 사업시행계획을 작성하고 총회에서 현금청산대상자들에게 조합원 자격을 부여하되 조합설립동의서의 제출을 분양신청의 조건으로 부가하였는데, 당시 총회가 조합설립동의서의 제출을 조건으로 한 것은 정비사업의 진행을 방해하는 자들로 인하여 정비사업이 차질을 빚게 되자 이를 방지하기 위하여 부득이 그와 같은 조건을 부가한 것이었던 사안에서, 소송상 위와 같은 조건의 무효가 다투어졌다.

판례는 분양신청을 하지 아니하여 분양신청기간 종료일 다음 날에 조합원 지위를 상실한 사람들에게 조합 총회에서 다시 조합원 지위를 부여하기로 결의하면서 그들의 권리 내용을 위와 같이 제한하였다고 하더라도 그 총회 결의는 유효하다고 하였다.[41]

(4) 신탁등기 미이행을 원인으로 한 분양신청권 제한

재건축조합은 정관으로 조합원의 토지등에 대한 신탁등기의무를 규정하고 있는 경우가 일반적인바, 분양신청이 종료된 이후에 조합이 신탁을 원인으로 한 소유권이전등기를 이행하지 아니한 조합원들에 대하여 분양신청권을 제한하는 총회결의(신탁을 원인으로 한 소유권이전등기를 경료한 조합원에 대해서만 분양신청을 받기로 한 결의)를 거쳐 이를 기초로 수립된 관리처분계획의 적법 여부가 문제된다.

판례는 재건축조합이 조합원에게 신탁을 원인으로 한 소유권이전등기 미이행을 이유로 분양신청권을 제한하려면 분양신청이 이루어지기 전에 미리 총회의 결의를 거쳐야 하고, 분양신청이 종료된 후에 그 권리를 소급하여 제한할 수는 없다고 하였다.[42] 결국 사업시행자가 분양신청이 종료된 이후, 일부 조합원들의 분양신청권을 제한하는 것은 위법하고 이를 기초로 수립한 관리처분계획도 위법하다.

41) 대법원 2018. 5. 11. 자 2018두33265 판결 및 서울고등법원 2017. 12. 7. 선고 2017누61296 판결, 의정부지방법원 2017. 6. 22. 선고 2016구합105 판결.

42) 대법원 2008. 2. 15. 선고 2006다77272 판결.

다. 관리처분계획 내용의 일부 하자

상가조합원들의 종전자산가격이 주택조합원들보다 큰 조합이 세탁기, 냉장고 등의 물품을 모든 조합원들에게 무상으로 지급한다는 안건과 함께 위 물품구입비를 사업비에 반영하여 추정비례율을 변경하는 내용이 포함된 관리처분변경계획안을 총회결의한 사안에서, 이는 상가조합원들에게는 필요한 것이 아닌 점, 상가조합원들이 주택조합원들에 비해 종전자산가격이 큰 관계로 위 무상품목 구입비를 부담하는 정도가 상가조합원들이 주택조합원들에 비하여 과중한 점 등을 근거로 위 결의는 특정 조합원들에게 부당한 부담을 강제하는 것으로서 재산권을 본질적으로 침해하고 하자가 중대·명백하여 무효라고 본 사례가 있다.[43)]

5. 상가 관리처분계획의 특수성과 위법 여부

가. 상가(商家)의 의의

주택법상 공동주택에는 아파트, 연립주택, 다세대주택이 있고, 공동주택단지에는 공동주택 입주자 등의 생활복리를 위한 공동시설로서 근린생활시설, 유치원 등의 복리시설이 있는바, 근린생활시설을 상가라 할 수 있다(주택법 2조 3호, 12호, 14호, 주택법 시행령 3조). 근린생활시설에 대하여는 건축법에서 제1종, 제2종 근린생활시설로 구분하고 있다.

나. 문제의 소재

공동주택에 대한 관리처분계획을 보면 종전자산가격, 종후자산의 평균 가격이 정하여져 있고, 그 후 추첨에 의해 동·호수가 특정되면, 종후자산 가격이 확정되므로, 조합원별로 구체적인 분담금이 확정된다. 그러나 상가의 경우에는 동, 층, 위치, 호수가 특정되지 아니한 채 면적만 확정되거나 면적조차 특정되지 아니한 상태로 종후자산 가격 및 분담금 내역 등 구체적인 내용은 추후 관리처분계획변경을 통하여 확정하겠다는 내용의 관리처분계획이 수립되는 경우가 있다.

이와 관련하여 부담금을 정하지 않은 상가부분에 대한 관리처분계획은 내용이 확정되지 않은 불완전한 관리처분계획임을 이유로 위법성을 주장하며 관리처분계획의 무효확인 또는 취소를 구하는 경우가 있다. 상가부분에 대하여 관리처분계획이 무효확인 또는 취소가 확정되면, 새롭게 총 수입, 비용 등이 산출되어야 하고, 이에 따라 비례율에 영향을 미칠 수 있음을 들어 공동주택부분까지 모두 위법함을 전제로 관리처분계획 전체의 무효확인 또는 취소를 구하기도 한다.

다. 쟁 점

(1) 무효의 논거

분양대상자별 분담금 추산액은 사업시행자가 조합원에게 상당한 비용을 부담하면서 정비사업에 참여할 것인지, 아니면 청산금을 받고 정비사업에 참여하지 아니할 것인지를 선택함에 있어 판단의 기초가 되는 정보를 제공하는 것으로서 필수적인 분양신청통지의 대상이고(법 72조 1항

43) 서울고등법원 2024. 5. 1. 선고 2023누57816 판결(확정).

2호), 종후자산가액(추산액)은 관리처분계획의 필수적인 기재사항이다(법 74조 1항 3호). 따라서 종후자산가액 및 분담금 내역 등이 확정되지 아니한 관리처분계획은 법정사항을 누락한 위법이 있다. 또한 비록 최초의 관리처분계획이라 하더라도 관리처분계획임에는 변함이 없고, 관리처분계획은 정비사업의 시행 결과 조성되는 대지 또는 건축물의 권리 귀속에 관한 사항과 그 비용 분담에 관한 사항 등을 확정하는 계획이라는 면에서 볼 때 분양대금, 분담금도 확정되지 아니한 관리처분계획을 적법한 것으로 볼 수는 없다.

⑵ 유효의 논거

㈎ 상가의 고유한 특성

상가의 경우, 동일한 면적과 형태로 공급되지 아니하고 그 규모도 제한적이며 수요자별 혹은 업종별로 선호하는 위치나 면적, 층수가 모두 다를 수 있다. 또한, 상가의 가치는 구성되는 업종 및 위치에 따라 달라지는데, MD(merchandising) 구성은 분양이 완료된 이후라도 일반분양 결과를 포함한 전체적인 분양상황에 좌우되고 다양한 업종들 중 유사한 업종이 인접하여 영업하지 않도록 구획되어야 한다. 이와 같이 분양신청 및 관리처분계획 단계에서 미리 상가의 개수, 위치, 면적 등을 구체적으로 특정하여 분양하는 것이 어려울 뿐만 아니라, 오히려 이를 확정하지 아니한 채 분양하여 우선 관리처분계획을 수립한 후, 추후 주변상권의 변화나 일반분양의 결과를 고려하여 업종구성, 점포의 수 및 면적 등을 확정하는 관리처분변경계획을 수립하는 것이 상가 구분소유자의 전체적인 이익을 고려한 방법이라고 볼 수도 있다.

실무상으로도 최초의 관리처분계획에서는 대강의 내용만 기재하여 인가를 받은 후, 준공이 임박한 시점에서 주변 상권 및 업종을 비교하고, 시장상황 등을 분석하여 MD구성, 점포의 수 및 면적을 확정하며, 조합원분양분을 제외한 나머지를 일반분양한 후, 최종적으로 관리처분계획의 변경에 이르게 되는 경우가 흔히 있고, 그와 같은 실무현실을 도외시 할 수 없다. 실제로 상가 호수는 상가 면적을 어떻게 정하느냐에 따라 그 수가 다양하게 달라진다. 재개발사업으로 신축된 상가 건물을 보면 300㎡ 이상의 대형 마트와 30㎡ 미만의 공인중개사 사무소가 공존한다. 이와 같이 상가 면적이 동일하지 않은 것은 분양신청한 조합원들의 위치, 분양을 희망하는 면적 등을 종합적으로 고려하여 상가 호수를 결정하기 때문이다.

㈏ 법적 논거

집합건물법 1조의2 1항 3호, 4호에 따르면, 상가건물의 경우 '경계를 명확하게 알아볼 수 있는 표지를 바닥에 견고하게 설치하고 구분점포별로 부여된 건물번호표지를 견고하게 붙이는 것' 만으로도 구분소유가 가능하도록 규정하고 있는바, 이는 필요에 따라 탄력적으로 구획을 설정 또는 재설정할 수 있음을 전제로 한 것이다. 따라서 위 규정은 분양신청 및 관리처분계획 단계에서 미리 층별·호수별로 면적을 구체적으로 특정하여 분양할 필요가 없음에 대한 법적 근거가 된다고 할 것이다.

라. 판례의 태도

(1) 유효

(가) 유효 및 하자의 중대·명백 부정

① 대법원 2013. 6. 27. 선고 2011두1689 판결(재개발사업)

관리처분계획에서 업무·상업시설 및 근린생활시설에 관하여 향후 관리처분계획변경을 통하여 권리귀속에 관한 사항 등을 확정하기로 예정되어 있으나, 상가조합원에 대한 전체 분양면적과 조합원의 분양금액(평균분양면적 기준금액)은 정해져 있어 비록 각각 분양대상자별로 분양 건축물이 차후에 확정된다고 하더라도 그로 인하여 전체 조합원들의 비례율이 변경되지는 아니하는 점, 조합원 부담금의 부담시기는 추후 건축물이 확정된 후 분양계약에서 정해지는 점, 정관에서 분양순위가 정해져 있는 점(재개발사업으로 서울시 조례에서 정한 기준)과 업무·상업시설 및 근린생활시설 분양의 특성 등을 들어 관리처분계획에 법 74조 1항 3호에 규정된 '분양대상자별 분양예정인 대지 또는 건축물의 추산액' 또는 6호에 규정된 '정비사업비의 추산액 및 그에 따른 조합원 분담규모 및 분담시기'에 관한 사항이 포함되지 않아 위법한 것이라는 원고의 주장을 배척한 원심(서울고등법원 2010누4904) 및 제1심의 결론을 유지하였다.

② 부산고등법원 2016. 6. 22. 선고 (창원)2015누11052 판결(확정, 재건축사업)

관리처분계획이 상가의 면적을 구체적으로 구획 짓고, 구획된 면적을 분양신청자 중 누구에게 분양할 것인지 등에 관한 세부적인 계획을 포함하고 있지는 않아 수분양자별로 분담금이 정해지지 아니한 관리처분계획에 관하여, 분양상가면적 및 분양가는 정해져 있고, 상가평면도는 제공되었으며 관리처분계획에서는 기존 상가조합원의 경우 원칙적으로 종전자산의 소유현황(종별, 층별 등)을 고려하여 그와 동일하게 배정하되, 변경을 원할 경우 다른 조합원에 대한 배정이 완료되고 남은 물량에 대해 배정하고, 구체적인 층·호수는 조합과 상가조합원들이 협의하여 결정하되 경합이 발생하는 경우 추첨에 의하여 정하도록 하는 내용을 포함시킴으로써, 기존 상가조합원들에게 배정될 상가의 업종, 구체적인 층·호수에 대한 일응의 기준은 관리처분계획에 포함하고 있으므로 적법하다.

③ 서울고등법원 2017. 12. 8. 선고 2017누69351 판결(확정, 재건축사업)

세대 수, 구체적인 구조, 전용면적 및 공용면적이 확정되어 있는 아파트와 달리 상가는 그 특성상 다양한 업종들로 구성되어 있으므로 유사한 업종이 인접하여 영업을 하지 않도록 구획하는 등 각 영업별 특성에 따라 구분소유자들의 이해관계를 조율하는 절차가 필요하다. 이와 같은 상가 분양의 특성상 조합원들의 분양희망면적을 통하여 상가조합원들의 신축 상가에 대한 수요를 파악하고, 관리처분계획 이후의 실제 분양상황이나 수분양자의 입점 계획 등을 반영하여 상가의 업종, 구획, 위치를 결정하는 방법은 그 자체로 합리성이 인정된다.

(나) 하자의 중대·명백 부정(대법원 2011. 7. 28. 선고 2008다91364 판결 및 부산지방법원 2008. 11. 7. 선고 2008나11013 판결)

재개발조합이 현금청산대상자를 상대로 부동산명도를 구하는 소송에서, 현금청산대상자가 상가에 관한 관리처분계획의 하자가 중대·명백하여 무효임을 전제로 항변한 사안이다. 비록 관리처분계획 내역서에 조합원의 구체적인 분담금 내역이 기재되어 있지 않지만, 조합원은 상가만을 분양신청하였고, 상가의 경우 그 구분이 관리처분계획이 인가된 이후에 확정되기 때문에 세부 분양가액을 산정하기 어려웠던 점, 이에 조합도 조합원에 대한 관리처분계획 공람내역서에 상가에 대하여는 향후 세부 분양가액 등을 정하여 관리처분변경계획 수립시에 재통보할 것이라고 기재하였던 점, 관할 관청도 이러한 사정을 고려하여 위 관리처분계획을 그대로 인가하였던 점 등에 비추어 보면, 위 관리처분계획에 무효에 이를 만큼의 중대한 하자가 있다고 보기 어렵다.

(2) **무효[하자의 중대·명백 긍정(대법원 2010. 12. 9. 선고 2010두4407 판결, 재건축사업)]**

관리처분계획 3조에서는 '건축물의 소유면적 및 층별 위치 기준 1:1 분양이 원칙'이라고 하고, 8조에서는 '종전 토지 및 건축물 지분 기준 1:1 분양이 원칙'이라고 하여 그 기준이 동일하지 않아 그 자체로 모순되는 점, 3조에 따른다 하더라도, 기존 2동의 상가를 헐고 새로 1동을 건축하는 이 사건에서 층 및 위치에 따라 가격의 폭이 다양한 상가의 특성을 감안할 때 종전 건축물의 소유면적 및 층별 위치를 기준으로 어떻게 1:1로 맞추어 분양한다는 것인지 기준이 모호한 점, 같은 계획 11조의 '조합원분양신청 현황'에서는 '상가분양신청자에 대한 동·층·호수 배정은 추후 협의한다.'라고만 기재하고 있어 상가분양자를 따로 확정하지 않은 점 등을 종합해 보면, 관리처분계획 중 상가부분에 관하여는 관리처분계획서에 반드시 기재되어 있어야 할 내용들이 포함되어 있지 않아 제대로 관리처분계획이 수립되지 않았고, 이러한 하자는 중대하고 위 관리처분계획 내용 자체로 객관적으로 명백하며, 새로이 상가와 관련한 관리처분계획을 수립할 경우 아파트조합원들에 대한 권리가액비율 및 분담금액도 일부 변경되어야 할 것으로 보여 위와 같은 하자는 관리처분계획 전체에 영향을 미친다 할 것이므로, 관리처분계획은 그 전부가 무효이다.

마. 결 론

(1) **원칙**

(가) 분양면적, 분양대금 및 분담금을 확정하지 않은 상가 관리처분계획도 내용 자체로 모순이 없고, 분양기준이 수립되어 있다면 일응 적법하다 할 것이다. 그 논거는 다음과 같다.

ⓐ 관리처분계획이란 종전자산에 대한 권리를 종후자산에 관한 권리로 일정한 기준 아래 변환시켜 배분하는 일련의 계획인데, 일응의 기준이 수립되어 있다면 종후자산에 관한 가격이나 분담금 추산액이 전혀 기재되지 않은 것으로 볼 수는 없다.

ⓑ 정비사업은 이해관계가 상충되는 다수의 토지등소유자들의 개별적이고 구체적인 이익을 적절히 형량·조정하면서 장기에 걸쳐 진행되므로, 최초 관리처분계획을 수립하면서 정비사업에 관한 모든 세부적 사항을 확정한다는 것은 현실적으로 불가능하고, 그 진행경과에 따라 관리처분계획의 세부적 내용을 구체화하거나 이를 변경해나가는 것이 허용되므로, 최초 수립된 관리처분계획에 일응의 기준이 마련되어 있다면 향후 정비사업이 진행됨에 따라 그 구체적인 세부 항목을 결정하는 것이 가능하다.

(나) 실무상 관리처분계획에 '상가 일반분양면적은 조합원 호수배정에 따라 변경될 수 있고, 일

반분양금액은 분양시장상황 등에 따라 변경될 수 있으며, 상가업종 구성과 상가분양 위치는 관리처분계획인가 후 상가분양 전 이사회의 결의로 확정하고, 상가업종 확정 시 분양위치별 분양가를 결정하여 부담금을 납부하며, 조합원 분양계약 체결시기는 이사회의 결의로 확정한다'고 규정해 두기도 하는바, 이는 적법하다. 만일 상가독립정산제 약정이 체결되는 경우에는 이와 같은 내용은 이사회가 아니라 상가협의회가 결정하게 된다.

(2) 한계

최초 상가 관리처분계획 수립 당시 동별·층별·호수별로 면적이 확정되지 않았다 하더라도, 구체적인 상가 구분평면도는 확정되어 자신이 분양을 원하는 구분상가의 위치와 면적을 대략적으로라도 알 수 있어야 하고, 상가조합원에 대한 전체 분양면적과 분양금액(평균분양면적 기준금액)은 정해져 있어 비록 각각 분양대상자별로 분양 건축물이 차후에 확정된다고 하더라도 그로 인하여 전체 조합원들의 비례율이 변경되지는 아니하여야 하며, 재개발사업의 경우 서울시 부대·복리시설의 공급기준(서울시 조례 38조 2항)에 의하여 기준이 정해져 있으므로 이를 준수하여야 하고, 그와 같은 기준이 없는 재건축사업의 경우 예측이 가능하도록 동·호수 배정방법으로, ① 종전 '건축물의 소유면적 및 층별 위치 기준 1:1 분양 원칙', '종전 토지 및 건축물 지분 1:1 분양 원칙', '종전 건축물 가격 기준 1:1 분양 원칙' 등을 고려하여 정하거나, ② 우선권을 부여하는 방법 즉, 상가 내 위치가 좋은 조합원의 이해관계를 우선하는 방안(종전자산의 단위면적당 가액이 큰 순서대로 우선배정), 위치와 면적을 모두 고려하여 권리가액이 큰 조합원의 이해관계를 우선하는 방안(종전자산 감정가액이 큰 순서대로 우선배정) 등을 고려하여 정하거나, 그리고 ③ 우선권을 가진 조합원의 권리행사 방법 즉, 우선권을 가진 조합원이 원하는 위치(전면, 후면 등)의 상가를 먼저 배정받을 수 있게 하는 방안, 원하는 면적의 상가를 먼저 배정받을 수 있게 하는 방안 등에 관한 일응의 기준은 수립되어야 할 것이다.

6. 분담금 산정방법상 하자

가. 비례율의 하자

조합원 분담금은 각 조합원의 종후자산가액에서 종전자산가격에 비례율을 곱한 권리가액을 공제하는 방법으로 산정된다. 관리처분계획의 내용인 비례율에 하자가 있는 경우 모든 조합원들에게 영향을 미치므로 관리처분계획 전체가 위법하게 된다. 비례율은 정해진 산식[(분양총수입－총지출)÷(전체조합원들의 종전자산 총 평가액)×100]으로 산출이 되므로, 비례율에 하자가 있는 경우는 거의 없으나, 실무상 조합이 시공자와 공사계약을 체결하면서, 공사단가를 조합원과 일반분양자 사이에 부당하게 차별적으로 책정함으로써 발생한 차액 상당의 손실을 조합원에게 부담시키기 위하여 법률상 아무런 근거가 없는 비례율을 적용한 사례가 있다.[44)]

나. 종후자산가액 산정상의 하자

개별 조합원의 종후자산가액 산정에 하자(예를 들면 34평형 아파트 가격산정의 잘못)가 있다면,

44) 대법원 2002. 12. 10. 선고 2001두6333 판결.

분담금이 달라지므로, 이는 관리처분계획 중 해당 조합원에 대한 부분이 위법하게 된다. 실무상 일괄 감정평가를 통하여 종후자산가액이 산정되므로, 하자가 존재할 여지가 거의 없다.

다. 종전자산가격 산정의 위법

(1) 쟁점

① 종전자산가격의 산정에 하자가 있는 경우 조합원 분담금 등이 달라진다. ② 서울시 조례 38조 1항 4호는 재개발사업의 주택 분양기준으로 동일규모의 주택분양에 경합이 있는 경우에는 권리가액이 많은 순서로 분양한다고 명시하고 있어 종전자산가격의 산정에 하자가 있는 경우 분양순위에도 중대한 영향을 미친다. ③ 재개발사업의 공동주택 관리처분방법으로 종전자산의 권리가액이 분양용 최소규모 공동주택 1가구의 추산액 이상인 자에게 분양한다고 규정하고 있고, 이는 강행규정이므로(법 시행령 63조 1항 3호, 서울시 조례 36조 1항 3호), 만일 종전자산의 가격에 비례율을 곱한 권리가액이 최소규모 공동주택 1가구 추산액 미달함을 이유로 분양신청한 조합원에 대하여 현금청산대상자로 분류될 수 있으므로, 종전자산의 가격 산정에 하자가 있는 경우 수분양권에 영향을 미친다. ④ 재개발사업의 관리처분계획 수립기준으로 권리산정기준일 이전부터 공유로 소유한 토지 지분의 권리가액이 분양용 최소규모 공동주택 1가구의 추산액 이상에 해당하는 경우 각 지분권자 별로 1수분양권을 받을 수 있다(법 76조 1항 7호 가목, 서울시 조례 36조 2항 3호 단서). 공유지분권자가 분양을 신청하였으나, 그 지분의 감정평가가액에 비례율을 곱한 권리가액이 분양용 최소규모 공동주택 1가구의 추산액에 미치지 못한다는 이유로 현금청산대상자로 분류된 경우, 종전자산의 가격 산정에 하자가 있다면 수분양권에 영향을 미친다.

(2) 위법 여부

(가) 종전자산 평가의 의미(조합원 사이의 상대적 출자비율 산정)

정비사업은 원칙적으로 토지등소유자가 조합원이 되어 자신의 종전자산을 출자하고 공사비 등을 투입하여 신 주택 등을 건축한 다음, 신 주택 중 일부는 조합원에게 배분하고 나머지는 일반분양하여 수입을 얻은 후, 정비사업을 시행하여 얻은 총 수입과 총 비용을 정산하여 그 손익을 조합원의 종전자산 출자비율대로 분배하는 것이므로, 관리처분계획을 수립하기 위한 종전자산 평가는 토지등소유자들 사이에 종후자산의 분양 또는 분배기준이 되는 권리가액 산정을 주된 목적으로 하여 토지등소유자들 사이의 상대적 출자비율을 정함에 주된 목적이 있다.

(나) 특정 종전자산의 평가에 명백한 오류가 있는 경우(위법)

특정 종전자산의 평가에 명백한 오류가 있는 경우 해당 토지등소유자의 재산권을 본질적으로 침해하는 것이다. 실무상 종전자산을 평가하는 감정평가사가 다수의 토지등에 대하여 감정평가를 하는 과정에서, 1989. 1. 24. 이전의 특정무허가건축물임을 간과하여 그 대지를 임야로 평가하는 경우가 있는바, 이는 위법하다(구체적인 평가방법은 현금청산대상자 부분에서 자세히 살펴본다).[45] 불법적이거나 일시적인 이용상태가 아닌 한 토지에 대한 감정평가는 기준시점에서의 대상물건의 이용상황을 기준으로 감정평가를 하여야 함에도, 지목을 기준으로 평가하는 것은 위법

45) 서울행정법원 2021. 1. 29. 선고 2018구합89077 판결(확정).

하다. 1필지의 토지라 하더라도 가치를 달리하는 부분은 이를 구분하여 감정평가하여야 함에도 만연히 하나의 이용상황을 전제로 평가하는 것도 위법하다. 예를 들면 일부의 면적은 대지, 일부의 면적은 사실상의 사도임에도 그 전부를 사실상의 사도로 평가하는 경우에는 종전자산의 평가에 하자가 존재한다.[46]

㈐ 일반적인 감정평가상의 오류(예외적 위법)

① 문제의 소재

일부 조합원이 관리처분계획 중 종전자산가격의 무효확인 또는 취소를 구하는 소송과정에서 종전자산가격의 전제가 된 감정평가 중 품등비교 등의 오류를 이유로 시가감정을 신청하고, 이에 따라 시가감정이 이루어지는 경우가 있으며, 법원 감정결과 품등비교 등의 수치 조정으로 종전자산가격이 관리처분계획상의 종전자산가격보다 증액되었음을 이유로 위와 같은 관리처분계획의 위법을 주장하는 경우가 있다.

② 관리처분계획 작성을 위한 종전자산 평가의 목적

앞서 본 바와 같이 관리처분계획을 작성하기 위한 종전자산 평가는 조합원들 사이에 종후자산의 분양 또는 분배기준이 되는 권리가액 산정을 주된 목적으로 하여 상대적 출자비율을 정하는 것으로서, '정비사업 시행결과(종후자산)에 대한 조합원 사이의 공평한 분배'가 그 취지이다(손실보상을 위한 토지보상법에 의한 감정평가는 공익사업을 시행함에 따른 수용목적물에 대한 정당한 보상액을 정하는 데에 주된 목적이 있다).

③ 하자의 판단기준

감정평가업자가 관리처분계획 수립을 위하여 토지등을 평가하면서 정비구역 전부에 대하여 동일한 감정평가방식을 적용하여 감정평가를 진행한 경우에는 특정한 토지등에 관하여만 관계 법령에서 정한 평가방식을 위반하거나 그와 같은 평가가 조합원들 사이 형평성을 잃게 할 정도로 부당하게 된 경우가 아닌 한 소송과정에서 감정한 결과 금액의 일부 증액이 있다 하더라도 그것만으로 종전자산 평가가 위법하다고 단정하기 어렵다. 그 논거는 다음과 같다.

ⓐ 소송과정에서 법원에서 실시한 개별 감정평가 결과 품등비교의 수치조정 등으로 특정 토지등에 대한 감정금액이 증액되었다 하더라도, 이는 전문가로서 감정평가사의 재량영역에 속하는 것으로서, 해당 소송에서 특정 토지등에 대한 평가를 진행한 감정평가사가 새롭게 정비구역 내 모든 토지등에 대하여 감정하는 경우 다른 토지등도 해당 토지처럼 종전자산에 대한 가격이 증가할 가능성을 배제할 수 없다.

ⓑ 만일 토지등소유자 전원의 종전자산가격이 증가한다면 그에 상응하여 비례율[(분양총수입－총지출)÷(전체조합원들의 종전자산 총 평가액)×100]이 하락하여 권리가액이 변동이 없다 할 것이므로, 조합원 분담금, 분양순위, 분양용 최소규모 공동주택 1가구의 추산액 이상인 자 여부에 아무런 영향이 없다.

46) 대법원 2022. 6. 16. 자 2022두35831 판결 및 서울고등법원 2022. 2. 11. 선고 2021누49279 판결, 서울행정법원 2021. 6. 4. 선고 2019구합78074 판결.

⑶ 예외(사업시행자의 재량으로 종전주택가격의 범위에서 2주택의 공급가능)

관리처분계획 수립기준으로 재개발사업의 경우 1세대 또는 1명이 하나 이상의 주택 또는 토지를 소유한 경우 1주택을 공급하되, 사업시행자의 재량으로 종전주택가격의 범위에서 2주택을 공급할 수 있고, 재건축사업의 경우 투기과열지구에서는 1세대 또는 1명이 하나 이상의 주택 또는 토지를 소유한 경우 1주택을 공급함이 원칙이나, 사업시행자의 재량으로 종전주택가격의 범위에서 2주택을 공급할 수 있다. 위와 같이 사업시행자의 재량으로 종전주택가격의 범위에서 2주택을 공급하기로 한 경우의 종전주택가격의 평가는 조합원들 사이의 종후자산 분배의 기준으로서의 종전자산의 권리가액 산정을 위한 상대적 출자비율을 정하는 측면 외에 자신의 고유권리로서 2주택을 분양받기 위한 측면도 있다. 따라서 분양신청 당시 종전주택가격을 기초로 2주택의 분양을 신청하였으나 종전주택가격이 2주택 분양기준에 미치지 못한다는 이유로 1주택만이 분양된 경우에는 종전주택가격 평가의 위법을 이유로 자신을 1주택 수분양자로 한 관리처분계획에 대한 무효확인 또는 취소소송의 제기가 가능하고, 그 소송과정에서 종전주택에 대한 시가감정이 이루어져 감정금액이 관리처분계획상의 종전주택가격보다 증액되면 2주택을 분양받을 수 있다 할 것이므로, 해당 소송과정에서 시가감정은 다른 토지등소유자의 감정과 무관하게 이루어져야 하고, 관리처분계획 수립 단계 및 소송과정에서의 각 감정평가의 당부에 따라 관리처분계획이 위법하게 될 수 있다(이는 종후자산 배분의 기준이 되는 권리가액 산정을 목적으로 하는 상대적 출자비율을 정하는 것이 아니므로, 해당 소송에서 특정 토지등에 대한 평가를 진행한 감정평가사가 새롭게 정비구역 내 모든 토지등에 대하여 감정하는 경우 다른 토지등도 해당 토지등처럼 종전자산에 대한 가격이 증가할 가능성을 배제할 수 없음을 이유로 한 감정신청의 배척은 타당하지 않다).

라. 하자의 중대·명백 여부(부인)

관리처분계획에서 정하고 있는 분담금에 관한 사항 즉 비례율 등 청산금 산정방법에 하자가 있다 하더라도 그것만으로 그 하자가 중대·명백하다고 할 수 없다.[47]

7. 청산금의 지급시기를 다르게 정한 관리처분계획의 위법 여부

판례는 관리처분계획상 조합원의 사업시행자에 대한 청산금 지급의무의 기한과 사업시행자의 조합원에 대한 청산금 지급의무의 기한에 차이를 두었다 하더라도, 이를 하자로 볼 수 없을 뿐만 아니라 이를 하자로 본다 하더라도, 그 하자가 중대·명백한 것으로 볼 수 없다고 하였다.[48]

---

47) 대법원 2002. 12. 10. 선고 2001두6333 판결, 대법원 2005. 7. 15. 선고 2004두12971 판결, 대법원 2007. 9. 6. 선고 2005두11951 판결.

48) 서울행정법원 2019. 8. 13. 선고 2018구합67350 판결[확정, 조합은 정관으로 청산금의 징수·지급의 방법 및 절차를 자율적으로 정할 수 있고(법 40조 1항 15호), 총회는 청산금의 징수·지급에 관한 사항을 자유롭게 의결할 수 있다(법 45조 1항 11호)].

8. 분양신청권 관련 하자로 인한 관리처분계획의 위법 여부

가. 사업시행자인 조합의 잘못된 안내 또는 분양신청서의 접수거부로 인하여 평형선택에 관한 분양신청권이 침해된 채 수립된 관리처분계획(위법)

앞서 분양신청통지의 하자에서 살펴본 바와 같이 조합원들은 그들의 자유로운 의사로 희망하는 평형의 주택에 대한 분양신청을 할 수 있고, 사업시행자인 조합은 그와 같은 분양신청을 거부할 수 있는 권한이 없음에도, 일부 평형의 조합원들에게 일부 평형의 공동주택에 대하여 분양신청 할 수 없다고 잘못된 안내를 하거나 분양신청서의 접수를 거부하여 그들이 원하는 평형의 주택을 분양신청할 수 있는 기회를 보장받지 못한 채 분양신청이 이루어진 경우, 그들에 대하여 평형 배정을 한 종후자산 부분에 관한 관리처분계획은 위법하다.[49]

나. 일부 조합원에 대하여만 분양신청의 선택권을 부여한 후 수립된 관리처분계획(위법)

위치가 전면부 및 후면부로 구분되는 지상 1, 2층의 2개 상가 동(棟)을 신축하는 재개발사업에서 2개동, 2개층, 전·후면부 구분에 따라 총 8개의 구역으로 나뉘어 분양신청이 이루어진 사안에서, 일부 조합원들에 대하여만 복수의 구역에 대한 분양신청을 허용하는 경우, 이는 조합원들을 차별하는 것이므로, 이를 기초로 수립된 관리처분계획은 위법하다.[50]

9. 시공자 선정 및 공사도급계약이 무효인 경우 관리처분계획의 효력

법 72조 1항은 사업시행자는 사업시행계획인가의 고시가 있은 날(사업시행계획인가 이후 시공자를 선정한 경우에는 시공자와 계약을 체결한 날)부터 90일 이내에 분양신청통지를 하도록 규정하고 있으므로, 시공자를 선정한 총회결의 이후 관리처분계획이 수립되는바, 시공자 선정 및 공사도급계약이 무효인 경우 관리처분계획의 효력이 문제된다.

그와 같은 관리처분계획은 위법하고, 그 하자가 중대·명백하여 무효라는 견해가 있다. 그러나 제6편 제6장 Ⅲ. 1. 나. "(3) 시공자 선정 및 시공계약이 무효인 경우 사업시행계획의 효력"에서 살펴본 바와 같이 공사도급계약에 따라 설계도서가 작성되는 것이 아니라 설계도서를 기초로 공사도급계약이 작성되는 점, 설령 시공자 선정 총회결의가 무효가 된다 하더라도, 종전 공사도급금액을 기초로 새롭게 시공자를 선정하는 것이 가능하고 그 경우에는 관리처분계획에는 어떠한 영향도 없는 점, 조합이 조합원에 대하여 하는 분양신청통지의 내용 중 분양대상자별 분담금은 정비사업비의 대부분을 차지하는 시공계약의 내용을 기초로 하나, 이는 단지 '추산액'을 통지하는 것일 뿐, 확정적인 사항을 전제로 하는 것은 아닌 점 등에 비추어 시공자 선정 총회결의 및 시공계약이 무효라 하더라도, 관리처분계획의 유효성에는 영향이 없다.[51]

---

49) 서울고등법원 2020. 12. 24. 선고 2019누55516 판결(확정, 종전자산의 가격이 비록 종후자산의 평균가액에 미달하더라도, 종후자산의 최저가를 기준으로 할 때 종전자산의 가격이 높다면, 종후자산의 취득 가능성이 있으므로, 조합원의 분양신청에 따라 관리처분계획상 위 종후자산을 배정하는 내용의 관리처분계획을 수립하여야 하고, 그 후 동·호수 추첨결과 종후자산의 가액이 종전자산의 가격을 초과하여 결국 이를 분양받지 못하고 현금청산대상자가 되는 결과가 초래된다 하더라도, 그와 같은 위험은 분양신청자가 부담할 뿐이다).

50) 서울고등법원 2022. 9. 7. 선고 2021누36440 판결(대법원 2022두59844호로 계속 중).

51) 서울고등법원 2012. 12. 14. 선고 2012누12022 판결 및 서울행정법원 2012. 3. 30. 선고 2011구합35293 판결(시공사

Ⅳ. 상가독립정산제 약정

1. 개 요

1970년대 및 1980년대 건축된 공동주택(아파트)의 경우, 복리시설은 아파트 건설사업을 추진하기 위해서 반드시 사업계획에 포함되어야 하고, 복리시설을 배치하지 않으면 아파트 건설사업계획의 승인을 받을 수 없으므로, 대표적 복리시설인 상가가 주택단지에 당연히 포함되어 있다.

상가독립정산제 약정이란 재건축사업에서 조합장(설립전 추진위원장) 등이 상가의 대표자와 사이에 아파트와 상가를 분리하여 개발이익과 비용을 별도로 정산하고, 상가조합원들로 구성된 별도의 기구인 상가협의회가 상가에 관한 관리처분계획안의 내용을 자율적으로 마련하는 것을 보장하는 약정을 의미한다. 상가독립정산제 약정 체결 후 조합 총회가 상가독립정산제 약정을 의결하고(또는 정관에 기재하고), 상가협의회가 마련한 상가부분에 관한 관리처분계획안이 포함된 관리처분계획이 총회의결을 거쳐 수립·인가됨으로써 위 약정이 최종적으로 이행되는 것이 일반적이다. 실무상 필요에 의하여 상가독립정산제 약정이 오랫동안 인정되어 왔고, 위 약정이 반영된 내용의 관리처분계획이 수립되어 왔다. 근래에는 상가독립정산제 약정이 확대되어 재건축단지 내 상가들의 성격이 뚜렷이 구분되고 각각의 상가조합원들 사이에 이해관계가 대립되는 경우에는 조합장 등이 각각의 상가 대표자와 상가독립정산제 약정을 체결하고, 조합의 총회가 이를 추인하는 경우도 존재한다.[52]

위와 같은 관리처분계획은 아파트조합원과 상가조합원 사이에 권리의 차등을 두는 내용으로서 법 76조 1항 1호의 관리처분계획의 수립기준에 부합하는 것인지 또는 그것이 아파트조합원의 재산권을 본질적으로 침해하는 것은 아닌지 일응 문제될 수 있으나, 현재 그 유효성을 다투는 사건은 거의 없다. 오히려 그 유효성을 전제로 상가독립정산제 약정을 체결한 상가 대표자의 대표성을 다투는 사건, 상가독립정산제 약정에 반하는 내용의 관리처분계획이 수립된 경우 그 무효확인 또는 취소를 구하는 소송이 다수 제기되고 있다. 관리처분계획을 수립함에 있어 상가조합원들에게만 특혜를 부여하는 내용의 상가조합원 우대약정도 상가독립정산제 약정과 동일한 법리가 적용된다.

이하에서는 상가독립정산제 약정의 필요성, 이에 기초하여 수립된 관리처분계획의 적법성, 상가독립정산제 약정에 반하는 관리처분계획의 효력 유무 등에 대하여 자세히 살펴본다.

2. 필요성

종래 상가조합원은 다음과 같은 실질적인 이유로 재건축에 반대하는 경우가 많았다.

첫째, 재건축 시 상가소유자는 수년이 소요되는 재건축 공사기간 내내 해당 영업장소에서의 영업을 중단하여야 하므로, 소득이 감소하고, 단골 고객이 떨어져 나가는 불이익을 입게 된다.

선정결의 무효로 관리처분계획이 당연히 무효가 된다고 볼 수 없다).

52) 서울행정법원 2020구합64064(본소), 64071(반소) 사건 참조.

이는 아파트조합원의 경우 공사기간 중에 단지 정비구역 밖으로 이주해야 하는 불편함이 있을 뿐인 점과 대조된다.

둘째, 아파트는 신축 건축물로서의 가치 등으로 인해 일반분양도 용이하고 개발이익이 확보되는 것이 일반적이나, 상가는 주변상권 변화에 따라 일반분양이 어려울 가능성도 있어 개발이익이 확보되지 않을 여지도 있다.[53]

마지막으로 재건축조합이 아파트조합원과 상가조합원으로 구성되고, 조합의 다수는 아파트조합원들이다. 아파트조합원들은 상가에 대하여는 특별히 관심도 없고, 이해관계도 없다. 그런데 다수결에 의하여 이해관계 없는 아파트조합원들의 의사에 의하여 신축상가에 대한 권리배분과 귀속을 포함하여 상가에 관한 모든 사항, 즉 상가조합원들의 이해관계가 결정된다.

상가는 앞서 본 바와 같이 최초의 관리처분계획에서는 대강의 내용만 기재하여 인가를 받은 후, 준공이 임박한 시점에서 주변 상권 및 업종을 비교하고, 시장상황 등을 분석하여 점포구성, 점포의 수 및 면적을 확정하며, 조합원분양분을 제외한 나머지를 일반분양한 후, 최종적으로 관리처분계획을 변경하기도 하는 등의 특성이 있어 관리처분계획의 수립 및 변경에 이해관계자인 상가조합원들 의사의 반영 필요성이 상대적으로 큰 영역이다. 그럼에도 불구하고 법령 및 조례에 상가조합원들의 의사를 반영하는 명시적인 관리처분계획 수립기준이 없어 종래 아파트조합원들이 자신들의 의사에 의하여 일방적으로 상가부분에 관한 관리처분계획을 결정하고, 소수인 상가조합원들은 다수결의 원리에 밀려 전혀 자신들이 의사를 반영하지 못한 채 불리한 관리처분계획의 수립을 지켜볼 수밖에 없었으므로, 더더욱 재건축에 반대해왔다.

재건축사업은 하나의 주택단지를 전제로 진행되는 정비사업인데, 상가조합원들의 반대로 인하여 정비사업의 진행에 차질을 빚는 주택단지가 속출하자, 그에 대한 대응책으로 법은 제정 당시부터 토지분할 청구제도에 의하여 정비사업에 반대하는 상가동을 제외하는 제도를 마련하였고(법 67조 1항 2호),[54] 조합설립인가 요건으로 각 동별 과반수의 동의를 요하나 상가의 경우에

53) 상가조합원들의 반대로 정비사업이 좌초하는 경우가 속출하자, 법령은 조합설립 동의요건을 완화하는 등의 방향으로 점차적으로 개정되어 왔다.

① 집합건물법 47조는 재건축결의에 구분소유자 및 의결권의 각 4/5 이상의 동의를 얻도록 규정하고 있는데, 대법원 판례는 이 동의율 요건을 공동주택단지 전체뿐만 아니라 각 동별로도 충족하여야 한다고 해석하였다(대법원 1998. 3. 13. 선고 97다41868 판결).

② 구 주택건설촉진법이 1999. 2. 8. 개정되면서 44조의3 7항이 신설되어 공동주택단지의 경우 집합건물법 47조의 규정에도 불구하고 각 동별로 2/3 이상, 단지 전체로 4/5 이상의 동의를 얻어 재건축을 할 수 있다는 규정을 신설하여, 동별 동의율 요건을 완화하였다(2002. 12. 30. 제정된 도시정비법에서도 재건축조합의 설립 요건으로 마찬가지로 규정하였다).

③ 구 주택건설촉진법이 2000. 1. 28. 개정되면서 44조의3 7항에 괄호 부분이 신설되어 하나의 공동주택단지 안에 상가가 여러 동이 있는 경우에도 복리시설의 경우에는 주택단지의 복리시설 전체를 하나의 동으로 간주하게 되었다(도시정비법 35조 3항도 동일하게 규정).

④ 2002. 12. 30. 제정된 도시정비법은 하나의 공동주택단지에 재건축사업을 하고자 하는데 특정 동이 반대하여 조합설립 동의율 요건을 충족하지 못하는 경우에는 일정한 요건 아래 단지 안의 일부 토지를 분할하여 제외하고 나머지 토지로만 재건축사업을 진행할 수 있는 토지분할 청구제도를 도입하였다(법 67조).

⑤ 법이 2007. 12. 21. 개정되어 재건축조합 설립을 위한 단지 전체의 동의율이 종래 4/5 이상에서 3/4 이상으로 완화되었다.

⑥ 법이 2016. 1. 27. 개정되어 재건축조합 설립을 위한 동별 동의율이 과반수 이상으로 완화되었다.

⑦ 법이 2025. 1. 31. 개정되어 재건축조합 설립을 위한 동별 동의율이 대통령령으로 정하는 경우에는 3분의 1 이상으로 한다.

54) 정비구역 내 해당 건축물을 보존하는 내용이 정비계획을 수립할 수 있고, 그 경우 사업시행자는 정비계획에서 존치

는 주택단지의 상가 전체를 하나의 동으로 봄으로써 조합설립인가의 동의요건을 완화하였으며(법 35조 3항, 대통령령으로 정하는 경우는 3분의 1 이상 동의), 실무에서는 상가독립정산제 약정이 도입되었다. 나아가 상가조합원들에게만 특혜를 부여하는 내용의 상가조합원 우대약정이 도입되었다. 상가독립정산제(상가우대제) 약정을 통하여 상가조합원들의 권리가 보호되거나 그들에게 인센티브가 부여되자 상가조합원들이 정비사업에 적극 동의하였고, 이에 따라 정비사업이 아연 활기를 띠게 되었다.

3. 상가독립정산제 약정에 따른 정비절차 진행과정과 쟁점

가. 조합장(추진위원장)과 상가 대표자의 상가독립정산제 약정 체결

⑴ 상가협의회의 대표성

㈎ 주택단지가 대단지인 경우 상가가 다수이고 상가주(商家主)로 구성된 단체가 여러개인 경우, 조합(추진위원회)으로서는 어떠한 상가 단체와 상가독립정산제 약정을 체결하여야 하는가의 문제가 제기된다.

통상적으로 조합(추진위원회)은 상가주 과반수가 참여한 단체(상가주들은 당연회원이어야 하고, 구성 및 가입자 확인을 통하여 과반수 참여가 인정되어야 한다)에 대표성을 인정하여 그들과 상가독립정산제 약정을 체결하고, 그 후 조합은 특정한 상가협의회를 상가대표단체로 승인하는 총회의 결을 하기도 한다.[55] 상가조합원들로 구성된 단체인 상가협의회는 법적 성격이 조합이고, 본 조합 내에 존재하는 또 다른 조합으로서 이를 '조합 속 조합'이라 부르기도 한다.[56]

㈏ 주택단지가 대단지인 경우 상가가 다수이고, 상가주(商家主)로 구성된 단체가 2개 이상이며, 각 단체별 이해관계가 다른 경우에는 조합은 2개 이상의 상가단체와 별개의 상가독립정산제 약정을 체결하기도 한다.[57]

⑵ 체결과정

추진위원회 단계에서 추진위원장과 상가대표자 사이에 상가독립정산제 약정을 체결하는 경우가 있는데, 그 효력이 문제된다. 법 34조 3항은 "추진위원회는 수행한 업무를 44조에 따른 총회에 보고하여야 하며, 그 업무와 관련된 권리·의무는 조합이 포괄승계한다."고 규정하고 있으나, 다음에서 살펴보듯이 상가독립정산제 약정은 아파트와 상가를 분리하여 개발이익과 비용을 별도로 정산하는 것을 내용으로 하는데, 이는 아파트조합원들의 비용부담이나 권리·의무에 중대한 영향을 미치는 것으로서, 정관에 기재하여야 할 사항이므로 정관변경을 위한 총회결의가 필요하

하는 것으로 제시된 범위와 방향대로 사업시행계획서를 작성할 수 있으므로, 정비구역 내 상가 또는 종교시설 소유자들이 정비사업 추진에 협력하지 않아 사업이 지체되는 문제를 해결하는 한 방편이 될 수 있으나, 그와 같은 건물의 존재로 인하여 재건축 후의 전체 주택단지의 가치가 하락할 가능성으로 인하여 실무에서는 많이 이용되지는 않는 듯하다.

55) 서울행정법원 2020구합61652(소취하 후 확정).

56) 김종보, 재건축에서 상가의 관리처분, 특별법연구 15권(2018), 사법발전재단, 123, 김종보, 재건축에서 상가단체의 법적 성질과 상가의 관리처분, 행정법 연구(51), 145.

57) 대법원 2023. 7. 13. 선고 2022두56562 판결(일부 상가는 처음부터 상가용도로 허가되어 있었으나, 일부 상가는 원래 유치원, 회의실, 사무실 용도로 허가되었으나 사실상 상가 등의 용도로 사용되어 온 관계로 각각의 상가주들은 다른 입장을 보이며 별개로 활동하여 온 사안이다).

거나 그에 준하는 별도의 총회결의가 필요하므로, 추후 설립된 조합에 대하여 당연히 효력이나 구속력이 있다고 볼 수 없다. 다만, 합의 자체는 조합에 승계된다고 보아야 한다. 실무상 추진위원회 단계에서 상가독립정산제 약정이 체결되고, 이에 상가주들의 동의에 따라 상가동까지 포함된 조합설립인가를 받은 후 조합이 상가독립정산제 약정에 관한 정관변경이나 총회결의를 받는다. 또는 조합이 설립된 이후 조합의 대표자와 상가대표자 사이에 상가독립정산제 약정을 새로이 체결하는 경우도 있다. 이는 상가우대제 약정도 마찬가지이다.

⑶ 약정의 내용

아파트와 상가를 분리하여 개발이익과 비용을 별도로 정산하고, 상가조합원들로 구성된 별도의 기구가 상가에 관한 관리처분계획안의 내용을 자율적으로 마련하는 것을 보장하는 내용이다. 즉, 상가 개발에 따른 이익과 상가 재건축에 소요되는 비용은 상가조합원들에게만 귀속되거나 분담되고, 상가의 분양면적, 분양시기, 분양가격, 내부설계 및 디자인, 점포용도, 업종구성·마감추가·특화공사 등 상가의 신축계획안, 상가 개발이익의 처분 및 정산 등을 포함한 상가 관리처분계획안 수립은 상가협의회가 주관하며 대외적인 업무는 조합이 적극 협조한다는 것이다.[58)]

상가우대제 약정이란 상가에 대하여만 특별한 진입로를 설치하거나 상가주에 대하여만 지원금을 지급하는 등 상가에 특별한 혜택을 부여하는 약정이다.

⑷ 약정의 효력

도시정비법상 아파트와 상가를 분리하여 개발이익과 비용을 별도로 정산하는 것은 아파트조합원들의 비용부담이나 권리·의무에 중대한 영향을 미치는 것으로서, 정관에 기재하여야 할 사항이다. 정관변경은 총회의 의결사항이고(45조 1항 1호, 40조 1항 8호), 관리처분계획의 수립·변경도 총회의 의결사항이며(45조 1항 10호), 법은 조합을 행정주체로 하고 있고, 법에서 조합 내의 기관 간 권한의 배분을 규정하고 있는 조항은 강제규정으로 보아야 한다. 따라서 조합장이 상가대표자와 사이에 상가독립정산제 약정을 체결하였다 하더라도, 정관변경이나 총회의 결의를 거치지 아니한 채 곧바로 조합에 효력이 미치는 것으로 볼 수는 없다. 이는 상가우대제 약정도 마찬가지이다.

나. 약정에 따른 총회결의

⑴ 의결정족수

㈎ 상가를 우대하거나 아파트와 상가를 분리하여 개발이익과 비용을 별도로 정산하는 것은 이를 별도로 정산하지 않는 경우와 비교하여 아파트조합원의 조합원별 부담액(총 수입이나 지출이 달라져 비례율이 달라진다)에 영향을 미칠 수 있다. 따라서 이는 '조합의 비용부담' 및 '조합원의 권리·의무'에 관한 사항에 해당하므로, 정관에 기재해야 할 사항이고, 그와 같은 내용을 정관으로 도입하려면 조합원 3분의 2 이상의 찬성의결을 거쳐야 한다(법 40조 3항 단서, 1항 8호, 법 시행령 38조 15호, 조합의 비용부담부분은 조합원 3분의 2 이상, 조합원의 권리·의무부분은 조합원 과

---

58) 대법원 2018. 3. 13. 선고 2016두35281 판결.

반수 이상의 각 찬성의결을 필요로 한다).

(나) 총회 상정안건의 심의·결정에 관한 권한은 이사회에 있으므로, 총회의결 전단계의 관리처분계획안을 확정할 권한은 이사회에 있다. 그럼에도 불구하고 상가부분 관리처분계획안의 작성에 대하여는 이를 상가협의회에게 일임한다는 내용으로서, 사실상 이사회는 관여하지 않게 되므로, 이사회의 권한을 침해하여 위법한 것으로 볼 수 있는지 여부가 문제된다.

그러나 이사회는 법에서 정해진 기관이 아니고, 도시정비법에서 이사회의 권한을 규정하고 있지 아니하므로 그것만으로 위법한 것으로 볼 수 없다.[59] 다만, 이는 '조합임원의 권리의무', '임원의 업무의 분담 및 대행 등' 및 '관리처분계획'에 관한 사항으로서, 원칙적으로 조합의 정관에 규정하여야 하는 사항이다(법 40조 1항 5호, 6호, 법 시행령 38조 2호, 10호). 따라서 정관변경에 필요한 조합원 과반수의 찬성의결을 받아야 한다(법 40조 3항).

(다) 아파트와 상가를 분리하여 개발이익과 비용을 별도로 정산하고 관리처분계획안의 작성권한을 상가협의회에게 일임하는 것은 하나의 안건이므로, 조합은 조합원 3분의 2 이상의 찬성을 받은 후, 이를 기초로 시장·군수등의 인가를 받아 상가독립정산제에 대한 정관변경절차를 완료하여야 한다. 다만, 이러한 내용을 조합이 채택하기로 결정하는 조합 총회의 결의가 정관변경의 요건을 완전히 갖추지는 못했다면 형식적으로 정관이 변경된 것은 아니지만, 총회결의로서 유효하게 성립하였고 정관변경을 위한 실질적인 의결정족수를 갖추었다면 적어도 조합 내부적으로 업무집행기관을 구속하는 규범으로서의 효력은 가진다고 보아야 할 것이다. 왜냐하면, 총회가 조합의 최고의사결정기관이고, 정관변경은 조합의 총회결의를 통해서 결정된 후 감독청의 인가를 받아야 하나, 여기에서 감독청의 인가는 기본행위인 총회결의의 효력을 완성시키는 보충행위일 뿐 정관의 내용 형성은 기본행위인 총회결의에서 이루어지기 때문이다.[60]

(2) 정관(추인하는 결의) 및 이에 따라 수립된 관리처분계획의 유효성

(가) 문제의 소재

아파트와 상가를 분리하여 개발이익과 비용을 별도로 정산하고, 상가에 대한 관리처분계획안의 작성권한을 상가협의회에게 일임하는 내용이 정관으로 규정되거나 총회의 결의가 있는 경우, 이는 조합과 조합원에 대하여 구속력을 가지게 되고, 이에 따라 상가협의회가 마련한 상가에 관한 관리처분계획안에 대하여 총회의결을 거쳐 관리처분계획을 수립하게 되는데, 그 유효성이 문제된다. 왜냐하면 이는 아파트조합원과 상가조합원 사이에 권리에 차등을 두는 내용의 정관이나 총회결의 및 이에 따른 관리처분계획으로서 그것이 아파트조합원의 재산권을 본질적으로 침해하는 것은 아닌지 여부가 문제된다.

(나) 판례(유효)

판례는 도시정비법이 제정되기 이전의 사안에서, 아파트조합원과 상가조합원들은 이해관계를

---

59) 법은 조합장 1명과 이사를 임원으로 둔다고만 규정하고 있을 뿐, 이사회에 대하여는 아무런 근거규정이 없고(다만, 124조 1항 3호로 이사회 의사록의 공개를 규정하고 있을 뿐이다), 법 40조 1항 18호, 시행령 38조 17호로 수권된 서울시 조례 22조 1호가 이사회의 설치 및 소집, 사무, 의결방법 등 이사회 운영에 관한 사항 등에 관하여 조합 정관으로 규정하도록 정하고 있을 뿐이다.

60) 대법원 2018. 3. 13. 선고 2016두35281 판결.

달리함을 전제로, 상가건물의 권리 귀속 등에 관한 사항이 아파트조합원들의 신축 아파트의 권리 귀속 등에 불이익한 영향을 미치지 않고, 아파트조합원의 의결권 행사에 의하여 그들의 이해와 무관한 신축 상가건물의 권리 귀속 등에 관한 사항이 결정되어 불합리한 결과가 발생할 수 있는 경우에는, 조합규약이나 총회에서 신축 상가건물의 권리 귀속 등에 관한 사항을 아파트조합원들에게 불이익한 영향을 미치지 않는 한도 내에서 재건축조합과 상가조합원들 간의 협의 내지 약정을 거쳐 대의원회에서 이를 인준하는 방식으로 결정하도록 하는 것도 허용되고, 이는 상가조합원들과의 협의 내지 약정의 내용을 변경하는 경우에도 마찬가지라고 하여 일정한 요건 아래 그 유효성을 인정하였다.[61]

또한 판례는 법 시행령 63조 2항 1호가 재건축사업의 관리처분방법으로 같은 조 1항 5호, 6호를 적용하도록 규정하고 있을 뿐, 재개발사업에서 관리처분의 방법으로 규정하고 있는 7호(주택 및 부대시설·복리시설의 공급순위는 기존의 토지 또는 건축물의 가격을 고려하여 정할 것)를 준용하고 있지 않는 점, 이는 상가를 정비사업의 대상으로 함으로써 정비사업의 효율을 기하기 위한 것으로서, 상가독립정산제 약정의 내용이 비합리적인 것으로 보이지 않고 아파트조합원들의 본질적 권리를 침해한 것으로 보기 어려운 점 등을 고려하여 상가독립정산제 약정을 내용으로 하는 관리처분계획에 대하여 적법·유효하다고 하였다.[62] 조합이 2개 이상의 상가단체와 체결한 별개의 상가독립정산제 약정도 유효하다.

⑶ 상가독립정산제 약정 또는 정관(추인하는 결의)의 한계

㈎ 문제의 소재

상가독립정산제를 내용으로 하는 정관이나 이를 내용으로 하는 총회결의가 존재하는 경우, 약정에 따라 상가협의회가 상가부분에 대한 관리처분계획안을 별도로 마련하면 총회의결을 거칠 필요 없이 관리처분계획으로 확정되는지 여부 또는 만일 총회의결을 거쳐야 한다면, 총회는 상가협의회가 상가부분에 대하여 별도로 마련한 관리처분계획안을 반드시 의결하여야 하는 의무가 있는지 여부가 문제된다.

㈏ 판단(부정)

그 논거는 다음과 같다.

「조합장이 상가협의회 대표와 사이에 상가독립정산제 약정을 체결하였다 하더라도, 아파트와 상가를 분리하여 개발이익과 비용을 별도로 정산하는 것은 총회결의를 요하는 정관변경사항(법 40조 1항 8호)으로서 총회의 의결사항이고(법 45조 1항 1호), 관리처분계획의 수립·변경도 총회의 의결사항이며(법 45조 1항 10호), 법에서 행정주체인 조합 내의 기관 간 권한배분을 규정하고 있는 조항은 강행규정이므로, 그 약정 자체가 정관변경이나 총회결의를 거치지 아니한 채 곧바로 조합에 효력이 미치는 것으로 볼 수 없음은 앞서 본 바이다. 동일한 논리로 상가협의회가 상가부분에 대하여 관리처분계획안을 별도로 마련함으로써 관리처분계획으로 확정되는 것이 아니라

61) 대법원 2010. 5. 27. 선고 2008다53430 판결.
62) 대법원 2018. 3. 13. 선고 2016두35281 판결, 대법원 2020. 6. 25. 선고 2018두34732 판결.

반드시 관리처분계획안에 관한 총회의결을 거쳐 그 내용이 확정되어야 한다. 또한 관리처분계획안에 대한 결정권자는 총회이므로, 총회는 반드시 상가협의회가 마련한 상가에 대한 관리처분계획안 대로 의결할 의무도 없다. 다만, 관리처분계획을 의결하는 총회는 정관이나 상가독립정산제 약정을 추인하는 총회결의를 통하여 이를 이미 승인한바 있으므로, 상가협의회가 상가부분에 대하여 마련한 관리처분계획안대로 결의할 가능성이 높다.」

㈐ 강행법규 위반

만일 정관의 내용이나 조합 집행부의 상가독립정산제 약정을 추인하는 총회결의의 내용이 상가협의회가 상가부분에 대하여 마련한 관리처분계획안이 곧바로 관리처분계획으로 확정되어 조합에 효력을 미친다거나, 조합 총회가 위 약정대로 반드시 의결할 의무가 있음을 전제하고 있다면, 이는 도시정비법상 허용될 수 없고 강행법규를 위반한 것이어서 무효라고 할 것이다.[63)]

다. 관리처분계획 총회에 안건을 상정할 의무

(1) 내용

총회 상정안건의 심의·의결에 관한 권한은 이사회에 있으므로, 총회의결이 필요한 관리처분계획안의 확정권한은 이사회에 있으나, 상가부분 관리처분계획의 작성 권한을 상가협의회에게 일임한다는 내용의 정관이나 총회결의가 이루어진 경우, 그것만으로 이사회의 권한을 침해한 위법한 것으로 볼 수 없음은 앞서 본 바이다. 오히려 이사회가 조합의 기관임은 명백한바, 재건축조합의 정관은 재건축조합의 조직, 활동, 조합원의 권리의무관계 등 단체법적 법률관계를 규율하는 것으로서 공법인인 조합과 조합원에 대하여 구속력을 가지는 자치법규이므로 이에 위반하는 기관의 활동은 원칙적으로 허용되지 아니하는 점, 총회결의도 또한 조합 내부적으로 업무집행기관을 구속하는 규범으로서의 효력은 가진다고 보아야 하는 점 등에 비추어 이사회는 정관 또는 총회결의대로 상가협의회가 마련한 관리처분계획안을 상정시켜야 할 의무가 있다.

(2) 한계

㈎ 일반적 한계

상가협의회가 마련한 상가부분 관리처분계획안의 내용이 특정되어야 하고, 그 내용이 도시정비법 등 관련 법령, 조합의 정관에 위반되지 않으며, 그 자체로 아파트조합원들의 재산권을 본질적으로 침해하지 않아야 한다.

㈏ 상가협의회의 대표안인지 여부

상가조합원들로 구성된 별도의 기구인 상가협의회가 상가에 관한 관리처분계획안의 내용을 자율적으로 마련함에 있어 상가조합원들의 단일한 의사를 이끌어 내기가 쉽지 않다. 실제로 상가조합원들 사이에서도 이해관계가 대립되어 관리처분계획안에 대한 총의(總意)가 도출되지 않아 상가협의회가 대표안을 제출하지 못하는 경우도 발생한다.

실무상 상가조합원들로 구성된 상가협의회가 상가조합원 총회를 개최하여 조합원 과반수가

63) 대법원 2018. 2. 8. 자 2017두65227 판결 및 서울고등법원 2017. 9. 13. 선고 2015누48404 판결.

출석하고 출석 조합원 과반수의 찬성으로 결의하여 도출한 상가에 관한 관리처분계획안을 이사회에 송부하여 오면, 일응 상가조합원들의 대표안으로 볼 수 있다. 그러나 실제로 과반수 의결이 있었는지 여부가 불명확한 경우가 있는바, 그 경우에는 조합 측이 보완을 명하게 된다. 더 나아가 그와 같은 과반수 의결이 상가조합원들의 다수의사로 간주될 수 있는가 하는 문제점이 있다. 즉, 상가독립정산제 약정을 추진하는 결의 자체가 상가조합원 과반수의 결의로 가능한데, 그 중 과반수 출석과 출석 조합원 과반수의 찬성으로 도출된 관리처분계획안은 산술적으로 상가주(商家主) 약 75%[64] 상당의 의사가 반영되지 아니한 것으로 볼 여지가 있기 때문이다.

㈐ **상가협의회가 마련한 관리처분계획안과 배치되는 안건의 상정 권한(긍정)**

이사회가 상가협의회가 마련한 관리처분계획안을 총회에 상정시켜야 할 의무가 있다 하더라도, 이에 배치되는 안건을 관리처분계획 총회에 상정할 권한이 배제된다고 보기 어렵다. 왜냐하면 관리처분계획안에 대한 결정권자는 총회이므로, 총회는 반드시 상가협의회가 마련한 상가에 대한 관리처분계획안 대로 의결할 의무는 없기 때문이다. 따라서 이사회가 상가협의회가 마련한 관리처분계획안과 다른 안건을 스스로 작성하여 총회에 상정하고(당시 총회는 상가독립정산제 약정에 반하여 이사회가 독자적으로 작성한 안건임을 사전에 인지하게 된다), 총회가 상가독립정산제 약정에 반하는 그와 같은 안건을 의결한다면, 이는 상가협의회가 마련한 관리처분계획안을 상정하였더라면 부결되었을 것이 전제된다. 결국 이사회가 상가협의회가 마련한 관리처분계획안과 배치되는 안건을 상정한 것은 상가협의회가 마련한 관리처분계획안을 상정할 의무까지 이행한 것으로 못볼바 아니다.

4. 상가독립정산제 약정에 위반하는 관리처분계획 의결 가능 여부

가. 의결 가능 여부(긍정)

(1) 앞서 본 바와 같이 총회는 상가협의회가 상가부분에 대하여 별도로 마련한 관리처분계획안을 반드시 의결하여야 하는 의무는 없는바, 우선 상가독립정산제 약정과 정확하게 일치하는 내용을 의결하지는 않았으나, 그 취지에 부합하게 결의하는 것이 가능하고, 이는 위법하지 않다. 문제는 상가독립정산제 약정의 내용이 정관에 규정되었거나 또는 정관변경을 위한 실질적인 의결정족수를 갖추어 업무집행기관을 구속하는 규범으로까지 성립되었음에도 그에 반하는 결의를 할 수 있는가의 여부이다.

(2) 이와 관련하여 상가독립정산제 약정을 통하여 정비사업에 상가조합원들의 동의를 유도해 정비사업에 착수한 후, 그에 반하는 총회결의를 하는 것은 그 자체로 신의칙에 반하고, 다수를 차지하는 주택 조합원들에 의한 다수결의 횡포이므로 허용될 수 없다고 볼 여지가 있기는 하다.

그러나 총회가 상가협의회가 제안한 안건과 다른 내용으로 관리처분계획을 의결할 수 있다고 봄이 타당하다. 그 논거는 다음과 같다.

ⓐ 총회는 조합의 최고의사결정기관이고 정관변경이나 관리처분계획의 수립·변경은 총회의

64) 극단적인 경우 상가조합원 중 약 50%는 상가가 독립적으로 개발이익과 비용을 부담하면서 정비사업을 진행함에 반대하는 조합원이고, 또한 약 25%의 조합원은 상가협의회가 마련한 안에 반대하는 조합원이다.

결의사항이며, 조합 총회는 새로운 총회결의로 종전 총회결의의 내용을 철회하거나 변경할 수 있는 자율성과 형성의 재량을 가지고 있다.

ⓑ 정비사업은 다양한 변수가 존재하는 장기간을 요하는 사업인바, 총회가 상가독립정산제 약정이 포함된 정관을 수립하거나 그와 같은 내용의 총회결의를 할 당시와는 이해관계가 달라지는 등의 현저한 사정변경이 발생할 수 있고, 그 경우에는 상가독립정산제 약정을 고집하는 것이 부당할 수 있다.

나. 한 계

이러한 자율성과 재량이 무제한적일 수는 없다. 상가독립정산제 약정의 내용이 포함된 정관이 수립되거나 총회결의가 이루어지면 이는 조합 내부의 규범으로 정립되는바, 조합 내부의 규범을 변경하고자 하는 총회결의가 적법하려면 다음과 같은 기준들을 충족하여야 한다.[65)]

(1) 총회결의가 상위법령, 정관에서 정한 절차와 의사 및 의결정족수를 갖추어야 한다. 총회의 절차, 의사 및 의결정족수 등에 관하여는 상위법령에서 특별히 정한 바가 없으면 정관으로 정한 바에 따라야 한다. '조합의 비용부담'에 관한 사항이 종전 총회결의와 비교하여 볼 때 조합원들의 이해관계에 중대한 영향을 미칠 정도로 실질적으로 변경된 경우에는 조합원 3분의 2 이상의 특별결의가 필요하다.

(2) 총회결의의 내용이 상위법령 및 정관에 위배되지 않아야 한다.

(3) 일단 내부규범이 정립되면 조합원들은 특별한 사정이 없는 한 그것이 존속하리라는 신뢰를 가지게 되므로, 내부규범 변경을 통해 달성하려는 이익이 종전 내부규범의 존속을 신뢰한 조합원들의 이익보다 우월하여야 한다. 조합 내부규범을 변경하는 총회결의가 신뢰보호원칙에 위반되는지를 판단하기 위해서는, 한편으로는 침해받은 이익의 보호가치, 침해의 중한 정도, 신뢰가 손상된 정도, 신뢰침해의 방법 등과 다른 한편으로는 조합 내부규범의 변경을 통해 실현하고자 하는 공익적 목적을 종합적으로 비교·형량하여야 한다.[66)] 다만, 변경되는 결의의 내용이 상가조합원 등 특정 집단의 이해관계에 직접적인 영향을 미치는 경우라 할지라도, 특정 집단의 별도동의는 필요하지 않는다.[67)]

---

65) 이와 관련하여 상가협의회가 제안한 안건과 다른 안건을 관리처분계획총회에서 의결하는 것은 그 자체로 가능하므로, 처분일반론에 따라 계획재량권의 일탈·남용인지 여부로서 그와 같은 관리처분계획의 위법성을 심사하여야 함을 전제로, 상가독립정산제 약정은 유효하므로 조합에게는 관리처분계획 중 상가부분에 관한 사항은 법 등 관련 규정 등에 위반되지 않는 한도 내에서 상가조합원들의 의사를 반영하여 그 내용을 수립할 의무가 있음에도, 그와 같은 의무를 위반한 것이 되고(위 의무는 불이행시 곧바로 위법하게 되는 것이 아니라 이를 위하여 노력할 의무이다), 이는 계획재량의 일탈·남용을 심사할 때 중요한 요소로 고려될 수 있다고 판시한 하급심도 있다(위 서울고등법원 2015누48404 판결).

66) 대법원 2018. 3. 13. 선고 2016두35281 판결.

67) 대법원 2020. 6. 25. 선고 2018두34732 판결(조합설립 단계에서는 각 동별 과반수(복리시설로서 대통령령이 정한 경우 3분의 1 이상) 및 전체 토지등소유자의 4분의 3 이상의 동의가 필요한바, 그에 준하여 상가소유자들의 과반수 동의가 필요하다는 주장이 있으나, 판례는 이를 요하지 않음을 명확히 하였다). 한편 집합건물법은 구분소유자의 5분의 4 이상 및 의결권의 5분의 4 이상의 결의에 의한 재건축결의가 가능하나, 재건축의 내용이 단지 내 다른 건물의 구분소유자에게 특별한 영향을 미칠 때에는 그 구분소유자의 승낙을 받아야 한다고 규정하고 있다(47조 1항 및 2항).

다. 구체적 사안의 검토

⑴ 적법(유효) 사안

㈎ 대법원 2018. 3. 13. 선고 2016두35281 판결

① 조합장 등은 상가협의회 대표와 상가독립정산제 약정을 체결하였고, 총회결의를 받았다. ② 상가협의회는 자체적으로 상가관리처분계획안을 마련하여 상가협의회 대의원회에서 이를 의결한 후, 조합에 상가관리처분계획안이 수록된 책자를 보냈으나, 조합은 대의원회에서의 의결만으로는 적법하지 않다고 보아 상가협의회에 이를 반환하였다. ③ 상가협의회는 임시총회를 개최하여 상가조합원 동의율 54.03%로 상가관리처분계획안을 의결하고, 조합에 대하여 위 안(案)과 함께 상가협의회 임시총회의 의사록을 송부하였다. ④ 조합은 동의율이 과반수를 갓 넘은 것에 불과하여 비록 관리처분계획총회일이 임박하였으나, 상가협의회에 임시총회의 참석자 명단, 서면결의서, 임시총회 속기록, 녹취파일 등 상가관리처분계획안이 상가조합원들의 의사를 반영하여 수립된 것임을 입증할 자료를 제출할 것을 요청하였으나, 상가협의회는 총회일까지 이에 대해 별다른 조치를 취하지 않았다. ⑤ 이에 조합은 부득이 총회를 개최하여, 상가협의회의 상가관리처분계획안을 반영하지 않은 채 조합의 이사회가 별도로 마련한 관리처분계획안(여기에는 아파트에 관한 관리처분계획안뿐만 아니라 상가에 관한 관리처분계획도 포함되어 있고, 상가협의회가 제안한 상가관리처분계획안과 배치된다)을 승인하는 결의를 하였는데, 위 총회결의는 종전 총회결의를 통하여 조합 내부적으로 규범력을 갖고 있는 상가독립정산제 약정의 내용을 일부 철회·변경한 것이라고 볼 수 있다.[68)]

㈏ 대법원 2020. 6. 25. 선고 2018두34732 판결

① 사안

상가독립정산제 약정의 내용은 상가조합원들이 직접 시공자와 상가의 권리가액에 관하여 협의하여 합의가 이루어진 경우 그 합의사항을 관리처분계획에 반영되도록 할 수 있는 권리를 상가조합원들에게 인정한 것이다. 조합은 조합설립인가 당시의 최초 정관에 위 약정을 반영하였으나, 그 후 상가조합원들과 시공자 사이에 권리가액에 대한 합의가 이루어지지 않았고, 약정 당시는 정비사업이 확정지분제 방식이었으나, 그 후 도급제 방식으로 변경됨으로써 공동주택과 비교하여 상가 등 부대·복리시설의 권리가액만 높게 산정하는 경우 공동주택소유자들에게 그로 인한 불이익이 돌아갈 수 있게 되는 사정변경이 발생하였다. 이에 조합이 총회결의를 통하여 위 정관을 삭제한 후 상가 등 부대·복리시설에 대한 권리가액에 대하여 2개의 감정평가업자가 평가한 금액을 산술평균하는 것으로 하여 관리처분계획을 수립하였다.

② 유효

판례는 상가독립정산제 약정 및 그에 따른 종전 정관과 다른 내용의 관리처분계획을 수립하였더라도 이를 신뢰보호원칙에 위반된다고 볼 수 없다고 하였다. 그 논거는 다음과 같다.

ⓐ 상가조합원들과 시공자는 상가독립정산제 약정의 내용인 상가의 권리가액에 관하여 합의

68) 위 대법원 판결의 파기환송심인 서울고등법원 2018. 9. 13. 선고 2018누39944 판결.

에 이르지 못하였고, 불합의 시 권리가액을 어떻게 정할 것인가에 관하여는 아무것도 정하지 않았다.

ⓑ 시공방식에 사정변경이 발생하였고, 관리처분계획의 상가 등 부대·복리시설에 대한 권리가액 산정방식은 2개의 감정평가업자가 평가한 금액을 산술평균하는 것으로서 상가조합원들의 종전자산 평가에 관한 권리를 본질적으로 침해한다고 보기 어렵다.

⑵ 부적법·무효 사안(대법원 2022. 5. 26. 선고 2022두30539 판결, 상가우대약정사안)

추진위원회 단계에서 추진위원장과 상가소유자 대표는 상가소유자들을 우대하는 내용의 합의(신축상가의 전면부 진입로 보장, 상가에 대한 특정한 대지지분 보장, 신축상가 내 카리프트 설치, 영업장 대체지원비 지급, 이주비 2배 보장)를 하고, 주민총회의 동의를 받았으며, 조합설립 이후 2회에 걸쳐 동일한 내용으로 총회결의가 이루어져 조합에 효력이 미치게 된 사안에서, 종전 총회결의의 내용을 변경함으로써 상가우대제 내용을 변경하여야 할 객관적인 필요성이 인정되기 어려운 반면, 이로 인하여 상가조합원들이 침해받게 되는 이익의 정도와 그 보호가치는 물론 조합이 달성하려는 이익, 이 사건 합의의 존속에 대한 상가조합원들의 신뢰 침해를 최소화하기 위한 노력의 정도·경위 등을 종합할 때, 상가우대제 약정에 반하는 총회결의는 신뢰보호원칙에 위반되어 부적법하므로 효력이 없다(상가우대약정에 반하는 총회결의는 법의 일반원칙인 신뢰보호원칙을 위반한 위법한 총회결의이고 그 하자가 중대·명백하여 무효라는 의미이다).

라. 손해배상

조합설립과정에서 조합 집행부가 상가대표자와 사이에 상가독립정산제(상가우대제) 약정을 체결하고, 이에 따라 정관에 기재하거나, 총회결의를 받은 이후, 조합 측이 위 약정에 반하여 스스로 관리처분계획안을 수립하여 인가까지 받았고, 이로 인하여 상가조합원들에게 손해가 발생한 경우의 구제수단이 문제된다.

⑴ 약정에 기한 손해배상청구(불가)

조합이 대표자가 일부 조합원과 사이에 특혜를 부여하는 내용의 약정을 체결하고, 그와 같은 내용의 정관이나 총회결의가 이루어졌음에도, 그에 반하는 관리처분계획을 수립하였다 하더라도, 구속적 행정계획으로서 조합이 행하는 독립된 행정처분에 해당하는 관리처분계획의 본질 및 전체 조합원 공동의 이익을 목적으로 하는 조합의 행정주체로서 갖는 공법상 재량권에 비추어 조합이 개별 조합원과 사이의 사법상 약정에 직접적으로 구속된다고 보기는 어렵다. 따라서 그 개별 약정의 내용과 취지 등을 감안하여 유효·적법한 관리처분계획 수립의 범위 내에서 그 약정의 취지를 가능한 한 성실하게 반영하기 위한 조치를 취하여야 할 의무가 인정될 수 있음은 별론으로 하더라도, 이를 초과하여 개별 조합원과의 약정을 절대적으로 반영한 관리처분계획을 수립하여야만 하는 구체적인 민사상 의무까지 인정될 수는 없고, 약정의 당사자인 개별 조합원 역시 조합에 대하여 약정 내용대로의 관리처분계획 수립을 강제할 수 있는 민사상 권리를 가진다고 볼 수 없다.[69] 따라서 상가 조합원들은 조합에 대하여 채무불이행에 따른 손해배상책임을 구

69) 대법원 2022. 7. 14. 선고 2022다206391 판결.

할 수는 없다.[70)]

상가독립정산제(상가우대제) 약정에 위배되는 관리처분계획 총회결의가 신뢰보호원칙에 위배되어 무효이거나 또는 신뢰보호원칙에 위배되는 관리처분계획이 이전고시가 이루어져 더 이상 이를 다툴 수 없거나 신뢰보호원칙에 위배되지 않아 유효한 경우에도 동일한 법리가 적용된다(위 판례는 상가조합원이 약정에 기한 손해배상을 청구할 뿐만 아니라 별소로 상가우대제 약정에 위배하는 관리처분계획 총회결의가 신뢰보호원칙에 위배되어 무효임을 다투어 승소한 사안이다).

(2) 불법행위에 기한 손해배상청구(제한적 가능)

조합이 조합원의 일부인 개별 조합원과 사적으로 그와 관련한 약정(상가우대제 약정)을 체결하였음에도, 유효·적법한 관리처분계획 수립을 위한 적정한 재량권 행사의 범위 내에서 약정의 취지를 성실하게 반영하기 위한 조치를 취하지 아니하는 경우(상가우대제 약정이 정관에 기재하거나, 총회결의를 받은 경우, 조합 내부적으로 업무집행기관을 구속하는 규범으로서 효력을 가지게 되었고, 종전 내부 규범의 내용을 변경하여야 할 객관적 사정과 필요가 있는 경우가 아닌 한 기존 규범의 존속에 대한 조합원들의 신뢰를 침해할 수는 없다), 상가조합원들로서는 조합에 대하여 자신들의 신뢰를 침해한 데 따른 불법행위책임을 추궁할 수 있다. 다만, 손해배상책임의 범위를 산정함에 있어 상가조합원들에게 특별한 혜택을 부여하는 내용의 약정이 절대적으로 반영되어야 하는 것은 아니다.[71)]

5. 사업시행자의 상가조합원에 대한 청산금 지급청구

가. 상가독립정산제 약정에 기한 청산금 지급청구(부정)

조합장과 상가 대표자 사이에 상가독립정산제 약정을 체결하고, 이에 기하여 관리처분계획이 수립되어 인가받은 경우, 조합이 관리처분계획에 근거한 청산금이나 부과금 부과 외에 상가독립정산제 약정이 사법상의 계약임을 전제로 이에 근거하여 상가조합원들을 상대로 청산금 또는 사업비 정산금 청구는 허용되지 않는다. 왜냐하면 상가독립정산제 약정은 총회결의 등의 절차를 거쳐 이를 정관에 반영하거나, 관리처분계획을 수립하는 전제가 될 뿐, 이로써 조합과 상가조합원들 사이에 사업비 정산이나 청산에 관한 구체적인 사법상의 권리·의무가 발생하는 합의로는 볼 수 없기 때문이다.

나. 청산금 또는 부과금 부과청구

개발이익과 비용을 별도로 정산하는 내용의 상가독립정산제 약정과 이를 반영한 관리처분계획에 기하여 당해 상가를 건축하였는데, 위 상가의 건축비를 비롯한 총 사업비가 총 수입(조합원 분담금+일반분양대금)을 초과하는 경우, 사업시행자는 법 93조 1항에 따라 그 차액을 종전자산

70) 대법원 2022. 7. 14. 선고 2022다206391 판결(상가조합원들이 조합을 상대로, 조합이 상가우대제 약정을 반영한 관리처분계획을 수립하여 상가조합원들이 신축상가에 입주할 수 있도록 하여야 할 의무가 있음에도 위 의무를 이행하지 아니하였음을 이유로 이행지체의 채무불이행에 의한 손해배상책임을 구한 사안이다).

71) 위 2022다206391 판결(손해액 사정이 용이하지 아니한바, 법원은 증거조사의 결과와 변론 전체의 취지에 의하여 밝혀진 당사자들 사이의 관계, 불법행위와 그로 인한 재산적 손해가 발생하게 된 경위, 손해의 성격, 손해가 발생한 이후의 여러 정황 등 관련된 모든 간접사실들을 종합하여 손해의 액수를 판단할 수 있고, 법원이 위와 같은 방법으로 구체적 손해액을 판단함에 있어서는, 손해액 산정의 근거가 되는 간접사실들의 탐색에 최선의 노력을 다해야 하고, 그와 같이 탐색해 낸 간접사실들을 합리적으로 평가하여 객관적으로 수긍할 수 있는 손해액을 산정해야 한다).

가격의 비율대로 상가조합원에게 부과하는 부과금청구는 정당한 절차에 의한 것으로서 당연히 가능하다. 다만, 관할 행정청에 먼저 그 부과·징수를 위탁하여야 한다.[72)]

Ⅴ. 종교시설 및 유치원

1. 교회·절 등의 종교시설

가. 일반론

해당 정비구역을 계획적이고 체계적으로 정비하기 위하여 해당 구역과 주변지역이 상호 유기적이며 효율적으로 정비될 수 있는 체계를 확립하고, 정비구역의 토지이용 및 기반시설의 설치, 개발밀도 설정 등에 관한 사항을 구체화하는 법정의 행정계획으로 정비계획이 수립된다. 서울시 조례 8조 2항 3호는 정비계획의 세부내용과 관련하여 종교부지, 분양대상 복리시설 부지는 필요한 경우 획지로 분할하고 적정한 진입로를 확보하도록 하여야 한다고 규정하고 있다. 실제로 정비계획 수립권자는 정비구역 내 종교시설의 경우 정비사업 과정에서 다툼이 있는 점을 고려하여 정비구역 내 소재하는 교회 등 종교시설(비법인사단으로서의 교회뿐만 아니라 종교시설의 소유자가 개인인 경우를 포함한다. 이하 '교회 등'이라고 한다)에 대하여 종교용지를 분양하는 정비계획을 수립하는 경우가 있다. 그 경우 사업시행자는 정비계획에 부합하는 사업시행계획을 작성하여 인가받은 후 이를 전제로 분양신청절차를 진행하게 된다. 교회 등은 분양신청 전 단계에서 사업시행자와 사이에 종전 건축물에 대한 보상(건축물 신축비용까지 포함한다) 등에 대한 합의에 이른 경우 사업시행계획에서 마련된 대토(종교)부지에 대한 분양신청을 하게 된다. 이에 사업시행자는 해당 교회 등과 사이에 종교부지를 분양하고, 합의한 내용대로 새로운 종교시설 등을 신축하는 비용을 교회 등에게 지급하는 내용의 관리처분계획을 수립하고 인가받게 된다. 정비계획 및 사업시행계획에서 대토부지가 마련된 경우에는 실무상 종전 건축물에 대한 보상비용(건축물 신축비용까지 포함한다) 액수와 관련하여 주로 다투어진다.

한편, 교회 등에 대하여 종교용지를 분양하는 정비계획이 수립되어 있지 않은 경우에는 여러 가지 문제가 있다. 즉, 2025. 1. 31. 개정되기 전의 재건축사업 및 도시정비법이 2017. 2. 8. 전부개정되기 전의 재개발사업(환지사업방식이 아닌 한)에서는 법상 관리처분계획방법에 의하여서만 시행이 가능하고, 그 경우에도 주택, 부대·복리시설[73)] 및 오피스텔(준거주지역 및 상업지역에 한한다)을 건설하여 공급하는 사업만이 가능하므로, 정비사업 시행방법은 사업시행자가 교회 등에게 주택이나 생활복리시설만을 공급할 수 있을 뿐, 그와 무관한 별도의 종교부지나 종교시설을 종후자산으로 하여 공급하는 방법이 봉쇄되어 있었다. 이에 따라 사업시행자는 종후자산으로 공동주택이나 상가의 공급을 전제로 사업시행계획을 작성하여 인가를 받게 되면, 교회 등에게

---

72) 대법원 2023. 7. 13. 선고 2022두56562 판결 및 서울고등법원 2022. 7. 20. 선고 2021누54646 판결.

73) 주택법 2조 13호는 부대시설이란 주택에 딸린 주차장, 관리사무소, 담장 및 주택단지 안의 도로, 건축법 2조 1항 4호에 따른 건축물에 설치하는 건축설비에 준하는 것으로서 대통령령으로 정한 보안등, 대문 등이라고 규정하고 있고, 주택법 2조 14호는 복리시설이란 주택단지의 입주자 등의 생활복리를 위한 어린이놀이터, 근린생활시설, 유치원, 주민운동시설 및 경로당, 그 밖에 입주자 등의 생활복리를 위하여 대통령령으로 정하는 공동시설(주택법 시행령 7조는 종교시설을 포함하고 있으나, 이 또한 입주자 등의 생활복리를 전제로 하는 시설일 뿐이다)이라고 규정하고 있다.

일반 공동주택이나 상가에 대한 분양신청통지를 하고, 분양신청기간 내에 분양신청에 이르지 아니하는 경우 현금청산대상자로 취급한다. 이에 대하여 종교부지 및 건축물 신축비용 등을 요구하는 교회 등은 분양신청절차에 응하지 않았다가 추후 조합을 상대로 관리처분계획의 취소나 무효확인을 구하는 소송을 제기하나, 인용되기는 어렵다[정비계획상 사업구역 내에 종교부지가 존재하지 않는다면, 사업시행계획이나 관리처분계획으로 종교부지를 마련할 수는 없으므로, 이를 이유로 한 관리처분계획 취소소송은 주장 자체로 이유 없다. 선행처분인 정비계획결정(사업시행계획)에서 종교부지를 마련하지 아니한 것을 하자로 볼 수는 없으나, 설령 이를 하자로 본다 하더라도, 당연무효의 하자로 볼 수는 없다 할 것이어서, 제소기간이 도과되어 불가쟁력이 발생한 이후에는 이를 이유로 관리처분계획을 다툴 수 없다].

나. 교회 등에 대한 분양과 관련한 쟁점

(1) '뉴타운지구 등 종교시설 처리방안' 관련

(가) 도시의 낙후된 지역에 대한 주거환경의 개선, 기반시설의 확충 및 도시기능의 회복을 위한 사업을 광역적으로 계획하고 체계적·효율적으로 추진하기 위하여 필요한 사항을 정한 것이 도시재정비법인바, 서울시가 2009. 9. 27. 도시재정비법에 의하여 재정비촉진계획을 수립할 때 종교시설의 경우 존치를 원칙으로 하고 이전이 불가피한 경우에는 존치에 준하는 이전계획을 수립하도록 하며, 부지에 대하여는 대토를 원칙으로 하고 종교시설의 건축비용 및 이전비용 등을 사업시행자가 부담하게 한다는 내용이 포함된 '뉴타운지구 등 종교시설 처리방안'을 마련하였다. 교회 등은 소송과정에서 사업시행자가 수립한 관리처분계획이 위 지침에 반한다고 주로 다툰다.

(나) 서울시가 2009. 9. 27. 마련한 위 지침은, 뉴타운사업 추진과정에서 종교시설의 존치를 둘러싼 갈등이나 분쟁을 조정하고, 종교단체의 존치요구 민원으로 인하여 재정비촉진사업이 지연되는 것을 방지하기 위하여 서울시가 마련한 일종의 권고 방침에 불과하여 그 자체로 대외적, 법적 구속력을 가지는 것은 아니다. 따라서 소송과정에서의 교회 등의 위 주장은 모두 배척된다.

(2) 부관 관련

(가) 시장·군수등은 사업시행계획인가의 부관으로 '관리처분계획 수립 전(철거 전) 종교시설의 이전 등에 대하여 신의성실원칙에 따라 적극적으로 종교시설의 소유자와 협의를 진행할 것' 또는 관리처분계획인가의 부관으로 '조합은 철거 전 종교시설 이전 등에 대하여 신의성실원칙에 따라 적극적으로 종교시설의 소유자와 협의를 진행할 것' 등을 부가한다. 교회 등은 소송과정에서 사업시행자가 수립한 관리처분계획이 사업시행계획인가에 부가된 부관에 반하여 위법함을 주장하거나, 사업시행자를 상대로 관리처분계획에 부가된 부관의 이행을 구한다.

(나) 그러나 시장·군수등이 사업시행계획인가나 관리처분계획인가의 부관으로 부가한 위 내용들은 사업시행자인 조합에 대하여 법적인 의무를 부과한 것으로 보기 어렵다. 따라서 소송과정에서의 교회 등의 위 주장도 모두 배척된다.

다만, 사업시행계획인가 당시 종교시설의 이전과 관련하여 행정청이 "종교시설 이전 설치는 실시계획에 준하는 건축계획과 조합의 비용부담 범위에 따라 비례율, 권리가액, 분담금액 등 관리처분계획 전반에 영향을 미치므로 반드시 관리처분계획 수립 전에 건축규모, 임시장소 마련, 이전 시기, 이주비, 기타 손실보상비용 등에 대한 합의를 이루고 그 내용을 관리처분계획에 포함하고 이에 대한 조합원 총회의결을 거친 다음 관리처분계획인가를 신청하여야 하며, 관리처분계획인가신청 시 합의서 등 관련 서류 제출"을 부관으로 부가하였는데, 조합이 관리처분계획을 수립하면서 건축규모, 임시장소 마련, 이전 시기, 이주비, 기타 손실보상비용 등에 관한 구체적인 내용을 포함시키지 않았고, 관리처분계획 수립 후에 교회 등과 종교시설 등의 이전 부지에 관하여 합의를 체결하였으나 그 합의에 관한 인준을 결의한 임시총회에 절차상 하자도 있었던 사안에서, 위와 같은 관리처분계획에 대하여 위법하다고 판시한 하급심 사례가 있다.[74)]

다. 교회 등에 대한 특별 취급의 필요성

상가조합원의 경우에는 재건축을 반대하는 것이 일반적이고, 그 이유는 재건축 공사기간 동안 종전 영업장소에서 영업을 중단하여야 하므로, 소득이 감소하고 단골 고객이 떨어져 나가며, 아파트와 달리 상가는 개발이익이 확정적으로 확보되지 않기 때문이다. 이는 종교시설의 경우에도 그대로 적용될 여지가 있다.

장기간 해당 구역에서 포교활동을 해 온 교회 등의 경우, 신자 등과 관련하여 상당한 기득권이 존재함에도, 자신들의 뜻과 무관하게 재개발·재건축사업으로 인하여 일체의 기득권을 포기한 채 해당 구역에서의 종교활동을 중단하여야 하고, 신자들이 흩어지는 등 중대한 불이익을 받게 된다. 재건축사업에서 상가의 경우 앞서 본 상가독립제정산 약정(상가우대제 약정) 등을 통하여 상가조합원들의 권리가 보호될 수 있으나(재개발사업에서 현금청산대상자나 세입자가 정비구역 내 상가와 관련되는 경우 영업보상금을, 주거용 건물과 관련되는 경우 주거이전비 및 이사비 등을 지급받게 되나, 교회는 그중 어느 것도 지급받을 수 없다), 종교시설은 현행 법상 종후자산으로 인정된다고 단정하기 어렵고, 또한 종교시설의 소유자 등은 극소수에 불과하여 그들의 권리가 보장되기 어렵다. 공익사업(특히 토지주택공사, 경기주택도시공사 등이 사업시행자가 되는 택지공급사업 등)의 경우 실무상 협의양도 종교용지 공급지침[75)] 등을 마련하여 협의양도하는 종교시설에 대하여는 수의계약에 따라 종교용지를 공급하고 있는바, 이는 위와 같은 종교시설의 특수성을 고려한 것이므로, 동일한 공익사업인 정비사업에서도 참고가 될 수 있다. 다만, 신도가 흩어지지 아니하는 등 교회 등의 이전으로 특별한 손해가 발생하지 아니하는 경우에는 예외이다.

라. 실무상의 처리절차

(1) 협 의

사업시행자와 교회 등은 분양신청 이전단계에서 협의를 하는 것이 일반적이다. 통상적으로 교회 등은 대토, 새로운 종교시설의 신축비용, 종교시설 이전비, 임시예배처소 임차 비용, 정비사업에 따른 신자 및 헌금 감소 등에 따른 손해배상금 등을 요구한다. 사업시행자 측으로서는 조합원들 이주비에 대한 이자나 현금청산대상자들에 대한 청산금 지급을 위한 차입금의 이자 등

74) 부산지방법원 2024. 11. 14. 선고 2022구합24535(확정).
75) 행정중심복합도시 토지공급지침(행정중심복합도시건설청 훈령), 택지개발업무처리지침 및 협의양도 종교용지 공급지침(경기도시공사).

금융비용을 고려하면 관리처분계획의 수립 후 기존 건물의 신속한 철거 및 공사착공이 무엇보다 중요한데, 교회 등이 신자들과 합세하여 이주를 거부하는 경우 그들의 완강한 저항으로 강제퇴거와 철거에 따른 사회적 갈등과 물리적 마찰 및 그로 인한 공사의 착공이 장기간 지연될 우려가 있어 교회 등 종교시설과 적극적으로 협의를 진행한다.

(2) 협의성립 시

대토부지와 건물신축 비용 등에 대한 협의가 성립되면 교회 등은 사업시행계획상 종교시설부지가 마련된 경우에는 종교시설부지에 대한 분양희망 의사를 표시하고, 종교시설부지가 마련되어 있지 않은 경우에는 종교시설에 대한 분양희망 의사로 형식적으로 공동주택이나 상가 등에 대한 분양신청을 하게 된다[교회 등이 분양신청하지 않는 경우 현금청산만 가능할 뿐, 분양에 관한 협의가 불가능하므로, 형식적이나마 분양신청을 하여야 관리처분계획에 반영할 수 있는 분양협의(대토, 신축비용, 이전대책 등)가 가능하다].[76]

사업시행자는 사업시행계획상 종교시설부지가 마련된 경우에는 교회 등에 대하여 그 부지를 분양하고, 종교시설부지가 마련되지 않은 경우에는 공동주택이나 상가의 수분양자로 하되, 협의에 따라 대토부지 마련 비용이나 건물신축 비용 등을 사업비에 반영하는 관리처분계획을 수립하여 총회의 의결을 받게 된다.

한편, 대토부지와 건물신축 비용 등에 대한 협의가 성립되었음에도, 사업시행자가 대토부지 마련 비용이나 건물신축 비용 등을 사업비에 반영하는 관리처분계획을 수립하지 아니하는 경우 교회 등의 구제수단으로는 상가독립정산제 약정에서 본 바와 같이 사업시행자를 상대로 신뢰이익 침해를 원인으로 한 불법행위에 기한 손해배상을 구할 수 있을 것으로 보인다.

(3) 협의 불성립 시

(가) 사업시행계획상 종교시설부지가 마련된 경우, 종전자산(교회 소유의 토지 및 건물 등)의 가격보다 종후자산으로서의 대토 가액이 훨씬 고액인 경우가 많다. 그럼에도 불구하고 교회 등이 다액의 건물 신축비용, 종교시설 이전비(임시예배처소 임차 비용 포함) 등을 요구하는 경우를 흔히 본다. 그 경우 사업시행자가 대토의 가액이 고액임을 들어 건물신축비용이나 이전비 등의 협상에 소극적으로 응하여 합의가 성립되지 않고 결렬되는 경우가 있다. 이에 따라 교회 등은 종교시설부지에 대하여만 분양받거나 분양신청에 나아가지 않아 현금청산대상자가 된다. 사업시행계획상 종교시설부지가 마련되어 있지 않은 경우 사업시행자와 교회 등 사이에 대토부지와 건물신축 비용, 종교시설 이전비 등에 관한 포괄적 합의가 성립되어야 하나, 결렬되는 경우가 많이 있다. 그 경우 교회 등은 아파트나 상가에 대하여만 분양받거나 분양신청을 하지 아니하여 현금청산대상자가 된다. 그와 같은 내용으로 수립된 관리처분계획은 일응 적법하다. 종교시설의 소유자가 조합을 상대로 관리처분계획상 분양대상으로 종교시설을 마련해 놓지 않은 것이 위법하다는 이유로 취소를 구하는 청구는 받아들여지지 않는다(헌법상 재산권 및 종교의 자유 등 기본권

---

76) 교회 등 종교시설의 경우 인근에 종교시설 소유의 사택이 존재하는 경우가 많아 그에 대하여는 별도로 공동주택을 분양신청하게 된다.

보장 규정으로부터 곧바로 사업시행자에 대하여 종교용지 또는 종교시설을 분양하여 줄 것을 요구할 수 있는 구체적인 권리가 부여된다고 보기 어렵다).

(나) 사업시행자와 교회시설 등의 소유자 사이에 최종적으로 합의에 이르지 못하는 경우에는 수용, 매도청구의 절차를 거치게 된다.

마. 2025. 1. 31. 개정(재건축사업) 및 2017. 2. 8. 전부개정(재개발사업)에 따른 종교시설 분양가능 여부

(1) 법이 2017. 2. 8. 전부개정되기 전에는 구 도시환경정비사업은 관리처분계획에 따라 건축물을 건설하여 공급하는 방법(구 법 6조 4항), 구 주택재개발사업은 주택재건축사업과 동일하게 주택, 부대·복리시설 및 오피스텔을 건설하여 공급하는 사업으로 규정하고 있었다.

위 전부개정 이후 재건축사업은 종전 규정과 동일하나, 재개발사업은 구 주택재개발사업과 구 도시환경정비사업이 통합됨에 따라 사업의 내용이 관리처분계획에 따라 건축물을 건설하여 공급하는 방법으로 변경되었다. 2025. 1. 31. 개정 이후 재건축사업도 사업의 내용이 관리처분계획에 따라 건축물을 건설하여 공급하는 방법으로 변경되었다.

(2) 2017. 2. 8. 전부개정 전 주택재개발사업은 주거지역에서 아파트 등을 건축하는 주거환경개선사업이고, 도시환경정비사업은 상업 및 공업지역에서 상가빌딩이나 주상복합건물의 건축으로 도시기능회복 또는 상권활성화를 통하여 도시환경을 정비하는 사업이었다. 그러나 실제로는 주거지역이나 상업 및 공업지역이 혼재된 지역이 정비구역으로 지정되는 경우가 많았다. 그 경우 주택재개발사업구역으로 지정되는 경우 아파트 등(일부 오피스텔 포함)만을 건설하여야 하고, 도시환경정비사업구역으로 지정되는 경우 주로 상업 및 주상복합건물만을 건설함에 따른 불합리를 개선하여 사업시행자가 보다 효율적으로 향후 건설할 건축물을 결정할 수 있도록 하기 위하여 주택재개발사업 및 도시환경정비사업이 통합되어 재개발사업이 되었다. 위와 같은 입법경위에 비추어 볼 때, 재개발사업이 주거환경개선이나 도시환경정비와 무관한 건축물의 공급이 가능한 것으로 정비사업의 성격이 변화된 것으로 단정할 수 없어 재개발사업에서는 여전히 종교시설을 설치하여 공급하는 것이 가능한 것으로 보기 어렵다는 주장이 다수인 듯하다.

(3) 그러나 건축법 2조 2호는 건축물이란 토지에 정착(定着)하는 공작물 중 지붕과 기둥 또는 벽이 있는 것과 이에 딸린 시설물, 지하나 고가(高架)의 공작물에 설치하는 사무소·공연장·점포·차고·창고, 그 밖에 대통령령으로 정하는 것을 말한다고 규정하고 있다. 따라서 문언상으로는 법이 2017. 2. 8. 전부개정된 이후에는 주택정비형 재개발사업(구 주택재개발사업)에서 관리처분계획방법으로 사업을 시행함에 있어서도, 주택, 상가 등을 건설하여 공급하는 외에 주택과는 별도의 종교시설을 설치하여 공급하는 것이 해석상 가능하다고 볼 여지가 없지는 않은 점, 특히 2025. 1. 31.자로 법이 재건축사업에서 사업의 내용을 관리처분계획에 따라 '건축물'을 건설하여 공급하는 방법으로 변경한 입법취지가 재건축사업 추진과정에서 주민 선호 등을 고려하여 건축물의 용도를 결정할 수 있도록 하기 위함이고, 주택. 부대시설 및 복리시설을 제외한 건축물의 경우 준주거지역 및 상업지역에 한하여 건설할 수 있고, 그 경우에도 전체 건축물 연면적의 100분의 30 이하의 연면적으로 건설하여 공급할 수 있도록 한 점 등에 비추어 종교시설을 설치하여

공급하는 것이 해석상 가능하다고 보아야 할 것이다. 만일 사업시행자가 종교시설을 종후자산으로 설치하는 경우 해당 종교시설에 대하여는 정비계획 및 사업시행계획 작성 단계부터 교회 등과 협의하여 그들의 의사를 반영하여야 할 것이다.

2. 유치원

가. 유치원에 관하여는 유아교육법 8조 1항이 유치원을 설립하려는 자는 대통령령으로 정하는 설립기준을 갖추어야 한다고 규정하고 있고, 위 규정의 위임을 받은 '고등학교 이하 각급 학교 설립 운영 규정' 7조 1항은 사립인 각급 학교의 교사(校舍) 및 교지(校地) 등은 해당 학교를 설립 경영하는 자의 '소유'이어야 한다고 규정하고 있다. 그 취지는 교사·교지가 설치자의 소유가 아닌 임대의 경우에 임대차관계의 변경·소멸로 인하여 학교가 폐쇄되거나 타인의 시설이기 때문에 설치자가 학생들의 쾌적한 교육환경 조성을 위한 시설비 투자를 억제하는 결과를 초래하는 등으로 교육환경이 불안정하게 되거나 교육시설이 부실하게 되는 것을 방지하여 학습자들의 학습권을 지속적으로 안전하게 보호하는 데 있다.[77]

이와 관련하여 유치원의 경우 종후자산으로 반드시 단독의 독립부지를 필요로 하는 것인지 여부가 문제된다. 재건축사업이 실시되기 이전에는 유치원 건물뿐만 아니라 부지도 독립필지로서 유치원 설립·경영자의 단독소유였음에도 재건축조합이 유치원 설립·경영자의 동의 없이 신축 유치원의 부지를 아파트 소유자들과 공유하는 것을 내용으로 하는 관리처분계획이 수립된 사안에서, 교지(校地)가 해당 학교를 설립·경영하는 자의 '소유'이어야 한다는 법 규정을 위반한 것인지 여부가 쟁점이 되었는데, 판례는 공유도 소유의 한 형태라 할 것이므로, 유치원의 설립·경영자가 주택단지 내의 복리시설에 해당하는 유치원 건축물을 단독으로 소유하면서 그 대지를 대지권 비율에 따라 다른 구분소유자들과 함께 공유하게 되는 경우라고 하더라도 유아교육법 제8조 제1항 및 학교 설립·운영 규정 제7조 제1항 소정의 '소유' 요건은 충족된 것으로 볼 수 있다고 하였다.[78]

나. 제6편 제2장 제2절 Ⅳ. "3. 시장·군수 등의 심사"에서 살펴본 바와 같이 사업시행계획이 인가되면 주택법에 따른 사업계획의 승인, 건축법에 따른 건축허가가 의제되는데, 사업계획의 승인이나 건축법에 따른 건축허가를 위해서는 교육환경평가서 승인절차를 받아야 하나, 그와 같은 절차를 거치지 않았다 하더라도, 판례는 처분에 취소사유에 이를 정도의 흠이 존재한다고 볼 수 없다고 한다.[79]

정비사업 실무상 교육환경평가서 승인이 문제될 수 있는 것은 정비사업으로 건축되는 아파트 내 유치원의 경우이다. 유치원이 독립된 부지로 설립되는 경우 용적률에 따른 고층 아파트가 일반적인 현실에서 유치원이 일조기준을 충족하지 못하여 교육환경평가서 승인을 받기 어려운 경우가 있다(교육환경법 6조 8항 및 그 위임을 받은 교육환경법 시행령 16조 4항은 교육환경평가서의 내용별 작성방법 및 작성기준의 구체적인 내용을 정하여 고시할 수 있다고 규정하고 있다. 위 법령의 위임을 받은 교육환경평가서 작성 등에 관한 고시 5조 1항 [별표2]는 일조에 대한 분석방법을 정하고 있다).

---

77) 헌법재판소 2004. 8. 26. 선고 2003헌마337 전원재판부 결정 참조.
78) 대법원 2024. 6. 13. 자 2024두36487 판결 및 서울고등법원 2024. 2. 15. 선고 2023누34059 판결.
79) 대법원 2021. 8. 19. 선고 2020두55701 판결.

제7장 기 타

Ⅰ. 선행행위의 무효 또는 취소로 인한 후속행위인 관리처분계획의 효력

조합설립인가처분의 무효확인 또는 취소와 후속행위로서의 관리처분계획, 동·호수 추첨, 분양계약의 효력이 문제되나, 앞서 본 바와 같이 조합설립인가처분이 무효로 확인되거나 취소될 경우 이를 전제로 하는 관리처분계획 및 인가, 동·호수 추첨, 분양계약도 소급하여 효력을 상실한다(위 2008다95885 판결 등).

사업시행계획의 무효확인 또는 취소와 후속행위로서의 관리처분계획, 동·호수 추첨, 분양계약의 효력 역시 문제되나, 사업시행계획이 무효로 확인되고 취소되는 경우 이를 전제로 분양신청 및 분양공고, 협의 및 수용(재개발사업), 관리처분계획의 수립 및 인가, 동·호수 추첨 및 분양계약과 같은 여러 후속행위들도 역시 소급하여 효력이 소멸한다.

Ⅱ. 선행의 관리처분계획과 후속의 청산금(부과금)부과처분

관리처분계획은 정비사업에서 사업시행자가 작성하는 포괄적 행정계획으로서 사업시행의 결과 설치되는 대지를 포함한 각종 시설물의 권리 배분 및 귀속에 관한 사항과 그 비용 분담에 관한 사항을 정하는 행정처분이고, 청산금부과처분은 관리처분계획에 근거하여 종후자산의 수분양자에게 청산금(부과금)납부의무를 발생시키는 구체적인 행정처분으로서, 청산금(부과금)부과처분은 선행처분인 관리처분계획을 전제로 하는 후속처분이다.[1]

그러나 위 두 처분은 각각 단계적으로 별개의 법률효과를 발생시키는 독립된 행정처분이라고 할 것이므로, 관리처분계획에 불가쟁력이 생겨 그 효력을 다툴 수 없게 된 경우에는 그 관리처분계획에 위법사유가 있다 할지라도 그것이 당연무효의 사유가 아닌 한 관리처분계획상의 하자를 이유로 후속처분인 청산금부과처분의 위법을 주장할 수는 없다. 다만, 관리처분계획이 취소되거나 무효임이 확인되면 후속의 청산금부과처분도 소급하여 효력을 상실한다.

관리처분계획과 후속의 청산금(부과금)부과처분은 별개의 행정처분이므로, 설령 관리처분계획에서 청산금의 액수가 특정된다고 하더라도 청산금납부의무 내지 청산금수납 권리를 구체적으로 발생시키기 위해서는 사업시행자가 법 89조, 93조에 따라 별도로 청산금부과처분 내지 지급결정을 하여야 한다.[2] 통상은 분양계약을 통하여 청산금의 사전 징수가 이루어지므로, 사업시행

1) 대법원 2007. 9. 6. 선고 2005두11951 판결.
2) 서울고등법원 2015. 3. 5. 선고 2014나2033343 판결.

자가 이전고시 이후 관리처분계획에서 정해진 청산금을 징수하는 경우는 실무상 흔하지 않다.

Ⅲ. 이전고시와의 관계

이전고시는 관리처분계획의 후속행위이므로, 관리처분계획이 무효로 확인되거나 취소가 확정되면 이전고시가 이루어질 수 없다. 그러나 대법원 2011두6400 전원합의체 판결에서 보듯이 이미 이전고시가 존재하면 관리처분계획은 더 이상 다툴 수 없다. 관리처분계획은 권리 귀속에 관한 사항 및 비용 분담에 관한 사항을 정하는 행정계획이므로, 사업시행이 완료되는 준공인가 직전까지 수회에 걸쳐 변경이 이루어지고 있고, 이를 다투는 소송이 제기된다. 그와 같은 관리처분계획을 다투는 소송 진행 중에 준공인가가 이루어지는 등 이전고시가 임박한 경우 관리처분계획을 다투는 소송의 법률상 이익을 유지하기 위해서는 후속행위인 이전고시가 이루어지는 것을 방지할 필요가 있다. 따라서 관리처분계획 취소소송에 있어 가구제로서 관리처분계획에 대한 효력정지가 필요하다.

제 8 편

관리처분계획인가 이후 준공인가 시까지의 법률관계

제1장 총 설

관리처분계획인가가 이루어지면 사업시행자는 신속히 건물의 철거를 비롯한 시공행위에 착수하게 된다. 다만, 시공행위에 착수하기 위해서는 정비구역 내에 토지등소유자가 존재하지 않아야 하므로, 조합원 전원, 현금청산대상자나 세입자에 대한 이주가 완료되어야 한다.

사업시행자는 조합설립인가 이후 시공자와 사이에 기존 건물의 철거를 포함한 시공계약을 체결함은 앞서 본 바이다. 사업시행자는 시공이 지체되어 공기(工期)가 지연될수록 현금청산대상자에 대한 청산금 지급을 위하여 금융기관 등으로부터 받은 대출금과 그 이자 등으로 정비사업비가 기하급수적으로 증가하므로, 건물철거의 전제가 되는 수분양조합원, 현금청산대상자 및 임차인(세입자)들의 정비구역 밖으로의 이주를 위하여 노력하게 된다. 정비구역 내에 그중 1명이라도 존재한다면 철거가 불가능하다.

정관상 조합원은 자신의 비용으로 이주할 의무를 부담한다. 다만, 사업시행자는 종전자산 출자의무의 일종인 이주의무가 인정되는 수분양조합원에 대하여는 이주를 독려하기 위하여 이주비 대출을 알선하고, 대출이자를 정비사업비로 지급하는 것이 일반적이다. 또한 사업시행자는 현금청산대상자 및 임차인(세입자)에 대하여는 재개발사업의 경우 청산금, 영업손실보상금 또는 주거이전비, 이사비, 이주정착금을, 재건축사업의 경우 청산금을 각 지급하여 그들의 토지등을 인도받게 된다. 사업시행자는 토지등의 신속한 인도를 위하여 현금청산대상자 및 임차인(세입자)과 사이에 협의취득을 위하여 노력하되, 협의가 성립하지 아니하는 경우 수용절차(재개발사업) 또는 매도청구절차(재건축사업)를 통하여 현금청산대상자 등의 의사에 반하여 이를 취득하게 된다. 협의, 수용 및 매도청구에 대하여는 제9편에서 자세히 살펴본다.

수분양조합원, 현금청산대상자 및 임차인(세입자)이 모두 정비구역 밖으로 이주하면, 시공자는 건물철거를 비롯한 공사에 착수하게 된다. 시공자 선정과 시공계약에 대하여는 제5편 제2장에서 이미 살펴보았으므로, 이하에서는 실제 철거행위, 시공행위와 관련한 법률관계에 대하여 자세히 살펴본다. 한편 사업시행자는 시공에 착수할 무렵 정관의 규정에 따라 수분양조합원과 사이에 분양계약을 체결하게 된다. 또한 분양계약 체결의 전제로서 동·호수 추첨이 선행된다. 분양계약은 사업시행자가 수분양조합원에 대하여 그 체결을 거절하는 방법으로 정비사업에서 이탈할 수 있는 기회를 추가로 부여한 측면이 있으나, 이를 통하여 이전고시 이후 처분으로 부과될 청산금이나 부과금이 선납된다는 의미에서 그 유효성 여부가 다투어져 왔는바, 분양계약 및 선행행위로서의 동·호수 추첨과 관련하여 다툼이 많으므로 이에 대하여 자세히 살펴본다. 착공 이후 수년이 경과하여 공사가 완료되면 사업시행자는 시장·군수등으로부터 준공인가를 받게 된다. 준공인가는 관할 관청이 정비사업이 사업시행계획대로 완료되었음을 확인하는 행위이다. 정비사업이 막바지에 이르렀음을 나타내는 준공인가와 관련한 법률관계에 대하여도 자세히 살펴본다. 한편, 준공인가가 이루어지면 사업시행자는 종후자산에 대하여 관리처분계획에 따른 처분행위를 하게 되는데, 준공인가 이후의 구체적인 처분절차는 제10편에서 자세히 살펴본다.

제2장 이주 및 건물철거 등

Ⅰ. 공사 착수

주택법 21조 2항은 사업주체가 공사를 시작하려는 경우 사업계획승인을 받은 해당 주택건설 대지에 매도청구 대상이 되는 대지가 포함되어 있으면 해당 대지에 대하여는 그 대지의 소유자가 매도에 대하여 합의를 하거나 매도청구에 관한 법원의 승소판결(확정되지 아니한 판결을 포함)을 받은 경우에만 공사를 시작할 수 있다고 규정하여 공사착수의 요건으로 사업주체가 해당 대지에 관한 사실상의 소유권을 취득할 것을 요건으로 한다.

도시정비법에는 위와 같은 요건에 관한 규정이 없다. 다만, 사업시행자가 시공행위에 착수하기 위해서는 정비구역 내에 사람이 존재하지 않아야 하므로, 조합원 전원, 현금청산대상자나 세입자에 대한 이주가 완료되어야 한다. 이에 사업시행자는 다음에서 살펴보듯이 조합원에 대하여는 이주비의 지급 등을 통하여 이주를 독려하여 이주를 완성시킨다. 또한 현금청산대상자에 대하여는 제9편에서 살펴보듯이 청산금[수용재결(재개발)·매도청구(재건축)] 및 토지보상법상의 손실보상금(재개발)의 지급을 통하여 정비구역 밖으로 이주시킨다. 세입자에 대하여는 임대차보증금을 반환할 뿐만 아니라 재개발사업의 경우 토지보상법상의 손실보상 등을 통하여 그들을 정비구역 밖으로 이주시킨다. 한편 행정청은 관리처분계획을 인가함에 있어 부관으로 '착공 시까지 국·공유지를 매수할 것'이라는 부관을 붙이고 있는 경우가 있고, 그 경우 사업시행자는 착공 전에 국·공유지를 매수하여 소유권이전등기까지 마쳐야 한다(자력이 부족한 점유연고권자의 경우에는 관리청과 매매대금을 분할하여 납부하는 내용의 매매계약을 체결하고, 해당 토지에 관하여 국가나 지방자치단체 명의의 근저당권을 설정한 후 그들로부터 소유권이전등기를 경료받게 됨은 앞서 본 바이다).

Ⅱ. 수분양조합원의 이주

1. 조합원의 이주의무 및 불이행 시의 손해배상

조합원은 법령 또는 정관에 따라 정비사업의 원활한 목적 달성을 위하여 협력할 의무가 있고, 이러한 협력의무 중 하나인 현물출자의무에는 조합원 소유의 종전자산을 조합에 인도할 의무까지 포함됨은 앞서 본 바이다. 서울 표준정관 11조 1항 7호는 조합원의 의무로서 '이주 및 건축물 해체의무'를 규정하고 있다. 나아가 위 정관 36조 1항은 '사업시행으로 주택 등 건축물이 해체되는 조합원은 사업을 시행하는 동안 자신의 부담으로 이주하여야 한다.'고 규정하고 있다. 또한 같은 조 4항은 '조합원은 조합이 정하여 통지하는 이주기한 내에 해당 건축물에서 퇴거하여야 하며, 세입자 또는 임시거주자 등이 퇴거하도록 하여야 한다.'고 규정하고, 같은 조 5항은 '조합원은 본인 또는 세입자 등이 이주기한 내에 해당 건축물에서 퇴거하지 아니하여 기존 주택 등의 해체지연 등 사업시행에 지장을 초래하는 때에는 그에 따라 발생되는 모든 손해에 대하여 변상할 책임을 진다.'고 규정하고 있다. 나아가 손해배상의 절차와 관련하여 같은 조 6항은 '조합원이 변상할 손해금액과 징수방법 등은 총회의 의결을 얻어 해당 조합원에게 부과한다. 해당 조합원이 이를 납부하지 아니한 때에는 법 89조에 따른 해당 조합원의 청산금에 그 부과금과 연체료를 부가하여 징수하거나 공제하여 지급할 수 있다.'고 규정하고 있다.

이하에서는 이주비, 신탁등기 등 수분양조합원의 이주와 관련된 법률관계를 살펴보고, 현금청산대상자 및 세입자에 대한 청산 등 이주와 관련된 법률관계에 대하여는 제9편에서 살펴본다.

2. 조합원의 이주비 관련 쟁점 및 재개발사업 세입자에 대한 임대주택 공급

가. 개 요

법은 '임시수용시설을 포함한 주민이주대책'을 재개발 및 재건축 사업시행계획서의 필수적 기재사항으로 규정하고 있다(법 52조 1항 3호). 나아가 재개발사업의 시행자는 정비사업의 시행으로 철거되는 주택의 소유자 또는 세입자에게 해당 정비구역 안과 밖에 위치한 임대주택 등의 시설에 임시로 거주하게 하거나 주택자금의 융자를 알선하는 등 임시거주에 상응하는 조치를 하여야 한다(법 61조 1항).

재개발·재건축사업 시행자는 정관으로 수분양조합원의 이주비에 관하여 규정하고 있다. 서울표준정관 36조 2항 및 3항은 '조합은 이주비의 대출을 희망하는 조합원에게 조합이 직접 금융기관과 약정을 체결하거나, 시공자와 약정을 체결하여 대출을 알선할 수 있다. 이 경우 조합원은 사업시행구역 내의 소유 토지 또는 건축물을 담보로 제공하고 자신의 명의로 대출을 받고, 그에 따라 이주비를 대출받은 조합원 또는 그 권리를 승계한 조합원은 대출받은 이주비를 신축 건축물등에 입주 시까지 금융기관 등에 상환하여야 한다.'고 규정하고 있다.

재개발조합은 재건축조합과 마찬가지로 일반적으로 수분양조합원에게 임시수용시설을 설치하지 아니하고, 수분양조합원이 정비구역 밖에서 임대차로 거주함에 필요한 이주비와 관련한 지원을 한다. 만일 수분양조합원이 종전주택에서 거주하지 않고 임차인이 거주하고 있는 경우에는 임차인을 정비구역 밖으로 이주시키는데 드는 비용 즉, 임대차보증금에 대한 지원이 이루어진다. 과거에는 시공자가 수분양조합원들에게 이주비 등을 지원하였으나, 2022. 6. 10. 법 개정으로 건설업자등은 시공계약의 체결과 관련하여 시공과 관련 없는 사항으로서, 이사비, 이주비, 이주촉진비, 그 밖에 시공과 관련 없는 사항에 대한 금전이나 재산상 이익을 무상제공 또는 무이자나 은행 대출금리 중 가장 낮은 금리보다 더 낮은 금리로 대여하는 것을 제안하여서는 아니된다(법 132조 2항 1호, 법 시행령 96조2 1항). 자세한 내용은 제5편 제2장 "Ⅲ. 시공자 선정상의 특칙"에서 살펴보았다.

한편 재개발·재건축사업 모두 세입자의 주거 및 이주대책은 사업시행계획의 필수적 기재사항이다. 앞서 본 바와 같이 재개발사업의 시행자는 세입자에게 임대주택 등의 시설에 임시로 거주하게 하거나 임시거주에 상응하는 조치를 취하여야 하고, 임대주택건설계획이 사업시행계획의 필수적 기재사항이다(법 52조 1항 6호). 서울 재개발 표준정관 36조 7항 전문은 "사업시행으로 해체되는 주택의 세입자는 조례 27조 및 46조 등에서 정하는 바에 따라 임대주택을 공급하고, 세부 사항은 관리처분계획기준에 따른다."고 규정하고 있고, 같은 항 후문은 "조합은 사업시행으로 해체되는 주택의 세입자에 대하여 토지보상법 관련 규정이 정하는 바에 따라 주거이전비 및 이사비를 관리처분계획기준에 따라 지급한다."고 규정하고 있다. 따라서 재개발사업 시행자는 세입자에 대한 이주대책으로 임대주택을 건설하여 일정한 요건을 갖춘 세입자에게 공급하고, 주거이전비 및 이사비를 지급한다. 재건축사업 시행자는 토지등소유자에게 개발이익이 포함된 보상을 하므로, 세입자에 대한 주거 및 이주대책은 토지등소유자에게 맡기고 특별한 조치를 취하지는 아니한다.

나. 이주비의 조달방법

통상적으로 사업시행자는 이주기간을 정하여 일괄적으로 조합원들로부터 이주비 대출신청을 받고, 그의 알선으로 조합원이 금융기관으로부터 정비구역 내 자신의 부동산을 담보로 감정평가금액의 50% 내지 60%의 금액을 대출받는 방식으로 이주비가 마련된다. 이자는 사업시행자가 이주를 촉진하기 위해 정비사업비에서 부담하는 것이 일반적 관행이다(사업시행자가 이주비 이자를 부담하는 것을 전제로 조합원에 대한 이주비 대출을 알선하고, 실제 조합원이 이주를 완료한 이후 이주비가 조합원에게 현실적으로 지급되도록 하는 형식을 취한다).

종전자산에 금융기관 명의의 근저당권이 설정되거나 주택도시보증공사가 사업시행자(조합원)의 금융기관으로부터의 이주비 대출에 지급보증한 경우, 주택도시보증공사 명의의 근저당권이 설정된다. 이주비 원금은 분양받은 아파트의 실제 입주일 또는 입주기간 만료일 중 먼저 도래하는 날에 상환하되, 다만, 대출계약 시 조합원이 원할 경우 이주비의 일부 또는 전부를 조기 상환할 수 있다고 약정한다. 일반적으로 조합원의 종전자산에 비례하여 이주비가 대출되어 그 이자 또한 차이가 발생함에도 일률적으로 이를 사업시행자의 사업비로 지출하는 것이 조합원들 사이의 형평에 반한다는 의견이 있으나, 조합의 경우 사업비는 종국적으로 조합원이 분담하고, 그 기준은 정비사업비 총액에 대하여 해당 조합원의 종전자산가격의 비율이므로, 종국적으로 조합원은 자신이 대출받은 이주비의 이자 상당액 비율만큼 부담하게 되어 형평에 반한다고 보기 어렵다.

다. 쟁 점

(1) 조합원에 대하여 이자비용 상당액에 관한 배당소득세 부과

법 35조에 따라 설립된 사업시행자인 조합에 대하여는 조세특례제한법 104조의7 2항에 따라 법인세법이 적용된다. 조합이 이주를 촉진하기 위해 정비사업비에서 수분양조합원이 대출받은 이주비의 이자를 지급하는 경우, 이는 조합이 사업진행을 위하여 사용하는 비용인지 또는 조합이 장차 일반분양을 통하여 얻을 수 있는 이익 즉, 사업소득을 조합원에게 미리 배당하는 것인지 여부가 문제된다.

과세관청은 조합원이 해당 조합으로부터 무상으로 지원받게 되는 이주비 이자비용 상당액은 소득세법 17조의 배당소득으로 보아 조합원에게 과세하고 있다.

⑵ 이주비 이자를 정비사업비로 처리함에 따른 위법 여부

이주비 대출금에 대한 이자는 재개발 또는 재건축사업상의 비용이 아닌 조합원 각자가 개별적으로 부담할 비용임에도, 이를 정비사업비로 처리하는 것이 적법한지 여부가 문제된다.

판례는 정비사업은 기존 건물을 철거하고 그 대지 위에 새로운 아파트 및 상가를 신축하는 사업으로 조합원 및 기타 입주자들의 이주가 지체되면 될수록 그 비용이 크게 증가할 수밖에 없기 때문에 사업시행자로서는 정비사업의 성공을 위하여 조합원 및 기타 입주자들의 조기 이주를 장려하여 사업추진을 원활하게 하는 것이 중요하므로, 이주비 이자는 정비사업을 위한 사업비로 봄이 타당하고, 이를 사업비로 하는 내용의 총회의결을 거치는 경우 적법하다고 하고 있다.[1)]

⑶ 이주비 대출을 받지 아니한 조합원에 대한 사업시행자의 비용보전

㈎ 지급시기

사업시행자는 조합원과 사이에 이주비 대출을 받지 아니하거나 중도에 상환한 경우 그 기간에 상당한 대출이자를 청산금에서 감액하여 주는 약정을 체결하는 것이 일반적이다. 그러나 예외적으로 종전자산이 종후자산보다 큰 경우에는 사업시행자가 오히려 청산금을 지급할 의무를 부담하는바, 그 경우 이행기가 문제된다.

판례는 사업시행자의 청산금 지급채무의 이행기와 동일하다고 보아 그 경우의 이행기도 이전고시일이라고 하였다(제10편 제1장 제3절 Ⅱ. 4. “다. 청산금의 지급과 납부” 참조).[2)]

㈏ 범위와 관련한 판례

사업시행자가 관리처분계획 수립 총회에서 “공사착공 시부터 입주 시까지의 이자 상당 금원에 대하여 사업시행자가 이주비 대출을 받지 아니한 조합원에게 부담금 산정에서 공제해야 한다.”고 결의하였는데, 그 후 일부 토지등소유자가 토지등의 점유이전을 하지 않아 예상치 못하게 공사 착공이 지연됨으로써 이주비 대출을 받지 아니한 조합원들이 이주비 대출을 받아 이주한 조합원에 비하여 부담금 산정에서 공제되는 금액이 적게 되자, 그 위법함을 들어 위 총회결의가 무효임을 주장한 사안에서, 판례는 이주비 대출은 정비사업의 원활한 진행을 위한 것이고, 부담금 산정에서 제외된 부분의 금액이 크지 않아 현저히 형평에 반하는 것으로 볼 수 없으며, 공사착공 시부터 입주 시까지의 이자 상당 금원에 대하여만 부담금 산정에서 공제한다는 총회결의가 다수 구분소유자들이 소수 구분소유자들에게 부당하게 불이익을 강요한 것으로 보이지 아니함을 이유로 총회결의가 유효하다고 하였다.[3)]

---

1) 대법원 2010. 4. 15. 자 2010다1333 판결 및 서울고등법원 2009. 12. 3. 선고 2009나60574 판결.
2) 대법원 2015. 11. 26. 선고 2013다70668 판결 및 서울고등법원 2013. 8. 23. 선고 2012나105132 판결.
3) 위 서울고등법원 2009나60574 판결.

⑷ 이주비 지급 관련 채무의 양수인 승계 여부

㈎ 문제의 소재

조합원은 일반적으로 금융기관으로부터 이주비를 대출받으면 이주가 가능하게 되나, 대출받은 이주비가 소액인 경우 여전히 이주를 하지 못하게 된다. 그 경우 사업시행자는 정비사업의 원활한 추진을 위하여 사업시행자의 비용으로 추가이주비를 지급하는 경우가 있다. 그 후 해당 조합원이 토지등 소유권을 양도한 경우 추가이주비는 양도인이 부담하는 것인지 또는 양수인이 부담하는 것인지 여부가 문제된다.

㈏ 판례

추가이주비 수령 조합원의 조합에 대한 추가이주비 관련 채무는 조합원 지위와 함께 양수인에게로 이전된다.[4)]

⑸ 분양계약 미체결 조합원의 대출 이주비 부담

㈎ 문제의 소재

분양신청을 하여 관리처분계획상 수분양조합원이 된 경우 사업시행자의 이주비 이자 부담을 조건으로 이주비를 대출받게 되고, 그 경우 조합원에 대한 이주비의 이자는 사업시행자가 정비사업비로 처리한다. 그러나 조합원이 이주 이후 분양계약 체결을 거절하여 현금청산대상자가 되는 경우, 이주비의 이자는 누가 부담할 것인지 여부가 문제된다.

통상적으로 조합원의 이주가 이루어지면 사업시행자는 곧바로 건물을 철거하고 신축공사로 나아가게 되고, 그에 필요한 공사비 마련을 위하여 즉시 동·호수 추첨과 분양계약 체결절차를 진행하므로 분양계약 체결 시까지 특별히 이주비 이자가 과도하게 발생하지는 아니하므로 분쟁이 발생할 여지가 크지 않으나, 다른 현금청산대상자나 교회 등의 이주 거부 등으로 공사의 착공이 지체되거나 아파트의 가격이 하락하거나 공사자재비의 상승 등으로 인한 비례율 하락이 명백하여 다수의 조합원이 분양계약 체결을 거절하여 정비사업에서 이탈할 것이 예상되는 경우, 사업시행자는 이주 및 철거 이후 상당한 기간이 경과한 이후에서야 분양계약절차를 진행할 것이고, 그 경우 분양계약 체결을 거절한 조합원의 이주비 이자가 상당한 액수에 달하는데, 현금청산대상자가 사업시행자에게 이를 모두 상환하여야 하는지 여부이다. 분양신청기간 전에 사업시행자의 이자 부담조건으로 그의 주선으로 이사비를 대출받아 이주하였다가 분양신청에 이르지 아니한 현금청산대상자의 경우에도 동일한 문제가 발생한다.

---

4) 서울고등법원 2018. 5. 31. 선고 2017나2075966 판결[확정, ① 법 129조는 정비사업과 관련하여 권리를 갖는 자의 변동이 있은 때에는 종전의 권리자의 권리·의무는 새로 권리자로 된 자가 승계한다고 규정하고 있다, ② 조합 정관도 일반적으로 양도·상속·증여 및 판결 등으로 조합원의 권리가 이전된 때에는 조합원의 권리를 취득한 자로 조합원이 변경된 것으로 보며, 권리를 양수받은 자는 조합원의 권리와 의무 및 종전의 권리자가 행하였거나 조합이 종전의 권리자에게 행한 처분, 청산 시 권리·의무에 관한 범위 등을 포괄승계한다고 규정하고 있다(국토부 표준정관 9조 5항)].

(나) 판단

① 현금청산대상자가 되기 전의 이자

㉮ 학설

㉠ 사업시행자 부담설

조합원이 현금청산대상자가 될 때까지 사업시행자는 조합원 소유의 토지등을 계속하여 점유하고 있고, 사실상 임료 상당의 이득을 취득하고 있는 점 등을 논거로 사업시행자가 부담하여야 한다.

㉡ 현금청산대상자 부담설

모든 조합원이 이주비 대출을 받는 것은 아니라 개별적으로 희망한 조합원만이 지원의 혜택을 받고 그 수혜금액이 다른 점, 비록 사업시행자가 대출비 이자를 사업비로 부담하나, 이는 입주 후 청산절차를 통하여 조합원이 납입유예된 이자를 사후적으로 청산, 부담할 것을 예정하는 점 등을 논거로 현금청산대상자가 부담하여야 한다.[5]

㉯ 판례

조합원들의 이주비 대출금 이자를 시공자가 부담하고, 분양신청기간 내에 분양신청하지 아니한 조합원들에 대하여 사업시행자가 제명한 사안에서, 현금청산대상자가 되기 이전의 이자는 조합원의 지위에서 받는 이익인바, 도시정비법상 조합과 그 조합원 사이의 법률관계는 그 근거법령이나 정관의 규정, 조합원총회의 결의 또는 조합과 조합원 사이의 약정에 따라 규율되는데, 그 규정이나 결의 또는 약정으로 특별히 정한 바가 없는 이상 조합원이 조합원의 지위를 상실하였다고 하더라도 법리상 그 조합원이 조합원의 지위에서 얻은 이익을 당연히 소급하여 반환할 의무가 있는 것은 아니다.[6]

㉰ 결론

조합원의 이주의무는 관리처분계획인가 이후 발생하므로, 분양신청기간 전에 사업시행자의 이자 부담조건으로 이사비를 대출받아 이주하였다가 분양신청에 이르지 아니한 현금청산대상자의 경우에는 그때까지의 이자를 사업시행자가 부담하는 것이 타당하다. 그러나 분양신청을 하여 관리처분계획상 수분양조합원이 된 자는 이로써 이주의무가 발생하였으므로, 사업시행자의 이주비 이자 부담을 조건으로 이주비를 대출받았다가 그 후 분양계약 체결을 거절하여 현금청산대상자가 된 경우에는 그때까지의 이자를 현금청산대상자가 부담하는 것이 타당하다. 정비사업 실무상 조합 정관이나 총회결의로 분양계약을 체결하지 아니하는 경우 조합이 현금청산대상자에게 이미 대납한 이주비 금융비용을 공제한 현금청산금을 지급한다는 조항을 두는 것이 일반적이고 이는 유효하므로, 논의의 실익이 크지 않다.[7]

---

5) 이상덕, 재개발·재건축조합과 탈퇴조합원 사이의 이익충돌상황과 분쟁해결기준, 사법논집 제73집, 137.

6) 대법원 2009. 9. 10. 선고 2009다32850, 32867 판결(위 판결 부분 중 사업시행자는 토지등소유자에게 청산금의 지급 의무를 부담함에 있어 토지등소유자의 권리제한등기가 없는 상태로 소유권을 이전할 의무와 동시이행관계에 있다는 부분은 말소되지 아니한 근저당권의 채권최고액 또는 채권최고액의 범위 내에서 확정된 피담보채무액에 해당하는 청산금에 국한된다는 대법원 2015. 11. 19. 선고 2012다114776 전원합의체 판결에 의하여 변경되었다).

② 분양계약 체결 거절 이후의 이주비 대출 이자

조합원이 분양계약 체결을 거절하여 현금청산대상자가 된 이후에도 사업시행자가 조합원 소유의 토지등을 계속하여 점유하고 있고, 사실상 임료 상당의 이득을 취득하고 있으므로 사업시행자가 이주비 이자를 부담하여야 한다는 견해가 있다. 그러나 사업시행자가 현금청산대상자의 점유이전으로 종전자산을 점유한다 하더라도, 이는 조합원의 협력의무 중 하나인 현물출자의무를 이행함에 따른 반사적 효과이고, 그에 대하여는 사업시행자가 청산금 지급 이행기에 이를 이행하지 아니하는 경우 지연손해금으로 보상되는 점, 분양계약 체결 거절 이후의 이주비 대출 이자까지 사업시행자가 사업비로 부담한다면, 잔존 조합원과 사이에 형평에 반하는 점 등에 비추어 조합원이 분양계약 체결을 거절하여 현금청산대상자가 된 이후의 이주비 대출 이자는 현금청산대상자가 부담함이 타당하다.[8]

3. 신탁등기

가. 재건축조합의 신탁등기규정

(1) 연혁

토지등소유자가 조합원인 정비사업에서 행정처분인 관리처분계획인가와 이에 따른 이전고시 절차를 거쳐 종후자산을 조합원에게 귀속시킨 경우 종전자산에 관한 권리가 권리자의 의사와 관계없이 종후자산에 관한 권리로 동일성을 유지한 채 강제적으로 교환·변경, 즉 공용환권된다. 따라서 사업시행자가 특별히 종전자산의 소유권을 취득할 필요가 없어 조합원들이 사업시행자에게 자신들 소유의 토지등에 대한 소유권이전등기를 경료하여 주지 않고, 종후자산에 대하여 조합원에게 소유권이 귀속되기 전에 사업시행자 명의로 소유권보존등기가 경료되지도 않는다. 그러나 도시정비법 제정 이전의 주택건설촉진법이 1997. 12. 13. 개정으로 44조의3 5항을 도입하기 이전의 재건축사업의 경우 관리처분계획인가 및 이전고시에 따른 강제적인 권리변동인 공용환권이 불가능하여 공용환권의 반대개념인 사업시행자의 취득·배분방식에 의하여 사업이 진행된다. 즉, 먼저 사업시행자가 토지등소유자의 종전자산에 대한 소유권을 취득하고, 종후자산에 대하여도 사업시행자가 소유권을 취득한 후 이를 수분양자에게 배분(이전등기절차를 경료하여 주어야)하므로, 종전자산을 취득하는 절차인 정비구역 내 토지 전부에 대하여 조합 명의로 소유권이전등기를 하는 신탁등기가 필요하였다.[9] 종후자산 배분의 경우에도 관리처분계획이라는 행정

---

7) 아파트의 일반분양분에 대한 분양계약에서 수분양자의 중도금 대출이자 상당액을 분양자가 부담하기로 하는 약정은 분양계약의 존속을 전제로 하는 것이어서 분양계약이 해제되면 위 약정도 소급적으로 효력을 상실한다고 보아야 하므로, 수분양자는 그 원상회복으로서 대납 대출이자 상당액의 돈을 분양자에게 지급하여야 한다.

8) 대법원 2017. 4. 13. 자 2017두31453 판결 및 서울고등법원 2016. 10. 21. 선고 2015누44822 판결, 대법원 2017. 3. 16. 자 2017두30498 판결 및 서울고등법원 2016. 10. 28. 선고 2015누60947 판결, 대법원 2015. 12. 23. 자 2015두51644 판결 및 그 하급심이 서울고등법원 2015. 8. 20. 선고 2014누70091 판결.

9) 대법원 2005. 7. 22. 선고 2003다3072 판결(조합원들 소유의 토지는 구 주택건설촉진법에 근거하여 설립된 재건축조합에게 현물로 출자되고 그 지상의 주택은 사업시행에 따라 철거될 것을 전제로 하는 것이어서, 재건축조합이 시공회사와 사이에서 조합원으로부터 출자받은 대지상에 집합건물을 신축하기로 하는 공사계약을 체결하고 이를 시행함에 있어 조합원들은 도급계약 당사자가 아니라 제3자에 불과하다. 또한 조합원들이 그 신축자금의 일부를 제공하였다 하여 그러한 사정만 가지고 개별 조합원들이 신축된 집합건물 중 특정 부분의 구분소유권을 원시취득한다고 볼 것은 아니고 재건축조합의 규약 및 공사계약서의 내용을 모두 살펴 원시취득자를 확정하여야 할 것인데, 도급건축물

처분의 형식을 필요로 하지 않았다.

(2) 도시정비법 제정 이후 신탁등기의 취지

도시정비법 제정 이후에도 재건축조합은 여전히 정관 등으로 조합원의 조합에 대한 토지등에 관한 신탁등기의무 등을 규정하고 있는 것이 일반적이다. 서울 재건축 표준정관은 36조의2 1항 전문으로 "재건축사업의 원활한 추진을 위하여 조합원은 사업시행계획인가 이후에 조합이 정하여 통지한 기간 내에 조합원의 소유로 되어 있는 사업시행구역 안의 건축물 및 그 부속토지 등에 대하여 조합에 신탁등기를 완료하여야 한다."고 규정하고 있다. 공용환권은 신·구 권리가 시간적으로 연속적으로 이루어지는 것이 전제되어 있으므로, 엄밀히는 조합원의 종전자산 소유권을 사업시행자가 취득하는 것은 공용환권과 부합하지 않음에도 이를 규정한 취지는 조합원 변동 시 조합이 이를 용이하게 파악할 수 있고(신탁법 10조 1항 및 2항은 위탁자의 지위는 신탁행위로 정한 방법에 따라 제3자에게 이전할 수 있고, 이전방법이 정하여지지 아니한 경우 위탁자의 지위는 수탁자의 동의를 받아 제3자에게 이전할 수 있다고 규정하고 있다. 실무상으로는 조합에 신탁된 토지등을 양도하기 위해서는 먼저 신탁을 해지하여 위탁자에게 소유권을 이전하고 신탁등기를 말소한 후 양수인에게 소유권을 이전한 후, 다시 새롭게 조합 명의로 신탁등기를 경료하는 것이 일반적이다), 사무의 일괄처리에 따른 사업수행이 용이하게 되는 등 정비사업의 원활한 추진을 목적으로 한 것이다.[10] 서울 재건축 표준정관상 시기는 사업시행계획인가 이후로 규정하고 있으나, 이주 시에 이주비를 지급받으면서 그 담보로 근저당권을 설정하는 기회에 이루어지는 경우가 흔하다.

신탁등기 이후 해당 부동산에 대하여는 신탁 이후의 원인으로 발생한 권리에 기한 저당권, 압류, 가압류 등의 처분제한등기와 강제집행 등의 경매 기입등기가 불가능하므로(신탁법 22조 1항), 조합 측으로서는 향후 청산금, 부과금 등의 확보에 유리하다[다만 신탁 전의 원인으로 발생한 권리(저당권 등)에 기한 임의경매가 가능하고, 신탁사무의 처리상 발생한 권리에 기한 강제경매(조합이 청산금을 지급하지 아니하는 경우 현금청산대상자의 자신이 신탁한 부동산에 대한 강제경매는 위 규정에 의한다)는 가능하다. 신탁법 22조 1항 단서].

나아가 투기과열지구 내 재건축사업에서 조합원이 조합설립인가 이후 소유권을 양수한 경우 양수인은 조합원이 될 수 없고 현금청산대상자가 되는바, 그 경우 조합으로서는 매도청구소송을 통하여 그 소유권을 확보하여야 하고 그 과정에서 여러 다툼이 있으나, 신탁등기가 경료되면 이를 방지할 수 있다[제9편 제2장 Ⅳ "6. 매도청구권 행사의 예외(신탁)" 참조].

나. 신탁의 방법 및 법률관계

(1) 방법

조합원은 일반적으로 조합에 대하여 정관의 효력발생일자(조합의 설립등기일자) 신탁을 원인으로 한 소유권이전등기절차 및 부동산인도의무를 이행하게 된다.[11] 불이행 시 조합은 조합원을

소유권 귀속에 관한 법리를 기초로 하여 재건축 조합규약과 공사계약서의 내용을 종합하여 볼 때, 신축된 건물의 소유권은 도급인인 재건축조합이 원시취득한다).

10) 대법원 2009. 3. 26. 선고 2008다30048 판결.

11) 대법원 2012. 5. 9. 선고 2010다71141 판결.

상대로 신탁을 원인으로 한 소유권이전등기절차의 이행을 구하는 소(신탁등기이행의 소)를 제기한다(서울 재건축 표준정관 36조의2 1항 후문).

⑵ **법률관계**

㈎ **소유권 행사**

정비사업의 원활한 추진을 목적으로 한 것이므로, 일반적인 신탁의 경우 수탁자가 신탁재산의 관리, 처분, 운용, 개발, 그 밖에 신탁 목적의 달성을 위하여 필요한 행위를 함에 반해(신탁법 2조), 위 신탁에 따른 사실상 소유권의 행사는 위탁자인 조합원이 한다. 조합은 신탁된 조합원의 재산권을 재건축사업 시행 목적에 적합하게 사용 및 관리·처분하여야 한다(서울 재건축 표준정관 36조의2 2항 전문).

㈏ **위탁자의 지위 이전**

앞서 본 바와 같이 위탁자의 지위는 신탁행위로 정한 방법에 따라 제3자에게 이전할 수 있고, 이전방법이 정하여지지 아니한 경우 위탁자의 지위는 수탁자의 동의를 받아 제3자에게 이전할 수 있다(신탁법 10조 1항 및 2항). 이와 관련하여 서울 재건축 표준정관은 "조합은 조합원이 토지등을 양도하는 등으로 권리이전 등이 필요한 경우 신탁을 해지하여 신탁재산을 당해 조합원에게 반환하여 주어야 하며, 당해 조합원으로부터 주택 및 부속 토지 등을 매입하여 새로이 조합원이 된 자는 소유권 이전 후 즉시 신탁하여야 한다."고 규정하고 있다(36조의2 2항).

㈐ **신탁계약의 임의해지 여부**

신탁은 위탁자 자신이 수익자가 되는 이른바 자익(自益)신탁으로서 특별한 사정이 없는 한 "위탁자가 신탁이익의 전부를 향수하는 신탁"에 해당하므로, 신탁법 99조 2항에 의하여 원칙적으로 위탁자가 언제든지 해지할 수 있다. 한편 같은 조 4항은 신탁계약의 당사자는 신탁의 해지에 관하여 그와 달리 정할 수 있다고 규정하고 있으므로, 조합원의 임의해지가 가능한지 여부는 신탁계약의 해석과 관련된다. 신탁등기의 취지 등에 비추어 조합원이 토지등을 양도하는 경우가 아닌 한 정비사업 기간 중에는 임의해지가 허용되지 아니한다.

판례는 조합과 조합원 사이에 '위탁자는 재건축사업 승인 이전까지는 수탁자와 합의에 의하여, 사업계획승인 이후에는 관계 법령의 허용 범위 내에서 본 신탁계약을 해지 또는 변경할 수 있다'는 특약이 있었던 법 제정 이전의 사안에서, 재건축사업을 추진하기 위하여 조합과 조합원들이 자발적으로 신탁계약을 체결한 점, 재건축사업을 원활하게 추진하기 위해서는 사업의 종료시까지 신탁관계를 유지하는 것이 바람직한 점, 사업계획승인 이후 신탁관계를 유지할 필요성이 더 높아졌음에도 사업계획승인 전보다 신탁계약을 더 쉽게 해지할 수 있도록 약정한다는 것은 특별한 사정이 없는 한 이해될 수 없는 점 등에 비추어 위 약정은 위탁자의 임의해지권을 제한하기 위한 신탁법 99조 2항의 특약이라고 함으로써 임의해지권 제한을 인정하였다.[12)]

---

12) 대법원 2009. 3. 26. 선고 2008다30048 판결.

(라) 기타 쟁점

① 관리처분계획 수립 여부

관리처분계획 수립 이전 조합 명의로 신탁등기가 경료되는 경우 토지등소유자가 아닌 조합원 명의로 종후자산을 배분받은 관리처분계획의 수립이 가능한 것인지 여부가 문제되나, 사실상 소유권자는 위탁자인 조합원이므로, 가능한 것으로 해석된다.

② 법 79조 1항 및 87조 2항의 해석 관련

법 79조 1항은 정비사업의 시행으로 조성된 대지 및 건축물은 관리처분계획에 따라 처분 또는 관리하여야 한다고 규정하고, 법 87조 2항은 이전고시에 따라 취득하는 종후자산 중 토지등소유자에게 분양하는 종후자산은 도시개발법 40조에 따라 행하여진 환지(수분양조합원의 종전자산에 대한 권리가 소멸하고, 종후자산에 대한 권리가 발생하나 동일성이 유지된다는 것으로서 환권이다)로 본다고 규정하고 있다. 따라서 관리처분계획 이후 신탁에 따라 토지등의 소유권자가 달라진 상태에서 관리처분계획대로 이전고시할 수 있는지 여부가 문제된다.

사실상 소유권자는 위탁자인 조합원인 점, 환권의 의미는 종전자산에 대한 권리가 동일성을 유지한 채 종후자산에 대한 권리로 변환된다는 의미로서 대물적 성격이 강한 점 등을 종합하면, 관리처분계획 이후 신탁을 통하여 토지등소유자가 달라진 상태에서 관리처분계획대로 이전고시를 하는 것도 가능하다. 서울 재건축 표준정관은 이전고시에 따른 신탁종료, 권리관계 등 신탁에 대한 필요한 사항은 신탁계약과 신탁원부에 정한다고 규정하고 있다(36조의2 3항).

Ⅲ. 건물철거 및 시공

1. 건물철거

가. 규 정

⑴ 도시정비법

법 제29조(계약의 방법 및 시공자 선정 등)

⑪ 사업시행자(사업대행자를 포함한다)는 제4항부터 제8항까지의 규정에 따라 선정된 시공자와 공사에 관한 계약을 체결할 때에는 기존 건축물의 철거 공사(석면안전관리법에 따른 석면 조사·해체·제거를 포함한다)에 관한 사항을 포함시켜야 한다.

법 제81조(건축물 등의 사용·수익의 중지 및 철거 등)

② 사업시행자는 제74조 제1항에 따른 관리처분계획인가를 받은 후 기존의 건축물을 철거하여야 한다.

③ 사업시행자는 다음 각 호의 어느 하나에 해당하는 경우에는 제2항에도 불구하고 기존 건축물 소유자의 동의 및 시장·군수등의 허가를 받아 해당 건축물을 철거할 수 있다. 이 경우 건축물의 철거는 토지등소유자로서의 권리·의무에 영향을 주지 아니한다.

1. 재난 및 안전관리 기본법·주택법·건축법 등 관계 법령에서 정하는 기존 건축물의 붕괴 등 안전사고의 우려가 있는 경우
2. 폐공가(廢空家)의 밀집으로 범죄발생의 우려가 있는 경우

(2) 규정의 해석

기존주택의 철거계획서(석면을 함유한 건축자재가 사용된 경우에는 그 현황과 해당 자재의 철거 및 처리계획을 포함한다)는 사업시행계획서에 반드시 포함될 시·도조례로 정하는 사항이다(법 52조 1항 13호, 법 시행령 47조 2항 14호, 서울시 조례 26조 1항). 관리처분계획인가 후 구 건물을 철거하나, 건축물의 붕괴 등 안전사고의 우려가 있는 경우에는 기존 건축물 소유자의 동의 및 시장·군수등의 허가를 받아 그 이전에 해당 건축물을 철거할 수 있다[종전자산 및 그 가격은 분양대상자에 대한 분양신청통지의 대상이고, 관리처분계획의 필수적 기재사항인바, 원칙적으로는 사업시행계획인가·고시일을 기준으로 가격을 산정하여야 하나, 그 이전에 철거된 건물의 경우에는 시장·군수등에게 허가를 받은 날을 기준으로 산정한다(법 72조 1항 1호, 74조 1항 5호). 건축물을 철거하기 전에 관리처분계획의 수립을 위하여 기존 건축물에 대한 물건조서와 사진 또는 영상자료를 만들어 이를 착공 전까지 보관하여야 하고, 물건조서를 작성할 때에는 종전 건축물의 가격산정을 위하여 건축물의 연면적, 그 실측평면도, 주요마감재료 등을 첨부하여야 한다(법 시행령 72조)]. 구 건물의 철거와 신 건물의 신축은 별개의 행위이나, 법은 사업시행자가 총회의 의결에 따라 선정된 시공자와 공사에 관한 계약을 체결할 때에는 기존 건축물의 철거공사에 관한 사항을 반드시 포함시키도록 규정하고 있으므로, 일괄하여 선정되어야 한다. 특히 법은 석면이 발암물질이고 철거과정에서 다수 발생하므로, 시공자는 반드시 석면안전관리법에 따라 석면 조사·해체·제거절차를 거쳐야 함을 명시하고 있다.

사업시행자가 기존의 건축물을 철거할 수 있는 것은 수분양조합원에 대하여는 그들로부터 징구하는 건물철거동의서에 근거하고, 현금청산대상자에 대하여는 법 81조 2항의 사업시행자는 관리처분계획인가 이후 기존의 건물을 철거하여야 한다는 규정, 재개발사업의 경우에는 건축물 등 지장물에 대하여 물건의 가격으로 보상한 건축물의 철거비용을 사업시행자가 부담하는 토지보상법 시행규칙 34조 4항 및 재건축사업의 경우에는 매도청구로 인한 소유권 취득에 근거한다. 사업시행자는 건축물을 해체하기 전에 시장·군수등의 허가를 받아야 한다(건축물관리법 30조 1항 본문). 허가를 받은 건축물의 철거공사에 착수하려면 해당 허가권자에게 착공신고를 하여야 한다.

나. 철거의 법률적 의미

정비사업의 필수절차로서의 건물의 철거가 필요하다. 수분양조합원 및 근저당권자 등에 대하여는 종전자산으로서의 건물에 대한 철거가 있더라도, 철거된 건물에 대한 소유권 및 그에 대한 저당권 등의 권리는 소멸되지 않고, 이전고시일까지 그대로 존속하다가 이전고시 다음 날에 종후자산인 신축 아파트(구분건물 및 대지사용권)에 대한 권리로 전이된다(관리처분계획인가 이전에 건축물의 붕괴 등 안전사고의 우려가 있는 경우에도 마찬가지로 토지등소유자의 권리·의무에 영향이 없다). 다만, 관리처분계획인가 전후를 불문하고 건물이 철거된 경우에는 공시방법이 없어 소유권 및 저당권 등의 양도가 불가능하다(설령 건물이 철거된 경우 그 직후 멸실등기가 이루어지지 않아 등기부에 소유권이전등기가 마쳐지더라도 그 효력이 없다). 한편, 조합원분양분 중 분양신청하지 않아 일반분양하는 경우의 기존 조합원 소유 건물의 철거(재건축사업에서 조합설립에 동의하지 않은 자 소유의 건물은 매도청구를 통하여 조합이 이를 취득할 것이다)는 소유권을 비롯한 일체의 권리가 소멸되는 일반적인 건물철거와 동일하다.

다. 쟁 점

(1) 명도청구

정비구역 내 토지등에 대하여 건물을 철거하기 위해서는 조합원 또는 현금청산대상자로부터 건물을 명도받아야 한다. 현금청산대상자의 경우 행정대집행법에 의하여 대집행할 수 없음이 명백하나(제9편 제3장 제1절 Ⅲ. "3. 재결의 효과" 참조), 현물출자의무가 있고, 건물의 철거를 전제하고 있는 조합원의 경우 대집행이 허용될 수 있는지 여부가 문제된다. 그러나 이 경우에도 명문의 규정이 없으므로 불가능하다[법은 정비구역지정 이후 시장·군수등의 허가 없이 건축물을 건축한 경우 시장·군수등은 원상회복을 명하고, 불응 시 행정대집행법에 따라 대집행할 수 있다고 규정하고 있다(19조 4항)]. 따라서 사업시행자는 명도청구소송 등 법적 절차를 통하여 그 의무이행을 구하여야 한다.

판례는 조합의 정관에 '조합은 사업의 시행으로서 그 구역 내의 건축물을 철거할 수 있다', '조합원은 그 철거에 응할 의무가 있다'는 취지의 규정이 있고, 조합원이 재건축조합에 가입하면서 '조합원의 권리, 의무 등 조합 정관에 규정된 모든 내용에 동의한다'는 취지의 동의서를 제출하였다고 하더라도, 이는 명도의 의무를 부담하겠다는 의사를 표시한 것일 뿐, '조합원이 스스로 건축물을 명도하지 아니하는 경우 재건축조합이 법적 절차에 의하지 아니한 채 자력으로 건축물을 철거하는 것'에 대해서까지 사전 승낙한 것이라고 볼 수는 없다고 하였다.[13]

(2) 철거절차

사업시행자는 정비구역 내 토지등을 명도받은 후 철거하여야 한다. 사업시행자는 단독주택이든 공동주택이든 불문하고 건축물을 철거(해체)하려는 경우에는 건축물관리법 30조에 의하여 행정청의 허가를 받거나 신고를 하여야 한다(종래 단독주택은 구 건축법 36조에 의하여 건축물의 철거에 신고를 요하는 규정을 두었으나, 2019. 4. 30. 폐지되었고, 공동주택은 구 주택법 42조 2항 3호에 의하여 행정청의 허가나 신고를 받아야 한다). 위와 같은 건축물 및 공작물의 해체의 허가(신고) 및 추후 살펴볼 해체 이후의 멸실신고는 이주완료 후 조합이 일괄 위임받아 처리한다(서울 표준정관 37조 5항).

철거절차와 관련하여 일반적으로 정관에 사업시행자는 건축물을 철거하고자 하는 때에는 30일 이상의 기간을 정하여 구체적인 철거계획에 관한 내용을 미리 조합원 등에게 통지하여야 한다고 규정하고 있다(서울 표준정관 37조 2항). 한편 사업시행자는 정관에 정비구역 안의 통신시설·전기시설·급수시설·도시가스시설등 공급시설에 대하여는 당해 시설물 관리권자와 협의하여 철거기간이나 방법 등을 따로 정할 수 있다고 규정하고 있다(국토부 표준정관 36조 3항).

13) 대법원 2007. 9. 20. 선고 2007도5207 판결.

(3) 멸실등기

사업시행자는 수분양조합원이 정비구역 밖으로 이주하는 단계에서 그들로부터 신탁을 원인으로 한 소유권이전등기를 경료받음(주로 재건축사업)과 동시에 앞서 본 건물철거동의서도 징구하게 된다. 그 후 사업시행자는 건물철거행위로 나아간다. 건물철거 이후 사업시행자는 건축물관리법 34조에 의한 멸실신고를 하고, 부동산등기법 43조, 44조에 따라 해당 건물에 관하여 멸실등기를 하며, 부동산(건물)등기부는 폐쇄될 수 있고, 또는 이전고시 이후 도시 및 주거환경정비등기규칙 6조 및 7조에 따라 정비구역 내 종전건물 전체에 대하여 일괄하여 말소등기가 이루어지기도 한다(제10편 제1장 제2절 Ⅳ. "2. 동시등기원칙" 참조).

한편 구분건물의 경우에는 마쳐져 있던 대지권등기가 말소되고 해당 집합건물등기부가 폐쇄되며, 토지등기부에 기재되어 있던 대지권이라는 뜻의 등기가 말소되고, 구분소유자들 명의로 각 구분건물의 대지권비율만큼의 소유권이전등기가 토지등기부에 전사되며, 개별 근저당권설정등기도 전사된다(다만, 재건축조합이 각 구분건물에 대하여 신탁을 원인으로 한 소유권이전등기를 마친 경우에는 재건축조합 명의의 신탁등기도 전사된다).

(4) 명의신탁관계의 종료는 철거·멸실 시

기존주택에 관하여 명의신탁약정에 따라 수탁자 명의로 소유권이전등기가 마쳐진 후, 위 주택 일원에 재개발사업이 시행되어 명의수탁자가 분양신청을 하여 아파트를 분양받는 내용의 관리처분계획인가가 이루어지고, 그 후 종전의 주택이 철거되고 명의수탁자가 동·호수 추첨 이후 분양계약까지 체결한 경우, 종전주택에 관한 기존 명의신탁의 연장선상에서 수분양자 지위에 관하여도 별개의 명의신탁약정이 존재하는 것으로 보아야 하는지 여부가 문제된다.

부동산실명법 4조 3항에 따르면 명의수탁자가 신탁부동산을 임의로 처분하거나 강제수용이나 공공용지 협의취득 등을 원인으로 제3취득자 명의로 이전등기가 마쳐진 경우, 특별한 사정이 없는 한 그 제3취득자는 유효하게 소유권을 취득하고,[14] 이 경우 명의신탁관계는 당사자의 의사표시 등을 기다릴 필요 없이 당연히 종료되었다고 볼 것이므로, 그에 상응하여 재개발사업의 시행으로 명의수탁자가 사업시행자에게 제공한 주택이 철거·멸실됨으로써 명의신탁관계는 종료되고, 정비사업으로 인해 분양받게 될 대지 또는 건축시설물에 대해서도 명의신탁관계가 그대로 존속한다고 볼 수 없다.[15]

2. 시 공

가. 시공자 선정 및 시공계약

법은 시공자의 선정 및 시공계약에 포함될 내용은 사업시행자 및 조합원들을 구속하는 자치법적 단체법규인 정관에 기재하여할 사항으로 규정하고 있고(법 40조 1항 16호), 시공자의 선정 및 변경은 반드시 조합의 최고의사결정기구인 총회의 의결을 거치도록 규정하고 있으며(법 45조

14) 대법원 2011. 9. 8. 선고 2009다49193, 49209 판결 등 참조.
15) 대법원 2021. 7. 8. 선고 2021다209225, 209232 판결.

1항 5호), 이는 대의원회가 대행할 수 없는 사항이다(시행령 43조 4호).

제5편 제1, 2장에서 살펴본 바와 같이 법은 사업시행자가 시공자를 선정함에 있어 원칙적으로 경쟁입찰의 방법(토지등소유자 20인 미만의 재개발사업에서 토지등소유자 개인이 사업시행자가 되는 경우 및 조합원이 100명 이하인 경우 예외)으로 하도록 하는 등 계약의 방법에 관하여 상세하게 규정하고, 시공계약 체결 이후에도 일정한 경우 한국부동산원 등 정비사업 지원기구를 통한 공사비에 대한 검증을 규정하고 있다.

나. 시공행위 보증

법은 정비사업이 공익사업인 점을 고려하여 시공자의 시공의무 불이행에 대비하기 위하여 시공자에 대하여 시공자가 공사계약상 의무를 이행하지 못하거나 의무이행을 하지 아니할 경우 보증기관에서 시공자를 대신하여 계약이행의무를 부담하거나 총 공사금액의 100분의 30의 범위에서 사업시행자가 정하는 금액을 납부할 것을 보증하는 내용의 시공보증서 제출의무를 부과시키고 있다(법 82조 1항).

제3장 동·호수 추첨

Ⅰ. 의 의

사업시행자는 정관 및 관리처분계획에 따라 수분양조합원들을 상대로 동·호수 추첨을 행한다. 현재는 전산추첨이 이루어지고 있다. 관리처분계획의 내용이 되었던 수분양자의 분양예정인 대지 또는 건축물의 추산액은 관리처분계획 당시의 감정평가를 통하여 수립되었으나, 이는 개별 조합원들의 동·호수가 정해지기 전의 평균가액이고, 동·호수 추첨에 의하여 각 수분양자의 종후자산이 특정되며, 가액이 구체화된다.

Ⅱ. 내 용

1. 법률적 의미

가. 일반적인 절차

조합원이 수분양권을 확정적으로 취득하는 시기는 관리처분계획의 인가·고시가 있는 때이다. 수분양권에 따른 종후자산(공동주택, 상가)을 특정하는 동·호수 추첨은 일반적으로 준공인가 후 이전고시 직전 무렵 이루어지고, 사업시행자는 그에 따라 특정된 종후자산에 대한 이전고시 절차를 이행한 후 확정된 종후자산의 가액에서 종전자산의 가격을 공제한 금액을 종후자산의 소유자에게 청산금으로 부과하고, 총 사업비에서 수입을 공제한 잔액에 대하여 종전자산가격에 비례하여 산출된 부과금을 부과한다.

나. 분양계약을 전제로 한 절차

(1) 사업시행자인 조합은 일반적으로 정관에 분양계약제도를 두고 있다. 이에 따라 실무상 동·호수 추첨은 관리처분계획인가·고시 후 구체적인 철거행위에 나아갈 무렵 이루어진다. 왜냐하면 철거행위 등 시공행위로 나아가면 사업시행자는 시공자에게 공사비를 지급해야 하고, 이를 마련하기 위해서는 조합원과 사이의 분양계약 체결이 필요한데, 구체적인 동·호수가 특정되어야 분양계약을 체결할 수 있기 때문이다. 결국 관리처분계획인가·고시 직후 이루어지는 동·호수 추첨은 정관이 정하고 있는 분양계약 체결의 전제로서 계약 목적물의 특정을 위한 것이다. 조합은 관리처분계획인가·고시 직후 실시될 동·호수 추첨을 고려하여 관리처분계획을 수립함에 있어 '조합원분양의 평형 결정과 동·호수 결정은 조합정관 및 관리처분(변경)계획에서 정한 방식에 따라 실시한다.'는 내용을 포함시키는 것이 일반적이다.

(2) 조합원의 동·호수추첨은 한국부동산원 등 추첨기관의 전산추첨을 원칙으로 공정하게 실시하여야 한다(서울 표준정관 53조 5항). 기존에는 국민은행 또는 금융결제원의 시스템으로 전산추첨하도록 하는 것이 일반적이었으나, 주택법 개정으로 청약관련 업무를 이관받은 한국부동산원(구 한국감정원)의 전산추첨으로 하는 것이 일반적이다. 전산추첨방식은 PC 프로그램을 이용하여 무작위로 배정하는 방식이다. 만일 조합 내부분쟁 등을 이유로 한국부동산원이 전산추첨업무의 수행을 거부하는 경우 부득이 탁구공을 넣어서 뽑거나 동·호수가 기재된 쪽지를 넣어서 뽑은 방법을 이용할 수밖에 없다.

(3) 사업시행자는 조합원에게 정관에 규정된 조합원의 권리·의무에 관한 사항을 고지하는 절차와 방법에 따라 동·호수 추첨에 참여할 수 있도록 통지하여야 한다. 적법한 동·호수 추첨에 따른 참여기회를 부여하였음에도, 조합원이 불참한 경우에는 관리처분계획에서 정한 방법에 따라 동·호수를 결정하여야 한다. 현재는 한국부동산원의 전산추첨에 의한 추첨이 일반적이므로 조합원의 현장 참여가 큰 의미를 가지지 아니한다.

2. 동·호수 추첨 및 결과 통지

가. 동·호수 추첨

수분양조합원에 대하여는 전산에 따른 동·호수 추첨이 이루어지고, 그에 따라 수분양조합원의 종후자산에 대한 동·호수가 특정된다. 문제는 협의의 보류지이다. 보류지는 현재 수분양자가 없으므로 우선적으로 수분양조합원에 대한 선호 동·호수에 대한 추첨 이후 잔여지를 보류지의 동·호수로 할 수 있는지 여부가 쟁점이다.

협의의 보류지는 분양대상의 누락·착오 및 소송 등에 따른 수분양대상자(서울시 조례 44조 2항 1호)에게 우선 처분하는 것이므로, 진정한 수분양자이나 사업시행자의 잘못으로 배제되었다가 향후 수분양조합원으로 인정받는 사람들에 대하여 배정되는 것이다. 따라서 본래의 수분양조합원과 동등하게 취급함이 공평에 부합한다. 그렇다면 일반 수분양조합원에 대한 동·호수 추첨방식과 동일하게 보류지에 대한 동·호수 추첨이 이루어져야 하고, 수분양조합원들에게 우선적으로 선호하는 동·호수에 대한 추첨을 하고, 그 잔여분에 대하여 보류지의 동·호수로 배정하여서는 아니 된다.

나. 동·호수 추첨 결과 통지

사업시행자는 동·호수 추첨 이후 곧바로 조합원들에게 동·호수 추첨결과 및 확정된 종후자산에 대한 분양계약 체결의 안내, 분양계약체결기간 내에 계약을 체결하지 않는 경우의 불이익 등을 통지한다.

Ⅲ. 동·호수 추첨 무효확인소송

1. 관　할

가. 대상적격

사업시행자가 신축 아파트의 배정을 위해 실시하는 동·호수 추첨 및 배정은 조합원들 전원의 이해관계가 걸린 단체법적인 법률행위로써 그러한 동·호수 추첨 및 배정을 기초로 하여 수많은 법률관계가 계속하여 발생할 뿐만 아니라 일단 동·호수 추첨 및 배정이 이루어지면 특별한 사정이 없는 한 그 동·호수 추첨 및 배정이 무효로 확인되기 전에는 새로운 동·호수 추첨 및 배정을 실시하는 것이 불가능하다. 따라서 동·호수 추첨으로 권리가 침해된 조합원은 사업시행자를 상대로 동·호수 추첨 및 배정과 그에 기한 분양계약의 무효를 구하는 것이 분쟁해결을 위한 유효·적절한 수단이라고 할 것이므로, 무효확인소송의 대상이 된다.[1)]

나. 관할(민사법원)

동·호수 추첨 및 배정행위 자체가 처분은 아니고, 행정처분에 이르기 위하여 반드시 필요한 절차적 요건에 해당하지 아니하며, 공법상의 법률관계 즉 공익을 규율하는 법률관계로 보기도 어려우므로 이는 민사사건으로 보아야 할 것이다.

다만, 실무상 동·호수 추첨 이후 종전 관리처분계획에 대한 취소 및 무효확인소송이 제기되는 경우, 사업시행자가 이를 대체하는 새로운 관리처분계획을 수립하는 과정에서 동·호수 추첨에 따른 결과를 반영하여 관리처분계획을 수립하는 경우가 있고, 그 경우 동·호수 추첨행위는 이미 행정처분인 관리처분계획의 내용으로 편입되었으므로, 위 관리처분계획의 무효확인 또는 취소를 구하는 방법으로 다투어야 한다.[2)]

2. 소의 이익

가. 분양계약 체결이 완료된 경우(긍정)

동·호수 추첨 이후 조합원들과 사업시행자 사이에 동·호수 추첨내용을 기초로 신축 아파트에 관한 분양계약 체결이 완료되었다 하더라도, 동·호수 추첨 및 배정을 다시 하는 것이 불가능하지 않으므로, 무효확인을 구할 소의 이익이 인정된다(위 2006다77272 판결).

나. 새로운 동·호수 추첨하더라도 확률에서 차이가 없는 경우(긍정)

동·호수 추첨 과정에 하자가 있지만, 정당한 동·호수 추첨절차를 거치더라도, 선호가 높은

---

1) 대법원 2008. 2. 15. 선고 2006다77272 판결.

2) 조합설립인가처분이 무효가 됨으로 인하여 그 후속행위인 사업시행계획, 관리처분계획, 동·호수 추첨행위, 분양계약이 모두 무효가 되었으나, 그 후 조합이 새로운 조합설립인가처분의 요건을 구비한 후 새롭게 사업시행계획을 작성하여, 종전 분양신청 내용, 동·호수 추첨행위, 분양계약이 모두 유효함을 전제로 종전 동·호수 추첨행위의 내용을 반영하여 관리처분계획을 수립하여 인가받은 사안이다(서울고등법원 2017. 5. 26. 선고 2016누82081 판결의 사실관계 참조).

동·호수를 배정받을 확률면에서 차이가 없는 경우 그 무효확인을 구할 소의 이익이 있는지 여부가 문제된다.

판례는 동·호수 추첨을 다시 한다면 선호도가 더 높은 동·호수를 배정받을 가능성이 있는 이상 그 경우에도 동·호수 추첨 등의 무효확인을 구할 소의 이익이 있다고 판시하였다(위 2006다77272 판결).

다. 일반분양분을 배정받는 것으로 별도의 합의한 경우(부정)

사업시행자인 조합의 신축 아파트 배정을 위한 동·호수 추첨절차에 하자가 있다고 주장하면서 그 무효를 다투던 조합원이 조합과 사이에 그 동·호수 추첨으로 배정받은 아파트를 포기하고 일반분양분으로 예정되어 있던 아파트를 배정받기로 하는 별도의 약정을 체결하였다면, 특별한 사정이 없는 한 그 조합원은 더 이상 조합의 동·호수 추첨 등의 무효확인을 구할 소의 이익이 없다(위 2006다77272 판결).

3. 본안(동·호수 추첨행위의 무효 여부)

가. 동·호수 추첨의 기준 위반

(1) 법 리

사업시행자가 신축 건축물의 동·호수를 배정하면서 관리처분계획에서 정한 기준을 적용하지 않았다면 그러한 동·호수 배정에는 하자가 있다. 다만, 이미 다수의 조합원과 비조합원들에 대하여 동·호수 배정 및 일반분양절차가 완료된 경우에는 정비사업의 공익적·단체법적인 성격을 고려하여, 동·호수 배정에 하자가 있는 경우라도 언제나 동·호수 배정 자체를 무효라고 볼 것은 아니고, 그 하자가 조합원의 분양신청권을 본질적으로 침해하였다고 평가될 수 있을 만큼 중대한 경우에만 이를 무효로 보는 것이 타당하다고 할 것이다.[3]

(2) 구체적 사례

(가) 조합원의 본질적 권리 침해 인정

판례는 관리처분계획상 종전자산의 가격 등에 따라 60평형을 우선 배정받을 권리가 있고, 해당 조합원들이 1지망으로 60평형의 배정을 신청하였음에도, 사업시행자가 60평형에 대한 동·호수 추첨을 함에 있어 분양신청자를 배제하거나 60평형에 대한 우선배정권이 없는 조합원들까지 포함하여 1, 2차로 동·호수 추첨을 마친 후 남은 세대를 추첨을 거쳐 분양신청 조합원들에게 배정한 사안에서, 분양신청 조합원들의 동·호수 추첨권을 박탈하였고, 이는 조합원으로서의 기본적인 권리를 침해한 것으로 동·호수 추첨절차에 중대한 하자가 있음을 들어 무효라고 하였다. 위 판례는 특히 조합원들이 결과적으로 60평형을 배정받았다거나 동·호수 추첨 과정에서 선호도가 높은 동·호수를 배정받을 확률 면에서 차이가 없었다고 하더라도, 60평형에 대하여 동·호수 추첨을 다시 한다면 선호도가 더 높은 동·호수를 배정받을 가능성이 있는 이상 동·호수 추첨

---

3) 대법원 2021. 7. 21. 자 2021다228172 판결 및 서울고등법원 2021. 4. 1. 선고 2020나2016097 판결.

등의 무효확인을 구할 소의 이익이 있고, 60평형에 대한 동·호수 추첨 및 배정이 무효로 될 경우 나머지 평형의 배정도 일부씩 순차로 변경될 수밖에 없는 등 각 평형별로 일부라도 변경이 불가피하여 이 부분이 무효가 되는 이상 모든 동·호수에 대한 추첨 및 배정 전체가 무효라고 하였다(위 2006다77272 판결).

(나) 조합원의 본질적 권리 침해 부인(근린생활시설 관련)

관리처분계획에서 "신축 근린생활시설의 배정면적은 종전 소유면적(전용면적) 대비 신축건축물 면적(전용면적) 약 111%를 적용하여 배정한다."라고 정하고 있음에도, 일부 조합원들에게 위 기준을 초과한 점포를 배정하였고, 이미 다수의 조합원과 비조합원들에 대하여 동·호수 배정 및 일반분양절차가 완료된 사안에서, 판례는 근린생활시설에 대한 관리처분계획에서는 신축 상가의 면적과 구획 및 배정기준을 정밀하게 정해놓지 않았으므로, 위 배정기준은 조합원들로 하여금 자신이 분양받을 상가의 층과 면적 및 분담금 규모를 사전에 어느 정도 예측할 수 있도록 하는 대략적인 기준으로서 기능할 수밖에 없고, 실제 동·호수 배정 단계에서 점포의 구획 등이 관리처분계획 수립 당시와 달라질 수 있는 점을 들어 일부 조합원들에 대한 기준 초과 면적 배정이 조합원 동·호수 배정 전부를 무효로 할 만큼 중대한 하자라고 보기는 어렵다고 하였다.[4)]

(3) 결론

공동주택이든 근린생활시설이든 관리처분계획상의 분양순위를 위반한 동·호수 추첨은 엄격히 무효로 보아야 한다. 다만, 근린생활시설의 경우 분양신청 및 관리처분계획 단계에서 미리 층별·호수별로 면적을 구체적으로 구분지어 분양신청을 받아 분양대상자를 확정하는 것이 아니라 면적배분과 관련한 일응의 기준만을 제시한 것에 불과하다면, 기준에 위반한 면적배분만으로 동·호수 추첨이 당연히 위법한 것으로 보기는 어렵다.

나. 임기만료된 조합장의 동·호수 추첨행위 진행

(1) 문제의 소재

국토부 표준정관 15조 5항이 임기가 만료된 임원은 그 후임자가 선임될 때까지 그 직무를 수행한다고 규정하고 있으나, 그 직무수행 범위는 제한적일 수밖에 없다. 동·호수 추첨행위가 임기만료된 조합장으로 하여금 업무를 수행하게 할 필요가 있는 대상인지 여부가 문제된다.

(2) 판단(긍정)

동·호수 배정에 관한 사무는 임기만료 후 조합장의 통상적인 사무 범위에 속하므로, 동·호수 추첨행위를 진행하는 것이 가능하다.[5)]

---

4) 서울고등법원 2021. 4. 1. 선고 2020나2016097 판결.

5) 서울행정법원 2020. 12. 11. 선고 2019구합78920 판결(확정, ① 동·호수 배정에 관한 일련의 절차는 예정에 없던 새로운 업무를 수행하는 것이 아니라 이미 예정되어 있던 업무를 수행하는 것에 불과하다, ② 사실상 조합장이 동·호수 추첨절차에서 조합의 대표자로서 하는 역할은 추첨기관에 전산추첨을 의뢰하는 것이 전부이다).

다. 임원들에 대한 동·호수 우선선택권 부여의 적법성

(1) 문제의 소재

조합임원들은 시공자의 요구로 시공계약상의 공사대금채무에 대하여 연대보증하는 것이 일반적이고, 그에 대한 대가로 조합이 임원들에게 동·호수의 우선선택권을 부여하는 정관 규정을 두는 경우가 있다. 그와 같은 정관 규정의 효력이 문제된다. 특히 서울시 조례 83조 1항 2호 ㈒목, 2항에 근거한 '서울특별시 정비사업 조합 등 표준 행정업무규정'에서 조합 등은 조합임원에게 규정에서 정한 상여금 외에 별도의 성과급을 지급하지 않는 것을 원칙으로 한다고 규정하고 있는바(19조 8항), 위 정관 규정이 위 '표준 행정업무규정'을 위반한 것인지 여부가 쟁점이다.

(2) 판단(부정)

위 '서울특별시 정비사업 조합 등 표준 행정업무규정'은 단지 조합임원이라는 이유만으로 상여금 외에 별도의 성과급을 받는 것을 금지하고 있을 뿐인바(실제로 위반 시의 제재규정도 없다), 동·호수 배정의 우선선택권은 성과급이 아니고 임원들이 연대보증이라는 위험을 직접 부담하게 된 것에 대한 대가인 점, 조합의 정관은 조합의 조직, 활동, 조합원의 권리의무관계 등 단체법적 법률관계를 규율하는 것으로서, 그 내용형성에 조합의 포괄적인 재량이 있고, 또한 위와 같은 내용이 강행법규에 반한다고 보기 어려우므로 이는 적법하다(위 2019구합78920 판결).

Ⅳ. 기타 쟁점

1. 사업시행자의 재산세 납부의무 부담 여부

가. 사실관계

조합이 재건축한 공동주택에 관하여 시장·군수등으로부터 준공인가 전 사용허가를 받은 후, 동·호수 추첨에 대한 무효확정판결이 있었음에도 불구하고, 당초의 추첨 결과에 따른 집합건축물대장 작성절차를 강행하자, 이에 조합원들이 법원으로부터 '기존의 동·호수 추첨 결과에 따라 배정된 주택에 잠정적으로 입주하는 것을 허용하되, 이로 인하여 입주한 동·호수를 분양받은 것으로 의제하는 것은 아니다.'라는 취지의 가처분결정을 받은 후, 배정받은 동·호수의 아파트에 관하여 소유권보존등기절차를 마치고 입주하였다. 이에 과세관청이 사용승인 이후부터 조합원들이 소유권보존등기를 마치기 전까지의 기간에 대하여 사업시행자인 조합이 공동주택의 사실상 소유자라고 보아 조합에 재산세를 부과하는 처분을 하였다.

나. 판 례

재산세 납세의무자인 '사실상 소유자'라 함은 공부상 소유자로 등재되었는지 여부를 불문하고 해당 재산에 대한 실질적인 소유권을 가진 자를 말하는바,[6] 조합은 특별한 사정이 없는 한 사용승인 이후부터 조합원들이 소유권보존등기를 마치기 전까지의 기간 동안 조합원분양주택에 관

6) 대법원 2006. 3. 23. 선고 2005두15045 판결 등 참조.

한 재산세 납세의무자인 '사실상 소유자'에 해당하지 아니한다.[7)]

2. 동·호수 추첨과 분양계약의 관계

수분양자가 동·호수 추첨행위의 방식이 무효여서 추첨행위에 참여하지 않았고, 이에 따라 분양계약을 체결하지 않은 경우 분양계약 체결기간 만료일 다음 날 조합원 지위를 상실하는지 여부가 문제된다.

판례는 재개발조합이 상가에 대하여 서울시 조례 38조 2항이 정한 부대·복리시설 공급기준(정관에서도 동일한 공급기준을 규정하고 있다)에 반하여 분양신청을 한 조합원들에게 무작위 추첨의 방식으로 공급할 상가를 정하는 방식을 채택한 사안에서, 위와 같은 추첨방식이 위법하여 수분양조합원이 위 추첨에 참여하지 아니하였고, 이에 따라 분양계약을 체결하지 아니하였다면, 조합 정관의 '조합원이 분양계약을 체결하지 않은 경우'에 해당한다고 볼 수 없어 조합원의 지위를 상실하지 아니한다고 하였다.[8)]

7) 대법원 2016. 12. 29. 선고 2014두2980, 2997 판결(① 사용승인 이후부터 조합원들이 소유권보존등기를 마치기 전까지 조합이 공동주택을 사용·수익하였다고 보기 어렵다, ② 조합원분양용 주택이 신축되어 건축물대장이 작성된 후에는 부동산등기법 65조 1호에 의하여 건축물대장에 최초 소유자로 등록된 조합원만이 소유권보존등기를 신청할 수 있고, 조합도 이를 막을 수 없는바, 이는 소유권을 가진 자의 지위에 부합하지 않는다).

8) 대법원 2015. 10. 29. 선고 2013두12669 판결(다만, 조합이 분양계약을 체결하지 않는 조합원들을 현금청산대상자로 보아 그들 몫의 상가를 일반분양하는 것으로 종전 관리처분계획 중 상가부분을 변경한 후 이를 인가받은 것과 관련하여, 조합이 무작위 추첨방식으로 상가를 공급하기로 한 것이 정관에 반하여 위법하다 할지라도, 조합 정관의 체계와 규정 방식, 분쟁 경위와 과정 등에 비추어 그와 같은 하자가 객관적으로 명백하다고 보기는 어려워 변경된 관리처분계획이 무효라고 할 수는 없다고 판시하였다).

제4장 분양계약

Ⅰ. 개 요

사업시행자는 정관에서 수분양조합원에 대하여 분양계약을 체결하여야 하고, 분양계약을 체결하지 아니하는 경우 현금청산대상자가 된다고 규정하고 있으며, 동일한 내용의 관리처분계획을 수립하는 것이 일반적이다. 구체적으로는 조합의 정관에서 '관리처분계획인가 후 ○일[1] 내에 분양계약을 체결하여야 하고, 그 기간 내에 분양계약을 체결하지 않으면 4항(분양신청하지 아니한 자 등에 대한 현금청산)의 규정을 준용한다.'고 정한 경우가 대부분이다(국토부 표준정관 44조 5항).

실무상 사업시행자는 동·호수 추첨 이후 수분양조합원에게 분양계약을 체결할 것을 통지한다. 사업시행자는 수분양조합원과 동·호수 추첨에 따라 확정된 종후자산에 관하여 분양계약을 체결하는데, 일반적으로 분양계약의 내용에는 조합원이 사업시행자에게 공사의 진행정도에 따라 종전자산과 종후자산의 차액인 청산금 및 잔여 사업비 분담액인 부과금을 분할하여 지급하는 것이 포함된다. 즉, 분양계약상 납부금액은 조합원이 종후자산의 가액에서 종전자산의 권리가액[종전자산가격×비례율(종후자산의 총 가격－총 공사비/종전자산의 총 가격)]을 공제한 금액으로서 청산금과 부과금이 모두 사전에 납부된다.

이전고시 이후 수분양조합원에게 청산금을 부과함에 있어서는 별도의 감정평가절차를 거쳐야 한다. 즉 재건축사업의 경우에는 사업시행자가 정하는 바에 따라 감정평가할 수 있고, 재개발사업의 경우 반드시 시장·군수등이 선정·계약한 2인 이상의 감정평가법인등에 의하여 감정평가를 거쳐야 한다(법 89조 3항, 법 시행령 76조 1항, 2항). 그러나 분양계약 체결은 관리처분계획 수립 직후 동·호수 추첨절차를 거쳐 이루어지는 것이 일반적이므로, 관리처분계획 수립 단계에서의 감정평가가 이용된다. 한편, 분양계약이 체결되었다 하더라도, 정비사업비의 조합원별 분담내역(법 45조 8호), 청산금의 징수, 지급(법 45조 11호)은 총회의 의결사항이므로 이를 내용으로 하거나 변경하는 총회의결 또는 비례율을 변경하는 관리처분변경계획이 이루어지면 그에 따라 분양계약의 내용이 변경된다.

사업시행자가 조합원으로부터 분양계약을 통하여 청산금 및 부과금을 이전고시 이전에 지급받는 이유는 이전고시 이후에서야 이를 지급받는다면, 조합으로서는 공사비 등을 우선 외부에서 차입하여 지급하고 사업완료 시에 조합원으로부터 청산금 및 부과금을 지급받아 충당하여야 한

1) 조합에 따라서는 '착공신고필증교부일로부터 ○일'이라고 정하기도 한다.

다. 그 경우 장기간의 차입금 이자 등 금융비용의 부담 내지 그에 따른 경제적 손실이 사업비용의 종국적 부담자인 조합원에게 고스란히 돌아가게 된다. 이는 오히려 조합원에게 불리하게 될 수도 있어 조합이 공사비 등을 차입 없이 지급할 수 있도록 조합원들로부터 사전에 청산금 및 부과금을 분담하여 지급받는 것이다.

조합원의 분양대금 지급내용은 실무상 매우 다양하다. 계약금 10%는 분양계약 체결 시, 중도금 약 60%는 여러 차례에 걸쳐 특정일에, 잔금 30%은 입주 지정일에 지급하는 경우, 계약금 20%는 분양계약 시, 중도금 40%는 2회에 걸쳐 특정일, 잔금 40%는 입주 시, 계약금 20%는 계약 시, 중도금 40%는 4회 분납, 잔금 40%는 입주 시 등 여러 유형이 있다. 종전자산의 권리가액이 종후자산보다 큰 경우에도 분양계약이 체결되는데, 그 경우에도 조합이 차액을 분할하여 지급하는 것으로 정하기도 하나, 청산금 전액을 입주 시 지급하는 내용으로 정하는 것이 일반적인 듯하다.

Ⅱ. 분양계약의 유효 여부

1. 문제의 소재

도시정비법령은 조합원이 수분양권을 확정적으로 취득하는 시기는 관리처분계획의 인가·고시가 있는 때이고, 사업시행자는 공사의 준공 이후 동·호수 추첨을 하고, 이에 따라 수분양조합원에게 이전고시하여 그들에게 확정적으로 종후자산에 대한 권리를 취득하게 한 다음, 그들로부터 취득한 종후자산을 기준으로 종전자산과의 과부족을 정산하고 잔여 사업비 분담액인 부과금을 지급받는 것으로 규정하고 있다(법 89조 1항은 종전자산과 종후자산의 차액 즉 청산금은 원칙적으로 사업시행자가 이전고시 후에 징수하도록 규정하고 있고, 또한 처분에 의하여 이를 부과하도록 규정하고 있으며, 법 93조 1항도 부과금에 대하여 이전고시 이후를 전제로 처분에 의하여 이를 부과하도록 규정하고 있다). 그러나 분양계약제도는 수분양조합원으로 하여금 이전고시 이전에 청산금(부과금)을 지급하는 것을 내용으로 하고 있고, 또한 사업시행자와 조합원 사이의 계약에 의하여 청산금(부과금)을 지급하도록 하고 있다.

비록 정관이 공법인인 조합과 조합원에 대하여 구속력을 가지는 자치법규이나, 정관에서 인정하고 있는 분양계약제도가 법 89조 1항 및 93조 1항의 입법취지를 몰각시키는 것이라면, 이를 내용으로 하는 정관 규정은 법상의 강행규정을 위반하여 무효로 볼 수 있으므로(총회의결로 분양계약을 인정하는 경우에도 마찬가지이다), 분양계약제도의 유효성이 문제된다.[2)]

2. 판 례(유효)

정관이 인정하는 분양계약제도는 사업시행자인 조합이 조합원에게 해당 기간에 분양계약의

2) 분양계약은 본질이 청산금(부과금)을 선납받는 것이다. 법은 이전고시 이후 청산금(부과금)을 부과처분이라는 사업시행자의 행정처분에 의하여 징수하도록 하고 있다. 그럼에도 불구하고 정관으로 분양계약제도를 규정하고, 분양계약 체결의무를 이행하지 않으면 현금청산을 통해 조합원의 지위를 박탈할 수 있도록 함으로써 분양계약 체결이 강제된다면, 이는 조합원의 분담금 선납의무가 사실상 강제되는 것이므로, 위와 같은 정관조항은 분담금에 대하여 이전고시 이후 처분에 의하도록 규정한 강행법규에 반하여 무효이고, 따라서 이에 근거하여 체결된 조합원분양계약도 당연히 무효라고 주장하는 견해가 있다(김종보, 전게서, 680).

체결을 거절하는 방법으로 정비사업에서 이탈할 수 있는 기회를 추가로 부여한 것이다. 따라서 조합이 조합원들에게 분양계약 체결을 요구하는데도 분양계약 체결의무를 위반하여 분양계약을 체결하지 않은 조합원을 현금청산대상자로 한다고 하여 해당 조합원에게 불리한 것이 아니므로,[3] 분양계약을 체결하도록 정한 정관이나 관리처분계획은 적법하다.[4]

또한 분양계약은 비용분담 문제의 해결을 위하여 조합과 해당 조합원이 개별적인 합의를 통하여 일단 분양대금을 전액 납부하기로 약정하고 이를 가지고 공사비채무 등을 변제함으로써 신축 아파트 입주가 가능하도록 함과 아울러 불필요한 금융채무의 증가를 방지하기 위한 것이다. 이는 종국적으로 조합원들이 부담하여야 할 정비사업비를 '분양대금의 선납부 후정산(先納付 後精算)'의 방식으로 분담하기로 하고 이를 개별적인 의사의 합치에 기한 사법상 계약의 형식으로 정한 것이다.

결국 신축 아파트의 적기 입주(준공인가 이후에는 입주가 가능하다. 그러나 다음에서 살펴보듯이 사업시행자와 시공자는 개별 조합원이 자신의 분담금을 납부하여야 입주가 가능하도록 약정하고 있으므로, 일반적인 절차에 의하는 경우 조합원은 이전고시 이후 청산금 및 부과금을 모두 납부한 이후에서야 비로소 입주가 가능하므로 적기 입주 자체가 불가능하다)와 사업비용 증가의 방지라는 목적을 달성하기 위하여 체결된 분양계약에 따른 분양대금 납부의무의 부담이나 그 내용은 법을 포함한 전체 법질서에 비추어 허용될 수 있고, 분양계약의 체결에 이르게 된 동기, 경위 및 목적 등에 비추어 필요성과 상당성을 인정할 수 있으므로, 분양계약을 무효로 보기는 어렵다.[5]

3. 결 론

법 89조 2항이 사업시행자는 정관등에서 분할징수 및 분할지급을 정하고 있거나 총회의 의결을 거쳐 따로 정한 경우에는 관리처분계획인가 후부터 이전고시가 있은 날까지 일정 기간별로 분할징수 할 수 있다고 규정하고 있는 점 및 판례가 든 근거에 비추어 분양계약제도는 적법하다.

다만, 문제는 조합이 분양계약 체결 안내문에 '조합원 개별 분양대금 납부 예정금액 및 납부시기'를 기재하는 등으로 자신이 정한 청산금의 사전 납부내용을 전제로 해서만 분양계약을 체결할 것을 강제하는 경우 이는 정비사업에서 이탈할 기회를 준다는 미명하에 조합원의 자유의사를 배제한 채 청산금의 사전납부를 일방적으로 강제하는 결과를 초래할 수 있다는 것이다. 한편, 사업시행자인 조합 측으로서도 각각의 조합원별로 분양대금의 납부시기를 달리하는 경우 형평의 문제 및 이자 부분을 따로 정산해야 하는 결과가 초래된다. 따라서 분양계약제도를 도입하는 정관에 분양대금의 분납횟수, 납부시기 등을 규정하거나 관리처분계획에 그 내용을 명시하여 총회의결을 받을 필요가 있다. 실제로 상당수의 조합의 경우에는 분양대금의 분납횟수, 시기 및 금액에 대하여 총회의결절차를 거치고 있다.

결국 조합 정관에 반드시 근거조항이 있거나 관리처분계획으로 정해진 경우, 조합이 분양계

3) 실제로 관리처분계획인가·고시 이후 부동산의 가격(종후자산)이 급격히 하락하거나 자재비의 급증 등으로 인한 공사비의 증가 등으로 계속적으로 비례율이 하락하여 이전고시 이후의 청산 무렵 납부할 분담금이 증가할 것이 예상되는 경우 분양계약 체결을 거절하는 방법으로 정비사업에서 이탈하는 조합원이 증가하기도 한다.
4) 대법원 2016. 12. 15. 선고 2015두51309 판결, 대법원 2011. 7. 28. 선고 2008다91364 판결.
5) 대법원 2008. 12. 24. 선고 2006다73096 판결.

약 체결기간을 설정하여야 통지하였다면, 이를 통하여 조합원은 정비사업에서의 이탈이 가능하나, 분양계약 체결 시에는 분양계약상의 의무를 이행하여 한다. 다만, 수분양조합원은 분양계약 체결에 응하지 아니하여 정비사업에서 이탈하기 전까지는 일정한 기간 내 건축물에서의 이주의무, 신탁등기를 경료할 의무 등 조합원으로서 부담하는 의무를 이행하여야 한다.

Ⅲ. 분양계약 체결 또는 거부

1. 분양계약 체결의 통지 등

가. 의 의

분양계약 체결의 통지는 사업시행자가 관리처분계획인가·고시로 수분양권을 확정적으로 취득한 조합원에게 해당 기간에 분양계약 체결을 거절하는 방법으로 정비사업에서 이탈할 수 있는 기회를 추가로 부여함에 있어 필수적인 절차이다. 분양신청통지가 조합원에 대하여 정비사업에서 이탈하여 현금청산대상자가 될 것인지 또는 종후자산을 분양받을 것인지 여부를 결정하는 기회를 부여하는 절차임은 앞서 본 바인바, 그 내용의 유사성에 비추어 원칙적으로 분양계약 체결의 통지도 분양신청통지에 준하여 적법성 여부를 판단하여야 한다.

비록 분양신청통지가 법률에서 규정하고 있는 것과 달리 분양계약 체결의 통지는 정관에서 규정하고 있으나, 분양계약 체결통지는 관리처분계획으로 수분양권이 확정된 자에게 예외적으로 사업에서 이탈할 수 있는 기회를 주는 것이므로, 그 적법성은 분양신청통지보다 더욱 엄격하게 판단하여야 한다.

나. 분양계약 체결통지의 적법성

⑴ 절차

조합이 조합원에게 조합원의 권리·의무에 관한 사항을 고지함에 있어서 등기우편으로 개별 고지하여야 하고, 등기우편이 주소불명, 수취거절 등의 사유로 반송되는 경우에는 1회에 한하여 일반우편으로 추가 발송하여야 하는바(국토부 표준정관 7조 2항 1호 및 4호), 이는 분양계약 체결의 통지에도 적용된다. 우편물이 등기취급의 방법으로 발송된 경우 그것이 도중에 유실되었거나 반송되었다는 등의 특별한 사정에 대한 반증이 없는 한 그 무렵 수취인에게 배달되었다고 추정할 수 있음은 앞서 본 바이다.

⑵ 내용

㈎ 분양대상이 되는 아파트나 상가를 특정하여 통지할 것

① 분양계약 체결의 통지가 적법하기 위해서는 분양대상이 되는 아파트나 상가를 특정하여야 하고[분양계약 체결의 전제로서 분양계약의 목적물 특정을 위한 동·호수 추첨이 선행되는바, 추첨된 특정 호수가 분양대상이 될 것이다(다만, 동·호수 추첨에 참여하지 않은 조합원의 경우에는 추첨 후의 잔여세대 등이 분양대상에 해당한다)[6)]], 공급시기, 그 대가로 부담하게 될 분담금의 액수, 납부시

6) 추첨방식이 위법하여 수분양조합원이 위 추첨에 참여하지 아니하였고, 이에 따라 분양계약을 체결하지 아니하였다

기, 납부방법 등도 특정되어 있어야 한다.

동·호수 추첨에 따른 특정 아파트나 상가를 특정하지 아니한 채, 향후 사업시행자가 확보하는 아파트를 공급함을 전제로 하는 분양계약 체결의 통지 또는 다른 조합원들의 경우에는 약 2년에 걸쳐 계약금 및 중도금을 분납하는 내용임에도, 특정한 조합원에 대하여만 계약체결일에 공급가액의 80%에 달하는 계약금 및 중도금의 일시 납부를 내용으로 하는 분양계약 체결의 통지 등은 적법한 것으로 볼 수 없다.[7)]

② 조합설립인가처분이 무효가 됨으로 인하여 그 후속행위인 사업시행계획, 관리처분계획, 동·호수 추첨행위, 분양계약이 모두 무효가 되었으나, 그 후 조합이 새로운 조합설립인가처분의 요건을 구비한 후 새롭게 사업시행계획을 작성하여, 종전 분양신청 내용, 동·호수 추첨행위, 분양계약이 모두 유효함을 전제로 관리처분계획을 수립하면서 종전 동·호수 추첨행위의 내용을 반영하여 관리처분계획을 수립하여 인가받았다면, 조합이 분양계약의 체결을 통지하면서, 동·호수를 특정하지 않았다 하더라도, 동·호수는 관리처분계획에 이미 포함되어 있으므로 그와 같은 분양계약 체결의 통지는 유효하다.[8)]

㈏ 동·호수 추첨절차에 무효가 있는 경우 통지의 적법성

분양대상이 되는 아파트나 상가를 특정하여 분양계약 체결의 통지가 이루어졌으나, 동·호수 추첨절차 하자가 있는 경우 통지의 적법성이 문제된다. 앞서 본 바와 같이 그와 같은 통지는 부적법하다.[9)]

⑶ 공고의 필요성 여부

분양계약 체결의 통지는 분양신청통지와 유사한바, 분양신청의 경우 법정사항을 토지등소유자에게 통지하는 외에, 분양의 대상이 되는 대지 또는 건축물의 내역 등 법정사항을 해당 지역에서 발간되는 일간신문에 공고하여야 하므로(법 72조 1항), 분양계약 체결의 통지의 경우에도 공고가 필요한지 여부가 문제된다.

그러나 분양계약 체결통지의 경우에는 공고가 필요하지 아니하다.[10)] 그 논거는 다음과 같다.

ⓐ 공고는 일정한 집단을 이루고 있는 대상자들에게 일률적으로 적용할 수 있는 사항에 대하여 알리는 방법의 일종이다. 법령에서 규정하고 있는 '공고'의 경우에는 공고의 사유, 내용, 방법을 명시하고 있다.

ⓑ 조합 정관에서도 일반적으로 일간신문에 공고할 사항으로 법령에서 규정하고 있는 소유자의 확인이 곤란한 건축물 등에 대한 처분 시의 공고(법 71조 1항, 국토부 표준정관 42조), 분양신청에 대한 통지 및 공고(법 72조 1항, 국토부 표준정관 43조 1항), 시공자의 선정을 위한 경쟁입찰

하더라도, 그 분양계약은 효력이 없고, 여전히 조합원의 지위를 보유함은 앞서 본 바이다.

7) 대법원 2023. 4. 27. 자 2023두32044 판결 및 서울고등법원 2022. 12. 8. 선고 2021누35591 판결, 서울행정법원 2021. 1. 22. 선고 2018구합6478 판결, 서울고등법원 2021. 12. 22. 선고 2021누40227 판결(확정) 및 서울행정법원 2021. 3. 19. 선고 2020구합52757 판결.

8) 대법원 2017. 10. 12. 자 2017두50096 판결 및 서울고등법원 2017. 5. 26. 선고 2016누82081 판결.

9) 대법원 2015. 10. 29. 선고 2013두12669 판결.

10) 서울고등법원 2020. 7. 3. 선고 2019누67236 판결(확정) 및 서울행정법원 2019. 11. 20. 선고 2018구합75887 판결.

의 공고(시행령 24조 4항 2호, 국토부 표준정관 12조 1항)만을 규정하고 있을 뿐, 분양계약 체결통지에 관하여는 아무런 규정이 없다.

2. 분양계약 체결 또는 미체결의 효과

가. 분양계약 미체결의 효과

(1) 적법한 분양계약 체결의 통지가 이루어졌으나 분양계약 체결 거부

(가) 현금청산

조합원이 적법한 분양계약 체결의 통지를 받고도, 분양계약 체결기간 내에 분양계약을 체결하지 아니한 경우에는 '분양계약 체결기간의 종료일 다음 날' 조합원의 지위를 상실하여 현금청산대상자가 되고,[11] 그때 사업시행자의 청산금 지급의무가 발생한다.

국토부 표준정관 44조 5항, 4항은 "조합은 조합원이 각 호의 사유에 해당하게 된 날부터 150일 이내에 그 종전자산을 현금으로 청산한다."라고 규정하고 있고, 조합에 따라서는 "이사회의 의결을 통하여 30일 범위 내에서 연장할 수 있다."라고 규정하고 있으므로, 이사회 의결을 통해 현금청산기간을 30일 범위 내에서 연장하였다는 사정이 없는 한, 조합은 위 정관 규정에 따라 분양계약 체결기간 종료일 다음 날부터 150일이 청산금 지급의무의 종기이다.

한편 서울 표준정관은 조합원이 조합에서 통지한 기간 내에 분양계약을 체결하지 않는 경우에는 분양계약 체결기간 종료일 다음 날부터 90일 이내에 협의를 하여야 한다고 규정하고 있다(재개발 정관 45조 4항, 재건축 정관 45조 3항). 협의를 하여야 한다고 규정하고 있으나 위 기간이 청산금 지급의무의 기간이다(자세한 내용은 제9편 제1장 "Ⅲ. 보상협의 불성립 시" 참조).

(나) 분양계약 체결통지 관련

분양계약 체결은 법의 직접적 규율 없이 정관에 근거하여 관행적으로 이루어지는 절차이다 보니, 개별 조합마다 분양계약 체결기간 연장 여부 및 횟수가 제 각각이며, 조합 집행부가 그때그때 임의적으로 판단하는 사항이므로, 법원은 가급적 개별 (탈퇴)조합원의 이익으로 판단하는 것이 바람직하다.

조합원이 최종적으로 분양계약을 체결하여 조합원 지위를 유지하기로 결정한 경우에는, 최초 분양계약 체결기간 내에 분양계약을 체결하지 않은 경우에도 일단 탈퇴하였다가 추가 분양계약 체결기간 내에 분양계약을 체결함으로써 조합원 지위가 부활되는 것이 아니라, 처음부터 분양계약 체결시점까지 계속 조합원 지위가 유지된 것으로 봄이 타당하며, 이는 확립된 정비사업 실무관행이며, 조합 및 조합원의 의사와 이익에도 부합한다는 견해가 있다.[12] 위 견해에 의하는 경우 분양계약 체결기간을 연장하기 위하여 반드시 분양계약 체결기간이 만료되기 전에 이를 연장할 필요가 없다. 그러나 조합원이 적법한 분양계약 체결통지를 받고도, 분양계약 체결기간 내에 분양계약을 체결하지 아니한 경우에는 '분양계약 체결기간의 종료일 다음 날' 조합원의 지위를

---

11) 대법원 2011. 12. 22. 선고 2011두17936 판결, 대법원 2020. 8. 13. 선고 2017다236022 판결.

12) 이상덕, 재개발·재건축조합과 탈퇴조합원 사이의 이익충돌상황과 분쟁해결기준, 사법논집 제73집, 사법발전재단, 2021, 126, 127.

상실하고 현금청산대상자가 되는 점, 이들은 모두 분양계약 체결기간이 종료한 후 개최되는 조합원 총회에서는 비록 법 시행령 31조 7호에 의하여 경미한 변경신고나 조합설립변경인가가 없어도 의사정족수 산정을 위한 총 조합원 수에서 당연히 제외되어야 하므로,[13] 위 견해에 의하는 경우 도시정비법령에 위반할 뿐만 아니라 다수인의 이해관계를 정형적·획일적으로 규율하여 정비사업의 시행에 신속성과 안정성을 부여하고자 한 도시정비법의 입법취지에 배치되는 점, 나아가 위 견해에 의하면 조합원 지위의 상실 및 회복 여부를 조합 측이 임의적으로 선택할 수 있게 되어 도시정비사업의 공익적·단체법적 성격에 반하는 점 등을 종합하여 보면, 설령 분양계약제도가 정관에 의하여 인정된다 하더라도, 최초 분양계약 체결기간 내에 분양계약 체결을 거절하는 경우 분양계약 체결기간 종료일 다음 날 조합원 지위를 상실하고, 현금청산대상자가 되며, 만일 새롭게 분양계약 체결의 기회를 부여하기 위해서는 현금청산대상자에게 분양신청권을 부여하는 내용으로 정관변경절차를 거치거나 이에 준하는 총회의결을 요한다. 나아가 분양계약 체결기간을 연장하기 위해서는 반드시 분양계약 체결기간이 만료되기 전에 이를 연장하여야 한다(제7편 제2장 제2절 Ⅳ. '4. 분양신청 연장결정 관련 쟁점' 참조).

하급심 판례는 조합원이 분양계약 체결기간 내에 분양계약을 체결하지 않다가 부조합장 선거에 출마하기 위해 후보자등록 직전에 분양계약을 체결한 사안에서, 조합원 지위를 부인하였다.[14]

(다) 반환청구 가능 여부

일단 조합원으로서의 종전자산 출자의무를 이행하였으나 그 후 분양계약 체결기간에 분양계약 체결을 거부하여 현금청산사유가 발생한 경우, 토지등소유자가 조합을 상대로 기존에 적법하게 출자하여 인도한 종전자산의 반환을 구할 수는 없다. 조합도 현금청산대상자에게 기존에 출자받은 종전자산을 다시 반환할 필요가 없고, 단지 현금청산대상자에게 협의 또는 수용(매도청구)절차를 거쳐 현금청산금을 지급할 의무만 부담한다. 따라서 조합이 기존에 출자받은 종전자산을 정비사업을 위하여 계속 점유하더라도 이를 권원 없는 점유라거나 불법점유라고 할 수 없다(재건축사업에 있어 신탁을 원인으로 한 소유권이전등기까지 마쳤다면 매도청구도 필요하지 않다).[15]

(라) 지연손해금

분양신청기간 내에 분양신청하지 아니한 자에 대한 청산의 경우와 동일한 법리가 적용된다. 자세한 내용은 제9편 제1장 현금청산개관에서 살펴본다.

① 재개발·재건축사업에서 150일(또는 90일) 이내에 협의가 성립한 경우

재개발·재건축사업에서 분양계약 체결기간 만료일 다음 날부터 150일(또는 90일) 이내에 보상협의가 성립한 경우에는 사법상 매매계약이 성립된 것이다.

재건축의 경우에는 사업시행자인 조합의 토지등에 대한 현금청산금 지급의무와 현금청산대상자의 권리제한 없는 소유권이전등기의무 및 부동산인도의무는 동시이행관계에 있다. 그러나 재개발사업의 경우에는 재개발조합과 현금청산대상자 사이에 청산금에 관한 협의가 성립된다면

13) 대법원 2012. 3. 29. 선고 2010두7765 판결 참조.
14) 서울중앙지방법원 2023. 5. 18. 자 2023카합20259 결정.
15) 대법원 2020. 7. 29. 선고 2016다51170 판결.

조합의 청산금 지급의무와 현금청산대상자의 토지 등 부동산 인도의무는 특별한 사정이 없는 한 동시이행의 관계에 있고, 현금청산대상자의 권리제한 없는 소유권이전등기의무와 조합의 현금청산금 지급의무는 동시이행의 관계에 있지 않다. 이는 다음에서 살펴볼 협의가 성립하지 아니한 경우와 동일한 법리가 적용된다. 자세한 내용은 제9편 제1장 현금청산개관에서 살펴본다.

② 협의불성립에 따른 수용재결 및 매도청구

㉮ 재건축사업에서 150일(또는 90일) 이내에 협의가 성립하지 않아 매도청구한 경우

재건축사업에서 150일(또는 90일) 이내에 보상협의가 성립하지 않아 위 기간 경과 이후 조합이 매도청구권을 행사한 경우에 관하여 살펴본다.

우선 매도청구권을 행사하면 사법상 매매계약이 성립되므로, 그 이후에는 사업시행자와 현금청산대상자 상호간의 매매계약상의 의무는 특별한 사정이 없는 한 동시이행관계에 있으므로, 협의가 성립한 경우와 동일한 법리가 적용된다.

조합원이 정관에 따라 현물출자의무로서 부동산을 인도하였다 하더라도, 권리제한등기 없는 소유권이전등기의무를 이행하지 않는 이상, 재건축조합으로서는 청산금 지급의무에 관하여 지연손해금을 부담하지 아니한다(다만, 토지 등에 관한 소유권이전등기 및 인도를 마쳤으나 근저당권설정등기를 말소하지 아니한 경우, 재건축조합이 근저당권설정등기말소와의 동시이행을 주장하여 지급을 거절할 수 있는 청산금의 범위는 근저당권의 채권최고액 또는 채권최고액의 범위 내에서 확정된 피담보채무액이고, 이를 초과하는 부분에 대하여는 지연손해금이 인정된다).[16]

㉯ 재개발사업에서 150일(또는 90일) 이내에 협의가 성립하지 않아 수용재결을 통하여 현금청산하는 경우

토지등소유자가 조합원의 지위를 유지하는 동안에 종전자산을 출자하였다가 그 후에 조합관계에서 탈퇴하여 현금청산대상자가 되었음에도, 조합 정관이 정한 분양계약 체결기간 종료일 다음 날부터 150일(또는 90일)의 이행기간 내에 현금청산금을 지급하지 아니하면(설령 토지등소유자가 종전자산에 설정된 가압류나 근저당권 등을 말소하고 소유권이전등기를 경료하여 주지 않았다 하더라도), 150일(또는 90일)의 기간이 경과한 다음 날부터는 민법에서 정한 연 5%의 비율로 계산한 지연배상금을 지급할 의무가 있다.[17] 다만, 정관에 '150일(또는 90일)의 이행기간 내에 현금청산금을 지급하지 아니하면 시중은행 주택담보대출상품의 최저 금리를 지급한다.' 등의 조항이 있는 경우에는 조합은 이에 따라야 한다. 재개발사업의 경우 조합원이 사업시행자에게 종전자산을 출자(인도)하였을 뿐, 저당권 등 권리제한등기가 있고 조합에 대하여 소유권이전등기를 마쳐주지 아니하였음에도 지연손해금의 발생을 인정하고 있음에 반해, 재건축사업의 경우에는 조합원이 사업시행자에게 종전자산 인도 외에 저당권 등 권리제한등기가 있고 조합에 대하여 소유권이전등기를 마쳐주어야 지연손해금이 발생한다. 이에 대하여는 제9편 제1장 Ⅲ. "1. 일반지연손해금(청산금 지급지체 지연손해금)"에서 자세히 살펴본다.

법 73조 1항, 65조의 규정에 비추어 보면, 재개발사업의 현금청산대상자들에 대한 청산금은

---

16) 대법원 2008. 10. 9. 선고 2008다37780 판결, 대법원 2015. 11. 19. 선고 2012다114776 전원합의체 판결.
17) 대법원 2020. 7. 29. 선고 2016다51170 판결.

사업시행자와 현금청산대상자가 협의에 의해 그 금액을 정하되, 협의가 성립되지 않을 때에는 토지보상법에 의한 수용절차로 이행될 것을 예정하고 있다고 보아야 할 것인바, 비록 정관에 의하여 인정되는 분양계약의 미체결에 따른 현금청산대상자라 하더라도, 마찬가지라 할 것이므로, 재개발사업 시행자는 협의가 성립하지 아니하는 경우 토지보상법에 따라 수용재결을 신청하여 재결을 받는 것이 가능하다.[18]

㈐ 도시정비법 73조 2항 및 3항 지연손해금 규정의 준용 여부

도시정비법 73조 2항 및 3항 지연손해금 규정의 준용 여부가 문제된다.

수분양조합원의 분양계약 체결거절에 대하여 조합원이 분양신청을 하지 아니하거나 포기한 경우와 달리 볼 이유가 없으므로, 정관 규정 유무에도 불구하고 이 경우에도 적용되어야 한다는 견해가 있다. 그러나 분양계약 체결제도는 법령에 의하여 인정된 것이 아니라 정관에 의하여 인정된 제도인 점, 도시정비법 73조 2항 및 3항은 사업시행자에게 과중한 의무를 부담시키는 예외적인 것이므로 제한적으로만 적용되어야 하는 점, 분양계약 체결제도는 조합원으로 하여금 관리처분계획이 인가된 이후라도 조합관계에서 탈퇴하여 현금청산을 받을 기회를 추가로 부여하려는 취지임에도, 사업시행자에게 과중한 의무까지 부과할 수는 없는 점 등을 종합하여 보면, 법 73조 2항 및 3항의 지연손해금 규정은 분양계약 미체결에 적용되지 아니한다. 다만, 분양계약은 정관에 의하여 인정되는 제도이므로 사업시행자가 정관에 법 73조와 같은 규정을 마련해 두는 경우 분양계약 미체결에도 적용될 수 있다.

한편, 서울 표준정관은 분양계약 체결기간 만료일 다음 날부터 90일 이내에 협의가 성립하지 아니하는 경우, 조합이 제기하는 수용재결신청 또는 매도청구에 관하여는 법 72조 2항 및 3항이 적용된다고 규정하고 있다(재개발 정관 45조 4항, 재건축 정관 44조 3항). 따라서 조합은 분양계약 체결만료일 다음 날부터 90일 이내에 협의가 성립하지 아니하는 경우 그로부터 60일 이내에 수용재결을 신청하거나 매도청구소송을 제기하여야 한다. 만일 사업시행자가 위 기간을 넘겨서 수용재결을 신청하거나 매도청구소송을 제기한 경우에는 해당 토지등소유자에게 지연일수(遲延日數)에 따른 이자를 지급하여야 한다. 이 경우 이자는 100분의 15 이하의 범위에서 법 시행령 60조 2항이 정하는 이율을 적용하여 산정한다. 다만, 그 경우에는 다음에서 살펴볼 토지보상법 30조의 재결신청 지연가산금이 적용되지 아니한다[제9편 제1장 Ⅲ. 2. "마. 토지보상법 제30조와의 관계(재개발사업)" 참조]. 부산 표준정관은 분양계약 체결기간 만료일 다음 날부터 90일 이내에 협의가 성립하지 아니하였다 하더라도, 법 72조 2항 및 3항을 적용하지 아니한다.

㈑ 재결신청 지연가산금(재개발사업)

재개발사업에서 분양계약 체결기간 만료일 다음 날부터 150일(또는 90일) 이내에 협의가 성립하지 아니하였고, 법 72조 2항 및 3항이 적용되지 아니하는 경우, 정관에 규정이 없다 하더라도, 도시정비법 65조 1항에 의하여 재개발사업에 준용되는 토지보상법 30조 3항에서 정한 재결신청 지연가산금은 분양계약 미체결에 유추적용될 수 있다. 따라서 사업시행자가 150일(또는 90일) 이

18) 대법원 2013. 1. 24. 선고 2011두22778 판결, 대법원 2014. 7. 10. 선고 2013두5074 판결, 대법원 2014. 8. 26. 선고 2013두4293 판결.

내에 현금청산금을 지급하지 아니하는 경우 이미 토지등을 인도하였다면, 현금청산금의 지급 지체에 따른 지연손해금 청구권이 발생하고, 나아가 토지보상법 30조 3항에서 정한 재결신청 지연가산금 청구권의 요건(사업시행자가 현금청산대상자로부터 재결신청 청구를 받은 날부터 60일 이내에 재결신청을 하지 않고, 그 기간을 넘긴 경우)이 충족되면 위 청구권도 발생한다. 다만, 같은 기간에 대하여 양자의 청구권을 동시에 행사할 수 있다고 본다면 이중배상의 문제가 발생하므로, 같은 기간에 대하여 양자의 청구권이 동시에 성립하더라도 토지등소유자는 어느 하나만을 선택적으로 행사할 수 있을 뿐이고, 양자의 청구권을 동시에 행사할 수는 없다(제9편 제1장 Ⅲ. "3. 일반 지연손해금과 특별 지연손해금의 중복 발생 여부" 참조).

(2) 적법한 분양계약 체결의 통지가 이루어지지 않은 경우

(가) 내용

조합이 조합원에게 분양계약 체결의 통지 자체를 하지 않거나 적법하게 하지 않아 조합원이 조합과 사이에 분양계약을 체결하지 못한 경우에는 분양계약 미체결에 따른 현금청산대상자에 해당하지 않고, 여전히 수분양자의 지위를 보유한다.[19] 또한 사업시행자가 동·호수 추첨에 따른 공동주택조차 특정하지 아니한 채 조합원에게 분양계약 체결을 통지한 경우, 동·호수 추첨방식이 적법한 방식이 아니어서 그에 따른 분양계약 체결통지에 불응하여 분양계약 체결기간 내에 분양계약에 이르지 아니하였다 하더라도, 조합원은 수분양자의 지위를 상실하지 아니하고, 현금청산대상자가 된다고 볼 수 없다.

(나) 쟁송방법

① 토지등소유자는 수분양자 지위확인의 소제기가 가능하다.

사업시행자가 해당 조합원을 수분양자로 하는 관리처분계획을 수립하고, 동·호수 추첨절차를 거쳐 특정 동·호수로 확정된 경우, 그 후 분양계약 체결과정에서 사업시행자의 귀책사유로 적법한 분양계약 체결통지가 이루어지지 않아 분양계약을 체결하지 못하여 조합원이 분양계약 체결기간 만료일 다음 날 일응 현금청산대상자로 취급되고, 그 후 사업시행자가 해당 조합원의 특정 동·호수에 대하여 일반분양으로 하는 관리처분변경계획을 수립하였다 하더라도, 해당 조합원으로서는 여전히 특정 동·호수에 대한 수분양자의 지위에 있으므로, 특정 동·호수에 대한 수분양자 지위확인의 소제기가 가능하다.

다만, 적법한 분양신청통지를 받지 아니한 현금청산대상자에서 살펴본 바와 마찬가지로 분양계약 체결기간 만료일 다음 날 조합원 지위 상실을 전제로 수용재결이 이루어졌고, 그와 같은 수용재결이 확정된 경우에는 더 이상 관리처분계획이나 수분양권 여부로 인하여 권리·의무에 어떠한 영향을 받을 수 없게 된다. 이전고시가 이루어진 경우에도 마찬가지이다. 그 경우에는 소의 이익이 없다.

② 조합원 지위 확인의 소제기가 가능한지 여부가 문제된다.

사업시행자를 상대로 쟁송하는 적절한 방법은 특정 동·호수에 대한 수분양자 지위확인 소송

19) 대법원 2016. 12. 15. 선고 2015두51309 판결.

이고, '단지 조합원으로서의 지위만을 공법상의 당사자소송으로 확인받도록 하는 방식'은 소를 제기한 목적에 부합하지 않을 뿐만 아니라 권리 또는 지위의 불안을 해소시킴에 있어 유효·적절한 수단으로 볼 수 없으므로 조합원 지위 확인 청구 부분은 소의 이익이 없어 부적법하다.[20]

나. 분양계약 체결의 효과

(1) 분양계약의 법적 성질(사법상 계약)

조합원이 종후자산에 관한 소유권을 취득하는지 여부는 인가·고시된 관리처분계획 및 이에 따른 이전고시에 의하여 정해지지만, 분양대금의 지급과 관련한 분양계약은 조합과 조합원이 정비사업 시행과정에서 시공자에 대한 공사비 지급, 신축 건축물에 대한 조합원의 입주 등을 둘러싼 권리·의무관계를 원활하게 조정하고 이를 구체화하기 위하여 사법상 계약의 형태로 체결되는 개별적인 약정이다.

위와 같은 사법상 계약의 체결이 조합과 조합원의 자유로운 의사의 합치에 기하여 이루어진 것인 이상, 조합이 전체 조합원에게 행정처분의 방식으로 일률적으로 청산금이나 부과금 등을 부과할 경우에 거쳐야 하는 총회의결절차는 반드시 거쳐야 한다고 볼 수는 없다. 나아가 분양계약은 전체 법질서에 비추어 허용될 수 있고 그 사법상 계약의 체결에 이르게 된 동기, 경위 및 목적 등에 비추어 필요성과 상당성이 있다고 인정되는 때에는 사법상 계약에서 조합원에게 정관이나 관리처분계획 등에서 예정하지 아니한 급부의무에 관하여 정하고 있다는 사정만으로 이러한 사법상 계약이 무효로 되는 것은 아니라고 할 것이다.[21]

(2) 관할(민사소송)

분양계약이 사법상의 계약이므로, 분양계약의 미이행을 이유로 한 조합 또는 조합원이 상대방을 피고로 하여 제기하는 금원의 지급청구나 소유권이전등기청구·명도청구는 민사법원의 관할이라 할 것이다. 실무에서도 민사소송으로 처리해 오고 있다.[22]

이는 이전고시 이후 도시정비법에 따른 청산금부과처분이나 청산금지급결정(항고소송)과 이에 따른 금원의 지급을 구하는 소송이 공법상 당사자소송에 해당하는 것과 대비된다.

(3) 분양계약채무 불이행의 효과

(가) 종후자산가액이 종전자산 권리가액보다 큰 경우 조합원이 조합에 분양대금을 여러 차례에 걸쳐 분할하여 납부할 의무를 부담하고, 종전자산 권리가액이 종후자산가액보다 큰 경우 사업시행자가 조합원에게 청산금을 여러 차례에 걸쳐 나누어 지급하거나 입주일 무렵 일시에 지급하는 내용의 분양계약이 체결된다.

분양계약에 따른 분양대금을 납부하지 아니한 경우의 법률관계를 살펴본다. 즉, 조합이 분양계약상 약정된 청산금을 지급하지 아니하는 경우 또는 조합원이 분양계약상 약정된 분양대금을 지급하지 아니하는 경우, 분양계약은 사법상 계약이므로 당사자들은 분양계약을 해제할 수 있

20) 서울고등법원 2020. 7. 3. 선고 2019누67236 판결(확정) 및 서울행정법원 2019. 11. 20. 선고 2018구합75887 판결.
21) 대법원 2008. 12. 24. 선고 2006다73096 판결.
22) 서울고등법원 2013. 8. 23. 선고 2012나105132 판결.

다. 대부분의 조합원분양계약서는 아파트 표준공급계약서를 기초로 '중도금을 계속하여 3회 이상 납부하지 아니하여 14일 이상의 유예기간을 정하여 2회 이상 최고하여도 납부하지 아니한 때'를 조합원의 귀책에 따른 조합의 계약해제사유로 정하고 있다.

㈏ 문제는 계약해제 시 수분양조합원이 조합탈퇴자와 동일하게 조합원 지위를 상실하고 현금청산대상자가 되는지 여부이다.

정비사업에서 조합원과 조합 사이의 분양에 관한 법률관계는 법령, 정관, 관리처분계획 등에 의하여 형성되는 것일 뿐, 분양계약에 의하여 비로소 형성되는 것은 아니다. 관리처분계획이 인가된 이후 조합원과 조합과 사이에 체결된 분양계약은 관리처분계획 등에 의하여 이미 형성된 조합원과 조합 사이의 법률관계를 구체화하고 보충하는 의미를 갖는 것에 불과하다.

따라서 조합의 정관이나 총회결의 등에 달리 정함이 없는 한, 조합이나 조합원이 분양계약상의 채무불이행을 이유로 분양계약을 해제한다고 하더라도 정관이나 관리처분계획 등에 의하여 형성된 법률관계까지 실효된다고 해석할 수는 없으므로, 분양계약의 해제로 인하여 그 조합원의 조합원 지위가 상실된다거나 또는 현금청산대상자가 된다고 할 수 없다.[23)]

분양계약을 해제한 경우에도 조합원 지위는 계속하여 유지되므로, 조합이 해당 조합원을 정비사업에서 배제하고, 해당 조합원분양분을 일반분양하기 위해서는 재건축사업의 경우 정관이 정한 절차에 따라 분양대금 미납을 이유로 제명하고(제4편 제5장 제2절 "Ⅲ. 정관의 기재사항"에서 살펴본 바와 같이 제명의 경우 사유와 절차가 엄격하다), 해당 조합원분양분을 일반분양분으로 하는 관리처분계획변경절차를 거쳐야 한다. 다만, 조합으로서는 분양계약을 해제하지 않고 미납 분양대금 및 지연이자를 계속 가산하여 청구할 수 있고, 이전고시 이후 해당 아파트에 대한 조합원 명의의 소유권보존등기와 동시에 미납 분양대금 및 지연이자 상당을 청구채권으로 하여 가압류를 하는 것도 가능하다.

한편 서울 표준정관 45조 5항은 "분양계약을 체결한 조합원이 분양계약에서 정한 의무를 이행하지 아니하여 조합이 계약을 해지할 경우에는 해당 분양계약에서 정한 바에 따른다."고 규정하고 있다.

Ⅳ. 기타 쟁점

1. 분양계약 체결통지 안내문의 처분성 여부 등

사업시행자는 동·호수 추첨 이후 조합원들에게 정해진 기한까지 분양계약에 응해 줄 것을 안내하는 '조합원분양계약에 대한 안내서'를 보내게 된다. 이에 대하여 처분임을 전제로 항고소송을 제기하는 경우가 있다.

그러나 그와 같은 분양계약 체결통지 안내문은 조합원들에게 안내문에 기재된 기한까지 분양계약에 응해 줄 것을 순수하게 안내하는 것일 뿐이므로, 조합원들에게 분양계약의 체결 또는 분

---

23) 대법원 2015. 3. 12. 자 2014다78232 판결 및 서울고등법원 2014. 10. 15. 선고 2013나35797 판결, 대법원 2016. 4. 12. 자 2015다256862 판결 및 서울고등법원 2015. 11. 27. 선고 2015나2008894 판결.

양대금의 납부를 명하거나 기타 법률상 효과를 발생하게 하는 등 조합원들의 구체적인 권리·의무에 직접적 변동을 초래하는 항고소송의 대상이 되는 행정처분에 해당한다고 할 수 없고, 또한 그와 같은 통보로 인하여 조합원들의 권리 또는 법률상 지위에 현존하는 불안·위험이 있다고 할 수 없으므로 그 무효확인을 구할 법률상 이익도 없다.[24)]

2. 수인이 1인의 조합원의 지위에서 분양계약을 체결하는 경우

가. 실무의 내용

조합이 조합원들에게 정해진 기한까지 분양계약에 응해 줄 것을 안내하는 '조합원분양계약에 대한 안내서'를 보내면서, 수인이 1인의 조합원의 지위에 있는 경우에는 대표조합원 외에 나머지 수인의 분양계약신청서, 신분증 사본, 인감증명서, 주민등록표 등본, 계약금 입금증 등을 제출하도록 요구한다.

이 같이 대표조합원 외에 나머지 수인의 분양계약신청서를 요구하는 것은 제7편 제2장 제3절 I. 분양신청방법에서 살펴본 바와 같이 법규적 효력이 있는 서울시 조례 시행규칙 14조가 수인이 1인의 조합원의 지위에서 분양신청을 하는 경우에는 [별지 24호 서식]과 같이 대표조합원이 분양신청서 외에 나머지 수인의 분양신청서 각 1부를 함께 제출하도록 강제하는 것을 고려한 것으로 보인다. 분양계약 체결과 관련하여서도 대표조합원 외의 나머지 수인의 분양계약신청서 각 1부를 반드시 첨부하도록 요구하는 것의 당부에 관하여 살펴본다.

나. 판 단(위법)

(1) 조합이 대표조합원 외에 나머지 수인의 분양계약신청서, 신분증 사본, 인감증명서, 주민등록표 등본, 계약금 입금증 등을 제출하도록 요구하는 것은 부당하다.[25)] 그 논거는 다음과 같다.

ⓐ 사업시행자는 정관으로 토지등의 소유권이 수인의 공유에 속하는 경우, 수인은 대표자 1인을 대표조합원으로 지정하고 대표조합원 선임동의서를 작성하여 조합에 신고하여야 하며, 조합원으로서의 법률행위는 그 대표조합원이 행한다고 규정하고 있는바(국토부 표준정관 9조 4항), 이는 원칙적으로 대표조합원의 단독행위를 전체 수인의 행위로 간주하겠다는 것으로서, 조합과 조합원에 대하여 구속력을 가지는 자치법규의 내용이다.

ⓑ 분양신청의 경우 대표조합원이 분양신청을 하는 때에도 나머지 수인의 분양신청서를 함께 제출하는 경우에 한하여 분양신청서를 유효한 것으로 보는 것은 서울시 조례 시행규칙 14조가 법규적 효력이 있어 위 정관 규정에 우선하기 때문인데, 분양계약과 관련하여서는 반드시 대표조합원 외의 나머지 사람들의 분양계약 체결의 의사를 확인할 수 있는 서류의 제출을 요구하는 법령이나 조례, 정관의 규정이 없다.

ⓒ 분양신청단계에서 대표조합원 외의 나머지 수인의 분양신청서를 요구하는 것은 수분양자

---

24) 대법원 2002. 12. 27. 선고 2001두2799 판결.
25) 서울행정법원 2021. 9. 10. 선고 2019구합78425 판결(확정).

의 경우 청산금 및 부과금 납부를 비롯한 각종 의무를 부담하기 때문인데, 이미 분양신청단계에서 그와 같은 분양신청서를 제출하여 수분양자가 되었다면, 그 후 정비사업에서 이탈할 기회를 부여함에 불과한 분양계약 체결단계에서까지 대표조합원 외의 나머지 수인의 분양계약신청서를 요구하는 것은 과도하다.

(2) 따라서 대표조합원이 나머지 수인의 분양계약신청서, 신분증 사본, 인감증명서 등을 첨부하지 아니한 채 신청한 분양계약의 청약도 적법하고, 조합은 위와 같은 분양계약 청약을 거절할 수 없으며, 이를 이유로 한 분양계약 체결거부는 위법하므로, 설령 조합의 분양계약 체결거부로 분양계약 체결기간이 도과되었다 하더라도 수분양자의 지위는 계속하여 유지된다.

3. 조합이 장기간 분양계약 체결의 통지를 하지 아니하는 경우

가. 문제의 소재

조합이 관리처분계획인가·고시일부터 상당한 기간이 경과하도록 정관에서 정한 분양계약 체결절차를 진행하지 않아 조합원으로서 (정관 규정 또는 총회의결에 기하여) 철거·이주 및 신탁등기의무를 부담한 채 정비사업이 진행되고 있는 경우, 사업시행자에게 분양계약 체결을 요구하도록 요청할 수 있는지, 사업시행자의 장기간 분양계약 체결요구가 없는 경우 현금청산대상자로 의제될 수 있는지 여부가 문제된다.

향후 부동산 가치의 하락이 예상되어 분양계약 체결의 통지를 하면 다수의 조합원이 현금청산대상자로 이탈할 우려가 있는 경우 조합은 최대한 분양계약 체결통지를 미루게 되고, 그 경우 위와 같은 다툼이 발생한다.

나. 판 단(부정)

정관상의 분양계약 체결조항은 사업시행자인 조합이 조합원에게 분양계약 체결을 요구함에도 분양계약 체결의무를 위반하여 분양계약을 체결하지 아니한 조합원을 현금청산대상자로 한다는 의미일 뿐, 조합이 사업 진행상 조합원에게 분양계약 체결 자체를 요구하지 아니한 경우에 그러한 사정만으로 조합원이 당연히 분양계약 체결의 요구를 요청할 수 있다거나 현금청산대상자가 된다는 의미는 아니며, 조합이 분양계약 체결절차를 진행하여 추가적인 현금청산대상자가 될 기회를 부여하지 않고 부동산의 인도를 구하는 것이 정의관념에 비추어 도저히 용인할 수 없는 정도는 아니다.[26]

4. 관리처분계획과 분양계약

가. 관리처분계획에 반하는 분양계약

관리처분계획상 현금청산대상자로 분류되어 있었으나, 새롭게 조합원 자격을 부여하여 분양신청절차를 거쳐 해당 현금청산대상자를 수분양자로 하는 관리처분계획을 수립하였으나, 인가가 이루어지지 아니한 상태에서 체결한 분양계약은 유효한 종전 관리처분계획에 반하는 것으로서

26) 대법원 2018. 12. 27. 선고 2018다260015 판결.

그 효력이 없다.[27)]

나. 관리처분계획의 변경과 분양계약의 효력

(1) 관리처분계획의 변경

관리처분계획은 종후자산의 권리귀속에 관한 사항뿐만 아니라 비용분담에 관한 사항을 정하는 행정처분으로서, 최초 관리처분계획의 인가·고시 당시 조합원이 부담할 분담금[종후자산가액－종전자산 권리가액(종전자산가격×비례율)]이 일응 정해진다. 앞서 본 바와 같이 정비사업비의 조합원별 분담내역은 총회의 의결사항이고(법 45조 1항 8호), 청산금의 징수와 지급도 총회의 의결사항이므로(같은 항 11호), 사업시행자는 분양계약을 통하여 청산금 및 부과금을 이전고시 이전에 부과하기 위하여 관리처분계획에 대한 의결과 동시에 조합원별 분담내역, 청산금의 부과에 관한 의결도 함께 하게 된다.

그 후 공사가 진행됨에 따라 공사비가 증액되는 경우 조합은 조합원의 최종적인 비용분담을 위하여 이전고시 이전까지 여러 차례 비례율을 변경하는 내용의 관리처분변경계획을 수립하여 인가 받게 된다. 또한 사업시행자가 종전자산의 권리가액이 종후자산보다 큰 조합원에게 지급해야 할 청산금의 지급시기, 종전자산의 권리가액이 종후자산보다 작은 조합원들이 사업시행자에게 청산금을 분납하는 횟수, 기한 등(계약금 20%는 계약시, 중도금 40%는 4회 분납, 잔금 40% 등)에 대한 관리처분계획의 내용이 변경되기도 한다. 그 경우 앞서 본 정비사업비의 조합원별 분담내역 및 청산금 징수에 관한 총회결의도 함께 이루어진다.

(2) 종전 관리처분계획변경(정비사업비, 청산금 포함)과 분양계약의 효력

(가) 문제의 소재

종전 관리처분계획상의 비례율에 기초하여 분양계약을 체결하였으나, 그 후 비례율을 변경하는 관리처분변경계획이 수립된 경우 또는 관리처분계획상의 내용에 따라 청산금 분납횟수, 청산금 지급시기 등에 대한 분양계약을 체결하였으나, 그 후 이를 다르게 정하는 내용의 관리처분변경계획이 수립된 경우, 각 종전 분양계약의 효력이 문제된다.

일반적으로 비례율이 대폭변경(통상적으로 대폭 감소된 경우이다)되거나 청산금 지급시기를 다르게 정한 경우, 조합은 조합원들에게 새로운 분양계약의 체결을 요구하여 이에 부합하는 새로운 분양계약이 체결되나, 만일 새로운 분양계약이 체결되지 아니한 경우, 종전 비례율이나 종전 청산금 분담 관련 지급시기나 횟수 관련 내용이 적용되는 것인지 또는 변경된 비례율이나 변경된 청산금 분담 관련 지급시기나 횟수 관련 규정이 적용되는지 여부에 대하여 실무상 다툼이 있다.

(나) 판단(변경된 관리처분계획의 내용 적용)

관리처분계획에 기하여 조합과 조합원 사이에 체결되는 분양계약은 관리처분계획 등에 의하여 이미 형성된 법률관계를 구체화하고 보충하는 것에 불과하므로, 분양계약의 전제가 되었던

27) 대법원 2005. 7. 15. 선고 2004두12971 판결 및 서울고등법원 2004. 10. 13. 선고 2002누2323 판결.

관리처분계획이 변경되면, 그 범위에서 분양계약의 내용이 실효되고, 새로운 관리처분계획이 적용된다고 보아야 한다.[28] 다만, 기존 분양계약은 변경된 관리처분계획과 저촉되는 범위 내에서 장래를 향하여 실효된다.

㈐ **구체적 사례**

① 비록 조합과 조합원 사이에 체결된 각 분양계약(아파트 분양계약 및 상가 분양계약)에는 종후자산보다 종전자산의 권리가액이 큰 경우 조합이 지급하여야 하는 청산금에 대하여 '이전고시 이후 청산 시'에 지급한다고 규정하고 있으나, 각 분양계약의 전제가 되었던 관리처분계획이 총회의결에 의하여 변경되어 청산금의 지급시기가 '준공 이후 입주기간(60일) 만료일까지(입주자에 한함)'로 변경되었다면, 그 범위에서 종전 분양계약의 내용이 실효되고, 새로운 관리처분계획이 적용된다. 따라서 사업시행자가 변경된 지급시기에 이를 지급하지 아니하는 경우 지연손해금을 부담한다.

② 분양계약 내용을 결정하는 전제가 되었던 관리처분계획의 비례율이 변경되는 경우, 그와 같은 변경이 분양계약의 내용으로 적용되는 시점이 관리처분변경계획의 총회의결 시를 기준으로 할 것인지 또는 시장·군수등의 인가 시를 기준으로 할 것인지 여부가 문제된다.

정비사업의 경우에는 관리처분계획의 수립과 그 변경은 총회의 의결을 통해 조합 내부적으로 효력을 갖게 되고, 그에 관한 인가는 관리처분계획에 대한 법률상의 효력을 완성시키는 보충행위에 불과하므로, 정비사업에서의 비례율이 변경되는 시점은 각각의 의결이 있었던 일자로 보아야 할 것이다.[29]

③ 분양계약상 약정된 지급의무일에 조합이 조합원에게 정산금을 지급하지 아니한 채 기한이 경과하였다가, 추후 비례율의 변경되어 지급의무가 상실된 경우, 이미 발생한 지연손해금이 소멸하는지 여부가 문제된다.

실무상 관리처분계획에 따라 조합이 종전자산의 권리가액이 종후자산보다 큰 조합원과 사이에 분양계약을 체결하여 청산금을 약정기일에 지급하기로 하였으나, 그 기일이 도래하고도 조합이 조합원에게 이를 지급하지 아니한 상태에서, 관리처분계획이 변경되면서, (공사비 증가 등으로) 비례율이 낮아져 조합이 더 이상 청산금 지급의무를 부담하지 않게 되는 경우가 흔히 있다.

그 경우 종전 관리처분계획 중 비례율에 관한 부분은 장래를 향하여 소멸하므로 이미 발생한 지연손해금은 여전히 존속하고, 조합은 조합원에게 이를 지급하여야 한다.

④ 조합이 관리처분계획에 따라 수분양조합원들과 분양계약을 체결하여 분담금을 지급받은 상태에서, 일반분양가가 상향되고 임대주택 건설의무가 면제되는 등으로 인하여 예상되는 사업수입이 증가하고 사업비용이 감소되었다는 이유로 종전 관리처분계획에서 정한 분담금의 액수를 낮추는 내용의 관리처분계획을 수립하여 시장·군수등으로부터 변경인가를 받는 경우가 있다. 당시 일부 조합원들이 종전 관리처분계획에 따른 분양계약상의 분담금을 연체하였다가 분담금과 함께 연체이자까지 납부하였으나, 그 후 소급하여 분담금을 감액하는 내용의 관리처분변경계

28) 대법원 2015. 3. 12. 자 2014다78232 판결 및 서울고등법원 2014. 10. 15. 선고 2013나35797 판결.
29) 서울행정법원 2020. 11. 13. 선고 2019구합69414 판결(확정).

획이 수립된 사안에서, 대법원은 위 관리처분변경계획은 장래를 향하여만 효력을 가지므로, 조합은 관리처분계획의 변경인가 후 그들에게 분담금 감액분(원금)만을 반환하는 것으로 족하고, 종전 관리처분계획에 따라 이미 발생한 조합이 수령한 감액분에 대한 연체이자는 반환할 필요가 없다고 판시하였다.[30]

5. 청산금, 부과금과 분양계약

가. 청산금 및 부과금 부과 일반론

분양대상자별 종후자산의 추산액 및 종전자산의 가격은 관리처분계획의 내용이므로(법 74조 1항 3호 및 5호), 관리처분계획이 인가되면 청산금이 일응 확정되나[종전자산의 권리가액이 종후자산가액보다 큰 경우(1인이나 1세대가 다(多)물건을 가진 경우, 다물건 소유자가 조합설립인가 이후 토지등을 양도하여 양도인 및 양수인이 1조합원으로 하는 경우가 많다)는 조합원이 청산금을 지급받고, 종후자산가액이 종전자산의 권리가액보다 큰 경우에는 조합원이 청산금을 지급할 의무를 부담한다], 관리처분계획의 변경에 따라 청산금이 계속하여 변경된다. 한편 청산금의 징수·지급은 총회의 의결사항이므로(법 45조 1항 11호), 조합은 이전고시 이후 수분양자에 대한 청산금이 존재하는 경우 청산금의 징수·지급에 대한 총회의결을 거쳐 청산금부과처분(청산금지급결정)을 한다(법 89조).

정비사업비의 추산액 및 그에 따른 조합원 분담규모, 분담시기는 관리처분계획의 내용이므로(법 74조 1항 6호), 개별 조합원의 정비사업비의 부담은 관리처분계획에서 일응 확정되나, 관리처분계획의 변경에 따라 계속하여 변경된다(다만 법 89조 3항은 종후자산의 가액 산정 시 정비사업비 등을 참작하여 평가하도록 규정하고 있으므로, 실무상 정비사업비와 수입과의 차액이 발생할 여지는 적다). 한편, 정비사업비의 조합원 별 분담내역 및 법 93조의 부과금 및 징수방법은 총회의 의결사항이므로(법 45조 1항 8호, 11호), 조합은 이전고시 이후 정비사업비 잔액이 존재하는 경우 위와 같은 총회의결을 거쳐 개별 조합원에게 부과금(잔존 정비사업비를 전체 조합원의 종전자산평가액에서 개별 조합원의 종전자산평가액이 차지하는 비율을 곱한 금액)을 부과·징수할 수 있다(법 93조 1항). 자세한 내용은 제10편 제1장 제3절 청산금 및 부과금에서 살펴본다.

나. 쟁 점

(1) 총회의결 관련

(가) 청산금 관련

관리처분계획의 수립 및 변경은 총회의 의결사항이고(법 45조 10호), 분양대상자별 종후자산의 추산액 및 종전자산의 가격은 관리처분계획의 필수적 기재사항임에도(법 74조 1항 3호 및 5호), 앞서 본 바와 같이 청산금 부과·징수를 위해서는 총회의결이 필요하다.

(나) 부과금 관련

① 관리처분계획의 수립 및 변경은 총회의 의결사항이고(법 45조 10호), 정비사업비의 추산액

30) 대법원 2016. 6. 23. 선고 2014다16500 판결.

및 그에 따른 조합원 분담규모, 분담시기는 관리처분계획의 필수적 기재사항임에도(법 74조 1항 6호), 앞서 본 바와 같이 부과금 부과·징수를 위해서는 총회의결이 필요하다.

한편 법 45조 8호는 위와 같은 관리처분계획의 내용과는 별도로 정비사업비의 조합원별 분담내역을 총회의 의결사항으로 규정하고 있다. 관리처분계획상의 정비사업비 분담규모는 조합원이 전체적으로 부담할 규모가 얼마인가에 관하여 대강의 내용을 정한 것임에 반해, 정비사업비의 조합원별 분담내역은 보다 세분화된 분담 관련 내역을 의미하므로, 분양계약을 체결하기 위해서는 사전에 위와 같은 총회의결을 반드시 거쳐야 한다. 실무상 관리처분계획 의결을 위한 총회소집 이후 별도로 위 의결을 위한 총회소집을 따로 하기가 어려워 관리처분계획총회에서 정비사업비의 조합원별 분담내역도 함께 의결하는 것이 일반적이다.

② 실무상 조합은 관리처분계획 총회 전에 개인의 사생활보호를 위하여 정비사업비의 조합원별 분담내역을 분양대상자별 종전자산의 가격과 함께 개별적으로 밀봉하여 따로 발송할 뿐, 총회 책자에 기재하지 아니하여 총회에서 관리처분계획만을 안건으로 하여 의결하고(유효성에 관하여 다툼이 있음은 앞서 본 바이다), 정비사업비의 조합원별 분담내역에 대하여는 의결절차를 생략하는 경우가 흔히 있다. 특히 법이 일정한 사항에 관하여 총회의 의결을 거치도록 하고 있음에도, 조합임원이 이를 위반한 경우 형사처벌까지 하고 있으므로(137조 6호), 주의를 요한다.

③ 하급심 판례는 관리처분계획 총회에서 정비사업비의 조합원별 분담내역안이 독자적 안건으로 상정되지 않는다 하더라도, 적어도 위 안건에 대하여 총회에 상정, 토의하고 의결하는 절차를 반드시 거쳐야 한다고 판시하고 있다.[31)]

(2) 지연손해금 비율

조합이 조합원과 분양계약을 체결함에 있어, 종후자산이 종전자산의 권리가액 보다 큰 일반적인 사안에서는 조합원이 조합에 각각의 분담금을 앞서 본 바와 같이 입주 전에 수회에 걸쳐 나누어 지급하고, 그 이행기에 이를 이행하지 아니하는 경우 고율의 지연손해금을 부담하는 것으로 약정하나, 종전자산의 권리가액이 종후자산보다 큰 이례적인 사안에서는 조합이 차액을 지급하는 시기를 입주 시 등으로 하면서, 지연손해금 비율도 약정하지 아니하는 경우가 많다.

앞서 종전자산의 권리가액이 종후자산보다 큰 경우에만 청산금 지급시기를 늦춘 분양계약에 대하여 유효한 것으로 본 것과 마찬가지로 종전자산의 권리가액이 종후자산보다 큰 경우에만 지연손해금 비율을 약정하지 아니하였다 하더라도 해당 분양계약은 유효하다. 나아가 지연손해금 비율은 개별 사적 계약인 각 분양계약상 조합원 또는 조합이 분양대금(청산금) 지급을 지체하였을 경우에 적용되는 것으로서, 조합의 청산금 지급과 관련한 개별 약정에 명시적인 규정이 없는 한 다른 분양계약상의 지연손해금 비율이 당연히 적용된다고 볼 수는 없다.[32)]

---

31) 위 2018도14424 판결의 하급심인 서울북부지방법원 2018. 8. 23. 선고 2018노299 판결.
32) 대법원 2012. 3. 29. 선고 2010다590 판결.

제5장 일반분양, 임대주택 및 국민주택규모 주택의 처분

Ⅰ. 총 설

관리처분계획서에는 공동주택 및 근린생활시설의 총 동(棟) 수, 공동주택의 전체 세대 수가 기재되고, 이를 조합원분양분, 보류지, 일반분양분, 임대분으로 구분하며, 각각 전용면적기준 세대 수도 특정된다. 처음부터 일반에게 분양하는 것을 예정하고 있는 일반분양분(아파트)의 경우 정비사업비에 충당하기 위한 것이다. 법 74조 1항 4호는 광의의 보류지로 일반분양분, 공공지원민간임대주택, 임대주택 등, 그 밖에 부대시설·복리시설 등을 규정하고 있는데, 그중 공공지원민간임대주택 및 임대주택은 정비사업비에 충당하기 위하여, 일반 제3자에게 분양하는 것이 전제가 되므로, 넓게는 일반분양분에 준한다.

조합원분양분 중 분양신청하지 않은 잔여분에 대하여 사업시행자는 정관등 또는 사업시행계획으로 정하는 목적을 위하여 보류지로 정하거나 일반분양할 수 있다(법 79조 4항). 법 87조 3항은 "79조 4항에 따른 보류지와 일반에게 분양하는 대지 또는 건축물은 도시개발법 34조에 따른 보류지 또는 체비지로 본다."고 규정하고 있고, 도시개발법 34조는 "시행자는 도시개발사업에 필요한 경비에 충당하거나 규약·정관·시행규정 또는 실시계획으로 정하는 목적을 위하여 일정한 토지를 환지로 정하지 아니하고 보류지로 정할 수 있으며, 그중 일부를 체비지로 정하여 도시개발사업에 필요한 경비에 충당할 수 있다."고 규정하고 있는바, 도시개발법 34조 전문의 보류지는 다음에서 살펴보듯이 종전자산에 상응하는 종후자산을 정하지 아니하는 토지 일체를 의미하는 것으로서, 공공용지시설 용지 및 체비지까지 포함하는 의미이다. 그러나 정비사업에서는 따로 정비기반시설을 설치하고 있어, 일반분양분만을 체비지로 보아야 하므로, 조합원분양분으로 분양신청하지 않은 잔여분 중 보류지의 의미는 이를 제외한 조합원에 대한 분양을 위하여 보류한 것을 의미하고, 일반분양분은 도시개발법 34조에 따른 체비지로 보아야 할 것이다. 한편 서울시 조례 44조 1항은 법 79조 4항에 따른 보류지를 분양대상자의 누락·착오 및 소송 등에 대비하기 위한 것이라고 규정하고 있고(협의의 보류지), 조례 40조는 조합원분양분 및 협의의 보류지를 제외한 종후자산은 일반에 분양할 수 있고, 그에 대한 분양기준을 규정하면서, 위와 같은 종후자산을 체비시설이라고 하여 사업시행자가 정비사업에 필요한 경비에 충당하기 위하여 정한 체비지임을 명시하고 있다. 따라서 조합원분양분 중 분양신청하지 않은 잔여분에 대하여 일반분양분으로 정한 경우 다음에서 살펴보듯이 종전자산상의 권리는 이전고시로 인하여 소멸하고, 종전자산과 종후자산과 동일성이 없다. 협의의 보류지의 경우 착오·누락된 조합원이 없거나 그들에게 배정 후에 남은 보류지는 일반분양으로 전환되어 체비지가 된다.

한편 종후자산으로 아파트 등을 분양하는 것이 아니라 정비구역 내 토지를 조합원 이외의 자에게 분양할 것을 예정하고 있는 새로운 소유지적의 체비지를 창설하는 경우도 있는데, 이는 일반분양분으로 체비지의 일종이므로, 종전자산이 존재하지 아니한다.

공공지원민간임대주택(임대사업자 성명 포함), 임대주택에 대한 처분방법 및 임대주택 입주대상 세입자 명부는 관리처분계획에 포함될 사항이므로(법 74조 1항 4호, 서울시 조례 33조 1호 나목), 임대주택 공급계획 일체는 관리처분계획인가·고시로 확정된다(서울 표준정관 40조 3항). 재개발·재건축사업(재정비촉진지구에서 시행되는 재개발사업 및 재건축사업은 제외)의 시행자는 시장·군수등으로부터 용적률의 인센티브를 받기 위하여 국민주택규모 주택을 건설할 수 있다. 그 경우 사업시행자는 법적상한용적률에서 정비계획으로 정하여진 용적률을 뺀 초과용적률의 100분의 30 이상 100분의 50 이하로서 시·도 조례로 정하는 비율에 해당하는 면적에 국민주택규모 주택을 건설하여 시·도지사 등에게 공급하여야 한다. 공급가격도 주택의 가격은 공공주택 특별법 50조의4에 따라 국토부장관이 고시하는 공공건설임대주택의 표준건축비로 하고, 부속토지는 인수자에게 기부채납한 것으로 간주하는바, 이 또한 관리처분계획인가·고시로 확정된다. 한편 법 79조 1항은 정비사업의 시행으로 조성된 대지 및 건축물은 관리처분계획에 따라 처분 또는 관리하여야 한다고 규정하고 있으므로, 관리처분계획에 의하여 확정된 일반분양분, 임대주택분, 시·도지사 등에게 공급하여야 할 국민주택규모 주택은 관리처분계획인가 이후 준공인가 시까지 관리처분계획에 따라 처분하는 등 각종 법률관계가 형성된다.

Ⅱ. 일반분양분의 처분

1. 분양절차 및 분양계약

가. 관리처분계획상의 일반분양분에 대한 분양절차

관리처분계획상의 조합원분양분은 관리처분계획에 의하여 직접 처분이 이루어지나, 일반분양분은 조합의 매도행위에 의하여 구체적인 처분이 이루어진다. 관리처분계획에는 일반분양분에 대한 분양가액이 결정되는 것이 일반적이나, 이는 예정가액이고 필수적인 관리처분계획의 인가대상은 아니므로, 조합은 추후 일반분양절차를 진행하는 과정에서 관리처분계획의 변경 없이 자유롭게 위 예정가액을 변경할 수 있음은 앞서 본 바이다. 일반적으로 사업시행자는 착공신고 후 일반분양절차를 개시한다. 다만 일반분양절차를 개시하기 전에 동·호수 추첨을 통하여 대상을 확정하고 그에 따른 분양가액을 결정한다.

⑴ 30세대 이상(주택법)

㈎ 내용

① 일반분양분이 공동주택 30세대 이상인 경우 사업시행자의 매도행위에는 주택법이 적용된다.[1] 일반분양의 전제로 조합은 관할 행정청으로부터 사업계획승인을 받아야 한다(주택법 15조,

1) 조합이 정비사업을 시행하는 경우 주택법 54조(주택의 공급)를 적용할 때에는 조합을 같은 법 2조 10호에 따른 사업

주택법 시행령 27조 1항 2호). 사업시행자가 사업시행계획인가를 받은 때에는 주택법 15조에 따른 사업계획의 승인을 받은 것으로 의제된다(법 57조 1항 1호). 조합이 입주자를 모집하려는 경우(입주자모집공고안에 대하여) 시장·군수등의 승인을 받아야 하고(주택법 54조 1항 1호), 국토부령(주택공급에 관한 규칙)으로 정하는 입주자 모집의 시기·조건·방법·절차, 입주금의 납부 방법·시기·절차, 주택공급계약의 방법·절차 등에 적합하여야 한다(주택법 54조 1항 2호 가목).

② 주택공급에 관한 규칙은 입주자 모집시기 및 조건(대상 토지에 대한 소유권을 확보하여야 착공과 동시에 입주자 모집가능), 입주자 모집방법(공개모집), 절차(일간신문 등에 입주자모집공고, 견본주택설치) 등의 제한을 규정하고 있다(주택공급에 관한 규칙 15조, 16조, 21조, 22조, 27조 28조).[2] 일반적으로 분양공고 및 청약통장 소지자들의 청약접수 등의 절차를 거치게 된다.

㈏ 쟁점(입주자 모집의 전제로 소유권 확보)

① 주택법 54조, 주택공급에 관한 규칙 15조 1항 1호는 사업주체는 주택이 건설되는 대지의 소유권을 확보하여야 입주자를 모집할 수 있다고 규정하고 있다. 정비구역 내의 국·공유지(사업시행계획인가에 의하여 일반재산으로 전환되었다) 중 정비기반시설 외의 토지에 관하여는 그중 점유연고권이 있는 토지등은 점유연고권자가 관리처분계획인가 신청 전에 이를 매수하여 매매계약서를 제출하여야 하는데, 그 무렵 국가 등은 매각대금의 분할납부를 전제로 근저당권 설정 등 채권의 확보를 위한 필요한 조치를 취한 후 점유연고권자 명의로 소유권이전등기를 마쳐준다. 나머지 토지등은 사업시행자가 일반분양 전에 매수완료하여 소유권이전등기를 마치게 된다.

② 한편 사업시행자가 매도청구소송을 통하여 법원의 승소판결을 받은 후 입주예정자에게 피해가 없도록 손실보상금을 공탁하고 분양예정인 건축물을 담보한 경우에는 법원의 승소판결이 확정되기 전이라도 주택법 54조에도 불구하고 입주자를 모집할 수 있으나, 83조에 따른 준공인가 신청 전까지 해당 주택건설 대지의 소유권을 반드시 확보하여야 한다(법 79조 8항).

⑵ 30세대 미만(건축법)

일반분양분이 공동주택 30세대 미만인 경우에는 건축법이 적용된다. 이에 사업시행자는 관할 행정청으로부터 건축허가를 받아야 한다(건축법 11조). 사업시행자가 사업시행계획인가를 받으면 건축법상의 건축허가가 의제된다(법 57조 1항 1호, 3호). 입주자 모집에 주택법, 주택공급에 관한 규칙이 정한 엄격한 요건이나 절차는 적용되지 아니한다. 따라서 분양공고나 청약접수 등의 절차가 필요하지 않다.

나. 분양계약(매매계약)

⑴ 30세대 이상(주택법)

주택의 공급신청을 하려는 자는 사업시행자에게 법정의 주택공급신청서를 제출해야 한다(주

주체로 보며, 조합설립인가일부터 같은 법 4조에 따른 주택건설사업 등의 등록을 한 것으로 본다(법 35조 8항).

2) 법 시행령 66조는 관리형 주거환경개선사업, 수용 및 환지 주거환경개선사업의 시행자 또는 환지 주거환경개선사업에 따라 대지를 공급받아 주택을 건설하는 자가 정비구역에 주택을 건설하는 경우 주택의 공급에 관하여는 시행령 [별표 2]에 규정된 범위 내에서 시장·군수등의 승인을 받아 사업시행자가 따로 정할 수 있도록 하고 있다. 이는 주거환경개선사업 중 위 각 사업의 공익성이 특별히 중대한 점을 고려한 것으로 보인다.

택공급규칙 23조 2항). 법이 2017. 10. 24. 개정되면서 46조 3항(투기과열지구에서의 정비사업에서 관리처분계획에 따라 수분양조합원이나 일반수분양자 및 그 세대에 속한 자는 분양대상자 선정일부터 5년 이내에는 투기과열지구에서 분양신청을 할 수 없다)이 신설되어 일반분양신청 제한사유가 도입되었다. 사업시행자는 앞서 본 주택공급에 관한 규칙으로 정하는 입주자 자격, 재당첨 제한 및 공급 순위 등에 맞게 주택을 공급하여야 하므로, 위 규정에 따라 입주자를 선정한다. 입주자가 선정되면 사업시행자는 선정된 입주자와 사이에 분양계약(매매계약)을 체결한다. 다만 분양대금과 관련하여 주택가격상승의 우려가 있는 것으로 지정된 지역(투기과열지구) 등에 대하여는 분양가상한제의 적용을 받고(주택법 57조), 공급받은 주택에 대한 전매행위가 제한된다(주택법 64조).

(2) 30세대 미만(건축법)

사업시행자는 자유롭게 수분양자를 선정할 수 있고, 내용이나 형식에 구애받지 않고 수분양자와 사이에 자유롭게 분양계약(매매계약)을 체결한다. 투기과열지구에서의 분양가상한제 및 전매행위제한은 적용되지 아니한다.

(3) 구체적 내용

사업시행자와 일반수분양자는 일반적으로 분양대금을 분납하는 내용의 분양계약을 체결한다. 위 분양대금은 공사비 등 정비사업비에 충당된다.

2. 일반분양과 관련한 쟁점

가. 채무불이행 여부

입주자를 모집할 당시 제공한 분양 안내 자료와 주택전시관에 설치된 모형, 조감도, 도면과 실제 건설된 아파트가 일치하지 아니하는 경우, 실무상 일반수분양자가 사업시행자를 상대로 채무불이행책임을 주장한다. 이에 대하여 사업시행자는 일반분양계약을 체결한 이후 사정변경으로 종전 일반분양계약 당시와는 다르게 설계를 변경하는 것이 부득이하다고 주장하므로, 채무불이행 책임의 기준이 문제된다. 대법원은 원고가 사업시행자의 일반분양 이후의 설계변경으로 인하여 일조나 조망, 사생활 노출 등의 피해를 입었다고 주장한 사안에서, 아파트 분양계약에서의 분양자의 채무불이행책임이나 하자담보책임은 분양된 아파트가 당사자의 특약에 의하여 보유하여야 하거나 주택법상의 주택건설기준 등 거래상 통상 갖추어야 할 품질이나 성질을 갖추지 못한 경우에 인정됨을 전제로, 분양된 아파트가 건축 관계 법령 및 주택법상의 주택건설기준 등에 적합하고, 아파트 각 동·세대의 방위나 높이, 구조 또는 다른 동과의 인접 거리 등에 따른 일조나 조망, 사생활 노출 등이 분양계약 체결 당시 수분양자에게 알려진 기본적인 건축계획에서 제공되는 정보로부터 수분양자가 예상할 수 있는 범위 내에 있었다면 특별한 사정이 없는 한 분양계약의 목적물로서 거래상 통상 갖추어야 하거나 당사자의 특약에 의해 보유해야할 품질이나 성질을 갖추지 못한 경우에 해당된다고 할 수 없다고 판시하였다.[3)]

---

3) 대법원 2010. 4. 29. 선고 2007다9139 판결 등 참조.

나. 분양계약 해제 시 대납이자의 원상회복

아파트 분양계약에서 수분양자의 중도금 대출이자를 사업시행자인 분양자가 부담하기로 하는 약정은 분양계약의 존속을 전제로 하는 것이어서 분양계약이 해제되면 위 약정도 소급적으로 효력을 잃는다고 보아야 한다. 따라서 수분양자는 그 원상회복으로서 대납 대출이자 상당액을 분양자에게 지급하여야 한다. 해제 시의 원상회복의무로 반환할 돈에는 대납이자 상당액 외에 위 금액에 대하여 받은 날(사업시행자가 대납한 날)로부터 이자를 가산하여 지급하여야 한다. 여기서 가산되는 이자는 원상회복의 범위에 속하는 것으로서 일종의 부당이득반환의 성질을 가지고 반환의무의 이행지체로 인한 지연손해금이 아니다.[4)]

다. 주택법 위반을 이유로 한 분양계약 해제 시 위약금 몰취약정(유효)

아파트 수분양자가 사업시행자로부터 아파트를 공급받기로 하는 계약을 체결하면서 '수분양자가 주택법 등 관련 법규에 위배되는 행위를 하였을 때'를 사업시행자의 공급계약 해제 사유 중 하나로 정하고, 이러한 사유로 공급계약이 해제된 경우 총 공급대금의 10%에 해당하는 위약금이 사업시행자에게 귀속된다고 정하였는데, 추후 수분양자가 위장 전입하는 등 주택법을 위반하여 부정한 방법으로 아파트 공급계약을 체결했던 사실이 밝혀지자 사업시행자가 공급계약을 해제하고 위약금을 몰취하였고, 이에 대하여 수분양자으로부터 수분양권을 매수한 매수인이 위 위약금 조항이 불공정한 약관이거나 법령에 위반되어 무효라고 주장하면서 위약금 반환을 구한 사안에서, 대법원은 사업시행자가 거래상 지위를 남용하여 수분양자의 정당한 이익과 합리적인 기대에 반하여 형평에 어긋나도록 위약금 조항을 작성·사용함으로써 건전한 거래질서를 훼손하는 등 부당하게 불이익을 주었다고 인정하기 어렵다는 점 등을 근거로 위 위약금 조항이 법령에 위반되어 무효라는 매수인의 주장을 받아들이지 않은 원심판결을 수긍하였다.[5)]

라. 대지권지분 이전 지체와 손해배상책임

사업시행자가 수분양자에게 아파트의 전유부분에 대한 소유권이전등기는 해주었으나 대지권 이전등기는 해주지 않자, 수분양자가 등기 지연에 따른 손해배상을 구한 사안에서, 대법원은 분양계약의 해석상 사업시행자의 소유권이전등기 관련 의무는 전유부분만을 대상으로 하는 것이 아니라 대지권을 포함한 해당 아파트 건물 전체를 대상으로 한다고 보아야 하고, 분양받은 아파트에 관하여 소유권이전등기절차의 이행이 장기간 지연되었다면 수분양자에게는 재산권을 완전히 행사하지 못하는 손해가 발생하였다고 볼 수 있고, 주위 부동산들의 거래상황 등에 비추어 볼 때 등기절차가 이행되지 않아 수분양자 등이 활용기회의 상실 등의 손해를 입었을 개연성이 인정된다면, 등기절차 지연으로 인한 통상손해가 발생하였다고 할 것이며(이 손해가 특별한 사정으로 인한 손해라고 하더라도 예견가능성이 있다고 보아야 한다), 이러한 법리는 분양된 아파트에 관하여 전유부분에 대한 소유권이전등기절차만을 이행하고 그에 관한 대지권이전등기의 이행을

---

4) 대법원 2022. 4. 28. 선고 2018다290801, 290818 판결.
5) 대법원 2022. 4. 28. 선고 2020다281602 판결.

장기간 지연한 경우에도 마찬가지로 적용될 수 있다고 판시하였다.[6)]

마. 업종제한약정 위반

사업시행자가 상가를 건축하여 점포별로 업종을 정하여 분양한 후에 점포에 관한 수분양자의 지위를 양수한 자 또는 그 점포를 임차한 자는 특별한 사정이 없는 한 상가의 점포 입점자들에 대한 관계에서 상호 묵시적으로 분양계약에서 약정한 업종제한 등의 의무를 수인하기로 동의하였다고 봄이 상당하므로, 상호간의 업종제한에 관한 약정을 준수할 의무가 있다고 보아야 한다. 따라서 점포 수분양자의 지위를 양수한 자 등이 분양계약 등에 정하여진 업종제한약정을 위반할 경우, 이로 인하여 영업상의 이익을 침해당할 처지에 있는 자는 침해배제를 위하여 동종업종의 영업금지를 청구할 권리가 있다.[7)]

바. 수분양권 양도

일반수분양자가 분양계약상의 수분양권을 제3자에게 자유롭게 양도할 수 있는지 여부가 문제된다. 수분양권이란 일반수분양자가 아파트에 대한 이전고시 후 소유권이전등기를 경료하기 이전까지의 분양계약에 따른 계약상 지위이므로, 계약인수에 관한 일반법리가 적용된다. 즉, 계약당사자로서의 지위 승계를 목적으로 하는 계약인수는 계약당사자 및 인수인의 3면 합의에 의하여 계약당사자 중 일방이 당사자로서의 지위를 포괄적으로 제3자에게 이전하여 계약관계에서 탈퇴하고 제3자가 그 지위를 승계하는 것을 목적으로 하는 계약으로서 3면 계약으로 이루어지는 것이 보통이나, 관계 당사자 중 2인이 합의하고 나머지 당사자가 이를 동의 내지 승낙하는 방법으로도 가능하다.[8)] 일반적으로 양도인과 양수인은 수분양권 매매계약 체결 후 조합을 방문하여 명의변경신청을 하고 조합이 이를 확인한 후 명의변경을 하여 주는 방식으로 3면 합의에 의한 계약인수가 이루어지는데, 그 과정에서 조합이 승낙을 거부하는 경우 양도인과 양수인은 이를 조합에 대하여 대항할 수 없다(조합원의 경우에는 관리처분계획인가 이후 수분양권이 확정되나, 법 129조, 법 40조 1항 3호, 국토부 표준정관 등에 의하여 종전자산을 이전하는 경우 조합원 지위도 함께 이전하므로, 수분양권도 당연히 이전되고, 조합의 승인을 요하지 아니하는 점과 대비된다).

수분양권을 매매목적물로 하는 매매계약의 주목적은 매수인으로 하여금 수분양권에 기한 목적물의 소유권을 취득하게 하는 데 있으므로, 수분양권을 매도한 자는 매수인으로 하여금 그 수분양권에 근거한 목적물의 소유권을 취득할 수 있도록 하여줄 의무가 있다 할 것인데, 이때 분양자(사업시행자) 측에서 수분양권자 명의변경을 허용하여 매수인 앞으로 수분양권자 명의변경을

---

6) 대법원 2021. 5. 27. 선고 2017다230963 판결.

7) 대법원 2006. 7. 4. 자 2006마164, 165 결정, 대법원 2023. 12. 14. 선고 2023다270047 판결(해당 상가는 甲편의점 외에는 동종업종을 하여서는 아니 되는 업종제한이 있음에도 인접하여 乙이 아이스크림 할인점을 운영하였는데, 상가분양계약상 업종제한약정이 있기는 하지만 업종의 의미 및 영업범위에 관하여 따로 정함이 없는 사안에서, 대법원은 동종업종제한 위반 여부에 대하여 업종의 사전적 의미, 일반적으로 행해지는 그 업종의 영업내용, 한국표준산업분류표의 분류기준 등을 모두 종합하여 결정하되, 획일적·절대적으로 결정할 것이 아니라 상가가 위치한 도시와 아파트단지의 규모, 그 상가의 크기와 상권형성 정도, 인근 동종업종의 상황 등도 고려하여 판단하여야 한다는 법리를 설시하면서, 편의점과 아이스크림 할인점은 영업방식만 다를 뿐 주력 판매 상품은 동일하고, 영업내용이나 방식도 실질적인 차이가 없는 점 등을 들어 업종제한약정 위반이라고 하였다).

8) 대법원 2023. 3. 30. 선고 2022다296165 판결.

하는 경우 매도인으로서는 그 의무를 다한 것이 되고, 나아가 그 수분양권에 근거하여 목적물에 관한 소유권을 취득한 다음 매수인 앞으로 소유권이전등기를 마쳐 줄 의무까지는 없다. 한편, 수분양권 매매계약 이후 매수인 앞으로 수분양권자 명의변경이 이루어지지 않고 있는 사이에 매도인이 스스로 분양권을 행사하여 목적물에 관한 소유권을 취득한 경우(매매잔금을 지급하여 이전고시 이후 소유권이전등기까지 경료 받는 경우)에는 매수인 앞으로 목적물에 관한 소유권이전등기를 넘겨주는 방법 외에는 매매 목적을 달성하는 방법이 없으므로, 매도인은 그 분양대금의 청산관계가 남아 있음은 별론으로 하고 매수인에게 목적물에 관한 소유권이전등기를 이행할 의무가 있다.[9]

Ⅲ. 임대주택 및 국민주택규모 주택 처분

1. 개 요

앞서 본 바와 같이 정비사업의 시행으로 조성된 대지 및 건축물은 관리처분계획에 따라 처분 또는 관리하여야 하므로(법 79조 1항), 관리처분계획상의 임대주택 또는 국민주택규모 주택에 대한 처분행위가 필요하다. 재개발사업 시행자가 의무적으로 건설한 임대주택과 용적률의 인센티브를 받아 그 대가로 재개발·재건축사업 시행자가 건설한 국민주택규모 주택의 처분에는 뚜렷한 차이가 있다. 재개발사업상의 임대주택은 사업시행자에게 건설의무가 부과되어 있지만, 재개발사업 시행자(조합)는 재개발 임대주택을 건설한 후, 이를 직접 분양하거나 시·도지사 등에게 상당한 가격으로 인수시킬 수 있는 선택권이 있음에 반해, 용적률의 인센티브를 받아 건설된 재개발·재건축사업상의 국민주택규모 주택에 대하여는 사업시행자가 반드시 시·도지사 등에게 인도하는 등 사실상 기부채납을 하게 된다. 재개발사업에서 시행자가 필수적으로 건설하여야 하는 임대주택을 직접 분양하는 경우는 민간임대주택이고, 이를 시·도지사 등에게 인수시켜 시·도지사 등이 분양하는 경우나 재개발·재건축사업에서 용적률의 인센티브 아래 추가로 건설한 주택을 사실상 기부채납 받은 시·도지사 등이 분양하는 임대주택은 공공임대주택[10]이다. 이하에서는 재개발사업상의 임대주택과 재개발·재건축사업상의 위 국민주택규모 주택의 법률관계에 대하여 자세히 살펴본다.

2. 임대주택의 처분

가. 의 의

법 9조 1항 12호, 법 시행령 8조 3항 11호의 위임을 받은 서울시 조례 8조 1항 2호는 임대주택의 건설에 관한 계획[11]을 정비계획에 포함하도록 규정하고 있다. 임대주택의 건설 및 처분에

---

9) 대법원 2006. 11. 23. 선고 2006다44401 판결.

10) 무주택 서민 주거안정을 위한 공급이 목적이므로, 자격조건은 가족 구성원 모두 무주택자이어야 하고 공급대상이 청약저축 가입자로 제한하며, 보통 10년 임대기간이 정해져 있고, 임대기간이 지나야 분양전환이 가능하나, 의무거주기간인 5년이 지나면 분양전환도 가능하며, 임차인은 임대보증금을 지급하고 매월 임대료를 납부하되, 임대료는 보통 주변 시세의 80~90%에 책정되고, 임대료 인상률은 연 5%로 제한되어 있다.

11) 자치구청장은 대학 주변지역 및 역세권에 위치한 정비구역에 대해서는 대학생 및 청년에게 공급할 수 있는 임대주택

관한 사항은 재개발조합 정관에 기재될 사항이다(법 시행령 38조 13호). 나아가 재개발사업 시행자에게 있어 임대주택 건설계획은 사업시행계획서의 필수적 기재사항이다(법 52조 1항 6호). 재개발사업 시행자는 건설하는 주택 전체 세대 수 또는 전체 면적의 20%(전체 임대주택 세대 수의 30% 이상 또는 건설하는 주택 전체 세대 수의 5% 이상을 주거전용면적 40㎡ 이하 규모의 임대주택으로 건설하여야 한다)를 임대주택으로 건설하여야 한다[법 10조 1항 2호, 시행령 9조 1항 2호 나목, '정비사업의 임대주택 및 주택규모별 건설비율'(국토부 고시) 4조 3항]. 재개발사업 시행자에게 위와 같이 임대주택의 건설을 의무화시킨 것은 정비구역지정 전에 정비구역에 거주하는 세입자 등에게 향후 임대주택을 공급하여 저소득 시민의 주거안정을 도모하기 위함이다. 정비사업의 시행으로 임대주택을 건설하는 경우 사업시행자로서는 입주할 임차인의 자격, 선정방법, 임대보증금과 임대료를 비롯한 임대조건에 관한 기준, 무주택세대주에게 우선 매각하도록 하는 기준 등에 관하여 민간임대주택법 42조 등, 공공주택특별법 48조 등의 규정에도 불구하고, 대통령령(법 시행령 69조 1항)으로 정하는 범위에서 시장·군수 등의 승인을 받아 따로 정할 수 있다(법 79조 6항). 사업시행계획서에 기초하여 수립된 관리처분계획인가에 의하여 임대주택에 해당하는 공동주택의 총 세대 수 및 임대주택의 부지명세와 부지가액·처분방법 및 임대주택 입주대상 세입자명부까지 확정됨은 앞서 본 바이다(서울시 조례 33조 1호 나목).

나. 조합이 임대주택을 인수시키는 경우

(1) 개요

재개발사업 시행자는 관리처분계획에 의하여 확정된 재개발 임대주택을 건설한 후, 이를 직접 분양할 수 있고, 사업시행자가 조합인 경우 시·도지사 등에게 인수를 요청할 수 있으며, 그 경우 시·도지사 등은 법정의 내용대로 반드시 인수하여야 한다(법 79조 5항 본문). 개인이 사업을 시행하는 토지등소유자가 20인 미만의 재개발사업은 해당되지 아니한다.

시·도지사 또는 시장, 군수, 구청장이 우선하여 인수하여야 하며, 시·도지사 또는 시장, 군수, 구청장이 예산·관리인력의 부족 등 부득이한 사정으로 인수하기 어려운 경우에는 국토부장관에게 토지주택공사등을 인수자로 지정할 것을 요청할 수 있다(법 시행령 68조 1항). 국가는 시·도지사, 시장, 군수, 구청장 또는 토지주택공사등이 재개발 임대주택을 인수하는 경우 그 인수 비용의 전부 또는 일부를 지방자치단체 또는 토지주택공사등에 보조 또는 융자할 수 있다(법 95조 5항 2호).

(2) 인수가격

재개발 임대주택의 인수가격은 공공주택 특별법 시행령 54조 5항에 따라 정해진 분양전환가격의 산정기준 중 건축비(기본형 건축비의 80%)[12]에 부속토지의 가격[13]을 합한 금액으로 한다.

건설계획을 입안할 수 있다.

12) 종래 표준건축비였으나, 법 시행령의 2024. 7. 31.자 개정으로 기본형 건축비의 80%로 상향하여 임대주택의 인수가격을 적정 수준으로 조정하였다. 기본형 건축비는 표준건축비의 약 1.4배이다.

13) 부속토지의 가격은 관리처분계획인가·고시일을 기준으로 감정평가업자 둘 이상이 평가한 금액을 산술평균한 금액으로 한다. 다만, 사업시행자가 장기전세주택 등 임대주택의 건립을 선택하여 용적률을 완화 받은 경우에는 인수자에게 부속토지를 무상으로 제공하여야 한다(서울시 조례 41조 3항, 서울시는 '역세권 장기전세주택 건립 운영기준'을

이 경우 건축비 및 부속토지의 가격에 가산할 항목은 인수자가 조합과 협의하여 정할 수 있다(법 79조 5항 단서, 시행령 68조 2항). 결국 임대주택은 재개발사업 시행자에게 건설의무가 부과되나, 사업시행자가 직접 분양하거나 사업시행자가 조합인 경우 시·도지사 등에게 강제로 인수시킬 수 있고, 그 인수비용도 부속토지는 개발이익이 배제되기는 하지만 시가로, 건축비도 실비보전이 가능하다.

(3) 인수절차 및 임차인 선정

(가) 조합이 재개발사업의 시행으로 건설된 임대주택의 인수를 요청하는 경우 시·도지사 등이 우선하여 인수하여야 하는바, 재개발 임대주택의 인수계약 체결을 위한 사전협의, 인수계약의 체결, 인수대금의 지급방법 등 필요한 사항은 인수자가 따로 정하는 바에 따른다(시행령 68조 3항). 조합이 시·도지사 등에게 임대주택을 인수시키는 경우, 정비사업 절차상 최초 일반분양 입주자 모집공고를 하는 무렵 인수자인 시·도지사 등과 사이에 매매계약을 체결하고, 그 무렵부터 이전고시 이후까지 수회에 걸쳐 대금을 분할지급받는 것이 일반적이다.[14)]

(나) 재개발 임대주택이 인수되는 경우, 최초의 임차인 선정(사업시행자가 정한다)이 아닌 경우에는 대통령령으로 정하는 범위에서 임차인의 자격 등을 인수자가 따로 정한다(법 79조 6항 단서). 이와 관련하여 법 시행령 69조 2항은 인수자는 다음 각 호의 범위에서[15)] 재개발 임대주택의 임차인의 자격 등에 관한 사항을 정하여야 한다고 규정하고 있다.

(4) 시·도지사 등이 인수한 임대주택의 토지임대부 분양주택으로의 전환 공급

시·도지사 등이 조합으로부터 임대주택을 인수한 경우 정비구역 소재 세입자와 분양대상에서 제외되는 90㎡ 미만의 토지를 소유한 자로서 건축물을 소유하지 아니한 자, 바닥면적이 40㎡ 미만의 사실상 주거를 위하여 사용하는 건축물을 소유한 자로서 토지를 소유하지 아니한 자의 요청이 있는 경우에는 인수한 임대주택의 일부를 주택법에 따른 토지임대부 분양주택으로 전환하여 공급하여야 한다(법 80조 2항, 법 시행령 71조 1항). 위 80조 2항에 따라 국가 또는 지방자치단체는 인수한 임대주택을 토지임대부 분양주택으로 전환하여 공급하는 경우, 이를 공급받는 자에게 해당 공급비용의 전부 또는 일부를 보조 또는 융자할 수 있다(법 95조 6항).

마련하여 역세권 도시정비형 재개발사업의 경우 승강장경계로부터 250m까지는 용적률 700%, 비중심지 역세권 및 승강장경계로부터 350m까지는 용적률 500%라는 특혜를 부여하되, 완화된 용적률 중 50%는 장기전세주택으로 기부채납 받는다).

14) 인수절차와 관련한 서울시 조례에 대하여 살펴본다. 서울시의 경우 서울시장은 법 79조 5항에 따라 조합이 재개발사업의 시행으로 건설된 임대주택의 인수를 요청하는 경우 건축비와 토지의 가격을 합한 인수가격으로 조합과 매매계약을 체결하여야 하는바(42조 1항), 조합은 사업시행계획인가 이후 임대주택 건설계획 및 매매가격 산출내역 등 관련 서류를 구청장에게 제출하고 구청장은 이를 시장과 협의하여야 하고(42조 2항), 조합은 위 2항에 따라 협의된 매매가격을 관리처분계획에 반영하여야 하며(42조 3항), 시장과 조합은 최초 일반분양 입주자 모집공고를 하는 때에 임대주택 매매계약을 체결하되(42조 4항), 서울시장은 정비사업 활성화 등 필요시 예산의 범위에서 매매계약 시점을 조정할 수 있다(42조 5항).

15) ① 임차인의 자격은 무주택 기간과 해당 정비사업이 위치한 지역에 거주한 기간이 각각 1년 이상인 범위에서 오래된 순으로 할 것. 다만, 시·도지사가 법 79조 5항 및 법 시행령 48조 2항에 따라 임대주택을 인수한 경우에는 거주지역, 거주기간 등 임차인의 자격을 별도로 정할 수 있다.
② 임대보증금과 임대료는 정비사업이 위치한 지역 시세의 100분의 90 이하의 범위로 할 것
③ 임대주택의 계약방법 등에 관한 사항은 공공주택 특별법에서 정하는 바에 따를 것
④ 관리비 등 주택의 관리에 관한 사항은 공동주택관리법에서 정하는 바에 따를 것

다. 사업시행자가 임대주택을 직접 분양하는 경우

(1) 앞서 본 바와 같이 법 74조 1항 4호는 다음 각 목에 해당하는 보류지 등의 명세와 추산액 및 처분방법이 관리처분계획의 내용으로 수립되어야 함을 규정하고 있고, 각 목에는 일반분양분, 공공지원민간임대주택, 임대주택, 그 밖에 부대시설·복리시설 등이 규정되어 있다. 위와 같이 임대주택이 일반분양분과 병렬적으로 규정된 점, 재개발사업 시행자가 임대주택을 직접 분양하는 경우 그 대금은 사업비용에 충당되는 점 등에 비추어 보면, 재개발사업 시행자가 직접 분양하는 경우의 임대주택은 일반분양분과 그 성격이 유사하다 할 것이다.

(2) 그러나 일반분양과 달리 재개발사업 시행자의 임대주택 분양에는 일정한 제한이 있다. 재개발사업 시행자가 정비사업의 시행으로 건설한 임대주택을 직접 분양하는 경우에는 임차인의 자격·선정방법·임대보증금·임대료 등 임대조건에 관한 기준 및 무주택 세대주에게 우선 매각하도록 하는 기준 등에 관하여 민간임대주택법 42조 등, 공공주택 특별법 48조 등에도 불구하고 대통령령으로 정하는 범위에서 시장·군수등의 승인을 받아 따로 정할 수 있다(법 79조 6항). 이와 관련하여 법 시행령 69조 1항 [별표 3] 임대주택의 공급조건(임대주택의 공급조건으로, 주거환경개선사업과 재개발사업으로 나누어 규정하고 있다)은 기준일 3개월 전부터 해당 재개발사업을 위한 정비구역 또는 다른 재개발사업을 위한 정비구역에 거주하는 세입자, 기준일 현재 해당 재개발사업을 위한 정비구역에 주택이 건설될 토지 또는 철거예정인 건축물을 소유한 자로서 주택분양에 관한 권리를 포기한 자, [별표 2] 3호 ㈑목의 순위에 해당하는 자(국토계획법 2조 11호에 따른 도시·군계획사업으로 주거지를 상실하여 이주하게 되는 자로서 해당 시장·군수등이 인정하는 자), 시·도 조례[16]로 정하는 자 중 입주를 희망하는 자로 그 범위를 규정하고 있다. 서울에서 진행되는 재개발사업의 경우 시행자는 위 범위에서 임차인의 자격 등을 정하는 내용의 관리처분계획을 수립하는데, 관리처분계획에는 임대주택 입주대상 세입자 명부까지 확정하고 있으므로, 사업시행자는 관리처분계획인가 이후 그들과 사이에 임대주택에 대한 임대계약을 체결하여야 한다.

3. 국민주택규모 주택 처분

가. 용적률 인센티브

재개발·재건축사업(재정비촉진지구에서 시행되는 재개발사업 및 재건축사업은 제외)의 시행자는 시장·군수등으로부터 용적률의 인센티브를 받기 위하여 국민주택규모 주택을 건설할 수 있다(법

---

16) 서울시 조례 46조 1항은 다음 각 호의 어느 하나에 해당하는 자를 말한다고 규정한다.
1. 해당 정비구역에 거주하는 세입자로서 세대별 주민등록표에 등재된 날을 기준으로 법 시행령 13조에 따른 정비구역의 지정을 위한 공람공고일 3개월 전부터 사업시행계획인가로 인하여 이주하는 날까지 계속하여 거주하고 있는 무주택세대주 및 해당 정비구역에 거주하는 토지등소유자로서 최소분양주택가액의 4분의 1보다 권리가액이 적은 자 중 해당 정비사업으로 인해 무주택자가 되는 세대주
2. 해당 정비구역의 주택을 공급받을 자격을 가진 분양대상 토지등소유자로서 분양신청을 포기한 자
3. 소속 대학의 장의 추천에 따라 선정된 저소득가구의 대학생
4. 해당 정비구역 이외의 재개발구역 안의 세입자로서 1호 또는 토지등소유자로서 2호에 해당하는 입주자격을 가진 자
5. 해당 정비구역에 인접하여 시행하는 도시계획사업으로 철거되는 주택의 소유자 또는 무주택세대주로서 구청장이 추천하여 시장이 선정한 자
6. 그 밖에 규칙으로 정하는 자

52조 1항 7호). 수도권에서는 수도권정비계획법 6조 1항 1호에 따른 과밀억제권역에서 시행하는 재개발사업 및 재건축사업(국토계획법 78조에 따른 주거지역 및 준공업지역으로 한정한다)[17]의 경우, 수도권 외에서는 시·도 조례로 정하는 지역에서 시행하는 재개발사업 및 재건축사업의 경우, 국민주택규모 주택의 건설을 조건으로 사업시행자는 정비계획으로 정하여진 용적률에도 불구하고 지방도시계획위원회의 심의를 거쳐 국토계획법 78조 및 관계 법률에 따른 용적률의 상한까지 건축할 수 있으므로, 이를 전제로 사업시행계획을 수립할 수 있다(시·도 조례로 정한 용적률 제한 및 정비계획으로 정한 허용세대 수의 제한은 받지 아니한다. 법 54조 1항, 2항). 그 경우 사업시행자는 법적상한용적률에서 정비계획으로 정하여진 용적률을 뺀 초과용적률의 100분의 30 이상 100분의 50 이하로서 시·도 조례로 정하는 비율에 해당하는 면적에 국민주택규모 주택을 건설하여야 한다. 제공되는 초과용적률의 범위는 과밀억제권역인지 여부, 재개발사업인지 재건축사업인지 여부에 따라 달라진다(법 54조 4항).[18] 위와 같이 재개발·재건축사업 시행자는 용적률의 인센티브를 받고, 국민주택규모 주택을 건설할 수 있고, 사업시행자가 54조 1항 및 2항에 따라 정비계획상 용적률을 초과하여 건축하려는 경우에는 사업시행계획인가를 신청하기 전에 미리 국민주택규모 주택 건설에 관한 사항을 인수자와 협의하여 사업시행계획서에 반영하여야 하며(법 55조 3항), 이를 기초로 관리처분계획상 용적률의 인센티브 아래 반드시 건설하여야 하는 국민주택규모 주택의 총 세대 수 등이 관리처분계획 수립·인가를 통하여 확정된다.

나. 시·도지사 등에 대한 필수적 공급

(1) 공급방법

임대주택과 달리 사업시행자는 건설하는 국민주택규모 주택 전부를 반드시 시·도지사 등에게 공급하여야 하고, 또한 공급가격도 주택의 가격은 공공주택 특별법 50조의4에 따라 국토부장관이 고시하는 공공건설임대주택의 표준건축비로 하되(국토부 고시로 '공공건설임대주택 표준건축비'가 제정되어 있다[19]), 부속토지는 인수자에게 기부채납한 것으로 본다(법 55조 1항, 2항). 기부채납이란 지방자치단체 외의 자가 부동산 등의 소유권을 무상으로 지방자치단체에 이전하여 지방자치단체가 이를 취득하는 것으로서, 기부자가 재산을 지방자치단체의 공유재산으로 증여하는 의사표시를 하고 지방자치단체가 이를 승낙하는 의사표시를 함으로써 성립하는 증여계약에 해당한다.[20] 부속토지는 사업시행자가 시·도지사 등에게 기부채납한 것으로 간주되므로, 시·도

---

17) 종래에는 주거지역으로 한정되었으나, 법이 2023. 8. 18. 개정되어 준공업지역까지 확대되었다(법 54조 1항 1호, 법 시행령 47조의2).

18) ① 과밀억제권역에서 시행하는 재건축사업은 초과용적률의 100분의 30 이상 100분의 50 이하로서 시·도 조례로 정하는 비율인데, 서울시 조례 30조 1항은 100분의 50으로 규정하고 있다.
② 과밀억제권역에서 시행하는 재개발사업은 초과용적률의 100분의 50 이상 100분의 75 이하로서 시·도 조례로 정하는 비율인데, 서울시 조례 30조 1항은 100분의 50으로 규정하고 있다.
③ 과밀억제권역 외의 지역에서 시행하는 재건축사업은 초과용적률의 100분의 50 이하로서 시·도 조례로 정하는 비율인데, 부산시 조례 31조 1호는 100분의 30으로 규정하고 있다.
④ 과밀억제권역 외의 지역에서 시행하는 재개발사업은 초과용적률의 100분의 75 이하로서 시·도 조례로 정하는 비율인데, 부산시 조례 31조 2호는 100분의 50으로 규정하고 있다.

19) 5층 이하, 6~10층 이하, 11~20층 이하, 21층 이상으로 구분하되, 각 주거전용면적이 40㎡ 이하, 40㎡ 초과~50㎡ 이하, 50㎡ 초과~60㎡ 이하, 60㎡ 초과로 나누어 규정하고 있다.

20) 대법원 2012. 11. 15. 선고 2010다47834 판결 등 참조.

지사 등이 부속토지에 대한 소유권이전등기청구권을 취득하고, 위 청구권에는 소멸시효가 적용된다.[21)]

공급하는 주택의 가격은 공공건설임대주택의 표준건축비로서 가장 저렴한 실비 수준에 불과하고(재개발사업에서 조합이 임대주택을 시·도지사에게 인수시키는 경우의 주택 가격은 일반 표준건축비도 아닌 기본형 건축비를 기준으로 하는 점에서 이는 명확하다), 부속토지는 기부채납되므로, 결국 사업시행자는 용적률의 인센티브를 받는 대신 국민주택규모 주택을 건설하여 시·도지사 등에게 사실상 기부채납하는 것으로 보인다. 종래 위와 같은 국민주택규모 주택의 시·도지사 등에 대한 사실상의 기부가 학교용지부담금의 부과대상에서 제외되는 근거가 되었다. 한편, 시·도지사 등이 인도받은 주택을 20년 이상의 장기공공임대주택이 아닌 20년 미만의 공공임대주택으로 활용하는 경우에는 임대의무기간에 따라 감정평가액의 100분의 50 이하의 범위에서 대통령령으로 정하는 가격(임대의무기간이 10년 이상인 경우: 감정평가액의 100분의 30에 해당하는 가격, 임대의무기간이 10년 미만인 경우: 감정평가액의 100분의 50에 해당하는 가격)으로 부속토지를 인수하여야 한다(법 55조 5항, 법 시행령 48조 6항, 감정평가액은 시장·군수 등이 지정하는 둘 이상의 감정평가법인등이 평가하는 금액을 산술평균한 금액으로 한다). 그 요건에 대하여는 아래에서 살펴본다.

⑵ 공급절차

사업시행자는 건설한 국민주택규모 주택 중 인수자에게 공급해야 하는 국민주택규모 주택을 공개추첨의 방법으로 선정해야 하며, 그 선정결과를 지체 없이 인수자에게 통보해야 한다(법 시행령 48조 1항). 사업시행자가 위와 같이 선정된 국민주택규모 주택을 공급하는 경우에는 시·도지사, 시장·군수·구청장 순으로 우선하여 인수할 수 있다. 다만, 시·도지사 및 시장·군수·구청장이 국민주택규모 주택을 인수할 수 없는 경우에는 시·도지사는 국토부장관에게 인수자 지정을 요청해야 한다(법 시행령 48조 2항). 국토부장관은 2항 단서에 따라 시·도지사로부터 인수자 지정 요청이 있는 경우에는 30일 이내에 인수자를 지정하여 시·도지사에게 통보해야 하며, 시·도지사는 지체 없이 이를 시장·군수·구청장에게 보내어 그 인수자와 국민주택규모 주택의 공급에 관하여 협의하도록 해야 한다(법 시행령 48조 3항).

⑶ 공급된 주택의 활용

㈎ 원칙(장기공공임대주택)

인수된 국민주택규모 주택은 대통령령으로 정하는 장기공공임대주택(공공임대주택으로서 공공주택 특별법 50조의2 1항에 따른 임대의무기간이 20년 이상인 것)으로 활용하여야 한다(법 55조 4항 본문, 법 시행령 48조 4항). 서울시가 법 55조 4항에 따라 인수한 장기공공임대주택의 경우 임차인 자격 및 인수자 선정에 관한 사항은 '서울특별시 공공주택건설 및 공급 등에 관한 시행규칙'에서 정할 수 있다(서울시 조례 30조 2항).

---

21) 대법원 2022. 4. 28. 선고 2019다272053 판결.

㈏ 예외(공공임대주택)

① 요건

토지등소유자의 부담 완화 등 다음과 같은 법 시행령 48조 5항 각 요건에 해당하여야 한다.

㉮ 비례율(정비사업 후 대지 및 건축물의 총 가액에서 총사업비를 제외한 가액/정비사업 전 토지 및 건축물의 가액)이 100분의 80 미만인 경우

㉯ 시·도지사가 정비구역의 입지, 토지등소유자의 조합설립 동의율, 정비사업비의 증가규모, 사업기간 등을 고려하여 토지등소유자의 부담이 지나치게 높다고 인정하는 경우

② 효과

시·도지사 등이 국민주택규모 주택을 인수하여 공공임대주택으로 활용하는 경우에는 사업시행자인 조합으로부터 이를 인수함에 있어 부속토지에 대하여도 앞서 본 바와 같이 유상으로 인수하여야 한다(법 시행령 48조 6항).

제6장 준공인가

Ⅰ. 의 의

준공인가는 관할 행정청이 사업시행자가 건축한 건물이나 정비기반시설 등이 사업시행계획 내용대로 이행되었는지를 확인하고 준공인가증을 교부하여 줌으로써 건축물이나 정비기반시설 등을 사용할 수 있도록 하는 법률효과를 발생시키는 행정처분이다(법 83조 3항). 이는 사업시행계획의 후속행위이다. 건축행위가 사업시행계획 내용대로 이루어지지 않은 경우, 사업시행자는 먼저 건축행위 내용을 기초로 한 사업시행계획변경인가를 받아야 준공인가를 받을 수 있다. 또한 사업시행계획 내용에 위반하여 건축 등 개발행위를 행한 자는 형사처벌을 받게 된다(법 137조 7호).

사업시행계획인가는 정비구역 내 대상 토지에서의 건축 등 개발을 승인하는 것으로서, 이로써 건축허가가 의제되고 건축법상으로는 착공이 가능하다. 그러나 법 81조 2항은 관리처분계획인가를 받은 후에야 기존의 건축물을 철거할 수 있다고 규정하여 실제로 사업시행자는 관리처분계획인가 이후 착공에 나서게 된다. 사업시행자가 관리처분계획인가 이후 공사에 착수하여 공사가 완료한 경우에 이루어지는 후속절차가 준공인가이다.

준공인가는 시공을 위하여 정비구역 밖으로 이주하였던 수분양조합원 및 일반수분양자들이 신축 건축물에 입주하여 이를 사용할 수 있다는 점에서 중요한 의미를 가진다. 다만, 수분양조합원은 분담금, 이주비 대여금 및 이자, 일반수분양자들은 분양대금 잔금 및 연체이자 등을 납부하여야 준공인가 직후 입주가 가능하다. 이하에서는 준공인가의 법적성질 및 그 법률관계에 대하여 자세히 살펴본다.

Ⅱ. 법적 성격

준공인가는 관할 행정청이 사업시행자에 대하여 완공된 건물이 사업시행계획 내용대로 시공되었는지를 확인하는 준법률행위적 행정행위로서 '확인행위'이다.[1] 준공인가에 의하여 입주예정자는 완공된 건물에 입주하여 건물을 사용할 수 있으므로, 사업시행자나 조합원은 준공인가거부처분에 대하여 항고소송을 제기할 수 있고, 준공인가로 인하여 법률상 이익이 침해된 자는 이에 대하여 항고소송을 제기할 수 있다.

법 83조 3항은 시장·군수등이 사업시행자의 신청에 따라 준공검사를 실시한 결과 정비사업이

1) 대법원 1992. 4. 10. 선고 91누5358 판결.

인가받은 사업시행계획대로 완료되었다고 인정되는 때에는 준공인가를 한다고 규정하고 있으므로, 이는 기속행위에 해당한다. 사업시행계획대로 완료되었다는 것은 사업시행계획에 적법한 부관이 붙은 경우 그 부관까지 모두 이행한 것을 의미한다.

소송상 다투어지는 주된 쟁점은 사업시행계획대로 공사가 완료되지 않았음에도 불구하고 준공인가가 이루어졌음을 이유로 준공인가의 무효확인 또는 취소를 구하거나 사업시행계획대로 완료되지 않음을 이유로 한 시장·군수등의 준공인가반려(거부)처분에 대하여 사업시행계획대로 완료되었다고 주장하며 그 거부처분의 취소를 구하는 것이다.

다만, 사업시행계획대로 공사가 완료되었으나, 공동주택이나 상가에 하자가 존재함을 이유로 준공인가처분의 취소를 구하는 입주자나 입주예정자들의 소송은 법률상 이익이 없고, 이격거리 위반 등에 의한 사생활과 일조권 침해를 비롯한 주택법 등 위반을 이유로 준공인가처분에 대하여 그 취소를 구하는 인접주택 소유자 등의 소송도 법률상 이익이 없다.[2)]

Ⅲ. 준공인가 절차

1. 준공인가신청

가. 사업시행자는 관리처분계획인가 후 공사에 착수하였다가 공사를 완료한 때에는 법 시행규칙 [별지 10호 서식] '준공인가신청서'에 법정 서류[3)]를 첨부하여 시장·군수등에게 제출하여야 한다(법 시행령 74조 1항, 법 시행규칙 15조).

준공인가신청서에는 사업시행자인 조합, 설계자, 시공자 및 공사감리자, 사업위치, 공사착공일, 공사완료일, 건축물개요(주용도, 주요구조, 세대 수, 층수) 등이 기재된다. 사업시행자는 법 57조, 즉 사업시행계획인가에 따라 의제되는 인·허가등에 대한 준공인가, 사용승인 등의 의제를 받으려는 경우에는 준공인가를 신청하는 때에 해당 법률에서 정하는 관계 서류를 함께 제출하여야 한다(법 85조 1항, 2항).

나. 사업시행자가 국가 또는 지방자치단체로부터 융자를 받은 경우에는 준공인가신청 전에 반드시 융자금을 상환하여야 한다(서울시 조례 53조 3항 2호). 나아가 사업시행자는 준공인가신청일까지 납부 또는 지출된 금액이 14억 원 이상인 경우, 준공인가신청일부터 7일 이내에 반드시 외부감사법 2조 7호 및 9조에 따른 감사인의 회계감사를 받기 위하여 시장·군수등에게 회계감사기관의 선정·계약을 요청하여야 하고, 회계감사를 받은 후 그 감사결과를 회계감사가 종료된

---

2) 대법원 1993. 11. 9. 선고 93누13988 판결, 대법원 2014. 7. 24. 선고 2011두30465 판결(준공인가처분이 이격거리위반 등에 의한 사생활과 일조권 침해까지 정당화하는 것은 아니고, 또한 준공인가처분이 이루어졌다고 하더라도 그 사정만으로는 건축물에 있는 하자나 건축법 등 관계 법령에 위반되는 사실이 정당화되지는 아니하며, 오히려 공동주택에 대한 준공인가처분이 있으면, 그에 따라 입주예정자들이 공동주택에 입주하여 이를 사용할 수 있게 되므로 일반적으로 입주예정자들에게 이익이 된다). 다만 사업시행계획인가로 간주된 건축허가가 건축관계 법령에 위반되는 하자가 있는 경우에는 비록 건축허가내용대로 완공된 건축물이라 하더라도 위법한 건축물이 되는 것으로서 그 하자의 정도에 따라 건축허가를 취소할 수 있음은 물론 그 준공도 거부할 수 있다고 하여야 할 것이므로(대법원 1992. 4. 10. 선고 91누5358 판결 참조), 그 범위에서 예외적으로 법률상 이익이 있다.

3) 건축물, 정비기반시설 및 공동이용시설 등의 설치내역서, 공사감리자의 의견서, 정비기반시설 부지의 기부에 따른 용적률 완화의 일종으로 부지 일부의 가액에 해당하는 금액을 현금으로 납부하기로 한 경우의 현금납부액의 납부증명서류 등이다.

날부터 15일 이내에 시장·군수등 및 해당 조합에 보고하고 조합원이 공람할 수 있도록 하여야 한다(법 112조 1항 3호, 법 시행령 88조 3호).[4)]

2. 시장·군수등의 심사

준공인가신청을 받은 시장·군수등은 지체 없이 준공검사를 실시하되, 먼저 관련 서류의 검토 및 현지조사를 실시한다. 시장·군수등은 효율적인 준공검사를 위하여 필요한 때에는 관계 행정기관·공공기관·연구기관, 그 밖의 전문기관 또는 단체에게 준공검사의 실시를 의뢰할 수 있다(법 83조 2항).

시장·군수등은 준공인가를 함에 있어 법 57조에 따라 의제되는 인·허가등에 따른 준공검사·사용승인 등에 해당하는 사항이 있은 때에는 미리 관계 행정기관의 장과 협의하여야 한다. 관계 행정기관의 장은 협의를 요청받은 날부터 10일 이내에 의견을 제출하여야 한다. 관계 행정기관의 장이 위 기간 내에 의견을 제출하지 아니하면 협의가 이루어진 것으로 본다(법 85조 3항 내지 5항). 위 협의간주규정은 법이 2021. 3. 16. 개정되면서 신설되었는데, 이는 정비사업의 신속한 처리와 일선 행정기관의 적극행정을 유도하기 위함이 목적이다.

3. 준공인가 및 공사완료의 고시

시장·군수등은 준공검사를 실시한 결과 인가받은 사업시행계획대로 완료되었다고 인정되는 때에는 준공인가를 하고 공사의 완료를 해당 지방자치단체의 공보에 고시하여야 한다(법 83조 3항). 일반적으로 서울시 ○○구 고시 제○○○호로 준공인가 및 공사완료 고시가 이루어진다.

사업시행계획대로 완료되었다는 것은 사업시행계획인가에 부가된 부관까지 모두 이행한 것을 의미하므로, 부관을 이행하지 아니한 경우에는 준공인가를 받을 수 없다.[5)]

시장·군수등은 준공인가를 한 때에는 법 시행규칙 [별지 11호 서식] '준공인가증'에 정비사업의 종류 및 명칭, 정비사업 시행구역의 위치 및 명칭, 사업시행자의 성명 및 주소, 준공인가의 내역[사업위치, 공사착공일, 공사완료일, 건축물의 개요(주용도, 세대 수, 주요구조, 층수)] 등을 기재하여 사업시행자에게 교부한다(법 시행령 74조 2항, 법 시행규칙 15조 2항). 시장·군수등은 준공인가를 해당 지방자치단체의 공보에 고시함에 있어서도 정비사업의 종류 및 명칭, 정비구역의 위치 및 명칭, 사업시행자의 성명 및 주소, 준공인가의 내역 등을 포함하여 고시하여야 한다(법 시행령 74조 4항).

4. 사업시행자의 분양대상자에 대한 통지

사업시행자는 시장·군수등으로부터 준공인가증을 교부받은 때에는 그 사실을 분양대상자에게 지체 없이 통지하여야 한다(법 시행령 74조 3항). 입주기간도 함께 통지한다(서울 표준정관 55조

---

4) 조합은 일반적으로 정관에 준공인가신청일까지 납부 또는 지출된 금액이 14억 원 이상인 경우에 준공검사의 신청일부터 7일 이내 외부감사법 3조의 규정에 의한 감사인의 회계감사를 받아야 한다고 규정하고 있다(국토부 표준정관 32조 4항 3호).

5) 대법원 1997. 3. 14. 선고 96누16698 판결 참조.

1항).

Ⅳ. 준공인가의 효과[6)]

1. 의제된 인·허가등에 대한 준공인가 등 의제

가. 부분 인·허가제도

(1) 사업시행계획인가에 따라 의제되는 인·허가등에 대한 준공검사·준공인가·사용검사·사용승인 등에 관하여는 준공인가를 하거나 공사완료의 고시가 있는 경우 시장·군수등이 관계 행정기관의 장과 협의한 사항에 한하여 해당 준공검사·인가 등을 받은 것으로 본다(법 85조 1항). 이는 법 57조가 사업시행계획인가를 받은 때에는 일괄하여 위 규정상의 모든 인·허가를 받은 것으로 간주하는 일괄 인·허가를 규정한 것과 대비된다.

법 85조 6항은 "57조 6항은 1항에 따른 준공검사·인가등의 의제에 준용한다."고 규정하고 있으나, 57조 6항은 사업시행계획인가에 있어 일괄하여 모든 인·허가를 받은 것으로 간주하면서, 예외적으로 천재지변이나 그 밖의 불가피한 사유가 있는 경우 의제되는 인·허가 관계 행정기관의 장 및 교육감 또는 교육장과 협의를 마치기 전에 50조 1항에 따른 사업시행계획인가를 할 수 있되, 협의를 마칠 때까지는 인·허가등을 받은 것으로 보지 아니한다는 규정으로서, 원칙적 부분 인·허가제를 채택하고 있는 준공인가에는 적용될 필요가 없으므로, 이는 입법적 오류이다.

(2) 사업시행자가 위와 같은 준공검사·인가등을 의제받기 위해서는 준공인가를 신청하는 때에 해당 법률에서 정하는 관계 서류를 함께 제출하여야 하고, 시장·군수등은 관계 행정기관의 장과 협의하여야 하며, 그 경우 간주규정이 존재함은 앞서 본 바이다.

(3) 의제되는 인·허가 해당 법률상의 요건을 구비하지 못한 경우, 행정청으로서는 해당 인·허가를 거부할 수 있고,[7)] 그 경우 거부처분에 대한 항고소송은 의제되는 해당 인·허가 행정청을 피고로 하여야 한다.[8)]

나. 하자 관련

(1) 의제된 인·허가처분은 주된 인가인 준공인가처분이 유효함을 전제로 의제된 것이므로, 준공인가가 취소되는 경우 의제된 인가의 효과도 장래를 향하여 소멸한다.

(2) 인·허가의제 대상이 되는 처분에 어떤 하자가 있다면, 해당 의제된 인·허가처분의 직권취소나 철회가 가능하고,[9)] 그로써 해당 인·허가의제의 효과가 발생하지 않을 뿐이며, 그러한 사정이 곧바로 인가된 준공인가 자체의 위법사유가 될 수는 없다.[10)]

---

6) 관리처분계획을 수립하지 아니하는 정비사업의 경우, 정비구역의 지정은 83조에 따른 준공인가의 고시가 있은 날(관리처분계획이 수립된 경우는 이전고시일)의 다음 날에 해제된 것으로 보고, 그 경우 지방자치단체는 해당 지역을 국토계획법에 따른 지구단위계획으로 관리하여야 하나(법 84조 1항), 환지방식의 재개발사업이 아닌 한 재개발·재건축사업에서 관리처분계획을 수립하지 아니하는 경우를 찾기 어려우므로, 이는 이전고시에서 살펴본다.

7) 대법원 2011. 1. 20. 선고 2010두14954 전원합의체 판결.

8) 김중권 "의제된 인·허가의 취소와 관련한 문제점", 법조 제731호, 법조협회(2018), 528.

9) 대법원 2018. 7. 12. 선고 2017두48734 판결 참조.

10) 대법원 2017. 9. 12. 선고 2017두45131 판결 참조.

의제된 인·허가처분에 대한 취소소송에 있어 피고적격은 아무런 이해관계가 없는 주된 인·허가처분 권한이 있는 행정청이 아니라 의제된 인·허가에 관한 관계 행정청에 있다고 보아야 할 것이다.

2. 건축물 사용가능(입주가능)

가. 원 칙

(1) 건축주가 건축허가를 받은 건축물의 건축공사를 완료한 후 해당 건축물을 사용하려면 허가권자에게 감리완료보고서 등을 첨부하여 사용승인을 신청하여야 한다(건축법 22조 1항). 시장·군수등이 사업시행계획인가에 따라 의제되는 인·허가등에 대한 사용승인 등에 관하여 관계 행정기관의 장과 협의한 사항은 준공인가가 고시된 경우 해당 사용승인 등을 받은 것으로 본다고 규정함은 앞서 본 바이고, 여기에는 건축법상의 사용승인도 포함된다.

(2) 건축법상의 사용승인 서류가 제출되어 협의가 이루어졌다면, 준공인가(건축법상의 사용승인)에 의하여 신축 건축물의 사용이 가능하다. 따라서 시공을 위하여 정비구역 밖으로 이주하였던 수분양조합원들 및 일반수분양자들은 준공인가 이후 신축 건축물에 입주하여 이를 사용할 수 있다. 한편 수분양자들이 입주를 완료한 이후에는 분담금 등 금전지급의무를 이행하지 않을 가능성이 있다. 이에 사업시행자와 시공자는 시공자가 공사를 완료하여 준공인가를 받은 후에도 수분양조합원은 분담금, 이주비 대여금 및 이자, 일반수분양자는 분양대금 잔금 및 연체이자 등 금전지급의무를 이행하지 않은 경우 해당 수분양자의 입주 및 세대별 열쇠의 교부를 거부한다. 결국 수분양자들은 금전납부의무를 모두 이행하여야 준공인가 직후 입주가 가능하다. 한편, 준공인가를 받지 아니하고 건축물 등을 사용한 자와 다음에서 살펴볼 시장·군수등의 사용허가를 받지 아니하고 건축물을 사용한 자는 형사처벌을 받게 된다.

나. 예외(준공인가 전 사용허가)

(1) 시장·군수등이 사업시행자의 준공인가신청을 심의하는 과정에서 주로 사업시행계획의 내용 중 정비기반시설의 설치 등이 이행되지 아니하거나 불충분한 사실을 발견하는 경우가 많고, 그 경우 사업시행자에게 보완을 명하게 된다. 이때 사업시행자는 입주가 시급한 관계로 공동주택이나 상가부분에 대한 준공인가 전 사용허가를 신청하는 경우가 흔히 있다.

조합은 준공인가 전 건축물의 사용을 위해서는 법 시행규칙 [별지 12호 서식] '준공인가 전 사용허가신청서'를 시장·군수등에게 제출하여야 한다(법 시행령 75조 2항, 시행규칙 15조 3항). 준공인가 전 사용허가신청서의 기재 내용은 준공인가신청서와 동일하다.

(2) 시장·군수등은 준공인가를 하기 전이라도 완공된 건축물이 사용에 지장이 없는 등 대통령령으로 정하는 기준 즉, 완공된 건축물에 전기·수도·난방 및 상·하수도 시설 등이 갖추어져 있어 해당 건축물을 사용하는 데 지장이 없을 것, 완공된 건축물이 관리처분계획에 적합할 것, 입주자가 공사에 따른 차량통행·소음·분진 등의 위해로부터 안전할 것 등에 적합한 경우에는 입주예정자가 완공된 건축물을 사용할 수 있도록 사업시행자에게 사용허가를 할 수 있다(법 83조

5항, 시행령 75조 1항). 시장·군수등은 위와 같이 사용허가를 하는 때에는 동별·세대별 또는 구획별로 사용허가를 할 수 있다(법 시행령 75조 3항).

3. 집합건축물대장 생성

건축법 22조 2항에 따라 사용승인(다른 법령에 따라 사용승인으로 의제되는 준공검사·준공인가 등 포함)이 이루어지면 시장·군수등은 사용승인된 내용에 따라 집합건축물대장을 생성해야 한다(건축물대장의 기재 및 관리 등에 관한 규칙 12조 1항 1호). 따라서 이전고시 이전이더라도 준공인가가 이루어지면 신축 건축물의 건축물대장이 생성된다.

4. 준공인가 후 1년 이내 해산

정비사업은 원칙적으로 토지등소유자가 조합원이 되어 자신의 종전자산을 출자하고 공사비 등을 투입하여 신 주택 등을 건축한 후 이를 분배받는 것이 목적이므로, 건물의 완공으로 이전고시 및 청산을 제외하고는 사실상 정비사업의 목적이 달성된 것이다.

국토부 표준정관은 조합은 준공인가를 받은 날로부터 1년 이내에 이전고시 및 건축물 등에 대한 등기절차를 완료하고 총회를 소집하여 해산 의결을 하여야 한다고 규정하고 있다(61조 1항). 한편 법은 2022. 6. 10. 개정으로 86조의2 1항을 신설하여 조합장에게 이전고시가 있은 날부터 1년 이내에 조합 해산을 위한 총회를 소집할 의무를 부과하고 있다. 그 후 제정된 서울 표준정관은 위 법 규정에 따라 조합장은 이전고시가 있은 날부터 1년 이내에 조합 해산을 위한 총회를 소집하여야 한다고 규정하고 있다(57조 1항).

Ⅴ. 준공인가와 정비기반시설

1. 정비기반시설의 소유권 귀속

가. 의 의

사업시행자는 관할 지방자치단체의 장과의 협의를 거쳐 정비구역에 정비기반시설을 설치하여야 한다(법 96조). 정비기반시설이란 도로·상하수도·구거(溝渠: 도랑)·공원 등 법 2조 4호 및 법 시행령 3조가 규정하고 있다.

정비기반시설계획은 기본계획의 내용에 포함된다(법 5조 1항 5호). 정비계획의 입안권자는 정비기반시설 및 국·공유재산의 귀속과 처분에 관한 사항이 포함된 정비계획을 입안하려면 미리 해당 정비기반시설 및 국·공유재산의 관리청의 의견을 들어야 하며(법 15조 4항), 정비기반시설의 설치계획은 정비계획의 내용에 포함된다(법 9조 1항 3호, 법 시행령 8조 3항 6호).

사업시행계획서에는 정비사업의 시행으로 용도가 폐지되는 정비기반시설의 조서 및 도면, 감정평가금액, 새로 설치할 정비기반시설의 조서 및 도면, 설치비용계산서가 그 내용으로 포함되고(법 52조 1항 13호, 법 시행령 47조 1항 10호, 11호), 관리처분계획서에는 용도폐지되는 정비기반시설의 종류 및 규모, 신설되는 정비기반시설의 종류, 규모, 설치비용 및 관리청이 특정하여 기재된다(법 시행규칙 별지 9호 서식인 관리처분계획인가신청서).

한편, 정비사업의 시행으로 조성된 대지 및 건축물은 관리처분계획에 따라 처분 또는 관리하여야 하는바(법 79조 1항), 정비사업의 시행으로 조성된 대지 및 건축물 중 정비기반시설은 준공인가가 이루어지면 관리처분계획에 따른 처분이 완성된다. 즉, 준공인가에 의하여 사업시행자가 정비사업의 시행으로 새로 설치한 정비기반시설은 그 시설을 관리할 국가 또는 지방자치단체에 무상으로 귀속된다. 한편 정비사업의 시행으로 용도가 폐지되는 국가 또는 지방자치단체 소유의 정비기반시설은 사업시행자가 새로 설치한 정비기반시설의 설치비용에 상당하는 범위에서 그에게 무상으로 양도된다(법 97조 2항).[11)]

한편 정비구역 내에 있는 정비기반시설 외의 국·공유지는 사업시행계획인가에 의하여 용도폐지되어 일반재산으로 전환되고, 그중 점유연고권이 있는 토지등은 점유연고권자가 이를 매수하고(관리처분계획인가신청 전에 매매계약서를 제출하여야 한다. 서울시 조례 55조 3항), 나머지 토지등은 사업시행자가 일반분양 전에 매수를 완료하여야 함은 앞서 본 바이다.

나. 입법취지

공공성 확보와 개발이익 환수 차원에서 사업시행자가 정비구역 내에 도로, 공원 등의 정비기반시설을 확충하는 내용의 정비계획을 수립할 것이 요청되는바, 그에 따른 관련 법률관계의 효율적인 처리를 위하여 도시정비법 97조 1항 및 2항에 따라 '신·구 정비기반시설 무상귀속·양도제도'가 적용된다. '신·구 정비기반시설 무상귀속·양도제도'는 정비사업의 시행으로 새로이 조성되는 정비구역 내에 새로운 공공시설의 수요가 다수 유발되는 점을 고려하여 사업시행자에게 직접 새로운 공공시설의 설치의무를 부과함과 동시에 이를 국가 또는 지방자치단체의 관리청에 무상으로 귀속시킴으로써, '공공시설의 원활한 확보와 효율적인 유지·관리'라는 과제를 실현하고, 새로 설치되는 정비기반시설이 관리청에 무상으로 귀속됨으로 인해 야기되는 사업시행자의 재산상 손실·비용을 합리적 범위 안에서 일부라도 보전해 주는 한편, 신·구 정비기반시설의 소유권 변동 효과가 개별적인 법률행위를 통해서가 아니라 해당 사업의 준공시점에 법률 규정에 의해서 직접 발생하도록 함으로써 관련 행정사무 처리의 간소화·효율화를 도모하는 데에 그 입법취지가 있다.[12)]

위와 같이 97조 2항 전문은 사업지구 안의 공공시설 등의 소유관계를 정함으로써 사업시행자의 지위를 장래를 향하여 획일적으로 확정하고자 하는 강행규정이고, 나아가 97조 2항 후문 규정 또한 입법취지에 비추어 이는 강행규정이다.[13)] 따라서 행정청이 사업시행계획을 인가하면서 위 97조 2항 후문에 반하여 새로 설치한 정비기반시설의 설치비용 범위임에도 사업시행자로 하여금 폐지되는 정비기반시설을 매수할 것을 내용으로 하는 부관은 무효이고, 그 부관(부담)에 대

---

11) 시장·군수등 또는 토지주택공사등이 사업시행자인 경우에는 정비사업의 시행으로 새로 정비기반시설을 설치하거나 기존의 정비기반시설을 대체하는 정비기반시설을 설치한 경우에는 국유재산법 및 공유재산법에도 불구하고 종래의 정비기반시설이 사업시행자에게 당연히 무상으로 귀속되는 점에서 차이가 있다(법 97조 1항).

12) 대법원 2019. 8. 30. 선고 2016다252478 판결 참조, 대법원 2024. 12. 12. 선고 2022다274028 판결 참조, 헌법재판소 2011. 7. 28. 선고 2008헌바13 결정.

13) 대법원 2007. 7. 12. 선고 2007두6663 판결.

하여 항고소송으로 다툴 수 있다. 나아가 위법한 부관에 따라 매매계약을 체결하였다 하더라도 이는 무효이고, 이미 지급한 매매대금에 대하여는 부당이득반환청구가 가능함은 사업시행계획인가 부분에서 자세히 살펴보았다[제6편 제6장 Ⅲ. "2. 부관(정비기반시설)" 참조].

다. 비교(공공시설)

도시정비법 외에 국토계획법(65조 2항), 도시개발법(66조 2항), 산업입지법(26조 2항)에서도 새로 설치되는 '공공시설'의 무상귀속과 종래 '공공시설'의 무상귀속·양도제도를 규정하고 있다.[14] 다만, 개발행위로 용도가 폐지되는 공공시설은 새로 설치한 공공시설의 설치비용에 상당하는 범위에서 개발행위허가를 받은 자에게 무상으로 양도할 수 있다고 규정하여 무상양도 여부에 행정청의 재량을 인정하고 있다는 점에서 도시정비법과 차이가 있다.

국토계획법은 기반시설, 공공시설, 도시계획시설을 구분하고 있는바, 기반시설은 도로 등 도시에서 시민이 도시생활을 영위함에 있어 필수적인 시설을 의미하고(2조 6호), 기반시설 중 도시관리계획에 의하여 설치된 시설이 도시계획시설이다(2조 7호, 수용권을 통하여 설치하므로 기반시설 중 위치나 시기 등을 시장자율에 맡겨 설치할 수 없는 기반시설이다). 공공시설은 도로, 공원, 철도, 수도 등을 의미하는바(2조 13호), 이는 국토계획법 65조의 무상귀속 및 무상양도와 관련되는 것으로서, 기반시설 중 반드시 행정청이 소유권을 취득하여 관리할 필요가 있는 시설을 의미한다(다만, 구거는 공공시설에만 해당하고, 기반시설에는 해당하지 아니한다).

도시정비법이 열거하고 있는 정비기반시설과 국토계획법이 열거하고있는 공공시설은 사실상 일치하고, 정비기반시설은 도시정비법 97조의 무상귀속 및 무상양도와 관련되므로 국토계획법 등의 공공시설과 동일하다 할 것이다.[15]

2. 정비기반시설 관련 소유권 취득의 법적 성질

가. 법적 성질

(1) 법률의 규정에 의한 물권취득

㈎ 사업시행자가 정비사업의 시행으로 새로 설치한 정비기반시설이 그 시설을 관리할 국가 또는 지방자치단체에 무상으로 귀속되거나 폐지되는 정비기반시설의 소유권이 사업시행자에게 무상으로 양도되는 것은 민법 187조의 법률의 규정에 의한 부동산 물권취득이다.[16]

㈏ 사업시행자가 정비사업의 시행으로 정비기반시설을 설치하면 법 97조 5항이 규정한 취득

---

14) 국토계획법상 공공시설이 사업시행자에게 무상으로 귀속되거나 양도되려면 개발행위허가를 받은 모든 개발사업에 대하여 적용되는 것이 아니라 개발행위허가를 받은 사업이 넓은 면적의 사업구역을 대상으로 하는 이른바 '단지형 개발사업'이어야 한다(대법원 2019. 8. 30. 선고 2016다252478 판결, 대법원 2022. 2. 11. 선고 2017두63245 판결 참조). 이는 도시개발법, 산업입지법에도 동일하게 적용된다. 단지형 개발사업의 시행자는 그 사업구역 내의 토지를 매수하거나 수용하는 등의 방식으로 유상취득하는 것이 원칙이고, 국·공유의 일반재산의 경우에도 개인 소유의 토지 등과 마찬가지로 개발사업의 시행자가 매수하는 등의 방식으로 유상취득하는 절차를 거쳐야 하나, 신·구 공공시설의 경우 취득·처리에 관하여 특례를 규정한 것이다.

15) 기본계획 수립지침은 공개공간을 제공하거나, 대지의 일부를 정비기반시설, 기반시설 등의 부지로 제공하는 경우 추가로 용적률, 건폐율 등을 완화하여 적용하는 기준을 제시할 수 있다고 규정하여(4-16-5) 정비기반시설과 기반시설을 별개로 보고 있다.

16) 대법원 1999. 4. 15. 선고 96다24897 전원합의체 판결 등 참조.

시기에 소유권보존등기를 마칠 필요 없이 정비기반시설을 구성하는 토지와 시설물의 소유권이 그 시설을 관리할 국가 또는 지방자치단체에 직접 원시적으로 귀속된다.

한편 폐지되는 정비기반시설을 구성하는 토지등은 사업시행자에게 무상으로 양도되어 사업시행자는 대가의 출연 없이 이를 취득하되, 신설된 정비기반시설과는 달리 소유권을 창설적으로 취득한다고 볼 수 없고, 단지 무상으로 승계취득한다.[17]

⑵ 해석상 쟁점

㈎ 사업시행계획에 정비기반시설의 귀속 및 양도에 관한 사항이 포함된 경우에는 시장·군수등은 인가 전에 미리 해당 정비기반시설 관리청의 의견을 들어야 하고(법 97조 4항), 사업시행자는 관리청에 귀속될 정비기반시설과 사업시행자에게 귀속 또는 양도될 재산의 종류와 세목을 정비사업의 준공 전에 관리청에 통지하여야 하는바(법 97조 5항), 설령 위와 같은 절차가 누락되었다 하더라도 사업시행계획인가 및 준공인가가 위법하다고 보기 어렵고, 소유권 취득에도 지장이 없다.[18]

㈏ 사업시행자가 공동주택은 모두 완공하였으나, 정비기반시설(공원 등)을 설치하지 않은 채 정비사업이 중단되어 준공인가를 받지 못하였다면, 설령 사업시행자가 그 후 완공된 공동주택에 대하여만 사용허가를 받아 조합원을 입주시켰다고 하더라도, 정비기반시설의 설치 예정 부지가 사업시행자에게 무상귀속된다고 볼 수 없다.[19]

나. 사업시행자의 취득세 납부의무

지방세법 6조 1호는 취득세의 과세대상인 취득을 '매매 등과 그 밖에 이와 유사한 취득으로서 원시취득, 승계취득 또는 유상·무상의 모든 취득'으로 정의하고 있다. 11조 1항은 부동산 취득의 세율을 상속으로 인한 취득 이외의 무상취득은 1천분의 28(2호), 원시취득은 1천분의 28(3호), 1호 내지 6호 이외의 원인으로 인한 농지 외의 부동산에 대한 취득[7호 ㈏목]은 1천분의 40으로 각 정하고 있다. 사업시행자가 폐지되는 정비기반시설을 구성하는 부동산을 취득한 것은 무상의 승계취득에 해당하므로, 상속으로 인한 취득 이외의 무상취득에서 정한 세율을 적용한 취득세 등을 납부할 의무가 있다.[20]

3. 정비기반시설의 소유권 취득시기

가. 문제의 소재

법 97조 2항에 의한 정비기반시설의 취득은 법률의 규정에 의한 부동산 물권취득이므로, 그 취득시기가 중요하다. 왜냐하면 그 취득시기에 따라 사업시행자의 기존 정비기반시설에 대한 점유의 적법 또는 사용료 발생 여부 등이 문제되고, 취득세의 부과제척기간 도과 여부도 문제된다.

---

17) 대법원 2019. 8. 30. 선고 2016다252478 판결.
18) 대법원 2009. 6. 25. 선고 2006다18174 판결.
19) 대법원 2023. 7. 27. 선고 2019다210307 판결 참조.
20) 대법원 2019. 4. 3. 선고 2017두66824 판결.

나. 쟁 점

(1) 규정

법 97조 5항은 “사업시행자는 관리청에 귀속될 정비기반시설과 사업시행자에게 귀속 또는 양도될 재산의 종류와 세목을 정비사업의 준공 전에 관리청에 통지하여야 하며, 해당 정비기반시설은 그 정비사업이 준공인가되어 관리청에 준공인가통지를 한 때에 국가 또는 지방자치단체에 귀속되거나 사업시행자에게 귀속 또는 양도된 것으로 본다.”고 규정하고 있다. 위 규정의 해석과 관련하여 학설이 대립한다.

(2) 학설

(가) 사업시행자의 해당 관리청에 대한 준공인가통지 시

법 97조 5항의 해석상 해당 정비기반시설은 관리청에 준공인가통지를 한 때에 소유권이 국가 등 또는 사업시행자에게 귀속되는데, 후문의 해석상 통지의무는 사업시행자에게 있으므로, 사업시행자가 해당 관리청에 대한 준공인가통지를 한 때로 보아야 한다.

(나) 시장·군수등의 해당 관리청에 대한 준공인가통지 시

법 97조 5항의 해석상 준공인가권자인 시장·군수등의 해당 관리청에 대한 준공인가통지 시이다.

(다) 시장·군수등의 준공인가·고시 시

정비사업의 시행으로 정비기반시설이 설치되면 행정청의 준공인가·고시와 동시에 해당 정비기반시설을 구성하는 토지와 시설물의 소유권이 그 시설을 관리할 국가 또는 지방자치단체에 직접 원시적으로 귀속되고, 폐지되는 정비기반시설에 대한 소유권도 그때 사업시행자가 취득한다.

(3) 판례(대법원 2020. 1. 16. 선고 2019두53075 판결)

대법원은 ‘정비사업이 준공인가되어 관리청에 준공인가통지를 한 때인 2015. 8. 28.이 소유권 취득일’이라는 원심을 긍정하였다. 그러나 원심인 대구고등법원 2019. 8 30. 선고 2018누4312 판결 및 하급심인 대구지방법원 2018. 8. 17. 선고 2017구합24235 판결은 시장·군수등이 해당 관리청에 준공인가를 통지한 것인지, 사업시행자가 준공인가를 통지한 것인지를 특정하지 아니하고, 구체적인 통지일자도 특정함이 없이 준공인가·고시일인 2015. 8. 28. 무렵 통지되었음을 전제로 하고 있다.

(4) 결론(준공인가 시)

문언상으로는 ‘사업시행자의 해당 관리청에 대한 준공인가통지 시’로 해석된다.[21]

---

21) ① 도시개발법 66조 5항은 “시행자는 도시개발사업이 끝나 준공검사를 마친 경우에는 해당 공공시설의 관리청에 공공시설의 종류와 토지의 세부목록을 알려야 하고, 이 경우 공공시설은 그 통지한 날에 해당 공공시설을 관리할 관리청과 시행자에 각각 귀속된 것으로 본다.”고 규정하고 있다.
② 산업입지법 26조 4항은 “관리청에 귀속될 공공시설과 사업시행자에게 귀속 또는 양도될 재산에 관하여 사업시행자는 그 산업단지개발사업의 준공 전에 그 종류와 세부 목록을 관리청에 통지하여야 하며, 해당 공공시설과 재산은 그 사업이 준공되어 관리청에 준공인가 통지를 한 때에 국가 또는 지방자치단체에 귀속되거나 사업시행자에게 귀속

한편, 앞서 본 바와 같은 새로 설치되는 공공시설의 무상귀속과 종래 공공시설의 무상귀속·양도제도를 규정하고 있는 법률로는 국토계획법(구 도시계획법)에도 규정하고 있다.

㈎ 구 도시계획법(2000. 1. 28. 법률 제6243호 전부개정되기 전의 것)

① 규정

구 도시계획법 83조 2항은 "행정청이 아닌 자가 25조의 규정에 의한 실시계획의 인가 또는 4조의 규정에 의한 허가를 받아 새로이 설치한 공공시설은 그 시설을 관리할 행정청에 무상으로 귀속되며, 도시계획사업 또는 토지의 형질변경등의 시행으로 인하여 그 기능이 대체되어 용도가 폐지되는 행정청의 공공시설은 국유재산법 및 지방재정법등의 규정에 불구하고 그가 새로 설치한 공공시설의 설치비용에 상당하는 범위안에서 그 인가 또는 허가를 받은 자에게 이를 무상으로 양도할 수 있다."고 규정한다.

또한, 6항은 "행정청이 아닌 자는 2항의 규정에 의하여 그에게 양도되거나 관리청에 귀속될 공공시설에 관하여 도시계획사업 또는 토지의 형질변경등의 공사가 완료되기 전에 당해 시설의 관리청에 그 종류 및 토지의 세목을 통지하여야 하며, 그 사업 또는 공사가 완료되어 준공검사를 마친 후에 관리청에 사업 또는 공사의 완료통지를 함으로써 해당 공공시설은 2항에 규정된 자에게 각각 귀속되거나 양도된 것으로 본다."고 규정한다.

② 판례(대법원 1999. 4. 15. 선고 96다24897 전원합의체 판결)

행정청이 아닌 사업시행자가 그 공공시설을 관리할 지방자치단체장에게 도시계획사업의 완료(준공검사) 후에 사업완료통지를 하지 아니하였고, 그 사이에 공공시설을 설치한 부지가 타인에게 경락되어 소유권이전등기까지 마쳐진 사안에서, 대법원은 도시계획사업의 시행으로 공공시설이 설치되면 그 사업완료(준공검사)와 동시에 해당 공공시설을 구성하는 토지와 시설물의 소유권이 그 시설을 관리할 국가 또는 지방자치단체에 직접 원시적으로 귀속되고, 위 6항은 공공시설에 관한 개별법의 관리권 귀속규정과 달리 관리권 귀속에 관한 일반적 규정으로 이해하여야 할 것이지 권리귀속에 관한 기준시점을 규정한 것이라고 볼 것은 아니라고 판시하였다.

㈏ 2000. 1. 28. 법률 제6243호로 구 도시계획법의 전부 개정

① 구 도시계획법 52조 2항은 "개발행위허가를 받은 자가 행정청이 아닌 경우 개발행위허가를 받은 자가 새로이 설치한 공공시설은 그 시설을 관리할 관리청에 무상으로 귀속되며, 개발행위로 인하여 용도가 폐지되는 공공시설은 국유재산법 및 지방재정법의 규정에 불구하고 새로이 설치한 공공시설의 설치비용에 상당하는 범위안에서 개발행위허가를 받은 자에게 무상으로 이를 양도할 수 있다."고 규정한다.

6항은 "개발행위허가를 받은 자가 행정청이 아닌 경우 개발행위허가를 받은 자는 관리청에 귀속되거나 그에게 양도될 공공시설에 관하여 개발행위가 완료되기 전에 당해 시설의 관리청에 그 종류 및 토지의 세목을 통지하여야 하고, 준공검사를 한 특별시장·광역시장·시장 또는 군수는 그 내용을 당해 시설의 관리청에 통보하여야 한다. 이 경우 공공시설은 준공검사를 받음으로

또는 양도된 것으로 본다."고 규정하고 있다.

써 당해 시설을 관리할 관리청과 개발행위허가를 받은 자에게 각각 귀속되거나 양도된 것으로 본다."고 규정한다.

② 위 전원합의체 판결 이후 전부개정된 구 도시계획법은 개발행위 허가받은 자가 행정청이 아닌 경우에는 개발행위 완료 전에 해당 시설의 관리청에 그 종류 및 세목을 통지하되, 준공검사 이후에는 준공검사한 행정청이 해당 시설의 관리청에 그 내용을 통보하여야 하고, 그 경우 준공검사 받음으로써 각각 소유권이 귀속되거나 양도된 것으로 본다고 규정하여 개발행위 허가받은 자가 행정청이 아닌 경우의 준공검사 이후의 통지절차 및 소유권 귀속이나 취득시기를 입법적으로 해결하였고, 위 규정은 현재 국토계획법 65조 6항에 동일하게 규정하고 있다(도시개발법 66조 6항도 현행 국토계획법 규정과 동일한데, 이는 법 제정 당시부터 일관되었다. 그러나 산업입지법 26조 4항은 현재의 도시정비법 97조 5항과 동일하게 규정하고 있다).

㈐ **도시정비법 97조 5항의 해석**

앞서 본 바와 같이 법은 제정 당시부터 현재까지 일관되게 사업시행자가 준공인가 이후 각 해당 정비기반시설의 관리청에 준공인가사실을 통지하고, 준공인가통지를 한 때에 해당 정비기반시설의 소유권이 국가 또는 지방자치단체에 귀속되거나 사업시행자에게 양도된 것으로 본다고 규정하고 있다. 그러나 현행 법 97조 5항의 해석상 정비기반시설의 부동산(물권) 취득시기는 준공인가 시로 보아야 한다. 그 논거는 다음과 같다.

ⓐ 위 도시정비법 규정은 2000. 1. 28. 법률 제6243호로 전부개정되기 이전의 도시계획법 규정을 도입한 것으로 보이는바, '해당 정비기반시설은 그 정비사업이 준공인가되어 관리청에 준공인가통지를 한 때'의 의미에 관하여 살펴보면, 위 조항은 구 도시계획법(2000. 1. 28. 법률 제6243호로 전부개정되기 전의 것) 83조 6항과 달리 준공인가통지의 주체가 사업시행자인지 여부가 명확하지 않으나, 전문과의 조화로운 해석상 이는 사업시행자로 보아야 한다(실제로 법은 준공인가 절차와 관련하여 준공인가권자인 시장·군수등이 준공인가를 하고 공사의 완료를 해당 지방자치단체의 공보에 고시하며, 사업시행자에게 준공인가증을 교부할 뿐, 별도로 새로이 설치되는 정비기반시설을 관리하거나 폐지되는 정비기반시설의 해당 국가 또는 지방자치단체나 그 관리청에 통지하는 어떠한 규정도 없다). 그에 따르면 사업시행자가 정비사업이 준공인가되었음에도 새로이 설치한 정비기반시설에 대하여 그 관리청에 준공인가통지를 하지 아니하였고, 그 사이에 해당 정비기반시설을 설치한 부지가 타인에게 경락되어 소유권이전등기까지 마쳐지는 문제점은 정비기반시설의 부동산(물권) 취득시기를 준공인가 시로 보는 경우에 한하여 해결될 수 있다.

ⓑ 위 96다24897 전원합의체 판결은 구 도시계획법(2000. 1. 28. 법률 제6243호로 전부개정되기 전의 것) 83조 6항의 '준공인가통지를 한 때에 해당 정비기반시설의 소유권이 국가 또는 지방자치단체에 귀속되거나 사업시행자에게 귀속 또는 양도된 것으로 본다'는 것은 권리귀속에 관한 기준시점을 규정한 것이라고 볼 수는 없다고 하였는데, 이는 위 규정의 해석에도 동일하게 적용될 수 있다(행정청이 아닌 개발행위허가자가 준공검사결과를 통지하지 않는 경우의 문제점을 고려하여 구 도시계획법의 2000. 1. 28.자 전부개정 법령 및 현행 국토계획법 65조 6항은 '공공시설은 준공검사를 받음으로써' 소유권이 귀속된다고 규정하고 있는데, 위 규정 내용은 97조 5항의 해석에 적용된다).

㈑ 등기

새로이 설치하는 정비기반시설의 무상귀속은 원시취득이나 등기를 위해서는 공동신청을 하여야 하므로, 만일 국가 또는 지방자치단체가 등기를 인수하지 아니하는 경우 등기신청 의사진술을 명하는 소유권이전등기절차 인수청구를 하여야 한다.[22]

위 5항에 따른 정비기반시설에 대한 등기의 경우 정비사업의 사업시행계획인가서와 준공인가서(시장·군수등이 직접 정비사업을 시행하는 경우에는 50조 9항에 따른 사업시행계획인가의 고시와 83조 4항에 따른 공사완료의 고시를 말한다)는 부동산등기법에 따른 등기원인을 증명하는 서류를 갈음한다(법 97조 6항).

4. 법 97조 2항 후문에 의하여 사업시행자에게 무상양도되는 범위

가. 사업시행계획인가 시에 확정

정비사업의 시행으로 법 97조 2항에 따라 용도가 폐지되는 정비기반시설의 조서·도면 및 그 정비기반시설에 대한 둘 이상의 감정평가업자의 감정평가서와 새로 설치할 정비기반시설의 조서·도면 및 그 설치비용 계산서는 사업시행계획서의 필수적 기재사항이므로(시장·군수등은 사업시행계획인가 전에 관리청의 의견을 듣기도 하나, 의견청취하지 아니한 인가도 유효하다), 시장·군수등의 사업시행계획인가에 의하여 설치할 정비기반시설 및 그 설치비용, 폐지되는 정비기반시설 및 가액이 확정된다.

나. 새로이 설치한 정비기반시설의 범위

(1) 의의

용도폐지되는 기존 정비기반시설이 사업시행자에게 무상 양도될 수 있는 범위를 정하는 법 97조 2항 후문의 '그가 새로이 설치한 정비기반시설'이란 전문의 '사업시행자가 정비사업의 시행으로 새로이 설치한 모든 정비기반시설'을 가리키는 것으로서 양자는 같은 것으로 보아야 한다.[23]

(2) 소송상 쟁점

㈎ 관련 법령상 설치의무 있는 경우

사업시행자가 새로이 설치한 정비기반시설 중 관련 법령에 따라 당연히 그 설치의무가 인정되는 정비기반시설의 경우에도 포함된다.[24]

㈏ 중복정비기반시설

① 정비사업의 시행으로 용도가 폐지되는 국가 또는 지방자치단체 소유의 정비기반시설이 사업시행자가 새로이 설치한 정비기반시설에 그대로 편입되는 경우처럼 기존 정비기반시설과 신설 정비기반시설이 겹치는 경우를 중복 정비기반시설이라고 한다.

---

22) 대법원 2020. 11. 26. 선고 2019다209611 판결 및 대전지방법원 2019. 1. 22. 선고 2018나103547 판결 등 참조.
23) 대법원 2013. 10. 24. 선고 2011두21157 판결.
24) 대법원 2007. 4. 13. 선고 2006두11149 판결, 대법원 2007. 6. 28. 선고 2007두1699 판결.

② 정비구역 내 종래 정비기반시설의 위치 중 일부에 새로운 또는 변경된 정비기반시설이 위치하게 되는 경우에는 종래의 정비기반시설은 전부 용도폐지되어 사업시행자에게 무상으로 귀속되고, 다만 그중 새로운 또는 변경된 정비기반시설은 준공시점에 관리청에 무상으로 귀속된다(중복되는 부분은 준공시점에 관리청에게 무상으로 귀속시켜야 할 정비기반시설에 해당하기 때문에 외견상 용도폐지에 따른 사업시행자에게로의 무상귀속이 이루어지지 않은 것처럼 보일 뿐이다, 중복 정비기반시설도 후문 규정의 '정비사업의 시행으로 용도가 폐지되는 국가 또는 지방자치단체 소유의 정비기반시설'에 해당하여 사업시행자가 매입할 대상으로 본다면, 사업시행자는 중복 정비기반시설을 매입하여 국가 등에 무상으로 귀속시키게 되므로, 후문 규정의 '사업시행자가 새로이 설치한 정비기반시설의 설치비용'에 중복 정비기반시설의 가액을 포함하여야 한다). 다만 정비구역 내 종래의 정비기반시설이 정비사업의 시행에도 불구하고, 아무런 변경 없이 종래의 행정목적 그대로 사용되는 경우에는 종래의 정비기반시설은 용도가 폐지되지 않는다(중복 정비기반시설은 그대로 신설 정비기반시설로 사용될 예정이어서 후문 규정의 '정비사업의 시행으로 용도가 폐지되는 국가 또는 지방자치단체 소유의 정비기반시설'에 해당되지 않아 사업시행자가 매입할 대상이 아니라고 본다면, 중복 정비기반시설의 가액을 후문 규정의 '사업시행자가 새로이 설치한 정비기반시설의 설치비용'에서 제외하여야 한다).[25]

새로운 또는 변경된 정비기반시설의 부지나 정비사업의 시행에도 불구하고, 아무런 변경 없이 종래의 행정목적 그대로 사용됨에도 불구하고, 종래의 정비기반시설 부지를 사업시행자가 유상매수하거나 협의가 성립되지 않아 수용재결을 신청하여 재결이 이루어진 경우(수용재결의 하자가 중대·명백하다), 이는 효력이 없으므로 매매대금이나 보상금에 대한 부당이득반환청구가 가능하다.[26]

다. 법 97조 2항 후문에 의하여 사업시행자에 무상양도되는 범위

법 97조 2항 후문은 강행규정인바, 실무상 사업시행자에게 무상양도되는 정비기반시설의 범위가 중요하므로, 그에 관하여 살펴본다.

종래 정비사업의 시행으로 용도가 폐지되는 국가 또는 지방자치단체 소유의 정비기반시설 중 사업시행자에게 무상양도되는 것으로 주로 문제되는 것은 도로이다.

(1) 객관적 요건

(가) 2017. 2. 8. 법이 전부개정되기 이전 규정 및 쟁점

① 문제의 소재

구 법 65조 2항은 현재의 법 97조 2항과 동일한 내용이고, 무상양도의 범위를 정한 현행 97조 3항은 존재하지 않았다. 위와 같이 정비사업의 시행으로 인하여 용도가 폐지되는 국가 또는 지방자치단체 소유의 정비기반시설 중 도로의 의미와 관련하여 아무런 규정이 없으므로, 관련 개

25) 대법원 2013. 10. 24. 선고 2011두21157 판결(사업시행자가 중복토지에 대하여 유상으로 매수하였으나, 관할 행정청이 중복토지에 대하여 법 97조 2항 후문의 '새로이 설치한 정비기반시설'의 설치비용에서 빼야 한다는 주장을 배척하였다. 다만 사업시행자가 중복토지에 대하여 유상으로 매수하지 않은 채 새로이 설치한 정비기반시설에 편입되었다면, 이 부분은 새로이 설치한 정비기반시설의 설치비용에서 제외되어야 한다).

26) 대법원 2024. 12. 12. 선고 2022다274028 판결 참조.

별 법령상의 도로의 의미로 해석되어야 한다.

국토계획법 30조에 의하여 도시·군관리계획으로 결정되어 설치된 국가 또는 지방자치단체 소유의 정비기반시설인 '도로'이거나 도로법 23조에 따라 도로관리청이 관리하는 '도로'이거나 모두 도로의 설치에는 법정의 절차가 필요한데, 일체의 법정절차가 이행되어 완료된 것만을 의미하는 것인지 또는 그와 같은 절차가 모두 이행되지 않더라도 현황이 도로인 경우 즉, 국·공유지 중 일반인의 교통을 위하여 제공하고 있는 부지까지 포함되는지 여부가 문제된다. 현재는 2017. 2. 8. 법의 전부개정으로 공유재산에 대하여는 현황이 도로인 부지를 포함한다.

② 판례(공용개시행위 필요)

판례는 국·공유지가 사실상 공중의 통행에 제공된 즉, 현황이 도로의 형태를 갖추고 있는 것만으로는 부족하다. 법령에 의하여 도로 등으로 지정하거나 행정처분으로써 공공용으로 사용하기로 결정, 즉 사업시행계획인가 전에 국토계획법상의 법정절차(도시계획시설사업결정, 실시계획인가)가 구비되어야 하거나 도로법에 따라 노선의 지정·인정 공고와 도로구역 결정·고시가 반드시 필요하다고 하였다.[27] 왜냐하면 그와 같은 행위가 있어야 비로소 공용개시행위가 있다고 볼 수 있어 도로로 인정되기 때문이다.

따라서 정비구역 내에 있는 토지로서 도시계획시설사업결정만이 있을 뿐, 수용절차 등을 통한 실시계획인가가 없거나 또는 도로관리청이 노선인정 공고 등을 하지 않았거나, 설령 노선인정 공고가 있었다 하더라도, 도로법령의 규정에 따라 도로로 사용 또는 수용할 토지의 지번 및 소유자 등을 특정하여 도로구역으로 결정·고시한 적이 없는 '현황도로'는 도시정비법 97조 2항에 정한 '정비사업으로 인하여 용도가 폐지되는 정비기반시설'에 해당하지 않는다.[28]

이는 정비사업으로 신설되어 소유권이 국가 또는 지방자치단체에 귀속되는 정비기반시설은 비록 의제에 의한 것이나, 법 57조 1항 16호에 의한 도시계획시설 사업시행자의 지정 및 실시계획인가를 통하여 설치되므로, 이에 상응하여 폐지되는 정비기반시설도 이를 요구하는 것으로 보인다.

(나) 법이 2017. 2. 8. 전부개정된 이후 규정 및 쟁점

① 도시정비법 97조 3항은 사업시행자에게 무상양도되는 정비기반시설에 해당하는 도로에 관하여, 국토계획법 30조에 따라 도시·군관리계획으로 결정되어 설치된 도로(1호), 도로법 23조에 따라 도로관리청이 관리하는 도로(2호), 도시개발법 등 다른 법률에 따라 설치된 국가 또는 지방자치단체 소유의 도로(3호), 그 밖에 공유재산법에 따른 공유재산 중 일반인의 교통을 위하여 제공되고 있는 부지. 이 경우 부지의 사용 형태, 규모, 기능 등 구체적인 기준은 시·도 조례로 정할 수 있다(4호)라고 규정하고 있다. 4호와 관련하여 서울시 조례 54조 1항은 공유재산법에 따른 공유재산 중 사업시행자에게 무상으로 양도되는 도로는 일반인의 통행에 제공되어 실제 도로로 이용하고 있는 부지를 말한다고 규정하고 있다.

② 무상양도의 대상이 되는 정비기반시설에 해당하는 도로에 공유재산 중 일반인의 교통을

27) 대법원 2018. 5. 11. 선고 2015다41671 판결, 대법원 2000. 2. 25. 선고 99다54332 판결, 대법원 2019. 6. 27. 선고 2016다241072 판결.

28) 대법원 2008. 11. 27. 선고 2007두24289 판결, 대법원 2011. 2. 24. 선고 2010두22498 판결, 대법원 2019. 6. 27. 선고 2016다241072 판결.

위하여 제공하고 있는 부지 즉, 현황이 도로인 부지가 포함된다는 위 규정은 도시정비법이 2015. 9. 1. 개정되면서 처음으로 도입되었지만(구 65조 1항), 이는 문언상 사업시행자가 시장·군수등 또는 토지주택공사등인 경우에 한정되고, 시장·군수등 또는 토지주택공사등이 아닌 사업시행자를 대상으로 하는 규정(구 65조 2항)에는 그와 같은 내용이 포함되지 않았다. 그 후 법이 2017. 2. 8. 전부개정되면서 위 조항은 시장·군수등 또는 토지주택공사등이 아닌 사업시행자에 대하여도 적용하되(법 97조 3항 4호), 다만 부칙 21조로 위 법률의 시행(2018. 2. 9.) 이후 최초로 사업시행계획인가를 신청하는 경우부터 적용된다고 규정하고 있다.

③ 한편, 이와 관련하여 서울고등법원 2024. 1. 11. 선고 2022나2015470 판결은 2015. 9. 1. 개정된 구 법 65조 1항의 개정 경위 및 경과 등에 비추어 구 법 65조 제1항 후문의 '이 경우'는 같은 조 제2항의 민간 사업시행자에게 대한 무상양도의 경우에도 적용된다는 의미라고 해석하여 2015. 9. 1. 개정된 구 법 65조 1항이 실행일인 2016. 3. 2.부터 시장·군수등 또는 토지주택공사등이 아닌 사업시행자에 대하여도 적용된다고 하였다. 그러나 대법원은 2025. 10. 16. 선고 2024다215955호로 입법자가 2015년 법 개정 당시 시장 등이 아닌 사업시행자에게 무상양도되는 용도폐지 정비기반시설에 '사실상 도로로 사용되고 있는 부지'를 포함하려 하였다고 보기 어렵다는 이유로 파기하였다.

④ 현행 도시정비법상 현황이 도로인 부지가 국유재산인 경우에는 적용되지 아니한다.

⑵ 시기적 요건

사업시행계획인가 이전에 97조 3항의 요건을 구비한 도로여야 한다. 왜냐하면 용도폐지되는 정비기반시설 부지를 포함하여 사업시행자가 매입할 국·공유지의 대상 및 그 가액은 사업시행계획인가 시에 확정되기 때문이다(정비사업을 목적으로 우선하여 매각하는 국·공유지는 사업시행계획인가의 고시가 있은 날을 기준으로 평가하며, 사업시행계획인가의 고시가 있은 날부터 3년 이내에 매매계약을 체결하지 아니한 국·공유지는 국유재산법 44조, 공유재산법 30조에 따라 시가에 따른다). 다만, 종전 사업시행계획을 대체하는 새로운 사업시행변경계획이 수립된 경우에는 변경된 사업시행계획인가 시가 기준이 된다.

⑶ 증명책임

무상으로 양도되는 정비기반시설이라는 사실에 관한 증명책임은 이를 주장하는 사업시행자가 부담한다.[29)]

⑷ 견련성 요부

㈎ 무상양도는 동일 용도 사이에 인정되는지 여부(부정)

설치 또는 폐지되는 정비기반시설은 종류가 다양한바, 사업시행자가 용도폐지되는 정비기반시설을 무상으로 취득하기 위해서는 새로이 설치하는 정비기반시설과 용도가 동일함을 요구하는지 여부가 문제된다.[30)]

---

29) 대법원 2015. 10. 29. 선고 2012두19410 판결.

30) 국유재산법 55조 1항 3호는 행정재산을 용도폐지하는 경우 그 용도에 사용될 대체시설을 제공한 자에게 그 부담한

사업시행자가 새로 설치한 정비기반시설의 설치비용에 상당하는 범위 안에서 정비사업의 시행으로 용도가 폐지되는 국가 또는 지방자치단체 소유의 정비기반시설을 그 사업시행자에게 무상으로 양도되도록 하여 위와 같은 재산상의 손실을 합리적인 범위 안에서 보전해 주고자 하는 것이 입법취지이므로, 용도폐지되는 것이 새로 설치되는 정비기반시설과 동일한 정비기반시설일 것을 요하지 아니한다.[31]

㈏ 무상양도는 동일 소유자 사이에 인정되는지 여부(부정)

정비기반시설의 소유자(관리청)는 다양한바, 사업시행자가 용도폐지되는 정비기반시설을 무상으로 취득하기 위해서는 새로이 설치하는 정비기반시설의 소유권 귀속자와 동일할 것을 요구하는지 여부가 문제된다.

법 97조 2항 후문의 입법취지 및 그 내용이 반드시 '정비사업의 시행으로 새로이 설치된 정비기반시설이 귀속되는 국가 또는 지방자치단체'와 '정비사업의 시행으로 용도가 폐지되어 무상양도 되는 정비기반시설의 소유자인 국가 또는 지방자치단체'가 동일하여야 한다고 규정하고 있지 아니하므로, 사업시행자가 새로이 설치한 정비기반시설이 귀속되는 국가 또는 지방자치단체와 용도가 폐지되어 사업시행자에게 무상으로 양도되는 정비기반시설의 소유자인 국가 또는 지방자치단체가 동일하여야 무상양도되는 것은 아니라 할 것이다.[32]

실무상 신설되는 정비기반시설의 소유권이 국가에 귀속됨에 반해, 폐지되는 정비기반시설의 소유자가 지방자치단체인 경우, 해당 지방자치단체로서는 정비사업으로 정비기반시설의 소유권을 상실하나, 그에 따른 신설 정비기반시설의 소유권을 전혀 취득할 수 없음을 들어 무상양도에 대하여 다투는 경우가 있으나, 이를 허용할 수 없다.[33] 용도폐지되는 정비기반시설의 소유자가 인가청이 소속된 지방자치단체가 아니더라도 무방하다.[34]

라. 정비사업 실무상 쟁점

(1) 일반론

재개발사업 중 주택정비형 재개발사업은 정비기반시설이 열악한 지역에서의 주거환경개선사업이므로 새로 설치되는 정비기반시설이 폐지되는 정비기반시설보다 훨씬 많은 것이 일반적이고, 도시정비형 재개발사업이나 정비기반시설이 양호한 지역에서의 주거환경개선사업인 재건축사업의 경우에도 정비사업의 공익적 성격상 또한 마찬가지이므로, 일반적으로 정비사업의 시행으로 용도가 폐지되는 국가 또는 지방자치단체 소유의 정비기반시설은 그 전부가 사업시행자에게 무상으로 양도된다(새로 설치한 정비기반시설의 설치비용이 용도폐지되는 정비기반시설의 평가가액을 초과하더라도 사업시행자가 사업시행계획 인가관청이나 관리청을 상대로 그 초과액을 정산해 줄 것을 요구하거나 이를 부당이득으로 반환해 줄 것을 요구할 권리가 없으므로,[35] 사업시행자에게 무상

비용의 범위에서 용도폐지된 재산을 양여할 수 있다고 규정하고 있다.

31) 대법원 2007. 6. 28. 선고 2007두1699 판결.
32) 대법원 2023. 9. 27. 선고 2023다256539 판결.
33) 서울고등법원 2020. 5. 7. 선고 2019나2028612 판결(확정, 다른 쟁점으로 상고심에서 파기되었을 뿐이다).
34) 대법원 2007. 6. 28. 선고 2007두1699 판결.
35) 대법원 2019. 1. 31. 선고 2017다205523 판결.

양도되는 범위에 관하여 실무상 다툼이 심하다).

다만, 극히 이례적으로 폐지되는 정비기반시설의 가액이 새로 설치되는 정비기반시설의 설치비용을 초과하는 경우에는 준공인가청은 사업시행자에 대하여 준공인가를 통지하면서 그 차액에 대한 정산금을 부과하게 된다(사업시행자가 새로 설치한 정비기반시설의 설치비용에 상당하는 범위에서 기존의 정비기반시설 중 일부는 사업시행자에게 무상양도되고, 나머지는 여전히 국가 또는 지방자치단체 소유이며, 따로 사업시행자가 유상매입을 하여야 한다. 그 경우 점유연고권자가 없는 일반 국·공유지 매입절차에 의할 것인지, 별도의 매입절차를 인정할 것인지 여부가 문제되나, 실무상으로는 기존의 정비기반시설은 모두 준공인가통지 시에 사업시행자가 소유권을 취득하는 것으로 하되, 준공인가청이 부관에 의하여 정산금을 부과한다).

준공인가청은 용도폐지되어 사업시행자에 무상양도될 재산과 해당 국가 등에 무상귀속될 재산의 가액을 정산하면서, '새로이 설치한 정비기반시설의 설치비용'에 포함되어야 함에도 불구하고 이를 누락한 결과, 사업시행자가 설치한 정비기반시설의 설치비용이 용도폐지되어 사업시행자에 귀속되는 정비기반시설의 평가액에 미달한다고 보아 차액을 정산금으로 부과하고, 사업시행자가 이를 납부한 경우, 정산금부과처분은 무효이므로 사업시행자는 시장·군수등에 대하여 정산금부과처분에 따라 납부한 금액 상당의 부당이득반환을 청구할 수 있다.[36]

⑵ 대가 제공을 수반하는 합의에 의한 무상양도 규정의 배제 여부(불가)

판례는 행정청과 사업시행자 사이에 사업시행자가 정비기반시설을 설치하는 것에 대한 보상으로 용적률 제한의 완화와 같은 다른 이익을 얻는 대신 법 97조 2항 후문의 "정비사업의 시행으로 용도가 폐지되는 국가 또는 지방자치단체 소유의 정비기반시설은 사업시행자가 새로 설치한 정비기반시설의 설치비용에 상당하는 범위에서 그에게 무상으로 양도된다."는 규정을 적용하지 않기로 하는 합의를 하였고 그에 따라 실제 사업시행자가 다른 이익을 얻은 바 있다 하더라도, 그러한 사정만으로 법 97조 2항 후문 규정의 적용을 배제할 수는 없다고 하였다.[37]

⑶ 정비기반시설의 소유권 귀속에 관한 소송의 관할

법 97조 2항의 입법취지와 법(1조)의 입법 목적을 고려하면, 위 후문 규정에 따른 정비기반시설의 소유권 귀속에 관한 국가 또는 지방자치단체와 사업시행자 사이의 법률관계는 공법상의 법률관계로 보아야 한다. 따라서 위 후문 규정에 따른 정비기반시설의 소유권 귀속에 관한 소송은 공법상의 법률관계에 관한 소송으로서 행정소송법 3조 2호에서 규정하는 당사자소송에 해당한다.[38] 조합이 대한민국을 상대로 폐지된 정비기반시설에 대하여 무상으로 양도할 의무가 있음의 확인을 구하는 소송은 당사자소송에 해당한다.[39]

---

36) 대법원 2014. 2. 21. 선고 2012다82466 판결(시장·군수등이 사업시행자의 비용부담으로 정비구역 남측과 북측 지하의 하수암거를 확장 이설하라는 내용의 인가조건을 부가하였고, 사업시행자가 그 인가조건에 따라 하수암거를 이설한 사안에서, 위 이설에 소요되는 비용은 새로이 설치한 정비기반시설의 설치비용에 포함됨에도 불구하고, 시장·군수등이 이를 누락한 채 정산하여 시장·군수등이 사업시행자에게 일정 금원을 정산금으로 부과하여 사업시행자가 이를 납부하였으나, 그 인가조건을 다툴 수 있는 불복기간이 지났는지 여부를 불문하고 부당이득반환청구가 가능하다고 판시하였다).

37) 대법원 2008. 12. 11. 선고 2007두14312 판결.

38) 대법원 2018. 7. 26. 선고 2015다221569 판결.

5. 용도폐지되는 정비기반시설의 사업시행자에 대한 양도와 관련한 사용료 부담

가. 국유재산법 및 공유재산법상의 사용료 개요

	점용료	대부료	변상금[40]
대상	행정재산	일반재산	행정재산 및 일반재산
사용방법	사용·수익허가[41]	대부계약 (민사계약)	무단점유
부과방법	처분	계약	처분
요율	법정	약정	점용료 및 대부료의 120%
불이행시	국세징수법상의 강제징수	민사소송	국세징수법상의 강제징수

나. 문제의 소재

사업시행자가 사업시행계획인가를 받은 때에는 도로법 61조에 따른 도로의 점용허가(재건축사업, 재개발사업 모두 포함), 국유재산법 30조에 따른 사용허가(재개발사업으로 한정), 공유재산법 20조에 따른 사용·수익허가(재개발사업으로 한정)가 있은 것으로 본다(법 57조 1항 4호, 13호, 14호). 사업시행계획인가청은 사업시행계획인가할 당시 법 52조 1항 13호, 법 시행령 47조 2항 11호에 의하여 용도가 폐지되는 정비기반시설을 구체적으로 지정한다. 이에 따라 사업시행계획인가에 의하여 무상양도의 대상인 국가 또는 지방자치단체 소유의 정비기반시설(주로 도로 등이다)이 확정되고 그 용도가 폐지된다.

한편 사업시행자는 사업시행계획인가 이후로서 공사를 위해서는 정비사업 시행기간 동안 해당 정비기반시설을 점유·사용하게 되는데, 그에 따른 사용료(대부료 또는 변상금)를 납부하여야 하는지 여부가 문제된다.

법 97조 5항은 폐지되는 정비기반시설의 사업시행자로의 소유권 귀속시기를 사업시행계획인가 시(나아가 철거가 가능한 관리처분계획인가 시로 본다면 아무런 문제가 없다)가 아니라 정비사업이 준공인가되어 관리청에 준공인가통지를 한 때에 사업시행자에게 귀속(양도)된 것으로 본다고 규정하고 있기 때문에 발생하는 문제이다(귀속시기에 관하여는 앞서 본 바와 같이 해석상 준공인가 시로 봄이 타당하다).

법 97조 7항(정비사업의 시행으로 용도가 폐지되는 국가 또는 지방자치단체 소유의 정비기반시설의 경우 정비사업의 시행 기간 동안 해당 시설의 대부료는 면제된다)이 2017. 2. 8. 전부개정으로 신설되어 현재 위와 같은 문제는 입법적으로 해결되었다. 그러나 부칙에서 위 신설 조항의 소급적용에 대한 명확한 경과규정을 두지 않았으므로 부칙 1조에 따른 개정법의 시행일인 공포 후 1년이 경과한 2018. 2. 9. 이후부터 위 신설 규정이 적용된다.[42]

---

39) 서울행정법원 2019. 8. 13. 선고 2018구합73546 판결(확정).

40) 국유재산법 및 공유재산법상 '변상금'이란 국·공유재산에 대한 사용허가나 대부계약 없이 국·공유재산을 사용·수익하거나 점유한 자에게 부과되는 금액이다(국유재산법 및 공유재산법 각 2조 9호).

41) 사용허가란 국공유재산을 행정청이 일정기간 유상 등으로 사용·수익할 수 있도록 허가하는 것을 말한다(국유재산법 30조, 공유재산법 20조).

따라서 실무상 2018. 2. 9. 이전의 정비사업 시행으로 용도가 폐지되는 국가 또는 지방자치단체 소유의 정비기반시설의 경우 사업시행자가 정비사업 시행기간 동안 해당 시설의 사용료를 납부하여야 하는지 여부가 여전히 문제된다.

다. 판 단

⑴ 법이 2012. 2. 1. 개정되기 이전

구 법 32조 6항은 "1항의 규정에 의하여 다른 법률에 의한 인·허가 등이 있은 것으로 보는 경우(재개발·재건축사업의 도로점용허가, 재개발사업의 국유재산 사용·수익허가 및 공유재산 사용·수익허가 등)에는 관계 법률 또는 시·도 조례에 의하여 당해 인·허가 등의 대가로 부과되는 '수수료 등'은 이를 면제한다."고 규정하고 있었고, 여기에 기존 정비기반시설 중 도로의 점용료 등이 포함되는 것인지 여부가 문제되었다.

판례는 2012. 2. 1. 개정된 법 32조 6항은 구 법의 같은 조항에 '해당 국유지·공유지의 사용 또는 점용에 따른 사용료 또는 점용료'라는 문구를 추가하는 것으로 개정되어 그 문언의 해석상 면제 대상이 추가·확대된 것으로 보이는 점, 위 2012. 2. 1. 개정된 법률의 부칙상의 시행과 관련한 경과규정, 입법과정에서의 제안 이유 등에 비추어, 구 법 32조 6항에 의하여 면제되는 '수수료 등'에는 이 사건 도로의 점용 등으로 인한 점용료가 포함된다고 볼 수 없다고 하였다.[43)]

⑵ 법이 2012. 2. 1. 개정된 이후

㈎ 규정

구 법 32조 6항은 "1항의 규정에 의하여 다른 법률에 의한 인·허가 등이 있은 것으로 보는 경우(재개발·재건축사업의 도로점용허가, 재개발사업의 국유재산 사용·수익허가 및 공유재산 사용·수익허가 등)에는 관계 법률 또는 시·도 조례에 따라 해당 인·허가등의 대가로 부과되는 수수료와 해당 국유지·공유지의 사용 또는 점용에 따른 사용료 또는 점용료를 면제한다."고 규정하였다.

㈏ 입법취지

2012. 2. 1. 개정된 법률의 입법과정에서의 제안 이유 및 주요 내용에 따르면, 2012. 2. 1. 개정된 32조 6항은 재개발사업 등의 원활한 추진을 지원하기 위하여 제안되었고, 그 지원방법으로 정비사업에 대하여 다른 법률에 따른 인·허가 등을 받은 것으로 보는 경우 관계 법령에 따라 부과되는 해당 국유지·공유지의 점용료·사용료를 면제하는 내용을 추가한 것인 점 등에 비추어 재개발사업의 경우에는 사용료를 면제하는 것으로 해석할 여지가 있다.

㈐ 판례

도로 등 행정재산이 정비사업의 시행으로 용도가 폐지되어 일반재산이 된 경우에 용도폐지되기 이전에 의제된 점용허가 또는 사용·수익허가의 효력은 소멸되어 대부계약 체결의 대상이 된다. 구 주택재개발조합이 그 사업의 시행으로 용도가 폐지되는 기존 정비기반시설 부지를 점유·

42) 대법원 2021. 7. 15. 선고 2019다269385 판결.
43) 대법원 2015. 10. 15. 선고 2013두19677 판결.

사용하는 경우 대부계약에 따른 대부료를 지급해야 하고, 대부료에 대하여 구 법 32조 6항(2012. 2. 1. 법률 제11293호로 개정되기 전)의 수수료 면제 규정, 구 법 32조 6항(2017. 2. 8. 법률 제14567호로 개정되기 전)의 사용료 또는 점용료 면제 규정이 적용될 수는 없다. 이는 재개발사업 및 재건축사업 모두에 대하여 동일하게 적용된다.[44)]

㈑ 결론

2012. 2. 1. 도시정비법 개정은 착오에 의한 것으로 보인다. 그 후 도시정비법이 2017. 2. 8. 전부개정되면서 97조 7항으로 "1항 및 2항에 따라 정비사업의 시행으로 용도가 폐지되는 국가 또는 지방자치단체 소유의 정비기반시설의 경우 정비사업의 시행 기간 동안 해당 시설의 대부료는 면제된다."라는 규정이 신설되었다.

⑶ 대부료 징수

㈎ 대부계약 체결

① 대부계약 체결의무(부정)

'대부계약'이란 제3자가 일반재산을 국가(해당 지방자치단체)와 사이에 일정한 기간 동안 사용·수익할 수 있도록 체결하는 계약을 말한다. 지방자치단체 등이 제3자와 일반재산에 대한 대부계약을 체결하였을 때에는 대통령령으로 정하는 요율과 산출방법에 따라 매년 대부료를 징수한다(공유재산법 32조 1항). 개별 법률에 따른 사용료 또는 점용료의 납부대상인 행정재산이 용도폐지 등의 사유로 공유재산법에 따른 대부료 납부대상으로 된 경우 그 대부료 산출에 관하여는 33조 1항을 준용한다(공유재산법 33조 2항). 따라서 사업시행계획인가·고시 이후 사업시행자가 도로 등 정비기반시설 부지를 정당하게 사용하기 위해서는 국가 또는 해당 지방자치단체와 대부계약을 체결해야 하고, 그에 따라 대부료를 납부할 의무가 있다.[45)]

실무상 국가 또는 해당 지방자치단체는 사업시행계획인가·고시 이후 사업시행자에게 도로 등 정비기반시설 부지 등에 대하여 대부계약 체결을 신청할 것을 예상 대부료 액수와 함께 안내하고, 이에 따라 사업시행자는 국가 또는 해당 지방자치단체와 대부계약을 체결하게 된다.

문제는 사업시행자가 대부계약 체결을 거절하는 경우이다. 현행법상 대부계약 체결을 강제할 수 있는 규정이 없으므로, 만일 사업시행자가 대부계약 체결을 거절한다면, 대부료를 부과할 수 없다.

② 대부계약 체결 간주 여부(불가)

㉮ 간주규정

국유재산법의 관련 규정[46)]과 국유재산법 시행규칙 14조 4항(사용허가 중인 행정재산이 용도폐

---

44) 대법원 2021. 7. 15. 선고 2019다269385 판결(재건축), 대법원 2021. 12. 30. 선고 2019다250961 판결(재개발).

45) 사업시행자가 국가(해당 지방자치단체)와 사이에 대부계약을 체결하고 대부료를 납부하였다가, 대부계약 체결은 강행규정위반이나 불공정한 법률행위로서 무효임을 전제로 대부료 상당의 부당이득반환을 청구한 사건에서, 대법원은 사업시행자는 정비사업 시행을 위해 기반시설 부지 등에 관하여 대부계약을 체결하고, 대부료를 지급할 의무가 있다고 판시하였다(대법원 2021. 7. 15. 선고 2019다269385 판결).

46) 국유재산법 8조 1항은 "총괄청(기획재정부장관)은 국유재산에 관한 사무를 총괄하고 그 국유재산을 관리·처분한다."라고 규정하고, 8조 5항은 "총괄청의 행정재산의 관리·처분에 관한 사무는 그 일부를 중앙관서의 장에게 위임할 수

지 되어 총괄청에 인계되는 경우 해당 재산에 대한 사용허가는 대부계약으로 전환된 것으로 본다)의 규정을 종합하면, 중앙관서의 장이 총괄청의 위임으로 행정재산에 대한 관리·처분의 사무를 맡아 행정재산에 대하여 사용허가를 하였다가 용도폐지로 이를 총괄청에 인계하게 되는 경우, 예외적으로 용도폐지된 행정재산에 관하여 대부계약으로 전환된 것으로 간주함으로써 총괄청의 관리·처분을 용이하게 하고 있다. 위 조항을 유추적용하여 사업시행자와 사이에 정비구역 내 도로, 공원부지 등에 관하여 사업시행계획인가·고시일에 대부계약 체결이 간주된 것으로 해석할 수 있는지 여부가 쟁점이다.

㈏ 판례

대부계약 체결 간주규정은 예외조항으로서 엄격히 해석되어야 할 것인바, 도로, 공원부지 등은 사업시행계획인가·고시일에 용도폐지되어 일반재산으로 되었을 뿐, 사용허가권자인 관할 행정청이 이를 총괄청에 인계한 경우에 해당하지 아니하므로, 위 국유재산법령의 입법취지상 국유재산법 시행규칙 14조 4항을 공원부지 등 정비기반시설에 준용하거나 유추적용할 수 없다.[47)]

⑷ 민사상 부당이득반환청구

① 문제의 소재

국유재산 중 일반재산에 관한 법률관계는 사경제주체로서 국가, 지방자치단체를 거래 당사자로 하는 것이어서 사법의 적용을 받는 것이 원칙인바, 도로 등 정비기반시설 부지에 대하여 사업시행자가 대부계약 체결을 거절하여 대부료를 징수할 수는 없고, 또한 변상금부과처분을 하지 못하는 경우 민사상 부당이득반환청구는 가능한지 여부가 문제된다.

② 판단

사업시행자에게 도로 등의 점유나 사용·수익을 정당화할 법적 지위가 있기는 하나(법 57조 1항 4호, 13호, 14호), 그와 같은 법적 지위에 무상으로 점유나 사용·수익할 권원이 존재하는 것으로 보기 어려우므로, 민사상 부당이득청구는 가능하다.

판례도 대부계약 또는 사용·수익허가 없이 국유재산을 점유하거나 사용·수익하였지만 변상금부과처분을 할 수 없는 때에도 민사상 부당이득반환청구권은 성립하는 경우가 있다고 함으로써 민사상 부당이득청구는 가능함을 전제로 하고 있는 것으로 보인다.[48)]

③ 부당이득반환 범위(대부료 상당)

부당이득반환의 경우 수익자가 반환하여야 할 이득의 범위는 손실자가 입은 손해의 범위에 한정되고, 손실자의 손해는 사회통념상 손실자가 해당 재산으로부터 통상 수익할 수 있을 것으

있다."라고 규정하며, 22조 1항은 "총괄청은 중앙관서의 장에게 그 소관에 속하는 국유재산의 용도를 폐지하거나 변경할 것을 요구할 수 있으며 그 국유재산을 관리전환하게 하거나 총괄청에 인계하게 할 수 있다."라고 규정하고, 23조는 "총괄청은 용도를 폐지함으로써 일반재산으로 된 국유재산에 대하여 필요하다고 인정하는 경우에는 그 처리방법을 지정하거나 이를 인계받아 직접 처리할 수 있다."라고 규정하며, 40조 1항은 "중앙관서의 장은 대통령령으로 정하는 기준에 따라 행정재산의 용도를 폐지한다."라고 규정하고, 2항은 "중앙관서의 장은 용도를 폐지한 때에는 그 재산을 지체 없이 총괄청에 인계하여야 한다."라고 규정한다.

47) 대법원 2016. 1. 28. 자 2015두3652 판결 및 서울고등법원 2015. 9. 15. 선고 2015누853 판결.

48) 대법원 2014. 7. 16. 선고 2011다76402 전원합의체 판결, 대법원 2021. 12. 30. 선고 2019다250961 판결, 대법원 2021. 12. 30. 선고 2020다204643 판결.

로 예상되는 이익 상당액이다.

판례는 국가가 일반재산으로부터 통상 수익할 수 있는 이익은 그에 관하여 대부계약이 체결되는 경우의 대부료이므로, 일반재산의 무단점유자가 반환하여야 할 부당이득은 특별한 사정이 없는 한 국유재산 관련 법령에서 정한 대부료 상당액이라고 하였다.[49)]

(4) 점용료부과처분 여부(불가)

(가) 쟁점

앞서 본 바와 같이 구 법 32조 1항 3호는 사업시행자는 사업시행계획인가를 받은 때에는 도로법 61조에 따른 도로점용허가를 받은 것으로 의제한다고 규정하고 있고, 도로법 66조는 도로관리청은 도로점용허가를 받아 도로를 점용하는 자로부터 점용료를 징수할 수 있다고 규정하고 있다.

(나) 판단(불가)

국·공유재산은 행정재산과 행정재산 외의 모든 국·공유재산인 일반재산으로 구분된다. 행정재산은 그 용도나 목적에 장애가 되지 아니하는 범위에서 사용허가만 가능한 반면, 일반재산은 행정재산과 달리 사용·수익허가의 대상이 될 수 없고 대부계약의 대상이 될 뿐이다. 행정재산이라고 하더라도 그 용도가 폐지되면 행정재산으로서의 성질을 상실하여 일반재산이 되므로, 기존의 행정재산의 사용·수익에 대한 허가는 그 효력이 소멸된다. 사업시행계획인가로 도로점용허가가 의제되나, 기존의 도로는 용도가 폐지되어 일반재산으로 전환되었으므로, 관할 행정청은 점용료부과처분을 할 수 없다.[50)]

(5) 변상금부과처분(불가)

(가) 쟁점

변상금부과처분은 국·공유재산에 대한 점유나 사용·수익 그 자체가 법률상 아무런 권원 없이 이루어진 경우에는 정상적인 대부료나 사용료를 징수할 수 없기 때문에 그 대부료나 사용료 대신에 변상금을 부과하는 취지이므로, 점유나 사용·수익을 정당화할 법적 지위에 있는 자에 대하여는 그 적용이 없다. 그러한 자에 대한 변상금부과처분은 당연무효라고 할 것이다.[51)]

따라서 쟁점은 사업시행자가 정비구역 내 도로 등의 점유나 사용·수익을 정당화할 법적 지위에 있는 자에 해당하는지 여부이다.

---

49) 국유재산법 47조, 33조 1항은 일반재산에 대하여 1년을 초과하여 계속 대부하는 경우 대부료의 감액 조정 조항을 두고 있기는 하나, 이는 의무적인 것이 아니고 행정청의 재량에 의하여 정할 수 있도록 되어 있고, 대부료의 감액 조정은 적법하게 대부계약을 체결한 후 1년을 초과하여 일반재산을 점유 또는 사용·수익하는 성실한 대부계약자를 위한 제도인바, 무단점유자에 대하여도 같은 기준을 적용하여 부당이득을 산정하는 것은 대부료 조정제도의 취지에 부합하지 아니하며, 무단점유자가 1년을 초과하여 점유한 경우 위와 같은 조정대부료를 기준으로 부당이득을 산정하면, 장기간의 무단점유자가 오히려 대부기간의 제한을 받는 적법한 대부계약자나 단기간의 무단점유자에 비하여 이익을 얻는 것이어서 형평에 반하는 점 등을 고려하면, 부당이득 산정의 기초가 되는 대부료는 조정대부료가 아니라 국유재산법 47조, 33조 1항이 정한 일반적인 방법에 따라 산출되는 대부료이다.

50) 대법원 2015. 2. 26. 선고 2012두6612 판결, 도로가 용도폐지로 일반재산이 된 경우에 용도폐지 전에 의제된 점용허가의 효력은 소멸되므로, 그때부터 관리청은 도로법의 소정 조항을 근거로 점용료를 부과할 수 없다(대법원 2015. 11. 12. 선고 2014두5903 판결).

51) 대법원 2007. 12. 13. 선고 2007다51536 판결, 대법원 2023. 10. 18. 선고 2023두42584 판결.

(나) 판단(불가, 사업시행자의 점유나 사용·수익을 정당화할 법적 지위 긍정)

앞서 본 바와 같이 국·공유재산 중 행정재산에 대하여는 사업시행계획인가가 이루어지면 사용 등 허가가 의제되므로(법 57조 1항 13호, 14호), 위 행정재산이 용도폐지되어 일반재산으로 되더라도 그 점유권원은 실효 또는 상실되지 않고 소유권 취득 시까지 유지되므로, 사업시행자가 아무런 점유 권원 없이 정비구역 내 도로·공원부지에 대한 점유를 개시하였다거나 도로부지 등에 대하여 점유·사용할 정당한 권한이 없다고 볼 수 없으므로, 관할 행정청은 변상금부과처분을 할 수 없다.[52]

다만, 관할 행정청이 사업시행계획인가 조건에서 도로부지 등을 비롯한 행정재산 등에 대하여 점유 또는 사용금지나 그와 관련한 제한이나 조건을 설정하는 등 사용관계에 관하여 달리 정해진 내용이 있는 등의 특별한 사정이 있다면 위 제한이나 조건이 적용됨은 당연하므로,[53] 그 범위에서는 변상금부과처분이 가능할 수 있다.

52) 대법원 2007. 12. 13. 선고 2007다51536 판결, 대법원 2024. 10. 8. 선고 2023다210991 판결 참조.
53) 대법원 2007. 12. 13. 선고 2007다51536 판결.

제 9 편

매도청구 및 수용재결 등 현금청산과 손실보상 (현금청산대상자의 조합비용 부담 포함)

제1장 현금청산개관

Ⅰ. 총 설

1. 현금청산의 취지

정비사업은 정비구역 내 토지등소유자 전원이 정비사업에 참가하는 상태를 형성하여야 진행이 가능하다. 왜냐하면 정비구역 내 토지 전부가 원칙적으로 정비사업의 시행으로 건설되는 아파트 등에 대한 대지권의 목적인 토지가 되기 때문이다.

정비구역 내 토지등소유자 모두가 조합원의 지위를 유지하는 경우 사업시행자로서는 정비사업을 원만하게 수행할 수 있으나, 정비구역 내 토지등소유자 중 일부가 처음부터 조합원 지위가 없거나 조합원의 지위를 상실한 경우 사업시행자로서는 정비구역 내 토지등소유자 전원이 정비사업에 참가하는 상태를 형성하도록 하기 위하여 이들의 정비구역 내 토지등에 대하여 협의취득하거나 매도청구나 수용재결에 의하여 소유권의 확보에 나아가게 된다. 그것이 현금청산제도이다. 사업시행자는 이를 통하여 정비사업의 진행을 원하는 토지등소유자들만으로 정비사업의 수행이 가능함으로써 정비사업을 신속하고도 원활하게 진행할 수 있다.[1] 한편 사업시행자는 정비사업으로 소유권 등을 상실하는 자에게 현금으로 청산하여야 하므로 그들의 재산권을 보장하는 기능도 한다.[2]

현금청산의 방법은 먼저 조합등 사업시행자가 토지등소유자로부터 토지등을 협의취득하는 것이다. 협의가 성립되지 아니한 경우 법은 정비사업의 공익성 정도에 따라 강제력에 의해 이를 취득하게 하거나(수용), 사적자치에 의한 계약체결 의제(매도청구)를 통하여 이를 취득하게 하고 있다.

2. 현금청산 개관

정비구역 내 토지등소유자 중 일부가 처음부터 조합원 지위가 없는 경우는 강제가입제가 적용되는 재개발사업에서는 원칙적으로 해당하지 않고, 임의가입제가 적용되고 '건축물 및 그 부속토지의 소유자'[3]만을 조합원으로 인정하는 재건축사업에서 문제된다. 그 경우 재건축조합은 조합설립에 동의하지 않거나 정비구역 내에 토지 또는 건물만을 소유한 자에 대하여 법 64조의 매도청구권을 통하여 토지등의 소유권을 확보하게 된다.

---

1) 대법원 2011. 7. 28. 선고 2008다91364 판결, 헌법재판소 2020. 11. 26. 선고 2017헌바350 등 결정.

2) 대법원 2020. 7. 29. 선고 2016다51170 판결.

3) 재개발사업은 토지 또는 건축물 소유자, 그 지상권자를 모두 조합원으로 인정한다.

조합원 지위를 취득하였다가 상실하여 현금청산대상자가 된 경우로는 분양신청을 하지 않거나 철회하는 등으로 정비사업의 참여를 원하지 않아 조합원 지위를 상실한 경우와 분양신청을 하였으나 인가된 관리처분계획상 분양대상자에서 제외되거나 투기과열지구 정비사업에서 5년 내에 이미 분양을 받아 다시 투기과열지구 내 정비사업에서 분양신청권이 없는 경우 등 토지등 소유자의 의사와 무관하게 조합원 지위를 상실하는 경우가 있다(법 39조 2항에 의하여 투기과열지구 정비사업 중 재건축사업은 조합설립인가 이후, 재개발사업은 관리처분계획인가 이후 각 토지등의 양수인은 처음부터 조합원 지위를 취득할 수 없으나, 법 39조 3항이 법 73조를 준용하여 손실보상을 받을 수 있다고 규정함으로써 조합원 지위 상실에 준하여 처리한다). 그 경우 조합 등 사업시행자는 협의 또는 수용(재개발)이나 매도청구(재건축)를 통하여 토지등의 소유권을 취득한다. 드물지만 재건축사업에 있어 종전자산에 설정된 근저당권을 소멸시키는 방편으로 사업시행자가 경매절차를 통하여 토지등의 소유권을 취득하는 경우가 있다.

위와 같이 정비구역 내 토지등소유자 중 일부가 처음부터 조합원 지위가 없거나 조합원의 지위를 상실한 경우 현금청산을 받을 수 있을 뿐, 종국적으로는 토지등에 대한 소유권을 사업시행자에게 이전하여야 한다. 따라서 현금청산사유 발생 당시 이미 토지등을 조합이 점유하고 있다 하더라도 토지등소유자는 그가 출자한 현물의 반환을 조합을 상대로 구할 수 없다. 조합도 현금청산대상자에게 기존에 출자받은 종전자산을 다시 반환할 필요가 없고, 단지 현금청산대상자에게 협의 또는 수용이나 매도청구절차를 거쳐 현금청산금을 지급할 의무만 부담하므로, 조합이 기존에 출자받은 종전자산을 정비사업을 위하여 계속 점유하더라도 이를 권원 없는 점유라거나 불법점유라고 할 수 없다.[4]

비록 도시정비법에 명문의 규정이 없으나, 거의 대부분의 조합 정관에는 조합원 지위를 상실하는 경우로 분양계약 체결의 거절을 규정하고 있다. 이는 분양신청을 통하여 관리처분계획상 수분양자가 된 토지등소유자가 정비사업의 참여를 원하지 않아 분양계약 체결기간 만료일 다음 날 조합원 지위를 상실하는 경우이다. 그 경우 현금청산은 정관 규정에 의하나, 실무상 국토부 또는 서울 표준정관에 따라 제정된 조합 정관은 분양신청을 하지 아니한 자 등에 대하여 구 법 47조 현금청산규정을 적용하고 있다(서울 표준정관은 법 73조의 규정을 적용한다).

임의가입제를 원칙으로 하는 재건축사업에서는 정관으로 제명 관련 규정을 두고 있고, 그에 따른 제명이 이루어지거나 탈퇴하는 경우도 조합원 지위를 상실한다. 그 경우 재건축조합은 매도청구를 통하여 토지등을 취득한다.

현금청산의 범위와 관련하여 현금청산에 개발이익을 배제하는 재개발사업 시행자는 이에 상응하여 현금청산대상자에 대하여 추가로 토지보상법상 손실보상을 하여야 한다. 상가소유자에 대하여는 영업손실보상을 하여야 하고, 주택소유자에 대하여는 주거이전비, 이사비를 지급하여야 한다. 다만, 현금청산에 개발이익을 포함하는 재건축사업 시행자는 현금청산대상자에 대하여 토지보상법상의 손실보상을 필요로 하지 아니한다.

토지등소유자에 대한 현금청산은 그 전제로서 임차인에 대한 임대차보증금 반환이 선행되는

4) 대법원 2020. 7. 29. 선고 2016다51170 판결.

데, 재개발·재건축조합 모두 임차인의 임대차계약 해지에 응하여 보증금 반환의무를 부담한다[법 70조 2항, 제7편 제4장 제3절 Ⅱ. 2. 다. ⑵의 "㈐ 임차권자 등" 참조]. 그 외에 재개발사업 시행자는 토지등소유자가 수분양자로서 조합원의 지위를 유지하거나 현금청산대상자이거나 불문하고, 임차인(세입자)에 대하여는 토지보상법상의 손실보상을 하여야 한다. 여기에는 영업손실보상, 주거이전비, 이사비 등이 있다. 재건축사업 시행자는 세입자에 대한 토지보상법상의 손실보상을 필요로 하지 아니한다.

한편 법 26조 1항 및 27조 1항의 요건에 해당하여 사업시행자가 된 시장·군수등, 토지주택공사등 또는 신탁업자는 자신의 사업시행자 지정에 동의하지 아니한 자에 대하여 매도청구권을 행사할 수 있다(법 64조 1항 2호).

Ⅱ. 협의취득

1. 현금청산규정

가. 연 혁

⑴ 법 제정 전

재개발사업에 대하여 적용되는 구 도시재개발법에서는 현금청산대상자에 대한 청산금(종전권리가액)은 사업시행계획인가·고시일을 기준으로 평가하도록 하고 있었음에도 불구하고, 실제 청산은 수분양자에 대한 청산방법에 의하도록 하였다(36조). 이에 따라 현금청산대상자에 대한 청산금이 분양처분이 있은 후 지급됨으로써 사업시행계획인가·고시일로부터 오랜 세월이 경과할 경우 현금청산대상자에 대한 청산금에는 그 동안의 물가변동 등이 전혀 반영되지 않은 과소한 금액만 인정되는 문제가 있었다.[5]

⑵ 법 제정 이후

㈎ 법 제정 당시

법 제정 이전의 현금청산대상자에 대한 청산이 갖는 위와 같은 문제점을 고려하여 사업시행자는 분양신청을 하지 아니한 자, 분양신청을 철회한 자, 관리처분계획에 의하여 분양대상에서 제외된 자 등에 대하여 그 해당하게 된 날부터 150일 이내에 토지·건축물 또는 그 밖의 권리에 대하여 현금으로 청산하여야 한다고 규정하였다(법 47조).

위 제정 당시 규정에 대하여는 해당하게 된 날의 의미가 불명확하다는 비판과 만일 사업시행자가 위 기간까지 지급하지 아니하는 경우의 지연손해금에 대한 규정이 없다는 비판이 있었다.

---

5) 도시개발사업에서는 조합원 탈퇴는 허용하지 않아 사업구역 내 토지소유자가 환지를 받기 원하지 않는 경우 조합원 지위를 유지한 채 현금청산을 선택할 수 있을 뿐이고, 사업완료단계에서야 사업시행에 따른 손익정산이 포함된 금전만을 배분받게 될 뿐이다.

(나) 2012. 2. 1. 개정

법 제47조
① 사업시행자는 토지등소유자가 다음 각 호의 어느 하나에 해당하는 경우에는 다음 각 호의 구분에 따른 날부터 150일 이내에 대통령령으로 정하는 절차에 따라 토지·건축물 또는 그 밖의 권리에 대하여 현금으로 청산하여야 한다.
1. 분양신청을 하지 아니한 자 또는 분양신청기간 종료 이전에 분양신청을 철회한 자: 제46조 제1항에 따른 분양신청기간 종료일의 다음 날
2. 제48조에 따라 인가된 관리처분계획에 따라 분양대상에서 제외된 자: 그 관리처분계획의 인가를 받은 날의 다음 날
② 사업시행자는 제1항에 따른 기간 내에 현금으로 청산하지 아니한 경우에는 정관등으로 정하는 바에 따라 해당 토지등소유자에게 이자를 지급하여야 한다.

앞서의 비판을 수용하여 개정이 이루어졌는데, 청산의 시기가 구체적으로 특정되었고, 2항으로 사업시행자의 지연손해금 지급의무를 새롭게 규정하였다.[6]

(다) 2013. 12. 24. 개정

법 제47조
① 사업시행자는 분양신청을 하지 아니한 자, 분양신청기간 종료 이전에 분양신청을 철회한 자 또는 제48조에 따라 인가된 관리처분계획에 따라 분양대상에서 제외된 자에 대해서는 관리처분계획인가를 받은 날의 다음 날로부터 90일 이내에 대통령령으로 정하는 절차에 따라 토지·건축물 또는 그 밖의 권리에 대하여 현금으로 청산하여야 한다.
② 사업시행자는 제1항에 따른 기간 내에 현금으로 청산하지 아니한 경우에는 정관등으로 정하는 바에 따라 해당 토지등소유자에게 이자를 지급하여야 한다.

분양신청을 하지 아니한 자, 분양신청기간 종료 이전에 분양신청을 철회한 자에 대하여는 현금청산기간이 대폭 늦추어졌는데, 이는 관리처분계획인가 이전에는 분양수입이 없어 현금청산금 등을 자체 조달하기 어려운 사업시행자의 특수성과 부동산 경기 침체로 인한 사업성 악화로 현금청산이 증가하고 있던 당시 상황 등을 고려하여 정비사업 추진을 원활하게 하기 위한 것이다. 이는 사업시행자의 재원 마련과 관련하여 편의를 제공하려는 입법정책적 배려로 보인다.[7]

(라) 2017. 2. 8.자 법 개정

사업시행자는 '관리처분계획이 인가·고시'된 다음 날부터 90일 이내에 현금청산대상자와 토지등의 손실보상에 관한 협의를 하여야 한다(자세한 규정 내용은 나.항 참조).

6) 민법 587조 후문 규정 내용을 확인한 것에 불과한 것으로 볼 여지도 있으나, 당시 부칙 8조는 "법 47조 2항의 개정규정은 법 시행 후 최초로 조합설립인가를 신청하는 정비사업부터 적용한다."고 규정함으로써 지연손해금을 새롭게 규정한 것임을 명확히 하였다.
7) 헌법재판소 2020. 9. 24. 선고 2018헌바239 결정.

㈒ 법이 2017. 10. 24. 개정

① 법이 2017. 10. 24. 개정되어 46조 3항 즉 "투기과열지구에서의 정비사업에서 관리처분계획에 따라 수분양조합원이나 일반수분양자 및 그 세대에 속한 자는 분양대상자 선정일부터 5년 이내에는 투기과열지구에서 분양신청을 할 수 없다."는 규정이 새롭게 도입되었으므로, 위와 같은 분양신청을 할 수 없는 자에 대한 현금청산규정을 마련하였다.

② 법이 2017. 2. 8. 전부개정되기 이전까지 구 법의 규정은 모두 위와 같이 관리처분계획의 인가를 받은 날의 다음 날부터 90일(2013. 12. 24. 법률 제12116호로 개정된 이후), 분양신청기간 종료일 다음 날 등으로부터 150일(2013. 12. 24. 법률 제12116호로 개정되기 이전) 이내에 '현금으로 청산하여야 한다.'고 규정하고 있었다. 당시 구 법 시행령 48조는 "사업시행자가 법 47조의 규정에 의하여 토지등소유자의 토지·건축물 그 밖의 권리에 대하여 현금으로 청산하는 경우 청산금액은 사업시행자와 토지등소유자가 협의하여 산정한다."고 규정하고 있으므로, 그 의미와 관련하여, 보상에 관한 협의를 위 기간 내에 하여야 하는지 또는 만일 위 기간 내에 협의를 진행하지 아니한 경우 위 기간 도과 후에도 반드시 협의절차를 진행하여야 하는지 여부에 관하여 논란이 있었다.

판례는 관리처분계획의 인가를 받은 날(분양신청기간 종료일)의 다음 날 등이 청산금 지급의무 발생일이고, 조합이 현금청산사유가 발생한 날부터 90일(150일) 이내에 지급하여야 하는 현금청산금은 토지등소유자의 종전자산 출자에 대한 반대급부로서, 90일(150일)은 청산금의 지급 이행기간으로 본다고 하였다.[8)]

나. 2017. 2. 8. 전부개정된 현행 규정

법 제73조(분양신청을 하지 아니한 자 등에 대한 조치)

① 사업시행자는 관리처분계획이 인가·고시된 다음 날부터 90일 이내에 다음 각 호에서 정하는 자와 토지, 건축물 또는 그 밖의 권리의 손실보상에 관한 협의를 하여야 한다. 다만, 사업시행자는 분양신청기간 종료일의 다음 날부터 협의를 시작할 수 있다.

1. 분양신청을 하지 아니한 자
2. 분양신청기간 종료 이전에 분양신청을 철회한 자
3. 제72조 제6항 본문에 따라 분양신청을 할 수 없는 자
4. 제74조에 따라 인가된 관리처분계획에 따라 분양대상에서 제외된 자

② 사업시행자는 제1항에 따른 협의가 성립되지 아니하면 그 기간의 만료일 다음 날부터 60일 이내에 수용재결을 신청하거나 매도청구소송을 제기하여야 한다.

③ 사업시행자는 제2항에 따른 기간을 넘겨서 수용재결을 신청하거나 매도청구소송을 제기한 경우에는 해당 토지등소유자에게 지연일수(遲延日數)에 따른 이자를 지급하여야 한다. 이 경우 이자는 100분의 15 이하의 범위에서 대통령령으로 정하는 이율을 적용하여 산정한다.

법 시행령 제60조

② 법 제73조 제3항 후단에서 "대통령으로 정하는 이율"이란 다음 각 호를 말한다.

---

8) 대법원 2020. 7. 29. 선고 2016다51170 판결.

1. 6개월 이내의 지연일수에 따른 이자의 이율: 100분의 5
2. 6개월 초과 12개월 이내의 지연일수에 따른 이자의 이율: 100분의 10
3. 12개월 초과의 지연일수에 따른 이자의 이율: 100분의 15

법 제39조(조합원의 자격 등)

② 주택법 제63조 제1항에 따른 투기과열지구로 지정된 지역에서 재건축사업을 시행하는 경우에는 조합설립인가 후, 재개발사업을 시행하는 경우에는 제74조에 따른 관리처분계획의 인가 후 해당 정비사업의 건축물 또는 토지를 양수(매매·증여, 그 밖의 권리의 변동을 수반하는 모든 행위를 포함하되, 상속·이혼으로 인한 양도·양수의 경우는 제외한다. 이하 이 조에서 같다)한 자는 제1항에도 불구하고 조합원이 될 수 없다(단서생략).

③ 사업시행자는 제2항 각 호 외의 부분 본문에 따라 조합원의 자격을 취득할 수 없는 경우 정비사업의 토지, 건축물 또는 그 밖의 권리를 취득한 자에게 제73조를 준용하여 손실보상을 하여야 한다.

2017. 2. 8. 전부개정으로 법 73조 1항은 사업시행자는 관리처분계획인가·고시를 받은 날의 다음 날부터 90일 이내에 협의를 하여야 한다고 규정하여 그 의미를 명확히 하였다. 만일 위 기간 내에 협의가 성립되지 아니하면, 사업시행자는 그때부터 60일 이내에 수용재결을 신청하거나 매도청구소송을 제기하여야 하고, 위 기간을 넘겨 수용재결을 신청하거나 매도청구소송을 제기한 경우에는 지연일수의 기간에 따라 100분의 5 내지 100분의 15까지의 지연손해금을 지급하도록 하는 규정이 도입되었다. 종래 관리처분계획인가를 받은 날의 다음 날로부터 90일 이내에 현금으로 청산하는 것이 부당하는 반성적 고려로 위와 같이 위 기간 내에 협의한다는 내용이 도입된 것이라 아니라 그동안 비판이 제기되었던 협의의 의미를 명확히 하기 위하여 위와 같이 규정한 점, 관리처분계획인가·고시를 받은 날의 다음 날로부터 90일의 기간이 도과된 때로부터 60일 이내 수용재결 신청을 하지 아니하거나 매도청구소송을 제기하지 아니하면 가중된 지연손해금을 지급하도록 하는 규정이 도입된 것은 현금청산대상자의 이익을 위한 것으로서, 위 90일 이내에 청산하지 않더라도 일반 지연손해금이 발생하지 않음을 전제로 한 것으로 보기 어렵다.

한편 위 전부개정법률의 부칙 18조(분양신청을 하지 아니한 자 등에 대한 조치에 관한 적용례)는 "73조의 개정규정은 이 법 시행 후 최초로 관리처분계획인가를 신청하는 경우부터 적용한다. 다만, 토지등소유자가 토지보상법 30조 1항의 재결 신청을 청구한 경우에는 73조의 개정규정에도 불구하고 종전의 규정을 적용한다."고 규정하고 있다.

2. 현금청산대상자

조합원인 토지등소유자가 현금청산대상자가 된 경우 조합과 사이의 현금청산이 문제된다. 조합 등 사업시행자는 법정의 기간 내에 토지등소유자와 협의를 진행하여 청산금을 지급하여야 한다(임의가입제를 원칙으로 하는 재건축사업에서 토지등소유자 중 일부가 처음부터 조합원 지위가 없는 경우에도 현금청산이 필요하나, 그 경우 협의 없이 곧바로 매도청구가 가능하다). 보상협의가 성립하지 아니한 채 이행기를 도과하는 경우 지연손해금 발생 여부가 문제된다.

가. 법정 현금청산대상자

조합원이 분양신청기간 내에 적법한 분양신청통지를 받고도 분양신청을 하지 아니한 자, 분양신청을 하였다가 분양신청기간 종료 이전에 분양신청을 철회한 자, 투기과열지구에서 이미 분양을 받아 5년 이내의 투기과열지구에서 분양신청을 할 수 없는 자는 분양신청기간 종료일 다음 날 조합원 지위를 상실하고 현금청산대상자가 된다. 분양신청을 하였으나 인가된 관리처분계획에 따라 분양대상에서 제외된 자는 관리처분계획인가를 받은 다음 날 조합원 지위를 상실하고 현금청산대상자가 된다(2012. 2. 1. 개정된 구 법 47조 1항 참조). 투기과열지구에서의 재건축에 있어 조합설립인가 후, 재개발사업에 있어 관리처분계획인가 후 각 토지등을 양수한 자는 조합원 지위를 취득할 수 없고, 법 73조가 준용되어 현금청산대상자로서 손실보상을 받게 된다(법 39조 2항 및 3항).

나. 정관상의 현금청산대상자

(1) 수분양자인 토지등소유자가 정관에서 정한 분양계약 체결기간 내에 분양계약을 체결하지 아니한 경우에는 분양계약 체결기간 종료일 다음 날 조합원 지위를 상실하고 현금청산대상자가 된다. 그 경우 현금청산대상자에 대한 청산방법은 정관 규정에 의한다. 일반적으로 조합 정관은 아래에서 살펴볼 분양신청하지 않은 자 등에 대한 현금청산규정을 적용한다고 규정하고 있다.

(2) 임의가입제를 전제로 하는 재건축조합의 경우에는 조합원에 대한 제명·탈퇴가 가능하다. 제4편 제5장 제2절 'Ⅲ. 정관의 기재사항'에서 살펴본 바와 같이 재건축조합은 정관에 조합원의 제명과 탈퇴의 사유 및 절차를 규정하고 있다. 조합원이 정관에 따라 재건축조합에서 제명되거나 탈퇴하여 그 지위를 상실하는 경우 처음부터 분양신청을 하지 아니하거나 철회하는 경우와 마찬가지로 현금청산대상자가 된다. 그 경우 현금청산대상자에 대한 청산방법은 정관 규정에 의한다.[9] 서울 재건축 표준정관은 조합원이 고의에 의한 불법행위로 조합 또는 조합원에게 막대한 재산상 손해를 입힌 경우 등을 제명사유로 규정하고 있고, 제명절차로 총회의결 전에 소명기회를 부여하여야 하며, 제명된 자에 대한 청산방법으로 매도청구를 규정하고 있다(10조 9항, 40조). 다만 다음에서 살펴보듯이 제명통지나 탈퇴의 의사표시가 매도청구로 간주되므로, 협의 등의 현금청산절차는 필요하지 않다.

3. 보상협의

가. 법정 현금청산대상자

(1) 내용

㈎ 감정평가

① 재개발·재건축사업에서 사업시행자 및 현금청산대상자는 구 법 47조 1항 기간 내 또는 법 73조 1항 기간 내에 보상협의를 진행하여 청산금액을 산정한다. 재건축사업의 경우 사업시행자

9) 대법원 2013. 11. 28. 선고 2012다110477(본소) 등 판결.

인 조합은 위 협의를 진행함에 있어 그 전제로 감정평가절차는 필요하지 않다.

② 재개발사업의 경우에는 협의의 전제로 먼저 감정평가를 거쳐야 하고, 감정평가법인 선정방법은 토지보상법 68조 1항이 적용된다(법 시행령 60조 1항).[10]

재개발조합이 보상협의의 전제로 감정평가를 의뢰하는 경우 기준시점을 관리처분계획이 인가·고시 다음 날로 특정하는 것이 아니라 향후의 협의에 따른 계약체결예정일로 특정하는 경우가 많고, 그 경우 감정평가법인은 대상물건에 대한 가격조사를 실시한 시점을 기준시점으로 하는 것이 일반적이다. 정비사업 실무상 기준시점을 위와 같은 계약체결예정일로 하는 이유는 토지보상법 67조 1항이 협의에 의한 보상액 산정의 시점은 협의성립 당시의 가격을 기준으로 한다는 규정 때문으로 보인다. 그러나 도시정비법 65조 1항은 정비사업의 시행을 위한 토지등의 '수용'에 대하여는 토지보상법을 준용하나, 그 전 단계의 협의에 대하여는 아무런 준용규정이 없으므로 이는 타당하지 아니하다.

㈏ 기준시점

보상협의의 기준시점은 법령에 정해져 있다.

① 2013. 12. 24. 개정 이전

앞서 연혁에서 살펴본 바와 같이 보상협의의 기준시점은 법이 2013. 12. 24. 개정되기 이전에는 분양신청기간 종료일 다음 날이고(인가된 관리처분계획에 따라 분양대상에서 제외된 자는 관리처분계획인가일의 다음 날이다), 이행기는 그로부터 150일이다. 이는 위 150일 이내에 청산금액이 확정되었는지 여부와는 무관하다. 따라서 사업시행자가 현금청산대상자에게 현금으로 청산하는 경우 보상협의의 전제가 되는 현금청산의 목적물인 토지·건축물 또는 그 밖의 권리의 가액을 평가하는 기준시점은 청산금 지급의무가 발생하는 시기인 '분양신청기간의 종료일 다음 날'로 봄이 상당하다(인가된 관리처분계획에 따라 분양대상에서 제외된 자에 대하여는 '관리처분계획인가일의 다음 날'이다).[11] 분양신청기간 종료 후에 발생한 분양 상황, 분양 수입금 및 사업비 지출액 등을 고려하여 현금청산금이 변동된다고 보려면 정관이나 관리처분계획 등에 이러한 취지가 명백히 표시된 규정이 필요하다고 할 것이다.[12]

② 2013. 12. 24. 개정 이후 2017. 2. 8. 전부개정 이전

사업시행자의 청산금 지급의무 발생시기는 '관리처분계획인가'받은 날의 다음 날이고, 이행기는 그로부터 90일이다. 따라서 사업시행자가 현금청산대상자에게 현금으로 청산하는 경우 현금청산의 목적물인 토지·건축물 또는 그 밖의 권리의 가액을 평가하는 기준시점은 청산금 지급의무가 발생하는 시기인 '관리처분계획인가일 다음 날'로 봄이 상당하다.

---

10) 감정평가법인등을 선정할 때 해당 토지를 관할하는 시·도지사, 사업시행자 및 토지등소유자는 감정평가법인등을 각 1인씩 추천할 수 있고, 3인에 의한 감정평가가 원칙이다. 그러나 사업시행자는 시·도지사와 토지등소유자가 모두 감정평가법인등을 추천하지 아니하거나 시·도지사 또는 토지등소유자 중 어느 한쪽이 감정평가법인등을 추천하지 아니하는 경우에는 2인을 선정하여 토지등 및 영업손실보상에 대한 감정평가를 의뢰하여야 한다.

11) 대법원 2009. 9. 10. 선고 2009다32850, 32867 판결.

12) 대법원 2012. 5. 24. 선고 2010다15141 판결.

③ 2017. 2. 8. 전부개정 이후

사업시행자의 청산금 지급의무 발생시기는 '관리처분계획인가·고시'받은 날의 다음 날이고, 이행기는 그로부터 90일이다. 따라서 사업시행자가 현금청산대상자에게 현금으로 청산하는 경우 현금청산의 목적물인 토지·건축물 또는 그 밖의 권리의 가액을 평가하는 기준시점은 청산금 지급의무가 발생하는 시기인 '관리처분계획인가·고시일 다음 날'로 봄이 상당하다.

다만, 사업시행자는 분양신청기간 종료일의 다음 날부터 현금청산대상자와 사이에 협의를 시작할 수 있고 이에 따라 협의가 성립되는 경우 현금청산대상자의 토지등을 취득할 수 있다.

⑵ 대상

㈎ 재건축사업의 경우에는 현금청산대상자의 건축물(지장물) 및 부속토지가 보상협의의 대상이고, 그에 대한 청산금이 지연손해금의 대상이다.

㈏ 재개발사업의 경우 보상협의의 대상은 토지 또는 지장물, 영업손실 등이다. 토지 또는 지장물에 대한 손실보상협의는 그 요건이 명확하여 특별한 문제가 없다. 영업손실보상의 경우에는 그 요건이 엄격하여 보상대상자 해당 여부와 관련하여 실무상 문제된다. 즉, 협의에 의한 영업손실보상의 대상은 정비계획 입안권자의 정비계획안에 대한 공람공고일 당시 영업자로서 적법한 장소에서 인적·물적시설을 갖추고 계속적으로 행하고 있는 영업이고, 영업을 행함에 있어서 관계 법령에 의한 허가 등을 필요로 하는 경우에는 공람공고일 이전에 허가 등을 취득하였을 것을 요한다(재개발사업 임차인에 대한 영업손실도 보상대상이나 그 근거규정은 정비사업을 시행하기 위하여 토지보상법 3조에 따른 토지·물건 또는 그 밖의 권리를 취득할 수 있다는 법 63조로서, 법 73조가 적용되지 아니하므로, 관리처분계획이 인가·고시된 다음 날부터 90일 이내에 이를 지급하지 아니한 후 그로부터 60일 이내에 수용재결신청하지 않더라도 지연손해금이 발생하는 것은 아니다. 자세한 내용은 제3장 제5절 영업손실보상에서 살펴본다).

이주정착금, 주거이전비, 이사비 등도 협의의 대상이 되기는 하나, 반드시 협의를 거쳐야 하는 것은 아니고, 협의 불성립 시 반드시 재결절차를 거쳐야 하는 것도 아니며, 재결 없이 청구도 가능하므로 법 73조가 적용되지 아니하는 바, 이는 따로 살펴보기로 한다.

⑶ 효과(사법상 매매계약)

㈎ 매매계약

사업시행자가 현금청산대상자로부터 토지등을 협의취득하는 것은 사법상의 매매계약에 해당한다.[13)]

① 동시이행관계

재건축의 경우에는 사업시행자인 조합의 토지등에 대한 현금청산금 지급의무와 현금청산대상자의 권리제한 없는 소유권이전등기의무 및 부동산 인도의무는 동시이행관계에 있다.[14)]

재개발사업의 경우에는 사업시행자와 현금청산대상자 사이에 청산금에 관한 협의가 성립된다

13) 대법원 2011. 2. 10. 선고 2010두18819 판결(재개발조합).

14) 대법원 2008. 10. 9. 선고 2008다37780 판결, 대법원 2018. 9. 28. 선고 2016다246800 판결.

면 사업시행자의 청산금 지급의무와 현금청산대상자의 토지 등 부동산 인도의무는 특별한 사정이 없는 한 동시이행의 관계에 있게 된다.[15] 그러나 현금청산대상자의 권리제한 없는 소유권이전등기의무와 조합의 현금청산금 지급의무는 동시이행의 관계에 있지 않다. 자세한 근거는 아래 Ⅲ. 1. "나. 현물출자의무를 이행한 경우"에서 살펴본다. 이하에서는 재건축사업에서의 동시이행의 내용에 관하여 살펴본다.

② 재건축사업

㉮ 이행지체

쌍무계약에 있어서 당사자의 채무에 관하여 이행의 제공을 엄격하게 요구하면 불성실한 상대 당사자에게 구실을 주게 될 수도 있으므로 당사자가 하여야 할 제공의 정도는 그 시기와 구체적인 상황에 따라 신의성실의 원칙에 어긋나지 않게 합리적으로 정하여야 하는 것이다. 부동산매매계약에서 매도인의 소유권이전등기절차 이행의무와 매수인의 매매잔대금 지급의무가 동시이행관계에 있는 한 쌍방이 이행을 제공하지 않는 상태에서는 이행지체로 되는 일이 없을 것인바, 매도인이 매수인을 이행지체에 빠뜨리기 위해서는 소유권이전등기에 필요한 서류 등을 현실적으로 제공하거나 그렇지 않더라도 그 서류 등을 준비하여 두고 매수인에게 그 뜻을 통지하고 수령하여 갈 것을 최고하면 된다.

㉯ 근저당권설정등기 내지 가압류등기 등과 동시이행관계

㉠ 동시이행관계의 취지

사업시행자가 조합원분양분 중 분양신청을 받은 후 잔여분에 대하여 일반분양하는 경우 수분양자는 그에 상응하는 종전의 토지등에 아무런 권리제한이 없는 상태로 소유권을 취득한다(법 87조 3항, 도시개발법 34조). 위와 같이 이전고시로 인하여 종전자산상의 근저당권 등이 소멸하므로, 종전자산상에 존재하는 위와 같은 권리를 보호하기 위하여 판례는 분양신청에 나아가지 아니한 조합원 또는 수분양을 받았으나 그 후 분양계약 체결에 나아가지 아니한 조합원에 대하여 사업시행자가 청산을 함에 있어 공평의 원칙상 현금청산대상자는 권리제한등기가 없는 상태로 토지등의 소유권을 사업시행자에게 이전할 의무를 부담하고, 이러한 권리제한등기 없는 소유권이전의무와 사업시행자의 청산금 지급의무는 동시이행관계에 있다.[16]

㉡ 범위

현금청산대상자가 부동산에 관한 소유권이전등기를 마쳐주었고, 인도까지 이행하였음에도, 해당 부동산에 근저당권설정등기나 가압류가 존재하는 경우 동시이행의 범위가 문제된다. 사업시행자가 현금청산에서 근저당권설정등기말소나 가압류등기말소와의 동시이행을 주장하며 지급을 거절할 수 있는 청산금의 범위는 말소되지 아니한 근저당권의 채권최고액(또는 채권최고액의 범위 내에서 확정된 피담보채무액)이나 가압류의 피보전채권액에 해당하는 청산금이다.[17]

15) 앞서 본 2008다91364 판결, 대법원 2020. 7. 23. 선고 2018두47622 판결, 2020. 7. 23. 선고 2019두46411 판결, 대법원 2020. 7. 29. 선고 2016다51170 판결.
16) 대법원 2018. 9. 28. 선고 2016다246800 판결.
17) 대법원 2015. 11. 19. 선고 2012다114776 전원합의체 판결.

㈏ 소멸시효

당사자 일방에 대하여만 상행위에 해당하는 행위로 인한 채권도 상법 64조에서 정한 5년의 소멸시효기간이 적용되는 상사채권에 해당하는바, 여기서 말하는 상행위에는 기본적 상행위(상법 46조 각 호) 외에 상인이 영업을 위하여 하는 보조적 상행위도 포함되고, 상인의 행위는 영업을 위하여 하는 것으로 추정된다(상법 47조).[18] 매매계약이 상행위에 해당하는 경우 매매계약에 의해 직접 생긴 채권뿐만 아니라 매도인의 채무불이행책임이나 하자담보책임에 기한 매수인의 손해배상채권에 대해서도 상사소멸시효가 적용된다.[19] 상인이 그 소유 부동산을 매도하기 위해 체결한 매매계약은 영업을 위하여 한 것으로 추정되고, 그와 같은 추정은 매매계약이 토지보상법에 의한 협의취득이라는 사정만으로 번복되지 않는다. 결국 당사자 일방이 상인인 경우에는 토지보상법에 의한 협의취득으로 체결된 부동산 매매계약이라고 하더라도 다른 사정이 없는 한 보조적 상행위에 해당하므로, 매도인의 채무불이행책임이나 하자담보책임에 기한 매수인의 손해배상채권에 대해서는 상사소멸시효가 적용된다.[20]

㈐ 승계취득

① 의의

협의취득의 성격은 사법상 매매계약이므로 그 이행으로 인한 사업시행자의 토지등의 소유권 취득은 원시취득이 아니라 승계취득이다.

② 재개발사업에서 토지보상법 29조의 적용 여부

㉮ 문제의 소재

토지보상법 29조는 사업시행자가 토지등소유자와 사이에 협의가 성립되었을 때에는 재결 신청기간 이내에 해당 토지등소유자의 동의를 받아 관할 토지수용위원회에 협의 성립의 확인을 신청할 수 있고 절차에 따라 협의 성립이 확인되는 경우, 재결이 있었던 것으로 의제되고, 그에 따라 사업시행자는 확인대상 토지를 수용재결의 경우와 동일하게 원시취득하는 효과를 누리게 된다. 위 토지보상법 29조의 규정이 재개발사업에도 적용될 수 있는지 여부가 문제된다.

㉯ 판단(불가)

도시정비법 65조 1항은 정비사업의 시행을 위한 토지등의 '수용'에 대하여는 토지보상법을 준용하나, 그 전 단계의 협의에 대하여는 토지보상법을 준용하는 규정이 없다. 따라서 토지보상법 29조의 규정이 재개발사업에 적용될 수 없다. 사업시행자가 협의 성립 확인신청을 하는 경우 관할 토지수용위원회는 이를 반려해야 한다.

---

18) 대법원 2002. 9. 24. 선고 2002다6760, 6777 판결 등 참조.
19) 대법원 1997. 8. 26. 선고 97다9260 판결, 대법원 2012. 11. 15. 선고 2011다56491 판결 등 참조.
20) 대법원 2022. 7. 14. 선고 2017다242232 판결 참조[사업시행자(토지주택공사)가 피고(정유회사)로부터 그 토지를 협의취득하였는데, 이를 인도받은 후 폐기물이 매립되었음을 확인한 사안에서, 사업시행자가 파고를 상대로 하자가 없는 정상적인 상태로 매매 목적물인 이 사건 토지를 인도할 의무가 있는데도 다량의 폐기물이 매립된 하자 있는 상태로 인도하였으므로, 민법 580조의 하자담보책임 또는 민법 390조의 불완전이행에 따른 채무불이행책임에 기하여 피고에게 사업시행자가 입은 폐기물 처리비용 상당의 손해 등을 구하는 사안이다].

나. 정관상의 현금청산대상자(분양계약 체결을 거절한 자)

정관이나 총회의결로 조합원에게 현금청산대상자가 되는 기회를 추가로 부여하는 분양계약제도에 따라 조합원이 분양계약 체결기간 내에 분양계약에 응하지 아니하여 현금청산대상자가 된 경우, 협의와 관련한 기준시점 및 이행기는 정관에 의한다.

국토부 표준정관은 분양계약 체결기간 종료일 다음 날이 기준시점이고, 그 이행기는 그때부터 150일이다(표준정관 44조 5항). 한편 서울 표준정관은 수분양조합원이 분양계약 체결기간 내에 분양계약에 응하지 아니하여 현금청산대상자가 된 경우 분양계약 체결기간 종료일 다음 날이 기준시점이고, 그 이행기는 그때부터 90일이다(45조 4항, 1항). 조합에 따라서는 이사회의 의결을 통하여 30일의 범위 내에서 1회 연장이 가능하다고 규정하고 있다. 자세한 내용은 제8편 제4장 Ⅲ. 2. "가. 분양계약 미체결의 효과"에서 살펴보았다.

Ⅲ. 보상협의 불성립 시

1. 일반 지연손해금(청산금 지급지체 지연손해금)

2017. 2. 8. 전부개정되기 전 법 47조 2항은 사업시행자는 법정의 기간 내에 현금으로 청산하지 아니한 경우에는 정관등으로 정하는 바에 따라 해당 토지등소유자에게 이자를 지급하여야 한다고 규정하고 있었다. 한편 법의 2017. 2. 8.자 전부개정으로 청산한다는 내용이 삭제되었으나, 위 개정법률에 의하더라도 해석상 청산금 지급지체에 따른 지연손해금이 인정됨은 위 Ⅱ. 1. "나. 2017. 2. 8. 전부개정된 현행 규정"에서 살펴보았다.

가. 현물출자의무를 이행하지 않은 일반적인 경우

(1) 재개발사업

재개발사업에서 토지등소유자는 조합에 종전자산을 출자하지 않은 채 계속하여 종전자산을 점유하다가 분양신청을 포기하는 등으로 현금청산대상자가 된다. 현금청산대상자는 보상협의 또는 수용재결에서 정한 현금청산금을 지급받은 이후에야 비로소 사업시행자에게 종전자산의 점유를 인도하게 되는 것이 일반적이다(조합원은 관리처분계획이 수립 인가된 이후 착공 단계에서 사업시행자에게 종전자산을 인도하는 것이 일반적이므로, 분양신청절차에서 분양신청을 하지 아니하여 현금청산대상자가 되는 경우 조합에 종전자산을 인도하지 않은 채 수용재결절차가 진행되어 재결보상금이 수용개시일까지 지급이나 공탁되는 경우에서야 비로소 부동산 인도가 이루어지고, 그때까지 이를 점유·사용한다[21]), 그 경우 사업시행자가 해당 현금청산대상자에게 현금청산금을 실제 지급한 시점이 구 법 47조 1항 또는 법 73조 1항이 규정한 관리처분계획인가·고시일 다음 날부터 90일의 이행기간이 경과한 시점이라고 하더라도 사업시행자는 90일의 이행기간을 초과한 지연일수에

---

21) 이는 토지등소유자가 분양신청기간에 분양신청을 포기하여 현금청산대상자가 된 경우에 조합으로부터 적법한 보상을 받을 때까지 종전자산을 기존대로 사용·수익할 수 있다는 것일 뿐, 일단 조합원으로서의 종전자산 출자의무를 이행하였으나 그 후 분양계약 체결기간에 분양계약 체결을 거부하여 현금청산사유가 발생한 경우에도 토지등소유자가 조합을 상대로 기존에 적법하게 출자하여 인도한 종전자산의 반환을 다시 구할 수 있다는 의미로 해석할 수는 없다(대법원 2020. 7. 29. 선고 2016다51170 판결).

대하여 현금청산금 지급 지체책임을 부담하지는 않는다.[22)]

(2) 재건축사업

재건축사업에서 보상협의가 성립하지 아니하더라도, 토지등소유자가 매도청구가 이루어질 때까지 종전자산을 계속하여 점유·사용하고, 매도청구권 행사로 매매계약이 이루어지면 앞서 본 보상협의 성립의 경우와 동일하게 사업시행자의 토지등에 대한 현금청산금 지급의무와 현금청산대상자의 권리제한 없는 소유권이전등기의무 및 부동산 인도의무는 동시이행관계에 있다.

따라서 현금청산대상자가 현물출자의무(부동산 인도의무)를 이행하지 않은 경우, 사업시행자가 해당 현금청산대상자에게 현금청산금을 실제 지급한 시점이 법 73조 1항이 정한 이행기간이 경과한 시점이라고 하더라도, 지연손해금은 발생하지 아니한다.

나. 현물출자의무를 이행한 경우

(1) 문제의 소재

조합원은 법령 또는 정관에 따라 도시정비사업의 원활한 목적 달성을 위하여 협력할 의무가 있고, 이러한 협력의무 중 하나로 현물출자의무가 있으며, 관리처분계획이 수립·인가된 이후 착공 단계에서 사업시행자에게 종전자산을 인도한다(재건축사업에서는 신탁을 원인으로 한 소유권이전등기까지 경료하여 주는 것이 일반적이다).

현금청산대상자가 부동산 인도의무만 이행하였을 뿐, 소유권이전등기를 경료하여 주지 않거나(재개발사업), 신탁을 원인으로 한 소유권이전등기만을 경료하여 주었을 뿐, 저당권 등 권리제한 등기를 말소하지 않은 상태에서(재건축사업), 조합 등 사업시행자가 관리처분계획이 인가·고시된 다음 날부터 90일 이내 현금청산금을 지급하지 아니하는 경우 지연손해금의 발생 여부가 문제된다.

(2) 쟁점

현금청산사유가 발생하더라도, 토지등소유자는 조합을 상대로 기존에 적법하게 출자하여 인도한 종전자산의 반환을 구할 수 없고, 조합은 현금청산대상자에게 기존에 출자받은 종전자산을 다시 반환할 필요가 없어 기존에 출자받은 종전자산을 정비사업을 위하여 계속 점유하더라도 이를 권원 없는 점유라거나 불법점유라고 할 수 없어 부당이득 반환의무가 없으므로,[23)] 이에 대응하여 현금청산대상자의 권리(만일 현물출자의무를 이행하지 아니하였다면 종전자산을 점유·사용하는 권리)를 보호하기 위해서는 현물출자의무만 이행하면, 지연손해금이 발생하는 것으로 볼 필요가 있다.

한편, 조합원이 분양신청을 하지 않거나 분양계약을 체결하지 않은 잔여분에 대하여 일반분양하는 경우 도시개발법 34조에 따른 체비지로 보고(법 79조 4항 전문, 87조 3항, 도시개발법 34조), 종전자산상의 근저당권, 압류 등은 이전고시로 소멸한다. 따라서 그들의 이익을 보호하기

---

22) 대법원 2020. 7. 23. 선고 2019두46411 판결, 대법원 2020. 12. 30. 선고 2018두62027 판결.
23) 대법원 2020. 7. 29. 선고 2016다51170 판결.

위해서는 토지등소유자의 권리제한등기 없는 소유권이전의무와 조합의 청산금 지급의무를 동시 이행관계로 하여야 한다. 그렇다면, 토지등소유자의 현물출자의무 이행만으로 지연손해금이 발생하는 것으로 볼 수 없다.

양자의 조화로운 해석이 문제된다.

(3) 판례

(가) 재개발

① 내용

재개발사업에서 구 도시정비법(2013. 12. 24. 개정 이전 것) 47조 1항에서 정한 현금청산금은 토지등소유자의 종전자산 출자에 대한 반대급부이고, 위 규정이 정한 150일은 그 이행기간에 해당한다.[24] 따라서 조합이 구 도시정비법(2013. 12. 24. 개정 이전 것) 47조 1항에서 정한 현금청산금 지급 이행기간(현금청산사유 발생 다음 날부터 150일) 내에 현금청산금을 지급하지 못한 것에 대하여 지체책임을 부담하는지 여부는 토지등소유자의 종전자산 출자시점과 조합이 실제 현금청산금을 지급한 시점을 비교하여 판단하여야 한다.[25]

재개발사업의 조합원이 분양신청을 하고, 수분양자로 관리처분계획인가·고시가 이루어졌으며, 종전자산 출자(부동산 인도)까지 마쳤으나, 그 후 분양계약 체결기간에 분양계약 체결을 거부하여 현금청산사유가 발생한 경우, 해당 현금청산대상자가 사업시행자로부터 정관에서 정한 기한(현금청산사유가 발생한 날부터 150일)까지 청산금을 지급하지 못하였다면, 비록 해당 토지등에 근저당권(가압류) 등이 설정되어 있고, 소유권이전등기를 조합 명의로 경료하여 주지 않았다 하더라도, 지연손해금이 발생한다.[26]

또한 재개발사업의 조합원이 분양신청절차에서 분양신청을 하기 이전에 이미 부동산을 인도한 경우(저당권 등 권리제한등기 있고 사업시행자에게 소유권이전등기를 마쳐주지 아니한 사안)에는 사업시행자가 구 도시정비법(2013. 12. 24. 개정 이전 것) 47조 1항의 이행기간 내에 현금청산금을 지급하지 아니하였다면 150일의 이행기간을 초과한 지연일수에 대하여 정관조항에서 정한 비율로 계산한 지연이자를 지급할 의무를 부담한다.[27]

---

24) 대법원 2020. 7. 29. 선고 2016다51170 판결.

25) 대법원 2020. 7. 23. 선고 2019두46411 판결.

26) 대법원 2020. 8. 13. 선고 2017다236022 판결(부동산을 이미 인도한 상태에서 분양계약 체결을 거부한 현금청산대상자가 수용재결절차에서 청산금을 지급받은 후, 정관이 적용하고 있는 구 법 47조 1항의 지급이 지체된 이행기간에 대하여 지연손해금을 청구한 사안에서, 원심이 조합의 청산금 지급의무는 부동산 인도의무 외에 권리제한등기 없는 소유권이전등기의무와 동시이행관계에 있음을 이유로 지연손해금채권의 성립을 부인하였으나, 대법원은 지연손해금 청구권을 인정하기 위해서는 종전자산 출자의무의 이행으로 족할 뿐, '근저당권, 가압류등기 등을 말소할 수 있는 상태에서 소유권이전등기절차의 이행이나 이행제공까지는 필요하지 않다고 판단하였다), 대법원 2020. 7. 29. 선고 2016다51170 판결(부동산 인도 이후 분양계약 체결을 거부한 사안이다).

27) 대법원 2020. 7. 23. 선고 2018두47622 판결, 대법원 2020. 7. 23. 선고 2019두46411 판결, 대법원 2020. 9. 3. 선고 2018두48922 판결(위 각 판례는 조합원이 분양신청기간 내에 분양신청을 하지 않아 분양신청기간 만료일 다음 날 조합관계에서 탈퇴하여 현금청산대상자가 된 이후에도 자신의 토지 등을 계속 점유·사용하다가, 사업시행자가 수용개시일에 수용재결보상금을 공탁한 이후에야 위 토지 등을 사업시행자에게 인도한 경우로서, 사업시행자가 구 도시정비법(2013. 12. 24. 개정 이전 것) 47조 1항이 정한 기간을 경과한 후에 현금청산금을 지급하였다 하더라도 사업시행자는 지체책임을 부담하지 않는다는 것이나, 만일 토지등소유자가 조합원의 지위를 유지하는 동안에 종전자산을 출자한 후에 조합관계에서 탈퇴하여 현금청산대상자가 되었음에도 사업시행자가 구 도시정비법(2013. 12. 24. 개정

② 근거

㉠ 구 도시정비법 47조 1항에서 정한 바와 같이, 조합이 현금청산사유가 발생한 날부터 150일 이내에 지급하여야 하는 현금청산금은 토지등소유자의 종전자산 출자에 대한 반대급부이고, 150일은 그 이행기간에 해당한다. 민법 제587조 후문 본문도 "매수인은 목적물의 인도를 받은 날로부터 대금의 이자를 지급하여야 한다."라고 규정하고 있다. 따라서 조합이 구 도시정비법 47조 1항에서 정한 현금청산금 지급 이행기간(현금청산사유 발생 다음 날부터 150일) 내에 현금청산금을 지급하지 못한 것에 대하여 지체책임을 부담하는지 여부는 토지등소유자의 종전자산 출자시점과 조합이 실제 현금청산금을 지급한 시점을 비교하여 판단하여야 한다.

㉡ 구 도시정비법 49조 6항 본문이 관리처분계획인가·고시가 있더라도 손실보상이 완료되지 않은 경우에는 사용, 수익이 정지되지 아니하고 계속하여 사용, 수익 가능하다는 조항(손실보상의 선이행 조항), 수용재결 시의 사전보상원칙(토지보상법 62조)이 근거가 된다.

㈏ 재건축사업

① 내용

법 73조 1항(구 법 47조 1항)에서 재건축조합이 분양신청을 포기한 토지등소유자를 상대로 그가 출자한 토지 등에 대하여 현금으로 청산하도록 규정한 취지는, 조합원이 조합 정관에 따라 '현물출자의무'를 이행한 후 조합원 지위를 상실함으로써 청산을 하여야 하는 경우에 그가 출자한 현물의 반환을 인정하지 아니하는 의미인 것으로서, 공평의 원칙상 토지등소유자는 권리제한등기가 없는 상태로 토지 등의 소유권을 재건축조합에 이전할 의무를 부담하고, 이러한 권리제한등기 없는 소유권의 이전의무 및 부동산 인도의무와 재건축조합의 청산금 지급의무는 동시이행관계에 있다.[28] 다만 토지등소유자가 그 소유 토지등에 관하여 이미 재건축조합 앞으로 신탁을 원인으로 한 소유권이전등기를 마친 경우에는 청산금을 지급받기 위하여 별도로 소유권을 이전할 의무는 부담하지 아니한다.[29]

따라서 토지등소유자가 조합 정관에 따라 현물출자의무로서 부동산을 인도하였다 하더라도, 권리제한 없는 소유권이전등기의무를 이행하지 않는 이상 위 이행기가 도과되었더라도, 재건축조합은 청산금 지급의무에 관한 지연손해금을 부담하지 아니한다. 설령 권리제한등기 없는 소유권 이전의무를 이행하였다 하더라도, 부동산을 인도하지 아니하는 경우 위 이행기가 도과되었더라도, 청산금에 대한 지연손해금은 발생하지 아니한다. 다만 토지등에 관한 소유권이전등기 및 인도를 마쳤으나 근저당권설정등기를 말소하지 아니한 경우, 재건축조합이 법 73조 1항(구 법

이전 것) 47조 1항의 이행기간 내에 현금청산금을 지급하지 아니하였다면 그 이행기간을 초과한 지연일수에 대하여 정관조항에서 정한 비율로 계산한 지연이자를 지급할 의무를 부담하였을 것이라고 판시하였다).

28) 대법원 2008. 10. 9. 선고 2008다37780 판결(토지등소유자가 재건축조합에 토지등을 인도하고, 신탁을 원인으로 한 소유권이전등기까지 경료하여 주었으나, 근저당권설정등기를 말소하여 주지 않은 사안에서, 법 73조에 따라 분양신청을 철회하고 재건축조합으로부터 청산금을 지급받기 위해서는 위 각 근저당권설정등기를 말소할 의무를 부담하고, 근저당권설정등기의 말소의무와 조합의 청산금 지급의무는 동시이행관계에 있으므로 권리제한등기 없는 소유권의 이전의무를 이행하지 않는 이상 재건축조합은 청산금 지급의무에 관하여 지연손해금을 부담하지 아니한다는 취지로 판시하였다), 대법원 2010. 8. 19. 선고 2009다81203 판결, 대법원 2013. 11. 28. 선고 2012다110477, 110484 판결, 대법원 2015. 11. 19. 선고 2012다114776 판결, 대법원 2018. 9. 28. 선고 2016다246800 판결.

29) 대법원 2008. 10. 9. 선고 2008다37780 판결.

47조 1항)에 따른 현금청산에서 근저당권설정등기 말소와의 동시이행을 주장하며 지급을 거절할 수 있는 청산금의 범위는 근저당권의 채권최고액 또는 채권최고액의 범위 내에서 확정된 피담보채무액에 한정되므로, 이를 초과하는 부분에 대하여는 지연손해금이 인정된다.[30] 사업시행자는 사업수행을 위하여 필요한 경우에는 토지등소유자에게 청산금 중에서 권리제한등기를 말소하는데 필요한 금액을 공제한 나머지 금액을 먼저 지급할 수 있고 이에 대하여 토지등소유자는 동시이행항변권을 행사할 수 없다.[31]

② 근거(2018두47622 판결, 민법 587조 후문 단서)

㉠ 민법 제587조는 "매수인은 목적물의 인도를 받은 날로부터 대금의 이자를 지급하여야 한다. 그러나 대금의 지급에 대하여 기한이 있는 때에는 그러하지 아니하다."라고 규정하고 있다. 재건축사업의 경우에는 위 단서조항이 적용된다. 매수인의 대금지급의무와 매도인의 근저당권설정등기 내지 가압류등기 말소의무가 동시이행관계에 있는 등으로 매수인이 대금지급을 거절할 정당한 사유가 있는 경우에는 매매목적물을 미리 인도받았다 하더라도 위 민법 587조 후문 본문에 의한 이자를 지급할 의무는 없다고 보아야 한다(대법원 2013. 6. 27. 선고 2011다98129 판결 참조).

㉡ 손실보상이 완료되지 아니하는 경우 관리처분계획인가·고시가 있더라도 사용, 수익 가능하다는 규정(법 81조 1항 단서 2호) 및 수용재결 시의 사전보상원칙이 재건축사업에는 적용되지 아니한다.

(4) 비판

재개발사업과 재건축사업을 위와 같이 달리 보는 근거는 재건축사업의 경우에는 협의가 성립하지 않으면, 종국적으로 매도청구에 따른 매매계약이 이루어지고, 그 경우 소유권이전등기의무와 청산금 지급의무는 동시이행의 관계가 성립됨에 반해, 재개발사업의 경우에는 협의가 성립하지 않으면, 수용재결이 이루어지고, 그 경우 청산금 지급의무가 선이행의무가 되는 것에 기초한 것으로 보인다. 그러나 현금청산사유가 발생하더라도, 토지등소유자는 조합을 상대로 기존에 적법하게 출자하여 인도한 종전자산의 반환을 구할 수 없으므로 이에 대응하여 현금청산대상자의 권리(만일 현물출자의무를 이행하지 아니하였다면 종전자산을 점유·사용하는 권리)를 보호할 필요성이 있다는 점은 재건축사업의 경우에도 동일하게 적용되고, 조합원이 분양신청을 하지 않거나 분양계약을 체결하지 않은 잔여분에 대하여 일반분양하는 경우, 종전자산상의 근저당권, 압류 등이 이전고시로 소멸하므로, 그들의 이익을 보호하기 위해서는 토지등소유자의 권리제한등기 없는 소유권이전의무와 조합의 청산금 지급의무를 동시이행관계로 하여야 할 필요성은 재개발사업의 경우에도 동일하게 적용된다. 양자의 조화로운 해석이 어려워 일도양단적인 결단을 내려야 한다면 재개발·재건축사업 모두에게 동일하게 적용되어야 할 것이다. 다만 사견으로는 보호의 필요성은 이전고시로 인하여 소멸하게 될 종전자산상의 근저당권, 압류권자가 더욱 중대한 점, 사업시행자는 정비사업을 수행하는 목적 범위에서는 행정주체의 지위에 있고, 현금청산대상자로서는 부동산 인도의무 외에 권리제한 없는 소유권이전등기의무를 이행함으로써 지연손해금

30) 대법원 2015. 11. 19. 선고 2012다114776 전원합의체 판결.
31) 대법원 2008. 10. 9. 선고 2008다37780 판결.

을 지급받을 수 있으며, 그와 같은 의무이행에 특별한 노력이 필요한 것으로 보이지 않고, 이로써 그들의 권리가 침해되는 것으로 보기도 어려운 점 등을 종합하여 보면, 재건축사업의 법리가 재개발사업에도 동일하게 적용되는 것이 타당하다.

다. 지연손해금 비율

(1) 사업시행자는 법 73조 1항의 이행기간이 경과한 다음 날부터 정관에 특별한 정함이 있는 경우에는 정관에서 정한 비율(재개발조합 정관에 '기간 내에 청산하지 아니한 경우에는 시중은행 주택담보대출 최저 금리를 적용하여 이자를 지급하여야 한다.'라고 규정하기도 한다), 정관에 특별한 정함이 없는 경우에는 민법에서 정한 연 5%의 비율로 계산한 지연이자를 지급할 의무가 있다고 보아야 한다.[32)]

(2) 위와 같은 정관상의 지연손해금 지급조항에 대하여, 이는 사업시행자가 이행기간을 도과한 이후에 현금청산대상자와 협의가 성립하고, 그에 따라 대금을 지급한 경우에만 적용되는 것으로서, 수용재결절차까지 나아간 경우에는 적용될 수 없다는 주장이 있다. 그러나 수용재결절차로 나아간 경우를 제외할 아무런 근거가 없으므로 이행기간을 도과한 후 현금청산대상자와 협의가 성립한 경우뿐만 아니라 협의결렬로 수용재결까지 나아간 경우에도 지연손해금 지급조항이 적용된다.[33)]

2. 2017. 2. 8. 개정 후 특별 지연손해금(73조 3항의 지연손해금)

가. 의 의

법이 2017. 2. 8. 전부개정되어 사업시행자는 분양신청을 하지 아니한 자 등과 사이에 관리처분계획이 인가·고시된 다음 날부터 90일 이내에 현금청산에 관한 협의를 하여야 하고, 위 기간 내에 협의가 성립하지 아니하면 그 기간의 만료일 다음 날부터 60일 내에 수용재결을 신청하거나 매도청구소송을 제기하여야 한다.

위 기간을 넘겨 수용재결을 신청하거나 매도청구소송을 제기하는 경우에는 현금청산대상자에게 지연된 기간이 6개월 이내인 경우에는 5/100, 6개월 초과 12개월 이내인 경우에는 10/100, 12개월 초과인 경우에는 15/100의 각 이율에 따른 지연손해금을 지급하여야 한다(법 73조, 법 시행령 60조 2항).

이는 자신의 의사와 무관하게 토지등을 강제로 빼앗기는 현금청산대상자에 대한 두터운 보호를 통하여 적기의 현금청산을 보장하려는 취지이다. 다만, 법 73조 2항 및 3항은 토지보상법 30조의 규정 내용을 변형하여 도시정비법에 도입한 것으로서, 지연기간에 따라 지연손해금의 이율을 달리 규정하여 사업시행자와 현금청산대상자등의 이익을 조정하였다.

종전 재개발사업의 경우에는 현금청산절차를 지체하는 경우 토지보상법 30조 1항에 의한 재결신청가산금에 의하여 가중된 법정 지연손해금을 받을 수 있었으므로, 위와 같은 입법취지가

32) 대법원 2020. 9. 3. 선고 2018두48922 판결, 대법원 2017. 4. 7. 선고 2016두63361 판결.
33) 대법원 2020. 7. 23. 선고 2019두46411 판결.

이미 달성되고 있었음에 반해, 재건축사업의 경우 아무런 규정이 없었는데, 이로써 재건축사업의 현금청산대상자에게는 새로운 가중된 법정 지연손해금을 지급받을 수 있는 길이 열렸기에 더욱 큰 의의가 있다.

나. 이행제공의 불요

앞서 본 일반 지연손해금이 발생하기 위해서는 현금청산대상자의 권리제한 없는 소유권이전등기의무 및 부동산 인도의무의 이행 또는 이행제공(재건축사업), 부동산 인도의무의 이행 또는 이행제공(재개발사업)이 있어야 하나, 위 규정은 사업시행자가 법정의 기간 내에 수용재결신청이나 매도청구소송을 제기하지 않음에 따라 발생하는 특별 지연손해금이므로, 그와 같은 현금청산대상자의 의무의 이행 또는 이행제공이 필요하지 않다.

다. 법 73조 3항의 적용범위

재건축사업의 경우에는 청산금 전부에 대하여 적용된다. 재개발사업의 경우에는 협의의 대상인 손실보상이 다수 있으므로 그 범위가 문제된다. 법 73조 1항은 '토지, 건축물 또는 그 밖의 권리의 손실보상'이 대상임을 명시하고 있다. 그 밖의 권리에는 반드시 수용재결절차를 거쳐야 하는 영업권이 포함된다. 다만, 주거이전비, 이사비, 이주정착금 등이 문제되나, 이는 반드시 재결절차를 거칠 필요가 없으므로, 대상으로 볼 수 없다.

라. 수용재결과 별소로 이행청구의 소 제기 가능 여부

(1) 도시정비법 73조 3항의 지연손해금은 재개발사업 시행자가 법정의 기간 내에 청산금을 지급하지 아니하고, 현금청산대상자의 수용재결신청 청구와는 무관하게 그때부터 60일 이내에 수용재결을 신청하지 아니하는 경우에 성립하나, 토지보상법 30조 3항의 지연가산금은 재개발사업 시행자가 법정의 기간 내에 청산금을 지급하지 아니하더라도, 현금청산대상자의 수용재결신청 청구가 있은 때로부터 60일 이내에 수용재결을 신청하지 아니하는 경우에 성립한다.

(2) 토지보상법 30조 3항은 재결신청 지연가산금은 사업시행자가 기간을 넘겨서 재결을 신청하였을 때에는 그 지연된 기간에 대하여 소촉법에 따른 법정이율을 적용하여 산정한 금액을 관할 토지수용위원회에서 재결한 보상금에 가산(加算)하여 지급하여야 한다고 규정하고 있고, 토지보상법 시행령 14조 3항은 법 30조 3항에 따라 가산하여 지급하여야 하는 금액은 관할 토지수용위원회가 재결서에 적어야 하며, 사업시행자는 수용 또는 사용의 개시일까지 보상금과 함께 이를 지급하여야 한다고 규정하고 있다. 따라서 재결 외에 지연가산금 청구를 별소로 제기할 수 없고, 재결상의 지연가산금(재결에서 지연가산금을 인정하지 아니하는 경우 포함)에 대한 불복은 수용보상금의 증액에 관한 소에 의하여야 한다.[34]

위 규정이 도시정비법 73조 3항에도 적용되는지 여부가 문제되나, 위 규정은 도시정비법 73조 3항에는 적용하기 어렵다. 즉, 재결신청서에는 반드시 재결신청청구인의 성명과 청구일을 기재하도록 되어 있으므로, 관할 토지수용위원회가 재결을 통하여 이를 판단할 수 있으나(토지보상법

---

34) 대법원 1997. 10. 24. 선고 97다31175 판결.

시행령 12조 1항 9호), 도시정비법 73조 3항의 재결신청 지연기간은 관할 토지수용위원회가 직권으로 이를 탐지하여 판단하는 것이 불가능하다. 재결서에는 반드시 토지보상법 30조 3항에 따라 가산하여 지급하여야 하는 금액이 기재되어야 하며, 사업시행자는 수용의 개시일까지 보상금과 함께 이를 지급하여야 한다고 규정하고 있으나(토지보상법 시행령 14조 2항), 도시정비법 73조 3항에 대하여는 아무런 규정이 없다. 따라서 도시정비법 73조 3항이 정한 지연손해금은 현금청산대상자가 별소로 사업시행자를 상대로 금원의 지급을 구하는 소를 제기할 수 있고, 재결에 기재하여야 하는 것으로 볼 수 없다.

그러나 73조 3항의 지연손해금은 수용보상금에 법정의 비율을 곱한 금액을 인정하므로, 재결금액에 연동되어 있어 재결에 이를 기재하고, 지연손해금에 대한 불복은 수용보상금의 증액에 관한 소에 의하도록 하는 것이 법적 안정성을 꾀할 수 있다(별소에 의한 청구를 인정하는 경우 수용보상금액의 변동에 좌우된다). 따라서 입법론으로 재개발사업 시행자는 재결신청 당시 반드시 관리처분계획인가·고시일을 기재하도록 하고, 재결서에는 반드시 도시정비법 73조 3항에 따라 가산하여 지급하여야 하는 금액이 기재되어야 하며, 사업시행자는 수용의 개시일까지 보상금과 함께 이를 지급하여야 한다고 규정함이 타당하다.

마. 토지보상법 30조와의 관계(재개발사업)

(1) 토지보상법 30조의 적용 배제

㈎ 종래 재개발사업의 경우 관리처분계획인가·고시일로부터 90일 이내에 협의가 성립하지 아니하는 경우 현금청산대상자는 토지보상법 30조에 의하여 사업시행자에게 재결신청을 청구할 수 있고, 사업시행자가 그로부터 60일 이내에 재결을 신청하지 아니하는 경우 소촉법상의 지연손해금을 지급하여야 한다.

문제는 법 73조 2항 및 3항이 적용되는 2018. 2. 9. 이후 최초로 관리처분계획인가를 신청하는 이후에도 토지보상법 30조의 재결신청 지연가산금 규정이 적용될 수 있는지 여부이다.[35)]

앞서 본 바와 같이 부칙 18조는 73조의 개정규정은 이 법 시행 후 최초로 관리처분계획인가를 신청하는 경우부터 적용하되, 토지등소유자가 토지보상법 30조 1항의 재결 신청을 청구'한' 경우에 한하여 '73조의 개정규정에도 불구하고' 종전의 규정을 적용한다고 규정하고 있다. 위 규정의 반대해석상 법 73조의 개정규정은 원칙적으로 토지보상법 30조 1항의 적용을 배제하나, 예외적으로 이미 토지보상법 30조 1항의 재결 신청을 청구'한' 경우에 한하여 법 73조의 적용이 배제되고, 그 경우 토지보상법 30조 2항 및 3항이 적용된다고 해석된다. 따라서 재개발사업의 경우 2018. 2. 9. 이후 최초로 관리처분계획인가를 신청한 이후에는 원칙적으로 토지보상법 30조 1항이 적용될 수 없다.

---

35) 도시정비법 65조 1항에 의하여 재개발사업에 준용되는 토지보상법 30조 3항에서 정한 재결신청 지연가산금 청구권은 근거규정과 요건(도시정비법 73조 3항은 현금청산대상자 등의 수용재결신청 청구 유무를 불문함에 반해, 토지보상법상의 재결신청 지연가산금은 현금청산대상자 등의 수용재결신청 청구가 요건이다), 효과(도시정비법 73조 3항은 3개의 구간으로 나눈 기간에 따라 지연손해금 비율이 다르나, 토지보상법상의 재결신청 지연가산금 비율은 기간에 관계없이 동일하다)를 달리하는 것으로서 각 요건이 충족되면 성립하는 별개의 청구권이므로, 선택적으로 청구가 가능한 것으로 해석될 여지가 있다.

위와 같이 종전 재개발사업에서 적용되던 토지보상법상의 재결신청 지연가산금 규정(30조)의 적용이 배제되었는바, 위 규정에 의하면, 현금청산대상자는 관리처분계획이 인가·고시된 다음 날부터 90일이 이내에 협의가 성립되지 아니하면 사업시행자에게 수용재결신청을 청구할 수 있고, 사업시행자는 위 청구를 받은 날부터 60일 이내에 수용재결을 신청하여야 하며, 사업시행자가 위 기간을 넘겨서 재결을 신청하였을 경우 현금청산대상자는 그 지연된 기간 전부에 대하여 소촉법 3조에 따른 법정이율[36]를 보상금에 가산(加算)하여 지급받을 수 있으므로, 이를 배제하고 지연기간에 따라 이율을 달리하는 현행의 법 73조만을 적용할 경우 지연손해금 비율에 비추어 재개발사업의 현금청산대상자에게 일부 불리한 측면이 있다.

(나) 분양계약 체결기간 내에 분양계약을 체결하지 아니한 현금청산대상자에 대하여는 정관 규정에 의하여 결정된다. 즉, 정관상 법 72조 2항 및 3항이 적용된다고 규정하고 있다면(서울 재개발 정관 45조 4항), 토지보상법 30조의 재결신청 지연가산금이 적용되지 아니한다. 정관상 분양계약을 체결하지 아니한 현금청산대상자에 대하여 법 72조 2항 및 3항이 적용됨을 명시하지 않고 있다면(국토부 표준정관 및 부산 표준정관), 위 규정은 적용되지 않고, 토지보상법 30조의 재결신청 지연가산금이 적용된다.

(2) 부칙 규정

(가) 부칙 9조는 "73조 3항의 개정규정은 법률 제11293호 도시정비법 일부개정법률의 시행일인 2012년 8월 2일 이후 최초로 조합 설립인가를 신청한 정비사업부터 적용한다."고 규정하고 있다.

2012. 2. 1. 개정되어 2012. 8. 2. 시행된 도시정비법 47조 2항이 처음으로 지연손해금 규정 즉 "사업시행자는 1항[37]에 따른 기간 내에 현금으로 청산하지 아니한 경우에는 정관등으로 정하는 바에 따라 해당 토지등소유자에게 이자를 지급하여야 한다."는 규정을 도입하였고, 위 규정에 대하여는 당시 부칙 8조로 "이 법 시행 후 최초로 조합 설립인가를 신청하는 정비사업부터 적용한다."고 규정하였는데, 2017. 2. 8. 도시정비법이 전부개정되어 원칙적으로 종전의 부칙 규정이 모두 소멸하므로,[38] 입법실무상 전부개정 시 종전의 부칙을 점검해서 계속 효력을 가진다고 판단되는 사항을 전부개정된 법령의 부칙에 다시 규정하는 과정에서 위 부칙 9조가 규정되었다.

(나) 부칙 19조는 "73조의 개정규정은 법률 제12116호 도시 및 주거환경정비법 일부개정법률의 시행일인 2013년 12월 24일 이후 최초로 조합설립인가를 신청하는 경우부터 적용한다."고 규정하고 있다. 위 부칙 규정은 2013. 12. 24. 법률 제12116호로 개정된 도시정비법 47조 1항이 종전과 달리 청산기간을 "관리처분계획인가를 받은 날의 다음 날부터 90일"로 규정하였고, 당시 부칙 4조로 "47조 1항의 개정규정은 이 법 시행 후 최초로 조합설립인가를 신청하는 분부터 적용한다."고 규정하였는데, 2017. 2. 8. 법률 제14567호로 법이 전부개정되어 종전 부칙 규정이

36) 2015. 9. 30.까지는 연 20%, 2015. 10. 1.부터 2019. 5. 31.까지는 연 15%, 2019. 6. 1, 이후 연 12%.

37) 분양신청을 하지 아니한 자 또는 분양신청기간 종료 이전에 분양신청을 철회한 자는 분양신청기간 종료일의 다음 날부터 150일, 인가된 관리처분계획에 따라 분양대상에서 제외된 자는 관리처분계획의 인가를 받은 날의 다음 날부터 150일.

38) 대법원 2008. 11. 27. 선고 2006두19419 판결.

소멸하므로 전부개정 시 종전의 부칙을 점검해서 계속 효력을 가진다고 판단되는 사항을 전부개정된 법령의 부칙에 다시 규정하는 과정에서 도입되었다.

(다) 2017. 2. 8.자 법의 전부개정으로 종전 부칙 규정이 모두 소멸하는 기회에, 부칙 9조는 최초로 도입된 지연손해금 지급의무의 발생과 관련하여, 부칙 19조는 관리처분계획인가를 받은 날의 다음 날부터 90일로 개정된 현금청산의 시기 및 기간과 관련하여 각 당시 시행시기를 정한 부칙 규정의 효력을 계속 유지하기 위하여 규정된 것으로서, 73조 개정규정의 시행 시기를 규정한 부칙 18조와 양립가능하다.

(3) 판례

대법원은 2020. 7. 23. 선고 2019두46411 판결의 방론으로, 2017. 2. 8. '전부개정된 도시정비법 73조 1항, 2항, 3항 및 그 부칙 9조에 의하면, 2012. 8. 2. 이후 최초로 조합설립인가를 신청한 정비사업부터는 현금청산사유가 발생한 경우에는 관리처분계획인가 다음 날부터 90일 이내에 현금으로 청산하여야 하고, 그 기간 내에 보상협의가 성립하지 아니하면 그 기간의 만료일 다음 날부터 60일 이내에 수용재결을 신청하거나 매도청구소송을 제기하여야 하며, 만일 60일의 기간을 넘겨서 수용재결을 신청하거나 매도청구소송을 제기한 경우에는 해당 토지 등 소유자에게 지연일수에 대하여 100분의 15 이하의 범위에서 대통령령으로 정하는 이율을 적용한 이자를 지급하여야 한다. 그에 따라 2012. 8. 2. 이후 최초로 조합설립인가를 신청한 정비사업부터는 토지보상법상 재결신청 지연가산금 제도가 준용되지 않고, 전부 개정된 도시정비법 73조 3항에 따른 지연이자 제도만 적용된다는 점을 지적하여 둔다'고 판시하였다(2012. 8. 2.부터 2013. 12. 24.까지의 기간동안의 도시정비법상의 청산규정은 앞서 본 바와 같이 '분양신청을 하지 아니하거나 철회한 자의 경우 분양신청기간 종료일 다음 날부터 150일'이므로, 위 판시는 그 자체로 오류임이 명백하다. 나아가 현행의 73조 1항의 청산규정과 다름에도 불구하고, 2012. 8. 2.부터 2013. 12. 24.까지의 기간 사이에 최초로 조합설립인가를 신청한 경우로서 2018. 2. 9. 이후 최초로 관리처분계획인가를 신청하였다고 법 73조 3항을 그대로 적용하기는 어렵다 할 것이다).

3. 일반 지연손해금과 특별 지연손해금의 중복 발생 여부

가. 재개발사업의 경우 조합원이 종전자산 출자(부동산 인도)를 마쳤다면, 비록 해당 토지등에 근저당권(가압류) 등이 설정되어 있고, 소유권이전등기를 조합 명의로 경료하여 주지 않았다 하더라도, 사업시행자가 관리처분계획이 인가·고시된 다음 날부터 90일까지 현금청산금을 지급하지 아니하는 경우 그 다음 날부터 청산금 지급지체로 인한 일반 지연손해금이 발생한다(정관등에서 정하고 있는 이율 또는 민법상의 연 5%). 그 이후 60일 내에 수용재결신청을 하지 아니하는 경우 법 73조 3항, 법 시행령 2항이 정한 법정 지연손해금이 중복하여 발생한다.

나. 재건축사업의 경우 조합원이 권리제한없는 소유권이전의무 및 인도의무의 이행 또는 이행제공을 하였음에도, 사업시행자가 관리처분계획이 인가·고시된 다음 날부터 90일까지 현금청산금을 지급하지 아니하는 경우 그 다음 날부터 청산금 지급지체로 인한 일반 지연손해금이 발생한다. 그 이후 60일 내에 매도청구소송을 제기하지 아니하는 경우 법 73조 3항, 법 시행령

2항이 정한 법정 지연손해금이 중복하여 발생한다.

다. 같은 기간에 대하여 양자의 청구권이 동시에 성립하더라도 현금청산대상자는 어느 하나만을 선택적으로 행사할 수 있을 뿐이다(만일 정관등에서 정한 지연손해금 이율이 법 시행령 60조 2항의 이율을 초과하는 경우 정관등에서 정한 지연손해금 이율만이 적용된다).

판례는 법 73조 2항 및 3항이 도입되기 이전으로 일반 지연손해금 청구권과 토지보상법 30조의 재결신청 지연가산금 청구권과의 관계가 문제된 사안에서, 이들은 근거규정과 요건·효과를 달리하는 것으로서, 각 요건이 충족되면 성립하는 별개의 청구권이다. 다만, 재결신청 지연가산금에는 이미 '손해 전보'라는 요소가 포함되어 있어 같은 기간에 대하여 양자의 청구권을 동시에 행사할 수 있다고 본다면 이중배상의 문제가 발생하므로, 같은 기간에 대하여 양자의 청구권이 동시에 성립하더라도 토지등소유자는 어느 하나만을 선택적으로 행사할 수 있을 뿐이고, 양자의 청구권을 동시에 행사할 수는 없다고 하였다.[39)]

39) 대법원 2020. 7. 29. 선고 2016다51170 판결, 대법원 2020. 7. 23. 선고 2019두46411 판결.

제2장 매도청구(재건축현금청산)

Ⅰ. 총 설

매도청구권이란 재건축사업 시행자가 조합설립에 동의하지 아니하거나 동의대상에 해당하지 않는 자 및 조합원 지위를 상실한 자 등에 대하여 일정한 절차를 거쳐 건축물 및 그 부속토지의 소유권을 매도할 것을 청구할 수 있는 권리이다. 전자에 대하여는 법 64조가, 후자에 대하여는 법 73조가 각 규정하고 있다.

조합원 지위를 취득하지 아니한 토지등소유자와 관련하여 살펴본다. 재건축사업의 시행자는, 사업시행계획인가의 고시가 있은 날부터 30일 이내에 조합설립에 동의하지 않는 정비구역 내 건축물 및 그 부속토지의 소유자(법 2조 9호 나목, 공동주택의 구분소유권자)에게 조합설립에 관한 동의 여부를 회답할 것을 서면으로 촉구하여야 하고, 그로부터 2개월 이내에 동의하지 아니하거나 회답하지 아니한 건축물 및 그 부속토지의 소유자를 상대로 매도청구할 수 있고, 조합원 자격이 없어 조합설립 동의의 대상이 되지 아니하는 주택단지 내 건축물 또는 토지만을 소유한 자를 상대로 사업시행계획인가의 고시가 있은 날부터 30일 이내에 조합설립에 대한 동의 여부 최고 없이 매도청구할 수 있다.[1] 주택단지가 아닌 지역이 재건축 정비구역에 포함된 때에는 주택단지가 아닌 지역의 토지 또는 건축물 소유자는 조합원이 될 수 없으나 동의의 대상자이므로, 사업시행자는 토지 및 건축물 소유자 뿐만 아니라 토지 또는 건축물 소유자를 상대로 앞서 본 조합설립에 대한 동의 여부에 관한 최고절차를 거친 이후 부동의나 회답하지 않은 자들을 상대로 매도청구 할 수 있다. 동의대상자에 대하여는 최고를 통하여 정비사업에 참여할 기회를 부여하는 점이 특징이다.

후발적으로 조합원 지위를 상실하여 현금청산대상자 된 자와 관련하여 살펴본다. 재건축사업 시행자는 조합원으로서 분양신청을 하지 아니하여 현금청산대상자가 된 자 등을 상대로 관리처분계획이 인가·고시된 다음 날부터 90일 이내에 협의를 하여야 하고, 협의가 성립되지 아니하면 매도청구소송을 제기하여야 한다(법 73조 1항, 2항). 나아가 조합 정관에서 분양계약제도를 규정하고 있는 경우, 사업시행자는 수분양자가 분양계약 체결을 거절하는 경우, 정관 규정에 따라 분양계약 체결을 거절하여 현금청산대상자가 된 자를 상대로 협의를 하고, 협의가 성립되지 아니하면 매도청구권을 행사하여야 한다. 서울 재건축 표준정관은 분양계약 체결기간 내에 분양계약을 체결하지 않은 경우에는 법 73조 1항 내지 3항을 적용하므로(44조), 분양신청하지 아니한

1) 법이 2017. 2. 8. 전부개정되기 이전에는 동의의 대상이 되지 아니하는 주택단지 내 토지 또는 건물만 소유한 자가 매도청구의 대상임을 명시하였으나(구 법 39조 2호), 현행 64조에는 명시적 규정이 없다.

경우와 동일한 내용이 적용된다. 또한 투기과열지구에서의 재건축에 있어 조합설립인가 후 토지등을 양수한 자는 조합원 지위를 취득할 수 없으나, 법 73조를 준용하여 손실보상을 하여야 하므로(법 39조 3항), 분양신청하지 아니한 경우와 동일한 내용이 적용된다. 재건축사업에서 조합원에 대한 제명·탈퇴의 경우에도 제명·탈퇴자에 대하여 매도청구권을 행사한다(제명통지나 탈퇴의 의사표시가 매도청구로 간주된다).

처음부터 조합원 지위를 취득하지 아니한 자에 대한 매도청구는 사업시행자가 요건에 따라 절차나 기간을 준수하여 매도청구권을 행사하여야 하고, 만일 이를 준수하지 아니한 경우에는 매도청구권이 상실되는 효과가 발생된다.

그러나 조합원 지위를 상실한 현금청산대상자(투기과열지구에서 양수인이 조합원 자격을 취득할 수 없는 경우 포함)에 대한 매도청구는 법정의 청산기간 내에 협의되지 아니하면 매도청구소송을 제기하거나 매도청구권(정관상 법 73조를 적용하지 아니하는 분양계약 체결을 거절한 자, 다만, 제명·탈퇴의 경우에는 그 통지가 매도청구권 행사이다)을 행사하여야 하고, 사업시행자가 법정이나 정관상의 청산기간을 넘겨 매도청구소송을 제기하거나 매도청구권을 행사하는 경우에는 지연손해금의 지급 여부만이 문제될 뿐, 매도청구권의 상실과는 무관하다.

한편 천재지변 등 법정사유가 있거나 해당 정비구역의 토지면적 2분의 1 이상의 토지소유자와 토지등소유자의 3분의 2 이상에 해당하는 자가 시장·군수등 또는 토지주택공사등을 사업시행자로 지정할 것을 요청하는 경우 시장·군수등이 직접 시행하거나 토지주택공사등을 사업시행자로 지정하여 이를 시행하게 할 수 있고(법 26조 1항, 재건축사업의 공공시행), 또는 천재지변 등 법정사유가 있거나 재건축사업의 조합설립을 위한 동의요건 이상에 해당하는 자가 신탁업자를 사업시행자로 지정하는 것에 동의하는 경우 시장·군수등은 신탁업자를 사업시행자로 지정하여 재건축사업을 시행할 수 있다(법 27조 1항, 재건축사업의 지정개발). 그 경우 재건축사업의 시행자는 그와 같은 사업시행자의 지정에 동의하지 않는 자를 상대로 조합설립에 동의하지 않은 자와 마찬가지로 64조 1항 내지 3항의 사업시행자 지정의 동의에 관한 최고절차를 거쳐 매도청구를 할 수 있다. 다만, 천재지변 등 법 26조 1항 1호, 27조 1항 1호의 사유가 있는 경우 재건축사업 시행자는 선택적으로 토지보상법에 따라 토지등소유자의 토지등을 수용할 수 있고, 그 경우 그에 따른 보상절차를 이행하여야 한다(법 63조).

실무상으로는 조합설립에 동의하지 않는 토지등소유자에 대한 매도청구가 주로 문제된다. 조합설립에 동의한 조합원이 분양신청을 하지 않거나 철회한 경우, 분양신청을 하였으나 관리처분계획상 분양대상자에서 제외되는 경우, 투기과열지구에서 이미 분양받아 5년 내 분양신청할 수 없는 경우나 수분양조합원이 분양계약 체결을 거절하는 경우, 투기과열지구에서의 재건축에 있어 조합설립인가 후 토지등을 양수하여 조합원 지위를 취득할 수 없는 자, 재건축사업에서 조합원에 대한 제명·탈퇴와 그에 따른 매도청구는 흔하지 않은 듯하다. 재건축사업에 있어 수용절차로 나아가는 것도 매우 드물다 할 것이다.

Ⅱ. 법적 성격 및 위헌 여부

1. 법적 성격(형성권)

가. 근 거

재개발사업의 시행자는 정비사업의 신속하고 원활한 진행을 위하여 정비사업에의 참여를 원하지 아니하는 토지등소유자로부터 종국적으로는 토지보상법에 의한 수용의 방법으로 토지등을 취득하나, 재개발사업은 강제가입제로서 토지등소유자는 이미 조합관계에 편입되었으므로 정관이나 총회의 결의 등에 기한 단체법적 규율로써 토지등을 확보하는 측면이 있다.

재건축사업에 동의하여 조합원이 되었던 토지등소유자가 분양신청기간 내에 분양신청을 하지 아니하거나 분양계약 체결기간 내에 분양계약을 체결하지 않은 경우 재건축사업 시행자가 그들로부터 토지등을 취득하는 것은 재개발사업과 마찬가지로 이미 조합관계에 편입된 토지등소유자에 대하여 정관이나 총회의 결의 등에 기한 단체법적 규율로써 토지등을 확보하는 측면이 있어 특별히 문제되지 아니한다. 그러나 재건축사업의 경우 임의가입제로 인하여 처음부터 조합설립에 동의하지 아니한 토지등소유자는 조합관계로 편입되지 않았으므로, 재건축사업 시행자가 조합설립에 동의하지 아니한 토지등소유자로부터 그 토지등을 취득하는 것은 조합관계와는 무관하게 법률의 규정에 의하여야 하고, 그것이 법 64조가 규정하고 있는 매도청구제도이다.

법 64조가 규정하고 있는 매도청구권은 형성권이다. 따라서 사업시행자의 매도청구권의 행사 결과, 사업시행자와 상대방과 사이에 상대방의 토지등에 대해 시가에 따른 매매계약이 성립된 것으로 의제된다.[2)]

재건축사업은 재개발사업에 비해 상대적으로 공공성과 공익성이 약한 점을 고려하여 법은 재건축사업 시행자와 토지등소유자 사이에 토지등의 매수에 관한 협의가 성립하지 않는 경우의 해결방법으로, 수용 등의 공적 수단에 의하지 않고 위와 같이 매도청구권의 행사를 통한 사적 자치에 의해 해결하도록 규정하고 있다. 그러나 매도청구권은 형성권으로서 그 행사로 매매계약이 성립된 것으로 의제되므로 그 실질은 수용과 같다. 이에 법은 수용규정(63조)과 매도청구규정(64조)을 연이어 규정하고 있다.

나. 매매계약

(1) 매도청구는 사업시행자가 조합설립에 동의하지 않은 자, 분양신청기간 내에 분양신청을 하지 아니한 자 등을 상대로 행사하는 매매계약의 의사표시이나, 앞서 본 바와 같이 매도청구권은 형성권이므로 시가에 따른 매매계약이 성립된 것으로 의제되어 토지등소유자는 현금청산에 따라 사실상 개발이익이 포함된 손실보상을 받게 된다.[3)] 재개발사업에서 토지등의 수용 시 토지

---

2) 대법원 2009. 3. 26. 선고 2008다21549, 21556, 21563 판결.

3) 구 도시정비법상의 단독주택재건축사업의 시행자가 정비구역 내 토지에 대하여 매도청구권을 행사하였는데, 토지 현황이 인근 주민의 통행에 제공된 도로 등인 사안에서, 판례는 토지의 현황이 도로일지라도 주택재건축사업이 추진되면 공동주택의 일부가 되는 이상 시가는 재건축사업이 시행될 것을 전제로 할 경우의 인근 대지 시가와 동일하게 평가하되, 각 토지의 형태, 주요 간선도로와의 접근성, 획지조건 등 개별요인을 고려하여 감액 평가하는 방법으로 산정

등소유자는 개발이익이 배제된 보상금을 지급받는 점이 매도청구와 구별된다.

나아가 매도청구의 경우 매매계약의 성립이 의제될 뿐이므로, 사업시행자는 소유권이전등기를 마쳐야 소유권을 취득하고, 이는 승계취득이므로, 토지등에 설정된 근저당권 등 다른 권리는 존속하나, 수용의 경우 재결에 의하여 수용개시일에 사업시행자가 소유권을 원시취득하고, 이에 따라 토지등에 설정된 근저당권 등 다른 권리는 소멸한다는 점이 매도청구와 구별된다.

(2) 정비구역 내 토지등소유자가 재단법인이고 토지등이 재단법인의 기본재산인 경우, 재단법인이 기본재산을 처분하기 위해서는 정관변경이 필요한바(재단법인은 일정한 목적을 위하여 바쳐진 재산이라는 실체에 대하여 법인격을 부여한 것으로서, 재단법인이 정관에 기본재산으로 기재한 재산은 재단법인의 실체인 동시에 그 목적을 수행하기 위한 기본적인 수단이 된다. 따라서 재단법인의 기본재산은 이를 함부로 처분할 수는 없고, 이를 처분하기 위해서는 정관변경이 필요하며, 정관의 변경은 주무관청의 허가를 얻지 아니하면 그 효력이 없다. 민법 45조 3항, 42조 2항), 매도청구만으로 매매계약이 성립된 것으로 볼 수 있는지 여부가 문제된다.

판례는 사업시행자의 매도청구가 있으면, 재단법인의 기본재산에 대한 매매계약의 성립뿐만 아니라 기본재산의 변경을 내용으로 하는 재단법인의 정관변경까지 강제된다고 본다.[4)]

2. 위헌 여부(합헌)

가. 조합설립에 동의하지 아니한 토지등소유자에 대한 매도청구권은 그 실질이 수용과 같아 매도청구 대상자의 재산권을 침해하는 것으로서, 위헌인지 여부가 여러 차례 문제가 되었으나, 헌법재판소는 도시정비법이 시행되기 이전의 주택재건축사업은 주택건설촉진법상 사인에 의해 시행되는 민간의 주택건설사업임에도 매도청구권에 대하여 합헌 결정을 하였고,[5)]법 제정 이후에도 일관되게 합헌으로 결정하였다.[6)]

나. 대법원도 매도청구권은 재건축을 가능하게 하기 위한 최소한의 필요조건으로서, 재건축 불참자의 기본권을 과도하게 침해하는 위헌적인 규정이라고 할 수 없다고 판시하였다.[7)]

하는 것이 타당한데도, 현황이 도로라는 사정만으로 인근 대지 가액의 1/3로 감액한 평가액을 기준으로 시가를 산정한 원심판결에 법리오해의 잘못이 있다고 하였다(대법원 2014. 12. 11. 선고 2014다41698 판결).

4) 대법원 2008. 7. 10. 선고 2008다12453 판결(사업시행자가 정비구역 내 재단법인의 기본재산을 매도청구를 통하여 취득하기 위하여 반드시 재단법인의 별도의 정관변경이 필요하다고 본다면, 재단법인이 스스로 그 기본재산을 처분하는 내용으로 정관변경을 하지 않는 이상 사업시행자는 영원히 재단법인의 기본재산을 취득할 수 없게 되고, 정비사업을 진행할 수 없게 되는바, 이는 매도청구 대상자의 의사에 반하여 그 재산권을 박탈하도록 한 매도청구권의 본질에 반한다).

5) 헌법재판소는 인가받은 리모델링조합이 리모델링결의에 찬성하지 아니한 자의 주택 및 토지에 대하여 매도청구를 할 수 있도록 하는 주택법 조항에 대하여도 합헌이라고 결정하였다(헌법재판소 2024 5. 30. 선고 2020헌바472 결정).

6) 1999. 9. 16. 선고 97헌바73 등 결정, 2010. 12. 28. 선고 2008헌마571 결정, 2017. 10. 26. 선고 2016헌바301 결정, 2020. 11. 26. 선고 2018헌바407 등 결정, 2022. 5. 26. 선고 2020헌바544 결정.

7) 대법원 1999. 10. 22. 선고 97다49398 판결.

Ⅲ. 조합설립에 동의하지 아니한 자에 대한 매도청구

1. 2017. 2. 8. 전후의 매도청구규정

2017. 2. 8. 전부개정 전 법	2017. 2. 8. 전부개정 후 법
제39조(매도청구) 사업시행자는 주택재건축사업 등을 시행할 때 다음 각 호의 어느 하나에 해당하는 자의 토지등에 대하여는 집합건물법 제48조의 규정을 준용하여 매도청구를 할 수 있다. 이 경우 재건축결의는 조합 설립에 대한 동의로 보며, 구분소유권 및 대지사용권은 사업시행구역의 매도청구의 대상이 되는 토지 또는 건축물의 소유권과 그 밖의 권리로 본다. 1. 제16조 제2항 및 제3항에 따른 조합 설립의 동의를 하지 아니한 자 2. 건축물 또는 토지만 소유한 자(주택재건축사업의 경우만 해당한다) 3. 제8조 제4항에 따라 시장·군수, 주택공사등 또는 신탁업자의 사업시행자 지정에 동의를 하지 아니한 자	**제64조(재건축사업에서의 매도청구)** ① 재건축사업의 사업시행자는 사업시행계획인가의 고시가 있은 날부터 30일 이내에 다음 각 호의 자에게 조합설립 또는 사업시행자의 지정에 관한 동의 여부를 회답할 것을 서면으로 촉구하여야 한다. 1. 제35조 제3항부터 제5항까지에 따른 조합설립에 동의하지 아니한 자 2. 제26조 제1항 및 제27조 제1항에 따라 시장·군수등, 토지주택공사등 또는 신탁업자의 사업시행자 지정에 동의하지 아니한 자 ② 제1항의 촉구를 받은 토지등소유자는 촉구를 받은 날부터 2개월 이내에 회답하여야 한다. ③ 제2항의 기간 내에 회답하지 아니한 경우 그 토지등소유자는 조합설립 또는 사업시행자의 지정에 동의하지 아니하겠다는 뜻을 회답한 것으로 본다. ④ 제2항의 기간이 지나면 사업시행자는 그 기간이 만료된 때부터 2개월 이내에 조합설립 또는 사업시행자 지정에 동의하지 아니하겠다는 뜻을 회답한 토지등소유자와 건축물 또는 토지만 소유한 자에게 건축물 또는 토지의 소유권과 그 밖의 권리를 매도할 것을 청구할 수 있다.
집합건물법 **제48조(구분소유권 등의 매도청구 등)** ① 재건축의 결의가 있으면 집회를 소집한 자는 지체 없이 그 결의에 찬성하지 아니한 구분소유자(그의 승계인을 포함한다)에 대하여 그 결의 내용에 따른 재건축에 참가할 것인지 여부를 회답할 것을 서면으로 촉구하여야 한다. ② 제1항의 촉구를 받은 구분소유자는 촉구를 받은 날부터 2개월 이내에 회답하여야 한다. ③ 제2항의 기간 내에 회답하지 아니한 경우 그 구분소유자는 재건축에 참가하지 아니하겠다는 뜻을 회답한 것으로 본다. ④ 제2항의 기간이 지나면 재건축 결의에 찬성한 각 구분소유자, 재건축 결의 내용에 따른 재건축에 참가할 뜻을 회답한 각 구분소유자(그의 승계인을 포함한다) 또는 이들 전원의 합의에 따라 구분소유권과 대지사용권을 매수하도록 지정된 자(이하 "매수지정자"라 한다)는 제2항의 기간 만료일부터 2개월 이내에 재건축에 참가하지 아니하겠다는 뜻을 회답한 구분소유자(그의 승계인을 포함한다)에게 구분	**부칙** 제16조(매도청구에 관한 적용례) 제64조의 개정규정은 이 법 시행 후 최초로 조합설립인가를 신청하거나 사업시행자를 지정하는 경우부터 적용한다.

소유권과 대지사용권을 시가로 매도할 것을 청구할 수 있다. 재건축 결의가 있은 후에 이 구분소유자로부터 대지사용권만을 취득한 자의 대지사용권에 대하여도 또한 같다.	

법이 2017. 2. 8. 전부개정되어 64조가 신설됨으로써 매도청구권이 도시정비법상의 권리가 되었다.[8] 위 64조는 부칙 16조에 의하여 최초로 조합설립인가를 신청한 경우부터 적용되고, 그 이전에는 구 법 39조에 의하여 집합건물법 48조가 적용된다.

한편, 집합건물법 48조를 준용함에 따라 정비사업의 시행 초기인 조합설립등기 직후 회답을 촉구하고, 불참자에 대하여 매도청구를 하도록 한 구 법 39조가 위헌인지 여부가 문제되었는데, 헌법재판소는 매도청구 시점을 재건축조합 설립 직후로 정한 것에 대하여 합헌이라고 결정하였다.[9]

이하에서는 조합설립에 동의하지 아니한 토지등소유자에 대한 매도청구권 행사의 요건 및 효과에 대하여 살펴본다. 나아가 동의의 대상이 되지 아니하는 주택단지 내 토지 또는 건축물 소유자에 대하여도 살펴본다.

2. 최고절차

가. 시 기

조합설립에 관한 동의 여부의 회답 촉구와 관련하여 법이 2017. 2. 8. 전부개정되기 이전과 이후에는 시기에서 커다란 차이가 있으므로, 이를 나누어 살펴본다.

(1) 구 법 39조의 적용(조합설립등기 이후 지체 없이 최고)

(가) 집합건물법 48조의 준용

법이 2017. 2. 8. 전부개정되기 이전에는 앞서 본 바와 같이 구 법 39조로 조합설립에 동의하지 아니한 자(1호), 건축물 또는 토지만 소유한 자(2호)의 토지 또는 건축물에 대하여는 집합건물법 48조의 규정을 준용하여 매도청구를 할 수 있다.

(나) 재건축결의 후 지체 없이 최고

집합건물법 48조 1항은 '재건축의 결의'가 있은 후 '지체 없이' 조합설립에 동의하지 아니한 자 또는 건축물 또는 토지만 소유한 자에 대하여 재건축에 참가할 것인지 여부를 회답할 것을 서면으로 촉구하도록 규정하고 있다.

① '재건축의 결의가 있은 후'의 의미

'재건축의 결의가 있은 후' 조합설립 동의 여부에 대한 최고가 가능한바, 재건축결의와 무관

8) 매도청구권은 집합건물법 7조, 48조, 주택법 21조 내지 23조, 62조가 따로 규정하고 있다.

9) 헌법재판소 2020. 11. 26. 선고 2018헌바407 등 결정(조합설립등기 전에 여러 절차상 토지등소유자는 해당 정비구역에서 진행예정인 재건축사업의 내용을 충분히 알 수 있고, 의견개진의 기회가 보장되고, 조합설립동의서에는 정비사업의 내용이 포함되어 있기 때문에 토지등소유자는 이를 기초로 재건축 참여 여부를 결정할 수 있으며, 추가로 2개월 간 재건축 참가 여부에 대하여 숙고할 시간적 여유를 부여하고 있다는 점에 근거한다).

한 재건축조합이 최고할 수 있는 시기가 문제된다. 구 법 39조 1항은 '재건축결의'는 조합 설립에 대한 동의로 본다고 규정하고 있으므로, 이는 조합설립에 대한 동의의 해석과 관련된다. 대법원은 재건축조합이 그 설립등기를 마친 때부터 조합설립 동의 여부에 대한 최고를 할 수 있다고 판시하였다.[10)]

② '지체 없이'의 의미

㉮ 내용

대법원은 '지체 없이'는 재건축결의가 이루어진 후 즉시 최고를 하여야 한다는 의미가 아니라, 재건축사업의 진행 정도에 비추어 적절한 시점에 최고가 이루어져야 한다는 의미라고 판시하였다.[11)]

㉯ 구체적 사안

㉠ 재건축조합이 2004. 7. 3. 조합설립(변경)인가를 받고 그로부터 5개월 이후인 2004. 12. 1.경 재건축 참가 여부 회답을 촉구한 사안에서, 위 조합설립(변경)인가 이후인 2004. 10. 25.에도 구분소유자 25명이 추가로 동의함으로써 조합설립변경인가를 받는 등 구분소유자들의 추가 동의로 인하여 수시로 조합원을 새로이 확정하여야 하는 상황에 있었던 사정을 고려하여 2004. 12. 1.자에 행한 최고가 지체 없이 이루어진 최고라고 판시하였다(위 2008다40991 판결).

㉡ 재건축조합이 조합설립등기를 마친 때로부터 2년이 지나 토지등소유자에게 재건축사업 참가 여부를 묻는 최고를 한 것은 지체 없이 최고를 하도록 한 규정을 위반한 것이다.[12)]

⑵ 법이 2017. 2. 8. 전부개정된 이후(사업시행계획인가의 고시가 있은 날부터 30일 이내에 최고)

㈎ 사업시행계획인가의 고시가 있은 날부터 30일 이내에 최고

재건축사업의 시행자는 사업시행계획인가의 고시가 있은 날부터 30일 이내에 조합설립에 동의하지 아니한 자에게 조합설립에 관한 동의 여부를 회답할 것을 서면으로 촉구하여야 한다(법 64조 1항). 다음에서 살펴보듯이 매도청구권에 대한 (회답기간 만료일부터) 2개월의 행사기간을 제척기간으로 한 입법취지 등에 비추어 위 30일도 제척기간으로 봄이 상당하다. 나아가 위 매도청구권과 동일하게 30일의 기간 도과 전에 최고의 의사가 기재된 내용의 소를 제기하였다면, 우연히 소장부본의 송달이 제척기간 도과 후에 이루어졌다 하더라도 그와 같은 최고권의 행사가 부적법하다고 할 수는 없다.

㈏ 개정취지

사업시행자에게 매도청구권을 인정하는 것은 정비사업의 신속하고 원활한 진행을 위함이므로 정비사업 진행 초기단계에서 매도청구권을 행사할 수 있게 하는 것이 취지에 부합한다. 그러나 조합설립인가 이후 시공자를 선정하고 시공계약이 체결되어야 정비사업비의 대부분을 차지하는

10) 대법원 2015. 2. 12. 선고 2013다15623, 15630 판결.
11) 대법원 2009. 1. 15. 선고 2008다40991 판결.
12) 대법원 2015. 2. 12. 선고 2013다15623, 15630 판결.

공사비가 일응 확정되므로(조합설립동의서에 기재된 정비사업비는 추산액에 불과하다), 조합설립등기 직후에는 토지등소유자로서는 조합설립 동의 여부를 결정할 만한 구체적인 자료가 부족하다는 문제가 제기되었다. 이에 법은 토지등소유자에게 공사비 등이 반영된 구체적인 사업계획을 기초로 재건축사업에의 참여 여부를 결정할 수 있는 충분한 기회를 제공한 후 사업시행자가 매도청구권을 행사하도록 개정한 것이다. 또한 정비사업이 본격화되는 사업시행계획인가 이후 매매계약이 체결되어 현금청산에 개발이익이 반영될 수 있게 됨으로써 종래 구 법이 매도청구의 시점을 재건축사업의 초기단계인 조합설립 직후로 정하고 있어 사실상 개발이익이 제대로 반영되지 않은 채 매매계약이 이루어져 토지등소유자가 정당한 보상을 받지 못한다는 비판도 해소되었다.

나. 방법(서면에 의한 회답촉구)

(1) 서면

매도청구권을 행사하기 위한 전제로서의 최고는 반드시 서면으로 하여야 한다(법 64조 1항, 구 법 39조·집합건물법 48조 1항). 최고를 받은 토지등소유자가 사업시행계획의 구체적 사항을 검토하여 재건축에 참가할지 여부를 결정하여야 하므로 최고서(서면)에는 사업시행계획의 개략적인 내용이 적시되어 있어야 한다.

2017. 2. 8.자 전부개정되기 이전 구 법에 의하는 경우에는 재건축 결의사항이 기재되어 있어야 한다. 다만, 재건축 결의사항들이 재건축사업의 추진과정에서 총회결의나 재건축에의 참여권유 또는 종용 등을 통하여 최고의 대상자들에게 널리 알려짐에 따라 재건축 참가의 기회가 충분히 부여되었다면 재건축 결의사항 등이 기재되지 아니한 참가최고도 적법하다.[13]

(2) 송달

(가) 다음에서 살펴보듯이 회답촉구서 수령 후 2개월 경과 시부터 2개월 이내에 매도청구권을 행하여야 하고 이는 제척기간이므로, 회답촉구서 수령 여부를 명확히 하기 위하여 최고는 배달증명 및 내용증명 우편(우편법 시행규칙 25조 1항 4호)으로 하는 것이 일반적이다. 사업시행자가 수회 최고하더라도, 회답기간의 만료일은 특별한 사정이 없는 한 최초의 최고 수령일로부터 기산된다고 보아야 한다.

(나) 앞서 본 바와 같이 소재불명자의 토지등에 대하여는 조합설립인가의 동의정족수 산정에 있어 토지등소유자에서 제외되고, 사업시행자는 조합설립인가일 현재 여전히 소재불명인 경우 전국적으로 배포되는 둘 이상의 일간신문에 2회 이상 공고하고, 감정평가액을 법원에 공탁하고 정비사업을 시행할 수 있으나, 종국적으로는 매도청구를 통하여 그 소유권을 취득하여야 한다. 그 경우 소재불명자에 대한 최고가 문제되나, 민법 113조가 표의자가 과실 없이 상대방의 소재를 알지 못하는 경우의 의사표시는 민사소송법 공시송달의 규정에 의하여 송달할 수 있다고 규정하고 있으므로, 최고는 공시송달[14]의 방법에 의한다.

---

13) 대법원 2005. 6. 24. 선고 2003다55455 판결.

14) 공시송달은 법원사무관등이 송달할 서류를 보관하고 그 사유를 법원게시판에 게시하거나, 그 밖에 대법원규칙이 정

다. 최고의 대상

⑴ 정비구역 내 건축물 및 그 부속토지의 소유자

재건축사업의 경우 정비구역에 위치한 건축물 및 그 부속토지의 소유자는 조합원이 될 수 있고(법 2조 9호 나목), 조합설립 동의의 대상이므로, 그들에 대하여는 조합설립에 관한 동의 여부에 대한 회답을 촉구하여야 한다. 소유자인지 여부는 부동산등기부의 소유명의를 기준으로 한다.[15]

공유자인 경우 그중 1인을 대표소유자로 신고한 경우 외에는 공유자 전원에게 동의 여부 회답의 촉구를 하여야 한다. 만일 그중 일부만 동의하는 경우 전부가 부동의한 것으로 하여 매도청구의 대상이 된다.[16]

⑵ 정비구역 내 건축물 또는 토지만 소유한 자

㈎ 주택단지 내 토지 또는 건축물만의 소유자(최고 불요)

① 주택단지 내 건축물 또는 토지만 소유한 자는 조합원이 될 수 없을 뿐만 아니라 법 35조 3항의 조합설립 동의의 대상에도 제외되어 있으므로, 최고가 필요하지 않다.

② 구 법 39조 2호는 건축물 또는 토지만 소유한 자에 대하여도 동의 여부에 대하여 최고하도록 규정하고 있으므로, 그 해석이 문제되었다. 구 법 하에서의 판례는 재건축사업의 주택단지 내에 토지만을 소유하고 있어 조합설립 동의의 상대방이 되지 아니하는 자에 대하여는 집합건물법 48조 1항에서 규정한 최고절차에 대하여 법률상 이해관계를 갖지 아니하므로 이러한 자에 대한 매도청구에 있어서는 매도청구 전에 동의 여부에 대한 최고절차를 거치지 않았더라도 그 매도청구가 위법하다거나 무효로 된다고 할 수 없다고 하였다.[17]

③ 현행 법 64조 3항은 건축물 또는 토지만 소유한 자에 대하여는 동의 여부에 대한 최고의 대상에서 제외하고 있으므로(법 2조 9호 나목 참조), 최고의 필요성이 없음은 명백하다.

㈏ 주택단지 아닌 지역이 정비구역에 포함된 경우의 토지 또는 건축물 소유자(최고 필요)

① '주택단지가 아닌 지역' 안에 있는 '토지 또는 건축물 소유자'도 조합원이 될 수는 없으나, 법 35조 4항이 재건축조합이 조합설립인가를 받기 위해서는 '주택단지가 아닌 지역' 안에 있는 '토지 또는 건축물' 소유자의 법정 비율 이상의 동의를 받아야 한다고 규정하고 있으므로, (주택단지 내에 토지 또는 건축물만을 소유하고 있는 자와 달리) 법에서 규정한 최고절차에 대하여도 법률상 이해관계를 갖는다. 따라서 재건축조합이 법에 따라 '주택단지가 아닌 지역' 안에 있는 토지 또는 건축물만을 소유한 자에 대하여 매도청구를 함에 있어서는 특별한 사정이 없는 한 그 매도청구 전에 법에서 정한 최고절차를 거쳐야 한다.[18]

② 주택단지 아닌 지역에서의 토지 또는 건축물 소유자가 동의하더라도, 조합원이 될 수 없

하는 방법에 따라서 하여야 하고(민사소송법 195조), 첫 공시송달은 195조의 규정에 따라 실시한 날부터 2주가 지나야 효력이 생긴다(민사소송법 196조 1항).

15) 대법원 2000. 6. 23. 선고 99다63084 판결 참조, 서울시 조례 34조는 종전 토지 등의 소유권은 관리처분계획기준일 현재 부동산등기부에 따르고, 공유의 경우 부동산등기부의 지분비율을 기준으로 한다고 규정하고 있다.

16) 대법원 2017. 2. 3. 선고 2015두50283 판결.

17) 대법원 2008. 2. 29. 선고 2006다56572 판결.

18) 대법원 2010. 5. 27. 선고 2009다95578 판결.

어 종국적으로는 인가된 관리처분계획에 따라 분양대상에서 제외된 자(법 73조 1항 4호)에 해당하여 법 73조 2항의 매도청구의 대상이 된다.

3. 매도청구권 행사요건

가. 조합설립 동의 여부 회답의 촉구에 대한 토지등소유자의 부동의 또는 부동의 간주 (정비구역 내 건축물 및 그 부속토지 소유자)

(1) 2개월 이내 부동의 의사표시 또는 부동의 간주

(가) 조합설립에 관한 동의 여부 회답의 촉구를 받은 토지등소유자가 촉구를 받은 날부터 2개월 이내에 회답하지 아니한 경우 그 토지등소유자는 조합설립에 동의하지 아니하겠다는 뜻을 회답한 것으로 본다(법 64조 2항, 3항, 구 법 39조·집합건물법 48조 2항, 3항).

따라서 매도청구의 요건으로는 조합설립에 대한 동의 여부의 회답을 촉구받은 토지등소유자가 2개월 이내에 동의하지 아니하겠다는 뜻을 회답하거나 촉구를 받은 날부터 2개월 이내에 회답하지 아니한 경우여야 한다.

(나) 토지등소유자가 최고에 대하여 재건축에 참가하지 아니하는 뜻을 명시적으로 밝히지 아니한 채 재건축 결의의 내용에 대한 해명을 요구하면서 그 해명이 있을 때까지 참가 여부에 대한 회답을 유보하였을 뿐이라고 하더라도, 그로써 회답기간이 재건축조합의 해명이 있을 때까지로 연장되는 것은 아니다.[19]

(다) 법 64조 4항은 '회답촉구를 받은 날로부터 2개월의 기간이 지나야' 매도청구권을 행사할 수 있다고 규정하고 있으므로, 토지등소유자가 조합설립 부동의 의사를 표시하였다 하더라도, 2개월의 기간 내에는 번의하여 정비사업 참가의 의사를 표시할 수 있다. 그 반대도 가능하다.

(2) 의사표시방법

정비사업에 참가하겠다는 의사표시나 참가하지 않겠다는 의사표시는 모두 구두로도 가능하다. 다만, 정비사업에 참가하겠다는 의사를 표시한 토지등소유자는 신의칙상 신속하게 법정의 조합설립동의서(법 36조 1항)를 제출하여야 한다.[20]

나. 2개월 내의 매도청구권 행사

(1) 행사기간

(가) 정비구역 내 건축물 및 그 부속토지 소유자(회답촉구서 수령일 후 2개월 경과 시부터 2개월 이내)

토지등소유자가 부동의 의사를 표시하거나 회답촉구를 받은 날부터 2개월 이내에 회답하지 아니하여 부동의로 간주된 경우, 사업시행자는 그 기간이 만료된 때(회답기간 만료일 다음 날)부터 2개월 이내에 조합설립에 동의하지 아니하겠다는 뜻을 회답하거나 간주된 토지등소유자에게

---

19) 대법원 2002. 9. 24. 선고 2000다22812 판결.

20) 만일 동의한 토지등소유자가 서면동의서를 제출하지 아니하는 경우 재건축조합은 토지등소유자를 상대로 조합원임의 확인을 구하는 소를 제기하여 승소판결을 받아야 한다[이우재·박치범, 전게서(하), 106].

토지등의 소유권과 그 밖의 권리를 매도할 것을 청구할 수 있다(법 64조 4항, 구 법 39조·집합건물법 48조 4항).

법 64조 4항은 '회답촉구를 받은 날로부터 2개월의 기간이 지나면' 매도청구권을 행사할 수 있다고 규정하고 있는바(구 법 39조가 준용하는 집합건물법 48조 4항도 동일하다), 이는 재건축에 참가하지 아니한 토지등소유자에게 2개월의 숙려의 기회를 부여함으로써 그를 보호하고자 하는 데 있다.[21] 따라서 설령 토지등소유자가 회답촉구를 받자마자 곧바로 부동의 의사를 표시하더라도, 사업시행자는 반드시 토지등소유자가 회답촉구를 받은 날부터 2개월의 기간이 경과된 이후에야 적법하게 매도청구권을 행사할 수 있다.

㈏ 주택단지 내 건축물 또는 토지만 소유한 자

주택단지 내 건축물 또는 토지만 소유한 자는 최고의 대상이 될 수 없다. 따라서 개정법률에 의하는 경우 조합은 그들에 대하여 사업시행계획인가의 고시가 있은 날부터 2개월 내에 매도청구권을 행사하여야 한다(법 64조 4항). 구 법 39조에 의하는 경우, 재건축조합은 조합이 설립되어야 매도청구권을 행사할 수 있으므로, '조합설립등기를 마친 때'가 매도청구권 행사의 기산점이 된다.[22] 따라서 그때부터 2개월 내에 매도청구권을 행사하여야 한다(집합건물법 48조 4항).

㈐ 제척기간

① 내용

사업시행자는 회답기간 만료일(건축물 및 그 부속토지 소유자) 다음 날, 사업시행계획인가·고시일 또는 조합설립등기를 마친 때(주택단지 내 건물 또는 토지 소유자)로부터 2개월 이내에 매도청구권을 행사하여야 하는 것은 제척기간이다.[23] 그 근거는 행사기간을 제한하지 아니하면 매도청구의 상대방은 매도청구권자가 언제 매도청구를 할지 알 수 없어 그 법적 지위가 불안정하게 되고, 매도청구권자가 매수대상인 토지등의 시가가 가장 낮아지는 시기를 임의로 정하여 매도청구를 할 수 있게 되어 매도청구 상대방의 권익을 부당하게 침해할 우려가 있기 때문이다.

② 제척기간 준수 여부 판단기준

매도청구는 의사표시이므로 위 제척기간 내에 매도청구의 의사표시가 상대방에게 도달하여야 한다. 다만, 제척기간 도과 전에 매도청구가 기재된 내용의 소를 제기하였다면, 우연히 소장부본의 송달이 제척기간 도과 후에 이루어졌다 하더라도 그와 같은 매도청구권의 행사가 부적법하다고 할 수는 없다.[24]

③ 제척기간 도과의 효과

제척기간이 도과되면 사업시행자는 매도청구권을 행사할 수 없다. 소멸시효와 달리 중단이나 정지가 인정되지 아니한다. 다만, 매도청구권이 완전히 소멸하는 것이 아니다.

구 도시정비법 39조가 적용되는 사안에서, 판례는 조합이 새로운 조합설립인가처분의 요건을

---

21) 대법원 2010. 7. 15. 선고 2009다63380 판결.
22) 대법원 2008. 2. 29. 선고 2006다56572 판결.
23) 대법원 2000. 6. 27. 선고 2000다11621 판결, 대법원 2002. 9. 24. 선고 2000다22812 판결 참조.
24) 대법원 2003. 5. 27. 선고 2002다14532, 14549 판결.

갖춘 조합설립변경인가를 받은 경우 그에 터 잡아 매도청구권을 행사하는 것에 대하여 적법하다고 하였다.[25] 현행 도시정비법 64조에 의하면 사업시행자는 새로운 사업시행계획인가의 요건을 갖춘 사업시행계획변경인가를 받아 그에 터 잡아 매도청구권을 행사할 수 있다.

⑵ 행사방법(매도청구의 의사는 재판상 또는 재판 외에서도 행사 가능)

㈎ 개요

매도청구권의 행사방법에는 제한이 없으므로, 서면이나 구두 모두 가능하다. 또한 재판상 또는 재판 외에서 모두 행사가 가능하다.

사업시행자로서는 조합설립에 동의하지 아니하는 토지등소유자의 토지등을 신속히 취득하기 위하여 재판상 행사하는 것이 일반적이다.

㈏ 매도청구소송

① 의의

실무상으로는 재건축조합이 사업시행계획인가의 고시가 있은 날부터 30일 이내에 조합설립동의를 하지 아니한 토지등소유자를 상대로 토지등에 관한 소유권이전등기절차의 이행을 구하는 소송(인도청구소송 포함)을 제기하면서, 청구원인으로 조합설립에 관한 동의 여부를 회답할 것을 서면으로 촉구하면서 불응 시 소장 도달일로부터 60일이 경과한 다음 날 매도청구권을 행사하고 그 효과(매매계약)가 발생하여 소유권이전등기의무가 발생한다고 주장한다. 실제로 상대방이 소장부본 송달일로부터 60일 이내에 조합설립에 대한 동의의 의사표시를 밝히지 않는 경우 그 다음 날 매매계약의 성립이 의제된다.

조합이 조합설립에 관한 동의 여부의 회답을 구하는 최고서를 첨부한 소장 부본의 송달로써 상대방에게 매도청구권을 행사한 사안에서, 대법원은 이는 상대방이 최고기간 내에 재건축사업에 불참가할 것을 정지조건으로, 회답기간 만료 다음 날 매도청구권을 행사한 것과 동일한 효과가 발생하였다고 볼 수 있음을 근거로 위 소장 부본 송달 이후 도래한 60일의 회답기간 경과일 다음 날을 매매계약 성립일이라고 판시하였다.[26]

② 분양신청기간 만료일 전 조합설립동의서 제출 가능 여부

매도청구소송의 경우, 일반적으로 토지등에 대한 시가감정 등의 절차를 거쳐 판결이 선고되고,[27] 그에 따른 불복 등으로 확정판결에 의하여 매도청구에 따른 매매계약이 확정되기까지에는 상당한 시간이 소요된다.

㉮ 판결확정 전

구 법 39조는 앞서 본 바와 같이 조합은 조합설립인가를 받아 등기가 이루어지면 지체 없이 조합설립에 동의하지 아니한 자에 대하여 조합설립에 대한 동의 여부에 관한 최고 및 매도청구권을 행사하도록 규정하고 있었는데, 조합설립등기 직후에는 토지등소유자로서는 조합설립 동의

25) 대법원 2013. 2. 28. 선고 2012다74816 판결 등 참조.
26) 대법원 2010. 7. 15. 선고 2009다63380 판결.
27) 판결은 '토지등소유자는 조합으로부터 ○원을 지급받음과 동시에 조합에게 토지등에 관하여 0000. 0. 00.자 매매를 원인으로 한 소유권이전등기절차를 이행하고 토지등을 인도하라'는 내용으로 선고된다.

여부를 결정할 만한 구체적인 자료가 부족하다는 문제가 있었다. 그 보완책으로 국토부 재건축 표준정관 9조 1항은 "조합설립에 동의하지 아니한 자는 분양신청기한까지 조합설립동의서를 조합에 제출하여 조합원이 될 수 있다."고 규정하고 있고, 이에 따라 일반적으로 재건축조합은 정관으로 토지등소유자가 조합설립동의를 통하여 조합원이 될 수 있는 종기는 분양신청기간 종료일이라고 규정하고 있다.

그와 같은 정관에 의하는 경우 분양신청기간이 만료되기 전이라면 토지등소유자는 매도청구소송의 1심 또는 2심에서 패소되더라도 아직 매도청구소송의 판결확정 이전이라면 동의서를 제출하여 조합원의 지위를 취득할 수 있다.[28] 통상적으로 매도청구소송절차의 진행 중 토지등소유자가 조합설립동의서를 제출하면, 조합은 매도청구의 소를 취하한다. 다만, 매도청구소송이 진행되는 도중에서야 토지등소유자가 조합원으로 가입하는 경우 매도청구소송에 따른 비용을 토지등소유자가 부담한다는 내용을 정관으로 명시해 두는 조합이 있으나, 토지등소유자가 분양신청기간 종료일까지 조합설립동의서를 제출하여 조합원이 될 수 있는 것은 그의 권리라 할 것이므로, 이는 부당하다.

㉯ 판결확정 후

㉠ 문제의 소재

매도청구소송이 확정된 경우 분양신청기간이 만료되기 이전이라면 토지등소유자는 여전히 동의권을 행사하여 조합원이 될 수 있는지 여부가 문제된다. 소유권이전등기를 명하는 판결은 의사의 진술을 명하는 판결이어서 확정 시 사업시행자는 일방적으로 이전등기를 신청할 수 있고 토지등소유자는 이를 저지할 방법이 없으며, 사업시행자는 금원을 토지등소유자에게 지급하거나 변제공탁 후 집행문을 발급받아 소유권이전등기를 경료할 수 있다. 이미 소유권이전등기를 명하는 확정판결을 받은 토지등소유자가 그와 같은 소유권이전등기가 마쳐지기 전에 이를 저지하기 위하여 조합설립동의서를 제출할 수 있는지 여부가 쟁점이다.

㉡ 판례

대법원은 조합이 조합설립에 동의하지 않은 정비구역 안의 토지등소유자를 상대로 매도청구권을 행사하여 토지등소유자에 대하여 매매대금을 지급받음과 동시에 소유권이전등기절차를 이행하라는 판결이 선고되어 확정되었더라도, 조합이 토지등소유자에게 매매대금을 지급하지 않고, 토지등소유자도 소유권이전등기절차를 이행하지 아니한 채 소유권을 보유하고 있는 동안에는 토지등소유자는 분양신청기간 종료일까지 조합을 상대로 조합설립동의서를 제출하여 재건축조합의 조합원이 될 수 있다고 판시하였다.[29]

따라서 위 확정판결에 기한 소유권이전등기를 마치기 전으로 분양신청기간 종료 전에 토지등소유자가 재건축조합에 조합설립동의서를 제출하였다면 그 이후 재건축조합이 위 확정판결에 기하여 소유권이전등기를 마쳤다고 하더라도 그 소유권이전등기는 원인무효로 말소되어야 한다.[30]

---

28) 대법원 2022. 8. 11. 선고 2022다237234, 237241 판결.
29) 대법원 2023. 6. 1. 선고 2022다232369 판결.

ⓒ 결론

법리상 매도청구소송이 확정(소유권을 이전하라는 내용이 판결이 선고되어 확정)되었다 하더라도, 그것만으로 당연히 소유권이 조합에게 이전되는 것이 아니고, 실제로 조합이 소유권이전등기를 마쳐야 확정적으로 소유권을 취득한다. 따라서 소유권이전등기경료 이전이라면 토지등소유자의 지위에서 분양신청기간이 만료되기 전에 동의권을 행사하여 조합원이 될 수 있다고 보는 것이 법리상 타당하다.

한편, 부산 재건축 표준정관에서는 분양신청기한 만료일까지 조합설립동의서를 제출하여 조합원이 될 수 있다는 규정이 삭제되었다. 그 취지는 종래 법이 조합설립등기 이후 지체 없이 동의 여부에 대한 회답을 최고하도록 규정하고 있었으나, 현재는 사업시행계획인가의 고시가 있은 날부터 30일 이내에 매도청구권을 행사하여야 하고, 법 72조 1항이 사업시행계획인가일 이후 90일 이내에 분양신청을 통지하도록 규정하고 있어 매도청구소송에서 패소확정판결을 받은 토지등소유자가 분양신청기간 종료일까지 조합설립에 동의하는 경우는 선뜻 상정하기 어렵기 때문으로 보인다. 그러나 서울 표준정관은 여전히 국토부 표준정관과 마찬가지로 위 규정이 존재한다(10조 1항). 만일 위와 같은 정관 규정이 존재하지 않는다면, 토지등소유로서는 언제까지 조합에 가입할 수 있을 것인지 여부가 문제된다. 정비사업의 진행 실무상 사업시행계획인가 이후 분양신청통지 시까지 장기간이 소요되는 경우도 발생할 수 있기 때문이다. 재건축사업은 임의가입제이고, 법령이나 정관에 토지등소유자가 조합에 가입할 수 있는 시한을 정한바가 없다면, 법리상 조합원이 될 수 있는 최종시한이 분양신청기간 종료일인 점(조합원이라 하더라도 분양신청을 하지 아니하는 경우 현금청산대상자로 신분이 변경된다) 등에 비추어 확정판결이 있다 하더라도 여전히 분양신청기간 종료일까지 조합원으로 가입할 수 있다고 해석되어야 한다.[31] 그러나 법 64조의 매도청구권의 행사기간은 제척기간으로서, 그 행사기간 내에 이를 행사하지 아니하면 그 효력을 상실하는 것에 상응하여 토지등소유자도 매도청구소송 판결확정 이후에는 더 이상 동의권을 행사할 수 없다는 내용의 정관 규정을 마련해 두는 것이 형평에 부합하고 신의칙상 타당한 측면이 있다.[32]

4. 매도청구권 행사 효과

가. 매매계약의 성립의제

앞서 본 바와 같이 매도청구권은 형성권이므로 사업시행자가 매도청구권를 행사하면 그 의사표시가 도달함과 동시에 토지등소유자와 사이에 토지등에 관하여 시가에 따른 매매계약이 성립된 것으로 의제된다(재단법인의 기본재산에 대한 매매계약의 성립뿐만 아니라 그 전제가 되는 기본재

---

30) 대법원 2025. 2. 13. 자 2024다305735 판결 및 수원고등법원 2024. 10. 16. 선고 2024나14127 판결.

31) 도시정비법이 제정되기 이전의 구 주택건설촉진법이 적용되는 사안에서, 판례는 재건축조합의 사업지구 내에 주택을 소유하고 있는 자는 주택건설사업계획에 대한 사업승인이 있기 전까지는 얼마든지 재건축결의에 동의함으로써 조합원의 지위를 취득할 수 있다고 하였다(대법원 2002. 3. 11. 자 2002그12 결정).

32) 법 79조 8항은 사업시행자가 매도청구소송을 통하여 법원의 승소판결을 받은 후 입주예정자에게 피해가 없도록 손실보상을 공탁하고 분양예정인 건축물을 담보한 경우에는 법원의 승소판결이 확정되기 전이라도 주택법 54조에도 불구하고 입주자를 모집할 수 있다고 규정하고 있다. 그러나 이는 분양신청기간이 만료된 이후를 전제로 하는 것으로 보인다.

산의 변경을 내용으로 하는 재단법인의 정관변경까지 강제됨은 앞서 본 바이다). 위와 같이 매매계약의 성립시점은 매도청구 의사표시의 도달시점이다. 다만 일반적 매도청구소송에서처럼 정지조건부 매도청구권 행사의 경우에는 최고에 대한 2개월의 회답기간 경과일 다음 날이 매매계약의 성립시점이 된다. 행사한 매도청구권에 매매계약의 이행기를 정하는 기준이 있으면 이를 이행기로 할 것이나, 법상 특별한 기준이 없으므로 각각의 채무는 이행기의 정함이 없는 채무라 할 것이다(채권자는 언제든지 이행을 최고할 수 있고, 채무자가 채권자로부터 이행을 최고받은 다음 날부터 지체책임을 부담한다, 다만 쌍무계약에서 쌍방의 채무가 동시이행관계에 있는 경우 일방 채무의 이행기가 도래하더라도 상대방 채무의 이행제공이 있을 때까지는 그 채무를 이행하지 않아도 지체책임을 지지 않는 것이고, 이는 지체책임의 면책을 주장하는 자가 상대방의 이행청구에 대하여 동시이행의 항변권을 재판상 또는 재판 외에서 행사하여야만 발생하는 것은 아니다). 매도청구권의 행사에 따라 매매계약이 성립되었으나 일방 당사자가 이에 따른 채무를 이행하지 않거나 그 이행을 거절하는 경우 상대방이 매매계약을 해제할 수 있다.[33]

나. 시가에 의한 매매대금 산정

(1) 시가의 의미

매도청구권 행사로 매매계약의 성립이 의제되는 법률효과가 있을 뿐이고, 시가는 객관적으로 정해진다(매도청구권 행사에 반드시 구체적인 가격까지 표시할 필요는 없고, 적정한 시가에 따라 매도하라는 취지의 통지도 적법하다). 따라서 사업시행자 및 토지등소유자는 매매대금에 관하여 따로 합의에 이르게 되면 그에 따르나, 합의에 이르지 아니하는 경우 구체적 매매대금은 소송과정에서 당사자의 신청으로 법원이 지정한 감정평가사의 앞서 본 매매계약 성립시점의 시가에 대한 감정평가를 거쳐 판결에 의해 확정된다.

시가란 개발이익이 포함된 매도청구권이 행사된 당시의 토지나 건축물의 객관적 거래가격이다. 시가와 관련하여 대법원은 노후되어 철거될 상태를 전제로 하거나 재건축사업이 시행되지 않은 현재의 현황을 전제로 한 거래가격이 아니라 그 토지 등에 재건축사업이 시행됨을 전제로 하여 평가한 가격, 즉 재건축으로 인하여 발생할 것으로 예상되는 개발이익이 포함된 당시의 시가를 말한다고 판시하였다.[34] 다만, 발생할 것으로 예상되는 개발이익은 재건축사업이 완료되기 전까지 현실화·구체화되지 아니한 미실현이익인바, 개발이익이 포함된다는 의미는 건축 후의 예상가치에서 재건축비용을 공제한 개발이익을 현재 시점에서 미리 예측하여 이를 전부 반영하라는 취지가 아니라, 재건축사업이 진행됨에 따라 점차 구체화되는 당시의 개발이익을 그 시가 산정에 반영하라는 취지로 보아야 한다.[35]

---

33) 대법원 2013. 3. 26. 자 2012마1940 결정(구 주택법이 적용되는 사안에서, 매도청구권자인 甲이 상대방인 乙을 피고로 하여 매도청구소송을 제기하여 법원으로부터 乙은 甲으로부터 ○원을 지급받음과 동시에 甲에게 0000. 0. 00. 자 매매를 원인으로 한 소유권이전등기절차를 이행하라는 판결이 선고되자, 乙은 자신의 소유권이전등기절차의무에 관한 이행을 제공하면서 일정 기간 내에 대금지급의무를 이행할 것을 촉구하고, 위 기간 내에 대금이 지급되지 아니하는 경우 매매계약이 해제된다고 알렸으나, 위 기간 내에 대금지급의무를 이행이나 이행제공하지 아니한 사안에서, 위 기간의 경과로 매매계약이 적법하게 해제되었다고 판시하였다) 등 참조.

34) 대법원 2009. 3. 26. 선고 2008다21549, 21556, 21563 판결.

35) 부산고등법원 2019. 5. 2. 선고 (창원)2018나13830 판결(대법원 2019. 11. 28. 선고 2019다235566호로 파기되었으나,

(2) 구체적 실무

(가) 조합이 매도청구권에 기하여 정비구역 내 토지에 대하여 소유권이전등기를 청구한 사안에서, 판례는 해당 토지가 1970년대 아파트지구 기본개발계획 당시부터 도로로 사용되어 왔고 이후 도시계획시설(도로)로 결정·고시되었으며, 재건축사업구역 정비계획 고시에서도 도로로 결정·고시되었고 현재 지목도 도로이며, 또한 재건축조합이 해당 토지를 취득하여 정비기반시설로 새로 설치한 다음 지방자치단체에 무상 귀속시킴으로써 재건축사업 시행 후에도 공동주택 부지가 아닌 도로로 사용될 예정이라면, 도로인 현황대로 감정평가한 금액을 매매대금으로 하여야 한다고 하였다.[36)]

(나) 판례는 부동산중개업소를 통하여 형성된 재건축아파트의 실제거래가격은 개발이익이 반영되어 형성된 것이라는 점을 인정하였다.[37)]

다. 동시이행관계

매도청구권의 행사로 매매계약의 성립이 의제되어 토지등소유자의 토지등에 대한 소유권이전등기 및 인도의무와 재건축조합의 매매대금지급의무는 동시이행관계에 있다. 다만, 공평의 원칙상 토지등소유자에게는 권리제한등기가 없는 상태로 토지등의 소유권을 조합에게 이전할 의무가 있으므로, 토지등에 권리제한등기가 설정되어 있는 경우 조합은 토지등소유자에게 토지등의 가액에서 권리제한등기를 말소하는 데 필요한 금액을 공제한 나머지를 청산금으로 지급할 의무가 있다. 따라서 조합은 토지등소유자를 상대로 근저당권의 채권최고액(또는 채권최고액의 범위 내에서 확정된 피담보채무액)이나 가압류의 피보전채권을 공제한 나머지 금액의 지급과 상환으로 소유권이전등기절차의 이행 및 부동산의 인도를 구할 수 있다.[38)]

이와 관련하여 판례는 매도청구의 목적 부동산에 대항력 있는 임차인이 있는 경우, 재건축조합이 조합 설립에 동의하지 않은 자에 대하여 매도청구권을 행사하여 그 목적 부동산의 시가에서 대항력 있는 임차인의 임대차보증금 상당액을 공제한 나머지 금액의 지급과 상환으로 소유권이전등기절차의 이행을 구할 수 있게 되었다면, 특별한 사정이 없는 한 간접점유자에 불과한 매도청구 상대방에 대하여 대항력 있는 임차인이 점유하는 부분의 인도를 구할 수는 없다고 하였다.[39)]

별개의 이유이다) 참조, 대법원 2021. 12. 30. 자 2021다276386 판결 및 의정부지방법원 2021. 9. 2. 선고 2021나204559 판결.

36) 대법원 2022. 7. 14. 선고 2020다238349 판결.

37) 대법원 2005. 6. 24. 선고 2003다55455 판결.

38) 대법원 2009. 1. 15. 선고 2008다40991 판결(매매 목적물에 가압류집행이 되어 있는 경우 매수인은 가압류의 피보전채권액에 상당한 매매대금의 지급을 거절할 수 있으므로, 그 감정가액에서 가압류의 청구금액을 공제한 나머지 돈의 지급과 상환으로 소유권이전등기절차의 이행 및 인도를 명할 수 있다).

39) 대법원 2017. 6. 29. 선고 2016다276641 판결.

5. 매도청구권 행사 및 효과와 관련한 쟁점

가. 조합설립에 동의하지 아니한 토지등소유자의 처분과 관련한 법률상 이익

(1) 조합설립인가처분취소 및 무효확인소송

토지등소유자는 매도청구로 인하여 자신의 의사에 반하여 매매계약 체결이 강제되는 불이익이 있고, 매도청구권은 적법한 재건축조합이 행사하는 것을 전제로 하므로, 조합설립에 동의하지 아니한 토지등소유자라 하더라도, 조합설립인가처분의 취소 및 무효확인을 구할 원고적격이 있음은 앞서 본 바이다. 실무상 조합이 징구한 동의서에 하자가 있는 등으로 동의의 정족수를 충족하지 못하여 적법한 조합설립인가 요건을 구비하지 못하였다는 주장을 하는 것이 일반적이다.

(2) 조합설립에 동의하지 아니한 토지등소유자의 사업시행계획등의 취소 및 무효확인소송

(가) 인가된 사업시행계획만이 존재하고 분양신청절차가 진행되지 아니하였거나 분양신청기간이 경과되지 아니하였다면, 분양신청기간 내에 동의서를 제출하여 조합원이 될 가능성이 있으므로, 조합설립에 동의하지 아니한 토지등소유자도 일응 사업시행계획의 효력을 다툴 원고적격을 인정하여야 할 것이다.

(나) 만일 이미 분양신청절차가 진행되어 분양신청기간이 만료되거나 그 이후 관리처분계획까지 수립되었다 하더라도, 사업시행계획이 무효로 확인되거나 취소되는 경우 사업시행자인 조합은 새롭게 사업시행계획을 작성하여 인가를 받아야 하고, 그 경우 도시정비법 72조 1항에 따라 사업시행계획인가의 고시가 있은 날부터 90일 이내에 분양신청기간 등의 사항을 토지등소유자에게 통지하고 이를 공고하는 등 분양신청절차를 거쳐야 하므로, 재건축 조합설립에 동의하지 않은 토지등소유자는 위와 같이 다시 진행되는 분양신청절차에서 조합에 동의서를 제출함으로써 조합원이 될 수 있는 가능성이 있다. 따라서 그 경우에도 원고적격이 인정될 수 있다.[40]

한편, 관리처분계획의 취소나 무효확인소송의 제기가 가능할 것인지 여부가 문제되나, 사업시행계획의 하자가 중대, 명백하여 무효인 경우, 후속행위인 관리처분계획도 위법하다 할 것이므로, 그 범위에서 관리처분계획을 다툴 수 있으며, 심리결과 사업시행계획이 무효가 아니라면 토지등소유자는 관리처분계획에 의하여 권리의무에 어떠한 영향도 받을 수 없어 결국 그와 같은 소송은 소의 이익이 없어 부적법하게 된다.

(다) 토지등소유자가 위와 같은 처분을 다툴 원고적격이 인정되기 위해서는 토지등에 대한 소유권을 보유하는 것을 전제로 한다. 즉, 매도청구소송의 판결이 확정되어 해당 토지등에 대한 소유권이전등기까지 조합에 마쳐졌다거나 임의로 토지등을 양도하여 양수인에게 소유권이전등기를 경료하여 주었다면, 토지등소유자는 더 이상 사업시행계획이나 관리처분계획에 의하여 어떠한 법률상 영향도 받지 아니하므로 소의 이익이 없다.

---

40) 대법원 2023. 3. 30. 자 2022두66750 판결 및 서울고등법원 2022. 11. 9. 선고 2021누49255 판결, 서울행정법원 2021. 6. 11. 선고 2020구합61119 판결.

나. 토지등의 특정승계와 매도청구권

토지등의 포괄승계가 있는 경우 승계인은 피승계인으로부터 일체의 효력을 승계함은 당연하다. 다만, 특정승계가 문제된다.

(1) 최고 이후 토지등의 특정승계 시

(가) 구 법 39조

구 법 39조가 준용되는 집합건물법 48조 4항은 '재건축에 참가하지 아니하겠다는 뜻을 회답한 구분소유자'뿐만 아니라 '그 승계인'에 대하여도 매도청구권을 행사할 수 있다고 규정하고 있으므로, 최고 이후 토지등이 특정승계된 경우에는 승계인에 대하여 별도의 최고 없이 매도청구권을 행사할 수 있음이 명백하다.

(나) 현행 법 64조

현행 법 64조는 집합건물법 48조를 준용하지 않고 독자적으로 규정하고 있음에도 집합건물법 48조 4항과 같은 명시적 규정이 없어 해석상 문제된다.

특별히 법 64조가 집합건물법 48조와 달리 볼 사정이 없고, 승계인을 누락한 것은 입법상의 오류인 것으로 보이는 점(집합건물법은 제정 당시부터 승계인을 포함시키고 있다), 만일 최고 이후 토지등의 특정승계의 경우에도 반드시 양수인에게 다시 최고를 해야 한다면 악의적인 토지등소유자로 인하여 공익사업인 정비사업의 진행이 지체될 수밖에 없는 점, 승계인도 정비사업의 현황 등을 인식한 채 양수하였을 것이므로 전 소유자가 최고 등을 받은 사실을 인식하고 있었을 여지도 있고, 설령 최고사실을 알지 못하여 그 후 재건축조합의 매도청구권 행사로 매매계약이 성립된 것으로 의제된다 하더라도, 승계인은 정관에 따라 분양신청기간 종료일까지 조합설립을 동의하여 조합원 지위의 획득이 가능한 점 등에 비추어 현행 법 64조에 의하더라도, 집합건물법 48조 4항을 유추적용하여 최고 이후 토지등이 특정승계된 경우 사업시행자는 승계인에게 다시 새로운 최고를 할 필요 없이 곧바로 승계인을 상대로 매도청구권을 행사할 수 있다고 보아야 한다.

(2) 매도청구 이후 토지등의 특정승계 시

(가) 문제의 소재

구 법 39조가 준용하는 집합건물법 48조 4항은 최고 이후에는 승계인에게 매도청구권을 행사할 수 있다고 규정하고 있으나, 매도청구권 행사 이후의 승계인에 관하여는 명문의 규정이 없으므로, 그 경우에도 승계인에게 매도청구권 행사의 효과가 승계되는지 여부(매도청구소송을 인수시킬 수 있는지 여부)가 문제된다. 이는 현행 법 64조에 대하여도 동일하게 적용되는 문제이다.

(나) 판례

재건축조합이 매도청구권을 행사한 이후에 비로소 토지등의 특정승계가 이루어진 경우 이미 성립한 매매계약상의 의무가 그대로 승계인에게 승계된다고 볼 수는 없다. 따라서 재건축조합이 기존 토지등소유자를 상대로 매도청구의 소를 제기하여 매도청구권을 행사한 이후에 제3자가 매도청구 대상인 토지 또는 건축물을 특정승계한 경우, 재건축조합은 민사소송법 82조 1항에 따라 특정승계인으로 하여금 매도청구소송을 인수하도록 신청할 수 없다.[41]

따라서 사업시행자는 매도청구권을 행사한 이후에는 반드시 매도청구권 행사에 따른 매매를 원인으로 한 소유권이전등기청구권을 피보전권리로 한 부동산처분금지가처분을 신청하여 그 결정을 받아두어야 한다.

다. 조합설립인가처분과 매도청구권

(1) 재건축조합이 정비사업 진행과정에서 매도청구권을 행사하였으나, 그 후 조합설립인가처분이 무효로 확인되거나 취소될 경우 그것이 유효하게 존재하는 것을 전제로 이루어진 위와 같은 후속행위인 매도청구 역시 소급하여 효력을 상실하게 된다.

(2) 재건축조합이 조합설립에 동의하지 않는 자 등에 대해 매도청구권을 행사하여 그에 따른 소유권이전등기절차의 이행 등을 구하는 소를 제기한 경우, 그 소송절차에서 조합설립결의의 하자를 이유로 매도청구권 행사의 적법성을 다투기 위해서는 그로 인해 조합설립인가처분이 적법하게 취소되었거나 당연무효임을 주장·증명하여야 한다.[42]

조합설립인가처분의 위법 여부 또는 효력 유무에 관한 다툼이 있어 조합이 처음부터 조합설립인가에 관한 절차를 밟아 조합설립변경인가를 받은 경우, 새로운 조합설립인가처분의 요건을 갖춘 조합설립변경인가에 터 잡아 새로이 매도청구권을 행사할 수 있다.[43] 제척기간 도과 이후 새로운 조합설립인가처분의 요건을 갖춘 조합설립변경인가에 터 잡아 새로이 매도청구권을 행사할 수 있음은 앞서 본 바이다.

그러나 재건축조합이 조합설립인가 전의 조합설립결의에 하자가 있다는 주장에 대비하여 당초 결의를 보완하는 취지의 새로운 재건축결의를 하였을 뿐이라면, 그 과정에서 당초 조합설립에 동의하였던 토지등소유자들이 새로운 재건축결의에 동의하지 아니하였다고 하더라도 그러한 사정만으로 그 토지등소유자들이 '조합설립에 동의하지 아니한 자'에 해당하게 된다거나 조합원의 지위를 상실한다고 볼 것은 아니다.[44]

라. 장기수선충당금의 귀속

매도청구의 대상이 된 토지등에 관한 현금청산대상자의 장기수선충당금 청구권의 귀속에 관하여 살펴본다.

---

41) 대법원 2019. 2. 28. 선고 2016다255613 판결(집합건물법 48조가 명시적으로 규정하고 있지 않고, 법 129조는 "정비사업과 관련하여 권리를 갖는 자의 변동이 있은 때에는 종전의 권리자의 권리·의무는 새로이 권리자로 된 자가 이를 승계한다."라고 정하고 있으나, 여기에서 '정비사업과 관련하여 권리를 갖는 자'는 조합원 등을 가리키는 것이다. 따라서 사업시행자로부터 매도청구를 받은 토지 또는 건축물 소유자는 조합설립에 동의하지 아니한 자로서 이에 포함되지 않는다).

42) 대법원 2010. 7. 15. 선고 2009다63380 판결(조합설립결의에 하자가 있다 하더라도 그로 인해 조합설립인가처분이 취소되거나 당연무효로 되지 않는 한 조합은 여전히 사업시행자로서의 지위를 갖는다).

43) 대법원 2013. 2. 28. 선고 2012다74816 판결.

44) 대법원 2011. 1. 13. 선고 2010다57824 판결 참조('재건축결의'에 기초하여 조합설립인가신청 및 인가처분이 이루어져야 조합원에게 효력이 발생하고, 단지 재건축결의만 있다고 하여 곧바로 조합원에게 권리변동의 효력을 미칠 수 없는 것이어서, 그와 같은 재건축결의는 별도의 독자적인 의미를 가지지 아니한다).

공동주택관리법 30조 1항, 90조 3항은 공동주택의 관리자는 장기수선계획에 따라 공동주택의 주요 시설의 교체 및 보수에 필요한 장기수선충당금을 해당 주택의 소유자로부터 징수하여 적립하여야 하고, 용도 외의 목적 사용을 금지하고 있다(장기수선충당금의 납부의무자인 공동주택 전유부분의 소유자와 그 징수·관리주체인 관리단 사이의 법률관계는 금전 위탁계약의 체결이 법으로 강제된 법정 위탁관계에 해당한다). 이처럼 장기수선충당금은 그 목적과 용도가 특정되어 관리단에 위탁된 독립재산인 만큼 충당금의 징수·적립의 목적이 소멸하는 때에 비로소 전유부분 소유자와 관리단 사이의 위탁계약관계 역시 종료하는 것이고, 이와 같이 위탁관계가 종료되는 때 그 수탁자인 관리단은 위탁자인 전유부분 소유자에게 장기수선충당금을 반환해야 한다.

장기수선충당금의 목적이 소멸하여 그에 관한 위탁관계가 종료하게 되는 시기는 그 목적이 완전히 소멸하게 되는 공동주택 멸실 또는 철거로 보아야 할 것이므로, 매도청구 당시는 건축물이 철거되기 이전이어서 매도청구의 대상이 된 자에게 반환될 수 없고, 오히려 매도청구의 대상이 된 공동주택 전유부분의 장기수선충당금은 이를 매수한 조합에 귀속된다.[45]

마. 토지 또는 건물의 일부만이 정비구역에 포함된 경우

주택단지가 아닌 지역이 정비구역에 포함된 경우, 해당 지역의 토지 또는 건물의 일부만이 정비구역에 포함될 수 있다. 그 경우 재건축조합이 토지등소유자를 상대로 정비구역에 포함된 부분에 대한 매도청구를 할 수 있는지 또는 그 전부에 대한 매도청구를 할 수 있는지, 그 전부에 대하여 매도청구를 할 수 없는지 여부가 문제된다.

명시적 대법원 판례는 없으나, 종래 하급심의 주류적 판단은 그 전부가 매도청구의 대상이 될 수 없는 것이었다(건물 또는 토지가 경계에 걸쳐있는 경우 정비구역에 포함된 부분만이 매도청구가 된다면, 잔존 부분을 철거하여야 하거나 그 면적이나 위치 및 구조에 따라 상당한 경제적 가치의 감소가 예상되므로, 정비구역에 포함된 부분만의 매도청구는 허용될 수 없고, 정비구역 밖에 존재하는 부분은 정비사업의 적용대상이 될 수 없다).[46] 그러나 정비구역에 포함된 부분의 위치와 기능, 포함된 부분이 전체 면적에서 차지하는 비중, 정비구역에 토지 및 건물의 일부만이 포함된 경위 등 구체적인 사정을 법원이 개별적으로 고려하여 매도청구권을 행사할 수 있는지 여부를 판단할 수 있다는 전제 하에 토지 및 건물의 전부에 대한 매도청구를 인용한 하급심 사례도 있다.[47]

---

45) 서울고등법원 2015. 6. 26. 판결 2014나19440 판결, 춘천지방법원 2018. 1. 10. 선고 2016가단76 판결 참조.
46) 서울고등법원 2014. 12. 17. 선고 2013나51003 판결(확정), 대전고등법원 2017. 7. 20. 선고 2016나10689 판결(확정).
47) 대구지방법원 2024. 8. 22. 선고 2023나308971 판결(확정, 전체 면적의 0.03%에 해당하는 14㎡만이 정비구역 밖에 위치하고, 건물 중 15%만 정비구역 밖에 위치한 사안이다).

Ⅳ. 현금청산대상자 등에 대한 매도청구

1. 규 정

2017. 2. 8. 전부개정 전	2017. 2. 8. 전부개정 후
제47조(분양신청을 하지 아니한 자 등에 대한 조치) ① 사업시행자는 분양신청을 하지 아니한 자, 분양신청기간 종료 이전에 분양신청을 철회한 자 또는 제48조에 따라 인가된 관리처분계획에 따라 분양대상에서 제외된 자에 대해서는 관리처분계획 인가를 받은 날의 다음 날로부터 90일 이내에 대통령령으로 정하는 절차에 따라 토지·건축물 또는 그 밖의 권리에 대하여 현금으로 청산하여야 한다.[48]	제73조(분양신청을 하지 아니한 자 등에 대한 조치) ① 사업시행자는 관리처분계획이 인가·고시된 다음 날부터 90일 이내에 다음 각 호에서 정하는 자와 토지, 건축물 또는 그 밖의 권리의 손실보상에 관한 협의를 하여야 한다. 다만, 사업시행자는 분양신청기간 종료일의 다음 날부터 협의를 시작할 수 있다. 1. 분양신청을 하지 아니한 자 2. 분양신청기간 종료 이전에 분양신청을 철회한 자 3. 제72조 제6항 본문에 따라 분양신청을 할 수 없는 자 4. 인가된 관리처분계획에 따라 분양대상에서 제외된 자 ② 사업시행자는 제1항에 따른 협의가 성립되지 아니하면 그 기간의 만료일 다음 날부터 60일 이내에 매도청구소송을 제기하여야 한다.

2. 현금청산대상자 등에 대한 매도청구권 인정 근거

현금청산대상자에 대하여는 제1장 Ⅱ. "2. 현금청산대상자"에서 자세히 살펴보았다.

가. 법이 2017. 2. 8. 전부개정되기 이전(구 법 39조 준용)

종래 법이 2017. 2. 8. 전부개정되기 이전의 구 법 47조는 사업시행자인 재건축조합이 분양신청하지 아니하거나 분양신청을 철회하거나 관리처분계획상 분양대상에서 제외된 현금청산대상자에 대하여 현금청산의무를 부담한다고만 규정하고 있었으므로, 재건축조합이 위 조항을 근거로 하여 곧바로 현금청산대상자를 상대로 정비구역 내 토지등에 관한 소유권이전등기를 청구할 수는 없다.[49] 한편 재건축조합에게는 원칙적으로 정비구역 내 부동산에 관한 수용 권한도 인정되지 않고, 구 법 39조, 집합건물법 48조의 매도청구권은 처음부터 조합원이 아닌 자를 상대로 하는 것으로서 조합설립에 동의한 조합원이었던 현금청산대상자에 대하여 곧바로 적용할 수는

48) 2013. 12. 24. 개정 이전에는 분양신청을 하지 아니한 자 또는 분양신청기간 종료 이전에 분양신청을 철회한 자에 대하여는 분양신청기간 종료일의 다음 날부터 150일이고, 인가된 관리처분계획에 따라 분양대상에서 제외된 자에 대하여는 관리처분계획의 인가를 받은 날의 다음 날 150일이다.

49) 대법원은 구 도시정비법 47조(현재의 73조)의 사업시행자의 청산금 지급의무에 근거한 공평의 원칙상 토지등소유자는 권리제한등기가 없는 상태로 토지등의 소유권을 사업시행자에게 이전할 의무를 부담한다고 판시한 사실이 있으나(대법원 2008. 10. 9. 선고 2008다37780 판결), 그 후 대법원은 구 도시정비법 47조는 사업시행자가 분양신청을 하지 아니한 토지등소유자 등에 대하여 부담하는 현금청산의무를 규정하는 것에 불과하므로, 사업시행자가 위 조항을 근거로 하여 곧바로 현금청산대상자를 상대로 정비구역 내 부동산에 관한 소유권이전등기를 청구할 수 없음을 명확히 하였다(대법원 2010. 12. 23. 선고 2010다73215 판결).

없었으므로, 사업시행자가 분양신청을 하지 않은 자 등 구 법 47조 1항의 현금청산대상자에 대한 소유권이전등기를 취득하여 현금청산하는 방법이 문제되었다.

판례는 위와 같은 현금청산대상자는 분양신청을 하지 않는 등의 사유로 조합원 지위가 상실하게 되어 조합탈퇴자에 준하는 신분을 가지는 것이므로, 매도청구에 관한 구 법 39조, 집합건물법 48조(현행 64조)를 '준용'하여 재건축조합은 현금청산대상자를 상대로 정비구역 내 부동산에 관한 소유권이전등기를 청구할 수 있다고 봄이 상당하다고 하여 매도청구권의 행사에 따른 현금청산절차의 적용을 인정하였다.[50)]

나. 법이 2017. 2. 8. 전부개정 이후(법 73조 1항, 2항)

법이 2017. 2. 8. 전부개정되어 73조 1항은 현금청산의 사유로 조합원이 분양신청을 하지 아니하거나 분양신청을 철회하거나 인가된 관리처분계획상 분양대상에서 제외되는 경우뿐만 아니라 투기과열지구에서 이미 분양을 받아 5년 이내의 투기과열지구에서 분양신청을 할 수 없는 경우를 규정하고 있다. 나아가 법 73조 2항으로 재건축사업 시행자는 관리처분계획이 인가·고시된 다음 날부터 90일 이내에 협의가 성립되지 아니하면 그 기간의 만료일 다음 날부터 60일 이내에 매도청구소송을 제기하여야 한다고 규정하여 매도청구의 근거규정을 마련하였다.[51)] 투기과열지구에서의 재건축에 있어 조합설립인가 후 토지등을 양수한 자는 조합원 지위를 취득할 수 없고, 법 73조를 준용하여 손실보상을 하여야 하므로(법 39조 2항 및 3항), 그 경우에도 법 73조 2항이 매도청구의 근거가 된다.

3. 협 의

가. 분양신청을 포기하거나 관리처분계획상 분양대상에서 제외된 현금청산대상자 등

(1) 법이 2017. 2. 8. 전부개정되기 이전(구 법 39조 준용)

구 법 47조 1항은 대통령령으로 정하는 절차에 따라 토지·건축물 또는 그 밖의 권리에 대하여 현금으로 청산하여야 한다고 규정하고 있고, 구 법 시행령 48조는 "사업시행자가 법 47조의 규정에 의하여 토지등소유자의 토지·건축물 그 밖의 권리에 대하여 현금으로 청산하는 경우 청산금액은 사업시행자와 토지등소유자가 협의하여 산정한다."고 규정하고 있으므로, 보상협의가 필수적인 절차인지 여부가 문제된다.

대법원은 구 법 47조, 구 법 시행령 48조는 재건축조합이 분양신청을 하지 아니한 토지등소유자에 대하여 부담하는 현금청산의무와 재건축조합이 토지등소유자와 사이에서 청산금액을 협의하여 정할 경우의 절차와 평가방법에 관한 것일 뿐, 재건축조합은 위 규정을 근거로 곧바로 소유권이전등기를 청구할 수 없고, 매도청구에 관한 구 법 39조를 준용하여 소유권이전등기를 청구할 수 있으므로, 그와 같은 소유권이전등기청구의 경우 그 청구에 앞서 법 47조 등이 정한 청산금액에 관한 협의를 거쳐야 하는 것은 아니라고 판시하였다.[52)]

---

50) 대법원 2010. 12. 23. 선고 2010다73215 판결, 대법원 2013. 9. 26. 선고 2011다16127 판결.
51) 개정규정은 부칙 18조에 의하여 시행일인 2018. 2. 9. 최초로 관리처분계획인가를 신청하는 경우부터 적용된다.
52) 대법원 2011. 11. 24. 선고 2011다68180 판결.

⑵ 법이 2017. 2. 8. 전부개정 이후(법 73조 1항, 2항)

㈎ 법 73조 1항 및 2항의 명문규정에 의하여 재건축조합은 현금청산대상자와 사이에 법정의 기간(관리처분계획이 인가·고시된 다음 날부터 90일이나, 사업시행자는 분양신청기간 종료일 다음 날부터 협의를 시작할 수 있다) 내에 보상협의를 하여야 하고, 협의가 성립되지 않아야 한다. 분양신청을 포기하거나 관리처분계획상 분양대상에서 제외된 자 외에 투기과열지구 정비사업에서 이미 분양받아 5년 내에 다시 분양신청을 할 수 없는 자, 투기과열지구의 재건축사업에서 조합설립인가 후 토지등을 양수한 자에 대하여도 마찬가지이다(자세한 내용은 다.항에서 살펴본다).

㈏ 재건축조합은 법 73조 1항에 따른 현금청산대상자와 청산금액에 관하여 협의함에 있어, 재개발과 달리 협의의 전제로 감정평가절차는 필요하지 않다. 조합과 현금청산대상자 사이에 합의가 성립하면 이는 사법상의 매매계약에 해당한다.

나. 분양계약 체결을 거절하거나 제명·탈퇴의 경우

정관에 근거하여 수분양자가 분양계약 체결기간 내에 분양계약을 체결하지 아니하여 현금청산대상자가 된 경우, 보상협의 요부는 정관 규정에 의하여 결정된다. 국토부 재건축 표준정관은 청산방법으로 2017. 2. 8. 전부개정되기 이전의 분양신청하지 않은 자 등에 대한 현금청산규정을 적용하도록 규정하고 있으므로, 보상협의가 필요하지 않다(44조 5항, 4항). 그러나 서울 재건축 표준정관은 청산방법으로 2017. 2. 8. 전부개정된 이후의 분양신청하지 않은 자 등에 대한 현금청산규정을 적용하도록 규정하고 있으므로, 보상협의가 필요하다(45조 4항, 2항). 따라서 각각 해당 조합이 채택하고 있는 표준정관에 따라 보상협의 필요성 요부가 결정된다.

조합이 조합원을 제명하거나 조합원이 조합을 탈퇴하는 경우, 조합은 매도청구를 통하여 그들의 토지등을 취득하게 되는데, 그 전제로 보상협의가 필요한지 여부가 문제된다. 다음에서 살펴보듯이 제명의 통지나 탈퇴의 의사표시를 한 때에 매매계약의 성립이 의제되므로, 보상협의가 필요하지 않다.

다. 투기과열지구

⑴ 법은 투기과열지구로 지정된 지역에서의 투기수요차단을 위하여 2가지 제재를 가하고 있다. 즉 토지등의 양수인에게 조합원 지위 자체를 인정하지 않는 경우와 조합원 지위는 인정하되 분양적격을 인정하지 않는 경우이다.

⑵ 투기과열지구로 지정된 지역에서 재건축사업을 시행하는 경우에는 조합설립인가 후, 재개발사업을 시행하는 경우에는 관리처분계획의 인가 후 해당 정비사업의 건축물 또는 토지를 양수한 자는 원칙적으로 조합원 지위 자체를 인정하지 아니한다[2017. 2. 8. 전부개정된 법률이 효력발생하기 이전 구 법 19조 2항,[53] 법 39조 2항 본문, 자세한 내용은 제4편 제5장 제1절 Ⅲ. 2. 다. "⑵ 토지등 양도 시의 조합원 지위 이전 여부" 참조]. 법 39조 3항은 사업시행자는 법 39조 2항에 의하여 조합원의 자격을 취득할 수 없는 경우 정비사업의 토지, 건축물 또는 그 밖의 권리를 취득한 자

---

53) 재개발사업의 경우에는 2017. 10. 24. 법률 제14943호로 개정으로(시행 2018. 1. 25.) 처음 도입되었다.

에게 73조를 준용하여 손실보상을 하여야 한다고 규정하고 있으므로(2017. 2. 8. 전부개정되기 이전에도 구 법 47조를 준용하여 손실보상을 하여야 한다고 규정하고 있었다), 앞서 본 분양신청을 포기하거나 관리처분계획상 분양대상에서 제외된 현금청산대상자와 동일하게 협의규정이 적용된다.

(3) 법 72조 6항 본문은 투기과열지구의 정비사업에서 이미 관리처분계획에 따른 분양대상자 또는 일반분양분의 분양대상자 및 각 그 세대에 속한 자는 분양대상자 선정일(조합원 분양분의 분양대상자는 최초 관리처분계획 인가일을 의미한다)부터 5년 이내에는 투기과열지구에서 분양신청을 할 수 없다고 규정하고 있다(2017. 2. 8. 전부개정된 법률이 효력발생하기 이전 구 법 46조 3항[54]). 법은 투기과열지구로 지정된 지역에서 토지등을 양수하여 조합원 지위를 취득할 수 없는 자의 경우와 달리 손실보상에 관한 규정을 두고 있지 아니하나, 분양신청권이 없는 자는 분양신청기간 내에 분양신청을 하지 아니한 자와 동일하게 취급하는 것이 전제되어 있다고 봄이 타당하다. 따라서 앞서 본 분양신청을 포기한 현금청산대상자와 동일하게 협의규정이 적용된다.

4. 매도청구권 행사 방법

가. 개 요

조합설립에 동의하여 조합원 지위를 취득하였다가 그 후 후발적 사유로 그 지위를 상실하여 현금청산대상자가 된 경우에는 조합설립에 동의하지 아니한 자를 상대로 동의 여부에 관한 의사확인을 위하여 필요한 법 64조 1항 또는 구 법 39조·집합건물법 48조 1항의 조합설립 동의에 대한 확답을 촉구하는 최고절차가 필요하지 아니한다.

분양신청을 하지 않은 경우 등 법 73조 1항(구 법 47조 1항)에 따른 조합원 지위 상실자뿐만 아니라 정관상의 분양계약 체결기간 내에 분양계약을 체결하지 아니하여 조합원 지위를 상실한 자 등 조합원이 후발적 사유로 그 지위를 상실한 자, 투기과열지구로 지정된 지역에서의 조합원 지위가 인정되지 않는 토지등의 양수인, 투기과열지구에서의 5년 내 재당첨제한에 따른 분양신청권이 인정되지 아니하는 자에 대하여도 앞서 본 바와 같이 법 73조 1항(구 법 39조)에 의하여 사업시행자의 매도청구권 행사는 필요하다.

나. 법이 2017. 2. 8. 전부개정되기 이전(구 법 39조 준용)

(1) 매도청구의 의사표시(필수적 매도청구소송 제기 불요)

분양신청을 하지 아니하거나 분양신청기간 내에 분양신청의 의사를 철회한 자, 앞서 본 투기과열지구에서의 투기수요차단을 위한 법정 현금청산대상자에 대하여는 분양신청기간 종료일 이후, 인가된 관리처분계획에 따라 분양대상에서 제외된 자에 대하여는 관리처분계획인가·고시 이후, 분양계약 체결기간 내에 분양계약을 체결하지 아니한 자에 대하여는 분양계약 체결기간 종료일 이후 각 매도청구의 의사를 표시하여야 한다.

54) 2017. 10. 24. 법률 제14943호로 개정으로(시행 2018. 1. 25.) 처음 도입되었다.

(2) 2개월의 제척기간 적용 여부

사업시행자가 후발적 사유로 조합원 지위를 상실하거나 앞서 본 투기과열지구에서의 현금청산대상자에게 매도청구를 함에 있어 조합설립에 동의하지 아니한 자에 대한 구 법 39조, 집합건물법 48조의 매도청구의 의사표시와 관련한 2개월의 제척기간이 적용되는지가 문제된다.

(가) 판례

종래 판례는 후발적 사유로 조합원 지위를 상실한 현금청산대상자에 대한 매도청구에 관하여 구 법 39조, 집합건물법 48조가 '준용'되나, 2개월의 매도청구권의 행사기간에 대한 집합건물법 48조 4항은 적용되지 아니한다고 한다.[55]

그 이유는 매도청구권 행사기간을 엄격히 제한하는 것은 사업시행자가 그 행사시점을 임의로 선택하게 하는 경우 토지등소유자에게 불리한 시기에 매매계약이 체결될 수 있는 불합리 때문인데, 현금청산대상자의 경우는 다음에서 살펴보듯이 매도청구권 행사시기에 관계없이 매매계약체결의제일(분양신청기간 내에 분양신청을 포기하거나 앞서 본 투기과열지구에서의 투기수요차단을 위한 법정 현금청산대상자의 경우는 분양신청기간 종료일 다음 날, 분양계약 체결기간 내에 분양계약 체결을 거절한 경우에는 분양계약 체결기간 종료일 다음 날, 관리처분계획에 따라 분양대상에서 제외된 경우에는 관리처분계획인가일 다음 날)이 정해져 있어 매도청구권자가 시가가 가장 낮은 시기를 임의로 선택할 여지가 없기 때문으로 보인다. 만일 매도청구권 행사기간에 제한을 두고 이를 제척기간으로 한다면, 이미 정비사업에 참여하지 않기로 한 현금청산대상자로서는 신속한 현금청산을 통한 정비사업에의 이탈이 무산되고 조합원으로서 조합비용을 계속적으로 부담하게 될 여지가 있고, 현금청산 재원의 마련이 쉽지 않거나 다액의 금융비용에 대한 부담을 느끼는 사업시행자로서는 고의로 제척기간 도과를 도모할 가능성도 배제할 수 없으므로, 이는 오히려 타당하지 않다.

따라서 조합은 매도청구권 행사에 있어 특별한 제한이 없다.[56] 조합이 매도청구권 행사를 지체하는 경우 발생하는 현금청산대상자의 불이익은 2017. 2. 8. 전부개정되기 이전에는 앞서 본 청산기간이 도과된 이후 토지등에 관하여 소유권이전등기의무 및 인도의무의 이행이나 이행의 제공을 통하여 민법 소정의 지연손해금을 지급받는 방법으로 보전되나, 2017. 2. 8. 전부개정된 이후에는 법 73조 2항 및 3항의 특별 지연손해금을 지급받는 방법으로 보전된다.

(나) 구체적 사례

조합은 분양신청기간 종료일 다음 날부터 분양신청을 하지 않은 현금청산대상자와 사이에 협의를 진행하였으나, 결렬되자 그로부터 8개월의 기간이 경과한 후에서야 현금청산대상자를 상대로 청산금을 지급받음과 동시에 소유권이전등기를 구하는 소장을 제출하는 방법으로 매도청구의 의사를 표시한 사안에서, 판례는 위 매도청구가 적법함을 전제로 본안판단을 하였다.[57]

---

55) 대법원 2010. 12. 23. 선고 2010다73215 판결.

56) '상당한 기간' 내에 매도청구권을 행사하여야 한다는 견해가 있다[강문경, 재건축조합원이 신탁을 원인으로 한 소유권이전등기를 마친 후 제명되거나 탈퇴한 경우 재건축조합이 토지의 소유권을 취득하기 위하여 매도청구권을 행사하여야 하는지 여부, 대법원 판례해설 제97호 하, 273].

57) 위 2010다73215 판결의 제1심인 서울남부지방법원 2009가합11106 판결(청산금 지급의무가 분양신청기간 종료일 다

다. 법이 2017. 2. 8. 전부개정 이후(필수적 매도청구소송 제기)

사업시행자는 관리처분계획인가·고시일 다음 날부터 90일 이내에 후발적 사유로 조합원 지위를 상실한 현금청산대상자와 사이에 협의가 성립되지 아니하는 경우 기간의 만료일 다음 날부터 60일 이내에 매도청구소송을 제기하여야 한다(법 73조 2항). 법 73조 3항은 위 기간을 넘겨 매도청구소송을 제기한 경우 법정 지연손해금을 지급한다고 규정하고 있으므로, 이는 제척기간으로 볼 수는 없다[다만 60일은 출소기간으로 볼 수 있으나, 통상적인 출소기간은 반드시 권리행사를 소제기로 하여야 하는 제척기간임에 반해,[58] 이는 위 60일 이내에 매도청구소송을 제기하여야 하되, 이를 넘겨 매도청구소송을 제기하더라도 지연손해금만이 가산될 뿐이므로, 통상적인 출소기간으로 볼 수는 없다]. 투기과열지구 재건축사업에서 조합설립인가 후 토지등을 양수하여 조합원 지위를 취득할 수 없는 자의 경우 법 73조를 준용하므로, 동일하게 적용된다(법 39조 3항, 투기과열지구 재당첨제한자도 같다). 서울 재건축 표준정관은 분양계약 체결기간 내에 분양계약을 체결하지 아니하여 현금청산대상자가 된 경우에도 법 73조를 적용하도록 규정하고 있다(45조 4항).

5. 매도청구권 행사 효과

가. 매매계약 성립의 의제

(1) 개요

재건축조합이 분양신청을 하지 않는 등 법 73조 1항(구 법 47조 1항)의 사유가 있거나 분양계약을 체결하지 아니하는 등 후발적 사유로 조합원 지위를 상실하거나 앞서 본 투기과열지구에서의 현금청산대상자에 대하여 매도청구권를 행사하면 그 의사표시가 도달함과 동시에 현금청산대상자와 토지등에 관하여 시가에 따른 매매계약의 성립이 의제된다(조합설립에 동의하지 않은 토지등소유자에 대한 매도청구에 관한 Ⅲ. 4. “가. 매매계약의 성립의제” 및 “나. 시가에 의한 매매대금 산정” 참조). 다만, 별도의 매도청구권의 행사가 필요하지 아니한 제명·탈퇴자의 경우에는 예외이다. 이하에는 매도청구권의 행사로 인한 매매계약 성립의제일(권리의 가액을 평가하는 시점)을 비롯한 매매계약 성립 의제에 관한 내용 중 후발적 사유로 조합원 지위를 상실하거나 앞서 본 투기과열지구에서의 현금청산대상자에 대한 특유한 부분을 중심으로 살펴본다.

(2) 분양신청을 포기하거나 관리처분계획상 분양대상에서 제외된 자 등에 대한 매매계약 성립의제일 및 이행기

㈎ 법이 2017. 2. 8. 전부개정되기 이전

① 2013. 12. 24. 법률 제12116호로 개정(부칙에 의하여 2013. 12. 24. 이후 최초로 조합설립인가를 신청하는 분부터 적용한다) 이전

㉮ 내용

현금청산대상자에 대한 매도청구권의 행사로 매매계약의 성립이 의제되는 날은 탈퇴일인 ‘분

음 날부터 150일인 규정이 적용되는 사안이다).

58) 점유자의 점유보호청구권은 침탈을 당한 날로부터 1년 내에 행사하여야 한다(204조 3항).

양신청기간의 종료일 다음 날'이다(권리의 가액을 평가하는 기준시점, 사업시행자의 현금청산대상자에 대한 청산금 지급의무가 발생하는 시점도 같다).[59] 이행기는 그로부터 150일이다(다만 인가된 관리처분계획상 분양대상자에서 제외된 자는 매도청구권의 행사로 매매계약의 성립이 의제되는 날이 탈퇴일인 관리처분계획인가일 다음 날이고, 이행기는 그로부터 150일이다).[60]

조합설립에 동의하지 않은 토지등소유자에 대한 매도청구의 경우 매도청구의 의사표시가 도달한 날이 매매계약 성립의제일이고, 이행기도 정함이 없음에 반해, 후발적 사유로 조합원 지위를 상실한 현금청산대상자에 대한 매도청구의 경우 매도청구의 의사표시가 도달한 날과 다른 일자인 분양신청기간 종료일 다음 날(관리처분계획인가일 다음 날)이 매매계약 성립의제일이고, 이행기도 구 법 47조에서 정한 150일이다.

㉯ 근거

㉠ 2013. 12. 24. 개정되기 이전 구 법 47조는 분양신청을 포기한 자에 대하여는 분양신청기간 종료일의 다음 날부터, 인가된 관리처분계획상 분양대상자에서 제외된 자는 관리처분계획인가일 다음 날부터 150일 이내에 현금으로 청산하여야 한다고 규정하고 있다. 위와 같은 현금청산대상자는 분양신청을 하지 않는 등의 사유로 인하여 분양대상자의 지위를 상실하게 되어 조합탈퇴자에 준하는 지위를 가지므로, 탈퇴의 효력이 발생한 시점을 매매계약 성립의제일로 하는 것이 타당하다.

㉡ 매도청구권은 형성권으로서 그 의사표시에 의하여 매매계약의 성립을 강제하되, 특별한 사정이 없으면 의사표시 도달일을 매매계약 성립의제일로 할 뿐, 반드시 매도청구권의 의사표시가 도달한 날을 매매계약 성립의제일로 할 필요는 없다. 조합설립에 동의하지 아니한 자에 대한 매도청구권 행사의 경우 특별한 사정이 없어 매도청구의 의사표시가 도달한 날을 매매계약 성립의제일로 하되, 그 경우 매도청구권자가 시가가 가장 낮은 시기를 임의로 선택할 여지가 있으므로, 매도청구권의 행사기간인 회답만료일로부터 2개월을 제척기간으로 한 것이다. 반면, 분양신청을 하지 않는 등의 사유로 인하여 현금청산대상자가 된 자는 사실상 조합탈퇴자에 준하는 지위를 가지므로, 조합을 탈퇴한 시점인 '분양신청기간의 종료일 다음 날(인가된 관리처분계획상 분양대상자에서 제외된 자는 관리처분계획인가일 다음 날)'을 매매계약 성립의제일로 하여 청산하는 것이 타당하다. 그 경우 매도청구권자가 시가가 가장 낮은 시기를 임의로 선택할 여지가 없으므로, 매도청구권의 행사기간을 제척기간으로 하지 않는다.

② 2013. 12. 24. 법률 제12116호로 개정 이후

사업시행자는 분양신청을 하지 아니한 자, 분양신청기간 종료 이전에 분양신청을 철회한 자 또는 인가된 관리처분계획에 따라 분양대상에서 제외된 자에 대해서는 관리처분계획 인가를 받

59) 대법원 2010. 12. 23. 선고 2010다73215 판결.

60) 대법원 2014. 8. 26. 선고 2012다26787 판결(재건축조합이 2009. 7. 15.부터 2009. 9. 12.까지로 분양신청기간을 정하여 분양신청을 받았고, 그 분양신청 후의 잔여 세대에 대하여 2010. 1. 14.부터 2010. 2. 2.까지 추가로 분양신청을 받은 사안에서, 추가된 분양신청기간은 기존의 분양신청기간 마감일로부터 4개월이나 경과한 이후에서야 시작되었을 뿐만 아니라 기존의 분양신청기간의 연장기간도 아니고, 현금청산대상자들에게 적법한 조합원 지위를 부여한 이후의 분양신청기회 부여도 아니므로, 조합원들이 기존의 분양신청기간의 종료일까지 분양신청을 하지 않았다면 그 매매계약 성립의제일은 기존의 분양신청기간 종료일 다음 날인 2009. 9. 13.이 된다고 판단한 원심을 수긍하였다).

은 날의 다음 날로부터 90일 이내에 대통령령으로 정하는 절차에 따라 토지·건축물 또는 그 밖의 권리에 대하여 현금으로 청산하여야 한다고 규정하고 있다.

분양신청을 하지 않는 등의 사유로 인하여 분양대상자의 지위를 상실하게 되어 조합탈퇴자에 준하는 지위를 가지는 점은 변함이 없으므로, 현금청산대상자에 대한 매도청구권의 행사로 매매계약의 성립이 의제되는 날은 여전히 인가된 관리처분계획상 분양대상자에서 제외된 자를 제외하고는 '분양신청기간의 종료일 다음 날(권리의 가액을 평가하는 기준시점, 사업시행자의 현금청산대상자에 대한 청산금 지급의무가 발생시점)'이다. 다만, 이행기는 위 개정법률에 따라 관리처분계획인가·고시일의 다음 날부터 90일이다.

㈏ **법이 2017. 2. 8. 전부개정된 이후**

법이 2017. 2. 8. 전부개정되면서 73조 1항 및 2항으로 사업시행자는 분양신청을 하지 아니한 자 등에 대하여 관리처분계획이 인가·고시된 다음 날부터 90일 이내에 손실보상에 관한 협의를 하여야 하고, 위 기간 내에 협의가 성립되지 아니하면 그 기간의 만료일 다음 날부터 60일 이내에 매도청구소송을 제기하여야 한다고 규정하였으므로, 매매계약 성립의제일과 관련하여 해석상의 다툼이 있다. 현재 명시적 대법원 판례는 없다. 하급심은 견해가 나뉘어진다.

① 견해차이의 내용

㉮ 2017. 2. 8.자 법의 전부개정 이전과 동일하다는 견해

하급심 중에는 조합원이 2018. 12. 7. 분양신청기간 종료일까지 분양신청을 하지 않았고, 재건축조합이 2019. 4. 3. 관리처분계획인가를 받았으며, 그 후 재건축조합이 매도청구소송을 제기하였고, 위 소장부본이 2019. 9. 11. 송달된 사안에서, 매도청구소송의 제기로 소급하여 분양신청기간 종료일 다음 날을 매매계약 성립의제일(청산금 지급의무 발생일)이라고 판시한 사례가 있다.[61] 그 이행기는 관리처분계획인가 다음 날부터 90일이다.

그 논거는 앞서 본 바와 같다.

㉯ 매도청구 소장이 송달된 날을 매매계약 성립일로 보는 견해

하급심 중에는 매도청구의 소장이 송달된 날을 매매계약 성립일로 하여야 한다고 판시한 사례가 있다.[62] 각각의 채무는 이행기의 정함이 없는 채무가 된다.

그 논거는 다음과 같다.

ⓐ 법이 2017. 2. 8. 전부개정되어 매도청구소송의 법적 근거를 명시하고 있고, 2017. 2. 8. 전부개정 이전에는 매도청구의 의사표시만으로 족하나, 개정규정상으로는 반드시 매도청구소송을 제기하여야 한다.

ⓑ 현금청산대상자에 대한 매도청구권 행사의 효과로서 매매계약 성립의제일을 매도청구 의사표시가 도달한 날로 보는 경우, 조합이 시가가 가장 낮은 시기를 임의로 선택할 가능성이 있

61) 서울고등법원 2021. 4. 16. 선고 2020나2031942 판결(확정), 부산고등법원 창원재판부 2025. 1. 16. 선고 2024나10986 판결(당시 원고인 재건축조합은 주위적으로 분양신청기간 종료일 다음 날, 예비적으로 관리처분계획인가·고시일 다음 날을 주장하였으나, 분양신청기간 종료일 다음 날로 판단하였다. 현재 대법원 2025다209897호로 계속 중이다).

62) 부산고등법원 2023. 9. 14. 선고 2023나50649 판결(확정), 대법원 2024. 5. 17. 자 2024다218053 판결 및 부산지방법원 2024. 1. 12. 선고 2023나52444 판결.

으므로 이를 배제하기 위해서는 매도청구권 행사에 관한 제척기간의 규정이 적용되어야 하나, 분양신청을 포기하거나 관리처분계획상 분양대상에서 제외된 자 등에 대하여는 논리적으로 이는 부당하므로, 부득이 '분양신청기간의 종료일 다음 날을 매매계약 성립의제일로 간주한 것으로 볼 여지가 있다. 매도청구소장이 송달된 날을 매매계약 성립일로 보는 경우, 매도청구권자가 시가가 가장 낮은 시기를 임의로 선택할 여지가 있기는 하나, 법 73조 2항 및 3항에 의하여, 사업시행자는 협의기간 경과 후 60일을 넘겨서 매도청구소송을 제기한 경우에는 해당 토지등소유자에게 지연일수(遲延日數)에 따른 이자를 지급하여야 하고, 나아가 그 기간이 지체될수록 가중된 지연이자를 지급하여야 하므로, 가장 낮은 시기를 임의로 선택하는 것이 사실상 봉쇄되어 있다.

② 결론

매도청구의 소장이 송달된 날을 매매계약 성립일로 보는 견해의 논거는 상당한 타당성이 있다. 그러나 분양신청을 하지 않는 등의 사유로 인하여 현금청산대상자가 된 자는 사실상 조합탈퇴자에 준하는 지위를 가지고, 조합을 탈퇴한 자에 대하여는 탈퇴 시점인 '분양신청기간의 종료일 다음 날'을 매매계약 성립의제일로 하고, 그 권리의 청산에 대한 가액을 평가하는 기준시점도 같은 날로 정하는 것이 논리적이고 형평에도 부합한다(국토부 표준정관 11조 1항에 의하면 "조합원이 건축물의 소유권이나 입주자로 선정된 지위 등을 양도하였을 때에는 조합원의 자격을 즉시 상실한다."고 규정하고 있다. 또한 분양신청을 받은 후 잔여분이 있는 경우에는 법 79조 4항에 의하여 보류지로 정하거나 조합원 이외의 자에게 일반분양할 수 있고, 법 87조 3항에 의하여 위 보류지와 일반에게 분양하는 대지 또는 건축물은 도시개발법 34조의 규정에 의한 보류지 또는 체비지로 보게 되어 결국 분양신청을 하지 않은 것은 입주자로 선정된 지위 등을 조합에 양도한 것과 다름없다고 볼 수 있으므로,[63] 양도 시점을 매매계약 성립의제일로 하고, 그 권리의 청산에 대한 가액을 평가하는 기준시점도 같은 날로 정하는 것이 논리적이고 형평에도 부합한다). 따라서 2017. 2. 8. 전부개정 이전과 동일하다는 견해가 타당하다.

⑶ 분양계약 체결에 응하지 아니하여 현금청산대상자가 된 경우

정관에 의하여 분양계약제도를 인정하므로, 매매계약 성립의제일(현금청산 목적물 가액의 평가기준시점)도 정관 규정에 의한다. 국토부 재건축 표준정관은 2017. 2. 8. 전부개정되기 이전의 분양신청을 하지 아니한 자 등에 대한 구 법 47조가 적용된다고 규정하고 있다(44조 5항, 4항). 한편 서울 및 부산 재건축 표준정관은 전부개정된 법 73조 1항이 적용된다고 규정하고 있다(서울 재건축 표준정관 44조 3항, 1항).

사업시행자는 분양계약 체결기간 종료 후 분양계약을 체결하지 아니한 현금청산대상자를 상대로 매도청구권을 행사하는 경우(법 73조 1항이 적용되는 경우 매도청구소송을 제기하여야 한다), 사업시행자의 매도청구의 의사표시가 도달(매도청구소장이 도달)함과 동시에 현금청산대상자와 토지등에 관하여 시가에 따른 매매계약의 성립이 의제된다. 그 경우 매매계약 성립의제일(현금청산 목적물 가액의 평가 기준시점, 청산금 지급의무 발생일)은 분양계약 체결기간 종료일 다음 날이고, 이행기는 정관에 정한 날이라 할 것이다(통상적으로 그로부터 150일 또는 90일). 법 73조 1항

63) 대법원 2010. 8. 19. 선고 2009다81203 판결.

이 적용되는 경우에는 매도청구소장이 송달된 날이 매매계약 성립의제일이고, 이행기는 따로 정함이 없다는 견해가 있음은 앞서 본 바이다.

⑷ 제명·탈퇴자

재건축조합 정관상 조합원은 신탁등기의무를 이행할 의무가 있음에도 불구하고, 분양계약까지 체결한 조합원이 이를 이행하지 아니하자, 재건축조합이 해당 조합원을 제명하는 총회결의 후 이를 통지한 사안에서, 판례는 이로써 해당 조합원은 현금청산대상자가 되고, 그 통지 시를 매도청구권 행사에 따른 매매계약의 성립의제일로 보아야 하며, 이를 기준으로 청산금이 산정된다고 한다.[64] 탈퇴의 경우에도 탈퇴자의 조합에 대한 탈퇴의 의사표시가 도달한 날이 매매계약 성립의제일로 봄이 상당하다.

⑸ 투기과열지구로 지정된 지역에서의 조합원 지위가 인정되지 않는 토지등의 양수인

투기과열지구에서의 5년 내 재당첨제한에 따른 분양신청권이 인정되지 아니하는 자에 대한 매도청구권 행사에 따른 매매계약 성립의제는 분양신청을 하지 않은 경우와 동일하게 적용된다. 투기과열지구에서 조합설립인가 후 해당 정비사업의 건축물 또는 토지를 양수한 자로서 조합원 지위가 인정되지 아니하는 경우의 매매계약 성립의제일이 문제된다. 대법원은 손실보상의무가 발생하는 시기 및 해당 부동산의 가액을 평가하는 기준시점은 모두 그가 해당 토지등을 양수한 날로 보아야 하고, 매도청구권의 행사로 매매계약 성립이 의제되는 날도 같은 날로 보아야 하며, 이 경우 손실보상액으로서의 매매대금은 매매계약 성립이 의제될 당시의 해당 부동산의 시가에 의하여야 하고, 이때의 시가는 매매계약 성립 당시의 객관적 거래가격으로서 재건축사업이 시행되는 것을 전제로 하여 평가한 가격, 즉 재건축으로 인하여 발생할 것으로 예상되는 개발이익이 포함된 가격을 말한다고 판시하였다.[65]

나. 동시이행관계 및 지연손해금

⑴ 분양신청을 포기하거나 관리처분계획상 분양대상에서 제외된 자 등

㈎ 매도청구권의 행사로 매매계약성립이 의제되므로 재건축조합의 매매대금 지급의무와 토지등소유자의 토지등에 관한 근저당권 등 권리제한등기가 없는 소유권이전등기 및 인도의무는 동시이행의 관계에 있다(조합설립에 동의하지 아니한 자에 대한 매도청구에 관한 Ⅲ. 4. "다. 동시이행관계" 참조). 현금청산대상자가 이행기 경과 이후 토지등에 관하여 권리제한등기가 없는 소유권이전등기의무 및 인도의무를 이행하거나 이행의 제공을 하였다면 민법 387조 소정의 연 5%의 지연손해금이 발생한다(매도청구의 소장이 송달된 날을 매매계약 성립일로 보고, 청산금 지급의무는 이행기의 정함이 없는 채무로 보는 견해에 의하면, 위와 같은 의무의 이행이나 이행제공과 더불어 이행을 최고하여 그 다음 날부터 사업시행자의 지체책임이 발생한다).[66]

㈏ 소유권이전등기의무 및 인도의무의 이행제공의 정도에 관하여, 재건축조합이 현금청산대

64) 대구고등법원 2022. 6. 22. 선고 2021나26513(본소) 등 판결(확정).
65) 대법원 2025. 8. 14. 선고 2022다228230 판결.
66) 대법원 2013. 6. 27. 선고 2011다98129 판결 참조.

상자를 상대로 그 소유 부동산에 대한 매도청구권을 행사하자, 현금청산대상자가 위 부동산에서 퇴거한 후 변호사에게 위 부동산 관련 소유권이전등기절차이행을 위해 필요한 등기위임장 등 서류 및 출입문 열쇠 등을 보관시키면서 부동산 관련 청산금 지급과 무관하게 언제든지 변호사로부터 위 서류 등을 수령할 수 있다는 취지의 내용증명 우편을 재건축조합에 송달하였는데, 재건축조합이 위 서류 등을 수령해 가지 않자 현금청산대상자가 이를 공탁한 사안에서, 판례는 토지등소유자가 위 부동산에 관한 자신의 소유권이전등기의무 및 인도의무와 관련하여 합리적인 범위 내에서 신의칙에 따라 요구되는 이행제공을 마쳤다고 볼 여지가 많다고 하였다.[67)]

(다) 조합원이 분양신청을 포기하거나 다음에서 살펴보듯이 분양계약을 체결하지 않아 조합원 지위를 상실하여 현금청산대상자가 되었는데, 청산금 지급대상이 되는 종전자산에 근저당권 등 권리제한등기가 설정되어 있는 경우, 법 91조는 정비구역에 있는 토지 또는 건축물에 저당권을 설정한 권리자는 사업시행자가 저당권이 설정된 토지 또는 건축물의 소유자에게 청산금을 지급하기 전에 압류절차를 거쳐 저당권을 행사할 수 있다고 규정하고 있다.[68)] 따라서 종전자산의 근저당권자로서는 근저당권 소멸의 효력이 발생하는 이전고시 이전이라도 현금청산대상자가 취득한 청산금에 대하여 물상대위권을 행사할 수 있다. 다만 이전고시 이전에 사업시행자는 현금청산대상자에 대하여 근저당권설정 등기 내지 가압류등기의 말소의무와 동시이행으로만 청산금을 지급할 의무를 부담하므로, 근저당권자로서는 현금청산대상자가 취득한 청산금의 제한범위 내에서 물상대위권을 행사할 수 있다.[69)]

한편, 종전자산에 근저당권 등 권리제한등기가 설정되어 있고, 해당 종전자산이 시가에 비하여 저당권의 채권최고액 및 피담보채무액이 이를 초과하는 경우(예를 들면 종전자산의 시가가 1억 원이나 채권최고액 및 피담보채무액이 2억 원인 경우), 근저당권자는 1억 원의 범위에서 물상대위권을 행사하고, 이로써 조합은 근저당권자에게 1억 원을 지급하게 되고, 그 소유권을 취득하나, 여전히 피담보채무액 1억 원의 근저당권은 존재한다. 다만, 종전자산에 상응하는 종후자산이 일반분양되어 이 부분에 관한 이전고시가 이루어지는 경우 도시정비법 87조 3항, 도시개발법 42조 1항 후문에 의하여 사업시행자의 소유권, 근저당권을 비롯하여 종전자산에 관한 일체의 권리가 소멸한다(일반적으로 시가보다 피담보채무액이 고액으로 감정평가가 이루어지면 근저당권자는 시가보다 높은 낙찰금액을 기대하고 경매를 신청하는 경향이 있는 듯한바, 만일 이전고시 이전까지 경매절차가 종료되지 아니하면 경매개시결정도 효력을 상실한다).

---

67) 대법원 2021. 10. 28. 선고 2020다278354, 278361 판결.

68) 대법원 2002. 10. 11. 선고 2002다33137 판결(민법 370조, 342조 단서가 저당권자는 물상대위권을 행사하기 위하여 저당권설정자가 받을 금전 기타 물건의 지급 또는 인도 전에 압류하여야 한다고 규정한 것은 물상대위의 목적인 채권의 특정성을 유지하여 그 효력을 보전함과 동시에 제3자에게 불측의 손해를 입히지 않으려는 데 있는 것이므로, 저당목적물의 변형물인 금전 기타 물건에 대하여 이미 제3자가 압류하여 그 금전 또는 물건이 특정된 이상 저당권자가 스스로 이를 압류하지 않고서도 물상대위권을 행사하여 일반 채권자보다 우선변제를 받을 수 있으나, 그 행사방법으로는 민사집행법 273조에 의하여 담보권의 존재를 증명하는 서류를 집행법원에 제출하여 채권압류 및 전부명령을 신청하는 것이거나 민사집행법 제247조 제1항에 의하여 배당요구를 하는 것이므로, 이러한 물상대위권의 행사에 나아가지 아니한 채 단지 수용대상토지에 대하여 담보물권의 등기가 된 것만으로는 그 보상금으로부터 우선변제를 받을 수 없다).

69) 대법원 2018. 9. 28. 선고 2016다246800 판결.

(2) 분양계약 체결에 응하지 아니하여 현금청산대상자가 된 경우

정관에 의하여 분양계약제도를 인정하므로, 지연가산금도 정관 규정에 의한다. 국토부 재건축 표준정관은 2017. 2. 8. 전부개정되기 이전의 분양신청을 하지 아니한 자 등에 대한 구 법 47조가 적용된다고 규정하고 있다(44조 5항, 4항). 한편 서울 및 부산 재건축 표준정관은 전부개정된 법 73조 1항이 적용된다고 규정하고 있다(서울 재건축 표준정관 44조 3항, 1항). 지연손해금은 현금청산대상자가 이미 토지등을 인도하고, 근저당권 등 권리제한등기가 없는 상태에서 소유권이전등기까지 마쳐준 상태에서 이행기가 경과한 경우에는 조합은 정관에 특별한 정함이 있는 경우에는 정관에서 정한 비율로, 정관에 특별한 정함이 없는 경우에는 민법에서 정한 연 5%의 비율로 계산한 지연이자를 지급할 의무가 있다.

실무상 조합원은 법령 또는 정관에 따라 도시정비사업의 원활한 목적 달성을 위하여 협력할 의무가 있고, 이러한 협력의무 중 하나로 현물출자의무가 있으며, 이에 관리처분계획이 수립인가 된 이후 착공 단계에서 사업시행자에게 종전자산을 인도하고, 재건축사업에서는 신탁을 원인으로 한 소유권이전등기까지 경료하여 주는 것이 일반적이다. 그 후 조합원이 분양계약 체결을 거절하여 현금청산대상자가 된 경우로서, 저당권 등 권리제한 등기를 말소하지 않은 경우 지연손해금의 발생 여부가 주로 문제된다. 재건축조합은 근저당권설정등기를 들어 동시이행의 항변은 가능하나, 근저당권의 채권최고액 또는 채권최고액의 범위 내에서 확정된 피담보채무액에 한정된다. 따라서 이행기 경과 이후 위 금액을 초과하는 부분에 한하여 지연손해금이 발생한다.

(3) 제명·탈퇴자

제명·탈퇴의사의 도달 시 매매계약의 성립의제일이고, 각각의 채무는 이행기의 정함이 없는 채무이다. 지연손해금 산정에 있어서는 민법의 일반법리가 적용되고, 이율도 정관에 특별한 규정이 없는 한 민법 소정의 연 5%이다.

(4) 투기과열지구로 지정된 지역에서의 조합원 지위가 인정되지 않는 토지등의 양수인

투기과열지구에서의 5년 내 재당첨제한에 따른 분양신청권이 인정되지 아니하는 자에 대한 매도청구권 행사에 따른 매매계약 성립에 따른 동시이행관계 및 지연손해금은 분양신청을 하지 않은 경우와 동일하게 적용된다. 투기과열지구에서 조합설립인가 후 해당 정비사업의 건축물 또는 토지를 양수한 자로서 조합원 지위가 인정되지 아니하는 경우의 매매계약 성립의제일은 앞서 본 바와 같이 해당 토지등을 양수한 날로 보아야 하고, 각각의 채무는 이행기의 정함이 없는 채무이다. 지연손해금 산정에 있어서는 민법의 일반법리가 적용되고, 이율도 정관에 특별한 규정이 없는 한 민법 소정의 연 5%이다.

6. 매도청구권 행사의 예외(신탁)

가. 문제의 소재

정비사업의 원활한 진행을 위하여 재건축조합은 정관으로 조합원의 토지등에 대한 신탁등기의무를 규정하고 있고(조합원에 대한 신탁등기의무에 관한 총회결의가 이루어지기도 한다), 이에 따라 관리처분계획인가 이후 조합원이 정비구역 밖으로 이주하는 과정에서 자신의 토지등에 대하여 조합에 신탁을 원인으로 하는 소유권이전등기를 마쳐주게 됨은 앞서 본 바이다. 실제로 분양계약 체결기간 동안 분양계약에 응하지 아니한 현금청산대상자인 경우 이미 사업시행자에게 신탁을 원인으로 한 소유권이전등기를 마쳐 준 상태임이 일반적이고, 분양신청을 하지 아니하거나 분양신청을 철회한 조합원의 경우에도 이미 신탁을 원인으로 한 소유권이전등기를 마쳐 주기도 한다.

조합원이 분양신청을 하지 아니하거나 분양계약을 체결하지 아니하는 등으로 분양신청기간 종료일 다음 날 또 분양계약 체결기간 만료일 다음 날 조합원 지위를 상실하고 현금청산대상자가 되면, 신탁법 98조 1호의 신탁의 목적을 달성할 수 없게 된 경우에 해당하여 신탁은 종료하고, 신탁법 101조 1항에 의하여 신탁재산은 수익자나 귀속권리자에게 귀속하므로, 원칙적으로 사업시행자는 위탁자로서 수익자인 현금청산대상자에게 해당 토지등에 대한 소유권이전등기를 경료하여 줄 의무를 부담한다.

문제는 현금청산대상자에 대한 토지등은 매도청구의 대상이고, 이를 통하여 사업시행자가 토지등에 대한 소유권이전등기를 경료받아야 함에도, 신탁등기를 말소하고 그들에게 소유권을 이전하여 준 후 매도청구권을 행사하고 다시 이전등기를 경료받는 절차를 진행하여야 하는지 여부이다.

나. 판 례

사업시행자는 매도청구권 행사 없이 분양신청기간 종료일 다음 날 또는 분양계약 체결기간 만료일 다음 날 해당 토지등에 관하여 확정적으로 소유권을 취득하고(토지등소유자에게 신탁등기의 말소등기와 신탁재산의 귀속을 원인으로 한 소유권이전등기를 경료하여 준 뒤 다시 토지등소유자로부터 청산을 원인으로 하는 소유권이전등기절차를 받을 필요는 없다), 현금청산대상자에게 도시정비법 또는 정관이 정한 기간 내에 청산금을 지급할 의무가 있다.[70] 근거는 다음과 같다.

「법 73조에서 사업시행자가 분양신청을 하지 아니하거나 철회한 현금청산대상자를 상대로 그가 출자한 토지등에 대하여 현금으로 청산하도록 규정한 취지는, 조합원이 정관에 따라 현물출자의무를 이행한 후 조합원 지위를 상실함으로써 청산을 하여야 하는 경우에 그가 출자한 현물의 반환을 인정하지 아니하고 현금으로 지급하도록 정한 것으로 보아야 한다. 이는 조합원이 그 소유의 토지등에 관하여 재건축조합 앞으로 신탁을 원인으로 한 소유권이전등기를 마친 후 조합원의 지위를 상실함으로써 신탁관계가 그 목적 달성 불능을 이유로 종료된 경우에도 달리 볼 것은 아니므로, 사업시행자는 분양신청기간 종료일 다음 날 또는 분양계약 체결기간 만료일 다음 날 해당 토지등에 관하여 확정적으로 소유권을 취득하고, 따로 토지등의 소유권을 취득하기 위하여 법 64조를 준용하여 새로이 매도청구권을 행사할 필요가 없다.」

70) 대법원 2013. 11. 28. 선고 2012다110477, 110484 판결.

다. 소유권이전등기청구소송의 가능 여부(긍정)

조합원이 재건축조합에 대하여 신탁을 원인으로 한 소유권이전등기를 마쳐준 상태에서, 분양신청을 하지 아니하거나 분양계약을 체결하지 아니하는 경우 분양신청기간 종료일 다음 날 또 분양계약 체결기간 만료일 다음 날 조합이 확정적으로 해당 토지등에 관한 소유권을 취득하나, 다만, 등기원인이 신탁으로 되어 있으므로, 조합이 신탁등기로 인한 법적 불안을 제거하기 위하여 그 토지 지분에 관한 소유권이전등기청구의 소를 제기한 사안에서, 아직 관리처분계획에 따른 이전고시가 이루어지지 않은 상태에서 조합이 앞으로 그러한 절차를 취할 가능성이 있다거나 조합이 신탁재산인 위 토지 지분을 일방적으로 처분할 수 있는 지위에 있다는 사정만으로는 소의 이익이 없다고 단정할 수 없다고 하였다.[71]

Ⅴ. 공공시행 재건축 및 개발자 지정 재건축에서의 매도청구

1. 규 정

재건축사업상의 공공시행자 또는 지정개발자인 시장·군수등, 토지주택공사등, 신탁업자는 26조 1항 및 27조 1항에 따라 시장·군수등, 토지주택공사등 또는 신탁업자의 사업시행자 지정에 동의하지 아니한 자에 대하여 사업시행계획인가·고시가 있은 날부터 30일 이내에 사업시행자 지정에 관한 동의 여부를 2개월의 기간을 정하여 회답할 것을 촉구하고, 위 기간 내에 동의하지 않거나 회답하지 않아 부동의로 간주되는 경우, 위 사업시행자는 그들이 촉구를 받은 날부터 2개월이 지나면 2개월 이내에 매도청구권을 행사할 수 있다(법 64조 1항 2호).

법이 2017. 2. 8. 전부개정되어 64조가 신설되었는데, 위 개정법률 부칙 16조는 위 64조에 대하여 이 법 시행 후 최초로 사업시행자를 지정하는 경우부터 적용한다고 규정하고 있으므로, 그 이전의 재건축사업에는 앞서 본 구 법 39조, 집합건물법 48조가 적용된다.

2. 매도청구행사 요건

가. 사업시행자 지정

제1편 제3장 Ⅱ. 3. "다. 공공시행 또는 지정개발"에서 살펴본 바와 같이 법 26조 1항 또는 27조 1항 요건에 해당하여 시장·군수등이 직접 시행하거나 토지주택공사등, 신탁업자를 사업시행자로 지정하여 재건축사업을 시행하게 하는 경우이다.

27조 1항의 지정개발의 경우 시장·군수등은 신탁업자 외에 토지등소유자나 민관합동법인을 사업시행자로 지정할 수 있으나, 그 경우는 사업시행자 지정에 동의하지 아니한 자에 대한 매도청구가 인정되지 아니한다.[72] 신탁업자는 27조 1항 각 호의 경우 모두 사업시행자로 지정될 수

71) 대법원 2010. 9. 9. 선고 2010다19204 판결.

72) 법 64조 1항 2호는 "시장·군수등, 토지주택공사등 또는 신탁업자의 사업시행자 지정에 동의하지 아니한 자"에 대하여 사업시행자 지정에 대한 동의 여부를 최고하여야 하므로, 적어도 토지등소유자가 동의하였는지를 확인할 수 있는 토지등소유자의 동의에 의하여 공공시행자 또는 지정개발자가 지정되는 법 26조 1항 8호, 27조 1항 3호 한하여 위 규정이 적용되는 것으로 해석할 여지가 있으나, 법 64조 1항 2호가 법 26조 1항 및 27조 1항이라고 명시하여 그와

있다.

위와 같은 공공시행자 및 지정개발자 지정은 조합설립 이전에도 가능하다.[73] 사업시행자를 지정·고시한 때에는 그 고시일 다음 날에 추진위원회의 구성승인 또는 조합설립인가가 취소된 것으로 본다고 규정하므로(법 26조 3항, 27조 5항), 공공시행 재건축 및 개발자지정 재건축의 경우 토지등소유자는 사업시행자에서 배제된다(당사자의 동의에 의한 26조 1항 7호 및 8호의 경우 토지등소유자는 법 47조의 주민대표회의, 당사자의 의사에 의한 27조 1항 3호의 경우 48조의 토지등소유자 전체회의를 통하여 관여할 뿐이다).

나. 최 고

위와 같은 최고는 조합설립 전후를 불문하고, 토지등소유자가 사업시행자에서 배제되고 시장·군수등, 토지주택공사등 및 신탁업자가 사업시행자로서 사업을 시행함에 따른 정비사업에서 이탈할 기회를 부여하는 것이다.

(1) 2017. 2. 8. 전부개정법률 시행 이전

구 법 39조, 집합건물법 48조가 적용되므로, 사업시행자 지정 후 지체 없이 사업시행자 지정에 관한 동의 여부를 서면으로 최고하여야 한다.

(2) 2017. 2. 8. 전부개정법률 시행 이후

위 Ⅲ. "2. 최고절차"에서 살펴본 바와 같이 시장·군수, 토지주택공사등, 신탁업자는 사업시행계획인가의 고시가 있은 날부터 30일 이내에 사업시행자의 지정에 관한 동의 여부를 회답할 것을 서면으로 촉구하여야 한다.

법률 개정 전후를 불문하고 사업시행자는 회답촉구서 수령 여부를 명확히 하기 위하여 최고는 배달증명 및 내용증명 우편(우편법 시행규칙 25조 1항 4호)으로 하는 것이 일반적이다.

다. 매도청구권 행사

(1) 사업시행자 지정에 대한 회답의 촉구를 받은 토지등소유자는 촉구를 받은 날부터 2개월 이내에 회답하여야 하고, 위 기간 내에 회답하지 아니한 경우 그 토지등소유자는 사업시행자의 지정에 동의하지 아니하겠다는 뜻을 회답한 것으로 간주한다(구 법 39조·집합건물법 48조 1항 내지 3항, 법 64조 1항 내지 3항).

(2) 토지등소유자가 위 촉구를 받은 날부터 2개월이 경과하면, 사업시행자는 그 기간이 만료된 때부터 2개월 이내에 사업시행자 지정에 동의하지 아니하겠다는 뜻을 회답하거나 회답하지 아니한 토지등소유자에게 토지등의 소유권을 매도할 것을 청구할 수 있다(구 법 39조, 법 64조 4항).

같은 제한을 두고 있지 않으므로, 그와 같이 제한적으로 해석할 수는 없다(서울행정법원 2024. 7. 12. 선고 2023구합64362 판결).

73) 법 26조 1항 1호 및 27조 1항 1호의 경우, 법 26조 1항 7호 및 8호에 의하여 토지주택공사등을 공공시행자로 지정하는 경우에는 정비계획 입안제안도 가능하다(법 14조 1항 2호, 5호).

3. 매도청구권 행사 효과

위 Ⅲ. "4. 매도청구권 행사 효과"에서 살펴본 바와 같이 매매계약의 성립이 의제된다.

한편 천재지변 등 26조 1항 1호, 27조 1항 1호의 사유에 해당하는 경우 신속한 재건축사업이 필요하므로, 위 사업시행자는 선택적으로 매도청구권을 행사할 수 있을 뿐만 아니라 토지등소유자의 토지등을 수용할 수 있다(법 63조).[74] 수용에 의하는 경우 임차인의 주거이전비 등이 인정되나, 매도청구에 의하는 경우 임차인의 주거이전비 등을 지급할 필요가 없다.

---

74) 수용재결만이 가능하다고 해석하는 견해가 있으나, 서울행정법원 2024. 7. 12. 선고 2023구합64362 판결은 매도청구도 가능하다고 하였다.

제3장 수용재결 등(재개발현금청산)

제1절 재 결

Ⅰ. 총 설

1. 재개발사업의 수용 근거

토지보상법은 수용권 발생의 근거에 관하여 국토부장관의 사업인정[1] 및 고시를 규정하고 있다(토지보상법 20조 1항). 재개발사업의 경우 사업인정 및 고시는 시장·군수등이 행한 사업시행계획인가·고시라 할 것이다(법 65조 2항). 따라서 사업시행계획인가·고시에 의하여 수용권이 발생한다.

토지등의 수용을 전제로 하는 공익사업은 연혁적으로 도로·철도·항만·공원·학교·청사 등 공공용 또는 공용시설에 관한 사업이 주 대상이었으나, 복리행정의 수요가 증가하면서 주거용지·산업용지 등의 공급을 위한 토지개발사업도 그 중요한 대상이 되고 있는바,[2] 그 연장선상에서 재개발사업에 토지수용권을 부여하고 있다. 재개발사업은 재건축사업과 달리 공공성 및 공익성이 중대하여 정비사업의 안정적이고 원활한 진행을 위하여 현금청산대상자들 소유의 토지등을 강제로 취득할 수 있는 수용권을 부여한 것이다.

2. 재개발사업의 수용규정

가. 법이 2017. 2. 8. 전부개정되기 이전

법이 2017. 2. 8. 전부개정되기 이전에는 법에 협의불성립 시의 수용이나 매도청구에 관하여 명시적 규정이 없었으나, 판례는 재개발사업의 경우 구 법 40조(현행 65조) 1항의 "정비구역안에서 정비사업의 시행을 위한 토지 또는 건축물의 소유권과 그 밖의 권리에 대한 수용 또는 사용에 관하여는 이 법에 특별한 규정이 있는 경우를 제외하고는 토지보상법을 준용한다."는 규정 등에 근거하여 협의가 성립되지 않을 때에는 토지보상법에 의한 수용절차로 이행될 것을 예정하

---

1) 토지보상법은 수용이 가능한 각종 공익사업을 열거하되(토지보상법 4조), 그와 같은 공익사업 중 해당 공익사업에 대하여 국토부장관이 토지등을 수용하거나 사용할 사업으로 결정하는 것을 말한다(토지보상법 2조 7호). 사업인정은 일정한 절차를 거칠 것을 조건으로 하여 일정한 내용의 수용권을 설정해 주는 행정처분의 성격을 띠는 것으로서 그 사업인정을 받음으로써 수용할 목적물의 범위가 확정되고 수용권으로 하여금 목적물에 관한 현재 및 장래의 권리자에게 대항할 수 있는 일종의 공법상의 권리로서의 효력을 발생시킨다(대법원 1994. 11. 11. 선고 93누19375 판결).

2) 헌법재판소 2011. 11. 24. 선고 2010헌가95 등 결정.

고 있다고 하였다.[3]

나. 법이 2017. 2. 8. 전부개정된 이후

2017. 2. 8. 전부개정으로 법에 협의불성립 시의 수용에 관하여 명시적으로 규정하였다. 즉, 재개발사업 시행자는 관리처분계획이 인가·고시된 다음 날부터 90일 이내에 현금청산대상자(이하 임차인을 포함하는 경우에는 '현금청산대상자등'이라고 한다)와 사이에 토지등의 손실보상에 관한 협의를 하여야 하고, 협의가 성립되지 아니하면 90일이 경과한 다음 날부터 60일 이내에 관할 토지수용위원회에 수용재결을 신청하여야 하며(법 73조 2항), 이에 따라 재결절차가 진행된다. 손실보상의 기준 및 절차를 규정한 내용 외에는 정비구역에서 정비사업의 시행을 위한 토지 또는 건축물의 소유권과 그 밖의 권리에 대한 '수용 또는 사용'은 이 법에 규정된 사항을 제외하고는 토지보상법을 준용한다고 규정하고 있다(법 65조 1항). 법 시행령 54조는 손실보상의 기준 및 절차에 관하여 토지보상법과는 별개의 내용을 규정하고 있다. 그 외에 '이 법에 규정된 사항'은 다음에서 살펴보듯이 수용재결 전 협의절차이다.

다. 재건축사업

재건축사업의 경우에는 천재지변 등 26조 1항 1호의 사유에 해당하여 시장·군수등이 직접 시행하거나 토지주택공사등을 지정하여 정비사업을 시행하는 경우, 천재지변 등 27조 1항 1호의 사유에 해당하여 시장·군수등이 토지등소유자나 법정요건을 갖춘 자를 지정개발자로 하여 정비사업을 시행하는 경우에만 예외적으로 토지보상법 3조에 따른 토지·건물 또는 그밖의 권리를 취득하거나 사용할 수 있다(법 63조 괄호).

Ⅱ. 토지보상법과 다른 특칙

1. 재결신청의 전제로서 토지보상법상의 협의 사전절차 요부(불요)

가. 문제의 소재

도시정비법 73조 1항 1호는 사업시행자는 관리처분계획이 인가·고시된 다음 날부터 90일 이내에 현금청산대상자와 토지, 건축물 또는 그 밖의 권리의 손실보상에 관한 협의를 하여야 한다고 규정하고, 같은 법 63조는 사업시행자는 정비구역에서 정비사업을 시행하기 위하여 토지보상법 3조에 따른 토지등을 수용할 수 있다고 규정하며, 같은 법 65조 1항 본문은 정비구역에서 정비사업의 시행을 위한 토지등의 수용은 이 법에 규정된 사항을 제외하고는 토지보상법을 준용한다고 규정하고 있다.

한편, 토지보상법 14조는 사업시행자가 공익사업의 수행을 위하여 사업인정 전에 협의에 의한 토지등의 취득이 필요할 때에는 토지조서와 물건조서를 작성하여 서명 또는 날인을 하고 토지소유자등의 서명 또는 날인을 받아야 한다고 규정하고, 같은 법 15조 1항은 사업시행자는 토지조서와 물건조서를 작성하였을 때에는 공익사업의 개요, 토지조서 및 물건조서의 내용과 보상

---

3) 대법원 2008. 3. 13. 선고 2006두2954 판결.

의 시기·방법 및 절차 등이 포함된 보상계획을 일간신문에 공고하고, 토지소유자등에게 각각 통지하여야 한다고 규정하며, 같은 법 16조 및 26조는 사업시행자는 토지등에 대한 보상에 관하여 토지소유자 및 관계인과 성실하게 협의한다고 규정하고(토지보상법 시행령 8조는 협의절차에 관하여 자세히 규정하고 있다), 같은 법 68조 1항은 사업시행자는 토지등에 대한 보상액을 산정하려는 경우에는 감정평가법인등을 선정하여 토지등의 평가를 의뢰하여야 한다고 규정하고 있다.

도시정비법상 재개발조합이 현금청산대상자의 종전자산 및 영업손실보상에 대한 재결신청을 하기 위해서는 토지보상법상의 위 협의절차 관련 규정을 모두 거쳐야 하는지 여부가 문제된다(토지보상법 30조 재결신청 지연가산금 발생요건으로서의 현금청산대상자등의 재결신청 청구는 적법함을 전제로 하는바, 현금청산대상자등의 사업시행자에 대한 재결신청 청구가 적법하려면 반드시 위 절차 규정을 모두 준수하여야 하는지 여부가 실무상 주로 문제되었다).

나. 판 례

대법원은 토지보상법상의 협의를 비롯한 사전절차를 정한 각 규정은 도시정비법 65조 1항 본문에서 토지보상법의 적용이 배제되는 '도시정비법에 규정된 사항'에 해당하므로 현금청산대상자등에 대하여는 준용될 여지가 없다고 판시하였다.[4] 그 논거는 다음과 같다.

「도시정비법상 정비사업의 단계별 진행과정을 보면, 현금청산대상자등과 사업시행자 사이의 청산금 협의에 앞서 사업시행계획인가신청과 그 인가처분·고시 및 분양신청 통지·공고 절차가 선행하게 되는데, 이를 통하여 수용의 대상이 되는 토지등의 명세가 작성되고 그 개요가 대외적으로 고시되며, 세부사항이 토지등소유자에게 개별적으로 통지되거나 공고되고, 도시정비법은 협의의 기준이 되는 감정평가액의 산정에 관하여 법 시행령 60조 1항으로 별도의 규정을 두고 있으므로,[5] 현금청산대상자등에 대하여는 위와 같은 도시정비법 고유의 절차와 별도로 토지보상법상 토지조서 및 물건조서의 작성(14조)이나 보상계획의 공고·통지 및 열람(15조)의 절차를 새로이 거쳐야 할 필요나 이유가 없다.」

다. 결 론

토지보상법의 협의절차 관련 규정은 토지등소유자를 보호하기 위한 규정이다. 정비사업은 조합의 설립, 사업시행계획, 관리처분계획 등의 단계를 거쳐 순차로 진행되고, 각 단계별 절차진행 과정에서 토지등소유자에게 사실상 토지보상법상의 엄격한 협의절차에 준하는 절차보장을 하고 있으므로, 토지보상법의 각종 엄격한 협의절차를 다시 거치게 하는 것은 절차의 중복이다. 따라서 도시정비법상 현금청산대상자와 사업시행자는 수용의 전제로 도시정비법상의 절차를 거치는 것으로 족하다. 다만, 임차인은 현금청산대상자와 달리 도시정비법 72조 1항의 분양신청통지가

---

4) 대법원 2015. 11. 27. 선고 2015두48877 판결.

5) 사업시행자는 사업시행계획인가신청 시 수용 또는 사용할 토지 또는 건축물의 명세 및 소유권 외의 권리의 명세서를 첨부하여야 하고[법 시행규칙 10조 2항 1호 ㈑목], 시장·군수가 사업시행계획인가처분에 따라 지방자치단체의 공보에 '수용 또는 사용할 토지 또는 건축물의 명세 및 소유권외의 권리의 명세'를 고시하며[법 시행규칙 10조 3항 1호 ㈓목], 사업시행자는 토지등소유자에게 '분양신청기간 및 장소', '분양대상자별 종전토지 또는 건축물의 명세 및 가격', '개략적인 부담금 내역', '분양신청자격', '분양신청방법', '분양을 신청하지 아니한 자에 대한 조치' 등의 사항을 통지하고 일간신문에 공고하여야 한다(법 72조 1항 4호, 시행령 59조 1항).

없는 점, 도시정비법 시행령 60조 1항과 같은 별도의 협의의 기준이 되는 감정평가 관련 규정도 없는 점, 토지등소유자와 달리 임차인은 정비사업절차에 주도적으로 참여하고 있는 것은 아닌 점 등에 비추어 수용재결신청의 전제로 토지보상법상의 협의 및 사전절차를 거쳐야 한다. 따라서 위 대법원 판례는 임차인의 영업손실보상과 관련한 수용재결신청에는 적용되지 아니한다. 자세한 내용은 제5절 영업손실보상에서 살펴본다.

2. 재결신청기간

토지보상법상 사업시행자는 반드시 사업인정의 고시가 된 날부터 1년 이내에 재결신청을 하여야 하고 그 기간이 경과되면 사업인정·고시가 그 효력을 상실하나(토지보상법 23조 1항), 재개발사업의 경우 사업시행자는 사업시행계획인가(사업시행계획변경인가를 포함한다)를 할 때 정한 사업시행기간 이내에 재결신청하면 적법하다(법 65조 3항).

토지보상법상의 일반적 공익사업은 사업내용이 사업인정·고시로 확정되므로 토지등소유자의 권리보호를 위하여 1년이라는 단기간의 재결신청기간만을 부여하나, 정비사업의 경우에는 이해관계가 상충되는 다수의 토지등소유자들의 개별적이고 구체적인 이익을 적절히 형량·조정하면서 장기에 걸쳐 진행되고 다양한 변수가 존재하는 사업이어서 정비사업의 시행을 예정하고 있는 사업시행기간의 종기까지의 재결신청을 허용하고 있다.

3. 현물보상의 허용

토지보상법상 사업시행자가 수용 또는 사용의 개시일까지 관할 토지수용위원회가 재결한 보상금을 지급하거나 공탁하지 아니하였을 때에는 해당 토지수용위원회의 재결은 효력을 상실한다(토지보상법 42조). 재개발사업의 경우에도 재결에서 보상금으로 현금의 지급을 명한 경우에는 마찬가지이다. 그러나 대지 또는 건축물을 현물보상하는 내용으로 재결이 이루어진 경우에는 토지보상법 42조에도 불구하고 83조에 따른 준공인가 이후에도 현물로 보상할 수 있다(법 65조 4항).

재개발사업은 원칙적으로 다수의 일반분양분을 건축·분양하여 그 대금을 공사비에 충당하므로, 신축 건축물의 현물보상과 친한 사업이라 할 것이다. 그러나 종후자산을 분배받는 것을 거절하여 현금청산대상자가 된 자로서는 종후자산에 해당하는 현물보상을 수긍하지 아니하는 것이 일반적이어서 실무상으로는 거의 활용되고 있지 않는 듯하다.

Ⅲ. 수용재결

수용재결이란 공익사업을 위하여 사업시행자에게 보상금을 지급하는 조건으로 타인의 토지소유권 등을 취득하게 하고 토지소유자 및 관계인에게는 목적물에 대한 권리를 상실케 하는 형성적 행정행위이다.[6]

---

6) 대법원 2008. 4. 11. 선고 2007두9907 판결.

1. 재결절차

가. 수용재결신청

(1) 사업시행자만이 관할 토지수용위원회에 수용재결을 신청할 수 있고(법 73조 2항, 토지보상법 28조 1항), 토지, 지장물 및 영업손실보상을 위한 현금청산대상자나 영업손실보상을 위한 임차인은 재결신청권이 없으며, 사업시행자에게 재결신청할 것을 청구할 수 있을 뿐이다[일단의 토지 중 일부가 정비구역 내에 속하여 조합원이 된 자가 현금청산대상자로서 정비구역 밖의 잔여지의 보상을 구하는 경우에는 직접 관할 토지수용위원회에 수용재결을 신청할 수 있으나(토지보상법 74조 1항), 실무상 거의 존재하지 않으므로 이는 논외로 한다].

이에 도시정비법 및 토지보상법은 강제수용당하는 현금청산대상자등의 보호를 위하여 법정기간 내에 재결을 신청하지 아니하는 사업시행자에게 재결신청을 청구하는 권리가 인정되고, 그로부터 60일 이내에 사업시행자가 재결을 신청하지 아니하는 경우 재결신청 지연가산금을 지급하도록 규정하고 있다(토지보상법 30조, 자세한 내용은 제4장 제1절 토지보상법 30조 3항의 재결신청 지연가산금에서 살펴본다). 나아가 현금청산대상자등의 재결신청청구권은 사업시행자에 대한 법적인 권리로서의 청구권이므로, 현금청산대상자등의 재결신청 청구에도 사업시행자가 재결신청을 하지 않는 경우 현금청산대상자등은 사업시행자를 상대로 거부 시에는 거부처분취소소송, 부작위 시에는 부작위위법확인소송의 방법으로 구제받을 수 있다.[7] 다만, 묵시적 거부행위와 부작위는 구별이 어렵다.

(2) 토지보상법은 사업인정고시 후 1년 이내에만 수용재결의 신청을 할 수 있으나, 재개발사업(예외적 재건축사업)의 사업시행자는 사업시행계획인가 시에 정한 사업시행기간 이내라면 언제라도 수용재결의 신청을 할 수 있는 특칙이 있음은 앞서 본 바이다.

나. 재결신청서 접수 이후의 공고 및 열람, 통지

(1) 공고 및 통지

관할 토지수용위원회는 재결신청서를 접수한 경우 신청서 및 관계 서류의 사본을 토지등의 소재지를 관할하는 시장·군수 또는 구청장에게 송부하여 공고 및 열람을 의뢰하여야 한다(토지보상법 31조, 토지보상법 시행령 15조 1항).

시장·군수 또는 구청장은 송부된 서류를 받았을 때에는 지체 없이 재결신청 내용을 시·군 또는 구의 게시판에 공고하고, 공고한 날부터 14일 이상 그 서류를 일반인이 열람할 수 있도록 하여야 한다. 다만, 시장·군수 또는 구청장이 천재지변이나 그 밖의 긴급한 사정으로 이를 이행하지 못하는 경우 관할 토지수용위원회는 직접 재결신청 내용을 공고(중앙토지수용위원회는 관보에, 지방토지수용위원회는 공보에 게재하는 방법으로 한다)하고, 재결신청서와 관계 서류의 사본을 일반

---

7) 대법원 2011. 7. 14. 선고 2011두2309 판결, 대법원 2019. 8. 29. 선고 2018두57865 판결(거부처분취소소송 또는 부작위위법확인소송에서의 심리와 관련하여, 구체적인 사안에서 현금청산대상자의 재결신청 청구가 적법하여 사업시행자가 재결신청을 할 의무가 있는지 여부는 본안에서 사업시행자의 거부처분이나 부작위가 적법한가를 판단하는 단계에서 고려할 요소이지, 소송요건 심사단계에서 고려할 요소가 아니다).

인이 14일 이상 열람할 수 있도록 할 수 있다(토지보상법 시행령 15조 2항).

시장·군수·구청장 또는 관할 토지수용위원회는 위와 같이 공고를 한 경우에는 그 공고의 내용과 의견이 있으면 의견서를 제출할 수 있다는 뜻을 현금청산대상자등 및 관계인에게 통지하여야 한다(토지보상법 시행령 15조 3항). 위 통지는 반드시 도달을 전제로 하는 것으로 볼 수 없으므로, 현금청산대상자등의 주소지로 등기우편으로 발송하는 경우 그와 같은 통지는 적법하다.[8)]

⑵ 의견제출

현금청산대상자등 또는 관계인은 위 열람기간에 해당 시장·군수·구청장 또는 관할 토지수용위원회에 의견서를 제출할 수 있다(토지보상법 시행령 15조 4항). 시장·군수 또는 구청장은 열람기간이 끝나면 제출된 의견서를 지체 없이 관할 토지수용위원회에 송부하여야 하며, 제출된 의견서가 없는 경우에는 그 사실을 통지하여야 한다(토지보상법 시행령 15조 5항). 관할 토지수용위원회는 상당한 이유가 있다고 인정하는 경우에는 열람기간이 지난 후 제출된 의견서를 수리할 수 있다(토지보상법 시행령 15조 6항).

다. 심리, 화해권고 및 재결절차

⑴ 심리

관할 토지수용위원회는 열람기간이 지나면 지체 없이 해당 재결신청에 대한 조사 및 심리를 진행하여야 한다. 관할 토지수용위원회는 심리에 필요하다고 인정할 때에는 감정평가법인등에게 감정평가를 의뢰하거나 사업시행자, 현금청산대상자등에게 토지수용위원회에 출석하여 진술하게 하는 것이 가능하다(토지보상법 58조 1항 1호, 2호). 실제로 2곳의 감정평가법인에게 감정평가를 의뢰하는 것이 일반적이다. 감정수수료는 사업시행자의 부담으로 지급할 수 있다(토지보상법 58조 3항).

⑵ 화해권고가능

토지수용위원회는 재결이 있기 전에는 위원 3명으로 구성되는 소위원회로 하여금 사업시행자나 현금청산대상자등에게 화해를 권고하게 할 수 있다. 이 경우 소위원회는 위원장이 지명하거나 위원회에서 선임한 위원으로 구성하며, 그 밖에 그 구성에 필요한 사항은 대통령령으로 정한다(토지보상법 33조 1항). 화해가 성립된 경우 해당 토지수용위원회는 화해조서를 작성하여 화해에 참여한 위원, 사업시행자, 현금청산대상자등에게 서명 또는 날인을 하도록 하여야 하고, 화해조서에 서명 또는 날인이 된 경우에는 당사자 간에 화해조서와 동일한 내용의 합의가 성립된 것으로 본다(토지보상법 33조 2항, 3항).

⑶ 재결

관할 토지수용위원회는 심리를 시작한 날부터 14일 이내에 재결을 하여야 하고, 특별한 사유

---

8) 대법원 2018. 12. 13. 자 2018두55524 판결 및 서울고등법원 2018. 8. 10. 선고 2017누62978 판결.

가 있을 때에는 14일의 범위에서 한 차례만 연장할 수 있다(토지보상법 35조). 다만, 이는 훈시규정이다. 관할 토지수용위원회의 재결은 서면으로 하고, 재결서에는 주문 및 그 이유와 재결일이 기재되며, 정본(正本)은 사업시행자, 현금청산대상자등에게 송달된다(토지보상법 34조 2항).

2. 재결의 효력발생 요건

가. 재결보상금 지급 또는 공탁

(1) 원칙적 현금 지급 및 예외적 공탁

재결이 있는 경우 사업시행자는 수용의 개시일까지 현금청산대상자등에게 관할 토지수용위원회가 재결한 보상금을 지급하여야 한다(토지보상법 40조 1항). 일반적으로 수용재결 시 약 1~2개월 후를 수용개시일로 지정한다. 만일 현금청산대상자등이 수령을 거부하거나 수령할 수 없을 때, 사업시행자의 과실 없이 보상금을 받을 자를 알 수 없을 때, 재결한 보상금에 대하여 사업시행자가 불복할 때, 압류나 가압류에 의하여 보상금의 지급이 금지되었을 때 중 어느 하나에 해당하는 경우 사업시행자는 수용개시일까지 토지등 소재지의 공탁소에 보상금을 공탁(供託)할 수 있다(토지보상법 40조 2항). 사업시행자는 현금청산대상자등이 보상금의 수령을 거절하거나 거절할 것이 명백하다고 인정되는 경우 현실제공을 하지 않고 바로 보상금을 공탁할 수 있다.[9] 사업시행자의 수용재결보상금에 대한 공탁은 현금청산대상자등에 대하여 부담하는 토지등 수용에 따른 보상금 지급채무의 이행을 위한 것으로서 민법상의 변제공탁과 같다. 이는 앞서 본 보상협의가 성립된 경우나 매도청구와 달리 사업시행자의 선이행의무이다.

사업시행자가 재결보상금에 대하여 불복하는 경우 보상금을 받을 자에게 자기가 산정한 보상금을 지급하고 그 금액과 토지수용위원회가 재결한 보상금과의 차액(差額)을 공탁하여야 하고, 이 경우 보상금을 받을 자는 그 불복의 절차가 종결될 때까지 공탁된 보상금을 수령할 수 없다(토지보상법 40조 4항).

(2) 보상금의 의미

보상금에 토지, 지장물 및 영업손실보상금이 포함됨은 명백하다. 만일 현금청산대상자에 대하여 도시정비법 73조 2항 및 3항이 아니라 토지보상법 30조가 적용된다면, 30조 3항에 의한 재결신청 지연가산금은 다음에서 살펴보듯이 관할 토지수용위원회가 재결서에 보상금과 함께 이를 기재한다(토지보상법 시행령 14조 2항 전문). 재결신청 지연가산금은 현금청산대상자에게 발생한 손해의 전보 의미도 내포되어 있으므로, 반드시 위 금액까지 포함하여 보상금이 지급 또는 공탁되어야 한다(위 같은 항 후문). 이주정착금, 주거이전비 및 이사비 등이 대상이 되는지 여부에 대하여는 다음에서 살펴본다.

(3) 토지등의 양수인

수용재결 이후 현금청산대상자등이 자신의 토지등을 처분한 경우에는 그 양수인이 보상금 또

9) 대법원 1995. 6. 13. 선고 94누9085 판결, 대법원 1991. 8. 27. 선고 90누7081 판결.

는 공탁금을 받는다(토지보상법 40조 3항). 수용재결 후 수용개시일 전에 토지등소유자가 보상금을 수령하고 소유권이전등기를 양도한 경우에도 수용재결은 양수인에게 효력이 있다.

나. 보상금 미지급 또는 미공탁의 효과

(1) 재결의 효력상실

사업시행자가 수용개시일까지 관할 토지수용위원회가 재결한 보상금(재결신청 지연가산금 포함)을 지급하거나 공탁하지 아니하였을 때에는 해당 토지수용위원회의 재결은 효력을 상실한다(토지보상법 42조 1항).[10]

(2) 손실보상

사업시행자는 재결의 효력이 상실됨으로 인하여 현금청산대상자등이 입은 손실을 보상하여야 한다(토지보상법 42조 2항). 위와 같은 손실의 보상은 손실이 있음을 안 날부터 1년이 지났거나 손실이 발생한 날부터 3년이 지난 후에는 청구할 수 없고, 위와 같은 손실의 보상은 사업시행자와 현금청산대상자등이 협의하여 결정하되, 협의가 성립되지 아니하면 사업시행자나 현금청산대상자등은 관할 토지수용위원회에 재결을 신청할 수 있다(토지보상법 42조 3항, 9조 5항 내지 7항).

3. 재결의 효과

가. 원시취득

(1) 사업시행자는 수용개시일까지 보상금을 지급하거나 공탁하면 그 수용개시일에 현금청산대상자등의 토지등에 대한 소유권을 취득한다(토지보상법 45조 1항 전문). 이는 원시취득이므로 그 토지등에 관한 다른 권리는 이와 동시에 소멸한다(토지보상법 45조 1항 후문). 따라서 담보물권의 목적물이 수용된 경우 그 담보물권은 그 목적물의 수용으로 인하여 채무자가 받을 보상금에 대하여 행사할 수 있되, 그 보상금이 채무자에게 지급되기 전에 압류되어야 한다(토지보상법 47조).

(2) 압류가 이루어지면 앞서 본 바와 같이 사업시행자는 수용개시일까지 토지등 소재지의 공탁소에 보상금을 공탁하여야 하고, 근저당권자 등 이해관계자는 채권배당절차를 통하여 변제받게 된다. 앞서 본 바와 같이 민법 370조, 342조 단서가 저당권자는 물상대위권을 행사하기 위하여 저당권설정자가 받을 금전 기타 물건의 지급 또는 인도 전에 압류하여야 한다고 규정한 것은 물상대위의 목적인 채권의 특정성을 유지하여 그 효력을 보전함과 동시에 제3자에게 불측의 손해를 입히지 않으려는 데 있는 것이므로, 저당목적물의 변형물인 금전 기타 물건에 대하여 이

---

10) 토지보상법 40조 1항은 사업시행자에게 수용개시일까지 관할 토지수용위원회가 재결한 보상금을 피수용자에게 지급할 의무를 부과하고 있으므로, 이론상으로는 사업시행자가 위 수용개시일까지 보상금을 지급하지 아니하는 경우 지연손해금이 그 다음 날부터 발생할 수 있다. 그러나 토지보상법 42조 1항은 사업시행자가 수용개시일까지 관할 토지수용위원회가 재결한 보상금을 지급하거나 공탁하지 아니하였을 때에는 해당 토지수용위원회의 재결은 효력을 상실한다고 규정하고 있으므로, 수용재결 단계에서 지연손해금이 발생하는 경우는 없다.

미 제3자가 압류하여 그 금전 또는 물건이 특정된 이상 저당권자가 스스로 이를 압류하지 않고도 물상대위권을 행사하여 일반 채권자보다 우선변제를 받을 수 있다. 그러나 그 행사방법으로는 민사집행법 273조에 의하여 담보권의 존재를 증명하는 서류를 집행법원에 제출하여 채권압류 및 전부명령을 신청하는 것이거나 민사집행법 247조 1항에 의하여 배당요구를 하는 것이므로, 이러한 물상대위권의 행사에 나아가지 아니한 채 단지 수용대상토지에 대하여 담보물권의 등기가 된 것만으로는 그 보상금으로부터 우선변제를 받을 수 없고, 저당권자가 물상대위권의 행사에 나아가지 아니하여 우선변제권을 상실한 이상 다른 채권자가 그 보상금 또는 이에 관한 변제공탁금으로부터 이득을 얻었다고 하더라도 저당권자는 이를 부당이득으로서 반환청구할 수 없다.[11]

⑶ 조합원인 토지등소유자가 분양신청을 하지 아니하거나 철회하는 등으로 인하여 그의 종전자산을 조합이 수용재결을 통하여 취득하게 된다. 사업시행자는 분양신청을 받은 후 잔여분이 있는 경우에는 이를 일반분양하게 되는바(법 79조 4항), 일반분양분은 도시개발법 34조가 정한 체비지로 보고, 그 경우 이전고시 다음 날 종전자산에 대한 권리 일체가 소멸하므로, 종전자산에 대한 소유권도 이전고시 다음 날 소멸한다. 따라서 이전고시 이전에 재개발사업 시행자의 채권자가 수용재결을 통하여 취득한 사업시행자의 소유권을 압류나 가압류하였다 하더라도, 이전고시가 이루어지는 경우 소멸한다. 자세한 내용은 제10편 제1장 제2절 이전고시에서 자세히 살펴본다.

나. 현금청산대상자등의 인도의무

⑴ 내용

위와 같이 사업시행자는 재결로 토지등을 원시취득하고, 그에 관한 다른 권리는 동시에 소멸하므로(토지보상법 45조 1항) 현금청산대상자등은 토지등을 인도할 의무가 있다.

현금청산대상자가 토지수용위원회의 수용재결에 관한 이의나 행정소송의 제기로 불복하더라도 그로 인한 수용의 효력이 정지되지는 아니한다(토지보상법 88조).

⑵ 관련 쟁점

㈎ 보상금액이 적정하지 아니한 경우

① 문제의 소재

현금청산대상자로서는 수용재결상의 보상금액이 적정하지 아니한 경우, 다음에서 살펴보듯이 이의신청 또는 행정소송으로 다투게 되고 실제로 그 과정에서 금액이 증가하는 경우가 흔히 있다. 위와 같이 수용재결상의 보상금이 적정하지 아니할 가능성이 있다. 그럼에도 불구하고 수용재결만으로 현금청산대상자에게 토지등의 인도의무가 발생할 것인지 여부가 문제된다.

11) 대법원 2002. 10. 11. 선고 2002다33137 판결 참조.

② 판단(인도의무 긍정)

㉮ 이의재결이나 행정소송에서 보상액이 늘어났다는 것만으로 사업시행자가 소유권을 원시취득하고 그 토지등에 관한 일체의 권리가 소멸함에 대하여 달리 볼 수 없다.[12] 따라서 사업시행자는 여전히 소유권에 기한 토지등 인도청구가 가능하고, 사업시행자가 제기한 인도청구소송에서 현금청산대상자는 수용재결상의 보상금액이 적정하지 아니하다는 항변으로 대항할 수 없다.

㉯ 다만, 임대차보증금을 반환받지 못한 임차인은 이로써 사업시행자에게 대항할 수 있다. 다음에서 살펴보듯이 이주정착금, 주거이전비 또는 이사비가 재결의 대상이 되지 않은 경우 현금청산대상자등은 이로써 사업시행자에게 대항할 수 있다.

㈏ 사업시행자가 재결에 불복하여 보상금을 공탁한 경우

① 문제의 소재

사업시행자가 보상금을 공탁한 후 토지수용위원회의 재결에 불복함으로써 현금청산대상자가 이를 수령할 수 없는 경우, 인도의무를 인정할 수 있을 것인지 여부가 문제된다. 현금청산대상자등으로서는 보상금을 현실로 교부받지 못하여 토지등을 이전하고 정비구역 밖으로 이주하는 것이 불가능하다고 항변하는 경우를 실무상 본다.

② 판단

현금청산대상자등이 자신의 주거지를 강제로 뺏기는 것뿐만 아니라 어떠한 보상도 손에 쥐지 못한 채 당장 정비구역 밖으로 이주하여야 하는 현실적 문제점이 없지는 않다. 그러나 토지보상법 40조 2항 3호는 사업시행자의 위와 같은 공탁을 적법, 유효한 것으로 규정하고 있는 점, 비록 현금청산대상자등은 불복의 절차가 종결될 때까지 공탁된 보상금을 수령할 수 없으나, 사업시행자가 패소하는 경우 고율의 가산금을 지급받는 점, 만일 사업시행자가 토지등을 인도받을 수 없다면 공익사업의 신속한 진행이 불가능한 점 등에 비추어 그 경우에도 토지등을 인도할 의무가 있다고 보아야 한다.

다. 인도의무 불이행 시의 조치

재결에도 불구하고 현금청산대상자등이 부동산 인도의무를 이행하지 아니하는 경우의 조치에 대하여 살펴본다.

---

12) 대법원 2002. 10. 11. 선고 2002다35461 판결, 대법원 2017. 3. 30. 선고 2014두43387 판결(① 사업시행자는 관할 토지수용위원회가 재결로써 결정한 수용개시일에 토지의 소유권을 취득하고, 그 토지나 물건에 관한 다른 권리는 이와 동시에 소멸한다. 토지보상법은 43조도 현금청산대상자 및 그 밖에 현금청산대상자에 포함되지 아니하는 자로서 수용할 토지나 그 토지에 있는 물건에 관한 권리를 가진 자는 수용개시일까지 그 토지나 물건을 사업시행자에게 인도하거나 이전하여야 한다고 명확히 규정하고 있다, ② 토지보상법 88조는 수용재결에 대한 이의의 신청이나 행정소송의 제기는 사업의 진행 및 토지의 수용을 정지시키지 아니함을 명시하고 있다. 따라서 이의신청이나 행정소송의 제기만으로 수용재결의 효과를 정지시킬 수 없다).

⑴ 민사소송

㈎ 인도청구

① 수용재결 이후 사업시행자는 현금청산대상자등을 상대로 토지등의 인도를 구하는 민사소송을 제기하게 된다. 앞서 본 바와 같이 위 소송절차에서 현금청산대상자등은 수용재결상의 보상금액이 적정하지 아니하다는 항변으로 대항할 수 없다. 그러나 이주정착금, 주거이전비 또는 이사비가 재결의 대상이 되지 않은 경우 현금청산대상자등은 위 금원의 미지급을 이유로 사업시행자에게 대항할 수 있다(위 금원은 손실보상의 일종으로서, 사업시행자에게 선지급의무가 있다).

② 도시정비법에는 현금청산대상자의 토지 및 건물의 인도와 관련하여 행정대집행이 가능하다는 명문규정이 없으므로, 법의 일반원칙이 적용된다.

토지 및 지장물의 인도의무에는 '명도(지장물 내에 있는 동산을 모두 철거하여 안을 비우고 완전한 점유권을 이전하는 것으로 퇴거 내포)'도 포함되는 것으로 보아야 하고, 이러한 명도의무는 그것을 강제적으로 실현하면서 직접적인 실력행사가 필요한 것이지 대체적 작위의무라고 볼 수 없으므로 특별한 사정이 없는 한 토지보상법 89조가 규정하고 있는 행정대집행법에 의한 대집행의 대상이 될 수 없다.[13)]

㈏ 부당이득반환청구

현금청산대상자등이 인도를 거절할 뿐만 아니라 수용일개시일 다음 날부터 수용 대상 부동산을 사용·수익하였다면 그 점용이익은 부당이득에 해당하므로, 특별한 사정이 없는 한 사업시행자에게 차임 상당을 부당이득으로 반환할 의무가 있다.

㈐ 불법행위에 기한 손해배상청구

① 토지수용위원회가 토지등소유자 소유 토지를 수용하고 지장물로 분류된 그 지상 건물을 이전하는 내용의 수용재결을 함에 따라, 사업시행자가 토지등소유자를 피공탁자로 하여 수용재결에 따른 각각의 손실보상금을 공탁하였음에도, 토지등소유자가 수용개시일 이후에도 건물을 점유·사용하다가 퇴거하였다면, 토지보상법 43조는 "토지소유자 및 관계인과 그 밖에 토지소유자나 관계인에 포함되지 아니하는 자로서 수용하거나 사용할 토지나 그 토지에 있는 물건에 관한 권리를 가진 자는 수용 또는 사용의 개시일까지 그 토지나 물건을 사업시행자에게 인도하거나 이전하여야 한다."라고 규정하고 있으므로, 토지등소유자는 사업시행자가 토지를 수용한 이후에도 건물의 소유를 위하여 대지인 토지를 권원 없이 점유하고 있었다. 따라서 사업시행자에게 인도하지 않은 기간 동안의 토지의 차임 상당액 등의 손해를 배상할 의무가 있다.[14)]

---

13) 대법원 2005. 8. 19. 선고 2004다2809 판결[다만, 지장물의 경우 예외적으로 토지보상법 시행규칙 33조 4항 단서에 의하여 현금청산대상자가 철거의무를 부담하는 경우에는 관계 법령상 행정대집행의 절차가 인정되어 행정청이 행정대집행의 방법으로 지장물의 철거 등 대체적 작위의무의 이행을 실현할 수 있고, 그 경우에는 따로 민사소송의 방법으로 그 의무의 이행을 구할 수 없다(대법원 2000. 5. 12. 선고 99다18909 판결 등 참조). 한편, 건물의 점유자가 철거의무자일 때에는 건물철거의무에 퇴거의무도 포함되어 있는 것이어서 별도로 퇴거를 명하는 집행권원이 필요하지 않다(대법원 2008. 12. 24. 선고 2007다75099 판결, 대법원 2017. 4. 28. 선고 2016다213916 판결)].

14) 사회통념상 건물은 그 부지를 떠나서는 존재할 수 없으므로 건물의 부지가 된 토지는 그 건물의 소유자가 점유하는 것으로 볼 것이고, 이 경우 건물의 소유자가 현실적으로 건물이나 그 부지를 점거하고 있지 아니하고 있더라도 건물의 소유를 위하여 그 부지를 점유한다고 볼 수 있다. 따라서 타인 소유의 토지 위에 권원 없이 건물을 소유하는

만일 주거이전비 등을 지급받고도 건물의 임차인들이 수용개시일 이후에도 임차부분을 계속하여 점유·사용하다가 퇴거하였다면, 점유매개관계를 이루는 임대차계약 등이 종료된 이후에도 직접점유자가 목적물을 점유한 채 이를 반환하지 않고 있는 경우에는 간접점유의 점유매개관계가 단절된다고 할 수 없다.[15] 따라서 토지등소유자는 수용개시일 이후에도 임차인들을 통해 위 건물을 간접점유하고 있었다고 볼 수 있으므로, 임차인들에게 임대보증금을 반환하면서 적시 인도를 위해 노력했다는 등의 특별한 사정이 없는 한, 토지등소유자는 사업시행자에게 인도하지 않은 토지의 차임 상당액 등의 손해를 배상할 의무가 있다.

다만, 도시정비법 81조 1항 단서 2호에서 정한 토지보상법에 따른 손실보상이 완료되려면 이주정착금, 주거이전비 또는 이사비에 대한 지급절차까지 이루어져야 하고, 그때까지 종전의 건축물의 임차권자 등 권리자는 종전의 건축물을 사용·수익할 수 있으며, 사업시행자는 현금청산대상자 등에 대한 인도청구를 할 수 없고, 현금청산대상자 등은 인도의무가 없다

따라서 주거이전비 등을 지급할 의무가 있는 사업시행자가 종전 건축물을 사용·수익하고 있는 임차인 등에게 이를 지급하지 아니한 경우 현금청산대상자를 상대로 불법점유로 인한 손해배상을 청구하는 것은 허용되지 않는다.[16]

② 문제는 사업시행자가 부동산 인도 거부로 사업시행에 차질이 빚어졌음을 이유로 현금청산대상자등을 상대로 인도를 거부한 기간 동안의 대출금(정비사업비) 이자 상당액을 불법행위에 기한 손해배상으로 청구하는 경우이다. 고의 또는 과실 여부, 상당인과관계 등과 관련하여 엄격한 심리가 요구된다.

앞서 본 바와 같이 수분양조합원에 대하여는 정관으로 조합원은 본인 또는 세입자 등이 이주기한 내에 해당 건축물에서 퇴거하지 아니하여 기존 주택 등의 해체지연 등 사업시행에 지장을 초래하는 때에는 그에 따라 발생되는 모든 손해에 대하여 변상할 책임을 진다고 규정한다(서울표준정관 36조 5항).

(2) 형벌부과

현금청산대상자등이 수용재결 이후 토지등을 인도할 의무가 있음에도 그에 위반하여 토지 또는 물건을 인도하거나 이전하지 아니하는 경우, 1년 이하의 징역 또는 1천만 원 이하의 벌금에 처해진다(토지보상법 95조의2 2호, 43조). 토지보상법은 위와 같은 의무위반에 대하여 제정 시부터 계속하여 200만 원 이하의 벌금에 처하는 것으로 규정하고 있었으나, 2015. 1. 6. 개정되면서 법정형이 강화되었다. 이는 공익사업의 효율적인 수행을 위한 것이다. 다만 현금청산대상자나

자는 그 자체로써 건물 부지가 된 토지를 점유하고 있는 것이므로 특별한 사정이 없는 한 법률상 원인 없이 타인의 재산으로 인하여 토지의 차임에 상당하는 이익을 얻고 이로 인하여 타인에게 동액 상당의 손해를 주고 있다고 할 것이다.

15) 민법상 간접점유를 인정하기 위해서는 간접점유자와 직접점유를 하는 자 사이에 일정한 법률관계, 즉 점유매개관계가 필요한데 간접점유에서 점유매개관계를 이루는 임대차계약 등이 해지 등의 사유로 종료되더라도 직접점유자가 목적물을 반환하기 전까지는 간접점유자의 직접점유자에 대한 반환청구권이 소멸하지 않는다. 따라서 점유매개관계를 이루는 임대차계약 등이 종료된 이후에도 직접점유자가 목적물을 점유한 채 이를 반환하지 않고 있는 경우에는, 간접점유자의 반환청구권이 소멸한 것이 아니므로 간접점유의 점유매개관계가 단절된다고 할 수 없다.

16) 대법원 2023. 8. 18. 선고 2021다249810 판결.

임차인이 주거이전비, 이주정착금, 이사비 등을 지급받지 못하였다면 설령 손실보상금이 지급 또는 공탁되었다 하더라도, 이들은 도시정비법 81조 1항 단서 2호에 의하여 인도를 거절할 수 있으므로, 현금청산대상자등이 이를 이유로 수용개시일까지 수용대상 부동산을 인도하지 않았다 하더라도, 위 공익사업을위한토지등의취득및보상에관한법률위반죄가 성립할 수 없다.[17] 최근 대법원은 도시정비법 81조 1항 단서 2호가 적용될 수 없는 일반적인 토지보상법 사안에서, 토지보상법 제95조의2 제2호, 제43조의 벌칙조항으로 인하여 토지소유자 등은 거주이전의 자유, 직업의 자유, 재산권 등의 헌법상 기본권에 큰 제한을 받으므로, 충돌하는 법익들이 적절하게 조화되도록 하고 토지소유자 등의 헌법상 기본권의 본질적 내용이 침해되지 않도록 할 필요가 있음을 들어 토지소유자 등이 수용개시일 이후 토지 또는 물건을 인도·이전하지 않는 경우에도, 토지소유자 등이 공익사업의 시행으로 인하여 상실하게 되는 권리의 내용, 특히 주거용 건축물을 제공함에 따라 생활의 근거를 상실하게 되는지 여부, 그 경우 토지보상법 제78조에 따른 이주대책의 수립·실시가 이루어지거나 이주정착금 등이 지급되었는지 여부, 토지소유자 등이 인도·이전의 대상인 토지 또는 물건을 보유한 기간과 그 기간 동안 해당 토지 또는 물건에 관하여 형성하여 온 생활환경, 그에 따른 이주의 용이성, 토지 또는 물건의 인도·이전거절행위가 공익사업의 시행에 미친 영향 등을 종합하여, 토지소유자 등의 인도·이전거절행위가 법질서 전체의 정신이나 그 배후의 지배적인 사회윤리 또는 사회통념에 비추어 용인될 수 있는 행위로 볼 수 있는 때에는 형법 20조의 정당행위에 해당하여 위법성이 조각된다고 보아야 한다고 판시하였다.[18]

4. 재결의 불복 및 확정

가. 이의신청

(1) 방법

관할 토지수용위원회의 수용재결에 이의가 있는 사업시행자 또는 현금청산대상자등은 재결서의 정본을 받은 날부터 30일 이내에 이의를 신청할 수 있다(토지보상법 83조 1항 및 3항). 사업시행자는 재결보상금에 대하여 불복하는 경우 보상금을 받을 자에게 자기가 산정한 보상금을 지급하고 그 금액과 토지수용위원회가 재결한 보상금과의 차액(差額)을 공탁하여야 한다(토지보상법 40조 2항 3호). 현금청산대상자등은 재결보상금에 대하여 불복하는 경우 사업시행자가 지급하는 보상금의 수령을 거부하여야 하고, 이에 사업시행자는 토지보상법 40조 2항 1호에 따라 보상금을 공탁하게 된다. 그 경우 현금청산대상자가 공탁금을 수령하면서 불복을 유지하기 위해서는 반드시 이의를 유보하여야 한다. 왜냐하면 사업시행자의 수용보상금 공탁은 보상금 지급채무의

17) 대법원 2021. 7. 29. 선고 2019도13010 판결.

18) 대법원 2025. 9. 11. 선고 2022도493 판결(피고인이 해당 주택을 인도하는 것은 단순히 주거의 이전만을 의미하는 것이 아니라 주거, 직장을 포함한 생활 터전 전부를 이전하는 의미가 있는 점, 비록 피고인이 이주대책대상자로서 분양받을 토지의 실제 형태나 성상을 전혀 알 수 없는 상황이었던 점, 피고인이 이 사건 주택의 인도를 거절한 것은 주거 상실 이후 종전의 생활상태를 유지할 마땅한 방법을 찾지 못하였기 때문으로 보이는 점, 피고인의 인도거절행위로 인하여 위 사업에 중대한 차질이 빚어졌다고 볼 만한 사정은 엿보이지 않는 점 등을 종합하여 고려해 보면, 피고인의 이 사건 주택 인도거절행위는 법질서 전체의 정신이나 그 배후의 지배적인 사회윤리 또는 사회통념에 비추어 용인될 수 있는 행위로서 형법 20조의 정당행위에 해당한다).

이행을 위한 민법상의 변제공탁이기 때문이다. 현금청산대상자가 수용재결에 불복하여 보상금 증액의 행정소송을 이미 제기하여 계속중인 상태에서 이의유보 없이 이를 수령한 경우에도, 공탁금 수령에 관한 이의유보의 의사표시가 있는 것과 같이 볼 수는 없다.[19)]

⑵ 절차

관할 토지수용위원회가 중앙토지수용위원회인 경우 수용재결에 이의가 있는 자는 중앙토지수용위원회에 이의를 신청할 수 있다. 그러나 관할 토지수용위원회가 지방토지수용위원회인 경우 수용재결에 이의가 있는 자는 해당 지방토지수용위원회를 거쳐 중앙토지수용위원회에 이의를 신청할 수 있다(토지보상법 83조 1항, 2항).

⑶ 기한

사업시행자 또는 현금청산대상자는 수용재결에 불복할 때에는 수용재결서의 정본을 받은 날부터 30일 이내에 이의신청하여야 한다(토지보상법 83조 3항).

나. 선택적 행정소송 제기

⑴ 행정소송제기 가능

사업시행자 또는 현금청산대상자등은 수용재결서를 받은 날부터 90일 이내에 행정소송을 제기할 수 있다(토지보상법 85조 1항). 토지보상법 85조 1항에 따라 제기하려는 행정소송이 보상금의 증감(增減)에 관한 소송인 경우 그 소송을 제기하는 자가 현금청산대상자등일 때에는 사업시행자를, 사업시행자일 때에는 현금청산대상자등을 각각 피고로 한다(토지보상법 85조 2항). 행정소송에 관한 자세한 내용은 제2절에서 살펴본다.

⑵ 주관적, 예비적 병합 소제기 가능

사업시행자 또는 현금청산대상자등은 주위적으로 수용재결이 위법함을 들어 관할 토지수용위원회를 상대로 수용재결의 취소를 구하고, 예비적으로 토지보상법 85조 2항에 의하여 상대방을 피고로 보상금 증액을 구하는 소(사업시행자가 제기하는 경우는 채무부존재확인의 소)를 제기하는 것이 가능하다. 자세한 내용은 제2절 Ⅱ. "3. 주관적·예비적 병합"에서 살펴본다.

다. 수용재결 확정의 효과

이의나 행정소송을 제기하지 아니하여 수용재결이 확정되면 민사소송법상의 확정판결이 있은 것으로 보며, 재결서 정본은 집행력 있는 판결의 정본과 동일한 효력을 가진다(토지보상법 86조 1항). 수용재결 정본은 위와 같이 집행문이 붙어 있는 확정판결과 동일한 효력이 있으므로, 현금청산대상자등은 수용재결에서 확정된 보상금에 대하여 수용재결 정본으로 사업시행자의 재산에 대한 강제집행이 가능하다. 토지보상법은 수용재결에 대하여 위와 같이 중대한 효과를 부여하고 있다. 이는 자신의 의사에 반하여 재산을 강제로 수용당하는 현금청산대상자등을 보호하기 위한 것이다.

---

19) 대법원 1991. 8. 27. 선고 90누7081 판결.

5. 위법한 선행처분과의 관계

가. 위법한 사업시행계획인가와의 관계

수용권을 발생시키는 사업인정에 해당하는 사업시행계획인가에 대하여 제소기간 내에 취소소송을 제기하지 않았고 사업시행계획인가가 당연무효라고 볼 만한 특별한 사정이 없는 한, 연속적 처분의 일반법리에 따라 수용재결 취소소송에서 사업시행계획인가의 하자를 주장하는 것이 허용되지 않는다.

나. 위법한 관리처분계획과의 관계

(1) 적법한 분양신청통지가 흠결되어 현금청산대상자가 된 자의 수용재결 취소청구

적법한 분양신청통지를 받지 못하여 분양신청기간 내에 분양신청을 할 수 없어 현금청산대상자로 분류된 경우, 토지등소유자가 사업시행자를 상대로 자신을 현금청산대상자로 분류한 관리처분계획의 위법성을 주장하면서 그 무효확인 또는 취소소송을 제기한다. 그 외에 앞서 본 바와 같이 사업시행자를 상대로 조합원지위확인소송도 제기할 수 있다는 것이 하급심의 다수 실무이다.

한편, 사업시행자는 토지등소유자에 대하여 현금청산대상자임을 이유로 도시정비법 73조 1항이 정한 기간 동안의 협의를 거쳐 수용재결을 신청하고 재결이 이루어진다. 현금청산대상자는 수용재결이 확정되면, 토지등에 관한 소유권 및 조합원 지위를 확정적으로 상실하여 더 이상 관리처분계획상의 권리관계에 관하여 어떠한 영향을 받을 개연성이 없어져 관리처분계획의 무효확인 또는 취소를 구할 법률상 이익이 없으므로, 반드시 토지수용위원회를 상대로 수용재결의 취소를 구하는 소를 제기하여야 하고, 관리처분계획의 무효확인 또는 취소소송의 판결확정 시까지 수용재결취소의 소는 계속 중이어야 한다. 따라서 수용재결 취소소송의 담당 재판부는 관리처분계획에 대한 항고소송 판결의 추이에 따라 진행함이 타당하다.

(2) 적법한 분양계약 체결통지가 흠결되어 현금청산대상자가 된 자의 수용재결 취소청구

조합 정관에 따른 분양계약 체결기간 내에 분양계약을 체결하지 않아 현금청산대상자가 된 경우에도, 분양계약 체결에 관한 적법한 통지를 받지 못한 조합원은 그에 따른 수용재결의 취소를 구할 수 있다.[20] 덧붙여 사업시행자를 상대로 수분양자지위확인의 소를 제기할 수 있다.

Ⅳ. 이의재결

1. 의 의

관할 토지수용위원회의 수용재결에 대한 이의신청에 대한 재결이다. 실질적으로 행정심판의 성질을 가지므로, 토지보상법에 특별한 규정이 있는 것을 제외하고는 행정심판법의 규정이 적용된다. 중앙토지수용위원회의 관할이고, 이의의 신청은 수용재결서의 정본을 받은 날부터 30일

20) 서울고등법원 2021. 12. 22. 선고 2021누40227 판결(확정) 및 서울행정법원 2021. 3. 19. 선고 2020구합52757 판결.

이내에 제기하여야 함은 앞서 본 바이다. 중앙토지수용위원회는 심리에 필요하다고 인정할 때에는 감정평가법인등이나 그 밖의 감정인에게 감정평가를 의뢰하거나 당사자에게 토지수용위원회에 출석하여 진술하게 하는 것이 가능하다(토지보상법 58조 1항 2호). 실제로 2곳의 감정평가법인에게 감정평가를 의뢰하는 것이 일반적임은 수용재결과 동일하다.

중앙토지수용위원회는 이의신청이 이유 없으면 이를 기각한다. 그러나 관할 토지수용위원회의 재결이 위법하거나 부당하다고 인정할 때에는 그 재결의 전부 또는 일부를 취소하거나 보상액을 변경할 수 있다(토지보상법 84조 1항).

실무상 중앙토지수용위원회는 "○○지방토지수용위원회의 재결 중 토지에 대한 손실보상금 1억 원을 1억 5,000만 원으로 변경한다."는 방식으로 재결하고, 그 경우 사업시행자는 증액된 금액만을 공탁하거나 지급한다.

논리적으로 수용재결절차에서 정한 보상액과 이의절차에서 정한 보상액과의 차액은 수용과 대가관계에 있는 손실보상의 일부이므로 위 차액이 수용재결단계에서 지급되지 않은 이상, 이에 대하여는 지연손해금이 발생하므로, 증액된 금액에 대하여도 수용개시일부터 지연손해금을 지급하여야 한다.[21]

그러나 재결신청 지연가산금의 경우 관할 토지수용위원회가 재결서에 적어야 할 사항이고, 사업시행자는 수용 또는 사용의 개시일까지 보상금과 함께 이를 지급하여야 한다고 규정하고 있으나(토지보상법 시행령 14조 2항), 토지보상법령에는 이의재결서에는 증액된 금액에 대한 수용개시일부터 이의재결 시까지의 지연손해금을 기재하도록 하는 규정이 없다. 결국 이의신청에 대한 재결이 확정된 때에는 민사소송법상의 확정판결이 있은 것으로 보며, 재결서 정본은 집행력 있는 판결의 정본과 동일한 효력을 가진다고 규정하고 있음에도(토지보상법 86조 1항), 위와 같은 규정을 두고 있지 않은 것은 적어도 이의재결에서 증액된 금액에 대하여는 수용개시일부터 이의재결 시까지의 지연손해금을 지급하지 아니함을 전제로 한 것으로 보인다.

2. 효 과

가. 보상금 증액 시 절차

이의재결에서 보상금이 증액된 경우 사업시행자는 재결서 정본을 받은 날부터 30일 이내에 현금청산대상자등에게 그 늘어난 보상금을 지급하거나 공탁하여야 한다(토지보상법 84조 2항 본문. 이의재결에서 증액된 금액에 대한 수용개시일부터 증액된 금액의 수령 시까지의 기간에 대하여는 지연손해금이 인정되지 아니하므로, 이는 지급이나 공탁의 대상이 아니다). 사업시행자가 위 기한까지 이의재결상의 증액보상금을 지급하지 아니하는 경우 지연손해금이 발생한다. 다만, 현금청산대상자가 수령을 거부하거나 과실 없이 수령권자를 알 수 없을 때, 압류나 가압류에 의하여 보상금의 지급이 금지되었을 때에는 이를 공탁(供託)할 수 있다(토지보상법 84조 2항 단서).

---

21) 다음에서 살펴보듯이 행정소송에서 수용재결이나 이의재결보다 금액이 증액되는 경우 수용개시일 다음 날부터 지연손해금 발생한다(대법원 1992. 9. 14. 선고 91누11254 판결 등 참조).

나. 이의재결에 불복하는 절차

사업시행자 및 현금청산대상자등은 이의재결을 거친 후 행정소송을 제기할 수 있다. 다음에서 살펴보듯이 사업시행자가 이의재결에 불복하여 행정소송을 제기하는 경우 소제기 전에 늘어난 보상금을 공탁하여야 하며, 보상금을 받을 자는 공탁된 보상금을 소송이 종결될 때까지 수령할 수 없다. 현금청산대상자등이 이의재결에 불복할 때에는 보상금의 수령을 거부하여야 하고, 그 경우 사업시행자는 이를 공탁한다.

현금청산대상자가 수용재결에서 정한 보상금(공탁금)을 수령할 당시 이의유보의 의사표시를 하였다 하여도 이의재결에서 증액된 보상금(공탁금)을 수령하면서 일부수령이라는 등 유보의 의사표시를 하지 않은 이상 이는 중앙토지수용위원회가 이의재결에서 정한 결과에 승복하여 그 공탁의 취지에 따라 수령한 것이라고 봄이 상당하다. 설령 공탁금 수령 당시 이의재결을 다투는 행정소송이 계속 중이라는 사실만으로 공탁금 수령에 관한 이의유보의 의사표시가 있는 것과 같이 볼 수는 없다.[22]

다. 증액된 보상금 미지급 시의 법률관계

(1) 문제의 소재

이의재결에 있어서는 토지보상법 42조와 같은 수용재결에 존재하는 실효제도가 없다. 이는 실효를 통한 보상금 증액을 내용으로 하는 이의재결의 무력화를 방지하기 위함이다. 사업시행자가 이의재결에서 증액된 보상금을 지급하거나 공탁하지도 않은 채, 행정소송을 제기할 수 있는지 여부, 그 경우 현금청산대상자도 행정소송을 제기할 수 있는지 여부, 쌍방 모두 이의재결에 대한 불복기간이 도과되어 확정된 경우 그 효과를 어떻게 해석할 것인가의 문제가 제기된다.

(2) 판단

(가) 사업시행자가 이의재결에서 증액된 보상금을 지급하거나 공탁하지도 않은 채, 행정소송을 제기할 수 있는지 여부에 대하여 살펴본다. 토지보상법 85조 1항 단서는 사업시행자는 행정소송을 제기하기 전에 이의재결에 따라 늘어난 보상금을 공탁하여야 하며, 보상금을 받을 자는 공탁된 보상금을 소송이 종결될 때까지 수령할 수 없다고 규정하고 있다. 따라서 사업시행자가 이의재결에서 증가된 보상금을 공탁하지 아니한 채 행정소송을 제기하면 부적법하다.

한편, 현금청산대상자등은 사업시행자가 이의재결에서 증액된 보상금을 공탁하지 아니하더라도, 행정소송을 제기할 수 있다. 추후 이의재결에서 확정된 금액보다 소송을 통하여 보상금이 증액되는 경우, 이의재결을 통하여 증액된 금액은 이의재결이 집행권원이 되고, 소송을 통하여 증액된 금액은 확정판결이 집행권원이 된다.

(나) 토지보상법 86조 1항은 이의재결이 확정되면 민사소송법상의 확정판결이 있는 것으로 보며, 재결서 정본은 집행력 있는 판결의 정본과 동일한 효력을 가진다고 규정하고 있다. 따라서 현금청산대상자등은 이의재결에서 증액된 보상금에 대하여는 이의재결 정본으로 사업시행자의

---

22) 대법원 1991. 8. 27. 선고 90누7081 판결.

재산에 대한 강제집행이 가능하다. 현금청산대상자등 또는 사업시행자는 이의신청에 대한 재결이 확정되었을 때에는 관할 토지수용위원회에 대통령령으로 정하는 바에 따라 재결확정증명서의 발급을 청구할 수 있다(토지보상법 86조 2항).

라. 수용재결과의 관계

수용의 효과를 복멸시키기 위해서는 이의재결을 거친 경우에도 수용재결을 한 관할 토지수용위원회를 피고로 하여 수용재결의 취소를 구하여야 한다. 이의재결에 고유한 위법이 있는 경우에는 중앙토지수용위원회를 상대로 이의재결의 취소를 구하여야 하나, 설령 이의재결이 취소된다 하더라도 수용재결은 존속하므로, 재산권의 강제박탈이라는 수용재결의 효과가 복멸되지 아니한다. 따라서 이의재결 취소청구의 소에서 승소하더라도, 수용재결의 효과를 복멸시키기 위해서는 별도의 수용재결 취소청구의 소를 제기하여야 한다.

Ⅴ. 재결과 관련한 소송상 쟁점

1. 필요적 수용재결절차

사업시행자와 현금청산대상자등 사이에 손실보상에 관한 협의가 성립되지 않는 경우 사업시행자가 토지등을 취득하거나 현금청산대상자등이 손실보상을 받기 위해서는 반드시 토지보상법 34조 등에 규정된 수용재결절차를 거쳐야 한다(토지보상법 34조, 50조, 61조, 83조 내지 85조). 현금청산대상자등은 수용재결에 대하여 불복이 있는 때에 비로소 토지보상법 83조 내지 85조(이의신청 또는 행정소송)에 따라 권리구제를 받을 수 있을 뿐, 이러한 수용재결절차를 거치지 않은 채 곧바로 사업시행자를 상대로 손실보상을 청구하는 것은 허용되지 않는다.[23)]

토지보상법이 위와 같이 재결을 거치도록 한 취지는 공익사업의 시행으로 인한 손실보상과 관련하여서는 손실 발생 여부 및 손실의 범위에 관하여 행정청의 전문적 판단을 거치도록 함으로써 그 절차를 효율적으로 운영하고자 함에 있다. 다만, 행정소송을 제기할 당시 재결을 거치지 않았다고 하더라도, 사실심 변론종결 시까지 재결을 거쳤다면 흠결의 하자가 치유된다.[24)] 손실보상청구의 소송요건으로서 재결절차를 거쳤는지 여부는 법원의 직권조사사항에 해당한다.

2. 재결의 유탈

행정소송 과정에서 사업시행자는 현금청산대상자등의 손실보상청구가 수용재결절차를 거치지 않아 부적법한 소라고 다투고, 현금청산대상자등은 재결이 이미 이루어졌다고 다투는 경우가 있다. 그 경우에는 재결서의 기재 내용으로 이를 판단한다. 간혹 재결신청서에는 기재되어 있음에도, 재결서에 판단이 누락된 경우가 있다. 이는 관할 토지수용위원회가 신청의 일부에 대한 재결을 빠뜨린 경우로서 재결의 유탈이고, 그 빠뜨린 부분의 신청은 계속하여 토지수용위원회에 계속(係屬)된다(토지보상법 37조).

---

23) 대법원 2011. 8. 25. 선고 2010두26551 판결.
24) 대법원 2018. 6. 15. 선고 2018두35681 판결, 대법원 2008. 2. 15. 선고 2006두9832 판결.

사실심 변론종결 시까지 재결을 거쳤다면 흠결의 하자가 치유되므로, 재결의 유탈이 있는 경우 법원은 현금청산대상자등으로 하여금 관할 토지수용위원회에 유탈된 재결신청에 대한 신속한 판단을 촉구하도록 권유한다.

제2절 행정소송

Ⅰ. 총 설

사업시행자 또는 현금청산대상자등은 수용재결 또는 이의재결에 대하여 취소를 구하는 행정소송을 제기할 수 있다. 위법성의 내용으로는 수용재결의 경우 수용 자체의 하자 또는 수용재결상의 보상금 산정의 하자가 있고, 이의재결의 경우에도 이의재결 그 자체의 하자 또는 이의재결상의 보상금 산정의 하자가 있다.

각각의 위법성에 대하여 행정소송으로 다투는 방법에 대하여는 여러 차례 입법상의 변천을 거쳤다. 2002. 2. 4. 법률 제6656호로 종래 강제수용 및 그 불복절차를 규정한 토지수용법이 폐지되고, 토지보상법이 제정되었다. 종전 토지수용법은 이의재결만을 행정소송의 대상으로 하였고(이른바 '재결주의'라고 한다), 중앙토지수용위원회의 전문성을 이유로 이의재결이 행정소송의 필요적 전치절차로 해석되었다. 이에 따라 수용이나 이의재결 자체의 하자이든 각 재결상의 보상금 산정의 하자이든(보상금의 증감을 구하든) 행정소송은 모두 중앙토지수용위원회를 피고로 하여 이의재결의 취소를 구하는 형태였다.[25] 위와 같은 이의재결의 필요적 전치절차에 대하여는 헌법 27조 1항의 재판청구권 및 3항의 신속한 재판을 받을 권리에 대한 과도한 제한이라는 비판이 제기되어 왔다.

이에 2002. 2. 4. 토지보상법이 새로 제정되면서 행정소송의 필요적 전치절차로 규정되어 있던 이의재결을 임의적 전치절차로 변경하는 한편(83조), 이의재결만을 행정소송의 대상으로 함으로써 행정소송법 18조 원처분주의의 예외로 규정하였던 것을 고쳐 수용재결에 대하여 곧바로 행정소송을 제기할 수 있도록 하였다(85조 1항). 현재의 소송실무에서도 구 토지수용법에 따라 여전히 수용 자체의 위법을 주장하거나 수용재결상의 보상금에 대하여 다투면서 중앙토지수용위원회를 상대로 이의재결의 취소를 구하는 경우가 흔히 있다.

이하에서는 행정소송과 관련한 대상적격, 제소기간, 보상금 증감소송, 손실보상에 관한 행정소송의 일반론에 관하여 자세히 살펴본다.

---

25) 다만, 1990. 4. 7. 개정으로 75조의2 2항이 신설되어 보상금의 증감에 관한 소송인 경우에는 사업시행자가 원고인 경우에는 반드시 현금청산대상자등을, 현금청산대상자등이 원고인 경우에는 반드시 사업시행자를 중앙토지수용위원회와 공동피고로 하도록 하였다.

Ⅱ. 소송요건

1. 수용자체의 하자 또는 이의재결 자체의 하자(항고소송)

가. 대상적격

사업시행자 또는 현금청산대상자등은 수용재결에 이의가 있는 경우 중앙토지수용위원회에 이의를 신청할 수 있다(토지보상법 83조). 사업시행자 또는 현금청산대상자등은 이의신청 없이 수용재결에 불복할 때에는 수용재결서를 받은 날부터 90일 이내에, 이의신청을 거쳤을 경우에는 이의재결서를 받은 날부터 60일 이내에 각 수용재결을 대상으로 행정소송을 제기할 수 있다(토지보상법 85조 1항). 이의신청을 거친 경우의 이의재결서 수령일로부터 60일의 단기 제소기간 규정에 대한 위헌 여부가 문제되었다. 헌법재판소는 합헌이라고 결정하였다.[26)]

나. 원처분주의

(1) 문제의 소재

앞서 본 바와 같이 수용재결과 이의재결 모두 대상적격을 가진다. 행정소송법 19조는 "취소소송은 처분등을 대상으로 한다. 다만, 재결취소소송의 경우에는 재결 자체에 고유한 위법이 있음을 이유로 하는 경우에 한한다."고 규정하여 행정소송의 대상에 대하여 이른바 원처분주의를 선언하고 있다. 현행 토지보상법이 비록 이의재결을 임의절차로 하고 있으나, 만일 이의재결을 거친 경우에는 구 토지수용법과 같이 이의재결만을 행정소송의 대상으로 하는 재결주의를 채택하고 있는지 아니면 원처분주의를 채택하고 있는지 여부가 명확하지 아니하여 논란이 되었다.

(2) 판례(원처분주의)

판례는 현행 토지보상법상 수용재결에 불복하여 취소소송을 제기하는 때에는 이의신청을 거친 경우에도 수용재결을 한 중앙토지수용위원회 또는 지방토지수용위원회를 피고로 하여 수용재결의 취소를 구하여야 한다고 하여 원처분주의를 채택하고 있음을 명확히 하였다.[27)]

다. 이의재결의 고유한 위법

(1) 원처분주의 예외로서 이의재결의 고유한 위법

행정소송법 19조 단서에 의하여 이의재결 자체에 고유한 위법이 있음을 이유로 하는 경우에는 예외적으로 이의재결을 한 중앙토지수용위원회를 피고로 하여 이의재결의 취소를 구할 수 있

---

26) 헌법재판소 2022. 9. 29. 선고 2022헌바32 결정(토지보상법에 따른 관계인은 공용수용의 절차를 거치면서 사업시행자와 이미 오랜 시간에 걸쳐 수용되는 토지 등에 대한 보상 등이 적정한지에 관하여 의견을 진술해 왔기 때문에, 이의신청을 거쳐 행정소송을 제기하는 경우에 이의재결에 불복할 것인지 여부에 관해 결정하고 제소를 준비하는 데 많은 시간이 필요하다고 볼 수는 없음을 이유로 60일의 제소기간은 입법재량의 한계를 벗어나지 않아 국민의 재판청구권을 침해하지 아니한다).

27) 대법원 2010. 9. 30. 선고 2008두1061 판결(① 토지보상법 85조 1항 전문의 문언 내용과 토지보상법 83조, 85조가 중앙토지수용위원회에 대한 이의신청을 임의적 절차로 규정하고 있다, ② 행정소송법 19조 본문은 취소소송의 대상을 원처분으로 규정하고 있고, 그 단서가 행정심판에 대한 재결은 재결 자체에 고유한 위법이 있음을 이유로 하는 경우에 한하여 취소소송의 대상으로 삼을 수 있도록 규정하고 있는바, 이의재결은 행정심판의 성격을 가진다).

다. '이의재결 자체에 고유한 위법'이란 수용재결에는 없고 이의재결에만 있는 중앙토지수용위원회의 권한 또는 구성의 위법, 이의재결의 절차나 형식 또는 내용의 위법 등을 뜻한다.[28)]

⑵ 실무상 쟁점

실무상 이의재결의 고유한 위법으로 주로 문제되는 것은 수용재결서의 정본을 받은 날부터 30일 이내에 이의신청을 제기하였음에도(토지보상법 83조 3항), 그와 같은 이의신청 제기기간이 도과된 것으로 보아 각하한 재결 또는 현금청산대상자가 수용재결에 따라 사업시행자가 공탁한 수용보상금을 수령하면서 이의를 유보하는 의사를 분명히 표시하였음에도, 이를 간과한 채 이의를 유보하지 아니하고 수용보상금을 수령하였음을 전제로 각하한 재결 등이다. 위와 같이 이의신청사유에 대한 구체적인 심리·판단을 생략한 채 이의재결신청이 부적법하지 않음에도 이를 부적법하다고 보아 각하한 재결은 이의신청인의 실체심리를 받을 권리를 박탈한 것으로서 원처분에 없는 고유한 하자가 있는 경우에 해당한다.[29)] 실무상 중앙토지수용위원회의 권한 또는 구성의 위법이 문제되는 경우는 거의 없다.

⑶ 주문

이의재결에 대한 취소소송의 경우 이의재결 자체에 고유한 위법이 있는지 여부만을 심리할 것이고, 이의재결 자체에 고유한 위법이 없는 경우에는 수용재결의 당부와는 상관없이 해당 이의재결에 대한 취소청구를 기각하여야 한다.

라. 수용재결 후의 협의취득 가능 여부 및 소의 이익

⑴ 토지수용위원회가 수용재결을 하였더라도 사업시행자는 토지소유자등과 다시 협의하여 토지 등의 취득이나 사용 및 그에 대한 보상에 관하여 임의로 계약을 체결할 수 있다고 보아야 한다.[30)]

⑵ 사업시행자가 수용재결 후에 토지등소유자와 별도의 협의취득절차에 따라 해당 토지에 관하여 소유권이전등기를 마친 것이라면, 설령 토지등소유자가 수용재결의 무효확인 판결을 받더라도 토지의 소유권을 회복시키는 것이 불가능하고, 나아가 무효확인으로 회복할 수 있는 다른 권리나 이익이 남아 있다고도 볼 수 없으므로, 수용재결에 대한 취소나 무효확인을 구할 소의 이익이 없다.[31)]

---

28) 대법원 2010. 1. 28. 선고 2008두1504 판결, 2010. 9. 30. 선고 2008두1061 판결.

29) 대법원 2001. 7. 27. 선고 99두2970 판결, 서울행정법원 2019. 7. 12. 선고 2018구합65903 판결(확정).

30) 대법원 2017. 4. 13. 선고 2016두64241 판결(중앙토지수용위원회가 갑 소유의 토지에 대하여 수용재결을 한 후, 갑과 사업시행자가 협의하여 사업시행자 앞으로 협의취득을 원인으로 소유권이전등기를 마쳤는데, 갑이 '사업시행자가 수용개시일까지 수용재결보상금 전액을 지급·공탁하지 않아 수용재결이 실효되었다'고 주장하며 수용재결의 무효확인을 구하는 소송을 제기한 사안이다. 수용재결 후의 협의취득에 대하여 유효로 보는 근거는 재결절차에서 사업시행자와 토지등소유자는 보상금액에 관하여 임의로 합의할 수 있는 점, 수용재결이 있었다 하더라도 사법상 계약의 실질을 가지는 협의취득절차를 금지해야 할 별다른 필요성을 찾기 어려운 점 등에 있다).

31) 대법원 2017. 4. 13. 선고 2016두64241 판결.

2. 보상금의 존부 및 증감소송

가. 의 의

수용재결 또는 이의재결에 불복하여 제기하는 행정소송이 보상금의 증감(增減)에 관한 소송인 경우 그 소송을 제기하는 자가 사업시행자인 경우에는 현금청산대상자등을 상대로 보상금 감액 취지의 채무부존재확인소송을, 현금청산대상자등일 때에는 사업시행자를 상대로 보상금증액소송을 제기한다(토지보상법 85조 2항). 사업시행자는 재결상의 보상금을 다투더라도 토지보상법상 반드시 이를 공탁한 후 행정소송을 제기하여야 하므로, 채무부존재확인소송의 형태로 제기한다.

토지보상법 85조 2항에서 명시적으로 규정하고 있지 않지만, 보상금 자체가 존재하지 아니함에도 보상재결이 이루어진 경우 사업시행자가 현금청산대상자등을 상대로 채무부존재확인소송을 제기할 수 있다. 또는 관할 토지수용위원회가 사실을 오인하거나 법리를 오해함으로써 손실보상의 대상에 해당하지 않는다고 잘못된 내용의 재결을 한 경우, 현금청산대상자등은 관할 토지수용위원회를 상대로 그 재결에 대한 취소소송을 제기할 것이 아니라 사업시행자를 상대로 토지보상법 85조 2항에 따른 보상금 지급(증액)청구의 소를 제기하여야 한다.[32] 다만, 본안에 대한 심리를 진행하는 등으로 토지수용위원회의 전문적 판단을 거친 것으로 볼 수 있어야 한다.

나. 형식적 당사자소송

현행 토지보상법상 보상금 증감 관련 소송은 실질적으로는 수용재결의 내용인 보상 여부 또는 보상금액에 대하여 불복하는 것이나, 법률이 관할 토지수용위원회가 아니라 사업시행자나 현금청산대상자등을 피고로 하도록 규정하고 있는 관계로 당사자소송이 된 것이므로 이는 형식적 당사자소송에 해당한다.

다. 구 토지수용법에 의한 제소 시의 처리방법

토지수용법이 폐지되고 2003. 1. 1.부터 토지보상법이 시행되었음에도, 여전히 구 토지수용법에 따라 현금청산대상자등이 손실보상금의 증액을 구하면서 구 중앙토지수용위원회를 피고로 하거나(1990. 4. 7. 개정 이전 규정) 또는 사업시행자 및 중앙토지수용위원회를 피고로 하여(1990.4. 7. 개정 이후 규정) 이의재결의 취소를 구하는 경우가 가끔씩 있다. 이는 피고적격과 대상적격 모두에 하자가 있는 소제기에 해당한다.

특히 토지보상법 85조 1항의 엄격한 제소기간 제한으로 인하여 그 처리방법이 문제된다. 행정소송법 21조 1항은 취소소송을 당해 처분등에 관계되는 사무가 귀속하는 국가 또는 공공단체에 대한 당사자소송으로 변경하는 것이 상당하다고 인정할 때에는 청구의 기초에 변경이 없는 한 사실심의 변론종결 시까지 원고의 신청에 의하여 결정으로써 소의 변경을 허가할 수 있다고 규정하고 있으므로, 위 규정에 따라 소변경절차를 취한다.

위와 같이 소변경절차를 취하는 이유는 소변경허가결정이 있는 때에는 새로운 피고에 대한

32) 대법원 2010. 8. 19. 선고 2008두822 판결, 대법원 2020. 4. 9. 선고 2017두275 판결.

소송은 처음에 소를 제기한 때에 제기된 것으로 간주하여 제소기간 준수가 문제되지 않기 때문이다(행정소송법 21조 4항, 14조 4항).

라. 손실보상금채권의 압류 및 추심명령 시의 보상금증액청구소송

(1) 현금청산대상자의 사업시행자에 대한 손실보상금 채권에 관하여 압류 및 추심명령이 있는 경우, 토지보상법 85조 2항에 따른 보상금의 증액을 구하는 소를 추심채권자가 제기할 수 있는 것인지 또는 현금청산대상자가 제기할 수 있는 것인지 여부가 문제된다.

(2) 대법원은 현금청산대상자의 사업시행자에 대한 손실보상금 채권에 관하여 압류 및 추심명령이 있더라도, 추심채권자가 보상금 증액 청구의 소를 제기할 수 없고, 채무자인 현금청산대상자가 보상금 증액 청구의 소를 제기하고 그 소송을 수행할 당사자적격을 상실하지 않는다고 판시하였다.[33] 종래 민사소송의 경우 채무자의 제3채무자에 대한 채권에 관하여 압류 및 추심명령이 있으면 제3채무자에 대한 이행의 소는 추심채권자만 제기할 수 있고, 채무자에 의하여 이행의 소가 이미 제기된 경우에도 채무자는 그 소송을 수행할 당사자적격을 상실한다고 보았으나, 최근 대법원 전원합의체 판결로 위 판시와 동일하게 변경되었다.[34]

3. 주관적, 예비적 병합

실무상 현금청산대상자등이 사업시행자로부터 적법한 분양신청통지를 받지 아니하여 분양신청을 할 수 없었음에도 불구하고, 자신을 현금청산대상자로 분류한 관리처분계획이 수립되었고 이에 따라 수용재결이 이루어진 경우, 현금청산대상자등은 위법한 관리처분계획을 기초로 한 수용 자체가 위법함을 이유로 관할 토지수용위원회를 상대로 수용재결의 취소를 구하고, 나아가 보상금이 과소함을 이유로 사업시행자를 상대로 보상금의 증액을 구하는 소송을 병합하여 제기하는 경우가 흔히 있다.

구 토지수용법과 달리 수용 자체의 위법성을 이유로 그 취소를 구하는 것은 항고소송으로, 보상금의 증액을 구하는 것은 형식적 당사자소송으로 하고, 각각 피고를 달리 규정한 현행 토지보상법으로 인하여 파생된 문제이다. 현금청산대상자등이 소를 제기한 취지를 고려하여 주위적으로는 관할 토지수용위원회를 상대로 수용재결의 취소를, 예비적으로는 사업시행자를 상대로 보상금의 증액을 구하는 소를 제기한 것으로 보아 주관적, 예비적 병합으로 처리한다.

---

33) 대법원 2022. 11. 24. 선고 2018두67 전원합의체 판결(① 토지보상법 85조 2항 보상금 증액 청구의 소는 당사자소송의 형식을 취하고 있지만, 실질은 재결을 다투는 항고소송의 성질을 가지는바, 현금청산대상자등에 대하여 금전채권을 가지고 있는 제3자는 처분인 재결에 대하여 간접적이거나 사실적·경제적 이해관계를 가질 뿐 재결을 항고소송으로 다툴 법률상의 이익이 있다고 할 수 없어 직접 또는 현금청산대상자를 대위하여 보상금 증액 청구의 소를 제기할 수 없고, 나아가 토지소유자등의 손실보상금 채권에 관하여 압류 및 추심명령이 있더라도 추심채권자가 재결을 다툴 지위까지 취득하였다고 볼 수는 없고, ② 토지보상법 등 관계 법령에 따라 토지수용위원회의 재결을 거쳐 이루어지는 손실보상금 채권은 관계 법령상 손실보상의 요건에 해당한다는 것만으로 바로 존부 및 범위가 확정된다고 볼 수 없고, 토지소유자등이 사업시행자로부터 손실보상을 받기 위해서는 사업시행자와 협의, 재결절차, 이의신청 또는 행정소송을 거쳐야 구체적인 권리의 존부 및 범위가 확정되는데, 토지보상법령은 토지등소유자로 하여금 위와 같은 손실보상금 채권의 확정을 위한 절차를 진행하도록 정하고 있다).

34) 대법원 2025. 10. 23. 선고 2021다252977 전원합의체 판결.

4. 제소기간

가. 내 용

사업시행자 또는 현금청산대상자등은 수용재결에 불복이 있는 때에는 재결서를 받은 날부터 90일 이내에, 이의신청을 거친 때에는 이의신청에 대한 재결서를 받은 날부터 60일 이내에 각각 행정소송을 제기할 수 있다(토지보상법 85조 1항). 위 규정은 토지보상법이 2018. 12. 31. 법률 제16138호로 개정되면서 제소기간이 확장되었다. 위 규정이 개정되기 이전에는 비교적 단기인 수용재결서를 받은 날로부터 60일, 이의재결서를 받은 날로부터 30일이 제소기간이었다. 국민의 재판청구권을 폭넓게 보장해 주기 위한 것으로서 타당한 입법이다.[35]

이는 수용 자체가 위법함을 이유로 현금청산대상자등이 관할 토지수용위원회를 상대로 수용재결의 취소를 구하는 소를 제기하는 경우이든, 보상금 산정이 위법함을 이유로 현금청산대상자등 또는 사업시행자가 상대방을 피고로 하여 보상금 증액청구의 소 또는 감액 취지의 일부 채무부존재확인의 소를 제기하는 경우이든 모두 동일하다.

나. 관련 쟁점

⑴ 이의재결의 고유한 위법

토지보상법 85조 1항은 수용 자체가 위법하여 그 취소를 구하거나 수용·이의재결상의 보상금의 증감과 관련된 경우의 제소기간이고, 원처분주의의 예외인 이의재결에 고유한 위법이 있는 경우에는 위 규정이 적용될 수 없다. 따라서 이의재결에 고유한 위법이 있는 경우로서 처분인 이의재결의 취소를 구하는 경우에는 행정소송법 20조 1항, 2항에 의하여 이의재결이 있음을 안 날로부터 90일, 있은 날로부터 1년 이내에 제기할 수 있다. 통상적으로 이의재결서를 받은 날부터 90일이 제소기간이 된다.

⑵ 재결신청 지연가산금

수용재결서에는 재결신청의 대상이 된 토지등에 대한 보상금뿐만 아니라 재결신청 지연에 따른 지연가산금까지 포함되어 판단이 이루어진다. 사업시행자 또는 현금청산대상자등은 보상금 외에 위 지연가산금에 대하여도 증액청구의 소 또는 감액 취지의 채무부존재확인의 소를 제기한다. 그 경우 제소기간이 문제된다. 재결신청 지연가산금 청구권은 재결 보상금에 부수하여 토지보상법상 인정되는 공법상 청구권이므로, 재결보상금청구에 대한 제소기간이 준수되었다면, 제소기간 이후에도 이미 제기된 재결보상금청구소송절차에서 청구취지변경을 통하여 재결신청 지연가산금을 청구하는 것이 가능하다.[36]

⑶ 이의재결신청의 하자

현금청산대상자등이 보상금 산정의 위법을 이유로 수용재결에 불복하여 이의신청을 제기하는

---

35) 위 개정규정은 이 법 시행(2019. 7. 1.) 후 최초로 수용재결서 또는 이의재결서 정본을 받은 자부터 적용된다.
36) 대법원 2012. 12. 27. 선고 2010두9457 판결.

경우 수용재결서의 정본을 받은 날부터 30일 이내에 제기하여야 하나, 위 기간이 도과되었음에도 불구하고 중앙토지수용위원회가 이를 간과한 채 수용재결상의 금액을 일부 증액하는 이의재결을 하고, 현금청산대상자등이 그로부터 60일의 적법한 행정소송 제기기간 내에 사업시행자를 상대로 보상금증액청구의 소를 제기한 경우 그 행정소송의 적법성이 문제된다.

적법한 기간 내에 제기되지 않은 이의신청의 하자가 치유된다고 보기 어려우므로, 행정소송이 부적법하게 된다고 보아야 할 것이다. 대법원도 행정처분의 취소를 구하는 항고소송의 전심절차인 행정심판청구가 기간도과로 인하여 부적법한 경우에는 행정소송 역시 전치의 요건을 충족치 못한 것이 되어 부적법 각하를 면치 못하는 것이고, 이 점은 행정청이 행정심판의 제기기간을 도과한 부적법한 심판에 대하여 그 부적법을 간과한 채 실질적 재결을 하였다 하더라도 달라지는 것이 아니라고 판시하고 있다.[37)]

(4) 청구취지변경

청구취지변경의 경우 제소기간 준수 여부는 원칙적으로는 청구취지변경 당시를 기준으로 한다. 그러나 청구취지의 기재 자체만으로는 당사자가 주장하는 소송물인지 분명하지 않으나 청구원인으로 당사자가 소송물인 점을 주장하고 있다면 법원은 청구취지가 청구원인 사실에서 주장하는 것과 같은 것인지 여부를 석명하여야 하고, 뒤에 청구취지를 청구원인사실 대로 변경하여 명확히 한 때에는 이를 새로운 청구라고 볼 수는 없으므로 청구취지변경을 가리켜 새로운 제소라고 볼 수 없다. 또한 소장에 기재된 청구취지의 기재 자체만으로는 특정한 행정법규에서 규정하고 있는 불복방법이 아니어서 부적법한 소로 보여진다 하더라도, 그 청구원인에서 특정 행정처분의 위법을 이유로 그 행정처분에 대하여 불복하고 있으며, 또 그 청구취지의 기재가 착오로 인한 것임이 명백하다면, 당사자가 후에 적법한 불복방법에 따라 청구취지를 변경하여 명확히 한 경우에는 이를 가리켜 새로운 청구라고 볼 수는 없다.[38)] 결국 소장의 청구원인에 기재된 부분을 기초로 한 청구취지변경은 가급적 제소기간이 준수된 것으로 해석하여야 한다.

Ⅲ. 본안(손실보상)일반론

1. 손실보상 항목

피보상자별로 어떤 토지, 물건, 권리 또는 영업이 손실보상대상에 해당하는지, 나아가 보상금액이 얼마인지를 심리·판단하는 기초 단위를 손실보상 항목이라고 한다. 현금청산대상자등에 대한 손실보상 항목에는 토지, 건축물 등 지장물이 있다. 또한 해당 건축물 등이 영업용으로 사용되는 경우에는 현금청산대상자 또는 임차인에 대한 영업손실이 보상항목이 되고, 해당 건축물이 주거용으로 사용되는 경우에는 현금청산대상자에 대한 이주정착금, 현금청산대상자 또는 세입자

37) 대법원 1991. 6. 25. 선고 90누8091 판결 참조, 대법원 1983. 4. 26. 선고 83누36 판결 참조[재산세(지방세) 부과처분에 대한 심사청구기간을 도과한 뒤에 제기된 부적법한 심사청구를 각하하지 아니하고 내무부장관이 그것을 받아 들여 본안에 들어가서 심사결정을 하였다 하더라도 이러한 심사청구는 행정소송의 전제가 되는 전심절차의 요건을 충족시킨 것이라고 볼 수 없다].

38) 대법원 1989. 8. 8. 선고 88누10251 판결, 대법원 1991. 3. 12. 선고 90누4341 판결.

에 대한 주거이전비 및 이사비 등이 보상항목이 된다.

2. 감정평가

가. 쟁 점

현금청산대상자등이 보상금이 과소함을 이유로 사업시행자를 상대로 보상금의 증액을 구하는 소를 제기하는 것이 실무상 일반적이다. 앞서 본 바와 같이 수용재결 및 이의재결을 거치는 과정에서 각각 2개의 감정평가법인의 감정평가서가 존재한다. 재개발사업의 경우에는 협의단계에서도 2개 또는 3개의 감정평가법인의 감정평가서가 존재한다. 보상금 증액을 구하는 소제기 단계에서는 위와 같이 다수의 감정평가서가 이미 존재함에도, 소송절차과정에서 다시 현금청산대상자등의 토지, 건물 등 지장물 및 영업손실보상 등과 관련한 감정평가를 시행할 것인지 여부가 문제된다.

나. 필수적 감정평가 요부(부정)

수용과 관련한 행정소송에 있어서도 도시정비법 73조 1항, 법 시행령 60조 1항의 필수적 감정평가규정 적용되는지 여부가 문제된다.

판례는 위 규정은 재개발사업에서 사업시행자와 토지등소유자 사이에 청산금액을 협의하여 정할 경우의 평가방법에 관한 것일 뿐이므로, 청산금의 지급을 구하는 소송에 있어서 법원은 적절한 방법으로 청산금액을 평가하면 족한 것이지, 반드시 법 시행령 60조에서 정한 방법으로 청산금액을 산정하여야 하는 것은 아니라고 하였다.[39]

다. 행정소송에서의 감정실시요건

(1) 문제의 소재

보상금 감정평가와 관련하여 감정평가사들이 협의, 수용재결, 이의재결이라는 매 단계마다 약 5% 이내의 범위에서 근소하게 평가액을 인상하는 것이 비공식적 관행이며, 이를 통해 감정평가사들은 국토부의 징계를 회피하면서도 자신의 업계의 일거리를 지키고 있다는 세간의 평가가 있고, 이에 따라 현금청산대상자등이 무분별하게 수용재결에 대한 이의신청뿐만 아니라 보상금증액의 행정소송을 제기하는 분위기가 있는바,[40] 이를 고려하면 보다 엄격한 조건하에서 감정을 실시할 필요가 있다.

한편 토지보상법 85조 2항 소정의 손실보상금 증액청구의 소에 있어 재결에서 정한 손실보상금액보다 정당한 손실보상금액이 더 많다는 점에 대한 증명책임은 원고인 현금청산대상자등에게 있고, 이를 증명할 수단이 감정평가임에도 감정신청의 채택을 엄격히 제한하는 경우 원고에게 증명의 기회를 봉쇄하는 것이 아닌가 하는 의문이 제기된다. 원고가 재결 당시 감정평가의 하자나 위법성을 적시하면서 감정을 신청하는 경우 새롭게 감정을 실시함에 이론이 없으나, 그와 같은 적시 없이 단순히 시가감정을 신청하는 경우 법원으로서는 이를 채택하여야 하는지 여

39) 대법원 2009. 9. 10. 선고 2009다32850, 32867 판결.
40) 이상덕, 보상금증감소송의 소송물이론과 보상항목 유용 법리에 관한 고찰, 사법 49호(2019. 9.), 사법발전재단, 422.

부와 관련하여 견해의 대립이 있다.

(2) 학설

(가) 부정설

보상금 증액소송은 실질적으로는 재결의 내용인 보상금액에 대하여 불복하는 항고소송이나 단지 법률에 의하여 형식적 당사자소송에 해당할 뿐이므로, 재결 감정 자체에 특별한 위법사항이 없음에도 법원에서 새롭게 감정을 실시하는 것은 항고소송의 본질에 부합하지 않고, 재결 감정보다 법원 감정이 더욱 정확하다거나 신뢰할 수 있다고 볼 제도적 장치나 실정법적 근거가 없다는 견해이다.[41] 위 견해에 의하면 재결 감정에 위법사항이 있는 경우에 한하여 법원 감정을 실시하여야 한다.

(나) 긍정설

법률이 규정한 소송의 형태가 재결 그 자체의 취소를 구하는 것이 아니라 보상 여부 및 보상금 수액의 증감이므로, 재결 감정 자체에 특별한 위법사항이 없다 하더라도 법원 감정을 실시할 수 있다.

(3) 판례

판례는 토지보상금 증감에 관한 소송에서 주로 하급심이 재결 감정의 위법성과 무관하게 법원에서 감정을 실시하고, 재결 감정보다 증액된 법원 감정을 채택한 것과 관련하여, 재결의 기초가 된 각 감정기관의 감정평가와 법원 감정인의 감정평가가 평가방법에 있어 위법사유가 없고 개별요인비교를 제외한 나머지 가격산정요인의 참작에 있어서는 서로 견해가 일치하나 개별요인비교에 관하여만 평가를 다소 달리한 관계로 감정 결과(수용대상토지의 보상평가액)에 차이가 생기게 된 경우 그중 어느 감정평가의 개별요인비교의 내용에 오류가 있음을 인정할 자료가 없는 이상 각 감정평가 중 어느 것을 취신하여 정당보상가액으로 인정하는가 하는 것은 그것이 논리칙과 경험에 반하지 않는 이상 사실심 법원의 재량에 속한다고 하고 있다.[42]

또한 판례는 지장물보상이나 영업손실보상 관련 감정은 법원이 어떤 사항을 판단함에 있어서 특별한 지식과 경험을 필요로 하는 경우 그 판단의 보조수단으로 그러한 지식이나 경험을 이용하는데 지나지 아니하는 것이므로, 보상금의 증감에 관한 소송에 있어서 동일한 사실에 관하여 상반되는 수개의 감정평가가 있고, 그중 어느 하나의 감정평가가 오류가 있음을 인정할 자료가 없는 이상 법원이 각 감정평가 중 어느 하나를 채용하거나 하나의 감정평가 중 일부 만에 의거하여 사실을 인정하였다 하더라도 그것이 경험법칙이나 논리법칙에 위배되지 않는 한 위법하다고 할 수 없다고 하고 있다.[43] 이는 감정평가사가 전문인으로서 일정한 재량이 있음을 전제로 한다. 재결감정에 특별한 위법사항이 없음에도 법원이 감정을 실시한 것 자체가 항고소송의 본

---

41) 이상덕, 보상금증감소송의 소송물이론과 보상항목 유용 법리에 관한 고찰, 423.

42) 대법원 2005. 1. 28. 선고 2002두4679 판결.

43) 대법원 1995. 9. 5. 선고 94누14919 판결, 대법원 2000. 1. 28. 선고 97누11720 판결(영업손실보상금을 인정함에 있어 위와 같은 법리가 적용된다. 따라서 설령 다액의 영업손실보상 금액을 인정한 감정평가를 채택하였다 하더라도, 과다한 영업손실보상 금액을 인정한 사실오인의 위법이 없다).

질에 부합하지 않음을 이유로 감정채택결정이나 그에 기초한 판결의 위법성을 적시한 판례는 찾기 어렵다. 따라서 긍정설의 견해로 보인다.

(4) 결론

(가) 긍정설이 타당하다. 그 논거는 다음과 같다.

ⓐ 토지에 대한 손실보상은 최초의 사업시행계획인가일이 속한 해의 1. 1.자 공시지가를 토대로 수용재결 시까지 시점수정을 통하여 보상금액이 산정되므로 가격시점은 수용재결일이다. 비록 재결단계에 이르기까지 여러 차례 감정절차를 거치기는 하나, 보상협의단계에서의 가격시점은 보상협의계약 체결이 예정된 시점(실무상 조사시점)이므로 가격시점이 달라 행정소송에서 그대로 채용하기 어렵다. 또한 수용재결단계에서의 감정평가 또한 가격시점인 수용재결일 이전에 이루어지므로 부득이 일부는 예측자료에 기인한 것이어서 그 자체로 적정하다고 보기 어려운 측면이 있음을 부인하기 어렵다.

ⓑ 수용재결, 이의재결에서는 수십, 수백 명의 현금청산대상자등에 대하여 감정평가법인들이 단기간에 감정평가절차를 진행한다는 점에서 정확성을 담보하기 쉽지 않다. 특히 토지에 대한 손실보상의 경우 다수 현금청산대상자등의 각 토지에 대하여 비교표준지와 사이의 지역요인, 개별요인(가로조건, 접근조건, 환경조건, 획지조건) 등을 정확하게 반영하기에는 시간적, 물리적으로 어려운 측면이 있다(실제로 재결감정에서는 감정평가서에 개별토지별 품등비교 내용을 자세하게 기재하고 있지 않다). 또한 재결단계에서는 그 밖의 요인 보정으로 각각의 토지에 대하여 거래사례 또는 보상선례를 정확히 확인하여 참작할 것을 기대하기도 난망한 측면이 있고, 또한 인근 유사토지의 정상거래 사례에 해당한다고 볼 수 있는 거래 사례가 있고 그것을 참작함으로써 보상액 산정에 영향을 미친다고 하는 사정은 이를 주장하는 자에게 증명책임이 있는바, 당사자가 재결단계에서 그 증명책임을 다하지 못한 경우에는 소송에서 이를 이행할 기회를 부여하는 것이 정의관념에 부합한다.

(나) 다만, 최근의 실무에서는 수백 명에 이르는 현금청산대상자등이 재결단계에서부터 손실보상을 전문으로 하는 변호사를 선임하여 감정과정에서 적극적으로 주장하고, 나아가 이의재결 이후 그대로 행정소송을 제기하는 경우를 볼 수 있다. 그 경우에는 행정소송과정에서의 감정채택에 신중을 기할 필요가 있다.

(다) 행정소송단계에서 감정을 실시하는 경우에는 가급적 감정인 신문절차로 진행하는 것이 바람직하다. 왜냐하면 감정인 신문절차를 통해 진행하는 경우에는 감정인이 허위감정의 벌을 받는다는 선서까지 한다는 점에서 재결감정과는 뚜렷한 차이가 있어 정확성을 담보하는 한 방편이 되기 때문이다. 또한 그 과정에서 법원감정인으로 하여금 감정과정에서 쌍방에게 절차적 참여권을 보장해 주도록 명하고, 품등비교 등의 수치조정으로 근소한 인상이 관행적으로 이루어진다는 비판이 존재함을 상기시키면서 법원 감정인에게 재결감정과 달리 판단하는 경우에는 그 근거를 명확히 밝히도록 명할 필요가 있다. 종국적으로는 재판부가 법원 감정 결과를 만연히 받아들이기 보다는 재결의 감정평가서와 법원 감정평가서의 당부를 판단하여 취신하여야 할 것이다.

라. 감정평가 일반론

감정평가란 토지 및 그 정착물, 동산, 영업권 등의 경제적 가치를 판정하여 그 결과를 가액으로 표시하는 것을 말한다(감정평가법 2조 1호, 2호). 감정평가법은 3조 1항에서 토지를 감정평가함에 있어 표준지 공시지가를 기준으로 하되, 적정한 실거래가가 있는 경우에는 이를 기준으로 할 수 있다고 규정하여 토지에 대한 감정평가기준만을 규정하고 있다.

한편, 감정평가법 3조 3항에 따라 감정평가업자가 감정평가를 할 때 준수하여야 할 원칙과 기준을 정하고 있는 감정평가규칙은 감정평가의 일반원칙을 규정하고 있고, 감정평가법 3조 3항 및 감정평가규칙 28조에 따라 국토부 고시로 정한 '감정평가기준'은 감정평가의 공정성과 신뢰성의 제고를 위하여 감정평가 시에 준수하여야 할 기준을 정하고 있다.

감정평가와 관련한 기본원칙을 살펴보면, 대상물건에 대한 감정평가액은 원칙적으로 시장가치를 기준으로 결정하고(시장가치기준원칙, 감정평가규칙 5조 1항, 감정평가기준 400－2.1), 감정평가는 기준시점에서의 대상물건의 이용상황 및 공법상 제한을 받는 상태를 기준으로 하며(현황기준원칙, 감정평가규칙 6조 1항, 감정평가기준 400－2.2), 감정평가는 대상물건마다 개별로 하고(개별물건기준원칙, 감정평가규칙 7조 1항, 감정평가기준 400－2.3), 감정평가를 할 때에는 실지조사를 하여 대상물건을 확인하여야 한다(실지조사확인원칙, 감정평가규칙 10조 1항, 감정평가기준 400－1 4항)는 것이다. 위와 같은 감정평가의 원칙에는 예외가 있는바, 그와 관련하여서는 각각의 감정평가 대상과 관련한 부분에서 논하기로 한다.

마. 감정평가와 관련한 쟁점

⑴ 관리처분계획상 종전자산 평가와의 차이

현금청산대상자등 소유의 토지등에 대한 토지보상법에 의한 감정평가는 공익사업인 정비사업을 시행함에 있어 정당한 보상가액을 정하는 데에 주된 목적이 있다.

한편, 관리처분계획을 작성하기 위한 조합원에 대한 종전자산 평가는 조합원들 사이에 종후자산의 분양 또는 분배기준이 되는 권리가액 산정을 주된 목적으로 하여 상대적 출자비율을 정하기 위한 것에 주된 목적이 있다. 그와 같은 차이로 인하여 전자의 경우에는 재결감정의 하자 여부를 불문하고 원칙적으로 법원 감정이 이루어지나, 후자의 경우 수분양 여부나 2주택의 분양 여부와 무관하게 단순히 종전자산가격의 평가가 과소하다는 주장만을 하는 경우 종전 관리처분계획 수립 단계에서의 감정이 해당 조합원에 대하여만 감정평가의 원칙을 위반하는 등의 특별한 사정이 없는 한 법원 감정이 이루어지지는 않는다. 다만, 각각은 모두 적정한 평가를 전제로 한다는 점에서는 동일하다.

⑵ 감정평가가 위법한 경우의 처리방법

토지등 수용과 관련한 손실보상금 산정을 위한 감정평가에 어느 한 가지 점이라도 위법사유가 있으면 그것으로써 그 감정평가결과는 위법하게 된다. 다만, 감정평가가 위법하다고 하여도 법원은 그 감정내용 중 위법하지 않은 부분을 추출하여 판결에서 참작하는 등의 방법으로 정당한 손실보상액을 스스로 산정할 수 있다. 그러나 이러한 직권 보정방식은 객관성과 합리성을 갖추고 논리나 경험의 법칙에 반하지 않는 범위 내에서만 허용되는 것이므로, 감정평가에 위법이 있다면 법원으로서는 적법한 감정평가방법에 따른 재감정을 명하거나 감정인에게 사실조회를 하는 등의 방법으로 충분한 심리를 거치는 것이 타당하다.[44)]

3. 개인별 보상원칙과 보상항목의 유용

가. 인(人)별 보상 원칙

현금청산대상자등이 사업시행자를 상대로 보상금증액청구소송을 제기하는 것이 일반적임은 앞서 본 바이다. 현금청산대상자등은 대개의 경우 토지, 각종의 지장물, 수목, 영업 등 다양한 손실보상을 구한다. 이와 관련하여 토지보상법 64조가 손실보상은 수용의 대상이 되는 물건별로(토지, 지장물, 영업 등) 하는 것이 아니라 현금청산대상자등에게 개인별로 하여야 한다고 규정하고 있다.

나. 보상항목의 유용

(1) 내용

법원은 현금청산대상자등이 보상의 과소함을 이유로 불복한 범위에서 심판하되, 불복신청한 보상항목들에 관해서 감정을 실시하는 등 심리한 결과, 재결에서 정한 보상금액이 일부 보상항목의 경우 과소하고 다른 보상항목의 경우 과다한 것으로 판명되었다면, 개인별 보상이 원칙이므로 법원은 보상항목 상호 간의 유용을 허용하여 항목별로 과다 부분과 과소 부분을 합산하여 그 합계액을 정당한 보상금으로 결정할 수 있다.[45)]

(2) 소송실무

위와 같은 보상항목의 유용은 주로 지장물과 관련하여 발생한다. 법원 감정이 재결 감정보다 전반적으로 높게 산정되는 것이 일반적이나, 다양한 지장물이 심판대상이 된 경우에는 일부 지장물의 경우 재결에서의 감정금액보다 과소하게 감정되는 경우도 드물지 않다. 그 경우 법원은 개인별 보상원칙상 보상항목을 유용하여 항목별로 과다 부분과 과소 부분을 합산한 합계액을 정당한 보상금으로 산정한다.

다. 보상항목유용의 적용 면탈

(1) 문제의 소재

현금청산대상자등이 당초 여러 보상항목들에 관해 불복하여 보상금증액청구소송을 제기하였으나, 법원에서 실시한 감정 결과 그중 일부 보상항목의 평가액이 재결에서 정한 보상금액보다 적게 나온 경우, 보상항목의 유용을 회피하기 위하여 해당 보상항목에 관하여 소를 일부 취하하거나 사업시행자가 부동의 하는 경우 스스로 그 부분의 청구를 포기하였다. 이에 따라 사실상

44) 대법원 2014. 12. 11. 선고 2012두1570 판결, 대법원 1999. 8. 24. 선고 99두4754 판결.
45) 대법원 2014. 12. 11. 선고 2012두1570 판결.

보상항목유용의 적용을 면탈하는 효과가 발생하였다. 왜냐하면 보상항목의 유용은 해당 보상항목이 심판대상임을 전제로 하기 때문이다.

(2) 판례(사업시행자의 보상항목유용 항변 허용)

판례는 사업시행자가 현금청산대상자등의 보상금증액청구소송을 통해 감액청구권을 실현하려는 의사로 제소기간 내에 별도의 보상금 감액 취지의 채무부존재확인소송을 제기하지 않았는데, 현금청산대상자등이 법원에서 실시한 감정평가액이 재결절차의 그것보다 적게 나오자 그 보상항목을 법원의 심판범위에서 제외하여 달라는 소송상 의사표시를 하는 경우에는, 사업시행자는 그에 대응하여 법원이 현금청산대상자등에게 불리하게 나온 보상항목들에 관한 법원의 감정 결과가 정당하다고 인정하는 경우 이를 적용하여 과다하게 산정된 금액을 보상금액에서 공제하는 등으로 과다 부분과 과소 부분을 합산하여 당초 불복신청된 보상항목들 전부에 관하여 정당한 보상금액을 산정하여 달라는 소송상 의사표시를 할 수 있다고 봄이 타당하다고 하였다.[46] 따라서 법원으로서는 현금청산대상자등의 소제기 이후 일부 취하나 포기한 부분과 관련하여 사업시행자가 보상항목유용을 주장하면, 그 요건에 해당하는 경우 이를 받아들여 보상금을 산정할 수 있다.

이러한 법리는 정반대의 상황, 즉 사업시행자가 여러 보상항목들에 관해 불복하여 보상금 감액 취지의 채무부존재확인소송을 제기하였다가 그중 일부 보상항목에 관해 법원 감정 결과가 불리하게 나오자 해당 보상항목에 관한 불복신청을 철회하는 경우에도 마찬가지로 적용될 수 있다.

4. 지연손해금

행정소송절차에서 확정된 손실보상금액이 재결상의 금액보다 큰 경우, 그 차액에 대하여 지연손해금을 인정할 것인지 여부가 문제된다. 왜냐하면 사업시행자는 토지수용위원회가 결정한 금액 그대로 지급하였고, 만일 토지수용위원회가 행정소송에서 증액된 금액으로 재결단계에서 결정하였더라면 이를 지급하였을 것인데, 보상금을 과소하게 결정한 것은 토지수용위원회의 잘못이고, 사업시행자로서는 과소 금액 지급에 고의나 과실 등 아무런 잘못이 없음에도, 증액된 금액뿐만 아니라 지연손해금까지 지급하여야 하는가 하는 의문이 제기된다.

그러나 수용으로 인한 사업시행자의 손실보상금 지급의무는 수용재결 시부터 발생하고, 구체적인 손실보상금액이 행정소송의 절차에 의하여 현실적으로 확정되어진다 하여 달리 볼 것이 아니며, 수용재결절차에서 정한 보상액과 행정소송절차에서 정한 보상액과의 차액 역시 수용과 대가관계에 있는 손실보상의 일부이므로 위 차액이 수용의 시기에 지급되지 않은 이상, 이에 대하여는 지연손해금이 발생한다 할 것이다.[47] 사업시행자의 손실보상금을 지급하여야 하는 기한은 수용개시일이므로, 지연손해금 발생시기는 수용개시일 다음 날이다.

---

46) 대법원 2018. 5. 15. 선고 2017두41221 판결.
47) 대법원 1992. 9. 14. 선고 91누11254 판결.

제3절 토지보상

Ⅰ. 개 요

토지란 소유권의 대상이 되는 땅으로서 지하·공중 등 정당한 이익이 있는 범위에서 그 상하를 포함한다.[48] 현금청산대상자 소유의 토지에 대한 손실보상은 토지보상법이 적용된다. 토지보상법은 토지에 대한 손실보상과 관련하여 개발이익 배제의 원칙이 적용되고, 이는 재건축사업에서의 보상과 가장 뚜렷이 구별된다.

헌법 23조 3항은 공공필요에 의한 수용 및 그에 대한 보상은 법률로써 하되 정당한 보상을 지급하여야 한다고 규정하고 있으므로, 개발이익 배제가 정당한 보상원칙과 부합할 수 있는지 여부를 비롯하여 개발이익 배제의 원칙에 대하여 자세히 살펴본다. 현금청산대상자의 토지에 대한 보상에는 토지에 대한 일반적인 손실보상방법인 공시지가기준법에 의한 감정평가방법이 적용되므로 그 내용을 자세히 살펴보고, 특수한 보상으로서의 사실상의 사도 및 토지에 매장된 물건에 대한 보상부분도 살펴본다.

Ⅱ. 개발이익 배제의 원칙

1. 내 용

토지보상법 67조 1항은 재결에 의한 보상액 산정은 수용재결 당시의 가격을 기준으로 한다고 규정하고 있다. 한편 토지보상법 70조 1항, 4항은 사업시행자가 재결에 의하여 취득하는 토지에 대하여는 사업시행계획인가·고시일(사업인정고시일)과 가장 가까운 시점에 공시된 부동산공시법에 따른 공시지가를 기준으로 하여 수용재결일까지 해당 정비사업으로 인한 지가의 영향을 받지 아니하는 지가변동률, 생산자물가상승률 등을 고려하여 평가한 적정가격으로 보상한다고 규정하고 있다. 결국 재개발사업의 경우에는 정비사업에 따른 개발이익이 모두 반영된 수용재결일 당시의 시가가 아니라 개발이익을 완전히 배제하기 위하여 사업시행계획인가·고시일이 속하는 해의 1월 1일의 공시지가를 기준으로 하되, 보상액 산정 기준일인 수용재결일(보상기준시점)까지는 정상 지가변동률, 생산자물가상승률 등으로 시점수정할 뿐이다.

2. 위헌 여부

재개발사업의 경우에는 개발이익이 배제된 채 보상금이 지급되는 반면, 재건축사업의 경우에는 개발이익이 포함된 보상금이 지급되므로 이와 비교하여 형평에 반하는 것인지, 이를 정당한 보상으로 볼 수 있는지 여부가 문제되었으나, 헌법재판소는 일관되게 합헌이라고 결정하였다.[49]

---

48) 감정평가실무기준 660－1.1.

49) 헌법재판소 2011. 8. 30. 선고 2009헌바245 결정, 헌법재판소 2010. 3. 25. 선고 2008헌바102 결정, 헌법재판소 2009. 9. 24. 선고 2008헌바112 결정, 헌법재판소 2001. 4. 26. 선고 2000헌바31 결정(공익사업인 정비사업의 시행으로 지가가 상승하여 발생하는 개발이익은 사업시행자의 정비사업에 의한 것으로서 피수용자인 현금청산대상자의 노

Ⅲ. 일반적인 토지보상금 산정방법

1. 개 요

토지보상금을 산정하기 위해서는 먼저 수용대상토지에 대한 정확한 평가를 하여야 한다. 정확한 평가를 기초로 다수 표준지 중 해당 토지와 가치형성요인이 같거나 비슷하여 유사한 이용가치를 지닌다고 인정되는 비교표준지를 선정한다. 그 후 개발이익을 배제하기 위하여 사업인정 시점인 최초의 사업시행계획인가·고시일 이전으로서 가장 가까운 시점에 공시된 공시지가, 즉 사업시행계획인가·고시일이 속하는 해의 1월 1일의 비교표준지 공시지가를 기준으로 가격시점인 수용재결 시까지의 해당 정비사업으로 인한 지가의 영향을 받지 아니하는 지역의 지가변동률, 생산자물가상승률을 곱하여 시점수정을 함으로써 재결당시의 가격을 산정한다. 그리고 비교표준지와 평가대상토지는 상이하므로, 지역요인의 격차를 보완하고, 개별요인의 격차는 품등비교에 의한 격차율을 통하여 보완하며, 기타 거래사례나 보상선례 등 그 밖의 요인 보정절차를 거침으로써 평가대상토지의 가격과 비교표준지의 가격이 균형을 유지하도록 감정평가한다(감정평가사법 3조 1항, 감정평가 규칙 14조, 2조 9호도 공시지가기준법을 적용하도록 규정하고 있다).[50)]

이하에서는 각 단계별 실무상 쟁점에 관하여 살펴본다.

2. 해당 토지의 평가 방법

비교표준지를 선정하기 전에 먼저 수용대상토지에 대한 정확한 평가가 이루어져야 함은 앞서 본 바인바, 해당 토지의 평가와 관련하여서는 다음과 같은 쟁점이 있다.

가. 현황기준 평가원칙 및 예외

(1) 규정 및 해석

토지에 대한 보상액은 가격시점에서의 현실적인 이용상황과 일반적인 이용방법에 의한 객관적 상황을 고려하여 산정하되, 일시적인 이용상황과 토지소유자나 관계인이 갖는 주관적 가치 및 특별한 용도에 사용할 것을 전제로 한 경우 등은 고려하지 아니한다(토지보상법 70조 2항). 일시적인 이용상황은 관계 법령에 따른 국가 또는 지방자치단체의 계획이나 명령 등에 따라 해당 토지를 본래의 용도로 이용하는 것이 일시적으로 금지되거나 제한되어 그 본래의 용도와 다른 용도로 이용되고 있거나 해당 토지의 주위환경의 사정으로 보아 현재의 이용방법이 임시적인 것을 의미한다(토지보상법 시행령 38조).

감정평가규칙 6조 1항은 "감정평가는 기준시점에서의 대상물건의 이용상황(불법적이거나 일시적인 이용은 제외한다)을 받는 상태를 기준으로 한다."고 규정하고 있다. 결국 토지에 대한 평가는 그 지목이 무엇이든 현실적인 이용상황과 일반적인 이용방법에 의한 객관적 상황을 고려하여

력이나 자본에 의하여 발생한 것이 아니고, 재건축사업에서 조합이 행사하는 매도청구권은 토지보상법상의 수용과는 입법 목적을 달리한다).

50) 대법원 2009. 9. 10. 선고 2006다64627 판결.

산정하나, 일시적인 이용상황이나 불법형질변경은 예외이므로 이 부분에 관하여 살펴본다.

(2) 일시적인 이용상황 또는 불법형질변경의 경우(본래 또는 변경 이전의 이용상황으로 평가)

(가) 의의

불법형질변경토지란 국토계획법 등 관련 법령에 따라 허가를 받거나 신고를 하고 형질변경을 하여야 하는 토지를 허가를 받지 아니하거나 신고를 하지 아니하고 형질변경한 토지를 말한다(감정평가기준 810－3 4호). 현재의 이용상황이 일시적인 이용상황에 불과하거나 불법형질변경토지는 본래 또는 형질변경 전 현황대로 평가하여야 한다. 왜냐하면 정상적인 이용상황이 아닌 평가 당시의 일시적 이용상황에 따라 보상한다면 이는 적정보상원칙에 반하고, 또한 불법으로 형질변경된 토지에 대하여는 관계 법령에서 원상회복을 명할 수 있고, 허가 등을 받음이 없이 형질변경행위를 한 자에 대하여는 형사처벌할 수 있음에도, 그러한 토지에 대하여 형질변경된 상태에 따라 상승된 가치로 평가한다면, 위법행위로 조성된 부가가치 등을 인정하는 결과를 초래하여 적정보상의 원칙이 훼손되기 때문이다.

따라서 이와 같은 부당한 결과를 방지하기 위하여 일시적 이용상황 토지에 대하여는 본래의 이용상황으로, 불법으로 형질변경된 토지에 대하여는 형질변경될 당시의 이용상황을 상정하여 평가함으로써 적정가격을 초과하는 부분을 배제한다.

(나) 증명책임

예외적인 보상액 산정방법의 적용을 주장하는 측에서 수용대상토지의 현재 이용상황이 일시적이라거나 불법형질변경토지임을 증명하여야 한다. 그리고 수용대상토지가 불법형질변경토지에 해당한다고 인정하기 위해서는 단순히 수용대상토지의 형질이 공부상 지목과 다르다는 점만으로는 부족하고, 수용대상토지의 형질변경 당시 관계 법령에 의한 허가 또는 신고의무가 존재하였고 그럼에도 허가를 받거나 신고를 하지 않은 채 형질변경이 이루어졌다는 점이 증명되어야 한다.[51)]

토지보상법 시행령 38조 및 감정평가 실무기준 100－2 9호는 이에 대한 판단기준을 제시하고 있다. 즉 현재의 이용방법이 임시적인지 여부는 해당 토지의 주위환경의 사정으로 보아 판단하되(해당 토지 주변지역 토지들의 이용상황, 현재의 이용상황에 이르게 된 경위 등을 고려하여 표준적인 이용상황과 다른 것으로서 일시적임이 명백한 경우 일시적 이용상황으로 인정할 수 있다), 관계 법령에 따른 국가 또는 지방자치단체의 계획이나 명령 등에 따라 해당 토지를 본래의 용도로 이용하는 것이 일시적으로 금지되거나 제한되어 그 본래의 용도와 다른 용도로 이용되고 있는 경우에는 현재의 이용방법을 일시적인 이용상황으로 본다.

(다) 실무상 쟁점

① 일시적 이용상황 관련

지목에 비하여 이용상황의 가치가 높은 경우에는 사업시행자가 일시적 이용상황임을 증명하여야 하고, 지목에 비하여 이용상황의 가치가 낮은 경우에는 현금청산대상자가 이를 증명하여야 한

51) 대법원 2011. 9. 29. 선고 2011두4299 판결, 대법원 2008. 7. 24. 선고 2007두6939 판결.

다. 실무상 지목에 비하여 그 이용상황의 가치가 높은 경우가 많아 통상적으로는 일시적 이용상황임을 사업시행자가 증명하여야 한다.

② 도로 관련

국가 또는 지방자치단체가 타인의 토지를 도로로 점유·사용하고 있는 토지에 대하여 살펴본다. 국가 또는 지방자치단체가 종전에는 일반 공중의 교통에 사실상 공용되지 않던 토지를 비로소 도로로 점유하게 된 경우에는 토지가 도로로 편입된 사정은 고려하지 않고 그 편입될 당시의 현실적 이용상황에 따라 감정평가하여야 할 것이나, 국가 또는 지방자치단체가 종전부터 일반 공중의 교통에 사실상 공용되던 토지에 대하여 도로법 등에 의한 도로 설정을 하여 도로관리청으로서 점유하거나 사실상 필요한 공사를 하여 도로로서의 형태를 갖춘 다음 사실상 지배주체로서 도로를 점유하게 된 경우에는 도로로 제한된 상태 즉 도로인 현황대로 감정평가하여야 한다.[52] 다만, 종전부터 일반 공중의 교통에 사실상 공용되던 토지라 하더라도, 도로에 편입된 이후 해당 토지의 위치나 주위 토지의 개발 및 이용상황(표준적 이용상황) 등에 비추어 도로가 개설되지 아니하였더라도 해당 토지의 현실적 이용상황이 주위 토지와 같이 변경되었을 것임이 객관적으로 명백하게 된 때에는, 그 이후부터는 그 변경된 이용상황을 상정하여 토지의 가격을 평가하여야 할 것이다.[53]

③ 불법형질변경 관련

㉮ 건축법 등 관계 법령에 의하여 허가를 받거나 신고를 하고 건축 또는 용도변경을 하여야 하는 건축물을 허가를 받지 아니하거나 신고를 하지 아니하고 건축 또는 용도변경한 건축물의 부지 또는 국토계획법 등 관계 법령에 의하여 허가를 받거나 신고를 하고 형질변경을 하여야 하는 토지를 허가를 받지 아니하거나 신고를 하지 아니하고 형질변경한 토지에 대하여는 무허가 건축물 등이 건축, 용도변경될 당시 또는 토지가 형질변경될 당시의 이용상황을 상정하여 평가한다(토지보상법 시행규칙 24조). 사업시행자가 건축 또는 형질변경된 시점을 확인한 후 그때 당시의 관계 법령을 검토하여 그와 같은 건축 또는 형질변경에 허가나 신고가 필요함을 증명하여야 한다.

㉯ 건축물이 존재하는 경우 사업시행자는 건축물대장 등을 통하여 용이하게 이를 증명할 수 있다. 그러나 건축물이 존재하지 않은 채 형질만 변경된 경우, 특히 다양한 형태로 개간이 이루어지는 임야가 문제된다. 임야에서는 전, 답, 과수원, 심지어 대지로 형질이 변경된다.

관련 법령에 의하면,[54] 임야의 경우 사업시행자가 현재 형질변경이 1961. 6. 27. 이후에 이루

---

52) 대법원 2001. 1. 19. 선고 2000다58576, 58583 판결.

53) 대법원 2013. 4. 25. 선고 2013다200285 판결.

54) ① 구 삼림령(1911. 6. 20. 제정 조선총독부령 109호, 1961. 12. 27. 법률 제881호로 제정되어 1962. 1. 20. 시행된 산림법 부칙 2조에 의하여 폐지되기 전의 것) 2조, 구 사유임야시업제한규칙(1933. 3. 17. 전부 개정된 조선총독부법령 5호, 위 산림법 부칙 2조에 의하여 폐지되기 전의 것) 1조 3호에 의하면, 1962. 1. 19. 이전에는 보안림에 속하지 아니한 산림이나 경사 20° 미만의 사유 임야에서는 원칙적으로 개간, 화전경작 등의 형질변경행위에 대하여 허가나 신고 등이 불필요하였다.
② 구 임산물 단속에 관한 법률(1961. 6. 27. 법률 제635호로 제정, 1980. 1. 4. 법률 제3232호로 전부 개정된 산림법 부칙 2조에 의하여 폐지되기 전의 것) 2조, 구 산림법(1980. 1. 4. 법률 제3232호로 전부 개정되기 전의 것) 8조 3항, 10조, 구 산림법(2002. 12. 30. 법률 제6841호로 개정되기 전의 것) 90조 1항, 산지관리법(2002. 12. 30. 법률

어졌음을 증명하여야 하고, 이는 항공사진 감정을 통하여 증명하고 있다. 전국 단위의 항공사진이 처음 촬영된 것이 1966년이므로, 1966년 항공사진상의 이용상황이 1961년 이전에도 동일한 것으로 추정하여 그때의 항공사진 감정을 통한 이용상황에 따라 불법형질변경 여부를 판단한다. 다만, 1966년 당시 현실적 이용상황이 대지나 전이었다 하더라도, 그 후 장기간이 경과하는 과정에서 임야로 다시 복구되었다가 새롭게 대지 등으로 형질이 변경되기도 하는데, 임야로의 복구가 일시적인 것으로 볼 수 없는 한 새롭게 대지 등으로 적법하게 형질변경하기 위해서는 허가나 신고 등이 필요하다. 따라서 1966년 당시 현실적 이용상황이 변경 없이 현재에 이른 경우에 한하여 현실적 이용상황으로 인정하여야 할 것이다. 그 경우에도 중간에 이루어진 복구와 새로운 형질변경 역시 사업시행자가 증명하여야 하고, 이는 수년 단위의 항공사진 전체에 대한 감정을 통하여 이를 확인할 수 있다.

㈑ 불법형질변경의 예외(1989. 1. 24. 이전의 무허가건축물)

① 토지보상법은 2002. 2. 4. 제정되어 2003. 1. 1.부터 시행되었는데, 토지보상법 시행규칙(건설교통부령 제344호, 2002. 12. 31.) 부칙 5조가 1989. 1. 24. 당시의 무허가건축물에 대하여는 보상을 함에 있어 적법한 건축물로 본다고 규정하였다. 따라서 1989. 1. 24. 이전에 축조된 무허가건축물은 적법한 건축물로 간주되어 그 부지 역시 현실적 이용상황인 대지(주택인 경우), 공장용지(공장건물), 창고용지(창고) 등으로 평가하여 보상되어야 한다.[55] 1989. 1. 24. 이전에 축조되었는지 여부는 비록 무허가건축물의 정비에 관한 행정상 사무처리의 편의를 위하여 작성 비치된 대장이기는 하나 무허가건물관리대장 또는 항공사진 등을 통하여 확인된다.

② 무허가건축물의 부지는 해당 무허가건축물의 용도·규모 등 제반 여건과 현실적인 이용상황을 감안하여 해당 무허가건축물의 사용·수익에 필요한 범위 내의 토지와 그 용도에 따라 불가분적으로 사용되는 범위의 토지를 의미한다.[56] 따라서 무허가건축물의 부지를 어느 경우에나 그 건축면적(바닥면적)에 국한하여 인정할 수는 없다. 통상적으로 담장으로 둘러싸인 부분은 불가분적으로 사용되는 범위의 토지로 인정한다. 다만, 2013. 4. 25. 국토부령 5호에 따라 신설된 토지보상법 시행규칙 부칙 5조 2항이 "해당 무허가건축물 등의 부지 면적은 국토계획법 77조에 따른 건폐율을 적용하여 산정한 면적을 초과할 수 없다."고 규정하고 있다.[57]

③ 실무상 무허가건축물의 건축면적(바닥면적)을 먼저 산정한 후, 해당 토지의 용도지역에 따

제6841호로 제정된 것) 14조, 15조에 의하면, 위 구 임산물 단속에 관한 법률이 제정·시행된 1961. 6. 27. 이후부터 지목과 현황이 임야이던 토지를 개간하거나 그 토지의 형질을 변경하기 위해서는 관할 행정청 등의 허가 내지 신고 등이 필요하다(대법원 2011. 12. 8. 선고 2011두13385 판결, 대법원 2018. 6. 28. 선고 2015두55769 판결).

55) 1989. 1. 24. 이전의 무허가건축물에 대하여 적법한 건축물로 본다는 유래는 다음과 같다. 즉 구 공특법 시행규칙이 1989. 1. 24. 건설부령 444호로 개정되기 이전에는 무허가건축물 및 대지에 대하여는 적법한 건축물 및 대지와 동일하게 평가하여 보상하였다. 그 후 공특법이 1989. 1. 24. 개정하면서 무허가건축물에 대하여는 적법한 건축물과 달리 보상하는 규정을 마련하면서, 기득권을 보호해 주기 위하여 부칙 4항으로 이 규칙 시행당시(1989. 1. 24.)의 무허가건물등의 보상등에 대하여는 개정규정에도 불구하고 적법한 건축물과 같이 손실보상하는 종전의 규정에 의한다는 규정을 두었고, 위 부칙규정이 토지보상법에 그대로 계수된 것이다(1989. 1. 24. 시행된 공특법 시행령 5조 5항도 '무허가건축물의 소유자는 이주대책대상자에서 제외한다'고 규정하면서, 위 시행령 부칙 3조가 '이 영 시행당시 무허가건물의 소유자에 대하여는 위 5조 5항의 규정에도 불구하고 이주대책대상자에 포함시킬 수 있다'고 규정하였다).

56) 대법원 2012. 8. 30. 선고 2012두7363 판결, 대법원 2002. 9. 4. 선고 2000두8325 판결.

57) 위 부칙조항은 2013. 4. 25. 국토부령 5호로 개정된 토지보상법 시행규칙의 시행 후 보상계획을 공고하고 토지소유자 및 관계인에게 보상계획을 통지하는 공익사업부터 적용된다.

른 건폐율(국토계획법 77조 1항, 2항, 국토계획법 시행령 84조 1항, 서울특별시 도시계획 조례)을 적용하여 산정한 면적을 도출하여 실제 불가분적으로 사용되는 것으로 인정되는 범위의 토지 면적과 비교하여 무허가건축물의 부지를 결정한다. 무허가건축물에 이르는 통로, 주차장 등은 무허가건축물의 부지가 아니라 불법으로 형질변경된 토지이므로, 형질변경 당시의 이용상황을 상정하여 평가하여야 한다.

나. 일반적 계획제한 존중 및 해당 정비사업 영향 배제원칙

(1) 일반적 계획제한 존중 원칙

공법상 제한을 받는 토지에 대하여는 제한받는 상태대로 평가한다. 즉, 해당 정비사업과 무관하게 해당 토지가 국토계획법에 따른 용도지역·용도지구·용도구역의 지정 또는 변경과 같이 그 자체로 제한목적이 달성되는 일반적 계획제한을 받고 있는 경우에는 제한받는 상태로 평가한다(토지보상법 시행규칙 23조 1항 본문, 감정평가규칙 6조 1항). 일반적 계획제한으로는 개발제한구역법상의 개발제한구역 지정이 대표적이다. 국토계획법에 의한 도시자연공원구역의 지정도 마찬가지이다. 자연공원법에 의한 '자연공원 지정' 및 '공원용도지구계획에 따른 용도지구 지정' 역시 그와 동시에 구체적인 공원시설을 설치·조성하는 내용의 '공원시설계획'이 이루어졌다는 특별한 사정이 없는 한 '일반적 계획제한'에 해당한다.

(2) 해당 정비사업 시행목적의 경우 예외

(가) 해당 토지에 대한 공법상 제한이 당해 정비사업의 시행을 직접 목적으로 하여 가하여진 경우에는 제한이 없는 상태를 상정하여 평가한다(토지보상법 시행규칙 23조 1항 단서). 또한 당해 공익사업의 시행을 직접 목적으로 하여 용도지역 또는 용도지구 등이 변경된 토지에 대하여는 변경되기 전의 용도지역 또는 용도지구 등을 기준으로 평가한다(토지보상법 시행규칙 23조 2항).

(나) 도시정비형 재개발사업은 상업지역 등에서 상권활성화를 위한 사업인바, 일반적으로 그 대상토지는 용도지역이 일반상업지역이나 일부가 제3종 일반주거지역인 경우가 있고, 그 경우 구 도시환경정비구역으로 지정된 날에 제3종 일반주거지역의 토지에 대하여 일반상업지역으로 용도지역을 변경하는 경우가 있다. 그 경우 해당 토지의 손실보상에 있어서는 변경 전 용도지역인 제3종 일반주거지역임을 전제로 현황평가를 하여야 한다.[58]

(3) 미지급용지

(가) 토지보상법 시행규칙 25조 1항은 종전에 시행된 공익사업의 부지로서 보상금이 지급되지 아니한 토지(이하 '미지급용지'라 한다)에 대하여는 종전의 공익사업에 편입될 당시의 이용상황을 상정하여 평가하되, 다만, 종전의 공익사업에 편입될 당시의 이용상황을 알 수 없는 경우에는 편입될 당시의 지목과 인근토지의 이용상황 등을 참작하여 평가한다고 규정하고 있다.

종전에 시행된 공익사업은 보상금의 지급 필요성이 있음을 전제로 하므로, 설령 관할 관청이 도로 포장공사 등을 하였다 하더라도, 보상금이 지급될 필요가 있는 공익사업에 의한 것이라기

58) 대법원 2012. 2. 23. 선고 2010두19782 판결.

보다는 토지 소유자를 포함한 주민들의 필요에 따라 주민자조사업의 지원 등으로 행하여진 것이거나 이미 자연적으로 하천으로 편입된 후 하천정비공사가 시행되었다면 미지급용지로 볼 수 없다.[59] 오히려 도로인 경우 사실상의 사도로 볼 여지가 있다.

(나) 종전에 시행된 공공사업의 부지로서 보상금이 지급되지 아니한 토지에 대하여 종전의 공공사업에 편입될 당시의 이용상황을 상정하여 평가하도록 한 취지는 공공사업의 시행으로 인하여 정당한 보상금이 지급되지 아니한 채 그 공공사업의 부지로 편입되어버린 이른바 미지급용지는, 그 용도가 공공사업의 부지로 제한됨으로 인하여 거래가격이 아예 형성되지 못하거나 상당히 감가되는 것이 보통인데, 그럼에도 불구하고 사업시행자가 이와 같은 미지급용지를 뒤늦게 취득하면서 수용재결 시점에 있어서의 이용상황인 공공사업의 부지로만 평가하여 손실보상액을 산정한다면, 적정가격으로 보상액을 정한 것이라고는 볼 수 없기 때문이다. 따라서 이와 같은 부당한 결과를 구제하기 위하여 종전에 시행된 공공사업의 부지로 편입됨으로써 그 거래가격을 평가하기 어렵게 된 미보상용지에 대하여는 특별히 종전의 공공사업에 편입될 당시의 이용상황을 상정하여 평가함으로써 적정가격으로 손실보상을 하여 주려는 것이다.

다만, 공공사업의 시행자가 적법한 절차를 취하지 아니하여 아직 공공사업의 부지로 취득하지도 못한 단계에서 공공사업을 시행하여 토지의 현실적인 이용상황을 변경시킴으로써, 오히려 토지의 거래가격이 상승된 경우까지 미지급용지의 개념에 포함되는 것이라고 볼 수는 없다.[60]

(다) 미지급용지가 문제되는 구체적인 경우를 살펴본다. 도시계획시설로 결정·고시된 토지가 정비사업에 편입된 경우, 도시계획시설로서의 제한을 받는 상태대로 평가하여야 하는지 여부가 문제된다. 즉, 공법상 제한이 해당 정비사업의 시행을 직접 목적으로 하여 가하여진 경우에는 제한이 없는 상태를 상정하여 평가하여야 하나, 도시계획시설로서의 제한을 받는 상태는 해당 정비사업의 시행을 직접 목적으로 하여 가하여진 제한이 아니기 때문이다.

도시계획시설로 결정·고시 된 토지가 당초의 목적 사업에 편입·수용 되는 경우는 물론 당초의 목적사업과는 다른 목적의 공공사업인 정비사업에 편입·수용되는 경우에도 해당 공공사업의 시행을 직접목적으로 제한이 가하여진 경우에 포함된다고 해석하여야 할 것이다. 왜냐하면 만약 이와 달리 도시계획시설결정·고시로 이른바 특별제한이 가해진 토지, 즉 가령 도로로 고시된 토지를 정비사업의 대상으로 하는 것과 같이 당초의 목적사업과 다른 공공사업에 편입되는 경우에 해당 공공사업의 시행을 직접 목적으로 하여 가해진 제한이 아니라는 이유로 당초에 결정·고시 된 도시계획시설로서의 공법상 제한이 있는 상태대로 평가하여야 한다고 해석한다면 도시계획시설로 결정·고시 된 토지가 그 후에 당초의 목적사업에 편입되는 경우(그 경우에는 당연히 도시계획시설결정 이전의 현황대로 보상된다)인가 아니면 당초의 목적사업과는 다른 정비사업에 편입되는가의 사정에 의하여 평가방법이 크게 달라지게 되는 매우 불합리한 결과를 초래하기 때문이다.[61]

또한 위와 같은 사안에서 도시계획시설 중 시설녹지, 공원 등의 결정이 이루어지는 경우 뒤

59) 대법원 2009. 3. 26. 선고 2008두22129 판결.
60) 대법원 1992. 11. 10. 선고 92누4833 판결.
61) 대법원 1989. 7. 11. 선고 88누11797 판결, 대법원 1998. 9. 18. 선고 98두4498 판결.

이어 용도지역을 주거지역, 상업지역 등에서 자연녹지지역 등으로 변경하는 경우가 흔히 있다. 그 경우에는 용도지역도 변경되기 전의 용도지역을 기준으로 평가하여야 한다.

⑷ 기타

어느 수용대상토지에 관하여 특정 시점에서 용도지역·지구·구역을 지정 또는 변경하지 않은 것이 특정 정비사업의 시행을 위한 것일 경우, 이는 해당 정비사업의 시행을 직접 목적으로 하는 제한이라고 보아 용도지역 등의 지정 또는 변경이 이루어진 상태를 상정하여 토지가격을 평가하여야 한다. 여기에서 특정 정비사업의 시행을 위하여 용도지역 등을 지정 또는 변경하지 않았다고 볼 수 있으려면, 해당 토지가 특정 정비사업에 제공된다는 사정을 배제할 경우 용도지역 등을 지정 또는 변경하지 않은 행위가 계획재량권의 일탈·남용에 해당함이 객관적으로 명백하여야만 한다.[62]

다. 사업시행계획인가·고시 이후의 현상변경 불고려의 원칙

⑴ 규정

토지보상법 25조 1항은 사업인정고시가 된 후에는 누구든지 고시된 토지에 대하여 사업에 지장을 줄 우려가 있는 형질의 변경이나 물건을 손괴하거나 수거하는 행위를 하지 못한다고 규정하고, 같은 조 2항은 사업인정·고시가 된 후에 고시된 토지에 건축물의 건축·대수선, 공작물(工作物)의 설치 또는 물건의 부가(附加)·증치(增置)를 하려는 자는 특별자치도지사, 시장·군수 또는 구청장의 허가를 받아야 하며, 같은 조 3항은 허가를 받지 아니하고 건축물의 건축·대수선, 공작물의 설치 또는 물건의 부가·증치를 한 토지소유자 또는 관계인은 해당 건축물·공작물 또는 물건을 원상으로 회복하여야 하며 이에 관한 손실의 보상을 청구할 수 없다고 규정하고 있다.

⑵ 내용

토지보상법상의 사업인정·고시에 해당하는 도시정비법상의 사업시행계획인가·고시가 이루어진 후에 보상금의 증액을 목적으로 허가 없이 토지에 대한 대수선 등으로 현상을 변경하더라도, 이는 원상회복의 대상이 될 뿐, 손실보상의 대상이 될 수 없다. 따라서 현상변경이전의 상태를 전제로 비교표준지를 선정하여야 한다.

라. 건축물 등이 없는 상태 상정의 원칙

토지 보상평가는 설령 토지 지상에 건축물이 있다 하더라도 건축물 등이 없는 상태를 상정하여 감정평가한다(토지보상법 시행규칙 22조 2항). 다만, 건축물 등이 토지와 함께 거래되는 사례나 관행이 있어 그 건축물 등과 토지를 일괄하여 감정평가하는 경우에는 그러하지 아니하다(감정평가기준 810−5.4).

마. 해당 정비사업과 무관한 개발사업의 현황 반영의 원칙

수용대상토지의 인근에 해당 정비사업과 관계없는 다른 사업의 시행으로 인한 개발이익이 발

62) 대법원 2018. 1. 25. 선고 2017두61799 판결.

생한 경우에는 토지보상액을 산정함에 있어 이를 반영하여야 하고, 개발이익이 해당 공익사업의 사업인정·고시일 후에 발생한 경우에도 마찬가지이다.[63] 통상적으로는 수용대상토지 인근의 개발사업으로 인하여 도로가 개설되는 경우이다. 해당 정비구역의 토지가 인근의 개발사업으로 인한 도로의 개설로 가치가 상승할 수 있다. 해당 정비사업과 무관한 개발사업으로 인하여 개설된 도로는 그대로 현황으로 반영된다.

3. 비교표준지의 공시지가

가. 비교표준지 선정

(1) 의의

표준지란 토지이용상황이나 주변 환경, 그 밖의 자연적·사회적 조건이 일반적으로 유사하다고 인정되는 일단의 토지 중에서 가장 대표성을 가지는 토지로서, 전국에 수십만 개가 선정되어 있다. 국토부장관은 매년 2월에 표준지에 대한 공시지가(매년 1월 1일자 표준지의 단위면적 당 적정가격)를 발표한다(부동산공시법 3조 1항).[64]

비교표준지란 위와 같은 전국 수십만 개의 표준지 중 수용대상토지와 가치형성요인이 같거나 비슷하여 해당 평가대상 토지와 유사한 이용가치를 지닌다고 인정되는 표준지를 말한다(토지보상법 시행령 37조 1항). 토지보상법 시행규칙 22조 1항은 수용대상토지를 평가함에 있어서는 해당 토지와 유사한 이용가치를 지닌다고 인정되는 하나 이상의 표준지의 공시지가를 기준으로 한다고 규정하고 있으므로, 해당 토지에 대한 평가절차를 거친 후, 이를 기초로 수십만 개의 전국 표준지 중 해당 토지와 유사한 이용가치를 지닌다고 인정되는 비교표준지를 선정하여야 한다. 이는 손실보상의 가장 기본적이고 핵심적인 것이다.

(2) 비교표준지 선정의 일반기준

㈎ 평가대상토지와 유사한 이용가치를 지닌다고 인정되는 표준지를 비교표준지로 선정하여야 하는바, 유사한 이용가치를 지닌다고 평가하는 기준으로 토지보상법 시행규칙 22조 3항은 특별한 사유가 있는 경우를 제외하고는 첫째 국토계획법상의 용도지역, 용도지구, 용도구역 등 공법상 제한이 같거나 유사할 것, 만일 공법상 제한이 같거나 유사한 표준지가 다수라면, 둘째, 평가대상 토지와 실제 이용상황이 같거나 유사할 것, 그와 같은 실제 이용상황까지 동일한 표준지가 다수라면 평가대상 토지와 주위 환경 등이 같거나 유사한 것 중 선택하되, 마지막으로 모든 조건이 동일하다면 평가대상 토지와 지리적으로 가까운 표준지를 선택하여야 한다고 규정하고 있

---

63) 대법원 2014. 2. 27. 선고 2013두21182 판결.

64) 표준지 공시지가는 토지의 수용에 대한 보상에 적용된다(부동산공시법 8조 2호 가목). 또한 시장·군수 또는 구청장이 국세·지방세 등 각종 세금의 부과 등의 목적으로 매년 공시지가의 공시기준일 현재 관할 구역 안의 개별토지의 단위면적당 가격 즉, 개별공시지가를 결정·공시하는데, 시장·군수 또는 구청장은 개별공시지가를 결정·공시하는 경우에는 해당 토지와 유사한 이용가치를 지닌다고 인정되는 하나 또는 둘 이상의 표준지의 공시지가를 기준으로 토지가격비준표를 사용하여 지가를 산정하되, 해당 토지의 가격과 표준지 공시지가가 균형을 유지하도록 하여야 한다(부동산공시법 10조 1항 내지 4항). 기존 표준지는 특별한 사유가 없는 한 교체되지 아니하나, 개별공시지가의 산정 시에 비교표준지로의 활용성이 낮아 실질적으로 기준성을 상실한 경우 등 특별한 사정이 있으면 인근의 다른 토지로 교체되거나 삭제된다(표준지의 선정 및 관리지침 11조 1항, 2항).

다. 이는 감정평가 실무기준에서도 동일하게 규정하고 있고, 한국감정평가사협회가 내부적으로 마련한 토지보상평가지침도 동일하게 규정하고 있다.

(나) 감정평가규칙 14조 2항 1호는 비교표준지 선정의 기준으로, 인근지역에 있는 표준지 중에서 대상토지와 용도지역·이용상황·주변환경 등이 같거나 비슷한 표준지를 선정할 것, 다만, 인근지역에 적절한 표준지가 없는 경우에는 인근지역과 유사한 지역적 특성을 갖는 동일수급권(同一需給圈)[65] 안의 유사지역에 있는 표준지를 선정할 수 있다고 규정하고 있다.

(다) 결국 해당 수용대상토지와 '유사한 이용가치를 지닌다고 인정되는 표준지'란 공부상의 지목과는 관계없이 토지이용상황이나 주변환경 기타 자연적·사회적 조건이 같거나 유사하다고 인정되는 표준지를 의미하고, 비교표준지 선정에 있어 요구되는 '유사성'은 상대적 유사성으로서, 다수의 표준지 중 해당 토지와 상대적으로 가장 유사한 표준지를 의미한다.[66]

해당 토지와 상대적으로 가장 유사한 표준지를 선정하여야 하므로, 1필지의 토지의 이용상황이 동일하면, 원칙적으로 1개의 표준지를 선정하여야 한다(감정평가기준 610－1.5.2.1. 1항).

재개발 및 재건축사업 등 정비구역 안에 있는 토지를 감정평가할 때에는 그 정비구역 안에 있는 표준지 공시지가를 선정하되, 특별한 이유가 있는 경우에는 해당 정비구역 안에 있는 표준지의 일부를 선정대상에서 제외하거나, 해당 정비구역 밖에 있는 표준지를 선정할 수 있다. 이 경우에는 그 이유를 감정평가서에 기재하여야 한다(감정평가기준 810－5.6.2 2항, 3항).

(3) 구체적 선정기준(도시지역과 비도시지역)

(가) 판례의 내용

비교표준지는 특별한 사정이 없는 한 도시지역 내에서는 용도지역을 우선으로 하고, 도시지역 외에서는 현실적 이용상황에 따른 실제 지목을 우선으로 하여 선정해야 한다. 또한 수용대상토지가 도시지역 내에 있는 경우 용도지역이 같은 표준지가 여러 개 있을 때에는 현실적 이용상황, 공부상 지목, 주위환경, 위치 등의 제반 특성을 참작하여 자연적, 사회적 조건이 수용대상토지와 동일 또는 유사한 토지를 해당 토지에 적용할 비교표준지로 선정해야 하고, 마찬가지로 수용대상토지가 도시지역 외에 있는 경우 현실적 이용상황이 같은 표준지가 여러 개 있을 때에는 용도지역까지 동일한 비교표준지가 있다면 이를 해당 토지에 적용할 비교표준지로 선정해야 한다.[67]

(나) 판례의 취지

용도지구, 용도구역은 용도지역을 보완하기 위하여 예외적으로 정한 것이므로 용도지역이 주된 고려의 대상이다. 국토계획법은 용도지역을 크게는 도시지역, 관리지역, 농림지역, 자연환경보전지역으로 나누고, 세부적으로는 총 21개로 구분하며, 그에 따라 건폐율, 용적률, 행위제한,

---

65) 동일수급권이란 대상부동산과 대체·경쟁관계가 성립하고 가치 형성에 서로 영향을 미치는 관계에 있는 다른 부동산이 존재하는 권역(圈域)을 말하며, 인근지역(감정평가의 대상이 된 부동산이 속한 지역으로서 부동산의 이용이 동질적이고 가치형성요인 중 지역요인을 공유하는 지역)과 유사지역(대상 부동산이 속하지 아니하는 지역으로서 인근지역과 유사한 특성을 갖는 지역)을 포함한다(감정평가규칙 2조 13호 내지 15호).

66) 대법원 2009. 9. 10. 선고 2006다64627 판결, 헌법재판소 2009. 6. 25. 선고 2007헌바60 결정.

67) 대법원 2011. 9. 8. 선고 2009두4340 판결.

높이제한 등에서 차이가 있다. 원칙적으로 도시지역은 개발용도이고, 나머지 지역은 보전용도이다. 개발용도인 도시지역의 경우에는 16개로 다시 세분화하고 있다.

판례가 도시지역의 경우 비교표준지 선정에서 용도지역을 우선으로 하는 이유는 국토계획법령이 도시지역은 개발이 주된 용도여서 16개로 세분화하여 나누고 있고, 그에 따라 건폐율, 용적률, 행위제한, 높이제한 등이 다르게 규율되고 있으므로, 도시지역에서는 용도지역이 현실적(잠재적) 이용상황을 결정하는 본질적 요소이기 때문이다. 그러나 도시지역 외의 경우에는 기본적으로 보전이 주된 용도여서 용도지역을 세밀하게 구분하지 않았으므로, 용도지역으로 인한 공법상 제한은 도시지역만큼 큰 의미가 없다. 따라서 현실적 이용상황을 우선으로 비교표준지를 선정한다.

㈐ 결론

수용대상토지가 도시계획구역 내에 있는 경우에는 용도지역이 토지의 가격형성에 미치는 영향을 고려하여 볼 때, 해당 토지와 같은 용도지역의 표준지가 있으면 다른 특별한 사정이 없는 한 이를 해당 토지에 적용할 비교표준지로 선정함이 상당하고, 가령 그 표준지와 해당 토지의 이용상황이나 주변환경 등에 다소 상이한 점이 있다 하더라도 이러한 점은 지역요인이나 개별요인의 분석 등 품등비교에서 참작하면 된다.[68]

다만, 반드시 해당 토지와 용도지역이 같은 토지만을 비교표준지로 삼아야 한다든가 용도지역이 같은 표준지는 다른 요소를 고려함이 없이 용도지역이 다른 표준지에 절대적으로 우선하여 비교표준지로 선정하여야 하는 것은 아니다. 또한 평가대상 토지 주위에 달리 적절한 표준지가 없는 이상, 비교표준지가 수용대상토지와 상당히 떨어져 있다는 것만으로는 그 표준지 선정이 위법하다고 할 수는 없다.[69]

⑷ 관련 소송상 쟁점

㈎ 대상토지에 대한 필지 별 표준지 선정 원칙

① 원칙

감정평가는 대상물건마다 개별로 하여야 한다(감정평가규칙 7조 1항). 감정평가 실무기준 810-5.3 1항도 토지보상평가를 함에 있어서는 대상토지마다 개별로 하는 것이 원칙임을 선언하고 있다.

② 예외

㉮ 1필지의 토지이지만 이용상황 등이 다른 경우 비교표준지의 선정 관련

개별물건기준 원칙의 예외로 하나의 대상물건이라도 가치를 달리하는 부분은 이를 구분하여 감정평가 할 수 있는바, 구체적으로는 한 필지의 토지가 둘 이상의 이용상황으로 이용되거나 용도지역 등을 달리하는 경우에는 이용상황 또는 용도지역 등 별로 구분하여 감정평가한다(감정평가규칙 7조 2항, 감정평가 실무기준 810-5.3 2항 2호 본문). 다만, 다른 이용상황으로 이용되거나

68) 대법원 2001. 12. 8. 선고 99두9957 판결.
69) 대법원 2002. 4. 12. 선고 2000두5982 판결.

용도지역 등을 달리하는 부분이 주된 이용상황 또는 용도지역 등과 가치가 비슷하거나 면적비율이 뚜렷하게 낮아 주된 이용상황 또는 용도지역 등의 가치를 기준으로 거래될 것으로 추정되는 경우에는 주된 이용상황 또는 용도지역 등의 가치를 기준으로 감정평가할 수 있다(감정평가 실무기준 810－5.3 2항 2호 단서).

㉯ 일단지 토지

둘 이상의 대상물건이 일체로 거래되거나 대상물건 상호 간에 용도상 불가분의 관계가 있는 경우에는 일괄하여 감정평가할 수 있다(감정평가규칙 7조 2항).

여러 필지의 토지가 일단을 이루어 일체로 거래되거나 용도상 불가분의 관계에 있는 경우에는 일단의 토지 전체를 1필지로 보고 토지특성을 조사하여 그 전체에 대하여 단일한 가격으로 평가하여야 하므로, 일괄하여 1개의 비교표준지를 선정하여야 한다.

여기에서 '용도상 불가분의 관계'에 있는지 여부는 일단의 토지로 이용되고 있는 상황이 사회적·경제적·행정적 측면에서 합리적이고 그 토지의 가치 형성적 측면에서도 타당하다고 인정되는 관계에 있는 경우를 뜻하고,[70] 2개 이상의 토지가 용도상 불가분의 관계에 있는지 여부를 판단함에 있어 일시적인 이용상황 등을 고려해서는 안 된다. 2개 이상의 토지가 용도상 불가분의 관계에 있음에도 개별 필지를 기준으로 감정한다면, 비교표준지가 달라질 가능성이 높을 뿐만 아니라 설령 개별필지가 동일한 비교표준지로 선정된다고 하더라도, 도로 접면, 형상 등에서 매우 불리할 것이므로 이는 부당하다. 일단지 토지라는 예외적인 사정은 현금청산대상자가 적극적으로 주장, 증명하여야 한다.

현금청산대상자가 주장하는 용도가 사회적·경제적·행정적인 측면이나 가치형성적 측면에서 일체로서 관리·이용되고 있었다고 볼 수 있는지 여부를 결정함에 있어서는 현금청산대상자가 일괄하여 매수하였는지 여부, 계속적으로 동일한 용도로 사용하였는지 여부, 일시적인 이용상황인지 여부, 지목이 동일한지 여부, 형상이 동일한지 여부 등이 고려되어야 한다.

원래 1필지였던 토지가 지하 부분의 구분지상권 설정을 위해 여러 필지로 분할되었다고 하더라도, 지상 부분에서는 그러한 토지분할이나 지하 부분의 구분지상권 설정에 별다른 영향을 받지 않고 토지분할 전과 같이 마치 하나의 필지처럼 계속 관리·이용되었다면, 토지분할 전에는 1필지였으나 여러 필지로 분할된 토지들은 그 1필지 중 일부가 다른 용도로 사용되고 있었다는 등의 특별한 사정이 없는 한 용도상 불가분의 관계에 있다고 보는 것이 사회적·경제적·행정적·가치형성적 측면에서 타당하다.[71]

(나) 일반적 계획제한 토지의 표준지 선정

일반적 계획제한을 받는 토지에 대하여는 비슷한 공법상 제한상태의 표준지를 비교표준지로 선택한다. 다만, 그러한 표준지가 없는 경우에는 일반적 선정기준을 충족하는 다른 표준지를 선택하여 그 공시지가를 기준으로 한 가액에서 공법상 제한의 정도를 고려하여 감정평가 할 수 있다.[72]

70) 대법원 2001. 7. 27. 선고 99두8824 판결, 대법원 2005. 5. 26. 선고 2005두1428 판결.
71) 대법원 2017. 3. 22. 선고 2016두940 판결.

(다) 미지급용지의 표준지 선정

미지급용지는 종전의 공익사업에 편입될 당시의 이용상황을 기준으로 감정평가 하므로, 미지급용지의 비교표준지는 종전 및 해당 공익사업의 시행에 따른 가격의 변동이 포함되지 않은 표준지를 선정하여야 한다. 그러나 도시계획시설결정 이후 장기간 방치된 경우 종전 공익사업에 편입될 당시와 달리 주위환경 변동이나 형질변경 등으로 종전의 공익사업에 편입될 당시의 이용상황과 비슷한 이용상황의 표준지가 근처에 존재하지 않을 여지가 매우 높다. 이에 따라 인근지역의 표준적인 이용상황의 표준지를 비교표준지로 선정하게 되는 경우가 많은데, 그 경우에는 형질변경 등에 드는 비용 등을 고려하여야 한다(감정평가기준 810－6.2.3).

나. 공시지가

(1) 최초의 사업시행계획인가·고시일이 속한 해의 1월 1일자 공시지가

해당 토지에 대한 비교표준지의 공시지가 중 사업시행계획인가·고시일과 가장 가까운 시점에 공시된 공시지가 즉, 도시정비사업을 위한 수용에서는 사업인정·고시일로 의제되는 최초의 사업시행계획인가·고시일이 속한 해의 1월 1일이 공시기준일로 된 공시지가로 한다. 그 이유는 해당 정비사업으로 인한 개발이익을 배제하기 위함이다.

표준지의 공시지가에 수용의 목적이 되는 해당 공익사업과 무관한 개발사업으로 인한 개발이익이 특별히 포함되어 있는 경우에도 그와 같은 개발사업에 의하여 개선된 환경이나 조건 등은 표준지와 수용대상토지와의 품등비교 과정에서 고려되는 것이므로 그러한 사정 때문에 기준 공시지가를 그 개발사업 이전의 것으로 하여야 한다거나 표준지를 변경하여야 하는 것은 아니라고 할 것이다.[73)]

(2) 예외

정비사업의 계획 또는 시행이 '공고'되거나 '고시'됨으로 인하여 취득하여야 할 토지의 가격이 변동되었다고 인정되는 경우의 공시지가는 해당 공고일 또는 고시일 전의 시점을 공시기준일로 하는 공시지가로서 그 토지의 가격시점 당시 공시된 공시지가 중 그 공익사업의 공고일 또는 고시일과 가장 가까운 시점에 공시된 공시지가로 한다(토지보상법 70조 5항). 이는 보상의 기준인 공시지가 기준일을 사업시행계획인가·고시일이 속한 해의 1월 1일이 아니라 그 이전으로 앞당기는 것으로서 현금청산대상자에게 불리하므로, 그 요건은 엄격하게 해석되어야 한다.[74)]

---

72) 감정평가기준 610－1.7.5 1항.

73) 대법원 1993. 5. 25. 선고 92누15215 판결.

74) 토지보상법 및 같은 법 시행령은 토지보상법 70조 5항에서 규정하고 있는 공익사업의 계획 또는 시행의 공고·고시의 절차, 형식이나 기타 요건에 관하여 따로 규정하고 있지 않다. 공익사업의 근거법령에서 공고·고시의 절차, 형식이나 기타 요건을 정하고 있는 경우에는 원칙적으로 공고·고시가 그 법령에서 정한 바에 따라 이루어져야 보상금 산정의 기준이 되는 공시지가의 공시기준일이 해당 공고·고시일 전의 시점으로 앞당겨지는 효과가 발생할 수 있다. 다만, 공익사업의 근거법령에서 공고·고시의 절차, 형식 및 기타 요건을 정하고 있지 않은 경우, 행정업무규정이 적용될 수 있다(2조). 위 규정은 고시·공고 등 행정기관이 일정한 사항을 일반에게 알리는 문서를 공고문서로 정하고 있으므로(4조 3호), 위 규정에서 정하는 바에 따라 공고문서가 기안되고 해당 행정기관의 장이 이를 결재하여 그의 명의로 일반에 공표한 경우 위와 같은 효과가 발생할 수 있다. 다만, 해당 공익사업의 시행으로 인한 개발이익을 배제하려는 토지보상법령의 입법취지에 비추어 위 규정에 따라 기안, 결재 및 공표가 이루어지지 않았다고 하더라도 공익사업의 계획 또는 시행에 관한 내용을 공고문서에 준하는 정도의 형식을 갖추어 일반에게 알린 경우에는 토지보상

이와 관련하여 토지보상법 시행령 38조의2 1항은 그 요건으로 해당 공익사업의 면적이 20만㎡ 이상일 것(1호), 해당 정비구역 안에 있는 표준지 공시지가의 평균변동률과 평가대상 토지가 소재하는 시·군 또는 구 전체의 표준지 공시지가 평균변동률과의 차이가 3% 이상일 것(2호), 해당 정비구역 안에 있는 표준지 공시지가의 평균변동률이 평가대상 토지가 소재하는 시·군 또는 구 전체의 표준지 공시지가 평균변동률보다 30% 이상 높거나 낮을 것(3호) 등을 모두 구비한 경우로 제한하고 있다. 다만 3호와 관련하여서는 현금청산대상자 소유의 토지등에 대하여 개발이익을 배제하기 위한 목적이므로 30% 이상 높은 경우에 한한다.

(3) 수용재결 단계에서 표준지 공시지가 금액을 다툴 수 있는지 여부

(가) 문제의 소재

표준지 공시지가 결정에 대한 제소기간이 도과한 수용재결 단계에서 현금청산대상자가 표준지 공시지가의 금액이 과소하다거나, 사업시행자가 그 금액이 과다하다고 다툴 수 있는지 여부가 문제된다. 표준지의 공시지가는 해당 토지의 수용보상금액 결정의 본질적 요소이나, 논리적으로는 표준지 공시지가결정은 이를 기초로 한 수용재결 등과는 별개의 독립된 처분이고, 서로 독립하여 별개의 법률효과를 목적으로 하므로, 연속적 처분의 일반법리상 표준지 공시지가결정에 당연 무효의 하자가 존재하지 않는 한 위 결정상의 하자를 이유로 수용재결을 다툴 수는 없기 때문이다.

(나) 판례

표준지 공시지가결정이 위법한 경우에는 그 자체를 행정소송의 대상이 되는 행정처분으로 보아 그 위법 여부를 다툴 수 있음은 물론, 수용보상금의 증(감)액을 구하는 소송에서도 선행처분으로서 그 수용대상토지 가격 산정의 기초가 된 비교표준지 공시지가결정의 위법을 독립한 사유로 주장할 수 있다.[75)]

다. 시점수정

(1) 의의

가격시점이 수용재결일이므로 최초의 사업시행계획인가·고시일이 속한 해의 1월 1일이 공시기준일로 된 공시지가로부터 수용재결일까지 시점수정을 하여야 한다.

법 70조 5항에서 정한 '공익사업의 계획 또는 시행의 공고·고시'에 해당한다고 볼 수 있다(대법원 2022. 5. 26. 선고 2021두45848 판결).

75) 대법원 2008. 8. 21. 선고 2007두13845 판결(① 표준지의 공시지가는 인근 토지의 소유자 등에게 개별적으로 고지되지 않아 그들로서는 표준지 공시지가결정 내용을 알 수 없고, 더구나 표준지 공시지가가 공시될 당시 위 표준지가 추후 보상금 산정의 기준이 되는 인근 토지를 함께 공시하는 것이 아니어서 인근 토지 소유자로서는 표준지의 공시지가가 확정되기 전에 이를 다투는 것은 불가능하다, ② 인근 토지소유자 등으로 하여금 결정된 표준지 공시지가를 기초로 하여 장차 토지보상 등이 이루어질 것에 대비하여 항상 표준지의 가격을 주시하고 표준지 공시지가결정이 잘못된 경우 정해진 시정절차를 통하여 이를 시정하도록 요구하는 것은 부당하게 높은 주의의무를 지우는 것이고, 수용재결 등 후속 행정처분에서 표준지 공시지가결정의 위법을 주장할 수 없도록 하는 것은 수인한도를 넘는 불이익을 강요하는 것이다).

(2) 내용

(가) 지가변동률

토지보상법 70조 1항은 재결에 의하여 취득하는 토지에 대하여는 부동산공시법에 따른 공시지가를 기준으로 하여 보상하되, 그 공시기준일부터 가격시점까지의 관계 법령에 따른 그 토지의 이용계획, 해당 공익사업으로 인한 지가의 영향을 받지 아니하는 지역의 대통령령으로 정하는 지가변동률, 생산자물가상승률과 그 밖에 그 토지의 위치·형상·환경·이용상황 등을 고려하여 평가한 적정가격으로 보상하여야 한다고 규정하고 있다. 위 규정에 의하면 시점수정을 위하여 고려되는 요소는 생산자물가상승률과 지가변동률 등이 있다.

생산자물가상승률은 일반재화의 전국적이고 평균적인 가격변동추이를 반영하는 의미가 있으나, 개별성이 강한 해당 지역의 지가변동은 적절하게 반영하지 못한다.[76] 따라서 통상적으로는 지가변동률로 시점수정을 한다.

판례도 지가변동률 외에 생산자물가상승률을 참작하라고 하는 취지는 지가변동률이 지가추세를 적절히 반영하지 못한 특별한 사정 있는 경우 이를 통하여 보완하기 위한 것일 뿐이므로 지가변동률이 지가추세를 적절히 반영한 경우에는 이를 필요적으로 참작하여야 하는 것은 아니라고 하였다.[77]

(나) 지가변동률 시점수정

① 원칙(비교표준지 소재 시·군 또는 구의 동일 용도지역의 지가변동률)

'해당 정비사업으로 인한 지가의 영향을 받지 아니하는 지역의 대통령령으로 정하는 지가변동률'과 관련하여, 토지보상법 시행령 37조 1항은 부동산거래신고법 시행령 17조에 따라 국토부장관이 조사·발표하는 지가변동률로서 평가대상 토지의 비교표준지가 소재하는 시·군 또는 구의 용도지역별 지가변동률을 말한다고 규정하고 있다.

비교표준지가 소재하는 시·군 또는 구의 같은 용도지역 지가변동률을 시점수정에 적용하는 이유는 그것이 수용대상토지의 가격을 반영하는 데에 적절하여 헌법이 보장하고 있는 재산권의 정당한 보상에 가장 가깝기 때문이다. 다만, 수용대상토지가 도시계획구역 내에 있다 하더라도 개발제한구역으로 지정되어 있는 경우에는 특별한 사정이 없는 한, 지목별 지가변동률을 적용하여야 한다.[78] 왜냐하면 도시지역이라 하더라도 개발제한구역으로 지정되어 있는 경우에는 용도지역보다는 이용상황이 더 중요하기 때문이다.

② 예외

㉮ 비교표준지가 소재하는 시·군 또는 구의 지가변동률이 정비사업에 영향 받은 경우

비교표준지가 소재하는 시·군 또는 구의 지가가 해당 공익사업으로 인하여 변동된 경우에는 해당 공익사업과 관계없는 인근 시·군 또는 구의 지가변동률을 적용한다(토지보상법 시행령 37조

---

76) 조성비용 등을 기준으로 감정평가하거나 그 밖에 특별한 이유가 있는 경우에만 생산자물가상승률을 적용하여 시점수정을 한다(감정평가기준 610－1.5.2.3.2 1항).

77) 대법원 1999. 8. 24. 선고 99두4754 판결.

78) 대법원 1993. 8. 27. 선고 93누7068 판결, 대법원 2014. 6. 12. 선고 2013두4620 판결.

2항 본문).[79] 해당 정비사업으로 인한 개발이익이 발생하여 비교표준지가 소재하는 시·군 또는 구의 지가변동률에까지 영향을 미쳤다고 보이는 경우에는 이를 배제한 손실보상액을 산정하는 것이 오히려 수용대상토지의 객관적 가치를 정확하게 반영하는 것이어서 정당보상의 원칙에 부합하기 때문에 인근 시·군 또는 구의 지가변동률을 적용함이 타당하다.

㈏ 요건

토지보상법 시행령 37조 3항은 비교표준지가 소재하는 시·군 또는 구의 지가가 해당 공익사업으로 인하여 변동된 경우의 요건으로, ⓐ 해당 공익사업의 면적이 20만㎡ 이상일 것(1호), ⓑ 비교표준지가 소재하는 시·군 또는 구의 사업시행계획인가·고시일부터 수용재결 일까지의 지가변동률이 3% 이상일 것(다만, 해당 정비사업의 계획 또는 시행이 공고되거나 고시됨으로 인하여 비교표준지의 가격이 변동되었다고 인정되는 경우에는 그 계획 또는 시행이 공고되거나 고시된 날부터 가격시점까지의 지가변동률이 5% 이상인 경우, 2호), ⓒ 사업시행계획인가·고시일부터 수용재결일까지 비교표준지가 소재하는 시·군 또는 구의 지가변동률이 비교표준지가 소재하는 시·도의 지가변동률보다 30% 이상 높거나 낮을 것(3호) 등을 모두 충족할 것을 요구한다. 다만, 3호와 관련하여서는 현금청산대상자 소유의 토지등에 대하여 개발이익을 배제하기 위한 목적이므로 30% 이상 높은 경우에 한한다.

(3) 시점수정의 구체적 방법

㈎ 가격시점이 수용재결일이므로 최초의 사업시행계획인가·고시일이 속한 해의 1월 1일이 공시기준일로 된 공시지가로부터 수용재결일까지 시점수정을 하여야 한다. 지가변동률의 산정은 수용재결일 직전 월까지의 지가변동률 누계에 수용재결일 해당 월의 경과일수(해당 월의 첫날과 기준시점일을 포함한다) 상당의 지가변동률을 곱하는 방법으로 구하되(일할계산하되), 백분율로서 소수점 이하 셋째 자리까지 표시하고 넷째 자리 이하는 반올림한다(감정평가기준 610-1.5.2.3.1 5항).

㈏ 수용재결을 위한 감정평가서는 수용재결일보다 약 1개월 이상 앞서서 작성되고, 또한 작성일 이전의 특정일(통상적으로 작성일보다 1개월 이전이다)까지를 기준으로 조사가 진행되므로, 위 특정일(수용재결일 보다 약 2개월 이전)까지는 실제의 지가변동율을 고려하나, 그 이후부터 수용재결일까지의 약 2개월 동안 지가변동율은 추정치를 반영하여 작성된다. 이는 수용재결 전에 감정평가서를 작성해야 하는 절차상 한계 때문에 불가피한 것이므로, 그것만으로 감정평가서가 위법하다고 보기는 어렵다. 다만, 추후 소송으로 진행되어 법원 감정이 이루어지는 경우, 수용재결일까지 모두 실제 지가변동율을 반영하는 감정평가서가 작성되므로 그 점에서는 법원감정이 보다 더 정확성이 담보된다.

79) 다만, 비교표준지가 소재하는 시·군 또는 구의 지가변동률이 인근 시·군 또는 구의 지가변동률보다 작은 경우에는 그러하지 아니하다(토지보상법 시행령 37조 2항 단서).

4. 품등비교

가. 의 의

현금청산대상자의 수용대상토지에 대하여 비교표준지의 공시지가를 기준으로 보상하는 경우, 비교표준지와 수용대상토지 사이에는 가격을 좌우하는 지역적 요인, 도로가 접한 상태인 가로조건, 대중교통 등과의 접근조건, 토지의 형태 등 획지조건, 자연적, 인문적 환경조건, 행정적 조건 등에서 중대한 차이가 존재하므로 정당한 보상이 될 수 없다. 이 같은 여러 상이한 점은 품등비교에 의한 격차율을 통하여 보완한다. 수용대상토지의 비교표준지에 대한 우열의 정도를 수치상으로 객관화시킨다(동등한 경우는 1, 10% 열세인 경우는 0.9, 10% 우세인 경우는 1.1로 산정한다).

품등비교를 함에 있어서는 관계 법령에서 들고 있는 모든 산정요인을 구체적·종합적으로 참작하여 각 요인들을 모두 반영하되, 가격시점에 있어서의 현실적인 이용상황에 따라 평가되어야 하므로 비교표준지와 수용대상토지의 지역요인 및 개별요인 등 품등비교를 함에 있어 현실적인 이용상황에 따른 비교수치 외에 다시 공부상의 지목에 따른 비교수치를 중복적용하는 것은 허용되지 아니한다.[80]

나. 지역요인 비교

수용대상토지가 속한 지역과 비교표준지가 속한 지역의 각 지역적 특성을 비교하여 수용대상토지가 속한 지역이 비교표준지가 속한 지역보다 우세하거나 열세한 경우 이를 격차율을 통하여 반영한다. 앞서 본 바와 같이 비교표준지 선정의 마지막 기준으로 모든 조건이 동일하다면 평가대상 토지와 지리적으로 가까운 표준지를 선택하여야 하므로 비교표준지로 수용대상토지 인근지역의 표준지가 선정되는 것이 일반적이어서 통상적으로 지역요인은 동등하다. 다만, 인근지역에 소재하지 아니한 표준지가 비교표준지로 선정되는 경우에 문제가 되는 보정요인이다.

다. 개별요인 비교

(1) 가로(街路)조건

(가) 개별공시지가 조사·산정지침에 의하면 조사대상 필지가 어떤 도로에 몇 면이 접해 있는지 등 도로와의 관계를 다음과 같이 분류하고 있다.

도로접면	약 어	적 용 범 위
광대로 한 면	광대 한 면	폭 25m 이상의 도로에 한 면이 접하고 있는 토지
광대로－광대로 광대로－중로 광대로－소로	광대소각	광대로에 한 면이 접하고 소로(폭 8m 이상 12m 미만) 이상의 도로에 한 면 이상 접하고 있는 토지
광대로－세로(가)	광대세각	광대로에 한면이 접하면서 자동차 통행이 가능한 세로(폭 8m 미만)에 한 면 이상 접하고 있는 토지

80) 대법원 2001. 3. 27. 선고 99두7968 판결.

중로 한 면	중로 한 면	폭 12m 이상 25m 미만 도로에 한 면이 접하고 있는 토지
중로-중로 중로-소로 중로-세로(가)	중로각지	중로에 한 면이 접하면서 중로, 소로, 자동차 통행이 가능한 세로(가)에 한 면 이상 접하고 있는 토지
소로 한 면	소로 한 면	폭 8m 이상 12m 미만의 도로에 한 면이 접하고 있는 토지
소로-소로 소로-세로(가)	소로각지	소로에 두 면 이상이 접하거나 소로에 한 면이 접하면서 자동차 통행이 가능한 세로(가)에 한 면 이상 접하고 있는 토지
세로 한 면(가)	세로(가)	자동차 통행이 가능한 폭 8m 미만의 도로에 한 면이 접하고 있는 토지
세로(가)-세로(가)	세각(가)	자동차 통행이 가능한 세로에 두 면 이상이 접하고 있는 토지
세로 한 면(불)	세로(불)	자동차 통행이 불가능하나 이륜자동차의 통행이 가능한 세로에 한 면이 접하고 있는 토지
세로(불)-세로(불)	세각(불)	자동차 통행이 불가능하나 이륜자동차의 통행이 가능한 세로에 두 면 이상 접하고 있는 토지
맹지	맹지	이륜자동차의 통행이 불가능한 도로에 접한 토지와 도로에 접하지 아니한 토지

해당 수용대상토지와 접한 도로가 어떠한 형태의 도로인가가 가로조건이고, 이를 비교표준지와 비교하여 보정한다. 다만, 도로의 한쪽 면만이 접하고 있는지, 둘 이상의 면이 접하고 있는 각지인지 여부 등은 획지조건에서 고려된다.

큰 도로에 접하고 있는지 여부(도로의 폭), 도로의 포장정도, 계통 및 연속성에 따라 가중치가 달라진다. 다만, 고속국도와 자동차전용도로의 경우에는 해당 토지에서 곧바로 도로로 나아갈 수 없으므로 가로조건 여부를 판단함에 있어 간선도로로 보지 아니한다(개별공시지가 조사·산정지침 참조).

(나) 수용대상토지 인근의 도로가 해당 정비사업과 별개의 사업으로 개설되었다면 해당 토지의 평가 시 위 도로가 개설된 사정을 고려하여 가로조건을 평가하여야 함에도, 별개의 사업으로 인한 노폭 35m의 광대로를 참작하지 않고, 위 도로 개설 전의 토지 상태인 자동차통행이 불가능한 세로(불)을 기준으로 하여 평가한 사안에서, 대법원은 위법한 감정평가에 따른 보상금산정으로 수용재결이 위법하다고 판시하였다.[81]

(2) **접근조건**

교통시설과의 접근성, 상가, 유치원, 초등학교, 공원, 병원, 관공서 등 공공 및 편익시설과의 거리 및 접근성 등이 고려된다.

(3) **환경조건**

일조, 통풍 등, 조망, 경관, 지반, 지질 등의 자연환경, 인근 토지의 이용상황 및 인근토지 이용상황과의 적합성 등 인근환경, 상수도, 하수도 및 도시가스 등의 공급시설 및 처리시설의 상

81) 대법원 1999. 1. 15. 선고 98두8896 판결.

태, 변전소, 가스탱크, 오수처리장 등의 유무, 특별고압선 등과의 거리 등 위험 및 혐오시설 등이 고려된다.

(4) 획지조건

토지의 면적, 접면너비, 깊이, 부정형지, 삼각지, 자루형 등의 형상, 방위, 고저, 경사지, 접면도로 상태[일면, 각지(2면각지, 3면각지, 4면각지) 등] 등이 고려된다. 해당 토지가 속해 있는 시장지역에서 일반적으로 사용하는 표준적 규모(최유효이용 규모)보다 규모가 과대한 토지(광평수) 또는 과소한 토지의 경우에는 일정비율을 감가하여 격차율을 산정한다. 그 이유는 면적이 과대하거나 과소한 경우에는 통상적인 토지거래시장에서 충분한 기간 거래됨으로써 정상가격이 형성될 것을 기대하는 것이 현실적으로 어렵기 때문이다.[82]

(5) 행정적 조건

지목, 용도지역, 용도지구, 용도구역 등과 입체이용제한 등 행정상의 규제 및 그 정도 등이 고려된다.

(6) 기타 조건

장래의 동향, 기타 사항들이 고려된다.

라. 개별공시지가와의 관계

(1) 실무상 쟁점

시장·군수 또는 구청장은 부동산공시법 10조 1항에 의하여 매년 관할 구역 안의 개별토지의 단위면적당 가격(개별공시지가)을 결정·공시하고, 이를 관계 행정기관 등에 제공한다.[83] 해당 토지에 대한 감정평가금액과 개별공시지가의 차이가 큰 경우 당사자가 소송에서의 감정평가에 대하여 이의를 제기하면서, 그 적법성을 다툰다.

(2) 판례(적법)

㈎ 감정평가금액은 표준지의 공시지가에다가 품등비교에 따른 격차를 반영한 것이고, 개별공시지가결정은 표준지의 공시지가에다가 비준율을 고려하여 산정한 것으로서, 표준지 공시지가를 기준으로 함은 동일하여 상관성이 있기는 하다.

그러나 도시정비사업에서의 감정평가는 손실보상이 목적이나 개별공시지가는 과세 목적인 점, 감정평가액은 감정평가사가 필지마다 감정평가기법을 동원하여 정교하게 산정한 가격인 반면, 개별공시지가는 표준지 공시지가를 기준으로 신속하게 기계적으로 대규모로 산정한 것으로서, 정밀도를 장담하기 어려운 점, 보상 감정평가액은 표준지가 시세를 반영하지 못하는 부분에 대한 보정치인 '그밖의 요인' 보정을 적용하여 시세를 현실화한 가격인 반면, 개별공시지가는 표

82) 대법원 2014. 12. 11. 선고 2012두1570 판결.

83) 매년 발표되는 표준지 공시지가에다가 국토부가 개별공시지가의 산정을 위하여 작성하여 제공하는(실질적으로는 국토부장관의 수탁을 받은 한국부동산원이 작성한다) 표준지와 산정대상 개별 토지의 가격형성요인에 관한 토지가격비준표를 고려하여 산정된다.

준지 공시지가를 기준으로 토지가격비준표상의 품등비교만 적용한 가격인 점 등에서 뚜렷이 구별되므로, 감정평가상의 금액이 개별공시지가결정과 다르다고 하여 위법한 것으로 볼 수 없다.

(나) 한편으로는 감정평가사가 품등비교를 함에 있어 토지가격비준표를 근거자료로 한 경우에 그 적법성도 문제가 된다(국토부장관이 작성하여 관계 행정기관에 제공하는 토지가격비준표는 개별토지가격을 산정하기 위한 자료로 제공되는 것으로서, 토지수용에 따른 보상액 산정의 기준이 되는 것은 아니고 단지 참작자료에 불과할 뿐이기 때문이다).

대법원은 감정을 함에 있어 토지가격비준표를 그대로 적용하여서는 아니 되나, 이를 참작하여 비교 수치를 산정할 수는 있고, 만일 토지가격비준표를 근거자료로 하면서도 수치를 달리 산정하는 경우에는 토지가격비준표상의 수치와 비교하여 어떠한 산정요소가 어떻게 참작되어 그러한 비교 수치가 나왔는지 알 수 있도록 비교 수치 산정요소를 구체적으로 특정·명시하여 기술하여야 한다고 판시하였다.[84)]

5. 그 밖의 요인 보정

가. 규 정

감정평가규칙 14조 2항 5호는 감정평가업자는 감정평가를 할 때 대상토지의 인근지역 또는 동일수급권 내 유사지역의 가치형성요인이 유사한 정상적인 거래사례 또는 평가사례 등을 고려하도록 규정하고 있다. 이를 그 밖의 요인 보정이라 한다.

나. 내 용

수용대상토지에 대한 보상액을 산정하는 경우 거래사례나 보상선례 등을 반드시 조사하여 참작하여야 하는 것은 아니다. 다만, 인근 유사토지가 거래된 사례가 있고 그 가격이 정상적인 것으로서 적정한 보상액 평가에 영향을 미칠 수 있는 것임이 증명된 경우에는 인근 유사토지의 정상거래가격을 참작할 수 있다. 또한 보상선례가 인근 유사토지에 관한 것으로서 해당 수용대상토지의 적정가격을 평가하는 데 있어 중요한 자료가 되는 경우에는 이를 참작하는 것이 상당하다.[85)]

'인근 유사토지의 정상거래가격'이라고 함은 그 토지가 수용대상토지의 인근지역에 위치하고 용도지역, 지목, 등급, 지적, 형태, 이용상황, 법령상의 제한 등 자연적·사회적 조건이 수용대상토지와 동일하거나 유사한 토지에 관하여 통상의 거래에서 성립된 가격으로서 반드시 동일한 행정구역 내에 있을 것을 요하지 아니하고, 개발이익이 포함되지 아니하며, 투기적인 거래에서 형성된 것이 아닌 가격을 의미하며, 단순한 호가시세나 담보목적으로 평가한 가격에 불과한 경우에는 고려의 대상이 되지 않고, 해당 정비사업의 영향을 받은 인근 토지의 보상은 오히려 참작할 만한 선례가 될 수 없다.[86)]

---

84) 대법원 2001. 3. 27. 선고 99두7968 판결.
85) 대법원 2007. 7. 12. 선고 2006두11507 판결.
86) 대법원 2002. 4. 12. 선고 2001두9783 판결, 대법원 2003. 2. 28. 선고 2001두3808 판결, 대법원 1994. 10. 14. 선고 94누2664 판결, 대법원 2002. 4. 12. 선고 2001두9783 판결.

보상사례의 가격이 개발이익을 포함하고 있어 정상적인 것이 아닌 경우라도 그 개발이익을 배제하여 정상적인 가격으로 보정할 수 있는 합리적인 방법이 있다면 그러한 방법에 의하여 보정한 보상사례의 가격은 수용대상토지의 보상액을 산정하면서 이를 참작할 수 있다.[87] 반드시 동일한 정비구역에 존재하여야 하는 것은 아니다. 다만, 이 또한 사업시행계획인가·고시일이 속한 무렵의 과거의 실거래사례가 고려되어야 된다.

다. 실무상 쟁점

인근 유사토지의 정상거래 사례에 해당한다고 볼 수 있는 거래사례가 있고 그것을 참작함으로써 보상액 산정에 영향을 미친다고 하는 점은 이를 주장하는 자에게 증명책임이 있다. 실무상 인근 유사토지의 정상거래 사례, 보상선례의 존재와 관련하여 상당한 다툼이 있다.

왜냐하면 나머지 요건들은 법정요건이어서 예측이 가능하고 안정적이나, 그 밖의 요인 보정은 사안에 따라 인정 여부가 달라지고, 경우에 따라서는 보상금액에 상당한 영향을 미치기 때문이다. 정비구역 내·외의 매매계약이나 재결상의 금액, 행정소송에서 확정된 금액, 경매에서의 경락대금 등 다양한 보상(거래)선례가 제시되고 있다. 그중 행정소송이나 이의재결에서 확정된 금액은 '인근 유사토지의 정상거래가격'으로 적극적으로 고려될 수 있다.

라. 구체적 참작방법

인근 유사토지의 정상거래, 보상선례를 기준으로 한 수용토지의 단가(선례단가×시점수정×지역요인×개별요인)와 표준지의 공시지가를 기준으로 한 수용토지의 단가(표준지공시지가×시점수정×지역요인×개별요인)를 비교하여 그 가격 격차율을 그 밖의 요인 보정치로 결정하는 방법이 주로 사용된다. 보상(거래)선례를 참작하는 것이 상당하다고 보아 이를 보상액 산정요인으로 반영하여 평가하는 경우에는 감정평가서에 보상(거래)선례 토지와 평가대상인 토지의 개별요인을 비교하여 평가한 내용 등 산정요인을 구체적으로 밝혀 기재하여야 하므로, 보상(거래)선례를 참작하면서도 위와 같은 사항을 명시하지 않은 감정평가서를 기초로 보상액을 산정하는 것은 위법하다.[88]

6. 감정평가에 따른 보상과 관련한 쟁점

가. 감정평가서 기재 관련

(1) 가격특정요인들의 명시

토지수용 보상액을 평가함에 있어서는 관계 법령에서 들고 있는 모든 가격산정요인들을 구체적, 종합적으로 참작하여 각 요인들이 빠짐 없이 반영된 적정가격을 산출하여야 한다. 이 경우 감정평가서에는 모든 가격산정요인의 세세한 부분까지 일일이 설시하거나 그 요소가 평가에 미치는 영향을 수치적으로 표현할 수는 없다 하더라도 적어도 가격산정요인들을 특정하여 명시하고 그 요인들이 어떻게 참작되었는지를 알아볼 수 있는 정도로 기술되어 있어야 한다.[89]

---

87) 대법원 2010. 4. 29. 선고 2009두17360 판결.
88) 대법원 2013. 6. 27. 선고 2013두2587 판결.
89) 대법원 1994. 1. 25. 선고 93누11524 판결, 대법원 2002. 6. 28. 선고 2002두2727 판결.

⑵ 비교표준지 특정 및 선정이유 명시

비교표준지를 특정하고, 선정이유를 감정평가서에 기재하여야 한다(감정평가규칙 13조 3항 2호, 감정평가기준 810－5.6.2 4항). 재결 당시 수백 명의 현금청산대상자들 소유의 수백 필지에 대한 감정평가가 이루어진 사안에서, 대법원은 각 감정평가서에 수백 필지의 수용대상토지들에 대한 표준지로 10필지의 토지가 각 기재되어 있을 뿐, 구체적 관련 내용을 적시하지 아니하여 각 수용대상토지에 대하여 위 10필지의 표준지 중 어떤 표준지를 비교표준지로 선정하였는지를 확인할 수 없음을 이유로 각 수용대상토지에 관한 감정평가는 적정성을 결여하였다고 판시하였다.[90)]

⑶ 품등비교 및 보상선례 참작의 명시

판례는 재결의 기초가 된 감정평가법인들의 각 감정평가가 모두 개별 요인을 품등비교함에 있어 구체적으로 어떤 요인들을 어떻게 품등비교 하였는지에 관하여 아무런 이유 설시를 하지 아니하였다면 위법하고, 또한 보상선례 참작에 관한 구체적인 내용을 명시하지 아니한 경우 토지수용보상액의 평가방법을 그르친 위법이 있다고 하였다.[91)]

나. 공유지분의 평가방법

1필지의 토지를 2인 이상이 공동으로 소유하고 있는 토지의 지분을 감정평가 할 때에는 대상토지 전체의 가액에 지분비율을 적용하여 감정평가한다. 그러나 구분소유적 공유관계처럼 대상지분의 위치가 확인되는 경우에는 그 위치에 따라 감정평가할 수 있다. 공유지분 토지의 위치는 공유지분자 전원 또는 인근 공유자 2인 이상의 위치확인동의서를 받아 확인한다. 다만, 공유지분 토지 지상에 건축물이 있는 토지인 경우에는 합법적인 건축허가도면이나 합법적으로 건축된 건물 등에 따라 위치확인을 할 수 있으며 감정평가서에 그 내용을 기재한다.[92)]

위와 같은 감정평가기준이 수립되기 전의 판례이나, 대법원은 수인이 각기 한 필지의 특정부분을 매수하면서도 편의상 공유지분등기를 경료하여 각자의 특정부분에 관한 공유지분등기가 상호명의신탁관계에 있는 이른바 구분소유적 공유토지라고 할지라도 명의신탁된 부동산은 대외적으로 수탁자의 소유에 속하는 것이니 만큼, 일반 공유토지와 마찬가지로 한 필지의 토지 전체를 기준으로 평가한 다음 이를 공유지분 비율에 따라 안분하여 각 공유지분권자에 대한 보상액을 정하여야 한다고 판시하기도 하였다.[93)]

다. 토지보상평가지침의 법규성

한국감정평가사협회가 제정한 토지보상평가지침은 단지 협회 내부적으로 기준을 정한 것에 불과하여 일반 국민이나 법원을 기속하는 것이 아니므로 위 지침에 반하여 감정평가하였다는 사정만으로 감정평가가 위법하게 되는 것은 아니다.

---

90) 대법원 1991. 4. 23. 선고 90누3539 판결.
91) 대법원 1996. 5. 28. 선고 95누13173 판결, 대법원 1991. 10. 8. 선고 89누7801 판결.
92) 감정평가기준 610－1.7.9 1항, 2항.
93) 대법원 1998. 7. 10. 선고 98두6067 판결.

Ⅳ. 특수한 토지보상

1. 사실상의 사도

토지의 지목은 대지임에도 실제로는 공중의 통행에 이용되는 경우 사실상의 사도인지 여부에 대한 실무상 다툼이 많다. 왜냐하면 사실상의 사도 부지는 인근토지에 대한 평가액의 3분의 1 이내로 평가하기 때문이다(토지보상법 시행규칙 26조 1항 2호).

가. 요 건

⑴ 규정

토지보상법 시행규칙 26조 2항은 '사실상의 사도'라 함은 사도법에 의한 사도 외의 도로(단 국토계획법에 의한 도시·군관리계획에 의하여 도로로 결정된 후부터 도로로 사용되고 있는 것 제외)로서 도로개설 당시의 토지소유자가 자기 토지의 편익을 위하여 스스로 설치한 도로(1호), 토지소유자가 그 의사에 의하여 타인의 통행을 제한할 수 없는 도로(2호), 건축법 45조에 따라 건축허가권자가 그 위치를 지정·공고한 도로(3호), 도로개설 당시의 토지소유자가 대지 또는 공장용지 등을 조성하기 위하여 설치한 도로(4호)라고 규정하고 있다.

⑵ 공통된 요건(일반의 통행에 제공)

어느 토지를 토지보상법 시행규칙 26조 1항 2호에 의하여 '사실상의 사도' 부지로 보고 인근 토지 평가액의 3분의 1 이내로 보상액을 평가하려면, 도로법에 의한 일반 도로 등에 연결되어 일반의 통행에 제공되는 등으로 사도법에 의한 사도에 준하는 실질을 갖추고 있어야 한다.[94] 또한 위 시행규칙 26조 2항 1호 내지 4호 중 어느 하나에 해당하여야 한다.

⑶ 도로개설 당시의 토지소유자가 자기 토지의 편익을 위하여 스스로 설치한 도로(1호)

㈎ 요건

여기에는 2가지 요건이 있다. 우선 토지소유자가 자기 소유 토지 중 일부에 도로를 스스로 설치하여야 한다. 다음으로 그와 같이 도로를 설치한 결과 도로 부지로 제공된 부분으로 인하여 자신 소유의 나머지 토지의 편익이 증진되는 등으로 가치가 상승됨으로써 도로부지로 제공된 부분의 가치를 낮게 평가하여 보상하더라도 전체적으로 정당보상의 원칙에 어긋나지 않는다고 볼 만한 객관적인 사유가 있음이 인정되어야 한다.

이는 도로개설 경위와 목적, 주위환경, 인접토지의 획지면적, 소유관계 및 이용상태 등 제반 사정을 종합적으로 고려하여 판단한다. 일단의 토지소유자가 토지를 분할하여 매도하거나 일단

94) 대법원 2014. 12. 11. 선고 2012두1570 판결(이 사건 토지는 김포시 운양동 일대 한강제방도로 남서 측 인근에 위치하고 주위는 '전' 또는 '답'으로 형성되어 있는 시 외곽 농경지대에 위치하고 있는 사실, 원고는 이 사건 토지 인근에 있는 한강 하천의 지선에 제방을 축조하여 제내지로 조성된 폐천부지인 이 사건 토지 등을 양여 받은 후 경작의 편의를 위하여 이 사건 토지의 일부에 도로를 개설한 사실 등을 알 수 있고, 이러한 이 사건 토지의 주변환경이나 도로 부분의 개설 경위 등에 비추어 볼 때 이 사건 토지 중 현황 상 도로 부분이 일반인의 통행에 제공되는 등으로 사도법에 의한 사도에 준하는 실질을 갖추고 있었는지 여부가 분명하지 아니하다고 판시하였다).

의 토지 중 일부에 건축물을 축조한 후, 분할하여 매도된 토지의 통행로나 자신이 축조한 건물의 통행로로 제공하기 위하여 자신 소유의 토지 중 일부에 도로를 설치한 경우가 전형적인 형태이다.

(나) 실무상 쟁점

① 사실상 사도 부정 사안

㉮ 장기미집행 도시계획시설의 실시계획인가 이전 일반 공중의 통행로로 제공된 경우

도시계획시설의 장기미집행상태로 방치되고 있는 도로 즉, 도시관리계획(도로)의 결정·고시 이후 해당 토지가 현황도로로 이용되고 있지만 실시계획인가가 이루어지지 않은 상태에서 계속하여 일반 공중의 통행로로 제공되고 있는 예정공도부지의 경우 사실상의 사도로 평가하는 경우가 흔히 있다. 그러나 예정공도부지는 토지보상법 시행규칙 26조 2항에서 정한 사실상의 사도에서 제외된다.[95] 그 논거는 다음과 같다.

ⓐ 국토계획법에 의한 도시·군 관리계획에 의하여 도로로 결정된 후부터 도로로 사용되고 있는 것은 토지보상법 시행규칙 26조 2항의 각 호 어디에도 해당하지 않는다.

ⓑ 장기미집행상태로 방치되고 있는 도시계획시설인 도로에 대한 보상액을 사실상의 사도를 기준으로 평가한다면 토지가 도시관리계획에 의하여 도로로 결정된 후 곧바로 실시계획인가가 이루어지는 경우 수용 전의 사용현황을 기준으로 보상액을 산정하는 것과 비교하여 토지소유자에게 지나치게 불리한 결과를 초래한다.

㉯ 도시계획시설(도로) 결정 및 지적고시가 된 후, 지적고시선에 맞추어 토지가 분할된 경우

토지소유자가 도시계획시설(도로) 결정 및 지적고시가 된 후, 그 지적고시선에 맞추어 토지를 분할하였고, 그 후 일부 토지에 근린생활시설 3층 건물을 건축한 무렵부터 도시계획시설(도로)로 정해진 토지가 일반인의 통행로로 이용되어 오고 있는 사안에서, 판례는 위 토지의 분할경위, 이용상태, 주위환경 등에 비추어 보면, 통행로로 제공되고 있는 토지는 해당 토지의 소유자가 자기 토지의 편익을 위하여 스스로 도로로 설치한 것이 아니어서 사실상의 사도로 평가할 수 없다고 하였다.[96]

② 사실상 사도 긍정 사안

토지소유자가 분할 전 토지를 택지로 개발하여 매각하기 위하여 다른 토지의 효용가치를 높이기 위한 방편으로 일부 토지에 대한 독점적이고 배타적인 사용수익권을 포기한 채 스스로 일반 공중의 통로로서 제공하였다면, 위 토지가 도로에 제공된 이후에 도시계획결정·고시가 있다 하더라도, 도로에 제공된 토지는 그 전체가 '사실상의 사도'에 해당하는 것으로 보아야 할 것이

---

95) 대법원 2014. 9. 4. 선고 2014두6425 판결, 대법원 2019. 1. 17. 선고 2018두55753 판결(1977. 7. 12. 전라북도 고시 제125호에 의해 소로2류의 도로예정지로 지정·고시된 이후부터 관리처분계획의 인가 무렵까지 30여 년간 인근 주민의 통행로로 사용되어 왔으며 공로에 이르는 유일한 통행로에 해당하여 인근 토지에서 이 사건 토지를 이용하지 않고서는 자동차를 이용한 공로로 통행할 수 없는 토지에 관하여, 판례는 사실상의 사도로 평가함은 부당하고, 사업시행계획인가·고시일인 2012. 12. 4.경을 기준으로 이 사건 토지의 현황을 그 지목대로 답으로 평가하여야 한다고 하였다).

96) 대법원 1997. 7. 22. 선고 96누13675 판결.

다.[97] 이는 앞서 본 도시관리계획(도로)의 결정·고시 때문에 부득이 현황도로로 이용되는 경우와는 구분된다.

(4) 토지소유자가 그 의사에 의하여 타인의 통행을 제한할 수 없는 도로(2호)

이는 사유지가 종전부터 자연발생적으로 또는 도로예정지로 편입되어 있는 등으로 일반 공중의 교통에 공용되고 있고 그 이용상황이 고착되어 있어, 도로부지로 이용되지 아니하였을 경우에 예상되는 표준적인 이용상태로 원상회복하는 것이 법률상 허용되지 아니하거나 사실상 현저히 곤란한 정도에 이른 경우를 의미한다.

어느 토지가 불특정 다수인의 통행에 장기간 제공되어 왔고 이를 소유자가 용인하여 왔다는 사정이 있다는 것만으로 언제나 도로로서의 이용상황이 고착되었다고 볼 것은 아니고, 이는 해당 토지가 도로로 이용되게 된 경위, 일반의 통행에 제공된 기간, 도로로 이용되고 있는 토지의 면적 등과 더불어 그 도로가 주위 토지로 통하는 유일한 통로인지 여부 등 주변 상황과 해당 토지의 도로로서의 역할과 기능 등을 종합하여 원래의 지목 등에 따른 표준적인 이용상태로 회복하는 것이 용이한지 여부 등을 가려서 판단해야 한다.

판례는 약 40년 전부터 불특정 다수가 이용하는 도로로 제공되었고, 그로부터 약 25년 후 행정청이 도로포장까지 한 사안에서는 토지가 도로로서의 이용상황이 고착되어 표준적 이용상태로 원상회복하는 것이 쉽지 않아 사실상의 사도라고 하였다.[98]

(5) 건축법 45조에 따라 건축허가권자가 위치를 지정·공고한 도로(3호)

건축허가권자는 토지소유자 등 이해관계인의 동의를 받아 도로의 위치를 지정·공고할 수 있고, 그 경우에는 사실상의 사도로 본다(건축법 45조 1항 본문). 이는 토지소유자 등 이해관계인의 동의를 받은 것이므로 특별한 문제가 없다. 그러나 건축법 45조 1항 단서는 토지소유자 등 이해관계인이 해외에 거주하는 등의 사유로 이해관계인의 동의를 받기가 곤란하다고 인정하는 경우(1호)나 주민이 오랫동안 통행로로 이용하고 있는 사실상의 통로로서 해당 지방자치단체의 조례로 정하는 것인 경우(2호)에는 이해관계인의 동의를 받지 아니하고 건축위원회의 심의를 거쳐 도로를 지정할 수 있다고 규정하고 있다. 건축허가권자가 건축법 45조에 따라 도로로 위치를 지정·공고하는 경우 해당 토지는 사실상의 사도가 되어 토지소유자 등 이해관계인에게는 중대한 불이익이 가해지므로, 건축법 45조 1항 단서에 따라 토지소유자 등 이해관계인의 동의 없이 도로를 지정함에 있어서는 신중을 기하여야 한다.

(6) 도로개설당시의 토지소유자가 대지 또는 공장용지 등을 조성하기 위하여 설치한 도로(4호)

1호의 도로개설 당시의 토지소유자가 자기 토지의 편익을 위하여 스스로 설치한 도로와 동일한 요건에서 인정될 수 있다.

---

97) 대법원 1997. 8. 29. 선고 96누2569 판결.
98) 대법원 2013. 6. 13. 선고 2011두7007 판결, 대법원 2014. 11. 27. 선고 2013두20219 판결.

나. 증명책임

비록 해당 토지가 일반의 통행에 제공되고 있기는 하나 인근 토지의 이용상황 즉, 표준적 이용상황에 비추어 이는 이례적이므로 일시적 이용상황으로 볼 여지가 있다. 따라서 사업시행자가 사실상의 사도 요건을 증명하여야 한다.

다. 손실보상액

사실상의 사도 부지는 인근토지에 대한 평가액의 3분의 1 이내로 평가한다. 인근토지라 함은 당해 도로부지가 도로로 이용되지 아니하였을 경우에 예상되는 표준적인 이용상황과 유사한 토지로서 당해 토지와 위치상 가까운 토지를 말한다(토지보상법 시행규칙 26조 4항).

구체적인 평가방법은 해당 사실상의 사도 부지가 도로로 이용되지 않는 표준적 이용상황을 전제로 비교표준지를 선정하고, 최초의 사업시행계획인가·고시일이 속한 해의 1. 1.자 공시지가에 지가변동률 등에 의한 시점수정과 품등비교 등의 절차를 거쳐 보상금액을 산정한 후, 1/3을 곱하여 보상액을 산정한다. 일반적으로는 품등비교 중 개별요인에서 기타 조건의 수치를 '0.33'으로 하여 보정하는 방법을 사용한다.

2. 토지에 묻힌 물건의 보상

가. 규 정

토지에 속한 흙·돌·모래 또는 자갈(흙·돌·모래 또는 자갈이 해당 토지와 별도로 취득 또는 사용의 대상이 되는 경우만 해당한다)에 대하여는 거래가격 등을 고려하여 평가한 적정가격으로 보상하여야 한다(토지보상법 75조 3항). 토지란 소유권의 대상이 되는 땅으로서 지하·공중 등 정당한 이익이 있는 범위에서 그 상하를 포함하므로 이는 토지보상의 일종이다.

나. 규정의 해석

흙·돌·모래 또는 자갈이 해당 토지와 별도로 취득 또는 사용의 대상이 되는 경우란 흙·돌·모래 또는 자갈이 속한 수용대상토지에 관하여 토지의 형질변경 또는 채석·채취를 적법하게 할 수 있는 행정적 조치가 있거나 그것이 가능하고, 구체적으로 토지의 가격에 영향을 미치고 있음이 객관적으로 인정되어 토지와는 별도의 경제적 가치가 있다고 평가되는 경우 등을 의미한다.[99]

---

99) 대법원 2003. 4. 8. 선고 2002두4518 판결.

제4절 건축물 등 지장물 보상

Ⅰ. 규 정

토지보상법 제75조(건축물등 물건에 대한 보상)

① 건축물·입목·공작물과 그 밖에 토지에 정착한 물건에 대하여는 이전에 필요한 비용으로 보상하여야 한다. 다만, 다음 각 호의 어느 하나에 해당하는 경우에는 해당 물건의 가격으로 보상하여야 한다.

1. 건축물등을 이전하기 어렵거나 그 이전으로 인하여 건축물등을 종래의 목적대로 사용할 수 없게 된 경우
2. 건축물등의 이전비가 그 물건의 가격을 넘는 경우

⑤ 사업시행자는 사업예정지에 있는 건축물 등이 제1항 제1호 또는 제2호에 해당하는 경우에는 관할 토지수용위원회에 그 물건의 수용 재결을 신청할 수 있다.

⑥ 제1항부터 제4항까지의 규정에 따른 물건 및 그 밖의 물건에 대한 보상액의 구체적인 산정 및 평가방법과 보상기준은 국토교통부령으로 정한다.

토지보상법 시행규칙 제20조(구분평가 등)

① 취득할 토지에 건축물·입목·공작물 그 밖에 토지에 정착한 물건이 있는 경우에는 토지와 그 건축물 등을 각각 평가하여야 한다. 다만, 건축물등이 토지와 함께 거래되는 사례나 관행이 있는 경우에는 그 건축물등과 토지를 일괄하여 평가하여야 하며, 이 경우 보상평가서에 그 내용을 기재하여야 한다.

② 건축물등의 면적 또는 규모의 산정은 건축법 등 관계 법령이 정하는 바에 의한다.

Ⅱ. 이전비 보상의 원칙

1. 지장물의 의의

토지보상법 시행규칙 2조 3호는 '지장물'에 대하여 '공익사업시행지구내의 토지에 정착한 건축물·공작물·시설·입목·죽목 및 농작물 그 밖의 물건 중에서 당해 공익사업의 수행을 위하여 직접 필요하지 아니한 물건을 말한다.'고 규정하고 있다. 도시정비사업을 포함하여 토지보상법 4조가 토지등을 취득할 수 있는 공익사업을 규정하고 있는데, 공익사업은 일정한 사업구역을 정하여 그 안의 토지의 형질을 변경하고 원칙적으로 공용 또는 공공용 시설을 설치하는 방식으로 시행되므로, 정비구역 안의 토지는 사업시행자가 취득(수용)할 대상이 되지만, 정비구역 안에 있는 건축물 등은 대개 공익사업의 시행에 방해가 되는 물건이므로 '지장물'이라고 부른다. 다만, 간혹 공익사업에서 기존 건축물 등을 그대로 이용하거나 보전하고자 하는 경우가 있는데, 그 경우에는 지장물로 보기 어려우므로 이전비 보상 대신 취득(수용)절차로 나아가야 한다(토지보상법 75조 1항 3호).

2. 이전비 보상

가. 내 용

(1) 지장물은 정비사업을 위하여 사업시행자가 이를 취득하는 것이 목적이 아니라 정비사업을 위한 방해제거가 목적이므로 건축물 등 지장물에 대한 보상은 지장물 소유자에게 이전에 필요한 비용을 보상하는 이전비 보상이 원칙이다. 지장물 소유자는 재결에 따라 이전에 필요한 비용의 보상을 받고 지장물을 정비구역 밖으로 이전할 의무를 부담한다. 그러나 지장물에 대한 이전이 불가능한 경우 지장물 가격의 보상 재결이 이루어진다. 그 경우 지장물 소유자는 지장물의 가격으로 보상을 받되, 지장물 이전의무는 부담하지 아니한다(철거의무, 인도의무 등에 대하여는 다음에서 살펴본다).

(2) 지장물의 이전이 불가능하다는 것은 이전이 사실상 불가능한 경우(이전이 물리적으로 어렵거나 물리적으로는 이전이 가능하나 이전으로 인하여 건축물 등을 종래의 목적대로 사용할 수 없게 되는 경우)나 이전비용이 해당 물건가격을 초과하는 경우 등 이전이 경제적으로 불가능한 경우를 의미한다. 따라서 이전이 가능한지 여부는 기술적인 문제뿐만 아니라 경제적인 관점에서도 판단하여야 한다. 공작물 중 건축물[지붕과 기둥 또는 벽이 있는 것과 이에 부수되는 시설물, 지하 또는 고가(高架)의 공작물에 설치하는 사무소, 공연장, 점포, 차고, 창고, 그 밖에 건축법 시행령으로 정하는 것을 말한다, 감정평가기준 610-2.1]의 경우에는 이전이 사실상 불가능하다. 또한 수목이나 일반적인 공작물의 경우에도 경제적으로 이전이 불가능한 경우에 해당하는 사례를 흔히 볼 수 있다. 비닐하우스와 균상은 그 구성재료에 비추어 볼 때 기술적으로는 이를 분리이전하여 재사용할 수 있을지 모르나 경제적으로는 이것이 불가능하거나 현저히 곤란하다.[100] 실무상으로는 이전이 불가능한 지장물이 주로 문제된다.

나. 이전비를 가격으로 보상한 경우 사업시행자가 지장물의 소유권을 취득하는지 여부 (부정)

건축물 등을 이전하기 어렵거나 그 이전으로 인하여 건축물 등을 종래의 목적대로 사용할 수 없게 된 경우 또는 건축물 등의 이전비가 그 물건의 가격을 넘는 경우에 예외적으로 이전비를 가격으로 보상하는 경우에는 협의에 의한 것이든 또는 건물의 이전이 불가능하여 가격으로 보상하는 수용재결이든(사업시행자가 해당 물건을 취득하는 수용재결이 내려지지는 않는다) 위 건물의 소유권은 여전히 건물의 소유자에게 있다고 보아야 한다.

판례는 토지수용위원회가 건물에 대하여 지장물 보상대상으로 분류한 후, 이전이 불가능함을 이유로 해당 물건가격으로 보상하는 수용재결을 하고, 사업시행자가 수용개시일까지 보상금을 공탁한 후, 해당 건물에 관하여 수용을 원인으로 한 소유권이전등기까지 마친 사안에서, 해당 건물은 지장물 보상대상으로 분류되어 이전할 대상이 되었을 뿐 사업시행자가 해당 물건을 취득하는 수용재결이 내려지지 않았으므로, 위 건물의 소유권은 여전히 건물의 소유자에게 있고, 그

100) 대법원 1991. 10. 22. 선고 90누10117 판결.

와 같은 소유권이전등기는 법률상 원인 없는 등기라고 하였다.[101]

다. 이전비를 가격으로 한 보상한 경우의 지장물 철거의무 및 인도의무

(1) 철거의무

이전비를 가격으로 보상받은 지장물의 소유자는 토지보상법 시행규칙 33조 4항 단서에 따라 해당 지장물의 구성부분을 사용 또는 처분할 목적으로 사업시행자에게 스스로 자신의 비용으로 철거를 약속하는 경우에는 철거의무를 부담한다. 다만 지장물 소유자가 철거의무를 이행하지 아니하는 경우에는 토지보상법 89조에 따라 행정대집행이 가능하다.

이전비를 가격으로 보상한 사업시행자는 위와 같은 특별한 사정이 없는 한 토지보상법 시행규칙 33조 4항 본문에 따라 지장물에 대하여 스스로의 비용으로 이를 제거할 수 있는 권한과 부담을 동시에 갖게 된다.[102] 지장물의 소유자는 사업시행자의 철거에서 발생하는 지장물의 가치 상실을 수인하여야 할 지위에 있다.[103]

위와 같이 물건의 가격으로 보상한 건축물의 철거비용은 사업시행자가 부담하므로, 정비사업상으로도 시공계약에는 기존 건축물의 철거공사에 관한 사항을 포함시켜야 하고(법 29조 9항), 기존 건축물의 철거계획서 및 철거비용을 포함한 정비사업비는 사업시행계획서의 필수적 기재사항이다(법 52조 1항 12호, 시행령 47조 2항 14호).

(2) 지장물 인도의무

토지보상법 시행규칙 제33조 제4항 단서의 특별한 사정이 없는 한 지장물에 관하여 지장물의 가격으로 보상한 사업시행자는 자신의 비용으로 지장물을 제거할 수 있고, 지장물의 소유자는 사업시행자의 지장물 제거와 그 과정에서 발생하는 물건의 가치 상실을 수인하여야 할 지위에 있으므로, 특별한 사정이 없는 한 지장물의 소유자는 사업시행자에게 지장물을 인도할 의무가 있다.[104]

만약 소유자가 이를 이전하지 아니할 경우, 건물 등의 지장물은 '명도(지장물 내에 있는 동산을 모두 철거하여 안을 비우고 완전한 점유권을 이전하는 것으로 퇴거 내포)'도 포함되는 것으로 보아야 하고, 이러한 명도의무는 대체적 작위의무라고 볼 수 없어 행정대집행이 불가능하다.[105]

---

101) 대법원 2023. 8. 18. 선고 2021다249810 판결.
102) 대법원 2012. 4. 13. 선고 2010다94960 판결, 대법원 2019. 4. 11. 선고 2018다277419 판결 등 참조.
103) 대법원 2012. 4. 13. 선고 2010다94960 판결, 대법원 2019. 4. 11. 선고 2018다277419 판결 등.
104) 대법원 2022. 11. 17. 선고 2022다242342 판결.
105) 단순한 물건의 이전은 '대체적 작위의무'에 해당하므로, 타인이 대신하여 행할 수 있는 행위를 의무자가 이행하지 아니하는 경우에 해당하여 토지보상법 89조에 따라 행정대집행의 대상이 되는 점과 대조된다(대법원 2000. 5. 12. 선고 99다18909 판결).

Ⅲ. 건축물의 가격 평가

1. 규 정

토지보상법 시행규칙 제33조(건축물의 평가)

① 건축물(담장 및 우물 등의 부대시설을 포함한다)에 대하여는 그 구조·이용상태·면적·내구연한·유용성 및 이전가능성 그 밖에 가격형성에 관련되는 제요인을 종합적으로 고려하여 평가한다.

② 건축물의 가격은 원가법으로 평가한다. 다만, 주거용 건축물에 있어서는 거래사례비교법에 의하여 평가한 금액(공익사업의 시행에 따라 이주대책을 수립·실시하거나 주택입주권 등을 당해 건축물의 소유자에게 주는 경우)이 원가법에 의하여 평가한 금액보다 큰 경우와 집합건물법에 의한 구분소유권의 대상이 되는 건물의 가격은 거래사례비교법으로 평가한다.

2. 평가의 일반 원칙

건축물은 이전이 사실상 불가능하여 해당 물건가격으로 보상함은 앞서 본 바이다.

가. 원가법에 의한 평가

(1) 원칙

건축물의 가격은 원가법으로 평가한다. 원가법이란 대상물건의 재조달원가(대상물건을 기준시점인 수용재결시점에 일반적인 방법으로 생산하거나 취득하는 데 필요한 적정원가의 총액)에 감가수정(減價修正)을 하여 대상물건의 가액을 산정하는 감정평가방법을 말한다. 감가수정이란 대상물건에 대한 재조달원가를 감액하여야 할 요인이 있는 경우에 물리적 감가, 기능적 감가 또는 경제적 감가 등을 고려하여 그에 해당하는 금액을 재조달원가에서 공제하여 기준시점에 있어서의 대상물건의 가액을 적정화하는 작업을 말한다(감정평가규칙 2조 5호, 12호, 감정평가기준 400-3.2.1.1. 1항).

(2) 예외

㈎ 주거용 건축물

주거용 건축물에 있어서는 거래사례비교법에 의하여 평가한 금액이 원가법에 의하여 평가한 금액보다 큰 경우에는 거래사례비교법에 의하여 평가한다. 거래사례비교법이란 대상물건과 가치형성요인이 같거나 비슷한 물건의 거래사례와 비교하여 대상물건의 현황에 맞게 사정보정, 시점수정, 가치형성요인 비교 등의 과정을 거쳐 대상물건의 가액을 산정하는 감정평가방법을 말한다(감정평가규칙 2조 7호). 다만, 적절한 건축물만의 거래사례가 없는 경우에는 토지와 건축물을 일체로 한 거래사례를 선정하여 토지가액을 빼는 공제방식이나 토지와 건축물의 가액 구성비율을 적용하는 비율방식 등을 적용하여 건축물 가액을 배분할 수 있다(감정평가기준 610-2.4 3항 단서). 다음에서 살펴보듯이 집합건물법에 의한 구분소유권의 대상이 되는 건물은 대지사용권과 일체로 평가하고, 그 경우 거래사례비교법을 적용하여야 한다.

(나) 토지와 건축물의 소유자가 다른 경우

재개발사업에 있어서는 건축물의 소유자와 그 건축물이 소재하는 토지의 소유자가 다른 경우가 흔하다(건축물의 일부가 인접 토지상에 있는 건축물의 경우도 마찬가지이다). 그 경우 건축물의 평가방법이 문제된다. 토지와 건축물의 소유자가 달라 정상적인 사용·수익이 곤란한 건축물의 경우에는 그 정도를 고려하여 감정평가한다. 다만, 건축물의 사용·수익에 지장이 없다고 인정되는 경우에는 이에 따른 제한 등을 고려하지 않고 감정평가할 수 있다(감정평가기준 610－2.5.3).

(다) 공법상 제한받는 건축물

공법상 제한을 받는 건축물이 제한을 받는 상태대로의 가격이 형성되어 있을 경우에는 그 가격을 기초로 하여 감정평가하여야 한다. 다만, 제한을 받는 상태대로의 가격이 형성되어 있지 아니한 경우에는 제한을 받지 않는 상태를 기준으로 하되 그 제한의 정도를 고려하여 감정평가한다(감정평가기준 610－2.5.1 1항). 건축물의 일부가 도시·군계획시설에 저촉되어 저촉되지 않은 잔여부분이 건축물로서 효용가치가 없는 경우에는 건축물 전체가 저촉되는 것으로 감정평가하고, 잔여부분만으로도 독립건물로서의 가치가 있다고 인정되는 경우에는 그 잔여부분의 벽체나 기둥 등의 보수에 드는 비용 등을 고려하여 감정평가한다(감정평가기준 610－2.5.1 2항). 공법상 제한을 받는 건축물로서 현재의 용도로 계속 사용할 수 있는 경우에는 이에 따른 제한 등을 고려하지 않고 감정평가한다(감정평가기준 610－2.5.1 3항).

나. 개별물건기준 평가

(1) 원칙

감정평가는 대상물건마다 개별로 하여야 하고, 다만, 둘 이상의 대상 물건이 일체로 거래되거나 대상물건 상호 간에 용도상 불가분의 관계가 있는 경우에는 일괄하여 감정평가한다(감정평가규칙 7조 1항, 2항). 하나의 대상물건이라도 가치를 달리하는 부분은 이를 구분하여 감정평가할 수 있으나(감정평가규칙 7조 3항), 토지와 달리 건축물의 경우 하나의 대상물건 중 가치를 달리하는 부분이 존재하는 것을 상정하기 어렵다.

(2) 쟁점

(가) 집합건물법에 의한 구분소유권의 대상이 되는 건물

집합건물법에 의한 구분소유권의 대상이 되는 건물의 경우에는 그 대지사용권과 별도로 평가되어야 하는지 여부, 그 경우의 평가방법 등이 문제된다. 집합건물법 20조 2항은 규약으로 달리 정한 경우가 아닌 한 구분소유자는 그가 가지는 전유부분과 분리하여 대지사용권을 처분할 수 없다고 규정하고 있고, 20조 1항은 구분소유자의 대지사용권은 그가 가지는 전유부분의 처분에 따른다고 규정하고 있다.[106] 이는 집합건물의 전유부분과 대지사용권이 분리되는 것을 최대한 억

106) 헌법재판소는 집합건물에 있어 대지사용권을 전유부분과 분리하여 처분하는 것을 금지하고 대지사용권을 전유부분의 처분에 종속시키는 집합건물법 20조 1항 및 같은 조 2항 본문에 관하여 합헌결정을 하였다(헌법재판소 2011. 12. 29. 선고 2010헌바449 결정, 헌법재판소 2023. 6. 29. 선고 2019헌바246 결정).

제하여 대지사용권이 없는 구분소유권의 발생을 방지함으로써 집합건물에 관한 법률관계의 안정과 합리적 규율을 도모하려는 데 있으므로, 전유부분과 대지사용권의 일체성에 반하는 대지의 처분행위는 효력이 없다.[107]

위 규정의 내용 및 판례의 취지에 비추어 구분소유 부동산을 감정평가할 때에는 건물(전유부분과 공유부분)과 대지사용권을 일체로 하여 평가하여야 하고, 그 경우 거래사례비교법을 적용하여야 한다(토지보상법 시행규칙 33조 2항 단서, 감정평가규칙 16조, 감정평가기준 610－3.1.3 1항). 감정평가액은 합리적인 기준에 따라 토지가액과 건물가액으로 구분하여 표시할 수 있다. 다만, 대지사용권을 수반하지 않는 구분건물의 감정평가는 건물만의 가액으로 감정평가하되, 추후 토지의 적정지분이 정리될 것을 전제로 가격이 형성되는 경우에는 대지사용권을 포함한 가액으로 감정평가할 수 있다(감정평가기준 610－3.1.4).

㈏ **교회 소유 건축물의 일괄감정**

감정평가사가 감정평가 과정에서 교회가 다수의 건축물을 교회의 부속시설인 소예배실, 성경공부방, 휴게실로 각 이용하고 있음을 이유로 교회 소유 건축물 전체를 일괄하여 감정평가하는 경우가 있다. 판례는 각 건축물은 개별적으로 거래대상이 되는바, 교회가 위 건축물들을 교회의 부속시설로 이용하고 있다는 등의 사정만으로 위 건축물들이 일체로 거래되거나 용도상 불가분의 관계에 있다고 단정하기 어려워 일괄감정은 위법하다고 하였다.[108]

3. 무허가건축물

가. 의 의

토지보상법 시행규칙 24조는 건축법 등 관계 법령에 의하여 허가를 받거나 신고를 하고 건축 또는 용도변경을 하여야 하는 건축물을 허가를 받지 아니하거나 신고를 하지 아니하고 건축하거나 용도변경한 건축물을 무허가건축물이라고 한다(감정평가기준 810－3. 3호). 다만, 건축허가를 받은 후 사용승인을 받지 못한 건축물은 무허가건축물에 해당하지 아니한다. 1989. 1. 24. 이전에 축조된 무허가건축물에 대하여는 적법한 건축물로 간주함은 앞서 본 바이다.

나. 보상의 대상 여부(긍정)

무허가건축물이 보상의 대상이 되는지 여부가 문제된다.

(1) **원칙**

㈎ 사업시행계획인가·고시일 이전에 건축된 무허가건축물은 손실보상의 대상이 된다.[109] 그 논거는 다음과 같다.

ⓐ 토지보상법은 지장물인 건축물을 보상의 대상으로 함에 있어 건축허가의 유무에 따른 구분을 두고 있지 않다. 특히 토지보상법 시행규칙 58조 1항은 주거용 건축물 등의 보상에 대한

---

107) 대법원 2013. 1. 17. 선고 2010다71578 전원합의체 판결.
108) 대법원 2020. 12. 10. 선고 2020다226490 판결.
109) 대법원 2000. 3. 10. 선고 99두10896 판결.

특례를 규정하면서 무허가건축물 등에 대하여는 적용하지 아니함을 명시하고 있는바, 만일 무허가건축물이 보상대상이 아니라면 특례 규정이 적용되지 아니함을 적시할 이유가 없다.

ⓑ 토지보상법 시행규칙 부칙 5조가 1989. 1. 24. 당시의 무허가건축물에 대하여는 주거이전비의 보상, 주거용 건축물 등의 보상에 대한 특례 규정을 적용함에 있어 적법한 건축물로 본다고 규정한 취지는 무허가건축물도 보상의 대상이나, 1989. 1. 24. 당시의 무허가건축물에 대하여는 적법한 건축물로 취급하여 보상하여야 함을 밝힌 것으로 보인다.

㈏ 허가를 받지 아니하고 건축물을 증·개축하거나 대수선한 결과 면적, 구조, 재질 등이 건물등기부나 건축물대장과 다르게 된 경우에도 보상을 위한 평가를 함에 있어서는 실제 현황에 따라야 한다.[110]

(2) 예외

㈎ 주거용 건축물이 아닌 위법 건축물로서, 관계 법령의 입법취지와 그 법령에 위반된 행위에 대한 비난가능성과 위법성의 정도, 합법화될 가능성, 사회통념상 거래 객체가 되는지 여부 등을 종합하여 구체적·개별적으로 판단한 결과 그 위법의 정도가 관계 법령의 규정이나 사회통념상 용인할 수 없을 정도로 크고 객관적으로도 합법화될 가능성이 거의 없어 거래의 객체도 되지 아니하는 경우에는 예외적으로 보상 대상이 되지 아니한다.[111]

㈏ 사업인정·고시(사업시행계획인가·고시)가 이루어진 후에 대상이 된 토지에 건축물을 건축한 경우 토지소유자 등은 해당 건축물을 원상으로 회복하여야 하고, 이에 관하여 손실의 보상을 청구할 수 없으므로(토지보상법 25조 3항), 사업인정고시일(사업시행계획인가·고시일) 이후에 건축된 무허가건축물은 손실보상에서 제외된다.

㈐ 한편 서울 재개발 및 재건축 표준정관은 사업시행구역 내의 철거 또는 해체되는 일체의 지장물 중 등기 또는 행정기관의 공부에 등재되지 아니한 지장물은 보상대상이 될 수 없다고 규정하고 있다(38조 3항).

Ⅳ. 기 타

1. 공작물 등의 평가

공작물 그 밖의 시설(이하 '공작물등'이라 한다)에 대한 평가는 건축물에 대한 평가원칙이 그대로 적용된다(토지보상법 시행규칙 36조 1항). 공작물등에 대한 감정평가액이 크지 않아 실무상 문제되는 경우는 드물다. 다만, 공작물등의 용도가 폐지되었거나 기능이 상실되어 경제적 가치가 없는 경우, 공작물등의 가치가 보상이 되는 다른 토지등의 가치에 충분히 반영되어 토지등의 가격이 증가한 경우, 사업시행자가 정비사업에 편입되는 공작물등에 대한 대체시설을 설치하는 경우에 있어서는 별도의 가치가 있는 것으로 평가하여서는 아니 된다(토지보상법 시행규칙 36조 2항). 주의를 요한다.

---

110) 서울행정법원 실무연구회, 행정소송의 이론과 실무 Ⅱ(토지수용, 난민 및 학교폭력)(2022년), 사법발전재단, 77.
111) 대법원 2001. 4. 13. 선고 2000두6411 판결.

2. 수목 등의 평가

토지보상법 시행규칙 37조에는 과수에 대하여, 38조 내지 40조는 묘목이나 입목 등에 대하여 그 평가와 관련하여 자세하게 규정하고 있다. 정비사업 실무상 토지에 부착된 수목의 집단으로서 입목이 문제되는 경우는 거의 없고, 주로는 단독주택의 마당에 심어져 있는 소량의 수목이 보상대상이므로, 특별히 그 가액에 대하여 다툼이 있는 경우는 드물다. 수목의 가치와 관련하여 사업시행자와 현금청산대상자 사이에 첨예하게 의견이 대립하는 경우에는 수목 감정의 특수성을 고려하여 감정평가사 자격을 가진 수목전문가를 감정인으로 선정할 필요가 있다.

Ⅴ. 지장물 보상금 증감 소송의 심리 관련 쟁점

행정소송이 제기될 무렵이면 수용재결일로부터 상당한 기간이 이미 경과되어 건축물 등 지장물이 철거되어 버린 경우가 많다. 감정평가규칙 10조 1항은 "감정평가업자가 감정평가를 할 때에는 실지조사를 하여 대상물건을 확인하여야 한다."고 규정하고 있고, 2항은 "감정평가업자는 1항에도 불구하고 다음 각 호의 어느 하나의 예외사유에 해당하는 경우로서 실지조사를 하지 아니하고도 객관적이고 신뢰할 수 있는 자료를 충분히 확보할 수 있는 경우에는 실지조사를 하지 아니할 수 있다."고 규정하면서, 1호에서 "천재지변, 전시·사변, 법령에 따른 제한 및 물리적인 접근 곤란 등으로 실지조사가 불가능하거나 매우 곤란한 경우"를, 2호에서 "유가증권 등 대상물건의 특성상 실지조사가 불가능하거나 불필요한 경우"를 들고 있다.

사업시행자가 정비사업의 수행으로 지장물을 철거한 것은 위 1호, 2호 예외사유에 해당하지 아니하므로, 결국 철거된 지장물에 대하여 실지조사를 행할 수 없어 감정이 불가능하고, 설령 감정이 이루어진다 하더라도 이를 믿기 어려운 것으로 볼 여지가 있기는 하다.

그러나 위 감정평가규칙이 그 자체로 실지조사 없는 감정이 가능함을 전제로 하고 있으므로, 실지조사 없는 감정이 당연히 효력이 없는 것으로 볼 수는 없는 점, 철거 전 현황 사진을 현금청산대상자 측이 충분히 보유하고 있거나 또한 여러 차례 감정평가를 거치는 과정에서 관련 사진 등 자료가 충분히 수집되어 있다면 그것만으로 감정이 가능할 수 있는 점 등에 비추어 실지조사 없는 감정이 가능할 정도로 객관적이고 신뢰할 수 있는 자료가 충분히 확보된 경우에는 소송과정에서의 감정이 가능하고, 그 경우 감정이 위법하거나 감정 결과가 당연히 신빙성이 없는 것으로 볼 수는 없다.

제5절 영업손실보상

Ⅰ. 총 설

재개발사업에서 현금청산대상자나 세입자가 정비구역 내 주거용 건축물에서 거주하다가 정비사업 시행으로 인하여 이주한 경우에는 이주정착금, 주거이전비 및 이사비의 보상이 문제되나, 영업용 건축물에서 영업을 영위하다가 정비사업 시행으로 인하여 영업이 폐업 또는 휴업된 경우에는 영업손실보상이 문제된다. 영업손실보상에 대하여는 주거이전비 등 보상과 달리 토지보상법 시행규칙 45조가 그 요건을 강화하여 영업에 허가등을 필요로 하는 경우에는 반드시 허가등을 취득하여야 하고, 원칙적으로 적법한 장소에서 인적·물적시설을 갖추고 계속적으로 행하고 있는 영업으로 한정하고 있다. 주거이전비 등은 세입자(임료를 전제하지 않는 사용차주를 포함)가 문제되나 상가는 주로 임차인이 문제된다.

1. 영업손실 보상의 대상

가. 수분양조합원(부인)

정비사업에 동의하여 분양신청을 함으로써 정비사업에 참여한 토지등소유자(수분양조합원)는 사업시행자에 준하는 지위를 가지고 있다고 할 것이므로, 비록 정비사업으로 인하여 영업을 폐업한다 하더라도 영업손실보상의 대상에는 해당하지 아니한다.[112)]

나. 재건축사업의 현금청산대상자 및 임차인(부인)

재건축사업의 경우 토지등에 대하여 개발이익이 포함된 보상이 이루어지므로, 현금청산대상자에게 영업손실보상이 인정되지 않는다. 또한 현금청산대상자나 수분양조합원으로 하여금 임차인 등에 대한 영업손실보상 등을 비롯한 일체의 보상 등을 임대차계약 등에 따라 스스로 해결하게 할 것을 전제로 하므로, 임차인에 대한 영업손실보상 등도 인정되지 아니한다(수분양조합원의 점포임차인이 관리처분계획인가·고시일부터 이전고시 이전까지의 기간 동안 종전 건축물 등의 사용·수익이 제한됨에도, 토지보상법상의 영업손실보상이 되지 않는 것에 대하여 위헌임을 주장한 사안에서, 헌법재판소가 합헌으로 결정하였다).[113)]

다. 재개발사업의 현금청산대상자 및 임차인(긍정)

(1) 현금청산대상자의 정비구역 내 소유 건축물이 영업용 건물(점포)인 경우 재개발사업 시행자는 정비사업으로 인하여 폐업 또는 휴업하게 되는 현금청산대상자 또는 임차인에게 영업손실보상금을 지급하여야 한다. 임차인의 경우 해당 건물의 토지등소유자가 현금청산대상자임을 전제로 하는 것이 아니라 수분양권자인 경우에도 사업시행자에게 영업손실보상을 구할 수 있다.

현금청산대상자의 영업손실보상의 근거규정은 법 73조 1항이고, 임차인의 영업손실보상의 근거규정은 사업시행자가 정비구역에서 정비사업을 시행하기 위하여 토지보상법 3조에 따른 토지·물건 또는 그 밖의 권리를 취득하거나 사용할 수 있다는 법 63조임은 앞서 본 바이다.

위와 같은 근거규정의 차이로 인하여 현금청산대상자의 영업손실에 대하여 사업시행자는 관리처분계획이 인가·고시된 다음 날부터 90일 이내에 영업권에 대한 손실보상에 관한 협의하여 그 대금을 지급하여야 하고, 협의가 성립되지 아니하면 그 기간의 만료일 다음 날부터 60일 이내

112) 대법원 2011. 11. 24. 선고 2009다28394 판결 참조.
113) 헌법재판소 2020. 4. 23. 선고 2018헌가17 결정.

에 수용재결을 신청하여야 하며, 위 기간을 넘겨서 수용재결을 신청한 경우에는 100분의 15 이하의 범위에서 대통령령으로 정하는 지연손해금을 지급하여야 한다.

(2) 현금청산대상자의 경우 사업시행자와 사이의 청산금 협의에 앞서 사업시행계획인가신청과 그 인가처분·고시 및 분양신청 통지·공고 절차가 선행하게 되는데, 이를 통하여 영업보상 관련 명세가 작성되고 그 개요가 대외적으로 고시되며, 세부사항이 현금청산대상자에게 개별적으로 통지되거나 공고되는 점, 도시정비법은 협의의 기준이 되는 감정평가액의 산정에 관하여 법 시행령 60조 1항으로 별도의 규정을 두고 있으므로, 토지보상법상 협의 및 그 사전절차를 정한 각 규정(토지보상법 14조 내지 16조, 68조)은 적용되지 아니한다.[114]

(3) 그러나 임차인은 현금청산대상자와 달리 도시정비법 72조 1항의 분양신청통지가 없고, 도시정비법 시행령 60조 1항과 같은 별도의 협의의 기준이 되는 감정평가 관련 규정도 없는 점, 토지등소유자와 달리 임차인은 정비사업절차에 주도적으로 참여하고 있는 것은 아닌 점 등에 비추어 임차인에 대한 영업손실에는 토지보상법이 모두 적용됨은 앞서 본 바이다. 사업시행계획인가·고시(사업인정·고시, 법 65조 2항) 이후 사업시행자 및 임차인은 토지보상법 26조에 따라 협의절차를 거쳐야 한다. 사업시행자는 사전절차로서 영업손실보상과 관련 조서를 작성하고(14조), 보상계획의 공고·통지 및 열람(15조), 감정평가업자를 통한 보상액의 산정(68조) 및 이를 기초로 한 사업시행자와의 협의(16조)[115] 등 토지보상법이 정하고 있는 각 단계별 절차를 거쳐야 한다. 위와 같은 절차를 거쳤음에도 불구하고, 협의가 성립되지 아니하는 경우 사업시행자는 수용재결을 신청할 수 있다(다만 사업시행자의 사업시행계획인가신청 시 첨부서류로 '수용 또는 사용할 토지 또는 건축물상의 소유권 외의 권리'인 임차권이 포함되어 있고, 임차권은 사업시행계획인가에 따라 공보에 고시할 사항에 해당하므로, 영업손실보상 관련 조서를 작성하는 것은 생략될 수 있다).

한편, 도시정비법은 사업시행자에 대하여 사업시행으로 이주하는 상가임차인이 사용할 수 있도록 정비구역 또는 정비구역 인근에 임시상가를 설치함에 관한 재량을 부여하고 있는바(법 61조 5항, 위 규정은 연혁상으로 2012. 2. 1. 구 도시환경정비사업의 시행자를 그 대상으로 하여 신설되었다, 자세한 내용은 제6편 제2장 제2절 "Ⅱ. 사업시행계획서의 작성" 참조). 만일 사업시행자가 임시상가를 설치한 경우에는 상가임차인은 영업시설 등의 이전에 드는 비용 및 영업시설 등의 이전에 따른 감손상당액, 그 밖의 부대비용을 모두 더한 금액만을 보상받을 수 있다(감정평가 실무기준 840-6.9. 1항 2호, 3호). 세입자별 손실보상을 위한 권리명세 및 평가액은 관리처분계획서의 필수적인 기재사항이므로(법 74조 1항 8호), 재개발사업 시행자는 상가임차인의 영업 등에 대하여 미리 현황조사와 평가를 실시한 후, 총회결의를 거치게 된다.

2. 영업손실보상의 특성

대상 토지가 농지인 경우 영농보상도 손실보상의 대상이 되나, 재개발사업은 주로 도시지역

114) 대법원 2015. 11. 27. 선고 2015두48877 판결.

115) 사업시행자는 임차인과 영업손실보상에 관하여 성실하게 협의하여야 한다(토지보상법 16조). 사업시행자는 협의를 하려는 경우에는 임차인에게 보상협의요청서에 협의기간·협의장소 및 협의방법, 보상의 시기·방법·절차 및 금액 등을 기재하여 통지하여야 하고, 협의기간은 특별한 사유가 없으면 30일 이상으로 하여야 한다(토지보상법 시행령 16조 1항, 3항).

에서 문제되는 것으로서 실무상 영농보상이 손실보상의 대상이 되는 경우는 찾아보기 어렵다.

재개발사업 시행자는 법 81조 1항에 의하여 현금청산대상자나 임차인에게 부동산의 인도를 구할 수 있으나, 영업손실보상금(주거이전비 등 포함) 등을 선이행하여야 한다. 그럼에도 불구하고 재개발사업 시행자가 현금청산대상자 또는 임차인에게 영업손실보상액을 지급하지 않고, 승낙도 받지 않은 채 공사에 착수하여 현금청산대상자 또는 임차인에게 손해를 입힌 경우에는 불법행위에 기한 손해배상책임을 부담하고, 손해배상액의 범위는 법정의 폐업 또는 휴업손실보상액이며, 별도의 손해가 발생한 경우, 사업시행자가 이를 배상할 책임이 있으나, 그 증명책임은 이를 주장하는 자에게 있다.[116]

공익사업에 따라서는 영업손실보상 대상자에게 영업손실보상 외에 생활대책으로 상가, 상업용지를 공급하는 경우가 있으나(LH공사, SH공사 등이 대규모의 공익사업을 시행하는 경우로서, 그 경우 상가소유자나 상가임차인의 상가나 상업용지에 대한 구체적 권리가 발생한다), 정비사업에서는 찾아보기 어렵다.

영업손실보상은 토지 또는 지장물에 대한 손실보상과 마찬가지로 반드시 관할 토지수용위원회의 재결절차를 거쳐야 하고(현금청산대상자나 임차인이 영업손실에 대한 보상을 받기 위해서는 반드시 토지보상법에 정한 재결절차를 거쳐야 하고, 재결에 대하여 불복이 있는 때에 비로소 토지보상법 소정의 권리구제를 받을 수 있을 뿐, 이러한 재결절차를 거치지 않은 채 곧바로 사업시행자를 상대로 손실보상을 청구하는 것은 허용되지 않는다[117]), 재결신청권은 사업시행자에게만 있으며, 현금청산대상자나 임차인은 사업시행자에게 재결신청청구권만이 있을 뿐이고, 재결신청의 청구에 불응하거나 거부하는 경우 부작위위법확인소송 또는 거부처분취소송을 제기하여 권리를 구제받을 수 있다.

한편, 영업손실보상(영업용점포)은 토지나 지장물에 대한 손실보상과 마찬가지로 재산권의 특별한 희생에 따른 손실보상임에 반해, 이주정착금을 포함하여 주거이전비 및 이사비 보상(주거용주택)은 생활보상의 일종인 점에서 차이가 있으나, 모두 토지보상법상의 손실보상에 해당하는 것으로서, 영업용 점포에 대하여는 영업손실보상이, 주거용 건물에 대하여는 주거이전비 등이 대상이므로, 서로 상응하는 측면이 있다.

Ⅱ. 영업손실보상의 요건

1. 정비계획안에 대한 공람공고일 당시 영업자일 것

영업손실보상 대상자의 인정시점은 정비계획 입안권자의 주민에 대한 정비계획안에 관한 공람공고일이므로(법 시행령 54조 3항, 13조 1항), 현금청산대상자 또는 임차인은 적어도 정비계획안에 대한 공람공고일 당시 영업자인 경우에 한하여 영업손실보상을 받을 수 있고, 그 이후의 영업자는 해당하지 아니한다.

---

116) 대법원 2021. 11. 11. 선고 2018다204022 판결.
117) 대법원 2011. 9. 29. 선고 2009두10963 판결.

2. 적법한 장소에서 인적·물적시설을 갖춘 계속적 영업일 것

가. 원 칙

현금청산대상자등은 정비계획안에 대한 공람공고일 이전부터 적법한 장소(무허가건축물등, 불법형질변경토지, 그 밖에 다른 법령에서 물건을 쌓아놓는 행위가 금지되는 장소가 아닌 곳을 말한다)에서 인적·물적시설을 갖추고 계속적으로 행하고 있는 영업일 것을 요한다(토지보상법 시행규칙 45조 1호). 무허가건축물등, 불법형질변경토지, 그 밖에 다른 법령에서 물건을 쌓아놓는 행위가 금지되는 장소는 위 토지보상법 45조 1호의 규정상 적법한 장소가 아님이 명백하다.

영업의 계속성과 영업시설의 고정성이 인정되는 경우라면, 눈썰매장처럼 매년 일정한 계절이나 일정한 기간 동안에만 인적·물적시설을 갖추어 영리를 목적으로 영업을 하는 경우도 포함되고, 5일장처럼 장이 서는 날에만 영업하는 경우도 포함된다.[118]

나. 적법한 장소의 예외(무허가건축물에서의 임차인)

무허가건축물에서 임차인이 영업하는 경우에는 비록 적법한 장소에서의 영업이 아니지만, 다음 2가지 요건을 구비한 경우에는 보상의 대상이 된다. 즉, 임차인이 정비계획안에 대한 공람공고일 1년 이전부터 영업을 하여야 하고, 부가가치세법 8조에 따른 사업자등록을 한 후 수행하고 있는 영업의 경우에 한하여 보상의 대상이 된다(법 시행령 54조 3항, 토지보상법 시행규칙 45조 1호 단서.[119] 적법한 건축물에서의 영업의 경우에는 부가가치세법 8조에 따른 사업자등록을 요하지 아니한다). 다만, 다음에서 살펴보듯이 영업손실보상의 대상은 계속적 영업이므로, 수용재결 시까지 영업이 유지되어야 함은 물론이고, 영업손실보상의 범위에서도 제한이 있다.

불법형질변경토지, 다른 법령에서 물건을 쌓아놓는 행위가 금지되는 장소에서의 임차인은 전혀 영업손실보상을 받을 수 없음에도, 이와 달리 무허가건축물에서의 임차인의 경우에는 엄격한 요건 아래 제한적이나마 영업손실보상을 인정하는 이유는 무허가건축물에서의 임차인은 영세한 것이 일반적이므로 이를 고려한 것으로 보인다.

3. 허가등을 취득하였을 것

가. 내 용

영업을 함에 있어 관계 법령에 의한 허가등을 필요로 하는 경우에는 정비계획안에 대한 공람공고일 전에 허가등을 받아 그 내용대로 행하고 있는 영업을 보상대상으로 한다(토지보상법 시행규칙 45조 2호). 이는 위법한 영업은 보상대상에서 제외한다는 의미로서 헌법에서 보장한 '정당한 보상의 원칙'에 부합한다.

'내용대로 행하고 있는 영업'의 의미와 관련하여, 영업의 실질적인 내용이 허가 등의 내용에

---

118) 대법원 2012. 12. 13. 선고 2010두12842 판결, 대법원 2012. 3. 15. 선고 2010두26513 판결.

119) 토지보상법 45조 1호 단서는 '사업인정고시일등 1년 이전부터'라고 규정하고 있으나, 도시정비법 시행령 54조 3항은 '영업손실을 보상하는 경우 보상대상자의 인정시점은 정비계획안에 대한 공람공고일로 본다.'고 규정하고 있으므로, 위 규정의 의미는 정비계획안에 대한 공람공고일 1년 이전부터로 봄이 상당하다.

사소하게 어긋나는 경우까지 보상대상에서 제외함은 타당하지 않고, 영업의 실질이 허가등의 본질적인 내용에 반하거나 허가등의 취지를 잠탈하는 정도에 이른 경우에 한하여 '내용대로 행하고 있지 아니한 영업'으로 보상대상에서 제외하여야 할 것이다.[120]

나. 쟁 점

(1) 부가가치세법에 의한 사업자등록의 필요성(부정)

과세관청은 재화 또는 용역의 공급거래, 재화의 수입거래에 대해 부가가치세를 부과한다. 사업상 독립적으로 재화 또는 용역을 공급하는 사업자는 부가가치세를 납부할 의무가 있다. 부가가치세는 사업장마다 납부해야 하고, 신규로 사업을 개시하는 자는 사업개시일로부터 20일 안에 관할 세무서장에게 사업자등록을 신청해야 한다. 부가가치세법에 의한 등록을 하지 아니하고 행하는 영업이 보상의 대상이 되는지 여부가 문제되나, 이는 영업 그 자체와 관련된 것이 아니라 부가가치세라는 조세와 관련된 것에 불과하므로, 부가가치세법에 의한 사업자등록이 없다 하더라도 영업손실보상의 대상이 된다. 다만, 앞서 본 바와 같이 무허가건축물등에서의 임차인에 대한 영업손실보상 요건으로서는 반드시 필요하다.

(2) 영업양도의 경우 신고 등

영업의 종류에 따라서는 관련 행정법규에서 일정한 사항을 신고하도록 규정하고는 있지만, 그러한 신고를 하도록 한 목적이나 관련 규정의 체제 및 내용 등에 비추어 볼 때 신고를 하지 않았다고 하여 영업 자체가 위법성을 가진다고 평가할 것은 아닌 경우도 적지 않은바, 그러한 경우라면 신고 등을 하지 않았다고 하더라도 그 영업손실 등에 대해서는 보상을 하는 것이 헌법상 정당보상의 원칙에 합치하므로, 그와 같은 범위에서 위 토지보상법 시행규칙 45조 2호의 규정은 제한적으로 해석되어야 한다.

예를 들면 체육시설업의 영업주체가 영업시설의 양도나 임대 등에 의하여 변경되었음에도 그에 관한 신고를 하지 않은 채 영업을 하던 중에 정비사업으로 영업을 폐지 또는 휴업하게 된 경우라 하더라도, 체육시설의 운영주체에 관하여 자격기준 등을 따로 제한한 것으로 보이지 않고, 신고 절차에서도 운영주체에 관하여 심사할 수 있는 등의 근거규정은 전혀 없으며, 오히려 기존 체육시설업자가 영업을 양도하거나 법인의 합병 등으로 운영주체가 변경되는 경우 그로 인한 체육시설업의 승계는 당연히 인정되는 전제에서 사업계획이나 회원과의 약정사항을 승계함에 대한 규정만을 두고 있을 뿐인 점 등에 비추어 그 양수인의 영업 자체가 위법성을 가진다고 평가할 수 없으므로 이는 영업손실보상의 대상이 된다.[121]

(3) 적법한 장소에서 허가등을 받지 아니한 영업의 손실보상

다른 요건을 구비하였다 하더라도 정비계획안에 대한 공람공고일 전부터 허가등을 받아야 행할 수 있는 영업을 허가등을 받지 않은 채 영업해 온 자의 경우에는 원칙적으로 손실보상의 대

---

120) 김영하, 영업손실보상에 관한 연구, 재판자료 제139집(2020년): 행정재판실무연구 Ⅵ, 229.
121) 대법원 2012. 12. 13. 선고 2010두12842 판결.

상이 아니나, 예외적으로 최소한의 영업손실은 보상하고 있다. 현금청산대상자 또는 임차인을 불문한다. 그 범위는 다음과 같다.

즉, 정비계획안에 대한 공람공고일 전부터 허가등을 받아야 행할 수 있는 영업을 허가등을 받지 아니한 채 영업해 온 자가 공익사업의 시행으로 인하여 영업을 계속할 수 없게 된 경우에는 통계법 3조 3호에 따른 통계작성기관이 조사·발표하는 가계조사통계의 도시근로자가구 월평균 가계지출비를 기준으로 산정한 3인 가구 3개월분 가계지출비에 해당하는 금액을 영업손실에 대한 보상금으로 지급하되, 토지보상법 시행규칙 47조 1항 2호에 따른 영업시설·원재료·제품 및 상품의 이전에 소요되는 비용 및 그 이전에 따른 감손상당액은 별도로 보상한다(토지보상법 시행규칙 52조 본문). 다만, 본인 또는 생계를 같이 하는 동일 세대안의 직계존속·비속 및 배우자가 해당 정비사업으로 다른 영업에 대한 보상을 받은 경우에는 영업시설 등의 이전비용만을 보상받는다(토지보상법 시행규칙 52조 단서).

4. 수용재결 시까지 계속 영업할 것

앞서 본 바와 같이 토지보상법 시행규칙 45조 1호는 영업손실을 보상하여야 하는 영업은 계속적으로 행하고 있는 영업일 것을 요한다. 영업손실보상의 대상은 계속적 영업이므로, 수용재결 시까지 영업이 유지되어야 한다.[122] 설령 정비계획안의 공람공고일 이후 정비구역 내의 다른 토지등을 매수 또는 임차하는 등으로 영업장소를 이전하였다 하더라도 수용재결 시까지 영업을 계속한 경우에는 보상요건을 충족한다.

정비계획안에 대한 공람공고일 이후 영업장소 등이 이전되어 수용재결 당시에는 해당 토지 위에 영업시설 등이 존재하지 않게 된 경우 정비계획안에 대한 공람공고일 이전부터 그 토지상에서 영업을 해 왔고 그 당시 영업을 위한 시설이나 지장물이 존재하고 있었다는 점은 이를 주장하는 자가 증명하여야 한다.[123] 주로 임대차계약이 만료되어 영업장소를 이전하는 임차인의 경우에 문제된다. 관리처분계획의 인가·고시가 있더라도 현금청산대상자등은 영업손실보상이 완료되기 전까지는 토지등을 사용할 수 있으므로 영업이 가능하다.

Ⅲ. 보상의 범위

1. 폐업손실보상

가. 요 건

정비사업의 시행으로 인하여 영업을 폐지하는 경우 폐업손실보상의 대상이 된다. 다음 어느 하나에 해당하여야 영업을 폐지하는 경우로 인정된다(토지보상법 시행규칙 46조 2항).

---

122) 대법원 2012. 12. 27. 선고 2011두27827 판결, 대법원 2010. 9. 9. 선고 2010두11641 판결.
123) 대법원 2012. 12. 27. 선고 2011두27827 판결.

⑴ 이전 불가능 또는 혐오시설로서 이전 곤란

㈎ 이전 불가능

영업장소 또는 배후지의 특수성으로 인하여 당해 영업소가 소재하고 있는 시·군·구(자치구를 말한다) 또는 인접하고 있는 시·군·구의 지역 안의 다른 장소에 이전하여서는 당해 영업을 할 수 없는 경우(1호) 폐업손실보상의 대상이 된다.

① 배후지는 해당 영업이 제공하는 재화 또는 용역에 관한 소비자 및 잠재적인 소비자가 소재하는 지역을 의미한다. 배후지의 범위는 영업에서 제공하는 재화나 용역의 종류나 특성, 입지조건, 교통여건, 영업소의 규모 등을 종합적으로 고려하여 판단하여야 한다.

② 반드시 '인접'하고 있는 시·군·구로 이전하지 못할 것을 요건으로 한다. 위 규정은 '연접(서로 잇닿음 또는 이어 맞닿게 함)'과 달리 '인접'을 요건으로 하므로, 근처의 모든 시·군·구 지역 안의 다른 장소로 이전하는 것이 가능한지 여부를 검토하여야 한다. 따라서 그 범위는 상당부분 확장될 것이다. 이전가능성 여부의 판단기준은 법령상의 이전 장애사유 유무와 해당 영업의 종류와 특성, 영업시설의 규모, 인접지역의 현황과 특성, 그 이전을 위하여 당사자가 들인 노력 등과 인근 주민들의 이전 반대 등과 같은 사실상의 이전 장애사유 유무 등을 종합하여야 한다.[124)]

③ 판례는 특별한 법령상의 이전 장애사유가 없다면, 주민들의 반대가 있을 가능성만으로는 폐업손실보상의 요건으로 보지 아니하고, 가맹점의 경우 가맹계약에 따라 영업지역이 제한되는데, 정비구역이 가맹계약상의 영업지역 중 일부에 불과한 경우에는 영업지역 내의 다른 지역으로 가맹점을 이전하여 영업을 할 수 없지 않은 것으로 보고 있다.[125)]

㈏ 혐오시설로서 이전의 곤란

도축장 등 악취 등이 심하여 인근 주민에게 혐오감을 주는 영업시설로서 해당 영업소가 소재하고 있는 시·군·구 또는 인접하고 있는 시·군·구의 지역 안의 다른 장소로 이전하는 것이 현저히 곤란하다고 특별자치도지사·시장·군수 또는 구청장이 객관적인 사실에 근거하여 인정하는 경우(3호)도 폐업손실보상의 대상이 된다.

⑵ 영업허가등의 불가능

당해 영업소가 소재하고 있는 시·군·구 또는 인접하고 있는 시·군·구의 지역 안의 다른 장소에서는 당해 영업의 허가등을 받을 수 없는 경우(2호) 폐업손실보상의 대상이 된다.

공업용 및 의료용 고압가스 도소매업이 실무상 문제되었다. 고압가스 판매업은 건축법령, 고압가스 안전관리법령 등에 따라 엄격한 요건 하에 허가를 받을 수 있는 업종이고, 그 자체가 위험시설임을 이유로 폐업손실보상을 주장하는 사안에서, 인근 각 지방자치단체에 대하여 사실조회한 결과 요건에 부합한다면 이전이 가능하다는 회신이 다수였던 관계로 원고가 위 주장을 철

---

124) 대법원 2002. 10. 8. 선고 2002두5498 판결, 대법원 2003. 10. 10. 선고 2002두8992 판결, 대법원 2005. 9. 15. 선고 2004두14649 판결.

125) 대전고등법원 2018. 7. 26. 선고 2017누13248 판결.

회하기도 하였다.[126]

나. 폐업손실보상의 증명책임

토지보상법 시행규칙 46조 2항이 위와 같이 엄격하게 폐업손실보상의 요건을 규정한 것은 영업장소를 이전하여 영업을 할 수 있는지 여부를 불문하고 정비사업으로 인하여 영업을 폐지한 모든 경우를 폐업손실보상의 대상으로 할 경우, 폐업 여부가 피수용자의 의사에 따라 결정되고 이로써 사회적으로 폐업을 조장하게 되는 부작용이 초래될 수 있기 때문으로 보인다. 폐업손실보상은 예외적 사정이므로 이를 주장하는 자가 증명하여야 한다.

다. 범 위

(1) 내용

정비사업의 시행으로 영업을 폐업함에 따른 영업손실에 대하여는 영업이익과 시설의 이전비용 등을 고려하여 보상하여야 한다(토지보상법 77조 1항). 정비사업의 시행으로 인하여 영업을 폐지하는 경우의 손실보상의 범위는 2년간의 영업이익에 영업용 고정자산·원재료·제품 및 상품 등의 매각손실액을 더한 금액이다(토지보상법 시행규칙 46조 1항).

영업이익과 관련하여서는 개인영업인 경우에는 소득을 의미하는데, 개인의 주된 영업활동에 따라 발생된 이익으로서 자가노력비 상당액(생계를 함께 하는 같은 세대안의 직계존속·비속 및 배우자의 것을 포함한다)이 포함된 것을 말하고, 기업영업인 경우에는 기업의 영업활동에 따라 발생된 이익으로서 매출총액에서 매출원가와 판매비 및 일반관리비를 뺀 것을 의미한다(감정평가기준 840-3의 1, 2호). 단 무허가건축물에서 예외적으로 인정되는 임차인의 영업에 대한 폐업손실의 보상범위는 영업에 대한 보상액 중 영업용 고정자산·원재료·제품 및 상품 등의 매각손실액을 제외한 금액은 1천만 원을 초과하지 못한다(토지보상법 시행규칙 46조 5항).

(2) 영업이익 평가방법

㈎ 기업

영업이익은 해당 영업의 최근 3년간(특별한 사정으로 인하여 정상적인 영업이 이루어지지 아니한 연도를 제외한다)의 평균 영업이익을 기준으로 하여 이를 평가하되, 정비사업의 계획 또는 시행이 공고 또는 고시됨으로 인하여 영업이익이 감소된 경우에는 해당 공고 또는 고시일 전 3년간의 평균 영업이익을 기준으로 평가한다(토지보상법 시행규칙 46조 3항 전문).[127]

㈏ 개인

개인영업으로서 최근 3년간의 평균 영업이익(소득)이 제조부문 보통인부 노임 관련 연간 소득산식 금액[제조부문 보통인부의 노임단가(통계법 3조 3호에 따른 통계작성기관이 같은 법 18조에 따른

126) 서울행정법원 2020. 12. 11. 선고 2018구합76026 판결(확정).

127) 영업이익을 산정함에 있어 회계자료 등 결산서류로 산정이 가능한 기간에 대하여는 결산서류에 의하여 산정하고, 회계자료 등 결산서류만으로는 영업이익을 산정하기 곤란한 기간에 대하여는 그 기간 동안의 부가가치세 신고 사업수입금액을 매출액으로 하여 회계자료 등 결산서류에 의하여 영업이익 산정이 가능한 기간의 평균 원가율과 판매 및 일반관리비율을 적용하여 산정하는 방식이 실제의 영업이익을 반영한 합리적인 산정방법이다(대법원 2004. 10. 28. 선고 2002다3662, 3679 판결).

승인을 받아 작성·공표한 것)×25(일)×12(월)]에 미달하는 경우에는 위 금액을 기준으로 한다(토지보상법 시행규칙 46조 3항 후문, 감정평가기준 840－5.2 3항). 개인영업의 경우에는 영업이익 관련 자료가 제대로 갖추어지지 않은 경우가 많은데, 이러한 경우에 위 규정으로써 보상금 산정의 어려움을 해소함과 동시에 개인 영업자에게 최소한의 보상금액을 보장할 수 있게 된다.[128)]

⑶ 영업용 고정자산 등의 매각손실액

제품 등 재고자산의 매각손실액이란 영업의 폐지로 인하여 제품 등을 정상적인 영업을 통하여 판매하지 못하고 일시에 매각해야 하거나 필요 없게 된 원재료 등을 매각해야 함으로써 발생하는 손실을 말한다. 한편 앞서 본 영업이익에는 이윤이 이미 포함되어 있는 점 등에 비추어 보면 매각손실액 산정의 기초가 되는 재고자산의 가격에 해당 재고자산을 판매할 경우 거둘 수 있는 이윤은 포함되지 않는다.[129)]

라. 환 수

사업시행자는 현금청산대상자등이 영업의 폐지 후 2년 이내에 해당 영업소가 소재하고 있는 시·군·구 또는 인접하고 있는 시·군·구의 지역 안에서 동일한 영업을 하는 경우에는 영업의 폐지에 대한 보상금을 환수하고 영업의 휴업 등에 대한 손실만을 보상한다(토지보상법 시행규칙 46조 4항).

2. 휴업손실보상

정비사업으로 인하여 영업장소를 이전하는 경우와 임시영업소를 설치하여 영업을 계속하는 경우로 구분된다.

가. 영업장소 이전으로 인한 휴업손실보상의 범위

정비사업의 시행으로 영업장소를 이전함에 따라 일시적으로 영업을 휴업함에 따른 영업손실에 대하여는 영업이익과 시설의 이전비용 등을 고려하여 보상하여야 한다(토지보상법 77조 1항). 정비사업의 시행으로 인하여 영업장소를 이전하여야 하는 경우의 영업손실은 다음의 합계액이다.

⑴ 휴업기간에 해당하는 영업이익

㈎ 영업이익

영업이익은 앞서의 폐업손실보상에서 살펴본 바와 같다. 다만, 개인영업으로서 휴업기간에 해당하는 영업이익이 통계법 3조 3호에 따른 통계작성기관이 조사·발표하는 가계조사통계의 도시근로자가구 월평균 가계지출비를 기준으로 산정한 3인 가구의 휴업기간의 가계지출비(휴업기간이 4개월을 초과하는 경우에는 4개월분의 가계지출비를 기준으로 한다)에 미달하는 경우에는 그 가계지출비를 휴업기간에 해당하는 영업이익으로 본다는 점이 차이가 있다(토지보상법 시행규칙 47조 5항, 감정평가기준 840－6.2 2항).

---

128) 김영하, 전게논문, 236.
129) 대법원 2014. 6. 26. 선고 2013두13457 판결.

(나) 휴업기간

① 휴업기간이 실무상 주로 다투어진다. 휴업기간은 4개월 이내로 한다.[130] 다만, 해당 정비사업을 위한 영업의 금지 또는 제한으로 인하여 4개월 이상의 기간 동안 영업을 할 수 없는 경우(1호), 영업시설의 규모가 크거나 이전에 고도의 정밀성을 요구하는 등 해당 영업의 고유한 특수성으로 인하여 4개월 이내에 다른 장소로 이전하는 것이 어렵다고 객관적으로 인정되는 경우(2호) 등에 있어서는 실제 휴업기간으로 하되, 그 휴업기간은 2년을 초과할 수 없다(도시정비법 시행령 54조 2항).

② 실제 휴업기간은 현실적으로 영업을 중단한 기간이 아니라 수용재결에서 정한 수용개시일에 영업을 중단하고 영업시설의 이전을 시작할 경우 장차 영업을 재개할 때까지 통상 소요될 것으로 예상되는 기간으로 규범적 판단이 필요하다. 만일 실제 휴업기간 모두를 영업손실보상 산정에 있어 휴업기간으로 인정한다면, 수용대상자로서는 가급적 법정 최장 휴업기간인 2년간 천천히 영업시설을 이전할 것인바, 이는 그 자체로 수긍하기 어렵다.

③ 피수용자 개개인의 구구한 현실적인 이전계획에 맞추어 휴업기간을 평가하는 경우 자의에 좌우되기 쉬워 평가의 공정성을 유지하기가 어려운 점에 비추어 통상 필요한 이전기간으로 누구든지 수긍할 수 있는 것으로 보이는 4개월이라는 기준을 정하여 통상의 경우에는 이 기준에서 정한 4개월의 기간 내에서 휴업기간을 정하도록 하되, 4개월 이상이 소요될 것으로 누구든지 수긍할 수 있는 특별한 경우임이 증명된 경우에는 그 증명된 기간을 휴업기간으로 정할 수 있다.[131] 여기서 누구든지 수긍할 수 있는 특별한 경우라 함은 앞서 본 도시정비법 시행령 54조 2항 각 호의 사유라 할 것이다. 4개월 이상의 휴업기간을 인정한다 하더라도, 폐업손실보상의 영업손실 범위가 2년간의 영업이익이므로 최장기간은 2년으로 한다.

(2) 영업장소 이전 후 발생하는 영업이익 감소액

영업장소 이전 후 발생하는 영업이익 감소액은 휴업기간에 해당하는 영업이익(개인영업으로 가계지출비를 영업이익으로 인정하는 예외적인 경우에는 이를 의미한다)의 100분의 20으로 하되, 그 금액은 1천만 원을 초과하지 못한다(토지보상법 시행규칙 47조 1항, 7항).

(3) 실비보상

(가) 휴업기간 중 영업용 자산에 대한 감가상각비 등과 휴업기간 중 정상 근무하여야 하는 최소인원에 대한 인건비 등 고정적 비용

고정적 비용은 영업장소의 이전 등으로 인한 휴업기간 중에도 해당 영업활동을 계속하기 위하여 당연히 지출이 예상되는 인건비, 제세공과금, 임차료, 감가상각비(고정자산의 감가상각비 상

130) 2009. 1. 발생한 이른바 '용산참사(구 도시환경정비사업 진행과정에서 보상내용에 반발하는 상가세입자들의 농성과 철거·퇴거과정에서 발생한 화재로 다수가 사망한 사건)'는 재개발사업에서의 상가세입자들에 대한 미흡한 보상이 원인이 되었다고 보아 당시 토지보상법이 휴업기간을 3개월로 규정하고 있었음에도, 2009. 5. 27.자 도시정비법의 개정(토지보상법에도 불구하고 정비사업으로 인한 손실보상의 기준 및 절차를 따로 정할 수 있다)과 이에 따른 2009. 12. 1.자 도시정비법 시행규칙의 개정으로 휴업기간을 4개월로 정하였다. 그 후 토지보상법 시행규칙도 2014. 10. 22. 국토부령 제131호로 개정되어 휴업기간을 4개월로 정하고 있다.

131) 대법원 2007. 3. 15. 선고 2006두17123 판결 참조.

당액), (화재)보험료, 광고선전비, 그 밖의 비용(휴업기간 중에도 계속 지출하게 되는 위 각 호와 비슷한 성질의 것)을 더한 금액으로 산정한다. 다만, 감가상각비 등은 고정자산의 이전이 사실상 곤란하거나 이전비가 취득비를 초과하여 고정자산을 취득하는 경우에는 제외한다.

인건비는 휴업기간 중에도 휴직하지 아니하고 정상적으로 근무하여야 할 최소인원에 대한 실제지출이 예상되는 인건비 상당액으로, 최소인원은 일반관리직 근로자 및 영업시설 등의 이전·설치 계획 등을 위하여 정상적인 근무가 필요한 근로자 등으로서 보상계획의 공고가 있은 날 현재 3개월 이상 근무한 자로 한정한다(토지보상법 시행규칙 47조 1항, 감정평가기준 840-6.4).

수용으로 인한 휴업기간 중의 인건비 손실보상은 휴업기간이 4개월을 초과하는지 여부를 불문하고 그 기간 전체에 걸쳐 지급되었거나 지급되어야 할 휴업수당이나 휴업수당 상당금 등의 인건비를 모두 그 대상으로 하는 것이나, 그중 휴업수당 또는 휴업수당 상당금으로 인한 손실은 달리 그 평가기준에 관한 자료가 없을 경우에는 해당 영업의 형태·규모·내용과 근로자의 수·업무의 내용·일정기간 동안의 근로자의 변동추이·휴업기간 등 모든 관련 사정을 고려하여 그 지급대상·지급액(지급률)·지급기간 등을 산정한 후 이를 기초로 그 보상액을 합리적으로 평가하여야 한다.[132)]

㈏ 영업시설·원재료·제품 및 상품의 이전에 소요되는 비용 및 그 이전에 따른 감손상당액

해체·운반·재설치 및 시험가동 등에 소요되는 일체의 비용으로 하되, 개량 또는 개선비용은 포함하지 아니한다. 영업시설 등의 이전에 소요되는 비용이 취득가격을 초과하는 경우에는 취득가격을 기준으로 산정된다. 단, 이전으로 인하여 본래의 용도로 사용할 수 없거나 현저히 곤란한 영업시설 등에 대해서는 매각손실액을 기준으로 산정된다(토지보상법 시행규칙 47조 1항 2호, 감정평가기준 840-6.5 1항).

㈐ 이전광고비 및 개업비 등 영업장소를 이전함으로 인하여 소요되는 부대비용

영업장소의 이전에 따른 그 밖의 부대비용은 이전광고비 및 개업비 등 지출상당액으로 한다(토지보상법 시행규칙 47조 1항 3호, 감정평가기준 840-6.7).

나. 영업을 휴업하지 아니하고 임시영업소 설치 시의 보상

영업을 휴업하지 아니하고 임시영업소를 설치하여 영업을 계속하는 경우의 영업손실은 임시영업소의 설치비용으로 평가하되, 그 보상액은 휴업손실보상액을 초과하지 못한다(앞서 본 바와 같이 사업시행자가 임시상가를 설치한 경우 상가임차인은 영업시설 등의 이전에 드는 비용 및 영업시설 등의 이전에 따른 감손상당액, 그 밖의 부대비용을 모두 더한 금액을 보상받을 수 있다). 이와 관련하여 임시영업소를 임차하는 경우의 설치비용은 임시영업기간 중의 임차료 상당액과 설정비용 등 그 밖의 부대비용을 더한 금액, 영업시설 등의 이전에 드는 비용 및 영업시설 등의 이전에 따른 감손상당액, 그 밖의 부대비용을 더한 금액으로 산정한다. 임시영업소를 가설하는 경우의 설치비용은 임시영업소의 지료 상당액과 설정비용 등 그 밖의 부대비용을 더한 금액, 임시영업소 신축비용 및 해체·철거비(해체철거 시에 발생자재가 있을 때에는 그 가액을 뺀 금액), 영업시설

---

132) 대법원 2001. 3. 23. 선고 99두851 판결.

등의 이전에 드는 비용 및 영업시설 등의 이전에 따른 감손상당액, 그 밖의 부대비용을 더한 금액으로 산정한다(감정평가기준 840－6.9 1항, 2항).

다. 무허가건축물 임차인의 휴업손실보상 범위

무허가건축물에서의 예외적으로 인정되는 임차인의 영업에 대한 휴업손실의 보상범위는 임차인의 영업에 대한 보상액 중 영업시설·원재료·제품 및 상품의 이전에 소요되는 비용 및 그 이전에 따른 감손상당액을 제외한 금액은 1천만 원을 초과하지 못한다(토지보상법 시행규칙 47조 6항).

Ⅳ. 영업손실보상과 관련한 소송상 쟁점

재결절차를 거쳤는지 여부는 보상항목별로 판단하여야 한다.

피보상자별로 어떤 토지, 물건, 권리 또는 영업이 손실보상대상에 해당하는지, 나아가 보상금액이 얼마인지를 심리·판단하는 기초 단위를 손실보상항목이라고 함은 앞서 본 바이다. 현금청산대상자등의 소유 토지나 물건의 경우에는 원칙적으로 개별 물건별로 하나의 보상항목이 되지만, 영업손실보상의 경우에는 '전체적으로 단일한 시설 일체로서의 영업' 자체가 보상항목이 되고, 세부 영업시설이나 영업이익, 휴업기간 등은 영업손실보상금 산정에서 고려하는 요소에 불과하다. 따라서 영업의 단일성·동일성이 인정되는 범위에서 보상금 산정의 세부요소를 추가로 주장하는 것은 하나의 보상항목 내에서 허용되는 공격방법일 뿐이므로, 별도로 재결절차를 거쳐야 하는 것은 아니다.[133] 즉, 재결단계에서는 휴업기간에 해당하는 영업이익만을 주장하다가, 행정소송(1심 또는 2심) 제기 이후 영업시설의 이전에 소요되는 비용 등을 비롯한 다른 항목을 주장하는 것은 공격방법일 뿐이다. 재결신청에 포함되어 심리·판단된 영업보상 항목에 관하여 수용재결에서 정한 손실보상금을 사업시행자가 수용개시일까지 모두 지급(공탁)하였다면 이로써 토지보상법에 따른 영업손실보상은 완료되었으므로, 사업시행자의 부동산 인도청구에 대하여 임차인 등은 영업손실보상금 일부 미지급을 이유로 이를 거절할 수는 없다.[134]

133) 대법원 2018. 7. 20. 선고 2015두4044 판결.
134) 대법원 2021. 11. 11. 선고 2020다217083 판결.

제4장 가 산 금

제1절 토지보상법 30조 3항의 재결신청 지연가산금

Ⅰ. 총 설

1. 의 의

도시정비법 65조 2항은 사업시행계획인가·고시가 있은 때에는 수용권이 발생하는 토지보상법 20조 1항 및 22조 1항에 따른 사업인정 및 그 고시가 있은 것으로 본다고 규정하고 있다. 구 법 38조(2017. 2. 8. 전부개정 전) 및 현행 법 63조는 재개발사업 시행자는 정비사업을 시행하기 위하여 필요한 경우에는 토지보상법 3조의 규정에 의한 토지·물건 또는 그밖의 권리를 취득할 수 있다고 규정하고 있고, 구 법 40조 및 현행 법 65조 본문은 토지등에 대한 수용에 관하여 도시정비법령에 규정된 사항을 제외하고는 토지보상법을 준용한다고 규정하고 있다.

도시정비법이 준용하는 토지보상법은 사업시행자에 대하여만 토지등에 대한 재결신청권을 부여하고(토지보상법 28조 1항), 현금청산대상자등에게는 재결신청권을 배제하고 있다.

재결신청권을 가진 사업시행자는 정비사업이 순조롭게 진행된다면 관리처분계획 수립 이후의 철거 및 공사착공을 위하여 가급적 신속히 수용재결절차를 진행하려는 경향이 있는 반면, 다수의 현금청산대상자등이 발생하는 경우 등 정비사업이 순조롭게 진행되지 않는 경우 가급적 수용재결절차를 늦추려는 경향도 있다. 왜냐하면 수용재결로 나아가는 경우 사업시행자는 수용개시일까지 반드시 현금청산대상자등에게 현금을 지급 또는 공탁하여야 하고, 이를 위하여 부득이 금융기관으로부터 다액의 금원을 대출받을 수밖에 없어 그 이자의 압박 등으로 정비사업의 추진에 지장을 초래하기 때문이다. 이에 따라 수용재결이 늦춰져 현금청산대상자등으로서는 적기에 현금청산을 받지 못하는 어려움을 겪기 쉽다. 그에 대한 구제책이 현금청산대상자등의 재결신청 청구권제도이다.

즉 2017. 2. 8. 법이 전부개정되기 이전으로 현금청산대상자인 토지등소유자가 토지보상법상의 보상협의 규정(26조)의 특칙인 구 법 47조 1항이 정한 법정의 청산기간(분양신청기간 종료일 다음 날부터 150일 또는 관리처분계획인가를 받은 날의 다음 날로부터 90일) 내에 협의에 따른 청산금을 지급받지 못하는 경우, 토지보상법 30조 1항에 따라 사업시행자에게 재결신청 청구를 할 수 있고, 사업시행자는 그때부터 60일을 지나 재결신청한 경우, 지연된 기간에 대하여 소촉법

3조에 따른 법정이율을 적용하여 산정한 금액을 재결한 보상금에 가산하여 지급할 의무를 부담한다(토지보상법 30조 3항). 다만 영업손실보상의 대상인 영업용 점포의 임차인은 사업시행계획인가·고시 이후 토지보상법상의 보상협의 규정[보상계획의 공고·통지 및 열람(15조), 감정평가(68조) 및 이를 기초로 한 사업시행자와의 협의(16조)[1)]]에 따른 청산금을 지급받지 못하는 경우, 앞서 본 토지보상법 규정에 따라 사업시행자에게 재결신청 청구를 할 수 있고, 사업시행자가 60일을 지나 재결신청한 경우, 지연된 기간에 대하여 토지보상법 30조 3항이 정한 지연가산금을 지급받을 수 있다. 이는 재결신청권은 사업시행자에게만 있고, 현금청산대상자등에게는 재결신청권이 없어 수용을 둘러싼 법률관계의 조속한 확정을 바라는 현금청산대상자등의 이익을 보호하고 수용당사자 간의 공평을 기하기 위한 것이다.

한편, 2017. 2. 8.자 법의 전부개정으로 현금청산대상자인 토지등소유자가 법 73조 1항이 정한 법정의 청산기간(관리처분계획 인가·고시를 받은 날의 다음 날로부터 90일) 내에 협의에 따른 청산금을 지급받지 못하는 경우, 사업시행자는 그 기간의 만료일부터 60일 이내에 수용재결을 신청하여야 하고(법 73조 2항), 60일을 넘겨 수용재결을 신청한 경우 지연일수의 기간에 따라 100분의 5 내지 100분의 15까지의 지연손해금을 지급하여야 하며(법 73조 3항), 이는 앞서 살펴본 바와 토지보상법 30조 3항과 중복하여 적용될 수 없는 토지보상법 30조의 특칙이다[제1장 Ⅲ. 2. "마. 토지보상법 제30조와의 관계(재개발사업)" 참조].[2)] 다만 위 규정은 부칙 18조에 의하여 위 규정의 시행일인 2018. 2. 9. 이후 최초로 관리처분계획인가를 신청한 경우부터 적용된다(그 경우에도 이미 토지보상법 30조 1항의 재결 신청을 청구한 경우에는 예외이다). 한편 영업손실보상의 대상인 영업용 점포 임차인의 경우에는 위 규정과 무관하게 계속하여 토지보상법 30조가 적용된다. 이하에서는 토지보상법 30조 1항의 재결신청 청구 및 그에 따른 재결신청 지연가산금을 자세히 살펴보되, 실무상 주로 문제가 되는 현금청산대상자인 토지등소유자를 전제로 살펴본다. 토지보상법 30조 3항의 재결신청 지연가산금은 재결의 내용이 되므로, 토지보상법 87조의 가산금과 더불어 재결에 따른 가산금 항목으로 살펴본다.

2. 재결신청 지연가산금이 적용되는 현금청산대상자의 범위

가. 법정의 현금청산대상자

재개발사업 시행자는 구 법 47조 1항 및 현행 법 73조 1항에서 정한 법정의 청산기간 내에 현금청산대상자와 토지등에 대한 청산금 및 영업손실보상금에 대한 보상협의를 하여야 하고, 청산금을 지급하여야 하므로 위 기간 내에 협의에 따른 청산금을 지급하지 아니하면 토지보상법 30조가 적용된다.

---

1) 사업시행자는 임차인과 영업손실보상에 관하여 성실하게 협의하여야 한다(토지보상법 16조). 사업시행자는 협의를 하려는 경우에는 임차인에게 보상협의요청서에 협의기간·협의장소 및 협의방법, 보상의 시기·방법·절차 및 금액 등을 기재하여 통지하여야 하고, 협의기간은 특별한 사유가 없으면 30일 이상으로 하여야 한다(토지보상법 시행령 16조 1항, 3항).

2) 법 73조 3항의 지연가산금은 현금청산대상자의 수용재결신청 청구와 무관하게 사업시행자가 현금청산기간 도과 이후 60일 이내에 수용재결신청하지 아니하면 발생하나, 토지보상법 30조 1항의 지연가산금은 법정 기간이 도과되었다 하더라도, 사업시행자가 현금청산대상자로부터 수용재결신청 청구를 받은 후 60일 이내에 수용재결신청을 하지 아니하는 경우에 한하여 발생되는 점에서 차이가 있고, 지연가산금 비율에서도 차이가 있다.

나. 정관상의 현금청산대상자

(1) 일반적인 정관상의 현금청산대상자

(가) 정관상의 분양계약규정에 따른 분양계약 체결기간 내에 분양계약 체결에 응하지 아니하여 정관 규정에 따라 현금청산대상자가 된 자에 대하여 토지보상법 30조를 적용한다는 정관상 규정이 없다 하더라도 도시정비법 65조 1항에 의하여 재개발사업에 준용되는 토지보상법 30조에 의한 재결신청 지연가산금이 적용된다 할 것이다.[3] 그 논거는 다음과 같다.

ⓐ 토지보상법 30조는 사업인정에 따른 협의불성립과 그에 따른 재결신청을 전제로 하기 때문인데, 비록 현금청산대상자가 된 형식적 근거가 다르기는 하나, 분양신청기간 내에 분양에 응하지 않아 현금청산대상자가 되는 경우와 분양계약 체결기간 내에 분양계약 체결에 응하지 아니하여 현금청산대상자가 되는 경우를 달리 취급할 실질적 근거를 찾기 어렵다.

ⓑ 재결신청 지연에 따른 제재와 현금청산대상자에 대한 손해 전보의 필요성이라는 입법취지는 동일하게 적용된다.

(나) 다만, 서울 표준정관(45조 4항, 3항)처럼 정관상 도시정비법 73조 3항의 특별 지연손해금의 적용을 규정하고 있는 경우에는 법정의 현금청산대상자와 마찬가지로 2018. 2. 9. 이후로서 최초 관리처분계획인가를 신청한 이후에는 토지보상법 30조 3항은 적용되지 아니한다.

(2) 분양신청기간 종료 이후 분양신청철회자

분양신청기간이 종료된 후에 임의로 분양신청을 철회한 자는 법 73조 1항의 법정 현금청산대상자에 포함되지 아니한다. 분양신청을 한 토지등소유자가 분양신청기간 경과 후 분양신청을 철회하고 사업시행자가 이에 동의함으로써 추가로 현금청산대상자가 된 경우, 그러한 현금청산대상자에 대한 사업시행자의 청산금 지급의무는 '분양계약 체결기간의 종료일 다음 날' 발생하므로, 설령 분양계약 체결기간에도 이르기 전에 사업시행자의 재결신청과 그에 따른 수용재결이 이루어진 경우에는 사업시행자의 재결신청 지연을 이유로 한 토지보상법 30조 3항이 정한 가산금은 발생할 여지가 없다.[4]

Ⅱ. 법적 성격

1. 지연손해금

토지보상법 30조 3항의 재결신청 지연가산금은 법 73조 3항의 지연가산금과 마찬가지로 사업시행자가 청산을 지연함에 따른 지연손해금(금전채무의 이행지체 대한 손해배상으로서의 지연손해금)이다.[5] 특히 현금청산대상자의 부동산 인도의무의 이행 또는 이행제공이 필요하지 아니한

---

3) 정면에서 이 부분을 설시한 대법원 판례는 없으나, 위 규정이 적용됨을 전제로 토지보상법 30조에서 정한 재결신청 지연가산금 요건에 해당하지 않는다고 설시한 판례들은 존재한다(대법원 2014. 7. 10. 선고 2013두5074 판결, 대법원 2011. 12. 22. 선고 2011두17936 판결, 만일 분양계약 체결기간 내에 분양계약 체결에 응하지 아니하여 현금청산대상자가 된 자에 대하여 토지보상법 30조 규정이 적용되지 아니한다면 주장 자체로 이유없다고 배척하였을 것으로 보인다).
4) 대법원 2014. 8. 26. 선고 2013두4293 판결.
5) 대법원 1997. 10. 24. 선고 97다31175 판결.

수용보상금에 대한 특별한 법정 지연손해금이다.

2. 법정 제재

재결신청 지연가산금으로 소촉법 3조에 따른 고율(2015. 9. 30.까지는 연 20%, 2015, 10. 1.부터 2019. 5. 30.까지는 연 15%, 2019. 6. 1. 이후는 연 12%)의 법정이율을 인정한 것은 사업시행자가 정해진 기간 내에 재결신청을 하지 않고 지연한 데 대한 제재의 성격도 가지고 있기 때문이다.[6] 따라서 사업시행자가 재결신청을 지연하였다고 볼 수 없는 특별한 사정이 있는 경우에는 그 해당 기간 동안은 지연가산금이 발생하지 않는다.[7]

Ⅲ. 요 건

1. 협의기간 내에 협의가 성립하지 아니할 것

가. 법정 현금청산대상자

사업시행자는 구 법 47조 1항 및 현행 법 73조 1항의 법정 현금청산대상자와 법정기간 내에 협의가 성립하지 않아야 한다. 법정기간은 구 법(2013. 12. 24. 개정되기 전의 것) 47조 1항에 의하면, 분양신청기간 종료일 다음 날부터 150일 이내(분양신청포기자), 관리처분계획인가일 다음 날부터 150일 이내(인가된 관리처분계획에 따라 분양대상에서 제외된 자)이고, 구 법(2013. 12. 24. 개정이후로서 2017. 2. 8. 개정되기 전) 47조 1항에 의하면, 법정 현금청산대상자는 모두 관리처분계획인가일 다음 날부터 90일 이내이며, 현행 법 73조 1항에 의하면, 법정 현금청산대상자는 모두 관리처분계획인가·고시일 다음 날부터 90일 이내이다.

나. 정관상의 현금청산대상자

정관에 의하여 분양계약제도가 인정되는 재개발사업에서는 사업시행자의 현금청산대상자에 대한 청산금 지급의무 발생일인 분양계약 체결기간 종료일 다음 날부터 정관에서 정한 협의기간 내에 보상협의가 성립하지 않아야 한다. 서울 표준정관은 법 73조 1항의 협의기간을 규정하고 있고(90일, 표준정관 45조 4항, 1항), 국토부 표준정관은 구 법(2013. 12. 24. 개정되기 전의 것) 47조 1항의 협의기간을 규정하고 있다(150일, 표준정관 44조 5항, 4항). 정관에 따라서는 이사회의 의결을 통하여 30일의 범위 내에서 1회 연장이 가능하다고 규정하기도 한다.

2. 법정사항이 기재된 서면에 의한 재결신청 청구

가. 의 의

원칙적으로는 현금청산대상자가 현금청산기간 만료 후 재결신청의 청구를 하여야 적법하다. 다만, 현금청산대상자가 현금청산기간이 만료되기 이전에 사업시행자에게 재결신청의 청구를 하였다 하더라도 현금청산대상자가 사업시행자와 사이에 청산금 지급대상 여부나 청산금 범위에

6) 대법원 2020. 8. 20. 선고 2019두34630 판결.
7) 위 2019두34630 판결.

관한 다툼이 심하여 현금청산기간 내에 협의가 성립될 가능성이 없다고 볼 수 있는 명백한 사정이 있는 경우에는 그러한 재결신청 청구도 유효하다고 보아야 한다.[8] 실무상으로는 현금청산대상자가 자신의 권리를 보호하기 위하여 위 협의기간 종료 전 또는 종료 직후 토지보상법 30조 1항에 의한 수용재결신청 청구를 하는 것이 일반적이다.

나. 재결신청청구서

현금청산대상자는 대통령령으로 정하는 바에 따라 서면으로 재결신청을 청구하여야 한다(토지보상법 30조 1항). 재결신청청구서에는 사업시행자의 성명 또는 명칭, 정비사업의 종류 및 명칭, 현금청산대상자의 성명 또는 명칭 및 주소, 대상 토지등(영업손실보상 포함)의 소재지·지번·지목 및 면적과 토지에 있는 물건의 종류·구조 및 수량, 협의가 성립되지 아니한 사유 등이 기재되어야 한다(토지보상법 시행령 14조 1항).

재결신청 청구의 법적 효과는 지연기간에 대하여 소촉법상의 지연가산금이 발생하는 것으로서, 그 효과가 매우 중대하므로 재결신청 청구가 존재함을 명확히 하기 위해 이를 법정의 서면행위로 규정하고 있다. 다만, 재결신청청구서에 토지보상법령이 위와 같은 형식을 요구하는 취지는 현금청산대상자의 의사를 명확히 하려는 데 있고, 재결신청의 청구는 엄격한 형식을 요하지 아니하는 서면행위이므로, 현금청산대상자가 서면에 의하여 재결신청 청구의 의사를 명백히 표시한 이상 위 기재사항 중 일부를 누락하였다고 하더라도 위 청구의 효력을 부인할 것은 아니다.[9]

다. 재결신청청구서의 송달

(1) 방법

재결신청청구서는 사업시행자에게 직접 제출하거나 우편법 시행규칙 25조 1항 4호(내용·배달증명취급우편물)에 따른 증명취급의 방법으로 한다(토지보상법 시행규칙 12조). 후자의 경우가 일반적인데, 이는 그 내용, 배달일자 및 수취인을 증명하기 위한 것이다.

(2) 재결신청 청구 우편물의 수취 거부

(가) 법리

일반적으로 내용증명 및 배달증명취급 우편물로 재결신청을 청구하는바, 상대방이 부당하게 배달증명취급 우편물의 수취를 거부함으로써 그 우편물의 내용을 알 수 있는 객관적 상태의 형성을 방해한 경우 그러한 상태가 형성되지 아니하였다는 사정만으로 발송인의 의사표시의 효력을 부정하는 것은 신의성실의 원칙에 반하므로 허용되지 아니한다.

이러한 경우에는 부당한 수취 거부가 없었더라면 상대방이 우편물의 내용을 알 수 있는 객관적 상태에 놓일 수 있었던 때, 즉 수취 거부 시에 의사표시의 효력이 생긴 것으로 보아야 한다. 여기서 우편물의 수취 거부가 신의성실의 원칙에 반하는지 여부는 발송인과 상대방과의 관계,

---

8) 대법원 2015. 12. 23. 선고 2015두50535 판결.
9) 대법원 1995. 10. 13. 선고 94누7232 판결.

우편물의 발송 전에 발송인과 상대방 사이에 그 우편물의 내용과 관련된 법률관계나 의사교환이 있었는지, 상대방이 발송인에 의한 우편물의 발송을 예상할 수 있었는지 등 여러 사정을 종합하여 판단하여야 한다. 이때 우편물의 수취를 거부한 것에 정당한 사유가 있는지에 관해서는 수취거부를 한 상대방이 이를 증명할 책임이 있다.[10)]

㈏ 구체적 사안

사업시행자는 현금청산대상자와 사이에 종전자산을 취득하기 위한 보상협의가 성립하지 않아 현금청산대상자에게 청산기간인 분양신청기간 종료일 다음 날부터 150일 이내에 청산금을 지급하지 못했으므로, 그 무렵부터는 현금청산대상자가 사업시행자에게 재결신청을 청구할 가능성이 높은 상황이었던 사안에서, 판례는 우편물의 봉투 겉면에는 발송인이 "법무법인 ○○ 대표변호사 ○○○"이라고만 기재되어 있어서, 그 봉투 겉면만으로는 재결신청청구서가 포함되어 있다는 점을 파악하기는 어려운 측면이 있었지만, 우편물의 발송인이 '법무법인'이고 내용증명 및 배달증명방식의 우편물이었으므로, 사회통념상 중요한 권리행사를 위한 것이었음을 넉넉히 추단할 수 있는 점, 현금청산대상자의 대리인이었던 '법무법인 ○○'가 10일 간격으로 3회 반복하여 동일한 내용의 우편물을 발송하였음에도 사업시행자가 매번 수취를 거부한 점, 사업시행자가 우편물에 재결신청청구서가 포함되어 있는지 여부를 정확히 알지는 못했다고 하더라도, 적어도 재개발사업의 시행에 관한 이해관계인의 정당한 권리행사를 방해하려는 목적의식을 가지고 수취를 거부한 것이라고 추단할 수 있는 점 등을 종합하여 사업시행자의 수취 거부에도 불구하고 현금청산대상자의 재결신청청구서는 우편물을 통해 사업시행자에게 도달한 것으로 볼 수 있다고 하였다.

㈐ 결론

현금청산대상자로서는 명확성을 기한다는 측면에서 내용증명 및 배달증명방식의 우편물을 발송함에 있어 겉봉투에 본인의 성명, 주소를 기재하고, 재결신청청구서임을 명확히 표시해 두는 것이 바람직하다(우편법 시행규칙 51조 1항에 의하면, 내용증명우편물의 내용문서 원본과 우편물의 봉투에 기재하는 발송인 및 수취인의 성명·주소는 동일하여야 한다고 규정하고 있다).

3. 청구 후 60일 이내 수용 재결신청 미이행

가. 사업시행자가 재결신청 청구를 받고도, '청구를 받은 날'부터 '60일 이내'에 관할 토지수용위원회에 재결을 신청하지 아니하여야 한다(토지보상법 30조 2항). 토지보상법상 재결신청은 관할 토지수용위원회가 재결절차를 개시하는 요건으로 재결의 대상 및 범위를 결정하는 절차상 의미를 지니고, 토지수용위원회는 적법한 재결신청에 따라 개시된 절차에서 재결을 통하여 보상금 및 재결신청 지연가산금을 판단하며, 사업시행자는 재결에서 인정된 보상금과 함께 재결신청 지연가산금을 지급할 의무가 발생한다.

따라서 토지보상법상 재결신청의 의미를 통일적, 체계적으로 해석하고 지연가산금 판단에 관

10) 대법원 2020. 8. 20. 선고 2019두34630 판결.

한 절차적 안정성과 명확성을 확보하기 위해서는 지연가산금 산정의 종기에 해당하는 '재결신청일'은 해당 재결절차의 개시 원인이 된 재결신청을 의미한다고 보아야 하고, 사업시행자가 종전에 이와 별개로 재결신청을 한 적이 있었더라도 이는 고려요소가 아니다.

만일 종전 재결신청도 이에 포함된다고 본다면, 토지수용위원회가 지연가산금 판단을 위해 사업시행자가 해당 재결절차의 개시 원인이 된 재결신청 이전에 동일한 사업인정을 토대로 재결신청을 한 적이 있었는지 여부 및 그 재결신청의 적법·유효 여부를 조사, 판단하게 되어 수용에 관한 권리관계를 신속히 확정하려는 재결절차의 취지에 반한다.[11)]

나. 토지수용위원회가 재결신청서 자체의 하자가 중대하거나 요건을 갖추지 못하였음을 이유로(보정에 불응하는 경우 등 포함) 재결신청을 각하하는 재결을 한 경우, 그와 같은 하자 있는 재결신청서 제출이 재결신청 지연가산금의 지급을 면탈할 목적으로 하는 형식적 재결신청임이 명백하면 지연가산금 산정의 종기에 해당하는 재결신청으로 인정할 수 없다.

4. 재결신청 청구의 전제로서 토지보상법상의 협의 사전절차 불요

실무상 재결서상의 재결신청 가산금이 과다하고 주장하며, 재결신청 지연가산금의 채무부존재확인 소송과정에서 토지보상법상의 협의 사전절차가 누락되었음을 주장하는 경우가 흔히 있다.

그러나 앞서 제3장 제1절 Ⅱ. "1. 재결신청 청구의 전제로서 토지보상법상의 협의 사전절차 요부(불요)"에서 살펴본 바와 같이 토지보상법상 협의 및 사전절차(토지보상법 14조, 15조, 16조, 68조)는 현금청산대상자에 대한 협의불성립에 따른 재결에 적용되지 아니한다.[12)] 다만, 임차인의 영업손실보상에는 적용된다 할 것이다.

Ⅳ. 효 과

1. 재결신청 지연가산금 발생

가. 재결신청 지연가산금의 내용

사업시행자가 재결신청 청구를 받고도 그때부터 60일을 넘겨서 재결을 신청하였을 때에는 그 지연된 기간에 대하여 소촉법 3조에 따른 법정이율(연 12%)을 적용하여 산정한 금액을 관할 토지수용위원회에서 재결한 보상금에 가산(加算)하여 지급하여야 한다(토지보상법 30조 2항). 위와 같이 중대한 효과가 발생하므로, 위 규정에 대하여는 여러 차례 위헌 여부에 대한 헌법소원 등이 제기되었으나, 헌법재판소는 2020. 9. 24. 선고 2018헌바239 결정 및 2019. 5. 30. 선고 2017헌바503 결정으로 모두 합헌을 선고하였다.

재결신청 지연가산금 액수는 재결신청 지연기간, 관할 토지수용위원회에서 재결한 보상금, 소촉법 3조에 따른 이율이라는 3개요소에 의하여 결정된다. 소촉법 3조에 따른 이율은 법정되어 있으므로, 이하에서는 재결신청 지연기간, 수용재결 보상금에 관하여 살펴본다.

---

11) 서울고등법원 2020. 11. 13. 선고 2020누39213 판결(확정) 및 서울행정법원 2020. 4. 3. 선고 2018구합86245 판결.
12) 대법원 2015. 11. 27. 선고 2015두48877 판결.

나. 재결신청 지연기간

⑴ 법리

㈎ 원칙

현금청산대상자가 현금청산기간 만료 후 재결신청의 청구를 한 경우에는 사업시행자가 재결신청의 청구를 받은 날부터 60일이 경과한 날이 재결신청 지연기간의 시기가 되고, 사업시행자가 관할 토지수용위원회에 재결신청을 한 날이 종기가 되어 지연기간이 계산된다.

㈏ 예외(재결신청을 지연하였다고 볼 수 없는 특별한 사정)

① 내용

재결신청 지연가산금은 제재의 성격도 있으므로, 사업시행자가 재결신청 청구를 받은 날로부터 60일 내에 재결신청을 하지 않았더라도, 법적 성격상 사업시행자가 재결신청을 지연하였다고 볼 수 없는 특별한 사정이 있는 경우에는 그 해당 기간 동안은 지연가산금이 발생하지 않음은 앞서 본 바이다. 다만, 그 증명책임은 사업시행자에게 있다.

② 구체적 사례

㉮ 재결신청 청구 후 별도의 보상협의 약정이 있는 경우

현금청산대상자가 재결신청을 청구하였으나, 그 이후 현금청산대상자와 사업시행자 사이에 보상협의절차를 다시 진행하기로 합의하였다면, 협의가 진행된 기간은 그와 같은 특별한 사정이 있는 경우에 해당한다.[13)]

㉯ 관할 지방토지수용위원회가 사업시행자의 재결신청을 반려한 경우

㉠ 쟁점

관할 지방토지수용위원회가 사업시행자의 재결신청을 반려하는 경우가 있다. 관할 토지수용위원회는 사업시행자로부터 재결신청을 받으면 그 즉시 이를 접수한 뒤 신청서 등을 관할 시장, 군수, 구청장에게 송부하여 그들로 하여금 지체 없이 공고하게 하고, 일반인이 열람할 수 있도록 하는 절차를 거쳐야 하므로(토지보상법 31조 1항, 법 시행령 15조), 위 규정에 비추어 재결신청 반려가 허용될 수 있는지 여부가 문제된다.

㉡ 판단

관할 토지수용위원회는 재결신청에 대하여 조사 및 심리에 나아갈 수 있을 뿐, 재결신청서의 접수 단계에서 이를 거부할 권한이 있다고 보기 어려우므로, 재결신청을 반려한 경우는 사업시행자에게 귀책사유가 없어 재결신청을 지연하였다고 볼 수 없는 특별한 사정으로 인정되어야 한다.[14)] 위와 같이 관할 토지수용위원회의 재결신청 반려의 경우, 사업시행자에게 재결지연가산금

---

13) 대법원 2017. 4. 7. 선고 2016두63361 판결.

14) 서울고등법원 2019. 11. 5. 선고 2019누44059 판결(확정) 및 서울행정법원 2019. 4. 26. 선고 2018구합53078 판결(① 토지보상법 29조 3항이 사업시행자가 관할 토지수용위원회에 협의 성립의 확인을 신청하였을 때에는 관할 토지수용위원회가 이를 '수리'함으로써 협의 성립이 확인된 것으로 본다고 규정하고 있는 것과 달리, 같은 법 31조 1항은 관할 토지수용위원회가 재결신청서를 '접수'하였을 때 '지체 없이' 이를 공고하여야 한다고만 규정하고 있으므로, 재결신청서를 접수하는 단계에서 토지수용위원회가 실질적인 심사권을 행사하여 재결신청을 반려할 수 없다, ② 관할

이 인정되지 아니하므로, 수용을 둘러싼 법률관계의 조속한 확정을 바라는 현금청산대상자의 이익이 부당하게 침해될 수 있다. 주의를 요한다.

⑵ 재결의 실효

㈎ 기존 대법원 판례

토지보상법 42조 1항에 의하여 사업시행자가 수용개시일까지 재결보상금을 지급 또는 공탁하지 아니한 때에는 재결은 효력을 상실하고, 그 경우 사업시행자의 재결신청도 효력을 상실하므로, 사업시행자는 다시 토지수용위원회에 재결을 신청하여야 한다. 그 신청은 재결실효 전에 현금청산대상자가 이미 재결신청을 청구한 바가 있을 때에는 재결실효일로부터 60일 내에 하여야 하고, 그 기간을 넘겨서 재결신청을 하면 지연된 기간에 대하여도 토지보상법 30조 3항에 따라 소촉법 3조에 따른 법정이율을 적용하여 산정한 지연가산금을 지급하여야 한다.[15)]

재결이 실효된 이후 사업시행자가 재결실효일로부터 60일이 경과하기 전에 다시 재결신청을 하였다면, 위 기간 동안에는 재결신청 지연가산금이 발생하지 않고, 재결신청이 60일이 경과한 후에 이루어졌다면 그 지연기간 동안 재결신청 지연가산금이 발생함이 원칙이다. 다만 재결실효 이전에 재결신청 청구에 따른 재결신청기간이 60일을 경과하였다면 그 지연기간 동안의 재결신청 지연가산금은 인정되어야 하고, 재결실효에 따른 현금청산대상자가 받는 손실은 토지보상법 42조 2항에 의하여 보상받아야 한다.[16)]

㈏ 서울고등법원 2024. 7. 10. 선고 2023누55506 판결 등[17)]

수용재결 실효 후 사업시행자가 그로부터 60일 내에 다시 수용재결을 신청한 사안에서, 서울고등법원은 사업시행자에게 수용재결 실효일로부터 60일 간의 재결신청 유예기간을 다시 부여한다는 명시적인 규정이 없고, 60일을 다시 기간산정에서 제외함으로써 사실상 사업시행자에게 60일의 유예기간을 반복하여 부여하고 토지등소유자의 불안정한 법률적 지위를 지속시키는 것은 위 제도의 취지에 어긋나는 것이어서 허용될 수 없음을 근거로 수용재결 실효 후 60일 이내에 재차 재결신청을 한 경우에도 그 기간 동안의 지연가산금이 발생한다는 원심 판단을 인용하였다.

㈐ 결론

① 대법원 판례는 재결이 실효되었다면, 사업시행자는 새롭게 재결을 신청하여야 하고, 재결신청을 위해서는 법정의 서식에 각종의 법정 서류를 첨부하여 하는 등으로 일정한 기간이 소요됨이 자명하며, 법이 60일의 유예기간을 둔 것도 이러한 점을 고려한 것이고, 재결실효에 따른

토지수용위원회로서는 재결신청서의 기재 내용 또는 첨부 서류 등에 흠결이 있다 하더라도, 일단 재결신청서를 접수한 뒤 사업시행자에게 일정한 기간을 정하여 보완하도록 요구할 수 있다. 그럼에도 불구하고, 토지수용위원회가 보완 요구를 거치지 아니한 채 곧바로 재결신청 자체를 반려하는 것은 사업시행자로 하여금 피할 수도 있었을 지연가산금 지급의무를 부담하게 하여 부당하다. 만약 사업시행자의 재결신청에 단순한 보완의 정도로 치유할 수 없는 중대하고 명백한 하자가 있다면, 관할 토지수용위원회로서는 해당 신청을 각하하는 재결을 하면 된다).

15) 대법원 2015. 2. 26. 선고 2012두11287 판결, 대법원 2017. 4. 7. 선고 2016두63361 판결.

16) 서울고등법원 2017. 7. 21. 선고 2017누44109 판결(대법원 2017. 4. 7. 선고 2016두63361 판결의 파기환송 후 원심).

17) 대법원 2024. 11. 14. 자 2024두50902 판결 및 서울고등법원 2024. 7. 10. 선고 2023누55506 판결, 인천지방법원 2023. 8. 10. 선고 2022구합56351 판결.

현금청산대상자등의 손실은 토지보상법 42조 2항이 별도로 규정하고 있으므로, 위 규정에 따라 보상받을 수 있다는 점에 근거를 둔 것으로 보인다.

② 위 대법원 판례 중 재결의 실효 이후 60일 이내에 재결신청 시 재결신청 지연가산금이 발생하지 않도록 하는 것은 위 서울고등법원 판례가 적절히 지적하고 있듯이 명문규정에 반하고, 강제적으로 자신의 토지등이 수용되는 토지등소유자의 지위를 불안정하게 할 뿐만 아니라 사업시행자에게 특혜를 부여한 것으로서 부당하고 서울고등법원의 판례가 타당하다.

③ 나아가 위 대법원 판례에 따르면 재개발사업 시행자로서는 재결신청 청구를 받게 되는 경우, 고율의 지연가산금을 부담하지 않기 위하여 일단 60일 내에 재결신청을 하였다가, 재결이 이루어진 후 재결상의 보상금에 대하여 고의로 수용개시일까지 재결보상금을 지급 또는 공탁하지 아니하여 이를 실효시킨 다음, 다시 60일 이내에 재결신청하는 행위를 반복하게 될 것이고, 그 경우 현금청산대상자로서는 청산금을 계속하여 지급받지 못할 뿐만 아니라 지연가산금을 전혀 지급받을 수 없는 문제점이 있으며, 이로써 재결신청 지연가산금 제도의 취지가 몰각되게 될 것이다[재결실효에 따른 손실보상을 받는 절차는 손실이 있음을 안 날로부터 1년 또는 손실이 발생한 날로부터 3년이라는 제척기간이 있고(토지보상법 42조 3항, 9조 5항), 손실보상의 방법도 사업시행자와 현금청산대상자등이 협의하여 결정하되, 협의가 성립되지 않으면 현금청산대상자가 재결을 신청하여 발생한 손실을 적극적으로 증명하여야 하므로(토지보상법 42조 3항, 9조 6항, 7항), 현금청산대상자에 대한 적시의 유효한 구제수단으로 보기 어렵다].

따라서 사업시행자가 재결보상금을 수용개시일까지 지급 또는 공탁하지 아니하는 경우에는 처음부터 재결신청이 없는 것으로 보아 최초 재결신청 청구일부터 60일이 경과한 날을 시기로 하고, 추후 재결신청서 제출일을 종기로 하여 지연가산금을 산출함이 타당하다. 다만, 위 대법원 판례가 유지되는 동안에는 실무상 위 토지보상법 42조 2항의 규정을 적용함에 있어 재결실효로 인하여 현금청산대상자가 입은 손실을 특별한 증명 없이 재결신청 지연가산금 상당으로 인정해 주어야 할 것이다.

⑶ 사업시행기간 만료 등과 재결신청 청구 및 재결신청 지연기간

㈎ 개요

정비사업은 장기간에 걸쳐 진행되고, 그 과정에서 수용권 발생의 근거가 되는 사업인정으로 간주되는 사업시행계획이 기간만료나 폐지 등으로 실효되었다가 다시 별도의 기간으로 사업시행계획인가를 받는 경우가 흔히 발생한다. 실무상 현금청산기간 진행 중 사업시행기간이 만료되는 경우 또는 재결신청 청구 이후 사업시행기간이 만료되는 경우 등 사업시행기간 만료 등과 재결신청 지연기간과 관련한 다양한 다툼이 있는바, 분양신청을 포기한 자 등 법정 현금청산대상자의 경우 현금청산기간이 분양신청기간 종료일 다음 날부터 150일인 법이 2013. 12. 24. 개정되기 이전의 사안에서 주로 문제되었다[현금청산기간이 관리처분계획인가일(인가·고시일)로부터 90일로 법이 2013. 12. 24. 개정된 이후에는 현금청산의 종기가 대폭 늦춰져 특별히 이 부분이 쟁점으로 부각되지 않는 듯하다]. 한편, 수분양조합원이 정관에 의한 분양계약 체결을 거절하여 현금청산대상자가 되는 정관상의 현금청산대상자의 경우 국토부 표준정관에서 정한 분양계약 체결기간 다음 날부터 150일(서울 표준정관은 90일)이라는 청산기간 진행 중 사업시행계획의 기간이 만료되는 경우 또는 재결신청 청구 이후 사업시행계획의 기간이 만료되는 경우 등 법정 현금청산대상자의 경우와 동일한 문제가 발생한다.

㈏ 법리

① 사업시행기간이 경과되었다고 하여 유효하게 수립된 사업시행계획 및 그에 기초하여 이루어진 사업시행의 법적 효과가 소급하여 그 효력을 상실하여 무효로 된다고 볼 수 없고,[18] 사업시행기간의 도과는 토지등에 대한 수용권이 부여되는 토지보상법상의 사업인정 의제효가 장래를 향하여 실효되는 효과만이 있고, 사업시행기간 만료 이전에 발생한 조합관계 탈퇴라는 법적 효과가 소급적으로 소멸하거나 이미 상실된 조합원의 지위가 자동적으로 회복된다고 볼 수는 없다.[19] 나아가 사업시행기간이 사업시행계획의 효력기간을 정한 것도 아니다. 따라서 사업시행기간 내에 이루어진 재결신청은 유효하고, 그에 대한 재결이 사업시행기간 이후에 이루어져도 이는 적법하다.

② 도시정비법 65조 3항은 재결신청은 사업시행기간 이내에만 가능하므로, 사업시행계획인가에서 정한 사업시행기간이 만료된 이후 새로운 사업시행계획변경인가가 고시된 날의 전날까지는 재결신청이 법률상 불가능하다. 따라서 위 기간 동안에는 재결신청을 지연하였다고 볼 수 없는 특별한 사정이 있는 것으로 보아 지연가산금이 발생하지 않는다.[20]

③ 재개발사업의 사업시행계획인가는 사업시행기간 경과로 실효되고, 그 후에 실효된 사업시행계획에 대한 변경인가를 통하여 그 시행기간을 연장하였다고 하여 실효된 사업시행계획의 인가가 효력을 회복하여 소급적으로 유효하게 될 수는 없으나, 사업시행계획변경인가도 사업시행자에게 정비사업을 실시할 수 있는 권한을 설정하여 주는 처분인 점에서는 당초의 인가와 다를 바 없으므로 사업시행계획인가·고시에 정해진 사업시행기간 경과 후에 이루어진 변경인가·고시도 그것이 새로운 인가로서의 요건을 갖춘 경우에는 그에 따른 효과가 있다.[21] 따라서 새롭게 사업시행계획변경인가가 고시된 날부터는 사업시행자가 다시 재결신청의무를 부담하게 되어 이를 전제로 한 지연가산금 역시 발생한다고 할 것이다.

㈐ 분양신청기간 종료일 다음 날부터 사업시행기간이 150일(2013. 12. 24. 법 개정 이전 사안)에 미치는 못하는 경우

① 앞서 본 바와 같이 사업시행기간은 사업시행계획의 효력기간으로 볼 수 없는 점, 사업시행기간 내에 수용재결신청이 있으면 관할 토지수용위원회는 사업시행기간 이후에도 유효하게 재결할 수 있는 점 등에 비추어 볼 때, 사업시행자는 분양신청기간 종료일 다음 날부터 위 사업시행기간이 만료된 이후에도 계속하여 현금청산대상자와 협의를 진행하고 청산금을 지급할 수

18) 대법원 2016. 12. 1. 선고 2016두34905 판결.
19) 대법원 2018. 11. 16. 자 2018두53764 판결 및 서울고등법원 2018. 6. 21. 선고 2017누66307(본소), 66314(반소) 판결.
20) 대법원 2018. 11. 16. 자 2018두53764 판결 및 서울고등법원 2018. 6. 21. 선고 2017누66307(본소), 66314(반소) 판결, 대법원 2020. 11. 26. 자 2020두47106 판결 및 서울고등법원 2020. 7. 16. 선고 2019누63661 판결, 서울행정법원 2019. 10. 16. 선고 2018구합86351 판결.
21) 대법원 1991. 11. 26. 선고 90누9971 판결, 대법원 2005. 7. 28. 선고 2003두9312 판결, 대법원 2017. 6. 19. 선고 2015다70679 판결, 대법원 2016. 12. 1. 선고 2016두34905 판결.

있다. 따라서 사업시행기간이 만료된 이후에도 계속하여 150일의 현금청산기간은 진행되어 사업시행기간 만료 이후 150일의 현금청산기간이 경과될 수 있다.[22)]

② 현금청산대상자가 현금청산기간 만료 이후(이미 사업시행기간이 만료된 이후이다) 재결신청 청구를 할 수 있는지 여부가 문제된다[사업시행자는 사업시행기간이 만료되면 당해 사업시행계획에 기한 재결신청이 불가능하므로, 설령 현금청산대상자의 재결신청 청구가 적법하다 하더라도, 새로운 사업시행변경인가·고시될 때까지는 재결신청을 지연하였다고 볼 수 없는 특별한 사정이 있는 경우로 보아 그 기간 동안은 지연가산금을 부담하지 아니함은 명백하다].

구별의 실익은 추후 새롭게 사업시행계획변경인가·고시된 이후 현금청산대상자의 재결신청 청구가 있는 날로부터 60일의 기간 내에 재결신청 없음이 지연가산금 발생의 요건인지 또는 이미 적법한 재결신청 청구는 이루어졌으므로 사업시행계획변경인가·고시된 날부터 60일의 기간 내에 재결신청이 없으면 그 다음 날부터 곧바로 지연가산금이 발생하는 것인지 여부이다.

재결신청의 청구는 사업시행자에게 재결신청이 가능함을 전제로 하는데, 사업시행기간이 이미 경과한 경우 사업시행자는 재결신청을 할 수 없으므로, 사업시행기간 경과 후의 재결신청 청구는 적법한 것으로 보기 어렵다.[23)] 따라서 전자(前者)의 견해가 타당하다.

㈑ 현금청산기간이 경과하였고, 현금청산대상자등으로부터 재결신청 청구가 있었으나, 잔여 사업시행기간이 60일에 미달하는 경우

① 현금청산기간 150일이 경과하였고 현금청산대상자로부터 재결신청 청구가 있었으나, 잔여 사업시행기간이 60일에 미달하고, 위 기간 동안 사업시행자가 재결을 신청하지 아니한 경우, 그와 같은 재결신청 청구의 적법성이 문제된다.

재결신청 청구는 재결신청 지연가산금 발생의 요건임을 전제로 잔여 사업시행기간이 60일에 미달하면 그 요건을 충족할 수 없어 이는 부적법하다는 견해가 있다. 그러나 비록 잔여 사업시행기간이 60일에 미달하더라도 사업시행자는 위 기간 내에 재결신청이 가능하고, 그에 대한 재결이 사업시행기간 이후에 이루어져도 이는 적법한 점, 앞서 본 바와 같이 사업시행기간이 경과되면 사업인정 의제효가 장래를 향하여 실효되는 효과를 가져올 뿐, 유효하게 수립된 사업시행계획상의 효과가 소급하여 무효가 되는 것은 아닌 점, 사업시행기간이 사업시행계획의 효력기간을 정한 것이 아닌 점 등을 종합하면, 위와 같은 재결신청 청구는 적법하다. 따라서 재결신청 청구일부터 사업시행기간 만료일까지의 기간은 사업시행자의 재결신청이 가능하였으므로 60일의 재결신청기간이 진행된다.

② 그 후 새로운 사업시행계획변경인가·고시가 이루어지는 경우, 그때부터 잔여기간(60일－기존 재결신청 청구일로부터 구 사업시행기간 만료일 사이의 기간) 내에 사업시행자의 재결신청이 없으면 그 다음 날부터 곧바로 지연가산금이 발생한다.[24)]

---

22) 서울행정법원 2022. 12. 16. 2021구합58905 판결(확정) 참조.
23) 대법원 2018. 11. 16. 자 2018두53764 판결 및 서울고등법원 2018. 6. 21. 선고 2017누66307(본소), 66314(반소) 판결.
24) 서울행정법원 2022. 12. 16. 선고 2021구합58905 판결(확정, 재결신청 청구일로부터 12일 후 사업시행기간이 경과되었고, 그 후 새롭게 사업시행계획변경인가를 받은 사안에서, 사업시행변경계획인가일로부터 48일의 기간이 경과한 다음 날부터 지연가산금이 발생한다고 판시하였다).

㈒ 현금청산기간이 경과하였고, 현금청산대상자의 재결신청 청구로부터 60일의 재결신청 기간 경과 후에 사업시행기간이 만료되는 경우

① 기존의 재결신청 지연가산금 소멸 여부

사업시행기간이 경과되면, 사업인정이 실효되어 기존에 발생한 재결신청 지연가산금은 소멸되고, 그 후 새롭게 사업인정(사업시행계획변경인가)이 이루어진 경우, 사업시행계획변경인가에 따른 새로운 재결신청 청구를 기준으로 재결신청 지연가산금을 산정하여야 한다는 견해가 있다.[25)]

한편 판례는 사업시행기간의 경과로 기존에 성립된 지연가산금 채무가 소멸한다고 보게 되면, 사업시행자가 지연가산금 부담을 회피하기 위하여 의도적으로 사업시행기간이 경과되도록 사업을 지연시킨 다음 새로운 사업시행계획변경인가를 받아 지연가산금 부담을 회피한 상태에서 사업을 진행하는 불합리한 결과가 초래될 수 있고, 이로 인하여 도시정비법이 토지보상법 30조 3항을 준용하는 취지가 몰각될 수 있음을 근거로 구 사업시행계획상의 사업시행기간 내에 적법하게 이루어졌던 기존 재결신청 청구의 법적 효력이 사업시행계획인가의 실효로 인하여 소멸하는 것은 아니므로, 사업시행기간의 경과된다 하더라도 기존에 성립된 지연가산금 채무는 소멸하지 아니한다고 하였다.[26)]

사업시행기간이 경과되었다고 하여 유효하게 수립된 사업시행계획 및 그에 기초하여 이루어진 사업시행의 법적 효과가 소급하여 그 효력을 상실하여 무효로 된다고 볼 수 없고, 또한 사업시행기간이 사업시행계획의 효력기간을 정한 것이 아니라 할 것이므로, 기존에 발생한 재결신청 지연가산금은 유효하다고 보아야 할 것이다.

② 사업시행기간 만료 후 새로운 사업시행계획변경인가 시까지의 기간

㉮ 앞서 본 바와 같이 판례는 사업시행기간 만료 후 새로운 사업시행계획변경인가가 고시된 날의 전날까지는 재결신청이 법률상 불가능하므로, 위 기간 동안에는 재결신청을 지연하였다고 볼 수 없는 특별한 사정이 있어 지연가산금이 발생하지 않는다고 한다. 다만 그 후 새로운 사업시행계획변경인가·고시가 이루어지면, 그날부터는 사업시행자가 다시 재결신청의무를 부담하게 되어 추가로 재결신청 지연가산금이 발생한다.[27)]

㉯ 도시정비법상 사업시행자에게 사업시행기간을 연장하여 계속하여 정비사업을 시행할 의무를 부과하는 규정이 존재하지 아니하므로 일응 판례의 견해가 타당하다. 그러나 판례의 견해를 엄격히 일관하여 새로운 사업시행계획변경인가·고시가 이루어질 때까지는 무조건 재결신청 지연기간이 진행되지 아니하는 것으로 본다면, 사업시행자로서는 최대한 사업시행계획변경인가를 늦출 여지가 있으므로, 이론상 종전 사업시행계획인가일로부터 사업시행계획변경인가일까지의 기간의 장단, 기간이 장기간인 경우 그와 같이 장기간으로 된 경위, 기타 현금청산대상자의 숫

---

25) 강민기, 전게논문, 273[종전에 발생한 지연가산금에 대하여는 토지보상법 23조 2항(사업시행자는 사업인정이 실효됨으로 인하여 토지소유자나 관계인이 입은 손실을 보상하여야 한다)에 의하여 손실보상을 받아야 한다고 주장하나, 재결실효에 따른 손실보상에서 본 바와 같이 단기의 제척기간이라는 제한이 있고, 현금청산대상자에 대한 적시의 유효한 구제수단으로 보기 어려우므로, 이는 부당하다].
26) 대법원 2018. 11. 16. 자 2018두53764 판결 및 서울고등법원 2018. 6. 21. 선고 2017누66307(본소), 66314(반소) 판결.
27) 위 서울고등법원 2018. 6. 21. 선고 2017누66307(본소), 66314(반소) 판결.

자, 현금청산대상자의 총 청산금액, 구 사업시행계획인가와 새로운 사업시행계획변경인가 사이에 사업내용의 상당한 변경을 수반하는지 여부 등을 종합하여 사업시행자가 토지보상법상의 재결신청 지연가산금의 지급을 면탈하기 위하여 기존의 사업시행기간을 도과시키고, 새로운 사업시행계획변경인가·고시를 늦춘 것이 명백하다면, 그에 상응하는 기간은 재결신청을 지연하였다고 볼 수 없는 특별한 사정에서 제외하여야 할 것이다.

⑷ 동시이행항변 가능 여부

㈎ 실무상 사업시행자는 현금청산대상자의 수용재결신청 청구 이후 60일이 경과하였다 하더라도, 동시이행관계에 있는 현금청산대상자의 의무가 이행되지 않았으므로, 재결신청 지연가산금을 지급할 수 없다고 항변하는 경우가 있다.

㈏ 그러나 수용재결이 이루어지면 사업시행자는 선행적으로 수용개시일까지 재결 보상금을 지급하여야 하므로, 동시이행항변 주장은 그 자체로 이유 없다.[28] 나아가 사업시행자가 수용개시일까지 보상금을 지급하는 경우, 수용개시일에 수용대상인 토지등에 관한 법률상 소유권이 사업시행자에게 귀속되고, 해당 토지등에 대한 근저당권 등 다른 권리도 동시에 소멸하는 권리변동의 효력이 발생하므로, 현금청산대상자에게 재결신청 청구 이전에 수용대상인 토지등에 관하여 소유권이전등기의무나 토지등에 붙은 부담을 소멸시킬 의무가 있다고 보기 어렵다.

다. 관할 토지수용위원회에서 재결한 보상금

⑴ 문제의 소재

재결신청이 지연됨에 따른 가산금은 관할 토지수용위원회에서 재결한 보상금을 기준으로 산출되는바, 이를 수용재결 보상금으로 할 것인지, 이의재결 보상금으로 할 것인지 또는 행정소송이 제기된 경우 그에 따라 확정된 정당한 보상금으로 할 것인지 여부가 문제된다.

⑵ 판례

토지보상법 30조 3항에서 말하는 '관할 토지수용위원회에서 정한 보상금'은 '토지보상법 34조에 따른 재결, 즉 수용재결에서 정한 보상금'으로 보아야 한다.[29] 따라서 중앙토지수용위원회가 보상금을 증액하는 이의재결을 하거나 행정소송에서 보상금이 증액된다 하더라도 이는 고려대상이 아니다. 헌법재판소도 '관할 토지수용위원회에서 정한 보상금'이 재결신청 지연행위가 종료되는 사업시행자의 재결신청일과 가까운 시점에 객관적으로 정하여지는 금액임을 전제로 사업시행자의 책임정도나 현금청산대상자의 손해정도를 결정하기 위한 기준으로서 충분한 합리성을 갖추고 있다고 결정하였다.[30] 이는 '관할 토지수용위원회에서 정한 보상금'에 대하여 수용재결에

28) 대법원 2020. 7. 29. 선고 2016다51170 판결.

29) 대법원 2019. 1. 17. 자 2018두58547 판결 및 서울고등법원 2018. 9. 13. 선고 2018누38033 판결(① 토지보상법 30조 3항에서 말하는 '관할 토지수용위원회'는 '51조에 따른 관할 토지수용위원회'의 약칭이므로(토지보상법 9조 7항), '관할 토지수용위원회'란 토지보상법 34조에 따른 재결, 즉 수용재결을 하는 토지수용위원회를 의미한다(토지보상법 51조), ② 지연가산금제도는 사업시행자가 재결신청을 지연하지 않도록 강제함으로써 재결신청 청구권의 실효성을 확보하여 수용을 둘러싼 법률관계의 조속한 확정에 그 의의를 가진 것으로서, 수용에 따라 재산권을 상실하게 됨으로써 발생하는 손실에 대한 정당한 보상금을 산정하기 위한 손실보상금제도와는 그 목적이나 성격을 달리한다).

30) 헌법재판소 2020. 9. 24. 선고 2018헌바239 결정.

서 정한 보상금으로 해석하고 있는 것으로 보인다.

2. 지급기한(수용개시일)

재결신청 지연가산금은 관할 토지수용위원회가 수용보상금에 대한 재결을 함에 있어 재결신청 지연에 따른 가산금이 존재하는 경우 (재결신청서에는 재결신청 청구인과 청구일이 필수적 기재사항이다. 토지보상법 시행령 12조 1항 9호) 직권으로 재결서에 적어야 할 사항이므로(토지보상법 시행령 14조 2항 전문), 지연가산금도 재결보상금과 마찬가지로 수용재결로 정해진다. 사업시행자는 수용개시일까지 보상금과 함께 이를 지급하여야 한다(토지보상법 시행령 14조 2항 후문).

3. 현금청산금 지급 지체에 따른 지연손해금과의 관계

가. 재개발사업의 조합원이 분양신청절차에서 분양신청을 하기 이전에 이미 부동산을 인도한 경우(저당권 등 권리제한등기 있고 사업시행자에게 소유권이전등기를 마쳐주지 아니한 사안)에는 사업시행자가 현금청산기간 내에 현금청산금을 지급하지 아니하였다면 분양신청기간 종료일 다음날부터 150일(관리처분계획인가·고시일 다음부터 90일)의 이행기간을 초과한 지연일수에 대하여 정관조항에서 정한 비율(정관의 규정이 없으면 민법 소정 비율)로 계산한 지연이자를 지급할 의무를 부담하므로,[31] 현금청산금 지급 지체에 따른 지연손해금과 재결신청 지연가산금의 중복발생이 가능하다.

나. 제1장 Ⅲ. "3. 일반 지연손해금과 특별 지연손해금의 중복 발생 여부"에서 살펴본 바와 같이 현금청산금 지급 지체에 따른 지연이자 청구권과 재결신청 지연가산금 청구권은 그 근거 규정과 요건·효과를 달리하는 것으로서, 각 요건이 충족되면 성립하는 별개의 청구권이나, 재결신청 지연가산금에는 이미 '손해 전보'라는 요소가 포함되어 있어 같은 기간에 대하여 양자의 청구권을 동시에 행사할 수 있다고 본다면 이중배상의 문제가 발생하므로, 같은 기간에 대하여 양자의 청구권이 동시에 성립하더라도 현금청산대상자는 어느 하나만을 선택적으로 행사할 수 있을 뿐이고, 양자의 청구권을 동시에 행사할 수는 없다.[32]

Ⅴ. 소송상의 쟁점

1. 쟁송방법(공법상 당사자소송)

가. 내 용

(1) 재결서에 기재된 재결신청 지연가산금이 적정한 금액보다 과다하거나 과소한 경우, 위 지연가산금은 수용보상금에 대한 법정 지연손해금의 성격을 갖는 것이고, 수용보상금과 마찬가지로 반드시 재결서에 기재되어야 할 사항이므로, 그에 대한 불복은 수용보상금의 증감에 관한 소에 의하여야 한다.[33] 사업시행자나 현금청산대상자 모두 재결신청 지연가산금에 대하여 불복할

---

31) 대법원 2020. 8. 13. 선고 2017다236022 판결, 대법원 2020. 7. 23. 선고 2018두47622 판결, 대법원 2020. 7. 23. 선고 2019두46411 판결, 대법원 2020. 9. 3. 선고 2018두48922 판결.

32) 대법원 2020. 7. 23. 선고 2019두46411 판결, 대법원 2020. 7. 29. 선고 2016다51170 판결.

수 있다. 그 경우 사업시행자이든 현금청산대상자이든 모두 토지보상법 85조 2항에 따라 각각 상대방을 피고로 하여 재결신청 지연가산금의 증감에 관한 당사자소송을 제기하여야 한다. 실무상 현금청산대상자가 재결신청 지연가산금 청구를 보상금의 증감에 관한 행정소송이 아닌 민사소송을 제기하는 경우가 흔히 있으나, 이는 전속관할의 위반이다.[34)]

(2) 사업시행자 또는 현금청산대상자가 제소기간 내에 상대를 피고로 하여 수용보상금 증감에 관한 당사자소송을 제기한 경우, 재결신청 지연가산금에 대하여 제소기간 경과 이후라도 해당 소송절차에서 청구가 가능한 것인지 여부가 문제되나, 재결신청 지연가산금 청구권은 재결 보상금에 부수하여 토지보상법상 인정되는 공법상 청구권이므로, 재결보상금에 대한 제소기간이 준수되었다면, 제소기간 이후에도 소송절차에서 청구취지변경을 통하여 재결신청 지연가산금을 청구하는 것이 가능하다(제3장 제2절 Ⅱ. "4 제소기간" 참조).[35)]

나. 현금청산대상자의 지연가산금 증액청구소송

재결신청 지연가산금이 과소한 경우, 현금청산대상자는 지연가산금 증액의 이행을 구하는 소송을 제기할 수 있다. 재결신청 지연가산금이 과소하여 그 증액을 구하는 것뿐만 아니라 재결서에 재결신청 지연가산금이 기재되어 있지 아니한 경우 지연가산금이 발생되었음을 전제로 그 이행을 구하는 소송 역시 같은 형식의 소에 의하여야 한다.

다. 사업시행자의 채무부존재 확인소송

재결서에 재결신청 가산금이 과다하게 기재되어 있다 하더라도, 사업시행자는 수용개시일까지 재결한 보상금 및 재결신청 지연가산금을 지급하거나 공탁하지 아니하면 재결의 효력이 상실되므로(토지보상법 42조 1항), 반드시 재결신청 지연가산금을 공탁한 후(비록 토지보상법 40조 2항 3호는 보상금이라고 기재되어 있으나, 이는 재결신청 지연가산금을 포함한다), 과다한 금액에 대한 채무부존재확인소송을 제기할 수 있다.

2. 불법행위에 기한 손해배상청구

비록 재결신청 청구 당시는 사업시행기간이 경과되어 재결신청 지연가산금의 지급을 구할 수는 없으나, 사업시행자가 당초 사업시행계획인가에서 정한 사업시행기간 만료일까지 수용재결신청을 하여야 할 의무가 있음에도 위 기간 내에 수용재결 신청을 하지 않거나, 위 사업시행기간을 연장하기 위한 변경인가신청도 하지 아니함으로써 재결신청 지연의 책임이 발생하는 것을 회피하여 불법행위에 해당한다고 주장한 사안에서, 판례는 사업시행자가 사업시행기간 내에 재결신청을 하지 아니하거나 사업시행기간의 연장을 하지 않은 불법행위가 성립한다는 점에 관하여 현금청산대상자가 그 위법성과 사업시행자의 고의·과실에 대하여 구체적인 주장·증명을 하였다는 사정이 보이지 않음을 들어 청구를 배척하였다(다만, 불법행위에 기한 손해배상청구에는 현

33) 대법원 1997. 10. 24. 선고 97다31175 판결.
34) 대법원 1997. 10. 24. 선고 97다31175 판결.
35) 대법원 2012. 12. 27. 선고 2010두9457 판결.

금청산금 지급 지체에 따른 지연배상금을 청구하는 취지가 포함되어 있다고 선해할 여지가 크다. 따라서 원심으로서는 원고의 주장의 취지가 무엇인지를 석명하도록 하여 그 실체적 당부를 나아가 판단하였어야 하므로, 필요한 심리를 다하지 않음으로써 판결에 영향을 미친 잘못이 있다고 하였다).[36)]

제2절 토지보상법 87조에 의한 가산금

Ⅰ. 규정 및 해석

1. 법 령

토지보상법 제40조(보상금의 지급 또는 공탁)

① 사업시행자는 수용의 개시일까지 관할 토지수용위원회가 재결한 보상금을 지급하여야 한다.

② 사업시행자는 다음 각 호의 어느 하나에 해당할 때에는 수용의 개시일까지 수용하려는 토지등의 소재지의 공탁소에 보상금을 공탁(供託)할 수 있다.

3. 관할 토지수용위원회가 재결한 보상금에 대하여 사업시행자가 불복할 때

④ 사업시행자는 제2항 제3호의 경우 보상금을 받을 자에게 자기가 산정한 보상금을 지급하고 그 금액과 토지수용위원회가 재결한 보상금과의 차액(差額)을 공탁하여야 한다. 이 경우 보상금을 받을 자는 그 불복의 절차가 종결될 때까지 공탁된 보상금을 수령할 수 없다.

토지보상법 제84조(이의신청에 대한 재결)

① 중앙토지수용위원회는 제83조에 따른 이의신청을 받은 경우 제34조에 따른 재결이 위법하거나 부당하다고 인정할 때에는 그 재결의 전부 또는 일부를 취소하거나 보상액을 변경할 수 있다.

② 제1항에 따라 보상금이 늘어난 경우 사업시행자는 재결의 취소 또는 변경의 재결서 정본을 받은 날부터 30일 이내에 보상금을 받을 자에게 그 늘어난 보상금을 지급하여야 한다. 다만, 제40조 제2항 제1호·제2호 또는 제4호에 해당할 때에는 그 금액을 공탁할 수 있다.

토지보상법 제85조(행정소송의 제기)

① 사업시행자, 토지소유자 또는 관계인은 제34조에 따른 재결에 불복할 때에는 재결서를 받은 날부터 90일 이내에, 이의신청을 거쳤을 때에는 이의신청에 대한 재결서를 받은 날부터 60일 이내에 각각 행정소송을 제기할 수 있다. 이 경우 사업시행자는 행정소송을 제기하기 전에 제84조에 따라 늘어난 보상금을 공탁하여야 하며, 보상금을 받을 자는 공탁된 보상금을 소송이 종결될 때까지 수령할 수 없다.

토지보상법 제87조(법정이율에 따른 가산지급)

사업시행자는 제85조 제1항에 따라 사업시행자가 제기한 행정소송이 각하·기각 또는 취하된 경우 다음 각 호의 어느 하나에 해당하는 날부터 판결일 또는 취하일까지의 기간에 대하여 소촉법 제3조에 따른 법정이율을 적용하여 산정한 금액을 보상금에 가산하여 지급하여야 한다.

1. 재결이 있은 후 소송을 제기하였을 때에는 재결서 정본을 받은 날
2. 이의신청에 대한 재결이 있은 후 소송을 제기하였을 때에는 그 재결서 정본을 받은 날

36) 대법원 2020. 7. 29. 선고 2016다51170 판결.

2. 해 석

가. 연 혁

구 토지수용법은 기업자가 이의재결에 불복하여 제기한 행정소송이 각하, 기각 또는 취하된 경우 기업자는 이의신청에 대한 재결서의 정본을 송달받은 날로부터 판결일까지의 기간에 대하여 소촉법 3조의 규정에 의한 법정이율을 적용하여 산정한 금액을 보상금에 가산하여 지급하여야 한다고 규정하고 있었다(75조의3). 이는 구 토지수용법이 이의재결을 행정소송의 필요적 전치절차로 하고, 이의재결만을 행정소송의 대상으로 하였기 때문이다. 그 후 토지보상법이 새로 제정되면서 종전에 행정소송의 필요적 전치절차로 되어 있던 이의재결을 임의적 전치절차로 바꾸는 한편(83조), 이의재결만을 행정소송의 대상으로 하도록 하여 행정소송법 18조 원처분주의의 예외로 규정하였던 것을 고쳐 수용재결에 대하여 곧바로 행정소송을 제기할 수 있도록 하였다(85조 1항). 이에 따라 새롭게 토지보상법 87조가 규정되었다.

나. 규정의 내용

토지보상법은 수용재결이 있는 경우 사업시행자는 반드시 수용재결상의 보상금을 지급하도록 규정하고, 만일 이를 지급하지 아니하는 경우 수용재결의 효력은 실효된다(토지보상법 40조 1항, 42조 1항). 이에 사업시행자는 재결한 보상금에 불복할 때는 보상금을 공탁한 후 행정소송 등을 제기할 수 있고, 그 경우 현금청산대상자등(현금청산금 및 영업손실보상금을 지급받지 못한 토지등 소유자인 현금청산대상자, 영업손실보상금을 지급받지 못한 점포 임차인을 포괄한다)은 소송이 종결될 때까지 공탁금을 수령할 수 없다.

사업시행자가 수용재결의 보상금액에 대하여 불복함에도 불구하고, 현금청산대상자등에게 반드시 이를 지급하도록 한다면, 추후 소송에서 승소확정판결을 받더라도 사실상 정당한 보상금과의 차액을 회수하지 못하는 불합리가 발생할 수 있으므로, 이를 방지하기 위하여 위 규정은 불가피한 측면이 있다. 그러나 문제는 사업시행자의 행정소송 제기가 적절하지 아니한 경우 현금청산대상자등으로서는 자신의 토지등(영업 포함)이 강제로 수용당하면서도 적시에 손실보상을 받지 못하고, 또한 수용재결 이후에는 보상금을 수령하지도 못한 상태에서 강제로 거주지(점포)에서 퇴거해야 하며, 불응 시 형사처벌까지 받게 되는 문제가 발생한다.

이에 토지보상법 87조로 사업시행자가 수용재결에 불복하여 제기한 행정소송이 각하·기각 또는 취하된 경우 사업시행자는 현금청산대상자등에게 소촉법 3조에 따른 법정이율을 적용하여 산정한 금액을 보상금에 가산하여 지급한다는 규정을 두게 되었다. 토지보상법 87조의 취지는 공용수용에 의하여 수용개시일에 강제적으로 목적물(영업)을 취득함에도 사업시행자가 보상금 지급을 지연시킬 목적으로 행정소송을 남용하는 것을 방지하고, 사업시행자의 일방적인 행정소송으로 인해 피수용자인 현금청산대상자등의 보상금을 수령하지 못하는 기간 동안에 발생하는 손해를 보전하여 사업시행자와 현금청산대상자등 사이의 형평을 도모하려는 것이다.[37)]

---

37) 대법원 2019. 1. 17. 선고 2018두54675 판결.

Ⅱ. 소송상의 쟁점

1. 토지보상법 30조 1항에 의한 재결신청 지연가산금의 포함 여부

가. 문제의 소재

재결신청 지연가산금이 발생한 경우, 토지수용위원회는 재결서에 보상금 외에 재결신청 지연가산금까지 기재한다(토지보상법 시행령 14조 2항). 사업시행자는 수용재결서상의 재결신청 지연가산금에 대하여 불복하는 경우 이를 공탁한 후 행정소송을 제기할 수 있다. 사업시행자가 재결상의 보상금 및 재결신청 지연가산금 전부에 대하여 또는 재결신청 지연가산금 부분에 대하여만 불복하여 이를 공탁하고 행정소송을 제기하였다가, 사업시행자가 패소판결을 받는 경우 재결신청 지연가산금에 대하여도 토지보상법 87조에 의한 가산금이 부가되는 것인지 여부가 문제된다.

나. 판례(긍정)

토지보상법 87조 가산금의 대상으로 재결신청 지연가산금을 포함한다.[38] 그 논거는 다음과 같다.

ⓐ 토지보상법 87조 1항은 사업시행자가 재결에 불복하여 제기한 행정소송에서 패소(각하·기각 또는 취하)한 경우 가산금을 지급하여야 한다고만 기재할 뿐, 가산금 지급대상을 보상금으로 한정한다거나 재결신청 지연가산금을 배제하고 있지 않다.

ⓑ 토지보상법 87조의 취지는 사업시행자가 보상금의 지급을 지연시킬 목적으로 행정소송을 남용하는 것을 방지하고 보상금을 수령하지 못하는 기간 동안 현금청산대상자의 손해를 보전하여 사업시행자와 현금청산대상자 사이의 형평을 도모하려는 것인데, 재결보상금과 재결신청 지연가산금을 달리 취급할 합리적인 이유가 없다.

2. 판결일의 의미

가. 문제의 소재

토지보상법 87조 소정의 '판결일'의 해석이 문제된다. 문언상의 기재대로 판결선고일로 해석할 것인가의 여부이다.

나. 판 단

사업시행자가 재결에서 정한 보상금에 대하여 소로써 불복하고자 한다면 스스로 산정한 보상금과 토지수용위원회가 재결한 보상금과의 차액을 공탁하여야 하고, 보상금을 받을 자는 그 '불복의 절차가 종결될 때'까지 공탁된 보상금을 수령할 수 없다(토지보상법 40조 4항, 2항 3호). 다만, 현금청산대상자등이 보상금을 수령하지 못하는 기간 동안 입을 손해를 보전할 필요성이 존

38) 대법원 2019. 1. 17. 선고 2018두54675 판결.

재하므로, 토지보상법 87조가 "사업시행자가 재결이 있은 후 토지보상법 85조 1항에 따라 소송을 제기한 경우 행정소송이 각하·기각 또는 취하된 때에는 재결서 정본을 받은 날부터 판결일까지의 기간에 대하여 소촉법 3조에 따른 법정이율을 적용하여 산정한 금액을 보상금에 가산하여 지급하여야 한다."고 규정하고 있다.

위 각 조항을 유기적으로 해석하면, 토지보상법 87조 소정의 '판결일'은 토지보상법 40조 4항 소정의 '그 불복의 절차가 종결될 때'와 동일한 개념으로 봄이 타당하다. 이와 달리 '판결이 선고된 날'을 의미한다고 볼 경우에는, 그때부터 불복의 절차가 종결될 때까지 보상금 등을 수령할 수 없음에도 불구하고, 현금청산대상자등은 그 기간 동안 발생하는 손해를 전혀 보전할 수 없게 되어 토지보상법 87조의 입법취지에 정면으로 반하는 결과가 발생한다.[39]

3. 기각판결 중 일부 기각판결의 포함 여부

가. 문제의 소재

토지보상법 87조는 사업시행자가 재결에 불복하여 제기한 행정소송이 각하·기각 또는 취하된 경우 가산금을 지급한다고 규정하고 있다. 취하나 각하의 경우에는 해석상 특별한 문제가 없으나, 기각에는 일부 기각도 포함되는지 여부에 대하여 해석상 다툼이 있다.

이는 소촉법 3조 2항이 "채무자에게 그 이행의무가 있음을 선언하는 사실심(事實審) 판결이 선고되기 전까지 채무자가 그 이행의무의 존재 여부나 범위에 관하여 항쟁(抗爭)하는 것이 타당하다고 인정되는 경우에는 그 타당한 범위에서 가중된 법정이율을 적용하지 아니한다."고 규정하고 있고, 이에 따라 일부 인용판결이 선고되더라도, 이행의무의 존부 및 범위에 관하여 항쟁함이 타당하다고 인정되는 경우에는 기각(피고 승소)부분 외의 인용(피고 패소)부분에 대하여도 가중된 지연가산금을 인정하지 않을 수 있다.

위 규정의 입법취지는 채무자가 전체적으로 해당 소송에 응소하여 항쟁함이 타당하다고 인정됨에도, 피고(채무자) 패소부분에 대하여 벌칙의 뜻을 갖는 높은 이율을 엄격히 적용하는 것은 채무자에게 가혹할 뿐더러 경우에 따라서는 높은 금리의 부담 때문에 채무자의 방어권행사를 위축시킬 수도 있기 때문이다. 위 규정이 토지보상법 87조에도 적용될 수 있는지 여부가 문제된다.

나. 판단(일부 기각판결 포함)

앞서 본 바와 같이 사업시행자의 행정소송 제기로 현금청산대상자등으로서는 자신의 토지등이 강제로 수용당하면서도 적시에 손실보상을 받지 못하고, 또한 수용재결 이후에는 보상금을 수령하지도 아니한 상태에서 강제로 거주지에서 퇴거해야 하며, 불응 시 형사처벌까지 받게 되는 점에 비추어 사업시행자의 행정소송 제기는 신중해야 하고, 반드시 필요한 범위로 제한되어야 한다. 따라서 토지보상법 87조의 행정소송이 '기각'된 경우란 '해당 소송에서 청구가 전부 기각되는 경우'뿐만 아니라, 불복하고자 하는 재결의 내용이 가분적이거나 그 내용의 일부가 특정될 수 있는 때에는 전부에 대하여 반드시 항쟁하여야 하는 특별한 사정이 없는 한 '해당 소송에

39) 서울행정법원 2019. 4. 26. 선고 2018구합76835 판결(확정).

서 청구 중 일부가 인용되는 경우'에도 나머지 기각부분에 대하여는 토지보상법 87조에 따라 소촉법상의 가산금이 발생한다.40)

4. 토지보상법 87조 2호의 해석

가. 문제의 소재

사업시행자가 수용재결에 불복하여 보상금을 공탁한 후, 이의신청하였다가 기각되자 수용재결취소소송을 제기하는 경우가 있다. 그 경우에는 87조 2호(이의재결서 송달을 받은 날부터 소송종결일까지 법정이율에 따른 가산금)를 적용하여야 하는지, 87조 1호(수용재결서 송달을 받은 날부터 소송종결일까지 법정이율에 따른 가산금)를 적용하여야 하는지 여부와 관련하여 실무상 견해의 대립이 있다.

나. 판 례

사업시행자가 수용재결에 불복하여 이의신청을 한 후 다시 이의재결이 기각되자 수용재결에 불복하여 행정소송을 제기하였으나 행정소송이 각하·기각 또는 취하된 경우에는 토지보상법 87조 2호가 적용되어 사업시행자는 이의재결서 정본을 받은 날부터 판결일 또는 취하일까지의 기간에 대하여 지연가산금을 지급할 의무가 있는 것이고, 위 경우에까지 토지보상법 87조 1호가 적용된다고 볼 수는 없어 그 경우 수용재결 시부터 이의재결 시까지는 토지보상법 87조에 의한 지연가산금을 지급받을 수 없다.41)

---

40) 서울행정법원 2019. 10. 16. 선고 2018구합85808 판결(확정, ① 재결서에는 재결상의 보상금에 대한 판단근거가 기재되어 있어 사업시행자로서는 그중 자기가 산정한 보상금을 현금청산대상자등에게 지급하고 그 금액과 재결상의 보상금과의 차액만을 공탁하는 방법으로 제소가 가능하므로, 기각된 부분에 대하여 소촉법상의 가산금이 발생하는 것으로 본다 하더라도 높은 금리의 부담으로 인한 사업시행자의 방어권행사를 위축시킨다고 보기 어렵다, ② 자신의 의사와 무관하게 토지등 재산권이 박탈되는 현금청산대상자의 지위를 고려할 때, 수용에 따른 보상금을 적시에 지급받을 필요성은 매우 중대하다).

41) 대법원 2022. 4. 14. 선고 2021두57667 판결[① 토지보상법 87조가 지연가산금 기산일을 '재결이 있은 후 소송을 제기하였을 때(1호)'와 '이의신청에 대한 재결이 있은 후 소송을 제기하였을 때(2호)'로 구분하여 규정하고 있다, ② 수용재결절차에서 정한 보상액과 이의절차에서 정한 보상액과의 차액은 수용과 대가관계에 있는 손실보상의 일부이므로 위 차액이 수용재결단계에서 지급되지 않은 이상, 이에 대하여는 지연손해금이 발생하므로, 증액된 금액에 대하여도 수용개시일부터 지연손해금을 지급함이 논리적이나, 토지보상법령에는 이의재결서에는 증액된 금액에 대한 수용개시일부터 이의재결 시까지의 지연손해금을 기재하도록 하는 규정이 없는바, 이는 위 기간 동안에는 지연손해금을 지급하지 아니함을 전제로 한 것도 마찬가지이다].

제5장 주거이전비, 이주정착금 및 이사비

제1절 일반론

Ⅰ. 총 설

1. 주거이전비 등 보상의 대상

현금청산대상자의 토지, 건축물에 대한 손실보상 및 영업손실보상(임차인의 영업손실보상 포함)에 대한 보상협의, 수용재결에 관하여 살펴보았다. 이하에서는 주거용 건물에 거주하는 현금청산대상자의 이주정착금, 주거이전비, 이사비 등과 세입자의 주거이전비 및 이사비 등의 손실보상에 관하여 살펴본다.

법 65조 1항은 정비사업의 시행을 위한 토지등의 소유권 등에 대한 수용은 도시정비법에 따로 규정된 사항 및 손실보상의 기준 및 절차에 관한 도시정비법 시행령 규정을 제외하고는 토지보상법을 준용하므로, 손실보상에 관하여 원칙적으로 토지보상법이 적용된다. 토지보상법은 손실보상의 일종으로 이주정착금, 주거이전비 및 이사비를 규정하고 있다(토지보상법 78조 1항, 6항). 이주정착금, 주거이전비 및 이사비(이하 전부를 통칭할 때는 '주거이전비 등'이라 한다)의 보상대상을 살펴본다.

가. 수분양조합원(부인)

정비사업에 동의하여 분양신청을 함으로써 정비사업에 참여한 토지등소유자(수분양조합원)는 자신의 토지등을 정비사업에 제공하는 대신 정비사업의 시행으로 완공되는 건축물을 분양받고 종전에 소유하고 있던 토지등의 가격과 분양받은 토지등의 가격 사이에 차이가 있는 경우 이를 청산할 의무가 있는 사람으로서 사업시행자에 준하는 지위를 가지고 있다고 할 것이므로, 비록 정비사업으로 인하여 해당 정비구역 밖으로 일시적으로나마 이주하나 토지보상법에 규정된 주거이전비 청구권 등이 발생하지 아니한다.[1)]

나. 재건축사업의 현금청산대상자 및 세입자(부인)

재건축사업의 경우 토지등에 대하여 개발이익이 포함된 보상이 이루어지므로, 현금청산대상자에게 주거이전비 등이 인정되지 않고, 또한 현금청산대상자나 수분양조합원으로 하여금 세입

1) 대법원 2011. 11. 24. 선고 2009다28394 판결.

자에 대한 주거이전비 등을 비롯한 일체의 보상을 임대차계약 등에 따라 스스로 해결하게 할 것을 전제로 하므로, 세입자에 대한 주거이전비 등이 인정되지 아니한다. 앞서 본 바와 같이 주거이전비 보상 등에 대응하는 영업손실보상도 마찬가지이다.

다. 재개발사업의 현금청산대상자 및 세입자(긍정)

현금청산대상자의 정비구역 내 소유 건축물이 주거용인 경우 재개발사업 시행자는 정비사업으로 편입되어 주거를 이전하게 되는 현금청산대상자 또는 세입자에게 토지보상법이 규정하고 있는 이주정착금(현금청산대상자), 주거이전비 및 이사비(현금청산대상자 및 세입자)를 지급하여야 한다. 세입자의 경우 해당 건물의 토지등소유자가 현금청산대상자임을 전제로 하는 것이 아니라 수분양권자인 경우에도 사업시행자에게 주거이전비 및 이사비의 지급을 구할 수 있다[용산참사 이후인 2009. 5. 27. 법 개정으로 관리처분계획상 조합원의 종전자산가격 산정 시 조합원이 해당 건물에 들인 세입자로 인하여 사업시행자가 손실보상이 필요한 경우 조합의 정관으로 정하는 바에 따라 해당 조합원이 들인 세입자에 대한 손실보상액을 뺀 나머지 가격을 종전의 토지 또는 건축물의 가격으로 산정할 수 있다는 규정(구 법 48조 5항 2호)을 두었는데, 이는 세입자에 대한 주거이전비, 이사비는 임대차계약상의 임대인에게는 지급의무가 없고, 재개발사업의 시행자에게 인정되는 의무임을 명확히 한 것이었다. 다만 위 규정은 2012. 2. 1. 개정으로 삭제되었다].

2. 주거이전비 등 보상의 특성

가. 영업손실보상(영업용 점포)은 토지나 지장물에 대한 손실보상과 마찬가지로 재산권의 특별한 희생에 따른 손실보상임에 반해, 이주정착금을 포함하여 주거이전비 및 이사비 보상(주거용 건물)은 전통적 의미의 재산권 보상과는 별개로 공익사업의 시행으로 인하여 주거용 건축물을 제공함에 따라 생활근거를 상실하게 되는 자를 위하여 종전 생활상태를 원상으로 회복시키면서 동시에 인간다운 생활을 보장하여 주기 위한 이른바 생활보상의 일환이다.[2] 다만, 영업용 점포에 대하여는 영업손실보상이, 주거용 건물에 대하여는 주거이전비 등이 각 대상이므로, 서로 상응하는 측면이 있다.

앞서 본 바와 같이 세입자에 대한 주거이전비, 이사비는 임대차계약상의 임대인에게는 지급의무가 없고, 재개발사업의 시행자에게 지급의무를 인정하는 것이다. 공공사업의 규모가 커져 수용되는 면적도 점점 넓어짐에 따라 공공사업으로 인하여 피수용자가 생활기반을 상실하는 경우가 빈번하게 되었고, 그에 따라 생활상 이익상실에 대한 보상이 필요하게 되었으며, 그 결과 토지보상법령에 생활보상 관련 규정들이 도입되었다.[3]

현금청산대상자 및 세입자(임차인 보다 넓은 개념임은 앞서 본 바이다)에 대한 이주정착금, 주거이전비, 이사비 등도 협의의 대상이 되기는 하나, 반드시 협의를 거쳐야 하는 것은 아니고, 협의 불성립 시 사업시행자는 재결을 신청할 수 있으나, 반드시 재결절차를 거쳐야 하는 것도 아니며, 현금청산대상자 등은 재결 없이 이행청구도 가능한 점이 앞서의 손실보상과 구분된다.

---

2) 대법원 1994. 5. 24. 선고 92다35783 전원합의체 판결 참조.
3) 하명호, 행정법, 제6판, 박영사, 2024, 1013.

나. 도시정비법은 세입자의 주거 및 이주대책을 사업시행계획서의 필수적인 기재사항으로 규정하고 있고(법 52조 1항 4호), 세입자별 손실보상을 위한 권리명세 및 평가액도 관리처분계획서의 필수적인 기재사항으로 규정하고 있으므로(법 74조 1항 8호), 재개발사업 시행자는 주거용 건축물 세입자의 주거이전비, 이사비 등에 대하여 미리 현황조사와 평가를 실시한 후, 총회결의를 거치게 된다.

3. 협의에 의한 보상

가. 보상대상

이주정착금, 주거이전비, 이사비도 협의의 대상이 된다.

⑴ 이주정착금, 주거이전비

㈎ 현금청산대상자의 경우 협의에 의한 주거이전비, 이주정착금의 지급대상이 되기 위한 요건으로는, ① 적법한 주거용 건축물에서 협의에 의한 계약체결일까지 계속하여 거주하여야 하고(이주정착금의 경우에는 명시적 규정이 있다. 도시정비법 시행령 54조 1항, 토지보상법 시행령 40조 5항 1호 및 2호), ② 정비계획안에 대한 공람공고일 당시 해당 주거용 건축물에 거주하여야 한다(도시정비법 시행령 54조 1항).

㈏ 세입자의 경우 협의에 의한 주거이전비의 지급대상요건으로, ㉮ 적법한 주거용 건축물이든 무허가건축물을 불문하고, ㉯ 적법한 주거용 건축물의 경우 공람공고일 당시 3개월 이상 거주하여야 하고(판례), 무허가건축물의 경우 공람공고일 당시 1년 이상 거주하여야 한다. ㉰ 정비사업으로 인하여 정비구역 밖으로 이주하여야 한다.

⑵ 이사비

현금청산대상자 및 세입자에 대한 이사비는 정비구역 내 주거용 건축물의 거주자가 정비사업으로 인하여 정비구역 밖으로 이사하는 것이 이사비 협의지급의 대상이다.

나. 기준시점

⑴ 현금청산대상자의 주거용 건축물에 대한 협의에 의한 계약체결일에 주거이전비(이주정착금) 청구권을 취득한다.[4] 현금청산대상자의 이사비 청구권, 세입자의 주거이전비 청구권 및 이사비 청구권은 각 사업시행계획인가·고시일에 이를 취득한다.

⑵ 협의에 따른 보상의 기준시점은 협의가 성립된 시점을 기준으로 한다. 주거이전비 및 이사비의 보상 범위는 토지보상법 시행규칙이 규정하고 있다.

다. 협의의 효과(사법상 매매계약)

사업시행자가 현금청산대상자와 사이에 이주정착금, 주거이전비, 이사비 등에 대한 협의에 의한 계약을 체결한 경우, 이는 사법상의 매매계약에 해당한다. 사업시행자가 현금청산대상자와

---

4) 대법원 2016. 12. 15. 선고 2016두49754 판결, 대법원 2015. 2. 26. 선고 2012두19519 판결.

사이에 토지등에 대한 현금청산금을 포함하여 이주정착금, 주거이전비, 이사비 등 전체 손실보상금에 관한 협의가 성립되면, 사업시행자의 위 손실보상금 일체의 지급의무와 현금청산대상자의 부동산 인도의무는 동시이행관계에 있다.[5] 이는 협의가 성립되지 않아 사업시행자가 토지등을 강제적으로 취득하는 수용재결의 경우에는 사업시행자의 현금청산금, 주거이전비 등 지급의무가 선이행의무인 점과 구분된다. 세입자의 경우에도 마찬가지이다.

라. 협의단계에서 간과된 주거이전비 등

(1) 문제의 소재

재개발사업에서 협의단계에서는 토지, 지장물 및 영업손실보상이 주로 협의의 대상이 되고, 이주정착금, 주거이전비 및 이사비에 대한 논의가 간과되는 경우가 있다. 현금청산대상자가 사업시행자에게 토지등에 대한 소유권을 이전하고, 부동산 인도의무를 이행한 후 이를 청구할 수 있는지 여부가 문제된다.

(2) 판단(긍정)

현금청산대상자가 협의에 의하여 사업시행자에게 주거용 건축물의 소유권을 이전하고, 인도의무까지 이행하였다 하더라도, 현금청산에 관한 협의가 성립되지 아니하여 토지보상법에 의하여 주거용 건축물이 수용되는 자와 마찬가지로 토지보상법을 준용하여 추후 사업시행자로부터 이주정착금, 주거이전비 및 이사비를 지급받을 수 있다.[6] 다만, 현금청산대상자 및 세입자 모두 이주정착금, 주거이전비 및 이사비의 지급요건을 보상협의일까지 구비한 경우에 한한다.

4. 재개발사업에서 용적률 완화에 따른 세입자 보상확대

가. 요건 및 효과

사업시행자가 법 시행령 54조의 손실보상 기준[가구원수에 따른 4개월의 주거이전비나 영업손실보상금(휴업손실기간 원칙적 최대 4개월, 폐업 시 손실보상기간 2년)] 이상으로 세입자에게 주거이전비를 지급하거나, 영업손실을 보상하는 경우(1호), 또는 위 시행령 54조의 손실보상에 더하여 임대주택을 추가로 건설하거나 임대상가를 건설하는 등 추가적인 세입자 손실보상대책을 수립하여 시행하는 경우(2호)에는 해당 정비구역에 적용되는 법정 용적률의 100분의 125 이하의 범위에서 대통령령으로 정하는 바에 따라 특별시·광역시·특별자치시·특별자치도·시 또는 군의 조례로 용적률을 완화하여 정할 수 있다(법 66조 1항).

나. 절 차

위와 같이 용적률 완화를 대가로 세입자에 대하여 법 시행령 54조 규정 이상의 주거이전비,

5) 대법원 2021. 6. 30. 선고 2019다207813 판결(토지등 외에 이주정착금, 주거이전비 및 이사비에 대하여 사업시행자와 현금청산대상자나 세입자 사이에 협의가 성립하면 사업시행자의 주거이전비 등 지급의무와 현금청산대상자나 세입자의 부동산 인도의무는 동시이행의 관계에 있게 되나, 재결절차에 의할 때는 주거이전비 등의 지급절차가 부동산 인도에 선행되어야 함을 명확히 하였다).

6) 대법원 2013. 1. 16. 선고 2012두34 판결, 대법원 2013. 4. 11. 선고 2012두22232 판결, 대법원 2013. 1. 24. 선고 2011두1429, 2011두1436(병합) 판결.

영업손실을 보상하기로 시장·군수등과 협의하고, 그와 같은 내용의 세입자에 대한 손실보상계획이 사업시행계획의 내용이 되어 인가된 경우(정비계획 수립지침에 위 내용이 존재하지 않아 일반적으로 정비계획에 반영되지 아니하므로, 사업시행계획서를 작성한 후, 정비계획을 변경하고 인가를 받게 된다), 사업시행자는 세입자와의 협의를 통하여 사업시행계획 내용대로 보상을 확대하거나 확대된 보상금을 지급하여야 한다.

Ⅱ. 임시거주시설의 설치 등

1. 규 정

법 52조 1항 3호 및 4호는 사업시행자는 정비계획에 따라 임시거주시설을 포함한 주민이주대책, 세입자의 주거 및 이주 대책을 포함하는 사업시행계획서를 작성하여야 한다고 규정하고 있고, 이에 따라 법 61조 및 62조를 규정하고 있음은 제6편 제2장 제2절 "Ⅱ. 사업시행계획서의 작성"에서 살펴보았다.

법 제61조(임시거주시설·임시상가의 설치 등)

① 사업시행자는 주거환경개선사업 및 재개발사업의 시행으로 철거되는 주택의 소유자 또는 세입자에게 해당 정비구역 안과 밖에 위치한 임대주택 등의 시설에 임시로 거주하게 하거나 주택자금의 융자를 알선하는 등 임시거주에 상응하는 조치를 하여야 한다.

② 사업시행자는 제1항에 따라 임시거주시설의 설치 등을 위하여 필요한 때에는 국가·지방자치단체, 그 밖의 공공단체 또는 개인의 시설이나 토지를 일시 사용할 수 있다.

③ 국가 또는 지방자치단체는 사업시행자로부터 임시거주시설에 필요한 건축물이나 토지의 사용신청을 받은 때에는 대통령령으로 정하는 사유가 없으면 이를 거절하지 못한다. 이 경우 사용료 또는 대부료는 면제한다.

④ 사업시행자는 정비사업의 공사를 완료한 때에는 완료한 날부터 30일 이내에 임시거주시설을 철거하고, 사용한 건축물이나 토지를 원상회복하여야 한다.

⑤ 재개발사업의 사업시행자는 사업시행으로 이주하는 상가세입자가 사용할 수 있도록 정비구역 또는 정비구역 인근에 임시상가를 설치할 수 있다.

법 제62조(임시거주시설·임시상가의 설치 등에 따른 손실보상)

① 사업시행자는 제61조에 따라 공공단체(지방자치단체는 제외한다) 또는 개인의 시설이나 토지를 일시 사용함으로써 손실을 입은 자가 있는 경우에는 손실을 보상하여야 하며, 손실을 보상하는 경우에는 손실을 입은 자와 협의하여야 한다.

② 사업시행자 또는 손실을 입은 자는 제1항에 따른 손실보상에 관한 협의가 성립되지 아니하거나 협의할 수 없는 경우에는 토지보상법 제49조에 따라 설치되는 관할 토지수용위원회에 재결을 신청할 수 있다.

③ 제1항 또는 제2항에 따른 손실보상은 이 법에 규정된 사항을 제외하고는 토지보상법을 준용한다.

2. 해 석

가. 일반론

임시거주시설을 포함한 주민이주대책은 (주택정비형 및 도시정비형) 재개발 및 재건축사업 시행자가 사업시행계획서를 작성함에 필수적으로 포함시켜야 할 사항이다(법 52조 1항 3호).

주거환경개선사업 및 재개발사업 시행자에 대하여는 그중 임시거주시설 설치의무 등에 관하여 법 61조 1항 내지 4항이 구체적으로 규정하고 있다. 즉, 법 61조 1항은 "사업시행자는 재개발사업의 시행으로 철거되는 주택의 소유자 또는 세입자에게 해당 정비구역 안과 밖에 위치한 임대주택 등의 시설에 임시로 거주하게 하거나 주택자금의 융자를 알선하는 등 임시거주에 상응하는 조치를 하여야 한다."고 규정하고 있다. 연혁상 위 재개발사업은 주택정비형 재개발사업을 의미한다. 한편, 같은 조 5항은 "재개발사업의 사업시행자는 사업시행으로 이주하는 상가세입자가 사용할 수 있도록 정비구역 또는 정비구역 인근에 임시상가를 설치할 수 있다."고 규정하고 있는바, 이는 연혁상 도시정비형 재개발사업 시행자의 재량사항이다(제6편 제2장 제2절 Ⅱ. 2. "(3) 임시주거시설을 포함한 주민이주대책, 세입자의 주거 및 이주대책" 참조). 법 61조 1항에 대하여 도시정비형 재개발사업 시행자에게 그와 같은 의무를 부여하지 않는 것이 평등원칙에 반하는 것인지 여부가 문제되나, 헌법재판소는 (법이 2017. 2. 8. 전부개정되기 이전의 구 법 36조 1항에 대하여 도시환경정비사업의 사업시행자에게 그와 같은 의무를 부과하지 않은 것이 평등원칙위반 여부가 문제가 된 사안에서) 주택정비형 재개발사업은 다수 주민의 이주대책이나 주거대책이 필수적으로 수반되어야 하나, 도시정비형 재개발사업은 상공업지역에서 도시기능의 회복 등을 목적으로 도시환경을 개선하기 위한 사업이라는 점에서 위와 같은 대책이 반드시 수반되어야 하는 것은 아님을 근거로 평등원칙에 위반되지 아니한다고 결정하였다.[7]

나. 구체적 해석내용

(1) 주택정비형 재개발사업 시행자는 철거되는 주택(주거용 건축물)의 소유자 또는 세입자에게 임대주택 등의 시설에 임시로 거주하게 하거나 주택자금의 융자를 알선하는 등 임시거주에 상응하는 조치를 하여야 한다. 이는 수분양조합원이거나 현금청산대상자인 주택의 소유자나 세입자 모두에게 적용된다(실제로는 사업시행으로 주택이 철거되는 수분양조합원이나 현금청산대상자에 대하여는 이주비를 융자알선하는 것이 일반적이고 사업시행으로 철거되는 주택의 세입자에 대하여는 임시주거시설을 제공하거나 이주비를 융자알선하게 된다. 제6편 제2장 제2절 Ⅱ. 2. "(3) 임시주거시설을 포함한 주민이주대책, 세입자의 주거 및 이주대책" 참조). 위와 같은 임시거주에 상응하는 조치를 하여야 하는 것은 주택정비형 재개발사업 시행자의 의무사항으로서, 임시상가설치 여부가 도시정비형 재개발사업 시행자의 재량사항인 점과 구분된다.

임시거주시설을 제공받거나 이주비를 융자받은 현금청산대상자나 세입자가 이주정착금, 주거이전비 및 이사비를 별도로 청구할 수 있는지 여부가 문제된다. 임시거주시설 등을 제공하는 것

7) 헌법재판소 2014. 3. 27. 선고 2011헌바396 결정.

은 사업시행자에게 도시정비법이 규정한 법정의 의무임에 반해, 이주정착금, 주거이전비 및 이사비는 도시정비법이 준용하는 토지보상법상의 생활보상으로서 법적 성격이 다르다 할 것이므로, 별개로 보장되어야 한다.[8)]

(2) 한편 주거환경개선사업 및 주택정비형 재개발사업시행자의 임시거주시설 설치의무에 대하여 법 61조 4항이 “정비사업의 공사를 완료한 때에는 그로부터 30일 이내에 임시거주시설을 철거하고 사용한 건축물이나 토지를 원상으로 회복하여야 한다.”고 규정하고 있으므로, 임시거주시설 설치는 정비사업이 완료되어 조합원이나 세입자 등이 건설될 아파트나 임대주택에 입주할 때까지 필요한 임시적 조치이다. 한편, 법 61조 1항의 임시거주시설의 설치나 이주비 융자알선 등은 재개발사업 시행자에게 부여하는 의무사항이기는 하나, 도시정비법령은 구체적인 시행방법을 강제하고 있지 아니므로, 그 이행방법에 대하여는 사업시행자에게 재량이 있다. 따라서 주택정비형 재개발사업 시행자가 위 의무를 이행하기 위하여 설정한 기준은 그것이 객관적으로 합리적이지 않다고 볼 특별한 사정이 없는 한 존중되어야 한다.

(3) 주택정비형 재개발사업 시행자는 임시거주시설의 설치 등을 위하여 필요한 경우, 타인의 시설이나 토지를 일시 사용할 수 있고, 그 경우 국가 또는 지방자치단체는 원칙적으로 거절하지 못하고, 사용료도 면제된다(법 61조 3항). 이는 공익을 위한 한시적 조치이기 때문이다 다만 사업시행자가 지방자치단체를 제외한 공공단체나 개인의 시설이나 토지를 일시 사용함으로써 손실을 입힌 경우 이를 보상하여야 한다.

제2절 주거이전비

Ⅰ. 의 의

법 65조 1항은 정비구역에서 정비사업의 시행을 위한 토지 또는 건축물의 소유권과 그 밖의 권리에 대한 수용 등은 이 법에 규정된 사항 및 손실보상의 기준 및 절차에 관한 법 시행령으로 정한 사항을 제외하고는 토지보상법을 준용한다고 규정하고 있다. 토지보상법 78조 6항은 “주거용 건물의 거주자에 대하여는 주거 이전에 필요한 비용과 가재도구 등 동산의 운반에 필요한 비용을 산정하여 보상하여야 한다.”고 규정하고 있는바, 전자(前者)는 주거이전비, 후자(後者)는 이사비에 관한 규정이다.

토지보상법 78조 10항은 6항에 따른 보상에 대하여 국토부령이 정한 기준에 따른다고 규정하고 있다. 이에 따라 토지보상법 시행규칙은 사업시행자는 정비구역 내의 주거용 건축물의 소유자인 현금청산대상자[9)]에 대하여는 가구원수에 따라 2개월분의 주거이전비를, 주거용 건축물의

8) 대법원 2011. 7. 14. 선고 2011두3685 판결(세입자에 대한 주거이전비는 사업추진을 원활하게 하려는 정책적인 목적과 세입자들을 위한 사회보장적인 차원에서 지급하는 돈의 성격을 갖는 것으로 임시수용시설 제공과는 별개이므로, 임시수용시설을 제공받는 세입자라 하더라도 토지보상법 및 토지보상법 시행규칙에 따른 주거이전비를 별도로 청구할 수 있다). 현금청산대상자인 토지등소유자도 마찬가지이다.

9) 대법원 2013. 1. 10. 선고 2011두19031 판결(재개발사업의 경우 주거용 건축물의 소유자인 현금청산대상자로서 현금

세입자의 경우에는 가구원수에 따라 4개월분의 주거이전비를 각 보상하여야 한다고 규정하고 있다(토지보상법 시행규칙 54조 1항, 2항).

주거용 건축물 소유자인 현금청산대상자는 이를 공공사업에 제공함으로써 생활의 근거를 영구적으로 상실하나, 세입자는 원래 임대차계약 기간에만 해당 건축물을 임차하여 생활의 임시 근거지로 사용하는 것이어서 생활 근거의 상실 정도에 차이가 있기는 하나, 생활의 근거지를 상실하는 점에서는 동일하므로 현금청산대상자 및 세입자 모두 주거이전비의 보상대상이다(다만, 토지보상법은 생활근거 상실정도의 차이에 대하여는 주거이전비의 지급요건에서 반영하고 있다).

한편, 위 규정은 수용대상인 현금청산대상자나 그의 주택 등에 거주하는 세입자에 대한 근거조항이 될 수 있으나, 수분양조합원의 주택 등은 수용이 되지 아니하므로, 위 주택에 거주하는 세입자에 대한 근거조항이 될 수 없고, 그들에 대하여는 국토부 표준정관 37조 1항(사업시행에 따른 손실보상에 관하여는 도시정비법령 및 토지보상법을 준용한다)이 근거조항이 된다는 견해가 있다.[10] 주거이전비의 근거조항인 토지보상법 78조 6항이 도시정비법에 적용되는 근거는 법 65조 1항이다. 위 규정은 "정비구역에서 정비사업의 시행을 위한 토지 또는 건축물의 소유권과 그 밖의 권리에 대한 수용 또는 사용은 이 법에 규정된 사항을 제외하고는 토지보상법을 준용한다."고 규정하고 있는바, 수분양조합원의 주택 등에 대한 수용은 이루어지지 않고, 그 세입자에 대한 어떠한 권리도 수용되는 것은 아니므로, 위 견해가 타당하다.

이는 다음에서 살펴볼 이사비에도 동일하게 적용된다.

Ⅱ. 법적 성격

주거이전비는 공익사업의 시행으로 인하여 주거용 건축물을 제공함에 따라 생활근거를 상실하게 되는 자를 위하여 종전 생활상태를 원상으로 회복시키면서 동시에 인간다운 생활을 보장하여 주기 위한 생활보상의 일환임은 앞서 본 바이다.

1. 세입자에 대한 주거이전비

가. 사회보장적 금원

주거이전비는 해당 정비구역 안에 거주하는 세입자의 조기이주를 장려하여 사업추진을 원활하게 하려는 정책적인 목적과 주거이전으로 인하여 특별한 어려움을 겪게 될 세입자를 대상으로 하는 사회보장적인 차원에서 지급하는 성격의 것이므로, 사업시행자의 세입자에 대한 주거이전비 지급의무를 정하고 있는 토지보상법 시행규칙 54조 2항은 당사자 합의 또는 사업시행자의 재량에 의하여 적용을 배제할 수 없는 강행규정이다.[11] 따라서 주거용 건축물의 세입자가 임시 거주시설에 거주함을 조건으로 주거이전비 청구권을 포기하는 내용의 각서를 제출하였더라도

청산에 관한 협의가 성립되어 사업시행자에게 주거용 건축물의 소유권을 이전한 자이거나 현금청산에 관한 협의가 성립되지 않아 토지보상법에 따라 주거용 건축물이 수용된 자에 대하여는 토지보상법을 준용하여 주거이전비 및 이사비를 지급해야 한다).

10) 김종보, 전게서, 591.

11) 대법원 2011. 7. 14. 선고 2011두3685 판결, 대법원 2010. 11. 11. 선고 2010두5332 판결.

이는 무효이고, 세입자가 사업시행자가 제공한 임시거주시설에 거주하였다 하더라도 주거이전비를 지급받을 수 있다.

나. 손실보상 금원

도시정비법상 세입자의 사업시행자에 대한 주거이전비 청구권(이사비 포함)은 '토지보상법에 따른 손실보상'에 해당한다.[12] 즉, 주거용 건축물 세입자에 대한 주거이전비 및 이사비는 앞서 본 바와 같이 정비구역 내 영업용 건축물 임차인의 영업손실보상에 대응하는 것으로서 토지보상법에 따른 손실보상의 일종으로 봄이 타당하다. 그 법적 성격에 대하여는 Ⅴ. "4. 부동산 인도의무와 주거이전비 지급의무의 관계"에서 자세히 살펴본다.

2. 현금청산대상자에 대한 주거이전비

도시정비법상 현금청산대상자의 사업시행자에 대한 주거이전비, 이주정착금 및 이사비 청구권은 영업용 건축물에서의 영업손실보상에 대응하는 것으로서 토지보상법에 따른 손실보상에 해당한다. 나아가 해당 정비구역 안에 거주하는 현금청산대상자의 조기이주를 장려하여 사업추진을 원활하게 하려는 정책적인 목적도 존재한다 할 것이다. 다만, 현금청산대상자는 일반 세입자처럼 주거이전으로 특별한 어려움을 겪는다고 볼 수 없어 그에 대한 주거이전비는 사회보장급부로서의 성격이 있다고 보기 어려우므로,[13] 당사자의 합의에 의하여 배제할 수 있다.

Ⅲ. 주거이전비 보상의 요건

정비사업의 시행으로 인하여 이주하는 주거용 건축물의 소유자인 현금청산대상자 및 세입자이어야 한다. 즉, 주거용 건축물의 소유자 또는 세입자여야 하고, 정비사업의 시행과 이주사이에는 상당인과관계가 있어야 한다. 이는 이사비도 동일하다. 구체적 요건에 대하여 살펴본다.

1. 토지등소유자인 현금청산대상자

가. 적법한 주거용 건축물의 소유자일 것

주거이전비의 지급대상은 적법한 주거용 건축물일 것을 요하고, 무허가건축물은 제외된다(토지보상법 시행규칙 54조 1항 단서). 이는 건축물 소유자인 현금청산대상자에 대하여는 엄격히 적용된다. 주거이전비의 지급대상에서 제외되는 무허가건축물은 처음부터 허가를 받지 아니하고 축조된 건축물 뿐만 아니라 주거용이 아닌 다른 용도로 허가받거나 신고한 건축물의 소유자가 적법한 절차에 의하지 않고 임의로 주거용으로 용도를 변경하여 사용하고 있는 경우를 포함한다.[14] 이주정착금에 대하여는 토지보상법 시행령 40조 5항 1호가 이를 명확히 규정하고 있다. 주거용 건축물 소유자인 현금청산대상자의 주거이전비 및 이사비에 대응하는 영업용 점포에서의 영업손실보상 역시 무허가건축물인 경우 보상의 대상에서 제외됨은 앞서 본 바이다. 다만,

12) 대법원 2021. 6. 30. 선고 2019다207813 판결.
13) 대법원 2017. 10. 31. 선고 2017두40068 판결.
14) 대법원 2013. 5. 23. 선고 2013두437 판결 참조.

토지보상법 시행규칙 부칙에 의하여 1989. 1. 24. 이전에 축조된 무허가건축물은 적법한 건축물로 간주된다. 건축시점이 1989. 1. 24. 이전이라면 그 이후 이를 양수한 자도 주거이전비의 대상이 될 수 있다 할 것이다.

나. 정비계획안에 대한 공람공고일부터 수용재결 시까지 소유 및 거주할 것

⑴ 정비계획안에 대한 공람공고일부터 수용재결 시까지 소유 및 거주

도시정비법 시행령 54조 4항은 주거이전비를 보상하는 경우 보상대상자의 인정시점은 법 시행령 13조 1항(정비계획 입안권자의 정비계획안)에 따른 공람공고일로 본다고 규정하고 있고, 토지보상법 시행규칙 54조 1항 단서는 건축물의 소유자가 해당 건축물 또는 공익사업시행지구 내 타인의 건축물에 실제 거주하고 있지 아니한 경우에는 보상대상에서 제외하고 있으므로, 원칙적으로 정비계획안에 대한 공람공고일부터 수용재결 시까지 해당 건축물에서 계속하여 소유하고, 거주하여야 주거이전비 청구권을 취득한다. 세입자의 경우 사업시행계획인가·고시일에 주거이전비 청구권을 취득하는 점과 구분된다.

⑵ 정비구역 내 주거용 건축물 소유자로서 타인의 주거용 건축물 세입자인 경우(예외)

㈎ 토지보상법 시행령은 2016. 1. 6.자 개정으로 40조 3항 3호 단서규정(해당 공익사업지구에 주거용 건축물을 소유한 자로서 타인이 소유하고 있는 건축물에 거주하는 세입자는 제외한다)을 신설하여 정비구역 내 주거용 건축물 소유자로서 타인 소유 주거용 건축물의 세입자에 대하여는 이주대책대상자에 포함시켰다. 나아가 40조 5항 2호 마목(해당 공익사업지구 내 타인이 소유하고 있는 건축물에의 거주)을 신설하여 반드시 수용재결일까지 계속하여 거주하지 아니하여도 이주대책의 대상자에 포함되는 것으로 규정되었다. 토지보상법 시행규칙은 2016. 1. 6. 국토부령 제272호로 54조 1항 단서를 개정하여 공익사업지구 내 주거용 건축물 소유자의 주거이전비 보상요건으로 정비구역 내 건축물 소유자가 자신 소유의 건축물뿐만 아니라 타인의 건축물에 거주한 경우도 이를 포섭함을 전제로 다만 실제 거주하고 있지 않은 경우는 제외한다고 규정하였다. 이에 따라 현금청산대상자인 주거용 건축물 소유자는 정비구역 내 자신 소유의 건축물뿐만 아니라 타인 소유 주거용 건축물의 세입자인 경우에도 실제로 거주한 경우 다음에서 살펴볼 주거용 건축물 소유자로서의 주거이전비를 지급받을 수 있다.

㈏ 주거용 건축물의 세입자인 경우에는 가구원수에 따라 4개월분의 주거이전비를 지급받는 등 보상의 범위가 넓은바, 정비구역 내 주거용 건축물 소유자로서 타인 소유 주거용 건축물의 세입자인 경우 세입자로서 보상받을 수 있는지 여부가 문제된다.

토지보상법 시행규칙 54조 2항은 법 78조 1항에 따른 이주대책대상자인 세입자(정비구역 내 주거용 건축물 소유자로서 이주대책대상자인 타인의 주거용 건축물 세입자)는 주거이전비 보상대상인 세입자에서 제외한다고 명시하고 있으므로, 결국 주거용 건축물의 소유자가 정비구역 내 타인의 건축물에 거주한 경우에는 세입자로 거주하였다 하더라도, 주거용 건축물 소유자로서 주거이전비를 지급받게 된다.

⑶ 도시정비법 시행령 54조 1항

토지보상법 시행령 40조 5항 2호는 주거용 건축물의 소유자에 대하여 이주정착금(이주대책대상자)의 지급요건으로 수용재결일까지 계속하여 거주할 것을 요구하나, 다만 질병으로 인한 요양, 징집으로 인한 입영, 공무, 취학, 해당 정비구역 내 타인이 소유하고 있는 건축물에의 거주, 그 밖에 위 각 사유에 준하는 부득이한 사유가 있는 경우에는 예외를 인정하고 있다. 한편 다음에서 살펴보듯이 도시정비법 시행령 54조 1항은 주거용 건축물의 소유자인 토지등소유자에 대하여 이주정착금(이주대책대상자)의 지급요건으로 수용재결일까지 계속하여 거주할 것을 요구하나, 다만 질병으로 인한 요양, 징집으로 인한 입영, 공무, 취학, 그 밖에 위 각 사유에 준하는 부득이한 사유가 있는 경우에만 예외를 인정하고, 해당 정비구역 내 타인이 소유하고 있는 건축물에의 거주는 제외하고 있다.

주거이전비와 이주정착금은 모두 토지보상법에 따른 손실보상에 해당하므로, 도시정비법 시행령 54조 1항은 주거이전비에 대하여도 동일하게 적용함이 타당하다. 따라서 질병으로 인한 요양, 징집으로 인한 입영, 공무, 취학, 그 밖에 위 각 사유에 준하는 부득이한 사유가 있는 경우에는 수용재결일까지 자신 소유의 건물에 거주하지 않았다 하더라도, 주거이전비 지급대상이 될 수 있으나, 해당 정비구역 내 타인이 소유하고 있는 건축물에의 거주하는 경우에는 반드시 해당 건물의 수용재결일까지 해당 건물에 거주하여야 한다.

⑷ 정비구역 밖으로 이주한 분양계약 미체결자

조합원이 분양신청기간 내에 분양신청을 함으로써 이주의무의 이행을 위하여 정비구역 밖으로 이주하였다가, 그 후 정관에서 인정된 분양계약을 체결하지 아니하여 현금청산대상자가 된 경우, 이주의무의 이행을 위한 불가피한 것이었다 하더라도, 정비구역 내 건축물에서 수용재결시까지 거주하지 않았으므로 주거이전비의 지급대상자가 될 수 없다. 이는 토지보상법 시행령 40조 5항 2호 단서의 사유에도 해당하지 아니한다. 자세한 내용은 이주정착금에서 살펴본다.

⑸ 거주사실의 증명방법

거주사실의 증명은 주민등록법 2조에 따라 해당 지역의 주민등록에 관한 사무를 관장하는 특별자치도지사·시장·군수·구청장 또는 그 권한을 위임받은 읍·면·동장 또는 출장소장의 확인을 받아 입증하는 방법(1호), 공공요금영수증(2의 가), 국민연금보험료, 건강보험료 또는 고용보험료 납입증명서(2의 나), 전화사용료, 케이블텔레비전 수신료 또는 인터넷 사용료 납부확인서(2의 다), 신용카드 대중교통 이용명세서(2의 라), 자녀의 재학증명서(2의 마), 연말정산 등 납세 자료(2의 바), 그 밖에 실제 거주사실을 증명하는 객관적 자료(2의 사) 등의 방법으로 할 수 있다(토지보상법 시행규칙 54조 3항, 15조 1항).

다. 청구권자는 현금청산대상자 본인일 것

주거이전비 지급청구권은 현금청산대상자 본인에게만 있으므로, 본인이 아닌 가구원은 직접 주거이전비를 청구할 수 없다.

라. 정비사업으로 인한 이주일 것

앞서 본 바와 같이 현금청산대상자인 주거용 건축물 소유자가 자신 소유 건물에서 거주하는 경우 주거이전비를 지급받기 위해서는 원칙적으로 수용재결 시까지 거주하여야 하므로, 결국 정비사업으로 인하여 이주하게 될 것이다. 따라서 정비사업과 이주 사이의 상당인과관계는 당연히 인정된다[다만 현금청산대상자인 주거용 건축물 소유자가 수용재결 전에 요양, 공무 등 토지보상법 시행령 40조 5항 2호 각 목(마목 제외)의 사유로 이전한 경우에는 그 사유를 현금청산대상자가 증명하여야 한다]. 또한 정비구역 내 주거용 건축물 소유자로서 타인 소유 주거용 건축물의 세입자인 경우 도시정비법 시행령 54조 1항에 의하여 거주이전비를 지급받기 위해서는 해당 타인 건물의 수용재결일까지 위 건물에 거주하여야 하므로, 그 경우에도 정비사업과 이주 사이의 상당인과관계는 당연히 인정된다.

2. 세입자

가. 주거용 건축물의 세입자일 것

주거용 건축물의 세입자에 대한 주거이전비의 보상은 원칙적으로는 적법한 주거용 건축물일 것을 요한다. 다만, 무허가건축물에 입주한 세입자인 경우에는 법정 거주요건을 더욱 엄격히 하여 정비계획안에 대한 공람공고일 당시 정비구역 내에서 1년 이상 거주한 자여야 한다.

주거용 건축물 세입자의 주거이전비, 이사비에 대응하는 영업용 건축물 임차인에 대한 영업손실보상 역시 원칙적으로 적법한 건축물임을 전제로 하되, 무허가건축물인 경우에는 임차인이 정비계획안에 대한 공람공고일 1년 이전부터 영업하여야 하는 것과 동일하다(다만, 영업손실보상의 경우에는 부가가치세법 8조에 따른 사업자등록을 요하며, 보상의 범위도 제한적이다). 1989. 1. 24. 이전에 축조된 무허가건축물은 적법한 건축물로 간주된다.

(1) 무허가건축물 요건 기준

모든 무허가건축물이 주거이전비의 지급대상이 될 수 있는 것이 아니라 적어도 기존에 주거용으로 사용되어 온 무허가건축물 등에 입주하여 일정기간 거주한 세입자만이 주거이전비의 지급대상이고, 공부상 용도가 주거용이 아닌 건축물을 임차한 후 임의로 주거용으로 용도를 변경하여 거주한 세입자는 이에 해당한다고 할 수 없다. 따라서 공부상 용도가 주거용이 아닌 창고 등을 임차한 후 임의로 개조하여 주거용으로 용도를 변경하여 사용한 세입자의 경우에는 주거이전비의 지급대상이 될 수 없다.[15]

(2) 무상으로 사용하는 거주자 포함

㈎ 토지보상법 시행규칙 54조 2항이 2020. 12. 11. 국토부령 제788호로 개정되기 전에는 '주거용 건축물의 세입자'라고만 규정하고 있었다. 그 후 위 규정이 2020. 12. 11. '주거용 건축물의 세입자(무상으로 사용하는 거주자를 포함한다)'로 개정되고, 공포한 날부터 시행되었다. 이에 따라

15) 대법원 2013. 5. 23. 선고 2012두11072 판결.

개정 법령상으로 세입자에는 무상으로 사용하는 사용대차의 차주도 포함되는 것이 명백하다.

문제는 위 토지보상법 시행규칙이 개정되기 이전의 주거용 건축물의 세입자에는 유상의 임차인만이 포함되는지 또는 무상으로 사용하는 거주자도 포함되는지 여부가 문제된다(쟁점은 위 개정규정이 종래 해석상 당연히 인정되는 내용을 담고 있는 확인적·주의적 성격의 규정인지, 아니면 위 개정규정으로 말미암아 새로운 법률관계가 형성되는 내용을 담고 있는 창설적·형성적 성격의 규정인지 여부이다).

판례는 그 경우에도 '세입자'에는 주거용 건축물을 무상으로 사용하는 거주자를 포함한다.[16)]

(나) 실질적으로는 소유자의 가구원에 해당함에도 세입자임을 주장하며 별도의 주거이전비를 청구하는 사건을 실무상 흔히 볼 수 있다. 종래 위 토지보상법 시행규칙이 개정되기 이전의 규정에 따른 주거용 건축물의 세입자에 대한 기존 판례는 '세입자'란 '세를 내고 남의 집이나 방 따위를 빌려 쓰는 사람'을 가리키고 사용대차의 차주는 위 '세입자'에 해당하지 않는다고 하였으므로,[17)] 그 경우 중요한 판단기준이 차임을 지급하였는지 여부였으나 더 이상 이는 판단기준이 될 수 없다. 향후에는 세입자로서 주거이전비의 지급을 구하는 사건이 상당히 늘어날 것으로 예상되고, 소유자의 가구원인지 또는 무상의 거주자인 세입자인지 여부 판단에 어려움이 예상된다.

나. 정비계획안에 대한 공람공고일 당시 거주

정비계획안에 대한 공람공고일 당시부터 주거용 건축물에서 거주한 세입자이어야 한다. 거주사실의 증명방법은 앞서 본 바와 같이 토지보상법 시행규칙 54조 3항, 15조 1항에서 정한 방법으로 할 수 있다.

(1) 정비계획안에 대한 공람공고일 당시 거주

(가) 법령의 규정

도시정비법 65조 1항은 "정비구역에서 정비사업의 시행을 위한 토지 또는 건축물의 소유권과 그 밖의 권리에 대한 수용 또는 사용은 이 법에 규정된 사항을 제외하고는 토지보상법을 준용한다. 다만, 정비사업의 시행에 따른 손실보상의 기준 및 절차는 대통령령으로 정할 수 있다."고 규정하고 있다. 도시정비법 시행령 54조 4항은 주거이전비 보상대상자의 인정시점은 정비계획안에 대한 공람공고일로 본다고 규정하고 있다.[18)]

---

16) 대법원 2023. 7. 27. 선고 2022두44392 판결(① 조기이주 장려 및 사회보장적 지원의 필요성이 사용대가의 지급 여부에 따라 달라진다고 보기 어렵다, ② 주거이전비와 이사비는 모두 토지보상법 78조 6항에 따라 보상되는 것으로 제도의 취지도 동일한바, 이사비의 경우 무상으로 사용하는 거주자도 보상대상에 포함됨에 이론이 없고, 양자를 달리 취급할 합리적인 이유를 발견하기 어렵다, ③ 위 조항이 '세입자'라는 문언을 사용한 것은 같은 조 1항의 '소유자'의 경우와 구분하기 위한 것으로 볼 수 있는바, 위와 같은 개정조항은 기존 법령의 규정 내용으로부터 도출되는 사항을 주의적·확인적으로 규정한 것이다).

17) 대법원 2017. 10. 31. 선고 2017두40068 판결 및 서울고등법원 2017. 2. 23. 선고 2016누66164 판결.

18) 2009. 2. 6. 개정되기 이전에는 구 도시정비법 40조(현행 65조) 1항의 단서규정이 없었으나, 그 후 위 개정으로 '정비사업의 시행에 따른 손실보상의 절차에 관하여는 대통령령으로 따로 정할 수 있다.'는 단서조항이 도입되었고, 그 후 위 단서조항이 2009. 5. 27. '정비사업의 시행에 따른 손실보상의 기준 및 절차에 관하여는 대통령령으로 따로 정할 수 있다.'로 변경됨으로써 현재의 도시정비법 65조 1항과 동일하게 규정되었다. 이에 따라 신설된 구 도시정비법 시행령(2009. 8. 11. 개정되어 2018. 2. 9. 전부개정되기 전의 것) 44조의2 2항은 '주거이전비 보상대상자의 인정기준, 영업손실 보상대상자의 인정기준 및 영업손실의 보상기준에 관하여 구체적인 사항은 국토해양부령으로 따로 정할 수 있다.'고 규정하였고, 그 후 구 도시정비법 시행규칙(2009. 8. 13. 개정되어 2012. 8. 2. 개정되기 전의 것) 9조

한편, 토지보상법 시행규칙 54조 2항은 주거이전비의 지급대상으로 주거용 건축물의 세입자로서 사업인정고시일등 당시 또는 공익사업을 위한 관계 법령에 따른 고시 등이 있은 당시 해당 공익사업시행지구 안에서 3개월 이상 거주한 자로 규정하고 있다.

㈏ 문제의 소재

토지보상법 및 같은 법 시행규칙은 영업손실보상은 사업인정고시일등 전부터 적법한 장소에서 인적·물적시설을 갖추고 계속적으로 행하고 있는 영업을 보상대상으로 함에 반해, 주거이전비 보상은 위와 같이 사업인정고시일등 당시 또는 공익사업을 위한 관계 법령에 따른 고시 등이 있은 당시 해당 공익사업시행지구안에서 3개월 이상 거주한 자에 대하여 보상대상으로 한다(영업보상은 적법한 장소 및 인적·물적시설을 갖추고 계속적으로 행하고 있는 영업이라는 보다 엄격한 요건을 필요로 하여 사업인정고시일을 기준으로 하나, 주거이전비보상은 무허가건물 등에 입주한 세입자가 아닌 경우라면 대가 유무를 불문하고 무상으로 사용하는 경우도 포함되므로, 주거이전비를 목적으로 한 공익사업구역으로의 거주이전이 용이함에 근거하는 것으로 보인다).

그러나 현행 도시정비법 65조 1항의 위임을 받은 법 시행령 54조 4항은 주거이전비 보상대상자의 인정시점은 정비계획안에 대한 공람공고일로 본다고 규정하고 있으므로, 위 법 시행령 규정을 주거이전비에 관한 한 토지보상법 시행규칙 54조 2항의 특칙규정인지 여부가 문제된다.

㈐ 학설

① 특칙규정 긍정설

도시정비법 65조 1항의 규정 내용에 비추어 도시정비법 시행령 54조 4항은 토지보상법 시행규칙 54조 2항의 특칙규정이므로 정비사업에서의 세입자에 대한 주거이전비 보상은 정비계획안에 대한 공람공고일 이전 3개월 거주요건을 요하지 않고, 정비계획 공람공고일 당시 거주한 세입자는 모두 대상이 된다.[19]

② 특칙규정 부정설

세입자에 대하여 일정기간의 주거생활을 요하고, 무허가건축물인 경우에는 더욱 엄격한 법정기간의 거주를 요하는 이유는 영구적인 생활의 근거를 상실하는 소유자와 달리 세입자는 정비구역 내 거주지가 처음부터 한시적인 생활의 근거지로 사용한 것이고, 주거이전비를 목적으로 한 정비구역으로의 거주이전이 용이하고, 기본계획상의 정비예정구역이 정비구역으로 지정되는 것이 일반적이므로 정비계획안에 대한 공람공고일로 하는 경우 주거이전비를 노린 세입자의 이주가 만연할 우려가 있는 점 등을 이유로 법 시행령 54조 4항은 토지보상법 시행규칙 54조 2항의 특칙규정으로 볼 수 없다. 악의의 세입자에 대한 주거이전비의 보상을 방지하기 위하여 토지보상법 시행규칙이 사업인정고시일등 당시 3개월의 거주요건을 마련하고 있는바, 토지보상법과 달

의2는 '토지보상법 시행규칙 54조 2항에 따른 주거이전비의 보상은 영 11조에 따른 공람공고일 현재 당해 정비구역에 거주하고 있는 세입자를 대상으로 한다.'고 규정하였다. 그 후 2012. 8. 2.자 개정으로 위 규정이 9조의2 3항으로 '영 44조의2 2항에 따른 주거이전비의 보상은 토지보상법 시행규칙 54조 2항 본문에도 불구하고 영 11조에 따른 공람공고일 현재 해당 정비구역에 거주하고 있는 세입자를 대상으로 한다.'고 규정하였다. 그 후 도시정비법 시행령이 2018. 2. 9. 전부개정되면서 현재의 54조 4항과 같이 종전 도시정비법 시행규칙상의 내용이 법 시행령에 옮겨왔다.

19) 이도행, 주택재개발사업에서의 주거이전비, 이사비 및 이주정착금과 관련된 실무상 문제점, 재판자료 제139집(2020년), 188.

리 특별히 정비사업의 세입자에게만 위와 같은 거주요건을 배제할 이유가 없다.[20)]

㈑ **판례(특칙규정 부정설)**

재개발사업에서의 주거용 건축물의 세입자에 대한 주거이전비의 보상은 정비계획안에 대한 공람공고일 당시 해당 정비구역 안에서 3개월 이상 거주한 자로 제한하고 있다.[21)]

㈒ **결론(특칙규정 긍정설)**

현행 법 시행령 54조 4항은 토지보상법 시행규칙 54조 2항의 특별규정으로 봄이 상당하므로 주거용 건축물의 세입자에 대한 주거이전비의 보상은 정비계획안에 대한 공람공고일 당시 거주한 자로 해석하여야 할 것이다. 그 논거는 다음과 같다.

ⓐ 구 도시정비법이 2009. 2. 6. 개정되기 이전에는 법 65조 1항 단서규정이 없었으나, 2009. 2. 6. 개정되면서 처음 단서규정(정비사업의 시행에 따른 '손실보상의 절차'에 관하여는 대통령령으로 따로 정할 수 있다, 40조 1항 단서)이 도입되었고, 그 후 2009. 5. 27. 위 단서규정이 개정되었다(정비사업의 시행에 따른 '손실보상의 기준 및 절차'에 관하여는 대통령령으로 따로 정할 수 있다). 이는 토지보상법상의 규정에도 불구하고 대통령령으로 손실보상의 '기준'을 달리 정할 수 있도록 하여('따로' 정할 수 있다고 규정하였다) 정비사업의 특성을 반영한 보상이 이루어질 수 있도록 하기 위함이었다.

이에 따라 구 법 시행령 44조의2 2항 및 구 법 시행규칙 9조의2 2항은 명확하게 세입자의 경우 주거이전비의 보상은 '토지보상법 시행규칙 54조 2항 본문에도 불구하고 정비계획에 따른 공람공고일 현재 해당 정비구역에 거주하고 있는 자'로 규정하고 있으므로, 도시정비법이 2017. 2. 8. 전부개정되고, 같은 법 시행령 및 시행규칙이 2018. 2. 9. 전부개정되기 이전에는 특칙규정으로 해석하여야 한다. 나아가 비록 법이 2017. 2. 8. 전부개정되면서 65조 1항이 "손실보상의 기준 및 절차를 정할 수 있다고"고 규정할 뿐, '따로'라는 표현이 삭제되었으나, 특별히 전부개정되기 이전과 달리 해석할 아무런 근거가 없다.

ⓑ 위 구 도시정비법이 2009. 2. 6. 및 2009. 5. 27. 개정된 경위는 2009. 1. 발생한 이른바 '용산참사(구 도시환경정비사업 진행과정에서 보상내용에 반발하는 상가세입자들의 농성과 철거·퇴거 과정에서 발생한 화재로 다수가 사망한 사건)' 때문이었다. 즉, 당시 조합은 세입자들에 대하여 도시정비법의 준용 규정에 따라 토지보상법에 따라 보상하였는데, 위 사건을 계기로 도시정비사건의 특수성을 고려하여 도시정비법에 토지보상법과 다른 손실보상의 기준을 마련할 필요성이 부각되었고, 이에 따라 위와 같은 입법이 이루어졌다. 실제로 2009. 12. 1.자 도시정비법 시행규칙의 개정으로 영업손실보상에서의 휴업기간을 당시 토지보상법 시행규칙 47조 2항(3개월)과 달리 4개월로 정하였다(9조의2 1항). 그 후 토지보상법 시행규칙도 2014. 10. 22. 국토부령 제131호로

20) 정기상, 주택재개발정비사업에 있어 주거이전비 보상을 둘러싼 제문제에 관한 고찰, 법조 제670호, 법조협회(2012), 312.

21) 대법원 2010. 9. 9. 선고 2009두16824 판결, 대법원 2012. 9. 27. 선고 2010두13890 판결, 대법원 2017. 10. 26. 선고 2015두41913 판결, 대법원 2020. 1. 30. 선고 2018두66067 판결, 대법원 2023. 7. 27. 선고 2022두44392 판결, 한편, 도시정비법 시행령 54조 4항의 '주거이전비 보상대상자의 인정시점은 정비계획안에 대한 공람공고일로 본다'는 규정은 주거용 건축물의 세입자에 대한 주거이전비 보상에 있어서 토지보상법 시행규칙 54조 2항과 달리 할 수 있는 특례를 정한 것이라고 하는 대법원 판례도 있다(대법원 2013. 2. 28. 선고 2011두8925 판결).

개정되어 휴업기간을 4개월 정하게 되었다. 따라서 위와 같은 입법 연혁에 비추어 법 시행령 54조 4항은 토지보상법 시행규칙 54조 2항의 특칙으로 보아야 한다.

ⓒ 2009. 2. 6.자 도시정비법 개정 이전의 규정에 근거한 대법원 2010. 9. 9. 선고 2009두16824 판결은 타당하다. 그러나 위 도시정비법 개정으로 위 판례는 더 이상 유지할 수 없게 되었다.[22]

㈓ 정비사업실무

사업시행자는 정비사업의 시행으로 임대주택을 건설하는 경우 임차인의 자격·선정방법 등에 관하여 민간임대주택법 42조 등 및 공공주택특별법 48조 등의 규정에도 불구하고, 대통령령으로 정하는 범위에서 시장·군수등의 승인을 받아 따로 정할 수 있다(법 79조 6항). 법 시행령 69조 1항은 사업시행자는 [별표 3]에 규정된 범위에서 임대주택에 입주하는 임차인의 자격에 관하여 시장·군수등의 승인을 받아 따로 정할 수 있다고 규정하고 있는데, [별표 3]은 재개발사업과 관련하여 기준일(정비계획안에 대한 공람공고일, 54조 4항) 3개월 전부터 해당 재개발사업을 위한 정비구역 또는 다른 재개발사업을 위한 정비구역에 거주하는 세입자를 그 대상으로 하고 있다.[23]

정비사업 실무상 일부 사업시행자는 정비계획 공람공고일 3개월 이전부터 거주한 세입자에 대하여는 임대주택을 공급하고, 정비계획 공람공고일 당시 거주한 세입자에 대하여는 주거이전비를 지급하는 경우가 있다.[24] 일부 사업시행자는 엄격하게 정비계획안에 대한 공람공고일 당시 해당 정비구역 안에서 3개월 이상 거주한 자에 대하여만 주거이전비를 지급하는 경우도 있다.

(2) 최초의 사업시행계획인가·고시일까지 거주의 필요성 또는 정비사업으로 인한 이주 여부

세입자의 경우 소유자인 현금청산대상자와 달리 재결 시까지 거주할 필요는 없으나, 적어도 사업시행계획인가·고시일까지 거주하여야 하는지 여부가 문제된다.

㈎ 학설

① 부정설

일부 하급심은 주거이전비 청구권은 장차 그 성부가 불확실한 사실인 '사업시행계획인가·고시'를 조건으로 정비계획안에 대한 공람공고일에 권리가 바로 발생하고, 그 후 조건이 성취(즉, 사업시행계획의 인가·고시)되면 사업시행자를 상대로 구체적인 보상금액의 청구가 가능하다고 판시하고 있다.[25] 따라서 사업시행계획인가·고시일까지 거주를 요하지 아니한다.

22) 일부 하급심은 "도시정비법 시행령 54조 4항 상의 주거이전비 보상대상자의 인정시점은 '정비계획에 관한 공람공고일'로 본다는 의미는 토지보상법 시행규칙 54조 2항 본문에서 주거이전비 보상대상자를 정하는 기준시점을 '사업인정고시일등 당시 또는 공익사업을 위한 관계 법령에 의한 고시 등이 있은 당시'로 정하고는 있는 것을 대체하는 것일 뿐, '3개월 이상 거주' 요건까지 배제된다고 볼 수 없다"고 해석하나, 위 주장은 문리해석에도 반하고, 나아가 2009. 2. 6.자 법 개정의 취지는 토지보상법상의 규정에도 불구하고 대통령령으로 달리 정할 수 있도록 하여 정비사업의 특성을 반영한 보상이 이루어질 수 있도록 하기 위함이므로(제정·개정 이유 참조) 위 해석은 부당하다.

23) 주택공급에 관한 규칙 35조 1항 13호는 사업주체인 재개발조합은 "도시정비법에 따른 재개발사업으로 철거되는 주택의 세입자로서 해당 사업을 위한 고시 등이 있은 날 현재 3개월 이상 거주하고 있는 성년자"에 대하여 국민주택을 공급할 수 있다고 규정하고 있다.

24) 서울고등법원 2023. 8. 22. 선고 2022누34250 판결(확정)의 사실관계 참조.

25) 수원지방법원 2021. 8. 11. 선고 2021구단7208 판결.

② 긍정설

토지보상법 시행규칙 54조 2항이 공익사업의 시행으로 인하여 이주하게 되는 주거용 건축물의 세입자에게 주거이전비를 보상한다고 규정하여 '공익사업의 시행으로 인한 이주'를 주거이전비의 요건으로 하고 있는데, 정비계획안에 대한 공람공고일 당시에는 주거이전비의 지급을 청구할 상대방인 사업시행자가 확정되어 있지 아니하고 사업시행 여부도 확실하지 아니하므로, 사업시행자가 정해지고 수용권까지 발생하는 시점인 사업시행계획인가·고시일까지는 거주하다가 이주한 경우에 한하여 공익사업의 시행으로 인하여 이주하게 되는 세입자에 해당한다고 보아야 한다는 견해가 있다.[26] 일부 하급심도 사업시행계획인가·고시일까지 거주하여야 주거이전비 청구가 가능하다고 판시하고 있다.[27]

㈏ **대법원 판례(거주 여부는 쟁점이 아니고, 상당인과관계가 쟁점)**

대법원은 토지보상법 시행규칙 54조 2항이 공익사업의 시행으로 인하여 이주하게 되는 주거용 건축물의 세입자에게 주거이전비를 보상한다고 규정하고 있으므로, '공익사업의 시행으로 인한 이주' 여부가 쟁점으로 본다.

'정비사업의 시행으로 인하여 이주하게 되는 경우'에 해당하는지는 세입자의 점유권원의 성격, 세입자와 건축물 소유자와의 관계, 계약기간의 종기 및 갱신 여부, 실제 거주기간, 세입자의 이주시점 등을 종합적으로 고려하여 판단하되, 이러한 주거이전비 지급요건을 충족하는지는 주거이전비의 지급을 구하는 세입자 측에 주장·증명책임이 있다고 할 것이나, 세입자에 대한 주거이전비의 보상방법 및 금액 등의 보상내용은 원칙적으로 사업시행계획인가·고시일에 확정되므로, 세입자가 사업시행계획인가·고시일까지 해당 주거용 건축물에 계속 거주하고 있었다면 특별한 사정이 없는 한 정비사업의 시행으로 인하여 이주하게 되는 경우에 해당한다고 보는 것이 타당하다.[28]

임대차 계약기간이 정비계획안에 대한 주민 공람공고일과 사업시행계획인가·고시일 사이에 만료되었는데, 계약이 계속하여 갱신되어 왔음에도 임대인이 정비사업의 시행을 이유로 임대차계약의 연장을 거부하는 경우라면 주거이전비가 인정될 여지가 크다는 견해가 있다.[29] 그러나 이는 임대차가 정상적인 차임인 경우를 전제로 하는 것이고, 만일 임대차계약이 계속하여 갱신되어 왔다하더라도, 정비사업 시 이주한다는 조건 아래 저렴한 차임으로 임차인이 계속 거주한 경우에까지 적용될 수는 없다고 보아야 할 것이다.

---

26) 이도행, 전게논문, 190.

27) 대법원 2020. 2. 6. 자 2019두56661 판결 및 수원고등법원 2019. 10. 16. 선고 2019누11107 판결 및 수원지방법원 2019. 5. 22. 선고 2017구단6956 판결, 대법원 2021. 12. 16. 자 2021두49628호 판결 및 수원고등법원 2021. 8. 20. 선고 2021누10350 판결, 수원지방법원 2020. 12. 24. 선고 2020구합67019 판결.

28) 대법원 2023. 7. 27. 선고 2022두44392 판결.

29) 송종환, 2024년도 법관연수 공법소송실무 중 일반 행정소송 사건의 주요쟁점(최근 판례 경향을 중심으로), 사법연수원, 23.

㈐ 결론(판례의 견해 타당)

① 부정설 비판

토지보상법 시행규칙 54조 2항은 '공익사업의 시행으로 인하여 이주하게 되는' 주거용 건축물의 세입자를 주거이전비의 지급대상으로 규정하고 있다. 또한 주거용 건축물 세입자의 주거이전비는 영업용 건물(점포) 임차인의 영업손실보상에 대응하는 것인바, 영업손실을 보상하는 경우 보상대상자의 인정시점은 정비계획안에 대한 공람공고일로 하되, 보상의 대상을 인적·물적시설을 갖추고 계속적으로 행하고 있는 영업으로 한정하고 있으므로, 위 계속적 영업이라는 요건에는 공익사업의 시행과 폐업과 휴업 사이의 상당인과관계가 포함되어 있다.

위와 같은 사정들에 비추어 보면, 적어도 세입자가 주거이전비를 지급받기 위해서는 정비사업으로 인하여 이주한 경우에 한한다. 그럼에도 불구하고 부정설은 정비사업의 시행과 이주 사이의 상당인과관계를 도외시한 견해로서 부당하다.

② 긍정설 비판

'공익사업의 시행으로 인하여 이주'함을 요건으로 보면서도, 그 요건충족을 위해서는 반드시 사업시행계획인가·고시일까지 거주하여야 한다고 주장하나, 다음의 점에 비추어 부당하다.

ⓐ 사업시행계획인가·고시일까지 거주하여야 하는 명시적 근거가 없다. 세입자는 사업시행계획인가·고시 이전에도 정비사업의 시행으로 인하여 이주할 수 있는데, 그 경우 보상대상에서 제외함은 부당하다.

ⓑ 앞서 본 바와 같이 사업시행자는 정비사업의 시행에 따른 임대주택 건설의무가 있는바, 법령에서 입주자격으로 기준일(정비계획안에 대한 공람공고일) 3개월 전부터 정비구역 또는 다른 재개발사업을 위한 정비구역에 거주하는 세입자를 그 대상으로 하고 있다. 만일 사업시행계획인가·고시일까지 반드시 거주하여야 한다면, 법령에서 임대주택의 입주요건으로 이를 명시하였을 것이다.[30]

③ 정리

정비계획안에 대한 공람공고일 당시 해당 정비구역 안에서 거주한 세입자로서, 정비사업의 시행으로 이주하여야 한다.[31] 다만, 정비계획안에 대한 공람 이후의 정비구역지정으로 법 19조 1항에 의하여 건축물의 건축 등의 행위제한을 받기는 하나, 그것만으로는 세입자가 해당 건축물에서 거주함에 특별한 문제가 없고(판례는 도시정비법상 사업시행계획인가·고시가 있는 때에도 정비구역 내 건물을 사용·수익하는 데 별다른 법률적 제한이 없다고 한다),[32] 주변환경에도 변화가 없는 것이 일반적인 점, 세입자로서는 임대차계약서 등의 제출로 정비사업의 시행과 이주 사이의 인과관계를 증명하는 것이 용이한 사정 등 증거와의 거리 및 증명의 난이(다음에서 살펴볼 세입자

30) 다만, 서울시 조례 46조 1항 1호는 "해당 정비구역에 거주하는 세입자로서 세대별 주민등록표에 등재된 날을 기준으로 영 13조에 따른 정비구역의 지정을 위한 공람공고일 3개월 전부터 사업시행계획인가로 인하여 이주하는 날까지 계속하여 거주하고 있는 무주택세대주"라고 규정하여 임대주택의 입주대상자는 사업시행계획인가로 인하여 이주하는 날까지 계속하여 거주하고 있음을 전제로 하고 있기는 하나, 이는 서울시가 별도로 그 요건을 강화한 것으로 보인다.

31) 대법원 2016. 12. 15. 선고 2016두49754 판결.

32) 대법원 2020. 11. 26. 선고 2019다249831 판결.

관련 상당인과관계 판단기준 참조), 영업손실보상의 경우에는 계속적 영업을 요건으로 하여 그 인과관계의 증명책임이 영업손실보상을 청구하는 자에게 있는 점 등을 고려할 때, 사업시행계획인가·고시일 이전에 세입자가 이주한 경우에는 세입자가 정비사업 시행과 이주 사이의 상당인과관계에 대한 증명책임이 있다.

④ 세입자 관련 상당인과관계 판단기준

실무상 주거용 건축물의 소유자는 기본계획의 수립 등으로 정비사업이 예정되면, 세입자와 사이에 정비사업이 본격화될 시 해지됨을 전제로 저렴한 차임으로 단기의 임대차계약을 체결하는 경우가 흔히 있다. 그와 같은 경우의 세입자 이주는 정비사업과 상당인과관계가 없다. 이주를 전제로 저렴한 차임으로 거주하다가 주거이전비까지 지급받고 이주하는 것은 정의(正義)관념에도 반한다. 세입자가 정비사업으로 인하여 이주한 것인지 여부는 임대차계약의 내용, 존속기간이나 특약사항(임대차의 종기가 정비사업 시점인지 여부, 정비사업 시작을 임대차 종기로 함에 따른 시세보다 낮은 차임인지 여부 등), 세입자와 주거용 건축물 소유자와의 관계 등이 판단요소가 된다.

다. 청구권자는 세입자 본인일 것

비록 주거이전비는 가구원 수에 따라 지급되기는 하지만, 주거이전비 지급청구권은 세입자(해당 주거용 건축물에 대한 점유·사용 권원을 가지고 주거용으로 사용하는 사람)에게만 있으므로, 세입자 본인이 아닌 가구원은 직접 주거이전비를 청구할 수 없다.[33)]

Ⅳ. 주거이전비의 취득시점 및 보상범위

1. 취득시점

가. 현금청산대상자

주거용 건축물의 소유자로서 자신 소유 건물에서 거주한 현금청산대상자는 위 건물의 수용재결일까지 계속하여 거주하여야 주거이전비를 지급받을 수 있으므로, 수용재결일에 주거이전비 청구권을 취득한다(입영, 공무, 취학 그 밖에 이에 준하는 부득이한 사유로 인하여 수용재결일 전에 이주한 경우에도 마찬가지이다).[34)] 다만 주거용 건축물의 소유자로서 타인 소유 건축물에서 거주한 세입자인 현금청산대상자는 타인 소유 건물의 수용재결일까지 해당 건물에서 계속하여 거주하여야 주거이전비를 지급받을 수 있으므로, 타인 소유 건물의 수용재결일에 주거이전비 청구권을 취득한다.

나. 세입자

(1) 사업시행계획인가·고시일

주거이전비 보상의 방법, 금액 등 보상내용은 정비사업의 종류 및 내용, 사업시행자, 세입자

33) 대법원 2011. 8. 25. 선고 2010두4131 판결.
34) 대법원 2019. 8. 14. 자 2019두40024 판결 및 서울고등법원 2019. 4. 19. 선고 2018누59597 판결(주거이전비 보상액 산정시점이 정면에서 다투어진 사건이다).

의 주거대책, 비용부담에 관한 사항, 자금계획 등이 구체적으로 정해지는 최초의 사업시행계획 인가·고시일에 확정되므로 주거이전비 청구권은 그때 발생한다.[35)]

위와 같이 세입자에 대한 주거이전비의 보상방법 및 금액 등의 보상내용은 원칙적으로 사업시행계획인가·고시일에 확정되므로, 그때 세입자는 주거이전비 청구권을 취득한다.[36)] 세입자가 그 전에 정비사업의 시행으로 인하여 이주하게 되는 경우에도 마찬가지이다. 세입자는 구체적인 주거이전비 청구권이 발생한 사업시행계획인가·고시일 이후에는 계속하여 거주할 필요가 없고, 사업시행자의 주거이전비 산정 통보를 기다릴 필요도 없다. 다만 주거이전비 청구권의 근거가 된 사업시행계획이 당연무효이거나 법원의 확정판결로 취소된다면 주거이전비 청구권은 효력이 없다.

⑵ 사업시행기간과의 관계

주거이전비 청구권의 근거가 된 사업시행계획에서 정한 사업시행기간이 도과하였더라도, 유효하게 작성된 사업시행계획 및 그에 기초한 토지의 매수, 수용을 비롯한 사업시행의 법적 효과가 소급하여 효력을 상실하여 무효로 된다고 할 수 없듯이 보상내용이 확정되어 세입자가 이미 취득한 주거이전비 청구권에 아무런 영향이 없다.

2. 보상범위

가. 대상

⑴ 현금청산대상자

현금청산대상자인 주거용 건축물의 소유자에 대하여는 가구원수에 따라 2개월분의 주거이전비를 보상하여야 한다(토지보상법 시행규칙 54조 1항).

⑵ 세입자

사업시행자는 세입자에게 가구원수에 따라 4개월분의 주거이전비를 보상해야 한다(토지보상법 시행규칙 54조 2항 본문).

나. 주거이전비 산출방법

통계법 3조 3호에 따른 통계작성기관이 조사·발표하는 가계조사통계의 도시근로자가구의 가구원수별 월평균 명목 가계지출비를 기준으로 산정한다. 이는 국가통계포털(http://kosis.kr)의 가계동향조사 중 가구원수별 가구당 월평균 가계지출(도시, 1인 이상)이 객관적 자료로 인정된다.[37)] 다만 가구원수가 5인 이상인 경우의 가구원수에 대하여는 토지보상법 54조 4항이 별도로 규정하고 있다.[38)]

---

35) 대법원 2012. 9. 27. 선고 2010두13890 판결, 대법원 2017. 10. 26. 선고 2015두46673 판결.
36) 대법원 2023. 7. 27. 선고 2022두44392 판결.
37) 2017년도부터 가계동향조사의 지출과 소득 부문이 분리되면서 지출 부문은 분기별 통계에서 연간 통계로 개편되었다.
38) 가구원수가 5인인 경우에는 5인 이상 기준의 월평균 가계지출비를 적용하며, 가구원수가 6인 이상인 경우에는 5인 이상 기준의 월평균 가계지출비에 5인을 초과하는 가구원수에 [1인당 평균비용=(5인 이상 기준의 도시근로자가구

Ⅴ. 소송상 쟁점[39)]

1. 관할 및 재결과의 관계

가. 관할(행정소송)

적법하게 시행된 정비사업으로 인하여 이주하게 된 주거용 건축물의 소유자인 현금청산대상자 및 세입자의 주거이전비 청구권은 공법상의 권리이고, 주거이전비 청구권은 그 요건을 충족하는 경우에 당연히 발생하는 것이므로 주거이전비 청구소송은 행정소송법 3조 2호에 규정된 당사자소송에 의하여야 하고, 민사소송이 아니다.[40)]

나. 재결과의 관계

⑴ 재결의 필요성 여부

㈎ 문제의 소재

토지보상법 제정 이전에는 수용권이 인정되는 사업인정 이전단계에서 적용되는 공특법에서 협의취득에 협력하여 신속한 공익사업의 수행이 가능하도록 한 자들에게 대한 특별한 보상으로 주거이전비 등의 생활보상을 규정하고 있었고, 사업인정 이후의 재결을 통한 수용을 규율하는 토지수용법에서는 주거이전비 등의 규정이 존재하고 있지 않았다. 그 후 위 각 법률이 통합되어 2002. 2. 4. 토지보상법이 제정되면서, 수용재결이 이루어지더라도, 주거이전비 등이 일반적인 손실보상으로 인정되었으나, 재결의 대상인지 여부에 관하여는 아무런 규정이 없다.

㈏ 판단

주거이전비 청구권은 그 요건에 해당하면 당연히 발생하고, 그 범위도 법정되어 있으므로 반드시 토지수용위원회의 전문적 판단이 선행될 필요가 없어 앞서의 손실보상과 달리 반드시 재결절차를 거쳐야 하는 것은 아니다(위 2018두55326 판결). 따라서 현금청산대상자나 세입자 등 주거이전비 청구권자는 재결절차 없이 곧바로 당사자소송의 형식으로 직접 사업시행자를 상대로 주거이전비를 청구할 수 있다. 이에 따라 다음에서 살펴보듯이 재결절차를 거치는 것이 배제되지는 않지만, 그 경우에도 사업시행자에게만 재결신청권이 있고, 현금청산대상자 및 세입자에게는 재결신청권이 허용되지 아니함에도, 재결신청청구권이나 재결신청 지연가산금은 인정되지 아니한다.

⑵ 재결신청이 있는 경우의 처리

㈎ 문제의 소재

사업시행자에게 주거이전비에 대한 재결신청권이 있는지 여부가 문제된다. 만일 신청권이 있다면 관할 토지수용위원회는 사업시행자가 재결신청한 범위에서 반드시 재결을 하여야 하기 때

월평균 가계지출비－2인 기준의 도시근로자가구 월평균 가계지출비)÷3]의 산식에 의하여 산정한 1인당 평균비용을 곱한 금액을 더한 금액으로 산정한다(토지보상법 시행규칙 54조 4항).

39) 이는 다음에서 살펴볼 이주정착금 및 이사비에 공통적으로 적용되는 소송상 쟁점이다.

40) 대법원 2008. 5. 29. 선고 2007다8129 판결, 대법원 2019. 4. 23. 선고 2018두55326 판결.

문이다(토지보상법 50조 2항). 또한 현금청산대상자 및 세입자에게 재결신청권이 있는지 여부도 쟁점이다.

㈏ 사업시행자의 재결신청권(긍정)

① 판례는 사업시행자에게 주거이전비에 대한 재결신청권이 있고, 이에 따라 관할 토지수용위원회는 주거이전비에 대하여 재결하여야 한다고 하고 있다.[41] 사업시행자는 토지보상법 28조 1항, 26조, 2조 5호에 의하여 현금청산대상자나 세입자와 주거이전비에 대하여 협의할 수 있고 협의가 성립되지 아니하거나 협의를 할 수 없을 때(토지보상법 시행령 8조의 협의의 절차 및 방법을 준수하여야 한다) 관할 토지수용위원회에 재결을 신청할 수 있다고 해석된다.

② 법적 근거에 관하여 다툼이 있다. 토지보상법 50조 1항은 토지수용위원회의 재결사항으로 '수용하거나 사용할 토지의 구역과 사용방법(1호), 손실보상(2호), 수용 또는 사용의 개시일과 기간(3호), 그 밖에 이 법과 다른 법률에서 규정한 사항(4호)'을 규정하고 있는바, 주거이전비를 손실보상으로 보는 견해에 의하면 근거는 2호(손실보상)이고, 주거이전비를 손실보상으로 보지 않는 견해에 의하면, 4호(그 밖에 이 법과 다른 법률에서 규정한 사항)이다. 주거이전비는 '토지보상법에 따른 손실보상'의 일종이므로 2호가 타당하고, 판례도 같은 견해이다.

③ 실제로 재개발사업의 시행자는 현금청산대상자나 세입자와 주거이전비등에 대하여 협의를 진행한 결과 협의가 성립하지 아니하는 경우, 사업의 신속한 진행을 위하여 주거이전비에 대하여 관할 토지수용위원회에 재결을 신청하는 경우가 흔히 있다. 사업시행자가 주거이전비에 대하여 재결을 신청하는 이유는 재결상의 주거이전비 금액에 대하여 현금청산대상자등에게 이를 지급하거나 공탁하는 경우, 토지보상법 43조는 "토지소유자 및 관계인과 그 밖에 토지소유자나 관계인에 포함되지 아니하는 자로서 수용하거나 사용할 토지나 그 토지에 있는 물건에 관한 권리를 가진 자는 수용 또는 사용의 개시일까지 그 토지나 물건을 사업시행자에게 인도하거나 이전하여야 한다."라고 규정하고 있으므로, 수용개시일까지 현금청산대상자등의 인도의무가 발생하기 때문이다.

㈐ 현금청산대상자나 세입자의 재결신청권(부정)

현금청산대상자나 세입자의 재결신청권은 인정되지 아니한다. 그 논거는 다음과 같다.

ⓐ 주거이전비에 대응하는 영업손실보상에 대하여는 사업시행자만이 재결신청이 가능하고, 사업시행자의 주거이전비 지급의무는 선이행의무로서 현금청산대상자나 세입자로서는 사업시행자가 주거이전비를 지급하지 아니하는 경우 손실보상이 완료되지 아니하였음을 이유로 부동산의 인도를 거절할 수 있으며(법 81조 1항 2호), 현금청산대상자나 세입자는 재결절차 없이 곧바로 당사자소송의 형식으로 직접 사업시행자를 상대로 주거이전비를 청구할 수 있다. 따라서 현금청산대상자등에게 재결신청권을 부여하지 않더라도 불이익하지 않다.

ⓑ 토지보상법은 원칙적으로 편입토지, 지장물에 대하여 사업시행자만이 재결신청이 가능하고, 현금청산대상자에 대하여는 예외적으로 재결신청의 기한이 공사완료일 또는 공사완료일로

41) 대법원 2021. 6. 30. 선고 2019다207813 판결.

부터 1년이라는 제한이 있는 잔여지 수용 또는 잔여지 손실보상청구에만 가능하다고 규정하고 있다.

㈑ 재결금액에 대한 쟁송

재결상의 주거이전비에 대하여 다툼이 있는 경우, 현금청산대상자나 세입자 또는 사업시행자 모두 토지보상법 85조 2항에 따라 상대방을 피고로 하여 주거이전비의 존부나 증감을 구하는 행정소송을 제기할 수 있다.

⑶ 주거이전비 청구방법 정리

현금청산대상자나 세입자는 협의나 재결절차 없이 또는 협의 후 곧바로 당사자소송의 형식으로 직접 사업시행자를 상대로 주거이전비를 청구할 수 있다. 사업시행자는 현금청산대상자 등과 먼저 협의를 진행할 수 있고, 협의가 성립되지 않거나 협의가 불가능한 경우 재결을 신청할 수 있다. 사업시행자의 재결신청에 따라 수용재결을 거친 경우에는, 현금청산대상자나 세입자 또는 사업시행자 모두 재결에 관한 쟁송의 형식으로 토지보상법 85조 2항에 따라 행정소송을 제기할 수 있다.

2. 이행기의 정함이 없는 채무

사업시행자가 정비사업의 시행에 따라 이주하는 주거용 건축물의 현금청산대상자 및 세입자에게 지급해야 하는 주거이전비의 지급의무는 사업시행계획인가·고시일(세입자), 수용재결일(현금청산대상자)에 곧바로 발생한다. 그러나 그 지급의무의 이행기에 관하여는 관계 법령에 특별한 규정이 없으므로, 주거이전비 지급의무는 이사비 지급의무와 마찬가지로 이행기의 정함이 없는 채무로서 채무자인 사업시행자는 현금청산대상자 또는 세입자로부터 이행청구를 받은 다음 날부터 이행지체 책임이 있다.[42)]

3. 이주의 선 이행의무 여부(부정)

주거이전비는 세입자의 이주(移住)를 전제로 하는 것이므로, 이를 담보하기 위하여 주거용 건축물의 세입자가 사업시행자로부터 주거이전비를 지급받기 위해서는 반드시 정비구역 밖으로 먼저 이주하여야 하는지 여부가 문제된다.

토지보상법 시행규칙 54조 2항은 공익사업의 시행으로 인하여 '이주하게 되는' 세입자를 주거이전비 지급대상으로 정하고 있어 그 문언 자체에서 주거이전비 지급을 위하여 먼저 세입자가 이주하였을 것을 전제하고 있지는 아니하고, 사회보장적 차원에서 정비사업 등으로 희생될 수 있는 세입자를 보호할 필요성과 주거이전비는 손실보상의 성격이 있으므로, 세입자가 주거이전비를 지급받기 전에 먼저 정비구역 밖으로 이주하여야 한다고 볼 수는 없다.[43)] 현금청산대상자도 마찬가지이다.

42) 대법원 2012. 4. 26. 선고 2010두7475 판결.
43) 대법원 2017. 10. 26. 선고 2015두46673 판결.

4. 부동산 인도의무와 주거이전비 지급의무의 관계

가. 관리처분계획인가·고시에 의한 사용·수익정지와 주거이전비

(1) 문제의 소재

관리처분계획인가·고시가 있으면 정비구역 내 토지등의 사용수익이 정지되나, 재개발사업에서 현금청산대상자의 경우 협의가 성립하지 아니하는 한 사업시행자의 청산금 지급이 선행되어야 한다. 청산금을 지급한 사업시행자는 현금청산대상자등을 상대로 법 81조 1항에 근거하여 인도청구가 가능하다. 나아가 사업시행자가 수용개시일까지 현금청산대상자(세입자 포함)에게 수용재결상의 보상금을 지급하거나 공탁하면 토지에 대한 소유권을 취득하고(지장물 제외), 현금청산대상자등은 토지등을 인도할 의무를 부담한다(토지의 경우 사업시행자는 선택적으로 소유권에 기한 인도청구가 가능하다). 현금청산대상자등이 수용재결 이후 토지등을 인도할 의무가 있음에도 이를 위반하는 경우 토지보상법 96조의2에 의하여 형사처벌까지 받게 된다.

문제는 토지등에 대한 수용보상금 외에 사업시행자의 주거이전비 등 지급의무와 현금청산대상자등의 부동산 인도의무와의 관계이다. 사업시행자의 신청으로 재결에서 수용보상금 및 주거이전비에 대한 결정이 이루어졌다면, 재결이 유효하기 위해서는 주거이전비가 선이행의무로서 수용개시일까지 지급되어야 하므로, 이는 문제되지 아니한다. 그러나 비록 토지등에 대한 수용보상금 등이 지급되었으나, 재결절차에 의하여 주거이전비가 결정되지 아니하였고, 현금청산대상자등이 주거이전비를 실제로 지급받지 못한 경우, 사업시행자는 현금청산대상자(세입자 포함)를 상대로 부동산 인도를 청구할 수 있는지, 그 경우 현금청산대상자 등은 주거이전비의 부지급을 이유로 대항할 수 있는지 여부가 문제된다.

(2) 구 도시정비법의 규정과 종전 대법원 판례

(가) 입법 연혁

구 법(2009. 5. 27. 개정되기 전의 것) 49조 6항은 아래 좌측과 같고, 2009. 5. 27. 개정된 규정은 아래 우측과 같으며, 현행 법 81조 1항과 거의 동일하다.[44)]

2009. 5. 27.자로 개정된 조항은 세입자의 경우 법정의 손실보상을 받는 외에 특별한 구제수단이 없을 뿐만 아니라 관리처분계획의 인가·고시가 있으면 종전자산에 대한 사용, 수익이 정지되는 등으로 열악한 지위에 있는 점을 개선하기 위하여 2009. 1. 발생한 용산참사(구 도시환경정비사업 진행과정에서 보상 내용에 반발하는 상가 세입자 등의 농성과 철거·퇴거과정에서 발생한 화재로 다수가 사망한 사건)'를 계기로 세입자에 대한 추가 보상에 따른 용적률 완화 인센티브제 도입, 세입자의 주거 및 이주 대책을 사업시행계획에 반드시 포함하도록 하는 조항, 영업손실보상 중 휴업손실보상에서 보상범위를 종전 3개월에서 4개월간의 휴업기간에 해당하는 영업이익으로

44) 2009. 5. 27. 개정된 49조 6항은 현행 법 81조 1항과 달리 '40조' 규정이 추가로 존재하나, 구 도시정비법 40조는 정비사업의 시행을 위하여 수용에 있어 토지보상법을 준용한다는 규정으로, 이 또한 토지보상법의 손실보상이 완료되지 아니한 경우 예외를 의미한다 할 것이므로 이는 무의미한 중복규정으로 볼 여지가 있다. 이에 따라 2017. 8. 9. 개정되면서 '40조'가 삭제되었다.

확대하는 조항, 주거용 건물 세입자에 대한 주거이전비 지급요건의 완화규정(정비계획안에 대한 공람공고일 당시 거주) 등과 함께 도입되었다.

개정 전	개정 후
제49조(관리처분계획의 공람 및 인가절차 등) ⑥ 제3항의 규정에 의한 고시가 있은 때에는 종전의 토지 또는 건축물의 소유자·지상권자·전세권자·임차권자 등 권리자는 제54조의 규정에 의한 이전의 고시가 있은 날까지 종전의 토지 또는 건축물에 대하여 이를 사용하거나 수익할 수 없다. 다만, 사업시행자의 동의를 얻은 경우에는 그러하지 아니하다.	제49조(관리처분계획의 공람 및 인가절차 등) ⑥ 제3항의 규정에 의한 고시가 있은 때에는 종전의 토지 또는 건축물의 소유자·지상권자·전세권자·임차권자 등 권리자는 제54조의 규정에 의한 이전의 고시가 있은 날까지 종전의 토지 또는 건축물에 대하여 이를 사용하거나 수익할 수 없다. 다만, 사업시행자의 동의를 받거나 제40조 및 토지보상법에 따른 손실보상이 완료되지 아니한 권리자의 경우에는 그러하지 아니하다.

㈏ 구 법에서의 판례

구 법(2009. 5. 27. 개정되기 전의 것)하에서, 청산금은 수용재결에 의하여 지급되었으나, 주거이전비를 미지급한 상태에서 사업시행자가 현금청산대상자를 상대로 부동산 인도를 청구한 사안에서, 대법원은 적법하게 시행된 공익사업으로 이주하게 된 주거용 건축물 거주자의 주거이전비 청구권은 공법상의 권리이며, 사업시행자가 주거용 건축물의 거주자에 대하여 위와 같은 주거이전비를 보상하여야 할 의무는 공법상의 의무인 반면, 적법한 수용절차에 따라 소유권을 취득한 사업시행자에게 수용보상금을 지급받은 점유·사용자가 부담하는 부동산 인도의무는 사법상의 의무로서, 양 의무는 상호 별개의 원인에 의하여 발생한 것이므로, 서로 간에 이행상의 견련관계를 인정할 수 없다고 판시하였다.[45)]

이에 따라 현금청산대상자 및 세입자는 주거이전비 지급의무가 이행되지 아니하였음을 들어 사업시행자의 부동산 인도청구를 거부할 수 없었다.

(3) 현행 도시정비법에 따른 쟁점

현행 도시정비법 81조 1항 단서 2호(2009. 5. 27. 개정된 49조 6항 단서)에 의하는 경우, 사업시행자가 현금청산대상자 및 세입자에 대하여 부동산의 인도를 청구하기 위해서는 '토지보상법에 따른 손실보상이 완료될 것'이라는 요건이 필요하므로, 종전 대법원 판결의 '공법상의 의무인 주거이전비 지급의무와 사법상의 의무인 부동산 인도의무 간에 이행상의 견련관계를 인정할 수 없다'는 논리는 더 이상 그대로 유지될 수 없다. 오히려 '주거이전비'가 위 단서 2호에서 정한 '토지보상법에 따른 손실보상'에 해당하는지 여부가 문제될 뿐이고, 만일 주거이전비가 토지보상법에 따른 손실보상에 해당한다면, 설령 현금청산대상자에게 토지등에 대한 수용보상금 등을 지급하였다 하더라도, 주거이전비가 지급되지 않았다면 사업시행자는 현금청산대상자를 상대로 부동산의 인도를 청구할 수 없다고 해석하여야 할 것이다.

---

45) 대법원 2017. 2. 15. 선고 2013다40643 판결.

⑷ 대법원 및 헌법재판소 견해(주거이전비도 법 81조 1항 2호의 '토지보상법에 따른 손실보상'에 해당)

㈎ 대법원

대법원은 주거이전비도 법 81조 1항 2호의 '토지보상법에 따른 손실보상'에 해당한다고 판시하였다.[46] 그 논거는 다음과 같다.

ⓐ 법이 2009. 5. 27. 개정될 때 관리처분계획의 인가·고시로 토지등을 사용, 수익할 수 없는 경우의 예외로 '40조 및 토지보상법에 따른 손실보상이 완료되지 아니한 권리자'의 경우를 추가한 것은 사업시행으로 인하여 소유권 등 권리를 상실하는 권리자가 주거공간을 인도하기 이전에 손실보상을 받을 수 있도록 법적으로 보장함으로써 현금청산대상자나 세입자 등 권리자의 재산권에 대한 손실을 보전하고 안정적인 주거 이전을 확보하기 위한 것이다. 이러한 도시정비법의 개정 경위와 입법 목적을 고려하면 사업시행자의 현금청산대상자나 세입자에 대한 주거이전비 등의 지급을 실질적으로 보장할 수 있는 방향으로 해석되어야 한다.

ⓑ 법 65조 1항 본문은 토지수용에 관하여 토지보상법을 준용하고 있고, 토지보상법 제6장 제2절은 '손실보상의 종류와 기준 등'이라는 제목 아래 여러 종류의 손실보상을 규정하고 있다. 그중 사업시행자의 이주대책을 수립·실시하거나 이주정착금을 지급하는 규정(토지보상법 78조 1항), 주거용 건축물의 거주자에 대하여는 주거 이전에 필요한 비용과 가재도구 등 동산의 운반에 필요한 비용을 산정하여 보상하는 규정(토지보상법 78조 5항)을 두고 있다.

따라서 토지보상법 78조 1항의 이주정착금 및 같은 조 5항의 주거이전비와 이사비의 보상은 도시정비법 65조 1항 본문에 의하여 준용되는 토지보상법에서 명문으로 규정한 손실보상에 해당한다.

㈏ 헌법재판소

헌법재판소는 주거이전비 및 이사비의 보상은 토지보상법에 따른 손실보상에 해당하므로 정비구역 밖으로 이주하기 전에 지급하여야 한다고 결정하였다.[47]

⑸ 결론

주거이전비 지급의무는 이행기가 없는 채무로서 사업시행자는 이행의 청구를 받는 이후에야 지체가 인정되고,[48] 손실보상은 실제 손실의 전보가 전제되어야 하나, 주거이전비의 경우 보상범위는 일률적으로 법정되어 있는 점 등에서 다른 일반적인 손실보상과 뚜렷이 구분된다. 법 시행령 54조의 표제가 '손실보상 등'이라고 기재한 것은 주거이전비를 손실보상으로 볼 수 없어

---

46) 대법원 2021. 6. 30. 선고 2019다207813 판결, 대법원 2021. 7. 29. 선고 2019도13010 판결(토지보상법 95조의2 2호는 토지등소유자는 수용개시일까지 토지등을 사업시행자에게 인도하여야 하고, 이를 이행하지 아니하는 경우 1년 이하의 징역 또는 1,000만 원 이하의 벌금에 처하도록 규정하고 있으나, 현금청산대상자나 임차인이 주거이전비, 이주정착금, 이사비 등을 지급받지 못하였다면 설령 손실보상금이 지급 또는 공탁되었다 하더라도, 인도를 거절할 수 있으므로, 현금청산대상자등이 이를 이유로 수용개시일까지 수용대상 부동산을 인도하지 않았다 하더라도, 위 토지보상법위반죄가 성립할 수 없다).

47) 헌법재판소 2014. 7. 24. 선고 2012헌마662 결정.

48) 이주정착금, 이사비도 마찬가지이다(대법원 2020. 1. 30. 선고 2018두66067 판결의 취지 참조).

'등'이라는 표현을 사용한 것으로 볼 여지가 있기는 하다.

그러나 주거용 건축물의 거주자에게 지급되는 주거이전비(이주정착금, 이사비 포함)는 영업용 건축물에서의 영업수행자에게 지급되는 영업손실보상에 사실상 대응하는 것인바, 영업손실보상금은 그 법적 성격이 손실보상인 것이 명백하므로 주거이전비도 영업손실보상에 준하는 손실보상으로 보아야 할 것인 점, 자신의 의사와 무관하게 주거지를 이탈하게 되는 현금청산대상자나 세입자에 대한 두터운 보호가 필요한 점, 토지보상법 제6장 2절에서 '손실보상의 종류와 기준 등'이라는 제목 아래 주거이전비, 동산이전비(이사비)가 규정되어 있는 점 등에 비추어 보면, 주거이전비는 법 81조 1항 2호가 규정하고 있는 '토지보상법에 따른 손실보상'에 포함된다 할 것이므로, 위 대법원 판례는 타당하다.

나. 판례의 구체적 적용

(1) 주거이전비 등에 대한 협의성립 시

사업시행자와 현금청산대상자나 세입자 사이에 주거이전비에 관한 협의가 성립된다면 다른 특약이 없는 한 사업시행자의 주거이전비 지급의무와 현금청산대상자나 세입자의 부동산 인도의무는 동시이행의 관계에 있게 된다.

(2) 주거이전비에 대한 재결 시

재개발사업의 시행자는 주거이전비에 대하여 토지수용위원회에 재결을 신청할 수 있고, 그 경우 관할 토지수용위원회는 주거이전비에 대하여 재결하여야 한다. 사업시행자가 수용재결에서 정한 주거이전비를 수용개시일까지 지급하거나 공탁한 경우(수용재결에서 현금청산대상자나 세입자가 주거이전비 지급요건을 구비하지 못하였다고 보아 주거이전비를 0원으로 판단하여 사업시행자가 이를 지급하지 아니한 경우에도 마찬가지이다), 토지보상법에 따른 손실보상이 완료되고, 현금청산대상자나 세입자는 행정소송을 통해 주거이전비의 증액을 구할 수 있음은 별론으로 하고 사업시행자의 인도청구를 거절할 수는 없다.

사업시행자가 현금청산대상자나 세입자를 상대로 종전자산의 인도를 구하는 민사소송에서 법원은 주거이전비 등의 보상에 관한 재결에 대하여 쌍방이 다툰다 하더라도 이를 심리·판단할 수 없다.[49] 이에 따라 신속한 사업진행을 원하는 사업시행자로서는 주거이전비에 대한 재결절차를 거칠 것으로 보인다.

(3) 협의 및 재결 없는 부동산 인도청구 시

현금청산대상자나 세입자는 협의나 재결 없이 사업시행자를 상대로 행정소송상의 당사자소송으로 곧바로 주거이전비의 지급을 구할 수 있다.[50] 나아가 사업시행자도 협의나 재결 없이 현금청산대상자나 세입자를 상대로 민사소송으로 토지(건물) 인도청구소송을 제기할 수 있다.

재개발사업의 시행자가 현금청산대상자나 세입자로부터 토지 또는 건축물을 인도받으려면 원

49) 대법원 2021. 8. 26. 선고 2019다235153 판결.
50) 대법원 2008. 5. 29. 선고 2007다8129 판결.

칙적으로 청산금 외에 협의나 재결절차 등에 따라 결정되는 주거이전비 등도 지급할 것이 요구되나, 나아가 주거이전비 등은 토지보상법 78조와 관계 법령에서 정하는 요건을 충족하면 당연히 발생하고, 사업시행자는 협의나 재결절차를 거칠 필요 없이 현금청산대상자나 세입자에게 주거이전비 등을 직접 지급하는 것도 가능하며, 현금청산대상자나 세입자가 지급을 받지 않거나 받을 수 없을 때에는 민법 487조에 따라 변제공탁을 할 수도 있다.

㈎ 토지(건물) 인도청구소송에서 주거이전비 지급을 구하는 반소제기

사업시행자의 토지(건물) 인도청구소송에서 현금청산대상자 등이 사업시행자를 상대로 주거이전비의 지급을 구하는 반소를 제기하는 경우, 본소 및 반소 전체를 행정법원으로 이송하여야 한다. 왜냐하면 주거이전비 지급청구소송은 당사자소송으로서 행정법원의 전속관할이므로,[51] 사업시행자가 현금청산대상자를 상대로 종전의 토지나 건축물의 인도를 구하는 민사소송에서 법원이 직접 주거이전비 등의 지급을 명할 수는 없기 때문이다.[52]

㈏ 토지(건물) 인도청구소송과정에서 주거이전비 미지급을 항변으로 제기

① 주거이전비가 지급되지 아니하거나 부족한 경우

토지(건물) 인도청구소송에서 현금청산대상자등이 사업시행자를 상대로 주거이전비, 이주정착금, 이사비 등의 미지급을 이유로 인도를 거절한다고 선이행항변을 하는 경우가 문제된다.

우선 민사법원이 심리한 결과 주거이전비의 지급대상이 되지 않는 것으로 판단하면 현금청산대상자등의 주거이전비 선이행항변을 배척하고 인도청구를 인용하는 것은 가능하다.[53]

다만, 심리한 결과 주거이전비 등이 인정되는 경우 민사법원이 스스로 산정한 주거이전비의 선이행조건부 인도청구가 가능한 것인지 또는 단순히 기각할 것인지 여부에 관하여 견해가 나뉘어진다[사업시행자인 원고는 주거이전비 등의 지급을 조건으로 그 인도를 구한다는 취지까지 포함되어 있는 것으로 해석하여야 하고, 그러한 경우에는 장래이행의 소로서 미리 청구할 필요도 있다 할 것이므로,[54] 주거이전비 등의 지급을 조건으로 하는 인도청구를 인용하여야 할 것이나, 주거이전비 등의 보상을 구하는 소송은 행정소송(당사자소송)이므로, 그와 같은 선이행조건부 판결이 가능한 것인지 여부가 다투어진다].

분쟁의 일회적 해결이라는 측면에서 가능하다는 견해가 있으나,[55] 이는 사실상 주거이전비의 지급을 명하는 판결이므로, 대법원 2021. 8. 26. 선고 2019다235153 판결(사업시행자가 현금청산대상자를 상대로 종전의 토지나 건축물의 인도를 구하는 민사소송에서 법원이 직접 주거이전비 등의 지급을 명하거나 주거이전비 등의 보상에 관한 재결에 대한 다툼을 심리·판단할 수는 없다)의 취지에 정면으로 반한다. 비록 하급심이지만 재개발사업의 시행자가 관리처분계획의 인가·고시 후 주거

51) 대법원 2008. 5. 29. 선고 2007다8129 판결.
52) 대법원 2021. 8. 26. 선고 2019다235153 판결.
53) 대전고등법원 2024. 6. 19. 선고 2024나10462 판결(확정), 대법원 2022. 6. 30. 선고 2021다310088, 310095 판결 참조.
54) 대법원 1996. 11. 12. 선고 96다33938 판결, 한편, 일반적으로 현금청산대상자등은 주거이전비 등을 지급하지 않았다는 이유로 사업시행자의 주장을 부인하고 있을 뿐, 현금청산대상자 등이 주거이전비 등에 대한 적법한 지급이 완료된 이후에도 그 이행을 거부할 것이라고 볼 수는 없으므로, 미리 청구할 필요가 인정되지 않아 부적법하다고 판시한 하급심이 있다[부산지방법원 2021. 12. 10. 선고 2021나52938 판결(확정)].
55) 이상덕, 재개발·재건축조합과 탈퇴조합원 사이의 이익충돌상황과 분쟁해결기준, 사법논집 제73집, 190.

이전비를 공탁하고 현금청산대상자를 상대로 토지등에 대한 인도청구를 구하자, 이에 대하여 현금청산대상자가 주거이전비의 미지급을 이유로 인도청구에 응할 수 없다고 다툰 사안에서, 심리 결과 공탁금이 법정금액에 미달한 것으로 나타나자 이는 일부 공탁으로 무효임을 이유로 원고의 청구를 기각한 사례가 있다.[56)]

② 적정한 주거이전비가 지급이나 공탁된 경우

재개발사업 시행자의 현금청산대상자등에 대한 토지등에 관한 인도청구의 소에 대하여, 현금청산대상자 등이 주거이전비 등을 보상받지 못하였다는 이유로 인도를 거절하는 선이행항변을 한 사안에서, 판례는 법원이 심리한 결과 사업시행자가 협의나 재결절차를 거치지 않았다 하더라도 법정의 주거이전비 등을 지급하였거나 공탁하였다는 사정을 인정할 수 있으면, 주거이전비 등의 지급절차가 선행되었다고 보아 사업시행자의 인도청구를 인정할 수 있다고 하였다.[57)]

제3절 이주정착금 및 이사비

Ⅰ. 이주정착금(이주대책)

1. 일반론

법 65조 1항이 정비사업의 시행을 위한 토지등의 수용에 관하여 토지보상법을 준용함에 따라 사업시행자는 공익사업의 시행으로 인하여 주거용 건축물을 제공하여 생활의 근거를 상실하게 되는 자를 위하여 이주대책을 수립·실시하거나 이주정착금을 지급하여야 한다(토지보상법 78조 1항). 이주대책은 공익사업의 시행으로 인하여 주거용 건축물을 제공함에 따라 생활 근거를 상실하게 되는 현금청산대상자(이주대책대상자)에 대하여 종전 생활상태를 원상으로 회복시키면서 동시에 인간다운 생활을 보장하기 위하여 마련된 것이다.[58)]

이는 도시정비법 61조가 규정하는 재개발사업 시행자가 정비사업 공사기간 동안 한시적으로 철거주택의 소유자인 현금청산대상자(수분양조합원 및 세입자 포함)에게 제공하는 임시거주시설이나 주택자금의 융자를 알선하는 등으로 임시거주에 상응하는 조치를 취해야 하는 의무와 구분된다. 토지보상법상의 전통적인 이주대책은 댐건설 등으로 인한 수몰된 지역(취락 등 생활공동체가 해체된 지역)의 주민들의 집단적 이주를 위한 것이므로, 이주정착지를 마련하는 것이다.[59)]

---

56) 수원지방법원 2023. 4. 6. 선고 2020나65487 판결(확정).

57) 대법원 2022. 6. 30. 선고 2021다310088, 310095 판결(사업시행자가 일방적으로 금액을 공탁하였다 하더라도, 법정 주거이전비 금액에 해당하는지 여부를 심리하여야 한다).

58) 대법원 2011. 11. 24. 선고 2010다80749 판결.

59) 사업시행자는 집단이주의 이주대책을 수립하려면 미리 이주정착지 관할 지방자치단체의 장과 협의하여야 하고, 국가나 지방자치단체는 이주대책의 실시에 따른 주택지의 조성 및 주택의 건설에 대하여 주택도시기금법에 따른 주택도시기금을 우선적으로 지원하여야 한다. 이주대책의 내용에는 이주정착지(이주대책의 실시로 건설하는 주택단지를 포함한다)에 대한 도로, 급수시설, 배수시설, 그 밖의 공공시설 등 통상적인 수준의 생활기본시설이 포함되어야 하며, 이에 필요한 비용은 사업시행자가 부담한다. 다만, 행정청이 아닌 사업시행자가 이주대책을 수립·실시하는 경우에 지방자치단체는 비용의 일부를 보조할 수 있다(토지보상법 78조 2항 내지 4항). 생활기본시설 설치비용을 사업시행자가 부담하는 것은 강행규정이다(대법원 2011. 6. 23. 선고 2007다63089, 63096 전원합의체 판결).

사업시행자는 정비구역 내 토지등의 소유자인 현금청산대상자 중 이주정착지에 이주를 희망하는 자의 가구 수가 10호 이상인 경우에는 원칙적으로 이주정착지를 마련하는 이주대책(택지개발촉진법 및 주택법에 따른 택지나 아파트의 특별공급 포함)을 수립하여야 한다(토지보상법 시행령 40조 2항). 그러나 그 경우에도 정비구역의 인근에 택지 조성에 적합한 토지가 없거나 이주대책에 필요한 비용이 당해 정비사업의 본래의 목적을 위한 소요비용을 초과하는 등 이주대책의 수립·실시로 인하여 당해 정비사업의 시행이 사실상 곤란하게 되는 등의 사유가 있는 경우에는 이주정착금을 지급할 수 있다(토지보상법 시행규칙 53조 1항).

사업시행자가 이주대책을 수립하려는 경우에는 미리 그 내용을 이주대책대상자에게 통지하여야 한다(토지보상법 시행령 40조 1항). 실무상 사업시행자는 토지보상법 시행규칙 53조 1항 등에 기하여 현금청산대상자에게 이주정착금을 지급하는 것이 일반적이므로, 이를 전제로 살펴본다.

2. 법적 성격

가. 생활보상

이주정착금(이주대책)은 주거이전비, 이사비와 마찬가지로 손실보상의 일종이고, 생활보상의 일환이다.[60] 이는 주거용 건축물의 소유자만이 그 대상이고, 세입자는 해당하지 아니하며 수분양자인 조합원에게도 인정되지 아니한다. 이주정착금 지급청구소송은 행정소송법 3조 2호에 규정된 당사자소송으로서 재결을 거쳤는지 여부에 따라 그 형태가 달라지며, 이행기의 정함이 없는 채무이고, 사업시행자는 부동산을 인도받기 위해서는 이주정착금을 선이행하여야 한다(협의취득인 경우 동시이행관계)는 점은 주거이전비와 동일하다.

사업시행자가 이주대책대상자 중에서 이주대책을 수립·실시하여야 할 자와 이주정착금을 지급하여야 할 자를 정하는 기준을 따로 정할 수 있고, 사업시행자는 이주대책을 수립·실시함에 있어서도 공급할 택지 또는 주택의 내용이나 수량을 정할 수 있고, 이를 정하는 데 재량을 가지므로, 이를 위해 사업시행자가 설정한 기준은 그것이 객관적으로 합리적이 아니라거나 타당하지 않다고 볼 만한 다른 특별한 사정이 없는 한 존중되어야 할 것이다.[61]

나. 세입자를 배제한 것이 평등권 침해인지 여부

토지등소유자인 현금청산대상자에 대하여만 이주대책을 인정하고, 세입자에 대하여는 이주대책을 인정하지 아니하는 것이 평등권을 침해한 것인지 여부가 문제된다. 헌법재판소는 입법자가 이주대책 대상자에서 세입자를 제외하고 있는 조항에 대하여 불합리한 차별로서 세입자의 평등권을 침해하는 것이라 볼 수 없다고 하였다.[62]

---

60) 대법원 2011. 6. 23. 선고 2007다63089, 63096 전원합의체 판결, 대법원 2016. 9. 28. 선고 2016다20244 판결.
61) 대법원 2009. 3. 12. 선고 2008두12610 판결.
62) 헌법재판소 2006. 2. 23. 선고 2004헌마19 결정(이주대책은 헌법 23조 3항에 규정된 정당한 보상에 포함되는 것이라기보다는 이에 부가하여 이주자들에게 종전의 생활상태를 회복시키기 위한 생활보상의 일환으로서 국가의 정책적인 배려에 의하여 마련된 제도라고 볼 것이므로, 이주대책의 실시 여부는 입법자의 입법정책적 재량의 영역에 속하여 토지보상법령에서 이주대책의 대상자에서 세입자를 제외하고 있는 것이 세입자의 재산권을 침해하는 것이라 볼 수 없고, 소유자와 세입자는 생활 근거의 상실 정도에 있어서 차이가 있다).

3. 요 건

이주정착금은 수용재결일까지 계속 거주한 적법한 주거용 건축물의 소유자에게 수용재결일에 발생한다.

가. 적법한 주거용 건축물일 것

적법한 주거용 건축물이어야 한다. 처음부터 허가나 신고를 하지 아니한 무허가건축물뿐만 아니라 허가를 받거나 신고를 하고 건축 또는 용도변경을 하여야 하는 건축물을 허가를 받지 아니하거나 신고를 하지 아니하고 건축 또는 용도변경을 한 건축물인 경우에도 이주정착금 지급 대상에서 제외된다(토지보상법 시행령 40조 5항 1호). 다만, 1989. 1. 24. 이전에 축조된 특정무허가건축물은 적법한 건축물로 간주됨은 주거이전비와 동일하다.

나. 건축물의 소유자일 것

이주대책의 대상자는 건축물의 소유자인 현금청산대상자에 국한된다(법 시행령 54조 1항, 토지보상법 시행령 40조 5항). 세입자에게도 인정되는 주거이전비 및 이사비와의 차이에 해당한다.

다. 수용재결일까지 계속하여 거주할 것

(1) 근거

정비계획안에 대한 공람공고일부터 수용재결일까지 계속하여 거주하고 있어야 한다(법 시행령 54조 1항, 토지보상법 시행령 40조 5항 2호). 다만, 토지보상법 시행령 40조 5항 2호 단서의 경우에는 계속 거주에 대한 예외가 인정되나, 그중 마목은 예외사유에서 제외된다(도시정비법 시행령 54조 1항).

따라서 질병으로 인한 요양(가목), 징집으로 인한 입영(나목), 공무(다목), 취학(라목)이나 각 그에 준하는 부득이한 사유(바목)로 인하여 계속하여 거주하지 못한 경우에는 계속 거주한 것으로 본다. 그러나 마목 사유인 '해당 정비구역 내 타인이 소유하고 있는 건축물에 세입자로 거주'한 경우에는 타인 소유의 건물에서 수용재결일까지 계속 거주하고 있어야 한다.

(2) 계속 거주 판단기준

(가) 원칙

이주대책대상자에 해당하기 위한 거주요건을 갖추었는지 여부를 판단함에 있어서는 해당 대상자가 실제로 이주대책기준에서 정하는 기간 동안 해당 건축물을 생활근거지로 삼아 거주하였는지 여부가 기본적인 판단기준이 되어야 한다.

(나) 질병으로 인한 요양(가목), 징집으로 인한 입영(나목), 공무(다목), 취학(라목)이나 각 그에 준하는 부득이한 사유(바목)의 판단기준

① 기준

토지보상법 시행령 40조 5항 2호 단서에서 말하는 취학 등의 부득이한 사유는 해당 대상자가 책임질 수 없거나 불가피한 사유로 일시적으로 해당 건축물에 거주하지 못한 경우로서, 구체적으로는 주장되는 사유의 내용 및 불가피성과 더불어 해당 건축물에서 거주하지 않은 총 기간, 해당 사유에 비추어 미거주 기간이 합리적인지 여부, 해당 사유가 종료된 후 얼마 만에 해당 건축물로 다시 주거를 옮겼는지, 거주하지 못한 기간 동안 해당 건축물의 관리 현황은 어떠하였는지 등의 여러 사정을 종합적으로 고려하여 판단하여야 한다.[63)]

② 사업시행자의 요청으로 일시적으로 임시거주시설로 이주한 경우

사업시행자가 원활한 정비사업의 추진을 위하여 정비구역 외에 임시거주시설을 마련하고, 현금청산대상자로서 주거용 건축물의 소유자에게 이주를 요청하였으며, 이에 현금청산대상자가 그 요청에 응하여 이주한 경우에는 토지보상법 시행령 40조 5항 2호 단서 ㈓목에 해당하여 책임질 수 없거나 불가피한 사유로 일시적으로 건축물에 거주하지 못한 것으로 볼 수 있다.[64)]

③ 분양계약 미체결자

수분양조합원이 이주의무의 이행을 위하여 정비구역 밖으로 이주하였다가, 그 후 분양계약을 체결하지 아니하여 현금청산대상자가 된 경우, 협의계약 체결일 또는 수용재결 시까지 거주하지 않았으나, 이주의무의 이행을 위한 불가피한 것이었으므로, 이주정착금의 지급대상자가 될 수 있는 것인지 여부가 문제된다.

예외사유는 토지보상법 시행령 40조 5항 2호 단서사유로 엄격히 제한되는바, 정비사업의 조합원 지위에서 정비사업의 원활한 진행을 위하여 정비구역 밖으로 이주하였다가 자신의 선택으로 분양계약을 체결하지 아니하고 현금청산대상자가 된 경우는 '질병으로 인한 요양, 징집으로 인한 입영, 공무, 취학 그 밖에 이에 준하는 부득이한 사유로 인하여 거주하지 아니한 경우'에 해당한다고 보기 어려우므로, 이주정착금 지급자로서의 요건을 갖추었다고 볼 수 없다.[65)]

4. 범 위

현금청산대상자는 수용재결일에 이주정착금 청구권을 취득한다(앞서 본 바와 같이 협의에 의한 취득의 경우에는 협의계약체결일에 취득한다). 이주정착금은 보상대상인 주거용 건축물에 대한 평가액의 30%에 해당하는 금액으로 하되, 그 금액이 1천 2백만 원 미만인 경우에는 1천 2백만 원으로 하고, 2천 4백만 원을 초과하는 경우에는 2천 4백만 원으로 한다(토지보상법 시행규칙 53조 2항). 토지보상법 시행규칙이 2020. 12. 11 개정되면서, 금액이 증액되었다. 위 규정은 부칙 3조에 의하여 위 규칙 시행 이후 최초로 이주정착금을 지급하는 정비구역부터 적용된다(시행일 이전에 수용재결이 이루어진 경우 구 시행규칙을 기준으로 이주정착금이 산정된다). 종전 규정은 보상대상인 주거용 건축물에 대한 평가액의 30%에 해당하는 금액으로 하되, 그 금액이 6백만 원 미만인 경우에는 6백만 원으로 하고, 1천 2백만 원을 초과하는 경우에는 1천 2백만 원으로 하였다.

---

63) 대법원 2009. 9. 24. 선고 2009두8830 판결.
64) 서울고등법원 2019. 4. 4. 선고 2018누69693 판결(확정).
65) 대법원 2016. 12. 15. 선고 2016두49754 판결.

Ⅱ. 이사(移徙)비

1. 일반론

법 65조 1항이 정비사업의 시행을 위한 토지등의 수용에 관하여 토지보상법을 준용하고, 토지보상법 78조 6항은 사업시행자는 주거용 건축물의 거주자에 대하여 가재도구 등 동산의 운반에 필요한 비용을 산정하여 보상하여야 한다고 규정하고 있다(이는 주거이전비의 근거규정과 동일하다). 토지보상법 78조 10항은 "6항에 따른 보상에 대하여는 국토부령이 정하는 기준에 따른다."고 규정하고 있다. 이에 따라 사업시행자는 정비구역 내 주거용 건축물의 거주자가 정비사업으로 인하여 정비구역 밖으로 이사를 하는 경우에는 토지보상법 시행규칙 [별표 4] '이사비 기준'에 의하여 산정된 이사비(가재도구 등 동산의 운반에 필요한 비용) 및 동산의 이전에 따른 감손상당액을 보상하여야 한다(토지보상법 시행규칙 55조 1항, 2항).

수분양조합원 소유 주택에 거주하는 세입자에 대하여도 이사비가 지급되어야 한다. 다만, 앞서 주거이전비에서 살펴본 바와 같이 위 규정은 토지등의 수용을 전제로 하는 것이므로, 수분양조합원의 주택 등에 거주하는 세입자에 대한 근거조항이 될 수는 없고, 국토부 표준정관 37조 1항(사업시행에 따른 손실보상에 관하여는 도시정비법령 및 토지보상법을 준용한다)이 근거조항이 된다.

이사비는 주거이전비와 마찬가지로 당해 사업지구 안에 거주하는 세입자들의 조기이주를 장려하여 사업추진을 원활하게 하려는 정책적인 목적과 주거이전으로 인하여 특별한 어려움을 겪게 될 세입자들을 대상으로 하는 사회보장적인 차원에서 지급하는 금원의 성격을 갖는다.[66] 따라서 앞서 주거이전비에서 살펴본 바와 같이 토지보상법 시행규칙 55조 1항은 당사자의 합의 또는 사업시행자의 재량에 의하여 적용을 배제할 수 없는 강행규정이다. 이사비가 생활보상으로서 손실보상의 일종인 점은 주거이전비, 이주정착금과 동일하나, 주거용 건축물의 소유자 및 거주자(다음에서 살펴보듯이 세입자와 동일한 개념이다)가 모두 대상인 점에서 주거이전비와 동일하고, 소유자만을 대상으로 하는 이주정착금과 구분된다.

2. 요 건

정비사업의 시행으로 인하여 이주하게 되는 주거용 건축물의 소유자인 현금청산대상자와 거주자일 것

가. 주거용 건축물의 소유자인 현금청산대상자와 거주자

(1) 정비구역 안의 주거용 건축물에서 거주하다가 정비사업의 시행으로 인하여 이주하게 되었다면 모두 이사비의 지급대상이다. 주거이전비의 경우에는 세입자가 요건임에 반해, 이사비의 경우에는 거주자가 요건이다(토지보상법 78조 5항, 토지보상법 시행규칙 55조 2항). 이사비의 지급대상인 거주자와 주거이전비의 지급대상인 세입자가 동일한 것인지 여부가 문제된다. 종래 주거

66) 대법원 2006. 4. 27. 선고 2006두2435 판결.

이전비의 지급대상인 세입자를 유상의 임대차로 해석하는 경우에는 구분의 의미가 있었으나, 현재는 무상으로 사용하는 거주자도 세입자에 포함되므로 세입자와 거주자 사이에는 특별한 차이가 없다.

(2) 건축물이 허가를 받았는지 여부를 불문하고, 주거용으로 사용되면 족하다. 이는 주거이전비, 이주정착금과 구분된다. 다만, 앞서 본 바와 같이 창고 등을 임차한 후 임의로 개조하여 주거용으로 사용하는 경우까지 포함된다고 보기는 어렵다.

나. 거주할 것

(1) 주거이전비의 경우에는 정비계획안에 대한 공람공고일 이전부터 거주함이 요건임에 반해(판례는 세입자의 경우 정비계획안에 대한 공람공고일 당시 3개월 이상 거주를 요건으로 한다), 이사비의 경우에는 이를 요하지 않는다. 정비계획안에 대한 공람공고일 이후 정비구역으로 이주한 경우에도 이사비의 지급대상이다. 토지등소유자인 현금청산대상자의 경우 이주정착금과 주거이전비는 수용재결 시까지 거주하여야 하고, 그때 청구권이 발생하나, 이사비에 대하여는 수용재결 시까지 거주를 요하지 아니한다.

(2) 다만, 이사비와 관련하여서는 거주자(세입자)가 실제로 거주하였는지 여부가 실무상 주로 다투어진다. 정비계획안에 대한 공람공고일 무렵에는 오랫동안 보수가 이루어지지 않아 실거주가 곤란한 낡은 건축물들이 상당수 있는데, 이사비 취득을 목적으로 실거주가 어려운 건축물에 거주한 듯한 외관을 작출한 후, 정비사업의 시행으로 이주가 이루어졌음을 이유로 사업시행자를 상대로 이사비를 청구하는 경우가 흔히 있다. 이와 관련하여서는 주로 앞서 본 토지보상법 시행규칙 15조 1항의 거주사실 증명방법에 따라 거주사실 여부를 판단한다.

(3) 분양신청을 한 조합원이 정비구역지정 이후 이주의무를 이행하기 위해 정비구역 밖으로 이사하였다가, 분양계약 체결에 응하지 아니하여 현금청산대상자가 된 경우, 정비사업의 시행으로 이사하였으므로 이사비 지급요건에는 해당한다.[67] 주거이전비 및 이주정착금의 지급요건에는 해당하지 않는 점과 구분된다.

다. 정비사업의 시행과 이주 사이의 상당인과관계

정비사업의 시행과 이주 사이에는 상당인과관계가 인정되어야 한다. 현금청산대상자의 경우에는 정비사업으로 인한 이주 여부를 쉽게 확인할 수 있으나, 세입자의 경우가 문제된다. 주거이전비에서 살펴본 바와 같이 세입자가 정비사업으로 인하여 이주한 것인지 여부는 임대차계약의 내용, 존속기간이나 특약사항(임대차의 종기가 정비사업 시점인지 여부, 정비사업을 임대차 종기로 함에 따른 시세보다 낮은 차임인지 여부 등), 세입자와 주거용 건축물 소유자와의 관계 등을 기준으로 판단한다. 세입자 측에 주장·증명책임이 있다고 할 것이나, 세입자가 사업시행계획인가·고시일까지 해당 주거용 건축물에 계속 거주하고 있었다면 특별한 사정이 없는 한 정비사업의 시행으로 인하여 이주하게 되는 경우에 해당한다고 보는 것이 타당함은 주거이전비와 동일하다.

67) 대법원 2016. 12. 15. 선고 2016두49754 판결.

3. 이사비 청구권 발생시점

가. 사업시행계획인가·고시일

현금청산대상자와 세입자 모두 사업시행계획인가·고시일에 이사비 청구권을 취득한다.[68)]

이사비 청구권이 발생한 사업시행계획인가·고시일 이후에는 계속하여 거주할 필요가 없고, 사업시행자의 이사비 산정 통보를 기다릴 필요가 없다. 주거이전비와 동일하다.

나. 사업시행계획인가·고시일 이전 이사한 경우

이사비 지급요건으로 사업시행계획인가·고시일까지 거주하여야 하는지 여부가 문제된다. 세입자의 주거이전비와 관련하여 사업시행계획인가·고시일까지 거주하여야 하는지 여부에 대하여 실무가 나누어짐은 앞서 본 바이고, 이는 이사비에서도 그대로 적용된다. 현금청산대상자가 해당 건축물에서 거주하다가 사업시행계획인가·고시일 이전에 이사하였거나, 세입자가 정비계획안 공람공고일 이전이든 이후이든 해당 정비구역 내 건축물에서 거주하다가 사업시행계획인가·고시일 이전에 이사하였다 하더라도, 현금청산대상자 또는 세입자가 정비사업으로 인하여 사업시행계획인가·고시일 이전에 이주하였음에 대한 상당인과관계를 증명하면 이사비 청구권을 인정하여야 할 것이다(위 제2절 Ⅲ. "2. 세입자" 참조).

다. 사업시행기간 경과와 관련

최초의 사업시행계획인가·고시일에 이사비 청구권의 발생이 확정된 후 사업시행기간이 도과하였더라도, 여전히 유효함은 주거이전비 청구권과 같다.

라. 임시거주시설로의 이사에 필요한 이사비가 지급된 경우

앞서 본 바와 같이 재개발사업의 시행자는 철거되는 주택의 소유자 또는 세입자에게 임대주택 등 임시거주시설에 임시로 거주하게 하는 등의 의무를 부담한다(법 61조 1항). 이에 따라 현금청산대상자나 세입자가 사업시행자가 제공한 임시거주시설로 이사하였고, 그 과정에서 이사비를 지급받았다 하더라도, 현금청산대상자나 거주자(세입자)는 임시거주시설에서 종국적으로는 이와는 다른 거주지로 이사해야 하므로, 토지보상법에서 정한 이사비를 별도로 전액 청구할 수 있다.[69)]

4. 범 위

가. 일반 이사비

사업시행자는 이사비의 경우 실제 이전할 동산의 유무나 다과를 묻지 않고 토지보상법 시행규칙 55조 2항 [별표 4]에 따라 주택연면적을 기준으로 이사비를 산정하고, 그와 같은 법정 금액을 지급하여야 한다(토지보상법 시행규칙 55조 2항).[70)]

---

68) 대법원 2020. 1. 30. 선고 2018두66067 판결.
69) 서울고등법원 2019. 4. 4. 선고 2018누69693 판결(확정) 및 의정부지방법원 2018. 10. 11. 선고 2017구합13641 판결.
70) 대법원 2006. 4. 27. 선고 2006두2435 판결.

[별표 4] 이사비 기준

주택연면적기준	이사비			비고
	노임	차량운임	포장비	
1. 33㎡ 미만	3명분	1대분	(노임+차량운임)×0.15	1. 노임은 「통계법」 3조 3호에 따른 통계작성기관이 같은 법 18조에 따른 승인을 받아 작성·공표한 공사부문 보통인부의 노임을 기준으로 한다. 2. 차량운임은 한국교통연구원이 발표하는 최대적재량이 5톤인 화물자동차의 1일 8시간 운임을 기준으로 한다. 3. 한 주택에서 여러 세대가 거주하는 경우 주택연면적기준은 세대별 점유면적에 따라 각 세대별로 계산·적용한다.
2. 33㎡ 이상 49.5㎡ 미만	4명분	2대분	(노임+차량운임)×0.15	
3. 49.5㎡ 이상 66㎡ 미만	5명분	2.5대분	(노임+차량운임)×0.15	
4. 66㎡ 이상 99㎡ 미만	6명분	3대분	(노임+차량운임)×0.15	
5. 99㎡ 이상	8명분	4대분	(노임+차량운임)×0.15	

건설업임금실태조사 보고서 중 공사부문 보통인부 1인당 일용노임은 일반적으로 국가통계포털(KOSIS)의 건설업임금실태조사 중 개별직종 노임단가(대한건설협회)로 확인하고, 5톤 화물차량의 1일 8시간 운임의 1대당 가격은 한국교통연구원(KOTI) 화물운송시장정보센터, 화물자동차운송·주선업체 조사보고서가 주로 이용된다. 이는 사업시행계획인가·고시일을 기준으로 한다.

나. 이전에 따른 감손상당액

사업시행자는 현금청산대상자나 거주자에게 동산의 이전에 따른 감손상당액을 보상하여야 하나(토지보상법 시행규칙 55조 1항), 실무상 이를 청구하는 사례는 거의 없는 듯하다.

Ⅲ. 소송상 쟁점

이주정착금 또는 이사비 지급청구소송은 행정소송법 3조 2호에 규정된 당사자소송으로서 재결을 거쳤는지 여부에 따라 그 형태가 달라진다. 사업시행자의 이주정착금 및 이사비 지급채무는 이행기의 정함이 없는 채무이고,[71] 사업시행자는 부동산을 인도받기 위해서는 이주정착금 및 이사비를 선이행하여야 한다(협의취득인 경우 동시이행관계)는 점은 주거이전비와 동일하다(제2절 Ⅴ. "4. 부동산 인도의무와 주거이전비 지급의무의 관계" 참조).

71) 이주정착금에 대하여 이행기의 정함이 없는 채무임에 대한 명시적 대법원 판례는 없으나, 관련 하급심 판례가 있다(서울행정법원 2020. 9. 9. 선고 2019구단72079 판결). 이사비에 대하여는 명시적 대법원 판례(대법원 2012. 4. 26. 선고 2010두7475 판결)가 있다.

제6장 현금청산대상자의 조합비용 부담

Ⅰ. 개 요

사업시행자가 분양신청을 하지 아니하거나 분양신청을 철회한 자 등 법 73조에 의하여 분양대상에서 제외된 현금청산대상자에 대하여 그때까지의 정비사업비 일부를 부과할 수 있는지 여부가 문제된다. 분양계약 체결기간 내에 분양계약을 체결하지 않아 현금청산대상자가 된 자에 대하여 사업시행자가 그때까지의 정비사업비 일부를 부과할 수 있는지 여부도 마찬가지이다.

실무상 사업시행자는 해당 토지등소유자가 조합원이 된 시점부터 조합원의 지위를 상실하여 현금청산대상자가 될 때까지 발생한 총 사업비에 전체 조합원의 종전자산 평가액 중 현금청산대상자의 종전자산 평가액이 차지하는 비율을 곱한 금액을 비용으로 부과한다.

이하에서는 실무상 보편적으로 이루어지고 있는 조합원의 지위를 상실한 현금청산대상자에 대한 사업시행자의 정비사업비 부과의 법적 근거 및 타당성에 대하여 살펴본다.

Ⅱ. 쟁 점

1. 법 93조에 의한 부과금 부과처분의 가부(불가)

법 93조 1항은 "사업시행자는 토지등소유자로부터 92조 1항에 따른 비용과 정비사업의 시행과정에서 발생한 수입의 차액을 부과금으로 부과·징수할 수 있다."고 규정하고 있다. 정비사업의 시행과정에서 수입을 초과하는 비용이 발생한 경우 위 규정에 근거하여 사업시행자가 조합원에 대하여 그 비용을 부과할 수 있듯이, 현금청산대상자인 토지등소유자에 대하여도 위 규정에 의하여 부과금을 부과할 수 있다는 견해가 있다. 그 근거는 위 규정이 '조합원'이 아니라 '토지등소유자'라고 규정하고 있고, 이는 입법자가 현금청산대상자에 대하여도 정비사업비를 부과 징수함을 전제로 한 것이라고 주장한다.

그러나 법 93조 1항이 '조합원'이 아니라 '토지등소유자'라고 규정한 것은 토지등소유자가 20인 미만의 재개발사업의 경우에는 조합을 설립하지 아니하고 토지등소유자 개인이 사업시행자가 될 수 있기 때문에 그와 같이 규정한 것이므로 위 견해는 부당하다.

대법원도 법 93조 1항의 토지등소유자는 관리처분계획 당시 분양을 받은 수분양자로서 조합원인 토지등소유자를 의미하고, 이미 현금청산대상자가 되어 조합원의 지위를 상실하여 더 이상 조합원의 지위에 있지 아니한 자들에 대하여는 위 조항을 근거로 사업비를 부과할 수 없다고 판시하고 있다.[1])

2. 정관, 총회결의 또는 약정

가. 판 례

도시정비법에 따른 사업시행자인 조합과 그 조합원 사이의 법률관계는 그 근거 법령이나 정관의 규정, 조합원 총회의 결의 또는 조합과 조합원 사이의 약정에 따라 규율되므로, 현금청산대상자가 조합원의 지위를 상실하기 전까지 발생한 조합의 정비사업비 중 일정 부분을 분담하여야 한다는 취지를 조합 정관이나 조합원 총회의 결의 또는 조합과 조합원 사이의 약정 등으로 미리 정한 경우 등에 한하여, 조합은 법 73조(구 법 47조)에 규정된 현금청산절차 등에서 이를 청산하거나 별도로 그 반환을 구할 수 있다.[2)]

나. 정관 규정의 의미

(1) 정관의 의미

통상적으로 조합은 현금청산대상자의 정비사업비 부담과 관련하여 정관에 "현금청산 시까지 발생한 정비 사업비를 부담해야 한다." 또는 "현금청산금에서 발생한 사업비용을 공제한다."라고만 규정하고 있다.

이와 관련하여 판례는 사업시행자가 현금청산대상자에게 정관으로 조합원 지위를 상실하기 전까지 발생한 정비사업비 중 일부를 부담하도록 하기 위해서는 '정관' 또는 '정관에서 지정하는 방식'으로 현금청산대상자가 부담하게 될 '비용의 발생 근거, 분담 기준과 내역, 범위' 등을 구체적으로 규정하여야 한다. 이와 달리 단순히 '사업비용을 부담해야 한다'는 추상적인 정관의 조항만으로는, 현금청산대상자에게 조합관계에서 탈퇴할 때까지 발생한 사업비용을 부담하도록 할 수 없다고 하였다.[3)]

서울 표준정관은 부과의무의 발생시점, 부과할 정비사업비의 종류와 범위, 해당자에게 부과할 부과금의 액수와 그 산정기준 등에 관하여 매우 구체적으로 규정하여야 함을 명확히 하고 있다.

---

1) 대법원 2014. 12. 24. 선고 2013두19486 판결(재개발), 대법원 2016. 8. 30. 선고 2015다207785 판결(재건축), 대법원 2016. 12. 29. 선고 2013다217412 판결(분양계약 미체결).

2) 대법원 2014. 12. 24. 선고 2013두19486 판결(재개발), 대법원 2016. 8. 30. 선고 2015다207785 판결(재건축). 지역주택조합과 조합원 사이의 법률관계도 근거 법령이나 조합 규약의 규정, 조합 총회의 결의 또는 조합과 조합원 사이의 약정에 따라 규율되므로, 조합원이 그 지위를 상실하기 전까지 발생한 조합의 비용 중 일정 부분을 부담하도록 하기 위하여는 그와 같은 취지를 조합 규약이나 조합 총회의 결의, 조합과 조합원 사이의 약정 등으로 미리 정하여야 한다[대법원 2022. 2. 11. 선고 2021다282046(본소), 2021다282053(반소) 판결, 대법원 2024. 11. 14. 선고 2024다254523 판결].

3) 대법원 2021. 6. 30. 선고 2020다291340 판결, 대법원 2021. 4. 29. 선고 2017두48437 판결(재건축), 대법원 2021. 4. 29. 선고 2018두51836 판결(재개발). 그 근거는 ① 탈퇴하고자 하는 조합원에게 합리적으로 탈퇴 여부를 결정할 수 있도록 탈퇴 시점에서 부담하게 될 비용의 발생 근거, 분담 기준과 내역, 범위 등에 관한 구체적 정보가 정관 등으로 규정되어야 한다. 만일 추상적으로 사업비용을 부담한다는 내용의 정관 조항만을 근거로 현금청산대상자가 예상하지 못한 내용과 규모의 정비사업비를 부담하도록 하는 것은 잔존 조합원과 탈퇴 조합원 사이의 형평에 반한다(잔존 조합원에 대해서는 정비사업에서 발생한 수입을 반영하여 부과금의 액수와 징수 방법, 조합원별 분담내역 등을 정하여 조합원 총회의 결의를 거치도록 함으로써 그 이익을 보호하고 있다). ② 정관만이 현금청산대상자에게 정비사업비 중 일정 부분을 부담하게 하는 근거가 되는데, 정관이 현금청산대상자가 부담하게 될 비용의 항목과 부담 기준 등 핵심적인 내용 없이 단순히 현금청산금 산정과정에서 사업비용 등을 공제하고 청산할 수 있다고 추상적으로만 규정하면 현금청산대상자로서는 조합관계에서의 탈퇴 전에 자신이 부담하게 될 비용을 합리적으로 예측하기 어렵다.

⑵ 조합설립 당시의 최초 정관에 규정된 경우로 제한되는지 여부(부정)

탈퇴 조합원들은 소수이므로 그들의 신뢰를 보호하기 위하여 조합설립 당시의 최초 정관에 탈퇴 조합원의 조합비용 부담에 관하여 규정된 경우에 한하여 유효하다는 견해가 있으나, 이는 단체법적 법률관계의 일반적인 법리에 반하는 것으로 부당하다.

따라서 현금청산사유 발생 전에 총회결의를 통해 '탈퇴 시의 정비사업비 분담의무'가 정관에 신설되었으면, 모든 조합원들에 대하여(그 총회결의에 개별·구체적으로 동의하지 않은 조합원에 대해서도) 내부적 구속력이 발생한다(제7편 제6장 제3절 Ⅳ. "4. 상가독립정산제 약정에 위반하는 관리처분계획 의결 가능 여부" 참조).

다. 현금청산대상자가 부담하는 구체적 범위

⑴ 제한 필요성[4)]

정관으로 현금청산대상자에게 정비사업비 중 일정 부분을 부담하도록 정한다 하더라도, 정비사업의 시행에 따른 손익은 조합원이 부담하는 것이 원칙인 점과 현금청산대상자는 정비사업의 종료 이전에 조합관계에서 탈퇴하는 점을 고려하여 그 비용 항목과 금액은 탈퇴 시점에서 현금청산대상자가 부담하는 것이 타당한 범위 내의 합리적 비용만으로 제한할 필요가 있다.

만일 정관으로 발생근거, 분담기준과 내역 등을 구체적으로 기재하기만 하면 탈퇴 시까지 발생한 모든 정비사업비를 그 대상으로 하더라도 적법한 것으로 해석한다면, 탈퇴 조합원과 잔존 조합원(잔존 조합원은 총회 결의를 통하여 합리적인 범위의 정비사업비만 부담한다) 사이의 형평에 반하므로, 해석상 다음에서 살펴볼 기준의 한도 내에서만 유효한 것으로 보아야 할 것이다.

⑵ 기준

현금청산대상자에게 부담시킬 수 있는지 여부는 기본적으로 그 비용 지출로 인하여 현금청산대상자가 이익을 얻었거나 얻게 되는지 여부 또는 그러한 목적으로 지출되었는지 여부를 기준으로 하되, 비용의 지출시점이나 경위, 정비사업의 진척 상황 등의 여러 사정을 종합적으로 고려해야 한다.[5)]

⑶ 구체적 범위

재건축사업에서 조합설립에 동의하지 아니하는 자에 대한 현금청산은 매도청구에 따른 매매계약에 의하고, 그 경우 매매대금은 시가로서 개발이익이 포함된 매도청구권이 행사될 당시의 토지나 건축물의 객관적 거래가격이므로, 현금청산대상자는 그에 상응하여 개발과 관련된 내용을 포함하여 보다 폭넓게 비용을 부담할 수 있다(다만 개발이익은 건축 후의 예상가치에서 재건축비용을 공제한 개발이익을 현재 시점에서 미리 예측하여 이를 전부 반영하라는 취지가 아니라, 재건축사업이 진행됨에 따라 점차 구체화되는 당시의 개발이익을 그 시가 산정에 반영하라는 취지이므로 개발과 관련된다 하더라도 공평의 원칙상 일정한 제한은 불가피하다). 그러나 재개발사업의 경우 현금

4) 대법원 2021. 4. 29. 선고 2017두48512 판결.
5) 대법원 2021. 4. 29. 선고 2017두48512 판결.

청산은 개발이익이 완전히 배제되는 것이므로, 개발이익과 관련된 비용은 제외하는 등 그 범위를 엄격히 제한하여야 한다. 이하는 재개발사업과 관련하여 살펴본다.

(가) 정비사업이 기존의 건물을 철거한 후 그 대지 위에 새로운 건물을 건축하여 분양함으로써 그로 인한 수익을 조합원들에게 분배하는 것을 목적으로 함에도, 현금청산대상자는 정비사업의 중간단계에서 조합관계에서 탈퇴하여 그와 같은 분양 수익을 누리지 못하므로 적어도 분양 수익에만 기여하는 비용은 현금청산대상자에게 부담하도록 하여서는 아니 된다. 또한 잔존 조합원들의 이익으로만 귀속되는 비용(정비기반시설 공사비 등)이나 전적으로 새롭게 건축되는 건물의 형성에만 기여하는 비용(신축 건축물의 대지조성·건축 공사비) 등도 특별한 사정이 없는 한 합리적인 범위 내의 비용으로 보기는 어렵다.[6)]

(나) 탈퇴와 직접적으로 관련된 비용 즉, 사업시행자가 탈퇴 조합원과 협의가 성립되지 아니하여 수용재결에 이르기 위한 비용(수용재결신청 수수료, 재결신청서 작성비용, 관련 변호사비용 등) 등에 대하여 살펴본다.

우선 조합원이 분양신청기간 내에 분양신청을 하지 아니하거나 포기하여 현금청산대상자가 된 경우 그에게 수용재결 관련 비용을 부담하게 할 수는 없다. 왜냐하면 조합원의 그와 같은 권리는 도시정비법령에 의하여 인정되고, 그에 따른 비용부담에 관하여 법령에 아무런 규정이 없는 것은 사업시행자가 이를 부담하도록 하기 때문이다. 그러나 조합원이 분양계약을 체결하지 아니하여 현금청산대상자가 된 경우 그에게 위와 같은 수용재결신청 수수료 등 재결 관련 비용, 탈퇴 조합원 몫의 종후자산을 일반분양의 대상으로 하기 위한 관리처분계획변경에 소요되는 비용 등을 부담하게 할 수 있다. 왜냐하면 분양계약 체결을 하지 아니하여 현금청산대상자가 되는 것은 사업시행자가 정관을 통해 자치적으로 부여하는 추가적인 탈퇴기회이므로, 정관에 의하여 그에 따른 사업비를 부담하게 하는 것이 금지될 이유가 없기 때문이다.[7)]

조합원에 대한 대출이주비의 이자를 사업시행자가 정비사업비로 처리하는 경우 조합원이 이주 이후 분양계약 체결을 거절하여 현금청산대상자가 되더라도 그때까지 사업시행자가 부담한 비용은 정관, 총회결의 또는 약정에 의하여 현금청산대상자의 조합비용부담의무로 규율하는 것이 가능함은 앞서 본 바이다[제8편 제2장 Ⅱ. 2. 다. "(5) 분양계약 미체결 조합원의 대출이주비 부담" 참조].

(다) 조합임원들에 대한 급여, 사무실 차임 등 조합운영비에 대하여 살펴본다. 이는 종후자산의 형성에 간접기여하는 정비사업비이고, 정비사업 실무 여건상 개별 조합의 조합운영비 집행의 투명성을 신뢰하기 어렵고, 조합이 임의로 정비사업을 지연함에 따라 조합운영비가 증가하는 것을 탈퇴 조합원이 방지하기는 어렵다는 점에서 이를 제외함이 타당하다는 취지의 견해가 있다.[8)] 그러나 사업시행자를 조합으로 하는 정비사업의 경우 조합의 구성은 필수이고, 이를 운영하기 위하여 운영비가 소요됨은 필연적이므로, 조합운영비는 조합이라는 단체의 구성원으로서 당연히 부담하여야 하는 의무임에도 탈퇴를 이유로 이를 전혀 부담하지 않도록 함은 오히려 잔존 조합

6) 대법원 2021. 4. 29. 선고 2017두48512 판결.
7) 이상덕, 재개발·재건축조합과 탈퇴조합원 사이의 이익충돌상황과 분쟁해결기준, 사법논집 제73집, 149.
8) 이상덕, 재개발·재건축조합과 탈퇴조합원 사이의 이익충돌상황과 분쟁해결기준, 146.

원과 사이의 형평에 반하므로, 이를 포함함이 타당하다.

이 부분에 관한 명시적 대법원 판례는 없으나, 대법원은 '전적으로 새롭게 건축되는 건물의 형성에 기여하는 비용'에 대하여만 제외하고 있는 점 등에 비추어 조합운영비는 정관, 총회결의 또는 약정에 의하여 현금청산대상자의 조합비용부담의무로 규율함은 가능한 것으로 해석하는 듯하다.[9]

라. 정비사업비의 사전청구 가능 여부(불가)

현금청산을 선택하는 자에게 조합관계에서 탈퇴할 기회를 보장하는 법 73조의 취지에 비추어 볼 때, 현금청산금을 산정·지급하지 않은 상태에서 조합관계에서 탈퇴할 때까지 발생한 정비사업비를 미리 청구할 수 있도록 한다면 자력이 부족한 조합원은 조합관계에서 탈퇴하기 위한 비용을 마련하지 못하여 현금청산을 선택하지 못하는 등으로 조합관계에서의 탈퇴를 부당하게 제한받거나 그 재산권을 중대하게 침해당하는 결과가 될 수 있다.

정관으로 정비사업비 중 일정 부분을 공제하는 방식으로 현금청산금을 산정하도록 규정해 두는 경우가 일반적인데, 위 조항을 근거로 현금청산대상자에게 현금청산금을 산정·지급하지 아니한 상태에서 위 현금청산과 별개의 절차로 정비사업비 중 일정 부분의 지급을 구할 수는 없다고 해석된다.[10]

마. 문제점

조합원은 최종적으로 정비사업과정에서 발생한 수입이 지출된 정비사업비에 미달하는 경우 그 차액을 자신의 종전자산가격 비율로 부담하나, 수입이 비용을 초과하는 경우 오히려 차액 상당을 지급받게 됨에도, 중간에 정비사업에서 탈퇴함을 이유로 개발이익을 지급받기는커녕 비용까지 부담하는 것이 부당하다고 볼 여지가 있다.

통상적으로 그처럼 개발이익이 예상됨에도, 분양신청을 하지 않거나 철회하여 현금청산대상자가 되는 경우는 거의 없는 듯하나, 법 73조 1항 3호 및 4호에 해당하는 경우 즉, 투기과열지구 정비사업에서 이미 분양받았음을 이유로 분양신청을 할 수 없어 현금청산대상자가 되거나 인가된 관리처분계획에 따라 분양대상에서 제외되어 현금청산대상자가 된 경우에는 여전히 그와 같은 문제는 존재한다.

3. 조합원 지위 상실 이후의 조합원 비용 분담

현금청산대상자는 조합원 지위 상실(현금청산대상자가 된) 이후의 조합의 비용에 대하여는 원칙적으로 부담할 책임이 없다. 이미 현금청산사유가 발생한 후에는 사업시행자가 잔존 조합원들만의 총회 결의나 정관변경을 통해 탈퇴 조합원들에 대하여 소급적으로 '정비사업비 분담의무'를 창설하는 것은 허용되지 아니한다.[11] 다만, 조합원 지위 상실 이전에 비용 지출의 원인이 발생

9) 대법원 2021. 4. 29. 선고 2017두48512 판결.
10) 대법원 2021. 4. 29. 선고 2017두48512 판결.
11) 이상덕, 재개발·재건축조합과 탈퇴조합원 사이의 이익충돌상황과 분쟁해결기준, 151, 152.

하였으나 그 후에 비용이 실제 지출된 경우와 같이 현금청산대상자에게 비용을 부담시킬 만한 합리적 이유가 있는 등의 특별한 사정이 있다면 정관이나 총회결의 등으로 조합원 지위 상실 후의 비용을 추가로 부담시킬 수 있다고 보아야 할 것이다.[12)]

4. 재개발사업에 있어 조합설립동의서를 제출하지 아니한 토지등소유자(예외)

가. 재개발사업에 있어 조합설립동의서를 제출하지 아니하였고(추진위원회 구성에 동의한 토지등소유자는 조합설립에 동의한 것으로 간주되므로 추진위원회 구성에 동의하지 아니한 것이 전제가 된다), 분양신청기간 내에 분양신청하지 아니한 토지등소유자는 정관이나 총회결의에 의한 정비사업비의 부담대상에서 제외되어야 한다. 그 논거는 다음과 같다.

ⓐ 재건축사업은 임의가입제로서 토지등소유자가 스스로 조합설립에 동의한 경우에 한하여 조합원이 됨에 반해, 재개발사업은 토지등소유자의 의사와 무관하게 강제가입제이다. 토지등소유자로서는 처음부터 재개발사업에의 참여를 원하지 않더라도, 분양신청기간 종료일까지는 조합원의 지위에서 벗어날 수 없다.

ⓑ 사업비용은 건축 등 주로 개발사업이나 그 준비행위와 관련된 것이다. 재건축사업의 경우에는 개발이익이 포함된 보상을 받으므로 현금청산대상자도 개발에 따른 비용을 부담할 여지가 있으나, 재개발사업의 경우 현금청산대상자는 개발이익이 배제된 채 보상을 받으므로 개발과 관련한 비용을 부담하는 것은 타당하지 않다.

ⓒ 정비사업의 실무는 추진위원회가 정비구역 내 토지등소유자들에게 오에스 요원[13)]까지 동원하여 정비사업의 이점 등을 집요할 정도로 홍보하면서 조합설립동의서를 징구하는 현실에 비추어 재개발사업에서 조합설립에 동의하지 않은 자는 적극적으로 정비사업의 진행에 반대하는 의사인 것으로 보인다. 위와 같이 자신이 사실상 반대하는 정비사업으로 인하여 재산권까지 박탈되는 토지등소유자들에게 그와 같은 정비사업으로 인한 사업비까지 자신의 의사와 무관하게 약정이 아닌 정관 또는 총회결의에 의하여 그 비용을 부담하게 하는 것은 부당하다.

나. 다만, 현금청산대상자가 스스로 사업시행자와의 약정에 의하여 사업비의 일부를 부담하는 것은 가능하다.

---

12) 대법원 2022. 2. 11. 선고 2021다282046(본소), 2021다282053(반소) 판결 참조(이는 지역주택조합과 조합원 사이의 법률관계이나 도시정비법상의 조합과 조합원 사이에도 동일하게 적용될 수 있다고 보아야 할 것이다).

13) 오에스(OS, Outsourcing)요원이란 재개발·재건축 현장에서 활동하는 외주 용역회사의 직원을 의미한다.

제10편

준공인가 이후의 이전고시 등 처분 및 청산

제1장 준공인가 이후 처분행위

제1절 종 설

정비사업의 시행으로 조성된 대지 및 건축물은 관리처분계획에 따라 처분 또는 관리하여야 한다(법 79조 1항). 정비사업으로 조성되거나 용도폐지되는 정비기반시설에 대한 관리처분계획에 따른 처분은 법 97조 2항에 의하여 준공인가를 통하여 법률의 규정에 의한 물권변동이 발생하므로, 제8편 제6장 "Ⅴ. 준공인가와 정비기반시설"에서 자세히 살펴보았다. 준공인가 이후에는 정비기반시설을 제외한 정비사업의 시행으로 조성된 나머지 대지 및 건축물에 대한 관리처분계획에 따른 처분행위가 남게 된다. 정비사업의 시행으로 조성된 대지 및 건축물 중 관리처분계획에 따라 처분해야 하는 대상으로는 조합원분양분, 일반분양분, 보류지, 임대주택 및 국민주택규모주택 등이 있다[정비계획상 기존의 교회 등 종교시설을 고려하여 정비사업의 시행으로 조성되는 토지에 종교용지가 있는 경우 관리처분계획에 따라 교회 등 종교시설에 대하여 종교용지에 관한 소유권이전등기를 경료하여 주는 경우도 있으나, 일반적으로는 공동주택 및 상가(복리시설 중 근린생활시설)에 대한 처분이다].

먼저 수분양조합원분에 대하여 간단히 살펴본다. 관리처분계획은 종전자산의 출자에 따른 종후자산의 권리귀속에 관한 사항을 정한 포괄적 행정계획으로서, 관리처분계획의 인가·고시에 의하여 조합원들은 종후자산의 수분양권을 확정적으로 취득하나, 이는 종전자산에 대한 권리가 종후자산의 권리에 대한 잠정적 권리로서의 수분양권(입주자의 지위, 부동산을 취득할 수 있는 권리)으로 변환된 것에 불과하고, 사업시행자가 관리처분계획에 기하여 이전고시를 하는 경우 그 다음 날 조합원의 종전자산에 대한 권리가 종후자산에 대한 권리로 확정적으로 변환된다. 따라서 사업시행자가 정비사업으로 건설된 대지 및 건축물 중 조합원분양분에 대하여 관리처분계획에 따라 수분양조합원에게 공급하는 것은 이전고시에 의하여 최종적으로 처분이 완료된다. 이전고시는 관리처분계획에서 정한 바에 따라 소유권을 귀속시키는 행정처분으로서 이에 따라 그 다음 날 소유권 변동이 발생하고, 수분양조합원은 등기를 경료하지 않더라도 그 소유권을 취득한다. 이로써 사업시행자인 조합은 정비사업의 완료로 설립목적이 달성되어 더 이상 존속될 이유가 없으므로 청산절차로 나아가게 된다. 즉, 사업시행자는 조합원들을 상대로 이전고시에 따라 취득한 재산을 기준으로 종전자산과의 과부족을 정산하는 청산절차 및 총 수입보다 총 지출이 많은 경우 비용부과절차를 진행한다. 그러나 정비사업의 실무는 대부분의 조합이 정관에 의거한 분양계약을 통하여 청산금(비용포함)을 이전고시 이전에 여러 차례 분할 징수한다. 분양계약 및 이를 통한 청산에 대하여는 제8편 제4장 분양계약에서 자세히 살펴보았다.

관리처분계획상 처음부터 일반분양분으로 지정된 부분에 대하여 살펴본다. 위와 같은 일반분양분은 종전자산과 무관하게 사업시행자가 정비사업에 소요되는 비용을 충당하기 위한 것이다. 사업시행자는 일반분양분이 30세대 이상인 경우 주택법 및 주택공급에 관한 규칙이 정한 공고·신청절차·공급조건·방법 및 절차 등에 따른 입주자 모집절차를 거쳐 수분양자를 확정한다. 일반분양분에 대하여는 사업시행자가 이전고시를 통하여 소유권을 취득한 후 일반수분양자에게 소유권이전등기를 마쳐 줌으로써 관리처분계획에 따른 처분이 완료된다.

한편 조합원분양분 중 분양신청을 받은 후 잔여분이 있는 경우, 사업시행자는 관리처분계획상 이를 협의의 보류지로 정하거나 조합원 또는 토지등소유자 이외의 자에게 분양할 수 있다(법 79조 4항). 협의의 보류지로 지정한 부분은 준공인가 이전까지 분양대상자의 누락·착오의 정정 및 소송에 의한 수분양자 확정의 과정을 통하여 상당 부분 조합원분양분으로 관리처분계획의 변경이 이루어질 것이고, 그 경우 조합원분양분과 동일하게 처리한다. 다만 준공인가 이후에도 협의의 보류지가 남아있는 경우에는 이전고시를 통하여 사업시행자가 소유권을 취득함으로써 관리처분계획에 따른 처분이 완료되고, 그 후 일반분양으로 나아가게 된다. 일반분양분으로 지정한 부분은 앞서 본 처음부터 일반분양분으로 예정된 부분과 동일하게 처리한다. 한편, 조합원분양분 중 분양신청을 받은 후 잔여분에 대하여 사업시행자가 총회의결이나 정관변경절차를 통하여 종전에 조합원의 지위에 있었던 현금청산대상자에게 조합원의 지위를 부여한 후 (관리처분계획변경절차를 거쳐) 위 잔여분에 대한 추가 분양신청기회를 제공하고, 해당 분양절차에서 현금청산대상자가 분양을 신청하여 수분양자가 되는 경우에는 앞서 본 수분양조합원분과 동일하게 처리한다.

관리처분계획상의 임대주택(재개발사업), 용적률 인센티브를 조건으로 건설된 국민주택규모 주택은 이전고시에 의하여 사업시행자가 소유권을 취득한다. 다만, 국민주택규모 주택은 사업시행자가 반드시 시·도지사 등에게 이를 인수시켜야 하고, 임대주택은 재개발사업 시행자가 사전에 시·도지사 등에게 인수를 요청하는 경우 시·도지사 등이 이를 인수하여야 하는바, 그 경우 사업시행자가 각 일반분양분과 동일하게 시·도지사 등에게 소유권이전등기를 경료하여 줌으로써 관리처분계획에 따른 처분이 완료된다.

준공인가 이후에는 관리처분계획에 따른 각종 처분행위, 청산금 또는 부과금의 부과 징수 등의 과정에서 조합은 각종 소송을 제기하게 되는바, 서울 표준정관은 이를 대의원회 의결사항으로 규정하고 있다(26조 9호).

제2절 이전고시

Ⅰ. 의 의

이전고시는 사업시행자가 준공인가·고시 이후 관리처분계획에서 정한 바에 따라 정비사업으로 조성된 대지 또는 건축물에 대하여 위치 및 범위 등을 정하여 그 소유권을 분양받을 자에게 이전하고 종전자산과의 차액에 상당하는 금액을 청산하는 공법상 처분이다.[1] 도시개발법상의 환지처분에 대응한다.

조합은 정비사업의 시행으로 조성된 대지 및 건축물을 인가받은 관리처분계획에 따라 조합원에게 공급하여야 한다(법 79조 1항, 2항). 토지등소유자가 20인 미만으로서 개인이 사업시행자인 재개발사업에 있어서는 관리처분계획상의 수분양 토지등소유자에게 이를 공급한다.

시장·군수등이 해당 지방자치단체의 공보에 정비사업 공사에 대한 준공인가 및 공사완료의 고시를 한 경우, 사업시행자는 관리처분계획에 따른 처분행위를 위하여 대지확정측량을 하고, 토지 분할절차를 거친 후, 관리처분계획에서 정한 사항을 수분양자에게 통지하고 그들에게 대지 또는 건축물의 소유권을 이전하는 내용을 해당 지방자치단체의 공보에 고시한다(법 86조). 이를 이전고시라고 하고, 도시정비법 제정 이전의 구 도시재개발법에서는 분양처분이라고 하였다(구 도시재개발법 38조 3항). 이전고시는 일반적으로 '서울특별시 ○○구 고시 제○○호, ○○재개발(재건축)조합 고시 제○○호'로 하게 된다.

이전고시가 있는 경우 대지 또는 건축물을 분양받을 자는 고시가 있은 날의 다음 날에 그 대지 또는 건축물의 소유권을 취득한다(법 86조 2항 후문). 이전고시는 관리처분계획에서 정한 권리배분내용에 따라 해당하는 자에게 소유권을 확정적으로 귀속시키는 행정처분으로서, 이에 따라 소유권 변동이 생기고, 해당하는 자는 등기를 하지 않더라도 당연히 그 소유권을 취득하므로 민법 187조의 법률의 규정에 의한 부동산 물권취득이다. 이는 법 97조 2항에 의하여 준공인가시 새로 설치하거나 폐지되는 정비기반시설의 소유권이 법률의 규정에 의하여 물권변동이 발생하는 것과 동일하다.

Ⅱ. 이전고시의 법적 성격 및 요건

1. 이전고시의 법적 성격

가. 관리처분계획의 집행행위

이전고시는 관리처분계획의 후속행위인 공법상 처분으로서, 관리처분계획이 확정한 권리의무관계를 완성하는 집행행위이다. 사업시행자가 수분양조합원에게 소유권을 이전하는 내용으로 해당 지방자치단체 공보에 고시하는 이전고시는 별도의 조합(주민)총회 결의 없이 관리처분계획의

---

1) 대법원 2012. 3. 22. 선고 2011두6400 전원합의체 판결, 대법원 2016. 12. 29. 선고 2013다73551 판결.

내용에 따라 기계적으로 처리한다. 따라서 이전고시의 전제가 되는 관리처분계획은 반드시 시장·군수등의 인가를 받아야 하고, 만일 관리처분계획인가를 받지 아니하고 이전고시에 따른 이전을 한 자는 법 137조 8호에 의하여 형사처벌을 받게 된다.

이전고시에 청산에 관한 내용이 포함되는지 여부와 관련하여 견해의 대립이 있는바, 이는 V. "2. 이전고시 이후 관리처분계획을 다툴 수 있는지 여부"에서 살펴본다. 관리처분계획의 후속행위이므로, 관리처분계획의 효력정지결정이 있게 되면 이전고시는 불가능하다.

나. 형성적 처분

이전고시에 의하여 수분양조합원의 종전자산에 대한 권리가 소멸하고, 종후자산에 대한 권리가 부여되므로 형성적 처분이다.

다. 대물적 처분

(1) 학설

대물적 처분인지 여부에 대하여 견해의 대립이 있다. 그 실익은 조합원의 지위에서 분양신청을 하여 권리처분계획에서 분양대상자로 지정된 자가 추후 종전자산의 진정한 소유자가 아닌 것으로 밝혀진 경우, 이전고시에 의한 종후자산의 소유권을 누가 취득하는지 여부이다. 자세한 내용은 V. "4. 진정한 소유자와 분양신청 조합원"에서 살펴본다.

(가) 대물적 처분설

법 87조 2항은 "이전고시에 따라 취득하는 대지 또는 건축물 중 토지등소유자에게 분양하는 대지 또는 건축물은 도시개발법 40조에 따라 행하여진 환지로 본다."고 규정하고 있고, 환지처분의 효과에 대해 규정하고 있는 도시개발법 42조 1항 전문은 "환지계획에서 정해진 환지는 그 환지처분이 공고된 다음 날부터 종전의 토지로 보게 된다."고 규정하고 있으므로, 토지등소유자가 분양받은 종후자산이 종전자산으로 간주되고 동일성이 유지되며, 종전자산에 설정된 지상권 등 등기된 권리는 종후자산에 설정된 것으로 간주된다 할 것이어서(87조 1항), 이전고시는 대물적 처분이다.

(나) 혼합적 처분설

이전고시는 대물적 성격이 있으나, 나아가 정비사업에서는 토지등소유자(조합원)의 분양신청 절차가 존재하여 토지등소유자(조합원)가 분양을 받고자 하는 대상을 스스로 선택하여야 하고, 또한 이전고시가 입체환지적 성격을 갖고 있어 창설적 설권효(이전고시에 의하여 종후자산에 대한 권리가 창설된다)를 갖는다고 볼 수 있으며, 관리처분계획에는 분양대상자 등을 명시하여야 하므로 이 부분 역시 행정처분으로서 공정력을 갖게 되는 점 등을 고려하면 이전고시는 순수한 대물적 처분으로만 보기는 어렵고 대인적 요소도 포함된 혼합적 처분으로 보아야 한다.[2)]

---

2) 노경필, 이전고시에 관한 소고, 사법 제23호(2013. 3.), 110, 115.

⑵ 판례

구 도시재개발법에 의한 재개발사업에 있어서의 분양처분사안에서, 대법원은 분양처분은 대인적 처분이 아닌 대물적 처분이고, 이에 따라 재개발사업 시행자가 소유자를 오인하여 종전자산의 소유자가 아닌 다른 사람에게 분양처분을 한 경우 그러한 분양처분이 있었다고 하여 그 다른 사람이 권리를 취득하게 되는 것은 아니며, 종전자산의 진정한 소유자가 종후자산의 소유권을 취득하고 이를 행사할 수 있다고 판시하였다.[3)]

⑶ 결론

정비사업에서는 도시개발사업상의 환지사업과 달리 토지등소유자(조합원)의 분양신청절차가 존재하나, 관리처분계획인가 이후 종전자산을 양수한 자는 양도인의 분양신청내용에 구속되는 등 분양신청만이 수분양권을 결정한다고 보기 어려운 점, 아파트 가격이 상승하는 것이 일반적인 추세임을 고려할 때 대물적 처분으로 하는 것이 진정한 소유자에게 유리하고 정의관념에도 부합하는 점, 법 87조 2항은 수분양조합원에게 분양하는 종후자산은 도시개발법 40조에 따라 행하여진 환지로 본다고 규정하고 있으므로, 대물적 처분으로 보아야 할 것이다.

2. 이전고시 요건

가. 관리처분계획이 존재할 것

이전고시는 관리처분계획이 확정한 권리의무관계를 완성하는 집행행위이므로, 관리처분계획이 존재하여야 한다. 따라서 관리처분계획이 당연무효이거나 취소되면 이전고시할 수 없다. 관리처분계획이 집행정지(효력정지)된 경우에도 마찬가지이다. 또한 관리처분계획에 '분양대상자의 주소 및 성명' 등 도시정비법 74조에서 정한 관리처분계획에 반드시 포함되어야 할 사항이 누락되어 있거나 관리처분계획의 인가를 받지 않았다면, 이전고시를 하였다 하더라도 공용환권의 효력이 발생한다고 볼 수 없다.[4)]

실무상으로는 일반분양할 무렵 정관에 기하여 조합원에 대한 분양계약 체결을 통지하고, 조합원이 분양계약 체결을 거절하는 경우, 사업시행자는 해당 조합원을 조합원에서 제외하는 조합설립변경인가(경미한 변경으로 신고, 법 시행령 31조 7호)를 받고, 해당 조합원분양분에 대하여 일반분양하는 내용의 관리처분변경계획인가를 받았으나, 위 분양계약 체결의 통지가 부적법한 것으로 드러나는 경우가 있다(해당 조합원의 종전자산에 대한 수용재결의 효력이 없다). 그 경우 해당 조합원은 종전자산인 토지등의 소유권을 계속하여 보유하고 있고, 위 조합원에게는 적법한 분양계약 체결에 대한 통지를 거쳐 동·호수 추첨으로 종후자산을 확정하는 내용의 관리처분계획을 수립하여야 함에도, 이를 행하지 아니하여 적법한 관리처분계획이 존재하지 아니하여 이전고시로 나아가지 못한 사례가 있다(아현제4구역주택재개발정비사업조합 사건).

---

3) 대법원 1995. 6. 30. 선고 95다10570 판결.
4) 대법원 2020. 9. 3. 선고 2019다272343 판결.

나. 준공인가 및 공사완료 고시가 있을 것

이전고시에 의하여 조합원의 종전자산에 관한 권리가 종후자산에 관한 권리로 확정적으로 변환되므로, 종후자산에 대한 공사가 완료될 것을 전제로 한다. 따라서 이전고시는 원칙적으로 시장·군수등이 해당 지방자치단체의 공보에 정비사업 공사에 대한 준공인가 및 공사완료의 고시를 한 경우에 한하여 가능하다(법 86조 1항 본문). 다만, 정비사업의 효율적인 추진을 위하여 필요한 경우 사업시행자는 해당 정비사업에 관한 공사가 전부 완료되기 전이라도 완공된 부분에 대한 준공인가를 받아 대지 또는 건축물별로 분양받을 자에게 소유권을 이전할 수 있다(법 86조 1항 단서). 즉 정비사업 중 일부에 대한 이전고시도 가능하다.

다. 정비구역 내 토지의 소유권 확보

(1) 정비사업은 사업시행자 측(조합원)이 정비구역 내 토지등소유권을 확보한 후, 그 토지 지상에 건물을 건축하여 조합원 및 일반에 이를 분양하는 것을 본질로 하므로, 적어도 정비구역 내 토지 전부에 대한 사업시행자 측의 소유권이 확보되어야 이전고시가 가능하다.[5] 주택법 54조, 주택공급에 관한 규칙 15조 1항 1호는 사업주체는 주택이 건설되는 대지의 소유권을 확보하여야 입주자를 모집할 수 있다고 규정하고 있다. 도시정비법 79조 8항 단서가 사업시행자가 매도청구소송을 통하여 법원의 승소판결을 받은 후 입주예정자에게 피해가 없도록 손실보상금을 공탁하고 분양예정인 건축물을 담보한 경우에는 법원의 승소판결이 확정되기 전이라도 주택법 54조에도 불구하고 입주자를 모집할 수 있으나, 83조에 따른 준공인가 신청 전까지 해당 주택건설 대지의 소유권을 확보하여야 한다는 것은 이를 전제로 하는 규정이다.

이를 위하여 법은 수용재결 및 매도청구 등 현금청산제도를 두고 있음은 앞서 본 바이다. 만일 적법한 분양신청통지나 분양계약 체결의 통지가 이루어지지 않았다면 토지등소유자가 관리처분계획상 현금청산대상자로 분류되었다 하더라도, 이는 위법하므로 사업시행자는 그에 기초한 수용절차 또는 매도청구절차에서 현금청산대상자의 토지등에 대한 소유권을 취득하지 못하게 된다. 이에 따라 실무상 준공인가 및 입주가 완료되었음에도, 사업시행자가 정비구역 내 토지 일부의 소유권을 취득하지 못하여 이전고시가 이루어지지 않아 전체 수분양자의 소유권 취득 및 처분이 제한되는 정비사업 현장이 존재하기도 한다(아현제4구역주택재개발정비사업조합, 분양신청통지가 부적법하여 관리처분계획상 현금청산대상자로 분류된 것이 위법한 경우는 관리처분계획취소 또는 수용재결 취소를 통하여 준공인가 이전에 위법성이 교정되므로, 일반적으로는 공사착공 무렵 이루어지는 분양계약 체결의 통지가 위법한 경우에 주로 문제된다).

(2) 그와 같은 정비사업의 경우, 분양계약 체결통지가 부적법하여 현금청산대상자로 분류된 수분양조합원으로서는 여전히 조합원의 지위를 유지하면서 정비구역 내 토지등의 소유권을 보유하고 있다. 그 후 준공인가 및 공사완료가 고시된 후 토지분할 및 합필절차를 거쳐 정비구역 내 토지 전체가 종후자산인 아파트의 대지로 변경되는 경우 위 조합원은 그에 대한 지분권을 가

---

5) 이완희, 도시 및 주거환경정비법상 이전고시가 효력을 발생한 이후에도 조합원 등이 관리처분계획의 취소 또는 무효확인을 구할 법률상 이익이 있는지 여부, 대법원 판례 해설 91호(2012 상반기), 법원도서관, 915.

지게 된다.[6] 그 경우 해당 조합원은 자신의 지분권에 기하여 입주자들을 상대로 부당이득반환을 청구할 수 있는지 여부가 문제된다. 즉 해당 조합원이 자신의 공유지분권에 기초하여 준공인가 이후 입주하여 대지 전부를 사용·수익하고 있는 구분소유자들을 상대로 전체 면적 중 그들의 전유부분 지분비율에 상응하는 부당이득반환청구를 할 수 있는지 여부가 쟁점이다.

대법원은 집합건물에서 전유부분 면적 비율에 상응하는 적정 대지지분을 가진 구분소유자는 그 대지 전부를 용도에 따라 사용·수익할 수 있는 적법한 권원을 가지므로, 구분소유자 아닌 대지 공유자는 그 대지 공유지분권에 기초하여 적정 대지지분을 가진 구분소유자를 상대로는 대지의 사용·수익에 따른 부당이득반환을 청구할 수 없다고 판시하였다.[7]

라. 대지확정측량과 토지의 분할, 합필절차

사업시행자는 준공인가와 공사의 완료에 관한 고시가 있은 때에는 지체 없이 대지확정측량을 하고, 정비기반시설의 부지 등에 대한 분할절차와 나머지 토지에 대한 하나 또는 소수(少數) 필지로의 합필절차를 거치게 된다(법 86조 1항 본문). 관할 행정청은 종전토지의 지적공부 등을 폐쇄하고 새로운 토지의 지적공부 등을 새로 편성한다(사업시행자의 대지확정측량의 결과를 토대로 토지의 표시사항인 지번·지목·면적·경계와 소유권 표시사항 등을 폐쇄하고, 이를 새로 결정해 지적공부에 등록하게 된다).

마. 해당 지방자치단체 공보에 고시 및 보고

사업시행자는 관리처분계획에서 정한 사항을 분양받을 자에게 통지하고 대지 또는 건축물의 소유권을 이전하는 내용을 해당 지방자치단체의 공보에 고시한 후 이를 시장·군수등에게 보고하여야 한다(법 86조 1항, 2항). 정비사업 중 일부에 대한 이전고시도 가능함은 앞서 본 바이다.

이전고시 내역으로는 건축규모(동, 세대 수, 연면적, 용적률, 건폐율), 대지의 용도별 내역(택지 또는 정비기반시설), 건축시설 내역, 건축시설 분양내역(조합원, 보류지, 일반분양 등), 대지 또는 건축시설 별 분양대상 권리자 수, 신설 또는 폐지하는 기반시설의 명세, 지적확정조서, 분양받은 건축시설 또는 대지에 존속하는 담보권 등 소유권 이외의 권리내역 등이 있다.

---

6) 토지를 합병하려면 합병대상 토지의 소유자가 같아야 하나, 부동산등기법 38조에 의하여 합병등록 후 합필등기하기 전에 소유자가 달라지는 경우 합필등기는 가능한바, 일반적으로 현금청산대상자에 대하여는 수용재결절차가 진행되어 수용재결로 사업시행자가 일응 소유권을 취득하여 합병등록이 이루어지고, 다만 합병등록 이후 현금청산대상자의 수용재결 취소청구가 인용되면 합병된 상태에서 현금청산대상자는 지분만을 취득하게 될 것이다.

7) 대법원 2022. 8. 25. 선고 2017다257067 전원합의체 판결[공유자는 공유물 전부를 지분의 비율로 사용·수익할 수 있으므로 공유토지의 일부를 배타적으로 점유하면서 사용·수익하는 공유자는 비록 그 특정 부분이 자기의 지분비율에 상당하는 면적의 범위 내라 할지라도 다른 공유자들 중 지분은 있으나 사용·수익은 전혀 하지 않고 있는 자에 대하여는 배타적 사용·수익을 하고 있는 모든 공유자가 사용·수익을 하지 못하는 공유자의 지분에 상응하는 부당이득을 하고 있다는 것이 민법상 공유물에 관한 일반 법리이나(대법원 1972. 12. 12. 선고 72다1814 판결), 일반 건물에서 대지를 사용·수익할 권원이 건물의 소유권과 별개로 존재하는 것과는 달리, 집합건물의 경우에는 대지사용권인 대지지분이 구분소유권의 목적인 전유부분에 종속되어 일체화되는 관계에 있으므로, 집합건물 대지의 공유관계에서는 이와 같은 민법상 공유물에 관한 일반 법리가 그대로 적용될 수 없고, 이는 대지 공유자들 중 구분소유자 아닌 사람이 있더라도 마찬가지이다].

Ⅲ. 이전고시의 효과

1. 확정적 공용환권

앞서 본 바와 같이 정비사업으로 새로 조성되는 대지 및 건축물은 일반적으로 공동주택 또는 상가이므로, 그 구분소유권을 취득하는 것을 전제로 살펴본다.

가. 이전고시의 효력과 관련하여 주로 문제되는 것은 조합원이 종전자산에 갈음하여 종후자산을 취득하는 경우이다. 이전고시에 의하여 종전자산인 토지등의 소유권이 조합원의 의사와 관계없이 동일성을 유지한 채 종후자산인 건축물의 일부(아파트 전유부분)와 그 건축물이 있는 토지의 공유지분으로 강제적으로 교환·변경, 즉 공용환권된다.[8] 공용환지는 처분에 의하여 토지 사이의 권리를 강제적으로 변환시키는 것이나, 공용환권은 처분에 의하여 토지와 건축물 사이에서 권리를 강제적으로 변환시키는 점(종전자산의 권리와 종후자산의 권리가 동질적이지 않다)에서 구분된다. 공용환지나 공용환권의 반대개념으로 도시정비법 제정 이전의 재건축사업처럼 사업시행자가 구역 내 토지등소유자로부터 그 소유의 종전자산을 모두 취득하고, 종후자산도 공사완료 후 자신이 모두 취득한 후 토지등소유자에게 이를 배분하는 방식이 있다.

이전고시의 효력과 관련하여 공용환권으로 볼 수 없다는 견해가 있다.[9] 위 견해는 공용환권에는 환권처분에 의하여 구 소유권이 모두 소멸하는 것이 전제되어 있으나, 현행 도시정비법은 이전고시의 법적 효과로 구 소유권의 소멸을 적시하지 않고 있고(공용환권사업에서는 환권처분에 의하여 구 소유권이 모두 소멸하므로, 사업시행자에게 반대하는 자들을 배제하기 위한 수용권을 부여하는 것이 불필요하나, 현행 도시정비법은 재개발·재건축사업 시행자에게 수용권, 매도청구권을 부여하여 반대하는 토지등소유자의 토지등에 대한 소유권을 박탈하여 그 소유권을 취득하도록 설계되어 있다), 공용환권의 경우 청산금을 처분 시 결정하나, 이전고시에는 구 소유권 소멸이라는 인식이 없어 보상금(청산금) 조항이 마련되어 있지 않음을 근거로 제시한다.

나. 공용환권 부정설의 가장 큰 논거는 공용환권사업에서는 환권처분에 의하여 구 소유권이 당연히 소멸함에도, 현행 도시정비법은 재개발·재건축사업 시행자에게 수용권, 매도청구권을 부여하여 반대하는 토지등소유자의 소유권을 박탈하여 그 소유권을 취득하도록 설계되어 있다는 것이다. 그러나 이는 도시개발법상의 환지사업처럼 당해 사업에 참여하지 않거나 이탈하는 것을 허용하지 않는 일반적인 공용환권사업을 전제로 하는 것으로서, 정비사업에 있어서는 당해 정비사업에 참여하지 않거나 정비사업에서 이탈하는 것을 허용하고 있다. 한편 정비사업은 정비구역 내 토지 전부가 정비사업의 시행으로 건설되는 아파트 등에 대한 대지권을 구성하므로, 원칙적으로 정비구역 내 토지등소유자 전원이 정비사업에 참가하는 상태를 형성하여야 진행이 가능한 사업인 관계로 이를 위하여 사업시행자에게 해당 정비사업에 참여하지 않거나 정비사업에서 이탈한 자들의 토지등을 취득할 수 있는 수용권, 매도청구권을 부여한 것으로서, 이는 정비사업의 고유한 특성에 따른 것이다. 따라서 그것이 공용환권을 부인하는 논거가 될 수는 없다(도시개발

---

8) 대법원 1995. 6. 30. 선고 95다10570 판결.
9) 김종보, 전게서, 630~631.

사업에서는 조합원 탈퇴가 허용되지 않아 사업구역 내 토지소유자가 환지를 받기 원하지 않는 경우 조합원 지위를 유지하면서 현금청산만이 가능하고, 사업완료단계인 환지처분에서 청산금을 정하여 이를 지급받게 될 뿐임에 반해, 정비사업 중 재건축사업의 경우 동의한 자만이 조합원의 지위를 취득하여 정비사업에 참여하고, 재개발·재건축사업 모두 분양신청을 하지 않거나 분양계약 체결을 거절함으로써 조합원 지위에서 이탈하는 것이 가능하며, 수용이나 매도청구를 통하여 현금청산이 사업완료단계 이전에 이루어지므로, 이전고시에서 현금청산대상자에 대한 청산금이 정해지지 아니한다). 오히려 위와 같은 정비사업의 특성을 도시개발법상의 환지사업에 대비하여 보면, 이전고시의 공용환권 여부는 '조합원'이 종전자산에 갈음하여 종후자산을 취득하는 경우로 국한하여 판단하여야 할 것인데, 그 경우 종전자산인 토지등의 소유권에 갈음하여 종후자산인 건축물의 일부와 그 건축물이 있는 토지의 공유지분으로 강제적으로 변환된다.[10] 현행 도시정비법에는 이전고시의 법적 효과로 구 소유권의 소멸을 명시하고 있지 않지만, 법 87조 2항은 조합원이 취득하는 종후자산은 도시개발법 40조에 따라 행하여진 환지로 본다고 규정하고 있고, 도시개발법 42조 1항은 환지는 그 환지처분이 공고된 날의 다음 날부터 종전의 토지로 보며, 환지 계획에서 환지를 정하지 아니한 종전의 토지에 있던 권리는 그 환지처분이 공고된 날이 끝나는 때에 소멸한다고 규정하고 있으므로, 현행 도시정비법에 의하더라도, 구 소유권 소멸에 관한 법적근거는 명확하다. 또한 공용환권은 환권처분에 의하여 종전자산이 소멸하고, 종후자산을 취득하는 것이므로, 처분 자체에 과부족분을 정산하는 내용이 포함되는바, 대법원은 이전고시를 수분양자에게 종후자산의 소유권을 이전하고 종전자산가격의 차액에 상당하는 금액을 청산하는 공법상 처분이라고 하여 이전고시에 청산이 포함되어 있다고 판시하였다.[11]

2. 구체적 효과

가. 조합원분양분(조합원의 소유권 취득)

(1) 종후자산의 소유권 취득(입체환지)

㈎ 수분양조합원은 이전고시가 있은 날의 다음 날 해당 종후자산의 소유권을 취득한다(법 86조 2항 후문). 이는 민법 187조에 의한 법률의 규정에 의한 물권변동이다. 다만 이를 처분하기 위해서는 소유권보존등기를 경료하여야 한다(민법 187조 단서). 도급계약의 일반법리[12]에 대한 특칙으로서 법에 의하여 도급인인 사업시행자 측이 소유권을 취득한다(엄격히 도급인은 조합이나, 건축공정에 따라 조합원이 자금을 제공하여 그 자금으로 건축하는 것이므로, 조합원 소유로 한 것이다).

---

10) 도시정비법상의 이전고시에 의하더라도, 새로 조성된 종후자산은 환지(법 87조 2항)나 체비지 또는 보류지(법 87조 3항)로 간주되므로, 토지등소유자(조합원)는 종전 부동산에 대한 소유권을 상실하고 분양받은 새로운 부동산의 소유권을 취득하며(단지 종전 부동산에 있던 권리가 동일성을 유지한 채 새로운 부동산으로 이전된다), 조합원분양분 중 분양신청을 받은 후의 잔여분으로서 일반분양분으로 분류된 것은 그에 상응하는 종전 부동산에 대한 권리가 모두 소멸하므로, 이전고시를 이와 같은 의미에서 공용환권으로 이해하는 한 판례의 입장이 타당하다는 견해도 같은 의견으로 보인다(노경필, 전게논문, 106).

11) 대법원 2012. 3. 22. 선고 2011두6400 전원합의체 판결(청산은 포함되지 않는다는 별개의견이 있다).

12) 도급계약의 일반법리는 자기의 노력과 재료를 들여 건물을 건축한 사람은 그 건물의 소유권을 원시취득하는 것이고, 다만 수급인이 자기의 노력과 재료를 들여 건물을 완성하더라도 도급인과 수급인 사이에 도급인 명의로 건축허가를 받아 소유권보존등기를 하기로 하는 등 완성된 건물의 소유권을 도급인에게 귀속시키기로 합의한 것으로 보여지는 경우에는 그 건물의 소유권은 도급인에게 원시적으로 귀속된다(대법원 1992. 8. 18. 선고 91다25505 판결).

(나) 사업시행자가 이전고시에 따라 수분양조합원에게 분양하는 종후자산은 도시개발법 40조에 따라 행하여진 환지로 본다(법 87조 2항). 도시개발법 42조 1항은 환지계획에서 정하여진 환지는 그 환지처분이 공고된 날의 다음 날부터 종전의 토지로 본다고 규정하고 있으므로, 수분양조합원은 이전고시에 따른 종후자산에 대한 소유권 취득으로 종전자산에 대한 소유권을 상실하되, 각각의 소유권은 동일성이 유지된다(이전고시에 의하여 종전자산에 관한 권리가 권리자의 의사에 관계없이 동일성을 유지한 채 종후자산에 관한 권리로 강제적으로 교환·변경되어 공용환권된 것이다). 도시개발법상의 환지 중 32조에서 규정하는 입체환지는 시행자가 도시개발사업을 원활히 시행하기 위하여 환지의 목적인 토지에 갈음하여 (토지로 변환되는 것이 아니라) 토지 또는 건축물 소유자의 신청을 받아 건축물의 일부와 그 건축물이 있는 토지의 공유지분을 부여하는 것인바, 도시정비법상 이전고시는 종전 부동산과 새로운 부동산 사이에 형태가 동일하지 않은 점, 새로 취득하는 부동산이 건물과 그 부지의 지분인 점, 또한 그것이 토지등소유자의 신청에 기초한다는 점에서 도시개발법상의 입체환지와 유사하다. 따라서 도시정비법상 토지등소유자가 분양받은 대지 또는 건축물에 관하여는 법에서 특별히 규정하는 내용을 제외하고는 원칙적으로 도시개발법상 환지에 관한 법리, 그중에서도 특히 입체환지에 관한 규정이 준용될 수 있다.[13] 실제로 법 79조 4항 및 서울시 조례 44조 1항은 보류지에 관하여 토지뿐만 아니라 '건축물'이 포함됨을 명시하고 있는데, 이는 이전고시가 도시개발법 32조에서 규정하는 입체환지임에 관한 법적 근거로 볼 수 있다.

(2) 종전자산상의 지상권, 저당권 등의 종후자산 설정

(가) 수분양조합원에게 이전고시로 종후자산의 소유권을 이전하는 경우 종전의 토지 또는 건축물에 설정된 지상권·전세권·저당권·임차권·가등기담보권·가압류 등 등기된 권리 및 주택임대차법 3조 1항의 요건을 갖춘 임차권은 소유권을 이전받은 대지 또는 건축물에 설정된 것으로 본다(법 87조 1항). 앞서 본 바와 같이 사업시행자가 이전고시에 따라 수분양조합원에게 분양하는 종후자산은 도시개발법 40조에 따라 행하여진 환지로 간주함에 따라 이전고시일 다음 날부터 종전의 토지로 본다 할 것이므로(동일성이 인정되므로), 이전고시가 있는 경우 종전자산에 설정된 지상권, 저당권 등이 종후자산에 설정된 것으로 보는 것은 논리상 당연하다. 따라서 종전자산에 대하여 상가임대차법 3조 1항의 요건을 갖춘 임차권의 경우 명문의 규정이 없으나, 이전고시가 있으면 당연히 종후자산에 설정된 것으로 보아야 할 것이다.[14] 위와 같이 종전자산상의 권리들이 종후자산으로 당연히 이전되므로, 종전자산에 대한 경매개시결정은 이전고시가 있더라도 종후자산에 대한 것으로서 유효하다. 다만 경매개시결정의 부동산 목록을 종전자산에서 종후자산으로 경정하여야 한다{조합원 소유의 종전자산으로 토지 및 건물에 대하여 공동저당권설정등기가 마쳐졌다가 그 실행으로 토지 및 건물에 대하여 임의경매개시결정이 있었으나, 그 후 건물부분이 철거되면 건물부분 경매개시결정이 취소되고 토지에 관해서만 경매가 진행된다.[15] 그 후 이전고시가 이루어

---

13) 대법원 2016. 12. 29. 선고 2013다73551 판결.

14) 종후자산에 대한 소유권보존등기 이후 근저당권의 경우 등기원인으로 "○○년 ○○월 ○○일 설정계약 및 ○○년 ○○월 ○○일 도시 및 주거환경정비사업으로 인한 이전고시"라고 기재한다.

15) 집합건물이 경매절차 진행 중 철거되면 구분건물상의 대지권등기가 말소되고 해당 집합건물등기부가 폐쇄되고, 토지

지더라도 종전자산은 토지부분만 해당하고, 종후자산은 건물부분까지 포함하여 아파트의 전유부분과 그 대지사용권으로 변환되므로, 동일성이 인정되는 것으로 볼 수 없는 측면이 있음은 부인할 수 없다 [대법원 1995. 6. 30. 선고 95다10570 판결은 종후자산으로 아파트 중 건물(전유)부분은 종전자산 중 건물이 변환된 것이고, 토지(대지지분)은 종전자산 중 토지가 변환된 것임을 전제로, 종후자산은 경락인이 토지지분비율 상당, 종전 조합원이 건물지분비율 상당으로 소유권을 공유하게 된다고 판시하였다]}.

㈏ 문제는 다수의 종전자산에 대하여 수분양자가 하나의 종후자산의 소유권을 취득하고, 종전의 다수 토지 또는 건축물 중 일부의 토지 또는 건축물에 근저당권이 설정되어 있는 경우이다. 환지등기절차 등에 관한 업무처리지침 상 합필환지의 규정을 준용하여, 법 87조 1항에 의하여 소유권이 이전되는 하나의 대지 또는 건축물에 설정된 것으로 보게 되는 근저당권의 목적물 범위는 하나의 대지 또는 건축물 중 위 근저당권이 설정되어 있던 종전의 토지 또는 건축물의 지분에 한정되는 것으로 볼 수 있다.[16]

㈐ 이전고시 이후 종전자산에 관하여는 도시정비 등기규칙에 따라 말소등기 및 등기부를 폐쇄하여야 하고(종전건물에 대하여는 철거 직후 멸실등기도 가능하다), 말소등기를 경료하기 이전으로 등기부가 존재한다 하더라도 이전고시 이후에는 종전자산에 대하여 저당권 등의 다른 등기를 할 수 없다. 따라서 위와 같은 등기의 신청이 있는 경우 등기공무원은 등기신청을 각하하여야 한다. 설령 이전고시 이후 종전자산에 대하여 근저당권설정등기(소유권이전등기 포함) 등이 경료되었다 하더라도, 이는 이미 소멸된 종전자산에 대한 소유권에 기초한 것으로서 그 효력이 없으므로, 종후자산으로 이전되지 아니한다.[17]

나. 일반분양분

(1) 사업시행자의 소유권 취득

㈎ 최초부터 일반분양분으로 한 경우

법 87조 3항은 "일반에게 분양하는 대지 또는 건축물은 도시개발법 34조에 따른 체비지로 본다."고 규정하고 있고, 도시개발법 42조 5항은 체비지는 환지처분이 공고된 다음 날 사업시행자가 소유권을 취득한다고 규정하고 있으므로, 조합원분양분과 달리 이전고시 다음 날 사업시행자가 일반분양분에 대한 소유권을 원시적으로 취득한다.[18] 이는 도급계약의 일반법리에 대한 특칙으로서 법에 의하여 도급인인 사업시행자가 소유권을 취득한다. 사업시행자가 소유권을 원시적으로 취득하는 것이다.[19]

등기부에 기재되어 있던 대지권이라는 뜻의 등기가 말소되고, 구분소유자들 명의로 각 구분건물의 대지권비율만큼의 소유권이전등기가 토지등기부에 전사된다.

16) 대법원 2016. 12. 29. 선고 2013다73551 판결.

17) 대법원 1983. 12. 27. 선고 81다1039 판결.

18) 정비사업의 시행으로 조성된 대지 및 건축물은 관리처분계획에 따라 처분하여야 하므로, 일반수분양자에 대하여 이전고시가 이루어져야 하여야 한다는 견해가 있으나, 관리처분계획에는 일반분양분으로 지정되어 있을 뿐, 일반수분양자가 특정되어 있지 않고, 법 87조 3항, 서울시 조례 40조에서 살펴본 것처럼 관리처분계획상의 일반분양분은 사업시행자가 정비사업에 필요한 경비에 충당하기 위하여 정한 체비지에 해당하므로 사업시행자가 소유권을 취득한다.

19) 대법원 1995. 3. 10. 선고 93다57964 판결.

㈏ 조합원분양분 중 분양신청하지 않은 잔여분의 경우

① 규정 및 해석

㉮ 법 79조 4항 및 87조 3항

법 79조 4항에 의하면, 조합원분양분에 대한 분양신청을 받은 후 잔여분이 있는 경우 사업시행자는 이를 보류지로 정하거나 조합원 또는 토지등소유자 이외의 자에게 분양할 수 있다(새롭게 특별결의 총회의결을 통하여 이미 분양신청기간의 경과로 현금청산대상자가 된 토지등소유자에 대하여 조합원의 자격을 부여하는 방법으로 추가분양신청의 기회를 줄 수 있다, 이 경우에는 앞서 본 조합원분양분이 된다). 법 87조 3항은 "79조 4항(조합원분양분 중 분양신청하지 않은 잔여분)에 따른 보류지와 일반에게 분양하는 대지 또는 건축물을 도시개발법 34조에 따른 보류지 또는 체비지로 본다."고 규정하고 있다.

㉯ 법 87조 3항의 해석

법 87조 3항의 보류지는 서울시 조례 44조에 비추어 분양대상자의 누락·착오 및 소송 등에 대비하기 위하여 마련하는 것으로 협의의 보류지에 해당한다. 도시개발법 34조는 "시행자는 도시개발사업에 필요한 경비에 충당하거나 규약·정관·시행규정 또는 실시계획으로 정하는 목적을 위하여 일정한 토지를 환지로 정하지 아니하고 보류지로 정할 수 있다."라고 규정하고 있다. 도시개발법상 보류지는 체비지(사업경비 충당 목적 토지) 이외에 사업계획이 정하는 목적을 위하여 환지로 정하지 아니한 토지로서 넓게는 공공시설용지까지 포함하고 있으나,[20] 정비사업에서 정비기반시설(사실상 공공시설)은 사업시행계획에서 별도로 마련되어 있고, 준공인가 시에 국가 또는 지방자치단체가 이를 취득하므로, 결국 조합원분양분에 대한 분양신청을 받은 후 잔여분이 있는 경우 사업시행자가 이를 협의의 보류지(이하에서 보류지는 '협의의 보류지'를 의미한다)로 정하거나 일반분양하는 경우에는 체비지를 의미하는 것으로 봄이 상당하다.

㉰ 현금청산

분양신청을 받은 후 잔여분에 대하여 관리처분계획 수립 당시 보류지나 일반분양으로 지정한 경우 사업시행자는 그들의 종전자산을 자신의 소유로 취득하는 절차 즉, 현금청산절차를 거쳐야 한다(보류지 중 분양대상자의 누락·착오 및 소송 등으로 인하여 현금청산대상자에게 배정되면 조합원분양분으로 전환되므로 현금청산절차가 진행되지 아니하나, 그와 같은 절차를 거쳤음에도 잔존하는 보류지는 종국적으로 일반분양하므로, 현금청산절차를 거치게 된다). 조합원이 분양신청을 하지 않는 것의 의미는 조합의 탈퇴나 조합원의 지위를 조합에 양도한 것으로 해석됨은 앞서 본 바이다.[21]

② 보류지 처분

㉮ 분양대상자의 누락·착오 및 소송 등의 처분

관리처분계획상 조합원분양분에 대한 분양신청 후 잔여분을 보류지로 정한 경우, 그중 일부를 분양대상자의 누락·착오 및 소송 등으로 인하여 현금청산대상자에게 배정하게 되면 이를 조

---

20) 대법원 2006. 9. 14. 선고 2005두333 판결 등 참조.

21) 대법원 2010. 8. 19. 선고 2009다81203 판결(조합원 지위의 조합에 대한 양도), 대법원 2010. 12. 23. 선고 2010다73215 판결(조합관계에서 탈퇴).

합원분양으로 하는 내용의 관리처분계획변경인가를 받게 된다(확정판결에 의하여 조합원에게 배정하는 내용으로 관리처분계획변경은 경미한 사항의 변경이다[22]).

㈏ 재개발사업에서 적격세입자에 대한 수분양

제7편 제4장 제1절 "Ⅲ. 관리처분계획서 작성"에서 자세히 살펴본 바와 같이 서울시 조례 44조 2항 2호에 의하여 구청장이 도시정비형 재개발사업에서 사업시행계획인가를 하면서 보류지를 제3자에 우선하여 적격세입자에게[23] 분양한다는 부관을 붙인 경우에는 그들에게 우선적으로 분양한다. 이는 종전자산을 전제로 하지 않는 것으로서, 일반분양과 동일하다.

㈐ 잔여 보류지의 일반분양

위 절차를 거친 후에도 보류지가 잔존한 경우, 잔여 보류지에 대하여는 일반분양하는 내용의 총회의결을 통하여 처분이 가능하다(서울시 조례 44조 2항 3호). 다만 이는 대의원회가 대행할 수 없는 사항에 해당하지 아니하므로, 실무상 대의원회 의결에 의하여 처리하는 것이 일반적인 듯하다. 아래에서 살펴보는 처음부터 일반분양분으로 지정한 경우와 동일하게 처리한다. 준공인가 이후에도 보류지가 남아있는 경우에는 이전고시를 통하여 사업시행자인 조합이 이를 취득함으로써 관리처분계획에 따른 처분이 완성된다. 조합은 그 후 이를 일반분양하여 정비사업비에 충당한다.

③ 일반분양 처분

㈎ 사업시행자의 종후자산에 대한 권리취득

법 87조 3항은 '조합원분양분 중 분양신청하지 않은 잔여분에 대하여 일반분양하는 경우 도시개발법 34조에 따른 체비지로 본다.'고 규정하고 있다. 도시개발법 34조는 "시행자는 토지 중 일부를 체비지로 정하여 도시개발사업에 필요한 경비에 충당할 수 있다."고, 같은 법 42조 5항은 "34조에 따른 체비지는 시행자가 환지처분이 공고된 날의 다음 날에 해당 소유권을 취득한다."고 각 규정하고 있다. 따라서 사업시행자는 이전고시 다음 날 위 일반분양분에 대한 소유권을 취득한다.

㈏ 종전자산에 관한 일체의 권리 소멸

㉠ 법률의 규정

법 87조 3항은 사업시행자가 조합원분양분 중 분양신청 후 잔여분에 대하여 일반분양하는 경

22) 대법원 2012. 5. 24. 선고 2009두22140 판결.

23) 서울시 조례 46조 1항은 해당 정비구역에 거주하는 세입자로서 세대별 주민등록표에 등재된 날을 기준으로 법 시행령 13조에 따른 정비구역의 지정을 위한 공람공고일 3개월 전부터 사업시행계획인가로 인하여 이주하는 날(법 81조 3항에 따라 건축물을 철거하는 경우 구청장의 허가를 받아 이주하는 날)까지 계속하여 거주하고 있는 무주택세대주 및 해당 정비구역에 거주하는 토지등소유자로서 최소 분양주택가액의 4분의 1보다 권리가액이 적은 자 중 해당 정비사업으로 인해 무주택자가 되는 세대주(1호), 해당 정비구역의 주택을 공급받을 자격을 가진 분양대상 토지등소유자로서 분양신청을 포기한 자(철거되는 주택 이외의 다른 주택을 소유하지 않은 자로 한정한다, 2호), 소속 대학의 장(총장 또는 학장)의 추천에 따라 선정된 저소득가구의 대학생(8조 1항 2호에 따라 임대주택을 계획한 해당구역으로 한정한다, 3호), 해당 정비구역 이외의 재개발구역 안의 세입자로서 1호 또는 토지등소유자로서 2호에 해당하는 입주자격을 가진 자(4호), 해당 정비구역에 인접하여 시행하는 도시계획사업(법·영·시행규칙 및 이 조례에 따른 정비사업을 제외한다)으로 철거되는 주택의 소유자 또는 무주택세대주로서 구청장이 추천하여 시장이 선정한 자(5호), 그 밖에 규칙으로 정하는 자(6호)를 적격세입자로 규정하고 있다.

우에는 도시개발법 34조에 따른 체비지로 본다고 규정하여, 같은 조 2항의 수분양조합원이 취득하는 종후자산에 대하여는 도시개발법 40조에 따라 행하여진 환지로 본다는 규정과 명확히 구분하고 있다. 법이 2017. 2. 8. 전부개정되기 전에는 현행의 87조 2항 및 3항이 구 법 55조 2항에 같이 규정하고 있었으나, 그 성격이 뚜렷이 구분되는 점을 고려하여 전부개정 과정에서 별도의 항으로 규정하였다. 도시개발법 34조가 체비지는 경비에 충당하기 위하여 환지를 정하지 않은 것이라고 규정함은 앞서 본 바이고, 도시개발법 42조 1항은 "환지 계획에서 환지를 정하지 아니한 종전의 토지에 있던 권리는 그 환지처분이 공고된 날이 끝나는 때에 소멸한다."고 규정하고 있다. 따라서 정비사업의 관리처분계획상 조합원분양분 중 분양신청 후 잔여분에 대한 일반분양의 경우 종전자산에 관한 소유권, 근저당권, 지상권, 가압류 등의 권리는 환지처분이 공고된 날이 끝나는 때에 대응하는 이전고시일이 끝나는 때에 소멸하게 된다.

㉡ 소멸하는 종전자산에 관한 권리보호를 위하여 현금청산과정에서 공제

사업시행자가 조합원분양분 중 분양신청을 받은 후 잔여분에 대하여 일반분양 하는 경우 일반분양분(체비지)은 이전고시에 의하여 그에 상응하는 종전의 토지에 아무런 권리제한이 없는 상태로 조합이 소유권을 취득한다. 위와 같이 종전자산상의 근저당권 등이 이전고시로 인하여 소멸하므로, 그들의 권리를 보호할 필요가 있다. 따라서 사업시행자는 분양신청하지 아니한 조합원에 대하여 현금청산을 함에 있어 이를 반영하여야 한다. 즉, 분양신청에 나아가지 아니한 조합원 또는 수분양을 받았으나 그 후 분양계약 체결에 나아가지 아니한 조합원에 대하여 조합이 청산을 함에 있어 공평의 원칙상 조합원은 토지등을 인도할 의무를 부담하고, 권리제한등기가 없는 상태로 토지등의 소유권을 조합에게 이전할 의무를 부담한다. 이에 대하여 조합은 청산금을 지급할 의무를 부담한다. 각각의 의무간의 관계를 살펴본다.

재건축사업의 경우에는 각각의 의무는 동시이행의 관계에 있다. 따라서 조합이 소유권이전등기 외에 부동산까지 인도받았다 하더라도, 현금청산대상자에 대한 청산금이 말소되지 아니한 근저당권의 채권최고액(만일 채권최고액 범위에서 피담보채무액이 확정되었다면 확정액) 및 가압류의 피보전채권액에 미치지 못한다면, 근저당권설정등기 내지 가압류등기 등의 말소의무를 이행하지 않는 이상 현금청산대상자에게 청산금 및 그에 대한 이자를 지급할 필요는 없다.[24] 그러나 재개발사업의 경우에는 현금청산대상자가 이미 종전자산을 인도하였다면, 설령 해당 토지등에 근저당권(가압류) 등이 설정되어 있고, 소유권이전등기를 조합 명의로 경료하여 주지 않았다 하더라도, 지연손해금이 발생한다 할 것이다.[25] 자세한 내용은 제9편 제1장 Ⅲ. 1. "나. 현물출자의무를 이행한 경우"에서 자세히 살펴보았다. 다만 이전고시 이후까지 청산금이 지급되지 아니하였다면, 이전고시로 종전자산에 있던 근저당권을 비롯한 일체의 권리가 이미 소멸하였으므로, 조합은 근저당권 등의 피담보채무를 이유로 현금청산대상자에게 동시이행의 항변을 할 수 없다. 따라서 소멸되는 권리자들로서는 현금청산대상자에게 피담보채무액 등의 지급을 구하여야 한다.

---

24) 대법원 2018. 9. 28. 선고 2016다246800 판결.
25) 대법원 2020. 8. 13. 선고 2017다236022 판결, 대법원 2020. 7. 29. 선고 2016다51170 판결.

㈐ 사업시행자를 채무자로 하는 일체의 권리 소멸

㉠ 문제의 소재

앞서 본 바와 같이 분양신청을 받은 후 잔여분에 대하여 관리처분계획 수립 당시 보류지나 일반분양으로 처리하는 경우 사업시행자는 그들의 종전자산을 자신의 소유로 취득하는 절차 즉, 현금청산절차를 거쳐야 한다. 조합은 관리처분계획 수립 이후 수용재결이나 매도청구를 통하여 자신의 명의로 소유권을 취득하게 된다. 그 후 정비사업이 장기화되는 경우 조합의 채권자가 위 토지등의 조합 소유권에 대하여 압류 등의 권리를 행사하게 되고, 그 후 이전고시가 이루어진 경우 종전자산에 상응하는 종후자산에 위와 같은 압류 등의 권리가 이전되는 효과가 발생하는지 여부가 문제된다.

㉡ 판단

우선 조합이 채권자에게 현금변제 대신 대물변제와 유사하게 조합 소유 종전자산에 상응하는 종후자산을 채권자에게 배정하는 관리처분계획이나 변경계획을 수립한 경우에는 특별한 문제가 없다. 그러나 이를 제3자에게 일반분양하는 경우에 관하여 살펴본다.

법 87조 3항은 사업시행자가 조합원분양분 중 분양신청 후 잔여분에 대하여 일반분양하는 경우 도시개발법 34조에 따른 체비지로 본다고 규정하고 있고, 도시개발법 34조, 42조 1항에 의하면, 종전 조합원의 소유권이든, 그를 채무자로 하는 근저당권, 지상권, 가압류 등의 권리이든, 그 후 조합이 소유권을 취득하였다 하더라도 조합의 소유권이든, 그를 채무자로 하는 근저당권, 가압류, 압류한 권리이든 불문하고 이전고시로 모두 소멸하고, 그 일반분양분(체비지)에 대하여 수분양자는 아무런 권리제한이 없는 상태로 소유권을 취득한다. 따라서 정비사업의 관리처분계획상 일반분양분에 대응하는 종전자산에 관한 사업시행자에 대한 가압류 등 일체의 권리도 이전고시일 다음 날에 소멸하게 된다.[26)]

㈐ 새로운 소유지적의 토지 체비지 창설과 이전고시 이전 매도

일반분양의 일종으로 새로운 소유지적의 토지(체비지)를 창설하여 제3자에게 분양하는 경우가 있다. 종후자산인 아파트에 대하여 최초부터 일반분양분으로 한 경우나 조합원이 자신의 분양분에 대하여 분양신청하지 않아 일반분양하는 경우와 달리 재개발사업 시행자가 정비사업에 필요한 경비에 충당하는 등의 목적을 위하여 정비구역 내 토지에 관하여 새로운 소유지적의 체비지를 창설하고 이를 제3자에게 분양하는 내용의 관리처분계획을 수립하여 이전고시 전에 매도하는 것이다. 새로운 소유지적의 체비지가 창설되었으나, 정비사업이 장기화됨에 따라 조합 채권자의 신청에 따라 조합 소유의 이 부분 토지에 관하여 경매절차가 개시되어 제3자가 위 토지를 매수하여 이전고시일 이후 매각대금을 완납한 사안에서, 대법원은 해당 체비지는 조합이 이전고시가 있은 날의 다음 날에 소유권을 원시적으로 취득하고 해당 체비지를 매수한 자는 소유권이전등기를 마친 때에 소유권을 취득하게 된다고 하여 조합 채권자의 압류 등의 권리를 소멸한 것으로 판시하였다.[27)]

---

26) 대법원 2020. 5. 28. 선고 2016다233729 판결 참조.

27) 대법원 2020. 5. 28. 선고 2016다233729 판결[압류 및 경매절차에서 제3자가 위 토지를 낙찰 받았다 하더라도, 위

⑵ 일반수분양자의 소유권이전등기에 의한 소유권취득

법 87조 3항, 도시개발법 42조 5항 단서는 체비지는 그 체비지를 매입한 자가 소유권이전등기를 마친 때에 소유권을 취득한다고 규정하고 있으므로, 관리처분계획상 처음부터 일반분양분으로 예정한 경우, 조합원분양분 중 분양신청 후 잔여분에 대하여 일반분양하는 경우, 새로운 소유지적의 체비지 창설하여 분양한 경우를 불문하고, 일반수분양자는 사업시행자로부터 분양계약을 원인으로 한 소유권이전등기를 경료받아야 소유권을 취득한다. 분양계약상의 매수인이 사업시행자에게 가지는 자신의 일반분양분에 대한 소유권이전등기청구권 등의 권리는 모두 매매계약에 기한 채권적 청구권이다.[28] 조합은 정관에 일반분양분에 대하여는 조합이 소유권을 취득하고, 자신의 명의로 소유권보존등기를 마친 후, 일반수분양자에게 소유권이전등기절차를 이행하여 준다고 규정함이 일반적이다(국토부 표준정관 55조 2항). 결국 관리처분계획상의 일반분양분은 사업시행자가 일반수분양자에게 소유권이전등기를 경료하여 줌으로써 처분이 완성된다.

다. 임대주택 및 국민주택규모 주택

⑴ 소유권 취득

임대주택(재개발사업) 및 용적률 인센티브를 위하여 건설한 국민주택규모 주택에 관하여는 종전자산과 무관하므로 이전고시가 있는 날의 다음 날에 사업시행자가 소유권을 원시적으로 취득한다(법 87조 3항, 도시개발법 42조 5항). 임대주택의 경우 사업시행자가 시·도에 이를 인수시키기로 한 경우와 용적률 인센티브 아래 건설한 국민주택규모 주택의 경우 각 매매계약에 따라 대한민국이나 시·도에 소유권이전등기를 마쳐 주어야 그들이 소유권을 취득하고, 관리처분계획상의 처분이 완성된다. 사업시행자가 임대주택을 직접 임대하기로 한 경우에는 임차인과 임대계약을 체결하여야 관리처분계획상의 처분이 완성된다(입주대상 세입자 명부는 관리처분계획서의 내용이다).

⑵ 종전자산상의 지상권, 저당권 등 설정

관리처분계획상 처음부터 일반분양분으로 예정된 경우와 마찬가지로, 임대주택 및 국민주택규모 주택은 종전자산과 무관하므로 지상권, 저당권 등의 이전효과가 발생될 여지는 없다.

3. 정비구역지정의 해제

관리처분계획을 수립하는 일반적 정비사업에 있어 정비구역의 지정은 이전고시가 있은 날의 다음 날에 해제된 것으로 본다. 그런데 이전고시로 정비구역지정이 해제된 것으로 간주되더라도,

---

토지는 이 사건 관리처분계획 및 이전고시에 의하여 소유지적이 새로이 창설된 체비지로서 이에 상응하는 토지등소유자의 종전자산(토지)의 관념이 있을 수 없으므로, 관리처분계획상 종전토지가 동일하게 종후토지로 환지된 것으로 기재되었다 하더라도, 환지 계획에서 환지를 정하지 아니한 종전의 토지에 있던 권리는 그 환지처분이 공고된 날이 끝나는 때에 소멸하므로(도시개발법 42조 1항 후문), 제3자는 소유권을 취득할 수 없고, 이전고시 다음 날 조합이 소유권을 원시적으로 취득하였다가 소유권보존등기를 마친 후, 수분양자 명의로 소유권이전등기를 마침으로써 수분양자에게 소유권이 이전되었다].

28) 대법원 2022. 10. 14. 선고 2018도13604 판결.

이전고시에 따른 정비구역지정의 해제는 조합의 존속에 영향을 주지 아니하고(법 84조 2항), 지방자치단체는 해당 지역을 국토계획법에 따른 지구단위계획으로 관리하여야 한다(법 84조 1항).[29] 관리처분계획을 수립하지 아니하는 경우에는 이전고시가 없으므로, 준공인가의 고시가 있은 날의 다음 날에 정비구역의 지정이 해제된 것으로 본다.

4. 청산금(부과금)부과처분 가능

수분양조합원이 분양받은 종후자산가격과 그의 종전자산가격과 사이에 차이가 있는 경우, 사업시행자는 이전고시 후에 그 차액에 상당하는 금액(청산금)을 수분양조합원으로부터 징수하거나 그에게 지급한다. 사업시행자는 조합원에게 정비사업에 소요된 비용과 정비사업의 시행과정에서 발생한 수입의 차액을 부과금으로 부과·징수할 수 있다. 다만, 정관 등에서 분할징수 및 분할지급에 대하여 정하고 있거나 총회의 의결을 거쳐 따로 정한 경우로서 사업시행자가 관리처분계획인가 후부터 이전고시일까지 일정기간별로 분할징수하거나 분할지급한 경우에는 예외이다. 자세한 내용은 다음에서 살펴본다.

Ⅳ. 이전고시 후의 등기절차

1. 사업시행자의 등기 촉탁 또는 신청

가. 사업시행자는 이전고시가 있은 때에는 지체 없이 대지 및 건축물에 관한 등기를 관할 등기소 등에 촉탁 또는 신청하여야 한다(법 88조 1항). 사업시행자가 이전고시 이후 대지 및 건축물에 관한 등기를 함에 있어 필요한 사항을 대법원규칙인 '도시정비 등기규칙'에서 자세히 규정하고 있다(법 88조 2항). 부동산등기법상 등기의 신청은 당사자의 행위이고, 촉탁은 제3자인 관공서의 행위인바, 도시정비 등기규칙 19조는 사업시행자가 지방자치단체인 경우는 등기촉탁으로, 그 외에는 신청으로 처리한다.

나. 조합 등 사업시행자는 이전고시를 한 때에는 지체 없이 그 사실을 관할 등기소 등에 통지하고 정비사업 시행에 의한 종전토지에 관한 등기의 말소등기, 정비사업 시행으로 축조된 건축시설과 조성된 대지에 관한 소유권보존등기, 종전건물과 토지에 관한 지상권, 전세권, 임차권, 저당권, 가등기, 환매특약이나 권리소멸의 약정, 처분제한의 등기로서 분양받은 건축시설과 대지에 존속하게 되는 등기를 신청하여야 한다(도시정비 등기규칙 5조 1항). 관리처분계획인가 및 이전고시를 증명하는 서면을 첨부하여야 한다(위 등기규칙 5조 3항).

다. 이전고시가 있으면 등기 여부와 무관하게 그 다음 날 권리의 변환이 발생하므로, 사업시행자가 이전고시를 한 때에는 지체 없이 그 사실을 관할 등기소에 통지하여 위 등기가 경료될 때까지는 저당권 등의 다른 등기를 하지 못하게 하도록 하여야 한다(법 88조 3항).

29) 정비구역의 지정·고시가 있는 경우 해당 정비구역 및 정비계획 중 국토계획법상의 지구단위계획 내용에 해당하는 사항은 지구단위계획구역 및 지구단위계획으로 결정·고시된 것으로 간주된다(법 17조 1항).

2. 동시등기원칙

가. 규 정

사업시행자는 공사가 전부 완공되지 아니한 채 일부 공사의 완공부분에 대해서만 이전고시를 한 때(법 86조 1항 단서)를 제외하고는 위 등기를 신청함에 있어서는 1개의 건축시설 및 그 대지인 토지를 1개의 단위로 하여, 1필의 토지 위에 수개의 건축시설이 있는 경우에는 그 건축시설 전부와 그 대지를 1개의 단위로 하여, 수필의 토지를 공동대지로 하여 그 위에 수개의 건축시설이 있는 경우에는 그 건축시설 및 대지전부를 1개 단위로 하여 동시에 하여야 한다(위 등기규칙 5조 2항).

나. 구체적 내용

⑴ 종전자산에 관한 말소등기

1개의 단위를 이루는 토지 위에 있던 종전건물에 관한 등기, 종전토지에 관한 등기의 말소등기를 신청하는 때에는 동일한 신청서로 해야 하고, 등기관은 각 등기부 중 표제부에 정비사업 시행으로 인하여 말소한 취지를 기록하고 부동산의 표시를 말소하는 기호를 기록하고 그 등기부를 폐쇄하여야 한다(위 등기규칙 6조 내지 9조). 다만, 종전건물에 대하여는 철거 이후 멸실신고 및 부동산등기법 43조 및 44조에 따라 개별적으로 멸실등기를 할 수도 있고, 이전고시 이후 일괄하여 말소등기를 할 수 있다.

⑵ 종후자산에 관한 소유권보존등기 등

건축시설에 관한 소유권보존등기 및 담보권 등에 관한 권리의 등기를 신청하는 때에는 건축시설(구분건물인 경우에는 1동의 건물에 속하는 구분건물 전부)에 관하여 동일한 신청서로 하여야 하고, 대지에 관한 소유권보존등기 및 담보권 등에 관한 권리의 등기를 신청하는 때에는 1필의 토지에 관하여 동일한 신청서로 하여야 한다(위 등기규칙 10조, 12조). 구분건물에 관하여 각 신청된 등기를 하는 때에는 등기관은 건물등기부에는 대지권의 등기를, 토지등기부에는 대지권인 취지의 등기를 하여야 한다(등기규칙 14조).

Ⅴ. 소송상의 쟁점

1. 이전고시 그 자체를 다툴 수 있는지 여부

가. 이전고시 중 일부에 하자가 있는 경우(불가)

⑴ 이전고시 중 일부에 위법이 있는 경우 이전고시 그 자체를 다툴 수 있는지 여부가 문제된다(관리처분계획 중 일부에 하자가 있고, 그 하자가 중대, 명백하여 이전고시 중 일부가 위법한 경우, 관리처분계획에서는 조합원 甲에게 A아파트를, 조합원 乙에게는 B아파트를 분양하기로 되어 있었는데, 조합이 조합원 甲에게 B아파트, 조합원 乙에게는 A아파트를 분양하는 이전고시가 이루어진 경우 등). 소유자를 참칭한 경우는 다음에서 살펴본다.

(2) 판례는 이전고시의 효력 발생으로 대다수 조합원 등에 대하여 권리귀속 관계가 획일적·일률적으로 처리되는 이상 이전고시의 일부에 위법이 있다 하더라도 그 일부 내용만을 분리하여 변경할 수 없으므로, 그 전체의 절차를 처음부터 다시 밟지 않는 한 그 일부만을 따로 떼어 이전고시를 변경할 길이 없다. 또한 일부의 하자만으로는 다른 부분에 대한 이전고시까지 당연히 무효가 되는 것이 아니어서 확정된 이전고시 전부에 대하여 취소를 구할 수도 없으며, 실제로 그 경우 전체 이전고시를 모두 무효화시켜 처음부터 다시 관리처분계획을 수립하여 이전고시 절차를 거치도록 하는 것도 정비사업의 공익적·단체법적 성격에 배치되어 허용될 수 없다고 하고 있다.[30] 이는 관리처분계획 중 일부에 하자가 있고, 이에 따라 이전고시 중 일부가 위법한 경우인 사안에서의 판시이다.

한편 사업시행자인 조합의 이전고시행위는 별도의 조합 총회결의 없이 관리처분계획의 내용에 따라 기계적으로 처리하는 것이므로, 관리처분계획에 명확한 기재 내용이 있는 경우에는 특별히 문제되지 아니하나, 상가의 경우 관리처분계획에서 순위만 정해진 예외적인 경우에는 이전고시를 통하여 구체화되고, 그 경우에는 관리처분계획의 위법과 무관하게 이전고시 자체의 위법이 문제가 될 수 있다. 그러나 일부 상가 분양대상자의 배정에 잘못이 있는 경우, 일부 변경을 구하는 취지로 이전고시의 일부의 취소를 구하는 경우에는 소의 이익이 없다. 또한 이전고시의 일부 잘못이 있음을 이유로 전체 이전고시 전부의 취소를 구하는 것은 당사자가 주장하는 위법사유를 넘어서 처분을 취소하는 것이 될 뿐만 아니라 정비사업의 공익적·단체법적 성격에 배치되어 부적법하다.

나. 하자가 이전고시 전부와 관련된 경우(가능)

정비구역 내 토지 전부에 대한 사업시행자 측의 소유권이 확보되어야 함에도 일부 토지가 타인 소유의 토지인 경우 또는 관리처분계획이 수립되지 아니한 채 이전고시가 이루어진 경우 등 그 하자가 이전고시 전부와 관련된 경우에는 이전고시 전부에 대한 무효확인 또는 취소청구가 가능하다. 관리처분계획인가를 받지 아니하거나 준공인가를 받지 아니한 채 이전고시가 이루어진 경우도 마찬가지이다.

2. 이전고시 이후 관리처분계획을 다툴 수 있는지 여부

가. 문제의 소재

앞서 본 바와 같이 사업시행자인 조합의 이전고시행위는 별도의 조합 총회결의 없이 관리처분계획의 내용에 따라 기계적으로 처리하는 것이므로, 관리처분계획에 반하는 이전고시가 이루어질 가능성은 거의 없고, 실제로 이전고시의 하자는 관리처분계획의 하자와 관련되는 경우가 대부분이다. 따라서 이전고시 이후 관리처분계획에 대하여 쟁송이 가능한지 여부가 문제된다.

30) 대법원 2012. 3. 22. 선고 2011두6400 전원합의체 판결, 대법원 2014. 9. 25. 선고 2011두20680 판결, 대법원 2020. 9. 24. 자 2020두40907 판결 및 대구고등법원 2020. 5. 22. 선고 2019누4265 판결.

나. 판 례

(1) 불가

관리처분계획은 종후자산의 귀속과 그에 따른 비용부담에 관한 사항을 내용으로 하는데, 이를 집행하는 이전고시에 의하여 종후자산의 귀속과 청산금에 관한 부분이 종국적으로 결정되므로, 더 이상 변경될 수 없다. 따라서 이전고시 이후 관리처분계획에 대한 항고소송이 제기되거나, 이미 관리처분계획에 대한 항고소송이 제기되었다가 그 후 이전고시가 있는 경우 모두 각 관리처분계획에 대한 항고소송은 법률상 이익이 없어 각하하여야 한다.[31] 그 논거는 다음과 같다.

㈎ 법적 논거

이전고시(구 분양처분)의 일부만을 따로 떼어 이전고시를 변경할 수 없으므로 이전고시의 일부 변경을 위한 관리처분계획의 변경도 이전고시가 이루어지기 전에만 가능하고, 이전고시가 효력을 발생한 이후에는 조합원은 관리처분계획의 변경을 구할 수 없으며, 사업시행자로서도 이전고시의 내용을 일부 변경하는 취지로 관리처분계획을 변경할 수 없다.

㈏ 필요성에 따른 논거

① 실질적 필요성

다수의 조합원 및 이해관계인들이 관여하고 관련 법령에 정해진 여러 절차를 거쳐 수립된 관리처분계획에 따라 이전고시까지 행해졌음에도, 관리처분계획의 하자를 이유로 다시 처음부터 관리처분계획을 작성하여 이전고시를 거치는 절차를 반복하여야 한다면, 이는 대다수 조합원의 단체법적인 의사와 정비사업의 공익적 성격에도 어긋나는 것이라고 볼 수밖에 없다.

② 당사자의 입장에서도 중대한 불이익이 아님

관리처분계획에 대한 인가·고시가 있은 후에 이전고시가 행해지기까지 상당한 기간이 소요되므로 관리처분계획의 하자로 인하여 자신의 권리를 침해당한 조합원 등으로서는 이전고시가 행해지기 전에 얼마든지 그 관리처분계획의 효력을 다툴 수 있는 여지가 있고, 특히 조합원 등이 관리처분계획의 취소 또는 무효확인소송을 제기하여 계속 중인 경우에는 그 관리처분계획에 대하여 행정소송법에 규정된 효력정지결정을 받아 후속절차인 이전고시까지 나아가지 않도록 할 수도 있다. 또한 다음에서 보듯이 별도의 구제수단이 보장되어 있다.

(2) 구제수단

조합원 등으로서는 보류지에 관한 권리관계를 다투는 소송(적법한 관리처분계획이었더라면 아파트를 분양받을 수 있었을 것임에도 조합원이 아파트를 분양받지 못하였다거나 자신이 원하는 평형을 배정받지 못한 경우 이전고시의 효력이 발생한 후에는 관리처분계획의 무효확인을 구할 법률상 이익은 없지만, 보류지로 지정된 아파트가 있다면 자신에게 이를 분양해 달라는 소송을 통하여 권리구제를 받을 수 있다[32])이나 청산금부과처분에 관한 항고소송으로 다툴 수 있다.

---

31) 대법원 2012. 3. 22. 선고 2011두6400 전원합의체 판결, 대법원 2012. 3. 29. 선고 2010두19751 판결.
32) 이완희, 전게논문, 924, 925.

조합을 상대로 손해배상청구소송을 제기하거나 실질적인 이익 귀속자를 상대로 부당이득반환청구소송을 제기하는 방법을 통하여 사실상의 권리구제가 가능하다.

다. 판례의 반대견해 및 재반박

(1) 반대견해

관리처분계획은 종후자산의 귀속과 그에 따른 청산금의 부담에 관한 사항을 내용으로 하는 바, 법 73조 1항, 법 89조 2항의 규정 내용 등에 비추어 그중 종후자산의 귀속에 대한 부분은 이전고시에 의하여 집행되고, 청산금의 부담에 관한 부분은 도시정비법상의 청산금부과처분에 의하여 집행된다. 따라서 관리처분계획상의 청산금에 관련된 사항들은 이전고시에 의하여 아무런 영향이 없다 할 것이므로, 관리처분계획상의 청산금의 존부나 내용(추가 부담금의 과다)에 대한 관리처분계획취소나 무효확인소송의 계속 중 이전고시가 이루어졌다 하더라도, 여전히 관리처분계획의 취소 또는 무효확인을 구할 소의 이익이 있다는 반대의견이 있다.[33)]

(2) 재반박

법 89조 2항에 의하면 정관이나 총회의 의결을 거쳐 따로 정한 경우에는 관리처분계획인가 후부터 이전고시일까지 청산금을 분할징수 또는 분할지급할 수 있으나, 그와 같은 예외적인 사정을 들어 이전고시의 법적 성격을 달리 볼 것은 아니라는 판례 다수의견의 재비판이 있다.

3. 이전고시 이후 조합설립인가처분 및 재결을 다툴 수 있는지 여부

정비사업의 공익적·단체법적 성격과 이전고시에 따라 이미 형성된 법률관계를 유지하여 법적 안정성을 보호할 필요성이 현저한 점 등을 고려할 때, 조합설립인가처분의 취소나 무효확인 판결이 확정되기 전에 이전고시의 효력이 발생하였다면 더 이상 정비사업 결과를 원상으로 되돌리는 것은 허용될 수 없으므로 이전고시의 효력이 발생한 후에는 원칙적으로 조합설립인가처분의 취소 또는 무효확인을 구할 법률상 이익이 없고, 또한 수용재결이나 이의재결의 취소 또는 무효확인을 구할 법률상 이익도 없다.[34)] 이전고시 이후 조합설립인가처분의 취소 또는 무효확인을 구할 법률상 이익이 없다면, 사업시행계획 또는 그 인가에 대하여도 취소 또는 무효확인을 구할 법률상 이익이 없다고 해석해야 할 것이다.

4. 진정한 소유자와 분양신청 조합원

가. 문제의 소재

조합원의 지위에서 분양신청을 하여 권리처분계획에서 분양대상자로 지정된 자가, 추후 종전

33) 대법원 2012. 3. 22. 선고 2011두6400 전원합의체 판결의 별개의견(도시개발법의 경우에는 환지처분에서 종후자산의 귀속 외에 청산금에 관한 사항을 포함하여 함께 결정하나, 도시정비법에서는 청산금에 관하여 이전고시 외에 법 90조, 93조로 별도의 규정을 두고 있고, 더구나 법 89조 2항 및 정관 등에 의하여 이전고시 전에 청산금이 징수 또는 지급될 수 있으므로, 이전고시는 준공인가 이후 관리처분계획에서 정한 바에 따라 정비사업으로 조성된 대지 또는 건축물의 소유권을 분양받을 자에게 이전하는 것만을 내용으로 하는 행정처분일 뿐이다).

34) 대법원 2014. 9. 25. 선고 2011두20680 판결, 대법원 2017. 3. 16. 선고 2013두11536 판결, 대법원 2019. 4. 23. 선고 2018두55326 판결.

자산의 진정한 소유자가 아닌 경우(단지 종전자산 등기부상의 형식적 명의자인 경우, 무허가건물관리대장상의 형식적 명의자인 경우 등)로 밝혀진 경우, 이전고시에 의한 종후자산의 소유권을 누가 취득할 것인지 여부가 문제된다. 관리처분계획이 수립된 단계이고, 이전고시가 이루어지기 이전이라면 진정한 소유자는 관리처분계획의 위법성을 다투는 방법으로 시정이 가능하나, 이전고시 이후에는 더 이상 관리처분계획을 다툴 수 없기 때문에 이전고시 이후의 소유권 확정은 실무상 중요한 문제이다.[35] 이는 앞서 본 형성적 처분으로서의 이전고시의 내용과 직접적으로 관련된다.

나. 판 단

(1) 학설

㈎ 진정한 소유자 취득설

분양처분은 수분양대상인 부동산에 대한 대물적 처분으로서 창설적 설권처분으로 볼 수 없는 이상(창설적 설권처분은 보류지나 체비지이다) 관리처분계획이나 분양처분에서 진정한 소유자가 아닌 자가 분양대상자로 지정되었다 하더라도 그가 수분양부동산에 대한 소유권을 취득할 수 없고, 진정한 소유자가 수분양부동산의 소유권을 취득한다.[36]

㈏ 분양신청자 취득설

관리처분계획은 행정처분으로 공정력이 있으므로 관리처분계획에서 진정한 소유자가 아닌 분양신청자를 분양대상자로 잘못 지정하였다 하더라도 그것이 적법하게 취소되거나 당연무효가 아닌 한 분양대상자로 지정된 자가 이전고시에 의해 새로운 부동산의 소유권을 취득하는 것으로 보아야 하는 점, 종후자산은 분양신청에 기초한 것인데, 비록 진정한 소유자라 하더라도, 분양신청하지 않은 종후자산을 취득한다는 것은 부당하고, 이는 이전고시가 도시개발법상의 환지처분과 뚜렷이 구분되는 차이인 점 등에 비추어 진정한 소유자가 아님에도 분양신청을 하여 권리처분계획에서 분양대상자로 지정된 자가 종후자산의 소유권을 취득함이 타당하다(종전자산 등기부상의 형식적 명의자가 종후자산을 취득하고, 그는 진정한 소유자에게 종전자산의 가액만큼 부당이득으로 반환한다).[37]

(2) 판례

도시재개발법이 적용되는 사안에서, 대법원은 재개발사업 시행자가 소유자를 오인하여 종전자산의 소유자가 아닌 다른 사람에게 분양처분을 한 경우 이는 대물적 처분이므로, 그러한 분양처분이 있었다고 하여 그 다른 사람이 권리를 취득하게 되는 것은 아니고, 종전자산의 진정한 소유자가 종후자산의 소유권을 취득하고 이를 행사할 수 있다고 판시하였다.[38]

---

35) 기존주택에 관하여 명의신탁약정에 따라 수탁자 명의로 소유권이전등기가 마쳐진 후, 재개발사업이 시행되어 명의수탁자가 분양신청을 하여 아파트를 분양받는 내용의 관리처분계획인가 후 종전주택이 철거되고, 이전고시까지 이루진 경우 공용환권에 의하여 종전자산과 종후자산의 동일성이 유지되므로, 종후자산에 명의신탁관계가 존속하는지 여부가 문제되나, 명의신탁의 대상인 종전주택이 철거·멸실됨으로써 명의신탁관계는 종료되므로 종후자산에 대하여는 명의신탁관계가 존속하지 않고, 종후자산은 명의수탁자가 확정적으로 취득한다(제8편 제2장 Ⅲ. "1. 건물철거" 참조).
36) 이우재·박치범, 전게서(상), 진원사(2022), 639, 640.
37) 노경필, 전게논문, 119, 120.
38) 대법원 1995. 6. 30. 선고 95다10570 판결.

(3) 결론

정비사업에 있어 분양신청은 조합원으로 하여금 정비사업에서 이탈할 기회를 부여하고, 다양한 평형으로 구성되는 종후자산 배분에 있어 조합원의 의사를 충실히 반영하기 위함이다. 위 판례의 견해에 의하는 경우 진정한 소유자의 정비사업 이탈기회를 박탈하는 점(특히 아파트가격 하락기에 두드러진다), 진정한 소유자에게 자신이 원하지 아니하는 평형 배정을 강제한다는 비판이 있다. 그러나 대체적으로 아파트가격이 상승하여 온 추세에 비추어 개발이익을 형식적 명의자에게 귀속시키는 것은 부당한 점, 종전자산가격에 상응하여 종후자산이 배분되는 것이 일반적이므로 조합원의 분양신청권의 범위도 제한적인 점 등에 비추어 진정한 소유자에게 종후자산의 소유권을 귀속시키는 판례의 견해가 형평에 부합한다. 나아가 법 87조 2항은 "이전고시에 따라 취득하는 대지 또는 건축물 중 토지등소유자에게 분양하는 대지 또는 건축물은 도시개발법 40조에 따라 행하여진 환지로 본다."고 규정하고 있고, 환지처분의 효과에 대해 규정하고 있는 도시개발법 42조 1항 전문은 "환지계획에서 정해진 환지는 그 환지처분이 공고된 다음 날부터 종전의 토지로 보게 된다."고 규정하고 있으므로, 토지등소유자가 분양받은 종후자산이 종전자산으로 간주되고 각각의 소유권은 동일성이 유지되므로, 종전자산의 진정한 소유자가 종후자산의 소유권을 취득한다고 보는 것이 법리적으로도 타당하다.

다. 진정한 소유자의 권리구제방법[39]

정비사업단계별 진정한 소유자의 형식적 명의자를 상대로 한 권리구제방법에 대하여 살펴본다.

(1) 관리처분계획 수립 이전

진정한 소유자는 명의인을 상대로 종전자산에 대한 소유권확인, 말소등기 또는 이전등기청구소송, 무허가건물의 경우 무허가건물대장상의 명의변경절차이행청구의 소를 제기할 수 있다.

(2) 관리처분계획 수립 이후

진정한 소유자는 적법한 분양신청통지를 받지 못하였다는 점 등을 근거로 항고소송으로 관리처분계획의 취소 또는 무효확인의 소를 제기할 수 있다. 나아가 당사자소송으로 조합을 상대로 조합원지위확인의 소 제기도 가능하다(이견있음). 나아가 민사소송으로 명의상의 수분양자를 상대방으로 하여 소유권확인이나 조합 측을 상대방으로 하여 조합원명부상의 명의변경절차의 이행을 구하는 소제기가 가능하다.

(3) 이전고시 이후

이전고시에 의하여 종전자산에 대한 소유권은 소멸하고 분양받은 종후자산에 대한 소유권만이 남게 되므로, 진정한 소유자는 민사소송으로 명의상의 수분양자를 상대로 소유권확인, 말소등기청구, 진정 등기명의 회복을 원인으로 한 소유권이전등기절차의 이행을 구할 수 있다.

---

39) 대법원 2003. 2. 14. 선고 2002다23451 판결.

제3절 청산금 및 부과금

Ⅰ. 개 요

관리처분계획에 따른 여러 처분 중 가장 중요한 것은 조합원분양분에 대한 처분이다. 정비사업은 원칙적으로 토지등소유자가 조합원이 되어 종전자산을 출자하고 공사비 등을 투입하여 신주택 등을 건축한 다음 이를 분배하는 공용환권을 목적으로 하는 사업이므로, 조합원분양분에 대한 이전고시로 사업시행자는 사실상 정비사업의 목적을 달성하게 된다. 이로써 사업시행자는 청산절차로 나아간다.

수분양조합원이 종전에 소유하고 있던 토지 또는 건축물의 가격과 분양받은 대지 또는 건축물의 가격 사이에 차이가 있는 경우 사업시행자는 원칙적으로 이전고시가 있은 후 별개의 처분으로 그 차액에 상당하는 금액을 수분양조합원으로부터 징수하거나 이를 수분양조합원에게 지급하여야 한다(법 89조 1항). 정비사업비는 사업시행자가 부담하는바, 토지등소유자 개인이 사업시행자가 되는 토지등소유자 20인 미만의 재개발사업에서는 해당 사업시행자 개인이 정비사업비를 부담하나, 조합이 사업시행자가 되는 일반적 정비사업에서는 해당 조합이 이전고시 후 수분양조합원으로부터 정비사업에 소요된 비용과 정비사업의 시행과정에서 발생한 수입의 차액을 부과금으로 부과·징수한다(법 92조 1항, 93조 1항).

위와 같이 사업시행자는 이전고시 이후 청산절차로써 수분양조합원들에게 종후자산과 종전자산과의 차액에 대한 청산금부과처분(지급결정)을 하고, 그럼에도 공사비가 잔존하고 있다면, 그에 대하여 수분양조합원들에게 그의 종전자산 출자비율대로 부과금을 부과한다. 위와 같은 청산금 및 부과금과 관련한 법률관계를 이하에서 자세히 살펴본다.

한편, 정비사업비와 관련하여 현금청산대상자에 대하여도 현금청산대상자가 될 때까지 소요된 비용 중 일부를 분담할 의무가 있는지 여부가 문제되나, 이는 제9편 제6장 현금청산대상자의 조합비용 부담에서 자세히 살펴보았다.

Ⅱ. 청산금

1. 의 의

청산금은 정비사업이 완료되어 사업시행자인 조합이 설립목적의 달성으로 더 이상 존속할 이유가 없게 되었을 때 청산절차로 종후자산을 배분받은 조합원들과 사이에 종전자산과의 가치의 과부족을 정산하는 것이다. 관리처분계획은 조합원들의 종후자산의 권리귀속에 관한 사항과 그 비용분담에 관한 사항을 정한 행정처분이고, 이전고시는 사업시행자가 조합원들에 대하여 종전자산의 소유권을 소멸시키고 종후자산의 소유권을 확정적으로 귀속시키며, 그 차액을 청산하는 내용이 포함된 행정처분이다(다만 청산에 관한 구체적 내용은 없다, 이와 관련하여 이전고시에 청산부분은 포함되어 있지 않다는 대법원 전원합의체 별개의견이 있음은 앞서 본 바이다). 분양대상자별 종후자산의 추산액 및 종전자산의 가격은 관리처분계획의 내용이므로(법 74조 1항 3호 및 5호), 관리처분계획이 인가되면 청산금이 일응 확정되나[종전자산가격이 종후자산가액보다 큰 경우(주로 다(多)물건을 소유한 1인이나 1세대가 1주택을 분양받는 경우이다)에는 조합원이 청산금을 지급받고, 종후자산가액이 종전자산가격보다 큰 경우에는 조합원이 청산금을 지급한다], 관리처분계획의 변경에 따라 청산금이 계속하여 변경된다. 사업시행자는 이전고시 이후 청산에 관한 관리처분계획의 내용을 구체화하기 위하여 별개의 처분으로 종후자산의 가액이 종전자산의 가격보다 큰 조합원에 대하여는 청산금부과처분을 하고, 종전자산의 가격이 종후자산의 가액보다 큰 조합원에 대하여는 청산금지급결정을 하게 된다. 청산금부과처분(청산금지급결정[40] 포함)은 법 89조 1항에 근거하여 사업시행자가 관리처분계획에서 정한 청산금 산정방법에 따라 총회의결 후 종후자산의 수분양자에게 부과하여 청산금을 납부할 의무(청산금을 지급받을 권리)를 발생시키는 구체적인 행정처분으로서 관리처분계획과는 별개의 법률효과를 발생시키는 독립된 행정처분이다.[41] 관리처분계획에는 분양대상자별 종전자산의 가격, 종후자산의 추산액이 기재될 뿐만 아니라 구체적인 청산금 산정방식이 포함되기도 한다. 그러나 조합원의 사업시행자에 대한 청산금 납부의무나 사업시행자의 조합원에 대한 청산금 지급의무가 구체적으로 발생하기 위해서는 사업시행자가 별도로 조합원에 대한 청산금부과처분이나 청산금지급결정처분을 하여야 한다.[42]

위와 같이 청산금부과처분은 원칙적으로 이전고시가 효력을 발생한 후에 관리처분계획의 내용 중 일부를 집행하는 것이다(위 2011두20680). 그러나 법 89조 2항은 사업시행자가 정관등에서 분할징수 및 분할지급을 정하고 있거나 총회의 의결을 거쳐 따로 정한 경우에는 관리처분계획인가 후부터 이전고시가 있은 날까지 일정 기간별로 분할징수하거나 분할지급할 수 있다고 규정하고 있고, 실제로는 제8편 제4장 분양계약에서 살펴본 바와 같이 이전고시 이전에 분할징수, 분할지급하는 것이 일반적이다.

이하에서는 청산금과 관련한 법률관계를 법령의 내용을 중심으로 살펴보되, 정비사업이 종결된 때의 청산절차(86조의2에 따른 조합의 해산 이후 청산인의 보수 등 청산 업무에 필요한 사항을 포함한다), 청산금의 징수·지급의 방법 및 절차는 모두 조합 정관의 기재사항이고(법 40조 1항 14호, 15호), 청산금의 징수·지급(분할징수·분할지급을 포함한다)은 총회의 의결사항이므로(법 45조 1항 11호, 다만, 법 시행령 43조에 의하여 대의원회가 대행할 수 있다), 조합이 일반적으로 정관으로 채택하고 있는 표준정관의 청산에 관한 내용에 대하여도 함께 살펴본다.

2. 청산금부과처분과 확정

가. 청산금 산정방법

(1) 감정평가

앞서 본 바와 같이 관리처분계획을 수립하기 위해서는 종전자산과 종후자산에 대한 감정평가

40) 청산금지급결정도 조합이 결정으로 정한 금액을 초과하여서는 지급을 거절하므로, 행정처분이다.
41) 대법원 2007. 9. 6. 선고 2005두11951 판결.
42) 서울고등법원 2015. 3. 5. 선고 2014나2033343 판결(확정).

가 이루어진다(법 74조 4항 1호. 재개발사업의 경우에는 시장·군수등이 선정·계약한 2인 이상의 감정평가법인등, 재건축사업의 경우에는 시장·군수등이 선정·계약한 1인 이상의 감정평가법인등과 조합 총회의 의결로 선정·계약한 1인 이상의 감정평가법인등을 선정하여야 하고, 감정평가법인등이 평가한 금액을 산술평균하여 종전자산과 종후자산의 가격을 산정한다). 사업시행자가 이전고시 이후 수분양 조합원으로부터 청산금을 징수하기 위해서도 종전자산 및 종후자산에 대한 평가가 필요하다. 사업시행자는 종전자산 및 종후자산을 평가함에 있어 그 토지 또는 건축물의 규모·위치·용도·이용 상황·정비사업비 등을 참작하여 평가하여야 한다(법 89조 3항). 다만 평가방법과 관련하여 재개발사업의 경우에는 종전자산 및 종후자산의 금액은 시장·군수등이 선정·계약한 2인 이상의 감정평가법인등에 의하여 평가한 금액을 산술평균하여 산정하여야 한다(법 시행령 76조 1항 1호, 2항 1호, 법 74조 4항 1호 가목). 그러나 재건축사업의 경우에는 사업시행자가 정하는 바에 따라 평가하되, 다만, 감정평가법인등의 평가를 받으려는 경우에는 시장·군수등이 선정·계약한 1인 이상의 감정평가법인등과 조합 총회의 의결로 선정·계약한 1인 이상의 감정평가법인등에 의하여 평가한 금액을 산술평균하는 방법으로 한다(법 시행령 76조 1항 2호, 2항 2호, 법 74조 4항 1호 나목). 종전자산 또는 종후자산으로 건축물의 가격평가를 할 때 층별·위치별 가중치를 참작할 수 있다(법 시행령 76조 4항). 관리처분계획 수립 이후 청산금 부과 시까지는 상당한 시간이 소요되므로, 위와 같이 따로 감정평가를 거치는 것이다(관리처분계획인가 직후 분양계약을 통하여 청산금 및 부과금을 징수하는 경우에는 관리처분계획상의 감정평가를 이용한다). 한편, 청산금 징수를 위하여 감정평가할 당시 이미 종전자산은 철거되었을 것이고, 종전자산의 가격은 사업시행계획인가·고시일을 기준으로 한 가격이며, 사업시행계획인가 전에 안전사고나 범죄발생의 우려 등으로 조합이 조합원의 동의 및 시장·군수등의 허가를 받아 종전자산을 철거한 경우에는 시장·군수등의 허가를 받은 날이 기준시점이 되므로(법 74조 1항 5호), 청산금 징수를 위한 감정평가의 주안점은 정확한 종후자산 평가에 있다.

(2) 종후자산 평가 시의 고려사항

앞서 본 바와 같이 법 89조 3항은 종후자산을 평가함에 있어 정비사업비를 참작하여야 한다고 규정하고 있다. 법 89조 4항은 종후자산의 가격평가의 방법 및 절차 등에 필요한 사항은 대통령령으로 정한다고 규정하고 있다. 법 시행령 76조 3항은 종후자산을 평가함에 있어서는 정비사업의 조사·측량·설계 및 감리에 소요된 비용, 공사비, 정비사업의 관리에 소요된 등기비용·인건비·통신비·사무용품비·이자 그 밖에 필요한 경비, 법 95조에 따른 융자금이 있는 경우에는 그 이자에 해당하는 금액, 정비기반시설 및 공동이용시설의 설치에 소요된 비용(법 95조 1항에 따라 시장·군수등이 부담한 비용은 제외한다), 재건축진단의 실시, 전문관리업자의 선정, 회계감사, 감정평가, 그 밖에 정비사업 추진과 관련하여 지출한 비용으로서 정관등에서 정한 비용[43] 등은 가산하여야 하나, 법 95조에 따른 보조금은 공제하여야 한다고 규정하고 있다.

위와 같이 종후자산의 평가에 있어 정비사업비는 사실상 모두 반영되므로, 청산금을 부과한

43) 국토부 표준정관 59조 3항 7호는 정비사업 추진과 관련하여 지출한 비용으로서 총회에서 포함하기로 정한 비용이 가산되어야 한다고 규정하고 있다.

후 정비사업비가 잔존하는 경우는 많지 않아 수분양조합원에게 청산금 외에 별도로 부과금을 부과하는 경우가 흔하지는 않는 듯하다.

나. 청산금부과처분의 요건(총회결의)

청산금부과처분의 전제가 되는 종전자산의 가액, 종후자산의 가격은 관리처분계획의 필수적 기재사항인바, 이에 대하여는 이미 조합원 100분의 20 이상이 출석한 총회에서 조합원 과반수의 찬성으로 의결이 이루어졌다. 그러나 청산금의 징수·지급은 그 자체가 총회의 의결사항이다(법 45조 1항 11호). 따라서 사업시행자는 앞서 본 청산금 산정방법에 따라 확정한 각 조합원별 청산금의 액수와 징수방법, 조합원별 분담내역 등을 정하여 반드시 조합원 총회의 결의를 거쳐야 한다(관리처분계획 의결 당시의 종후자산 가액에는 앞서 본 종후자산 가격평가시의 고려사항 중 일부가 누락되었을 여지가 있다). 청산금부과처분(지급결정)은 조합원의 권리·의무에 미치는 영향이 중대하므로, 그 이익을 보호하기 위함이다. 다만 이는 대의원회가 대행할 수 없는 사항에 해당하지는 아니한다(법 시행령 43조).

한편, 정관에 의하여 분양계약제도가 인정되는바, 사업시행자는 관리처분계획 수립 후 분양계약을 통하여 청산금 징수가 가능하도록 일반적으로 각 조합원별 청산금 분담내역(정비사업비 분담내역)에 대하여 관리처분계획 수립 총회에서 관리처분계획과 함께 의결하는 것이 일반적임은 앞서 본 바이다.

다. 청산금의 지급과 납부

(1) 청산금 지급채무의 이행기

청산금 지급채무의 이행기는 정관이나 관리처분계획 또는 총회결의로 별도로 정하고 있지 아니하는 한 이전고시일로 보아야 한다.[44)]

(2) 청산금부과처분

사업시행자가 이전고시 이후 청산금부과처분을 하면서 별도의 이행기를 정한 경우에는 수분양조합원의 이익을 위한 것이므로 특별히 문제가 없다. 사업시행자는 수분양조합원에게 청산금부과처분을 하며 이행기를 정하는 것이 일반적이다. 그 경우 수분양조합원은 해당 처분이 정한 기한까지 청산금을 납부하여야 한다. 만일 수분양조합원이 이를 납부하지 아니하는 경우의 후속처리에 대하여는 청산금 징수상의 특칙에서 살펴본다.

(3) 청산금지급결정

사업시행자가 이전고시 이후 종전자산가격이 종후자산가격을 초과하는 조합원에 대하여 청산금을 지급하여야 함에도 지급결정을 미루는 경우가 있고, 해당 조합원은 다음에서 살펴보듯이

---

44) 대법원 2015. 11. 26. 선고 2013다70668 판결 및 서울고등법원 2013. 8. 23. 선고 2012나105132 판결[① 법 89조 1항은 사업시행자는 이전고시가 있은 후에 수분양조합원으로부터 종후자산과 종전자산의 차액에 해당하는 청산금을 징수하거나 지급하여야 한다고 규정하고 있다, ② 법 90조 3항은 청산금을 지급(분할지급을 포함한다)받을 권리 또는 이를 징수할 권리는 이전고시일의 다음 날부터 5년간 이를 행사하지 아니하면 소멸한다고 규정하고 있는바, 이는 이전고시일이 채무의 이행기이기 때문이다].

사업시행자에 대하여 청산금의 지급을 청구하고, 거부나 부작위 시 쟁송에 이르게 된다. 추후 쟁송에 따라 사업시행자가 청산금지급결정을 하면서 임의로 이행기를 지정하였다 하더라도, 법정 청산금 지급채무의 이행기는 이전고시일이므로, 해당 조합원은 이전고시일 다음 날부터 지연손해금의 지급을 구할 수 있고, 그 이율은 민법상의 연 5%로 봄이 상당하다. 그러나 실무상으로는 사업시행자가 조합원에게 부담하는 청산금 지급채무의 이행기를 관리처분계획 등에서 별도로 정하거나 별도의 총회의 결의로 정하는바, 조합의 최고의사결정기관인 총회의 결의는 조합 및 조합원들에게 효력을 미치므로 특별히 문제되지 아니한다.

라. 쟁송과 확정

(1) 종후자산가격이 종전자산가격을 초과하여 사업시행자가 조합원에 대하여 청산금부과처분을 한 경우, 이는 행정처분이므로 항고소송의 대상이 된다. 따라서 청산금 부과 그 자체나 금액에 다툼이 있는 조합원은 청산금부과처분의 취소 또는 무효확인소송을 제기할 수 있다.

(2) 종전자산가격이 종후자산가격을 초과하여 조합원이 청산금을 지급받아야 하는 경우에도 사업시행자의 청산금지급결정이라는 행정처분이 선행되어야 하는바, 그 경우 다음과 같은 구제수단이 있다. 즉 이전고시 이후에도 사업시행자의 청산금지급결정이 없는 경우, 조합원은 사업시행자에 대하여 청산금의 지급을 청구하고, 이에 대하여 사업시행자가 지급할 청산금이 없다는 거부의 결정을 하면 그 거부처분의 취소를 구하거나 아무런 응답이 없는 경우 부작위위법확인청구의 소를 제기하여야 하고, 만일 사업시행자가 지급하기로 결정한 청산금의 액수가 적정 금액에 미치지 못하는 경우 청산금지급결정의 취소나 무효확인소송을 제기하여야 한다. 위와 같은 과정을 거쳐 청산금이 확정된다.

(3) 행정절차법 21조 1항, 22조 3항 및 2조 4호의 각 규정에 의하면, 행정청이 당사자에게 의무를 과하거나 권익을 제한하는 처분을 함에 있어서는 당사자 등에게 처분의 사전통지를 하고, 의견 제출의 기회를 주어야 하는바,[45] 청산금부과처분도 당사자에게 의무를 과하는 처분이므로, 이러한 사전통지 및 의견 제출의 기회 부여 등의 절차를 거쳐야 하나, 일부 절차의 하자가 있다 하더라도 해당 처분을 당연히 위법한 것으로 볼 수는 없다.[46] 나아가 절차위반으로 인하여 처분이 위법하다 하더라도, 그와 같은 절차상의 하자는 처분의 취소사유로 봄이 상당하다.

(4) 실무에서는 정관을 통한 분양계약제도의 도입으로 수분양조합원은 분양계약에 의하여 사업시행자에게 관리처분계획인가 후부터 이전고시일까지 여러 차례에 걸쳐 분양대금을 지급함으로써 사실상 종전자산과 종후자산과의 차액인 청산금에 대한 징수가 이루어지고, 이전고시 이후 사업시행자에 의한 청산금부과처분 및 시장·군수에 의한 청산금 징수는 예외적이다. 종전자산의 가격이 종후자산보다 큰 경우에도 사업시행자가 분양계약을 통하여 조합원에게 청산금을 지급하나, 종후자산의 가격이 종전자산보다 큰 경우와 달리 분할하여 지급하는 대신 입주일에 청산

45) 대법원 2003. 2. 14. 선고 2001두7015 판결.
46) 대법원 2018. 7. 11. 선고 2014두2119 판결(사전통지를 하지 않은 하자가 매우 경미한 것으로서 그 절차의 하자가 행정처분의 실체적 판단에 영향을 미칠 가능성이 있는 경우가 아닌 한 독자적인 취소사유로 보지 않는 것이 행정처분의 무용한 반복을 피할 수 있다는 면에서 타당하다는 원심을 수긍하였다) 등 참조.

금을 일괄지급하는 것이 일반적임은 앞서 본 바이다.

분양계약 체결이 이루어진 이후 그 이행과정에서 금액 및 기한 등과 관련하여 분쟁이 발생하는바, 이를 사업시행자와 조합원 사이의 청산금에 관한 쟁송으로 본다면, 공법상 법률관계에 관한 분쟁으로서 이론상 행정소송으로 볼 수도 있으나, 사법상의 계약인 분양계약에 대한 다툼이므로 민사소송으로 봄이 타당하고, 실무도 마찬가지임은 앞서 본 바이다(제8편 제4장 Ⅲ. "2. 분양계약 체결 또는 미체결의 효과" 참조).

3. 청산금 징수상의 특칙

가. 시장·군수등에 대한 징수 위탁

⑴ 규정 및 연혁

청산금부과처분이 이루어진 경우 수분양조합원은 해당 처분이 정한 기한까지 청산금을 납부하여야 함에도, 이를 납부하지 아니하는 경우 사업시행자는 시장·군수등에게 청산금의 징수를 위탁할 수 있다.[47] 그 경우 시장·군수등은 지방세 체납처분의 예에 따라 조합원으로부터 청산금을 징수할 수 있다. 조합은 징수한 금액의 100분의 4에 해당하는 금액을 해당 시장·군수등에게 교부하여야 한다(법 90조 1항 후문, 93조 5항). 이는 정비사업이 공익사업이므로 청산금의 징수에 있어 특칙을 규정한 것이다. 시장·군수등이 아닌 사업시행자의 경우 시장·군수등에게 청산금의 징수를 위탁할 수 있다는 규정은 법 제정 당시부터 도입이 되었다.

법이 제정되기 이전에도 구 도시재개발법상 재개발조합은 행정주체로서 관리처분계획에서 정한 비용 분담에 관한 사항에 근거하여 수분양자에게 금전납부를 명하는 청산금부과처분을 할 수 있을 뿐만 아니라 시장·군수등에게 청산금의 징수를 위탁할 수 있었다(구 도시재개발법 43조 2항). 그러나 재건축사업은 주택건설촉진법상 사인에 의해 시행되는 민간의 주택건설사업이므로 사업시행자가 시장·군수등에게 청산금의 징수를 위탁할 수 있다는 규정이 존재하지 않았다.

⑵ 강제조항 여부

㈎ 강제조항

사업시행자는 시장·군수등에게 청산금의 징수를 위탁할 수 있다고 규정하고 있으므로, 그와 같은 징수 위탁이 사업시행자의 재량인지 여부가 문제된다. 그러나 청산금에 관하여는 지방세 체납처분의 예에 의한 징수 또는 징수 위탁과 같은 간이하고 경제적인 특별구제절차가 마련되어 있으므로, 시장·군수등이 사업시행자의 청산금 징수 위탁에 응하지 아니하였다는 등의 특별한 사정이 없는 한 시장·군수가 아닌 사업시행자가 이와 별개로 공법상 당사자소송의 방법으로 청산금 청구를 할 수는 없다.[48] 따라서 조합원이 청산금부과처분상의 청산금을 납부하지 아니하는 경우 사업시행자는 우선적으로 시장·군수등에게 청산금 징수 위탁을 하여야 하고, 만일 시장·군

47) 국토부 표준정관은 청산금을 납부하지 않은 조합원이 있을 경우 조합은 청산금 납부요청을 2회 이상 최고하고 최고 최종일로부터 1월 이내 위탁한다고 규정하고 있다(60조 1항). 한편 서울 표준정관은 처분에서 정한 기한까지 청산금을 납부하지 않은 조합원이 있을 경우 해당 구청장에게 청산금의 징수를 위탁할 수 있다고 규정하되(60조 1항), 위 국토부 표준정관처럼 조합이 ○회 이상 납부를 최고하는 규정을 둘 수도 있다고 규정하고 있다.

48) 대법원 2017. 4. 28. 선고 2016두39498 판결.

수등이 이를 거절하면 조합원을 상대로 청산금의 지급을 구하는 공법상 당사자소송을 제기할 수 있다.

㈏ 실무상 절차

징수 위탁과 같은 특별구제절차가 마련되어 있음에도 불구하고, 사업시행자가 시장·군수등에게 징수를 위탁하지 않고 곧바로 청산금의 지급을 구하는 공법상 당사자소송을 제기한 경우에는 권리보호의 이익이 없어 부적법하므로 각하하여야 할 것이다. 일반적으로 사업시행자는 관할 시장·군수등에게 청산금의 징수를 위탁하는 취지로 업무협조를 구하고, 이에 대하여 관할 시장·군수등이 이를 거절하면 조합원들을 상대로 공법상 당사자소송에 의하여 청산금의 지급을 구하는 소를 제기한다.

㈐ 시장·군수등의 청산금 징수 위탁 거부 시 쟁점

① 문제의 소재

사업시행자와 조합원 사이에는 청산금 존재 여부 및 그 액수 등에 대하여 첨예한 대립이 있고, 청산금부과처분이나 지급결정이 확정된 이후에도 분쟁관계가 계속되는 경우가 많다. 이에 제3자인 시장·군수등은 섣불리 청산금 관련 법률관계에 개입하여 분쟁에 휘말리기 보다는 이해관계자인 당사자들 사이에 자율적으로 분쟁을 해결하도록 하는 것이 타당하다고 보아 청산금 징수 위탁을 거부하는 경우가 흔하다. 이에 사업시행자가 시장·군수등을 상대로 징수위탁거부처분의 취소를 구하는 소를 제기하는바, 그 적법성이 문제된다.

② 재량행위

법 90조 1항, 93조 5항은 청산금의 부과·징수를 위탁받은 시장·군수등은 지방세 체납처분의 예에 의하여 이를 '부과·징수할 수 있다'라고 규정하고 있는 점, 시장·군수등이 청산금의 징수 위탁에 응하지 아니하는 경우 사업시행자가 직접 공법상 당사자소송의 방법으로 조합원을 상대로 청산금의 지급을 구할 수 있는 점 등에 비추어 시장·군수등은 사업시행자의 징수 위탁에 대하여 승인 여부를 결정할 재량이 있다.

③ 재량권 일탈·남용 부인

판례는 사업시행자와 조합원 사이에 청산금의 존재 여부 및 그 액수 등에 대하여 다툼이 있음을 들어 시장·군수등이 징수 위탁을 거부한 사안에서, 시장·군수등이 지방세 체납처분의 예에 따라 청산금을 부과·징수하는 경우 조합원에게 미치는 영향이 중대함에도, 제3자로서 청산금 관련 법률관계를 정확히 알지 못하고 있는 경우가 많은 점, 사업시행자와 조합원 사이에 다툼이 있는 경우 제3자인 시장·군수등이 이에 개입하기보다는 이해관계자인 당사자들로 하여금 분쟁을 직접 해결하게 하는 것이 타당한 것으로 보이는 점 등에 비추어 시장·군수등의 징수위탁거부처분에는 재량권을 일탈·남용한 위법이 있다고 볼 수도 없다고 하였다.[49] 결국 시장·군수등이 사업시행자의 징수 위탁에 대하여 승인 여부를 결정함에 있어서는 폭넓은 재량이 있다고 보아야 할 것이다.

49) 서울고등법원 2017. 9. 28. 선고 2017누64288 판결(확정).

나. 단기의 소멸시효

청산금을 지급(분할지급을 포함한다)받을 권리 또는 이를 징수할 권리는 이전고시일의 다음 날부터 5년간 행사하지 아니하면 소멸한다(법 90조 3항). 이에 따라 종전자산의 가격이 종후자산보다 큰 조합원의 경우 사업시행자가 이전고시 이후에도 청산금지급결정이 없는 경우, 사업시행자에 대하여 청산금의 지급을 청구하여 신속히 청산금지급결정을 받아야 한다.

다. 종전자산의 가격이 종후자산보다 큰 경우 지급되는 청산금에 대한 종전자산에 설정된 지상권 등 등기된 권리자의 압류

수분양조합원은 이전고시에 따라 종후자산에 대한 소유권을 취득하고, 종전자산에 대한 소유권을 상실하되, 각각의 소유권은 동일성이 유지되므로, 종전자산에 설정된 지상권 등 등기된 권리 및 주택임대차법 3조 1항의 요건을 갖춘 임차권은 소유권을 이전받은 대지 또는 건축물에 설정된 것으로 본다(법 87조 1항). 종후자산의 가격이 종전자산보다 큰 경우에는 지상권자, 근저당권자 등의 권리보호에 문제가 없으나, 종전자산의 가격이 종후자산보다 큰 경우에는 사실상 권리 중 일부가 소멸되는 효과가 발생한다. 이에 법은 종전자산에 저당권을 설정한 권리자는 사업시행자가 저당권이 설정된 토지 또는 건축물의 소유자에게 청산금을 지급하기 전에 압류절차를 거쳐 저당권을 행사할 수 있다고 규정하고 있다(법 91조).

법은 근저당권에 대하여만 규정하고 있으나, 지상권자, 대항력을 갖춘 주택임대차법상의 임차권자, 상가임대차법상의 임차권자의 경우에도 우선변제권의 측면에서 달리 볼 이유가 없으므로, 위 규정을 유추적용하여 청산금에 대하여 동일한 압류절차를 거쳐 이를 행사할 수 있다고 보아야 할 것이다. 입법의 불비이다.

4. 청산금과 관련한 쟁점

가. 선행의 관리처분계획과 후속의 청산금부과처분

(1) 법리

관리처분계획은 정비사업에서 사업시행자가 작성하는 포괄적 행정계획으로서 종후자산의 권리귀속에 관한 사항과 그 비용 분담에 관한 사항을 정하는 처분이고, 청산금부과처분은 관리처분계획에 근거하여 종후자산의 수분양자에게 구체적인 청산금 납부의무를 발생시키는 처분이다. 위와 같이 청산금부과처분은 선행처분인 관리처분계획을 전제로 하는 것이고 그와 밀접한 관련이 있다. 청산금지급결정도 마찬가지이다.

그러나 위 두 처분은 각각 단계적으로 별개의 법률효과를 발생시키는 독립된 행정처분이므로, 관리처분계획에 불가쟁력이 생겨 그 효력을 다툴 수 없게 된 경우에는 그 관리처분계획에 위법사유가 있다 할지라도 그것이 당연무효의 사유가 아닌 한 관리처분계획상의 하자를 이유로 후행처분인 청산금부과처분의 위법을 주장할 수는 없다. 다만, 관리처분계획이 취소되거나 무효임이 확인되면 후속행위인 청산금부과처분도 소급하여 효력을 상실한다. 마찬가지로 종전자산의 가격이 종후자산보다 큰 조합원이 사업시행자를 상대로 청산금의 지급을 구함에 있어서도 관리처분계획에 당연무효의 하자가 존재하지 아니하는 한 관리처분계획에 반하는 청산금의 지급을 구할 수 없다. 실무상 청산금부과처분(청산금지급결정) 당시는 이미 이전고시가 이루어져 관리처분계획에 대한 취소나 무효확인소송의 제기는 불가능하나, 당연무효사유를 청산금부과처분(청산금지급결정)의 쟁송에서 주장하는 것은 가능하다.

⑵ 구체적 사례

㈎ 비례율의 산정, 종후자산 평가의 위법을 이유로 한 청산금부과처분의 하자 주장

사업시행자가 시공자와 사이에 시공계약을 체결함에 있어서 공사단가를 조합원에게는 고액으로, 일반수분양자에게는 저렴하게 하는 등 부당하게 차별적으로 책정함으로써 조합원들에게 그 차액 상당의 손실이 발생하자, 이를 조합원들에게 부담시키기 위하여 비례율을 낮게 평가하여 조합원의 종전자산 평가액을 부당하게 감액하였고, 또한 조합원들의 종후자산을 과대하게 평가한 내용으로 관리처분계획을 수립하여 무효이므로, 위와 같은 관리처분계획에 근거한 청산금부과처분이 위법하다는 이유로 그 취소를 구한 사안이다.

판례는 비례율의 산정, 종후자산 평가와 관련하여 하자가 있다 하더라도, 이는 청산금 산정방법의 잘못에 불과하여 그 하자가 중대하고도 명백하다고 볼 수 없어 관리처분계획의 당연무효사유에는 해당하지 아니하므로(위 2005두11951 판결, 제7편 제6장 제3절 Ⅲ "6. 분담금 산정방법상 하자" 참조), 설령 그 주장과 같은 하자가 관리처분계획에 있다 하더라도 이미 불가쟁력이 발생하였다면 청산금부과처분은 적법하다고 하였다.[50)]

㈏ 관리처분계획상 조합원과 사업시행자의 청산금 지급의무 기한에 차이를 두는 관리처분계획이 무효임을 이유로 청산금지급결정(청산금부과처분)의 위법 주장

관리처분계획상 종후자산의 가액이 종전자산보다 큰 조합원의 사업시행자에 대한 청산금 지급의무의 기한과 사업시행자의 종전자산의 가격이 종후자산보다 큰 조합원에 대한 청산금 지급의무의 기한에 차이를 두었다 하더라도, 이를 하자로 볼 수 없을 뿐만 아니라 설령 하자로 본다 하더라도, 그 하자가 중대·명백하다고 볼 수 없다[위 서울행정법원 2018구합67350 판결(확정), 제7편 제6장 제3절 Ⅲ "7. 청산금의 지급시기를 다르게 정한 관리처분계획의 위법 여부" 참조]. 따라서 청산금지급결정 또는 청산금부과처분은 적법하다.

나. 청산금부과처분에 대한 조합원의 행정심판

청산금부과처분은 행정주체의 처분에 해당하므로, 조합원은 행정심판을 제기할 수 있다. 행정심판에서 조합원의 청구가 인용되는 경우, 사업시행자가 인용재결의 취소를 구하는 소를 제기하는 경우가 있다.

행정심판법 49조 1항은 "심판청구를 인용하는 재결은 피청구인과 그 밖의 관계행정청을 기속한다."고 규정하고 있다. 이는 심판청구의 대상이 된 행정청에 대하여 재결에 관한 항쟁수단을 별도로 인정하는 것은 행정상의 통제를 스스로 파괴하고, 국민의 신속한 권리구제를 지연시키는 작용을 하게 될 것이므로 행정심판을 통하여 내부적 판단을 종결시키고자 함에 근거를 두고 있

---

50) 대법원 2002. 12. 10. 선고 2001두6333 판결.

는 것으로서, 처분행정청은 재결에 기속되어 재결의 취지에 따른 처분의무를 부담하게 되므로 이에 불복하여 행정소송을 제기할 수 없다.[51)]

인가받은 정비사업조합은 조합원에 대한 법률관계에서 특수한 존립목적을 부여받은 특수한 행정청 겸 행정주체로서 관할 행정청의 감독 하에 그 존립 목적인 특정한 공공사무를 행하는 범위 내에서는 공법상의 권리의무 관계에 서 있는 공법인의 지위에 있으므로, 행정심판의 인용재결에 대하여 행정소송을 제기할 소의 이익이 없다.[52)] 헌법재판소도 재개발조합이 행정심판의 인용재결에 기속되는 것이 평등원칙에 반하지 않는다고 결정하였다.[53)]

Ⅲ. 부과금

1. 총 설

정비사업비는 정비사업에 소요되는 비용이다. 정비사업비는 법 또는 다른 법령에 특별한 규정(법 94조 2항, 95조 3항)이 있는 경우를 제외하고는 사업시행자가 부담한다(법 92조 1항). 따라서 정비구역 내 토지등소유자가 조합원이 되어 조합을 설립하여 사업을 시행하는 경우에는 공법인인 조합이, 토지등소유자가 20인 미만인 재개발사업에서 토지등소유자 개인이 사업시행자가 되는 경우에는 그 토지등소유자 개인이 각 정비사업비를 부담한다.

조합이 사업시행자인 경우 정비사업비는 조합이 부담하나 종국적으로는 구성원인 조합원이 분담하여야 하므로, 그들의 이익을 보호하기 위하여 정비사업비의 부담시기 및 절차는 정관의 기재사항이고(법 40조 1항 13호),[54)] 정비사업비의 추산액 및 그에 따른 조합원 분담규모 및 분담시기는 관리처분계획의 필수적 기재사항이며(법 74조 1항 6호), 정비사업비의 조합원별 분담내역 및 조합원별 정비사업 비용금액 및 징수방법은 총회의 의결사항이다(법 45조 1항 8호, 12호. 다만, 법 시행령 43조에 의하여 대의원회가 대행가능하다).

조합은 사업시행에 필요한 비용을 충당하기 위하여 정비사업 초기 총회의 의결을 거쳐 공사비 등 정비사업에 소요되는 정비사업비를 조합원에게 일률적으로 부과·징수할 수 있는바, 그 경우 추후 사업시행구역안의 토지 및 건축물 등의 위치·면적·이용상황·환경 등 제반여건을 종합적으로 고려하여 관리처분계획에 따라 공평하게 금액을 조정하여야 한다(국토부 표준정관 34조 2항, 서울 표준정관 35조 2항). 그러나 자력이 부족한 조합원을 고려하여 조합은 정비사업 초기 금융기관 등으로부터 정비사업비를 차입하여 정비사업을 진행하는 것이 일반적이고, 조합원에게 정비사업비를 부과하는 경우는 거의 없다. 공법상 사단(공공조합)인 조합이 정비사업비를 차입하는 경우 조합의 채권자는 조합 외에 조합원에 대하여 직접 채무의 이행을 구할 수는 없다.

정비사업비 추산액 및 그에 따른 조합원 분담규모, 분담시기는 총회의결을 거쳐 수립되는 관리처분계획에서 정해지고, 그 이후 조합은 공사의 진행에 따라 관리처분계획변경절차를 통하

51) 대법원 1998. 5. 8. 선고 97누15432 판결.
52) 대법원 2021. 1. 14. 자 2020두50390 판결 및 서울고등법원 2020. 9. 16. 선고 2020누35587 판결.
53) 헌법재판소 2022. 7. 21. 선고 2019헌바543, 2020헌바199(병합)결정.
54) 청산금의 징수·지급의 방법 및 절차도 정관의 기재사항이고(법 40조 1항 15호), 법 74조 1항에 따른 관리처분계획 및 청산에 관한 사항도 정관의 필수적 기재사항이다(법 시행령 38조 10호).

여 이를 변경한다. 공사가 완료되어 준공인가를 받은 이후 이전고시절차를 거치게 되면, 조합은 개별 수분양조합원들에게 청산금을 부과·징수하게 되는데, 그와 별도로 잔존 정비사업비[총사업비−총수입(조합원의 청산금 합계액+일반분양대금 합계액 등)]가 존재하는 경우, 조합원별 분담 내역에 대한 총회의결을 거쳐 잔존 정비사업비를 개별 조합원들에게 총 종전자산가격 중 해당 조합원의 종전자산가격 비율에 비례하여 부과금을 부과한다(법 93조 1항). 다만 앞서 본 바와 같이 종후자산 평가 시 정비사업비를 참작하여야 하므로, 정비사업비는 종후자산에 반영되어 조합원은 이를 청산금으로 사실상 부담하게 되어 청산금 부과·징수 이후에도 잔존할 가능성은 많지 않다. 조합이 법 93조 1항에 근거하여 개별 수분양조합원들에게 부과하는 정비사업비에 대한 부과금부과처분은 해당 조합원에게 부과금 납부의무라는 별개의 법률효과를 발생시키는 관리처분계획과는 독립된 행정처분이다. 부과금부과처분은 항고소송의 대상이 된다. 따라서 부과금의 존부 자체나 금액에 대하여 다툼이 있는 조합원은 부과금부과처분의 취소 또는 무효확인소송을 제기할 수 있다.

한편 조합은 수분양조합원이 부과금의 납부를 게을리한 때에는 연체료를 부과·징수할 수 있고, 부과금 및 연체료의 부과·징수에 필요한 사항은 정관등으로 정한다(법 93조 2항, 3항). 조합에게 연체료를 부과할 수 있는 권한을 부여하고 있는 점이 청산금과 다른 점이다(법 40조 1항 15호와 비교). 조합은 일반적으로 정관으로 정비사업비, 부과금 및 연체료에 관하여 규정하고 있다(국토부 표준정관 10조 1항 6호, 서울 표준정관 11조 1항 6호). 조합은 조합원에게 부과금을 특정시점까지 납부하고, 만일 이를 납부하지 않는 경우 연체료를 부담한다는 내용으로 부과금부과처분을 하게 된다(서울 표준정관 35조 3항). 조합원이 부과금부과처분을 받고도 부과금 및 연체료를 납부하지 아니하는 경우, 조합은 시장·군수에게 그에 대한 징수를 위탁할 수 있다(법 93조 4항).

위와 같이 부과금부과처분은 관리처분계획의 집행행위로서 원칙적으로 이전고시 이후 이루어져야 한다. 그러나 실무에서는 정관을 통한 분양계약제도의 도입으로 관리처분계획인가 이후 체결되는 분양계약을 통하여 이전고시일까지 조합원이 조합에 여러 차례에 걸쳐 분양대금을 납부함으로써 사실상 청산금뿐만 아니라 부과금에 대한 징수가 이루어지고, 이전고시 이후 조합에 의한 부과금부과처분 및 시장·군수에 의한 부과금 징수는 예외적이다. 이하에서는 부과금과 관련한 법률관계를 법령의 내용을 중심으로 살펴보되, 조합이 일반적으로 정관으로 채택하고 있는 표준정관의 내용에 대하여도 함께 살펴본다.

2. 부과금부과처분의 요건 및 내용

가. 절차적 요건

정비사업비의 추산액(재건축사업의 경우에는 재건축이익환수법상의 재건축부담금에 관한 사항 포함) 및 그에 따른 조합원 분담규모 및 분담시기는 관리처분계획의 필수적 기재사항이므로, 조합은 정비사업비와 관련한 위 내용에 관하여 조합원 100분의 20 이상이 출석한 총회에서 조합원 과반수의 찬성으로 의결하여야 한다. 한편 법 45조 1항 8호가 정비사업비의 조합원별 분담내역을 별도의 총회의결사항으로 규정하고 있으므로, 조합은 정비사업에서 발생하는 수입을 반영한 전체 정비사업비에 대한 조합원별 분담내역에 관하여 조합원 과반수의 출석과 출석 조합원 과반수의 찬성으로 의결하여야 한다. 이는 정비사업비가 조합원의 권리·의무에 미치는 영향을 고려하여 그 이익을 보호하기 위함이다.

정관에 의하여 분양계약제도가 인정되므로, 사업시행자는 관리처분계획 수립 후 체결되는 분양계약을 통하여 부과금 징수가 가능하도록 추산 정비사업비에 대한 조합원 분담규모 및 분담시기 외에 조합원별 정비사업비 분담내역이 관리처분계획 수립 총회에서 함께 의결되는 것이 일반적이다. 실무상 관리처분계획 수립 총회에서 정비사업비의 조합원별 분담내역에 대한 의결이 함께 이루어졌는지 여부가 다투어지고 있음은 앞서 본 바이다. 관리처분계획의 필수적 기재사항인 조합원의 정비사업비 분담규모는 조합원이 전체적으로 정비사업비를 부담할 규모가 얼마인가에 관한 대강의 내용을 정한 것임에 반해, 정비사업비의 조합원별 분담내역은 보다 세분화된 분담 관련 내역을 의미하므로, 반드시 별도의 의안 상정절차를 거쳐 총회의결이 이루어져야 한다(자세한 내용은 제8편, 제4장 Ⅳ. "5. 청산금, 부과금과 분양계약" 참조). 조합이 이전고시 이후 조합원에 대하여 정비사업비를 부과금으로 부과하기 위해서도 반드시 관리처분계획과 별도로 정비사업비의 조합원별 분담내역에 대한 총회의결이 이루어져야 한다.

사업비는 조합원에게 중대한 부담이 되므로, 국토부 표준정관 21조 4호는 정비사업비의 사용계획 등 예산안은 총회의 의결사항으로 규정하고 있고, 21조 3호는 부과금의 금액 및 징수방법에 대하여도 총회의 의결사항으로 규정하고 있으며, 34조 2항, 3항도 정비사업비는 총회의결을 거쳐 부과하되, 조합은 납부기한 내에 정비사업비를 납부하지 아니한 조합원에 대하여는 금융기관에서 적용하는 연체금리의 범위 내에서 연체료를 부과할 수 있다고 규정하고 있다.

나. 부과금부과처분의 내용

(1) 잔존 정비사업비의 내용

잔존 정비사업비는 정비사업에 소요된 비용과 정비사업의 시행과정에서 발생한 수입[조합원분양에 따른 분담금 및 일반분양대금(아파트 및 상가 분양, 공동주택 중 임대주택 분양) 등]의 차액이다.

정비사업비에는 설계비, 철거비, 시공비, 감리비, 보상비(국·공유지 매입비, 현금청산대상자에 대한 손실보상비, 주거이전비 등), 각종 사업경비[조합운영비, 외주용역비(재건축진단용역비, 행정용역비, 감정평가비, 지적측량비, 지질조사비), 각종 금융비용, 보존등기비용 등], 각종 영향평가비용, 각종 부담금, 조세 등이 있다. 시장·군수등은 조합 등 사업시행자가 시행하는 정비사업의 정비계획에 따라 설치되는 도시·군계획시설 중 대통령령으로 정하는 주요 정비기반시설(도로, 상·하수도, 공원, 공용주차장, 공동구, 녹지, 하천, 공공공지, 광장 등) 및 공동이용시설, 임시거주시설에 대하여는 그 건설에 드는 비용의 전부 또는 일부를 부담할 수 있는바(법 92조 2항, 법 시행령 77조), 시장·군수등이 비용을 부담한 부분은 정비사업에 소요된 비용에서 제외된다.

(2) 부과금부과처분의 기준

조합원에게 부과금을 부과함에 있어서는 정비구역안의 토지 및 건축물(종전자산) 등의 위치·면적·이용상황·환경 등 제반여건을 종합적으로 고려하여 관리처분계획에 따라 공평하게 금액을 조정하여야 한다(국토부 표준정관 34조 2항). 사업시행자는 정비사업비 총액에 대하여 전체 수분양조합원의 종전자산 평가액 중 해당 조합원의 종전자산 평가액이 차지하는 비율을 곱한 금액을 부과금으로 부과하게 된다.[55)]

3. 부과금 징수상의 특칙

사업시행자는 부과금 또는 연체료를 체납하는 자가 있는 때에는 시장·군수등에게 그 부과·징수를 위탁할 수 있고, 그 경우 시장·군수등은 지방세 체납처분의 예에 따라 부과·징수할 수 있다. 이 경우 사업시행자는 징수한 금액의 100분의 4에 해당하는 금액을 해당 시장·군수등에게 교부하여야 한다(법 93조 4항, 5항).

사업시행자가 조합원에 대하여 부과금부과처분을 하였으나, 조합원이 부과금(연체료)을 납부하지 아니하는 경우, 우선적으로 시장·군수등에게 부과금(연체료) 징수 위탁을 하여야 하고, 만일 시장·군수등이 이를 거절하면 조합원을 상대로 부과금(연체료)의 지급을 구하는 공법상 당사자소송을 제기할 수 있다. 이는 청산금과 동일하다. 부과금의 징수 위탁을 할 때에도 따로 총회의결을 거쳐야 하는지 여부가 문제되나, 시장·군수에게 청산금이나 부과금의 징수 위탁을 하기 위해 총회의결을 거쳐야 한다고 볼 근거가 없다.[56)]

사업시행자가 시장·군수등에게 징수 위탁하지 않고 곧바로 부과금 또는 연체료의 지급을 구하는 공법상 당사자소송을 제기한 경우에는 권리보호의 이익이 없어 부적법하므로 각하하여야 할 것이다. 시장·군수등의 부과금 또는 연체료 징수 위탁 거부행위는 재량행위이고, 시장·군수등이 징수 위탁을 거부하였다고 하더라도 특별한 사정이 없는 한 재량권을 일탈·남용한 위법이 있다고 볼 수도 없다. 이 부분도 앞서 본 청산금과 동일하다.

4. 소멸시효

가. 쟁 점

청산금에 대하여는 법 90조 3항으로 이전고시일의 다음 날부터 5년간 행사하지 아니하면 소멸한다고 규정하고 있으나, 법은 부과금에 대하여는 단기 소멸시효 규정을 두고 있지 않다. 따라서 부과금에 대한 소멸시효의 기산점은 언제인지, 청산금 규정을 유추적용하여 5년의 시효기간을 인정할 수 있는지 등이 다투어진다.

나. 판 례

하급심 판례는 이전고시일로부터 약 8년이 경과한 후 부과금의 지급을 구한 사안에서, 민법 162조 제1항을 유추하여 10년의 소멸시효기간이 적용되고, 그 소멸시효기간은 민법 166조 1항

---

55) 민법 711조는 민법상 조합에서 조합원은 손익분배의 비율을 조합계약에서 따로 정하지 아니한 때에는 각 조합원의 출자가액에 비례하여 이를 정한다고 규정하고 있는바, 정비사업 조합원으로서는 위와 같이 사실상 정비사업비에 대하여 전체 종전자산 평가액 중 자신의 종전자산 평가액이 차지하는 비율 상당을 부담하는 점에서 민법상 조합원과 유사하나, 민법상 조합원은 민법 712조에 의하여 제3자인 채권자에 대하여 직접 책임을 부담함에 반해, 정비사업의 조합원은 제3자에 대하여 직접적인 책임은 없다.

56) 대법원 2023. 7. 13. 선고 2022두55562 판결 및 서울고등법원 2022. 7. 20. 선고 2021누54646(본소) 등 판결 등.

에 따라 그 권리를 행사할 수 있는 시점부터 진행된다고 보아야 하는바, 피고가 주장하는 소멸시효기산일인 이전고시일로 하더라도 소멸시효가 경과되기 전에 소가 제기되었다는 이유로 피고의 소멸시효 항변을 배척하였다.[57] 다만 그 상고심은 '원심(원고 주장의 부과금 지급의무를 인정하고, 피고 주장의 소멸시효, 상계 등에 관한 주장을 배척함)의 이유 설시에 일부 적절하지 않은 부분'이 있으나 조합원의 부과금 지급의무를 인정한 원심의 결론은 정당하다고 판시하였다.[58] 이유 설시에 일부 적절하지 않은 부분이 있다는 것이 부과금 지급의무, 상계 또는 소멸시효 중 어디에 해당하는지 명확하지 않다. 나아가 소멸시효에 해당하는 것으로 본다면, 대법원의 견해가 소멸시효기간 기산점을 이전고시일의 다음 날로 하는 것인지, 소멸시효기간을 5년으로 하는 것인지(청산금의 소멸시효에 관한 90조 3항의 유추적용) 또는 민법상의 일반원칙인 10년으로 하는 것인지 현재로서는 정확히 알기는 어렵다.

다. 결 론

명문의 규정이 없는 경우 단기의 소멸시효기간을 선뜻 유추적용할 수는 없으므로, 부과금의 소멸시효기간은 민법 162조 1항에 따라 10년의 소멸시효기간이 적용된다고 보아야 한다.

소멸시효의 기산점은 이전고시 전후를 불문하고 부과처분에서 정한 납부일 다음 날로 하되, 이전고시 이후로서 납부일을 정하지 아니한 경우에는 이전고시 다음 날로 보아야 할 것이다.

57) 서울고등법원 2022. 7. 20. 선고 2021누54646(본소), 2021누54653(반소) 판결.
58) 대법원 2023. 7. 13. 선고 2022두56562(본소), 2022두56579(반소) 판결.

제2장 해산 및 청산

제1절 이전고시 이후 조합 운용과 조합원의 지위

Ⅰ. 이전고시 이후 조합 및 조합원의 지위

이전고시 이후에도 사업시행자인 조합은 잔존 목적사업을 완수하고 해산을 거쳐 법인청산이 완료될 때까지 존립목적 범위 내에서 그 법인격을 유지하게 되고, 아울러 조합원의 지위 역시 그 한도에서 계속 유지되고 있다.

사업시행자의 잔존 목적사업으로는 이전고시에 따라 조합원에게 소유권보존등기를 마쳐 주어야 하고, 일반수분양자들에게 자신의 명의로 소유권보존등기 후 소유권이전등기를 경료하여 주어야 하며, 조합원들과 사이에 청산금 및 부과금 정산 등을 하여야 하고, 시공자에 대한 잔존 공사대금의 지급 및 정산, 하자보수의 청구 등도 이전고시 이후 이루어진다.

사업시행자는 다음에서 살펴보듯이 이전고시일로부터 3개월 이내에 이전고시 관계 서류 등을 구청장에게 인계하여야 한다(서울시 조례 88조). 세금 정산이나 환급 등의 세무처리를 비롯한 관할 행정청과의 잔존 행정업무를 처리해야 하고, 일조권 및 공사과정에서의 손해배상청구소송을 비롯한 인근 주민들과의 각종 법적 분쟁에 대한 처리도 필요하다. 그리고 조합장을 비롯한 조합임원에 대한 보수나 성과급 등의 지급과 관련한 처리도 필요하다. 사업시행자가 위와 같은 잔존 업무를 처리함에는 상당한 기간이 소요된다.

Ⅱ. 종후자산 양도와 조합원 지위의 이전 여부

1. 이전고시 이전 종전자산의 양도와 조합원 지위 당연이전(긍정)

제4편 제5장 제1절 Ⅲ. 2. 다. "(2) 토지등 양도 시의 조합원 지위 이전 여부"에서 살펴본 바와 같이 조합원 지위 자동승계에 관한 법 129조, 조합원 교체에 관하여 정관으로 정하도록 규정하고 있는 법 40조 1항 3호, 이에 따라 조합원의 권리이전에 관한 국토부 표준정관 9조 5항, 11조 1항에 의하여 이전고시가 있기 전까지 조합원이 정비사업 시행 중에 종전자산의 소유권을 양도할 경우 그에 따라 조합원으로서의 지위 내지 권리·의무도 당연히 이전·승계되고[단 투기과열지구에서의 조합설립인가 이후(재건축), 관리처분계획인가 이후(재개발) 양도 시 양수인은 원칙적으로 조합원 지위 취득 불가, 투기과열지구에서 이미 수분양받은 자의 5년 내 투기과열지구에서 수분양

불가], 사업시행 과정에서 종전자산이 멸실되는 경우와 같은 예외적인 경우를 제외하면 소유권과 조합원으로서의 지위를 분리하여 양도하는 것을 상정할 수 없다.

2. 이전고시 이후 종후자산의 양도와 조합원 지위 당연이전(부정)

가. 조합원 지위 당연이전 부정

수분양조합원은 이전고시일 다음 날 종후자산에 대한 소유권을 취득한다. 그 이후에도 조합은 해산을 거쳐 청산이 완료될 때까지 그 존립목적의 범위 내에서 법인격을 유지하게 되고, 조합원의 지위 역시 유지된다. 다만 앞서의 종전자산의 양도와 조합원 지위 당연이전의 근거규정들은 이전고시 이전 종전자산의 양도에 적용될 뿐, 이전고시 이후 종후자산의 양도에는 적용될 수 없고, 이전고시 이전과는 달리 이전고시 이후에는 반드시 조합원의 지위와 분양받은 대지 또는 건축물의 소유권을 결부지어 조합 사무를 처리할 필연성이 없으므로, 이전고시 이후 조합원이 종후자산을 처분하는 경우에는 조합원의 지위가 당연 승계되는 것은 아니다.[1] 그 경우 종후자산인 아파트의 소유자와 청산금부과(결정)처분 또는 부과금부과처분의 대상인 조합원 지위는 별도로 분리된다.

나. 사적자치의 원칙(원칙적 조합원 지위 이전 부정)

(1) 종후자산의 소유권을 취득한 조합원이 종후자산의 소유권만을 조합원의 지위와 별도로 처분하는 것을 금지할 특별한 근거가 없는 이상 사적 자치의 원칙에 따라 이는 당연히 허용된다. 따라서 이전고시 이후 조합원은 종후자산과 조합원 지위를 별개로 양도할 수 있고, 나아가 종후자산을 제3자에게 양도한다 하더라도, 조합원의 지위는 양도인이 계속 유지하는 것이 원칙이라 할 것이다.

(2) 다만, 종후자산의 처분에 따른 조합원 지위가 양도되는 경우의 요건에 대하여 살펴본다. 법 49조는 조합에 관하여는 이 법에 규정된 것을 제외하고는 민법 중 사단법인에 관한 규정을 준용한다고 규정하고 있다. 민법 56조는 사단법인의 사원의 지위는 양도 또는 상속할 수 없다고 규정하고 있고, 민법 40조 6호는 사단법인의 사원자격 득실 변경은 정관에 기재해야 할 사항이라고 기재되어 있으므로, 위와 같은 민법상 사단법인 사원의 지위 및 그 득실 변경에 관한 일반 법리에 따라 종전 조합원과 제3자 사이에 조합원의 지위승계에 관한 개별 특약을 하고, 제3자가 조합에 대하여 조합원으로서의 지위를 승계한 사실을 신고하는 등의 조합 정관(국토부 표준정관 52조 1항 및 2항은 조합원은 조합원의 자격 등을 양도한 경우에는 조합에 변동 신고를 하여야 하고, 위 규정에 의하여 양수자는 확정일자가 있는 증서를 첨부하여 조합에 통지하여야 하며, 조합에 통지한 이후가 아니면 조합에 대항할 수 없다)상의 절차를 이행한 경우에는 제3자에게 조합원으로서의 지위도 함께 이전된 것으로 보아야 한다.[2] 이전고시 이후 종후자산의 소유자인 조합원이 자신의 종후자산을 처분하였다 하더라도, 위와 같은 특별한 요건이 구비되었음이 증명되지 않는 한 조합원의 지위는 여전히 양도인에게 있으므로, 조합은 총회를 개최함에 있어 양도인에게 총회소집통

---

1) 대법원 2024. 4. 25. 선고 2022두52874 판결.

2) 대법원 2003. 9. 26. 선고 2001다64479 판결(재개발).

지 등을 하여야 하고, 의사 및 의결정족수의 산정에 있어서도 양도인을 기준으로 하여야 한다.[3)]

제2절 해산 및 청산

Ⅰ. 해 산

1. 총 설

해산이란 조합 등 사업시행자가 본래의 정비사업 목적 활동을 중단하고 청산절차로 들어가는 것을 말한다. 정비사업은 원칙적으로 토지등소유자가 조합원이 되어 종전자산을 출자하고 공사비 등을 투입하여 신 주택 등을 건축한 다음 이를 분배하는 공용환권을 목적으로 하는 사업이므로, 이전고시가 이루어지면 사업시행자인 조합은 사업이 완료되어 더 이상 존속할 필요가 없어 해산으로 나아간다.[4)]

종래 도시정비법은 조합의 해산에 관한 사항은 정관의 필수적 사항이고(법 40조 1항 18호, 법시행령 12호), 총회의 의결사항(법 45조 1항 13호, 법시행령 42조 1항 1호)이나, 사업완료로 인한 해산의 경우에는 대의원회가 총회의 권한을 대행할 수 있다(법 46조 4항, 법 시행령 43조 10호 단서)고만 규정하고 있었다. 조합은 일반적으로 정관에 준공인가를 받은 날로부터 1년 이내에 이전고시 및 건축물 등에 대한 등기절차를 완료하고 총회를 소집하여 해산 의결을 하여야 한다고 규정하고 있다(국토부 표준정관 61조 1항).

실무상 위 정관 규정을 준수하지 않는 조합이 빈번하자, 서울시의 경우 2019. 9. 26. 조례 개정으로 시장은 이전고시로부터 1년이 경과한 조합으로, 조합임원의 부재 등 법 41조 5항 단서의 사유로 청산 및 해산의 진행이 곤란하다고 인정되는 조합의 해산을 위하여 전문조합관리인을 선정하도록 구청장에게 권고할 수 있고, 시장은 매년 이전고시를 받은 날로부터 1년이 경과한 조합을 대상으로 법 111조 2항에 따라 해산과 관련한 자료의 제출을 명할 수 있다는 규정(서울시 조례 24조의2)을 신설하였다. 그러나 이는 주로 조합임원이 부재하는 경우를 규율하나, 준공인가, 이전고시를 거치는 등으로 정비사업이 사실상 완료되었고 위와 같은 정관 규정이 존재함에도 불구하고, 조합임원이 조합을 해산하지 않은 채 고액의 급여를 받으며 운영비를 계속하여 지출하는 문제로 조합원간의 갈등이 유발되었고, 실제로 조합임원이 고의로 조합 해산을 지연시키기도 하였으며, 이로써 조합이 해산을 거쳐 청산을 통하여 조합원들에게 분배될 청산금이 분배되지 못하는 문제가 지속적으로 대두되었다. 도시정비법에는 해산 등과 관련한 행정청의 관여나 감독 규정이 없었고, 도시정비법이 준용되는 민법 95조에 의하여 법원이 이를 감독하나, 그 한계가

3) 서울고등법원 2021. 8. 12. 선고 2020누60217 판결(확정) 및 서울행정법원 2020. 9. 25. 선고 2019구합2183 판결.

4) 종래 구 도시정비법이 2012. 2. 1. 개정되면서 16조의2 1항이 신설되어 조합 설립에 동의한 조합원의 2분의 1 이상 3분의 2 이하의 범위에서 시·도 조례로 정하는 비율 이상의 동의 또는 토지등소유자 과반수의 동의로 조합의 해산을 신청하는 경우, 시장·군수는 조합설립인가를 취소하여야 한다고 규정하여 정비사업의 목적 달성 이전에 사실상 해산이 가능하였으나(다만 위 규정은 2014. 1. 31.까지만 유효하였다), 위 유효기간이 경과된 이후인 2017. 2. 8. 법의 전부개정으로 위 규정이 폐지되었다.

있었다.[5)]

이에 대한 대책으로 도시정비법은 2022. 6. 10.자 개정으로 해산과 관련한 86조의2를 신설하였다. 또한 정관의 필수적 기재사항인 정비사업이 종결된 때의 청산절차에는 반드시 86조의2에 따른 조합의 해산 이후 청산인의 보수 등 청산 업무에 필요한 사항도 포함하도록 규정하였고(법 40조 1항 14호), 86조의2에 따른 조합의 해산을 총회의 의결사항으로 규정하였으며(법 45조 1항 10의2호. 조합 해산 시의 회계보고는 종래 11호에서 규정하고 있었으나, 이를 10의2호로 옮겨 함께 규정하였다. 법 45조 1항 13호, 법 시행령 42조 1항 1호가 조합의 해산에 관한 사항을 총회의 의결사항으로 규정하고 있으나, 그 특칙으로 규정한 것이다), 행정청이 86조의2에 따라 해산한 조합의 청산 업무의 원활한 시행을 감독하기 위하여 청산인 등에게 보고나 자료제출을 요구할 수 있다고 규정하였다(법 111조 2항).

시장·군수등은 정비사업의 투명성 강화 및 효율성 제고를 위하여 시·도 조례로 정하는 정비사업(서울시 조례는 조합이 시행하는 정비사업을 대상으로 규정하고 있다, 73조)에 대하여 사업시행과정을 지원하거나 토지주택공사등에 공공지원을 위탁할 수 있는바, 그와 같은 공공지원자의 업무범위 중 조합 해산 준비업무에 관한 지원도 포함된다(법 118조 2항 6호, 서울시 조례 75조 9호). 조합장은 위 공공지원자에게 조합해산계획 및 추진사항에 관한 자료를 제출하여야 한다(서울시 조례 86조 4호).

이하에서는 86조2를 중심으로 자세히 살펴본다.

2. 해산시기 및 절차

가. 해산시기

이전고시를 거치는 등으로 정비사업이 사실상 완료되었음에도, 조합이 해산되지 아니한 채 갈등이 유발되는 것을 방지하기 위하여 법 86조의2가 신설되었다. 조합장은 이전고시가 있은 날부터 1년 이내에 조합 해산을 위한 총회를 소집하여야 하고(1항), 조합장이 위 기간 내에 총회를 소집하지 아니한 경우 조합원 5분의 1 이상의 요구로 소집된 총회에서 조합원 과반수의 출석과 출석 조합원 과반수의 동의를 받아 해산을 의결할 수 있다. 이 경우 요구자 대표로 선출된 자가 조합 해산을 위한 총회의 소집 및 진행을 할 때에는 조합장의 권한을 대행한다(2항).

시장·군수등은 조합이 정당한 사유 없이 1항 또는 2항에 따라 해산을 의결하지 아니하는 경우에는 조합설립인가를 취소할 수 있다(3항).[6)] 조합장이 이전고시가 있은 날부터 1년 이내에 조합 해산을 위한 총회를 소집하지 아니하여 조합원 5분의 1 이상의 요구로 소집된 총회에서 해산의결이 부결되는 경우는 정당한 사유에 해당한다.

위 규정에 대하여 조합은 이전고시 이후 잔존 목적사업을 완수한 이후에 해산하여야 하나,

---

5) 법 49조는 조합에 관하여는 이 법에 규정된 사항을 제외하고는 민법 중 사단법인에 관한 규정을 준용한다고 규정하고 있다. 이에 따라 청산인이 될 자가 없거나 청산인의 결원으로 인하여 손해가 생길 염려가 있는 때에는 법원이 청산인을 선임할 수 있고(민법 83조), 중요한 사유가 있는 때에는 법원이 청산인을 해임할 수 있으며(민법 84조), 조합의 해산 및 청산은 법원이 검사, 감독한다(95조).

6) 시장·군수등이 위 3항에 따라 조합설립인가를 취소하려는 경우에는 반드시 청문절차를 거쳐야 한다(법 121조 1호). 이는 법이 2022. 6. 10. 개정되면서 새롭게 규정되었다.

1년이라는 의무기한 때문에 졸속으로 잔존 목적사업을 수행할 수밖에 없고, 그 과정에서 조합원들의 재산권이 오히려 침해되는 결과가 초래될 수 있다는 비판이 있다.

조합이 해산의결하거나 조합설립인가처분이 취소되면 조합은 청산사무가 종료될 때까지 청산의 목적범위 내에서 권리·의무의 주체로서 잔존하게 된다.

나. 해산절차

(1) 회계보고

조합을 해산하기 위해서는 회계보고를 하여야 하고, 이는 총회의 의결절차를 거쳐야 한다(법 45조 1항 10의2호). 왜냐하면 해산 시까지의 회계는 조합원들의 이해관계에 중대한 영향을 미치는 내용이기 때문에 법 제정 시부터 총회의 의결사항으로 규정하고 있었다.

(2) 총회의결 또는 대의원회 의결

(가) 사업완료로 인한 해산의 대의원회 의결 가능

① 조합의 해산에 관한 사항은 정관사항 겸 총회의 의결사항이나(법 45조 1항 13호, 시행령 42조 1항 1호), 사업완료로 인한 해산의 경우에는 대의원회가 총회의 권한을 대행할 수 있다(법 46조 4항, 법 시행령 43조 10호 단서).

그 취지는 정비사업이 완료되어 준공인가 이후 조합원이 종후자산인 아파트에 입주하게 되면 정비사업에 대한 관심이 떨어져 총회성립요건(조합원 과반수 출석, 10분의 1 이상의 직접 출석)을 갖추는 것이 용이하지 않고, 정비사업이 완료된 이후의 총회에서의 해산의결은 형식적 의미가 큰데 반해 총회 개최에 상당한 시간적, 경제적 비용이 소요되므로 대의원회가 이를 대행할 수 있도록 한 것이다.

국토부 표준정관은 조합의 해산에 관한 사항은 총회의 의결사항으로 하면서도, 사업완료로 인한 해산은 명시적으로 제외하고 있다(국토부 표준정관 21조 12호). 한편, 서울 및 부산 표준정관은 조합의 해산에 관한 사항을 총회의 의결사항으로 하면서 사업완료로 인한 해산을 제외하지 아니하고 있다(서울 표준정관 21조 12호). 총회의결의 경우 조합원 과반수 출석으로 개의하고 출석조합원의 과반수 찬성으로 의결한다.

② 대의원회 의결로 대행이 가능하기 위해서는 사업완료가 요건인바, 사업완료의 의미가 무엇인지 문제된다.

대법원은 사업완료는 조합이 이전고시 이후 조합원들에 대하여 소유권보존등기를 경료하여 주는 것을 의미하고, 설령 예산집행에 대한 결산이 종료되지 않았다고 하여 달리 볼 것은 아니라고 판시하고 있다.[7] 법인은 해산되더라도 청산의 목적범위 내에서는 여전히 권리·의무의 주체가 되고, 조합의 예산집행에 대한 결산 등은 청산과정에서도 가능하므로, 위 판례의 견해가 타당하다.

---

7) 대법원 2007. 1. 11. 선고 2005다63542 판결.

㈏ 법 86조의2와 법 46조 4항(법 시행령 43조 10호 단서)과의 관계

앞서 본 바와 같이 법 86조의2는 조합장은 이전고시가 있은 날부터 1년 이내에 조합 해산을 위한 총회를 소집하여야 하고, 조합장이 위 기간 내에 총회를 소집하지 아니한 경우 조합원 5분의 1 이상의 요구로 소집된 총회에서 조합원 과반수의 출석과 출석 조합원 과반수의 동의를 받아 해산을 의결할 수 있다고 규정하고 있으나, 사업완료로 인한 해산의 경우에는 대의원회가 총회의 권한을 대행할 수 있다(법 46조 4항, 법 시행령 43조 10호 단서)고 규정하고 실제로 정관에서 사업완료로 인한 해산은 총회의 의결사항이 아니라 대의원회의 의결사항으로 규정하고 있는 조합도 있으므로, 그 양립가능성과 관련하여 다툼이 있다.

사업완료로 인한 해산은 총회의 의결사항이 아니라 대의원회의 의결사항으로 한 정관 규정은 유효하고, 그 경우 총회에서 의결의 원칙적으로 허용되지 아니한다(제4편 제5장 제3절 Ⅳ. 대의원회 참조). 그러나 그에 따른 원활한 조합해산이 이루어지지 않고 조합임원이 고의로 조합 해산을 지연시키는 경우의 대책으로 법 86조의2가 도입된 점, 법 45조 1항 13호, 법 시행령 42조 1항 1호가 조합의 해산에 관한 사항을 총회의결사항으로 규정하고 있고, 법 시행령 43조 10호가 법 시행령 42조 1항 1호의 해산에 관한 사항을 대의원회가 대행할 수 없는 사항으로 규정하면서도, 단서로 사업완료로 인한 해산의 경우는 제외한다고 규정하고 있으나, 이와 별개로 법은 45조 1항 10의2호로 법 86조의2를 총회의결사항으로 규정한 점 등을 종합하여 보면, 설령 조합 정관에 사업완료로 인한 해산은 총회의결사항이 아니라 대의원회 의결사항으로 규정하고 있다 하더라도, 조합장은 이전고시 이후 1년 이내에 대의원회를 소집하여 해산의결이 가능하되, 조합 해산을 위한 총회를 소집하여 총회의결을 통하여 해산하는 것도 가능하고, 후자는 의무로 부과된다. 또한 사업완료로 인한 해산이 대의원회 의결사항으로 규정되어 있다 하더라도, 조합장이 이전고시일로부터 1년 이내에 해산을 위한 총회를 소집하지 아니하는 경우 86조2 2항에 의하여 조합원들이 스스로 5분의 1 이상의 요구로 총회를 개최하여 해산을 의결할 수 있다[법령 및 정관은 조합원 5분의 1 이상의 요구가 있음에도 조합장이 2월 이내에 정당한 이유 없이 총회를 소집하지 아니하는 때에는 감사가 지체 없이 총회를 소집하여야 하고, 감사가 소집하지 아니하는 때에는 소집을 요구한 자의 대표가 시장·군수의 승인을 얻어 이를 소집한다고 규정하고 있으나(법 40조 1항 10호, 11호, 국토부 표준정관 20조 4항, 5항, 서울 표준정관 20조 4항, 5항), 86조의 2 1항 및 2항의 규정 취지에 비추어 조합원 5분의 1 이상의 요구가 있음에도 조합장이 지체 없이 총회를 소집하지 아니하는 때에는 곧바로 소집을 요구한 자의 대표가 시장·군수의 승인을 얻어 이를 소집할 수 있고, 요구자 대표로 선출된 자가 조합 해산을 위한 총회의 소집 및 진행을 할 때에는 조합장의 권한을 대행한다고 해석함이 타당하다(86조의2 2항 후문)]. 나아가 조합원 10분의 1 이상이 이를 목적사항으로 하여 조합장에게 대의원회 소집을 청구할 수 있고(조합장이 해당 일부터 14일 이내에 대의원회를 소집하지 아니한 때에는 감사가 지체 없이 이를 소집하여야 하며, 감사도 소집하지 아니하는 경우 소집을 청구한 사람의 대표가 소집하고, 그 경우 미리 시장·군수등의 승인을 받아야 한다. 국토부 표준정관 24조 5항 1호, 법 시행령 44조 4항, 5항), 그에 따라 소집된 대의원회에서 사업완료로 인한 해산을 의결하는 것도 가능하다.

(다) 해산총회 결의의 내용

조합 총회가 해산을 결의하는 경우 청산인을 선임할 수 있다. 나아가 다음에서 살펴보듯이 조합의 해산 이후 청산인의 보수 등 청산 업무에 필요한 사항은 반드시 정관에 기재되어야 할 사항인바(법 40조 14호), 서울 표준정관은 청산인의 권리·의무·보수 기타 청산인에 관하여 필요한 사항 및 청산위원회의 운영에 필요한 사항(청산위원회 의결사항 및 의결방법 등 포함)은 해산총회에서 미리 의결하여야 한다고 규정하고 있으므로, 위 정관에 의하는 경우 해산총회에서 이를 반드시 의결하여야 한다. 청산 종결 후의 조합의 채무나 잔여재산이 있는 경우의 처분방법을 해산총회에서 결의할 수 있다(서울 표준정관 62조 4항).

(라) 총회결의나 대의원결의의 하자

소집절차나 내용상의 하자, 정족수의 하자 등으로 해산을 의결한 총회결의나 대의원결의에 대하여 추후 무효확인 판결이 확정되면, 설령 후속행위로 해산등기 및 청산절차까지 모두 완료되었다 하더라도, 효력이 없다.

(3) 해산등기 및 신고

해산 의결 당시 청산인으로 선임된 자(청산인에 관한 자세한 내용은 청산에서 살펴본다)는 취임 후 3주간 내에 해산의 사유 및 연월일, 청산인의 성명 및 주소와 청산인의 대표권을 제한한 때에는 그 제한을 등기하여야 한다(법 49조, 민법 85조 1항). 다만, 위와 같은 해산등기는 민법 54조 1항에 따른 대항요건에 해당한다. 또한 청산인으로 선임된 자는 위 기간 내에 위 사항을 주무관청에 신고하여야 한다(법 49조, 민법 86조 1항).

3. 해산의 효과

조합이 해산되더라도 법인격이 소멸되는 것이 아니고 청산절차로 진행하게 된다. 조합의 해산은 법원이 검사, 감독한다(도시정비법 49조, 민법 95조). 조합이 해산되면 청산법인으로서 청산을 위한 목적 범위에서 존속하게 된다.

Ⅱ. 청 산

1. 의 의

청산이란 조합 등 사업시행자와 관련된 모든 법률관계를 종료시키고 재산관계를 정리하고 이를 분배하는 절차를 말한다. 조합이 해산되면 청산법인으로서 청산을 위한 목적 범위에서 존속하게 된다(도시정비법 49조, 민법 81조). 해산 후 청산 중의 법인이라고 하더라도 청산의 목적 범위 내에서는 권리능력이 있다.[8] 일반적으로 조합은 정관에 사업기간을 조합설립등기일부터 청산종결등기일까지로 한다고 규정하고 있다(서울 표준정관 7조).

앞서 본 바와 같이 정비사업이 종결된 때의 청산절차는 반드시 정관에 기재하여야 할 사항이

8) 대법원 2007. 9. 21. 선고 2005다67896 판결.

다(법 40조 14호). 특별히 조합의 해산 이후 청산인의 보수 등 청산 업무에 필요한 사항은 반드시 정관에 기재되어야 한다(위 14호 괄호). 이는 법이 2023. 12. 26. 개정되면서 도입되었다. 이와 관련하여 서울 표준정관은 이를 해산총회에서 의결하여야 한다고 규정하고 있음은 앞서 본 바이다. 법 49조는 조합에 관하여는 이 법에 규정된 사항을 제외하고는 민법 중 사단법인에 관한 규정을 준용한다고 규정하고 있으므로, 민법상의 청산규정이 적용된다.

2. 청산인

가. 청산인

조합은 해산의결 당시 별도의 청산인에 대한 선임결의가 있으면 해당하는 사람이, 선임결의가 없다면 조합장이 대표청산인이 되고, 이사가 청산인이 된다(서울 표준정관 61조 3항 본문). 다만, 해산 총회에서 시장·군수(서울은 자치구청장)에게 대표청산인이 될 전문조합관리인의 선정을 요청하기로 의결한 경우 시장·군수(서울은 자치구청장)가 선정한 전문조합관리인을 대표청산인으로 할 수 있다(서울 표준정관 61조 3항 단서).

해산하는 조합에 청산인이 될 자가 없는 경우에는 민법 83조[9]에도 불구하고 시장·군수등은 법원에 청산인의 선임을 청구할 수 있다(법 86조의2 4항). 서울시의 경우 이전고시로부터 1년이 경과한 조합으로 조합임원의 부재 등으로 해산 및 청산이 곤란하다고 인정되는 조합의 해산을 위하여 시장이 구청장에게 전문조합관리인 선정을 구청장에게 권고할 수 있다(서울시 조례 24조의2).

조합은 청산인 전원으로 청산위원회를 구성한 후 청산인의 업무에 대하여 청산위원회의 의결을 거쳐 집행한다. 다만, 청산위원회는 구체적인 범위를 정하여 대표청산인에게 이를 위임할 수 있다(서울 표준정관 62조 2항). 청산인은 지체 없이 청산의 목적범위에서 성실하게 그 직무를 수행하여야 한다(법 86조의2 5항). 이는 법이 2023. 12. 26. 개정되면서 도입되었다.

나. 해 임

(1) 청산인을 해임할 중요한 사유가 있는 때에는 법원은 직권 또는 이해관계인이나 검사의 청구에 의하여 청산인을 해임할 수 있다(법 49조, 민법 84조). 해산의결 당시 조합원은 이해관계인이다(서울 표준정관 62조 4항).

(2) 앞서 본 바와 같이 '조합임원'에 대하여 법 43조 1항은 '도시정비법을 위반하여 벌금 100만원 이상의 형을 선고받고 10년이 지나지 아니한 자' 등의 결격사유를 열거하고 있고, 2항은 당연퇴임사유를 규정하고 있으며, 4항은 조합임원은 조합원 10분의 1 이상의 요구로 소집된 총회에서 조합원 과반수의 출석과 출석 조합원 과반수의 동의를 받아 해임할 수 있고, 이 경우 요구자 대표로 선출된 자가 해임 총회의 소집 및 진행을 할 때에는 조합장의 권한을 대행한다고 규정하는 등 해임에 관하여 규정하고 있는바, 위 규정이 청산인에도 적용되는지 여부가 문제된다.

---

9) 청산인이 될 자가 없거나 청산인의 결원으로 인하여 손해가 생길 염려가 있는 때에는 법원은 직권 또는 이해관계인이나 검사의 청구에 의하여 청산인을 선임할 수 있다.

청산인의 직무는 현존사무의 종결, 채권의 추심 및 채무의 변제, 잔여재산의 인도 등 청산의 목적 범위 내로 제한되나 조합원에게 미치는 영향이 중대한 점, 해산으로 인하여 조합은 이미 행정주체나 행정청의 지위가 인정되지 아니하는 공법상 단체에 불과하나 동일성이 유지되는 점, 해산의결 당시 별도의 청산인에 대한 선임결의가 없으면 조합장이 대표청산인이 되고, 이사가 청산인이 되는 점 등을 종합하여 보면, 위 규정은 청산인에 대하여도 일응 적용된다 할 것이다.

3. 청산인의 임무 및 감독

가. 청산인의 임무 내용

(1) 일반적 직무

일반적으로 조합은 정관에 청산인의 임무로 현존하는 조합의 사무종결, 채권의 추심 및 채무의 변제, 잔여재산의 처분, 해산등기 및 해산신고, 청산종결의 등기 및 신고, 그 밖에 청산에 필요한 사항이라고 규정하고 있다(서울 표준정관 62조).

청산인은 업무 처리 현황을 인터넷과 그 밖의 방법을 병행하여 공개하여야 하고(법 124조 1항 10호), 서울의 경우 시장이 운영하는 정비사업 종합정보관리시스템(정비사업 정보몽땅)을 이용하여 공개하여야 한다(서울시 조례 69조 4항).[10] 청산인은 종합정보관리시스템을 이용하여 예산·회계와 정보공개 등의 작성된 자료를 등록하여야 한다(서울시 조례 69조 5항).

(2) 채무변제 및 잔여재산의 처분

(가) 잔여재산 분배만이 잔존한 경우 청산절차 요부(긍정)

① 문제의 소재

민법상 조합이 해산된 경우 처리할 잔무가 없고 잔여재산의 분배만이 남아 있을 때에는 따로 청산절차를 밟을 필요 없이 잔여재산을 분배할 수 있는바,[11] 위와 같은 법리가 재개발·재건축조합의 경우에도 유추 적용할 수 있는지 여부가 문제된다.

② 판례(부정)

처리할 잔무 없이 잔여재산의 분배만이 남아 있을 경우 청산절차를 밟을 필요 없이 출자가액에 비례하여 이를 분배한다는 법리는 재개발·재건축조합이 해산된 경우에 적용될 수 없고, 반드시 정관 및 민법 규정에 따라 잔여재산을 분배하여야 한다.[12]

(나) 채무변제 및 잔여재산 처분의 기준

① 도시정비법 49조가 준용하는 민법 80조는 해산한 법인의 재산은 정관으로 지정한 자에게

---

10) 다만, 토지등소유자가 단독으로 시행하는 20인 미만의 재개발사업의 경우에는 제외할 수 있다(서울시 조례 69조 4항 단서).

11) 대법원 2007. 11. 15. 선고 2007다48370, 48387 판결 참조.

12) 대법원 2018. 5. 30. 선고 2017다50440 판결[① 정비사업이 종결된 때의 청산절차는 반드시 정관에 기재하여야 할 사항이고, 조합은 일반적으로 정관으로 조합이 해산하는 경우의 청산에 관한 업무와 채권의 추심 및 채무의 변제 등에 관하여 필요한 사항은 민법의 관계규정에 따른다고 규정하고 있다(표준정관 61조 3항), ② 법은 조합에 관하여 다른 정함이 없는 한 민법 중 '사단법인'에 관한 규정을 준용하고 있고(49조), 민법은 사단법인의 해산과 청산에 관하여 77조 내지 96조로 규정하고 있다].

귀속하되, 정관으로 귀속권리자를 지정하지 아니하거나 이를 지정하는 방법을 정하지 아니한 때에는 청산인은 주무관청의 허가를 얻어 그 법인의 목적에 유사한 목적을 위하여 그 재산을 처분할 수 있으나 사단법인에 있어서는 총회의 결의가 있어야 한다고 규정하고 있다.

② 사업시행자가 잔여재산이나 채무의 귀속에 관한 구체적 기준을 정관이나 관리처분계획 또는 해산 총회에서 의결로 정한 경우에는 그에 따르나, 그와 같은 기준을 마련해 두지 않았다면, 결국 총회결의로 잔여재산의 귀속 또는 분배를 정해야 한다.[13] 해산의결(이전고시 당시를 기준으로 삼을 수 있다) 당시의 조합원에게 분양받은 토지 또는 건축물의 부담비용 등을 종합적으로 고려하여 형평성이 유지되도록 공정하게 배분하여야 한다(서울 표준정관 63조).

나. 감 독

조합의 청산은 법원이 검사, 감독한다(법 49조, 민법 94조, 95조). 한편, 법은 2023. 12. 26.자 개정으로 법 111조 2항 3호를 신설하여 국토부장관 등은 96조의2에 따라 해산한 조합의 잔여재산의 인도 등 청산인의 직무를 성실히 수행하고 있는지를 확인할 필요가 있는 경우에는 청산인 등에게 그 업무에 관한 사항을 보고하게 하거나 자료의 제출, 그 밖의 필요한 명령을 할 수 있도록 하였다. 서울시의 공공지원 및 그에 따른 감독에 관하여는 해산에서 살펴보았다.

4. 청산의 종결

가. 청산 종결등기 및 신고

청산이 종결된 때에는 청산인은 3주간 내에 이를 등기하고 주무관청에 신고하여야 한다.

나. 청산관계 서류 등의 인계

사업시행자는 청산이 종결되면 이전고시 관계서류, 확정측량 관계서류, 청산관계 서류, 등기신청 관계서류, 감정평가 관계서류를 시장·군수등에게 인계하여야 한다(법 125조 2항, 서울시 조례 88조 1항).

13) 대법원 2018. 5. 30. 선고 2017다50440 판결의 파기환송심인 서울북부지방법원 2019. 10. 10. 선고 2018나1894 판결.

제3장 학교용지부담금

Ⅰ. 총 설

1. 학교용지부담금의 의의

학교용지부담금이란 학교용지법[1] 2조 2호가 정한 개발사업에 대하여 시·도지사등이 학교용지[2]를 확보하거나, 학교용지를 확보할 수 없는 경우 가까운 곳에 있는 학교를 증축하기 위하여 개발사업을 시행하는 자에게 징수하는 경비를 의미한다(학교용지법 2조 2호). 학교용지법 2조 2호 (다)목은 도시정비법에 따라 시행하는 사업 중 300세대 규모 이상의 공동주택(학교용지법 시행령 1조의2 요건을 갖춘 오피스텔 포함[3])을 건설하는 사업을 '개발사업'으로 규정하고 있다.

학교용지법에 의하여 정비사업 시행자에게 부과하는 학교용지부담금은 부담금의 일종인바,[4] 정비사업으로 인하여 학교용지에 대한 수요가 증가하는 것을 전제로, 그러한 '수요 증가'라는 결과에 원인을 제공한 정비사업 시행자에게 신설 학교용지의 비용(또는 기존 학교의 증축 비용)을 부담시키고자 부과하는 원인자 부담금이다.[5] 따라서 학교용지법상 학교용지부담금은 정비사업으로 인하여 주택이 신규로 공급되어 학교시설 확보의 필요성을 유발한 개발사업분을 기준으로 산정되어야 한다.[6]

학교용지법은 1995. 12. 29. 제정 당시 구 주택건설촉진법 등 300세대 규모 이상의 주택건설용 토지를 조성·개발하는 사업을 대상으로 수분양자에게 부과하도록 규정하였으나,[7] 2005. 3. 24. 개정으로 도시정비법이 개발사업에 포함되었고, 100세대 규모 이상의 주택건설용 토지를 조성·개발하거나 공동주택을 건설하는 사업으로 그 대상이 확대되었으며, 부과대상도 종전의 수분양자에서 분양자로 변경되었다가, 학령인구의 지속적 감소에 따른 학교신설 수요의 감소 추세

---

1) 학교용지법은 학교용지의 조성·개발·공급과 관련 경비의 부담 등에 관한 특례를 규정하여 학교용지의 확보 등을 쉽게 하려는 법률이다(1조).

2) 학교용지법 2조 1호는 '학교용지'란 공립 유치원(종래 유치원이 제외되어 있었으나, 유치원에 대하여도 공공성 강화에 대한 사회적 기대 수준이 높은 상황임을고려하여 2020. 5. 19. 학교용지법 개정으로 도입되었다)·초등학교·중학교 및 고등학교의 교사(校舍)·체육장 및 실습지, 그 밖의 학교시설을 신설하는 데에 필요한 토지를 말한다고 규정하고 있다.

3) 공동주택에 오피스텔을 포함하는 규정은 2020. 12. 22. 학교용지법 개정으로 도입되었다.

4) 부담금관리법 3조는 별표에 규정된 법률에 따르지 아니하고는 설치할 수 없다고 규정하고 있는데, 부담금관리법 별표 80호는 학교용지법 5조에 따른 학교용지부담금을 규정하고 있다.

5) 대법원 2016. 1. 14. 선고 2014두8605 판결 및 서울고등법원 2014. 5. 2. 선고 2013누25216 판결 참조, 대법원 2017. 12. 28. 선고 2017두30122 판결.

6) 대법원 2025. 6. 26. 선고 2023다252551 판결.

7) 헌법재판소는 위 규정에 대하여 개정 이후인 2005. 3. 31. 위헌결정을 하였다(헌법재판소 2005. 3. 31. 선고 2003헌가20 결정).

등을 고려하여 2024. 12. 20. 개정으로 개발사업 규모를 100세대 이상에서 300세대 이상으로 확대하여 학교용지부담금 부과대상을 축소하였다.[8)]

2. 학교용지부담금 규정

가. 학교용지부담금 부과

⑴ 부과기준규정(5조 1항)

㈎ 학교용지법 5조 1항 본문은 "시·도지사는 개발사업지역에서 단독주택을 건축하기 위한 토지를 개발하여 분양하거나 공동주택을 분양하는 자에게 부담금을 부과·징수할 수 있다."라고 규정하고 있다. 같은 항 단서는 "다만, 다음 각 호의 어느 하나에 해당하는 개발사업분의 경우에는 그러하지 아니하다."라고 규정하면서, 그중 2호로 임대주택을 분양하는 경우, 4호로 도시정비법상의 주거환경개선사업의 경우, 5호로 도시정비법상의 재개발·재건축사업 및 소규모주택정비법상의 가로주택정비사업, 소규모재건축사업의 각 시행 결과 해당 정비구역 및 사업시행구역 내 세대 수가 증가하지 아니하는 경우를 규정하고 있다.[9)]

㈏ 위와 같이 학교용지법 5조 1항 본문은 시·도지사가 공동주택을 분양하는 개발사업자에게 학교용지부담금을 '부과·징수할 수 있다'라고 규정하고 있으므로, 규정의 문언상 학교용지부담금 부과는 행정청의 재량행위이다.[10)]

⑵ 부과절차규정(5조 2항 내지 4항)

학교용지부담금 부과절차로서, 공동주택분양자등은 단독주택 건축을 위한 토지 또는 공동주택을 분양한 때에는 분양공급계약자 및 분양공급계약내역 등의 분양자료를 대통령령으로 정하는 기한까지 시·도지사에게 제출하여야 한다(학교용지법 5조 2항). 시·도지사는 2항에 따른 분양자료를 받은 때에는 즉시 부담금의 금액·납부기한·납부방법·납부장소 등을 기재한 납부고지서를 해당 공동주택분양자등에게 발부하여야 한다(학교용지법 5조 3항). 위 3항에 따른 부담금의 납부기한은 고지한 날부터 30일로 한다(학교용지법 5조 4항). 위 규정들은 종래 시행령에 규정하고 있었으나, 학교용지법이 2017. 3. 21. 개정되면서 법률로 규정되었다.

나. 학교용지부담금 면제(5조 5항)

⑴ 면제규정

학교용지법 5조 5항은 "시·도지사는 다음 각 호의 어느 하나에 해당하는 경우에는 부담금을 면제하여야 한다."라고 하면서 2호에서 "2항에 따라 분양자료를 제출받은 시점 이전의 최근 3년을 기준으로 취학 인구가 지속적으로 감소하여 학교의 신설 수요가 없다고 판단되는 대통령령으로 정하는 일정 범위의 지역에서 개발사업을 시행하는 경우. 이 경우 시·도지사는 학교의 신설

8) 개정규정은 2025. 6. 21. 시행 이후 최초로 분양공고 승인된 개발사업분(사업계획변경에 의하여 적용대상이 된 경우 포함)부터 적용한다.

9) 3호로 도시개발법상의 도시개발사업 시행 결과 해당 도시개발구역 내 세대 수가 증가하지 아니하는 경우, 6호로 주택법상 리모델링주택조합의 구성원에게 분양하는 경우를 규정하고 있다.

10) 대법원 2022. 12. 29. 선고 2020두49041 판결 등 참조.

수요에 관하여 교육감의 의견을 들어야 한다."라고 규정하고 있다.[11] 따라서 이는 기속행위에 해당한다. 종래 구 학교용지법 5조 5항 2호는 "최근 3년 이상 취학 인구가 지속적으로 감소하여 학교 신설의 수요가 없는 지역에서 개발사업을 시행하는 경우, 시·도지사는 학교용지부담금을 면제할 수 있다."라고 규정하여 이를 행정청의 재량행위로 규정하고 있었으나, 앞서 든 학령인구의 지속적 감소에 따른 학교신설 수요의 감소 추세 등을 고려하여 학교용지법이 2024. 12. 20. 개정되면서 기속행위가 되었다.

⑵ 판례(대법원 2022. 12. 29. 선고 2020두49041 판결)

구 학교용지법 5조 5항 2호의 면제요건과 관련하여 대법원은 학교시설 확보의 필요성은 그동안 누적된 수요가 기존 학교시설의 수용 한계를 초과하는 때에 비로소 발현되고, 교육환경에 대한 사회적 인식과 교육정책의 변화 등에 따라 같은 수의 학생을 수용하는 데에 종전보다 더 많은 학교시설이 필요한 경우도 있으며, 종래 취학 인구가 감소하던 지역이더라도 인구유입과 지역적 상황의 변화에 따라 향후 학교 신설의 수요가 발생할 가능성도 있으므로, 부담금 부과 당시를 기준으로 사업시행 지역의 취학 인구가 최근 3년 이상 지속적으로 감소하였다거나 개발사업으로 유발된 수요가 기존 학교시설로 충족될 수 있다는 사정만으로 곧바로 구 학교용지법 5조 5항 2호에서 정한 면제사유에 해당한다고 할 수 없고, 인구유입과 지역적 상황의 변화 가능성 및 교육정책적 목적 등을 모두 고려하더라도 장래에 학교 신설의 수요가 없다는 것까지 인정되는 경우에 비로소 위와 같은 면제요건이 충족된다고 판시하였다.

또한 구 학교용지법 5조 5항 2호의 효과와 관련하여, 대법원은 위 2호에서 정한 면제사유에 해당하는 경우에도 시·도지사의 학교용지부담금 면제 여부의 결정은 재량행위이므로, 학교용지부담금 부과처분이 위법하다고 보기 위해서는 부담금 부과를 통해 달성하려고 하는 공익과 그로써 처분상대방이 입게 되는 불이익의 내용과 정도를 비교형량하여 부담금을 면제하지 않은 것이 재량권의 일탈·남용에 해당한다고 볼 만한 사정이 인정되어야 한다고 판시하였다.

Ⅱ. 학교용지부담금 부과기준

1. 학교용지부담금 부과기준(학교용지법 5조 1항 본문)

가. 학교용지부담금 부과기준(판례)

⑴ 종래 학교용지법 5조 1항 본문에 따른 학교용지부담금 산정기준에 관한 실무는 같은 항 단서 5호가 도시정비법상의 재개발·재건축사업 시행 결과 해당 정비구역 내 세대 수가 증가하지 아니하는 경우를 부과·징수의 예외사유로 규정하고 있음에 근거하여, 행정청이 개발사업으로 공급하는 공동주택 세대 수에서 해당 개발사업지역 내 거주하고 있던 기존 세대 수를 공제하는 방법으로 산정된 개발사업으로 인하여 증가하는 공동주택의 세대 수를 부담금 산정기준으로 확

11) 1호는 개발사업시행자가 3조 3항에 따른 교육감 의견으로 제시된 학교용지를 시·도 교육비특별회계에 기부채납하는 경우, 3호는 노인복지법 32조에 따른 노인복지주택 등 취학 수요가 발생하지 아니하는 용도의 개발사업을 시행하는 경우, 4호는 개발사업시행자가 학교용지 또는 학교시설을 시·도 교육비특별회계 소관 공유재산으로 무상공급하는 경우를 규정하고 있다. 이는 학교용지법이 2024. 12. 20. 개정되기 이전에도 기속행위로 규정하고 있었다.

정한 후, 여기에 구 학교용지법 5조의2 2항 1호가 규정하고 있는 학교용지부담금 산정방법인 세대별 공동주택 분양가격 및 1천분의 8을 곱한 금액을 학교용지부담금으로 산정하여 부과하였으며, 재판실무 또한 이를 전제로 판단하였다.

(2) 그러나 최근 대법원은 주택법에 따라 시행하는 개발사업 관련 사안에서, 학교용지법 5조 1항 본문에 따른 부담금의 산정기준과 관련하여, 구 학교용지법 제5조의2는 공동주택의 부담금은 세대별 공동주택 분양가격에 1천분의 8을 곱한 금액으로 산정하도록 규정하고 있을 뿐, 그 부담금 산정의 기준이 되는 세대 수를 개발사업으로 공급하는 공동주택 세대 수에서 해당 개발사업지역 내 거주하고 있던 기존 세대 수를 공제하는 방법으로 산정하여야 한다는 취지로 규정하고 있지는 않으므로,[12] 시·도지사가 공동주택의 부담금을 산정할 때 반드시 개발사업으로 인하여 증가하는 공동주택의 세대 수를 기준으로 삼아야만 하는 것은 아님을 명확히 하면서, 개발사업시행자에게 부담금을 부과하는 것은 개발사업으로 인하여 학교시설 확보의 필요성이 유발되었기 때문이고, 개발사업으로 인하여 증가하는 세대 수는 이러한 학교시설 확보의 필요성 및 그 정도를 평가하는 데 고려될 수 있으나 개발사업으로 인하여 유발된 학교시설 확보의 필요성 및 그 정도가 언제나 개발사업으로 인한 세대 수 증가분에 정확하게 비례하는 것은 아니므로, 시·도지사는 그 외에도 해당 지역의 상황 및 그 변화 가능성, 취학인구의 증감 추이, 개발사업으로 해당 지역에 유입될 인구의 연령별 분포 및 취학인구의 비중, 교육환경에 대한 사회적 인식과 교육정책의 변화 등 여러 요소들을 종합적으로 고려하여 재량권의 범위 내에서 부담금을 산정할 수 있다고 판시하였다.[13]

(3) 앞서 본 바와 같이 학교용지부담금은 개발사업으로 인하여 학교용지에 대한 수요가 증가하는 것을 전제로, 그러한 '수요 증가'라는 결과에 원인을 제공한 사업시행자에게 신설 학교용지의 비용(또는 기존 학교의 증축 비용)을 부담시키고자 부과하는 부담금이다. 엄밀히는 학교용지부담금은 사업 시행 후의 인구유입으로 인한 취학 수요의 증가 여부를 따져 그 증가분에 한하여 부과되어야 하는데, 종래 취학 수요의 증가 여부는 세대 수의 증가 여부와 밀접하게 관련이 되어 있음을 근거로 세대 수를 기준으로 기계적으로 부과하여 왔다. 그러나 과거 평균 4인(또는 적어도 3인)가족이고, 학령기의 자녀가 세대 내 필수적 구성원인 관계로 세대 수의 증가는 학교용지에 대한 수요증가로 직결되었으나, 현재의 저출산시대에서는 1인 또는 2인 세대 수가 증가하여 세대 수 증가가 곧바로 학교용지에 대한 수요증가로 귀결되지 않으므로, 이는 지극히 타당하다.

---

12) 조세나 부과금 등의 부담금에 관한 법률의 해석에 있어서는, 그 부과요건이거나 감면요건을 막론하고 특별한 사정이 없는 한 법문대로 해석하여야 하고 합리적 이유 없이 확장해석하거나 유추해석하는 것은 허용되지 않는다(대법원 2022. 12. 29. 선고 2022다218585 판결 등 참조).

13) 대법원 2025. 3. 13. 선고 2023두48445 판결(학교용지법 5조 1항 단서 3호, 5호의 각 규정은 개발사업 시행 결과 해당 개발사업지역 내 세대 수가 증가하지 아니할 경우 부과·징수 대상에서 제외된다는 취지일 뿐이고, 개발사업으로 세대 수가 증가할 경우 그 세대 수 증가분에 상응하는 부담금만 부과할 수 있다는 취지로 해석할 수는 없다. 그리고 학교용지법 5조 1항 단서의 나머지 각 호는 세대 수 미증가 여부를 부담금 부과·징수 대상에서 제외되는 개발사업의 요건으로 삼고 있지 않으므로, 5조 1항 단서규정만으로는 개발사업으로 인한 세대 수 증가분에 상응하여 학교용지부담금을 산정하여야 한다는 결론을 도출할 수 없다.

나. 학교용지부담금 부과의 재량권 일탈·남용 판단기준

학교용지부담금의 설치 근거가 되는 부담금관리 기본법 5조 1항은 '부담금은 설치목적을 달성하기 위하여 필요한 최소한의 범위 안에서 공정성 및 투명성이 확보되도록 부과되어야 한다.'고 규정하고 있다. 따라서 학교용지부담금의 부과 대상이 되는 개발사업에 대하여 구체적 사정에 따라 학교용지부담금을 부과하는 것이 부담금관리 기본법에서 정한 위와 같은 한계를 넘거나 비례·평등원칙 등에 위배된다고 볼 만한 특별한 사정이 있을 때에 한하여 재량권을 일탈·남용한 것으로서 위법하게 된다.[14)]

2. 학교용지부담금 부과 제외(학교용지법 5조 1항 단서 2호 및 5호 관련)

가. 2호 관련

(1) 임대주택

㈎ 문제의 소재

재개발사업 시행자는 의무적으로 임대주택을 건설하여야 한다(법 52조 1항 6호). 앞서 본 바와 같이 종래 학교용지법 5조 1항 단서 5호가 도시정비법상의 재개발·재건축사업 시행 결과 해당 정비구역 내 세대 수가 증가하지 아니하는 경우를 부과·징수의 예외사유로 규정하고 있음에 근거하여 개발사업으로 공급하는 공동주택 세대 수에서 해당 개발사업지역 내 거주하고 있던 기존 세대 수를 공제하는 방법으로 산정된 개발사업으로 인하여 증가하는 공동주택의 세대 수를 부담금 산정기준으로 하였는바, 그에 의하는 경우 임대주택건설로 해당 정비구역 내 세대 수가 증가하므로, 일응 증가한 세대 수 부분에 대하여는 재개발사업 시행자가 학교용지부담금을 부담하여야 한다고 해석될 수 있다. 한편 학교용지법 5조 1항 단서 2호는 임대주택을 분양하는 경우를 학교용지부담금의 부과·징수대상에서 제외하고 있어 규정의 조화로운 해석이 문제되었다.

㈏ 실무

교육부장관이 2018. 6. 20. 서울특별시장·광역시장·특별자치시장·제주특별자치도지사·도지사 등에게 도시정비사업 관련 학교용지부담금 부과 해석례를 안내하였는데, 학교용지부담금 부과면제의 취지는 실제 학생이 추가로 발생하지 않은 부분에 대하여 면제하려는 취지인데 임대주택의 건설로 세대 수가 증가하여 학생이 발생하였으므로 임대주택에 대하여도 학교용지부담금을 부과하여야 한다는 것이 교육부 측의 견해였다.[15)] 이에 따라 행정청은 일반 임대주택에 대하여도 증가된 세대 수만큼 재개발사업 시행자에게 학교용지부담금을 부과하여 왔다.

---

14) 대법원 2022. 12. 29. 선고 2020두49041 판결.

15) 다만, 행정청은 쟁송에서 단서 2호와 5호의 조화로운 해석상 임대주택의 '분양'의 경우에는 법이 명시적으로 예외를 인정하고 있으므로, 재개발사업 시행자가 정비사업에 따라 공급하는 임대주택 중 '공공임대주택'이나 '공공분양주택'처럼 향후 분양 내지 분양전환을 전제로 할 때에만 학교용지부담금이 면제된다고 주장하였다. 그러나 일반 임대주택과 향후 분양 내지 분양전환을 전제로 하는 임대주택은 세대 수 증가와 관련하여서는 아무런 차이가 없어 향후 분양 내지 분양전환을 전제로 하는 임대주택에 대하여만 학교용지부담금을 면제하여 준다는 위 주장은 설득력이 없다.

(다) 하급심 판례(부정)

하급심 판례는 '임대주택을 건축하여 공급하는 경우'에는 재개발사업 시행자에 대하여 학교용지부담금을 부과할 수 없다고 하였다.[16] 그 논거는 다음과 같다.

ⓐ 학교용지법 5조 1항 단서 2호가 '임대주택을 분양하는 경우'에 해당하는 개발사업분에 대하여 학교용지부담금을 부과·징수할 수 없도록 규정한 입법취지는 개발사업 시행 시 임대주택의 건설을 촉진하여 저소득층의 주거 문제를 해결하고자 하려는 것에 있다.

ⓑ 위 규정이 입법에 이르게 된 유래를 살펴보면, 위 규정은 학교용지법이 2005. 3. 24. 개정되면서 도입되었다. 최초에는 부과 대상에서 '임대주택'을 직접 제외하는 형식을 취하는 의안이 제안되었다. 이후 그 문언의 형태를 유지하면서 추가로 '부과금 부과·징수 대상에서 제외되는 사유 등에 관한 단서규정'을 별도로 신설하는 의안이 제안되었는데, 해당 의안의 심사 과정에서 '입법기술상 부담금 부과·징수 대상에서 제외되는 개발사업을 일관되게 열거하여 법률에 대한 이해도를 제고할 필요성이 있다'는 지적이 있어, '임대주택'에 관한 사항을 현재와 같이 다른 부담금 면제 대상들과 함께 일률적으로 규정하는 방식으로 개정 작업이 진행되어 최종 입법에 이르렀다. 위와 같은 개정 경과를 고려할 때, 2호는 5호와는 별개의 독자적 성격을 가지므로 위 5호는 임대주택을 제외하고, 나머지 세대 수의 증가가 없는 경우로 해석해야 한다.

(라) 결론

사업시행자가 임대주택을 건설하여 분양하는 경우 세대 수가 증가하여 학교시설 확보의 필요성이 유발되기는 한다. 그러나 개발사업 시행 시 임대주택의 건설을 촉진하여 저소득층의 주거 문제를 해결하는 것이 무엇보다 중요하기에 이를 장려하기 위하여 학교용지법 5조 1항 단서 2호가 임대주택을 건설하여 분양하는 경우에 해당하는 개발사업분에 대하여 학교용지부담금을 부과·징수할 수 없도록 규정한 것이므로, 위 하급심의 견해가 타당하다.

다만 종래 5조 1항 5호 단서에 근거하여 개발사업으로 인하여 증가하는 공동주택의 세대 수에 비례하여 기계적으로 학교용지부담금을 산정하는 것이 부당하다는 최근 대법원 판례의 견해에 의하면, 종래보다 다툼의 의미가 크지 않다.

(2) 국민주택규모 주택[17]

(가) 문제의 소재

재개발·재건축사업 시행자는 시장·군수등으로부터 용적률의 인센티브를 받기 위하여 국민주택규모 주택을 건설할 수 있다. 사업시행자는 용적률의 인센티브를 받는 경우 법적상한용적률에서 정비계획으로 정하여진 용적률을 뺀 초과용적률의 법정 비율에 해당하는 면적에 반드시 국민주택규모 주택을 건설하여 시·도지사 등에게 공급하여야 하고, 이후 위 주택은 임대주택으로 활용된다(법 54조 1항, 4항, 55조 1항, 4항).

재개발·재건축사업 시행자가 국민주택규모 주택(구 소형주택)을 건설하는 경우 해당 정비구역

16) 서울행정법원 2021. 1. 29. 선고 2020구합63610 판결.

17) 법이 2021. 4. 13. 개정되어 종전의 '주거전용면적 60㎡ 이하의 소형 주택'이 '국민주택규모 주택'으로 변경되었다.

내 세대 수가 증가하나, 건설된 국민주택규모 주택은 시·도지사 등에게 인도되어 임대주택으로 활용되므로 학교용지법 5조 1항 단서 2호의 임대주택을 분양하는 경우로 볼 여지도 있어 실무상 국민주택규모 주택의 공급이 학교용지부담금의 부과대상인지 여부가 논란이 되어 왔다.

㈏ 실무

교육부는 서울시의 질의에 대하여[공동주택과-17656(2018. 10. 22.)] 학교용지법 5조 1항 단서 5호가 재개발·재건축사업의 시행결과 해당 정비구역 내 세대 수가 증가하지 아니하는 경우에만 학교용지부담금을 면제하고 있으므로, 국민주택규모 주택 건설의 경우 세대 수가 증가됨을 이유로 학교용지부담금이 부과되어야 한다는 견해를 밝혔고, 이에 따라 행정청은 국민주택규모 주택에 대하여도 증가된 세대 수만큼 재개발·재건축사업 시행자에게 학교용지부담금을 부과하여 왔다.

㈐ 하급심 판례(부정)

하급심은 용적률의 인센티브를 받는 재개발·재건축사업 시행자가 건설하여 시·도지사 등에게 공급한 국민주택규모 주택은 학교용지법 5조 1항 단서 2호에서 정한 학교용지부담금 부과대상에서 제외되는 '임대주택'이고, 사업시행자가 시·도지사 등에게 국민주택규모 주택을 인도한 것은 '분양'한 것에 해당한다고 판시하였다.[18]

㈑ 결론

도시정비법 제정 당시에는 주택재개발사업에 대해서만 임대주택 건설의무를 부과하다가, 법이 2005. 3. 18. 개정되면서 과밀억제권역에서의 주택재건축사업에 대하여도 임대주택 건설의무를 부과하였고, 다시 법이 2009. 4. 22. 개정되면서 주택재건축사업에서는 이를 제외하고 현행 법 54조와 거의 동일한 내용의 과밀억제권역 주택 재건축사업에 적용되는 30조의3(주택재건축사업의 용적률 완화 및 소형주택 건설 등)이 신설되었는데, 당시 사업시행계획서의 작성과 관련한 규정(30조 5호)에서는 "임대주택의 건설계획(주택재건축사업의 경우 30조의3 2항에 따른 재건축소형주택의 건설계획을 말한다)"이라고 규정하여 주택재개발사업에서의 임대주택 건설계획과 주택재건축사업에서의 소형주택 건설계획을 동일한 의미로 규정하였던 점(그 후 도시정비법이 2017. 2. 8. 전부개정되면서 52조 6호 및 7호로 분리되었는데, 이는 재개발사업에도 인센티브를 전제로 한 국민주택규모 주택 건설을 허용하였기 때문이다) 등의 입법연혁에 비추어 용적률의 인센티브를 받는 재개발·재건축사업 시행자가 건설하여 시·도지사 등에게 공급한 국민주택규모 주택은 재개발사업의 임대주택과 법적 성질이 동일하므로 하급심 판례의 견해가 타당하다.

나. 5호 관련

(1) '세대 수가 증가하지 아니한 경우'와 관련하여 학교용지법 5조 1항 5호는 2015. 1. 20. 개

18) 대법원 2021. 9. 16. 자 2021두41037 판결 및 서울고등법원 2021. 5. 12. 선고 2020누59217 판결, 서울행정법원 2020. 9. 25. 선고 2019구합65122 판결[① 국민주택규모 주택은 처음부터 시·도지사 등에게 인수되어 '장기공공임대주택 또는 임대주택'으로 활용될 것이 법률상 예정되어 있다. ② 국민주택규모 주택의 경우에는 시·도지사 등에게 사실상 기부채납(의무적으로 공급하여야 하고, 부속토지의 경우에는 인수자에게 무상으로, 주택은 공공건설 임대주택의 표준건축비만을 지급받는다)하는 것이므로, 실질적으로 재개발사업의 임대주택과 동일한 기능을 한다], 서울고등법원 2022. 1. 14. 선고 2021누49248 판결(확정).

정되기 이전에는 "재개발·재건축사업 시행 결과 정비사업 지역의 기존 거주자와 토지 및 건축물의 소유자에게 분양하는 경우"를 예외사유로 규정하고 있었으나, 위 규정에 대하여는 2014. 4. 24. '위 규정은 기존 조합원이 분양받는 부분만 학교용지부담금에서 제외하나, 기존 조합원이 현금청산의 대상이 되어 그 분양분을 일반분양하는 경우와 같이 기존에 비하여 가구 수가 증가하지 아니하는 개발사업분을 학교용지부담금 부과 대상에서 제외하는 규정을 두지 아니한 것이 평등원칙에 위배된다.'는 이유로 헌법재판소의 헌법불합치결정이 있었고,[19] 이에 따라 2015. 1. 20. '세대 수가 증가하지 아니하는 경우'를 예외사유로 규정하는 내용으로 개정이 이루어졌다.

(2) 대법원도 학교용지 확보에 필요한 재정을 충당하기 위하여 부담금을 개발사업의 시행자에게 부과하는 것은 개발사업의 시행자가 위와 같은 학교시설 확보의 필요성을 유발하였기 때문이므로, 재개발사업의 시행으로 공동주택을 건설하는 경우에도 신규로 주택이 공급되어 학교시설 확보의 필요성을 유발하는 개발사업분만을 기준으로 부담금의 부과 대상을 정함이 타당한바, 조합원분양분과 그에 대한 현금청산분은 모두 신규로 주택이 공급되는 것이 아니어서 학교시설 확보의 필요성을 유발하지 아니한다는 점에서 차이가 없음을 근거로 재개발사업자에 대하여 부담금을 부과할 때 조합원분양분뿐만 아니라 그에 대한 현금청산분까지 제외한 후 그 나머지에 대한 부담금을 부과하여야 한다고 판시하였다.[20]

다. 주택법에 따른 개발사업 시행 결과 해당 개발구역 내 세대 수가 증가하지 아니하는 경우가 제외사유에 해당하는지 여부(부정)

지역주택조합에 의한 주택건설사업 시행 결과 해당 사업시행구역 내 세대 수가 증가하지 아니한 경우, 비록 학교용지법 5조 1항 단서가 주택법에 따른 개발사업분에 대하여는 명시적 규정이 없으나, 도시개발법 및 도시정비법상의 개발사업에 준하여 5조 1항 단서 3호 또는 5호를 유추적용하여 제외사유에 해당하는 것으로 볼 수 있는지 여부가 문제된다.

최근 대법원은 학교용지법 5조 1항 단서는 5조 1항 본문에도 불구하고 부담금 부과·징수 대상에서 제외되는 개발사업분을 각 호에서 규정하고 있는데, 이는 부과금 부과에 관한 5조 1항 본문과 마찬가지로 부담금의 감면요건도 법문대로 엄격하게 해석하여야 한다는 원칙에 비추어 열거적인 성격을 띠는 것으로 보아야 함을 근거로 위 단서는 주택법에 따른 개발사업분과 같이 각 호에 규정되지 않은 개발사업분에 대해서는 적용되지 않는다고 판시하였다.[21] 따라서 주택법상 주택건설사업의 경우 학교용지법 5조 1항 본문에 따라 가구 수의 증감과 관계없이 신축된 주택 전체 가구 수를 기준으로 학교용지부담금이 부과·징수된다. 최근 헌법재판소는 학교용지법

---

19) 헌법재판소 2014. 4. 24. 선고 2013헌가28 결정.

20) 대법원 2017. 12. 28. 선고 2017두30122 판결 등 참조.

21) 대법원 2025. 3. 13. 선고 2023두48445 판결(유추적용은 법적 규율이 없는 사안과 법적 규율이 있는 사안 사이에 공통점 또는 유사점이 있고, 법규범의 내용과 체계, 입법 의도와 법률의 목적 등에 비추어 유추적용이 정당하다고 평가되는 경우에 인정할 수 있는바, 학교용지법 5조 1항 단서 각 호에 규정된 도시개발법에 따른 도시개발사업, 도시정비법에 따른 재개발·재건축사업, 소규모주택정비법에 따른 소규모재건축사업 등은 그 근거 법률 및 해당 사업의 목적과 내용, 해당 사업시행자의 지위 등에 비추어 볼 때 주택법에 따른 주택건설사업에 비해 공공성이 강하다. 학교용지법 5조 1항 단서 각 호의 개발사업의 특성은 그 사업이 일정한 요건 아래 부담금 부과·징수 대상에서 제외되는 단서의 규율과 밀접하게 관련되어 있으므로, 이와 특성을 달리하는 주택법에 따른 주택건설사업에 위 단서가 당연히 유추적용된다고 할 수 없다).

5조 1항 단서가 도시개발법상 도시개발사업이나 도시정비법상 재개발사업 및 재건축사업, 소규모주택정비법상 가로주택정비사업 및 소규모재건축사업 등과 달리 주택법상 주택건설사업에 대해서 가구 수를 증가시키는지 여부와 무관하게 개발사업분 전부에 대하여 학교용지부담금을 부과할 수 있도록 한 데에는 합리적인 이유가 있다고 할 것이므로, 심판대상조항은 평등원칙에 위배되지 아니한다고 결정하였다.[22] 특히 학교용지법 5조 1항 5호가 주택법과 관련하여서는 "리모델링주택조합이 구성원에게 분양하는 경우'만을 학교용지부담금 제외사유로 규정한 것은 주택법상의 나머지 개발사업에 대하여는 제외사유로 인정하지 않겠다는 취지로 해석된다.

Ⅲ. 개발사업으로 증가한 세대 수

1. 의 의

종래 학교용지부담금을 정비사업으로 인하여 증가하는 공동주택의 세대 수에 세대별 공동주택 분양가격 및 1천분의 8을 곱한 금액을 기계적으로 학교용지부담금으로 산정하였으므로, 개발사업으로 인하여 증가한 세대 수는 학교용지부담금을 결정하는 가장 중요한 요소였다. 그러나 학교용지부담에 대하여 개발사업으로 인하여 증가하는 세대 수 외에 해당 지역의 상황 및 그 변화 가능성, 취학인구의 증감 추이, 개발사업으로 해당 지역에 유입될 인구의 연령별 분포 및 취학인구의 비중, 교육환경에 대한 사회적 인식과 교육정책의 변화 등 여러 요소들을 종합적으로 고려하여 재량권의 범위 내에서 부담금을 산정할 수 있다고 판시한 앞서 본 대법원 판례에 의하는 경우, 정비사업으로 인하여 증가하는 공동주택의 세대 수는 학교용지부담금의 부과기준의 한 요소로 그 의미가 퇴색되었다. 하지만 정비사업으로 인하여 공동주택의 세대 수가 증가하지 아니하는 것은 학교용지부담금 부과의 대상에서 제외되는 점(학교용지법 5조 1항 단서 5호), 위 대법원 판례의 견해에 의하더라도, 개발사업으로 인하여 유발된 학교시설 확보의 필요성 및 그 정도가 언제나 개발사업으로 인한 세대 수 증가분에 정확하게 비례하는 것은 아니나, 개발사업으로 인하여 증가하는 세대 수는 이러한 학교시설 확보의 필요성 및 그 정도를 평가하는 데 중요한 고려요소가 된다 할 것이므로, 여전히 학교용지부담금 부과에서 중요한 요소가 된다 할 것이어서, 이 부분에 관하여 자세히 살펴본다.

---

22) 헌법재판소 2025. 4. 10. 선고 2020헌바363 등 결정[구체적인 근거는 ① 주택법상 주택건설사업은 기존의 주택을 재건축하는 것이 아니라 사업주체가 택지를 매입하여 신규 주택을 건설·공급하는 것이고 기존 세대가 사업을 주도하는 것도 아니어서 사업시행 이후 기존 세대가 이전하고 인구가 새로 유입되는 상황을 예정하고 있는바, 기존 세대가 잔류하지 아니하고 인구가 새로 유입되면서 세대가 교체되어 그 구성원에 변동이 생기는 상황이라면 가구 수 자체의 변동이 없더라도 취학 수요가 증가하여 학교시설을 확보할 필요성이 유발된다고 볼 수 있는데, 단지 사업시행 이후 종전 가구 수와 비교하여 가구 수가 증가하지 않았다는 이유만으로 일률적으로 학교용지부담금 부과 대상에서 제외하는 것은 학교시설 확보의 필요성 유무를 전혀 고려하지 않는 것으로서 학교용지부담금 제도의 취지에 부합하지 않는다, ② 주택법상 주택건설사업은 다양한 방식으로 시행되는데, 시행 방식에 따라서는 학교시설을 확보할 필요성이 유발되지 않는 경우도 있을 수 있다. 그러나 주택건설사업의 구체적인 시행 방식까지 고려하여 학교용지부담금 부과 제외 대상을 정하는 것은 입법기술상 쉽지 않고 바람직하다고 보기도 어렵다. 학교용지법 5조 1항에 따른 학교용지부담금 부과는 재량행위로 해석되는데, 이와 같은 경우에는 심판대상조항이 정한 제외 대상에 해당하지 않더라도 개별 사안에서 학교용지부담금 부과처분이 재량권을 일탈·남용하여 위법한지 여부를 심사함으로써 구체적 타당성을 도모할 수 있다].

2. 구 법상의 가구(家口)의 의미

2020. 5. 19. 개정되기 전 학교용지법 5조 1항 단서 5호는 도시정비법 시행 결과 해당 정비구역 및 사업시행구역 내 '가구' 수가 증가하지 아니하는 경우를 학교용지부담금 부과 제외사유로 규정하고 있었으므로, 가구의 의미가 무엇인지 문제되었다. 앞서 본 바와 같이 학교용지부담금은 개발사업의 시행자가 학교시설 확보의 필요성을 유발하였기 때문으로, 학교시설 확보의 필요성은 개발사업에 따른 인구 유입으로 인한 취학 수요의 증가로 초래되는데, 취학 수요의 증가 여부는 세대 수의 증가 여부와 밀접하게 관련이 되어 있으므로, 이는 '세대'로 봄이 타당하다. 학교용지법은 2020. 5. 19.자 개정으로 가구 대신 세대로 변경되었다.

3. 세대 수 산정기준

학교용지법령 및 조례 등이 구체적인 세대 수의 산정방법에 관하여 별도의 규정을 두고 있지 아니한다 하더라도, 부과관청은 개발사업으로 인해 유발된 학교시설 확보의 필요성을 실질적으로 반영할 수 있는 합리적인 기준에 따라 세대 수의 증가분을 산정하여야 한다.[23]

학교용지법 5조 1항 5호에 따라 정비사업의 시행으로 증가되는 세대 수는 '정비사업에 따라 공급되는 총 공동주택의 세대 수'에서 '정비사업 시행 이전 해당 정비구역 내 존재하는 전체 세대 수'를 공제하는 방법으로 산정해야 한다. '사업시행으로 인한 세대 수 증가'에 관한 증명책임은 행정청에게 있다.

4. 세대 수 산정상의 쟁점

가. 정비사업에 따라 공급되는 총 공동주택의 세대 수

앞서 본 바와 같이 임대주택 및 국민주택규모 주택의 건축은 학교용지부담금 부과대상인 개발사업에서 제외되므로, 이는 '정비사업에 따라 공급되는 세대 수'에서 당연히 제외하여야 한다. 실제 분양되지 않은 미분양 및 보류지(분양대상자 누락, 착오에 대비한 것) 세대를 증가되는 세대 수에 포함할 것인지 여부가 문제되나, 실제 분양되지 않은 미분양 및 보류지 세대는 학교용지부담금의 부과요건이 충족되지 않아 정비사업의 시행으로 증가되는 세대 수 산정에서 제외되어야 한다.[24]

나. 정비사업 시행 이전 해당 정비구역 내 존재하는 전체 세대 수

(1) 세입자 세대 포함 여부

정비사업 시행 이전 해당 정비구역 내 전체 세대 수를 산정함에 있어 세입자 세대를 포함시

---

23) 대법원 2022. 12. 29. 선고 2020두49041 판결.

24) 대법원 2021. 6. 3. 자 2021두34176 판결 및 광주고등법원 2021. 1. 21. 선고 (전주)2020누1204 판결[① 학교용지법 5조의2 2항은 학교용지부담금의 산정은 '분양가격'을 기준으로 산정하도록 규정하고 있는데, 미분양 및 보류지 세대는 분양가격이 확정되지 않았다, ② 학교용지법 5조 2항은 공동주택을 분양하는 자로 하여금 공동주택을 분양한 때에는 분양공급계약자 및 분양공급내역 등의 분양자료를 시·도지사에게 제출하도록 하고 있고, 같은 조 3항은 시·도지사는 그 분양자료를 받은 때 즉시 부담금의 금액 등을 기재한 납부고지서를 해당 공동주택분양자등에게 발부하여야 한다고 규정하고 있는바, 위 각 규정에 의하면 학교용지부담금의 부과요건 충족 시기는 '분양공급 계약 체결 시'이므로(헌법재판소 2008. 9. 25. 선고 2007헌가1 결정), 미분양 및 보류지 세대는 제외된다].

켜야 하는지 여부가 문제된다.[25]

'정비사업 시행 이전 해당 정비구역 내 존재하는 전체 세대 수'는 사업구역 내에 '실제' 거주하였던 세대 수를 기준으로 산정해야 하므로, '기존 세대 수'에는 기존 아파트나 주택의 소유자 세대뿐만 아니라 일체의 세입자 세대를 모두 포함하여야 한다.[26] 따라서 건축법상 단독주택으로 취급되나 그 건물 안에 수개의 세대가 존재하는 다가구주택에서의 각 세대 수를 비롯하여 세입자 세대는 전부 포함되어야 한다. 행정청이 '정비사업에 따라 공급되는 총 공동주택의 세대 수'에서 '정비사업 시행 이전 해당 정비구역 내 존재하는 전체 세대 수'를 공제하는 방법으로 학교용지부담금을 산정하면서 세입자 세대를 일부 제외하여 과소하게 계산된 기존 세대 수를 전제로 학교용지부담금을 부과한 경우, 해당 처분은 법규의 중요한 부분을 위반한 중대한 하자가 있고, 그와 같은 하자는 객관적으로 명백하여 무효이다.[27] 따라서 위와 같이 과다하게 계산된 학교용지부담금을 납부한 조합은 학교용지부담금 부과처분이 당연무효이므로 민사상의 부당이득반환청구가 가능하다.[28] 학교용지법상 부담금 부과요건인 '사업시행으로 인한 세대 수 증가'에 관한 증명책임은 행정청에게 있다.

(2) 기존 세대 수 산정의 구체적 방법(전입신고기준)

(가) 학설

① 건축물대장 기준설

정비구역 내 각 건축물의 건축물대장에는 세대 수를 기재하고 있으므로(건축물대장에는 호수/가구 수/세대 수의 표기가 있다), 이를 기준으로 산정하여야 한다는 견해이다.

② 전입신고 기준설

주민등록법은 주민의 거주관계 등 인구의 동태를 항상 명확하게 파악하여 주민생활의 편익을 증진시키고 행정사무를 적정하게 처리하기 위하여 '30일 이상 거주할 목적으로 그 관할구역 안에 주소 또는 거소를 가질 것'을 요건으로 하여 주민등록을 마치도록 하고 있고(주민등록법 6조 1항), 실제로 거주자들은 거주주택으로의 주민등록 전입신고를 마치는 것이 일반적이므로, 전입

---

25) 종래 교육부장관이 2018. 6. 20. 서울특별시장·광역시장·특별자치시장·제주특별자치도지사·도지사 등에게 도시정비사업 관련 학교용지부담금 부과 해석례를 안내하였는데, 다가구주택 세입자의 경우 단독주택에 일부 공간을 임대하는 성격임을 고려할 때 기존 세대 수 산정 시 세입자를 포함하지 않은 건축허가 기준으로 세대 수를 산정하는 것이 적절하다는 것이었고, 이에 따라 행정청은 이를 전제로 세대 수를 산정하여 학교용지부담금을 부과하여 왔다.

26) 대법원 2025. 6. 25. 선고 2023다252551 판결, 서울고등법원 2020. 9. 18. 선고 2020누31646 판결(확정, ① 학교용지부담금을 부과하는 이유는 '정비사업으로 인한 인구 유입 및 그에 따른 취학 수요의 증가'로 인하여 학교시설 확보의 필요성을 유발하였기 때문인데, 기존 아파트나 주택의 소유자 세대와 세입자 세대 사이에 취학에 대한 수요 측면에서는 아무런 차이가 없으므로, 정비사업으로 인한 학교시설 확보의 필요성 유발 여부를 판단함에 있어 조합원 세대와 세입자 세대를 구분하지 않고 기존의 전체 세대 수를 기준으로 산정하는 것이 학교용지부담금의 취지와 목적에 부합한다, ② 구 학교용지법 5조 1항 단서 5호에서 말하는 '세대'의 사전적 의미는 '현실적으로 주거 및 생계를 같이 하는 사람의 집단'이므로 '세대 수'의 의미를 반드시 '주택 수' 또는 '주택 소유자가 구성하는 세대 수'로 제한하여 해석하여야만 한다고 보기 어렵다).

27) 대법원 2025. 6. 26. 선고 2023다252551 판결(하급심인 서울고등법원 2022나2020038 판결은 하자가 명백하다고 볼 수 없다고 판시하였다).

28) 행정처분이 당연무효임을 전제로 하여 민사소송을 제기한 때에는 그 행정처분이 당연무효인지의 여부가 선결문제이므로 법원은 이를 심사하여 그 행정처분의 하자가 중대하고도 명백하여 당연무효라고 인정될 경우에 이를 전제로 하여 판단할 수 있는데, 이 경우 행정처분의 당연무효를 주장하는 자에게 그 행정처분이 무효인 사유를 주장·증명할 책임이 있다(대법원 2012. 6. 14. 선고 2010다86723 판결 참조).

신고한 세대 수를 기준으로 하여야 한다.

(나) 하급심 판례

주민등록법에 따라 전입신고를 마친 세대 수는 정비구역 내 기존 세대 수를 산정함에 있어 보다 유력한 기초자료이므로 이를 기준으로 하여야 한다.[29)]

(다) 결론

아파트가 대상인 재건축사업의 경우에는 건축물대장설이 일응 타당한 측면이 없지 않으나, 그 경우에도 하나의 아파트 내에 다수의 세대가 존재할 개연성이 전혀 없지는 않은 점, 재개발사업의 경우에는 단독주택, 다가구주택이 다수 존재하므로 건축물 대장설의 근거가 타당하지 아니한 점, 건축물대장은 건축물의 소유·이용 및 유지·관리 상태를 확인하거나 건축정책의 기초자료로 활용하기 위하여 건축물과 그 대지의 현황 및 국토부령으로 정하는 건축물의 구조내력에 관한 정보를 기재하는 공문서로, 건축 이후 실제 거주하는 세대 수의 현황과는 무관한 점 등에 비추어 건축물대장설은 부당하다. 오히려 주민등록법의 규정, 입법취지 등에 비추어 전입신고를 마친 세대는 특별한 사정이 없는 한 해당 지역에서 실제 거주하는 것으로 추정되므로, 이를 기준으로 함이 타당하다.

(3) 기존 세대 수 산정 기준시점(사업시행계획인가·고시일)

기존 세대 수의 산정 기준시점을 무엇으로 할 것인가에 관하여 하급심의 견해가 나누어진다.

(가) 하급심의 견해

① 정비구역지정·고시일

정비사업은 정비계획 수립 및 정비구역지정·고시, 조합 설립, 사업시행계획인가 등의 단계를 거쳐 시행되는바, 정비구역으로 지정·고시된 이후에는 정비구역 안에서 건축물 건축, 공작물 설치, 토지 형질변경 등의 행위가 엄격히 제한되므로, 정비사업의 시행으로 주거환경이 최초로 변화되는 시점인 '정비구역지정·고시일'을 기준으로 '기존 세대 수'를 산정하는 것이 타당하다.[30)] 실제로 일부 행정청은 정비구역지정·고시일을 기준으로 정비사업 시행 이전 세대 수를 산정하여 학교용지부담금을 부과하기도 한다.

② 사업시행계획인가·고시일

법 50조, 52조 1항에 의하면, 사업시행계획에 따라 정비사업으로 신축되는 건축물이 특정되고, 주민이주대책, 세입자의 주거 및 이주대책 등이 확정되는 점, 법 57조 1항에 의하면, 사업시행자는 사업시행계획인가를 받은 때에 관계 법률에 따른 각종 인·허가 등을 받은 것으로 간주되

29) 서울행정법원 2021. 1. 22. 선고 2019구합86181 판결[확정, ① 주민등록법은 '30일 이상 거주할 목적으로 그 관할구역 안에 주소 또는 거소를 가질 것'을 요건으로 하여 주민등록을 마치도록 하고 있는바, 위 요건은 단순히 외형상 그러한 요건을 갖춘 경우를 말하는 것이 아니라, 주민등록법의 입법 목적과 주민등록의 법률상 효과 및 지방자치의 이념에 부합하는 실질적 의미에서의 거주지를 갖춘 경우를 의미하는 것으로 주민등록을 담당하는 행정청으로서는 주민등록 대상자가 이러한 실질적 요건을 갖추지 못하였다고 볼 만한 특별한 사정이 있는 경우에는 그 등록을 거부할 수 있다, ② 주민등록법은 2014. 1. 21. 개정되면서 주민등록에 관하여 거짓의 사실을 신고 또는 신청한 사람에 대하여는 형사처벌하도록 규정하고 있으므로(주민등록법 37조 3의2호), 형사처벌을 통하여 진실성을 담보하고 있다].

30) 서울고등법원 2020. 9. 18. 선고 2019누61177 판결(확정), 서울행정법원 2021. 7. 16. 선고 2019구합87870 판결(확정).

어 정비사업을 시행할 수 있는 법률적인 지위 또는 권리를 부여받게 되는 점 등에 비추어 정비사업 시행 이전 세대 수의 산정 기준시점은 정비사업이 본격화되는 사업시행계획인가·고시일로 하여야 한다.[31]

(나) **교육부장관의 견해**

교육부장관이 2018. 6. 20. 서울특별시장·광역시장·특별자치시장·제주특별자치도지사·도지사 등에게 도시정비사업 관련 학교용지부담금 부과 해석례를 안내하였는데, 기존 세대 수 산정의 시점에 대하여 정비사업이 전반적으로 확정되는 사업시행계획인가일로 하는 것이 적정하다는 것이다.

(다) **결론**

현재 하급심 실무의 다수는 시행계획인가·고시일에 의한다.[32] 정비사업은 사업시행자가 사업시행계획인가를 받게 된 때에 비로소 본격화되고, 정비구역지정·고시 단계에서는 정비사업 주체조차 특정되지 않을 정도로 정비사업이 구체화되지 않는 점, 정비구역지정·고시로 정비구역 안에서 건축물 건축, 공작물 설치, 토지 형질변경 등의 행위가 제한되기는 하나, 이를 주거환경의 급격한 변화로 보기는 어려운 점(판례는 도시정비법상 사업시행계획인가·고시가 있는 때에도 정비구역 내 건물을 사용·수익하는 데 별다른 법률적 제한이 없다고 판시하였다[33]), 오히려 주거환경의 변화는 건축허가의 성격을 가지는 사업시행계획인가·고시일 또는 더 이상 건물의 사용·수익이 금지되는 관리처분계획인가·고시 시점으로 볼 수 있는 점, 세입자에 대한 주거이전비 보상대상은 정비계획안에 대한 공람공고일(판례는 3개월 이전)까지 거주한 자이므로 정비구역지정·고시 이후 전입하는 세입자의 경우 주거이전비를 목적으로 한 것으로 볼 수는 없는 점, 정비구역지정·고시 이후 사업시행자 측이 학교용지부담금의 감액을 목적으로 사업시행계획인가·고시일까지 사업시행구역 내로 다수 세대의 이전을 획책한다는 것은 예상하기 어려운 점, 주거이전비 청구권, 이사비 청구권은 정비사업이 본격적으로 시작되는 사업시행계획인가·고시일에 발생하는 점 등에 비추어 사업시행계획인가·고시일이 타당하다.

Ⅳ. 학교용지부담금의 산정방법

1. 규 정

학교용지법 제5조의2(부담금의 산정기준)

① 제5조 제1항에 따른 부담금은 공동주택인 경우에는 분양가격을 기준으로 부과한다.

② 제1항에 따른 부담금은 다음 각 호의 기준에 따라 산정한다.

1. 공동주택: 세대별 공동주택 분양가격×1천분의 4

---

31) 서울고등법원 2018. 2. 2. 선고 2017누78133 판결(확정) 및 서울행정법원 2017. 9. 29. 선고 2017구합56070 판결.
32) 서울고등법원 2023. 2. 9. 선고 2021누75797 판결(확정), 서울고등법원 2024. 8. 21. 선고 2023누71454 판결(확정).
33) 대법원 2020. 11. 26. 선고 2019다249831 판결.

종래 학교용지법 5조의2 2항 1호가 규정하고 있던 학교용지부담금 부과요율은 0.8%이었으나, 학교용지법이 2024. 12. 20. 개정되면서 부과요율이 0.4%로 낮추어졌다.

2. 쟁 점

가. 문제의 소재

'세대별 공동주택 분양가격'을 기준으로 학교용지부담금이 산정된다.

그러나 개발사업의 시행으로 신축된 공동주택 각 세대의 분양가격은 일반분양 및 조합원분양에 따라 큰 차이가 있고, 개별 세대는 동·호수별로 가격차이가 크다. 학교용지법령 및 조례 등이 구체적인 분양가격의 의미에 관하여 별도의 규정을 두고 있지 않아 학교용지법 5조의2 소정의 '세대별 공동주택 분양가격' 산정방법에 대하여 논란이 있다.

예상 가능한 '세대별 공동주택 분양가격'을 산정하는 방식에는 ① 일반분양 세대의 평균 분양가격을 기준으로 하여 산정하는 방식, ② 일반분양뿐만 아니라 조합원분양도 포함한 전체 세대의 평균 분양가격을 기준으로 하여 산정하는 방식, ③ 각 세대의 분양가격 중 낮은 분양가격 순으로 증가한 세대 수 만큼의 분양가격을 합산한 금액을 기준으로 하여 산정하는 방식 등 여러 가지 산정방식을 상정할 수 있고, 그 산정방식에 따라 학교용지부담금의 금액에 상당한 차이가 발생한다.

나. 교육부장관의 견해

교육부장관이 2018. 6. 20. 서울특별시장·광역시장·특별자치시장·제주특별자치도지사·도지사 등에게 도시정비사업 관련 학교용지부담금 부과 해석례를 안내하였는데, 학교용지부담금 금액 산정을 위한 세대별 공동주택 분양가격은 일반분양세대 분양가격 합계액을 총 일반분양세대 수로 나눈 금액(평균금액)으로 하는 것이 타당하다는 것이다.

다. 판 단

(1) 판례

일부 하급심은 학교용지법 5조2 2항의 '세대별 공동주택 분양가격'은 '임대주택과 조합원분양 세대를 제외한 일반분양세대 중 학교용지부담금의 부과조건을 충족하지 못한 미분양 및 보류지를 제외한 나머지 세대'의 평균 분양가격을 기준으로 산정함이 타당하다고 판시하였다.[34)]

(2) 결론(원칙적 일반분양 세대의 평균 분양가격 기준)

조합원분양가격을 포함한 전체 분양세대의 평균 분양가격을 기준으로 하여 산정하는 것이 타당한 것인지, 일반분양 대상 세대의 평균 분양가격을 기준으로 산정함이 타당한 것인지 여부가 쟁점이고, 이는 조합원분양분이 일반분양분보다 위치나 층수 등은 상대적으로 양호한 반면, 평균가격이 일반분양분보다 훨씬 저렴하기 때문에 발생하는 문제이다.

조합원분양세대는 개발사업 시행 이전 기존 세대 수에 포함되어 정비사업의 시행으로 증가되

34) 대법원 2021. 6. 3. 자 2021두34176 판결 및 광주고등법원 2021. 1. 21. 선고 (전주)2020누1204 판결.

는 세대 수 산정에서 제외된다. 따라서 논리적으로는 조합원분양 대상 세대의 분양가격은 학교용지부담금 산정의 기준인 세대별 공동주택 분양가격 산정에 포함시키지 않는 것이 타당하다. 다만 문제는 일반분양세대의 평균 분양가격을 산정함에 있어 조합원분양분 중 분양신청하지 않아 일반분양으로 전환한 세대를 제외할 것인지 여부가 문제된다. 분양신청하지 않아 일반분양으로 전환한 세대부분도 포함하여야 한다는 견해가 있다. 그러나 앞서 본 바와 같이 학교용지부담금 부과와 관련하여 종래 '증가한 세대 수'의 산정에 기존 조합원이 분양신청하지 않아 일반분양으로 전환한 세대 수를 포함시켰다가 평등원칙에 위배된다는 이유로 헌법재판소의 헌법불합치 결정이 있었고, 이에 따라 이는 '세대 수가 증가하지 아니하는 경우'로 개정된 점, 조합원분양분 중 분양신청하지 않아 일반분양으로 전환한 세대는 학교용지부담금 산정에 있어 조합원이 분양받은 세대와 다를 바 없는 점 등에 비추어 일반분양세대의 평균 분양가격을 산정함에 있어 조합원분양분 중 분양신청하지 않아 일반분양으로 전환한 세대는 제외되어야 한다(조합원분양분 중 분양신청하지 않아 일반분양으로 전환한 세대의 경우 처음부터 일반분양을 예정한 세대보다 위치나 층수 등이 양호하여 일반분양가격이 훨씬 고액일 가능성이 높은바, 그럼에도 불구하고 위 세대를 포함하여 전체 일반분양세대의 평균 분양가격을 학교용지부담금 부과기준으로서의 평균가격으로 산정하는 경우 가격의 왜곡이 발생하여 조합에 불리할 것이 자명하다).

3. 구체적인 산정방법

종래 실무상 부과되었던 학교용지부담금 부과액은 정비사업 시행으로 인한 증가 세대 수(정비사업 후의 전체 세대 수－임대 세대 수－용적율 완화 인센티브로 건설한 국민주택규모 주택 세대 수－기존 세대 수)×일반분양세대의 평균 분양가격(전체 일반분양가 합계액÷일반분양가구수)×1천분의 4(2024. 12. 30. 개정 이전에는 1천분의 8이다)로 산정된다. 그러나 현재는 앞서 대법원 2025. 3. 13. 선고 2023두48445 판결에서 살펴본 바와 같이 다른 요소들을 고려하지 아니한 채 위 산식에 따라 정비사업으로 인한 세대 수 증가분에 상응하여 기계적으로 학교용지부담금을 산정하여야 부과하여서는 아니 된다.

제4장 하자담보책임

Ⅰ. 시공자의 사업시행자에 대한 하자담보책임

정비사업에 의하여 아파트 등이 신축되고, 그와 같은 아파트 등에 하자(시공하여야 할 부분을 시공하지 아니하거나, 부실시공한 경우 등)가 발생한 경우 담보책임이 문제된다.

사업시행자와 건설업자등이 체결한 시공계약은 민법상의 도급계약이다(제5편 제2장 V. 1. "다. 시공계약 체결의 효과" 참조). 민법 667조 1항은 완성된 목적물 또는 완성전의 성취된 부분에 하자가 있는 때에는 도급인은 수급인에 대하여 상당한 기간을 정하여 그 하자의 보수를 청구할 수 있다고 규정하고 있고, 2항은 도급인은 하자의 보수에 갈음하여 또는 보수와 함께 손해배상을 청구할 수 있다고 규정하고 있다. 따라서 수급인인 시공자는 민법 667조에 의하여 도급인인 사업시행자에 대하여 하자담보책임을 부담한다.

Ⅱ. 시공자의 구분소유권자에 대한 하자담보책임

1. 개 요

과거 수급인인 시공자는 도급인인 사업시행자에 대하여만 담보책임을 부담할 뿐, 아파트 등 집합건물의 구분소유자에 대하여는 담보책임을 부담하지 않았다. 이에 집합건물의 구분소유자는 사업시행자가 시공자에게 가지는 하자 보수에 갈음하는 손해배상청구권을 대위 행사하였다.

그러나 집합건물법 9조 1항은 사업시행자(분양자) 및 시공자의 집합건물 소유자에 대한 담보책임을 규정하면서, 그 담보책임에 관하여는 민법상의 도급인의 담보책임에 관한 민법 667조 및 668조를 준용하도록 하였다. 이는 사업시행자(분양자) 및 시공자로 하여금 견고한 건물을 짓도록 유도하고 부실하게 건축된 집합건물의 소유자를 두텁게 보호하기 위함이다. 이는 집합건물의 분양자 내지 시공자가 집합건물의 현재의 구분소유자에 대하여 부담하는 법정책임으로서 집합건물의 소유자에게 불리한 특약은 효력이 없는 편면적 강행규정이다(집합건물법 9조 4항).[1]

집합건물법 9조의2 1항 및 같은 법 시행령 5조는 하자담보책임의 존속기간을 하자의 발생시기 또는 공사의 유형별로 2년, 3년, 5년 또는 10년으로 구분하고 있고, 담보책임에 관한 구분소유자의 권리는 위 담보책임의 존속기간 내에 행사하여야 하므로, 이는 제척기간으로 보아야 한다.

1) 대법원 2008. 12. 11. 선고 2008다12439 판결 등 취지 참조.

2. 집합건물법 9조

가. 1항 및 3항

집합건물법 9조 1항은 "1조 또는 1조의2의 건물을 건축하여 분양한 자와 분양자와의 계약에 따라 건물을 건축한 자로서 대통령령으로 정하는 자는 구분소유자에 대하여 담보책임을 진다. 이 경우 그 담보책임에 관하여는 민법 667조 및 668조를 준용한다."라고 규정하고 있다. 이에 따라 사업시행자(분양자)뿐만 아니라 시공자는 구분소유자에게 민법 667조 2항에 의하여 하자보수에 갈음하는 손해배상채무를 부담한다.

한편, 집합건물법 9조 3항은 "1항에 따른 시공자의 담보책임 중 민법 667조 2항에 따른 손해배상책임은 분양자에게 회생절차개시 신청, 파산 신청, 해산, 무자력 또는 그 밖에 이에 준하는 사유가 있는 경우에만 지며, 시공자가 이미 분양자에게 손해배상을 한 경우에는 그 범위에서 구분소유자에 대한 책임을 면한다."라고 규정하고 있다. 이에 따라 시공자의 구분소유자에 대한 담보책임 중 민법 667조 2항에 따른 손해배상책임은 사업시행자(분양자)의 무자력 등 일정한 사유가 있는 경우에만 예비적으로 발생하고, 시공자가 사업시행자(분양자)에게 이미 하자보수에 갈음하는 손해배상채무를 이행하였다면, 그 범위에서 시공자의 구분소유자에 대한 담보책임도 소멸한다.

앞서 본 바와 같이 정비사업이 진행되어 준공인가가 이루어지면 조합원 또는 일반의 수분양자는 입주가 가능하다[제8편 제6장 Ⅳ. "2. 건축물 사용가능(입주가능)" 참조]. 정비사업은 토지등소유자가 종전자산을 출자한 후 종후자산을 배분받는 것을 목적으로 하므로, 준공인가가 이루어져 수분양자의 입주가 가능하면 사실상 그 목적을 달성한다. 이에 도시정비법은 이전고시가 있은 날부터 1년 이내에 조합장은 조합 해산을 위한 총회를 소집하여야 한다고 규정하고 있다(86조의2 1항). 위와 같이 사업시행자인 조합은 준공인가로 아파트 입주가 시작되고 나면 해산절차로 나아가게 되는데, 조합의 자력이 없는 경우, 입주 시작 이후 결성된 입주자대표회의가 9조 1항에 의하여 시공자를 상대로 하자보수에 갈음하는 손해배상청구소송을 제기하게 된다.

한편 사업시행자인 조합이 자력이 있다면, 조합만이 시공자를 상대로 하자보수에 갈음하는 손해배상청구소송을 제기할 수 있고, 구분소유자는 조합을 상대로만 하자보수에 갈음하는 손해배상청구소송을 제기할 수 있을 뿐인바, 수분양자가 조합에 대하여 하자보수에 갈음하는 손해배상을 구하는 경우 손해배상금은 정비사업비의 일종으로 사업시행자인 조합이 부담한다(법 92조 1항). 그러나 조합이 부담하는 정비사업비는 궁극적으로는 전체 조합원의 종전자산 평가액 중 해당 조합원의 종전자산 평가액이 차지하는 비율만큼 조합원이 부담하므로, 조합원인 수분양자의 경우 조합에 대한 손해배상청구는 사실상 무의미하다(다만, 일반수분양자는 사업시행자에 대한 손해배상청구도 유의미하다). 따라서 구분소유자들은 시공자들을 상대로 하자보수에 갈음하는 손해배상청구소송을 제기하는 것이 일반적이고, 소송에서는 집합건물법 9조 3항이 규정하고 있는 사업시행자인 조합이 무자력 등의 요건을 구비하고 있는 것인지, 또는 시공자가 이미 분양자에게 손해배상을 한 것인지 여부가 다투어진다.

한편 자력이 있는 조합의 경우 직접 시공자를 상대로 손해배상을 청구하기도 하고, 이를 통하여 시공자로부터 손해배상금을 지급받게 되는바, 그 경우 집합건물법 9조 1항에 의한 분양자로서 입주자에 대한 하자보수의무를 부담하므로, 입주자들에게 손해배상금을 지급하여야 한다.

나. 2항

집합건물법 9조 2항은 "1항에도 불구하고 시공자가 분양자에게 부담하는 담보책임에 관하여 다른 법률에 특별한 규정이 있으면 시공자는 그 법률에서 정하는 담보책임의 범위에서 구분소유자에게 1항의 담보책임을 진다."라고 규정하고 있다. 이에 따라 다른 법률에 시공자의 사업시행자(분양자)에 대한 담보책임 범위를 제한하거나 면제하는 등의 규정이 있다면, 시공자는 구분소유자에 대하여도 그 범위에서만 하자보수에 갈음하는 손해배상채무를 부담한다. 물론 그 경우에도 집합건물법 9조 3항이 적용된다.

Ⅲ. 시공자의 구분소유자에 대한 채무 및 사업시행자에 대한 채무의 관계

시공자의 구분소유자에 대한 채무와 시공자의 사업시행자(분양자)에 대한 채무는 별개의 채무이므로 시공자의 사업시행자(분양자)에 대한 채무의 소멸시효가 완성되었다고 하여 시공자의 구분소유자에 대한 채무가 이를 이유로 당연히 소멸한다고 할 수 없다. 비록 집합건물법 9조 2항은 시공자의 분양자에 대한 담보책임 범위, 3항은 시공자의 구분소유자에 대한 담보책임 발생요건 및 소멸사유에 관하여 양 채무가 서로 일정하게 관련되어 있다고 규정하고 있으나, 그렇다고 이러한 규정들로부터 시공자의 사업시행자(분양자)에 대한 하자보수를 갈음하는 손해배상채무의 시효 소멸로 인하여 시공자의 구분소유자에 대한 하자보수를 갈음하는 손해배상채무가 소멸된다는 점을 도출할 수는 없다.[2)]

---

2) 대법원 2023. 12. 7. 선고 2023다246600 판결.

제11편

기타 정비사업

제1장 총 설

정비사업은 도시기능의 회복이 필요하거나 주거환경이 불량한 지역을 계획적으로 정비하고, 노후·불량건축물을 효율적으로 개량하여 도시환경을 개선하고 주거생활의 질을 높이는 데 이바지함을 목적으로 공익사업이다(법 1조). 정비사업은 시·도지사등의 기본계획수립부터 진행된다. 이어서 행정처분인 정비구역지정 및 정비계획결정으로 정비사업이 구체화되고, 조합설립인가, 사업시행계획인가, 관리처분계획인가 등으로 순차 진행된다(재건축사업의 경우 사업시행계획인가 전까지 재건축진단절차를 거쳐야 한다). 관리처분계획인가가 이루어지면 사업시행자는 철거 및 시공행위에 착수하게 되고, 공사가 완료되면 준공인가를 받게 되며, 이로써 정비사업의 시행으로 조성되거나 폐지되는 정비기반시설에 대한 처분이 완료된다. 나머지 공동주택 등은 이전고시에 의하여 처분이 완료되고, 그 후속절차로 소유권보존 또는 이전등기절차가 이행되며, 사업시행자는 청산금 및 부과금 부과·징수절차를 거쳐 해산 및 청산을 통해 정비사업이 종료된다.

정비사업은 각각의 단계를 거쳐 순차 진행되고, 각 단계에서 조합설립인가, 사업시행계획인가, 관리처분계획인가, 준공인가, 이전고시 등의 선행 행정처분이 이루어짐에 따라 후속절차가 진행되며, 각각의 처분과 관련한 단계별 쟁점에 대하여는 앞서 자세히 살펴보았다. 이하에서는 정비사업과 관련한 각각의 단계별 쟁점에 속하지 아니하는 사항 즉, 비용부담, 보조 및 융자, 국·공유재산의 처분 등에 관하여 살펴보고, 전문성을 요하는 정비사업의 특성상 전문관리업자는 추진위원회 단계부터 청산 시까지 모두 관여하고 있고, 그로 인하여 법이 전문관리업자에 대하여 상세히 규율하고 있으므로, 전문관리업자의 등록, 업무 및 지위 등에 관하여 살펴본다. 또한 법은 조합 등 사업시행자에 대하여 제한적 범위에서 행정주체의 지위를 부여하고 있으므로, 행정청이 정비사업 전반에 걸쳐 관여하며 감독하고 지원하는바, 도시정비법 제7장(감독 등)을 중심으로 그 내용을 살펴보며, 도시정비법 제8장(보칙)이 규정하고 있는 정비사업 전반에 관여하는 다양한 행위주체들의 권한이나 의무 등에 관하여도 살펴본다.

제2장 비용부담, 보조 및 융자, 국·공유재산의 처분 등

Ⅰ. 비용부담

1. 개 요

정비사업비는 정비사업에 소요된 비용과 정비사업의 시행과정에서 발생한 수입의 차액이다. 이는 원칙적으로 사업시행자가 부담하므로 사업시행자가 조합인 경우에는 조합이 부담하고, 개인이 사업을 시행하는 토지등소유자가 20인 미만인 재개발사업에서는 토지등소유자 개인이 부담한다. 다만, 사업시행자가 조합인 경우에는 이전고시 이후 조합원에게 정비사업비 총액에 대하여 전체 수분양조합원의 종전자산 평가액 중 해당 조합원의 종전자산 평가액이 차지하는 비율을 곱한 금액을 부과금으로 부과함은 앞서 본 바이다. 법은 정비사업이 공익사업임을 고려하여 시장·군수등이 일부 사업비를 부담하거나 기타 정비사업비 부담과 관련한 특칙을 규정하고 있으므로, 이에 관하여 자세히 살펴본다.

2. 비용부담의 특칙

가. 시장·군수등의 사업비 부담

시장·군수등은 민간인 사업시행자가 시행하는 정비사업의 정비계획에 따라 설치되는 도시·군계획시설 중 대통령령으로 정하는 주요 정비기반시설 및 공동이용시설(도로, 상·하수도, 공원, 공용주차장, 공동구, 녹지, 하천, 공공공지, 광장), 임시거주시설에 대하여는 그 건설에 드는 비용의 전부 또는 일부를 부담할 수 있다(법 92조 2항, 법 시행령 77조).

법이 제정될 당시에는 시장·군수등이 주요 정비기반시설의 경우에만 건설비의 전부 또는 일부를 부담할 수 있었으나, 2005. 3. 18.자 법 개정으로 임시거주시설에 대하여도, 2012. 2. 1.자 법 개정으로 공동이용시설에 대하여도 각 건설비를 부담할 수 있게 되었다.

정비기반시설은 원칙적으로 국가나 지방자치단체가 설치할 의무를 부담하는 것이고, 수혜자가 모든 국민으로 볼 수 있는 점, 정비사업으로 인하여 부득이 생활의 터전을 떠나게 되는 주택의 소유자 또는 세입자를 위하여 사업시행자가 설치하는 임시거주시설은 정비기반시설에 준할 정도로 공익성이 강한 점, 공동이용시설은 정비기반시설에 준하는 점 등에 비추어 위 시장·군수등의 사업비 부담 규정은 타당하다. 시장·군수등이 비용을 부담한 부분은 정비사업에 소요된 비용에서 제외된다.

나. 시장·군수등이 시행하는 정비사업에서 현저한 이익을 받는 정비기반시설 관리자의 정비사업비 부담

(1) 요건

시장·군수등은 자신이 시행하는 정비사업으로 현저한 이익을 받는 정비기반시설의 관리자가 있는 경우에는 대통령령으로 정하는 방법 및 절차에 따라 해당 정비사업비의 일부를 그 정비기반시설의 관리자와 협의하여 그 관리자에게 부담시킬 수 있다(법 94조 1항). 시장·군수등이 사업시행자가 되는 경우의 특칙이다. 정비사업으로 현저한 이익을 받는지 여부에 대한 명확한 기준이 없어 다툼의 여지가 있다.

(2) 범위

정비기반시설 관리자가 부담하는 비용의 총액은 해당 정비사업에 소요된 비용(정비사업의 조사·측량·설계 및 감리에 소요된 비용은 제외)의 3분의 1을 초과해서는 아니 된다(법 시행령 78조 1항 본문). 다만, 다른 정비기반시설의 정비가 그 정비사업의 주된 내용이 되는 경우에는 그 부담비용의 총액은 해당 정비사업에 소요된 비용의 2분의 1까지로 할 수 있다(법 시행령 78조 1항 단서).

(3) 절차

시장·군수등은 정비사업비의 일부를 정비기반시설의 관리자에게 부담시키려는 때에는 정비사업에 소요된 비용의 명세와 부담 금액을 명시하여 해당 관리자에게 통지하여야 한다(법 시행령 78조 2항).

다. 공동구에 수용될 설치의무자의 정비사업비 부담

(1) 의의

사업시행자가 정비사업을 시행하는 지역에 전기·가스 등의 공급시설을 설치하기 위하여 공동구[1]를 설치하는 경우에는 다른 법령에 따라 그 공동구에 수용될 시설을 설치할 의무가 있는 자에게 공동구의 설치에 드는 비용을 부담시킬 수 있다(법 94조 2항). 공동구의 설치에 관한 사항은 사업시행계획서에 기재하여야 할 사항이다(법 시행령 47조 2항 9호).

(2) 비용부담 범위 및 절차

(가) 비용부담 범위

① 공동구 설치비용

공동구의 설치에 드는 비용에는 보조금이 있는 경우 이를 제외하고, 설치공사의 비용(1호) 등 법 시행규칙 16조 1항이 정한 비용이 여기에 해당한다.

---

1) '공동구'란 전기·가스·수도 등의 공급설비, 통신시설, 하수도시설 등 지하매설물을 공동 수용함으로써 미관의 개선, 도로구조의 보전 및 교통의 원활한 소통을 위하여 지하에 설치하는 시설물을 의미한다(국토계획법 2조 9호).

② 부담비율(면적비율)

공동구에 수용될 전기·가스·수도의 공급시설과 전기통신시설 등의 관리자 등 공동구 점용예정자가 부담할 공동구의 설치에 드는 비용의 부담비율은 공동구의 점용예정 면적비율에 따른다(법 시행규칙 16조 2항).

(나) 절차

사업시행자는 사업시행계획인가의 고시가 있은 후 지체 없이 공동구 점용예정자에게 부담금의 납부를 통지하여야 하고(법 시행규칙 16조 3항), 부담금의 납부통지를 받은 자는 공동구의 설치공사가 착수되기 전에 부담금액의 3분의 1 이상을 납부하여야 하며, 그 잔액은 공사완료 고시일전까지 납부하여야 한다(법 시행규칙 16조 4항).

(3) 공동구의 관리

시장·군수등이 공동구를 관리하고, 관리비용의 일부를 그 공동구를 점용하는 자에게 부담시킬 수 있다(법 시행규칙 17조).

Ⅱ. 보조 및 융자

1. 국가나 광역 지방자치단체의 기초 지방자치단체 및 토지주택공사등에 대한 보조 또는 융자

가. 지원대상

국가 또는 시·도는 시장, 군수 또는 토지주택공사등이 시행하는 정비사업에 관한 기초조사 및 정비사업의 시행에 필요한 시설로서 정비기반시설, 임시거주시설 및 주거환경개선사업에 따른 공동이용시설의 건설에 드는 비용의 일부를 보조하거나 융자할 수 있다(법 95조 1항). 여기에는 우선적 보조 또는 융자사업과 일반적 보조 또는 융자사업으로 나뉜다. 아래의 우선적 보조 또는 융자사업 외에는 모두 일반적 보조 또는 융자사업이다.

나. 우선적 보조 또는 융자사업(법 95조 1항 단서)

(1) 필요적 정비구역 해제(법 20조), 재량적 정비구역 해제(법 21조)에 따라 해제된 정비구역등에서의 시장·군수등 또는 토지주택공사등이 시행하는 주거환경개선사업, 도시재정비법 7조 2항에 따라 재정비촉진지구가 해제된 지역에서의 시장·군수등 또는 토지주택공사등이 시행하는 주거환경개선사업(1호)은 우선적으로 보조하거나 융자할 수 있다.

(2) 국가 또는 지방자치단체가 도시영세민을 이주시켜 형성된 낙후지역으로서 대통령령으로 정하는 지역(토지보상법 4조에 따른 공익사업의 시행으로 다른 지역으로 이주하게 된 자가 집단으로 정착한 지역이고, 이주 당시 300세대 이상의 주택을 건설하여 정착한 지역으로서, 정비구역 전체 건축물 중 준공 후 20년이 지난 건축물의 비율이 100분의 50 이상인 지역을 의미한다. 법 시행령 79조 2항)에서 시장·군수등 또는 토지주택공사등이 단독으로 시행하는 재개발사업(2호)도 우선적으로 보조·융자할 수 있다. 이는 다음에서 살펴보듯이 국·공유지 무상양여의 대상에 해당하기도 한다.

다. 보조 또는 융자의 범위

법 95조 1항에 따라 국가 또는 지방자치단체가 보조하거나 융자할 수 있는 금액은 기초조사비, 정비기반시설 및 임시거주시설 사업비의 각 80%(단, 관리형 주거환경개선사업을 시행하는 정비구역에서 시·도지사가 시장·군수등에게 보조하거나 융자하는 경우에는 100%) 이내로 한다(법 시행령 79조 3항). 공동이용시설 사업비에 대하여는 명문규정이 없으나 다른 사업비와 동일하게 80%로 봄이 상당하다.

2. 민간의 정비사업 관련 국가의 지방자치단체나 토지주택공사등에 대한 보조 및 기초지방자치단체의 토지주택공사등에 대한 보조

가. 국가의 지방자치단체나 토지주택공사등에 대한 보조

(1) 사업시행자인 조합은 순환정비방식으로 정비사업을 시행하는 경우 관리처분계획의 인가를 신청한 후 법정서류를 첨부하여 토지주택공사등에 토지주택공사등이 보유한 공공임대주택을 순환용주택으로 우선 공급할 것을 요청할 수 있다(법 59조 2항, 법 시행령 51조 1항). 이에 따라 토지주택공사등이 보유한 공공임대주택을 순환용주택으로 사업시행자에게 제공하는 경우 국가는 그 건설비 및 공가관리비 등의 비용을 토지주택공사등에 보조 또는 융자할 수 있다(법 95조 5항 1호).

(2) 시·도지사, 시장, 군수, 구청장 또는 토지주택공사등은 사업시행자인 조합이 요청하는 경우 재개발사업의 시행으로 건설된 임대주택을 인수하여야 한다(법 79조 5항). 국가는 시·도지사, 시장, 군수, 구청장 또는 토지주택공사등이 재개발 임대주택을 인수하는 경우 그 인수 비용의 전부 또는 일부를 지방자치단체 또는 토지주택공사등에 보조 또는 융자할 수 있다(법 95조 5항 2호).

나. 지방자치단체의 토지주택공사등에 대한 보조

시장·군수등은 사업시행자가 토지주택공사등인 주거환경개선사업과 관련하여 정비기반시설, 임시거주시설 및 주거환경개선사업에 따른 공동이용시설을 건설하는 경우 건설에 드는 비용의 전부 또는 일부를 토지주택공사등에게 보조하여야 한다(법 95조 2항).

3. 국가나 지방자치단체의 민간 사업시행자 또는 개인에 대한 보조

가. 국가 또는 지방자치단체의 민간 사업시행자에 대한 보조

(1) 요건

국가 또는 지방자치단체는 민간인 사업시행자가 시행하는 정비사업 비용의 일부를 보조 또는 융자하거나 융자를 알선할 수 있다(법 95조 3항).

(2) 범위

(가) 보조의 범위

국가 또는 지방자치단체가 보조할 수 있는 금액은 기초조사비, 정비기반시설 및 임시거주시설의 사업비, 조합 운영경비의 각 50% 이내로 한다(법 시행령 79조 4항).

㈏ **융자 또는 융자 알선의 범위**

국가 또는 지방자치단체는 기초조사비, 정비기반시설 및 임시거주시설의 사업비, 세입자 보상비, 주민 이주비, 그 밖에 시·도 조례[2]로 정하는 사항(조례로 정하는 사항은 지방자치단체가 융자하거나 융자를 알선하는 경우만 해당한다)의 각 80% 이내에서 융자하거나 융자를 알선할 수 있다(법 시행령 79조 5항).

나. 국가 또는 지방자치단체의 토지임대부 분양주택을 공급받는 개인에 대한 보조

국가 또는 지방자치단체는 80조 2항(국토부장관, 시·도지사, 시장, 군수, 구청장 또는 토지주택공사등은 정비구역 내 세입자와 분양받지 않은 법정면적 이하의 토지 또는 주택을 소유한 자의 요청이 있는 경우에는 인수한 재개발 임대주택의 일부를 주택법에 따른 토지임대부 분양주택으로 전환하여 공급하여야 한다)에 따라 인수한 임대주택을 토지임대부 분양주택으로 전환하여 공급하는 경우, 이를 공급받는 자에게 해당 공급비용의 전부 또는 일부를 보조 또는 융자할 수 있다(법 95조 6항).

다. 국가 또는 지방자치단체의 순환정비방식 정비사업 최우선지원 원칙

국가 또는 지방자치단체는 법 95조 1, 2항에 따라 정비사업에 필요한 비용을 보조 또는 융자하는 경우 사업시행자가 누구이든 순환정비방식의 정비사업에 최우선적으로 지원할 수 있다.

순환정비방식은 순환용주택(정비구역의 안과 밖에 새로 건설한 주택 또는 이미 건설되어 있는 주택)에 정비사업의 시행으로 철거되는 주택의 소유자 또는 세입자를 임시로 거주하게 하는 등 그 정비구역을 순차적으로 정비하여 주택의 소유자 또는 세입자의 이주대책을 수립하는 방식이다(법 59조 1항). 이는 정비사업 시행으로 이주하게 되는 거주자들의 주거권을 최대한 배려하는 사업방식으로 가장 공익성이 중대하여 우선적으로 지원하는 것이다.

순환정비방식의 정비사업의 원활한 시행을 위하여 국가 또는 지방자치단체는 순환용주택의 건설비, 순환용주택의 단열보완 및 창호교체 등 에너지 성능 향상과 효율개선을 위한 리모델링 비용, 공가(空家)관리비의 비용 일부를 보조 또는 융자할 수 있다(법 95조 4항).

---

2) 서울시 조례 53조

① 시장은 도시의 기능회복 등을 위하여 도시정비형 재개발사업을 시행하는 자에게 다음 각 호의 범위에서 정비사업에 소요되는 비용의 일부를 융자할 수 있다.
1. 구청장이 시행하는 사업은 건축공사비의 80% 이내
2. 구청장 이외의 자가 시행하는 사업은 건축공사비의 40% 이내

② 영 79조 5항 5호에서 "그 밖에 시·도 조례로 정하는 사항"이란 추진위원회·조합의 운영자금 및 설계비 등 용역비를 말한다.

③ 융자는 영 79조 5항에서 정하는 범위에서 다음 각 호의 기준에 따라 할 수 있다.
1. 융자금에 대한 대출 이율은 한국은행의 기준금리를 고려하여 정책자금으로서의 기능을 유지하는 수준에서 시장이 정하되, 추진위원회 및 조합의 운영자금 및 용역비 등 융자 비목에 따라 대출이율을 차등 적용할 수 있다.
2. 사업시행자는 정비사업의 준공인가 신청 전에 융자금을 상환하여야 한다.

④ 추진위원회 또는 조합은 총회의 의결을 거쳐 시장에게 융자를 신청할 수 있으며, 다음 각 호의 내용이 포함된 운영규정 또는 정관을 제출하여야 한다.
1. 융자금액 상환에 관한 사항
2. 융자 신청 당시 담보 등을 제공한 추진위원장 또는 조합장 등이 변경될 경우 채무 승계에 관한 사항

⑤ 시장은 관리형 주거환경개선사업구역의 주택개량 및 신축공사비를 80% 이내에서 융자할 수 있다.

⑥ 2항부터 4항까지에서 정한 것 이외에 융자에 관하여 필요한 사항은 규칙으로 정한다.

Ⅲ. 국·공유재산의 처분, 임대 등

1. 국·공유재산의 처분 또는 임대

가. 국·공유재산의 처분

앞서 본 바와 같이 정비사업은 원칙적으로 사업시행자 측이 정비구역 내 토지등을 취득함을 전제로 하므로, 정비구역 내에 국·공유재산이 존재하는 경우 사업시행계획서에 그에 대한 처분이 포함되는 것이 일반적이다. 국·공유재산의 처분에 관한 내용이 사업시행계획서에 포함되어 있는 경우, 인가청의 사업시행계획인가의 효과로서 이는 정비사업의 목적으로만 매각할 수 있고, 그 경우 사업시행자 또는 점유자 및 사용자에게 우선적으로 수의계약으로 매각할 수 있으며, 사업시행계획인가의 고시가 있은 날부터 종전의 용도가 폐지된 것으로 보고, 사업시행계획인가의 고시가 있은 날을 기준으로 매매대금을 평가하며, 주거환경개선사업의 경우에는 매각금액이 위 대금의 100분의 80으로 함은 제6편 제2장 제2절 Ⅳ. "3. 시장·군수등의 심사"에서 살펴보았다. 그리고 국·공유재산 중 정비기반시설에 대한 처분은 별도의 법리가 적용되는바, 이는 제8편 제6장 "Ⅴ. 준공인가와 정비기반시설"에서 자세히 살펴보았다.

나. 국·공유재산의 지방자치단체 또는 토지주택공사등에 대한 임대

(1) 의의

정비사업은 원칙적으로 사업시행자 측이 정비구역 내 토지등을 취득함을 전제로 하나, 정비계획상 정비구역 내의 국·공유재산에 지방자치단체 또는 토지주택공사등이 임대주택을 건설하는 것으로 예정된 경우에는 예외가 인정된다. 지방자치단체 또는 토지주택공사등이 주거환경개선구역 및 재개발구역에서 국·공유지에 임대주택을 건설하는 경우, 국·공유지 소유자는 지방자치단체 등에게 토지를 임대하는바, 법은 이에 대하여 국유재산법 및 공유재산법의 특칙을 규정하고 있다(법 99조 1항).

(2) 특칙의 내용

(가) 임대기간 제한의 예외

국유재산법 46조 1항 또는 공유재산법 31조은 임대기간에 대한 제한이 있다. 그러나 지방자치단체 또는 토지주택공사등이 주거환경개선구역 및 재개발구역에서 임대주택을 건설하는 경우에는 국·공유지 관리청과 협의하여 정한 기간 동안 국·공유지를 임대할 수 있다(법 99조 1항).

(나) 영구시설물 축조금지의 예외

국유재산법 18조 1항 또는 공유재산법 13조는 국·공유재산에 영구시설물을 축조하는 것을 엄격히 금지한다. 그러나 지방자치단체 또는 토지주택공사등이 주거환경개선구역 및 재개발구역에서 임대주택을 건설하는 경우에는 임대하는 국·공유지 위에 공동주택, 그 밖의 영구시설물을 축조하게 할 수 있다. 이 경우 해당 시설물의 임대기간이 종료되는 때에는 임대한 국·공유지 관리청에 기부 또는 원상으로 회복하여 반환하거나 지방자치단체 등은 국·공유지 관리청으로부터 토지를 매입하여야 한다(법 99조 2항).

(다) 임대료

임대하는 국·공유지의 임대료는 국유재산법 또는 공유재산법에서 정한다(법 99조 3항).

2. 주거환경개선구역 내 공동이용시설 사용료의 면제

가. 공익 목적의 주거환경개선구역 내 공동이용시설에 대한 사용료 면제

지방자치단체의 장은 마을공동체 활성화 등 공익 목적을 위하여 공유재산법 20조에 따라 주거환경개선구역 내 공동이용시설에 대한 사용 허가를 하는 경우 같은 법 22조의 사용료 징수규정에도 불구하고 사용료를 면제할 수 있다(법 100조 1항). 공익 목적의 기준, 사용료 면제 대상 및 그 밖에 필요한 사항은 시·도 조례로 정한다(법 100조 2항).

나. 공동이용시설 사용료 면제를 위한 공익 목적 기준

관리형 주거환경개선구역 내 공동이용시설 사용료 면제를 위한 공익 목적 기준은 주거환경을 보호 및 정비하고 주민의 건강, 안전, 이익을 보장하며, 지역사회가 당면한 문제를 해결하는 활동일 것 또는 복지, 의료, 환경 등의 분야에서 사회서비스 또는 일자리 제공을 통해 지역경제를 활성화하여 지역주민의 삶의 질을 높이는 활동일 것에 해당하여야 한다(서울시 조례 56조 1항).

다. 사용료 면제 대상

공동이용시설의 사용료를 면제할 수 있는 대상은 구청장, 주민공동체운영회, 위 1항의 공익 목적의 달성을 위해 주민공동체운영회와 연계되어 지역주민 주도로 구성된 조직에 한한다(서울시 조례 56조 2항).

라. 한 계

1항 및 2항에 따라 공동이용시설의 사용료를 면제받는 대상은 기존상권을 침해하지 않는 범위에서 지역에서 요구되는 수익시설을 운영할 수 있으며, 수익금 창출 시 이를 마을기금으로 적립하고 1항의 공익 목적의 달성을 위하여 투명하게 활용하여야 한다(서울시 조례 56조 3항).

3. 국·공유지의 무상양여 등

가. 의 의

주거환경개선구역 또는 국가 또는 지방자치단체가 도시영세민을 이주시켜 형성된 낙후지역으로서 법 시행령 79조 2항(정비구역지정 당시 토지보상법 4조에 따른 공익사업의 시행으로 다른 지역으로 이주하게 된 자가 집단으로 정착한 이주 당시 300세대 이상의 주택을 건설하여 정착한 지역으로서, 정비구역 전체 건축물 중 준공 후 20년이 지난 건축물의 비율이 100분의 50 이상인 지역)으로 정하는 재개발구역에서 시행하는 정비사업 중 시장·군수등 또는 토지주택공사등이 단독으로 사업시행자가 되는 사업의 경우, 국가 또는 지방자치단체가 소유하는 토지는 사업시행계획인가의 고시가 있은 날부터 종전의 용도가 폐지된 것으로 볼 뿐만 아니라, 위 토지는 국유재산법, 공유재산법 및 그 밖에 국·공유지의 관리 및 처분에 관하여 규정한 관계 법령에도 불구하고 해당 사업시행자에게 무상으로 양여된다(법 101조 1항, 법 시행령 80조 2항).

국·공유지의 해당 사업시행자에 대한 무상양여는 이례적이다. 이는 주거환경개선사업은 본질적으로 공익성이 중대하고, 국가 또는 지방자치단체가 도시영세민을 이주시켜 형성된 대단지 낙후지역에서의 재개발사업도 그 대상에 비추어 재개발사업 중 가장 공익성이 중대하며, 또한 시장·군수등 또는 토지주택공사등이 단독으로 사업을 시행하는 경우로 한정하고 있기 때문에 예외적으로 무상양여를 인정한다.

나. 대 상

⑴ 원칙

국가 또는 지방자치단체가 소유하는 토지는 위 요건에 해당하는 경우 사업시행계획인가의 고시가 있은 날부터 종전의 용도가 폐지된 것으로 볼 뿐만 아니라, 국유재산법, 공유재산법 및 그 밖에 국·공유지의 관리 및 처분에 관하여 규정한 관계 법령에도 불구하고 해당 사업시행자에게 무상으로 양여된다. 다만, 국가 또는 지방자치단체가 도시영세민을 이주시켜 형성된 낙후지역에서의 재개발사업에서는 무상양여의 대상에서 국유지는 제외된다(법 101조 1항).

⑵ 예외

국·공유재산 중 행정재산 및 국가 또는 지방자치단체가 이미 양도계약을 체결하여 정비구역 지정·고시일 현재 대금의 일부를 수령한 토지는 무상양여의 대상에서 제외된다(법 101조 1항 단서).

다. 절 차

⑴ 협의

시장·군수등 사업시행자는 1항에 따른 무상양여의 대상이 되는 국·공유지를 소유 또는 관리하고 있는 국가 또는 지방자치단체와 협의를 하여야 한다(법 101조 4항).

⑵ 등기절차

국가 또는 지방자치단체로부터 토지를 무상으로 양여받는 사업시행자는 관리처분계획인가·고시문 사본을 그 토지의 관리청 또는 지방자치단체의 장에게 제출하여 그 토지에 대한 소유권이전등기절차의 이행을 요청하여야 한다. 이 경우 토지의 관리청 또는 지방자치단체의 장은 전자정부법 36조 1항에 따른 행정정보의 공동이용을 통하여 그 토지의 토지대장 등본 또는 등기사항증명서를 확인하여야 하고, 즉시 소유권이전등기에 필요한 서류를 사업시행자에게 교부하여야 한다(법 시행령 80조 1항, 3항).

라. 한 계

⑴ 1항에 따라 무상양여된 토지의 사용수익 또는 처분으로 발생한 수입은 주거환경개선사업 또는 위 재개발사업 외의 용도로 사용할 수 없다(법 101조 3항). 사업시행자에게 양여된 토지의

관리처분에 필요한 사항은 국토부장관의 승인을 받아 해당 시·도 조례 또는 토지주택공사등의 시행규정으로 정한다(법 101조 5항).

(2) 정비사업의 시행이 이 법 또는 이 법에 따른 명령·처분 등에 위반되었다고 인정되어 법 113조에 따라 사업시행계획인가가 취소된 경우, 사업시행자는 무상양여된 토지를 원소유자인 국가 또는 지방자치단체에 반환하기 위하여 필요한 조치를 하고, 즉시 관할 등기소에 소유권이전 등기를 신청하여야 한다(법 시행령 80조 4항).

제3장 정비사업전문관리업자

Ⅰ. 총 설

정비사업은 토지등소유자가 조합원이 되어 종전자산을 출자하고 공사비 등을 투입하여 구 주택을 철거한 후 신 주택 등을 건축한 다음, 이를 배분받는 공용환권을 목적으로 하는 사업으로서, 이해관계가 상충되는 다수 토지등소유자들의 개별적이고 구체적인 이익을 적절히 형량·조정하면서 장기에 걸쳐 진행되는 전문성을 요하는 사업이다. 그런데 원칙적 사업시행자인 조합(20인 미만의 토지등소유자로 구성되는 재개발사업에서 토지등소유자 개인이 사업시행자가 되는 경우도 마찬가지이다)은 정비사업에 대한 전문지식이 부족하고, 다양한 이해관계를 조정할 능력을 갖추지 못하고 있으며, 특히 사업비용 중 가장 큰 비중을 차지하는 시공자의 선정과 계약업무를 진행하는 것이 용이하지 않다. 그와 같은 이유로 최근에는 법 27조 1항 3호에 기하여 토지등소유자들이 신탁업자를 사업시행자로 지정하여 정비사업을 시행하는 경우를 흔히 볼 수 있다.

법 제정 이전에는 시공자가 조기에 선정되어 조합은 시공자로부터 사업비를 조달할 뿐만 아니라 정비사업 관련 업무의 처리를 의존하였으나, 그 부작용으로 시공자의 전횡으로 인한 조합원의 권리가 침해되는 일이 많았다. 이에 법은 제정 당시 이를 방지하기 위하여 시공자 선정시기를 사업시행계획인가 이후로 규정하고, 조합의 비전문성을 보완함으로써 조합원의 권익을 보호하고 사업추진의 효율성을 도모하기 위하여 행정·설계·시공·감리 등 분야에서 전문지식을 갖춘 인력의 도움을 받을 수 있는 '정비사업전문관리업제도'를 도입하였다. 다만 법은 정비사업 시행의 공정성과 효율성을 유지하고, 전문성을 갖추지 못한 전문관리업자의 난립으로 인한 정비사업의 부실과 혼란을 방지하기 위하여 등록제도를 통하여 정비사업의 전문관리를 위탁받을 수 있는 능력(자본, 기술인력 등)을 갖추었음이 확인된 업체에 한하여 사업시행자로부터 정비사업에 대한 전문관리를 위탁받을 수 있도록 하였다. 또한 전문관리업자의 대표자나 직원에 대하여 뇌물죄의 적용에 있어 공무원으로 의제하는 규정을 두었다(법 134조). 사업시행자(조합이 사업시행자인 경우 추진위원회 포함)는 일반적으로 전문관리업자를 선정하여 정비사업 업무를 위탁하게 되는데, 공공지원 정비사업의 경우에는 시장·군수등이 전문관리업자를 선정하고(법 118조 1항, 2항 2호, 위탁지원자는 선정을 위한 지원), 신탁업자가 사업시행자인 경우에는 토지등소유자 전체회의의 의결을 거쳐 신탁업자가 선정하게 된다(법 48조 1항 3호). 사업시행자가 전문관리업자를 선정 및 변경하는 절차 및 방법에 관하여는 제5편 제3장 전문관리업자 또는 설계업자의 선정에서 자세히 살펴보았다.

이하에서는 전문관리업자로 선정되기 위한 전제로서의 등록기준 및 결격사유, 등록취소, 전문관리업자의 업무 및 지위, 행정청의 전문관리업자에 대한 조사 및 감독, 관리 등 일반론에 관하여 자세히 살펴본다.

Ⅱ. 등 록

1. 등록기준 및 결격사유

가. 등록취지 및 내용

사업시행자(조합이 사업시행자인 경우 추진위원회 포함)로부터 전문관리를 위탁받거나 이와 관련한 자문을 하려는 자는 대통령령으로 정하는 자본·기술인력 등의 기준을 갖춰 시·도지사에게 등록 또는 변경(대통령령으로 정하는 경미한 사항의 변경은 제외)등록하여야 한다(법 102조 1항). 이는 전문관리업자가 수행하는 정비업무의 전문성 및 공익성에 비추어 전문관리업자로 선정되기 위해서는 업무를 수행할 만한 자본·기술인력 등 일정한 능력을 갖출 것이 요구되기 때문이다. 현재 서울시에 등록한 전문관리업자는 수백 개에 이른다. 다만, 주택의 건설 등 정비사업 관련 업무를 하는 공공기관으로 전문성 및 공정성이 담보되는 토지주택공사[1]나 한국부동산원의 경우에는 예외이다(법 102조 1항 단서, 법 시행령 81조 3항). 시·도지사는 전문관리업의 등록 또는 변경등록한 현황, 전문관리업의 등록취소 또는 업무정지를 명한 현황을 국토부령으로 정하는 방법 및 절차에 따라 국토부장관에게 보고하여야 한다(법 102조 3항).

나. 등록기준

법 시행령 81조 1항 [별표 4]에서 전문관리업 등록기준을 규정하고 있다. 여기에는 자본금기준, 인력확보기준, 사무실기준이 있다.

(1) 자본금

자산총액에서 부채총액을 차감한 금액이 적어도 10억 원(법인인 경우 5억 원) 이상이어야 한다.

(2) 인력확보기준

㈎ 다음의 어느 하나에 해당하는 상근인력(다른 직무를 겸하지 않는 인력을 말한다)을 5명 이상 확보하여야 한다. 다만, 전문관리업자가 관계 법령에 따른 감정평가법인·회계법인 또는 법무법인·법무법인(유한)·법무조합과 정비사업의 공동수행을 위한 업무협약을 체결하는 경우에는 협약을 체결한 법무법인 등의 수가 1개인 경우에는 4명, 2개인 경우에는 3명으로 한다.

① 건축사 또는 국가기술자격법에 따른 도시계획 및 건축분야 기술사와 건설기술 진흥법 시행령 4조에 따라 이와 동등하다고 인정되는 특급기술인으로서 특급기술인의 자격을 갖춘 후 건축 및 도시계획 관련 업무에 3년 이상 종사한 자 또는 전문관리업에 10년 이상 근무한 사람으로서 국토부장관이 정하여 고시하는 경력·실적 및 교육이수 기준을 충족하는 자

---

1) 한국토지주택공사법에 따라 설립된 토지주택공사만이 해당되고, 지방공기업법에 따라 주택사업을 수행하기 위하여 설립된 지방공사는 제외된다.

② 감정평가사·공인회계사 또는 변호사

③ 법무사 또는 세무사

④ 다음의 어느 하나에 해당하는 자

㉮ 정비사업 관련 업무에 3년 이상 종사한 사람으로서 아래 어느 하나에 해당하는 자

㉠ 공인중개사·행정사

㉡ 정부기관·공공기관 또는 토지주택공사, 한국부동산원에서 근무한 사람

㉢ 도시계획·건축·부동산·감정평가 등 정비사업 관련 분야의 석사 이상의 학위 소지자

㉯ 전문관리업에 3년 이상 근무한 사람으로서 국토부장관이 정하여 고시하는 경력·실적 및 교육이수 기준을 충족하는 자

㈏ 위 ㈎항의 인력확보기준을 적용할 때 ① 및 ②의 인력은 각각 1명 이상을 확보하여야 하며, ④의 인력이 2명을 초과하는 경우에는 2명으로 본다.

(3) **사무실 기준**

건축법 및 그 밖의 법령에 적합한 사무실을 갖추어야 한다.

다. 결격사유

미성년자(대표 또는 임원이 되는 경우로 한정한다)·피성년후견인 또는 피한정후견인(1호), 파산선고를 받은 자로서 복권되지 아니한 자(2호), 정비사업의 시행과 관련한 범죄행위로 인하여 금고 이상의 실형의 선고를 받고 그 집행이 종료(종료된 것으로 보는 경우를 포함한다)되거나 집행이 면제된 날부터 2년이 지나지 아니한 자(3호), 정비사업의 시행과 관련한 범죄행위로 인하여 금고 이상의 형의 집행유예를 받고 그 유예기간 중에 있는 자(4호), 도시정비법을 위반하여 벌금형 이상의 선고를 받고 2년이 지나지 아니한 자(5호), 등록이 취소된 후 2년이 지나지 아니한 자(법인인 경우 그 대표자를 말한다. 6호), 법인의 업무를 대표 또는 보조하는 임직원 중 1호부터 6호까지 중 어느 하나에 해당하는 자가 있는 법인(7호) 중 어느 하나에 해당하는 자는 전문관리업의 등록을 신청할 수 없으며, 전문관리업자의 업무를 대표 또는 보조하는 임직원이 될 수 없다(법 105조 1항).

전문관리업자의 업무를 대표 또는 보조하는 임직원이 위 어느 하나에 해당하게 되거나 선임 당시 그에 해당하였던 자로 밝혀진 때에는 당연 퇴직한다. 다만, 그 경우 퇴직된 임직원이 퇴직 전에 관여한 행위는 효력을 잃지 아니한다(법 105조 2항, 3항).

2. 등록취소 등

가. 기속적 등록취소사유

시·도지사는 전문관리업자가 거짓, 그 밖의 부정한 방법으로 등록을 한 때(1호), 위탁이나 자문약정상의 전문관리업무를 직접 수행하지 아니한 때(4호), 최근 3년간 2회 이상의 업무정지처분을 받은 자로서 그 정지처분을 받은 기간이 합산하여 12개월을 초과한 때(8호), 다른 사람에게 자기의 성명 또는 상호를 사용하여 도시정비법에서 정한 업무를 수행하게 하거나 등록증을

대여한 때(9호)에는 전문관리업자의 등록을 반드시 취소하여야 한다(법 106조 1항 단서).

나. 재량적 등록취소 또는 업무정지사유

시·도지사는 전문관리업자가 등록기준에 미달하게 된 때(2호), 추진위원회, 사업시행자 또는 시장·군수등의 위탁이나 자문에 관한 계약 없이 업무를 수행한 때(3호), 고의 또는 과실로 조합에게 총 계약금액(전문관리업자가 조합과 체결한 총 계약금액을 말한다)의 3분의 1 이상의 재산상 손실을 끼친 때(5호), 도시정비법 위반 여부 확인이 필요하거나 분쟁이 발생한 경우 등에 있어 국토부장관 또는 시·도지사의 전문관리업자의 업무에 관한 조사 시 보고·자료제출을 하지 아니하거나 거짓으로 한 때 또는 조사·검사를 거부·방해 또는 기피한 때(6호), 국토부장관 또는 시·도지사 등의 일반적 감독권 행사에 따른 보고·자료제출을 하지 아니하거나 거짓으로 한 때 또는 조사를 거부·방해 또는 기피한 때(7호), (법인의 경우에는 그 소속 임직원을 포함하여) 도시정비법을 위반하여 벌금형 이상의 선고를 받은 경우(10호),[2] 그 밖에 도시정비법 또는 도시정비법에 따른 명령이나 처분을 위반한 때(11호)에는 그 등록을 취소하거나 1년 이내의 기간을 정하여 업무의 전부 또는 일부의 정지를 명할 수 있다(법 106조 1항 본문).

다. 등록취소처분 등의 통지

전문관리업의 등록취소를 하기 위해서는 반드시 청문을 하여야 한다(법 121조 2호). 등록취소처분 등을 받은 전문관리업자와 등록취소처분 등을 명한 시·도지사는 추진위원회 또는 사업시행자에게 해당 내용을 지체 없이 통지하여야 한다(법 106조 3항).

법이 2019. 8. 20. 개정되기 전에는 전문관리업자가 등록취소처분 등을 받은 경우 해당 전문관리업자만이 그 내용을 사업시행자에게 통지하도록 되어 있었다. 이로 인하여 전문관리업자가 이를 고의로 누락하는 경우 사업시행자가 계약해지 등 적절한 조치를 취할 수 없는 문제가 노정되었고, 이에 위 법률 개정으로 등록취소처분 등을 명한 시·도지사도 추진위원회 또는 사업시행자에게 그 내용을 통지하도록 하였다. 다만, 정비사업 업무의 혼란을 방지하기 위하여 전문관리업자는 등록취소처분 등을 받기 전에 계약을 체결한 업무는 계속하여 수행할 수 있다(법 106조 4항). 그러나 사업시행자가 등록취소처분 통지 등을 받거나 처분사실을 안 날부터 3개월 이내에 총회 또는 대의원회의 의결을 거쳐 해당 업무계약을 해지하거나 전문관리업자가 등록취소처분 등을 받은 날부터 3개월 이내에 사업시행자로부터 업무의 계속 수행에 대하여 동의를 받지 못한 경우(이 경우 사업시행자가 동의를 하려는 때에는 총회 또는 대의원회의 의결을 거쳐야 한다), 기속적 등록취소사유에 따라 취소된 경우에는 업무를 계속하여 수행할 수 없다(법 106조 4항, 5항).

3. 등록규정 위반의 효과

가. 형사처벌

등록을 하지 아니하고 도시정비법에 따른 정비사업을 위탁받은 자 또는 거짓, 그 밖의 부정

2) 다만, 도시정비법을 위반하여 벌금형 이상의 선고를 받고 2년 이상이 경과되지 아니한 자는 전문관리업자나 대표자의 결격사유이므로, 이는 기속적 등록취소사유로 보아야 한다.

한 방법으로 등록을 한 전문관리업자, 전문관리업의 등록이 취소되었음에도 불구하고 영업을 하는 자는 법 137조 9호, 10호에 의하여 형사처벌을 받게 된다.

한편, 전통시장법 4조 1항은 전통시장법에서 정하지 아니한 사항은 도시정비법 중 재개발사업에 관한 규정을 준용하도록 규정하고 있어 시장정비사업에 관해서도 도시정비법 137조 9호, 102조 1항이 적용되므로, 시장정비사업 추진위원회 또는 사업시행자로부터 시장정비사업을 위탁받음에 있어서도 관할 행정청에 정비사업전문관리업의 등록을 하여야 하고, 그와 같은 등록 없이 시장정비사업을 위탁받는 경우 형사처벌받게 된다.[3]

나. 무등록 전문관리업자와 체결한 위탁계약의 효력

추진위원회 또는 사업시행자는 전문관리업자를 선정하여 정비사업업무에 관한 위탁계약을 체결하게 된다. 무등록 전문관리업자와 체결한 위탁계약의 사법상 효력이 문제된다.

법 102조 1항 본문은 '조합설립의 동의 및 정비사업의 동의에 관한 업무의 대행'을 비롯하여 102조 1항에 정한 업무를 위탁받거나 이와 관련한 자문을 하려는 자는 대통령령으로 정하는 자본·기술인력 등의 기준을 갖춰 시·도지사에게 등록 또는 변경(대통령령으로 정하는 경미한 사항의 변경은 제외한다)등록하여야 한다고 규정하고 있고, 그 입법취지 및 위반 시 형사처벌을 하는 점 등에 비추어 이는 강행규정이므로 이를 위반한 계약은 무효로 보아야 할 것이다.[4] 다만, 계약상 채무의 이행으로 당사자가 상대방에게 급부를 행하였는데 그 계약이 무효이거나 취소되는 등으로 효력을 가지지 못하는 경우에 당사자들은 각기 상대방에 대하여 계약이 없었던 상태의 회복으로 자신이 행한 급부 또는 그 가액의 반환을 청구할 수 있다.[5]

Ⅲ. 전문관리업자 업무 및 지위

1. 업 무

가. 원칙적 업무

(1) 전문관리업자는 원칙적으로 조합설립의 동의 및 정비사업의 동의에 관한 업무의 대행(1호), 조합설립인가의 신청에 관한 업무의 대행(2호), 사업성 검토 및 정비사업의 시행계획서의 작성(3호), 설계자 및 시공자 선정에 관한 업무의 지원(4호), 사업시행계획인가의 신청에 관한 업무의 대행(5호), 관리처분계획의 수립에 관한 업무의 대행(6호) 등의 업무를 수행한다(법 102조 1항). 다만, 시장·군수등이 정비사업의 투명성 강화 및 효율성 제고를 위하여 조합이 수행하는 정비사업에 대하여 사업시행 과정을 지원함에 따라 전문관리업자를 선정한 경우에는 추진위원회 설립에 필요한 동의서 제출의 접수, 운영규정 작성 지원, 그 밖에 시·도 조례로 정하는 사항 등의 업무도 추가로 수행한다(법 102조 1항 7호).

---

3) 대법원 2022. 8. 25. 자 2020도517 판결 및 서울중앙지방법원 2019. 12. 19. 선고 2019노2430 판결.
4) 대법원 2022. 12. 29. 자 2022다275946 판결 및 서울고등법원 2022. 8. 26. 선고 2021나2038186 판결.
5) 대법원 2010. 3. 11. 선고 2009다98706 판결, 대법원 2017. 6. 29. 선고 2017다213838 판결(이러한 경우의 원상회복 의무를 법적으로 뒷받침하는 것이 민법 제741조 이하에서 정하는 부당이득법이 수행하는 핵심적인 기능의 하나이다).

(2) 도시정비법 102조 1항 1호에서 정한 '정비사업의 동의에 관한 업무'는 조합설립 또는 정비사업의 시행 여부에 한정되는 것이 아니라 이를 포함하여 정비사업의 시행 과정에서 조합원 등의 권리·의무·법적 지위에 영향을 미치는 사항에 관한 동의 또는 총회의결과 관련된 전반적인 업무를 의미한다.[6]

나. 제외되는 업무

전문관리업자는 동일한 정비사업에 대하여 건축물의 철거, 정비사업의 설계, 정비사업의 시공, 정비사업의 회계감사, 그 밖에 정비사업의 공정한 질서유지에 필요하다고 인정하여 대통령령으로 정하는 업무(재건축진단 업무, 법 시행령 83조 2항)를 병행하여 수행할 수 없다(법 103조). 전문관리업자는 시공자, 설계자 등을 상대로 하여 사업시행자를 위하여 업무를 수행해야 하므로 동일한 정비사업에 관하여 건축물 철거·설계·시공·회계감사 등의 업무를 병행할 수 없도록 한 것이다.[7] 전문관리업자가 법인인 경우에는 독점규제 및 공정거래에 관한 법률 2조 12호에 따른 계열회사나 전문관리업자와 상호 출자한 관계에 있는 회사는 해당 전문관리업자로 간주한다(법 시행령 83조 1항).

2. 지 위

가. 위탁자 등과 관계에서의 수임자

(1) 수임자

전문관리업자에게 업무를 위탁하거나 자문을 요청한 자와 전문관리업자의 관계에 관하여 도시정비법에 규정된 사항을 제외하고는 민법 중 위임에 관한 규정을 준용한다(법 104조). 따라서 추진위원회 또는 사업시행자와의 관계에서는 수임자의 지위에 있다.

민법 689조는 "위임계약은 각 당사자가 언제든지 해지할 수 있고, 당사자 일방이 부득이한 사유 없이 상대방의 불리한 시기에 계약을 해지한 때에는 그 손해를 배상하여야 한다."고 규정하고 있다. 따라서 법에 의하여 추진위원회 또는 사업시행자가 전문관리업자와 사이에 업무위탁 및 자문요청에 관한 계약을 체결하더라도, 민법 689조가 그대로 준용될 경우 당사자는 언제든지 위 계약을 해지할 수 있고 그로 인해 상대방이 손해를 입더라도 배상할 의무를 부담하지 않는 것이 원칙이며, 다만, 상대방이 불리한 시기에 부득이한 사유 없이 해지한 경우에 한하여 손해를 배상할 의무를 지게 된다. 그러나 전문관리업자는 추진위원회 또는 사업시행자의 수임자로서 그들 단체와 구성원의 이익을 위하여 정비사업 전반에 관하여 자문하고 위탁받은 사항을 처리하지만, 위탁받은 업무를 수행하는 범위 내에서 정비사업의 시행이라는 공공업무를 수행하고 있으므로, 일반적 위임계약과 달리 볼 측면이 있다.

---

6) 대법원 2022. 12. 29. 선고 2022도1486 판결.
7) 대법원 2019. 9. 25. 선고 2016도1306 판결.

⑵ 임의해지권 및 손해배상 관련

㈎ 판례

민법 689조는 당사자의 약정에 의하여 적용을 배제하거나 그 내용을 달리 정할 수 있는 임의규정에 불과하다. 당사자 사이의 약정은 당사자에게 효력을 미치면서 당사자 간의 법률관계를 명확히 함과 동시에 거래의 안전과 이에 대한 각자의 신뢰를 보호하기 위한 취지라고 볼 수 있으므로, 이를 단순히 주의적인 성격의 것이라고 쉽게 단정해서는 아니 된다. 당사자가 위임계약을 체결하면서 민법 689조에 규정된 바와 다른 내용으로 해지사유 및 절차, 손해배상책임 등을 정하였다면, 위 약정에서 정한 해지사유 및 절차에 의하지 않고는 계약을 해지할 수 없고, 손해배상책임에 관한 당사자 간 법률관계도 위 약정이 정한 바에 의하여 규율된다.[8)]

㈏ 사실관계 및 판시내용

갑(조합)과 을(전문관리업자) 사이의 정비사업에 관한 업무위탁계약의 내용은 다음과 같다.

용역계약 제9조(계약의 해제 및 해지)

① 갑(조합)은 다음 각 호의 사유가 발생하여 을(전문관리업자)이 계약을 이행할 수 없다고 판명된 경우에는 10일의 계약이행기간을 정하여 서면으로 통보한 후 동 기간 내에 이행되지 아니한 경우 본 계약의 일부 또는 전부를 해제 또는 해지할 수 있다.
  1. 을이 정당한 사유 없이 갑의 업무상 지시에 불응하거나 용역기간 내 용역 업무를 완성할 가능성이 없다고 판단되는 명백한 사유가 발생한 경우
  2. 을이 고의적으로 계약조건을 위반함으로써 계약의 목적을 달성할 수 없다고 판단되는 경우

② 을은 갑이 계약을 이행할 수 없다고 판명된 경우에는 충분한 계약이행기간을 정하여 서면으로 통보한 후 동 기간 내에 이행되지 아니한 경우 본 계약의 일부 또는 전부를 해제 또는 해지할 수 있다.

제11조(손해배상)

① 갑은 아래 각 호의 사유로 을에게 손해를 입게 하였을 경우 그 손해를 배상하여야 한다.
  1. 갑의 본 계약서상에 규정된 자신의 협조의무 등의 의무를 이행하지 않아 을이 입은 손해
  2. 갑이 용역대행 업무를 제3자로 대체하거나 갑의 귀책사유로 본 계약이 해제 또는 해지됨으로써 을이 입은 손해
  3. 갑이 임의 처리한 업무에 의하여 발생한 사업지연으로 을이 입은 손해

판례는 용역계약 9조 1항의 해석과 관련하여 조합이 임의해지권을 포기한 것으로 판시하였고, 그 논거는 다음과 같다.

ⓐ 9조 1항은 조합이 해제 또는 해지를 할 수 있는 사유를 전문관리업자의 채무불이행과 관련된 내용으로 한정하면서, 10일의 계약이행기간을 둘 것과 서면통보를 절차적 요건으로 설정하고 있다. 9조 2항에서는 반대로 전문관리업자가 해제 또는 해지를 할 수 있는 사유를 조합의 채무불이행에 관한 내용으로 정하면서, 위 1항과 마찬가지로 충분한 계약이행기간을 둘 것과 서

8) 대법원 2019. 5. 30. 선고 2017다53265 판결.

면통보를 절차적 요건으로 두고 있다. 9조 1항, 2항에서 당사자인 조합과 전문관리업자가 각자 해제 또는 해지 할 수 있는 사유와 절차를 별도로 정해둔 것은, 당사자가 용역계약을 일방적으로 종료시키는 것을 앞서 본 사유가 존재하는 경우로 제한하고자 하였기 때문으로 볼 여지가 있다.

ⓑ 11조 1항은 조합이 전문관리업자에게 손해배상을 하여야 할 사유에 관하여 규정하고 있고, 특히 2호는 조합이 그의 책임 있는 사유로 용역계약을 일방적으로 종료시키는 것을 손해배상책임의 발생원인으로 삼고 있다. 이러한 내용은 위임계약의 당사자가 자유롭게 해지를 할 수 있고 부득이한 사유 없이 상대방의 불리한 시기에 해지한 경우에 한하여 손해배상책임을 지도록 한 민법 689조의 규정과 양립하기 어려운 측면이 있다.

㈐ 반대견해

위 판례에 대하여 위임은 결과채무가 아니라 수단채무이므로 당사자 사이의 신뢰관계가 중요하고 그 신뢰관계는 주관적인 것이어서, 위임인이 수임인을 신뢰할 수 없게 된 이상 자유롭게 위임계약을 해지할 수 있도록 하는 것이 헌법상 개인의 행복추구권, 인격권 보장측면에서 타당하다. 특히 위 9조에는 임의해지권을 언급하는 내용이 없고, 11조 1항 2호는 전문관리업자의 채무불이행이 없음에도 위임인이 용역대행업무를 제3자로 대체하는 경우의 손해배상에 관하여 규정하고 있는데, 위 규정은 위임인에게 임의해지권이 있음을 전제로 한 규정으로 볼 수 있다는 이유로 이를 비판하는 견해가 있다.[9)]

㈑ 결론(판례가 타당)

이 사건은 계약해석의 문제이나, 임의해지권 포기로 본 대법원 판례의 판시가 타당하다. 그 논거는 다음과 같다.

ⓐ 당시 조합은 이미 다른 전문관리업자와 위임계약을 체결하였다가 해지하였으나 분쟁이 계속되는 상태에서 전문관리업자(을)와 계약을 체결하였고, 위 을에 대한 위임계약의 해지 이후 또 다시 다른 전문관리업자(병)와 계약을 체결한 사정에 비추어 위 9조, 11조의 규정이 계약의 내용으로 삽입된 경위가 조합의 임의해지를 방지하기 위한 전문관리업자의 요청 때문이었던 것으로 보이므로 임의해지권의 포기로 해석되어야 한다.

ⓑ 일반적인 위임계약은 위임인과 수임인 사이의 의사합치만으로 가능하나, 전문관리업자로 선정되기 위해서는 반드시 시·도지사에 대한 등록절차가 선행되어야 하고, 그 선정에는 필수적으로 경쟁입찰 등의 엄격한 절차를 요하므로, 조합이나 전문관리업자 모두 위와 같은 절차의 엄격성을 고려하여 임의해지를 제한하는 전제하에 계약을 체결하였을 여지도 있다. 의사와의 진료계약 등 일반적인 위임계약 형태에서는 당사자 등의 의사에 따라 그 내용이 자유롭게 정해지므로 당사자 사이의 신뢰관계가 무엇보다 중요하나, 전문관리업은 정비사업의 공익적 성격상 진행단계별 매뉴얼에 따라 처리하는 것으로서 당사자 사이의 신뢰관계가 절대적 중요요소로는 보이지 않고, 특히 경쟁입찰에 의한다는 것 자체가 신뢰관계가 중대하지 않음이 전제된 것으로 보인

9) 홍승면, 위임인의 임의해지권 포기 약정의 효력 및 법인 대표기관의 불법행위책임 성립요건, 판례공보스터디 민사판례해설: 2019. 7. 1.자 공보~2020. 6. 15.자 공보 22~25, 서울고등법원 판례공보스터디(2020).

다. 실제로 전문관리업자는 조합의 수임자로서 조합과 조합원의 이익을 위하여 사업 전반에 관하여 자문하고 위탁받은 사항을 처리하지만, 위탁받은 업무를 수행하는 범위 내에서 정비사업의 시행이라는 공공업무를 수행하고 있다(위 2016도1306 판결).

(3) 선량한 관리자의 주의의무

(가) 내용

수임인은 위임의 본지에 따라 선량한 관리자의 주의로써 위임사무를 처리하여야 한다(민법 681조).

(나) 토지등소유자에게 허위과장된 정보제공 등의 금지의무

전문관리업자는 경쟁입찰을 통하여 조합과 사이에 전문관리업에 관한 업무를 위탁받는 과정에서 또는 전문관리업 수탁자로 선정된 이후 조합설립의 동의를 비롯한 각종 업무를 수행함에 있어 계속적으로 토지등소유자와 관계를 맺게 된다. 그 경우 전문관리업자는 토지등소유자에게 정비사업에 관한 진실된 정보를 제공하여야 한다.

① 허위나 과장정보제공금지

전문관리업자는 토지등소유자에게 정비사업에 관한 정보를 사실과 다르게 제공하거나 사실을 부풀려 제공하는 행위를 금지하고 있다(법 132조의3 1항 1호). 법은 구체적인 내용은 대통령령으로 정하도록 하고 있는데(132조의3 2항), 법 시행령 96조의3 1항은 정비사업 방식에 따른 용적률, 기부채납 비율, 임대주택 건설비율, 임대주택 인수가격, 건축물 높이제한, 건축물 층수제한 및 분양가격에 대한 정보를 사실과 다르게 제공하는 행위(1호), 객관적인 근거 없이 정비사업 추진에 따른 예상수익 정보를 과장하여 제공하는 행위(2호)를 금지되는 행위의 구체적인 내용으로 정하고 있다.

② 숨기거나 축소정보제공금지

전문관리업자는 토지등소유자에게 정비사업에 관한 정보를 제공함에 있어, 사실을 숨기거나 축소하는 방법으로 정보를 제공하는 행위를 금지하고 있다(법 132조의3 1항 2호). 법은 구체적인 내용은 대통령령으로 정하도록 하고 있는데(132조의3 2항), 법 시행령 96조의3 2항은 정비사업 방식에 따른 용적률, 기부채납 비율, 임대주택 건설비율, 임대주택 인수가격, 건축물 높이제한, 건축물 층수제한 및 분양가격에 대한 정보를 숨기는 행위(1호), 객관적인 근거 없이 정비사업 추진에 따른 분담금 추산액 및 예상손실에 대한 정보를 축소하여 제공하는 행위(2호)를 규정하고 있다.

③ 위반 시 책임

전문관리업자는 이를 위반함으로써 피해를 입은 자가 있는 경우에는 그 피해자에 대하여 손해배상의 책임을 진다(132조의3 3항). 위 3항에 따른 손해가 발생된 사실은 인정되나 그 손해액을 증명하는 것이 사안의 성질상 곤란한 경우 법원은 변론 전체의 취지와 증거조사의 결과에 기초하여 상당한 손해액을 인정할 수 있다(132조의3 4항).

법 132조의3 1항을 위반하여 사실과 다른 정보 또는 부풀려진 정보를 제공하거나, 사실을 숨기거나 축소하여 정보를 제공한 자는 과태료에 처해진다(법 140조 1항 3호).

나. 뇌물죄 등과 관련한 공무원 지위 의제

전문관리업자의 대표자(법인인 경우에는 임원을 말한다) 및 직원은 형법 129조부터 132조까지의 규정을 적용할 때에는 공무원으로 본다(법 134조). 전문관리업자의 대표자(법인인 경우 임원을 말한다), 직원 모두 공무원으로 의제하는 규정은 도시정비법이 제정될 때부터 존재하였다.

이는 정비사업에 관한 주요 업무를 대행하는 전문관리업자 임·직원의 직무수행의 공정성과 청렴성을 확보하여 정비사업이 공정하고 투명하게 진행되도록 하기 위한 것이다. 뇌물죄 적용에서 공무원으로 의제되는 시기, 임원의 판단기준 등 구체적인 쟁점들은 제12편 제1장 Ⅲ. 2. "아. 전문관리업자의 대표자·직원"에서 자세히 살펴본다.

Ⅳ. 전문관리업자에 대한 감독 및 전문관리업협회

1. 전문관리업자에 대한 감독

가. 전문관리업자에 대한 조사

⑴ 조사의 의의

국토부장관 또는 시·도지사는 등록요건 또는 결격사유 등 도시정비법에서 정한 사항의 위반여부를 확인할 필요가 있는 경우, 전문관리업자와 토지등소유자, 조합원, 그 밖에 정비사업과 관련한 이해관계인 사이에 분쟁이 발생한 경우, 그 밖에 시·도 조례로 정하는 경우에는 전문관리업자에 대하여 그 업무에 관한 사항을 보고하게 하거나 자료의 제출, 그 밖의 필요한 명령을 할 수 있으며, 소속 공무원에게 영업소 등에 출입하여 장부·서류 등을 조사 또는 검사하게 할 수 있다(법 107조 1항).

⑵ 조사의 절차 및 형식

법 107조 1항에 따라 출입·검사 등을 하는 공무원은 권한을 표시하는 증표를 지니고 관계인에게 내보여야 하고, 국토부장관 또는 시·도지사가 전문관리업자에게 위 1항에 따른 업무에 관한 사항의 보고, 자료의 제출을 하게 하거나, 소속 공무원에게 조사 또는 검사하게 하려는 경우에는 행정조사기본법 17조에 따라 사전통지를 하여야 한다(법 107조 2항, 3항).

⑶ 전문관리업자의 보고 또는 자료제출의무 및 행정청의 결과통지의무

법 107조 1항에 따라 업무에 관한 사항의 보고 또는 자료의 제출 명령을 받은 전문관리업자는 그 명령을 받은 날부터 15일 이내에 이를 보고하거나 자료를 제출(전자문서를 이용한 보고 또는 제출을 포함한다)하여야 하고, 국토부장관 또는 시·도지사는 위 1항에 따른 업무에 관한 사항의 보고, 자료의 제출, 조사 또는 검사 등이 완료된 날부터 30일 이내에 그 결과를 통지하여야 한다(법 107조 4항, 5항).

나. 국토부장관의 전문관리업 정보의 종합관리

국토부장관은 전문관리업자의 자본금·사업실적·경영실태 등에 관한 정보를 종합적이고 체계적으로 관리하고, 시·도지사, 시장, 군수, 구청장, 추진위원회 또는 사업시행자 등에게 이를 제공하기 위하여 전문관리업 정보종합체계를 구축·운영할 수 있다(법 108조 1항). 국토부장관은 전문관리업 정보종합체계의 구축·운영에 관한 사무를 한국부동산원에 위탁하고 있다(법 시행령 96조 2항 1호).

2. 정비사업 전문관리업협회

가. 설 립

(1) 전문관리업자는 전문관리업의 전문화와 정비사업의 건전한 발전을 도모하기 위하여 전문관리업자단체인 협회를 설립할 수 있고, 협회는 법인으로 한다. 협회는 주된 사무소의 소재지에서 설립등기를 하는 때에 성립하고, 협회를 설립하려는 때에는 회원의 자격이 있는 50명 이상을 발기인으로 하여 정관을 작성한 후 창립총회의 의결을 거쳐 국토부장관의 인가를 받아야 한다(법 109조).

(2) 국토부장관은 협회설립인가신청의 내용 중 법인의 목적과 사업이 실현 가능하고, 협회의 회원은 전문관리업자이며, 목적하는 사업을 수행할 수 있는 충분한 능력이 있고, 재정적 기초가 확립되어 있거나 확립될 수 있으며, 다른 법인과 동일한 명칭이 아닌 경우 인가할 수 있다(법 시행령 86조 1항).

나. 협회의 업무 및 감독

(1) 협회의 업무

협회의 업무는 전문관리업 및 정비사업의 건전한 발전을 위한 조사·연구, 회원의 상호 협력 증진을 위한 업무, 전문관리 기술 인력과 전문관리업 종사자의 자질향상을 위한 교육 및 연수, 그 밖에 대통령령으로 정하는 업무 등이 있다(법 110조 1항). 현재 시행령에서 특별히 규정하고 있는 업무는 없다.

(2) 감독

국토부장관은 협회의 업무 수행 현황 또는 도시정비법의 위반 여부를 확인할 필요가 있는 때에는 협회에 대하여 업무에 관한 사항을 보고하게 하거나 자료의 제출, 그 밖에 필요한 명령을 할 수 있다(법 110조 2항).

제4장 정비사업에 대한 감독 및 지원 등

제1절 총 설

정비사업은 도시환경을 개선하고 주거생활의 질을 높이는 데 이바지하는 공익사업이다. 관리처분계획의 인가·고시가 이루지는 경우 사회적 약자를 위하여 권리존속기간을 강제하고 있는 민법, 주택임대차법, 상가임대차법에 우선하여 임차인의 목적물에 대한 사용, 수익이 정지될 정도로 정비사업의 공익성 정도가 중하다(법 70조 5항). 토지등소유자로 구성된 조합이 조합설립인가를 받거나 토지등소유자가 20인 미만인 재개발사업에서 토지등소유자 개인이 사업시행계획인가를 받으면 사업시행자로 행정주체(행정청)가 된다. 위와 같이 민간이 행정주체로서 행하는 공익사업인 정비사업에 대하여는 관할 행정청의 사업시행자에 대한 감독이 반드시 필요하다. 나아가 조합 등 사업시행자의 도시정비법령상의 막강한 권한 등에 비추어 조합원이나 토지등소유자 등의 구성원 및 이해관계인을 보호할 필요성이 중대하므로, 그와 같은 측면에서도 행정청의 사업시행자에 대한 감독이 요구되고, 사업시행자의 건전한 운영 등을 위하여 회계처리 등에 대한 감사도 필요하다.

사업시행자에 대한 인가권 등을 행사하는 관할 행정청의 권한도 작지 않으므로, 그들에 대한 상급행정청의 감독도 필요하다 할 것이다. 정비사업은 합리적 공사비에 의한 적정한 시공이 사업의 승패를 좌우할 만큼 중요한 요소를 차지하고, 일반분양 물량도 상당하므로, 시공자에 대한 행정청의 감독이 필요하다. 특히 건설업자가 시공자로 선정되기 위하여 금품·향응을 제공하는 불법행위가 여전히 근절되지 않고 있어 정비사업의 투명성 확보 및 건전한 수주질서의 확립을 위한 실효성 있는 대책마련이 필요한바, 이에 법이 2018. 6. 12. 개정되면서 시공자 선정 취소명령 또는 과징금, 건설업자의 입찰참가제한제도가 도입되었다. 이 부분에 관하여는 제5편 제2장 Ⅴ. “3. 시공자 선정 취소명령 또는 과징금 부과, 입찰참가 제한”에서 자세히 살펴보았으므로, 이하에서는 행정청 상호간의 감독 및 행정청의 조합 등 사업시행자 및 정비사업 관여자 등에 대한 감독, 감사 등에 관하여 살펴본다.

한편, 공익사업인 정비사업의 원활한 수행을 위해서는 행정청의 각종 지원 등이 필요한바, 행정청은 정비사업 지원기구를 설치하거나 교육을 실시하고, 정비사업의 시행으로 인한 분쟁을 조정하기 위하여 도시분쟁조정위원회를 구성하며, 정비사업의 공공지원을 강화하고 정비사업의 효율적이고 투명한 관리를 위한 정비사업관리시스템도 구축하여 운영하고 있으며, 정비사업에 대한 정보공개시스템을 마련하고 있다. 이하에서는 법이 규정하고 있는 행정청의 사업시행자에 대한 각종 지원의 내용에 관하여도 살펴본다.

제2절 감독 등

Ⅰ. 하급행정청의 상급행정청에 대한 보고

1. 시·도지사의 보고

시·도지사는 국토부장관에게 정비구역의 지정, 사업시행자의 지정 또는 조합설립인가, 사업시행계획인가, 관리처분계획인가 및 정비사업 완료의 실적을 매 분기가 끝나는 날부터 15일 이내에 보고하여야 한다(법 111조 1항, 법 시행규칙 21조 1항).

2. 시장·군수등의 보고

시장, 군수 또는 구청장은 시·도 조례로 정하는 바에 따라 정비사업의 추진실적을 특별시장·광역시장 또는 도지사에게 보고하여야 한다(법 111조 1항). 이와 관련하여 서울시 조례는 구청장의 즉시 보고사항, 분기별 보고사항을 나누어 규정하고 있다.

가. 즉시 보고사항(서울시 조례 62조 1항)

법 24조·25조·26조·27조에 따른 사업시행자 지정 및 고시, 법 28조에 따른 사업대행개시결정 및 고시, 추진위원회의 승인, 조합의 설립(변경)인가(신고수리), 사업시행계획(변경·중지·폐지)인가(신고수리) 및 고시, 관리처분계획(변경)인가(신고수리) 및 고시, 일반분양을 위한 입주자 모집승인, 준공인가(준공인가 전 사용허가 포함) 및 공사완료 고시, 정비계획의 경미한 변경 지정 및 고시(정비계획은 원칙적으로 서울시장의 권한이나 정비구역 면적 5% 미만의 변경 등 서울시 조례 11조 2항이 정한 경미한 변경사항은 구청장이 변경가능하다)에 대하여 구청장은 해당 처분이 있는 날부터 10일 내에 시장에게 보고하여야 한다.

나. 분기별 보고사항(서울시 조례 62조 2항)

법 111조 2항에 따라 사업시행자에게 행한 자료제출의 명령 또는 업무 조사의 내용, 법 112조에 따라 사업시행자로부터 보고된 회계감사 결과의 내용, 법 113조 1항에 따른 감독처분 현황, 법 113조 2항에 따른 점검반 구성 및 현장조사 결과 내용에 대하여 구청장은 매 분기가 끝나는 날부터 7일 내에 시장에게 보고하여야 한다.

다. 기타(서울시 조례 62조 3항)

법 72조 6항은 투기과열지구의 정비사업에서 관리처분계획에 따라 조합원분양대상자 또는 일반분양대상자 및 그 세대에 속한 자는 분양대상자 선정일(조합원분양분의 분양대상자는 최초 관리처분계획인가일을 말한다)부터 5년 이내에는 투기과열지구에서 분양신청을 할 수 없다고 규정하고 있으므로 구청장은 주택공급에 관한 규칙 57조에 따라 같은 규칙 2조 7호 ㈏목에 따른 관리처분계획인가일 당시 입주대상자로 확정된 조합원 명단을 전산관리지정기관에 통보하여야 한다.

Ⅱ. (상급)행정청의 (하급)행정청 및 사업시행자 등에 대한 감독

1. 감독권

가. 일반적 감독권(업무보고나 자료제출요구, 그 밖의 필요한 명령)

국토부장관, 시·도지사, 시장, 군수 또는 구청장은 정비사업의 원활한 시행을 감독하기 위하여 필요한 경우로서, 도시정비법의 위반 여부를 확인할 필요가 있는 경우(1호), 토지등소유자, 조합원, 그 밖에 정비사업과 관련한 이해관계인 사이에 분쟁이 발생된 경우(2호), 그 밖에 시·도조례[1]로 정하는 경우(3호)에는 추진위원회·사업시행자·전문관리업자·설계자 및 시공자 등 법에 따른 업무를 하는 자에게 그 업무에 관한 사항을 보고하게 하거나 자료의 제출, 그 밖의 필요한 명령을 할 수 있다(법 111조 2항). 명령을 받은 자는 15일 이내에 보고하여야 하고, 국토부장관 등은 조사 또는 검사 등이 완료된 날부터 30일 이내에 그 결과를 통지하여야 한다(법 111조 3항, 107조 2항 내지 5항).

나. 구체적 감독권

⑴ 상급행정청의 조치

정비사업의 시행이 도시정비법 또는 도시정비법에 따른 명령·처분에 위반되었다고 인정되는 때에는 정비사업의 적정한 시행을 위하여 필요한 범위에서 국토부장관은 시·도지사, 시장, 군수, 구청장, 추진위원회, 주민대표회의, 사업시행자(청산인을 포함한다) 또는 전문관리업자에게 처분의 취소·변경 또는 정지, 공사의 중지·변경, 임원의 개선 권고, 그 밖의 필요한 조치를 취할 수 있다. 특별시장, 광역시장 또는 도지사는 시장 이하에게 동일한 조치를 취할 수 있으며, 시장, 군수, 구청장은 추진위원회 이하에게 동일한 조치를 취할 수 있다(법 113조 1항).

2023. 12. 26.자 법 개정으로 구체적 감독의 대상인 정비사업에는 해산한 조합의 청산업무를 포함하고, 사업시행자에도 청산인을 포함하게 되었다.

⑵ 내용

이는 처분 행정청의 직근 상급행정청이 감독권의 행사로서 직접 하급행정청인 시장·군수등의 추진위원회 구성승인, 조합설립인가, 사업시행계획인가 및 관리처분계획인가에 대한 취소·변경 또는 정지 등을 통하여 그 하자를 시정하는 것뿐만 아니라 추진위원회, 사업시행자 등에게도 필요한 조치를 취할 수 있게 한 것이다.

상급행정청이 직접 관할 행정청의 추진위원회 승인의 취소, 조합설립인가의 취소, 사업시행계

---

1) 서울시 조례 24조의2 2항은 시장은 매년 이전고시를 받은 날로부터 1년이 경과한 조합을 대상으로 법 111조 2항에 따라 그 청산 및 해산과 관련한 자료의 제출을 명할 수 있다고 규정하고 있다.

획인가의 취소 또는 관리처분계획인가의 취소를 하기 위해서는 반드시 청문을 거쳐야 한다(법 121조 3호).

⑶ 구체적 감독권의 실효성 확보방법(형사처벌)

법 113조 1항부터 3항까지의 규정(구체적 감독권)에 따른 행정청의 처분의 취소·변경 또는 정지, 그 공사의 중지 및 변경에 관한 명령을 받고도 이를 따르지 아니한 추진위원회, 사업시행자, 주민대표회의 및 전문관리업자는 형사처벌을 받게 된다(법 137조 11호).

형사처벌의 전제가 되는 처분의 취소·변경 또는 정지, 그 공사의 중지 및 변경에 관한 명령은 적법한 것이어야 하고, 그 처분이 당연무효가 아니라 하더라도 그것이 위법한 처분으로 인정되는 한 법 137조 11호 위반죄가 성립할 수 없다.[2)]

2. 회계감사

가. 추진위원회 또는 사업시행자의 외부 회계감사 요건

추진위원회 또는 사업시행자는 정비사업 진행과정에서 다음 사항의 경우 반드시 외부감사법 2조 7호 및 9조에 따른 감사인의 회계감사를 받아야 한다. 다만, 지정개발자가 사업시행자인 경우에는 ⑴호에 해당하는 경우는 제외한다(법 112조 1항).

⑴호 추진위원회는 조합설립인가일부터 30일 이내에 사용경비를 기재한 회계장부 및 관계 서류를 조합에 인계하여야 하는데, 인계되기 전까지 납부 또는 지출된 금액과 계약 등으로 지출될 것이 확정된 금액의 합이 3억 5천만 원 이상인 경우(법 112조 1항 1호, 법 시행령 88조 1호)

⑵호 조합이 사업시행계획인가·고시일 전까지 납부 또는 지출된 금액이 7억 원 이상인 경우(법 112조 1항 2호, 법 시행령 88조 2호)

⑶호 조합이 준공인가 신청일까지 납부 또는 지출된 금액이 14억 원 이상인 경우(법 112조 1항 3호, 법 시행령 88조 3호)

⑷호 토지등소유자 또는 조합원 5분의 1 이상이 사업시행자에게 회계감사를 요청하는 경우(법 112조 1항 4호)

나. 절 차

⑴ 추진위원회 또는 사업시행자는 위 회계감사사항에 해당하는 경우 법정기간 내[3)]에 외부감사법 2조 7호 및 9조에 따른 감사인의 회계감사를 받기 위하여 시장·군수등에게 회계감사기관의 선정·계약을 요청하여야 한다(법 112조 1항). 추진위원회 또는 사업시행자는 회계감사기관의 선정·계약을 요청하려는 경우 시장·군수등에게 회계감사에 필요한 비용을 미리 예치하여야 한

---

2) 대법원 2008. 2. 29. 선고 2006도7689 판결(전문관리업자가 행정청으로부터 '철거공사의 중지 및 변경'에 관한 명령을 받고도 이를 수행하지 않아 기소된 사안에서, 그와 같은 명령이 해당 전문관리업자가 수행할 수 없고, 철거공사업자에 대하여 철거공사를 시행시키거나 중지시킬 수 있는 지시·감독권한도 없었음을 이유로 전문관리업자에 대한 위 명령은 위법하여 이를 따르지 않았다고 하여 피고인을 법 137조 11호로 처벌할 수 없다).

3) 1호의 경우에는 추진위원회에서 사업시행자로 인계되기 전 7일 이내이고, 2호의 경우에는 사업시행계획인가의 고시일부터 20일 이내이며, 3호의 경우에는 준공인가의 신청일부터 7일 이내이고, 4호의 경우에는 상당한 기간 이내이다.

다(법 112조 4항).

(2) 시장·군수등은 1항에 따른 요청이 있는 경우 즉시 회계감사기관을 선정하여 회계감사가 이루어지도록 하여야 한다(법 112조 2항). 시장·군수등은 회계감사기관을 선정·계약하고, 공정한 회계감사를 위하여 선정된 회계감사기관을 감독하여야 하며, 필요한 처분이나 조치를 명할 수 있다(법 112조 3항). 시장·군수등은 회계감사가 종료된 경우 예치된 금액에서 회계감사비용을 직접 지급한 후 나머지 비용은 사업시행자와 정산하여야 한다(법 112조 4항 단서). 추진위원회 또는 사업시행자는 감사가 종료된 경우 감사결과를 회계감사가 종료된 날부터 15일 이내에 시장·군수등 및 해당 조합에 보고하고 조합원이 공람할 수 있도록 하여야 한다(법 112조 1항).

제3절 지원 등

Ⅰ. 행정청의 일반적 정비사업 지원

1. 정비사업 지원기구 설치 및 교육 실시

가. 정비사업 지원기구 설치

국토부장관 또는 시·도지사는 정비사업 상담지원업무, 정비사업 전문관리제도의 지원, 전문조합관리인의 교육 및 운영지원, 소규모 영세사업장 등의 사업시행계획 및 관리처분계획 수립지원, 정비사업을 통한 공공지원민간임대주택 공급 업무 지원, 29조의2에 따른 공사비 검증 업무, 공공재개발사업 및 공공재건축사업의 지원, 그 밖에 국토부장관이 정하는 업무를 수행하기 위하여 정비사업 지원기구를 설치할 수 있다(법 114조). 이 경우 국토부장관은 한국부동산원 또는 토지주택공사에, 시·도지사는 지방공기업법에 따라 주택사업을 수행하기 위하여 설립된 지방공사에 정비사업 지원기구의 업무를 대행하게 할 수 있다.

나. 교육 실시

국토부장관, 시·도지사, 시장, 군수 또는 구청장은 추진위원장 및 감사, 조합임원, 전문조합관리인, 전문관리업자의 대표자 및 기술인력, 토지등소유자 등에 대하여 대통령령으로 정하는 바에 따라 교육을 실시할 수 있다(법 115조).

2. 도시분쟁조정위원회의 설치

가. 시·군·구 소재 도시분쟁조정위원회

(1) 의의

관할 지방자치단체는 정비사업의 시행으로 발생하는 분쟁을 조정하기 위하여 정비구역이 지정된 특별자치시, 특별자치도 또는 시·군·구에 도시분쟁조정위원회(이하 '조정위원회'라 한다)를 설치하여야 한다(법 116조 1항 본문).

⑵ 구성

조정위원회는 부시장·부지사·부구청장 또는 부군수를 위원장으로 한 10명 이내의 위원으로 구성한다(법 116조 2항). 조정위원회 위원의 자격, 임기, 연임 여부 등에 대하여는 법 116조 3항, 서울시 조례 65조 1항이 자세히 규정하고 있다. 조정위원회에는 위원 3명으로 구성된 분과위원회를 둔다(법 116조 4항).

⑶ 권한

조정위원회는 정비사업의 시행과 관련하여 매도청구권 행사 시 감정가액에 대한 분쟁, 공동주택 평형 배정방법에 대한 분쟁, 건축물 또는 토지 명도에 관한 분쟁, 손실보상 협의에서 발생하는 분쟁, 총회의결사항에 대한 분쟁, 그 밖에 시·도 조례로 정하는 사항에 대한 분쟁의 어느 하나에 해당하는 분쟁 사항을 심사·조정한다(법 117조 1항, 법 시행령 91조). 다만, 주택법, 토지보상법, 그 밖의 관계 법률에 따라 설치된 위원회의 심사대상에 포함되는 사항은 제외할 수 있다(법 117조 1항 단서).

⑷ 조정절차

㈎ 협의체 구성·운영

시장·군수등은 정비사업과 관련하여 발생하는 문제를 협의하기 위하여 법 117조 2항에 따라 조정위원회의 조정신청을 받기 전에 사업시행자, 관계 공무원 및 전문가, 그 밖에 이해관계가 있는 자 등으로 구성된 협의체를 구성·운영할 수 있다(117조의2 1항).

정비사업 관련 분쟁의 내용은 주로 주거세입자에 대한 손실보상액 등, 상가세입자에 대한 영업손실보상액 등, 현금청산대상자에 대한 손실보상액이므로, 협의체는 분양신청기간 종료일의 다음 날부터 구성하며, 협의가 이루어지지 않는 경우에는 관리처분계획 수립을 위한 총회 전까지 3회 이상 운영한다. 다만, 구청장이 필요하다고 인정하는 경우에는 관리처분계획인가 이후에도 운영할 수 있다(서울시 조례 67조 2항, 5항).

㈏ 조정절차

① 개시절차

분쟁당사자가 정비사업의 시행으로 인하여 발생한 분쟁의 조정을 신청하는 경우, 시장·군수등이 조정위원회의 조정이 필요하다고 인정하는 경우 조정위원회가 개최된다(법 117조 2항).

조정위원회의 회의는 재적위원 과반수의 출석으로 개회하고, 출석위원 과반수의 찬성으로 의결한다. 다만, 분과위원회는 위원 전원의 찬성으로 의결한다(법 117조 7항, 서울시 조례 65조 4항).

② 조정기간

조정위원회는 조정신청을 받은 날부터 60일 이내에 조정절차를 마쳐야 한다. 다만, 조정기간 내에 조정절차를 마칠 수 없는 정당한 사유가 있다고 판단되는 경우에는 조정위원회의 의결로 그 기간을 한 차례만 연장할 수 있으며 그 기간은 30일 이내로 한다(법 117조 2항).

③ 분과위원회의 사전 심사

조정위원회의 위원장은 조정위원회의 심사에 앞서 분과위원회에서 사전 심사를 담당하게 할 수 있다. 분과위원회의 위원 전원이 일치된 의견으로 조정위원회의 심사가 필요 없다고 인정하는 경우에는 조정위원회에 회부하지 아니하고 분과위원회의 심사로 조정절차를 마칠 수 있다(법 117조 3항).

④ 조정성립 및 효과

㉮ 조정위원회 또는 분과위원회는 조정절차를 마친 경우 조정안을 작성하여 지체 없이 각 당사자에게 제시하여야 한다. 이 경우 조정안을 제시받은 각 당사자는 제시받은 날부터 15일 이내에 수락 여부를 조정위원회 또는 분과위원회에 통보하여야 한다(법 117조 4항). 당사자가 조정안을 수락한 경우 조정위원회는 즉시 조정서를 작성한 후, 위원장 및 각 당사자는 조정서에 서명·날인하여야 한다(법 117조 5항).

㉯ 법 117조 5항에 따라 당사자가 강제집행을 승낙하는 취지의 내용이 기재된 조정서에 서명·날인한 경우 조정서의 정본은 민사집행법 56조[4]에도 불구하고 집행력 있는 집행권원과 같은 효력을 가진다(법 117조 6항). 다만, 청구에 관한 이의의 주장에 대하여는 민사집행법 44조 2항[이의는 그 이유가 변론이 종결된 뒤(변론 없이 한 판결의 경우에는 판결이 선고된 뒤)에 생긴 것이어야 한다]을 적용하지 아니한다.

나. 시·도 소재 조정위원회

시장·군수등을 당사자로 하여 발생한 정비사업의 시행과 관련된 분쟁 등의 조정을 위하여 필요한 경우에는 시·도에 조정위원회를 둘 수 있다(법 116조 1항 단서).

3. 정비사업관리시스템 구축과 정보공개

가. 정비사업관리시스템의 구축

(1) 국토부장관 또는 시·도지사는 정비사업의 효율적이고 투명한 관리를 위하여 정비사업관리시스템을 구축하여 운영할 수 있다. 국토부장관은 시·도지사에게 위 정비사업관리시스템의 구축 등에 필요한 자료의 제출 등 협조를 요청할 수 있다. 이 경우 자료의 제출 등 협조를 요청받은 시·도지사는 정당한 사유가 없으면 이에 따라야 한다. 정비사업관리시스템의 운영방법 등에 필요한 사항은 국토부령 또는 시·도 조례로 정한다(법 119조).

(2) 서울시의 경우 2021. 9. 30. 서울시 조례 제8184호로 개정되기 이전에는 정비사업관리시스템으로, 클린업시스템(정비사업 시행과 관련한 자료 구축 및 정보를 제공하기 위한 시스템), 분담금 추정 프로그램(토지등소유자별 분담금 추산액 등 정보를 제공하기 위한 시스템), 정비사업 e-조합 시스템(예산·회계와 행정업무 등 처리 및 관련 정보를 제공하기 위한 시스템)으로 나누어 구축·

---

4) 민사집행법 56조는 집행문이 있는 판결정본 외에는 항고로만 불복할 수 있는 재판, 가집행의 선고가 내려진 재판, 확정된 지급명령, 공증인이 일정한 금액의 지급이나 대체물 또는 유가증권의 일정한 수량의 급여를 목적으로 하는 청구에 관하여 작성한 공정증서로서 채무자가 강제집행을 승낙한 취지가 적혀 있는 것, 소송상 화해, 청구의 인낙(認諾) 등 그 밖에 확정판결과 같은 효력을 가지는 것을 그 밖의 집행권원으로 열거하고 있다.

운영하였다. 그러나 위 조례 개정으로 이를 모두 통합하여 '종합정보관리시스템('정비사업 정보몽땅')'으로 단일화하였다(서울시 조례 69조 1항).

법 124조에 따라 추진위원회 및 사업시행자(조합의 경우 청산인을 포함한 조합임원을 말한다)가 인터넷을 통하여 정보를 공개하는 경우 종합정보관리시스템을 이용하여야 한다. 다만, 토지등소유자가 단독으로 시행하는 재개발사업의 경우에는 제외할 수 있다(위 조례 69조 4항). 추진위원장 또는 조합임원(조합의 청산인을 포함한다)은 정비사업 종합정보관리시스템을 이용하여 예산·회계와 정보공개 등의 작성된 자료를 등록하여야 한다(위 조례 69조 5항).

나. 정보공개

시장·군수등은 정비사업의 투명성 강화를 위하여 조합이 시행하는 정비사업에 관한 사항 가운데 관리처분계획의 인가를 받은 사항 중 법 29조에 따른 계약(공사, 용역, 물품구매 및 제조 등) 금액(1호), 관리처분계획의 인가를 받은 사항 중 정비사업에서 발생한 이자(2호), 그 밖에 시·도 조례로 정하는 사항(3호, 현재 서울시는 추가사항이 없다. 서울시 조례 70조 1항) 등을 매년 1회 이상 인터넷과 그 밖의 방법을 병행하여 공개하여야 한다(법 120조 전문). 이 경우 공개의 방법 및 시기 등 필요한 사항은 시·도 조례로 정한다(법 120조 후문). 서울시의 경우 구청장이 법 120조 전문의 사항을 회계연도 종료일부터 90일 이내에 종합정보관리시스템에 공개하여야 한다(서울시 조례 70조 1항). 이는 공공지원자 및 위탁지원자의 정보공개(서울시 조례 85조) 및 조합임원 등의 정보공개(법 124조)와 구분된다.

Ⅱ. 공공지원

1. 주체 및 대상

가. 공공지원 주체(시장·군수등의 직접 지원 또는 위탁지원)

시장·군수등은 정비사업의 투명성 강화 및 효율성 제고를 위하여 시·도 조례로 정하는 정비사업에 대하여 사업시행 과정을 지원할 수 있고, 토지주택공사등, 신탁업자, 주택도시보증공사 또는 한국부동산원에 공공지원을 위탁할 수 있다(법 118조 1항, 시행령 81조 3항). 이들을 위탁지원자라고 한다.[5] 시장·군수등은 위탁지원자의 공정한 업무수행을 위하여 관련 자료의 제출 및 조사, 현장점검 등 필요한 조치를 할 수 있다. 이 경우 위탁지원자의 행위에 대한 대외적인 책임은 시장·군수등에게 있다(법 118조 3항).

나. 대 상

공공지원 대상 정비사업은 시·도 조례에 위임되어 있다(법 118조 1항). 서울시의 경우 조합이 시행하는 정비사업(조합이 건설업자 또는 등록사업자와 공동으로 시행하는 사업을 포함한다)은 모두 공공지원 대상으로 하되, 정비구역지정·고시가 있은 날의 토지등소유자의 수가 100명 미만으로서 주거용 건축물의 건설비율이 50% 미만인 도시정비형 재개발사업은 제외한다(법 118조 1항,

5) 법이 2017. 2. 8. 전부개정되기 이전에는 '위탁관리자'로 칭하였다.

서울시 조례 73조)고 규정하여 사실상 조합이 시행하는 정비사업 모두가 공공지원 대상이다.

그러나 서울시를 제외한 다른 지방자치단체의 경우에는 그 대상을 제한하고 있다.

2. 업무 및 비용부담

가. 업 무

(1) 시장·군수등(구청장) 및 위탁지원자의 업무

추진위원회 또는 주민대표회의 구성, 전문관리업자의 선정(위탁지원자는 선정을 위한 지원으로 한정한다), 설계자 및 시공자 선정방법 등, 세입자의 주거 및 이주 대책(이주 거부에 따른 협의 대책을 포함한다) 수립, 관리처분계획 수립, 그 밖에 시·도 조례로 정하는 사항[6] 등의 업무를 수행한다(법 118조 2항, 서울시 조례 75조). 위 정비사업 공공지원 업무 외의 업무를 지원받고자 하는 경우에는 총회의 의결을 거쳐 구청장에게 신청할 수 있다(서울시 조례 74조 2항).

종래 서울시는 공공지원 정비사업의 경우 원칙적으로 사업시행계획인가를 받은 후 시공자를 선정하도록 규정하고 있었으나, 2023. 3. 27. 서울시 조례가 개정되어 조합설립인가 이후 시공자를 선정하는 것으로 변경되었다(제5편 제2장 "Ⅱ. 선정시기" 참조).

(2) 시·도지사(특별시장)의 업무

서울시장은 정비사업 관련 대표자 선출을 위한 선거관리기준을 정할 수 있다. 즉, 사업시행자는 추진위원회 위원[추진위원회 구성을 생략하는 경우의 조합설립 주민협의체 토지등소유자의 대표자(부위원장)], 조합임원을 선출하여야 하는데, 이를 위한 선거관리기준을 정할 수 있다. 그 경우 선거관리위원회의 업무위탁에 관한 사항, 주민설명회 개최에 관한 사항, 입·후보자 등록공고 및 등록에 관한 사항, 합동연설회 개최에 관한 사항, 주민선거 실시에 관한 사항, 그 밖에 선거관리를 위하여 필요한 사항은 반드시 포함되어야 한다(서울시 조례 76조).

나. 비용부담

(1) 공공지원에 필요한 비용은 시장·군수 또는 구청장이 부담하되, 특별시장, 광역시장 또는 도지사는 관할 구역의 시장·군수 또는 구청장에게 그 비용의 일부를 지원할 수 있다(법 118조 4항). 서울시의 경우 서울시장은 추진위원회 구성을 위한 소요비용, 공공지원을 위탁함에 따른 수수료, 추진위원회를 구성하지 아니하는 경우의 조합설립 지원을 위한 소요비용에 대하여는 70% 범위에서 구청장에게 지원할 수 있다(서울시 조례 84조 본문). 또한 서울시는 법 44조 3항에 따라 조합임원의 사임, 해임 또는 임기만료 후 6개월 이상 조합임원이 선임되지 않아 구청장이 조합임원 선출을 위한 총회를 소집하는 경우 소요비용의 일부 또는 전부를 지원할 수 있다(서울시 조례 84조 단서).

---

6) 서울시 조례 75조는 추진위원회 구성을 위한 위원 선출업무의 선거관리위원회 위탁, 건설사업관리자 등 그 밖의 용역업체 선정방법 등에 관한 업무의 지원, 조합설립 준비업무에 관한 지원, 추진위원회 또는 조합의 운영 및 정보공개 업무의 지원, 추진위원회 구성 단계를 생략하는 정비사업의 조합설립에 필요한 토지등소유자의 대표자 선출 등 지원, 법 118조 7항 1호에 따른 건설업자의 선정방법 등에 관한 업무 지원, 법 87조에 따른 권리의 확정, 법 88조에 따른 등기 절차, 법 89조에 따른 청산금 등의 징수 및 지급, 조합 해산 준비업무에 관한 지원 등을 규정하고 있다.

(2) 서울시의 경우 구청장은 공공지원 업무를 수행하는데 필요한 추진위원회 구성 또는 조합설립(추진위원회를 구성하지 아니하는 경우)을 위한 구청장의 용역 및 선거관리위원회 위탁비용, 위탁지원 수수료를 부담한다(서울시 조례 74조 1항).

조합이 법 118조 2항 외의 공공지원 업무를 지원받기 위하여 총회의 의결을 거쳐 구청장에게 신청하는 경우, 구청장은 토지주택공사등, 신탁업자, 주택도시보증공사 또는 한국부동산원 중 1곳을 지정하여 조합에 통보하여야 하며, 조합은 해당 기관과 지원 범위 및 수수료 등에 대한 계약을 체결한다(서울시 조례 74조 3항).

제5장 보 칙

Ⅰ. 개 요

정비사업에서의 행위주체들은 정비사업 진행과정에서 각 개별 진행단계와 무관하거나 이를 포괄하는 여러 법률적 의무를 부담한다. 즉, 정비구역 내 토지등소유자는 정비구역 내 토지등에 대한 거래당사자가 되는 경우 상대방에 대하여 설명의무를 부담하고, 기타 추진위원장 또는 조합임원 등은 정비사업 추진과정상의 각종 관련 자료에 대한 공개의무를 부담하며, 또한 추진위원장, 조합임원 및 전문관리업자는 관련 자료의 보관 및 인계의무를 부담하고, 건설업자는 계약한 용역업체 임직원에 대한 관리·감독의무를 부담하는바, 그와 같은 각종 의무들에 관하여 살펴본다. 또한 재개발사업에서 시행방식의 전환에 대한 승인, 도시·주거환경정비기금의 설치의무 등, 각종 계획의 수립과 활동 등 행정청의 기타 권한과 의무 및 행정청의 권한 위임 등에 관하여 살펴본다.

Ⅱ. 토지등소유자 또는 사업시행자의 의무

1. 토지등소유자 및 공인중개사의 설명의무

가. 토지등소유자의 거래상대방에 대한 설명의무

(1) 토지등소유자는 자신이 소유하는 정비구역 내 토지 또는 건축물에 대하여 매매·전세·임대차 또는 지상권 설정 등 부동산 거래를 위한 계약을 체결하는 경우, 해당 정비사업의 추진단계, 퇴거예정시기(건축물의 경우 철거예정시기 포함), 정비구역지정에 따른 행위제한, 법 39조에 따른 조합원의 자격(공유 시 1조합원, 1세대 1조합원, 조합설립인가 이후 1명의 토지등소유자로부터 토지등 양도 시 양도인 및 양수인 모두 1조합원, 투기과열지구의 재건축사업에서는 조합설립인가 이후, 재개발사업에서는 관리처분계획인가 이후 각 양도 시 양수인의 원칙적 조합원 자격취득 불가), 관리처분계획인가에 따른 지상권, 주택임대차법, 상가임대차법의 법정 존속기간 효력상실에 따른 계약기간, 주택 등 건축물을 분양받을 권리의 산정기준일, 그 밖에 거래 상대방의 권리·의무에 중대한 영향을 미치는 사항으로서 대통령령으로 정하는 사항[분양신청통지의 대상인 분양대상자별 분담금의 추산액, 관리처분계획의 내용인 정비사업비의 추산액(재건축사업의 경우에는 재건축이익환수법에 따른 재건축부담금에 관한 사항 포함) 및 그에 따른 조합원 분담규모 및 분담시기]을 거래 상대방에게 설명·고지하고, 거래 계약서에 기재 후 서명·날인하여야 한다(법 122조 1항, 법 시행령 92조).

⑵ 상가임대차법 10조의4 1항 본문은 "임대인은 임대차기간이 끝나기 6개월 전부터 임대차 종료 시까지 다음 각 호의 어느 하나에 해당하는 행위를 함으로써 권리금 계약에 따라 임차인이 주선한 신규임차인이 되려는 자로부터 권리금을 지급받는 것을 방해하여서는 아니 된다"라고 정하면서, 4호에 "그 밖에 정당한 사유 없이 임대인이 임차인이 주선한 신규임차인이 되려는 자와 임대차계약의 체결을 거절하는 행위"를 들고 있다.

건물 내구연한 등에 따른 철거·재건축의 필요성이 객관적으로 인정되지 않거나 그 계획·단계가 구체화되지 않았는데도 임대인이 신규임차인이 되려는 사람에게 짧은 임대 가능기간만 확정적으로 제시·고수하는 경우 또는 임대인이 신규임차인이 되려는 사람에게 고지한 내용과 모순되는 정황이 드러나는 등의 특별한 사정이 없는 한, 임대인이 신규임차인이 되려는 사람과 임대차계약 체결을 위한 협의 과정에서 철거·재건축 계획과 그 시점을 고지하였다는 사정만으로는 상가임대차법 10조의4 1항 4호에서 정한 '권리금 회수 방해행위'에 해당한다고 볼 수 없다.[1)]

나. 공인중개사의 중개의뢰인에 대한 설명의무

정비구역 내 토지 또는 건축물에 대하여 매매·전세·임대차 또는 지상권 설정 등 부동산 거래를 중개의뢰 받은 개업공인중개사는 중개가 완성되기 전에 법 122조 1항에 규정한 사항을 확인하여 이를 해당 중개대상물에 관한 권리를 취득하고자 하는 중개의뢰인에게 성실·정확하게 설명하고, 토지대장 등본 또는 부동산종합증명서, 등기사항증명서 등 설명의 근거자료를 제시하여야 한다(공인중개사법 25조 1항). 위 법 122조 1항에 규정한 사항은 개업공인중개사가 중개의뢰인에게 반드시 성실·정확하게 설명해야 할 대상인 법령의 규정에 의한 거래 또는 이용제한사항에 해당하는 것으로 간주한다(법 122조 2항, 공인중개사법 25조 1항 2호). 이는 정비구역 내 토지 또는 건축물에 대하여 매매·전세·임대차 또는 지상권 설정 등의 부동산 거래의 중개를 의뢰하는 사람을 보호하기 위한 규정이다. 건물에는 기존의 건축물뿐만 아니라 장차 건축될 특정의 건물도 포함된다고 볼 것이므로 아파트의 특정 동·호수에 대한 수분양자가 선정되거나 분양계약이 체결된 후에는 그 특정아파트가 완성되기 전이라 하여도 이에 대한 매매 등 거래를 중개하는 것은 건물의 중개에 해당한다.[2)]

---

1) 대법원 2022. 8. 11. 선고 2022다202498 판결. 대법원 2024. 7. 31. 선고 2024다232530 판결(원고가 피고로부터 점포를 임차하여 음식점을 운영하던 중 갑과 이 사건 점포의 시설 및 권리금 일체를 권리금 7,000만 원에 양도하는 내용의 권리금 계약을 체결하였는데, 피고가 원고에게 점포가 속한 건물의 재건축을 계획하고 있어 3년의 임차기간에 한하여 새로운 임대차계약 체결이 가능하다고 고지하여, 원고와 갑 사이의 권리금 계약이 해제되었고, 이에 원고는 피고를 상대로 권리금 회수 방해를 원인으로 한 손해배상을 청구한 사안에서, 위 건물에 대한 재건축 필요성이나 재건축 의사의 진정성 등이 인정되고 그 철거·재건축 계획이 구체화되지 않았다고 보기 어려운 점, 피고의 고지 내용이 구체적인 철거·재건축 계획이나 일정과 대체로 부합하고, 특별히 신규임차인이 되려는 사람에게 불합리한 조건을 강요하는 것이라고 보기 어려운 점 등에 비추어, 위 고지행위가 상가임대차법 10조의4 1항 4호에서 정한 '권리금 회수 권리금 회수 방해행위'에 해당하지 않는다고 판시하였다).

2) 대법원 1990. 2. 13. 선고 89도1885 판결.

2. 추진위원장, 조합임원 또는 토지등소유자(사업시행자)의 의무

가. 자료공개의무

(1) 주 체

추진위원장 또는 조합의 경우 청산인을 포함한 조합임원, 토지등소유자가 단독으로 시행하는 재개발사업의 경우에는 그 사업시행자가 정비사업의 시행에 관한 관련 자료의 공개의무자이다.

(2) 입법취지

추진위원장 또는 조합임원 등은 막대한 사업자금을 운영하는 것을 비롯하여 법령 및 정관상 각종 권한을 보유하고 있기 때문에 건설업자를 비롯한 각종 관련자들과의 유착으로 인한 비리가 발생할 소지가 크고, 정비사업과 관련된 비리는 그 조합과 조합원의 피해로 직결되어 지역사회와 국가 전체에 미치는 병폐도 지대하다. 따라서 이를 방지하기 위한 방안으로서 추진위원장 또는 조합임원 등에게 정비사업의 시행과 관련된 자료를 공개하도록 하여 정비사업의 투명성·공공성을 확보하고 조합원의 알권리를 충족시키기 위한 것이다.[3]

법 제정 당시부터 자료의 공개 등에 관한 규정이 존재하였고, 그 후 여러 차례의 개정을 거쳐 현재에 이르고 있다. 다음에서 살펴보듯이 공개의 대상, 시기 및 방법에 대하여 법정하고 이를 정관등으로 제한할 수 있는 규정을 두지 않은 것은 조합이 임의로 이를 제한할 수 없도록 하기 위함이다.

(3) 공개의 대상

㈎ 공개의 대상은 정비사업의 시행에 관한 추진위원회 운영규정 및 정관등(1호), 설계자·시공자·철거업자 및 전문관리업자 등 용역업체의 선정계약서(2호), 추진위원회·주민총회·조합총회 및 조합의 이사회·대의원회의 의사록(3호), 사업시행계획서(4호), 관리처분계획서(5호), 해당 정비사업의 시행에 관한 공문서(6호), 회계감사보고서(7호), 월별 자금의 입금·출금 세부내역(8호), 법 111조의2에 따라 신고한 자금차입에 관한 사항(8의2호),[4] 결산보고서(9호), 청산인의 업무 처리 현황(10호), 그 밖에 정비사업 시행에 관하여 대통령령으로 정하는 서류(11호, 분양공고 및 분양신청에 관한 사항, 연간 자금운용 계획에 관한 사항, 정비사업의 월별 공사 진행에 관한 사항, 설계자·시공자·전문관리업자 등 용역업체와의 세부 계약 변경에 관한 사항, 정비사업비 변경에 관한 사항) 및 관련 자료 등이다(법 124조 1항, 시행령 94조 1항).

㈏ 위 규정에 의하면 '총회 의사록의 관련 자료'는 공개 및 다음에 살펴볼 열람·복사의 대상인바, 총회가 조합원 1/5(해임의 경우 1/10)의 요구에 의하여 개최된 경우 그와 같은 조합원들의 발의서가 공개 및 열람·복사의 대상인 총회 의사록 관련 자료인지 여부가 문제된다. 하급심 판례는 총회 발의서는 공개 및 열람·복사의 대상에서 제외한다.[5]

---

3) 대법원 2021. 2. 10. 선고 2019도18700 판결.

4) 법 111조의2(추진위원회 또는 사업시행자는 자금을 차입한 때에는 대통령령으로 정하는 바에 따라 자금을 대여한 상대방, 차입액, 이자율 및 상환방법 등의 사항을 시장·군수등에게 신고하여야 한다)는 법이 2022. 6. 10. 개정으로 신설되었는데, 위 개정 당시 법 111조의2에 따라 신고한 자금차입에 관한 사항이 공개대상으로 새롭게 규정되었다.

⑷ 공개의 시기 및 방법

㈎ 인터넷 등에 의한 공개

추진위원장 또는 조합임원 등은 앞서 든 서류 및 관련 자료가 작성되거나 변경된 후 15일 이내에 이를 조합원, 토지등소유자 또는 세입자가 알 수 있도록 인터넷과 그 밖의 방법을 병행하여 공개하여야 한다(법 124조 1항). 추진위원장 또는 조합임원 등은 공개 및 열람·복사 등을 하는 경우에는 주민등록번호를 제외하고 국토부령으로 정하는 방법 및 절차에 따라 공개하여야 한다(법 124조 3항).

㈏ 서면통지

추진위원장 또는 조합임원 등은 공개의 대상이 되는 서류 및 관련 자료의 경우 분기별로 공개대상의 목록, 개략적인 내용, 공개장소, 열람·복사 방법 등을 대통령령으로 정하는 방법과 절차에 따라 조합원 또는 토지등소유자에게 서면으로 통지하여야 한다(법 124조 2항). 나아가 추진위원장 또는 조합임원 등은 124조 2항 외에 대상자별 정보공개의 범위, 등사에 필요한 비용도 조합원 또는 토지등소유자에게 서면으로 통지하여야 한다(법 시행령 94조 2항).

추진위원장 또는 조합임원 등에게는 위와 같이 '열람·복사 방법'의 선택에 대한 재량이 있으므로 현장방문으로 특정하거나, 우편, 팩스 또는 정보통신망 중 어느 하나의 방법으로 특정하든 모두 가능하다.[6]

⑸ 열람·복사

㈎ 내용

조합원, 토지등소유자가 법 124조 1항에 따른 서류, 토지등소유자 명부, 조합원 명부, 그 밖에 대통령령으로 정하는 서류 및 관련 자료 등을 포함하여 정비사업 시행에 관한 서류와 관련 자료에 대하여 열람·복사 요청을 한 경우 추진위원장이나 사업시행자(조합장)는 15일 이내에 그 요청에 따라야 한다(법 124조 4항). 조합원의 전화번호 및 조합원별 신축 건축물 동·호수 배정 결과는 의무조항에 따른 열람·복사의 대상이다(위 2019도18700 판결). 토지등소유자 또는 조합원의 열람·복사 요청은 사용목적 등을 기재한 서면(전자문서를 포함한다)으로 하여야 한다(법 124조 3항, 법 시행규칙 22조).

㈏ 열람·복사의 방법

① 사업시행자는 매 분기별로 '열람·복사의 방법'을 자유롭게 특정하여 통지하도록 규정되어 있으므로, 자신이 통지한 열람·복사의 방법에 따라야 한다. 조합은 대의원회의 의결을 거쳐 열람·복사 방법 등 세부적인 방법과 절차에 관한 기준을 정할 수 있다(서울 표준정관 66조 4항 후

5) 서울남부지방법원 2021. 9. 30. 선고 2020노1709, 2020노2279 판결(확정, 근거는 '관련 자료'를 '조합총회 등과 관련한 모든 자료'를 의미하는 것으로 해석하면 그 범위가 지나치게 넓고 불명확해지고, 같은 조 11호의 독자적인 의미도 없어지게 되는 점, '총회 의사록 및 관련 자료'의 비공개나 열람·복사의 거부 시 형사처벌의 대상인바, 형벌법규는 엄격하게 해석하여야 하는 것이 원칙인 점, 조합총회는 조합원들 사이에 불화 또는 분쟁이 있는 경우에 흔히 발의되곤 하는데, 그 발의서가 그대로 공개될 경우 조합원들 사이에 총회를 둘러싼 회유, 협박이나 감정 대립 등 소모적인 분쟁이 일어날 염려가 있는 반면에, 이를 공개하여 얻는 이익은 별로 없는 것으로 보이는 점 등을 들고 있다).

6) 대법원 2018. 4. 26. 선고 2016도13811 판결.

문). 만일 사업시행자가 '열람·복사의 방법'을 특정하지 않은 경우, 열람·복사를 요청한 조합원으로서는 복사에 필요한 비용을 부담하므로, '현장교부'만이 적법한 열람·복사의 방법으로 보아야 하는지 여부가 문제된다.

판례는 열람·복사청구자가 비용을 납부하지 않은 채 열람·복사청구 이후 15일 내에 조합사무실을 방문하지 않은 사안에서, 열람·복사를 요청한 조합원이 복사에 필요한 비용을 부담한다는 규정만으로 현장에서만 열람 및 복사할 것이 요구된다고 해석할 수 없으므로, 현장교부 외에도 통상의 방법인 우편, 팩스 또는 정보통신망 중 어느 하나의 방법을 이용하여 당사자의 열람·복사 요청에 응하여야 한다고 하였다(위 2016도13811 판결).

② 복사에 필요한 비용은 실비의 범위에서 청구인이 부담한다. 이 경우 비용납부의 방법, 시기 및 금액 등 필요한 사항은 시·도 조례로 정한다. 서울시는 자료공개에 따른 수수료 금액에 대하여 서울시 조례 87조 2항 [별표 4]로 규정하고 있다. 조합원 및 토지소유자등은 추진위원장이나 사업시행자로부터 서류 및 관련 자료를 통지받은 날부터 10일 이내에 현금으로 납부하여야 한다(서울시 조례 87조 1항).

㈐ 열람·복사자의 의무

열람·복사를 요청한 사람은 제공받은 서류와 자료를 사용목적 외의 용도로 이용·활용하여서는 아니 된다(법 124조 6항). 일부 조합은 사용목적 외의 용도로 사용하지 않겠다는 취지의 각서를 요구하나, 설령 열람·복사요청자가 이를 거부하였다고 하여 열람·복사를 거부할 수는 없다.

(6) 형사처벌

㈎ 서류 및 관련 자료를 거짓으로 공개하거나 열람·복사 요청에 허위의 사실이 포함된 자료를 열람·복사해 준 추진위원장 또는 조합임원은 법 137조 12, 13호에 의하여 형사처벌을 받게 된다.

㈏ 정비사업 시행과 관련한 서류 및 자료를 인터넷과 그 밖의 방법을 병행하여 공개하지 아니하거나 조합원 또는 토지등소유자의 열람·복사 요청을 따르지 아니하는 추진위원장, 전문조합관리인 또는 조합임원은 법 138조 1항 7호에 의하여 형사처벌을 받게 된다.

나. 관련 자료의 보관 및 인계의무

(1) 속기록·녹음 또는 영상자료의 보관의무

㈎ 추진위원장·전문관리업자 또는 조합의 임원 등은 법 124조 1항에 따른 서류 및 관련 자료 외에 총회 또는 중요한 회의(조합원 또는 토지등소유자의 비용부담을 수반하거나 권리·의무의 변동을 발생시키는 경우로서 대통령령으로 정하는 회의를 말한다)가 있은 때에는 속기록·녹음 또는 영상자료를 만들어 청산 시까지 보관하여야 한다(법 125조 1항). 다만, 이는 열람·복사의 대상은 아니다. 대통령령으로 정하는 회의는 용역계약(변경계약을 포함한다) 및 업체 선정과 관련된 대의원회·이사회의 각 회의, 조합임원·대의원의 선임·해임·징계 및 토지등소유자(조합이 설립된 경우에는 조합원을 말한다) 자격에 관한 대의원회·이사회의 각 회의가 여기에 해당된다(법 시행령 94조 3항).

(나) 자료의 보관의무는 앞서의 자료공개의무와 달리 전문관리업자에게도 그 의무가 부과된다. 125조 1항을 위반하여 속기록 등을 만들지 아니하거나 관련 자료를 청산 시까지 보관하지 아니한 추진위원장, 전문조합관리인 또는 조합임원은 법 138조 1항 8호에 의하여 형사처벌을 받게 된다. 보관의무를 위반한 전문관리업자에 대한 형사처벌규정은 없다.

(2) 정비사업완료나 폐지 시의 관계 서류 인계의무

(가) 사업시행자는 정비사업을 완료하거나 폐지한 때에는 이전고시 관계 서류, 확정측량 관계 서류, 청산 관계 서류, 등기신청 관계 서류, 감정평가 관계 서류, 손실보상 및 수용 관계 서류, 공동구설치 비용부담 관계 서류, 회계 및 계약 관계 서류, 회계감사 관계 서류, 총회, 대의원회, 이사회 및 감사의 감사 관계 서류, 보류지 및 체비시설의 처분에 대한 분양 관계 서류를 시장·군수등에게 인계하여야 한다(법 125조 2항, 서울시 조례 88조 1항). 서류의 인계는 이전고시일부터 3개월 또는 정비사업이 폐지되는 경우 폐지일부터 2개월 이내에 하여야 한다. 다만, 구청장이 부득이한 사정이 있다고 인정하는 때에는 사업시행자의 신청에 따라 연기할 수 있다(서울시 조례 88조 2항).

(나) 관계 서류를 인계받은 시장·군수등은 해당 정비사업의 관계 서류를 5년간 보관하여야 한다(법 125조 3항).

Ⅲ. 행정청의 권한 및 의무

1. 재개발사업 등의 정비사업 시행방식전환 승인

가. 의 의

재개발사업은 인가받은 관리처분계획에 따라 건축물을 건설하여 공급하거나 환지로 공급하는 방식이 모두 가능하다(법 23조 2항). 재개발사업에서 ① 법 28조 1항에 따라 사업대행자를 지정하거나, ② 토지등소유자의 5분의 4 이상의 요구가 있어 재개발사업의 시행방식의 전환이 필요하다고 인정하는 경우, 시장·군수등은 정비사업이 완료되기 전이라도 정비구역의 전부 또는 일부에 대하여 환지로 공급하는 방식으로 실시하는 재개발사업을 관리처분계획에 따라 건축물을 건설하여 공급하는 방식으로 시행방식의 전환을 승인할 수 있다(법 123조 1항, 법 시행령 93조). 관리처분계획방식에서 환지방식으로의 전환은 현행 법령상 허용되지 아니한다.

관리형방식, 수용방식으로 정비계획이 수립된 종전 주거환경개선사업을 사업시행자가 관리처분계획방식으로 변경함에는 토지등소유자의 3분의 2 이상의 동의를 받아야 할 뿐, 행정청의 승인은 요하지 않는다(법 123조 5항).

나. 시행방식전환을 위한 관리처분계획 변경요건

재개발사업의 시행자는 법 123조 1항에 따라 시행방식을 전환하기 위하여 관리처분계획을 변경하려는 경우 토지면적 3분의 2 이상의 토지소유자의 동의와 토지등소유자 5분의 4 이상의 동의를 받아야 하며, 변경절차에 관하여는 74조 1항의 관리처분계획변경에 관한 규정을 준용한다

(법 123조 2항).

다. 정비구역 일부의 시행방식전환 및 효과

(1) 사업시행자는 정비구역의 일부에 대하여 시행방식을 전환하려는 경우에 재개발사업이 완료된 부분은 준공인가를 거쳐 해당 지방자치단체의 공보에 공사완료의 고시를 하여야 하며, 전환하려는 부분은 법에서 정하고 있는 절차에 따라 시행방식을 전환하여야 한다(법 123조 3항).

(2) 위와 같이 공사완료의 고시를 한 때에는 공간정보관리법 86조 3항(공사완료사실을 지적소관청에 신고하고, 토지의 이동을 신청하여야 준공 시에 토지의 이동이 이루어진 것으로 본다)에도 불구하고 관리처분계획의 내용에 따라 86조(이전고시 등)에 따른 이전이 된 것으로 본다(법 123조 4항).

2. 도시·주거환경정비기금의 설치의무 등

가. 의 의

기본계획을 수립하거나 승인하는 특별시장·광역시장·특별자치시장·도지사·특별자치도지사 또는 시장은 정비사업의 원활한 수행을 위하여 도시·주거환경정비기금을 설치하여야 한다(법 126조 1항). 다만, 기본계획을 수립하지 아니하는 시장 및 군수도 필요한 경우에는 정비기금을 설치할 수 있다.

나. 도시·주거환경정비기금의 재원(법 126조 2항)

도시·주거환경정비기금은 17조 4항에 따라 정비기반시설의 기부에 따라 용적률이 완화되는 경우로서 정비구역에 있는 대지 중 일부에 대하여 현금으로 사업시행자가 납부한 금액(1호), 55조 1항의 용적률 인센티브 하에 건설한 국민주택규모 주택, 101조의5 2항의 공공재개발에 따라 건설한 국민주택규모 주택 및 101조의6 2항의 공공재건축에 따라 건설한 국민주택규모 주택을 시·도지사, 시장, 군수 또는 구청장에게 공급하여 발생한 주택의 임대보증금 및 임대료(2호), 시장·군수등이 사업시행자로서 자신이 시행하는 정비사업으로 현저한 이익을 받는 정비기반시설의 관리자에게 해당 정비사업비의 일부를 부담시킨 경우의 그 부담금 및 정비사업으로 발생한 개발이익 환수에 관한 법률에 따른 개발부담금 중 지방자치단체 귀속분의 일부(3호), 정비구역(재건축구역은 제외한다) 안의 국·공유지 매각대금 중 대통령령(국유지의 경우에는 20%, 공유지의 경우에는 30%)으로 정하는 일정 비율 이상의 금액(4호, 법 시행령 95조 1항), 시공과 관련한 위법행위를 이유로 시공자에게 부과한 과징금(4의2호), 재건축이익환수법에 따른 재건축부담금 중 같은 법 4조 3항 및 4항에 따른 지방자치단체 귀속분(5호), 지방세법 69조에 따라 부과·징수되는 지방소비세 또는 같은 법 112조(같은 조 1항 1호는 제외한다)에 따라 부과·징수되는 재산세 중 대통령령(지방세법에 따라 부과·징수되는 지방소비세의 경우: 3%, 지방세법에 따라 부과·징수되는 재산세의 경우: 10%)으로 정하는 일정 비율 이상의 금액(6호, 법 시행령 95조 2항), 그 밖에 시·도 조례로 정하는 금원(7호) 등을 재원으로 한다.

다. 도시·주거환경정비기금의 사용용도

도시·주거환경정비기금은 기본계획의 수립, 재건축진단 및 정비계획의 수립, 추진위원회의 운영자금 대여, 그 밖에 이 법과 시·도 조례로 정하는 사항,[7] 임대주택의 건설·관리, 임차인의 주거안정 지원, 재건축이익환수법에 따른 재건축부담금의 부과·징수, 주택개량의 지원, 정비예정구역 또는 정비구역이 해제된 지역에서의 정비기반시설의 설치 지원, 소규모주택정비법 44조에 따른 빈집정비사업 및 소규모주택정비사업에 대한 지원, 주택법 68조에 따른 증축형 리모델링의 안전진단 지원, 142조에 따른 신고포상금의 지급 등의 용도 외에는 사용하여서는 아니 된다(법 126조 3항).

위 정비기금의 관리·운용과 개발부담금의 지방자치단체의 귀속분 중 정비기금으로 적립되는 비율 등에 필요한 사항은 시·도 조례로 정한다(법 126조 4항).

3. 각종 계획 수립, 활동 및 권한의 위임

가. 노후·불량주거지 개선계획의 수립

국토부장관은 주택 또는 기반시설이 열악한 주거지의 주거환경개선을 위하여 5년마다 개선대상지역을 조사하고 연차별 재정지원계획 등을 포함한 노후·불량주거지 개선계획을 수립하여야 한다(법 127조).

나. 정비구역의 범죄 등 예방

시장·군수등은 사업시행계획인가를 한 경우 그 사실을 관할 경찰서장 및 관할 소방서장에게 통보하여야 한다(법 130조 1항). 시장·군수등은 사업시행계획인가를 한 경우 정비구역 내 주민 안전 등을 위하여 순찰 강화, 순찰초소의 설치 등 범죄 예방을 위하여 필요한 시설의 설치 및 관리, 그 밖에 주민의 안전을 위하여 필요하다고 인정하는 사항을 관할 시·도경찰청장 또는 경찰서장에게 요청할 수 있다(법 130조 2항). 시장·군수등은 사업시행계획인가를 한 경우 정비구역 내 주민 안전 등을 위하여 관할 시·도 소방본부장 또는 소방서장에게 화재예방 순찰을 강화하도록 요청할 수 있다(법 130조 3항).

시장·군수등의 사업시행계획인가 시 관할 경찰서장에 대한 통보 및 순찰강화요청은 법이 2017. 2. 8. 전부개정되면서 도입되었고, 관할 소방서장에 대한 통보 및 순찰강화요청은 법이 2021. 8. 10. 개정되면서 도입되었다. 사업시행계획인가로 건축허가가 의제되어 착공이 가능함을 전제로 정비구역 내 주민 안전 등을 위한 것이다(다만, 사업시행자는 법 81조 2항에 의하여 관리처분계획인가 이후 공사에 착수할 수 있다).

---

7) 서울시 조례 89조 2항은 추진위원회·조합의 운영경비, 설계비 등 용역비, 세입자 대책비, 조합원 이주비(1호), 관리형 주거환경개선구역의 신축비용, 주민공동체 활성화를 위한 조직 운영비 및 사업비(2호), 52조 8항에 따라 지원하는 주택개량비용(3호), 도시정비형 재개발사업의 건축비용(4호), 추진위원회 및 조합 사용비용 보조금(5호), 정비구역(전면철거방식이 아닌 정비사업으로 한정한다) 내 범죄예방 등 안전한 주거환경 조성비(6호), 주택정비형 재개발구역 중 옛길, 옛물길 및 한옥 보전 등에 따른 사업비용(7호)을 규정하고 있다.

다. 권한의 위임

⑴ 국토부장관의 권한 위임

국토부장관은 이 법에 따른 권한의 일부를 대통령령으로 정하는 바에 따라 시·도지사, 시장, 군수 또는 구청장에게 위임할 수 있다(법 128조 1항). 이에 따라 국토부장관의 전문관리업자에 대한 조사 등의 권한이 시·도지사에게 위임되었다(법 시행령 96조 1항).

⑵ 국토부장관, 시·도지사, 시장, 군수 또는 구청장의 권한 위임

국토부장관, 시·도지사, 시장, 군수 또는 구청장은 도시정비법의 효율적인 집행을 위하여 필요한 경우에는 대통령령으로 정하는 바에 따라 108조에 따른 정비사업 전문관리업 정보종합체계의 구축·운영, 115조에 따른 교육의 실시, 119조에 따른 정비사업관리시스템의 구축·운영, 그 밖에 대통령령으로 정하는 사무를 정비사업 지원기구, 정비사업 전문관리업협회 등 대통령령으로 정하는 기관 또는 단체에 위탁할 수 있다(법 128조 2항). 정비사업 전문관리업 정보종합체계의 구축·운영에 관한 사무 및 정비사업관리시스템의 구축·운영에 관한 사무는 행정능률의 향상을 위하여 한국부동산원에, 법 115조에 따른 교육의 실시에 관한 사무는 정비사업 전문관리업협회에 각 위탁되었다(법 시행령 96조 2항).

법 115조에 따른 교육의 실시에 관한 사무를 위탁받은 정비사업 전문관리업협회는 같은 조에 따른 교육을 실시하기 전에 교육과정, 교육 대상자, 교육시간 및 교육비 등 교육실시에 필요한 세부 사항을 정하여 국토부장관의 승인을 받아야 한다(법 시행령 96조 3항).

Ⅳ. 기 타

1. 건설업자의 관리·감독 의무

건설업자는 시공자 선정과 관련한 홍보 등을 위하여 계약한 용역업체의 임직원이 132조 1항을 위반하지 아니하도록 교육, 용역비 집행 점검, 용역업체 관리·감독 등 필요한 조치를 하여야 한다(법 132조의2). 이는 법이 2018. 6. 12. 개정되면서 도입된 규정으로서, 건설사가 시공자 선정을 위해 금품·향응을 제공하는 불법행위가 용역업체를 통해 자행되는 경우가 빈번해지고 있어 정비사업의 투명성 확보 및 건전한 수주질서의 확립을 위한 실효성 있는 대책마련이 필요하여 입법되었다.

2. 조합설립인가 등의 취소에 따른 채권의 손금 산입

조합설립인가 등이 취소된 경우, 시공자·설계자 또는 전문관리업자 등은 해당 추진위원회 또는 조합(연대보증인을 포함한다)에 대한 채권(조합 및 연대보증인이 시공자 등과 합의하여 이미 상환하였거나 상환할 예정인 채권은 제외한다)의 전부 또는 일부를 포기하고 이를 조세특례제한법 104조의26에 따라 손금에 산입하려면 해당 조합등과 합의하여 채권의 금액 및 그 증빙 자료, 채권의 포기에 관한 합의서 및 이후의 처리 계획, 그 밖에 채권의 포기 등에 관하여 시·도 조례로 정하는 사항을 포함한 채권확인서를 시장·군수등에게 제출하여야 한다(법 133조).

제12편

벌 칙

제1장 형 벌

Ⅰ. 총 설

법은 정비사업이 공익사업인 점을 고려하여 정비사업 관여자의 법 위반행위 중 공익성 및 공공성을 해하는 정도를 고려하여 일부 행위에 대하여 벌칙을 부과하는 규정을 두고 있고, 그 위법성의 정도를 고려하여 형벌 또는 과태료로 나누어 부과한다.

법이 조합임원의 결격사유로 '도시정비법위반의 죄로 벌금 100만 원 이상 형을 선고 받고 10년이 지나지 아니한 자'라고 규정하고 있으므로(43조 1항 5호, 2019. 4. 23. 개정으로 종래 5년에서 10년으로 변경되었다), 도시정비법위반죄에 대한 형사소송은 비록 소송물이 범죄의 성립 여부에 있지만, 위 법 43조 1항 5호에 의하여 조합장 등 임원자격의 박탈이라는 복합적인 목적을 동시에 가진다.[1] 실제로 정비사업 실무에서는 조합임원 뿐만 아니라 조합원에게 있어서도 해당 행위가 도시정비법위반죄의 구성요건에 해당하는지 여부가 중요한 관심사이다.

먼저 형벌을 부과하는 행위에 대하여 살펴보면, 추진위원장·조합임원·청산인·전문조합관리인 및 전문관리업자의 대표자(법인인 경우에는 임원을 말한다)·직원 및 위탁지원자에 대하여 형법 129조부터 132조까지의 뇌물죄 관련 규정을 적용할 때에는 공무원으로 간주하는 134조를 규정하고 있는바, 그 입법취지 및 구체적 내용에 관하여 자세히 살펴본다.

또한 법은 정비사업 전반에 걸쳐 적용되는 일반적 형사처벌규정을 두고 있다. 즉 법은 정비사업의 시행과정에서 발생하는 각종 비리가 공사, 용역, 물품구매 및 제조 등 계약 체결과 주로 관련되는 것임을 고려하여, 계약 체결과 관련하여 금품, 향응 또는 그 밖의 재산상 이익의 제공을 금지하는 132조 1항을 두고 있고 이를 위반한 경우의 처벌규정인 135조 2호를 규정하고 있다. 그리고 정비사업이 조합의 설립, 사업시행계획, 관리처분계획 등의 단계를 거쳐 순차 진행되고, 각 단계에서의 선행 행정처분이 이루어짐에 따라 후속절차가 진행되는 것임을 고려하여 각 단계별 절차상의 위법행위 중 위법성의 정도에 따라 법 135조 1호 위반죄, 136조 위반죄, 137조 위반죄, 138조 위반죄의 네 가지 유형으로 나누어 차등의 법정형을 규정하고 있는 개별 형사처벌규정을 두고 있다. 위와 같은 정비사업과 관련한 일반적, 개별적 형사처벌규정의 내용에 대하여도 자세히 살펴본다.

---

1) 김종보, 전게서, 710.

Ⅱ. 도시정비법상의 벌칙규정 적용 여부와 관련한 일반론

1. 쟁 점

도시정비법은 135조 내지 138조로 형사처벌규정을 두고 있다. 조합임원이 위 규정의 구성요건적 행위를 행한 이후 조합설립인가처분 무효확인소송에 대한 승소확정판결이 있거나 조합설립인가처분 취소소송에 대한 승소확정판결이 있는 경우 형사처벌이 가능한 것인지 여부가 문제된다. 또한 구성요건적 행위를 한 조합임원을 선임한 총회결의가 무효인 경우, 해당 조합임원을 선임할 당시 미성년자 등 법 43조 1항이 정한 결격사유에 해당하는 경우 또는 조합임원으로 선임됨에 필요한 거주나 소유요건이 미비된 경우 형사처벌이 가능한 것인지 여부도 문제된다. 왜냐하면 법 135조 내지 138조에 관한 각종 벌칙규정은 구성요건상 조합임원이라는 신분을 전제로 하기 때문이다(다만, 이는 도시정비법의 고유한 형벌규정의 적용과 관련된 것이고, 다음에서 살펴 보듯이 형법상 뇌물죄의 주체와는 별개이다).

2. 조합설립인가처분의 하자 관련

가. 조합설립인가처분이 무효인 경우(불처벌)

판례는 조합이 조합설립인가처분을 받았다 하더라도 그 조합설립인가처분이 무효인 경우 조합의 조합장, 이사 또는 감사로 선임된 자는 법 137조 6호(총회의 의결을 거치지 아니한 채 사업을 추진한 조합임원 처벌 규정), 138조 1항 7호(조합원의 열람·복사 요청에 응하지 아니한 조합임원 처벌규정) 위반 주체인 '조합임원'에 해당하지 아니하므로, 그러한 자의 행위에 대하여는 위 벌칙규정 위반죄로 처벌할 수 없다고 하였다.[2] 그 논거는 다음과 같다.

ⓐ 법 137조 6호, 138조 1항 7호 위반죄는 각 규정에서 정한 행위자만이 주체가 될 수 있고, 여기에서 그 주체로 규정된 '조합임원'이란 적법하게 설립된 조합이 법률의 규정에 따라 선임한 조합장, 이사, 감사의 지위에 있는 자이다.

ⓑ 조합은 관계 법령에서 정한 요건과 절차를 갖추어 조합설립인가처분을 받은 후 등기함으로써 성립하며, 그때 비로소 정비사업을 시행하는 행정주체로서의 지위가 인정된다. 조합설립인가처분은 조합에 정비사업을 시행할 수 있는 권한을 갖는 행정주체로서의 지위를 부여하는 설권적 처분의 성격을 가진다. 따라서 조합이 조합설립인가처분을 받지 아니하였거나 설령 이를 받았다 하더라도 처음부터 조합설립인가처분으로서 효력이 없는 경우에는, 행정주체인 공법인으로서의 조합이 성립되었다 할 수 없고, 또한 이러한 조합의 조합장, 이사, 감사로 선임된 자 역시 법에서 정한 조합의 임원이라 할 수 없다.

2) 대법원 2014. 5. 22. 선고 2012도7190 전원합의체 판결(① 조합원 등과 조합의 법적 이익이 정당하게 보호될 수 있기 위해서는 조합의 최종적인 운명에 관계없이 조합설립인가의 시점부터 조합임원에 대한 법적 명령이나 금지가 유효하게 존재한다고 보아야 하는 점, ② 조합임원이 법 137조 6호, 138조 1항 7호 위반 등의 행위를 저질렀다면 그 시점에서 범죄가 성립되는바, 범죄가 성립된 시점 이후에 조합설립인가처분에 대한 무효확인 또는 취소의 판결이 확정되었다 하더라도 마찬가지이고, 이러한 결과는 죄형법정주의를 위반하는 것이라고 할 수도 없는 점 등을 근거로 조합설립인가처분이 무효라 하더라도, 조합의 조합장, 이사 또는 감사로 선임된 자는 법 137조 6호, 138조 1항 7호 위반 주체인 '조합임원'에 해당하여 위 벌칙 규정 위반죄로 처벌된다는 반대의견이 있다).

나. 조합설립인가처분이 취소되는 경우(불처벌)

(1) 문제의 소재

조합설립인가처분 취소판결이 확정되는 경우(소급효가 인정되는 직권취소도 마찬가지이다)에 관하여 살펴본다. 조합설립인가처분이 무효인 경우와 달리, 조합설립인가처분에 취소사유가 있는 경우에 해당 조합설립인가처분은 행정처분의 공정력으로 인하여 취소되기 전까지 상대방 또는 이해관계인들이 그 효력을 부인할 수 없고, 행정청이 조합설립인가처분을 취소하거나 그 처분을 취소하는 판결이 확정되어야 비로소 그 효력을 상실한다. 그런데 취소의 효력에 소급효가 인정되어 그전까지 유효한 것으로 취급된 조합설립인가처분이 소급하여 효력을 상실하므로, 그 처분을 전제로 하는 법률관계에서 발생된 행위를 형사처벌할 수 있는지 여부가 문제된다.

행정처분 취소에서 발생하는 문제는 취소 전까지 해당 행정처분은 사실상 유효한 것으로 취급되었다는 점에서 처음부터 행정처분의 효력이 인정되지 아니하는 무효인 행정처분과는 다르다 할 것이므로, 무효인 행정처분에 관한 앞서 살펴본 전원합의체 판결의 법리가 취소의 경우에도 당연히 적용될 것인지 여부에 관하여 논란이 있다.

(2) 관련 판례

처분이 취소된 경우에 그 취소된 행정처분에 관련된 의무를 위반한 행위가 형사처벌될 수 있는지 문제된 사안에서, 대법원은 이를 부정하는 견해를 취한 사례가 있다. 대법원은 영업의 금지를 명한 영업허가취소처분 자체가 나중에 행정쟁송절차에 의하여 취소되었다면 그 영업허가취소처분은 처분 시에 소급하여 효력을 잃게 되어 그 영업허가취소처분에 복종할 의무가 원래부터 없었음이 확정되었다고 봄이 타당하므로, 그 영업허가취소처분 이후의 영업행위를 무허가영업이라고 볼 수는 없다고 판시하였고,[3] 피고인이 행정청으로부터 자동차 운전면허취소처분을 받았으나 나중에 그 행정처분 자체가 행정쟁송절차에 의하여 취소되었다면 그 운전면허취소처분은 처분 시에 소급하여 효력을 잃게 되어 그 운전면허취소처분에 복종할 의무가 원래부터 없었음이 확정되었다고 봄이 타당하므로, 행정행위에 공정력의 효력이 인정된다고 하여 행정소송에 의하여 적법하게 취소된 운전면허취소처분이 단지 장래에 향하여서만 효력을 잃게 된다고 볼 수는 없으며, 따라서 운전면허취소처분을 취소하는 판결이 확정되기 전의 운전행위가 무면허운전에 해당하지 아니한다는 취지로 판단하였다.[4]

(3) 판단[5]

㈎ 조합이 유효하게 존재하고 있는 동안에 조합임원이 범죄행위를 하였다면 그는 조합임원의 신분을 보유하고 있는 동안에 범죄행위를 한 것으로서 범죄 성립은 이로써 완성된 것이고, 이는 사후적으로 설립인가처분의 취소판결이 있고 그 취소에 소급효가 있다고 하더라도 달리 볼 수 없다는 이유로 당시의 조합임원들이 법상의 각종 벌칙규정을 위반한 것으로 보아야 하고, 조합

3) 대법원 1993. 6. 25. 선고 93도277 판결.
4) 대법원 1999. 2. 5. 선고 98도4239 판결 참조.
5) 이하는 위 전원합의체 판결 다수의견의 보충의견 위주로 기술한다.

설립인가처분에 무효사유가 있어 조합 자체가 처음부터 존재하지 않는 경우와는 구별된다는 견해가 있다.

(나) 그러나 형벌법규가 명령이나 금지를 담은 행위규범으로서 기능하는 면이 있다고 하더라도, 형사처벌 여부는 형사재판을 통하여 최종적으로 확정되는 것이고, 형사재판에서는 공판절차에서 최종적으로 드러난 법률관계 및 사실관계에 의하여 유죄 여부를 가려야 한다. 비록 행위 당시에는 행정처분에 의하여 위법성 내지는 가벌성을 가지더라도 그 후 행정처분이 취소되어 최종적으로 위법성 내지는 가벌성이 없는 것으로 확정되었다면, 그와 같은 확정된 상태에 기초하여 무죄로 판단하는 것이 죄형법정주의의 원칙 및 무죄추정의 원칙에 부합한다.

따라서 조합설립인가처분이 유효함을 전제로 하여 정비사업을 추진하는 행정주체로서의 공법인인 조합 및 그 조합임원의 지위가 인정되고 그에 따른 일정한 행정법적인 의무가 부과되었다고 하더라도, 조합설립인가처분의 취소에 의하여 그 처분 당시로 소급하여 조합설립인가처분이 효력을 잃게 되면 해당 조합 역시 그 처분 당시로 소급하여 도시정비법상 정비사업을 시행할 수 있는 행정주체인 공법인으로서의 지위를 상실하므로, 그 조합임원의 지위를 전제로 하는 행정법적인 의무 내지 이에 복종할 의무가 원래부터 없게 되었음이 확정되었다고 할 수 있어, 그 행정법적인 의무위반으로 처벌할 수 없다고 봄이 타당하다.

(다) 조합설립인가처분에 하자가 존재하나 그 하자가 중대·명백하지 아니하여 무효가 아닌 경우에는 제소기간이 존재한다. 취소소송은 처분이 있음을 안 날부터 90일 이내에, 처분이 있은 날부터 1년 이내에 제기하여야 한다(행정소송법 20조). 조합설립인가처분은 사업시행계획인가나 관리처분계획인가와 달리 '고시'에 의하여 이루어지지 않아 행정업무규정 4조 3호, 6조 3항이 규정이 적용되지 아니하고, 행정소송법 20조 규정이 적용된다. 시장·군수등은 조합설립을 인가하는 경우 조합에 조합설립인가서를 교부하는바(서울시 조례 시행규칙 9조 별지 12호 서식), 조합임원의 경우에는 인가 무렵 이를 알았다고 보아야 하는 점, 또한 조합은 조합설립인가를 받은 때에는 정관으로 정하는 바에 따라 토지등소유자에게 그 내용을 통지하고 이해관계인이 열람할 수 있도록 하여야 하므로(법 시행령 30조 3항), 결국 토지등소유자에 대한 제소기간은 인가 무렵 진행되는 점, 조합설립인가 이후 등기가 경료되어야 조합으로 성립되어 법상의 각종 벌칙규정을 위반한 경우 처벌되는 조합임원이 되는 점 등에 비추어 볼 때, 토지등소유자를 기준으로 하는 경우 임원들이 법상의 벌칙 규정을 위반하는 행위를 할 무렵에는 조합설립인가처분 취소소송의 제소기간(처분이 있음을 안 날로부터 90일)은 사실상 도과되었을 여지가 높다.

다만, 법률상 이익이 있는 제3자의 경우에도 조합설립인가처분 취소소송의 원고적격이 인정되는바, 그 경우에는 별도로 통지가 이루어지지 않으므로 처분의 존재를 알기 어려워 행정소송법 20조 2항에 따라 위 처분이 있은 날로부터 1년 이내에 취소소송을 제기하는 것이 가능할 것이고, 정당한 사유가 있는 경우 예외도 인정된다. 따라서 임원들의 법상의 벌칙 규정을 위반하는 행위 무렵 일률적으로 제소기간이 도과된 것으로 단정하기 어렵다.

다. 조합임원의 선임이나 조합임원 개인 관련 부분

⑴ 조합임원을 선임한 총회의결이 무효인 경우(처벌)

조합임원으로 선임되려면 조합 총회의 의결을 거쳐야 한다(45조 1항 7호). 총회의 의결을 거쳐 조합임원으로 선임된 사람은 그 의결이 무효인 경우에도 적법한 의결에 의하여 선임된 조합임원과 동일한 권한을 실제로 행사하므로, 그를 조합임원으로 선임한 총회의 의결이 나중에 무효로 확정되더라도 그 이전에 이루어진 법 135조 내지 138조 위반죄의 성립이 소급하여 부정되는 것은 아니다.[6)]

⑵ 거주 또는 소유요건의 미비나 결격사유 있는 조합임원의 벌칙규정 적용 여부

㈎ 규정

법 41조 1항은 정비구역에 거주하고 있는 자로서 선임일 직전 3년 동안 정비구역 내 거주 기간이 1년 이상이거나 정비구역에 위치한 건축물 또는 토지(재건축사업의 경우에는 건축물과 그 부속토지를 말한다)를 5년 이상 소유하고 있는 경우[하나의 건축물 또는 토지의 소유권을 다른 사람과 공유한 경우에는 가장 많은 지분을 소유(2인 이상의 공유자가 가장 많은 지분을 소유한 경우를 포함한다)한 경우로 한정한다]에 한하여 조합임원으로 선임될 수 있고, 조합장은 관리처분계획인가를 받을 때까지는 해당 정비구역에서 거주(영업을 하는 자의 경우 영업을 말한다)하여야 한다고 규정하고 있다. 또한 법 43조 1항은 미성년자·피성년후견인 또는 피한정후견인, 파산선고를 받고 복권되지 아니한 자, 금고 이상의 실형을 선고받고 그 집행이 종료(종료된 것으로 보는 경우를 포함한다)되거나 집행이 면제된 날부터 2년이 지나지 아니한 자, 금고 이상의 형의 집행유예를 받고 그 유예기간 중에 있는 자, 도시정비법을 위반하여 벌금 100만 원 이상의 형을 선고받고 10년이 지나지 아니한 자, 조합설립인가권자에 해당하는 지방자치단체의 장, 지방의회의원 또는 그 배우자. 직계존속, 직계비속은 조합임원에 선임될 수 없다고 규정하고 있다. 법 43조 2항은 조합임원이 법 41조 1항 및 법 43조 1항의 결격사유가 있음에도, 선임된 이후 선임 당시 그에 해당하는 자이었음이 밝혀지면 당연 퇴임한다고 규정하고 있다.

㈏ 판단(처벌)

위 규정상의 거주 또는 소유요건의 미비나 결격사유 있는 조합임원의 벌칙규정 적용 여부가 문제된다.

국가공무원법 33조는 공무원으로 임용될 수 없는 결격사유를 규정하고 있고, 같은 법 69조는 결격사유가 있는 공무원은 당연 퇴직한다고 규정하고 있으며, 임용 당시 공무원 임용 결격사유가 있었다면 비록 국가의 과실에 의하여 임용 결격자임을 밝혀내지 못하였다고 하더라도 그 임용행위는 당연무효로 보아야 하고, 당연무효인 임용행위에 의하여 공무원의 신분을 취득할 수는 없는바,[7)] 앞서 본 바와 같이 도시정비법 43조 1항이 한정적으로 조합임원의 결격사유를 규정하

---

6) 대법원 2024. 9. 13. 선고 2023도16588 판결(해당 사안은 무효인 총회의결에 의하여 선임된 조합장이 관련 서류 등을 공개하지 아니하거나 조합원의 열람·복사 요청을 따르지 아니한 j법 138조 1항 7호 위반죄와 관련된다).

7) 대법원 1998. 1. 23. 선고 97누16985 판결.

고 있기는 하다. 그러나 조합임원 선임 당시 결격자이거나 거주 또는 소유요건을 갖추지 못한 경우 당연퇴임하되, 퇴임한 임원이 퇴임전에 관여한 행위는 그 효력을 잃지 않는 점(법 43조 3항), 위와 같은 결격자나 거주 또는 소유요건이 미비한 자의 경우 그와 같은 자격을 가져 적법하게 선임된 조합임원과 동일한 권한을 실제로 행사하는 점 등에 비추어, 추후 해당 조합임원이 결격사유가 있는 자라거나 소유나 거주요건을 갖추지 못하였음이 밝혀졌다 하더라도 그 이전에 이루어진 법 135조 내지 138조 위반죄 성립이 소급하여 부정된다고 볼 수 없다(법 41조 1항의 조합임원 선임요건으로서의 법정기간의 거주 또는 소유, 조합장의 지위유지 요건으로 계속 거주를 정한 규정은 법이 2019. 4. 23. 개정되면서 도입되었는데, 이를 도입한 취지는 정비사업 관련 비리를 근절하기 위하여 조합임원의 자격요건을 강화하는 것에 불과한 것으로서, 거주 또는 소유요건의 불충족이나 상실이 조합임원의 지위를 원천적으로 부인할 만한 사정으로 보기 어렵다).

Ⅲ. 뇌물죄 적용에 있어 공무원 의제규정

1. 내 용

가. 규정 및 입법취지

법 134조는 추진위원장·조합임원·청산인·전문조합관리인 및 전문관리업자의 대표자(법인인 경우에는 임원을 말한다)·직원 및 위탁지원자는 형법 129조(수뢰죄, 사전수뢰죄), 130조(제3자 뇌물제공), 131조(수뢰 후 부정처사, 사후수뢰), 132조(알선수뢰)의 규정을 적용할 때는 공무원으로 간주한다. 이에 따라 이들에게 뇌물을 약속, 공여 또는 공여의 의사를 표시한 자에 대하여도 형법 133조(뇌물공여 등)를 적용한다.

이는 재개발·재건축사업이 노후·불량건축물이 밀집하여 주거환경이 불량한 지역을 계획적으로 정비하고 개량하여 주거생활의 질을 높이거나 도시기능을 회복·개선하기 위한 공공적 성격을 띤 사업일 뿐만 아니라 정비구역 내 주민들이나 토지등소유자들의 재산권 행사에 중대한 영향을 미치는 점을 고려하여 정비사업을 직접 수행하는 조합의 임원뿐만 아니라 조합이나 추진위원회의 정비사업에 관한 주요 업무를 대행하는 전문조합관리인 및 전문관리회사의 임·직원 및 위탁지원자 등의 직무수행의 공정성과 청렴성을 확보하여 재개발·재건축사업이 공정하고 투명하게 진행되도록 하기 위한 것이다.[8)]

나. 연 혁

법 제정 이전의 재건축사업은 공익사업이 아니므로 구 주택건설촉진법상 재건축조합의 임·직원에 대한 공무원 의제규정이 없었다. 그러나 재개발사업은 공익사업이므로, 구 도시재개발법은 "형법 129조 내지 132조의 적용에 있어서 이 법의 조합의 임·직원은 이를 공무원으로 본다."는 의제규정을 두고 있었다(구 도시재개발법 61조).

그 후 법이 제정되면서 재건축사업도 공익사업으로 인정됨에 따라 재개발·재건축조합의 임원과 전문관리업자의 대표자(법인인 경우 임원을 말한다), 직원을 공무원으로 의제하였다. 구 도시재

8) 대법원 2010. 5. 13. 선고 2008도5506 판결.

개발법과 달리 조합의 직원은 공무원 의제에서 제외되고, 전문관리업자의 경우 임원뿐만 아니라 직원도 공무원으로 의제된다. 그 후 법이 2009. 2. 6. 개정되면서 설립추진위원장이 추가되었고, 2010. 4. 15. 개정되면서 위탁관리자가 추가되었다. 다시 법이 2016. 1. 27. 개정되면서 청산인, 전문조합관리인이 추가되었고, 그 후 2017. 2. 8. 전부개정되면서 위탁관리자가 위탁지원자로 명칭이 변경되었다.

다. 위헌 여부

헌법재판소는 정비사업조합의 임원에 대하여 법 134조의 뇌물죄를 적용함에 있어 공무원으로 의제하는 규정은 입법 목적이 정당하고 그 목적을 달성하기 위한 적절한 수단이며, 과잉금지원칙에 위반되지 아니하고, 주택법상의 주택조합의 임원이나 시장정비사업조합 임원과의 불합리한 차별이 아님을 들어 합헌결정하였다.[9]

2. 적용 대상

가. 추진위원장

조합을 설립하려는 경우에는 이를 추진하려는 자가 토지등소유자 과반수의 동의를 받아 추진위원장을 포함한 5명 이상의 추진위원을 선정한 후 운영규정과 함께 시장·군수등에게 추진위원회 구성승인을 신청하여 승인을 받아야 한다(법 31조 1항). 따라서 공무원으로 의제되는 추진위원장은 위와 같은 승인이 이루어져야 그 지위를 취득한다.

나. 조합임원

(1) 범위

(가) 조합방식의 정비사업에 적용

정비사업을 조합의 방식으로 시행하는 것을 전제로 하므로, 20인 미만의 토지등소유자로 구성되는 재개발사업에서 토지등소유자 개인이 정비사업을 추진하는 경우에는 적용되지 아니한다. 그러나 도시정비형 재개발사업에서 주로 활용되는 토지등소유자 개인이 행정주체인 정비사업 또한 공익사업으로서 그의 직무수행의 공정성과 청렴성을 확보하여 정비사업이 공정하고 투명하게 진행되도록 할 필요성은 조합방식에 의한 정비사업에 있어 조합임원과 동일하고, 오히려 토지등소유자 개인이 사업시행자인 경우 조합임원에 비하여 권한이 광대하므로 더욱 엄격하게 요구된다 할 것이며, 정비구역 내 주민들이나 토지등소유자들의 재산권 행사에 중대한 영향을 미치는 점을 고려하면, 향후 조합임원에 20인 미만의 토지등소유자로 구성되는 재개발사업에서 토지등소유자 개인이 정비사업을 추진하는 경우를 포함하는 내용으로의 보완입법이 필요하다.

---

9) 헌법재판소 2011. 10. 25. 선고 2011헌바13 등 결정(정비사업과 관련된 비리는 다수 조합원들의 재산권에 적지 않은 피해를 주고 사회·경제에 미치는 영향 또한 매우 커 조합의 임원은 도시정비기능을 수행하는 범위 내에서는 공무원에 버금가는 고도의 청렴성과 업무의 불가매수성이 요구된다. 따라서 뇌물죄 관련 규정을 적용함에 있어 공무원으로 의제하는 규정은 입법 목적이 정당하고, 그 목적을 달성하기 위한 적절한 수단이 된다).

(나) 조합장, 이사, 감사

조합은 조합장 1명과 이사, 감사를 임원으로 둔다고 규정하고 있으므로(법 41조 1항), 공무원으로 의제되는 조합임원은 조합장, 이사, 감사를 의미한다.[10] 조합은 추진위원회가 단체로서의 실체를 형성한 후 시장·군수등의 인가를 받아 등기까지 마쳐야 성립하며, 그때 비로소 관할 행정청의 감독 아래 정비구역 안에서 정비사업을 시행하는 행정주체로서의 지위가 인정되므로, 등기 이후에서야 임원은 뇌물죄의 공무원 지위를 취득한다.

대의원은 뇌물죄 적용대상인 조합임원에 해당하지 아니한다.

(2) 쟁점

(가) 의제 공무원의 범위 확대

① 조합 정관상 조합원만이 임원의 자격이 있다고 규정한 사안에서 조합의 임원이 정비구역 안에 있는 토지 또는 건축물의 소유권 또는 지상권을 상실하는 등으로 조합원 및 조합임원의 지위를 상실한 경우나 임기가 만료된 조합임원이 관련 규정에 따라 후임자가 선임될 때까지 계속하여 직무를 수행하다가 후임자가 선임되어 직무수행권을 상실하였음에도, 그 조합임원이 그 후에도 조합의 법인 등기부에 임원으로 등기되어 있는 상태에서 계속하여 실질적으로 조합임원으로서의 직무를 수행한 경우, 뇌물죄의 공무원으로 의제되는지 여부가 문제된다.

판례는 직무수행의 공정과 그에 대한 사회의 신뢰 및 직무행위의 불가매수성은 여전히 보호되어야 하므로, 위와 같은 조합임원은 임원의 지위 상실이나 직무수행권의 상실에도 불구하고 도시정비법 134조에 따라 형법 129조 내지 132조의 적용에서 공무원으로 보아야 한다고 판시하고 있다.[11] 판례의 취지를 고려하면 법 41조 1항이 규정하고 있는 조합임원의 선임요건인 법정기간의 거주 또는 소유나 조합장의 지위 유지요건인 관리처분계획인가를 받을 때까지 해당 정비구역에서의 거주를 구비하지 못한 자라 하더라도 이사로 선임되어 등기까지 완료된 경우, 그 후 실질적으로 조합임원으로서의 직무를 수행하였다면, 뇌물죄의 공무원으로 보아야 할 것이다.

② 법 43조가 규정하고 있는 결격사유 있는 자가 조합임원으로 선임되어 등기까지 완료된 경우에 관하여 살펴본다. 판례는 임명권자에 의하여 법령에 기하여 임용되어 공무에 종사하여 온 사람이 나중에 그가 임용결격자이었음이 밝혀져 당초의 임용행위가 무효라고 하더라도, 그가 임용행위라는 외관을 갖추어 실제로 공무를 수행한 이상 공무 수행의 공정과 그에 대한 사회의 신뢰 및 직무행위의 불가매수성은 여전히 보호되어야 하므로, 이러한 사람은 형법 129조에서 규정한 공무원으로 봄이 타당하고, 그가 그 직무에 관하여 뇌물을 수수한 때에는 수뢰죄로 처벌할 수 있다고 판시하고 있는바,[12] 위 판례의 취지를 고려하면 법 43조가 규정하고 있는 결격사유 있는 자가 조합임원으로 선임되어 등기까지 완료된 후 실질적으로 조합임원으로서의 직무를 수행하였다면 뇌물죄의 공무원으로 보아야 할 것이다.

---

10) 대법원 2014. 5. 22. 선고 2012도7190 전원합의체 판결.
11) 대법원 2016. 1. 14. 선고 2015도15798 판결.
12) 대법원 2014. 3. 27. 선고 2013도11357 판결.

㈏ 조합설립인가가 무효나 취소된 경우의 뇌물죄 공무원 의제 여부

① 조합설립인가가 무효나 취소된 경우의 뇌물죄 공무원 의제

앞서 든 2015도15798 판결 및 2013도11357 판결 등에 비추어 보면, 조합설립인가처분 이후 조합의 조합장, 이사 또는 감사로 선임되어 법인 등기부에 임원으로 등기되어 있는 상태에서 조합임원으로서의 직무를 수행하여 직무에 관하여 뇌물을 수수한 때에는 그 후 조합설립인가처분이 무효로 확인되거나 취소된다 하더라도 수뢰죄로 처벌할 수 있다. 왜냐하면 추후에 조합설립인가처분이 무효로 확정되거나 소급적으로 취소된다 하더라도 그가 임원선임 및 등기라는 외관을 갖추어 실제로 임원의 직무를 수행한 이상 직무수행의 공정과 그에 대한 사회의 신뢰 및 직무행위의 불가매수성은 여전히 보호되어야 하기 때문이다.

② 위 2012도7190 전원합의체 판결과의 양립가능 여부

위와 같이 해석하는 경우 조합설립인가처분의 무효로 인하여 '사실상 혹은 외견상 조합임원이었던 자'는 법 136조 내지 138조상의 '조합임원'에 해당하지 않는다고 판시한 2012도7190 전원합의체 판결과 모순되는 것인지 여부가 문제된다. 그러나 ㉮ 뇌물죄 주체로서 '공무원'은 형법에 규정되어 있으므로 형법의 독자적 관점에서 공무원을 해석할 수 있음에 반해, 법 136조 내지 138조의 처벌규정은 도시정비법상의 의무위반에 관한 것으로서 행정형벌에 속하므로 도시정비법상 조합임원 개념에 따라야 하는 점, ㉯ 뇌물죄의 경우 국가의 존재를 전제로 직무행위의 불가매수성 등의 보호법익 침해 여부를 판단하게 되지만, 도시정비법 136조 내지 138조 위반죄의 경우 조합설립인가처분이 당연무효인 이상 조합이 유효하게 설립되지 않아 도시정비법상의 보호법익(조합운영의 투명성, 공정성, 조합원의 정보접근권 등) 자체가 존재하지 않거나 그 보호가치가 떨어진다고 평가할 여지가 있는 점 등으로 인해 법 136조 내지 138조에서의 '조합임원'이라는 개념은 보다 엄격하게 파악되어야 한다.[13]

따라서 추후 조합설립인가처분이 무효로 확인되거나 취소된다 하더라도 조합임원에 대하여 수뢰죄로 처벌할 수 있다는 해석이 위 2012도7190 전원합의체 판결과 모순되지 아니한다.

다. 청산인

조합은 해산하거나 조합설립인가처분이 행정청에 의하여 또는 판결에 의하여 취소되는 경우 청산법인으로서 청산을 위한 목적 범위에서 존속하게 된다. 서울 표준정관은 조합이 해산을 의결한 때에는 해산의결 당시 조합장이 대표청산인이 되고, 해산의결 당시의 이사는 청산인이 된다고 규정하고 있다(61조 3항).[14] 다만, 해산의결 당시 별도의 청산인에 대한 선임결의도 가능하다. 해산하는 조합에 청산인이 될 자가 없는 경우에는 민법 83조에도 불구하고 시장·군수등은 법원에 청산인의 선임을 청구할 수 있고(법 86조의2 4항), 법원에 의하여 청산인이 선임된다. 청산인은 해산의결 또는 법원의 선임 당시부터 뇌물죄의 공무원 지위를 취득하고, 해산등기는 민법 54조 1항에 따라 대항요건에 불과하므로 뇌물죄의 공무원의 지위 여부에 영향을 미치지 아

13) 윤민, 범죄성립의 전제가 되는 행정처분과 형사책임, 사법논집 제62집(2017), 577, 578.

14) 국토부 표준정관은 "조합이 해산의결을 한 때에는 해산의결 당시의 임원이 청산인이 된다."고 규정하고 있다(61조 2항).

니한다.

라. 전문조합관리인 등

시장·군수등은 ① 조합임원이 사임, 해임, 임기만료, 그 밖에 불가피한 사유 등으로 직무를 수행할 수 없는 때부터 6개월 이상 선임되지 아니한 경우, ② 총회에서 조합원 과반수의 출석과 출석 조합원 과반수의 동의로 전문조합관리인의 선정을 요청하는 경우 전문조합관리인을 선정하여 조합임원의 업무를 대행하게 할 수 있다(법 41조 5항). 전문조합관리인은 변호사·회계사·기술사 등의 자격을 가진 자로서 시장·군수등으로부터 선정되면 그때부터 뇌물죄의 공무원의 지위를 취득한다.

마. 임시조합장, 임시이사, 임시감사

법 49조는 "조합에 관하여는 이 법에 규정된 사항을 제외하고는 민법 중 사단법인에 관한 규정을 준용한다."고 규정하고 있고, 민법 63조는 "이사가 없거나 결원이 있는 경우에 이로 인하여 손해가 생길 염려 있는 때에는 법원은 이해관계인이나 검사의 청구에 의하여 임시이사를 선임하여야 한다."고 규정하고 있다. 법원이 민법 63조에 기하여 선임한 임시조합장, 임시이사 또는 임시감사도 전문조합관리인과 동일한 지위에 있다 할 것이므로, 법원의 선임으로 뇌물죄의 공무원 지위를 취득한다.

바. 가처분명령에 의한 직무대행자

법 49조는 "조합에 관하여는 이 법에 규정된 사항을 제외하고는 민법 중 사단법인에 관한 규정을 준용한다."고 규정하고 있는바, 민법 52조의2가 준용되어 법원은 가처분명령에 의하여 조합임원의 직무대행자를 선임할 수 있다. 그런데 민법 60조의2 1항은 "52조의2의 직무대행자는 가처분명령에 다른 정함이 있는 경우 외에는 법인의 통상사무에 속하지 아니한 행위를 하지 못한다. 다만, 법원의 허가를 얻은 경우에는 그러하지 아니하다."고 규정하고 있으므로, 법원의 가처분명령에 의하여 선임된 조합임원 직무대행자는 조합의 통상사무에 속하는 행위를 할 수 있어 뇌물죄의 공무원 지위를 취득한다.

사. 위탁지원자

시장·군수등은 정비사업의 투명성 강화 및 효율성 제고를 위하여 조합이 시행하는 정비사업(서울시의 경우 일부 도시정비형 재개발사업 제외)에 대하여 토지주택공사등, 신탁업자, 주택도시보증공사 또는 한국부동산원에 공공지원을 위탁할 수 있고, 위탁지원자는 추진위원회 구성, 설계자 및 시공자 선정방법, 세입자의 주거 및 이주 대책, 관리처분계획 수립 등의 업무를 수행한다(법 118조 1항, 2항). 위탁지원자가 시장·군수등으로부터 공공지원을 위탁받게 되면 그때부터 뇌물죄의 공무원의 지위를 취득한다.

아. 전문관리업자의 대표자·직원

⑴ 입법취지

전문관리업자의 대표자(법인인 경우에는 임원을 말한다) 및 직원에 대하여 형법 129조부터 132조까지의 규정을 적용함에 있어 공무원으로 간주하는 규정은 법이 제정될 때부터 존재하였다. 이는 정비사업이 공공적 성격을 띤 사업일 뿐만 아니라 정비구역 내 주민들이나 토지등소유자들의 재산권 행사에 중대한 영향을 미치는 점을 고려하여, 사업시행자 등으로부터 정비사업에 관한 주요 업무를 위임받아 이를 대행하는 전문관리업자 임·직원의 직무수행의 공정성과 청렴성을 확보하여 정비사업이 공정하고 투명하게 진행되도록 하기 위한 것이다.[15]

시공자 선정에 관한 업무의 지원은 전문관리업자의 가장 중요한 업무 중 하나인바, 실무에서는 건설사가 시공계약을 따내기 위한 방편으로 전문관리업자에게 뇌물을 제공하는 사례를 흔히 볼 수 있다. 조합의 직원은 공무원 의제규정에서 제외함에도 불구하고, 전문관리업자의 경우에는 그 직원까지 공무원으로 의제하는 것은 실무상 조합이 정비사업을 직접 수행하기 보다는 전문관리업자와 위임계약을 체결하여 전문관리업자에게 주요 업무를 위탁하는 것이 일반적이기 때문이다.

⑵ 소송상 쟁점

㈎ 뇌물죄 적용에서 공무원으로 의제되는 시기

전문관리업자의 임·직원이 추진위원회 또는 사업시행자와 사이에 위임계약을 체결하기 전에 건설사로부터 직무와 관련하여 금품을 수수하는 경우, 공무원으로 의제되어 뇌물죄가 적용될 수 있는지 여부가 문제된다.

전문관리업자의 임·직원에 대하여 형법 129조부터 132조까지의 규정을 적용함에 있어 공무원으로 간주하는 것은 정비사업이 그 자체로 공공적 성격을 띠고, 정비구역 내 토지등소유자들의 재산권에 중대한 영향을 미치는 점을 고려한 것인바, 전문관리업자가 추진위원회나 조합으로부터 업무를 위탁받기 이전에 사실상 자문이나 업무를 대행하고, 그 영향력도 막강한 점을 고려하면 업무위탁계약 체결 전이라도 엄격하게 규율할 필요성이 있다. 따라서 전문관리업자가 시·도지사에게 등록한 후에는 추진위원회나 사업시행자와 사이에 구체적 업무위탁계약을 체결하는 등으로 전문관리업자로 선정되기 전이라도 그 임·직원이 직무에 관하여 뇌물을 수수한 때에 형법 129조 내지 132조의 적용대상이 된다.[16]

㈏ 업무위탁계약을 체결하기 전 뇌물죄를 적용함에 있어 직무관련성과 대가관계

전문관리업자가 사업시행자 등과 업무위탁계약을 체결하기 전에 뇌물죄를 적용함에 있어서는 직무관련성과 대가관계가 문제된다.

뇌물죄에서 말하는 '직무'란 장래에 담당할 직무도 포함하고, 공무원이 얻는 어떤 이익이 직무와 대가관계가 있는 부당한 이익으로서 뇌물에 해당하는지 여부는 해당 공무원의 직무의 내

15) 대법원 2010. 5. 13. 선고 2008도5506 판결.
16) 대법원 2008. 9. 25. 선고 2008도2590 판결.

용, 직무와 이익제공자와의 관계, 쌍방 간에 특수한 사적인 친분관계가 존재하는지의 여부, 이익의 다과, 이익을 수수한 경위와 시기 등의 제반 사정을 참작하여 결정하여야 한다.

전문관리업자가 특정 사업시행자와 업무위탁계약을 체결하기 전이라도, 장래 특정 정비사업에 관한 직무를 수행할 것을 전제로 그 임·직원이 직무에 관하여 금품을 수수한 경우에는 직무관련성과 대가성이 인정된다(위 2008도2590 판결).

㈐ 전문관리업자의 임·직원이 법인인 전문관리업자에 대하여 뇌물을 공여하도록 한 경우

전문관리업체의 임·직원이 공여자로 하여금 전문관리업체에 대하여 뇌물을 공여하게 하는 경우, 위와 같은 임·직원이 법인인 전문관리업자를 사실상 1인 회사로서 개인기업과 같이 운영하거나, 사회통념상 법인에게 뇌물을 공여한 것이 곧 그 임·직원에게 공여한 것과 같다고 볼 수 있을 정도로 경제적·실질적 이해관계를 같이하는 것으로 평가되는 경우에 한하여 형법 129조 1항의 뇌물수수죄가 성립한다(위 2008도2590 판결).

㈑ 임원의 판단기준

① 법은 전문관리업자가 법인인 경우 공무원으로 의제되는 '임원'에 관한 판단기준을 명시하고 있지 않아 해석상 문제된다. 쟁점은 법인등기부상 이사 또는 감사로 등재되지 아니한 법인의 실질적 경영자가 공무원으로 의제되는 임원으로 볼 수 있는가 하는 점이다.

② 판례는 법에서 정하는 '전문관리업자'가 주식회사인 경우 법 134조에 의하여 공무원으로 의제되는 '임원'은 형법 129조 내지 132조에 해당하는 수뢰행위 당시 상업등기부에 대표이사, 이사, 감사로 등기된 사람에 한정되고, 설령 실질적 경영자라고 하더라도 해당 주식회사의 임원으로 등기되지 아니한 사람까지 법 134조에 의하여 공무원으로 의제되는 '임원'에 해당한다고 해석할 수 없다고 하였다.[17)]

③ 그러나 판례에 따르면 법인인 전문관리업체의 대주주로서 실질적 경영자가 형사처벌의 대상에서 제외되어 사실상 전문관리업체가 법인인 경우 법 134조가 형해화 될 여지가 있으므로, 적어도 대주주의 경우에는 임원에 포섭하는 내용의 법률개정이 필요하다.

Ⅳ. 개별형벌규정

1. 법 135조 2호 위반죄 및 138조 2항 위반죄

가. 법 135조 2호 위반죄

(1) 의의

정비사업은 그 자체로 공공적 성격을 띠고, 정비구역 내 토지등소유자들의 재산권에 중대한

17) 대법원 2014. 1. 23. 선고 2013도9690 판결[① '임원'에 해당하는지 여부는 민법, 상법, 기타의 실체법에 의하여 결정하여야 할 것인데, 그중 주식회사의 법률관계를 규율하고 있는 상법 312조는 '임원의 선임'이라는 표제 하에 "창립총회에서는 이사와 감사를 선임하여야 한다."고 규정하고, 상법 317조 2항은 주식회사의 설립에 있어 등기하여야 할 사항으로 "이사와 감사의 성명 및 주민등록번호"(8호), "회사를 대표할 이사의 성명·주민등록번호 및 주소"(9호) 등을 각 규정하고 있다, ② 설령 실질적 경영자라고 하더라도 해당 주식회사의 임원으로 등기되지 아니한 사람까지 공무원으로 의제되는 전문관리업자의 '임원'에 해당한다고 해석하는 것은 형벌법규를 피고인에게 불리한 방향으로 지나치게 유추하거나 확장해석하는 것으로서 죄형법정주의의 원칙에 어긋난다].

영향을 미친다. 특히 정비사업에는 수천억 원이라는 천문학적인 사업비가 소요되고, 이는 공사, 용역, 물품구매 및 제조 등 계약을 통하여 대부분 지급되므로 계약 체결과 관련한 공정성이 무엇보다 중요하다. 따라서 계약 체결을 주도하는 추진위원, 조합임원의 선임 또는 계약 체결과 관련하여 신뢰 및 직무행위의 불가매수성은 엄격히 유지되어야 한다.

이에 법 132조 1항은 누구든지 추진위원, 조합임원의 선임 또는 29조에 따른 계약 체결과 관련하여 금품, 향응 또는 그 밖의 재산상 이익을 제공하거나 제공의사를 표시하거나 제공을 약속하는 행위(1호), 금품, 향응 또는 그 밖의 재산상 이익을 제공받거나 제공의사 표시를 승낙하는 행위(2호), 제3자를 통하여 1호 또는 2호에 해당하는 행위를 하는 행위(3호)를 하여서는 아니 된다는 금지규정을 마련해 두고 있다. 이는 금품, 향응의 수수와 관련한 조합원 일반에 대한 금지조항으로서의 의미가 크다.

또한 132조 1항 각 호의 어느 하나를 위반하여 금품, 향응 또는 그 밖의 재산상 이익을 제공하거나 제공의사를 표시하거나 제공을 약속하는 행위를 하거나 제공을 받거나 제공의사 표시를 승낙한 자는 5년 이하의 징역 또는 5천만 원 이하의 벌금에 처한다는 별도의 벌칙규정인 135조 2호를 규정하고 있다. 위 규정은 2012. 2. 1. 법 개정으로 도입된 것으로서, 정비사업의 투명성 제고 등을 통한 정비사업의 원활한 추진 등을 입법 목적으로 하고 있다.[18)]

자세한 내용은 제5편 제2장 Ⅴ. "3. 시공자 선정 취소명령 또는 과징금 부과, 입찰참가 제한"에서 살펴보았다.

⑵ 쟁점

㈎ 조합원 일반에 대한 형사처벌조항

금품, 향응의 수수와 관련하여 조합원 일반에 대한 형사처벌조항으로서의 의미가 크다는 점은 앞서 본 바이다.

㈏ 금품, 향응 수수의 당사자가 조합임원 등인 경우 뇌물죄 등과 상상적 경합

추진위원, 조합임원의 선임과정에서 또는 29조 계약체결과 관련하여 금품, 향응, 재산상 이익을 제공받는 대상이 추진위원장, 조합임원, 청산인 및 전문관리업자의 임·직원 및 위탁지원자 등인 경우 수뢰죄와 상상적 경합으로 135조 2호 위반죄가 적용되어 처벌된다.

그 경우 금품, 향응 또는 그 밖의 재산상 이익을 제공하거나 제공의사를 표시하거나 제공을 약속하는 행위를 한 자에 대하여는 형법상의 뇌물공여죄(133조 1항)와 상상적 경합으로 처벌하되, 135조 2호의 법정형이 더욱 무겁다(증뢰죄의 법정형은 5년 이하의 징역 또는 2천만 원 이하의 벌금이나, 135조 2호의 법정형은 5년 이하의 징역 또는 5천만 원 이하의 벌금에 해당한다).

㈐ 추진위원회 위원 선출 외에 추진위원장 선출이 포함되는지 여부(긍정)

판례는 '추진위원회 위원의 선출'에는 추진위원회의 일반 위원인 추진위원의 선출뿐만 아니라 위원장의 선출도 포함된다고 하고 있다.[19)]

---

18) 대법원 2019. 2. 14. 선고 2016도6497 판결.

19) 위 2016도6497 판결(① 법 31조 1항은 조합을 설립하고자 하는 경우 위원장을 포함한 5인 이상의 위원 등에 대한 토지등소유자 과반수의 동의를 받아 조합설립을 위한 추진위원회를 구성한다고 규정하고 있으므로, 추진위원장은 추

나. 138조 2항 위반죄

(1) 건설업자등의 관리·감독 의무 및 그 위반죄

건설업자등은 시공자 선정과 관련한 홍보 등을 위하여 계약한 용역업체의 임직원이 132조 1항을 위반하지 아니하도록 교육, 용역비 집행 점검, 용역업체 관리·감독 등 필요한 조치를 하여야 한다(132조의2). 건설업자등이 132조의2에 따른 조치를 소홀히 하여 용역업체의 임직원이 132조 1항 각 호의 어느 하나를 위반한 경우 그 건설업자등은 5천만 원 이하의 벌금에 처해진다(138조 2항).

(2) 건설업자등의 임직원이 시공자 선정을 위해 직접 금품·향응을 제공하는 경우 법 135조 2호 위반죄로 형사처벌을 받게 되고, 그 경우 건설업자등은 법 139조의 양벌규정에 의하여 그 위반행위를 방지하기 위하여 해당 업무에 관하여 상당한 주의와 감독을 게을리하지 아니한 경우 외에는 법 135조 2호에서 정한 벌금형에 처해진다.

실무상 위 규정을 회피하기 위하여 건설업자등이 자신의 임직원이 아닌 제3자인 용역업체 직원을 통하여 시공자 선정을 위해 금품·향응을 제공하는 불법행위가 빈번하게 나타날 뿐만 아니라 갈수록 교묘해지고 있다. 이에 법은 정비사업의 투명성 확보 및 건전한 수주질서의 확립을 위해 2018. 6. 12. 132조의2를 신설하였고(2022. 6. 10. 개정으로 등록사업자에게로 확대되었다), 위 규정을 위반하는 행위에 대하여 138조 2항 위반죄로 처벌할 뿐만 아니라 시공자 선정 취소명령 또는 과징금 부과(113조의2), 입찰참가 제한(113조의3)이 가능하도록 규정하였다. 자세한 내용은 제5편 제2장 Ⅴ. "3. 시공자 선정 취소명령 또는 과징금 부과, 입찰참가 제한"에서 살펴보았다.

2. 법 135조 1호 위반죄

토지등소유자가 재개발 및 재건축사업을 시행하고자 하는 경우에는 원칙적으로 토지등소유자로 구성된 조합을 설립하여야 하고, 조합설립인가는 조합에 행정주체의 지위를 부여하는 설권처분으로서, 정비사업 절차진행상 가장 중요한 행위인 점에 비추어 조합의 성립을 위법하게 하거나 조합원의 의사를 왜곡시키는 토지등소유자의 서면동의서 또는 전자서명동의서를 위조하는 행위가 정비사업과 관련한 개별 위법행위 중 위법성의 정도에 있어 가장 중하다. 이에 법 135조 1호는 토지등소유자의 서면동의서 또는 전자서명동의서를 위조한 행위에 대하여 5년 이하의 징역 또는 5천만 원 이하의 벌금이라는 가장 중한 법정형을 규정해 두고 있다. 서면동의서 또는 전자서명동의서 매도, 매수에 대하여는 정비사업과 관련한 개별 위법행위 중 위법성의 정도가 그 다음으로 중한 것으로 보아 법 136조 5호로 처벌하고 있다.

위 각 규정은 법이 2009. 2. 6. 개정되면서 도입되었는데, 당시는 토지등소유자의 서면동의서만이 대상이었으나, 법이 2024. 12. 3. 개정되면서 토지등소유자의 전자서명동의서가 그 대상으

진위원의 일원으로 볼 수 있다, ② '추진위원회 표준운영규정' 15조 1항은 '위원의 선임 및 변경'이라는 제목 아래 추진위원회 위원으로 '위원장, 부위원장, 감사 및 추진위원'을 병렬적으로 들고 있고, 17조는 '위원의 직무 등'이라는 제목 아래 1항에서 '위원장은 추진위원회를 대표하고 추진위원회의 사무를 총괄하며 주민총회 및 추진위원회의 의장이 된다.'라고 규정하고 있다).

로 추가되었다(시행일은 2025. 12. 4.이다).

3. 법 136조 위반죄

가. 규정의 내용

원칙적으로 일반경쟁에 부치도록 규정한 29조 1항에 따른 계약의 방법을 위반하여 계약을 체결한 추진위원장, 전문조합관리인 또는 조합임원(조합의 청산인 및 토지등소유자가 시행하는 재개발사업의 경우에는 그 대표자, 지정개발자가 사업시행자인 경우 그 대표자를 말한다. 1호), 시공자 선정방법 및 선정시기 등에 관한 29조 4항부터 7항까지 및 10항을 위반하여 시공자를 선정한 자 및 시공자로 선정된 자(2호), 철거공사(석면 조사, 해제, 제거 포함)에 관한 사항을 포함하여 시공계약을 체결하도록 규정한 29조 11항을 위반하여 시공자와 공사에 관한 계약을 체결한 자(2의2호), 시장·군수등으로부터 추진위원회 승인을 받지 아니하고 전문관리업자를 선정한 자(3호), 일반경쟁에 부치도록 한 32조 2항에 따른 계약의 방법을 위반하여 전문관리업자를 선정한 추진위원장(전문조합관리인을 포함한다. 4호), 36조에 따른 토지등소유자의 서면동의서 또는 전자서명동의서를 매도하거나 매수한 자(5호), 거짓 또는 부정한 방법으로 39조 2항을 위반하여 조합원 자격을 취득한 자와 조합원 자격을 취득하게 하여준 토지등소유자 및 조합의 임직원(전문조합관리인을 포함한다. 6호), 39조 2항을 회피하여 72조에 따른 분양주택을 이전 또는 공급받을 목적으로 건축물 또는 토지의 양도·양수 사실을 은폐한 자(7호), 76조 1항 7호 ㈑목 단서를 위반하여 주택을 전매하거나 전매를 알선한 자(8호)에 해당하는 자는 3년 이하의 징역 또는 3천만 원 이하의 벌금에 처한다.

나. 쟁 점

⑴ 1호 위반 및 4호 위반죄의 추진위원장

법은 1호 위반죄 및 4호 위반죄의 행위주체로 추진위원장을 규정하고 있다. 문제는 추진위원회의 부위원장이나 추진위원이었다가 추진위원장의 유고 등을 이유로 운영규정에 따라 연장자 순으로 추진위원장 직무대행자가 된 자가 여기에 해당하는지 여부이다.

'추진위원장'이란 같은 법 31조에 따라 조합을 설립하기 위하여 토지등소유자 과반수의 동의를 얻은 후 시장·군수의 승인을 얻어 구성된 추진위원회의 위원장을 의미한다. 따라서 추진위원회의 부위원장이나 추진위원이었다가 추진위원장의 유고 등을 이유로 운영규정에 따라 연장자 순으로 추진위원장 직무대행자가 된 자를 법 29조 1항이나 32조 2항에서 규정한 '추진위원장'에 해당하는 것으로 해석하는 것은 형벌법규를 피고인에게 불리한 방향으로 지나치게 확장해석하거나 유추해석하는 것으로서 죄형법정주의의 원칙에 어긋나 허용될 수 없다.[20]

⑵ 1호 위반죄 관련

법 29조 1항 단서, 법 시행령 24조 1항 2호에 의하여 경쟁입찰의 예외사유인 추정가격 5천만

---

20) 대법원 2015. 3. 12. 선고 2014도10612 판결.

원 이하인 물품의 제조·구매, 용역, 그 밖의 계약인 경우인지 여부, 소송, 재난복구 등 예측하지 못한 긴급한 상황에 대응하기 위하여 경쟁에 부칠 여유가 없는 경우인지 여부와 관련하여 다툼이 많다. 경쟁입찰의 의미, 예외사유, 실무상 쟁점 등 자세한 내용은 제5편 제1장 Ⅲ. "1. 계약방법"에서 살펴보았다.

⑶ 2호 위반죄 관련

시공자 선정시기와 선정방법을 위반하여 시공자를 선정한 자 및 시공자로 선정된 자를 형사처벌하는 취지는 사업시행자와 시공자 사이의 유착을 차단하여 재개발·재건축사업 수주시장의 각종 비리·부조리를 없애기 위한 것이다.[21] 시공자 선정방법은 원칙적으로 경쟁입찰인바, 경쟁입찰의 구체적인 방법은 법 29조 3항에 의하여 국토부장관의 고시인 '정비계약기준'에 자세히 규정되어 있으므로, 사실상 형벌의 구성요건이 위 고시에 위임되어 있다.

⑷ 4호 위반죄 관련

추진위원장 또는 사업시행자에 대한 일반 협력업체 선정에 관한 경쟁입찰 규정(법 29조 1항)을 위반한 1호 위반죄 외에 특별히 추진위원장(전문조합관리인 포함)에 대한 전문관리업자 선정에 관한 경쟁입찰규정(32조 2항)을 위반한 4호 위반죄를 따로 규정하고 있다. 이는 추진위원회 단계에서의 전문관리업자의 역할이 중대하고, 조합이 설립된 이후에 비하여 위법의 가능성이 높기 때문이다.

4. 법 137조 위반죄

가. 규 정

재건축진단 결과보고서를 거짓으로 작성한 자(1호), 정비구역에서 일정한 행위를 하기 위해서는 허가를 받아야 함에도, 허가 또는 변경허가를 받지 아니하거나 거짓, 그 밖의 부정한 방법으로 허가 또는 변경허가를 받아 행위를 한 자(2호), 추진위원회 또는 주민대표회의(법 26조 1항 8호에 의하여 해당 정비구역의 토지면적 2분의 1 이상의 토지소유자와 토지등소유자의 3분의 2 이상에 해당하는 자가 시장·군수등 또는 토지주택공사등을 사업시행자로 지정할 것을 요청하는 경우, 정비구역지정·고시 후 위원장을 포함하여 5명 이상 25명 이하로 주민대표회의를 토지등소유자의 과반수의 동의를 받아 구성하여 시장·군수등의 승인을 받아야 한다, 법 47조 1항, 3항)의 승인을 받지 아니하고 추진위원회 업무를 수행하거나 주민대표회의를 구성·운영한 자(3호), 적법하게 승인받은 추진위원회 또는 주민대표회의가 구성되어 있음에도 불구하고 임의로 추진위원회 또는 주민대표회의를 구성하여 이 법에 따른 정비사업을 추진한 자(4호), 조합설립인가가 이루어져 조합이 설립되었는데도 불구하고 추진위원회를 계속 운영한 자(5호), 45조에 따른 총회의 의결을 거치지 아니하고 같은 조 1항 각 호의 사업(같은 항 13호 중 정관으로 정하는 사항은 제외한다)을 임의로 추진한 조합임원(전문조합관리인을 포함한다. 6호), 사업시행계획인가를 받지 아니하고 정비사업을 시행한 자와 같은 사업시행계획서를 위반하여 건축물을 건축한 자(7호), 관리처분계획인가를 받지

21) 대법원 2009. 10. 15. 선고 2008도9304 판결.

아니하고 86조(이전고시)에 따른 이전을 한 자(8호), 등록을 하지 아니하고 이 법에 따른 정비사업을 위탁받은 자 또는 거짓, 그 밖의 부정한 방법으로 등록을 한 전문관리업자(9호), 전문관리업의 등록이 취소되었음에도 불구하고 영업을 하는 자(10호), 113조 1항부터 3항까지의 규정에 따른 행정청의 처분의 취소·변경 또는 정지, 그 공사의 중지 및 변경에 관한 명령을 받고도 이를 따르지 아니한 추진위원회, 사업시행자, 주민대표회의 및 전문관리업자(11호), 서류 및 관련 자료를 거짓으로 공개한 추진위원장 또는 조합임원(토지등소유자가 시행하는 재개발사업의 경우 그 대표자, 12호), 열람·복사 요청에 허위의 사실이 포함된 자료를 열람·복사해 준 추진위원장 또는 조합임원(토지등소유자가 시행하는 재개발사업의 경우 그 대표자, 13호)에 해당하는 자는 2년 이하의 징역 또는 2천만 원 이하의 벌금에 처한다. 직무대행자는 조합의 통상사무를 처리하므로, 위 조합임원에 해당한다.[22)]

나. 쟁 점

(1) 6호 위반죄

(가) 입법취지

실무상 가장 문제되는 것은 반드시 총회의 의결을 거치도록 규정한 법 45조 1항 기재 사항에 대하여 조합임원이 총회결의 없이 정비사업을 임의로 추진하였는지 여부이다.

137조 6호가 '45조에 따른 총회의 의결을 거치지 아니하고 같은 조 1항 각 호의 사업을 임의로 추진하는 조합의 임원'을 처벌하도록 규정하고 있고, 45조 1항은 총회의 의결을 거쳐야 하는 사항을 열거하고 있다. 이처럼 도시정비법이 일정한 사항에 관하여 총회의 의결을 거치도록 하고 이를 위반한 조합임원을 형사처벌하는 규정까지 둔 취지는 조합원들의 권리·의무에 직접적인 영향을 미치는 사항에 대하여 조합원들의 의사가 반영될 수 있도록 절차적 참여 기회를 보장하고 조합임원에 의한 전횡을 방지하기 위한 것이다.[23)]

(나) 구성요건 관련

① 내용

법 45조 1항은 1호 내지 12호는 구체적인 사항을 규정하고, 13호는 '그 밖에 조합원에게 경제적 부담을 주는 사항 등 주요한 사항을 결정하기 위하여 대통령령 또는 정관으로 정하는 사항'이라고 규정하여 총회의 의결사항을 대통령령 및 정관에 위임하고 있으며, 이에 따라 법 시행령 42조 1항은 1호부터 4호까지 구체적인 사항(조합의 합병 또는 해산에 관한 사항, 대의원의 선임 및 해임에 관한 사항, 건설되는 건축물의 설계 개요의 변경, 정비사업비의 변경)을 규정하고 있다. 법 137조 6호가 '정관으로 정하는 사항' 즉, 법 45조 1항 13호의 위임에 의하여 정관에서 총회의 의결사항으로 정한 사항을 총회의 의결을 거치지 아니하고 추진한 것만을 구성요건에서 제외하고 있으므로, 그 반대해석상 법 시행령 42조 1항이 규정한 사항을 총회의결을 거치지 아니하고 임의로 추진한 조합의 임원은 6호 위반죄에 해당한다.

---

22) 대법원 2017. 6. 15. 선고 2017도2532 판결.
23) 대법원 2016. 10. 27. 선고 2016도138 판결.

② 법원이 선임한 임시조합장(긍정)

법 49조, 민법 63조에 기하여 법원은 임시조합장을 선임할 수 있다. 법원에 의하여 선임된 임시이사는 원칙적으로 정식이사와 동일한 권한을 가지고, 법이 조합 총회에서 선임된 이사와 임시이사의 권한을 특별히 달리 정한 규정을 두고 있지도 않으므로, 임시조합장이 예산으로 정한 사항 외에 조합원의 부담이 될 계약을 총회의결 없이 임의로 계약을 체결하면 법 137조 6호 위반으로 처벌되고, 이는 죄형법정주의의 명확성의 원칙에 반하지 아니한다.[24)]

법원의 가처분명령에 의하여 선임된 조합임원 직무대행자는 민법 60조의2 1항에 의하여 조합을 종전과 같이 그대로 유지하면서 관리하는 것과 같은 조합의 통상사무에 속하는 행위를 할 수 있을 뿐인데,[25)] 조합 총회의 의결사항은 조합원들의 권리·의무에 직접적인 영향을 미치는 사항이므로 통상사무로 보기 어렵다. 따라서 위 규정 위반이 특별히 문제되지 않을 것이나, 그럼에도 불구하고 총회의결 없이 행위한 경우 137조 6호 위반죄로 처벌되어야 한다.

③ 실무상 쟁점

㉮ 의결 여부와 관련하여 실무상 가장 문제가 되는 것은 법 45조 1항 4호가 규정하고 있는 예산으로 정한 사항 외에 조합원의 부담이 될 계약의 경우 총회의결을 거쳤는지 여부이다.

자세한 내용은 제4편 제5장 제3절 Ⅲ. "3. 총회의 의결사항 및 의결방법"에서 살펴보았다.

㉯ 조합장은 관리처분계획 수립 이후로서 착공 무렵 수분양조합원과 사이에 별도의 총회의결 없이 분양계약을 체결한다. 분양계약에는 청산금 외에 정비사업비를 이전고시 전에 분담하는 내용이 포함되는바, 법 45조 8호는 정비사업비의 조합원별 분담내역을 총회의 의결사항으로 규정하고 있으므로, 총회의결절차를 거쳐야 하는데, 통상적으로 관리처분계획 수립 총회에서 관리처분계획과 함께 의결되고, 그 과정에서 실무상 위 법 45조 8호의 의결절차를 거쳤는지 여부가 문제된다.

정비사업비의 추산액 및 그에 따른 조합원 분담규모, 분담시기(법 74조 1항 6호)는 관리처분계획의 필수적 기재사항이므로, 이 부분은 총회의결이 이루어지나, 관리처분계획상의 정비사업비 분담규모는 조합원이 전체적으로 부담할 규모가 얼마인가에 관하여 대강의 내용을 정한 것임에 반해, 정비사업비의 조합원별 분담내역은 보다 세분화된 분담관련 내역을 의미하므로, 관리처분계획 총회에서 조합원별 사업비 분담내역 안건에 대하여 총회에 상정, 토의하고 의결하는 절차를 반드시 거쳐야 한다.[26)]

---

24) 헌법재판소 2014. 5. 29. 선고 2012헌바390 등 결정.

25) 민사소송법 714조 2항의 임시의 지위를 정하는 가처분은 권리관계에 다툼이 있는 경우에 권리자가 당하는 위험을 제거하거나 방지하기 위한 잠정적이고 임시적인 조치로서 그 분쟁의 종국적인 판단을 받을 때까지 잠정적으로 법적 평화를 유지하기 위한 비상수단에 불과한 것으로, 가처분재판에 의하여 재단법인의 이사의 직무를 대행하는 자를 선임한 경우에 그 직무대행자는 단지 피대행자의 직무를 대행할 수 있는 임시의 지위에 놓여 있음에 불과하므로, 재단법인을 종전과 같이 그대로 유지하면서 관리하는 한도 내의 재단법인의 통상업무에 속하는 사무만을 행할 수 있다고 하여야 할 것이고, 그 가처분재판에 다른 정함이 있는 경우 외에는 재단법인의 근간인 이사회의 구성 자체를 변경하는 것과 같은 법인의 통상업무에 속하지 아니한 행위를 하는 것은 이러한 가처분의 본질에 반한다(대법원 2000. 2. 11. 선고 99두2949 판결).

26) 대법원 2018. 12. 27. 선고 2018도14424 판결 및 서울북부지방법원 2018. 8. 23. 선고 2018노299 판결.

㈐ 기타 쟁점

① 총회의결의 사후추인 가능 여부(부정)

앞서 본 바와 같이 법 45조 1항 각 호의 사항의 총회의 의결이란 원칙적으로 사전 의결을 의미한다. 따라서 조합의 임원이 총회의 사전 의결을 거치지 아니하고 예산으로 정한 사항 외에 조합원의 부담이 될 계약을 체결하였다면, 이로써 같은 법 137조 6호에 위반한 범행이 성립된다고 할 것이고, 이와 달리 그 범행 성립시기가 추후에 이루어지는 총회에서 추인 의결이 부결된 때라거나 추후 총회에서 추인 의결이 이루어진다고 해서 그 범행이 소급적으로 불성립하게 된다고 볼 수도 없다(위 2009도14296 판결).

② 총회결의가 부존재 및 무효의 하자가 있는 경우(유죄)

조합임원이 법 45조 1항 각 호의 사항에 대하여 형식적으로 총회의 의결을 거쳐 행위를 하였더라도 총회의 결의에 부존재 또는 무효의 하자가 있는 경우에는 특별한 사정이 없는 한 그 행위는 총회의 의결을 거치지 아니한 것에 해당한다고 보아야 하므로, 행위자는 법 137조 6호의 총회의 의결을 거치지 아니하고 임의로 추진한 조합임원에 해당한다.[27]

이에 대하여 총회의결 무효확인소송은 민사소송으로 단순한 절차하자만으로 쉽게 무효가 인정될 수 있으므로, 판례의 견해는 부당하고, 오히려 총회의결을 하나의 제도라는 전제하에 그 제도가 기준에 따라 운영되었다면 과도한 하자로 인해 그 절차가 형해화되지 않는 한 총회의결을 거친 것으로 보아야 한다는 견해가 있다.[28] 도시정비법위반죄로 벌금 100만 원 이상의 형을 선고받고 10년이 지나지 아니한 것이 조합임원의 결격사유인 점에서 이는 경청할 만하다.

⑵ 9호 위반죄

㈎ 내용

137조 9호 위반죄는 등록을 하지 아니하고 정비사업을 위탁받은 자가 대상이다. 계약의 형식이 무엇이든 그 내용이 정비사업을 위탁받은 것이라면 여기에 해당한다. 하급심 판례는 등록하지 않은 채 조합과 '개발사업(자문) CM 용역계약'을 체결하고, 그 업무를 수행한 사안에서 유죄로 인정하였다.[29]

㈏ 쟁점

① 문제의 소재

법 102조 1항 6호는 관리업자가 관리처분계획의 '수립'에 관한 업무의 대행을 위해서는 등록하여야 한다고 규정하고 있는바, 관리처분계획의 '수립'에 대한 해석과 관련하여 최초로 수립하는 경우에만 적용되는지 또는 경미한 사항의 변경이 아닌 관리처분계획의 변경에도 적용되는지

27) 대법원 2014. 7. 10. 선고 2013도11532 판결(정관상 설계자의 선정은 조합원의 과반수가 직접 참석한 총회에서의 의결을 거쳐야 함에도, 총회결의가 그와 같은 의사정족수를 충족하지 못하여 무효임에도, 조합장이 설계자를 선정한 경우), 대법원 2009. 3. 12. 선고 2008도10826(조합이 총회에서 조합임원의 선임을 조합장에게 위임하는 의결을 하였으나, 그와 같은 총회의결은 내용상 무효임에도, 조합장이 조합임원을 선임한 경우).

28) 김종보, 전게서, 715.

29) 대구고등법원 2021. 2. 3. 선고 2020노87 판결(확정) 및 대구지방법원 2020. 2. 14. 선고 2019고합54.

여부가 문제된다(관리처분계획의 경미한 변경사항의 내용이나 특성을 고려할 때, 경미한 변경사항을 수탁받은 경우는 137조 9호 위반죄로 볼 수는 없다).

② 판례(긍정)

판례는 관리처분계획의 변경을 등록하지 아니한 전문관리업체가 수탁받아 법 137조 9호 위반 여부가 문제된 사안에서, 법 102조 1항 6호에서 정한 '관리처분계획의 수립'에는 경미한 사항이 아닌 관리처분계획의 주요 부분을 실질적으로 변경하는 것이 포함된다고 하였다.[30)]

③ 결론

법 102조 1항 6호가 관리처분계획의 '수립'에 관한 업무의 대행이라고 규정하고 있으나 해석상 수립에는 '변경'이 포함되는 점, 법은 수립에 당연히 변경이 내포된 것으로 해석되는 경우 규정의 기술상 '변경'이라는 기재를 생략하기도 하는 점(법 78조 6항의 수립에는 변경이 당연히 내포되어 있는 것으로 보인다) 등을 종합하여 보면, 판례 사안과 같이 관리처분계획의 주요 부분을 실질적으로 변경하는 경우뿐만 아니라 경미한 사항의 변경이 아닌 모든 변경의 경우에 적용된다.

5. 법 138조 1항 위반죄

가. 규 정

정비예정구역 또는 정비구역에서의 지역주택조합원 모집 금지규정을 위반하여 주택법 2조 11호 가목에 따른 지역주택조합의 조합원을 모집한 자(1호), 추진위원회는 조합설립인가일부터 30일 이내에 회계장부 및 관계 서류를 조합에 인계하여야 함에도, 추진위원회의 회계장부 및 관계 서류를 조합에 인계하지 아니한 추진위원장(전문조합관리인을 포함한다. 2호), 준공인가를 받지 아니하고 건축물 등을 사용한 자와 시장·군수등의 사용허가를 받지 아니하고 건축물을 사용한 자(3호), 다른 사람에게 자기의 성명 또는 상호를 사용하여 이 법에서 정한 업무를 수행하게 하거나 등록증을 대여한 전문관리업자(4호), 법정 전문관리업무를 다른 용역업체 및 그 직원에게 수행하도록 한 전문관리업자(5호), 112조 1항(법정사유가 있는 경우 법정기간 내에 시장·군수등에게 회계감사기관의 선정·계약을 요청하여야 한다)에 따른 회계감사를 요청하지 아니한 추진위원장, 전문조합관리인 또는 조합임원(토지등소유자가 시행하는 재개발사업 또는 27조에 따라 지정개발자가 시행하는 정비사업의 경우에는 그 대표자를 말한다. 6호), 124조 1항(정비사업의 시행에 관한 각종 서류 및 관련 자료가 작성되거나 변경된 후 15일 이내에 공개)을 위반하여 정비사업 시행과 관련한 서류 및 자료를 인터넷과 그 밖의 방법을 병행하여 공개하지 아니하거나 같은 조 4항(정비사업 시행에 관한 서류와 관련 자료에 대하여 열람·복사 요청 시 15일 이내에 따를 것)을 위반하여 조합원 또는 토지등소유자의 열람·복사 요청을 따르지 아니하는 추진위원장, 전문조합관리인 또는 조합임원(조합의 청산인 및 토지등소유자가 시행하는 재개발사업의 경우에는 그 대표자, 27조에 따른 지정개발자가 사업시행자인 경우 그 대표자를 말한다. 7호), 125조 1항을 위반하여 속기록 등을 만들지

30) 대법원 2019. 9. 25. 선고 2016도1306 판결(당초 관리처분계획의 주요 부분을 실질적으로 변경하는 경우에는 새로운 관리처분계획을 수립한 것이고, 관리처분계획의 주요 부분을 실질적으로 변경함에도 무자격자의 관여가 허용된다고 해석하는 것은 법령의 취지와 목적에 부합하지 아니한다).

아니하거나 관련 자료를 청산 시까지 보관하지 아니한 추진위원장, 전문조합관리인 또는 조합임원(조합의 청산인 및 토지등소유자가 시행하는 재개발사업의 경우에는 그 대표자, 27조에 따른 지정개발자가 사업시행자인 경우 그 대표자를 말한다. 8호)에 해당하는 자는 1년 이하의 징역 또는 1천만 원 이하의 벌금에 처한다.

나. 쟁 점

⑴ 5호 위반죄

정비사업 전문관리업자가 '법정 전문관리업무'를 다른 용역업체나 직원에게 수행하도록 한 경우 형사처벌을 받게 되고, '법정 전문관리업무'는 도시정비법 102조 1항이 규정하고 있다. 102조 1항 1호는 '조합설립의 동의 및 정비사업의 동의에 관한 업무의 대행'을 전문관리업무로 규정하고 있는바, 위와 같은 동의 업무에는 조합설립 또는 정비사업의 시행 여부에 한정되는 것이 아니라 이를 포함하여 정비사업의 시행 과정에서 조합원 등의 권리·의무나 법적지위에 영향을 미치는 사항에 관한 동의 또는 총회의결과 관련된 전반적인 업무를 의미한다고 봄이 타당함은 앞서 본 바이다.

따라서 권리귀속 및 비용부담에 관한 사항(정관의 변경뿐 아니라 분양신청 철회자 현금청산, 관리처분계획의 수립, 자금의 차입과 상환방법, 보증약정 체결, 이주비 지급, 철거동의 및 이주지연 조합원의 손해액 부담, 기부채납 협의 등)을 확정하는 내용이 포함되어 있는 정기총회 서면참석 및 결의서 안건에 관한 서면결의서 징구업무는 정비사업의 동의에 관한 업무에 해당되므로, 그와 같은 업무를 제3자로 하여금 대행하게 하는 경우 5호 위반죄에 해당한다.[31)]

⑵ 7호 위반죄

법 138조 1항 위반죄는 주로 7호 위반죄가 문제된다. 법이 각 15일의 기간 내에 정비사업시행과 관련한 서류 및 자료[32)]의 공개의무, 조합원 또는 토지등소유자의 위 서류 및 자료, 토지등소유자 명부, 조합원 명부 등에 대한 열람·복사 요청에 응할 의무를 위반한 추진위원장 또는 조합임원 등에 대한 처벌규정까지 둔 취지는 정비사업의 투명성·공공성을 확보하고 조합원 등의 알권리를 충족시키기 위한 것이다.[33)]

㈎ 공개의무위반

위 조항이 '작성'과 '공개'를 구별하고 있는 점 등에 비추어 공개의무위반죄가 성립하기 위해서는 해당 서류 등이 작성되어 존재하여야 하므로, 관련 자료가 작성되지 않거나 존재하지 않는다면 조합임원 등에 대한 7호 위반죄는 성립할 여지가 없다.[34)]

---

31) 대법원 2022. 12. 29. 선고 2022도1486 판결.

32) 추진위원회 운영규정 및 정관등, 시공계약을 비롯한 각종 용역업체의 선정계약서 및 세부 계약 변경에 관한 사항, 총회·이사회·대의원회의 의사록, 사업시행계획서, 관리처분계획서, 정비사업의 시행에 관한 공문서, 회계감사보고서, 월별 자금의 입금·출금 세부내역, 신고한 자금차입에 관한 사항, 결산보고서, 청산인의 업무 처리 현황, 그 밖에 정비사업 시행에 관하여 대통령령으로 정하는 서류 및 관련 자료(분양공고 및 분양신청에 관한 사항, 연간 자금운용계획에 관한 사항, 정비사업의 월별 공사 진행에 관한 사항, 정비사업비 변경에 관한 사항).

33) 대법원 2016. 2. 18. 선고 2015도10976 판결, 헌법재판소 2016. 6. 30. 선고 2015헌바329 결정 등 참조.

34) 대법원 2024. 9. 13. 선고 2023도16588 판결.

(나) 열람·복사의무위반

① 열람·복사 요청권

㉮ '감사'가 '조합원'의 지위를 함께 가지고 있는 경우

'조합원'이자 '감사'인 사람이 조합원의 지위에서 정비사업 관련 자료의 열람·복사를 요청한 경우(감사인 조합원이 정보공개청구의 목적에 '감사업무'를 부기하였다고 하여 조합원의 지위에서 한 것이 아니라고 단정하기도 어렵다. 감사가 아닌 조합원도 조합의 사무 및 재산상태를 확인하고 업무집행에 불공정이나 부정이 있는지를 감시할 권리가 있고, 정보공개를 통해 조합의 업무집행에 문제가 있다고 생각하면 감사에게 감사권 발동을 촉구할 수도 있다), 조합임원은 의무조항에 따라 열람·복사를 허용할 의무를 부담하고, 이를 위반하여 열람·복사를 허용하지 않는 경우에는 도시정비법 138조 1항 7호에 따라 형사처벌의 대상이 된다.[35] 그러나 순전히 감사의 지위에서 감사의 목적으로 서류 및 관련자료를 요청하였다면 위 규정에 따른 형사처벌의 대상이 된다고 보기 어렵다.[36]

㉯ 현금청산대상자이나 현금청산이 이루지지 않은 경우(긍정)

분양신청을 하지 아니하였거나 분양신청기간 종료 이전에 분양신청을 철회한 토지등소유자는 분양신청기간 종료일 다음 날 조합원의 지위를 상실하고, 현금청산대상자가 된다. 다만, 현금청산이 이루어지지 전까지 열람·복사 요청권이 있는지 여부가 문제된다.

판례는 비록 현금청산대상자가 되었으나 아직 현금청산이 이루어지지 않아 토지등소유권을 보유하고 있다면 법 138조 1항 7호의 토지등소유자에 해당한다고 보아야 하므로 정비사업 시행에 관한 서류와 관련 자료에 대한 열람·복사를 요청할 권한이 있다고 하고 있다.[37]

㉰ 대리인에 의한 열람·복사 요청(긍정)

조합원 또는 토지등소유자가 변호사에게 정보공개청구서의 작성, 발송, 공개하는 정보에 대한 수령 권한 일체를 위임하고 이러한 내용의 위임장을 첨부하여 정보제공을 요청하는 것도 적법하다.[38]

② 열람·복사 요청의 적법성

㉮ 사용목적 등을 기재하지 아니한 열람·복사 요청의 적법성

㉠ 문제의 소재

법 124조 3항, 법 시행규칙 22조에 의하여 토지등소유자 또는 조합원의 열람·복사 요청은 사용목적 등을 기재한 서면으로 하여야 한다. 만일 사용목적 등을 기재하지 아니한 열람·복사 요청에 불응한 경우 형사처벌의 대상이 되는지 여부가 문제된다(다만, 사용목적이 기재되어 있다면, 그 내용이 무엇이건 적법하다 할 것이다).

---

35) 대법원 2021. 2. 10. 선고 2019도18700 판결.

36) 대법원 2019. 5. 10. 선고 2018도18109 판결 및 대구지방법원 2018. 10. 26. 선고 2018노1910 판결.

37) 대법원 2012. 7. 26. 선고 2011도8267 판결(법 138조 1항 7호는 토지등소유자의 열람·복사 요청을 따르지 아니한 조합임원 등에 대한 처벌규정이므로, 현금청산대상자도 소유권을 상실하지 않는 한 위 토지등소유자에 해당하고, 법 73조에 의하여 조합원 지위를 상실한 현금청산대상자라 하더라도 청산금을 지급받을 때까지는 조합의 운영상황, 자산 등의 현황 등에 관하여 이해관계를 가지고 있다).

38) 서울동부지방법원 2016. 2. 16. 선고 2015고정1595 판결(확정).

㉡ 판례

법이 위 시행규칙 22조에 따른 형식적 요건을 갖춰 열람·복사를 요청하는 경우에 한하여 그 의무를 부과할 것을 규정하고 있으므로 사용목적을 기재하지 않는 경우 그 요청에 따를 의무가 없다는 취지의 판례(무죄)가 있고,[39] 위 조합원이나 토지등소유자가 사용목적을 기재하지 않은 서면에 의하여 열람·복사를 요청하였다 하더라도, 그러한 사정만으로 조합임원은 그 요청을 거부할 수는 없다는 취지의 판례(유죄)가 있다.[40]

사용목적을 기재하지 않았으나, 조합임원이 사용목적 미기재를 거부사유로 전혀 언급하지 않거나, 주된 사유로 언급하지는 않았던 사안에서, 조합임원이 이를 문의한 적도 없었고, 정보공개의 제반 경위상 그 사용목적을 충분히 예견할 수 있었다면 그 요청에 따를 의무가 있다는 취지의 하급심 판례가 있다.[41]

㉢ 결론

형사처벌의 대상이 되지 아니한다. 그 논거는 다음과 같다.

ⓐ 2010. 7. 16. 개정되기 이전의 구 법 시행규칙 22조 2항은 "토지등소유자의 공람요청은 서면 또는 전자문서로 요청하는 방법에 따른다."라고만 기재하고 있었으나, 위 개정으로 토지등소유자 또는 조합원의 열람·복사 요청은 '사용목적 등을 기재한' 서면(전자문서를 포함한다)으로 하여야 한다로 개정되었는데, 그 취지는 정비사업의 시행과 관련된 정보 공개의 범위 및 열람·등사 요청절차를 개선하는 등 제도의 운영상 나타난 일부 미비점을 개선·보완하려는 것이므로, 위 입법취지상 '사용목적 등을 기재하지 아니한 열람·복사 요청'은 적법한 것으로 보기 어렵다.

ⓑ 죄형법정주의는 국가형벌권의 자의적인 행사로부터 개인의 자유와 권리를 보호하기 위하여 범죄와 형벌을 법률로 정할 것을 요구한다. 그러한 취지에 비추어 보면 형벌법규의 해석은 엄격하여야 하고, 명문규정의 의미를 피고인에게 불리한 방향으로 지나치게 확장해석하거나 유추해석하는 것은 죄형법정주의 원칙에 어긋나는 것으로서 허용되지 않는다.[42]

㉯ 열람·복사 비용과의 관계

법은 124조 5항으로 복사에 필요한 비용은 실비의 범위에서 청구인이 부담하되, 비용납부의 방법, 시기 및 금액 등 필요한 사항은 시·도 조례로 정한다고 규정할 뿐, 열람등사비용의 지급이 열람복사청구의 요건으로 규정하고 있지 않으므로, 설령 조합원 등이 사전에 비용 지출을 거부했다는 사정만으로는 도시정비법위반죄가 성립하지 않는다고 볼 수는 없다.

실제로 서울시를 비롯한 다수의 지방자치단체는 조합원 및 토지소유자 등은 추진위원장이나 사업시행자로부터 서류 및 관련 자료를 통지받은 날부터 10일 이내에 현금으로 납부하여야 한다(서울시 조례 87조 1항)고 규정하여 후불이 원칙이다.

---

39) 대법원 2019. 5. 10. 선고 2018도18109 판결 및 대구지방법원 2018. 10. 26. 선고 2018노1910 판결.
40) 대법원 2020. 3. 26. 선고 2019도14383 판결 및 서울북부지방법원 2019. 9. 20. 선고 2019노1038 판결.
41) 부산지방법원 2020. 8. 21. 선고 2019노3864 판결(확정).
42) 대법원 1999. 7. 9. 선고 98도1719 판결, 대법원 2009. 12. 10. 선고 2009도3053 판결 등 참조.

㉰ 비밀준수각서 작성과의 관계

열람·복사를 요청한 사람은 제공받은 서류와 자료를 사용목적 외의 용도로 이용·활용하여서는 아니 된다(법 124조 6항). 다만, 조합임원은 열람·복사를 요청한 자에게 취득한 정보를 제3자에게 유출하거나 사용범위를 넘어 이를 이용하지 않겠다는 취지의 각서의 제출을 요구하고, 이를 제출하지 않았다고 하여 열람·복사를 거부할 수는 없다.

다만, 판례는 열람복사 요청권자가 그 요청을 하면서 사용목적을 기재하지 않거나 불분명하게 기재하였고, 사용목적을 재확인하는 내용에 불과한 각서 제출을 거부하였으며, 조합임원으로서는 열람복사 요청권자가 복사한 자료를 사용목적 외의 용도로 이용할 지도 모른다는 의심을 할 만한 사정이 있어 조합원의 이익을 보호하겠다는 목적으로 각서 제출을 거부한 열람복사 요청권자의 복사 요청을 받아들이지 않은 사안에서(조합임원은 열람 요청은 받아들였다), 조합임원의 위 행위는 사회통념상 허용될 수 있는 상당성이 있는 행위로서 형법 20조에 정하여진 정당행위에 해당하여 위법성이 조각된다고 하였다.[43]

③ 열람·복사의 방법

법은 사업시행자에게 매 분기별로 '열람·복사의 방법'을 특정하여 통지하도록 규정하고 있으므로(법 124조 2항), 사업시행자는 열람·복사의 방법을 자율적으로 정할 재량이 있다. 다만, 사업시행자는 자신이 통지한 열람·복사의 방법의 따라야 하나, 사업시행자가 열람·복사의 방법을 특정하지 않은 경우에는 조합임원으로서는 '현장교부, 우편, 팩스 또는 정보통신망(이메일 등)' 중 어느 하나의 방법을 이용하여 당사자의 열람·복사 요청에 응하여야 하고, 이에 응하지 않으면 138조 1항 7호 위반죄에 해당함은 제11편 제5장 Ⅱ. "2. 추진위원장, 조합임원 또는 토지등소유자(사업시행자)의 의무"에서 자세히 살펴보았다(위 2016도13811 판결).

④ 열람·복사의 대상

법 124조 4항은 1항에 따른 서류(추진위원회 운영규정 및 정관등, 설계자·시공자·철거업자 및 정비사업전문관리업자 등 용역업체의 선정계약서, 추진위원회·주민총회·조합총회 및 조합의 이사회·대의원회의 의사록, 사업시행계획서, 관리처분계획서, 해당 정비사업의 시행에 관한 공문서, 회계감사보고서, 월별 자금의 입금·출금 세부내역, 신고한 자금차입에 관한 사항, 결산보고서, 청산인의 업무 처리 현황, 그 밖에 정비사업 시행에 관하여 대통령령으로 정하는 서류 및 관련 자료) 및 토지등소유자 명부, 조합원 명부, 그 밖에 대통령령으로 정하는 서류 및 관련 자료 등을 포함하여 '정비사업 시행에 관한 서류와 관련 자료'가 열람·복사의 대상이라고 규정하고 있다(법 124조 1항 및 4항).

법은 공개대상이 되는 서류를 각 호에서 구체적으로 열거하면서도 '관련 자료'의 판단기준에 관하여는 별도로 규정하고 있지 않을 뿐만 아니라, 그 밖에 공개가 필요한 서류 및 관련 자료는 대통령령에 위임하여 이를 추가할 수 있는 근거규정을 두고 있으므로, 법 혹은 그 위임에 따른 시행령에 명문의 근거규정 없이 정비사업의 투명성·공공성 확보 내지 조합원의 알권리 보장 등 규제의 목적만을 앞세워 각 호에 명시된 서류의 '관련 자료'의 범위를 지나치게 확장하여 인정하는

43) 대법원 2018. 6. 15. 선고 2018도4089 판결 및 서울남부지방법원 2018. 2. 9. 선고 2016노2403 판결.

것은 죄형법정주의가 요구하는 형벌법규 해석원칙에 어긋난다.[44] 구체적 사안을 살펴본다.

㉮ 주민등록번호(부정)

도시정비법 124조 3항은 공개 및 열람·복사 대상에서 주민등록번호를 제외하고 있다.

㉯ 조합원 전화번호(긍정)

'조합원 명부'를 열람·복사 대상으로 규정하고 있으므로 조합원 명부에 조합원들의 전화번호가 기재되어 있다면 조합원들의 전화번호가 포함된 조합원 명부가 열람·복사의 대상이 된다. 설령 조합원 명부에 조합원들의 전화번호가 기재되어 있지 않다고 하더라도, 조합이 정비사업 시행을 위해 조합원들의 전화번호를 수집하여 관리하고 있다면 이 사건 의무조항에서 열람·복사의 대상으로 규정한 '정비사업의 시행에 관한 서류와 관련 자료'에 해당한다고 보아야 한다.[45]

㉰ 조합원별 신축 건축물 동·호수 배정 결과(긍정)

조합원별 신축 건축물 동·호수 배정 결과는 '정비사업의 시행에 관한 서류와 관련 자료'에 해당하므로, 이 사건 의무조항에 따른 열람·복사의 대상이다.[46]

㉱ 의사록의 관련 자료로서의 참석자 명부 및 서면결의서(긍정)

의사록이 진정하게 작성되었는지 여부, 의사정족수와 의결정족수가 충족되었는지 여부, 조합원 등의 의사결정내용이 올바르게 반영되었는지 여부 등을 판단하기 위해서는 의사록 이외에 참석자 명부와 서면결의서를 확인할 필요가 있으므로 참석자 명부와 서면결의서를 의사록의 관련 자료로 볼 수 있다.[47] 속기록·녹음 또는 영상자료는 보관자료일 뿐, 의사록의 관련 자료가 아니다.[48]

㉲ 용역업체의 선정계약서(긍정)

법 124조 1항이 '설계자·시공자·철거업자 및 정비사업전문관리업자 등 용역업체의 선정계약서'라고 규정하고 있으므로, 경호경비계약서, 경비용역계약서, 변호사 소송위임계약서 등도 용역업체 선정계약서로서 열람·복사의 대상이다.[49]

㉳ 결산보고서의 관련 자료로서의 자금수지보고서(부정)

결산보고서의 관련 자료로서의 자금수지보고서는 인정되지 아니한다.[50]

---

44) 대법원 2022. 1. 27. 선고 2021도15334 판결.
45) 대법원 2021. 2. 10. 선고 2019도18700 판결.
46) 대법원 2021. 2. 10. 선고 2019도18700 판결.
47) 대법원 2012. 2. 23. 선고 2010도8981 판결.
48) 대법원 2022. 1. 27. 선고 2021도15334 판결.
49) 대법원 2021. 5. 13. 선고 2020도9397 판결 및 광주지방법원 2020. 6. 25. 선고 2019노1807 판결.
50) 대법원 2022. 1. 27. 선고 2021도15334 판결(① 법이 공개대상으로 명시한 월별 자금의 입금·출금 세부내역에도 월별 수입·지출 내역, 현금예금 보유내역, 차입금 현황 등이 포함되어 있으므로, 결산보고서가 진정하게 성립되었는지 판단하기 위하여 반드시 자금수지보고서가 필요하다고 보기 어렵다, ② '서울특별시 정비사업 조합 등 표준 예산·회계규정'에 의하더라도 결산보고서로 재무제표 및 부속명세서를 작성한다고 규정할 뿐, 자금수지보고서가 결산보고서와 불가분적으로 또는 직접적으로 관련된다고 볼 만한 근거를 찾을 수 없다).

㈔ 조합설립동의서(긍정)

조합설립동의서나 그 복사본은 열람·복사의 대상이다(다만, 보관하지 않는 경우 제외).[51]

㈕ 사업인가 신청 관련 전부, 사업인가 변경신청 관련 전부, 관리처분 내역서 1차 관련 전부, 관리처분 내역서 2차 관련 전부라고 당사자가 특정한 사안(긍정)

'사업인가 신청 관련 전부' 및 '사업인가 변경신청 관련 전부'는 도시정비법 124조 1항 4호에서 규정한 '사업시행계획서'와 관련 자료를, '관리처분 내역서 1차 관련 전부' 및 '관리처분 내역서 2차 관련 전부'는 도시정비법 124조 1항 5호에서 규정한 '관리처분계획서'와 관련 자료를 각 지칭하므로, 조합원 등의 열람·복사 요청은 특정된 것이다.[52]

⑤ 열람·복사의무자

법원의 가처분명령에 의하여 선임된 조합임원 직무대행자의 경우 조합을 종전과 같이 그대로 유지하면서 관리하는 것과 같은 조합의 통상사무에 속하는 행위를 할 수 있는바, 도시정비법상 정보공개 업무는 통상사무에 해당하므로 범행주체인 열람·복사의무자에 해당한다.[53]

⑥ 열람·복사 요청 이후 작성된 서류의 공개의무 대상 여부

열람·복사 요청의 대상은 요청 당시 현존하는 서류나 자료이므로 현존하지 않는 서류나 자료에 대한 열람·복사 요청에 응하지 않았다고 하여 위 조항을 위반하였다고 할 수 없고, 이는 열람·복사 요청 이후 위 15일의 시한이 경과하기 전에 해당 서류나 자료가 작성된 경우에도 그러하다.[54]

6. 기 타

가. 양벌규정

법인의 대표자나 법인 또는 개인의 대리인, 사용인, 그 밖의 종업원이 그 법인 또는 개인의 업무에 관하여 135조부터 138조까지의 어느 하나에 해당하는 위반행위를 하면 그 행위자를 벌하는 외에 '그 법인 또는 개인'에게도 해당 조문의 벌금에 처한다. 다만, 법인 또는 개인이 그 위반행위를 방지하기 위하여 해당 업무에 관하여 상당한 주의와 감독을 게을리하지 아니한 경우에는 그러하지 아니하다(법 139조).

나. 금품, 향응 수수 등과 관련한 특칙

(1) 자수자에 대한 특례

법 132조 1항 각 호의 어느 하나를 위반하여 스스로 또는 제3자를 통하여 금품, 향응 또는 그 밖의 재산상 이익을 제공하거나 제공의사를 표시하거나 제공을 약속하는 행위를 하거나 제공을 받거나 제공의사 표시를 승낙한 자가 자수하였을 때에는 그 형벌을 감경 또는 면제한다(법

51) 부산지방법원 2018. 1. 11. 선고 2017고정333(확정), 대구지방법원 경주지원 2021. 9. 30. 선고 2021고정64 판결(확정).
52) 창원지방법원 2021. 10. 21. 선고 2021노1011 판결(확정).
53) 대법원 2017. 6. 15. 선고 2017도2532 판결.
54) 대법원 2024. 9. 13. 선고 2023도16588 판결.

141조).

⑵ 금품·향응 수수행위 등에 대한 신고포상금

시·도지사 또는 대도시의 시장은 132조 1항 각 호의 행위사실을 신고한 자에게 시·도 조례로 정하는 바에 따라 포상금을 지급할 수 있다(법 142조). 이와 관련하여 서울시 조례는 신고포상금의 지급한도액은 2억 원 이하로 하고(91조 1항), 시장은 법 132조 각 호의 행위 사실을 시장 또는 수사기관에 신고 또는 고발한 자에게 그 신고 또는 고발사건에 대해 기소유예, 선고유예·집행유예 또는 형의 선고 등이 확정되는 경우 신고포상금 심사위원회의 의결을 거쳐 포상금을 지급할 수 있다(91조 2항).

다. 벌금형의 분리선고

형법 38조에도 불구하고 이 법 135조부터 138조까지에 규정된 죄와 다른 죄의 경합범(競合犯)에 대하여 벌금형을 선고하는 경우에는 이를 분리하여 선고하여야 한다(법 43조의2).

Ⅴ. 다른 법령의 형벌규정 적용

1. 일반 형법

가. 대표권 남용과 배임죄 성부

판례는 조합장이 조합의 용역비 부담 여부가 확실하지 않은 상황에서 조합 총회의 결의 없이 이사회 결의만으로 소송상 화해를 하여 조합에게 2억 5,000만 원의 확정채무를 부담하게 한 행위는 조합장으로서의 임무를 위배한 행위이고, 설령 조합장의 그와 같은 행위가 대표권 남용으로 법률상 무효라고 하더라도 배임죄를 인정하였다.[55)]

나. 변호사 비용과 횡령죄

⑴ 문제의 소재

정비사업과 관련하여 다수의 민·형사, 행정사건이 제기된다. 이에 조합은 변호사를 선임하여 대응하게 되고, 변호사 선임료를 지급하게 된다. 그와 같이 지급된 변호사 비용과 관련하여 횡령죄가 문제된다.

⑵ 판단

㈎ 법리

원칙적으로 단체의 비용으로 지출할 수 있는 변호사 선임료는 단체 자체가 소송당사자가 된 경우에 한하므로 단체의 대표자 개인이 당사자가 된 민·형사사건의 변호사 비용은 단체의 비용으로 지출할 수 없고, 예외적으로 분쟁에 대한 실질적인 이해관계는 단체에게 있으나 법적인 이유로 그 대표자의 지위에 있는 개인이 소송 기타 법적 절차의 당사자가 되었다거나 대표자로서 단체를 위해 적법하게 행한 직무행위 또는 대표자의 지위에 있음으로 말미암아 의무적으로 행한

---

55) 대법원 2019. 9. 25. 선고 2016도1306 판결 및 인천지방법원 2016. 1. 5. 선고 2015노3171 판결.

행위 등과 관련하여 분쟁이 발생한 경우와 같이, 해당 법적 분쟁이 단체와 업무적인 관련이 깊고 당시의 제반 사정에 비추어 단체의 이익을 위하여 소송을 수행하거나 고소에 대응하여야 할 특별한 필요성이 있는 경우에 한하여 단체의 비용으로 변호사 선임료를 지출할 수 있다.[56]

(나) 구체적 사안

판례는 조합장이 조합장 개인을 위하여 자신의 위법행위에 관한 형사사건의 변호인을 선임하는 것을 조합의 업무라고 볼 수 없으므로, 그가 조합의 자금으로 자신의 변호사 비용을 지출하였다면 이는 횡령에 해당하고, 위 형사사건의 변호사 선임료를 지출함에 있어 이사회 및 대의원회의 승인을 받았다 하여도 재건축조합의 업무집행과 무관한 조합장 개인의 형사사건을 위하여 변호사 선임료를 지출하는 것이 위법한 이상 위 승인은 내재적 한계를 벗어나는 것으로서 횡령죄의 성립에 영향을 미치지 아니한다고 하였다(위 2004도6280 판결).

다. 업무방해죄

재개발조합은 정비구역 내 토지등소유자들을 상대로 건물명도소송에서 확정판결을 받았고, 집행관에게 그 집행을 위임하여 그에 따라 진행된 법원 집행관의 강제집행에 대하여 양손에 칼을 들고, 가스호스와 연결된 가스통에 라이터를 들고 집행관을 위협하는 등으로 집행을 방해하여 재개발조합의 정당한 이주와 철거 업무가 지연되었다 하더라도, 집행관의 강제집행은 특별한 사정이 없는 한 집행위임을 한 조합의 업무가 아닌 집행관의 고유한 직무에 해당하므로, 재개발조합에 대한 업무방해죄가 성립되지는 아니한다.[57]

2. 토지보상법 95조의2 2호 위반죄

토지보상법 43조는 토지등소유자인 현금청산대상자나 세입자 등은 수용개시일까지 그 토지나 물건을 사업시행자에게 인도하거나 이전하여야 할 의무를 부과하고 있는바, 이를 위반한 경우 토지보상법 95조의2 2호는 1년 이하의 징역 또는 1천만 원 이하의 벌금에 처한다고 규정하고 있다.

제9편 제5장 제2절 Ⅴ. "4. 부동산 인도의무와 주거이전비 지급의무의 관계"에서 본 바와 같이 종래에는 수용재결상의 토지나 건물의 손실보상금, 영업손실보상금이 수용개시일까지 지급되거나 공탁된 경우 현금청산대상자나 세입자 등은 이주정착금, 주거이전비 또는 이사비 등이 지급되지 아니한 경우에도 토지보상법 43조에 의한 부동산 인도의무를 부담하므로, 수용개시일까지 이를 인도하지 아니한 경우에는 토지보상법 95조의2 2호 위반죄로 처벌되었다. 그러나 법이 2009. 5. 27. 개정된 이후 사업시행자가 수용재결에서 정해진 토지나 지장물 등 보상금을 지급

---

56) 대법원 2006. 10. 26. 선고 2004도6280 판결.

57) 대법원 2023. 4. 27. 선고 2020도34 판결(통상적으로 위임을 받은 제3자가 직접 업무를 진행하더라도 이를 방해한 경우 위임자의 업무도 방해된 것으로 봐야 하나, 집행관에 대한 위임은 달리 보아야 한다. 즉, 집행관은 집행관법 2조에 따라 재판의 집행 등을 담당하면서 그 직무행위의 구체적 내용이나 방법 등에 관하여 전문적 판단에 따라 합리적인 재량을 가진 독립된 단독의 사법기관이다. 따라서 채권자의 집행관에 대한 집행위임은 비록 민사집행법 16조 3항, 42조 1항, 43조 등에 '위임'으로 규정되어 있더라도 이는 집행개시를 구하는 신청을 의미하는 것이지 일반적인 민법상 위임이라고 볼 수는 없다).

또는 공탁하는 외에 주거이전비 등을 지급하여야 법 81조 1항 2호의 토지보상법에 따른 손실보상이 완료된 것으로 보므로, 사업시행자가 수용재결에 따른 보상금을 지급하거나 공탁하였을 뿐만 아니라 주거이전비 등을 지급한 이후에야 토지보상법 43조에 따라 부동산의 인도를 구할 수 있다. 따라서 수용재결보상금 등은 지급되었으나, 주거이전비 등이 지급되지 않은 경우 현금청산대상자나 세입자가 수용개시일까지 수용대상 부동산을 인도하지 않았다고 하더라도 토지보상법 95조의2 2호 위반죄로 처벌해서는 아니 된다.[58]

58) 대법원 2021. 7. 29. 선고 2019도13010 판결.

제2장 과 태 료

Ⅰ. 총 설

정비사업 관여자의 법 위반행위 중 공익성 및 공공성을 해하는 정도가 상대적으로 가벼운 행위에 대하여 부과하는 벌칙이 과태료이다.

법은 위법성의 정도를 고려하여 1,000만 원 이하의 과태료 부과행위와 500만 원 이하 과태료 부과행위로 나누고 있다.

Ⅱ. 내 용

1. 유 형

가. 1,000만 원 이하의 과태료 부과행위(140조 1항)

법 113조 2항에 따른 점검반의 현장조사를 거부·기피 또는 방해한 자(1호), 132조 2항을 위반하여 29조에 따른 계약의 체결과 관련하여 시공과 관련 없는 사항을 제안한 자(2호), 토지등 소유자에게 132조의3 1항을 위반하여 사실과 다른 정보 또는 부풀려진 정보를 제공하거나, 사실을 숨기거나 축소하여 정보를 제공한 건설업자등 및 전문관리업자(3호)에 대하여는 1,000만 원 이하의 과태료가 부과된다.

나. 500만 원 이하의 과태료 부과행위(140조 2항)

법 29조 2항을 위반하여 전자조달시스템을 이용하지 아니하고 계약을 체결한 자(1호), 78조 5항 또는 86조 1항에 따른 통지를 게을리한 자(2호), 107조 1항 및 111조 2항에 따른 보고 또는 자료의 제출을 게을리한 자(3호), 111조의2를 위반하여 자금차입에 관한 사항을 신고하지 아니하거나 거짓으로 신고한 자(3의2호), 125조 2항에 따른 관계 서류의 인계를 게을리한 자(4호)에 대하여는 500만 원 이하의 과태료가 부과된다.

2. 과태료 부과절차 및 기준

과태료는 대통령령으로 정하는 방법 및 절차에 따라 국토부장관, 시·도지사, 시장, 군수 또는 구청장이 부과·징수한다. 구체적인 과태료 부과기준은 법 시행령 99조 [별표 6]에서 자세히 규정하고 있다.

참고문헌

[단행본]

김남진·김연태, 「행정법 1, 2」, 제25판, 법문사, 2021.

김종보, 「건설법의 이해」, 제7판, 북포레, 2023.

서울행정법원 실무연구회, 「행정소송의 이론과 실무 I (도시정비 및 보건·의료)」, 사법발전재단, 2021.

_____, 「행정소송의 이론과 실무」, 개정판, 사법발전재단, 2013.

이우재·박치범, 「조해 도시 및 주거환경정비법(상, 하)」, 진원사, 2022.

하명호, 「행정법」, 제6판, 박영사, 2024.

[논문]

강문경, "재건축조합원이 신탁을 원인으로 한 소유권이전등기를 마친 후 제명되거나 탈퇴한 경우 재건축조합이 토지의 소유권을 취득하기 위하여 매도청구권을 행사하여야 하는지 여부", 「대법원 판례해설」 제97호, 법원도서관, 2014.

강민기, "토지보상법상 지연가산금의 산정에 관한 실무상 문제", 「재판자료」 제139집: 행정재판실무연구 Ⅵ, 법원도서관, 2020.

권영준, "재건축에 관한 의사결정", 「민사법학」 제45-1호, 한국사법행정학회, 2009. 6.

김경란, "도시 및 주거환경정비법 (2005. 3. 18. 법률 제7392호로 개정되기 전의 것) 제65조 제2항에서 정하는 '사업시행자에게 무상으로 양도되는 국가 또는 지방자치단체 소유의 정비기반시설'의 의미", 「대법원 판례해설」 제78호, 법원도서관, 2008.

김도형, "구분소유의 성립을 위하여 집합건축물대장의 등록이나 구분건물의 표시에 관한 등기가 필요한지 여부", 「재판과 판례」 제24집, 대구판례연구회, 2015. 12.

김동국, "국가 또는 지방자치단체가 정비구역 안에 토지 또는 건축물을 소유한 경우, 정비사업조합 설립과 정비사업추진에 관한 동의의 의사는 서면 등에 의하여 명시적으로 표시하여야 하는지 여부", 「대법원 판례해설」 제99호, 법원도서관, 2014.

_____, "구 서울특별시 도시 및 주거환경정비조례 제4조 제1항 제1호 (나)목에 규정된 정비구역지정의 요건 중 하나인 주택접도율의 의미", 「대법원 판례해설」 제97호, 법원도서관, 2014.

_____, "구 서울특별시 도시 및 주거환경 정비조례 제4조 제1항 제2호가 시행령의 위임범위를 일탈하여 무효인지 여부", 「대법원 판례해설」 제93호, 법원도서관, 2013.

김동석, "도시 및 주거환경정비법상 조합의 설립의 효력을 다투는 방법 등", 「건축관련판례 50선 (대구판례연구회 300회 발표기념)」, 대구판례연구회, 2012.

김선희, "도시정비법상 추진위원회와 관련한 제반 법률문제", 「사법」 제23호, 사법발전재단, 2013.

김영하, "영업손실보상에 관한 연구", 「재판자료」 제139집: 행정재판실무연구 Ⅵ, 법원도서관, 2020.

김은유, "정비사업 조합 임원의 선임 및 해임에 따른 법률문제", 「사법」 제23호, 사법발전재단,

2013.

김재호, “주택재개발사업에서 분양계약 미체결자의 법적 지위 및 개선방안”, 「토지공법연구」 제57집, 한국토지공법학회, 2012.

김종보, “재건축에서 상가의 관리처분”, 「특별법연구」 15권, 사법발전재단, 2018.

_____, “조합원분양계약의 위법성”, 「사법」 제23호, 사법발전재단, 2013.

_____, “관리처분계획의 처분성과 그 공정력의 범위”, 「행정판례연구」 제7집, 박영사, 2002.

김종수, “‘사실상 도로’의 도시정비법상 정비기반시설 포함 여부”, 「판례연구」 제23집, 부산판례연구회, 2012.

김중권, “의제된 인·허가의 취소와 관련한 문제점”, 법조 제731호, 법조협회, 2018

노경필, “이전고시에 관한 소고”, 「사법」 제23호, 사법발전재단, 2013.

_____, “관리처분계획 총회결의 무효확인소송의 법적 취급”, 「정의로운 사법: 이용훈대법원장재임기념」, 사법발전재단, 2011.

_____, “도시정비법상 재건축·재개발사업과 행정소송”, 「사법」 제10호, 사법발전재단, 2009.

류헌종, “도시 및 주거환경정비법상 정비사업전문관리업자 임·직원의 공무원 의제 시기 등”, 「대법원 판례해설」 제78호, 법원도서관, 2008.

문형배, “재개발사업 사업시행인가처분의 취소사유”, 「판례연구」 23집, 부산판례연구회, 2012.

민성철, “사실상의 사도의 의미와 인정기준”, 「대법원 판례해설」 제95호, 법원도서관, 2013.

민철기, “해당 조합에 대한 설립인가처분이 무효인 경우 도시 및 주거환경정비법상 ‘조합임원’이 구성요건상 주체로 되어 있는 금지 규정을 위반한 범죄가 성립되는지 여부”, 「대법원 판례해설」 제100호, 법원도서관, 2014.

박설아, “재건축조합 임원의 인센티브에 관한 총회결의와 신의칙”, 「판례해설」 제125호, 법원도서관, 2021.

박주봉, “개발사업에 대한 공적 주체의 책임과 기부채납 부관의 한계”, 「토지공법연구」 86집, 한국토지공법학회, 2019.

박찬석, “도시정비법상 주민대표회의의 법적 성질 및 주민대표회의가 개최한 주민총회 결의의 효력”, 「대법원 판례해설」 제107호, 법원도서관, 2016.

박철홍, “관리단집회의 의사·의결정족수 산정에 관한 실무상 제문제”, 「사법논집」 제66집, 법원도서관, 2018.

박혜영, “주택재개발사업의 현금청산절차에 관한 고찰”, 「재판자료」 제132집: 행정재판실무연구 V, 법원도서관, 2016.

반병동, “임용결격사유로 인하여 임용이 당연무효인 공무원이 뇌물을 수수한 경우 뇌물죄가 성립되는지 여부”, 「판례연구」 제27집, 부산판례연구회, 2016.

성중탁, “조합설립인가처분 무효를 둘러싼 몇 가지 법적 쟁점”, 「행정판례연구」 제18-2집, 박영사, 2014.

_____, “주택재개발사업과 주택재건축사업의 법적쟁점 비교 고찰”, 「인권과 정의」 제433호, 대한변호사협회, 2013.

손우태, “재개발·재건축조합의 운영상 문제점과 그 개선방안”, 「외법논집」 제32집, 한국외국어대학교 법학연구소, 2008.

송미경, “주택재개발사업에 있어 체비지예정지 매도계약, 환지예정지 지정처분 및 관리처분계획과 이전고시의 효력", 「대법원 판례해설」 제123호, 법원도서관, 2020.

송종환, "2024년도 법관연수 공법소송실무 중 일반 행정소송 사건의 주요쟁점(최근 판례 경향을 중심으로)", 사법연수원, 2024

예혁준, "재결실효 후 토지소유자와 사업시행자가 보상협의절차를 다시 하기로 합의한 데 따라 협의가 진행된 기간 동안 재결신청 지연가산금이 발생하는지 여부", 「대법원 판례해설」 제111호, 법원도서관, 2017.

유상호, "도시환경정비사업의 시행자인 토지등소유자에 관한 조세법적 문제", 「재판자료」 제121집: 조세법 실무연구 II, 법원도서관, 2010.

윤 민, "범죄성립의 전제가 되는 행정처분과 형사책임", 「사법논집」 제62집, 법원도서관, 2017.

_____, "도시 및 주거환경정비법상 조합의 설립인가처분이 무효인 경우 조합임원의 형사책임", 「재판과 판례」 제24집, 대구판례연구회, 2015.

이강원, "공무원임용결격사유와 당연퇴직", 「행정소송실무연구」 제2권, 서울고등법원, 2002.

이광훈, "도시 및 주거환경정비법상 조합임원에 대한 공무원 개념의 확장", 「법률신문」 제4503호, 법률신문사, 2017.

이남균, "구 도시 및 주거환경정비법 제65조 제2항의 법적 성질과 이를 위반한 정산금 부과처분의 효력 및 그에 대한 구제방법", 「박병대 대법관 재임기념 문집」, 사법발전재단, 2017.

이도행, "주택재개발사업에서의 주거이전비, 이사비 및 이주정착금과 관련된 실무상 문제점", 「재판자료」 제139집, 법원도서관, 2020.

이병희, "관리처분계획 변경인가가 있는 경우 종전 관리처분계획에서 정한 내용이 소급적으로 효력을 상실하는지 여부", 「대법원 판례해설」 제107호, 법원도서관, 2016.

이상덕, "보상금증감소송의 소송물이론과 보상항목 유용 법리에 관한 고찰", 「사법」 제49호, 사법발전재단, 2019.

_____, 재개발·재건축조합과 탈퇴조합원 사이의 이익충돌상황과 분쟁해결기준, 사법논집 제73집, 사법발전재단, 2021

이상오, "재개발조합 설립에 필요한 토지등소유자의 동의율 산정의 기준시기", 「대법원 판례해설」 제99호, 법원도서관, 2014.

이상훈, "대형마트에 대한 영업시간 제한 및 의무휴업일 지정 처분의 위법 여부", 「대법원 판례해설」 제105호, 법원도서관, 2015.

이승훈, "도시정비사건에서 선행처분과 후행처분의 관계", 「사법논집」 제61집, 법원도서관, 2016.

_____, "조합설립추진위원회 설립승인 무효확인", 「행정판례연구」 제19-2집, 박영사, 2015.

이영동, "재개발·재건축조합의 설립과 설립무효", 「사법논집」 제49집, 법원도서관, 2009.

이완희, "도시 및 주거환경정비법상 이전고시가 효력을 발생한 이후에도 조합원 등이 관리처분계획의 취소 또는 무효확인을 구할 법률상 이익이 있는지 여부", 「대법원 판례해설」 제91호, 법원도서관, 2012.

이은기, "관리처분계획 등 도시정비사업 관련 분쟁의 소송방식에 관한 일고", 「행정법연구」 제33호, 행정법이론실무학회, 2012.

이종구, "재개발·재건축의 이해와 부동산 경매", 사법정책연구원, 2024.

이종채, "주택재개발사업구역 내의 토지 또는 건축물을 수인이 공유하는 경우 그 공유자들이 각자 주택재개발정비사업조합의 단독 조합원지위에 있는지 여부", 「이인복 대법관 퇴임기념 논문집」, 사법발전재단, 2016.

이현수, "공법상 당사자소송의 연원과 발전방향", 「일감법학」 제32호, 건국대학교 법학연구소, 2015.

임성훈, "주택재건축사업에서 이전고시에 의한 기존 권리제한 소멸, 기존 권리제한등기 말소와 청산금 지급의 동시이행관계 및 청산금에 대한 이자발생 시기", 「대법원 판례해설」 제117호, 법원도서관, 2019.

임성희, "노후불량건축물 사건", 「양승태 대법원장 재임 3년 주요 판례 평석」, 사법발전재단, 2015.

장한홍, "무허가건축물과 손실보상", 「재판자료」 제132집: 행정재판실무연구 V, 법원도서관, 2016.

정 원, "근저당권 말소시키지 못한 토지 등 소유자에 대한 동시이행항변권 행사 범위", 「법률신문」 제4374호, 법률신문사, 2015.

정기상, "주택재개발사업에 있어 현금청산대상자의 확정과 법적 지위", 「사법」 제21호, 사법발전재단, 2012.

_____, "주택재건축사업에 있어 조합원지위의 상실에 따른 법률관계", 「저스티스」 제142호, 한국법학원, 2014.

_____, "주택재개발정비사업에있어 주거이정비 보상을 둘러싼 제문제에 관한 고찰", 「법조」 제670호, 법조협회, 2012.

조민석, "토지 등 소유자들이 직접 시행하는 도시환경정비사업에서 사업시행인가처분의 법적 성격", 「대법원 판례해설」 제95호, 법원도서관, 2013.

한경환, "국가·지방자치단체의 조합설립에 관한 동의 의사표시의 방법", 「김신 대법관 재임기념논문집」, 사법발전재단, 2018.

한석종, "도시환경정비사업에서 신탁부동산의 '토지 등 소유자'", 「행정판례 평석 1」, 화우 정부관계·법제팀, 2017.

함인선, "도시정비법상의 주택재개발조합의 법적 지위", 「사법」 제17호, 사법발전재단, 2011.

허성욱, "재건축정비사업 이전고시 효력발생과 관리처분계획 무효확인청구소송의 소익", 「행정판례연구」 제18-2집, 박영사, 2014.

홍득관, "토지소유자가 농업손실보상을 받기 위하여 재결신청의 청구를 하였으나 사업시행자가 이를 거부한 경우 그 거부행위의 처분성 인정 여부 및 재결신청의 청구기간", 「대법원 판례해설」 제121호, 법원도서관, 2020.

홍승면, "위임인의 임의해지권 포기 약정의 효력 및 법인 대표기관의 불법행위책임 성립요건", 「판례공보스터디 민사판례해설」 2019. 7. 1.자 공보~2020. 6. 15.자 공보, 서울고등법원 판례공보스터디, 2020.

황태윤, "재개발·재건축조합 설립절차와 정비사업조합법인의 법적성질에 대한 연구", 「법학논집」 제19권 제2호, 이화여자대학교 법학연구소, 2014.

판례색인

■ 대법원

■ 헌법재판소

■ 하급심

사항색인

ㄱ

ㄷ

ㅅ

ㅇ

ㅈ

저자 약력

■ **안종화**(安鍾和)

》》 **학력**

1992. 고려대학교 법과대학 법학과 졸업
1995. 고려대학교 대학원 법학과 수료(행정법 전공)
2010. U.C. Berkeley Visiting Scholar
2023. 서울대학교 환경대학원 도시·환경 미래전략과정(제40기)

》》 **공저**

행정소송의 이론과 실무 Ⅰ(2021년, 도시정비)
법원실무제요 행정(2023년)
주석 행정소송법(2023년)
제1권 제2장 제2절 당사자(총설), 제13조(피고적격), 제14조(피고경정)

》》 **경력**

2000 사법연수원 수료(제29기)
2002. 2. ~ 2004. 2. 서울지방법원 판사(민사합의부, 건설 전담)
2013. 2. ~ 2014. 2. 서울고등법원 판사(행정부, 공정거래 및 노동 전담)
2017. 2. ~ 2019. 2. 의정부지방법원 부장판사(행정부 재판장)
동두천시 선거관리위원회 위원장(2018)
2019. 2. ~ 2022. 2. 서울행정법원 부장판사(도시정비 및 토지수용 전담 재판부, 재판장)
2023. 2 ~ 2025. 2. 수원지방법원·수원가정법원 안산지원 지원장
안산시 선거관리위원회 위원장
2025. 2. ~ 현재 의정부지방법원 부장판사

[제2판(개정증보판)]
재개발 · 재건축 법규의 이해와 실무

2022년 2월 10일 초판 인쇄
2026년 1월 1일 제2판(개정증보판) 1쇄 발행

저 자 안 종 화
발행인 배 효 선

발행처 도서출판 法 文 社

주 소 10881 경기도 파주시 회동길 37-29
등 록 1957년 12월 12일/제2-76호(윤)
전 화 (031)955-6500~6 FAX (031)955-6525
E-mail (영업) bms@bobmunsa.co.kr
(편집) edit66@bobmunsa.co.kr
홈페이지 http://www.bobmunsa.co.kr
조 판 법 문 사 전 산 실

정가 65,000원 ISBN 978-89-18-91644-6